JN415792

## 물리상수

| 물리량 | 기호 | 값 | SI 단위 |
|---|---|---|---|
| 진공에서 광속 | $c$ | $3.00\times10^{8}$ | m/s |
| 자유공간의 유전율 | $\epsilon_0$ | $8.85\times10^{-12}$ | $C^2/N\cdot m^2$ |
| 쿨롱 상수, $1/4\pi\epsilon_0$ | $k_e$ | $8.99\times10^{9}$ | $N\cdot m^2/C^2$ |
| 자유공간의 투자율 | $\mu_0$ | $1.26\times10^{-6}$<br>($4\pi\times10^{-7}$ exactly) | $T\cdot m/A$ |
| 기본 전하량 | $e$ | $1.60\times10^{-19}$ | C |
| 플랑크 상수 | $h$<br>$\hbar = h/2\pi$ | $6.63\times10^{-34}$<br>$1.05\times10^{-34}$ | $J\cdot s$<br>$J\cdot s$ |
| 전자의 질량 | $m_e$ | $9.11\times10^{-31}$<br>$5.49\times10^{-4}$ | kg<br>u |
| 양성자의 질량 | $m_p$ | $1.672\ 65\times10^{-27}$<br>1.007 276 | kg<br>u |
| 중성자의 질량 | $m_n$ | $1.674\ 95\times10^{-27}$<br>1.008 665 | kg<br>u |
| 아보가드로 수 | $N_A$ | $6.02\times10^{23}$ | $mol^{-1}$ |
| 기체 상수 | $R$ | 8.31 | $J/mol\cdot K$ |
| 볼츠만 상수 | $k_B$ | $1.38\times10^{-23}$ | J/K |
| 스테판–볼츠만 상수 | $\sigma$ | $5.67\times10^{-8}$ | $W/m^2\cdot K^4$ |
| 표준상태에서 이상기체의 몰 부피 | $V$ | 22.4<br>$2.24\times10^{-2}$ | L/mol<br>$m^3/mol$ |
| 리드버그 상수 | $R_H$ | $1.10\times10^{7}$ | $m^{-1}$ |
| 보어 반경 | $a_0$ | $5.29\times10^{-11}$ | m |
| 전자의 콤프턴 파장 | $h/m_ec$ | $2.43\times10^{-12}$ | m |
| 중력 상수 | $G$ | $6.67\times10^{-11}$ | $N\cdot m^2/kg^2$ |
| 표준 중력 가속도 | $g$ | 9.80 | $m/s^2$ |
| 지구의 반경(적도에서) | $R_E$ | $6.38\times10^{6}$ | m |
| 지구의 질량 | $M_E$ | $5.98\times10^{24}$ | kg |
| 달의 반경 | $R_M$ | $1.74\times10^{6}$ | m |
| 달의 질량 | $M_M$ | $7.36\times10^{22}$ | kg |

이 표에 실린 값들은 교과서에서 계산에 사용한 값들이다. 일반적으로 물리상수의 더 정밀한 값이 알려져 있다.

# 원소의 주기율표

기호 — Ca 20 — 원자번호
원자질량 † — 40.08
4s² — 전자배치

(Legend box: Ca 20 / 40.08 / $4s^2$)

| I족 | II족 | 전이원소 | | | | | | | | | | III족 | IV족 | V족 | VI족 | VII족 | 0족 |
|---|---|---|---|---|---|---|---|---|---|---|---|---|---|---|---|---|---|
| H 1<br>1.0080<br>$1s^1$ | | | | | | | | | | | | | | | | H 1<br>1.0080<br>$1s^1$ | He 2<br>4.0026<br>$1s^2$ |
| Li 3<br>6.94<br>$2s^1$ | Be 4<br>9.012<br>$2s^2$ | | | | | | | | | | | B 5<br>10.81<br>$2p^1$ | C 6<br>12.011<br>$2p^2$ | N 7<br>14.007<br>$2p^3$ | O 8<br>15.999<br>$2p^4$ | F 9<br>18.998<br>$2p^5$ | Ne 10<br>20.18<br>$2p^6$ |
| Na 11<br>22.99<br>$3s^1$ | Mg 12<br>24.31<br>$3s^2$ | | | | | | | | | | | Al 13<br>26.98<br>$3p^1$ | Si 14<br>28.09<br>$3p^2$ | P 15<br>30.97<br>$3p^3$ | S 16<br>32.06<br>$3p^4$ | Cl 17<br>35.453<br>$3p^5$ | Ar 18<br>39.948<br>$3p^6$ |
| K 19<br>39.102<br>$4s^1$ | Ca 20<br>40.08<br>$4s^2$ | Sc 21<br>44.96<br>$3d^14s^2$ | Ti 22<br>47.90<br>$3d^24s^2$ | V 23<br>50.94<br>$3d^34s^2$ | Cr 24<br>51.996<br>$3d^54s^1$ | Mn 25<br>54.94<br>$3d^54s^2$ | Fe 26<br>55.85<br>$3d^64s^2$ | Co 27<br>58.93<br>$3d^74s^2$ | Ni 28<br>58.71<br>$3d^84s^2$ | Cu 29<br>63.54<br>$3d^{10}4s^1$ | Zn 30<br>65.37<br>$3d^{10}4s^2$ | Ga 31<br>69.72<br>$4p^1$ | Ge 32<br>72.59<br>$4p^2$ | As 33<br>74.92<br>$4p^3$ | Se 34<br>78.96<br>$4p^4$ | Br 35<br>79.91<br>$4p^5$ | Kr 36<br>83.80<br>$4p^6$ |
| Rb 37<br>85.47<br>$5s^1$ | Sr 38<br>87.62<br>$5s^2$ | Y 39<br>88.906<br>$4d^15s^2$ | Zr 40<br>91.22<br>$4d^25s^2$ | Nb 41<br>92.91<br>$4d^45s^1$ | Mo 42<br>95.94<br>$4d^55s^1$ | Tc 43<br>(99)<br>$4d^55s^2$ | Ru 44<br>101.1<br>$4d^75s^1$ | Rh 45<br>102.91<br>$4d^85s^1$ | Pd 46<br>106.4<br>$4d^{10}$ | Ag 47<br>107.87<br>$4d^{10}5s^1$ | Cd 48<br>112.40<br>$4d^{10}5s^2$ | In 49<br>114.82<br>$5p^1$ | Sn 50<br>118.69<br>$5p^2$ | Sb 51<br>121.75<br>$5p^3$ | T 52<br>127.60<br>$5p^4$ | I 53<br>126.90<br>$5p^5$ | Xe 54<br>131.30<br>$5p^6$ |
| Cs 55<br>132.91<br>$6s^1$ | Ba 56<br>137.34<br>$6s^2$ | 57-71* | Hf 72<br>178.49<br>$5d^26s^2$ | Ta 73<br>180.95<br>$5d^36s^2$ | W 74<br>183.85<br>$5d^46s^2$ | Re 75<br>186.2<br>$5d^56s^2$ | Os 76<br>190.2<br>$5d^66s^2$ | Ir 77<br>192.2<br>$5d^76s^2$ | Pt 78<br>195.09<br>$5d^96s^1$ | Au 79<br>196.97<br>$5d^{10}6s^1$ | Hg 80<br>200.59<br>$5d^{10}6s^2$ | Tl 81<br>204.37<br>$6p^1$ | Pb 82<br>207.2<br>$6p^2$ | Bi 83<br>208.98<br>$6p^3$ | Po 84<br>(210)<br>$6p^4$ | At 85<br>(218)<br>$6p^5$ | Rn 86<br>(222)<br>$6p^6$ |
| Fr 87<br>(223)<br>$7s^1$ | Ra 88<br>(226)<br>$7s^2$ | 89-103** | Rf 104<br>(261)<br>$6d^27s^2$ | Db 105<br>(262)<br>$6d^37s^2$ | Sg 106<br>(263) | Bh 107<br>(262) | Hs 108<br>(265) | Mt 109<br>(266) | Ds 110<br>(271) | †† 111<br>(272) | †† 112<br>(285) | | †† 114<br>(289) | | | | |

| | | | | | | | | | | | | | | | |
|---|---|---|---|---|---|---|---|---|---|---|---|---|---|---|---|
| *란탄 계열 | La 57<br>138.91<br>$5d^16s^2$ | Ce 58<br>140.12<br>$5d^14f^16s^2$ | Pr 59<br>140.91<br>$4f^36s^2$ | Nd 60<br>144.24<br>$4f^46s^2$ | Pm 61<br>(147)<br>$4f^56s^2$ | Sm 62<br>150.4<br>$4f^66s^2$ | Eu 63<br>152.0<br>$4f^76s^2$ | Gd 64<br>157.25<br>$5d^14f^76s^2$ | Tb 65<br>158.92<br>$5d^14f^86s^2$ | Dy 66<br>162.50<br>$4f^{10}6s^2$ | Ho 67<br>164.93<br>$4f^{11}6s^2$ | Er 68<br>167.26<br>$4f^{12}6s^2$ | Tm 69<br>168.93<br>$4f^{13}6s^2$ | Yb 70<br>173.04<br>$4f^{14}6s^2$ | Lu 71<br>174.97<br>$5d^14f^{14}6s^2$ |
| **악틴 계열 | Ac 89<br>(227)<br>$6d^17s^2$ | Th 90<br>(232)<br>$6d^27s^2$ | Pa 91<br>(231)<br>$5f^26d^17s^2$ | U 92<br>(238)<br>$5f^36d^17s^2$ | Np 93<br>(239)<br>$5f^46d^17s^2$ | Pu 94<br>(239)<br>$5f^66d^07s^2$ | Am 95<br>(243)<br>$5f^76d^07s^2$ | Cm 96<br>(245)<br>$5f^76d^17s^2$ | Bk 97<br>(247)<br>$5f^86d^17s^2$ | Cf 98<br>(249)<br>$5f^{10}6d^07s^2$ | Es 99<br>(254)<br>$5s^{11}6d^07s^2$ | Fm 100<br>(253)<br>$5f^{12}6d^07s^2$ | Md 101<br>(255)<br>$5f^{13}6d^07s^2$ | No 102<br>(255)<br>$6d^07s^2$ | Lr 103<br>(257)<br>$6d^17s^2$ |

주: 원자질량은 자연에 존재하는 동위원소의 분포 백분율로 평균한 값이다.
† 불안정한 원소의 경우 동위원소 중 가장 안정한 것으로 알려진 것의 질량수를 괄호 안에 표기하였다.
†† 원소 111~114는 아직 이름이 없다.

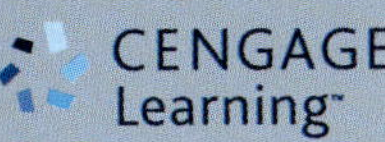


# 일반물리학

Serway · Vuille 지음
물리교재편찬위원회 옮김

# Essentials of College Physics

清文閣

# Essentials of College Physics

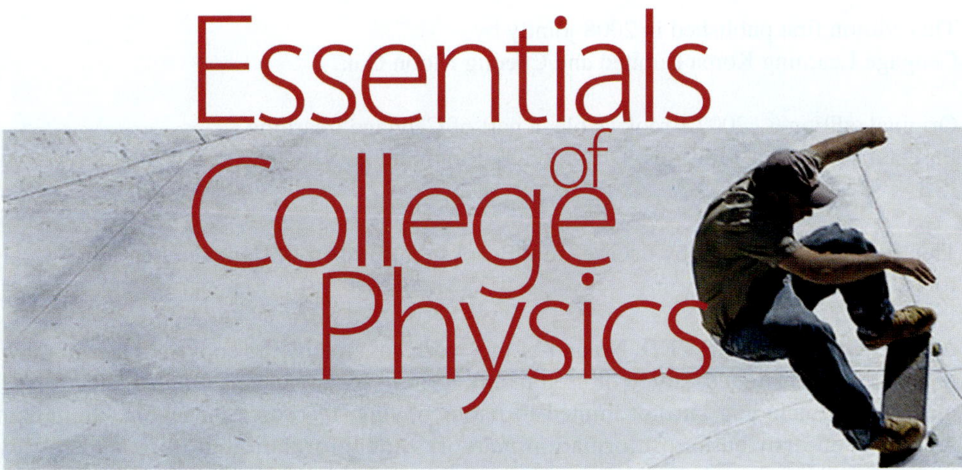

**Raymond A. Serway**
*Emeritus,* James Madison University

**Chris Vuille**
Embry-Riddle Aeronautical University

Australia · Brazil · Japan · Korea · Mexico · Singapore · Spain · United Kingdom · United States

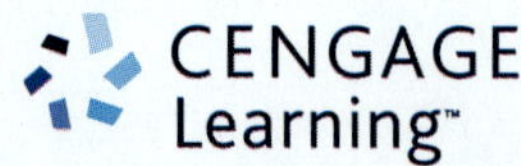

**Essentials of College Physics, 1st Edition**
**Raymond A. Serway, Chris Vuille**

This edition first published in 2008 jointly by
Cengage Learning Korea Limited and Cheong Moon Gak.


Essentials of College Physics, 1st Edition by Raymond A. Serway, Chris Vuille.
ISBN: 978-0-495-10619-7.

This edition is translated by license from Brooks/Cole, a part of Cengage Learning,
for sale in Korea only.



Cengage Learning Korea Ltd.
Suite 1801 Seokyo Tower Building
353-1, 22 Seokyo-Dong, Mapo-Ku
Seoul 121-837, Korea
Tel: (82) 2 322 4926
Fax: (82) 2 322 4927

Cengage Learning is a leading provider of customized learning solutions with office locations around the globe, including Singapore, the United Kingdom, Australia, Mexico, Brazil, and Japan. Locate your local office at: www.cengage.com/global

Cengage Learning products are represented in Canada by Nelson Education, Ltd.

Korean ISBN-13: 978-89-92592-38-3

For product information, visit **www.cengageasia.com**

Printed in Korea
2 3 4 5 13 12 11 10

# 역자 머리말

물리학은 모든 학문의 기초라고 해도 과언이 아니다. 물리학과 관련이 있는 사람이 아니라도 조금만 살펴보면 이 사실을 알 수 있다. 역사적으로도 자연과학과 공학에서 물리학의 역사가 가장 오래된 학문이다. 우리가 오늘날 "물리"라고 하는 말은 영어의 Physics라는 단어와 같은 뜻을 나타내는 서양어근으로부터 나왔다. 이 말은 실체를 대상으로 하는 학문을 말하는 것이며, 실체란 인간의 기본적 관측 기관, 즉 감각기관과 그 감각을 확장시켜주는 도구인 측정 장치와 반응하는 일체의 모든 것을 말하므로 물리학은 그야말로 모든 것을 다루는 학문인 것이다. 따라서 오늘날 우리가 알고 있는 자연과학과 공학의 대부분은 역사적으로 물리학에서 파생되어 나온 것이다.

학교에서는 정형화된 것들을 배운다. 새로운 것을 배우는 것은 없다. 이미 있는 것들에 대한 잘 알려지고 정립된 것들의 핵심을 배운다. 새로운 것이라고 생각하면서 배우는 순간 이미 그것은 새로운 것이 아니다. 그러므로 학교에서 배우는 것들이 전부라고 생각해서는 안 된다.

배움의 목적이 순수한 지적 호기심을 충족하기 위한 것도 있고, 배움으로써 그 것을 응용 이용하여 주변을 이롭게 하려는 목적을 가질 수도 있고, 지식의 습득이 자신의 경제적 이익을 추구하기 위한 것일 수도 있다. 어떤 목적으로 배우든 자신이 만족할 수 있는 것이어야 한다.

배움에는 방법의 배움과 지식의 배움이 있다. 지식의 배움은 지금까지 알려진 것들에 대한 정보를 담아가는 것이다. 그리고 그 정보를 다루는 기술을 배워간다. 문제를 풀고 유사 문제를 접하면 근사적으로 풀어낼 수 있다. 이런 배움을 가진 사람은 반복된 유사 문제를 해결하는 것에는 전문가가 될 것이다. 그러나 세상에는 항상 유사한 문제만 일어나는 것은 아니다. 짧은 시간 동안에는 유사한 문제 풀이만으로 지낼 수 있을는지 모르겠으나 인간 수명의 시간 동안 인생에 있어서 해답이 있을 것 같지 않은 많은 문제에 부딪히며 살아간다.

접해보지 않은 문제를 풀어나가는 방법은 없을까? 형이상학적 문제, 형이하학적 문제 그 어떤 문제든 문제를 해결할 마스터키가 있으면 어떨까 하는 생각을 해볼 수 있다. 그래서 사람들은 학문을 한다. 신학과 철학 그리고 물리학은 그렇게 해서 만난다.

사람들은 실체 자체가 아니라 그 이면의 것에 관심을 기울이게 된다. 그리하여 그 마스터키를 찾기 위해서 방법의 배움을 찾아 나서게 된다. 사고의 방법, 관점을 배우는 것이다. 뉴턴 역학과 상대성 이론은 이러한 관점의 차이가 얼마나 큰 결과를 낳는가를 보여 준다. 고전역학과 양자역학도 마찬 가지이다. 과학자들은 지금도 현재의 자연관이 끝이라고 생각하지 않는다. 그야말로 우주는 넓고 배울 것은 널려 있는 셈이다.

물리학은 실체에 관한 것이기도 하지만 사고의 방법 혹은 틀에 관한 것이기도 하다. 따라서 누구든 물리학을 제대로 배우면 사고의 틀이 더 크게 바뀌게 된다. 사회에 나가서 학교에서 배우지 않았던 문제를 풀기 위한 일반적 접근법과 관점을 습득하게 되는 것이다. 그러므로 인문 사회이든, 경제 경영이든, 자연 공학이든, 어떤 전공을 택하더라도 물리학을 배워서 그 맛을 알게 된다면 학교를 졸업하고 세상에 던져져 어떤 일에 부딪히더라도 앞으로 나아갈 수 있을 것이다.

본 교재는 일 년 과정으로 물리학의 기본을 충실히 습득할 수 있도록 구성된 것이다. 본 교재를 번역함에 있어 미비한 점들에 대한 독자들의 넓은 아량을 구하는 바이며, 이 교재를 사용 후 여러분의 분야에서 물리학적 지식이 큰 도움이 되기를 기대하는 바이다.

2008년 2월

역자 일동

# 저자 머리말

Essentials of College Physics는 일 년 과정의 기초 물리학 교재로 생물학, 보건 및 의료, 환경, 지구과학, 그리고 사회과학 전공자를 위한 것이다. 이 책에서는 미적분학을 제외한 대수, 기하, 삼각법 등의 수학을 사용하였다.

물리적 개념과 기교를 폭넓게 포함하면서도 이 책은 다른 책에 비하여 분량이 작아서 간소화된 형식을 취하고 있다. 교재를 준비하면서 저자들은 선택 사양의 주제나 그림을 줄이고 학생들이 필요한 중요 지식은 포함되도록 신중을 기하였다. 더욱이 개념이해와 수학적 기술을 향상시키기 위한 Checkpoint와 Math Focus 부분에 신경을 많이 기울였다. 수학적 개념과 기술이 사용된 물리적 내용을 쉽게 찾아볼 수 있도록 부록에 수학 부분을 실었다.

이 책은 현대물리와 고전물리의 역학, 유체역학, 열역학, 파동과 음파, 전자기학, 광학, 상대론, 양자물리, 원자물리, 핵, 그리고 입자물리, 기초 우주론 등과 같은 표준 주제를 모두 다루고 있다. 수학적 배경을 제시하여 기초 개념과 원리의 이해하는 데 역점을 두었으며, 기초에 초점을 맞춤으로써 Essentials of College Physics는 학생들이 각자 선택한 전공 분야에서 더욱 향상될 수 있는 지식과 도구를 제공하도록 하였다.

## 교재의 특징

대부분의 교수가 수업용 교과서는 학생들이 과목의 내용을 배우고 이해하는 주요지침서 이어야 한다는 것에 동의할 것이다. 더욱이 교과서는 가르치고 배우기 용이하도록 꾸며져야 하고 쓰여져야 할 뿐만 아니라 쉽게 접근할 수 있어야 한다. 이런 점을 염두에 두고 교수와 학생 모두에게 교과서의 유용성을 증진시키고자 다음과 같은 교육학적 체제를 도입하였다.

### 교육학적 특징

- **예제** 예제는 학생들의 학습을 돕고 물리적 개념이해를 강화하기 위하여 만들었다. 각 장의 난이도 분포를 신중히 고려하여 학생들이 각 장의 문제풀이 준비를 잘 할 수 있도록 하였다. 예제는 교과서 내용과 쉽게 구별이 되도록 배치하였고 내용을 나타내는 주제를 붙였다. 예제는 다음과 같은 형식으로 구성되어 있다.

(a) 목표: 예제에서 다루는 물리적 개념 기술

(b) 문제: 문제 제시

(c) 전략: 문제를 분석하고 풀이하기 위한 틀을 만들기 위한 것

(d) 풀이: 2단 형식으로 왼쪽에는 풀이의 단계를 설명하고, 오른쪽에는 해당 수학적 단계를 나타내었다. 이런 형식은 개념을 계산으로 대응시키기에 좋으며 학생들이 어떻게 문제를 처리해야 하는지 배우는 데 도움이 된다. 또 다른 장점은 학생들이 이 형식을 훈련 도구로 쉽게 사용할 수 있다는 것이다. 오른쪽의 풀이를 가리고 왼쪽의 안내 지침을 따라서 문제를 풀어 볼 수 있다.

(e) 주의: 각 풀이에 있는 주의는 정답을 얻기 위한 중요 개념과 방법론을 강조한 것으로 종종 문제를 실제의 더 큰 문제로 상황화하기도 한다.

(f) 연습문제/답: 매 예제에는 연습문제와 답이 딸려 있다. 이 연습문제는 비슷한 문제를 풀어봄으로써 이해력을 증강시키기 위한 것이며 답은 즉석 평가를 위한 것이다. 때에 따라서 연습문제를 숙제로 활용가능하며 규칙적으로 연습문제를 풀어 본 학생들은 각 장의 문제가 어렵지 않다는 것을 알게 될 것이다.

- 여러 장에서 한두 예제는 새로운 개념과 이전에 배운 개념을 결합한 것들이다. 이것은 이전 내용을 복습하기 위한 것뿐만 아니라 다른 개념들을 구조화하기 위한 것으로 물리 세계의 이해를 증진시키기 위해 그 개념들이 어떻게 작용하는지를 나타내는 것이다.
- Math Focus 수학이 물리학을 수강하는 1학년 학생들에게 걸림돌이 될 수 있으며 이러한 장애물을 넘게 하기 위하여 새로운 교육학적 도구를 도입하였다. 각 Math Focus 상자에서는 각 물리 영역에서 필요한 중요한 수학적 방법을 나타내거나 무시할 수 없는 중요 수학적 사실과 기술을 나타내었다. 일반적으로 이론을 간략하게 기술하고 이론의 응용을 한두 개의 간단한 예로 들었다. Math Focus는 물리적 내용에서 수학적 이해가 중요하다는 것을 강조하는 서웨이의 전통을 담은 것이다.
- 물리학을 중심으로 한 수학 부록(Physics-Oriented Math Appendix) 수학을 먼저 접하고 양적인 개념을 실제 물리적 응용에 적용하는 방법으로 수학적 기교와 물리적 개념 사이의 분명한 연결고리를 알 수 있도록 책의 뒤쪽에 수학 부분을 부록으로 실었다(부록 A).
- Checkpoint Quick Quiz와 유사하지만 효과는 다르다. 교과서 내용에 근거한 참 거짓으로 대답하는 형식의 간단한 질문은 학생들이 책을 읽는 동안 몰두하도록 하기 위한 것이다. 이것은 한편으로는 물리량들이 어떻게 서로 연결되는지 이해하는 데 도움이 되기도 하며 또 다른 한편으로는 특정 개념을 이해하는지 시험하기 위한 것이기도 하다. 또한 이것은 기본 개념의 이해를 강화하며 물리적인 양 사이의 관계에 대한 감을 강화시켜 준다. 책의 말미에 이 질문에 대한 답을 실었다.
- Quick Quiz 물리적 개념을 이해하는지 점검할 기회를 주기 위한 것으로 옳은 논리로 판단을 내리도록 하기 위한 것이며 잘못된 개념을 피하도록 하기 위한 것이다. 모두 객관식 형태로 다지선다, 참 거짓 판별, 순서 정하기 등으로 되어 있다. 답은 책의 말미에 실었으며 자세한 설명은 교수용 별책에 실었다.
- 벡터 굵은 글씨체 위에 화살표로($\vec{\mathbf{v}}$) 표시하여 구별하기 쉽게 하였다.
- 문제풀이 전략 1장의 말미에 학생들이 따라야 할 일반적 전략을 개괄적으로 실

었으며 문제풀이를 위한 구조화된 전략 과정을 나타내었다. 각 장에 대부분 좀더 자세한 전략과 제언을 실어 예제에 적용하였으며 문제풀이에 적용할 수 있다. 사각형 테두리로 이런 양식을 돋보이게 하여 중요 단계를 쉽게 구별할 수 있도록 하였으며, 이것은 문제풀이 기술을 향상시킬 수 있도록 하기 위한 것이다.

- Tips 교과서의 여백에 위치하도록 하였고 학생들이 빠지기 쉬운 오류와 잘못된 개념에 대한 것이다.
- 문제와 개념파악을 위한 질문 각 장의 마지막에는 많은 문제를 실었으며 홀수 번 문제의 답을 본 교재의 마지막에 실어 놓았다. 학생 교수 모두의 편의를 위하여 문제의 2/3를 각 장의 절별로 분류하였으며, 나머지 "추가문제"는 분류되지 않은 것들이다. 난이도에 따라 세 단계의 문제로 구분하였다. 단순한 문제는 검정색으로 표시하였고, 중간 난이도의 문제는 푸른색으로, 고 난이도의 문제는 짙은 분홍색으로 표시했다.
- 생의학 응용 생물학 및 (치)의예 학생들을 위하여 상징기호( )는 생물학과 의학에 다양하고 실질적이며 흥미로운 물리적 원리의 응용을 나타낸 것이다. 가능하면 이 영역과 관련한 문제를 많이 포함시키려는 노력을 하였다.
- 응용물리 물리적 개념을 복습할 수 있는 추가 도구이며, 배운 물리 개념이 다른 과학 분야에 어떻게 연결되는지 보이는 예들도 있다. 이 부분은 각 장의 마지막 부분에 있는 개념파악을 위한 질문에 대한 풀이를 학생들이 준비해야 할 때 그 방법 역할도 한다.
- 요약 참고가 용이하도록 각 장마다 요약 부분을 두었다.
- *PhysicsNow*™와 *Essentials of College Physics* 이 둘을 조화롭게 결합하여 웹기반의 학습체계로 일체화하였으며, 교과서의 상징부호 **PhysicsNow**™는 *PhysicsNow*™ 웹 사이트에서 확장된 매체의 활용이 가능함을 의미한다. 매 쪽마다 정확하게 구조화하여 교수와 학생 모두 유용한 연습문제를 웹 사이트에서 찾아다니는 수고를 덜도록 하였다. http://physics.brookscole.com/ecp를 방문하면 PhysicsNow™의 모습을 볼 수 있다.
- 활용그림 교과서의 많은 그림들이 활용그림으로 되어 있으며, 이것은 웹 기반의 학습 체계를 구축한 PhysicsNow™의 한 부분으로 교수용 다중매체 관리자 CD-ROM으로 강의 시 화면으로 이용할 수 있다. 지면으로 완전하게 표현하기 어려운 현상과 과정을 시각화함으로써 학생의 개념 이해도를 향상시킬 수 있게 된다. 그림의 동영상을 보는 것과 더불어 학생들은 변수를 변화시켜가면서 그 효과를 볼 수 있으며, 그림과 관련된 원리를 탐구할 수 있고, 그림과 관련된 퀴즈를 통하여 피드백을 주고받을 수 있다. 활용그림은 붉은 색 **PhysicsNow**™ 상징 부호로 쉽게 구별할 수 있도록 하였다.
- 여백의 주(Marginal Notes) 여백에 주를 달아 중요 문장, 식, 개념을 쉽게 찾을 수 있도록 하였다.
- 중요 설명과 식 아주 중요한 설명과 정의는 강조와 복습이 용이하도록 굵은 글씨나 배경색으로 꾸며 돋보이게 하였다. 마찬가지로 중요한 식들은 쉽게 찾을 수

있도록 배경을 음영으로 처리하여 돋보이게 하였다.

- **문장의 형식** 책의 내용을 빠르고 쉽게 이해할 수 있도록 분명하고 논리적이지만 매력적인 형식으로 쓰려고 하였다. 다소 비공식적이고 유연한 표현은 읽는 즐거움을 더하기 위한 것이다. 새로운 용어는 신중하게 정의하였으며 특수 용어나 은어 등은 피하였다.
- **단위(Units)** 책 전반에 걸쳐 국제단위계(SI)를 사용하였다. 미국의 상용 단위는 단지 역학과 열역학 장에서 제한적 범위 내에서 사용하였다.
- **유효자리** 예제와 각 장의 문제에서 유효자리를 조심스럽게 다루었다. 데이터의 정밀도에 따라 유효 자리수를 둘 또는 셋에 맞추어 대부분의 예제와 문제를 풀도록 하였다. 예제에서 다른 유효 자리수를 갖는 것은 적당한 유효 자리수로 맞추어 계산하도록 하였다.

## 교육 선택 사양

이 책은 두 가지 목적에서 일년 과정의 물리학 입문서보다 더 많은 내용을 포함하고 있다. 즉, 첫째 교수가 자신의 강좌에 맞게 내용을 선택할 수 있도록 하고, 둘째 학생들은 이 책이 기본 참고 도서로 유용하도록 하기 위한 것이다. 평균적으로 일 주일에 3시간 강의로 한 장을 마칠 수 있다. 생명과학과 관련한 물리를 응용한 문제, 예제, 그리고 각 장의 절은 DNA 상징부호( )로 표시하였다. 일 년 과정으로 진도를 천천히 나가고자 하는 경우 다음과 같이 하기를 바란다.

- 선택 A: 현대물리에 중점을 둔 경우, 8장, 21장, 25장을 생략할 수 있다.
- 선택 B: 고전물리에 중점을 둔 경우 26장 이후의 부분을 생략할 수 있다.
- 교수용 별책(지침서)에서 추가적 선택 사양을 찾아 볼 수 있다.

## 별책 및 학습 참고 도구

학생용의 경우 가장 중요한 것은 문제풀이에 중점을 둔 두 권의 학생용 해답집과 학습 지침서와 웹 기반의 PhysicsNow™ 학습체계이다. 온라인 숙제와 수강생의 반응을 반영하는 기술을 포함한 새로운 웹 기반의 학습 체계가 교수들의 교육을 위한 노력에 많은 도움이 될 것이다.

## 학생용 별책 및 학습 참고 도구

학습 효과를 높이기 위하여 별책과 몇 가지 참고 도구가 있다.

**학생용 해답집 및 학습 지침서**는 고든(John R. Gordon), 티규(Charles Teague), 그리고 서웨이(Raymond A. Serway)가 만든 두 권짜리 학생용 해답집 및 학습 지침서는 교재의 각 마지막 장에 있는 문제 중 대략 20%에 대한 자세한 해답을 실었다. 교재에서 문항 번호를 사각형으로 꾸며 놓은 문제들에 대한 완전한 해가 해답집에 있다. 해답집은 또한 각 절의 중요 내용, 중요 식과 개념, 그리고 풀이 기술을 담고 있다. 1권은 1~14장을 담고 있으며, 2권은 15~30장을 담고 있다.

**Physics Now™** PhysicsNow™는 학생들이 개념적으로, 그리고 수리적으로 약한 부분을 찾고 그 부분을 강화하는 데 도움을 주기 위한 온라인 개인지도 체계이다. PhysicsNow™ 체계는 상호 연관된 세 가지 부분으로 구성되어 있다:

- 얼마나 아는가?
- 배우기 위해 무엇이 필요한가?
- 무엇을 배웠는가?

학생들은 각 장과 연관된 Pre-Test을 치름으로써 학습효과를 극대화할 수 있다. 각 Pre-Test은 개념적인 것과 수리적인 것의 혼합이며, Pre-Test을 마친 후 자세한 학습 계획을 학생 스스로 세울 수 있다. 학습 계획은 각 장의 가장 중요한 개념을 확실하게 배우기 위해 교과서 내용과 웹 기반 내용(활용그림, 연관된 예제, 그리고 자세한 문제 풀이)을 학습하는 방법을 나타내는 것이다. 이런 과정을 거친 후 시험에서 치를 수 있는 것과 유사한 다지선다형 문제인 Post-Test를 치른다. 그리고 이 결과는 이메일로 교수에게 전달될 수 있도록 되어있다. PhysicsNow에는 온라인 개인 교습이 가능한 vMentor™와 대수와 삼각법 학습도구인 MathAssist를 볼 수 있도록 되어 있다.

학생들은 http://www.thomsonedu.com에서 PhysicsNow에 접속할 수 있는 권한을 얻을 수 있다(원서교재 구입 시 제공됨).

## 교수를 위한 별책 및 보조 자료

다음의 보조 자료는 해당 자격자들이 이용가능 하다. 별책은 두 권으로 되어 있으며 1권은 1~14장, 2권은 15~30장의 내용을 담고 있다.

### 강의 도구

**다중매체 관리자 교수를 위한 CD 자료** 이 사용하기 쉬운 멀티미디어 강의 도구는 그림과 데이터 파일을 쉽고 빠르게 조합할 수 있으므로 원활한 강의를 위해 도움이 된다. CD-ROM(1권, 1~14장; 2권, 15~30장)에는 애니메이션 데이터, 동영상 모음, 교재 내용의 여러 자료 그리고 파워포인트 강의자료와 편집이 가능한 교수를 위한 해답집과 문제은행이 포함되어있다. Quick Quiz와 개념파악을 위한 질문도 또한 포함되어 있다.

**수강생 대응 하드웨어와 내용** TurningPoint® 소프트웨어로 Microsoft® PowerPoint® 강의 화면에 강의 중에 질문과 학생들의 답을 필요에 따라 자유롭게 넣을 수 있다. Quick Quiz, Checkpoint, 그리고 활용그림 등도 모두 포함하고 있다. 암헤르스트에 있는 매사추세츠 대학에서 새롭게 개발한 "수업시간에 학습을 위한 시험"은 학생들이 어떤 논리에서 어려움을 겪는지 알아낼 수 있도록 수준별 반응 체계 형식을 갖추고 있다. 강의실에 구비된 적외선이나 전파로 작동되는 장치로 화면의 내용들을 조정할 수 있다.

## 수업 준비

**교수용 해답집** 티규에(Charles Teague)가 준비한 것으로 두 권이며, 모든 문제의 완전한 풀이와 답 그리고 개념파악을 위한 질문의 답과 Quick Quiz의 답과 해설이 포함되어 있다. 교수용 다중매체 관리자 CD-ROM에도 있으며 컴퓨터를 사용할 수 없는 경우를 위하여 책으로도 발간하였다.

## 평가시험(Assessment)

**문제은행** 오버호퍼(Ed Oberhofer)가 만들었으며, 약 1,500개의 다지선다형 문제와 질문이 있다. 답은 따로 준비되어 있으며, 교수용 다중매체 관리자 CD-ROM에도 있다. 컴퓨터를 사용할 수 없는 경우를 위해 책으로도 펴냈으며 학생들에게 문제은행을 복사해서 배포해도 된다.

**컴퓨터화를 이용한 시험용 CD-ROM ExamView** ExamView®에서 문제은행의 질문과 답을 컴퓨터로 이용할 수 있으며, 사용하기 간편한 시험 출제와 교습 체제로 짧은 시간에 (문서 혹은 온라인으로) 학습지침과 시험문제를 원하는 대로 만들고 전달할 수 있다. ExamView는 Quick Test Wizard와 Online Test Wizard를 제공하여 시험문제 만들기를 단계별로 안내하며 "WYSIWYG"는 만든 문제가 온라인상이나 문서로 만들어질 때 정확히 일치하는지 볼 수 있도록 해준다. 12가지 질문 형식으로 250가지 질문의 시험문제를 만들 수 있다. ExamView의 완벽한 문서작업 능력은 이미 있는 문제은행 질문을 편집하거나 새로운 질문을 만드는 데 거의 제한이 없을 정도이다.

## 온라인 숙제

**WebAssign: 웹 기반 숙제 체계** WebAssign은 물리학 강좌에서 가장 많이 이용되는 것으로 대화형 온라인 환경에서 안전하게 숙제를 만들고 관리할 수 있는 체계이다. 확장형 WebAssign을 *Essentials of College Physics*에서 이용가능하다. 교수는 문제, 개념파악을 위한 질문 Quick Quiz, 예제, 그리고 활용그림의 모의실험에서 문제를 자유롭게 선택할 수 있다. 각 문제는 답에 따라 피드백을 포함하고 있으며 문제에 따라 요령과 모의실험을 포함하고 있어 학생들이 내용을 숙지할 수 있도록 해준다. 이 새롭고 혁신적인 내용은 http:/physics.brookscole.com/ecp에서 볼 수 있다.

**WebCT와 Blackboard/Now Integration** PhysicsNow™의 개념파악 시험과 개별 학습기능을 통합하여 익숙한 WebCT 또는 Blackboard 환경으로 만든 것이다. PhysicsNow™ 내용을 과제로 부과하고 그 결과를 WebCT나 Blackboard에 자동으로 올라올 수 있게 하여 활동적인 온라인 강좌를 만들 수 있다. 학생들은 WebCT나 Blackboard 를 통해 PhysicsNow™에 접속할 수 있다.

**UT Austin Homework Service** http://hw.utexas.edu/bur/demo.html에서 자세한 것을 찾아 볼 수 있다.

### 실험 지침서

**물리실험 지침서** 로이드(David Loyd)가 2판을 만들었으며 47종류의 실험내용이 담겨 있다. 교수용 지침서에는 가르치는 요령, 실험 지침서의 질문에 대한 답, 실험 후 퀴즈에 대한 답과 짧은 물음이 실려 있다. 또한 실험 지침서에는 과학 실험 도구 공급처 목록과 실험 지침서 내의 실험을 위한 장비 목록이 들어 있다.

## 감사의 글

이 교과서를 준비하면서 많은 교수들로부터 일 년 과정을 위한 최고의 체제에 관하여 많은 조언을 받는 행운을 가졌다. 그 분들에게 감사를 표한다.

이전 판을 검토한 많은 사람들의 전문적 견해도 많은 도움이 되었으며, 그들의 조언과 평, 격려에 깊은 감사를 드린다.

생명과학 문제를 제공해준 Randall Jones와 다른 문제들을 제공해준 메릴랜드 대학의 Edward F. Redish에게 감사드린다.

Brooks/Cole 출판사 임직원의 전문성과 탁월한 작업에 깊이 감사드리며, 그 밖의 보 교재가 만들어지는 데 기여한 분들에게 감사드린다.

마지막으로 오랫동안 희생과 격려와 사랑을 보여준 가족들에게 깊은 감사를 표하는 바이다.

**Raymond A. Serway**
Leesburg, Virginia

**Chris Vuille**
Daytona Beach, Florida

# 저자에 관하여

**서웨이(Raymond A. Serway)**는 일리노이 공대에서 박사학위를 했으며, 현재 제임스 매디슨 대학의 명예교수이다. 1990년 그는 17년 동안 가르쳐온 제임스 매디슨 대학에서 매디슨 학술상을 받았다. 그는 클락슨 대학에서 교육자의 길을 시작하였으며, 그곳에서 1967년부터 1980년까지 연구와 교육을 하였다. 그는 1977년 클락슨 대학에서 최우수 교육상을 받았으며, 1985년 유티카 대학에서 공문 공로상을 수상하였다. 객원과학자로서 스위스의 취리히에 있는 아이비엠 연구소에서 1987년 노벨상을 받은 알렉스 뮬러와 함께 일을 했었다. 서웨이 박사는 또한 방문과학자로 아르곤 국립 연구소에서 그의 정신적 스승이자 친구인 샘 마셜과 공동연구를 수행하였다. 본 교재의 이전 판과 더불어 서웨이 박사는 이공계를 위한 물리학(6판), 대학물리학(7판), 그리고 현대물리학(3판) 등의 공저자 이다. 그는 또한 Holt, Rinehart, & Winston에서 출판한 고등학교 교과서인 물리학의 저자이기도 하다. 게다가 서웨이 박사는 응집물리 분야에서 40여편 이상의 연구논문을 발표하였으며 학회에서 70여회 이상의 발표를 하였다. 서웨이 박사와 그 부인 엘리자베스는 여행, 골프, 그리고 그들의 네 자녀와 일곱 손자들과 시간 보내기를 즐기고 있다.

**뷰일레(Chris Vuille)**는 플로리다 주 데이토나 비치에 있는 세계 최고의 고등항공 교육기관인 엠브리-리들 항공대학(Embry-Riddle Aeronautical University; ERAU)의 부교수이다. 1989년 플로리다 대학에서 물리학 박사학위를 받았고 ERAU Prescott 아리조나 캠퍼스에서 일 년을 지낸 후 데이토나로 왔다. 그가 대학원 과정을 비롯한 모든 과정의 교육을 하는 동안 그는 기초물리학을 전달하는 데 주된 관심을 가져왔다. 그는 졸업반의 감사상 세 번을 비롯 우수 강의상을 여러 차례 받았다. 그는 일반상대성 이론과 양자론을 연구하고 있으며, 3년 과정의 특별 NASA 기금으로 운영된 JOVE 계획에 참여하여 중성자별에 대하여 연구하였다. Essentials of Physics와 함께 그는 Serway/Faughn의 College Physics 7판의 공동저자이기도 하다. 그는 많은 논문을 저술하였으며, 또한 Analog Science Fiction/Science Fact 잡지의 호평받는 작가이기도 하다. 뷰일레 박사는 테니스와 수영, 기타, 고전 피아노를 즐기며, 세인트 피터스버그와 애틀랜타의 체스 챔피언이기도 했다. 여가 시간에는 공상과학 소설을 쓰거나 해변에 간다. 그의 부인 다이안 코윙은 안과의 안경사이며, 10대의 딸 키라 뷰일레 코윙은 엠브리-리들 항공대학의 학생이며, 수영에 뛰어나고, 바이올린을 연주하며, 쇼핑을 즐긴다. 그는 첼로 연주를 하고 범선 항해에 열광적인 14살의 아들 크리스토퍼가 있고, 집짓기 장난감의 달인인 5살 난 아들 제임스가 있다.

# 학생들에게

책을 어떻게 효과적으로 사용하고, 어떻게 물리학을 잘 배울지를 이해하는 것이 중요하다. 서문을 훑어보면서 책과 온라인상의 다양한 형식에 익숙해질 것이다. 학습 자료와 그 자료를 어떻게 사용할지 아는 것은 중요한 것이다. 물리학이 배우기 어렵기는 한 것이지만 방법만 옳다면 쉽다.

## 학습법

자주 어떻게 물리 공부를 하며 시험 준비를 해야 하는지 학생들이 질문하곤 한다. 이 질문에 대한 명쾌한 답은 없다. 그러나 여러 해 동안 가르친 경험을 통해 몇 가지 조언을 하고자 한다.

첫째, 가장 중요한 것은 긍정적인 태도를 유지하는 것이다. 외국어를 배우는 경우처럼 물리학을 배우기 위해 시간이 필요하다. 매일 꾸준히 공부하는 사람들이 배울 수 있다. 물리학이 모든 자연과학의 가장 기본이 된다는 것을 명심하면서 다른 과학 과목에서 똑같은 물리적 원리를 사용하므로 본문의 내용에서 다루는 다양한 이론과 개념을 응용할 줄 알고 이해하는 것이 중요하다.

## 개념과 원리

학생들은 자주 기본 개념을 먼저 공부하기 전에 숙제를 해보려고 한다. 문제를 풀려고 하기 전에 기본 개념과 원리를 이해하는 것이 중요하다. 그렇게 하기 위해서는 강의 시간 전에 배울 내용을 미리 정독하는 것이 가장 좋다. 책을 읽으면서 잘 모르는 부분은 표시를 해둔다. 교재의 여백을 여유롭게 해둔 이유가 표시할 수 있도록 하기 위한 것이다. 책을 읽는 동안 Quick Quiz 질문에 충실히 답하려고 하라. 이 질문들은 여러분 스스로가 내용을 얼마나 이해하는지 파악하는 데 도움이 되도록 매우 숙고하여 만들어진 것이다. 책의 Tip 부분도 꼼꼼히 읽어야 한다. 이것들은 여러분의 노력이 헛되지 않도록 함으로써 효율을 극대화시킬 뿐만 아니라 실수 혹은 개념을 잘못 파악하거나 이해를 잘못하지 않도록 해준다. 수업 중에는 이해가 잘 안 되는 부분을 꼼꼼하게 표시하고 질문을 한다. 책의 내용을 한 번 읽고 그 내용을 완전히 이해할 수 있는 사람은 거의 없다는 것을 명심하라.

활용그림, 연관된 예제, 지도 문제(Coached Problem) 등과 같은 PhysicsNow™ 학습체계의 여러 이용 가능한 것들을 활용하도록 한다. 강의시간과 실험시간은 교재를 읽고 이해하기 위한 보조적 수단이며 좀더 어려운 내용을 이해하는 데 도움이 되는 역할을 하는 것이다. 많은 것을 단순히 외우려고 하지마라. 교과서의 내용, 공식, 유도 과정을 완전히 외우고 있다는 것이 내용을 이해한다는 것은 아니다.

친구와 혹은 교수와의 토론 그리고 교과서의 문제풀이 능력과 같은 효율적 학습 습관의 조화가 교과서 내용을 더욱 잘 이해할 수 있도록 할 것이다. 개념이 분명치 않다고 느끼면 언제든 질문을 해야 한다.

## 학습계획

규칙적인 일일 학습계획을 세우는 것이 중요하다. 강의 계획서를 읽고 그 계획에 충실히 따르도록 한다. 수업시간 전에 해당 내용을 먼저 읽으면 강의시간은 더욱 의미있는 것이 된다. 일반적으로 강의시간 한 시간에 대해 두 시간의 예습시간을 들여야 한다. 수업을 따라가는 데 문제가 있으면 선배나 교수의 조언을 구하도록 한다. 선배들로부터 받은 추가 안내나 지침이 필요할 수도 있다. 매우 가끔 교수들이 정규 수업시간 이외에 복습 또는 정리 시간을 갖기도 한다. 시험 전 벼락치기 공부를 하지 않는 것이 중요하다. 14일 동안 매일 한 시간씩 공부하는 것이 시험 전날 14시간 공부하는 것보다 더 효과적이다. 특히 과학에서는 보통 “주입식 벼락치기”는 파국적 결과를 낳는다. 시험 전날 올빼미식의 밤샘 공부보다는 간략하게 기본 개념과 공식을 복습하고 잘 자는 것이 좋다. 개념을 이해하거나, 시험 준비를 하거나, 문제풀기에 추가적 도움이 필요하면 학생용 해답 및 학습 지침서를 사용하기 바란다.

## 교과서 활용법

서문에 소개한 교과서 내의 다양한 형식을 최대한 활용해야 한다. 예를 들면 여백은 중요 식과 개념의 위치를 찾는데 유용하도록 한 것이고, 굵은 글씨는 중요 설명과 정의를 나타낸다. 부록에는 유용한 여러 표를 실었으며, 이 표는 대부분 교과서 내용에서 참고로 인용하는 것들이다. 부록 A는 필요한 수학적 사항들을 요약한 것이다.

Checkpoint와 Quick Quiz의 모든 문제와 홀수 번 문제의 답은 책의 말미에 실었으며, 각 장의 끝에 있는 질문은 선별하여 그 답을 학생용 해답 및 학습 지침서에 실었다. 문제풀이 전략을 교과서 전체에 필요한 장에 실었으며, 이것은 문제를 어떻게 풀어야 하는지에 대한 추가 정보를 제공하기 위한 것이다. 차례는 교과서를 개관할 수 있도록 해주며 찾아보기는 특정 내용을 빨리 찾을 수 있도록 해 준다. 각주는 교과서 내용을 보충설명하거나 다른 참고 사항을 인용할 때 사용하였다.

어떤 장을 읽은 후 그 장에서 배운 새로운 개념이나 양을 정의할 수 있어야 하며, 중요 관계식을 얻는 데 사용한 가정과 원리를 논의할 수 있어야 한다. 각 장의 요약 부분과 학생용 해답 및 학습지침서의 요약 부분은 그런 점에서 도움이 될 것이다. 어떤 경우에는 특정 주제의 부분을 교과서에서 찾기 위하여 찾아보기를 사용해야 할 때가 있을 것이다. 각 물리량과 그 물리량을 나타내는 기호와 단위를 정확히 구분할 수 있어야 한다. 더욱이 중요한 관계식들은 간략하고 정확한 문장으로 표현할 수 있어야 한다.

## 문제풀이

노벨 물리학 수상자인 파인만(R. P. Feynman)은 “연습하기 전까지 아무것도 모른다.”고 하였다. 이 말을 명심하면서 다양한 문제를 풀기 위한 기술을 연마하기를 충고하는 바이다. 문제풀이 능력은 물리적 지식의 정도를 나타내는 주요 지표 중의 하나이다. 따라서 가능한 많은 문제를 풀어보도록 하라. 문제를 풀기 전에 반드시 기본 개념과 원리를 이해해야 한다. 문제를 다른 방법으로 풀 수 있는지 해보는 것도 훌륭한 연습이 된다. 예를 들어 뉴턴 법칙으로 역학 문제를 풀 수 있다고 하면 그 문제를 다른 방법, 즉 에너지 보존법칙으로 더 간단히 풀 수도 있다. 수업시간에 문제를 푸는 것을 보았다고 해서 그 문제를 이해한다고 생각하면 안 된다. 스스로 그 문제와 유사 문제를 풀어보아야 한다. 이런 점을 연두에 두고 예제의 형식을 구성하였다. 즉, 예제를 공부한 후 예제의 오른쪽을 가리고 완쪽에 주어진 요령만 가지고 예제를 스스로 풀 수 있는지 해보라. 스스로 할 수 있으면 예제를 스스로 풀어보도록 하고 최종적으로 연습문제를 풀어보도록 한다. 이 과정이 성공적으로 끝나면 문제의 개념 그리고 수학적 기교 등 모든 것을 습득하게 된다.

문제풀이는 조심스럽게 계획을 세워야 한다. 문제가 여러 개념을 필요로 할 때는 특히 체계적 계획이 중요해진다. 첫째, 문제를 여러 번 읽어 문제가 무엇을 요구하는지 분명히 파악한다. 중요 핵심 단어를 보면 문제를 파악하거나 필요한 가정을 세우는 데 도움이 된다. 둘째, 문제에서 얻은 정보와 구해야 하는 양을 기록하는 습관을 들여라. 예를 들면 문제에서 주어진 것과 구해야 하는 양을 표로 만들어 볼 수 있다. 이런 방법을 교과서의 예제에서 사용하기도 했다. 주어진 문제에 대하여 적당하다고 느끼는 방법이 결정되면 문제를 푼다. 마지막으로 구한 결과가 합리적인지 그리고 처음 문제를 이해한 것과 일관성이 있는지를 점검한다. 이런 형식의 일반적 문제풀이 전략을 교과서에 실었으며 사각형 틀로 그 부분을 돋보이게 해 놓았다. 이 절차를 따르면 문제풀이가 쉽다는 것을 알게 될 것이며 들인 노력보다 더 많은 것을 얻게 된다.

특정 경우 특정 물리법칙이나 공식을 사용할 수 없다는 것에 유의해야 한다. 특정 공식이나 이론 이면에 있는 가정을 이해하고 기억해야 한다. 예를 들어 운동학의 몇 가지 공식은 물체가 일정한 가속도록 움직이는 경우에만 사용할 수 있다. 이 식들은 용수철에 연결된 물체 또는 유체 내의 움직이는 물체와 같은 가속도가 변하는 경우에는 사용할 수 없다.

## 실험

물리학은 실험적 관찰을 기초로 한 학문이다. 이런 관점에서 집에서 혹은 실험실에서 “직접” 다양한 실험을 해 보기를 권한다. 예를 들어 흔한 Slinky™ 장난감은 진행파를 공부하는 데 좋은 도구이다; 긴 줄에 매달린 공은 단진자 운동을 공부하는 데 사용할 수 있다; 수직 용수철이나 고무줄에 매달린 물체는 탄성을 공부하기에 좋다; 낡은 선글라스, 쓰지 않는 렌즈, 돋보기 등은 광학 실험을 위해 좋은 부품이 된다; 초시계로 높이를 알고 있는 곳에서 물체가 낙하하는 시간을 측정하여 대략적인 자유낙하 가속도를 측정할 수 있다. 이러한 실험의 예는 끝이 없다. 물리적 모형이 없을 경우 상상력을 동원하여 스스로의 모형을 만들도록 해 보아라.

## PhysicsNow™ 활용그림과 연관된 예제

이 교과서와 함께 제공되는 웹 기반 학습 체계인 PhysicsNow™를 사용하도록 적극 권장하는 바이다. 작동하는 것을 보면 물리학을 이해하기 더 쉽다. 그리고 이 도구가 여러분과 하나가 되도록 해 줄 것이다. 서문에 기술한 PhysicsNow™ 매체는 www.pop4e.com에서 접속 가능하며 예비시험, 개별 학습 계획, 후시험 의 세 단계로 된 학습 체계이다. 상징 부호 **PhysicsNow™**로 표시한 문제 이외에 다음과 같은 활용그림과 연관된 예제가 있다.

1장: 활용그림 1.4 그리고 1.5
2장: 활용그림 2.2, 2.11, 2.12 그리고 2.13; 연관된 예제 2.5 그리고 2.8
3장: 활용그림 3.3, 3.13 그리고 3.14; 연관된 예제 3.3, 3.5 그리고 3.7
4장: 활용그림 4.6, 4.15 그리고 4.16; 연관된 예제 4.7
5장: 활용그림 5.5, 5.15, 5.19 그리고 5.25; 연관된 예제 5.5 그리고 5.8
6장: 활용그림 6.8, 6.11 그리고 6.13; 연관된 예제 6.3 그리고 6.6
7장: 활용그림 7.4, 7.13, 7.14 그리고 7.15; 연관된 예제 7.5
8장: 활용그림 8.21; 연관된 예제 8.6 그리고 8.8
9장: 활용그림 9.3, 9.5, 9.6, 9.17 그리고 9.18; 연관된 예제 9.4 그리고 9.8
10장: 활용그림 10.10, 10.12 그리고 10.15
12장: 활용그림 12.1, 12.2, 12.8, 12.10 그리고 12.13
13장: 활용그림 13.1, 13.4, 13.7, 13.8, 13.10, 13.13, 13.18, 13.20, 13.23, 13.26, 13.28 그리고 13.29
14장: 활용그림 14.2, 14.8, 14.10, 14.15 그리고 14.21; 연관된 예제 14.1, 14.4, 14.5 그리고 14.6
15장: 활용그림 15.6, 15.11, 15.16 그리고 15.22; 연관된 예제 15.1
16장: 활용그림 16.7, 16.11, 16.14 그리고 16.16; 연관된 예제 16.2 그리고 16.8
17장: 활용그림 17.4 그리고 17.10; 연관된 예제 17.3
18장: 활용그림 18.1, 18.2, 18.5, 18.12 그리고 18.13; 연관된 예제 18.2 그리고 18.4
19장: 활용그림 19.2, 19.13, 19.15, 19.16, 19.17, 19.18, 19.19 그리고 19.24
20장: 활용그림 20.2, 20.4, 20.11, 20.15, 20.17 그리고 20.22
21장: 활용그림 21.1, 21.4, 21.6, 21.8, 21.12 그리고 21.19; 연관된 예제 21.4 그리고 21.6
22장: 활용그림 22.4, 22.6, 22.7, 22.16 그리고 22.22; 연관된 예제 22.1 그리고 22.4
23장: 활용그림 23.2, 23.12, 23.15 그리고 23.24; 연관된 예제 23.2, 23.6 그리고 23.8
24장: 활용그림 24.1, 24.16, 24.20, 24.21 그리고 24.26; 연관된 예제 24.1, 24.3, 24.6 그리고 24.7

25장: 활용그림 25.7 그리고 25.8; 연관된 예제 25.1 그리고 25.3

26장: 활용그림 26.4, 26.6 그리고 26.9; 연관된 예제 26.2, 26.3, 26.7 그리고 26.8

27장: 활용그림 27.2, 27.3 그리고 27.4; 연관된 예제 27.1 그리고 27.3

28장: 활용그림 28.7, 그리고 28.17; 연관된 예제 28.1

29장: 활용그림 29.1, 29.6 그리고 29.7; 연관된 예제 29.2

30장: 활용그림 30.2, 30.8

## 물리학으로의 초대

여러분이 어떤 직업을 택하더라도 물리학이 재미있고 즐거운 경험이라는 것을 알게 되고 이러한 경험이 여러분에게 도움이 될 것을 우리는 진심으로 바라는 바이다. 재미있는 물리의 세계에 온 여러분을 환영합니다!

모래 알갱이에서 세상을 보고
들꽃에서 천국을 보는 이,
그대의 손바닥에 무한을 품고 있고
시간 속에 영원함을 가지고 있으리.

윌리엄 블레이크, 「순수의 모습」

# 차례

CHAPTER 1

# 서 론

OUTLINE



물리학은 실험을 기초로 한 이론을 전개하여 자연을 이해하는 것을 목표로 한다. 물리학적 이론은 기본적으로 물리적인 시스템이 어떻게 작용하는가에 대한 추론이며 보통 수학적으로 표현된다. 물리적 이론은 물리적인 시스템에 대한 예측을 가능하게 하며, 그 예측을 실험과 관찰을 통하여 검증할 수 있다. 만일 이론적 예측이 실제의 관측과 아주 유사하면 그 이론은 제한적이기는 하지만 이론으로 성립된다. 오늘날까지 물리 현상을 서술하는 데 있어서 완벽한 이론은 없고, 다만 완벽한 물리학으로 가는 중간 과정만이 있을 뿐이다. 따라서 모든 이론은 발전 과정에 있다.

물리학의 기본 법칙에는 힘, 속도, 부피, 그리고 가속도 등과 같은 물리량이 포함되어 있다. 모든 물리량은 좀더 기본적인 양으로 표현할 수 있는데, 역학에서는 **길이**(length: $L$), **질량**(mass: $M$) 그리고 **시간**(time: $T$)이 가장 기본적인 물리량이다. 즉, 모든 역학적인 물리량은 이 세 가지로 표현할 수 있다.

## 1.1 길이, 질량, 시간의 표준

어떤 물리적 양의 측정결과를 전달하기 위해서는 양에 대한 단위가 정의되어야 한다. 예를 들어 길이의 기본 단위가 1.0 m로 정의되어 있다고 하자. 그러면 벽의 높이가 2.0 m라는 것은 벽의 높이가 길이의 기본 단위의 2배라는 것이다. 마찬가지로 질량의 단위가 1.0 kg으로 정의되어 있고 어떤 사람의 몸무게가 75 kg이라는 것은, 그 사람의 질량은 질량의 기본 단위의 75배라는 의미인 것이다.

1960년 국제 위원회는 과학의 기본적인 양에 대한 단위의 표준을 **국제단위계**(**SI**; Système International)로 통일하였다. 국제단위계에서는 길이, 질량, 시간의 단위로 각각 미터(m), 킬로그램(kg), 초(s)를 사용한다.

Stone/Getty Images

수천 년 전 영국의 남쪽 사람들은 스톤헨지(Stonehenge)를 만들고 달력으로 사용하였다. 태양과 별의 위치와 바위를 비교하여 씨를 뿌리고 추수할 계절을 결정하였다.

**Physics Now™** 책에서 이런 표시가 있는 부분은 **http://physics.brookscole.com/ecp**에 로그인하여 독자 스스로 중요 개념을 테스트하거나 동영상을 만들어 볼 수 있다.

### 길이

1799년, 프랑스에서는 길이의 공식적인 기준 단위인 미터(m)를 적도에서 북극까지 거리의 천만분의 일로 정의하였다. 이 기준에 근거해 1966년까지, 통제된 조건에서 보관된 백금-이리듐 합금에 표시된 두 눈금 사이 길이를 미터의 공식 길이로 채택하였다. 그러나 후에 두 눈금 사이의 거리 측정이 정밀하지 않다는 이유로 이러한 표준은 폐기되었다. 1960년에 미터는 크립톤-86 램프에서 나오는 주황색 빛 파장의 1 650 763.73배로 정의되었다. 그러나 1983년 10월에 이것 또한 폐기되었고, **현재에는 진공 중에서 빛이**

◀ 미터의 정의

**1/299 792 458초 동안 진행한 거리로 다시 정의하여 미터의 표준으로 삼았다.** 가장 최근에 확정된 빛의 속도는 299 792 458 m/s이다.

## 질량

킬로그램의 정의 ▶ **국제단위계에서 질량 단위인 킬로그램은 프랑스 세르브(Sèvres)에 있는 국제 도량형국에 보관된 원통형 백금-이리듐 합금의 질량을 기준으로 한다.** 4장에서 배우겠지만, 질량은 물체가 운동 상태 변화에 대하여 저항하는 정도를 나타내는 양이다. 따라서 질량이 큰 물체가 질량이 작은 물체보다 운동 상태가 변화하기 어렵다.

## 시간

1960년 이전에는 시간의 기준을 1900년에 측정된 평균 태양일로부터 정의하였다(태양일이란 어느 날 태양이 남중하는 때부터 다음 날 남중할 때까지의 시간이다). 시간의 기본 단위인 초는 평균 태양일의 (1/60)(1/60)(1/24)=1/86 400으로 정의되었다. 그 후 1967년에 세슘 원자의 진동수를 측정하는 장치를 이용한 원자시계(표준시계)로 초를

초의 정의 ▶ 정의하였다. **현재 이 원자 시계가 9 192 631 700번 진동하는 데 걸리는 시간을 1초로 정의한다.**

## 길이, 질량, 시간의 여러 가지 어림값

여러 가지 길이, 질량, 시간의 어림값이 표 1.1, 표 1.2, 표 1.3에 제시되어 있다. 이 값들이 매우 넓은 범위에 있다는 것을 주목하라. 이 표를 이용하여 1 kg의 질량, $10^{10}$초(1세기는 대략 $3 \times 10^9$초), 혹은 2 m의 길이(농구팀 포워드의 평균 신장)의 감을 잡아보아라. 숫자 50 000을 $5 \times 10^4$으로 쓰는 10의 거듭 제곱에 대하여 공부할 필요가 있으면 부록 A를 참고하라. 물리학 책에서 주로 사용되는 단위는 국제단위계이며, 길이는 미터(m), 질량은 킬로그램(kg), 시간은 초(s)가 기본단위이다. cgs 단위계 혹은 가우스 단위계에서는 기본단위로, 길이는 센티미터(cm), 질량은 그램(g), 시간은 초(s)를 사용한다. 미국에서 사용하는 통상 단위계에서는 길이는 피트(ft), 부피는 슬러그(slug),

**표 1.1** 여러 가지 길이의 어림값

| | 길이 (m) |
|---|---|
| 지구에서 가장 가까운 별까지 거리 | $4 \times 10^{16}$ |
| 태양 주위의 지구 평균 공전 궤도 | $2 \times 10^{11}$ |
| 지구로부터 달까지의 평균 거리 | $4 \times 10^{8}$ |
| 지구의 평균 반지름 | $6 \times 10^{6}$ |
| 지구를 도는 인공위성의 대표적인 궤도 | $2 \times 10^{5}$ |
| 미식 축구장의 길이 | $9 \times 10^{1}$ |
| 집파리 길이 | $5 \times 10^{-3}$ |
| 가장 작은 먼지 입자의 크기 | $1 \times 10^{-4}$ |
| 살아 있는 세포의 크기 | $1 \times 10^{-5}$ |
| 수소 원자의 지름 | $1 \times 10^{-10}$ |
| 원자핵의 지름 | $1 \times 10^{-14}$ |
| 양성자의 지름 | $1 \times 10^{-15}$ |

**표 1.2** 여러 가지 질량의 어림값

| | 질량 (kg) |
|---|---|
| 관측 가능한 우주 | $1 \times 10^{52}$ |
| 은하 성단 | $7 \times 10^{41}$ |
| 태양 | $2 \times 10^{30}$ |
| 지구 | $6 \times 10^{24}$ |
| 달 | $7 \times 10^{22}$ |
| 상어 | $1 \times 10^{2}$ |
| 사람 | $7 \times 10^{1}$ |
| 개구리 | $1 \times 10^{-4}$ |
| 모기 | $1 \times 10^{-5}$ |
| 박테리아 | $1 \times 10^{-15}$ |
| 수소 원자 | $2 \times 10^{-27}$ |
| 전자 | $9 \times 10^{-31}$ |

**표 1.3** 여러 가지 시간에 대한 어림값

| | 시간 간격 (s) |
|---|---|
| 우주의 나이 | $5 \times 10^{17}$ |
| 지구의 나이 | $1 \times 10^{17}$ |
| 대학생의 평균 나이 | $6 \times 10^{8}$ |
| 1년 | $3 \times 10^{7}$ |
| 하루 | $9 \times 10^{4}$ |
| 심장의 정상 박동 시간 | $8 \times 10^{-1}$ |
| 가청 음파의 주기[a] | $1 \times 10^{-3}$ |
| 대표적인 라디오파의 주기[a] | $1 \times 10^{-6}$ |
| 고체 원자의 진동 주기[a] | $1 \times 10^{-13}$ |
| 가시광선의 주기[a] | $2 \times 10^{-15}$ |
| 핵 충돌 지속 시간 | $1 \times 10^{-22}$ |
| 빛이 양성자를 통과하는 데 걸리는 시간 | $3 \times 10^{-24}$ |

[a]주기는 한 번 진동하는 데 걸리는 시간을 나타낸다.

**표 1.4** 미터법에서 사용되는 10의 거듭제곱을 나타내는 접두사와 약자(SI와 cgs 단위)

| 거듭제곱 | 접두사 | 약자 |
|---|---|---|
| $10^{-18}$ | 아토(atto-) | a |
| $10^{-15}$ | 펨토(femto-) | f |
| $10^{-12}$ | 피코(pico-) | p |
| $10^{-9}$ | 나노(nano-) | n |
| $10^{-6}$ | 마이크로(micro-) | μ |
| $10^{-3}$ | 밀리(mili-) | m |
| $10^{-2}$ | 센티(centi-) | c |
| $10^{-1}$ | 데시(deci-) | d |
| $10^{1}$ | 데카(deka-) | da |
| $10^{3}$ | 킬로(kilo-) | k |
| $10^{6}$ | 메가(mega-) | M |
| $10^{9}$ | 기가(giga-) | G |
| $10^{12}$ | 테라(tera-) | T |
| $10^{15}$ | 페라(pera-) | P |
| $10^{18}$ | 엑사(exa-) | E |

시간은 초(s)를 사용한다. 국제단위계(SI)는 거의 모든 과학이나 공학에서 사용하며, 이 책에서도 역시 국제단위계를 사용한다. 또한 제한적으로 가우스 단위계와 미국에서 사용되는 단위계를 사용할 것이다. 국제 단위계와 가우스 단위계에서 빈번히 사용되는 10의 거듭제곱을 나타내는 접두사와 약자가 표 1.4에 나와 있다. 예를 들어, $10^{-3}$ m(미터)는 1 mm(밀리미터)를 의미하고, $10^{3}$ m (미터)는 1 km(킬로미터)가 된다. 같은 원리로 1 kg (킬로그램)은 $10^{3}$ g(그램)과 같고, 1 MV(메가볼트)는 $10^{6}$ V(볼트)이다.

## 1.2 물질의 구성 요소

순금 1 kg(≈ 2 lb)을 사용하면 한 변의 길이가 3.73 cm(≈ 1.5 in)인 정육면체를 만들 수 있다. 이 정육면체를 반으로 자른다면 두 개의 조각은 화학적인 성질이 순금과 똑 같을 것이다. 이 잘린 조각을 계속해서 자른다면 잘린 조각에 무슨 일이 일어날 것인가? 그리스의 철학자 레우키포스(Leucippos)와 데모크리토스(Democritos) 두 사람은 어떤 물체를 영원히 자를 수 없다고 생각하였다. 이 두 사람은 어떤 물체를 계속 자르다 보면 결국 자를 수 없는 입자가 나온다고 생각했다. 그리스어로 *atomos*는 '잘라질 수 없는'이라는 뜻을 가지고 있다. '가장 작은 최후의 입자'라는 뜻의 *atom*이라는 영어단어는 여기서 나왔다. 그러나 최후의 입자로 기대되었던 원자(atom)는 이미 더 작은 기본 입자들로 구성되었다는 것이 발견되었다.

원자를 태양계의 축소판이라고 생각하면, 태양의 위치에는 양(+)전하를 띤 핵이 있고 그 주위를 음(−)전하를 띤 전자들이 행성들처럼 돈다고 볼 수 있다.

양성자와 중성자 두 실체는 핵을 구성하고 있다. **양성자**는 양전하의 자연의 기본 운반자이고, 전자와는 크기는 같지만 부호가 반대인 전하를 띤다. 원소를 결정하는 것은 핵 속의 양성자 수이다. 예를 들어 핵 안에 양성자가 하나 있다면 중성자 개수에 관계없이 이것은 수소원자이다. 더 많은 여분의 중성자가 있는 것은 수소의 동위원소이며

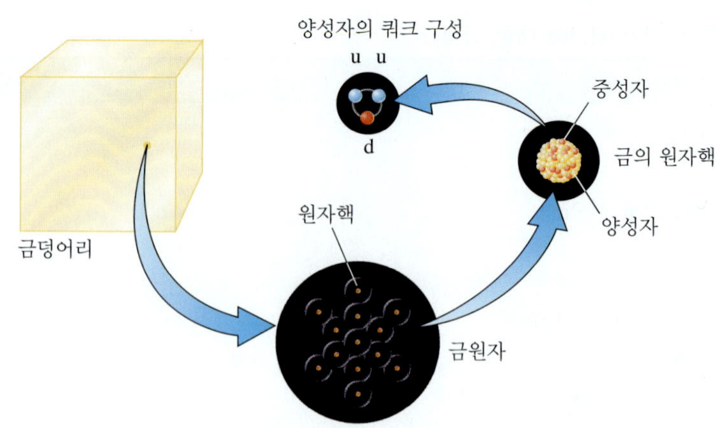


**그림 1.1** 물질 구성. 물질은 원자로 구성되어 있다. 각 원자의 중심에 양성자와 중성자로 구성된 핵이 있다. 양성자와 중성자는 쿼크로 이루어 졌다. 양성자의 쿼크 구성을 보여 주고 있다.

(중수소나 삼중수소) 화학적 반응성이 수소와 동일하지만 무게는 수소보다 무겁다. 마찬가지로 중성자 수에 관계없이 핵 속에 양성자가 2개면 이것은 헬륨원자가 된다.

**중성자**는 전하를 가지고 있지 않으며 질량은 양성자의 질량과 같다. 중성자의 가장 중요한 역할은 핵을 단단히 묶는 접착제처럼 행동한다는 것이다. 만일 중성자가 없으면 양전하를 띤 양성자 사이의 전기적 반발력 때문에 원자핵이 쪼개져 버릴 것이다.

여기서 입자를 더 쪼갤 수 없을까? 양성자와 중성자 그리고 또 다른 여러 소립자들은 **쿼크**(quark)라 불리는 6개의 기본 입자로 구성되어 있다고 생각된다. 이 6개의 기본 입자는 **위**(up), **아래**(down), **기묘**(strange), **맵시**(charm), **바닥**(bottom), **꼭대기**(top)라 부른다.

위, 맵시, 꼭대기 쿼크는 양성자의 $+\frac{2}{3}$의 전하량을 가지고 있고, 아래, 기묘, 바닥 쿼크는 양성자의 $-\frac{1}{3}$의 전하량을 가지고 있다. 양성자는 2개의 위 쿼크와 1개의 아래 쿼크로 구성되어 있어(그림 1.1) 알짜 전하가 +1을 갖는다. 중성자는 2개의 아래 쿼크와 1개의 위 쿼크로 구성되어 있어 알짜 전하가 0이다.

모든 물질을 설명하는 데 위(up)과 아래(down) 쿼크만으로 충분하다. 그러므로 고에너지 실험에서 간접적으로 관측되는 다른 네 개의 쿼크의 존재는 신비스럽다고 할 수 있다. 쿼크도 내부 구조가 있을 수 있다. 현재 대부분의 기본 입자가 아주 작은 진동하는 끈으로 되어 있지 않을까 하고 과학자들은 생각하고 있다.

## 1.3 차원 분석

물리학에서 **차원**이란 어떤 양의 물리학적 성질을 나타낸다. 예를 들어 두 점 사이의 떨어진 거리는 피트, 미터, 혹은 펄롱(furlong, 길이의 단위로 1/8 마일) 단위로 측정되는데, 이는 **길이**의 차원을 표현하는 다른 방법들이다.

이 절에서는 길이, 질량, 시간 차원을 나타내는 기호로 L, M, T를 사용하며, 물리량의 차원을 나타내기 위하여 [ ] 형태의 괄호를 사용할 것이다. 예를 들어 속도 $v$의 차원은 $[v] = \mathrm{L/T}$가 되며, 면적 $A$의 차원은 $[A] = \mathrm{L}^2$이다. 면적, 부피, 속도, 가속도의 차원은 표 1.5에 세 가지 단위계별로 정리해 놓았다. 힘이나 에너지 같은 물리량의 차원은 각 장에서 사용될 때 자세히 설명할 것이다.

물리학에서는 수학적인 공식이나 방정식을 유도하고 그 방정식이 올바른가를 확인

**표 1.5** 면적, 부피, 속도, 가속도의 차원

| 단위계 | 면적 ($L^2$) | 부피 ($L^3$) | 속도 (L/T) | 가속도 ($L/T^2$) |
|---|---|---|---|---|
| SI | $m^2$ | $m^3$ | m/s | $m/s^2$ |
| cgs | $cm^2$ | $cm^3$ | cm/s | $cm/s^2$ |
| 미국(보통사용) | $ft^2$ | $ft^3$ | ft/s | $ft/s^2$ |

할 필요가 있다. 이런 확인 과정 중 하나로 소위 **차원 분석**(dimensional analysis)이라는 방법이 있으며, **차원 분석에서는 차원을 대수적인 양으로 취급한다.** 같은 차원이라면 덧셈과 뺄셈이 가능하다. 방정식의 양 변은 같은 차원을 가져야 한다. 만일 서로 다르면 그 방정식은 틀린 것이다.

차원 분석 과정의 예를 들어 보자. 차가 정지상태에서 출발하여 시간 $t$ 동안 일정한 가속도 $a$로 거리 $x$를 움직였다고 가정해 보자. 양 $x$는 거리의 차원으로 $[x] = \mathrm{L}$이다. 물론 시간 $t$의 차원은 $[t] = \mathrm{T}$이다. 가속도는 시간에 대한 속도 $v$의 변화이다. 속도는 단위 시간당 길이의 차원을 가지므로 $[v] = \mathrm{L/T}$이고, 가속도는 $[a] = \mathrm{L/T^2}$이다. 이런 것들을 다음과 같이 차원식 형태로 나타낼 수 있다.

$$[a] = \frac{[v]}{[t]} = \frac{\mathrm{L/T}}{\mathrm{T}} = \frac{\mathrm{L}}{\mathrm{T}^2} = \frac{[x]}{[t]^2}$$

식의 왼쪽과 오른쪽으로 다음과 같은 식을 추측할 수 있지만,

$$a = \frac{x}{t^2} \longrightarrow x = at^2$$

이 식은 옳지 않다. 왜냐하면 차원분석을 통해 결정할 수 없는 비례상수가 빠져 있기 때문이다. 2장에서 보겠지만 올바른 표현은 $x = \frac{1}{2}at^2$이다.

물리적인 양을 대수적으로 다루면 차원 분석을 통해 계산의 오류를 점검할 수 있다. 계산 오류는 단위가 일치하지 않는 경우가 대부분이므로, 예를 들면 방정식의 왼편은 미터이고 오른편이 시간 분의 미터라면 바로 방정식이 틀렸음을 알 수 있다.

### 예제 1.1 식의 분석

**목표** 차원 분석을 사용하여 식을 점검한다.

**문제** 식 $v = v_0 + at$가 차원적으로 옳음을 보여라. 여기서 $v$와 $v_0$는 속도이고, $a$는 가속도, $t$는 시간을 나타낸다.

**전략** 각 항을 분석하여 차원을 구한다. 그리고 모든 항이 서로 일치하는지를 점검한다.

**풀이**

$v$와 $v_0$의 차원을 구하라. $$[v] = [v_0] = \frac{\mathrm{L}}{\mathrm{T}}$$

$at$의 차원을 구하라. $$[at] = \frac{\mathrm{L}}{\mathrm{T}^2}(\mathrm{T}) = \frac{\mathrm{L}}{\mathrm{T}}$$

**주의** 모든 항이 일치하면 식은 차원적으로 옳다.

**연습문제 1.1**

식 $x = at^2$이 차원적으로 옳은가를 결정하라. 만일 틀리면 올바른 표현으로 고쳐 보아라.

**답** 틀리다. $x = vt$가 차원적으로 옳다.

## 1.4 측정오차와 유효숫자

물리학은 수학적인 법칙을 실험에 의해 검증하는 과학이다. 우리의 감각은 한계가 있기 때문에 물리량을 완벽하게 정확히 결정할 수 없다. 현미경이나 사이크로트론, 그리고 다른 간단한 기계장치를 사용하더라도 마찬가지이다. 실험의 불확실성을 안다는 것은 매우 중요하다. 이러한 정보 없이 최종 측정에 관하여 말하기는 매우 어렵다. 예를 들면 정밀하지 않는 저울을 사용하여 금괴가 3 kg이라는 것을 알았다 하자. 금괴를 구매하고자 하는 사려 깊은 고객은 금괴가 정확히 얼마인지를 알고 정당한 가격을 지불하고 싶어 할 것이다. 만일 저울이 1 kg 이내까지만 정확하다는 사실을 알면 불쾌할 것이다. 그 이유는 3 kg 값을 지불하고 금괴 2 kg을 받지 않았을까 하는 의구심을 버릴 수 없기 때문이다. 물론 3 kg 값을 지불하고 4 kg을 받을 수 있지만, 대부분의 사람들은 오차 때문에 더 많은 이익을 얻을 수도 있는 모험을 하지 않는다.

측정 오차는 기구의 감도, 측정하는 사람의 기술 수준, 그리고 측정하는 반복 횟수에 따라 달라진다. 오차를 취급하는 방법은 많이 있다. 그러나 이 책에서는 실험과 그 결과를 계산하는 기본적이고 실제적인 방법을 제시할 것이다.

실험실에서 막대 미터자로 사각형 판의 면적을 측정한다고 가정하자. 사각형 판의 한 변을 측정하는 정확도가 ±0.1 cm라고 하면, 판의 한 변이 16.3 cm로 측정될 때 실제의 길이가 16.2 cm에서 16.4 cm 사이에 있다는 것을 의미한다. 이 경우 측정값은 세 자리의 유효숫자를 가지고 있다. 마찬가지 방법으로 가로 길이의 측정값이 4.5 cm라면 실제값은 4.4 cm에서 4.6 cm 사이에 있고, 이 측정값은 두 자리의 유효숫자를 가진다. 따라서 두 변의 측정값은 16.3±0.1 cm와 4.5±0.1 cm로 쓴다. 일반적으로 **유효숫자는 신뢰할 수 있는 수이다.**

측정된 두 값을 곱하여 사각형 판의 넓이를 계산해 보자. 참값은 (16.3 − 0.1 cm)(4.5 − 0.1 cm) = (16.2 cm)(4.4 cm) = 71.28 cm$^2$와 (16.3 + 0.1 cm)(4.5 + 0.1 cm) = (16.4 cm)(4.6 cm) = 75.44 cm$^2$ 사이에 있다. 여기서 백분의 일 자리까지 혹은 십분의 일 자리까지 안다고 말하는 것은 의미가 없다. 그 이유는 참값이 71의 1인지 혹은 75의 5인지, 71과 75 사이의 값인지 첫 번째 자리에 대하여 확실하지 않기 때문이다. 백분의 일(소수 두 번째) 자리와 십분의 일(소수 첫 번째) 자리는 분명히 의미가 없다. 그러나 자릿수에 대한 정보는 의미가 있다. 오차 범위의 중앙값을 곱하면 (16.3 cm)(4.6 cm) = 73.35 cm$^2$이다. 이 값은 면적 오차범위 값의 중앙값이다. 그러나 소수 첫째 자리와 둘째 자리는 의미가 없으므로 버려서 73 cm$^2$를 얻고 오차는 ±2 cm$^2$가 된다. 이 경우 면적의 유효숫자는 두 개이다. 면적을 구하기 전 길이 16.3 cm는 유효숫자가 세 개이고, 폭 4.5 cm는 유효숫자가 두 개인데 가장 작은 유효 자릿수와 같은 유효 자릿수이다.

**✓ Checkpoint 1.1**

곱셈 2.105×1.7은 유효숫자가 몇 개인가?

유효 자릿수를 결정하는 유용한 두 개의 규칙이 있다. **첫 번째는 곱하기와 나누기에 관한 것이다. 유효 자릿수가 다른 수를 곱하거나 나눌 때 그 결과의 유효 자릿수는 가장 정확도가 떨어지는 숫자의 유효 자릿수와 같다. 즉, 유효 자릿수가 가장 작은 수와 유효 자릿수가 같다.**

유효숫자를 얻기 위하여 몇 가지 과정이 필요하다. 최종 자리가 5 미만이면 버리고, 5 이상이면 반올림한다.

0이 유효숫자일 수도 아닐 수도 있다. 0.03이나 0.007 5와 같이 소수점으로 표시되는 수에 사용되는 0은(오류를 범하지 않기 위해서는 유용하지만) 유효숫자가 아니다. 따라서 0.03은 유효숫자가 하나이고, 0.007 5는 유효숫자가 둘이다.

숫자의 마지막에 오는 수 0은 유효숫자가 아닐 가능성이 있다. 예를 들면, 물체의 질량이 1 500 g 경우를 생각해 보자. 마지막 두 개의 0은 자릿수를 나타낸 것인지 아니면 유효숫자인지가 불분명하다. 이런 애매모호한 점을 제거하기 위하여 유효숫자만을 표시하는 과학적인 표기법이 도입되었다.

이러한 경우 측정값의 유효숫자가 두 개이면 $1.5 \times 10^3$ g, 유효숫자가 세 개이면 $1.50 \times 10^3$ g, 유효숫자가 네 개이면 $1.500 \times 10^3$ g으로 표기한다. 마찬가지 방법으로 0.000 15 g인 경우 유효숫자가 두 개이면 $1.5 \times 10^{-4}$이고, 유효숫자가 세 개이면 $1.50 \times 10^{-4}$, 유효숫자가 네 개이면 $1.500 \times 10^{-4}$로 표기한다. 0.000 15 숫자에서 소수점과 1 사이에 있는 세 개의 0은 단순히 자릿수를 맞추기 위하여 사용되기 때문에 유효숫자가 아니다. 이 책에서 **대부분의 숫자로 된 예제와 각 장의 마지막 문제의 답은 두세 개의 유효숫자를 가진 답으로 계산될 것이다.**

수를 빼거나 더하는 경우는 유효 자릿수보다는 더하거나 빼는 수들의 소수점의 위치가 매우 중요하다. **어떤 수들을 더하거나 뺄 때, 결과 값의 소수점 이하 유효 자릿수는 모든 숫자 중 소수점 이하 유효 자릿수가 가장 적은 경우와 같아야 한다.** 예를 들면 123(소수점 이하 0자리) + 5.35(소수점 이하 2자리)를 계산하면, 답은 128.35가 아니라 128(소수점 이하 0자리)이 된다. 1.000 1(소수점 이하 4자리) + 0.000 3(소수점 이하 4자리)은 1.000 4(소수점 이하 4자리)가 정확한 결과이다. 곱셈과 나눗셈의 경우와 달리 0.000 3은 오직 한 자리의 유효숫자를 가지고 있지만 계산 결과는 다섯 자리의 유효숫자를 가지고 있다. 마찬가지 방법으로 1.002 − 0.998 = 0.004의 결과는 네 자리의 유효숫자를 가진 수와 세 자리 유효숫자를 가진 수를 계산했지만 결과는 한 자리의 유효숫자만 남는다.

**TIP 1.1 계산기 사용**
계산기는 메모리칩이 허용하는 가능한 많은 자릿수를 나타내도록 되어 있다. 따라서 최종 답은 유효숫자에 맞추도록 한다.

**TIP 1.2 콤마 없는 많은 자릿수**
과학에서 세 자리 이상의 숫자를 표현할 때 세 자리씩 묶어서 약간 띄어 쓴다. 예를 들면 10 000은 미국식으로 표현하면 10,000과 마찬가지이다. 같은 방법으로 $\pi$=3.14159265는 3.141 592 65로 쓴다.

### 예제 1.2 카펫 깔기

**목표** 곱셈에서 유효 자릿수를 안다.

**문제** 길이가 12.71 m, 폭이 3.46 m인 방에 카펫을 깔려고 한다. 적합한 유효 자릿수로 방의 넓이를 계산하라.

**전략** 먼저 각 수의 유효숫자를 센다. 결과에 사용할 수 있는 유효 자릿수는 계산하는 숫자 중 가장 작은 유효 자릿수와 같아야 한다.

**풀이** 유효숫자를 센다.

12.71 m ⟶ 4자리의 유효숫자
3.46 m ⟶ 3자리의 유효숫자

두 수를 곱하고 3개의 유효숫자만 남긴다.

$12.71\ \text{m} \times 3.46\ \text{m} = 43.976\,6\ \text{m}^2 \longrightarrow$ **$44.0\ \text{m}^2$**

**주의** 43.976 6을 3자리 유효숫자로 줄일 때 반올림법을 사용한다. 마지막 유효숫자의 바로 아래서 반올림하면 9에 1이 더해져 10이 된다.

**연습문제 1.2**
같은 문제를 반복해 보자. 방은 길이가 9.72 m이고 폭이 3.5 m이다.

**답** 52 $\text{m}^2$

이러한 규칙이 왜 성립하는가를 보이기 위하여 123와 5.35를 더하는 첫 번째 예로 돌아가 보자. 숫자를 다시 쓰면 123.*xxx*와 5.35*x*이다. *x*는 임의의 숫자로 0~9이다. 소수점을 중심으로 줄을 맞추어 적고 모르는 수를 아는 수나 모르는 수와 더하면 모르는 수가 된다는 규칙을 적용하여 더하면 다음을 얻는다.

$$\begin{array}{r} 123.xxx \\ +\quad 5.35x \\ \hline 128.xxx \end{array}$$

128.$xxx$은 덧셈에서 소숫점 다음의 숫자는 알 수 없기 때문에 128만 맞는 답임을 의미한다. 이번 예는 오차가 덧셈과 뺄셈의 경우 소수점 이하 수가 가장 적은 수에 의하여 결정됨을 보여 주는 것이다.

**☑ Checkpoint 1.2**

합 3.2 + 20.614는 유효숫자가 몇 개인가?

유효숫자는 계산 과정과 계산하는 순서에 따라서 약간의 차이가 있을 수 있다. 예를 들어 2.35 × 5.89/1.57를 계산해 보자. 세 가지 다른 순서로 계산할 수 있다. 첫 번째는 2.35 × 5.89 = 13.842는 유효숫자를 맞추면 13.8이다. 다음 13.8/1.57 = 8.789 8이 되어 유효숫자를 맞추면 8.79이다. 두 번째는 5.89/1.57 = 3.751 6이 되어 유효숫자를 맞추면 3.75이다. 다음 2.35 × 3.75 = 8.812 5가 되어 유효숫자를 맞춘 결과는 8.81이다. 세 번째 방법은 2.35/1.57 = 1.496 8이 되어 유효숫자를 맞추면 1.50이고, 1.50 × 5.89 = 8.835로 유효숫자를 맞춘 결과는 8.84이다. 반올림과 계산의 순서에 따라서 8.79, 8.81, 그리고 8.84의 세 가지 다른 답을 얻는다. 이러한 차이는 유효숫자의 마지막 자리는 실험 오차 범위에 있는 값 중 대표로 한 값을 나타낸 것에 불과 하기 때문에 예상되는 결과이다. 이러한 차이는 한두 개의 여분의 자리를 더 잡아 계산함으로써 줄일수 있다. 실험에 있어서 정밀한 기술이 실험 결과의 오차를 줄일 수 있다.

## 1.5 단위의 변환

한 단위계에서 다른 단위계로 단위의 변환이 가끔 필요하다. 길이에 대한 국제단위계와 미국에서 통상 사용하는 단위계 사이에는 다음과 같은 관계가 있다.

$$1 \text{ mile} = 1\,609 \text{ m} = 1.609 \text{ km} \qquad 1 \text{ ft} = 0.304\,8 \text{ m} = 30.48 \text{ cm}$$

$$1 \text{ m} = 39.37 \text{ in.} = 3.281 \text{ ft} \qquad 1 \text{ in.} = 0.025\,4 \text{ m} = 2.54 \text{ cm}$$

이 책의 앞표지 속에 더 자세한 변환표가 있으니 참고하길 바란다.

일반적으로 단위는 대수적인 양처럼 계산할 수 있다. 필요에 따라서 마치 서로 소거하여 없앨 수 있다. 예를 들어 15.0 in.를 cm로 바꿀 때, 1 in. = 2.54 cm이므로 다음과 같이 계산할 수 있다.

$$15.0 \text{ in.} = 15.0 \cancel{\text{in.}} \times \left(\frac{2.54 \text{ cm}}{1.00 \cancel{\text{in}}}\right) = 38.1 \text{ cm}$$

미국 노스캐롤라이나 주 롤리 시 근처에 있는 표지판. 마일과 킬로미터가 동시에 표시되어 있다. 이 변환이 얼마나 정확한지 확인해 보라.

다음 예제는 여러 변환과 거듭제곱을 어떻게 취급하는가에 대한 것이다.

**예제 1.3** **갓길로 나오시오!**

**목표** 단위 변환 규칙을 사용하여 단위를 변환한다.

**문제** 28.0 m/s로 달리는 자동차는 속도 제한인 55.0 mi/h를 얼마나 초과했는가?

**전략** 책의 앞표지 안에 있는 변환표를 사용하여 미터를 마일로, 초를 시간으로 변환한다.

**풀이**

미터를 마일로 변환한다.

$$28.0\text{ m/s} = \left(28.0\,\frac{\cancel{\text{m}}}{\text{s}}\right)\left(\frac{1.00\text{ mi}}{1\,609\,\cancel{\text{m}}}\right) = 1.74 \times 10^{-2}\text{ mi/s}$$

초를 시간으로 변환한다.

$$1.74 \times 10^{-2}\text{ mi/s} = \left(1.74 \times 10^{-2}\,\frac{\text{mi}}{\cancel{\text{s}}}\right)\left(60.0\,\frac{\cancel{\text{s}}}{\cancel{\text{min}}}\right)\left(60.0\,\frac{\cancel{\text{min}}}{\text{h}}\right)$$

$$= \boxed{62.6\text{ mi/h}}$$

**주의** 차는 속도 제한을 초과하였으므로 속도를 줄여야 한다. 다른 방법으로 1.00 m/s = 2.24 mi/h의 관계식을 사용하여 변환한다.

$$28.0\text{ m/s} = \left(28.0\,\frac{\cancel{\text{m}}}{\cancel{\text{s}}}\right)\left(\frac{2.24\text{ mi/h}}{1.00\,\cancel{\text{m/s}}}\right) = 62.7\text{ mi/h}$$

이와 같이 변환 문제에 대한 답이 다를 수 있다. 그 이유는 중간 과정에서의 유효숫자 처리 때문이다.

**연습문제 1.3**

152 mi/h를 m/s로 변환하라.

**답** 68.0 m/s

## 1.6 크기와 어림 계산

수학적인 이유이거나 제한된 정보 때문에 계산에 대한 정확한 답을 얻는 것이 어렵거나 불가능할 때가 있다. 이러한 경우에 보다 정밀한 계산이 필요한지를 결정하기 위하여 어림 계산이 필요하다. 정확한 계산을 할 때도 점검을 위해 어림 계산이 필요하다.

문제에서 물리량을 10의 거듭제곱 꼴로 근사하여 계산하면 충분한 경우가 많다. 10의 거듭제곱 꼴로 나타낸 근사값을 **크기의 정도**(order of magnitude)라 한다. 예를 들어 질량이 75 kg인 사람은 $\sim 10^2$ kg이다. 여기서 '~'의 기호는 '약' 혹은 '크기의 정도'라는 기호이다. 어떤 양이 크기의 정도가 3 증가했다는 말은 $10^3 = 1\,000$배 정도 증가했음을 나타낸다.

가끔은 어림 계산이 상당히 부정확한 결과를 나타내기도 한다. 하지만 어림 계산의 결과로 10의 몇 배라던가 '너무 크다' 혹은 '너무 작다' 등의 유용한 정보를 얻을 수 있다. 예를 들어 얼마나 많은 사람들이 어떤 병에 감염되었는가에 관심이 있는 경우를 생각해 보자. 일만 이하의 어림 계산은 지구의 총 인구에 비하여 아주 작은 수치이다. 백만 이상이라 하면 놀랄만한 수치이다. 그러므로 상대적인 부정확한 정보도 가치 있는 지침이 된다.

**☑ Checkpoint 1.3**

곱셈 78×14를 어림으로 계산하여 10의 거듭제곱 꼴로 표시해 보자.

이런 어림 계산법을 적용하면 계산 시 수의 "정확성"으로부터 어느 정도 자유롭게 수를 택할 수 있게 된다. 예를 들어 $\pi \sim 1$, $27 \sim 10$, $65 \sim 100$으로 할 수 있다. 그래도 좀 더 오차를 줄이려면, $\pi \sim 3$, $27 \sim 30$, $65 \sim 70$과 같이 더 정확한 값을 사용하면 된다. 좀더 오차를 줄이기를 원한다면 어떤 양을 완전히 모를 때는 다음 예제와 같이 합리적이고 논리적인 추론으로 정하는 것을 표준으로 한다.

### 예제 1.4 얼마나 많은 휘발유를 사용할까?

**목표** 복잡한 어림 계산을 해 본다.

**문제** 미국에서 1년 동안 자동차가 소비한 휘발유량을 어림잡아 계산하라.

**전략** 미국 인구를 어림하고, 개인당 자동차 수를 어림한다. 자동차의 수를 얻기 위하여 인구를 곱한다. 보통 자동차에 대한 연비, 즉 갤런당 마일 수를 추정하고, 자동차가 연간 달리는 마일 수를 계산하여 각 자동차당 연간 휘발유 소모량을 갤런으로 계산한다. 마지막 답을 얻기 위하여 어림한 자동차 대수를 곱하여 연간 총 소모 휘발유 갤런량을 어림한다.

**풀이**

자동차 수는 미국 인구에 각 개인이 소유한 자동차 대수를 곱한 수이다.

$$\text{자동차 대수} = (3.00 \times 10^8\text{사람}) \times (0.5\ \text{cars/개인}) \sim 10^8\ \text{cars}$$

1년에 자동차 한 대가 사용한 휘발유 갤런은 갤런당 마일로, 1년간 운전한 마일 수를 나눈 값이다.

$$\frac{\#\text{gal/yr}}{\text{car}} \approx \frac{\left(\dfrac{10^4\ \text{mi/yr}}{\text{car}}\right)}{10\ \dfrac{\text{mi}}{\text{gal}}} = 10^3\,\frac{\text{gal/yr}}{\text{car}}$$

1년에 사용한 휘발유의 어림값을 얻기 위하여 두 결과를 곱한다.

$$\#\text{gal} \sim (10^8\ \text{cars}) \times \left(10^3\,\frac{\text{gal/yr}}{\text{car}}\right) = \boxed{10^{11}\ \text{gal/yr}}$$

**주의** 부정확하지만 미국 인구 수, 1인당 자동차 수(한 종류 이상 차를 소유한 사람도 있음), 총 자동차 수를 약간 높게 잡았고, $1.5 \times 10^8$을 $10^8$으로 끊어 생각한 것, 1년간 자동차의 평균 주행거리, 평균 연비 10 mi/gal 등은 낮게 잡았다. 이러한 어림값은 중요하지 않다. 그 이유는 결과의 크기에만 관심이 있기 때문이다. 극소수가 1년에 1 000 마일을 주행한다. 또한 아주 소수가 100 000 마일을 주행한다. 그러므로 10 000 마일은 좋은 어림값이다. 마찬가지로 대부분의 차는 연비가 갤런당 10에서 30마일 사이의 값을 가지므로 10은 합리적인 어림값이다. 반면에 100 mi/gal 혹은 1 mi/gal은 아주 극소수의 차에 해당한다.

어림값 계산에 있어서 대범해도 괜찮다! 정상적으로 허용되지 않는 것도 계산에 사용할 수 있다.

**연습문제 1.4**

매년 미국에서는 얼마나 많은 새 차타이어를 구매하는가? (대략 50,000 마일이면 타이어가 닳는다는 것을 이용하라.)

**답** $\sim 10^8$ (각자 답이 다를 수 있다.)

### 예제 1.5 1달러 지폐들을 달까지 쌓아올려라.

**목표** 주어진 높이에 닿기 위해 쌓는 물체의 수를 추정한다.

**문제** 하나씩 쌓아 올릴 때, 달까지 도달하는 데 몇 개의 1달러 지폐들이 필요한가?

**전략** 달까지의 거리는 약 400 000 km이다. 1 mm 안에 1달러 지폐의 수를 추측한다. 그런 다음 동일한 길이 단위로 전환한 후, 달까지 거리에 지폐 수를 곱한다.

**풀이**

지폐 10장의 두께를 1 mm로 하고, mm를 km으로 전환한다.

$$\frac{10\ \text{bills}}{1\ \cancel{\text{mm}}}\left(\frac{10^3\ \cancel{\text{mm}}}{1\ \cancel{\text{m}}}\right)\left(\frac{10^3\ \cancel{\text{m}}}{1\ \text{km}}\right) = \frac{10^7\ \text{bills}}{1\ \text{km}}$$

이 값에 달까지의 거리를 곱한다.

$$\text{1달러 지폐의 수} \sim (4 \times 10^5\ \text{km})\left(\frac{10^7\ \text{bills}}{1\ \text{km}}\right) = \boxed{4 \times 10^{12}\ \text{bills}}$$

**주의** 그것은 미국의 국채와 같은 수준의 크기와 같다!

**연습문제 1.5**
약 170 m인 워싱턴 기념비의 높이와 같기 위해서는 몇 개의 판자를 쌓아 올려야 하는가?

**답** ~ $10^5$ (답이 다를 수 있다.)

## 1.7 좌표계

물리학은 공간 상의 위치를 다루는 경우가 많다. 따라서 좌표계를 정의할 필요가 있다. 선 위의 한 점은 1개의 좌표로 표시할 수 있고, 평면 위의 한 점은 2개의 좌표로 표시 가능하며, 공간 속의 한 점은 3개의 좌표로 표시할 수 있다.

공간 속에서 위치를 나타낼 때 사용하는 좌표계는 다음과 같은 특징이 있다.

- **원점**이라 부르는 고정된 기준점 $O$
- 적절한 눈금과 이름이 붙여진 좌표축 또는 방향축
- 원점과 좌표축에 대하여 공간의 한 점을 표시하는 방법

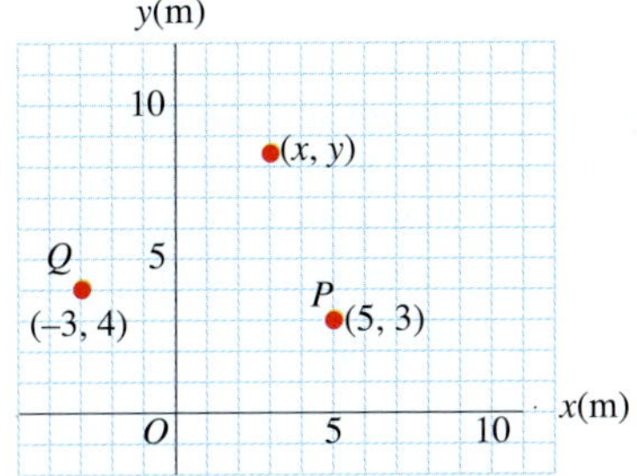


**그림 1.2** 2차원 직교 좌표계에서 점 위치 표시법 위치. 모든 점들은 $(x, y)$ 좌표가 주어진다.

보통 편리하게 사용된 좌표계는 **직교 좌표계**(rectangular coordinate system) 혹은 **카테시안 좌표계**(Cartesian coordinate system)라 부르는 좌표계가 있다. 그림 1.2에 2차원의 직교 좌표계의 예가 있는데, 이 좌표계에서는 임의의 점을 나타낼 때 좌표 $(x, y)$를 사용한다. 예를 들면 그림의 점 $P$의 좌표는 (5, 3)이다. 이 좌표는 원점($O$)에서 시작하여 오른쪽으로 5 m를 이동하고, 그 점에서 위쪽으로 3 m를 움직이는 것을 의미한다. 같은 방법으로 점 $Q$의 좌표는 (−3, 4)인데 원점에서 왼쪽으로 3 m, 위로 4 m 이동한다는 것을 의미한다. 양의 방향 $x$는 원점에서 오른쪽을 선택하고, 양의 방향 $y$는 원점에서 위쪽을 선택한다. 2차원 좌표에서 이렇게 선택하는 것이 보통이다(3차원 좌표계에서는 오른쪽 좌표계와 왼쪽 좌표계가 있다. 이 두 좌표계 사이의 차이는 어떤 연산에 대해 좌표값의 부호가 바뀐다는 것이다. 필요에 따라서 이런 좌표계를 언급할 것이다).

어떤 때는 평면 위의 점을 표시하기 위하여 그림 1.3과 같이 **극좌표계**(plane polar coordinates) $(r, \theta)$가 편리한 경우가 있다. 이 좌표계에서 원점($O$)과 기준선을 그림과 같이 선택한다. 임의의 점의 위치는 원점에서부터 이 점까지의 거리 $r$과 원점과 이 점을 연결한 직선과 기준선이 이루는 각 $\theta$로 나타낸다. 기준선은 주로 직교 좌표계의 양의 $x$축 방향으로 잡는다. 각 $\theta$는 기준선에서 반시계 방향으로 측정하면 양(+), 시계 방향으로 측정하면 음(−)의 값이 된다. 예를 들면, 극좌표계에서 한 점을 3 m, 60°로 나타낸 것은 그 점이 원점에서 3 m 떨어져 있으며 기준선에서 반시계 방향으로 60°의 각을 이루는 점이라는 것이다. 극좌표계에서 3 m, −60°로 주어져 있다면, 원점에서 3 m 떨어지고 기준선에서 시계 방향으로 60°인 곳에 위치한 점을 의미한다.

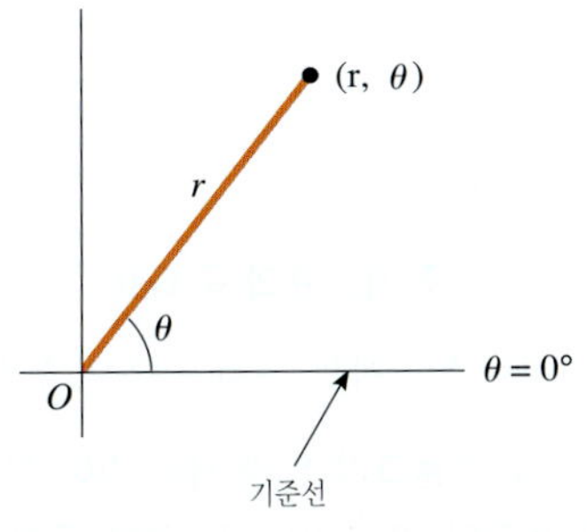


**그림 1.3** 극좌표계.

## 1.8 삼각함수

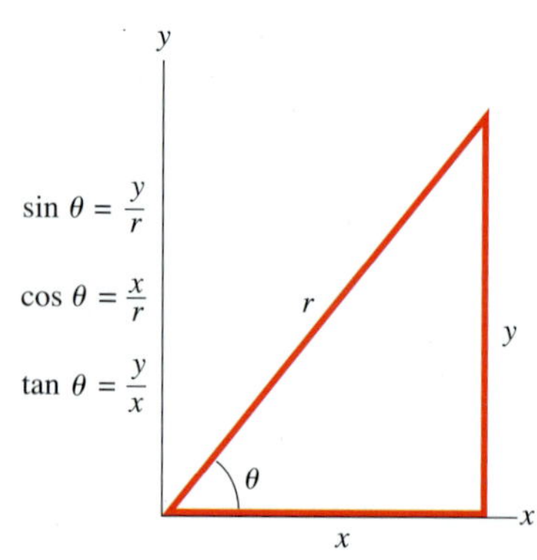


**활용그림 1.4**
직각삼각형의 삼각함수.

**Physics Now™**
**http://physics.brookscole.com/ecp**에서 PhysicsNow를 로그인하고 활용그림 1.4로 들어가라. 점을 움직여 직각좌표와 극좌표의 변환을 보고, 각 $\theta$의 사인, 코사인, 탄젠트를 관찰하라.

그림 1.4와 같이 그려진 직각 삼각형을 생각해 보자. 변 $y$는 각 $\theta$와 마주보고 있고, 변 $x$는 각 $\theta$와 이웃하고 있으며, 변 $r$은 삼각형의 빗변이다. 이러한 직각삼각형에서 기본적인 삼각함수는 삼각형의 변 길이의 비율로 정의된다. 이들의 관계식을 사인(sin), 코사인(cos), 탄젠트(tan) 함수라 한다. $\theta$에 대한 기본적인 삼각함수는 다음과 같다.

$$\sin\theta = \frac{\text{높이}}{\text{빗변}} = \frac{y}{r}$$
$$\cos\theta = \frac{\text{밑변}}{\text{빗변}} = \frac{x}{r} \qquad [1.1]$$
$$\tan\theta = \frac{\text{높이}}{\text{밑변}} = \frac{y}{x}$$

예를 들어 각 $\theta$가 30° 일 때, $r$에 대한 $y$의 비($\frac{y}{r}$)는 항상 0.50이다. 따라서 $\sin 30° = 0.50$이다. 사인, 코사인, 탄젠트함수는 길이 비율이므로 단위가 없는 양이다.

**피타고라스의 정리**(Pythagorean theorem)라 하는 관계식은 직각삼각형의 세 변의 길이 사이에 다음과 같이 성립한다.

$$r^2 = x^2 + y^2 \qquad [1.2]$$

마지막으로, 위에서 사용한 삼각함수의 역함수를 구해야 할 때가 있다. 예를 들어, 어떤 각의 사인 값이 0.866인 경우, 그 각 자체를 알아야 할 때가 있다. 사인함수의 역함수는 $\sin^{-1}(0.866)$로 표시한다. 다시 해석하면 어떤 각의 사인이 0.866일 때 그 각의 값이 얼마인가 이다. 계산기 버튼을 두 번 누르면 각이 60° 인 것을 알 수 있을 것이다. $\tan^{-1}(0.400) = 21.8°$ 임을 스스로 확인해 보자. 계산기를 사용할 때 각도를 구하려면 라디안이 아니고 각도로 맞추어져 있음을 확인해야 한다. 또한 탄젠트의 역함수 값은 −90° 과 90° 사이 값으로 계산되므로 2사분면과 3사분면의 각일 경우 계산기에 나오는 각에서 180° 를 더하여 주어야 한다. 피타고라스 정리와 마찬가지로 삼각함수와 역삼각함수는 직각삼각형의 밑변이 $x$축에 있는지 $y$축에 있는지에 관계 없이 항상 성립한다.

**TIP 1.3 각도와 라디안**
삼각함수를 계산기에서 계산할 경우 각도인지 라디안인지를 확인하여야 한다. 각을 사용할 때 주어진 문제에서 사용한 대로 일관성 있게 사용하여야 한다.

다음의 예제는 삼각함수가 직각좌표에서 극좌표로 또는 그 반대로 변환하는 데 유용함을 보여 주는 예이다.

### 예제 1.6 직각좌표와 극좌표

**목표** 직각좌표에서 극좌표로 어떻게 변환되는가를 이해한다.

**문제** (a) 활용그림 1.5에서와 같이 한 점의 직각좌표는 $(x, y) = (-3.50, -2.50)$ m이다. 이 점의 극좌표를 구하라. (b) $(r, \theta) = (5.00 \text{ m}, 37.0°)$를 직각좌표로 변환하라.

**전략** 피타고라스 정리와 삼각함수와 역삼각함수를 응용한다.

**풀이** (a) 직각좌표계에서 극좌표계로 변환하라.

$r$ 성분을 구하기 위하여 식 1.2의 양변에 제곱근을 취한다.

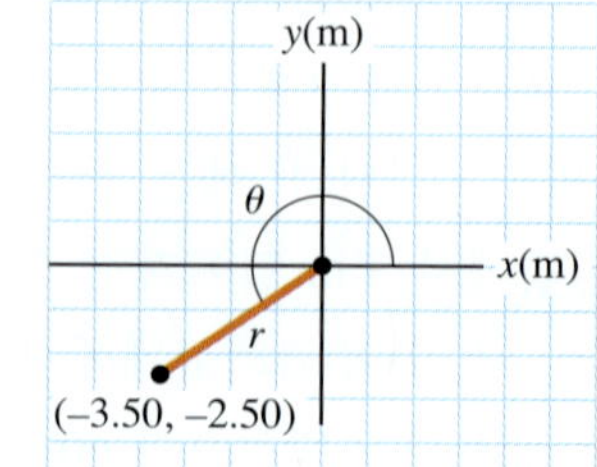


**활용그림 1.5**
(예제 1.6) 직각좌표에서 극좌표로의 변환.

**Physics Now™**
**http://physics.brookscole.com/ecp**에서 PhysicsNow를 로그인하고, 활용그림 1.5로 들어가라. $xy$ 평면 위의 점을 움직여 직각좌표와 극좌표가 어떻게 변환하는지 알아보라.

$$r^2 = \sqrt{x^2 + y^2} = \sqrt{(-3.50 \text{ m})^2 + (-2.50 \text{ m})^2} = \boxed{4.30 \text{ m}}$$

탄젠트의 역함수로 각을 얻기 위하여 식 1.1을 사용한다. 이때 삼사분면의 각이므로 180°를 더한다.

$$\tan\theta = \frac{y}{x} = \frac{-2.50 \text{ m}}{-3.50 \text{ m}} = 0.714$$

$$\theta = \tan^{-1}(0.714) = 35.5^\circ + 180^\circ = \boxed{216^\circ}$$

(b) 극좌표에서 직각좌표로 변환하라.

식 1.1의 삼각함수 정의를 사용한다.

$$x = r\cos\theta = (5.00 \text{ m})\cos 37.0^\circ = \boxed{3.99 \text{ m}}$$

$$y = r\sin\theta = (5.00 \text{ m})\sin 37.0^\circ = \boxed{3.01 \text{ m}}$$

**주의** 3장에서 2차원의 벡터를 만들 때, 주어진 성분으로부터 벡터의 크기와 방향을 얻기 위하여 유사한 과정을 사용한다. 반대로 벡터의 크기와 방향으로부터 벡터 성분을 얻는 것도 유사한 과정을 사용한다.

**연습문제 1.6**

(a) $(x, y) = (-3.25, 1.50)$ m에 해당하는 극좌표를 구하라. (b) $(r, \theta) = (4.00 \text{ m}, 53.0^\circ)$에 해당하는 직각좌표를 구하라.

**답** (a) $(r, \theta) = (3.58 \text{ m}, 155^\circ)$ (b) $(x, y) = (2.41 \text{ m}, 3.19 \text{ m})$

## 1.9 문제풀이 전략

일반물리학을 공부하는 대부분의 학생들은 문제풀이를 통하여 문제풀이 요령을 익히게 되고, 시험에서는 익힌 풀이 요령을 이용하는 문제들을 많이 접하게 될 것이다. 이 절에서는 문제를 잘 풀기 위한 요령을 알려 주고자 한다. 문제를 풀 때 체계적으로 접근을 함으로써 물리적인 개념을 더 잘 이해할 수 있고 시험 스트레스를 감소시킬 수 있다. 이 책의 곳곳에 문제를 파악하여 풀이를 도와주는 '문제풀이 전략'이 제시되어 있다. 그림 1.6은 문제풀이 전략을 요약한 것이다.

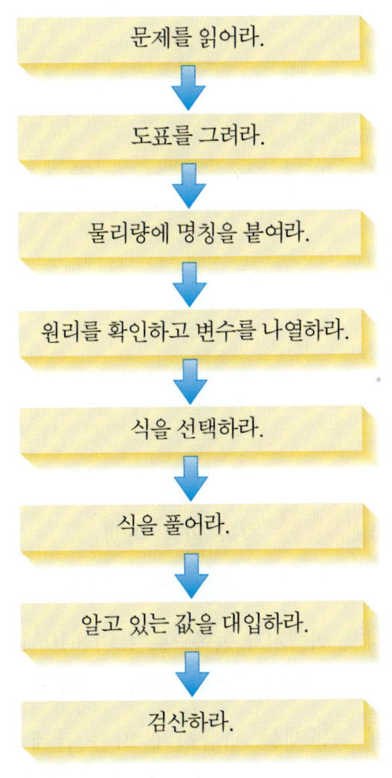


**그림 1.6** 문제풀이를 위한 가이드.

### 문제풀이 전략

**1. 읽어라.**
주의 깊게 적어도 두 번 읽는다. 다음 단계로 가기 전에 문제의 본질을 파악해야 한다.

**2. 도표를 그려라.**
필요하다면 적절한 명칭이나 좌표 등이 표시된 도표를 그려라.

**3. 명칭을 붙여라.**
도표에 있는 물리량의 명칭을 붙여라. 예를 들어, 질량은 $m$이라고 기억할 수 있는 문자를 이용하여 명칭을 붙여라. 좌표를 선택하고 좌표의 명칭을 붙여라.

**4. 확인하라.**
물리적 원리를 확인하고, 모르는 변수와 아는 변수를 나열하라. 모르는 변수들을 원을 그려 표시하라.

**5. 식을 선택한다.**
명칭을 붙인 물리량 사이의 관계식인 방정식을 써라. 선택된 방정식은 이전 단계에서 확인한 물리적 원리와 일치해야 한다.

**6. 풀어라.**

아는 변수들로 모르는 변수를 구하는 방정식을 풀어라. 다음 단계까지 치환값 없이 대수적으로 문제를 푼다.

**7. 대입하라.**

아는 변수의 값과 단위를 함께 대입하라. 미지 변수에 대한 값과 단위를 구한다.

**8. 검산하라.**

답을 검산한다. 단위가 일치하는가? 답이 합리적인가? 양이나 음의 값인 경우 어떤 부호가 옳은가? 답이 어림한 값과 비슷하게 일치하는가?

본 교과 과정의 전반에 걸쳐 문제풀이 시 위의 단계를 따르는 것이 바람직하다. 첫 번째 3단계는 매우 중요한데 이들 단계를 통하여 문제풀이의 방향을 잡을 수 있기 때문이다. 적절한 개념과 물리적 원리를 파악하는 것은 옳은 수식을 선택하는 데 도움이 된다. 수식을 이해하였을 경우 물리량 사이의 관계식을 이해할 수 있기 때문에 수식 자체는 중요하다. 이러한 이해는 많은 연습으로부터 나온다.

수식은 물리학의 도구이다. 그러므로 문제를 풀기 위하여 배관공의 렌치처럼 항상 가까운 곳에 두어야 한다. 수식을 알고, 무슨 의미인지를 이해하고, 어떻게 사용하는지를 이해해야 한다. 현지 언어를 모르고 대화할 수 없는 것과 마찬가지로 수식을 이해하지 못하고 문제를 풀 수 없다. 개념과 관련된 수식을 공부하고 응용함으로써 이해의 폭이 넓어질 것이다.

가능한 한 수식적으로, 즉 대수학적으로 문제를 풀고 마지막에 수치를 대입하는 것이 중요하다. 그 이유는 수식이 나타내는 숫자뿐만 아니라 내포하고 있는 물리량을 생각하는 데 많은 도움을 주기 때문이다. 물리학을 배우는 초심자는 숫자를 대입하여 풀어 보기를 원하지만 일단 숫자를 대입하면 서로의 상관관계를 이해하는 데 매우 어렵고 실수를 범하기 쉽다.

어떤 일을 물리적인 배치나 구성으로 나타내면 최종 결과물을 더 잘 이해할 수 있고 따라가기 쉽게 할 수 있다. 물리학은 도전하는 훈련과정이지만 만일 긍정적인 태도와 꾸준한 노력을 한다면 성공의 기회를 잡을 수 있다.

### 예제 1.7 왕복 항공 여행

**목표** 문제를 푸는 전략을 예시해 본다.

**문제** 비행기가 동쪽으로 $4.50 \times 10^2$ km 날아간 후 적당한 거리만큼 북쪽으로 이동한다. 마지막으로 북쪽에서 525 km 날아서 출발점으로 돌아왔다. 비행기가 북쪽으로 이동한 거리는 얼마인가?

**전략** 문제를 세심하게 읽는 단계를 마치고(1단계), 그림 1.7처럼 그림이나 도표를 그려 본다(2단계). 명칭을 붙여라(3단계). 그림으로부터 직각삼각형임을 알 수 있고, 포함하고 있는 원리를 확인한다(4단계): 피타고라스 정리. 빗변 $y$가 미지수이고, 다른 변은 알려진 값이다.

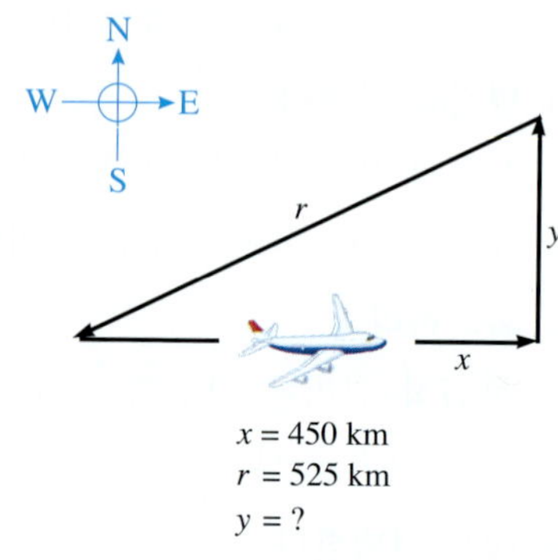


그림 1.7 (예제 1.7)

**풀이**

피타고라스의 정리를 적어라(5단계). $r^2 = x^2 + y^2$

$y$에 대한 방정식을 풀어라(6단계). $y^2 = r^2 - x^2 \longrightarrow y = +\sqrt{r^2 - x^2}$

단위와 숫자를 대입하라(7단계).

$$y = \sqrt{(525\ \text{km})^2 - (4.50 \times 10^2\ \text{km})^2} = \boxed{270\ \text{km}}$$

**주의** 음수의 답은 버린다. 그 이유는 물리적인 의미가 없기 때문이다. 검산을 해본다(8단계). 단위가 맞는지를 확인하고, 500 km와 400 km로 270 km 값과 거의 같은 300 km의 근사값을 구할 수 있음을 알 수 있다. $x$ 방향과 빗변과의 이루는 각을 코사인함수를 이용하여 얻은 후, 구한 각과 탄젠트함수를 이용하여 $y$ 값을 얻을 수 있다.

### 연습문제 1.7

비행기가 남쪽으로 345 km 날다가 북동쪽으로 615 km 날아서 출발점의 동쪽에 이르렀다. 이 지점에서 출발점으로 돌아오기 위한 거리를 구하라. 출발점으로 오는 거리는 얼마인가?

**답** 509 km

## 요약

**Physics Now™** **http://physics.brookscole.com/ecp**에서 PhysicsNow를 로그인하고 이 장에 대한 Pre-Test link를 클릭하여 연습문제 시험을 보라.

### 1.1 길이, 질량, 그리고 시간의 표준

역학에서 물리량은 기본량인 길이, 질량, 그리고 시간으로 표현 가능하며, SI 단위로 각기 미터(m), 킬로그램(kg), 초(s)를 사용한다.

### 1.2 물질의 구성 요소

물질은 원자로 만들어졌고, 원자는 더 작은 입자인 전자구름 안에 양자와 중성자로 이루어진 핵으로 구성된다. 양성자와 중성자는 더 작은 입자인 쿼크로 구성된다.

### 1.3 차원 분석

차원 분석은 식을 유도하고 검산하는 데 이용된다. 식의 양 변의 차원이 같을 때 그 식은 올바르다. 만일 양변이 다르면 식은 올바르지 않다.

### 1.4 측정오차와 유효숫자

어떤 물리량도 정확하게 결정될 수 없다. 유효숫자의 개념은 이러한 불확실성을 취급하는 기본적 방법을 제시한다. 유효숫자는 믿을 수 있는 숫자를 나타낸다. 다음은 유효숫자를 결정하는 두 가지 규칙이다.

1. 2개 이상의 물리량을 곱하고 나누면 결과의 유효 자릿수는 최소 유효 자릿수와 같다.
2. 어떤 수들을 더하거나 뺄 때, 결과 값의 소수점 이하 자릿수는 소수점 이하 자릿수가 가장 적은 경우와 같다.

과학적인 표기법을 사용하여 유효숫자의 애매함을 피할 수 있다. 5 미만이면 버리고, 5 이상이면 반올림하여 다음 자리에 1을 올린다.

### 1.5 단위의 변환

물리 식에서 단위는 항상 일관성이 있어야 한다. 물리 문제를 푸는 데 일관성 있는 단위로 시작하는 것이 가장 좋다. 필요하면 이 책의 앞표지 안에 있는 변환표를 사용하라. 단위를 변환할 때는 변환시키고자 하는 양에 변환된 단위와 변환시킬 단위로 된 분수를 곱하게 되는데, 필요 없는 단위는 사라지고 원하는 단위만 남게 된다.

### 1.6 크기의 어림 계산

수학이 어렵거나 정보가 부족하면 질문에 대한 어림값을 아는 것이 유용하다. 빠른 어림값은 세밀한 계산을 검산하는 데 사용된다. 값의 크기를 계산하는 데 있어서 대략적으로 각 값을 10의 거듭제곱으로 치환하고 나서 계산을 한다. 알려진 값으로 빠른 어림산을 하려면 한 자리로 유효 자릿수를 만들어 계산한다.

### 1.7 좌표계

직각 좌표계는 $x$축과 $y$축인 직각의 두 축으로 구성된다. $x$, $y$축의 값은 음의 무한대에서 양의 무한대까지 가질 수 있다. 점의 위치는 $x$, $y$ 값으로 표시한다. 극좌표는 원점에서 시작한 방사 방향의 거리 $r$과 양(+)의 $x$축에서 시작하는 각 $\theta$로 이루어진다.

### 1.8 삼각함수

직각삼각형에서 기본 삼각함수는 아래와 같이 정의한 사인, 코사인, 탄젠트이다.

$$\sin\theta = \frac{\text{높이}}{\text{빗변}} = \frac{y}{r}$$

$$\cos\theta = \frac{\text{밑변}}{\text{빗변}} = \frac{x}{r} \qquad [1.1]$$

$$\tan\theta = \frac{\text{높이}}{\text{밑변}} = \frac{y}{x}$$

**피타고라스 정리**는 직각삼각형의 변의 길이 사이의 중요한 관계식이다.

$$r^2 = x^2 + y^2 \qquad [1.2]$$

여기서 $r$은 삼각형의 빗변의 길이이고, $x$와 $y$는 다른 두 변의 길이다.

## 개념 파악을 위한 질문

**1.** 다음 각각의 길이를 어림 값으로 m 단위로 표시하라. (a) 쥐, (b) 당구 큐대, (c) 농구장, (d)코끼리, (e)도시의 한 구역.

**3.** (a) 한 달 동안 심장 박동수를 어림 값으로 구하라. (b) 인간의 평균 수명의 일생 동안 심장 박동수를 어림값으로 구하라.

**5.** 각자의 나이를 초로 어림 값을 구하라.

**7.** 말의 키는 핸즈(hands: 말의 키를 재는 단위, 약 4인치)의 단위로 나타내곤 한다. 왜 이것은 길이의 표준으로 좋지 않은가?

## 문제

1, 2, 3 = 기본문제, 발전문제, 심화문제

□ = 학생 문제풀이 매뉴얼/학습 가이드 속에 전체 문제풀이가 있다.

Physics Now™ http://physics.brookscole.com/ecp에서 힌트를 받을 수 있는 문제

= 생물의학 문제

### 1.3 차원 분석

**1.** 아래 면적이 $A$이고, 높이가 $h$인 어떤 형틀의 부피는 $V = Ah$이다. (a) $V = Ah$가 차원이 옳은지를 보여라. (b) 원통과 직육면체의 부피가 $V = Ah$가 됨을 보여라(여기서 $A$를 물체의 밑면이라 하며 높이를 일반적으로 평균 두께로 대치시킬 수 있다).

**3.** 단진자의 주기는 한 번 완전하게 진동하는 데 걸리는 시간으로 정의한다. 단위는 시간이며 다음 식과 같다.

$$T = 2\pi\sqrt{\frac{\ell}{g}}$$

여기에서 $\ell$은 진자의 길이이고, $g$는 중력가속도로서 길이를 시간의 제곱으로 나눈 값이다. 이 식의 차원이 옳음을 보여라(실 끝에 열쇠를 매달고 스톱워치로 시간을 측정하여 보면 공식을 쉽게 점검할 수 있다).

**5.** 뉴턴의 만유인력의 법칙은

$$F = \mathrm{G}\frac{Mm}{r^2}$$

로 표현된다. 여기서 $F$는 중력, $M$과 $m$은 질량이고, $r$은 길이이다. 힘의 국제단위(SI unit)는 kg · m/s$^2$이다. 비례상수 $G$의 국제단위는 무엇인가?

### 1.4 측정오차와 유효숫자

**7.** Physics Now™ 다음을 계산하라. (a) 측정치 756, 37.2, 0.83, 2.5의 합 (b) $0.0032 \times 356.3$ (c) $5.620 \times \pi$

**9.** 농부가 사각형 모양의 밭 주변을 측정하였더니 밭의 긴 변은 38.44 m이고 짧은 변은 19.5 m가 됨을 알았다. 이 밭의 주변 둘레는 얼마인가?

**11.** 어부가 배스(bass) 두 마리를 잡았다. 작은 고기의 길이는 93.46 cm(소수 둘째 자리, 유효숫자 4개), 큰 물고기의 길이는 135.3 cm(소수 첫째 자리, 유효숫자 4개)이다. 그날 잡은 물고기의 총 길이는 얼마인가?

### 1.5 단위의 변환

**13.** 패덤(fathom)은 길이의 단위로 물의 깊이를 재는 데 사용되며, 약 6 ft이다. 지구에서 달까지 거리가 250 000마일이라 할 때, 이 거리를 패덤으로 나타내어라.

**15.** 빌딩의 주차장은 가로 100 ft, 세로 150 ft인 직사각형이다. 이 주차장의 면적은 몇 제곱미터인가?

**17.** 표 1.1을 사용하여 가장 가까운 별까지의 거리를 ft로 나타내라.

**19.** 빛의 속도는 $3.00 \times 10^8$ m/s이다. 시간당 마일(miles/hour)로 변환하라.

**21.** Physics Now™ 1쿼트 아이스크림 통을 정육면체로 만들려고 한다. 각 변의 길이는 몇 cm로 해야 하는가? (1갤론 = 3.786 리터)

**23.** 물 1세제곱 센티미터(1.0 cm$^3$)의 질량은 $1.0 \times 10^{-3}$ kg이다. (a) 물 1.0 m$^3$의 질량은 얼마인가? (b) 생물학적 물체는 98%가 물로 이루어 졌다. 직경 1.0 $\mu$m인 세포, 사람의 신장, 파리의 질량을 구하라. 인간의 콩팥은 반경 4.0 cm인 구체이고, 파리는 직경 2.0 mm, 길이 4.0 mm인 원통형으로 가정하라.

### 1.6 크기와 어림 계산

**25.** 자동차 타이어는 50 000마일을 견딜 수 있도록 설계되어 있다. 타이어가 수명을 다할 때까지 회전수를 계산하라.

**27.** 보통 크기의 방에 넣을 수 있는 탁구공의 개수를 계산하라. 계산 근거와 방법을 제시하라.

### 1.7 좌표계

**29.** 극좌표로 $r = 2.5$ m, $\theta = 35°$인 점을 $x$, $y$ 좌표계로 나타내어라. 단, 두 좌표계의 원점은 같다.

**31.** 문제 30의 파리의 위치를 극좌표에서 표현하여 보아라.

### 1.8 삼각함수

**33.** Physics Now™ 그림 P1.33의 삼각형에서 (a) 모르는 변의 길이를 구하라. (b) tan $\theta$ 값은 얼마인가. (c) sin $\phi$ 값은 얼마인가?

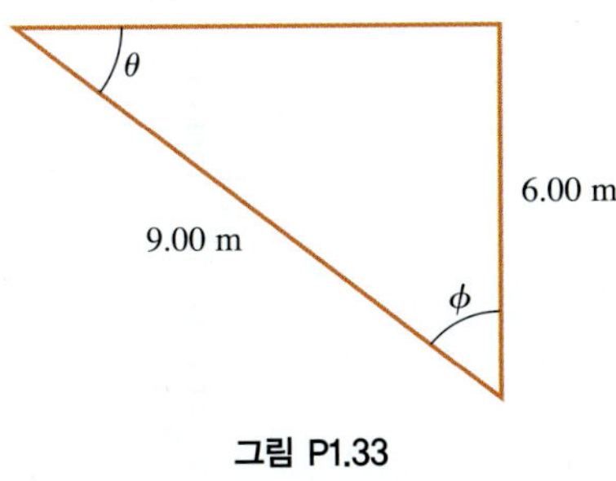

그림 P1.33

**35.** 그림 P1.35에서 (a) $\theta$에 대한 높이, (b) $\phi$에 대한 높이, (c) $\cos\theta$, (d) $\sin\phi$, (e) $\tan\phi$를 구하라.

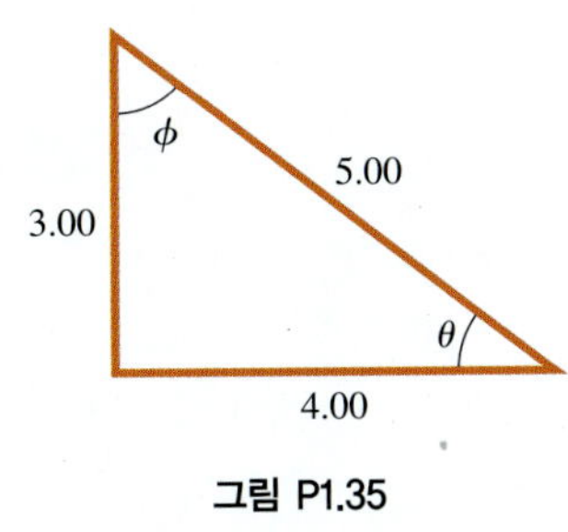

그림 P1.35

**37.** 직각삼각형에서 직각을 이루는 두 변이 각각 5.00 m와 7.00 m이다. 다른 한 변의 길이는? 그리고 5.00 m를 높이로 하는 각의 탄젠트는 얼마인가?

### 추가문제

**39.** 한 레스토랑에서 피자를 두 가지 크기로 팔았다. 작은 것은 반지름이 6인치였고 큰 것은 반지름이 9인치였다. 한 손님이 작은 사이즈의 피자가 6천원이라면 큰 사이즈의 피자는 9천원을 받아야 한다고 주장했다. 이 손님의 계산은 맞는 것일까? 의견을 말해 보자. 각 피자의 면적을 구해보라. 만약 작은 크기의 피자가 6천원이라면 큰 크기의 피자는 얼마여야 하는가?

**41.** PhysicsNow™ 다음과 같은 실험으로 대략적인 분자의 크기를 측정할 수 있다. 기름 한 방울을 매끄러운 물의 표면 위에 떨구면 얇게 퍼지며, 이 기름층은 대략적으로 한 분자의 두께 정도가 된다. 만일 기름방울의 질량이 $9.00 \times 10^{-7}$ kg, 밀도가 918 kg/m$^3$이고 41.8 cm의 반지름으로 물 표면에 퍼졌다면 기름 한 분자의 지름의 크기가 대략 어느 정도인가?

**43.** 뉴욕에 사는 피아노 조율사는 몇 명이나 되는지 어림산을 해보아라. 크기의 어림산으로 유명했던 물리학자 페르미(Enrico Fermi)가 낸 문제이다.

**45.** (a) 한 해는 몇 초인가? (b) 지름이 대략 $10^{-6}$ m 정도인 운석이 매초 달의 표면 1 m$^2$에 하나씩 떨어진다고 했을 때, 운석으로 달 표면을 1 m 높이로 덮는 데 몇 년이나 걸리는가? [힌트: 달 위에 한 변이 1 m인 정육면체 상자가 운석으로 채워지는 데 걸리는 시간은?]

CHAPTER

# 2

# 1차원 운동

OUTLINE



사람의 삶은 운동으로 이루어져 있다. 우리의 근육은 걷거나 뛸 수 있도록 동작을 미세하게 조종하고 있고, 심장은 우리의 몸에 피를 공급하기 위해서 몇 십 년 동안 꾸준히 뛴다. 또한 세포벽의 메커니즘은 세포벽을 통하여 선택된 분자나 원자들을 세포벽을 오고 가게 하는 것이다. 이처럼 우리의 선조들이 선사시대에 초원을 가로질러 영양을 뒤쫓던 때부터 현대에 이르러 우주공간의 인공위성을 추적하기에 이르기까지 운동의 신비는 사람이 한 종으로서 지속되고 살아남을 수 있는 중요한 요인이다.

물체의 운동 그리고 힘과 질량 같은 물리적인 개념을 연구하는 물리학 분야를 **동역학**(dynamics)이라고 부른다. 동역학 중에서 운동의 원인을 생각하지 않고 운동만을 취급하는 분야를 **운동학**(kinematics)이라고 한다. 이 장에서는 운동학과 1차원 운동, 즉 직선 위에서의 운동에 대하여 집중적으로 다루려 한다. 우선 이런 1차원 운동과 모든 운동이 포함하고 있는 개념인 변위와 속도, 그리고 가속도의 개념 논의부터 시작한다. 이런 개념들을 익혀야만 등가속도 운동 물체를 공부할 수 있게 된다. 3장에서는 2차원 운동에 대하여 논의할 것이다.

## 2.1 변 위

운동은 물체가 시공간의 한 곳에서 다른 곳으로의 변위를 수반한다. 따라서 물체의 운동을 기술하기 위해서는 원점과 좌표계를 이용하여 물체의 위치를 표시할 수 있어야 한다. **기준계**(frame of reference)란 어떤 양을 측정하기 위한 시작점을 정의하는 좌표축을 정하는 것이며 역학 문제를 풀 때 첫 번째 단계가 된다(그림 2.1). 그림 2.2a를 예로 들어 보면 자동차는 $x$축을 따라서 이동하고 있고, 어떤 시간에 자동차의 좌표는 공간에서 자동차의 위치를 나타내고 있다. 즉, 주어진 시간에 자동차의 **변위**를 나타내고 있다.

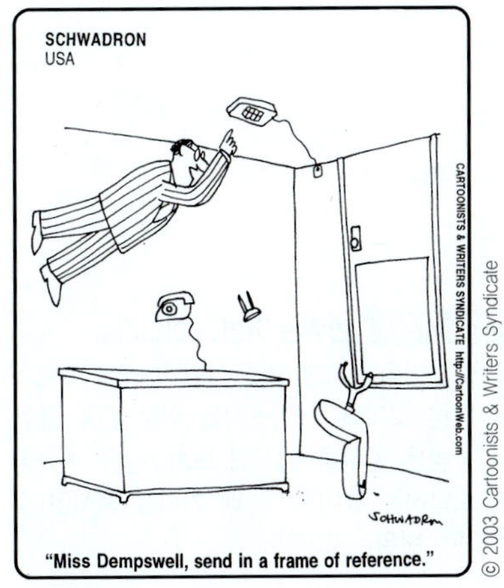



그림 2.1

◀ 변위의 정의

물체의 **변위**(displacement) $\Delta x$는 **위치의 변화**라고 할 수 있다. 그리고 이는

$$\Delta x \equiv x_f - x_i \qquad [2.1]$$

라고 할 수 있다. 여기서 자동차의 처음 위치는 $x_i$이고 운동이 나중 위치는 $x_f$이다. (여기서 $i$와 $f$ 첨자는 각각 처음과 나중을 나타내는 것이다.)

**국제단위(SI unit): 미터(m)**

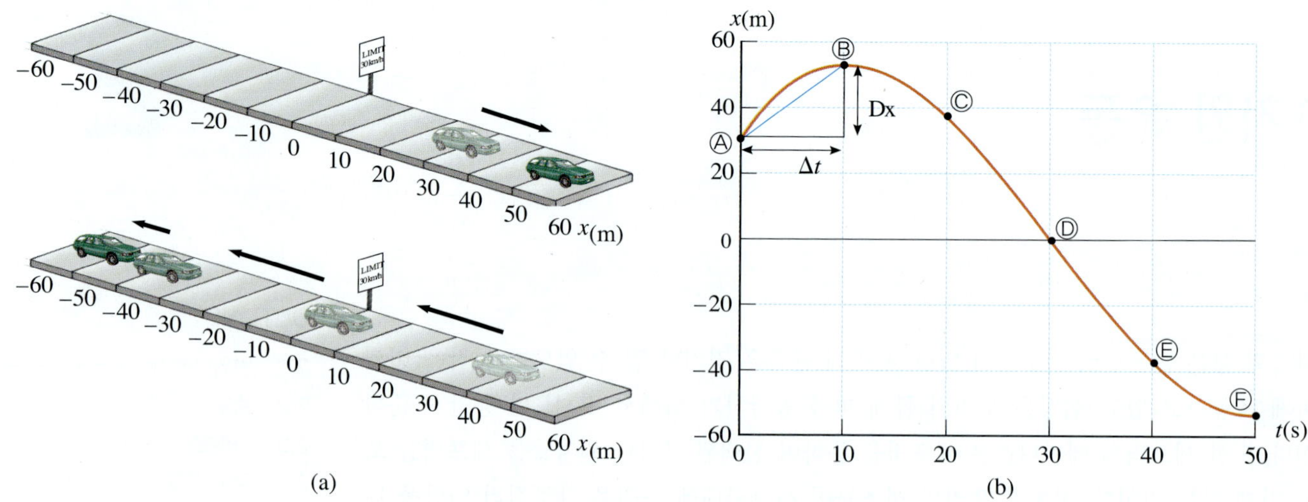


**활용그림 2.2**
(a) 여기에서 우리는 차의 전후 움직임에만 관심을 두고 자동차가 앞뒤로 움직이는 곧은 선을 $x$축으로 본다.
(b) "입자"(자동차)의 운동에 대한 시간에 따른 위치 그래프.

**Physics Now™** **http://physics.brookscole.com/ecp**에서 PhysicsNow를 로그인하고 활용그림 2.2로 들어가라. Ⓐ~Ⓕ에 해당되는 차의 연속적인 움직임을 그래프와 사진으로 자세히 관찰하라.

그리스 문자 델타(Δ)를 사용해서 물리적인 양의 변화를 나타낸다. $\Delta x$(델타 $x$라 읽음)는 $x_f$가 $x_i$보다 클 때 양의 값을 갖고 $x_f$가 $x_i$보다 작을 때 음의 값을 갖는다. 예를 들어, 만약 자동차가 Ⓐ 지점에서 Ⓑ 지점으로 움직일 경우 $x_i = 30$ m가 되고, $x_f = 52$ m가 된다. 이 경우 변위는 $\Delta x = x_f - x_i = 52\text{ m} - 30\text{ m} = +22$ m가 된다. 그러나 자동차가 Ⓒ 지점에서 Ⓕ 지점으로 움직일 경우 $x_i = 38$ m가 되고, $x_f = -53$ m가 된다. 이 경우 변위는 $\Delta x = x_f - x_i = -53\text{ m} - 38\text{ m} = -91$ m가 된다. 변위에서 양의 값은 양의 기호가 말해 주듯이 변위의 방향이 양의 $x$축 방향임을 뜻하고, 반대로 음의 값은 변위의 방향이 음의 $x$축 방향임을 뜻한다. 활용그림 2.2b는 시간에 따른 자동차의 위치를 나타낸 것이다.

변위는 크기와 방향을 가지고 있기 때문에 벡터이다. 이 책에 나오는 변위, 속도, 가속도를 포함하여 많은 물리량은 벡터이다. 일반적으로, **벡터를 기술하기 위해서는 크기와 방향이 필요하다.** 반면에 **스칼라는 방향은 필요가 없고, 오직 크기만 있는 물리량이다.** 질량이나 온도와 같은 스칼라량은 적당한 단위와 숫자로 기술할 수 있다.

벡터량은 굵은 글씨체로 화살표와 함께 표시한다. 예를 들면, $\vec{\mathbf{v}}$는 속도를 나타내고 $\vec{\mathbf{a}}$는 가속도를 나타낼 때 쓰인다. 그러나 1차원의 운동을 다루는 이 장에서는 이와 같은 표기가 필요 없다. 왜냐하면, 1차원 운동에서는 물체가 움직이는 방향이 두 방향 밖에 없고, 이 방향들은 양 또는 음의 부호로 표기가 가능하기 때문이다.

**TIP 2.1 변위는 거리가 아니다!**
물체의 변위는 그것이 움직인 거리의 개념과는 다른 것이다. 테니스공을 위로 던져 올렸다가 받은 경우를 생각해 보자. 공은 최고점에 도달하는 높이의 두 배 **거리**를 움직인 것이지만, **변위**는 0이다.

**TIP 2.2 벡터량은 항상 크기와 방향이 있다.**
스칼라량은 크기를 가지고 있다. 벡터도 마찬가지지만 크기뿐만 아니라 방향도 가진다.

## 2.2 속 도

우리는 일상생활에서 **속도**(velocity)와 **속력**(speed)이라는 표현을 섞어서 쓰고 있다. 하지만 물리학에서 쓰이는 이 표현들은 분명한 차이점이 있다. 그 의미를 살펴보면 속력은 스칼라량으로 오직 크기만을 가지고 있다. 반면에 속도는 벡터로 크기와 방향을 모두 가지고 있다.

왜 속도가 벡터이어야만 할까? 만약 우리가 70 km 떨어진 곳에 가야 한다면 70 km/h의 속력으로 한 시간 동안에 그곳에 도달하기 위해서는 정확한 방향으로 곧바로 가야 한다. 따라서 속도는 속력보다 더 많은 정보를 정확하게 표현한다는 것을 알 수 있다.

**평균 속력**(average speed)은 한 물체가 총 운동한 거리를 총 움직인 시간으로 나누는 것이다.

$$\text{평균 속력} \equiv \frac{\text{움직인 총 거리}}{\text{움직이는 데 걸린 총 시간}}$$

**국제단위(SI unit): 미터/초(m/s)**

◀ 평균 속력의 정의

속력의 식을 기호로 쓸 때 $v = d/t$라고 쓰기도 하는데, 여기서 $v$는 평균 속력을 의미하는 문자이지 속도를 의미하는 문자는 아니다. 거리와 걸린 시간은 음의 개념이 없기 때문에 평균 속력은 음의 값이 나올 수 없다. 평균 속력의 정의에서는 운동의 시작과 끝 사이에 무슨 일이 일어났는지 관심을 두지 않는다. 예를 들면, 우리가 조지아 주 애틀란타 시에서 플로리다 주 성 피터스버그 시까지 500 mile 정도의 거리를 10시간 동안 운전했다면, 여기서 평균 속력은 500 mi/10 h = 50 mi/h가 된다. 이것은 운전 중에 교통 체증 때문에 5 mi/h로 달렸거나 중간에 한 시간을 쉰 사건과는 관련이 없는 값이다. 평균 속력이라는 개념에서는 오로지 총 걸린 시간과 총 움직인 거리만이 중요한 것이다.

**☑ Checkpoint 2.1**

35 m를 5 s에 달린 차의 평균 속력을 구해보자.

### 예제 2.1 토끼와 거북이

**목표** 평균 속력 개념을 응용해 본다.

**문제** 어느 화창한 날 토끼와 거북이는 4.00 km 거리를 달리기 시합하기로 했다. 토끼는 경기 중에 0.500 km를 달리다가 90.0분 동안 잠을 잤다. 그러다 토끼는 경기 도중이라는 걸 깨닫고 일어나 두 배의 속력으로 달리기 시작했다. 토끼가 경기에 임한 시간은 1.75 h이고, 토끼는 경주에서 이겼다. 여기에서 (a) 토끼가 달린 평균 속력을 구하라. (b) 그가 낮잠을 자기 전의 평균 속력은 얼마인가?

**전략** 전체 평균 속력을 구하는 (a)의 경우 총 달린 거리를 총 걸린 시간으로 나누면 된다. 하지만 (b)의 경우 모르는 속력 두 개를 두 문자로 놓아야 한다. 토끼가 낮잠을 자기 전 속력을 $v_1$이라고 놓고, 낮잠을 자고 난 후의 속력을 $v_2$라고 놓는다. 그러면 우리는 문장을 통해 $v_2 = 2v_1$임을 알 수 있다. 그리고 토끼가 잠을 잔 시간이 90분이기 때문에 그가 달린 시간은 15분이라는 것을 알 수 있다.

**풀이**

(a) 토끼의 전체 평균 속력을 구한다.

평균 속력식에 대입한다.

$$\text{평균 속력} \equiv \frac{\text{움직인 총 거리}}{\text{움직이는 데 걸린 총 시간}} = \frac{4.00\ \text{km}}{1.75\ \text{h}}$$

$$= \boxed{2.29\ \text{km/h}}$$

(b) 토끼가 낮잠을 자기 전의 평균 속력을 구한다.

잠자기 전($t_1$)과 후($t_2$)의 달린 시간을 더한다. 총 달린 시간을 0.25 h라고 놓는다.

$$t_1 + t_2 = 0.250\ \text{h}$$

$t_1 = d_1/v_1$, $t_2 = d_2/v_2$로 치환한다.

$$\frac{d_1}{v_1} + \frac{d_2}{v_2} = 0.250\ \text{h} \qquad (1)$$

식 (1)에서 $v_2 = 2v_1$으로 놓고, 알고 있는 값을 $d_1$과 $d_2$에 대입하여 $v_1$을 구한다.

$$\frac{d_1}{v_1} + \frac{d_2}{v_2} = \frac{0.500\ \text{km}}{v_1} + \frac{3.50\ \text{km}}{2v_1} = 0.250\ \text{h}$$

$$v_1 = \boxed{9.00\ \text{km/h}}$$

**주의** 이 예에서 볼 수 있듯이 평균 속력이란 주어진 시간 안에 일어난 일들과 상관 없이 계산할 수 있다.

**연습문제 2.1**

다음 조건으로 우주 비행선 아폴로 호의 평균 속력을 m/s 단위로 구하라. 이 우주선은 지구에서 달에 도착하기까지 5일이 걸렸다(지구에서부터 달까지의 거리는 $3.8 \times 10^8$ m이다).

**답** ~900 m/s

평균 속력과는 다르게 **평균 속도**(averge velocity)는 벡터량이다. 따라서 크기와 방향을 가지고 있다. 그림 2.2처럼 자동차가 도로를 따라 움직인다고 생각해 보자. $x$축상의 처음 위치 $x_i$의 시간을 $t_i$이라 놓고, 나중 위치 $x_f$에서의 시간을 $t_f$라 놓는다. 그러면 시간 간격은 $\Delta t = t_f - t_i$가 되고, 차의 변위는 $\Delta x = x_f - x_i$가 된다.

평균 속도의 정의 ▶

평균 속도 $\bar{v}$는 변위 $\Delta x$를 그 변위가 일어나는 데 걸린 시간 $\Delta t$로 나눈 값으로 정의한다.

$$\bar{v} = \frac{\Delta x}{\Delta t} = \frac{x_f - x_i}{t_f - t_i} \qquad [2.2]$$

**국제단위(SI unit): 미터/초(m/s)**

**✓ Checkpoint 2.2**

반시간 동안 $x$축의 방향으로 1 km 달린 후 그 반대 방향으로 2 km 달린 사람의 평균 속도를 구하라. (a) 6 km/h, (b) 2 km/h, (c) −2 km/h

항상 양의 값을 갖는 평균 속력과는 다르게 1차원 운동하는 물체의 평균 속도는 변위에 따라 양의 값이 될 수도 음의 값이 될 수도 있다(시간 간격 $\Delta t$값은 항상 양의 값을 가진다). 예를 들어, 그림 2.2a에서 위쪽 그림의 자동차가 $x$축을 따라 오른쪽으로 움직였기 때문에 자동차의 평균 속도는 양의 값을 갖는다. 그러나 아래쪽 그림의 자동차는 $x$축의 왼쪽 방향으로 움직였기 때문에 평균 속도는 음의 값을 갖는다.

평균 속도를 구하는 예로 표 2.1의 데이터로 Ⓐ 지점과 Ⓑ 지점 시간 사이의 평균 속도를 구할 수 있다.

$$\bar{v} = \frac{\Delta x}{\Delta t} = \frac{52\ \text{m} - 30\ \text{m}}{10\ \text{s} - 0\ \text{s}} = 2.2\ \text{m/s}$$

속도의 단위로는 m/s 말고도 미국의 관습적인 단위인 초당 피트(ft/s)가 있고, cgs 단위로 cm/s가 있다.

속도와 속력의 개념을 더 정확히 하기 위해서 자동차가 경주하는 상황을 떠올려 보자. 그림 2.3에서 보는 것처럼 두 대의 자동차가 Ⓟ에서 Ⓠ까지 경주를 하고 있다. 여기서 같은 시간 사이에 첫 번째 자동차는 곧은 길을 갔고, 두 번째 자동차는 구불구불한 길을 달렸다. 식 2.2의 정의에 따라 두 대의 자동차는 같은 변위인 $\Delta x = x_f - x_i$을 달렸기 때문에 평균 속도의 경우에는 같은 값을 갖는다. 하지만 구불구불한 길을 달린 자동차가 같은 시간 안에 더 많은 거리를 달렸으므로 평균 속력은 큰 값을 갖는다.

**표 2.1** 그림 2.2에 있는 자동차의 시간 변화에 따른 위치

| 위치 | $t$ (s) | $x$ (m) |
|---|---|---|
| Ⓐ | 0 | 30 |
| Ⓑ | 10 | 52 |
| Ⓒ | 20 | 38 |
| Ⓓ | 30 | 0 |
| Ⓔ | 40 | −37 |
| Ⓕ | 50 | −53 |

**Quick Quiz 2.1**

그림 2.4는 착각을 일으킨 미식축구 선수의 비정상적인 경로를 보여 준다. 그는 킥오프된 공을 골대 근처에서 받아서 터치다운 근처까지 돌진하였다가, 착각을 일으켜 다시 그가 공을 받은 자리로 되돌아 와서 태클을 당하였다. 이 경로 동안 (a) 그가 총 달린 거리는 얼마인가, (b) 움직인 변위는 얼마인가, (c) 그의 $x$축 방향의 평균 속도는 얼마인가?

Ⓟ $x_i$ Ⓠ $x_f$ — $x$

**그림 2.3** 한 자동차는 곧은 길을 따라 Ⓟ~Ⓠ를 움직였고, 다른 자동차는 구불구불한 길을 따라서 움직였다.

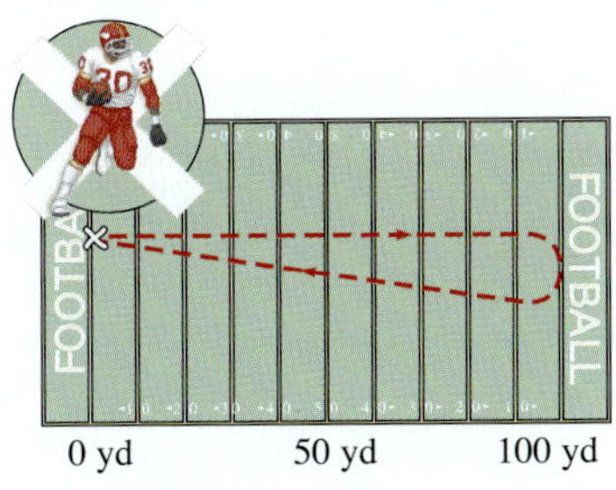


**그림 2.4** (Quick Quiz 2.1) 착각을 일으킨 미식축구 선수의 비정상적인 경로.

## 속도의 그래프적인 해석

만약 자동차가 $x$축을 따라서 Ⓐ에서 Ⓑ로, 그리고 Ⓒ로 계속 운동한다면, 운동을 시작한 이후의 시간 함수로 이 위치를 표시할 수 있다. 그 결과를 그래프로 그려낸다면 **위치-시간 그래프**는 그림 2.5처럼 그려질 것이다. 그림 2.5a를 보면 자동차의 속도가 일정하기 때문에 직선 그래프가 나온다. 이것은 같은 변위 $\Delta x$가 각 단위 시간 간격인 $\Delta t$에서 발생하기 때문이다. 이 경우에는 평균 속도는 $\Delta x/\Delta t$로 언제나 일정하다. 그림 2.5b는 표 2.1을 그래프로 그린 것으로 시간 변화에 따른 위치 그래프가 직선으로 나오지 않는다. 그 이유는 자동차의 속도가 계속 변하고 있기 때문이다. 하지만 모든 두 지점 사이를 그림 2.5a처럼 직선으로 그릴 수 있다. 그리고 그 직선의 기울기는 평균 속도 $\Delta x/\Delta t$가 된다. 일반적으로 **$\Delta t$ 동안의 평균 속도는 물체의 위치-시간 그래프에서 시점과 종점을 연결한 직선의 기울기와 같다.**

표 2.1에 있는 데이터와 그림 2.5b에 있는 그래프에서 우리는 자동차가 처음 Ⓐ에서 Ⓑ로 이동하는 동안에는 $x$축의 양의 방향으로 움직였음을 알 수 있다. 그리고 시간 $t = 10$ s일 때 52 m 지점에 도착하였고, 그 다음 자동차의 방향이 반대로 움직였다. 따라서 Ⓐ에서 Ⓑ로 이동하는 10초 동안의 평균 속도는 2.2 m/s가 된다. 그리고 자동차

**TIP 2.3 그래프의 기울기**

기울기라는 용어가 자주 물리적인 데이터로 만들어진 그래프에서 언급된다. 그러면 데이터의 종류와는 상관 없이 아래의 식으로 기울기를 계산한다.

$$\text{기울기} = \frac{y\text{축의 변화}}{x\text{축의 변화}}$$

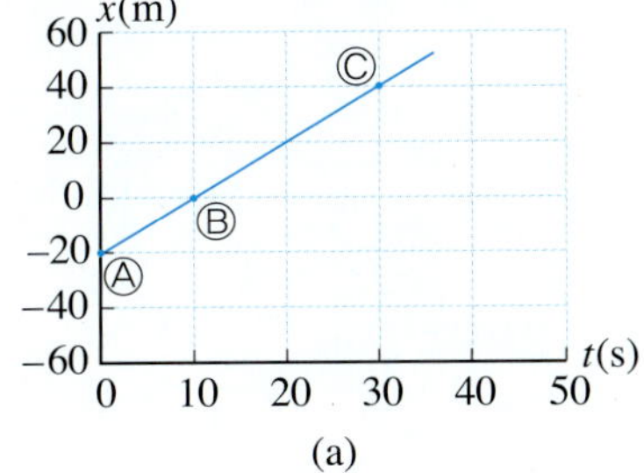


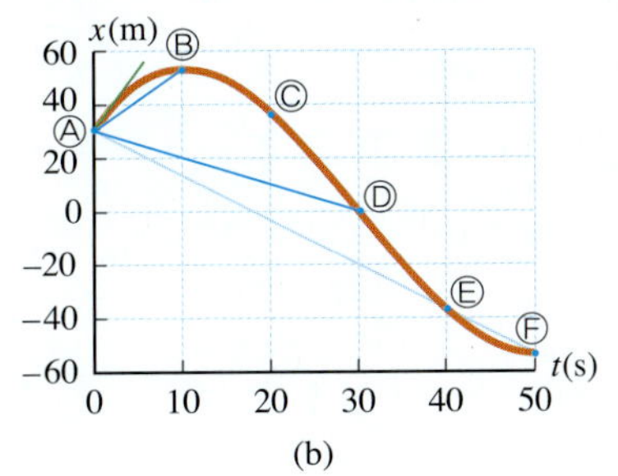


**그림 2.5** (a) 기울기는 단위가 있다. $x$축에서 움직이는 속도가 일정한 자동차의 위치-시간 그래프. (b) 표 2.1의 자료를 바탕으로 속도가 일정하지 않은 자동차의 위치-시간 그래프. 일정한 시간 간격 $\Delta t$ 동안의 평균 속도는 Ⓐ에서 Ⓓ를 이은 파란선의 기울기가 된다.

**TIP 2.4 평균 속도와 평균 속력**
평균 속도와 평균 속력은 같은 개념이 아니다. 어떤 사람이 5 s 동안 0 m에서 25 m에 이르는 거리를 달리고 다시 처음 지점으로 돌아왔다고 하면 평균 속도는 0이 되지만 평균 속력은 10 m/s가 된다.

가 Ⓐ에서 Ⓔ까지 움직인 40초 동안에는 변위 $\Delta x = -37\ \text{m} - (30\ \text{m}) = -67\ \text{m}$가 된다. 따라서 이 시간 동안 평균 속도는 그림 2.5b에서 보이는 a에서 e까지 파란색 선의 기울기이며, 이것은 $\bar{v} = \Delta x/\Delta t = (-67\ \text{m})/(40\ \text{s}) = -1.7\ \text{m/s}$가 된다. 일반적으로 평균 속도는 어떤 지점을 택하였는가에 따라 각각 다르다.

## 순간 속도

평균 속도의 개념은 주어진 시간 간격 동안에 일어난 일을 자세히 고려한 것이 아니다. 한 예로서 자동차의 운행을 생각해 보자. 자동차는 몇 번이고 신호등 앞에서나 도로 사정에 따라서 속도를 줄였다 늘였다 할 것이다. 또 어떤 경우에는 경찰이 운전자의 차를 세울 수도 있다. 이때 경찰에게 중요한 것은 운전자의 **순간 속도**(instantaneous velocity)를 결정할 수 있는 어떤 순간이 차량의 속력과 달린 방향일 것이다.

따라서 자동차의 순간 속력계가 자동차의 순간 속도의 크기를 읽을 수 있도록 하기 위해서는 시간 단위를 아주 짧게 끊어 어느 순간에 두 지점의 평균 속도를 구할 필요가 있는 것이다.

순간 속도의 정의 ▶

순간 속도 $v$는 평균 속도에서 시간 간격 $\Delta t$을 무한대로 작게 함으로써 얻어지는 극한값이다.

$$v \equiv \lim_{\Delta t \to 0} \frac{\Delta x}{\Delta t} \qquad [2.3]$$

**국제단위(SI unit): 미터/초(m/s)**

$\lim_{\Delta t \to 0}$ 표시는 비율 $\Delta x/\Delta t$를 시간 간격인 $\Delta t$를 작은 값으로 계속 만들어 계산하는 것을 의미하는 것이다. $\Delta t$ 값이 0에 가깝도록 극도로 작아지면 비율 $\Delta x/\Delta t$는 어떤 정해진 숫자에 수렴하게 된다. 따라서 이 수렴값이 순간 속도가 된다.

우리가 그림 2.5b에서 보았듯이 직선의 기울기는 시간 간격이 작아질수록 그 값이 접선의 기울기 값에 가까워진다. **위치-시간 그래프에서 어떤 순간에 곡선의 접선 기울기를 그 순간에서 순간 속도라고 정의내린다.**

**물체의 순간 속력은 스칼라 값이기 때문에 순간 속도의 크기로 정의된다.** 속력처럼 순간 속력(우리가 일반적으로 그냥 "속력"이라고 부르는 값)은 방향이 없다. 따라서 대수부호를 수반하지 않는다. 예를 들어 한 물체가 어떤 순간 속도가 15 m/s이고 다른 순간의 속도가 −15 m/s로 측정되었다고 생각해 보자. 순간 속도의 크기는 다르지만, 이 두 순간 속력은 15 m/s라고 할 수 있다.

## 예제 2.2 천천히 움직이는 기차

**목표** 그래프에서 순간 속도와 평균 속도를 구한다.

**문제** 한 기차가 트랙의 직선 부분을 그림 2.6a의 시간-거리 그래프에 따라 천천히 움직이고 있다. (a) 전 구간에서의 평균 속도를 구하고, (b) 처음 4.00 s 동안의 평균 속도, (c) 다음 4.00 s 동안의 평균 속도, (d) $t$ = 2.00 s에서의 순간 속도, (e) $t$ = 9.00 s에서의 순간 속도를 구하라.

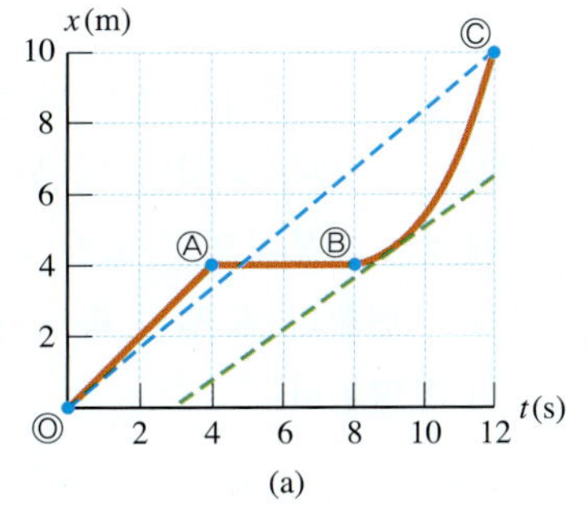


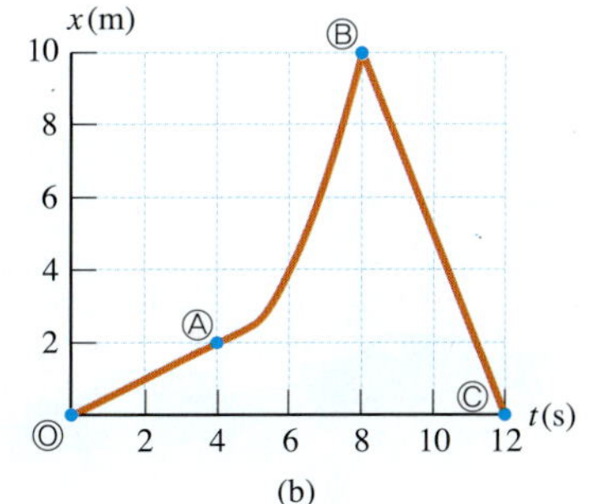


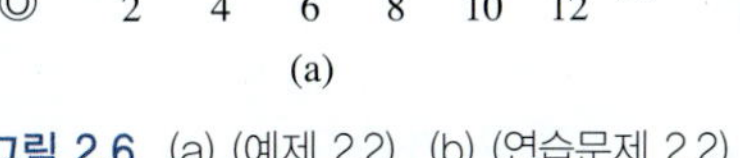
**그림 2.6** (a) (예제 2.2) (b) (연습문제 2.2)

**전략** 평균 속도는 정의에 의해 수식에 숫자를 대입해서 구할 수 있다. $t$ = 2.00 s일 때 순간 속도는 그래프의 선이 직선이므로 일정한 속도를 의미한다. 따라서 이 속도는 그 시작의 평균 속도와 같은 값이 된다. $t$ = 9.00 s일 때 순간 속도는 9초 지점의 곡선에 접선을 그어 그 기울기 값을 구한다.

**풀이**

(a) Ⓒ에서 Ⓞ까지의 평균 속도를 구한다.

파란선의 기울기를 구한다.

$$\bar{v} = \frac{\Delta x}{\Delta t} = \frac{10.0\text{ m}}{12.0\text{ s}} = \boxed{+0.833\text{ m/s}}$$

(b) 처음 4초 동안 기차의 평균 속도를 구한다.

기울기를 구한다.

$$\bar{v} = \frac{\Delta x}{\Delta t} = \frac{4.00\text{ m}}{4.00\text{ s}} = \boxed{+1.00\text{ m/s}}$$

(c) 다음 4초 동안의 기차의 평균 속도를 구한다.

여기에는 위치의 변화가 없기 때문에 변위, 즉 $\Delta x$가 0이 된다.

$$\bar{v} = \frac{\Delta x}{\Delta t} = \frac{0\text{ m}}{4.00\text{ s}} = \boxed{0\text{ m/s}}$$

(d) $t$ = 2.00 s일 때 순간 속도를 구한다.

이것은 그래프 선이 직선이기 때문에 (b)에서 구한 값과 같다.

$$v = \boxed{1.00\text{ m/s}}$$

(e) $t$ = 9.00 s일 때 순간 속도를 구한다.

그래프에서 접선은 $x$축과 (3.0 s, 0 m)에서 만나고, 그래프와 (9.0 s, 4.5 m)에서 접한다. 따라서 $t$ = 9.00 s에서의 순간 속도는 이 접선의 기울기와 같다.

$$v = \frac{\Delta x}{\Delta t} = \frac{4.5\text{ m} - 0\text{ m}}{9.0\text{ s} - 3.0\text{ s}} = \boxed{0.75\text{ m/s}}$$

**주의** 기차는 원점에서 Ⓐ까지 4.00 s 동안 $+x$ 방향으로 일정한 속력을 유지하면서 달렸다. 그 이유는 시간-위치 그래프의 선이 일정하게 양의 방향으로 증가했기 때문이다. Ⓐ부터 Ⓑ까지 기차는 $x$ = 4.00 m에 4.00 s 동안 서 있었다. 그리고 Ⓑ에서 Ⓒ까지 기차는 $+x$ 방향으로 속력이 증가하는 운동을 하였다.

### 연습문제 2.2

그림 2.6b는 또 다른 기차의 운동을 보여 준다. (a) Ⓞ~Ⓒ까지 평균 속도를 구하고, (b) Ⓞ에서 Ⓐ까지의 평균 속도와 순간 속도, (c) $t$ = 6.0 s에서의 대략적인 순간 속도, 그리고 (d) $t$ = 9.0 s에서의 평균 속도와 순간 속도를 구하라.

**답** (a) 0 m/s (b) 둘 다 +5.0 m/s (c) 2 m/s (d) 둘 다 −2.5 m/s

## 2.3 가속도

자동차가 한 장소에서 다른 장소로 여행할 때, 모든 구간에서 등속도로 운행하지는 않는다. 가속 페달을 밟을 때에는 자동차의 속도가 증가하고, 브레이크 페달을 밟을 때에는 자동차의 속도가 감소한다. 게다가 커브를 돌 때와 같이 방향을 바꿀 때는 속도가 변한다. 물체의 속도가 시간에 따라 변하는 경우 그 물체가 **가속**(acceleration)된다고 말한다.

**그림 2.7** 오른쪽으로 움직이는 자동차가 시간 간격 $\Delta t = t_f - t_i$ 동안 $v_i$에서 $v_f$로 가속된다.

### 평균 가속도

그림 2.7에서 보는 것처럼 직선 고속도로를 따라 달리는 자동차의 속도가 시각 $t_i$에서 $v_i$이고 시각 $t_f$에서 $v_f$이면, $\Delta v = v_f - v_i$, $\Delta t = t_f - t_i$가 된다.

평균 가속도의 정의 ▶

일정한 시간 $\Delta t$ 동안의 평균 가속도 $\bar{a}$는 $\Delta v$를 $\Delta t$로 나눈 값이다.

$$\bar{a} \equiv \frac{\Delta v}{\Delta t} = \frac{v_f - v_i}{t_f - t_i} \qquad [2.4]$$

**국제단위(SI unit): 미터/초/초($m/s^2$)**

예로서 그림 2.7의 자동차가 시간 간격 2 s 동안에 처음 속도 $v_i = +10$ m/s로부터 나중 속도 $v_f = +20$ m/s로 가속된다고 하자(두 속도는 모두 오른쪽으로 향하고, 이 방향을 양의 방향으로 선택하였음에 유의하라). 이 값을 식 2.4에 대입하면 평균 가속도가 나온다.

$$\bar{a} = \frac{\Delta v}{\Delta t} = \frac{20\ \text{m/s} - 10\ \text{m/s}}{2\ \text{s}} = +5\ \text{m/s}^2$$

### ✓ Checkpoint 2.3

직선도로를 따라 움직이는 자동차의 속도가 5 s 동안 0 m/s에서 20 m/s로 변하는 운동을 한다고 하면 이 자동차의 평균 가속도는 얼마인가?

가속도는 길이를 시간의 제곱으로 나눈 차원을 갖는 벡터량이다. 보통 가속도의 단위는 제곱초당 미터[(m/s)/s, 흔히 $m/s^2$로 적음] 또는 제곱초당 피트($ft/s^2$)이다. 앞의 경우 평균 가속도는 $+5\ m/s^2$이다. 이는 자동차의 속도가 평균적으로 매초 5 m/s씩 $x$축의 양의 방향으로 증가한다는 것을 의미한다.

직선 운동의 경우 물체의 속도의 방향과 가속도의 방향은 다음과 같은 관계를 가지고 있다. **물체의 속도와 가속도의 방향이 같으면, 물체의 속도는 시간에 따라 증가한다. 그러나 물체의 속도와 가속도의 방향이 반대이면, 물체의 속도는 시간에 따가 감소한다.**

**TIP 2.5** 음의 가속도

가속도가 음의 값이라는 것이 물체의 운동이 반드시 느려진다는 것을 의미하지는 않는다. 가속도의 값이 음의 값이고 속도의 값 또한 음의 값이라면, 이 물체는 점점 빨라진다는 것을 의미한다.

이 점을 더 명확히 하기 위하여 자동차의 속도가 2 s 사이에 −10 m/s에서 −20 m/s로 바뀐 경우를 생각해 보자. 여기서 음의 부호는 속도의 방향이 음의 $x$ 방향임을 뜻한다. 이는 차가 속도를 낮추었다는 것을 의미하지 않는다. 이 시간 간격 동안의 평균 가속도는

$$\bar{a} = \frac{\Delta v}{\Delta t} = \frac{-20\ \text{m/s} - (-10\ \text{m/s})}{2\ \text{s}} = -5\ \text{m/s}^2$$

이 된다. 여기서 음의 부호는 가속도의 방향이 역시 음의 $x$ 방향임을 뜻한다. 속도와 가속도의 방향이 같으므로, 자동차가 왼쪽으로 진행함에 따라 속도는 증가한다. 가속도의 양의 값과 음의 값은 선택한 좌표축의 어떤 방향으로 가속되었는가를 결정한다.

이것은 속도의 증가나 감소를 의미하는 것이 아니다. 따라서 가속도의 음의 값은 감속을 의미하지 않는 다는 것에 유의하자.

**TIP 2.6 감속**

**감속**이라는 단어는 속력이 줄어드는 것을 말한다. 이를 음의 가속도와 혼동하기도 하는데, 음의 가속도는 Tip 2.5에서 보듯이 속력이 커질 수도 있는 것이다.

### Quick Quiz 2.2

**진실인가 거짓인가?** 동쪽을 음의 방향, 서쪽을 양의 방향이라고 정하자. (a) 자동차가 동쪽으로 움직이면 가속도 또한 동쪽 방향이어야 한다. (b) 차를 감속시킨다면 자동차의 가속도는 양의 값을 가진다. (c) 물체의 가속도가 0이 아니면 이 물체는 멈추거나 정지 상태로 있을 수 없다.

## 순간 가속도

평균 가속도는 시간 간격에 따라 다른 값이 될 수 있다. 따라서 **순간 가속도**(instantaneous acceleration)를 정의하는 것이 편리하다. 이 개념은 2.2절에서 다룬 순간 속도의 정의와 유사하다.

순간 가속도 $a$는 평균 가속도의 극한 값으로서 시간 간격 $\Delta t$가 0에 접근함에 따라 얻어진다.

$$a \equiv \lim_{\Delta t \to 0} \frac{\Delta v}{\Delta t} \quad [2.5]$$

**국제단위(SI unit): 미터/초/초(m/s²)**

◀ 순간 가속도의 정의

여기서 $\lim_{\Delta t \to 0}$는 비율 $\Delta v/\Delta t$의 $\Delta t$ 값을 계속 작게 하라는 뜻이다. $\Delta t$ 값이 작아지면 작아질수록 전체 값은 어떤 정해진 숫자에 다가가는데, 이를 순간 가속도라고 한다.

그림 2.8의 **속도-시간 그래프**는 물체의 시간에 따른 속도를 보여 준다. 예를 들어, 이 그래프는 혼잡한 도로에서의 자동차의 움직임을 나타낼 수 있다. 자동차의 $t_i$와 $t_f$ 사이의 평균 가속도는 점 Ⓟ와 Ⓠ를 연결한 직선의 기울기로부터 계산할 수 있다. 만약 Ⓠ를 Ⓟ 쪽으로 아주 가깝게 접근시키면 점 Ⓟ에서의 접선에 다가갈 것이다. **어떤 시각에서의 물체의 순간 가속도는 속도-시간 그래프에서 그 시각에서 접선의 기울기와 같다.** 지금부터 **가속도**는 '순간 가속도'의 의미로 사용한다.

물체의 움직임에 대한 속도-시간 그래프가 직선인 특별한 경우, 어떤 점에서 물체의 순간 가속도는 평균 가속도와 같다. 이는 그래프의 접선이 그래프 자체와 겹치는 것을 의미한다. 이 경우 물체의 가속도는 **일정**하다고 말한다. 등가속도 문제는 운동학에서는 매우 중요하며, 이 장과 다음 장에서 중점적으로 취급할 것이다.

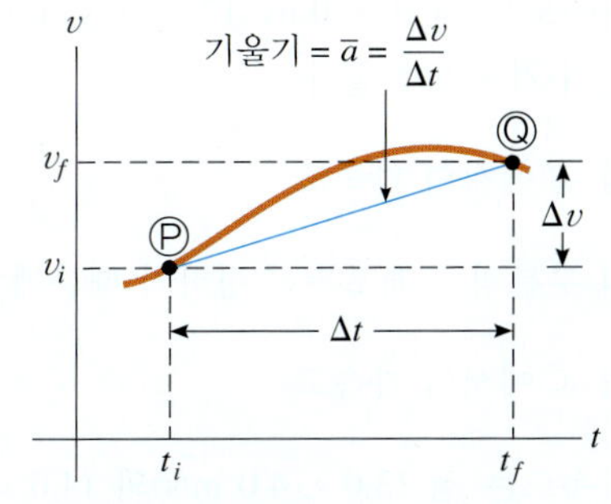


**그림 2.8** 직선 경로를 따라 운동하는 물체의 속도-시간 그래프. 점 Ⓟ와 Ⓠ를 잇는 파란 선의 기울기는 시간 간격 $\Delta t = t_f - t_i$ 사이의 평균 가속도가 된다.

### Quick Quiz 2.3

그림 2.9의 (a), (b), (c)는 직선 운동을 하는 세 가지 물체의 시간에 따른 속도를 나타낸 그래프이다. 이 세 가지 물체의 가속도 그래프를 (d), (e), (f)에 나타내었다. 각각의 속도-시간 그래프의 움직임을 가장 잘 나타내는 가속도-시간 그래프를 맞추어 연결해 보아라.

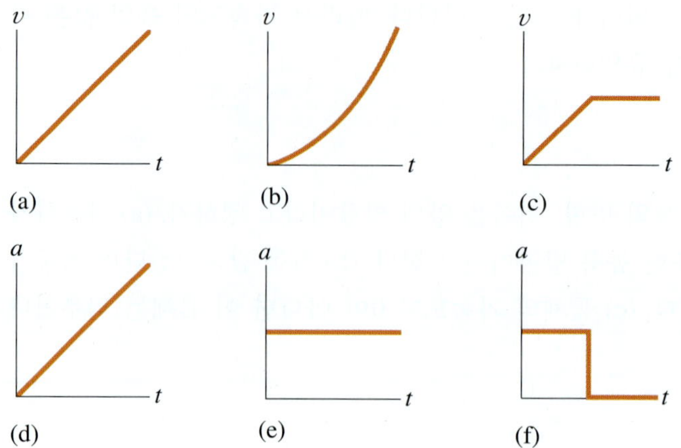


그림 2.9 (Quick Quiz 2.3) 다음 시간-속도 그래프에 알맞는 시간-가속도 그래프를 찾아 맞추시오.

## 예제 2.3 날아가는 공 잡기

**목표** 순간 가속도의 정의를 적용한다.

**문제** 야구선수가 외야로 날아가는 공을 잡기 위하여 직선 경로를 달리고 있다. 그의 시간에 따른 속도 그래프는 그림 2.10a와 같다. 점 Ⓐ, Ⓑ, Ⓒ에서의 순간 가속도를 구하라.

**전략** 각 점에서 속도-시간 그래프는 직선 구간이다. 따라서 순간 가속도는 각 구간의 기울이가 된다. 두 점을 선택하고 선을 그어 기울기를 구한다.

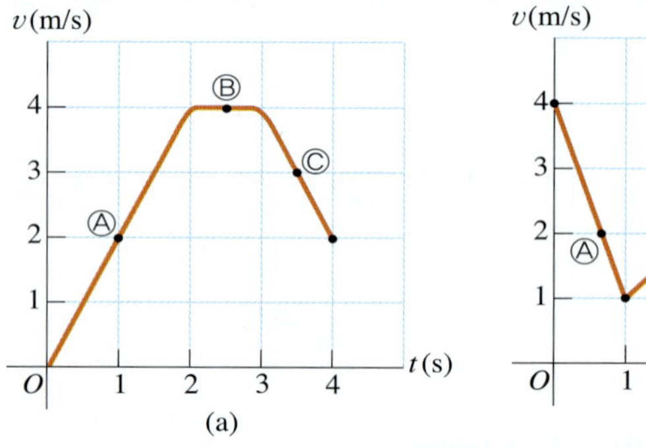


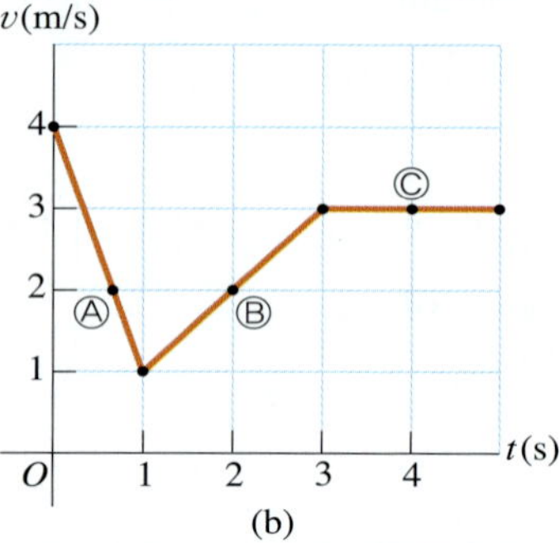


그림 2.10 (a) (예제 2.3) (b) (연습문제 2.3)

**풀이** 점 Ⓐ에서 가속도

가속도는 점 (0 s, 0 m/s)와 (2.0 s, 4.0 m/s)의 두 지점을 잇는 선의 기울기와 같다.

$$a_{Ⓐ} = \frac{\Delta v}{\Delta t} = \frac{4.0\text{ m/s} - 0}{2.0\text{ s} - 0} = \boxed{+2.0\text{ m/s}^2}$$

점 Ⓑ에서의 가속도

이 부분의 그래프는 수평하기 때문에 $\Delta v = 0$이다.

$$a_{Ⓑ} = \frac{\Delta v}{\Delta t} = \frac{4.0\text{ m/s} - 4.0\text{ m/s}}{3.0\text{ s} - 2.0\text{ s}} = \boxed{0\text{ m/s}^2}$$

점 Ⓒ에서의 가속도

가속도는 점 (3.0 s, 4.0 m/s)와 (4.0 s, 2.0 m/s)를 잇는 선의 기울기와 같다.

$$a_{Ⓒ} = \frac{\Delta v}{\Delta t} = \frac{2.0\text{ m/s} - 4.0\text{ m/s}}{4.0\text{ s} - 3.0\text{ s}} = \boxed{-2.0\text{ m/s}^2}$$

**주의** 처음 2.0 s 동안 야구선수는 $+x$의 방향으로(속도 또한 양의 값) 움직였고 속도가 4.0 m/s인 최고 속력에 닿을 때까지 꾸준히 가속하였다(곡선의 값이 꾸준히 늘어났다). 야구선수가 1.0 s 동안 4.0 m/s로 일정한 속력으로 움직인 다음 나머지 시간에 속도가 점점 느려졌지만($v$ 대 $t$가 하강곡선 임) $+x$ 방향으로 움직이고 있다.

**연습문제 2.3**

그림 2.10 b에 대하여 위의 문제를 다시 풀어라.

**답** Ⓐ, Ⓑ, Ⓒ에서의 가속도는 각각 $-3.0\text{ m/s}^2$, $1.0\text{ m/s}^2$, $0\text{ m/s}^2$이다.

## 2.4 운동 도표

가끔 속도와 가속도의 개념을 서로 혼동할 때가 종종 있지만, 분명한 사실은 이들은 아주 다른 물리량이라는 것이다. 물체가 운동하는 동안 시간의 흐름에 따라 속도와 가속도 벡터가 어떻게 변하는지를 나타내는 그림을 그려 보면 이 개념을 이해하는 데 도움이 된다. **운동 도표**(motion diagram)는 움직이는 물체에 대하여 어떤 시각에서 속도와 가속도의 크기를 나타낸 것이다. 활용그림 2.11에서 이 두 양의 혼동을 피하기 위하여 속도 벡터는 빨간색, 가속도 벡터는 보라색으로 표시하였다. 물체가 운동하는 동안 몇몇 순간의 이들 벡터들을 표시하였으며 인접한 벡터들 사이의 시간 간격은 같다고 가정한다.

운동 도표는 움직이는 물체의 스트로보스코프(stroboscope) 사진과 유사하다. 활용그림 2.11은 왼쪽에서 오른쪽으로 직선 도로를 따라 움직이는 자동차의 스트로보스코프 사진이다. 각 도표에서 스트로보스코프 사진의 섬광 간의 시간 간격은 일정하다.

활용그림 2.11a에서 자동차의 상은 일정한 간격으로 배치되어 있다. 즉, 자동차는 각 시간 간격 동안 같은 거리를 이동한다. 따라서 자동차의 **가속도는 0**이며, **일정한 양(+)의 속도**로 운동하고 있다. 빨간색 화살표들이 같은 길이이고(일정한 속도), 보라색 화살표는 없다(가속도가 0을 의미).

활용그림 2.11b에서 자동차의 상은 시간이 흐를수록 점점 멀어지고 있다. 이러한 경우에 시간이 흐를수록 인접한 자동차 간의 거리가 증가하기 때문에, 속도 벡터는 시간에 따라 증가한다. 자동차는 **양(+)의 속도**와 일정한 **양(+)의 가속도**로 운동하고 있다. 빨간색 화살표들이 점점 늘어나고 있고, 보라색 화살표는 오른쪽을 향하고 있다.

활용그림 2.11c에서는 시간이 흐를수록 인접한 자동차와의 거리가 감소하기 때문에, 오른쪽으로 갈수록 느려진다. 이 경우, 자동차는 처음에 일정한 음의 가속도를 갖고 오른쪽으로 운동한다. 속도 벡터는 시간에 따라 감소하다가(빨간 화살표가 점점 짧아지고 있음) 결국 0이 된다. 이 도표로부터 가속도와 속도 벡터가 같은 방향이 **아닌** 것을 알 수 있다. 자동차는 **양(+)의 속도**이지만 **음(−)의 가속도**를 갖고 운동하고 있다.

다양한 운동학 문제의 운동 도표를 그려 보도록 하자.

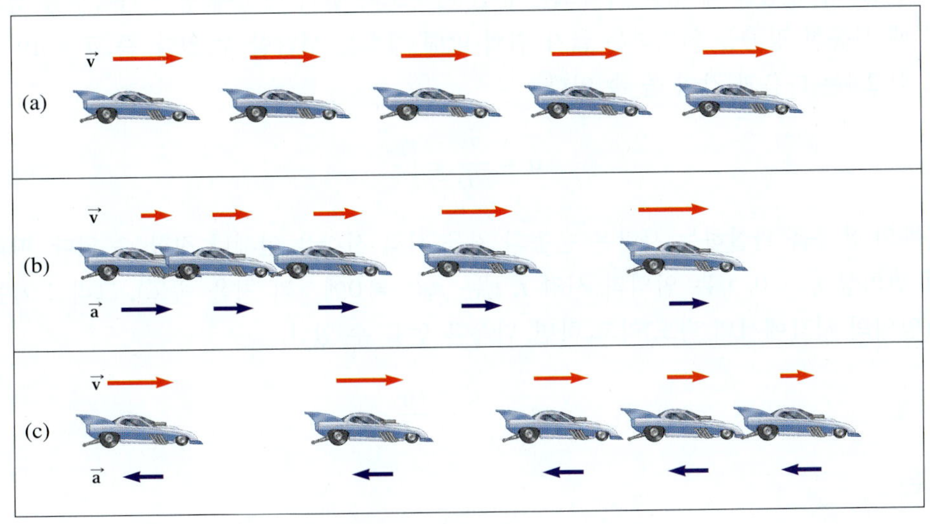


**활용그림 2.11**
(a) 일정한 속도(가속도는 0)로 움직이는 자동차의 운동 도표. (b) 속도와 같은 방향의 일정한 가속도를 갖고 움직이는 자동차의 운동 도표. 각 순간의 속도 벡터는 빨간색 화살표로, 일정한 가속도 벡터는 보라색 화살표로 나타냈다. (c) 속도와 **반대** 방향의 일정한 가속도를 갖고 움직이는 자동차의 운동 도표.

**PhysicsNow™**
**http://physics.brookscole.com/ecp**에서 physicsNow를 로그인하고 활용그림 2.11로 들어가라. 자동차의 가속도와 처음 속도를 선택하여 자동차의 움직이는 모습과 그래프를 관찰하자.

**Quick Quiz 2.4**

활용그림 2.12의 세 가지 그래프는 $x$축을 따라 운동하는 어떤 물체의 위치–시간 그래프를 나타낸 것이다. 어떤 것이 가능하지 않은 그래프인가?

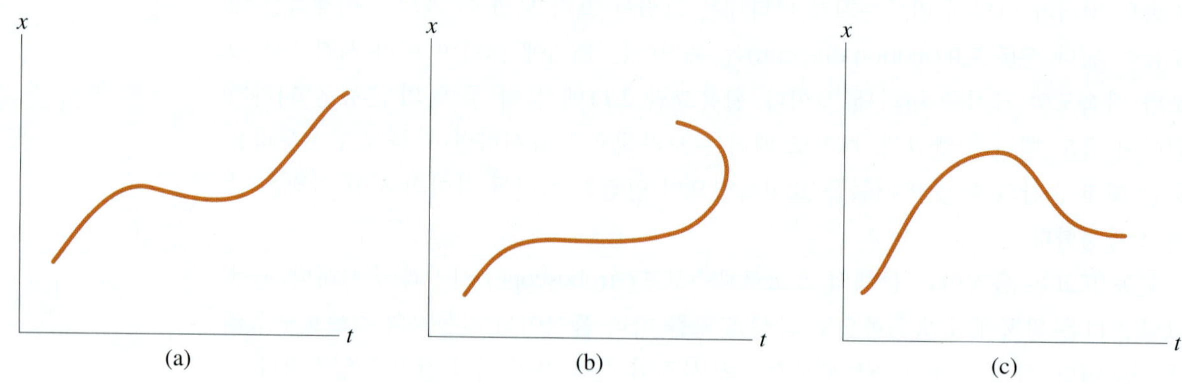


**활용그림 2.12**
(Quick Quiz 2.4) 어떤 것이 시간–위치 그래프가 될 수 없을까?

**PhysicsNow™** **http://physics.brookscole.com/ecp**에서 physicsNow를 로그인하고 활용그림 2.12로 들어가라. 적당한 시간–속도 그래프와 시간–가속도 그래프 맞추기를 연습해 보자.

## 2.5 등가속도 1차원 운동

역학에서 많은 문제가 **등가속도**(constant acceleration)로 운동하는 이러한 운동은 자연계의 많은 물체에 적용되므로 중요하다. 예를 들면, 공기의 저항을 무시할 때 지표면 근처에서 자유낙하하는 물체는 등가속도 운동을 한다. 활용그림 2.13a는 가속도가 일정한 시간–가속도 그래프를 나타낸 것이다. **물체가 등가속도 운동을 하면 평균 가속도와 순간 가속도가 항상 같다.** 즉 같은 비율로 물체의 속도가 줄거나 느는 것이다. 그리고 $v$대 $t$(속도–시간) 그래프는 기울기가 양, 음, 또는 0이 되는 직선을 그리게 된다.

가속도가 일정할 때 평균 가속도는 순간 가속도와 같기 때문에 평균 가속도를 정의할 때 사용한 평균을 의미하는 글자 위의 막대 기호는 생략할 수 있다. 즉, $\bar{a} = a$이므로 식 2.4는 다음과 같이 쓸 수 있다.

$$a = \frac{v_f - v_i}{t_f - t_i}$$

물체의 운동을 관찰하는 사람은 운동의 처음 시작 시간을 언제나 정할 수 있다. 따라서 편의상 $t_i = 0$, $t_f$는 임의의 시각 $t$, $v_i$는 $v_0$($t = 0$에서의 처음 속도), 그리고 $v_f$는 $v$(임의의 시각에서의 속도)라고 하면, 다음을 얻을 수 있다.

$$a = \frac{v - v_0}{t}$$

또는

$$v = v_0 + at \qquad (\text{일정한 } a\text{에 대해서}) \qquad [2.6]$$

식 2.6은 가속도 $a$가 처음 속도 $v_0$를 $at$ 값에 의해서 꾸준히 바꾼다는 것을 의미한다. 예를 들어, 자동차가 처음 속도 2.0 m/s로 오른쪽으로 달리고 가속도가 $a = +6.0\ \text{m/s}^2$이라면 이 자동차의 속도는 2.0 s 뒤에 +14 m/s가 된다.

$$v = v_0 + at = +2.0\ \text{m/s} + (6.0\ \text{m/s}^2)(2.0\ \text{s}) = +14\ \text{m/s}$$

그리고 속도 $v$에 대한 그래프적인 해석은 활용그림 2.13b에 나타냈다. 이 그림에서 속도는 시간에 따라서 식 2.6과 같이 선형적으로 변하고 있다.

속도는 시간에 따라 **균일하게** 증가하고 줄어들기 때문에 모든 시간 간격에 있어서 평균 속도는 $v_0$와 $v$의 산술 평균으로 주어진다. 즉,

$$\bar{v} = \frac{v_0 + v}{2} \qquad (\text{일정한 } a\text{에 대하여}) \qquad [2.7]$$

가 된다. 이 식은 가속도가 일정할 때, 즉 시간에 따라 속도가 일정하게 변할 때만 유효하다.

이제 이 결과와 평균 속도를 정의한 식 2.2를 이용하여 물체의 변위를 시간의 함수로 나타낼 수 있다. $t_i = 0$, $t_f = t$, $\Delta x = x_f - x_i = x - x_0$로 놓으면 아래와 같은 식을 얻을 수 있다.

$$\Delta x = \bar{v}t = \left(\frac{v_0 + v}{2}\right)t$$

$$\Delta x = \tfrac{1}{2}(v_0 + v)t \qquad (\text{일정한 } a\text{에 대하여}) \qquad [2.8]$$

식 2.6의 $v$를 식 2.8에 대입하면 다음과 같은 식을 얻을 수 있다.

$$\Delta x = \tfrac{1}{2}(v_0 + v_0 + at)t$$

$$\Delta x = v_0 t + \tfrac{1}{2}at^2 \qquad (\text{일정한 } a\text{에 대하여}) \qquad [2.9]$$

이 식은 $\Delta x = x - x_0$이므로 위치 $x$의 식으로 나타낼 수도 있다. 식 2.9에서 $t$에 따른 $x$, 즉 위치–시간의 그림을 활용그림 2.13c에 나타내었다. 활용그림 2.13b 그래프 아래의 면적은 $v_0 t + \frac{1}{2}at^2$으로 변위 $\Delta x$와 같다. 사실상 **속도–시간 그래프에서 그래프 아래 면적은 물체의 변위 $\Delta x$와 같다.**

마지막으로, 식 2.6의 $t$를 식 2.8에 대입하면 시간을 포함하지 않는 아래와 같은 관계식을 얻을 수 있다.

$$\Delta x = \tfrac{1}{2}(v + v_0)\left(\frac{v - v_0}{a}\right) = \frac{v^2 - v_0^2}{2a}$$

$$v^2 = v_0^2 + 2a\Delta x \qquad (\text{일정한 } a\text{에 대하여}) \qquad [2.10]$$

식 2.6과 2.9는 등가속도 1차원 운동에 대한 문제를 풀 때 사용된다. 하지만 식 2.7과 2.8, 그리고 식 2.10이 사용하기 편할 때가 있다. 표 2.2에 가장 많이 사용되는 세 개의 방정식을 나타내었다.

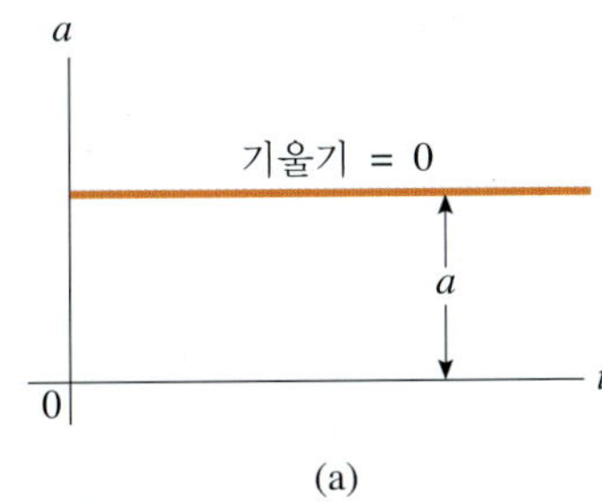


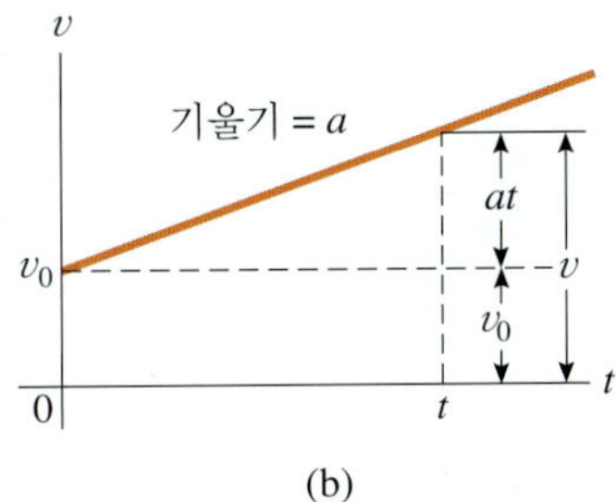


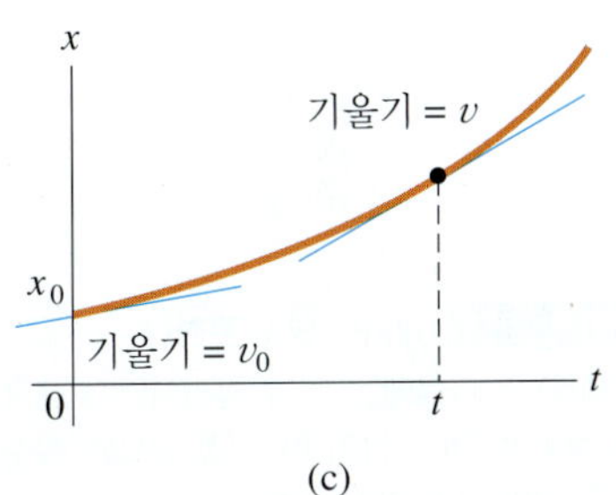


**활용그림 2.13**
등가속도 $a$로 $x$축 상에서 운동하는 입자의 경우 (a) 시간–가속도 그래프, (b) 시간–속도 그래프, (c) 시간–위치 그래프.

**Physics Now™**
**http://physics.brookscole.com/ecp**에서 physicsNow를 로그인하고 활용그림 2.13에 들어가라. 가속도의 값을 조정하면서 속도, 위치에 어떤 영향을 미치는지 확인하라.

### ☑ Checkpoint 2.4

등가속도로 직선 운동하는 자동차가 1 s 동안 $d$만큼 달렸다면, 이 자동차가 2 s 동안 달린 거리는? (a) $2d$, (b) $4d$, (c) $8d$.

표 2.2 등가속도 직선 운동의 운동 방정식

| 식 | 식으로부터 얻을 수 있는 정보 |
|---|---|
| $v = v_0 + at$ | 시간의 함수로서의 속도 |
| $\Delta x = v_0 t + \frac{1}{2}at^2$ | 시간의 함수로서의 변위 |
| $v^2 = v_0^2 + 2a\Delta x$ | 변위의 함수로서의 속도 |

참고: 물체는 $x$축 상에서 운동하고 있다. 시각 $t = 0$에서 입자의 위치는 원점($x_0 = 0$)이고 속도는 $v_0$이다.

이 식들을 자유자재로 활용할 수 있는 가장 좋은 방법은 많은 문제를 풀어 보는 것이다. 문제를 푸는 방법은 계산 방법에 따라 여러 가지가 있을 수 있다.

### 문제풀이 전략 가속 운동

가속 운동에 관한 문제를 풀 때 다음의 과정을 따르기를 권한다.

1. 문제를 **읽어라.**
2. 도표를 **그려라.** 알맞은 좌표를 선택하고, 시작점과 끝점을 표기한다. 그리고 화살표로 속도와 가속도를 표시한다.
3. 모르는 값에 동그라미를 치고 모든 물리량을 **표기하라.** 필요하면 단위를 다른 단위로 바꾼다.
4. 표 2.2에 있는 **식**들 중 필요한 것을 선택한다. 이 장에 포함된 모든 문제는 주로 앞의 두 식으로 풀린다. 세 번째 식도 가끔 편리할 때가 있다.
5. 모르는 값을 **구한다.** 두 개의 미지값 둘을 구하려면 두 개의 방정식이 필요하다. 최종 계산을 하기 전까지 아는 값들을 문자로 대치하여 문제를 푸는 것이 보통 편리하다.
6. 상식과 어림산을 이용해서 답을 **검산하라.**

**TIP 2.7 돼지는 날지 못한다.**
문제를 푼 다음에는 답이 합리적인지 생각을 해 보아야 한다. 답이 아닌 것 같으면 실수한 곳을 찾아내야 한다.

### Math Focus 2.1 상수값 찾기

물리학 문제들은 주어진 식에 맞는 상수를 찾을 것을 빈번하게 요구하는 경우가 있다. 이 상수들은 문제의 문장 내용에 주어지거나 또는 주어진 정보에서 찾거나 알아차려야 한다.

예 1: 한 개의 공을 수직 위로 2.0 m/s로 던졌다. 시간에 따른 공의 속도를 구하기 위한 식을 세워라. 지표면의 중력 가속도는 일정하다고 가정한다.

풀이: 식 2.6이 일반식이다.

$$v = v_0 + at$$

문제의 문장 안에서 지표면이라는 표현 때문에 우리는 $a = -9.8\ \text{m/s}^2$이라는 값을 쓸 수 있다. $v = 2.0$ m/s는 $t = 0$일 때를 말하기 때문에 $v_0$는 2.0 m/s가 된다. 그러므로 식은 다음과 같다.

$$v = 2.0\ \text{m/s} + (-9.8\ \text{m/s}^2)t$$

예 2: 던져진 공이 3.0 s 후에 속도 −24 m/s에 도달했다. 이 상황에서 시간에 따른 물체의 속도를 구하라.

풀이: 여기서 가속도는 위의 문제에서 주어진 방식으로 주어진 것이다. 하지만 $t = 0$에서의 속도는 대수학적으로 찾아야 한다. 우리는

$$v = v_0 + (-9.8\ \text{m/s}^2)t$$

라는 식을 사용할 수 있다. 그리고 문장에서는 $t = 3.0$ s에 $v = -24$ m/s라고 하였다. 그러면 $v_0$을 풀기 위해 식을 쓰면 다음과 같다.

$$v_0 + (-9.8\ \text{m/s}^2)(3.0\ \text{s}) = -24\ \text{m/s}$$

$$v_0 = -24\ \text{m/s} + (9.8\ \text{m/s}^2)(3.0\ \text{s}) = 5.4\ \text{m/s}$$

많은 문제들은 표 2.2에 있는 운동 방정식의 $a$, $v_0$, $x_0$ 값들에 문제에서 주어진 정보를 대입하면 풀 수 있다. 이 과정을 거치면 두 개의 모르는 물리량에 대한 하나의 1차 그리고 하나의 2차 방정식을 얻게 된다.

## 예제 2.4 데이토나(Daytona) 500

**목표** 운동 방정식을 응용한다.

**문제** 경주용 차가 등가속도 5.00 $\mathrm{m/s^2}$으로 정지 상태부터 가속 운동을 시작했다. 이 차가 $1.00 \times 10^2$ ft를 운동한 후의 속도는 얼마인가?

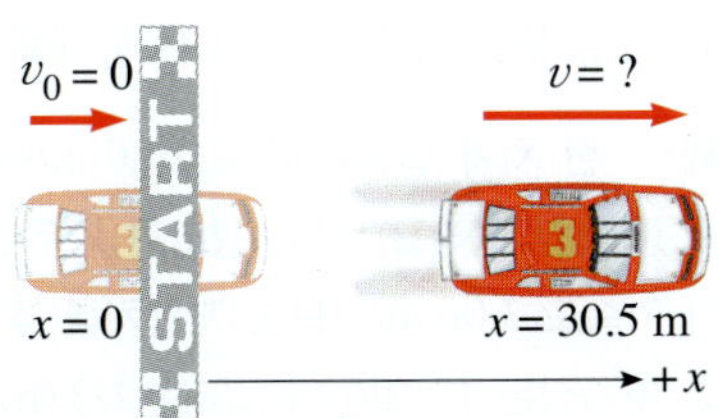


그림 2.14 (예제 2.4)

**전략** 이 문제를 읽고 그림 2.14와 같은 그림을 그릴 수 있다. 그리고 알맞은 좌표계를 선택한다(단계 1, 2). 다음으로 변위 $\Delta x$를 알고 난 후에 $v$를 찾을 수 있다. 가속도 $a$와 $v_0$는 이미 알고 있고 있다(단계 3, 표시는 이미 되어 있음). 이 문제는 세 번째 식이 가장 유용하다는 것을 알 수 있다. 나머지 할 일은 간단한 수식 대입이다.

**풀이**

문제 안의 정보를 이용해서 $\Delta x$를 국제단위로 바꾼다.

$$1.00 \times 10^2 \text{ ft} = (1.00 \times 10^2 \text{ ft})\left(\frac{1 \text{ m}}{3.28 \text{ ft}}\right) = 30.5 \text{ m}$$

$v^2$을 구하기 위한 운동 방정식을 쓴다(단계 4).

$$v^2 = v_0^2 + 2a\Delta x$$

자동차는 오른쪽으로 운동하고 있기 때문에 $v$를 구하기 위해서 위의 식에 루트를 씌운다(단계 5).

$$v = \sqrt{v_0^2 + 2a\Delta x}$$

$v^2 = 0$, $a = 5.00\ \mathrm{m/s^2}$으로 대입하고 $\Delta x = 30.5$ m로 대입한다.

$$v = \sqrt{v_0^2 + 2a\Delta x} = \sqrt{(0)^2 + 2(5.00 \text{ m/s}^2)(30.5 \text{ m})}$$
$$= 17.5 \text{ m/s}$$

**주의** 답은 쉽게 점산할 수 있다. 식 $\Delta x = v_0 t + \frac{1}{2}at^2$을 이용해서 $t$를 찾고 $v = v_0 + at$로 $v$를 찾는다.

**연습문제 2.4**

위의 예제에서 운전수가 장애물에 부딪쳐서 4.00 s만에 정지하였다. 여기서 자동차의 (a) 가속도와 (b) 운동한 거리를 찾아라. 이때 정지과정의 가속도는 일정하다고 생각한다.

**답** (a) $a = -4.38\ \mathrm{m/s^2}$ (b) $d = 35.0$ m

## Math Focus 2.2 2차 방정식

등가속도 운동 방정식에서 위치는 시간에 대한 2차 식으로 다음과 같이 쓸 수 있다.

$$\frac{1}{2}at^2 + v_0 t - (x - x_0) = 0 \qquad (1)$$

2차 방정식의 기본형은 다음과 같고,

$$At^2 + Bt + C = 0 \qquad (2)$$

아래와 같은 근의 공식으로 해를 구할 수 있다.

$$t = \frac{-B \pm \sqrt{B^2 - 4AC}}{2A} \qquad (3)$$

식 (1)과 (2)를 비교하면 $A = \frac{1}{2}a$, $B = v_0$라는 것과 $C = -(x - x_0)$라는 것을 알 수 있다.

**예:** 높이 $x = 0$에서 위쪽으로 15.0 m/s로 공을 던졌다. 높이 4.00 m위치에 공이 도달하는 시각을 구하라.

**풀이:** 수학적으로 단위를 정확히 하기 위해서 MKS 단위를 쓴다. 식 (1)을 여기에 맞추어 써 보면 다음과 같다.

$$-4.9t^2 + 15t - (4 - 0) = 0$$

따라서 $A = -4.9$, $B = 15$, $C = -4$가 된다. 이를 식 (3)에 대입하면 두 근을 구할 수 있다.

$$t = \frac{-15 \pm \sqrt{15^2 - 4(-4.9)(-4)}}{2(-4.9)} = \frac{-15 \pm \sqrt{146.6}}{-9.8}$$

$$t = 0.295 \text{ s} \quad \text{또는} \quad 2.77 \text{ s}$$

## 연관된 예제 2.5 자동차 추적

**목표** 일정한 가속도를 가진 물체와 일정한 속도로 달리는 두 물체가 포함된 문제를 풀어 본다.

**문제** 한 차가 일정한 속도 24.0 m/s로 광고판 뒤의 경찰을 뒤로 하고 그림 2.15처럼 달리고 있다. 광고판을 뒤로 하고 자동차가 달린지 1초만에 경찰이 가속도 3.00 m/s$^2$으로 자동차를 추격하기 시작했다. (a) 경찰이 이 자동차를 따라잡는 데 얼마나 걸리는가? (b) 따라잡는 순간의 경찰의 속도는 얼마인가?

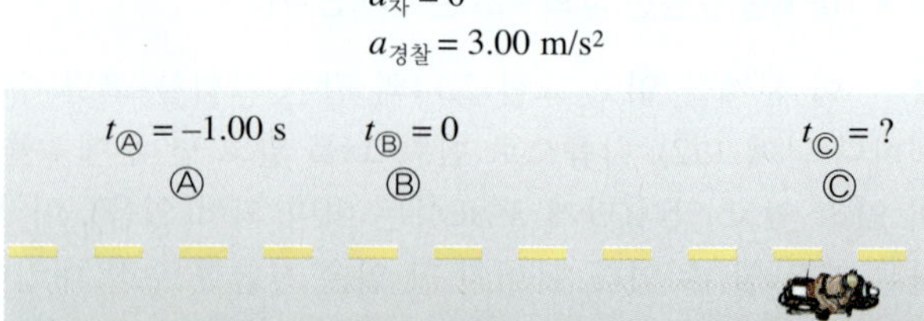


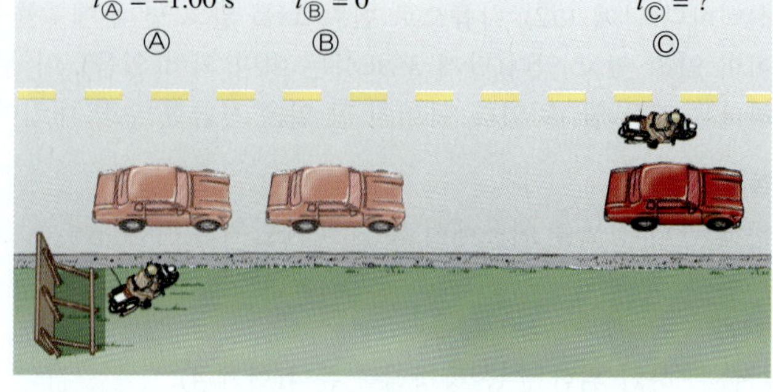


**그림 2.15** (연관된 예제 2.5) 과속하는 자동차가 숨은 경찰을 지나치고 있다. 경찰은 언제 이 차를 따라 잡을 수 있을까?

**전략** 이 문제를 풀기 위해서는 위치에 관한 두 식이 쓰인다. 하나는 자동차를 풀기 위해, 다른 하나는 경찰을 풀기 위해 쓰인다. 추적을 하기 시작한 시간을 $t = 0$이라 놓으면 자동차는 $x_{차} = 24.0$ m에 있게 된다(24.0 m/s × 1.00 s). 경찰은 $x_{경찰} = x_{차}$가 되는 시간에 자동차를 따라잡을 것이다. 따라서 (b)를 풀 때 필요한 경찰의 속도가 나오게 된다.

**풀이**

(a) 자동차를 따라잡는 데에는 얼마나 걸리는가?

자동차의 변위식을 쓴다.

$$\Delta x_{차} = x_{차} - x_0 = v_0 t + \frac{1}{2} a_{차} t^2$$

$x_{차}$를 풀기 위해 $x_0 = 24.0$ m, $v_0 = 24.0$ m/s, 그리고 $a_{차} = 0$으로 놓는다.

$$x_{차} = x_0 + vt = 24.0 \text{ m} + (24.0 \text{ m/s})t$$

경찰의 위치를 식에 쓰고 $x_0 = 0$, $v_0 = 0$, 그리고 $a_{경찰} = 3.00$ m/s$^2$으로 놓는다.

$$x_{경찰} = \frac{1}{2} a_{경찰} t^2 = \frac{1}{2}(3.00 \text{ m/s}^2)t^2 = (1.50 \text{ m/s}^2)t^2$$

$x_{경찰} = x_{차}$로 놓고 2차 방정식을 푼다. 여기서 양의 근만 의미를 갖는다.

$$(1.50 \text{ m/s}^2)t^2 = 24.0 \text{ m} + (24.0 \text{ m/s})t$$

$$(1.50 \text{ m/s}^2)t^2 - (24.0 \text{ m/s})t - 24.0 \text{ m} = 0$$

$$t = \boxed{16.9 \text{ s}}$$

(b) 자동차를 따라잡을 때의 경찰의 속도를 구하라.

경찰의 속도식에 (a)에서 구한 시간을 대입한다.

$$v_{경찰} = v_0 + a_{경찰} t = 0 + (3.00 \text{ m/s}^2)(16.9 \text{ s})$$

$$= \boxed{50.7 \text{ m/s}}$$

**주의** 자동차보다 두 배의 속도로 달린 경찰은 충돌을 피하기 위해서 빗나가게 운전하거나 브레이크를 심하게 밟았을 것이다. 이 문제는 그래프로도 풀 수 있는데 시간-위치 그래프에 자동차와 경찰의 경로를 같이 그리면 된다. 여기서 경찰이 자동차를 따라잡는 순간에 시간-위치의 두 그래프가 겹쳐지게 될 것이다.

### 연습문제 2.5

유효 기간이 지난 번호판을 단 오토바이를 타고 있는 사람이 10 m/s로 시내를 돌아다니고 있다. 이 오토바이가 출발하고 5.00 s 후에 경찰이 오토바이를 잡기 위해 가속도 2.00 m/s$^2$으로 달리기 시작했다. (a) 이 오토바이를 잡기 위해 걸리는 시간, (b) 이 오토바이를 잡기 위해 달린 거리를 구하라.

**답** (a) 13.7 s (b) 188 m

**Physics Now™** **http://physics.brookscole.com/ecp**에서 PhysicsNow를 로그인하고 예제 2.5로 들어가라. 자동차와 경찰의 추격을 여러 속도로 시도해 보라.

**예제 2.6** **활주로 길이**

**목표** 운동 방정식을 두 단계의 수평 운동의 경우에 적용한다.

**문제** 제트기가 속도 160 mi/h로 착륙하여 (10 mi/h)/s 비율로 감속하고 있다. 이 비행기가 감속하기 전에 160 mi/h로 1.0 s 동안 활주로를 달렸다면 이 제트기가 활주로에서 정지하기까지 달린 변위는 얼마인가?

**전략** 그림 2.16을 보고 먼저 국제단위로 모든 양을 바꾼다. 이 문제를 두 부분으로 푼다. 먼저 브레이크를 걸기 전에 달린 거리와 감속을 하고 난 후에 달린 거리이다.

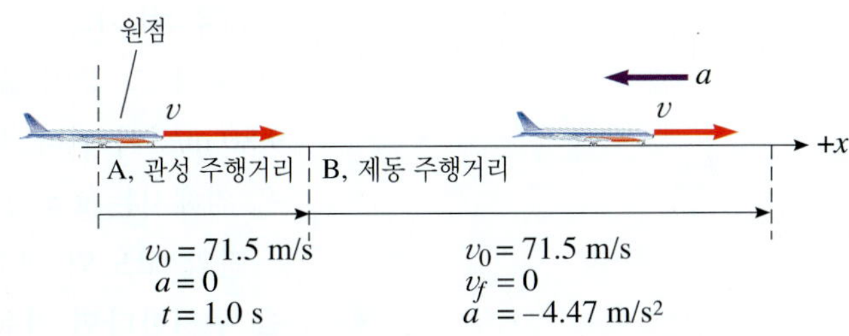


**그림 2.16** (연관된 예제 2.6) 착륙하는 제트기의 관성 주행거리와 제동 주행거리.

**풀이**

단위를 국제단위로 바꾼다.

$$v_0 = (160\ \text{mi/h})\left(\frac{0.447\ \text{m/s}}{1.00\ \text{mi/h}}\right) = 71.5\ \text{m/s}$$

$$a = (-10.0\ (\text{mi/h})/\text{s})\left(\frac{0.447\ \text{m/s}}{1.00\ \text{mi/h}}\right) = -\ 4.47\ \text{m/s}^2$$

$a = 0$, $v_0 = 71.5$ m/s, $t = 1.00$ s로 놓고, 제트기가 감속하기 이전의 주행거리를 구한다.

$$\Delta x_{\text{감속 이전}} = v_0 t + \tfrac{1}{2}at^2 = (71.5\ \text{m/s})(1.00\ \text{s}) + 0 = 71.5\ \text{m}$$

감속 이후의 주행한 변위를 구하기 위해 시간이 포함되지 않은 운동 방정식을 쓴다.

$$v^2 = v_0{}^2 + 2a\Delta x_{\text{감속 이후}}$$

$a = -4.47$ m/s², $v_0 = 71.5$ m/s로 놓는다. $a$가 음의 값인 제트기가 감속했다는 것을 의미한다.

$$\Delta x_{\text{감속 이후}} = \frac{v^2 - v_0{}^2}{2a} = \frac{0 - (71.5\ \text{m/s})^2}{2.00\,(-\ 4.47\ \text{m/s}^2)} = 572\ \text{m}$$

두 결과를 더한다.

$$\Delta x_{\text{감속 이전}} + \Delta x_{\text{감속 이후}} = 72\ \text{m} + 572\ \text{m} = \boxed{644\ \text{m}}$$

**주의** 감속 이후의 주행거리를 찾기 위해 시간 단위가 포함된 식인 두 운동 방정식 $\Delta x = v_0 t + \frac{1}{2}at^2$과 $v^2 = v_0 + at$를 쓸 수 있다. 하지만 시간을 구하려는 것이 아니기 때문에 시간이 포함되지 않은 식을 쓰는 것이 더 편하다.

**연습문제 2.6**

제트기는 80.0 m/s로 땅에 착륙했고 2.00 s 후에 브레이크를 걸기 시작했다. 제트기가 $5.00 \times 10^2$ m를 달린 후에 정지하기 위해서는 얼마의 가속도가 필요한가?

**답** $a = -9.41$ m/s²

## 2.6 자유낙하하는 물체

지표면 근처에서 공기 저항을 무시하면, 모든 물체는 동일한 가속도로 떨어진다. 이것은 사실이다. 달에서 어깨 높이에서 망치와 깃털을 떨어뜨리는 실험을 했을 때, 두 물체는 같은 속도로 떨어졌다.

**자유낙하하는 물체는 물체의 처음 운동과는 상관없이 오로지 중력에만 영향을 받는 운동을 말한다.** 일정 방향으로 던져진 물체나 정지 상태에서 낙하하는 물체는 모두 자유낙하 운동을 하게 된다.

**자유낙하 가속도**(free-fall acceleration)는 기호 $g$로 표시한다. $g$의 값은 고도가 높아짐에 따라 그 값이 줄어들고 위도에 따라서도 약간 변한다. 지표면에서는 그 값이 대략 9.80 $m/s^2$이 된다. 특별한 언급이 없으면 g = 9.8 $m/s^2$으로 쓰기도 한다. 그리고 어림산을 위해서는 g ≈ 10 $m/s^2$을 쓰기로 한다.

만약 고도의 변화에 따라 자유낙하 가속도가 변하지 않는다고 가정하고 공기저항을 무시한다면 자유낙하하는 물체의 운동은 1차원에서 일정한 가속도를 갖고 운동하는 물체와 같게 된다. 이 말은 2.5절에서 유도한 운동 방정식들을 여기에 적용할 수 있다는 것이다. "위쪽" 방향을 표시할 때는 관습적으로 $+y$로 쓰고, $y$를 위치 변수로 한다. 이 경우 가속도는 $a = -g = -9.80\ m/s^2$이 된다. 7장에서는 고도에 따라 $g$ 값이 어떻게 변하는지 알아 볼 것이다.

### Quick Quiz 2.5

테니스 선수가 공을 위쪽으로 던져 올렸다. 이 공이 자유낙하하는 동안 가속도는 (a) 늘어난다, (b) 줄어든다, (c) 늘어나다 줄어든다, (d) 줄어들다가 늘어난다, (e) 일정하다.

### Quick Quiz 2.6

Quick Quiz 2.5에서 테니스공이 움직이는 동안 속력은 (a) 늘어난다, (b) 줄어든다, (c) 줄어들다가 늘어난다, (d) 늘어나다가 줄어든다, (e) 일정하다.

## 예제 2.7 밑을 조심하세요!

**목표** 기본 운동 방정식들을 중력의 영향을 받아 자유낙하하는 물체에 적용한다.

**문제** 골프공을 높은 빌딩 꼭대기에서 떨어뜨렸다. 공지저항을 무시하고 1.00 s, 2.00 s, 3.00 s 후에 공의 속력은 어떻게 될 것인지 구하라.

**전략** 간단한 그림을 그려 보자. 빌딩의 높이는 주어져 있지 않으므로 빌딩의 꼭대기를 $y = 0$으로 설정하는 것이 적당하다. 운동 방정식 중에서 속도-위치와 관련된 식에 아는 값을 대입한다.

**풀이**

운동 방정식 2.6과 2.9를 쓴다.

$$v = at + v_0$$

$$\Delta y = y - y_0 = v_0 t + \tfrac{1}{2}at^2$$

두 식에 $y_0 = 0$, $v_0 = 0$, $a = -g = -9.80\ m/s^2$을 대입한다.

$$v = at = (-9.80\ m/s^2)t$$

$$y = \tfrac{1}{2}(-9.80\ m/s^2)t^2 = -(4.90\ m/s^2)t^2$$

서로 다른 시간을 대입하기 위해 표를 만든다.

| $t$ (s) | $v$ (m/s) | $y$ (m) |
|---|---|---|
| 1.00 | −9.8 | −4.9 |
| 2.00 | −19.6 | −19.6 |
| 3.00 | −29.4 | −44.1 |

**주의** $v$가 음수인 것은 속도의 방향이 아랫방향이라는 것을 의미한다. 또 $y$가 음수인 것은 출발지점에서 더 아래쪽으로 물체가 이동했다는 것을 의미한다. 갈릴레이가 밝힌 바에 따르면 떨어지는 물체의 속도는 시간에 비례한다. 그리고 위치는 시간의 제곱에 비례한다.

**연습문제 2.7**
위의 문제에서 떨어지는 물체의 4.00 s 후의 위치와 속도를 구하라.

**답** $-78.4$ m, $-39.2$ m/s

## 연관된 예제 2.8 신참치고는 잘 던졌어!

**목표** 처음 속도가 0이 아닌 자유낙하하는 물체에 운동 방정식을 적용한다.

**문제** 돌덩이를 처음 속도 20.0 m/s로 높은 빌딩 꼭대기에서 위쪽으로 던졌다. 처음 높이는 땅으로부터 50.0 m였다. 돌덩이는 그림 2.17과 같이 지붕의 가장자리 바로 옆으로 올라갔다가 땅으로 떨어졌다. (a) 최고 높이에 닿기까지 걸린 시간, (b) 최고 높이, (c) 돌덩이가 처음 던져진 높이까지 돌아오는 데 걸린 시간과 그 순간 속도, (d) 땅에 닿기까지 걸린 시간, (e) $t$ = 5.00 s일 때 속도와 위치를 구하라.

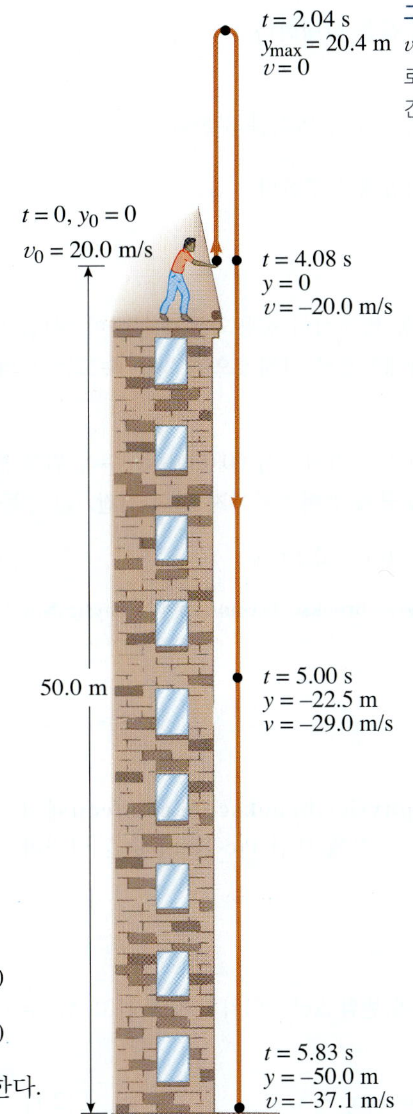


**그림 2.17** (예제 2.8) 처음 속도 $v_0$ = +2.00 m/s로 수직 윗방향으로 던진 자유낙하하는 물체의 시간에 대한 위치와 속도.

**전략** 그림 2.17은 돌이 던져진 높이를 $y = 0$으로 설정하고 위쪽을 양의 방향으로 설정하였다. 주어진 정보를 운동 방정식 중 속도와 위치에 관련된 두 식으로 적는다. 모든 답은 두 식에 알맞은 시간을 넣고 간단한 수식을 풀면 나온다. 예를 들어 (a)를 구하는 과정에서 돌덩이는 최고 높이에서 정지하게 된다. 따라서 이 지점에 도달하는 시간을 풀기 위한 식에 $v = 0$을 대입한다. 최고 높이를 구하기 위해서는 변위식에 시간을 대입하면 된다.

**풀이**

(a) 이 돌덩이는 언제 최고 높이에 도달하게 되는가?

위치와 속도에 대한 운동 방정식을 쓴다.

$$v = at + v_0$$

$$\Delta y = y - y_0 = v_0 t + \frac{1}{2}at^2$$

두 식에 $a = -9.80\ \text{m/s}^2$, $v_0 = 20.0$ m/s, $y_0 = 0$을 대입한다.

$$v = at = (-9.80\ \text{m/s}^2)t \quad (1)$$

$$y = \frac{1}{2}(-9.80\ \text{m/s}^2)t^2 = -(4.90\ \text{m/s}^2)t^2 \quad (2)$$

최고 높이일 때 $v = 0$이므로 식 (1)에 이를 대입하고 시간을 구한다.

$$0 = (-9.80\ \text{m/s}^2)t + 20.0\ \text{m/s}$$

$$t = \frac{-20.0\ \text{m/s}}{-9.80\ \text{m/s}^2} = \boxed{2.04\ \text{s}}$$

(b) 돌덩이가 올라간 최고 높이를 구한다.

식 (2)에 최고 높이일 때의 시간 $t$ = 2.04 s를 대입한다.

$$y_{max} = (20.0\ \text{m/s})\,(2.04) - (4.90\ \text{m/s}^2)\,(2.04)^2 = \boxed{20.4\ \text{m}}$$

(c) 처음 높이로 돌아올 때까지 걸린 시간과 그 순간 속도를 구한다.

식 (2)에서 $y = 0$으로 놓고 $t$를 구한다.

$$0 = (20.0 \text{ m/s})t - (4.90 \text{ m/s}^2)t^2$$
$$= t(20.0 \text{ m/s} - 4.90 \text{ m/s}^2 t)$$
$$t = \boxed{4.08 \text{ s}}$$

식 (1)에서 구한 시간을 대입하고 속도를 구한다.

$$v = 20.0 \text{ m/s} + (-9.80 \text{ m/s}^2)(4.08 \text{ s}) = \boxed{-20.0 \text{ m/s}}$$

(d) 돌이 땅에 닿기까지 걸린 시간을 구한다.

식 (2)에 $y = -50.0$ m를 대입한다.

$$-50.0 \text{ m} = (20.0 \text{ m/s})t - (4.90 \text{ m/s}^2)t^2$$

2차 방정식을 풀고 양의 값을 선택한다.

$$\boxed{t = 5.83 \text{ s}}$$

(e) $t = 5.00$ s일 때 돌덩이의 속도와 위치를 구한다.

식 (1)과 (2)에 값들을 대입해서 구한다.

$$v = (-9.80 \text{ m/s}^2)(5.00 \text{ s}) + 20.0 \text{ m/s} = \boxed{-29.0 \text{ m/s}}$$
$$y = (20.0 \text{ m/s}^2)(5.00 \text{ s}) - (4.90 \text{ m/s}^2)(5.00 \text{ s})^2 = \boxed{-22.5 \text{ m}}$$

**주의** 어떻게 두 개의 운동 방정식이 응용되는지 알아야 한다. 식을 쓰고 식 (1)과 (2)에서 상수들을 정하면 식을 푸는 것은 비교적 쉬워진다. 만약 돌덩이가 아래쪽으로 던져졌으면 처음 속도는 음의 값이었을 것이다.

**연습문제 2.8**

어떤 물체가 높이 80.0 m의 낭떠러지에서 60.0 m/s로 수직 위로 발사되었다. 그리고 이 물체는 땅으로 떨어졌다. (a) 이 물체가 올라갈 수 있는 최고의 높이, (b) 땅에 떨어지기까지 걸린 시간, (c) 충돌 바로 전의 속도를 구하라.

**답** (a) 184 m (b) 13.5 s (c) −72.3 m/s

**Physics Now™** **http://physics.brookscole.com/ecp**에서 PhysicsNow를 로그인하고 연관된 예제 2.8을 통해 던져진 공의 움직임을 관찰해 보자.

## 요약

**Physics Now™** **http://physics.brookscole.com/ecp**에서 PhysicsNow를 로그인하고 이 장에 대한 Pre-Test link를 클릭하여 연습문제 시험을 보라.

### 2.1 변위

$x$축을 따라 움직이는 물체의 **변위** $\Delta x$는 위치의 변화라고 할 수 있다.

$$\Delta x \equiv x_f - x_i \qquad [2.1]$$

여기서 물체의 처음 위치는 $x_i$이고, $x_f$는 물체의 나중 위치이다.

**벡터**는 크기와 방향이 있는 물리량이다. **스칼라**는 크기만 있는 물리량이다.

### 2.2 속도

**평균 속력**은 다음 식으로 나타낸다.

$$\text{평균 속력} \equiv \frac{\text{움직인 총 거리}}{\text{움직이는 데 걸린 총 시간}}$$

**평균 속도** $\bar{v}$는 변위 $\Delta x$를 그 변위가 일어나는 데 걸린 시간 $\Delta t$로 나눈 값으로 정의된다.

$$\bar{v} \equiv \frac{\Delta x}{\Delta t} = \frac{x_f - x_i}{t_f - t_i} \qquad [2.2]$$

평균 속도는 물체의 위치-시간 그래프에서 처음 위치와 나중 위치를 잇는 직선의 기울기와 같다.

위치-시간 그래프에서 그래프 곡선의 접선의 기울기가 그 순간의 **순간 속도**이다. 순간 속도의 크기가 **순간 속력**이다.

### 2.3 가속도

물체의 **평균 가속도** $\bar{a}$는 속도의 변화 $\Delta v$를 그 속도의 변화가 일어나는 데 걸린 시간 $\Delta t$로 나눈 값이다.

$$\bar{a} \equiv \frac{\Delta v}{\Delta t} = \frac{v_f - v_i}{t_f - t_i} \quad [2.4]$$

어떤 순간의 물체의 **순간 가속도**는 속도-시간 그래프에서 그 시간에서의 접선의 기울기와 같다.

### 2.5 등가속도 1차원 운동

$x$축을 따라 등가속도 1차원 운동을 하는 물체의 운동 방정식은 아래와 같다.

$$v = v_0 + at \quad [2.6]$$

$$\Delta x = v_0 t + \frac{1}{2}at^2 \quad [2.9]$$

$$v^2 = v_0^2 + 2a\Delta x \quad [2.10]$$

모든 문제는 앞의 두 식으로도 풀린다. 세 번째 식은 시간이 포함되지 않은 문제를 풀 때에 편리하게 쓸 수 있다. 상수가 정확하게 정해지면 대부분의 문제는 미지수에 대한 방정식으로 표현된다.

### 2.6 자유낙하하는 물체

떨어지는 물체에 가해지는 지구의 중력은 지구 중심으로 향하는 자유낙하 가속도로 나타난다. 만약 공기저항과 지구의 반지름에 비해 물체의 고도가 아주 작다면 물체에 작용하는 자유낙하 가속도는 $g$ = 9.8 m/s$^2$이라고 할 수 있다. 그리고 $a = -g$로 하여 식 2.6, 2.9, 2.10을 응용할 수 있다.

## 개념 파악을 위한 질문

**1.** 입자의 속도가 0이 아닐 때 입자의 가속도가 0이 될 수 있을까? 설명해 보라.

**3.** 자동차가 동쪽으로 달릴 때, 가속도의 방향이 서쪽이 될 수 있을까? 설명해 보라.

**5.** 가속도가 시간에 따라 변할 때 운동 방정식을 사용할 수 있을까? 또한 가속도가 0일 때 운동 방정식을 사용할 수 있을까?

**7.** 한 어린이가 구슬을 공중으로 처음 속도 $v_0$로 던졌고, 동시에 다른 어린이는 공을 아래로 떨어뜨렸다. 이 경우에 구슬과 공이 운동하는 동안의 가속도를 비교하라.

**9.** 물체의 순간 속도가 그 순간을 포함하는 어떤 시간 간격 동안의 평균 속도보다 클 수 있겠는가? 또한 작을 수도 있겠는가?

**11.** 공을 수직 위로 쏘아 올렸다. (a) 최대의 높이에 도달하였을 때 공의 속도와 가속도는 얼마인가? (b) 공이 땅에 닿는 순간 공의 가속도는?

**13.** 고속도로를 따라 나란히 같은 방향으로 달리는 두 대의 자동차를 생각해 보자. 어떤 순간에 A 자동차가 B 자동차를 추월하였다. 그러면 A 자동차가 B 자동차보다 가속도가 크다고 말할 수 있는지를 설명해 보라.

**15.** 높이가 $h$인 빌딩의 꼭대기에서 한 학생이 공을 수직 윗방향으로 처음 속력 $v_0$로 던졌고, 다른 공을 수직 아랫방향으로 같은 속도로 던졌다. 두 공이 땅에 떨어질 때의 속도를 비교하라.

## 문제

1, 2, 3 = 기본문제, 발전문제, 심화문제

□ = 학생 문제풀이 매뉴얼/학습 가이드 속에 문제풀이가 있다.

Physics Now™ **http://physics.brookscole.com/ecp**에서 힌트를 받을 수 있는 문제

= 생물의학 문제

### 2.1 변위

### 2.2 속도

**1.** 어떤 사람이 자동차로 한 도시에서 다른 도시로 여행하고 있다. 30.0분간 속력 80.0 km/h로, 12.0분간 속력 100 km/h로, 그리고 45.0분간은 속력 40.0 km/h로 운전을 했고, 점심식사와 주유를 하는 데 15.0분이 걸렸다. (a) 여행 중의 평균 속력을 구하라. (b) 처음 도시와 나중 도시 사이의 거리를 구하라.

**3.** 두 배가 동시에 출발해서 60 km인 호수를 왕복하여 경주하고 있다. 배 A는 60 km/h로 갔다가 60 km/h로 되돌아왔다. 배 B는 30 km/h로 건너갔는데, 승무원들이 자기 배가 너무 뒤쳐진 것을 알고 나서는 90 km/h로 되돌아왔다. (a) 어느 배가 얼마나 먼저 들어왔는가? (아니면 무승부인가?) (b) 승리한 배의 평균 속도는 얼마인가?

**5.** 한 오토바이가 북쪽으로 35.0분간 85.0 km/h로 가다가 15.0분간 정지하였다. 그리고 북쪽으로 130 km를 2.00 h 동안 움직였다. (a) 이 오토바이의 총 변위는 얼마인가? (b) 오토바이의 평균 속도는 얼마인가?

**7.** 한 수영선수가 50.0 m되는 수영장을 20.0 s만에 수영장 끝에 닿았고 다시 출발점에는 22.0 s만에 닿았다. (a) 처음 절반 동안 수영한 평균 속도를 구하고, (b) 그 다음 절반의 평균 속도, (c) 왕복 평균 속도를 구하라.

**9.** 어떤 사람이 22.0분간 휴식시간을 제외하고는 89.5 km/h의 일정한 속력으로 자동차 여행을 하고 있다. 이 사람의 평균 속력이 77.8 km/h라고 하면 여행한 거리와 시간은 얼마인가?

**11.** 어떤 입자가 $x$축을 따라 움직이면서 그림 P2.11과 같은 시간-위치 그래프를 나타낸다고 한다. 다음 시간에서 순간 속도를 구하라. (a) $t$ = 1.00 s, (b) $t$ = 3.00 s, (c) $t$ = 4.50 s, (d) $t$ = 7.50 s.

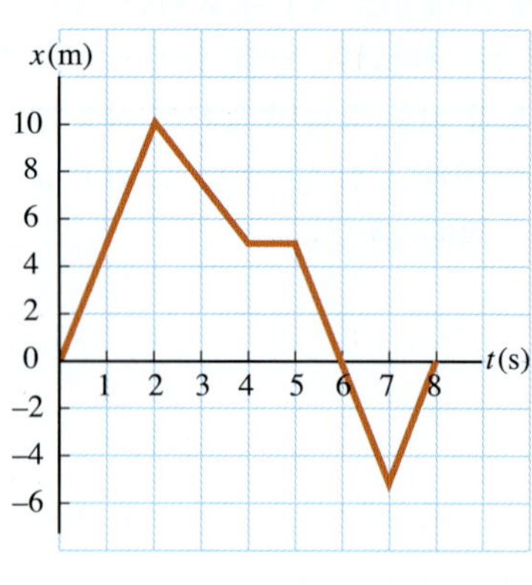


그림 P2.11

**13.** 그림 P2.13에서 테니스 선수의 순간 속도를 구하라. (a) 0.50 s, (b) 2.0 s, (c) 3.0 s, (d) 4.5 s.

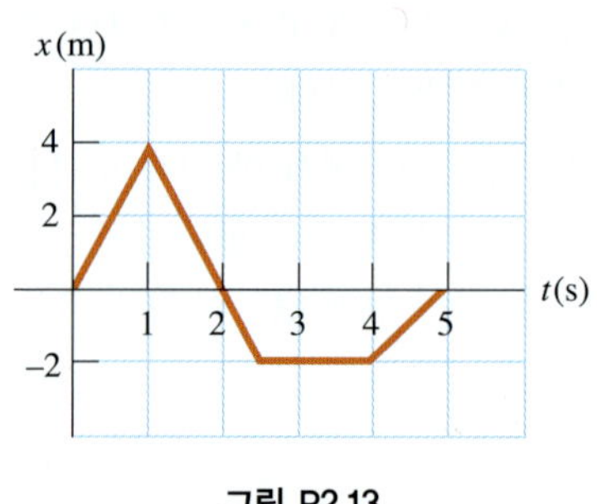


그림 P2.13

## 2.3 가속도

**15.** 제트기 조종사 스텐니스(John C. Stennis)가 운전하는 제트기는 활주로부터 발사된지 2.50 s만에 175 mi/h에 도달한다고 한다. (a) 이 제트기의 평균 가속도를 구하라. (b) 이 가속도가 일정하다고 생각하고 이 제트기가 비행한 거리가 얼마인지 계산하라.

**17.** PhysicsNow™ 어떤 자동차가 +0.60 m/s²으로 가속할 수 있다. 이 자동차가 55 mi/h에서 60 mi/h의 속력으로 가속하는 데 시간이 얼마나 걸리겠는가?

**19.** 로켓이 수직 윗방향으로 처음 2.0 s 동안 $t$ = 0에서 속력은 0, $t$ = 1.0 s에서 속력은 5.0 m/s, $t$ = 2.0 s에서 속력은 16 m/s와 같은 과정으로 가속되었다. 이 운동에 대한 속도-시간의 그래프를 그리고, 이 그래프를 이용하여 (a) 처음 2.0 s 동안의 평균 가속도와 (b) $t$ = 1.5 s일 때의 순간 가속도를 구하라.

## 2.5 등가속도 1차원 운동

**21.** 1865년도에 줄 번(Jules Verne)은 사람을 캡슐에 태워서 220 m 길이의 대포로 발사하여 최종 스피드가 10.97 km/s가 되도록 해서 달에 사람을 보내자는 제안을 했다. 캡슐 안의 사람은 얼마의 비현실적으로 커다란 가속도를 겪게 되는가? (사람은 짧은 시간 동안 15 g을 견딜 수 있다고 한다.) 계산의 결과를 자유낙하 가속도 9.80 m/s²와 비교해 보자.

**23.** 200 m 움직이는 동안 고속 모터보트의 속도가 20 m/s에서 30 m/s까지 일정하게 증가하였다. (a) 가속도의 크기와 (b) 200 m를 이동하는 데 걸린 시간을 구하라.

**25.** 세스나(Cessna) 비행기는 120 km/h의 이륙속도를 가져야 한다고 한다. (a) 최소한 얼마의 일정한 가속도를 주어야 240 m를 달린 후 이륙할 수 있겠는가? (b) 이륙하기까지 시간은 얼마나 걸리는가?

**27.** 경주차가 정지상태에서 10.0 m/s²의 가속도로 400 m ($\frac{1}{2}$ mile)를 달렸다. (a) 이 거리를 달리는 데 시간이 얼마나 걸렸는가? (b) 이 경주차의 최종 속도는 얼마인가?

**29.** 기차가 직선 경로를 20 m/s의 속력으로 달리다가 기관사가 브레이크를 작동시켜 기차의 가속도가 −1.0으로 m/s²으로 되었다. 브레이크가 작동 후 40 s 동안 이 기차는 얼마나 움직였을까?

**31.** 어떤 운전자가 자동차를 정지상태로부터 일정한 가속도 +1.5 m/s²으로 5.0 s 동안 운전하였다. 그리고 이 운전자가 3.0 s 동안 브레이크를 작동시켜 자동차가 일정한 가속도 −2.0 m/s²으로 움직였다. (a) 브레이크를 작동 전까지 이 자동차의 속력은 얼마였을까? (b) 이 자동차는 얼마나 멀리 움직였는가?

**33.** 하키선수가 얼은 연못에 스케이트를 신고 서 있다. 다른 편 하키선수는 12 m/s로 하키 퍽을 가지고 달려가고 있다. 3.0 s 후에 서 있던 하키선수가 다른 편 선수를 따라잡기로 했다. 그가 4.0 m/s²의 가속도로 달린다면 (a) 다른 편 선수를 따라잡는 데 걸리는 시간은 얼마인가? (b) 그 시간 동안 그가 움직인 거리는 얼마인가? (하키 퍽을 가지고 있는 선수는 일정한 속도로 달리고 있다.)

## 2.6 자유낙하하는 물체

**35.** 어떤 자유낙하하는 물체가 땅에 닿기 전 30 m를 운동하는 데 1.50 s가 필요했다. 이 물체가 어떤 높이에서 떨어졌겠는가?

**37.** 1.5 m/s의 속력으로 하강하는 헬리콥터에서 작은 우편가방을 던졌다. 2.00 s 후 (a) 우편가방의 속력은 얼마인가? (b) 가방과 헬리콥터 사이의 거리는? (c) 헬리콥터가 1.50 m/s로 상승한다면 (a)와 (b)의 답은 어떻게 달라지겠는가?

**39.** 한 학생이 4.00 m 위의 창문에 있는 형에게 열쇠를 던져서 형이 1.50 s 후에 이 열쇠를 받았다. (a) 이 학생이 처음 열쇠

를 던진 속도는 얼마인가? (b) 열쇠를 받기 바로 직전의 이 열쇠의 속도는 얼마인가?

**추가문제**

**41.** 트렉터가 100 km/h의 속력을 가지고 두 트레일러를 일렬로 당기고 있다. 이 장비가 400 m 길이의 다리에 완전히 들어서는 데 0.600 s가 걸렸다. 그렇다면 트럭과 트레일러가 다리를 건너는 데 드는 시간은?

**43.** 총알을 두께가 10.0 cm인 합판을 향해서 쏘았다. 총알이 합판을 수직 관통하였다. 만약 이 총알의 처음 속도가 400 m/s였고 합판을 뚫고 나온 뒤에 300 m/s로 줄어들었다면 (a) 이 총알이 합판을 뚫는 동안 총알에 가해진 가속도와 (b) 합판과 부딪힌 시간을 구하라.

**45.** 지면에서 25 m/s로 공을 수직으로 던졌다. 동시에 15 m 높이에서 다른 공을 떨어뜨렸을 때 두 공의 높이가 같게 되는 시간을 구하라.

**47.** 두 명의 학생이 높이가 19.6 m가 되는 발코니에 있다. 한 학생이 14.7 m/s로 수직 아래로 공을 던졌고 동시에 다른 학생은 공을 수직 위로 같은 속력으로 던졌다. 두 번째 공은 아래로 내려가는 도중에 발코니를 지나쳤다. (a) 두 공이 공중에서 보낸 시간을 구하라. (b) 두 공이 각각 지면에 닿을 때의 속도는 얼마인가? (c) 공을 던지고 난 0.800 s 후에 두 공이 얼마나 떨어져 있겠는가?

**49.** 캐시 쿨(Kathy Kool)은 가속도가 4.90 m/s$^2$를 가진 스포츠 자동차를 샀다. 그녀는 스탠 스피디(Stan Speedy) 씨와 함께 이 차를 시험해 보기로 했다. 둘은 같이 출발하기로 했는데 스탠 스피디 씨가 1초 먼저 출발을 해버리고 말았다. 스탠 스피디 씨의 차는 3.50 m/s$^2$의 가속도롤 달렸고, 캐시 쿨 씨는 4.90 m/s$^2$을 유지했다. (a) 캐시 쿨 씨가 스탠 스피디 씨를 따라잡는 시간을 구하고, (b) 그를 따라잡기 전까지 달린 거리를 구하고, (c) 그녀가 따라 잡는 순간의 두 자동차의 속력을 구하라.

**51.** 정지한 얼음썰매가 로켓엔진에 의해 언 호수 위를 +40 ft/s$^2$의 가속도로 달렸다. $t_1$의 시간이 지난 후 로켓엔진은 중단됐고, 썰매는 일정한 속력 $v$로 $t_2$ 시간 동안 움직였다. 만약 이 얼음썰매로 총 달린 거리가 17 500 ft이고 총 걸린 시간이 90 s일 때 (a) $t_1$와 $t_2$를 구하라. (b) 17 500 ft에서 속도 $v$를 구하라. 17 500 ft 위치에서 썰매가 −20 ft/s$^2$으로 가속되었다. (c) 썰매가 멈춘 위치를 구하라. (d) 정지할 때까지 걸린 시간을 구하라.

**53.** PhysicsNow™ 나뭇가지 위에 앉아 있는 한 스턴트맨이 나무 아래에서 전속력으로 질주하는 말 위 안장에 떨어져 앉으려 한다. 말의 속력은 10.0 m/s이고 사람은 말의 안장 위치에서 3.00 m 높이에 있다. (a) 이 사람이 떨어지기 직전 나뭇가지와 말의 안장까지 수평거리가 얼마이어야 하는가? (b) 이 사람이 공중에 있게 되는 시간은 얼마인가?

CHAPTER

3

# 벡터와 2차원 운동

OUTLINE



2장에서 1차원 운동을 논할 때, 벡터의 개념을 제한된 범위에서만 사용했다. 운동에 대해 공부할수록 벡터량을 다룰 수 있는 능력은 점점 더 중요해진다. 따라서 3장의 상당 부분은 벡터의 덧셈, 뺄셈 등에 관한 방법에 할애할 것이다. 그리고 이 수학적 방법으로 상대 운동을 이해하거나, 포물체 운동과 같은 2차원 운동에 응용할 것이다.

## 3.1 벡터와 벡터의 특성

이 책에 나오는 모든 물리량은 **스칼라** 또는 **벡터량**으로 구분할 수 있다. 2장에서 논했듯이 벡터는 방향과 크기를 모두 갖고 있고, 스칼라는 크기만 있고 방향이 없다.

2장에서 본 것처럼 변위, 속도, 가속도는 벡터량의 특성을 가지고 있다. 스칼라량의 한 예로는 온도를 들 수 있다. 어떤 물체의 온도가 −5℃라고 한다면 이 정보로 그 물체의 온도는 완전히 결정된다. 즉, 방향이 필요 없다. 스칼라의 다른 예로는 질량, 시간, 이 책의 쪽수 등을 들 수 있다. 스칼라량은 일상적인 계산법으로 다룰 수 있다. 벡터 또한 덧셈, 뺄셈, 곱셈을 할 수 있으나 중요한 차이점이 몇 가지 있는 데 뒤에서 다뤄 보기로 한다.

벡터량을 손으로 적을 때는 글자의 위에 화살표를 그어서 표시한다($\vec{A}$). 2.1절에서 언급한 것처럼 이 책에서 벡터량은 굵은 활자 위에 화살표를 그어서 표시하기로 한다 ($\vec{\mathbf{A}}$). 벡터 $\vec{\mathbf{A}}$의 크기는 $A$처럼 이탤릭체로 표기하기로 한다. 또한 이탤릭체는 스칼라를 나타내는 데 쓸 것이다.

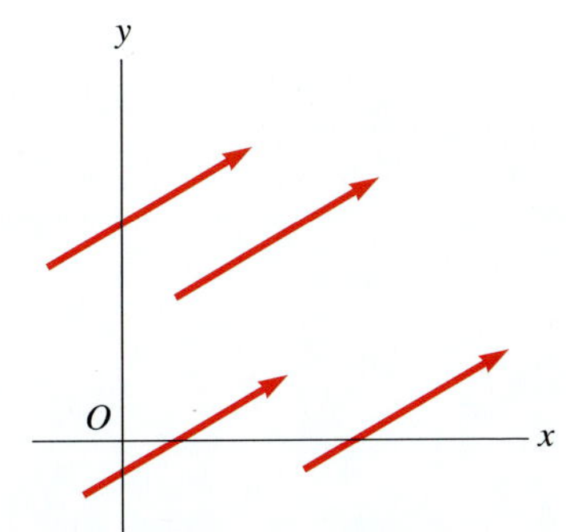


**그림 3.1** 그려진 네 개의 벡터는 같은 길이와 같은 방향을 향하므로 같다.

**두 벡터의 같음.** 벡터 $\vec{\mathbf{A}}$와 벡터 $\vec{\mathbf{B}}$가 같은 크기와 동일한 방향을 갖는다면 두 벡터는 같다고 한다. 이것은 벡터의 특성을 유지한 채 벡터를 평행하게 이동시킬 수 있다는 것을 뜻한다. 사실상 여러 목적으로 벡터의 특성에 영향을 주지 않고 벡터를 평행하게 이동시킬 수 있다(그림 3.1).

**벡터의 덧셈.** 두 개 이상의 벡터를 더할 때 벡터의 단위는 같아야 한다. 예를 들면 얼마나 물체를 끌고갔는가 하는 변위 벡터에 초속 몇 미터인가 하는 속도 벡터를 더하는 것은 두 가지가 서로 다른 물리량이므로 무의미하다. 이것은 스칼라에도 적용된다. 예를 들면 온도와 면적을 더하는 것은 무의미하다.

**TIP 3.1 벡터의 덧셈과 스칼라의 덧셈**

$\vec{\mathbf{A}} + \vec{\mathbf{B}} = \vec{\mathbf{C}}$와 $A + B = C$는 매우 다르다. 첫 번째는 벡터의 덧셈으로 표를 그리거나 성분을 다뤄야 하지만, 두 번째는 단순한 숫자의 계산이다.

벡터는 기하학적으로 혹은 대수적인 방법(다음 절의 마지막에 논의)으로 더한다. 벡터 $\vec{\mathbf{A}}$에 벡터 $\vec{\mathbf{B}}$를 기하학적으로 더하려면 우선 그래프 용지에 같은 축척(예를 들면 1 cm = 1 m)으로 벡터 $\vec{\mathbf{A}}$를 그린다. 벡터 $\vec{\mathbf{A}}$의 방향이 좌표계에서 잘 나타나도록

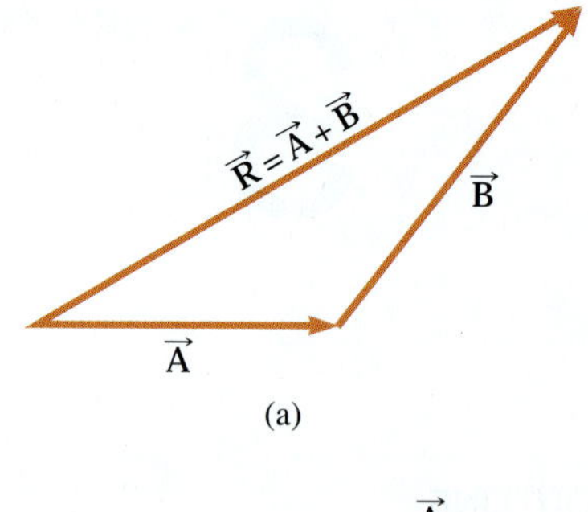


(a)

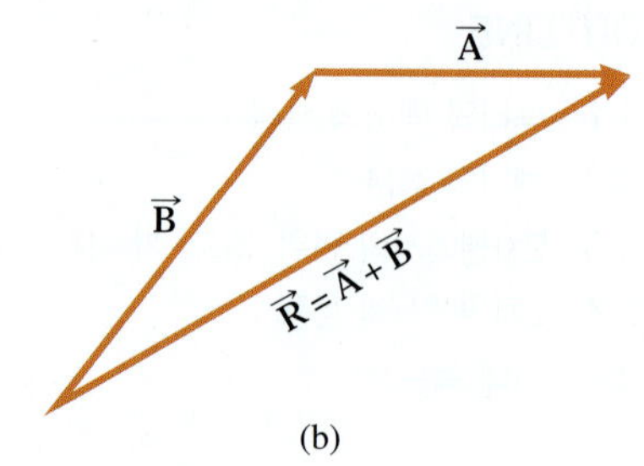


(b)

활용그림 3.2
(a) 벡터 $\vec{A}$에 벡터 $\vec{B}$를 더할 때, 벡터 합 $\vec{R}$은 $\vec{A}$의 출발점에서 $\vec{B}$의 끝점을 향한다. (b) 여기서는 합벡터가 $\vec{B}$의 출발점에서 $\vec{A}$의 끝점을 향한다. 이것으로부터 $\vec{A} + \vec{B} = \vec{B} + \vec{A}$ 임을 알 수 있다.

Physics Now™
**http;//physics.brookscole.com/ecp**에서 PhysicsNow를 로그인하여 활용그림 3.2에서 $\vec{A}$와 $\vec{B}$를 변화시키면서 합이 어떻게 되는지 보자.

그린다. 그리고 벡터 $\vec{B}$도 같은 축척으로 활용그림 3.2a와 같이 $\vec{B}$의 출발점이 $\vec{A}$의 끝점에 오도록 그린다. 벡터 $\vec{B}$는 벡터 $\vec{A}$에 대하여 적절한 각을 이루도록 그려야 한다. $\vec{R} = \vec{A} + \vec{B}$로 주어지는 **합벡터**(resultant vector)는 $\vec{A}$의 출발점에서 $\vec{B}$ 끝점을 향하도록 그린다. 이 방법은 **삼각형 덧셈법**(triangle method of addition)이라 불린다.

두 벡터를 더할 때 덧셈의 순서는 무관하다. 즉, $\vec{A} + \vec{B} = \vec{B} + \vec{A}$이다. 이는 활용그림 3.2b에서 볼 수 있는데, 이를 **덧셈의 교환 법칙**(commutative law of addition)이라고 한다.

이러한 방법은 그림 3.3의 네 개의 벡터처럼 두 개 이상의 벡터를 더할 때도 사용할 수 있다. 합벡터 $\vec{R} = \vec{A} + \vec{B} + \vec{C} + \vec{D}$는 처음 벡터의 출발점에서 마지막 벡터의 끝점을 향하도록 그린다. 마찬가지로 벡터의 덧셈 순서는 중요하지 않다.

**음의 벡터.** 벡터 $\vec{A}$의 음의 벡터는 벡터 $\vec{A}$와 더해졌을 때 0이 되는 벡터로 정의한다. 즉, $-\vec{A}$는 $\vec{A}$와 크기는 같고 방향은 반대임을 의미한다.

**벡터의 뺄셈.** 벡터의 뺄셈은 음의 벡터 정의를 이용한다. 벡터의 연산 $\vec{A} - \vec{B}$는 벡터 $\vec{A}$에 벡터 $-\vec{B}$를 더한 것으로 정의한다.

$$\vec{A} - \vec{B} = \vec{A} + -(\vec{B}) \quad [3.1]$$

벡터의 뺄셈은 벡터 덧셈의 특별한 예이다. 그림 3.4는 두 벡터를 빼는 기하학적 방법을 나타낸 것이다.

**스칼라와 벡터의 곱셈 및 나눗셈.** 벡터에 스칼라를 곱하거나 나누면 벡터가 된다. 예를 들어 벡터 $\vec{A}$에 스칼라 3을 곱하면 그 결과를 $3\vec{A}$라 쓰며, 그 크기는 원래 벡터 $\vec{A}$의 크기의 세 배이고 방향은 $\vec{A}$와 같은 벡터가 된다. 반면에 벡터 $\vec{A}$에 스칼라 −3을 곱하면, 그 결과는 벡터 $\vec{A}$ 크기의 세 배이고 방향은 $\vec{A}$와 반대(음의 부호 때문)인 벡터가 된다.

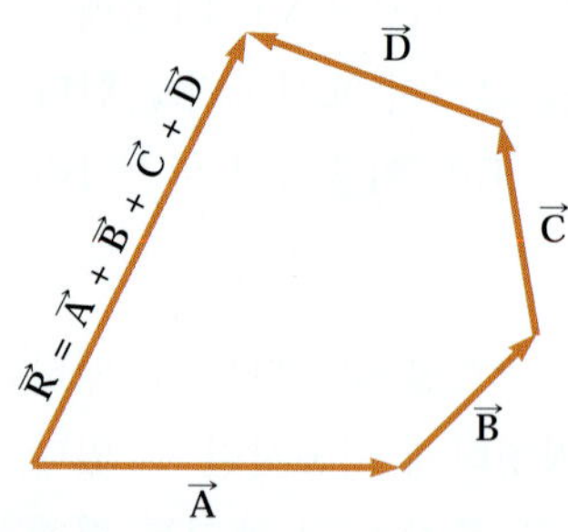


**그림 3.3** 네 개의 벡터를 합하는 기하학적인 방법. 합벡터 $\vec{R}$은 다각형의 한 변이 된다.

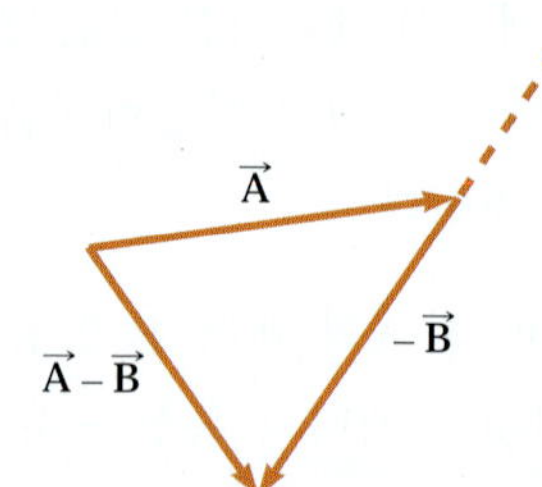


**그림 3.4** 이 그림은 벡터 $\vec{A}$에서 벡터 $\vec{B}$를 빼는 방법을 보여 준다. 벡터 $-\vec{B}$는 $\vec{B}$와 크기는 같으나 방향은 반대이다.

**Quick Quiz 3.1**

두 벡터 $\vec{A}$와 $\vec{B}$의 크기가 각각 12와 8이다. 두 벡터를 합쳤을 때 가능한 최대값과 최소값은 얼마일까? (a) 14.4와 4, (b) 12와 8, (c) 20과 4, (d) 답이 없다.

**Quick Quiz 3.2**

벡터 $\vec{A}$에 벡터 $\vec{B}$를 더할 때 $\vec{A} + \vec{B}$의 크기가 $A + B$와 같으려면 $\vec{A}$와 $\vec{B}$의 관계는 (a) 서로 수직하다. (b) 같은 방향이다. (c) 반대 방향이다. (d) 답이 없다.

**예제 3.1** 여행하기

**목표** 그래프를 이용해 두 벡터의 합을 구한다.

**문제** 그림 3.5와 같이 자동차가 북쪽으로 20.0 km 이동한 후, 북서쪽으로 60.0° 방향으로 이동했다. 그래프를 이용해서 자동차의 합벡터를 구하라. 이 벡터를 자동차의 **합성 변위**라고 한다.

**전략** 그래프를 그리고 변위 벡터를 화살표로 그려라. 두 변위 벡터의 합을 그려라. 길이와 각을 고려해서 합해야 한다.

**풀이**
$\vec{\mathbf{A}}$는 첫 번째 변위 벡터로 20.0 km 북쪽이고, $\vec{\mathbf{B}}$는 두 번째 변위 벡터로 북서쪽을 가리킨다. 두 벡터를 주의해서 그린 후, 합벡터 $\vec{\mathbf{R}}$을 $\vec{\mathbf{A}}$의 출발점과 $\vec{\mathbf{B}}$의 끝점을 이어서 완성시킨다. 이 벡터의 길이를 측정해 보면 48 km임을 알 수 있다. 각 $\beta$는 각도기로 측정하면 39° 북서쪽임을 알 수 있다.

**주의** 일반적인 덧셈이 여기에서는 통하지 않음을 명심해야 한다. 답 48 km는 20.0 km + 35.0 km = 55.0 km와 다르다!

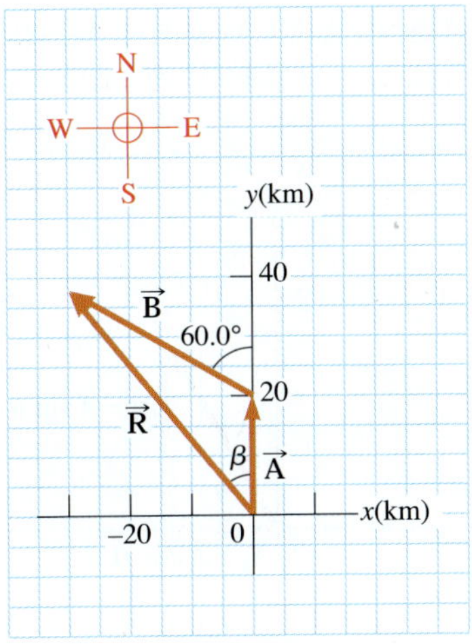


**그림 3.5** (예제 3.1) 합성 변위 벡터를 구하는 그래프 방법. $\vec{\mathbf{R}} = \vec{\mathbf{A}} + \vec{\mathbf{B}}$

**연습문제 3.1**
45° 동북쪽으로 30.0 km, 동쪽으로 20.0 km 이동한 사람의 합성 변위의 크기와 방향을 구하라.

**답** 46 km, 27° 동북쪽.

## 3.2 벡터의 성분

벡터를 더하는 또 다른 방법은 직교 좌표계의 축에 벡터의 투영을 이용하는 것이다. 이 투영을 **성분**(components)이라고 한다. 모든 벡터는 그 성분으로 나타낼 수 있다.

그림 3.6에서와 같이 직교 좌표계에서 벡터 $\vec{\mathbf{A}}$를 생각해 보자. $\vec{\mathbf{A}}$는 $x$축에 평행한 $\vec{\mathbf{A}}_x$와 $y$축에 평행한 $\vec{\mathbf{A}}_y$ 두 개 벡터의 합으로 나타낼 수 있다.

$$\vec{\mathbf{A}} = \vec{\mathbf{A}}_x + \vec{\mathbf{A}}_y$$

즉, $\vec{\mathbf{A}}_x$와 $\vec{\mathbf{A}}_y$는 $\vec{\mathbf{A}}$의 성분 벡터이다. $x$축에 대한 $\vec{\mathbf{A}}$의 투영 $A_x$를 $\vec{\mathbf{A}}$의 $x$ 성분이라 하고, $y$축에 대한 $\vec{\mathbf{A}}$의 투영 $A_y$를 $\vec{\mathbf{A}}$의 $y$ 성분이라고 한다. 이 성분들은 단위를 가지며 양수이거나 음수이다. 사인과 코사인의 정의로부터 $\cos\theta = A_x/A$와 $\sin\theta = A_y/A$임을 알 수 있다. 따라서 $\vec{\mathbf{A}}$의 성분 크기는

$$A_x = A\cos\theta$$
$$A_y = A\sin\theta \qquad [3.2]$$

가 된다. 이 성분들은 직각삼각형의 두 변을 이루고, 그 빗변의 크기는 $A$가 된다. 따라서 $\vec{\mathbf{A}}$의 크기와 방향은 피타고라스 정리와 탄젠트의 정의에 의해 성분들로 다음과 같이 표현할 수 있다.

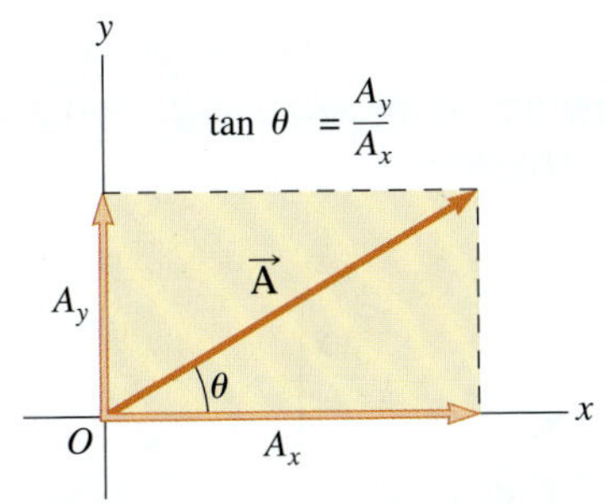


**그림 3.6** $xy$ 평면상의 벡터 $\vec{\mathbf{A}}$는 각 성분 $A_x$와 $A_y$로 나타낼 수 있다.

**TIP 3.2** $x$와 $y$ 성분
각 $\theta$를 $+x$축을 기준으로 측정하였으므로 식 3.2는 벡터의 $x$ 성분을 코사인으로 벡터의 $y$ 성분을 사인으로 계산하였다(그림 3.7a). 그러나 그림 3.7b처럼 각을 $y$축을 기준으로 측정하면 $A_x = A\sin\theta$와 $A_y = A\sin\theta$가 된다.

**TIP 3.3 계산기에서의 역탄젠트값**

계산기에서의 역탄젠트값은 −90°에서 +90°에 한정된다. 벡터가 2사분면 혹은 3사분면에 있다면 180°를 더해주어야 한다.

$$A = \sqrt{A_x^2 + A_y^2} \qquad [3.3]$$

$$\tan\theta = \frac{A_y}{} \qquad [3.4]$$

각 $\theta$는 식 3.4를 이용하여 다음과 같이 구할 수 있다

$$\theta = \tan^{-1}\left(\frac{A_y}{}\right)$$

계산기에서 역탄젠트값은 $-90°$에서 $+90°$ 범위이므로, 1사분면 혹은 4사분면에 있는 벡터의 경우에만 정확하다. 만약 2사분면 혹은 3사분면에 있는 벡터값을 구할 때는 180°를 더해야 계산기에서 정확한 답을 얻을 수 있다. 식 3.2와 3.4의 각은 $+x$축을 기준으로 측정한 값이다. 각을 측정하는 기준을 달리하면 계산이 달라진다(Tip 3.2와 그림 3.7을 보라).

그림 3.6과 다른 좌표계를 선택하면, 벡터의 성분이 달라지게 된다. 어떤 경우에는 좌표축이 수평 수직이 아닌 것이 편리하기도 하다. 이 경우도 좌표축은 서로 수직하다. 예를 들어 벡터 $\vec{\mathbf{B}}$가 그림 3.8처럼 정의된 $x'$축과 각 $\theta'$를 이룬다고 하자. 그림 3.8의 좌표축에 대한 벡터 $\vec{\mathbf{B}}$의 성분은 식 3.2에서와 같이 $B_{x'} = B\cos\theta'$과 $B_{y'} = B\sin\theta'$으로 주어진다. 그러면 벡터 $\vec{\mathbf{B}}$의 크기와 방향은 식 3.3과 식 3.4와 같은 형태로 주어지게 된다.

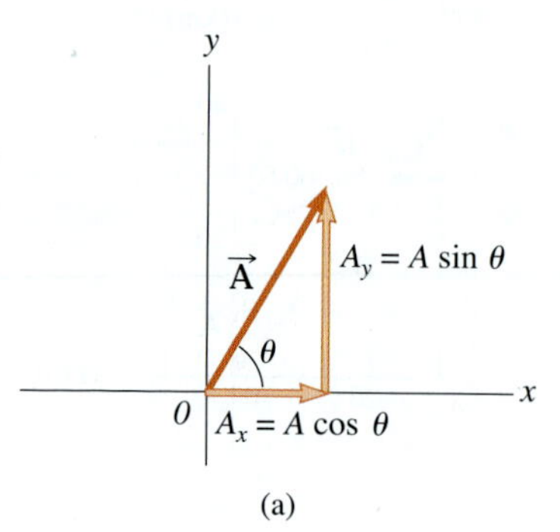


(a)

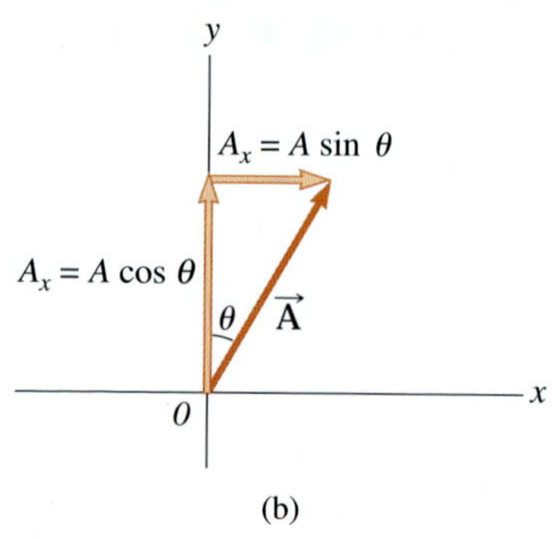


(b)

**그림 3.7** 각 $\theta$는 항상 $+x$축을 기준으로 측정하지는 않는다.

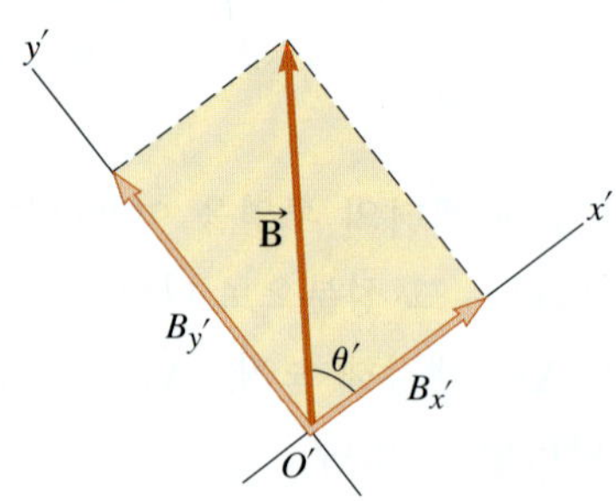


**그림 3.8** 기울어진 좌표계에서의 벡터 $\vec{\mathbf{B}}$의 성분.

## Quick Quiz 3.3

그림 3.9는 $xy$ 평면상에 놓여진 두 벡터를 나타낸다. 벡터 $\vec{\mathbf{A}}$, 벡터 $\vec{\mathbf{B}}$, 벡터 $\vec{\mathbf{A}} + \vec{\mathbf{B}}$의 $x$, $y$ 성분의 부호를 다음 표에 나타내 보자.

| 벡터 | $x$ 성분 | $y$ 성분 |
|---|---|---|
| $\vec{\mathbf{A}}$ | | |
| $\vec{\mathbf{B}}$ | | |
| $\vec{\mathbf{A}} + \vec{\mathbf{B}}$ | | |

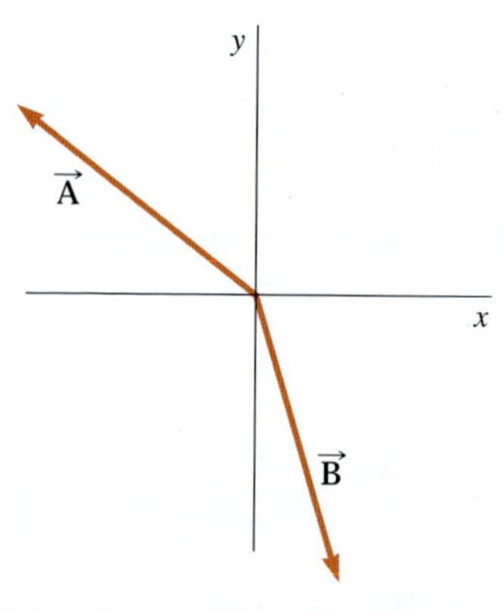


**그림 3.9** (Quick Quiz 3.3)

## 예제 3.2 지금 도와주러 가는 길이야!

**목표** 벡터 성분을 찾고 크기와 방향을 구해 본다.

**문제** (a) 그림 3.10a에서처럼 슈퍼맨이 빌딩의 끝에서 이동한 변위 100 m의 수직과 수평 성분을 구하라. (b) 슈퍼맨이 깃대 꼭대기로 $B_x = -25.0$ m, $B_y = 10.0$ m 이동한 벡터 $\vec{B}$ 값의 크기와 방향을 구하라.

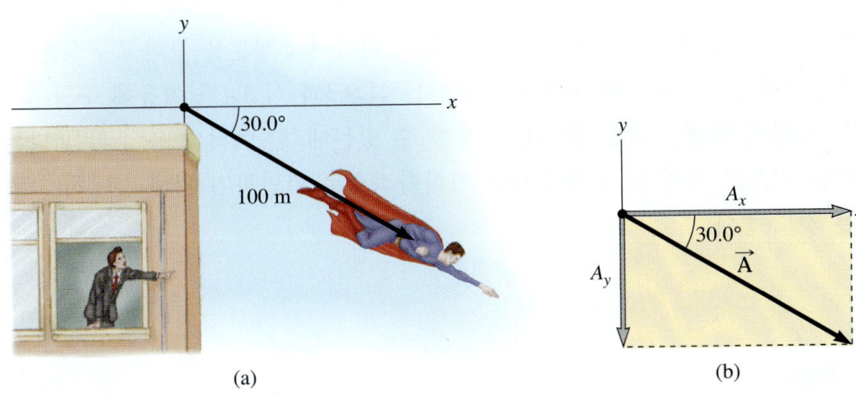


그림 3.10 (예제 3.2)

**전략** (a) 변위와 각각의 성분은 그림 3.10b에 나타나 있다. $x$-$y$ 좌표계에서 삼각함수로 각 성분을 구할 수 있다. 따라서 $A_x = A\cos\theta$, $A_y = A\sin\theta$이다(식 3.2). $\theta$는 $+x$축에서 시계 방향으로 측정한 값이므로 $-30.0°$ 임을 유의하라. (b) 식 3.3과 식 3.4를 참고해 벡터의 크기와 방향을 구하라.

**풀이**

(a) 벡터 $\vec{A}$의 성분을 크기와 방향으로부터 구한다.

식 3.2를 사용해 벡터 $\vec{A}$의 성분을 구한다.

$$A_x = A\cos\theta = (1.00 \times 10^2\ \text{cm})\cos(-30.0°) = \boxed{+86.6\ \text{m}}$$

$$A_y = A\sin\theta = (1.00 \times 10^2\ \text{cm})\sin(-30.0°) = \boxed{-50.0\ \text{m}}$$

(b) 벡터 $\vec{B}$의 성분을 크기와 방향으로부터 구한다.

피타고라스 정리를 이용해 $\vec{B}$의 성분을 구한다.

$$B = \sqrt{B_x^2 + B_y^2} = \sqrt{(-25.0\ \text{m})^2 + (10.0\ \text{m})^2} = \boxed{26.9\ \text{m}}$$

역탄젠트를 이용해 $\vec{B}$의 방향을 구한다.

$$\theta = \tan^{-1}\left(\frac{B_y}{B_x}\right) = \tan^{-1}\left(\frac{10.0}{-25.0}\right) = -21.8°$$

벡터가 2사분면에 있기 때문에 계산기값에 180° 을 더해서 구하는 것을 잊지 마라.

$$\theta = \boxed{158°}$$

**주의** (a) 과정에서 $\cos(-\theta) = \cos\theta$, $\sin(-\theta) = -\sin\theta$임을 잊지 마라. $A_y$가 음수인 것은 $y$ 방향의 변위가 아래쪽이기 때문이다.

**연습문제 3.2**

(a) 슈퍼맨이 150 m를 $+x$축에 대하여 각도 120° 로 날았다. 변위 벡터의 성분을 구하라. (b) 32.5 m의 $x$ 성분과 24.3 m의 $y$ 성분으로 날았다. 이때 변위 벡터의 크기와 방향을 구하라.

**답** (a) $A_x = -75$ m, $A_y = 130$ m (b) 40.6 m, 36.8°

## 벡터의 대수적 덧셈

그래프 방법을 이용한 벡터의 덧셈은 벡터를 어떻게 다루는가를 이해하기 쉽다. 그러나 대부분 성분의 대수적 합으로 벡터의 덧셈을 한다. $\vec{\mathbf{R}} = \vec{\mathbf{A}} + \vec{\mathbf{B}}$에서 벡터 $\vec{\mathbf{R}}$은

$$R_x = A_x + B_x \tag{3.5a}$$

$$R_y = A_y + B_y \tag{3.5b}$$

으로 주어진다. 따라서, $x$ 성분의 값은 모두 더하여 $x$ 성분을 구하고 $y$ 성분의 값을 더하여 $y$ 성분을 구한다. $\vec{\mathbf{R}}$의 크기와 방향은 식 3.3과 식 3.4를 이용해 구할 수 있다.

두 벡터의 뺄셈은 같은 방법을 이용할 수 있는데, 한 벡터의 음의 값을 다른 벡터에 더하는 식으로 하면 되기 때문이다. 기하학적으로 확인하기 위해 간단히 그림을 그려 보는 것도 좋다.

### 연관된 예제 3.3 도보여행

**목표** 벡터를 대수적으로 더하여 합벡터를 구한다.

**문제** 첫째 날 베이스 캠프로부터 남동쪽으로 25.0 km의 도보여행을 시작했다. 둘째 날에는 동북쪽 60.0° 방향으로 40.0 km를 걸어서 산림 감시원의 망루를 발견하였다. (a) 첫째 날과 둘째 날 동안의 도보여행자의 변위 성분을 구하라. (b) 여행자의 총 변위 성분을 구하라. (c) 베이스 캠프로부터 총 변위 크기와 방향을 구하라.

**전략** 이것은 식 3.5를 이용한 단순한 벡터 성분의 덧셈이다. 첫째 날과 둘째 날의 변위를 각각 벡터 $\vec{\mathbf{A}}$와 $\vec{\mathbf{B}}$라 한다. 캠프를 원점으로 잡고, 그림 3.11a처럼 벡터를 그린다. 각 벡터의 $x$, $y$ 성분을 찾은 후에 '성분끼리' 더해준다. 최종적으로 합벡터 $\vec{\mathbf{R}}$의 크기와 방향을 피타고라스 법칙과 역탄젠트를 이용해 구한다.

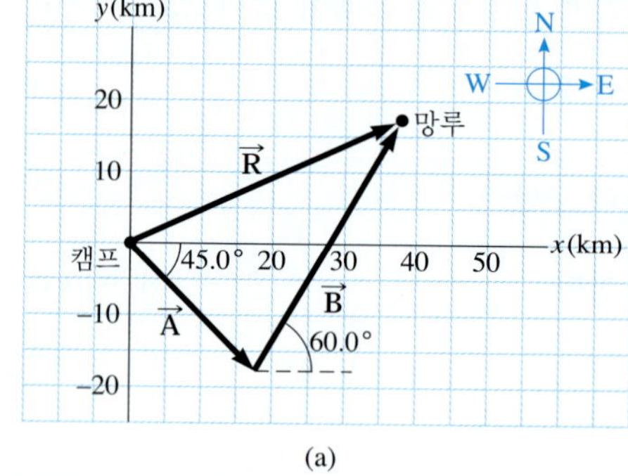


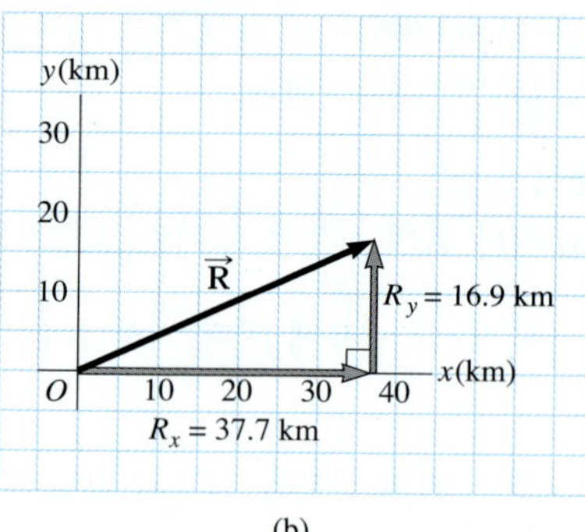


그림 3.11 (예제 3.3) (a) 도보여행자의 경로와 합벡터. (b) 캠프로부터 여행자가 이동한 총 변위의 성분.

**풀이**

(a) $\vec{\mathbf{A}}$의 성분을 구하라.

식 3.2를 이용해서 $\vec{\mathbf{A}}$의 성분을 구한다.

$$A_x = A\cos(-45.0°) = (25.0\text{ km})(0.707) = \boxed{17.7\text{ km}}$$

$$A_y = A\sin(-45.0°) = -(25.0\text{ km})(0.707) = \boxed{-17.7\text{ km}}$$

$\vec{\mathbf{B}}$의 성분을 구한다.

$$B_x = B\cos 60.0° = (40.0\text{ km})(0.500) = \boxed{20.0\text{ km}}$$

$$B_y = B\sin 60.0° = (40.0\text{ km})(0.866) = \boxed{34.6\text{ km}}$$

(b) 합벡터 $\vec{\mathbf{R}} = \vec{\mathbf{A}} + \vec{\mathbf{B}}$의 성분을 구하라.

$R_x$를 구하기 위해, $\vec{\mathbf{A}}$와 $\vec{\mathbf{B}}$의 $x$ 성분을 더한다.

$$R_x = A_x + B_x = 17.7\text{ km} + 20.0\text{ km} = \boxed{37.7\text{ km}}$$

$R_y$를 구하기 위해, $\vec{\mathbf{A}}$와 $\vec{\mathbf{B}}$의 $y$ 성분을 더한다.

$$R_y = A_y + B_y = -17.7\text{ km} + 34.6\text{ km} = \boxed{16.9\text{ km}}$$

(c) $\vec{\mathbf{R}}$의 크기와 방향을 구하라.

크기를 구하기 위해 피타고라스 법칙을 사용한다.

$$R = \sqrt{R_x^2 + R_y^2} = \sqrt{(37.7\text{ km})^2 + (16.9\text{ km})^2} = \boxed{41.3\text{ km}}$$

역탄젠트를 계산해 $\vec{\mathbf{R}}$의방향을 구한다. $\theta = \tan^{-1}\left(\dfrac{16.9\text{ km}}{37.7\text{ km}}\right) = \boxed{24.1^\circ}$

**주의** 그림 3.11b는 $\vec{\mathbf{R}}$의 성분과 방향을 나타내고 있다. 크기와 방향을 도식화하여 나타낼 수도 있다.

**연습문제 3.3**

순항선이 45.0° 로 서북쪽으로 50.0 km, 이동하고, 30.0° 로 동북쪽으로 70.0 km 이동하였다. (a) 배의 변위 벡터, (b) 변위 벡터의 크기와 방향을 구하라.

**답** (a) $R_x = 25.3$ km, $R_y = 70.4$ km (b) 74.8 km, 70.2° 동북쪽

Physics Now™ **http://physics.brookscole.com/ecp**에서 PhysicsNow를 로그인하고, 연관된 예제 3.3을 풀어 보자.

## 3.3 2차원에서의 변위, 속도, 가속도

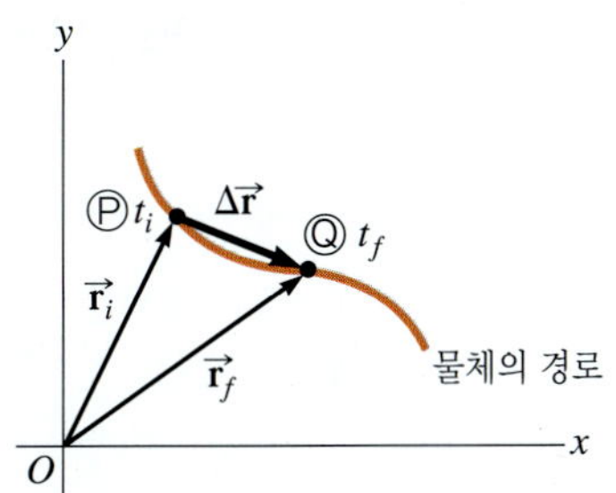


**그림 3.12** 점 Ⓟ와 Ⓠ 사이의 곡선 경로를 따라 움직이는 물체. 변위 벡터 $\Delta\vec{\mathbf{r}}$은 위치 벡터의 차이이다. 즉, $\Delta\vec{\mathbf{r}} = \vec{\mathbf{r}}_f - \vec{\mathbf{r}}_i$

2장의 1차원 운동에서 변위, 속도, 가속도의 벡터의 방향은 양과 음의 부호에 반영되어 있다. 예를 들어 로켓의 속도는 올라가면 양의 값을 갖고 내려가면 음의 값을 갖는다. 이렇게 단순한 방법을 이차원 혹은 삼차원에서는 적용할 수 없다. 따라서 벡터 개념을 사용해야 한다.

그림 3.12처럼 곡선을 따라 움직이는 물체를 생각해 보자. 물체가 시각 $t_i$일 때 점 Ⓟ에 있으면, 그 위치는 원점에서 Ⓟ를 향한 위치 벡터 $\vec{\mathbf{r}}_i$로 기술한다. 마찬가지로, 물체가 시각 $t_f$일 때 다른 점 Ⓠ로 움직였다면, 그 위치 벡터는 $\vec{\mathbf{r}}_f$가 된다. 그림 3.12의 벡터 도표에서와 같이 $\vec{\mathbf{r}}_f$는 $\vec{\mathbf{r}}_i$와 $\Delta\vec{\mathbf{r}}$의 합이다. 즉 $\vec{\mathbf{r}}_f = \vec{\mathbf{r}}_i + \Delta\vec{\mathbf{r}}$이므로, 다음과 같은 식을 얻을 수 있다.

물체의 **변위**(displacement)는 위치 벡터의 변화로 정의된다.

$$\Delta\vec{\mathbf{r}} \equiv \vec{\mathbf{r}}_f - \vec{\mathbf{r}}_i \quad [3.6]$$

**국제단위(SI unit): 미터(m)**

◀ 변위 벡터

이제 2장에서 정의한 속도와 가속도의 일반적인 정의를 내릴 수 있다.

시간 간격 $\Delta t$ 동안의 물체의 **평균 속도**(average velocity)는 변위를 시간 간격으로 나눈 값이다.

$$\vec{\mathbf{v}}_{av} \equiv \frac{\Delta\vec{\mathbf{r}}}{\Delta t} \quad [3.7]$$

**국제단위(SI unit): 초당 미터(m/s)**

◀ 평균 속도

변위는 **벡터**이고 시간 간격은 스칼라이므로 평균 속도는 $\Delta\vec{\mathbf{r}}$ 방향의 **벡터량**이다.

순간 속도 ▶

**순간 속도**(instantaneous velocity) $\vec{\mathbf{v}}$는 $\Delta t$가 0에 접근할 때의 극한으로 정의된다.

$$\vec{\mathbf{v}} \equiv \lim_{\Delta t \to 0} \frac{\Delta \vec{\mathbf{r}}}{\Delta t} \qquad [3.8]$$

**국제단위(SI unit): 초당 미터(m/s)**

순간 속도 벡터의 방향은 물체의 운동 경로의 접선 방향에 있으며 물체가 움직이는 방향과 같다.

평균 가속도 ▶

시간 간격 $\Delta t$ 동안 물체의 속도가 $\Delta\vec{\mathbf{v}}$만큼 변했다면 **평균 가속도**(average acceleration)는 $\Delta\vec{\mathbf{v}}$를 $\Delta t$로 나눈 것으로 정의된다.

$$\vec{\mathbf{a}}_{\text{av}} \equiv \frac{\Delta \vec{\mathbf{v}}}{\Delta t} \qquad [3.9]$$

**국제단위(SI unit): 초의 제곱당 미터(m/s²)**

순간 가속도 ▶

**순간 가속도**(instantaneous acceleration) $\vec{\mathbf{a}}$는 $\Delta t$가 0에 접근할 때, 평균 가속도의 극한으로 정의된다.

$$\vec{\mathbf{a}} \equiv \lim_{\Delta t \to 0} \frac{\Delta \vec{\mathbf{v}}}{\Delta t} \qquad [3.10]$$

**국제단위(SI unit): 초의 제곱당 미터(m/s²)**

**☑ Checkpoint 3.1**

진실인가 거짓인가: 일정 속력으로 곡선을 따라 움직이는 물체는 가속운동을 한다.

입자가 여러 방법으로 가속될 수 있음을 인식하는 것이 중요하다. 첫째, 속도 벡터의 크기가 시간에 따라 변할 수 있다. 둘째, 입자의 속력은 일정하지만 속도 벡터의 방향이 (곡선 경로를 따라) 바뀌면서도 가속될 수 있다. 끝으로 가속도는 속도 벡터의 크기와 방향이 모두 변화함으로써도 생길 수 있다.

**Quick Quiz 3.4**

자동차의 가속 페달, 브레이크, 운전대를 생각해 보자. 이것들 중 차를 가속시키는 데 사용되는 것은 무엇인가? (a) 세 가지 모두, (b) 가속 페달과 브레이크, (c) 브레이크만, (d) 가속 페달만.

## 3.4 2차원에서의 운동

2장에서는 물체가 $x$축과 같은 직선 경로를 따라 움직이는 경우에 대하여 알아 보았다. 이제 물체가 등가속도로 $x$ 방향과 $y$ 방향으로 동시에 움직이는 경우를 생각해 보자. 2차원 운동 중에서 **포사체 운동**(projectile motion)이 특별히 중요하다.

포사체 운동 ▶

물체를 공중에 던졌을 때, 공기 저항과 지구의 자전을 무시한다면 지구의 중력에 의해 물체는 활용그림 3.13과 같이 포사체 운동을 하게 된다.

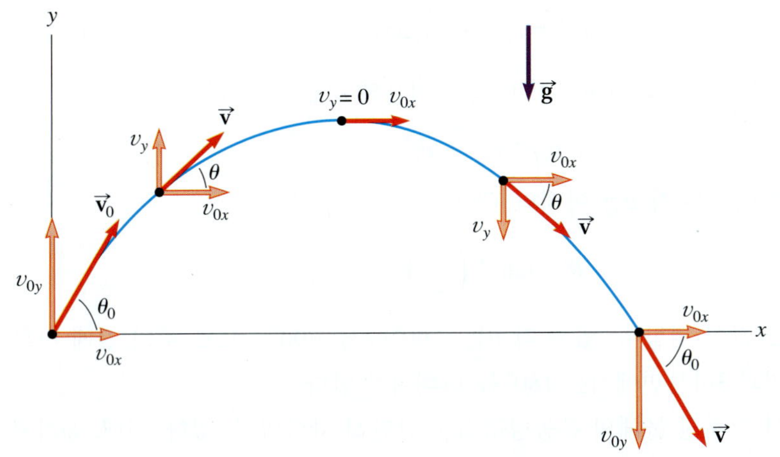


**활용그림 3.13**
원점에서 속도 $\vec{v}_0$로 던져진 물체의 포물선 궤도. 속도 $\vec{v}$가 시간에 따라 변화함에 주목하라. 그러나 속도의 $v_x$ 성분는 시간에 대해 일정하다. 또한 최고점에서 $v_y = 0$이며 가속도는 항상 자유낙하 가속도와 같고 수직 아래 방향을 향한다.

**PhysicsNow™** **http://physics.brookscole.com/ecp**에서 PhysicsNow를 로그인하고 활용그림 3.13에 들어가라. 던지는 각도와 속도를 조절하면서 물체의 속도 성분의 변화를 관찰하라.

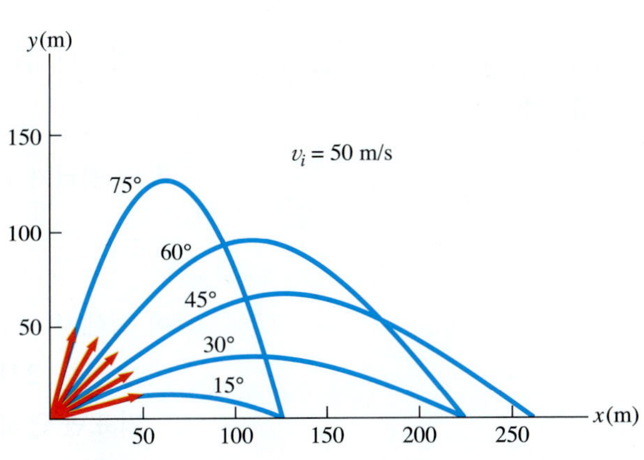


**활용그림 3.14**
초기 속력 50 m/s로 던져진 물체의 각에 따라 달라진 포물선 모양. 여각의 경우 *R*값이(수평도달 거리) 같음을 주목하라.

**PhysicsNow™** **http://physics.brookscole.com/ecp**에서 PhysicsNow를 로그인하고 활용그림 3.14에 들어가라. 각도에 따라 달라지는 궤적과 비행 시간을 관찰하라.

$+x$ 방향은 수평이며 오른쪽을 향하고, $+y$ 방향은 수직이고 위를 향한다. 중요한 점은 **수직, 수평 운동은 서로 독립적이란 사실이다.** 이는 한 방향의 운동은 다른 방향의 운동에 영향을 미치지 않음을 의미한다. 가령, 활용그림 3.13처럼 야구공을 던질 때, $y$ 방향의 운동은 공이 중력에 의해 위로 올라갔다 내려오는 것과 같다. 활용그림 3.14는 여러 가지 각에 따른 공의 궤적을 보여 준다. 여각의 경우 같은 수평 거리를 갖는다는 것을 주목하라.

2장에서 다룬 등가속도 운동을 $x$ 방향과 $y$ 방향에 적용해 보기로 한다. 중요한 차이점은 초기 속도가 두 성분을 갖는다는 것이다. $t = 0$일 때, 물체가 초기 속도 $\vec{v}_0$로 원점을 출발하게 된다. 만약, 속도 벡터가 수평과 이루는 각 $\theta$를 **투사각**(projection angle)이라고 한다. 코사인과 사인함수의 정의와 활용그림 3.13으로부터

$$v_{0x} = v_0 \cos \theta_0 \quad \text{그리고} \quad v_{0y} = v_0 \sin \theta_0$$

를 얻을 수 있다. $v_{0x}$는 $t = 0$일 때 $x$ 방향의 초기 속도이고, $v_{0y}$는 $y$ 방향의 초기 속도이다.

**TIP 3.4 최고점에서의 가속도**
물체의 최고점에서의 $y$ 방향 가속도는 0이 아니다. 그 지점에선 오직 속도만 0이다. 만약 가속도가 0이라면 물체는 절대 떨어지지 않을 것이다.

식 2.6, 2.9, 2.10을 이용해 이차원에서의 등가속도 운동을 일차원으로 생각해 보자. 각 방향당 세 개의 수식이 있는데, $x$ 방향은 $a_x$가 일정하고 $v_{0x} = v_0 \cos \theta_0$이므로

$$v_x = v_{0x} + a_x t \quad [3.11a]$$

$$\Delta x = v_{0x} t + \tfrac{1}{2} a_x t^2 \quad [3.11b]$$

$$v_x^2 = v_{0x}^2 + 2a_x \Delta x \quad [3.11c]$$

을 얻는다. $y$ 방향은 $v_{0y} = v_0 \sin \theta_0$이고 $a_y$가 일정하므로

$$v_y = v_{0y} + a_y t \quad [3.12a]$$

$$\Delta y = v_{0y} t + \tfrac{1}{2} a_y t^2 \quad [3.12b]$$

**✓ Checkpoint 3.2**

진실인가 거짓인가: 지표면 근처에서 떨어지는 물체의 가속도 벡터 방향은 아래쪽이다.

$$v_y^2 = v_{0y}^2 + 2a_y\Delta y \qquad [3.12c]$$

을 얻는다. 물체의 속도 $v$는 피타고라스 법칙을 이용해 구할 수 있다.

$$v = \sqrt{v_x^2 + v_y^2}$$

속도 벡터가 $x$축과 이루는 각 $\theta$는 아래와 같다.

$$\theta = \tan^{-1}\left(\frac{v_y}{v_x}\right)$$

이 식에서 역탄제트값이 취할 수 있는 각 $\theta$는 $-90°$에서 $+90°$이므로 주의 깊게 다루어야 한다. 2사분면과 3사분면에서는 180°를 더해줘야 한다.

지표면 근처에서 던져진 물체의 운동방정식을 간단히 나타낼 수 있다. 이때, 공기저항은 무시해 $x$ 방향의 가속도는 0으로 생각한다. 이것은 **$a_x = 0$일 때 물체의 $x$축 방향의 속도 성분은 일정하다는 것을 의미한다.** 만약 $x$축 방향의 초기 속도가 $v_{0x} = v_0 \cos\theta$로 주어진다면 나중 속도도 똑같다. 따라서,

$$v_x = v_{0x} = v_0 \cos\theta_0 = 일정 \qquad [3.13a]$$

이 되고, 수평 변위는

$$\Delta x = v_{0x}t = (v_0 \cos\theta_0)t \qquad [3.13b]$$

**✓ Checkpoint 3.3**

던져진 물체의 수평이동 거리가 최대가 되기 위해 수평에 대해 어떤 각으로 물체를 던져야 하는가? (a) 30° (b) 45° (c) 60°

가 된다. $y$축 방향 운동은 식 3.12에 따라 $a_y = -g$와 $v_{0y} = v_0 \sin\theta_0$로 주어지므로 다음과 같이 쓸 수 있다.

$$v_y = v_0 \sin\theta_0 - gt \qquad [3.14a]$$

$$\Delta y = (v_0 \cos\theta_0)t - \tfrac{1}{2}gt^2 \qquad [3.14b]$$

$$v_y^2 = (v_0 \sin\theta_0)^2 - 2g\Delta y \qquad [3.14c]$$

포사체 운동의 중요특징을 요약하면 다음과 같다.

1. 공기 저항을 무시할 수 있다면, 속도의 수평 성분 $v_x$는 수평 가속도가 없기 때문에 일정하다.
2. 가속도의 수직 성분은 자유낙하 가속도 $-g$와 같다.
3. 속도의 수직 성분 $v_y$와 $y$ 방향의 변위 $y$는 자유낙하의 경우와 같다.
4. 포사체 운동은 $x$와 $y$ 방향의 운동 합성으로 기술될 수 있다.

**Quick Quiz 3.5**

물체가 포물선을 그리며 운동할 때, 속도와 가속도 벡터가 수직일 때는 (a) 항상, (b) 최고점에서, (c) 어떤 곳에서도 수직이 아니다, (d) 좀더 많은 정보가 필요하다.

### 문제풀이 전략 포사체 운동

1. 좌표계를 선택해 경로와 처음과 나중 위치, 속도, 최종 위치, 속도, 가속도를 그린다.
2. 처음 속도를 $x$와 $y$ 성분으로 분해한다.
3. 수평 방향의 운동과 수직 방향의 운동을 독립적으로 다룬다.
4. 포사체의 수평 방향의 운동을 푸는 데 등속도 문제의 풀이 방법을 이용한다.
5. 포사체의 수직 방향의 운동을 푸는 데 등가속도 문제의 풀이 방법을 이용한다.

## 예제 3.4 조난 당한 탐험대

**목표** 초기 수평 속도가 주어진 2차원 포사체 운동을 풀어 본다.

**문제** 알래스카의 구조 비행기가 길 잃은 탐험대에게 그림 3.17과 같이 비상식량을 떨어뜨렸다. 비행기는 지상 $1.00 \times 10^2$ m에서 40.0 m/s로 날고 있었다. (a) 물품은 투하 지점을 기준으로 하여 지상의 어느 위치에서 떨어지는가? (b) 물품이 지면에 닿기 직전의 수평과 수직 속도 성분은 얼마인가?

**전략** 식 3.13과 식 3.14에 주어진 값을 대입하여 푼다. 그림 3.15처럼 좌표를 그린다. (a) 문제는 변위의 $y$ 성분을 $-1.00 \times 10^2$ m로 놓고, 물품이 지면에 떨어지기까지 시간을 구한 후 이 시간을 변위의 $x$ 성분식에 대입해 변위를 구한다. (b) 문제는 (a) 문제에서 구한 시간을 속도 성분에 대입해 구한다. 초기 속도는 $x$ 성분만 갖고 있음을 주의한다.

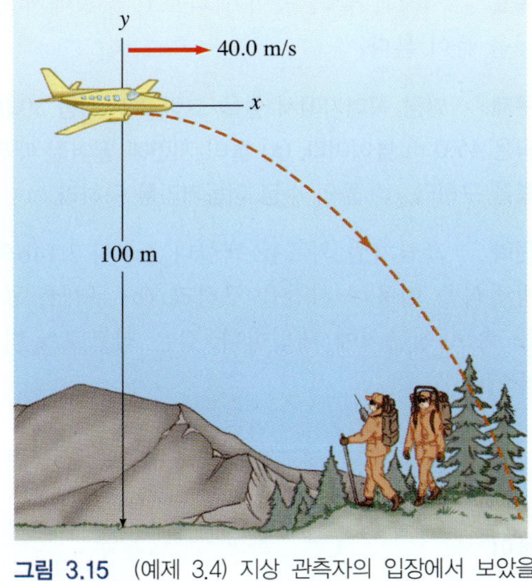


**그림 3.15** (예제 3.4) 지상 관측자의 입장에서 보았을 때, 구조 비행기에서 투하한 물품은 그림과 같은 경로를 따라 움직인다.

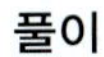

**풀이**

(a) 물품의 도달거리를 구한다.

식 3.14b를 이용해 $y$ 변위를 구한다.

$$\Delta y = y - y_0 = v_{0y}t - \tfrac{1}{2}gt^2$$

$y_0 = 0$, $v_{0y} = 0$, $y = -1.00 \times 10^2$ m를 대입해 시간을 구한다.

$$y = -(4.90\ \text{m/s}^2)t^2 = -1.00 \times 10^2\ \text{m}$$

$$t = 4.52\ \text{s}$$

식 3.13b를 이용해 $x$ 변위를 구한다.

$$\Delta x = x - x_0 = v_{0x}t$$

$x_0 = 0$, $v_{0x} = 40.0$ m/s와 시간을 대입한다.

$$x = (40.0\ \text{m/s})(4.52\ \text{s}) = \boxed{181\ \text{m}}$$

(b) 물품이 충돌할 때 속도 성분을 구하라.

충돌시 속도의 $x$ 성분을 구한다.

$$v_x = v_0 \cos\theta = (40.0\ \text{m/s})\cos 0^\circ = \boxed{40.0\ \text{m/s}}$$

충돌시 속도의 $y$ 성분을 구한다.

$$v_y = v_0 \sin\theta - gt = 0 - (98.0\ \text{m/s}^2)(4.52\ \text{s})$$

$$= \boxed{-44.3\ \text{m/s}}$$

**주의** $x$ 방향과 $y$ 방향의 운동은 서로 독립적으로 다뤄야 한다.

**연습문제 3.4**

바텐더가 맥주잔을 1.20 m 높이의 바 위에서 1.50 m/s의 속도로 손님에게 미끄러뜨린다. 손님은 잔을 잡으려다 실패하고 잔은 바의 끝에서 날아간다. (a) 잔이 바닥에 충돌할 때까지 날아간 수평거리는? (b) 충돌 시 잔의 속력과 충돌 방향은?

**답** (a) 0.742 m (b) 5.08 m/s, $\theta = -72.8^\circ$

## 연관된 예제 3.5 제법 잘 던지네!

**목표** 시작과 끝의 높이가 다르고 수평에서 일정 각도로 던져진 물체의 이차원 운동을 풀어 본다.

**문제** 빌딩 꼭대기에서 돌을 그림 3.16처럼 30.0°, 20.0 m/s의 초기 속력으로 던졌다. 빌딩은 45.0 m 높이이다. (a) 돌이 지면에 떨어질 때까지 걸리는 시간은? (b) 충돌 시 돌의 속력을 구하라. (c) 돌의 수평 이동거리를 구하라.

**전략** 그림처럼 좌표를 택한다. (a) 식 3.14b의 $y$ 변위에 $-45.0$ m를 대입한다. 2차 방정식을 이용해 시간을 구하라. (b) 문제를 풀기 위해서는 (a) 문제에서 구한 시간을 속도 성분식에 대입한다. 같은 식으로 $x$ 변위에 구한 시간을 대입해 (c) 문제를 풀어라.

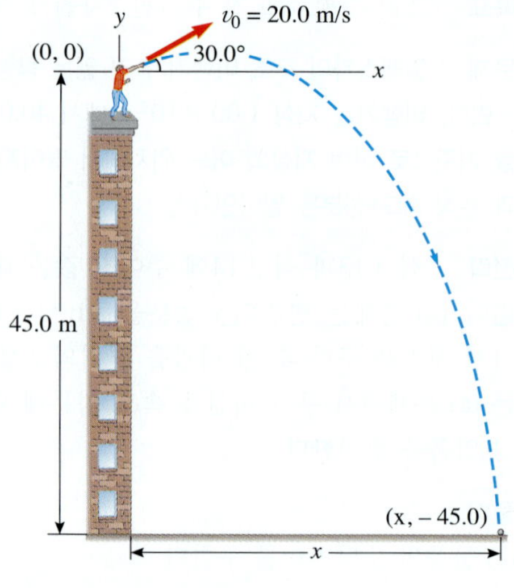


**그림 3.16** (연관된 예제 3.5)

**풀이**

(a) 비행시간을 구하라.

초기 속도의 $x$, $y$ 성분을 구하라.

$$v_{0x} = v_0 \cos \theta_0 = (20.0\text{ m/s})(\cos 30.0°) = +17.3\text{ m/s}$$
$$v_{0y} = v_0 \sin \theta_0 = (20.0\text{ m/s})(\sin 30.0°) = +10.0\text{ m/s}$$

$y_0 = 0$, $y = -45.0$ m, $v_{0y} = 10.0$ m/s를 대입해 $y$ 변위를 구한다.

$$\Delta y = y - y_0 = v_{0y}t - \tfrac{1}{2}gt^2$$
$$-45.0\text{ m} = (10.0\text{ m/s})t - (4.90\text{ m/s}^2)t^2$$

식을 표준식으로 재구성하여 이차 방정식의 근의 공식을 이용해 구한다.

$$t = \boxed{4.22\text{ s}}$$

(b) 충돌시 속도를 구하라.

위에서 구한 $t$ 값을 식 3.14a에 대입해 충돌 시 $y$ 성분을 구한다.

$$v_y = v_{0y} - gt = 10.0\text{ m/s} - (9.80\text{ m/s}^2)(4.22\text{ s})$$
$$= -31.4\text{ m/s}$$

$v_y$ 값과 $v_x = v_{0x} = 17.3$ m/s 값을 피타고라스 정리에 대입해 충돌시 속력을 구한다.

$$v = \sqrt{v_x^2 + v_y^2} = \sqrt{(17.3\text{ m/s})^2 + (-31.4\text{ m/s})^2}$$
$$= \boxed{35.9\text{ m/s}}$$

(c) 돌의 수평이동 거리를 구하라.

변위 공식에 비행시간을 대입한다.

$$\Delta x = x - x_0 = (v_0 \cos \theta)t = (20.0\text{ m/s})(\sin 30.0°)(4.22\text{ s})$$
$$= \boxed{73.1\text{ m}}$$

**연습문제 3.5**

돌을 수평 아래 30.0° 각도로 던졌다고 가정하자. 만약 수평으로 57.0 m을 날아가 지면에 충돌하였다면 (a) 비행시간, (b) 초기 속력, (c) 충돌시 속력과 속도 벡터와 수평과의 각을 구하라. [힌트: (a) 문제는 $y$ 변위 공식에서 $v_0t$를 소거하기 위해 $x$ 변위 식을 이용한다.]

**답** (a) 1.57 s (b) 41.9 m/s (c) 51.3 m/s, $-45.0°$

**Physics Now™** http://physics.brookscole.com/ecp에서 PhysicsNow를 로그인하고, 연관된 예제 3.5로 들어가서 이 문제를 더 자세히 살펴보라.

지금까지 중력에만 영향을 받고 초기 속도가 주어진 물체의 운동에 대해 정리해 보았다. 보다 일반적인 경우 공기저항, 마찰 등에 의해 가속이 일어난다. 이런 가속은 $a_x$와 $a_y$로 벡터 성분을 이루고, 두 성분 모두가 일정할 때 식 3.11과 3.12를 사용하여 운동을 분석할 수 있다.

## 3.5 상대 속도

상대 속도는 서로 상대적으로 운동하는 두 관찰자에 의한 측정에 관한 것이다. 물체의 측정 속도는 물체와 상대적으로 운동하는 관찰자의 속도에 달려 있다. 예를 들어 고속도로에서 차들은 지면에 대해 빠른 속도로 움직이나 나란히 움직이는 차에서는 거의 움직이지 않은 것처럼 보인다. 길가에 정지한 사람이 볼 때 자동차가 60 mi/h로 움직이고 트럭이 같은 방향으로 50 mi/h로 움직인다면, 트럭 입장에서 볼 때 자동차는 겨우 10 mi/h로 움직이는 것처럼 보인다.

따라서 측정 속도값은 관찰자의 **기준계**(reference frame)에 따라 다르다. 기준계는 좌표계이다. 일반적으로 지면에 대해 고정된 **고정계**(stationary frame)를 사용하나, 때때로 지면에 상대적으로 일정한 속도를 갖는 차, 버스, 비행기 등의 **움직이는 기준계**(moving frame of reference)를 사용하기도 한다.

2차원에서 상대 속도 계산이 혼란스러울 수 있으므로, 체계적 접근이 중요하다. E를 지면에 대해 고정된 관찰자라고 하자. 두 자동차를 A, B라고 하고 다음과 같은 양을 정의하자(그림 3.17 참조).

$\vec{\mathbf{r}}_{AE}$ = E가 측정한 자동차 A의 위치(지면에 대해 정지한 좌표계에서)
$\vec{\mathbf{r}}_{BE}$ = E가 측정한 자동차 B의 위치
$\vec{\mathbf{r}}_{AB}$ = 자동차 B 속의 관측자가 측정한 자동차 A의 위치

위 식을 살펴보면, 아래 첨자의 첫 번째 글자는 벡터가 가리키는 곳이고 두 번째 글자는 벡터의 시작 지점을 나타낸다. E에 대하여 자동차 A, B의 상대적인 위치 벡터 $\vec{\mathbf{r}}_{AE}$, $\vec{\mathbf{r}}_{BE}$가 그림에 표시되어 있다. 어떻게 자동차 B에서 바라본 자동차 A의 위치인 $\vec{\mathbf{r}}_{AB}$를 찾을 것인가? 자동차 B에서 A로 향하는 화살표를 단순하게 그려 보면 다음과 같은 식으로 나타낼 수 있다.

$$\vec{\mathbf{r}}_{AB} = \vec{\mathbf{r}}_{AE} - \vec{\mathbf{r}}_{BE} \qquad [3.15]$$

그리고 이 식의 시간에 따른 변화 값을 계산하면 다음과 같은 벡터 식을 구할 수 있다.

$$\vec{\mathbf{v}}_{AB} = \vec{\mathbf{v}}_{AE} - \vec{\mathbf{v}}_{BE} \qquad [3.16]$$

관찰자 E의 좌표계는 지면에 고정될 필요가 없으며, 때로 고정되기도 한다. 첨자 쓰는 순서에 유의해야 한다. 식 3.15를 암기하기보다는 그림 3.17에 나타낸 유도 과정을 익히는 것이 바람직하다. 또한 관측자가 빛의 속력에 가깝게 움직이는 경우 위 식은 성립하지 않으며 아인슈타인의 특수 상대성 이론을 도입해야 한다.

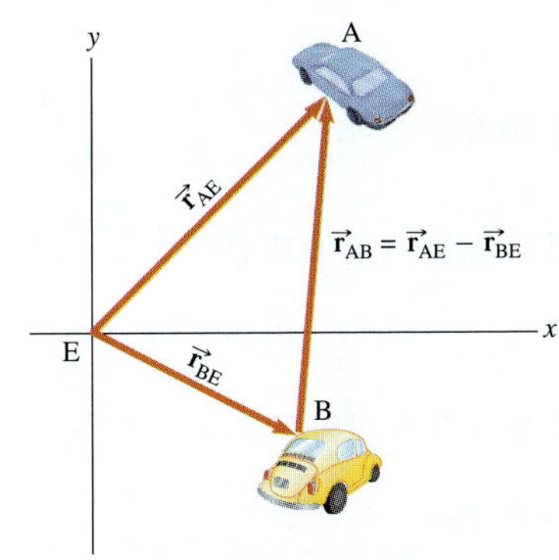


**그림 3.17** 자동차 B에 대한 자동차 A의 위치는 벡터의 뺄셈으로 구할 수 있다. 이 벡터의 시간에 대한 변화율이 상대 속도 식이 된다.

### ☑ Checkpoint 3.4

지면에 대하여 동쪽으로 30 km/h로 자동차를 움직이고 있는데, 옆의 트럭은 10 km/h 동쪽으로 움직이고 있는 것처럼 보였다고 하자. 트럭의 지면에 대한 속도는 얼마인가?

### 문제풀이 전략 상대 속도

1. 각각 물체에(보통 세 물체) 서로 구분 지을 수 있는 단어를 붙인다.
2. "B에 상대적인 A의 속도" 등의 문구에 대해 기호로 $\vec{\mathbf{v}}_{AB}$라고 쓴다. 속도에 대한 기준계가 특별히 언급되지 않으면 지면을 기준으로 한다.
3. 세 속도를 식 3.16처럼 대입해서 풀어 본다.
4. 미지의 두 성분을 찾는다. 이는 3단계에서 구한 식을 바탕으로 $x$와 $y$ 성분을 찾는 것이다.

### 예제 3.6 기차에서의 투구 연습

**목표** 일차원에서의 상대 속도를 계산한다.

**문제** 지면에 대해 15.0 m/s로 움직이고 있는 기차의 뒷 부분에 있는 승객이 기차가 움직이는 반대 방향으로 15.0 m/s의 속력으로 야구공을 던졌다. 지면에 대한 야구공의 속도는 얼마인가?

**전략** 이 문제는 식 3.16에 적절한 첨자의 속도를 대입하여 푼다. 문제의 문장에서 "기차가 지면에 대해 15.0 m/s로 움직이고 있음"을 알았다. 이 값을 $\vec{\mathbf{v}}_{TE}$라 하자(T = 기차, E = 지구). "승객은 기차에 15.0 m/s의 속력으로 야구공을 던졌다." 따라서 이 값은 $\vec{\mathbf{v}}_{BT}$이다(B = 야구공). 문제의 두 번째 문장은 지면에 대한 야구공의 속도를 묻는 것이다. 이 것은 식 3.16에 알고 있는 값을 대입해 풀 수 있다.

**풀이**

알고 있는 값의 $x$ 성분을 쓴다.

$$(\vec{\mathbf{v}}_{TE})_x = +15 \text{ m/s}$$
$$(\vec{\mathbf{v}}_{BT})_x = -15 \text{ m/s}$$

식 3.16처럼 쓴다.

$$(\vec{\mathbf{v}}_{BT})_x = (\vec{\mathbf{v}}_{BE})_x - (\vec{\mathbf{v}}_{TE})_x$$

주어진 값을 대입하고 푼다.

$$-15 \text{ m/s} = (\vec{\mathbf{v}}_{BE})_x - 15 \text{ m/s}$$
$$(\vec{\mathbf{v}}_{BE})_x = \boxed{0}$$

**연습문제 3.6**

기차가 지면에 대해 27 m/s로 움직이고 있고, 승객이 기차 운동 방향과 같게 15 m/s로 공을 던졌다. 지면에 대한 공의 속도를 구하라.

**답** 42 m/s

### 연관된 예제 3.7 강 건너기

**목표** 이차원에서의 상대 속도를 계산한다.

**문제** 그림 3.18처럼 배가 물에 대해 10.0 km/h의 속도로 뱃머리를 북쪽 방향으로 향하고 강을 건넌다. 강물은 동쪽으로 균일하게 5.00 km/h의 속도로 흐른다. 강둑에 있는 관측자가 본 배의 속도를 구하라.

**전략** "배가 물에 대해 10.0 km/h의 속도로…"에서 $\vec{\mathbf{v}}_{BR}$을 얻을 수 있고, "강물은 동쪽으로 5.00 km/h…"에서 $\vec{\mathbf{v}}_{RE}$를 얻을 수 있다(지면에 대해 강물이 움직이는 것이므로). 관측자의 기준계는 지면이다. 관측자에 대한 배의 상대 속도를 구하는 것이므로 마지막 속도는 $\vec{\mathbf{v}}_{BE}$가 된다. 동쪽을 $+x$로, 북쪽을 $+y$로 놓는다.

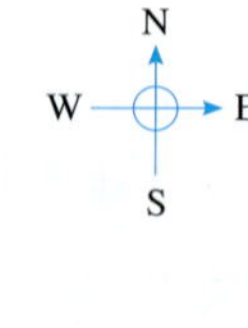


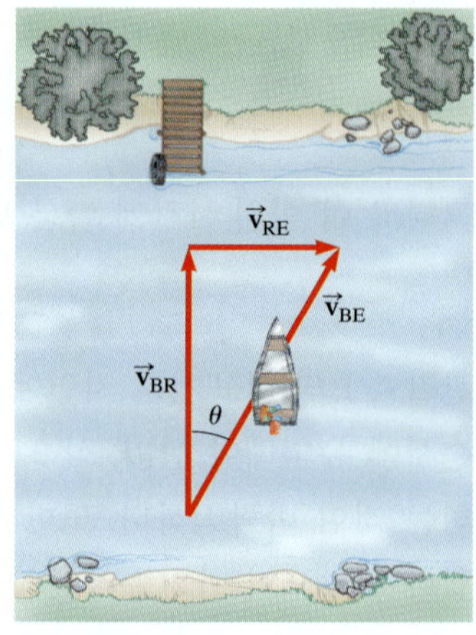


그림 3.18 (연관된 예제 3.7)

**풀이**

세 가지 값을 상대 속도 공식에 대입한다

$$\vec{\mathbf{v}}_{BR} = \vec{\mathbf{v}}_{BE} - \vec{\mathbf{v}}_{RE}$$

속도 벡터의 성분을 다음과 같이 표로 정리해 본다.

| 벡터 | $x$ 성분 (km/h) | $y$ 성분 (km/h) |
|---|---|---|
| $\vec{\mathbf{v}}_{BR}$ | 0 | 10.0 |
| $\vec{\mathbf{v}}_{BE}$ | $v_x$ | $v_y$ |
| $\vec{\mathbf{v}}_{RE}$ | 5.00 | 0 |

속도의 $x$ 성분을 구한다.

$$0 = v_x - 5.00 \text{ km/h} \longrightarrow v_x = 5.00 \text{ km/h}$$

속도의 $y$ 성분을 구한다.

$$10.0 \text{ km/h} = v_y - 0 \longrightarrow v_y = 10.0 \text{ km/h}$$

$\vec{\mathbf{v}}_{BE}$의 크기를 구한다.

$$v_{BE} = \sqrt{v_x^2 + v_y^2} = \sqrt{(5.00 \text{ km/h})^2 + (10.0 \text{ km/h})^2} = \boxed{11.2 \text{ km/h}}$$

$\vec{\mathbf{v}}_{BE}$의 방향을 구한다.

$$\theta = \tan^{-1}\left(\frac{v_x}{v_y}\right) = \tan^{-1}\left(\frac{5.00 \text{ m/s}}{10.0 \text{ m/s}}\right) = \boxed{26.6^\circ}$$

배는 지면에 대해 11.2 km/h로 동북쪽 26.6°로 움직인다.

**연습문제 3.7**

강이 동쪽으로 3.00 m/s로 흐르고, 배가 강에 대해 4.00 m/s 남쪽으로 움직인다고 하자. 지면에 대한 배의 방향과 속력을 구하라.

**답** 5.00 m/s, 53.1° 동남쪽

**PhysicsNow™** **http://physics.brookscole.com/ecp**에서 PhysicsNow를 로그인하고 연관된 예제 3.7을 풀어라.

## 요약

**PhysicsNow™** **http://physics.brookscole.com/ecp**에서 PhysicsNow를 로그인하고 이 장에 대한 Pre-Test link를 클릭하여 연습문제 시험을 보라.

### 3.1 벡터와 벡터의 특성

두 벡터 $\vec{\mathbf{A}}$, $\vec{\mathbf{B}}$는 기하학적으로 **삼각형 덧셈법**으로 더해질 수 있다. 두 번째 벡터의 출발점이 첫 번째 벡터의 끝점에 오도록 두 벡터를 같은 축척으로 그래프 용지에 그린다. 첫 번째 벡터의 출발점에서 두 번째 벡터의 끝점으로 그린 벡터가 **합벡터**가 된다.

벡터 $\vec{\mathbf{A}}$의 음 벡터는 벡터 $\vec{\mathbf{A}}$와 크기가 같고 방향이 반대인 벡터이다. 벡터 $\vec{\mathbf{A}}$에 스칼라를 곱해 크기를 바꿀 수 있고, 스칼라가 음의 값을 갖는다면 방향도 변한다.

### 3.2 벡터의 성분

벡터 $\vec{\mathbf{A}}$는 $x$ 방향과 $y$ 방향의 두 성분으로 나눌 수 있다. 이 성분들은 빗변의 크기가 $A$인 직각삼각형의 두 변을 이루고 있으며,

$$A_x = A\cos\theta \qquad A_y = A\sin\theta \qquad [3.2]$$

로 나타낼 수 있다. 벡터 $\vec{\mathbf{A}}$의 크기와 방향은 피타고라스 정리와 탄젠트 정의에 따라 다음과 같이 나타낼 수 있다.

$$A = \sqrt{A_x^2 + A_y^2} \qquad [3.3]$$

$$\tan\theta = \frac{A_y}{A_x} \qquad [3.4]$$

만약, $\vec{\mathbf{R}} = \vec{\mathbf{A}} + \vec{\mathbf{B}}$ 라면 합벡터는

$$R_x = A_x + B_x \qquad [3.5a]$$

$$R_y = A_y + B_y \qquad [3.5b]$$

로 나타낼 수 있다.

### 3.3 2차원에서의 변위, 속도, 가속도

2차원에서 물체의 변위는 물체의 위치 벡터의 차이이다.

$$\Delta\vec{\mathbf{r}} \equiv \vec{\mathbf{r}}_f - \vec{\mathbf{r}}_i \qquad [3.6]$$

$\Delta t$ 시간 동안 물체의 평균 속도는 다음과 같다.

$$\vec{\mathbf{v}}_{av} \equiv \frac{\Delta\vec{\mathbf{r}}}{\Delta t} \qquad [3.7]$$

$\Delta t$를 극한으로 보내면 순간 속도를 구할 수 있다.

$$\vec{\mathbf{v}} \equiv \lim_{\Delta t \to 0} \frac{\Delta \vec{\mathbf{r}}}{\Delta t} \qquad [3.8]$$

순간 속도의 방향은 물체의 경로의 접선 방향에 있으며 물체의 운동 방향과 같다.

시간에 따른 속도의 변화, 즉 평균 가속도는 다음과 같다.

$$\vec{\mathbf{a}}_{\text{av}} \equiv \frac{\Delta \vec{\mathbf{v}}}{\Delta t} \qquad [3.9]$$

$\Delta t$를 극한으로 보내면 평균 가속도를 구할 수 있다.

$$\vec{\mathbf{a}} \equiv \lim_{\Delta t \to 0} \frac{\Delta \vec{\mathbf{v}}}{\Delta t} \qquad [3.10]$$

### 3.4 2차원에서의 운동

일반적으로 2차원에서 등가속도 운동하는 물체의 운동 방정식은 다음과 같다.

$$v_x = v_{0x} + a_x t \qquad [3.11a]$$

$$\Delta x = v_{0x} t + \tfrac{1}{2} a_x t^2 \qquad [3.11b]$$

$$v_x^2 = v_{0x}^2 + 2a_x \Delta x \qquad [3.11c]$$

여기에서 $v_{0x} = v_0 \cos \theta_0$이다. 마찬가지로 $y$ 방향에서는 다음과 같다.

$$v_y = v_{0y} + a_y t \qquad [3.12a]$$

$$\Delta y = v_{0y} t + \tfrac{1}{2} a_y t^2 \qquad [3.12b]$$

$$v_y^2 = v_{0y}^2 + 2a_y \Delta y \qquad [3.12c]$$

여기에서 $v_{0y} = v_0 \sin \theta_0$이다. 물체의 속력 $v$는 속도의 두 성분으로 피타고라스 정리를 이용해 구할 수 있다.

$$v = \sqrt{v_x^2 + v_y^2}$$

속도 벡터가 $+x$축과 이루는 각은 다음과 같다.

$$\theta = \tan^{-1}\left(\frac{v_y}{v_x}\right)$$

운동 방정식은 지면 가까이에서 운동하는 포사체에도 쉽게 적용할 수 있다. $x$축 방향 혹은 수평 운동은 다음과 같다.

$$v_x = v_{0x} = v_0 \cos \theta_0 = \text{일정} \qquad [3.13a]$$

$$\Delta x = v_{0x} t = (v_0 \cos \theta_0) t \qquad [3.13b]$$

$y$ 방향 혹은 수직 방향 운동은 다음과 같다.

$$v_y = v_0 \sin \theta_0 - gt \qquad [3.14a]$$

$$\Delta y = (v_0 \sin \theta_0) t - \tfrac{1}{2} g t^2 \qquad [3.14b]$$

$$v_y^2 = (v_0 \sin \theta_0)^2 - 2g\Delta y \qquad [3.14c]$$

일반적인 문제는 대수적으로 위의 한두 가지의 식을 응용해 풀 수 있다.

### 3.5 상대 속도

E를 관찰자로 하고, B는 E에 대하여 상대속도 $\vec{\mathbf{v}}_{\text{BE}}$로 움직이는 또 다른 관찰자라 하자. 만약 E가 움직이는 물체 A의 속도를 $\vec{\mathbf{v}}_{\text{AE}}$라 한다면 B가 바라 본 A는

$$\vec{\mathbf{v}}_{\text{AB}} = \vec{\mathbf{v}}_{\text{AE}} - \vec{\mathbf{v}}_{\text{BE}} \qquad [3.16]$$

로 움직인다. 상대 속도 문제는 속도를 정확하게 파악하고 구분지어 식 3.16에 대입하여 푼다.

## 개념 파악을 위한 질문

**1.** 벡터 $\vec{\mathbf{A}}$가 $xy$ 평면에 있다. 벡터 $\vec{\mathbf{A}}$의 두 성분이 모두 음수인 경우 $\vec{\mathbf{A}}$의 위치는? 두 성분이 서로 반대 부호인 경우 $\vec{\mathbf{A}}$의 위치는?

**3.** 렌치가 20노트로 이동하는 배의 10 m 높이의 돛대에서 떨어졌다. 렌치가 갑판 어느 곳에 떨어지겠는가?

**5.** 포사체가 지표면에서 어떠한 초기 속도로 발사되었다. 다른 포사체가 달에서 같은 초기 속도로 발사되었다. 공기저항을 무시하면 어떤 포사체의 수평이동거리가 큰가? 어떤 것이 높은 고도에 도달하겠는가? (달의 중력가속도는 1.6 m/s$^2$ 정도이다.)

**7.** 벡터량을 스칼라량에 더하는 것이 가능한가?

**9.** 포사체가 경로를 이동하는 중 어떤 지점에서 속도와 가속도 벡터가 각기 서로 (a) 수직, (b) 평행이겠는가?

**11.** 다음 물체가 가속도를 갖는지, 안 갖는지 설명해라. (a) 직선을 일정한 속도로 움직이는 물체, (b) 곡선을 일정한 속력으로 움직이는 물체.

**13.** 우주선이 일정한 속도로 우주공간을 비행하고 있다. 갑자기 우주선의 옆에서 가스가 새어나와서 초기 속도에 수직한 방향으로 가속되었다. 우주선의 자세는 변하지 않고 단지, 원래 속도와 수직하게 가속되었다. 우주선이 움직이는 경로는 어떤 형태일까?

**15.** 두 물체가 같은 속도이면서 수평에 대하여 하나는 $\theta$의 각으로, 다른 하나는 $(90° - \theta)$의 각으로 던져졌다. 두 물체의 수평 이동 거리는 같다. 두 물체의 비행시간도 똑같은가?

## 문제

1, 2, 3 = 기본문제, 발전문제, 심화문제

□ = 학생 문제풀이 매뉴얼/학습 가이드 속에 전체 문제풀이가 있다.

**Physics Now™** **http://physics.brookscole.com/ecp**에서 힌트를 받을 수 있는 문제

= 생물의학 문제

### 3.1 벡터와 벡터의 특성

**1.** 롤러코스터가 200 ft 수평으로 이동한 후 수평에서 30.0° 위로 135 ft를 올라간다. 그 후 수평에서 40.0° 아래로 135 ft를 내려간다. 기하학적 방법으로 롤러코스터의 처음과 나중 사이의 변위를 구하라.

**3.** 미로에서 길을 잃은 사람이 세 번 이동한 후 처음 자리로 돌아왔다. 처음 변위는 8.00 m 서쪽, 두 번째 변위는 13.0 m 북쪽이었다. 세 번째 변위의 크기와 방향을 구하라.

**5.** 비행기가 베이스 캠프에서 강 A로 280 km, 20.0° 동북쪽으로 이동한다. 그곳에서 공급물자를 떨어뜨린 후 190 km, 30.0° 북서쪽에 위치한 강 B로 이동한다. 강 B에서 베이스 캠프까지의 거리를 그래프를 사용해서 구하라.

**7.** 벡터 $\vec{A}$는 3.00 unit 길이로 $+x$축과 45.0°를 이룬다. 벡터 $\vec{B}$는 4.00 unit 길이로 $-y$축 방향이다. 그래프를 이용해 (a) $\vec{A}+\vec{B}$, (b) $\vec{A}-\vec{B}$의 크기와 방향을 구하라.

### 3.2 벡터의 성분

**9.** **Physics Now™** 한 소녀가 3.00 블록 서쪽, 4.00 블록 북쪽, 6.00 동쪽으로 신문을 돌리고 있다. (a) 그녀의 총 변위, (b) 이동한 총 거리를 구하라.

**11.** 태풍의 눈이 그랜드 바하마 섬을 60.0° 서북쪽으로 41.0 km/h의 속력으로 이동하고 있다. 세 시간 후 태풍이 북쪽으로 25.0 km/h로 꺾였다. 4.50 h 후 태풍과 그랜드 바하마 섬과의 거리는 얼마나 되겠는가?

**13.** 왕복 여객기가 공항을 출발해 그림 P3.13과 같이 순환을 한다. 처음 도시 *A*는 동북쪽으로 30.0°, 175 km 떨어져 있다. 그 후, 도시 *B*로 150 km, 20.0° 북서쪽으로 이동한다. 최종적으로 도시 *C*를 향해 190 km 서쪽으로 이동한다. 처음 출발점과 도시 C 사이의 거리를 구하라.

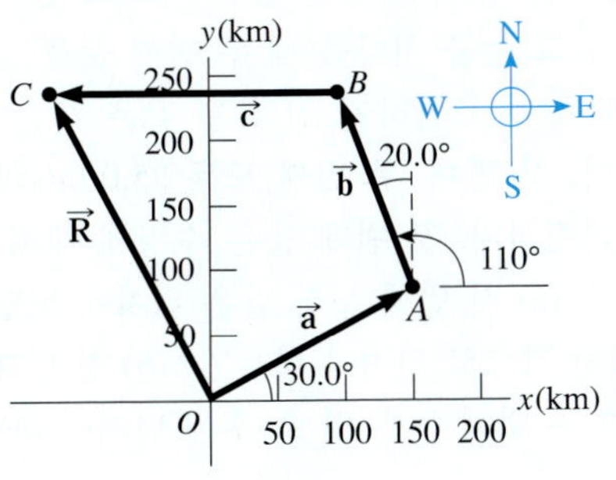


**그림 P3.13**

**15.** 어떤 사람이 대걸레를 바닥에 대고 두 변위로 문지르고 있다. 첫 번째 변위는 150 cm로 $+x$축에 120° 방향이다. 총 변위는 140 cm 크기, $+x$축에 35.0° 방향이다. 두 번째 변위의 크기와 방향을 구하라.

### 3.3 2차원에서의 변위, 속도와 가속도

### 3.4 2차원에서의 운동

**17.** 동물 중에 가장 잘 뛰는 동물은 푸마이다. 45° 각도로 12 ft를 뛸 수 있는데, 어떤 속력으로 뛰어야 그 높이에 도달할 수 있겠는가? SI 단위로 구하라.

**19.** **Physics Now™** 테니스 선수가 네트에서 12.6 m 떨어져서 수평 위 3.00° 각으로 공을 친다. 공이 네트를 넘으려면 적어도 0.330 m 높이를 상승해야 한다. 공이 궤도의 최고점에서 네트를 겨우 넘었다면 얼마나 빠른 속력으로 공을 친 것일까?

**21.** 빌딩 꼭대기에서 수평에서 25° 각으로 15 m/s 속력으로 벽돌을 던졌다. 벽돌이 3.0 s 동안 비행했다면 빌딩의 높이는?

**23.** 어떤 운전자가 자동차를 바다가 보이는 수평 아래 경사 24.0°의 절벽 위에 주차했다. 부주의한 운전자가 기어를 중심에 놓고 내렸는데, 비상 브레이크가 고장났다고 하자. 차는 4.00 m/s$^2$의 가속도로 50.0 m 떨어진 절벽의 끝으로 이동한다. 절벽은 바다 위 30.0 m에 있다. (a) 바다에 차가 떨어졌을 때 절벽 아래와 자동차가 떨어진 지점까지의 거리는? (b) 차가 공중에 있는 시간은?

**25.** 포사체가 60.0 m/s의 초기 속력으로 수평 위로 30.0° 각도로 발사되었다. 이 포사체가 언덕의 중턱에 4.00 s 후에 도달했다. 공기 저항은 무시하라. (a) 비행 궤도 중 최고점에서의 속도는? (b) 발사된 위치에서 포사체가 도달한 곳까지의 직선 거리는?

### 3.5 상대 속도

**27.** 거대한 연어는 6.26 m/s의 속력으로 물속에서 뛰어오를 수 있다(문제 4.7을 보라). 만약 연어가 1.50 m/s의 속력으로 움직이는 물살 속에 있고 물살이 지면에 수직 위로 흐른다면 연어가 위로 뛰어오를 수 있는 최고 높이는?

**29.** **Physics Now™** 보트가 강에 대하여 3.30 mi/h, 62.5° 서북쪽으로 강을 건너고 있다. 강은 0.505 mi 폭이고, 1.25 mi/h로 동쪽으로 흐르고 있다. 보트가 반대편에 닿았을 때 얼마나 상류에 와 있겠는가?

**31.** 고속도로의 왼쪽 차선에서 60.0 km/h로 달리는 자동차가 오른쪽 차선에서 40.0 km/h로 달리는 자동차를 따라잡기 위해선 시간이 얼마나 걸리는가? 초기에 두 차의 앞 범퍼 사이의 거리는 100 m였다.

## 추가문제

**33.** 입자가 두 변위로 움직였다. 첫 번째는 150 cm 크기로 $+x$축에 대해 120.0° 각이다. 총 변위는 140 cm 크기에 $+x$축에 대해 35.0° 각이다. 두 번째 변위의 크기와 방향을 구하라.

**35.** 자동차가 동쪽으로 50.0 km/h의 속력으로 움직인다. 비는 지면에 대해 수직하게 떨어진다. 자동차의 옆차창에서 볼 때, 비는 수직에 대해 60.0°의 각으로 떨어지는 것처럼 보인다. (a) 자동차에 대한 비의 속도, (b) 지면에 대한 비의 속도를 구하라.

**37.** 그림 P3.37의 A와 B 도시는 80.0 km 떨어져 있다. 한 커플이 각각의 도시에서 따로 출발해 강 L에서 만나고자 한다. 둘은 동시에 출발해서 2.50 h 동안 운전해서 동시에 만났다. A에서 출발한 차 1의 속력이 90.0 km/h라면 차 2의 속력은?

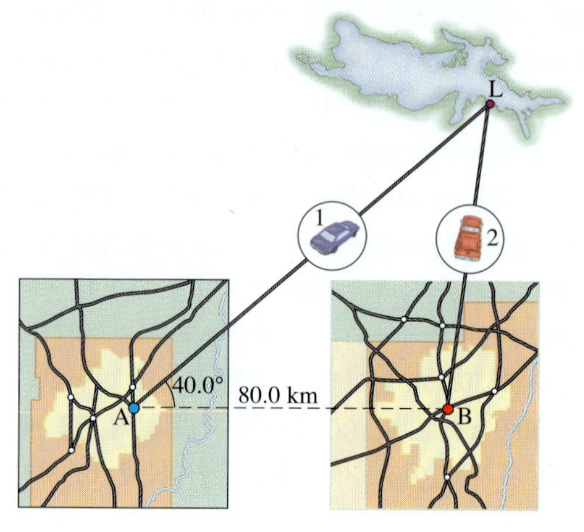


그림 P3.37

**39.** 지면에서 사람이 45° 각도로 힘껏 뛰어 최대로 도달할 수 있는 수평거리가 3.0 m라면, 달에서의 최대 거리는? 화성에서 최대 거리는? (자유낙하 가속도는 $g/6$이고 $g = 9.80\ \mathrm{m/s^2}$이다. 화성은 $0.38g$이다.)

**41.** 홈런볼이 홈플레이트에서 130 m 떨어진 21 m 높이의 벽을 겨우 넘겼다. 공은 35°로 수평에 대하여 날아가고 공기저항은 무시한다. (a) 공의 초기 속력을 구하라. (b) 공이 벽에 도달하는데 걸리는 시간을 구하라. (c) 벽에 도달할 때 공의 속도 성분과 속력을 구하라. (공이 지면의 공이 1 m 높이에서 쳐진다고 가정하자.)

**43.** 쿼터백이 미식축구공을 받는 사람에게 20 m/s의 초기 속력, 수평 위로 30° 각으로 던졌다. 그 순간에 받는 사람은 쿼터백에게서 20 m 떨어져 있었다. 받는 사람이 어떤 방향, 어떤 속력으로 움직여야 공을 받을 수 있겠는가?

**45.** 총알이 그림 P3.45처럼 낙하하는 물체를 겨냥해서 발사되었다. 총알은 물체가 낙하함과 동시에 총구에서 벗어난다. 총이 물체가 낙하하기 전 물체를 겨냥하고 있었다면, 총알이 물체를 맞출 수 있음을 보여라. (총알은 물체가 바닥에 떨어지기 전에 맞춰야 한다.)

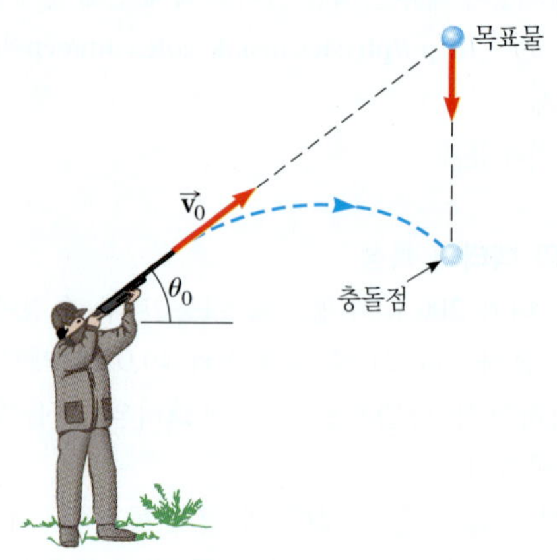


그림 P3.45

**47.** 공을 45° 각도로 던질 때, 어떤 소녀는 최대 수평 거리 $R$만큼 멀리 던질 수 있다. 수직으로 같은 공을 던질 때 얼마나 높이 던질 수 있겠는가? 그녀는 같은 속력으로 공을 던진다고 가정한다.

**49.** 사냥꾼이 강둑과 평행하게 5.0 km/h 속력으로 움직이는 1.5 km 폭의 강을 건너고 싶어한다. 사냥꾼은 강에 대해 최대 12 km/h로 움직이는 작은 배를 갖고 있다. 강을 건너는 데 소요되는 가장 짧은 시간은?

**51.** 만용을 부리고 싶어하는 사람이 대포에서 초기 속력 25.0 m/s, 수평 위 45.0° 각으로 발사되었다. 안전그물이 대포에서 50.0 m 떨어져 있다면, 대포에 비해 어느 정도 높이여야 사람을 잡을 수 있겠는가?

**53.** 어떤 학생이 총구에서 탄알의 초기 속도를 측정하고 싶어한다. 총을 수평하게 들고 $x$만큼 떨어진 수직한 벽에 과녁을 붙였다. 탄알은 총구에서 $y$만큼 수직 아래로 떨어진 후 과녁에 명중한다. (a) $A$가 상승일 때, $y = Ax^2$으로 표현할 수 있음을 보여라. 탄알의 위치를 유도해 보라. (b) 자유낙하 가속도와 초기 속도로 $A$를 표현하라. (c) $x = 3.00$ m, $y = 0.210$ m일 때, 탄알의 초기 속력은 얼마인가?

**55.** 눈싸움 전략 중 하나는 눈을 높은 각으로 던지는 것이다. 그리고 상대가 그 눈을 쳐다볼 때 두 번째 눈을 낮은 각으로 던져 첫 번째 눈이 도달하기 전 혹은 같은 시간에 도달하도록 하는 것이다. 첫 번째, 두 번째 모두 25.0 m/s의 속력으로 던져졌다고 가정하자. 첫 번째 눈은 수평에 대해 70.0°의 각으로 던져졌다. (a) 첫 번째 눈과 같은 위치에 도달하려면 두 번째 눈은 어떤 각으로 던져야 하는가? (b) 첫 번째 눈과 동시에 도달하려면 두 번째 눈은 몇 초 후에 던져야 하나?

CHAPTER

4

# 운동의 법칙

OUTLINE



고전역학은 일상생활에서 경험하는 물체의 운동과 물체에 작용하는 힘 사이의 관계를 기술한다. 물체의 크기가 원자 크기 정도로 매우 작을 경우나 혹은 물체가 빛의 속력에 근접하여 운동할 경우를 제외하면 고전역학은 자연현상을 아주 잘 기술한다.

이 장에서는 운동에 관한 뉴턴의 세 가지 법칙과 중력의 법칙을 소개한다. 세 가지 법칙은 단순하고 수긍할만 하다. 첫 번째 법칙은 물체의 속도를 변화시키려면 힘이 작용해야만 한다는 것을 말한다. 물체의 속도를 변화시킨다는 것은 물체를 가속시킨다는 의미이므로 가속도와 힘과의 관계를 내포하고 있다. 두 번째 법칙에서는 물체에 작용하는 알짜 힘은 물체의 질량과 가속도의 곱으로 주어지므로 힘과 가속도의 관계를 말해 준다. 마지막으로 세 번째 법칙은 우리가 어떤 물체를 밀 경우 물체는 같은 크기의 힘으로 반대방향으로 반작용한다는 것이다. 만유인력에 대한 뉴턴의 이론은 천체역학과 천문학에 혁신적인 변화를 가져 왔다. 이 이론에 의하여 행성의 궤도를 아주 정확하게 계산하고 조수의 간만을 이해하게 되었다. 중력의 법칙과 함께 운동의 세 가지 법칙은 우리 인류의 가장 위대한 업적 중의 하나로 간주된다.

## 4.1 힘

**힘**(force)을 생각할 때, 라켓으로 테니스공을 치는 경우처럼 보통 물체를 끌거나 미는 것을 상상하게 된다(그림 4.1을 보라). 테니스를 칠 때 우리는 다양한 속도로 공을 쳐서 상대방 코트의 여러 방향으로 보낸다. 이는 우리가 적용된 힘의 양과 방향을 조절할 수 있다는 것을 의미하며, 따라서 힘은 속도와 가속도처럼 벡터량이다.

만일 여러분이 용수철을 끌어당긴다면(그림 4.2a) 용수철은 늘어난다. 충분한 힘으로 마차를 끌면 마차가 움직인다. 럭비공을 차면 공은 변형이 되면서 운동을 시작한다. 이러한 모든 것은 두 물체 사이의 물리적 접촉으로부터 오는 **접촉력**(contact forces)의 예이다.

힘의 또 다른 종류는 두 물체 사이의 물리적 접촉을 포함하지 않는 것이다. 뉴턴은 중력의 법칙에 '원격작용(action-at-a-distance)'의 개념을 사용했다. 즉, 태양과 같은 한 지점의 질량이 지구와 같이 물리적으로 접촉하지 않고 멀리 떨어져 있는 다른 물체의 운동에 영향을 미친다는 것이다. 원격작용의 개념적 어려움을 극복하기 위하여 마이클 패러데이(Michael Faraday, 1791~1867)는 **장**의 개념을 도입하였는데, 여기서 장에 해당되는 힘을 **장력**(field forces)이라 부른다. 이러한 접근법에 따르면 태양과 같은 질량 $M$을 가진 물체는 공간으로 뻗어나가는 보이지 않는 힘을 만들어낸다. 지구와 같

**그림 4.1** 테니스 챔피언 앤디 로딕(Andy Roddick)이 라켓으로 테니스공을 칠 때 공이 코트의 빈 공간으로 향하도록 힘을 가한다.

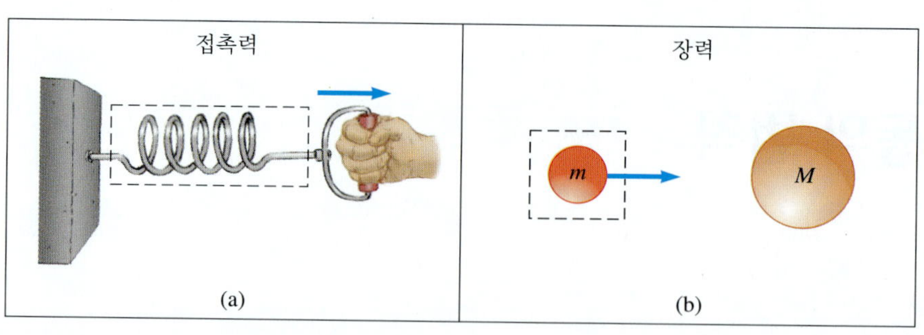


**그림 4.2** 각각의 경우 힘은 점선 안의 물체에 작용한다. 점선의 바깥 환경으로부터 힘이 가해진다. (a) 스프링과 손 사이에 작용하는 접촉력의 예. (b) 장력이 작용할 경우 두 물체는 서로 접촉하지 않는다.

이 또 다른 질량 $m$을 가진 물체는 태양과 직접 상호작용을 하지 않고 태양의 장과 상호작용을 한다. 그러므로 그림 4.2b와 같이 두 물체 사이에 작용하는 만유인력은 장력의 한 예이다. 장력의 또 다른 예로는 막대자석이 철 조각에 작용하는 자기력이 있다.

현재까지 알려진 자연계에 존재하는 기본적인 힘들은 모두 장력이다. 크기 순서로 나열해 보면, (1) 원자보다 작은 입자들 사이에 작용하는 강한 핵력, (2) 전하 사이에 작용하는 전자기력, (3) 방사성 붕괴를 일으키는 약한 핵력, (4) 물체 사이에 작용하는 중력이 있다. 강한 핵력은 양성자들이 서로 전기적인 척력에 의해서 분리되는 것을 방지하여 원자핵을 유지하게 한다. 약한 핵력은 방사성 붕괴 과정과 깊은 관계가 있으며, 태양이 에너지를 생성 방출하는 핵반응에서 매우 중요한 역할을 한다. 강한 핵력과 약한 핵력은 $10^{-15}$ m 정도의 아주 근거리인 원자핵 크기 정도에서만 작용한다. 그보다 더 큰 범위에서 강한 핵력과 약한 핵력은 아무런 영향을 미치지 못한다. 고전 물리학에서는 중력과 전자기력만을 다룬다.

힘이 물체에 작용할 때, 물체의 모양이 변할 수 있다. 예를 들어 그림 4.1과 같이 라켓으로 테니스공을 칠 경우 물체는 어느 정도 변형이 일어난다. 심지어 강하고 변형이 일어나지 않을 것 같은 물체도 외부 힘에 의해 변형이 생긴다. 자동차 사이의 충돌에서와 같이 변형이 영원할 수도 있다.

## 4.2 뉴턴의 제1법칙

책상 위에 놓여 있는 책을 한번 생각해 보자. 책을 있는 그대로 놓아 둘 경우 책은 계속해서 정지 상태로 존재한다. 책과 책상 사이의 마찰력보다 더 큰 수평력으로 책을 밀 경우 책은 움직이기 시작한다. 가한 힘이 마찰력보다 크기 때문에 책은 가속된다. 만일 가하는 힘을 제거하면, 책의 움직임을 방해하는 마찰력 때문에 책은 약간 움직인 후 멈춘다.

다음에는 왁스칠을 한 매끄러운 마루 위에서 책을 밀어보자. 힘을 더 이상 가하지 않는다면, 전과 같이 정지한다. 그러나 앞의 경우와 같이 빨리 정지하지는 않는다. 마지막으로, 책이 마찰이 없는 평평한 면에서 움직인다고 가정해 보자. 이 경우 책은 벽이나 다른 물체에 부딪치기 전에는 일정한 속도를 가지고 직선으로 움직일 것이다.

1600년 이전의 과학자들은 물체의 자연적 상태는 정지 상태로 보았다. 갈릴레오는 처음으로 이와는 다른 접근법을 시도하였다. 그는 앞에서 기술한 마찰력이 없는 평면 위에서 움직이는 물체의 운동을 통해서 **움직이는 물체의 속성은 정지하려는 것이 아니라 계속해서 운동을 유지하고자 하는 것**이라고 결론지었다. 운동에 관한 갈릴레오의 이와 같은 생각은 후에 뉴턴에 의해 수식화되어 **뉴턴의 운동 제1법칙**(Newton's first law of motion)으로 알려지게 되었다.

알짜 힘이 작용하지 않으면 물체는 일정한 크기와 방향으로 움직인다.

◀ 뉴턴의 제1법칙

**알짜 힘은 물체가 받는 외부 힘의 벡터적인 합을 의미한다.** 외부 힘은 그 주위 환경으로부터 받는 힘을 의미한다. 물체의 속도에 있어서 크기와 방향이 변하지 않을 경우 물체의 가속도와 물체에 작용하는 힘은 모두 0이 된다.

내력은 물체 내부에 존재하는 힘으로 물체의 속도를 변화시키지 못한다(하지만 내력은 8장에서 공부할 물체의 회전 속도를 변화시킬 수는 있다). 결론적으로 내력은 뉴턴의 제2법칙에 포함되지 않는다. 자기의 힘으로 자신을 끌어당길 수는 없다.

**Checkpoint 4.1**

진실인가, 거짓인가: 물체가 일정한 속력으로 움직일 경우 알짜 힘은 0이다.

### 질량과 관성

골프채로 티 위에 놓여 있는 골프공을 친다고 생각하자. 골프 선수일 경우 골프공은 200 m 이상의 잔디밭 위를 날아갈 것이다. 이제 볼링공을 티 위에 올려 놓고 같은 골프채로 친다고 생각하자(물론 추천하고 싶은 실험은 아니다). 아마도 골프채가 부러지거나, 손목을 삐거나 할 것이며 볼링공은 기껏 티에서 떨어져서 반 바퀴 정도 구른 후 정지할 것이다.

가상 실험에서 두 공은 그들의 현 상태의 변화에 저항하며, 볼링공이 원래의 운동 상태를 유지하기 위하여 많이 저항한다. 훨씬 더 효과적으로 이렇게 현재의 운동 상태를 유지하려고 하는 물체의 성질을 **관성**(inertia)이라 한다.

외부로부터 받는 힘이 없을 경우 물체가 운동을 계속하려고 하는 성질이 관성인 반면, 물체가 외부 힘에 의해서 현 상태의 변화에 저항하려고 하는 척도를 **질량**(mass)으로 나타낸다. 가해준 힘에 대해서 물체의 질량이 크면 클수록 가속은 적게 일어난다. 질량의 국제단위는 킬로그램이다. 질량은 보통의 계산 법칙을 따르는 스칼라 양이다.

## 4.3 뉴턴의 제2법칙

뉴턴의 제1법칙은 물체에 작용하는 알짜 힘이 0일 경우 물체에 일어나는 현상을 설명한다. 즉, 물체는 정지해 있든지 또는 일정한 속도로 직선을 따라 운동한다. 뉴턴의 제2법칙은 물체에 작용하는 알짜 힘이 0이 아닐 경우 물체에 일어나는 현상을 설명한다.

마찰이 없는 평면 위에서 얼음 덩어리를 밀어 보자. 얼음 덩어리의 가속도가 2 $m/s^2$이 되도록 수평 방향의 힘을 가한다고 생각하자. 그 다음 두 배의 힘을 가하면 가속도는 두 배가 된다. 계속해서 세 배의 힘을 가하면 가속도도 세 배로 증가한다. 이 결과로부터 다음과 같은 결론을 내릴 수 있다. **물체의 가속도는 물체에 작용하는 알짜 힘에 비례한다.**

**TIP 4.1 힘은 운동의 변화를 일으킨다.**

운동은 힘이 없는 경우에도 가능하다. 힘은 운동의 변화를 일으킨다.

질량도 물체의 가속도에 영향을 준다. 얼음 덩어리 위에 같은 크기의 얼음 덩어리를 올려 놓고 일정한 힘으로 밀어 보자. 한 덩어리의 얼음을 밀어 가속도가 2 $m/s^2$이 되는 힘으로 두 덩어리의 얼음을 밀면 가속도는 한 덩어리일 때의 반, 즉 1 $m/s^2$으로 줄어든다. 마찬가지로 세 덩어리의 얼음을 밀면 가속도는 처음의 3분의 1로 줄어든다. 이 결과로부터 **물체의 가속도는 질량에 반비례한다**는 결론을 내릴 수 있다. 이 결과로부터 **뉴턴의 제2법칙**(Newton's second law)을 정리하면 다음과 같다.

뉴턴의 제2법칙▶

물체의 가속도 $\vec{\mathbf{a}}$는 물체에 작용하는 알짜 힘에 비례하고, 질량에는 반비례한다.

**TIP 4.2 $m\vec{\mathbf{a}}$는 힘이 아니다.**
식 4.1에서 곱 $m\vec{\mathbf{a}}$가 힘이라는 결론은 아니다. 물체에 존재하는 모든 힘을 벡터적으로 합하면 방정식 좌변의 알짜 힘이 된다. 이 알짜 힘은 질량과 알짜 힘에 의해서 가속되는 가속도의 곱과 등식이 성립한다는 것이다. 힘의 분석에서 "$m\vec{\mathbf{a}}$ 힘"은 포함하지 말아야 한다.

비례상수는 1이므로 위 문장을 수식으로 나타내면

$$\vec{\mathbf{a}} = \frac{\Sigma \vec{\mathbf{F}}}{m}$$

이다. 여기서 $\vec{\mathbf{a}}$는 물체의 가속도이고, $m$은 질량, 그리고 $\Sigma \vec{\mathbf{F}}$는 물체에 작용하는 모든 힘의 벡터 합이다. 식의 좌변에 $m$을 곱하여 정리하면 다음과 같다.

$$\Sigma \vec{\mathbf{F}} = m\vec{\mathbf{a}} \qquad [4.1]$$

물리학에서는 위 식을 일반적으로 '$F = ma$'로 언급한다. 제2법칙은 벡터 방정식으로 다음과 같은 세 개의 성분으로 표현되는 방정식과 동일하다.

**TIP 4.3 뉴턴의 제2법칙은 벡터 방정식이다.**
뉴턴의 제2법칙을 적용하기 위해서는 먼저 물체에 작용하는 모든 힘을 벡터적으로 합하고 다음에 $m$으로 나누어 가속도 벡터를 구한다. 각각의 힘의 크기를 구해서 그것들을 스칼라처럼 합해서는 안 된다.

$$\Sigma F_x = ma_x \qquad \Sigma F_y = ma_y \qquad \Sigma F_z = ma_z \qquad [4.2]$$

물체에 작용하는 알짜 힘이 0일 경우 가속도는 0인데, 이것은 일정한 속도를 의미한다.

### 힘과 질량의 단위

힘의 국제단위계는 **뉴턴**(newton; N)이다. 1 N은 1 kg의 질량에 작용하여 1 $m/s^2$의 가속도를 발생시키는 힘이다. 이 정의와 뉴턴의 제2법칙으로부터 N을 질량, 길이, 그리고 시간의 기본 단위로 표시할 수 있다:

뉴턴의 정의▶

$$1\text{N} \equiv 1\text{kg} \cdot \text{m/s}^2 \qquad [4.3]$$

**Checkpoint 4.2**
진실인가 거짓인가: 물체에 작용하는 알짜힘의 크기를 두 배로 하면 물체의 가속도도 두 배가 된다.

영국 공학 단위계에서 힘의 단위는 **파운드**(pound; lb)이다. 파운드와 뉴턴 사이의 변환은 다음과 같다.

$$1\text{N} \equiv 0.225\text{lb} \qquad [4.4]$$

국제단위계와 미국(관습) 단위계에서의 질량, 가속도, 그리고 힘의 단위가 표 4.1에 요약되어 있다.

**표 4.1** 질량, 가속도, 힘의 단위

| 단위계 | 질량 | 가속도 | 힘 |
|---|---|---|---|
| SI | kg | $m/s^2$ | $N = kg \cdot m/s^2$ |
| 미국(관습) | slug | $ft/s^2$ | $lb = slug \cdot ft/s^2$ |

**Quick Quiz 4.1**

진실인가 거짓인가? (a) 힘이 작용하지 않는 경우에도 운동은 가능하다. (b) 물체가 움직이지 않으면 외력이 작용하지 않는다.

## Quick Quiz 4.2

진실인가 거짓인가? (a) 물체에 작용하는 힘이 하나일 경우, 물체는 가속된다. (b) 물체가 가속될 경우, 물체에 힘이 작용한다. (c) 물체가 가속되지 않을 경우, 물체에 외력은 작용하지 않는다.

## 예제 4.1 수상비행기

**목표** 1차원에서의 동역학 방정식과 뉴턴의 법칙을 적용한다.

**문제** 승객을 포함하여 질량이 $3.50 \times 10^2$ kg인 수상비행기에 있어서 엔진의 수평 방향으로의 추진력은 저항력을 감안하여 $7.70 \times 10^2$ N이다. (a) 수상비행기의 가속도를 구하라. (b) 정지 상태로부터 출발해서 12.0 m/s의 속력에 도달하는 데 걸리는 시간은 얼마인가? (c) (b)의 속력에 도달한 후 조종사는 비행기의 엔진을 끄고 50.0 m를 더 항해한 후 정지하였다. 작용하는 저항력은 일정하다고 가정하고 저항력을 구하라.

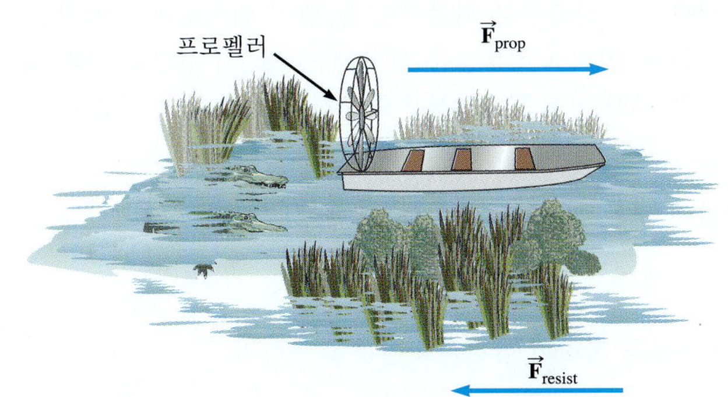


그림 4.3 (예제 4.1)

**전략** (a)에서는 뉴턴의 제2법칙을 적용하여 가속도를 구하고, (b)에서는 1차원 동역학 방정식의 가속도를 사용하여 속도를 구한다. (c)에서 저항력만이 작용하기 때문에 $v^2 - v_0^2 = 2a\Delta x$를 사용하여 가속도를 구한다. 마지막으로 뉴턴의 제2법칙으로부터 저항력을 구한다.

**풀이**

(a) 수상비행기의 가속도를 구하라.

가속도를 구하기 위해 뉴턴의 제2법칙을 적용한다.

$$ma = F_{net} \longrightarrow a = \frac{F_{net}}{m} = \frac{7.70 \times 10^2 \text{ N}}{3.50 \times 10^2 \text{ kg}} = \boxed{2.20 \text{ m/s}^2}$$

(b) 12.0 m/s의 속력에 도달하는 데 걸리는 시간을 구하라.

동력학의 속도에 관한 방정식을 적용한다.

$$v = at + v_0 = (2.20 \text{ m/s}^2)t = 12.0 \text{ m/s} \longrightarrow t = \boxed{5.45 \text{ s}}$$

(c) 비행기의 엔진을 끈 후의 저항력을 구하라.

동력학을 사용하여 저항력에 의한 가속도를 구한다.

$$v^2 - v_0^2 = 2a\Delta x$$
$$0 - (12 \text{ m/s})^2 = 2a(50.0 \text{ m}) \longrightarrow a = -1.44 \text{ m/s}^2$$

가속도를 뉴턴의 제2법칙에 대입해서 저항력을 구한다.

$$F_{resist} = ma = (3.50 \times 10^2 \text{ kg})(-1.44 \text{ m/s}^2) = \boxed{-504 \text{ N}}$$

**주의** (c)에서 음의 가속도는 수상비행기의 속도가 감소함을 의미한다. 이 문제에서 벡터 $\vec{\mathbf{a}}$와 $\vec{\mathbf{F}}$는 **성분**이 사용되었으므로 화살표 없이 이탤릭체로 표현되어 있다. $\vec{\mathbf{a}}$와 $\vec{\mathbf{F}}$는 스칼라가 아니고 벡터임을 기억하라.

**연습문제 4.1**

조종사가 정지 상태로부터 연료조절판을 어느 정도 열어서 출발한다고 가정하자. 비행기는 일정한 가속도로 10.0 s 동안에 60.0 m의 거리를 주행한다. 비행기에 작용하는 알짜 힘을 구하라.

**답** $4.20 \times 10^2$ N

## 예제 4.2 바지선을 끄는 말

**목표** 2차원에서 뉴턴의 제2법칙을 적용한다.

**문제** 말 두 마리가 질량 $2.00 \times 10^3$ kg인 바지선을 그림 4.4와 같이 운하를 따라 끌고 있다. 첫 번째 말에 연결된 줄은 운하의 방향과 30.0°의 각을 이루고 있고, 두 번째 말에 연결된 줄은 운하의 방향과 45.0°의 각을 이루고 있다. 바지선은 정지 상태로부터 출발하고 두 말이 각각 $6.00 \times 10^2$ N의 힘으로 바지선을 끌 경우 초기 가속도를 구하라. 바지선에 작용하는 저항력은 무시한다.

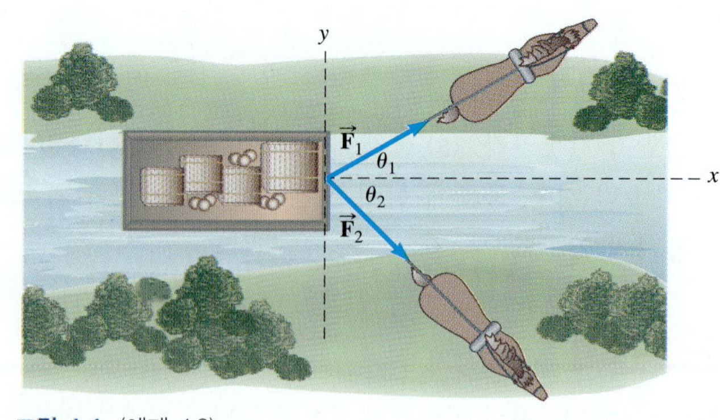


**그림 4.4** (예제 4.2)

**전략** 삼각함수를 사용하여 두 말이 바지선에 작용하는 힘의 벡터를 구하라. 힘의 $x$ 성분들을 합하여 합력의 $x$ 성분을 구하고, 힘의 $y$ 성분들을 합하여 합력의 $y$ 성분을 구하라. 바지선의 질량을 나누어 $x$와 $y$ 방향으로의 가속도를 구하라.

**풀이**

말이 작용하는 합력의 $x$ 성분을 구하라.

$$F_{1x} = F_1 \cos\theta_1 = (6.00 \times 10^2 \text{ N}) \cos(30.0°) = 5.20 \times 10^2 \text{ N}$$
$$F_{2x} = F_2 \cos\theta_2 = (6.00 \times 10^2 \text{ N}) \cos(-45.0°) = 4.24 \times 10^2 \text{ N}$$

$x$ 성분을 합하여 합력의 $x$ 성분을 구하라.

$$F_x = F_{1x} + F_{2x} = 5.20 \times 10^2 \text{ N} + 4.24 \times 10^2 \text{ N} = 9.44 \times 10^2 \text{ N}$$

말이 작용하는 합력의 $y$ 성분을 구하라.

$$F_{1y} = F_1 \sin\theta_1 = (6.00 \times 10^2 \text{ N}) \sin(30.0°) = 3.00 \times 10^2 \text{ N}$$
$$F_{2y} = F_2 \sin\theta_2 = (6.00 \times 10^2 \text{ N}) \sin(-45.0°) = -4.24 \times 10^2 \text{ N}$$

$y$ 성분을 합하여 합력의 $y$ 성분을 구하라.

$$F_y = F_{1y} + F_{2y} = 3.00 \times 10^2 \text{ N} - 4.24 \times 10^2 \text{ N} = -1.24 \times 10^2 \text{ N}$$

합력의 각 성분으로부터 질량을 나누어 가속도의 각 성분을 구하라.

$$a_x = \frac{F_x}{m} = \frac{9.44 \times 10^2 \text{ N}}{2.00 \times 10^3 \text{ kg}} = 0.472 \text{ m/s}^2$$
$$a_y = \frac{F_y}{m} = \frac{-1.24 \times 10^2 \text{ N}}{2.00 \times 10^3 \text{ kg}} = -0.0620 \text{ m/s}^2$$

가속도의 크기를 구하라.

$$a = \sqrt{a_x^2 + a_y^2} = \sqrt{(0.472 \text{ m/s}^2)^2 + (-0.0620 \text{ m/s}^2)^2} = \boxed{0.476 \text{ m/s}^2}$$

가속도의 방향을 구하라.

$$\tan\theta = \frac{a_y}{a_x} = \frac{-0.0620}{0.472} = -0.131$$
$$\theta = \tan^{-1}(-0.131) = \boxed{-7.46°}$$

**연습문제 4.2**

운하의 위쪽 말은 40.0°, 아래쪽 말은 20.0°의 각도로 각각 힘을 작용할 경우 예제 4.2를 반복하라.

**답** 0.520 m/s², 10.0°

## 만유인력

공간에 존재하는 두 물체 사이에 서로 잡아당기는 힘이 **만유인력**(gravitational force)이다. 매우 큰 물체 사이에 작용하는 만유인력은 매우 커질 수 있지만 기본 힘들 중에서는 가장 약한 힘이다. 이 힘이 얼마나 약한지 풍선을 가지고 증명할 수 있다. 풍선을 머리에 문지르면 풍선은 아주 적은 양의 전기를 띠게 된다. 전기를 띤 풍선은 거대한 지구가 잡아당기는 만유인력에 반하여 전기력에 의해서 벽에 달라붙는다.

운동에 관한 업적 외에도 뉴턴은 만유인력에 관해서 널리 연구했다. **일반적인 만유인력에 관한 뉴턴의 법칙은 우주에 존재하는 모든 입자는 서로 간에 질량의 곱에 비례하고 떨어진 거리에 반비례하는 인력이 존재한다는 것을 말한다.** 활용그림 4.5와 같이 질량 $m_1$과 $m_2$인 두 입자의 떨어진 거리가 $r$일 때, 만유인력 $F_g$의 크기는

◀ 만유인력의 법칙

$$F_g = G\frac{m_1 m_2}{r^2} \qquad [4.5]$$

이다. 여기서 $G = 6.67 \times 10^{-11}\ \text{N}\cdot\text{m}^2/\text{kg}^2$는 **만유인력 상수**(universal gravitation constant)이다. 만유인력에 관해서는 7장에서 더 상세하게 공부할 것이다.

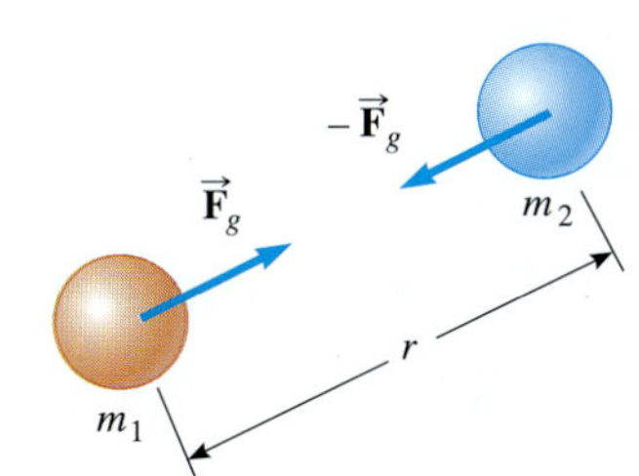


**활용그림 4.5**
두 입자 사이에 작용하는 만유인력은 인력이다.

**Physics Now™**
**http://physics.brookscole.com/ecp**에서 PhysicsNow를 로그인하고 활용그림 4.5로 들어가서 입자의 질량과 입자 사이의 거리를 변화시켜 가면서 만유인력에 미치는 영향을 관찰하라.

## 무게

지표면 가까이 놓인 질량 $m$인 물체가 지구로부터 받는 만유인력을 물체의 **무게**(weight)라 하고 다음과 같이 주어진다.

$$w = mg \qquad [4.6]$$

여기서 $g$는 중력가속도이다.

**국제단위계(SI 단위): 뉴턴(N)**

식 4.5로부터 질량 $m$인 물체의 무게를 다음과 같이 정의할 수 있다.

$$w = G\frac{M_E m}{r^2} \qquad [4.7]$$

여기서 $M_E$는 지구의 질량이고, $r$은 물체가 지구중심으로부터 떨어진 거리이다. 물체가 지표면에 정지해 있을 경우 $r$은 지구의 반지름 $R_E$이다. 식 4.7에서 $r$이 분모에 있으므로 $r$이 증가함에 따라 물체의 무게는 감소한다. 따라서 높은 산꼭대기에서 물체의 무게는 해수면에서의 무게보다 작다.

식 4.6과 4.7을 비교하면 $g$가 다음과 같이 주어짐을 알 수 있다.

$$g = G\frac{M_E}{r^2} \qquad [4.8]$$

질량과 달리 무게는 물체의 고유한 성질이 아니고 $g$값에 의해 결정되므로 위치에 따라 변한다. 예를 들어 질량이 70.0 kg인 물체의 경우 $g = 9.80\ \text{m/s}^2$인 지역에서의 무게는 $mg = 686$ N이다. 높은 고도에 있는 기구 내에서 $g = 9.76\ \text{m/s}^2$인 경우 물체의 무게는 683 N이 될 것이다. $g$값은 주어진 지역에서의 밀도에 따라서도 조금 달라진다.

### ☑ Checkpoint 4.3

진실인가 거짓인가: 당신의 질량은 몸에 작용하는 중력의 크기에 의존한다.

### ☑ Checkpoint 4.4

아주 멀리 떨어진 물체로부터 두 배로 더 멀어질 경우 물체가 작용하는 중력의 크기는 얼마나 줄어들겠는가?

식 4.8은 매우 큰 물체의 질량과 반경이 주어질 경우 큰 물체의 표면에서 떨어지는 어떤 물체의 가속도를 계산하는 일반적인 방법이다. 표 7.3에서 주어진 값을 사용하여 $g_{\text{Sun}} = 274\ \text{m/s}^2$이고 $g_{\text{Moon}} = 1.62\ \text{m/s}^2$임을 보일 수 있다. 구형 물체의 경우 가우스 법칙에 따라(15장에서 공부할 예정임) 거리는 물체의 중심으로부터 계산하며 이것은 중력과 전기력에 모두 적용된다.

**Quick Quiz 4.3**

달에서 살고 있는 친구로부터 받은 전화에서 그가 방금 경연대회에서 1 N의 금을 상으로 받았다고 한다. 당신도 지구에서 개최된 같은 경연대회에 참가하여 1 N의 금을 상으로 받았다! 누가 더 많은 상금을 받은 것인가? (a) 친구, (b) 당신, (c) 똑같음.

**예제 4.3** 행성 X에서의 무게

**목표** 행성의 질량과 반경이 행성의 표면에 있는 물체의 무게에 미치는 영향을 이해한다.

**문제** 한 우주비행사가 우주임무를 수행하기 위해서 지구보다 질량은 세 배이고 반경은 두 배인 행성에 착륙한다. 행성에서 우주비행사의 무게 $w_x$는 지구에서의 우주비행사의 무게 $w_E$의 몇 배인가?

**전략** 행성의 질량과 반경인 $M_X$와 $r_X$를 지구의 질량과 반경인 $M_E$와 $R_E$로 각각 표현하고 중력의 법칙에 치환 대입한다.

**풀이**

문제로부터 다음 관계식을 얻는다.

$$M_X = 3M_E \qquad r_X = 2R_E$$

위의 표현을 식 4.5에 대입하고 정리하여 지구에서의 무게로 계산하라.

$$w_X = G\frac{M_X m}{r_X^2} = G\frac{3M_E m}{(2R_E)^2} = \frac{3}{4}G\frac{M_E m}{R_E^2} = \frac{3}{4}w_E$$

**주의** 이 문제는 행성의 질량과 반경이 행성의 표면에 있는 물체의 무게에 미치는 영향을 보여준다. 목성의 질량은 지구 질량의 300배가 넘지만 지구의 반경이 더 작으므로 목성에서 물체의 무게는 지구에서의 무게의 2.64배에 불과하다.

**연습문제 4.3**

한 우주비행사가 수성보다도 더 큰 목성의 최대 위성 가니메테(Ganymede)에 착륙한다. 가니메테의 질량은 지구의 40분의 1이고 반경은 지구의 5분의 2이다. 가니메테에서 우주비행사의 무게를 지구에서의 우주비행사의 무게 $w_E$로 구하라.

**답** $w_G = (5/32)w_E$

## 4.4 뉴턴의 제3법칙

4.1절에서 한 물체가 다른 물체와 접촉할 때, 힘이 작용한다는 사실을 알았다. 예를 들어 그림 4.6a와 같이 나무토막에 못을 박는 경우를 생각해 보자. 못을 가속하여 나무토막 속으로 박히도록 하기 위해서는 망치로 못에 힘을 가해야 한다. 그러나 뉴턴은 하나의 고립된 힘(망치가 못에 작용하는 것과 같은 힘)은 존재할 수 없다고 생각했다. 그 대신 **자연에 존재하는 힘은 항상 쌍으로 존재한다.** 뉴턴에 의하면 못은 망치로부터 힘을 받아서 나무토막 속으로 박히고, 망치는 못으로부터 힘을 받아서 속도가 감소하여 정지

하게 된다.

뉴턴은 이러한 상황을 그의 **제3법칙**(third law)으로 기술하였다.

> 만일 물체 1과 물체 2가 상호작용할 경우, 물체 1이 물체 2에 주는 힘 $\vec{\mathbf{F}}_{12}$의 크기는 물체 2가 물체 1에 주는 힘 $\vec{\mathbf{F}}_{21}$의 크기와 같고, 두 힘의 방향은 서로 반대이다.

◀ 뉴턴의 제3법칙

이 법칙은 그림 4.6b와 같이 **하나의 고립된 힘은 존재하지 않는다**는 것이다. 물체 1이 물체 2에 작용하는 힘 $\vec{\mathbf{F}}_{12}$를 **작용력**, 물체 2가 물체 1에 작용하는 힘 $\vec{\mathbf{F}}_{21}$을 **반작용력**이라고 부른다. 실제로는 어느 쪽 힘이든지 작용력 또는 반작용력이라고 부를 수 있다. **작용력의 크기는 반작용력의 크기와 같고 방향은 반대이다. 어떤 경우이던 작용력과 반작용력은 항상 다른 물체에 힘을 작용한다.** 예를 들어 자유낙하하고 있는 포물체에 미치는 힘은 그 물체에 작용하는 지구의 중력 $\vec{\mathbf{F}}_g$이며, 이 힘의 크기는 무게 $mg$이다. $\vec{\mathbf{F}}_g$에 대한 반작용력은 낙하하는 물체가 지구에 작용하는 힘 $\vec{\mathbf{F}}_g{}' = -\vec{\mathbf{F}}_g$이다. 반작용력 $\vec{\mathbf{F}}_g{}'$는 작용력 $\vec{\mathbf{F}}_g$가 낙하하는 물체를 지구를 향해 가속시키는 것과 같이 지구를 낙하하는 물체 쪽으로 가속시킨다. 그러나 지구의 질량은 낙하하는 물체에 비해 매우 크기 때문에 반작용력이 지구에 미치는 영향은 무시할 정도로 작다.

**TIP 4.4 작용-반작용 쌍.**
뉴턴의 제3법칙을 적용할 때, 작용력과 반작용력은 서로 다른 물체에 작용한다. 한 물체에 작용하는 두 외력은 힘의 크기가 같고 반대 방향으로 작용하더라도 작용-반작용 쌍이 될 수 없다.

뉴턴의 제3법칙은 우리 일상생활에 끊임없는 영향을 미친다. 제3법칙 없이는 발로 걷거나, 자전거를 타거나, 혹은 자동차로 움직이는 것과 같은 모든 운동은 불가능하다. 예를 들어 걸을 때 우리는 지면에 마찰력을 가한다. 지면의 발바닥에 대한 반작용력이 우리를 앞으로 걸어가게 한다. 같은 방법으로 자전거의 바퀴는 지면에 마찰력을 가하고 지면의 반작용력이 자전거를 앞으로 나가게 한다. 곧 공부할 마찰력은 그와 같은 반작용력의 큰 역할을 한다.

앞에서 언급한 바와 같이 지구는 물체에 $\vec{\mathbf{F}}_g$의 힘을 작용한다. 만약 물체가 그림 4.7a와 같이 책상 위에 정지해 있는 TV라면, $\vec{\mathbf{F}}_g$에 대한 반작용력은 TV가 지구에 작용하는 힘 $\vec{\mathbf{F}}_g{}'$이다. 그런데 TV는 책상 위에 놓여 있기 때문에 아래로 가속되지 않는다. 이 경우 책상은 TV에 **수직항력**(normal force)이라 부르는 위쪽 방향으로 힘 $\vec{\mathbf{n}}$을

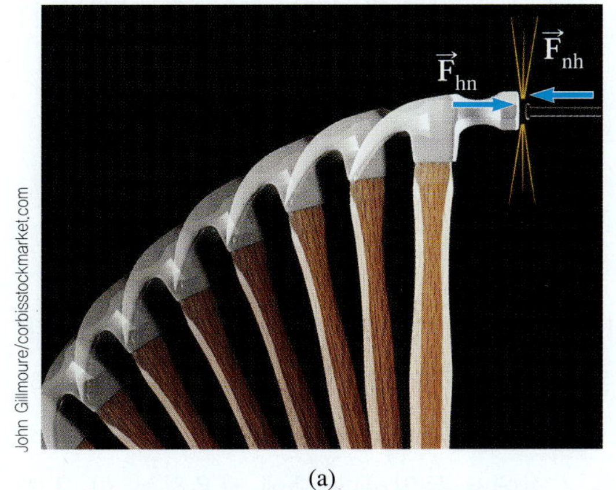


(a)

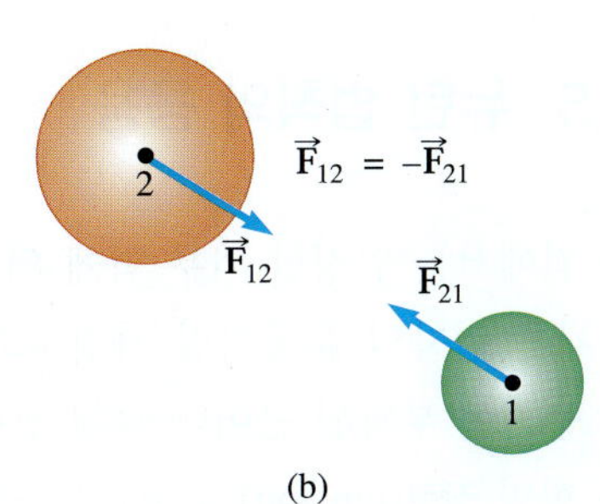


(b)

**그림 4.6** 뉴턴의 제3법칙. (a) 망치가 못에 전달하는 힘과 못이 망치에 전달하는 힘은 서로 크기는 같고 방향은 반대이다. (b) 물체 1이 물체 2에 주는 힘 $\vec{\mathbf{F}}_{12}$의 크기는 물체 2가 물체 1에 주는 힘 $\vec{\mathbf{F}}_{21}$의 크기와 같고, 두 힘의 방향은 서로 반대이다.

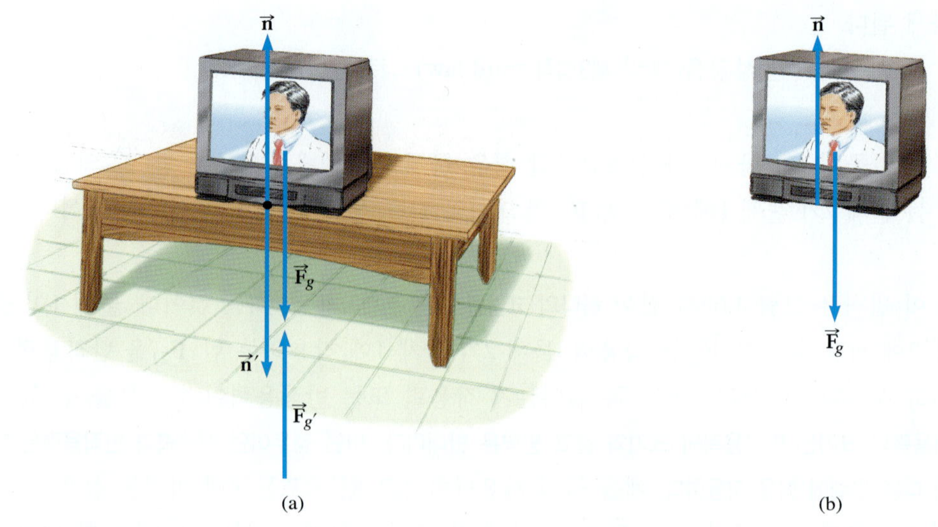


**그림 4.7** TV가 책상 위에 정지해 있는 경우 TV가 받는 힘은 (b)와 같이 책상으로부터 받는 힘 $\vec{\mathbf{n}}$과 중력 $\vec{\mathbf{F}}_g$이다. $\vec{\mathbf{n}}$에 대한 반작용력은 TV가 책상에 작용하는 힘 $\vec{\mathbf{n}}'$이다. $\vec{\mathbf{F}}_g$에 대한 반작용력은 TV가 지구에 작용하는 힘 $\vec{\mathbf{F}}_g'$이다.

**☑ Checkpoint 4.5**

한 물체로부터 힘을 받지 않고 힘을 가할 수 있겠는가?

작용한다(**수직항력**, 역학의 기술적인 용어로서 책상 표면에 "수직" 방향을 의미한다). 수직항력은 물질의 응집력에 의한 탄성력으로 그 근원은 전자기력이다. 수직항력은 TV에 작용하는 중력과 균형을 이루어 TV가 책상 아래로 떨어지는 것을 방지하고 있으며, 이 수직항력의 크기는 책상이 부서질 때까지 계속 증가할 수 있다. 수직항력 $\vec{\mathbf{n}}$에 대한 반작용력은 TV가 책상에 작용하는 힘 $\vec{\mathbf{n}}'$이다. 따라서 다음의 관계가 성립한다.

$$\vec{\mathbf{F}}_g = -\vec{\mathbf{F}}_g' \qquad \text{그리고} \qquad \vec{\mathbf{n}} = -\vec{\mathbf{n}}'$$

힘 $\vec{\mathbf{n}}$과 $\vec{\mathbf{n}}'$의 크기는 $\vec{\mathbf{F}}_g$와 같다. TV에 작용하는 힘은 그림 4.7b와 같이 $\vec{\mathbf{F}}_g$와 $\vec{\mathbf{n}}$임에 유의하라. 두 반작용력 $\vec{\mathbf{F}}_g'$과 $\vec{\mathbf{n}}'$은 TV가 다른 물체에 작용하는 힘이다. 작용–반작용 쌍의 두 힘은 항상 서로 다른 물체에 작용함을 기억하라.

TV는 어느 방향으로도 가속되지 않으므로($\vec{\mathbf{a}} = 0$), 뉴턴의 제2법칙으로부터 $m\vec{\mathbf{a}} = 0 = \vec{\mathbf{F}}_g + \vec{\mathbf{n}}$이다. 그렇지만 $F_g = -mg$이므로 $n = mg$이다.

**Quick Quiz 4.4**

작은 경주용 자동차가 큰 트럭과 정면으로 충돌한다. 어느 차량이 더 큰 충격을 받겠는가? (a) 자동차, (b) 트럭, (c) 어느 것도 아님. 어느 차량이 더 큰 가속도를 얻겠는가? (d) 자동차, (e) 트럭, (f) 같은 가속도.

## 4.5 뉴턴 법칙의 응용

이 절에서는 일정한 외부 힘에 의해 움직이는 물체에 대하여 뉴턴의 법칙을 적용한다. 물체를 입자의 운동처럼 가정하고 회전운동은 고려하지 않는다. 마찰 효과를 무시하고 물체에 부착된 끈이나 줄의 질량도 고려하지 않는다. 이 근사에서 끈을 따라 작용하는 힘인 **장력**(tension)의 크기는 끈의 모든 지점에서 동일하다. 줄에 작용하는 힘 $\vec{\mathbf{T}}$와 $\vec{\mathbf{T}}'$이 그림 4.8에 나타나 있다. 줄의 질량이 $m$일 때, 뉴턴의 제2법칙을 적용하면 $T - T' = ma$이다. 그러나 $m$을 무시하면 나중에 공부할 예제처럼 $T = T'$이다.

뉴턴의 법칙을 물체에 적용할 경우, 외부로부터 물체에 작용하는 힘만을 고려한다. 예를 들어 그림 4.7b에서 TV에 작용하는 외부 힘은 $\vec{\mathbf{n}}$과 $\vec{\mathbf{F}}_g$뿐이다. 이들에 대한 반작용력 $\vec{\mathbf{n}}'$과 $\vec{\mathbf{F}}_g'$는 테이블과 지구에 각각 작용하므로 TV에 대한 뉴턴의 제2법칙을 적용할 경우 고려하지 않는다.

**그림 4.8** 뉴턴의 제2법칙을 끈에 적용하면 $T - T' = ma$이다. 그러나 $m = 0$일 경우 $T = T'$이다. 따라서 질량이 없는 끈의 장력은 끈의 모든 지점에서 동일하다.

그림 4.9a와 같이 마찰이 없는 수평 마루 위에서 오른쪽으로 움직이는 한 짐상자를 생각해 보자. 짐상자의 가속도와 마루가 짐상자에 작용하는 힘을 구한다고 생각해 보자. 수평 방향의 힘은 상자에 부착된 끈을 통하여 짐상자에 전달된다. 끈이 상자에 전달하는 힘은 $\vec{\mathbf{T}}$(장력이기 때문)이다. $\vec{\mathbf{T}}$의 크기는 끈의 장력과 같다. "끈의 장력"은 끈을 잘라서 그 사이에 저울을 연결할 경우 저울 눈금이 말해주는 힘을 의미한다. 그림 4.9a의 짐상자 주위에 점선으로 그려진 원은 짐상자를 주위와 고립시키는 것을 강조하기 위함이다.

**짐상자의 운동을 기술하기 위해서는 짐상자에 작용하는 모든 힘을 알아야 한다.** 이들 힘이 그림 4.9b에 표시되어 있다. 힘 $\vec{\mathbf{T}}$ 외에도 물체의 무게 $\vec{\mathbf{F}}_g$와 마루가 짐상자에 작용하는 수직항력 $\vec{\mathbf{n}}$이 힘의 도식에 포함되어 있다. 이와 같이 작용하는 모든 힘을 표시한 그림을 **자유물체도**(free-body diagram)라 한다. "자유물체도"라고 하는 이유는 자유물체에 작용하는 일련의 힘이 주위환경을 대치하기 때문이다. 자유물체도를 바르게 그리는 것은 뉴턴의 법칙을 적용하는 데 있어서 필수적인 과정이다. 잘못된 자유물체도로 정답을 얻기는 매우 어렵다!

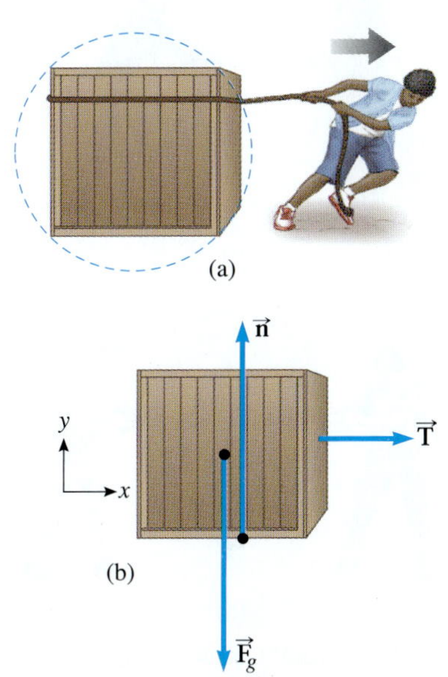


**그림 4.9** (a) 마찰이 없는 면에서 짐을 오른쪽으로 당긴다. (b) 짐상자에 작용하는 힘을 나타내는 자유물체도.

짐상자를 끌 때 끈이 손에 주는 힘, 짐상자가 지구에 주는 힘, 그리고 짐상자가 마루에 주는 힘과 같은 반작용력은 자유물체도에 표시되어 있지 않다. 왜냐하면 그들은 짐상자가 아닌 다른 물체에 작용하기 때문이다. 결론적으로 그러한 힘은 짐상자의 운동에 직접적으로 영향을 끼치지 않는다. 짐상자에 직접 작용하는 힘만 고려한다.

이제 짐상자에 뉴턴의 제2법칙을 적용해 보자. 첫째 적당한 좌표계를 선택해야 한다. 이 경우 그림 4.9b와 같이 수평 방향을 $x$축으로, 수직 방향을 $y$축으로 좌표계를 사용하는 것이 편리하다. 문제의 요구에 따라 $x$축 방향과 $y$축 방향, 또는 양쪽 축 방향에 뉴턴의 제2법칙을 적용할 수 있다. $x$축과 $y$축 방향으로 짐상자에 뉴턴의 법칙을 적용하면 다음과 같은 식을 얻는다.

$$ma_x = T \qquad ma_y = n - mg = 0$$

이 식으로부터 $x$축 방향으로는 일정한 가속도 $a_x = T/m$로 주어지고, 수직항력은 $n = mg$로 주어진다. 가속도가 일정하므로 동역학 방정식을 적용하면 물체의 속도나 변위에 대한 더 많은 정보를 구할 수 있다.

## 문제풀이 전략 뉴턴의 제2법칙

뉴턴의 제2법칙을 포함한 문제들은 매우 복잡하다. 다음에 제시된 방법은 풀이과정을 단순화하고 중간단계의 목표로 세분화시켜 준다.

1. 문제를 적어도 주의 깊게 한번 **읽어라.**
2. 주된 관심사의 물체를 확인하여 힘을 화살표로 나타낸 계의 그림을 **그려라.**
3. 물리적 의미를 내포하는 문자로 각각의 힘에 **문자를 붙여라**(예: 장력일 경우 $T$).
4. 문자가 붙여진 그림을 바탕으로 핵심 물체의 자유물체도를 **그려라.** 또 다른 물체를 고려해야 할 경우 그 물체에 대한 별개의 자유물체도를 그려라. 각각의 물체에 대한 좌표계를 설정하라.

**TIP 4.5 자유물체도**
뉴턴의 제2법칙을 이용하여 문제를 풀 경우 가장 중요한 절차는 자유물체도를 바르게 그리는 것이다. 물체에 직접 작용하는 힘만 그려 넣어야 한다.

**TIP 4.6 평형상태에 있는 입자**

알짜 힘이 0인 입자의 경우 입자가 움직이지 않는다는 의미는 아니다. 그것은 단지 입자가 가속되지는 않는다는 의미이다. 알짜 힘이 0이고 초기속도를 가진 입자의 경우 입자는 일정한 속도로 운동을 계속한다.

5. **뉴턴의 제2법칙을 적용하라.** 뉴턴의 제2법칙인 벡터 방정식으로부터 $x$축과 $y$축 성분을 따로따로 방정식을 세운다. 이 경우 종종 두 개의 미지수와 두 개의 방정식으로 구성된다.
6. 주어진 값들을 대입하여 원하는 미지수에 대해서 **풀어라.**

평형의 특수한 경우에는 가속도가 0이므로 위에서 언급한 풀이과정은 매우 단순해진다.

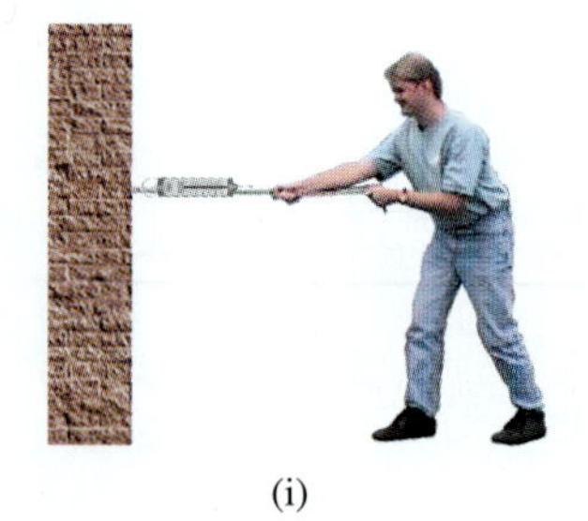

(i)

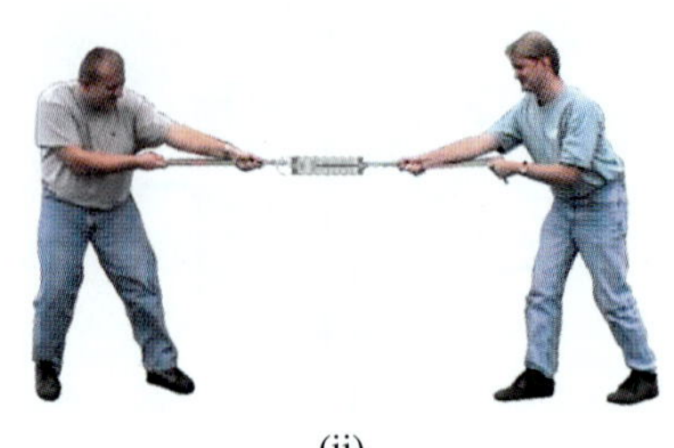

(ii)

그림 4.10 (Quick Quiz 4.5) (i) 한 사람이 힘 $F$의 크기로 벽에 고정된 스프링 저울을 잡아당긴다. (ii) 두 사람이 끈 사이에 연결된 스프링 저울을 힘 $F$의 크기로 서로 반대 방향으로 잡아당긴다.

## 평형상태의 물체

**정지해 있거나 일정한 속도로 움직이는 물체는 평형상태에 있다고 말한다.** $\vec{\mathbf{a}} = 0$이므로 평형상태에 있는 물체에 뉴턴의 제2법칙을 적용하면 다음과 같다.

$$\Sigma \vec{\mathbf{F}} = 0 \qquad [4.9]$$

이는 평형상태에 있는 물체에 작용하는 모든 힘의 **벡터** 합(알짜 힘)이 0임을 의미한다. 식 4.9를 성분으로 나타내면 다음과 같다.

$$\Sigma F_x = 0 \quad \text{그리고} \quad \Sigma F_y = 0 \qquad [4.10]$$

이 책에서 3차원 문제는 고려하지 않지만, 식 4.10에서의 세 번째 식 $\Sigma F_z = 0$을 보충하면 3차원으로 확장된다.

### Quick Quiz 4.5

그림 4.10과 같이 가속이 없는 두 경우를 생각하자. 두 경우 모두 각각의 사람은 크기 $F$인 힘으로 잡아당긴다. 저울의 눈금은 그림 (i)의 경우가 (ii)의 경우보다 (a) 더 크다. (b) 더 작다. (c) 똑 같다.

## Math Focus 4.1 연립방정식 풀기

뉴턴의 법칙을 적용할 경우 대체로 두 개 내지는 세 개의 미지수와 두 개 내지는 세 개의 연립방정식으로 결과가 유도된다. 연립방정식의 해를 구하는 가장 일반적인 방법은 다음과 같은 절차에 따르는 대입법이다.

1. 한 개의 방정식을 이용하여 한 미지수를 다른 변수의 함수로 나타낸다.
2. 이 표현을 다른 모든 방정식의 같은 미지수에 대입한다. 이렇게 하면 대입된 미지수는 없어지고 연립방정식은 한 개 줄어든다.
3. 한 개의 미지수와 한 개의 방정식이 남을 때까지 이 과정을 되풀이한다. 방정식을 풀어서 남아 있는 미지수를 구한다.
4. 3번 절차에서 구한 값을 이전의 방정식에 대입하여 나머지 미지수들을 구한다.

예 1: 다음 연립 방정식을 대입법으로 풀어라.

$$x + 3y = 5 \qquad (1)$$

$$2x - y = -4 \qquad (2)$$

풀이: 식 (1)을 $x$에 대해서 푼다.

$$x = 5 - 3y \qquad (3)$$

이 결과를 식 (2)에 대입하고 $y$에 대하여 푼다.

$$2(5 - 3y) - y = -4 \longrightarrow 10 - 7y = -4$$

$$y = 2$$

이 결과를 식 (3)에 대입하여 $x = 5 - 3(2) = -1$을 구한다. 예제 4.4에서 이 방법을 사용한다.

또 다른 유용한 방법은 소거법이다. 이 방법에서는 한 방정식에 적당한 수를 곱하여 미지수의 계수가 다른 방정식에 있어서 동일한 미지수의 계수와 같고 부호는 다르게 되도록 한다. 두 방정식을 더하여 미지수를 "소거"한다.

예 2: 예 1을 소거법으로 풀어라.

풀이: 식 (1)에 −2를 곱하여 식 (2)에 더한다.

$$-2(x + 3y = 5) \longrightarrow -2x - 6y = -10$$

$$+2x - y = -4$$

$$-7y = -14 \longrightarrow y = 2, \quad x = -1$$

예제 4.7에서는 간단한 대입법을 사용하여 세 개의 미지수와 세 개의 연립방정식을 두 개의 미지수와 두 개의 연립방정식으로 줄인 후 소거법을 사용한다.

## 예제 4.4 정지해 있는 신호등

**목표** 두 개의 자유물체도를 필요로 하는 평형상태에 대해서 뉴턴의 제2법칙을 사용한다.

**문제** 그림 4.11a와 같이 지지대에 고정된 두 개의 줄과 연결된 또 다른 수직 줄에 $1.00 \times 10^2$ N의 신호등이 매달려 있다. 위쪽의 두 줄은 수평선과 37.0°와 53.0°의 각을 이루고 있다. 세 줄에 각각 걸리는 장력을 구하라.

**전략** 세 개의 미지수가 있으므로 문제를 풀기 위해서는 세 개의 방정식을 세워야 한다. 뉴턴의 제2법칙을 $y$ 성분만의 힘으로 구성된 신호등에 적용하여 한 개의 방정식을 얻을 수 있다. 두 개의 다른 방정식은 뉴턴의 방정식을 연결 매듭에 적용하여 $x$ 성분에 의한 방정식과 $y$ 성분에 의한 방정식을 얻음으로 구해진다.

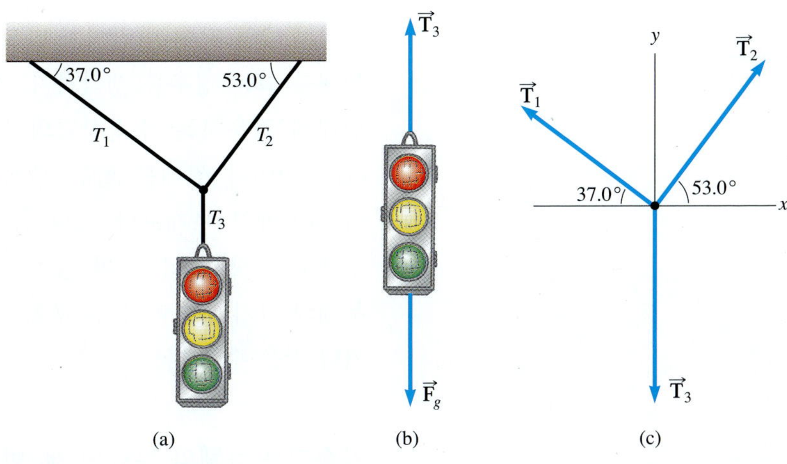


**그림 4.11** (예제 4.4) (a) 줄에 매달려 있는 신호등, (b) 신호등에 대한 자유물체도, (c) 줄의 연결매듭에 대한 자유물체도.

**풀이**

평형조건을 사용하여 그림 4.11b로부터 $T_3$를 구하라.

$$\Sigma F_y = 0 \longrightarrow T_3 - F_g = 0$$

$$T_3 = F_g = \boxed{1.00 \times 10^2 \text{ N}}$$

그림 4.11c를 사용하여 세 개의 장력을 성분으로 분해하고 편리하도록 표를 구성하라.

| 힘 | $x$ 성분 | $y$ 성분 |
|---|---|---|
| $\vec{T}_1$ | $-T_1 \cos 37.0°$ | $T_1 \sin 37.0°$ |
| $\vec{T}_2$ | $T_2 \cos 53.0°$ | $T_2 \sin 53.0°$ |
| $\vec{T}_3$ | 0 | $-1.00 \times 10^2$ N |

테이블의 성분을 사용하여 연결 매듭에 평형조건을 적용하라.

$$\Sigma F_x = -T_1 \cos 37.0° + T_2 \cos 53.0° = 0 \quad (1)$$

$$\Sigma F_y = T_1 \sin 37.0° + T_2 \sin 53.0° - 1.00 \times 10^2 \text{ N} = 0 \quad (2)$$

두 개의 방정식과 두 개의 미지수가 남는다. 식 (1)을 $T_2$에 대해서 풀어라.

$$T_2 = T_1\left(\frac{\cos 37.0°}{\cos 53.0°}\right) = T_1\left(\frac{0.799}{0.602}\right) = 1.33 T_1$$

$T_2$에 대한 결과를 식 (2)에 대입하라.

$$T_1 \sin 37.0° + (1.33 T_1)(\sin 53.0°) - 1.00 \times 10^2 \text{ N} = 0$$

$$T_1 = \boxed{60.1 \text{ N}}$$

$$T_2 = 1.33 T_1 = 1.33(60.0 \text{ N}) = \boxed{79.9 \text{ N}}$$

**주의** 이와 같은 문제에 있어서 부호에 실수를 범하기 쉽다. 항상 양의 $x$ 방향으로부터 벡터의 각을 측정하므로 이러한 실수를 피할 수 있다. 각에 삼각함수를 취할 경우 부호는 자동적으로 결정된다. 예를 들어 $T_1$은 양의 $x$축으로부터 180° − 37° = 143°의 각을 형성하므로 $x$ 성분 $T_1 \cos 143°$은 자동적으로 음의 값이 된다.

### 연습문제 4.4

신호등이 $T_1$과 $T_2$ 모두 80.0 N인 장력에 매달려 있다고 가정하자. 이 경우 $x$축과 이루는 각을 구하라(대칭에 의해서 두 각은 같을 것이다).

**답** 두 각은 모두 38.7°이다.

### Quick Quiz 4.6

그림 4.12와 같이 어린이가 타고 있는 썰매를 끄는 경우를 생각하자. 지면이 썰매에 작용하는 수직항력의 크기는 (a) 어린이와 썰매를 합친 무게와 같다, (b) 합친 무게보다 크다, (c) 합친 무게보다 작다, (d) 줄의 장력에 대한 무게의 크기에 따라 합친 무게보다 크거나 작을 수 있다.

그림 4.12 (Quick Quiz 4.6)

## 가속되는 물체와 뉴턴의 제2법칙

알짜 힘이 한 물체에 작용할 경우 물체는 가속되므로 뉴턴의 제2법칙을 적용하여 운동을 분석해야 한다.

### 예제 4.5 엘리베이터 안에서 물고기의 무게

**목표** 겉보기 무게에 미치는 가속도의 영향을 탐구한다.

**문제** 그림 4.13a와 같이 엘리베이터의 천장에 붙어 있는 스프링 저울로 질량 $m$인 물고기의 무게를 잰다. 엘리베이터가 정지하고 있을 때 물고기의 무게는 40.0 N이다. (a) 엘리베이터의 가속도가 위쪽 방향으로 2.00 m/s$^2$일 때 저울의 눈금은 얼마인가? (b) 엘리베이터의 가속도가 아래쪽 방향으로 2.00 m/s$^2$일 때 저울의 눈금은 얼마인가? (c) 엘리베이터의 줄이 끊어질 경우 저울의 눈금은 얼마인가?

**전략** 스프링 저울이 작용하는 힘 $\vec{\mathbf{T}}$와 중력 $m\vec{\mathbf{g}}$를 포함하여 물고기에 대한 뉴턴의 제2법칙을 적용하라. 저울은 실제 무게를 측정하지 않고 물고기에 작용하는 힘 $\vec{\mathbf{T}}$를 측정한다. 그러므로 각 경우에 있어서 저울에 의해서 측정되는 이 힘을 구해야 한다.

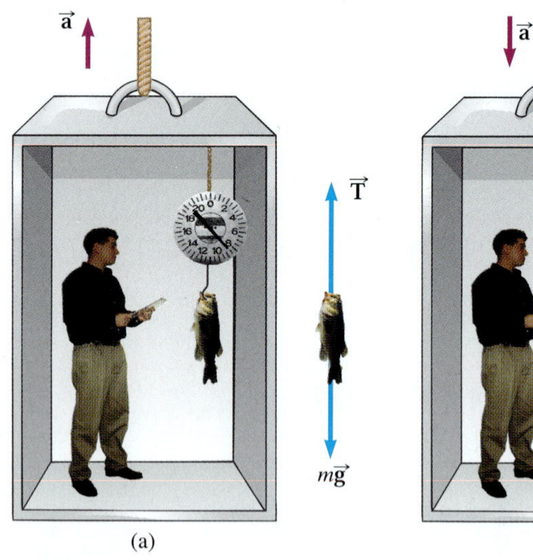


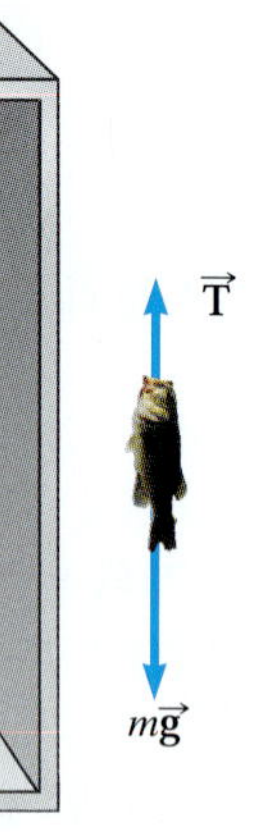


그림 4.13 (예제 4.5)

**풀이**

(a) 엘리베이터가 위로 가속될 때 저울 눈금을 구하라.

위쪽 방향을 양(+)의 방향으로 정하고 뉴턴의 제2법칙을 물고기에 적용한다.

$$ma = \Sigma F = T - mg$$

$T$에 대해서 푼다.

$$T = ma + mg = m(a + g)$$

40.0 N의 힘으로부터 물고기의 질량을 구한다.

$$m = \frac{w}{g} = \frac{40.0\ \text{N}}{9.80\ \text{m/s}^2} = 4.08\ \text{kg}$$

$a = +2.00$ m/s$^2$를 대입하여 $T$의 값을 계산한다.

$$T = m(a + g) = (4.08\ \text{kg})(2.00\ \text{m/s}^2 + 9.80\ \text{m/s}^2)$$

$$= \boxed{48.1\ \text{N}}$$

(b) 엘리베이터가 아래로 가속될 때 저울 눈금을 구하라.

가속도가 $a = -2.00\ \text{m/s}^2$으로 달라진 것 외에 풀이과정은 동일하다.

$$T = m(a+g) = (4.08\ \text{kg})(-2.00\ \text{m/s}^2 + 9.80\ \text{m/s}^2) = \boxed{31.8\ \text{N}}$$

(c) 엘리베이터의 줄이 끊어진 후 저울의 눈금을 구하라.

가속도는 중력가속도에 의해 $a = -9.8\ \text{m/s}^2$이다.

$$T = m(a+g) = (4.08\ \text{kg})(-9.80\ \text{m/s}^2 + 9.80\ \text{m/s}^2) = \boxed{0\ \text{N}}$$

**주의** 이 문제로부터 올바른 부호의 중요성을 명심하라! 가속도는 물체의 겉보기 무게를 증가 또는 감소시킬 수 있다. 우주 비행사는 겉보기 무게에서 많은 변화를 경험한다. 상승할 때는 정상적인 무게의 몇 배가 되고 하강할 때는 자유낙하의 경우 무게는 0이 된다.

**연습문제 4.5**

로켓이 초기에 수직으로 상승할 때 우주 비행사는 정상적인 무게의 8배를 경험한다. 로켓의 초기 가속도를 구하라. [힌트: 이 문제에서 저울에 작용하는 힘은 수직항력으로 치환되었다.]

**답** $68.6\ \text{m/s}^2$

## 예제 4.6 미끄러지는 자동차

**목표** 경사면에서 움직이는 물체를 포함한 문제에 뉴턴의 제2법칙과 동역학 방정식을 적용한다.

**문제** (a) 그림 4.14a와 같이 질량 $m$인 자동차가 경사각이 $\theta = 20.0°$인 빙판의 비탈면 위에 놓여 있다. 비탈면과 자동차 사이에 마찰력이 없다고 가정하고, 이 자동차의 가속도를 구하라. (b) 비탈면의 길이가 25.0 m이고, 자동차가 정상에서 정지 상태로부터 출발한다면 밑바닥에 도착하는 데 걸리는 시간은 얼마인가? (c) 밑바닥에서 자동차의 속력은 얼마인가?

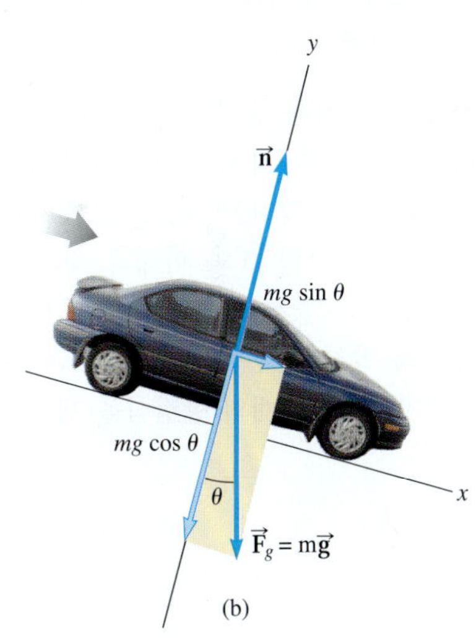


**그림 4.14** (예제 4.6)

**전략** 그림 4.14b와 같이 기울어진 좌표계를 잡으면 비탈면에 수직으로 작용하는 수직항력 $\vec{\mathbf{n}}$은 $y$축의 양(+)의 방향이고, $x$축의 양(+)의 방향은 비탈면의 아래쪽 방향이다. 중력 $\vec{\mathbf{F}}_g$의 $x$ 성분은 $mg\sin\theta$이고 $y$ 성분은 $-mg\cos\theta$이다. 뉴턴의 제2법칙의 성분은 두 개의 방정식과 두 개의 미지수로 구성된다. 두 개의 미지수는 비탈면 아래 방향으로의 가속도 $a_x$와 수직항력이다. (b)와 (c)는 동역학 방정식으로 풀 수 있다.

**풀이**

(a) 자동차의 가속도를 구하라.

뉴턴의 제2법칙을 적용한다.

$$m\vec{\mathbf{a}} = \Sigma\vec{\mathbf{F}} = \vec{\mathbf{F}}_g + \vec{\mathbf{n}}$$

제2법칙으로부터 $x$와 $y$ 성분을 분리한다.

$$ma_x = \Sigma F_x = mg\sin\theta \qquad (1)$$

$$0 = \Sigma F_y = -mg\cos\theta + n \qquad (2)$$

식 (1)을 $m$으로 나누고 주어진 값들을 대입한다.

$$a_x = g\sin\theta = (9.80\ \text{m/s}^2)\sin 20.0° = \boxed{3.35\ \text{m/s}^2}$$

(b) 자동차가 바닥에 도달하는 시간을 구하라.

$v_{0x} = 0$과 식 2.9를 사용하여 변위를 구한다.

$$\Delta_x = \frac{1}{2}a_x t^2 \longrightarrow \frac{1}{2}\cdot(3.35\text{ m/s}^2)t^2 = 25.0\text{ m}$$

$$t = \boxed{3.86\text{ s}}$$

(c) 진입로의 바닥에서 자동차의 속도를 구하라.

$v_{0x} = 0$과 식 2.6을 사용하여 속도를 구한다.

$$v = at = (3.35\text{ m/s}^2)(3.86\text{ s}) = \boxed{12.9\text{ m/s}}$$

**주의** 가속도에 대한 마지막 답은 질량에는 무관하고 오직 $g$와 각 $\theta$에만 의존함에 유의하라. 식 (2)로부터 계산되는 수직항력은 이 문제에서는 사용되지 않지만 마찰력이 작용하는 경우에는 필수적이다.

**연습문제 4.6**

(a) 아이스하키 퍽이 마찰이 없는 경사로에서 5.00 m/s²의 가속도로 미끄러져 내려간다. 경사로가 수평면과 이루는 각도는 얼마인가? (b) 경사로의 길이가 6.00 m일 경우 퍽이 바닥에 도달하는 데 걸리는 시간은 얼마인가? (c) 퍽의 질량이 두 배가 된다고 가정하자. 이 퍽이 경사면을 미끄러져 내려오는 가속도는 얼마인가?

**답** (a) 30.7° (b) 1.55 s (c) 변화 없다, 5.00 m/s²

## 연관된 예제 4.7 애트우드 기계

**목표** 두 물체의 문제를 풀기 위해 뉴턴의 제2법칙을 사용한다.

**문제** 질량이 $m_1$과 $m_2$이고, $m_2 > m_1$인 두 물체가 활용그림 4.15a와 같이 가볍고 늘어나지 않는 끈으로 도르래를 통해서 연결되어 있다. 끈과 도르래는 무시할 정도의 질량이다. 끈에 작용하는 장력과 계의 가속도의 크기를 구하라.

**전략** 무거운 질량 $m_2$는 $y$축의 음의 방향인 아래쪽으로 가속된다. 끈은 늘어나지 않으므로 두 질량의 가속도의 크기는 같지만 반대이다. $a_1$은 양(+)이고, $a_2$는 음이고, $a_2 = -a_1$이다. 각 질량은 위로 향하는 장력 $\vec{\mathbf{T}}$와 아래로 향하는 중력을 받고 있다. 활용그림 4.15b는 두 물체에 대한 자유물체도를 나타낸다. 각 질량에 대한 뉴턴의 법칙과 가속도를 연관시켜 주는 식들은 세 개의 미지수 $a_1$, $a_2$ $T$에 대한 세 개의 방정식을 제공한다.



**활용그림 4.15**
(연관된 예제 4.7) 애트우드 기계. (a) 두 물체가 가벼운 끈으로 도르래를 통해서 연결되어 있다. (b) 물체에 대한 자유물체도.

**Physics Now™** http://physics.brookscole.com/ecp에서 PhysicsNow를 로그인하고 활용그림 4.15로 들어가서 애트우드 기계에 있는 물체들의 질량을 바꿔가면서 운동 결과를 관찰하라.

**풀이**

각각의 질량에 뉴턴의 법칙을 분리하여 적용한다.

$$m_1a_1 = T - m_1g \quad (1) \qquad m_2a_2 = T - m_2g \quad (2)$$

두 번째 식에 $a_2 = -a_1$을 대입하고 양변에 $-1$을 곱한다.

$$m_2a_1 = -T + m_2g$$

앞에 있는 두 개의 식을 더해서 $a_1$을 구한다.

$$(m_1 + m_2)a_1 = m_2g - m_1g \quad (3)$$

$$a_1 = \boxed{\left(\frac{m_2 - m_1}{m_1 + m_2}\right)g}$$

이 결과를 식 (1)에 대입하여 $T$를 구한다.

$$T = \boxed{\left(\frac{2m_1m_2}{m_1 + m_2}\right)g}$$

**주의** 두 번째 블록의 가속도는 첫 번째 블록의 가속도와 같지만 음이다. $m_2$이 $m_1$에 비해서 매우 클 경우 $m_2$는 중력에 거의 자유낙하를 하기 때문에 계의 가속도는 $g$가 된다. 실질적으로 $m_2$는 훨씬 더 가벼운 $m_1$에 의해서 약간 억제된 운동을 한다. 계의 가속도는 예제 4.10에서 제시한 계 접근법으로도 구할 수 있다.

**연습문제 4.7**
같은 애트우드에 $m_1$의 바닥에 또 다른 끈을 연결하여 일정한 힘 $f$를 아래쪽으로 가하여 $m_1$이 위쪽으로 운동하는 것을 방해한다. $m_1 = 5.00$ kg, $m_2 = 10.00$ kg일 경우 계의 가속도를 50%로 줄이려면 $f$의 값은 얼마가 되어야 하는가?

**답** 24.5 N

**Physics Now™** **http://physics.brookscole.com/ecp**에서 PhysicsNow를 로그인하고 연관된 예제 4.7로 들어가서 애트우드 기계의 반응을 관찰하자.

## 4.6 마찰력

물체가 표면에서 움직이거나 공기나 물과 같이 점성이 있는 매질 속에서 움직일 때 물체와 그 주위 환경과의 상호작용은 운동에 저항을 초래하며, 그러한 저항을 **마찰**(friction)이라 한다. 일상생활에 있어서 마찰력은 필수적이다. 마찰력을 이용하여 물건을 잡거나 집을 수 있고, 자동차가 달릴 수 있고 또 걷거나 뛰어 갈 수 있다. 마찰력이 없으면 사람이 한 곳에 서 있는 것도 심지어 불가능할 것이다. 왜냐하면 아주 미소한 움직임도 사람을 미끄러져 넘어지게 할 것이기 때문이다.

정원을 손질하면서 베어낸 잡초로 쓰레기통을 가득 채웠다고 하자. 이때 안뜰의 콘크리트 바닥을 지나 쓰레기통을 끌고가야 한다. 활용그림 4.16a와 같이 수평 방향의 외력 $\vec{\mathbf{F}}$를 오른쪽으로 쓰레기통에 가할 때, $\vec{\mathbf{F}}$가 작을 경우 쓰레기통은 정지 상태로 있게 된다. $\vec{\mathbf{F}}$에 반하여 쓰레기통이 움직이지 않도록 하는 힘이 왼쪽으로 작용하는데, 이 힘을 **정지 마찰력**(force of static friction) $\vec{\mathbf{f}}_s$라 한다. 쓰레기통이 움직이지 않는 한 $\vec{\mathbf{f}}_s = -\vec{\mathbf{F}}$이다. 만일 $\vec{\mathbf{F}}$가 증가하면 $\vec{\mathbf{f}}_s$도 증가한다. 만일 $\vec{\mathbf{F}}$가 감소하면 $\vec{\mathbf{f}}_s$도 감소한다. 실험을 통해서 마찰력은 접촉하는 두 면의 성질에 의하여 생김을 알 수 있다. 즉 활용그림 4.16a의 확대된 그림에서 볼 수 있듯이, 면이 거칠기 때문에 접촉은 단지 몇 군데에서만 이루어진다.

활용그림 4.16b와 같이 $\vec{\mathbf{F}}$의 크기를 충분히 크게 증가시키면, 쓰레기통은 결국 움직인다. 활용그림 4.16c와 같이 쓰레기통이 미끄러지기 시작하는 순간 $f_s$는 최대가 된다. $F$가 $f_{s,max}$를 초과하면, 쓰레기통은 오른쪽으로 가속되며 움직인다. 쓰레기통이 움직일 경우 마찰력은 $f_{s,max}$보다 작아진다(그림 4.16c). 운동 중인 물체에 작용하는 마찰력을 **운동 마찰력**(force of kinetic friction) $\vec{\mathbf{f}}_k$라 한다. 뉴턴의 제2법칙에 의하면 $x$축 방향의 알짜 힘 $F - f_k$는 그 방향으로 가속도를 야기시킨다. 만약 $F = f_k$이면 가속도는 0이 되고 쓰레기통은 오른쪽으로 일정한 속력으로 움직인다. 가한 힘을 제거하면, 왼쪽으로 작용하는 마찰력은 쓰레기통을 $-x$축 방향으로 가속시켜 결국 정지하게 하는데, 이는 뉴턴의 제2법칙과 일치한다.

실험에 의하면 $f_{s,max}$와 $f_k$는 모두 지면이 쓰레기통에 작용하는 수직항력에 근사적으로 비례한다.

**☑ Checkpoint 4.6**
진실인가 거짓인가: 물체와 표면 사이의 정지 마찰력은 물체에 작용하는 외부 힘의 방향과 크기에 의존한다.

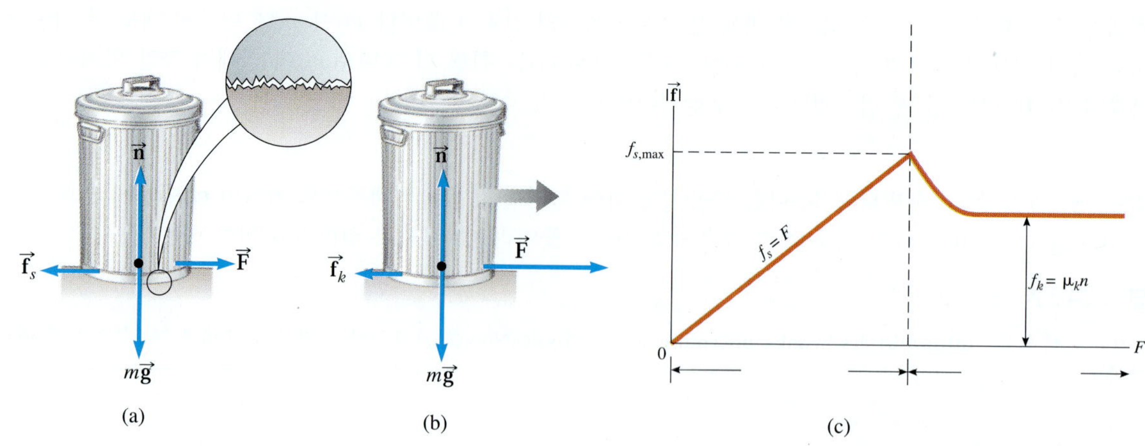


**활용그림 4.16**
(a) 콘크리트 면이 쓰레기통에 작용하는 마찰력 $\vec{f}_s$는 쓰레기통에 작용하는 외력 $\vec{F}$와 반대 방향이다. 쓰레기통이 움직이지 않는 한 정지 마찰력의 크기는 외력 $\vec{F}$와 같다. (b) $\vec{F}$의 크기가 운동 마찰력 $\vec{f}_k$를 초과하면 쓰레기통은 오른쪽으로 가속된다. (c) 외력에 대한 마찰력의 크기를 나타내는 그래프. $f_{s,max} > f_k$임을 유의하라.

**Physics Now™** **http://physics.brookscole.com/ecp**에서 PhysicsNow를 로그인하고 활용그림 4.16으로 들어가서 쓰레기통에 다양한 힘을 적용시켜 보고, 다양한 거친 면에 대한 미끄러짐 정도를 시험해 보자. 쓰레기통의 운동에 영향을 주는지 그리고 그림의 (c)에서 나타낸 그래프의 모양과 일치하는지 관찰하자.

**TIP 4.7 등호의 제한된 사용.**
식 4.11에서 등호는 접촉한 면이 서로 떨어지면서 미끄러지기 시작하는 순간을 나타낸다. 정지 상태에서 $f_s = \mu_s n$을 사용하지 않도록 주의하라.

**표 4.2** 마찰계수[a]

| | $\mu_s$ | $\mu_k$ |
|---|---|---|
| 철판 대 철판 | 0.74 | 0.57 |
| 철판 대 알루미늄판 | 0.61 | 0.47 |
| 철판 대 구리판 | 0.53 | 0.36 |
| 콘크리트 대 고무 | 1.0 | 0.8 |
| 나무 대 나무 | 0.25~0.5 | 0.2 |
| 유리 대 유리 | 0.94 | 0.4 |
| 젖은 눈 대 왁스칠한 나무 | 0.14 | 0.1 |
| 눈 대 왁스칠한 나무 | — | 0.04 |
| 금속 대 금속 (기름칠한) | 0.15 | 0.06 |
| 얼음 대 얼음 | 0.1 | 0.03 |
| 테프론 대 테프론 | 0.04 | 0.04 |
| 사람의 관절 연결점 | 0.01 | 0.003 |

[a]모든 값은 어림값이다.

실험 결과를 요약하면 다음과 같다.

- 임의의 두 접촉면 사이에 작용하는 정지 마찰력의 크기는 다음과 같다.

$$f_s \leq \mu_s n \qquad [4.11]$$

  여기서 $\mu_s$는 **정지 마찰계수**(coefficient of static friction), $n$은 한 면이 다른 면에 작용하는 수직항력의 크기이다. 식 4.11의 등호는 물체가 미끄러지기 시작하는 순간에 적용되고 $f_s = f_{s,max} = \mu_s n$이다. 이 경우를 **임박운동**(impending motion)이라 한다. 부등호는 작용력의 면에 평행한 성분이 $\mu_s n$보다 작을 경우에 적용된다.

- 두 접촉면 사이에 작용하는 운동 마찰력의 크기는 다음과 같다.

$$f_k = \mu_k n \qquad [4.12]$$

  여기서 $\mu_k$는 **운동 마찰계수**(coefficient of kinetic friction)이다.

- $\mu_k$와 $\mu_s$ 값은 접촉면의 성질에 의존하지만, 일반적으로 $\mu_k$는 $\mu_s$보다 작다. 표 4.2에 여러 가지 물질들의 마찰계수 값이 나타나있다.
- 바닥면이 물체에 작용하는 마찰력의 방향은 실제운동(운동 마찰) 또는 표면에 대한 물체의 임박운동(정지 마찰)과 반대 방향이다.
- 마찰계수는 접촉면의 면적과는 거의 무관하다.

운동 마찰계수는 속력에 따라 달라지지만, 그 변화는 무시하기로 한다. 식 4.11과 4.12의 근사적인 특성은 물체를 경사면에서 일정한 속력으로 미끄러지게 함으로써 쉽게 파악할 수 있다. 특히 느린 속력에서의 운동은 미끄러짐과 정지상태의 반복으로 그 특성이 나타난다.

## Quick Quiz 4.7

물리 교과서를 손으로 수직한 벽면에 대고 힘껏 누른다. 벽면이 책에 주는 마찰력은 어느 방향인가? (a) 아래 방향, (b) 위 방향, (c) 벽으로부터 나오는 방향, (d) 벽으로 들어가는 방향.

## Quick Quiz 4.8

한 나무상자가 트럭의 짐칸 중앙에 놓여 있다. 트럭이 동쪽으로 가속될 때, 상자는 미끄러지지 않고 트럭과 같이 움직인다. 트럭의 바닥이 나무상자에 주는 마찰력은 어느 방향인가? (a) 서쪽, (b) 동쪽, (c) 나무상자가 미끄러지지 않으므로 마찰력은 없다.

### 예제 4.8 경사면 위에 놓인 블록

**목표** 경사면 위에 놓인 물체에 정지 마찰력의 개념을 적용한다.

**문제** 질량이 2.50 kg인 상자가 경사면 위에 놓여 있다. 상자와 경사면 사이의 정지 마찰계수가 0.350일 경우 상자가 미끄러지지 않기 위해서 경사면이 수평면과 이루는 최대각도는 얼마인가?

**전략** 이 문제는 평형상태에 있는 물체에 대한 뉴턴의 법칙을 적용하는 문제이다. 그림 4.17과 같이 기울어진 좌표계를 도입하라. 정지 마찰력이 최대값 $f_s = \mu_s n$인 경우는 상자가 미끄러지기 시작하는 순간임을 이용하라.

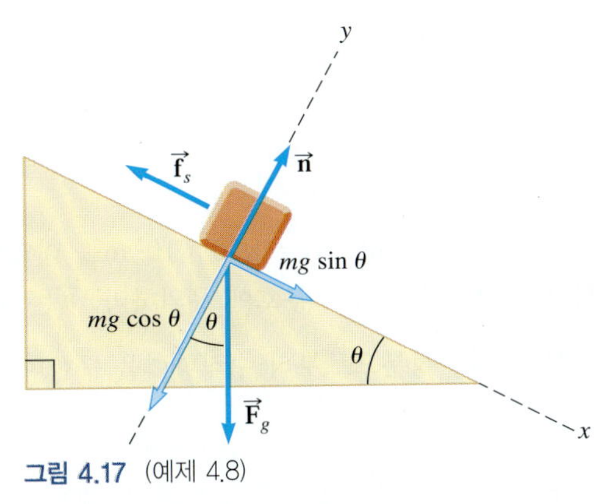

그림 4.17 (예제 4.8)

**풀이**

정적인 계에 뉴턴의 법칙을 적용하여 성분으로 표현한다.

$$\Sigma F_x = mg\sin\theta - \mu_s n = 0 \qquad (1)$$

중력은 예제 4.6과 같이 두 개의 성분으로 분해된다.

$$\Sigma F_y = n - mg\sin\theta = 0 \qquad (2)$$

식 (2)를 정리하여 수직항력 $n$에 대한 표현을 구한다.

$$n = mg\cos\theta$$

$n$에 대한 표현을 식 (1)에 대입하고 $\tan\theta$에 대해서 푼다.

$$\Sigma F_x = mg\sin\theta - \mu_s mg\cos\theta = 0 \longrightarrow \tan\theta = \mu_s$$

역탄젠트함수를 적용하여 답을 구한다.

$$\tan\theta = 0.350 \longrightarrow \theta = \tan^{-1}(0.350) = 19.3^\circ$$

**주의** 마지막 결과가 정지 마찰계수에만 의존하다는 것은 흥미롭다. 또한 식 (1)과 (2)가 예제 4.6에서 유도된 식들과 매우 유사함에 유의하라. 그와 같은 유형을 인식하면 문제를 잘 풀 수 있다.

**연습문제 4.8**

예제 4.8의 경사면을 더 거칠게 하고 실험을 반복한다. (a) 경사면의 최대각이 30.0° 일 경우 정지 마찰계수는 얼마인가? (b) 상자에 작용하는 최대 정지 마찰력을 구하라.

**답** (a) 0.577 (b) 12.2 N

## 예제 4.9 미끄러지는 하키 퍽

**목표** 운동 마찰력의 개념을 적용한다.

**문제** 얼음이 얼어 있는 연못에 그림 4.18과 같이 하키 스틱으로 쳐서 초기 속력이 20.0 m/s가 된 하키 퍽이 있다. 퍽은 얼음 위에서 일정하게 감속하면서 $1.20 \times 10^2$ m를 미끄러진 후 정지한다. 퍽과 얼음 사이의 운동 마찰계수를 구하라.

**전략** 퍽이 일정하게 감속한다는 것은 가속도가 일정하다는 의미이다. 따라서 운동 방정식 $v^2 = v_0^2 + 2a\Delta x$를 사용하여 $x$ 방향으로의 가속도 $a$를 구할 수 있다. 수평 방향으로 뉴턴의 제2법칙을 적용하여 성분으로 나타내면 두 개의 식과 두 개의 미지수인 운동 마찰계수 $\mu_k$와 수직항력 $n$으로 표현된다.

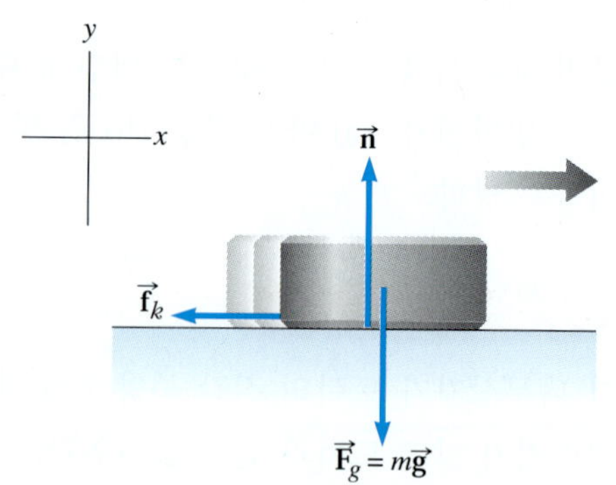


**그림 4.18** (예제 4.9) 오른쪽으로 초기 속도를 가진 후 퍽에 작용하는 외력은 중력 $\vec{\mathbf{F}}_g$, 수직항력 $\vec{\mathbf{n}}$, 그리고 운동 마찰력 $\vec{\mathbf{f}}_k$이다.

**풀이**

시간과 무관한 운동 방정식을 풀어서 가속도 $a$를 구한다.

$$v^2 = v_0^2 + 2a\Delta x$$

$$a = \frac{v^2 - v_0^2}{2\Delta x}$$

$v = 0$, $v_0 = 20.0$ m/s, $\Delta x = 1.20 \times 10^2$ m를 대입한다. 답에서 나타나는 음의 부호에 유의하라. $\vec{\mathbf{a}}$는 $\vec{\mathbf{v}}$와 반대 방향이다.

$$a = \frac{0 - (20.0 \text{ m/s})^2}{2(1.20 \times 10^2 \text{ m})} = -1.67 \text{ m/s}^2$$

제2법칙의 $y$ 성분으로부터 수직항력을 구한다.

$$\Sigma F_y = n - F_g = n - mg = 0$$

$$n = mg$$

운동 마찰력에 대한 표현을 유도하고, 제2법칙의 $x$ 성분에 대입한다.

$$f_k = \mu_k n = \mu_k mg$$

$$ma = \Sigma F_x = -f_k = -\mu_k mg$$

$\mu_k$를 유도하고 값들을 대입한다.

$$\mu_k = -\frac{a}{g} = \frac{1.67 \text{ m/s}^2}{9.80 \text{ m/s}^2} = \boxed{0.170}$$

**주의** 문제가 세 부분으로 어떻게 분해되는지를 유의하라: 동역학, $y$ 방향으로의 뉴턴의 제2법칙, 그리고 $x$ 방향으로의 뉴턴의 제2법칙.

**연습문제 4.9**

실험용 로켓 추진 비행기가 마른 호수 바닥의 스키드 위에 착륙한다. 착륙하는 순간 비행기의 속력이 80.0 m/s일 경우 비행기는 얼마나 미끄러진 후 정지하겠는가? 스키드와 호수 바닥 사이의 운동 마찰계수는 0.600이라고 가정하라.

**답** 544 m

두 물체의 문제는 하나의 물체로 간주하여 계 접근법으로 풀 수 있다. 물체가 단단히 연결되어 있을 경우(예를 들어, 늘어나지 않는 가벼운 끈으로 연결된 경우) 이 방법은 문제를 아주 단순화시킨다. 두 물체를 묶어서 생각할 경우 외력으로 작용하여 각 물체에 영향을 미치는 1개 이상의 힘이 계의 내력으로 변한다. 예제 4.10에서 이 접근법을 사용한다.

## 예제 4.10 끈으로 연결된 물체

**목표** 중력과 마찰력을 포함한 끈으로 연결된 두 물체 문제에 계 접근법을 사용한다.

**문제** 그림 4.19a와 같이 마찰이 없는 도르래를 통해서 $m_1 = 4.00$ kg인 상자와 $m_2 = 7.00$ kg인 공을 가벼운 줄로 연결한다. 상자와 바닥면 사이의 운동 마찰계수는 0.300이다. (a) 계 접근법을 사용하여 두 물체의 가속도를 구하라. (b) 줄의 장력을 구하라.

**전략** (a)에서 두 질량을 한 물체로 간주하면 공에 작용하는 중력은 결합된 물체의 속력을 증가시키고 상자에 작용하는 마찰력은 운동을 방해한다. 장력은 내력이 되어 제2법칙에 나타나지 않는다. (b)에서 줄에 작용하는 장력은 첫 번째 질량에 뉴턴의 제2법칙을 적용하여 구한다.

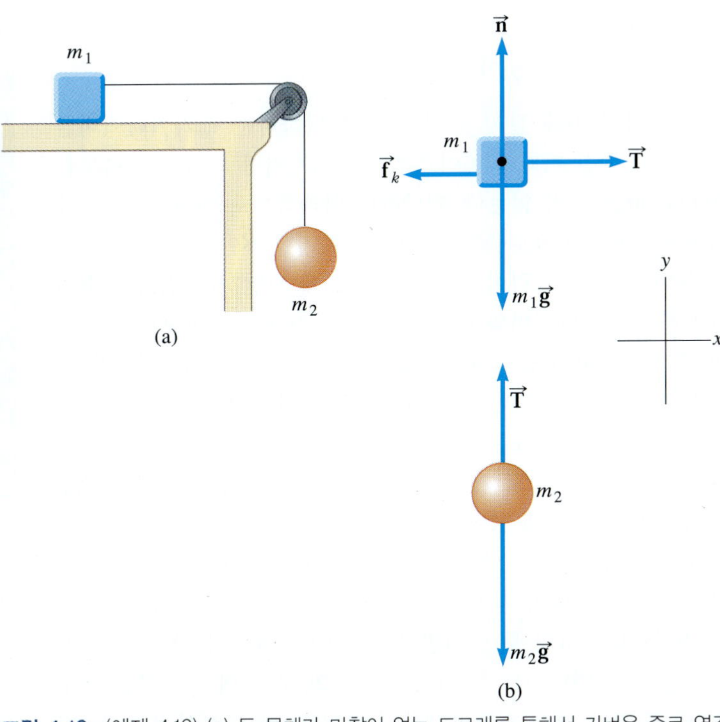


**그림 4.19** (예제 4.10) (a) 두 물체가 마찰이 없는 도르래를 통해서 가벼운 줄로 연결되어 있다. (b) 두 물체에 대한 자유물체도.

**풀이**

(a) 두 개의 물체로 구성된 계에 계 접근법을 사용하여 가속도를 구하라.

계에 뉴턴의 제2법칙을 적용하여 $a$를 구한다.

$$(m_1 + m_2)a = m_2 g - \mu_k n = m_2 g - \mu_k m_1 g$$

$$a = \frac{m_2 g - \mu_k m_1 g}{m_1 + m_2}$$

$$= \frac{(7.00\text{ kg})(9.8\text{ m/s}^2) - (0.300)(4.00\text{ kg})(9.80\text{ m/s}^2)}{4.00\text{ kg} + 7.00\text{ kg}}$$

$$= \boxed{5.17\text{ m/s}^2}$$

(b) 줄의 장력을 구하라.

질량 $m_1$인 물체에 뉴턴의 제2법칙을 적용하여 성분으로 표현한다.

$$\Sigma F_x = T - f_k = m_1 a_1 \qquad \Sigma F_y = n - m_1 g = 0$$

$y$ 성분의 방정식으로부터 $n = m_1 g$이다.
이 $n$값과 $f_k = \mu_k n$을 $x$ 성분의 방정식에 대입하여 $T$를 구한다.

$$T = m_1 a_1 + \mu_k m_1 g$$

$a_1 = a$를 식 (1)에 대입하여 장력 $T$를 구한다.

$$T = (4.00\text{ kg})(5.17\text{ m/s}^2) + 0.300(4.00\text{ kg})(9.80\text{ m/s}^2)$$

$$= \boxed{32.4\text{ N}}$$

**주의** 계 접근법은 빠르고 쉽지만 특수한 경우에만 적용될 수 있고 장력과 같은 내력에 대해서는 아무런 정보도 제공하지 못한다. (b)에서 설명한 바와 같이 장력을 구하려면 상자 한 개에 대한 자유물체도를 분리해서 고려해야 한다.

### 연습문제 4.10

예제 4.10에서 또 다른 질량을 공에 추가로 매달면 어떻게 되겠는가? 아래쪽 방향으로의 가속도를 50% 증가시키기 위해서 추가로 매달아야 하는 질량은 얼마인가? 아무리 많은 질량을 추가로 매달아도 왜 가속도를 두 배로 증가시킬 수 없는가?

**답** 14.0 kg. 가속도가 두 배가 되면 가속도는 10.3 m/s²가 된다. 아무리 많은 질량을 추가로 매달아도 이는 불가능하다. 왜냐하면 지표면에서 모든 물체는 질량에 관계 없이 9.8 m/s²의 가속도로 자유낙하하기 때문이다.

## 응용물리 4.1 공기저항

공기저항이 항상 바람직하지 않은 것만은 아니다. 공기저항에 의존하는 응용에는 무엇이 있는가?

설명: 그림 4.20과 같이 공기 중에서 낙하하는 스카이다이버를 생각하자. 수천 미터의 높이로부터 떨어지지만 다이버의 속도는 200 km/hr를 넘지 않는다. 왜냐하면 아래쪽으로 향하고 있는 중력 $m\vec{\mathbf{g}}$ 외에 위쪽으로 향하고 있는 공기저항 $\vec{\mathbf{R}}$이 있기 때문이다. 스카이다이버가 속력이 일정한 종속도에 도달하기 전에는 $\vec{\mathbf{R}}$의 크기가 스카이다이버의 무게보다 작다. 아래쪽 방향으로의 속력이 증가함에 따라 공기저항은 증가한다. 중력과 공기저항력을 벡터적으로 더하면 알짜 힘은 시간이 지남에 따라 감소하므로 스카이다이버의 가속도는 감소한다. 두 힘의 크기가 같아질 경우 알짜 힘은 0이 되므로 가속도는 0이 되고 스카이다이버는 **종속도**(terminal speed)에 도달한다.

그림 4.20 (응용물리 4.1)

비록 일사구생으로 살아난 놀랄만한 이야기도 있지만 종속도로 떨어지는 사람이 지면에 부딪힐 경우 치명적이 된다. 어떤 경우 스카이다이버의 등이 지면의 새로 갈아 놓은 들판을 향해 떨어졌는 데 살아나기도 했다(하지만 그의 모든 뼈는 부러질 정도였다). 또 다른 경우 스튜어디스는 10 000 m 높이에서 쌓인 눈 더미에 떨어졌는 데 살아났다. 어떤 경우이든 공기저항이 없었다면 살아남기는 불가능했을 것이다.

낙하산이나 패러글라이더는 큰 면적 때문에 저항력을 증가시켜 종속도를 초당 수미터 정도로 줄인다. 어떤 스포츠 팬은 날개가 달린 특수한 옷을 개발하여 미끄러지듯이 지면에 도달한다. 각 경우에 있어서 큰 단면적은 더 많은 공기를 가로막아 큰 공기저항을 창출하여 종속도를 줄이게 된다.

공기저항은 우주여행에 있어서도 중요하다. 공기저항이 없을 경우 지구로 귀환할 때 엄청난 양의 연료가 필요할 것이다. 공기저항은 우주캡슐이나 우주선의 속도를 줄이므로 행성으로의 우주여행을 위해서 에어로캡쳐(aerocapture) 기술이 제안되었다. 이 기술에 의하면 공기저항을 사용하여 우주선의 속도를 줄이므로 필요한 연료를 크게 줄일 수 있다.

## 요약

**PhysicsNow**™ **http://physics.brookscole.com/ecp**에서 PhysicsNow를 로그인하고 이 장에 대한 Pre-Test link를 클릭하여 연습문제 시험을 보라.

### 4.1 힘

자연계에는 4종류의 기본적인 힘이 존재한다: (1) 원자보다 작은 입자들 사이에 작용하는 강한 핵력, (2) 전하 사이에 작용하는 전자기력, (3) 방사성 붕괴를 일으키는 약한 핵력, 그리고 (4) 물체 사이에 작용하는 중력이 있다. 이들을 묶어서 장력(field force)이라고 한다. 고전역학에서는 만유인력과 전자기력만 다룬다.

마찰력이나 배트로 공을 칠 때 전달하는 힘을 접촉력이라 한다. 접촉력은 근원적으로 전자기력에 기인한다.

### 4.2 뉴턴의 제1법칙

**뉴턴의 제1법칙**은 외부 힘이 가해지지 않는 한 물체는 일정한 속도로 원래의 운동을 계속하는 것을 말한다.

물체가 원래의 운동 상태를 유지하려고 하는 성질을 **관성**이라 한다. **질량**은 속도의 변화에 대한 물체의 저항의 척도를 나타내는 물리량이다.

### 4.3 뉴턴의 제2법칙

**뉴턴의 제2법칙**은 물체의 가속도는 물체에 작용하는 알짜 힘에 비례하고 질량에 반비례함을 말한다. 물체에 작용하는 알짜 힘은 질량에 가속도를 곱한 것과 같다.

$$\Sigma \vec{\mathbf{F}} = m\vec{\mathbf{a}} \qquad [4.1]$$

뉴턴의 중력의 법칙은 다음과 같다.

$$F_g = G\frac{m_1 m_2}{r^2} \qquad [4.5]$$

물체의 **무게** $w$는 물체에 가해지는 중력의 크기로서 다음과 같이 주어진다.

$$w = mg \qquad [4.6]$$

여기서 $g = F_g/m$는 지표면에서의 중력가속도를 나타낸다.

뉴턴의 제2법칙으로부터 문제를 풀기 위해서는 계에 작용하는 모든 힘을 찾아서 식 4.1을 세우고 $x$ 성분과 $y$ 성분으로 분해한다. 두 방정식을 연립하여 풀고 미지수를 구한다.

### 4.4 뉴턴의 제3법칙

**뉴턴의 제3법칙**은 두 물체가 상호작용할 때, 물체 1이 물체 2에 작용하는 힘 $\vec{\mathbf{F}}_{12}$는 물체 2가 물체 1에 작용하는 힘 $\vec{\mathbf{F}}_{21}$와 크기는 같고 방향은 반대라는 것이다.

$$\vec{\mathbf{F}}_{12} = -\vec{\mathbf{F}}_{21}$$

자연에는 고립된 힘은 존재하지 않는다.

### 4.5 뉴턴 법칙의 응용

**평형상태에서 물체**는 작용하는 외력이 0이므로 뉴턴의 제2법칙을 성분으로 표현하면 $\Sigma F_x = 0$와 $\Sigma F_y = 0$이 된다. 이 두 방정식은 물체가 정지하고 있거나 일정한 속도로 운동하고 있는 정적인 경우의 문제를 풀 때 사용된다.

가속되고 있는 물체의 경우 동일한 두 개의 방정식을 사용하지만 가속도 항이 포함된다: $\Sigma F_x = ma_x$와 $\Sigma F_y = ma_y$이다. 가속도가 일정한 경우 동역학 방정식은 뉴턴의 제2법칙을 보완할 수 있다.

### 4.6 마찰력

물체와 바닥면 사이의 최대 정지 마찰력 $f_{s,max}$는 물체에 작용하는 수직항력에 비례한다. 최대 정지 마찰력은 물체가 움직이기 시작하는 순간에 나타난다. 일반적으로,

$$f_s \le \mu_s n \qquad [4.11]$$

이다. 여기서 $\mu_s$는 **정지 마찰계수**이다. 물체가 바닥면 위에서 움직일 때 운동 마찰력 $\vec{\mathbf{f}}_k$의 방향은 물체의 바닥면에 대한 운동 방향과 반대이고, 크기는 수직항력에 비례한다. $\vec{\mathbf{f}}_k$의 크기는

$$f_k = \mu_k n \qquad [4.12]$$

이다. 여기서 $\mu_k$는 **운동 마찰계수**이다. 일반적으로 $\mu_k < \mu_s$이다.

마찰력을 포함한 문제의 경우는 뉴턴의 제2법칙에 위의 두 종류의 마찰력을 포함해서 풀어야 한다. 정지 마찰력을 다룰 경우는 주의를 요한다. 왜냐하면 주어진 문제에서 항상 요구되는 것은 아니지만 그것은 최대 정지 마찰력을 의미하기 때문이다.

## 개념 파악을 위한 질문

**1.** 한 사람이 공을 잡고 있다. (a) 공에 작용하는 모든 외력과 대응하는 반작용력을 기술하라. (b) 잡고 있던 공을 놓을 경우, 떨어지는 동안 작용하는 힘은 어떤 힘인가? 이 경우에 반작용력을 말하라(단, 공기저항은 무시하라).

**3.** 자동차가 일정한 가속도로 움직일 경우, 자동차에 작용하는 힘이 0이라 할 수 있는가?

**5.** 정지해 있는 무거운 상자를 밀 경우 상자를 움직이려면 얼마의 힘을 가해야 한다. 그러나 일단 상자가 미끄러지기 시작하면 더 작은 힘으로도 미끄러지는 운동을 계속할 수 있다. 그 이유는 무엇인가?

**7.** 버스 운전수가 급브레이크를 밟아, 앞좌석에 앉아있던 여자 승객이 버스 뒷좌석으로부터 가방이 날아와 상처를 입었다고 고소했다. 당신이 판사라면 어떤 처분을 내릴 것이며, 그 이유를 설명하라.

**9.** 자동차를 움직이게 하는 힘은 무엇인가? 프로펠러 비행기를 움직이게 하는 힘은? 그리고 노로 젓는 배를 움직이게 하는 힘은 무엇인가?

**11.** 영화 「하룻밤 사이에 생긴 일(It Happened One Night)」 (콜롬비아 필름, 1934)에서 클라크 게이블(Clark Gable)이 정지한 버스 안에서 앉아 있는 클로데트 콜베르(Claudette Colbert) 앞에 서 있는 장면이 있다. 버스가 갑자기 앞으로 출발하자, 그는 콜베르 무릎 위에 넘어지게 된다. 왜 이런 일이 발생하게 됐는가?

**13.** 두 사람이 줄다리기 경기에서 각각 200 N의 힘으로 줄을 잡아당길 경우, 줄에 작용하는 장력은 얼마인가? 줄이 움직이지 않을 경우, 각 경기자가 지면에 작용하는 수평력은 얼마인가?

**15.** 다음 각 상황에서 작용력과 반작용력을 구분하라. (a) 사람이 걸을 때, (b) 눈 뭉치로 소녀의 등을 맞출 때, (c) 야구선수가 공을 잡을 때, (d) 바람이 창문을 때릴 때.

## 문제

**1, 2, 3** = 기본문제, 발전문제, 심화문제

□ = 학생 문제풀이 매뉴얼/학습 가이드 속에 전체 문제풀이가 있다.

**PhysicsNow™** **http://physics.brookscole.com/ecp**에서 힌트를 받을 수 있는 문제

= 생물의학 문제

### 4.1 힘의 개념
### 4.2 뉴턴의 제1법칙
### 4.3 뉴턴의 제2법칙
### 4.4 뉴턴의 제3법칙

**1.** 6.0 kg의 물체가 2.0 m/s$^2$으로 가속된다. (a) 물체에 작용하는 힘의 크기는 얼마인가? (b) 만약 같은 힘이 4.0 kg의 물체에 작

용하면, 가속도의 크기는 얼마가 되겠는가?

**3.** 지구에서 무게가 5.0 lb인 설탕 봉지는 중력 가속도가 지구 중력 가속도의 1/6인 달과 2.64배인 목성에서는 무게가 몇 뉴턴이 되겠는가? 세 행성에서의 질량을 각각 구하라.

**5.** 0.20 kg의 모형 비행기는 프로펠러에 통해서 공기로부터 10 N의 힘을 전방으로 받는다. 이 비행기가 전방으로 2.0 m/s²으로 가속될 경우 공기가 비행기에 작용하는 저항력은 얼마인가?

**7.** 치누크 연어는 물 속에서의 속력이 3.0 m/s이고 6.0 m/s의 속력으로 수직하게 물 밖으로 점프를 할 수 있다. 제일 큰 연어는 길이가 1.5 m이고 질량이 61 kg나 된다. 일정한 속력으로 강을 거슬러 올라갈 때 연어에 작용하는 힘은 부력을 무시하고 3종류이다. 즉, 꼬리지느러미가 제공하는 전방으로의 추진력 $F$, 강물이 작용하는 후방으로의 물의 저항력, 그리고 아래쪽 방향으로의 중력이다. 연어가 물 밖으로 나올 경우에는 전방으로 알짜 힘이 작용하여 3.0 m/s에서 6.0 m/s로 가속된다. 연어의 머리가 물 밖으로 나오는 순간 물의 저항력은 없어지고 $F$는 연어 길이의 2/3가 물속에 잠겨 있는 동안 작용한다고 가정할 경우 $F$의 크기를 구하라.

**9.** 물 위에 있는 보트가 움직일 때 두 힘이 작용한다. 첫 번째 힘은 전방으로 작용하는 모터에 의한 추진력으로 크기는 2000 N이고, 두 번째 힘은 배의 선수에 작용하는 물의 저항력으로 크기는 1800 N이다. (a) 보트의 질량이 1000 kg일 경우 가속도는 얼마인가?. (b) 정지한 상태에서 출발할 경우 10.0 s 동안 움직인 거리는 얼마인가? (c) 10.0 s 후의 속도는 얼마인가?

**11.** 0.50 kg의 공이 높이 30 m에서 정지 상태로부터 바닥에 떨어진 후 20 m 높이까지 다시 튀어오른다. 공과 바닥 사이에 접촉하고 있는 시간은 2.0 ms일 경우 공에 평균적으로 작용하는 힘은 얼마인가?

## 4.5 뉴턴 법칙의 응용

**13.** PhysicsNow™ 그림 P4.13에서처럼 세 개의 줄로 150 N인 새 먹이통을 지탱하고 있다. 각 줄에 작용하는 장력을 구하라.

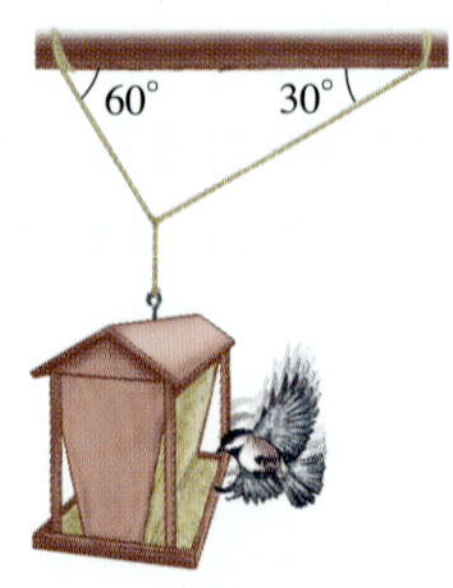


**그림 P4.13**

**15.** 두 개의 상자가 그림 P4.15와 같이 엘리베이터의 천정에 매달려 있다. 엘리베이터는 위쪽 방향으로 2.00 m/s²으로 가속된다. 각 줄에 작용하는 장력을 구하라.

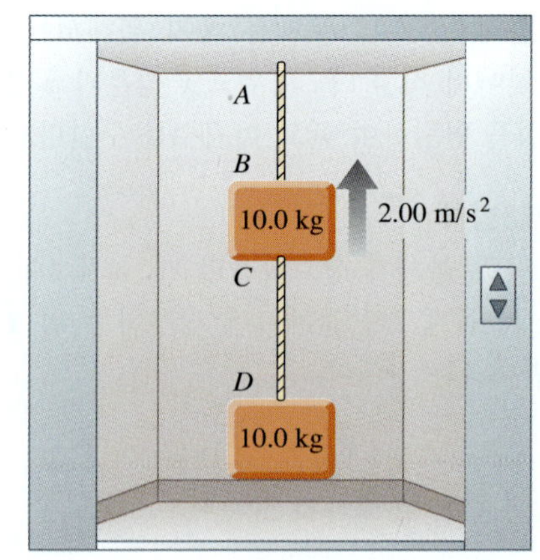


**그림 P4.15**

**17.** 우물에서 5.0 kg의 물통을 줄에 매달아 끌어올리고 있다. 위쪽 방향으로 물통의 가속도가 3.0 m/s²일 때, 줄이 물통에 작용하는 힘을 구하라.

**19.** 질량 2000 kg인 자동차가 4초 동안에 속력이 20.0 m/s에서 5.00 m/s으로 일정하게 감소했다. 이 시간 동안에 작용한 평균력의 크기와 감속되는 동안 자동차가 진행한 거리는 얼마인가?

**21.** 그림 P4.21과 같이 블록 세 개가 마찰이 없는 바닥 위에서 움직인다. 그림과 같이 42 N의 힘을 3.0 kg의 블록에 적용한다. (a) 계의 가속도의 크기는 얼마인가? (b) 3.0 kg과 1.0 kg의 블록을 연결하는 줄의 장력은 얼마인가? (c) 1.0 kg 블록이 2.0 kg 블록에 작용하는 힘의 크기를 구하라.

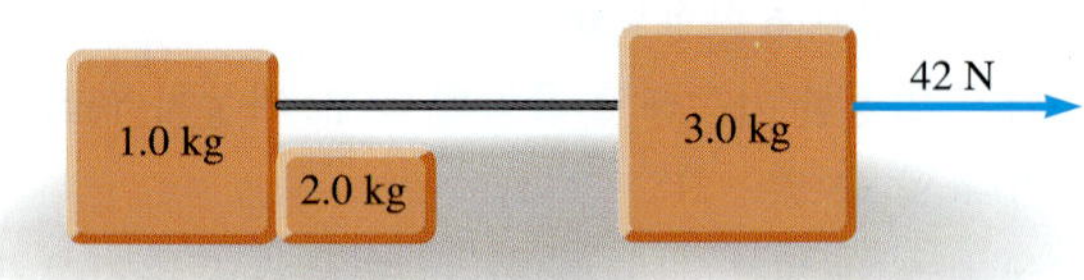


**그림 P4.21**

**23.** 40.0 kg의 자동차를 수평으로부터 18.5° 인 경사면을 따라 견인하여 올라가고 있다. 견인 줄은 경사면에 평행하고 줄의 장력은 140 N이다. 자동차는 경사면의 바닥에서 정지 상태로부터 출발하고 마찰은 무시한다. 자동차가 80.0 m를 견인되어 올라갔을 때 자동차의 속력은 얼마인가?

**25.** 질량이 $5.22 \times 10^6$ kg인 기차가 90.0 km/h의 속력으로 가고 있다. 기관사가 브레이크를 작동하여 $1.87 \times 10^6$ N의 힘을 후방으로 기차에 적용한다. 브레이크는 30.0 s 동안 적용한다. (a) 기차의 최종 속력은 얼마가 되겠는가? 그 시간 동안 기차가 움직이는 거리는 얼마인가?

**27.** PhysicsNow™ 1000 kg의 자동차가 300 kg의 트레일러를 끈다. 자동차와 트레일러의 가속도는 전방으로 2.15 m/s²이다. 트레일러에 작용하는 마찰력을 무시할 때 (a) 자동차에 작용하는 알짜 힘, (b) 트레일러에 작용하는 알짜 힘, (c) 트레일러

가 자동차에 작용하는 힘, (d) 자동차가 도로에 작용하는 힘을 구하라.

## 4.6 마찰력

**29.** 배에 짐상자를 싣는 부두 노동자가 수평면에 정지해 있던 질량 20 kg의 짐상자를 움직이는 데 75 N이 필요하지만, 물체가 움직인 후 일정한 속력을 유지하는 데는 60 N의 수평력이 요구됨을 알았다. 짐상자와 마루 사이의 정지 마찰계수와 운동 마찰계수를 구하라.

**31.** 무게가 1000 N인 짐에서 P4.31a와 같이 수평으로부터 20° 아래쪽 방향으로 300 N의 힘 $\vec{\mathbf{F}}$를 가하면 짐상자는 마루에서 일정한 속력으로 움직인다. (a) 짐상자와 마루 사이의 운동 마찰계수는 얼마인가? (b) 만약 그림 P4.31b와 같이 수평으로부터 20° 위쪽 방향으로 300 N의 힘으로 잡아당길 경우 짐상자의 가속도는 얼마인가? 단, 마찰계수는 (a)와 같다고 가정한다.

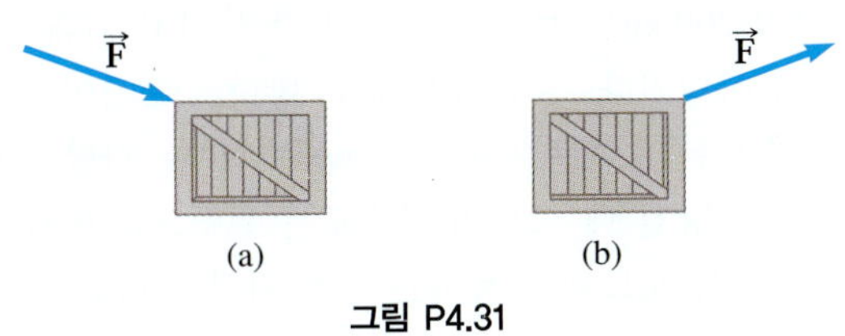


그림 P4.31

**33.** 철재 빔과 같이 무거운 짐을 옮기는 큰 트럭을 생각하자. 운전자는 사고가 나거나 심지어는 브레이크를 잡고 트럭이 갑자기 서는 경우 짐이 앞으로 미끄러져 운전석을 덮치는 위험을 안고 있다. 예를 들어 20 000 kg의 트럭에 10 000 kg의 짐을 뒤에 싣고 12.0 m/s의 속도로 트럭이 달린다고 가정하자. 짐은 차체에 고정되지 않았고 짐과 트럭 바닥면 사이의 정지마찰계수는 0.500이라고 가정하자. (a) 짐이 트럭 바닥에서 앞으로 미끄러지지 않고 트럭이 멈추는 데 필요한 최소 거리를 구하라. (b) 이 문제를 푸는 데 필요하지 않은 데이터가 있는가?

**35.** 그림 P4.35에서 3.00 kg의 짐상자와 경사각이 35°인 경사면 사이의 마찰계수는 0.300이다. 짐상자가 경사면을 따라 미끄러져 내려가지 않게 하기 위해서 경사면에 수직한 방향으로 최소한 얼마의 힘을 작용해야 하는가?

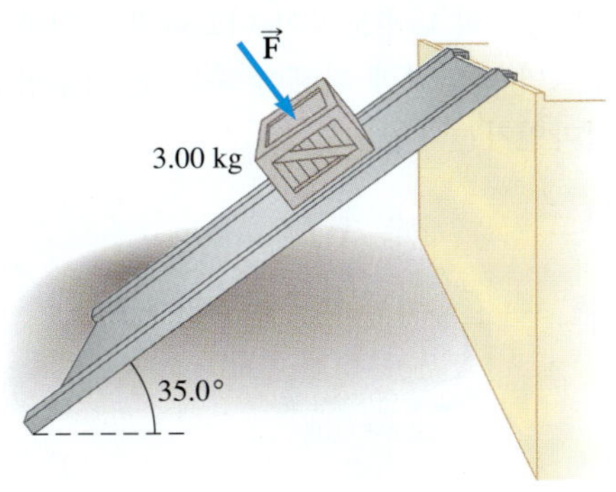


그림 P4.35

**37.** 중력에 의해 낙하하는 물체는 공기저항력을 받는다. 저항력의 크기는 대략 물체의 속력에 비례하며 $f = bv$로 표시된다. $b$ = 15 kg/s, $m$ = 50 kg이라고 가정하자. (a) 물체가 낙하할 때 종속도는 얼마인가? (b) (a)에 대한 답이 초기 속력에 의존하는지를 답하고 그 이유를 설명하라.

**39.** Physics Now™ 질량이 각각 $m_1$ = 10.0 kg, $m_2$ = 5.00 kg인 두 물체가 마찰이 없는 도르래를 통해 그림 P4.39와 같이 가벼운 줄로 연결되어 있다. 계가 정지 상태로부터 출발하여 1.2 s 동안 1.00 m 떨어질 경우 $m_1$과 테이블 사이의 운동 마찰계수는 얼마인가?

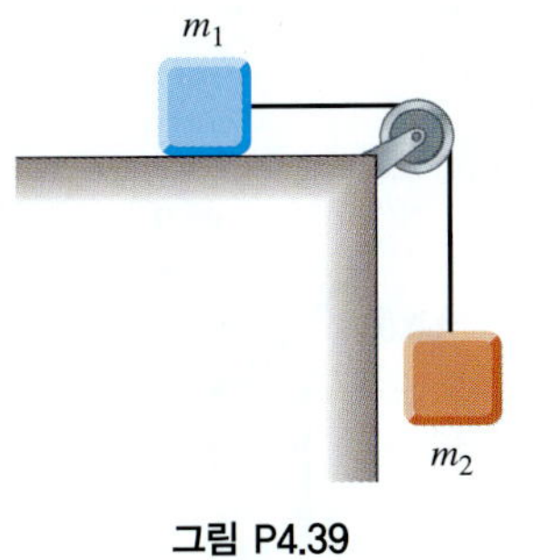


그림 P4.39

**41.** 그림 P4.41과 같이 두 물체가 도르래를 통해 연결되어 있고 7.00 kg의 물체와 경사면 사이의 운동 마찰계수가 0.250일 때, 각 물체의 가속도를 구하라.

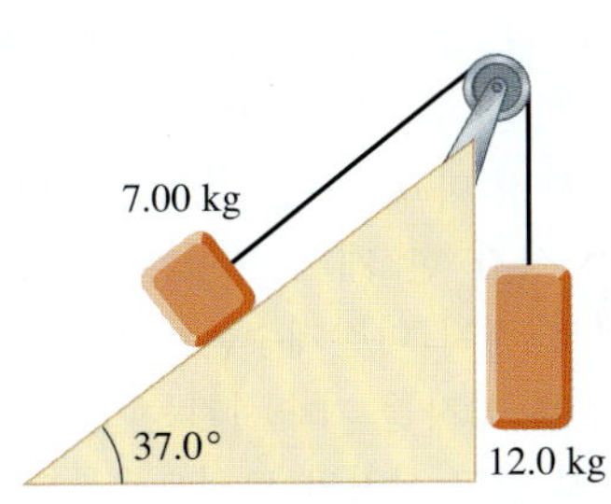


그림 P4.41

그림 P4.43

43. 그림 P4.43에서 사람의 몸무게는 170 lb이다. 두 보조다리는 앞에서 바라볼 때 각각 수직과 22°를 이룬다. 몸무게의 반은 보조다리에 의해, 나머지 반은 발이 마루바닥으로부터 받는 수직항력에 의해 지탱된다. 사람은 정지해 있고 바닥으로부터 보조다리에 작용하는 힘은 보조다리를 향한다고 가정하고 (a) 보조다리와 바닥 사이의 최소 마찰계수, (b) 각 보조다리에 의한 압축력을 구하라.

### 추가문제

45. (a) 그림 P4.45에서 교통신호등을 지탱하는 두 줄에 작용하는 힘의 합력은 얼마인가? (b) 교통신호등의 무게는 얼마인가?

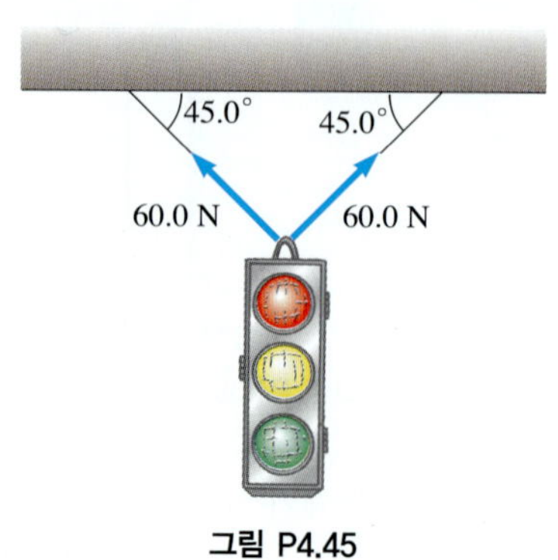


그림 P4.45

47. 한 소녀가 썰매를 타고 언덕을 내려와 바닥에 도달했을 때 속력이 7.0 m/s였다. 썰매와 눈 사이의 마찰계수가 0.050이고 소녀와 썰매를 합친 무게는 600 N이다. 썰매가 편평한 바닥에서 정지할 때까지 미끄러지는 거리는 얼마인가?

49. Physics Now™ 상자 한 개가 트럭 뒤에 실려 있다. 상자와 트럭바닥 사이의 정지 마찰계수는 0.300이다. (a) 트럭이 앞으로 가속될 경우 상자를 가속시키는 힘은 무엇인가? (b) 상자가 미끄러지지 않고 상자가 트럭으로부터 얻을 수 있는 최대 가속도는 얼마인가?

51. 마찰이 없는 길이가 10 m인 판자가 35.0°의 경사각으로 놓여 있다. 바닥에서 초속도 5.00 m/s의 썰매가 판자의 경사면을 따라 올라간다. 썰매가 순간적으로 정지되는 지점에 도달했을 때 경사면의 꼭대기에서 다른 썰매를 초속도 $v_i$로 출발시킨다. 두 썰매가 동시에 경사면의 바닥에 도달한다. (a) 첫 번째 썰매가 경사면을 따라 올라간 거리를 구하라. (b) 두 번째 썰매의 초속도를 구하라.

53. 2.00 kg의 알루미늄 상자가 6.00 kg의 구리 상자와 마찰이 없는 도르래를 통해서 가벼운 줄로 연결되어 있다. 그림 P4.53과 같이 두 상자는 고정된 쐐기형(각 $\theta$ = 30.0°) 금속 덩어리 위에서 움직인다. 표 4.2를 사용하여 (a) 두 상자의 가속도, (b) 줄의 장력을 구하라.

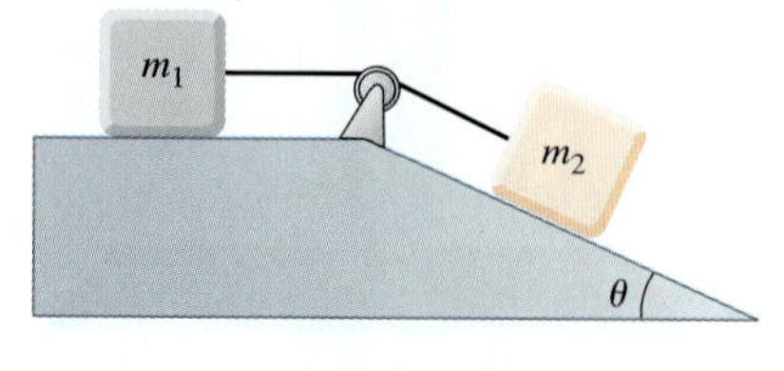


그림 P4.53

55. 마찰이 없는 바닥에 놓여 있는 질량이 각각 $m_1$ = 10 kg과 $m_2$ = 20 kg인 두 개의 과일 상자를 그림 P4.55와 같이 가벼운 줄로 연결한다. 50 N의 힘이 20 kg의 상자에 작용한다. (a) 각 상자의 가속도와 줄의 장력을 구하라. (b) 상자와 바닥 사이의 운동 마찰계수가 0.10일 때 (a)의 문제를 반복하라.

그림 P4.55

57. 두 사람이 200 kg의 보트에 부착된 줄을 잡고 최대의 힘으로 보트를 잡아당긴다. 두 사람이 같은 방향으로 잡아당길 때 보트의 가속도는 오른쪽으로 1.52 m/s²이다. 두 사람이 반대 방향으로 잡아당길 때 보트의 가속도는 왼쪽으로 0.518 m/s²이다. 두 사람이 보트에 작용하는 힘은 각각 얼마인가? (보트에 작용하는 다른 힘은 모두 무시하라.)

59. 8 820 N의 경주용 자동차가 1/4마일 경주의 마지막 부분에서 35 m/s의 속력으로 달리다가 낙하산을 편다. 1 000 m의 거리에서 자동차를 멈추기 위해서 필요한 낙하산의 저항력은 얼마인가?

61. 72 kg인 사람이 엘리베이터 내의 용수철저울 위에 서 있다. 엘리베이터는 정지 상태로부터 출발해서 0.8 s 동안 가속하여 최대 속력인 1.2 m/s에 도달하며 올라간다. 엘리베이터는 그 다음 5.0 s 동안은 일정한 최대 속력으로 올라가고 마지막 1.5 s 동안에 일정한 비율로 감속하여 정지한다. 다음 각 경우에 저울의 눈금은 어떻게 되겠는가? (a) 엘리베이터가 출발하기 전, (b) 처음 0.8 s 동안, (c) 엘리베이터가 일정한 속력으로 올라가는 동안, (d) 감속하는 동안.

63. 그림 P4.63에서 다른 두 나무토막 사이에 끼워져 있는 나무토막의 무게는 95.5 N이다. 나무토막 사이의 마찰계수가 0.663일 때 중간의 나무토막이 미끄러지는 것을 막기 위해서 중간 나무토막의 양쪽에 가해야 하는 압력(수평으로 가정)의 크기는 얼마인가?

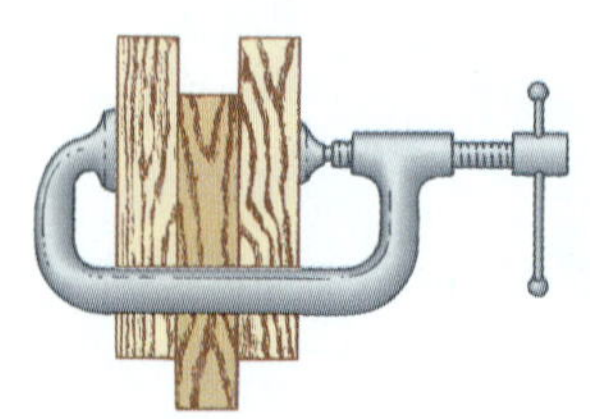

그림 P4.63

CHAPTER

# 5

# 에너지

OUTLINE



에너지는 역학적 에너지, 화학 에너지, 전자기 에너지, 그리고 핵 에너지 등 다양한 형태로 우주에 존재한다. 심지어 보통 물질의 관성 질량조차도 상당한 양의 에너지를 갖고 있다. 에너지가 한 형태의 에너지에서 다른 형태로 전환되더라도, 지금까지의 모든 관측과 실험에 의하면 우주 안에서 에너지의 총합은 변하지 않는다. 계의 내부에서만 상호에너지 교환이 일어나고 계 밖의 나머지 우주와는 에너지 교환이 일어나지 않은 고립계에서도 이것은 사실이다. 따라서 만약 고립계에서 한 형태의 에너지가 감소하면, 그 계에서 다른 형태의 에너지는 증가해야만 한다.

이 장에서는 주로 운동과 관련된 **운동 에너지**와 위치와 관련된 **위치 에너지**의 합인 **역학적 에너지**에 대해 초점을 맞추고자 한다. 어떤 문제를 풀기 위해 에너지 개념으로 접근하는 것이 종종 힘과 뉴턴의 세 가지 법칙을 사용하는 것보다 쉬울 때가 있다. 이러한 두 가지 서로 다른 접근 방법은 **일**의 개념을 통해 연결된다.

## 5.1 일

일은 일상생활에서 사용하는 개념과 물리학에서 사용되는 개념이 다르다. 물리학적 정의에 의하면 컴퓨터 앞에서 타이핑하는 프로그래머가 한 일은 거의 없다. 반면에 벽돌공은 벽돌을 쌓는 데 일을 많이 한다. 물리학에서는 물체가 힘이 작용한 방향으로 일정량의 변위만큼 이동할 경우에만 일을 한다고 정의한다. 만약 힘 혹은 변위가 2배가 되면 일도 2배가 된다. 힘과 변위 모두 2배가 되면, 일은 4배가 된다. 따라서 어떤 물체에 힘이 작용하여 그 물체가 일정한 거리를 움직인 경우에만 일을 했다고 한다.

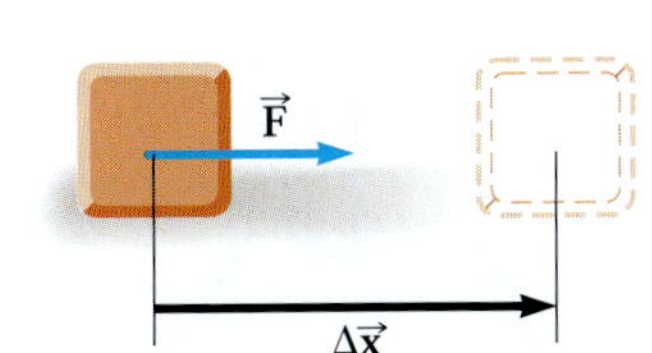

**그림 5.1** 변위 $\Delta\vec{\mathbf{x}}$와 같은 방향으로 작용하는 일정한 힘 $\vec{\mathbf{F}}$가 한 일은 $F\Delta x$이다.

그림 5.1은 나무토막이 일정한 힘 $\vec{\mathbf{F}}$를 받아 힘의 방향으로 변위 $\Delta\vec{\mathbf{x}}$만큼 이동하는 모습을 나타낸 것이다. 이때 다음과 같이 일을 정의한다.

◀ 변위를 따라 일정한 힘이 한 일

일정한 힘 $\vec{\mathbf{F}}$가 물체에 한 일 $W$는 다음과 같다.

$$W = F\Delta x \qquad [5.1]$$

여기서 $F$는 힘의 크기, $\Delta x$는 변위의 크기이고, $\vec{\mathbf{F}}$와 $\Delta\vec{\mathbf{x}}$는 같은 방향이다.

**국제단위(SI unit): 줄(J) = 뉴턴 · 미터 = kg · m$^2$/s$^2$**

일에 대한 물리학에서의 정의와 일상생활에서 정의 사이의 차이점은 명확하다. 프로그래머는 키보드의 키에 매우 작은 힘을 작용하여 단지 작은 변위를 주므로 상대적

## ☑ Checkpoint 5.1

일정한 힘으로 블록에 $W$의 일을 해줌으로써 일직선을 따라 블록이 이동한다. 만약 블록을 처음보다 세 배의 변위만큼 이동시킬 때 두 배의 힘이 작용하였을 때 블록에 한 일을 $W$의 배수로 나타내어라.

**TIP 5.1 일은 스칼라량이다.**

일은 단순한 숫자, 즉 벡터가 아닌 스칼라이므로 방향성이 없다. 에너지와 에너지 전달 또한 스칼라량이다.

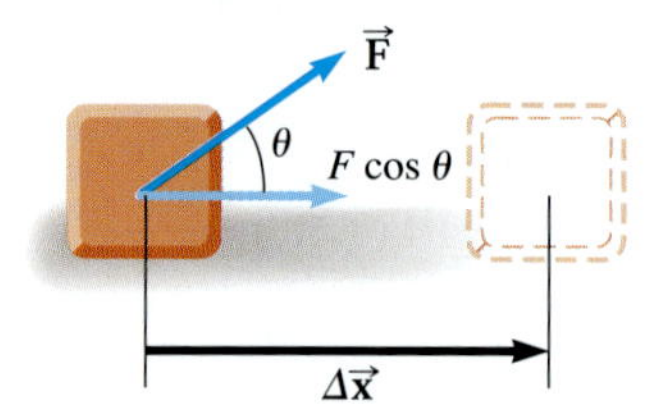


**그림 5.2** 변위 $\Delta\vec{x}$에 대해 각 $\theta$로 작용하는 일정한 힘 $\vec{F}$가 한 일은 $(F \cos \theta)\ \Delta x$이다.

## ☑ Checkpoint 5.2

진실이가 거짓인가: 만약 어떤 물체에 힘이 작용하면, 물체가 이동한 방향과 평행한 힘만이 일을 한다.

**그림 5.3** 양동이가 수평으로 움직이는 동안 작용한 힘 $\vec{F}$는 변위에 수직이므로 양동이에 한 일은 없다.

으로 작은 물리적 일을 한다. 벽돌공은 벽돌에 매우 큰 힘을 작용하여 벽돌을 상당한 거리만큼 움직이므로 상당한 양의 일을 한다. 하지만, 피곤한 작업조차도 물리학적 정의에 의하면 일이 아닐 수 있다. 예를 들어, 트럭 운전수는 수시간 운전을 하지만 힘을 작용하지 않으므로 식 5.1에서 $F = 0$이므로 그가 한 일은 0이다. 마찬가지로, 고정된 벽을 밀거나 당겨서 근육강화 운동을 하는 학생이 한 일 또한 0[1]이다. 왜냐하면 식 5.1에서 변위 $\Delta x$는 0이기 때문이다. 그리스 신화의 아틀라스는 그의 어깨로 지구를 받치고 있지만 그 역시 한 일은 0이다.

일은 방향이 없는 스칼라량이므로 다루기가 쉽다. 더욱이 일은 외적으로 시간의 함수가 아니므로 속도와 위치만을 포함한 문제를 다루는 데 유리하다. 일의 단위는 힘과 거리의 곱이므로, 국제단위는 **뉴턴·미터**(N · m) 혹은 **줄**(J)이다. 미국에서 통상적인 일의 단위는 **foot-pound**이다. 이유는 거리를 발(foot)로 측정하고 힘을 파운드(pound)로 사용하기 때문이다.

일의 정의에 따르면 복잡성은 물체에 작용하는 힘이 변위의 방향과 같지 않을 경우에 발생한다(그림 5.2). 하지만 힘은 항상 변위에 평행한 성분과 수직인 성분으로 나눌 수 있으며, 변위에 평행한 성분만이 물체에 일을 한다. 이러한 사실은 다음과 같이 좀더 일반적인 일의 정의로 표현될 수 있다.

일정한 힘 $\vec{F}$가 물체에 한 일 $W$는 다음과 같다.

$$W \equiv (F \cos \theta)\ \Delta x \qquad [5.2]$$

여기서 $F$는 힘의 크기, $\Delta x$는 변위의 크기이고, $\theta$는 $\vec{F}$와 $\Delta\vec{x}$ 사이의 각이다.

**국제단위(SI unit): 줄(J)**

그림 5.3은 어떤 사람이 물이 담긴 양동이를 일정한 속도로 수평 방향으로 이동시키는 모습을 나타낸 것이다. 손이 양동이 위쪽 방향으로 작용한 힘은 양동이의 운동 방향에 수직이므로 사람이 한 일은 0이다. 이것은 식 5.2로부터 힘과 운동 방향이 이루는 각이 90°이므로 $\cos 90° = 0$이고, 따라서 $W = 0$임을 알 수 있다. 마찬가지로 중력이 양동이에 한 일도 0이다.

일은 항상 한 물체 이상의 계를 필요로 한다. 예를 들어, 못은 그 자체로 일을 할 수 없지만 망치는 판자에 못을 박음으로써 일을 한다. 일반적으로 물체는 여러 종류의 외력에 의해 움직일 수 있다. 이러한 경우, 물체가 일정한 변위를 이동하는 동안 물체에 한 총 일은 각각의 힘이 한 일의 단순한 합과 같다.

일은 양수 혹은 음수일 수 있다. 식 5.2의 정의에서 $F$와 $\Delta x$는 크기를 나타내고 각각은 결코 음의 값을 갖지 않는다. 따라서 일이 양의 값 혹은 음의 값을 갖는 것은 $\cos \theta$에 전적으로 의존한다. 다시 말해, $\Delta\vec{x}$에 대한 $\vec{F}$의 방향에 의존한다. 두 벡터가 같은 방향으로 0°이면 $\cos 0° = +1$이므로 일은 양의 값을 갖는다. 예를 들어, 한 학생이 그

[1]실제로 근육은 계속적으로 수축과 이완 작용을 하면서 움직이기 때문에 운동을 하는 동안 에너지는 소비된다. 물리학적 정의에 따르면, 이러한 내부근육의 움직임을 일로 간주한다.

림 5.4에서처럼 상자를 들어 올리면 위쪽 방향으로 작용한 힘과 변위가 같은 방향이므로 학생이 상자에 한 일은 양의 값을 갖는다. 하지만, 상자를 천천히 내려 놓을 경우 학생이 작용한 힘은 여전히 위쪽 방향인 반면 상자의 운동 방향은 아래쪽 방향이 된다. 이 경우, $\vec{\mathbf{F}}$와 $\Delta\vec{\mathbf{x}}$는 서로 반대 방향으로 $\cos 180° = -1$이므로 학생이 상자에 한 일은 음의 값을 갖는다. 일반적으로 $\Delta\vec{\mathbf{x}}$에 평행한 힘 $\vec{\mathbf{F}}$의 성분이 $\Delta\vec{\mathbf{x}}$와 같은 방향이면 한 일은 양의 값을 갖고 그렇지 않으면 음의 값을 갖는다.

식 5.1과 5.2에서 힘은 크기와 방향이 일정하다는 가정을 하였으므로 좀더 일반적인 일의 개념, 즉 변하는 힘이 한 일의 특수한 경우는 5.7절에서 다루게 될 것이다.

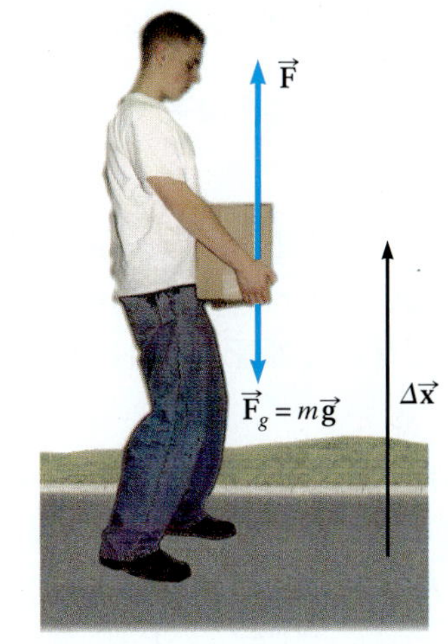


**그림 5.4** 학생이 상자를 들어 올리는 동안 작용한 힘 $\vec{\mathbf{F}}$는 변위와 같은 방향이므로 학생은 양의 일을 한다. 그가 상자를 바닥에 놓으면 그는 음의 일을 한다.

## Quick Quiz 5.1

활용그림 5.5(a)~(d)는 동일한 힘 $F$를 받는 블록이 양의 $x$축 방향으로 변위 $\Delta x$만큼 이동한 모습을 나타낸 것이다. 힘 $F$가 한 일의 양이 양(+)의 가장 큰 값으로부터 음(−)의 가장 작은 값까지 순서대로 나열한 것은? (a) d, c, a, b, (b) c, a, b, d, (c) c, a, d, b

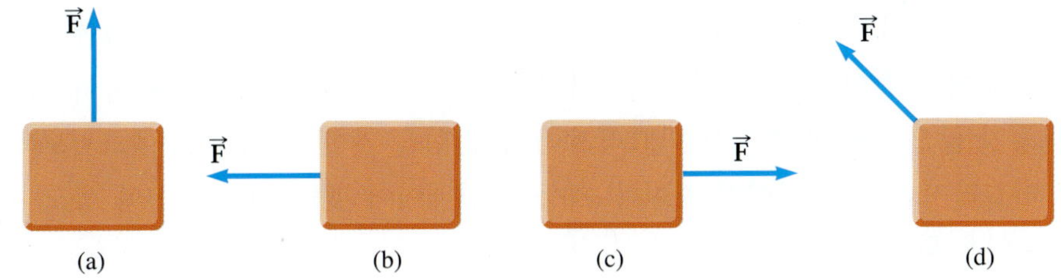


**활용그림 5.5**
힘 $\vec{\mathbf{F}}$가 물체에 작용하여 오른쪽으로 변위가 진행된다. 힘과 변위의 크기는 네 가지 경우 모두 같다.

**PhysicsNow™** **http://physics.brookscole.com/ecp**에서 PhysicsNow를 로그인하고 활용그림 5.5로 들어가서 블록을 움직여보면서 위치에 따라 중력에 대하여 한 일을 살펴보자.

## 예제 5.1 유콘(Yukon) 강을 따라 썰매로 운반하기

**목표** 일정한 힘에 의한 일의 기본 정의를 적용한다.

**문제** 성공적인 물고기 낚시를 마친 에스키모가 연어를 가득 담은 썰매를 당기며 돌아오고 있다. 썰매와 연어의 총 질량은 50.0 kg이고 썰매에 연결된 줄을 에스키모가 당기는 힘은 $1.20 \times 10^2$ N이다. (a) 줄을 수평과 평행(그림 5.6에서 $\theta = 0°$)한 방향으로 하여 썰매를 5.00 m 당기는 동안 에스키모가 한 일은 얼마인가? (b) 줄을 수평과 $\theta = 30.0°$ 방향으로 하여 썰매를 5.00 m 당기는 동안 에스키모가 한 일은 얼마인가? (단, 썰매의 크기는 무시한다.)

**전략** 일에 대한 기본 방정식인 식 5.1과 5.2에 주어진 값을 대입한다.

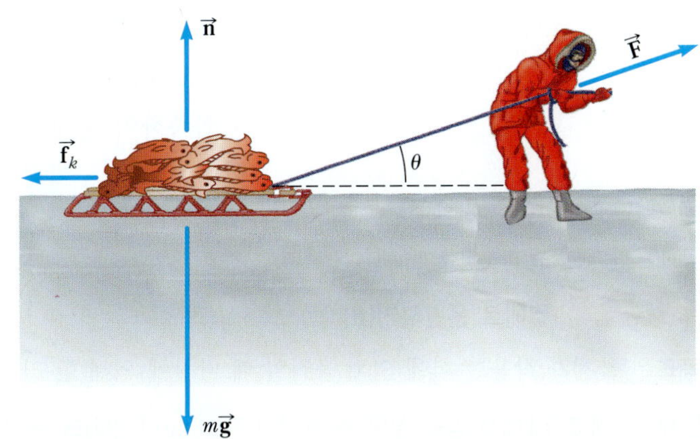


**그림 5.6** (예제 5.1과 5.2) 에스키모가 수평과 각 $\theta$의 방향으로 썰매에 매단 줄을 당긴다.

**풀이**

(a) 힘이 수평 방향일 때 한 일을 구하라.

식 5.1에 주어진 값을 대입한다.

$$W = F\Delta x = (1.20 \times 10^2\ \text{N})(5.00\ \text{m}) = \boxed{6.00 \times 10^2\ \text{J}}$$

(b) 힘이 수평면과 $\theta = 30°$의 각을 이룰 때 한 일을 구하라.

식 5.2에 주어진 값을 대입한다.

$$W = (F\cos\theta)\Delta x = (1.20 \times 10^2\ \text{N})(\cos 30°)(5.00\ \text{m})$$
$$= \boxed{5.20 \times 10^2\ \text{J}}$$

**주의** 수직항력 $\vec{\mathbf{n}}$, 중력 $m\vec{\mathbf{g}}$, 그리고 에스키모가 작용한 힘의 연직 성분은 변위에 수직하므로 일을 하지 않는다. 위 문제에서와 같이 마찰을 무시하는 경우 썰매의 질량은 문제를 해결하는 데 의미가 없으나 다음 절에서 논의 될 일-에너지 정리와 마찰이 있는 곳에서 질량은 문제를 해결하는 데 반드시 필요하다.

**연습문제 5.1**

에스키모가 질량이 50.0 kg인 썰매를 수평한 지형을 따라 50.0 N의 힘으로 민다. (a) 힘을 수평하게 작용하여 에스키모가 썰매에 한 일이 $4.00 \times 10^2$ J이라면, 썰매가 이동한 거리는 얼마인가? (b) 힘을 수평과 45.0° 의 각도로 작용시켜 썰매를 (a)에서와 같은 거리만큼 이동시킬 때, 에스키모가 썰매에 한 일은 얼마인가?

**답** (a) 8.00 m (b) 283 J

## 일과 소모력

**마찰**이 없이는 거의 어떤 일도 할 수 없으므로 마찰에 의한 일은 일상생활에서 매우 중요하다. 예를 들어, 앞에서 에스키모가 썰매를 끌기 위해서는 표면 마찰이 필요하다. 그렇지 않으면 줄이 손에서 미끄러져 썰매에 힘을 가할 수 없으며, 에스키모의 발 또한 미끄러져 바닥에 넘어질 것이다. 자동차, 컨베이어 벨트, 사람의 근육 등도 마찰 없이는 일을 할 수 없다.

물체를 밀거나 당겨서 한 일은 단일 힘의 적용이다. 반면에, 마찰은 접촉면 전체 영역에 걸쳐 수많은 미시적 상호작용에 의해 발생하는 복잡한 과정이다. 금속 표면을 미끄러지는 금속 블록을 생각해 보자. 미시적으로 볼 때, 금속면과 바닥면은 모두 매끄럽지 않은 불규칙한 모양의 돌기로 이루어져 있다. 따라서 서로 접촉시키면 돌기들은 변형되고 열이 발생하여 서로 다른 면에 붙어버리게 된다. 이러한 순간적 접착을 깨뜨리기 위해 일이 가해져야 하고, 다음 절에서 논하듯이 그 대가로 블록의 운동 에너지 일부를 사용해야 한다. 블록이 잃은 에너지는 블록과 주변에 열로 전달되며 일부는 소리로 변환된다.

**☑ Checkpoint 5.3**

정지 마찰력이 역학적 일을 할 수 있는가? 있다면, 예를 들어 보아라.

접촉하여 상대 운동하는 두 물체 사이의 마찰력이 에너지를 복잡한 방식으로 소비한다. 앞으로 "마찰이 한 일"이라는 문구는 역학적 에너지만에 대해 미치는 효과를 의미한다.

### 예제 5.2 썰매로 운반하기(2)

**목표** 물체가 작용한 힘에 의해 움직일 때 마찰에 의해 한 일을 계산한다.

**문제** 예제 5.1에서 짐을 실은 총 질량이 50.0 kg인 썰매와 눈 사이의 운동마찰 계수가 0.200이라 하자. (a) 에스키모가 수평 방향(0°)으로 $1.20 \times 10^2$ N의 힘으로 썰매를 5.00 m 당길 때, 마찰이 썰매에 한 일과 알짜 일을 구하라. (b) (a)에서 작용한 힘의 방향이 수평방향과 30.0° 의 각도로 위로 작용할 때, 마찰이 썰매에 한 일과 알짜 일을 구하라.

**전략** 그림 5.6을 보자. 마찰에 의한 일은 운동마찰 계수, 수직항력, 그리고 변위의 크기에 의존한다. 뉴턴의 제2법칙에서 $y$ 성분으로 수직항력 $\vec{\mathbf{n}}$을 구하고, 이를 이용하여 마찰이 한 일을 계산한다. 그리고 예제 5.1(a)의 결과를 합하면 썰매에 대한 알짜 일을 구할 수 있다. 또한 (b)도 비슷하게 구할 수 있다. 그러나 이 경우 수직항력은 작용된 힘 $\vec{\mathbf{F}}_{\text{app}}$ 때문에 (a) 경우보다 작다.

**풀이**

(a) 작용된 힘이 수평 방향일 때 마찰이 썰매에 한 일과 알짜 힘을 구하라.

먼저 힘의 수직 방향($y$) 성분인 수직항력과 중력은 뉴턴의 제 2법칙에 의해 구한다.

$$\Sigma F_y = n - mg = 0 \longrightarrow n = mg$$

수직항력을 이용하여 마찰이 한 일을 구한다.

$$W_{\text{fric}} = -f_k\Delta x = -\mu_k n\Delta x = -\mu_k mg\Delta x$$
$$= -(0.200)(50.0\text{ kg})(9.80\text{ m/s}^2)(5.00\text{ m})$$
$$= \boxed{-4.90 \times 10^2\text{ J}}$$

수직 방향의 힘이 한 일은 0이므로, 알짜 일은 마찰이 한 일과 예제 5.1에서 구한 작용된 힘이 한 일의 합이다.

$$W_{\text{net}} = W_{\text{app}} + W_{\text{fric}} + W_n + W_g$$
$$= 6.00 \times 10^2\text{ J} + (-4.90 \times 10^2\text{ J}) + 0 + 0$$
$$= \boxed{1.10 \times 10^2\text{ J}}$$

(b) 작용된 힘이 30.0° 각도로 작용할 때 썰매에 한 일과 알짜 일을 구하라.

먼저 수직항력을 뉴턴의 제2법칙의 $y$ 성분으로부터 구한다.

$$\Sigma F_y = n - mg + F_{\text{app}}\sin\theta = 0$$
$$n = mg - F_{\text{app}}\sin\theta$$

수직항력으로부터 마찰이 한 일을 구한다.

$$W_{\text{fric}} = -f_k\Delta x = -\mu_k n\Delta x = -\mu_k(mg - F_{\text{app}}\sin\theta)\Delta x$$
$$= -(0.200)(50.0\text{ kg}\cdot 9.80\text{ m/s}^2$$
$$-1.20 \times 10^2\text{ N}\cdot\sin 30.0^\circ)(5.00\text{ m})$$
$$W_{\text{fric}} = \boxed{-4.30 \times 10^2\text{ J}}$$

알짜 일을 구하기 위해 예제 5.1b의 결과와 마찰이 한 일을 합한다(수직항력과 중력은 일을 하지 않는다).

$$W_{\text{net}} = W_{\text{app}} + W_{\text{fric}} + W_n + W_g$$
$$= 5.20 \times 10^2\text{ J} - 4.30 \times 10^2\text{ J} + 0 + 0 = \boxed{90.0\text{ J}}$$

**주의** 여기서 주목할 사실은 썰매에 한 일이 작용한 힘의 방향에 따라 다르게 나타난다는 것이다. 즉, 동일한 힘이 작용하는 경우, 최적의 각도로 당길 때(이 경우는 대략 15°) 최대의 일을 한다.

**연습문제 5.2**

(a) 에스키모가 50.0 kg인 썰매를 수평한 면 위에서 수평 방향으로 $1.75 \times 10^2$ N의 힘으로 6.00 m 당겼다. 썰매에 한 알짜 일이 $1.50 \times 10^2$ J일 때, 운동마찰계수를 구하라. (b) (a)에서 작용한 힘이 수평 방향으로부터 45.0°의 각도 위로 작용할 때, 운동마찰계수를 구하라.

**답** (a) 0.306 (b) 0.270

## 5.2 운동 에너지와 일-에너지 정리

힘이 복잡하게 주어질 경우 뉴턴의 제2법칙을 사용하여 문제를 푸는 것은 어려울 수 있다. 그 대안은 물체의 속력과 외력이 물체에 한 알짜 일을 연관시키는 것이다. 만약 주어진 변위에 대해 알짜 일을 구할 수 있다면, 물체의 속력을 쉽게 계산할 수 있다.

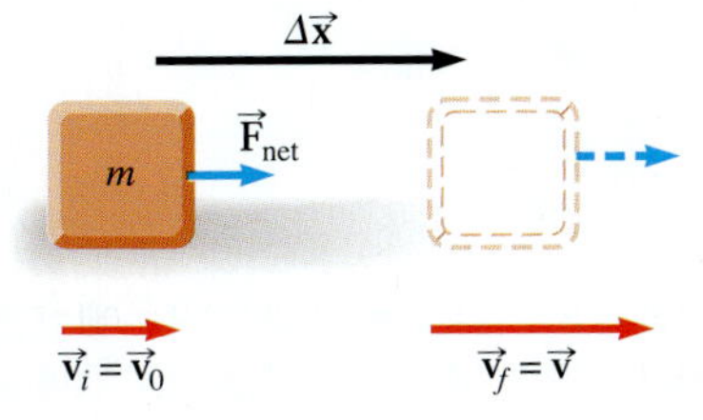

**그림 5.7** 일정한 알짜 힘 $\vec{F}_{\text{net}}$이 작용하여 물체의 변위와 속도가 변한다.

그림 5.7은 질량이 $m$인 물체가 오른쪽으로 작용하는 일정한 크기의 알짜 힘 $\vec{F}_{\text{net}}$을 받아 오른쪽으로 진행하는 것을 나타낸 것이다. 힘이 일정하므로 뉴턴의 제2법칙으로부터 우리는 물체가 등가속도 $\vec{a}$로 운동함을 알 수 있다. 만약 물체의 변위가 $\Delta x$라면 $\vec{F}_{\text{net}}$이 물체에 한 일은 다음과 같다.

$$W_{net} = F_{net}\Delta x = (ma)\Delta x \qquad [5.3]$$

2장에서 물체가 등가속도 운동을 할 때 다음과 같은 관계식이 적용됨을 배웠다.

$$v^2 = v_0^2 + 2a\Delta x \qquad \text{또는} \qquad a\Delta x = \frac{v^2 - v_0^2}{2}$$

위 식을 식 5.3에 대입하면 다음과 같은 식이 얻어진다.

$$W_{net} = m\left(\frac{v^2 + v_0^2}{2}\right)$$

또는

$$W_{net} = \tfrac{1}{2}mv^2 - \tfrac{1}{2}mv_0^2 \qquad [5.4]$$

### ☑ Checkpoint 5.4

만약 어떤 물체를 정지 상태로부터 $v$의 속력까지 가속시키는 데 한 일이 $W$라면, 정지 상태로부터 $2v$만큼 가속시키는 데 한 일은 얼마인가? (a) 2W (b) 3W (c) 4W

따라서 물체에 한 알짜 일은 $\frac{1}{2}mv^2$ 형태의 변화량과 같다. 이 형태는 에너지의 단위이고 물체의 속력을 포함하고 있으므로 물체의 운동과 관계된 에너지로 해석할 수 있으며, 다음과 같이 정의한다.

운동 에너지 ▶

속력 $v$로 움직이는 질량이 $m$인 물체의 **운동 에너지**(kinetic energy, **KE**)는 다음과 같다.

$$KE \equiv \tfrac{1}{2}mv^2 \qquad [5.5]$$

**국제단위(SI unit): 줄(J) = kg · m²/s²**

일과 마찬가지로 운동 에너지는 스칼라량이다. 식 5.4의 정의로부터 다음과 같은 중요한 **일-에너지 정리**(work-energy theorem)를 얻을 수 있다.

일-에너지 정리 ▶

물체에 한 알짜 일은 물체의 운동 에너지의 변화량과 같다.

$$W_{net} = KE_f - KE_i = \Delta KE \qquad [5.6]$$

여기서 운동 에너지의 변화는 전적으로 물체의 속력의 변화에 의한 것이다.

비록 대부분의 경우에는 근사적으로 맞지만 물체를 변형하거나 뜨겁게 하는 일은 식 5.6이 맞지 않으므로 속력에 대한 단서가 필요하다. 식 5.6으로부터 양(+)의 알짜 일 $W_{net}$은 나중 상태의 운동 에너지 $KE_f$가 처음 상태의 운동 에너지 $KE_i$보다 크다는 것을 의미한다. 이것은 물체의 나중 속력이 처음 속력보다 크다는 것을 의미한다. 따라서 양(+)의 알짜 일은 물체의 속력을 증가시키며 음(−)의 알짜 일은 속력을 감소시킨다는 것을 알 수 있다.

다른 관점에서 운동 에너지는 움직이는 물체가 정지하면서 하는 일로도 생각할 수 있다. 예를 들어, 그림 5.8에서와 같이 못을 때리려는 망치를 생각해 보자. 움직이는 망치는 운동 에너지를 갖고 있으며, 따라서 못에 일을 할 수 있다. 못에 작용한 평균 힘을 $F$, 못이 벽 안으로 들어간 거리를 $\Delta x$라 할 때, 못에 작용한 일은 $F\Delta x$이다. 열과 소리로 변환된 약간의 에너지량을 더하면 못에 작용한 일은 망치의 운동 에너지 변화량 $\Delta KE$와 같다.

그림 5.8 움직이는 망치는 운동 에너지를 가지며 못을 벽에 박는 과정을 통해 못에 일을 한다.

편의상 식 5.4는 물체에 작용한 알짜 힘이 일정하다는 가정하에 유도된 것이다. 좀 더 고등 미적분학을 사용한 일반적인 유도는 식 5.4가 변하는 힘의 경우에도 성립한다는 것을 보일 수 있다.

**예제 5.3** **충돌 분석**

**목표** 주어진 힘에 대해 일-에너지 정리를 적용한다.

**문제** 속력 35.0 m/s로 고속도로를 달리던 질량이 $1.00 \times 10^3$ kg인 자동차에 탑승한 운전자가 정지한 앞선 자동차와의 충돌을 피하기 위해 브레이크를 밟았다. 브레이크가 작동한 후 $8.00 \times 10^3$ N 크기의 일정한 마찰력이 차에 적용되었다. 공기저항은 무시한다. (a) 앞 자동차와의 충돌을 막기 위해서 브레이크를 작용하려면 최소 차간 거리는 얼마나 되어야 하는가? (b) 두 자동차 사이의 거리가 초기에 30.0 m라면 충돌 순간의 속력은 얼마인가?

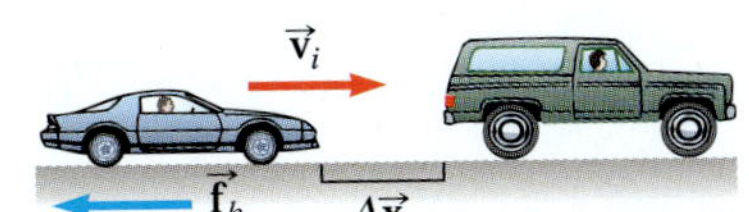


**그림 5.9** (예제 5.3) 사고 직전에 브레이크를 밟는 자동차.

**전략** 수직항력과 중력은 자동차에 수직으로 작용하기 때문에 단지 운동마찰력만 포함하는 알짜 일을 계산한다. 그러면 알짜 일은 운동 에너지의 변화와 같다. (a)에서 최소 거리를 구하기 위해서는 자동차가 앞선 정지한 자동차 바로 뒤에서 정지했으므로 나중 속도 $v_f$를 0으로 놓는다. 여기서 $\Delta x$를 구한다. (b)는 나중 속도가 알려지지 않았다는 것만 제외하면 (a)와 유사하다.

**풀이**

(a) 최소 정지거리를 구하라.

일-에너지 정리를 적용한다.

$$W_{\text{net}} = \frac{1}{2}mv_f^2 - \frac{1}{2}mv_i^2$$

마찰이 한 일과 $v_f = 0$을 대입한다.

$$-f_k\Delta x = 0 - \frac{1}{2}mv_i^2$$

$v_i = 35.0$ m/s, $f_k = 8.00 \times 10^3$ N, $m = 1.00 \times 10^3$ kg을 대입하고 $\Delta x$를 구한다.

$$-(8.00 \times 10^3 \text{ N})\Delta x = \frac{1}{2}(1.00 \times 10^3 \text{ kg})(35.0 \text{ m/s})^2$$

$$\Delta x = \boxed{76.6 \text{ m}}$$

(b) 30.0 m의 거리에서 자동차가 앞선 자동차와 충돌할 때 충돌 속도를 구하라.

일-에너지 정리를 쓴다.

$$W_{\text{net}} = W_{\text{fric}} = -f_k\Delta x = \frac{1}{2}mv_f^2 - \frac{1}{2}mv_i^2$$

나중 속도를 구한다. $2/m$를 곱하고 나중 속도 $v_f$에 관하여 계산한다.

$$v_f^2 = v_i^2 - \frac{2}{m}f_k\Delta x$$

$$v_f^2 = (35.0 \text{ m/s})^2 - \left(\frac{2}{1.00 \times 10^3 \text{ kg}}\right) \times (8.00 \times 10^3 \text{ N})(30.0 \text{ m}) = 745 \text{ m}^2/\text{s}^2$$

$$v_f = \boxed{27.3 \text{ m/s}}$$

**주의** 이 계산은 고속도로에서 항상 적절한 정지거리를 유지하는 것이 얼마나 중요한지를 일깨워 준다. 보통 앞 차의 브레이크 등에 반응하는 시간은 대략 1초 정도이다. 고속으로 달리는 고속도로상에서, 자동차는 브레이크가 완전히 걸리기 전까지 30 m 정도 이동한다. 따라서 고속으로 달리는 자동차의 차 간 거리가 좁으면 매우 위험하다.

**연습문제 5.3**

경찰 조사관이 사고 지점에서 타이어가 직선으로 미끄러진 자국이 27 m가 됨을 측정했다. 마찰력과 자동차의 질량이 예제 5.3과 같다면, 브레이크가 걸렸을 때 자동차의 최소 속력은 얼마였는가?

**답** 20.8 m/s

## 보존력과 비보존력

두 개의 일반적인 힘이 존재한다는 것이 알려져 있다. 그 중 하나를 **보존력**(conservative force)이라 부르는데, 중력은 그 한 예이다. 보존력의 근원을 이해하기 위해 10 m 플랫

그림 5.10 중력은 보존력이므로, 다이빙 선수는 중력에 대항해서 사다리를 타고 올라갈 때 한 일을 운동 에너지로 다시 얻는다. 마찰이 없는 미끄럼틀의 경우에도 결과는 같다.

폼의 꼭대기를 올라가는 다이빙 선수를 생각해 보자. 이 선수는 플랫폼에 오르는 과정에서 중력에 저항하여 일을 해야 한다. 하지만, 일단 꼭대기에 올라가면 그는 다이빙을 통해 자신이 한 일을 운동 에너지로 복구한다. 물에 닿기 전 이 선수의 운동 에너지는 플랫폼에 오르는 과정에서 중력에 저항하여 한 일에서 공기저항과 내부의 근육마찰과 같은 비보존력에 의한 노력을 빼준 값과 같다.

**비보존력**(non-conservative force)은 일반적으로 낭비하는 힘, 즉 비보존력이 작용한 대상의 에너지를 임의로 분산시키는 경향을 띤다. 에너지의 분산은 종종 열 혹은 소리의 형태를 취한다. 운동마찰과 공기저항이 좋은 예이다. 비행기 엔진이 비행기에 작용하는 힘, 프로펠러가 잠수함에 작용하는 추진력 또한 비보존력이다.

비보존력에 대항하여 한 일은 쉽게 복구되지 않는다. 거친 표면 위에서 물체를 끄는 것은 일을 요구한다. 예제 5.2에서 보듯 에스키모가 마찰이 있는 표면상에서 썰매를 끌 때, 알짜 일은 마찰이 없는 경우보다 작다. 사라진 에너지는 썰매와 주변의 온도를 올리는 데 사용된다. 열역학에서 공부하겠지만, 그와 같은 에너지 손실은 피할 수 없으며 복구도 되지 않으므로 이러한 힘들을 비보존력이라 부른다.

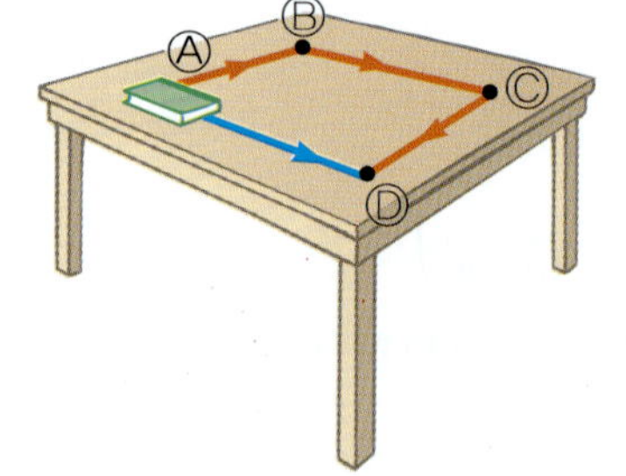


그림 5.11 마찰은 비보존력이므로, 경로 Ⓐ-Ⓑ, Ⓑ-Ⓒ, 그리고 Ⓒ-Ⓓ를 따라 책을 밀 때 한 일은 책을 직접 Ⓐ에서 Ⓓ로 밀 때 한 일의 세 배가 필요하다.

보존력과 비보존력을 구별하는 또 다른 방법은 서로 다른 경로를 따라 두 지점 사이를 움직이는 물체에 작용한 힘이 한 일을 측정하는 것이다. 그림 5.10에서와 같이 마찰이 없는 미끄럼틀을 내려오는 사람에게 중력이 한 일은 같은 높이에서 다이빙하는 사람에게 중력이 한 일과 같다. 이 등식은 비보존력의 경우에는 적용되지 않는다. 예를 들어 그림 5.11에서는 Ⓐ점에서 Ⓓ점으로 직접 책을 이동시키는 데 마찰에 대해 일을 필요로 한다. 하지만 책을 정사각형의 가장자리에 놓인 다른 세 점을 따라, Ⓐ에서 Ⓑ, Ⓑ에서 Ⓒ, 그리고 Ⓒ에서 Ⓓ로 이동시키는 데 앞선 경우보다 세 배의 일을 필요로 한다. 이 관측으로 다음과 같이 보존력을 정의할 수 있다.

보존력 ▶

> 임의의 두 점 사이에 물체를 이동시키는 데 어떤 힘이 한 일이 경로에 무관하게 모두 같다면 그 힘은 보존력이다.

앞에서 보았듯이 비보존력은 이러한 특성이 없다. 식 5.6의 일-에너지 정리는 보존력이 한 일 $W_c$과 비보존력이 한 일 $W_{nc}$로 나눌 수 있다. 즉, 알짜 일은 두 일의 합이다.

$$W_{nc} + W_c = \Delta KE \qquad [5.7]$$

보존력은 또 다른 유용한 특성을 갖는다. 보존력이 한 일은 **위치 에너지**(potential energy)라 부르는 양으로 고쳐 쓸 수 있다. 위치 에너지는 선택한 어떤 경로에 관계 없이 오직 경로상의 처음과 나중 점에만 의존하는 양이다.

## 5.3 중력에 의한 위치 에너지

운동 에너지를 갖는 물체는 운동하는 망치가 못을 벽에 박는 것과 같이 다른 물체에 일을 할 수 있다. 높은 선반 위에 놓인 벽돌 또한 일을 할 수 있다. 벽돌이 선반에서 떨어지면 아래로 가속되어 마룻바닥에 있던 못을 정면으로 쳐서 못을 박을 수 있다. 이 벽돌은 선반에 있을 때 잠재적으로 일을 할 수 있는 능력을 갖고 있었기 때문에 벽돌은 **위치 에너지**(potential energy)를 갖고 있다고 말한다.

위치 에너지는 한 물체보다는 **계**(system)의 특성이다. 그 이유는 그림 5.10에서 낙하하는 다이빙 선수와 지구와의 관계처럼 공간에서 물리적 위치는 힘의 중심과 관계가 있기 때문이다. 이 장에서 우리는 계를 힘 또는 내부의 또 다른 과정을 통해 상호작용하는 물질의 집합으로 정의한다. 위치 에너지는 보존력이 한 일을 해석하는 또 다른 방법이다.

### 중력이 한 일과 위치 에너지

중력을 포함하는 문제에서 일-에너지 정리를 사용하려면 중력이 한 일을 계산해야 한다. 대부분의 궤도, 예를 들어 포물선을 그리는 공과 같은 궤도에서 중력이 공에 한 일은 미적분학으로부터의 세밀한 계산이 필요하다. 다행스럽게도, 보존력 장에서는 위치 에너지와 같은 간단한 대안이 존재한다.

중력은 보존력이고, 모든 보존력에 대해서는 위치 에너지 함수라 부르는 특별한 표현을 찾을 수 있다. 물체의 운동 경로상의 임의의 두 점에서 계산한 함수의 차이가 두 점 사이에 작용한 힘이 한 일의 음(−)의 값을 준다. 일, 운동 에너지와 마찬가지로 위치 에너지 역시 스칼라량이다.

물체가 한 점에서 다른 점으로 움직일 때 첫 번째 단계는 중력이 물체에 한 일을 계산하는 것이다. 일의 음(−)의 값은 계의 중력 위치 에너지의 변화이고, 이 표현으로부터 우리는 위치 에너지 함수를 찾아 낼 수 있다.

그림 5.12에서 질량이 $m$인 책이 높이 $y_i$로부터 $y_f$로 낙하하는 모습을 나타낸 것이고, 양(+)의 $y$축은 지면으로부터의 위치를 나타낸 것이다. 공기 저항을 무시하면 책에 작용하는 힘은 오직 중력뿐이다. 이때 중력이 한 일은 얼마인가? 힘의 크기는 $mg$이고 물체의 변위는 $\Delta y = y_i - y_f$(양의 값)이며 $\vec{\mathbf{F}}$와 $\Delta y$는 같은 방향으로 아랫방향을 향한다. 식 5.2의 일의 정의를 적용하면 다음과 같은 중력이 한 일을 구할 수 있다.

$$W_g = F\Delta y \cos\theta = mg(y_i - y_f)\cos 0° = -mg(y_f - y_i) \qquad [5.8]$$

여기서 음(−)의 부호를 빼낸 것은 나중에 위치 에너지와의 관계를 정의하기 위해서이다. 중력은 보존력이므로 중력이 한 일인 식 5.8은 경로에 관계 없이 모든 물체에 적용된다. 이제 $W_g$는 일-에너지 정리에서 중력이 한 일로 나타날 것이다. 이 절의 나머지 부분에서는 중력과 비보존력을 포함하는 계에 대해서만 다루고자 한다. 그러면

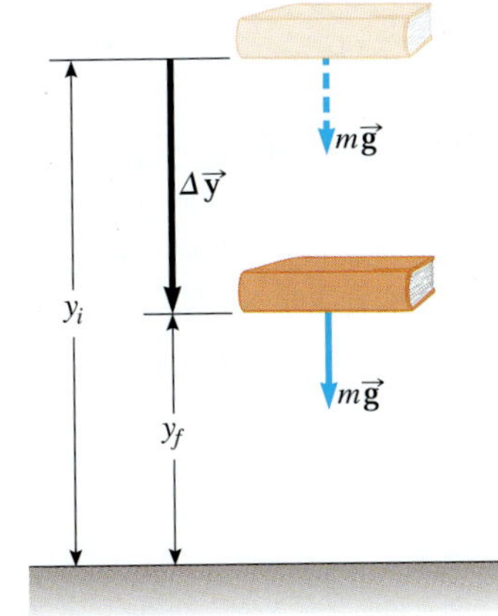


**그림 5.12** 책이 높이 $y_i$로부터 $y_f$까지 낙하하는 동안 중력이 한 일은 $mgy_i - mgy_f$이다.

식 5.7은 다음과 같이 쓸 수 있다.

$$W_{\text{net}} = W_{nc} + W_g = \Delta KE$$

여기서 $W_{nc}$는 비보존력이 한 일이다. 식 5.8에서 $W_g$를 대입하면 다음과 같다.

$$W_{nc} - mg(y_f - y_i) = \Delta KE \qquad [5.9a]$$

양변에 $mg(y_f - y_i)$를 더하면

$$W_{nc} = \Delta KE + mg(y_f - y_i) \qquad [5.9b]$$

을 얻는다. 이제 정의에 의해 중력이 한 일과 중력 위치 에너지의 관계를 알아 보면 다음과 같다.

중력 위치 에너지 ▶

> 지구와 지구표면 근처에 있는 질량 $m$인 물체로 구성된 계의 중력 위치 에너지는 다음과 같다.
>
> $$PE \equiv mgy \qquad [5.10]$$
>
> 여기서 $g$는 중력 가속도이고, $y$는 지구표면(혹은 다른 기준점)에 대한 물체의 수직 위치이다.
>
> **국제단위(SI unit): 줄(J)**

이 정의에서 $y = 0$은 일반적으로 지구표면에 위치하지만, 다음에 얘기하겠지만 꼭 그럴 필요는 없다. 실제로는 위치 에너지의 **차이**만이 문제가 된다.

따라서 지구표면 근처에 위치한 물체와 관련된 중력 위치 에너지는 물체의 무게 $mg$와 지구표면으로부터의 수직 위치 $y$와의 곱과 같다. 이 정의로부터 중력이 한 일과 중력 위치 에너지는 다음과 같은 관계를 갖는다.

$$W_g = -(PE_f - PE_i) = -(mgy_f - mgy_i) \qquad [5.11]$$

**TIP 5.2 위치 에너지는 쌍을 취한다.**
위치 에너지는 항상 두 개 이상의 상호작용하는 물체 계를 다룬다. 예를 들어, 지구와 야구공은 중력을 통해 상호작용한다.

중력이 한 일은 중력 위치 에너지 변화의 음(−)의 값과 같다.

끝으로, 식 5.11과 식 5.9b를 사용하면 다음과 같은 확장된 개념의 일−에너지 정리를 얻는다.

$$W_{nc} = (KE_f - KE_i) + (PE_f - PE_i) \qquad [5.12]$$

이 방정식은 비보존력이 한 일 $W_{nc}$는 운동 에너지의 변화량과 중력 위치 에너지의 변화량을 합한 것과 같음을 의미한다.

식 5.12는 중력 이외의 다른 보존력이 존재하는 경우에도 항상 성립한다. 이러한 추가적인 보존력이 한 일은 다시 위치 에너지의 변화로 나타낼 수 있으며, 식 5.12의 오른쪽에 중력 위치 에너지와 함께 나타낼 것이다.

### 중력 위치 에너지에 대한 기준점

중력 위치 에너지를 포함하는 문제를 푸는 데 있어서, 위치 에너지를 0으로 하는 지점을 정하는 것은 매우 중요하다. 이것은 식 5.10에서 $y = 0$을 정하는 것과 같다. 기준점의 선택은 완전히 임의적인 것으로, 단지 중요한 것은 위치 에너지의 **차이**일 뿐이다. 이 차이는 기준점의 선택과는 관계 없이 항상 같을 것이다. 하지만 일단 기준점이 결

**그림 5.13** 임의의 기준점. 예를 들어 책상, 방의 마룻바닥, 혹은 건물 밖의 지면은 책-지구 계에서 중력 위치 에너지가 0인 지점으로 사용될 수 있다.

정되면, 그 문제에 대해서는 고정시켜야 한다.

지구표면을 위치 에너지가 0인 기준점으로 잡는 것은 항상 가능하지만 문제에 따라 편리한 위치를 정해야 할 것이다. 예를 들어, 그림 5.13에서와 같이 몇몇 가능한 위치에 있는 책을 생각해 보자. 책이 점 Ⓐ에 놓인 경우, 위치 에너지를 0으로 하는 자연스러운 기준점은 책상의 표면이다. 책이 점 Ⓑ에 놓인 경우는 마룻바닥을 기준점으로 하는 것이 자연스럽게 보인다. 마지막으로 책이 창 밖의 점 Ⓒ에 놓인 경우는 지구표면을 위치 에너지가 0이 되는 기준점으로 잡을 수 있을 것이다. 하지만 이러한 선택은 별 차이가 없다. 세 개의 기준점 중 어느 하나를 책의 위치 Ⓐ, Ⓑ, Ⓒ에 상관없이 기준점으로 정할 수 있다. 예제 5.4는 이러한 중요한 사실을 설명하고 있다.

## 예제 5.4 스키 타기

**목표** 기준점 선택에 따른 중력에 의한 위치 에너지 변화를 계산한다.

**문제** 그림 5.14는 슬로프의 꼭대기에 있는 질량이 60.0 kg인 스키 선수를 나타낸 것이다. 초기에 스키 선수는 Ⓑ로부터 수직으로 10.0 m 올라간 위치 Ⓐ에 있다. (a) Ⓑ점을 중력 위치 에너지가 0인 지점으로 할 때, 스키 선수가 Ⓐ점과 Ⓑ점에 있을 때 계의 중력 위치 에너지를 각각 구하라. 또한 스키 선수가 Ⓐ점에서 Ⓑ점으로 내려올 때 스키 선수-지구 계의 위치 에너지의 변화를 구하라. (b) Ⓐ에서 위치 에너지를 0으로 잡을 경우, (a)의 계산을 반복하라. (c) Ⓑ에서 수직으로 2.00 m 높이에 있는 점을 위치 에너지의 기준점으로 할 경우 (a)의 계산을 반복하라.

**전략** 정의를 따르고 부호에 주의하라. 처음 점 Ⓐ는 중력 위치 에너지가 $PE_i$이고, 마지막 점 Ⓑ는 중력 위치 에너지가 $PE_f$이다. $PE = mgy$이므로 $y = 0$으로 선택된 지점의 위치 에너지 역시 0이다.

**그림 5.14** (예제 5.4)

**풀이**

(a) Ⓑ를 $y = 0$으로 놓자. Ⓐ, Ⓑ에서 위치 에너지를 구하고 위치 에너지 변화를 구하라.

식 5.10으로부터 Ⓐ에서 위치 에너지 $PE_i$를 구한다.

$$PE_i = mgy_i = (60.0 \text{ kg})(9.80 \text{ m/s}^2)(10.0 \text{ m}) = 5.88 \times 10^3 \text{ J}$$

Ⓑ점에서 위치 에너지는 $PE_f = 0$이다. Ⓐ와 Ⓑ에서 위치 에너지의 차이를 구한다.

$$PE_f - PE_i = 0 - 5.88 \times 10^3 \text{ J} = \boxed{-5.88 \times 10^3 \text{ J}}$$

(b) Ⓐ에서 $y = 0$으로 놓으면, 새 기준점 Ⓐ에서 위치 에너지 $PE = 0$이다.

Ⓑ에서 $y = -10.0$ m를 이용하여 위치 에너지 $PE_f$를 구한다.

$$PE_f = mgy_f = (60.0\ \text{kg})(9.80\ \text{m/s}^2)(-10.0\ \text{m}) = -5.88 \times 10^3\ \text{J}$$

$$PE_f - PE_i = -5.88 \times 10^3\ \text{J} - 0 = \boxed{-5.88 \times 10^3\ \text{J}}$$

(c) Ⓑ에서 수직으로 2.00 m 높이에 있는 점을 $y = 0$으로 놓는다.

Ⓐ에서의 위치 에너지 $PE_i$를 구한다.

$$PE_i = mgy_i = (60.0\ \text{kg})(9.80\ \text{m/s}^2)(8.00\ \text{m}) = 4.70 \times 10^3\ \text{J}$$

Ⓑ에서의 위치 에너지 $PE_f$를 구한다.

$$PE_f = mgy_f = (60.0\ \text{kg})(9.80\ \text{m/s}^2)(-20.0\ \text{m}) = -1.18 \times 10^3\ \text{J}$$

위치 에너지의 차이는 다음과 같다.

$$PE_f - PE_i = -1.18 \times 10^3\ \text{J} - 4.70 \times 10^3\ \text{J} = \boxed{-5.88 \times 10^3\ \text{J}}$$

**주의** 이 계산은 스키 선수가 슬로프를 따라 Ⓐ에서 Ⓑ까지 내려올 때 중력 위치 에너지의 변화량이 기준점에 상관없이 모두 같다는 것을 보여 준다.

**연습문제 5.4**

예제 5.4에서 Ⓑ에서 수직으로 5.00 m 높이에 있는 점을 위치 에너지의 기준점으로 할 경우, 초기 위치 에너지, 나중 위치 에너지, 그리고 Ⓐ와 Ⓑ 사이의 위치 에너지의 차이를 각각 구하라.

**답** 2.94 kJ, −2.94 kJ, −5.88 kJ

## 중력과 역학적 에너지 보존

보존법칙은 물리학에서 매우 중요한 역할을 한다. **어떤 물리량이 보존될 때 그 물리량의 양적 값은 물리적 과정을 통틀어서 변함없이 같다.** 비록 물리량의 형태는 어떤 방식으로 변할 수 있지만 **처음 값과 나중 값은 항상 같다.**

단지 중력의 영향하에서 낙하하는 물체의 운동 에너지 $KE$와 중력 위치 에너지 $PE$가 계속해서 변한다. 분명히, 각각의 양들은 보존되지 않는다. 모든 비보존력은 없다는 가정하에 식 5.12에서 $W_{nc} = 0$으로 놓으면 다음과 같은 매우 흥미로운 결과를 얻는다.

$$KE_i + PE_i = KE_f + PE_f \tag{5.13}$$

이 방정식에 따르면, **운동 에너지와 중력 위치 에너지의 합은 항상 일정하며 따라서 보존량이다.** 총 역학적 에너지를 $E = KE + PE$라 놓으면 **총 역학적 에너지는 보존된다고 말한다.**

**TIP 5.3 보존 원리**
식 5.13과 같은 고립계에서 역학적 에너지 보존과 같이 수많은 보존법칙이 존재한다. 예를 들어, 나중에 배우겠지만 운동량, 각운동량, 그리고 전하는 모두 보존량이다. 보존량들은 물리적 상호작용을 하는 동안은 형태를 바꿀지라도 계의 총량은 결코 변하지 않는다.

어떻게 이러한 개념이 성립하는가를 보이기 위해 벼랑 끝에서 돌멩이를 던진다고 생각해 보자. 공기저항을 무시하면 돌멩이가 낙하하는 동안 속력은 증가하고 따라서 운동 에너지는 증가한다. 돌멩이가 지면에 가까이 도달할수록 돌멩이–지구 계의 위치 에너지는 감소한다. 돌멩이가 아래로 낙하하는 동안 잃어버린 위치 에너지는 운동 에너지로 변환되고, 따라서 식 5.13은 공기저항과 같은 비보존력이 없다면 정확하게 에너지의 교환이 이루어짐을 의미한다. 이러한 사실은 중력 이외의 다른 모든 보존력에 대해서 항상 성립한다.

역학적 에너지의 보존 ▶

보존력을 통해서만 상호작용하는 물체들의 고립계에서, 계의 총 역학적 에너지는 $E = KE + PE$로 항상 일정하다.

중력이 계 안에서 일을 하는 **유일한** 힘이라면, 역학적 에너지 보존법칙은 다음과 같은 형태를 취한다.

$$\frac{1}{2}mv_i^2 + mgy_i = \frac{1}{2}mv_f^2 + mgy_f \qquad [5.14]$$

이 방정식의 형태는 중력만을 포함하는 문제를 푸는 경우 특히 유용하다. 만약 다른 보존력이 존재할 경우 부가적인 항들을 더해 주어야 한다.

**Quick Quiz 5.2**

그림 5.15는 건물의 옥상에서 동일한 초기 속력으로 던져진 세 개의 동일한 공을 나타낸 것이다. 첫 번째 공은 수평으로, 두 번째 공은 수평선과 어떤 각도의 위쪽으로, 그리고 세 번째 공은 수평선과 어떤 각도의 아래쪽으로 던져졌다. 공기저항을 무시할 경우, 이들이 지면에 도달하는 순간 가장 빠른 순서로부터 가장 느린 순서로 바르게 짝지은 것은? (a) 1, 2, 3, (b) 2, 1, 3, (c) 3,1,2, (d) 세 개의 공이 같은 속력으로 지면에 도달한다.

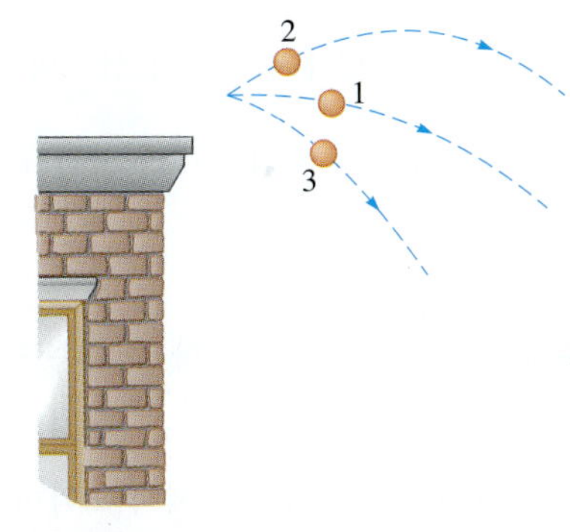


**활용그림 5.15**
건물의 꼭대기로부터 동일한 속력으로 던져진 동일한 세 개의 공.

**Physics Now™**
**http://physics.brookscole.com/ecp**에서 PhysicsNow를 로그인하고 활용그림 5.15로 들어가서 건물의 꼭대기에서 다른 각도로 공을 던질 경우 공이 지면에 도달할 때의 속도와 궤도를 비교해 보자.

**문제풀이 전략** 역학적 에너지 보존 적용

역학적 에너지 보존을 중력을 포함하는 문제에 적용할 경우 다음과 같은 단계를 취한다.

1. 모든 상호작용하는 물체를 포함하는 계를 정의한다. 중력 위치 에너지가 0이 되는 기준 위치는 $y = 0$으로 선택한다.
2. 물체를 선택하고, 물체의 초기 위치와 정보를 알고자 하는 위치를 선택한다.
3. 비보존력이 없음을 증명한 후, 에너지 보존 방정식 식 5.14를 적는다. 미지의 양을 파악한다.
4. 알고 있는 양과 미지의 양(속력 혹은 위치)을 대입하여 방정식을 푼다.

앞서 설명했듯이, 어떤 숫자를 대입해서 직접 풀기보다는 먼저 기호를 사용하여 풀어 본다. 그 이유는 나중에 가능한 오류를 조사할 때 편리하기 때문이다. 만약 어떤 양의 값이 0이라면 직접 숫자를 대입하여 푸는 것이 훨씬 간단하다.

**연관된 예제 5.5** 과감한 다이빙 선수

**목표** 중력의 존재하에 수직으로 떨어진 물체의 속도를 구하기 위해 에너지 보존법칙을 사용한다.

**문제** 그림 5.16은 수면으로부터 높이 10.0 m 위치에 있는 다이빙 보드로부터 질량 $m$인 다이빙 선수가 낙하하는 모습을 나타낸 것이다. 공기저항은 무시한다. (a) 역학적 에너지 보존법칙을 사용하여 수면으로부터 5.00 m에서의 다이빙 선수의 속력을 구하라. (b) 다이빙 선수가 수면에 닿는 순간의 속력을 구하라.

**전략** 문제풀이 전략을 이용한다. 단계 1: 다이빙 선수와 지구를 계로 선택한다. 다이빙 선수가 떨어질 때, 단지 다이빙 선수에게는 중력만 작용한다(공기저항은 무시한다). 그리고 계의 역학적 에너지는 보존되고 (a)와 (b)에 에너지 보존법칙을 사용한다. 수면을 $y = 0$으로 놓는다. 단계 2: (a)에서는 $y = 10.0$ m와 $y = 5.00$ m 지점의 위치를 선택한다. (b)에서는 $y = 10.0$ m와 $y = 0$ m 지점의 위치를 선택한다.

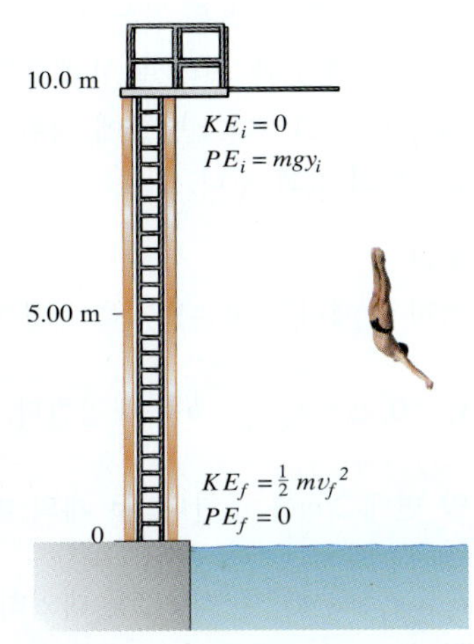


**그림 5.16** (연관된 예제 5.5) 중력 위치 에너지가 0인 지점을 물의 표면으로 잡은 경우.

**풀이**

(a) $y$ = 5.00 m에서 다이빙 선수의 속력을 구하라.

단계 3: 역학적 에너지 보존 법칙을 적용한다.

$$KE_i + PE_i = KE_f + PE_f$$

$$\frac{1}{2}mv_i^2 + mgy_i = \frac{1}{2}mv_f^2 + mgy_f$$

단계 4: $v_i = 0$이고 양변의 질량 $m$을 상쇄시켜 정리하고 $v_f$를 구한다.

$$0 + gy_i = \frac{1}{2}v_f^2 + gy_f$$

$$v_f = \sqrt{2g(y_i - y_f)} = \sqrt{2(9.80\ \text{m/s}^2)(10.0\ \text{m} - 5.00\ \text{m})}$$

$$v_f = \boxed{9.90\ \text{m/s}}$$

(b) $y$ = 0인 수면에서 다이빙 선수의 속력을 구하라.

$y_f$ = 0일 때의 속력은 (a)에서와 같이 구한다.

$$0 + mgy_i = \frac{1}{2}mv_f^2 + 0$$

$$v_f = \sqrt{2gy_i} = \sqrt{2(9.80\ \text{m/s}^2)(10.0\ \text{m})} = \boxed{14.0\ \text{m/s}}$$

**주의** 여기서 중간 지점에서의 속력은 최종 속력의 절반이 아님에 유의하자.

**연습문제 5.5**

만약 다이빙 선수가 보드에서 도약하여 초기 속력 3.50 m/s 위쪽으로 올라간다면, 수면에 닿기 직전의 속력을 구하라.

**답** 14.4 m/s

**Physics Now™** **http://physics.brookscole.com/ecp**에서 PhysicsNow를 로그인하고 연관된 예제 5.5로 들어가서 떨어지는 공에 대한 역학적 에너지의 보존을 관찰하자.

## 예제 5.6 뛰어오르는 메뚜기

**목표** 속력을 계산하기 위해 역학적 에너지 보존법칙을 사용한다.

**문제** 그림 5.17은 강력한 메뚜기가 수평면으로부터 45°의 각도로 뛰어올라 최고 높이 1.00 m까지 도달한 모습을 나타낸 것이다. 지면을 떠나기 전 초기 속력 $v_i$를 구하라. 단 공기저항은 무시한다.

**전략** 이 문제는 에너지 보존법칙과 초기 속도와 그것의 $x$ 성분 사이의 관계를 이용하여 풀 수 있다. 초기 상태는 제쳐두고, 나중 상태는 최대 높이가 $y$ = 1.00 m이다. 최대 높이에서 메뚜기는 단지 $x$ 방향에서 $v_x$의 속력을 갖는다. 에너지 보존법칙은 두 개의 미지수, 즉 초기 속력 $v_i$와 최대 높이에서의 속도 $v_x$에 대한 하나의 방정식을 제공한다. 그러나 $x$ 방향에 대한 힘이 없기 때문에 $v_x$는 초기 속력의 $x$ 성분의 값과 같다.

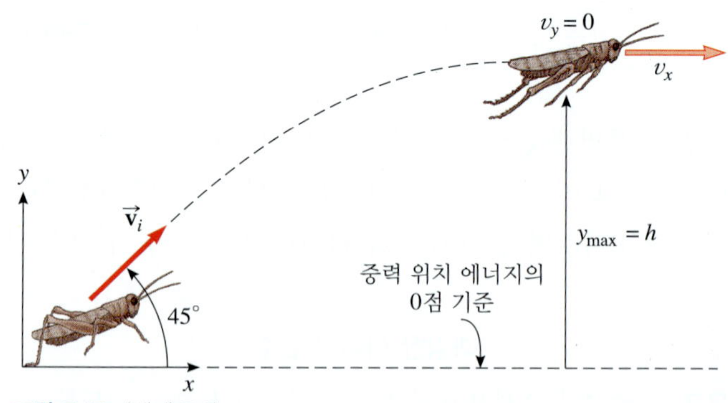

**그림 5.17** (예제 5.6)

**풀이**

역학적 에너지 보존법칙을 사용한다.

$$\frac{1}{2}mv_i^2 + mgy_i = \frac{1}{2}mv_f^2 + mgy_f$$

$y_i = 0$, $v_f = v_x$, $y_f = h$를 대입한다.

$$\frac{1}{2}mv_i^2 = \frac{1}{2}mv_x^2 + mgh$$

양 변에 $2/m$를 곱한다. 두 개의 미지수와 한 개의 방정식을 얻는다.

$$v_i^2 = v_x^2 + 2gh \qquad (1)$$

$v_x = v_i \cos 45°$를 식 (1)에 대입하고, 이를 정리하여 $v_i$ 값을 계산한다.

$$v_i^2 = (v_i \cos 45°)^2 + 2gh = \frac{1}{2}v_i^2 + 2gh$$

$$v_i = 2\sqrt{gh} = 2\sqrt{(9.80\ \text{m/s}^2)(1.00\ \text{m})} = \boxed{6.26\ \text{m/s}}$$

**주의** 마지막 답은 놀랄만큼 큰 값이다. 또한 이 값은 곤충의 세기가 그들의 크기와 얼마나 관계있는지 설명한다.

**연습문제 5.6**

투석기가 돌멩이를 수평면과 30.0° 의 각도로 쏘아 올렸다. 돌멩이가 최고점에 도달하는 순간의 속력이 30.0 m/s라면 최고점의 높이는 얼마인가?

**답** 15.3 m

## 중력과 비보존력

비보존력이 중력과 함께 작용할 경우, 4장의 기교를 통해 완전한 일-에너지 정리가 사용 되어야만 한다. 문제를 푸는 것은 앞서 정리한 에너지 보존에 대한 문제풀이 전략을 이용한다. 단지 차이점은 식 5.14의 위치 에너지를 갖는 일-에너지 정리 대신에 식 5.12를 사용하여야 한다는 것이다.

**TIP 5.4 중력과 중력 위치 에너지가 한 일을 동시에 사용하지 마시오!**
중력 위치 에너지는 단지 일-에너지 정리에서 중력이 한 일을 포함하는 또 다른 방법이다. 두 개념을 방정식에서 동시에 사용하지 마라. 만약 그렇게 하면 중복취급 하는 것이다!

### 예제 5.7 스키타기

**목표** 수평면상의 마찰을 포함하는 일-에너지 정리와 역학적 에너지 보존법칙을 결합시킨다.

**문제** 그림 5.18은 스키 선수가 마찰이 없는 높이 20.0 m인 경사면의 정상에서 정지해 있다가 스키를 타고 내려오는 모습이다. 경사면 바닥의 수평면에는 스키와 눈 사이의 마찰계수가 0.210인 마찰이 존재한다. (a) 경사면 바닥에서 스키 선수의 속력은? (b) 스키 선수가 수평면에서 정지할 때까지 이동한 거리는?

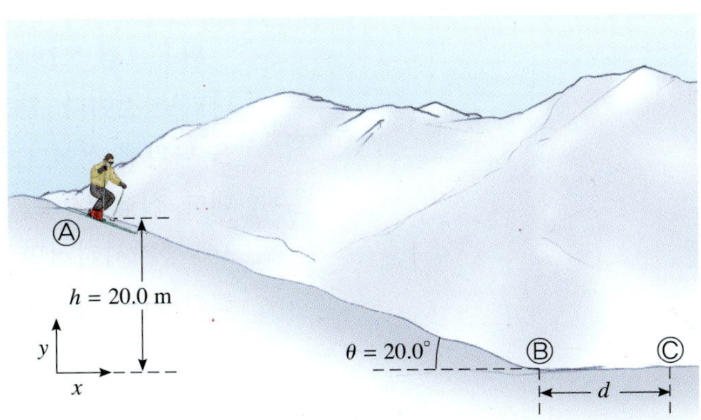


**그림 5.18** (예제 5.7) 스키 선수가 경사면을 따라 내려와 경사면 끝에서 거리 $d$만큼 수평으로 이동한 후 정지하였다.

**전략** 마찰이 없는 경사면을 내려오는 스키 선수는 연관된 예제 5.5에서의 다이빙 선수와 같은 방법으로 계산한다. 즉 바닥에 속력 $v_{Ⓑ}$를 구하기 위하여 역학적 에너지 보존법칙을 사용한다. 거친 면을 갖는 수평면에서는 일-에너지 정리 식 5.12와 $W_{nc} = W_{\text{fric}} = -f_k d$를 이용하여 계산한다. 여기서 $f_k$는 마찰력이고, $d$는 이동한 거리이다.

**풀이**

(a) 바닥에서 스키선수의 속력을 구하라.

스키 선수의 출발점을 Ⓐ, 경사면의 바닥점을 Ⓑ라 할 때 연관된 예제 5.5a에서의 절차를 따라 계산한다. 즉, 역학적 에너지 보존법칙을 이용한다.

$$\frac{1}{2}mv_{Ⓐ}^2 + mgy_{Ⓐ} = \frac{1}{2}mv_{Ⓑ}^2 + mgy_{Ⓑ}$$

$$0 + mgh = \frac{1}{2}mv_{Ⓑ}^2 + 0$$

$$v_{Ⓑ} = \sqrt{2gh} = 2\sqrt{(9.80\text{ m/s}^2)(2.00\text{ m})} = \boxed{19.8\text{ m/s}}$$

(b) 거친 면을 갖는 수평면에서 이동한 거리를 구하라.

스키 선수가 수평면에서 정지한 지점을 Ⓒ라 할 때, Ⓑ점과 Ⓒ점 사이에서 일-에너지 정리를 적용한다.

$$W_{\text{net}} = -f_k d = \Delta KE = \frac{1}{2}mv_{Ⓒ}^2 - \frac{1}{2}mv_{Ⓑ}^2$$

$v_{Ⓒ} = 0, f_k = \mu_k n = \mu_k mg$를 대입한다.

$$-\mu_k mgd = -\frac{1}{2}mv_{Ⓑ}^2$$

$d$에 대해 푼다.

$$d = \frac{v_{Ⓑ}^2}{2\mu_k g} = \frac{(19.8\text{ m/s})^2}{2(0.210)(9.80\text{ m/s}^2)} = \boxed{95.2\text{ m}}$$

**주의** 이동거리 $d$의 계산에서 $v_{Ⓑ} = \sqrt{2gh}$를 대입하면, $d$는 높이 $h$에 정비례하므로 높이를 2배 하면 이동거리도 2배가 됨을 알 수 있다.

**연습문제 5.7**

만약 경사면에도 마찰계수가 0.210인 마찰이 존재한다면, 스키 선수가 수평면에서 정지할 때까지 수평으로 이동한 거리 $d$는 얼마인가?

**답** 40.3 m

## 5.4 용수철의 위치 에너지

용수철은 현대 과학기술에 있어서 중요한 요소이다. 용수철은 시계, 장난감, 기차 등 다양한 종류의 기계장치에서 볼 수 있다. 여기서 용수철을 간략히 소개하고 13장에서 좀더 자세히 알아보고자 한다.

용수철을 당기거나 압축시킬 때 작용한 힘이 한 일은 작용한 힘을 제거하면 원래 상태로 회복된다. 따라서, 중력과 마찬가지로 용수철에 작용한 힘은 보존력이다. 이것은 위치 에너지 함수를 정의할 수 있으며 일-에너지 정리에 사용될 수 있음을 의미한다.

활용그림 5.19a는 용수철이 늘어나거나 줄어들지 않은 평형 위치에 있는 모습을 나타낸 것이다. 활용그림 5.19b는 용수철에 물체를 접촉시켜 거리 $x$만큼 압축한 모습을 나타낸 것이다. 평형 위치를 $x = 0$으로 놓으면 $x$는 평형 위치로부터의 **변위**를 나타낸다. 실험적으로, 변위를 2배 증가시키려면 2배의 힘이 필요하다. 마찬가지로 변위를 3배 증가시키려면 3배의 힘이 필요하다. 이것은 용수철이 작용한 힘 $F_s$는 변위 $x$에 비례한다는 것을 의미하며, 수식으로는 다음과 같다.

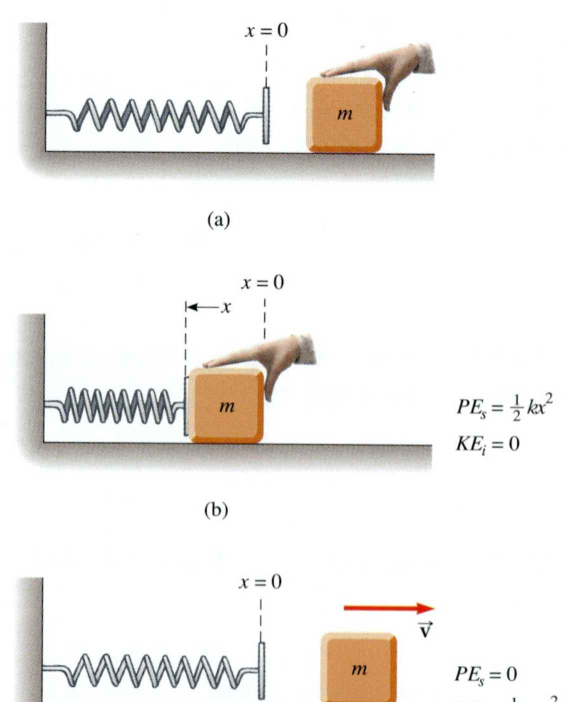


**활용그림 5.19**

(a) 늘어나거나 줄어들지 않은 평형 상태의 용수철. (b) 마찰이 없는 면에서 용수철에 질량 $m$인 물체를 접촉해 압축시킨다. 만약 $x$가 용수철의 압축 길이라면, 용수철에 저장된 에너지는 $\frac{1}{2}kx^2$이다. (c) 물체를 놓으면, 이 에너지는 물체의 운동 에너지 형태로 전환된다.

**Physics Now™**

**http://physics.brookscole.com/ecp**에서 PhysicsNow를 로그인하고, 활용그림 5.19로 들어가서 압축 길이를 변화시키면서 물체의 속력에 미치는 영향을 관찰하라.

$$F_s = -kx \qquad [5.15]$$

여기서 $k$는 비례상수로 **용수철 상수**라 하며, 단위는 N/m이다. 식 5.15를 이 관계를 발견한 로버트 훅(Robert Hooke)의 이름을 빌어 **훅의 법칙**(Hooke' s law)이라 부른다. 힘 $F_s$는 종종 **복원력**(restoring force)이라 부른다. 그 이유는 용수철은 항상 용수철에 어떤 물체가 붙어 있든 상관없이 용수철의 변위에 반대되는 방향으로 작용하여 원래의 위치로 되돌리려는 경향이 있기 때문이다. 양(+)의 $x$에 대해 힘은 평형 위치 $x = 0$을 향하는 음(−)의 값을 갖는다. 마찬가지로, 음(−)의 $x$에 대해 힘은 평형 위치 $x = 0$을 향하는 양(+)의 값을 갖는다. 유연한 용수철에 대해, $k$는 작은 값(대략 100 N/m)을 가지는 반면 단단한 용수철의 경우 $k$는 큰 값(대략 10,000 N/m)을 갖는다. 용수철 상수 값은 용수철의 재질과 두께 등에 의해 결정된다. 식 5.15에서 음(−)의 부호는 용수철이 작용한 힘은 항상 평형 위치로 되돌아간다는 의미이다.

**✓ Checkpoint 5.5**

용수철의 변위를 2배 증가시키면 용수철 힘은 (a) 2, (b) 3, (c) 4배 증가한다.

중력의 경우와 마찬가지로, **탄성 위치 에너지**(elastic potential energy)라 부르는 위치 에너지는 용수철이 작용한 힘과 관련이 있다. 탄성 위치 에너지는 용수철이 한 일의 음(−)의 값과 같으므로 운동하는 동안 용수철이 한 일을 보는 또 다른 방법이다. 다른 관점에서 탄성 위치 에너지는 용수철을 팽창 혹은 압축 시키는 데 한 일에 의해 용수철에 저장된 에너지로 생각할 수 있다.

수평면에서 평형 상태에 있는 용수철과 물체를 생각해 보자. 그림 5.19b에서와 같이 평형 위치로부터 변위 $x$만큼 힘을 작용하여 용수철을 압축시킬 때 용수철이 한 일을 계산해 보자. 용수철에 의한 힘은 운동 방향과 반대이므로 용수철이 한 일은 음(−)의 값이 될 것이다. 우리가 지구 표면 근처에서 일정한 중력을 공부할 때, 물체에 작용한 일은 중력과 물체의 수직 이동거리를 곱한 값과 같다는 것을 알았다. 하지만, 용수철이 작용한 힘과 같이 변하는 힘에 대해서는 사용할 수 없다. 대신에 다음과 같은 평균 힘 $\bar{F}$를 사용한다.

$$\bar{F} = \frac{F_0 + F_1}{2} = \frac{0 - kx}{2} = -\frac{kx}{2}$$

그러면 용수철에 의한 힘이 한 일은 다음과 같다.

$$W_s = \bar{F}x = -\tfrac{1}{2}kx^2$$

일반적으로, 용수철이 $x_i$에서 $x_f$로 팽창 혹은 압축될 때, 용수철이 한 일은 다음과 같다.

$$W_s = -\left(\tfrac{1}{2}kx_f^2 - \tfrac{1}{2}kx_i^2\right)$$

용수철이 한 일은 일-에너지 정리에 포함될 수 있다. 식 5.12의 왼쪽에 용수철이 한 일을 포함시킨다면 다음과 같을 것이다.

$$W_{nc} - \left(\tfrac{1}{2}kx_f^2 - \tfrac{1}{2}kx_i^2\right) = \Delta KE + \Delta PE_g$$

여기서 $PE_g$는 중력 위치 에너지이다. 이제 용수철에 의한 힘과 관계된 탄성 위치 에너지 $PE_s$를 다음과 같이 정의하자.

$$PE_s \equiv \tfrac{1}{2}kx^2 \qquad [5.16]$$

◀ 용수철에 저장된 위치 에너지

이 표현을 위 식에 대입하여 다시 정리하면 중력과 탄성 위치 에너지를 포함하는 새로운 형태의 일−에너지 정리를 얻는다.

$$W_{nc} = (KE_f - KE_i) + (PE_{gf} - PF_{gi}) + (PE_{sf} - PE_{si}) \quad [5.17]$$

여기서 $W_{nc}$는 비보존력이 한 일, $KE$는 운동 에너지, $PE_g$는 중력 위치 에너지, 그리고 $PE_s$는 탄성 위치 에너지이다. 이전까지는 $PE$는 중력 위치 에너지만을 의미하였지만, 앞으로는 계에 작용하는 모든 보존력에 의한 위치 에너지를 포함하는 계의 총 위치 에너지를 의미한다.

**☑ Checkpoint 5.6**

용수철의 변위를 2배 증가시키면 용수철에 저장된 위치 에너지는 몇 배 증가하는가?

어떤 물리계에서 중력과 용수철이 한 일은 이미 식 5.17의 오른쪽에 위치 에너지로 포함되어 있으므로 식의 왼쪽에 일로 중복해서 포함시키지 말아야 한다는 사실을 명심하자.

활용그림 5.19c는 어떻게 저장된 탄성 위치 에너지가 어떻게 복원되는가를 보여 준다. 압축된 용수철을 풀어 물체를 놓으면, 용수철은 원래 평형 위치로 되돌아가고 저장된 탄성 위치 에너지는 물체의 운동 에너지로 전환된다. 용수철에 저장된 탄성 위치 에너지는 용수철이 평형 위치($x = 0$)에서는 0이 된다. 식 5.16에 주어진 대로, 용수철이 팽창하면 위치 에너지는 용수철에 저장된다. 나아가, 용수철이 최대로 압축 혹은 팽창될 때 탄성 위치 에너지는 최대값을 갖는다. 마지막으로, 용수철이 평형 위치에 놓여 있지 않는 경우에는 $PE_s$는 $x^2$에 비례하므로 위치 에너지는 항상 양(+)의 값을 갖는다.

비보존력이 없는 경우에는 $W_{nc} = 0$이므로, 식 5.17의 왼쪽은 0이고 확장된 개념의 역학적 에너지 보존법칙의 결과는 다음과 같다.

$$(KE + PE_g + PE_s)_i = (KE + PE_g + PE_s)_f \quad [5.18]$$

예제 5.8과 5.9에서 볼 수 있듯이 용수철, 중력, 그리고 다른 힘들을 포함하는 문제들은 문제풀이 전략 1과 2의 과정을 통해서 해결할 수 있다.

## 연관된 예제 5.8 수평면에 있는 용수철

**목표** 수평면에서 용수철에 매달린 물체의 마찰에 따른 속력을 계산하기 위해서 에너지의 보존법칙을 사용한다.

**문제** 그림 5.20은 마찰이 없는 수평면에 놓인 용수철 상수가 $k = 4.00 \times 10^2$ N/m인 용수철에 질량 5.00 kg의 물체가 매달려 있는 모습을 나타낸 것이다. 물체를 $x_i = 0.050\ 0$ m 당겼다가 놓을 때, (a) 평형 위치에서 물체의 속력은 얼마인가? (b) $x = 0.025\ 0$ m에서 물체의 속력은 얼마인가? (c) 물체와 바닥 사이에 마찰계수가 $\mu_k = 0.150$인 마찰이 존재하는 경우 평형 위치에서 물체의 속력은 얼마인가?

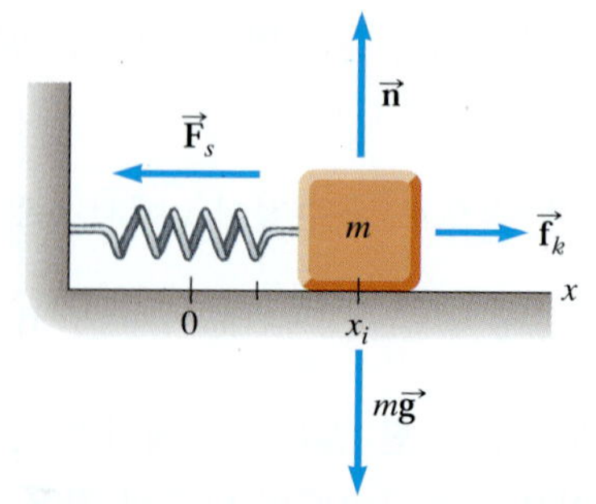

**그림 5.20** (연관된 예제 5.8) 용수철에 매달린 물체

**전략** (a)와 (b)는 비보존력이 없는 문제이므로 에너지 보존식 5.18을 적용할 수 있다. (c)는 마찰력으로 인한 역학적 에너지 손실이 있으므로, 일의 정의와 일−에너지 정리를 적용한다.

**풀이**

(a) 평형 위치에서 물체의 속력을 구하라.

식 5.18로 시작한다.

$$(KE + PE_g + PE_s)_i = (KE + PE_g + PE_s)_f$$

물체의 운동 에너지와 위치 에너지에 대한 식을 쓰고 중력항은 0으로 놓는다.

$$\tfrac{1}{2}mv_i^2 + \tfrac{1}{2}kx_i^2 = \tfrac{1}{2}mv_f^2 + \tfrac{1}{2}kx_f^2 \quad (1)$$

$v_i = 0$, $x_f = 0$을 대입하고, 양변에 $2/m$을 곱한다.

$$\frac{k}{m}x_i^2 = v_f^2$$

주어진 값을 대입하고 평형 위치에서 물체의 속력 $v_f$를 푼다.

$$v_f = \sqrt{\frac{k}{m}}x_i = \sqrt{\frac{4.00 \times 10^2\ \text{N/m}}{5.00\ \text{kg}}}(0.050\ 0\ \text{m})$$

$$= \boxed{0.447\ \text{m/s}}$$

(b) $x = 0.025\ 0$에서 물체의 속력을 구하라.

식 (1)에서 $v_i = 0$을 대입하고, 양변에 $2/m$을 곱한다.

$$\frac{kx_i^2}{m} = v_f^2 + \frac{kx_f^2}{m}$$

주어진 값을 대입하고, $x = 0.0250$ m에서 물체의 속력 $v_f$를 구한다.

$$v_f = \sqrt{\frac{k}{m}(x_i^2 - x_f^2)}$$

$$= \sqrt{\frac{4.00 \times 10^2\ \text{N/m}}{5.00\ \text{kg}}((0.050\ 0\ \text{m})^2 - (0.025\ 0\ \text{m})^2)}$$

$$= \boxed{0.387\ \text{m/s}}$$

(c) 마찰을 고려하여 (a)의 계산을 반복한다.

이 경우는 마찰이 존재하므로 일-에너지 정리를 적용한다. 중력과 수직항력은 물체의 운동 방향에 수직하므로 두 힘이 한 일은 0이다.

$$W_{\text{fric}} = \tfrac{1}{2}mv_f^2 - \tfrac{1}{2}mv_i^2 + \tfrac{1}{2}kx_f^2 - \tfrac{1}{2}kx_i^2$$

$v_i = 0$, $x_f = 0$과 $W_{\text{fric}} = -\mu_k n x_i$를 대입한다.

$$-\mu_k n x_i = \tfrac{1}{2}mv_f^2 - \tfrac{1}{2}kx_i^2$$

$n = mg$라 놓고, 평형 위치에서 물체의 속력 $v_f$를 구한다.

$$\tfrac{1}{2}mv_f^2 = \tfrac{1}{2}kx_i^2 - \mu_k mgx_i$$

$$v_f = \sqrt{\frac{k}{m}x_i^2 - 2\mu_k g x_i}$$

$$= \sqrt{\frac{4.00 \times 10^2\ \text{N/m}}{5.00\ \text{kg}}(0.050\ 0\ \text{m})^2 - 2(0.150)(9.80\ \text{m/s}^2)(0.050\ 0\ \text{m})}$$

$$v_f = \boxed{0.230\ \text{m/s}}$$

**주의** 마찬가지로 물체를 매단 용수철을 유체 속에 넣어 진동시키면 마찰에 의해 물체는 결국 정지하게 된다.

### 연습문제 5.8

만약 위 예제에서 용수철 계가 $x = 0$에서 오른쪽으로 힘을 받아 초기 속력 0.600 m/s로 출발을 한다고 하자. (a) 마찰이 없는 수평면의 경우, 물체가 처음 정지하기 전까지 이동한 거리는? (b) 마찰계수가 $\mu_k = 0.150$인 마찰면의 경우, 물체가 처음 정지하기 전까지 이동한 거리는? (2차 방정식을 사용하라.)

**답** (a) 0.0671 m (b) 0.0512 m

**Physics Now™** **http://physics.brookscole.com/ecp**에서 PhysicsNow를 로그인하고 연관된 예제 5.8로 들어가라. 여기서 스프링 상수, 스프링 압축 정도, 표면 마찰력에 따른 변화를 살펴보자.

**예제 5.9** **서커스 곡예사**

**목표** 중력 위치 에너지와 탄성 위치 에너지를 포함하는 1차원 문제를 풀기 위해 역학적 에너지 보존법칙을 이용한다.

**문제** 그림 5.21은 질량이 50.0 kg인 곡예사가 용수철 상수 $8.00 \times 10^3$ N/m를 갖는 구름판 위로부터 높이 2.00 m인 높이에서 연직으로 떨어져지는 모습을 나타낸 것이다. 곡예사가 용수철을 최대로 압축한 길이는 얼마인가?

**전략** 비보존력은 존재하지 않으므로 역학적 에너지의 보존을 적용할 수 있다. 곡예사의 처음 위치와 최대로 용수철이 압축되었을 때의 점에서 곡예사의 속도는 0이므로 운동 에너지도 0이 될 것이다. 최대로 압축되었을 때의 점을 $y = 0$으로 놓고, 마지막 중력 위치 에너지를 0으로 놓는다. 또한 곡예사의 처음 위치는 $y_i = h + d$를 의미하며, 여기서 $h$는 구름판으로부터 곡예사의 초기 높이이고, $d$는 용수철의 최대 압축된 길이다.

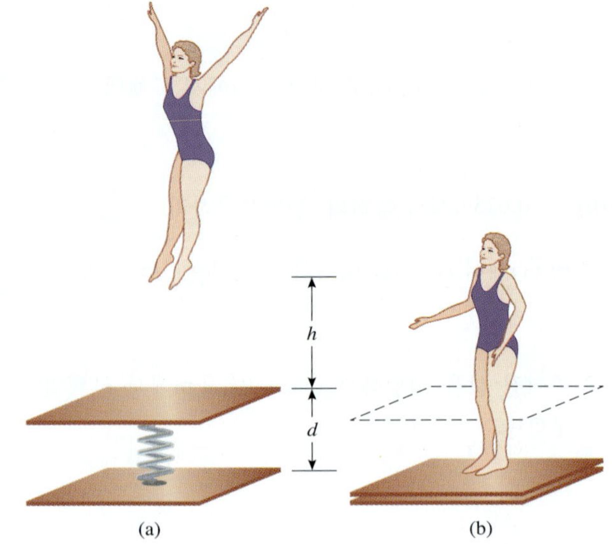


그림 5.21 (예제 5.9) 곡예사가 구름판 위로 떨어져 구름판을 압축시킨다.

**풀이**

역학적 에너지의 보존을 사용한다.

$$(KE + PE_g + PE_s)_i = (KE + PE_g + PE_s)_f \quad (1)$$

0이 아닌 항은 초기 중력 위치 에너지와 나중 탄성 위치 에너지뿐이다.

$$0 + mg(h + d) + 0 = 0 + 0 + \tfrac{1}{2}kd^2$$

$$mg(h + d) = \tfrac{1}{2}kd^2$$

주어진 값을 대입하고, 다시 정리하면 $d$에 대한 2차 방정식을 얻는다.

$$(50.0\text{ kg})(9.80\text{ m/s}^2)(2.00\text{ m} + d) = \tfrac{1}{2}(8.00 \times 10^3\text{ N/m})d^2$$

$$d^2 - (0.123\text{ m})d - 0.245\text{ m}^2 = 0$$

2차 방정식을 푼다(식 A.8).

$$d = \boxed{0.560\text{ m}}$$

**주의** 또 다른 해 $d = -0.437$ m는 초기에 $d$의 값을 양(+)으로 잡았으므로 해가 될 수 없다. 곡예사가 구름판에 닿는 순간 구부림으로 해서 발생하는 질량 중심의 변화는 용수철의 압축 길이에 영향을 미치지만 이 효과도 무시했다. 완충장치는 종종 용수철에 포함되며, 이 예에서 완충장치가 어떻게 작동하는지를 보여 준다. 완충장치의 용수철은 과다한 운동 에너지를 용수철의 위치 에너지로 전환함으로써 급격한 충격을 부드럽게 감속시키는 역할을 한다.

**연습문제 5.9**

질량이 8.00 kg 물체를 용수철 상수가 $1.00 \times 10^3$ N/m인 용수철을 갖는 플렛폼으로부터 1.00 m 높이에서 떨어뜨릴 때, 용수철이 최대로 압축되는 길이를 구하라.

**답** $d = 0.482$ m

## 5.5 계와 에너지 보존

일-에너지 정리를 다시 쓰면 다음과 같다.

$$W_{nc} + W_c = \Delta KE$$

여기서 주어진 계에서 $W_{nc}$는 비보존력이 한 일이고, $W_c$는 보존력이 한 일이다. 이전에 배웠듯이, 중력이나 용수철과 같이 보존력이 한 일은 위치 에너지의 음(−)의 변화량으로 설명될 수 있다. 따라서 일-에너지 정리는 다음과 같이 쓸 수 있다.

$$W_{nc} = \Delta KE + \Delta PE = (KE_f - KE_i) + (PE_f - PE_i) \quad [5.19]$$

여기서 $PE$는 모든 위치 에너지를 포함한다. 이 방정식은 다음과 같이 쉽게 재배열할 수 있다.

$$W_{nc} = (KE_f + PE_f) - (KE_i + PE_i) \quad [5.20]$$

하지만 총 역학적 에너지는 $E = KE + PE$로 주어짐을 상기하자. 이 식을 식 5.20에 대입하면, 모든 비보존력이 계에 한 일은 그 계의 역학적 에너지의 변화량과 같다.

$$W_{nc} = E_f - E_i = \Delta E \quad [5.21]$$

만약 역학적 에너지가 변하면, 그 변화량은 어딘가로 간 것이다. 에너지는 계를 떠나 주변 환경으로 가거나 혹은 계에 남아 있다가 열 에너지와 같은 비역학적 형태로 변환된다.

간단한 예로, 거친 표면을 따라 미끄러지는 물체를 생각해 보자. 마찰은 열 에너지를 만들어 일부는 물체가, 다른 일부는 주변 환경이 흡수한다. 물체의 온도가 올라가면 **내부에너지**(internal energy)라 부르는 어떤 것이 증가한다. 계의 내부에너지는 온도와 관계가 있고, 온도는 기체 내 원자들의 운동 혹은 고체 내 원자들의 진동과 같은 활동의 결과로 변한다(내부에너지는 12장에서 좀더 자세히 다룰 것이다).

에너지는 고립되지 않은 계와 주변 사이에서 전달될 수 있다. 만약 양(+)의 일이 계에 가해지면, 에너지는 주변 환경에서 계로 전달된다. 음(−)의 일이 계에 가해지면, 에너지는 계에서 주변 환경으로 전달된다.

지금까지 계에 운동 에너지, 위치 에너지, 그리고 내부에너지를 저장하는 방법에 대해 배웠다. 반면에, 우리는 단지 한 가지의 계 혹은 계로부터의 에너지 전달 방법에 대해서만 배웠다. 다른 방법들은 나중에 배우게 될 것이지만 여기서 요약해 보고자 한다.

- **일**(work)은 이 장의 역학적 관점에서 외력에 의해 계의 위치를 변화시켜서 계에 에너지를 전달한다.
- **열**(heat)은 원자 혹은 분자 사이의 미시적 충돌을 통해 에너지를 전달하는 과정이다. 예를 들어, 커피 잔에 놓인 금속 수저는 커피 안의 분자들의 운동 에너지 일부가 수저에 내부에너지 형태로 전달되어 수저가 뜨거워진다.
- **역학파**(mechanical wave)는 공기나 다른 매질을 통해 전파하는 요동에 의해 에너지를 전달한다. 예를 들어, 소리 형태의 에너지는 스피커를 통해 음향기기로부터 나와 여러분의 귀에 전달된다. 역학파의 다른 예는 지진파(seismic wave)와 해양파(ocean wave)가 있다.
- **전송**(electrical transmission)은 전류를 통해 에너지를 전달한다. 이것은 어떻게 에너지가 음향기기 혹은 다른 전기장치로 전달되는가를 보여 준다.
- **전자기복사**(electromagnetic radiation)는 빛, 마이크로파, 그리고 라디오파와 같은 전자기파의 형태로 에너지를 전달한다. 이러한 전달방법의 예로 전자레인지에서 감자를 굽거나 태양에서 공간을 지나 지구로 전달되는 빛 등이 있다.

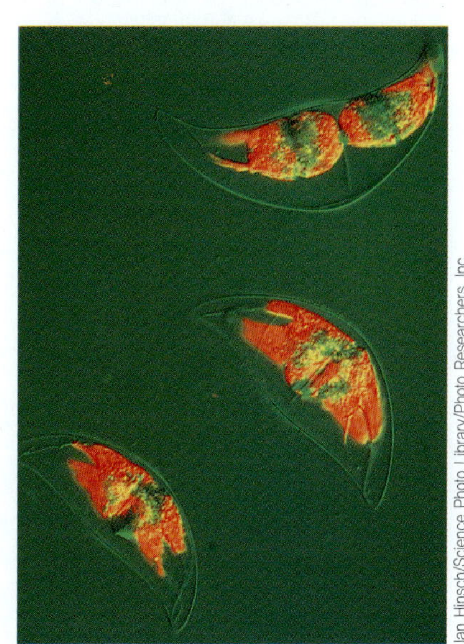
Jan Hinsch/Science Photo Library/Photo Researchers, Inc.

**그림 5.22** 따듯한 남해바다에서 발견되는 이 작은 식물은 화학 에너지를 빛으로 전환하는 과정인 생물발광을 보여 준다. 붉은색 부분은 푸른빛의 자극을 받아 발광하는 엽록소이다.

### 일반적인 에너지 보존

에너지의 가장 중요한 특성은 에너지가 보존된다는 것이다. 에너지는 창조되거나 소멸되지 않고 단지 한 형태에서 다른 형태로 변환될 뿐이다. 이것이 **에너지 보존법칙**(conservation of energy)이다.

**APPLICATION**

편모 운동; 생물발광

에너지 보존법칙은 물리학에만 국한되는 것이 아니다. 생물학에서 에너지 변환은 살아 있는 생명체 내에서 무수히 많은 방법으로 나타난다. 예를 들어, 편모(flagellum)가 움직여 유기체를 활성화시키는 것은 화학 에너지가 역학적 에너지로의 변환을 의미한다. 몇몇 박테리아들은 화학 에너지를 이용해 빛을 만든다(그림 5.22). 비록 이러한 빛을 만드는 구조가 아직 잘 이해되진 않지만, 생명체들은 종종 생명을 유지하기 위해 이 빛이 꼭 필요하다. 예를 들어, 어떤 물고기는 빛을 발산하는 박테리아로 채워진 눈 밑에 주머니(기낭)를 갖는다. 이렇게 발산된 빛은 물고기의 먹이감을 유인하는 데 쓰인다.

**응용물리 5.1** 소행성의 충돌!

반지름이 대략 1 km 정도 되는 소행성은 6천 5백만 년 전 공룡의 멸종 원인으로 알려져 있다. 어떻게 이처럼 작은 물체가 그와 같은 거대한 지구 생물권에 심한 타격을 줄 수 있었을까?

**설명** 비록 소행성은 지구에 비해 상대적으로 작지만 속력은 매우 빨라 대략 40 000 m/s 정도의 크기를 갖는다. 거의 구형 모양을 갖는 소행성은 반지름이 1 km 정도이고, 구성물질은 대부분 암석으로 질량이 $10^{13}$ kg 정도 된다. 이러한 소행성의 운동 에너지는 대략 $10^{22}$ J 정도가 된다. 반면에 히로시마를 파괴했던 원자폭탄의 TNT는 15킬로톤 혹은 $6 \times 10^{13}$ J 정도이다. 지구를 강타할 때, 소행성의 거대한 운동 에너지는 열, 소리, 그리고 빛과 같은 다른 형태로 전환되어 히로시마 원폭의 10억 배보다 더 큰 에너지를 방출하였다. 이는 소행성의 직접적인 폭발지역에 영향을 끼친 것뿐만 아니라 대륙을 건너 큰 조수간만에 의한 파도(tidal wave)를 만들어 지구 전체의 대부분 지역을 쓸어버렸다. 또한, 그 후 그 먼지들이 태양을 수세기 동안 막아버렸을 것이다.

이러한 이유로, 소행성의 충돌은 지구 생명체의 위협요소가 되었다. 광범위한 멸종을 불러일으킬 만큼 큰 소행성들은 600백만 년에 한 번꼴로 지구와 충돌한다. 전반적으로 인류에 중대한 타격을 일으킬 만한 크기를 갖는 작은 소행성들은 대략 1만 년에 한 번 꼴로 지구와 충돌하는 것으로 생각된다. 지난 100여년 이전에 그와 같은 소행성이 지구와 거의 충돌할 뻔한 경우들이 몇 번 발생했다. 1907년에 소행성 혹은 혜성(comet)의 잔해가 Tunguska, 시베리아 등에 떨어져 반경 60 km 정도의 주변지역을 궤멸시켰다. 이것이 만약 북유럽에 떨어졌다면, 수백만 명의 사람들이 죽었을 것이다.

## 5.6 일 률

에너지가 전달되는 비율은 전기장치와 모든 종류의 엔진과 같은 실생활 장치의 고안과 사용에 있어서 매우 중요하다. 이 문제는 생명체에 있어서 특히 흥미롭다. 그 이유는 동물이 1초 동안에 한 최대 일 혹은 일률의 산출은 산출 과정에 따라 크게 변하기 때문이다. **일률**(power)은 단위 시간 동안 에너지 전달 비율로 정의한다.

평균 일률 ▶

만약 외력이 물체에 작용하고 이 힘이 단위 시간 $\Delta t$ 동안 한 일이 $W$이면, 그 물체에 단위 시간 동안 전달된 **평균 일률**(average power)은 일을 단위 시간으로 나눈 값으로 정의된다.

$$\overline{\mathcal{P}} = \frac{W}{\Delta t} \qquad [5.22]$$

**국제단위(SI unit): 와트(W = J/s).**

식 5.22에 $W = F\Delta x$를 대입하면 $\Delta x/\Delta t$는 단위 시간 $\Delta t$ 동안 물체의 평균 속력이 되어 다음과 같이 쓸 수 있다.

$$\overline{\mathcal{P}} = \frac{W}{\Delta t} = \frac{F\Delta x}{\Delta t} = F\overline{v} \qquad [5.23]$$

식 5.23에 따르면 평균 일률은 일정한 힘에 평균 속력을 곱한 값과 같다. 힘 $F$는 평균 속도의 방향과 같은 방향의 성분을 의미한다. 좀더 일반적인 일률의 정의는 약간의 미적분학을 사용하여 식 5.23과 같은 형태로 다음과 같이 쓸 수 있다.

$$\mathcal{P} = Fv$$

일률의 국제단위는 J/s인데, 제임스 와트(James Watt)의 이름을 따서 **와트**(watt)로 부르기도 한다.

$$1\ \text{W} = 1\ \text{J/s} = 1\ \text{kg} \cdot \text{m}^2/\text{s}^3 \qquad [5.24]$$

미국의 관습체계에서는 일률의 단위로 마력(horsepower; hp)을 사용한다.

$$1\ \text{hp} = 550\frac{\text{ft} \cdot \text{lb}}{\text{s}} = 746\ \text{W} \qquad [5.25]$$

마력은 처음으로 와트가 정의하였는데, 그는 자신의 발명품인 증기기관의 일률 산출비를 측정하기 위해 보다 큰 일률의 단위가 필요했다.

와트는 전기장치에 주로 사용되지만 다른 과학 분야에도 사용될 수 있다. 예를 들어, 유럽 스포츠카의 엔진도 킬로와트로 등급이 매겨진다.

전력의 생산에서는 킬로와트-시간(kilowatt-hour; kWh)을 에너지의 측정 단위로 사용한다. 1 kWh는 1 kW = 1000 J/s의 일정한 비율로, 1시간 동안 전달되는 에너지이다.

$$1\ \text{kWh} = (10^3\ \text{W})(3\,600\ \text{s}) = (10^3\ \text{J/s})(3\,600\ \text{s}) = 3.60 \times 10^6\ \text{J}$$

여기서 유념할 사실은 kWh는 일률이 아니라 에너지의 단위라는 것이다. 우리가 전기료를 지불할 때, 우리는 에너지를 사는 것이기 때문에 고지서에 10 센트/kWh가 나온다. 전기기구에 사용되는 전기의 양은 일률(와트로 표현되는 것은 보통의 가정용 전기회로에 대해만 유효하다)에 기구가 작동된 시간을 곱해서 나오는 것이다. 예를 들어, 100 W (= 0.100 kW)로 표시된 전구는 1시간에 $3.6 \times 10^5$ J의 에너지를 소모하는 것을 의미한다.

**TIP 5.1 무엇이 다른가?**

와트(Watt)를 나타내는 이탤릭 문자가 아닌 기호 W와, 일을 나타내는 이탤릭 문자 $W$를 혼동하지 마라. 와트는 단위 시간당 줄(joule)과 같은 단위이고, 일은 줄 단위를 갖는 하나의 개념이다.

### 예제 5.10 엘리베이터 전동기가 전달하는 일률

**목표** 일률의 힘-시간-속도 정의를 적용한다.

**문제** 질량이 $1.00 \times 10^3$ kg인 엘리베이터는 최대 $8.00 \times 10^2$ kg의 짐을 실을 수 있다. 그림 5.23은 올라가는 엘리베이터에 $4.00 \times 10^3$ N의 일정한 마찰력이 작용하여 움직임이 느려지는 것을 보인다. 최대로 짐을 실은 엘리베이터가 3.00 m/s의 일정한 속력으로 올라가면 전동기가 전달하는 최소 일률은 얼마인가?

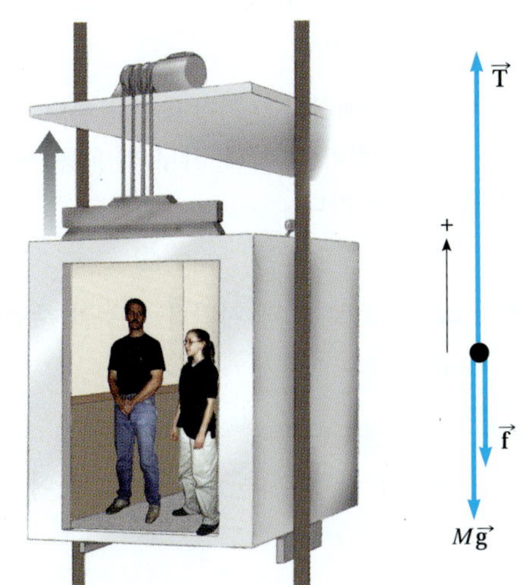


**그림 5.22** (예제 5.10) 전동기가 위쪽 방향으로 엘리베이터에 장력 $\vec{T}$를 가한다. 마찰력 $\vec{f}$와 중력 $M\vec{g}$는 아랫방향으로 작용한다.

**전략** 이 문제를 풀기 위해, 전동기는 엘리베이터 케이블에 작용하는 장력 $\vec{\mathbf{T}}$를 통해 힘을 전달하므로 장력을 구해야 한다. 일률을 구하기 위한 식 $\mathcal{P} = Fv$에 주어진 속력 $v$와 장력을 대입한다. 케이블에 작용하는 장력 $T$는 뉴턴의 제2법칙으로 계산할 수 있다.

**풀이**

엘리베이터에 대한 뉴턴의 제2법칙을 적용한다.

$$\Sigma\vec{\mathbf{F}} = m\vec{\mathbf{a}}$$

속도가 일정하므로 가속도는 0이다. 엘리베이터에 작용하는 힘들은 장력 $\vec{\mathbf{T}}$, 마찰력 $\vec{\mathbf{f}}$, 그리고 중력 $M\vec{\mathbf{g}}$이며, 여기서 $M$은 엘리베이터의 질량이다.

$$\vec{\mathbf{T}} + \vec{\mathbf{f}} + M\vec{\mathbf{g}} = 0$$

이들 성분의 항으로 방정식을 쓴다.

$$T - f - Mg = 0$$

장력 $T$를 구한다.

$$T = f + Mg$$
$$= 4.00 \times 10^3\ \text{N} + (1.80 \times 10^3\ \text{kg})(9.80\ \text{m/s}^2)$$
$$T = 2.16 \times 10^4\ \text{N}$$

$T$값은 일률 방정식의 $F$에 해당하므로 일률 식에 대입한다.

$$\mathcal{P} = Fv = (2.16 \times 10^4\ \text{N})(3.00\ \text{m/s}) = 6.48 \times 10^4\ \text{W}$$
$$\mathcal{P} = 6.48\ \text{kW} = \boxed{86.9\ \text{hp}}$$

**주의** 이 경우 마찰력은 물체의 운동을 지연시키는 역할을 하므로 마찰이 없는 경우보다 좀더 많은 일률이 필요하다. 반면에, 아래로 내려가는 엘리베이터의 경우 마찰의 존재는 없는 경우보다 더 작은 일률을 필요로 한다.

**연습문제 5.10**

만약 위의 엘리베이터가 동일한 조건에서 3.00 m/s의 일정한 속력으로 내려가면 전동기가 전달하는 최소 일률은 얼마인가? (여기서, 전동기는 엘리베이터가 자유낙하하지 않도록 에너지를 제거하는 역할을 한다.)

**답** $4.09 \times 10^4$ W = 54.9 hp

## 예제 5.11 샤무의 달리기

**목표** 물체의 운동 에너지 증가에 따른 평균 일률을 계산한다.

**문제** 범고래(killer whale)는 길이가 32 ft이고, 질량이 8 000 kg 이상에 달한다. 이 고래는 매우 빨라서 순식간에 30 mi/h까지 가속을 하는 능력이 있다. 물의 저항력을 무시할 때, 질량이 $8.00 \times 10^3$ kg인 샤무(Shamu)라는 범고래가 6.00 s 동안에 12.0 m/s의 속력에 도달하는 데 필요한 평균 일률을 계산하라.

**전략** 샤무의 운동 에너지 변화를 구하고, 이 변화에 영향을 미치는 샤무가 한 최소 일을 구하기 위해 일-에너지 정리를 사용한다 (내부와 외부 마찰력은 에너지가 필요로 하는 양을 증가시킨다).

**풀이**

샤무의 운동 에너지 변화량을 계산한다.
일-에너지 정리에 의해 샤무의 운동 에너지 변화량은 샤무가 한 최소 일과 같다.

$$\Delta KE = \tfrac{1}{2}mv_f^2 - \tfrac{1}{2}mv_i^2$$
$$= \tfrac{1}{2} \cdot 8.00 \times 10^3\ \text{kg} \cdot (12.0\ \text{m/s})^2 - 0$$
$$= 5.76 \times 10^5\ \text{J}$$

$W = \Delta KE$이므로 경과 시간을 나누어 주면(식 5.22) 평균 일률을 구할 수 있다.

$$\mathcal{P} = \frac{W}{\Delta t} = \frac{5.76 \times 10^5\ \text{J}}{6.00\ \text{s}} = \boxed{9.60 \times 10^4\ \text{W}}$$

**주의** 이 정도면 중간 크기의 사무실 건물을 운영하기에 충분한 일률이다. 실제 요구되는 일률은 물과 근육의 마찰을 고려하면 더 커질 것이다. 아래 연습 문제에서 보듯이 위와 유사한 문제를 중력 위치 에너지를 이용해 계산할 수도 있다.

**연습문제 5.11**

질량이 35 kg인 소년이 워싱턴 기념비의 정상까지 계단을 타고 올라가는 데 발생시킨 최소 평균 일률은 얼마인가? 거의 170 m에 달하는 건물을 올라가는 데 10분이 걸린다. 생체 효과는 무시하고 중력에 대해 한 일만을 고려하자.

**답** 97 W

## 5.7 변하는 힘이 한 일

그림 5.24에서와 같이 만약 물체가 $x$축 방향으로 작용하고 위치에 따라 변하는 힘 $F_x$의 영향하에 움직인다고 하자. 물체는 $x_i$에서 $x_f$까지 $x$가 증가하는 방향으로 움직인다. 이와 같은 상황에서, 힘이 물체에 한 일을 계산 할 때 식 5.1을 사용할 수 없다. 왜냐하면 이 관계식은 단지 힘 $\vec{\mathbf{F}}$의 크기와 방향이 일정할 경우에만 성립하기 때문이다. 하지만, 그림 5.24a에서와 같이 만약 물체가 미소 변위 $\Delta x$만큼만 이동하면 힘의 $x$축 성분 $F_x$는 이 시간 동안 거의 일정하므로 근사적으로 미소 변위에 대해 힘이 한 일을 다음과 같이 쓸 수 있다.

$$W_1 \cong F_x \Delta x \qquad [5.26]$$

이 양은 그림 5.24a에서 직사각형 음영 부분의 면적이다. 만약 $x$축에 따른 $F_x$의 곡선이 이처럼 작은 간격으로 나누어진다면, $x_i$에서 $x_f$까지 이동한 변위에 대해 한 총 일은 근사적으로 수많은 작은 직사각형 면적들의 합과 같다.

$$W \cong F_1\Delta x_1 + F_2\Delta x_2 + F_3\Delta x_3 + \cdots \qquad [5.27]$$

이제 변위 $\Delta x$를 절반으로 줄여 처음 과정을 반복한다고 생각해 보자. 그러면 직사각형의 폭은 더 작아지므로 곡선 아래의 면적은 처음보다 더 정확하게 계산할 수 있다. 이러한 과정은 변위 $\Delta x$가 0에 접근하면 더해야 하는 항의 수는 무한대로 늘어나지만, 더한 값은 그림 5.24b의 곡선 아래의 실제 면적과 같게 된다. 다시 말해, **물체에 변하는 힘이 작용하여 일정 변위를 이동시키는 데 한 일은 $x$축에 따른 $F_x$의 곡선의 아래 면적과 같다.**

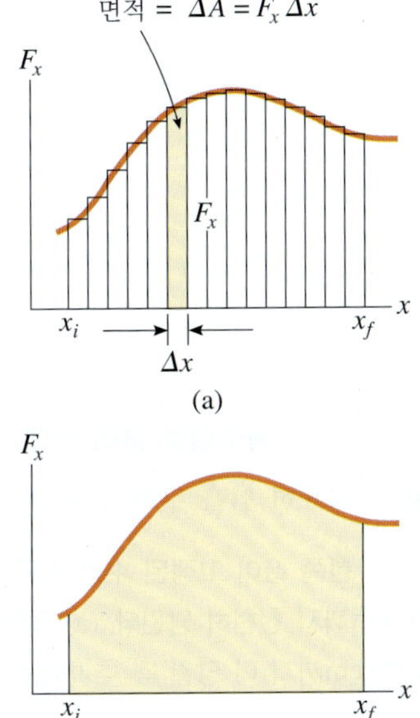


**그림 5.24** (a) 미소 변위 $\Delta x$만큼 이동시키는 데 힘의 성분 $F_x$가 한 일 $F_x\Delta x$는 음영 부분의 면적과 같다. $x_i$에서 $x_f$까지의 변위에 대해 한 총 일은 근사적으로 모든 직사각형의 면적의 합과 같다. (b) 물체가 $x_i$에서 $x_f$까지 움직이는 동안 위치에 따라 변하는 힘의 성분 $F_x$가 한 일은 정확하게 곡선의 아래 부분의 면적과 같다.

위치에 따라 변하는 힘을 갖는 일상의 물리계는 5.4절에서 논의 했듯이 마찰이 없는 수평면에서 용수철에 매달린 물체를 예로 들 수 있다. 평형 위치 $x = 0$으로부터 미소 거리 $x$만큼 용수철을 밀거나 당기면, 용수철이 물체에 작용하는 힘은 $F_s = -kx$이고 $k$는 용수철 상수이다.

활용그림 5.25a에서 보듯이 $x_i = 0$에서 $x_f = x_{\max}$까지 용수철을 매우 천천히 당길 때, **외력**이 물체에 한 일을 계산해 보자. 뉴턴의 제3법칙에 의해 임의의 변위에서 외력 $\vec{\mathbf{F}}_{\text{app}}$는 용수철에 의한 힘(복원력) $\vec{\mathbf{F}}_s$와 크기는 같고 방향이 반대이므로, $F_{\text{app}} = -(-kx) = kx$라는 사실로부터 외력이 한 일을 쉽게 계산할 수 있다. 활용그림 5.25b는 $x$에 따른 $F_{\text{app}}$를 나타낸 것이다. 따라서, 용수철을 $x = 0$에서 $x = x_{\max}$까지 당기는 데 외력이 한 일은 그림의 직선 아래 부분의 음영 처리된 삼각형 면적으로 다음과 같다.

$$W_{F_{\text{app}}} = \tfrac{1}{2}kx_{\max}^2$$

같은 시간에 용수철이 한 일의 양은 외력이 한 일의 양과 같지만 음(−)의 일을 한다. 왜냐하면 용수철이 작용한 힘은 물체의 운동 방향과 반대이기 때문이다. 계의 위치

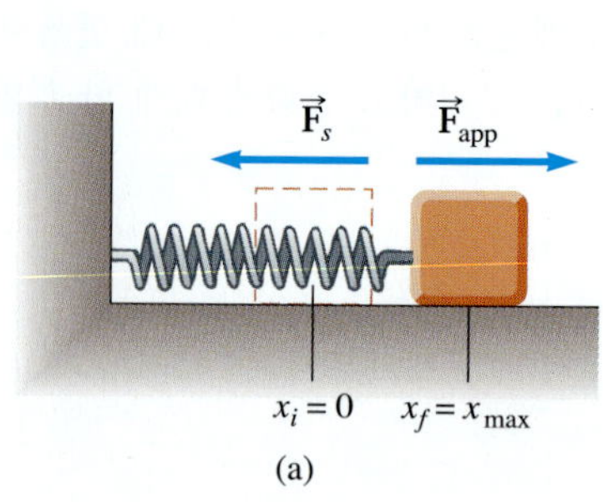

(a)

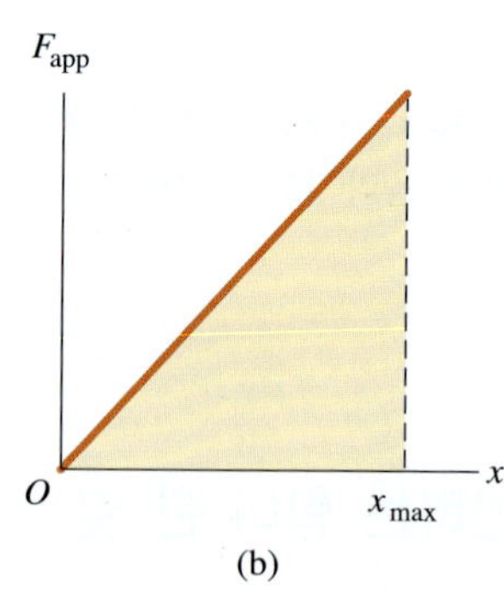

(b)

**활용그림 5.25**
(a) 마찰이 없는 수평면에서 힘 $\vec{F}_{app}$에 의해 $x_i = 0$에서 $x_f = x_{max}$까지 당겨진 물체. 이 과정이 매우 천천히 일어난다면, 작용한 힘은 모든 시간에 용수철에 의한 힘과 크기는 같고 방향이 반대이다. (b) $x$에 따른 $F_{app}$를 나타낸 그래프.

**Physics Now™** **http://physics.brookscole.com/ecp**에서 PhysicsNow를 로그인하고, 활용그림 5.25로 들어가서 최대 변위와 용수철 상수를 변화시키면서 물체의 움직임을 관찰하라.

에너지는 외력이 한 일과 같으며 부호도 같다. 이 때문에 위치 에너지를 용수철에 저장된 일로 생각한다.

## 예제 5.12 용수철을 늘이는 데 필요한 일

**목표** 필요한 일을 구하기 위해 그래프 방법을 이용한다.

**문제** 한쪽 끝이 고정된 수평한 용수철($k$ = 80.0 N/m)의 다른 쪽 끝에 외력을 가하여 $x_Ⓐ$ = 0에서 $x_Ⓑ$ = 4.00 cm까지 천천히 당긴다. (a) 외력이 용수철에 작용한 일을 구하라. (b) 용수철을 $x_Ⓑ$ = 4.00 cm에서 $x_Ⓒ$ = 7.00 cm까지 더 당길 때 추가되는 일의 양을 구하라.

**전략** 간단하게 (a)는 $A = \frac{1}{2}bh$를 이용하여 작은 삼각형의 면적을 구한다. (b)에서 용수철을 $x_Ⓑ$ = 4.00 cm에서 $x_Ⓒ$ = 7.00 cm까지 당기는 데 추가적으로 필요한 일을 구하기 위한 가장 쉬운 방법은, 큰 삼각형의 면적을 구하고 여기서 작은 삼각형의 면적을 빼면 된다.

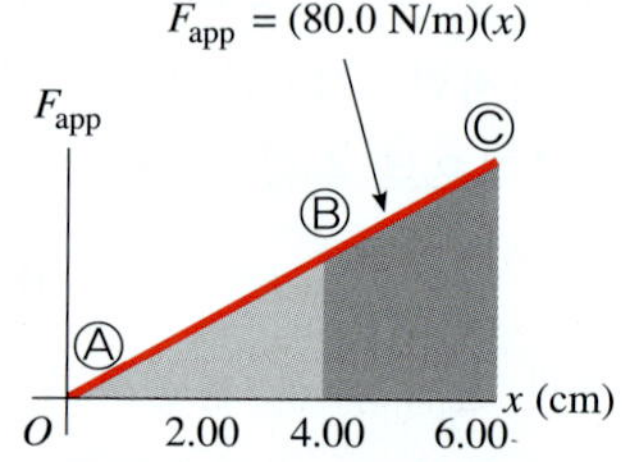

**그림 5.26** 훅의 법칙을 따르는 용수철을 당기는 데 필요한 외력에 대한 용수철이 늘어난 길이를 나타낸 그래프.

**풀이**

(a) 용수철을 $x_Ⓐ$ = 0에서 $x_Ⓑ$ = 4.00 cm까지 당기는 데 필요한 일을 구하라.

작은 삼각형의 면적을 계산한다.

$$W = \frac{1}{2}kx_Ⓑ^2 = \frac{1}{2}(80.0\ \text{N/m})(0.040\ \text{m})^2 = \boxed{0.064\,0\ \text{J}}$$

(b) 용수철을 $x_Ⓑ$ = 4.00 cm에서 $x_Ⓒ$ = 7.00 cm까지 당기는 데 필요한 일을 구하라.

큰 삼각형의 면적에서 작은 삼각형의 면적을 뺀다.

$$W = \frac{1}{2}kx_Ⓒ^2 - \frac{1}{2}kx_Ⓑ^2$$

$$W = \frac{1}{2}(80.0\ \text{N/m})(0.070\,0\ \text{m})^2 - 0.064\,0\ \text{J}$$
$$= 0.196\ \text{J} - 0.064\,0\ \text{J}$$
$$= \boxed{0.132\ \text{J}}$$

**주의** 직사각형이나 삼각형과 같은 간단한 기하학만이 위의 방법에 의해 정확한 해를 준다. 좀더 복잡한 모양에 대해 면적을 구하기 위해서는 미적분학과 같은 다른 방법을 사용해야 한다.

**연습문제 5.12**

예제 5.12에서 용수철을 $x_i$ = 5.00 cm에서 $x_f$ = 9.00 cm까지 당기는 데 얼마의 일이 필요한가?

**답** 0.224 J

## 요약

**Physics Now™** **http://physics.brookscole.com/ecp**에서 PhysicsNow를 로그인하고 이 장에 대한 Pre-Test link를 클릭하여 연습문제 시험을 보라.

### 5.1 일

일정한 힘이 물체에 한 일은 다음과 같다.

$$W \equiv (F \cos \theta)\, \Delta x \qquad [5.2]$$

여기서 $F$는 힘의 크기, $\Delta x$는 변위의 크기, $\theta$는 $\vec{\mathbf{F}}$와 $\Delta \vec{\mathbf{x}}$ 사이의 각이다. 간단한 문제를 풀 때는 값들을 이 방정식에 대입하면 된다. 마찰을 포함하는 좀더 복잡한 문제들은 종종 뉴턴의 제2법칙 $m\vec{\mathbf{a}} = \Sigma\vec{\mathbf{F}}$를 사용하여 힘들을 결정한다.

### 5.2 운동 에너지와 일-에너지 정리

질량이 $m$이고 속력이 $v$인 물체의 운동 에너지는 다음과 같다.

$$KE \equiv \tfrac{1}{2}mv^2 \qquad [5.5]$$

일-에너지 정리는 질량이 $m$인 물체에 한 일이 운동 에너지의 변화량과 같음을 말한다.

$$W_{\text{net}} = KE_f - KE_i = \Delta KE \qquad [5.6]$$

임의의 종류의 일과 에너지는 줄(joules) 단위를 사용한다. 물체에 작용하는 각각의 힘이 한 일을 찾고 이들을 모두 더한 값 $W_{\text{net}}$을 식 5.6에 대입하여 미지의 양을 계산하여 문제를 해결한다.

보존력은 특별하다. 보존력을 거슬러서 한 일은 복원된다. 즉, 보존된다. 한 예가 중력이다. 물체를 들어 올리는 데 한 일은 효과적으로 중력장에 저장되고 그 물체를 다시 낙하시키면 운동 에너지로 복원된다. 표면 마찰이나 저항과 같은 비보존력은 복원될 수 없는 형태로 에너지를 소모한다. 이와 같은 비보존력이 한 일을 설명하기 위해 일-에너지 정리를 다시 쓰면 다음과 같다.

$$W_{nc} + W_c = \Delta KE \qquad [5.7]$$

여기서 $W_{nc}$는 비보존력이 한 일이고, $W_c$는 보존력이 한 일이다.

### 5.3 중력에 의한 위치 에너지

중력은 보존장이다. 중력 위치 에너지는 중력이 한 일 $W_g$를 설명하기 위한 또 다른 방법이다.

$$W_g = -(PE_f - PE_i) = -(mgy_f - mgy_i) \qquad [5.11]$$

질량이 $m$인 물체가 중력장의 두 지점 사이를 움직일 때, 중력 위치 에너지 변화를 알려면, 물체의 $y$축 좌표 값을 대입하면 된다.

일-에너지 정리는 중력 위치 에너지를 포함하여 다음과 같이 확장시킬 수 있다.

$$W_{nc} = (KE_f - KE_i) + (PE_f - PE_i) \qquad [5.12]$$

중력이 한 일과 중력 위치 에너지는 일-에너지 정리에 동시에 나타나는 것이 아니라 둘 중 하나만이 나타난다. 그 이유는 둘이 서로 같은 개념이기 때문이다. 비보존력이 한 일을 0으로 하고 $KE$와 $PE$에 대한 식을 대입하면, 중력만을 포함한 역학적 에너지 보존법칙은 다음과 같은 형태를 취한다.

$$\tfrac{1}{2}mv_i^2 + mgy_i = \tfrac{1}{2}mv_f^2 + mgy_f \qquad [5.14]$$

이 방정식으로 문제를 풀려면, 계에서 두 점, 즉 정보를 아는 한 점과 알려고 하는 다른 점을 파악하여 대입하면 된다.

마찰력이 존재하는 경우처럼 다른 힘들이 한 일은 항상 0은 아니다. 이 경우, 이전처럼 두 점을 파악하고 모든 힘들에 의한 일을 계산한 후 식 5.12에 대입하여 미지의 양에 대해 계산한다.

### 5.4 용수철 위치 에너지

용수철에 의한 힘은 보존력이고 그 위치 에너지는 다음과 같다.

$$PE_s \equiv \tfrac{1}{2}kx^2 \qquad [5.16]$$

용수철 위치 에너지를 일-에너지 정리에 대입하면 다음과 같다.

$$W_{nc} = (KE_f - KE_i) + (PE_{gf} - PF_{gi}) + (PE_{sf} - PE_{si}) \qquad [5.17]$$

비보존력이 한 일이 $W_{nc} = 0$이면 역학적 에너지는 보존된다.

### 5.5 계와 에너지 보존

에너지 보존법칙은 에너지는 창조 혹은 소멸되지 않는다는 것을 말한다. 에너지는 변형될 수는 있지만 고립계의 총 에너지 양은 항상 일정하다. 우주 전체의 관점에서도 그렇다. 계에 작용하는 모든 비보존력이 한 일은 계의 총 역학적 에너지 변화량과 같다.

$$W_{nc} = (KE_f + PE_f) - (KE_i + PE_i) = E_f - E_i \qquad [5.20\text{–}21]$$

여기서 $PE$는 모든 위치 에너지를 나타낸다.

### 5.6 일률

평균 일률은 단위 시간 동안 전달된 에너지 양이다.

$$\overline{\mathcal{P}} = \frac{W}{\Delta t} \qquad [5.22]$$

이 표현은 다음과 같이 쓸 수도 있다.

$$\overline{\mathcal{P}} = F\overline{v} \qquad [5.23]$$

여기서 $\overline{v}$는 물체의 평균 속력이다. 일률의 단위는 와트(W = J/s)이다. 문제를 풀기 위해서는 주어진 양들을 위 식들 중 하나에 대입한다. 좀더 어려운 문제들은 일반적으로 일-에너지 정리 혹은 일의 정의를 사용해서 물체에 한 일을 찾아내는 작업을 필요로 한다.

## 개념 파악을 위한 질문

**1.** 줄다리기를 하는 두 팀이 서로 당긴 줄이 평형을 이루어 더 이상 움직이지 않는다고 하자. 줄에 한 일은 있는가? 당기는 사람들에 한 일, 지면에 한 일, 혹은 다른 어떤 것에 한 일은 있는가?

**3.** 만약 운동장 미끄럼틀의 높이가 고정되어 있다면, 미끄럼틀의 길이를 달리하거나 혹은 굴곡을 주면 아이들이 바닥에 도달하는 나중 속력에 어떤 차이를 줄 수 있을까? 미끄럼틀의 마찰이 없는 경우와 있는 경우에 대해 각각 논하라.

**5.** 산으로 올라가는 길들은 경사면을 따라 앞뒤로 지그재그로 되어 길의 어떤 부분에서도 완만한 경사만을 이루도록 되어 있다. 이러한 구조가 경사면을 직선으로 올라가는 자동차에 비해서 한 일의 양을 적게 할 수 있을까? 왜 지그재그로 된 길이 사용되는가?

**7.** 단진자가 진동할 때, 진자에 작용하는 힘들은 중력, 실의 장력, 그리고 공기저항이 있다. (a) 이들 중 진자에 일을 하는 것이 있다면 어떤 것인가? (b) 진자가 운동하는 동안 음(−)의 일을 하는 힘은 어떤 것인가? (c) 진자가 운동하는 동안 중력이 한 일을 묘사하라.

**9.** 구형 차가 10초 동안 0에서 $v$까지 가속한다. 신형 스포츠카는 같은 시간에 0에서 $2v$까지 가속한다. 두 차가 소비한 일률의 비는 얼마인가? 단, 엔진에서 나오는 에너지는 자동차의 운동 에너지로 나타난다고 가정한다.

**11.** 미식축구 선수가 공을 찰 때, 그는 그의 발끝이 공과 접촉하는 동안 공에 일을 하는가? 그는 공과의 접촉 후에 공에 일을 하는가? 공이 날아가는 동안 어떤 종류의 힘들이 공에 일을 하는가?

**13.** 천정에 수직으로 매달린 용수철에 물체가 매달려 있다. 물체를 평형 위치로부터 아랫방향으로 당겼다 놓으면 물체는 위아래로 진동한다. 공기저항을 무시하면 (물체, 지구, 그리고 용수철) 계의 총 역학적 에너지는 보존되는가? 이 상황에서 어떤 형태의 위치 에너지가 존재하는가?

**15.** 만약 당신이 도서관에서 바닥에 있던 책을 들어 올려 선반 꼭대기에 꽂는다고 하자. 바닥에 있던 책의 운동 에너지는 0이었고, 선반 꼭대기에서 책의 운동 에너지도 0이라면 운동 에너지의 변화는 없다. 하지만 당신은 책을 들어 올리는 동안 일을 하였다. 이것은 일−에너지 정리에 위배되는가?

## 문제

**1**, 2, 3 = 기본문제, 발전문제, 심화문제

□ = 학생 문제풀이 매뉴얼/학습 가이드 속에 전체 문제풀이가 있다.

**Physics Now™** **http://physics.brookscole.com/ecp**에서 힌트를 받을 수 있는 문제

= 생물의학 문제

### 5.1 일

**1.** 역도 선수가 350 N 무게의 역기를 수평한 바닥으로부터 2.00 m 높이의 머리끝까지 들어 올린다. 역도 선수가 역기를 일정한 속력으로 들어 올린다면 역도 선수가 한 일은 얼마인가?

**3.** **Physics Now™** 경사각이 30.0° 인 경사면에 정지해 있던 질량이 5.00 kg인 물체가 미끄러져 내려와 2.50 m 이동하였다. 물체와 경사면 사이의 운동마찰계수는 $\mu_k$ = 0.436이다. 다음을 계산하라. (a) 중력이 한 일, (b) 물체와 경사면사이의 마찰력이 한 일, (c) 수직항력이 한 일.

**5.** 벽돌을 실은 총 질량이 18.0 kg인 썰매를 수평면과 20.0° 각도로 위쪽 방향으로 향하는 줄에 매달아 일정한 속력으로 당긴다. 썰매가 수평면에서 20.0 m 이동하였다. 썰매와 면 사이의 운동마찰계수는 0.500이다. (a) 줄의 장력은 얼마인가? (b) 줄이 썰매에 한 일은 얼마인가? (c) 마찰에 의해 손실된 역학적 에너지는 얼마인가?

### 5.2절 운동 에너지와 일−에너지 정리

**7.** 자동차 수리공이 $2.50 \times 10^3$ kg의 자동차를 정지 상태로부터 속력 $v$까지 미는 동안 5 000 J의 일을 하였다. 자동차와 도로 사이의 마찰을 무시할 때, (a) $v$와 (b) 자동차에 작용한 수평력을 계산하라.

**9.** 턱걸이를 하는 사람의 무게는 두 팔을 제외하고 700 N이다. 처음 25.0 cm만큼 올라가는 동안 각 팔은 위쪽으로 355 N의 힘을 몸통에 작용한다. 정지 상태에서 운동이 시작되었다면, 나중 지점에서 이 사람의 속도는 얼마인가?

**11.** 질량이 70 kg인 야구선수가 4.0 m/s로 달리다 2루 베이스로 슬라이딩을 시작한다. 선수의 옷과 땅 사이의 운동마찰계수는 0.70이다. 슬라이딩하여 2루 베이스에 닿은 순간 선수의 속력은 0이다. (a) 마찰에 의해 선수가 잃은 역학적 에너지는? (b) 슬라이딩하는 동안 이동한 거리는?

**13.** 질량이 2.0 g인 총알이 총구를 떠날 때의 속력이 300 m/s이다. (a) 총알의 운동 에너지를 구하라. (b) 총알이 길이가 50 cm인 총구를 지날 때 팽창하는 기체가 총알에 작용한 평균 힘을 구하라.

**15.** 질량이 2000 kg인 자동차가 수평한 고속도로를 두 힘의 영향 하에서 정지 상태로부터 움직인다. 도로가 운전대에 1 000 N의 힘으로 진행 방향으로 작용하고 950 N의 저항력이 작용

한다. 일-에너지 정리를 이용하여 자동차가 20 m 이동한 순간의 속력을 구하라.

## 5.3 중력에 의한 위치 에너지

## 5.4 용수철 위치 에너지

**17.** 지면에 닿는 순간 공의 속력이 9.0 m/s가 되기 위해서는 공을 어떤 높이에서 놓아야 하는지 계산하라.

**19.** 체조용 매트인 트램폴린(trampoline) 위에서 체조 선수가 수직으로 9.0 m/s의 초기 속력으로 도약한다. 다음을 계산하라. (a) 트램폴린을 기준으로 선수가 도달할 수 있는 최고 높이, (b) 최고 높이 절반에 도달할 때 선수의 속력.

**21.** 그림 P5.21와 같이 무모한 오토바이 운전자가 경사로의 한쪽 끝을 35.0 m/s의 속력으로 떠난다. 그가 경로의 최고점에 도달하는 순간 속력이 33.0 m/s라면, 최고점의 높이는 얼마인가? 단, 마찰과 저항은 무시한다.

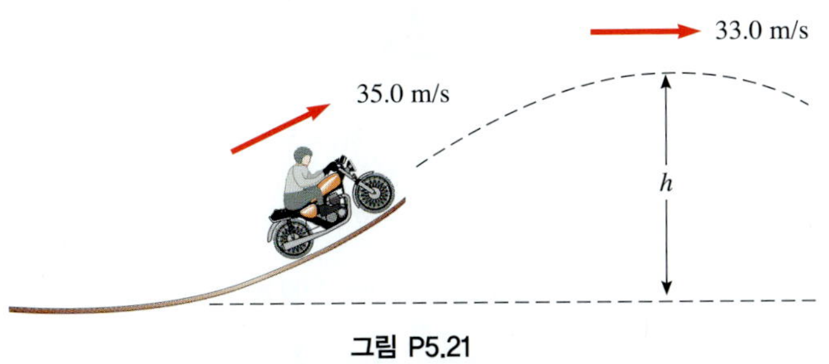


**그림 P5.21**

**23.** 턱걸이는 이두박근을 강화하기 위한 운동이다. 질량이 75 kg인 남성의 근육이 7.5 cm 수축할 때, 이 근육은 대략 800 N의 힘을 작용한다. 한 번의 수축에서 이두박근(한 팔에 하나씩)이 할 수 있는 일은 얼마인가? 이 일의 양과 75 kg의 사람이 턱걸이를 하면서 40 cm 올라 가는 동안 한 일의 양을 비교하라. 턱걸이 과정에서 이두박근만이 유일하게 작용하는 근육인가?

## 5.5 계와 에너지 보존

**25.** Physics Now™ 아이와 썰매를 합한 질량이 50.0 kg인 썰매가 마찰이 없는 경사면을 따라 내려온다. 썰매가 경사면 꼭대기에서 정지 상태로부터 출발하여 경사면 바닥에 도달하는 순간의 속력이 3.00 m/s라면, 경사면의 높이는 얼마인가?

**27.** 질량이 5.00 kg인 쇠공을 구리판으로부터 10.0 m 높이에서 떨어뜨렸다. 공이 구리판에 3.20 mm의 자국을 만들었다면, 충돌하는 동안 판이 공에 작용한 평균 힘은 얼마인가?

**29.** 그림 P5.29a는 용수철을 포함하는 장난감 총의 발사 장치를 나타낸 것이다. 만약 용수철을 0.120 m 압축시킨 후 총을 발사하면, 총은 질량이 20.0 g의 발사체가 운동하기 시작한 지점으로부터 최고 높이 20.0 m까지 발사체를 쏘아 올릴 수 있다. 공기저항을 무시할 때, 다음을 구하라. (a) 용수철 상수, (b) 그림 P5.29에서와 같이 용수철의 평형 위치($x$ = 0)를 지나는 순간 발사체의 속력.

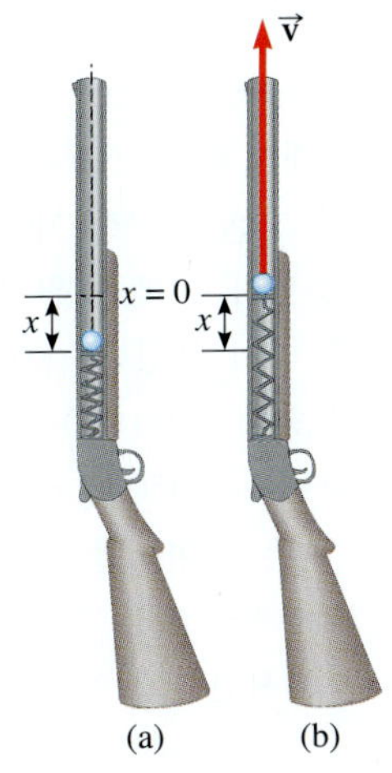


**그림 P5.29**

**31.** 수직으로 놓인 가벼운 용수철($k$ = 5.00 × 10$^3$ N/m) 위에 질량이 0.250 kg인 물체를 놓은 후 아래로 밀어 용수철을 0.100 m만큼 압축시켰다. 압축을 풀면, 물체는 용수철을 떠나 위쪽으로 운동한다. 공기저항을 무시할 경우, 물체가 용수철을 떠나는 지점으로부터 도달할 수 있는 최고 높이는 얼마인가?

**33.** Physics Now™ 질량이 70 kg인 잠수부가 수면으로부터 10 m 높이의 탑에서 연직 아래로 정지 상태로부터 떨어졌다. 잠수부가 수면아래 5.0 m에서 멈춘다면, 물이 잠수부에 작용한 평균 저항력은 얼마인가?

**35.** 수평면으로부터 20° 경사진 5.0 m 길이의 경사면의 최고점에서 질량이 2.1 × 10$^3$ kg인 자동차가 정지 상태로부터 출발한다. 자동차의 운동을 방해하는 평균 마찰력의 크기가 4.0 × 10$^3$ N이라 할 때, 경사면 바닥에 도달하는 순간 자동차의 속력을 구하라.

**37.** 수평면과 10.5° 의 각을 이루는 언덕의 최고점에서 스키 선수가 정지 상태로부터 출발한다. 경사면의 길이는 200 m이고 눈과 스키 사이의 마찰계수는 0.075 0이다. 언덕의 최저점에서 눈은 평평하게 쌓여 있으며 운동마찰계수 값은 변하지 않는다. 언덕을 내려와 정지하기 직전까지 스키 선수가 이동한 수평거리는 얼마인가?

**39.** 질량이 80.0 kg인 스카이다이버가 1000 m 높이의 고도에서 기구 밖으로 뛰어내려 200.0 m의 고도에 도달했을 때 낙하산을 펼쳤다. (a) 낙하산을 펴기 전 다이버에 작용하는 저항력은 50.0 N이고 낙하산을 편 후 저항력은 3 600 N으로 일정하다면, 다이버가 지면에 도달하는 순간 속력은 얼마인가? (b) 스카이다버는 다치겠는가? 설명하라. (c) 지면에 도달하는 순간의 속력이 5.00 m/s가 되기 위해서는 지면으로부터 얼마의 높이에서 낙하산을 펴야 하는가? (d) 총 저항력이 일정하다는 가정이 얼마나 현실적인지 설명하라.

## 5.6 일률

**41.** 칼럼니스트 데이브 베리(Dave Barry)는 노스다코다 주(North Dakota)의 소도시 그랜드포크스(Grand Forks)와 미내소타(Minnesota) 주의 동부 그랜드포크스가 차용한 "위대한 도시들"이라는 이름을 조롱했다. 이에 초원지역의 주민들은 오물처리장을 그의 이름을 따서 불렀다. 대이브 베리 오물처리장 16에서는 매일 미처리 오물 1 890 000리터를 수직으로 5.49 m 들어 올린다. 대기압하에서 1 050 kg/m$^3$의 밀도를 갖는 오물들이 동일한 직경을 갖는 파이프를 통해 이동한다. (a) 오물처리장 산출 일률은? (b) 평균 일률 5.90 kW를 갖는 전동기가 연속적으로 펌프를 작동시킨다고 할 때, 전동기의 효율을 구하라.

**43.** 모형기차의 전동기는 기차를 정지 상태로부터 21.0 ms 동안 0.620 m/s로 가속시킨다. 기차의 총 질량은 875 g이다. 가속하는 동안 기차에 전달된 평균 일률을 구하라.

**45.** Physics Now™ 질량이 1.50 × 10$^3$ kg인 자동차가 정지 상태로부터 출발하여 일정한 가속도로 12.0 s 동안 18.0 m/s로 가속된다. 그 동안 공기저항은 400 N으로 일정하다. 다음을 구하라. (a) 엔진이 전달한 평균 일률, (b) 자동차가 가속을 멈추기 바로 직전 $t$ = 12.0 s일 때 엔지의 순간 산출 출력.

## 5.7 변하는 힘이 한 일

**47.** 그림 P5.47과 같이 입자에 작용한 힘이 변한다. 입자가 (a) $x$ = 0에서 $x$ = 8.00 m까지 움직이는 동안, (b) $x$ = 8.00 m에서 $x$ = 10.0 m까지 움직이는 동안, (c) $x$ = 0에서 $x$ = 10.0 m까지 움직이는 동안 힘이 한 일을 각각 구하라.

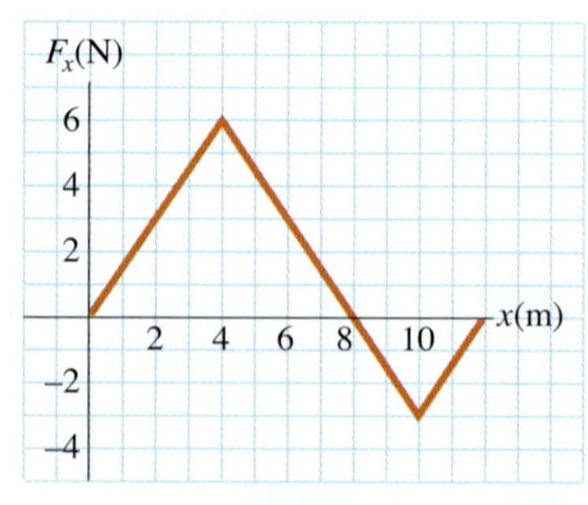


그림 P5.47

**49.** 어떤 물체에 작용하는 힘은 $F_x$ = (8$x$ − 16) N이고 $x$는 미터이다. (a) $x$ = 0에서 $x$ = 3.00 m까지 $x$에 따른 힘을 그려보아라. (b) 그래프로부터, 물체가 $x$ = 0에서 $x$ = 3.00 m까지 움직이는 동안 힘이 한 알짜 일을 구하라.

## 추가문제

**51.** 궁사가 0에서 230 N까지 일정하게 힘을 증가시켜 활줄을 0.400 m 뒤로 당겼다. (a) 활의 등가 용수철 상수는 얼마인가? (b) 활을 당기는 데 궁사가 한 일은 얼마인가?

**53.** (a) 질량이 75 kg인 사람이 정지 상태로부터 창 밖에서 1.0 m 아래 지면으로 떨어진다. 발이 지면에 닿는 순간의 속력은? (b) 사람의 무릎과 발목은 고정되어 있고 신발이 0.50 cm 정도의 유일한 쿠션역할을 한다. 이 상황에서 지면이 사람에 작용한 평균 힘을 계산하라. 이 평균 힘은 연골 혹은 뼈를 부러뜨리는 데 충분하다.

**55.** 그림 P5.55는 가볍고 마찰이 없는 도르래를 통해 두 물체가 가벼운 실에 연결된 모습을 나타낸 것이다. 질량이 5.00 kg인 물체가 바닥으로부터 높이 4.00 m인 지점에서 정지 상태로부터 떨어진다. (a) 두 물체가 같은 지점을 통과하는 순간 각각의 속력을 구하라. (b) 5.00 kg인 물체가 바닥에 닿는 순간 각각의 속력을 구하라. (c) 5.00 kg인 물체가 바닥에 닿은 후 3.00 kg 물체는 얼마나 더 높이 올라가는가?

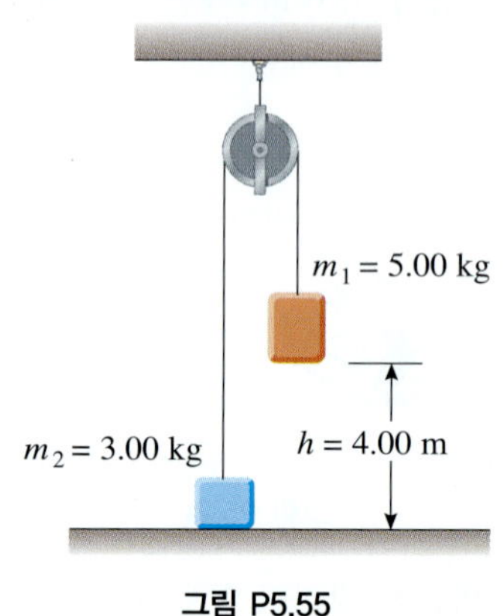


그림 P5.55

**57.** 그림 P5.57에서와 같이 질량 200 g인 입자가 반지름 $R$ = 30.0 cm인 반구 모양 그릇 안의 $A$점에서 정지 상태로부터 출발한다. 다음을 계산하라. (a) $B$에 대한 $A$의 중력 위치 에너지, (b) $B$에서 운동 에너지, (c) $B$에서 속력, (c) $B$에 대한 $C$의 위치 에너지, (e) $C$에서 운동 에너지.

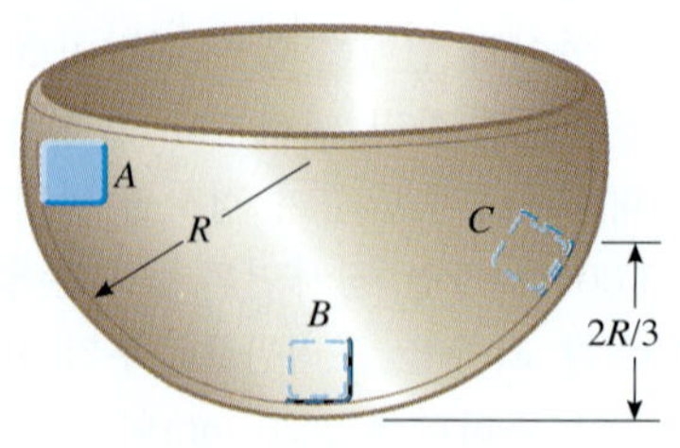


그림 P5.57

**59.** 에너지 절약의 측면에서 자전거 타기와 걷기는 자동차를 타는 것보다 훨씬 효과적인 방법이다. 예를 들어, 10.0 mi/h의 속력으로 달리는 자전거에 탄 사람은 그냥 앉아 있는 사람보다 대략 400 kcal/h의 음식물 에너지를 더 소비한다(운동 생리학에서는 일률은 종종 W보다는 kcal/h를 사용한다. 여기서 1 kcal= 1영양사 칼로리 = 4.186 J이다). 3.0 mi/h로 걷는 경우는 대략 220 kcal/h가 필요하다. 이러한 값들을 자동차로

움직이는 데 필요한 에너지 소비량과 비교하는 것은 흥미롭다. 가솔린은 대략 $1.30 \times 10^8$ J/gal을 사용한다. 한 사람이 (a) 걷거나 (b) 자전거를 타는 경우에 대해 갤런(gallon)당 마일의 단위에 상응하는 연료의 효율을 구하라.

**61.** 그림 P5.61과 같이 질량이 50.0 kg인 제인(Jane)은 질량이 80.0 kg인 타잔을 구출하기 위해 악어가 득실거리는 강을 덩굴을 타고 건너야 한다. 하지만 초기에 덩굴에는 수직선과 $\theta$의 각도를 이루며 바람에 의한 일정한 저항력 $\vec{\mathbf{F}}$가 수평하게 작용한다. 그림에서 $D = 50.0$ m, $F = 110$ N, $L = 40.0$ m이고, $\theta = 50.0°$이다. (a) 제인이 간신히 반대편에 도달하기 위한 최소 회전속력은? [힌트: 먼저 저항력과 관계된 위치 에너지를 결정한다. 저항력이 일정하므로, 일정한 중력과 비슷한 개념을 사용한다.] (b) 일단 구출을 성공하면, 타잔과 제인은 다시 강을 건너 되돌아 와야 한다. 이들이 건널 수 있기 위한 최소 회전속력은?

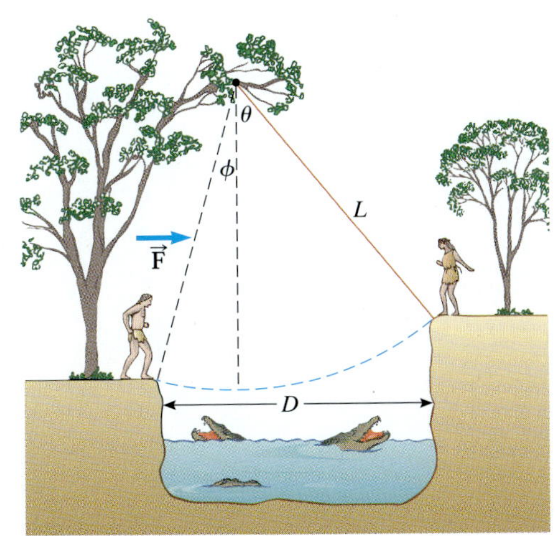


그림 P5.61

**63.** 그림 P5.63에서와 같이 포고스틱(pogo stick)은 용수철($k = 2.50 \times 10^4$ N/m)에 에너지를 저장한다. Ⓐ점($x_1 = -0.100$ m)에서 용수철은 최대로 압축되고 아이는 잠시 정지한다. Ⓑ점($x = 0$)에서 용수철은 느슨해져 아이는 위쪽으로 움직인다. Ⓒ점은 점프의 최대 지점으로 아이는 다시 잠시 멈춘다. 아이와 포고스틱을 합한 질량은 25.0 kg이다. (a) $x = 0$에서 두 위치 에너지가 0이라면 계의 총 에너지를 구하라. (b) $x_2$를 구하라. (c) $x = 0$에서 아이의 속력을 구하라. (d) 계의 운동 에너지가 최소가 되는 $x$값을 구하라. (e) 아이의 위쪽방향으로의 최대 속력을 구하라.

그림 P5.63

**65.** 총 질량이 950 kg인 광석을 실은 차가 마찰이 없는 레일을 따라 구른다. 차는 크랭크에 연결된 줄에 의해 경사각이 30.0°인 갱도로 정지 상태로부터 당겨진다. 차는 12.0 s 동안 일정하게 가속하여 2.20 m/s가 된 후 일정한 속력으로 진행한다. (a) 차가 일정한 속력으로 움직일 때 크랭크 전동기가 한 일은? (b) 전동기의 최대 일률은? (c) 길이가 1250 m인 갱도의 끝을 차가 지나는 순간 전동기로부터 전달된 총 에너지는?

**67.** 그림 P5.67에서와 같이 계는 가볍고 늘어나지 않는 줄, 가볍고 마찰이 없는 도르래, 그리고 동일한 질량의 블록 두 개로 구성되어 있다. 초기에 두 블록을 지면으로부터 같은 높이에서 잡고 있다가 놓는다. 두 블록 사이의 거리가 $h$가 되는 순간 A의 속력을 구하라.

그림 P5.67

**69.** 에어로빅 연습에서 자전거를 타는 한 여자는 심장박동수가 분당 136에서 166 사이에 있기를 원한다. 심장박동 비율은 역학적 산출 일률에 정비례한다고 가정하자. 여자와 자전거 계에 작용하는 힘은 자전거의 운동 바퀴에 앞쪽으로 작용하는 정지마찰과 속력의 제곱에 비례하는 저항력뿐이라고 가정하자. 그녀의 속력이 22.0 km/h일 때, 심장박동 비율은 분당 90.0회이다. 그녀가 원하는 심장박동비가 되기 위해서는 속력이 어느 범위에 있어야 하는가?

**71.** 열대지방에서 맑은 날 지구표면의 제곱 미터당 도달하는 태양빛의 일률은 1 000 W 정도이다. 겨울철에 캐나다 매니토바(Manitoba)에서 태양빛의 단위 면적당 일률은 100 W/m$^2$이다. 많은 인류활동들은 대략 100 W/m$^2$ 정도로 발자국 면적당 일률로 묘사된다. (a) 예를 들어, 13.0 m × 9.50 m의 단위 바닥면적을 갖는 가정에 매 30일 동안 전송되는 600 kWh의 에

너지에 대해 4인 가족이 전기회사에 80달러를 지불한다고 하자. 이 에너지 사용치의 단위 면적당 일률을 구하라. (b) 폭이 2.10 m, 길이가 4.90 m인 자동차가 25.0 mi/gallon의 효율과 44.0 MJ/kg의 연소열을 갖는 가솔린을 사용하여 55.0 mi/h의 속력으로 달린다고 하자. 자동차의 에너지 사용치의 단위 면적당 일률을 구하라. 이 값은 용광로에서 돌을 녹이는 제철소의 그것과 비슷하다. (c) 왜 태양 에너지의 직접적인 사용이 전통적인 자동차에는 현실적이지 않은지 설명하라.

CHAPTER 6

# 운동량과 충돌

OUTLINE



자동차가 서로 충돌하면 무슨 일이 일어나는가? 충돌이 각 자동차의 운동에 어떻게 영향을 미치며, 중상의 정도를 결정하는 기본적인 물리적 원리는 무엇일까?

이런 질문에 대한 답을 위해 **운동량**을 소개한다. 직관적으로 운동량이 큰 물체는 멈추기가 쉽지 않음을 알고 있으며, 운동량이 클수록 주어진 시간에 물체를 멈추기 위한 더 큰 힘이 필요하다. 이러한 개념에서 물리에서 가장 중요한 원리 중의 하나인 **운동량 보존**을 이끌어 내게된다. 이 법칙을 이용하면 복잡한 충돌 문제를 물체가 접촉 중에 힘이 어떻게 전달되었는지를 상세히 알 필요 없이 풀 수 있다. 또한 충돌 중에 전달된 평균 힘에 대한 정보도 얻을 수 있다.

## 6.1 운동량과 충격량

물리에서 운동량은 매우 정확하게 정의된다. 느리게 움직이는 공룡이 큰 운동량을 가지고 있지만 권총으로부터 발사되는 작은 탄환도 매우 큰 운동량을 갖는다. 그러므로 운동량은 물체의 질량과 운동에 의존한다고 할 수 있다.

◀ 선형 운동량

속도 $\vec{\mathbf{v}}$로 움직이는 질량 $m$인 물체의 선형 운동량 $\vec{\mathbf{p}}$는 다음과 같다.

$$\vec{\mathbf{p}} \equiv m\vec{\mathbf{v}} \tag{6.1}$$

**국제단위(SI unit): 초당 킬로그램-미터(kg • m/s)**

속도나 질량을 두 배로 하면 운동량 또한 두 배로 되고 두 양을 두 배로 하면 운동량은 네 배로 커진다. 운동량은 속도와 같은 방향을 갖는 벡터량이다. 2차원에서의 성분은 다음과 같다.

$$p_x = mv_x \qquad p_y = mv_y$$

여기서 $p_x$는 $x$ 방향의 운동량이고, $p_y$는 $y$ 방향의 운동량이다.

물체의 운동량을 바꾸려면 뉴턴의 제2법칙에 따라 힘을 가해주어야 한다. 뉴턴의 제2법칙은 다음과 같이 쓸 수 있다.

$$\vec{\mathbf{F}}_{\text{net}} = m\vec{\mathbf{a}} = m\frac{\Delta\vec{\mathbf{v}}}{\Delta t} = m\frac{\Delta(m\vec{\mathbf{v}})}{\Delta t} \tag{6.2}$$

여기서 질량과 힘은 일정하다고 가정한다. 괄호 안의 양이 운동량이므로 다음과 같은 결과를 얻는다.

**물체에 작용하는 알짜 힘 $\vec{\mathbf{F}}_{\text{net}}$는 물체의 운동량의 변화 $\Delta\vec{\mathbf{p}}$를 경과한 시간 $\Delta t$로 나눈 것으로 시간당 운동량의 변화이다.**

뉴턴의 제2법칙 ▶

$$\frac{\Delta \vec{\mathbf{p}}}{\Delta t} = \frac{\text{운동량의 변화}}{\text{시간 간격}} = \vec{\mathbf{F}}_{\text{net}} \qquad [6.3]$$

이 식에서 $\Delta t$를 무한 극한소로 취한다면 힘이 일정치 않을 때도 이 식은 유효하다. 식 6.3은 알짜 힘이 0이라면 물체의 운동량은 변하지 않는다는 것을 의미한다. 다른 의미로 $\vec{\mathbf{F}}_{\text{net}} = 0$이면 물체의 선형 운동량은 **보존**된다. 식 6.3은 또한 물체의 운동량을 변화시키기 위해서는 시간 간격 $\Delta t$ 동안 연속적으로 힘을 가해줘야 한다는 것을 의미하며 이것으로부터 **충격량**이 정의된다.

일정한 힘 $\vec{\mathbf{F}}$가 물체에 작용할 때, 시간 간격 $\Delta t$ 동안 가해진 **충격량**(impulse) $\vec{\mathbf{I}}$는

$$\vec{\mathbf{I}} \equiv \vec{\mathbf{F}}\Delta t \qquad [6.4]$$

**국제단위(SI unit): 초당 킬로그램-미터(kg • m/s)**

충격량은 물체에 작용하는 일정한 힘과 같은 방향의 벡터량이다. 하나의 일정한 힘 $\vec{\mathbf{F}}$가 물체에 작용할 때 식 6.3은 다음과 같다.

충격량-운동량 정리 ▶

$$\vec{\mathbf{F}}\Delta t = \Delta \vec{\mathbf{p}} = m\vec{\mathbf{v}}_f - m\vec{\mathbf{v}}_i \qquad [6.5]$$

### ☑ Checkpoint 6.1

진실인가 거짓인가: 물체에 0이 아닌 충격량을 가하면 물체의 속도가 항상 변한다.

이 식은 **충격량-운동량 정리**(impulse-momentum theorem)의 특수한 경우인데, **물체에 작용하는 힘의 충격량은 물체의 운동량의 변화와 같다**는 것을 보여 준다. 이 등식은 시간 간격 $\Delta t$가 충분히 작게 취해질 경우 힘이 일정하지 않더라도 성립한다(이런 경우의 증명은 미적분의 개념을 필요로 한다).

실제 생활에서 물체에 작용하는 힘은 일정하지 않은 경우가 대부분이다. 예를 들어, 야구방망이가 야구공을 칠 때, 힘은 가파르게 증가하여 최대치에 도달하고 곧 급속하게 떨어진다. 그림 6.1a는 이런 경우 힘과 시간의 관계를 보여 주는데, 힘은 방망이가 공을 막 접촉했을 때 작게 시작되어 접촉이 커질 때 최대치에 이르렀다가 공이 방망이를 떠날 때 급속하게 떨어진다. 이러한 복잡한 상황을 분석하기 위해서 그림 6.1b의 점선으로서 보여 주는 **평균 힘**(average force) $\vec{\mathbf{F}}_{\text{av}}$을 도입하는 것이 유용하다. 평균 힘은 시간 간격 $\Delta t$ 동안에 물체에 가해지는 실제 시간에 따라 변하는 힘에 의한 충격량과 같은 크기의 충격량을 전해주는 일정한 힘이다. 이때 충격량-운동량 정리를 아래와 같이 쓸 수 있다.

$$\vec{\mathbf{F}}_{\text{av}}\Delta t = \Delta \vec{\mathbf{p}} \qquad [6.6]$$

**시간 간격 $\Delta t$ 동안 힘에 의해 전달된 충격량의 크기는 그림 6.1a에서 힘-시간 그래프에서의 면적과 같고, 또는 그림 6.1b에서의 $F_{\text{av}}\Delta t$와 같다.** 그림 6.2는 총알과 사과의 순간적인 충돌의 예를 나타낸 것이다.

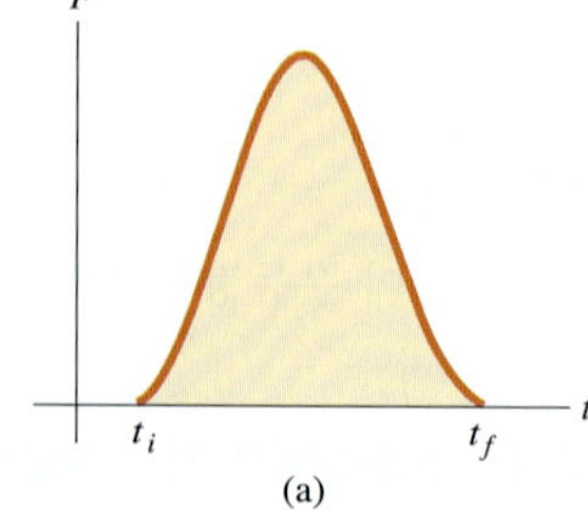


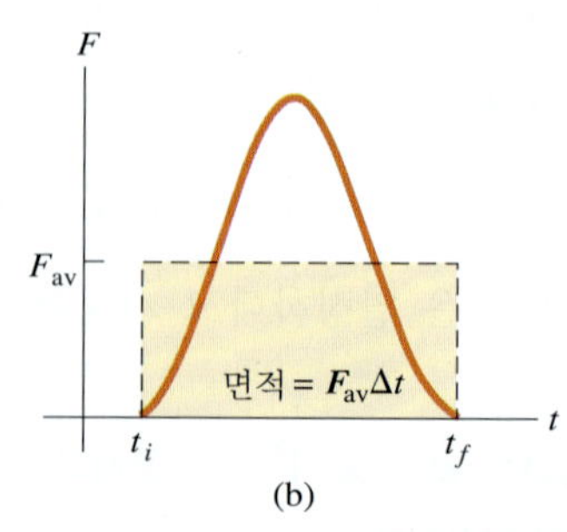


**그림 6.1** (a) 물체에 작용하는 힘은 시간에 따라 변할 수 있다. 충격량은 힘과 시간 곡선 밑의 면적이다. (b) 평균 힘(수평 점선)은 (a)에서의 시간에 따라 변하는 힘과 같은 충격량을 시간 $\Delta t$ 동안 물체에 준다.

**그림 6.2** 900 m/s의 초음속으로 움직이는 30구경 총알에 의해 관통된 사과. 사진은 초고속 사진기로 0.33 $\mu$s의 노출시간으로 찍었고, 총알의 관통 직후에 사과는 완전히 분해되었다. 총알이 들어간 입구와 나간 출구 부분은 눈에 보일만큼 폭발적이다.

### 응용물리 6.1 권투와 뇌손상

19세기의 권투경기에서는 맨손으로 경기를 하였지만 현대 권투는 장갑을 낀다. 장갑이 어떻게 선수의 뇌손상을 막을 수 있는가? 또 왜 권투선수는 자주 상대 펀치의 방향으로 머리를 움직이는가?

**설명** 뇌는 두개골 안에 완충역할을 하는 액체에 잠겨 있다. 맨주먹으로 머리에 충격을 주면 두개골은 급속하게 가속되어 두개골에 큰 충격량이 전달되는데 이 크고 급작스런 힘($F_{av}$가 크고 $\Delta t$가 작다)이 뇌손상을 일으킬 수 있다. 권투장갑은 힘이 머리에 전달될 때 $\Delta t$를 크게 한다. 따라서 주어진 충격량 $F_{av}\Delta t$에 대해 장갑은 맨주먹보다 긴 시간 간격을 주기 때문에 평균 힘이 작아진다. 평균 힘이 줄어들기 때문에 두개골의 가속도가 줄며 뇌손상의 확률이 작아진다. 상대 펀치의 방향으로 머리를 움직이는 것도 이와 같은 이유에서이다. 맞는 동안 머리를 움직이지 않으면 힘이 작용하는 시간 간격이 줄어들어 평균 힘이 커진다. 머리를 상대 펀치의 방향에 따라 움직여 주면, 시간 간격이 길어지고 평균 힘은 작아진다.

### 예제 6.1 차 범퍼는 충돌에 얼마나 견디는가?

**목표** 정지되어 있는 물체와 움직이는 물체가 충돌할 때 힘과 충격량을 안다.

**문제** 충돌시험에서 질량 $1.50 \times 10^3$ kg의 차가 그림 6.3에서 보듯이 벽과 충돌하여 다시 튀어나온다. 차의 시작과 마지막 속도는 각각 $v_i = -15.0$ m/s, $v_f = 2.60$ m/s이다. 0.150 s 동안 충돌이 지속되었다면 (a) 충돌로 인하여 차에 전달된 충격량과 (b) 차에 가해진 평균 힘의 크기와 방향을 구하라.

**전략** 시작과 마지막 운동량은 모두 0이 아니다. 운동량을 구하고 식 6.6의 충격량-운동량 정리를 이용하여 $F_{av}$를 구한다.

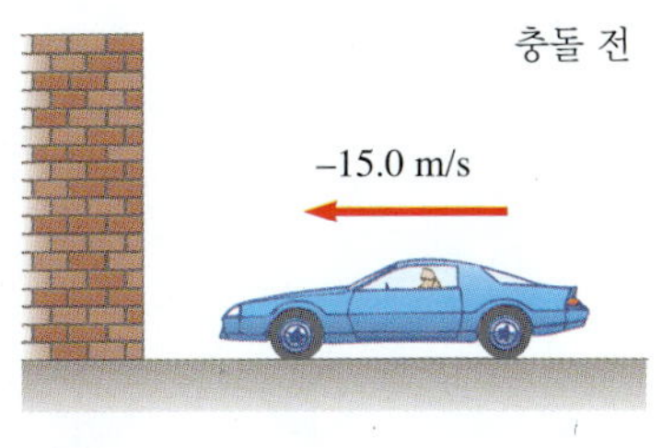


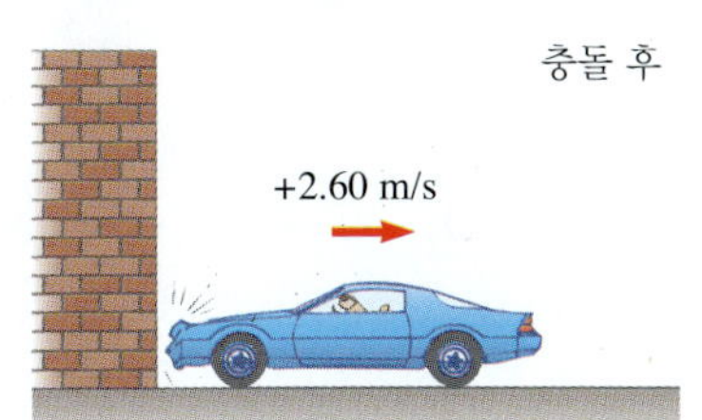


**그림 6.3** (예제 6.1) 벽과 충돌해서 운동량이 변화한다.

**풀이**

(a) 차에 전달된 충격량을 구하라.

차의 시작과 마지막 운동량을 계산한다.

$$p_i = mv_i = (1.50 \times 10^3 \text{ kg})(-15.0 \text{ m/s}) = -2.25 \times 10^4 \text{ kg} \cdot \text{m/s}$$

$$p_f = mv_f = (1.50 \times 10^3 \text{ kg})(+2.60 \text{ m/s}) = +0.390 \times 10^4 \text{ kg} \cdot \text{m/s}$$

충격량은 마지막과 시작 운동량의 차이이다.

$$I = p_f - p_i = +0.390 \times 10^4 \text{ kg} \cdot \text{m/s} - (-2.25 \times 10^4 \text{ kg} \cdot \text{m/s})$$

$$I = 2.64 \times 10^4 \text{ kg} \cdot \text{m/s}$$

(b) 차에 작용된 평균 힘을 구하라.

충격량–운동량 정리와 식 6.6을 적용하라.

$$F_{av} = \frac{\Delta p}{\Delta t} = \frac{2.64 \times 10^4 \text{ kg} \cdot \text{m/s}}{0.150 \text{ s}} = \boxed{+1.76 \times 10^5 \text{ N}}$$

**주의** 차가 벽으로부터 다시 튀지 않은 경우 차에 가해진 평균 힘은 계산된 값보다 작다. 마지막 운동량이 0이면 차의 운동량의 변화가 작게 된다.

**연습문제 6.1**

차가 벽으로부터 다시 튀지 않고 충돌 시간 간격이 0.150 s를 유지한다고 가정하자. 이 경우 차의 마지막 속도는 0이다. 차에 가해진 평균 힘을 구하라.

**답** $+1.50 \times 10^5$ N

## 자동차 충돌로 인한 상해

**APPLICATION**

자동차의 충돌로 인한 승객의 부상

자동차 충돌로 인해 차 내부에 부딪친 사람에게 일어난 상해는 주로 뇌손상, 골절, 피부와 혈관 또는 장기 등의 외상이다.

피부, 혈관 및 장기 등의 한계 손상은 표면 0.7 m$^2$ ~ 0.9 m$^2$에 힘이 고르게 가해진다는 가정에서 얻은 전신 충격 자료로 예측할 수 있다. 이 자료에 의하면 충돌이 70 ms 이내로 지속되고 몸 전체가 받은 충격 압력(단위 면적당 힘)이 $1.9 \times 10^5$ N/m$^2$(28 lb/in.$^2$)를 넘지 않으면 사람은 생존한다. 그러나 충격 압력이 $3.4 \times 10^5$ N/m$^2$(50 lb/in.$^2$)에 도달하면 50%가 사망한다.

75 kg의 운전자가 안전벨트를 착용하지 않고 27 m/s(60 mi/h)로 운전하다가 충격흡수가 안 되는 판을 들이받은 경우를 생각해 보자. 식 $F_{av}\Delta t = mv_f - mv_i$를 적용하면 다음과 같다.

$$F_{av} = \frac{mv_f - mv_i}{\Delta t} = \frac{0 - (75 \text{ kg})(27 \text{ m/s})}{0.010 \text{ s}} = -2.0 \times 10^5 \text{ N}$$

이고

$$a = \left|\frac{\Delta v}{\Delta t}\right| = \frac{27 \text{ m/s}}{0.010 \text{ s}} = 2\,700 \text{ m/s}^2 = \frac{2\,700 \text{ m/s}^2}{9.8 \text{ m/s}^2} g = 280g$$

운전자가 계기판과 앞유리에 부딪힌 후 머리와 가슴의 표면적 0.5 m$^2$에 힘이 작용하면, 충격 압력은

$$\frac{F_{av}}{A} = \frac{2.0 \times 10^5 \text{ N}}{0.5 \text{ m}^2} \cong 4 \times 10^5 \text{ N/m}^2$$

이다. 충격 압력이 치명상을 입힐 한계를 넘었으며 따라서 안전장치 없이 60 mi/h로 달리다가 충돌이 일어나면 매우 치명적이 된다. 계산된 힘은 정강이뼈를 골절시키는 데 필요한 힘보다 약 2배 크며, 가속도 또한 힘에 의해 두개골의 골절이 없더라도 치명적인 뇌손상을 야기할 수 있다.

차 사고에서 죽는 경우를 없애거나 줄이기 위해 무엇을 할 수 있는가? 가장 중요한 요소는 충돌 시간이다. 충돌시간이 0.01 s보다 10배 커지면 상대적으로 힘이 10배 작아지기 때문에 충돌에서의 생존 확률은 매우 커진다. 차가 정지하는 데 걸리는 시간은 약

0.15 s 정도인데, 안전벨트를 착용하면 이 시간 동안 몸이 정지하게 된다. 에어백도 시간을 늘려주는데, 약 0.5 $m^2$의 몸의 면적에 골고루 힘을 분산시켜 골절이나 부상을 입는 것을 막는다.

안전벨트 착용과 에어백은 몸에 가해진 평균 힘을 줄여줌으로써 몸이 받는 충격 압력을 10배 이상 줄여 주어 생명을 위협하는 상태로 가는 것을 방지한다.

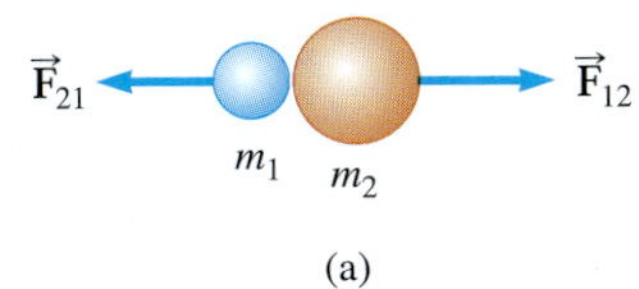


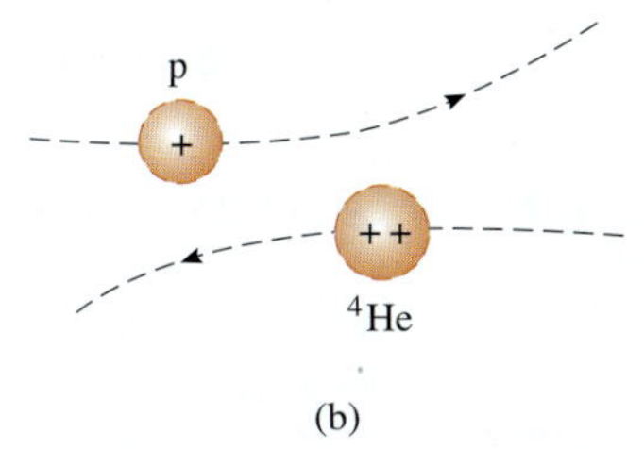


**그림 6.4** (a) 직접적인 접촉을 통한 두 물체의 충돌, (b) 두 하전된 물체의 충돌(이 경우 양성자와 헬륨원자 핵)

## 6.2 운동량의 보존

고립된 계에서 충돌이 일어날 때 계의 전체 운동량은 시간에 따라 변하지 않는다. 그 대신에 크기와 방향이 일정하게 유지된다. 계에 포함된 각각의 물체의 운동량은 변할 수 있지만 **모든** 운동량의 벡터합은 변하지 않는다. 전체 운동량은 그러므로 **보존된다.** 이 절에서 운동의 법칙으로부터 이 보존법칙이 어떻게 유도되는지 살펴 본다.

충돌은 그림 6.4a에서 보듯이 두 물체 사이의 물리적 접촉의 결과이다. 이는 두 당구공 또는 방망이와 야구공의 경우처럼 보통 일어나는 거시적인 사건이다. 반면 미시적인 스케일에서 어떻게 일어나는지를 정확히 모르기 때문에 **충돌**의 개념은 일반화되어야 한다. 두 물체 사이의 힘은 물체들의 표면 원자 안에 있는 전자의 정전기적 상호 작용이다. 15장에서 거론하겠지만, 전하는 양이나 음이다. 같은 부호의 전하는 서로 밀치며 다른 부호의 전하는 끌어당긴다. 거시적인 충돌과 미시적인 충돌의 차이를 이해하기 위해서 그림 6.4b에서처럼 두 양전하 사이의 충돌을 고려해 보자. 그림에서 두 입자는 같은 전하를 갖고 있기 때문에 서로 반발한다. 이러한 미시적인 충돌에서는 입자들은 서로 접촉할 필요 없이 운동량을 전달한다.

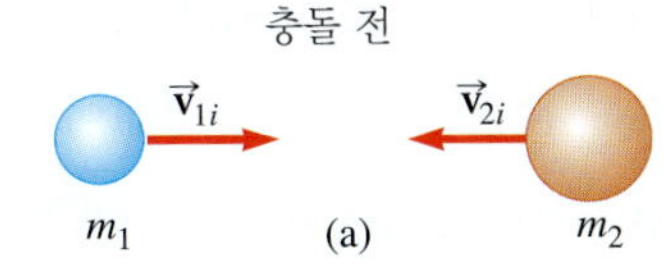


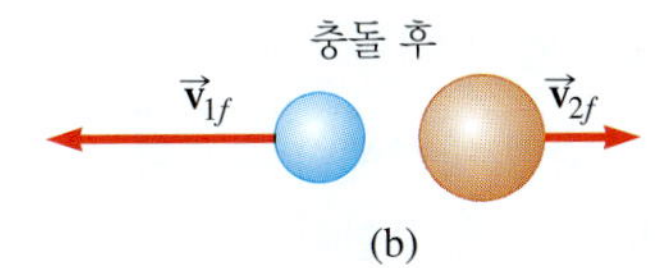


**그림 6.5** 두 물체의 정면 충돌 전과 후. 각 물체의 운동량은 충돌로 인해 변하지만, 계의 전체 운동량은 변하지 않는다.

그림 6.5는 충돌 전과 후의 두 입자의 고립된 계를 보여 준다. "고립되었다"는 의미는 계에 작용하는 마찰력 또는 중력 같은 외부 힘이 없다는 뜻이다. 충돌 전에 두 입자의 속도는 $\vec{\mathbf{v}}_{1i}$, $\vec{\mathbf{v}}_{2i}$이고 후에는 $\vec{\mathbf{v}}_{1f}$, $\vec{\mathbf{v}}_{2f}$이다. $m_1$에 충격량–운동량 정리를 적용하면

$$\vec{\mathbf{F}}_{21}\Delta t = m_1\vec{\mathbf{v}}_{1f} - m_1\vec{\mathbf{v}}_{1i}$$

이고, 마찬가지로 $m_2$에 적용하면

$$\vec{\mathbf{F}}_{12}\Delta t = m_2\vec{\mathbf{v}}_{2f} - m_2\vec{\mathbf{v}}_{2i}$$

인데, 그림 6.4a에서처럼 $\vec{\mathbf{F}}_{21}$은 충돌 동안 $m_2$가 $m_1$에 가한 평균 힘이고, $\vec{\mathbf{F}}_{12}$는 충돌 동안 $m_1$이 $m_2$에 가한 평균 힘이다.

실제 힘은 그림 6.6의 경우에서처럼 복잡한 방법으로 시간에 따라 변할지라도 평균 힘인 $\vec{\mathbf{F}}_{21}$과 $\vec{\mathbf{F}}_{12}$를 사용한다. 두 힘의 크기는 같고 방향이 반대라는 뉴턴의 제3법칙에 의해 $\vec{\mathbf{F}}_{21} = -\vec{\mathbf{F}}_{12}$이다. 더 나아가 두 힘은 같은 시간 간격에 작용한다. 따라서

$$\vec{\mathbf{F}}_{21}\Delta t = -\vec{\mathbf{F}}_{12}\Delta t$$

또는

$$m_1\vec{\mathbf{v}}_{1f} - m_1\vec{\mathbf{v}}_{1i} = -(m_2\vec{\mathbf{v}}_{2f} - m_2\vec{\mathbf{v}}_{2i})$$

가 되는데, 이 식을 다시 배열하면 다음과 같이 중요한 결과를 얻는다.

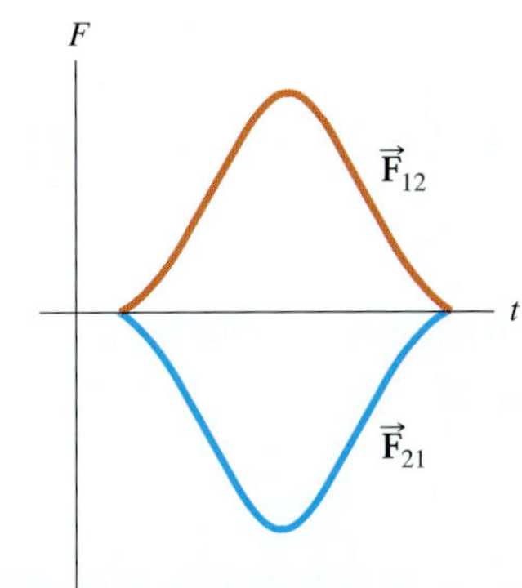


**그림 6.6** 그림 6.4a와 6.5에서 두 충돌 입자의 시간에 따른 힘의 변화. $\vec{\mathbf{F}}_{21} = -\vec{\mathbf{F}}_{12}$임에 주의하라.

$$m_1 \vec{\mathbf{v}}_{1i} + m_2 \vec{\mathbf{v}}_{2i} = m_1 \vec{\mathbf{v}}_{1f} + m_2 \vec{\mathbf{v}}_{2f} \quad [6.7]$$

이 결과는 **운동량 보존법칙**(conservation of momentum)의 특수한 경우이고 운동량 보존법칙은 서로 작용하는 물체의 수가 2개 이상인 어떤 고립계에서도 성립한다.

운동량 보존법칙 ▶

계에 알짜 힘이 작용하지 않을 때, 계의 전체 운동량은 시간에 따라 변하지 않는다.

**TIP 6.1 운동량 보존법칙은 계에서 성립한다.**
고립계의 운동량은 보존된다. 고립계 내의 한 입자의 운동량이 보존될 필요는 없다. 계의 다른 입자들이 그 입자와 상호 작용할 수 있기 때문이다. 운동량 보존법칙은 고립계에서만 성립한다.

**✓ Checkpoint 6.2**
진실인가 거짓인가: 지구 가까이에서 자유낙하하는 물체의 운동량은 보존된다.

고립된 계의 정의는 보존법칙을 적용하는 데 매우 중요하다. 정지해 있다가 점프하는 치어리더는 처음 운동량이 0이고 갑자기 속도 $\vec{\mathbf{v}}$로 점프하기 때문에 운동량이 보존되지 않는 것처럼 보일 수 있다. 여기서 논리의 허점은 치어리더가 고립된 계에 있지 않는 데 있다. 점프할 때, 치어리더는 지구에 밑으로 힘을 작용시켜 지구의 운동량을 변화시킨다. 물론 치어리더에 비해 지구의 질량이 너무 크기 때문에 지구의 운동량 변화를 알아차릴 수는 없다. **치어리더와 지구를 계로 정의하면 운동량은 보존된다.**

작용, 반작용은 두 물체의 운동량 교환과 함께 **되튐**으로 알려진 현상에 대한 원인으로 작용한다. 총을 쏘거나 화살을 쏠 때 또는 공을 던질 때 되튐현상은 일어난다. 운동량의 보존은 다음의 예제에서 보듯이 이러한 효과를 계산하는 직접적인 방법을 제공한다.

## 연관된 예제 6.2 사수

**목표** 운동량 보존을 적용하여 되튐 속도를 구한다.

**문제** 사수가 마찰이 없는 빙판 위에 정지해 있다가 수평으로 50.0 m/s의 속도로 0.500 kg의 화살을 쏘았다. 활과 사수의 무게는 60.0 kg이다. 화살을 쏜 후에 사수가 빙판 위에서 움직이는 속도는 얼마인가?

**전략** 수평 방향에서 운동량 보존법칙을 세우고 사수의 마지막 속도를 구한다. 화살을 포함한 사수의 계와 화살은 중력과 수직력이 작용하기 때문에 고립되어 있지 않다. 이러한 힘은 계의 움직임에 수직으로 작용하기 때문에 수평운동에 관련이 없다.

**그림 6.7** (연관된 예제 6.2) 사수가 오른쪽으로 수평으로 활을 쏘고 있다. 마찰이 없는 빙판 위에 서 있기 때문에 빙판 왼쪽으로 미끄러질 것이다.

**풀이**

운동량 보존식을 써라. $v_{1f}$를 사수의 속도, $v_{2f}$를 화살의 속도라 하자.

$$p_i = p_f$$
$$0 = m_1 v_{1f} + m_2 v_{2f}$$

$m_1 = 60.0\text{ kg}$, $m_2 = 0.500\text{ kg}$, $v_{2f} = 50.0\text{ m/s}$를 식에 대입하고, $v_{1f}$에 대해 푼다.

$$v_{1f} = -\frac{m_2}{m_1}v_{2f} = -\left(\frac{0.500\text{ kg}}{60.0\text{ kg}}\right)(50.0\text{ m/s})$$
$$= -0.417\text{ m/s}$$

**주의** $v_{1f}$의 음의 값은 뉴턴의 제3법칙에 따라 사수가 화살의 운동 방향과 반대 방향으로 움직인다는 뜻이다. 사수가 화살보다 훨씬 무겁기 때문에 그의 가속도와 속도는 화살의 그것보다 훨씬 작다.

뉴턴의 제2법칙, $\Sigma F = ma$는 화살의 힘에 대한 정보가 없기 때문에 사용할 수 없다. 에너지 보존 또한 사용할 수 없는데, 화살 줄을 잡아당기는 데 얼마의 일이 들었는지 모르며 줄에 얼마의 위치 에너지가 축적되었는지 모르기 때문이다. 그렇지만 운동량 보존법칙으로 이 문제를 쉽게 풀 수 있다.

**연습문제 6.2**
빙판에서 70.0 kg의 남자와 55.0 kg의 여자가 스케이트를 신고 서로 마주 보며 서 있다. 이 여자가 남자의 속력이 1.50 m/s가 되도록 남자를 뒤로 밀었다면 여자는 얼마의 속력으로 물러날까?

**답** 1.91 m/s

**PhysicsNow™** **http://physics.brookscole.com/ecp**에서 PhysicsNow를 로그인하고 연관된 예제 6.2로 들어가서 사수의 질량과 화살의 질량과 속력을 변화시켜 보자.

**Quick Quiz 6.1**

강변의 정지한 뗏목 위에 한 소년이 서 있다. 그 소년이 뗏목의 다른 끝을 향해 걸어가서 강변으로부터 멀어지고 있다면, 그 결과 뗏목은 (a) 정지해 있다, (b) 강변에서 멀어진다, (c) 강변으로 움직인다.

## 6.3 충 돌

어떤 충돌이건 그 계가 고립되어 있는 한 충돌 전의 전체 운동량과 충돌 후의 전체 운동량은 같다. 그에 반해 전체 운동 에너지는 운동 에너지의 부분이 내부 에너지, 음파 에너지와 차의 충돌에서 찌그러진 부분처럼 물체의 형상이 변하는 데 필요한 일 등으로 바뀌기 때문에 일반적으로 보존되지 않는다. **운동량은 보존되지만 운동 에너지는 보존되지 않는 충돌을 비탄성 충돌**(inelastic collision)**로 정의한다.** 딱딱한 표면에 충돌한 고무공은 운동 에너지의 일부분을 공이 표면과 접촉하여 찌그러질 때 잃어버리기 때문에 비탄성 충돌의 예가 된다. **두 물체가 충돌하여 서로 붙어버린다면 이 충돌은 완전 비탄성**(perfectly inelastic)**이다.** 예를 들어, 접합제 두 조각이 충돌하면 충돌 후에 같이 붙어 한 방향으로 움직인다. 운석이 지표상에 정면 충돌하면 운석은 땅 속에 파묻히게 되어 충돌은 완전 비탄성이 된다. 그러나 완전 비탄성 충돌로 초기 운동 에너지를 모두 잃는 것은 매우 특수한 경우이다.

**TIP 6.2 충돌에서 운동량과 에너지**
모든 충돌에서 고립계의 운동량은 보존된다. 반면에 고립된 계의 운동 에너지는 충돌이 탄성적일 때만 보존된다.

**탄성 충돌**(elastic collision)**은 운동량과 운동 에너지 모두가 보존되는 경우를 말한다.** 당구공의 충돌이나 상온에서 상자 안의 공기 분자들의 충돌은 탄성에 가깝다. 당구공의 충돌 같은 거시적인 충돌은 근사적으로 탄성인데 이는 약간의 운동 에너지만 충돌할 때 소리 등으로 잃어버리기 때문이다. 완전 탄성 충돌은 원자 또는 아원자 사이에 일어난다. 탄성과 완전 비탄성 충돌은 극단적인 경우이고 대부분의 충돌은 이 두 사이에 있다.

**TIP 6.3 비탄성 대 완전 비탄성 충돌**
충돌한 입자들이 서로 붙어 움직이면 충돌은 완전 비탄성이다. 입자들이 되튀고 운동 에너지가 보존되지 않으면 충돌은 비탄성이다.

실제적인 응용으로 비탄성 충돌은 눈의 압력이 점점 커져 망막세포가 손상되는 질병인 녹내장을 알아내는 데 응용된다. 의사는 눈의 압력을 측정하기 위하여 **안압계**를 사용한다. 안압계는 눈의 표면에 공기를 불어 넣어 눈의 표면에서 반사되어 나오는 공기의 속력을 측정하는 것이다. 정상적인 압력의 눈은 약간 푹신하여 공기를 낮은 속력으로 반사시킨다. 하지만 눈의 압력이 높아지면 눈의 표면이 더 딱딱해져서 반사된 공기의 속력이 증가한다. 이러한 반사된 공기 덩어리의 속력으로 눈의 압력을 측

**APPLICATION**
녹내장 검사

정할 수 있다.

충돌의 유형을 다음과 같이 정리할 수 있다.

탄성 충돌 ▶

비탄성 충돌 ▶

- 탄성 충돌에서, 운동량과 운동에너지는 모두 보존된다.
- 비탄성 충돌에서 운동량은 보존되나 운동 에너지는 보존되지 않는다.
- **완전** 비탄성충돌에서 운동량은 보존되나 운동 에너지는 보존되지 않으며, 두 물체는 충돌 후 함께 붙어서 움직인다. 따라서 물체의 나중 속도는 같다.

이 절의 나머지에서는 1차원의 완전 비탄성 충돌과 탄성 충돌을 다룬다.

충돌 전

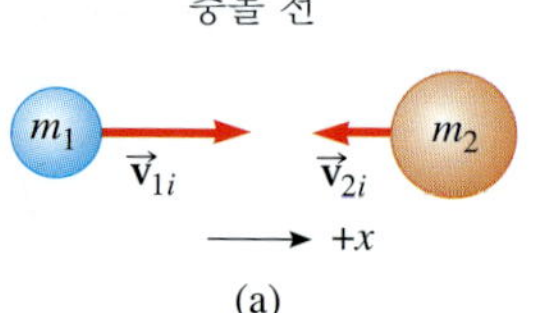


(a)

충돌 후

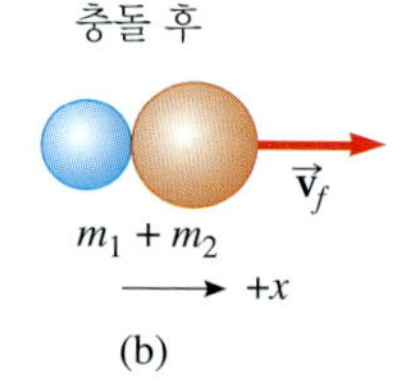


(b)

**활용그림 6.8**
두 물체의 완전 비탄성 충돌. (a) 충돌 전 (b) 충돌 후

**Physics Now™**
**http://physics.brookscole.com/ecp**에서 PhysicsNow를 로그인하고, 활용그림 6.8로 들어가라. 충돌한 물체의 속도와 질량을 조절하면서 나중 속도의 변화를 관찰하라.

## Quick Quiz 6.2

자동차와 큰 트럭이 같은 속도로 움직이다가 정면으로 충돌한 후 서로 붙어 움직이고 있다. 운동량의 변화가 더 큰 차는 어느 것인가? (a) 자동차, (b) 트럭, (c) 운동량의 변화는 같다, (d) 결정이 불가능하다.

### 완전 비탄성 충돌

활용그림 6.8에서처럼 직선을 따라 초기 속도 $v_{1i}$와 $v_{2i}$로 움직이는 질량 $m_1$과 $m_2$인 두 물체를 생각해 보자. 두 물체가 정면 충돌하여 함께 붙어서 같은 속도 $v_f$로 움직이면 이는 완전 비탄성 충돌이다. 충돌 전과 후의 운동량은 보존되기 때문에, 이를 이용하여 마지막 속도를 구할 수 있다.

$$m_1 v_{1i} + m_2 v_{2i} = (m_1 + m_2) v_f \qquad [6.8]$$

1차원의 완전 비탄성 충돌에서 두 물체의 마지막 속도 ▶

$$v_f = \frac{m_1 v_{1i} + m_2 v_{2i}}{m_1 + m_2} \qquad [6.9]$$

$v_{1i}$, $v_{2i}$, $v_f$ 모두 속도벡터의 $x$ 성분을 나타내기 때문에 양, 음의 부호에 주의를 기울여야 한다. 예를 들어 활용그림 6.8에서 $v_{1i}$는 양수($m_1$이 오른쪽으로 움직인다)인데 반해 $v_{2i}$는 음수($m_2$가 왼쪽으로 움직인다)이다. 이 값을 식 6.9에 대입하면 예제 6.3과 6.4에서처럼 정확한 마지막 속도를 구할 수 있다.

**☑ Checkpoint 6.3**

진실인가 거짓인가: 외부 힘이 존재하지 않는다면, 모든 충돌에서 운동량은 보존된다.

### 예제 6.3 SUV차 대 승용차

**목표** 1차원 비탄성 충돌에 운동량 보존을 적용한다.

**문제** 질량이 $1.80 \times 10^3$ kg인 SUV 차량이 +15.0 m/s의 속력으로 동쪽으로 달리고 있을 때, 질량이 $9.00 \times 10^2$ kg인 승용차가 −15.0 m/s의 속력으로 서쪽으로 달리고 있다(그림 6.9). 이 차들이 정면 충돌하여 서로 뒤엉켰을 때, (a) 충돌 후에 뒤엉킨 차의 속력은 얼마인가? (b) 각 차의 속도의 변화는 얼마인가? (c) 두 차를 구성하는 계의 운동 에너지의 변화를 구하라.

**전략** 충돌 전의 차들의 전체 운동량 $p_i$는 마찰을 무시하고 두 차를 하나의 고립된 계로 고려하면 충돌 후의 전체 운동량인 $p_f$와 같다(이를 "충격 근사"라 한다). 뒤엉켜 있는 차들의 마지막 속도를 운동량 보존을 이용하여 구한다. 속도가 주어지면 다른 부분은 대입하여 풀 수 있다.

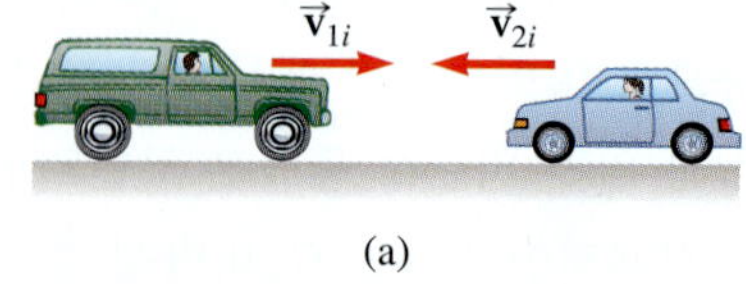


(a)

(b)

**그림 6.9** (예제 6.3)

**풀이**

(a) 충돌 후 마지막 속력을 구하라.

SUV차의 초기 질량과 속도를 $m_1$, $v_{1i}$, 승용차의 초기 질량과 속도를 $m_2$, $v_{2i}$라 하고 운동량 보존법칙을 적용한다.

$$p_i = p_f$$
$$m_1 v_{1i} + m_2 v_{2i} = (m_1 + m_2) v_f$$

수치를 대입하고 마지막 속도 $v_f$에 대해 푼다.

$$(1.80 \times 10^3 \text{ kg})(15.0 \text{ m/s}) + (9.00 \times 10^2 \text{ kg})(-15.0 \text{ m/s})$$
$$= (1.80 \times 10^3 \text{ kg} + 9.00 \times 10^2 \text{ kg}) v_f$$
$$v_f = \boxed{5.00 \text{ m/s}}$$

(b) 각 차의 속도의 변화를 구하라.

SUV차의 속도 변화를 구한다.

$$\Delta v_1 = v_f - v_{1i} = 5.00 \text{ m/s} - 15.0 \text{ m/s} = \boxed{-10.0 \text{ m/s}}$$

승용차의 속도 변화를 구한다.

$$\Delta v_2 = v_f - v_{2i} = 5.00 \text{ m/s} - (-15.0 \text{ m/s}) = \boxed{20.0 \text{ m/s}}$$

(c) 계의 운동 에너지의 변화를 구하라.

계의 초기 운동 에너지를 구한다.

$$KE_i = \tfrac{1}{2} m_1 v_{1i}^2 + \tfrac{1}{2} m_2 v_{2i}^2 = \tfrac{1}{2}(1.80 \times 10^3 \text{ kg})(15.0 \text{ m/s})^2$$
$$+ \tfrac{1}{2}(9.00 \times 10^2 \text{ kg})(-15.0 \text{ m/s})^2$$
$$= 3.04 \times 10^5 \text{ J}$$

계의 나중 운동 에너지를 구하고, 운동 에너지의 변화 $\Delta KE$를 구한다.

$$KE_f = \tfrac{1}{2}(m_1 + m_2) v_f^2$$
$$= \tfrac{1}{2}(1.80 \times 10^3 \text{ kg} + 9.00 \times 10^2 \text{ kg})(5.00 \text{ m/s})^2$$
$$= 3.38 \times 10^4 \text{ J}$$
$$\Delta KE = KE_f - KE_i = \boxed{-2.70 \times 10^5 \text{ J}}$$

**주의** 충돌 동안에 계는 운동 에너지의 90%를 잃는다. SUV차의 속도 변화는 10.0 m/s 밖에 안 되는 데 반해 승용차는 그 2배이다. 대부분의 상해는 속도의 변화에 의해 야기되는데, 더 무거운 차가 사고에서 더 작은 속도 변화를 겪는다.

**연습문제 6.3**

승용차가 SUV차보다 앞서 동쪽으로 가다가 승용차 운전자가 갑자기 브레이크를 밟아 6.00 m/s의 속력으로 줄였다. 18.0 m/s의 속력으로 SUV차가 승용차와 충돌했다면, (a) 두 차가 뒤엉켰다고 가정하고 충돌 직후의 이 계의 속력은 얼마인가? (b) 두 차의 속도의 변화는 얼마인가? (c) 계의 운동 에너지의 변화를 구하라.

**답** (a) 14.0 m/s (b) SUV: $\Delta v_1 = -4.0$ m/s, 승용차: $\Delta v_2 = 8.0$ m/s (c) $-4.32 \times 10^4$ J

## 예제 6.4 탄동진자

**목표** 비탄성 충돌에서 운동량과 에너지 보존의 개념을 활용한다.

**문제** 탄동진자(그림 6.10a)는 총알과 같이 매우 빠르게 움직이는 발사체의 속력을 측정하는 계기이다. 총알은 가벼운 끈에 의해 매달려 있는 큰 나무토막에 발사된다. 총알은 나무에 박혀 높이 $h$만큼 올라간다. 이때 높이 $h$와 두 질량을 알면 총알의 처음 속력을 구할 수 있다. 이 기술의 예로서, 총알의 질량 $m_1$을 5.00 g이라 하고 진자의 질량 $m_2$를 1.000 kg, 높이 $h$를 5.00 cm라 하자. 총알의 초기 속력 $v_{1i}$를 구하라.

**전략** 첫째, 나무 토막과 총알이 박힌 계의 마지막 속도 $v_f$로 총알의 속도 $v_{1i}$를 구하기 위해서는 완전 비탄성 충돌의 성질과 운동량 보존법칙을 이용한다. 둘째, $v_f$를 알기 위해서는 진자가 도달한 높이 $h$와 에너지 보존법칙을 이용한다. 마지막으로, 총알의 처음 속력을 구하기 위해서는 앞의 결과에 $v_f$의 값을 대입한다.

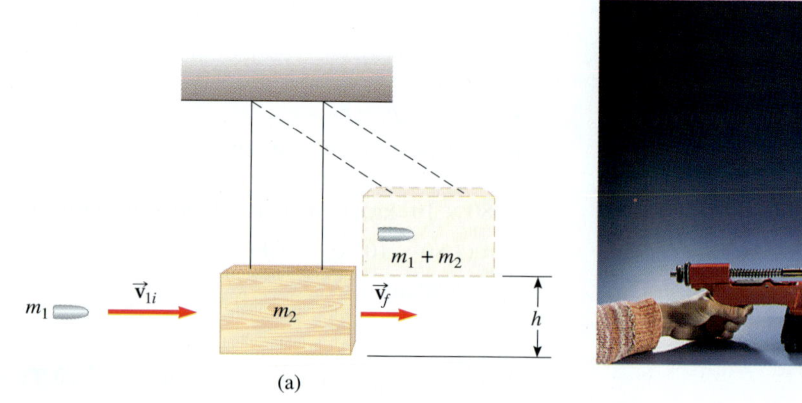


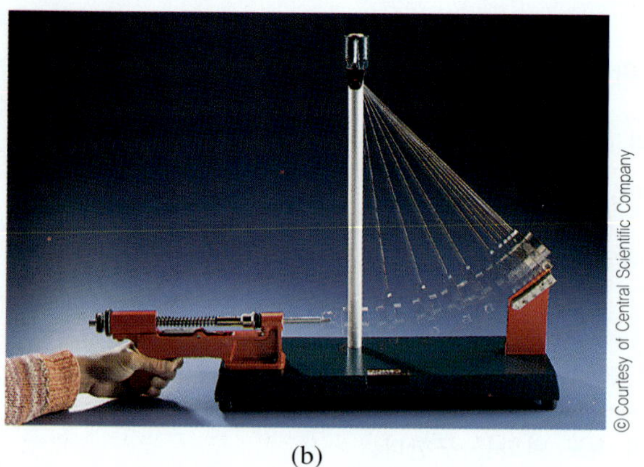


**그림 6.10** (예제 6.4) (a) 탄동진자 그림. $v_f$는 완전 비탄성 충돌한 직후의 계의 속도이다. (b) 실험실에서의 탄동진자의 실제 다섬광 사진.

**풀이**

운동량 보존법칙을 이용하고 질량 값을 대입한다. $v_{2i} = 0$이고 $v_f$는 충돌직 후 계(나무벽돌 + 총알)의 속도이다.

$$p_i = p_f$$
$$m_1 v_{1i} + m_2 v_{2i} = (m_1 + m_2) v_f$$
$$(5.00 \times 10^{-3}\text{ kg}) v_{1i} + 0 = (1.005\text{ kg}) v_f \qquad (1)$$

충돌 후 계에 에너지 보존법칙을 적용한다.

$$(KE + PE)_{\text{충돌 후}} = (KE + PE)_{\text{꼭대기}}$$

바닥에서의 위치 에너지는 0이고 꼭대기에서의 운동 에너지는 0이다. 계의 마지막 속도 $v_f$에 대해 푼다.

$$\tfrac{1}{2}(m_1 + m_2) v_f^2 + 0 = 0 + (m_1 + m_2) gh$$
$$v_f^2 = 2gh$$
$$v_f = \sqrt{2gh} = \sqrt{2(9.80\text{ m/s}^2)(5.00 \times 10^{-2}\text{ m})}$$
$$v_f = 0.990\text{ m/s}$$

마지막으로, 총알의 처음 속력인 $v_{1i}$를 구하기 위해 식 1에 $v_f$를 대입한다.

$$v_{1i} = \frac{(1.005\text{ kg})(0.990\text{ m/s})}{5.00 \times 10^{-3}\text{ kg}} = \boxed{199\text{ m/s}}$$

**주의** 충돌이 비탄성이기 때문에 입사되는 총알의 처음 운동 에너지와 계의 마지막 중력 위치 에너지는 같지 않다. 에너지가 비보존됨에 유의하자.

**연습문제 6.4**

질량 5.00 g의 총알이 수평으로 용수철에 매달려 있는 2.000 kg의 나무토막에 발사되었다. 용수철 상수가 $6.00 \times 10^2$ N/m이고 최대로 6.00 cm 압축되었다면 (a) 총알-나무토막 계의 초기 속력을 구하라. (b) 총알의 속력을 구하라.

**답** (a) 1.04 m/s (b) 417 m/s

**Quick Quiz 6.3**

질량이 $m$인 물체가 오른쪽으로 속력 $v$로 움직인다. 이 물체가 반대 방향으로 속도 $v/3$로 움직이는 질량 $3m$인 물체와 정면 충돌하였다. 두 물체가 서로 붙어서 움직인다면 충돌 후 질량이 $4m$인 물체의 속력은 얼마인가? (a) 0, (b) $v/2$, (c) $v$, (d) $2v$.

**Quick Quiz 6.4**

두 물체 사이의 1차원 완전 비탄성 충돌에서 충돌 후 계의 원래 운동 에너지를 모두

다 써 버리기 위해 필요한 조건은 무엇인가? (a) 두 물체는 운동량의 크기는 같고 방향이 반대이어야 한다, (b) 물체는 질량이 같아야 한다, (c) 물체는 속도가 같아야 한다, (d) 물체는 반대 방향으로 속도 벡터를 갖고, 속력이 같아야 한다.

## 탄성 충돌

**탄성 정면 충돌**하는 두 물체를 생각해 보자(활용그림 6.11). 이 상황에서는 **두 물체의 운동량과 운동 에너지는 모두 보존된다.** 이 조건은 다음과 같이 쓸 수 있다.

$$m_1 v_{1i} + m_2 v_{2i} = m_1 v_{1f} + m_2 v_{2f} \quad [6.10]$$

$$\tfrac{1}{2} m_1 v_{1i}{}^2 + \tfrac{1}{2} m_2 v_{2i}{}^2 = \tfrac{1}{2} m_1 v_{1f}{}^2 + \tfrac{1}{2} m_2 v_{2f}{}^2 \quad [6.11]$$

$v$는 물체가 오른쪽으로 움직이면 양이고 왼쪽으로 움직이면 음이다.

탄성 충돌의 문제에는 두 개의 미지수가 있으며, 식 6.10과 6.11을 이용하여 이를 구할 수 있다. 식 하나는 선형이고 다른 하나는 이차 방정식이다. 식 6.11에서 $\frac{1}{2}$을 소거하고 다시 배열하면 다음과 같다.

$$m_1(v_{1i}{}^2 - v_{1f}{}^2) = m_2(v_{2f}{}^2 - v_{2i}{}^2)$$

여기서 $m_1$ 부분과 $m_2$ 부분을 따로 모았다. 식을 인수분해하면 다음과 같다.

$$m_1(v_{1i} - v_{1f})(v_{1i} + v_{1f}) = m_2(v_{2f} - v_{2i})(v_{2f} + v_{2i}) \quad [6.12]$$

식 6.10의 운동량 보존식에서도 $m_1$ 부분과 $m_2$ 부분을 따로 모으면 다음과 같다.

$$m_1(v_{1i} - v_{1f}) = m_2(v_{2f} - v_{2i}) \quad [6.13]$$

식 6.12를 식 6.13으로 나누면 아래와 같은 식이 얻어진다.

$$v_{1i} + v_{1f} = v_{2f} + v_{2i}$$

이를 처음과 나중 속도끼리 따로 모으면 다음과 같다.

$$v_{1i} - v_{2i} = -(v_{1f} - v_{2f}) \quad [6.14]$$

식 6.10과 함께 위의 식은 완전 탄성 정면 충돌의 문제를 풀 때 이용된다. 식 6.14에 따르면, 충돌 전의 두 물체의 상대 속도 $v_{1i} - v_{2i}$는 충돌 후의 두 물체의 상대 속도에 음의 부호를 붙인, $-(v_{1f} - v_{2f})$과 같다. 식을 좀더 이해하기 위하여 두 물체 중 하나에 관찰자가 타고 있다고 가정하자. 이때 다른 물체의 속도를 측정하는 것은 실지로는 두 물체의 상대 속도를 측정하는 것이다. 관찰자의 관점에서, 충돌을 보면 다른 물체가 관찰자에게 다가와서 충돌 후 반대 방향으로 같은 속력으로 튕겨 나갈 것이다. 식 6.14가 바로 이런 의미이다.

충돌 전

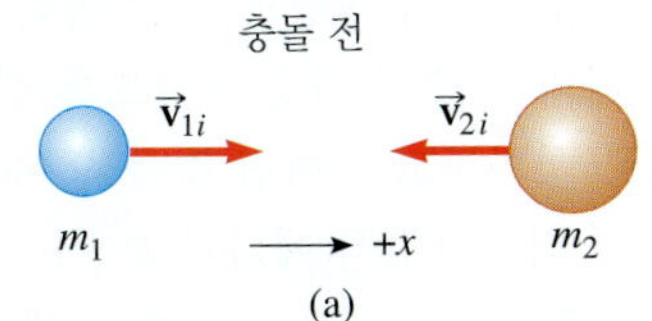


(a)

충돌 후

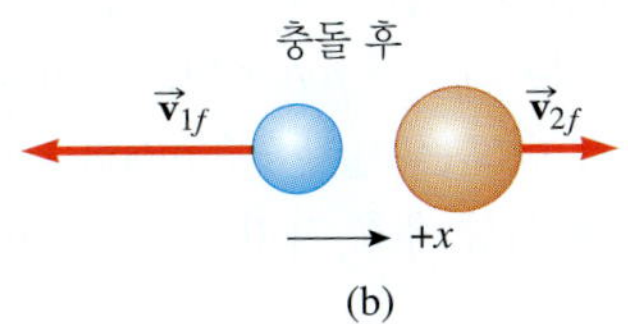


(b)

**활용그림 6.11**
두 개의 딱딱한 구 사이의 탄성 정면 충돌. (a) 충돌 전, (b) 충돌 후.

**Physics Now™**
**http://physics.brookscole.com/ecp**에서 PhysicsNow를 로그인하고 활용그림 6.11로 들어가라. 충돌 물체의 질량과 속도를 변화시키면서 마지막 속도에 미치는 영향을 살펴 보자.

## Math Focus 6.1 1차원 탄성 충돌

1차원 충돌 문제의 수식에 사용하는 기호와 첨자가 문제의 수학적 단순성을 종종 모호하게 하는 경우가 있다. 복잡해 보이는 탄성 충돌에 관한 식 6.10과 6.11은 각각 운동량 보존과 에너지 보존에 관한 식이다.

보통 문제에서 질량과 초기 속력은 주어지고 충돌하는 물체들의 두 개의 나중 속력을 구하도록 한다. 익숙한 변수 $X = v_{1f}$와 $Y = v_{2f}$로 치환하고 주어진 값들을 이용하면 직선방정식(운동량의 보존)과 타원방정식(에너지 보존)을 얻을 수 있다. 그러면 수학적으로는 직선과 타원의 교점으로 해를 찾는 문제와 같게 된다.

예 1: 1차원 충돌에서 첫 번째 물체의 질량이 $m_1$ = 1 kg이고 초기 속도는 $v_{1i}$ = 3 m/s이며, 두 번째 물체의 질량은 $m_2$ = 2 kg이고 초기 속도는 $v_{2i}$ = −3 m/s라 하자. 두 물체의 최종 속도를 구하라. (편의상 유효 자리수는 생각하지 않는다.)

풀이: 식 6.10과 식 6.11에 $X = v_{1f}$ 그리고 $Y = v_{2f}$를 대입하고 간단히 하면 다음을 얻을 수 있다.

$$-3 = X + 2Y \quad (1)$$

$$27 = X^2 + 2Y^2 \quad (2)$$

식 (1)은 직선방정식이고, 식 (2)는 타원방정식이다. 식 (1)을 $X$에 대하여 풀고 식 (2)에 대입하면 $27 = (-3\ -2Y)^2 + 2Y^2$을 얻고 다음과 같이 정리할 수 있다.

$$Y^2 + 2Y - 3 = 0$$

이제 2차방정식의 근의 공식을 이용하면 $Y = v_{2f}$ = 1 m/s 또는 −3 m/s를 얻게 된다. 첫 번째 답만이 의미 있는 것이므로 식 (1)에 대입하여 다음을 구하게 된다.

$$X = v_{1f} = -5\ \text{m/s}$$

식 6.10과 또 다른 식 6.14를 이용하는 것도 가능하다. 이 경우 예제 6.5에서처럼 두 직선의 교점을 찾는 문제와 같은 것이 된다. 식 6.14와 같은 특별한 식보다 에너지 보존법칙 식을 기억하는 것이 더 쉬우므로 이런 문제는 두 가지 방법으로 풀 수 있도록 하는 것이 좋다.

### 문제풀이 전략 1차원 충돌

두 물체의 충돌에 관한 1차원 문제는 다음과 같이 풀어라.

1. **좌표축을 정하라.** 운동 방향으로 좌표축을 설정하라.
2. **그림을 그려라.** 그림에 속도 벡터와 질량을 표시하고 주어진 정보를 적는다.
3. **운동량 보존법칙을 적용하라.** 충돌 전과 후 두 물체의 계의 전체 운동량에 대한 일반적인 표현을 쓰라. 식을 세우고 알려진 값을 대입하라.
4. **에너지 보존법칙을 적용하라.** 충돌이 탄성적이면 충돌 전과 후의 전체 에너지를 쓰고 식을 세우고 알려진 값을 대입하라. (**충돌이 탄성적이 아니면 이 부분을 지나쳐라.**)
5. **연립방정식을 풀어라.** 식 6.10과 6.14는 2원1차 연립방정식 형태이다. 만약 식 6.14를 잊었다면 대신 식 6.11을 사용하라.

### 예제 6.5 당구게임을 즐기자.

**목표** 1차원에서의 탄성 충돌을 풀어 본다.

**문제** 같은 질량의 두 당구공이 그림 6.11에서처럼 서로 다가오고 있다. 완전 탄성 충돌로 가정하고 공의 처음 속도가 +30.0 cm/s와 −20.0 cm/s라 할 때, 충돌 후의 각 공의 속도는 얼마인가? 마찰과 회전은 무시하라.

**전략** 이 문제는 운동량 보존과 에너지 보존식을 세워 두 공의 마지막 속도를 구하는 문제이다. 에너지 보존에 대해 2차 식인 6.11을 사용하는 대신 1차 식인 식 6.14를 사용하는 것이 쉽다.

**풀이**

운동량 보존식을 써라. $m_1 = m_2$이므로 질량을 소거하고, $v_{1i}$ = +30.0 cm/s와 $v_{2i}$ = −20.0 cm/s를 대입한다(단계 3).

$$m_1v_{1i} + m_2v_{2i} = m_1v_{1f} + m_2v_{2f}$$

$$30.0\ \text{cm/s} + (-20.0\ \text{cm/s}) = v_{1f} + v_{2f}$$

$$10.0\ \text{cm/s} = v_{1f} + v_{2f} \quad (1)$$

다음 식 6.14의 에너지 보존식을 적용한다(단계 4).

$$v_{1i} - v_{2i} = -(v_{1f} - v_{2f})$$
$$30.0\text{ cm/s} - (-20.0\text{ cm/s}) = v_{2f} - v_{1f}$$
$$50.0\text{ cm/s} = v_{2f} - v_{1f} \qquad (2)$$

식 (1)과 (2)를 연립하여 푼다(단계 5). $v_{1f} = \boxed{-20.0\text{ cm/s}}$ $v_{2f} = \boxed{+30.0\text{ cm/s}}$

**주의** 두 공이 서로의 속도를 주고 받는다는 것에 주의하라. 질량이 같은 공의 탄성 정면 충돌에서는 항상 이러한 일이 일어난다.

**연습문제 6.5**

처음 속도 $v_{2i} = -20.0$ cm/s를 가진 공의 질량이 처음 속도 $v_{1i} = +30.0$ cm/s인 공의 질량의 반일 경우 두 공의 마지막 속도를 구하라.

**답** $v_{1f} = -3.33$ cm/s; $v_{2f} = +46.7$ cm/s

## 연관된 예제 6.6 두 벽돌과 용수철

**목표** 용수철의 위치 에너지가 포함된 탄성 충돌을 풀어 본다.

**문제** 마찰이 없는 수평면에서 처음 속도 $+4.00$ m/s로 움직이는 질량 $m_1 = 1.60$ kg인 벽돌이 그림 6.12a에서처럼 속도 $-2.50$ m/s로 왼쪽으로 움직이는 질량 $m_2 = 2.10$ kg의 두 번째 벽돌과 붙어 있는 질량이 없는 용수철과 충돌한다. 용수철의 용수철 상수는 $6.00 \times 10^2$ N/m이다. (a) 그림 6.12a에서처럼 벽돌 1이 속도 $+3.00$ m/s로 오른쪽으로 움직이는 순간에 벽돌 2의 속도는 얼마인가? (b) 용수철이 압축된 길이는 얼마인가?

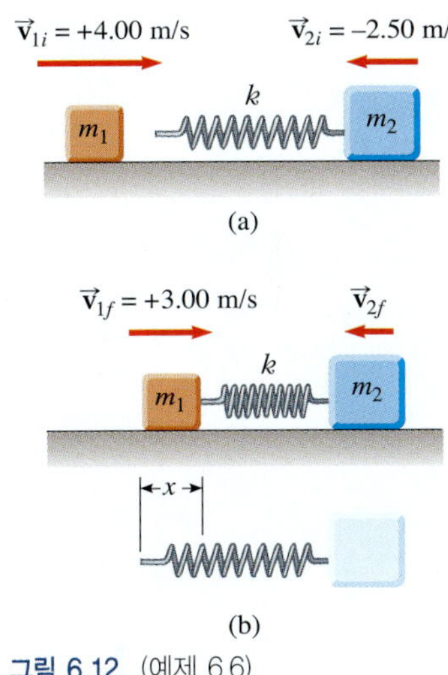

**그림 6.12** (예제 6.6)

**전략** 이 문제는 두 물체와 용수철로 되어 있는 경우이다. 운동량 보존법칙을 사용하여 두 번째 물체의 최종 속력를 구한다. 그리고 에너지 보존법칙을 이용하여 용수철의 압축된 길이를 구한다.

**풀이**

(a) 벽돌 1이 속도 $+3.00$ m/s일 때, 속도 $v_{2f}$를 구하라.

$$m_1v_{1i} + m_2v_{2i} = m_1v_{1f} + m_2v_{2f}$$
$$v_{2f} = \frac{m_1v_{1i} + m_2v_{2i} - m_1v_{1f}}{m_2}$$
$$= \frac{(1.60\text{ kg})(4.00\text{ m/s}) + (2.10\text{ kg})(-2.50\text{ m/s}) - (1.60\text{ kg})(3.00\text{ m/s})}{2.10\text{ kg}}$$

계에 대한 운동량 보존을 쓰고, $v_{2f}$에 대해 푼다. $v_{2f} = \boxed{-1.74\text{ m/s}}$

(b) 용수철이 압축된 길이를 구하라.

$x$만큼 압축되었을 때 용수철에 위치 에너지가 축적된다는 것과 계에 에너지 보존을 적용한다.

$$E_i = E_f$$
$$\tfrac{1}{2}m_1v_{1i}^2 + \tfrac{1}{2}m_2v_{2i}^2 + 0 = \tfrac{1}{2}m_1v_{1f}^2 + \tfrac{1}{2}m_2v_{2f}^2 + \tfrac{1}{2}kx^2$$

(a)의 결과와 주어진 값을 대입하여 $x$에 대해 푼다. $x = \boxed{0.73\text{ m}}$

**주의** 벽돌 2의 처음 속도 성분은 벽돌이 왼쪽으로 움직이기 때문에 $-2.50$ m/s이다. $v_{2f}$가 음수인 것은 벽돌 2가 그 순간에 아직도 왼쪽으로 움직인다는 것을 의미한다.

**연습문제 6.6**

(a) 벽돌 1의 속도와 (b) 벽돌 2가 정지한 순간에 용수철이 압축된 길이는 얼마인가?

**답** (a) 오른쪽으로 0.719 m/s (b) 0.251 m

**Physics Now™** **http://physics.brookscole.com/ecp**에서 PhysicsNow를 로그인하고 활용그림 6.13으로 들어가서 파란 입자의 속력과 위치 그리고 두 입자의 질량을 바꾸어 가면서 그 효과를 관찰해 보자.

## 6.4 비껴가는 충돌

6.2절에서 계의 전체 선형 운동량은 그 계가 고립되었다면(그 계가 외부 힘을 받지 않았을 때) 보존된다는 것을 배웠다. 3차원에서의 두 물체의 일반적인 충돌에서 운동량의 보존원리는 그 계의 각 방향의 전체 운동량이 보존됨을 말한다. 당구는 2차원에서 움직이는 물체의 다중 충돌의 전형적인 예이다. 여기서 두 당구공 사이의 2차원 충돌을 생각해 보자. 물론 회전운동은 무시한다. 이 충돌로부터 두 개의 운동량 보존식이 만들어진다.

$$m_1 v_{1ix} + m_2 v_{2ix} = m_1 v_{1fx} + m_2 v_{2fx}$$

$$m_1 v_{1iy} + m_2 v_{2iy} = m_1 v_{1fy} + m_2 v_{2fy}$$

위 식에서 세 가지 아래첨자를 사용하였는데 물체를 나타내는 첨자, 처음과 마지막을 나타내는 첨자, 그리고 속도 성분을 나타내는 첨자를 사용했다.

**☑ Checkpoint 6.4**

중력을 무시할 수 있는 우주 공간에서 우주 탐사선이 사고로 폭발하여 파편들이 사방으로 흩어졌다. 이 폭발 과정에서 운동량이 보존되는가?

활용그림 6.13에서처럼 질량 $m_1$인 물체가 처음에 정지해 있는 질량 $m_2$와 충돌하는 2차원 문제를 생각해 보자. 충돌 후에 물체 1은 수평에 대해 각 $\theta$로 움직이고, 물체 2는 각 $\phi$로 움직였다. 이것이 **비껴가는 충돌**이다. 각 성분에 따라 운동량의 보존을 적용하고 운동량의 $y$ 성분이 0인 것으로부터 다음을 얻을 수 있다.

$$x \text{ 성분:} \quad m_1 v_{1i} + 0 = m_1 v_{1f} \cos\theta + m_2 v_{2f} \cos\phi \qquad [6.15]$$

$$y \text{ 성분:} \quad 0 + 0 = m_1 v_{1f} \sin\theta - m_2 v_{2f} \sin\phi \qquad [6.16]$$

충돌이 탄성적이면 에너지 보존을 이용하여 세 번째 식을 쓸 수 있다.

$$\tfrac{1}{2} m_1 v_{1i}^2 = \tfrac{1}{2} m_1 v_{1f}^2 + \tfrac{1}{2} m_2 v_{2f}^2 \qquad [6.17]$$

처음 속도 $v_{1i}$와 질량을 알고 있다면 미지수는 4개($v_{1f}$, $v_{2f}$, $\theta$, $\phi$)이다. 그러나 식이 모두 세 개 밖에 없기 때문에 네 개 중의 하나는 알고 있어야 한다.

충돌이 비탄성적이면 계의 운동 에너지가 보존되지 않고 식 6.17은 적용되지 않는다.

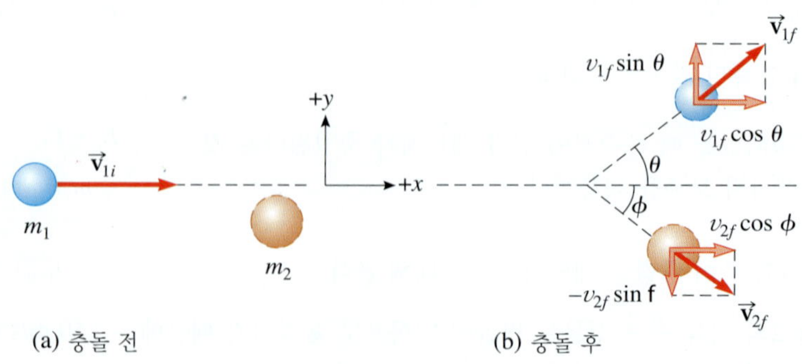


활용그림 6.13
두 공 사이의 비껴가는 충돌. (a) 충돌 전, (b) 충돌 후.

**Physics Now™** **http://physics.brookscole.com/ecp**에서 PhysicsNow를 로그인하고 활용그림 6.13으로 들어가라. 파란색 입자의 위치와 속도를 변화시켜 보고 두 입자의 질량을 변화시켜 보면서 미치는 영향을 관찰하라.

## Math Focus 6.2 2차원 충돌

2차원 충돌 문제는 문제분석 시 각을 고려해야 하므로 문제가 더욱 복잡해진다. 1차원 충돌 문제의 경우처럼 보통 문제에서 충분한 조건들이 주어지므로 두 변수를 제외한 나머지는 모두 소거된다. 그러나 1차원 문제와는 다르게 삼각함수를 사용해야 문제의 답을 얻을 수 있다.

예 1: 질량 $m = 1.00$ kg인 아이스하키 퍽이 수평면에서 $+x$ 방향으로 $v = 3.00$ m/s로 마찰 없이 움직이다가 원점에 정지한 질량 $M = 2.00$ kg인 두 번째 퍽과 충돌하였다. 충돌 후 첫 번째 퍽은 $v_f = 1.00$ m/s로 $+x$축과 $\phi = -30°$ 각으로 움직였다면 두 번째 퍽의 속력 $V$와 방향 $\theta$를 구하라.

풀이: 에너지 보존에 관한 이야기가 없으므로 오직 운동량만 보존된다고 가정한다.

$$x\ 방향:\quad mv = mv_f \cos\phi + MV\cos\theta \tag{1}$$

$$y\ 방향:\quad 0 = mv_f \sin\phi + MV\sin\theta \tag{2}$$

식 (1)과 식 (2)에서 $V$와 $\theta$만 제외하고 모든 값들이 문제에서 주어졌다. 우선 식 (1)을 $MV\cos\theta$로 풀고 식 (2)를 $MV\sin\theta$로 푼다.

$$MV\cos\theta = mv - mv_f\cos\phi = 2.13 \text{ kg m/s} \tag{3}$$

$$MV\sin\theta = -mv_f\sin\phi = 0.500 \text{ kg m/s} \tag{4}$$

식 (4)를 식 (3)으로 나누면 다음을 얻을 수 있다.

$$\tan\theta = \frac{MV\sin\theta}{MV\cos\theta} = \frac{0.500 \text{ kg m/s}}{2.13 \text{ kg m/s}} = 0.235$$

$$\theta = \tan^{-1}(0.235) = 13.2°$$

속력을 구하기 위하여 이 결과를 식 (3) 또는 식 (4)에 대입하면 $V = 1.09$ m/s를 얻게 된다.

어떤 경우 $\cos^2\theta + \sin^2\theta = 1$을 유용하게 사용할 수도 있다. 식 (3)과 식 (4)를 제곱하여 더하고 $\theta$를 소거하면 $V$의 식만을 얻게 된다. 이 값을 다시 식 (3)이나 식 (4)에 대입하면 $\theta$를 구할 수 있다.

### 문제풀이 전략 2차원 충돌

2차원 충돌 문제를 풀기 위하여 다음의 과정을 따른다.

1. **좌표축을 정하라.** $x$, $y$ 좌표를 사용하라. $x$ 또는 $y$축 중의 하나를 처음 속도의 운동 방향과 일치시키면 편리하다.
2. **그림을 그려라.** 문제를 그리고 속도 및 질량을 표시하라.
3. **운동량 보존법칙을 적용하라.** 성분별로 운동량 보존을 써라. 각 경우에 전체 처음 운동량은 마지막 운동량과 같다.
4. **에너지 보존을 적용하라.** 충돌이 탄성적이면 충돌 전과 후의 전체 에너지를 쓰고 식 6.11처럼 식을 같게 놓아라. 알려진 값을 채워라. (충돌이 완전 탄성이 아니면 이 과정은 넘어간다.) 에너지 보존식은 1차원의 경우처럼 단순화되지 않는다. 따라서 탄성 충돌인 경우 식 6.11의 2차식 또는 식 6.17을 이용한다.
5. 연립방정식을 **풀어라.** 비탄성 충돌에 대해 식은 두 개, 탄성 충돌의 경우 식은 모두 세 개이다.

### 예제 6.7 교차로에서의 충돌

**목표** 2차원 비탄성 충돌을 분석한다.

**문제** 25.0 m/s의 속력으로 동쪽으로 가고 있는 질량 $1.50 \times 10^3$ kg의 승용차가 그림 6.14에서처럼 속력 20.0 m/s로 북쪽으로 가던 질량 $2.50 \times 10^3$ kg의 승합차와 교차로에서 충돌하였다. 차들과 도로의 마찰을 무시하고 완전 비탄성 충돌을 가정하여 충돌 후 잔해의 속도의 방향과 크기를 구하라.

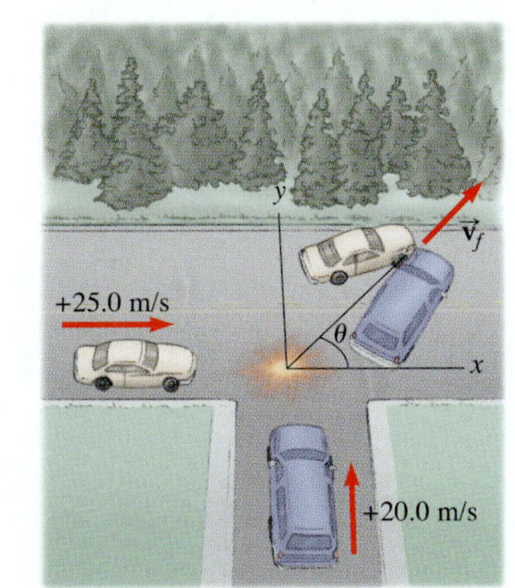

그림 6.14 (예제 6.7)

**전략** 2차원에서 운동량 보존을 이용하라(운동 에너지는 보존되지 않는다). 그림 6.14와 같이 좌표를 설정하면 $x$ 방향으로 운동량을 갖는 차는 승용차이다. 승합차의 운동량은 $y$ 성분뿐이다. 완전 비탄성 충돌 후에 두 차는 각 $\theta$로 같은 속도 $v_f$로 움직인다. 두 개의 운동량 보존식을 이용하여 두 알려지지 않은 변수를 구한다.

**풀이**

처음과 마지막 운동량의 $x$ 성분을 구하라.

$$\Sigma p_{xi} = m_{승용차}v_{승용차} = (1.50 \times 10^3 \text{ kg})(25.0 \text{ m/s})$$
$$= 3.75 \times 10^4 \text{ kg} \cdot \text{m/s}$$
$$\Sigma p_{xf} = (m_{승용차} + m_{승합차})v_f \cos\theta = (4.00 \times 10^3 \text{ kg})v_f \cos\theta$$

$x$ 성분의 처음 운동량과 마지막 운동량을 같다고 놓는다.

$$3.75 \times 10^4 \text{ kg} \cdot \text{m/s} = (4.00 \times 10^3 \text{ kg})v_f \cos\theta \quad (1)$$

처음과 마지막 운동량의 $y$ 성분을 구하라.

$$\Sigma p_{iy} = m_{승합차}v_{승합차} = (2.50 \times 10^3 \text{ kg})(20.0 \text{ m/s})$$
$$= 5.00 \times 10^4 \text{ kg} \cdot \text{m/s}$$
$$\Sigma p_{fy} = (m_{승합차} + m_{승합차})v_f \sin\theta = (4.00 \times 10^3 \text{ kg})v_f \sin\theta$$

$y$ 성분의 처음과 마지막 운동량을 같다고 놓는다.

$$5.00 \times 10^4 \text{ kg} \cdot \text{m/s} = (4.00 \times 10^3 \text{ kg})v_f \sin\theta \quad (2)$$

식 (2)를 식(1)로 나누고 $\theta$에 대해 푼다.

$$\tan\theta = \frac{5.00 \times 10^4 \text{ kg} \cdot \text{m/s}}{3.75 \times 10^4 \text{ kg} \cdot \text{m}} = 1.33$$
$$\theta = \boxed{53.1^\circ}$$

$v_f$를 구하기 위해 식 (2)에 각 $\theta$를 대입한다.

$$v_f = \frac{5.00 \times 10^4 \text{ kg} \cdot \text{m/s}}{(4.00 \times 10^3 \text{ kg}) \sin 53.1^\circ} = \boxed{15.6 \text{ m/s}}$$

**주의** 각 성분의 마지막 속도인 $v_{fx}$, $v_{fy}$를 처음에 구하는 것도 가능하다. 그러면 마지막 속도의 크기는 피타고라스 정리, $v_f = \sqrt{v_{fx}^2 + v_{fy}^2}$으로 구할 수 있고, 각은 $\theta = \tan^{-1}(v_{fy}/v_{fx})$로 구할 수 있다. 식 (1)과 (2)에 $v_{fx} = v_f \cos\theta$와 $v_{fy} = v_f \sin\theta$을 대입하여 간단하게 문제를 풀 수 있다.

**연습문제 6.7**

속도 $+5.00$ m/s로 양의 $x$ 방향으로 움직이는 질량 3.00 kg의 물체가 속도 $-3.00$ m/s로 음의 $y$ 방향으로 움직이는 질량 2.00 kg의 물체와 충돌하여 한 덩어리가 되었다. 한 덩어리가 된 물체의 최종 속도 성분들을 구하라.

**답** $v_{fx} = 3.00$ m/s, $v_{fy} = -1.20$ m/s

## 6.5 로켓 추진

차나 기차 같은 보통의 운송 수단이 움직일 때 운동의 추진력은 마찰이다. 차의 경우 추진력은 도로에 접촉해 있는 바퀴와 도로면의 마찰력에 의해 생기고 기차는 바퀴와 레일 사이의 마찰에 의해서 발생하는데, 이는 곧 기차(차)에 작용하는 레일(도로)에 의한 반작용에 의해서 이다. 그러나 로켓에는 도로나 레일 같은 것이 없으므로 로켓의 경우는 다르다. 로켓은 어떻게 앞으로 움직일까?

사실 반작용이 로켓을 추진시킨다(4장의 뉴턴의 제3법칙을 상기하라). 예를 들어 그림 6.15a처럼 로켓을 구로 생각하고, 구 안에 연소되는 가스가 채워져 있다고 가정하자. 구 안에 폭발이 일어날 때 뜨거워진 가스는 팽창되고 화살표처럼 구 안의 모든 벽에 압력이 가해진다. 이때 로켓에 가해진 힘의 합은 0이기 때문에 움직이지 않는다. 그러나 그림 6.15b의 경우처럼 구의 한쪽에 구멍이 있다면 사정이 달라진다. 폭발이 일어날 때 구멍을 제외한 모든 벽에 압력이 가해진다. 힘이 점점 더 커지면 알짜 힘은 위로 향한다. 차나 기차의 경우처럼 이것이 반작용 힘이다. 차의 바퀴는 지면을 누르고 차에 작용하는 지면의 반작용은 차를 앞으로 나아가게 한다. 로켓의 벽은 팽창하는 가스에 힘을 가하게 되고 가스는 벽에는 반작용을 가하게 되어 로켓을 위로 밀어올린다.

로켓의 선구자인 로버트 고더드(Robert Goddard)가 로켓으로 우주를 여행할 수 있다고 주장했을 때 뉴욕타임즈는 아무것도 밀 것이 없는데 어떻게 날 수 있느냐며 반박하였다. 타임지는 1969년 아폴로 호가 처음으로 달에 도착했을 때 뒤늦게나마 위의 반박 기사를 철회하였다. 뜨거운 가스는 외부의 아무것도 밀지 않으며 단지 로켓 자체를 밀어낼 뿐이다. 그리고 로켓은 얄궂게도 진공 중에 **더 잘** 작동한다. 대기상에서는 가스가 로켓을 탈출하기 위하여 바깥 공기압력을 이겨내야 하므로 분사 속도가 느려지고 반작용 힘이 작아지기 때문이다.

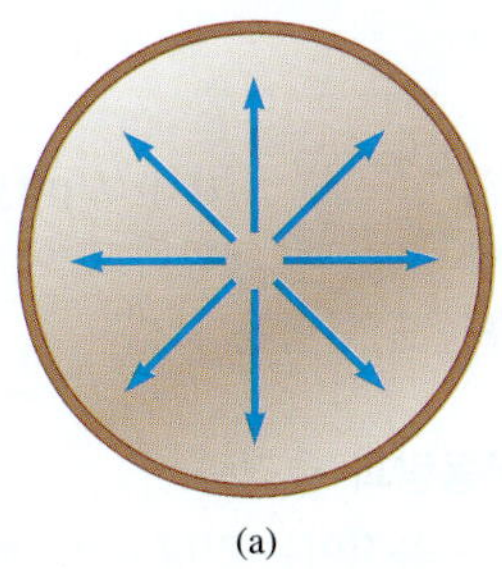
(a)

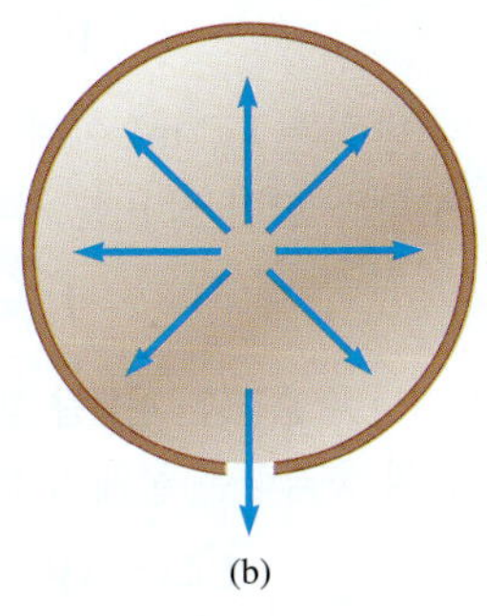
(b)

**그림 6.15** (a) 분사구가 없는 로켓의 반응실에서는 반응력이 모든 방향으로 균일하게 작용하므로 운동이 일어나지 않는다. (b) 반응실의 아래 부분에 개구가 있으면 아랫방향의 작용력이 사라지므로 전체적으로 윗방향의 작용력만 남게 된다.

미시적으로 이 과정은 복잡하나 로켓과 분사되는 연료에 운동량 보존을 적용함으로써 단순화시킬 수 있다. 답은 원리적으로 로켓을 사수로 보고 연소되는 연료를 화살로 보면 예제 6.2와 비슷하다.

어떤 시각 $t$에 로켓+연료의 운동량을 $(M + \Delta m)v$라고 가정하자. 여기서 $\Delta m$은 태울 연료의 양이다(그림 6.16a). 이 연료는 지구에 상대적으로 속력 $v$로 움직이며 로켓과 같은 속력으로 움직인다. 짧은 시간 간격 $\Delta t$ 동안에 로켓은 질량 $\Delta m$의 연료를 분사시키고 로켓은 속력 $v + \Delta v$로 증가한다(그림 6.16b). 연료가 **로켓에 상대적으로** 배출 속력 $v_e$로 분사된다면 지구에 상대적으로 연료의 속력은 $v - v_e$가 된다. 계의 전체 마지막 운동량과 계의 전체 처음 운동량이 같으므로 다음을 얻을 수 있다.

$$(M + \Delta m)v = M(v + \Delta v) + \Delta m(v - v_e)$$

이 표현을 단순화하면

$$M\Delta v = v_e \Delta m$$

이다. 분사되는 연료의 질량 $\Delta m$은 로켓의 질량이 감소하는 양과 같으므로 $\Delta m = -\Delta M$이 된다. 이를 이용하면 다음식을 얻는다.

$$M\Delta v = -v_e \Delta M \qquad [6.18]$$

이 결과는 적분 후 다음 식이 된다.

$$v_f - v_i = v_e \ln\left(\frac{M_i}{M_f}\right) \qquad [6.19]$$

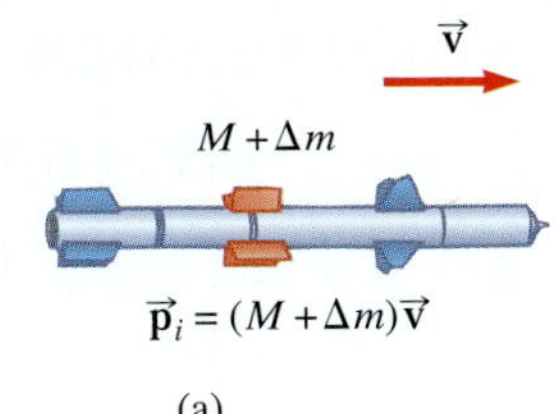

(a)

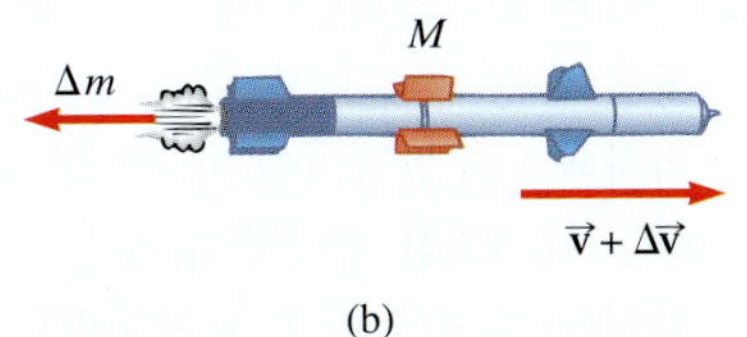

(b)

**그림 6.16** 로켓의 추진. (a) 시각 $t$에서 로켓과 연료의 처음 질량 은 $M + \Delta m$이고, 로켓의 속력은 $v$였다. (b) 시각 $t + \Delta t$에서 로켓의 질량은 $M$으로 감소하였고, $\Delta m$만큼의 연료가 분사되었다. 그리고 로켓의 속력은 $\Delta v$만큼 증가하였다.

여기서 $M_i$는 로켓과 연료의 처음 질량이고, $M_f$는 로켓과 남아 있는 연료의 마지막 질량이다. 이 식이 로켓 추진에 대한 표현식이다. 속도의 증가는 분사 속력 $v_e$와 $M_i/M_f$의 로그에 비례한다. 일단 로켓의 경우 $M_i$와 $M_f$의 최대 비율이 10:1이기 때문에 속력 증가는 $v_e \ln 10 = 2.3v_e$로서 분사 속력의 2배 정도까지 도달할 수 있다. 가장 좋은 결과를 위해서 가능한 한 $v_e$를 크게 해야 한다. 오늘날 로켓의 분사 속력은 초당 수킬로미터 정도 된다.

로켓의 **추진력**(thrust)은 방출되는 분사 연료가 로켓에 작용한 힘으로 정의한다. 식 6.18을 $\Delta t$로 나누면 순간 추진력을 얻을 수 있다.

◀ 로켓의 추진력

$$\text{순간 추진력} = Ma = M\frac{\Delta v}{\Delta t} = \left|v_e \frac{\Delta M}{\Delta t}\right| \qquad (6.20)$$

식 6.18에서 $-\Delta M$은 양의 값($v_e$ 역시)이다. 추진력은 분사 속도가 증가할 때와 질량의 변화율 $\Delta M/\Delta t$(연소율)이 증가할 때 커진다.

## 요약

Physics Now™ **http://physics.brookscole.com/ecp**에서 PhysicsNow를 로그인하고 이 장에 대한 Pre-Test link를 클릭하여 연습문제 시험을 보라.

### 6.1 운동량과 충격량

속도 $\vec{\mathbf{v}}$로 움직이는 질량 $m$의 **선형 운동량** $\vec{\mathbf{p}}$는 다음과 같이 정의한다.

$$\vec{\mathbf{p}} \equiv m\vec{\mathbf{v}} \qquad [6.1]$$

운동량의 단위는 kg·m/s이며 물체에 전달된 일정한 힘 $\vec{\mathbf{F}}$의 **충격량** $\vec{\mathbf{I}}$는 힘과 힘이 작용한 시간 간격의 곱이다.

$$\vec{\mathbf{I}} \equiv \vec{\mathbf{F}}\Delta t \qquad [6.4]$$

위의 두 개념은 **충격량-운동량 정리**로 통합되며, 이는 물체에 전달된 일정한 힘의 충격량은 물체의 운동량의 변화와 같다는 의미이다.

$$\vec{\mathbf{F}}\Delta t = \Delta\vec{\mathbf{p}} \equiv m\vec{\mathbf{v}}_f - m\vec{\mathbf{v}}_i \qquad [6.5]$$

이 정리로 문제를 풀면 속력 또는 작용 시간을 앎으로써 평균 힘을 구할 수 있다.

### 6.2 운동량의 보존

외부 힘이 고립된 계에 작용하지 않으면 계의 전체 운동량은 일정하다. 이를 **운동량 보존**이라 부른다. 고립된 계가 충돌하는 두 물체라면 충돌 전과 후의 전체 운동량은 같다. 이 경우에 운동량 보존은 수학적으로 다음과 같이 쓸 수 있다.

$$m_1\vec{\mathbf{v}}_{1i} + m_2\vec{\mathbf{v}}_{2i} = m_1\vec{\mathbf{v}}_{1f} + m_2\vec{\mathbf{v}}_{2f} \qquad [6.7]$$

충돌과 되튐 문제는 주로 1차원 또는 2차원에서 미지의 속도를 구하는 것이다. 벡터의 각 성분으로 얻은 방정식을 연립하여 문제를 푼다.

### 6.3 충돌

**비탄성 충돌**에서 계의 운동량은 보존되나 운동에너지는 보존되지 않는다. **완전 비탄성 충돌**은 충돌 물체들이 한 덩어리가 된다. **탄성 충돌**에서 운동량과 운동 에너지는 모두 보존된다.

두 물체 사이의 1차원 탄성 충돌은 운동량과 에너지 보존식으로부터 풀 수 있다.

$$m_1v_{1i} + m_2v_{2i} = m_1v_{1f} + m_2v_{2f} \qquad [6.10]$$

$$\tfrac{1}{2}m_1v_{1i}^2 + \tfrac{1}{2}m_2v_{2i}^2 = \tfrac{1}{2}m_1v_{1f}^2 + \tfrac{1}{2}m_2v_{2f}^2 \qquad [6.11]$$

식 6.10과 식 6.11로부터 유도된 다음 식은 원래의 에너지 보존식보다 더 편리하다.

$$v_{1i} - v_{2i} = -(v_{1f} - v_{2f}) \qquad [6.14]$$

이 식들을 연립하여 미지의 속도를 구한다. 에너지는 **비탄성 충돌**에서 보존되지 않으므로 식 6.10만으로 푼다.

### 6.4 비껴가는 충돌

비껴가는 충돌에서는 운동량 보존을 두 수직 방향인 $x$축과 $y$축에 적용한다. 문제는 식 6.7의 각 $x$, $y$ 성분을 이용하여 풀 수 있다. 2차원 탄성 충돌에서는 식 6.11이 필요하다(식 6.14는 2차원에서는 적용되지 않는다). 일반적으로 두 물체 중에 하나는 $x$축을 따라 움직이다가 충돌 후에 각 $\theta$만큼 휜다. 마지막 속도와 각은 기본적 삼각법으로 구한다.

## 개념 파악을 위한 질문

**1.** 타자가 투수가 던진 야구공을 야구방망이를 휘두르지 않고 방망이로 공의 진로를 막는 연타(bunt)를 날렸다. (a) 야구공이 타자와 야구방망이에 야구공의 초기 운동 에너지보다 더 많은 운동 에너지를 전달할 수 있는가? (b) 야구공이 타자와 야구방망이에 야구공의 초기 운동량보다 더 많은 운동량을 전달할 수 있는가? 각 질문의 답에 대하여 설명해 보라.

**3.** 두 물체가 완전 비탄성 충돌을 할 때 어떤 경우에는 원래의 운동 에너지 전부가 다른 형태의 에너지로 전환되는 상황이 있을 수 있다. 이와 같은 상황의 예를 들어보라.

**5.** 질량 $m$인 진흙 덩어리를 속력 $v$로 벽에 던졌을 때 진흙이 벽에 붙어 정지하였다. 이 경우 운동량 보존법칙이 성립하지 않는 것인가?

**7.** 정지한 채로 서 있다가 앞으로 한 발 나가는 경우, 정지했을 때는 운동량이 없다가 앞으로 나가면 운동량이 있게 된다. 이 경우 운동량 보존법칙이 성립하지 않는 것인가?

**9.** 로켓의 경우, 보다 더 일반적인 운동량 보존의 예는 부엌의 식기세척기에서 찾아볼 수 있다. 이 기계는 고압의 물을 분사장치의 작은 틈으로 내보낸다. 운동량 보존법칙으로 분사장치가 왜 회전하면서 물을 모든 식기로 품어내는지 설명하라.

**11.** 뚜껑이 열린 상자가 얼어붙은 호수의 언표면 위를 마찰없이 미끄러지고 있다. 소나기가 내려 빗방울이 상자에 모일 때 상자의 속력은 어떻게 되는지 설명하라. 빗방울은 상자 안으로 수직으로 떨어진다고 가정한다.

**13.** 체육 교사가 학생에게 정구공을 던지고 학생은 공을 받고 있다. 다음과 같은 선택조건이 있다. 교사가 의료용 공(medicine ball; 정구공보다 훨씬 무거운 공)을 정구공과 같은 속도로 던진다. 정구공과 같은 운동량으로 던진다. 정구공과 같은 운동 에너지로 던진다. 이때 가장 쉽게 의료용 공을 받으려면 어떤 선택을 해야 하는가? 그리고 그 이유는 무엇인가?

**15.** 골프에서 초심자에게 스윙을 끝까지 하라는 충고를 한다. 이것이 어떻게 공을 더 멀리 날아가게 하는가? 그린 근처에서는 짧게 친다. 그 이유는 무엇인가?

## 문제

1, 2, 3 = 기본문제, 발전문제, 심화문제

□ = 학생 문제풀이 매뉴얼/학습 가이드 속에 전체 문제풀이가 있다.

PhysicsNow™ **http://physics.brookscole.com/ecp**에서 힌트를 받을 수 있는 문제

= 생물의학 문제

### 6.1 운동량과 충격량

**1.** 질량 0.150 kg의 공이 정지 상태에서 1.25 m의 높이에서 낙하하여 바닥으로부터 0.960 m의 높이로 되 튀었다. 바닥이 공에 가한 충격량은 얼마인가?

**3.** 다음 경우에 선형 운동량의 크기를 계산하라. (a) 속력 $5.00 \times 10^6$ m/s로 움직이는 질량 $1.67 \times 10^{-27}$ kg의 양성자, (b) 속력 300 m/s로 움직이는 질량 15.0 g의 총알, (c) 속력 10.0 m/s로 달리는 몸무게 75.0 kg의 육상선수, (d) 공전속력 $2.98 \times 10^4$ m/s로 움직이는 질량 $5.98 \times 10^{24}$ kg의 지구.

**5.** 투수가 속력 $1.50 \times 10^3$ m/s로 움직이는 질량 3.00 g의 총알의 운동량만큼 0.145 kg의 공을 던질 수 있다고 주장한다. (a) 투수의 주장대로라면 야구공의 속력은 얼마이어야 하는가? (b) 야구공과 총알 중에 어느 것이 운동 에너지가 더 큰가?

**7.** 전문 다이버는 수면 위 10 m의 플랫폼에서 다이빙할 수 있다. 물에 입수하였을 때에 다이버가 겪는 평균 충격량의 크기가 어느 정도인가? 어림산으로 추정하라. 어림산 계산에 데이터로 사용한 물리량과 그 값들을 명시하라.

**9.** 멈추어 있던 차가 신호등이 녹색이 되었을 때 가속되어 0.832 s 동안에 0에서 5.20 m/s로 속도가 증가되었다. 차가 가속되는 동안 70.0 kg의 사람이 겪는 평균 전체 힘과 선형 충격량의 크기는?

**11.** 그림 P6.11의 힘-시간 그래프에서 보여 준 힘이 1.5 kg 물체에 가해진다. (a) 충격량은? (b) 물체가 처음에 정지해 있었다면 마지막 속도는? (c) 처음에 속도 −2.0 m/s로 $x$축상에서 움직이고 있었다면 물체의 마지막 속도는?

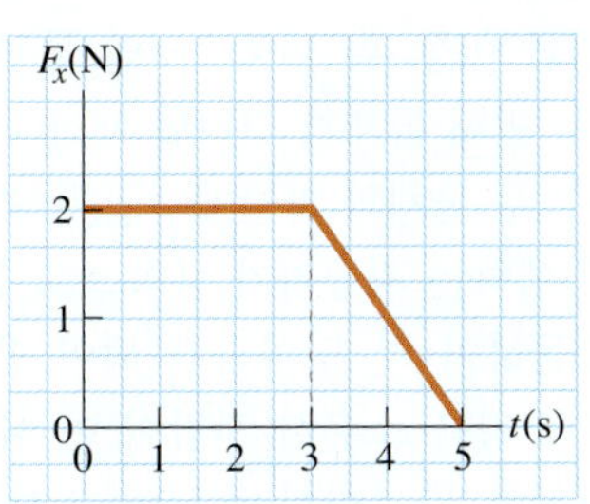


**그림 P6.11**

**13.** 그림 P6.13의 힘-시간 그래프에서의 힘이 1.5 kg의 물체에 가해진다. (a) 시간 $t$ = 0에서 $t$ = 3.0 s 동안의 충격량은 ? (b) 시간 $t$ = 0에서 $t$ = 5.0 s 동안의 충격량은? (c) 힘이 정지 상태의 1.5 kg 물체에 가해질 때 시간 $t$ = 3.0 s와 $t$ = 5.0 s에서의 물체의 속도는?

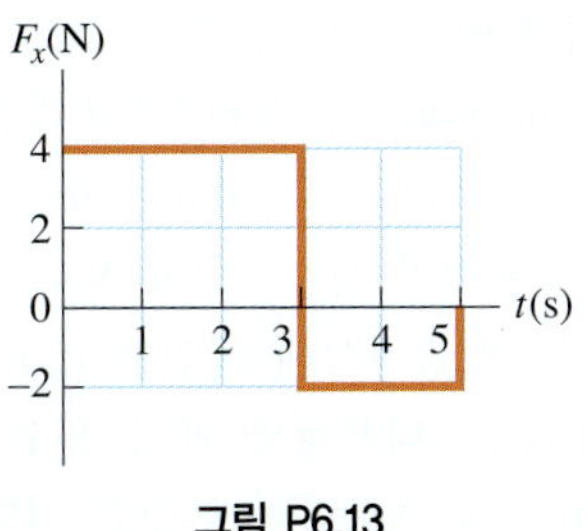


**그림 P6.13**

**15.** 1 400 kg 차의 앞 1.20 m는 충돌의 충격을 흡수하기 위하여 쉽게 찌그러지도록 설계되어 있다. 25.0 m/s로 움직이던 차가 1.20 m 내에서 일정하게 멈춘다면 (a) 충돌은 얼마나 지속되는가? (b) 차에 가해진 평균 힘은? (c) 차의 가속도는? 가속도를 중력 가속도의 몇 배로 표시하라.

**17.** 질량 1 600 kg의 차가 25 m/s의 속력으로 동쪽으로 움직이고 있다. 브레이크를 밟았을 때 차는 6.0 s 내에 정지하였다. 브레이크를 밟고 있는 동안 차에 가해진 평균 힘은?

### 6.2 운동량의 보존

**19.** 초고속 사진촬영기는 200 g의 골프채의 머리가 티에 놓여 있는 46 g의 골프공을 치기 직전에 55 m/s의 속도로 움직이고 있음을 보여 준다. 충돌 후에, 골프채 머리는 40 m/s의 속도로 움직인다면 충격 후의 골프공의 속도는?

**21.** 몸무게 45.0 kg의 소녀가 150 kg의 판자 위에 서 있다. 처음에 정지해 있는 판자는 마찰이 없고 평평한 호수 얼음판에서 미끄러질 수 있다. 소녀가 판자에 상대적으로 오른쪽으로 1.50 m/s의 속도로 움직이기 시작했을 때, (a) 소녀의 얼음 표면에 대한 상대 속도는 ? (b) 판자의 얼음 표면에 대한 상대 속도는?

### 6.3 충돌

### 6.4 비껴가는 충돌

**23.** 궁수가 미끄러운 표면에서 2.50 m/s의 속력으로 궁수를 향하여 미끄러지는 300 g의 표적을 향하여 활을 쏘았다. 22.5 g의 활은 35.0 m/s의 속력으로 날라가서 표적을 뚫고 나갔다. 표적을 뚫고 나간 후의 화살의 속력은?

**25.** $2.00 \times 10^4$ kg의 궤도열차가 3.00 m/s의 속도로, 같은 방향으로 1.20 m/s의 속도로 움직이는 연결된 두 대의 궤도열차와 충돌하여 하나가 되어 움직인다. (a) 충돌 후에 세 대의 레일 수선차의 속력은? (b) 충돌로 얼마의 운동 에너지를 잃었는가?

**27.** PhysicsNow™ 0.030 kg의 총알을 정지상태의 0.15 kg 야구공을 향하여 200 m/s의 속도로 수직으로 발사되었다. 총알이 공에 파묻혔다고 할 때 충돌 후에 총알과 야구공은 얼마나

높이 올라갔는가?

**29.** 게일(Gayle)은 4.00 m/s의 속력으로 달려 마찰이 없는 눈이 쌓인 언덕의 꼭대기에 정지해 있는 썰매에 올라탔다. 그녀가 수직으로 5.00 m 내려간 후에 서 있던 그녀의 남동생이 그녀 등으로 뛰어 올라 함께 언덕을 내려 왔다. 수직으로 총 15.0 m 내려왔다면 언덕의 바닥에서의 속력은? 질량은 게일이 50.0 kg, 썰매가 5.00 kg이고 남동생은 30.0 kg이다.

**31.** 12.0 g의 총알이 용수철 상수가 150 N/m인 용수철에 연결된 마찰이 없는 바닥에 정지상태로 있는 100 g의 나무토막에 수평으로 박혔다. 총알-나무토막 계가 용수철을 최대 80.0 cm까지 압축시켰다면 나무토막과 부딪칠 때의 총알의 속도는?

**33.** 20.0 cm/s로 오른쪽으로 움직이는 5.00 g의 물체가 정지 상태의 10.0 g의 물체와 정면으로 탄성 충돌하였다. (a) 충돌 후에 각 물체의 속도는? (b) 처음 운동 에너지 중 10.0 g의 물체에 전달된 운동 에너지의 비율은?

**35.** 20.0 cm/s로 오른쪽으로 움직이는 25.0 g의 물체가 15.0 cm/s로 같은 방향으로 움직이는 10.0 g의 물체를 추월하여 탄성 충돌하였다. 충돌 후에 각 물체의 속도는?

**37.** 바이스에 달려 있는 1.00 kg의 나무토막에 총알이 발사되었을 때, 7.00 g의 총알이 8.00 cm 깊이까지 나무토막을 뚫고 들어갔다. 이제 같은 나무토막을 마찰이 없는 표면에 놓고 두 번째 7.00 g의 총알을 나무토막에 발사하였다. 이 경우 총알은 얼마나 깊이 뚫고 들어가겠는가?

**39.** 5.0 m/s로 동쪽으로 움직이는 몸무게 90 kg의 풀백이 3.0 m/s로 북쪽으로 움직이는 95 kg의 상대편 선수에게 태클을 당했다. 충돌이 완전 비탄성이라면 (a) 태클 후에 선수들의 속도와 (b) 충돌의 결과로서 운동 에너지 손실을 계산하고 에너지 손실의 이유를 설명하라.

**41.** 10.0 m/s로 동쪽으로 움직이는 2 000 kg의 차가 북쪽으로 움직이는 3 000 kg의 차와 부딪쳤다. 차는 서로 달라붙어 5.22 m/s의 속력으로 동북쪽 40.0° 로 하나로 움직였다. 충돌 전에 3 000 kg의 차의 속력은?

### 추가문제

**43.** PhysicsNow™ 5.00 m/s로 움직이는 당구공이 같은 질량의 정지상태의 공을 쳤다. 충돌 후에 처음 공이 원래 운동 방향에서 30° 의 각으로 4.33 m/s로 움직였다. (a) 충돌 후에 두 번째 공의 속도(크기와 방향)를 구하라. (b) 충돌이 탄성인가 비탄성인가?

**45.** 0.50 kg의 어떤 물체가 좌표의 원점에 정지해 있다. 이 물체에 1.50 s 동안 $+x$ 방향으로 3.0 N의 힘이 작용했을 때, (a) 힘이 작용한 후 이 물체의 속도를 구하라. (b) 추가로 일정한 힘 4.0 N이 $-x$ 방향으로 3.0 s 동안 작용한 후 이 물체의 속력을 구하라.

**47.** 8.0 m/s로 움직이는 2.0 g의 어떤 물체가 정지한 1.0 g의 물체와 완전 탄성 정면충돌을 하였다. (a) 충돌 후 각 물체의 속력을 구하라. (b) 정지한 물체의 질량이 10 g일 때 각 물체의 충돌 후 속력을 구하라. (c) (a)와 (b)의 경우에 2.0 g인 입사 물체의 나중 운동 에너지를 구하라. 어떤 경우의 입사 물체가 운동 에너지를 더 잃게 되는가?

**49.** 80 kg의 어떤 사람이 3.0 m 높이의 다이빙대 끝에 직립으로 서 있다가 물을 향해 자유낙하를 시작했다. 입수하여 2.0 s 후 이 사람이 정지하였다면 물이 이 사람에게 작용한 평균 힘은 얼마이겠는가?

**51.** 그림 P6.51a와 같이 질량 $m_1$ = 3.00 kg인 곡면 쐐기가 마찰이 없는 수평면에 놓여 있고, 이 쐐기의 꼭대기에 질량 $m_2$ = 0.500 kg인 물체가 정지상태에서 쐐기 아래로 움직이기 시작하였다. 그림 P6.51b처럼 물체가 오른쪽 방향으로 쐐기를 이탈하는 속도가 4.00 m/s일 때 다음을 구하라. (a) 물체가 수평면에 도달할 때 쐐기의 속도. (b) 쐐기의 높이 $h$.

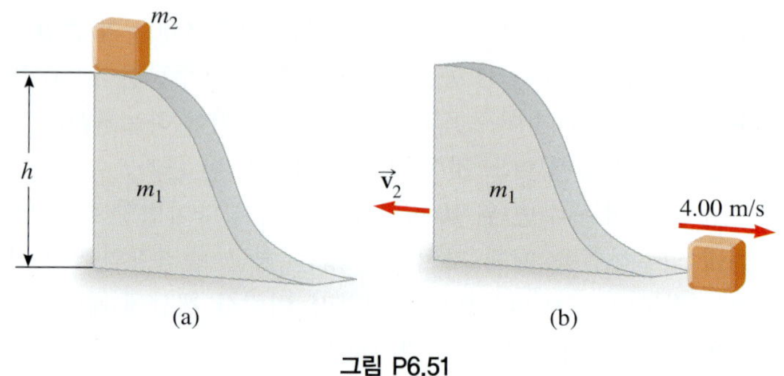


**그림 P6.51**

**53.** 어떤 원자로에서 중성자는 정지해 있는 탄소원자와 정면으로 탄성 충돌을 한다(탄소원자의 질량은 중성자 질량의 약 12배 정도 이다). (a) 중성자의 운동 에너지 중 탄소 핵에 전달되는 에너지 비율을 구하라. (b) 중성자의 초기 운동 에너지가 1.6 J이라면 충돌 후 중성자의 운동 에너지와 탄소 핵의 운동 에너지를 구하라.

**55.** 거친 수평면에 놓인 질량 $m$인 물체의 초속이 $\vec{v}_0$이었다. 이 물체가 거리 $d$ 만큼 이동 후 질량 2 $m$인 물체와 정면 탄성충돌을 하였을 때 두 번째 물체가 정지할 때까지 이동한 거리는 얼마가 되겠는가? (두 물체의 마찰계수 $\mu_k$는 같다고 가정한다.)

**57.** (a) 동쪽으로 진행하는 자동차가 북쪽으로 진행하던 자동차와 교차로에서 충돌하여 한 덩어리가 되어 움직였다. 교차로의 남동쪽 모퉁이에 땅을 소유한 사람이 이 사고로 담장이 훼손되었다고 주장하였다. 보험회사가 이 손상을 보상해 주어야 하는가? 답에 대한 변론을 해 보라. (b) 동쪽으로 움직이던 자동차의 질량을 1 300 kg, 속력을 30.0 km/h이라 하고 북쪽으로 움직이던 자동차의 질량을 1 100 kg, 속력을 20.0 km/h라 할 때, 충돌 후 속도를 구하라. 이 결과가 (a)의 답과 연관성이 있는가?

**59.** 질량 590 g인 농구공 위에 질량 57.0 g인 테니스공이 놓여 있다. 그림 P6.59와 같이 두 공의 중심이 연직선상에 놓여 있고 모두 정지상태에 있다가 동시에 두 공이 1.20 m 자유낙하하였다. (a) 농구공이 지면에 닿을 때 아래 방향의 속도의 크기를 구하라. (b) 농구공이 지면과 탄성충돌하여 지면에 닿는 순간 농구공은 속도의 방향이 바뀌고 반면 테니스공은 계속 아래로 운동하여 두 공이 탄성충돌을 한다고 할 때, 테니스공이 튀어오르는 높이는 얼마나 되는지 구하라.

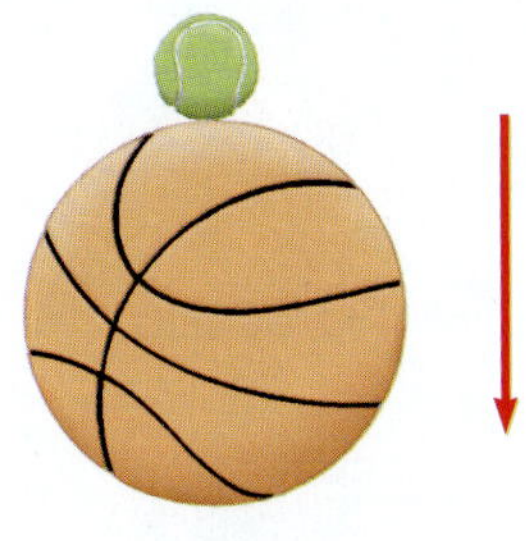

그림 P6.59

CHAPTER

7

# 회전운동과 중력의 법칙

OUTLINE



회전운동은 일상생활에서 중요한 한 부분이다. 지구의 회전은 낮과 밤의 주기적인 변화를 만들고 바퀴의 회전은 자동차의 운동을 쉽게 만든다. 예를 들어 스위스제 시계의 작은 기어부터 거대한 기계장치의 운동까지 현대의 모든 기술은 다양한 상황에서 회전운동에 의존한다. 각속력의 개념, 각가속도 및 구심 가속도의 개념은 다양한 현상의 운동, 예를 들어 원형 경주 트랙을 돌고 있는 자동차에서부터 공통의 중심으로 궤도 운동을 하고 있는 행성들의 집단에 이르기까지 다양한 자연현상을 이해하는 데 있어 핵심적인 요소가 된다.

회전운동으로 뉴턴의 만유인력 법칙과 운동의 법칙을 결합하여 우주여행 또는 인공위성의 운동에 관한 중요한 사실을 설명할 수 있다. 즉, 지구 주변의 정지 위성이 어떻게 가능한지 설명할 수 있다. 중력 위치 에너지와 에너지 보존에 관한 일반화는 행성 탈출속도와 같은 결과를 얻는 데 있어서 가장 쉬운 방법을 제공한다. 마지막 부분에서는 뉴턴의 접근 방식을 기초로 하여 중력에 대해 설명할 수 있는 케플러의 세 가지 운동법칙에 관해 소개할 것이다.

## 7.1 각속력과 각가속도

선운동에 있어서 중요한 개념은 **변위** $\Delta x$ ,**속도** $v$, **가속도** $a$이다. 이 개념들은 각각 회전운동에서 **각변위** $\Delta\theta$, **각속도** $\omega$, **각가속도** $\alpha$와 대응된다.

**라디안**은 각 측정의 단위로써 위의 개념들을 이해하는 데 있어 기본이 된다. 원주상에서의 거리 $s$는 $s = 2\pi r$로 주어지는데, 여기서 $r$은 원의 반지름이라는 것을 상기하자. 양변을 $r$로 나눔으로써 $s/r = 2\pi$라는 결과를 낳는다. 이 양은 무차원이다. 왜냐하면 $s$와 $r$은 길이의 차원을 갖지만, 값 $2\pi$는 원둘레의 변위에 해당하기 때문이다. 원의 반은 $\pi$에 해당하며, 1/4에 해당하는 원은 $\pi/2$이다. 각각의 숫자 $2\pi$, $\pi$, $\pi/2$는 각도로는 360°, 180°, 90°에 해당한다. 따라서 각의 새로운 단위로서 **라디안**(rad)이 쓰이는데, **라디안을 원호의 길이를 원의 반경으로 나눈 것으로** 정의한다.

$$\theta = \frac{s}{r} \qquad [7.1]$$

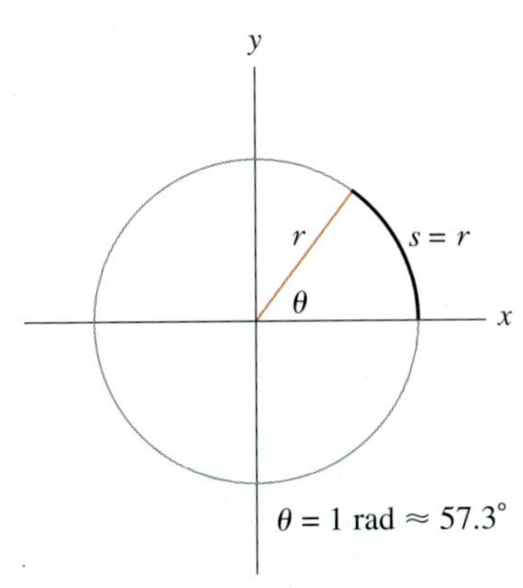


**그림 7.1** 반경 $r$인 원에 대해 1 rad은 $r$에 해당하는 원주길이만큼의 각도에 해당한다.

**TIP 7.1 라디안을 기억하라.**
식 7.1은 라디안으로 각을 정의한 것이다. 도(degree)로 표현되는 각은 라디안으로 먼저 변환해야 한다. 회전에 관련된 문제를 풀 때, 계산기가 도(degree) 모드로 되어 있는지 라디안(rad) 모드로 되어 있는지 반드시 확인해야 한다.

그림 7.1은 1라디안의 크기, 약 57°를 보여 준다. 환산을 위해서 우리는 $360° = 2\pi$ rad (또는 $180° = \pi$ rad)이라는 사실을 이용한다. 예를 들어 $45°(2\pi \text{ rad}/360°) = (\pi/4)$ rad이다.

일반적으로 각을 물리에서는 라디안으로 표현해야 한다. 계산기를 라디안 모드로

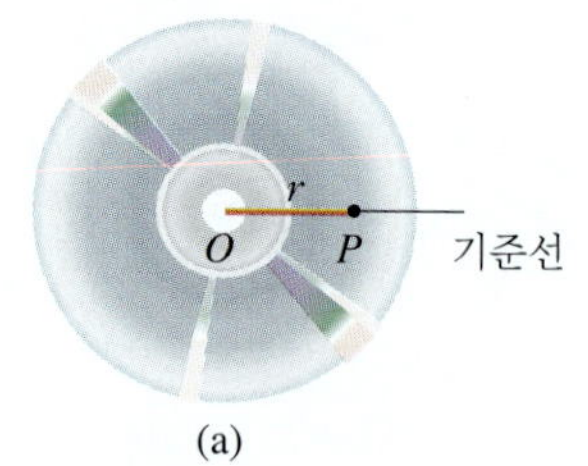

(a)

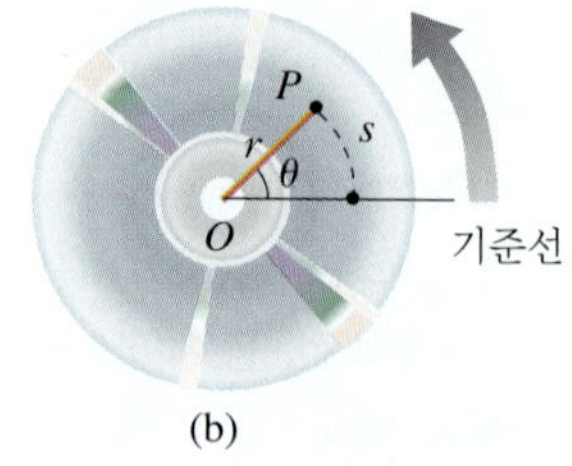

(b)

**그림 7.2** (a) 점 $P$는 $t = 0$에서 회전하는 콤팩트 디스크 위의 위치. (b) 디스크가 회전함에 따라 $P$는 원주상의 거리 $s$만큼 이동한다.

맞추어라. 이것을 무시하게 되면 일상적인 오류를 범할 수 있다.

라디안을 바탕으로 물리에서 각에 관한 개념들을 다룰 수 있다. 그림 7.2a을 보자. 회전하는 콤팩트 디스크를 위쪽에서 본 그림이다. 이런 디스크 같은 물체가 모든 부분들이 서로 상대적으로 각각 위치에 고정되어 있는 "강체"의 예가 된다. 강체가 어떤 주어진 각도로 회전할 때 강체의 모든 부분들은 동시에 같은 각도만큼 회전한다. 콤팩트 디스크의 예에서 디스크의 중심은 회전축 $O$이다. 디스크상의 점 $P$는 원점으로부터 거리 $r$만큼 떨어져 있으며, 중심 $O$에 대해 반경 $r$인 원운동을 한다. 그림 7.2a에서처럼 시간 $t = 0$에서 점 $P$가 고정된 기준선 위에 있다고 가정하자. 시간 간격 $\Delta t$ 동안 점 $P$는 새로운 위치로 이동한다(그림 7.2b). 이 시간 간격 동안 선 $OP$는 기준선에 대해서 각도 $\theta$만큼 움직인다. 라디안으로 측정되는 각도 $\theta$는 **각위치**(angular position)라 부르고, 이것은 선위치 변수 $x$와 유사하다. 비슷하게 $P$는 원주상을 따라서 측정된 원주거리 $s$만큼 이동한다.

그림 7.3에서 회전하는 디스크 위의 어떤 점이 Ⓐ로부터 Ⓑ로 이동하는 시간 $\Delta t$ 동안 회전 각도는 $\theta_i$에서 $\theta_f$로 변하며, 이 차이 $\theta_f - \theta_i$를 **각변위**(angular displacement)라고 한다.

## ☑ Checkpoint 7.1

1/2초 동안 두 번 회전하는 디스크의 평균 각속력을 찾아라. (a) $2\pi$ rad/s, (b) $4\pi$ rad/s, (c) $8\pi$ rad/s.

어떤 물체의 각변위 $\Delta\theta$는 초기 각도와 나중 각도의 차이로 정의한다.

$$\Delta\theta = \theta_f - \theta_i \qquad [7.2]$$

**국제단위(SI unit): 라디안(rad)**

예를 들어, 디스크상의 어떤 점이 $\theta_i$ = 4 rad에서 $\theta_f$ = 7 rad으로 회전하면, 각변위는 $\Delta\theta = \theta_f - \theta_i = 7\ \text{rad} - 4\ \text{rad} = 3\ \text{rad}$이다. **디스크에서 임의의 점은 주어진 시간 동안 같은 각변위를 갖기** 때문에 회전하는 디스크를 설명하기 위해서 각변수를 사용한다는 것에 유의하라.

각변위를 정의함으로써 각속력은 자연스럽게 정의할 수 있다.

시간 간격 $\Delta t$ 동안 회전하는 강체의 평균 각속력 $\omega_{av}$는 $\Delta t$와 각변위 $\Delta\theta$로 정의한다.

$$\omega_{av} \equiv \frac{\theta_f - \theta_i}{t_f - t_i} = \frac{\Delta\theta}{\Delta t} \qquad [7.3]$$

**국제단위(SI unit): 단위 초당 라디안(rad/s)**

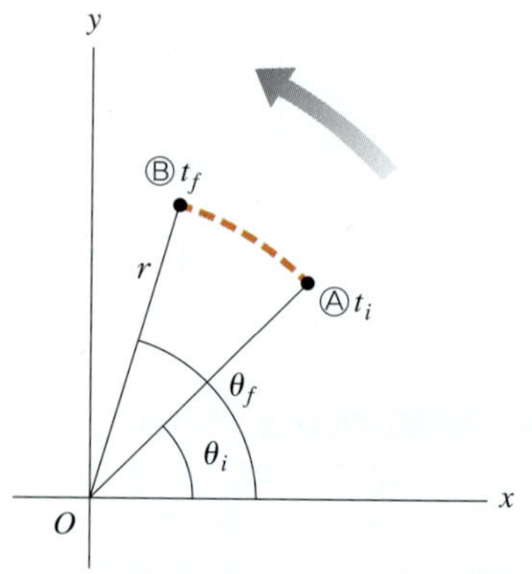


**그림 7.3** 콤팩트 디스크 상의 한 점이 Ⓐ에서 Ⓑ로 이동함에 따라 디스크는 각도 $\Delta\theta = \theta_f - \theta_i$만큼 회전한다.

아주 짧은 시간 동안에 평균 각속력은 마치 직선 운동에서처럼 순간 각속력에 근접한다.

강체의 순간 **각속력**(instantaneous angular speed) $\omega$는 $\Delta t$가 0으로 근접할 때 평균 각속력 $\Delta\theta/\Delta t$의 극한값으로 정의한다.

$$\omega_{av} \equiv \lim_{\Delta t \to 0} \frac{\Delta\theta}{\Delta t} \qquad [7.4]$$

**국제단위(SI unit): 단위 초당 라디안(rad/s)**

$\omega$는 $\theta$가 증가(반시계 방향으로 회전)할 때를 양으로 하고, $\theta$가 감소(시계 방향으로 회전)할 때를 음으로 정의한다. 각속력이 일정할 때 순간 각속력은 평균 각속력과 같다.

### 예제 7.1 헬리콥터

**목표** 각속력 단위를 단위 분당 회전수에서 단위 초당 라디안으로 변환한다.

**문제** 헬리콥터의 날개는 단위 분당 $3.20 \times 10^2$ rev/min 회전하는 각속력으로 회전한다(이 책에서 때때로 rpm이라는 약자를 사용한다. 그러나 대부분은 rev/min을 사용한다). 이러한 각속력을 단위 초당 라디안으로 표현하라.

**전략** 한 바퀴 동안 각도 $2\pi$ rad 회전한다. 이러한 관계를 변환 상수로 사용하라.

**풀이**

변환 상수는 1 rev = $2\pi$ rad에 해당하고 60 s = 1 min이다.

$$\omega = 3.20 \times 10^2 \frac{\text{rev}}{\text{min}}$$

$$= 3.20 \times 10^2 \frac{\text{rev}}{\text{min}}\left(\frac{2\pi \text{ rad}}{\text{rev}}\right)\left(\frac{1.00 \text{ min}}{60.0 \text{ s}}\right)$$

$$= \boxed{33.5 \text{ rad/s}}$$

**연습문제 7.1**

물레방아가 한 시간에 1 500 rev/min 회전한다. 이 숫자를 단위 시간당 라디안으로 표현하라.

**답** 2.6 rad/s

### Quick Quiz 7.1

강체가 고정축에 대해서 반시계 방향으로 회전하고 있다. 다음에 주어진 값들은 강체의 초기 각위치와 나중 각위치를 나타낸 것이다. 강체가 180° 이상 회전한다면 다음 중에서 가능한 것은 어느 것인가? (a) 3 rad, 6 rad; (b) −1 rad, 1 rad; (c) 1 rad, 5rad.

### Quick Quiz 7.2

Quiz Quiz 7.1에서 각 쌍의 각도 변화가 1초 동안 발생되었다면, 평균 각속력이 가장 작은 경우는 어떤 것인가?

시각 $t_i$에서 바퀴의 각속력이 $\omega_i$이고, 나중 시각 $t_f$에서의 각속력이 $\omega_f$인 외발자전거 페달을 생각해 보자. 속력의 변화가 가속도의 개념으로 나타나듯 각속력의 변화는 각 가속도의 개념으로 나타난다.

◀ 평균 각가속도

시간 $\Delta t$ 동안에 평균 각가속도 $\alpha_{av}$는 각속력의 변화량 $\Delta\omega$를 $\Delta t$로 나눈 것으로 정의한다.

$$\alpha_{av} \equiv \frac{\omega_f - \omega_i}{t_f - t_i} = \frac{\Delta\omega}{\Delta t} \qquad [7.5]$$

**국제단위(SI unit): 단위 제곱초당 라디안 (rad/s²)**

각속도에서처럼 양의 각가속도는 반시계 방향이고, 음의 각가속도는 시계 방향이다. 각속력이 만약 15 rad/s에서 9.0 rad/s로 3.0 s 동안에 바뀐다면 그 시간 간격 동안에 평균 각가속도는 다음과 같다.

**☑ Checkpoint 7.2**

회전률이 2초 동안에 0 rev/s에서 1 rev/s로 변하는 바퀴의 평균 각가속도를 구하라.

$$\alpha_{av} = \frac{\Delta\omega}{\Delta t} = \frac{9.0 \text{ rad/s} - 15 \text{ rad/s}}{3.0 \text{ s}} = -2.0 \text{ rad/s}^2$$

음의 부호는 각가속도가 시계 방향임을 나타낸다(각속력은 줄어들지만 여전히 양의 값이고 반시계 방향이다). 각가속도에도 순간 가속도에 대응되는 것도 있다.

순간 각가속도 ▶

순간 각가속도 $\alpha$는 시간 간격 $\Delta t$가 0으로 근접할 때 평균 각가속도 $\Delta\omega/\Delta t$의 극한값으로 정의된다.

$$\alpha \equiv \lim_{\Delta t \to 0} \frac{\Delta\omega}{\Delta t} \qquad [7.6]$$

**국제단위(SI unit): 단위 제곱초당 라디안(rad/s²)**

**강체가 어떤 고정축에 대해서 회전할 때 자전거 바퀴에서처럼 물체의 모든 점들은 같은 각속력과 같은 각가속도를 갖는다.** 이러한 사실은 이러한 변수들이 회전하는 운동을 설명할 때 매우 유용하다는 것이다. 대조적으로 물체의 선속력(접선속력)과 선가속도는 회전하는 축으로부터 어떤 주어진 점까지의 거리에 의존하는 다른 값들을 갖는다.

## 7.2 일정 각가속도에서의 회전운동

회전운동 방정식과 선운동 방정식 사이에는 많은 유사점이 존재한다. 평균 각속력과 평균 선속력에 대한 정의를 비교해 보자. 각속력에 대한 정의는

$$\omega_{av} \equiv \frac{\theta_f - \theta_i}{t_f - t_i} = \frac{\Delta\theta}{\Delta t}$$

이고, 평균 선속력에 대한 정의는

$$v_{av} = \frac{x_f - x_i}{t_f - t_i} = \frac{\Delta x}{\Delta t}$$

이다. 위의 식들은 $v$가 $\omega$로, $x$가 $\theta$로 치환되어 있는 점에서 유사하다. 따라서 방정식들은 변수의 이름만 다르므로, 지금까지 살펴본 선운동에서의 모든 물리량들이 쌍둥이처럼 회전운동에서도 존재한다.

2.5절의 일정 가속도의 선운동에 대한 운동 방정식을 유도했던 방법들을 일정 각가속도의 회전운동 방정식을 유도하는 데 이용할 수 있다. 선운동에 대한 방정식들로부터 회전운동에 대응되는 방정식들을 다음과 같이 정리할 수 있다.

| 일정 가속도 $a$에서 선운동<br>(변수: $x$, $v$) | 일정 각가속도 $\alpha$에서 고정축에 대한 회전운동<br>(변수: $\theta$, $\omega$) | |
|---|---|---|
| $v = v_i + at$ | $\omega = \omega_i + \alpha t$ | [7.7] |
| $\Delta x = v_i t + \frac{1}{2}at^2$ | $\Delta\theta = \omega_i t + \frac{1}{2}\alpha t^2$ | [7.8] |
| $v^2 = v_i^2 + 2a\Delta x$ | $\omega^2 = \omega_i^2 + 2\alpha\Delta\theta$ | [7.9] |

선운동 방정식의 모든 항들에 대하여 회전운동 방정식에서도 유사하게 대응되는 항이 있음을 주목하자.

**Quick Quiz 7.3**

Quick Quiz 7.1의 강체의 각위치에 대한 쌍들을 다시 생각해 보자. 만약 물체가 초기 위치에서 정지 상태에서 출발해서 일정 각가속도를 갖고 반시계 방향으로 이동을 하여 세 가지 경우에 대해 같은 각속력을 갖고 나중 각위치에 도달한다고 하면, 어떤 경우가 가장 큰 각가속도를 갖는가?

### 예제 7.2 회전하는 바퀴

**목표** 회전운동 방정식을 적용한다.

**문제** 어떤 바퀴가 일정 각가속도 3.50 rad/s$^2$으로 회전한다. 만약 바퀴의 각속력이 $t$ = 0에서 2.00 rad/s라면 (a) $t$ = 0와 $t$ = 2.00 s 사이에 바퀴가 회전하는 각도는 얼마인가? 답을 라디안과 회전수로 표현하라. (b) 바퀴의 각속력이 $t$ = 2.00 s에서 얼마인가(식 7.7을 사용하라)? (c) 식 7.9를 이용하여 (b)의 답을 다시 확인하라.

**전략** 각가속도는 일정하다. 따라서 이 문제는 식 7.7~7.9에 주어진 값들을 대입하면 풀 수 있다.

**풀이**

(a) 2.00 s 후의 각변위를 라디안과 회전수로 찾아라.

식 7.8에 $\omega_i$ = 2.00 rad/s, $\alpha$ = 3.5 rad/s$^2$, $t$ = 2.00 s를 대입한다.

$$\Delta\theta = \omega_i t + \tfrac{1}{2}\alpha t^2$$
$$= (2.00\ \text{rad/s})(2.00\ \text{s}) + \tfrac{1}{2}(3.50\ \text{rad/s}^2)(2.00\ \text{s})^2$$
$$= \boxed{11.0\ \text{rad}}$$

라디안을 회전수로 환산한다.

$$\Delta\theta = (11.0\ \text{rad/s})(1.00\ \text{rev}/2\pi\ \text{rad}) = \boxed{1.75\ \text{rev}}$$

(b) $t$ = 2.00 s에서 바퀴의 각속력은 얼마인가?

식 7.7에 위의 값들을 대입한다.

$$\omega = \omega_i + \alpha t = 2.00\ \text{rad/s} + (3.50\ \text{rad/s}^2)(2.00\ \text{s})$$
$$= \boxed{9.00\ \text{rad/s}}$$

(c) 식 7.9를 이용하여 앞의 결과를 확인하라.

식 7.9를 다시 쓴다.

$$\omega^2 - \omega_i^2 = 2\alpha\Delta\theta$$

$\omega_i^2$을 양변에 더하고 제곱근을 취한다.

$$\omega = \pm\sqrt{\omega_i^2 + 2\alpha\Delta\theta}$$
$$= \pm\sqrt{(2.00\ \text{rad/s})^2 + 2\cdot 3.50\ \text{rad/s}^2(11.0\ \text{rad})}$$

양의 근이 여기서 해답이다.

$$\omega = \boxed{9.00\ \text{rad/s}}$$

**주의** (b)와 (c)의 결과가 일치함을 주목하자.

**연습문제 7.2**

(a) $t$ = 2.00 s와 $t$ = 3.00 s 사이에 바퀴가 회전하는 각도는 얼마인가? (b) $t$ = 3.00 s에서 각속력은 얼마인가?

**답** (a) 10.8 rad (b) 12.5 rad/s

## 7.3 각운동과 선운동 사이의 관계

각운동 변수와 선운동 변수 사이에는 서로 밀접한 관계를 갖는다. 활용그림 7.4처럼 $O$점을 기준으로 $z$축에 대해 회전하는 임의의 모양의 물체를 생각해 보자. 물체가 각도 $\Delta\theta$만큼 회전해서 점 $P$가 시간 $\Delta t$ 동안에 호의 길이 $\Delta s$만큼 이동한다고 가정하자. 라디안에 대한 정의로부터 다음을 알 수 있다.

$$\Delta\theta = \frac{\Delta s}{r}$$

이 방정식의 양변을 회전이 일어나는 시간 $\Delta t$로 나누면 다음과 같다.

$$\frac{\Delta\theta}{\Delta t} = \frac{1}{r}\frac{\Delta s}{\Delta t}$$

$\Delta t$가 매우 작으면 물체가 회전하는 각도 $\Delta\theta$도 매우 작으며, 비율 $\Delta\theta/\Delta t$는 순간 각속도 ω에 가깝게 된다. 유사하게 방정식의 우변 $\Delta s/\Delta t$도 시간 $\Delta t$가 매우 작으므로 순간 선속도 $v$에 근접하게 된다. 그러므로 $\Delta t$가 어떤 임의의 작은 값을 가질 때 결과적으로 다음과 같은 식을 얻게 된다.

$$\omega = \frac{v}{r}$$

활용그림 7.4에서 보듯이 점 $P$는 선속도 $v$로 시간 간격 $\Delta t$ 동안에 원호를 따라서 거리 $\Delta s$만큼 이동한다. $P$의 속도벡터 $\vec{\mathbf{v}}$의 방향은 **원주의 접선 방향**이다. $\vec{\mathbf{v}}$의 크기는 선속력 $v = v_t$, 즉 원주상을 따라 움직이는 입자의 **접선속력**(tangential speed)이며, 다음과 같이 쓸 수 있다.

접선속력 ▶

$$v_t = r\omega \qquad [7.10]$$

**회전하는 물체의 한 점에서 접선속력은 회전축으로부터 떨어진 거리와 각속력의 곱과 같다.** 식 7.10은 회전하는 물체에 대해 어떤 점에서의 선속력은 그 점이 중심에서 멀어질수록 증가한다는 것을 보여 준다. 그러나 **회전하는 물체는 모든 점에서 같은 각속력을 갖는다.**

라디안에 대해 정의된 식들로부터 유도된 식 7.10은 ω가 단위 초당 라디안(rad/s)으로 측정될 때에만 유용하다. 각속력의 다른 측정치, 예를 들어 단위 초당 각도(deg/s) 또는 단위 초당 회전수(rev/s)는 사용될 수 없다.

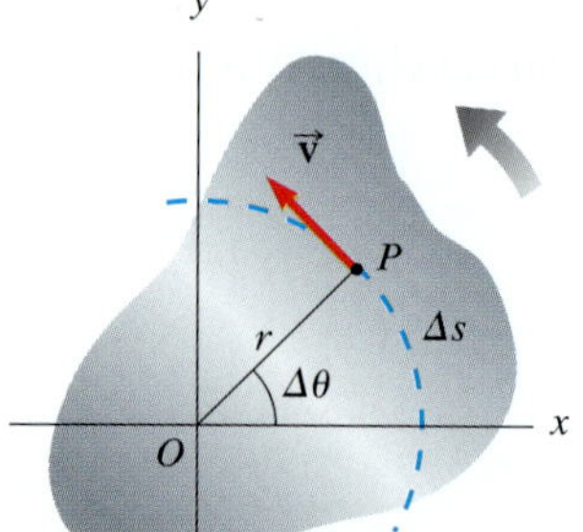


활용그림 7.4
그림의 평면에 수직인 점 $O$를 지나는 축($z$축)에 대한 물체의 회전. 물체의 점 $P$는 $O$점을 중심으로 반경 $r$인 원주를 따라 회전한다.

Physics Now™
**http://physics.brookscole.com/ecp**에서 PhysicsNow를 로그인하고 활용그림 7.4로 들어가라. 점 $P$를 움직이면서 물체가 회전함에 따른 접선속도의 변화를 관찰하라.

선운동과 회전운동에 대한 두 번째 관계식을 찾기 위하여 활용그림 7.4를 다시 살펴 보자. 회전하는 물체가 시간 간격 $\Delta t$ 동안에 각속력이 $\Delta\omega$만큼 변한다고 가정하자. 이 시간 간격의 마지막에서 물체의 점 $P$와 같은 한 점의 속력은 $\Delta v_t$만큼 변한다. 식 7.10으로부터 다음을 알 수 있다.

$$\Delta v_t = r\Delta\omega$$

양변을 $\Delta t$로 나누면 다음과 같고,

$$\frac{\Delta v_t}{\Delta t} = r\frac{\Delta\omega}{\Delta t}$$

시간 간격 $\Delta t$가 임의의 값으로 아주 작다면 $\Delta\omega/\Delta t$는 순간 각가속도가 된다. 이 식의 좌변인 $\Delta v_t/\Delta t$는 순간 선가속도, 즉 그 점에서의 접선 가속도가 된다. 그러므로 다음과 같은 결과를 얻을 수 있다.

$$a_t = r\alpha \quad [7.11]$$

**회전하는 물체의 어떤 점에서의 접선가속도는 회전축으로부터 떨어진 거리와 각가속도의 곱과 같다.** 다시 강조하면, 라디안으로 측정한 물리량을 위 식에서 각가속도를 표현하기 위해 사용하여야 한다.

◀ 접선가속도

선운동과 관련된 각운동에 대한 마지막 방정식은 다음 장에서 다시 다루게 될 것이다.

### Quick Quiz 7.4

안드리아(Andrea)와 척(Chuck)은 회전목마를 타고 있다. 원판 플랫폼 가장자리 쪽의 말을 타고 있는 안드리아는 안쪽 줄에 있는 말을 타고 있는 척에 대해 원의 중심으로부터 2배만큼 떨어져 있다. 회전목마가 일정 각속력으로 회전하고 있을 때, 안드리아의 각속력은 다음 중 어느 것인가? (a) 척의 2배, (b) 척과 같다, (c) 척의 반, (d) 결정하기 어렵다.

### Quick Quiz 7.5

Quick Quiz 7.4의 회전목마가 일정 각속력으로 회전하고 있을 때 안드리아의 접선속력은 다음 중 어느 것인가? (a) 척의 2배, (b) 척과 같다, (c) 척의 반, (d) 결정하기 어렵다.

### 응용물리 7.1 유럽우주항공국의 로켓 발사대의 위치

유럽우주항공국(ESA)의 발사대는 왜 유럽에 있지 않고 남아메리카에 있는가?

**설명** 위성은 적정 궤도에 도달하기 위해서 큰 접선속력을 제공하는 로켓에 탑재되어 발사된다. 지구의 자전 때문에 지구의 표면, 예를 들어 적도상의 표면은 거의 1 700 m/s의 접선속력으로 동쪽 방향으로 움직인다. 이러한 접선속력은 적도로부터 북쪽으로 갈수록 회전축으로부터 떨어진 거리가 감소하기 때문에 점차 감소한다. 따라서 북극에서는 접선속력이 거의 0이다. 적도에서 동쪽으로 로켓을 발사하면 1 700 m/s의 초기 접선속력을 제거된다. 반면 유럽에서 발사하게 되면 그런 속력의 겨우 절반 정도만을 얻게 되며, 정확한 값은 위도에 따라 다르다.

### 예제 7.3 콤팩트 디스크

**목표** 회전운동 방정식을 접선가속도와 접선속력과 관련하여 적용한다.

**문제** 콤팩트 디스크가 정지상태에서 출발하여 0.892 s만에 각속력 31.4 rad/s로 회전하고 있다. (a) 각가속도가 일정하다고 가정하면 디스크의 각가속도는 얼마인가? (b) 디스크가 나중 각속력에 도달하는 동안 디스크가 회전한 각도는 얼마인가? (c) 만약에 디스크의 반경이 4.45 cm라면 디스크의 가장자리에 있는 세균의 나중 접선속력을 구하라. (d) 세균의 접선가속도의 크기는 얼마인가?

**전략** 각속력과 각변위에 관한 운동 방정식(식 7.7과 7.8)을 적용하여 문제 (a)와 (b)를 부분적으로 풀 수 있다. 각가속도에 반경을 곱하면 가장자리에서의 접선가속도를 구할 수 있다. 또한 각속력에 반경을 곱하면 주어진 점에서의 접선속력을 구할 수 있다.

**풀이**

(a) 디스크의 각가속도를 구하라.

각속도식 $\omega = \omega_i + \alpha t$에 $\omega_i = 0, t = 0$을 대입한다.

$$\alpha = \frac{\omega}{t} = \frac{31.4 \text{ rad/s}}{0.892 \text{ s}} = \boxed{35.2 \text{ rad/s}^2}$$

(b) 디스크가 돌아간 각도는 얼마인가?

각변위 식 7.8을 이용하여 $t = 0.892$ s와 $\omega_i = 0$을 대입한다. $\Delta\theta = \omega_i t + \frac{1}{2}\alpha t^2 = \frac{1}{2}(35.2 \text{ rad/s}^2)(0.892 \text{ s})^2 = \boxed{14.0 \text{ rad}}$

(c) $r = 4.45$ cm에 있는 세균의 나중 접선속력을 구하라.

식 7.10에 대입한다. $v_t = r\omega = (0.0445 \text{ m})(31.4 \text{ rad/s}) = \boxed{1.40 \text{ m/s}}$

(d) $r = 4.45$ cm에서 세균의 접선가속도를 구하라.

식 7.11에 대입한다. $a_t = r\alpha = (0.0445 \text{ m})(35.2 \text{ rad/s}^2) = \boxed{1.57 \text{ m/s}^2}$

**주의** $2\pi$ rad = 1 rev이기 때문에 (b)에서 각변위는 2.23 rev에 해당한다. 일반적으로 $2\pi$~6이기 때문에 라디안을 약 6으로 나누면 근사적으로 회전수를 구할 수 있다.

**연습문제 7.3**

(a) 디스크가 돌기시작한 후 0.300 s 후에 각속력과 각변위는 얼마인가? (b) 그 시간에서 디스크의 가장자리에서 접선속력은 얼마인가?

**답** (a) 10.6 rad/s, 1.58 rad (b) 0.472 m/s

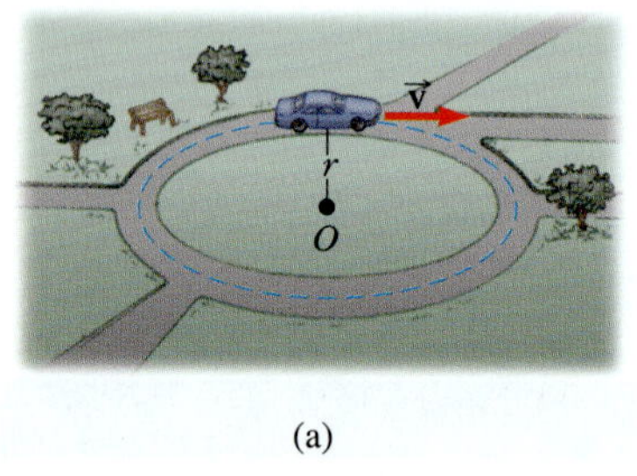


(a)

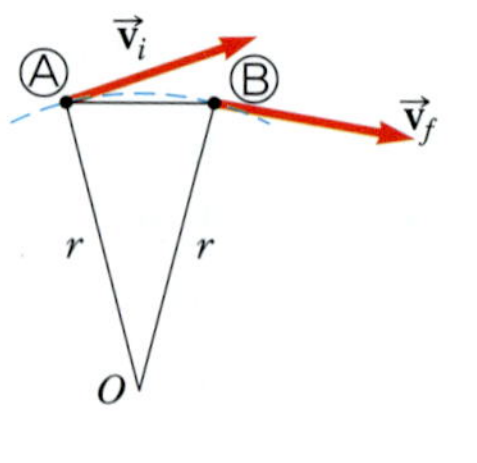


(b)

**그림 7.5** (a) 일정한 속력으로 움직이는 자동차의 원운동. (b) 자동차가 Ⓐ에서 Ⓑ로 원형의 길을 따라 움직일 때 자동차의 속도벡터의 방향은 바뀌게 되고 자동차는 구심가속도를 경험한다.

## 7.4 구심가속도

그림 7.5a는 **일정한 선속력** $v$로 원형의 길에서 움직이는 자동차를 보여 준다. **자동차가 일정한 속력으로 움직일지라도 여전히 가속도 운동을 한다.** 이것을 이해하기 위해서 평균 가속도에 대한 정의를 살펴 보자.

$$\vec{\mathbf{a}}_{\text{av}} = \frac{\vec{\mathbf{v}}_f - \vec{\mathbf{v}}_i}{t_f - t_i} \qquad [7.12]$$

분자는 속도벡터 $\vec{\mathbf{v}}_f$와 $\vec{\mathbf{v}}_i$ 사이의 차이를 나타낸다. 이 벡터들은 같은 속력을 갖기 때문에 크기가 같지만, 방향은 다르게 되므로 벡터 뺄셈은 0이 아니다. 그림 7.5b에서 보는 것처럼 자동차는 원형의 길을 따라 움직이기 때문에 자동차의 속도벡터 방향은 연속적으로 변한다. 일정한 속력으로 원운동을 하는 경우에 대해 가속도의 방향은 항상 원의 중심 방향을 향하게 된다. 그러한 가속도를 **구심가속도**(centripetal acceleration; 중심으로 향하는 가속도)라 부른다. 그것의 크기는 다음과 같이 주어진다.

$$a_c = \frac{v^2}{r} \qquad [7.13]$$

식 7.13을 유도하기 위하여 그림 7.6a를 생각해 보자. 어떤 물체가 처음 시각 $t_i$일 때 속도 $\vec{\mathbf{v}}_i$인 점 Ⓐ에서 나중 시각 $t_f$일 때 속도 $\vec{\mathbf{v}}_f$인 점 Ⓑ로 움직인다. 속도 $\vec{\mathbf{v}}_i$와 $\vec{\mathbf{v}}_f$는 방향에 있어서만 차이를 갖고 그들의 크기는 같다고 하자($v_i = v_f = v$). 가속도를 계산하기 위해 식 7.12를 다시 생각해 보자.

$$\vec{\mathbf{a}}_{\text{av}} = \frac{\vec{\mathbf{v}}_f - \vec{\mathbf{v}}_i}{t_f - t_i} = \frac{\Delta\vec{\mathbf{v}}}{\Delta t} \qquad [7.14]$$

여기서 $\Delta\vec{\mathbf{v}} = \vec{\mathbf{v}}_f - \vec{\mathbf{v}}_i$는 속도의 변화이다. $\Delta t$가 매우 작을 때 $\Delta s$와 $\Delta\theta$ 역시 매우 작다. 그림 7.6b에서 $\vec{\mathbf{v}}_f$는 $\vec{\mathbf{v}}_i$와 거의 평행이며 $\Delta\vec{\mathbf{v}}$는 이들과 근사적으로 수직으로서 원

의 중심을 향한다. 극한의 경우에 $\Delta t$는 0에 가깝게 작게 됨에 따라 $\Delta\vec{\mathbf{v}}$는 원의 중심을 정확히 향하게 된다. 그리고 평균 가속도 $\vec{\mathbf{a}}_{\text{av}}$는 순간 가속도 $\vec{\mathbf{a}}$가 된다. 식 7.14로부터 $\vec{\mathbf{a}}$와 $\Delta\vec{\mathbf{v}}$는 같은 방향을 향하게 된다(극한값의 경우). 따라서 순간 가속도는 원의 중심을 향하게 된다.

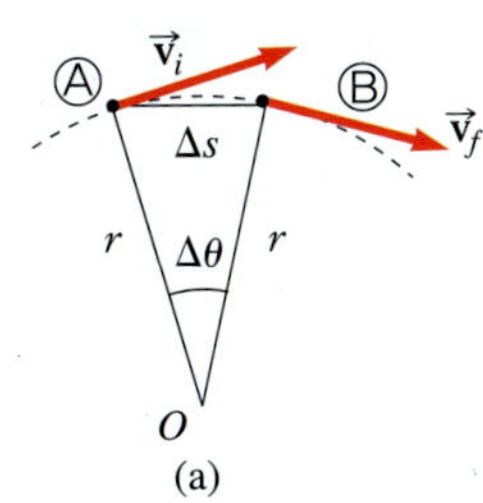


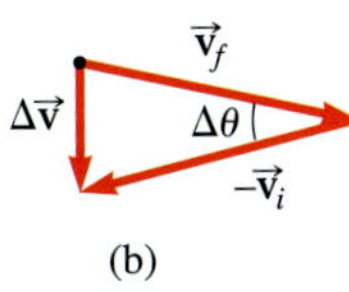


**그림 7.6** (a) 입자가 Ⓐ에서 Ⓑ로 움직일 때 속도벡터는 $\vec{\mathbf{v}}_i$에서 $\vec{\mathbf{v}}_f$로 바뀐다. (b) 원의 중심을 향하는 속도 변화 $\Delta\vec{\mathbf{v}}$의 방향을 결정하기 위한 도식.

그림 7.6a에서 변위 $\Delta s$와 $r$로 이루어진 삼각형은 그림 7.6b에서 벡터들로 이루어진 삼각형과 닮은꼴이다. 따라서 양변의 비는 동등하다.

$$\frac{\Delta v}{v} = \frac{\Delta s}{r}$$

또는

$$\Delta v = \frac{v}{r}\Delta s \qquad [7.15]$$

식 7.15를 $a_{\text{av}} = \Delta v/\Delta t$에 대입하면 다음과 같이 된다.

$$a_{\text{av}} = \frac{v}{r}\frac{\Delta s}{\Delta t} \qquad [7.16]$$

$\Delta s$는 시간 $\Delta t$ 동안 원주를 따라 이동한 거리를 나타내며, 극한의 경우 $\Delta t$가 매우 작게 됨에 따라 $\Delta s/\Delta t$는 접선속력 $v$에 접근한다. 따라서 평균 가속도 $a_{\text{av}}$는 순간 구심가속도 $a_c$에 접근하여 식 7.16은 식 7.13으로 정리된다.

$$a_c = \frac{v^2}{r}$$

접선속력은 각속력과 $v_t = r\omega$(식 7.10)의 관계를 갖기 때문에 식 7.13의 또 다른 형태는 다음과 같다.

$$a_c = \frac{r^2\omega^2}{r} = r\omega^2 \qquad [7.17]$$

차원을 고려하면, $[r]$ = L, $[\omega]$ = 1/T이므로 구심가속도의 단위는 L/T$^2$이다. 위 식은 구심가속도와 각속력 사이의 기하학적 관계를 나타낸 것뿐이며 물리적으로는 가속도는 힘이 존재할 때에만 나타난다. 예를 들어, 어떤 자동차가 평평한 땅 위에서 원을 따라 움직일 때 타이어와 땅 사이의 정지 마찰력이 필요한 구심가속도를 제공한다.

식 7.13과 식 7.17에서 $a_c$는 구심가속도의 **크기**만을 나타낸다. 가속도 자체는 회전 중심을 항상 향한다.

다음에 유도하는 식은 일정 속력으로 원운동을 하는 경우에 대한 것이다. 어떤 물체가 원을 따라 움직이면서 속력을 높이거나 낮출 때 가속도의 접선 성분은 $a_t = r\alpha$로 나타낸다. 접선 성분과 구심 성분은 서로 수직하기 때문에 피타고라스 정리로부터 **전체 가속도**(total acceleration)의 크기는 다음과 같이 정리된다.

$$a = \sqrt{a_t^2 + a_c^2} \qquad [7.18]$$

◀ 전체 가속도

## Quick Quiz 7.6

그림 7.7에서처럼 트랙 경기장이 점 Ⓐ에서 반경 80 m인 반원형 트랙, 점 Ⓑ에서 반경 40 m인 반원형 트랙과 이를 연결하는 두 개의 직선 트랙으로 이루어져 있다. 어떤 운전자가 트랙 한 바퀴를 50 m/s의 일정 속력으로 시운전하였다.

그림 7.7 (Quick Quiz 7.6)

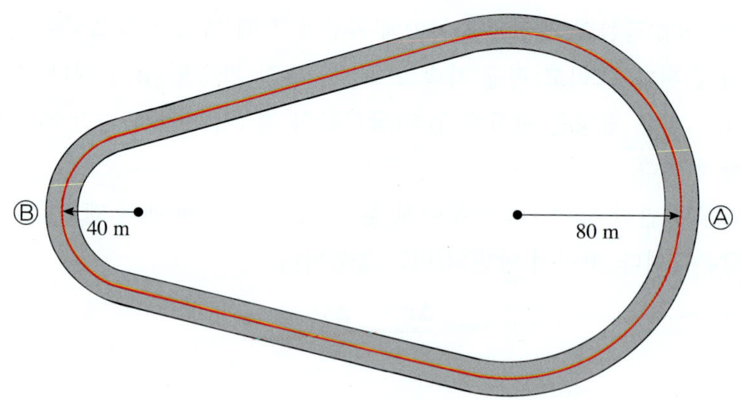


**1.** Ⓐ와 Ⓑ에서 접선가속도의 비는 (a) $\frac{1}{2}$, (b) $\frac{1}{4}$, (c) 2, (d) 4, (e) 두 지점에서 접선가속도는 0이다.

**2.** Ⓐ와 Ⓑ에서 구심가속도의 비는 (a) $\frac{1}{2}$, (b) $\frac{1}{4}$, (c) 2, (d) 4, (e) 두 지점에서 구심가속도는 0이다.

**3.** 각속력이 가장 큰 위치는 (a) Ⓐ이다, (b) Ⓑ이다, (c) 양 쪽에서 같다.

## 예제 7.4 트랙경기

**목표** 구심가속도와 접선속력의 개념을 적용한다.

**문제** 경주용 차가 반경 $4.00 \times 10^2$ m인 원형 트랙을 반시계 방향으로 5.00 s 동안 40.0 m/s에서 60.0 m/s로 일정하게 가속하며 돌았다. 자동차 50.0 m/s에 도달하였을 때 (a) 자동차의 구심가속도의 크기를 구하라. (b) 각속력을 구하라. (c) 접선가속도를 구하라. (d) 전체 가속도의 크기를 구하라.

**전략** 구심가속도(식 7.13)와 접선속력(식 7.10)에 주어진 값을 대입한다. 선속력의 변화를 시간으로 나누면 접선가속도를 구할 수 있다.

**풀이**

(a) $v$ = 50.0 m/s일 때, 구심가속도의 크기를 구하라.

식 7.13에 대입한다.

$$a_c = \frac{v^2}{r} = \frac{(50.0 \text{ m/s})^2}{(4.00 \times 10^2 \text{ m})} = \boxed{6.25 \text{ m/s}^2}$$

(b) 각속력을 구하라.

$\omega$에 대한 식 7.10을 풀고 값을 대입한다.

$$\omega = \frac{v}{r} = \frac{50.0 \text{ m/s}}{4.00 \times 10^2 \text{ m}} = \boxed{0.125 \text{ rad/s}}$$

(c) 접선가속도를 구하라.

선속력의 변화를 시간으로 나눈다.

$$a_t = \frac{v_f - v_i}{\Delta t} = \frac{60.0 \text{ m/s} - 40.0 \text{ m/s}}{5.00 \text{ s}} = \boxed{4.00 \text{ m/s}^2}$$

(d) 전체 가속도의 크기를 구하라.

식 7.18에 값들을 대입한다.

$$a = \sqrt{a_t^2 + a_c^2} = \sqrt{(40.0 \text{ m/s}^2)^2 + (6.25 \text{ m/s}^2)^2}$$

$$a = \boxed{7.42 \text{ m/s}^2}$$

**주의** $\omega$에 대해 구한 값을 식 7.17에 대입하면 구심가속도를 구할 수도 있다.

### 연습문제 7.4

경주용차가 반경 $4.00 \times 10^2$ m인 원형 트랙을 도는 동안 사고를 피하기 위하여 4.50 s 동안 60.0 m/s에서 30.0 m/s로 일정하게 감속하였다. (a) 구심가속도를 구하라. (b) 각속력을 구하라. (c) 접선가속도를 구하라. (d) 속력이 40.0 m/s일 때 전체 가속도의 크기를 구하라.

**답** (a) 4.00 m/s$^2$ (b) 0.100 rad/s (c) −6.67 m/s$^2$ (d) 7.77 m/s$^2$

## 각운동은 벡터량이다.

2장에서 선운동을 다루면서 변위, 속도, 가속도가 모두 벡터량이라는 것을 알았다. 회전운동에서도 각변위, 각속도, 각가속도는 모두 벡터량이다.

각속도 벡터 $\vec{\omega}$의 방향은 그림 7.8a에서 보듯이 **오른손 규칙**(right-hand rule)을 따른다. 오른손으로 회전축을 감싸 쥐었을 때 네 손가락들은 회전 방향을 향하고 엄지손가락의 방향이 벡터 $\vec{\omega}$의 방향을 가리킨다. 그림 7.8b는 $\vec{\omega}$의 방향은 오른 나사가 돌아갈 때의 진행 방향과도 같은 것을 나타낸다.

그림 7.9에서 보는 것처럼 이러한 규칙을 회전축에서 바라 본 회전 디스크에 적용할 수 있다. 디스크가 시계 방향으로 돌 때(그림 7.9a), 오른손 규칙은 $\vec{\omega}$의 방향이 지면으로 들어간다는 것을 보여 준다. 디스크가 반시계 방향으로 돌 때(그림 7.9b), $\vec{\omega}$의 방향은 지면에서 나오는 방향이다.

끝으로 각가속도 $\vec{\alpha}$의 방향과 각속도 $\vec{\omega}$의 방향은 각속력 $\vec{\omega}$가 시간에 따라 증가한다면 같은 방향이고 각속력이 시간에 따라 감소한다면 서로 반대이다.

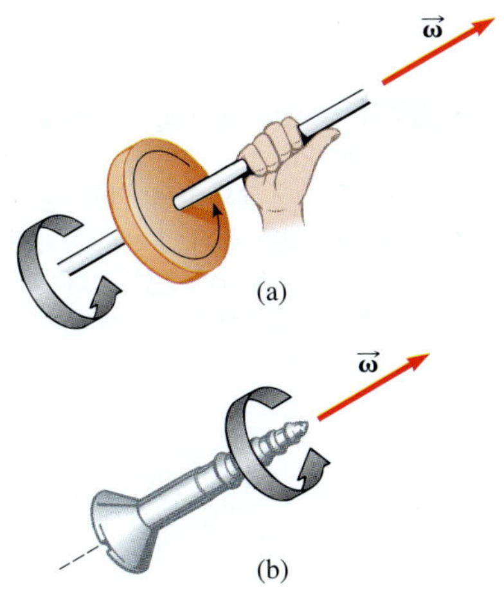


**그림 7.8** (a) 각속도 벡터 $\vec{\omega}$의 방향을 결정하는 오른손 법칙. (b) $\vec{\omega}$의 방향은 오른 나사의 진행 방향이다.

## 구심가속도의 원천이 되는 힘

물체는 외력이 그 물체에 작용할 때 구심가속도를 갖게 된다. 줄 끝에 매달려 원운동을 하는 물체의 경우 이러한 외력은 줄에서의 장력이다. 원형 트랙을 따라 원운동을 하는 자동차의 경우에는 자동차와 트랙 사이에 작용하는 마찰력이다. 지구 주위를 원궤도 운동하는 인공위성의 경우 지구와 인공위성 사이에 작용하는 만유인력 때문에 구심가속도를 갖는다.

어떤 책에서는 자연에 존재하는 새로운 힘이라는 인상을 줄 수 있는 "구심력"이라는 용어를 사용한다. 이것은 오해를 불러일으키는 표현으로 "구심력"에서 '구심(centripetal)'은 주어진 문제에서의 '힘이 중심을 향한다'는 의미를 나타낼 뿐이다. 지구를 공전하는 인공위성에 작용하는 중력처럼, 중력과 원을 따라 도는 요요의 줄에서의 장력은 구심력의 예이다.

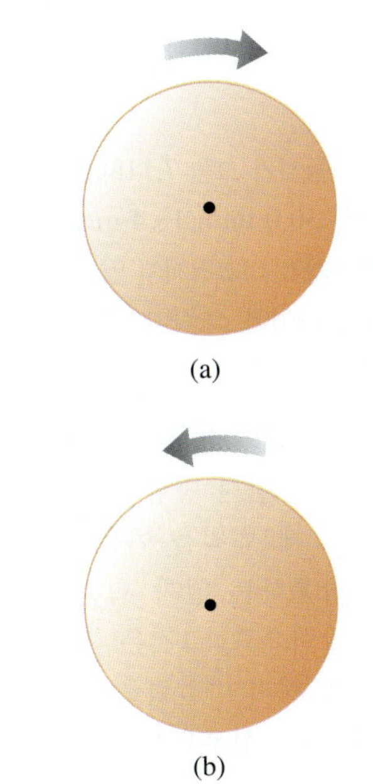


**그림 7.9** 지면에 수직하고 지면을 관통하는 축에 대해 회전하고 있는 디스크를 위에서 본 그림. (a) 디스크가 시계 방향으로 돌 때 $\vec{\omega}$는 지면 안쪽으로 들어간다. (b) 디스크가 반시계 방향으로 돌 때 $\vec{\omega}$는 지면 바깥으로 나온다.

그림 7.10에서처럼 길이 $r$인 줄에 매달려 평면상에서 원형의 길을 따라 일정한 속력으로 도는 질량 $m$인 공을 생각해 보자. 공은 마찰이 없는 탁자에 의해 지지되고 있다. 왜 공은 원을 따라 움직이는가? 관성 때문에 공은 직선운동을 하는 경향성을 갖는다. 하지만, 줄은 공에 원의 중심을 향하게 하는 힘, 즉 원운동을 하게 하는 장력을 작용하여 직선운동을 하는 것을 방해한다. 장력은 그림에서 보듯이 줄을 따라 **원의 중심**을 향한다.

일반적으로, 원의 중심 방향을 따라 뉴턴의 제2법칙을 적용하면 알짜 구심력 $F_c$(주어진 물체에 작용하는 모든 힘의 구심 방향 성분의 합)와 구심가속도 사이에는 다음의 관계식이 만족함을 알 수 있다.

$$F_c = ma_c = m\frac{v^2}{r} \qquad [7.19]$$

구심가속도를 유발하는 알짜 힘은 원의 중심 방향을 향하고 속도벡터의 방향 변화를 유도한다. 만약 이런 힘이 사라지면 물체는 즉각 원형의 길에서 벗어나며, 힘이 사라지는 지점에서 원의 접선을 따라 직선 운동을 한다.

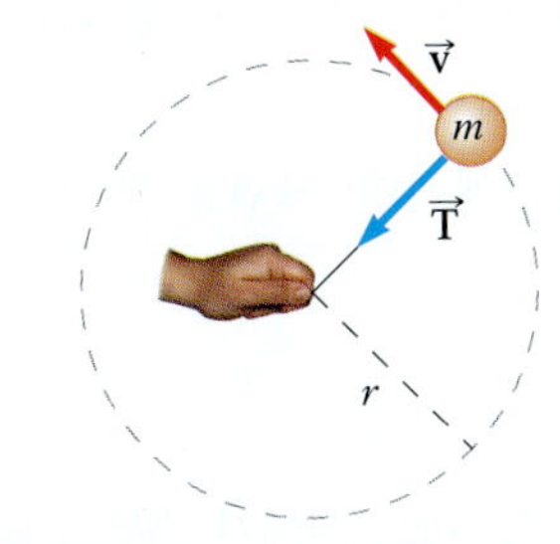


**그림 7.10** 길이 $r$인 줄에 매달려 일정한 속력으로 원운동을 하는 공.

**TIP 7.2 구심력은 힘의 한 분류 형태이지 힘 자체는 아니다.**

"구심력"은 공을 매단 줄의 장력, 인공위성에 작용하는 중력과 같은 원의 중심을 향하는 모든 힘을 포함하는 하나의 분류 형태이다. 구심력은 실질적인 물리적 힘에 의해 생겨나는 것이다.

## 문제풀이 전략 구심가속도를 유발하는 힘

구심가속도와 이를 유발하는 힘에 관한 문제를 풀기 위해 다음과 같은 순서를 따르자.

1. 고려하는 물체에 작용하는 모든 힘을 표시하고 **자유물체도를 그려라.**
2. 물체가 움직이는 원형 궤도에 수직한 어떤 좌표축(구심 방향)과 원형 궤도에 접선 방향을 따르는 좌표축(접선 방향)을 포함하는 **좌표계를 선택하라.** 법선 방향, 즉 운동 평면에 수직인 좌표축 역시 필요할 때가 있다.
3. **원의 중심을 향하는 알짜 힘 $F_c$를 찾아라.** $F_c = \Sigma F_r$이고, 여기서 $\Sigma F_r$은 힘들의 구심 방향 성분의 합이다. 이러한 구심 방향 알짜 힘은 구심가속도를 유발한다.
4. 원의 중심 방향, 접선 방향, 법선 방향에 대해 $\Sigma F_r = ma_c$, $\Sigma F_t = ma_t$, $\Sigma F_n = ma_n$과 같은 **뉴턴의 제2법칙을 적용하라.** 그리고 일정한 원운동에 대해 구심가속도의 크기는 항상 $a_c = v_t^2/r$을 만족함을 기억하자.
5. 모르는 물리량에 대해 **풀어라.**

### 연관된 예제 7.5 안전을 위해 안전띠를 착용하라.

**목표** 물체가 구심가속도를 갖도록 하는 마찰력을 계산한다.

**문제** 자동차가 그림 7.11a에 보는 것처럼 반경 50.0 m인 원형 코너를 30.0 mi/h(13.4 m/s)의 일정한 속력으로 움직이고 있다. 자동차가 미끄러지지 않고 원형 코너를 돌기 위한 타이어와 길바닥 사이에 작용하는 정지 마찰계수 $\mu_s$의 최소값은 얼마인가?

**전략** 자동차의 자유물체도(그림 7.11b)에서 법선 방향은 수직하고, 접선 방향은 지면 안쪽으로 들어간다(단계 2). 뉴턴의 제2법칙을 이용하라. 원의 중심 방향으로 자동차에 작용하는 알짜 힘은 원형의 길 중심을 향하는 정지 마찰력으로, 그것은 자동차가 구심가속도를 갖게 한다. 최대 정지 마찰력을 계산하기 위해서는 뉴턴의 제2법칙의 수직 성분으로부터 얻어지는 수직항력이 필요하다.

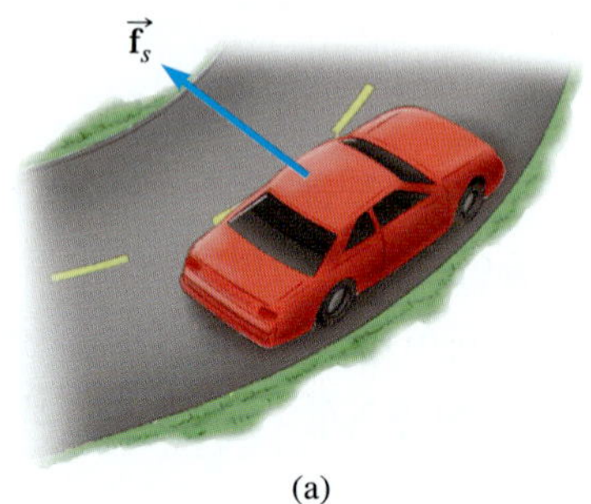


(a)

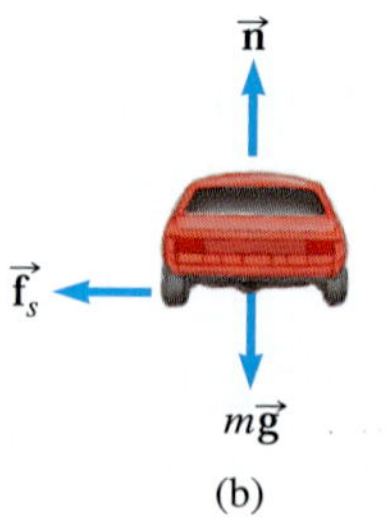


(b)

**그림 7.11** (예제 7.5) (a) 곡선도로에서 자동차의 윗면 그림. (b) 뒤쪽에서 본 자동차의 자유물체도.

**풀이**

(단계 3, 4) 뉴턴의 제2법칙의 성분들을 써라.
구심 방향의 성분은 최대 정지 마찰력 $f_{s,\,\max}$만이 관련된다.

$$m\frac{v^2}{r} = f_{s,\,\max} = \mu_s n$$

제2법칙의 수직 성분에서 중력과 수직항력은 평형이다.

$$n - mg = 0 \longrightarrow n = mg$$

(단계 5) $n$에 대한 표현을 첫 번째 식에 대입하고 $\mu_s$에 대해 풀어라.

$$m\frac{v^2}{r} = \mu_s mg$$

$$\mu_s = \frac{v^2}{rg} = \frac{(13.4\ \text{m/s})^2}{(50.0\ \text{m})(9.80\ \text{m/s}^2)} = \boxed{0.366}$$

**주의** 콘크리트 위에서 고무의 $\mu_s$ 값은 거의 1에 가까워서 자동차는 쉽게 곡선도로를 달릴 수 있다. 도로가 만약 젖어 있거나 얼어 있으면 $\mu_s$는 0.2보다 작거나 같다. 이러한 조건하에서 정지 마찰력에 의해 제공되는 중심 방향 힘은 자동차가 원형 곡선도로를 안전하게 운행할 만큼 충분히 크지 않다. 따라서 자동차는 도로에서 벗어나 접선 방향으로 미끄러질 수 있다.

**연습문제 7.5**

정지 마찰계수 0.230을 갖는 젖은 도로의 코너를 돌 때 미끄러지지 않고 달릴 수 있는 최대 속력은 얼마인가? 도로의 회전반경은 25.0 m 이다.

**답** 7.51 m/s

**PhysicsNow™** **http://physics.brookscole.com/ecp**에서 PhysicsNow를 로그인하고 연관된 예제 7.5에 들어가서 코너를 도는 자동차의 운동에 대해 살펴 보라.

## 예제 7.6 놀이기구 타기

**목표** 에너지 보존법칙과 구심력의 연관성을 살펴본다.

**문제** 그림 7.12a는 반경 $R$인 원형 루프를 회전하는 롤러코스터를 보여 준다. (a) 트랙에 의한 도움이 없이 차가 꼭대기까지 도달하기 위해서는 속력이 얼마여야 하는가? (b) 루프의 바닥점에서 차의 속력은 얼마인가? (c) 루프가 반경 10.0 m를 갖는다면 루프의 바닥점에서 승객에게 작용하는 수직항력은 얼마인가?

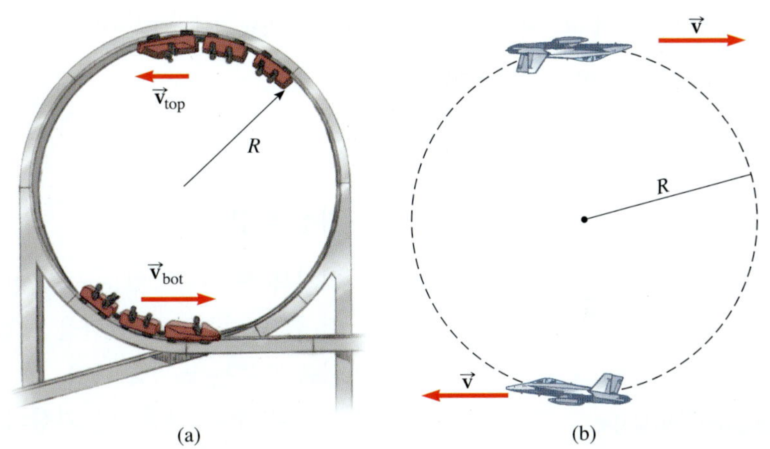


**그림 7.12** (예제 7.6) (a) 원형 트랙을 도는 롤러코스터. (b) 수직 루프를 회전하는 제트기.

**전략** 이 문제는 원형 루프의 꼭대기에서 자동차의 속력을 구하기 위해 뉴턴의 제2법칙과 구심가속도를 사용하여 바닥점에서 속력을 찾기 위해서는 에너지 보존법칙을 필요로 한다. 만약 자동차가 꼭대기에 겨우 도달한다면, 수직항력 $\vec{n}$이 0이 되어야 한다. 따라서 그 점에서 자동차에 작용하는 유일한 힘은 중력 $m\vec{g}$이다. 루프의 바닥점에서 수직항력은 원의 중심 방향인 위쪽으로 작용하고 중력은 아래쪽으로 작용해서 중심에서 멀어지는 방향이다. 이 둘의 차이가 구심력이 된다. 수직항력은 뉴턴의 제2법칙으로부터 계산된다.

**풀이**

(a) 원형 루프의 꼭대기에서 속력을 구하라.

자동차에 대해 뉴턴의 제2법칙을 쓰라.

$$m\vec{a}_c = \vec{n} + m\vec{g} \qquad (1)$$

루프의 꼭대기에서 $n = 0$이라 두자. 중력은 중심 방향을 향하고 구심가속도 $a_c = v^2/R$을 제공한다.

$$m\frac{v^2_{꼭대기}}{R} = mg$$

$v_{꼭대기}$에 대한 식을 푼다.

$$v_{꼭대기} = \boxed{\sqrt{gR}}$$

(b) 루프의 바닥점에서 속력을 구하라.

루프의 꼭대기 점에서 전체 역학적 에너지를 찾기 위해 역학적 에너지 보존법칙을 적용한다.

$$E_{꼭대기} = \tfrac{1}{2}mv^2_{꼭대기} + mgh = \tfrac{1}{2}mgR + mg(2R) = 2.5mgR$$

바닥점에서 전체 역학적 에너지를 찾는다.

$$E_{바닥} = \tfrac{1}{2}mv^2_{바닥}$$

에너지는 보존되고 두 에너지는 같아야 되므로 $v_{바닥}$을 구할 수 있다.

$$\tfrac{1}{2}mv^2_{바닥} = 2.5mgR$$

$$v_{바닥} = \boxed{\sqrt{5gR}}$$

(c) 바닥에서 승객에게 작용하는 수직항력을 찾아라(이것은 승객이 느끼는 몸무게이다).

식 (1)을 사용한다. 알짜 구심력은 $n - mg$이다.

$$m\frac{v_{\text{바닥}}^2}{R} = n - mg$$

$n$에 대해 푼다.

$$n = mg + m\frac{v_{\text{바닥}}^2}{R} = mg + m\frac{5gR}{R} = \boxed{6\,mg}$$

**주의** 마지막 $n$에 대한 답은 승객이 바닥점에서 일반적인 무게의 6배에 해당하는 힘을 경험한다는 것을 보여 준다. 우주비행사는 우주선이 발사될 때 비슷한 크기의 힘을 경험한다.

**연습문제 7.6**

속력 $1.20 \times 10^2$ m/s로 비행하는 제트기가 반경 $5.00 \times 10^2$ m인 수직 루프를 따라 회전한다(그림 7.12b). 70.0 kg인 파일럿에게 의자가 작용하는 힘의 크기를 (a) 꼭대기점에서, (b) 바닥점에서 찾아라.

**답** (a) $1.33 \times 10^3$ N (b) $2.70 \times 10^3$ N

### 가상의 힘

회전목마를 타고 있는 사람(어린이 또는 어른)은 중심으로부터 벗어나려는 느낌의 어떤 힘을 경험한다. 난간을 붙잡고 중심으로 움직이려고 하는 행동은 마치 가파른 언덕을 오르는 느낌을 준다.

**TIP 7.3 원심력**
소위 원심력은 회적목마와 같이 비관성(가속도 운동하는) 좌표계에서 관측되는 것으로 적당한 구심력이 없는 경우에 나타난다.

사실, 소위 원심력은 **가상의 힘**이다. 실제로는 승객은 손과 팔 근육으로 몸 전체에 구심력을 작용하고 있는 것이다. 또한, 어떤 작은 구심력은 발과 바닥 사이의 정지 마찰력에 의해 작용하고 있다. 만약, 승객의 손이 미끄러지면 그는 원중심으로부터 먼 쪽으로 튕겨나갈 것이다. 다시 말해 승객은 원을 따라 이동하고 있는 한 점에서 접선 방향으로 직선을 따라 튕겨나갈 것이다. 승객은 중심으로부터 멀어진 어떤 점에 떨어지는데, 구심 방향으로 직선을 따라 중심에서 벗어나는 것은 아니다. 그 대신, 승객은 구심 방향에 대해 수직하게 움직이며 구심 방향을 따라 변위가 증가되면서 각변위도 변하게 된다.

## 7.5 뉴턴의 중력

1686년 이전에 달과 행성의 운동에 관한 방대한 관측 자료가 수집되었다. 하지만 누구도 그들 사이에 작용하는 힘을 명확하게 이해하지는 못했다. 그 해에 아이작 뉴턴(Issac Newton)은 자연의 비밀을 풀 수 있는 열쇠를 제공하였다. 뉴턴은 제1법칙으로부터 달에 알짜 힘이 작용하고 있다는 것을 알았다. 만약 그렇지 않다면 달은 지구 주위를 원궤도 운동을 하는 것이 아니라 직선운동을 할 것이다. 뉴턴은 이런 힘이 소위 중력이라고 하는 달과 지구 사이에 작용하는 인력 때문인 것으로 생각하였다. 그런 힘은 사과와 같은 물체를 지구표면으로 끌어당기는 힘과 같은 종류의 힘이다.

1687년 뉴턴은 만유인력 법칙에 관한 연구결과를 발표하였다.

◀ 만유인력의 법칙

만약 질량 $m_1$과 $m_2$인 두 물체가 거리 $r$만큼 떨어져 있다면, 그들을 연결하는 직선을 따라 작용하는 만유인력은 다음과 같은 크기로 주어진다.

$$F = G\frac{m_1 m_2}{r^2} \quad [7.20]$$

여기서 $G = 6.673 \times 10^{-11}\ \mathrm{kg^{-1}\ m^3\ s^{-2}}$으로 **만유인력 상수**(constant of universal gravitation)이며, 만유인력의 방향은 항상 서로 끌어당기는 방향이다.

### ☑ Checkpoint 7.3

진실인가 거짓인가: 당신 몸에 대한 지구의 만유인력은 지구에 대한 당신 몸의 만유인력보다 훨씬 더 크다.

이 힘의 법칙은 **역자승 법칙**(inverse-square law)의 예로서, 힘은 입자 사이의 떨어진 거리의 제곱에 따라 변한다. 뉴턴의 제3법칙으로부터 활용그림 7.13에서처럼 $m_1$이 $m_2$에 작용하는 힘 $\vec{\mathbf{F}}_{12}$는 $m_2$가 $m_1$에 작용하는 힘 $\vec{\mathbf{F}}_{21}$과 크기는 같고 방향은 반대이다.

또 하나 중요한 사실은 **균일한 구의 바깥에 있는 어떤 입자에 작용하는 구에 의한 중력은 구의 모든 질량이 중심인 한 점에 집중되었다고 생각했을 때 작용하는 힘과 같다.** 이것은 독일인 수학자이자 천문학자 칼 프레드리히 가우스(Karl Friedrich Gauss)에 의해 증명된 것으로, 흔히 가우스 법칙이라 불린다. 이 법칙은 15장에서 전기장의 법칙에도 적용됨을 알 수 있을 것이다. 가우스 법칙은 수학적인 결과로서 힘이 물체 사이의 떨어진 거리에 역제곱에 따라 감소된다는 사실을 입증한다.

### ☑ Checkpoint 7.4

만약 달이 지구로부터 2배만큼 떨어지게 되면 달과 지구 사이의 중력은 얼마나 바뀔까? (a) 1/2, (b) 1/4, (c) 1/8.

지구표면 근처에서 $F = mg$라고 표현한다. 그러나 표 7.1에서 보는 것처럼 자유낙하 가속도는 지구표면으로부터 고도에 따라 크게 바뀐다.

**표 7.1** 고도에 따른 자유낙하 가속도

| 높이 (km)[a] | g (m/s$^2$) |
|---|---|
| 1 000 | 7.33 |
| 2 000 | 5.68 |
| 3 000 | 4.53 |
| 4 000 | 3.70 |
| 5 000 | 3.08 |
| 6 000 | 2.60 |
| 7 000 | 2.23 |
| 8 000 | 1.93 |
| 9 000 | 1.69 |
| 10 000 | 1.59 |
| 50 000 | 0.13 |

[a]모든 값은 지구표면으로부터의 거리이다.

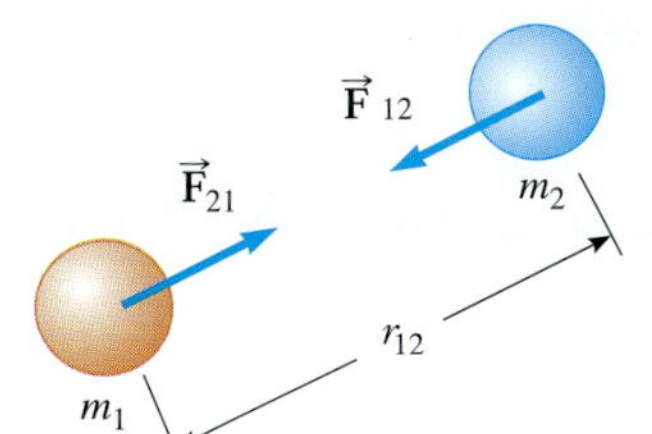


**활용그림 7.13**
두 물체 사이에 작용하는 중력은 인력이고 두 물체를 연결하는 직선을 따라 작용한다. 뉴턴의 제3법칙에 따라 $\vec{\mathbf{F}}_{12} = -\vec{\mathbf{F}}_{21}$임을 주목하자.

**Physics Now™**
**http://physics.brookscole.com/ecp**에서 PhysicsNow를 로그인하고 활용그림 7.13에 들어가서 물체 사이의 떨어진 거리와 질량이 중력의 크기에 어떻게 영향을 미치는지 살펴 보자.

## 예제 7.7 세레스

**목표** 뉴턴의 만유인력 법칙을 $mg$와 연결시키고 위치에 따라 $g$가 어떻게 변하는지 살펴 본다.

**문제** 가장 큰 소행성인 세레스의 표면에 있는 우주비행사가 높이 10.0 m로부터 돌을 떨어뜨렸다. 돌이 바닥에 떨어질 때까지 8.06 s가 걸렸다. (a) 세레스에서 중력가속도를 구하라. (b) 세레스의 반경이 $R_C = 5.10 \times 10^2$ km로 주어질 때 세레스의 질량을 구하라. (c) 세레스의 표면으로부터 50.0 km 떨어진 곳에서 중력 가속도를 구하라.

**전략** (a)는 1차원 운동의 복습이다. (b)에서는 물체의 무게 $w = mg$가 만유인력의 법칙에 의해 주어지는 힘의 크기와 같다. 세레스의 질량을 구한 후, 식 7.20의 만유인력의 법칙에 대입해서 (c)의 답을 구할 수 있다.

**풀이**

(a) 세레스의 중력 가속도 $g_C$를 구하라.

떨어지는 돌에 대해 운동 변위 방정식을 적용한다. $\Delta x = \frac{1}{2}at^2 + v_0 t$

$\Delta x = -10.0$ m, $v_0 = 0$, $a = -g_C$, $t = 8.06$ s를 대입하여 세레스의 중력가속도 $g_C$를 구한다.

$$-10.0\text{ m} = -\tfrac{1}{2}g_C(8.06\text{ s})^2 \longrightarrow g_C = \boxed{0.308\text{ m/s}^2}$$

(b) 세레스의 질량을 구하라.

세레스에서 돌의 무게는 돌에 작용하는 만유인력과 같다.

$$mg_C = G\frac{M_C m}{R_C^2}$$

세레스의 질량 $M_C$에 대해 푼다.

$$M_C = \frac{g_C R_C^2}{G} = \boxed{1.20 \times 10^{21}\text{ kg}}$$

(c) 세레스의 표면으로부터 50.0 km 높이에서 중력가속도를 구하라.

50.0 km 높이에서 무게는 중력과 같다.

$$mg'_C = G\frac{mM_C}{r^2}$$

양변의 $m$을 소거하고, 세레스의 질량을 대입하고 $r = 5.60 \times 10^5$ m를 대입한다.

$$g'_C = G\frac{M_C}{r^2}$$

$$= (6.67 \times 10^{-11}\text{ kg}^{-1}\text{m}^3\text{s}^{-2})\frac{1.20 \times 10^{21}\text{ kg}}{(5.60 \times 10^5\text{ m})^2}$$

$$= \boxed{0.255\text{ m/s}^2}$$

**주의** 떨어지는(또는 궤도운동하는) 물체의 운동에 대한 연구는 행성의 질량을 구하는 표준적인 방법이다.

**연습문제 7.7**

어떤 행성에서 물체가 5.00 m를 떨어지는 데 2.40 s 걸렸다. (a) 행성에서 중력에 의한 가속도를 구하라. (b) 만약 행성의 반경이 5 250 km라면 행성의 질량을 구하라.

**답** (a) 1.74 m/s$^2$ (b) $7.19 \times 10^{23}$ kg

## 중력 위치 에너지의 복습

5장에서 우리는 중력 위치 에너지의 개념을 살펴 보았고 어떤 물체에 대한 위치 에너지가 식 $PE = mgh$로 계산됨을 알았다. 여기서 $h$는 기준점으로부터 위 또는 아래로의 높이이다. 그러나 이 식은 물체가 지구의 표면 근처에 있을 때에만 유효하다. 인공위성과 같이 지표로부터 높은 위치에 있는 경우에는 $g$가 표 7.1과 같이 지표로부터 거리에 따라 변하기 때문에 다른 관계식을 사용하여야 한다.

중력 위치 에너지의 일반적 형태 ▶

지구 중심으로부터 거리 $r$인 곳에 있는 질량 $m$인 물체와 관련된 중력 위치 에너지는 다음과 같다.

$$PE = -G\frac{M_E m}{r} \qquad [7.21]$$

여기서 $M_E$는 지구의 질량이고, $R_E$는 지구의 반경으로 $r > R_E$이다.

**국제단위(SI unit): 줄(J)**

앞서 살펴 보았듯이, 중력 위치 에너지는 질량 $m$인 물체와 지구로 이루어진 계의 특성이다. 식 7.21은 위치 에너지가 0이 되는 위치를 지구 중심으로부터 무한히 멀리 떨어진 곳으로 가정한다. 물체와 관련된 중력 위치 에너지는 물체를 움직이는 중력에 의해 한 일에 대해 음의 부호를 취하는 것과 같다는 것을 주목하자. 어떤 물체가 (무한히) 먼 거리로부터 중력에 의해 떨어진다면, 중력 위치 에너지의 변화는 음이고 계에 대해 중력이 한 일은 양의 값을 갖는다. 이러한 양의 일은 다음 예제에서 볼 수 있는 것처럼 운동 에너지의 변화(양의 값)와 같다.

**✓ Checkpoint 7.5**

진실인가 거짓인가: 어떤 물체가 지구표면으로부터 멀어짐에 따라 이 물체의 중력 위치 에너지는 감소한다(부호 주의).

## 예제 7.8 지구 근처의 소행성

**목표** 떨어지는 물체에 대해 중력에 의해 한 일을 계산하기 위해 중력 위치 에너지를 이용한다.

**문제** $m = 1.00 \times 10^9$ kg인 소행성이 무한히 먼 우주로부터 다가와서 지구 방향으로 떨어진다고 하자. (a) 소행성이 무한히 먼 위치에서 정지 상태에서 떨어진다고 가정하고 지구로부터 $4.00 \times 10^8$ m에 도달했을 때(달보다 약간 먼 위치) 위치 에너지의 변화를 계산하라. 그리고 중력에 의해 한 일을 계산하라. (b) 그 점에서 소행성의 속력을 계산하라. (c) 같은 위치에서 (b)에서 찾은 속력의 1/2로 소행성이 움직인다면 주위에 있는 다른 별들에 의해 소행성에 한 일은 얼마인가?

**전략** (a)는 중력 위치 에너지의 정의에 대입하면 풀 수 있다. 중력에 의해 한 일을 구하기 위해 어떤 보존력에 의해 물체에 한 일은 위치 에너지의 변화에 음의 부호를 취하면 된다는 것을 상기하자. (b)는 에너지 보존법칙으로 풀 수 있고, (c)는 일-에너지 정리를 적용하면 된다.

**풀이**

(a) 위치 에너지의 변화와 중력에 의해 한 일을 찾아라.

식 7.21을 적용한다.

$$\Delta PE = PE_f - PE_i = -\frac{GM_Em}{r_f} - \left(-\frac{GM_Em}{r_i}\right)$$
$$= GM_Em\left(-\frac{1}{r_f} + \frac{1}{r_i}\right)$$

알려진 값들을 대입한다. 소행성의 초기 위치를 무한히 떨어진 곳이라고 한다면, $1/r_i$는 0이다.

$$\Delta PE = (6.67 \times 10^{-11}\ \mathrm{kg^{-1}m^3/s^2})(5.98 \times 10^{24}\ \mathrm{kg}) \times (1.00 \times 10^9\ \mathrm{kg})\left(-\frac{1}{4.00 \times 10^8\ \mathrm{m}} + 0\right)$$

$$\Delta PE = \boxed{-9.97 \times 10^{14}\ \mathrm{J}}$$

중력에 의해 한 일을 계산한다.

$$W_{\text{중력}} = -\Delta PE = \boxed{9.97 \times 10^{14}\ \mathrm{J}}$$

(b) 소행성이 $r_f = 4.00 \times 10^8$ m에 도달했을 때 속력을 구하라.

에너지 보존법칙을 이용한다.

$$\Delta KE + \Delta PE = 0$$
$$\left(\tfrac{1}{2}mv^2 - 0\right) - 9.97 \times 10^{14}\ \mathrm{J} = 0$$
$$v = \boxed{1.41 \times 10^3\ \mathrm{m/s}}$$

(c) 이 점에서의 속력이 위에서 찾은 속력의 1/2인 $7.05 \times 10^2$ m/s로 된다면 필요한 일을 구하라.

일과 에너지의 이론을 적용한다.

$$W = \Delta KE + \Delta PE$$

위치 에너지의 변화는 (a)에서 한 것과 같지만, 운동 에너지 항에다 속력의 1/2를 대입한다.

$$W = \left(\tfrac{1}{2}mv^2 - 0\right) - 9.97 \times 10^{14}\ \mathrm{J}$$
$$W = \tfrac{1}{2}(1.00 \times 10^9\ \mathrm{kg})(7.05 \times 10^2\ \mathrm{m/s})^2 - 9.97 \times 10^{14}\ \mathrm{J}$$
$$= \boxed{-7.48 \times 10^{14}\ \mathrm{J}}$$

**주의** (c)에서 계산된 일의 양은 주위의 다른 별들이 소행성의 운동 방향에 대해 반대 방향으로 힘이 작용하기 때문에 음의 부호를 갖는다. 추진장치로 원래 속력의 1/2로 소행성의 속력을 줄이기 위해서는 약 24년 동안 메가와트(MW)의 출력을 갖는 추진장치가 필요하다. 지구를 위협하는 소행성의 속도를 그만큼 낮출 필요가 없다. 충분히 이른 시간에 약간의 속력 변화가 일어난다면 지구를 그냥 지나치게 할 수 있다. 하지만 추진장치를 사용해야 할 타이밍은 매우 중요하다. 당신이 당신의 어깨를 보고 지구를 보는 시간이면 이미 너무 늦을 수도 있다. 할리우드 영화에서는 가능할지 모르지만 마지막 1분에 지구를 구출하는 일은 일어나지 않는다.

**연습문제 7.8**

어떤 소행성이 무한히 멀리 떨어진 정지 상태에서 출발하여 지구 쪽으로 떨어진다고 하자. 지구로부터 $2.00 \times 10^8$ m에 도달했을 때 425 m/s의 속력으로 낮추기 위해서는 얼마만큼의 일을 해야 하는가?

**답** $-1.90 \times 10^{15}$ J

## 탈출 속력

만약 어떤 물체가 매우 큰 속력으로 지구로부터 발사된다면 그것은 우주 밖으로 날아가서 다시는 돌아오지 않을 것이다. 이러한 속력을 지구의 **탈출 속력**(escape speed)이라 부른다(이것을 때로는 **탈출 속도**라고 불리지만 속력이 더 정확한 표현이다).

지구의 탈출 속력은 에너지 보존법칙을 적용하면 구할 수 있다. 질량 $m$인 어떤 물체가 초기속력 $v_i$를 갖고 지구표면에 대해 수직 위로 발사되었다고 가정하자. 물체와 지구로 이루어진 전체 계의 초기 역학적 에너지(운동 에너지 + 위치 에너지)는 다음과 같이 주어진다.

$$KE_i + PE_i = \frac{1}{2}mv_i^2 - \frac{GM_Em}{R_E}$$

공기저항을 무시하고 초기 속력이 충분히 커서 물체가 무한히 멀리 날아갔을 때 속력이 0이 된다고 가정한다. 이러한 $v_i$가 탈출 속력 $v_{탈출}$이다. 물체가 지구로부터 무한히 멀리 날아갔을 때 $v_f = 0$이기 때문에 이것의 운동 에너지는 0이고, $1/r$은 $r$이 무한대가 되면 0이 되기 때문에 중력 위치 에너지 역시 0이다. 따라서 전체 역학적 에너지도 0이 되며, 에너지 보존법칙으로 다음과 같은 결과를 얻는다.

$$\frac{1}{2}mv_{탈출}^2 - \frac{GM_Em}{R_E} = 0$$

따라서,

$$v_{탈출} = \sqrt{\frac{2GM_E}{R_E}} \qquad [7.22]$$

**표 7.2** 달과 행성들의 탈출 속력

| 행성 | $v_e$ (km/s) |
|---|---|
| 수성 | 4.3 |
| 금성 | 10.3 |
| 지구 | 11.2 |
| 달 | 2.3 |
| 화성 | 5.0 |
| 목성 | 60.0 |
| 토성 | 36.0 |
| 천왕성 | 22.0 |
| 해왕성 | 24.0 |
| 명왕성 | 1.1 |

지구의 탈출 속력은 약 11.2 km/s이고, 이것은 약 25 000 mi/h에 해당한다(예제 7.9를 보라). $v_{탈출}$에 대한 표현은 지구에서 발사된 물체의 질량에 의존하지 않는다. 따라서 우주선은 기체분자와 같은 탈출 속력를 갖는다는 것을 주목하라. 달, 태양과 같은 행성으로부터의 탈출 속력을 표 7.2에 나타내었다. 탈출 속력과 온도는 행성이 대기를 가질 수 있을지, 그리고 행성의 대기가 무엇으로 이루어지는지를 결정한다. 수성과 같이 탈출 속력이 작은 행성의 경우는 대기가 없다. 왜냐하면, 기체분자의 평균 속력이 탈출 속력에 가깝기 때문이다. 금성의 경우 매우 두꺼운 대기층을 갖지만, 대부분은 무거운 가스인 이산화탄소로 이루어져 있다. 지구의 대기는 약간의 수소와 헬륨이 있으며 좀더 무거운 질소와 산소가 대부분이다.

**예제 7.9 지구에서 달까지**

**목표** 뉴턴의 만유인력 법칙에 대한 일반적인 형태와 에너지 보존법칙을 응용한다.

**문제** 줄 베른(Jules Verne)의 고전소설 「지구에서 달까지」에서 프로리다(Florida)의 땅에 묻혀 있는 거대한 대포로 달을 향해 우주선을 발사하였다. (a) 만약 우주선이 대포에서 탈출 속력으로 발사된다면, 우주선이 지구중심에서 $1.50 \times 10^5$ km 거리에 도달했을 때 속력은 얼마인가? 마찰 효과는 무시하라. (b) 약 1 km 길이의 포신을 통해 우주선을 이러한 속력으로 추진하기 위한 가속도(일정하다고 가정)는 대략 얼마인가?

**전략** (a)에서는 에너지 보존법칙을 이용하여 나중 속력 $v_f$에 대해 풀 수 있다. (b)는 시간 항이 없는 운동 방정식을 적용하여 가속도 $a$에 대해 풀 수 있다.

**풀이**

(a) $r = 1.50 \times 10^5$ km에서 속력을 구하라.

에너지 보존법칙을 응용한다.

$$\frac{1}{2}mv_i^2 - \frac{GM_Em}{R_E} = \frac{1}{2}mv_f^2 - \frac{GM_Em}{r_f}$$

$2/m$을 곱하고, 방정식을 정돈한 후 $v_f^2$에 대해 푼다. 그리고 알려진 값들을 대입하고 제곱근을 취한다.

$$v_f^2 = v_i^2 + \frac{2GM_E}{r_f} - \frac{2GM_E}{R_E} = v_i^2 + 2GM_E\left(\frac{1}{r_f} - \frac{1}{R_E}\right)$$

$$v_f^2 = (1.12 \times 10^4 \text{ m/s})^2 + 2(6.67 \times 10^{-11} \text{ kg}^{-1} \text{ m}^3 \text{ s}^{-2}) \times (5.98 \times 10^{24} \text{ kg})\left(\frac{1}{1.50 \times 10^8 \text{ m}} - \frac{1}{6.37 \times 10^6 \text{ m}}\right)$$

$$v_f = \boxed{2.35 \times 10^3 \text{ m/s}}$$

(b) 포신을 통한 가속도(일정하다고 가정)를 구하라.

시간 항이 없는 운동 방정식을 이용한다.

$$v^2 - v_0^2 = 2a\Delta x$$

$$(1.12 \times 10^4 \text{ m/s})^2 - 0 = 2a(1.00 \times 10^3 \text{ m})$$

$$a = \boxed{6.27 \times 10^4 \text{ m/s}^2}$$

**주의** 이 결과는 지구에서 자유낙하 가속도의 6 000배의 가속도에 해당한다. 그렇게 큰 가속도는 육체가 견딜 수 있는 한계를 넘어선다.

**연습문제 7.9**

표 7.3에 있는 데이터를 이용하여 (a) 화성표면으로부터 탈출 속력을 구하라. (b) 우주선이 화성표면에서 탈출 속력으로 발사된다면 화성의 중심에서 $1.25 \times 10^7$ m 위치에 도달했을 때 우주선의 속력을 구하라.

**답** (a) $5.04 \times 10^3$ m/s (b) $2.62 \times 10^3$ m/s

## 7.6 케플러의 법칙

독일인 천문학자 요하네스 케플러(Johannes Kepler)는 화성의 궤도가 태양을 한 초점으로 하고 타원궤도가 됨을 발견하였다. 그는 곧 이러한 해석을 모든 행성의 운동에 일반화하였다. 전체적인 해석은 **케플러 법칙**(Kepler's law)으로 알려진 다음 세 가지로 정리된다.

1. 모든 행성은 태양을 초점으로 하는 타원궤도를 따라 움직인다.
2. 태양에서는 행성까지 그은 직선은 같은 시간 동안 같은 면적을 휩쓴다.
3. 행성의 궤도운동 주기의 제곱은 행성에서 태양까지 평균 거리의 세제곱에 비례한다.

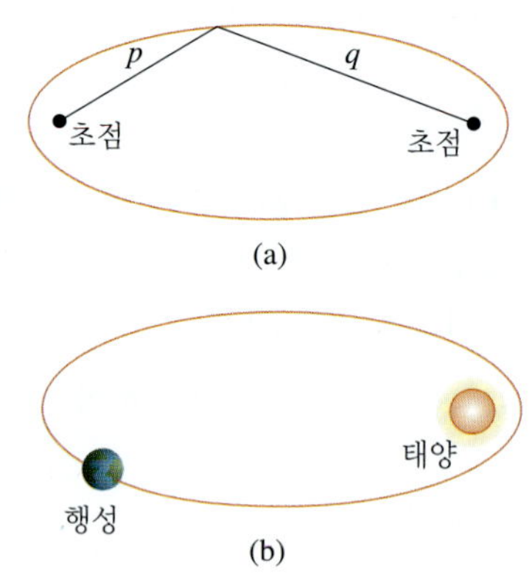


**활용그림 7.14**
(a) 합 $p + q$는 타원궤도상의 모든 점에 대해 같다. (b) 태양계에서 태양은 각 행성의 타원궤도의 한 초점에 있고 다른 초점은 비워져 있다.

**Physics Now™**
**http://physics.brookscole.com/ecp**에서 PhysicsNow를 로그인하고 활용그림 7.14a에 들어가서 초점을 움직여 보거나 $a, b, c, e$의 값들을 대입해서 타원의 형태가 어떻게 바뀌는지 확인하라.

나중에 뉴턴은 이러한 법칙들이 두 물체 사이에 존재하는 중력의 결과임을 증명하였다. 뉴턴의 만유인력의 법칙과 함께 그의 운동의 법칙은 행성과 위성의 운동을 수학적으로 완전히 기술하기 위한 기초가 된다.

## 케플러 제1법칙

제1법칙은 뉴턴의 중력 법칙이 거리의 역자승 법칙이라는 것으로부터 생긴 자연스런 결과이다. $1/r^2$에 따라 변하는 힘에 의해 다른 물체에 구속된 어떤 물체는 타원궤도를 따라 움직인다. 활용그림 7.14a에서 곡선의 임의의 점에서 두 초점까지의 거리들의 합이 항상 같은 경우 그 점들이 만든 곡선은 타원이다. 장축길이 $a$는 두 초점을 포함하고 타원을 가로지르는 직선거리의 절반이다. 태양과 행성의 개략도(활용그림 7.14b)에서 태양은 한 초점에 있고 다른 초점은 비워져 있다. 타원궤도이기 때문에 태양으로부터 행성까지의 거리는 연속적으로 변한다.

## 케플러 제2법칙

제2법칙은 태양으로부터 행성까지 그은 직선은 같은 시간 동안에 같은 면적을 휩쓴다는 것을 설명한다. 활용그림 7.15와 같이 태양에 대해 타원궤도를 도는 어떤 행성을 생각해 보자. 주어진 시간 간격 $\Delta t$ 동안 행성은 점 Ⓐ에서 점 Ⓑ까지 움직인다. 그 위치에서 행성은 태양으로부터 멀리 떨어져 있기 때문에 천천히 움직인다. 반대편에서 같은 시간 간격 $\Delta t$ 동안에 점 Ⓒ에서 점 Ⓓ까지 움직이는데, 태양으로부터 가깝기 때문에 훨씬 빨리 움직인다. 케플러의 제2법칙은 활용그림 7.15에서 나타낸 것처럼 두 부채꼴은 항상 같은 면적임을 설명한다. 8장에서 살펴 보겠지만, 케플러 제2법칙은 각운동량 보존법칙과 관련이 있다.

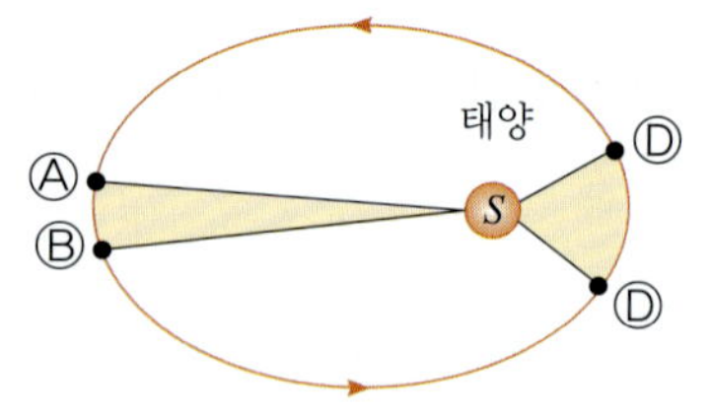


**활용그림 7.15**
만약 점 Ⓐ와 점 Ⓑ까지의 시간 간격이 점 Ⓒ와 점 Ⓓ까지의 시간 간격과 같다면, 태양 주위에서 타원궤도운동을 하는 행성이 지나간 두 면적은 같다.

**Physics Now™**
**http://physics.brookscole.com/ecp**에서 PhysicsNow를 로그인하고 활용그림 7.15에 들어가서 궤도의 이심률이 다른 경우에 대해 케플러 제2법칙을 적용해 보라.

## 케플러 제3법칙

제3법칙의 유도는 특별한 경우인 원궤도에 대해 적용하면 쉽게 할 수 있다. 원궤도를 따라 질량 $M_S$인 태양 주위를 도는 질량 $M_p$인 행성을 생각해 보자. 원궤도이기 때문에 행성은 일정한 속력 $v$로 움직인다. 중력에 관한 뉴턴의 제2법칙과 구심가속도에 대한 수식은 다음과 같은 방정식으로 표현된다.

$$M_p a_c = \frac{M_p v^2}{r} = \frac{G M_S M_p}{r^2}$$

궤도운동을 하는 행성의 속력 $v$는 원둘레 거리를 한 바퀴 회전하는 데 걸린 시간, 즉 행성의 **주기**(period) $T$로 나눈 $v = 2\pi r/T$와 같다. 이것을 대입하면 다음과 같은 식이 된다.

$$\frac{G M_S}{r^2} = \frac{(2\pi r/T)^2}{r}$$

케플러의 제3법칙 ▶

$$T^2 = \left(\frac{4\pi^2}{G M_S}\right) r^3 = K_S r^3 \qquad [7.23]$$

여기서, $K_S$는 상수로서 다음과 같다.

$$K_S = \frac{4\pi^2}{GM_S} = 2.97 \times 10^{-19}\ \mathrm{s^2/m^3}$$

식 7.23은 원궤도 운동에 대한 케플러 제3법칙이다. 대부분의 행성궤도는 거의 원궤도에 가깝다. 그러나 혜성과 소행성은 대개 타원궤도운동을 한다. 이러한 궤도들에 대해 반경 $r$은 장축거리(타원궤도을 가로지르는 가장 먼 거리의 반) $a$로 대체 되어야 한다(이것은 태양으로부터 혜성 또는 소행성까지의 평균 거리이다). 보다 구체적인 계산은 $K_S$가 태양의 질량과 행성의 질량의 합에 의존한다는 것을 보여 준다. 그러나 행성의 질량은 태양의 질량과 비교하여 무시할만 하다. 따라서 식 7.23은 태양계에 있는 모든 행성에 대해 유효하다. 만약 우리가 지구 주위의 달과 같은 위성의 궤도를 생각한다면 태양의 질량 대신에 지구의 질량을 대입해야 하기 때문에 상수 $K_E$는 다른 값을 갖는다. 이 경우 $K_E = 4\pi^2/GM_E$이다.

**표 7.3** 행성 관련 자료

| 행성 | 질량 (kg) | 평균 반지름 (m) | 주기 (s) | 태양으로부터의 평균 거리(m) | $\frac{T^2}{r^3}\,10^{-19}\left(\frac{\mathrm{s^2}}{\mathrm{m^3}}\right)$ |
|---|---|---|---|---|---|
| 수성 | $3.18 \times 10^{23}$ | $2.43 \times 10^{6}$ | $7.60 \times 10^{6}$ | $5.79 \times 10^{10}$ | 2.97 |
| 금성 | $4.88 \times 10^{24}$ | $6.06 \times 10^{6}$ | $1.94 \times 10^{7}$ | $1.08 \times 10^{11}$ | 2.99 |
| 지구 | $5.98 \times 10^{24}$ | $6.38 \times 10^{6}$ | $3.156 \times 10^{7}$ | $1.496 \times 10^{11}$ | 2.97 |
| 화성 | $6.42 \times 10^{23}$ | $3.37 \times 10^{6}$ | $5.94 \times 10^{7}$ | $2.28 \times 10^{11}$ | 2.98 |
| 목성 | $1.90 \times 10^{27}$ | $6.99 \times 10^{7}$ | $3.74 \times 10^{8}$ | $7.78 \times 10^{11}$ | 2.97 |
| 토성 | $5.68 \times 10^{26}$ | $5.85 \times 10^{7}$ | $9.35 \times 10^{8}$ | $1.43 \times 10^{12}$ | 2.99 |
| 천왕성 | $8.68 \times 10^{25}$ | $2.33 \times 10^{7}$ | $2.64 \times 10^{9}$ | $2.87 \times 10^{12}$ | 2.95 |
| 해왕성 | $1.03 \times 10^{26}$ | $2.21 \times 10^{7}$ | $5.22 \times 10^{9}$ | $4.50 \times 10^{12}$ | 2.99 |
| 명왕성 | $1.27 \times 10^{23}$ | $1.14 \times 10^{6}$ | $7.82 \times 10^{9}$ | $5.91 \times 10^{12}$ | 2.96 |
| 달 | $7.36 \times 10^{22}$ | $1.74 \times 10^{6}$ | — | — | — |
| 해 | $1.991 \times 10^{30}$ | $6.96 \times 10^{8}$ | — | — | — |

태양의 질량은 케플러 제3법칙으로부터 결정할 수 있다. 왜냐하면, 식 7.23에서 $K_S$는 태양의 질량을 포함하고 있으며 다른 변수들과 상수들은 쉽게 측정될 수 있기 때문이다. $K_S$ 값은 행성의 주기와 궤도 반경에 대한 값을 대입하여 $K_S$에 대해 풀면 구할 수 있다. 따라서 태양의 질량은 다음과 같다.

$$M_S = \frac{4\pi^2}{GK_S}$$

이와 같은 방식으로 지구의 질량(달의 주기와 궤도 반경을 고려함으로써)과 위성을 갖는 태양계의 다른 행성의 질량을 구할 수 있다.

표 7.3의 마지막 열에서 $T^2/r^3$은 거의 같은 상수임을 알 수 있다. 시간을 지구의 1년 단위로 측정하고 반장축길이(semimajor)를 천문단위(1 AU = 태양과 지구 사이 거리)로 측정할 때, 케플러 법칙은 다음처럼 간단한 형태로 표현된다.

$$T^2 = a^3$$

이 식은 쉽게 확인할 수 있다. 지구는 정의에 의해 1 AU의 반장축길이를 갖고 태양 주위를 도는 데 1년이 걸린다. 물론 이 식은 태양과 태양 주위를 도는 행성, 소행성, 혜성에 대해서만 유효하다.

**Quick Quiz 7.7**

어떤 소행성이 4 AU의 반장축길이를 갖는다고 하자. 소행성이 태양 주위를 도는 데 얼마나 걸릴까? (a) 2년, (b) 4년, (c) 6년, (d) 8년.

### 예제 7.10 정지 위성궤도와 통신위성

**목표** 케플러 제3법칙을 지구의 인공위성에 적용해 본다.

**문제** 통신의 관점에서 위성들이 지구의 어떤 점 상공에 머물러 있으면 좋다. 이것은 통신위성의 궤도 주기가 지구의 자전 주기인 24.0 h와 같을 경우에만 일어난다. (a) 정지 위성궤도는 지구 중심으로부터 얼마의 거리에 있는가? (b) 위성의 궤도운동 속력은 얼마인가?

**전략** 이 문제는 태양의 질량 대신에 지구의 질량을 갖고 케플러 제3법칙을 유도했던 방식을 그대로 적용하면 풀 수 있다. 수식 전개를 반복할 필요 없이 케플러 제3법칙에 태양 질량 대신에 지구 질량을 대입하고, 주기 $T$(초단위로 변환)를 대입하여 $r$에 대해 풀어라. (b)에서는 원궤도의 원둘레를 구하고 소요된 시간으로 나누면 풀 수 있다.

**풀이**

(a) 정지 위성궤도까지 거리 $r$을 구하라.

케플러 제3법칙을 이용한다.

$$T^2 = \left(\frac{4\pi^2}{GM_E}\right)r^3$$

초단위의 주기 $T = 86\,400$ s와 만유인력 상수 $G = 6.67 \times 10^{-11}$ kg$^{-1}$ m$^3$/s$^2$, 지구질량 $M_E = 5.98 \times 10^{24}$ kg을 대입하고 $r$에 대해 푼다.

$$r = \boxed{4.23 \times 10^7 \text{ m}}$$

(b) 궤도운동 속력을 구하라.

$$v = \frac{d}{T} = \frac{2\pi r}{T} = \frac{2\pi(4.23 \times 10^7 \text{ m})}{8.64 \times 10^4 \text{ s}} = \boxed{3.08 \times 10^3 \text{ m/s}}$$

**주의** 이러한 결과들은 모두 위성의 질량과는 무관하다. 지구의 질량은 달까지의 거리와 주기를 케플러 제3법칙에 대입하면 구할 수 있음을 주목하자.

**연습문제 7.10**

화성은 매 1.02일 마다 자전을 한다(지구와 거의 같다). (a) 화성 표면 상공의 한 위치에 정지해 있는 위성에 대해 화성으로부터의 거리를 구하라. (b) 위성의 속력을 구하라.

**답** (a) $2.03 \times 10^7$ m (b) $1.45 \times 10^3$ m/s

## 요약

**PhysicsNow™** **http://physics.brookscole.com/ecp**에서 PhysicsNow를 로그인하고 이 장에 대한 Pre-Test link를 클릭하여 연습문제 시험을 보라.

### 7.1 각속력과 각가속도

강체의 **평균 각속력** $\omega_{av}$는 시간 간격 $\Delta t$에 대한 각변위 $\Delta\theta$의 비율이다.

$$\omega_{av} = \frac{\theta_f - \theta_i}{t_f - t_i} = \frac{\Delta\theta}{\Delta t} \qquad [7.3]$$

여기서, $\omega_{av}$는 단위 시간당 라디안(rad/s)이다.

**회전하는 물체의 평균 각가속도** $\alpha_{av}$는 시간 간격 $\Delta t$에 대한 각속력의 변화 $\Delta\omega$의 비율이다.

$$\alpha_{av} \equiv \frac{\omega_f - \omega_i}{t_f - t_i} = \frac{\Delta\omega}{\Delta t} \qquad [7.5]$$

여기서, $\alpha_{av}$는 단위 시간 제곱당 라디안(rad/s$^2$)이다.

### 7.2 일정 각가속도에서의 회전운동

만약 어떤 물체가 일정 각가속도 $\alpha$에서 고정된 축에 대해 회전운동을 하고 있다면, 그것의 운동은 다음과 같은 방정식들로 설명될 수 있다.

$$\omega = \omega_i + \alpha t \qquad [7.7]$$

$$\Delta\theta = \omega_i t + \tfrac{1}{2}\alpha t^2 \qquad [7.8]$$

$$\omega^2 = \omega_i^2 + 2\alpha\Delta\theta \qquad [7.9]$$

문제들은 1차원 운동에서처럼 풀 수 있다.

### 7.3 각운동과 선운동 사이의 관계

어떤 물체가 고정축에 대해 회전하전하고 있을 때 각속력과 각가속도는 다음과 같은 관계식을 통해 접선속력과 접선가속도와 관련된다.

$$v_t = r\omega \qquad [7.10]$$

그리고

$$\alpha_t = r\alpha \qquad [7.11]$$

### 7.4 구심가속도

원궤도를 따라 움직이는 물체는 소위 **구심가속도**라고 하는 원궤도 중심을 향하는 가속도를 갖는다. 그것의 크기는 다음과 같다.

$$a_c = \frac{v^2}{r} = r\omega^2 \qquad [7.13, 7.17]$$

원궤도를 따라 움직이는 물체에는 궤도의 중심을 향해 작용하는 어떤 알짜 힘이 작용되어야 한다. 구심가속도를 유발하는 힘의 예로는 (위성의 운동에서처럼) 중력과 줄의 장력을 들 수 있다.

### 7.5 뉴턴의 중력

**뉴턴의 만유인력 법칙**은 우주에 있는 모든 입자는 다른 입자와 그들 질량의 곱에 비례하고 그들 사이의 거리 r의 제곱에 역비례하는 힘을 갖고 서로 끌어당긴다는 것이다.

$$F = G\frac{m_1 m_2}{r^2} \qquad [7.20]$$

여기서 $G = 6.673 \times 10^{-11}\ \mathrm{N \cdot m^2/kg^2}$로서 **만유인력 상수**이다. 중력 위치 에너지에 대한 일반적인 표현은 다음과 같다.

$$PE = -G\frac{M_E m}{r} \qquad [7.21]$$

이러한 표현은 지구표면 근처에서 $PE = mgh$로 간단히 표현될 수 있고 질량 $M_E$를 바꾸면 다른 상황에 대해서도 유효하다. 지구로부터 탈출 속력을 구하는 문제는 에너지 보존에 관한 식 7.21을 풀면 된다.

### 7.6 케플러의 법칙

케플러는 행성의 운동에 관한 다음 세 가지 법칙을 발표하였다.

**1.** 모든 행성은 태양을 초점으로 하는 타원궤도를 따라 움직인다.
**2.** 태양에서 어떤 행성까지 그은 직선은 같은 시간 동안 같은 면적을 지나간다.
**3.** 행성 궤도 주기의 제곱은 행성에서 태양까지 거리의 세제곱에 비례한다.

$$T^2 = \left(\frac{4\pi^2}{GM_S}\right) r^3 \qquad [7.23]$$

제3법칙은 태양의 질량을 다른 행성의 질량으로 대체하면 어떤 행성 주위를 도는 위성에 대해서도 적용될 수 있다. 특히, 위성까지의 평균 거리와 주기를 알면 중심에 있는 물체의 질량을 구하는 데 이용할 수 있다.

## 개념 파악을 위한 질문

**1.** 어떤 물체에 일정한 크기의 알짜 힘이 속도벡터에 수직하게 작용하면 일정한 속력을 갖고 원운동을 하게 된다. 만약 힘이 속도벡터에 수직하지 않다면 속력에는 어떤 일이 일어날까?

**3.** 자동자의 바퀴가 직경이 더 큰 바퀴로 바뀐다면 속도계의 값은 변할까? 설명해 보라.

**5.** 다음의 표현을 수정하라: "자동차가 한 시간에 90마일의 일정 속도로 원운동을 한다."

**7.** 달과 같은 위성을 갖고 있는 행성의 질량을 왜 더 쉽게 결정할

수 있는지 설명하라.

**9.** 우주 식민지를 위해 길이 10마일, 직경 5마일의 회전하는 원통을 우주에 두는 것이 제안되었다. 그것의 회전 목적은 거주자를 위한 중력을 만드는 것이다. 이런 제안의 숨은 개념을 설명해 보라.

**11.** 물 한통을 한 방울도 흘리지 않고 수직한 경로를 따라 빙글빙글 돌릴 수 있다. 왜 물통이 당신 머리 위에서 뒤집어져 있음에도 불구하고 물이 물통에서 남아 있을 수 있는가?

**13.** 지구의 질량이 2배가 됨과 동시에 반경이 2배가 된다면 자유낙하 가속도는 (a) 증가할까, (b) 감소할까, (c) 변하지 않을까?

## 문제

**1**, **2**, **3** = 기본문제, 발전문제, 심화문제

□ = 학생 문제풀이 매뉴얼/학습 가이드 속에 전체 문제풀이가 있다.

Physics Now™ **http://physics.brookscole.com/ecp**에서 힌트를 받을 수 있는 문제

= 생물의학 문제

### 7.1 각속력과 각가속도

**1.** 신형 소형차의 타이어는 직경 2.0 ft이고 60 000마일을 보증한다. (a) 보증기간 동안 타이어가 회전하는 각도(라디안)를 구하라. (b) (a)의 답에 대해 타이어의 회전수를 구하라.

**3.** 태양에 대한 지구의 각속력을 rad/s와 deg/day로 표현하라.

### 7.2 일정 각가속도에서의 회전운동

### 7.3 각운동량과 선운동량 사이의 관계

**5.** 치과 드릴이 정지 상태에서 회전한다. 일정 각가속도에 의해 3.20 s 후에 드릴은 $2.51 \times 10^4$ rev/min으로 회전한다. (a) 드릴의 각가속도를 구하라. (b) 이 시간 동안 드릴이 회전하는 각도를 라디안으로 구하라.

**7.** 기계 부품이 0.60 rad/s의 각속력으로 회전한다. 이것의 각속력이 각가속도 0.70 rad/s$^2$에 의해 2.2 rad/s로 증가하였다. 나중 각속력에 도달할 때까지 부품이 회전하는 각도를 구하라.

**9.** 엔진 1개인 헬리콥터의 주회전 날개와 꼬리회전 날개의 직경은 각각 7.60 m와 1.02 m이다. 각각의 회전속도는 450 rev/min과 4 138 rev/min이다. 두 회전 날개의 끝단에서 속력을 구하라. 이 속력들을 음속 343 m/s와 비교해 보라.

**11.** 카세트 테이프를 플레이어에 넣으면 각각의 면은 30분 동안 돌아간다. 카세트의 두 테이프 회전바퀴가 카세트 플레이어의 회전장치에 끼워져 있다. 한쪽 모터는 약 1 rad/s의 각속력으로 회전장치를 돌리고 다른 회전장치는 임의의 각속력으로 자유롭게 회전한다. 테이프의 대략적인 두께를 추정해 보라. 단, 추정에 사용한 물리량들과 그 값들을 명시하라.

**13.** 회전하는 바퀴가 37.0회전하는 데 3.00 s 걸린다. 각속력이 3.00 s 후에 98.0 rad/s이다. 이 바퀴의 각가속도가 일정할 때 각가속도는 얼마인가?

### 7.4 구심가속도

**15.** 지구의 자전에 의한 (a) 적도상의 한 점, (b) 북극의 한 점에서 구심가속도를 구하라.

**17.** (a) 직경 10인치의 디스크가 정지 상태에서 출발하여 3.0 s 동안에 78 rev/min의 각속력으로 회전하기 시작한다면 디스크의 가장자리에 붙어 있는 벌레의 접선가속도는 얼마인가? (b) 디스크가 최종 속력에 도달했을 때 벌레의 접선속도는 얼마인가? (c) 벌레가 정지 상태에서 출발한지 1초 후의 접선가속도, 구심가속도, 전체 가속도는 얼마인가?

**19.** 55.0 kg 스케이트 선수가 4.00 m/s의 속력으로 움직이다 한쪽 끝이 막대기에 묶여 있고 다른 끝은 자유로운 줄을 잡았다. 선수는 막대기 주위에서 반경 0.800 m의 원을 따라 움직인다. (a) 수평한 줄에 의해 선수의 팔에 작용하는 힘을 구하라. (b) 이 힘과 선수의 체중을 비교하라.

**21.** 가벼운 트럭은 반경 150 m의 평평한 곡선도로를 최대 속력 32.0 m/s로 회전할 수 있다. 반경 75.0 m의 곡선도로에서는 최대 얼마의 속력으로 회전할 수 있는가?

**23.** 50.0 kg의 어린이가 3.00 rad/s의 각속력으로 회전하는 반경 2.00 m의 회전목마의 끝부분에 서 있다. (a) 어린이의 구심가속도는 얼마인가? (b) 어린이가 원을 따라 회전하기 위해 필요한 신발과 바닥면 사이의 최소 힘은 얼마인가? (c) 정지 마찰계수는 최소 얼마인가? 당신의 답은 합리적인 값인가? 즉, 어린이가 회전목마에 서 있을 수 있겠는가?

**25.** 40.0 kg의 어린이이가 직경 18.0 m이고 매 분당 4바퀴 회전하는 회전관람차를 탔다. (a) 어린이의 구심가속도는 얼마인가? (b) 회전관람차의 바닥점에서 의자가 어린이에 작용하는 힘(크기와 방향)은 무엇인가? (c) 최고점에서 의자가 어린이에 작용하는 힘(크기와 방향)은 무엇인가? (d) 최고점과 바닥점의 중간에서 의자가 어린이에 작용하는 힘(크기와 방향)은 무엇인가?

### 7.5 뉴턴의 중력

**27.** 지구와 달의 평균 거리는 384 000 km이다. 표 7.3의 데이터를 이용하여 $3.00 \times 10^4$ kg의 우주선이 달과 지구 사이의 가운데에 있을 때 지구와 달에 의해 작용하는 중력의 알짜 크기를 구하라.

**29.** 어떤 좌표계(미터)가 당구대 표면에 구성되었다. 세 개의 물체가 다음과 같이 놓였다. 2.0 kg의 물체는 원점에, 3.0 kg의 물체는 (0, 2.0)에, 4.0 kg의 물체는 (4.0, 0)에 있다. 원점에 있는

물체에 다른 두 물체에 의해 작용하는 중력의 크기를 구하라.

**31.** 200 kg과 500 kg의 물체가 0.400 m 떨어져 있다. (a) 이들 사이의 가운데 위치에 놓인 50.0 kg의 물체에 이들 물체가 작용하는 알짜 중력의 크기를 구하라. (b) 50.0 kg의 물체가 어떤 위치에 놓이게 되면 알짜 힘이 0이 되겠는가?

### 7.6 케플러의 법칙

**33.** 어떤 위성이 5 000 m/s의 속력으로 지구 주위를 원운동하고 있다. (a) 지구표면으로부터 위성의 고도를 구하라. (b) 위성 궤도의 주기를 구하라.

**35.** 목성의 위성인 이오(IO)는 1.77일의 궤도운동 주기를 갖고 있으며 궤도반경은 $4.22 \times 10^5$ km이다. 이런 데이터로부터 목성의 질량을 결정하라.

**37.** 200 kg의 위성이 지구 표면으로부터 200 km 높이의 궤도에 적도의 한 점에서 발사되었다. (a) 원궤도로 가정하고 이 위성의 궤도운동 주기를 구하라. (b) 궤도운동 속력은 얼마인가? (c) 공기마찰을 무시할 때, 위성이 그 궤도에 진입하기 위한 최소 에너지는 얼마이어야 하는가?

### 추가문제

**39.** 소프트볼에서 공을 던지는 방법 중 하나로 '윈드밀'이라는 방법이 있다. 투수는 팔을 수직한 평면 내에서 360° 회전시키고 198 g의 공을 원운동의 가장 낮은 위치에서 던지게 된다. 숙련된 투수는 98.0 mi/h의 속력으로 공을 던질 수 있다. 투구 과정 동안의 각가속도가 일정하다고 가정하고 공에서 어깨까지의 거리를 74.2 cm로 가정하자. (a) 던지는 순간 팔의 각속력을 rev/s로 결정하라. (b) 공이 던져지기 바로 직전에 공의 각가속도를 rev/s$^2$으로 구하고 구심가속도와 접선가속도를 구하라. (c) 공이 던져지기 바로 직전에 투수의 손에 의해 공에 작용하는 힘을 결정하라(구심 성분 및 접선 성분).

**41.** 태양 탐사의 최대 임무를 갖는 위성이 지상 150마일 높이에서 원궤도 운동을 한다. (a) 위성의 궤도 운동 속력, (b) 한 바퀴 도는 데 걸리는 시간을 구하라.

**43.** Physics Now™ 자동차가 반경 $r$인 원호 형태의 볼록한 다리를 $v$의 속력으로 건넌다. (a) 자동차가 원호의 꼭대기점에 도달했을 때 자동차에 작용하는 수직항력에 대한 표현식을 찾아라. (b) 만약 $r$ = 30.0 m라면, 수직항력이 0이 되기 위한 최소 속력은 얼마인가(자동차의 승객이 무중력을 느끼는 조건)?

**45.** 지구 자전축에 대한 지구의 자전 때문에 적도의 한 점에서는 0.034 0 m/s$^2$의 구심가속도를 갖고, 극점에서는 구심가속도를 갖지 않는다. (a) 적도에 있는 물체에 작용하는 중력(물체의 실제 무게)은 겉보기 무게를 초과함을 보여라. (b) 적도와 극지방에서 75.0 kg 사람의 겉보기 무게는 얼마인가? (단, 지구는 완전한 구형이고 $g$ = 9.800 m/s$^2$이다)

**47.** 놀이공원에서 반경 3.00 m의 원통이 그림 P7.47에서 보듯이 5.00 rad/s의 각속력으로 회전하고 있다. 승객이 수직한 벽에 붙어 있는 채 아래쪽 바닥이 떨어져 나간다. 승객이 미끄러지지 않기 위해서 승객의 옷과 벽 사이의 최소 마찰계수는 얼마인가? (힌트: 최대 정지 마찰계수의 크기는 $\mu n$이고, 여기서 $n$은 수직항력이다. 이 경우에는 구심가속도를 유발하는 힘이 됨을 주목하라.)

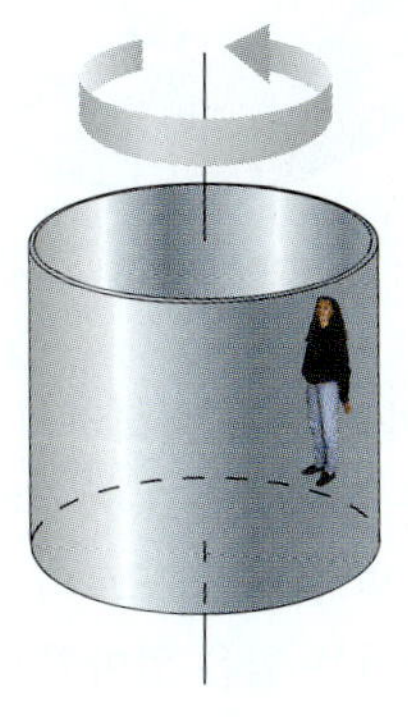

**그림 P7.47**

**49.** 스키를 타는 사람이 정지 상태에서 매우 큰 반구 형태의 언덕 꼭대기에서 출발 한다(그림 P7.49). 마찰이 무시될 때, 스키를 타는 사람은 언덕 꼭대기 아래로 $h = R/3$인 위치에서 언덕과 떨어져 공중에 붕 뜨게 됨을 보여라. (힌트: 이 점에서 수직항력은 0이다.)

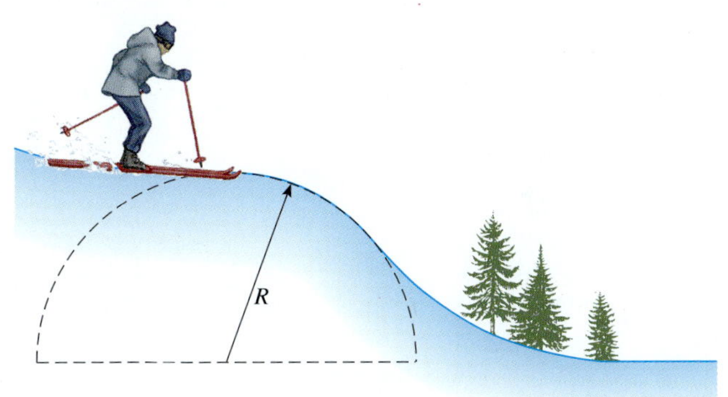


**그림 P7.49**

**51.** 당신이 중력장 크기와 관계 없이 8.50 m/s로 수평하게 달릴 수 있을 만큼 충분히 민첩하다고 가정하자. 당신이 달리기를 함으로써 궤도운동을 할 수 있는 원형인 소행성의 (a) 반경과 (b) 질량은 얼마인가? 단, 소행성은 공기가 없이 균일한 밀도 $1.10 \times 10^3$ kg/m$^3$를 갖는다고 하자. (c) 당신의 주기는 얼마일까?

**53.** 가정용 세탁 건조기에서 젖은 옷이 들어있는 원통형 통은 그림 P7.53에서처럼 수평축에 대해 일정하게 회전을 하고 있다. 옷들은 뒹굴면서 균일하게 마르게 된다. 매끈한 벽을 갖는 통의 회전비율은 작은 옷조각이 수평으로부터 68.0°가 되었을 때 통에서 떨어지게끔 조정되었다. 만약, 통의 반경이 0.330 m라면 회전비율은 얼마인가?

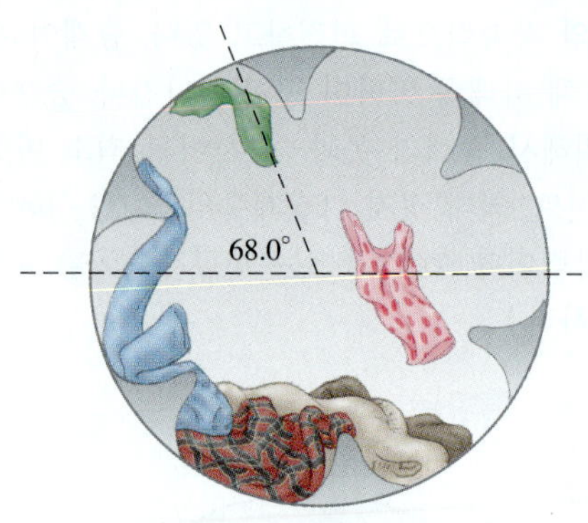


그림 P7.53

**55.** 1 800 kg의 자동차가 길에서 볼록하게 부풀은 반경 20.4 m의 원호 형태의 도로를 통과한다고 가정하자. (a) 만약, 8.94 m/s의 속력으로 달린다면 볼록한 도로의 최고점을 통과할 때 도로가 자동차에 작용하는 힘은 얼마인가? (b) 자동차가 최고점을 통과할 때 도로와의 접촉이 떨어지지 않고 달릴 수 있는 최대 속력은 얼마인가?

**57.** 그림 P7.57은 자전거의 구동장치를 보여 주는 것으로 바퀴의 직경은 67.3 cm이고 페달의 크랭크 길이는 17.5 cm이다. 자전거 선수가 76.0 rev/min의 일정한 각변화율로 페달을 밟는다. 체인은 직경 15.2 cm의 앞쪽 체인물개와 직경 7.00 cm의 뒤쪽 체인물개에 연결되어 있다. (a) 자전거 프래임에 대한 상대적인 체인 연결부의 속력을 계산하라. (b) 자전거 바퀴의 각속력을 구하라. (c) 길에 대한 상대적인 자전거의 속력을 구하라. (d) 만약 있다면, 어떤 종류의 데이터가 계산에 필요 없는 것인가?

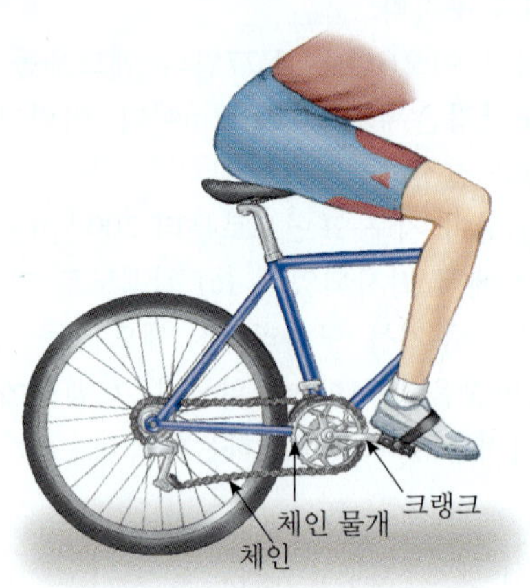


그림 P7.57

CHAPTER 8

# 회전 평형과 회전 동력학

OUTLINE



선형 운동의 연구에서는 물체가 구조가 없는 질점으로 다루어졌다. 즉 힘이 어디에 가해지든지에 관계 없이 힘이 가해졌느냐 아니냐에 관심이 있었다.

그러나 실제는 힘의 작용점이 문제가 된다. 축구의 경우 공을 몰고 가는 사람이 몸통 중앙부에 태클을 당하면 태클하는 사람과 함께 넘어지기 전에 몇 미터를 더 움직이게 된다. 그러나 허리 이하를 태클당하면, 공을 모는 사람의 무게 중심은 땅 쪽으로 회전하며 즉각적으로 넘어지게 된다. 테니스는 또 하나의 예를 제공하는데, 만일 테니스공이 그 무게 중심을 통과하는 강한 수평 방향 힘을 받으며 때려진다면, 공은 땅에 튀기기 전에 먼 거리를 이동하며 결국은 코트 선을 벗어나게 된다. 대신에 같은 힘이 위로 가해지면 스쳐가는 스트로크가 공에 탑 스핀을 부여하기 때문에 상대편 코트 안쪽에 떨어지게 된다.

회전 평형과 회전 동력학의 개념은 다른 영역에서도 중요한 개념이다. 건축학과 학생들은 빌딩에 작용하는 힘을 이해할 수 있고, 생물학과 학생들은 근육이나 뼈, 관절에 작용하는 힘을 이해할 수 있다. 이 힘들은 토크를 발생하고, 토크는 힘이 물체의 평형과 회전 속도를 어떻게 바꾸는지 설명해 준다.

우리는 물체가 토크 합력을 받지 않을 경우 일정한 회전 운동을 유지하는 것을 발견할 것이다. 이 원리는 뉴턴의 제1법칙과 동등하다. 더 나아가서는, 물체의 각가속도는 물체에 작용하는 토크 합에 비례한다. 이것은 뉴턴의 제2법칙에 해당한다. 물체에 작용하는 토크 합은 회전 에너지의 변화를 일으킨다.

마지막으로, 일정 시간 동안 물체에 작용하는 토크는 물체의 각운동량을 변화시킨다. 외부 토크가 없을 경우에는 각운동량은 보존된다. 이러한 성질은 펄사의 신비롭고도 무시무시한 특성을 설명하는 원리이다. 펄사는 수퍼 노바 폭발의 잔여물로 가장자리의 회전 속도는 빛의 속도에 근접한다.

## 8.1 토 크

힘은 가속을 일으킨다. 토크는 각가속도를 일으킨다. 그러나 이들 두 개념 사이에는 특정한 관계가 존재한다.

그림 8.1은 한쪽 끝이 점 O인 문의 경첩을 위에서 내려다 본 것이다. 이 관점에서 보면 문은 축을 중심으로 자유롭게 회전한다. 이 축은 페이지에 수직하며 점 O를 통과하고 있다. 만약 힘 $\vec{F}$가 문에 가해지면 문을 여는 데 힘의 효율을 결정하는 세 가지 요소, 즉 힘의 **크기**, 힘이 **작용점**, 힘이 가해지는 **각도**가 필요하다.

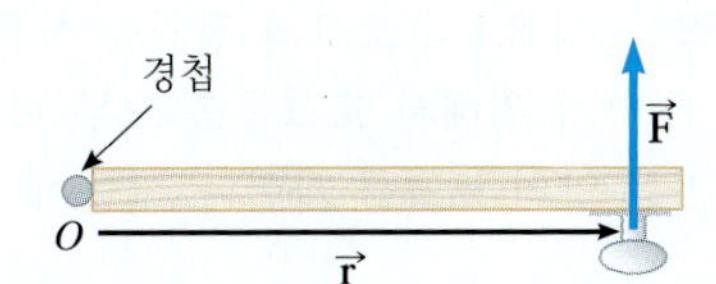

**그림 8.1** 문에 수직하게 작용하는 힘을 받으며 경첩 $O$에 부착된 문의 조감도.

좀더 상황을 단순하게 만들기 위해서 우리는 평면 위에 놓여 있는 위치와 힘벡터만 논의하기로 하자. 그림 8.1에서와 같이 가해진 힘 $\vec{\mathbf{F}}$가 문의 바깥 쪽 가장자리에 수직할 때, 문은 반시계 방향으로 일정한 각가속도를 가지고 회전하게 된다. 일반적으로 회전 중심과 힘 사이의 거리인 회전반경 $r$이 커지면 더 큰 각가속도를 일으킨다. 같은 방식으로 가해진 힘이 커지면 각가속도는 커지게 된다. 이러한 요소들은 **토크**(torque)를 위치벡터에 수직으로 작용하는 힘으로 정의하는 동기를 제공한다.

토크의 기본 정의▶

$\vec{\mathbf{F}}$를 물체에 작용하는 힘이라 하고 $\vec{\mathbf{r}}$을 선택한 점 $O$로부터 힘의 작용점까지의 위치벡터라고 하자. 힘 $\vec{\mathbf{F}}$에 의한 토크의 크기 $\vec{\tau}$는 다음과 같이 주어진다.

$$\tau = rF \qquad [8.1]$$

여기서 $r$은 위치벡터의 길이이고, $F$는 힘의 크기이다.

**국제단위(SI unit): 뉴턴-미터(N·m)**

**✓ Checkpoint 8.1**

잘 풀리지 않는 너트를 길이 40 cm 렌치로 푸는 것이 쉬울까? 아니면 20 cm 렌치로 푸는 것이 쉬울까?

벡터 $\vec{\mathbf{r}}$과 $\vec{\mathbf{F}}$는 한 평면에 있다. 그림 8.1과 관련하여 앞서 논의한 바와 같이 토크 $\vec{\tau}$는 이 평면에 수직하다. 점 $O$는 보통 물체가 회전하는 축과 일치하여 선택되며, 문의 경첩이나 회전목마의 축이 이에 해당한다. 이러한 기준은 예를 들어 회전목마 레일에서 위로 향하는 성분의 힘을 배제하는데, 이것은 윗방향의 힘이 회전에 영향을 주지 않기 때문이다.

이러한 조건 아래서 물체는 축을 중심으로 두 방향 중의 하나로 회전할 수 있다. 편의상 반시계 방향은 양의 방향으로 시계 방향을 음의 방향으로 정한다. 가해진 힘이 물체를 반시계 방향으로 회전시킬 때 물체에 가해진 토크는 양의 부호를 가지고, 물체를 시계 방향으로 회전시킬 때에는 토크는 음의 부호를 갖는다. 정지한 물체에 두 개 이상의 토크가 작용할 때는 토크는 더해진다. 만약 알짜 토크가 0이 아니면 물체는 회전하며 그 회전 속도는 계속 증가한다. 알짜 토크가 0이면 물체의 회전 속도는 변하지 않는다. 이러한 고찰은 회전에 관한 제1법칙으로 귀결된다. 즉, **물체에 알짜 토크가 작용하지 않으면 물체의 회전 속도는 변하지 않는다.**

### 예제 8.1 회전문 전투

**목표** 토크의 기본 정의를 적용한다.

**문제** 서로 불만을 갖고 있는 두 사업가가 그림 8.2에서와 같이 회전문을 사용하려고 한다. 문의 지름은 2.60 m이다. 왼쪽의 사업가는 문에 수직으로 625 N의 힘을 가하고 회전문 축의 중심으로부터 1.20 m 떨어져 있다. 반면 오른쪽에 있는 사람은 $8.50 \times 10^2$ N의 힘을 문에 가하고 회전문 축의 중심으로부터 0.800 m 떨어져 있다. 회전문에 작용하는 알짜 토크를 구하라.

**전략** 식 8.1의 토크의 정의를 사용하여 개별적인 토크를 계산하고 문에 작용하는 알짜 토크를 구하기 위해서 토크들을 모두 더한다. 처음 사업가는 음의 토크를 가하고 있고, 두 번째 사업가는 양의 토크를 가한다. 그들이 작용하는 위치는 서로 다르다.

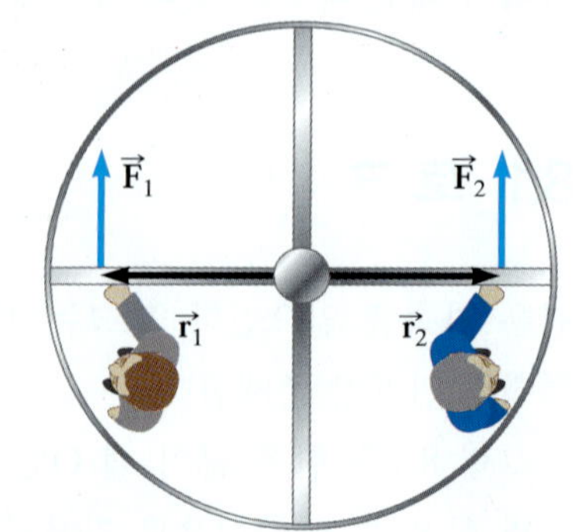


**그림 8.2** (예제 8.1)

**풀이**

첫 번째 사업가에 의해 작용하는 토크를 구하라.

힘 $\vec{\mathbf{F}}_1$은 시계 방향 회전을 일으키므로 음의 부호가 붙어야 한다. $\tau_1 = -r_1F_1 = -(1.20\text{ m})(625\text{ N}) = -7.50 \times 10^2\text{ N}\cdot\text{m}$

두 번째 사업가가 작용하는 토크를 계산하라. $\vec{\mathbf{F}}_2$는 반시계 방향 회전을 일으키므로 토크의 부호는 양의 값이 된다.

$$\tau_2 = r_2F_2 = (0.800\text{ m})(8.50 \times 10^2\text{ N}) = 6.80 \times 10^2\text{ N}\cdot\text{m}$$

문에 작용하는 알짜 토크를 찾기 위해 토크들을 더한다. $\tau_{\text{net}} = \tau_1 + \tau_2 =$ **$-7.0 \times 10^1\text{ N}\cdot\text{m}$**

**주의** 음의 결과는 알짜 토크가 시계 방향 회전을 일으킨다는 것을 의미한다.

**연습문제 8.1**

한 명의 사업가가 회전문 오른쪽으로 576 N의 힘을 문에 수직 방향으로 주며 밀고 있고, 위치는 회전문 축의 중심으로부터 0.700 m 떨어져 있다. 반면 어린아이가 365 N의 힘으로 회전문 축의 왼쪽에 1.25 m 떨어진 지점을 밀고 있다. (a) 각 사람에 의해서 가해지는 토크들과 (b) 문에 작용하는 알짜 토크를 계산하라.

**답** (a) $\tau_{\text{boy}} = -456\text{ N}\cdot\text{m}$, $\tau_{\text{man}} = 403\text{ N}\cdot\text{m}$ (b) $\tau_{\text{net}} = -53\text{ N}\cdot\text{m}$

가해진 힘은 항상 위치벡터 $\vec{\mathbf{r}}$에 수직하지 않는다. 그림 8.3a에서와 같이 문에 작용하는 힘 $\vec{\mathbf{F}}$가 축으로부터 바깥을 향하고 있다고 가정하자. 예를 들면 어떤 사람이 문고리를 잡고 오른쪽 방향으로 민 경우이다. 이 방향으로 가한 힘은 문을 열 수 없다. 그러나 그림 8.3b에서와 같이 가해진 힘이 문에 일정한 각도를 가지고 가해질 경우, 문에 **수직**한 힘의 성분은 문을 회전하게 만든다. 이 그림은 문의 수직 방향 힘 성분이 $F \sin\theta$임을 보여 준다. 여기서, $\theta$는 위치벡터 $\vec{\mathbf{r}}$과 힘 $\vec{\mathbf{F}}$ 사이의 각이다. 힘이 축으로부터 나가는 방향일 때, $\theta = 0°$ 이고 $\sin(0°) = 0$이다. 힘이 축으로 다가온다면, $\theta = 180°$ 이고 $F\sin(180°) = 0$이다. $F\sin\theta$의 최대 절대값은 $\vec{\mathbf{F}}$가 $\vec{\mathbf{r}}$에 수직일 때만 얻어진다. 즉 $\theta = 90°$ 또는 $\theta = 270°$ 일 때이다. 이러한 고찰은 토크에 대한 좀더 일반적인 정의를 얻도록 도와준다.

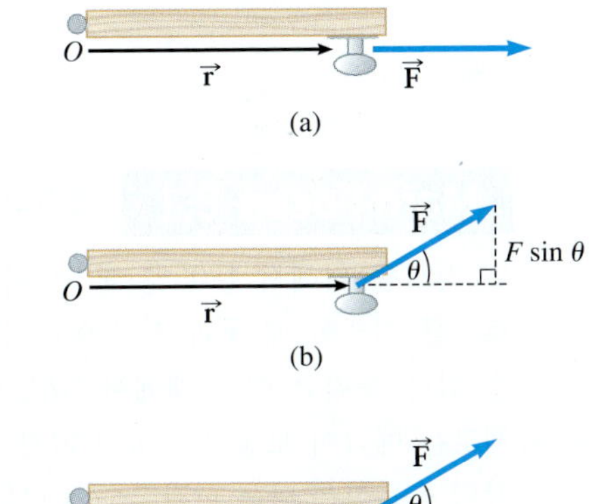


**그림 8.3** (a) 각 $\theta = 180°$ 에서 힘 $\vec{\mathbf{F}}$가 작용하면 축 $O$에 대한 토크의 크기는 0이다. (b) 문에 대해 수직인 힘 $F\sin\theta$는 $O$에 대한 토크의 크기 $rF\sin\theta$가 존재한다. (c) 지렛대 팔 $d = r\sin\theta$에 대한 토크의 해석.

> $\vec{\mathbf{F}}$가 물체에 작용하는 힘이라고 하고, $\vec{\mathbf{r}}$이 정해진 점 $O$에서 힘의 작용점까지 이르는 위치벡터라고 하자. 힘 $\vec{\mathbf{F}}$에 의해 가해진 토크의 크기 $\vec{\tau}$는
>
> $$\tau = rF\sin\theta \qquad [8.2]$$
>
> 여기서 $r$은 위치벡터의 길이이고, $F$는 힘의 크기이다. $\theta$는 $\vec{\mathbf{r}}$과 $\vec{\mathbf{F}}$ 사이의 각도이다.
>
> **국제단위(SI unit): 뉴턴-미터(N·m)**

벡터 $\vec{\mathbf{r}}$과 $\vec{\mathbf{F}}$는 한 평면 위에 놓여 있고 선택된 점 $O$는 평면에서 회전축에 해당한다.

$\sin\theta$ 요소를 이해하는 두 번째 방식은 그것을 위치벡터 $\vec{\mathbf{r}}$의 크기 $r$과 연결하는 것이다. $d = r\sin\theta$는 **지렛대 팔**(lever arm)이라고 부르며, 회전축에서 힘의 작용선까지 수직 거리이다. 이러한 해석은 그림 8.3c에서 설명하고 있다.

기억해야 할 중요한 사실은 **토크의 크기 $\tau$가 선택된 회전축에 의존한다는 사실이다.** 토크는 어떤 축을 중심으로 계산되며, 그것이 실제로 또는 물리적인 회전축이 존재하는 것과는 무관하다. 일단 점이 선택되면 그것은 주어진 문제에서 일관되게 사용되어야 한다.

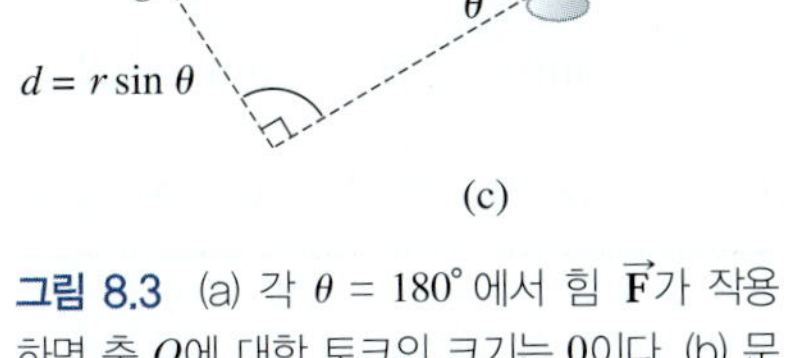

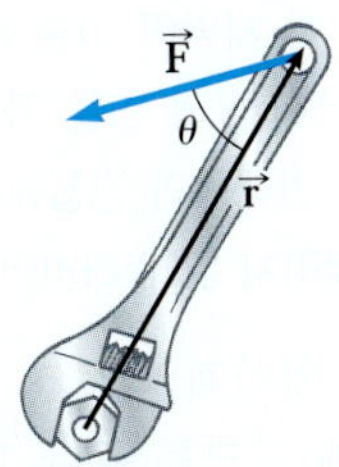


**그림 8.4** 오른손 법칙: 오른손의 손가락을 $\vec{\mathbf{r}}$ 방향으로 향하고 $\vec{\mathbf{F}}$ 방향으로 구부린다. 이때 엄지손가락 방향이 토크 방향이다(이 경우 페이지면에서 나오는 방향). 여기서 $\theta$는 $\vec{\mathbf{r}}$과 $\vec{\mathbf{F}}$ 사이각이라기보다는 $\vec{\mathbf{r}}$과 $\vec{\mathbf{F}}$ 사이의 끼인각이다. 사실, 둘 중 어느 각을 사용하더라도 토크에 대한 결과는 같다.

토크는 그림 8.4에서처럼 위치벡터와 힘벡터에 의해 결정된 평면과 수직이다. 방향은 **오른손 법칙**에 의해 결정될 수 있다.

1. $\vec{\mathbf{r}}$ 방향을 오른손의 손가락들이 가리킨다.
2. 힘 $\vec{\mathbf{F}}$ 방향으로 손가락들을 구부린다.
3. 이때 엄지 방향이 토크 방향과 근사적으로 일치하고, 이 경우 페이지로부터 나오는 방향이 된다.

**TIP 8.1 회전축을 선택하라.**
회전 문제를 풀기 위해서는 회전축을 선택하고 그 축만을 문제에서 사용하라. 그 축은 물리적인 축이나 회전 중심과 일치할 필요가 없다. 어떤 점이든지 문제풀기에 편리한 점이면 된다.

그림 8.4에서 $\theta$는 $\vec{\mathbf{r}}$과 $\vec{\mathbf{F}}$ 사이의 외각이 아니라 내각임에 주의해야 한다. 토크를 계산하기 위한 목적에서 본다면 외각이나 내각의 계산 결과는 같다. 외각을 사용하느냐 내각을 사용하느냐는 편리상의 문제이거나 또는 개인적인 취향의 문제이다(Math Focus 8.1을 보라).

이 책에 사용된 문제들은 물체들이 $\vec{\mathbf{r}}$과 $\vec{\mathbf{F}}$를 포함하는 평면에 수직인 축을 중심으로 회전하는 물체에 국한한다. 이 벡터들이 페이지 면에 있다면 토크는 항상 페이지 면으로 들어가거나 나오는 방향이고, 회전축과 평행하게 된다. 만약 오른손 엄지가 토크 방향과 일치한다면 손가락이 자연스레 구부려지는 방향이 토크가 정지한 물체에 발생하는 회전 방향이다.

## Math Focus 8.1 토크와 보각

두 각도를 더해서 180°일 때 두 각도를 서로 보각이라고 한다. 토크를 정의할 때 $\vec{\mathbf{r}}$과 $\vec{\mathbf{F}}$ 사이각이든지 이 각의 보각을 사용할 수 있다. 보각은 이 교재에서 "끼인각"이라고 불리기도 한다. 실제로는 예각이 보통 사용하기 가장 쉽다. 토크의 정의에서 이 두 각의 동등성은 다음 삼각함수 등식을 사용하여 보일 수 있다.

$$\sin(\alpha \pm \beta) = \sin\alpha\cos\beta \pm \sin\beta\cos\alpha \qquad (1)$$

$\theta$가 $\vec{\mathbf{r}}$과 $\vec{\mathbf{F}}$ 사이각이고 $\phi$를 이 각의 보각이라고 할 때 $\phi = 180° - \theta$이다. 식 (1)에서 $\alpha = 180°$, $\beta = \theta$라고 한 뒤, ± 기호에서 음의 부호 식을 선택하면 다음 식을 얻을 수 있다.

$$\begin{aligned}\sin\phi = \sin(180° - \theta) &= \sin(180°)\cos(\theta) \\ &\quad - \sin(\theta) = \cos(180°) \\ &= 0 - \sin(\theta)\cdot(-1) = \sin\theta\end{aligned}$$

이 방정식은 끼인각의 결과와 사이각의 결과가 동일함을 보여주고 있다.

## 예제 8.2 회전문

**목표** 토크의 더 일반적인 정의를 적용한다.

**문제** (a) 한 사람이 그림 8.5a에서처럼 문에 60.0°의 각도로 경첩에서 2.00 m 떨어진 지점에서 $F = 3.00 \times 10^2$ N의 힘을 가하고 있다. 경첩의 위치를 회전축으로 해서 문에 작용하는 토크를 구하라. (b) 문의 반대편의 경첩에서 1.50 m 떨어진 지점에 쐐기가 있다고 가정하자. (a)에서 가해진 힘으로도 문이 열리지 않게 하려면 최소 얼마나 큰 힘이 쐐기에 가해져야 하는가?

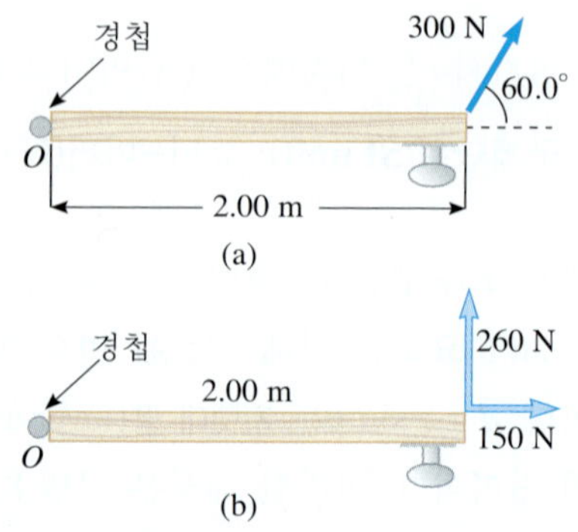


**그림 8.5** (예제 8.2) (a) 300 N의 힘으로 당겨지고 있는 문을 위에서 본 그림. (b) 300 N 힘의 성분들.

**전략** (a) 일반적인 토크 방정식에 대입함으로써 풀 수 있다. (b) 경첩과 쐐기에 가해진 힘 모두는 문에 토크를 준다. 따라서 문이 열리지 않으므로 토크의 합은 0이어야 하고 이 조건은 쐐기에 작용하는 힘을 구하는 데 사용할 수 있다.

**풀이**

(a) 60°로 가해지는 힘 때문에 생기는 토크를 계산하라.

일반적인 토크 방정식에 대입한다.

$$\tau_F = rF\sin\theta = (2.00\text{ m})(3.00\times10^2\text{ N})\sin 60.0^\circ$$
$$= (2.00\text{ m})(2.60\times10^2\text{ N}) = 5.20\times10^2\text{ N}\cdot\text{m}$$

(b) 문의 반대쪽 쐐기에 작용하는 힘을 계산한다.

토크의 합을 0으로 놓는다.

$$\tau_{\text{hinge}} + \tau_{\text{wedge}} + \tau_F = 0$$

경첩에 작용하는 힘은 축에 작용하기 때문에 토크를 생성하지 않는다($r = 0$). 쐐기에 작용하는 힘은 $-90°$ 각도이고 $F_y$와 반대 방향이다.

$$0 + F_{\text{wedge}}(1.50\text{ m})\sin(-90.0^\circ) + 5.20\times10^2\text{ N}\cdot\text{m} = 0$$
$$F_{\text{wedge}} = 347\text{ N}$$

**주의** 위치벡터로부터 쐐기 힘까지 각도가 $-90°$임을 주의하라. 이것은 위치벡터가 힘벡터에 도착하기 위해서는 시계 방향으로 90° 만큼 회전해야 하기 때문이다. 이러한 방식으로 각도를 자동으로 재는 것은 토크 항에 적합한 부호를 제공하며 오른손 법칙과도 일치한다. 또 다른 방식은 토크의 크기를 먼저 찾은 다음 물리적 직관에 의하여 부호를 정하는 방법이다.

**연습문제 8.2**

한 사람이 8.00 m 길이의 밧줄을 땅에서 0.500 m 떨어진 트럭 범퍼에 묶고 밧줄의 다른 쪽 끝은 3.00 m 높이의 나무에 묶었다. 그 사람이 트럭을 이용하여 $8.00\times10^2$ N 크기의 장력을 일으켰다. 밧줄의 장력에 의해 나무에 작용하는 토크의 크기를 계산하라. 이때 나무의 바닥을 토크 계산의 기준점으로 하라.

**답** $2.28\times10^3\text{ N}\cdot\text{m}$

## 8.2 토크와 평형을 위한 두 가지 조건

역학적 평형 상태에 있는 물체는 다음 두 조건을 만족해야 한다.

**1. 알짜 외부 힘의 합이 0이다.** $\Sigma\vec{\mathbf{F}} = 0$

**2. 알짜 외부 토크 합이 0이다.** $\Sigma\vec{\tau} = 0$

처음 조건은 병진 평형에 대한 기술이다. 물체에 작용하는 모든 힘의 합은 0이 되어야 하고 물체는 병진 가속도를 가지지 못한다($\vec{\mathbf{a}} = 0$). 두 번째 조건은 회전 평형에 대한 기술이다. 물체에 작용하는 모든 토크의 합은 0이어야 하고, 물체는 각가속도를 가지지 않는다. 평형 상태에 있는 물체는 병진 운동이나 회전 운동에 있어 항상 일정한 속도를 가지고 있다.

토크를 계산할 때는 기준점을 정할 수 있기 때문에, 적어도 하나의 토크가 0이 되도록 축을 잡는다면 토크 합력 방정식을 간단하게 할 수 있다.

David Serway

미국 콜로라도 주의 콜로라도 스프링즈에 위치한 신(神)들의 정원에 있는 이 거대한 바위는 역학적 평형을 이루고 있다.

**예제 8.3** 균형 놀이

**목표** 평형 조건들을 적용하고 물체에 작용하는 알짜 토크를 계산하기 위해 다른 축들을 사용하는 법을 설명한다.

**문제** 질량 $m$ = 55.0 kg인 여자가 시소의 왼쪽 끝에 앉아있다. 시소의 널빤지 길이는 $L$ = 4.00 m이고 그림 8.6에서처럼 중간에 회전점이 있다. (a) 먼저 회전점을 통과하는 축을 중심으로 시소에 작용하는 토크를 계산하라. 만일 이 계(시소 + 남자와 여자)가 균형을 이루려면 질량 $M$ = 75.0 kg인 남자가 어디에 앉아야 하는가? (b) 널빤지 질량이 $m_{\text{pl}}$ = 12.0 kg인 경우, 회전점이 가하는 수직항력을 찾아라. (c) (a) 부분을 반복하여 풀어라. 그러나 이번에는 널빤지의 왼쪽 끝을 통과하는 축을 중심으로 한 토크를 계산하라.

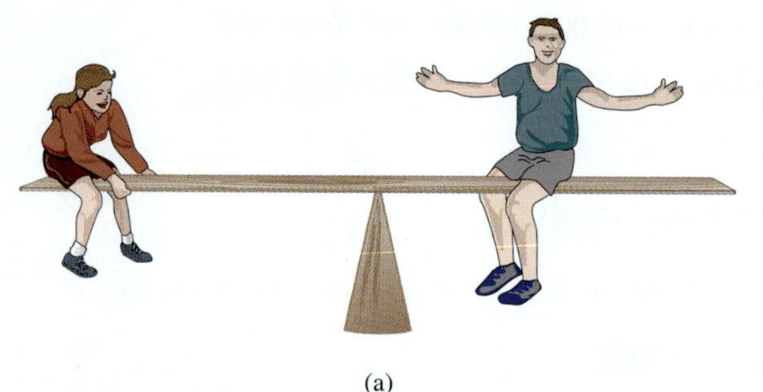
(a)

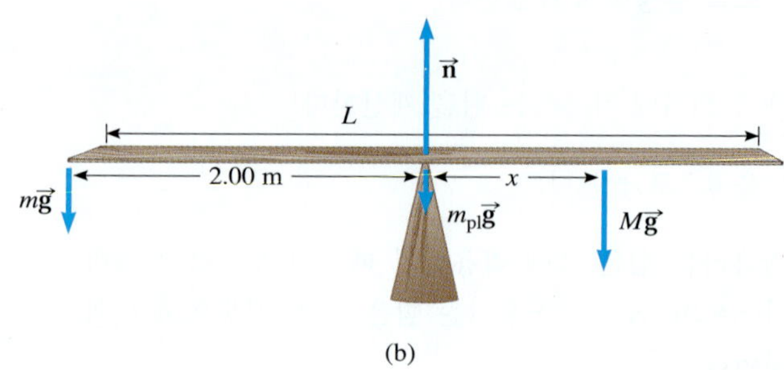

(b)

그림 8.6 (예제 8.3) (a) 시소 위의 두 사람. (b) 널빤지에 대한 자유물체도.

**전략** (a)에서 회전점을 중심으로 한 토크를 계산하여, 평형의 두 번째 조건 $\Sigma\tau = 0$을 적용한다. 시소를 구성하는 널빤지의 질량은 회전점 주위 양쪽 편에 골고루 퍼져 있다. 따라서 중력이 널빤지에 작용하는 토크 $\tau_{gravity}$은 널빤지의 모든 질량이 회전점에 집중되어 있는 것처럼 가정하여 계산할 수 있다. 지렛대 팔 길이가 0이기 때문에 회전점이 작용하는 토크는 0이고 $\tau_{gravity}$ 또한 0이다. (b)에서는 평형의 처음 조건 $\Sigma\vec{\mathbf{F}} = 0$을 적용해야 한다. (c)는 (a)의 반복이다. 다른 축을 선택해도 답은 같다.

**풀이**

(a) 남자는 시소 균형을 위해 어디 앉아야 하나?

토크이 합이 0이라는 평형의 두 번째 조건을 널빤지에 적용한다.

$$\tau_{pivot} + \tau_{gravity} + \tau_{man} + \tau_{woman} = 0$$

처음 두 토크는 0이다. $x$는 남자의 회전점으로부터 거리를 나타낸다. 여자는 회전점으로부터 $L/2$ 거리에 있다.

$$0 + 0 - Mgx + mg(L/2) = 0$$

$x$에 대해 방정식을 풀고 값을 계산한다.

$$x = \frac{m(L/2)}{\mathrm{M}} = \frac{(55.0\text{ kg})(2.00\text{ m})}{75.0\text{ kg}} = \boxed{1.47\text{ m}}$$

(b) 시소의 회전점이 작용하는 수직항력 $n$을 구하라.

제2평형 조건을 널빤지에 적용한다. 이것은 미지의 수직항력에 대한 결과 방정식을 푸는 것이다.

$$-Mg - mg - m_{pl}g + n = 0$$
$$n = (M + m + m_{pl})g$$
$$= (75.0\text{ kg} + 55.0\text{ kg} + 12.0\text{ kg})(9.80\text{ m/s}^2)$$
$$n = \boxed{1.39 \times 10^3\text{ N}}$$

(c) 널빤지의 왼쪽 끝을 통과하는 새로운 축을 선택한 다음 (a)항을 반복한다.

이 축을 사용하여 토크를 계산하고 그 합을 0으로 놓는다. 회전점과 널빤지에 작용하는 중력은 0이 아닌 토크를 발생시킨다.

$$\tau_{man} + \tau_{woman} + \tau_{plank} + \tau_{pivot} = 0$$
$$-Mg(L/2 + x) + mg(0) - m_{pl}g(L/2) + n(L/2) = 0$$

알고 있는 모든 값을 대입한다.

$$-(75.0\text{ kg})(9.80\text{ m/s}^2)(2.00\text{ m} + x) + 0$$
$$-(12.0\text{ kg})(9.80\text{ m/s}^2)(2.00\text{ m}) + n(2.00\text{ m}) = 0$$
$$-(1.47 \times 10^3\text{ N}\cdot\text{m}) - (735\text{ N})x - (235\text{ N}\cdot\text{m})$$
$$+ (2.00\text{ m})n = 0$$

(b)에서 구한 수직항력을 대입하여 $x$에 대한 해를 구한다.

$$x = \boxed{1.46\text{ m}}$$

**주의** (a)와 (c)에 대한 답은 작은 반올림 오차를 제외하고는 일치한다. 이것은 서로 다른 축을 선택해도 같은 답에 이른다는 것을 보여 준다.

**연습문제 8.3**

30.0 kg의 어린 아이가 같은 시소의 중심에서 왼쪽으로 1.50 m에 앉아있다. 두 번째 아이는 다른 편의 끝에 앉아있고 계는 균형을 이루고 있다. (a) 두 번째 아이의 질량을 구하라. (b) 회전점에 작용하는 수직항력을 구하라.

**답** (a) 22.5 kg (b) 632 N

## 8.3 무게 중심

앞 절에 나온 시소의 예에서 널빤지에 작용하는 중력에 의한 토크는 널빤지 무게가 중심에 집중되어 있을 경우의 토크와 같다고 가정하였다. 다음은 그 설명을 위한 일반적인 순서이다. 중력이 강체에 작용하는 토크를 계산하기 위해서는 물체의 전체 무게가 한 점에 집중된 것이라고 생각할 수 있다. 문제는 이러한 점을 찾는 것이다. 물체가 균일하고(질량이 고르게 분포된 경우) 대칭적이면, 예제 8.3에서와 같이 그 지점의 위치를 추측할 수 있다. 그렇지 않다면 이 절에서 설명한 바와 같이 그 지점의 위치를 계산하는 것이 필요하다.

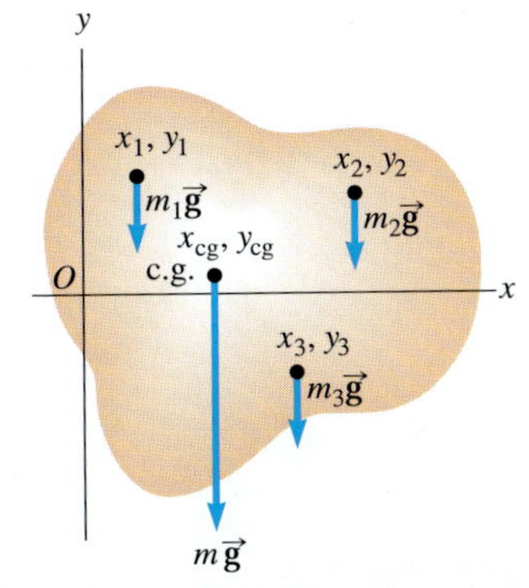


**그림 8.7** 무게 중심을 중심으로 계산하면 물체에 작용하는 알짜 중력 토크는 0이다. 그 점을 지지하면 물체는 균형을 잡는다(또는 그 점을 지나는 수직선상에 있는 어떤 점을 지지해도 된다).

그림 8.7과 같이 $xy$ 평면에 놓여 있는 임의의 모양 물체를 생각해 보자. 이 물체는 무게가 $m_1g$, $m_2g$, $m_3g$, …이고, 좌표가 $(x_1, y_1)$, $(x_2, y_2)$, $(x_3, y_3)$, …를 가지는 매우 작은 입자로 구성된다. 물체가 원점을 중심으로 자유로이 회전한다면, 각 입자들은 입자의 무게와 지렛대 팔을 곱한 양만큼씩 토크에 기여한다. 예를 들어 무게 $m_1g$에 의한 토크는 $m_1gx_1$이다.

물체의 전체 무게 $w = F_g = Mg$가 작용하는 지점을 알아낼 때에는 전체 무게가 물체의 회전에 미치는 영향이 중력이 개별 입자의 회전에 미치는 영향과 같은 지점을 찾아냄으로써 가능하다. 이 지점을 물체의 **무게 중심**(center of gravity)이라고 부른다. 무게 중심에 무게 $w$에 의하여 가해지는 토크가 각 입자에 가해지는 토크의 합과 같다고 놓으면 다음과 같다.

$$(m_1g + m_2g + m_3g + \cdots)\, x_{cg} = m_1gx_1 + m_2gx_2 + m_3gx_3 + \cdots$$

이때 $g$는 물체의 모든 부분에서 일정하다고 가정한다(이것은 우리가 만나는 대부분의 물체에 대해서 사실이다). 앞에 나온 방정식에서 $g$는 양변에서 서로 상쇄되며 다음과 같이 된다.

$$x_{cg} = \frac{m_1x_1 + m_2x_2 + m_3x_3 + \cdots}{m_1 + m_2 + m_3 + \cdots} = \frac{\Sigma m_ix_i}{\Sigma m_i} \qquad [8.3a]$$

여기서 $x_{cg}$는 무게 중심의 $x$ 좌표이다. 같은 방식으로 계의 무게 중심의 $y$ 좌표와 $z$ 좌표도 구할 수 있다.

$$y_{cg} = \frac{\Sigma m_iy_i}{\Sigma m_i} \qquad [8.3b]$$

$$z_{cg} = \frac{\Sigma m_iz_i}{\Sigma m_i} \qquad [8.3c]$$

이들 세 개의 방정식은 **질량 중심**(center of mass)이라고 불리는 동일한 개념의 방정식과 일치하게 된다. 물체의 질량 중심과 무게 중심은 $g$가 물체 내에서 일정할 경우에 서로 일치한다.

무게 중심의 위치를 추측하는 것은 가끔 가능하다. **균질하고 대칭적인 물체의 무게 중심은 대칭 축 위에 존재한다.** 예를 들어 균질한 막대기의 무게 중심은 막대기 양끝 사이의 중간 지점에 놓여 있고, 균질한 구나 균질한 정육면체의 무게 중심은 물체의 기하학적 중심에 있다. 렌치와 같이 불규칙한 모양의 무게 중심은 실험적으로 결정할 수 있는데, 렌치를 두 개의 다른 임의의 점으로부터 매달아 놓으면 된다(그림 8.8). 처음에

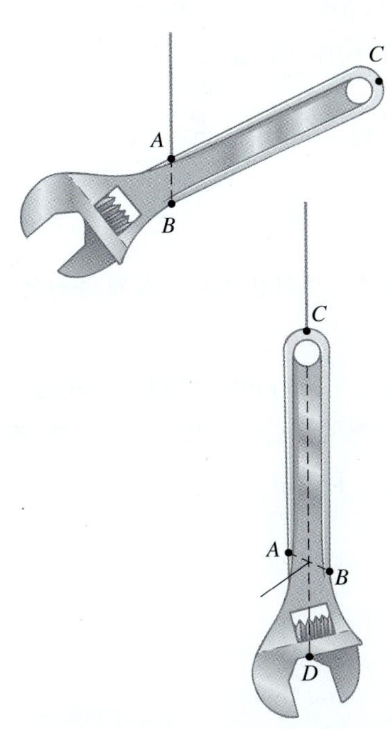


**그림 8.8** 렌치의 무게 중심을 결정하기 위한 실험 방법. 렌치는 두 개의 다른 축 $A$와 $C$에 자유롭게 매달려 있다. 두 연직선 $AB$와 $CD$의 교차점에 무게 중심이 위치한다.

$A$점을 매달아 놓고, 평형 상태에서 수직선 $AB$(추를 이용하여 알아낸다)를 그린다. 그 다음에 $C$점을 매달아 놓고, 두 번째 수직선 $CD$를 그린다. 무게 중심은 이 두 직선의 교차점과 일치한다. 실제로 렌치가 임의의 점으로부터 자유롭게 매달려 있으면, 무게 중심은 항상 매달려 있는 지지점 아래 놓여 있게 되며, 지지점을 통과하는 수직선은 무게 중심을 통과해야 한다.

8.4절에 나온 몇 개의 예제들은 균질하고 대칭적인 물체들을 보여 주며 이들의 무게 중심이 기하학적 중심과 일치함을 보여 주고 있다. 균일한 중력장에서 강체는 물체의 무게와 같은 하나의 힘에 의해 균형을 유지할 수 있으며, 이때 힘은 물체의 무게 중심을 지나고 위쪽 방향이어야 한다.

**예제 8.4** **실험실 동료의 무게 중심을 찾아라**

**목표** 무게 중심을 찾기 위해 토크를 사용한다.

**문제** 이 예제에서는 사람의 무게 중심을 어떻게 찾는지 보일 것이다. 실험실 동료의 키($L$)가 173 cm(5 ft, 8 in)이고 무게($w$)는 715 N(160 lb)이라고 가정하자. 동료는 균일한 널빤지에 누워 있고, 널빤지의 한쪽 끝은 그림 8.9에서처럼 저울에 의해 지탱되고 있다. 널빤지의 무게 $w_b$가 49 N이고 저울의 눈금 $F$가 $3.50 \times 10^2$ N을 가리킨다면 실험실 동료의 무게 중심은 널빤지 왼쪽 끝으로부터 얼마 거리에 있는가?

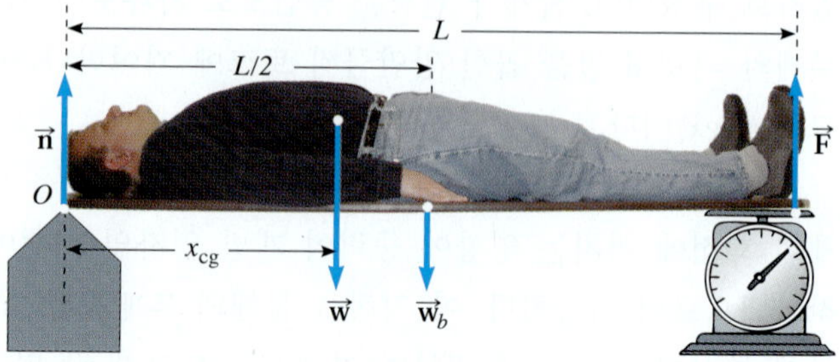

**그림 8.9** (예제 8.4) 실험 동료의 무게 중심 구하기.

**전략** 무게 중심의 $x$ 좌표 $x_{cg}$를 찾기 위해서 $O$를 통과하는 축을 사용하여 토크를 계산한다. 토크의 합을 0으로 하고 $x_{cg}$에 대해 푼다.

**풀이**

제2평형 조건을 적용한다. 관성 팔 길이가 0이기 때문에 수직항력 $\vec{n}$에 의한 토크는 없다.

$$\Sigma\tau_O = 0$$

$$-wx_{cg} - w_b(L/2) + FL = 0$$

$x_{cg}$에 대해 풀고 알고 있는 값을 대입한다.

$$x_{cg} = \frac{FL - w_b(L/2)}{w}$$

$$= \frac{(350\ \text{N})(173\ \text{m}) - (49\ \text{N})(86.5\ \text{cm})}{715\ \text{N}} = \boxed{79\ \text{cm}}$$

**주의** 주어진 정보는 무게 중심의 $x$ 좌표를 결정하기 위해서만 충분하다. 다른 두 좌표는 몸의 대칭성을 기초로 추측할 수 있다.

**연습문제 8.4**

길이가 3.5 m이고 질량이 416 kg인 악어가 널빤지에 누워 있다. 널빤지는 같은 길이에 65 N의 무게를 가지고 있다. 널빤지는 그림 8.9에서와 같이 지탱되고 있으며, 저울의 눈금이 1 880 N일 때 악어의 무게 중심의 $x$ 좌표를 구하라.

**답** 1.59 m

## 8.4 평형을 이룬 물체들의 예

4장에서는 물체가 기하학적인 점으로 다루어졌고, 평형을 위해서는 물체에 작용하는 힘의 합력이 0이 되어야 한다고 기술하였다. 이 장에서는 유한한 크기를 가진 물체의 경우 평형을 유지하기 위해서는 두 번째 조건 또한 만족되어야 함을 보여 준다. 다음 일반적인 절차는 평형 상태에 있는 물체들에 관련된 문제들을 해결하기 위해 필요하다.

## 문제풀이 전략 평형 상태의 물체들

1. **계의 도표를 그린다.** 좌표를 포함하고 물체에 작용하는 알짜 토크를 구하기 위해서 편리한 회전축을 선택한다.
2. **물체의 자유물체도를 그리고** 거기에 작용하는 외부 힘을 모두 표시한다. 하나 이상의 물체로 이루어진 계일 경우, 각 물체별로 별도의 그림을 그린다(대부분의 문제들은 하나의 주요 물체로 이루어진다).
3. **평형의 두 번째 조건인 $\Sigma\tau_i = 0$을 적용한다.** 이 조건으로 각 물체당 하나의 방정식이 만들어진다. 회전축이 조심스럽게 선택되면 방정식은 하나의 미지수를 포함하고, 이것은 즉시 풀 수 있다.
4. **평형의 첫 번째 조건인 $\Sigma F_x = 0$과 $\Sigma F_y = 0$을 적용한다.** 이 조건으로 물체당 두 개 이상의 방정식이 만들어진다.
5. **방정식을 푼다.** 각 물체에 대한 평형의 두 조건으로 세 개의 미지수와 세 개의 방정식이 얻어진다. 치환법을 이용하여 방정식을 푼다.

## 예제 8.5 힘을 받는 팔뚝

**목표** 평형 조건을 인체에 적용한다.

**문제** 50.0 N(11 lb)의 공이 사람의 손에 놓여 있다. 이때 팔뚝은 그림 8.10처럼 수평을 유지한다. 이두박근은 관절로부터 0.030 0 m 지점에 붙어 있고 공은 관절로부터 0.350 m 지점에 있다. 이두박근이 팔뚝에 작용하는 위쪽 방향 힘 $\vec{\mathbf{F}}$와 상박골이 관절을 통하여 팔뚝에 작용하는 아래 방향의 힘 $\vec{\mathbf{R}}$을 구하라.

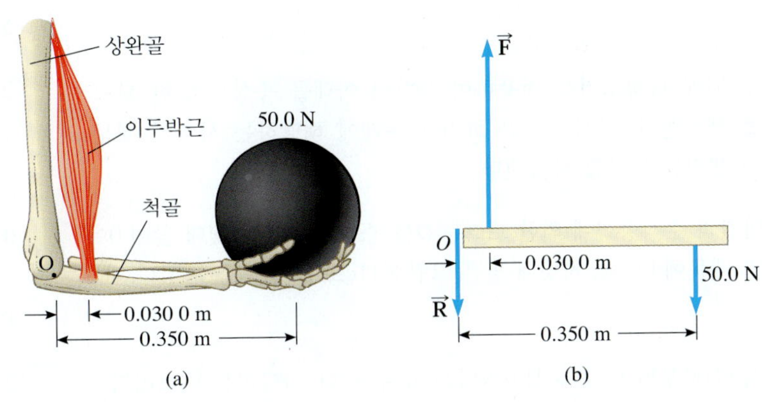


**그림 8.10** (예제 8.5) (a) 수평한 팔뚝에 들려진 물체. (b) 계의 역학적 모델.

**전략** 팔뚝에 작용하는 힘들은 그림 8.10b에 보이는 것처럼 길이 0.350 m의 막대기에 작용하는 힘들과 동일하다. 보이는 것처럼 보통의 $x$ 좌표와 $y$ 좌표를 선택하고 왼쪽 끝을 축 $O$로 잡는다(이것은 단계 1과 단계 2에 해당한다). 평형 조건을 사용하여 미지수들의 방정식을 만들고 이를 푼다.

**풀이**

평형을 위한 두 번째 조건을 적용한다(단계 3).

$$\Sigma\tau_i = \tau_R + \tau_F + \tau_{BB} = 0$$

$$R(0) + F(0.030\,0\text{ m}) - (50.0\text{ N})(0.350\text{ m}) = 0$$

$$F = \boxed{583\text{ N (131 lb)}}$$

첫 번째 평형 조건을 적용한다(단계 4).

$$\Sigma F_y = F - R - 50.0\text{ N} = 0$$

$$R = F - 50.0\text{ N} = 583\text{ N} - 50\text{ N} = \boxed{533\text{ N (120 lb)}}$$

**연습문제 8.5**

관절에 작용할 수 있는 최대 힘을 $8.00 \times 10^2$ N이라고 가정하자. (a) 이러한 상황에서 최대 얼마의 무게를 들 수 있겠는가? (b) 그 무게를 들어올리기 위해 이두박근에 얼마나 큰 힘이 가해지는가?

**답** (a) 75.0 N (b) 875 N

### 연관된 예제 8.6 사다리에 올라가지 마시오.

**목표** 두 개의 평형 조건을 적용한다.

**문제** 그림 8.11a와 같이 길이 10.0 m이고 무게 50.0 N인 균질한 사다리가 미끄러운 수직 벽에 기대어 정지해 있다. 만약 사다리가 미끄러지기 직전의 각도를 재보니 50.0° 이었다면 사다리와 땅 사이의 정지 마찰계수는 얼마인가?

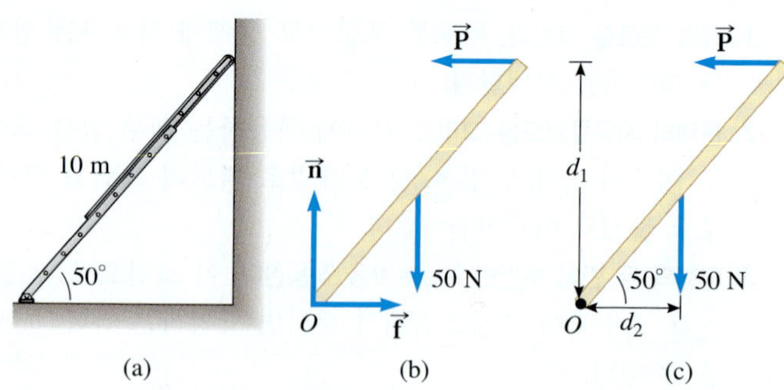


**그림 8.11** (연관된 예제 8.6) (a) 마찰이 없는 벽에 기대어진 사다리. (b) 사다리에 대한 자유물체도. (c) 중력과 $\vec{\mathbf{P}}$의 지렛대 팔.

**전략** 그림 8.11b는 사다리를 나타낸 자유물체도이다. 평형을 위한 첫 번째 조건은 $\Sigma\vec{\mathbf{F}}_i = 0$이고, 이는 미지수 세 개에 두 개의 방정식을 제공한다. 정지 마찰력 $f$와 수직항력 $n$이 모두 사다리 아래 작용하고 있으며, 벽에 작용하는 힘 $P$는 사다리 꼭대기에 작용하고 있다. 이 세 힘의 크기는 세 개의 미지수에 해당한다. 두 번째 평형 조건 $\Sigma\tau_i = 0$은 세 번째 방정식($P$에 대한)을 제공하고, 따라서 미지수 세 개는 세 개의 방정식으로부터 구해진다. 정지 마찰력에 대한 정의는 정지 마찰계수 계산을 가능하게 해 준다.

**풀이**

첫 번째 평형조건을 사다리에 적용한다.

$$\Sigma F_x = f - P = 0 \longrightarrow f = P \quad (1)$$

$$\Sigma F_y = n - 50.0\text{ N} = 0 \longrightarrow n = 50.0\text{ N} \quad (2)$$

두 번째 평형조건을 적용하여 사다리 아래를 중심으로 한 토크를 계산한다. 이때 $\tau_{\text{grav}}$은 50.0 N 무게에 해당하는 사다리 때문에 생기는 토크를 나타낸다.

$$\Sigma\tau_i = \tau_f + \tau_n + \tau_{\text{grav}} + \tau_P = 0$$

마찰과 수직항력에 의한 토크는 $O$를 중심으로 한 지렛대 팔이 0이기 때문에 0이다. 지렛대 팔은 그림 8.11c로부터 구할 수 있다.

$$0 + 0 - (50.0\text{ N})(5.00\text{ m})\sin 40.0^\circ + P(10.0\text{ m})\sin 50.0^\circ = 0$$

$$P = 21.0\text{ N}$$

식 (1)로부터 $f = P = 21.0$ N임을 알 수 있다. 사다리는 미끄러지기 직전이며 정지 마찰력의 최대 힘에 대한 표현을 쓰고 $\mu_s$를 푼다.

$$21.0\text{ N} = f = f_{s,\max} = \mu_s n = \mu_s(50.0\text{ N})$$

$$\mu_s = \frac{21.0\text{ N}}{50.0\text{ N}} = \boxed{0.420}$$

**주의** 토크가 사다리 아래를 통과하는 축을 중심으로 계산됨에 주의하라. 따라서 $\vec{\mathbf{P}}$와 중력만이 0이 아닌 토크에 기여하고 있다. 이러한 축의 선택은 토크 방정식의 복잡성을 줄여 주고 가끔 방정식을 하나의 미지수만 포함하도록 한다.

**연습문제 8.6**

정지 마찰계수가 0.360이고 같은 사다리가 수평에 대하여 60.0° 기울어질 경우, 70.0 kg의 페인트공은 사다리가 미끄러지기 전까지 얼마의 길이를 올라갈 수 있는가?

**답** 6.33 m

Physics Now™ **http://physics.brookscole.com/ecp**에서 PhysicsNow를 로그인하고 연관된 예제 8.6으로 들어가라. 사다리의 각도를 조절하면서 사다리를 놓을 때 무슨 일이 일어나는지 관찰하라.

## 8.5 토크와 각가속도의 관계

강체가 토크의 영향을 받을 때, 강체는 각가속 운동을 하게 되고 각가속도는 알짜 토크에 비례한다. 이 결과는 뉴턴의 제2법칙에 해당하며 다음과 같이 유도될 수 있다.

그림 8.12에서 보이는 계는 질량 $m$인 물체가 길이 $r$인 가벼운 막대에 연결되어 있다. 이 막대는 점 $O$를 중심으로 회전할 수 있으며, 그 움직임은 **수평** 테이블에서 마찰 없이 회전하는 운동이다. 힘 $F_t$가 막대에 수직으로 가해진다고 가정하면 이 힘은 물체의 원형 경로에 접선 방향이다. 이 접선 방향의 힘에 거스르는 힘이 없기 때문에 물체는 뉴턴의 법칙에 의하여 접선 방향의 가속도 $a_t$를 가지게 된다.

$$F_t = ma_t$$

방정식의 양쪽을 $r$로 곱하면

$$F_t r = mra_t$$

를 얻는다. 방정식 접선 방향과 각가속도를 연결하는 $a_t = r\alpha$를 대입하면 다음과 같은 관계가 있다는 것을 알게 된다.

$$F_t r = mr^2\alpha \qquad [8.4]$$

식 8.4의 왼쪽은 그 축을 중심으로 물체에 작용하는 토크이고, 이것을 다시 쓰면 다음과 같다.

$$\tau = mr^2\alpha \qquad [8.5]$$

식 8.5는 물체에 작용하는 토크가 물체의 각가속도에 비례한다는 것을 보여 준다. 여기서 비례 상수 $mr^2$은 질량 $m$인 물체의 **관성 모멘트**(moment of inertia)라고 부른다(막대는 매우 가벼워서 그 관성 모멘트를 무시할 수 있다).

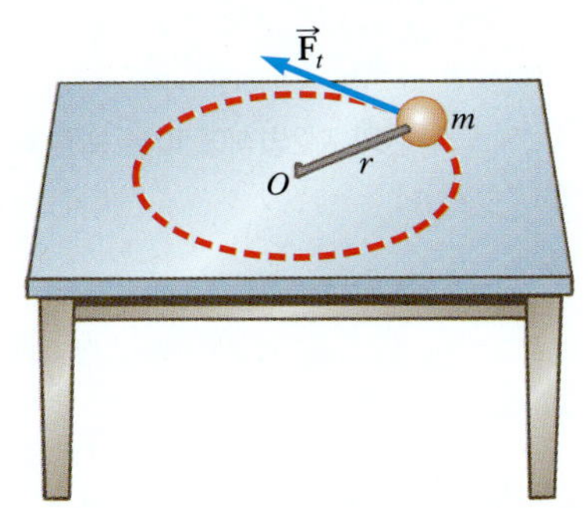


**그림 8.12** 길이 $r$의 가벼운 막대에 부착된 질량 $m$은 접선힘 $\vec{F}_t$가 질량에 작용하는 동안 마찰이 없는 수평면 위에서 원궤도를 따라 움직인다.

**TIP 8.2 토크가 없을 경우 회전운동**
만약 물체에 작용하는 알짜토크가 0이면, 그 물체는 계속 일정한 각속도를 가지고 회전한다. 이때 각속도가 0일 필요는 없다. 그러나 토크가 없다는 것은 각가속도가 0임을 의미한다.

**Quick Quiz 8.1**

드라이버를 사용하여 목재에 단단히 박혀 있는 나사를 풀려고 시도했지만 실패한 경험이 있을 것이다. 성공하기 위해서는 먼저보다 (a) 길이가 긴, (b) 길이가 짧은, (c) 손잡이가 작은, (c) 손잡이가 큰 드라이버를 사용해야 한다.

## 회전하는 물체에 작용하는 토크

그림 8.13a에서와 같이 회전하는 원판을 생각해 보자. 원판은 회전축으로부터 다양한 거리에 떨어져 있는 무수히 많은 입자들로 이루어져 있다(그림 8.13b를 보라). 이 입자들 각각에 작용하는 토크는 식 8.5에 의하여 주어진다. 원판에 작용하는 **알짜** 토크는 모든 입자들에 작용하는 개별적인 토크들의 합이다.

$$\Sigma\tau = (\Sigma mr^2)\alpha \qquad [8.6]$$

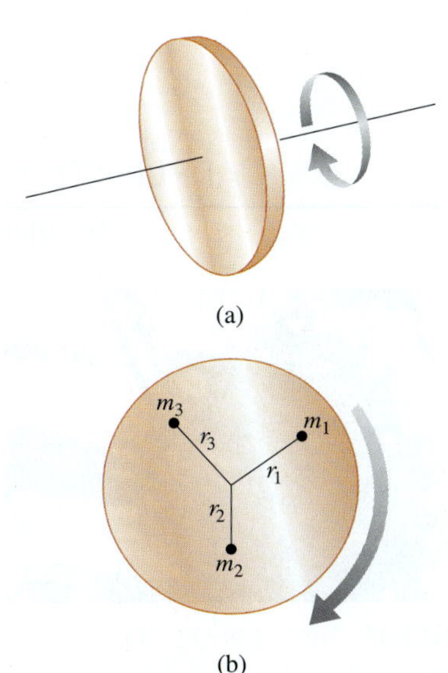


**그림 8.13** (a) 대칭축에 대해 회전하는 속이 찬 원판. (b) 원판은 모두 동일한 각가속도를 가진 많은 입자들로 구성되어 있다.

원판은 강체이고 구성하는 모든 입자들은 **같은** 각가속도를 가지고 있다. 따라서 $\alpha$는 합에 포함되지 않는다. 입자들의 질량과 거리들을 그림 8.13b에서와 같이 아래첨자로 표시하면 다음과 같다.

$$\Sigma mr^2 = m_1r_1^2 + m_2r_2^2 + m_3r_3^2 + \cdots$$

이 양은 물체의 전체 관성 모멘트 $I$이다.

$$I \equiv \Sigma mr^2 \qquad [8.7]$$

◀ 관성 모멘트

관성 모멘트는 국제단위로 kg·m²이다. 식 8.6에 나온 결과를 이용하면 고정된 축을 중심으로 회전하는 강체에 작용하는 알짜 토크는 다음과 같이 주어진다.

뉴턴의 제2법칙에 따른 회전 ▶

$$\Sigma\tau = I\alpha \tag{8.8}$$

식 8.8이 말하는 바는 **유한한 크기를 가진 강체의 각가속도는 그 것에 작용하는 알짜 토크에 비례한다**는 것이다. 이 방정식은 회전 운동에서 뉴턴의 제2운동법칙과 유사한 법칙이다. 뉴턴의 법칙에서 힘과 질량과 가속도는 회전 운동에서 토크와 관성 모멘트와 각가속도로 바뀌었다. 물체의 관성 모멘트가 질량과 관련 있지만 이들 둘 사이에는 중요한 차이점이 있다. 질량 $m$은 물체의 양에만 의존하는 반면, 관성 모멘트 $I$는 강체에서 물질의 양과 그 분포($I = \Sigma mr^2$에서 $r^2$항을 통하여)에 의존하고 있다.

## Quick Quiz 8.2

일정한 알짜 토크가 물체에 가해지고 있다. 다음 중 하나는 명백히 일정하지 않다. 물체의 (a) 각가속도, (b) 각속도, (c) 관성 모멘트, (d) 무게 중심.

## Quick Quiz 8.3

속이 찬 원판과 속이 빈 고리가 있다. 이 두 물체는 질량, 반지름, 각가속도가 같다. 만약 회전을 멈추게 하려는 같은 크기의 토크가 두 물체에 작용한다면, 둘 중 어느 것이 멈추는 데 더 오래 걸리겠는가? (a) 원판, (b) 고리, (c) 답을 찾기 위한 정보가 부족하다.

**APPLICATION**

자전거 기어

George Semple

그림 8.14 자전거의 바퀴와 기어.

자전거에서 기어 시스템은 토크와 각가속도 사이의 관계를 보여 주는 예이다. 5단 기어 시스템에서는 구동 체인은 뒷바퀴에 달린 5개의 기어 중 하나에 감기도록 조절할 수 있다(그림 8.14). 다른 반지름으로 된 기어들은 바퀴살과 원 중심을 공유한다. 자전거 선수가 정지한 상태에서 페달을 밟으면 체인은 가장 큰 기어에 연결되어 가장 큰 토크를 구동 바퀴에 전달한다. 자전거가 빨리 갈수록 체인의 접선 방향 속도는 증가하고 결국은 너무 빨라져서 자전거 선수가 페달 밟는 속도를 유지할 수 없게 된다. 이때 체인은 작은 반지름의 기어로 움직여서 접선 방향 속도를 줄이고 페달 밟기도 쉬워진다.

15단 자전거는 구동 바퀴에 같은 기어 구조를 가지고 있으나 페달에 연결된 사슬톱니에 세 개의 기어를 가지고 있다. 후방 기어와 사슬 톱니 기어에 연결된 체인의 위치를 조합하는 방식으로 15개의 서로 다른 토크를 구현한다.

### 관성 모멘트에 대한 더 자세한 설명

앞서 배운 것처럼 작은 물체 또는 입자는 어떤 축을 중심으로 $mr^2$과 같은 관성 모멘트를 가진다. 어떤 축을 중심으로 **복합** 물체의 관성 모멘트는 물체의 구성 요소들의 관성 모멘트의 합과 같다. 예를 들어, 고적대 지휘자가 그림 8.15와 같은 지휘봉을 돌린다고 상상해 보자. 지휘봉은 각 끝에 무거운 물체가 달려 있는 길이 $2\ell$의 매우 가벼운 막대이다(실제 지휘봉의 막대는 양 끝에 비해 상당한 질량을 갖는다). 여기서 막대의 질량은 무시하기 때문에 지휘봉 중심을 통과하며 길이 방향에 수직인 축을 중심으로 한 관성 모멘트는 식 8.7에 구할 수 있다.

$$I = \Sigma mr^2$$

이 계는 동일한 질량의 두 개의 물체가 회전축으로부터 같은 거리만큼 떨어져 있기 때문에 각 물체에 대하여 $r = \ell$이고, 그 합은 다음과 같다.

$$I = \Sigma mr^2 = m\ell^2 + m\ell^2 = 2m\ell^2$$

막대의 질량을 무시하지 않는다면 지휘봉의 관성 모멘트를 계산하기 위해서는 막대의 관성 모멘트를 포함시켜야 한다.

앞에서 $I$가 질량 $m$에 대응하는 회전 운동에서의 물리량이라는 것을 설명하였다. 그러나 이들 둘 사이에는 중요한 차이점이 있다. 예를 들어, 질량은 물체의 내적인 성질이고 변하지 않는다. 하지만 **계의 관성 모멘트는 질량이 어떻게 분포되어 있는가에 달려 있고 회전축의 위치에 따라 달라진다.** 예제 8.7은 이 점을 설명하고 있다.

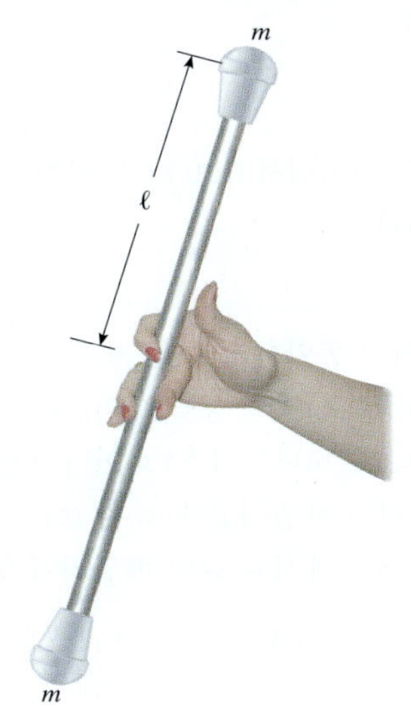


**그림 8.15** 길이가 2 $\ell$이고 질량이 2 m인 지휘봉(연결막대의 질량은 무시한다). 지휘봉 중앙을 통과하고 길이 방향에 수직한 축을 중심으로 하는 관성모멘트는 2 m$\ell^2$이다.

## 예제 8.7 고적대 지휘자

**목표** 관성 모멘트를 계산한다.

**문제** 하프타임 쇼에서 스타가 되기 위해서 한 고적대 지휘자가 네 개의 공이 가벼운 막대 끝에 고정된 독특한 지휘봉을 돌리고 있다(그림 8.16). 각 막대의 길이는 1.0 m이다. (a) 회전축은 페이지에 수직하고 막대기가 교차하는 지점을 통과한다. 이때 지휘봉의 관성 모멘트를 구하라. (b) 지휘자가 그림 8.17에 나온 것처럼 축 $OO'$을 중심으로 그녀의 독특한 지휘봉을 돌리려고 하고 있다. 이 축을 중심으로 한 지휘봉의 관성 모멘트를 계산하라.

**전략** 그림 8.16에서는 네 개의 공이 관성 모멘트 계산에 기여하고 있고, 그림 8.17에서는 새로운 축을 중심으로 왼쪽과 오른쪽에 있는 공 두 개가 계산에 포함된다. 기술적으로는 위쪽과 아래쪽에 있는 공들이 점 입자가 아니기 때문에 관성 모멘트를 조금 증가시킨다. 그러나 막대의 길이보다 공의 반지름이 매우 작기 때문에 관성 모멘트는 무시할 수 있다.

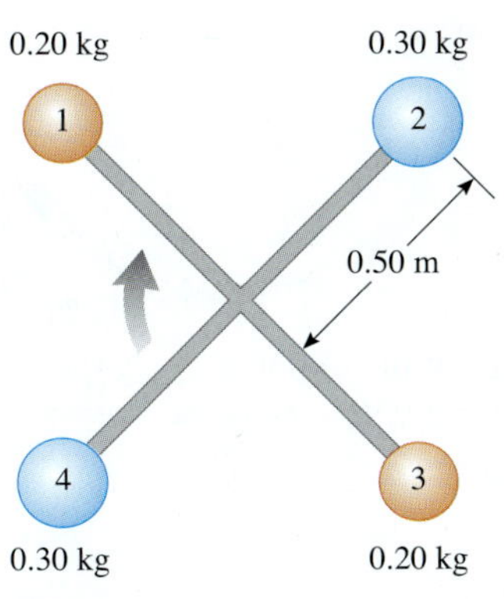


**그림 8.16** (예제 8.7a) 지면과 평행한 면 위에서 가벼운 막대로 연결된 4개의 공.

**풀이**

(a) 지휘봉이 그림 8.16과 같이 배열되어 있는 경우 관성 모멘트를 계산하라.

식 8.7을 적용하고 연결 막대의 질량은 무시한다.

$$I = \Sigma mr^2 = m_1r_1^2 + m_2r_2^2 + m_3r_3^2 + m_4r_4^2$$
$$= (0.20\text{ kg})(0.50\text{ m})^2 + (0.30\text{ kg})(0.50\text{ m})^2 + (0.20\text{ kg})(0.50\text{ m})^2 + (0.30\text{ kg})(0.50\text{ m})^2$$
$$I = \boxed{0.25\text{ kg}\cdot\text{m}^2}$$

(b) 그림 8.17과 같이 지휘봉이 위치한 경우 관성 모멘트를 계산하라.

식 8.7을 다시 적용하고 0.20 kg인 구의 반지름은 무시한다.

$$I = \Sigma mr^2 = m_1r_1^2 + m_2r_2^2 + m_3r_3^2 + m_4r_4^2$$
$$= (0.20\text{ kg})(0)^2 + (0.30\text{ kg})(0.50\text{ m})^2 + (0.20\text{ kg})(0)^2 + (0.30\text{ kg})(0.50\text{ m})^2$$
$$I = \boxed{0.15\text{ kg}\cdot\text{m}^2}$$

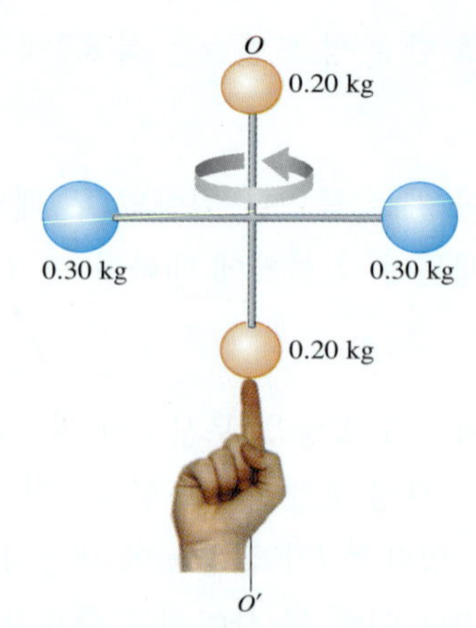


**그림 8.17** (예제 8.7b) 축 $OO'$에 대해 회전하는 두 개의 지휘봉.

**주의** (b)에서 0.20 kg인 구가 회전축에 위치해 있기 때문에 (a)에 비해 관성 모멘트는 더 작아진다.

**연습문제 8.7**

네 개의 동일한 질량을 가진 공을 가지고 또 하나의 이상한 지휘봉을 만들 수 있다. 공의 질량은 0.300 kg이고 공들은 이전과 마찬가지로 고정되어 있다. 이때 막대 하나의 길이는 1.00 m이고, 다른 하나는 1.50 m이다. 다음 경우에서 이 지휘봉의 관성 모멘트를 계산하라. (a) 그림 8.16처럼 배열되었을 경우; (b) 그림 8.17에서처럼 배열되어 있고 짧은 막대가 수직인 경우; (c) 그림 8.17에서와 같이 배열되어 있고 긴 막대가 수직인 경우.

**답** (a) 0.488 kg · m$^2$ (b) 0.338 kg · m$^2$ (c) 0.150 kg · m$^2$

## 크기를 가지는 물체의 관성 모멘트 계산

예제 8.7에 나온 관성 모멘트를 계산하는 방법은 작은 물체가 축을 중심으로 회전할 경우 간단한 방법을 제공한다. 물체가 구나 원기둥, 원뿔과 같이 크기를 가질 경우, 단순화시키는 대칭성을 가지지 않은 경우를 제외하고는 미적분을 이용하여야 한다. 아주 간단한 답으로 귀결되는 물체의 하나는 평면에 수직인 축을 중심으로 회전하는 고리로서 회전축은 그림 8.18에서와 같이 고리 중심을 통과하고 있다(자전거 타이어가 이 경우에 속한다).

**그림 8.18** 균질한 고리는 중심으로부터 같은 거리에 있는 작고 많은 토막으로 나눌 수 있다.

고리의 관성 모멘트를 계산하기 위해서 방정식 $I = \Sigma mr^2$을 사용할 수 있다. 고리 $M$의 질량은 $n$개의 작은 조각으로 나누어져 있다고 생각할 수 있다. 각 조각들은 그림 8.18에서처럼 $m_1, m_2, m_3, \cdots, m_n$의 질량을 가지며 $M = m_1 + m_2 + m_3 + \cdots m_n$이다. 이러한 접근 방식은 앞서 나온 예제에서 봉의 관성 모멘트를 계산하는 방식과 기본적으로 동일하다. 단지, 여기서는 4개의 질점 대신에 많은 수의 질점을 다루고 있을 뿐이다.

$I$에 대한 합을 표현하면 다음과 같다.

$$I = \Sigma mr^2 = m_1r_1^2 + m_2r_2^2 + m_3r_3^2 + \cdots m_nr_n^2$$

고리의 모든 조각들은 회전축으로부터 **동일한 거리** $R$만큼 떨어져 있으므로, 거리에 붙어 있는 아래첨자는 떼어낼 수 있고 $R^2$으로 묶어 낼 수 있다.

$$I = (m_1 + m_2 + m_3 + \cdots m_n)R^2 = MR^2 \quad [8.9]$$

이 표현은 모양이 고리 모양이고 회전축이 고리 평면에 수직이면서 고리 중심을 통과하는 물체의 관성 모멘트 계산에 사용할 수 있다. 단, 이 결과는 고리의 두께가 반지름에 비하여 상대적으로 작기 때문에 유효하다는 것을 주의해야 한다.

**TIP 8.3 관성 모멘트는 하나로 정해있지 않다.**
관성 모멘트는 질량과 유사하다. 그러나 중요한 차이점이 있다. 질량이 물체 고유의 성질인데 반해 관성 모멘트는 물체의 모양과 질량, 회전축의 선택에 따라 달라질 수 있다.

우리가 예제로 선택한 고리는 아주 간단한 계산을 통해 관성 모멘트에 대한 표현을 찾을 수 있는 드문 경우이다. 불행하게도 상당수의 크기를 가지는 물체의 계산은 훨씬 더 복잡한데, 이것은 질량 요소들이 축으로부터 같은 거리에 위치하지 않아서 적분을 사용해야 하기 때문이다. 표 8.1에는 증명 없이 보통 많이 사용되는 물체들에 대한 관성 모멘트의 계산 결과를 보이고 있다. 이 표를 이용해서 수록된 모양을 가지는 물체의 관성 모멘트를 계산할 수 있다.

**표 8.1** 균질의 물질로 구성된 다양한 강체의 관성 모멘트

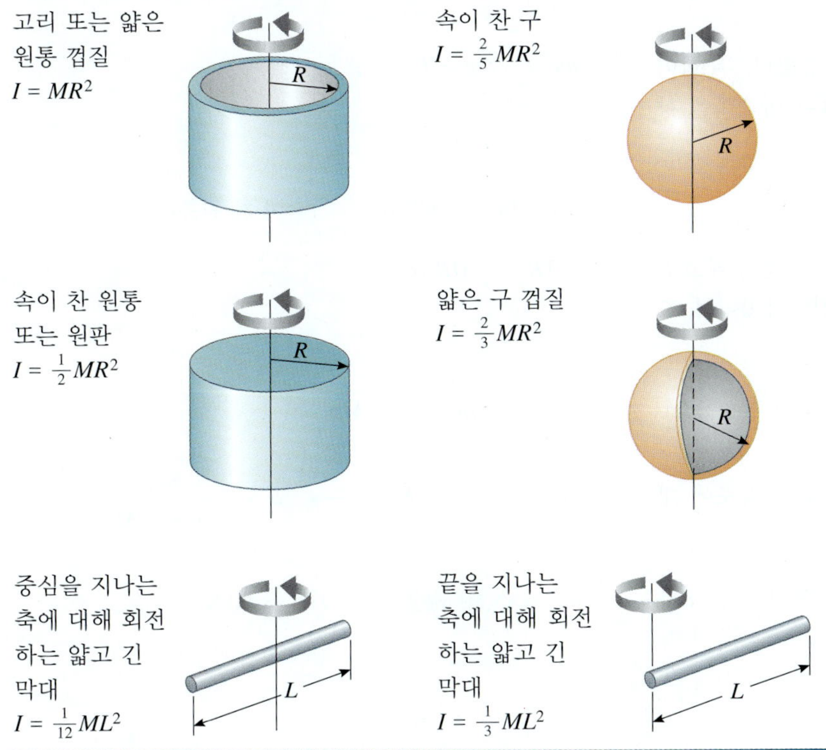


만약 물체에서 질량 요소가 회전축에 평행하게 재배치된다면 관성 모멘트는 변하지 않는다. 결과적으로 $I = MR^2$이란 표현은 자수 고리나 하수도 파이프의 관성 모멘트를 찾는 데 동일하게 사용될 수 있다. 마찬가지로, 경첩을 중심으로 회전하는 문의 관성 모멘트는 한쪽 끝을 중심으로 회전하는 가늘고 긴 막대기의 관성 모멘트와 같은 표현을 가지게 된다.

## 연관된 예제 8.8 떨어지는 두레박

**목표** 뉴턴 제2법칙을 회전형 버전과 결합하여 사용한다.

**문제** 우물로부터 물을 긷는 데 사용되는 딱딱하고 마찰이 없는 원통형 두레박의 무게는 $M = 3.00$ kg이고, 반지름은 $R = 0.400$ m이다(그림 8.19a). 무게 2.00 kg의 물통이 줄에 달려 있고 줄은 원통에 감겨져 있다. (a) 줄에 작용하는 장력 $T$를 구하고 물통의 가속도 $a$를 구하라. (b) 물통이 우물 위쪽에서 정지해 있다가 물에 닿기 전에 3.00 s 동안 떨어진다. 얼마의 거리를 떨어진 것인가?

**전략** 이 문제는 세 개의 방정식과 세 개의 미지수를 포함하고 있다. 세 개의 방정식은 도르래에 적용된 뉴턴의 제2법칙($ma = \Sigma F_i$), 원통에 적용된 뉴턴의 제2법칙의 회전형 버전($I\alpha = \Sigma \tau_i$), 선형 가속도와 각가속도 사이의 관계인 물통과 원통의 동역학을 연결하는 식($a = r\alpha$)이다. 세 개의 미지수는 물통의 가속도 $a$, 원통의 각가속도 $\alpha$, 줄의 장력 $T$이다. 세 방정식의 항으로부터 대입법으로 세 개의 미지수에 대하여 푼다. (b)는 운동학을 복습하는 것이다.

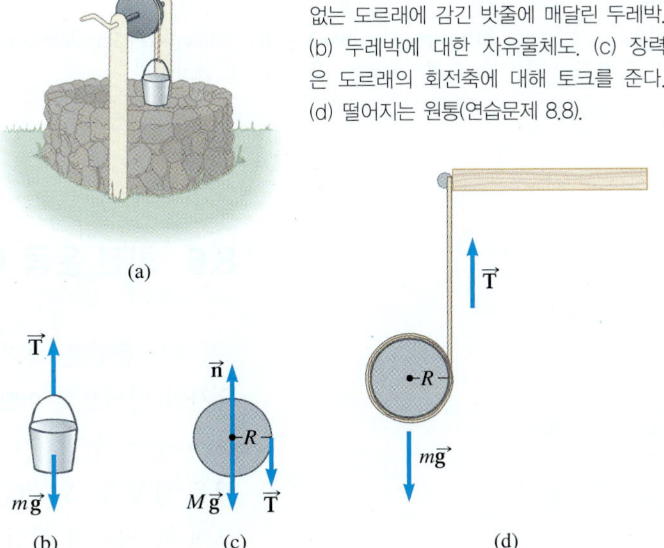


**그림 8.19** (연관된 예제 8.8) (a) 마찰이 없는 도르래에 감긴 밧줄에 매달린 두레박. (b) 두레박에 대한 자유물체도. (c) 장력은 도르래의 회전축에 대해 토크를 준다. (d) 떨어지는 원통(연습문제 8.8).

**풀이**

(a) 줄에 걸린 장력과 물통의 가속도를 구한다.

뉴턴의 제2법칙을 그림 8.19b의 두레박에 적용한다. 두 힘이 있는데, 장력 $\vec{\mathbf{T}}$는 위쪽으로 향하고 중력 $m\vec{\mathbf{g}}$는 아래쪽을 향한다.

$$ma = -mg + T \qquad (1)$$

$\tau = I\alpha$를 그림 8.19c의 두레박에 적용한다.

$$\Sigma\tau = I\alpha = \tfrac{1}{2}MR^2\alpha \qquad \text{(속이 찬 원통)}$$

각가속도 방향이 시계 방향이고 따라서 토크가 음의 부호임을 주의하라. 수직항력과 중력은 관성 팔의 길이가 0이며, 토크에 영향을 주지 않는다.

$$-TR = \tfrac{1}{2}MR^2\alpha \qquad (2)$$

$T$에 대해 풀고 $\alpha = a/R$를 대입한다($a$와 $\alpha$ 모두 음의 부호이다).

$$T = -\tfrac{1}{2}MR\alpha = -\tfrac{1}{2}Ma \qquad (3)$$

식 (3)에서 $T$에 대한 표현을 식 (1)에 대입하고 가속도에 대해서 푼다.

$$ma = -mg - \tfrac{1}{2}Ma \longrightarrow a = -\frac{mg}{m + \frac{1}{2}M}$$

$m$, $M$, 그리고 $g$에 대한 값을 대입하고 $a$값을 구한 다음, $a$를 식 (3)에 대입하여 $T$를 구한다.

$$a = \boxed{-5.60 \text{ m/s}^2} \qquad T = \boxed{8.40 \text{ N}}$$

(b) 물통이 3.00 s 동안 떨어지는 거리를 찾아라.

등가속도 운동에서 떨어지는 운동 방정식을 적용한다. 이때 $t = 3.00$ s이고 $v_0 = 0$이다.

$$\Delta y = v_0 t + \tfrac{1}{2}at^2 = -\tfrac{1}{2}(5.60 \text{ m/s}^2)(3.00 \text{ s})^2 = \boxed{-25.2 \text{ m}}$$

**주의** 부호를 적절히 다루는 것은 이 문제에서 매우 중요하다. 모든 부호는 초기에 정해져야 하고 수학적 물리적으로 검증해야 한다. 예를 들어 이 문제의 경우, 각가속도 $\alpha$와 가속도 $a$는 음의 부호이므로, $\alpha = a/R$가 적용된다. 만약 줄이 원통에 다른 방향으로 감겨져서 반 시계 방향으로 회전을 일으킬 경우, 토크는 양의 부호를 띠고, $\alpha = -a/R$인 관계를 가진다. 오른쪽에 음의 부호가 두 개있으므로 양의 부호가 되는데 이것은 왼쪽 가속도의 부호와 일치하게 된다.

**연습문제 8.8**

질량이 0.100 kg이고 반지름이 4.00 cm인 안이 빈 원통 표면에 그림 8.19d처럼 줄이 몇 번 감겨 있다. 줄이 단단한 지지대에 묶여 있고 원통이 정지 상태에서부터 떨어진다면, (a) 원통의 가속도와 (b) 줄이 1.00 m 풀린 후 원통의 속도를 구하라.

**답** (a) $-4.90$ m/s² (b) 3.13 m/s

**PhysicsNow™** **http://physics.brookscole.com/ecp**에서 PhysicsNow를 로그인하고 연관된 예제 8.8로 들어가라. 물체의 질량, 바퀴의 질량과 반지름을 바꾸어 가면서 이 계가 어떻게 움직이는지 관찰하라.

## 8.6 회전 운동 에너지

5장에서 공간을 속력 $v$로 움직이는 입자의 운동 에너지는 $\frac{1}{2}mv^2$이라고 정의하였다. 유사한 방식으로 **어떤 축을 중심으로 각속력 $\omega$로 회전하는 물체는 회전 운동 에너지는 $\frac{1}{2}I\omega^2$이다.** 이것을 증명하기 위해서 그림 8.20에 나온 것처럼 어떤 축을 중심으로 회전하는 얇은 강체 판 모양의 물체를 생각해 보자. 이 판은 많은 작은 입자들로 구성되어 있으며 각 입자의 질량은 $m$이다. 모든 입자들이 축을 중심으로 원형 경로를 회전한다.

만약 $r$이 회전축으로부터 입자들의 거리라고 하면, 그 입자의 속력은 $v = r\omega$이다. 판의 **전체** 운동 에너지는 각 입자들과 관련한 운동 에너지들의 합이기 때문에 다음과 같다.

$$KE_r = \Sigma(\tfrac{1}{2}mv^2) = \Sigma(\tfrac{1}{2}mr^2\omega^2) = \Sigma(\tfrac{1}{2}mr^2)\omega^2$$

마지막 단계에서 $\omega^2$ 항은 모든 입자에 대해 같으므로 공통 인수로 묶여져 나온다. 오른쪽 괄호에 있는 양은 판에 있는 입자들이 매우 작을 경우에 판의 관성 모멘트가 된다.

$$KE_r = \tfrac{1}{2}I\omega^2 \qquad [8.10]$$

여기서 $I = \Sigma mr^2$는 판의 관성 모멘트이다.

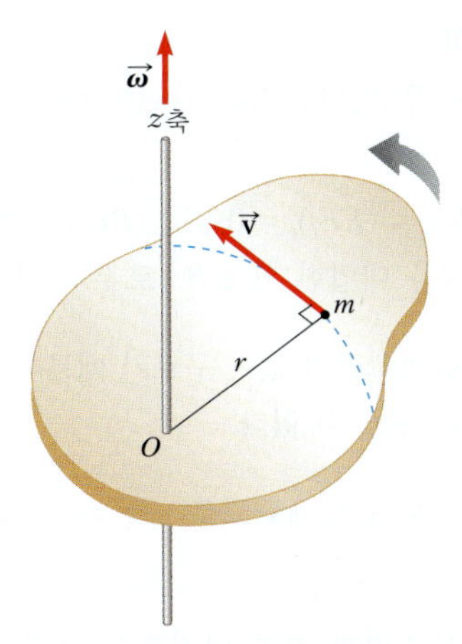


그림 8.20 각속도 $\omega$를 갖고, $z$축에 대해 회전하는 강체판. 질량 $m$에 대한 입자의 운동 에너지는 $\frac{1}{2}mv^2$이다. 물체의 총 운동 에너지는 $\frac{1}{2}I\omega^2$이다.

경사면을 굴러 내려가는 볼링공을 생각해 보자. 이 계는 세 가지 형태의 에너지, 즉 **중력 위치 에너지 $PE_g$, 병진 운동 에너지 $KE_t$, 회전 운동 에너지 $KE_r$**로 기술된다. 이런 형태의 모든 에너지들과 다른 보존력장의 위치 에너지들은 고립된 계의 역학적 에너지 보존을 위한 방정식에 포함시켜야 한다.

◀ 역학적 에너지의 보존

$$(KE_t + KE_r + PE)_i = (KE_t + KE_r + PE)_f \qquad [8.11]$$

여기서 $i$와 $f$는 초기 값과 최종 값을 의미하고, $PE$는 주어진 문제에서 보존력의 위치 에너지를 포함한다. 이 관계는 마찰력과 같은 소산력을 무시할 때만 성립한다. 이러한 경우에 일-에너지 정리의 일반화에 의존한다.

◀ 회전 운동 에너지에 일-에너지 정리가 포함된다.

$$W_{nc} = \Delta KE_t + \Delta KE_r + \Delta PE \qquad [8.12]$$

## 문제풀이 전략 에너지 풀이 방법과 회전

1. **관심 있는 두 개의 점을 선택한다.** 하나는 필요한 정보가 알려져 있고, 다른 하나 점에서는 찾으려는 정보가 있다.
2. 계에 작용하는 보존력 및 비보존력들을 **구별해낸다.**
3. 모든 힘들이 보존력이면 식 8.12와 식 8.11의 일반적인 **일-에너지 정리를 쓴다.**
4. 방정식에 나온 항들에 **일반적 표현들을 대입한다.**
5. **$v = r\omega$를 사용**하여 식에 나오는 $\omega$ 또는 $v$를 제거한다.
6. 미지수를 **푼다.**

### ☑ Checkpoint 8.2

진실인가 거짓인가: 회전하는 바퀴의 회전 운동 에너지를 두 배로 하려면 각속도를 두 배로 하여야 한다.

## 예제 8.9 경사를 구르는 공

**목표** 중력 에너지, 병진 에너지, 회전 에너지를 결합한다.

**문제** 질량이 $M$이고 반지름이 $R$인 공이 높이 2.00 m의 정지 상태에서 출발하여 그림 8.21과 같이 30.0° 의 경사면을 굴러 내려온다. 경사면을 떠날 때 공의 선형 속도는 얼마인가? 공이 미끄러짐 없이 구른다고 가정한다.

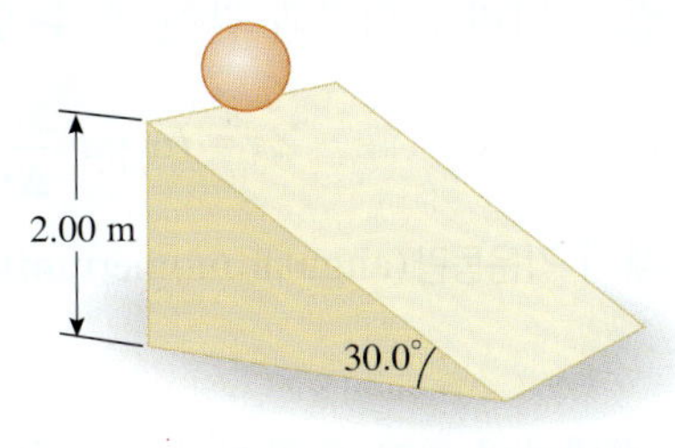


활용그림 8.21
(예제 8.9) 경사면의 꼭대기에서 공이 정지 상태로부터 미끄러짐 없이 바닥으로 구른다.

Physics Now™
**http://physics.brookscole.com/ecp**에서 PhysicsNow를 로그인하고 활용그림 8.9로 들어가라. 언덕을 구르는 물체의 모양에 따라 최종 속력이 어떻게 변하는지 살펴보자.

**전략** 중요한 두 지점은 경사의 위쪽과 아래쪽 지점이다. 아래 지점은 중력 에너지가 0으로 작용한다. 정지 마찰력 힘은 병진 운동 에너지를 에너지 소모 없이 회전 운동 에너지로 전환한다. 따라서 에너지는 보존되고 식 8.11은 적용될 수 있다.

**풀이**

중력 위치 에너지와 관련된 에너지 보존법칙 $PE = PE_g$를 적용한다.

$$(KE_t + KE_r + PE_g)_i = (KE_t + KE_r + PE_g)_f$$

$(KE_t)_i = (KE_r)_i = 0$이고 $(PE_g)_f = 0$임을 주의하면서 적절한 일반 표현을 대입한다(표 8.1로부터 공의 관성 모멘트를 구한다).

$$0 + 0 + Mgh = \tfrac{1}{2}Mv^2 + \tfrac{1}{2}(\tfrac{2}{5}MR^2)\omega^2 + 0$$

공이 미끄러짐 없이 구르기 때문에 '미끄러짐 없음' 조건인 $R\omega = v$가 적용될 수 있다.

$$Mgh = \tfrac{1}{2}Mv^2 + \tfrac{1}{5}Mv^2 = \tfrac{7}{10}Mv^2$$

$M$이 서로 상쇄되므로 $v$를 풀 수 있다.

$$v = \sqrt{\frac{10\,gh}{7}} = \sqrt{\frac{10(9.80\text{ m/s}^2)(2.00\text{ m})}{7}} = \boxed{5.29\text{ m/s}}$$

**연습문제 8.9**

같은 질량과 같은 반지름을 가지는 속이 찬 원기둥을 위의 문제에 있는 공과 같은 높이에서 떨어뜨렸다. 두 물체를 경사면에서 동시에 떨어뜨리면 어느 것이 먼저 아래에 도착하는가?

**답** $v = \sqrt{4gh/3} = 5.11$ m/s; 공이 먼저 도착한다.

**Quick Quiz 8.4**

같은 질량과 반지름을 가진 속이 빈 구와 속이 찬 구가 그들의 중심을 지나는 축에 대하여 동일한 각속력으로 회전한다. 어떤 구의 회전 운동 에너지가 더 크겠는가? (a) 속이 빈 구, (b) 속이 찬 구, (c) 같은 운동 에너지를 가진다.

**Quick Quiz 8.5**

어떤 것이 바닥에 먼저 도착할까? (a) 경사 A에서 미끄러짐 없이 구르는 공, (b) 경사 A에서 미끄러짐 없이 구르는 속이 찬 원통, (c) 마찰이 없고 A와 같은 크기의 경사 B를 미끄러져 내려오는 공과 같은 질량을 가진 상자. 경사의 꼭대기에서 정지 상태에서 출발한다고 가정한다.

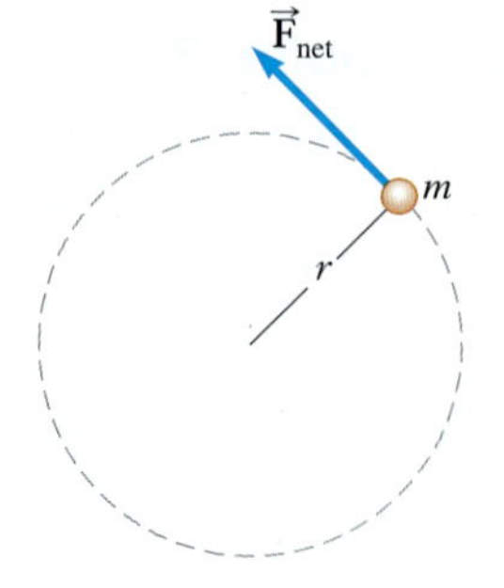

**그림 8.22** 일정한 토크 아래서 원 운동하는 질량 $m$인 물체.

## 8.7 각운동량

그림 8.22에서 질량 $m$의 물체는 알짜 힘 $\vec{\mathbf{F}}_{\text{net}}$를 받으면서 반지름 $r$의 궤도를 회전한다. 물체에 작용하는 알짜 토크는 각속도를 시간 간격 $\Delta t$ 내에 $\omega_0$로부터 $\omega$까지 증가시킨다. 따라서 다음과 같이 쓸 수 있다.

$$\Sigma\tau = I\alpha = I\frac{\Delta\omega}{\Delta t} = I\left(\frac{\omega - \omega_0}{\Delta t}\right) = \frac{I\omega - I\omega_0}{\Delta t}$$

물체의 **각운동량**(angular momertum)을

각운동량의 정의 ▶

$$L \equiv I\omega \qquad [8.13]$$

로 정의하면 다음과 같이 쓸 수 있다.

$$\Sigma\tau = \frac{\text{각운동량의 변화}}{\text{시간 간격}} = \frac{\Delta L}{\Delta t} \qquad [8.14]$$

식 8.14는 $F = \Delta p/\Delta t$ 형태로 나타내는 뉴턴의 제2법칙에 해당하는 회전형 버전이다. 이 식은 **물체에 작용하는 알짜 토크의 크기는 물체 각운동량의 시간 변화율과 같다**는 것을 말한다. 이 방정식은 충격-운동 정리와 유사하다.

한 계에 작용하는 외부 알짜 토크($\Sigma\tau$)가 0이면 식 8.14는 $\Delta L/\Delta t = 0$이고, 이 계에서 각운동량의 시간 변화율은 0이다. 이때 다음과 같은 중요한 결과를 얻을 수 있다.

◀ 각운동량의 보존

$L_i$와 $L_f$는 서로 다른 두 시간에서 측정한 각운동량이다. 외부 알짜 토크의 합이 없으므로 $\Sigma\tau = 0$이라고 가정하면,

$$L_i = L_f \qquad [8.15]$$

이고 각운동량은 보존된다고 한다.

식 8.15는 **각운동량 보존**(conservation of angular momentum)이라는 법칙으로 기존의 법칙에 세 번째 보존법칙으로 추가된다. 이제 **고립된 계의 역학적 에너지, 선형 운동량, 각운동량이 상수로 일정하다**고 말할 수 있다. 고립된 회전 계의 관성 모멘트가 변하면 계의 각속도는 변한다. 각운동량 보존은 다음 사항을 요구한다.

$$I_i\omega_i = I_f\omega_f \text{일 때} \quad \Sigma\tau = 0 \qquad [8.16]$$

각운동량 보존은 원자나 분자뿐 아니라 행성과 사람들과 같은 거시 물체에도 적용된다. 각운동량 보존의 많은 예가 있는데, 가장 극적인 예 중 하나는 피날레에서 회전하는 피겨스케이트 선수의 연기이다. 그림 8.23a에서 스케이트 선수는 팔과 다리를 몸 쪽으로 당기면서 회전축으로부터 팔이나 다리의 거리를 줄인다. 이런 방식으로 관성 모멘트를 줄이는 것이다. 각운동량 보존에 의해서 관성 모멘트가 줄어들게 되면 각속도는 증가하게 된다. 그림 8.23b에서처럼 회전으로부터 벗어나기 위해서는 각속도를 줄일 필요가 있고, 따라서 피겨스케이트 선수는 팔과 다리를 다시 뻗으며 관성 모멘트를 증가시키고 회전 속도를 감소시킨다.

**APPLICATION**

피겨스케이트

(a)

(b)

© Benson Krista hicks/Corbis Sygma

**그림 8.23** 미셸 콴(Michelle Kwan)은 그녀의 관성 모멘트를 조절한다. (a) 그녀의 팔과 다리를 당겨서 관성 모멘트를 줄이고 각속도(회전율)를 증가시킨다. (b) 회전을 멈추기 위해서 그녀의 팔과 다리를 뻗어 관성 모멘트를 증가시키고 회전 속도를 늦춘다.

**APPLICATION**
공중제비

몸을 밀착하여 구부림으로써, 다이버는 자신의 관성모멘트를 감소시키고 각속도를 증가시킨다.

같은 방식으로 다이빙 선수나 곡예사가 몇 번의 공중회전을 할 때, 선수는 손이나 발을 몸통 가까이 붙이려고 노력하는데 이것은 더 큰 각속도를 내기 위해서 이다. 이 경우에 중력에 의한 외부 힘은 선수의 무게 중심에 작용하기 때문에 무게 중심을 회전 중심으로 한 각운동량은 보존된다. 예를 들어 선수가 각속도를 두 배로 하기 위해서는 선수는 관성 모멘트를 처음 값의 절반으로 줄여야 한다.

**Quick Quiz 8.6**

만약 지구 온난화가 계속된다면 극지방의 만년설이 녹은 물이 적도 근처에까지 다다를 것이다. 만약 이런 일이 일어난다면 하루의 길이(한 번 회전하는 시간)는 (a) 길어진다, (b) 짧아진다, (c) 같다.

**예제 8.10 회전의자**

**목표** 각운동량 보존을 간단한 계에 적용한다.

**문제** 한 학생이 회전의자에 앉아서 한 쌍의 아령을 들고 있다(그림 8.24). 의자는 수직 축을 중심으로 자유롭게 돌 수 있고 마찰은 무시할 수 있다. 학생과 아령 그리고 의자의 관성 모멘트는 2.25 kg · m$^2$이다. 학생이 팔을 뻗은 체 회전을 시작하면 한 바퀴 도는 데 1.26 s 걸린다. (a) 계의 초기 각속도는 얼마인가? (b) 학생이 회전하면서 아령을 안쪽으로 잡아당겨서 계(학생, 의자, 아령)의 새로운 관성 모멘트가 1.80 kg · m$^2$가 되었다. 계의 새로운 각속도는 얼마인가? (c) 아령을 끌어당기면서 학생이 계에 한 일은 얼마인가? (근육에서 소모된 에너지는 무시한다.)

**그림 8.24** (예제 8.10) (a) 한 학생이 아령을 쥐고 팔을 펼친 채로 초기 각속도로 회전하고 있다. (b) 아령을 안쪽으로 끌어당기면 각속도가 증가한다.

**풀이**

(a) 계의 초기 각속도를 구하라.

주파수를 얻기 위해서 주기에 역수를 취하고 $2\pi$를 곱한다.

$$\omega_i = 2\pi f = 2\pi/T = \boxed{4.99\ \text{rad/s}}$$

(b) 아령을 안으로 끌어당긴 후에 계의 새로운 각속도를 구하라.

시스템의 초기와 나중 각운동량을 같다고 놓는다.

$$L_i = L_f \longrightarrow I_i\omega_i = I_f\omega_f \qquad (1)$$

대입해서 최종 각속도인 $\omega_f$를 구한다.

$$(2.25\ \text{kg}\cdot\text{m}^2)(4.99\ \text{rad/s}) = (1.80\ \text{kg}\cdot\text{m}^2)\omega_f \qquad (2)$$

$$\omega_f = \boxed{6.24\ \text{rad/s}}$$

(c) 학생이 계에 한 일을 계산한다.

일-에너지 정리를 적용한다.

$$W_{\text{student}} = \Delta K_r = \tfrac{1}{2}I_f\omega_f^2 - \tfrac{1}{2}I_i\omega_i^2$$

$$= \tfrac{1}{2}(1.80\ \text{kg}\cdot\text{m}^2)(6.24\ \text{rad/s})^2 - \tfrac{1}{2}(2.25\ \text{kg}\cdot\text{m}^2)(4.99\ \text{rad/s})^2$$

$$W_{\text{student}} = \boxed{7.03\ \text{J}}$$

**주의** 계의 각속도가 보존됨에도 불구하고 학생이 계에 일을 했기 때문에 기계적인 에너지는 보존되지 않는다.

**연습문제 8.10**

반지름이 $1.0 \times 10^8$ m이고 주기가 30.0일인 별이 갑자기 반지름이 $1.0 \times 10^4$ m인 별로 수축하였다. (a) 수축 후 회전 주기를 구하라. (b) 별의 질량이 $2.0 \times 10^{30}$ kg일 경우 수축 도중 중력에 의해 한 일은 얼마인가? (c) 수축한 별의 적도에 서 있는 사람의 속도는 얼마인가? (상대론적 효과와 열 효과를 무시하고, 별은 수축 전후에 구형이라고 가정한다.)

**답** (a) $2.6 \times 10^{-2}$ s (b) $2.3 \times 10^{42}$ J (c) $2.4 \times 10^6$ m/s

## 요약

**Physics Now™** **http://physics.brookscole.com/ecp**에서 PhysicsNow를 로그인하고 이 장에 대한 Pre-Test link를 클릭하여 연습문제 시험을 보라.

### 8.1 토크

$\vec{\mathbf{F}}$를 물체에 작용하는 힘이라고 하고 $\vec{\mathbf{r}}$을 정해진 점 $O$로부터 힘의 작용점까지 연결한 위치벡터라고 하자. 힘 $\vec{\mathbf{F}}$에 의한 토크 $\vec{\tau}$의 크기는 다음과 같다.

$$\tau = rF \sin \theta \qquad [8.2]$$

여기서 $r$은 위치벡터의 길이이고, $F$는 힘의 크기, $\theta$는 $\vec{\mathbf{F}}$와 $\vec{\mathbf{r}}$ 사이의 각도이다.

$d = r \sin \theta$는 힘의 **지렛대 팔**이라고 한다.

### 8.2 토크와 두 개의 평형 조건

역학적 평형 상태에 있는 물체는 다음 두 조건을 만족해야 한다.

**1.** 외부 알짜 힘은 0이다. $\Sigma\vec{\mathbf{F}} = 0$

**2.** 외부 알짜 토크는 0이다. $\Sigma\vec{\tau} = 0$

이 두 조건은 평면에서 회전을 포함한 문제를 푸는 데 사용되며 세 개의 방정식과 세 개의 미지수를 만든다. 처음 조건에서 두 개의 방정식이 나오고(힘의 $x$, $y$ 성분), 토크에 관한 두 번째 조건에서 하나의 방정식이 나온다. 이 방정식을 연립하여 풀 수 있다.

### 8.5 토크와 각가속도 사이의 관계

입자의 집합에 대한 **관성 모멘트**는 다음과 같다.

$$I \equiv \Sigma mr^2 \qquad [8.7]$$

고정된 축을 중심으로 자유롭게 회전하는 강체가 외부 알짜 토크 $\Sigma\tau$를 받고 있으면, 물체는 각가속도 $\alpha$를 가지게 된다.

$$\Sigma\tau = I\alpha \qquad [8.8]$$

이 방정식은 운동의 제2법칙에 해당하는 회전형 버전이다.

식 8.8과 뉴턴의 제2법칙을 함께 사용하고 방정식들을 연립하여 풀면 문제들을 해결할 수 있다. $a = r\alpha$는 병진 운동 방정식과 회전 운동 방정식을 연결한 관계이다.

### 8.6 회전 운동 에너지

강체가 각속도 $\omega$를 가지고 회전하면 **회전 운동 에너지**는 다음과 같다.

$$KE_r \equiv \tfrac{1}{2}I\omega^2 \qquad [8.10]$$

여기서 $I$는 회전축을 중심으로 한 관성 모멘트이다.

회전을 포함하는 계는 세 형태의 에너지, 즉 위치 에너지 $PE$, 병진 운동 에너지 $KE_t$, 회전 운동 에너지 $KE_r$로 기술된다. 이러한 형태의 모든 에너지는 고립계의 역학적 에너지 보존 방정식에 포함되어야 한다.

$$(KE_t + KE_r + PE)_i = (KE_t + KE_r + PE)_f \qquad [8.11]$$

여기서 $i$와 $f$는 처음 값과 나중 값을 각각 의미한다. 비보존력이 존재할 때는 일-에너지 정리의 일반화를 사용할 필요가 있다.

$$W_{nc} = \Delta KE_t + \Delta KE_r + \Delta PE \qquad [8.12]$$

### 8.7 각운동량

회전하는 물체의 **각운동량**은 다음과 같이 주어진다.

$$L \equiv I\omega \qquad [8.13]$$

각운동량은 다음 방정식에 의해서 토크와 관련된다.

$$\Sigma\tau = \frac{\text{각운동량의 변화}}{\text{시간 간격}} = \frac{\Delta L}{\Delta t} \qquad [8.14]$$

만약 계에 작용하는 알짜 외부 토크가 0이면, 계의 전체 각운동량은 일정하고 보존된다.

$$L_i = L_f \qquad [8.15]$$

문제풀이는 보통 다음 표현에 대입하고 미지수에 대해 푼다.

$$I_i\omega_i = I_f\omega_f \qquad [8.16]$$

## 개념 파악을 위한 질문

**1.** 왜 뒤꿈치를 벽에 단단히 붙이면 넘어지지 않고 몸을 앞으로 구부릴 수 없는가?

**3.** 토크와 일은 모두 힘과 거리의 곱이다. 이 둘은 어떻게 다른가? 이들은 같은 단위를 가지는가?

**5.** 힘이 하나만 있어도 물체는 평형 상태에 있을 수 있는가? 만약 그렇다면 결론을 지지해 줄만한 예를 하나 들어 보라.

**7.** 별들은 천천히 회전하는 거대한 가스로부터 출발한다. 중력으로 인해 이 가스 덩어리는 크기가 천천히 줄어든다. 수축함에 따라 별의 각속도는 어떻게 되는가? 설명하라.

**9.** 테이프 녹음기에서 테이프는 읽기 쓰기 헤드를 지나서 당겨진다. 이때 구동방식에 의하여 테이프가 지나가는 속도는 일정하다. 테이프가 당겨지는 릴을 생각해 보자. 테이프가 당겨질 때, 나머지 테이프 롤의 반지름은 줄어든다. 릴에 작용하는 토크는 시간에 따라 어떻게 변하는가? 릴의 각속도는 시간에 따라 어떻게 변하는가? 테이프가 갑자기 구동되면 테이프는 큰 힘으로 당겨진다. 테이프가 거의 끊어지는 경우는 다 감긴 릴에서 일어나는가 아니면 거의 빈 릴에서 일어나는가?

**11.** 쥐가 마찰이 없는 축에 놓여 있는 수평 회전대에 정지해 있다. 쥐가 회전대 가장자리를 시계 방향으로 움직이기 시작한다면 회전대는 어떻게 되는가? 설명하라.

**13.** 사다리가 벽에 경사지게 놓여 있다. 바닥이 미끄럽고 벽이 거친 것이 안전한가? 바닥이 거칠고 벽이 미끄러운 것이 안전한가? 답을 정당화하라.

## 문제

1, 2, 3 = 기본문제, 발전문제, 심화문제

□ = 학생 문제풀이 매뉴얼/학습 가이드 속에 전체 문제풀이가 있다.

Physics Now™ **http://physics.brookscole.com/ecp**에서 힌트를 받을 수 있는 문제

= 생물의학 문제

### 8.1 토크

**1.** 만약 펑크 난 자동차 타이어의 너트를 분리하기 위해 40.0 N·m 크기의 토크가 요구된다면, 이 일을 하기 위해 30.0 cm 렌치 끝에 수리공이 얼마의 힘을 가해야 하는가?

**3.** 그림 P8.3의 다음 축을 중심으로 한 막대기에 작용하는 알짜 토크(크기와 방향)를 계산하라. (a) 페이지에 수직하고 *O*를 통과하는 축, (b) 페이지에 수직하고 *C*를 통과하는 축.

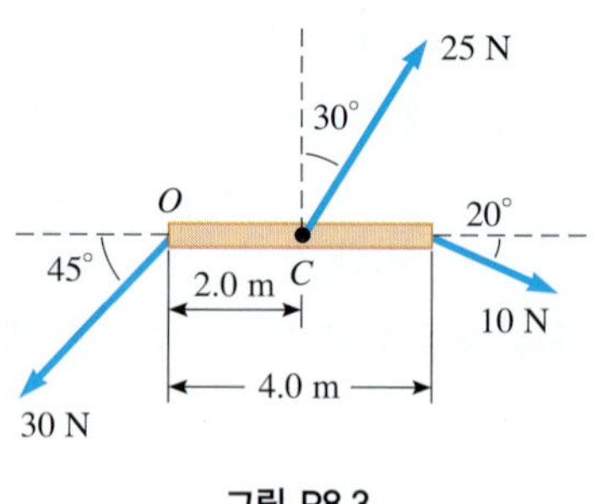


그림 P8.3

**5.** 중심축에 연결된 2.0 m 길이의 실 끝에 매달린 3.0 kg의 작은 물체의 단진자가 있다. 실이 수직에서 5.0° 각도를 이룰 때 중력에 의한 토크의 크기를 계산하라.

### 8.2 토크와 평형을 위한 두 가지 조건

### 8.3 무게 중심

### 8.4 평형을 이룬 물체들의 예

**7.** 그림 P8.7의 팔의 무게는 41.5 N이다. 팔의 점 *A*에 중력이 가해진다. 팔을 그림처럼 유지시키기 위해 필요한 삼각근의 장력 $\vec{F}_t$의 크기와 팔을 유지하기 위해 상박골(어깨에서 팔꿈치까지의 뼈)에 작용하는 힘 $\vec{F}_s$를 결정하라.

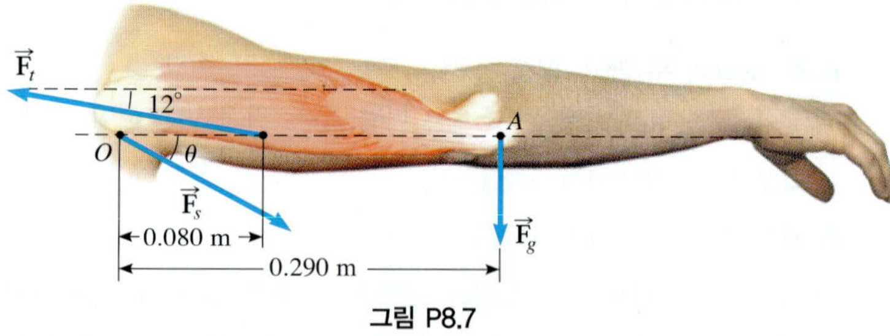


그림 P8.7

**9.** 요리사가 팔 끝에 2.00 kg의 우유팩을 들고 있다(그림 P8.9). 이두박근이 가하는 힘 $\vec{F}_B$는 얼마인가? (팔뚝의 무게는 무시하라.)

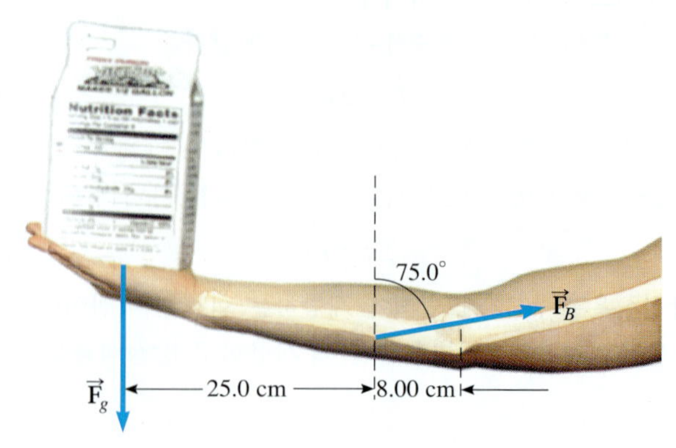


그림 P8.9

11. 그림 P8.11과 같이 8.00 ft × 4.00 ft의 균일한 합판에서 위 오른쪽의 사분의 일 면을 제거한 후에 무게 중심의 $x$축과 $y$축 좌표를 찾아라.

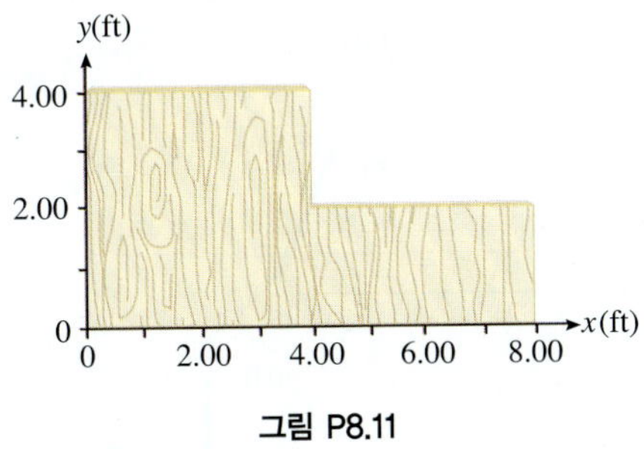


**그림 P8.11**

13. 철봉 경기의 많은 요소들은 그림 P8.13a와 같이 선수를 팔, 몸통(머리를 포함하여), 대퇴부, 종아리로 표현하여 모델링된다. 특정 운동선수의 관성 요소는 다음과 같다.

| 요소 | 질량 (kg) | 길이 (m) | $r_{cg}$ (m) | $I$ (kg-m$^2$) |
|---|---|---|---|---|
| 팔 | 6.87 | 0.548 | 0.239 | 0.205 |
| 몸통 | 33.57 | 0.601 | 0.337 | 1.610 |
| 대퇴부 | 14.07 | 0.374 | 0.151 | 0.173 |
| 종아리 | 7.54 | — | 0.227 | 0.164 |

그림 P8.13a에서 $r_{cg}$는 철봉에서 가장 가까운 거리에 있는 관절로부터 무게 중심까지의 거리이고, 팔과 허벅지, 다리는 양쪽 부속지를 포함하고 있다. $I$는 각 무게 중심으로부터의 관성 모멘트이다. 그림 P8.13b와 P8.13c에서 보이는 두 가지 위치에 있는 운동선수의 무게 중심과 철봉 사이의 거리를 결정하라.

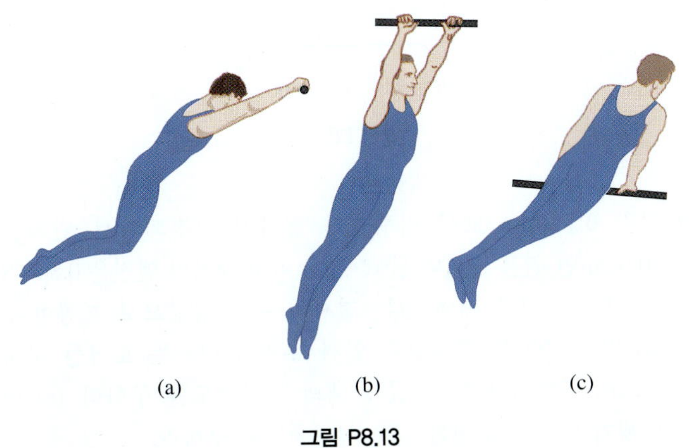


**그림 P8.13**

15. 물건을 "무릎을 써서"보다 "허리를 써서" 들기 위해 앞으로 구부리는 사람은 근육과 척추에 가해지는 큰 힘 때문에 다칠 수 있다. 척추는 5번 째 척추뼈에서 주로 회전할 수 있고, 주요한 지지력은 등에 있는 등뼈 근육에 의해 제공된다. 관련된 힘의 크기를 알고, 왜 사람들이 허리에 문제를 많이 가지는지 이해하기 위해, 그림 P8.15b와 같은 모델을 고려해 보자. 여기서 사람은 200 N의 물건을 들어올리려고 앞으로 굽히고 있다. 등뼈와 상체를 등뼈 아래에서 회전 가능한 무게 350 N의 균일한 수평 막대로 나타낸다. 등뼈를 따라 2/3 올라간 지점에 부착된 등뼈 근육은 등의 위치를 유지한다. 척추와 이 근육의 각도는 12.0°이다. 등 근육에 작용하는 장력과 척추에 작용하는 압축력을 구하라.

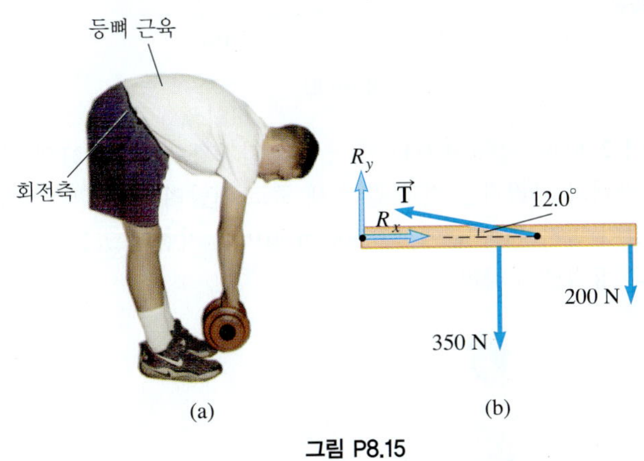


**그림 P8.15**

17. 500 N, 폭 4.00 m, 높이 3.00 m의 균일한 직사각형의 표지판이 그림 P8.17에서처럼 수평이고 길이 6.00 m, 100 N인 균일한 막대에 매달려 있다. 장대의 왼쪽은 경첩에 의해 매달려 있고, 오른쪽 끝은 가는 줄로 수직과 30.0° 각도로 매달려 있다. (a) 줄의 장력 $T$를 구하라. (b) 경첩이 막대의 왼쪽 끝에 가하는 힘의 수평과 수직 성분을 구하라.

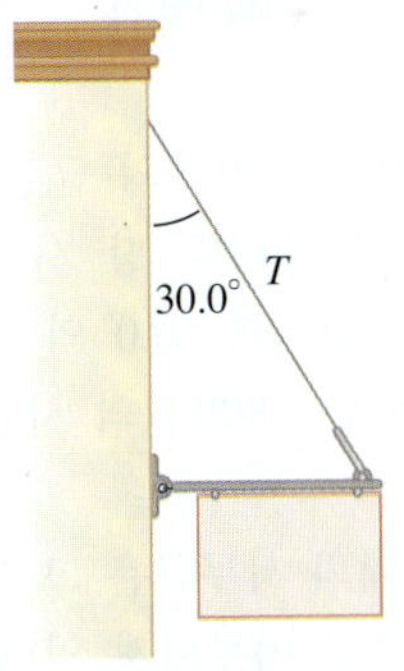


**그림 P8.17**

19. 씹기 근육인 교근은 사람 몸의 가장 강한 근육 중 하나이다. 이것은 그림 P8.19a와 같이 아래 턱뼈에 붙어 있다. 이 턱뼈는 귀 구멍 바로 앞의 홈을 중심으로 회전할 수 있다. 턱뼈에 작용하는 힘들은 그림 P8.19b에 나온 것과 같은 구부러진 막대에 작용하는 힘과 동일하다. $\vec{F}_c$는 턱뼈에 의해 씹히는 음식이 가하는 힘이다. $\vec{T}$는 교근 안의 장력이고, $\vec{R}$은 아래 턱뼈 위의 홈이 가하는 힘이다. 50.0 N의 힘으로 스테이크 조각을 먹을 경우 $\vec{T}$와 $\vec{R}$을 구하라.

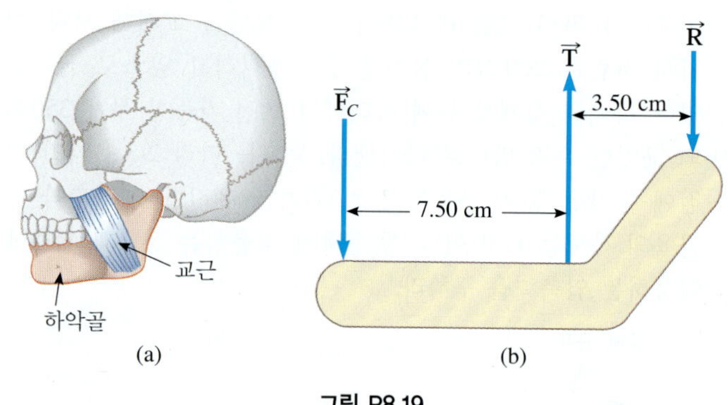


그림 P8.19

**21.** 길이 2.00 m, 질량 30.0 kg인 균일한 판자가 그림 P8.21의 파란 벡터가 가리키는 것과 같이 세 줄로 매달려 있다. 700 N의 사람이 판자 왼쪽 끝에서 0.500 m 떨어진 지점에 있을 때 각 줄의 장력을 구하라.

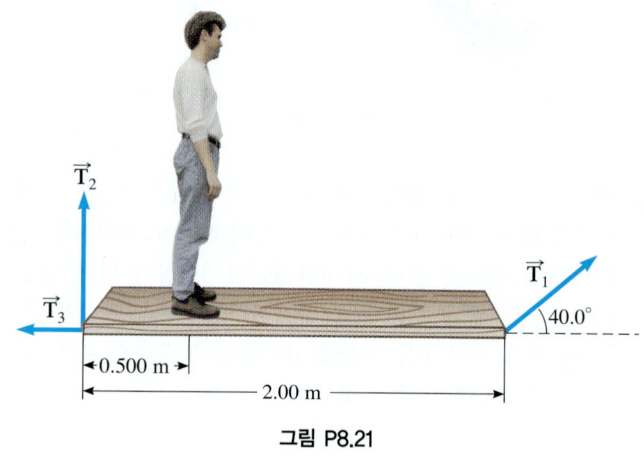


그림 P8.21

**23.** Physics Now™ 8.00 m, 200 N의 균질한 사다리가 부드러운 벽에 기대어 있다. 사다리와 땅 사이의 정지 마찰계수는 0.600이고, 사다리는 바닥과 50.0°의 각을 이루고 있다. 사다리가 미끄러지기 전까지 800 N의 사람이 얼마나 높이 올라갈 수 있겠는가?

**25.** 대퇴부에 있는 큰 대퇴 사두근은 그 아래 부분이 경골 위쪽 끝에 붙어 있는 힘줄로 이루어져 있다(그림 P8.25a). 종아리의 힘은 다리를 뻗을 때 그림 P8.25b와 같이 모델링을 할 수 있다. $\vec{T}$는 힘줄의 장력, $\vec{w}$는 종아리에 작용하는 중력, $\vec{F}$는 발에 작용하는 중력이다. 힘줄이 경골과 25.0°를 이루고, $w$ = 30.0 N, $F$ = 12.5 N, 그리고 다리가 수직과 40.0°를 이룰 때 $\vec{T}$를 구하라. 종아리의 무게 중심이 종아리의 중심이고, 힘줄이 종아리에서 내려가는 1/5 지점에 붙어 있다고 가정하라.

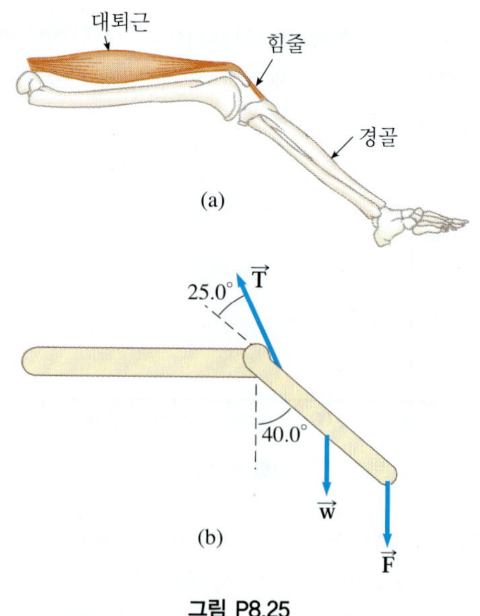


그림 P8.25

## 8.5 토크와 각가속도의 관계

**27.** 그림 P8.27과 같이 가벼운 막대가 직사각형 각 끝 부분에 있는 네 물체를 잡고 있다. (a) $x$축, (b) $y$축, (c) 페이지에 수직이고 $O$를 통과하는 축에 대한 계의 관성 모멘트를 구하라.

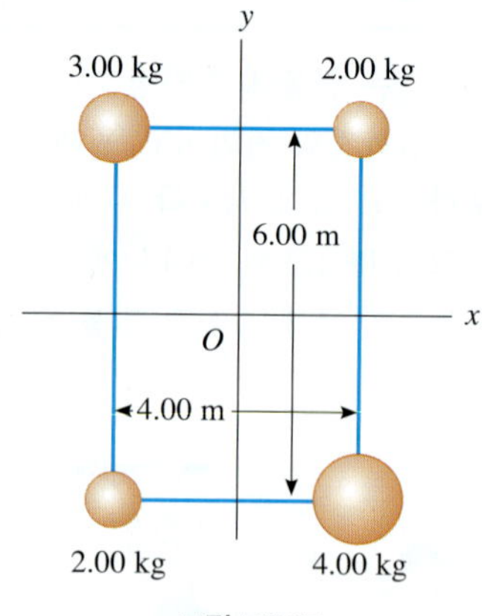


그림 P8.27

**29.** 질량 0.750 kg 모형 비행기가 철사에 고정되어서, 반지름 30.0 cm인 원을 그리며 날고 있다. 이 비행기의 엔진은 0.800 N의 알짜 추력을 매여 있는 철사의 수직 방향으로 제공한다. (a) 원의 중앙을 중심으로 알짜 추력이 만드는 토크를 구하라. (b) 비행기가 날고 있을 때의 각가속도를 구하라. (c) 이 비행기의 경로에 대한 접선 선가속도를 구하라.

**31.** 한 원통형 낚시 릴의 관성 모멘트가 $I = 6.8 \times 10^{-4}$ kg·m²이고 반지름이 4.0 cm이다. 만약 물고기가 낚시 줄을 당긴다면 낚시 릴 클러치의 마찰은 1.3 N·m 크기의 반대 방향 토크를 발생한다. 물고기가 미끼를 물었을 때, 릴이 각가속도 66 rad/s²으로 회전하기 시작한다. (a) 물고기가 줄에 가하는 힘은 얼마인가? (b) 0.50 s에 얼마나 많은 줄이 풀리겠는가?

33. 150 kg, 반지름 1.50 m인 균질한 고체 수평 원판 형태의 회전목마 둘레를 줄로 감고, 줄을 당겨 움직이기 시작했다. 회전목마가 정지 상태에서 2.00 s 후에 0.500 rev/s의 각속도에 도달하기 위해서는 얼마나 큰 일정한 힘이 가해져야 하는가?

## 8.6 회전 운동 에너지

35. 10.0 kg의 원통이 거친 표면에서 미끄러짐 없이 굴러간다. 무게 중심의 속도가 10.0 m/s 인 순간에 (a) 원통 무게 중심의 병진 운동 에너지, (b) 무게 중심을 중심으로 한 회전 운동 에너지, (c) 전체 운동 에너지를 구하라.

37. 무게 800 N, 반지름 1.50 m인 수평 회전목마가 회전목마의 접선 방향으로 일정하게 작용하는 수평력 50.0 N에 의해 회전된다. 3.00 s 후에 회전목마의 운동 에너지를 구하라. (회전목마를 고체 원통으로 가정하라.)

39. 그림 P8.39의 팽이는 $4.00 \times 10^{-4}$ kg·m$^2$의 관성 모멘트를 가지고 있고, 처음에는 정지해 있다. 팽이가 $AA'$ 축으로 자유 회전한다. 팽이의 축을 따라 나와 있는 말뚝 주위에 감겨 있는 실을 5.57 N의 장력으로 일정하게 유지하면서 잡아당긴다. 만약 말뚝 주위의 실이 미끄러지지 않는다고 가정하면 80.0 cm의 실을 말뚝에서 잡아당겼을 때 팽이의 각속도는 얼마인가? [힌트: 가해진 일을 생각하라.]

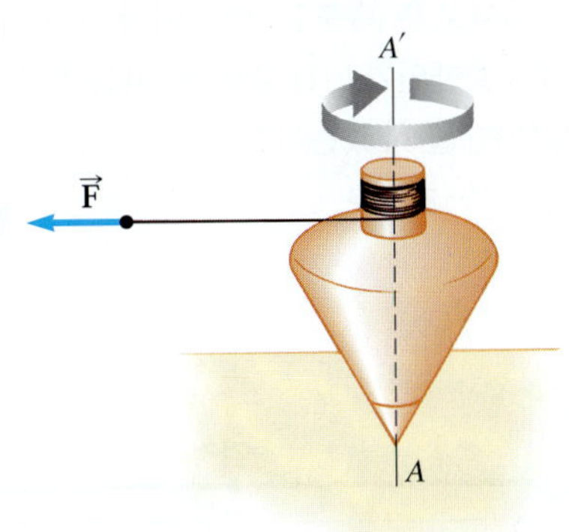


그림 P8.39

## 8.7 각운동량

41. 가볍고 단단한 1.00 m 길이의 막대가 그림 P8.41과 같이 막대의 중앙을 통과하며 길이에 수직한 축을 중심으로 회전한다. 질량이 4.00 kg, 3.00 kg인 두 입자가 막대 끝에 연결되어 있다. 만약 각 입자의 속력이 5.00 m/s라면 계의 각운동량은 얼마인가?

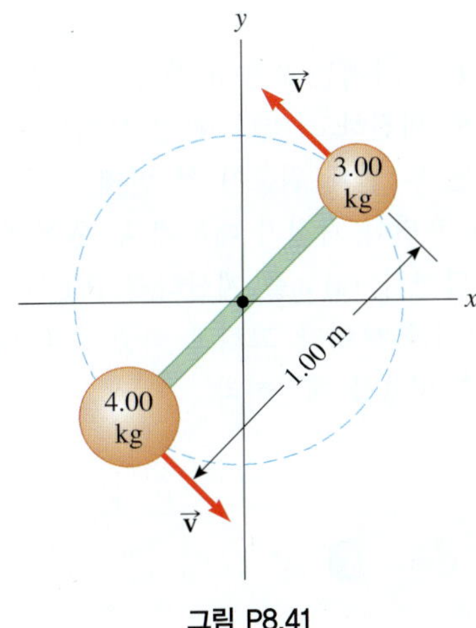


그림 P8.41

43. 그림 P8.43에서 보이는 작은 물체들로 이루어진 계는 각속도 2.0 rev/s로 회전한다. 이 물체는 아주 가볍고, 늘어났다 줄어들었다 할 수 있는 유연한 바퀴살로 연결되어 있다. 만약 이 바퀴살이 0.50 m로 줄었다면 새 각속도는 얼마인가? (이 문제에서 설명된 것과 비슷한 효과는 은하의 초기 상태에서 일어났다. 별이나 행성의 근원이 되는 거대한 가스나 먼지 구름들이 수축하면서 처음의 작은 각속도가 시간과 함께 증가했다.)

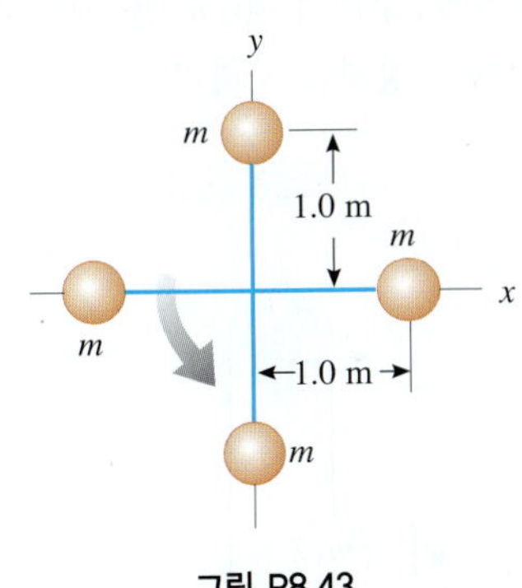


그림 P8.43

45. 질량 10.0 kg, 반지름 1.00 m인 고체 수평 원통이 중심을 지나는 수직축을 중심으로 각 속도 7.00 rad/s로 회전하고 있다. 위쪽으로부터 0.250 kg의 퍼티(putty, 접합제 일종) 조각이 회전하는 실린더 중앙에서 0.900 m 떨어진 위치에 수직 낙하하여 달라붙었다. 계의 최종 각속도를 결정하라.

47. 60.0 kg인 여자의 관성 모멘트가 500 kg·m$^2$이고 반지름이 2.00 m인 수평 회전대 가장자리에 서 있다. 회전대는 처음에는 멈춰 있다가 중심을 통과하는 수직축을 따라 마찰 없는 자유 회전을 한다. 여자가 가장자리에서 시계 방향으로 돌면서(계의 위쪽에서 볼 때) 땅에 대하여 일정한 속도 1.50 m/s로 걷는다. (a) 회전대는 어느 방향과 얼마의 각속도로 돌고 있는가? (b) 여자는 자신과 회전대를 움직이기 위해서 얼마나 많은 일을 해야 하는가?

### 추가문제

**49.** 관성 모멘트 $I_1$을 가지는 원통이 각속도 $\omega_0$로 마찰 없는 수직 축을 중심으로 회전하고 있다. 관성 모멘트가 $I_2$이고 처음에 회전하지 않는 두 번째 원통이 첫 번째 원통 위로 떨어진다(그림 P8.49). 표면이 거칠기 때문에 두 원통에 결국 같은 각속도 $\omega$에 도달한다. (a) $\omega$를 계산하라. (b) 이 상태에서 소실된 운동 에너지를 보여라. 그리고 최종 운동 에너지 대 초기 운동 에너지의 비율을 계산하라.

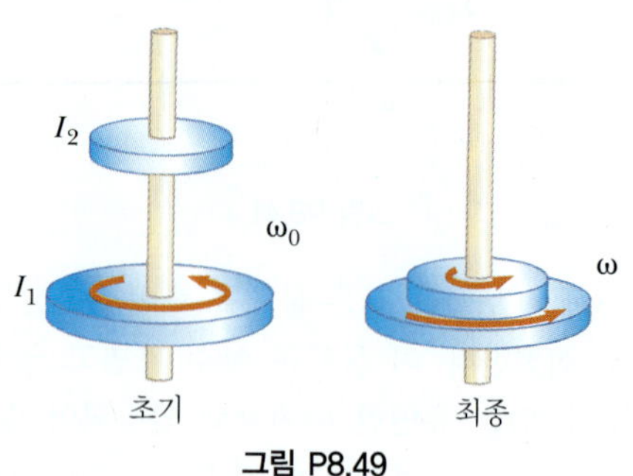


그림 P8.49

**51.** 그림 P8.51의 도르래는 관성 모멘트가 5.0 kg · m²이고 반지름이 0.50 m이다. 질량 $m_1$, $m_2$를 지지하는 줄은 미끄러지지 않고, 축은 마찰이 없다. (a) $m_1$ = 2.0 kg이고 $m_2$ = 5.0 kg일 때 각 질량의 가속도를 구하라. (b) $m_1$을 지탱하는 줄의 장력과 $m_2$를 지탱하는 줄의 장력을 구하라.

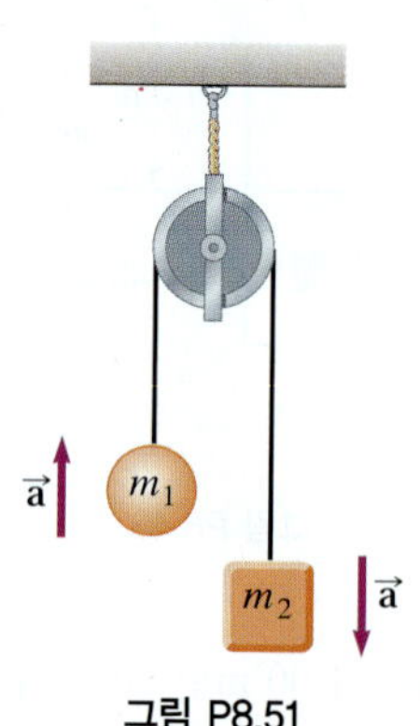


그림 P8.51

**53.** 길이 $L$, 무게 $w$인 균일한 사다리가 수직벽에 기대어 있다. 사다리와 바닥의 정지 마찰계수는 사다리와 벽의 것과 같다. 만약 이 정지 마찰계수가 $\mu_s$ = 0.500이라면, 사다리가 바닥에서 미끄러지지 않을 수 있는 가장 작은 각도를 결정하라.

**55.** 질량 2.0 kg, 반지름 0.50 m인 고체 공이 지면에서부터 3.0 m 높이에서 시작하여 20°인 경사를 굴러 내려온다. 원판과 고리도 같은 높이에서 같은 시간에 출발한다. 원판과 고리는 각각 공과 질량과 반지름이 같다. 만약 모두 미끄러지지 않는다면 바닥까지 어느 것이 먼저 도착하는가?

**57.** 운동 생리학 연구에서 사람의 무게 중심을 결정하는 것이 중요할 때가 있다. 이것은 그림 P8.57에서 보이는 배열로 해결할 수 있다. 가벼운 판자가 두 개의 저울에 놓여 있으며, 저울 눈금은 각각 $F_{g1}$ = 380 N, $F_{g2}$ = 320 N을 가리킨다. 두 개의 저울은 2.00 m 떨어져 있다. 여자의 무게 중심은 그녀의 발로부터 얼마나 멀리 떨어져 있는가?

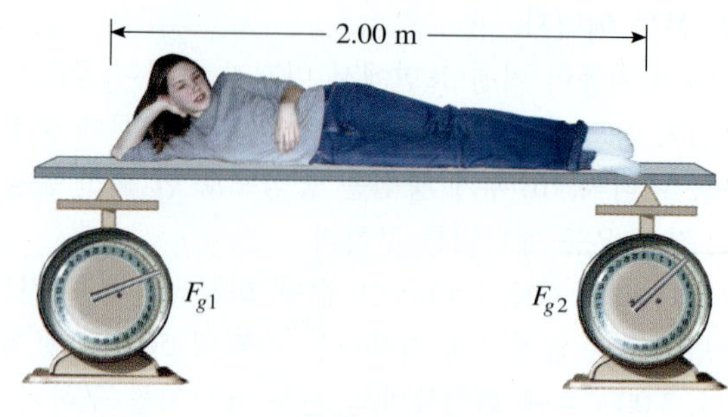


그림 P8.57

**59.** 각각 질량이 $M$인 두 명의 우주비행사가(그림 P8.59) 무시할 수 있는 질량을 가진 길이 $d$인 줄에 의해 연결되어 있다. 그들은 우주에 격리된 상태로 그들 사이의 중간점을 중심으로 속도 $v$로 원을 그리며 회전하고 있다. (a) 우주비행사들을 입자로 생각하여 계의 각 운동량 크기를 계산하라. (b) 계의 회전 에너지를 계산하라. 줄이 당겨지면서 두 명의 우주비행사의 거리는 $d/2$가 되었다. (c) 계의 새로운 각운동량은 얼마인가? (d) 그들의 새로운 속도는 얼마인가? (e) 이 계의 새로운 회전 에너지는 얼마인가? (f) 줄이 줄어들면서 우주비행사들은 얼마나 많은 일을 하겠는가?

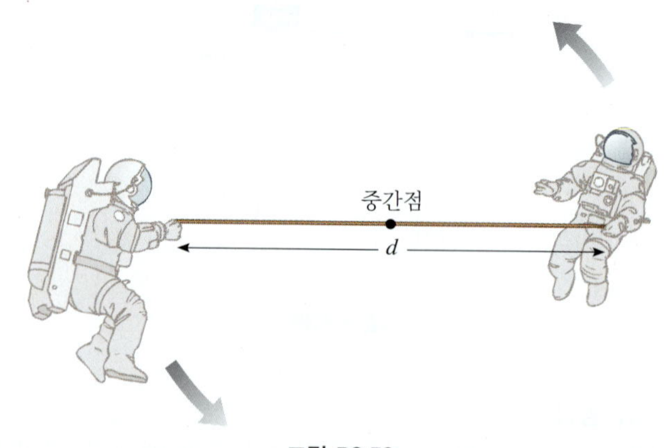


그림 P8.59

**61.** 질량 $M$, 반지름 $R$인 균질한 고체 원기둥이 마찰 없는 수평축에서 회전한다(그림 P8.61). 동일한 질량 $m$을 갖는 두 개의 물체가 원통 주위에 감겨 있는 가벼운 줄 두 개에 매달려 있다. 만약 두 줄이 정지 상태에서 풀리기 시작한다면 (a) 각 줄의 장력, (b) 물체들이 거리 $h$를 내려온 후에 각 물체의 가속도를 구하라.

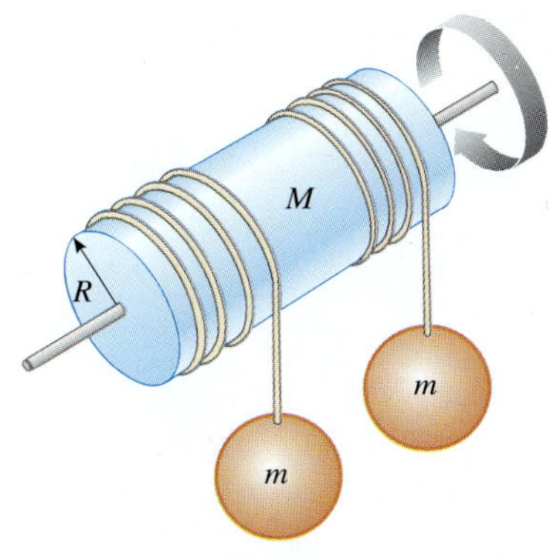


그림 P8.61

**63.** 전쟁 늑대(war-wolf) 또는 투석기(trebuchet)는 중세시대 전쟁에서 성에 돌을 던지는 역할을 하였고, 요즘은 가끔 호박이나 피아노를 던지기 위해 사용하는 장치이다. 간단한 투석기가 그림 P8.63에 보이고 있다. 무시할 수 있는 질량의 3.00 m 길이의 단단한 막대에 질량 60.0 kg, 0.120 kg의 입자가 연결된 것으로 가정한다. 회전 중심인 수평축은 마찰이 없고 막대에 수직이면서 무거운 질량의 입자로부터 14.0 cm 떨어져 있다. 막대가 수평 위치에서 정지해 있다. 작은 질량의 물체가 얻을 수 있는 최대 속도를 구하라.

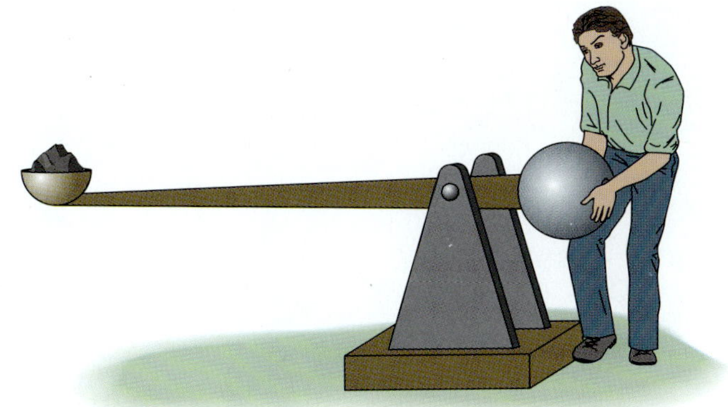

그림 P8.63

**65.** 4.00 kg 물체가 가벼운 줄에 의해 미끄러운 표면 위에 있는 3.00 kg의 물체에 연결되어 있다(그림 P8.65). 도르래가 마찰 없는 축을 중심으로 회전하고 0.500 kg · m$^2$의 관성 모멘트와 0.300 m의 반지름을 가지고 있다. 줄이 도르래에서 미끄러지지 않는다고 가정하고 다음을 구하라. (a) 두 질량의 가속도, (b) $T_1$, $T_2$의 장력.

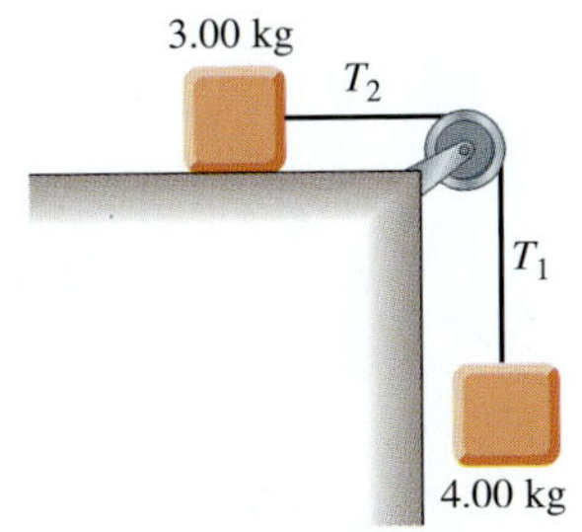


그림 P8.65

**67. 철 십자가** 750 N인 운동선수가 그림 P8.67a와 같이 철십자가를 수행할 때 이 자세와 관련된 주요 근육은 넓은 등근피판(lats)과 큰 가슴근(pecs)이다. 링은 팔에 위쪽 힘을 가하고 운동선수의 무게를 지탱한다. 팔에 있는 어깨 관절 부위가 가하는 힘을 $\vec{\mathbf{F}}_s$로 표시하고, 팔에 두 근육이 가하는 전체 힘을 $\vec{\mathbf{F}}_m$이라 한다. $\vec{\mathbf{F}}_m$ 힘의 크기를 추정하라. 그림 P8.67b에서 가리키는 바와 같이 한쪽 링은 운동선수의 무게의 반인 375 N을 제공하고 있음을 주의하라. 힘 $\vec{\mathbf{F}}_m$은 어깨 관절에서 4.0 cm 떨어진 지점의 수평 아래 45° 각도로 작용한다. 추정할 때 어깨 관절로부터 손까지는 70 cm라고 가정하고 팔의 무게는 무시하라.

(a)

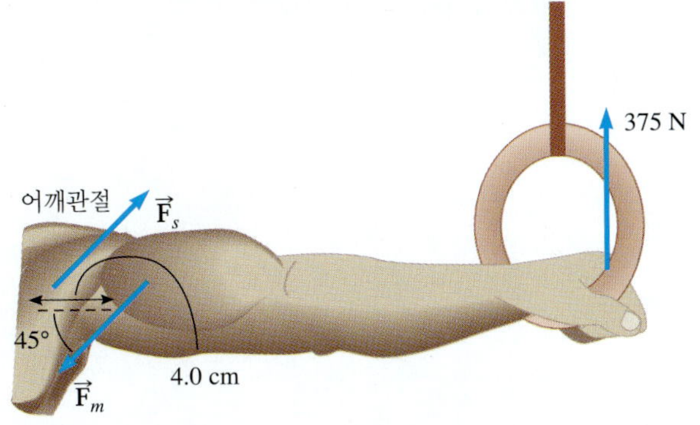


(b)

그림 P8.67

CHAPTER

9

# 고체와 유체

OUTLINE



물질의 알려진 상태에는 4가지가 있다. 즉, 고체, 액체, 기체, 그리고 플라즈마가 그것이다. 우주 전체적으로는 대전된 입자들이 전자기적으로 상호작용하는 계인 플라즈마가 가장 일반적인 상태이다. 우리가 살고 있는 지구상에는 고체, 액체, 기체가 대부분을 차지한다.

물질의 서로 다른 상태들의 기본적인 성질을 이해하는 것은 모든 과학, 공학, 의학에서 아주 중요하다. 고체에 힘을 가하면 변형력이 생기고, 변형력은 그것이 강철 빔이건 뼈이건 고체에 변형을 일으키거나, 모양을 바꾸고, 부러뜨릴 수 있다. 유체는 압력이 가해지면 일을 할 수도 있고, 동맥과 정맥을 흐르는 혈액처럼 영양분이나 주요 용질을 운반하기도 한다. 움직이는 기체는 거대한 화물기를 띄울 수도 있고, 태풍이 불 때 집의 지붕을 날려버리기도 한다. 핵융합로에서 형성된 고온의 플라즈마는 언젠가 인간이 태양의 에너지원을 손에 넣을 수 있게 할지 모른다.

물질의 어느 한 가지 상태만으로도 그 자체가 방대한 주제가 된다. 여기서는 단지 고체와 (기체의 일부 성질을 포함하여) 액체의 기본적인 성질만을 다룬다. 덧붙여 표면장력, 점성도, 삼투현상, 그리고 확산에 대해 간략히 다룬다.

## 9.1 물질의 상태

물질의 상태는 보통 세 가지, 즉 **고체**(solid), **액체**(liquid), **기체**(gas) 중의 하나로 분류된다. 여기에 보통 이 분류체계를 확장하여 **플라즈마**(plasma)라고 불리는 물질의 제4 상태가 포함되기도 한다.

일상적인 경험에 의하면 고체는 일정한 부피와 형태를 갖고 있다. 예를 들면 벽돌은 언제나 익숙한 모양과 크기를 갖고 있다. 액체는 일정한 부피를 갖고 있으나 형태는 일정하지 않다. 예를 들어 잔디를 깎는 기계에 연료를 넣을 때 연료의 형태는 원래의 용기모양에서 잔디 깎기 연료탱크의 모양으로 바뀌지만 그 부피는 변하지 않는다. 기체는 부피도 형태도 일정하지 않다는 점에서 고체나 액체와 다르다. 그러나 기체는 흐를 수 있기 때문에 여러 점에서 액체와 같은 성질을 공유한다.

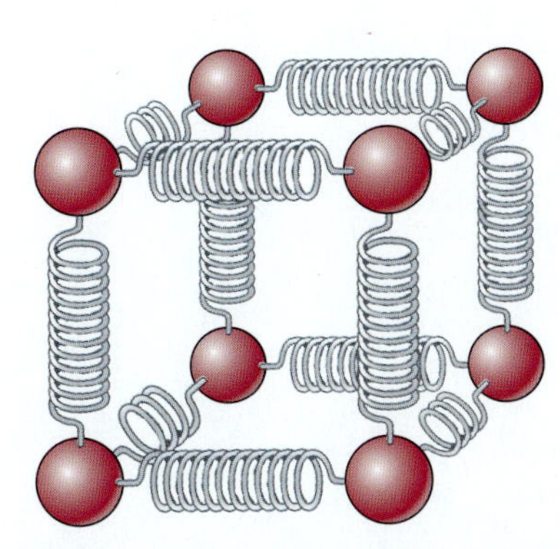

**그림 9.1** 고체 일부분의 모형. 원자(구)들이 용수철에 의해 서로 연결된 것으로 가상한 모형으로, 이는 원자 간 힘이 탄성임을 나타낸다. 고체는 이처럼 용수철이 서로 연결된 수많은 조각들로 이루어져 있다.

모든 물체는 원자와 분자들로 구성되어 있다. 고체 속의 원자들은 주로 전기적인 힘에 의해 서로 묶여 있으며, 서로 간의 고유한 위치에 자리하고 그곳을 중심으로 진동한다. 낮은 온도에서는 진동운동이 아주 작아서 원자들이 거의 고정되어 있는 것으로 간주할 수 있다. 물질에 에너지가 가해지면 진동의 진폭이 증가한다. 진동하는 원자는 그 주위의 원자들과 용수철로 연결되어 평형위치에 묶여 있는 것으로 생각할 수

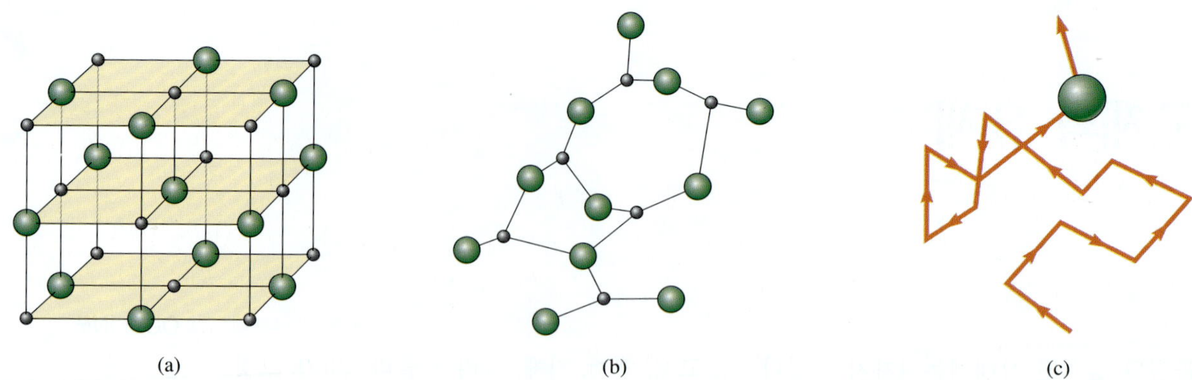


**그림 9.2** (a) $Na^+$(회색) 이온과 $Cl^-$(녹색) 이온이 정육면체의 꼭짓점에 교대로 배열되어 있는 NaCl 구조. (b) 비정질 고체에는 원자들이 불규칙하게 배열되어 있다. (c) 액체 분자의 무질서한 움직임.

있다. 그림 9.1은 원자들과 가상적인 용수철의 연결모양을 보여 준다. 외부에서 가해지는 힘은 이들 미세한 내부 용수철을 압축하는 것으로 생각할 수 있다. 외부 힘이 없어지면 고체는 원래의 모양과 크기로 되돌아가려는 성향을 띠게 된다. 이러한 이유로 고체는 **탄성**을 갖고 있다고 말한다.

고체는 결정과 비정질로 분류된다. **결정형 고체**(crystalline solid)의 원자들은 규칙적인 구조를 갖고 있다. 예를 들면 염화나트륨 결정(보통의 식용 소금)에서 나트륨과 염소 원자는 그림 9.2a에서처럼 정육면체의 꼭짓점을 번갈아 가면서 채운다. 유리와 같은 **비정질 고체**(amorphous solid)에서는 그림 9.2b처럼 원자들이 거의 무질서한 위치에 놓여 있다.

어느 물질에서 액체상태는 고체상태보다 높은 온도에서 존재한다. 액체에서의 분자 간 힘은 이들을 고정된 위치에 잡아둘 만큼 충분히 강하지 않아서 분자들은 액체 속을 무질서한 양상으로 움직인다(그림 9.2c). 고체와 액체는 압축하려 하면 이에 대항하여 내부 원자 사이에 강한 척력이 작용하는 성질을 갖고 있다.

기체상태에서는 분자들이 끊임 없이 무질서한 운동을 하고 분자 사이에는 단지 약한 힘만이 작용한다. 기체 분자 사이의 평균거리는 분자크기에 비해 매우 크다. 때로 분자들이 서로 충돌하기도 하지만 이들은 대부분 거의 자유롭게 움직이고, 상호작용이 없는 입자처럼 행동한다. 그 결과 고체나 액체와 달리 기체는 쉽게 압축된다. 다음 장들에서 기체에 대해 좀더 언급하도록 한다.

기체가 높은 온도로 가열되면 각각의 원자를 둘러싸고 있는 전자들 중 상당수가 원자 핵으로부터 분리된다. 그 결과 전하를 띤 자유로운 입자들이 모여 있는 계(음의 전하를 띤 전자와 양의 전하를 띤 이온)가 된다. 이와 같이 같은 양의 양전하와 음전하를 포함하고 있는 고도로 이온화된 물질의 상태를 **플라즈마**(plasma)라고 한다. 중립인 분자로 된 기체와 달리 플라즈마 내의 구성입자 사이에는 장거리 전기 및 자기력이 상호작용한다. 플라즈마는 별 내부나 블랙홀 주변의 원형 띠와 같은 예에서 볼 수 있는데, 고체, 액체, 기체상태보다 훨씬 더 흔히 존재하는 형태이다. 이는, 아마도 **암흑물질**(dark matter)을 제외하곤 별들이 다른 형태의 천체물질보다 훨씬 많기 때문일 것이다. 암흑물질은 은하계 주위의 별들의 운동에 대한 관측으로부터 추정되는 것으로, 전체 우주물질의 약 90%를 이루고 있으며, 그 성분은 아직 알려지지 않았다. 그러나 이 장에서는 플라즈마나 암흑물질은 생략하고 우리 행성의 환경을 이루고 있는 좀더 익숙한 고체, 액체, 기체 형태에 집중하도록 한다.

## 9.2 고체의 변형

고체는 고유한 모양과 부피를 갖고 있는 것으로 생각할 수 있지만 외부에서 힘을 가하면 그 모양과 부피가 바뀔 수 있다. 충분히 큰 외력은 물체의 형태를 영구 변형시키거나 부러뜨릴 수 있지만, 그렇지 않은 경우 외력이 없어지면 물체는 원래의 모양과 크기로 되돌아가는 성향이 있다. 이를 **탄성**이라 한다.

고체의 탄성은 변형력과 변형으로 기술할 수 있다. 즉 **변형력**(stress)은 모양의 변화를 일으키는 단위 면적당 힘이고, **변형**(strain)은 모양이 변화된 정도를 말한다. 변형력이 충분히 작을 때에는 **변형력은 변형에 비례**하는데, 이때 비례상수는 물질의 종류와 모양변화의 성격에 따라 다르다. 이 비례상수를 **탄성률**(elastic modulus)이라 한다.

$$\text{변형력} = \text{탄성률} \times \text{변형} \quad [9.1]$$

탄성률은 용수철 상수에 상응한다. 이는 물질의 뻣뻣한 정도로 생각할 수 있다. 즉, 큰 탄성률을 가진 물질은 매우 뻣뻣하고 모양을 바꾸기가 어렵다. 식 9.1과 같은 형태의 세 가지 관계식이 있는데, 각각 인장 변형, 층밀리기 변형, 부피 변형에 대한 것으로, 이들 모두 용수철에 대한 훅의 법칙과 비슷하다.

$$F = k\Delta x \quad [9.2]$$

여기서 $F$는 가한 힘, $k$는 용수철 상수, $\Delta x$는 용수철이 압축된 양이다.

### 영률: 길이 탄성

단면적이 $A$이고 길이가 $L_0$인 긴 막대가 한쪽 끝이 매여 있는 경우를 생각해 보자(활용그림 9.3). 외력 $\vec{\mathbf{F}}$가 단면에 수직하게 막대의 긴 방향으로 작용하면 막대의 내부 힘은 $\vec{\mathbf{F}}$가 일으키는 형태 변화('늘리기')에 저항하게 된다. 결국, 막대는 (1) 길이는 $L_0$보다 커지고, (2) 외력은 내부 힘과 균형을 이루는 평형상태에 도달하게 된다. 이러한 상황을 막대가 **변형상태**에 있다고 한다. **인장 변형력**(tensile stress)은 외력의 크기 $F$와 단면적 $A$의 비로 정의한다. '인장(tensile)'이라는 말은 '긴장(tension)'과 같은 어원으로 막대가 긴장상태에 있기 때문에 사용된다. 변형력의 국제단위는 제곱미터당 뉴턴($N/m^2$)으로, **파스칼**(pascal, Pa)이라고 한다.

$$1 \text{ Pa} \equiv 1 \text{ N/m}^2$$

이 경우 **인장 변형**(tensile strain)은 길이 변화 $\Delta L$과 원래 길이 $L_0$의 비로 정의되며, 따라서 차원이 없는 양이다. 식 9.1을 사용하여 인장 변형력과 인장 변형의 관계식을 다음과 같이 쓸 수 있다.

$$\frac{F}{A} = Y\frac{\Delta L}{L_0} \quad [9.3]$$

이 식에서 $Y$는 **영률**(Young's modulus)이라고 부르는 비례상수이다. 식 9.3을 $F$에 대

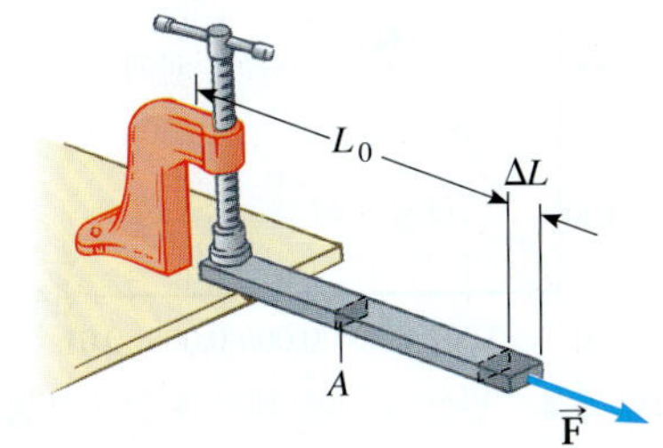


**활용그림 9.3**
한쪽 끝이 고정되어 있는 긴 막대가 힘 $\vec{\mathbf{F}}$에 의해 당겨져 $\Delta L$만큼 늘어난다.

**Physics Now™**
**http://physics.brookscole.com/ecp**에서 PhysicsNow를 로그인하고 활용그림 9.3으로 들어가서 적용된 힘과 영률을 변화시키면서 막대의 길이 변화를 관찰하라.

### ☑ Checkpoint 9.1

어느 와이어에 한 물체를 매달았더니 1 mm 늘어났다. 와이어를 같은 성분의 단면적이 두 배인 와이어로 바꾸었다. 같은 물체를 매달았을 때 새 와이어는 얼마나 늘어나는가?

해 풀어 $F = k\Delta L$ 형태로 만들면 $k = YA/L_0$가 되고, 바로 훅의 법칙 식 9.2와 같이 된다.

큰 영률을 가진 물체는 늘리거나 압축하기 어렵다. 이 양은 늘리거나 압축되는 막대나 와이어의 성격을 나타내는 데 일반적으로 사용된다. 변형은 차원이 없는 양이므로 $Y$는 파스칼로 나타낸다. 대표적인 물질들의 영률 값이 표 9.1에 실려 있다. 실험에 의하면 (1) 일정한 외력에 대한 길이의 변화는 원래 길이에 비례하고, (2) 일정한 변형을 일으키는 데 필요한 힘은 단면적에 비례한다. 어떤 물질의 영률 값은 그 물질이 당겨지느냐 압축되느냐에 따라 다르다.

**표 9.1** 물질의 탄성률

| 물질 | 영률 (Pa) | 층밀리기 탄성률 (Pa) | 부피 탄성률 (Pa) |
|---|---|---|---|
| 알루미늄 | $7.0 \times 10^{10}$ | $2.5 \times 10^{10}$ | $7.0 \times 10^{10}$ |
| 뼈 | $1.8 \times 10^{10}$ | $8.0 \times 10^{10}$ | — |
| 황동 | $9.1 \times 10^{10}$ | $3.5 \times 10^{10}$ | $6.1 \times 10^{10}$ |
| 구리 | $11 \times 10^{10}$ | $4.2 \times 10^{10}$ | $14 \times 10^{10}$ |
| 강철 | $20 \times 10^{10}$ | $8.4 \times 10^{10}$ | $16 \times 10^{10}$ |
| 텅스텐 | $35 \times 10^{10}$ | $14 \times 10^{10}$ | $20 \times 10^{10}$ |
| 유리 | $6.5\text{~}7.8 \times 10^{10}$ | $2.6\text{~}3.2 \times 10^{10}$ | $5.0\text{~}5.5 \times 10^{10}$ |
| 수정 | $5.6 \times 10^{10}$ | $2.6 \times 10^{10}$ | $2.7 \times 10^{10}$ |
| 흉곽 연골 | $1.2 \times 10^{7}$ | — | — |
| 고무 | $0.1 \times 10^{7}$ | — | — |
| 힘줄 | $2 \times 10^{7}$ | — | — |
| 물 | — | — | $0.21 \times 10^{10}$ |
| 수은 | — | — | $2.8 \times 10^{10}$ |

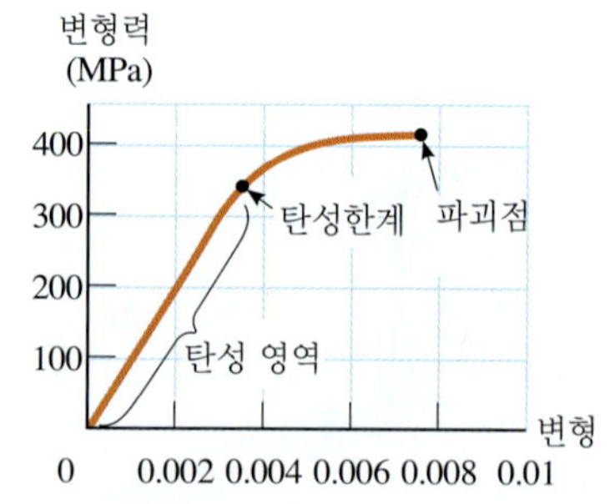


**그림 9.4** 탄성 고체에 대한 변형력-변형 곡선.

충분히 큰 변형력을 가하면 어떤 물체의 **탄성한계**(elastic limit)를 넘을 수 있다(그림 9.4). 탄성한계에서는 변형력-변형 곡선이 직선형태로부터 벗어난다. 이 한계를 넘어서 변형력을 받은 물체는 대개 외부 힘을 제거하더라도 원래 길이로 되돌아가지 않는다. 변형력이 더 커지면 **극한강도**(ultimate strength: 어떤 물질이 부러지지 않고 견딜 수 있는 최대 변형력)를 넘게 된다. 부서지는 물질의 **파괴점**(breaking point)은 극한강도를 바로 넘는 점이다. 구리나 금과 같은 연성이 큰 금속은 극한강도 점을 지나면 끊어지기 전에 더 낮은 크기의 변형력에 의해 금속이 얇아지고 늘어나게 된다.

## 층밀리기 탄성률: 모양의 탄성

다른 형태의 변형은 물체 면들 중의 하나와 **나란하게** 힘 $\vec{F}$가 가해지고 그 반대 면은 다른 힘에 의해 고정되어 있을 때 일어나는 경우이다(활용그림 9.5a). 만일 물체가 원래 직사각형 블록이었다면 이와 같은 나란한 힘에 의해 단면적이 평행사변형 모양으로 바뀔 것이다. 이런 형태의 변형력을 **층밀리기 변형력**(shear stress)이라 부른다. 활용그림 9.5b와 같이 책을 옆으로 밀면 층밀리기 변형력이 발생된다. 이와 같은 형태의 변형에서는 부피의 변화는 없다. 층밀리기 변형력에서는 가해지는 힘이 단면에 **평행**하고, 인장 변형력에서는 단면에 **수직**임을 염두에 두는 것이 중요하다. **층밀리기 변형력**

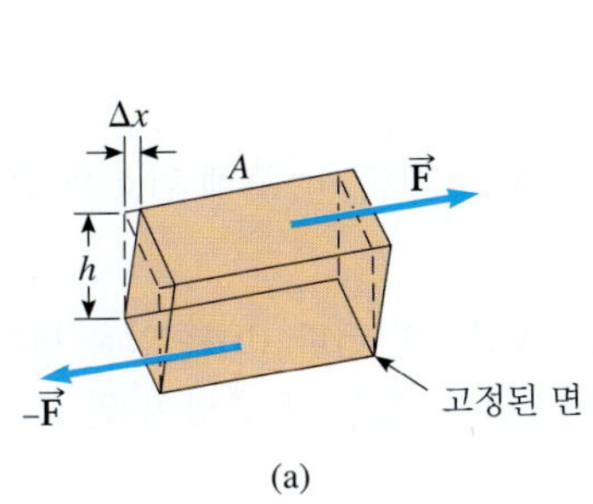

(a)

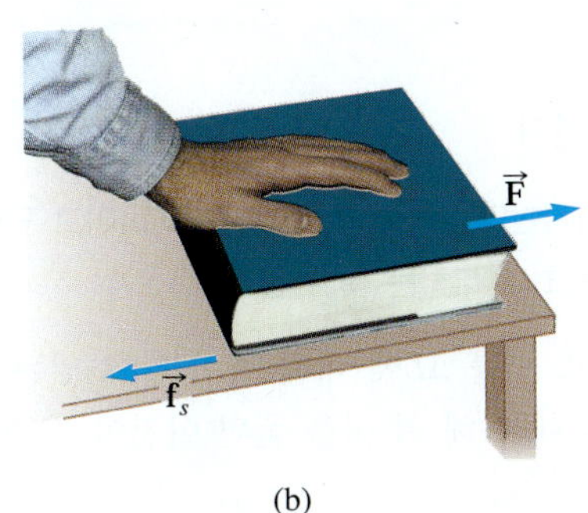

(b)

**활용그림 9.5**
(a) 마주보는 두 면을 따라 나란하게 가해지는 힘에 의해 직사각형 블록이 틀어지는 층밀리기 변형. (b) 층밀리기 변형력을 받고 있는 책.

**Physics Now™**
**http://physics.brookscole.com/ecp**에서 PhysicsNow를 로그인하고 활용그림 9.5로 들어가서 적용된 힘과 층밀리기 탄성률을 변화시키면서 (a)의 블록 모양 변화를 관찰하자.

**은 나란한 힘의 크기와 밀리는 면의 면적 $A$의 비, 즉 $F/A$로 정의한다. 층밀리기 변형은 비율 $\Delta x/h$로 주어지는데, 여기서 $\Delta x$는 밀리는 면이 움직인 수평거리이고 $h$는 물체의 높이이다.** 층밀리기 변형력은 층밀리기 변형과 다음과 같은 관계가 있다.

$$\frac{F}{A} = S\frac{\Delta x}{h} \tag{9.4}$$

여기서 $S$는 파스칼 단위(단위 면적당 힘)로 나타낸 물체의 **층밀리기 탄성률**(shear modulus)이다. 이 또한 훅의 법칙과 유사함을 눈여겨 보자.

층밀리기 탄성률이 큰 물체는 구부리기 어렵다. 대표적인 물질들의 층밀리기 탄성률이 표 9.1에 실려 있다.

## 부피 탄성률: 부피 탄성

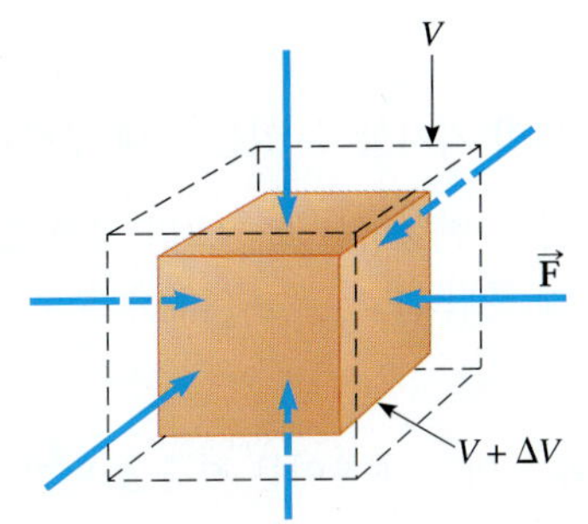


**활용그림 9.6**
고체가 균일한 압력을 받으면 그 부피가 변하지만 모양은 변하지 않는다. 이 정육면체는 여섯 면에 가해지는 수직인 힘들에 의해 모든 면이 압축된다.

**Physics Now™**
**http://physics.brookscole.com/ecp**에서 PhysicsNow를 로그인하고 활용그림 9.6으로 들어가서 작용한 힘과 부피 탄성률을 변화시키면서 직육면체의 부피 변화를 관찰하자.

부피 탄성률은 균일한 압축에 대한 물체의 반응을 나타낸다. 어떤 물체에 작용하는 외부 힘이 작용하는 면에 수직이고 그 물체 전체에 균일하게 작용한다고 가정하자(활용그림 9.6). 이는 물체가 유체 속에 잠겨 있을 때 일어난다. 이런 종류의 변형이 가해진 물체는 부피는 변하지만 모양은 변하지 않는다. **부피 변형력 $\Delta P$는 가해진 힘의 변화량 $\Delta F$와 표면적 $A$의 비로 정의된다**[유체를 다룰 때는 양 $F/A$를 압력(pressure)이라고 부르는데, 이에 대해서는 다음 절에서 정식으로 정의하고 다룬다]. 부피 변형은 부피의 변화 $\Delta V$를 원래 부피 $V$로 나눈 것과 같다. 역시 식 9.1을 사용하여 부피 변형력과 부피 변형의 관계를 다음과 같이 나타낼 수 있다.

$$\Delta P = -B\frac{\Delta V}{V} \tag{9.5}$$

◀ 부피 탄성률

큰 부피 탄성률을 가진 물체는 쉽게 압축되지 않는다. 이 정의 식에는 음의 부호가 들어 있어 $B$가 항상 양이 됨을 유의하자. 압력의 증가(양의 $\Delta P$)는 부피의 감소(음의 $\Delta V$)를 일으키고 거꾸로도 마찬가지다.

표 9.1에 여러 물질의 부피 탄성률 값이 실려 있다. 혹시 다른 곳에서 이런 값을 찾아보면 물질의 **압축률**(compressibility)이라 부르는 부피 탄성률의 역값이 나와 있을 수 있다. 표에서 고체와 액체 둘 다 부피 탄성률을 갖고 있음을 알 수 있다. 그러나 액체는 영률이나 층밀리기 탄성률이 없는데, 왜냐하면 인장 변형력이나 층밀리기 변형력을 가하면 액체는 흐르기만 하기 때문이다.

## 예제 9.1 견고하게 건설

**목표** 인장 변형력에 의한 압축과 최대 부하를 계산한다.

**문제** 건물에서 어느 수직한 강철빔이 $6.0 \times 10^4$ N을 지지한다. (a) 빔의 길이가 4.0 m이고 단면적이 $8.0 \times 10^{-3}$ m²일 때 이 빔의 길이가 줄어든 양을 구하라. (b) 이 빔이 무너지지 않고 지지할 수 있는 최대 부하는 몇 뉴턴인가?

**전략** 식 9.3은 압축 변형력과 변형을 포함하고 있고, 이를 $\Delta L$에 대해 풀어 알고 있는 값을 대입하면 된다. (b)는 압축 변형력을 표 9.2에 나와 있는 강철의 극한강도로 놓는다. 힘의 크기에 대해 이 식을 풀면 이것이 건물이 지지할 수 있는 총 중량이 된다.

**풀이**

(a) 빔이 압축된 양을 구하라.

식 9.3을 $\Delta L$에 대해 풀어 표 9.1에서 영률 값을 구해 대입한다.

$$\frac{F}{A} = Y\frac{\Delta L}{L_0}$$

$$\Delta L = \frac{FL_0}{YA} = \frac{(6.0 \times 10^4\ \mathrm{N})(4.0\ \mathrm{m})}{(2.0 \times 10^{11}\ \mathrm{Pa})(8.0 \times 10^{-3}\ \mathrm{m^2})}$$

$$= \boxed{1.5 \times 10^{-4}\ \mathrm{m}}$$

(b) 빔이 지지할 수 있는 최대 부하를 구하라.

압축 변형력을 표 9.2의 극한 압축강도와 같게 놓고 $F$에 대해 푼다.

$$\frac{F}{A} = \frac{F}{8.0 \times 10^{-3}\ \mathrm{m^2}} = 5.0 \times 10^8\ \mathrm{Pa}$$

$$F = \boxed{4.0 \times 10^6\ \mathrm{N}}$$

**주의** 어떤 종류이든 하중을 떠받히는 구조물을 설계할 때는 항상 여분의 안전도를 고려해야 한다. 무너지지 않는 데 필요한 최소한의 강도만을 갖고 있는 다리 위에서는 아무도 차를 운전하고 싶어 하지 않을 것이다.

**연습문제 9.1**

강철 I빔과 같은 무거운 물체를 들어올리는 데 사용되는 케이블은 $1.0 \times 10^6$ N 정도의 하중에서도 끊어지지 않을 만큼 충분히 강해야 한다. 안전을 위해서는 이것의 두 배의 하중을 케이블이 견딜 수 있어야 한다. (a) 만일 케이블이 강철로 만들어져 있다면 단면적은 얼마여야 하는가? (b) $1.0 \times 10^6$ N의 하중이 걸린다면 8.0 m 길이의 케이블이 얼마나 늘어나는가?

**답** (a) $4.0 \times 10^{-3}$ m² (b) $1.0 \times 10^{-2}$ m

**표 9.2** 물질의 극한 강도

| 물질 | 인장 강도 (N/m)² | 압축 강도 (N/m)² |
|---|---|---|
| 철 | $1.7 \times 10^8$ | $5.5 \times 10^8$ |
| 강철 | $5.0 \times 10^8$ | $5.0 \times 10^8$ |
| 알루미늄 | $2.0 \times 10^8$ | $2.0 \times 10^8$ |
| 뼈 | $1.2 \times 10^8$ | $1.5 \times 10^8$ |
| 대리석 | — | $8.0 \times 10^7$ |
| 벽돌 | $1 \times 10^6$ | $3.5 \times 10^7$ |
| 콘크리트 | $2 \times 10^6$ | $2 \times 10^7$ |

## 예제 9.2 납으로 된 공 변형시키기

**목표** 부피 변형력과 부피 변형의 개념을 응용한다.

**문제** 부피가 0.50 m³인 속이 꽉 차 있는 납으로 된 공이 바다에 떨어져 깊이 $2.0 \times 10^3$ m(약 1 mile) 속으로 빠졌는데, 이곳의 압력은 $2.0 \times 10^7$ Pa에 이른다. 납의 부피 탄성률은 $4.2 \times 10^{10}$ Pa이다. 이 공의 부피 변화는 얼마인가?

**전략** 식 9.5를 $\Delta V$에 대해 풀어 주어진 값을 대입한다.

**풀이**

부피 탄성률의 정의식으로부터 시작한다.

$$B = -\frac{\Delta P}{\Delta V / V}$$

$\Delta V$에 대해 푼다.

$$\Delta V = -\frac{V\Delta P}{B}$$

알고 있는 값을 대입한다.

$$\Delta V = -\frac{(0.53\ \mathrm{m^3})(2.0 \times 10^7\ \mathrm{Pa})}{4.2 \times 10^{10}\ \mathrm{Pa}} = \boxed{-2.4 \times 10^{-4}\ \mathrm{m^3}}$$

**주의** 음의 부호는 부피가 감소하였음을 나타낸다. 다음 연습문제는 이 깊이에서도 그렇게 크지는 않지만 물도 압축될 수 있음을 보여 준다.

**연습문제 9.2**

(a) 같은 깊이에서 비슷한 구형 물은 몇 퍼센트 수축하는가? (b) 새 반지름과 원래 반지름의 비는 얼마인가?

**답** (a) 0.95% (b) 0.997

## 9.3 밀도와 압력

같은 질량의 알루미늄과 금에는 중요한 물리적 차이가 있다. 즉, 알루미늄은 금보다 일곱 배 이상의 공간을 차지하고 있다. 이와 같은 차이는 원자 및 핵 수준의 원인에 의해 나타나지만, 이 차이를 **밀도**의 개념으로 단순하게 나타낼 수 있다.

◀ 밀도

균일한 조성을 가진 물체의 **밀도**(density) $\rho$는 질량 $M$을 그 부피 $V$로 나눈 것으로 정의한다.

$$\rho \equiv \frac{M}{V} \qquad [9.6]$$

**국제단위(SI unit): 세제곱미터당 킬로그램(kg/m³)**

**표 9.3** 물질의 밀도

| 물질 | $\rho$ (kg/m³)[a] | 물질 | $\rho$ (kg/m³)[a] |
|---|---|---|---|
| 얼음 | $0.917 \times 10^3$ | 물 | $1.00 \times 10^3$ |
| 알루미늄 | $2.70 \times 10^3$ | 글리세린 | $1.26 \times 10^3$ |
| 철 | $7.86 \times 10^3$ | 에틸알코올 | $0.806 \times 10^3$ |
| 구리 | $8.92 \times 10^3$ | 벤젠 | $0.879 \times 10^3$ |
| 은 | $10.5 \times 10^3$ | 수은 | $13.6 \times 10^3$ |
| 납 | $11.3 \times 10^3$ | 공기 | 1.29 |
| 금 | $19.3 \times 10^3$ | 산소 | 1.43 |
| 백금 | $21.4 \times 10^3$ | 수소 | $8.99 \times 10^{-2}$ |
| 우라늄 | $18.7 \times 10^3$ | 헬륨 | $1.79 \times 10^{-1}$ |

[a] 0° C(273 K), 1기압($1.013 \times 10^5$ Pa)의 표준온도 및 압력(STP)하에서의 값이다. 세제곱센티미터당 그램으로 바꾸려면 $10^{-3}$을 곱한다.

가장 흔히 쓰이는 밀도의 단위는 국제단위계에서는 세제곱미터당 킬로그램이고, cgs계에서는 세제곱센티미터당 그램이다. 표 9.3에 몇몇 물질의 밀도가 실려 있다. 대부분의 액체와 고체의 밀도는 온도와 압력의 변화에 따라 아주 조금씩 변하지만 기체의 밀도는 매우 많이 변한다. 정상조건하에서 고체와 액체의 밀도는 기체보다 약 1000배 크다. 이와 같은 차이는 정상조건하에서의 기체의 분자 사이 평균거리가 고체나 액체보다 약 10배임을 의미한다.

물질의 **비중**(specific gravity)은 그 물질의 밀도와 4°C 물의 밀도($1.0 \times 10^3$ kg/m$^3$)의 비를 말한다(킬로그램의 크기는 원래 4°C에서의 물의 밀도가 $1.0 \times 10^3$ kg/m$^3$가 되도록 하는 것으로 정의되어 있었다). 정의에 의해 비중은 무차원의 양이다. 예를 들어 어떤 물질의 비중이 3.0이라면 그 밀도는 $3.0(1.0 \times 10^3$ kg/m$^3) = 3.0 \times 10^3$ kg/m$^3$이다.

### Quick Quiz 9.1

1세제곱미터의 금, 2세제곱미터의 은, 6세제곱미터의 알루미늄이 있다고 하자. 질량이 작은 것부터 큰 순서로 나열하라.
(a) 금, 알루미늄, 은 (b) 금, 은, 알루미늄 (c) 알루미늄, 금, 은 (d) 은, 알루미늄, 금.

유체는 층밀리기 변형력을 줄 수 없으므로 유체 속에 잠긴 물체에 가해질 수 있는 유일한 변형력은 물체를 압축하는 것, 즉 부피 변형력이다. 유체에 의해 물체에 가해지는 힘은 그림 9.7a에서와 같이 항상 물체 표면에 수직하게 작용한다.

**TIP 9.1 힘과 압력**
식 9.7은 힘과 압력 사이의 차이를 분명하게 보여 준다. 또 다른 중요한 차이는 **힘은 벡터량이고 압력은 스칼라량**이라는 점이다. 압력은 방향과 관련이 없고 압력과 관련된 힘은 작용면에 수직한 방향이다.

유체 속의 특정한 점에서의 압력측정은 그림 9.7b와 같은 기기를 사용한다(진공 실린더에 가벼운 피스톤이 들어 있고, 피스톤은 알려진 중량을 사용하여 미리 교정된 용수철에 연결되어 있다). 이 기기를 유체 속에 넣으면 유체가 피스톤의 표면을 밀어, 유체가 가하는 안쪽 방향 힘과 용수철이 가하는 바깥 방향 힘이 서로 균형을 이룰 때까지 용수철을 누르게 된다. 피스톤에 가해지는 힘의 크기를 $F$, 피스톤 표면의 면적을 $A$라 하자. 용수철을 누르는 힘은 전체 면적에 고루 퍼져 있으므로 압력의 공식적인 정의를 사용할 수 있다.

압력 ▶

만일 $F$가 표면적 $A$에 수직하게 작용하는 힘의 크기라면, 압력 $P$는 이 힘을 면적으로 나눈 값이다.

$$P \equiv \frac{F}{A} \qquad [9.7]$$

**국제단위(SI unit): 파스칼(pascal, Pa)**

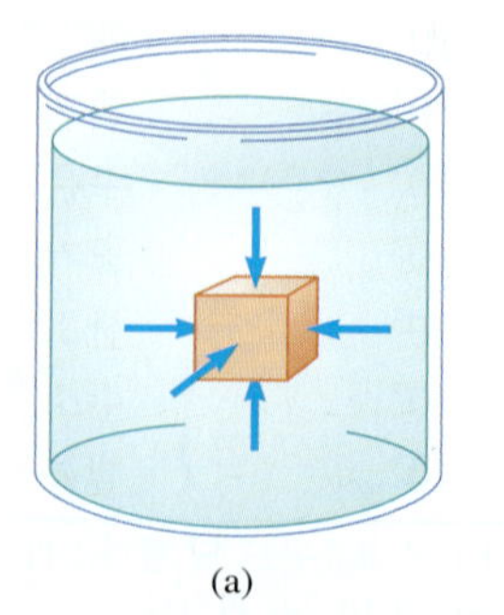
(a)

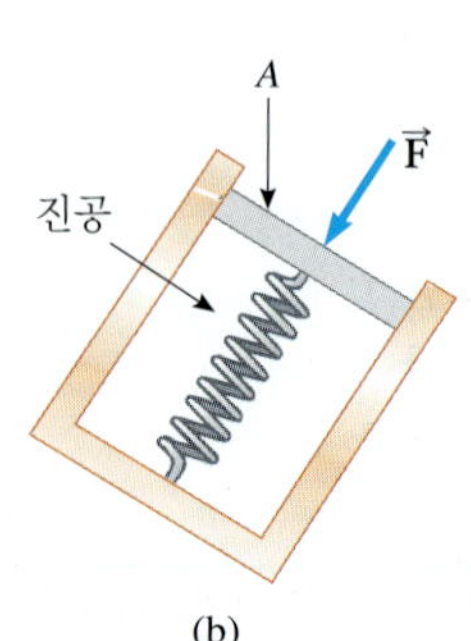

(b)

그림 9.7 (a) 잠겨 있는 물체에 유체에 의해 가해지는 힘은 어느 점에서나 물체 면에 수직하게 작용한다. 용기의 벽에 유체에 의해 가해지는 힘은 어느 점에서나 벽면에 수직하게 작용하고 깊이에 따라 증가한다. (b) 유체 내의 압력을 측정하기 위한 간단한 기구.

압력은 단위 면적당 힘으로 정의되기 때문에 그 단위는 파스칼(제곱미터당 뉴턴)이다. 압력의 영국식 전통 단위는 제곱인치당 파운드이다. 해수면에서의 대기압은 14.7 lb/in$^2$인데 이는 국제단위로 $1.01 \times 10^5$ Pa에 해당한다.

식 9.7에서 보듯이 주어진 힘의 영향은 힘이 가해지는 면적에 결정적으로 관련된다. 700 N의 사람이 보통의 신발을 신고 있으면 비닐로 된 마루에 상처를 내지 않고 서 있을 수 있지만, 만일 골프화를 신고 있다면 신발 바닥에 달려 있는 금속 핀이 마루에 상당한 피해를 줄 수 있다. 즉 바닥은 핀에 의해 같은 힘이 좁은 면적에 집중되면서 이 면의 압력이 아주 커지게 되고, 그 결과 마루 재질의 극한강도를 넘게 될 가능성이 아주 크게 된다.

설피도 같은 원리를 사용한다(그림 9.8). 눈은 사람의 체중을 떠받히기 위해 위로 향하는 수직한 힘을 가한다. 뉴턴의 제3법칙에 의하면 위로 향하는 이 힘은 신발에 의해 눈에 가해지는 밑으로 향하는 힘과 같게 된다. 만일 사람이 설피를 신고 있다면 이 힘이 각 설피의 매우 넓은 면에 분포하게 되고, 따라서 어느 점에서나 압력은 상대적으로 작아서 사람이 눈 속에 깊이 빠지지 않게 되는 것이다.

**그림 9.8** 설피는 눈에 가해지는 힘이 넓은 면적에 분산되어 눈 표면의 압력을 줄여주기 때문에 사람이 부드러운 눈 속으로 빠지지 않게 해준다.

**응용물리 9.1** 못 침대 마술

재미있고 힘든 강의가 끝나고 어느 물리학 교수가 쉬기 위해 그림 9.9에서와 같이 못 침대에서 낮잠을 자기 위해 누웠다. 이때 다치지는 않고 단지 약간의 불편함만 느꼈을 뿐이다. 이것이 어떻게 가능할까?

**설명** 만일 전체 체중을 단 한 개의 못으로 떠받히려고 하면 몸에 가해지는 압력은 체중을 그 못 끝의 적은 면적으로 나눈 것이 된다. 그 결과 압력은 피부를 뚫고 들어가기 충분할 만큼 크게 된다. 그러나 이 교수처럼 체중을 수백 개의 못에 분배하면 체중을 떠받히는 면적이 몸과 접촉하고 있는 모든 못의 총 면적이 되기 때문에 압력이 상당히 줄어들게 된다. (못 침대에 누워 있는 것이 앉아 있는 것보다 더 편안한 이유는 무엇인가? 이 논리를 확장하여 신발을 신지 않고 못 침대에 서 있으면 더욱 불편한 이유를 설명하여 보라.)

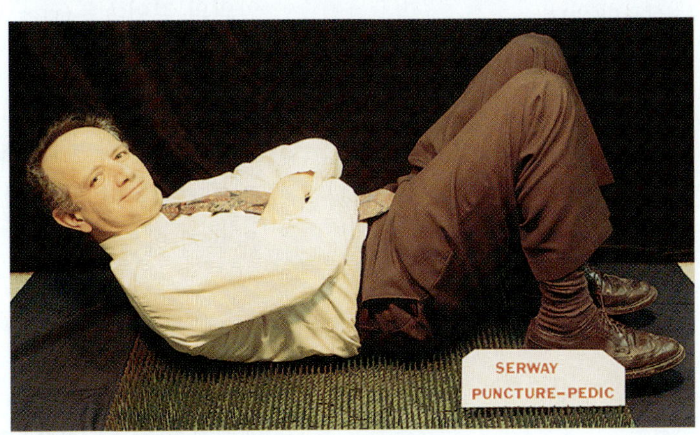


**그림 9.9** (응용물리 9.1) 누구 베개 갖고 있는 사람 없나요?

## 9.4 깊이에 따른 압력의 변화

유체가 용기 안에서 움직이지 않고 있을 때 **그 유체의 모든 부분은 정적 평형 상태에 있다.** 즉, 관측자에 대해 정지해 있다. 더욱이 **같은 깊이의 모든 지점은 동일한 압력을 갖고 있어야 한다.** 만일 그렇지 않다면 유체는 압력이 높은 부분에서 낮은 부분으로 흐르게 될 것이다. 예를 들어 그림 9.10a에서와 같은 작은 유체 블록을 생각해 보자. 만일 블록의 왼쪽 압력이 오른쪽보다 크다면 $\vec{\mathbf{F}}_1$이 $\vec{\mathbf{F}}_2$보다 클 것이고, 따라서 블록은 오른쪽으로 가속될 것이므로 이는 평형 상태에 있는 것이 아니다.

다음으로 그림 9.10b의 진한 부분으로 표시된 부피 안에 들어 있는 유체를 생각해 보자. 이 부분의 단면적은 $A$이고 액체의 표면 아래의 $y_1$과 $y_2$ 사이에 놓여 있다. 이 유체 부분에 세 가지 외력이 작용하는데, 중력 $Mg$, 아래에 있는 액체에 의해 가해지는 위로 향하는 힘 $P_2A$, 그리고 위에 있는 액체에 의한 아래로 향하는 힘 $P_1A$가 그것이다. 이 부분의 유체는 평형 상태에 있으므로 이들 힘은 합해서 0이 되어야 한다. 따라서

$$P_2A - P_1A - Mg = 0 \qquad [9.8]$$

이다. 밀도의 정의에 의해,

$$M = \rho V = \rho A(y_1 - y_2) \qquad [9.9]$$

로 주어진다. 식 9.9를 식 9.8에 대입하고 면적 $A$를 소거하여 정리하면 다음과 같이 된다.

$$P_2 = P_1 + \rho g(y_1 - y_2) \qquad [9.10]$$

$y_2 < y_1$이기 때문에 $(y_1 - y_2)$가 양임을 유의하라. 힘 $P_2A$는 힘 $P_1A$보다 정확하게 두 지점 사이의 물의 중량만큼 크다. 이는 미식축구나 럭비경기에서 포개져 쌓여 있는 선수더미의 맨 아래에 깔린 사람이 경험하는 것과 똑같은 원리이다.

대기압 또한 유체의 쌓임에 의해 발생하는데, 이 경우 유체는 대기를 구성하는 기체이다. 해수면에서부터 대기의 바깥 끝 사이의 모든 공기의 중량이 해수면에서의 대기압 $P_0 = 1.013 \times 10^5$ Pa(14.7 lb/in$^2$에 해당)을 만들어 낸다. 이 결과는 물 표면 아래 임의의 깊이 $h = (y_1 - y_2) = (0 - y_2)$에서의 압력 $P$를 알아내는 데 적용할 수 있다.

$$P = P_0 + \rho gh \qquad [9.11]$$

식 9.11에 의하면 **대기에 놓여 있는 액체의 표면 아래 깊이 $h$에서의 압력 $P$는 대기압보다 $\rho gh$만큼 크다.** 더욱이 이 압력은 그림 9.11에서 보여 주는 것 같이 담는 용기의 모양에 영향을 받지 않는다.

### ☑ Checkpoint 9.2

진실인가 거짓인가: 주어진 깊이의 호수 바닥에서의 압력은 해수면으로부터 호수 수면이 얼마의 높이에 있는지와는 상관이 없다.

### Quick Quiz 9.2

물($\rho$ = 1 000 kg/m$^3$)이 차 있는 유리그릇 바닥에서의 압력이 $P$이다. 물을 따라버리고 에틸알코올($\rho$ = 806 kg/m$^3$)을 채워넣었다. 이때 유리그릇 바닥에서의 압력이 (a) $P$보다 작다, (b) $P$와 같다, (c) $P$보다 크다.

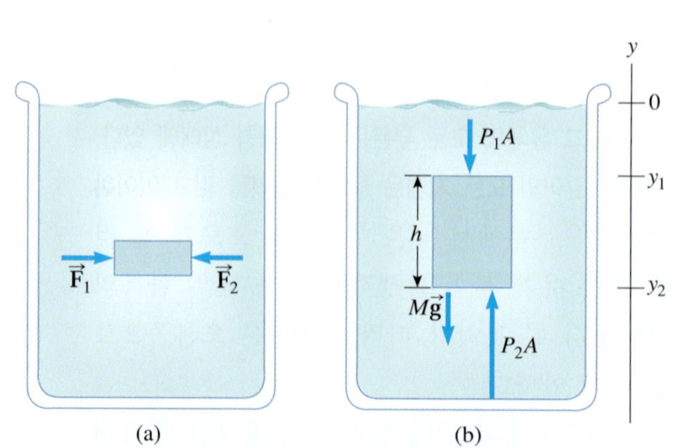


**그림 9.10** (a) 유체 블록이 평형 상태에 있으려면 힘 $\vec{F}_1$이 힘 $\vec{F}_2$와 균형을 이루어야만 한다. (b) 진하게 표시된 부분의 유체 덩어리에 가해지는 알짜 힘은 0이어야 한다.

Courtesy of Central Scientific Company

A B C D

**그림 9.11** 이 사진은 똑같은 높이에 있는 모든 점에서 유체의 압력이 동일함을 보여 준다. 예를 들어 $A, B, C, D$점에서 압력은 모두 같다. 용기의 모양이 압력에 영향을 주지 않는다.

## 예제 9.3 기름과 물

**목표** 서로 다른 유체가 층을 이루고 있을 때의 압력을 구한다.

**문제** 커다란 기름 탱크선에서 소금물이 기름 탱크에 5.00 m 깊이로 들어찼다. 물 위에는 그림 9.12에서 보여 주는 탱크의 단면도처럼 8.00 m 깊이의 기름 층이 있다. 기름의 밀도는 0.700 g/cm$^3$이다. 탱크 바닥에서의 압력을 구하라(소금물의 밀도는 1 025 kg/m$^3$로 한다).

**전략** 식 9.11을 두 번 사용한다. 먼저 기름 층 바닥에서의 압력 $P_1$을 구하는 데 사용하고, 다음으로 이 압력을 식 9.11의 $P_0$로 사용하여 물 층 바닥에서의 압력 $P_{bot}$을 계산한다.

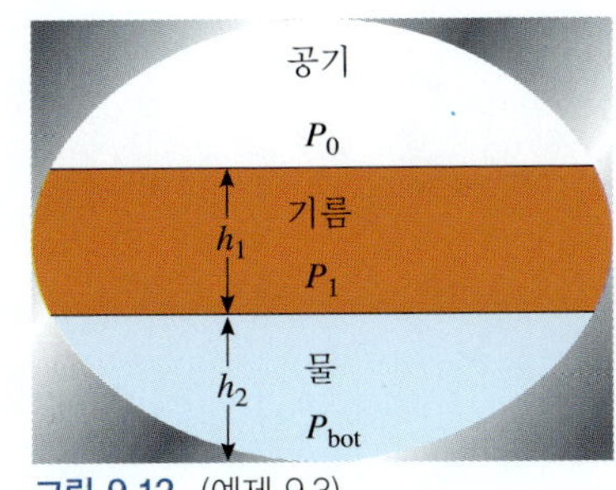

그림 9.12 (예제 9.3)

**풀이**

식 9.11을 사용하여 기름 층 바닥에서의 압력을 구한다.

$$P_1 = P_0 + \rho g h_1 \tag{1}$$
$$= 1.01 \times 10^5 \text{ Pa} + (7.00 \times 10^2 \text{ kg/m}^3)(9.80 \text{ m/s}^2)(8.00 \text{ m})$$
$$P_1 = 1.56 \times 10^5 \text{ Pa}$$

이제 이 결과를 새로운 초기 압력으로 적용하여 식 9.11을 이용하여 물 층 바닥에서의 압력을 구한다.

$$P_{bot} = P_1 + \rho g h_2 \tag{2}$$
$$= 1.56 \times 10^5 \text{ Pa} + (1.025 \times 10^3 \text{ kg/m}^3)(9.80 \text{ m/s}^2)(5.00 \text{ m})$$
$$P_{bot} = \boxed{2.06 \times 10^5 \text{ Pa}}$$

**주의** 대기의 중량은 기름 층의 표면에 압력 $P_0$을 준다. 그 다음 기름의 중량과 물의 중량이 합해져서 바닥에서의 압력을 형성한다.

**연습문제 9.3**

깊이 10.0 m의 호수바닥으로부터 밀도 $1.75 \times 10^3$ kg/m$^3$인 진흙 4.00 m 아래에 묻혀 있는 서랍장 맨 위에서의 압력을 구하라.

**답** $2.68 \times 10^5$ Pa

유체 속에서의 압력이 깊이와 $P_0$값에 따라 다르다는 사실로부터 표면에서의 어떠한 압력의 증가도 유체의 모든 지점으로 전달된다는 것을 알 수 있다. 이러한 사실은 프랑스 과학자 파스칼(Blaise Pascal, 1623~1662)에 의해 처음 알려졌는데, 이를 **파스칼의 원리**(Pascal's principle)라고 부른다.

> 갇혀 있는 유체에 가해지는 압력의 변화는 감소됨 없이 그대로 그 유체의 모든 곳과 용기 벽에 전달된다.

**APPLICATION**

유압 리프트

파스칼의 원리를 응용한 중요한 기구가 유압 프레스이다(그림 9.13a). 아래로 향하는 힘 $\vec{\mathbf{F}}_1$이 면적 $A_1$의 작은 피스톤에 가해진다. 이 압력은 유체를 통해 면적 $A_2$의 큰 피스톤으로 전달된다. 피스톤이 움직이고 왼쪽과 오른쪽 실린더의 유체의 상대적인 높이가 달라지면서 입력과 출력 피스톤에서의 압력은 약간 달라진다. 이 작은 차이를 무시하면 각 피스톤에서의 유체의 압력은 같다. 즉, $P_1 = P_2$이다. 그러면 압력의 정의로부터 $F_1/A_1 = F_2/A_2$가 된다. 따라서 힘 $\vec{\mathbf{F}}_2$의 크기는 $\vec{\mathbf{F}}_1$의 크기보다 $A_2/A_1$만큼 크다. 이것이 자동차와 같이 큰 하중을 큰 피스톤에 올려 작은 피스톤의 훨씬 작은 힘으로 움직일 수 있는 이유이다. 유압 브레이크, 자동차 리프트, 유압 잭, 포크리프트 등이 이 원리를 이용한다.

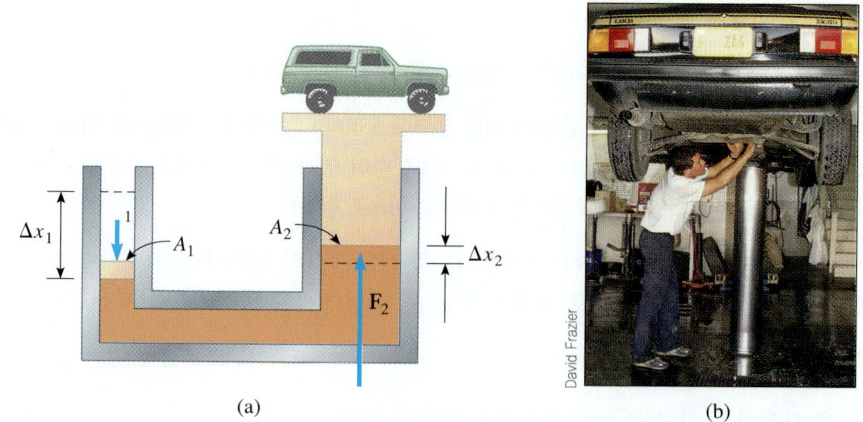


**그림 9.13** (a) 유압 프레스 개략도(예제 9.4). 압력이 왼쪽과 오른쪽에서 같기 때문에 왼쪽의 작은 힘 $\vec{\mathbf{F}}_1$이 오른쪽의 훨씬 더 큰 힘 $\vec{\mathbf{F}}_2$를 만들어 낸다. (b) 수리할 자동차가 정비소의 유압 리프트에 의해 올려져 있다.

## 연관된 예제 9.4 자동차 리프트

**목표** 파스칼의 원리를 자동차 리프트에 적용하고, 들어간 일의 양과 나오는 일의 양이 같음을 보인다.

**문제** 정비소에서 사용되는 자동차 리프트에는 압축공기가 반지름 $r_1 = 5.00$ cm인 원형 단면적을 가진 작은 피스톤에 힘을 가한다. 이 압력이 비압축성 액체를 통해 반지름 $r_2 = 15.0$ cm인 두 번째 피스톤에 전달된다. (a) 13 300 N인 자동차를 들어올리려면 압축공기는 얼마만한 힘을 작은 피스톤에 가해야 하는가? 피스톤의 무게는 무시한다. (b) 이만한 크기의 힘을 내려면 공기의 압력은 얼마여야 하는가? (c) 입력과 출력 피스톤이 한 일은 똑같음을 보여라.

**전략** (a)는 파스칼의 원리에 대입하되, 출력 힘의 크기 $F_2$는 지지할 자동차의 무게와 같다는 점에 유의한다. (b)는 압력의 정의를 이용한다. (c)는 $W = F\Delta x$를 이용해 비 $W_1/W_2$를 구하고 이것이 1임을 보인다. 이는 파스칼의 원리를 입력과 출력 피스톤이 똑같은 부피만큼을 통과하여 이동한다는 사실과 함께 사용해야 한다.

**풀이**

(a) 작은 피스톤에 필요한 힘을 구한다.

파스칼의 원리에 면적이 $A = \pi r^2$임을 이용하여 알고 있는 값을 대입한다.

$$F_1 = \left(\frac{A_1}{A_2}\right)F_2 = \frac{\pi r_1^2}{\pi r_2^2}F_2$$
$$= \frac{\pi(5.00 \times 10^{-2}\ \mathrm{m})^2}{\pi(15.0 \times 10^{-2}\ \mathrm{m})^2}(1.33 \times 10^4\ \mathrm{N})$$
$$= \boxed{1.48 \times 10^3\ \mathrm{N}}$$

(b) $F_1$을 만들어 내는 공기압력을 구한다.

압력의 정의식에 대입하면

$$P = \frac{F_1}{A_1} = \frac{1.48 \times 10^3\ \mathrm{N}}{\pi(5.00 \times 10^{-2}\ \mathrm{m})^2} = \boxed{1.88 \times 10^5\ \mathrm{Pa}}$$

(c) 입력과 출력 피스톤이 하는 일이 같음을 보인다.

먼저 부피가 같다고 놓고 $A_2$와 $A_1$의 비에 대하여 푼다.

$$V_1 = V_2 \longrightarrow A_1\Delta x_1 = A_2\Delta x_2$$
$$\frac{A_2}{A_1} = \frac{\Delta x_1}{\Delta x_2}$$

이제 파스칼의 원리를 사용하여 $F_1/F_2$에 대한 관계식을 얻는다.

$$\frac{F_1}{A_1} = \frac{F_2}{A_2} \longrightarrow \frac{F_1}{F_2} = \frac{A_1}{A_2}$$

앞의 두 결과를 대입하여 일의 비를 구한다.

$$\frac{W_1}{W_2} = \frac{F_1\Delta x_1}{F_2\Delta x_2} = \left(\frac{F_1}{F_2}\right)\left(\frac{\Delta x_1}{\Delta x_2}\right) = \left(\frac{A_1}{A_2}\right)\left(\frac{A_2}{A_1}\right) = 1$$

$$W_1 = W_2$$

**주의** 이 문제에서 피스톤의 높이 차에 의한 영향은 다루지 않았다. 만일 작은 피스톤의 유체기둥 높이가 더 높다면 이 유체의 중량이 차를 들어올리는 데 도움을 주므로 가해주어야 하는 힘의 크기가 줄어든다. 만일 큰 피스톤의 유체기둥 높이가 더 높다면 차와 여분의 유체를 들어올려야 하므로 가해주어야 하는 힘의 크기가 늘어난다.

**연습문제 9.4**

유압 리프트의 피스톤 지름이 각각 8.00 cm과 36.0 cm이다. 만일 825 N의 힘을 입력 피스톤에 가한다면 출력 피스톤은 최대 얼마의 질량을 들어올릴 수 있는가?

**답** $1.70 \times 10^3$ kg

**Physics Now™** **http://physics.brookscole.com/ecp**에서 PhysicsNow를 로그인하고 연관된 예제 9.4로 들어가서 그림 9.13a의 트럭의 무게를 조절할 수 있다.

## 9.5 압력의 측정

압력을 측정하는 간단한 기기는 개관 압력계(open-tube manometer)이다(그림 9.14a). 액체가 들어 있는 U자형 관의 한쪽 끝은 대기에 노출되어 있고, 다른 쪽은 미지의 압력 $P$인 계와 연결되어 있다. $B$지점에서의 압력은 $P_0 + \rho gh$인데, 여기서 $\rho$는 유체의 밀도이다. 그런데 $B$에서의 압력은 $A$지점에서의 압력과 같고, 이는 바로 미지의 압력 $P$이므로, 따라서 $P = P_0 + \rho gh$가 된다.

여기서의 압력 $P$를 **절대압력**(absolute pressure)이라고 하고, $P - P_0$를 **게이지압력**(gauge pressure)이라고 한다. 만일 계의 압력 $P$가 대기압보다 크면 $h$는 양(+)이 된다. 만일 $P$가 대기압보다 작으면(부분 진공상태) $h$는 음(−)이 되는데. 이는 그림 9.14a의 오른쪽 액체 기둥의 높이가 왼쪽보다 낮은 것을 의미한다.

압력을 측정하는 데 사용되는 또 다른 기구로는 토리첼리(Evangelista Torricelli, 1608~1647)가 고안한 **기압계**(barometer)가 있다. 한쪽 끝이 막혀 있는 긴 관에 수은이 들어 있고, 이를 수은이 들어 있는 그릇에 거꾸로 뒤집어 놓는다. 관의 막힌 쪽 끝은 거의 진공상태라서 그 압력을 0으로 놓을 수 있다. 따라서 $P_0 = \rho gh$이며, 여기서 $\rho$는 유체의 밀도이고 $h$는 수은 기둥의 높이이다. 기압계는 대기압의 압력을 측정하는 장치이며, 개관 압력계는 닫힌 유체의 압력을 측정하는 장치이다.

**1기압**(one atmosphere)의 압력은 정확히 $g = 9.806\ 65\ \text{m/s}^2$일 때 0°C에서 0.76 m 높이의 수은주에 해당하는 값으로 정의한다. 이 온도에서 수은의 밀도는 $13.595 \times 10^3\ \text{kg/m}^3$이므로 1기압은 다음과 같다.

$$P_0 = \rho gh = (13.595 \times 10^3\ \text{kg/m}^3)(9.806\ 65\ \text{m/s}^2)(0.760\ 0\ \text{m})$$
$$= 1.013 \times 10^5\ \text{Pa} = 1\ \text{atm}$$

흥미롭게도 대기가 우리의 몸(면적이 2 000 in²로 가정)에 미치는 힘은 지극히 커서 무려 30 000 lb 정도나 된다. 우리 몸의 조직이나 빈 공간에 유체가 침투해 들어가지

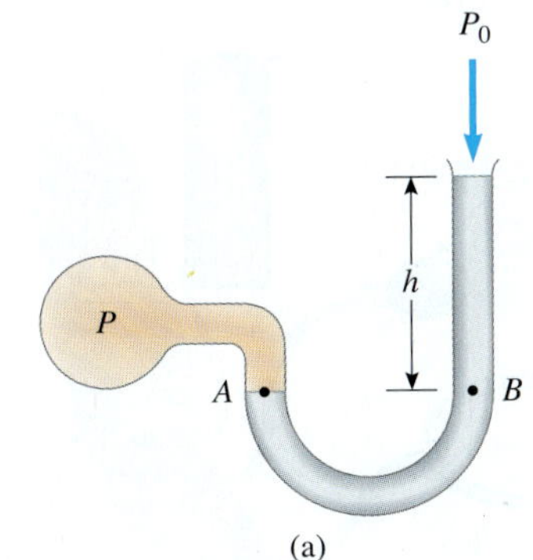


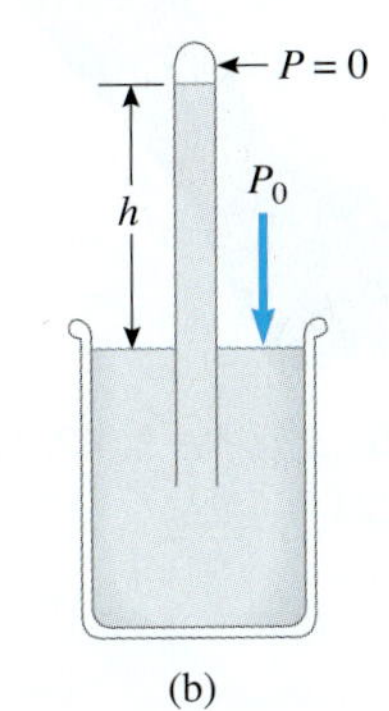


**그림 9.14** 압력을 측정하기 위한 두 기구. (a) 개관 압력계, (b) 수은 기압계

않는다면 우리 몸은 압착될 것이다. 이 유체들은 크기가 같고 반대 방향의 힘을 제공한다. 대기 상공이나 우주에서 갑작스럽게 감압하면 심각한 부상이나 사망에 이를 수 있다. 폐에 들어 있는 공기가 작은 폐포들을 손상시킬 수 있고 장 속의 가스가 내장기관까지 터트릴 수 있기 때문이다.

**Quick Quiz 9.3**

일반적으로 기압계들은 여러 종류의 유체를 사용해서 제작된다. 어느 유체를 사용한 기압계의 유체기둥의 높이가 가장 높겠는가?(표 9.3 참조) (a) 수은, (b) 물, (c) 에틸알코올, (d) 벤젠.

### 혈압 측정

**APPLICATION**

혈압의 측정

혈압을 측정하는 데는 흔히 특별히 고안된 압력계[일명, **혈압계**(sphygmomanometer)]가 사용된다. 이 기구는 그림 9.15처럼 고무주머니를 이용해서 상부 팔뚝에 감겨 있는 가압대와 압력계에 동시에 공기를 불어 넣는다. 가압대 안의 압력을 팔뚝의 동맥을 지나는 피의 흐름이 멈출 때까지 증가시킨다. 그 다음 고무주머니에 달려 있는 밸브를 열고 측정하는 사람이 가압대 바로 아래에 있는 동맥 부분의 소리를 청진기를 통해 듣는다. 가압대 안과 팔 동맥의 압력이 심장에 의해 생성되는 최대압력(수축기 혈압)보다 약간 작아 질 때 심장이 뛸 때마다 짧은 시간 동안 동맥이 열리게 된다. 이때, 혈액의 속도는 빠르면서 요동을 치기 때문에 혈액흐름이 시끄러워 청진기로 들을 수 있게 된다. 이 압력계는 밀리미터 단위의 수은주 값으로 읽도록 되어 있는데, 정상적인 심장에서는 약 120 mm의 값을 보인다. 130 mm 이상은 혈압이 높은 것으로 간주되며 이들 환자에게는 흔히 혈압을 낮추는 약이 처방된다. 가압대의 압력이 더 내려가서 최소 심장압력(이완기 혈압)의 바로 아래로 떨어질 때까지 단속적인 소리가 계속 들리는데, 이후에는 연속적인 소리가 들린다. 정상적인 심장에서는 이 전이가 수은주 약 80 mm에서 일어나는데, 90 이상이 되면 진료를 받을 필요가 있다. 혈압은 보통 수축기와 이완기 압력의 비로 표시하는데, 건강한 심장의 경우 120/80이다.

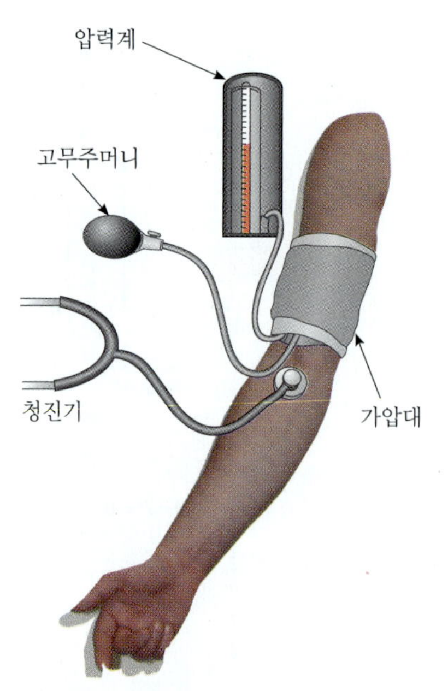


**그림 9.15** 혈압계는 혈액의 압력을 측정하는 데 쓰인다.

**Quick Quiz 9.4**

혈압은 혈압계의 가압대를 보통 팔뚝 주위에 둘러 측정한다. 가압대를 서 있는 사람의 발목 주위에 둘러 혈압을 측정한다고 하자. 이때 혈압값이 (a) 팔뚝에서와 같은가? (b) 팔뚝에서보다 큰가? (c) 팔뚝에서보다 작은가?

## 9.6 부력과 아르키메데스의 원리

유체 속에 잠긴 물체에 관한 중요한 원리가 그리스의 수학자이자 자연철학자인 아르키메데스(Archimedes)에 의해 발견되었다. **아르키메데스의 원리**(Archimedes's principle)는 다음과 같다.

유체에 전부 또는 일부가 잠긴 물체는 그 물체가 밀어낸 유체의 중량과 같은 힘의 부력을 받는다.

◀ 아르키메데스의 원리

많은 역사가들은 부력의 개념을 아르키메데스의 "욕조 에피소드"와 관련짓는데, 그는 물이 차 있는 욕조에 몸을 담그면 자기 몸무게가 변하는 것을 알아차렸다고 한다. 예제 9.5에서 보게 되듯이 부력 현상은 밀도를 측정하는 한 방법으로 쓰인다.

모든 사람은 아르키메데스의 원리를 경험한다. 예를 들면, 누군가를 땅 위에서 들어올리는 것은 어려울 수 있지만, 같은 사람이 수영장 물속에 서 있다면 들어올리기가 상대적으로 쉽다. 물은 그 속에 잠긴 어느 물체에나 일부 떠받히는 힘을 준다. 우리는 흔히 유체에 잠긴 물체가 그 유체에 의해 부양된다고 말하므로 이와 같은 위로 향하는 힘을 **부력**(buoyant force)이라고 한다.

부력은 유체에서 발생하는 신기한 새 힘이 아니다. 실제로, 부력의 물리적인 원인은 그 물체의 위쪽과 아래쪽 사이의 압력 차인데, 그 크기는 밀려난 유체의 중량과 같다는 것을 보일 수 있다. 그림 9.16a에서와 같이 짙은 푸른색으로 표시된 공 모양 안에 들어 있는 유체는 그 주위를 둘러싸고 있는 유체에 의해 모든 방향에서 힘을 받는다. 화살표들은 압력으로 인해 생기는 힘을 표시한다. 압력은 깊이에 따라 증가하므로 아래쪽의 화살표가 위쪽의 화살표보다 크다. 이들을 모두 합하면 수평성분은 상쇄되고 순수하게 위로 향하는 힘이 남는다. 압력 차에 의한 이 힘이 부력 $\vec{\mathbf{B}}$이다. 이 유체 공은 뜨지도 가라앉지도 않으므로 부력과 유체 구에 작용하는 중력의 벡터 합은 0이어야 하고, 따라서 $B = Mg$이다. 여기서 $M$은 유체의 질량이다.

그림 9.16b에서와 같이 앞의 유체 공을 같은 부피의 볼링공으로 대체하면 압력이 가해지는 질량의 크기만 바뀌므로 부력은 똑같다. 즉, $B = Mg$이고, 여기서 $M$은 유체의 질량이지 볼링공의 질량이 아니다. 더 무거운 공에 작용하는 중력은 유체 공에 작용했던 것보다 더 크므로, 따라서 볼링공은 가라앉는다.

아르키메데스의 원리는 또한 그림 9.10b를 이용하여 식 9.8로부터 구할 수도 있다. 압력으로부터의 수평 힘들은 상쇄되지만, 수직방향으로는 $P_2A$가 유체의 바닥에 위로 향하는 힘을 주고 $P_1A$와 유체에 작용하는 중력 $Mg$가 아래로 향하므로,

$$B = P_2A - P_1A = Mg \qquad [9.12a]$$

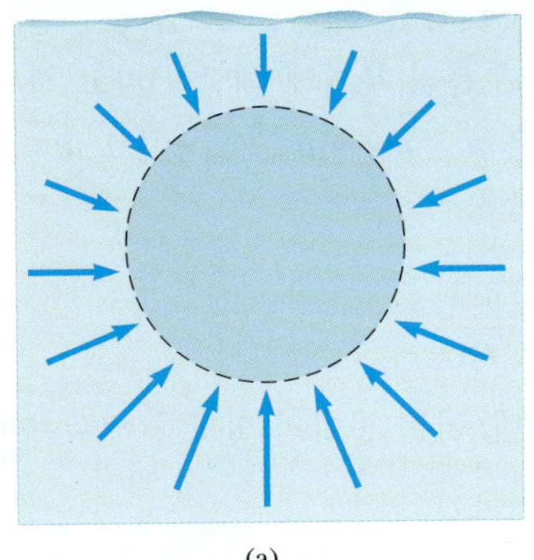
(a)

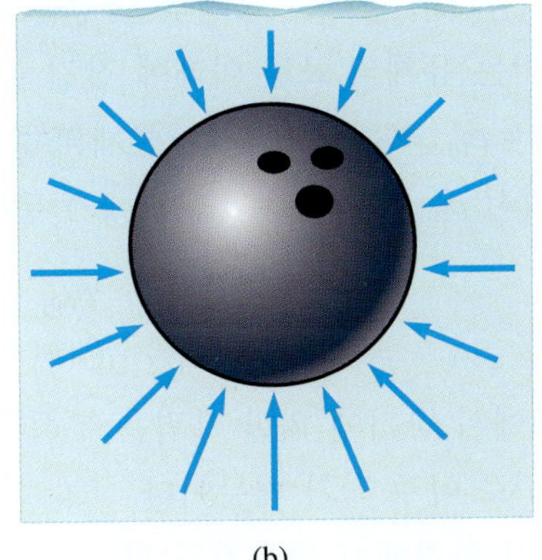
(b)

**그림 9.16** (a) 화살표들은 압력 때문에 유체 공에 가해지는 힘을 나타내는데, 깊이에 따라 압력이 커지므로 아래쪽의 힘이 더 크다. 위로 향하는 알짜 힘이 부력이다. (b) 주위의 유체에 의해 생기는 부력은 이 볼링공을 포함하여 동일한 부피를 가진 모든 물체에 똑같은 크기로 작용한다. 부력의 크기는 밀려난 유체의 중량과 같다.

**TIP 9.2 부력은 유체에 의해 작용한다.**
물체에 가해지는 부력은 유체에 의해 작용하는 것으로 물체의 밀도와 상관없이 똑같다. 물체의 밀도가 유체의 밀도보다 더 크면 가라앉고, 더 작으면 뜬다.

이다. 이로부터 부력은 밀려난 유체의 중량과 같은 크기의 압력 차에 의한 것임을 알 수 있다. 부력은 **주위**를 둘러싸고 있는 유체 때문에 생기는 것이므로 그 크기는 그 공간을 차지하고 있는 물질과는 상관없이 같다. 밀도의 정의를 이용하면 식 9.12a는 다음과 같이 정리할 수 있다.

$$B = \rho_{\text{fluid}} V_{\text{fluid}}\, g \qquad [9.12b]$$

여기서 $\rho_{\text{fluid}}$는 유체의 밀도이고, $V_{\text{fluid}}$는 밀려난 유체의 부피이다. 이와 같은 결과는 모든 모양에 똑같이 적용되는데, 왜냐하면 임의의 불규칙한 모양은 많은 수의 아주 작은 네모 상자로 근사적으로 대치할 수 있기 때문이다.

완전히 잠겨 있는 물체에 작용하는 힘과 떠 있는 물체에 작용하는 힘을 비교하는 것이 부력을 이해하는 데 유익하다.

### ☑ Checkpoint 9.3

진실인가 거짓인가: 유체에 잠겨 있는 철공에 작용하는 부력은 같은 반지름을 가진 알루미늄공에 작용하는 부력보다 더 크다.

**경우 I: 완전히 잠긴 물체** 물체가 밀도 $\rho_{\text{fluid}}$인 유체에 완전히 잠겨있을 때 그 물체에 작용하는 위로 향하는 부력은 $B = \rho_{\text{fluid}} V_{\text{obj}}\, g$의 크기가 되는데, 여기서 $V_{\text{obj}}$는 그 물체의 부피이다. 만일 물체의 밀도가 $\rho_{\text{obj}}$라면 물체에 작용하는 밑으로 향하는 중력은 $w = mg = \rho_{\text{obj}} V_{\text{obj}}\, g$의 크기가 되고, 따라서 물체에 작용하는 알짜 힘은 $B - w = (\rho_{\text{fluid}} - \rho_{\text{obj}}) V_{\text{obj}}\, g$가 된다. 그러므로 활용그림 9.17a에서처럼 물체의 밀도가 유체의 밀도보다 작으면 물체에 작용하는 알짜 힘은 양(위로 향하는)이 되고 물체는 위쪽으로 가속된다. 만일 활용그림 9.17b에서처럼 물체의 밀도가 유체의 밀도보다 크면 알짜 힘은 음이 되고 물체는 아래쪽으로 가속된다.

열기구. 뜨거운 공기는 찬 공기보다 밀도가 작기 때문에 풍선에 위로 향하는 알짜 힘이 작용한다.

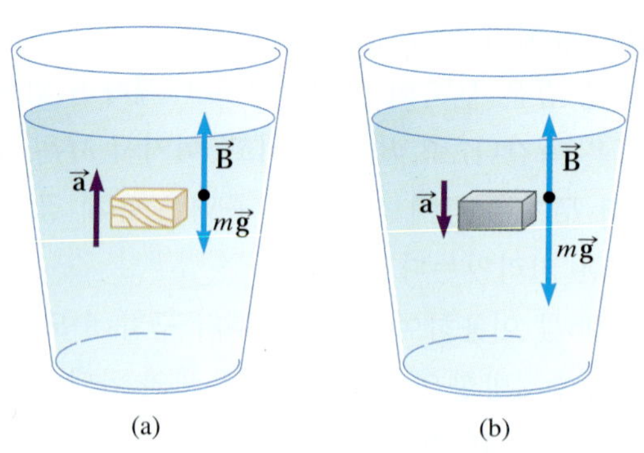

**활용그림 9.17**
(a) 유체보다 밀도가 작은 물체에는 위로 향하는 알짜 힘이 작용한다. (b) 유체보다 밀도가 큰 물체는 가라앉는다.

**Physics Now™**
**http://physics.brookscole.com/ecp**에서 PhysicsNow를 로그인하고 활용그림 9.17로 들어가라. 물체를 새로운 위치로 옮기거나 밀도를 바꾸어 보고 그 결과를 살펴보자.

**경우 II: 떠 있는 물체** 이제 활용그림 9.18에서처럼 일부만 잠긴 물체가 유체 위에 떠서 정적 평형 상태에 있는 경우를 생각해 보자. 이 경우, 위로 향하는 부력은 물체에 작용하는 아래로 향하는 중력과 균형을 이룬다. 만일 $V_{\text{fluid}}$를 그 물체가 밀어낸 유체의 부피(이는 유체의 표면 아래에 잠긴 물체 부분의 부피에 해당함)라고 하면 부력의 크기는 $B = \rho_{\text{fluid}} V_{\text{fluid}}\, g$가 된다. 물체의 중량은 $w = mg = \rho_{\text{obj}} V_{\text{obj}}\, g$이고 $w = B$이기 때문에, 따라서 $\rho_{\text{fluid}} V_{\text{fluid}}\, g = \rho_{\text{obj}} V_{\text{obj}}\, g$가 된다.

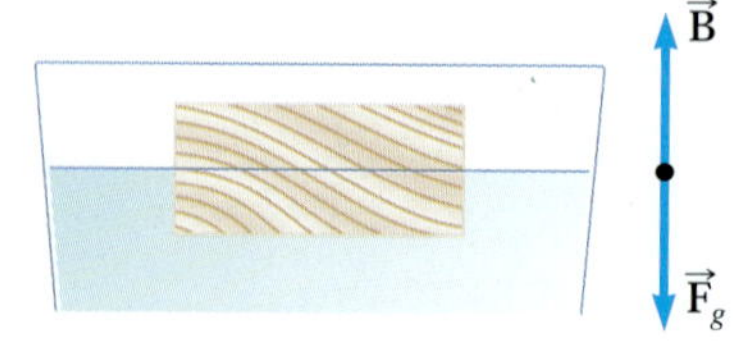

**활용그림 9.18**
유체의 표면에 떠 있는 물체에는 두 가지 힘, 즉 중력 $\vec{\mathbf{F}}_g$와 부력 $\vec{\mathbf{B}}$이 작용한다. 이 두 힘은 크기가 같고 방향은 반대이다.

**Physics Now™**
**http://physics.brookscole.com/ecp**에서 PhysicsNow를 로그인하고 활용그림 9.18로 들어가서 물체와 유체의 밀도를 바꾸어 보고 그 결과를 살펴보자.

$$\frac{\rho_{\text{obj}}}{\rho_{\text{fluid}}} = \frac{V_{\text{fluid}}}{V_{\text{obj}}} \qquad [9.13]$$

식 9.13에서 공기에 의한 부력은 무시했는데, 이는 공기의 밀도가 해수면에서 겨우 1.29 kg/m$^3$로 아주 작기 때문이다.

정상적인 환경에서 물고기의 평균밀도는 물의 밀도보다 약간 커서 밀도를 조절하는 메커니즘이 없다면 물고기는 가라앉을 것이다. 그러나 물고기는 몸 안에 있는 부레의 크기를 조절함으로써 중립의 부력을 유지하면서 여러 깊이에서 헤엄칠 수 있게 된다.

사람의 두뇌는 밀도가 1 007 kg/m³인 유체(뇌척수액) 속에 잠겨 있는데, 이는 뇌의 평균밀도 1 040 kg/m³보다 약간 작다. 따라서 뇌의 무게는 대부분 주위 유체의 부력에 의해 지지된다. 일부 진료과정에서 검사를 위해 이 유체의 일부를 제거해야 하는 경우가 있다. 이 과정에서 뇌 속의 신경과 혈관은 아주 큰 스트레스를 받는데, 이것이 극심한 불편과 고통을 야기한다. 이러한 환자의 경우 뇌척수액의 원래 양이 몸에 의해 복구될 때까지 아주 조심스럽게 보살펴야 한다.

**APPLICATION**

뇌척수액

정비소의 기술자가 차의 부동액이나 배터리의 상태를 점검할 때 흔히 아르키메데스의 원리를 응용한 기기를 사용한다. 그림 9.19는 자동차 방열기에 들어 있는 부동액을 점검할 때 흔히 쓰이는 기기이다. 튜브 안에 들어 있는 작은 공들은 밀도가 모두 달라서, 순수한 물을 채우면 모두 뜨고, 순수한 부동액이면 하나도 뜨지 않으며, 5% 혼합물이면 1개, 10% 혼합물이면 2개 등과 같이 뜬다. 뜬 공의 수는 혼합물의 부동액 비율을 나타내고, 이는 다시 그 혼합물이 얼지 않는 최저온도를 결정하는 데 사용된다.

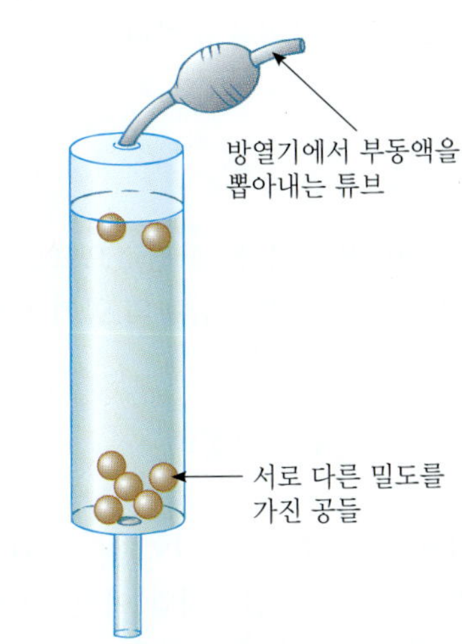


**그림 9.19** 이 기기에서 위에 뜨는 공의 숫자가 자동차 방열기에 들어가는 부동액의 밀도값을 나타내준다. 따라서 이 용액이 어느 온도에서 얼게 되는가를 알려 준다.

**Quick Quiz 9.5**

대기압은 매일 매일 바뀐다. 고기압인 날에 배가 떠 있는 정도는 저기압인 날보다 (a) 높다, (b) 낮다, (c) 차이가 없다.

## 예제 9.5 금관의 비밀

**목표** 잠겨 있는 물체에 아르키메데스의 원리를 적용한다.

**문제** 어느 사람이 벼룩시장에서 "금관"을 샀다. 집에 돌아가 저울에 달아보니 7.84 N이 나갔다(그림 9.20a). 그 다음에 그림 9.20b처럼 물속에 잠긴 상태로 재보니 6.86 N이 나갔다. 이 금관은 순수한 금으로 만들어졌는가?

**전략** 해야 할 일은 이 금관의 밀도를 구하고 이를 금의 밀도와 비교하는 것이다. 이미 공기 중에서의 금관의 중량을 알고 있으므로 이를 중력가속도로 나누면 그 질량을 구할 수 있다. 만일 금관의 부피를 구할 수 있다면, 이 질량을 금관의 부피로 나누어 구하고자 하는 밀도를 얻을 수 있다.

금관이 완전히 잠기면 밀려난 물의 양은 금관의 부피와 같다. 이 부피가 부력을 계산하는 데 사용된다. 따라서 다음과 같은 전략을 취한다. (1) 뉴턴의 제2법칙을 물속과 공기 중 둘 다에 적용하여 부력의 크기를 구한다. (2) 부력을 이용하여 금관의 부피를 구한다. (3) 공기 중에서의 금관의 중량을 중력가속도로 나누어 그 질량을 구하고, 이를 금관의 부피로 나누어 밀도를 구한다.

**그림 9.20** (예제 9.5) (a) 왕관을 공기 중에서 달았을 때 저울은 왕관의 실제 중량 $T_{air} = mg$를 보여 준다. (b) 왕관을 물속에 담그면 부력 때문에 저울의 측정값이 부력의 크기만큼 줄어들어 $T_{water} = mg - B$가 된다.

**풀이**

뉴턴의 제2법칙을 공기 중에서 무게를 쟀을 때에 적용한다. 금관에 작용하는 힘이 두 개 있는데, 즉 중력 $m\vec{\mathbf{g}}$와 저울이 금관에 미치는 힘 $\vec{\mathbf{T}}_{air}$이다. 그 크기는 저울이 지시하는 값이다.

$$T_{air} - mg = 0 \qquad (1)$$

금관이 물에 잠겨 있을 때는 저울의 지시값인 저울이 미치는 힘 $\vec{\mathbf{T}}_{\text{water}}$와 위로 향하는 부력 $\vec{\mathbf{B}}$, 그리고 중력이 있다.

$$T_{\text{water}} - mg + B = 0 \qquad (2)$$

식 (1)을 $mg$에 대해 풀고 식 (2)에 대입하여 부력에 대해 푼다. 이는 곧 저울 지시값의 차이와 같다.

$$T_{\text{water}} - T_{\text{air}} + B = 0$$
$$B = T_{\text{air}} - T_{\text{water}} = 7.84\text{ N} - 6.86\text{ N} = 0.980\text{ N}$$

부력의 크기는 밀려난 물의 중량과 같다는 사실을 이용하여 밀려난 물의 부피를 구한다.

$$B = \rho_{\text{water}}\, g\, V_{\text{water}} = 0.980\text{ N}$$
$$V_{\text{water}} = \frac{0.980\text{ N}}{g\rho_{\text{water}}} = \frac{0.980\text{ N}}{(9.80\text{ m/s}^2)(1.00\times 10^3\text{ kg/m}^3)} = 1.00\times 10^{-4}\text{ m}^3$$

금관이 완전히 물에 잠겼으므로 $V_{\text{crown}} = V_{\text{water}}$이다. 식 (1)로부터 금관의 질량은 금관의 공기 중에서의 중량 $T_{\text{air}}$를 $g$로 나눈 값이다.

$$m = \frac{T_{\text{air}}}{g} = \frac{7.84\text{ N}}{9.80\text{ m/s}^2} = 0.800\text{ kg}$$

금관의 밀도를 구한다.

$$\rho_{\text{corwn}} = \frac{m}{V_{\text{crown}}} = \frac{0.800\text{ kg}}{1.00\times 10^{-4}\text{ m}^3} = \boxed{8.00\times 10^3\text{ kg/m}^3}$$

**주의** 금의 밀도는 $19.3\times 10^3$ kg/m$^3$이기 때문에 이 금관은 속이 비었거나 아니면 합금으로 만들어졌다. 또는 둘 다일 수도 있다. 수학적으로는 복잡하지만 이것이 아르키메데스가 사용한 방법으로 충분히 추측해 볼 수 있다. 이는 개념적으로 같은 무게의 금과 금-은의 합금을 물에 담갔을 때 중량값이 서로 다르다는 것을 아는(또는 예측하는) 것인데, 왜냐하면 이들의 밀도가 다르므로, 따라서 부피가 달라서 부력이 달라지게 때문이다.

**연습문제 9.5**

금속 목걸이의 중량이 공기 중에서 0.100 N이고 물에 담갔을 때에 0.092 N이다. 금속의 밀도를 구하라.

**답** $1.25\times 10^4$ kg/m$^3$

## 예제 9.6 강물에 떠내려가기

**목표** 아르키메데스의 원리를 일부만 잠겨 있는 물체에 적용한다.

**문제** 나무로 만든 뗏목의 밀도가 $6.00\times 10^2$ kg/m$^3$이다. 그 면적은 5.70 m$^2$이고 부피는 0.60 m$^3$이다. 이 뗏목을 그림 9.21처럼 민물에 띄웠을 경우 뗏목의 바닥은 얼마의 깊이 $h$까지 잠기는가?

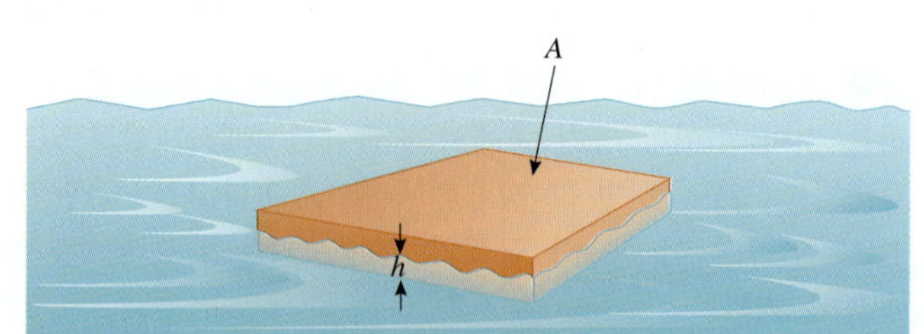

**그림 9.21** (예제 9.6) 물속에 일부만 잠긴 뗏목.

**전략** 뗏목에는 두 가지 힘, 즉 위로 향하는 크기 $B$의 부력과 아래로 향하는 중력이 작용한다. 뗏목은 평형 상태에 있으므로 이 두 힘의 합은 0이다. 부력의 크기는 물에 잠긴 부피 $V_{\text{water}} = Ah$와 상관이 있다. 뉴턴의 제2법칙을 사용하여 뗏목의 바닥이 잠기는 깊이 $h$에 대해 푼다.

**풀이**

평형 상태에 있는 뗏목에 뉴턴의 제2법칙을 적용한다.

$$B - m_{\text{raft}}\,g = 0 \longrightarrow B - m_{\text{raft}}\,g$$

물속에 잠긴 뗏목의 부피는 $V_{\text{water}} = Ah$로 주어진다. 부력의 크기는 이 부피만큼 밀려난 물의 중량과 같다.

$$B = m_{\text{water}}\,g = (\rho_{\text{water}} V_{\text{water}})g = (\rho_{\text{water}} Ah)g$$

다음, 뗏목의 밀도와 부피를 사용하여 뗏목에 작용하는 중력을 다시 쓴다.

$$m_{\text{raft}}\,g = (\rho_{\text{raft}} V_{\text{raft}})g$$

이 두식을 뉴턴의 제2법칙, $B = m_{\text{raft}}\,g$에 대입하여 $h$에 대하여 푼다($g$는 소거됨을 유의).

$$(\rho_{\text{water}} A h)g = (\rho_{\text{raft}} V_{\text{raft}})g$$

$$h = \frac{\rho_{\text{raft}} V_{\text{raft}}}{(\rho_{\text{water}} A)}$$

$$= \frac{(6.00 \times 10^2\ \text{kg/m}^3)(0.600\ \text{m}^3)}{(1.00 \times 10^3\ \text{kg/m}^3)(5.70\ \text{m}^2)}$$

$$= 0.063\,2\ \text{m}$$

**주의** 물속에 얼마나 낮게 잠겨 떠내려가느냐는 뗏목의 밀도와 상관이 있다. 사람의 몸도 마찬가지다. 지방은 근육이나 뼈보다 밀도가 낮아서 몸의 체지방률이 높을수록 더 잘 뜬다.

연습문제 9.6
빙산의 얼마만큼이 바다 속에 잠겨 있는지 구하라. 단, 얼음의 밀도는 917 kg/m$^3$이고 바닷물의 밀도는 1 025kg/m$^3$이다.

**답** 89.5%

## 9.7 움직이는 유체

유체가 움직일 때 그 흐름은 두 가지 중의 하나로 특징지을 수 있다. 만일 모든 입자가 어느 한 지점을 그 지점을 통과한 앞의 입자가 지난 것과 똑같은 매끈한 경로를 따라 움직이면 그 흐름은 **유선성**(streamline) 또는 **층류성**(laminar)이라 하고, 이 경로를 **유선**이라 부른다(그림 9.22). 이러한 정상 흐름 조건하에서는 다른 유선은 서로 교차하지 않는다.

반면에, 속도가 어느 이상이거나 또는 급격히 바뀌는 조건에서는 유체의 흐름이 불규칙해지는데, 이를 **난류성**(turbulent)이라 한다. 유체가 불규칙하게 움직이는 것을 **맴돌이 흐름**이라고 부르며, 그림 9.23은 난류성 흐름의 특징을 보여 주는 것이다.

유체의 흐름을 다루는 데는 **점성도**(viscosity)라는 용어가 유체의 내부 마찰 정도를 나타내는 데 쓰인다. 이 내부 마찰은 상대적으로 움직이는 유체의 이웃한 두 층 사이의 저항과 관계된다. 등유 같은 유체는 원유나 당밀보다 작은 점성도를 갖고 있다.

유체운동의 많은 내용은 **이상적인 유체**(ideal fluid)의 움직임을 살펴보면 이해할 수 있는데, 이는 다음과 같은 조건을 만족시킨다.

그림 9.22 풍동실험실에서 자동차 주위를 지나는 유선형 흐름. 유선형의 공기흐름은 연기입자를 사용하여 눈에 보이도록 만든다.

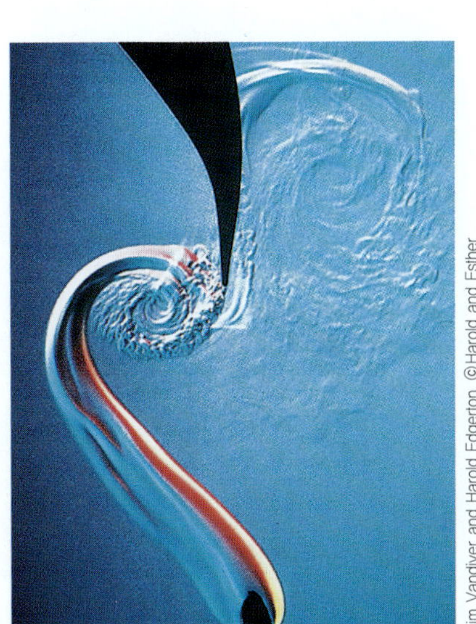



그림 9.23 난류성 흐름: 회전날개의 끝(위쪽의 어두운 부분)이 알코올 램프에 의해 가열된 공기에 소용돌이를 일으킨다(램프의 심지가 아래쪽에 있다). 날개의 양쪽에 공기의 소용돌이가 생긴 것을 주시하라.

**1. 유체가 비점성이다.** 이는 이웃한 층 사이에 내부 마찰이 없음을 의미한다.

**2. 유체가 비압축성이다.** 이는 밀도가 일정함을 의미한다.

**3. 유체의 움직임이 일정하다.** 이는 유체의 모든 점에서의 속도, 밀도, 압력이 시간에 따라 변하지 않음을 의미한다.

**4. 유체가 난류를 일으키지 않고 움직인다.** 이는 유체의 모든 부분이 그 중심에 대해 각속도가 0임을 의미하고, 따라서 유체가 움직이는 데 맴돌이 흐름이 생기지 않는다. 유체에 작은 휠을 넣으면 변위운동은 하지만 회전운동은 하지 않는다.

## 연속방정식

그림 9.24a는 크기가 균일하지 않은 파이프 속을 흘러가는 유체를 나타낸다. 정상 흐름에서는 유체의 입자들이 유선을 따라 움직인다. 짧은 시간 $\Delta t$ 동안 파이프의 아래쪽 끝으로 들어온 유체는 $\Delta x_1 = v_1\Delta t$의 거리만큼 움직인다. 여기서 $v_1$은 그 지점에서의 유체의 속력이다. 만일 이 부분의 단면적이 $A_1$이라면 바닥의 파란 영역에 들어 있는 질량은 $\Delta M_1 = \rho_1 A_1 \Delta x_1 = \rho_1 A_1 v_1 \Delta t$가 된다. 여기서 $\rho_1$은 $A_1$에서의 유체의 밀도이다. 마찬가지로, 같은 시간 간격 $\Delta t$ 동안 파이프의 위쪽 끝에서 나오는 유체의 질량은 $\Delta M_2 = \rho_2 A_2 v_2 \Delta t$이다. 그런데, **질량은 보존되고 정상류이기 때문에** 시간 $\Delta t$ 동안 파이프의 아래쪽 $A_1$으로 흘러들어간 유체의 질량과 같은 시간 동안 $A_2$를 통해 흘러나온 유체의 질량은 같아야 한다. 그러므로 $\Delta M_1 = \Delta M_2$, 즉

$$\rho_1 A_1 v_1 = \rho_2 A_2 v_2 \qquad [9.14]$$

이다. 비압축성 유체의 경우는 $\rho_1 = \rho_2$이고, 따라서 식 9.14는 다음과 같이 된다.

연속방정식 ▶

$$A_1 v_1 = A_2 v_2 \qquad [9.15]$$

이 식을 **연속방정식**(equation of continuity)이라 부른다. 이 결과로부터 **파이프의 단면적과 그 지점에서의 유체속력을 곱한 것은 일정하다**는 것을 알 수 있다. 그러므로 튜브가 좁아진 곳에서는 속력이 크고, 튜브 반지름이 큰 곳의 속력은 느리다. 여기서 곱 $Av$를 **흐름률**(flow rate)이라고 부르는데, 차원은 단위 시간당 부피이다. ***Av*가 일정하다는 것은, 유체가 비압축성이고 새는 곳이 없을 때, 주어진 시간에 튜브의 한쪽으로 들어온 유체의 부피와 같은 시간**

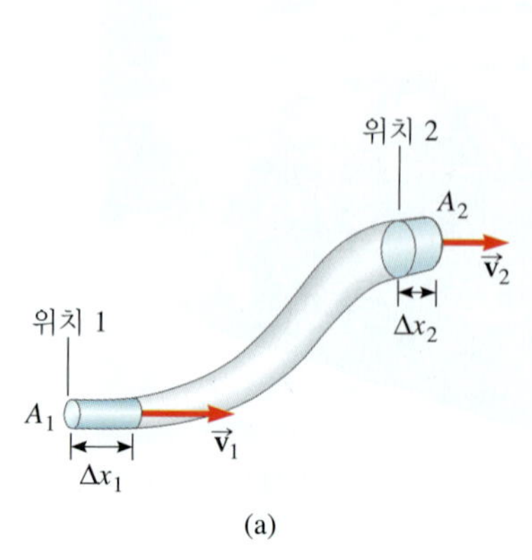

그림 9.24 (a) 단면적이 달라지는 파이프 속을 유선형으로 흐르는 유체. 시간 $\Delta t$ 동안 $A_1$을 지나가는 유체의 부피는 같은 시간 동안 $A_2$를 지나가는 유체의 부피와 같아야 한다. 그러므로 $A_1 v_1 = A_2 v_2$이다. (b) 수도꼭지에서 천천히 흐르는 물. 물이 떨어지면서 속력이 커짐에 따라 연속방정식에 맞게 물줄기의 폭이 좁아진다.

**에 튜브에서 흘러나간 유체의 부피가 동일하다는 것과 같다.** 그림 9.24b는 연속방정식을 응용한 예를 보여 준다. 물이 수도꼭지에서 연속적으로 흘러나올 때 아래로 떨어지면서 속력이 증가하게 되어 물줄기가 가늘어진다.

일상생활에서 연속방정식과 관련된 많은 예를 경험할 수 있다. 정원 호스의 출구에 엄지손가락을 대서 물의 속력을 더 빠르게 하면 물줄기가 더 멀리 뻗어 나가게 할 수 있다. 비슷한 예로 나무에서 피어오르는 연기가 처음에는 유선 형태로 시작했다가 올라가면서 가늘어지고 마침내 휘돌면서 난류형태로 부서지는지 이유를 설명할 수 있다. 연기의 밀도는 공기보다 작아서 공기의 부력이 연기를 위로 가속시키기 때문에 연기가 위로 올라간다. 연기의 속력이 증가함에 따라 연속방정식에 의해 흐름의 단면적은 감소한다. 연기의 흐름은 곧 아주 빠른 속력에 도달하게 되어서 흐름이 더 이상 유선형태를 유지할 수 없게 된다. 나중에 유체의 속력과 난류 발생과의 관계를 레이놀즈 값이라는 것에 기초하여 다루게 될 것이다.

**☑ Checkpoint 9.4**

진실인가 거짓인가: 그림 9.24a에서 위치 2에서의 흐름률은 위치 1에서보다 크다.

**TIP 9.3 연속방정식**

어느 계 안으로의 유체의 흐름률은 계 밖으로의 흐름률과 같다. 들어오는 유체는 일정한 부피를 갖고 있어서 이미 안에 있는 유체가 밖으로 흘러나가 공간을 만들어 주어야만 계 안으로 들어올 수 있다.

## 예제 9.7 정원에 물주기

**목표** 연속방정식을 흐름률 및 운동학의 개념과 결합한다.

**문제** 정원사가 지름이 2.50 cm인 호스를 사용해서 30.0리터의 통에 물을 채운다(1리터= 1 000 $cm^3$). 이 통을 채우는 데 1.00분이 걸렸다. 호스에 단면적이 0.500 $cm^2$인 노즐을 달아 지상 1.00 m 위에서 수평하게 물이 나가도록 하였다. 물은 수평거리로 얼마나 나가겠는가?

**전략** 호스를 통과하는 부피 흐름률은 통의 부피를 통에 물을 채우는 데 걸린 시간으로 나누어 구할 수 있다. 흐름률을 구한 다음에는 연속방정식을 적용하여 노즐에서 수평으로 분사되는 물의 속력을 구한다. 나머지 문제는 2차원 운동학을 적용하면 된다. 그 답은 같은 높이와 같은 초기속도를 가진 공 문제의 경우와 같다.

**풀이**

통을 채우는 과정의 부피 흐름률을 구해 $m^3/s$ 단위로 바꾼다.

부피 흐름률

$$= \frac{30.0\text{ L}}{1.00\text{ min}}\left(\frac{1.00\times10^3\text{ cm}^3}{1.00\text{ L}}\right)\left(\frac{1.00\text{ m}}{100.0\text{ cm}}\right)^3\left(\frac{1.00\text{ min}}{60.0\text{ s}}\right)$$

$$= 5.00\times10^{-4}\text{ m}^3/\text{s}$$

연속방정식을 호스에서 분사되는 초기속도의 $x$ 성분, $v_{0x}$에 대해 푼다.

$$A_1v_1 = A_2v_2 = A_2v_{0x}$$

$$v_{0x} = \frac{A_1v_1}{A_2} = \frac{5.00\times10^{-4}\text{ m}^3/\text{s}}{0.500\times10^{-4}\text{ m}^2} = 10.0\text{ m/s}$$

운동학을 사용하여 물줄기가 1.00 m를 떨어지는 데 걸리는 시간을 구한다. 처음에 물줄기가 수평하게 나갔으므로 $v_{0y}$는 0이다.

$$\Delta y = v_{0y}t - \tfrac{1}{2}gt^2$$

이 식에 $v_0y = 0$으로 놓고 $\Delta y = -1.00$ m임을 사용하여 $t$에 대해 푼다.

$$t = \sqrt{\frac{-2\Delta y}{g}} = \sqrt{\frac{-2(-1.00\text{ m})}{9.80\text{ m/s}^2}} = 0.452\text{ s}$$

물줄기가 뻗어나가는 수평거리를 구한다.

$$x = v_{0x}t = (10.0\text{ m/s})(0.452\text{ s}) = \boxed{4.52\text{ m}}$$

**주의** 유체의 운동을 개개의 물체와 똑같은 운동학으로 다룰 수 있다는 사실이 흥미롭다.

**연습문제 9.7**

노즐을 물줄기를 반으로 나누는 Y형 어댑터로 바꾸었다. Y의 각 출구에 단면적이 0.400 $cm^2$인 노즐이 달린 호스를 연결하였다. (a) 각 노즐에서 나오는 물의 속력은 얼마인가? (b) 둘 다 지상 1.00 m의 높이에서 수평하게 물이 나오도록 하였을 때 분사된 물줄기는 얼마나 멀리 나가는가? (힌트: 각각의 0.400 $cm^2$ 노즐을 통과하는 부피 흐름률을 구한 다음, 앞에서와 똑같은 과정을 밟는다.)

**답** (a) 6.25 m/s (b) 2.82 m

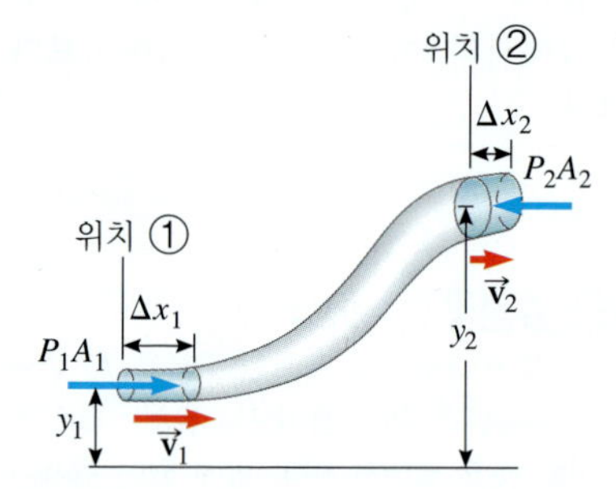


**그림 9.25** 좁아지는 파이프 안을 유선형으로 흐르는 유체. 길이 $\Delta x_1$ 부분의 유체가 길이 $\Delta x_2$ 부분으로 이동한다. 두 부분의 유체의 부피는 같다.

## 베르누이 방정식

단면적이 바뀌고 높이가 달라지는 파이프를 따라 유체가 흐르면 압력이 그에 따라 변한다. 1738년 스위스의 물리학자 다니엘 베르누이(Daniel Bernoulli, 1700~1782)가 유체의 속력 및 높이와 압력과의 관계를 나타내는 식을 만들어 냈다. 베르누이 방정식은 그 자체로 별도의 물리법칙이 아니고, **에너지 보존법칙을 이상적인 유체에 적용한 결과이다.**

베르누이 방정식을 유도하기 위해 유체가 비압축성, 비점성이고 난류가 아닌 정상상태의 흐름을 보인다고 다시 가정한다. 그림 9.25에서와 같이 시간 $\Delta t$ 동안 유체가 균일하지 않은 파이프를 통해 흐르는 경우를 생각해 보자. 유체의 아래쪽에 가해지는 힘은, 아래쪽 끝에서의 압력이 $P_1$이라고 할 때 $P_1A_1$이 된다. 뒤에 들어오는 유체에 의해 아래쪽 끝 부분 유체에 행해지는 일은 다음과 같다.

$$W_1 = F_1\Delta x_1 = P_1A_1\Delta x_1 = P_1V$$

여기서 $V$는 그림의 아래쪽 파란색 영역의 부피이다. 비슷한 방식으로 시간 $\Delta t$ 동안 위쪽 부분의 유체에 행해지는 일은

$$W_2 = -P_2A_2\Delta x_2 = -P_2V$$

이다. 여기서 두 경우 흐른 유체의 부피는 똑같다. 왜냐하면 연속방정식에 의해 시간 $\Delta t$ 동안 $A_1$을 통해 지나간 유체의 부피는 같은 시간 동안 $A_2$를 통해 지나간 부피와 같기 때문이다. 위쪽의 유체에 가해지는 힘은 변위와 반대이기 때문에 일 $W_2$는 음이다. 시간 $\Delta t$ 동안 이들 힘에 의해 행하여진 알짜 일은 다음과 같다.

$$W_{\text{fluid}} = P_1V - P_2V$$

이 일의 일부는 유체의 운동 에너지를 바꾸는 데에 들어가고, 일부는 유체-지구 계의 중력 위치에너지를 바꾸는 데에 들어간다. 시간 $\Delta t$ 동안 파이프를 지나간 유체의 질량을 $m$이라고 하면 유체의 운동 에너지의 변화는

$$\Delta KE = \tfrac{1}{2}mv_2^2 - \tfrac{1}{2}mv_1^2$$

이다. 중력 위치 에너지의 변화는

$$\Delta PE = mgy_2 - mgy_1$$

이다.

그림 9.25의 유체 부분에 행하여진 알짜 일은 고립되지 않은 이 계의 운동 에너지와 위치 에너지를 변화시키므로

$$W_{\text{fluid}} = \Delta KE + \Delta PE$$

가 된다. 이 식의 세 항은 각각 방금 구한 것과 같다. 이들을 대입하면

$$P_1V - P_2V = \tfrac{1}{2}mv_2^2 - \tfrac{1}{2}mv_1^2 + mgy_2 - mgy_1$$

이 된다. 각 항을 $V$로 나누고 $\rho = m/V$임을 사용하면, 이 식은

$$P_1 - P_2 = \tfrac{1}{2}\rho v_2^2 - \tfrac{1}{2}\rho v_1^2 + \rho gy_2 - \rho gy_1$$

이 된다. 항들을 다시 정리하면 다음과 같이 쓸 수 있다.

$$P_1 + \tfrac{1}{2}\rho v_1^2 + \rho gy_1 = P_2 + \tfrac{1}{2}\rho v_2^2 + \rho gy_2 \qquad [9.16]$$

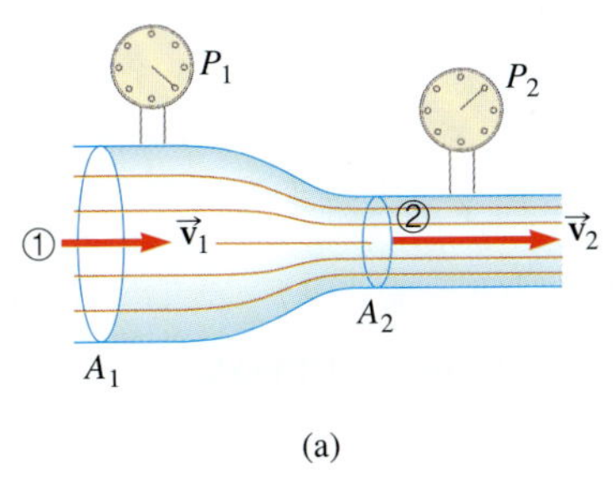

(a)

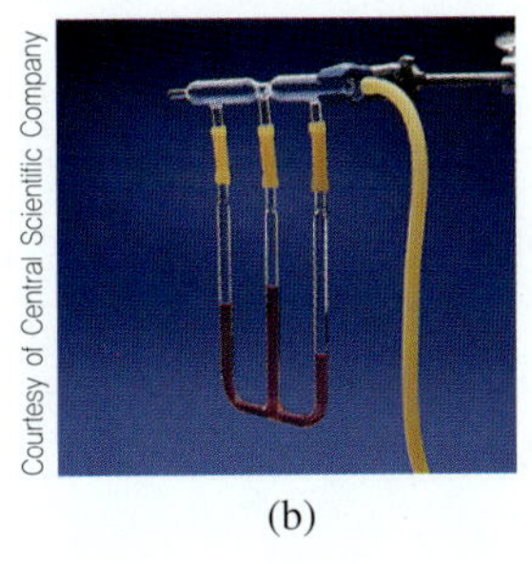

(b)

**그림 9.26** (a) $v_1 < v_2$이기 때문에 압력 $P_1$은 압력 $P_2$보다 크다. 이 기기는 유체흐름의 속력을 측정하는 데 사용된다. (b) 벤트리 관(사진의 맨 위에 보임). 가운데 컬럼의 유체 수위가 더 높은 것은 벤트리 관의 좁아진 부분에 있는 이 칼럼 위의 압력이 다른 곳보다 낮음을 보여 준다.

이것이 **베르누이 방정식**(Bernoulli's equation)인데, 흔히 다음과 같이 표현한다.

$$P + \frac{1}{2}\rho v^2 + \rho g y = \text{일정} \quad [9.17]$$

◀ 베르누이 방정식

베르누이 방정식은 압력 $P$, 단위 부피당 운동 에너지 $\frac{1}{2}\rho v^2$, 단위 부피당 위치 에너지 $\rho g y$의 합은 유선상의 모든 점에서 같은 값을 갖는다.

베르누이 방정식의 중요한 결과를 그림 9.26과 같은 경우에서 보여 줄 수 있는데, 이는 단면적이 큰 쪽에서 단면적이 작은 쪽으로 수평하게 놓인 파이프에 흐르는 물을 보여 준다. **벤투리 관**(Venturi tube)이라고 불리는 이 기구는 유체의 속력을 측정하는 데 사용된다. 파이프가 수평하게 놓여 있으므로 $y_1 = y_2$이고, 식 9.16을 1과 2지점에 적용한다.

$$P_1 + \frac{1}{2}\rho v_1^2 = P_2 + \frac{1}{2}\rho v_2^2 \quad [9.18]$$

물은 파이프 내에서 되돌아가지 않으므로 좁아진 부분의 속력 $v_2$는 더 넓은 지름을 가진 부분의 속력 $v_1$보다 커야 한다. 식 9.18로부터 $v_2 > v_1$이므로 $P_2$가 $P_1$보다 작음을 알 수 있다. 이 결과는 흔히 다음과 같이 표현 된다. **빠르게 움직이는 유체는 천천히 움직이는 유체보다 작은 압력을 준다.** 이 중요한 사실로부터 일상생활의 다양한 현상을 이해할 수 있다.

**TIP 9.4 기체에 대한 베르누이 원리**
기체는 비압축성이 아니므로 기체에 대해 식 9.160이 정확하게 맞지는 않는다. 그렇지만 정성적인 행태는 비슷하다. 즉, 기체의 속력이 증가하면 그 압력은 감소한다.

## Quick Quiz 9.6

두 개의 헬륨 풍선이 끈으로 탁자에 묶여 나란히 떠 있다. 두 풍선은 1~2 cm 떨어져 있고 풍선 사이에 입으로 바람을 불어 넣는다. 풍선에 어떤 일이 일어나는가? (a) 서로 가까이 다가간다, (b) 서로 멀어진다, (c) 영향이 없다.

## 연관된 예제 9.8 물탱크에서 뿜어 나오는 물

**목표** 베르누이 방정식을 적용해 유체의 속도를 구한다.

**문제** 서부시대에 보안관이 소떼 도둑을 향해 총을 발사했으나 총알이 빗나가 마을의 물탱크를 관통하면서 물이 샜다(그림 9.27). (a) 물탱크의 위쪽이 대기압에 노출되어 있고, 수면의 위치가 구멍 위 0.500 m일 때 물이 뿜어나오는 속력을 구하라. (b) 구멍이 땅 위 3.00 m에 위치한다면 물줄기가 땅 어느 지점에 떨어지는가?

**전략** (a) 물탱크의 단면적이 구멍의 단면적보다 훨씬 크다고 가정하면($A_2 \gg A_1$), 수면의 높이는 아주 천천히 떨어질 것이고, 따라서 $v_2 \approx 0$이다. 베르누이 방정식을 그림 9.27의 ①점과 ②점에 적용하되, $P_1$은 구멍에서의 대기압 $P_0$와 같고 근사적으로 물탱크 꼭대기에서의 값과 같다. (b)는 물이 마치 수평으로 던져진 공이라고 생각하고 운동학을 써서 푼다.

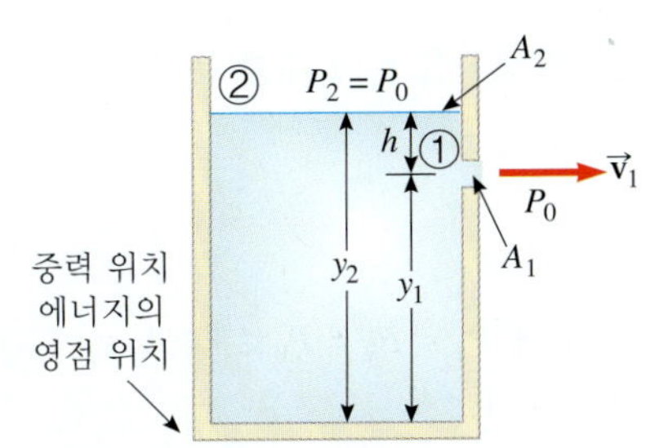


**그림 9.27** (연관된 예제 9.8) 통 옆면의 구멍을 지나는 물의 속력은 $v_1 = \sqrt{2gh}$로 주어진다.

**풀이**

(a) 구멍에서의 물의 속력을 구한다.

$P_1 = P_2 = P_0$와 $v_2 \approx 0$을 베르누이 방정식에 대입하고 $v_1$에 대해 푼다.

$$P_0 + \tfrac{1}{2}\rho v_1^2 + \rho g y_1 = P_0 + \rho g y_2$$
$$v_1 = \sqrt{2g(y_2 - y_1)} = \sqrt{2gh}$$
$$v_1 = \sqrt{2(9.80\ \mathrm{m/s^2})(0.500\ \mathrm{m})} = \boxed{3.13\ \mathrm{m/s}}$$

(b) 물줄기가 땅 어디에 떨어지는지 구한다.

물줄기가 처음에는 수평하게 나가므로 움직인 거리를 구하는 방정식에 $v_{0y} = 0$임을 대입하여 땅에 떨어질 때까지의 시간을 구한다.

$$\Delta y = -\tfrac{1}{2}gt^2 + v_{0y}t$$
$$-3.00\ \mathrm{m} = -(4.90\ \mathrm{m/s^2})t^2$$
$$t = 0.782\ \mathrm{s}$$

이 시간 동안 물줄기가 뻗어나간 수평거리를 계산한다.

$$x = v_{0x}t = (3.13\ \mathrm{m/s})(0.782\ \mathrm{s}) = \boxed{2.45\ \mathrm{m}}$$

**주의** (a)의 풀이에서 보듯이 구멍에서 나오는 물의 속력은 수직거리 $h$를 자유낙하하는 물체가 갖게 되는 속력과 같다. 이를 **토리첼리의 법칙**(Torricelli's law)이라 한다.

**연습문제 9.8**

비슷한 상황에서 물줄기가 탱크의 구멍으로부터 4.20 m 거리의 땅에 떨어진다. 구멍이 지상 2.00 m 높이에 있다면 수면의 높이는 구멍으로부터 얼마나 높은 위치에 있는가?

**답** 구멍 위 2.21 m

**PhysicsNow™** **http://physics.brookscole.com/ecp**에서 PhysicsNow를 로그인하고 연관된 예제 9.8로 들어가서 구멍의 수직 위치를 움직이면서 물줄기가 땅의 어디에 떨어지는지 살펴보라.

## 예제 9.9 파이프에서 유체의 흐름

**목표** 베르누이 방정식과 연속방정식을 결합한 문제를 푼다.

**문제** 단면적이 1.00 m²인 대형 파이프가 5.00 m만큼 내려와서 단면적이 0.500 m²로 좁아지고 그 끝에 밸브가 달려 있다(그림 9.28). ② 지점에서의 압력이 대기압과 같고, 밸브를 완전히 열어 물이 자유롭게 흐르도록 하면 파이프에서 뿜어나오는 물의 속력은 얼마인가?

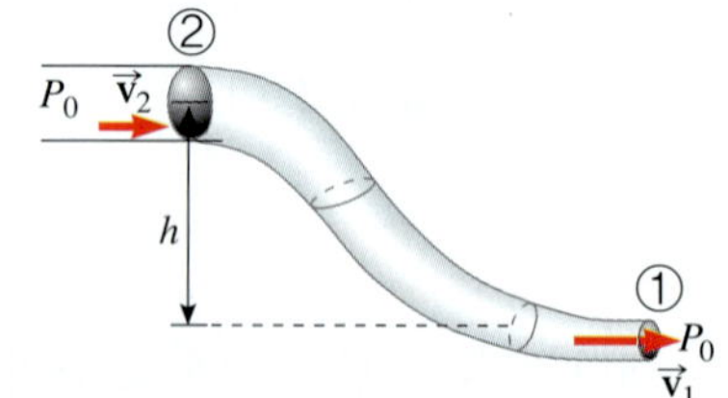

그림 9.28 (예제 9.9)

**전략** 베르누이 방정식은 연속방정식과 함께 두 미지의 값, 즉 속도 $v_1$과 $v_2$에 관한 두 연립방정식을 이룬다. 연속방정식을 이용하여 베르누이 방정식으로부터 $v_2$를 소거하여 $v_1$에 대해 푼다.

**풀이**

베르누이 방정식을 쓴다.

$$P_1 + \tfrac{1}{2}\rho v_1^2 + \rho g y_1 = P_2 + \tfrac{1}{2}\rho v_2^2 + \rho g y_2 \qquad (1)$$

연속방정식을 $v_2$에 대해 푼다.

$$A_2 v_2 = A_1 v_1$$
$$v_2 = \frac{A_1}{A_2}v_1 \qquad (2)$$

식 (1)에 $P_1 = P_2 = P_0$로 놓고, $v_2$에 관한 식을 대입한 다음 $v_1$에 대해 푼다.

$$P_0 + \tfrac{1}{2}\rho v_1^2 + \rho g y_1 = P_2 + \tfrac{1}{2}\rho\left(\frac{A_1}{A_2}v_1\right)^2 + \rho g y_2$$
$$v_1^2\left(1 - \left(\frac{A_1}{A_2}\right)^2\right) = 2g(y_2 - y_1) = 2gh$$
$$v_1 = \frac{\sqrt{2gh}}{\sqrt{1 - (A_1/A_2)^2}}$$

주어진 값들을 대입한다. $v_1 =$ **11.4 m/s**

**주의** 이 속력은 토리첼리의 법칙에 의한 값보다 약간 큰데, 왜냐하면 좁아지는 파이프가 유체를 쥐어짜기 때문이다.

**연습문제 9.9**

수평으로 놓인 파이프의 단면적이 1.00 m$^2$인 지점에 흐르는 물의 압력이 $1.4 \times 10^5$ Pa이다. 파이프의 단면적이 0.400 m$^2$로 좁아지는 곳에서 압력이 $1.16 \times 10^5$ Pa로 떨어진다. 물의 속력을 (a) 넓은 파이프에서와 (b) 좁은 파이프에서 구하라.

**답** (a) 3.02 m/s (b) 7.56 m/s

## 9.8 유체역학의 다른 응용

이 절에서는 베르누이 방정식에 의해 설명할 수 있는 몇 가지 일상적인 현상을 다룬다.

일반적으로 유체 속을 움직이는 물체는 유체가 흐르는 방향이 바뀌게 하여 위로 향하는 알짜 힘이 그 물체에 작용하게 된다. 예를 들면, 골프 클럽으로 공을 치면 그림 9.29와 같이 공에 강한 백스핀이 걸린다. 공에 있는 올록볼록한 표면은 공 주위를 지나는 공기의 흐름이 바뀌는 것을 돕는다. 그림에서 보면 얇은 공기층이 공 주위를 부분적으로 둘러싸고, 그 결과 공기흐름이 아래로 휘어지는 것을 알 수 있다. 공은 공기를 아래로 밀기 때문에 뉴턴의 제3법칙에 의해 공기는 공을 밀어올리고, 따라서 공은 떠오르게 된다. 공 표면이 올록볼록하지 않으면 공기흐름이 그만큼 잘 바뀌지 않고, 따라서 골프공은 멀리 날아가지 않는다. 테니스공 표면의 잔털도 비슷한 기능을 하는데, 이 경우는 날아가는 거리보다는 공이 떨어지는 양상을 바꾸는 데에 그 목적이 있다.

많은 기기들이 그림 9.30에 보인 방식으로 작동한다. 열려 있는 튜브 위로 지나가는 공기의 흐름이 튜브 위의 압력을 낮추어서 액체가 공기흐름 속으로 올라오도록 만든다. 그 다음에 그 액체는 미세한 방울 형태로 분사된다. 이러한 이른 바 아토마이저(atomizer)가 향수병이나 페인트 분사기에 사용되는 것을 볼 수 있다. 똑같은 원리가 휘발유 엔진의 카뷰레터에 이용된다. 이 경우, 필터를 지난 공기가 피스톤에 의해 빨려 들어오면서 카뷰레터 내의 저압 영역이 형성된다. 이에 의해 휘발유가 기화하고 공기와 혼합된 다음, 엔진의 실린더 안으로 들어가서 폭발하게 된다.

**APPLICATION**

향수병과 페인트 분사기에 있는 "아토마이저"

**APPLICATION**

압착혈관류와 동맥류

고도의 동맥경화증인 사람에게는 베르누이 효과가 **압착혈관류**(vascular flutter)라고

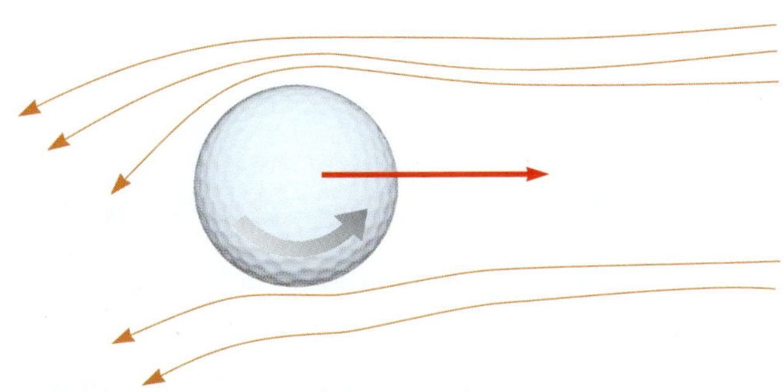

그림 9.29 회전하는 골프공은 뜨는 힘을 받아 회전하지 않을 때보다 공이 훨씬 더 멀리 날아가게 된다.

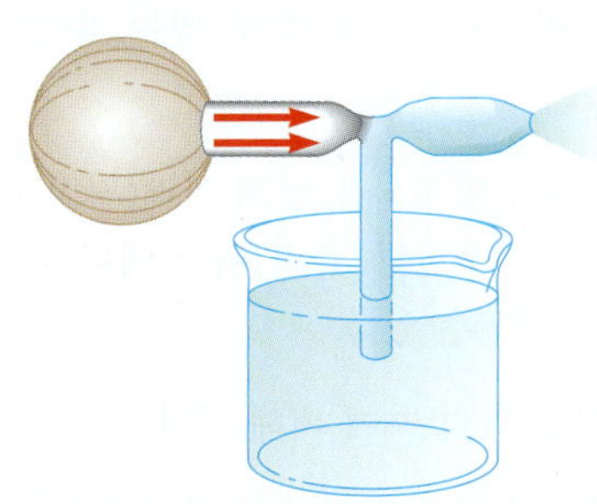

그림 9.30 액체 속에 담겨 있는 튜브 위로 지나가는 공기의 흐름은 튜브 안으로 액체가 올라가도록 만든다. 이 효과가 향수병이나 페인트 분사기에 쓰인다.

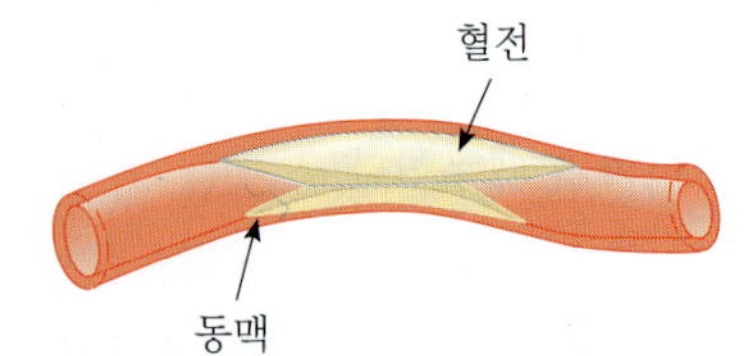

그림 9.31 동맥의 좁아진 부분을 지날 때 혈액은 정상보다 더 빨리 흐르게 된다.

부르는 증상을 일으킨다. 이들의 동맥은 그림 9.31처럼 그 안쪽 벽에 노폐물이 쌓여 좁아져 있는 상태에 있다. 일정한 흐름률을 유지하기 위해서는 좁아진 부위에서 혈액이 정상보다 더 빠르게 흘러야 한다. 만일 혈액의 속력이 좁아진 지점에서 아주 빠르면 혈압은 낮아지고, 외부 압력에 의해 동맥이 압착되어 일시적으로 혈액의 흐름이 중단될 수 있다. 동맥이 압착된 상태에서는 베르누이 효과가 작용하지 않고, 따라서 혈압에 의해 혈관이 다시 열린다. 혈액이 좁아진 혈관을 빠르게 지나가면서, 내부 압력이 내려가고 동맥은 다시 닫힌다. 이와 같은 혈액흐름의 변화는 청진기로 들을 수 있다. 노폐물이 떨어져 나와 심장에 피를 공급하는 더 작은 혈관에 걸리면 심장마비를 일으킬 수 있다.

**동맥류**(aneurysm)는 혈관 벽이 약해져 동맥이 풍선처럼 밖으로 부풀어 오른 곳을 말한다. 이곳을 흐르는 혈액은 연속방정식에서 알 수 있듯이 흐름이 더 느려져서 동맥의 다른 부위보다 상대적으로 압력이 증가하는 결과를 가져온다. 이와 같은 상태는 높아진 압력으로 인해 혈관이 터질 수 있기 때문에 위험하다.

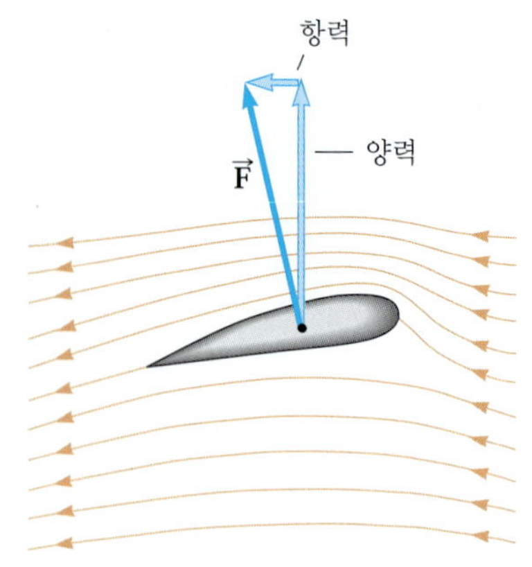

그림 9.32 비행기 날개 주위의 유선형 흐름. 위쪽의 압력이 아래쪽보다 작아서 위로 향하는 양력이 생긴다.

비행기 날개의 부양 또한 그 일부를 베르누이 효과에 의해 설명할 수 있다. 비행기 날개는 날개 위의 공기 속력이 아래보다 크게 설계되어 있다. 그 결과, 날개 위의 공기압은 아래보다 작고, 따라서 **양력**이라고 부르는 날개에 위쪽으로 작용하는 알짜 힘이 생긴다. (수평성분도 또한 있는데, 이를 **항력**이라 부른다.) 날개의 부양에 영향을 주는 다른 요인은 그림 9.32에서처럼 날개가 약간 위로 틀어져 있다는 것이다. 이는 날개 바닥에 부딪히는 공기 분자가 아래쪽으로 꺾이면서 뉴턴의 제3법칙에 의해 위로 향하는 반작용력을 만들어 낸다. 끝으로, 난류 또한 영향을 미친다. 날개가 너무 많이 틀어져 있으면 위쪽의 공기흐름이 난류가 되고, 날개 위와 아래의 압력 차가 베르누이 효과에 의해 주어지는 만큼 크지 않게 된다. 극단적인 경우 이 난류가 비행기를 움직이지 못하게 만들기도 한다.

**APPLICATION**

비행기 날개의 부양력

## 예제 9.10 날개의 부양력

**목표** 베르누이 방정식을 비행기 날개의 부양력을 계산하는 데 적용한다.

**문제** 비행기의 날개가 면적이 각각 4.00 m$^2$이고, 날개 위쪽의 공기유속이 245 m/s, 아래쪽이 222 m/s가 되도록 설계되어 있다. 날개의 부양력이 지탱할 수 있는 비행기의 질량을 구하라. 단, 날개 위아래의 압력 차에 의한 힘은 수직으로 위로 향한다고 가정한다.

**전략** 이 문제는 베르누이 방정식에 값들을 대입하여 날개 위와 아래를 지나는 공기의 압력 차를 구한 다음, 뉴턴의 제2법칙을 적용하여 비행기가 부양할 수 있는 질량을 구하여 푼다.

**풀이**

베르누이 방정식을 날개 아래(지점 1)와 날개 위(지점 2)의 공기 흐름에 적용한다. 중력 위치 에너지 항은 다른 항에 비해 작으므로 무시할 수 있다.

$$P_1 + \tfrac{1}{2}\rho v_1^2 = P_2 + \tfrac{1}{2}\rho v_2^2$$

이 식을 압력 차에 대해 푼다.

$$\Delta P = P_1 - P_2 = \tfrac{1}{2}\rho v_2^2 - \tfrac{1}{2}\rho v_1^2 = \tfrac{1}{2}\rho(v_2^2 - v_1^2)$$

주어진 속력값과 공기의 밀도 $\rho = 1.29\ \mathrm{kg/m^3}$를 대입한다.

$$\Delta P = \tfrac{1}{2}(1.29\ \mathrm{kg/m^3})(245^2\ \mathrm{m^2/s^2} - 222^2\ \mathrm{m^2/s^2})$$

뉴턴의 제2법칙을 적용한다. 비행기의 중량을 지탱하려면 부양력과 중력의 합이 0이어야 한다. 비행기의 질량에 대해 푼다.

$$2A\Delta P - mg = 0 \longrightarrow m = \boxed{5.66 \times 10^3\ \mathrm{kg}}$$

**주의** 마지막 식에서 2가 곱하여졌음을 유의하여야 하는데, 왜냐하면 비행기는 2개의 날개를 갖고 있기 때문이다. 대기의 밀도는 고도가 높아짐에 따라 일정하게 밀도가 낮아지므로 부양력이 줄어든다. 그 결과, 모든 항공기는 운항 가능한 최대 고도가 있다.

**연습문제 9.10**

만일 화성 상공에서 예제와 같은 속력 차를 줄 수 있고 비행기의 총 질량이 400 kg이라면 대략 얼마만한 크기의 날개가 필요한가? 화성 표면의 공기밀도는 지구 해수면의 약 1퍼센트이고, 화성 표면에서의 중력가속도는 약 3.8 m/s$^2$이다.

**답** 유효숫자 1자리로 반올림하면 각 날개는 약 10 m$^2$의 면적을 가져야 한다. 태양전지를 이용한 화성 로봇비행기에 대한 제안이 있었는데, 이것은 커다란 날개를 갖고 있으면서 종이처럼 가벼운 것이어야 한다.

## 응용물리 9.2 가정의 배관

그림 9.33의 가정집 배관을 생각해 보자. 싱크대 밑의 파이프에 갇혀 있는 물은 하수가스가 하수관으로부터 싱크대를 통해 집안으로 올라오는 것을 막는다. 식기세척기가 배수를 하면서 물이 하수관의 왼쪽으로 흐른다고 하자. 지붕 위로 대기에 노출되어 있는 환기구의 목적은 무엇인가? 환기구의 입구에 있는 공기는 위로 흐르는가, 아래로 흐르는가?

**설명** 환기구가 없고 싱크대의 배수구가 단순히 트랩을 통해 하수관과 연결되어 있다고 가정해 보자. 식기세척기의 물이 하수관의 왼쪽으로 흘러나가면 베르누이 원리에 의해 하수관의 압력이 대기압보다 작아진다. 싱크대의 배수관의 압력은 여전히 대기압과 같다. 이 압력 차이가 싱크대에 갇혀 있는 물을 하수관으로 밀어내서 하수가스를 막는 역할을 할 수 없게 된다. 지붕에 환기구를 설치하면 식기세척기 물이 빠져나가면서 줄어든 압력에 의해 지붕의 환기구를 통해 공기가 유입된다. 유입된 이 공기가 환기구와 싱크대 배수관의 오른쪽의 압력을 대기압에 가깝게 유지시켜 싱크대 배수관에 갇힌 물이 제자리에 있도록 해준다.

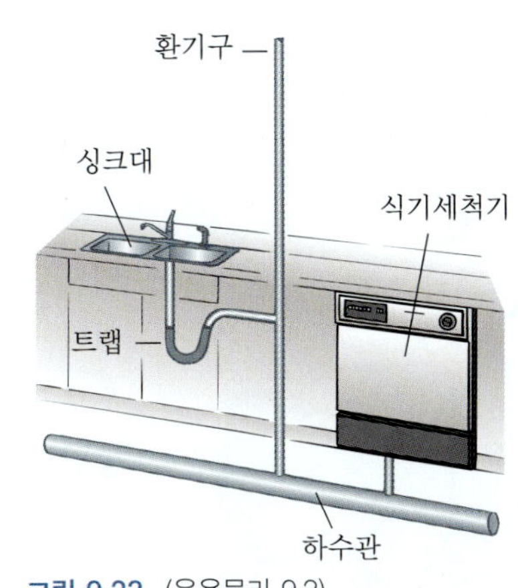

그림 9.33 (응용물리 9.2)

**APPLICATION**
로켓엔진

실제로는 많은 추가 변수를 고려해야 하지만, 로켓엔진의 분사속력 또한 베르누이 방정식을 가지고 정성적으로 이해할 수 있다. 옛날 뉴욕타임즈 신문기사에서 진공상태에서는 밀칠 공기가 없기 때문에 로켓은 전혀 작동하지 않을 것이라며 로켓 개발의 선구자 로버트 고더드(Robert Goddard)를 비난한 것과는 달리, 로켓은 대기보다 진공상태에서 더 잘 작동한다. 연소실 내의 압력이 $P$이고 노즐의 바로 바깥은 주위 대기압 $P_{\text{atm}}$이다. 연소실과 노즐 끝 사이의 높이 차이에 의한 중력 위치 에너지 차이는 무시할 수 있다. 또한, 연소실 안의 기체의 속력은 노즐을 빠져나가는 기체의 속력에 비해 무시할 수 있다. 분사속력은 베르누이 방정식에 의해 다음과 같이 된다.

$$v_{\text{ex}} = \sqrt{\frac{2(P - P_{\text{atm}})}{\rho}}$$

이 식은 분사속도가 대기권에서 줄어드는 것을 보여 주므로, 로켓은 실제로 우주의 진공상태에서 더 효율적이다. 또 한 가지 흥미로운 점은 분모에 밀도 $\rho$가 들어 있다는 점이다. 작은 밀도의 유체나 기체를 사용하면 더 높은 분사속력을 얻을 수 있는데, 이는 매우 작은 밀도를 가진 액체 수소를 로켓연료로 쓰는 이유를 설명해 준다.

## 9.9 표면장력, 모세관 작용, 점성 유체의 흐름

### 표면장력

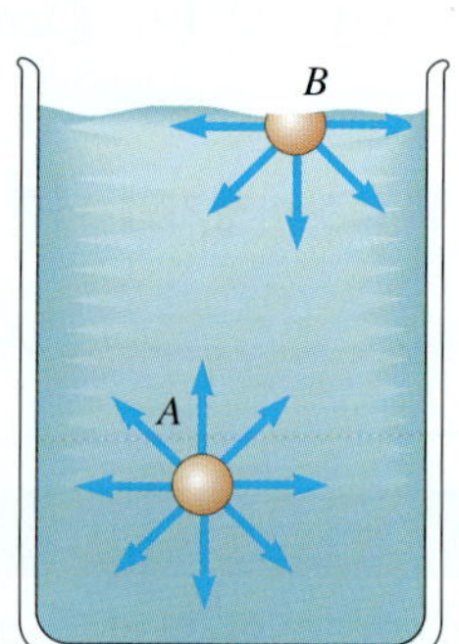


그림 9.34 $A$에 있는 분자는 다른 분자들에 의해 완전히 둘러쌓여 있기 때문에 이러한 분자에 작용하는 알짜 힘은 0이다. B에 있는 표면분자는 다른 분자들에 의해 완전히 둘러쌓여 있지 않기 때문에 이 분자에 작용하는 알짜 힘은 밑으로 향한다.

아침 햇살에 반짝이는 이슬방울을 자세히 들여다 보면 이슬방울이 구형임을 알 수 있다. 이러한 모양을 띠는 것은 **표면장력**(surface tension)이라 부르는 액체 표면의 성질 때문이다. 표면장력의 원인을 이해하기 위해서 그림 9.34에서와 같은 통에 담겨 있는 물 안의 $A$점에 있는 한 분자를 생각해 보자. 주위의 분자들이 이 분자에 힘을 가하지만 그 알짜 힘은 0이 되는데, 왜냐하면 이 분자는 다른 분자들에 의해 완전히 둘러쌓여 있고, 따라서 모든 방향으로 똑같이 당겨지기 때문이다. 그러나 $B$점에 있는 분자는 모든 방향으로 똑같이 당겨지지는 않는다. 위쪽으로 당길 분자가 위에 없기 때문에 $B$에 있는 분자는 액체의 안쪽으로 당겨진다. 액체 표면에서 일어나는 수축은 표면분자에 작용하는 안으로 당기는 힘이 안쪽에 있는 분자들과의 충돌로 생기는 바깥으로 향하는 척력과 균형이 될 때 정지한다. **모든 표면분자에 작용하는 안쪽으로 당기는 알짜 힘은 액체 표면이 수축하도록 만들고, 따라서 액체의 표면적을 가능한 한 가장 작게 만든다.** 물방울이 구형태를 띠는 것은 구가 주어진 부피에 대해 가장 작은 표면적을 갖기 때문이다.

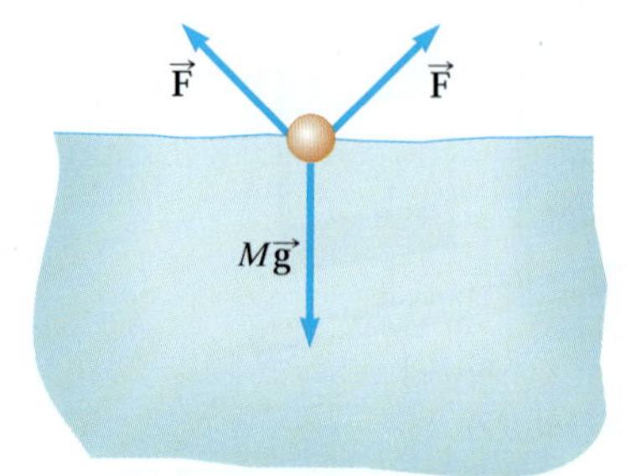


그림 9.35 물 표면에 떠 있는 바늘을 끝에서 본 모습. 표면장력의 성분들이 중력과 균형을 이룬다.

바늘을 아주 조심스럽게 그릇의 물 표면에 놓으면 강철의 밀도가 물의 약 8배가 됨에도 불구하고 바늘이 뜨는 것을 볼 수 있다. 이 현상 또한 표면장력으로 설명할 수 있다. 바늘을 가까이서 들여다 보면 바늘은 그림 9.35에서처럼 실제로 액체 표면을 속으로 누르고 들어가 있는 것을 알 수 있다. 물 표면은 장력하에 놓인 탄성 막처럼 행동한다. 바늘의 중량이 액체 표면을 들어가게 만들고, 이것이 막의 표면적을 증가시킨다. 분자력은 이제 눌린 면을 따라 모든 곳에서 작용하여 표면을 원래대로 수평하게 되돌리려고 한다. 이들 힘의 수직 성분들이 바늘에 작용하는 중력과 균형을 이루도록 작용한다. 이렇게 떠 있는 바늘은 약간의 세탁제를 넣으면 물에 빠뜨릴 수 있는데, 세탁제가 표면장력을 줄여주기 때문이다.

액체의 표면장력은 온도가 올라감에 따라 감소하는데, 왜냐하면 뜨거운 액체의 빨리 움직이는 분자는 차가운 물의 분자만큼 서로 강하게 묶여 있지 않기 때문이다. 더욱이, 계면활성제라 불리는 제재들을 액체에 넣으면 표면장력이 줄어든다. 예를 들면, 비누나 세탁제는 물의 표면장력을 줄여주어, 비눗물이 옷감의 벌어진 곳이나 실 사이로 쉽게 뚫고 들어가게 해줌으로써 그냥 물에서보다 세탁이 잘 되게 해준다. 비슷한 효과가 폐에서도 일어난다. 폐의 기포 표면조직은 표면장력이 약 0.050 N/m인 액체를 담고 있다. 이렇게 큰 표면장력을 가진 액체는 숨을 들이쉬는 동안 폐가 팽창하기 매우 어렵게 만든다. 그러나 숨을 들이쉬면서 폐의 면적이 증가함에 따라 우리 몸은 이 액체의 표면적을 서서히 줄여주는 작용을 하는 물질을 폐 조직에 분비한다. 완전히 부풀었을 때 폐액의 표면장력은 0.005 N/m까지 낮아진다.

**APPLICATION**

기포 표면장력

### 액체의 표면

유리그릇에 담겨 있는 물의 표면을 아주 자세히 들여다 보면 그림 9.36a에서처럼 유리벽 근처의 액체표면이 중심에서 바깥으로 나가면서 위로 굽어져 있는 것을 볼 수

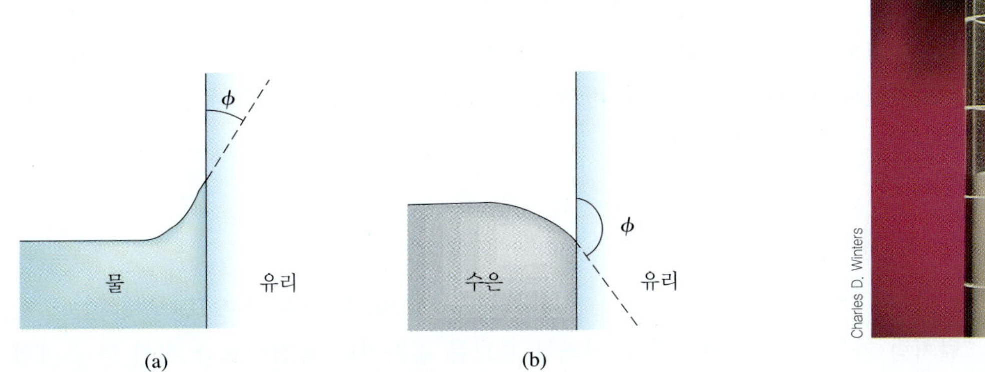


**그림 9.36** 고체 면과 접촉을 하고 있는 액체. (a) 물의 경우는 흡착력이 응집력보다 크다. (b) 수은의 경우는 흡착력이 응집력보다 작다. (c) 수은(왼쪽)의 표면은 유리 용기 안에서 중앙에서 바깥으로 나가면서 아래로 구부러져 있는 반면에, 물(오른쪽)의 표면은 위로 구부러져 있다.

있다. 그러나 수은이 유리그릇에 담겨 있으면 그림 9.36b처럼 수은 표면이 아래쪽으로 굽어 있는 것을 알 수 있다. 이들 표면효과는 분자 사이의 힘을 고려하여 설명할 수 있다. 구체적으로, 액체분자들 사이에 서로 작용하는 힘과 유리 표면의 분자가 액체분자에 미치는 힘을 고려해야 한다. 일반적인 용어로, 물 분자 사이의 힘처럼 같은 분자 사이의 힘을 **응집력**(cohesive forces)이라 부르고, 유리가 물에 미치는 힘처럼 다른 분자들 사이의 힘을 **흡착력**(adhesive force)이라 부른다.

물이 유리벽에 매달리는 경향을 보이는 이유는 물분자와 유리분자 사이의 흡착력이 물분자 사이의 응집력보다 크기 때문이다. 그 결과, 물분자는 물 본체로 합류하기보다 유리 표면에 그대로 붙어 있게 된다. 이러한 상태가 유지될 때 액체가 유리표면을 "적신다(wet)"고 말한다. 수은의 표면은 아래쪽으로 굽는데, 왜냐하면 수은원자 사이의 응집력이 수은과 유리 사이의 흡착력보다 크기 때문이다. 표면 근처의 수은원자는 유리표면보다 다른 수은 원자 쪽으로 더 강하게 당겨지고, 따라서 수은은 유리 표면을 적시지 않는다.

고체 표면과 이와 접하고 있는 액체의 접선과의 각 $\phi$를 **접촉각**(contact angle)이라 부른다(그림 9.37). 각 $\phi$는 흡착력이 응집력보다 큰 물질에 대해서는 90° 보다 크고, 응집력이 더 크면 90° 보다 작다. 예를 들면, 물방울을 파라핀 위에 떨어뜨리면 접촉각은 약 107° 가 된다(그림 9.37a). 습윤제 또는 세척제라 불리는 화학약품을 물에 첨가하면 그림 9.37b처럼 접촉각이 90° 보다 작게 된다. 이러한 제재를 물에 첨가하면 물이 표면과 잘 접촉하도록 하여 그것에 스며들 수 있게 한다. 이러한 이유로 세척제를 옷이나 식기를 세척하는 물에 넣는 것이다.

**APPLICATION**

세제와 방수 용제

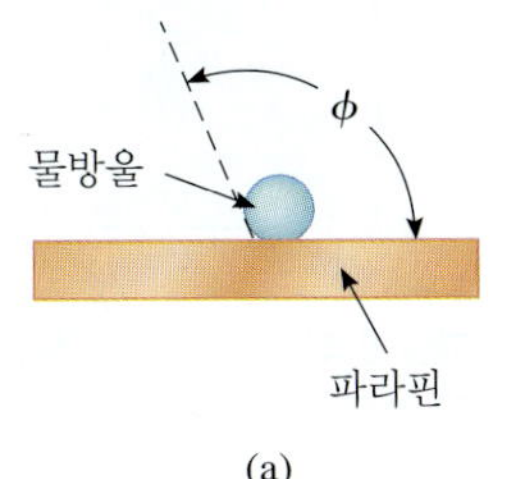


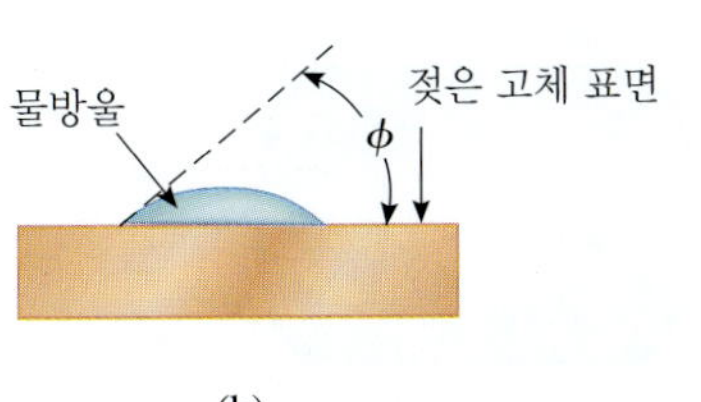


**그림 9.37** (a) 물과 파라핀의 접촉각은 대략 107° 이다. 이 경우 응집력이 흡착력보다 더 크다. (b) 습윤제라 불리는 화학약품을 물에 첨가하면 물이 파라핀 표면을 적시게 되고 $\phi < 90°$ 이다. 이 경우 흡착력이 응집력보다 크다.

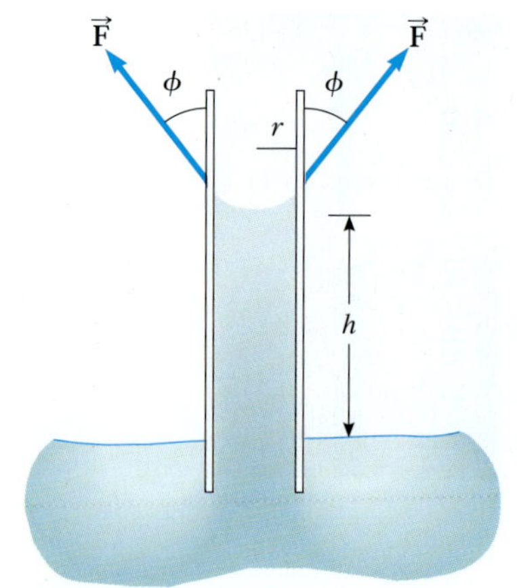

그림 9.38 가느다란 튜브 안의 액체는 표면장력과 흡착력의 결과인 모세관 작용에 의해 위로 올라가게 된다.

반면에, 때로 방수복처럼 물이 표면과 잘 접촉하는 것을 방지하는 것이 필요한데, 이때는 그림 9.37과 반대의 상황이 요구된다. 옷감에 방수액을 뿌리면 $\phi$가 90° 보다 작은 것에서 90° 보다 큰 것으로 바뀐다. 그러면 물이 표면에 구슬처럼 뭉치고, 옷감을 쉽게 뚫고 들어가지 못한다.

## 모세관 작용

모세관은 그 지름이 수백분의 일 센티미터 정도로 아주 작다. 실제로, **모세**라는 말은 "털처럼 가는"이라는 의미이다. 이러한 튜브를 흡착력이 응집력보다 훨씬 큰 유체에 담그면 그림 9.38에서처럼 액체가 튜브 안으로 올라간다. 이렇게 튜브 안의 액체가 올라가는 것을 액체표면의 모양과 표면장력 효과를 가지고 설명할 수 있다. 액체와 고체의 접촉점에서 표면장력에 의해 위로 향하는 힘이 그림에서 보여 주는 것처럼 작용한다. 액체분자 사이의 응집력이 흡착력보다 크면 그림 9.39와 같은 상황이 된다.

모세관은 흔히 피부에 바늘을 찔러 넣어 혈액샘플을 얻는 데 사용된다. 모세관 작용은 또한 콘크리트-블록으로 건물을 지을 때도 고려해야 하는데, 왜냐하면 블록이나 콘크리트 판의 모세구멍을 통해 물이 스며들어 건물 내부에 피해를 줄 수 있기 때문이다. 이러한 피해를 방지하기 위해 대개 건물의 안팎의 블록에 방수액을 바른다. 벽을 통해 물이 스며드는 것은 바람직하지 않은 모세관 작용의 효과이지만 유용한 효과도 많다. 식물은 물과 영양소를 나르는 데 모세관작용을 이용하고, 스펀지와 종이타월은 모세관 작용을 이용하여 엎질러진 유체를 흡수한다.

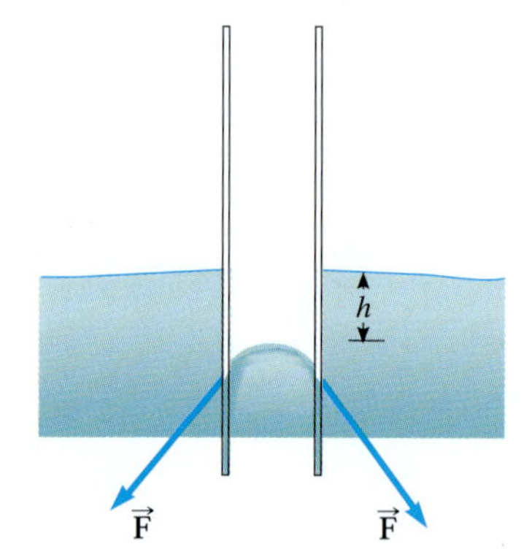

그림 9.39 액체 분자 사이의 응집력이 흡착력보다 더 크면 모세관 안의 액체의 높이는 주위 유체의 표면보다 낮아진다.

## 점성 유체의 흐름

물을 용기에서 쏟아내는 것은 꿀을 쏟아내는 것보다 훨씬 쉽다. 이는 꿀이 물보다 점성이 높기 때문이다. 일반적인 의미로 **점성도는 유체의 내부 마찰 정도를 일컫는다.** 점성이 있는 유체는 그 층들이 서로 미끄러지기는 매우 어렵다. 마찬가지로 부드러운 타르 같은 고점성의 유체가 사이에 있을 때는 한 고체 면과 다른 고체 면이 미끄러지는 것은 어렵다.

이상적인(즉, 비점성의) 유체가 파이프를 통해 흐를 때 유체 층들은 저항 없이 서로 미끄러져 지나간다. 만일 파이프의 단면적이 균일하다면 각 층들은 그림 9.40a에서

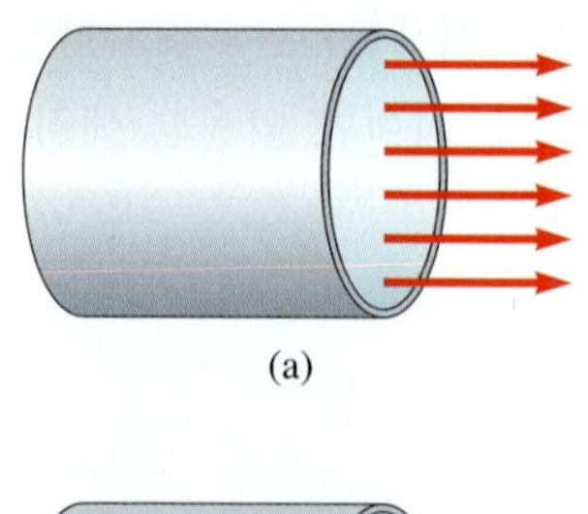


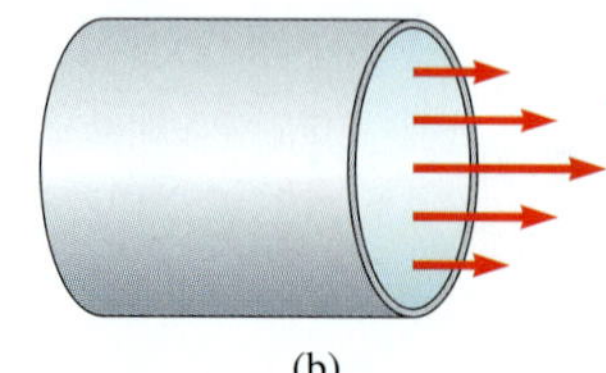


그림 9.40 (a) 이상적인(비점성) 유체의 모든 입자는 똑같은 속도로 파이프 속에서 움직인다. (b) 점성 유체에서는 유체 입자의 속도가 파이프의 벽면에서 0이고 파이프의 중심에서 최대가 된다.

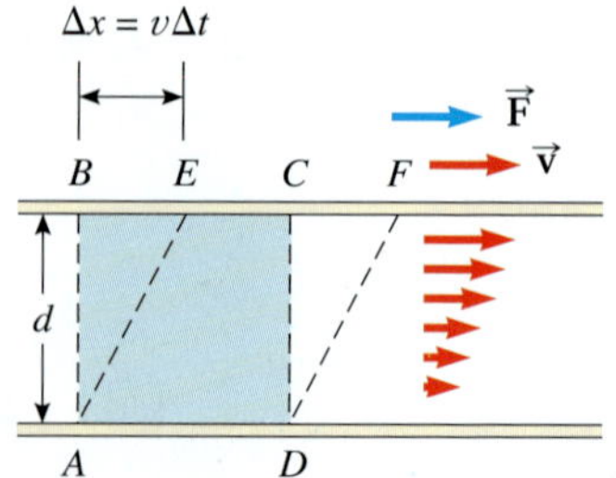

그림 9.41 밑면은 고정되어 있고 윗면은 속도 $\vec{v}$로 오른쪽으로 움직이는 두 고체면 사이의 액체 층.

보여 주는 것 같이 똑같은 속도를 지닌다. 반면에 점성이 있는 유체 층들은 그림 9.40b에 표시한 것과 같이 서로 다른 속도를 갖는다. 유체의 속도는 파이프의 중심에서 가장 크고, 반면에 벽 바로 옆 층은 유체 분자와 벽 표면 사이의 흡착력 때문에 움직이지 않는다.

점성의 개념을 더 잘 이해하기 위해 그림 9.41과 같은 두 고체 면 사이의 액체 층을 생각해 보자. 아랫면은 고정되어 있고 윗면은 외부 힘 $\vec{\mathbf{F}}$가 작용해 속도 $\vec{\mathbf{v}}$로 오른쪽으로 움직인다. 이 움직임으로 인해 액체의 일부분이 원래 모양 *ABCD*에서 잠시 후 모양 *AEFD*로 뒤틀린다. 윗면을 움직여 액체를 뒤트는 데 필요한 힘은 유체와의 접촉 면적 $A$와 유체의 속도 $v$에 비례한다. 또, 이 힘은 두 면 사이의 거리 $d$에 반비례한다. 이들 비례 관계를 $F \propto Av/d$로 나타낼 수 있다. 따라서 윗면을 일정한 속력 $v$로 움직이는 데 필요한 힘은 다음과 같다.

$$F = \eta \frac{Av}{d} \quad [9.19]$$

여기서 $\eta$(그리스 소문자 에타)는 유체의 **점성계수**(coefficient of viscosity)이다.

◀ 점성계수

점성도의 국제단위는 N·s/m²이다. 많은 참고서에서 점성도의 단위가 흔히 dyne·s/cm²로 표시되어 있는데, 이는 프랑스 과학자 푸아죄유(J. L. Poiseuille, 1799~1869)를 기려 **푸아즈**(poise)라고 부른다. 점성도의 국제단위와 poise와의 관계는 다음과 같다.

$$1 \text{ poise} = 10^{-1} \text{ N} \cdot \text{s/m}^2 \quad [9.20]$$

작은 점성도는 보통 센티푸아즈(cp)로 표시하는데, 1 cp = $10^{-2}$ poise이다. 몇몇 물질의 점성계수가 표 9.4에 실려 있다.

## 푸아죄유의 법칙

그림 9.42는 길이가 $L$, 반지름이 $R$인 튜브의 단면을 보여 주는데, 왼쪽의 압력이 $P_1$이고 오른쪽의 압력이 $P_2$인 유체를 담고 있다. 이 압력 차이 때문에 유체가 튜브를 통과해서 흐른다. 흐름률(단위 시간당 부피)은 압력 차($P_1 - P_2$), 튜브의 크기, 유체의 점성도에 따라 결정된다. 그 결과는 **푸아죄유의 법칙**(Poiseuille's law)으로 알려져 있으며 다음과 같다.

$$\text{흐름률} = \frac{\Delta V}{\Delta t} = \frac{\pi R^4 (P_1 - P_2)}{8 \eta L} \quad [9.21]$$

◀ 푸아죄유의 법칙

여기서 $\eta$는 유체의 점성계수이다. 적분학을 필요로 하기 때문에 이 식을 여기서 유도

**표 9.4** 여러 유체의 점성도

| 물질 | $T$(℃) | 점성도 (N·s/m²) |
|---|---|---|
| 물 | 20 | $1.0 \times 10^{-3}$ |
| 물 | 100 | $0.3 \times 10^{-3}$ |
| 혈액 | 37 | $2.7 \times 10^{-3}$ |
| 글리세린 | 20 | $1\,500 \times 10^{-3}$ |
| 10-wt 엔진오일 | 30 | $250 \times 10^{-3}$ |

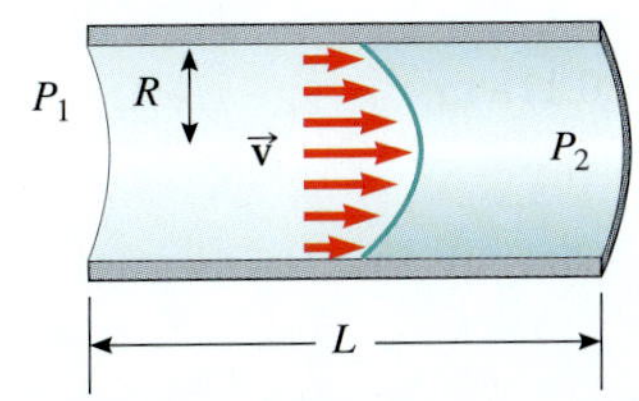


**그림 9.42** 원형 단면적을 가진 균일한 파이프에 흐르는 유체의 속도 분포. 흐름률은 푸아죄유의 법칙에 의해 주어진다. 유체의 속도가 파이프의 중심에서 가장 큼을 주시하라.

하지는 않는다. 그러나 튜브 양단의 압력 차나 튜브의 지름이 커지면 당연히 흐름률이 증가하게 될 것이다. 마찬가지로, 유체의 점성도나 튜브의 길이가 커지면 흐름률이 감소하게 될 것이다. 따라서 $R$과 압력 차이 항이 식 9.21의 분자에 있고 $L$과 $\eta$가 분모에 있는 것이 합당함을 알 수 있다.

푸아죄유의 법칙으로부터 일정한 흐름률을 유지하기 위해서는 유체의 점성도나 튜브의 길이가 증가할 경우 튜브 양단의 압력 차가 커져야 한다는 것을 알 수 있다. 이 사실은 순환기의 혈액흐름을 이해하는 데 중요하다. 혈액의 점성도는 적혈구의 수가 증가함에 따라 커진다. 적혈구의 농도가 높은 혈액은 농도가 낮은 혈액보다 이를 순환시키는 데 심장으로부터 더 높은 펌프 압력을 필요로 한다.

흐름률이 튜브 반지름의 4승에 비례함에 유의하라. 그 결과 정맥이나 동맥이 좁아지는 현상이 발생하면 적절한 흐름률을 유지하기 위한 더 높은 압력 차를 주기 위해 심장이 훨씬 더 열심히 움직여야 한다.

### 예제 9.11 수혈

**목표** 푸아죄유의 법칙을 응용한다.

**문제** 어느 환자가 반지름이 0.20 mm이고 길이가 2.0 cm인 바늘을 통해 수혈을 받고 있다. 혈액의 밀도는 1 050 kg/m³이다. 혈액을 공급하는 병은 환자 팔 위 0.50 m에 있다. 바늘을 통과하는 흐름률은 얼마인가?

**전략** 혈액과 환자 팔 높이 사이의 압력 차를 구한다. 표 9.4에 있는 혈액의 점성도를 사용하여 푸아죄유의 법칙에 대입한다.

**풀이**

압력 차를 계산한다.

$$P_1 - P_2 = \rho g h = (1\,050 \text{ kg/m}^3)(9.80 \text{ m/s}^2)(0.50 \text{ m}) = 5.15 \times 10^3 \text{ Pa}$$

푸아죄유의 법칙에 대입한다.

$$\frac{\Delta V}{\Delta t} = \frac{\pi R^4 (P_1 - P_2)}{8\eta L} = \frac{\pi(2.0 \times 10^{-4} \text{ m})(5.15 \times 10^3 \text{ Pa})}{8(2.7 \times 10^{-3} \text{ N}\cdot\text{s/m}^2)(2.0 \times 10^{-2} \text{ m})} = 6.0 \times 10^{-8} \text{ m}^3\text{/N}$$

**주의** 이를 점성이 없을 때의 부피 흐름률과 비교해 본다. 베르누이 방정식을 사용해서 계산된 부피 흐름률은 대략 5배가 된다. 예상한대로 점성이 흐름률을 상당히 감소시킨다.

**연습문제 9.11**

20.0 m 높이의 물탱크에서 $3.00 \times 10^2$ km의 들판을 지나가는 파이프를 통해 마을에 물이 공급된다. 부피 흐름률이 적어도 0.050 0 m³/s가 될 수 있는 파이프의 반지름을 구하라(20°C에서의 물의 점성도를 사용한다).

**답** 0.118 m

## 레이놀즈 수

속도가 매우 높아지면 유체의 흐름은 단순한 층류에서 매우 불규칙적인 흐름이 그 특징인 난류로 바뀐다. 튜브 내에서 난류로 전환이 되는 순간은 실험적으로 **레이놀즈 수**(Reynolds number, $RN$)라 불리는 무차원의 요소에 의해 결정된다.

$$RN = \frac{\rho v d}{\eta} \quad [9.22]$$

◀ 레이놀즈 수

여기서, $\rho$는 유체의 밀도, $v$는 유체가 흐르는 방향으로의 평균속력, $d$는 튜브의 지름, $\eta$는 유체의 점성도다. $RN$이 2 000 이하이면 튜브를 지나는 유체의 흐름은 층류가 되고, $RN$이 3 000 이상이면 난류가 발생한다. 2 000과 3 000 사이에서는 흐름이 불안정해서 유체가 층류의 흐름을 보일 수도 있으나 아주 작은 교란만 있어도 흐름이 난류로 바뀐다.

**예제 9.12** **혈액의 난류 흐름**

**목표** 레이놀즈 수를 이용하여 난류 발생 속력을 알아낸다.

**문제** 지름이 0.20 cm인 동맥을 통과하는 혈액의 흐름이 난류가 되는 속력을 구하라.

**전략** 레이놀즈 수의 식 9.22에 값들을 대입하고 속력 $v$에 대해 풀면 답을 구할 수 있다.

**풀이**

식 9.22를 $v$에 대해 풀고, 예제 9.11의 혈액의 점성도 및 밀도값, 동맥의 지름 $d$값, 그리고 $3.00 \times 10^3$의 레이놀즈 수 값을 대입한다.

$$v = \frac{\eta(RN)}{\rho d} = \frac{(2.7 \times 10^{-3}\ \mathrm{N \cdot s/m^2})(3.00 \times 10^3)}{(1.05 \times 10^3\ \mathrm{kg/m^3})(0.20 \times 10^{-2}\ \mathrm{m})}$$

$$v = \boxed{3.9\ \mathrm{m/s}}$$

**주의** 이 예제는 빨대로 음료를 빨리 마시면 난류를 일으킬 수 있음을 보여 준다.

**연습문제 9.12**

20°C에서 빨대로 빨아들인 물이 난류가 되는 속력을 구하라. 빨대의 지름은 0.006 0 m이다.

**답** $v = 0.50$ m/s

## 9.10 수송현상

유체가 튜브를 통과해 흐를 때 흐름을 야기하는 기본 메커니즘은 튜브 양단 사이의 압력 차이다. 이 압력 차이가 유체를 한 지점에서 다른 지점으로 이동시키는 원동력이다. 유체는 또한 두 번째 메커니즘에 의해, 즉 압력 차가 아니라 유체 내 두 점에서의 농도 차에 의해 한 곳에서 다른 곳으로 움직일 수 있다. 한 지점에서의 농도(단위 부피당 분자 수)가 다른 지점보다 크면 분자는 밀도가 높은 곳에서 낮은 곳으로 흐르게 된다. 밀도 차에 의해 발생하는 유체의 수송과 관련된 두 가지 중요 과정이 확산과 삼투라 불리는 것이다.

### 확산

**확산 과정에서는 분자들이 농도가 큰 영역으로부터 농도가 작은 영역으로 움직인다.** 확산이 왜 일어나는가를 이해하기 위해서 그림 9.43과 같이 왼쪽 부분이 분자의 농도가 크도록 해 놓은 용기를 생각해 보자. 그림의 긴 점선은 두 영역을 구분하는 가상적인 벽을 나타낸다. 분자들은 고속으로 불규칙한 방향으로 움직이기 때문에 많은 분자들이 왼쪽에

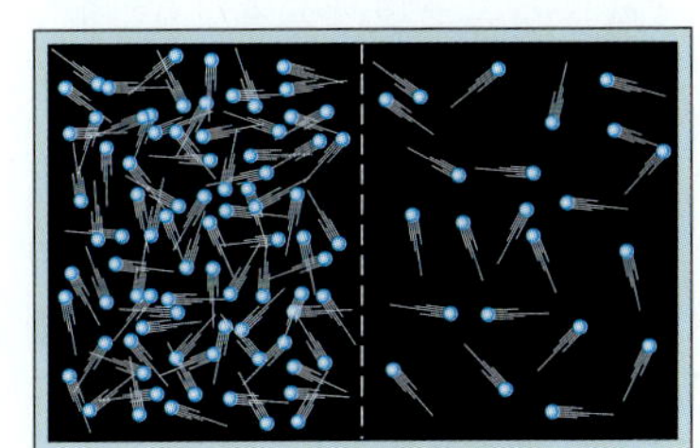

**그림 9.43** 용기의 왼쪽 부분의 기체 분자 밀도가 용기 오른쪽 밀도보다 크면 왼쪽에서 오른쪽으로 분자들의 알짜 이동(확산)이 생긴다.

서 오른쪽으로 가상 벽을 넘어 갈 것이다. 반면에, 훨씬 적은 분자들이 오른쪽에서 왼쪽으로 넘어 가는데, 그 이유는 단순히 어느 순간이든 아주 적은 수의 분자들이 용기의 오른쪽에 있기 때문이다. 결과적으로 분자가 많은 영역에서 분자가 적은 영역으로의 알짜 움직임이 언제나 있기 마련이다. 이러한 이유로 용기의 왼쪽에서는 시간이 지남에 따라 농도가 줄고 오른쪽에서는 농도가 증가하게 된다. 일단 농도평형이 이루어지면 더 이상 벽면을 통과하는 알짜 움직임은 없게 된다. 즉, 왼쪽에서 오른쪽으로 움직이는 분자 비율은 오른쪽에서 왼쪽으로 움직이는 비율과 같아진다.

## 세포의 크기와 삼투현상

세포막을 통한 확산은 세포의 안팎으로 물, 산소, 영양분, 노폐물들을 옮겨 준다. 예를 들면, 산소의 농도가 높은 혈액으로부터 산소의 농도가 낮은 세포로 신선한 산소가 확산된다. 세포가 적절히 기능하기 위해서는 수송이 빠르게 일어나야 한다. 수송은 매우 큰 표면적 대 부피 비가 필요하다. 즉, 세포막이 물질들을 효율적으로 교환할 수 있도록 세포의 표면적이 커야 하고, 분자들이 항상 표면에 가까이 있도록 세포의 부피는 작아야 한다. 세포를 한 변의 길이가 $L$인 정육면체로 모형화해 생각해 보자. 이 세포의 전체 표면적은 $6L^2$이고 부피는 $L^3$이다. 그러면 표면적 대 부피의 비는 $6L^2/L^3 = 6/L$이 된다. $L$이 분모에 있으므로 $L$이 작으면 이 비가 더 커지게 된다. 따라서 세포의 크기가 작으면 영양분이나 노폐물이 좀더 효율적으로 세포막을 지나 옮겨갈 수 있다. 세포는 수백만분의 일 미터의 크기를 갖고 있어서 세포의 대체적인 표면적 대 부피 비는 $10^6$이다.

막을 통한 물질의 확산 정도는 부분적으로 막에 있는 기공(구멍)의 크기에 따라 정해진다. 물과 같은 작은 분자는 쉽게 기공을 통과할 수 있는 반면에 설탕 같은 큰 분자는 통과하기 어렵거나 아예 통과하지 못한다. 어떤 분자는 통과시키고 다른 분자는 통과시키지 않는 막을 **선택투과**(selectively permeable) 막이라고 한다.

**삼투는 물이 선택투과 막을 통과해 물의 농도가 높은 곳에서 물의 농도가 낮은 쪽으로 확산되는 현상이다.** 확산의 경우와 마찬가지로 삼투는 막의 양쪽 농도가 같아질 때까지 계속 일어난다.

**APPLICATION**
생체세포에서의 삼투 효과

설탕이나 소금 같은 용질이 물에 녹아 있으면 이들이 없을 경우 물분자가 차지하고 있었을 공간을 차지하게 된다. 그 결과 용질을 포함하고 있는 용액에서의 물의 농도가 순수 물보다 작게 된다. 일반적으로 용질의 농도가 낮은 영역에서 용질의 농도가 높은 영역으로 물 분자의 알짜 흐름이 있게 된다. 혈관으로 용액을 주입할 때에는 이것이 삼투 균형을 깨트리지 않도록 주의가 필요하다. 세포 내의 용질의 농도가 그 주위보다 높으면 물이 세포 속으로 흘러들어가서 세포가 부풀게 된다. 세포 내의 용질의 농도가 주위보다 낮으면 물이 세포 밖으로 흘러나와 세포가 쭈그러든다.

**APPLICATION**
신장 기능과 투석기

혈액은 신장을 통과하면서 삼투에 의해 그 불순물이 걸러진다(그림 9.44a). 동맥의 혈액은 먼저 **사구체**(glomerulus)라고 불리는 모세관 다발을 통과하는데, 여기서 대부분의 노폐물과 약간의 필수 염분과 미네랄이 제거된다. 사구체에서 가느다란 관이 나와 다른 모세관들과 연결되는데, 여기서 대부분의 필수 요소들은 혈액으로 돌아가지

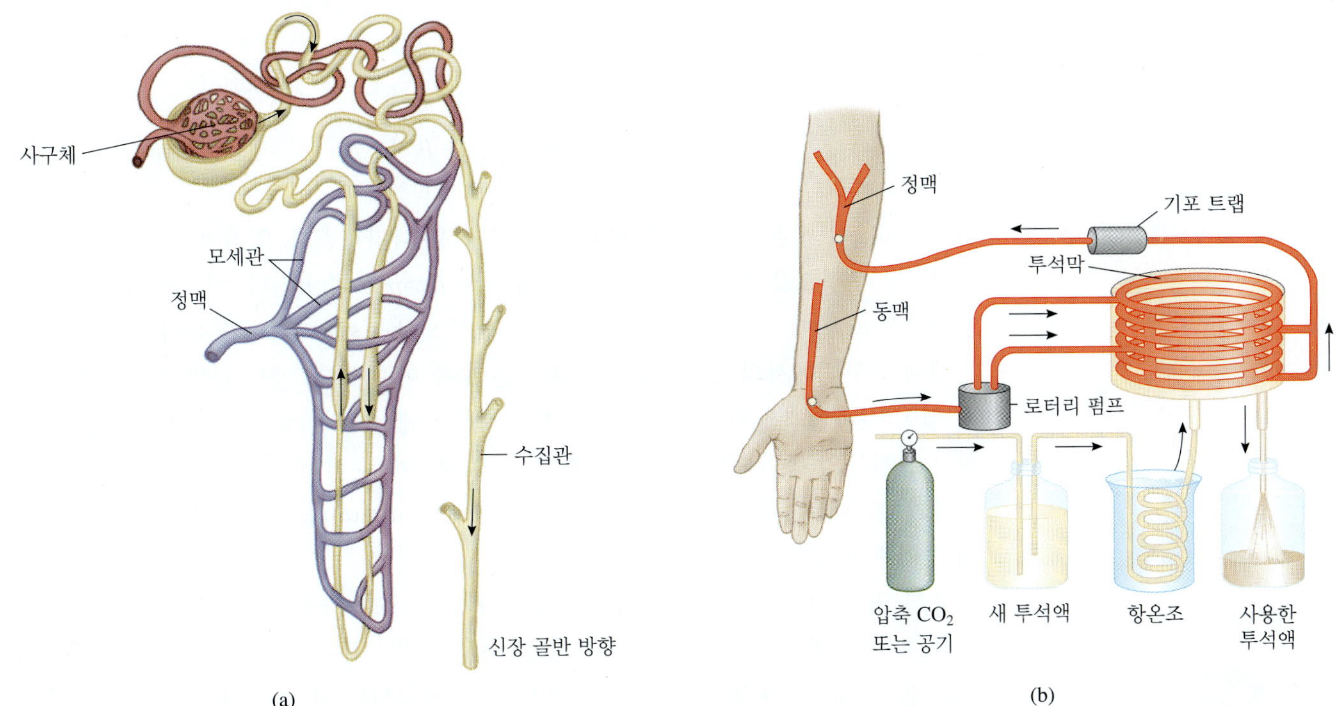


**그림 9.44** (a) 사람의 배설기관에 있는 네프론(nephron) 개략도. (b) 인공 신장기.

만 노폐물은 못 돌아가서 결국 소변으로 배출된다.

인공신장 또는 투석기(그림 9.44b)는 팔의 동맥에서 나온 혈액이 헤파린(혈액을 묽게 해주는 혈액 희석제)과 혼합된 다음, 반투과막으로 덮인 튜브를 통과하게 되어 있다. 이 튜브는 정제된 혈액과 똑같은 화학성분을 가진 투석용액 조에 잠겨 있다. 혈액 속의 노폐물은 막을 통한 확산을 거쳐 투석용액 속으로 들어간다. 이렇게 걸러진 혈액은 정맥으로 되돌아간다.

## 점성 매질을 통과하는 운동과 침강분리

물체가 점성 매질 안에서 떨어질 때 그림 9.45에서와 같이 세 가지 힘, 즉 저항력 $\vec{\mathbf{F}}_r$, 부력 $\vec{\mathbf{B}}$, 물체에 작용하는 중력 $\vec{\mathbf{w}}$가 작용한다. 저항력이 속도에 비례하므로, 그 크기는 $F_r = kv$로 주어진다고 가정하자. 여기서 $k$는 실험적으로 얻어야 할 계수이다(아주 특별한 경우는 예외).

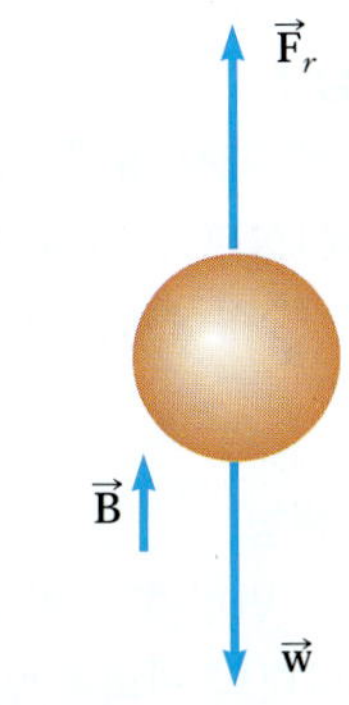


**그림 9.45** 점성 매질 속에서 떨어지는 공. 공에 가해지는 힘은 저항 마찰력 $\vec{\mathbf{F}}_r$, 부력 $\vec{\mathbf{B}}$, 그리고 공에 작용하는 중력 $\vec{\boldsymbol{w}}$이다.

물체는 아래로 향하는 중력과 위로 향하는 알짜 힘이 균형을 이루면 종단속력에 도달한다. 즉,

$$w = B + F_r \qquad [9.23]$$

이다. 여기서 $B = \rho_f gV$는 부력이다. 밀어낸 유체의 부피 $V$는 떨어지는 물체의 밀도와 상관이 있어 $V = m/\rho$가 된다. 따라서 부력은

$$B = \frac{\rho_f}{\rho} mg$$

이 된다. 이를 식 9.23의 $B$에 대입하고 $F_r = kv_t$($v_t$는 종단속력)를 대입하면,

$$mg = \frac{\rho_f}{\rho}mg + kv_t$$

즉,

$$v_t = \frac{mg}{k}\left(1 - \frac{\rho_f}{\rho}\right) \quad [9.24]$$

를 얻는다. 이 식은 입자에 작용하는 점성항력을 나타내준다. 입자가 아주 작고 반지름이 $r$인 구형으로 이루어진 특별한 경우 $k = 6\pi\eta r$로 주어진다. 여기서 $\eta$는 유체의 점성도이고, 이때의 식 9.24를 스토크스의 법칙(Stokes's law)이라 부른다.

생체시료 내에서의 입자들의 종단속도는 보통 아주 작다. 예를 들면 플라즈마 속에서 떨어지는 혈액세포의 종단속도는 지구 중력장에서 약 5 cm/h이다. 한 세포를 구성하는 분자들의 종단속도는 질량이 훨씬 작기 때문에 수십, 수백 배 작다. 유체 내에서 물체가 떨어지는 종단속도를 **침강속도**(sedimentation rate)라고 하는데, 이는 의료분석에서 아주 중요하다.

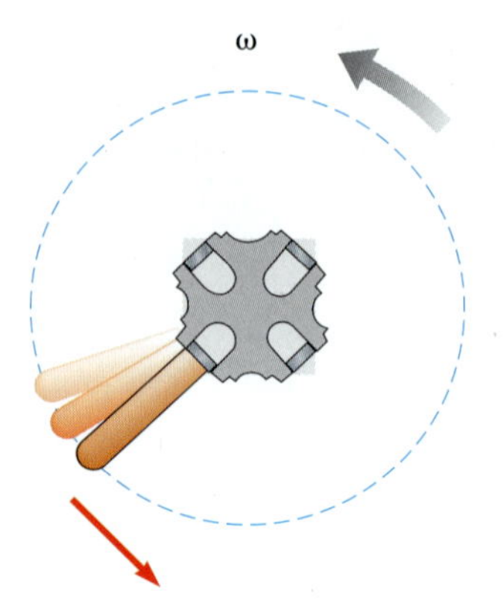

그림 9.46 원심분리기의 개략도(위에서 본 것).

유체 내에서의 침강속도는 식 9.24에 나와 있는 유효 가속도 $g$를 올려 증가시킬 수 있다. 여러 생체 분자들을 포함하고 있는 유체를 원심분리기에 넣고 아주 큰 각속력으로 돌린다(그림 9.46). 이렇게 하면 입자들이 자유낙하 때보다 훨씬 큰 방사 가속을 받게 되고, 따라서 식 9.24의 $g$를 회전운동의 가속도 $\omega^2 r$로 바꿀 수 있다.

$$v_t = \frac{m\omega^2 r}{k}\left(1 - \frac{\rho_f}{\rho}\right) \quad [9.25]$$

원심분리기 안에서 침강속도는 엄청나게 빨라지고, 질량이 가장 큰 입자들이 가장 큰 침강속도를 갖게 된다. 그 결과 가장 무거운 입자가 먼저 시험관 바닥에 가라앉는다.

## 요약

Physics Now™ **http://physics.brookscole.com/ecp**에서 PhysicsNow를 로그인하고 이 장에 대한 Pre-Test link를 클릭하여 연습문제 시험을 보라.

### 9.1 물질의 상태

물질은 보통 세 가지 상태, 즉 고체, 액체, 기체 중 하나로 분류한다. 물질의 제4상태를 플라즈마라 부르는데, 이는 전자기적으로 상호작용하는 중성상태를 이루고 있는 전하를 띤 입자들로 구성되어 있다.

### 9.2 고체의 변형

고체의 탄성은 변형력과 변형의 개념을 사용하여 기술할 수 있다. **변형력**은 형태의 변화를 일으키는 단위 면적당 힘으로 주어지고, **변형**은 변한 정도를 나타낸다. 변형력은 변형에 비례하고, 그 비례상수가 **탄성률**이다.

$$\text{변형력} = \text{탄성률} \times \text{변형} \quad [9.1]$$

일반적인 세 가지 형태 변화는 (1) **영률** $Y$로 기술되는 인장이나 압축에 대한 고체의 저항, (2) 층밀리기 탄성률 $S$로 기술되는 고체면이 서로 밀리는 것에 대한 저항, (3) 부피 탄성률 $B$로 기술되는 고체나 액체의 부피가 변하는 것에 대한 저항이다.

세 가지 변형 모두 용수철에 대한 훅의 법칙과 비슷한 법칙을 따른다. 문제를 푸는 것은 대개 주어진 물리량이 무엇인지 알아낸 뒤 구하려고 하는 양에 대해 관계식을 푸는 것으로 해결된다.

### 9.3 밀도와 압력

균일한 조성을 가진 물질의 **밀도** $\rho$는 단위 부피당 질량으로, 국제단위계(SI)로는 세제곱미터당 킬로그램(kg/m³)으로 나타낸다.

$$\rho \equiv \frac{M}{V} \quad [9.6]$$

유체에서의 **압력** $P$는 유체에 의해 그 안에 잠긴 물체에 작용하는 면적당 힘으로, 단위로 파스칼(Pa)을 사용한다.

$$P \equiv \frac{F}{A} \quad [9.7]$$

### 9.4 깊이에 따른 압력의 변화

비압축성 유체의 압력은 깊이 $h$에 따라 다음의 관계식에 따라 변한다.

$$P = P_0 + \rho gh \qquad [9.11]$$

여기서 $P_0$는 대기압($1.013 \times 10^5$ Pa)이고, $\rho$는 유체의 밀도이다.

**파스칼의 원리**는 갇혀 있는 유체에 압력을 가하면 그 압력은 감소됨이 없이 유체의 모든 점과 유체를 담은 용기의 벽에 전달된다는 것이다.

### 9.6 부력과 아르키메데스의 원리

물체의 일부 또는 전체가 유체에 잠기면 유체는 물체에 위로 향하는 힘을 가하는데, 이를 **부력**이라 부른다. 사실 이 힘은 단지 물체의 위와 아래 사이의 알짜 압력 차이다. 부력 $B$의 크기는 물체가 밀어낸 유체의 중량과 같음을 보일 수 있다. 즉,

$$B = \rho_{\text{fluid}} V_{\text{fluid}} \qquad [9.12b]$$

이다. 식 9.12b를 **아르키메데스의 원리**라 한다.

부력 문제를 풀 때는 대개 부력을 뉴턴의 제2법칙에 대입하고 4장에서와 같은 과정을 거치면 된다.

### 9.7 움직이는 유체

움직이는 유체의 여러 가지 사항은 유체가 비점성 및 비압축성이고 흐름이 난류를 일으키지 않고 정상상태를 유지한다고 가정하여 이해할 수 있다.

**1.** 파이프를 통과하는 흐름률은 일정한데, 이것은 어느 점에서의 단면적 $A$와 속력 $v$를 곱한 것은 일정하다는 것이다. 즉,

$$A_1 v_1 = A_2 v_2 \qquad [9.15]$$

이 관계식을 **연속방정식**(equation of continuity)이라 한다.

**2.** 압력, 단위 부피당 운동 에너지, 단위 부피당 위치 에너지를 합한 것은 유선의 어느 두 점에서도 동일하다.

$$P_1 + \tfrac{1}{2}\rho v_1^2 + \rho g y_1 = P_2 + \tfrac{1}{2}\rho v_2^2 + \rho g y_2 \qquad [9.16]$$

식 9.16을 **베르누이 방정식**이라 한다. 베르누이 방정식과 관련된 문제를 푸는 것은 일-에너지와 관련된 문제를 푸는 것과 비슷하다. 여기서는 두 점을 선택하되, 한 점은 한 가지 양이 미지수인 곳이고 다른 점은 모든 양이 알려진 곳으로 한다. 그 다음에 식 9.16을 모르는 양에 대해 풀면 된다.

## 개념 파악을 위한 질문

**1.** 한 여성이 하이힐을 신고 어느 집에 들어갔다. 이 집의 부엌은 비닐장판이 깔려 있다. 이 상황에서 집 주인은 왜 걱정해야 할까?

**3.** 농장에 있는 사일로를 보면 기둥 둘레는 많은 수의 밴드로 감겨져 있다(그림 Q9.3). 왜 사일로 아랫부분의 밴드가 더 촘촘하게 감겨져 있을까?

**그림 Q9.3**

**5.** 보통 우리는 간호사가 주사기를 이용해 피를 '뽑는다' 라고 한다. 그런데 왜 주사기가 피를 '받아들이다' 라고 하는 표현이 더 적절한가?

**7.** 배가 바다에서 선체에 구멍이 나서 이를 막은 후 간신히 떠 있다고 가정하자. 예인선이 수리를 위해 이 배를 해안으로 끌어당겨 강 쪽으로 가져간다고 하자. 강 쪽으로 진행함에 따라 배는 가라앉는다. 그 이유는 무엇인가?

**9.** 1파운드의 스티로폼과 1파운드의 납은 같은 무게를 갖는다. 이를 정밀한 양팔 저울 양쪽에 올려놓으면 균형을 이룰까?

**11.** 보통 음료수와 다이어트 음료수가 든 캔 두 개를 수조에 넣었다. 하나는 물에 뜨고, 다른 하나는 물에 가라앉았다. 아르키메데스의 원리를 이용해서 설명하라. (힌트: 다이어트 음료에 들어가는 단맛을 내는 물질은 보통 설탕보다 밀도가 낮다.)

**13.** 당신이 고속도로에서 작은 차를 몰고 가고 있을 때, 큰 트럭이 고속으로 당신 차 옆을 지나치면 트럭 쪽으로 당신 차가 쏠리는 것을 느낀다. 왜일까?

**15.** 토네이도나 허리케인은 가끔 집 지붕을 날려 버린다. 베르누이 효과를 이용해 설명하라. 이런 상황에서는 왜 창문을 열어두어야 하는가?

## 문제

1, 2, 3 = 기본문제, 발전문제, 심화문제

□ = 학생 문제풀이 매뉴얼/학습 가이드 속에 전체 문제풀이가 있다.

Physics Now™ http://physics.brookscole.com/ecp에서 힌트를 받을 수 있는 문제

= 생물의학 문제

### 9.1 물질의 상태

### 9.2 고체의 변형

**1.** 강철의 탄성한계가 $5.0 \times 10^8$ Pa일 때 탄성한계를 벗어나지 않고 70 kg의 서커스 단원을 지탱할 수 있는 강철 와이어의 최소 지름을 구하라.

**3.** 하이힐 구두의 뒷굽 바닥의 반지름이 0.50 cm이다. 480 N의 중량을 가진 여자의 30% 중량으로 각 뒷굽을 지탱할 때 각 뒷굽에 가해지는 변형력을 구하라.

**5.** 암벽 등반시 안전을 위해 길이 50 m, 지름 1.0 cm의 로프를 사용한다. 90 kg의 등반인을 지탱하고 있을 때 로프가 1.6 m 늘어났다. 이때의 영률을 구하라.

**7.** 뼈는 약 $18 \times 10^9$ Pa의 영률을 갖고 있다. 압축 상황에서 뼈는 부러지기 전에 약 $160 \times 10^6$ Pa의 변형력을 버틸 수 있다. 대퇴골(넓적다리뼈)의 길이가 0.50 m라고 가정하고 이 뼈가 부러지기 전에 버틸 수 있는 압축 정도를 구하라.

**9.** 그림 P9.9의 막대에 $5.8 \times 10^3$ N의 인장력이 가해질 때 늘어나는 길이를 구하라.

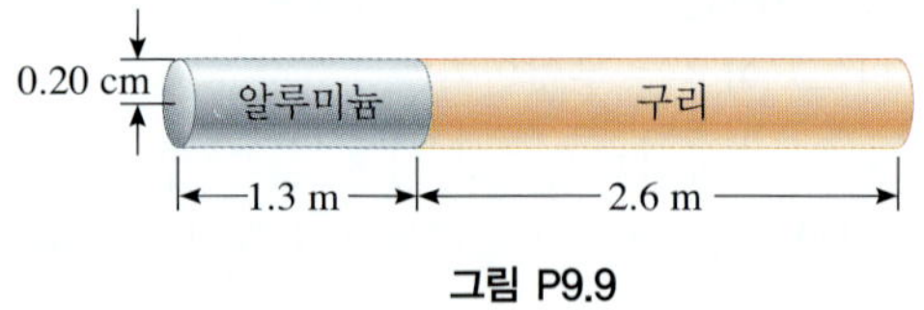


그림 P9.9

### 9.3 밀도와 압력

**11.** 50.0 kg의 발레리나가 공연 중 발가락으로 서 있는데 마루와 접촉하는 면적이 26.0 cm²이다. 마루가 접촉면을 통해 가하는 압력은 (a) 발레리나가 움직이지 않고 있을 때, (b) 발레리나가 위로 4.00 m/s²의 가속도로 뛰어 오를 때, 각각 얼마인가?

**13.** 그림 P9.13과 같이 단단한 용기 안에 들어 있는 액체 에틸알코올의 위 공간에 공기가 갇혀 있다. 액체 위의 공기 압력이 1.10 atm일 때 액체 표면으로부터 4.0 m 아래의 공기 방울의 압력을 구하라.

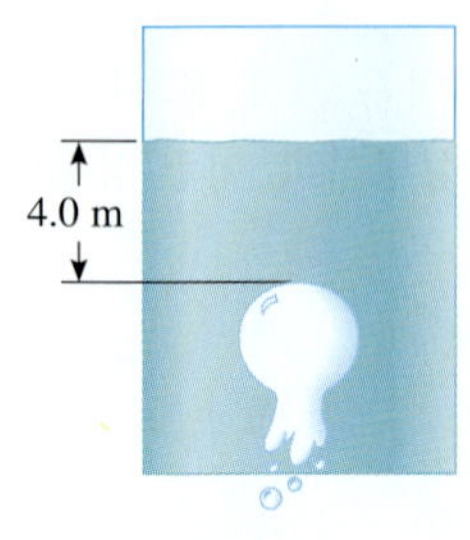


그림 P9.13

**15.** $1.0 \text{ m}^3$의 콘크리트의 중량이 $5.0 \times 10^4$ N이라면 자신의 중량에 의해 무너지지 않을 수 있는 실린더형 콘크리트 기둥의 최대 높이는 얼마인가? 콘크리트의 최대 압축강도(구조물의 바닥에 가해질 수 있는 최대 압력)는 $1.7 \times 10^7$ Pa이다.

### 9.3 밀도와 압력

### 9.4 깊이에 따른 압력의 변화

### 9.5 압력 측정

**17.** 접을 수 있는 플라스틱 백(그림 P9.17)에 포도당 용액이 들어 있다. 혈관의 평균 게이지 압력이 $1.33 \times 10^3$ Pa이라면 포도당을 혈관에 주입하기 위해서는 백의 높이 $h$가 최소한 얼마이어야 하는가? 용액의 비중이 1.02라고 가정한다.

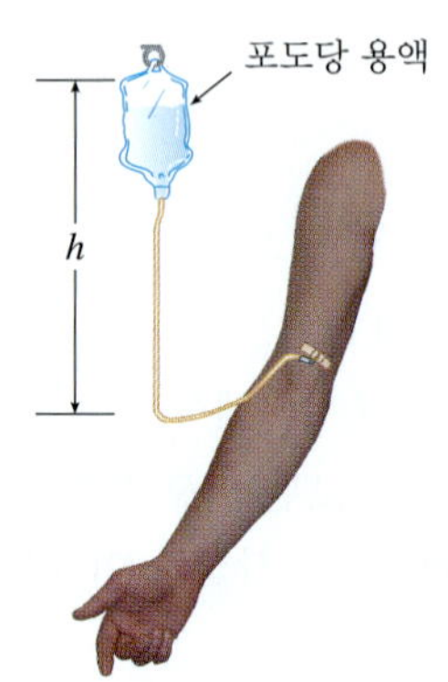


그림 P9.17

**19.** 새 집의 지하실 건축을 위해 수직 2.40 m의 깊이로 땅을 파고, 파인 구덩이를 가로지르는 9.60 m 길이로 콘크리트 기초 벽을 쌓았다. 이 기초 벽은 지하 전면으로부터 0.183 m 떨어져 있다. 폭우가 쏟아져 도로에서 들어오는 물이 콘크리트 벽의 앞 공간을 채우지만 벽 뒤 지하에는 흘러들어가지 않는다. 또, 물이 흙 속으로 스며들지 않는다. 물이 기초 벽에 가하는 힘을 구하라. 참고로 물의 중량은 $2.40 \text{ m} \times 9.60 \text{ m} \times 0.183 \text{ m} \times 1\,000 \text{ kg/m}^3 \times 9.80 \text{ m/s}^2 = 41.3$ kN이다.

**21.** Physics Now™ 용기 안에 물이 20.0 cm 깊이로 차 있다. 물 위에 비중이 0.700인 기름이 30.0 cm의 두께로 떠 있다. 용기 바닥에서의 절대 압력은 얼마인가?

**23.** 그림 P9.23은 유압 브레이크 시스템의 주요 부분을 보여 준다. 마스터 실린더 피스톤의 면적은 1.8 cm²이고, 브레이크 실린더 피스톤의 면적은 6.4 cm²이다. 브레이크 슈와 휠 드럼 사이의 마찰계수는 0.50이다. 휠의 반지름이 34 cm이고, 브레이크 페달에 44 N의 힘이 가해질 때 차축에 대한 마찰 토크를 구하라.

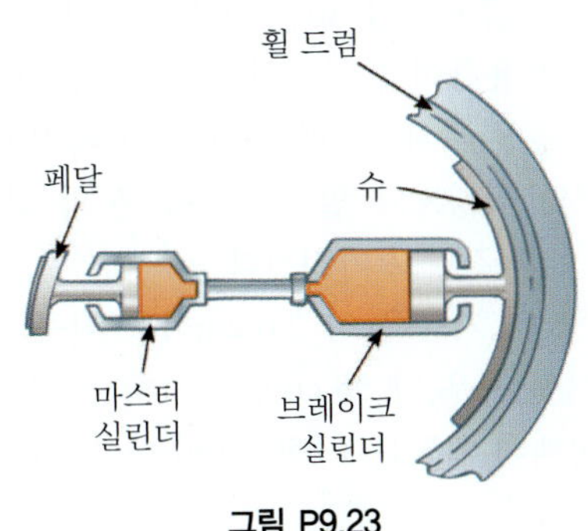


그림 P9.23

## 9.6 부력과 아르키메데스의 원리

**25.** 작은 페리보트의 폭이 4.00 m이고, 길이가 6.00 m이다. 짐을 실은 트럭을 배 위에 실었더니 보트가 강물에 4.00 cm 만큼 더 가라앉았다. 트럭의 중량은 얼마인가?

**27.** 1차 근사로 지구의 대륙은 얼음이 물에 떠 있는 것과 마찬가지로 밀도가 더 높은 바위(감람암이라 부른다)에 떠 있는 화강암 블록으로 생각할 수 있다. 이 현상을 기술하는 식이

$$\rho_g t = \rho_p d$$

임을 보여라. 여기서 $\rho_g$는 화강암의 밀도($2.8 \times 10^3$ kg/m$^3$), $\rho_p$는 감람암의 밀도($3.3 \times 10^3$ kg/m$^3$)이고, $t$는 대륙의 두께, $d$는 대륙이 감람암 속에 잠겨 있는 깊이다. (b) 만일 대륙이 감람암 층 5.0 km 깊이까지 가라앉는다면(이 면을 대양의 바닥으로 생각할 수 있다), 대륙의 두께는 얼마인가?

**29.** 깊은 바다 속을 탐험하는 데 사용하는 구형 잠수정의 반지름이 1.50 m이고, 질량이 $1.20 \times 10^4$ kg이다. 잠수를 하기 위해서 바닷물을 추가로 싣는다. 이 잠수정에 위로 향하는 1 100 N의 저항력이 작용할 때 1.20 m/s의 일정한 속력으로 내려가기 위해 실어야 할 바닷물의 질량을 구하라. 바닷물의 밀도는 $1.03 \times 10^3$ kg/m$^3$이다.

**31.** 알려지지 않은 재질의 시료가 공기 중에서 300 N의 중량이 나가고, 비중 0.700의 알코올에 잠겨 있을 때 200 N의 중량이 나간다. 이 물체의 (a) 부피, (b) 밀도는 얼마인가?

**33.** 질량이 0.400 kg이고 지름이 0.200 m인 얇은 구형 셀에 알코올($\rho$ = 806 kg/m$^3$)이 담겨 있다. 이것을 수조 속 바닥에서 가만히 놓아 주었다. 알코올이 든 셀이 물의 표면을 향해 떠오르기 시작할 때의 가속도를 구하라.

**35.** Physics Now™ 2.00 kg의 오일(밀도= 916 kg/m$^3$)이 들어 있는 1.00 kg의 비커가 저울 위에 놓여 있고, 2.00 kg의 쇳덩이가 용수철 저울에 달려 오일 속에 완전히 잠겨 있다(그림 P9.35). 두 저울의 평형상태의 지시값을 구하라.

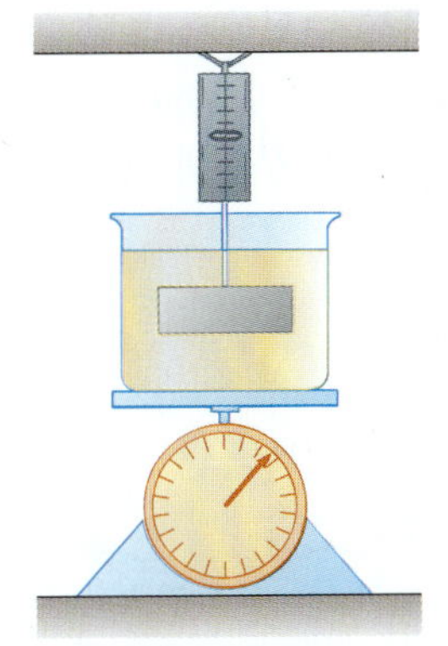

그림 P9.23

## 9.7 움직이는 유체

## 9.8 유체역학의 다른 응용

**37.** (a) 유속이 40 cm/s일 때 단면적 2.0 cm$^2$인 대동맥을 흐르는 혈액($\rho$ = 1.0 g/cm$^3$)의 질량 흐름률(g/s)을 구하라. (b) 대동맥이 많은 수의 모세혈관으로 갈라지고 이들 전체의 단면적 합이 $3.0 \times 10^3$ cm$^2$이다. 모세혈관 안의 유속은 얼마인가?

**39.** 피하주사기에 물의 밀도를 가진 주사액이 들어 있다(그림 P9.39). 주사기 몸체의 단면적은 $2.50 \times 10^{-5}$ m$^2$이다. 주사기 플런저에 힘이 가해지지 않았을 때 모든 곳의 압력은 1.00 atm이다. 2.00 N의 힘 $\vec{\mathbf{F}}$를 플런저에 가해서 주사바늘에서 주사약이 뿜어나오도록 하였다. 주사바늘을 통과하는 주사액의 유속을 구하라. 주사바늘 안의 압력이 1.00 atm으로 유지되고 주사기가 수평으로 놓였다고 가정한다.

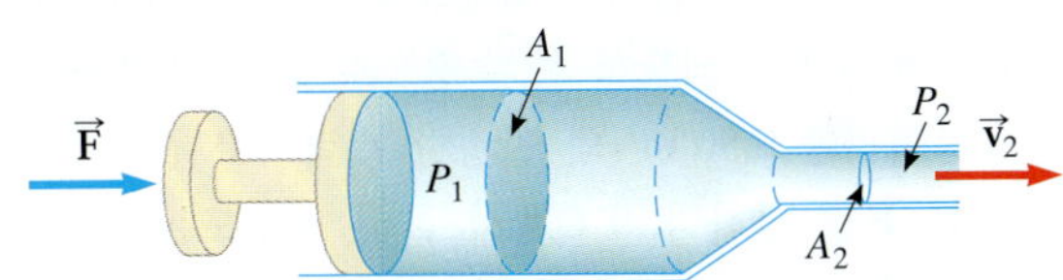


그림 P9.39

**41.** 그림 P9.41의 탱크 바닥 부근의 구멍에서 수평으로 물줄기가 뿜어져 나온다. 구멍의 지름이 3.50 mm라면 탱크의 물 높이 $h$는 얼마인가?

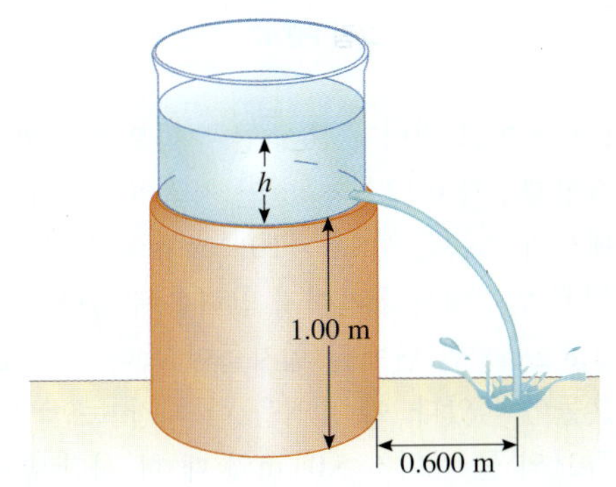


그림 P9.41

**43.** 그림 P9.43에 그려진 수평하게 놓인 파이프의 굵은 부분의 안지름이 2.50 cm이다. 물이 $1.80 \times 10^{-4}$ m³/s의 흐름률로 오른쪽으로 흐른다. 좁아진 부분의 안지름을 구하라.

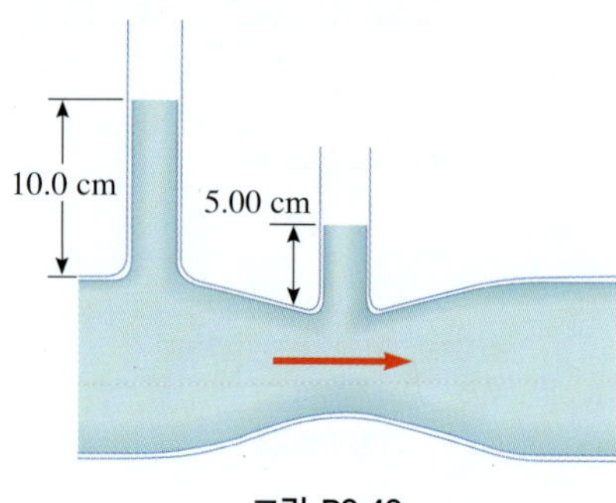


그림 P9.43

**45.** 옐로스톤파크(Yellowstone Park)의 간헐천은 대략 한 시간 간격으로 물이 뿜어나오고, 분출되는 물의 높이가 40.0 m에 이른다. (a) 뿜어져 나오는 물줄기를 각각 분리된 물방울이라 생각한다. 물방울 중의 하나에 대한 자유낙하 운동을 분석하여 물이 땅에서 솟아오르는 속력을 구하라. (b) 솟아오르는 물줄기를 유선형 흐름의 이상적인 유체로 취급한다. 베르누이 방정식을 사용하여 물이 지면을 떠날 때의 속력을 구하라. (c) 분출구 아래 175 m에 있는 뜨거운 동굴 안의 (대기압을 넘어선) 압력은 얼마인가? 동굴의 크기가 분출구에 비해 상당히 크다고 가정한다.

## 9.9 표면장력, 모세관 작용, 점성 유체의 흐름

**47.** 그림 P9.47과 같이 얼음덩어리(온도 0°C)를 두께 0.10 mm의 수면이 있어 윤활이 되도록 한 수평으로 놓인 면 위에서 끈다. 이 얼음덩어리를 0.50 m/s의 일정한 속력으로 끌어당기는 데 필요한 힘 $\vec{\mathbf{F}}$를 구하라. 0°C에서 물의 점성도는 $\eta = 1.79 \times 10^{-3}$ N·s/m²이다.

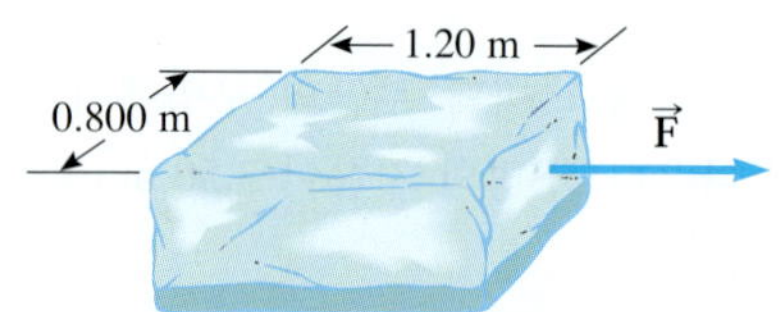


그림 P9.47

**49.** 지름이 1.0 cm이고 길이가 50 m인 수평으로 놓인 똑바른 파이프에 점성계수가 0.12 N·s/m²인 기름이 흐르고 있다. 파이프 출구에서의 흐름률은 $8.6 \times 10^{-5}$ m³/s이고 압력은 1.0 atm이다. 파이프 입구에서의 게이지 압력을 구하라.

**51.** 밀도가 1.8 g/cm³인 단백질 입자들이 녹아 있는 20°C의 물 용액을 흔들어 놓았다. 이 용액을 한 시간 동안 가만히 세워 놓았다. 튜브의 물 깊이가 5.0 cm일 때 한 시간 후에 용액 속에 여전히 남아 있는 입자의 최대 반지름을 구하라.

**53.** 부피 500 cm³의 주사액을 30분 안에 주사하려면 지름이 얼마인 주사기를 사용하여야 하는가? 주사기의 길이가 2.5 cm이고 주사액이 투입 위치로부터 1.0 m 높이에 있다고 가정한다. 또한 주사액의 점성도와 밀도는 순수 물과 같고, 혈관 안의 압력은 대기압과 같다고 가정한다.

**55.** 사람의 대동맥의 지름은 약 2.0 cm이고 이곳을 지나는 혈액의 속력은 어떤 경우 약 55 cm/s에 이른다. 이때 피의 흐름은 난류인가? 혈액의 밀도는 1 050 kg/m³이고, 점성계수는 $2.7 \times 10^{-3}$ N·s/m²이다.

## 9.10 수송현상

**57.** 기름방울이 $4.5 \times 10^{-4}$ m/s의 속력으로 공기 중에서 떨어질 때 이 방울에 작용하는 점성력은 $3.0 \times 10^{-13}$ N인 것으로 측정되었다. 이 기름방울의 반지름이 $2.5 \times 10^{-6}$ m라면 공기의 점성도는 얼마인가?

## 추가문제

**59.** 부피 0.20 m³의 쇳덩어리가 용수철저울에 매달려 물이 들어 있는 플라스크 안에 잠겨있다. 다음에 쇳덩어리를 떼어내고 같은 부피의 알루미늄 덩어리를 매달았다. (a) 쇳덩어리와 알루미늄 덩어리 중 어느 것이 부력이 더 큰가? (b) 어느 것의 저울 지시값이 더 큰가? (c) 이들 물질의 알려진 밀도를 사용하여 (a)와 (b)에서 질문한 값을 계산하라. 계산 결과가 (a)와 (b)에서의 답과 일치하는가?

**61.** 대동맥의 안지름은 대략 0.50 cm이고 모세혈관의 안지름은 10 $\mu$m 정도이다. 대략적인 혈액흐름의 평균 속력은 대동맥에서 1.0 m/s이고, 모세혈관에서 1.0 cm/s이다. 대동맥의 모든 피가 결국 모세혈관으로 다 흘러들어 간다고 할 때 순환기의 모세혈관 수를 계산해 보라.

**63.** 사람의 뇌와 척수는 뇌척수액에 담겨 있다. 이 유체는 보통 두개골로부터 척추공에 이르는 공간에 가득 들어 있고, 외부 대기압에 더해 100 내지 200 mm $H_2O$ 만큼의 압력을 가한다. 의료계에서는 압력을 흔히 mm $H_2O$의 단위로 나타내는데, 뇌척수액을 포함해서 체액이 보통 물과 거의 동일한 밀도를 갖고 있기 때문이다. 뇌척수액의 압력은 척추탭(spinal tap)을 사용해서 측정할 수 있다. 그림 P9.63처럼 속이 빈 튜브를 척주에 집어넣어 유체가 솟아오르는 높이를 잰다. 만약 유체가 160 mm 높이까지 오르면 그 계기압력을 160 mm $H_2O$라고 적는다. (a) 이 압력을 파스칼(Pa), 기압(atm), mm Hg로 나타내어라. (b) 때로 사고를 당한 사람이 척추골이 부러져 뇌척수액이 척주 내로 흐르는 것이 막혀 있는지를 알아야 할 필요가 있다. 다른 경우는 의사가 종양 같은 것이 척주를 막아 뇌척수액이 흐르는 것을 방해하지 않는지 의심해 보기도 한다. 이들 경우에 퀘켄스테트 테스트(Queckenstedt test)의 방법으로 알아볼 수 있다. 이 방법에서는 먼저 환자의 목 혈관을 압박

해 뇌 속의 혈압을 높인다. 그러면 혈관의 압력 증가가 뇌척수액으로 전달된다. 이것이 척추탭의 액 높이에 보통 어떤 영향을 미치는가? (c) 혈관을 압박한 것이 액의 높이에 영향을 주지 않았다고 가정하자. 이 현상을 어떻게 설명해야 하는가?

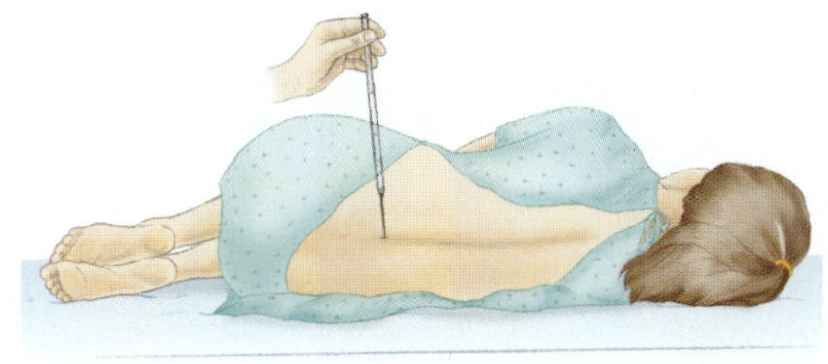

**그림 P9.63**

65. 600 kg의 기상 풍선이 4 000 kg의 기자재를 띄울 수 있도록 설계되어 있다. 전체 중량을 띄우기 위해서는 표준온도, 압력하의 헬륨(표 9.3 참조)을 불어 넣었을 때 풍선의 부피를 얼마가 되게 하여야 하는가?

67. 나무 블록의 무게가 공기 중에서 50.0 N이다. 침강추를 나무에 달았다. 침강추만 물에 잠겨 있을 때 나무와 침강추를 합한 중량이 200 N이다. 또, 나무와 침강추 모두 물에 잠겼을 때 중량이 140 N 만큼 나갔다. 나무 블록의 밀도를 구하라.

69. 2.0 cm 두께의 네모 모양의 비누가 물에 떠 있는데 1.5 cm가 물속에 잠겨 있다. 비중 0.60의 목욕 오일을 물에 부어서 이것이 물 위에 떠 있다. 비누의 윗면이 오일의 윗면의 위치에 딱 맞았다면 오일 층의 깊이는 얼마인가?

CHAPTER

10

# 열물리학

OUTLINE



화산이 대폭발할 때 어떻게 갇혀 있던 물이 화산의 꼭대기를 날려버릴 수 있는가? 온도가 변하면서 무엇이 보도나 도로를 저절로 부스러지고 뒤틀리게 하는가? 어떻게 열에너지가 일을 할 수 있도록 잡아두어, 현대 생활의 모든 것을 가능하게 하는 엔진이 돌아가게 하는가?

이와 연관된 질문에 답을 제공하는 것이 바로 **열물리학**(thermal physics)의 영역이다. 열물리학은 온도, 열, 그리고 이들이 물체에 어떠한 영향을 미치는가를 탐구한다. 열적 현상을 정량적으로 기술하기 위해서는 온도, 열, 그리고 내부에너지의 개념을 명확히 정의하는 것이 필요하다. 열은 내부에너지의 변화를 야기하고, 이는 온도의 변화로 이어지는데, 이것이 물체의 팽창이나 수축을 일으킨다. 이러한 변화들이 도로나 건물에 손상을 주고, 금속에 변형파손을 일으키며, 유연성이 있는 물질을 뻣뻣하고 부스러지기 쉽게 만든다. 바로 이것이 고무 O-링을 못 쓰게 만들어 챌린저호의 비극을 일으킨 것이다. 또한 내부에너지의 변화 현상을 응용하여 운송, 건설, 식품저장 등에 이용하기도 한다.

기체는 열에너지를 일로 바꾸어 이용하는 데에 극히 중요한 역할을 한다. 정상적인 온도 영역에서 기체는 다량의 상호작용이 없는 입자처럼 행동하는데, 이를 이상기체라고 일컫는다. 이와 같은 기체는 거시적 또는 미시적으로 탐구할 수 있다. 거시적인 입장에서 볼 때 기체와 관련된 압력, 부피, 온도, 입자수의 관계를 이상기체법칙이라 부르는 단 한 개의 방정식으로 나타낼 수 있다. 미시적인 관점의 기체 운동론이라 부르는 모델에서는 기체의 구성성분을 작은 입자들로 본다. 이 모델로부터 원자 단위의 움직임이 어떻게 압력, 온도, 내부에너지 같은 거시적인 성질에 영향을 주는가를 이해할 수 있다.

## 10.1 온도와 열역학 제0법칙

온도는 어떤 물체를 만졌을 때 그것이 얼마나 뜨거운지 차가운지 느끼는가와 연관이 있다. 우리의 느낌은 온도에 대한 정성적인 지표를 제공하지만 이는 신뢰할 수 없기도 하고 잘못된 판단을 주기도 한다. 예를 들어 금속 얼음통은 같은 온도의 냉동 야채 상자보다 더 차게 느껴지는데, 이는 금속이 종이상자보다 열에너지를 더 빨리 전달하기 때문이다. 따라서 물체의 상대적인 "뜨거움"과 "차가움"을 정량적으로 측정하기 위한 믿을 만하고 재현 가능한 방법, 즉 오직 온도에만 관계되는 방법을 찾는 것이 필요하다. 따라서 과학자들은 온도 측정을 위한 다양한 온도계를 개발하였다.

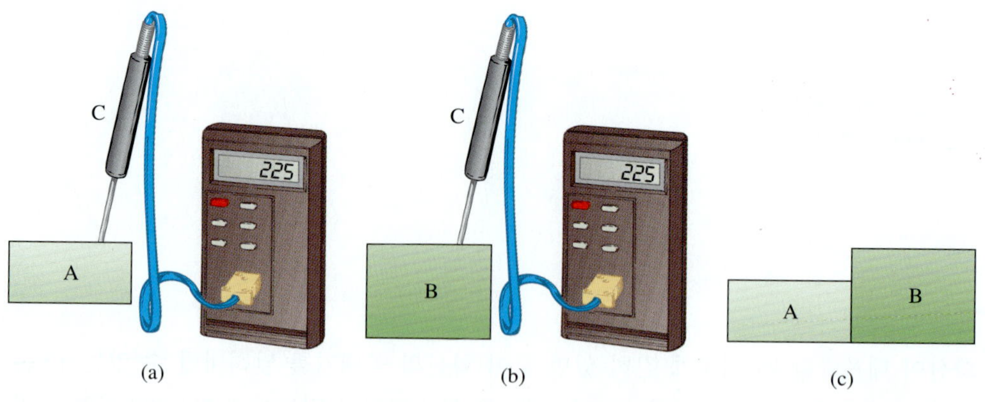


**그림 10.1** 열역학 제0법칙. (a), (b) 물체 A와 B가 물체 C(온도계)로 측정하였을 때 온도가 동일하다면 이들을 (c)처럼 열접촉을 시켰을 때 서로 간에 에너지 교환은 일어나지 않는다.

서로 다른 온도의 두 물체를 접촉시키면 이들은 시간이 지나면서 결과적으로 중간의 어떤 한 온도에 도달한다. 예를 들어 뜨거운 커피 한 잔에 얼음조각을 넣어 식히면 얼음의 온도는 올라가 결국 녹게 되고 커피의 온도는 감소하게 된다.

온도의 개념을 이해하려면 열접촉과 열평형을 이해하여야 한다. 서로 간에 에너지가 교환될 수 있으면 두 물체가 **열접촉**(thermal contact)하에 있다고 한다. 두 물체가 열접촉 상태에 있고 서로 간에 알짜 에너지 교환이 일어나지 않는 경우 **열평형**(thermal equilibrium) 상태에 있다고 한다.

온도 차이 때문에 두 물체 사이에 교환되는 에너지를 **열**(heat)이라고 부르며, 이는 제11장에서 자세히 다루게 된다.

이들 개념을 사용하여 공식적인 온도의 정의를 내릴 수 있다. 서로 열접촉을 하지 않고 있는 두 물체 A와 B가 있고, **온도계**(thermometer, 물체의 온도를 측정할 수 있도록 교정된 기기)로 작용하는 제3의 물체 C가 있다. A와 B를 열접촉 상태에 놓았을 때 이들이 열평형 상태에 있는지 아닌지 알아보자. 먼저 그림 10.1a처럼 온도계(물체 C)를 A와 열접촉이 되도록 하여 열평형에 이르게 한 다음 온도계의 지시값을 기록해 둔다. 다음으로 온도계를 B와 열접촉이 되도록 하여 평형에 도달시킨 다음 역시 온도값을 기록한다(그림 10.1b). 만일 기록된 두 값이 같으면 A와 B는 서로 열평형 상태에 있는 것이다. 만일 A와 B를 그림 10.1c처럼 서로 열접촉시키면 그들 사이에 알짜 에너지의 전달은 일어나지 않는다.

이들 결과는 **열역학 제0법칙**(zeroth law of thermodynamics), 즉 **평형의 법칙**(law of equilibrium)으로 요약할 수 있다.

열역학 제0법칙 ▶

> 만일 물체 A와 B가 각각 물체 C와 열평형을 이루고 있으면 A와 B는 서로 열평형을 이룬다.

이 명제는 **온도**(temperature)를 정의할 수 있게 해주기 때문에 중요하다. 온도라는 것을 어떤 물체가 다른 물체와 열평형을 이루고 있는지 아닌지를 알려주는 성질로 생각할 수 있다. **서로 열평형 상태에 있는 두 물체의 온도는 같다.**

### Quick Quiz 10.1

크기, 질량, 온도가 서로 다른 두 물체를 열접촉이 되도록 하였다. 가장 합당한 답을 골라라. 에너지는 (a) 큰 물체에서 작은 물체로, (b) 질량이 큰 물체에서 작은 물체로, (c) 온도가 높은 물체에서 낮은 물체로 옮겨간다.

## 10.2 온도계와 온도 눈금

온도계는 어떤 물체 또는 계의 온도를 측정하는 데 사용되는 기기다. 온도계가 어느 계와 열접촉을 하게 되면 온도계와 계가 서로 열평형을 이룰 때까지 에너지가 교환된다. 정확한 온도 측정을 하기 위해서는 온도계가 계보다 훨씬 작아서 온도계가 얻거나 잃는 에너지가 그 계의 에너지 양에 영향을 크게 미치지 않아야 한다. 모든 온도계는 온도에 따라 변하는 어떤 물리적 성질을 이용하여 온도를 측정할 수 있도록 교정되어 있다. 사용되는 물리적 성질의 예로는 (1) 액체의 부피, (2) 고체의 길이, (3) 일정한 부피하의 기체의 압력, (4) 일정한 압력하의 기체의 부피, (5) 도체의 전기저항, (6) 매우 뜨거운 물체의 색 등이 있다.

일상생활에서 흔히 사용되는 온도계는 가느다란 모세 유리관 속에 들어 있는 액체(보통 수은이나 알코올)로 이루어져 있는데, 온도가 올라감에 따라 액체가 팽창한다(그림 10.2). 이 경우 변화하는 물리적 성질은 액체의 부피이다. 효과적인 온도계가 되려면 온도에 따른 액체의 부피 변화가 사용 온도영역에서 매우 일정하여야 한다. 또한 모세 유리관의 단면적이 일정하다면 액체의 부피 변화는 유리관의 길이를 따라 선형으로 변할 것이다. 따라서 액체 기둥의 길이로 온도를 나타낼 수 있다. 온도계는 일정한 온도를 유지하고 있는 항온조에 넣어 열접촉을 시켜 교정할 수 있다. 이러한 항온조 중의 하나가 물과 얼음이 섞여 있으면서 대기압하에서 열평형을 이루고 있는 경우이다. 흔히 사용되는 또 다른 하나는 물과 수증기가 대기압하에서 열평형을 이루고 있는 계이다.

이와 같은 온도계에서는 우선 사용 온도영역에 해당하는 액체 기둥의 양 끝점을 표시하고 난 다음 여러 온도를 표시하기 위한 눈금값을 정의해야 한다. 이 같은 온도 눈금의 한 예가 **셀시우스 온도 눈금**(Celsius temperature scale)인데, 공식적으로는 **섭씨온도 눈금**이라 부른다. 섭씨 눈금에서는 얼음-물 혼합물의 온도를 섭씨 0도(0℃라고 씀)로 정의하고, 이를 물의 **얼음점**(ice point) 또는 **어는점**(freezing point)이라고 부른다. 물-수증기 혼합물의 온도는 100℃로 정의하고 이를 물의 **수증기점**(steam point) 또는 **끓는점**(boiling point)이라고 부른다. 온도계 액체기둥의 양 끝점을 이들 두 고정점에 표시한 다음 두 표시 사이를 100개의 균등한 간격으로 나누면, 각각의 간격이 섭씨 1도의 온도 변화에 해당한다.

이러한 방법으로 교정된 온도계는 아주 정밀한 온도를 측정할 필요가 있을 때는 문제가 된다. 예를 들면, 물의 얼음점과 수증기점에서 교정된 알코올 온도계는 단지 이들 교정점에서만 수은 온도계와 일치할 수도 있다. 수은과 알코올은 열팽창 성질이 서로 다르기 때문에 한 온도계가 예를 들어 50℃를 가리킨다면 다른 것은 약간 다른 온도를 가리킬 수도 있다. 다른 온도계 사이의 차이는 교정점에서 멀리 떨어진 온도를 측정할 때 특히 크게 된다.

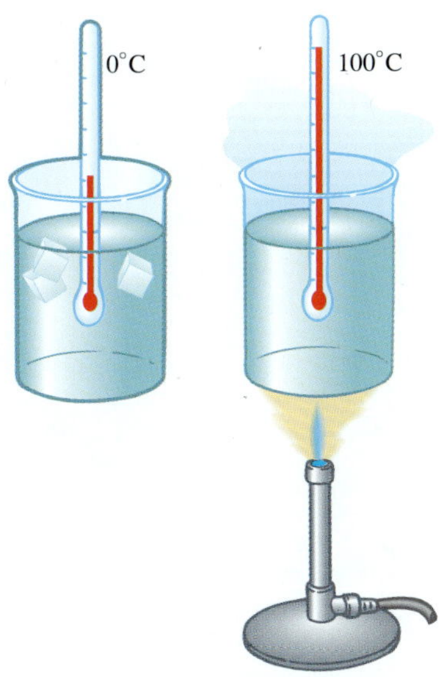


**그림 10.2** 수은 온도계의 개략도. 열팽창 때문에 수은의 온도가 0℃(얼음점)에서 100℃(수증기점)까지 변함에 따라 수은의 높이가 올라간다.

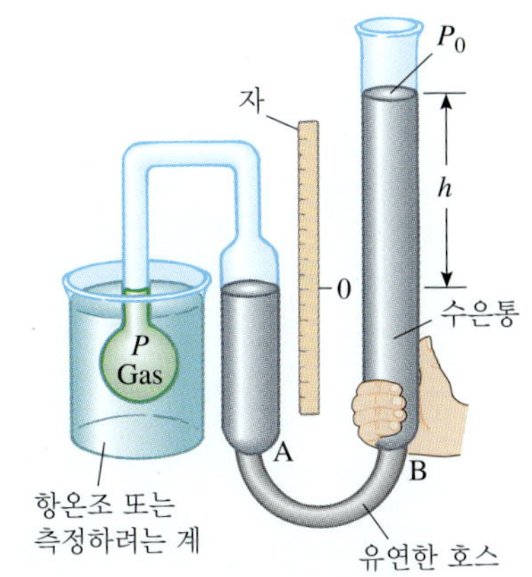


**그림 10.3** 일정부피 기체 온도계는 항온조에 잠겨 있는 플라스크에 들어 있는 기체의 압력을 측정한다. 통 B를 오르내려 수은의 높이를 일정하게 함으로써 플라스크 안 기체의 부피를 일정하게 유지한다.

## 일정부피 기체 온도계와 켈빈 눈금

수은 온도계 같은 온도계들은 실용적이긴 하지만 이러한 종류의 온도계는 근본적인 방법으로 온도를 정의해주지는 않는다. 이에 비해 좀더 근본적으로 온도를 정의하는 한 방법이 내부에너지와 직접적으로 관련지을 수 있는 **기체 온도계**(gas thermometer)이다. 기체 온도계에서는 측정되는 온도값은 온도계에 사용되는 물질의 종류에 거의 상관 없다. 기체 온도계의 한 종류가 그림 10.3과 같은 일정부피 온도계이다. 이 기기는 일정한 부피를 가진 기체가 온도에 따라 압력이 변하는 현상을 이용한다. 일정부피 기체 온도계가 개발되었을 때에는 다음과 같이 물의 얼음점 및 수증기점을 이용하여 교정되었다(지금은 다른 교정방식이 쓰이는데, 곧바로 다루게 된다). 기체 플라스크를 얼음-물 혼합통에 넣고 수은통 B를 올리고 내려 기체의 부피가 눈금의 0점이 되도록 한다. 수은통과 유리관 A 사이의 차이인 높이 $h$가 0℃에서 플라스크 안의 압력을 나타낸다. 이번에는 플라스크를 수증기점에 있는 물에 넣고 수은통 B를 조절하여 유리관 A의 높이가 다시 눈금의 0점이 되도록 하는데, 이렇게 함으로써 기체의 부피가 얼음통에서와 같게 된다(따라서 "일정부피"라 할 수 있게 된다). 이때 새로운 $h$ 값이 100℃에서의 압력값이 된다. 다음으로 이들 압력과 온도값을 그림 10.4처럼 그래프에 그린다. 두 점을 연결한 직선이 모르는 온도를 측정하는 데 사용할 교정곡선이 된다. 어떤 물체의 온도를 측정하려면 기체 플라스크를 그 물체와 열접촉시킨 다음 수은통을 유리관 A의 위치가 0이 되도록 조절한다. 수은통의 높이가 기체의 압력에 해당하고, 이 값을 사용하여 교정곡선으로부터 물체의 온도를 알아낼 수 있다.

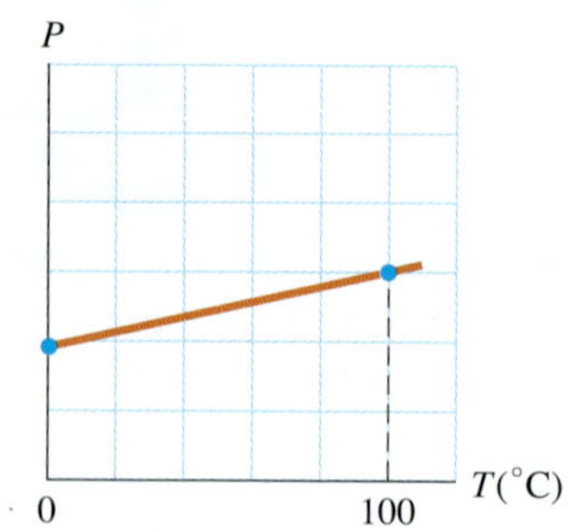


그림 10.4 일정부피 기체 온도계에서 측정된 압력 대 온도 그래프. 그래프의 점들은 알려진 기준 온도(물의 얼음점 및 수증기점)를 나타낸다.

이제 다른 종류의 기체가 들어 있는 여러 기체 온도계로 온도를 측정해 보자. 실험의 결과, 기체의 압력이 낮고 온도가 그 기체가 액화하는 온도보다 훨씬 높은 경우는 측정된 온도값은 기체의 종류에 상관이 없다는 것을 알 수 있다.

또한 0℃에서의 플라스크 안의 기체의 압력을 다른 값에서 시작하여 온도 측정을 해 볼 수 있다. 압력이 낮은 경우는 시작 압력을 다르게 하여 직선의 교정곡선을 구할 수 있는데, 이는 그림 10.5에 보여 준 3개의 실험결과(실선)와 같다. 만일 그림 10.5의 곡선을 음의 온도영역으로 연장하면 놀라운 결과를 얻게 된다. 모든 경우에, 즉 기체의 종류나 시작 압력값에 관계 없이, **온도값이 −273.15℃일 때 압력값은 0으로 수렴한다.** 이와 같은 사실은 이 특정한 온도가 매우 중요한 보편적인 값임을 보여 주는데, 왜냐하면 이것은 온도계에 사용된 물질에 상관이 없기 때문이다. 더욱이 가능한 가장 낮은 압력은 완전한 진공인 $P = 0$이므로 온도 −273.15℃는 물리현상의 아래 한계를 나

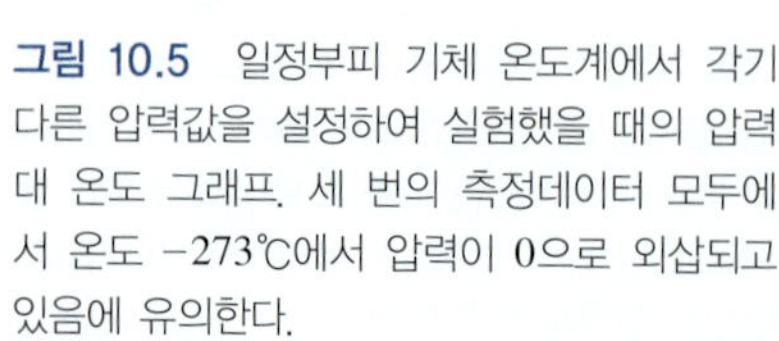

그림 10.5 일정부피 기체 온도계에서 각기 다른 압력값을 설정하여 실험했을 때의 압력 대 온도 그래프. 세 번의 측정데이터 모두에서 온도 −273℃에서 압력이 0으로 외삽되고 있음에 유의한다.

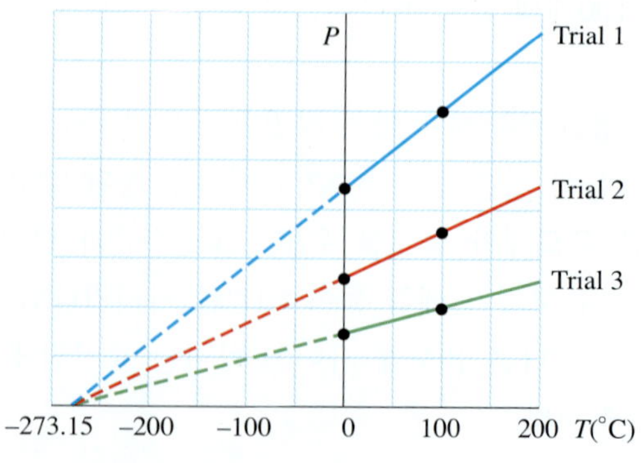

타내게 된다. 이 온도를 **절대 0도**(absolute zero)라 한다.

절대 0도는 **켈빈온도 눈금**(Kelvin temperature scale)의 기초로 사용되는데, 이 눈금은 −273.15℃를 영점(0 K)으로 놓는다. 켈빈 눈금에서의 온도 크기 간격은 섭씨 눈금에서의 눈금 크기와 같도록 정하였다. 이 두 온도 눈금 사이의 관계는 다음과 같다.

$$T_C = T - 273.15 \qquad [10.1]$$

여기서 $T_C$는 섭씨온도이고, $T$는 켈빈온도이다[흔히 **절대온도**(absolute temperature)라고 부른다].

기술적으로는 식 10.1의 오른쪽 항에 단위를 넣어 $T_C = T℃/K - 273.15℃$와 같이 써야 한다. 이들 단위들은 표기상 상당히 거추장스러우므로 보통 최종 답을 쓰는 경우 외에는 계산식에서 사용하지 않기로 한다(섭씨 눈금과 화씨 눈금을 다룰 때도 마찬가지로 한다). 초기 기체 온도계는 방금 기술한 방식대로 얼음점과 수증기점을 사용하였다. 그러나 이들 고정점은 압력에 민감하기 때문에 실험적으로 재현하기 어렵다. 그래서 1954년 국제도량위원회(International Committee on Weights and Measures)에 의해 두 개의 새로운 고정점을 사용하는 방식이 채택되었다. 첫째 고정점은 절대 0도이다. 두 번째 고정점은 **물의 삼중점**(triple point of water)**으로, 이는 물, 수증기, 얼음이 평형을 이루고 있는 단일 온도와 압력을 말한다.** 이 고정점은 켈빈온도 눈금을 위한 편리하고 재현 가능한 기준 온도인데, 온도 0.01℃와 수은주로 4.58 mm의 압력에서 형성된다. 물의 삼중점은 켈빈 눈금으로 273.16 K에서 형성된다. 따라서 **온도의 국제단위인 켈빈은 물의 삼중점 온도의 1/273.16로 정의한다.** 그림 10.6은 여러 물리현상과 구성물의 켈빈온도값을 보여 준다. 절대 0도에는 아주 가깝게 접근하기는 하였으나 한 번도 이에 도달한 적은 없다. 만일 온도가 0 K가 되면 물질에 어떤 현상이 일어날까? 그림 10.5가 보여 주듯이 물질이 담겨 있는 용기의 벽면에 가해지는 압력이 0이 될 것이다(기체가 절대 0도가 되는 동안 액화되거나 응고되지 않는다고 가정할 때). 10.5절에서 기체의 압력은 기체분자의 운동 에너지에 비례함을 보여 주게 된다. 따라서 고전 물리학에 의하면 기체의 운동 에너지는 0이 되고, 기체의 구성 성분의 운동은 전혀 없게 될 것이다. 그러나 양자론에 의하면 이렇게 낮은 온도에서도 기체는 약간의 에너지를 유지하게 되는데, 이를 **영점에너지**라고 부른다.

◀ 켈빈

## 섭씨, 켈빈, 화씨온도 눈금

식 10.1은 섭씨온도 $T_C$가 절대(켈빈)온도 $T$와 273.15만큼 차이가 있음을 보여 준다. 섭씨온도 간격의 크기는 켈빈온도 간격과 같기 때문에 5℃의 온도 차이는 5 K의 온도 차와 같다. 단지 두 온도 눈금은 0점의 선택에서만 다를 뿐이다. 얼음점(273.15 K)은 0.00℃에 해당하고, 수증기점(373.15 K)은 100.00℃에 해당한다.

미국에서 가장 흔히 사용되는 온도 눈금은 화씨 눈금이다. 이 눈금은 얼음점을 32°F로, 수증기점을 212°F로 잡는다. 섭씨와 화씨온도 눈금의 관계는 다음과 같다.

$$T_F = \frac{9}{5}T_C + 32 \qquad [10.2a]$$

예를 들어 50.0°F는 섭씨로 10.0℃, 절대온도로 283 K에 해당한다.

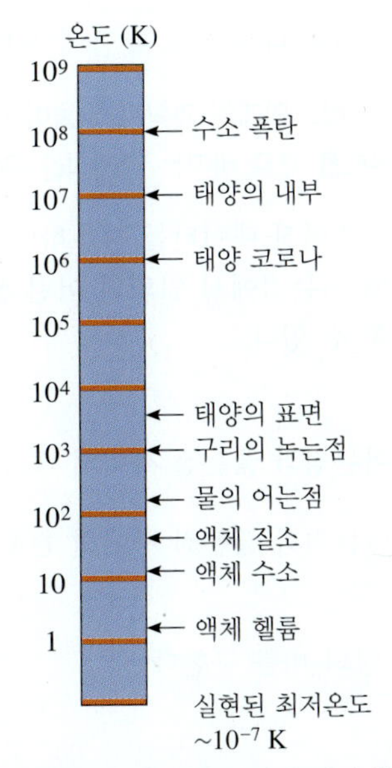


**그림 10.6** 여러 물리현상이 일어나는 절대온도. 눈금이 로그스케일임에 유의하라.

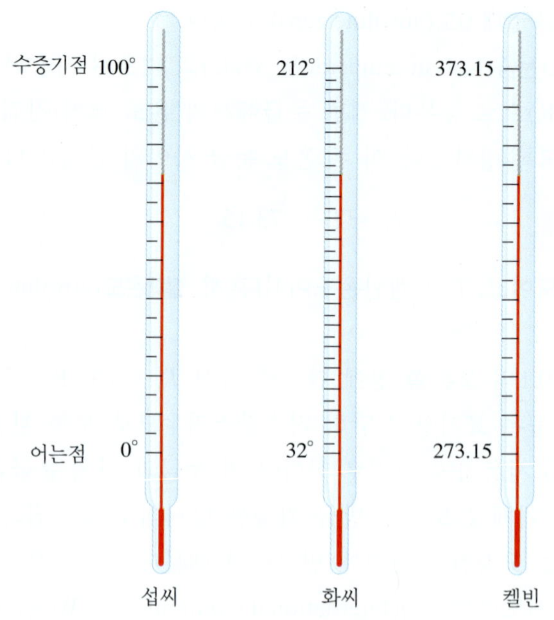


그림 10.7 섭씨, 화씨, 켈빈온도 눈금의 비교.

**✓ Checkpoint 10.1**

진실인가 거짓인가: 섭씨온도 눈금에서의 온도 차는 켈빈온도 눈금에서의 온도 차와 같다.

식 10.2는 섭씨온도를 화씨온도로 표시할 수 있게 바꿀 수 있다.

$$T_C = \frac{5}{9}(T_F - 32) \qquad [10.2b]$$

또한 식 10.2는 섭씨와 화씨 눈금에서 온도변화 사이의 관계를 구하는 데 사용할 수 있다. 이 장의 뒤에 섭씨온도가 $\Delta TC$만큼 변하면 화씨온도는

$$\Delta T_F = \frac{9}{5}\Delta T_C \qquad [10.3]$$

만큼 변하게 됨을 보이는 문제가 있다. 그림 10.7에 지금까지 다룬 세 가지 온도 눈금을 비교해 놓았다.

## 예제 10.1 외계인의 온도 눈금

**목표** 서로 다른 온도 눈금이 어떻게 연관되어 있는지 알아본다.

**문제** 어느 외계인 과학자가 물이 −75°E에서 얼고 325°E에서 끓는 온도 눈금을 만들었다. 여기서 E는 외계인 온도 눈금의 기호이다. °E로 표시된 온도를 ℃로 바꾸는 관계식을 구하라.

**전략** 주어진 데이터를 사용하여 두 온도 사이의 °E값의 차이와 ℃값의 차이의 비를 구한다. 이 비는 다른 어떤 온도 사이에서도, 예를 들어 어는점에서 임의의 어떤 온도 $T_E$ 및 $T_C$ 사이에서도 같을 것이다. 이 두 비를 같다고 놓고 $T_E$를 $T_C$로 표시하면 원하는 관계식을 구할 수 있다.

**풀이**

물의 어는점과 끓는점 사이의 °E 단위의 온도 차를 구한다.

$$\Delta T_E = 325°\text{E} - (-75°\text{E}) = 400°\text{E}$$

물의 어는점과 끓는점 사이의 ℃ 단위의 온도 차를 구한다.

$$\Delta T_C = 100℃ - 0℃ = 100℃$$

이 두 양의 비를 구한다.

$$\frac{\Delta T_E}{\Delta T_C} = \frac{400°\text{E}}{100℃} = 4\frac{°\text{E}}{℃}$$

이 비는 다른 어느 두 온도, 예를 들어 어는점과 임의의 어떤 온도 사이에서도 같다. 이 두 비를 같다고 놓는다.

$$\frac{\Delta T_E}{\Delta T_C} = \frac{T_E - (-75°\text{E})}{T_C - 0℃} = 4\frac{°\text{E}}{℃}$$

$T_E$에 대해 푼다.

$$T_E - (-75°E) = 4(°E/℃)(T_C - 0℃)$$

$$T_E = 4T_C - 75$$

**주의** 다른 어느 두 온도 눈금 사이의 관계식도 같은 방법으로 유도할 수 있다.

**연습문제 10.1**

°F를 °E로 바꾸는 식을 구하라.

**답** $T_E = \frac{20}{9} T_F - 146$

## 10.3 고체와 액체의 열팽창

액체 온도계는 대부분의 물질에서 가장 잘 알려져 있는 변화 중의 하나를 이용하였다. 물체의 온도가 올라감에 따라 그 부피가 증가하는 현상을 **열팽창**(thermal expansion)이라 하며, 이 현상은 많은 응용 예에서 중요한 역할을 한다. 예를 들면, 건물, 고속도로, 다리 등에는 온도에 따른 크기의 변화를 보정하기 위해 열팽창 조인트를 반드시 설치하여야 한다(그림 10.8).

(a)

(b)

**그림 10.8** (a) 열팽창 조인트가 다리 위 도로 상판을 분리하는 데 쓰인다. 이들 조인트가 없으면, 도로면이 아주 더운 날 열팽창으로 인해 부풀어 오르거나 아주 추운날 수축하여 갈라진다. (b) 길다란 수직 조인트는 부드러운 물질로 채워져 있어서 벽돌의 온도가 변함에 따라 벽이 팽창하거나 수축할 수 있게 해준다.

물체의 전체 열팽창은 구성 원자나 분자 사이의 평균 거리가 변화하여 생긴 결과이다. 이를 이해하기 위해 고체 내의 원자들이 어떻게 움직이는지 생각해 보자. 이들 원자들은 고정된 평형위치에 있고, 어느 원자를 그 위치에서 꺼내려 하면 원자는 복원력에 의해 도로 당겨진다. 마치 원자들이 주위의 원자들과 용수철로 연결된 것처럼 상상할 수 있다(그림 9.1). 어떤 원자를 평형 위치에서 잡아당기면 변형된 용수철처럼 복원력을 받게 된다.

보통 온도에서는 원자들이 약 $10^{-10}$ m의 평균 거리만큼 떨어져 $10^{-11}$ m 정도의 진폭(진동 중심으로부터 최대거리)을 갖고 평형 위치 주위에서 진동한다. 고체의 온도가 올라감에 따라 원자들은 더 큰 진폭으로 진동하게 되고 원자들 사이의 평균 거리도 증가한다. 그 결과 고체는 전체적으로 팽창하게 된다. 만일 물체의 열팽창 정도가 그 물체의 원래 크기보다 충분히 작으면, 크기의 변화는 아주 근사하게 온도 변화에 정비례한다. 어떤 물체의 어느 방향의 원래 길이가 온도 $T_0$에서 $L_0$라고 하자. 온도가 $\Delta T$만큼 변할 때 길이가 $\Delta L$만큼 변한다면, 온도가 약간 변하는 경우에는

$$\Delta L = \alpha L_0 \Delta T \qquad [10.4]$$

즉,

$$L - L_0 = \alpha L_0(T - T_0)$$

가 된다. 여기서 $L$은 물체의 최종 길이, $T$는 최종 온도이고, 비례상수 $\alpha$는 그 물체의 **길이선팽창계수**(coefficient of linear expansion)라고 부르며, 단위는 $(℃)^{-1}$이다.

표 10.1에 여러 물질의 길이팽창계수를 실었다. 이들 물질의 $\alpha$는 양임을 알 수 있는데, 온도가 올라감에 따라 길이가 증가함을 의미한다.

열팽창은 부엌이나 실험실에서의 유리제품의 선택에 영향을 준다. 뜨거운 액체를 보통 유리로 만들어진 차가운 용기에 부으면 열변형력 때문에 용기가 깨질 수도 있

다. 유리의 바깥쪽 면은 상온에 있는데 안쪽 면은 뜨거워져 팽창하면, 보통의 유리는 팽창의 차이를 이겨내지 못하고 깨질 수 있다. 파이렉스 유리는 보통 유리의 3분의 1에 해당하는 열팽창계수를 갖고 있어서 열변형력이 작다. 부엌의 계량컵이나 실험실의 비커는 흔히 파이렉스로 만들어져 있어서 뜨거운 액체를 다룰 수 있다.

**TIP 10.1 팽창계수는 상수가 아니다.**
팽창계수는 온도에 따라 약간 변화하며, 따라서 주어진 계수값은 실제로는 평균값이다.

**표 10.1 물질의 상온에서의 평균 팽창계수**

| 물질 | 평균 길이팽창계수 $[(℃)^{-1}]$ | 물질 | 평균 부피팽창계수 $[(℃)^{-1}]$ |
|---|---|---|---|
| 알루미늄 | $24 \times 10^{-6}$ | 에틸알코올 | $1.12 \times 10^{-4}$ |
| 황동과 청동 | $19 \times 10^{-6}$ | 벤젠 | $1.24 \times 10^{-4}$ |
| 구리 | $17 \times 10^{-6}$ | 아세톤 | $1.5 \times 10^{-4}$ |
| 유리(보통) | $9 \times 10^{-6}$ | 글리세린 | $4.85 \times 10^{-4}$ |
| 유리(파이렉스) | $3.2 \times 10^{-6}$ | 수은 | $1.82 \times 10^{-4}$ |
| 납 | $29 \times 10^{-6}$ | 송진 | $9.0 \times 10^{-4}$ |
| 강철 | $11 \times 10^{-6}$ | 휘발유 | $9.6 \times 10^{-4}$ |
| 인바(니켈-철 합금) | $0.9 \times 10^{-6}$ | 공기 | $3.67 \times 10^{-3}$ |
| 콘크리트 | $12 \times 10^{-6}$ | 헬륨 | $3.665 \times 10^{-3}$ |

**☑ Checkpoint 10.2**
진실인가 거짓인가: 어떤 물체의 온도가 두 배가 되면 대부분의 물질에 있어서 그 길이가 두 배가 된다.

## 예제 10.2 철로의 팽창

**목표** 길이팽창의 개념을 응용하고 변형력과 연관지어 본다.

**문제** (a) 0℃에서 길이가 30.000 m인 강철로 된 철로가 있다. 기온이 40℃나 되는 더운 날에는 길이가 얼마가 되는가? (b) 만일 레일이 못으로 고정되어 있어서 팽창할 수 없다면 온도 변화에 따른 변형력의 크기는 얼마인가?

**전략** (a) 표 10.1과 식 10.4를 이용하여 길이팽창식을 적용한다. 외부적인 제약에 의해 $\Delta L$만큼 팽창할 수 없는 철로는 $\Delta L$만큼 압축한 것과 같아서 철로에 변형력을 가한다. 인장 변형력과 인장 변형을 관련짓는 식과 길이팽창식을 함께 사용하면 (압축)변형력의 크기를 식 9.3으로부터 구할 수 있다.

AP/Wide World Photos

(예제 10.2) 열팽창: 뉴저지 주 에즈베리 공원의 철도가 칠월 어느 날의 뜨거운 열기로 인해 이렇게 휘었다.

**풀이**

(a) 40℃에서 철로의 길이를 구한다.

식 10.4에 주어진 값들을 대입하여 길이의 변화를 구한다.

$$\Delta L = \alpha L_0 \Delta T = [11 \times 10^{-6} (℃)^{-1}](30.000\text{ m})(40.0℃) = 0.013\text{ m}$$

원래 길이에 변화된 길이를 합해 최종 길이를 구한다.

$$L = L_0 + \Delta L = \boxed{30.013\text{ m}}$$

(b) 철로가 팽창할 수 없을 때의 변형력을 구한다.

식 9.3에 대입하여 변형력을 구한다.

$$\frac{F}{A} = Y\frac{\Delta L}{L} = (2.00 \times 10^{11}\text{ Pa})\left(\frac{0.013\text{ m}}{30.0\text{ m}}\right) = \boxed{8.67 \times 10^{7}\text{ Pa}}$$

**주의** 반복되는 가열과 냉각은 시간이 지남에 따라 점차적으로 모든 것을 낡게 하여 그 구조를 약하게 만드는 풍화작용의 중요한 부분이다.

**연습문제 10.2**

기온이 0°F인 추운 겨울날 같은 철도의 길이는 얼마인가?

**답** 29.994 m

## 응용물리 10.1 바이메탈스트립과 서모스탯

금속들의 서로 다른 팽창계수가 온도측정과 에어컨 같은 전자기기의 컨트롤에 어떻게 사용되는가?

**설명** 같은 길이의 황동 막대와 강철 막대를 똑같은 초기 온도에서 같은 온도만큼 올리면 황동이 강철보다 큰 팽창계수를 가지고 있으므로 더 많이 늘어난다. 이 원리를 이용하는 간단한 기기가 바이메탈스트립(bimetallic strip)이다. 일부 가정용 난방기기의 서모스탯에서 이들을 볼 수 있다. 바이메탈스트립은 두 개의 다른 금속을 단단히 붙여 만든다. 바이메탈스트립의 온도가 올라가면 두 금속이 다른 크기만큼 팽창하고, 따라서 그림 10.9처럼 스트립이 구부러진다. 이렇게 모양이 변하면서 전기를 연결하거나 끊어지게 할 수 있다.

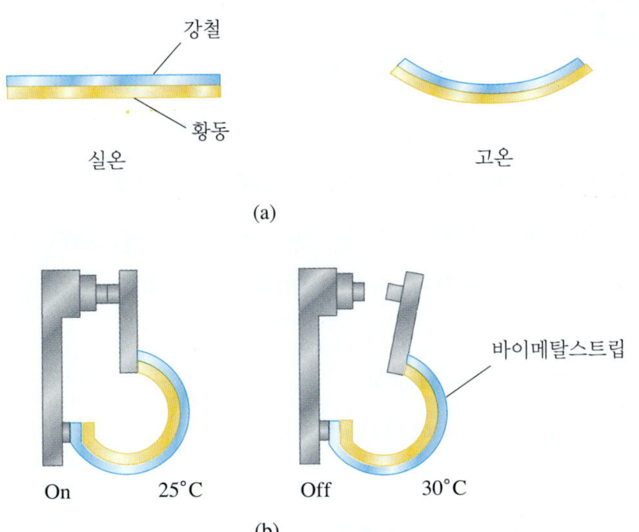


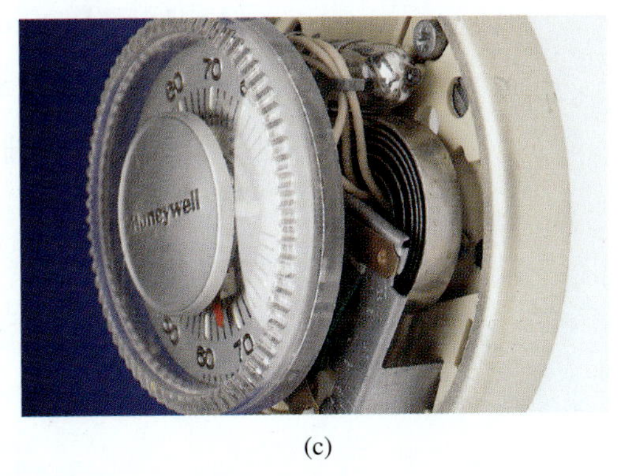


**그림 10.9** (응용물리 10.1) (a) 바이메탈스트립은 두 메탈의 팽창계수가 서로 다르기 때문에 온도가 변하면 휘게 된다. (b) 전기 접촉을 잇고 끊기 위한 서모스탯에 쓰이는 바이메탈스트립. (c) 코일형태로 감겨진 바이메탈스트립을 보여 주는 서모스탯의 내부. 스트립이 코일형태로 감겨 있는 이유는 무엇이라고 생각하는가?

열팽창을 돋보기 확대나 사진 확대와 같은 것으로 보는 것이 도움이 될 때가 있다. 예를 들면, 금속와셔의 온도가 올라가면(활용그림 10.10) 구멍의 반지름을 포함한 모든 크기가 식 10.4에 따라 증가한다.

열팽창을 실용적으로 응용한 한 예는 뜨거운 물을 사용하여 유리병에 꽉 낀 금속뚜껑을 느슨하게 하는 것이다. 이 방법이 통하는 것은 뚜껑의 둘레가 병의 입구보다 더 많이 늘어나기 때문이다.

물체의 길이가 온도의 변화에 의해 바뀌므로 그에 따라 물체의 표면적과 부피도 변화한다. 한 변의 길이가 원래 $L_0$이고, 따라서 면적이 $A_0 = L_0^2$인 정사각형 모양의 물체를 생각해 보자. 온도가 올라감에 따라 각 변의 길이는

$$L = L_0 + \alpha L_0 \Delta T$$

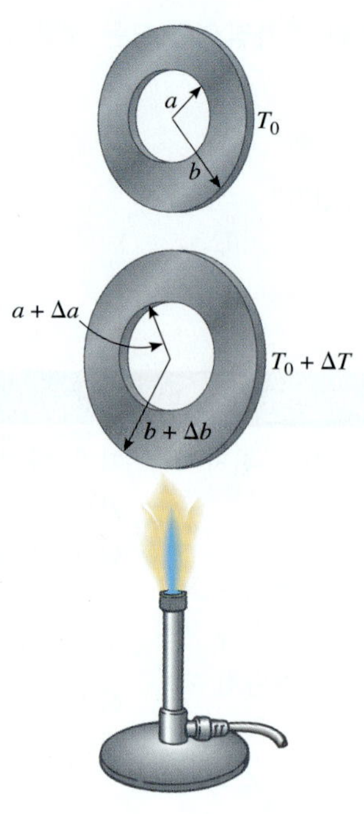


**활용그림 10.10**
균일한 금속와셔의 열팽창. 와셔에 열을 가하면 모든 길이가 늘어난다. (그림에서는 팽창된 정도가 과장되었음에 주의한다).

**Physics Now™**
**http://physics.brookscole.com/ecp**에서 PhysicsNow를 로그인하고 활용그림 10.10으로 들어가서, 여러 버너온도와 여러 재질의 와셔에 대해 팽창 정도를 비교하라.

로 변한다. 새로운 면적 $A$는

$$A = L^2 = (L_0 + \alpha L_0 \Delta T)(L_0 + \alpha L_0 \Delta T) = L_0{}^2 + 2\alpha L_0{}^2 \Delta T + \alpha^2 L_0{}^2 (\Delta T)^2$$

와 같다. 이 식의 마지막 항은 $\alpha\Delta T$의 제곱에 관계되는 값을 가지고 있다. $\alpha\Delta T$는 1보다 훨씬 작으므로 이를 제곱하면 더욱 작아진다. 따라서 이 항을 무시하고 식을 더 간단히 만들면,

$$A = L_0{}^2 + 2\alpha L_0{}^2 \Delta T$$

$$A = A_0 + 2\alpha A_0 \Delta T$$

이고, 그러므로

$$\Delta A = A - A_0 = \gamma A_0 \Delta T$$

와 같이 쓸 수 있는데, 여기서 $\gamma = 2\alpha$이다. $\gamma$(그리스 문자 감마)는 **면적팽창계수**(coefficient of area expansion)이다.

## 예제 10.3 링과 막대

**목표** 면적팽창식을 응용한다.

**문제** (a) 20.0℃에서 구멍의 면적이 9.98 $cm^2$인 구리 링이 있다. 이를 단면적이 10.0 $cm^2$인 강철 막대에 끼우려면 링의 온도가 최소 얼마여야 하는가? (b) 링과 막대를 동시에 가열한다고 하자. 둘의 온도 변화가 얼마이면 링이 막대의 끝으로 빠져나오는가? (단, 이 온도영역에서 길이팽창계수가 크게 변하지 않는다고 가정한다.)

**전략** (a)에서 필요한 온도 변화를 구하기 위해서는 단순히 주어진 값들을 면적팽창식인 식 10.5에 대입하면 된다. $\gamma = 2\alpha$임에 주의한다. (b)는 막대 또한 팽창하기 때문에 약간 더 어렵다. 그러나 막대에 링이 끼워져 있으므로 둘의 최종 단면적은 같다. 이 조건을 수학적인 식으로 쓴 다음, 양쪽 항에 식 10.5를 사용하여 $\Delta T$에 대해 풀면 된다.

**풀이**

(a) 막대에 링을 끼울 수 있는 링의 온도를 구한다.

식 10.5에 원하는 면적 변화를 대입하여 필요한 온도 변화를 구한다.

$$\Delta A = \gamma A_0 \Delta T = [34 \times 10^{-6}(℃)^{-1}](9.98\ \text{cm}^2)(\Delta T)$$
$$= 0.02\ \text{cm}^2$$

$\Delta T$에 대해 풀어 이 변화값을 원래 온도값에 더하여 최종 온도를 구한다.

$$\Delta T = 58.9℃$$
$$T = T_0 + \Delta T = 20.0℃ + 58.9℃ = \boxed{78.9℃}$$

(b) 링과 막대 둘 다 온도를 올려 링이 빠지게 한다.

구리 링과 강철 막대의 최종 면적을 서로 같게 놓는다.

$$A_C + \Delta A_C = A_S + \Delta A_S$$

각 면적의 변화 $\Delta A$를 대입한다.

$$A_C + \gamma_C A_C \Delta T = A_S + \gamma_S A_S \Delta T$$

항들을 정리하여 한쪽으로 $\Delta T$를 몰고, 공통된 값을 소거하여 구한다.

$$\gamma_C A_C \Delta T - \gamma_S A_S \Delta T = A_S - A_C$$
$$(\gamma_C A_C - \gamma_S A_S)\Delta T = A_S - A_C$$
$$\Delta T = \frac{A_S - A_C}{\gamma_C A_C - \gamma_S A_S}$$
$$= \frac{10.0\ \text{cm}^2 - 9.98\ \text{cm}^2}{(34 \times 10^{-6}℃^{-1})(9.98\ \text{cm}^2) - (22 \times 10^{-6}℃^{-1})(10.0\ \text{cm}^2)}$$
$$\Delta T = \boxed{168℃}$$

**연습문제 10.3**

구멍의 단면적이 3.99 cm$^2$인 강철 링을 단면적이 4.00 cm$^2$인 알루미늄 막대에 끼워넣으려고 한다. 처음에 막대와 링 둘 다 35.0℃의 온도에 있었다. 공통 온도 몇 도에서 강철 링이 알루미늄 막대의 끝에 끼워지겠는가?

**답** −61℃

또한, 온도가 바뀜에 따라 물체의 부피증가가 다음과 같게 됨을 볼 수 있다.

$$\Delta V = \beta V_0 \Delta T \qquad [10.6]$$

여기서 $\beta$는 **부피팽창계수**(coefficient of volume expansion)이고 $3\alpha$와 같다($\gamma = 2\alpha$, $\beta = 3\alpha$가 성립하는 것은 물체의 길이팽창계수가 모든 방향에서 똑같을 때만 임을 유의한다). 식 10.6의 증명은 식 10.5의 증명과 비슷하다.

표 10.1에서 보듯이 각 물질은 각각의 고유한 길이팽창계수를 가지고 있다.

**APPLICATION**

해수면의 상승

물의 열팽창은 대양의 수면이 높아지는 것에 지대한 영향을 미친다. 지금과 같은 속도로 지구온난화가 계속된다면 예상되는 해수면의 높이는 상승 높이의 절반 정도는 열팽창에 의한 것이며, 나머지 절반은 극지방의 얼음이 녹는 것에 기인할 것으로 과학자들은 예상하고 있다.

**Quick Quiz 10.2**

상온의 수은 온도계를 아주 뜨거운 물에 급히 넣으면 수은주는 (a) 최종 값에 이르기 전에 잠깐 위로 올라간다, (b) 최종 값에 이르기 전에 잠깐 아래로 내려간다, (c) 차이가 없다.

**Quick Quiz 10.3**

만일 아주 민감한 유리 온도계를 제작하려면 어떤 유체를 사용하겠는가? (a) 수은,

(b) 알코올, (c) 휘발유, (d) 글리세린.

**Quick Quiz 10.3**

속이 빈 쇠공과 속이 가득 찬 쇠공이 원래 같은 온도에서 똑같은 반지름을 갖고 있다가 온도가 똑같이 증가하였다. 어느 것의 반지름이 더 큰가? (a) 빈 공, (b) 가득 찬 공, (c) 반지름은 여전히 똑같다.

## Math Focus 10.1 직선으로 물리 모델링하기

온도 눈금의 정의나 열팽창식 모두 공통적인 수학적 성질을 갖고 있음을 알 수 있다. 이들은 두 물리량을 직선의 방식으로 연결한다. 예를 들면, 섭씨를 화씨로 바꾸는 것은 식 10.2a에 대입하기만 하면 되는데, 이 식은 직선의 방정식이다. $x$ 좌표는 $T_C$, $y$ 좌표는 $T_F$이고, 기울기는 9/5, $y$ 절편은 32이다.

열팽창식 또한 직선의 점-기울기 형태와 같은 선형이나 단지 차이값에 관한 식이 된다. $y - y_0 = m(x - x_0)$. 이는 다시 $\Delta y = m\Delta x$로 쓸 수 있는데, 여기서 $\Delta y = y - y_0$, $\Delta x = x - x_0$이다. 길이 팽창에 관한 식 10.4에서는 길이 $L$이 $y$ 좌표, 온도 $T$가 $x$ 좌표의 역할을 한다. 이 경우 기울기는 $\alpha L_0$이다.

직선모델은 보통 제한된 파라미터 영역에서만 성립한다. 예를 들면, 아무도 열팽창식이 물질이 녹아버린 후에도 옳은 답을 줄 것이라 기대하지는 않는다! 여러 제약에도 불구하고 수많은 물리현상에서 쓰이는 직선모델은 통상적인 조건하에서 유용하고 적용하기 쉽다.

### 물의 특이한 행태

일반적으로 액체는 온도가 증가함에 따라 부피가 증가하고, 부피팽창계수는 고체보다 약 10배 정도 된다. 그림 10.11의 물의 밀도-온도 곡선에서 보듯이 작은 온도 범위에서 물은 이 법칙에서 예외적인 행태를 보인다. 온도가 0℃에서 4℃로 증가함에 따라 물은 수축하고, 따라서 밀도가 증가한다. 4℃ 이상에서는 온도가 증가함에 따라 팽창하는 통상적인 행태를 보인다. 물의 밀도는 4℃에서 1 000 kg/m$^3$의 최대 밀도값을 갖는다.

이와 같은 물의 특이한 열팽창 행태로부터 연못이 왜 위부터 아래로 천천히 어는가를 설명할 수 있다. 대기온도가 예를 들어 7℃에서 6℃로 떨어지면, 연못의 수면에 있는 물도 차가워지고, 따라서 부피가 감소한다. 이는 수면의 물이 아직 차가워지지 않아 부피가 감소하지 않은 아래층의 물보다 밀도가 높다는 것을 의미한다. 그 결과 수

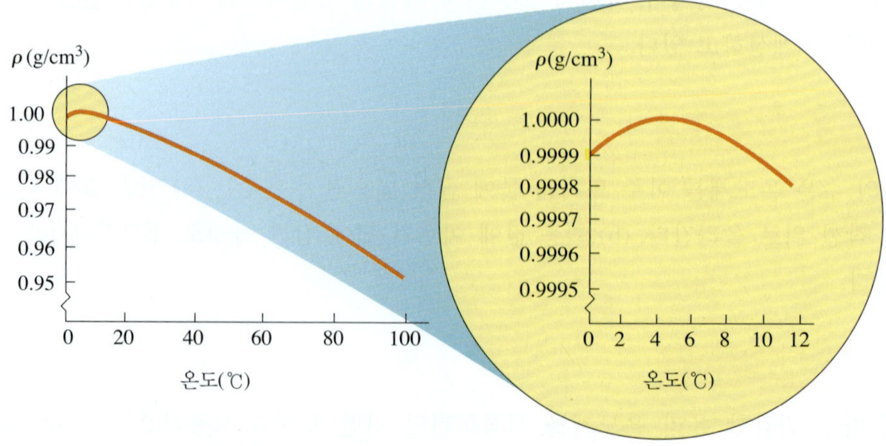


**그림 10.11** 온도에 따른 물의 밀도. 오른쪽 확대 그림은 물이 최대 밀도가 되는 온도가 4℃임을 보여 준다.

면의 물이 가라 앉고 아래의 더 따뜻한 물이 표면으로 올라오게 되어 식게 된다. 이 과정을 **업웰링**(upwelling)이라 한다. 그러나 대기온도가 4℃에서 0℃ 사이일 때는 수면의 물이 차가워짐에 따라 팽창하므로 그 아래 물보다 밀도가 작아진다. 따라서 수면의 물이 가라앉는 과정은 정지하고, 결국 수면의 물은 얼게 된다. 물이 얼면서 얼음은 표면에 그대로 남아 있는데, 얼음의 밀도가 물보다 작기 때문이다. 얼음은 표면에서 계속 생성되고, 연못의 바닥에 가까운 물은 4℃를 유지한다. 더욱이 얼음이 단열층을 형성하여 아래의 물이 열을 뺏기는 것을 둔화시켜주는데, 이것이 수중 생물에게 열보호 구실을 제공한다.

부력과 물이 얼면서 팽창하는 성질이 없었다면 지구상의 생명현상은 불가능했을지도 모른다. 만일 얼음이 물보다 밀도가 더 높았다면 얼음은 대양의 바닥으로 가라앉았을 것이고 시간이 지남에 따라 계속 쌓였을 것이다. 이는 대양이 얼어붙는 것으로 이어졌을 것이고, 지구는 영화 스타워즈의 **제국의 반격**(The Empire Strikes Back) 편에 나오는 호스(Hoth)와 같은 얼음 천지의 행성이 되었을 것이다.

**APPLICATION**

겨울에 파손되는 파이프

마찬가지로 물의 특이한 열팽창 성질이 겨울에 수도관을 얼어터지게 하는 현상을 일으킨다. 열에너지가 파이프를 통해 물로부터 바깥의 찬 공기로 옮겨가면 파이프의 바깥층의 물이 먼저 언다. 계속해서 에너지가 빠져나가면 얼음이 파이프의 중심 아주 가까이까지 형성된다. 얼음이 막혀 있지 않는 한 온도가 0℃에 가까워짐에 따라 또는 더 많은 얼음이 형성됨에 따라, 파이프의 다른 부분으로 물은 팽창할 수 있다. 그러나 결국은 파이프를 따라 어딘가에서 얼음이 중심부위까지 얼고, 그 지점에 얼음 마개를 형성하게 된다. 만일 이 마개와 다른 얼음마개나 수도꼭지 같은 다른 장애물이 있을 때는 더 이상의 물의 팽창이나 얼음 생성을 위한 추가 공간이 없게 된다. 따라서 파이프 안의 압력은 계속 증가하게 되고 결국 파이프가 터질 수밖에 없다.

## 10.4 이상기체의 거시적 기술

기체의 성질은 많은 열역학 과정에서 중요한 역할을 한다. 날씨는 기체의 행태에 의해 결정되는 과정의 좋은 본보기이다.

기체를 용기 안에 집어넣으면 용기가 균일하게 채워지도록 팽창하는데, 그 압력은 용기의 크기, 온도, 기체의 양에 의해 주어진다. 큰 용기에서는 압력이 더 낮아지고, 온도가 더 높거나 기체의 양이 더 많아지면 압력이 높아진다. 압력 $P$, 부피 $V$, 온도 $T$, 기체의 양 $n$은 **상태방정식**에 의해 서로 연관되어 있다.

**상태방정식**은 아주 복잡할 수 있으나, 기체의 압력이 낮을 경우(또는 밀도가 낮을 경우) 상대적으로 간단해지는 것으로 실험적으로 밝혀졌다. 이러한 낮은 밀도의 기체는 **이상기체**(ideal gas)라고 부르는 기체와 아주 유사하다. 상온 상압의 대부분의 기체가 대략적으로 이상기체와 같이 행동한다. **이상기체는 무작위로 움직이고 서로 간에 장거리 힘이 작용하지 않는 원자나 분자의 집합체이다. 이상기체의 각 입자는 각각의 점과 같고 차지하는 부피는 무시할 수 있을 정도로 작다.**

기체는 보통 매우 많은 수의 입자로 구성되어 있고, 따라서 주어진 부피 안의 기체

양을 **몰**(mole) $n$으로 나타내는 것이 편리하다. 몰은 하나의 수를 나타낸다. 헬륨 1몰의 입자수는 철이나 알루미늄 1몰의 입자수와 동일하다. 이 수를 **아보가드로 수**라 한다.

아보가드로 수 ▶

$$N_A = 6.02 \times 10^{23} \text{ particles/mole}$$

이다. 아보가드로 수와 몰의 정의는 화학 및 이와 관련된 물리학 분야에서 근본적인 내용을 이룬다. 어떤 물질의 몰수는 그 질량과 다음의 관계가 있다.

$$n = \frac{m}{\text{몰질량}} \quad [10.7]$$

여기서 물질의 몰질량은 그 물질 1 mol의 질량으로 정의되며, 보통 몰당 그램으로 주어진다.

이 세상에는 많은 수의 원자가 있고, 따라서 원자들의 모임을 기술할 때 아보가드로 수와 같은 매우 큰 수를 택하는 것이 자연스럽고 편리하다. 그렇지만 동시에 아보가드로 수는 아주 특이한 수인데, 그렇지 않다면 $10^{24}$ 같은 단순한 10의 어떤 큰 제곱의 수로 개수를 세는 데 사용하지 않을 이유가 없기 때문이다.

사실, 아보가드로 수는 아보가드로 수만큼의 어떤 원소의 질량값을 그램으로 나타냈을 때 그 값이 **원자질량단위**(atomic mass unit, u)로 표시한 그 원소의 원자 하나의 질량값과 같도록 설정된 것이다.

이러한 관계 설정은 여러 가지를 매우 편리하게 해준다. 책의 뒤에 있는 원소의 주기율표를 보면 탄소의 원자질량은 12 u로, 따라서 탄소 12 g에는 정확히 $6.02 \times 10^{23}$개의 탄소원자가 들어 있다. 산소의 원자질량은 16 u이므로, 16 g의 산소에는 역시 $6.02 \times 10^{23}$개의 산소원자가 들어 있다. 이러한 관계는 분자에 대해서도 성립한다. 수소분자 $H_2$의 분자질량은 2 u이고, 2 g의 분자로 이루어진 수소에는 아보가드로 수만큼의 분자가 있다.

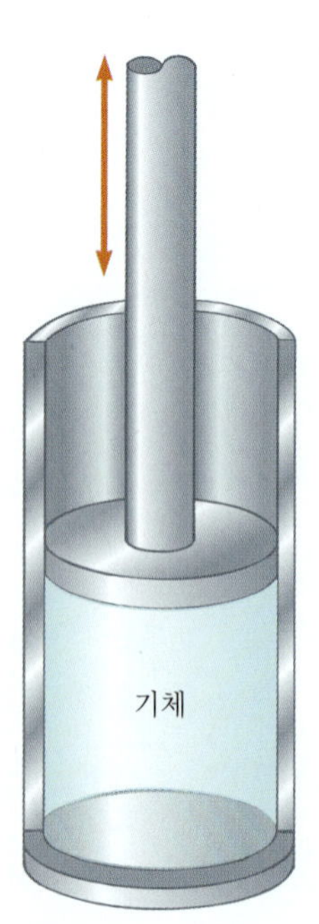


활용그림 10.12
움직이는 피스톤에 의해 부피를 변화시킬 수 있는 실린더에 들어 있는 기체.

**Physics Now™**
**http://physics.brookscole.com/ecp**에서 PhysicsNow를 로그인하고 활용그림 10.12로 들어가서 온도와 압력 중 하나를 일정하게 하여 이상기체법칙을 확인하여 보라.

몰의 기술적인 정의는 다음과 같다. **어느 물질 1 mol은 12 g의 동위원소 탄소-12에 들어 있는 원자의 수와 같은 개수의 입자(원자, 분자, 또는 다른 입자)를 포함하는 물질의 양이다.**

탄소-12를 예로 삼아 아보가드로 수만큼의 탄소-12 원자의 질량을 구해 보자. 탄소-12 원자의 원자질량은 12 u, 즉 12 원자질량단위(atomic mass unit)이다. 1 원자질량단위는 $1.66 \times 10^{-24}$ g으로, 원자핵을 구성하고 있는 입자인 중성자나 양성자의 질량과 대략 같다. 그러므로 아보가드로 수만큼의 탄소-12 원자의 질량 $m$은

$$m = N_A(12\text{ u}) = 6.02 \times 10^{23}(12\text{ u})\left(\frac{1.66 \times 10^{-24}\text{ g}}{\text{u}}\right) = 12.0\text{ g}$$

가 된다. 따라서 아보가드로 수는 의도적으로 원자질량단위의 그램값을 역으로 뒤집어 설정한 것을 알 수 있다. 이러한 이유로 원자질량단위로 주어진 어떤 원자의 원자질량은 아보가드로 수만큼의 그 원자의 질량을 그램으로 표시한 값과 같다. 어떤 물질이든 1 mol에는 $6.02 \times 10^{23}$개의 입자가 들어 있으므로 주어진 원소의 원자당 질량은 다음과 같다.

$$m_{\text{atom}} = \frac{\text{몰질량}}{N_A}$$

예를 들어 헬륨원자 하나의 질량은

$$m_{He} = \frac{4.00 \text{ g/mol}}{6.02 \times 10^{23} \text{ atoms/mol}} = 6.64 \times 10^{-24} \text{ g/atom}$$

이제 활용그림 10.12처럼 피스톤을 움직여 부피를 변화시킬 수 있는 실린더형 용기에 들어 있는 이상기체를 생각해 보자. 실린더가 새지 않아 분자의 수가 일정하다고 가정한다. 실험을 해보면 다음과 같은 것을 알 수 있다. 첫째, 온도를 일정하게 유지하면 기체의 압력은 부피에 반비례한다(보일의 법칙). 둘째, 압력을 일정하게 유지하면 기체의 부피는 온도에 정비례한다(샤를의 법칙). 셋째, 부피를 일정하게 하면 기체의 압력은 온도에 정비례한다(게이-뤼삭의 법칙). 이들을 종합하여 **이상기체법칙**(ideal gas law)라 부르는 다음과 같은 상태방정식으로 나타낼 수 있다.

$$PV = nRT \quad [10.8]$$

◀ 이상기체의 상태방정식

이 식에서 $R$은 실험적으로 구해야 하는 특정 기체에 대한 상수이고, $T$는 켈빈으로 표시한 온도이다. $P$ 대 $V$ 다이어그램상의 각 점은 그 계의 다른 상태들을 나타낸다. 여러 기체에 대한 실험결과는 압력이 0에 가까워짐에 따라 $PV/nT$가 모든 기체에서 같은 $R$값에 가까워짐을 보여 준다. 이러한 이유로 $R$을 **보편 기체상수**(universal gas constant)라 부른다. 압력을 파스칼, 부피를 입방미터로 나타냈을 때, $R$값은 국제단위로 다음과 같다.

**TIP 10.2 단지 켈빈온도만 쓰인다!**
이상기체법칙에 사용되는 온도는 항상 켈빈온도이다.

$$R = 8.31 \text{ J/mol} \cdot \text{K} \quad [10.9]$$

◀ 보편 기체상수

압력을 기압, 부피를 리터($1\ L = 10^3 \text{ cm}^3 = 10^{-3} \text{ m}^3$)로 나타내면 다음과 같다.

$$R = 0.0821 \text{ L} \cdot \text{atm/mol} \cdot \text{K}$$

이 $R$값과 식 10.8을 사용하면 이상기체 1 mol의 부피는 대기압과 0℃(273 K)에서 22.4 L가 된다.

**TIP 10.3 표준 온도 및 압력**
화학자들은 보통 표준 온도 및 압력(STP)으로 20℃와 1 atm을 사용한다. 여기서는 STP를 0℃와 1 atm으로 한다.

### Quick Quiz 10.4

헬륨풍선을 대기 중에 날려 보냈다. 온도가 일정하다고 가정하면 떠오르면서 풍선은 (a) 팽창한다, (b) 수축한다, (c) 크기에 변화가 없다.

### 예제 10.4 팽창하는 기체

**목표** 이상기체법칙을 사용하여 기체 계를 분석한다.

**문제** 온도가 20.0℃, 압력이 $1.50 \times 10^5$ Pa인 이상기체가 부피 1.00 L인 용기에 들어 있다. (a) 용기 안의 기체의 몰수를 구하라. (b) 기체가 피스톤을 밀어내어 부피가 원래의 2배가 되고 압력이 대기압으로 떨어졌다. 최종 온도를 구하라.

**전략** (a) 이상기체의 상태방정식을 몰수 $n$에 대해 풀어 주어진 값을 대입한다. 온도를 섭씨에서 켈빈으로 바꾸는 것을 잊지 말라! (b) 기체의 두 상태를 비교할 때 흔히 최종 상태의 이상기체 방정식을 처음 상태의 식으로 나누는 것이 가장 편리하다. 그러면 변하지 않는 양이 곧바로 소거되면서 식이 간단해진다.

**풀이**

(a) 기체의 몰수를 구한다.

온도를 켈빈으로 바꾼다. $T = T_C + 273 = 20.0 + 273 = 293\text{ K}$

이상기체법칙을 $n$에 대해 풀어 값을 대입한다.

$$PV = nRT$$

$$n = \frac{PV}{RT} = \frac{(1.50 \times 10^5\ \text{Pa})(1.00 \times 10^{-3}\ \text{m}^3)}{(8.31\ \text{J/mol}\cdot\text{K})(293\ \text{K})}$$

$$= \boxed{6.16 \times 10^{-2}\ \text{mol}}$$

(b) 기체가 2.00 L로 팽창했을 때의 온도를 구한다.

최종 상태의 이상기체법칙을 처음 상태의 이상기체법칙으로 나눈다.

$$\frac{P_f V_f}{P_i V_i} = \frac{nRT_f}{nRT_i}$$

몰수 $n$과 기체상수 $R$을 소거하고 $T_f$에 대해 푼다.

$$\frac{P_f V_f}{P_i V_i} = \frac{T_f}{T_i}$$

$$T_f = \frac{P_f V_f}{P_i V_i} T_i = \frac{(1.01 \times 10^5\ \text{Pa})(2.00\ \text{L})}{(1.50 \times 10^5\ \text{Pa})(1.00\ \text{L})}(293\ \text{K})$$

$$= \boxed{395\ \text{K}}$$

**주의** (b)에서 사용한 방법이 흔히 이상기체 문제를 풀 때 유용함을 기억하라. 단위들은 결국 소거될 것이기 때문에 리터 단위를 입방미터 단위로 변환하는 것이 필요 없음에 유의한다.

**연습문제 10.4**

4.50 L의 이상기체의 온도가 375 K에서 275 K로 떨어졌다고 하자. (a) 부피가 일정하게 유지되고, 처음의 압력이 대기압이었을 때 최종 압력을 구하라. (b) 기체의 몰수를 구하라.

**답** (a) $7.41 \times 10^4$ Pa (b) 0.146 mol

## 예제 10.5 풍선 가라앉히기

**목표** 이상기체법칙을 유체정역학 평형방정식 및 부력과 결합시킨다.

**문제** 부피 0.500 m$^3$의 튼튼한 풍선에 $2.50 \times 10^2$ kg의 철로 된 중량추를 달아 민물 호수에 던져 넣었다. 이 풍선은 질량과 탄성이 무시해도 좋을 만큼 가벼운 재질로 이루어져 있다(그러나 압축할 수 있다). 풍선 속의 공기는 처음에 대기압상태에 있었다. 이것이 가라앉지 않고 중량추도 더 이상 없어서 풍선이 잠겨 있을 깊이까지 다이버가 끌고 들어가기로 했다. (a) 평형상태로 물속에 잠겨 있을 수 있는 풍선의 부피를 구하라. (b) 이때 풍선의 압력은 얼마인가? (c) 온도가 일정하다고 가정할 때 최소 어느 깊이까지 풍선을 끌고 들어가야 하는가?

**전략** 풍선과 중량추를 호수 속으로 깊이 끌고 내려가면 풍선 속의 공기가 압축되어 부피가 줄어들고, 따라서 부력이 작아진다. 어떤 깊이 $h$에서 풍선과 중량추에 작용하는 총 부력 $B_{\text{bal}} + B_{\text{Fe}}$는 총 중량 $w_{\text{bel}} + w_{\text{Fe}}$와 같아져서 풍선은 그 깊이에 그대로 머물 것이다. 이들 힘을 뉴턴의 제2법칙에 대입하고 미지수인 풍선의 부피에 대하여 풀면 문제 (a)에 답할 수 있다. 다음에 이상기체법칙을 사용하여 압력을 구하고, 유체정역학 평형방정식을 사용하여 깊이를 구한다.

**풀이**

(a) 평형 위치에서의 풍선의 부피를 구한다.

추의 부피 $V_{\text{Fe}}$를 구한다.

$$V_{\text{Fe}} = \frac{m_{\text{Fe}}}{\rho_{\text{Fe}}} = \frac{2.50 \times 10^2\ \text{kg}}{7.86 \times 10^3\ \text{kg/m}^3} = 0.031\ 8\ \text{m}^3$$

풍선의 질량을 구하는데, 이는 풍선 자체의 질량을 무시하면 풍선 안의 공기의 질량과 같다.

$$m_{\text{bal}} = \rho_{\text{air}} V_{\text{bal}} = (1.29\ \text{kg/m}^3)(0.500\ \text{m}^3) = 0.650\ \text{kg}$$

평형상태가 되었을 때에 이 계에 뉴턴의 제2법칙을 적용한다.

$$B_{\text{Fe}} - w_{\text{Fe}} + B_{\text{bal}} - w_{\text{bal}} = 0$$

각 항에 해당하는 식을 대입한다.

$$\rho_{\text{wat}} V_{\text{Fe}}\, g - m_{\text{Fe}} g + \rho_{\text{wat}} V_{\text{bal}} g - m_{\text{bal}} g = 0$$

$g$를 소거하고 풍선의 부피 $V_{bel}$에 대해 푼다.

$$V_{bal} = \frac{m_{bal} + m_{Fe} - \rho_{wat}V_{Fe}}{\rho_{wat}}$$

$$= \frac{0.650 \text{ kg} + 2.50 \times 10^2 \text{ kg} - (1.00 \times 10^3 \text{ kg/m}^3)(0.0318 \text{ m}^3)}{1.00 \times 10^3 \text{ kg/m}^3}$$

$$V_{bal} = \boxed{0.219 \text{ m}^3}$$

(b) 평형 위치에서의 풍선의 압력은 얼마인가?

온도가 일정, 즉 $T_i = T_f$라고 가정하고, 이상기체법칙을 사용하여 압력을 구한다.

$$\frac{P_fV_f}{P_iV_i} = \frac{nRT_f}{nRT_i} = 1$$

$$P_f = \frac{V_i}{V_f}P_i = \frac{0.500 \text{ m}^3}{0.219 \text{ m}^3}(1.01 \times 10^5 \text{ Pa})$$

$$= \boxed{2.31 \times 10^5 \text{ Pa}}$$

(c) 최소 어느 깊이까지 풍선을 끌고 들어가야 하는가?

유체정역학 평형방정식을 사용하여 깊이를 구한다.

$$P_f = P_{atm} + \rho gh$$

$$h = \frac{P_f - P_{atm}}{\rho g} = \frac{2.31 \times 10^5 \text{ Pa} - 1.01 \times 10^5 \text{ Pa}}{(1.00 \times 10^3 \text{ kg/m}^3)(9.80 \text{ m/s}^2)}$$

$$= \boxed{13.3 \text{ m}}$$

**주의** 또 다시 이상기체법칙이 유용하게 쓰였다. 이 문제는 상당히 간단한 문제에 답할 때에도 여러 가지 다른 물리 개념들, 즉 밀도, 부력, 이상기체법칙, 유체정역학적 평형을 적용하는 것이 필요함을 보여 준다.

**연습문제 10.5**

민물 호수의 표면에서 1.00 atm의 압력에 부피가 30.0 $\text{cm}^3$인 공기 풍선을 깊이 4.00 m로 갖고 들어갔다. 이 깊이에서의 풍선의 부피를 구하라. 풍선이 탄성이 거의 없는 가벼운 재질로 만들어져 있고(압축되는 것은 가능함), 풍선 안의 공기의 온도는 일정하다고 가정한다.

**답** 21.6 $\text{cm}^3$

---

앞에서 언급하였듯이 어느 기체이든 1 mol에 들어 있는 분자의 수는 아보가드로 수 $N_A = 6.02 \times 10^{23}$ particles/mol이므로 몰수 $n$은 다음과 같다.

$$n = \frac{N}{N_A} \qquad [10.10]$$

여기서 $N$은 기체의 분자 수이다. 식 10.10을 가지고 이상기체법칙을 전체 분자 수로 나타내면

$$PV = nRT = \frac{N}{N_A}RT$$

또는

$$PV = Nk_BT \qquad [10.11]$$

◀ 이상기체법칙

로 쓸 수 있다. 여기서

$$k_B = \frac{R}{N_A} = 1.38 \times 10^{-23} \text{ J/K} \qquad [10.12]$$

◀ 볼츠만 상수

는 **볼츠만 상수**(Boltzmann's constant)이다. 다르게 표현된 이 이상기체법칙은 다음 절에서 기체의 온도와 기체 내 입자의 평균 운동 에너지를 연관짓는 데 사용된다.

## 10.5 기체운동론

10.4절에서 압력, 부피, 몰수, 온도와 같은 이상기체의 거시적인 성질들을 다뤘다. 이 절에서는 미세관점에서 이상기체 모델을 생각해 본다. 거시적인 성질들이 원자단위에서 일어나는 현상에 기초하여 이해될 수 있음을 결과적으로 알게 될 것이다. 덧붙여 이상기체법칙을 기체를 구성하고 있는 각 분자의 운동 관점에서 다시 살펴볼 것이다.

이상기체 모델을 가지고 **기체운동론**(kinetic theory of gases)을 기술하고자 한다. 이 이론을 사용하여 이상기체의 압력과 온도를 미시적인 변수들을 갖고 설명할 수 있다. 기체운동론 모델은 다음과 같은 가정을 한다.

이상기체의 운동론의 가정들 ▶

1. **기체 안의 분자 수는 아주 많고, 분자 간의 평균 거리는 분자의 크기와 비교해 매우 크다.** 분자 수가 많다는 사실은 이들의 행태를 통계적으로 분석할 수 있게 해준다. 분자 간의 거리가 크다는 것은 용기 안에서 분자들이 차지하는 부피가 무시될 수 있음을 의미한다. 이 가정은 이상기체 모델, 즉 분자들이 점과 같다고 가상한 것과 일치한다.
2. **분자들은 뉴턴의 운동법칙을 따르지만, 전체적으로 무질서하게 움직인다.** "무질서"하다는 것은 분자들이 넓은 속력분포를 갖고 온갖 방향으로 같은 확률로 움직인다는 것을 의미한다.
3. **분자들은 탄성충돌을 하는 동안 근거리힘만을 통해 상호작용 한다.** 이상기체 모델, 즉 분자들은 서로 간에 장거리힘이 작용하지 않는다는 것과 일치한다.
4. **분자들은 벽과 탄성충돌을 한다.**
5. **기체 안의 모든 분자는 동일하다.**

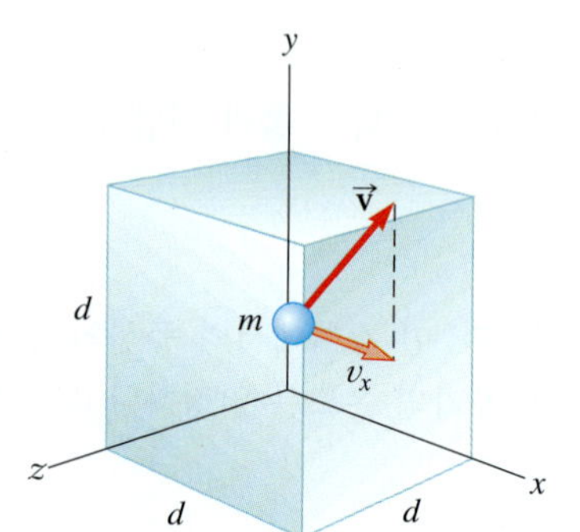


그림 10.13 이상기체가 들어 있는 한 변의 길이가 $d$인 정육면체 상자. 그림의 분자는 속도 $\vec{v}$로 움직인다.

흔히 이상기체를 단원자로 구성된 것으로 생각하지만 분자로 이루어진 기체도 낮은 압력에서 이상적인 행태를 보인다. 평균적으로 볼 때 분자구조와 연관된 효과는 앞으로 다루는 움직임에 영향을 미치지 않으므로, 아래의 내용은 단원자 기체뿐만 아니라 분자로 이루어진 기체에도 적용할 수 있다.

### 이상기체의 압력에 대한 분자 모델

운동론의 첫 적용으로 용기 안의 이상기체의 압력을 미시적인 양들로 표현하는 식을 유도해 보자. 기체의 압력은 기체 분자와 용기 벽과의 충돌 결과이다. 이 충돌 동안 기체 분자들은 벽이 가한 힘의 결과로 운동량이 변한다.

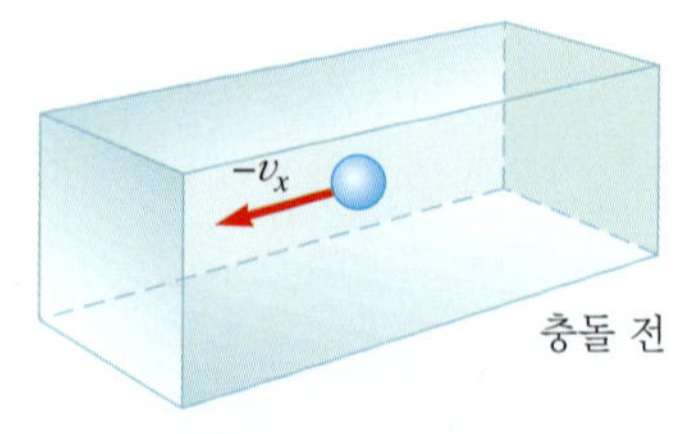


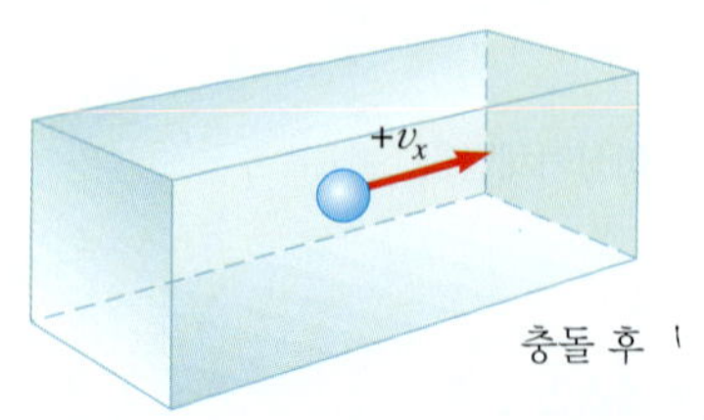


그림 10.14 $x$축 방향을 따라 움직이는 분자가 용기의 벽과 탄성충돌을 한다. 충돌을 하면서 분자의 운동량이 반대로 바뀌고 분자는 벽에 힘을 가한다.

이제 부피가 $V$인 용기 안의 $N$개의 분자로 구성된 이상기체의 압력을 나타내는 식을 유도해 보자. 이 절에서는 $m$을 한 분자의 질량을 나타내는 데 사용한다. 용기는 한 변의 길이가 $d$인 정육면체로 잡는다(그림 10.13). 상자의 왼쪽 면으로 향하여 속도 $-v_x$로 움직이는 한 분자의 충돌을 생각해 보자(그림 10.14). 분자는 벽과 탄성충돌을 한 후에 $+x$ 방향으로 속도 $+v_x$로 움직인다. 이 분자의 운동량은 충돌 전에 $-mv_x$이고 충돌 후에 $+mv_x$이므로 운동량의 변화는 다음과 같다.

$$\Delta p_x = mv_x - (-mv_x) = 2mv_x$$

$F_1$을 분자 하나가 시간 $\Delta t$ 동안 벽에 가하는 평균 힘이라 하면, 뉴턴의 제2법칙을 벽

에 적용하면

$$F_1 = \frac{\Delta p_x}{\Delta t} = \frac{2mv_x}{\Delta t}$$

로 주어진다. 분자가 같은 벽을 두 번 충돌하려면 시간 $\Delta t$ 동안에 $x$ 방향으로 $2d$의 거리를 움직여야만 한다. 그러므로 같은 벽과 두 번 충돌하는 사이의 시간 간격은 $\Delta t = 2d/v_x$이고, 분자 하나가 벽에 가하는 힘은

$$F_1 = \frac{2mv_x}{\Delta t} = \frac{2mv_x}{2d/v_x} = \frac{mv_x^2}{d}$$

이 된다. 모든 분자가 이 벽에 가하는 총 힘 $F$는 각각의 분자가 가하는 힘을 합하면 된다.

$$F = \frac{m}{d}(v_{1x}^2 + v_{2x}^2 + \cdots)$$

이 식에서 $v_{1x}$는 분자 1 속도의 $x$ 성분, $v_{2x}$는 분자 2 속도의 $x$ 성분 등이다. 이 합은 용기안의 분자 수가 $N$개이므로 $N$분자까지이다.

$N$개 분자의 $x$ 방향 속도제곱의 평균값은 다음과 같다.

$$\overline{v_x^2} = \frac{v_{1x}^2 + v_{2x}^2 + \cdots + v_{Nx}^2}{N}$$

여기서 $\overline{v_x^2}$은 $v_x^2$의 평균값이다. 따라서 벽에 가해지는 총 힘은 다음과 같이 쓸 수 있다.

$$F = \frac{Nm}{d}\overline{v_x^2}$$

이제 각 성분이 $v_x$, $v_y$, $v_z$인 속도 $v$로 임의의 방향으로 움직이는 용기 안의 한 분자를 생각해 보자. 이 경우 단지 한 개 성분이 아니라 분자의 속력으로 벽에 가해지는 총 힘을 나타내야 한다. 피타고라스 정리에 의해 속력의 제곱은 각 성분의 제곱과 $v^2 = v_x^2 + v_y^2 + v_z^2$의 관계가 있다. 따라서 용기 안의 모든 분자들에 대한 $v^2$의 평균값은 각 성분의 평균값 $\overline{v_x^2}$, $\overline{v_y^2}$, $\overline{v_z^2}$과 $\overline{v^2} = \overline{v_x^2} + \overline{v_y^2} + \overline{v_z^2}$의 관계가 있다. 움직임이 완전히 무질서하기 때문에 평균값 $\overline{v_x^2}$, $\overline{v_y^2}$, $\overline{v_z^2}$은 서로 같다. 이 사실과 $\overline{v_x^2}$에 관한 앞의 식을 이용하면

$$\overline{v_x^2} = \tfrac{1}{3}\overline{v^2}$$

임을 알 수 있다. 따라서 벽에 작용하는 총 힘은 다음과 같이 된다.

$$F = \frac{N}{3}\left(\frac{m\overline{v^2}}{d}\right)$$

이 식으로부터 벽에 작용하는 총 압력은 힘을 면적으로 나눠 구할 수 있다.

$$P = \frac{F}{A} = \frac{F}{d^2} = \tfrac{1}{3}\left(\frac{N}{d^3}m\overline{v^2}\right) = \tfrac{1}{3}\left(\frac{N}{V}\right)m\overline{v^2}$$

$$P = \tfrac{2}{3}\left(\frac{N}{V}\right)\left(\tfrac{1}{2}m\overline{v^2}\right) \qquad [10.13]$$

◀ 이상기체의 압력

식 10.13은 **압력이 단위 부피당 분자 수와 분자 한 개의 평균 변위 운동 에너지 $\frac{1}{2}m\overline{v^2}$에 비례**함을 보여 준다. 이 간략한 이상기체 모델을 가지고 압력이라는 거시적 양을 원자 단위의 양, 즉 분자의 속력 제곱의 평균값과 관련짓는 중요한 결과를 얻었다. 이 관계식이 원자의 세계와 거시 세계 사이의 중요한 연결고리를 제공한다.

식 10.13은 몇 가지 잘 알려진 압력의 성격을 담고 있다. 용기 안의 압력을 올리는 한 방법은 용기 안의 단위 부피당 분자 수를 늘리는 것이다. 타이어에 바람을 더 넣는

경우가 그 예다. 타이어의 압력은 또한 타이어 속 분자의 평균 운동에너지를 키우는 방법으로 올릴 수 있다. 곧 알게 되듯이 이는 타이어 속의 기체의 온도를 올림으로써 달성할 수 있다. 이것이 바로 오랜 운행으로 타이어가 더워지면 타이어 압력이 커지는 이유이다. 운행에 의한 타이어의 계속적인 탄력 운동은 타이어 안의 공기에 에너지를 공급하게 되어 공기의 온도를 올리고, 따라서 압력을 올리게 된다.

## 온도의 분자적 해석

앞에서는 기체의 압력과 기체 분자의 평균 운동 에너지를 관련지었고, 이제 온도를 기체의 미시적인 기술 양상과 연결지어 본다. 식 10.13에 부피를 곱하면 온도의 의미를 조명해 볼 수 있다.

$$PV = \frac{2}{3}N\left(\frac{1}{2}m\overline{v^2}\right)$$

이 식을 식 10.11 형태의 이상기체 방정식 $PV = Nk_BT$와 비교하면 두 식의 왼쪽 항이 동일함을 알 수 있다. 따라서 오른쪽 항을 같다고 놓으면 다음과 같이 쓸 수 있다.

온도는 평균 운동 에너지에 비례한다 ▶

$$T = \frac{2}{3k_B}\left(\frac{1}{2}m\overline{v^2}\right) \qquad [10.14]$$

이는 **기체의 온도가 평균 운동 에너지의 크기를 직접적으로 나타내고 있음**을 의미한다. 기체의 온도가 증가하면 분자들은 더 큰 평균 운동 에너지를 갖고 움직인다.

식 10.14를 정리하면 분자의 변위 운동 에너지를 온도와 관련지을 수 있다.

분자당 평균 운동 에너지 ▶

$$\frac{1}{2}m\overline{v^2} = \frac{3}{2}k_BT \qquad [10.15]$$

즉, 분자당 평균 변위 운동 에너지는 $\frac{3}{2}k_BT$이다. 기체 $N$분자의 총 변위 운동 에너지는 단순히 분자당 평균 에너지의 $N$배이다.

$$KE_{\text{total}} = N\left(\frac{1}{2}m\overline{v^2}\right) = \frac{3}{2}Nk_BT = \frac{3}{2}nRT \qquad [10.16]$$

여기서 볼츠만 상수 $k_B = R/N_A$와 기체의 몰수 $n = N/N_A$를 사용하였다. 이 결과로부터 **분자계의 총 변위 운동 에너지는 그 계의 절대온도에 비례함**을 알 수 있다.

단원자 기체의 경우 변위 운동 에너지가 분자들이 가질 수 있는 유일한 에너지 형태이므로 식 10.16에 의해 **단원자 기체의 내부에너지 $U$**는

$$U = \frac{3}{2}nRT \quad \text{(단원자 기체)} \qquad [10.17]$$

가 된다. 이원자 분자나 다원자 분자의 경우는 분자의 진동이나 회전 같은 다른 형태의 에너지 저장이 가능하다.

$\overline{v^2}$의 제곱근을 분자의 **평균 제곱근 속력**[root-mean-square(rms) speed]이라고 부른다. 식 10.15로부터 rms 속력은 다음과 같이 주어진다.

평균 제곱근 속력 ▶

$$v_{\text{rms}} = \sqrt{\overline{v^2}} = \sqrt{\frac{3k_BT}{m}} = \sqrt{\frac{3RT}{M}} \qquad [10.18]$$

여기서 $M$은 $R$을 국제단위로 표시했을 때 **몰당 킬로그램**으로 나타낸 몰질량이다. 식

10.18은 주어진 온도에서 가벼운 분자들이 무거운 분자들보다 더 빨리 움직이는 것을 보여 준다. 예를 들어 통 속에 수소와 산소가 혼합된 기체가 들어 있을 때 $2.0 \times 10^{-3}$ kg/mol의 분자질량을 가진 수소분자($H_2$)가 $32 \times 10^{-3}$ kg/mol의 분자질량을 가진 산소분자($O_2$)보다 4배 더 빨리 움직인다. 상온(~300 K)에서 수소의 rms 속력을 계산해 보면

$$v_{rms} = \sqrt{\frac{3RT}{M}} = \sqrt{\frac{3(8.31\ \text{J/mol}\cdot\text{K})(300\ \text{K})}{2.0 \times 10^{-3}\ \text{kg/mol}}} = 1.9 \times 10^3\ \text{m/s}$$

가 된다. 이 속력은 제7장에서 계산한 지구 탈출속력의 약 17%에 해당한다. 이것은 평균 속력이므로 많은 수의 분자는 더 큰 속력을 갖고 있고, 따라서 지구 대기권을 벗어날 수 있다. 이것이 현재 지구대기에 수소가 포함되어 있지 않은 이유이다. 이들은 모두 우주공간으로 날아가 버렸다.

표 10.2에 20℃에서의 여러 분자의 rms 속력을 실었다. 주어진 온도에서 기체 계는 다양한 속력을 갖게 된다. 이와 같은 속력분포를 **맥스웰 속력분포**라 한다. 두 온도에서의 질소 기체에 대한 속력분포의 예가 활용그림 10.15에 주어져 있다. 가로축은 속력, 세로축은 단위 속력구간당 분자 수를 나타낸다. 이 그래프에서 중요한 세 가지 속력이 있음에 유의해야 한다. 즉, 그래프의 피크에 해당하는 가장 확률이 높은 속력($v_{mp}$), 모든 가능한 속력에 대해 평균을 낸 평균 속력($v_{av}$), rms 속력($v_{rms}$)이다. 모든 기체에 대해 $v_{mp} < v_{av} < v_{rms}$이다. 온도가 올라가면 이 세 속력은 오른쪽으로 이동한다.

**TIP 10.4 몰당 그램이 아니고 몰당 킬로그램**

rms 속력에 대한 식에서 몰질량 $M$은 기체상수 $R$의 단위와 일치하여야 한다. 특히, $R$이 국제단위계로 되어 있으면 $M$은 몰당 그램이 아니라 반드시 몰당 킬로그램으로 나타내야 한다.

**☑ Checkpoint 10.4**

기체 분자의 평균 제곱근의 속력을 두 배로 하기 위해서는 기체의 온도를 몇 배 올려야 하는가?

**표 10.2** 평균 제곱근(rms) 속력

| 기체 | 몰질량 (kg/mol) | 20℃에서의 $V_{rms}$ (m/s) |
|---|---|---|
| $H_2$ | $2.02 \times 10^{-3}$ | 1 902 |
| He | $4.0 \times 10^{-3}$ | 1 352 |
| $H_2O$ | $18 \times 10^{-3}$ | 637 |
| Ne | $20.2 \times 10^{-3}$ | 602 |
| $N_2$와 CO | $28.0 \times 10^{-3}$ | 511 |
| NO | $30.0 \times 10^{-3}$ | 494 |
| $O_2$ | $32.0 \times 10^{-3}$ | 478 |
| $CO_2$ | $44.0 \times 10^{-3}$ | 408 |
| $SO_2$ | $64.1 \times 10^{-3}$ | 338 |

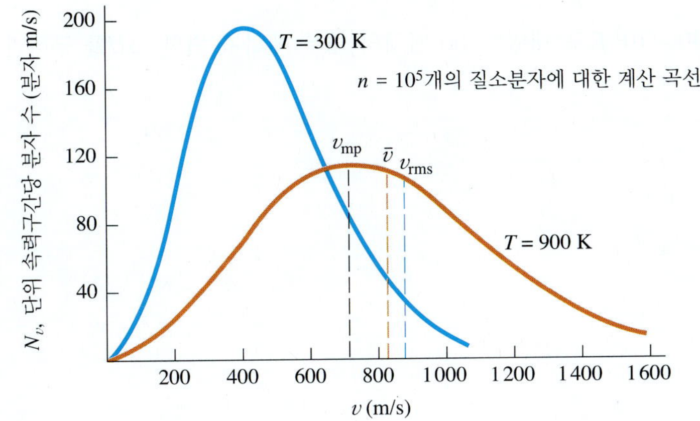


**활용그림 10.15**
300 K와 900 K에서의 $10^5$개의 질소분자의 맥스웰 속력분포. 각 곡선 아래의 총 면적은 총 분자 수와 같다. 900 K에서의 곡선에 최다빈도 속력 $v_{mp}$, 평균 속력 $v_{av}$, 평균 제곱근 속력 $v_{rms}$가 표시되어 있다.

**Physics Now™**
**http://physics.brookscole.com/ecp**에서 PhysicsNow를 로그인하고, 활용그림 10.15로 들어가서 여러 온도를 입력하여 이것이 속력분포 곡선에 미치는 영향을 알아보라.

## 응용물리 10.2 팽창과 온도

움직일 수 있는 피스톤이 달려 있는 단열 실린더에 들어 있는 기체를 생각해 보자. 피스톤을 안으로 밀어 넣어 기체를 압축하였다가 그대로 놓아 이완시켰다. 기체 분자들이 피스톤에 부딪치면서 피스톤을 밖으로 밀어낸다. 운동론의 관점에서 이러한 기체의 팽창이 어떻게 기체의 온도를 떨어뜨리는가를 설명해 보라.

**설명** 운동론의 관점에서 피스톤과 충돌하는 분자는 피스톤이 어떤 속도를 갖고 움직이도록 한다. 운동량 보존법칙에 따라 분자는 충돌 전보다 줄어든 속력으로 되튕겨 나와야 한다. 그러므로 이러한 충돌이 일어나면서 분자들의 평균 속력이 줄어든다. 온도는 분자들의 평균 속력과 관련이 있으므로 기체의 온도는 떨어진다.

## 예제 10.6 헬륨 실린더

**목표** 계의 내부에너지와 분자당 평균 운동 에너지를 구한다.

**문제** 실린더에 20.0℃의 헬륨기체 2.00 mol이 담겨 있다. 헬륨 기체가 이상기체와 같이 행동한다고 가정한다. (a) 계의 총 내부 에너지를 구하라. (b) 분자당 평균 운동 에너지는 얼마인가? (c) rms 속력을 두 배로 만들려면 계에 얼마만한 에너지를 더해야 하는가? 헬륨의 몰질량은 $4.00 \times 10^{-3}$ kg/mol이다.

**전략** 이 문제는 주어진 내용들을 적절한 식에 대입하면 된다. (a)는 식 10.17, (b)는 식 10.15를 사용한다. (c)는 rms 속력과 내부 에너지에 대한 식을 함께 사용한다. 반드시 내부에너지의 변화를 계산해야 한다.

**풀이**

(a) 계의 총 내부 에너지를 구한다.

식 10.17에 $n = 2.00$과 $T = 293$ K와 관련 값들을 대입한다.

$$U = \tfrac{3}{2}(2.00\text{ mol})(8.31\text{ J/mol}\cdot\text{K})(293\text{ K}) = \boxed{7.30 \times 10^3\text{ J}}$$

(b) 분자당 평균 운동 에너지는 얼마인가?

식 10.15에 주어진 값들을 대입한다.

$$\tfrac{1}{2}m\overline{v^2} = \tfrac{3}{2}k_BT = \tfrac{3}{2}(1.38 \times 10^{-23}\text{ J/K})(293\text{ K})$$
$$= \boxed{6.07 \times 10^{-21}\text{ J}}$$

(c) rms 속력을 두 배로 만들려면 얼마만한 에너지를 더해야 하는가?

식 10.18로부터 rms 속력을 2배로 만들려면 $T$를 4배로 해야 함을 알 수 있다. 필요한 내부 에너지의 변화를 계산하는데, 이것이 계에 더해져야 하는 에너지이다.

$$\Delta U = U_f - U_i = \tfrac{3}{2}nRT_f - \tfrac{3}{2}nRT_i = \tfrac{3}{2}nR(T_f - T_i)$$
$$\Delta U = \tfrac{3}{2}(2.00\text{ mol})(8.31\text{ J/mol}\cdot\text{K})((4.00 \times 293\text{ K}) - 293\text{ K})$$
$$= \boxed{2.19 \times 10^4\text{ J}}$$

**전략** 내부 에너지의 변화를 계산하는 것은 제12장의 엔진 사이클을 이해하는 데 중요한 역할한다.

**연습문제 10.6**

5.00 mol의 아르곤 기체의 온도를 $3.00 \times 10^2$ K에서 $2.40 \times 10^2$ K로 내렸다. (a) 기체의 내부 에너지 변화 $\Delta U$를 구하라. (b) 원자당 평균 운동 에너지의 변화를 구하라.

**답** (a) $\Delta U = -3.74 \times 10^3$ J (b) $-1.24 \times 10^{-21}$ J

## 요약

**Physics Now™** **http://physics.brookscole.com/ecp**에서 PhysicsNow를 로그인하고 이 장에 대한 Pre-Test link를 클릭하여 연습문제 시험을 보라.

### 10.1 온도와 열역학 제0법칙

두 계 사이에 에너지가 교환될 수 있으면 이 계들은 **열접촉** 상태에 있는 것이고, 열접촉 상태에 있으나 알짜 에너지 교환이 일어나지 않으면 **열평형** 상태에 있는 것이다. 두 물체의 온도 차이에 의해 일어나는 에너지 교환을 **열**이라 한다.

**열역학 제0법칙**은 두 물체 A와 B가 각각 제3의 물체와 열평형을 이루고 있다면 이 두 물체도 서로 열평형을 이루고 있다는 것이다. 동등한 기술로 제3의 물체가 온도계라면 A와 B에 대해 측정한 온도는 동일하다. 열평형을 이루고 있는 두 물체의 온도는 같다.

### 10.2 온도계와 온도 눈금

온도를 측정하는 온도계는 고체, 액체, 기체의 온도에 따른 팽창이나 수축 같은 물리적인 성질에 그 바탕을 두고 있다. 이들 부피 변화는 선형 눈금과 연관되어 있는데, 가장 일반적인 것이 **화씨, 섭씨, 켈빈 눈금**이다. 켈빈온도 눈금은 영점을 절대 0도(0 K = −273.15℃)라 하는데, 이 온도는 외삽하였을 때 모든 기체의 압력이 0이 되는 온도이다.

섭씨온도 $T_C$와 켈빈(절대)온도 $T$와의 관계는 다음과 같다.

$$T_C = T - 273.15 \qquad [10.1]$$

화씨온도와 섭씨온도 사이의 관계는

$$T_F = \frac{9}{5}T_C + 32 \qquad [10.2a]$$

이다.

### 10.3 고체와 액체의 열팽창

물체에 열을 가하면 대개 팽창한다. 어떤 물체가 어느 온도에서 원래 길이 $L_0$이었고, $\Delta T$만큼 온도가 변해 길이가 $\Delta L$만큼 변했다면, 그 크기는 물체의 원래 길이와 온도 변화에 비례한다.

$$\Delta L = \alpha L_0 \Delta T \qquad [10.4]$$

이때 $\alpha$를 **길이팽창계수**라 부른다. 온도 변화에 따른 물체 면적의 변화는

$$\Delta A = \gamma A_0 \Delta T \qquad [10.5]$$

로 주어지는데, 여기서 $\gamma = 2\alpha$는 **면적팽창계수**이다. 마찬가지로 대부분 물체의 온도에 따른 부피의 변화는 원래 부피 $V_0$와 온도 변화 $\Delta T$에 비례한다.

$$\Delta V = \beta V_0 \Delta T \qquad [10.6]$$

여기서 $\beta = 3\alpha$는 **부피팽창계수**이다.

온도 변화 때문에 생기는 물질의 팽창과 수축은 변형력과 변형을 일으키고, 때로 파손을 야기하기도 한다.

### 10.4 이상기체의 거시적 기술

아보가드로 수는 $N_A$ = 6.02 × 10$^{23}$ particles/mol이다. 정의에 의해 어느 물질이든 1 mol에는 아보가드로 수만큼의 입자가 있다. 이 수는 탄소-12 원자 1 mol의 질량이 정확히 12 g이 되는 것으로 정의된다. 그램으로 나타낸 알짜 물질 1 mol의 질량은 그 숫자값이 원자(또는 분자)질량과 같다.

**이상기체**는 방정식은

$$PV = nRT \qquad [10.8]$$

를 따르는데, 여기서 $P$는 기체의 압력, $V$는 부피, $n$은 기체의 몰수, $R$은 보편 기체상수(8.31 J/mol·K)이고, $T$는 켈빈으로 나타낸 절대온도이다. 아주 낮은 압력에서 실제 기체는 근사적으로 이상기체와 같이 행동한다.

문제를 푸는 것은 보통 같은 계의 기체를 서로 다른 두 상태에서 비교하면 되는데, 최종 상태의 이상기체 방정식을 처음 상태의 이상기체 방정식으로 나누고, 변하지 않는 요소들을 소거하여 알고자 하는 양에 대해 풀면 된다.

### 10.5 기체운동론

부피 $V$인 용기에 들어 있는 이상기체 $N$ 분자의 **압력**은

$$P = \frac{2}{3}\left(\frac{N}{V}\right)\left(\frac{1}{2}m\overline{v^2}\right) \qquad [10.13]$$

으로 주어지는데, 여기서 $\frac{1}{2}m\overline{v^2}$는 **몰당 평균 운동 에너지**이다.

기체 분자의 평균 운동 에너지는 그 기체의 온도에 정비례한다.

$$\frac{1}{2}m\overline{v^2} = \frac{3}{2}k_B T \qquad [10.15]$$

여기서 $k_B$는 **볼츠만 상수**(1.38 × 10$^{-23}$ J/K)이다.

단원자로 된 이상기체 $n$ mol의 내부에너지는

$$U = \frac{3}{2}nRT \qquad [10.17]$$

이다. 기체 분자의 **평균 제곱근(rms) 속력**은

$$v_{\text{rms}} = \sqrt{\frac{3k_B T}{m}} = \sqrt{\frac{3RT}{M}} \qquad [10.18]$$

이다.

## 개념 파악을 위한 질문

1. 천문학 강의에서 교수가 별의 중심부의 온도는 $1.5 \times 10^7$도(degrees)라고 가르친다. 이때 한 학생이 그것이 절대온도인지 섭씨온도인지 묻는다고 하자. 어떻게 대답할까?
3. 일반 온도계는 유리관 속에 수은이 채워져 있다. 이 온도계에서 유리와 수은의 열팽창계수는 어느 것이 더 크겠는가? (표를 보지 않고 답하라.)
5. 9장에서 다루었듯이 대양의 표면으로부터 깊숙이 있는 물체는 매우 높은 압력을 받게 된다. 예로서 이런 환경에 있는 박테리아들은 대기압의 천 배 정도나 높은 압력에 적응되어 있다. 만일 이 박테리아들이 대양의 표면으로 빠르게 이동한다면 박테리아들은 어떤 영향을 받게 될까?
7. 어떤 여행객이 가게에서 몇 봉지의 감자 칩과 음식들을 사서 산으로 올라갔다. 그들이 목적지에 도달해서 음식을 내놓았을 때 감자 칩의 봉지들이 부풀어 있는 것을 발견하였다. 왜 이러한 일이 일어나는가?
9. 왜 끓는 물 주전자의 증기 거품은 표면에 가까이 올수록 더 커지는가?

## 문제

**1**, 2, 3 = 기본문제, 발전문제, 심화문제

□ = 학생 문제풀이 매뉴얼/학습 가이드 속에 전체 문제풀이가 있다.

Physics Now™ **http://physics.brookscole.com/ecp**에서 힌트를 받을 수 있는 문제

= 생물의학 문제

### 10.1 온도와 열역학 제0법칙

### 10.2 온도계와 온도눈금

**1.** 아래의 각 온도에 대해 주어진 온도 눈금의 온도값을 구하라. (a) −273.15℃의 화씨온도, (b) 98.6°F의 섭씨온도, (c) 100 K의 화씨온도.

**3.** 다음 온도를 화씨와 켈빈온도로 바꿔라. (a) 액체 수소의 끓는점 −252.87℃, (b) 20℃의 방 온도.

**5.** −40°는 섭씨와 화씨에서 같은 값을 갖는 특이한 온도임을 보여라.

**7.** 섭씨온도로 $\Delta T_C$만큼의 온도 변화는 화씨온도로 $\Delta T_F = (9/5)\Delta T_C$임을 보여라.

**9.** 금의 녹는점은 1 064℃이고, 끓는점은 2 660℃이다. (a) 이 온도들을 켈빈온도로 나타내라. (b) 두 온도의 차이를 섭씨와 켈빈온도로 구하라.

### 9.3 고체와 액체의 열팽창

**11.** 서버지니아(West Virginia)에 있는 조지 다리(River Gorge)는 518 m 길이의 강철 아치교이다. 두 극한 온도 −20℃와 35℃ 사이에서 그 길이가 얼마만큼 변하겠는가?

**13.** 안경테가 에폭시수지(길이팽창계수 = $1.30 \times 10^{-4}$℃$^{-1}$)로 만들어져 있다. 이 안경테에는 실온(20℃)에서 반지름 2.20 cm의 원형 렌즈 구멍이 뚫려 있다. 반지름이 2.21 cm인 렌즈를 끼우려면 테를 몇 도까지 가열하여야 하는가?

**15.** Physics Now™ 20.0℃에서 지름이 10.00 cm인 황동 링을 가열하여 20.0℃에서 지름이 10.01 cm인 알루미늄 봉에 끼웠다. 평균 길이팽창계수가 일정하다고 가정하고, (a) 두 메탈을 분리하려면 몇 도까지 온도를 내려야 하는가? 이 온도는 도달 가능한 온도인가? (b) 알루미늄 봉의 지름이 10.02 cm라면 어떻게 되는가?

**17.** 금반지의 안지름이 15.0℃에서 2.168 cm이다. 100℃에서의 안지름을 구하라($\alpha_{gold} = 1.42 \times 10^{-5}$℃$^{-1}$).

**19.** 그림 P10.19의 밴드는 스테인리스로 만들어져 있다(길이팽창계수 = $17.3 \times 10^{-6}$℃$^{-1}$, 영률 = $18 \times 10^{10}$ N/m$^2$). 밴드는 기본적으로 원형으로 원래 평균 반지름이 5.0 mm, 높이 4.0 mm, 두께 0.50 mm이다. 이 밴드를 80℃로 가열하여 이빨에 꼭 맞게 끼웠다면 온도를 37℃로 내렸을 때 밴드에 가해지는 인장력은 얼마인가?

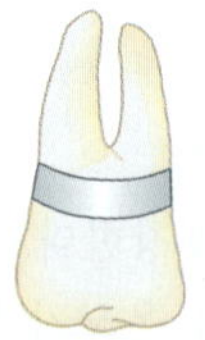

그림 P10.19

**21.** 자동차의 연료통에 10℃에서 45 L의 휘발유를 가득 채웠다. 그 직후 자동차를 기온 35℃의 햇빛 아래에 세워 놓았다. 얼마만큼의 휘발유가 팽창의 결과로 연료통에서 흘러넘치겠는가? (연료통의 팽창은 무시한다.)

### 10.4 이상기체의 거시적 기술

**23.** 1 mol의 산소기체가 압력 6.00 atm, 온도 27.0℃하에 놓여 있다. (a) 부피가 일정한 상태에서 압력이 3배가 될 때까지 가열하면 최종 온도는 얼마인가? (b) 압력과 부피 모두 2배가 되도록 가열하면 최종 온도는 얼마인가?

**25.** (a) 20℃, 1기압의 이상기체가 부피 1.0 $cm^3$인 용기 안에 들어 있다. 용기 안 기체의 몰수를 구하라. (b) 온도를 일정하게 유지하면서 용기 안의 압력을 $1.0 \times 10^{-11}$ Pa(고진공 상태)로 낮추었다면 용기 안에 남아 있는 기체의 몰수는 얼마인가?

**27.** 움직일 수 있는 피스톤이 달려 있는 실린더에 온도 27.0℃, 부피 1.50 $m^3$, 절대압력 $0.200 \times 10^5$ Pa의 기체가 들어 있다. 이 기체를 부피 0.700 $m^3$로 압축하고 절대압력을 $0.800 \times 10^5$ Pa로 올리면 최종 온도는 얼마가 되는가?

**29.** 기상용 풍선이 기압이 0.030 atm, 온도가 200 K인 작동 고도에서 최대 지름 20 m까지 팽창하도록 고안되어 있다. 1기압, 300 K의 기체가 채워져 있다면 떠오르기 시작할 때의 반지름은 얼마인가?

**31.** 호수면 100 m 아래에 있는 잠수정에서 부피 1.50 $cm^3$의 공기방울을 내보냈다. 공기방울이 수면 위에 다다랐을 때의 부피는 얼마인가? 떠오르는 동안 공기방울 안의 온도와 분자 수는 그대로 유지된다고 가정한다.

### 10.5 기체운동론

**33.** 300 K의 산소분자 한 개의 평균 운동 에너지는 얼마인가?

**35.** 아보가드로 수를 사용하여 헬륨원자의 질량을 구하라.

**37.** 실린더 안에 150℃에서 평형을 이루고 있는 헬륨과 아르곤의 혼합 기체가 들어 있다. (a) 각 기체분자의 평균 운동 에너지는 얼마인가? (b) 각 기체분자의 rms 속력은 얼마인가?

**39.** Physics Now™ 슈퍼맨이 사람을 구하기 위해 빗발치는 총알 세례 속으로 뛰어 들었다. 1분 동안 자동화기가 질량 8.0 g의 총알을 400 m/s의 속력으로 150발을 발사했다. 총알들이 면적 0.75 $m^2$인 슈퍼맨의 가슴에 충돌한다. 총알들이 탄성 정면충돌을 하여 되튕겨 나온다고 할 때 슈퍼맨의 가슴에 가해지는 평균 힘을 구하라.

### 추가문제

**41.** 1.00 L의 콜라에 6.50 g의 이산화탄소가 녹아 있다. 이 콜라에서 증발하는 이산화탄소를 1.00 atm, 20.0℃의 실린더에 모으면 그 부피는 얼마가 되겠는가?

**43.** 장기간의 우주여행을 위해서는 승무원이 내뿜는 이산화탄소에서 산소를 추출해 재사용하여야 한다. 어느 재생방법을 사용하여 1.00 mol의 이산화탄소에서 1.00 mol의 산소를 얻고, 1.00 mol의 메탄이 부산물로 생긴다. 메탄은 고압으로 탱크에 저장하여, 배기 정도를 조절함으로써 우주선의 자세를 조정하는 데 사용한다. 한 사람의 우주인은 하루에 1.09 kg의 이산화탄소를 내뿜는다. 세 우주인의 일주일 동안의 호흡에서 재생한 메탄을 원래 비어있던 −45.0℃의 150 L짜리 통에 담는다면 이 탱크의 최종 압력은 얼마인가?

**45.** 부피팽창계수가 $\beta$인 액체가 온도 $T$, 부피 $V_0$의 공 모양 플라스크에 딱 맞게 차 있다(그림 P10.45). 플라스크는 길이팽창계수가 $\alpha$인 물질로 만들어져 있다. 액체는 꼭대기에 연결되어 있는 단면적 $A$의 모세관 속으로 자유롭게 팽창할 수 있다. (a) 온도가 $\Delta T$만큼 증가하면 액체는 모세관 속으로 $\Delta h = (V_0/A)(\beta - 3\alpha)\Delta T$만큼 올라감을 보여라. (b) 수은 온도계와 같은 대표적인 온도계에서 플라스크의 팽창을 무시해도 좋은 이유는 무엇인가?

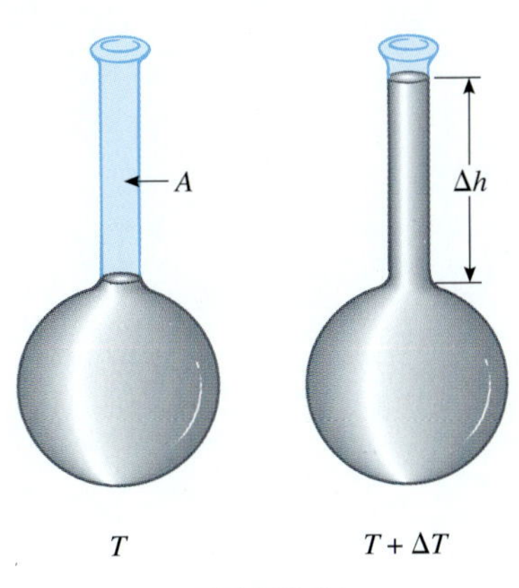

그림 P10.45

**47.** 강철로 만들어진 줄자가 20℃에서 올바른 측정값이 나오도록 고안되어 있다. 부모가 이 줄자를 가지고 키가 1.1 m인 아이의 키를 측정하려 한다. 만일 기온이 25℃인 날에 측정을 한다면 이 줄자의 측정값이 실제보다 크게 나오는가 아니면 작게 나오는가? 그 양은 얼마만큼 인가?

**49.** 9.00 g의 물을 2.00 L짜리 압력솥에 넣고 500℃로 가열하였다면 솥 내부의 압력은 얼마인가?

**51.** Physics Now™ 서로 다른 재질의 얇은 금속 띠를 붙여 만든 바이메탈 막대가 있다. 이를 가열하면 더 큰 길이팽창계수를 가진 금속 띠가 다른 띠보다 더 많이 팽창하여 막대를 아크 형태로 구부러지게 한다. 이때 바깥쪽 띠의 반지름과 둘레가 모두 더 커졌다(그림 P10.51). (a) 구부러진 각도 $\theta$에 대한 식을 띠의 원래 길이, 각 띠의 평균 길이팽창계수, 온도 변화량, 띠들 중심 사이의 거리 차($\Delta r = r_2 - r_1$)의 함수로 유도하라. (b) 구부러지는 각도가 온도 변화 $\Delta T$가 0이 되거나 두 팽창계수가 같아지면 0이 됨을 보여라. (c) 막대를 냉각하면 어떻게 되는가?

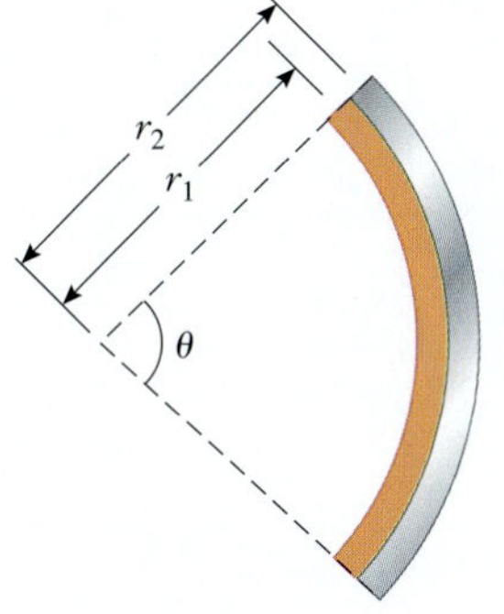

그림 P10.51

CHAPTER 11

# 열에너지

OUTLINE



서로 다른 온도의 두 물체가 열적으로 접촉해 있을 때, 찬 물체의 온도는 증가하는 반면 더운 물체의 온도는 감소하게 된다. 시간이 지나면서 두 물체는 양쪽이 지녔던 처음 두 온도 사이 어딘가 중간에서 평형을 이루는 온도에 도달하게 된다. 이 과정에서 우리는 에너지가 더운 곳으로부터 찬 곳으로 이동했다고 말한다.

1850년경까지 열역학(thermodynamics)과 역학(mechanics)은 서로 완전히 다른 과학 분야라고 생각하고 있었고, 에너지 보존의 원리는 특정한 형태의 역학계에서만 성립한다고 생각했다. 그러나 영국의 물리학자 제임스 줄(James Joule, 1818~1889)과 그 이외의 사람들이 수행했던 실험들로부터 고립계에서 감소한 역학적 에너지(운동 에너지와 위치 에너지의 합)의 양은 그 계에서 증가한 내부에너지의 양과 같다는 사실을 알게 되었다. 오늘날 내부에너지는 그것이 역학적 에너지로 전환되거나 그 반대로 역학적 에너지가 내부에너지로 전환될 수 있는 에너지의 한 형태라고 이해하게 되었다. 에너지 개념이 내부에너지까지 확장되면서 에너지 보존법칙은 자연의 보편적 법칙 중 하나라고 인식하게 되었다.

이 장에서는 한 계와 그 계를 둘러싼 주변 사이에서 이루어지는 에너지 전달 과정에 초점을 맞출 것이다.

## 11.1 열과 내부에너지

열과 내부에너지 사이에는 큰 차이가 있다. 이 두 용어는 서로 같은 것이 아니다. 즉 열은 한 곳에서 다른 곳으로 내부에너지를 **전달**하는 것과 관계된다. 다음과 같은 정의에 의해 그 차이를 좀더 명확히 이해할 수 있다.

◀ 내부에너지

**내부에너지**(internal energy) $U$는 계를 구성하는 원자나 분자와 같이 계의 미시적 구성물과 관련된 에너지이다. 내부에너지는 계를 이루는 입자들이 임의의 방향으로 이루어지는 병진 운동(translational motion)이나 회전 운동(rotational motion), 진동 운동(vibrational motion)과 관계된 운동 에너지와 입자들을 결합하는 위치 에너지를 포함한다.

10장에서는 단원자로 구성된 이상기체의 내부에너지가 원자들의 병진 운동과 관련되어 있다는 것을 보였다. 이는 내부에너지가 원자들의 병진 운동 에너지의 총 합이 되는 특별한 경우이다. 즉 기체의 온도가 높을수록 원자의 운동 에너지는 크고, 따라서 기체의 내부에너지도 커진다. 이원자 혹은 다원자 기체의 경우 내부에너지는 회전 운동 에너지와 진동 운동에서 기인된 운동 에너지 및 위치 에너지 등과 같은 에너지를 포함하게 된다. 또한 액체나 고체에서의 내부에너지는 분자들 사이의 위치 에너지(즉, 결합 에너지)와도 관련된다.

제5장에서 열은 어떤 계와 그 주변 사이에 에너지가 전달되는 방법 중의 하나라고 소개하였다. 열에 대한 정의는 다음과 같다.

열 ▶

**열**(heat)은 한 계와 주변 사이의 온도 차에 의해 발생되는 에너지의 전달이다.

계와 주변 사이의 열에 의해 전달되는 에너지의 양을 $Q$로 나타낸다. 좀더 간단하게 말하자면, "에너지 $Q$가 열에 의해 계에 전달되었다."라고 하지 않고 "에너지 $Q$가 계에 전달되었다."라고 한다.

프라이팬에 물을 넣고 덥혔을 때 물에 열이 더 많이 들어 있다고 말한다면 그것은 잘못된 표현이다. 일이 역학적 에너지의 전달인 것처럼 열은 열에너지의 **전달**이다. 예컨대 어떤 물체를 밀었을 때 물체가 일을 더 많이 지닌 것이 아니라, 그 물체가 일에 의해 역학적 에너지를 더 많이 가진 것이다. 마찬가지로 프라이팬의 물이 열에 의해 더 많은 열에너지를 갖게 된 것이다.

**☑ Checkpoint 11.1**

'열전달(heat transfer)' 이라는 표현이 잘못된 이유는 무엇인가?

## 열의 단위

칼로리의 정의 ▶

과학자들이 열역학과 역학 사이의 관계를 알고 있지 못하던 시대에 열은 한 물체에서의 온도 변화라는 형태로 정의되었으며, 이를 에너지의 한 단위인 **칼로리**(calorie)로 나타내었다. 1칼로리(cal)는 **물 1 g을 14.5℃에서 15.5℃로 올리는 데 필요한 에너지**라고 정의된다. (대문자를 사용하는 Calorie는 음식의 열량을 나타내는 데 사용하며, 이는 kcal에 해당한다.) 이와 유사하게 미국의 관습적 열 단위는 **영국의 열 단위**(Btu)를 사용하는데, 1 Btu는 **1파운드의 물을 63°F에서 64°F로 올리는 데 필요한 에너지**라고 정의된다.

1948년 과학자들은 열이 전달된 에너지의 양이기 때문에 국제단위계에서는 줄(J)로 표시되어야 한다는 데 합의를 보았다. 오늘날 1 cal는 정확히 4.186 J로 정의된다.

열의 역학적 당량 ▶

$$1 \text{ cal} \equiv 4.186 \text{ J} \qquad [11.1]$$

이 정의로 인해 더 이상 물의 온도를 올리는 것을 기준으로 하지 않아도 되었다. 우리는 앞으로 칼로리라는 단위를 잘 사용하지 않겠지만, 역사적인 이유 때문에 여기 소개하였다. 앞서 언급한 역사적 배경에 따라 식 11.1의 정의는 **열의 역학적 당량**(mechanical equivalent of heat)이라고 이해하게 되었다.

## 예제 11.1 운동으로 아침식사 소모하기

**목표** 칼로리를 역학적 에너지로 계산한다.

**문제** 한 학생이 아침식사로 두 그릇의 시리얼과 우유를 먹는데, 그 열량은 모두 $3.20 \times 10^2$ Cal이다. 그는 25.0 kg의 역기를 들어 올리면서 섭취한 칼로리와 똑같은 양의 일을 하려고 한다(그림 11.1). 얼마나 많이 역기를 들어 올려야 그 에너지를 모두 소모하겠는가? 역기는 무릎에서 가슴 위까지 약 0.400 cm를 수직으로 들어 올린다고 가정하라.

**그림 11.1** (예제 11.1)

**전략** 칼로리(Cal)를 줄(J) 단위로 바꾸고, 이것을 역기를 $n$번 들어올릴 때 한 일과 같다고 놓는다. 역기를 들어 올릴 때의 일은 일-에너지 정리와 역기의 위치 에너지 변화에 의해 계산할 수 있다. 그러나 역기를 아래로 내려놓을 때는 역기에 음의 값을 지닌 일을 하게 된다(역기를 올리거나 내려놓을 때 역기가 가속되지 않도록 한다). 따라서 역기를 들고 내릴 때 역기에 해 준 실제 일은 0이지만, 근육은 역기를 들어 올리고 내릴 때 같은 양의 일을 하게 된다.

**풀이**

아침 식사에서 얻은 칼로리(Cal) $E$를 줄(J)로 변환한다.

$$E = (3.20 \times 10^2 \text{ Cal})\left(\frac{1.00 \times 10^3 \text{ cal}}{1.00 \text{ Cal}}\right)\left(\frac{4.186 \text{ J}}{\text{cal}}\right) = 1.34 \times 10^6 \text{ J}$$

일-에너지 정리를 이용하여, 역기를 최대 높이까지 들어 올릴 때 해 준 일을 계산한다.

$$W = \Delta KE + \Delta PE = (0 - 0) + (mgh - 0) = mgh$$

역기를 내릴 때 같은 에너지를 사용하기 때문에 역기를 들어 올리고 내릴 때마다 $2mgh$의 에너지를 소모한다. 이것을 $n$번 반복했을 때 양은 식사에서 얻은 에너지 $E$와 같다.

$$n(2mgh) = E$$

$E$를 대입하고 $n$에 대해 푼다.

$$n = \frac{E}{2mgh} = \frac{1.34 \times 10^6 \text{ J}}{2(25.0 \text{ kg})(9.80 \text{ m/s}^2)(0.400 \text{ m})} = 6.84 \times 10^3 \text{ 번}$$

**주의** 만일 5초마다 역기를 들고 내린다면 아침식사의 에너지를 모두 일로 바꾸기 위해서는 9.5시간이 걸린다. 그러나 실제로는 일을 하는 동안 많은 에너지가 열로 소모된다. 운동하는 동안 열로 소모되는 것이 최소한 3/4 정도 되기 때문에 실제 소요되는 시간은 두 시간이 좀 넘는다.

### 연습문제 11.1

$5.0 \times 10^2$ Cal를 완전히 소모하기 위해 질량 65 kg의 사람이 정지 상태에서 5.0 m/s의 속력에 도달하는 단거리 달리기를 몇 번이나 해야 하는가? (음식의 에너지가 역학적 에너지로 100% 변환된다고 가정하라.)

**답** $2.6 \times 10^3$번

**APPLICATION**
운동 생리학

적절한 운동을 하는 것은 건강을 유지하고 체중을 조절하는 데 중요한 요인이다. 앞의 예제에서 본 바와 같이 일을 하는 동안 신체는 에너지를 소모하며, 신체 내부에 저장된 에너지를 일로 전환시킬 때 신체 효율의 문제 때문에 실제 소모되는 에너지는 더 많아진다. 열로 방출되는 에너지는 소모된 전체 에너지의 3/4 또는 그 이상이 된다.

## 11.2 비 열

**표 11.1** 물질의 비열(1기압)

| 물질 | J/kg · ℃ | cal/g · ℃ |
|---|---|---|
| 알루미늄 | 900 | 0.215 |
| 베릴륨 | 1 820 | 0.436 |
| 카드뮴 | 230 | 0.055 |
| 구리 | 387 | 0.0924 |
| 저마늄 | 322 | 0.077 |
| 유리 | 837 | 0.200 |
| 금 | 129 | 0.0308 |
| 얼음 | 2 090 | 0.500 |
| 철 | 448 | 0.107 |
| 납 | 128 | 0.0305 |
| 수은 | 138 | 0.033 |
| 규소 | 703 | 0.168 |
| 은 | 234 | 0.056 |
| 수증기 | 2 010 | 0.480 |
| 물 | 4 186 | 1.00 |

역사적으로 칼로리는 물이라는 특정한 물질 1 g의 온도를 1℃ 높이는 데 필요한 에너지의 양이라고 정의되었다. 이 값은 4.186 J에 해당한다. 따라서 1 kg의 물을 1℃ 높이기 위해서는 4 186 J의 에너지가 필요하다. 어떤 물질 1 kg의 온도를 1℃ 올리는 데 필요한 에너지는 물질의 종류마다 다르다. 예를 들어 구리 1 kg을 1.0℃ 올리는 데 필요한 에너지는 387 J이다. 모든 물질은 단위 질량당 온도를 1.0℃ 올리는 데 고유한 양의 에너지를 필요로 한다.

에너지 $Q$가 질량 $m$인 물질에 전달되어 온도가 $\Delta T = T_f - T_i$만큼 변했다면, 이 물질의 **비열**(specific heat) $c$는 다음과 같이 정의된다.

$$c \equiv \frac{Q}{m\Delta T} \tag{11.2}$$

**국제단위(SI unit): J/kg · ℃**

표 11.1에는 몇 가지 물질에 대한 비열이 제시되어 있다. 칼로리의 정의로부터 물의 비열은 4 186 J/kg · ℃가 된다.

비열의 정의에 따라 질량 $m$의 온도를 $\Delta T$ 만큼 올리는 데 필요한 에너지 $Q$는 다음과 같다고 할 수 있다.

$$Q = mc\Delta T \tag{11.3}$$

**TIP 11.1** $\Delta T$ 계산하기

식 11.3에서 $\Delta T$는 **항상** 나중 온도에서 처음 온도를 뺀 값이라는 점을 염두에 두기 바란다. 즉 $\Delta T = T_f - T_i$이다.

예컨대 0.500 kg의 물을 3.00℃ 올리는 데 필요한 에너지는 $Q$ = (0.500 kg)(4 186 J/kg · ℃)(3.00℃) = $6.28 \times 10^3$ J로 계산된다. 온도를 올릴 때, 에너지가 계에 **유입**되기 때문에 $\Delta T$와 $Q$는 **양의 값**이 된다는 점에 유의하라. 반대로 온도를 낮출 때는 $\Delta T$와 $Q$가 **음의 값**을 가지며 에너지는 계로부터 **유출**된다.

표 11.1은 물이 일반적인 다른 물질에 비해 상대적으로 비열이 가장 크다는 점을 보여 주고 있다. 바닷가의 기온이 온화한 이유는 물의 높은 비열 때문이다. 겨울에 기온이 내려가면서 물은 에너지를 대기로 방출하고, 우세풍이 육지로 불 때 따뜻한 대기는 육지로 에너지를 전달한다. 미국 서해안 멀리 태평양에서 방출된 에너지가 동쪽으로 이동하기 때문에, 미국 서해안은 바닷가가 아닌 지역보다 더 따뜻하게 유지된다. 겨울에는 일반적으로 미국 동해안 지역의 주들이 더 추운데, 그 이유는 우세풍이 에너지를 육지로부터 바다 쪽으로 이동시키기 때문이다.

**그림 11.2** 해변에서 공기의 순환. 더운 날 모래 위의 공기는 바다 위의 공기보다 더 빨리 더워진다. 더워진 공기는 아르키메데스의 원리에 의해 상승하게 되며, 그 결과 차가운 공기는 바다에서 해변으로 이동하게 된다.

물의 비열이 모래의 비열보다 더 크다는 점이 해변에서 공기 흐름의 형태를 결정한다. 낮에는 태양이 바다와 해변에 거의 똑같은 에너지를 공급한다. 그러나 해변 모래의 비열은 바닷물의 비열보다 더 적기 때문에 해변은 바다보다 온도가 더 높아진다. 그 결과, 육지 쪽의 기온이 바다 위의 기온보다 더 높아지게 되고, (아르키메데스의 원리에 따라) 밀도가 큰 찬 공기가 밀도가 적은 더운 공기를 위로 밀어 올리게 되면서 낮에는 바다로부터 육지로 미풍이 불게 된다. 더운 공기는 상승하면서 점차 냉각되어 다시 하강하게 되고 그림 11.2와 같은 공기의 순환이 이루어진다.

비슷한 효과가 **상승기류**라고 부르는 공기층의 상승을 만들어 내는데, 바로 이 때문에 독수리가 기류를 타고 더 높이 나를 수 있고, 행글라이더가 오랫동안 체공할 수 있게 된다. 상승기류는 땅의 한 부분의 온도가 인근 지역보다 더 높게 될 때에도 생겨난다. 이 현상은 주변이 채소로 덮인 밭보다 햇볕에 더 빨리 더워지는 쟁기질만 된 밭에서 종종 나타난다. 채소로 덮인 밭 위에 있는 차갑고 큰 밀도의 공기가 쟁기질만 되어 있는 밭 위의 공기를 위로 밀어 올리면서 상승기류를 형성한다.

**APPLICATION**

해풍과 상승기류

**Quick Quiz 11.1**

10℃의 철, 유리, 물이 각각 1 kg씩 있다고 하자. (a) 각각에 100 J의 열을 가했을 때, 온도가 높은 순서로 이들을 나열하라. (b) 이들에 충분한 에너지가 공급되어 모두 20℃ 온도가 되었다면, 이때 각각에 공급된 에너지의 양이 적은 것에서 큰 순서로 이들을 나열하라.

### 예제 11.2 버팀대가 받는 힘

**목표** 선팽창과 압축 변형력에 에너지 변환식을 이용한다.

**문제** 용광로 곁에 있는 철제 버팀대는 길이 2.00 m, 질량 1.57 kg, 단면적 $1.00 \times 10^{-4}$ m$^2$이다. 용광로가 가동되는 동안, 버팀대는 열에너지 $2.50 \times 10^5$ J을 흡수한다. (a) 버팀대의 온도 변화를 구하라. (b) 버팀대의 늘어난 길이를 구하라. (c) 만일 버팀대의 양쪽이 늘어날 수 없도록 고정되어 있다면, 버팀대가 받는 압축 변형력을 구하라.

**전략** 이 문제는 주어진 값을 3개의 식에 대입하여 풀 수 있다. (a)에서 전달된 에너지를 온도 변화로 나타낸 식 11.3을 이용하여 온도의 변화를 구할 수 있다. (b)에서는 (a)의 결과를 선팽창 방정식에 대입하여 늘어난 길이를 구할 수 있다. (c)에서 보듯이 만일 설계가 잘못되어 길이의 변화가 불가능해진다면, 압축 변형력–변형식을 이용하여 압축 변형력을 구할 수 있다.

**풀이**

(a) 온도 변화를 구하라.

값을 대입하여 식 11.3을 온도 변화에 대해 푼다.

$$Q = m_s c_s \Delta T \longrightarrow \Delta T = \frac{Q}{m_s c_s}$$

$$\Delta T = \frac{(2.50 \times 10^5\ \text{J})}{(1.57\ \text{kg})(448\ \text{J/kg}\cdot{}^\circ\text{C})} = \boxed{355^\circ\text{C}}$$

(b) 만일 열팽창이 허용된다면, 늘어날 수 있는 길이를 구하라.

선팽창 방정식에 대입하여 푼다.

$$\Delta L = \alpha L_0 \Delta T = (11 \times 10^{-6}\ {}^\circ\text{C}^{-1})(2.00\ \text{m})(355^\circ\text{C})$$
$$= \boxed{7.8 \times 10^{-3}\ \text{m}}$$

(c) 만일 열팽창이 허용되지 않는다면, 버팀대가 받는 압축 변형력을 계산하라.

압축 변형력–변형식을 이용한다.

$$\frac{F}{A} = Y\frac{\Delta L}{L} = (2.00 \times 10^{11}\ \text{Pa})\frac{7.8 \times 10^{-3}\ \text{m}}{2.01\ \text{m}}$$
$$= \boxed{7.8 \times 10^8\ \text{Pa}}$$

**주의** 위의 마지막 계산에서 분모가 2.00 m가 아닌 2.01 m라는 점에 주목하기 바란다. 이것은 버팀대가 늘어났어야 할 길이가 늘어나지 못하고 원래의 길이 쪽으로 압력을 가했기 때문에 생긴 효과를 반영한 것이지만, 실제 두 길이 사이의 차이는 무시할 수 있기 때문에 2.00 m로 근사할 수 있다. 계산 결과는 강철이 받을 수 있는 한계 변형력보다 크다는 점을 보여 주고 있고, 따라서 열팽창이 일어나도록 허용해야 한다는 점의 중요성을 강조하고 있다. 물론 버팀대는 압축 변형력의 일부가 비틀림 변형력으로 변환됨으로써 휘어지게 되고, 이로써 압축 변형력이 줄어들 수 있다. 양쪽이 볼트로 연결된 버팀대는 열에 의한 팽창과 수축으로 인해 볼트에 비틀림 변형력이 작용하고, 시간이 지남에 따라 볼트가 약화되거나 느슨해진다.

**연습문제 11.2**
잠수함의 엔진실에는 단면적이 $5.00 \times 10^{-4}$ m²이고, 길이가 2.50 m인 강철 버팀대가 단단한 격벽 사이에 볼트로 죄어 있다. (a) 버팀대가 $3.00 \times 10^5$ J의 에너지를 흡수했을 때 버팀대의 온도 변화를 계산하라. (b) 버팀대의 압축 변형력을 계산하라.

**답** (a) 68.2℃ (b) $1.50 \times 10^8$ Pa

## 11.3 열량측정법

고체나 액체의 비열을 측정하는 방법 중의 하나는 온도를 높인 어떤 물질을 질량과 온도를 알고 있는 찬 물에 넣은 다음, 평형상태에 도달하였을 때의 온도를 재는 것이다. 여기서 열역학적 계는 물질과 물로 정의된다. 만일 물을 담은 용기가 좋은 부도체이어서 에너지가 계의 외부로 새어나가지 않는다면, 우리는 이 계가 고립계라고 가정할 수 있다. 이러한 특성을 지닌 용기를 **열량측정기**(calorimeter)라고 부르며, 이 용기를 이용해 이루어지는 분석을 **열량측정법**(calorimetry)이라고 한다.

에너지 보존법칙에 따라 이 고립계에서 전달된 모든 에너지의 총량은 0이 된다. 계가 고립되어 있어서 에너지는 계 밖의 어느 곳으로도 방출되지 않기 때문에, 만일 계의 일부가 에너지를 잃었다면 다른 일부는 에너지를 얻은 것이 된다. 열량측정기에 있는 찬 물에 뜨거운 물체를 넣으면, 찬 물은 데워지고 뜨거운 물체는 식는다.

열량측정법 문제는 서로 다른 온도의 셋 혹은 그 이상의 물체가 열에너지를 교환하는 것을 포함하기도 한다. 만일 최종 온도를 구하는 문제라면, 중간 온도에 있는 물질이 열에너지를 흡수했는지 방출했는지 분명하지 않을 수 있다.

예를 들어 25℃의 유리 비커에 40℃의 물과 37℃의 알루미늄 덩어리를 넣었다고 하자. 그 결과 유리 비커의 온도는 올라가고 뜨거운 물은 냉각되지만, 최종 온도를 모르기 때문에 알루미늄 덩어리가 에너지를 얻었는지 또는 잃었는지를 확실하게 알 수 없다.

그러나 모든 것이 옳게 되어 있다면, 문제가 해결될 수 있다. 모르는 최종 온도를 $T_f$라고 한다면, $Q = mc(T_f - T_i)$로부터 만일 $T_f > T_i$라면 $Q$는 양의 값을 가질 것이고, 만일 $T_f < T_i$라면 음의 값을 가질 것이다. 어느 물체가 에너지를 잃는다면 다른 물체가 에너지를 얻을 것이므로, $k$번째 물체의 에너지 변화를 $Q_k$라고 한다면 에너지 보존에 의해 다음과 같이 나타낼 수 있다.

$$\Sigma Q_k = 0 \qquad [11.4]$$

식 11.4는 잃고 얻은 모든 열에너지의 총 합이 0이며, 이는 고립계에서 에너지가 보존된다는 것을 의미한다. 식 11.4의 각 항들의 부호는 자동적으로 결정된다. 식 11.4를 물, 알루미늄, 비커에 적용하면 다음 식을 얻는다.

$$Q_w + Q_{\text{al}} + Q_g = 0$$

계에서 어떤 물체가 에너지를 잃고 얻었는지를 미리 결정할 필요는 없다. 이 식은 고립계에서 운동 에너지와 위치 에너지가 잃고 얻은 값들의 합이 0이 되는, 즉 $\Delta K + \Delta PE = 0$이라는 역학적 에너지 보존과 비슷한 것이다. 앞으로 보게 되겠지만, 열에너지의 변화는 역학적 에너지 보존식의 좌측에 포함될 수 있다.

**TIP 11.2 셀시우스와 켈빈**
이상기체 상태방정식과 같이 식에서 $T$가 등장하는 경우 켈빈온도(절대온도)를 사용해야만 한다. 그러나 열량측정법처럼 식에서 $\Delta T$가 나타나는 경우에는 셀시우스온도(섭씨온도)나 켈빈온도 어느 것을 사용해도 무방하다. 왜냐하면 두 온도 단위에 대해 온도 차이는 서로 같기 때문이다. 만일 의심스럽다면 캘빈온도를 사용하라.

**☑ Checkpoint 11.2**
진실인가 거짓인가: 식 11.4는 에너지 보존법칙을 응용한 식이다.

두 가지 이상의 물체가 열에너지를 서로 교환할 때, 수치를 대입하는 과정에서 실수를 범하기 쉽기 때문에 모든 데이터를 표로 만들어 계산하는 것이 좋다. 이 방법을 다음 예제에서 다룰 것이다.

**예제 11.3** **평형온도를 계산하라.**

**목표** 서로 다른 온도에 있는 세 물질의 열량측정 문제를 해결하라.

**문제** 25.0℃의 비커(질량 0.300 kg)에 40.0℃의 물 0.400 kg을 붓고, 37.0℃의 알루미늄 덩어리 0.500 kg을 물속에 넣었다. 이들로 이루어진 계가 고립계라고 가정할 때, 이 계의 최종 평형온도를 계산하라.

**전략** 물, 알루미늄, 유리의 에너지 변화를 각각 $Q_w$, $Q_{al}$, $Q_g$라고 표시하자. 이 값들의 합은 에너지 보존법칙에 의해 0이 되어야 한다. 표를 만들고 각각에 대해 값들을 넣어 최종 평형온도를 계산한다.

**풀이**

식 11.4를 계에 적용한다.

$$Q_w + Q_{al} + Q_g = 0$$

$$m_w c_w(T - T_w) + m_{al}c_{al}(T - T_{al}) + m_g c_g(T - T_g) = 0 \quad (1)$$

표를 만든다.

| $Q$ (J) | $m$ (kg) | $c$ (J/kg · ℃) | $T_f$ | $T_i$ |
|---|---|---|---|---|
| $Q_w$ | 0.400 | 4 190 | $T$ | 40.0℃ |
| $Q_{al}$ | 0.500 | $9.00 \times 10^2$ | $T$ | 37.0℃ |
| $Q_g$ | 0.300 | 837 | $T$ | 25.0℃ |

표의 값들을 식 (1)에 대입하고, $T$에 대해 푼다.

$$(1.68 \times 10^3\ \text{J/℃})(T - 40.0℃) + (4.50 \times 10^2\ \text{J/℃})(T - 37.0℃) + (2.51 \times 10^2\ \text{J/℃})(T - 25.0℃) = 0$$

$$(1.68 \times 10^3\ \text{J/℃} + 4.50 \times 10^2\ \text{J/℃} + 2.51 \times 10^2\ \text{J/℃})T = 9.01 \times 10^4\ \text{J}$$

$$T = 37.9℃$$

**계산** 계산 결과는 알루미늄의 초기 온도에 아주 근접하게 나왔기 때문에, 사전에 알루미늄이 에너지를 잃거나 얻는다고 미리 추측하는 것은 불가능했을 것이다. 각 항목에 대한 데이터를 표로 정리한 방식에 주목하기 바란다. 이러한 정리는 이런 형태의 문제에서 흔히 나타나는 수치대입의 오류를 방지할 수 있다.

**연습문제 11.3**

0.800 kg 질량에 온도가 15.0℃인 커다란 단열 유리용기 안에 25.0℃의 물 2.00 kg이 들어 있고 여기에 25.0℃의 금 20.0 kg을 넣었다. 최종 평형온도를 계산하라.

**답** 26.6℃

## 11.4 잠열과 상변화

물질이 자신의 주변 환경과 에너지 교환이 있을 때, 일반적으로 물질의 온도는 변하게 된다. 그러나 어떤 경우에는 에너지의 전달이 온도의 변화를 초래하지 않을 수도 있다. 이것은 물질의 물리적 특성이 한 형태에서 다른 형태로 변화할 때 일어나며, 이것을 일반적으로 **상변화**(phase change)라고 한다. 일반적인 상변화에는 고체에서 액체

**☑ Checkpoint 11.3**

진실인가 거짓인가: 얼음이 녹을 때 항상 온도가 변한다.

로 변화하거나(녹음), 액체에서 기체로 변화하는 것(끓음), 그리고 고체 결정구조의 변화가 있다. 이러한 모든 상변화는 내부에너지의 변화가 따르지만 **온도의 변화는 없다**.

잠열 ▶

순수한 물질의 상변화에 필요한 에너지 $Q$는 다음과 같이 나타낼 수 있다.

$$Q = \pm mL \qquad [11.5]$$

여기서 $L$은 물질의 **숨은열** 혹은 **잠열**(latent heat)이라고 부르는데, 이것은 물질 자체뿐만 아니라 상변화 특성에 따라 다른 값을 갖는다.

**TIP 11.3 부호의 중요성**
상변화를 위해 우리가 물체에 에너지를 가해야 하느냐 아니면 물체에서 에너지를 제거해야 하느냐에 따라, 식 11.5에서 올바른 부호를 사용해야 한다.

잠열의 단위는 킬로그램당 줄(J/kg)이다. 'laten' 이란 '사람이나 물체 안에 숨어 있다'는 뜻이다. 식 11.5에서 양의 부호는 얼음이 녹을 때처럼 물질이 에너지를 흡수한다는 의미이다. 음의 부호는 수증기가 물로 응축될 때와 같이 물질에서 에너지가 방출된다는 뜻이다. 끓거나 응축할 때의 상변화에서는 **기화 잠열**(latent heat of vaporization) $L_v$가 사용되고, 얼거나 녹을 때의 상변화에서는 **융해 잠열**(latent heat of fusion) $L_f$가 사용된다.[1] 예컨대 대기압에서 물의 융해 잠열은 $3.33 \times 10^5$ J/kg이며, 물의 기화 잠열은 $2.26 \times 10^6$ J/kg이다. 표 11.2에서 보듯이 잠열은 물질마다 크게 다르다.

**표 11.2** 융해 잠열 및 기화 잠열

| 물질 | 녹는점(℃) | 융해 잠열 | | 끓는점(℃) | 기화 잠열 | |
|---|---|---|---|---|---|---|
| | | (J/kg) | (cal/g) | | (J/kg) | (cal/g) |
| 헬륨 | −269.65 | $5.23 \times 10^3$ | (1.25) | −268.93 | $2.09 \times 10^4$ | (4.99) |
| 질소 가스 | −209.97 | $2.55 \times 10^4$ | (6.09) | −195.81 | $2.01 \times 10^5$ | (48.0) |
| 산소 가스 | −218.79 | $1.38 \times 10^4$ | (3.30) | −182.97 | $2.13 \times 10^5$ | (50.0) |
| 에틸알코올 | −114 | $1.04 \times 10^5$ | (24.9) | 78 | $8.54 \times 10^5$ | (204) |
| 물 | 0.00 | $3.33 \times 10^5$ | (79.7) | 100.00 | $2.26 \times 10^6$ | (540) |
| 유황 | 119 | $3.81 \times 10^4$ | (9.10) | 444.60 | $3.26 \times 10^5$ | (77.9) |
| 납 | 327.3 | $2.45 \times 10^4$ | (5.85) | 1 750 | $8.70 \times 10^5$ | (208) |
| 알루미늄 | 660 | $3.97 \times 10^5$ | (94.8) | 2 450 | $1.14 \times 10^7$ | (2 720) |
| 은 | 960.80 | $8.82 \times 10^4$ | (21.1) | 2 193 | $2.33 \times 10^6$ | (558) |
| 금 | 1 063.00 | $6.44 \times 10^4$ | (15.4) | 2 660 | $1.58 \times 10^6$ | (377) |
| 구리 | 1 083 | $1.34 \times 10^5$ | (32.0) | 1 187 | $5.06 \times 10^6$ | (1 210) |

승화는 액체상태를 거치치 않고 고체상태에서 기체상태로 변화하는 과정이다. 드라이아이스에서 보이는 흰 연기는 이것이 승화와 관련된 잠열, 즉 승화열을 지니고 있다는 점을 보여 주고 있다.

상변화의 물리학을 좀더 잘 이해하기 위해 다음과 같은 과정을 생각해 보자. 즉 압력이 일정하게 유지되는 용기 안에 있는 −30.0℃의 얼음 1.00 g에 에너지를 가한다. 추가된 에너지가 얼음을 120.0℃의 수증기로 변환시켰다고 하자. 그림 11.3은 에너지가 계에 가해질 때 온도를 측정한 그래프이다. 이 그래프를 각 부분으로 나누어 검토해 보기로 하자.

[1] 기체가 냉각되면 액체로 변한다(또는 **응축**된다). 이 과정이 일어나는 동안 방출하는 단위 질량당 에너지를 **응축열**이라고 하며, **기화열**과 값이 같다. 액체가 냉각되면 고체로 되며, 이때 **응고열**은 **융해열**과 값이 같다.

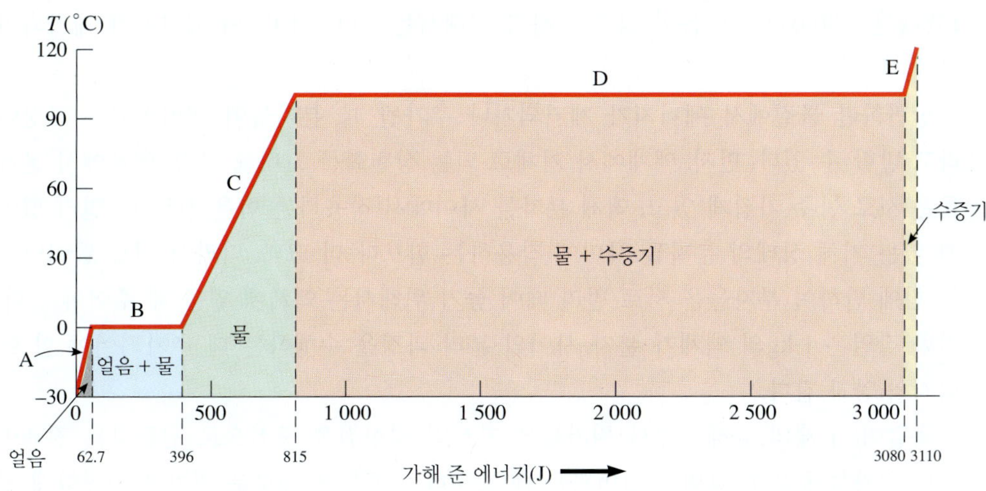


**그림 11.3** −30.0℃의 얼음 1.00 g이 120℃ 수증기가 되도록 가해 준 에너지와 온도 그래프.

**A 영역** 이 영역에서 얼음의 온도는 −30.0℃에서 0.0℃까지 변한다. 얼음의 비열이 2 090 J/kg이기 때문에, 우리는 식 11.3으로부터 추가되어야 할 에너지를 계산할 수 있다.

$$Q = mc_{\text{ice}}\,\Delta T = (1.00 \times 10^{-3}\ \text{kg})(2\,090\ \text{J/kg}\cdot℃)(30.0℃) = 62.7\ \text{J}$$

**B 영역** 얼음이 0℃에 도달하면 에너지를 가한다고 하더라도, 모든 얼음이 0℃의 물이 될 때까지 얼음과 물의 혼합 상태로 공존한다. 식 11.5에 따라 0℃, 1.00 g의 얼음이 녹을 때 필요한 에너지는 다음과 같다.

$$Q = mL_f = (1.00 \times 10^{-3}\ \text{kg})(3.33 \times 10^5\ \text{J/kg}) = 333\ \text{J}$$

**C 영역** 0℃와 100℃ 사이에서는 상변화가 일어나지 않는다. 물에 가해 준 에너지는 A 영역에서의 얼음처럼 물의 온도를 높이는 데 사용된다. 온도를 0℃에서 100℃로 올리는 데 필요한 에너지는 다음과 같다.

$$Q = mc_{\text{water}}\,\Delta T = (1.00 \times 10^{-3}\ \text{kg})(4.19 \times 10^3\ \text{J/kg}\cdot℃)(1.00 \times 10^2\ ℃)$$

$$Q = 4.19 \times 10^2\ \text{J}$$

**D 영역** 100℃에서 물은 100℃의 수증기가 되는 상변화를 겪게 된다. B 영역처럼 에너지를 추가한다고 하더라도 물이 모두 수증기가 될 때까지 물과 수증기의 혼합 상태를 유지하면서 공존하게 된다. 100℃, 1.00 g의 물이 100℃의 수증기가 되는 데 필요한 에너지는 다음과 같다.

$$Q = mL_v = (1.00 \times 10^{-3}\ \text{kg})(2.26 \times 10^6\ \text{J/kg}) = 2.26 \times 10^3\ \text{J}$$

**E 영역** A 영역이나 C 영역처럼 이 영역에서는 상변화가 일어나지 않기 때문에, 추가되는 모든 에너지는 수증기의 온도를 높이는 데 사용된다. 수증기 온도를 120℃까지 올리는 데 필요한 에너지는 다음과 같다.

$$Q = mc_{\text{steam}}\,\Delta T = (1.00 \times 10^{-3}\ \text{kg})(2.01 \times 10^3\ \text{J/kg}\cdot℃)(20.0\ ℃) = 40.2\ \text{J}$$

−30.0℃에 있는 얼음 1.00 g을 120.0℃의 수증기로 변환시키는 데 필요한 총 에너지는 위의 다섯 영역의 결과들을 합한 $3.11 \times 10^3$ J이 된다. 반대로 120.0℃의 수증기

1.00 g을 −30.0℃의 얼음이 되도록 하기 위해서는 $3.11 \times 10^3$ J의 에너지가 제거되어야 한다.

상변화란 물질에서 에너지가 제거되거나 추가될 때, 분자들이 재배열되는 과정이라고 말할 수 있다. 먼저, 액체에서 기체로 되는 상변화를 고려해 보자. 액체에서 분자들은 서로 아주 가깝게 있고, 액체 분자들 사이에서 작용하는 힘은 서로 더 멀리 떨어져 있는 기체 상태의 분자들 사이에 작용하는 힘보다 더 크다. 따라서 서로 끌어당기는 힘에 반하여 분자들을 서로 멀리 떼어 놓기 위해서는 액체에 일을 해 주어야 한다. 기화 잠열은 1 kg의 액체가 분자 사이의 분리 과정을 수행하는 데 추가되어야 할 에너지의 양과 같다.

똑같이, 고체의 융해점에서 원자들은 자신의 평형점을 중심으로 진동하는 진폭이 주변 원자들에 의한 장벽을 넘어가는 데 충분하기 때문에 새로운 위치로 이동하게 된다. 평균적으로 볼 때, 원자들의 새로운 위치는 먼저 녹기 전의 위치보다 대칭성이 감소하기 때문에 결과적으로 더 높은 에너지 상태에 있게 된다. 융해 잠열은 분자를 규칙적으로 배열된 고체상태에서 불규칙적으로 배열된 액체상태로 바꾸는 데 필요한 분자 수준의 일과 동등하다.

기체상태에서 원자들의 평균거리는 액체나 고체상태에서의 그것보다 훨씬 더 크다. 기체상태의 각 원자나 분자는 근처의 원자나 분자로부터 작용하는 인력을 이기고 이웃하는 원자나 분자로부터 떨어져 나가 있다. 따라서 물체를 기화시키는 데 필요한 분자 수준의 일은 녹는 데 필요한 일보다 더 크며, 이런 이유로 일반적으로 기화 잠열은 융해 잠열보다 훨씬 더 크다(표 11.2).

### Quick Quiz 11.2

그림 11.3에서 영역 A, C, E에 대한 기울기를 계산하라. 기울기의 순서를 작은 것으로부터 큰 것으로 나열하고, 그 순서의 의미를 설명하라.

(a) A, C, E (b) C, A, E (c) E, A, C (d) E, C, A

### 문제풀이 전략 상변화가 일어날 때의 열량측정

1. **모든 데이터를 표로 정리한다.** 서로 다른 상태들과 상태 사이의 변환은 열에 나타낸다. 사용된 값들에 대해서는 행에 쓰고, 값들의 조합은 마지막 행에 기입한다. 이 마지막 행에 전달된 열에너지를 $Q = mc\Delta T$로 나타내고, 상변화의 경우 액체와 고체 사이에서 일어나는 변화에 대해서는 $Q = \pm mL_f$, 액체와 기체 사이에서 일어나는 변화에 대해서는 $Q = \pm mL_v$를 사용한다.
2. **에너지 보존법칙을 적용한다.** 만일 고립계라면 $\Sigma Q_k = 0$(식 11.4)을 사용한다. 고립계가 아니라면 식의 왼쪽 항은 0이 아니라 교환된 알짜 에너지로 표시해야 한다. $\Sigma Q_k$는 표의 마지막 행에 있는 모든 항들의 합과 같아야 한다.
3. 미지의 값에 대해 문제를 **푼다.**

## 예제 11.4 얼음물

**목표** 고체에서 액체로 될 때의 상변화와 열전달이 포함된 문제를 푼다.

**문제** 파티에서 −5.00℃의 얼음 6.00 kg을 20.0℃의 물 30리터에 넣었다. 평형상태에 도달했을 때, 물의 온도는 얼마인가?

**전략** 이 문제는 표를 만들어 해결하는 것이 좋다. 열에너지 $Q_{\text{ice}}$가 유입됨으로써 얼음의 온도는 0℃까지 올라가게 되고, 추가로 $Q_{\text{melt}}$를 받아 0℃에서 녹게 된다. 그 다음, 녹은 얼음은 먼저 들어 있던 물의 에너지 $Q_{\text{water}}$와 교환을 통해 얻은 에너지 $Q_{\text{ice-water}}$를 흡수하여 최종 온도 $T$에 도달하게 된다. 에너지 보존원리에 따라 이 양들의 총 합은 0이 되어야 한다.

**풀이**

물의 질량을 계산한다.

$$m_{\text{water}} = \rho_{\text{water}} V = (10.0 \times 10^3\ \text{kg/m}^3)(30.0\ \text{L})\frac{1.00\ \text{m}^3}{1.00 \times 10^3\ \text{L}} = 30.0\ \text{kg}$$

열평형식을 쓴다.

$$Q_{\text{ice}} + Q_{\text{melt}} + Q_{\text{ice-water}} + Q_{\text{water}} = 0 \quad (1)$$

표를 만든다.

| $Q$ (J) | $m$ (kg) | $c$ (J/kg · ℃) | $L$ (J/kg) | $T_f$ (℃) | $T_i$ (℃) | 식 |
|---|---|---|---|---|---|---|
| $Q_{\text{ice}}$ | 6.00 | 2 090 | | 0 | −5.00 | $m_{\text{ice}}c_{\text{ice}}(T_f - T_i)$ |
| $Q_{\text{melt}}$ | 6.00 | | $3.33 \times 10^5$ | 0 | 0 | $m_{\text{ice}}L_f$ |
| $Q_{\text{ice-water}}$ | 6.00 | 4 190 | | $T$ | 0 | $m_{\text{ice}}c_{\text{wat}}(T_f - T_i)$ |
| $Q_{\text{water}}$ | 30.0 | 4 190 | | $T$ | 20.0 | $m_{\text{wat}}c_{\text{wat}}(T_f - T_i)$ |

두 번째에서 다섯 번째 행까지의 모든 값을 마지막 행에 대입하고 식 (1)에 따라 $T$를 구한다.

$$6.27 \times 10^4\ \text{J} + 2.00 \times 10^6\ \text{J} + (2.51 \times 10^4\ \text{J/℃})(T - 0\text{℃}) + (1.26 \times 10^5\ \text{J/℃})(T - 20.0\text{℃}) = 0$$

$$T = 3.03\text{℃}$$

**주의** 표를 만드는 것은 자유다. 그러나 값을 대입할 때 나타나는 단순한 실수는 아주 흔히 일어난다. 표는 이런 실수를 방지하는 데 도움이 된다.

**연습문제 11.4**

$1.20 \times 10^3\ \text{m}^3$의 물을 담을 수 있는 고래 수조가 있다. 20.0℃의 수온을 좀더 쾌적한 10.0℃로 낮추기 위해 −10.0℃의 얼음이 얼마나 필요한가?

**답** $1.27 \times 10^5$ kg

종종 역학적 에너지의 변화가 포함되는 문제들이 있다. 예컨대 충돌하는 동안 운동 에너지의 일부는 충돌하는 물체의 내부에너지로 전환된다. 예제 11.5는 혜성이 지구에 충돌할 때 나타나는 이런 형태의 변환을 다루고 있다. 이러한 파국적 사건이 지니는 파괴력의 규모를 계산하기 위해서는 많은 것들이 무시되어야 한다. 실제로는 비열이 온도와 압력에 따라 변하지만, 이런 것 따위는 무시될 수 있다. 또한 충돌 시 생기는 온도와 압력에서는 이상기체 법칙이 적용될 수 없으며, 충돌 결과 수증기가 과가열(superheated)되는 것이 아니라, 대전 입자들로 된 플라즈마를 생성시킬 것이다. 그러나 이것들을 무시한다고 하더라도, 예로 들은 문제는 피해 규모를 추정하는 데 충분하다.

## 예제 11.5 아마겟돈!

**목표** 규모를 추산하기 위해 역학적 에너지를 열에너지, 상변화, 그리고 이상기체 법칙과 연관시킨다.

**문제** 273 K 온도의 얼음으로 구성된 반지름 0.5 km의 혜성이 속력 $4.00 \times 10^4$ m/s로 지구에 충돌했다. 문제를 간단하게 하기 위해 충돌 시 운동 에너지 모두가 열에너지로 전환되고, 열에너지의 전부는 혜성의 온도를 높이는 데 사용된다고 가정한다. (a) 얼음의 부피와 질량을 구하라. (b) 혜성의 최종 온도를 구하기 위해 에너지 보존을 이용하라. 실제와는 다르지만, 이때 수증기가 과가열되고 보통 일상적인 비열을 사용할 수 있다고 가정하라. (c) 발생된 수증기가 원래 혜성의 부피와 같고 공 모양을 이룬다고 가정할 때, 이상기체 법칙을 사용하여 수증기의 압력을 계산하라. 이 정도의 온도와 압력에서 이 법칙은 실제로 적용될 수 없으나, 결과를 추정하기 위해 사용할 수 있다.

**전략** (a)에서는 구의 부피를 구하고 밀도의 정의를 이용한다. (b)에서는 에너지 보존법칙을 적용한다. 여기에는 네 과정이 포함된다. 즉 (1) 얼음이 녹는 과정, (2) 얼음물이 끓는점까지 가열되는 과정, (3) 끓는 물이 수증기로 되는 과정, (4) 수증기의 가열 과정. 이 과정에 필요한 에너지를 각각 $Q_{\text{melt}}$, $Q_{\text{water}}$, $Q_{\text{vapor}}$, $Q_{\text{steam}}$으로 나타낸다. 이 값들에 운동 에너지의 변화 $\Delta K$를 합하면 0이 되어야 하는데, 그 이유는 이들이 고립계에서의 값이기 때문이다. 이 경우, 운동 에너지가 엄청나게 크기 때문에 위의 $Q$값들 중 첫 3개의 값은 상대적으로 무시될 수 있다. (c)에서는 미지의 온도에 대해 풀고, 이것을 이상기체 법칙에 대입한다.

**풀이**

(a) 얼음의 부피와 질량을 구한다.

구의 부피를 구한다.

$$V = \frac{4}{3}\pi r^3 = \frac{4}{3}(3.14)(5.00 \times 10^2 \text{ m})^3$$
$$= \boxed{5.23 \times 10^8 \text{ m}^3}$$

얼음의 질량을 구하기 위해 밀도 식을 이용한다.

$$m = \rho V = (917 \text{ kg/m}^3)(5.23 \times 10^8 \text{ m}^3)$$
$$= \boxed{4.80 \times 10^{11} \text{ kg}}$$

(b) 혜성의 최종 온도를 구한다.

에너지 보존법칙을 이용한다.

$$Q_{\text{melt}} + Q_{\text{water}} + Q_{\text{vapor}} + Q_{\text{steam}} + \Delta K = 0 \qquad (1)$$
$$mL_f + mc_{\text{water}}\Delta T_{\text{water}} + mL_v + mc_{\text{steam}}\Delta T_{\text{steam}} + (0 - \tfrac{1}{2}mv^2) = 0 \qquad (2)$$

앞의 세 항은 운동 에너지와 비교할 때 무시될 수 있다. 수증기 항에는 미지의 최종 온도를 포함하고 있기 때문에, 이 항과 운동 에너지를 사용하고 전체를 질량으로 나눈 다음, $T$에 대해 푼다.

$$mc_{\text{steam}}(T - 373 \text{ K}) - \tfrac{1}{2}mv^2 = 0$$
$$T = \frac{\frac{1}{2}v^2}{c_{\text{steam}}} + 373 \text{ K} = \frac{\frac{1}{2}(4.00 \times 10^4 \text{ m/s})^2}{2\,010 \text{ J/kg}\cdot\text{K}} + 373 \text{ K}$$
$$T = \boxed{3.98 \times 10^5 \text{ K}}$$

(c) 이상기체 방정식을 이용하여 기체의 압력을 계산한다.

우선 수증기의 몰수를 구한다.

$$n = (4.80 \times 10^{11} \text{ kg})\left(\frac{1 \text{ mol}}{0.018 \text{ kg}}\right) = 2.67 \times 10^{13} \text{ mol}$$

$PV = nRT$를 이용하여 압력을 구한다.

$$P = \frac{nRT}{V}$$
$$= \frac{(2.67 \times 10^{13} \text{ mol})(8.31 \text{ J/mol}\cdot\text{K})(3.98 \times 10^5 \text{ K})}{5.23 \times 10^8 \text{ m}^3}$$
$$P = \boxed{1.69 \times 10^{11} \text{ Pa}}$$

**주의** 계산한 압력은 강철의 한계 비틀림 변형력보다 수백 배 더 크다! 이러한 고압이 작용하는 영역은 급격히 팽창하면서 광범위한 반경 내에 있는 모든 것을 파괴한다. 대륙 정도의 크기에 해당하는 면적에서 화재가 일어나며, 해일이 세계를 덮쳐 해안에 있는 모든 것들을 쓸어갈 것이다. 태양은 적어도 10년 간 볼 수 없고, 호모사피엔스, 즉 인류를 포함하여 수많은 종들이 멸종할 것이다. 이러한 재앙은 아주 드물지만, 장기적 관점에서 보면 지구상의 생명체에 심각한 위협이 될 수 있다.

**연습문제 11.5**

질량 5.00 g에 초기 온도가 65.0℃인 납 탄알이 벽에 충돌한 다음, 완전히 녹아버렸다고 하자. 충돌 직전에 최소 속력은 얼마나 되어야 하는가? (힌트: 최소 속력은 모든 운동 에너지가 납의 내부에너지로 변환되어 납의 최종 온도가 녹는점까지 도달하기에 충분한 값이어야 한다. 이때 식에서 어떤 항도 무시하지 않도록 한다!)

**답** 341 m/s

## 11.5 열에너지의 전달

계와 주변 환경 사이에서 에너지가 어떤 메커니즘으로 얼마나 빨리 전달되는지 알아야 할 필요가 있을 때가 있다. 이것은 특히 내후성 건물의 경우나, 폭풍우에 노출되었을 때 인체의 생존시간과 같은 의학적 응용의 경우에 아주 중요하다.

이 장의 앞에서 열이란 계와 주변 환경의 온도 차이에 의해 발생되는 에너지 이동이라고 정의했다. 이 절에서는 에너지 전달의 수단으로서 열을 자세히 살펴보고, 열전도, 대류, 복사의 과정에 대해 연구하기로 한다.

### 열전도

온도차와 가장 밀접히 관련된 에너지의 전달 과정을 **열전도**(thermal conduction), 또는 간단히 **전도**(conduction)라고 부른다. 전달 과정은 원자 규모의 미시적 입자(분자, 원자, 전자 등)들 사이에서 운동 에너지의 교환, 즉 약한 운동의 입자들이 더 활발한 입자들과 충돌하면서 이들로부터 에너지를 얻는 과정이라고 이해할 수 있다. 그림 11.4의 프라이팬에는 단열되지 않은 금속 손잡이가 있다. 프라이팬이 가열되면 금속 손잡이의 온도는 올라가고, 요리사는 손을 데지 않기 위해 장갑을 끼고 프라이팬을 들어야 한다.

**그림 11.4** 열전도에 의해 프라이팬의 금속 손잡이가 뜨거워진다.

손잡이가 뜨거워지는 과정은 금속 안에 있는 미시 입자들에서 무슨 일이 일어나는지를 알 때에 비로소 이해할 수 있다. 프라이팬을 스토브 위에 올리기 전에 프라이팬을 구성하는 입자들은 평형 위치 부근에서 진동하고 있다. 스토브의 코일이 가열되면서, 스토브에 접촉한 프라이팬의 입자들은 더 큰 진폭으로 진동하기 시작한다. 이 입자들은 주변의 입자들과 충돌하면서 자신 에너지의 일부를 전달한다. 손잡이를 잡은 손 근처의 금속에 있는 입자들에 영향을 줄 때까지, 스토브에서 멀리 떨어져 있는 금속원자와 전자들의 진폭이 증가한다. 커진 진동은 금속 온도의 증가를 의미한다. (그리고 데일 정도로 손의 온도도 증가시킨다!)

비록 물질을 통한 에너지 전달이 원자의 진동이라고 부분적으로 설명할 수 있지만, 전도되는 빠르기는 물질의 특성에 의존한다. 예컨대, 불 속에서도 석면 조각을 무한정 잡고 있을 수 있다. 이것은 석면을 통해서는 매우 적은 에너지가 전도된다는 의미가 된다. 일반적으로 금속은 매우 좋은 열전도체인데, 그 이유는 금속 내의 수많은 전자들이 금속을 통해 상대적으로 자유롭게 이동할 수 있어서 에너지를 한쪽에서 다른 쪽으로 빨리 전달할 수 있기 때문이다. 구리와 같이 좋은 열전도체에서는 원자들의 진동과 자유전자들의 이동을 통해 열전도가 일어난다. 석면이나 코르크, 종이, 유리섬유

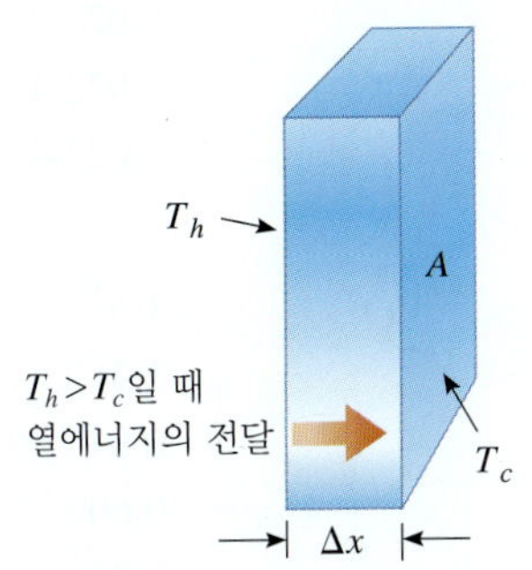


**그림 11.5** 단면적 $A$, 두께 $L$인 판자를 통해 에너지 전달이 이루어진다. 양 끝은 서로 다른 온도 $T_c$와 $T_h$에 있다.

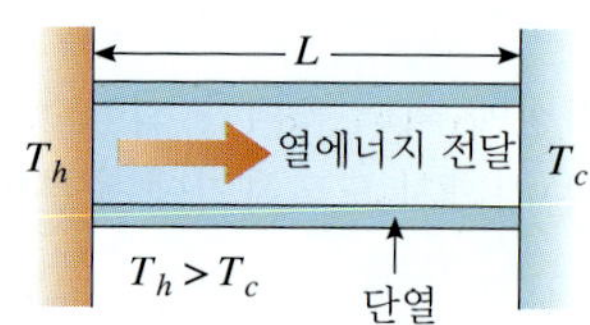


**그림 11.6** 균일하고 단열된 길이 $L$인 막대에서 열에너지의 전도. 양 끝은 서로 다른 온도에 있는 열원과 접촉해 있다.

등과 같은 물질은 좋지 않은 열전도체이다. 기체 역시 좋은 열전도체는 아닌데, 그것은 분자들 사이의 거리가 너무 멀기 때문이다.

열전도는 전도 매질의 양 끝 사이에 온도 차가 있을 때에만 발생된다. 온도 차는 에너지의 흐름을 만든다. 단면적 $A$, 두께 $\Delta x$인 판자 물질의 양 끝이 서로 다른 온도 $T_c$와 $T_h(T_h > T_c)$인 경우를 생각해 보자(그림 11.5). 판자에서는 열전도에 의해 높은 온도 부분에서 낮은 온도 부분으로 에너지의 이동이 일어난다. 에너지가 전달되는 비율 $\mathscr{P}$는 판자의 단면적과 온도 차에 비례하고, 판자의 두께에 반비례한다.

$$\mathscr{P} = \frac{Q}{\Delta t} \propto A\frac{\Delta T}{\Delta x}$$

여기서 $Q$가 줄(J)이고 $\Delta t$가 초(s)의 단위를 지니고 있으므로, $\mathscr{P}$는 와트(일률)의 단위를 지니고 있음에 주목하라.

물체가 그림 11.6처럼 길고 균일한 길이 $L$의 막대 모양이라고 가정하자. 그리고 막대가 단열되어 있어서, 막대의 양 끝을 제외하고 막대 표면에서는 열에너지가 외부로 전도되지 않는다고 하자. 막대의 한쪽 끝은 온도가 $T_c$인 열원에 접촉되어 있고, 다른 한쪽 끝은 온도가 $T_h(T_h > T_c)$인 열원에 접촉되어 있다. 안정 상태에 도달하면, 막대 양 끝의 온도는 시간에 대해 일정하게 유지된다. 이 경우, $\Delta T = T_h - T_c$, $\Delta x = L$이기 때문에 다음과 같이 된다.

$$\frac{\Delta T}{\Delta x} = \frac{T_h - T_c}{L}$$

따라서 막대를 따라 전도에 의해 에너지가 전달되는 비율은 다음과 같다.

$$\mathscr{P} = kA\frac{T_h - T_c}{L} \qquad [11.6]$$

이때 물질에 의존하는 비례상수 $k$를 **열전도율**(thermal conductivity)이라고 부른다. 좋은 열전도체는 열전도율이 매우 크며, 좋은 단열재는 낮은 열전도율을 갖는다. 표 11.3에 여러 물질의 열전도율이 제시되어 있다.

**TIP 11.4 추운 날씨에서 담요와 외투**
겨울에 담요를 덮고 자거나 집 밖에서 외투를 입고 있을 때, 담요나 외투는 몸에서 열의 형태로 에너지가 밖으로 빠져나가는 것을 줄이기 위해 열전도율이 낮은 물질로 이루어진 단열 막의 역할을 한다. 일차적으로 단열을 수행하는 매질은 물질 내에 들어 있는 작은 공기주머니들이라 할 수 있다.

**표 11.3 열전도율**

| 물질 | 열전도율(J/s · m · ℃) |
|---|---|
| **금속 (25℃)** | |
| 은 | 427 |
| 구리 | 397 |
| 금 | 314 |
| 알루미늄 | 238 |
| 철 | 79.5 |
| 납 | 34.7 |
| **기체 (20℃)** | |
| 수소 | 0.172 |
| 헬륨 | 0.138 |
| 산소 | 0.023 8 |
| 질소 | 0.023 4 |
| 공기 | 0.023 4 |
| **비금속** | |
| 얼음 | 1.6 |
| 콘크리트 | 1.3 |
| 유리 | 0.84 |
| 물 | 0.60 |
| 석면 | 0.25 |
| 고무 | 0.2 |
| 나무 | 0.10 |

## Quick Quiz 11.3

양모 담요로 싼 얼음 조각이 언 상태를 유지하는 시간은 얼음 조각이 공기 중에 노출되었을 때보다 (a) 더 적다, (b) 같다, (c) 더 길다.

## Quick Quiz 11.4

서로 다른 물질로 된 두 막대가 같은 길이와 직경을 갖고 있다. 두 막대는 서로 다른 온도의 두 영역을 연결하고 있어서, 열에 의해 에너지가 막대를 통해 전달된다. 두 막대는 그림 11.7a처럼 직렬로 연결되거나, 그림 11.7b처럼 병렬로 연결될 수 있다. 어떤 경우에 열에 의한 에너지 전달이 더 빠르겠는가? (a) 직렬일 때, (b) 병렬일 때, (c) 두 경우 모두 같다.

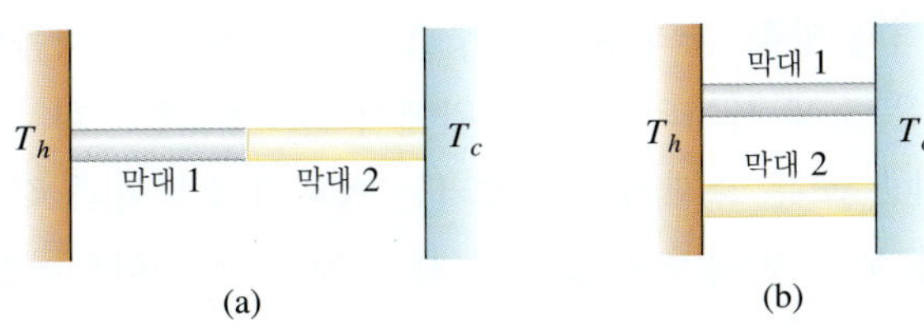


**그림 11.7** (Quick Quiz 11.4) 어떤 경우에 에너지 전달이 더 빠르겠는가?

## 예제 11.6 콘크리트 벽을 통해 전달되는 에너지

**목표** 열전도식을 적용한다.

**문제** 높이 2.0 m, 길이 3.65 m, 두께 0.20 m인 콘크리트 벽의 한쪽은 20℃이고 다른 한쪽은 5℃를 유지하고 있다. 한 시간 동안 벽을 통해 전달되는 에너지는 얼마나 되는가?

**전략** 식 11.6으로부터 전도에 의해 초당 전달되는 에너지 전도율을 계산할 수 있다. 시간을 곱한 다음 주어진 값을 대입하여 전달되는 총 열에너지를 계산한다.

**풀이**

벽을 통해 전달되는 에너지 $Q$를 구하기 위해 식 11.6에 $\Delta t$를 곱한다.

$$Q = \mathcal{P}\Delta t = kA\left(\frac{T_h - T_c}{L}\right)\Delta t$$

$Q$를 구하기 위해 표 11.3에서 $k$값을 찾아 식에 대입한다.

$$Q = (1.3 \text{ J/s}\cdot\text{m}\cdot\text{℃})(7.3 \text{ m}^2)\left(\frac{15\text{℃}}{0.20 \text{ m}}\right)(3\,600 \text{ s})$$

$$= \boxed{2.6 \times 10^6 \text{ J}}$$

**주의** 과거의 집들은 두꺼운 벽돌로 단열을 했는데, 이 벽은 $k$값이 상대적으로 낮기 때문에 열전도에 의한 에너지 손실을 줄일 수 있었다. 식 11.6에서 보듯이 두께 $L$이 두꺼운 벽은 에너지 손실을 줄인다. 그러나 이보다 더 좋은 단열재들이 있으며, 여러 층으로 된 벽도 단열에 도움이 된다. 벽돌의 낮은 열전도율에도 불구하고 시간당 손실되는 에너지의 양은 여전히 크며, 이 값은 600 kg의 물을 1℃ 이상 높일 수 있는 에너지이다. 이보다 더 좋은 단열재들이 있다.

**연습문제 11.6**

오두막집을 1.00 cm 두께의 나무판자들로 만들었다. 외부 기온이 −20.0℃이고, 내부 기온이 5.00℃일 때 벽을 통해 빠져나가는 에너지를 구하라. 벽의 크기는 2.00 m × 2.00 m이다.

**답** $1.00 \times 10^3$ W

## 가정에서의 단열

천장이나 건물의 다른 곳에 단열을 추가해야 할지를 결정하기 위해, 앞서 설명한 열전도에 대한 논의를 다음과 같은 이유로 계속할 필요가 있다.

**1.** 건물에 사용하는 재료의 단열 특성은 일반적으로 국제단위보다는 공학단위(미국 상용)로 표시한다. 단열재로 사용하는 유리섬유의 포장에는 측정값들이 Btu, 피트, 화씨온도 등의 단위로 표기되어 있다.

**2.** 건물의 단열을 다룰 때에는 복합 소재로 된 벽체의 열전도를 고려해야 한다. 벽체의 각 소재마다 일정한 두께, 특정한 열전도율 등을 지니고 있다. 집을 지을 때 사용하는 전형적인 벽은 나무 패널, 석고, 단열재, 외장재, 나무 마감재 등의 결합으로 되어 있다.

복합 소재의 열전도에 의한 에너지 전달률은 다음과 같다.

$$\frac{Q}{\Delta t} = \frac{A(T_h - T_c)}{\sum_i \frac{L_i}{k_i}} \qquad [11.7]$$

**☑ Checkpoint 11.4**

진실인가 거짓인가: 열전도율이 큰 물질이 열전도율을 작은 물질보다 더 좋은 단열재이다.

여기서 $T_h$와 $T_c$는 벽체 **양쪽 끝**의 온도이며, Σ 기호는 벽체 소재들마다의 값에 대한 합을 뜻한다. 이 식은 소재 사이의 접합 부위에서 온도가 같고, 한 소재에서 전달되는 에너지의 비율은 다른 모든 소재에서 전달되는 에너지 전달률과 같다는 사실을 이용하여 유도된 것이다. 만일 벽체가 서로 다른 세 가지 소재로 이루어졌다면, 위 식의 분모는 세 항의 합으로 표시되어야 한다. 공학적으로 특정 물질에 대한 $\frac{L}{k}$를 물질의 ***R* 값**으로 나타내기 때문에, 식 11.7은 다음과 같이 쓸 수 있다.

$$\frac{Q}{\Delta t} = \frac{A(T_h - T_c)}{\sum_i R_i} \qquad [11.8]$$

일반적인 건축 재료에 대한 $R$값이 표 11.4에 나와 있다. $R$의 단위와 특정한 두께에 대한 $R$값이라는 점을 주목하기 바란다.

수직으로 서 있는 벽 바깥 면에는 매우 얇고 정체되어 있는 공기층이 있으며, 벽에 대해 $R$값의 합을 계산할 때 이를 고려해야 한다. 벽면에 정체되어 있는 공기층의 두께는 바람의 속력에 따라 달라진다. 그 결과, 바람이 부는 날 열전도에 의해 집에서 손실되는 에너지는 바람이 불지 않는 날보다 더 크다. 공기층의 대표적 $R$값이 표 11.4에 제시되어 있다.

**표 11.4** 대표적인 건축 자재들의 $R$값

| 재료 | $R$값(ft² · °F · h/But) |
|---|---|
| 단단한 나무판자(1.0인치) | 0.91 |
| 겹친 나무 널 | 0.87 |
| 벽돌(4.0인치) | 4.00 |
| 콘크리트 블록 | 1.93 |
| 스티로폼(1.0인치) | 5.0 |
| 유리섬유(3.5인치) | 10.90 |
| 유리섬유(6.0인치) | 18.80 |
| 유리섬유 보드(1.0인치) | 4.35 |
| 셀룰로스 섬유(1.0인치) | 3.70 |
| 평판 유리(0.125인치) | 0.89 |
| 단열 유리(간격 0.25인치) | 1.54 |
| 공기층(3.5인치) | 1.01 |
| 정체된 공기층 | 0.17 |
| 석고판(0.50인치) | 0.45 |
| 외장재(0.50인치) | 1.32 |

**예제 11.7 극지에서의 온도 유지**

**목표** 두 단열층을 결합한다.

**문제** 한 북극 탐사자가 1.0 cm 두께의 판자로 나무 오두막집을 지었다. 그는 단열 효과를 높이기 위해 외벽을 3.2 cm 두께의 얼음으로 덮었다. (a) 나무판자와 얼음에 대한 $R$값을 계산하라. (b) 외부 온도가 −20.0℃이고 오두막집 내부 온도가 5.00℃일 때, 한쪽 벽에서 빠져나가는 에너지 손실률을 계산하라. 벽의 크기는 2.00 m × 2.00 m이다. (c) 나무와 얼음 사이 경계의 온도를 구하라. 이때 공기층은 무시하라.

**전략** $R$값을 구한 다음, 식 11.8에 대입하여 에너지 전달률을 얻는다. (c)에 대해서는 한 층에 대해 식 11.6을 이용하되, 이것을 (b)에서 구한 비율과 같다고 놓고 온도를 계산한다.

**풀이**

(a) 표 11.3을 이용하여 $R$값을 계산한다.

나무 벽에 대한 $R$값을 다음과 같이 구한다.

$$R_{\text{wood}} = \frac{L_{\text{wood}}}{k_{\text{wood}}} = \frac{0.01\text{ m}}{0.10\text{ J/s}\cdot\text{m}\cdot{}^\circ\text{C}} = \boxed{0.10\text{ m}^2\cdot\text{s}\cdot{}^\circ\text{C/J}}$$

얼음 층에 대한 $R$값을 구한다.

$$R_{\text{ice}} = \frac{L_{\text{ice}}}{k_{\text{ice}}} = \frac{0.032\text{ m}}{1.6\text{ J/s}\cdot\text{m}\cdot{}^\circ\text{C}} = \boxed{0.020\text{ m}^2\cdot\text{s}\cdot{}^\circ\text{C/J}}$$

(b) 열 손실률을 구한다.

식 11.8을 적용한다.

$$\mathcal{P} = \frac{Q}{\Delta t} = \frac{A(T_h - T_c)}{\sum_i R_i}$$

$$= \frac{(4.00\text{ m}^2)(5.00{}^\circ\text{C} - (-20.0{}^\circ\text{C}))}{0.12\text{ m}^2\cdot\text{s}\cdot{}^\circ\text{C/J}}$$

$$\mathcal{P} = \boxed{830\text{ W}}$$

(c) 얼음과 나무 사이의 경계에서 온도를 구하라.

나무에 대한 열전도 방정식을 이용한다.

$$\frac{k_{\text{wood}}A(T_h - T_c)}{L} = \mathcal{P}$$

$$\frac{(0.10\text{ J/s}\cdot\text{m}\cdot{}^\circ\text{C})(4.00\text{ m}^2)(5.00{}^\circ\text{C} - T)}{0.010\text{ m}} = 830\text{ W}$$

이를 미지의 온도에 대해 푼다.

$$T = \boxed{-16{}^\circ\text{C}}$$

**주의** 나무 벽의 바깥쪽과 얼음의 안쪽에서 온도는 서로 같아야 하고, 얼음을 통한 에너지 전달률은 나무 벽을 통한 전달률과 같아야 한다. 나무 대신 얼음에 대해 식 11.6을 사용해도 같은 결과를 얻는다. 이 에너지 전달률은 연습문제 11.6에서 나무판자로만 된 경우에 구한 1 kW에 비해 아주 약간 개선된 값이다. 따라서 단열 소재를 선택하는 것은 중요하다!

**연습문제 11.7**

북극 탐사자는 나무판자에 얼음을 덮지 않고, 오두막집 위에 0.500 cm 두께의 압축 코르크를 붙였다. 같은 벽을 통해 빠져나가는 에너지 손실률을 구하라(코르크의 경우 $k_{\text{cork}} = 0.046\text{ J/s}\cdot\text{m}\cdot{}^\circ\text{C}$).

**답** 480 W

## 대류

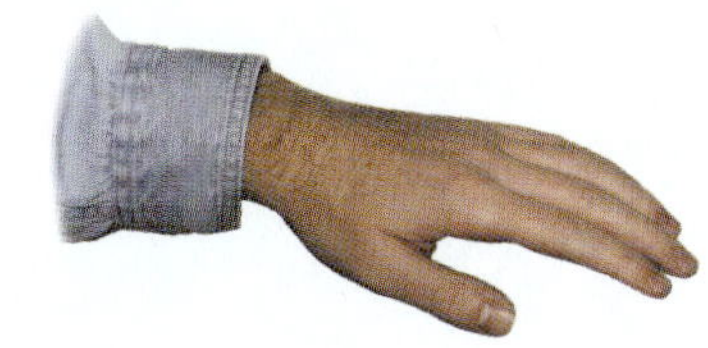

그림 11.8과 같이 불 위에서 손을 덥히고 있을 때, 불길 바로 위에 있는 공기는 가열되면서 팽창하게 된다. 그 결과, 이 공기의 밀도가 감소하여 위로 상승하면서 손을 덥힌다. 이처럼 **물질의 이동에 의해 에너지를 전달하는 것을 대류**(convection)라고 한다. 불 주위의 공기처럼 밀도 차이에 의해 이동하는 것을 **자연 대류**라고 한다. 해변에서의 공기 흐름은, 호수에서 표층수가 냉각될 때 가라앉으면서 물이 섞이는 것과 같이 자연 대류의 한 예이다. 그러나 난방 시스템에서 따뜻한 물이나 공기를 순환시킬 때처럼, 팬이나 펌프에 의해 물질의 이동이 강제로 이루어지는 것을 **강제 대류**라고 한다.

대류에 의한 흐름은 물을 끓일 때에 도움이 된다. 뜨거운 스토브 위에 놓인 찻주전자에서는 아래에 있는 물이 먼저 데워진다. 덥혀진 물은 밀도가 감소하여 위로 상승하는 반면, 표면에 있는 차고 무거운 물은 주전자 바닥으로 가라앉게 되고 여기서 데워진다.

**그림 11.8** 대류에 의해 손이 덥혀진다.

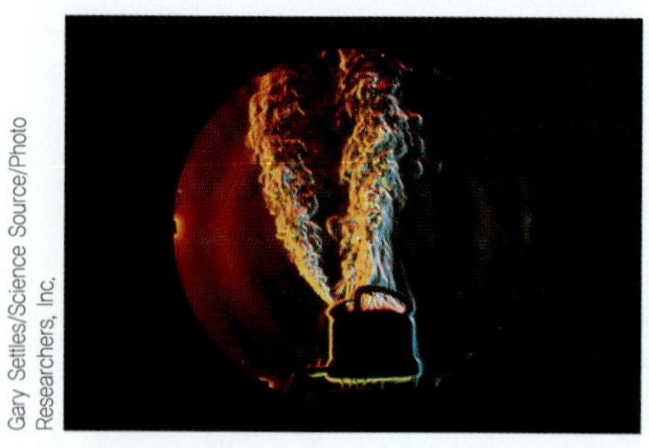
Gary Settles/Science Source/Photo Researchers, Inc.

수증기와 공기의 와류 대류의 흐름을 보여 주는 찻주전자.

난로가 방 안의 온도를 높일 때에도 같은 과정이 일어난다. 뜨거운 난로는 방의 낮은 영역에 있는 공기를 덥힌다. 데워진 공기는 팽창하고, 밀도가 감소하면서 천정까지 상승한다. 방 위의 무겁고 차가운 공기는 가라앉으면서 그림 11.9와 같은 연속적인 공기의 흐름을 만든다.

**APPLICATION**

자동차 엔진의 냉각

자동차 엔진은 열전도와 강제 대류에 의해 안전한 온도를 유지하고 있다. 물(실제로는 물과 동결방지제의 혼합이다)은 엔진 내부를 순환한다. 엔진 벽 금속의 온도가 높아지면서 열전도에 의해 에너지는 뜨거운 금속으로부터 냉각수로 전달된다. 펌프가 물을 엔진에서 방열기로 이동시키고, 이에 따라 에너지도 (강제 대류에 의해) 이동한다. 방열기에서 뜨거운 물은 외부의 찬 대기와 접촉해 있는 금속 파이프를 통과하면서 전도에 의해 에너지를 대기로 전달한다. 식은 물은 에너지를 다시 흡수하기 위해 펌프에 의해 엔진으로 되돌아간다. 팬에 의해 방열기를 식히는 공기도 강제 대류에 해당한다.

**APPLICATION**

호수에 생기는 녹조류

봄이나 가을에 따뜻한 호수에서 녹조류가 자주 관찰되는 것은 물의 대류 때문이다. 이 과정을 이해하기 위해 그림 11.10을 보자. 여름 동안 호수의 물에는 온도 기울기가 발생한다. 호수 표면에 있는 더운 물의 층은 수온 약층(thermocline)이라고 부르는 완충구역을 사이에 두고 호수 아래에 있는 찬 물의 층과 분리된다. 가을에 수온이 변화하면서 이 약층은 파괴되고, 대류가 일어나서 아래 위의 물이 섞인다. 섞이는 과정에서 호수 바닥에 있는 영양분이 수면으로 떠오르게 되고, 수면에는 양분이 풍부한 물이 형성되면서 녹조류의 개체수를 급격히 증가시키게 된다.

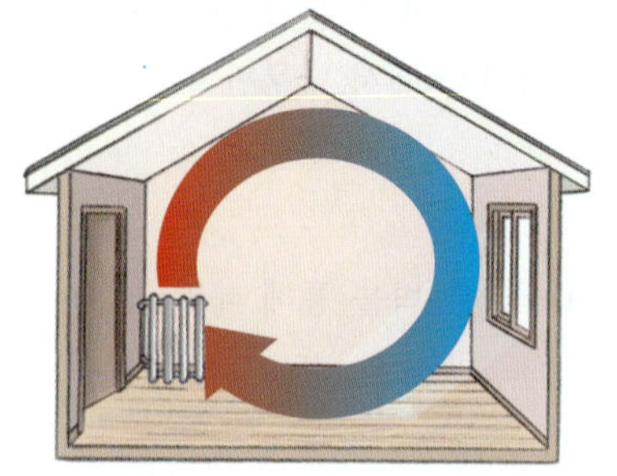

**그림 11.9** 난방기에 의해 방이 데워지면서 대류를 만든다.

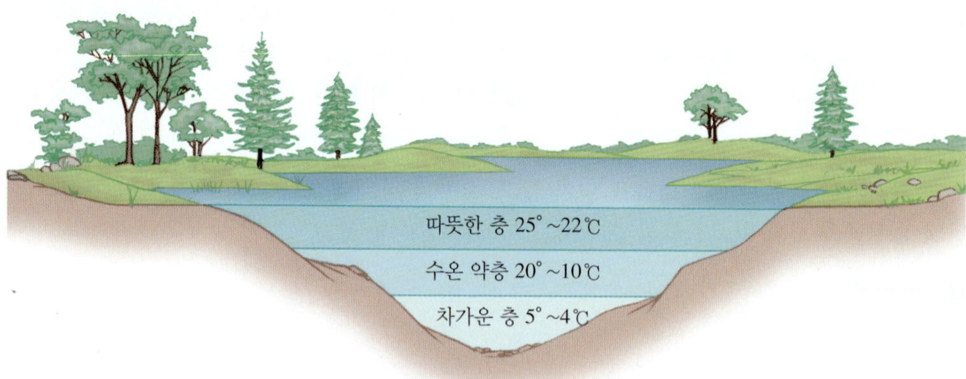


(a) 여름의 수온층

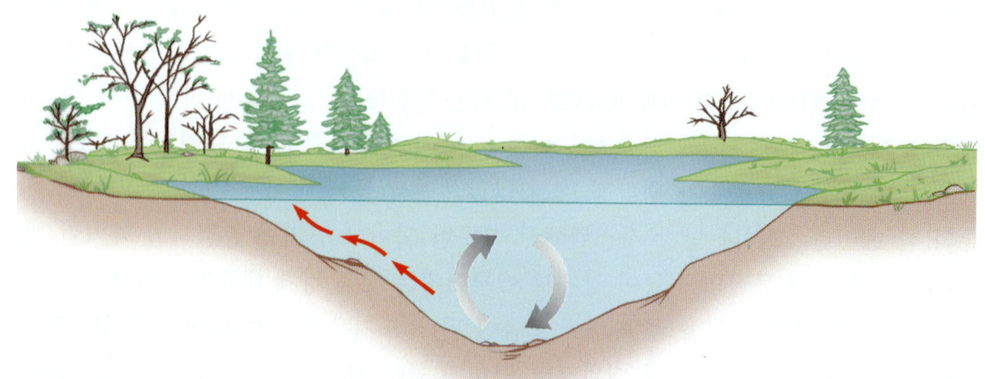

(b) 봄과 가을의 물오름

**그림 11.10** (a) 여름에는 더운 표층수가 수온 약층에 의해 찬 심층수와 분리되어 있다. (b) 봄과 가을에는 대류가 일어나 아래 위의 물이 섞이며, 이때 녹조현상이 발생한다.

## 응용물리 11.1 체 온

포유동물의 체온은 대략 35℃에서 38℃ 사이에 분포하고 있는 반면, 조류의 체온은 약 40℃에서 43℃ 사이에 있다. 이렇듯 매우 좁은 범위에 분포된 체온은 추운 날씨에 어떻게 유지될 수 있는가?

**설명** 체온을 유지하는 자연스러운 방법은 피부 아래에 있는 지방층을 이용하는 것이다. 지방은 열전도율이 낮을 뿐만 아니라 지방층에는 대류를 통해 피부로 에너지를 전달할 수 있는 혈관이 거의 없기 때문에 열전도나 대류에 의한 에너지 손실이 거의 일어나지 않는다. 새들은 추운 날씨에 깃털을 세움으로써 깃털과 피부 사이에 낮은 열전도율을 가진 공기층을 형성한다. 모피 동물도 털을 세움으로써 같은 효과를 낸다.

사람들은 신체에 가깝게 더운 공기를 잡아둘 수 있는 양모 스웨터나 부드러운 깃털 재킷을 입음으로써 대류나 열전도에 의해 생길 수 있는 에너지 손실을 억제하여 체온을 유지한다.

### 복사

에너지를 전달하는 또 다른 방식으로 **복사**(radiation)가 있다. 그림 11.11은 손을 불꽃에 의해 어떻게 덥히고 있는지 보여 주고 있다. 이 그림에서 손이 불길에 직접 접촉하고 있지 않기 때문에, 또 공기에 의한 열전도율도 매우 낮기 때문에, 전도가 에너지 전달의 원인이라고 보기는 어렵다. 그뿐만 아니라 손이 대류의 흐름이 지나는 불 위에 있지도 않기 때문에, 대류가 에너지 전달과 관계된다고 볼 수도 없다. 따라서 손에서 따스함을 느끼는 것은 복사에 의해 이루어지는 에너지 전달 때문이라고 할 수 있다.

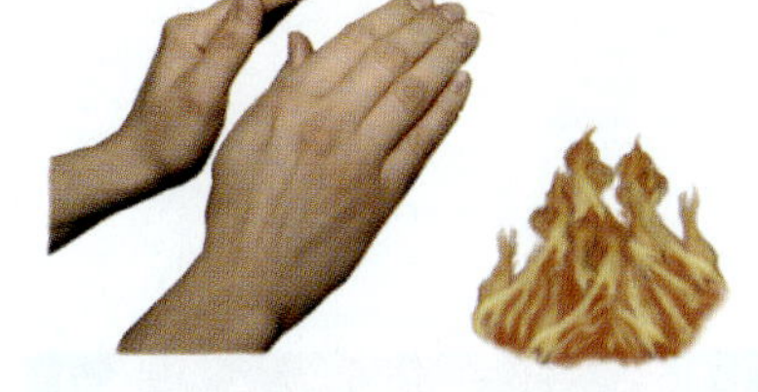
**그림 11.11** 복사에 의해 손을 덥힌다.

모든 물체는 구성 분자의 열진동에 의해 형성된 전자기파의 형태로 에너지를 지속적으로 방출하고 있다. 이러한 분자 진동은 전열기나 전기 히터, 토스터에서 붉은 빛을 만들어 낸다.

한 물체가 복사 방출하는 에너지 비율은 절대온도의 네제곱에 비례하며, 이것은 **스테판의 법칙**(Stefan's law)이라고 알려져 있다.

◀ 스테판의 법칙

$$\mathcal{P} = \sigma A e T^4 \qquad [11.9]$$

이때 $\mathcal{P}$는 물체가 복사하는 와트(또는 J/s) 단위의 일률이며, σ는 스테판-볼츠만 상수로서 그 값이 $5.669\,6 \times 10^{-8}\ \mathrm{W/m^2 \cdot K^4}$, $A$는 미터 단위로 나타낸 물체의 표면적, $e$는 물체의 **방출률**(emissivity), $T$는 물체의 캘빈온도(절대온도)이다. $e$값은 물체 표면의 특성에 의존하는 값으로서 0에서 1 사이에 있다.

지구 대기권에 1 $\mathrm{m^2}$마다 1초에 대략 1 340 J의 전자기파 복사 에너지가 태양으로부터 유입되고 있다. 이 복사 에너지는 주로 가시광선이며, 적외선과 자외선도 상당히 포함하고 있다. 우리는 제21장에서 이에 관해 좀더 자세히 다루게 될 것이다. 이 에너지의 일부는 우주 공간으로 반사되거나 일부는 대기권에서 흡수되지만, 지구 표면에 도달하는 나머지 에너지의 양은 우리가 매일 필요로 하는 모든 에너지의 수백 배가 넘는 -만일 효율적으로 포착하여 사용한다면- 충분한 양이다. 미국에서 태양열 주택 수가 증가한다는 것은 이렇게 버려지는 에너지를 사용하려는 시도의 하나라고 볼 수 있다. 태양으로부터 오는 복사 에너지는 지구의 평균온도나 해수의 흐름, 농사, 강우 형태 등 여러 방법으로 우리의 일상생활에 영향을 주고 있다. 태양 에너지는 또한 행동에도 영향을 주고 있다.

복사를 통한 에너지 전달 효과의 또 다른 예로서 밤의 대기 온도 변화를 들 수 있다. 만일 지구 위를 구름이 덮고 있다면 구름의 수증기는 지구가 방출하는 적외선의 일부를 흡수하고 지구 표면으로 다시 복사한다. 그 결과, 지표의 온도는 적절한 수준을 유지할 수 있다. 구름이 없다면, 우주 공간으로 방출되는 복사 에너지를 막을 수 없기 때문에 맑은 날 밤의 온도는 구름이 덮인 날 밤의 온도보다 더 낮아지게 된다.

식 11.9와 같은 비율로 물체가 에너지를 복사하면서, 물체는 복사열을 흡수하기도 한다. 만일 그렇지 않다면 물체는 모든 에너지를 복사열로 방출하게 되어 결국에는 절대온도 0에 도달하게 될 것이다. 물체가 흡수하는 에너지는 복사 에너지를 방출하는 다른 물체들을 포함하여 물체 주변 환경으로부터 온다. 만일 물체의 온도가 $T$이고 주변 환경의 온도가 $T_0$라면 물체의 복사 결과 물체가 매초마다 얻거나 잃게 되는 알짜 에너지는 다음과 같다.

$$\mathscr{P}_{\text{net}} = \sigma A e(T^4 - T_0{}^4) \qquad [11.10]$$

물체가 주변과 평형을 이루고 있다면, 물체는 에너지를 같은 비율로 방출하고 흡수하기 때문에 온도를 일정하게 유지하고 있다. 물체가 주변보다 더 뜨겁다면, 물체는 흡수하는 에너지보다 더 많은 에너지를 방출하게 되고 따라서 냉각된다.

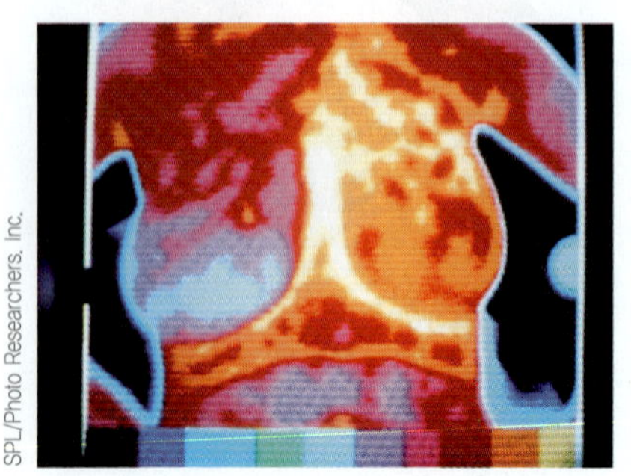
여성 가슴의 열분석도. 왼쪽 가슴(붉고 오렌지색)은 병에 걸려 있고, 오른쪽 가슴(청색)은 건강한 상태이다.

SPL/Photo Researchers, Inc.

**완전 흡수체**(ideal absorber)란 적외선, 자외선을 포함하여 자신에게 향하는 모든 복사광을 흡수하는 물체이다. 이런 물체를 **흑체**(black body)라고 부르는데, 그 이유는 상온에서 흑체는 검게 보이기 때문이다. 흑체는 모든 파장 영역에서 복사를 반사하지 않기 때문에 흑체에서 나오는 빛은 오직 원자나 분자 진동에 의한 것만 방출된다. 완전 흑체는 방출률 $e = 1$이다. 완전 흡수체는 또한 이상적 에너지 방사체이다. 예컨대 태양은 거의 완전한 흑체이다. 태양이 검지 않고 빛을 내고 있기 때문에 이런 표현은 모순처럼 보인다. 그러나 태양에서 오는 빛은 방사되는 것이지 반사된 것이 아니다. 흑체란 어떤 빛도 반사하지 않기 때문에 상온에서는 검게 보이는 완전 흡수체이다. 제27장에서 언급하게 되겠지만, 절대온도가 0인 물체를 제외하고 모든 흑체는 특정한 스펙트럼을 지닌 빛을 방출한다. 흑체와는 대조적으로 $e = 0$인 물체는 자신에게 입사한 에너지의 어느 것도 흡수하지 않고 모두 반사한다. 이런 물체를 **완전 반사체**(ideal reflector)라고 한다.

여름에 흰 옷을 입으면 검은 옷보다 더 쾌적하다. 검은 색깔의 섬유는 입사하는 태양 빛을 잘 흡수하는 좋은 흡수체이자 흡수한 에너지를 잘 방출하는 좋은 방사체이다. 그러나 옷이 방출하는 에너지의 대략 절반은 몸으로 향하기 때문에 옷을 입은 사람은 덥다는 느낌을 받게 된다. 흰 옷이나 엷은 색깔의 옷은 입사하는 에너지의 많은 양을 반사한다.

**APPLICATION**
열기록법

물체가 방사하는 에너지의 양은 소위 **열기록법**(thermography)이라는 기술에 의해 온도에 민감한 기록 장치로 측정할 수 있다. 다양한 종류의 복사 에너지가 만드는 패턴의 이미지를 **열분석도**(thermogram)라고 부르며, 따뜻한 부위는 밝게 표시된다. 상처가 나거나 병에 걸린 조직은 주변의 건강한 조직과 온도가 다르다. 따라서 비록 많은 방사선 의학자들이 열분석도를 적절한 진단 수단이라고 생각하지 않음에도 불구하고 의학에서 열분석도는 이러한 조직들을 알아내는 데 사용된다.

**APPLICATION**
방사온도계

그림 11.12는 최근 개발된 방사온도계(적외선 체온계)로서, 이것은 어린 아이나 노

인들의 체온을 측정할 때 항문에 넣어 측정하는 체온계가 지닐 수 있는 용기 파손이나 세균 오염과 같은 위험성이 없다. 이 온도계는 고막과 주변의 조직에서 방출되는 적외선의 강도를 측정하여 이를 수치로 변환하여 표시해 준다. 고막은 특히 체온 측정에 적절한 장소인데, 그 이유는 고막이 체온을 조절하는 시상하부 근처에 위치하고 있기 때문이다.

**그림 11.12** 고막에서 방출되는 적외선 세기를 측정함으로써 환자의 체온을 재는 적외선 온도계.

## Quick Quiz 11.5

별 A와 B는 서로 온도가 같지만, A의 반지름은 B의 반지름의 두 배이다. (a) 별 A에서 나오는 전자기파 복사 에너지는 별 B의 몇 배나 되는가? 두 별의 방사율을 모두 1이라고 가정하라. (b) 만일 두 별의 반지름이 같지만, 별 A의 온도가 별 B 온도의 두 배라면 복사 에너지는 몇 배나 되겠는가? (c) 별 A의 온도와 반지름이 별 B에 대해 각각 두 배라면 복사 에너지는 몇 배나 되겠는가?

## 응용물리 15.2 열복사와 야시경

아무 불빛도 없는 깜깜한 곳에서 물체를 보는 데 복사열이 어떻게 이용될 수 있는지 알아보자.

**설명** 야시경에는 두 가지 방식이 있다. 하나는 매우 희미한 가시광선과 적외선 빛을 모두 증폭하는 것이고, 다른 하나는 오직 적외선만 이용하는 것이다. 후자는 완전히 어두운 곳에서도 이미지를 만드는 데 매우 유용하다. 절대온도 0 이상의 물체는 모두 원자들의 진동에 의해 열복사를 방출하기 때문에, 여기서 방출된 적외선 빛을 특수 렌즈로 모은 다음 이것을 적외선 감지 센서로 스캔을 한다. 센서는 열분석도를 만들어 낸다. 시야 안에 있는 서로 분리된 수천 개의 점들로부터 오는 정보는 전기신호로 바뀌고, 이는 마이크로칩에 의해 적절한 형태의 이미지를 화면에 만들어 낸다. 서로 다른 온도를 지닌 부위는 서로 다른 색깔로 표시되기 때문에 화면을 보면 온도가 다르다는 것을 알 수 있다.

## 예제 11.8 북극곰 클럽

**목표** 스테판의 법칙을 적용한다.

**문제** 북극곰 클럽의 한 회원이 러시아 페테스부르그(St. Petersburg)의 해변에서 발틱 해(Baltic Sea)에 뛰어들 준비를 하고 있다. 그가 걸치고 있는 수영복은 무시할 정도의 크기이다. 바람은 없고 기온은 5℃이다. 이 사람의 피부 온도가 25℃일 때, 이 사람의 피부에서 복사로 인해 방출되는 에너지 손실을 계산하라. 10분 후 얼마나 많은 에너지를 잃게 되는가? 그의 방사율을 0.900, 표면적을 1.50 $m^2$로 가정하라.

**전략** 열복사식 11.10을 이용하여 주어진 값을 대입한다. 온도를 모두 절대온도로 바꾸어야 한다는 점을 잊지 말아야 한다.

**풀이**

섭씨온도를 절대온도로 바꾼다.

$$T_{5℃} = T_C + 273 = 5 + 273 = 278\text{ K}$$
$$T_{25℃} = T_C + 273 = 25 + 273 = 298\text{ K}$$

식 11.10을 이용하여 에너지 손실률을 계산한다.

$$\mathcal{P}_{\text{net}} = \sigma A e(T^4 - T_0^4)$$
$$= (5.67 \times 10^{-8}\text{ W/m}^2\cdot\text{K}^4)(1.50\text{ m}^2) \times (0.90)[(298\text{ K})^4 - (278\text{ K})^4]$$
$$\mathcal{P}_{\text{net}} = \boxed{146\text{ W}}$$

위 값에 시간 10분을 곱하여 복사로 손실된 에너지를 계산한다.

$$Q = \mathcal{P}_{\text{net}} \times \Delta t = (146)(6.00 \times 10^2\text{ s}) = \boxed{8.76 \times 10^4\text{ J}}$$

**전략** 몸에서 전도와 대류에 의한 에너지 손실도 있다. 의복은 피부 밖에 공기를 가두게 되고 이 공기는 복사나 전도에 의해 따뜻해진다. 따뜻한 공기층은 공기의 흐름이 없는 곳에서 더 잘 유지된다. 심지어 북극곰 클럽 회원도 바람이 없는 곳에서는 피부 근처에 정체된 공기층이 더 잘 유지되기 때문에 수영을 즐길 수 있다.

**연습문제 11.8**

만일 이 사람이 온도가 20.0℃인 침실에 서 있다면, 위의 결과는 어떻게 되겠는가? 몸의 표면 온도는 27.0℃, 피부의 방사율은 0.900이라고 가정한다.

**답** 55.9 W, $3.35 \times 10^4$ J

## 요약

**Physics Now™** **http://physics.brookscole.com/ecp**에서 PhysicsNow를 로그인하고 이 장에 대한 Pre-Test link를 클릭하여 연습문제 시험을 보라.

### 11.1 열과 내부에너지

내부에너지는 계의 미시적 구성요소들과 관련 있다. 내부에너지는 분자들의 위치 에너지뿐만 아니라 이들의 병진, 회전, 진동에 관련된 운동 에너지를 포함하고 있다.

**열**은 계와 주변 사이의 온도 차로 인해 계의 경계에서 발생하는 에너지 전달이다. 전달된 에너지 양을 $Q$로 나타낸다.

**칼로리**는 물 1 g을 14.5℃에서 15.5℃로 올리는 데 필요한 에너지이다. **열의 역학적 당량**은 4.186 J/cal이다.

### 11.2 비열

### 11.3 열량측정법

질량 $m$인 물질을 $\Delta T$만큼 온도를 올리는 데 필요한 에너지는 다음과 같다.

$$Q = mc\Delta T \qquad [11.3]$$

이때 $c$를 물질의 **비열**이라고 한다. 열량측정법 문제에서 비열은 일정온도의 물을 넣고 고립계로 만든 다음, 물속에 물체를 넣어 평형이 되었을 때의 온도를 측정함으로써 알 수 있다. 고립계 안에 있는 $k$번째 물체의 에너지 변화를 $Q_k$라고 할 때, 고립계 내의 모든 물체들이 얻고 잃은 에너지의 총 합은 다음과 같다.

$$\Sigma Q_k = 0 \qquad [11.4]$$

이 방정식을 미지의 비열을 계산하거나, 평형온도를 결정하는 데 사용할 수 있다.

### 11.4 잠열과 상변화

질량이 $m$인 순물질의 상이 변하는 데 필요한 에너지를 이 물질의 **숨은열** 혹은 **잠열**이라 하고, 이를 $L$이라고 하면 다음과 같이 표현한다.

$$Q = \pm mL \qquad [11.5]$$

융해 잠열 $L_f$는 물질이 고체상태에서 액체상태로(또는 그 반대로) 변화하는 동안 전달되는 에너지를 말하고, 기화 잠열 $L_v$는 액체상태에서 기체상태로(또는 그 반대로) 변화하는 동안 전달되는 에너지를 뜻한다. 상변화를 포함하는 열량측정법 문제는 비열항에 잠열 항, 즉 식 11.5를 추가하여 해결한다.

### 11.5 열에너지의 전달

에너지는 제5장에서 서술했던 일을 포함하는 여러 다른 과정들뿐만 아니라, 전도, 대류, 그리고 복사에 의해서도 전달된다. 전도는 충돌하는 분자들이나 전자들 사이의 운동 에너지 교환이라고 이해할 수 있다. 단면적 $A$, 두께 $L$인 판자에서 전도에 의해 전이된 에너지 비율은 다음과 같다.

$$\mathcal{P} = kA\frac{(T_h - T_c)}{L} \qquad [11.6]$$

여기서 $k$는 판자를 구성하는 물질의 **열전도율**이다.

물질이 한 곳에서 다른 곳으로 이동할 때, 에너지는 **대류**에 의해 전달된다.

모든 물체는 전자기파의 형태로 자신의 표면에서 **복사열**을 방출하는데, 이때 알짜 방출률은

$$\mathcal{P}_{\text{net}} = \sigma Ae(T^4 - T_0^{\,4}) \qquad [11.10]$$

이며, 여기서 $T$는 물체의 온도, $T_0$는 주변 환경의 온도이다. 주변보다 뜨거운 물체는 자신이 흡수하는 에너지보다 더 많은 에너지를 방사하는 반면, 주변보다 더 차가운 물체는 자신이 방사하는 에너지보다 더 많은 에너지를 흡수한다.

## 개념 파악을 위한 질문

**1.** 금속 표면을 한 손바닥으로 30~45초 정도 문지른다. 다른 손바닥을 문지르지 않은 금속 표면에 대어 본 다음, 문지른 금속 표면에 대어 보면 문지른 표면이 더 따뜻하게 느껴진다. 이제 똑같은 과정을 나무 표면에다 해본다. 금속 표면보다 나무 표면에서 문지른 부분과 문지르지 않은 부분의 온도 차이가 왜 더 크게 느껴지는지 설명하라.

**3.** 가끔 강한 한파가 닥치기도 하는 온화한 기후에서 과일을 재배하는 농부는 과일에 얼음 층이 생길 수 있도록 과일에 물을 뿌린다. 이 얼음 층이 어떤 장점을 지니는지 설명하라.

**5.** 물속에 담가 전기에 의해 높은 온도로 가열하는 열선으로 여러 컵의 물을 데웠다. 왜 설명서에는 물이 없을 때 열선을 사용하지 말라고 했는지, 그 이유를 설명하라. 스튜 요리를 하기 위해 열선을 스튜에 담가 가열하는 데 사용할 수 있을까?

**7.** 맑고 차가운 밤에는 왜 서리가 우편함이나 자동차의 측면이 아닌 지붕에 생기는 경향이 있는지를 설명하라.

**9.** 타일로 된 바닥은 맨발로 있을 때 쾌적하지 않은 느낌을 주지만, 카펫 바닥은 같은 온도에서도 따스하게 느껴진다. 왜 그런지 설명하라.

**11.** 콘크리트는 흙보다 비열이 더 크다. 이 사실을 이용하여 도시는 교외보다 왜 온도가 더 높은지 설명하라. 저녁 때는 도시에서 교외로 바람이 불까, 아니면 교외에서 도시로 바람이 불까? 왜 그런지 설명하라.

**13.** 용감한 실험을 해보자. 한 교수가 젖은 손으로 끓는 납(327℃)에 담갔다가 손을 데지 않고 재빨리 손을 꺼냈다. 이것이 어떻게 가능할까?

## 문제

**1**, 2, **3** = 기본문제, 발전문제, 심화문제

□ = 학생 문제풀이 매뉴얼/학습 가이드 속에 전체 문제풀이가 있다.

Physics Now™ **http://physics.brookscole.com/ecp**에서 힌트를 받을 수 있는 문제

= 생물의학 문제

### 11.1 열과 내부에너지

### 11.2 비열

**1.** 나이아가라 폭포 위의 수온은 10.0℃이다. 물이 50.0 m의 높이를 낙하하면서 모든 위치 에너지가 물의 온도를 높이는 데 사용된다고 할 때, 폭포 바닥에서 물의 온도를 계산하라.

**3.** 이리(Erie) 호는 대략 $4.00 \times 10^{11}$ m$^3$의 물을 담수하고 있다. (a) 11.0℃에 있는 이 물의 온도를 12.0℃로 올리는 데 필요한 에너지는 얼마나 되는가? (b) 이 에너지를 1 000 MW의 에너지를 생산하는 발전소에서 모두 공급한다면 몇 년이나 걸리겠는가?

**5.** 100 g의 금을 20.0℃에서 100℃로 올리는 데 몇 J의 에너지가 필요한가?

**7.** 체중 75.0 kg인 사람이 500 Cal의 초콜릿 케이크의 에너지를 소모하기 위해 산을 오르고 있다. 얼마나 높이 올라가야 하는가? (1 Cal = 1 000 cal)

**9.** 200 g의 알루미늄 컵에 800 g의 물이 담겨 있고 물은 컵과 80℃에서 평형상태에 있다. 물과 컵은 분당 1.5℃씩 똑같이 일정하게 냉각되고 있다. 에너지가 감소하는 비율이 얼마나 되는지 와트로 표시하라.

### 11.3 열량측정법

**11.** 초기 온도 100℃의 금괴 3.00 kg을 25.0℃의 물에 넣어 50.0℃에서 열평형 상태를 유지하고 싶다. 얼마나 많은 양의 물이 필요한가?

**13.** Physics Now™ 알루미늄 컵에 225 g의 물과 40 g의 구리 스푼이 들어 있고 이들 모두의 온도는 27℃이다. 87℃의 은 400 g을 컵에 넣고 구리 스푼으로 저으니 평형온도 32℃에 도달했다. 알루미늄 컵의 질량을 계산하라.

**15.** 100 g의 알루미늄 열량측정기에는 250 g의 물이 들어 있다. 두 물질은 10℃에서 열평형을 이루고 있었다. 여기에 두 종류의 금속 덩어리를 넣었다. 하나는 80℃의 구리 조각 50 g이고, 다른 하나는 100℃의 금속 샘플 70 g이었다. 전체 계가 최종적으로 온도 20℃에서 평형을 이루었다면, 금속 샘플의 비열을 얼마나 되는가?

**17.** 한 학생이 두 금속 물체를 25℃의 물 150 g이 담긴 120 g의 철제 용기에 넣었다. 하나는 85℃의 구리 조각 200 g이고, 다른 하나는 5.0℃의 알루미늄 조각이었는데, 넣고 보니 놀랍게도 최종 평형온도가 처음과 같이 25℃였다. 알루미늄의 질량은 얼마나 되는가?

### 11.4 잠열과 상변화

**19.** 0℃의 얼음조각 100 g을 80℃의 물 1.0 kg에 넣었을 때, 얼음이 녹은 후 전체 물의 온도는 얼마나 되는가?

**21.** 체중 75 kg 무게의 크로스컨트리 스키선수가 그림 P11.21과 같이 스키를 타고 눈 위를 걷고 있다. 눈과 스키 사이의 마찰계수는 0.20이다. 스키 아래에 있는 모든 눈의 온도가 0℃이고, 마찰에 의해 발생되는 모든 내부에너지는 스키에 접촉한

눈이 녹는 것에만 사용된다고 가정한다. 스키에 의해 눈 1.0 kg이 녹기 위해 그는 얼마나 멀리 가야 하는가?

그림 P11.21 크로스컨트리 스키선수

23. Physics Now™ 40 g의 얼음덩어리를 −78℃까지 냉각하여 580 g의 물이 담긴 80 g의 구리 열량측정기에 넣었다. 물과 열량측정기의 처음 온도가 25℃였을 때 얼음, 물, 열량측정기의 최종 온도를 구하라. (만일 얼음이 모두 녹지 않았다면, 얼음이 얼마나 남아 있는지를 구하라.) 우선 얼음은 0℃까지 온도가 올라간 다음, 녹아 물이 된다는 점을 기억하라. 얼음의 비열은 0.500 cal/g · ℃ = 2 090 J/kg · ℃이다.

25. 고급 가스스토브는 일반적으로 14 000 Btu/h를 소비하는 버너를 가지고 있다. 20℃의 물 2.0리터를 담은 0.25 kg의 알루미늄 주전자가 이 가스버너 위에 놓여 있다. 버너에서 나오는 열이 모두 주전자를 가열하는 데 사용된다고 가정할 때, 주전자의 물이 끓을 때까지 걸리는 시간은 얼마나 되는가? 또 주전자의 물이 모두 끓어 없어질 때까지 걸리는 시간은 얼마나 되는가?

27. 100℃의 수증기를 0℃의 얼음에 가했다. (a) 수증기의 질량은 10 g이고, 얼음의 질량이 50 g이었다면, 녹은 얼음의 양과 최종 온도를 구하라. (b) 만일 수증기가 1.0 g, 얼음이 50g이었다면 녹은 얼음의 양과 최종 온도는 어떻게 되겠는가?

### 11.5 열에너지의 전달

29. 두께 1.50 cm에 열전도율이 0.200 cal/cm · ℃인 단열재가 스팀 파이프를 감싸고 있다. 스팀의 온도가 200℃이고 주위의 기온이 20.0℃라면, 매초 잃는 에너지는 얼마나 되는가? 파이프는 둘레의 길이가 800 cm이고 길이가 50.0 m이다. 이때 파이프 양 끝에서 잃는 에너지는 무시하라.

31. 다음과 같이 건축된 벽의 $R$값을 구하라: 집의 외벽이 겹친 나무 널, 0.50인치 두께의 외장재, 3.0인치의 셀룰로스 섬유, 그 위에 0.5인치의 석고판으로 구성되어 있다.

33. 같은 굵기의 구리 막대와 알루미늄 막대가 서로 맞닿아 있고, 열적으로 잘 접촉되어 있다. 접촉되지 않은 구리 막대 한 끝은 100℃를 유지하고 있고, 알루미늄 막대의 다른 끝은 0℃로 유지되어 있다. 구리 막대의 길이가 0.15 m이고 막대의 접촉점 온도가 50℃라면, 알루미늄 막대의 길이는 얼마나 되어야 하는가?

35. Physics Now™ 반지름이 0.060 m이고 표면온도가 200℃인 공 모양의 완전 흑체 방사체가 온도 22℃인 방 안에 놓여 있다. 흑체 방사체의 에너지 알짜 방사율은 얼마나 되는가?

37. 지름 70 cm, 두께 2.0 cm인 100℃의 뜨거운 피자가 우주 공간에 떠돌고 있다. 피자의 방사율이 0.8이라고 할 때, 에너지 손실률의 대략적 규모를 구하라.

### 추가문제

39. 구리 주전자가 있다. 바닥의 반지름은 10 cm이고 두께가 2.0 mm이다. 주전자 표면 온도는 102℃이고 주전자 안에는 1 atm에서 물이 끓고 있다. 주전자 바닥을 통해 전달되는 에너지 손실률을 구하라.

41. 40 g의 얼음조각이 100 g의 구리 컵에 담긴 200 g의 물 위에 떠 있고, 모두 온도가 0℃이다. 98℃의 납 조각을 컵에 넣었더니, 최종 평형온도가 12℃였다. 납의 질량은 얼마였는가?

43. 온도 90℃인 구리 조각 200 g을 27℃의 물 400 g에 넣었다. 물은 300 g의 유리 용기에 담겨 있었다. 이들의 최종 온도는 얼마나 될까?

45. 인체 내부는 37℃ 부근의 아주 좁은 영역의 온도를 유지해야 한다. 신진대사 과정(주로 근육운동)은 화학적 에너지를 신체 안에서 내부에너지로 변환시킨다. 에너지는 인체 내부로부터 피부나 허파를 통해 흘러나가 열로 방출된다. 적당한 운동을 하는 동안에 80 kg의 체중을 가진 사람은 음식에서 섭취한 에너지를 300 kcal/h의 비율로 대사하는데, 그 중 60 kcal/h의 역학적 일을 하고, 나머지 에너지 240 kcal/h를 열로 방출한다. 대부분의 에너지는 '강제 대류'를 통해 신체 내부에서 피부로 운반된다. 즉 혈액이 신체 내부에서 데워지고 피부에서 냉각되는 데 피부 온도는 인체 내부보다 몇 도 낮다. 혈액의 흐름을 제외한다면 인체조직 층은 훌륭한 절연체로서 열전도율이 약 0.210 W/m · ℃이다. 피부 아래에 있는 조직을 통해 이루어지는 에너지 전도율을 kcal/h로 계산함으로써 혈액의 흐름이 신체를 차게 유지하는 데 필수적이라는 사실을 증명하라. 조직의 표면적은 1.40 m$^2$, 두께가 2.50 cm로서 한쪽의 온도는 37.0℃이고 다른 한쪽은 34.0℃로 유지되고 있다.

47. 뚜껑이 열린 주전자에서 물이 끓고 있다. 주전자의 바닥은 알루미늄으로 두께가 0.500 cm이고 반지름이 12.0 cm이다. 만일 물이 0.500 kg/min의 비율로 끓어 증발된다면, 주전자 밑바닥 아래의 온도는 얼마나 되어야 하는가? 이때 주전자 밑바닥 위의 온도는 100℃라고 가정하라.

49. 금(Au) 막대가 같은 길이, 같은 단면적을 가진 은(Ag) 막대와 열적 접촉을 하고 있다(그림 P11.49), 금 막대 한쪽의 온도는 80.0℃이고, 은 막대 다른 한쪽의 온도는 30.0℃를 유지하고 있다. 에너지 흐름이 균일한 상태에 도달했을 때, 접촉점에서의 온도를 구하라.

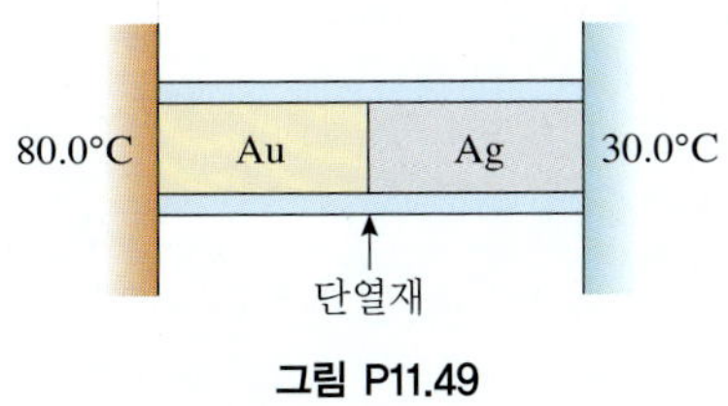


**그림 P11.49**

**51.** 1 500 kg의 자동차에 질량이 총 6.0 kg인 알루미늄 브레이크가 장치되어 있다. (a) 차가 정지할 때 마찰에 의해 발생되는 내부에너지의 모두가 브레이크에 저장되고, 다른 곳으로 전달되는 에너지는 무시할 수 있다고 가정할 때, 자동차가 운행시 25 m/s(56 mi/h)의 속력으로 달린다면 브레이크가 녹을 때까지 몇 번 운행 정지를 반복할 수 있는가? (브레이크의 초기 온도는 20℃로 한다.) (b) 위의 (a)에서는 무시되었으나, 브레이크의 온도 증가를 좀더 사실적으로 판단하는 데 중요할 수 있는 효과들에는 어떤 것이 있는가?

**53.** 유동 열량측정기(flow calorimeter)는 유체의 비열을 측정하는 데 사용하는 도구이다. 이것은 유체에 알고 있는 비율로 에너지를 공급하는 동안 유체의 유입 지점과 유출 지점의 온도 차를 측정하는 장치이다. (a) 식 $Q = mc(\Delta T)$와 $m = \rho V$를 이용하여, 액체에 에너지가 공급되는 비율이 $\Delta Q/\Delta t = \rho c(\Delta T)(\Delta V/\Delta t)$로 주어짐을 보여라. (b) 한 실험에서 밀도 0.72 g/cm$^3$인 유체가 3.5 cm$^3$/s의 비율로 열량측정기를 통과하고 있다. 안정된 상태에서 에너지가 40 J/s의 비율로 공급되고 있을 때, 유입과 유출 지점의 온도 차가 5.8℃였다. 이 유체의 비열은 얼마인가?

**55.** 초기 온도가 130℃인 증기가 100 g의 유리잔에 담긴 200 g의 물을 20.0℃에서 50.0℃로 올리려면 증기의 질량은 얼마나 되어야 하는가?

CHAPTER

12

# 열역학 법칙

OUTLINE



열역학 제1법칙에 따르면, 계의 내부에너지는 물체에 열을 가하거나 일을 함으로써 증가시킬 수 있다. 이것은 분자의 운동 에너지와 위치 에너지로 이루어진 계의 내부에너지가 계의 경계를 통하여 두 가지 형태의 에너지 전달방식에 의하여 변화할 수 있다는 의미인 것이다. 비록 열역학 제1법칙이 계에 행한 일과 열로 추가된 에너지에 대한 에너지 보존을 의미한다고 하더라도 이 법칙이 여러 가지 가능한 에너지 보존 과정 중 어느 것이 자연에서 실제로 일어나는 것인지 예측하지는 못한다.

열역학 제2법칙은 열역학 제1법칙이 허용하는 과정 중 실제로 일어나는 과정이 어떤 것인가를 정한다. 예를 들면 열역학 제2법칙은 열에 의해 에너지가 차가운 물체에서 뜨거운 물체로 자발적으로 흐르지 않는다는 것을 말해 준다. 이러한 열역학 제2법칙은 내연기관과 같은 열기관과 열기관의 효율을 제한하는 원리를 연구하는 데 중요하게 응용된다.

## 12.1 열역학 과정에서의 일

에너지는 어떤 계에 행해진 일이나 열로 계에 전달될 수 있다. 여기에서 관심 있게 다루는 대부분의 계는 열기관을 이해하는 데 중요한 일정 부피의 기체로 된 계이다. 기체로 이루어진 이러한 모든 계는 열역학적 평형상태에 있다고 생각하여 기체의 모든 부분이 같은 온도, 같은 압력에 있다고 가정한다. 만일 그러한 경우가 아니라면 이상기체 법칙은 적용할 수 없고, 여기서 나타내고자 하는 대부분의 결과는 타당하지 않게 된다. 평형상태에 있으며 움직일 수 있는 피스톤으로 이루어진 실린더 안의 기체를 생각하자(활용그림 12.1a). 기체가 부피 $V$를 차지하고 있고 실린더 벽과 피스톤에 일정한 압력 $P$를 가한다고 하자. 이 계가 항상 본질적으로 열역학적 평형을 유지할 정도로 기체가 충분히 천천히 압축된다고 생각하자. 피스톤이 외부 힘 $F$에 의하여 거리 $\Delta y$만큼 아래로 눌려진다면 기체에 한 일은 다음과 같다.

$$W = -F\Delta y = -PA\,\Delta y$$

여기서 평형의 가정으로 계의 모든 부분의 압력이 동일하므로 외력 $F$의 크기를 $PA$로 변환하였다. 피스톤이 아래로 눌려지면 $\Delta y = y_f - y_i$이고 음(−)이다. 그러므로 일을 양(+)으로 만들기 위해서는 $W$에 대한 식에서 음의 부호가 필요하다. 기체의 부피 변화가 $\Delta V = A\,\Delta y$이므로 다음의 정의를 얻을 수 있다.

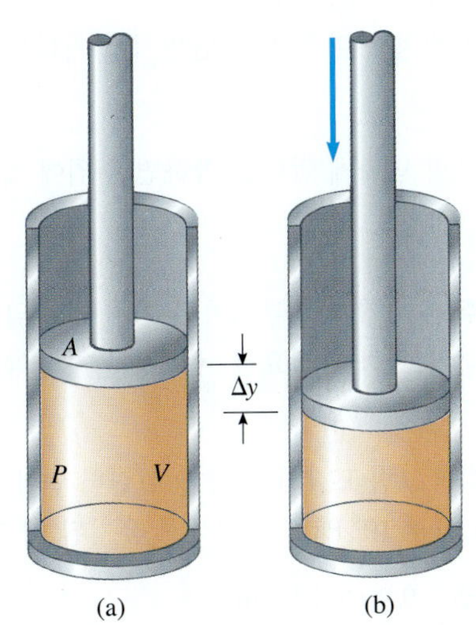


**활용그림 12.1**
(a) 압력 $P$, 부피 $V$인 원통 속의 기체. (b) 피스톤을 눌러 기체를 압축한다.

**Physics Now™**
**http://physics.brookscole.com/ecp**에서 PhysicsNow를 로그인하고 활용그림 12.1로 들어가서 피스톤을 움직여 보면서 기체에 수행된 일을 관찰하자.

**☑ Checkpoint 12.1**
진실인가 거짓인가: 용기 안에 들어 있는 기체의 압력이 일정하게 유지된 채 부피가 증가하였다. 기체에 한 일은 음이다.

기체가 일정한 압력 $P$에서 부피 변화가 $\Delta V$라면 **기체에 가해진 일**(work) $W$는 다음과 같다.

$$W = -P\Delta V \qquad [12.1]$$

여기서 $P$는 기체에 가해진 압력이고, $\Delta V$는 진행되는 동안 기체의 부피 변화이다.

만일, 기체가 활용그림 12.1b에서처럼 압축된다면 $\Delta V$가 음이고 기체에 한 일은 양이 된다. 반대로 기체가 팽창되면 $\Delta V$가 양이고 기체에 한 일은 음이 된다. 부피가 일정하게 유지된다면 기체에 한 일은 0이다.

**예제 12.1** **팽창하는 기체가 한 일**

**목표** 일정한 압력에서 일의 정의를 응용한다.

**문제** 활용그림 12.1에서 보여 준 것과 유사한 계에서 실린더 안의 기체는 $1.01 \times 10^5$ Pa의 압력이고 피스톤의 면적은 0.100 m$^2$이다. 열로 에너지가 천천히 기체로 가해질 때 피스톤이 4.00 cm의 거리만큼 상승했다. 압력이 일정하게 유지된다고 가정할 때 팽창하는 기체가 주위에 한 일 $W_{env}$를 계산하라.

**전략** 주위에 한 일은 식 12.1에 주어진 기체에 한 일의 음수이다. 부피 변화를 계산하고 압력을 곱하여 구한다.

**풀이**

기체의 부피 변화는 단면적에 거리를 곱하면 된다.

$$\Delta V = A\,\Delta y = (0.100 \text{ m}^2)(4.00 \times 10^{-2} \text{ m}) = 4.00 \times 10^{-3} \text{ m}^3$$

부피 변화에 압력을 곱하면 주위에 행한 일 $W_{env}$를 구할 수 있다.

$$W_{env} = P\,\Delta V = (1.01 \times 10^5 \text{ Pa})(4.00 \times 10^{-3} \text{ m}^3) = 404 \text{ J}$$

**주의** 기체의 부피가 증가하면 주위에 한 일은 양이다. 이 과정 동안 계에 한 일은 $W = -404$ J이다. 주위에 대하여 양의 일을 수행하기 위하여 필요한 에너지는 기체의 에너지로부터 나와야 한다(더 자세한 것은 다음 12.2절을 보아라).

**연습문제 12.1**

활용그림 12.1과 유사한 실린더 안에 에너지가 천천히 공급되면서 면적 0.20 m$^2$인 피스톤이 움직인다. 만약 실린더 안의 기체 압력이 $1.01 \times 10^5$ Pa로 일정하게 유지된 채 $2.00 \times 10^3$ J의 일을 주위에 했다면 피스톤이 이동한 거리를 구하라.

**답** $9.90 \times 10^{-2}$ m

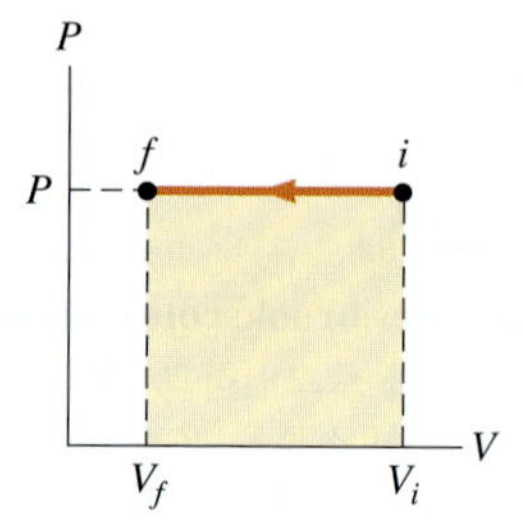


**활용그림 12.2**
일정한 압력으로 압축되는 기체에 대한 $PV$ 도표. 음영으로 나타낸 영역의 넓이가 기체에 한 일을 나타낸다.

**Physics Now™**
**http://physics.brookscole.com/ecp**에서 PhysicsNow를 로그인하고 활용그림 12.2로 들어가서 이 $PV$ 경로의 경우 기체에 한 일을 관찰하자.

식 12.1은 기체가 팽창되거나 압축되는 동안에 압력이 일정하게 유지될 때에만 기체에 한 일을 계산하기 위하여 사용할 수 있다. 압력이 일정하게 유지되는 과정을 **등압과정**(isobaric process)이라고 한다. 활용그림 12.2는 등압과정의 압력-부피 또는 ***PV* 도표**(*PV* diagram)를 나타낸 것이다. 그래프에서 곡선을 처음과 마지막 상태 사이의 경로라 부르는데, 화살표는 열역학적 과정의 진행 방향을 나타내며 이 경우 부피가 작은 상태에서 큰 상태로 진행하고 있다. 그래프의 아래 면적은 다음과 같다.

$$\text{면적} = P(V_f - V_i) = P\Delta V$$

***PV* 도표에서 그래프 아래 면적은 기체에 행한 일의 크기와 같다.**

이것은 일반적인 사실이며, 열역학적 과정 동안 일정한 압력이 유지되거나 그렇지 않거나 관계없이 성립한다. 어떤 열역학적 과정에 대하여 $PV$ 도표를 그려서 수평축 위와 그래프의 아래 면적을 구하면, 그 면적은 기체에 한 일과 동등하게 된다. 만약 그래프에서 화살표가 큰 부피 쪽을 향한다면 기체에 한 일은 음이다. 그러나 그래프에서 화살표가 작은 부피 쪽을 향한다면 기체에 한 일은 양이 된다.

계에 음의 일을 하면, 계가 계의 주위에 양의 일을 한 것이 된다. 계에 음의 일을 했다는 것은 주위에 양의 일을 한 대가로 계의 에너지 손실이 있음을 나타내는 것이다.

**Quick Quiz 12.1**

그림 12.3의 *PV* 도표에서 계에 한 일 중 최대 음의 값에서 최대 양의 값 순으로 나열해보라. (a) a, b, c, d (b) a, c, b, d (c) d, b, c, a (d) d, a, c, b

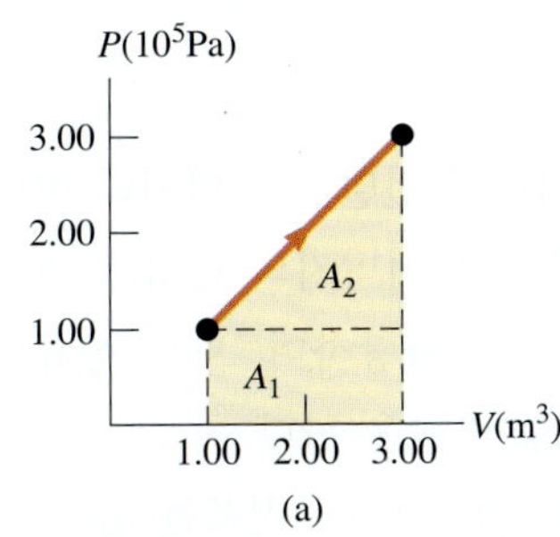


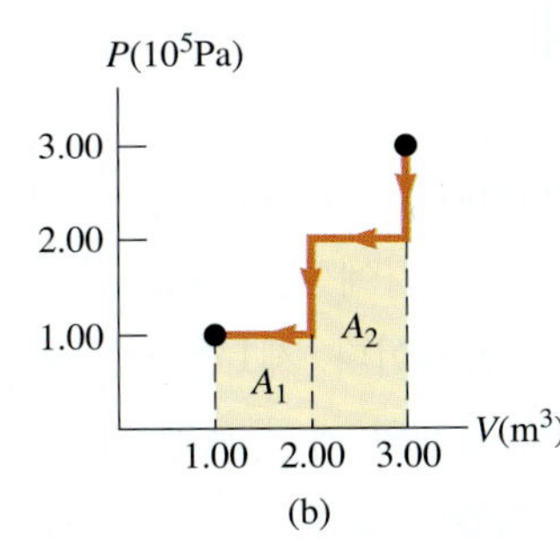


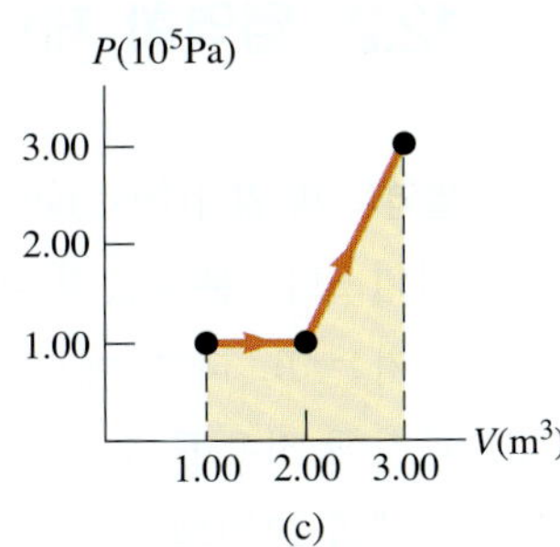


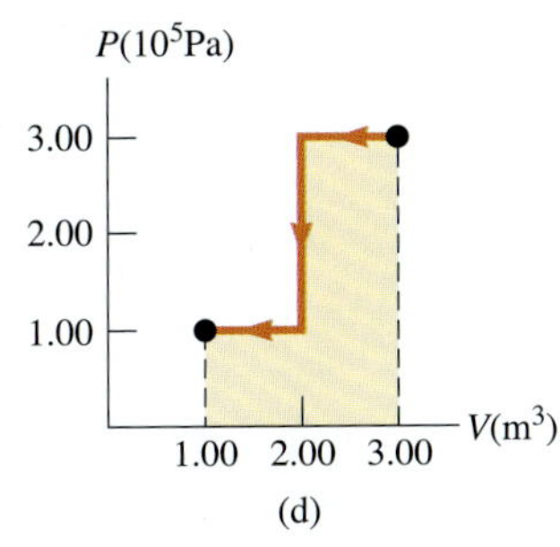


**그림 12.3** (Quick Quiz 12.1과 예제 12.2)

주의 할 것은 그림 12.3의 모든 그래프들이 같은 끝점을 가지고 있지만 굵은 선 아래의 면적은 다르다는 것이다. 계에 한 일은 *PV* 도표에서 경로에 의존한다.

## 예제 12.2 일과 *PV* 도표

**목표** *PV* 도표로부터 일을 계산한다.

**문제** 그림 12.3a와 b에서 기체에 한 일을 구하라.

**전략** 문제의 영역들은 삼각형이나 사각형으로 구성되어 있다. 각각의 굵은 선 아래 부분의 면적을 구하기 위하여 기본적인 기하학적 공식을 사용하라. 양과 음의 부호를 결정하기 위하여 화살표의 방향을 살펴본다.

**풀이**

(a) 그림 12.3a에서 기체에 한 일을 계산하라.

그림 12.3a에서 $A_1$과 $A_2$의 면적을 계산하라. $A_1$은 사각형이고 $A_2$는 삼각형이다.

$$A_1 = \text{가로} \times \text{세로} = (1.00 \times 10^5\ \text{Pa})(2.00\ \text{m}^3) = 2.00 \times 10^5\ \text{J}$$

$$A_2 = \tfrac{1}{2}\text{밑변} \times \text{높이} = \tfrac{1}{2}(2.00\ \text{m}^3)(2.00 \times 10^5\ \text{Pa}) = 2.00 \times 10^5\ \text{J}$$

두 면적을 합한다(부피가 증가하기 때문에 기체에 한 일은 음이다).

$$\text{면적} = A_1 + A_2 = 4.00 \times 10^5\ \text{J} \longrightarrow$$

$$W = \boxed{-4.00 \times 10^5\ \text{J}}$$

(b) 그림 12.3b에서 기체에 한 일을 계산하라.

두 개의 사각형 부분의 면적을 계산하라.

$$A_1 = \text{가로} \times \text{세로} = (1.00 \times 10^5\ \text{Pa})(1.00\ \text{m}^3) = 1.00 \times 10^5\ \text{J}$$

$$A_2 = \text{가로} \times \text{세로} = (2.00 \times 10^5\ \text{Pa})(1.00\ \text{m}^3) = 2.00 \times 10^5\ \text{J}$$

두 면적을 합한다(부피가 감소하기 때문에 기체에 한 일은 양이다).

$$\text{면적} = A_1 + A_2 = 3.00 \times 10^5 \text{ J} \longrightarrow$$
$$W = +3.00 \times 10^5 \text{ J}$$

**주의** *PV* 도표 상에서 위 두 과정은 같은 곳에서 시작하고 같은 곳에서 끝나지만 답이 다른 것에 주의하라.

**연습문제 12.2**
그림 12.3c와 d의 경우 계에 한 일을 구하라.

**답** $W = -3.00 \times 10^5$ J, $W = +4.00 \times 10^5$ J

## 12.2 열역학 제1법칙

**열역학 제1법칙**(first law of thermodynamics)은 열과 일에 의하여 전달된 에너지와 어떤 계의 모든 분자들의 흔들림과 위치에 관련되는 것과 같은 내부에너지의 변화를 연관시키는 또 다른 에너지 보존법칙이다. 제1법칙은 보편적으로 타당하며, 모든 종류의 과정에 적용될 수 있고, 미시 세계와 거시 세계 사이의 교량 역할을 한다.

계와 그것의 주위에 에너지를 전달할 수 있는 방법이 두 가지 있다. 첫째는 힘을 가하여 물체를 거시적으로 이동시키면서 하는 일에 의한 것이고, 둘째는 무작위한 분자 충돌에 의하여 일어나는 열에 의한 것이다. 두 메커니즘 모두 **계의 내부에너지 변화** $\Delta U$를 초래하고, 따라서 압력, 온도, 부피 변화 등과 같이 측정 가능한 계의 거시적 변수들의 변화를 일으킨다. 내부 에너지의 이러한 변화는 열역학 제1법칙으로 요약된다.

열역학 제1법칙 ▶

어떤 계가 처음 어떤 상태에서 나중 어떤 상태로 변화한다고 할 때, 열에 의해 계에 유입된 에너지를 $Q$라 하고 계에 한 일을 $W$라 하면, 계의 내부에너지 변화 $\Delta U$는 다음과 같다.

$$\Delta U = U_f - U_i = Q + W \qquad [12.2]$$

여기서 $Q$는 열에 의하여 계로 에너지가 전달될 때는 양이고, 계의 밖으로 전달될 때는 음이다. 또한 $W$는 계에 일을 하였을 때는 양이고, 계가 주위에 일을 하였을 때는 음이다. 식 12.2의 열역학 제1법칙의 모든 양들은 같은 에너지 단위를 가져야 한다. 어떤 계의 (분자들의 진동이나 위치에 의한) 내부에너지 변화는 열이나 일(또는 둘 모두)에 의한 에너지 전달 때문이다.

식 12.2로부터 어떤 고립된 계의 내부에너지는 일정하게 유지되며, 따라서 내부에너지 변화량 $\Delta U = 0$이라는 것을 알 수 있다. 고립된 계가 아니더라도 계가 순환 과정을 거쳐 모든 열역학적 변수들(압력, 부피, 온도, 기체의 몰수)이 원래의 값으로 되돌아온다면 내부에너지 변화는 0이 된다.

식 12.2의 물리량은 계에 관련한 것이지 계의 주변에 한 일에 의한 결과와 관련이 있는 것이 아니라는 것을 기억하는 것이 중요하다. 예를 들어 계가 피스톤을 밀어내는 뜨거운 증기인 경우, 피스톤은 기체의 내부에너지를 소모해야만 팽창 가능하므로 계가 한 일 $W$는 음이다. 그러나 뜨거운 증기가 주위에 한 일, 즉 기차를 이동시키는

**☑ Checkpoint 12.2**

진실인가 거짓인가: 열에 의한 에너지 전달이 없을 때 기체에 한 양(+)의 일은 기체의 내부에너지를 항상 증가시킨다.

**TIP 12.1 일을 나타내는 부호**

많은 물리학과 공학 교과서는 열과 일 사이에 −부호를 써서 $\Delta U = Q - W$로 제1법칙을 나타낸다. 이러한 이유는 일을, 기체에 한 일로 정의하지 않고 기체가 한 일로 정의하기 때문이다. 이런 형태의 제1법칙은 주요 관심사가 엔진에서 일을 끌어내는 것이었고 이 법칙을 증기기관에 적용하려했던 것이 원래의 목적이었음을 나타내는 것이다.

피스톤을 움직이게 한 일 $W_{env}$는 양(+)이며 식 12.2의 일 $W$와는 다르다. 열역학 제1법칙의 일을 이렇게 정의하는 것이 5장에서 정의한 일의 개념과 맥락을 같이 한다. 5장에서 어떤 계(예를 들면, 벽돌)에 한 양(+)의 일은 그것의 역학적 에너지를 증가시키고 음(−)의 일은 역학적 에너지를 감소시킨다고 하였다. 이 장에서는 어떤 계(일정 부피의 기체)에 한 양(+)의 일은 그것의 내부에너지를 증가시키고 음(−)의 일은 내부에너지를 감소시킨다는 것을 말한다. 따라서 역학과 열역학 모두 양(+)의 일은 계의 에너지를 증가시키고 음(−)의 일은 계의 에너지를 감소시켜 계에 대한 일의 효과는 같다.

어떤 책에서는 계가 주위에 한 것을 일 $W$로 정의한다. 이것은 같은 공식이지만 $W$가 열역학 제1법칙에서 음(−)의 부호로 쓰여야 한다는 의미인 것이다. 5장에서 양(+)의 일 $W$는 계가 에너지를 얻는 것을 의미하는데 $W$가 양(+)일 때 에너지를 잃게 되므로, 이러한 관습은 어떤 계의 에너지에 대한 이전 논의와 일치하지 않는다. 이러한 이유로 인하여 낡은 양식을 이 장에서는 사용하지 않는다.

### 예제 12.3 기체 가열

**목표** 등압과정에서 한 일과 열역학 제1법칙을 연관지어 본다.

**문제** 등압과정으로 어떤 이상기체가 $5.00 \times 10^3$ J의 에너지를 흡수하면서 주위에 $2.00 \times 10^3$ J의 일을 하고 있다. (a) 기체의 내부에너지 변화를 계산하라. (b) 만일 $1.01 \times 10^5$ Pa의 등압과정으로 내부에너지가 $4.50 \times 10^3$ J만큼 감소하였고 계에서 $7.50 \times 10^3$ J의 에너지가 방출되었다면 부피는 얼마나 변하는가?

**전략** (a)는 식 12.2의 열역학 제1법칙에 주어진 정보를 대입하면 된다. 그러나 주어진 일이 주위에 한 것이라는 것에 주의하라. 이것의 음수가 계에 한 일이며, 내부에너지의 손실로 나타난다. (b)는 일에 대한 등압과정 식을 열역학 제1법칙 식에 대입하여 부피의 변화에 대하여 풀면 된다.

**풀이**

(a) 내부에너지의 변화를 계산하라.

기체에 한 일이 음인 것에 유의하면서 열역학 제1법칙에 값을 대입한다.

$$\Delta U = Q + W = 5.00 \times 10^3\ \text{J} - 2.00 \times 10^3\ \text{J}$$
$$= \boxed{3.00 \times 10^3\ \text{J}}$$

(b) 이 경우 $\Delta U$와 $Q$가 둘 다 음인 것에 유의하면서 부피 변화를 구한다.

등압과정의 일에 대한 식을 열역학 제1법칙에 대입한다.

$$\Delta U = Q + W = Q - P\Delta V$$
$$-4.50 \times 10^3\ \text{J} = -7.50 \times 10^3\ \text{J} - (1.01 \times 10^5\ \text{J})\ \Delta V$$

부피 $\Delta V$의 변화를 푼다.

$$\Delta V = \boxed{-2.97 \times 10^{-2}\ \text{m}^3}$$

**주의** 부피 변화가 음이므로 계가 축소되었으며 주위에 음의 일을 한 것이다. 그러나 계에 한 일 $W$는 양이다.

**연습문제 12.3**

$1.00 \times 10^5$ Pa의 등압과정으로 이상기체에 열로 $4.20 \times 10^3$ J의 에너지를 공급하여 내부에너지가 $3.00 \times 10^3$ J만큼 상승하였다. 계의 부피 변화를 구하라.

**답** $\Delta V = 1.20 \times 10^{-2}\ \text{m}^3$

이상기체의 내부에너지에 대한 표현을 다시 생각하자.

$$U = \frac{3}{2}nRT \qquad [12.3a]$$

이 표현은 **단원자**로 구성된 기체 입자들을 의미하는 단원자 이상기체에 대해서만 타당하다. 이런 기체에 대하여 내부에너지 변화 $\Delta U$는 다음과 같이 주어진다.

$$\Delta U = \frac{3}{2}nR\Delta T \qquad [12.3b]$$

단원자 기체의 정적(일정한 부피) **몰비열**(molar specific) $C_v$는 다음과 같이 정의된다.

$$C_v \equiv \frac{3}{2}R \qquad [12.4]$$

그러므로 이상기체의 내부에너지 변화는 다음과 같이 주어진다.

$$\Delta U = nC_v\Delta T \qquad [12.5]$$

이상기체에 대해 위 식은 부피가 일정하지 않다고 하더라도 항상 타당하다. 그러나 몰비열의 값은 기체에 따라 다르고 온도와 압력에 따라 변할 수 있다.

몰비열이 큰 기체는 주어진 온도 변화를 이루기 위해 더 많은 에너지를 필요로 한다. 몰비열의 크기는 기체 분자의 구조에 따라 다르고 얼마나 많은 다른 방법으로 에너지를 저장할 수 있는가에 따라 다르다. 헬륨과 같은 단원자 기체는 세 개의 다른 방향으로의 움직임으로 에너지를 저장할 수 있다. 한편 수소와 같은 기체는 보통 온도 범위에서 이원자이고, 세 방향의 움직임과 별도로 두 다른 방향으로 구르거나 회전할 수 있다. 따라서 수소 분자는 병진 운동의 형태로도 에너지를 저장할 수 있고 게다가 회전 운동으로도 에너지를 저장할 수 있다. 또한 분자들은 구성 원자들의 진동으로도 에너지를 저장할 수 있다. 에너지를 저장하기 위한 방법이 더 많은 분자들로 구성된

**표 12.1** 여러 기체의 몰비열

| 기체 | 몰비열(J/mol·K)[a] | | | |
|---|---|---|---|---|
| | $C_p$ | $C_v$ | $C_p - C_v$ | $\gamma = C_p/C_v$ |
| **단원자 기체** | | | | |
| He | 20.8 | 12.5 | 8.33 | 1.67 |
| Ar | 20.8 | 12.5 | 8.33 | 1.67 |
| Ne | 20.8 | 12.7 | 8.12 | 1.64 |
| Kr | 20.8 | 12.3 | 8.49 | 1.69 |
| **이원자 기체** | | | | |
| $H_2$ | 28.8 | 20.4 | 8.33 | 1.41 |
| $N_2$ | 29.1 | 20.8 | 8.33 | 1.40 |
| $O_2$ | 29.4 | 21.1 | 8.33 | 1.40 |
| CO | 29.3 | 21.0 | 8.33 | 1.40 |
| $Cl_2$ | 34.7 | 25.7 | 8.96 | 1.35 |
| **다원자 기체** | | | | |
| $CO_2$ | 37.0 | 28.5 | 8.50 | 1.30 |
| $SO_2$ | 40.4 | 31.4 | 9.00 | 1.29 |
| $H_2O$ | 35.4 | 27.0 | 8.37 | 1.30 |
| $CH_4$ | 35.5 | 27.1 | 8.41 | 1.31 |

[a] $H_2O$를 제외하고 모두 300 K에서 측정한 값임.

기체는 몰비열이 더 클 수밖에 없다.

어떤 기체 분자가 에너지를 저장할 수 있는 방법을 **자유도**라 한다. 각 자유도는 몰비열에 $\frac{1}{2}R$을 기여한다. 단원자 이상기체는 세 방향으로 움직일 수 있기 때문에 몰비열은 $C_v = 3(\frac{1}{2}R) = \frac{3}{2}R$이 된다. 산소 분자 $O_2$와 같은 이원자 기체는 두 방향으로 또한 회전할 수 있다. 그러므로 몰비열에 $2 \times \frac{1}{2}R = R$이 추가되고 이원자 기체는 $C_v = \frac{5}{2}R$이 된다. 두 원자들을 연결하는 장축에 관한 회전은 일반적으로 무시할 수 있다. 분자 내의 원자들의 진동 또한 비열에 영향을 줄 수 있다. 주어진 계에 대하여 완전한 분석이 때로는 복잡하므로 일반적으로 몰비열을 실험으로 결정해야 한다. $C_v$의 몇몇 대표값 들을 표 12.1에 나타냈다.

네 가지의 기본적인 열역학적 과정이 있으며 이를 이상기체에 적용하여 그 효과를 보고 연구할 것이다.

## 등압과정

기체가 팽창 또는 압축될 때 일정한 압력을 유지하는 12.1절의 등압과정을 회상하자. 팽창하는 기체는 주위에 $W_{env} = P\Delta V$의 일을 한다. 그림 12.2는 등압팽창하는 $PV$ 도표이다. 이미 논의된 바와 같이 기체에 한 일의 크기는 $PV$ 도표에서 경로 아래 면적으로 주어진다. 즉, 가로 곱하기 세로 또는 $P\Delta V$이다. $W = -P\Delta V$에서 음의 부호는 기체가 팽창할 때 일을 하기 때문에 기체가 손실한 에너지이다. 이것이 열역학 제1법칙에 대입되어야 하는 양이다.

기체가 주위에 한 일은 내부에너지의 소모로부터 오므로 내부에너지의 변화 $\Delta U$를 초래한다. 이상기체의 내부에너지 변화는 $\Delta U = nC_v\Delta T$이므로, 팽창하는 기체의 온도는 내부에너지의 감소에 따라 감소한다. 팽창하는 부피와 감소하는 온도는 압력의 감소를 의미하고, 이것은 이상기체의 법칙 $PV = nRT$와 일치한다. 결과적으로, 이런 과정이 일정한 압력에서 유지될 수 있는 유일한 방법은 열에너지 $Q$가 열에 의하여 기체로 전달되는 것이다. 다시 정리하면 다음과 같이 쓸 수 있다.

$$Q = \Delta U - W = \Delta U + P\Delta V$$

이제 $\Delta U$에 대한 식 12.3b를 대입하고 이상기체 법칙을 사용하여 $P\Delta V = nR\Delta T$를 대입하면 다음과 같다.

$$Q = \frac{3}{2}nR\Delta T + nR\Delta T = \frac{5}{2}nR\Delta T$$

열에 의한 에너지 전달을 다음과 같이 다르게도 표현할 수 있다.

$$Q = nC_p\Delta T \qquad [12.6]$$

여기서 $C_p = \frac{5}{2}R$이다. 이상기체에 대하여 정압(일정한 압력) 몰비열 $C_p$는 정적 몰비열 $C_v$와 기체상수 $R$의 합이다.

$$C_p = C_v + R \qquad [12.7]$$

여러 다른 기체에 대하여 $C_p - C_v$를 계산한 표 12.1의 네 번째 열에서 이것을 볼 수 있다. 모든 경우에 근사적으로 $C_p - C_v = R$이 잘 들어맞는다.

## 예제 12.4 팽창하는 기체

**목표** 등압과정에 몰비열과 열역학 제1법칙을 사용한다.

**문제** $2.00 \times 10^5$ Pa의 압력하에서 단원자 이상기체의 계가 일정한 압력하에 293 K의 초기 온도에서 1.00 L로부터 2.50 L로 부피가 팽창한다고 가정하자. (a) 계가 주위에 한 일을 구하라. (b) 기체의 내부에너지 변화를 구하라. (c) 열역학 제1칙을 사용하여 이 과정 동안에 기체에 의하여 흡수된 열에너지를 구하라. (d) 등압 몰비열을 사용하여 기체에 흡수된 열에너지를 구하라. (e) 이원자 이상기체의 경우는 어떻게 달라지는가?

**전략** 이 문제는 적절한 식에 대입함으로써 해결할 수 있다. (a)에서 답을 얻기 위하여 등압과정의 일에 대한 식에 대입하라. (b)에서는 기체 분자의 몰수를 알기 위하여 그리고 $V$ = 2.00 L일 때 온도를 알기 위하여 이상기체 법칙을 두 번 사용한다. 이러한 양들은 내부에너지 변화 $\Delta U$를 얻기 위하여 사용될 수 있다. (c)는 열역학 제1법칙으로 대입함으로써 $Q$가 산출하여 해결할 수 있고, (d)에서 식 12.6으로 점검할 수 있다. (e)에 대해서는 이원자 기체의 두 개의 초과 자유도 때문에 몰비열을 $R$만큼 증가시킨 후에 위 계산 단계를 되풀이한다.

**풀이**

(a) 주위에 한 일을 구하라.

일정한 압력하에서 일의 정의를 적용한다.

$$W_{\text{env}} = P\Delta V = (2.00 \times 10^5 \text{ Pa})(2.50 \times 10^{-3} \text{ m}^3 - 1.00 \times 10^{-3} \text{ m}^3)$$

$$W_{\text{env}} = \boxed{3.00 \times 10^2 \text{ J}}$$

(b) 기체의 내부에너지 변화를 구하라.

우선, 이상기체의 법칙을 사용하여 나중 온도를 구한다. $P_i = P_f$라는 것에 주의하라.

$$\frac{P_f V_f}{P_i V_i} = \frac{T_f}{T_i} \longrightarrow T_f = T_i \frac{V_f}{V_i} = (293 \text{ K})\frac{(2.50 \times 10^{-3} \text{ m}^3)}{(1.00 \times 10^{-3} \text{ m}^3)}$$

$$T_f = 733 \text{ K}$$

다음으로 기체의 몰수를 얻기 위하여 이상기체 법칙을 사용한다.

$$n = \frac{P_i V_i}{RT_i} = \frac{(2.00 \times 10^5 \text{ Pa})(1.00 \times 10^{-3} \text{ m}^3)}{(8.31 \text{ J/K}\cdot\text{mol})(293 \text{ K})}$$

$$= 8.21 \times 10^{-2} \text{ mol}$$

내부에너지 변화 $\Delta U$를 계산하기 위하여 주어진 양과 위의 결과를 이용한다.

$$\Delta U = nC_v\Delta T = \tfrac{3}{2}nR\Delta T$$

$$= \tfrac{3}{2}(8.21 \times 10^{-2} \text{ mol})(8.31 \text{ J/K}\cdot\text{mol})(733 \text{ K} - 293 \text{ K})$$

$$\Delta U = \boxed{4.50 \times 10^2 \text{ J}}$$

(c) 열로 전달된 에너지를 얻기 위하여 열역학 제1법칙을 사용한다.

열역학 제1법칙을 $Q$에 대하여 풀고, $\Delta U$와 $W = -W_{\text{env}} = -3.00 \times 10^2$ J를 대입한다.

$$\Delta U = Q + W \longrightarrow Q = \Delta U - W$$

$$Q = 4.50 \times 10^2 \text{ J} - (-3.00 \times 10^2 \text{ J}) = \boxed{7.50 \times 10^2 \text{ J}}$$

(d) 열 $Q$를 얻기 위하여 일정한 등압 몰비열을 사용한다.

식 12.6에 값을 대입한다.

$$Q = nC_p\Delta T = \tfrac{5}{2}nR\Delta T$$

$$= \tfrac{5}{2}(8.21 \times 10^{-2} \text{ mol})(8.31 \text{ J/K}\cdot\text{mol})(733 \text{ K} - 293 \text{ K})$$

$$= \boxed{7.50 \times 10^2 \text{ J}}$$

(e) 이원자 기체에 대하여 위 계산을 반복한다.

이원자 기체에 대하여 $C_v = \frac{5}{2}R$이라는 것에 주의하여 내부에너지의 변화 $\Delta U$를 얻고,

$$\Delta U = nC_v\Delta T = (\tfrac{3}{2} + 1)nR\Delta T$$

$$= \tfrac{5}{2}(8.21 \times 10^{-2} \text{ mol})(8.31 \text{ J/K}\cdot\text{mol})(733 \text{ K} - 293 \text{ K})$$

$$\Delta U = \boxed{7.50 \times 10^2 \text{ J}}$$

열로 전달되는 에너지 $Q$를 구한다.

$$Q = nC_p\Delta T = (\tfrac{5}{2} + 1)nR\Delta T$$
$$= \tfrac{7}{2}(8.21 \times 10^{-2}\ \text{mol})(8.31\ \text{J/K}\cdot\text{mol})(733\ \text{K} - 293\ \text{K})$$
$$Q = \boxed{1.05 \times 10^3\ \text{J}}$$

**주의** 이원자 기체를 포함하고 있는 문제가 단원자 기체를 포함한 것보다 더 어려운 것이 아니라는 것에 주의하라. 단지 몰비열을 조정하는 문제인 것이다.

**연습문제 12.4**

475 K의 초기 온도에서 단원자 이상기체가 $1.00 \times 10^5$ Pa의 일정한 압력을 유지하면서 3.00 L로부터 2.00 L로 압축된다고 가정하자. (a) 기체에 한 일을 구하라. (b) 내부에너지 변화와 (c) 열로 전달된 에너지 $Q$를 찾아라.

**답** (a) $1.00 \times 10^2$ J (b) −150 J (c) −250 J

## 단열과정

단열과정에서는 열에 의하여 계에 들어오거나 나가는 에너지는 없다. 그런 계는 절연되어 있으며 주위환경으로부터 열적으로 고립되어 있다. 그러나 일반적으로 계가 역학적으로 고립되어 있지 않으므로 여전히 일을 할 수 있다. 충분히 빠른 과정은 열에 의해 에너지를 전달할 시간이 충분하지 않기 때문에 근사적으로 단열과정으로 생각할 수 있다.

단열과정에서는 $Q = 0$이므로 열역학 제1법칙은 다음과 같이 된다.

$$\Delta U = W$$

단열과정 동안에 한 일은 내부에너지의 변화를 알면 계산할 수 있다. 또는 일을 $PV$ 도표로부터 계산할 수 있다. 이상기체의 단열과정은 다음 식이 성립함을 보일 수 있다.

$$PV^\gamma = \text{일정} \qquad [12.8a]$$

여기서,

$$\gamma = \frac{C_p}{C_v} \qquad [12.8b]$$

$\gamma$는 기체의 **단열지수**라고 부른다. 몇몇 다른 기체들의 단열지수 값들을 표 12.1에 나타내었다. 식 12.8a의 오른쪽 상수를 계산한 후에 압력 $P$에 대하여 풀고, $PV$ 도표에서 곡선 아래 면적은 사각형을 세면 알 수 있고 일을 구할 수 있다.

만약 에너지가 열에 의하여 계에 들어오거나 나갈 수 있는 시간이 없이 뜨거운 기체가 상당히 빠르게 팽창되도록 하면 기체에 한 일은 음이고 내부에너지는 감소한다. 이러한 감소는 운동 에너지가 기체 분자로부터 움직이는 피스톤으로 전달되기 때문에 일어난다. 그런 단열팽창은 현실적으로 중요하며, 가솔린과 공기의 혼합체가 점화되어 빠르게 팽창하면서 피스톤을 밀어내는 내연기관을 근사적으로 단열팽창으로 볼 수 있다. 다음 예제는 그러한 과정을 나타낸 것이다.

## 예제 12.5 단열팽창

**목표** 기체에 한 일과 압력의 변화를 찾기 위하여 단열과정의 압력–부피 식을 사용한다.

**문제** $1.01 \times 10^5$ Pa의 압력에서 단원자 이상기체가 처음 $1.50\ m^3$의 부피에서 단열팽창하여 부피가 두 배가 되었다. (a) 압력은 얼마로 되었는가? (b) $PV$ 도표에서 기체에 한 일을 구하라.

**전략** 이상기체의 법칙을 이용하여 이 문제를 풀기에는 정보가 충분하지 않다. 그 대신에 식 12.8과 이 열역학적 과정에 대한 상수 $C$와 단열지수를 알기 위하여 주어진 정보를 사용한다. (b)에 대하여는 $PV$ 도표의 그림에서 그래프 아래 면적의 사각형 개수를 세어 일을 구한다.

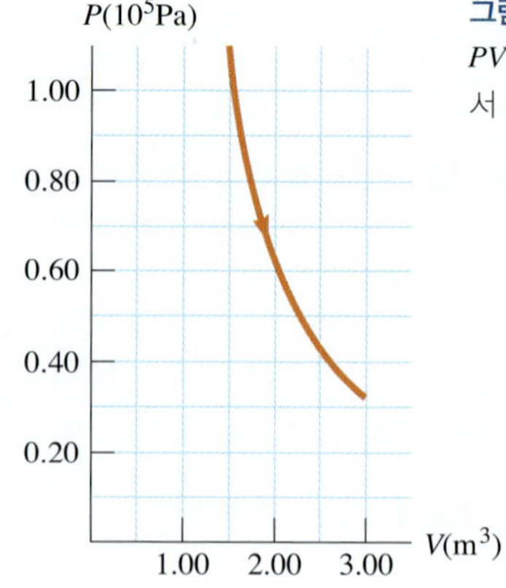


**그림 12.4** (예제 12.5) 단열팽창의 $PV$ 도표: $P = CV^{-\gamma}$의 그래프. 여기서 $C$는 상수이고 $\gamma = C_p/C_v$이다.

**풀이**

(a) 새로운 압력을 구하라.

우선, 단열지수를 계산한다.

$$\gamma = \frac{C_p}{C_v} = \frac{\frac{5}{2}R}{\frac{3}{2}R} = \frac{5}{3}$$

상수 $C$를 알기 위해 식 12.8a를 사용하라.

$$C = P_1V_1{}^\gamma = (1.01 \times 10^5\ \text{Pa})(1.50\ \text{m}^3)^{5/3} = 1.99 \times 10^5\ \text{Pa} \cdot \text{m}^5$$

상수 $C$는 전 과정에서 일정하고, $P_2$를 알기 위해 사용된다.

$$C = P_2V_2{}^\gamma = P_2(3.00\ \text{m}^3)^{5/3}$$
$$1.99 \times 10^5\ \text{Pa} \cdot \text{m}^5 = P_2(6.24\ \text{m}^5)$$
$$P_2 = \boxed{3.19 \times 10^4\ \text{Pa}}$$

(b) $PV$ 도표로부터 기체가 한 일을 구하라.

그림 12.4의 $PV$ 도표 $P = (1.99 \times 10^5\ \text{Pa} \cdot \text{m}^5)V^{-5/3}$의 그래프에서 $V_1 = 1.50\ \text{m}^3$과 $V_2 = 3.00\ \text{m}^3$ 사이 사각형들을 세어라.

사각형의 개수 $\approx 17$

각각의 사각형의 면적은 $5.00 \times 10^3$ J이다.

$$W \approx -17(5.00 \times 10^3\ \text{J}) = \boxed{-8.5 \times 10^4\ \text{J}}$$

**주의** 적분으로 얻은 정확한 답은 $-8.43 \times 10^4$ J이므로 이것은 매우 좋은 결과이다. 답이 음으로 나온 것은 기체가 팽창하고, 주위에 양의 일을 하였으며, 자신의 내부에너지가 감소되었기 때문이다.

### 연습문제 12.5

이원자 이상기체가 처음 $0.500\ \text{m}^3$에서 $1.25\ \text{m}^3$로 팽창하는 경우 같은 계산을 해보라. 압력은 $P_1 = 1.01 \times 10^5$ Pa에서 시작하였다. (일을 알기 위해 곡선을 스케치하라.)

**답** $P_2 = 2.80 \times 10^4$ Pa, $W \approx -4 \times 10^4$ J

## 등적과정

**등적과정**(isovolumetric process)은 기억하기 힘들지만 때때로 isochoric이라 부르고, 일정한 부피에서 일어나고, $PV$ 도표에서 수직선으로 나타난다. 만약 부피가 변화되지 않는다면, 계가 한 일이나 계에 수행한 일은 없다.

$$\Delta U = Q \quad (\text{등적과정})$$

이 결과는 **등적과정에서 계의 내부에너지 변화는 열에 의하여 계로 전달되는 에너지와 같다**는 것을 말해 준다. 식 12.5로부터 등적과정에서 열에 의하여 전달된 에너지는 다음과 같이 주어진다.

$$Q = nC_v\Delta T \qquad [12.9]$$

### 예제 12.6 등적과정

**목표** 등적과정에 열역학 제1법칙을 적용한다.

**문제** 기체의 온도를 $3.80 \times 10^2$ K로 올리기 위하여 1.50 L의 일정한 부피로 $3.00 \times 10^2$ K에 있는 단원자 기체 5.00 mol에 추가되어야 하는 열에너지는 얼마인가?

**전략** 열에 의하여 전달된 에너지는 기체의 내부에너지의 변화와 같고, 그것은 식 12.9에 대입함으로써 계산할 수 있다.

**풀이**

단원자 이상기체에 대하여 $C_v = 3R/2$이라는 사실을 사용하는 식 12.9를 적용하라.

$$Q = \Delta U = nC_v\Delta T = \tfrac{3}{2}nR\Delta T$$

$$= \tfrac{3}{2}(5.00 \text{ mol})(8.31 \text{ J/K}\cdot\text{mol})(80.0 \text{ K})$$

$$Q = 4.99 \times 10^3 \text{ J}$$

**주의** 등적과정은 가장 다루기 쉬운 과정이며, 팽창에 의한 일의 양을 무시할 수 있는 액체나 고체를 가열하는 것도 등적과정으로 볼 수 있다.

**연습문제 12.6**

일정한 부피에서 9 750 J을 흡수하는 단원자 이상기체 22.0 mol의 온도 변화를 구하라.

**답** 35.6 K

## 등온과정

**등온과정**(isothermal process) 동안에 계의 온도는 변하지 않는다. 이상기체에서 내부에너지 $U$는 단지 온도에 의존하고 $\Delta T = 0$이기 때문에 $\Delta U = 0$과 같다. 이러한 경우에 열역학 제1법칙은 다음과 같이 주어진다.

$$W = -Q \quad (\text{등온과정})$$

우리가 알 수 있는 것은 만약 계가 등온과정하에 있는 이상기체라면, 계에 한 일은 계에 전달된 열에너지의 음의 값과 같다. 그런 과정은 그림 12.5와 같이 나타낼 수 있다. 기체로 채워진 실린더는 온도 변화 없이 기체와 에너지를 교환할 수 있는 커다란 에너지원과 접촉되어 있다. 일정 온도에서 이상기체는 다음을 만족한다.

$$P = \frac{nRT}{V}$$

여기서 오른쪽 항의 분자는 상수이다. 전형적인 등온과정의 $PV$ 도표를 그림 12.6에

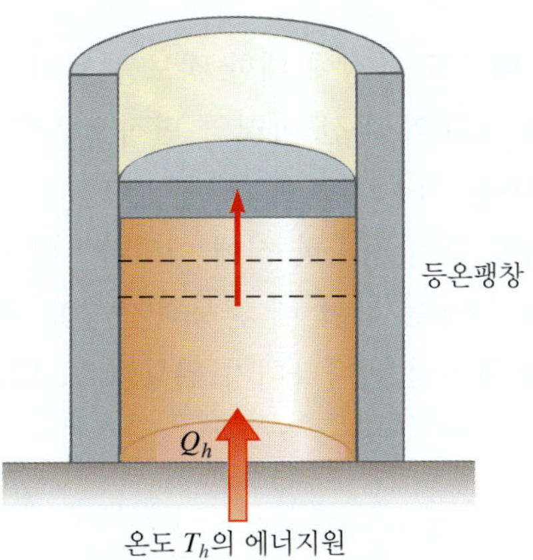


**그림 12.5** 원통 속의 기체는 온도 $T_h$의 에너지원과 접촉하고 있는 동안 등온팽창한다.

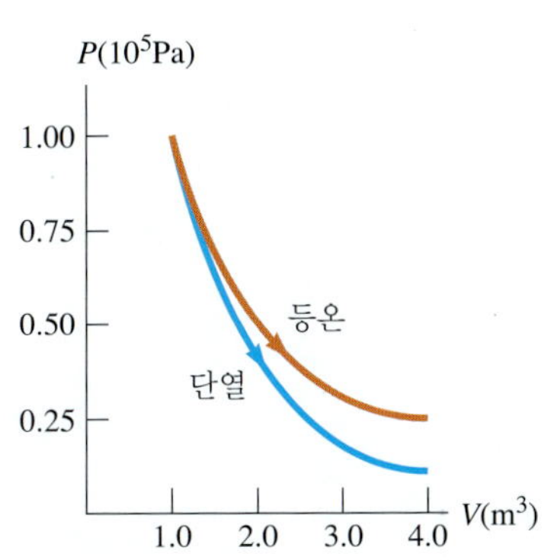


**그림 12.6** 등온팽창의 $PV$ 도표: $P = CV^{-1}$의 그래프. 여기서 $C$는 상수. 단열팽창 $P = C_AV^{-\gamma}$와 비교하면 이 경우 $C_A$는 $C$와 크기가 동일한 상수이지만 단위는 다르다.

나타냈고, 단열과정과 비교하였다. 단열과정일 때 압력은 더 빠르게 떨어진다.

적분을 사용하여, 등온과정 동안에 주위에 한 일을 다음과 같이 계산할 수 있다.

$$W_{\text{env}} = nRT\ln\left(\frac{V_f}{V_i}\right) \qquad [12.10]$$

식 12.10에서 ln은 자연로그에 대한 기호이고, 부록 A에서 설명되어 있다. 기체에 한 일 $W$는 $W_{\text{env}}$의 음의 값이다.

## 예제 12.7 열팽창하는 풍선

**목표** 등온팽창 동안에 한 일을 구한다.

**문제** 어떤 풍선에 5.00 mol의 단원자 이상기체가 들어 있다. 열로 에너지가 계에 추가되었고(말하자면 태양으로부터 흡수된), 부피가 일정한 온도 27.0℃에서 25% 증가되었다. 팽창하는 풍선에서 기체가 한 일 $W_{\text{env}}$, 기체로 전달된 열에너지 $Q$, 그리고 기체에 한 일 $W$을 구하라.

**전략** 섭씨온도를 절대온도로 바꾸어야 한다. 풍선에 한 일, 즉 기체가 주위에 한 일을 구하기 위하여 등온과정의 일에 대한 식을 사용하라. 주위에 한 일은 기체로 전달된 열에너지 $Q$와 같고, 이 값의 음의 값이 기체에 한 일과 같다.

**풀이**

식 12.10에 대입하고 등온팽창하는 동안에 한 일을 구하라. $T$ = 27.0℃ = $3.00 \times 10^2$ K인 것에 유의하라.

$$W_{\text{env}} = nRT\ln\left(\frac{V_f}{V_i}\right)$$

$$= (5.00\text{ mol})(8.31\text{ J/K}\cdot\text{mol})(3.00\times10^2\text{ K}) \times \ln\left(\frac{1.25V_0}{V_0}\right)$$

$$W_{\text{env}} = \boxed{2.78\times10^3\text{ J}}$$

$$Q = W_{\text{env}} = \boxed{2.78\times10^3\text{ J}}$$

이 값의 음의 값이 기체에 한 일과 같다.

$$W = -W_{\text{env}} = \boxed{-2.78\times10^3\text{ J}}$$

**주의** 기체에 한 일과 주위에 한 일, 그리고 전달된 에너지 사이의 관계에 주의하라. 이러한 관계들이 모든 등온과정에서 성립한다.

**연습문제 12.7**

위 예제의 등온 가열 과정 후 1.50×104 J의 열에너지가 등온과정으로 기체로부터 제거되었다. 처음 부피 $V_0$로부터 나중 부피를 구하라. (힌트: 위 예제의 역과정이지만 같은 단계로 푼다. 이 연습문제에서 초기 부피가 $1.25V_0$인 것에 주의한다.)

**답** $0.375\ V_0$

### 일반적 열역학 과정의 경우

앞에 주어진 네 개의 모델에 따르는 과정이 없을 때에도 과정에 대한 정보를 얻기 위하여 열역학 제1법칙을 사용할 수 있다. 일은 $PV$ 도표의 곡선 아래의 면적으로부터 계산할 수 있고 양 끝점의 온도를 알 수 있다면, $\Delta U$는 식 12.5로 구할 수 있다.

모든 열역학적 과정과 공식이 주어지더라도, 비록 단지 정확한 식에 대입하는데 대부분의 시간이 들어간다고 해도, 이러한 이상기체 문제를 접할 때 혼동하기 쉽다. 쉽게 참고하도록 하기 위해, 또 각 과정의 유사성과 차이점을 나타내기 위하여 표 12.2에 기본적인 요소들과 수식을 정리하였다.

**표 12.2** 열역학 제1법칙과 열역학 과정(이상기체)

| 과정 | $\Delta U$ | $Q$ | $W$ |
|---|---|---|---|
| 등압 | $nC_v\Delta T$ | $nC_p\Delta T$ | $-P\Delta V$ |
| 단열 | $nC_v\Delta T$ | 0 | $\Delta U$ |
| 등적 | $nC_v\Delta T$ | $\Delta U$ | 0 |
| 등온 | 0 | $-W$ | $-nRT\ln\left(\frac{V_f}{V_i}\right)$ |
| 일반 | $nC_v\Delta T$ | $\Delta U$ − W | ($PV$ 면적) |

**Quick Quiz 12.2**

그림 12.7에서 경로 A, B, C와 D를 등압, 등온, 등적, 그리고 단열로 구분하라. 경로 B에 대해서는 $Q = 0$이다.

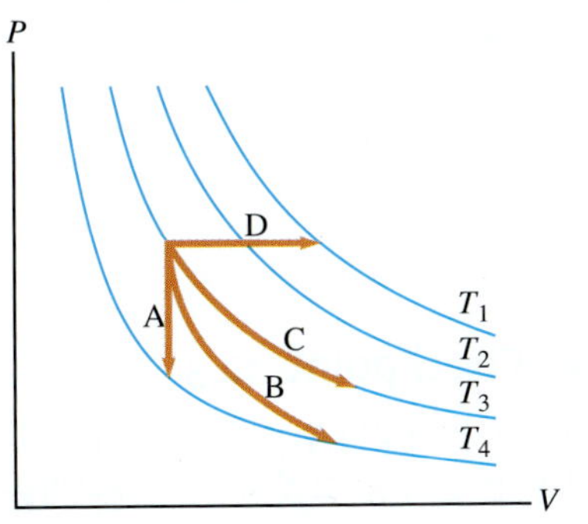


**그림 12.7** (Quick Quiz 12.2) 경로 A, B, C, D의 구분.

## 12.3 열기관과 열역학 제2법칙

**열기관**(heat engine)은 열로 에너지를 받아들여 그 일부를 전기 에너지나 역학적 에너지와 같은 다른 형태의 에너지로 전환한다. 예를 들면, 발전소의 전기를 생산하기 위한 전형적인 과정에서 석탄이나 다른 연료가 연소되어 발생하는 내부에너지는 물을 수증기로 전환하기 위하여 사용된다. 수증기가 터빈의 날개에 뿜어져서 터빈을 돌리고 마지막으로 이러한 회전과 연관되는 역학적 에너지는 발전기를 돌리기 위하여 사용된다. 자동차의 내연기관과 같은 또 다른 열기관에서는 연료가 실린더 안으로 분사되고 연소될 때 에너지가 기관으로 들어오고 이러한 에너지의 일부는 역학적 에너지로 전환된다.

일반적으로 열기관 속의 작동물질(working substance)은 (1) 높은 온도의 에너지원에서 에너지를 흡수하고, (2) 열기관이 일을 하게 하고, (3) 낮은 온도의 에너지원에 에너지를 내보내는 순환과정[1]을 거치면서 작동한다. 예를 들어 작동물질이 물인 증기기관의 작동 과정을 살펴보면, 물이 보일러에서 수증기로 기화한 뒤 팽창하면서 피스톤을 밀어내는 과정을 거친다. 수증기가 냉각수에 의하여 응결되면 보일러로 보내지고 이 과정은 반복된다.

열기관을 활용그림 12.8과 같이 개략적으로 표시하면 이해하기가 쉽다. 열기관은 높은 온도의 에너지원에서 에너지 $Q_h$를 흡수하고 $W_{eng}$의 일을 한 다음 낮은 온도의 에너지원에 에너지 $Q_c$를 보낸다(기관에 음의 일을 하므로 $W = -W_{eng}$이다). 작동물질이 순환과정을 거치므로 처음 내부에너지와 나중 내부에너지는 같아서 $\Delta U = 0$이 된다. 그러므로 열역학 제1법칙에 의해 다음을 얻을 수 있다.

$$\Delta U = 0 = Q + W \longrightarrow Q_{net} = -W = W_{eng}$$

마지막 식은 **열기관이 한 일 $W_{eng}$는 열기관이 흡수한 알짜 에너지와 같다**는 것을 보여 준다.

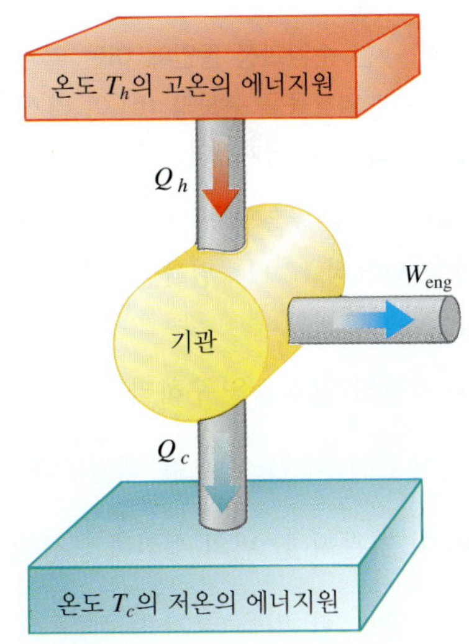


**활용그림 12.8**
열기관의 개략적인 구성도. 열기관은 고온의 에너지원에서 에너지 $Q_h$를 받고, 저온의 에너지원으로 $Q_c$를 내보내며, 일 $W$를 한다.

**Physics Now™**
**http://physics.brookscole.com/ecp**에서 PhysicsNow를 로그인하고 활용그림 12.8로 들어가서 열기관의 효율을 선택한 후 에너지 전달과정을 관찰해 보자.

[1] 엄밀히 말하면, 자동차의 내연기관은 공기−연료의 혼합물이 한 주기만을 거치고는 배출되기 때문에 순환과정의 면에서 보면 열기관이 아니다.

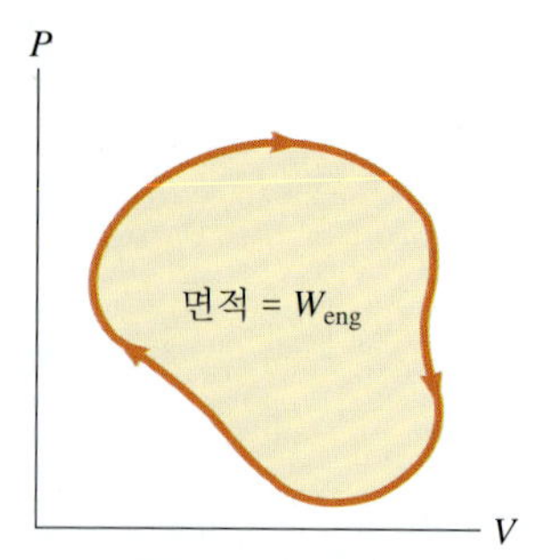


**그림 12.9** 임의의 순환과정에 대한 *PV* 도표. 곡선에 둘러싸인 면적은 열기관이 한 알짜 일이다.

활용그림 12.8에서 알 수 있듯이 $Q_{net} = |Q_h| - |Q_c|$이므로 다음 식을 얻을 수 있다.

$$W_{eng} = |Q_h| - |Q_c| \quad [12.11]$$

정상적으로 전달된 열에너지 $Q$가 양 또는 음이 될 수 있으므로 절대값 기호의 사용은 $Q_h$와 $Q_c$ 부호의 명확성을 위한 것이다.

만약 작동물질이 기체이면, **순환과정 동안에 기체가 한 일은 *PV* 도표에서 과정을 나타내는 곡선으로 둘러싸인 면적과 같다.** 그림 12.9에 임의의 순환과정에 대한 면적을 나타냈다.

열기관의 **열효율**(thermal efficiency) $e$는 한 주기 동안에 열기관이 한 일과 고온의 에너지원에서 흡수한 에너지의 비율로 다음과 같이 정의한다.

$$e \equiv \frac{W_{eng}}{|Q_h|} = \frac{|Q_h| - |Q_c|}{|Q_h|} = 1 - \frac{|Q_c|}{|Q_h|} \quad [12.12]$$

### ☑ Checkpoint 12.3

진실인가 거짓인가: 만약 기체가 순환과정에 있다면 그것의 내부에너지는 변화하지 않는다.

열효율이란 우리가 얻은 것(일)과 공급한 것(높은 온도에서 전달된 에너지)의 비율이라고 생각할 수 있다. 식 12.12에 의하면 $Q_c = 0$일 때만, 즉 저온의 에너지원으로 전혀 에너지를 내보내지 않을 때에만 열기관의 열효율이 100% ($e = 1$)가 된다. 다시 말하면 열효율이 100%인 열기관은 흡수한 에너지 전부를 역학적 일로 전환해야 한다. 이것은 불가능하며 12.4절에서 다룰 것이다.

## 예제 12.8 열기관의 효율

**목표** 열기관의 효율에 대한 식을 적용하여 본다.

**문제** 한 순환과정 동안에 어떤 열기관이 $2.00 \times 10^3$ J의 고온의 에너지원에서 $1.50 \times 10^3$ J의 저온의 에너지원으로 에너지를 전달한다. (a) 이 열기관의 열효율을 구하라. (b) 이 열기관이 한 번의 순환과정 동안에 얼마나 많은 일을 하는가? (c) 이 열기관이 2.50 s 동안에 네 번의 순환과정을 하였다면 이 열기관의 일률은 얼마인가?

**전략** 열효율을 얻기 위해 식 12.12를 적용하고, 한 번의 순환과정에서 한 일을 구하기 위해서 열기관에 적합한 열역학 제1법칙을 사용하라(식 12.11). 일률을 얻기 위하여 네 번의 순환과정에서 한 일을 순환과정이 진행된 시간으로 나누어라.

**풀이**

(a) 기관의 열효율을 구하라.

식 12.12에 $Q_h$와 $Q_c$를 대입한다.

$$e = 1 - \frac{|Q_c|}{|Q_h|} = 1 - \frac{1.50 \times 10^3 \text{ J}}{2.00 \times 10^3 \text{ J}} = \boxed{0.250 \text{ 또는 } 25.0\%}$$

(b) 이 기관이 한 번의 순환과정 동안에 얼마나 많은 일을 하는가?

기관이 한 일을 찾기 위하여 식 12.11의 열역학 제1법칙을 적용한다.

$$W_{eng} = |Q_h| - |Q_c| = 2.00 \times 10^3 \text{ J} - 1.50 \times 10^3 \text{ J}$$
$$= \boxed{5.00 \times 10^2 \text{ J}}$$

(c) 이 열기관의 일률을 구하라.

(b)의 답에 4를 곱하고 시간으로 나누어라.

$$\mathcal{P} = \frac{W}{\Delta t} = \frac{4.00 \times (5.00 \times 10^2 \text{ J})}{2.50 \text{ s}} = \boxed{8.00 \times 10^2 \text{ W}}$$

**주의** 이 예제와 같은 문제는 보통 이원 일차 연립방정식을 푸는 문제와 같다. 여기서는 열효율 식과 열역학 제1법칙 식이 두 식이며, 열효율과 열기관이 한 일이 두 미지수인 것이다.

**연습문제 12.8**

어떤 열기관이 흡수한 에너지는 행한 일보다 세 배만큼 크다. (a) 열효율은 얼마인가? (b) 흡수된 에너지의 일부가 저온의 에너지원으로 얼마나 방출되었는가? (c) 엔진이 한 번 순환하는 데 1 650 J이 필요하고 3초마다 2번 순환한다면 엔진의 일률은 얼마인가?

**답** (a) 1/3 (b) 2/3 (c) 367 W

## 냉장고와 열펌프

열기관은 역으로 작동시킬 수 있다. 이런 경우 활용그림 12.10에 일 $W$로 나타낸 것과 같은 에너지가 기관으로 주입되며, 저온의 에너지원에서 뽑아낸 에너지를 고온의 에너지원으로 전달하게 된다. 이러한 계는 열펌프로서 작동하는데, 흔한 예가 냉장고이다(그림 12.11). 에너지 $Q_c$가 냉장고의 내부로부터 추출되어, 부엌의 따뜻한 공기에 에너지 $Q_h$로 전달된다. 냉장고의 압축기에서 일이 수행되며 프레온 기체와 같은 냉매가 압축되어 온도가 상승하게 된다.

가정용 에어컨도 열펌프의 또 다른 예이다. 열펌프로 집을 냉방하거 난방할 수도 있다. 겨울에는 열펌프가 실외의 차가운 공기에서 에너지 $Q_c$를 흡수하여 실내로 에너지 $Q_h$를 전달하고, 여름에는 에너지 $Q_c$가 실내의 차가운 공기로부터 제거되고, 에너지 $Q_h$를 외부의 따뜻한 공기로 방출된다.

냉장고와 에어컨은 열펌프를 냉각방식으로 작동하는 것이며, 일 $W$는 압축기를 돌리기 위하여 값을 지불하는 전기적 에너지에 의한 것이다. 한편 $Q_c$는 우리가 필요로 하는 것이다. 가장 효율적인 냉장고나 에어컨은 최소의 일로 저온의 에너지원으로부터 최대의 에너지를 제거하는 것이다.

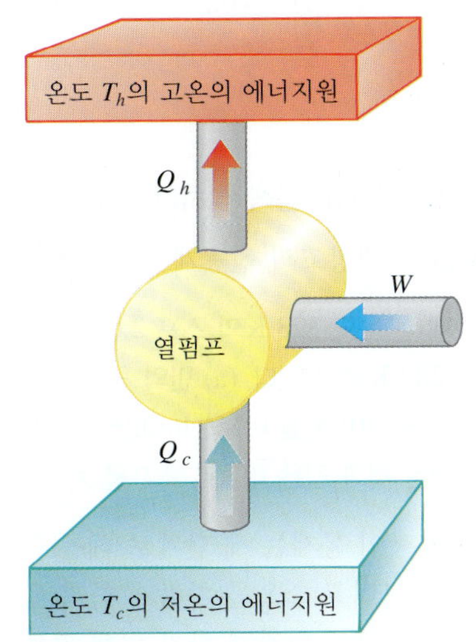


**활용그림 12.10**
열펌프의 개략도. 저온의 에너지원에서 $Q_c>0$의 열에너지를 취하여, 고온의 에너지원으로 $Q_h<0$의 에너지를 방출한다. 일 $W$는 열펌프에 한 일이다. 냉장고도 같은 원리로 작동한다.

**Physics Now™**
**http://physics.brookscole.com/ecp**에서 PhysicsNow를 로그인하고 활용그림 12.10으로 들어가서 열펌프의 성능계수(COP)를 바꿔가며 에너지 전달과정을 관찰해 보자.

냉장고와 에어컨의 성능계수는 저온의 에너지원으로부터 뽑아낸 에너지의 크기 $|Q_c|$를, 장치가 한 일 $W$로 나눈 것이다.

$$\text{COP(냉각방식)} = \frac{|Q_c|}{W} \quad [12.13]$$

**국제단위(SI unit): 차원이 없다.**

이 비가 크면 클수록 능률이 좋다. 일정 양의 일로 더 많은 에너지가 제거되기 때문이다. 좋은 냉장고나 에어컨은 5 또는 6의 성능계수를 갖는다.

가열방식에서 작동하는 열펌프는 차가운 외부의 공기로부터 뽑아낸 에너지로 겨울에 집안을 따뜻하게 한다. 이것은 역설적으로 보이지만, 이것이 내부에서 제거된 에너지를 외부로 보내는 냉장고와 동등하다는 것을 기억하라.

가열방식에서 작동하는 열펌프의 성능계수는 고온의 에너지원으로부터 뽑아낸 에너지의 크기 $|Q_h|$를 장치가 한 일 $W$로 나눈 것이다.

$$\text{COP(가열방식)} = \frac{|Q_h|}{W} \quad [12.14]$$

**국제단위(SI unit): 차원이 없다.**

**그림 12.11** 공기로 에너지를 전달하기 위한 냉장고 뒷면의 코일.

가열방식에서 열펌프의 성능계수는 얻은 것(집의 내부로 전달된 에너지)에 대하여 들인 것(들어간 일)의 비율이다. 이러한 성능계수는 $|Q_h|$가 $W$보다 크므로 보통 1보다 크다.

지하수 열펌프는 에너지를 겨울에 실외의 공기 대신에 심층 지하수에서 흡수하고, 여름에는 지하수에 에너지를 배출한다. 지하수의 온도가 겨울에는 대기온도보다 높고 여름에는 낮기 때문에 이 방식이 냉난방의 효율을 연중 높이게 된다.

### 예제 12.9 음식 식히기

**목표** 냉장고의 성능계수를 적용한다.

**문제** 온도 323 K의 스프 2.00 L가 냉장고 안에 놓여 있다. 스프의 비열이 물과 같다고 가정하고 밀도는 $1.25 \times 10^3$ kg/m$^3$이다. 냉장고는 스프를 283 K로 식힌다. (a) 만약 냉장고의 성능계수가 5.00이라면, 스프를 차갑게 하기 위하여 필요한 에너지를 일로 구하라. (b) 만약 냉장고의 압축기의 용량이 일률 0.250 hp라면 스프를 283 K로 차갑게 하기 위하여 최소한 얼마 동안 작동해야 하는가? (열펌프가 냉장고로부터 열에너지를 배출하는 것과 같은 비율로 스프를 차갑게 한다고 가정하라.)

**전략** 이 문제는 세 단계로 해를 구할 수 있다. 첫째로 스프의 총 질량 $m$을 구한다. 두 번째로 $Q = mc\Delta T$를 이용한다. 여기서 $Q = Q_c$이다. 그리고 스프를 차갑게 하기 위하여 필요한 전달 에너지를 구한다. 세 번째로 $Q_c$와 성능계수를 식 12.13에 대입하고 $W$에 대하여 푼다. 스프를 차갑게 하기 위해 필요한 시간을 구하기 위하여 $W$를 일률로 나눈다.

**풀이**

(a) 스프를 차갑게 하기 위하여 필요한 일을 구하라.

스프의 질량을 계산한다.

$$m = \rho V = (1.25 \times 10^3 \text{ kg/m}^3)(2.00 \times 10^{-3} \text{ m}^3) = 2.50 \text{ kg}$$

스프를 차갑게 하기 위해 필요한 전달 에너지를 구한다.

$$\begin{aligned} Q_c = Q &= mc\Delta T \\ &= (2.50 \text{ kg})(4\,190 \text{ J/kg}\cdot\text{K})(283 \text{ K} - 323 \text{ K}) \\ &= -4.19 \times 10^5 \text{ J} \end{aligned}$$

$Q_c$와 성능계수를 식 12.13에 대입한다.

$$\text{COP} = \frac{|Q_c|}{W} = \frac{4.19 \times 10^5 \text{ J}}{W} = 5.00$$

$$W = \boxed{8.38 \times 10^4 \text{ J}}$$

(b) 스프를 차갑게 하기 위하여 필요한 시간을 구하라.

마력(hp)을 와트(W)로 변환한다.

$$\mathcal{P} = (0.250 \text{ hp})(746 \text{ W/1 hp}) = 187 \text{ W}$$

경과된 시간을 구하기 위하여 일을 일률로 나눈다.

$$\Delta t = \frac{W}{\mathcal{P}} = \frac{8.38 \times 10^4 \text{ J}}{187 \text{ W}} = \boxed{448 \text{ s}}$$

**주의** 이 예제는 비열이 다른 물질을 차갑게 할 때 필요한 일의 양이 어떻게 다른가를 보여 주는 것이다. 이 예제에서는 냉각과정을 방해하는 스프와 스프 용기의 절연 특성을 고려하지 않았다.

**연습문제 12.9**

(a) 차가운 물체로부터 1.00 MJ의 열에너지를 추출하기 위해 성능계수 2.50의 열펌프가 해야 하는 일의 양은 얼마인가? (b) 만약 0.500 마력(hp)의 장치로 작동한다면 시간은 얼마나 걸리는가? (적절한 성능계수를 사용하라!)

**답** (a) $6.67 \times 10^5$ J (b) $1.79 \times 10^3$ s

## 열역학 제2법칙

열기관의 효율에는 한계가 있다. 이상적인 열기관은 입력된 에너지를 모두 일로 전환시켜야 하지만 그런 기관은 만들 수 없다는 것이 판명되었다. 켈빈-플랑크의 **열역학 제2법칙**(second law of thermodynamics)을 다음과 같이 표현할 수 있다.

◀ 열역학 제2법칙

> 흡수한 에너지를 모두 완전히 일로 바꿀 수 있는 순환과정의 열기관은 없다.

이런 형태의 열역학 제2법칙은 열기관의 효율 $e = W_{\text{eng}}/|Q_h|$가 항상 1보다 작다는 의미이다. 얼마만큼의 에너지 $Q_c$를 항상 주위에 잃어버리게 된다. 바꾸어 말하면, 100%의 효율을 갖는 열기관을 제작하는 것은 이론적으로도 불가능하다.

요약하면, 열역학 제1법칙은 **어떤 순환과정에서 공급된 에너지보다 더 큰 에너지를 얻을 수 없다**는 것을 말하는 것이고, 열역학 제2법칙은 **공급해 준 에너지와 동일한 에너지를 얻을 수 없다**는 것이다.

## 가역과 비가역 과정

효율이 100%로 작동하는 기관은 없다. 그러나 만든 방법에 따라 기관의 효율이 달라질 수 있다. 가능한 효율이 최대인 어떤 특정 방법으로 제작된 기관이 있다. 이렇게 제작된 기관이 다음 절에서 논의될 카르노 기관이다. 카르노 기관을 이해하기 위해서는 가역과 비가역 과정의 개념을 필요로 한다. **가역 과정**(reversible process)은 경로상의 모든 상태가 평형상태이며 계는 반대 방향으로 같은 경로를 따라 처음의 상태로 되돌아올 수 있다. 이것을 만족하지 않는 과정을 **비가역 과정**(irreversible process)이라 한다.

대부분의 자연 과정이 비가역으로 알려져 있고, 가역 과정은 이상적인 상황이다. 비록 실제 과정이 항상 비가역이지만 어떤 것은 거의 가역 과정이라고 할 수 있다. 계가 실질적으로 평형상태를 유지하도록 과정이 매우 천천히 일어나면 그 과정은 가역으로 생각할 수 있다. 예를 들어 그림 12.12에서처럼 마찰이 없는 피스톤 위에 모래를 떨어뜨려 기체를 매우 천천히 압축한다고 가정하자. 기체를 에너지원과 열접촉을 하도록 하여 온도를 일정하게 유지시킬 수 있다. 일정한 온도에서 압축되는 동안 기체의 압력, 부피, 온도는 잘 정의된다. 각각의 모래 알갱이를 떨어뜨릴 때마다 새로운 평형상태로 변하게 된다. 피스톤에서 모래 알갱이를 천천히 제거함으로써 위의 역과정을 갈 수 있다.

모래

에너지 저장체

**그림 12.2** 에너지원과 열적 접촉을 하고 있는 기체가 피스톤 위로 떨어지는 모래 알갱이에 의하여 천천히 압축된다. 압축은 등온이고 가역 과정이다.

## 카르노 기관

1824년에 프랑스의 공학자인 카르노(Sadi Carnot, 1796~1832)는 실제의 열기관을 이해하려는 시도로 실제와 이론의 두 가지 관점 모두에서 중요한 이론상의 열기관을 발표했으며, 오늘날 이 기관을 **카르노 기관**이라 부른다. 그는 두 에너지원 사이에서 **카르노 순환과정**(Carnot cycle)이라고 부르는 이상적인 가역 순환과정을 따라 작동하는 열기관이 가장 좋은 열효율을 갖는다는 것을 보여 주었다. **카르노의 정리**(Carnot's theorem)는 다음과 같이 표현할 수 있다.

두 에너지원 사이에서 작동하는 어떠한 열기관도 동일한 두 에너지원 사이에서 작동하는 카르노 기관보다 열효율이 높을 수는 없다.

카르노 순환과정에서는 이상기체가 한쪽 끝에 움직일 수 있는 피스톤이 있는 실린더 안에 담겨 있다. 기체의 온도는 $T_c$와 $T_h$ 사이에서 변화한다. 실린더 벽과 피스톤은 열전도가 일어나지 않는다. 활용그림 12.13은 네 단계의 카르노 순환과정을 보여 주고, 활용그림 12.14는 순환과정에 대한 $PV$ 도표이다. 순환과정은 두 단계의 단열과정과 두 단계의 등온과정으로 이루어져 있고, 모두 가역 과정이다.

**1.** 과정 $A \rightarrow B$에서 기체는 온도 $T_h$의 고온의 에너지원(예를 들면, 커다란 오븐)과 열 접촉을 통해 온도 $T_h$를 유지하면서 팽창한다(활용그림 12.13a). 이 과정에서 기체는 에너지원으로부터 열 $Q_h$를 흡수하고 피스톤을 밀어 올리면서 일 $W_{AB}$를 한다.

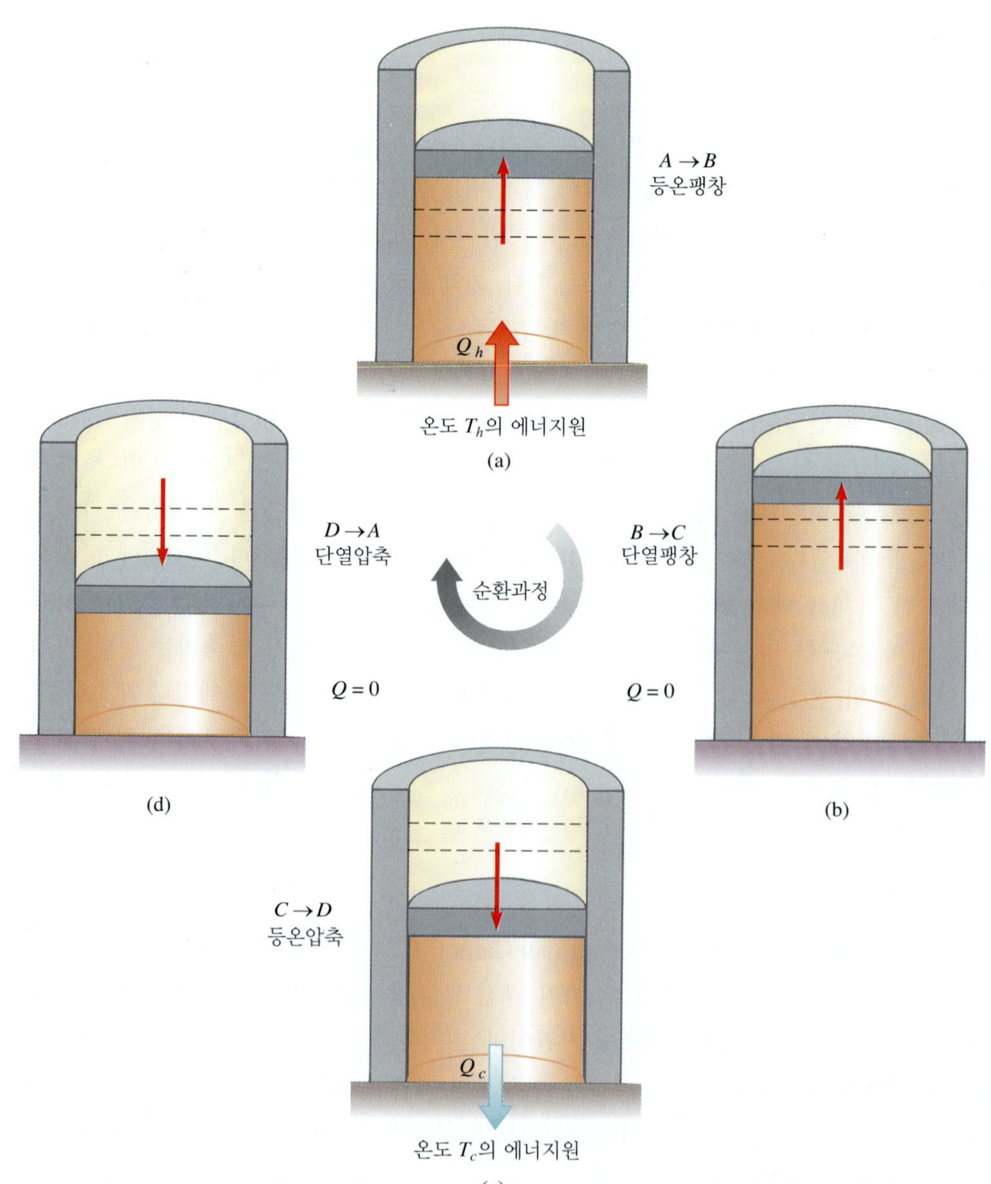


**활용그림 12.13**
카르노 순환과정. (a) $A \rightarrow B$ 과정에서 기체는 온도 $T_h$의 에너지원과 접촉하여 등온팽창을 한다. (b) $B \rightarrow C$ 과정에서 기체는 단열과정($Q = 0$)으로 팽창한다. (c) $C \rightarrow D$ 과정에서 기체는 온도 $T_c < T_h$의 에너지원과 접촉하며 등온압축된다. (d) $D \rightarrow A$ 과정에서 기체는 단열과정으로 압축된다. 피스톤에 그려진 위 방향의 화살표는 기체가 팽창하도록 모래를 제거하는 것을 나타내고, 아랫방향의 화살표는 기체가 압축되도록 모래를 추가하는 것을 나타낸다.

**Physics Now™**

**http://physics.brookscole.com/ecp**에서 PhysicsNow를 로그인하고 활용그림 12.13으로 들어가서 카르노 순환과정에서 피스톤의 운동을 관찰해 보자. 또한 활용그림 12.14의 $PV$ 도표상에서도 카르노 순환과정을 살펴보도록 하자.

**2.** 과정 $B \rightarrow C$에서 실린더 바닥이 단열 벽으로 바뀌고, 기체가 단열과정으로 팽창한다. 즉, 열이 계에서 나가거나 계로 들어오지 않는다(활용그림 12.13b). 이 과정 동안에 온도가 $T_h$에서 $T_c$로 낮아지고, 기체가 피스톤을 밀어 올리면서 일 $W_{BC}$를 한다.

**3.** 과정 $C \rightarrow D$에서 기체는 온도 $T_c$의 저온의 에너지원과 열접촉하며(활용그림 12.13c), 일정 온도 $T_c$를 유지하면서 압축된다. 이 과정 동안에 기체는 에너지원으로 열 $Q_c$를 내보내고, 기체에 한 일은 $W_{CD}$이다.

**4.** 마지막 과정 $D \rightarrow A$에서 실린더 바닥이 다시 단열 벽으로 바뀌고, 기체가 단열과정으로 압축된다(활용그림 12.13d). 기체의 온도는 $T_h$로 증가하고, 기체에 한 일은 $W_{DA}$이다.

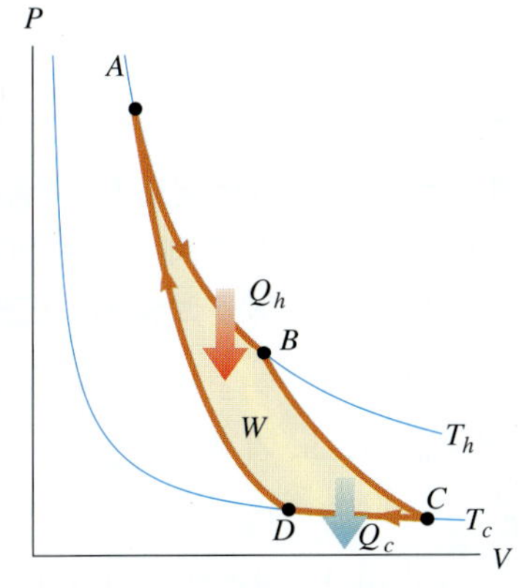


활용그림 12.14

카르노 순환과정에 대한 $PV$ 도표. 수행한 알짜 일 $W_{eng}$는 한 순환과정에서 열에 의해 받은 알짜 에너지 $|Q_h|-|Q_c|$와 같다.

**Physics Now™**

**http://physics.brookscole.com/ecp**에서 PhysicsNow를 로그인하고 활용그림 12.14으로 들어가서 PV 도표상에서도 카르노 순환과정을 살펴보자. 또한 활용그림 12.13에서 피스톤의 운동을 관찰해 보자.

카르노 기관에 대하여, 전달된 열에너지와 절대온도 사이에 다음과 같은 식이 성립하는 것을 유도할 수 있다.

$$\frac{|Q_c|}{|Q_h|} = \frac{T_c}{T_h} \qquad [12.15]$$

이러한 표현을 식 12.12에 대입하면, 카르노 기관의 열효율을 구할 수 있다.

$$e_C \equiv 1 - \frac{T_c}{T_h} \qquad [12.16]$$

여기서 $T$는 절대온도이다. 이러한 결과로부터 동일한 **두 온도 $T_c$와 $T_h$ 사이에 가역적으로 작동하는 모든 카르노 기관은 같은 효율을 갖는다**는 것을 알 수 있다.

식 12.16은 두 에너지원 사이에서 카르노 순환을 하는 모든 작동물질에 적용할 수 있다. 이 식에 따르면, $T_c = T_h$일 때 열효율은 0이 된다. $T_c$가 낮아지거나 $T_h$가 높아지면, 열효율은 증가한다. 그러나 $T_c = 0$일 때에만 열효율이 1(100%)이 될 수 있다. **열역학 제3법칙**(third law of thermodynamics)에 따르면 절대 영도에 도달하는 것은 불가능하므로, 이러한 $T_c = 0$인 에너지원은 존재하지 않고 따라서 최대 열효율은 항상 1보다 작다. 보통 대부분의 경우 저온의 에너지원의 온도는 실온 300 K 정도이므로 열효율을 높이기 위하여 고온 에너지원의 온도를 높여서 한다. 모든 **실제 열기관은 마찰로 인하여 비가역 과정으로 작동할 뿐만 아니라, 짧은 시간 안에 순환과정을 마치기 때문에 카르노 기관보다 열효율이 낮다.**

**TIP 12.2 카르노 기관을 사지 마라!**

카르노 기관은 단지 이상적인 것이다. 효율을 최대로 하기 위하여 카르노 기관을 개발하였다면 모든 과정이 가역이 되기 위하여 기관은 무한히 천천히 작동해야 하므로 기관의 출력이 0이 될 것이다.

## Quick Quiz 12.3

세 개의 열기관이 300 K의 온도 차이를 갖는 에너지원 사이에서 작동하고 있다. 에너지원의 온도는 다음과 같다.

열기관 A: $T_h$ = 1 000 K, $T_c$ = 700 K
열기관 B: $T_h$ = 800 K, $T_c$ = 500 K
열기관 C: $T_h$ = 600 K, $T_c$ = 300 K

이론적으로 열효율이 가장 큰 것으로부터 가장 작은 것 순으로 나열하라.

(a) A, B, C (b) B, C, A (c) C, B, A (d) C, A, B

**예제 12.10** 증기기관

**목표** 이상적인 카르노 기관의 식을 적용한다.

**문제** $5.00 \times 10^2$ K의 온도에서 작동하는 보일러를 가진 증기기관이 있다. 보일러의 에너지로 인해서 물이 수증기로 전환되고 수증기가 피스톤을 밀어낸다. 배출되는 기체 온도는 외부의 공기의 온도와 같아서 $3.00 \times 10^2$ K 정도이다. (a) 이 증기기관의 최대 열효율은 얼마인가? (b) 만약 $3.50 \times 10^3$ J의 에너지를 보일러가 공급하였다면, 증기기관이 주위에 한 일을 구하라.

**전략** 이 문제는 카르노 기관에 적용할 수 있는 두 식 12.15와 12.16에 대입하면 된다. 첫 번째 식은 $T_c/T_h$ 대한 $Q_c/Q_h$의 관계이고, 두 번째는 카르노 기관의 효율이다.

**풀이**

(a) 기관이 이상적이라고 가정하고 효율을 구하라.

식 12.6에 대입하고 카르노 기관의 효율을 구한다.

$$e_C = 1 - \frac{T_c}{T_h} = 1 - \frac{3.00 \times 10^2\ \text{K}}{5.00 \times 10^2\ \text{K}} = \boxed{0.400\ \text{또는}\ 40\%}$$

(b) 만약 한 주기 동안에 $3.50 \times 10^3$ J의 에너지가 보일러로부터 공급된다면, 기관이 주위에 한 일을 구하라.

에너지의 비는 온도의 비와 같다.

$$\frac{|Q_c|}{|Q_h|} = \frac{T_c}{T_h} \longrightarrow |Q_c| = |Q_h|\frac{T_c}{T_h}$$

$$|Q_c| = (3.50 \times 10^3\ \text{J})\left(\frac{3.00 \times 10^2\ \text{K}}{5.00 \times 10^2\ \text{K}}\right) = 2.10 \times 10^3\ \text{J}$$

식 12.11을 사용하여 일 $W$를 구할 수 있다.

$$W_{\text{eng}} = |Q_h| - |Q_c| = 3.50 \times 10^3\ \text{J} - 2.10 \times 10^3\ \text{J}$$

$$= \boxed{1.40 \times 10^3\ \text{J}}$$

**주의** 특별한 카르노 관계식 12.15와 12.16을 사용했기 때문에 이 문제는 일과 효율에 관한 앞의 예제들과는 다르다. 이 식들은 순환과정이 이상적이거나 카르노 기관인 경우에만 사용될 수 있다.

**연습문제 12.10**

카르노 순환을 기초로 이론적인 가솔린 기관의 최고의 효율은 0.300이거나 30.0%이다. (a) 이 기관이 $3.00 \times 10^2$ K 온도로 기체를 대기로 방출한다면, 연소 후 실린더 내의 온도는 얼마인가? (b) 만약 열기관이 각 순환과정 동안 고온의 에너지원에서 837 J의 에너지를 흡수한다면, 각 순환과정 동안 얼마나 많은 일을 수행할 수 있겠는가?

**답** (a) 429 K (b) 251 J

## 12.4 엔트로피

열역학 제0법칙과 제1법칙에 각각 관련이 있는 온도와 내부에너지는 모두 상태변수이며, 따라서 계의 열역학적 상태를 기술하는 데 사용될 수 있다. 열역학 제2법칙과 관계되는 상태변수로서 **엔트로피**(entropy) $S$가 있다. 이 절에서는 독일의 물리학자 클라우지우스(Rudolf Clausius, 1822~1888)가 1865년에 처음으로 표현한 것처럼 엔트로피를 거시적 규모에서 정의한다.

두 평형상태 사이에서 등온 가역 과정 동안에 흡수되거나 방출된 에너지를 $Q_r$이라 하자. 두 평형상태 사이의 등온 과정 동안 엔트로피 변화는 다음과 같다.

$$\Delta S \equiv \frac{Q_r}{T} \quad [12.17]$$

국제단위(SI unit): joules/kelvin (J/K)

◀ 엔트로피

온도가 일정하지 않을 때에도 비슷한 식을 사용할 수 있지만, 적분을 사용해야 하며 여기서는 다루지 않는다. 두 평형상태 사이를 전이하는 동안 엔트로피 변화 $\Delta S$를 계산하기 위해서는 두 상태를 연결하는 가역 경로를 찾아야 한다. 실제 경로에 대한 $\Delta S$를 가역 경로로 계산한 엔트로피 변화로 구한다. 계의 온도와 같은 양은 평형상태의 계에 대해서만 정의될 수 있고 가역 경로는 평형상태들로 이루어져 있으므로 이러한 근사가 필요하다. $Q_r$에서 $r$은 계산할 때 선택한 경로가 가역이어야만 한다는 것을 강조한 것이다. 엔트로피 $\Delta S$의 변화는 내부에너지 변화 $\Delta U$와 위치 에너지 변화처럼 두 상태에만 의존하고 두 상태를 연결하는 경로에는 무관하다.

**TIP 12.3 엔트로피≠에너지**
엔트로피와 에너지를 혼동하지 마라. 명칭이 유사할지라도 그들은 다른 개념이다.

엔트로피 개념이 널리 받아들여진 것은 압력, 부피, 온도와 함께 계의 상태를 나타내는 또 다른 변수를 제공하기 때문이다. **우주의 엔트로피가 모든 자연 과정에서 증가한다**는 것이 발견되었을 때 엔트로피라는 개념의 중요성이 더욱 커졌다. 이것이 열역학 제2법칙을 표현하는 또 다른 방법이다.

우주의 엔트로피가 모든 자연 과정에서 증가한다고 할지라도 계의 엔트로피는 감소할 수 있다. 예를 들면, 어떤 계 A에서 에너지 $Q$가 열에 의하여 B로 전달되었을 때 계 A의 엔트로피는 감소한다. 그러나 이러한 전달은 계 B의 온도가 계 A의 온도보다 낮을 때에만 일어난다. 엔트로피를 정의하는 식에서 온도 $T$가 분모에 나타나기 때문에 계 B의 엔트로피 증가는 계 A의 엔트로피 감소보다 크게 되고, 이 둘을 합한 우주의 엔트로피는 증가하게 된다.

수세기 동안 사람들은 에너지 공급 없이 엔트로피를 증가시키지 않으면서 계속해서 작동하는 영구기관을 제작하려고 시도하였다. 열역학 법칙에 의하면 그러한 기계를 만들 수는 없다.

엔트로피의 개념은 열역학 제2법칙을 수학적인 형태로 나타낼 수 있도록 해 주기 때문에 만족할만한 것이 될 수 있다. 다음 절에서 엔트로피를 확률로 해석할 수 있음을 알게 될 것이다. 확률은 엔트로피와 깊은 관계가 있다.

**Quick Quiz 12.4**

가역 단열 과정에 있는 계의 엔트로피 변화에 대하여 다음 중 옳은 것은? (a) $\Delta S<0$ (b) $\Delta S = 0$ (c) $\Delta S>0$

**☑ Checkpoint 12.4**

진실인가 거짓인가: 납 조각이 녹을 때 그것의 엔트로피는 감소한다.

**예제 12.11 얼음, 증기, 그리고 우주의 엔트로피**

**목표** 계와 그 주위에 대한 엔트로피를 계산한다.

**문제** 273 K에 있는 얼음 벽돌이 373 K의 증기가 담겨 있는 용기에 열적 접촉을 하고 있으면서 얼음 25.0 g이 273 K의 물로 전환되고 일부 수증기는 373 K의 물로 응축된다. (a) 얼음의 엔트로피의 변화를 구하라. (b) 수증기의 엔트로피의 변화를 구하라. (c) 우주의 엔트로피의 변화를 구하라.

**전략** 우선 얼음을 녹이기 위하여 필요한 에너지를 계산한다. 얼음이 얻은 에너지는 수증기가 잃은 에너지와 같다. 각 과정의 엔트로피 변화를 계산한다. 그리고 우주의 엔트로피 변화를 얻기 위하여 모두 합한다.

**풀이**

(a) 얼음의 엔트로피 변화를 구하라.

얼음 25.0 g을 녹이기 위하여 필요한 열에너지를 계산하기 위하여 융해열 $L_f$를 사용한다.

$$Q_{\text{ice}} = mL_f = (0.025\text{ kg})(3.33 \times 10^5\text{ J}) = 8.33 \times 10^3\text{ J}$$

얼음의 엔트로피의 변화를 계산한다.

$$\Delta S_{\text{ice}} = \frac{Q_{\text{ice}}}{T_{\text{ice}}} = \frac{8.33 \times 10^3\text{ J}}{273\text{ K}} = \boxed{30.5\text{ J/K}}$$

(b) 수증기의 엔트로피의 변화를 구하라.

수증기에 의하여 잃은 에너지가 얼음이 얻은 에너지와 같다고 간주하여 구할 수 있다.

$$\Delta S_{\text{steam}} = \frac{Q_{\text{steam}}}{T_{\text{steam}}} = \frac{-8.33 \times 10^3\text{ J}}{373\text{ K}} = \boxed{-22.3\text{ J/K}}$$

(c) 우주의 엔트로피의 변화를 구하라.

두 엔트로피의 변화량을 합한다.

$$\Delta S_{\text{universe}} = \Delta S_{\text{ice}} + \Delta S_{\text{steam}} = 30.5\text{ J/K} - 22.3\text{ J/K} = \boxed{+8.2\text{ J/K}}$$

**주의** 모든 자연 과정에서 그러하듯 같이 우주의 엔트로피가 증가한다는 것을 주목하라.

**연습문제 12.11**

질량을 무시할 수 있는 얇은 플라스틱 통 안에 273 K의 얼음 벽돌 4.00 kg이 293 K의 커다란 호수에서 녹고 있다. 얼음이 통 속에서 완전히 녹아 여전히 273 K일 때, (a) 얼음과 (b) 호수(293 K로 유지되어 있음), 그리고 (c) 우주의 엔트로피를 구하라.

**답** (a) $4.88 \times 10^3$ J/K (b) $-4.55 \times 10^3$ J/K (c) $+3.30 \times 10^2$ J/K

## 엔트로피와 무질서

자연 과정에는 우연이라는 커다란 요소가 내재하고 있다. 예를 들면, 자연적인 숲에서 나무들 사이의 공간은 마구잡이로 분포한다. 만약 모든 나무가 일정한 간격으로 배치되어 있는 숲을 보면 그 숲이 인공적으로 조성되었다고 결론지을 수 있다. 마찬가지로 나뭇잎은 마구잡이로 땅에 떨어진다. 나뭇잎이 떨어져 일직선으로 배열될 가능성은 거의 없다. 그런 관측의 결과를 표현해 보면, **자연의 법칙이 어떤 간섭도 받지 않고 작용하면 규칙적 배열보다 불규칙적으로 배열될 가능성이 훨씬 높다**고 말할 수 있다.

엔트로피는 본질적으로 열역학에서 발견되었지만, 그것의 중요성은 통계학의 분야가 발전하면서 거대하게 증대되었다. 이러한 분석적 접근에서 엔트로피의 또 다른 해석을 사용한다. 통계 역학에서 어떤 물체의 움직임은 그 물체를 이루고 있는 원자나 분자들의 통계적 움직임으로써 기술된다. 이러한 통계역학적 접근의 주요 결론 중의 하나는 **고립계는 무질서가 증가하는 쪽으로 진행하며, 엔트로피는 그 무질서의 척도이다.**

엔트로피에 대한 이러한 새로운 관점에서, 볼츠만은 엔트로피를 계산하는 또 다른 방법을 발견하였고 그것은 다음과 같다.

$$S = k_B \ln W \qquad [12.18]$$

여기서 $k_B$는 볼츠만 상수이고, $1.38 \times 10^{-23}$ J/K이다. $W$는 계가 특정한 배열을 취하는 확률에 비례하는 숫자이다. 위의 식에서 기호 'ln'은 자연로그를 나타내고 부록 A에서 설명되어 있다.

식 12.18을 구슬 주머니에 응용할 수 있다. 주머니 속에 100개의 구슬이 들어 있다. 그 중에 녹색 구슬과 적색 구슬이 각각 50개씩 들어 있다. 다음 규칙에 따라 주머니에서 구슬 4개를 꺼내 보자. 1개를 꺼내서 색깔을 기록한 뒤에 다시 구슬을 주머니에 넣고 다른 구슬을 꺼내자. 구슬 4개를 꺼낼 때까지 이 과정을 계속 반복한다. 다음 구슬을 꺼내기 전에 꺼낸 구슬을 주머니에 넣기 때문에 적색 구슬을 꺼낼 확률은 녹색 구슬을 꺼낼 확률과 같다.

차례로 꺼내는 것에 대한 가능한 모든 결과를 표 12.3에 나타내었다. 예를 들면, RRGR은 처음에 적색 구슬, 두 번째 적색 구슬, 세 번째 녹색 구슬, 마지막으로 적색 구슬을 꺼내는 경우를 의미한다. 이 표에서 적색 구슬 4개를 꺼내는 경우는 한 번뿐이라는 것을 알 수 있다. 녹색 구슬 1개와 적색 구슬 3개를 꺼내는 경우는 네 가지, 녹색 구슬 2개와 적색 구슬 2개를 꺼내는 경우는 여섯 가지, 녹색 구슬 3개와 적색 구슬 1개를 꺼내는 경우는 네 가지, 녹색 구슬 4개를 꺼내는 경우는 한 가지가 있다. 식 12.18로부터 무질서가 가장 큰 상태(녹색 구슬 2개와 적색 구슬 2개)는 확률이 가장 크기 때문에 엔트로피가 가장 크다는 것을 알 수 있다. 반면 가장 질서 있는 상태(모두 적색이거나 녹색 구슬인 경우)는 가장 확률이 낮고 엔트로피도 낮은 상태이다.

구슬을 꺼낸 결과는 가장 질서 있는 상태(가장 낮은 엔트로피)와 가장 무질서한 상태(가장 높은 엔트로피) 사이에 걸쳐 있다. 이런 이유로 엔트로피를 계가 질서 있는 상태에서 무질서한 상태로 얼마나 진행했는지를 나타내는 지표로 볼 수 있다.

**열역학 제2법칙은 어떤 것이어야 하는가 보다는 오히려 어떤 것이 가장 확률이 높은가**를 말하는 것이다. 얼음 덩어리가 뜨거운 피자 조각과 접촉하는 경우를 생각해 보자. 얼음에서 훨씬 더 따뜻한 피자로 열에 의한 에너지의 전달을 절대로 금지하는 것은 자연에는 존재하지 않는다. 통계적으로 느리게 움직이는 얼음의 분자가 빠르게 움직이는 피자의 분자와 충돌하여 느리게 움직이는 분자의 에너지 일부를 빠르게 움직이는 분자에게 전달하는 것이 가능하다. 그러나 얼음과 피자에 있는 수많은 분자를 생각해 보면 빠르게 움직이는 분자에서 느리게 움직이는 분자로 에너지가 전달될 가능성이 더 크다. 더욱이 이러한 예는 계가 질서 상태에서 무질서 상태로 자연스럽게 진행하는 결과를 보여 준다. 피자의 모든 분자의 운동 에너지가 크고 얼음의 모든 분자의 운동 에너지가 낮은 처음 상태에서는 에너지 전달이 일어나서 얼음이 녹은 뒤의 나중 상태보다 훨씬 질서 있는 상태이다.

자연이 무질서의 상태로 진행하고자 하는 경향이 계의 일하는 능력에 영향을 준다. 벽에 공을 던진다고 생각하자. 공은 운동 에너지를 가지며 이 상태는 질서가 있는 것

**TIP 12.4** ***W*를 혼동하지 마라.**
여기에서 사용되는 $W$는 확률에 비례한다. 일을 나타내는 기호와 혼동하지 마라.

**표 12.3** 주머니에서 네 개의 구슬을 꺼낼 때 가능한 결과

| 최종 결과 | 가능한 사건 | 같은 결과를 갖는 경우의 수 |
|---|---|---|
| 모두 적색(R) | RRRR | 1 |
| 1G, 3R | RRRG, RRGR, RGRR, GRRR | 4 |
| 2G, 2R | RRGG, RGRG, GRRG, RGGR, GRGR, GGRR | 6 |
| 3G, 1R | GGGR, GGRG, GRGG, RGGG | 4 |
| 모두 녹색(G) | GGGG | 1 |

George Semple

(a)

George Semple

(b)

포커 게임에서 풀 하우스(같은 숫자 카드 한 쌍과 같은 종류의 카드 세 장)는 매우 좋은 패이다. 52장의 카드 한 벌에서 풀 하우스의 확률을 계산할 수 있는가? (a) 로열 플러시는 발생 확률이 낮은 패로 매우 질서정연한 것이다. (b) 무질서하고 가치 없는 패. 이런 특정 패의 발생 확률은 위의 로열 플러시와 같은 것이다. 그러나 쓸모 없는 패들의 수가 워낙 많아 쓸모 없는 패들의 발생 확률이 로열 플러시의 발생 확률보다 훨씬 더 크다.

이다. 즉, 공의 모든 원자와 분자가 무질서한 내부 운동을 제외하면 똑같은 속력과 방향으로 움직인다. 그러나 공이 벽에 부딪히면 공의 운동 에너지의 일부가 공과 벽을 이루는 분자의 무질서한 열운동으로 전환되고, 공과 벽의 온도가 약간 높아진다. 충돌하기 전에 공은 일을 할 수 있었다. 예를 들면, 공은 벽에 못을 박을 수 있다. 질서 있는 에너지의 일부가 무질서한 내부에너지로 전환되어 일을 할 수 있는 능력이 줄어든다. 비탄성 충돌이므로 공은 처음보다 작은 운동 에너지를 가지고 되튀어 나간다.

마지막으로, 엔트로피가 자연의 모든 과정에서 증가한다는 법칙은 고립계에서만 성립한다는 것을 주시하라. 엔트로피가 감소하는 계가 있을 수 있다. 그러한 계는 그에 상응하는 다른 계의 엔트로피가 증가하게 된다. 우주를 이루는 모든 계를 함께 고려하면, 우주의 엔트로피는 항상 증가한다.

궁극적으로 우주의 엔트로피는 최대값에 도달하려 한다. 이때 우주의 온도와 밀도는 균일한 상태가 되고, 완전한 무질서 상태에서는 일을 할 수 있는 에너지가 없기 때문에 모든 물리, 화학, 생물학적 과정이 중지될 것이다. 이러한 암울한 상태의 상황을 우주의 종국적인 "열 죽음"이라고 한다.

**Quick Quiz 12.5**

크랩 게임에서 주사위 2개를 던진다고 가정하자. 어떠한 경우든 두 수의 합은 2, 3, 4, 5, 6, 7, 8, 9, 10, 11, 12가 나온다. 가장 높은 확률과 가장 낮은 확률은 각각 어느 경우인가?

## 12.5 인체의 신진대사

동물은 일을 하며 열에 의하여 에너지를 방출한다. 따라서 생물체를 일반적 방법으로 기술하기 위하여 열역학 제1법칙을 생물체에도 적용될 수 있다는 믿음을 갖도록 한다. 사람의 몸속에 저장된 에너지는 주요 기관을 유지하고 회복시키는 데 필요한 다른 형태의 에너지로 변하며, 걷거나 무거운 물체를 들어 올릴 때는 일로, 몸이 주변보다 따뜻할 때는 열에 의하여 몸 외부로 전달된다. 내부에너지, 열로 인한 에너지 손실, 그리고 일로 인한 에너지 손실 등의 변화율이 인간의 활동 강도와 지속 시간에 따라 다양하게 변하기 때문에 $\Delta U$, $Q$, $W$의 시간 변화율을 측정하는 것이 최선이다. 열역학 제1법칙에 의하여 이들 변화율은 다음과 같은 관계를 갖는다.

$$\frac{\Delta U}{\Delta t} = \frac{Q}{\Delta t} + \frac{W}{\Delta t} \qquad [12.19]$$

평균적으로 에너지 $Q$가 열로 몸 외부로 흘러 나가면서 몸이 주변에 일을 하므로 $Q/\Delta t$와 $W/\Delta t$는 모두 음이다. 이것은 $\Delta U/\Delta t$도 음이라는 것을 의미하며, 사람이 음식을 섭취하거나 내부에너지를 보충하는 방법이 없는 고립계라면 내부에너지와 체온이 시간에 따라 감소해야 한다. 모든 동물들이 실제로 열린 계이므로 동물들은 소화와 호흡과정에서 내부에너지(화학적 위치 에너지)를 보충해서 내부에너지와 체온을 일정하게 유지한다. 종합해 보면, 음식이 산화되어 얻어진 에너지를 사용하여 몸이 일을 하고 에너지가 열로 손실된다. 이것이 식 12.19가 나타내고 있는 것이다.

## 대사율 $\Delta U/\Delta t$의 측정

사람이 단위 시간당 하는 일 $W/\Delta t$의 값은 사람이 내는(예를 들어, 자전거 페달을 밟는) 출력을 측정하여 쉽게 결정할 수 있다. **대사율**(metabolism rate) **$\Delta U/\Delta t$는 일과 열로 손실되는 인체의 내부에너지 손실 양만큼 음식과 산소의 화학적 퍼텐셜 에너지가 내부에너지로 전환되는 비율이다.** 체내에서 음식이 산화되고 에너지가 방출되는 방식은 여러 중간 반응과 효소('낮은' 체온에서 화학반응을 가속시키는 유기 화합물)를 포함하여 복잡하지만, 이 과정을 대단히 간단하게 **대사율은 산소의 부피 소비율에 정비례한다**고 요약할 수 있다. 보통의 음식물에 대하여 산소 1 L를 소비하면 4.8 kcal 또는 20 kJ의 에너지를 생성한다고 알려져 있다. 이러한 중요한 요약 규칙은 다음과 같이 쓸 수 있다.

$$\frac{\Delta U}{\Delta t} = 4.8\frac{\Delta V_{O_2}}{\Delta t} \qquad [12.20]$$

대사율의 단위는 kcal/s이고, 산소 부피 소비율 $\Delta V_{O_2}/\Delta t$의 단위는 L/s이다. 잠자는 것으로부터 격렬한 자전거 경주까지 다양한 활동에 대하여 산소 소비율을 측정함으로써 다양한 범위의 대사율 또는 신체가 내는 총 일률을 효과적으로 측정할 수 있다. 사람이 단위 시간당 하는 일과 대사율을 동시에 측정하면 기계로서 신체의 효율을 결정할 수 있다. 그림 12.15는 일률 측정 장치인 동력계(dynamometer)가 부착된 고정자전거를 타면서 산소 소비를 검사받고 있는 사람을 보여 주고 있다.

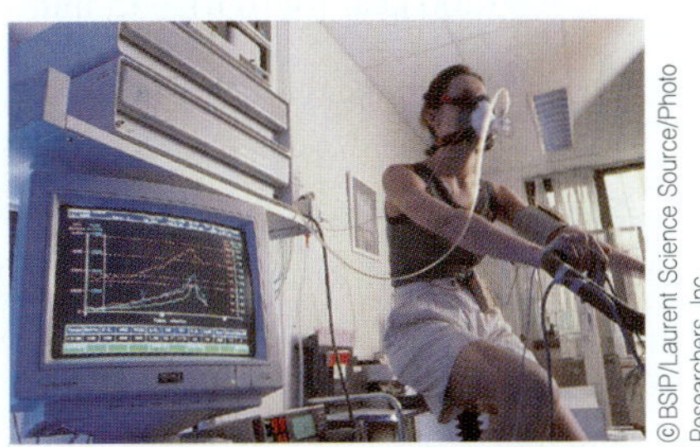


**그림 12.15** 자전거를 탄 사람의 산소 소비를 조사하고 있다.

## 대사율, 활동, 그리고 체중 증가

표 12.4는 여러 가지 활동을 하고 있는 65 kg의 남성에 대한 산소 소비율의 측정 값과 대사율의 계산 값을 나타내고 있다. 잠자고 있는 사람은 심장, 폐, 간, 신장, 뇌, 골격 근육 등과 같은 여러 기관을 가까스로 유지하고 가동하기 위하여 약 80 W의 **기초 대사율**(basal metabolic rate)을 사용한다. 더 격렬한 활동에서는 대사율이 증가하며, 자전거 경주 선수의 경우 대략 최대 1 600 W에 이른다. 이런 대사율은 수초 동안만 지속할 수 있다. 가만히 앉아서 영화를 시청하는 동안에 250 W 전구만큼의 에너지를 열로 방출한다.

체중이 늘지 않으려면 활동의 정도에 관계없이 매일 섭취하는 음식이 내부에너지 손실과 정확히 균형을 이루어야 한다.

**표 12.4** 65 kg인 남자의 여러 가지 신체 활동에 대한 산소 소비와 대사율[a]

| 활동 | $O_2$ 소비율 (mL/min · kg) | 대사율 (kcal/h) | 대사율 (W) |
|---|---|---|---|
| 수면 | 3.5 | 70 | 80 |
| 약한 활동(옷입기, 천천히 걷기, 사무활동) | 10 | 200 | 230 |
| 중간활동(활기차게 걷기) | 20 | 400 | 465 |
| 힘든 활동(야구, 빨리 개구리헤엄치기) | 30 | 600 | 700 |
| 격렬한 활동(자전거 경주) | 70 | 1 400 | 1 600 |

[a]출처: *A Companion to Medical Studies*, 2/e, R. Passmore, Philadelphia, F. A. Davis, 1968.

### 예제 12.12 지방과의 싸움

**목표** 하루 동안에 사람이 일상적으로 소비하는 에너지를 알아 보자.

**문제** 65 kg의 어떤 사람이 24시간 동안에 책상 앞에서 8시간을 소비하고, 2시간 동안 집 주위를 어슬렁거리며, 1시간 동안 5 mi을 조깅하고, 5시간 동안 중간 정도의 활동을 하고, 8시간 잠을 잔다. 이 기간 동안 이 사람의 내부에너지의 변화는 얼마인가?

**전략** 각 활동의 에너지 사용률(또는 일률)에 주어진 활동 시간 동안을 곱하면 각 활동에 사용된 에너지의 양이 계산된다. 각 활동에 대하여 필요한 일률 $\mathcal{P}_i$을 알기 위하여 표 12.4를 이용하라.

**풀이**

$$\Delta U = -\Sigma\mathcal{P}_i\Delta t_i = -(\mathcal{P}_1\Delta t_1 + \mathcal{P}_2\Delta t_2 + \cdots + \mathcal{P}_n\Delta t_n)$$

$$= -(200\ \text{kcal/h})(10\ \text{h}) - (5\ \text{mi/h})(120\ \text{kcal/mi})(1\ \text{h}) - (400\ \text{kcal/h})(5\ \text{h}) - (70\ \text{kcal/h})(8\ \text{h})$$

$$\Delta U = \boxed{-5\ 000\ \text{kcal}}$$

**주의** 이 문제가 체중을 줄이고자 하는 사람의 전형적인 하루 일상에 대한 것이라면, 이 사람은 체중을 줄이기 위하여 하루에 5 000 kcal 이하로 소비해야 한다. 음식 섭취량이 감소할 때 인체의 대사율이 떨어지려는 경향이 있다는 사실에 복잡성이 있다.

**연습문제 12.12**

60.0 kg인 한 여자가 하루에 3 000 kcal를 섭취하고 6시간을 자고, 활기차게 4시간을 걷고, 책상에서 8시간을 일하고, 개구리 헤엄으로 빠르게 1시간 동안 수영하고, 5시간 동안 TV로 액션 영화를 본다. 이 여자가 매일 체중을 잃거나 혹은 얻는 양은 얼마이겠는가? (주의: 4 100 kcal의 에너지를 얻기 위해 1파운드의 지방을 연소시켜야 한다는 것을 기억하라.)

**답** 매일 0.5파운드를 조금 초과하여 체중을 잃는다.

## 요약

**Physics Now™** **http://physics.brookscole.com/ecp**에서 PhysicsNow를 로그인하고 이 장에 대한 Pre-Test link를 클릭하여 연습문제 시험을 보라.

### 12.1 열역학 과정에서의 일

일정한 압력에서 기체에 한 일은 다음과 같다.

$$W = -P\Delta V \qquad [12.1]$$

기체에 한 일은 기체가 압축($\Delta V$가 음일 때)되면 양이고, 팽창($\Delta V$가 양일 때)되면 음이다. 일반적으로 기체가 처음 상태에서 나중 상태로 변화할 때, 기체에 한 일은 $PV$ 도표 아래 면적에 음의 부호를 붙인 것이다.

### 12.2 열역학 제1법칙

열역학 제1법칙에 의하면 계가 한 상태에서 다른 상태로 변화할 때 **내부에너지 변화** $\Delta U$는 다음과 같다.

$$\Delta U = U_f - U_i = Q + W \qquad [12.2]$$

여기서 $Q$는 열에 의하여 계에 전달된 에너지이고, $W$는 계에 한 일이다. $Q$는 열에 의하여 에너지가 계에 들어 오면 양이고, 계가 에너지를 잃으면 음이다. $W$는 계에 일을 했을 때 양이고(예를 들면 압축), 계가 주위에 양의 일을 하면 음이다.

이상기체의 내부에너지 변화 $\Delta U$는 다음과 같이 주어진다.

$$\Delta U = nC_v\Delta T \qquad [12.5]$$

여기서 $C_v$는 정적 몰비열이다.

**등압과정**은 일정한 압력에서 일어나는 것이다. 그런 과정에서 계에 한 일은 $-P\Delta V$이다. 한편, 열에 의하여 전달된 열에너지는 다음과 같다.

$$Q = nC_p\Delta T \qquad [12.6]$$

정압 몰비열은 $C_p = C_v + R$로 주어진다.

**단열과정**에서 계와 그 주위 사이에 전달된 에너지는 없다($Q = 0$). 이런 경우, 열역학 제1법칙에 의해 $\Delta U = W$이고 내부에너지 변화는 단지 계에 행해진 일의 결과에 의한 것이라는 것을 의미한다. 단열과정에서 압력과 부피는 다음과 같은 조건을 만족한다.

$$PV^{\gamma} = \text{일정} \qquad [12.8a]$$

여기서 $\gamma$는 단열지수이고, $\gamma = C_p/C_v$이다.

**등적과정**에서 부피는 변하지 않고, 한 일은 없다. 따라서 그런 계는 열역학 제1법칙으로 다음과 같이 표현할 수 있다.

$$\Delta U = Q$$

**등온과정**은 일정한 온도에서 일어난다. 이상기체가 주위에 한 일은 다음과 같다.

$$W_{\text{env}} = nRT\ln\left(\frac{V_f}{V_i}\right) \qquad [12.10]$$

## 12.3 열기관과 열역학 제2법칙

**순환과정**(계가 처음 상태로 돌아가는 과정)에서 $\Delta U = 0$이므로 $Q = W_{\text{eng}}$이다. 즉, 한 번 순환하는 데 열에 의해 계에 전달된 에너지는 계에 한 일과 같다.

**열기관**은 열로 에너지를 받아들여 이 에너지의 일부를 역학적 에너지나 전기 에너지와 같은 다른 형태의 에너지로 전환시킨다. 순환과정($\Delta U = 0$)을 통하여 열기관이 한 일 $W_{\text{eng}}$은 다음과 같다.

$$W_{\text{eng}} = |Q_h| - |Q_c| \qquad [12.11]$$

여기에서 $Q_h$는 고온의 에너지원에서 흡수한 에너지이고, $Q_c$는 저온의 에너지원으로 배출된 에너지이다.

열기관의 **열효율**은 열기관이 한 번 순환할 때 열기관이 한 일과 흡수한 에너지의 비로 다음과 같이 정의된다.

$$e = \frac{W_{\text{eng}}}{|Q_h|} = 1 - \frac{|Q_c|}{|Q_h|} \qquad [12.12]$$

열펌프는 열기관의 역과정이다. 냉장고는 열펌프로 냉장고 내부의 열에너지를 제거한다. 열펌프를 냉각방식으로 작동하면 다음과 같은 성능계수를 갖게 된다.

$$\text{COP(냉각방식)} = \frac{|Q_c|}{W} \qquad [12.13]$$

가열방식의 열펌프의 성능계수는 다음과 같다.

$$\text{COP(가열방식)} = \frac{|Q_h|}{W} \qquad [12.14]$$

실제 과정은 **열역학 제2법칙**을 따르며, 다음과 같이 두 가지로 말할 수 있다.

1. 에너지는 차가운 물체에서 뜨거운 물체로 저절로 흐르지 않는다.
2. 순환과정으로 작동하는 어떤 열기관도 에너지원으로부터 흡수한 에너지를 완전히 일로 바꿀 수 없다.

절대온도 $T_c$와 $T_h$ 사이에서 작동하는 실제의 어떤 열기관도 같은 온도 사이에서 카르노 순환과정으로 작동하는 열기관의 열효율보다 효율이 좋을 수 없고 카르노 기관의 열효율은 다음과 같다.

$$e_C = 1 - \frac{T_c}{T_h} \qquad [12.16]$$

카르노 기관으로 완벽한 효율을 얻기 위해서는 절대 영도, 즉 0 K의 저온의 에너지원이 필요하다. 그러나 **열역학 제3법칙**에 의하면, 어떤 계도 유한 단계로 절대 영도로 낮추는 것은 불가능하다.

## 12.4 엔트로피

열역학 제2법칙은 엔트로피($S$)라고 부르는 양으로 나타낼 수 있다. 계의 엔트로피의 변화는 계가 가역 과정으로 한 상태(A)에서 다른 상태(B)로 변할 때 열에 의해 계에 흘러 들어온(또는 방출된) 에너지와 절대온도의 비로 다음과 같이 나타낸다.

$$\Delta S \equiv \frac{Q_r}{T} \qquad [12.17]$$

계가 무질서를 향해서 진행한다는 것과 엔트로피가 이 무질서의 척도라는 것이 통계역학의 중요한 발견 가운데 하나이다. 우주의 엔트로피가 모든 자연 과정에서 증가한다는 것이 열역학 제2법칙의 또 다른 표현이다.

# 개념 파악을 위한 질문

**1.** 등온과정에서 이상기체의 내부에너지 변화는 일어나지 않는다. 이 과정에서 기체가 일 $W$를 한다고 가정하자. 얼마나 많은 에너지가 열에 의해 전달되었는가?

**3.** 역기를 들거나 자전거를 타는 것과 같은 격렬한 운동을 하는 사람의 몸을 살펴보자. 몸은 일을 하고, 일을 하는 동안 피부에서 주변의 공기로 에너지가 전도되어 빠져 나간다. 따라서 열역학 제1법칙에 의하여 몸의 온도는 운동하는 동안 계속 감소

해야 한다. 그러나 이러한 상황은 일어나지 않는다. 이 경우 열역학 제1법칙이 성립하지 않는가? 설명하라.

**5.** 다음과 같은 명제의 잘못된 부분은 무엇인가? "두 물체에서 온도가 높은 쪽이 열이 더 많다."

**7.** 뜨거운 커피가 가득 들어 있는 잘 단열된 보온병을 흔들었을 때, (a) 커피의 온도 변화가 일어나는가? (b) 커피의 내부에너지 변화가 일어나는가?

**9.** 열오염을 일으키지 않는 열기관을 제작할 수 있을까?

**11.** 어떤 계가 열역학 과정으로 계의 엔트로피가 −8.0 J/K만큼 변한다. 열역학 제2법칙에 의하면 주위의 엔트로피 변화에 대하여 무엇을 알 수 있는가?

**13.** 열역학 제1법칙은 공급한 에너지보다 더 많은 에너지를 얻을 수 없다는 것을 말한다. 그러나 열역학 제2법칙은 공급한 에너지와 동일한 에너지를 추출할 수 없다는 것을 말한다. 이 말의 의미를 설명하라.

## 문제

1, 2, 3 = 기본문제, 발전문제, 심화문제

□ = 학생 문제풀이 매뉴얼/학습 가이드 속에 전체 문제풀이가 있다.

Physics Now™ http://physics.brookscole.com/ecp에서 힌트를 받을 수 있는 문제

= 생물의학 문제

### 12.1 열역학적 과정에서의 일

**1.** Physics Now™ 단원자 이상기체의 분자는 병진 운동 에너지만 가질 수 있다. 10.5절의 운동론의 결과를 사용하여 압력이 $P$이고 부피가 $V$인 단원자 이상기체의 내부에너지가 $U = \frac{3}{2}PV$임을 보여라.

**3.** 30℃에서 부피 0.40 $m^3$인 용기에 아르곤 기체 3.0 mol이 담겨 있다. 아르곤 기체가 이상기체처럼 행동한다고 가정하고 내부에너지를 구하라. (힌트: 문제 1을 보아라).

**5.** 어떤 기체가 그림 P12.5에 나타낸 세 가지 경로를 따라 $I$에서 $F$까지 팽창한다. 각 경로 (a) $IAF$, (b) $IF$, (c) $IBF$의 경우 기체에 한 일을 계산하라.

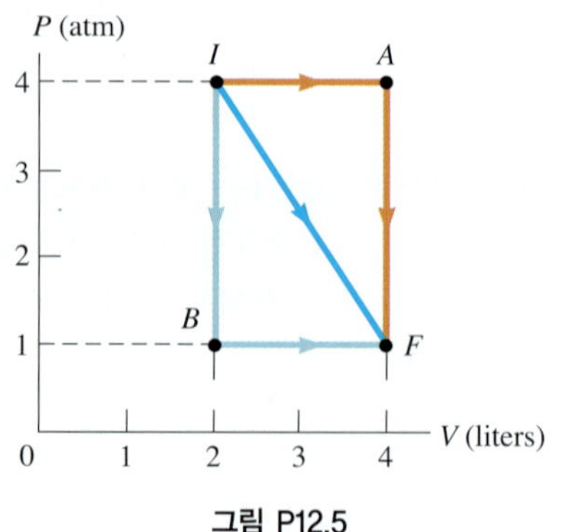


그림 P12.5

**7.** 기체가 압력 1.5 atm에서 부피 4.0 $m^3$의 용기 안에 담겨 있다. (a) 일정한 압력에서 부피가 처음 부피의 두 배로 팽창되는 동안 기체에 한 일은 얼마인가? (b) 일정한 압력에서 처음 부피의 1/4배로 압축되는 동안 기체에 한 일은 얼마인가?

**9.** 처음 온도가 $T_i$ = 0℃인 이상기체 1.00 mol이 1.00 atm의 일정한 압력에서 처음 부피의 네 배로 팽창한다. (a) 기체의 나중온도 $T_f$를 계산하라. (b) 팽창되는 동안에 기체에 한 일을 계산하라.

### 12.2 열역학 제1법칙

**11.** 일정한 압력 0.800 atm에서 기체의 부피가 9.00 L에서 2.00 L로 압축된다. 이 과정에서 400 J의 에너지가 열로 기체로부터 빠져 나간다. (a) 기체에 한 일은 얼마인가? (b) 내부에너지의 변화는 얼마인가?

**13.** Physics Now™ 기체가 그림 P12.5에 나타난 것처럼 $I$에서 $F$까지 팽창한다. 기체가 대각선 경로를 따라 $I$에서 $F$까지 열로서 계에 전달된 에너지는 418 J이다. (a) 기체 내부에너지의 변화는 얼마인가? (b) 경로 $IAF$에 대하여 동일하게 내부에너지가 변하려면 열로 계에 전달되어야 하는 에너지는 얼마인가?

**15.** 물 1.00 g이 일정 압력 1.00 atm, 일정 온도 0℃에서 액체에서 고체로 변했다. 이 과정에서 부피가 1.00 $cm^3$에서 1.09 $cm^3$으로 변한다. (a) 물에 한 일을 구하고, (b) 물의 내부에너지의 변화를 구하라.

**17.** 5.0 kg의 알루미늄 덩어리가 대기압 상태에서 20℃에서 90℃로 가열되었다. (a) 알루미늄이 한 일과 (b) 알루미늄에 열로 전달된 에너지, 그리고 (c) 알루미늄 내부의 에너지 증가를 계산하라.

### 12.3 열기관과 열역학 제2법칙

**19.** 열기관이 온도 20℃와 300℃의 에너지원 사이에서 작동한다. 이 기관의 가능한 최대 효율은 얼마인가?

**21.** 기관이 흡수한 에너지가 수행된 일의 세 배이다. (a) 열효율은 얼마인가? (b) 흡수한 에너지 중 저온의 에너지원으로 배출된 비율은 얼마인가?

**23.** 현재까지 건설된 열기관 가운데 가장 효율이 높은 것 중에 하나가 미국 오하이오 계곡에 건설된 증기 터빈이다. 석탄을 연소시켜 1 870℃와 430℃ 사이에서 작동되며 발전기를 회전시킨다. (a) 이론적 최대 열효율은 얼마인가? (b) 실제의 효

율은 42.0%이다. 고온의 에너지원에서 매 초당 $1.40 \times 10^5$ J의 에너지를 흡수한다면 열기관이 만들어내는 역학적 일률은 얼마인가?

**25.** 어떤 열기관이 매 순환당 고온의 에너지원으로부터 1 700 J의 에너지를 흡수하고 저온의 에너지원에 1 200 J을 내보낸다. (a) 이 열기관의 열효율은 얼마인가? (b) 한 순환과정 동안에 얼마나 많은 일을 하는가? (c) 한 번 순환하는데 0.300 s가 소요된다면, 이 열기관이 내는 일률은 얼마인가?

**27.** 열기관이 매 순환 중 고온의 에너지원에서 500 J을 흡수하고 저온의 에너지원으로 300 J을 내보낸다. 이 열기관의 효율이 카르노 기관의 효율의 60%라면 카르노 기관의 낮은 온도와 높은 온도의 비 $T_c/T_h$는 얼마인가?

## 12.4 엔트로피

**29.** Physics Now™ 냉동기를 물 1.0 L를 완전히 얼려서 얼음으로 만드는 데 사용한다. 물과 냉동기의 온도는 $T$ = 0℃로 유지된다. (a) 물의 엔트로피 변화와 (b) 냉동기의 엔트로피 변화를 결정하라.

**31.** 70 kg의 통나무가 25 m의 높이에서 호수로 떨어진다. 통나무와 호수, 그리고 공기의 온도가 모두 300 K라면 이 과정에서 일어난 우주의 엔트로피 변화를 구하라.

**33.** 태양의 표면 온도는 약 5 700 K이고, 지구의 표면온도는 약 290 K라고 하자. 태양에서 지구로 1 000 J의 에너지가 열로 전달될 때 엔트로피의 변화는 얼마인가?

**35.** 다음 사건에 대하여 표 12.3과 같은 표를 작성하라. 동전 네 개를 동시에 공중으로 던져서 앞면과 뒷면이 나오는 개수로 분류하여 기록하라. (예를 들어, HHHT와 HTHH는 앞면이 3개, 뒷면이 1개의 결과가 나오는 경우이다.) (a) 표에서 가장 확률이 높은 결과는 어떤 것인가? 엔트로피와 관련하여 (b) 가장 질서 있는 상태는 어느 것이라고 할 수 있는가? (c) 가장 무질서한 상태는 어느 것인가?

## 추가문제

**37.** 카르노 기관이 일정 온도 $T_h$의 고온의 에너지원으로부터 에너지 $Q_h$를 받아 일정 온도 $T_h$의 저온의 에너지원으로 에너지 $Q_c$를 배출한다. (a) 고온의 에너지원, (b) 저온의 에너지원, (c) 카르노 기관, (d) 전체 계의 엔트로피를 구하라.

**39.** 핵발전소로부터 방출된 에너지에 의한 강물의 온도 변화를 구하라. 발전소에서 보일러에 공급된 일률이 $25 \times 10^8$ W이고, 이 일률의 사용 효율은 30%이다. 그리고 강은 $9.0 \times 10^6$ kg/min 비율로 흐른다.

**41.** 1 500 kW의 열기관의 열효율은 25%이다. 20℃로 유지되는 냉각 장치로 들어가는 물이 저온으로 방출되는 에너지를 흡수한다. 만약 매 초당 60 L가 냉각 장치를 가로질러 흐르고 있다면, 물의 온도 증가를 결정하라.

**43.** 그림 12.43과 같이 어떤 물질이 순환과정에 있다. 경로 $AB$를 따라서는 일이 나오고, 경로 $BC$를 따라서는 일이 들어간다. 그리고 정적 과정 $CA$에서는 한 일이 없다. 순환의 각 과정 동안 열에 의한 에너지 전달이 일어난다. (a) $AB$ 과정 동안 나온 일의 양은 얼마인가? (b) $BC$ 과정 동안 들어간 일은 얼마인가? (c) 이 순환 과정 동안 들어간 알짜 에너지 $Q$는 얼마인가?

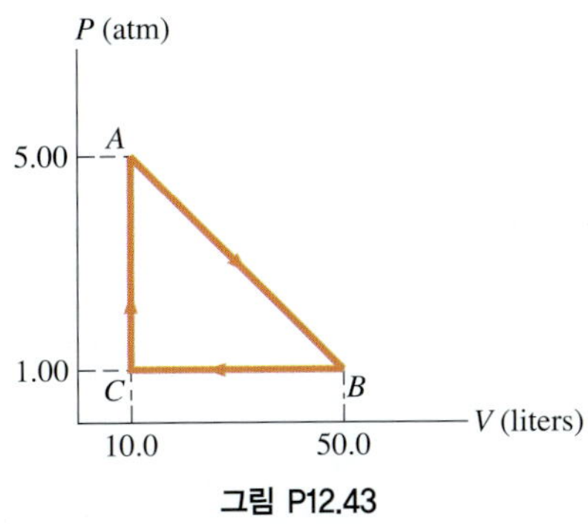


그림 P12.43

**45.** 빌딩의 질량 100 kg의 강철 지지 막대가 20℃에서 2.0 m의 길이를 가지고 있다. 막대가 6 000 kg의 하중을 지지하고 있다. (a) 온도가 40℃로 증가할 때 막대에 한 일과 (b) 막대에 가해진 에너지 $Q$(강철의 비열은 철과 같다고 가정), 그리고 (c) 막대의 내부에너지 변화를 구하라.

**47.** Physics Now™ 네온 기체 1 mol이 일정 압력에서 300 K로부터 420 K까지 가열되었다. (a) 기체에 전달된 에너지 $Q$와 (b) 기체의 내부에너지 변화, 그리고 (c) 기체에 한 일을 구하라. 네온 기체의 정적 몰비열은 $c$ = 20.79 J/mol · K이다.

**49.** 열기관이 두 개의 에너지원, 즉 600℃의 용융 알루미늄 웅덩이와 −38.9℃의 고체 수은 벽돌에 연결되어 있다고 가정하자. 열기관은 알루미늄 1.00 g을 냉각시키고 수은 15.0 g을 녹여서 한 순환과정을 마칠 수 있다. 알루미늄의 융해열은 $3.97 \times 10^5$ J/kg이고, 수은의 융해열은 $1.18 \times 10^4$ J/kg이다. (a) 이 열기관의 열효율은 얼마인가? (b) 카르노 기관의 열효율과 비교하라.

**51.** 어떤 사람이 각 계단의 높이가 8.00인치인 계단 오르기 기계에서 1분당 90.0계단을 오르면서 30.0분을 소비하고 있다. 몸무게가 150 lb인 이 사람이 계단 오르기 운동으로 600 kcal을 연소시켰다고 기계가 계기판에 나타내었다면 기계의 효율은 얼마인가? 만약 인체의 에너지효율이 0.18이라면 실제 얼마나 많은 칼로리가 소모되었는가?

CHAPTER 13

# 진동과 파동

OUTLINE



스프링에 매달린 물체 또는 원자의 진동에서 나타나는 주기운동은 매우 중요한 물리적 운동들 중 하나이다. 이 장에서는 어떤 균형점으로 물체가 되돌아가려는 경향을 설명하는 훅의 법칙, 즉 힘이 변위에 비례한다는 법칙을 보다 자세히 살펴보고자 한다. 이러한 간단한 모델을 가지고 스프링의 진동, 진자의 흔들림, 그리고 모든 종류의 파동의 전파 등과 같은 수많은 물리계들을 잘 기술할 수 있다. 이러한 모든 물리적 현상들은 주기운동을 포함한다.

주기적인 진동은 파동의 형태로 물체를 통과하여 지나가면서 2차 교란을 일으킬 수 있다. 수많은 파동들이 음파, 수면파, 지진파, 전자기파와 같이 자연에서 발생하는데, 이 장에서 소개하는 용어와 개념들로 이러한 매우 다른 물리적 현상들을 묘사할 수 있다.

## 13.1 훅의 법칙

진동의 가장 간단한 형태 중 하나가 5장의 에너지에 대한 내용을 논의하던 중에 나온 스프링에 매달린 물체의 운동이다. 물체가 마찰이 없는 수평면을 움직인다고 가정하자. 이 스프링을 평형점으로부터 아주 작은 변위 $x$만큼 늘리거나 또는 누른 후 놓는다면 이 스프링은 활용그림 13.1에서 보는 것과 같이 물체에 힘을 발휘한다. 이 실험에서 이러한 스프링 힘은 다음과 같은 관계식을 따른다는 것을 알 수 있다.

$$F_s = -kx \qquad [13.1]$$

◀ 훅의 법칙

여기에서 $x$는 평형점($x = 0$)으로부터의 물체 변위이며, $k$는 **스프링 상수**(spring constant)라고 하는 양의 상수이다. 스프링에 대한 이 법칙은 1678년 로버트 훅(Robert Hook)이 발견하였으며, **훅의 법칙**(Hook's law)으로 알려져 있다. $k$값은 스프링의 딱딱한 정도를 나타내는 상수이다. 딱딱한 스프링은 $k$값이 크고, 부드러운 스프링은 $k$값이 작다.

식 13.1에서 음의 부호는 스프링이 발휘하는 힘이 항상 물체의 변위가 일어나는 방향의 **반대**라는 것을 의미한다. 활용그림 13.1a에서처럼 물체가 평형점의 오른쪽으로 움직일 때 $x$의 부호는 양이고 $F_s$의 부호는 음이 된다. 이는 힘이 음의 방향, 즉 왼쪽으로 작용한다는 것을 의미한다. 물체가 활용그림 13.1c에서처럼 평형점의 왼쪽에 있을 때 $x$의 값은 음수이고 $F_s$의 값은 양수로, 힘의 방향이 오른쪽이라는 것을 알려 준다. 물론 활용그림 13.1b에서처럼 $x = 0$일 때는 스프링의 길이 변화가 전혀 없으며 $F_s = 0$이다. 항상 스프링에 의한 힘은 물체를 평형점으로 되돌아가게 하기 때문에 이 힘은

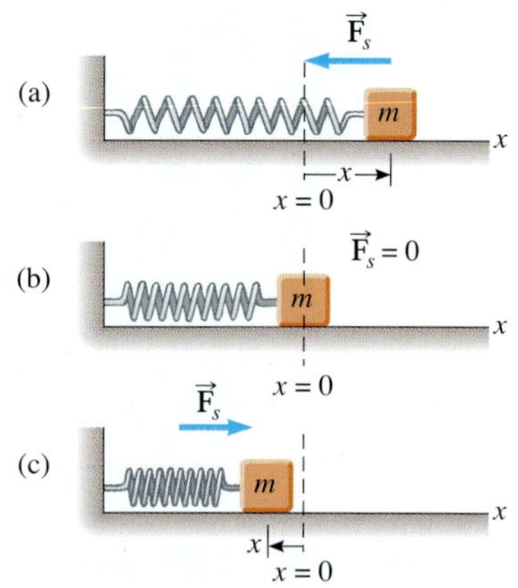


**활용그림 3.1**
스프링이 물체에 작용하는 힘은 평형점 $x = 0$으로부터의 물체 변위에 따라 변한다. (a) $x$가 양수일 때(스프링이 늘어났을 때), 스프링 힘은 왼쪽으로 향한다. (b) $x$가 0일 때(스프링이 그대로 있을 때), 스프링 힘은 0이다. (c) $x$가 음수일 때(스프링이 압축될 때), 스프링 힘은 오른쪽으로 향한다.

**Physics Now™**
**http://physics.brookscole.com/ecp**에서 PhysicsNow를 로그인하고 활용그림 13.1로 들어가서 스프링 상수와 물체의 초기 위치와 초기 속도를 선택하면 이로 인한 단조화 운동의 결과를 볼 수 있다.

복원력이라고 부른다. 즉 **복원력은 항상 평형점으로 물체를 당기거나 미는 힘이다.**

초기에 물체를 오른쪽으로 $A$만큼 당긴 후 놓았다고 가정하자. 그러면 스프링이 물체에 가한 힘은 물체를 평형점 쪽으로 되돌아가게 한다. 물체가 $x = 0$ 쪽으로 움직임에 따라 $x$만큼 감소하므로 힘의 크기는 감소하고 $x = 0$에서 이 힘은 0이 된다. 그러나 물체가 평형점을 향하여 움직임에 따라 점차 속도가 커지고 $x = 0$에서 최대 속도가 된다. 물체가 얻은 운동량으로 인하여 물체는 평형점을 지나가버리고 스프링은 다시 압축된다. 물체가 평형점의 왼쪽(음의 $x$ 값임)으로 움직임에 따라 스프링 힘은 이 물체를 오른쪽으로 움직인다. 그리고 점차로 이 힘이 커짐에 따라 물체의 속도는 감소한다. 마침내 물체는 $x = -A$의 위치에 정지하고 다시 $x = 0$ 쪽으로 가속하기 시작하여 궁극적으로 원래 위치인 $x = A$로 되돌아간다. 이러한 과정이 계속 반복되므로 물체는 같은 경로를 왔다갔다 진동하게 되는데, 이러한 형태의 운동을 **단조화 운동**(simple harmonic motion)이라고 한다. **단조화 운동은 운동의 방향에 따라 가해진 총 힘이 훅의 법칙을 따라갈 때만 생기는데, 이 총 힘의 크기는 평형점으로부터의 변위에 비례하고 이 힘은 항상 평형점 쪽을 향한다.**

동일한 경로를 반복하여 지나가는 모든 주기운동을 단조화 운동으로 분류하지는 않는다. 부모와 아이가 서로 주고받는 공은 반복적으로 왕복하지만 공에 작용하는 힘은 식 13.1인 훅의 법칙 형태를 가지지 않기 때문에 이 운동은 단조화 운동이 아니다.

그러나 수직으로 걸린 스프링에 걸려 있는 물체의 운동은 단조화 운동이다. 이 경우에 있어서 물체에 작용하는 중력이 물체를 평형점에 도달할 때까지 스프링을 늘려주고 이 평형점에서 물체는 정지한다. 정의에 따르면 물체의 평형점은 $x = 0$이다. 물체를 거리 $x$만큼 평형점에서 잡아당긴 후 놓았을 때 총 힘은 평형점 방향으로 작용한다. 총 힘은 $x$에 비례하기 때문에 이 운동은 단조화 운동이다.

다음과 같은 3가지 중요한 개념들은 모든 종류의 주기운동을 논의하는 데 있어서 중요한 개념들이다.

- **진폭**(amplitude) $A$는 평형점으로부터 물체가 움직인 최대 거리이다. 마찰이 없다면 단조화 운동을 하는 물체는 $x = -A$와 $x = +A$ 사이에서 진동한다.
- **주기**(period) $T$는 물체가 $x = A$에서 $x = -A$로 다시 $x = A$로 되돌아가는 주기운동을 한 바퀴 움직일 때까지 걸린 시간이다.
- **주파수**(frequency) $f$는 단위 시간당 진동 횟수로 주기의 역수이다($f = 1/T$).

## 예제 13.1 스프링 상수 측정

**목표** 스프링 상수를 계산하기 위해서 뉴턴의 제2법칙과 함께 훅의 법칙을 사용한다.

**문제** 스프링 상수를 구하기 위해서 사용한 일반적인 방법이 그림 13.2이다. 그림 13.2a처럼 스프링을 수직으로 설치하고, 질량 $m$인 물체를 스프링의 맨 끝에 매달아서 평형점으로부터 거리 $d$만큼 아래로 천천히 내려오도록 한다(그림 13.2b). 이 스프링이 2.00 cm만큼 늘어나고 물체의 질량이 0.550 kg이라고 가정했을 때 스프링 상수를 구하라.

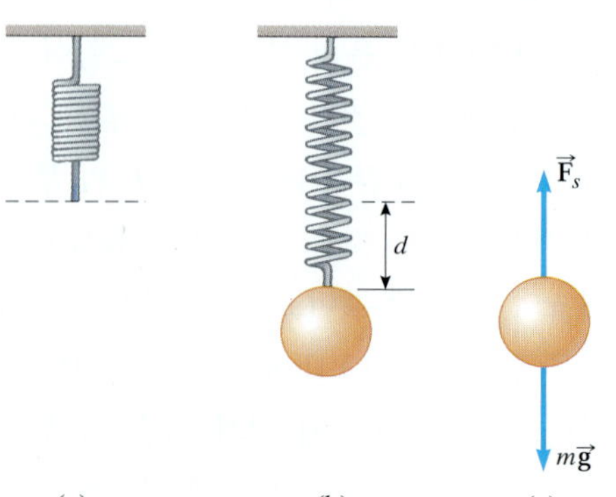


**그림 13.2** (예제 13.1) 스프링 상수를 결정하는 문제의 그림. 스프링의 늘어진 길이 $d$는 스프링에 매달린 무게 $mg$ 때문에 생긴다. 이 스프링계가 평형상태에 있을 때, 위쪽으로 향하는 스프링 힘은 이 무게와 균형을 이루고, 이로부터 $k = mg/d$를 구할 수 있다.

**전략** 이 문제는 뉴턴의 제2법칙의 응용문제이다. 하중 $mg$의 작용으로 스프링은 초기 위치에서 거리 $d$만큼 늘어난다. 스프링 힘은 위로 작용하고, 이 역학계가 평형상태에 있을 때 아래로 향하는 중력 $mg$와 균형을 이룬다(그림 13.2c). 매달린 질량은 평형상태에 있으며, 이로 인하여 외력의 총 합은 0이다.

**풀이**

$a = 0$인 뉴턴의 제2법칙을 적용하여 스프링 상수 $k$를 구한다.

$$\Sigma F = F_g + F_s = -mg + kd = 0$$

$$k = \frac{mg}{d} = \frac{(0.550\text{ kg})(9.80\text{ m/s}^2)}{2.00\times10^{-2}\text{ m}} = \boxed{2.70\times10^2\text{ N/m}}$$

**주의** 이 경우 스프링 힘의 방향이 위쪽이므로 스프링 힘은 양수이다. 질량을 스프링의 평형점 아래로 잡아당겨서 놓았기 때문에 수평으로 놓은 스프링처럼 이 스프링도 평형점 근처에서 진동한다.

**연습문제 13.1**

$k$ = 475 N/m의 스프링 상수를 갖는 스프링의 끝부분에 25.0 kg의 질량을 갖는 물체를 매달은 경우 스프링이 4.50 cm만큼 늘어났다. 이곳에서 물체에 작용하는 중력가속도는 얼마인가?

**답** 0.855 $\text{m/s}^2$ (분명히 이 값으로 보건데 이곳은 별이나 작은 달이다.)

---

뉴턴의 제2법칙인 $F = ma$에 훅의 법칙을 사용하면 단조화 운동을 하는 물체의 가속도를 구할 수 있다. 이 결과는 다음과 같다.

$$ma = F = -kx$$

$$a = -\frac{k}{m}x \qquad [13.2]$$

◀ 단조화 운동에서의 가속도

**조화 진동자 방정식**의 예인 식 13.2는 위치의 함수로 가속도를 나타낸다. $x$의 최대값을 진폭 $A$로 정의하기 때문에 가속도는 $-kA/m$과 $+kA/m$ 사이에 있게 된다. 다음 절에서는 위치의 함수로써 속도를 나타낸 방정식과 시간의 함수로써 위치를 나타낸 방정식을 구할 것이다.

**TIP 13.1 일정 가속도 방정식을 적용하지 마라.**

단조화 운동에서 입자의 가속도 $a$는 일정하지 않다. 이 가속도는 $x$에 따라 변하기 때문에 2장의 일정 가속도 운동 방정식을 적용할 수 없다.

**Quick Quiz 13.1**

스프링의 끝에 달려 있는 블록을 $x = A$까지 잡아당겼다가 놓는다. 이 블록이 1번의 완전한 주기로 운동을 하였을 때 총 이동거리는 얼마인가? (a) $A/2$, (b) $A$, (c) $2A$, (d) $4A$

## 예제 13.2 마찰이 없는 면에서의 단조화 운동

**목표** 수평으로 놓은 스프링 계에서 힘과 가속도를 구한다.

**문제** 스프링 상수가 $1.30\times10^2$ N/m인 스프링에 매달려 있는 0.350 kg의 물체가 활용그림 13.1에서 보는 것과 같은 마찰이 없는 수평면에서 자유롭게 움직인다. 이 물체를 $x$ = 0.100 m까지 당겨서 놓는다면 이 위치에서의 힘은 얼마이며, $x$ = 0.100 m, $x$ = 0.050 0 m, $x$ = −0.050 0 m, $x$ = −0.100 m에서의 가속도는 얼마인가?

**전략** 힘을 구하기 위해서는 훅의 법칙에 주어진 양들을 대입하고, 뉴턴의 제2법칙을 가지고 가속도를 구한다. 진폭 $A$는 물체를 잡아당겨서 정지 후 놓는 위치인 $x$ = 0.100 m와 같다.

**풀이** 훅의 법칙을 적는다.

$$F_s = -kx$$

이 식에 $k$값을 넣고 $x = A = 0.100$ m를 대입한다면 이 지점에서의 힘을 구할 수 있다.

$$F_{\max} = -kA = -(1.30 \times 10^2\ \mathrm{N/m})(0.100\ \mathrm{m})$$
$$= -13.0\ \mathrm{N}$$

$x = A$에서의 가속도를 구하기 위해서 위에서 구한 힘을 대입하여 뉴턴의 제2법칙을 푼다.

$$ma = F_{\max}$$
$$a = \frac{F_{\max}}{m} = \frac{-13.0\ \mathrm{N}}{0.350\ \mathrm{kg}} = -37.1\ \mathrm{m/s^2}$$

다른 4개의 지점에 대해서도 같은 과정을 반복한다. 그리고 표로 이 값들을 정리한다.

| 위치 (m) | 힘 (N) | 가속도 (m/s²) |
|---|---|---|
| 0.100 | − 13.0 | − 37.1 |
| 0.050 | − 6.50 | − 18.6 |
| 0 | 0 | 0 |
| −0.050 | + 6.50 | + 18.6 |
| −0.100 | + 13.0 | + 37.1 |

**주의** 초기 위치가 주어진 값의 절반일 때 힘과 가속도도 절반이 된다. 게다가 $x$가 양수이면 힘과 가속도는 모두 음수가 된다. 반면에 $x$가 음수이면 힘과 가속도는 모두 양수가 된다. 물체를 왼쪽으로 움직여서 평형점을 지나가게 한다면 스프링 힘은 양수가 되고 물체는 속도가 점차로 느려진다.

**연습문제 13.2**

위의 문제와 동일한 스프링과 물체를 갖는 역학계에서 스프링이 나타내는 힘을 구하고 물체의 가속도가 $+9.00\ \mathrm{m/s^2}$일 때 위치 $x$를 구하라.

**답** 3.15 N, −2.42 cm

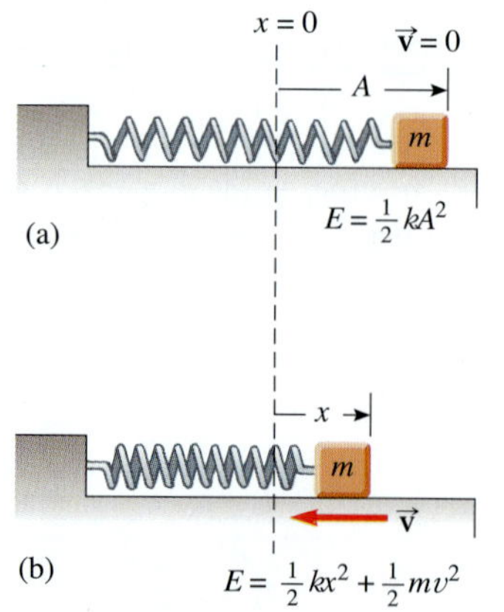


**그림 13.3** (a) 마찰이 없는 면에 놓여 있는 스프링에 매달린 물체를 일정한 거리만큼 당겼다가 놓는다. 물체를 막 놓는 시점에서 이 계의 총 에너지는 탄성 에너지인 $kA^2/2$이다. (b) 물체가 $x$에 도달하였을 때 이 물체의 운동 에너지는 $mv^2/2$이고 탄성 위치 에너지는 $kx^2/2$으로 줄어든다.

## 위치의 함수로써 나타낸 속도

에너지 보존법칙은 위치의 함수로써 주기적인 운동을 하는 물체의 속도에 대한 표현식을 유도하는 데 간단히 사용할 수 있는 방법이다. 초기에 스프링에 매달린 물체를 최대로 $A$만큼 늘렸다가(그림 13.3a) 이 물체를 자유로이 놓는다. 그러면 전체적으로 이 역학계의 초기 에너지는 스프링에 저장된 탄성 에너지인 $\frac{1}{2}kA^2$이 된다(스프링, 스프링의 위치 에너지, 에너지 보존법칙 등에 대한 모든 것은 5장을 참조하기 바란다). 물체가 어떤 새로운 위치 $x$에서 원점 쪽으로 움직임에 따라 이 탄성 에너지의 일부가 운동 에너지로 바뀌고(그림 13.3b), 이 위치에서의 스프링에 저장된 위치 에너지(탄성 에너지)는 $\frac{1}{2}kx^2$으로 줄어든다. 이 역학계의 총 에너지는 초기에 스프링에 저장된 $\frac{1}{2}kA^2$과 같기 때문에, 총 에너지는 위치 $x$에서의 운동 에너지와 위치 에너지의 합과 같다고 할 수 있다.

$$\tfrac{1}{2}kA^2 = \tfrac{1}{2}mv^2 + \tfrac{1}{2}kx^2$$

이 식을 $v$에 대해서 푼다면 다음과 같은 식을 얻을 수 있다.

$$v = \pm\sqrt{\frac{k}{m}(A^2 - x^2)} \qquad [13.3]$$

이 결과는 물체의 속도가 $x = 0$에서 최대가 되고, 양쪽 끝인 $x = \pm A$에서 0이 되는 것을 보여 준다.

제곱근을 구하는 과정에서 나온 +와 −를 식 13.3의 오른쪽에다 ±로 적어 놓았다. 그림 13.3에서 물체가 오른쪽으로 움직였다면 $v$는 양수이고, 물체가 왼쪽으로 움직였다면 $v$는 음수이다.

## 예제 13.3 다시 살펴본 물체-스프링 역학계

**목표** 시간과 무관한 속도를 나타내는 표현인 식 13.3을 적용한다.

**문제** 스프링 상수가 20.0 N/m인 아주 가벼운 스프링에 매달려 있는 0.500 kg의 물체가 마찰이 없는 수평면 위에서 진동한다. (a) 이 운동의 진폭이 3.00 cm일 때 이 역학계의 총 에너지와 물체의 최대 속력을 구하라. (b) 변위가 2.00 cm일 때 물체의 속도는 얼마인가? (c) 변위가 2.00 cm일 때 이 역학계의 운동 에너지와 위치 에너지를 계산하라.

**전략** 운동 에너지가 0인 진폭 $x = A$에서 이 역학계의 총 에너지는 매우 쉽게 구할 수 있다. 이 위치에서는 위치 에너지만으로 총 에너지가 된다. 에너지 보존법칙을 사용하면 $x = 0$에서의 물체에 대한 속력을 구할 수 있다. (b)를 구하기 위해서는 시간과 무관한 속도 방정식인 식 13.3에 주어진 $x$의 값을 대입하여 속도를 구한다. 이러한 결과를 사용한다면 (c)에서 물어 보는 운동 에너지를 구할 수 있으며, 식 5.16에 이 결과를 대입하여 위치 에너지도 구할 수 있다.

**풀이**

(a) 진폭이 3.00 cm이라고 할 때 총 에너지와 최대 속력을 계산한다.

$x = A = 3.00$ cm와 $k = 20.0$ N/m를 총 역학적 에너지 $E$에 대한 식에 대입한다.

$$E = KE + PE_g + PE_s$$
$$= 0 + 0 + \tfrac{1}{2}kA^2 = \tfrac{1}{2}(20.0\ \text{N/m})\,(3.00 \times 10^{-2}\ \text{m})^2$$
$$= \boxed{9.00 \times 10^{-3}\ \text{J}}$$

원점에서 물체의 속력을 계산하기 위해서 $x_i = A$와 $x_f = 0$을 에너지 보존법칙에 적용한다.

$$(KE + PE_g + PE_s)_i = (KE + PE_g + PE_s)_f$$
$$0 + 0 + \tfrac{1}{2}kA^2 = \tfrac{1}{2}mv_{\text{max}}^2 + 0 + 0$$
$$\tfrac{1}{2}mv_{\text{max}}^2 = 9.00 \times 10^{-3}\ \text{J}$$
$$v_{\text{max}} = \sqrt{\frac{18.0 \times 10^{-3}\ \text{J}}{0.500\ \text{kg}}} = \boxed{0.190\ \text{m/s}}$$

(b) 변위가 2.00 cm일 때 물체의 속도를 구한다.

식 13.3에 알고 있는 값들을 대입한다.

$$v = \pm\sqrt{\frac{k}{m}(A^2 - x^2)}$$
$$= \pm\sqrt{\frac{20.0\ \text{N/m}}{0.500\ \text{kg}}((0.030\,0\ \text{m})^2 - (0.020\,0\ \text{m})^2)}$$
$$= \boxed{\pm\ 0.141\ \text{m/s}}$$

(c) 변위가 2.00 cm일 때 운동 에너지와 위치 에너지를 구한다.

운동 에너지에 대한 방정식에 값들을 대입한다.

$$KE = \tfrac{1}{2}mv^2 = \tfrac{1}{2}(0.500\ \text{kg})\,(0.141\ \text{m/s})^2 = \boxed{4.97 \times 10^{-3}\ \text{J}}$$

스프링의 위치 에너지를 나타내는 식에 값들을 대입한다.

$$PE_s = \tfrac{1}{2}kx^2 = \tfrac{1}{2}(20.0\ \text{N/m})\,(2.00 \times 10^{-2}\ \text{m})^2$$
$$= \boxed{4.00 \times 10^{-3}\ \text{J}}$$

**주의** 주어진 정보를 가지고 (b)에서 나온 음수와 양수의 해 중 하나를 선택하는 것은 불가능하다(방향을 바꿈으로써 생기는 아주 작은 모순을 제외하고는). (c)에서의 $KE + PE_s$가 (a)에서 구한 총 에너지 $E$와 같다는 것을 주목한다.

**연습문제 13.3**
물체의 속력이 0.10 m/s일 때 $x$의 값은 얼마인가?

**답** $\pm 2.55$ cm

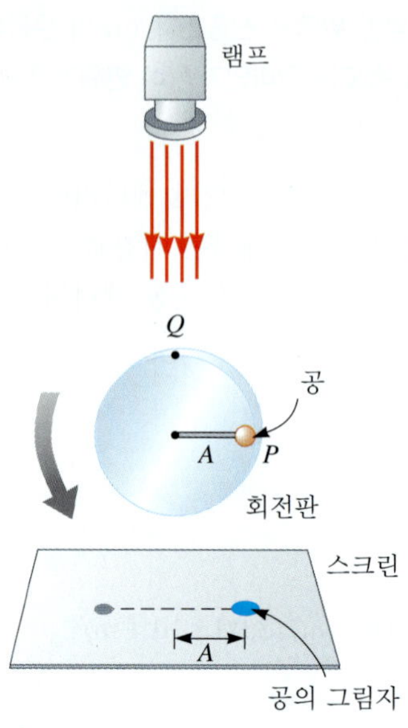


**활용그림 13.4**
단조화 운동과 일정한 원운동 사이의 연결고리를 보여 주는 실험장치. 공이 일정한 각속력으로 돌아가는 회전판 위에 붙어서 회전함에 따라 스크린 위에서의 이 공의 그림자는 단조화 운동처럼 앞뒤로 움직인다.

**Physics Now™**
**http://physics.brookscole.com/ecp**에서 PhysicsNow를 로그인하고 이 공의 주파수와 지름방향 위치를 잘 맞춘 활용그림 13.4로 들어가서 이 공의 그림자가 단조화 운동을 한다는 것을 확인하라.

## 13.2 단조화 운동과 일정한 회전운동의 비교

균일한 회전운동과의 관계를 살펴봄으로써 직선을 따라 운동하는 다양한 단조화 운동들을 가시화하여 더 잘 이해할 수 있다. 활용그림 13.4는 이러한 목적에 맞는 실험장치를 위에서 본 개략도이다. 반지름이 $A$인 회전판의 가장자리에 공 하나를 붙인 후 램프를 회전판의 옆에서 비춘다. **회전판이 일정한 각속력으로 회전함에 따라 공의 그림자가 단조화 운동처럼 앞뒤로 움직인다.**

단조화 운동에 따라 움직이는 물체의 속도가 다음과 같이 변위와 관련된다는 것을 나타낸 식 13.3으로부터 이러한 현상을 잘 이해할 수 있다.

$$v = C\sqrt{A^2 - x^2}$$

여기에서 $C$는 상수이다. 또한 공의 그림자가 이러한 관계에 따라 움직인다는 것을 보여 주기 위해서 그림 13.5를 생각해 보자. 그림 13.5는 원 경로의 접선방향으로 일정한 속력 $v_0$로 움직이는 공을 보여 준다. 이 순간 $x$ 방향의 공의 속도는 $v = v_0$ 또는

$$\sin\theta = \frac{v}{v_0}$$

이다. 이 그림에서 보는 큰 삼각형으로부터 $\sin\theta$에 대한 다음과 같은 두 번째 표현식을 구할 수 있다.

$$\sin\theta = \frac{\sqrt{A^2 - x^2}}{A}$$

$\sin\theta$에 대한 두 식의 오른쪽을 서로 같다고 놓으면 속도 $v$와 변위 $x$ 사이의 다음과 같은 관계식을 구할 수 있다.

$$\frac{v}{v_0} = \frac{\sqrt{A^2 - x^2}}{A}$$

또는

$$v = \frac{v_0}{A}\sqrt{A^2 - x^2} = C\sqrt{A^2 - x^2}$$

$x$ 방향의 공의 속도는 단조화 운동을 하는 물체의 속도와 완전히 같은 방법으로 변위 $x$와 관련된다. 그러므로 이 공의 그림자는 단조화 운동에 따라 움직인다.

단조화 운동과 원운동 사이의 관계를 보여 주는 좋은 예가 바퀴의 회전운동을 만들기 위해서 피스톤이 앞뒤로 움직여야만 하는 자동차 바퀴와 엔진이다. 기관차의 구동바퀴를 생각하자. 그림 13.6에서 보이는 것처럼 왼쪽의 둥그런 통 속에 단조화 운동

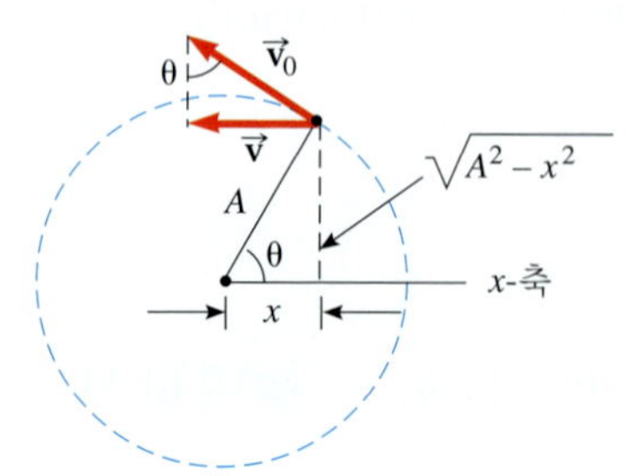


**그림 13.5** 공이 일정한 속력 $v_0$로 회전한다. 공의 $x$ 성분 속도는 $\vec{v}_0$의 $x$축 위로 투사한 값과 같다.

형태로 앞뒤로 움직이는 피스톤이 들어 있다. 즉 피스톤 자체의 앞뒤로 움직이는 운동을 바퀴의 회전운동으로 바꾸어 주는 연결막대가 피스톤과 바퀴를 연결하고 있다. 자동차 엔진에서도 이와 비슷한 구조가 피스톤의 앞뒤로 움직이는 운동을 크랭크축의 회전운동으로 바꾸어 준다.

**APPLICATION**

피스톤과 구동바퀴

© Link/Visuals Unlimited

**그림 13.6** 구형 기관차의 구동바퀴 작동원리.

## 주기와 주파수

활용그림 13.4에서 그림자의 주기 $T$(이 그림자가 앞뒤로 완전히 한 바퀴 되돌아오는 데 걸리는 시간)는 또한 이 공이 회전판 위에서 한 바퀴 원형 경로를 도는 데 필요한 시간이다. 시간 $T$ 동안 공이 회전판의 원주 길이인 $2\pi A$를 움직이기 때문에 원형의 경로 주변을 도는 공의 속력 $v_0$는

$$v_0 = \frac{2\pi A}{T}$$

이고, 주기 $T$는

$$T = \frac{2\pi A}{v_0} \tag{13.4}$$

이다. 활용그림 13.4에서 보듯이 공이 한 바퀴의 1/4에 해당하는 $P$에서 $Q$로 움직인다고 상상하자. 그림자의 운동은 스프링의 끝에 매달은 물체의 수평운동과 일치한다. 이러한 이유 때문에 이 원운동의 반지름 $A$는 그림자가 보여 주는 단조화 운동의 진폭 $A$와 같다. 물체가 원의 1/4를 도는 동안 그림자는 공과 스프링으로 이 역학계의 에너지가 오직 탄성위치 에너지만으로 구성된 지점에서 오직 운동 에너지만으로 구성되는 지점까지 움직인다. 에너지 보존법칙에 따라

$$\tfrac{1}{2}kA^2 = \tfrac{1}{2}mv_0^2$$

이며, 이 식은 다음과 같이 $A/v_0$에 대하여 풀 수 있다.

$$A = \sqrt{\frac{m}{k}}$$

식 13.4에 이 결과를 대입하면 다음과 같이 주기를 알 수 있다.

$$T = 2\pi\sqrt{\frac{m}{k}} \tag{13.5}$$

◀ 단조화 운동으로 움직이는 물체-스프링 역학계의 주기

식 13.5는 스프링 상수가 $k$이고 질량이 $m$인 스프링에 매달려 있는 물체가 이 운동을 한 바퀴 완전히 끝낼 때까지 필요한 시간을 나타낸다. 질량의 제곱근이 분자에 있기 때문에 아주 큰 질량은 큰 주기를 나타내는데, 이는 직관과 잘 일치한다. 스프링 상수 $k$의 제곱근은 분모에 있으므로 큰 스프링 상수는 작은 주기를 보여 주며, 이것도 직관적으로 알고 있는 것과 잘 일치한다. 이러한 주기가 진폭 $A$와는 무관하다는 것도 흥미로운 결과이다.

**☑ Checkpoint 13.1**

스프링에 매달린 물체를 질량이 4배 큰 물체로 교체한다면 이 물체-스프링 역학계의 주기는 어떻게 되는가?

주기의 역수가 이 운동의 주파수이다.

$$f = \frac{1}{T} \tag{13.6}$$

그러므로 스프링에 매달린 물체의 주기운동에 대한 주파수는

물체-스프링 역학계의 주파수 ▶

$$f = \frac{1}{2\pi}\sqrt{\frac{k}{m}} \tag{13.7}$$

이다. 주파수의 단위는 초당 사이클($s^{-1}$) 또는 **헤르츠**(hertz, Hz)이다. **각주파수**(angular frequency) $\omega$는

물체-스프링 역학계의 각주파수 ▶

$$\omega = 2\pi f = \sqrt{\frac{k}{m}} \tag{13.8}$$

이다. 주파수 또는 각주파수는 실제로 매우 밀접하게 관련된 개념들이다. 주파수의 단위는 초당 사이클로 1사이클은 $2\pi$ 라디안 또는 360°를 도는 각도 단위로 생각할 수 있다. 이러한 관점에서 보면 각주파수는 주파수의 단위에 대한 변환일 뿐이다. 라디안이라는 단위는 선형적인 양과 각도적인 양 사이를 편리하고 자연스럽게 연결해 주기 때문에 라디안 단위는 주로 각도 측정에 사용한다.

**TIP 13.2 쌍둥이 같은 주파수들**

**주파수**는 초당 사이클 수인 반면에 **각주파수**는 초당 라디안 수이다. 이러한 두 물리적인 개념들은 거의 동일하며, 변환인자인 $2\pi$ rad/cycle로 서로 연결된다.

이상적인 물체-스프링 역학계가 물체의 질량의 제곱근에 비례하는 주기를 갖지만 실험을 해 보면 $T^2$ 대 $m$의 그래프가 원점을 지나가지 않는다는 것을 알 수 있다. 이것은 스프링 자체도 질량을 가지고 있기 때문이다. 스프링의 마지막 코일 외에는 나머지 대부분의 코일들에 의한 진폭이 마지막 코일에 의한 진폭보다 더 작아진다는 것을 제외하고는 스프링의 코일들은 마치 물체처럼 진동한다. 원통 스프링에서 에너지를 취급하면 가벼운 스프링의 추가된 유효질량이 스프링 질량의 1/3이라는 것을 증명할 수 있다. 주기의 제곱은 진동하는 총 질량에 비례한다. 따라서 $T^2$ 대 총 질량(스프링에 매달린 물체의 질량 + 스프링의 진동하는 유효질량)의 그래프는 원점을 지나간다.

**Quick Quiz 13.2**

질량이 $m$인 물체가 수평으로 놓인 스프링에 매달려 있으며, 스프링의 평형점에서 변위 $A$만큼 늘렸다가 놓으면 주기 $T_0$로 마찰이 없는 면 위에서 조화진동을 한다. 4 $m$의 질량을 가진 물체로 이 실험을 반복한다면 진폭의 주기는 얼마인가? (a) $2T_0$, (b) $T_0$, (c) $T_0/2$, (d) $T_0/4$.

**Quick Quiz 13.3**

Quick Quiz 13.2의 상황을 다시 생각하자. 질량이 4 $m$인 물체의 역학적 총 에너지는 원래의 문제에서 준 역학적 총 에너지보다 (a) 더 크다, (b) 더 작다, (c) 똑같다.

**예제 13.4 자동차는 충격흡수장치가 필요하다!**

**목표** 주기, 주파수, 각주파수 사이의 관계를 이해한다.

**문제** $1.30 \times 10^3$ kg인 자동차 본체가 4개의 스프링이 받치고 있는 프레임 위에 조립되어 있다. 각 스프링의 스프링 상수는 $2.00 \times 10^4$ N/m이다. 만약에 두 사람이 차에 올라타서 $1.60 \times 10^2$ kg의 질량이 이 차의 질량에 추가되었을 때, 차가 울퉁불퉁한 길을 달리면서 생기는 자동차의 주파수를 구해 보자. 또한 이 경우 자동차의 주기와 각주파수도 구하라. 무게는 자동차에 균등하게 분배된다고 가정한다.

**전략** 무게가 균등하게 분배되어 있기 때문에 각 스프링에는 전체 질량의 1/4씩이 인가된다. 주파수를 구하기 위해서 이 값과 스프링 상수를 식 13.7에 대입한다. 이 값의 역수가 주기이고, 이 주파수 값에 $2\pi$를 곱하면 각주파수를 구할 수 있다.

**풀이** 총 질량의 1/4을 계산한다.

$$m = \tfrac{1}{4}(m_{\text{car}} + m_{\text{pass}}) = \tfrac{1}{4}(1.30 \times 10^3 \text{ kg} + 1.60 \times 10^2 \text{ kg})$$
$$= 365 \text{ kg}$$

주파수를 구하기 위해서 식 13.7에 이 질량을 대입한다.

$$f = \frac{1}{2\pi}\sqrt{\frac{k}{m}} = \frac{1}{2\pi}\sqrt{\frac{2.00 \times 10^4 \text{ N/m}}{365 \text{ kg}}} = \boxed{1.18 \text{ Hz}}$$

주기를 구하기 위해서 주파수의 역수를 취한다.

$$T = \frac{1}{f} = \frac{1}{1.18 \text{ Hz}} = \boxed{0.847 \text{ s}}$$

각주파수를 구하기 위해서 앞서 구한 주파수에 $2\pi$를 곱한다.

$$\omega = 2\pi f = 2\pi(1.18 \text{ Hz}) = \boxed{7.41 \text{ rad/s}}$$

**주의** 주파수는 진폭에 무관하기 때문에 이 문제를 푸는 데 있어서 길이 어느 정도 울퉁불퉁한지는 중요하지 않다.

**연습문제 13.4**

45.0 kg인 소년이 스프링 상수가 3 650 N/m인 5.00 kg의 포고스틱(pogo stick) 위에서 점프한다. 소년이 포고스틱에서 하는 점프운동에서 (a) 각주파수, (b) 주파수, (c) 주기를 각각 구하라.

**답** (a) 8.54 rad/s (b) 1.36 Hz (c) 0.735 s

## 13.3 시간의 함수로써 표현한 위치, 속도, 가속도

단조화 운동과 일정한 원운동 사이의 관계식을 다시 살펴보면 단조화 운동 형태로 움직이는 물체의 위치를 시간함수로 나타낼 수 있다. 활용그림 13.7에서처럼 반지름 $A$인 돌고 있는 회전판의 가장자리에 위치시킨 공을 다시 생각하자. 이때 이 공이 만든 원형 궤적을 **기준원**이라고 한다. 이 회전판이 **일정한** 각속력 ω로 회전한다고 가정한다. 이 공이 기준원을 따라 회전함으로써 $x$축과 선분 $OP$가 만드는 각도 $\theta$는 시간에 따라 변한다. 반면에 $x$축상에 $P$의 투사된 위치인 $Q$는 단조화 운동 형태로, 이 $x$축을 따라 앞뒤로 왕복한다.

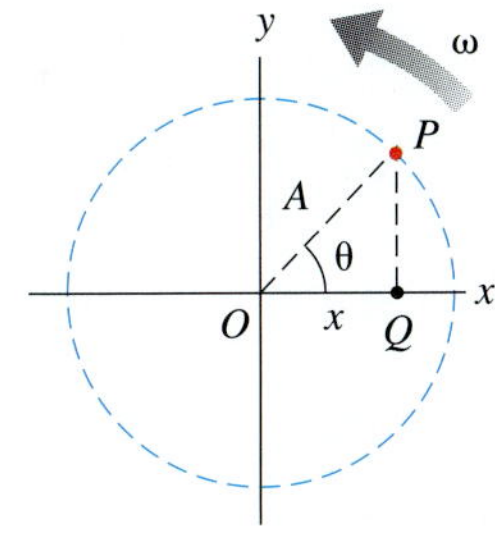


**활용그림 13.7**
기준원 $P$점에 있는 공이 일정한 각속력으로 원을 따라 돌아감에 따라 이 점의 $x$축상의 투사점인 $Q$는 단조화 운동을 하면서 움직인다.

**Physics Now™**
**http;//physics.brookscole.com/ecp**에서 PhysicsNow를 로그인하고 활용그림 13.7로 들어가서 서로 다른 초기 조건들로 시작하는 두 개의 블록들의 진동을 서로 비교해 보라. 이 운동들의 주파수가 진폭에 무관함을 증명하라.

직각삼각형 $OPQ$에서 $\cos\theta = x/A$이다. 그러므로 이 공의 $x$좌표는

$$x = A\cos\theta$$

이다. 공이 일정한 각속력으로 회전하기 때문에 $\theta = \omega t$이며(7장을 보라), 이로 인하여

$$x = A\cos(\omega t) \qquad [13.9]$$

가 된다. 완전히 한 바퀴 돈 경우에 이 공은 주기 $T$ 동안 $2\pi$ rad의 각도를 회전한다. 그러므로

$$\omega = \frac{\Delta\theta}{\Delta t} = \frac{2\pi}{T} = 2\pi f \qquad [13.10]$$

가 된다. 여기서 $f$는 이 운동의 주파수이다. 원을 따라 돌아가는 공의 각속력은 $x$축으로 투사된 공의 그림자가 보여 주는 단조화 운동의 각속력과 일치한다. 결과적으로 식 13.9는

$$x = A\cos(2\pi ft) \qquad [13.11a]$$

로 쓸 수 있다. 코사인함수는 시간에 따라 단조화 운동을 하는 물체의 위치를 나타낸 것으로 활용그림 13.8a에서 그래프로 볼 수 있다. 코사인함수가 1과 −1 사이에서 변하기 때문에 $x$는 $A$와 $-A$ 사이에서 변한다. 이러한 그래프의 모양을 **정현파**(sinusoidal) 형태라고 부른다.

활용그림 13.8b와 활용그림 13.8c는 시간에 따라 변하는 속도와 가속도의 곡선이다. 속도에 대한 식을 구하기 위해서 식 13.3과 식 13.11a 모두에 $\cos^2\theta + \sin^2\theta = 1$을 사용하면

$$v = -A\omega\sin(2\pi ft) \qquad [13.11b]$$

를 구할 수 있는데, 이 식을 얻기 위해서 $\omega = \sqrt{k/m}$을 사용한다. 부호는 사인함수가 양수와 음수 모두를 가질 수 있기 때문에 더 이상 붙이지 않는다. 식 13.11a를 식 13.2에 대입하면 가속도에 대한 식을 구할 수 있다. 즉 스프링에 대한 뉴턴의 제2법칙으로부터

$$a = -A\omega^2\cos(2\pi ft) \qquad [13.11c]$$

를 구할 수 있다. 이 식을 유도하는 자세한 과정은 연습문제로 남겨 놓았다. 변위 $x$가 최대값에서 $x = A$ 또는 $x = -A$일 때 속도가 0이 된다는 것과 $x$가 0일 때 속도의 크기가 최대가 된다는 것에 주목해야 한다. 더군다나 $x = +A$(최대 양수)일 때 가속도의 크기는 최대이지만 가속도의 방향은 음의 $x$ 방향이다. 그리고 $x$가 가장 큰 음의 위치에 있을 때($x = -A$), 가속도는 양의 $x$ 방향으로 최대가 된다. 이러한 사실들은 $v$와 $a$가 최대, 최소, 0인 위치에서 일어나는 운동을 논의한 앞서의 결론들과 잘 일치한다.

코사인함수와 사인함수의 가장 큰 값이 1이기 때문에 위치, 속도, 가속도의 최대값들은 항상 각 식들의 삼각함수의 앞쪽에 붙는 값들의 크기와 똑같다.

그림 13.9는 단조화 운동의 정현파적 성질을 보여 주기 위한 실험장치를 그려 놓은 것이다. 이 장치에서 스프링에 연결된 물체에다가 펜을 매달아 놓았다. 물체가 수직으로 진동하는 동안 종이를 일정한 속력으로 수평방향으로 움직인다. 그러면 펜은 정현파적 궤적을 그린다.

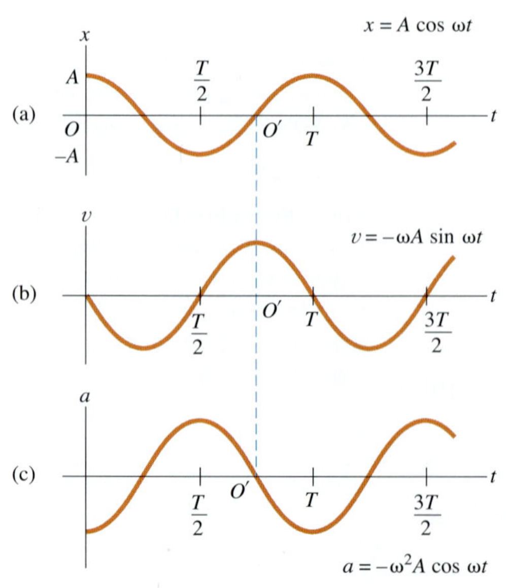


**활용그림 13.8**
$t = 0$의 초기조건에서 $x_0 = A$와 $v_0 = 0$일 때 단조화 운동을 하는 물체에 대한 (a) 변위 대 시간, (b) 속도 대 시간, (c) 가속도 대 시간 그래프.

**Physics Now™**
**http://physics.brookscole.com/ecp**에서 PhysicsNow를 로그인하고 활용그림 13.8로 들어가서 그래프 설명으로 지정한 후 블록의 단조화 운동을 관찰하라.

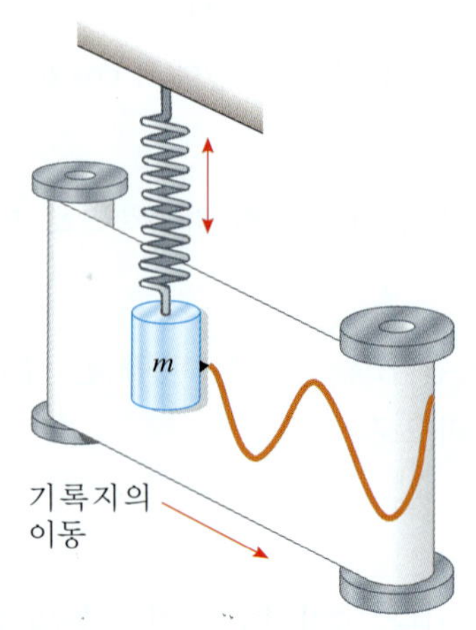


**그림 13.9** 단조화 운동을 보여 주는 실험장치. 진동하는 물체에 붙어 있는 펜은 움직이는 차트종이 위에서 정현파적 궤적을 그린다.

## Quick Quiz 13.4

만약 단조화 운동 형태로 움직이는 역학계의 진폭이 두 배가 된다면 다음 양들 중 어느 것이 변화가 없을까? (a) 총 에너지, (b) 최대 속력, (c) 최대 가속도, (d) 주기.

## 예제 13.5 진동하는 물체-스프링 역학계

**목표** 조화 진동자의 물리적 변수들과 수학적 표현 결과를 맞추어 본다.

**문제** (a) 수평하게 놓인 스프링의 끝에 매달려서 진동하는 물체의 위치가 시간의 함수로써

$$x = (0.250\ \text{m}) \cos \left( \frac{\pi}{8.00} t \right)$$

라면 이 물체의 운동에 대한 진폭, 주파수, 주기를 구하라. (b) 이 물체의 속도와 가속도의 최대 크기를 구하라. (c) 1.00 s가 지난 후에 물체의 위치, 속도, 가속도는 얼마인가?

**전략** (a) 위에서 주어진 식과 식 13.11a의 기준식과 비교하여 수치와 기준식의 이에 대응하는 항들을 맞추어봄으로써 진폭과 주파수를 구할 수 있다. (b) 식 13.11b에서 사인함수가 1 또는 −1(사인함수의 극대값)일 때 최대 속력이 된다(이것은 가속도에 대한 코사인함수에서도 유사하다). 각 경우에 있어서 삼각함수의 앞부분의 크기를 구하라. (c)는 이 값들을 식 13.11a, 식 13.11b, 식 13.11c에 대입하는 문제이다.

**풀이**

(a) 진폭, 주파수, 주기를 구한다.

식 13.11a의 기준식을 쓰고, 이 기준식 아래에 문제에서 주어진 식을 쓴다.

$$x = A \cos (2\pi f t) \quad (1)$$

$$x = (0.250\ \text{m}) \cos \left( \frac{\pi}{8.00} t \right) \quad (2)$$

두 코사인함수의 앞부분에 있는 항들이 같다고 놓고 진폭을 구한다.

$$A = \boxed{0.250\ \text{m}}$$

각주파수 $\omega$는 식 (1)과 식 (2)에서 $t$의 앞부분에 있는 항이다. 이 항들을 서로 같다고 놓는다.

$$\omega = 2\pi f = \frac{\pi}{8.00}\ \text{rad/s} = \boxed{0.393\ \text{rad/s}}$$

이 $\omega$를 $2\pi$로 나누어 $f$의 값을 구한다.

$$f = \frac{\omega}{2\pi} = \boxed{0.062\ 5\ \text{Hz}}$$

주기 $T$는 주파수의 역수이다.

$$T = \frac{1}{f} = \boxed{16.0\ \text{s}}$$

(b) 속도와 가속도의 최대 크기를 구한다.

식 13.11b에서 사인함수의 앞부분에 있는 항으로부터 최대 속력을 구한다.

$$v_{\text{max}} = A\omega = (0.250\ \text{m})(0.393\ \text{rad/s}) = \boxed{0.098\ 3\ \text{m/s}}$$

식 13.11c에서 코사인함수의 앞부분에 있는 항으로부터 최대 가속도를 구한다.

$$a_{\text{max}} = A\omega^2 = (0.250\ \text{m})(0.393\ \text{rad/s})^2 = \boxed{0.038\ 6\ \text{m/s}^2}$$

(c) 1.00 s 후의 물체에 대한 위치, 속도, 가속도를 구한다.

주어진 식에 $t = 1.00$ s를 대입한다.

$$x = (0.250\ \text{m}) \cos (0.393\ \text{rad}) = \boxed{0.231\ \text{m}}$$

이 값들을 속도 식에 대입한다.

$$v = -A\omega \sin(\omega t)$$

$$= -(0.250\ \text{m})(0.393\ \text{rad/s}) \sin(0.393\ \text{rad/s} \cdot 1.00\ \text{s})$$

$$v = \boxed{-0.037\ 6\ \text{m/s}}$$

이 값들을 가속도 식에 대입한다.

$$v = -A\omega^2 \cos(\omega t)$$

$$= -(0.250\ \text{m})(0.393\ \text{rad/s}^2)^2 \cos(0.393\ \text{rad/s} \cdot 1.00\ \text{s})$$

$$a = \boxed{-0.035\ 7\ \text{m/s}^2}$$

**주의** 사인함수 또는 코사인함수를 계산하는 데 있어서 각도는 라디안이다. 따라서 라디안을 기반으로 한 삼각함수를 계산하기 위해서는 계산기를 준비하든지 아니면 라디안을 도(degree)로 바꾸어야만 한다.

**연습문제 13.5**

물체-스프링 역학계를 $x = (0.330\ \text{m}) \cos(1.50\ t)$로 나타냈을 때 (a) 진폭, 각주파수, 주파수, 주기를 구하라. (b) 속도와 가속도의 최대 크기를 구하라. (c) $t = 0.250$ s일 때 위치, 속도, 가속도를 구하라.

**답** (a) $A = 0.330$ m, $\omega = 1.50$ rad/s, $f = 0.239$ Hz, $T = 4.19$ s (b) $v_{max} = 0.495$ m/s, $a_{max} = 0.743\ \text{m/s}^2$
(c) $x = 0.307$ m, $v = -0.181$ m/s, $a = -0.691\ \text{m/s}^2$

## 13.4 진자의 운동

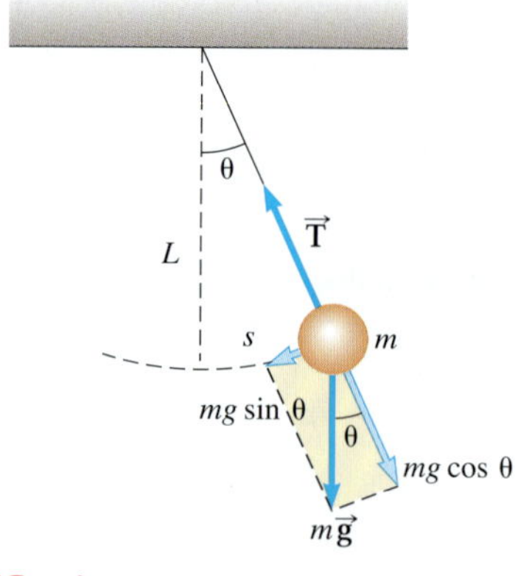


**활용그림 13.10**
단진자는 길이 $L$인 가벼운 줄에 매달려 있는 질량 $m$인 추로 만든다($L$은 회전축에서 추의 질량 중심까지의 거리이다). 진자가 단조화 운동을 하도록 하는 복원력은 중력에서 운동 경로의 접선방향 성분인 $mg \sin\theta$이다.

**Physics Now™**
**http://physics.brookscole.com/ecp**에서 PhysicsNow를 로그인하고 활용그림 13.10으로 들어가서 추의 질량, 줄의 길이, 초기 각도를 맞춘 후 진자의 진동을 관찰하라. 이 진자의 주기는 초기 각도를 약간 더 크게 하면 더 커진다.

단진자는 주기운동을 보여 주는 또 다른 예이다. 이 단진자는 활용그림 13.10에서 보는 것처럼 질량 $m$인 작은 추가 위쪽에 고정된 길이 $L$의 매우 가벼운 줄에 걸려 있는 상태이다(가벼운 줄이란 줄의 질량이 추의 질량과 비교해서 매우 작아서 줄의 질량을 무시할 수 있는 것을 의미한다). 추를 당겼다가 놓으면 이 추는 동일한 경로를 왔다갔다 한다. 그러나 이 추의 운동은 단조화 운동일까?

이 질문에 답을 하자면 진자에 작용하는 복원력(중력)을 검사해 보아야 한다. 진자의 추는 직선을 따라 왕복하는 것이 아니라 원주를 따라 움직인다. 그러나 진동이 매우 작을 경우 추의 운동은 거의 직선운동이고 근사적으로 훅의 법칙을 따라간다.

활용그림 13.10에서 $s$는 원주를 따라서 평형점으로부터 멀어진 추의 변위이다. 훅의 법칙은 $F = -kx$이므로 $x$ 대신에 $s$를 대입하여 $F_t = -ks$와 같은 비슷한 표현식을 찾을 수 있다. 여기에서 $F_t$는 원주에 접선방향으로 작용하는 힘을 의미한다. 이 그림에서 복원력은

$$F_t = -mg \sin\theta$$

이다. 그런데 $s = L\theta$이므로 $F_t$는 다음과 같이 다시 쓸 수 있다.

$$F_t = -mg \sin\left(\frac{s}{L}\right)$$

이 식의 형태는 $F_t = -ks$의 형태가 아니다. 따라서 일반적으로 진자의 운동은 단조화 운동이 아니다. 그러나 15°보다 더 작은 각도(라디안 단위로 측정해야 함)에서는 사인함수의 값은 각도와 거의 같아지는데, 예를 들면 $\theta = 10.0° = 0.175$ rad이고 $\sin(10.0°) = 0.174$이다. 그러므로 이 진자의 운동이 **작은** 각도에서만 일어난다고 가정한다면, 근

사식인 $\sin\theta \approx \theta$가 유효해지며 복원력을 다음과 같이 쓸 수 있다.

$$F_t = -mg \sin\theta \approx -mg\,\theta$$

$\theta = s/L$를 위 식에 대입하면

$$F_t = -\left(\frac{mg}{L}\right) s$$

가 된다. 이 식은 $k = mg/L$로 볼 경우, 훅의 법칙 형태인 $F_t = -ks$를 그대로 따라간다. 그러므로 진자가 작은 진폭으로 앞뒤로 흔들릴 때(이 경우 $\theta$가 작고, 이로 인하여 $\sin\theta \cong \theta$임), 진자가 단조화 운동을 한다고 말할 수 있다.

**TIP 13.3 진자의 운동은 조화 운동이 아니다.**
진자는 **임의의** 각도에 대해서는 단조화 운동이 **아니라**는 것을 기억해야 한다. 각도가 15°보다 작다면 이 진자의 운동을 근사적으로 단조화 운동으로 **모델화**시킬 수 있다.

물체-스프링 역학계에 대해서 생각해 보면 각주파수는 식 13.8로 구할 수 있다.

$$\omega = 2\pi f = \sqrt{\frac{k}{m}}$$

이 진자에 대한 $k$의 표현을 위의 식에 대입하면

$$\omega = \sqrt{\frac{mg/L}{m}} = \sqrt{\frac{g}{L}}$$

이다. 이 각주파수를 수학적으로 진자의 운동을 기술한 식 13.9의 ω에 대입할 수 있다. 주파수는 각주파수를 $2\pi$로 나눈 값이며, 주기는 이 주파수의 역수이므로

$$T = 2\pi\sqrt{\frac{L}{g}} \qquad [13.12]$$

◀ 단진자의 주기는 오직 $L$과 $g$에만 의존한다.

이다. 이 식에서 보면 놀랍게도 단진자의 주기는 질량에는 무관할 뿐만 아니라 진자의 길이와 자유낙하시의 중력가속도에 의존한다. 게다가 진폭이 작은 한도 내에서 이 운동의 진폭은 주기에 영향을 주는 인자가 아니다.

**☑ Checkpoint 13.2**

추의 질량이 4배 무거워지면 단진자의 주기는 어떻게 되는가?

갈릴레오는 진자의 주기가 진폭과 관계가 없다는 것을 최초로 언급하였다. 짐작컨대 그는 피사의 대성당에서 이러한 사실을 관찰하였을 것이다. 그가 관찰하였던 진자는 대성당에 있는 샹들리에로, 누군가가 촛불을 켜려다가 샹들리에와 부딪쳐서 움직이는 샹들리에를 보았을 것이다. 갈릴레오는 자신의 맥박을 재서 진자의 흔들리는 시간을 측정함으로써 진자의 주기를 측정할 수 있었다.

**APPLICATION**

시계추가 있는 벽시계

진자의 주기가 진자의 길이와 자유낙하시의 중력가속도에 의존하기 때문에 진자를 벽시계의 추로써 사용할 수 있다. 대부분의 벽시계는 길이를 조정할 수 있는 추(진자)를 사용하여 주기를 맞출 수 있고, 이 주기를 이용하여 시계바늘이 돌아가는 속도를 조정할 수 있다. 물론 벽시계들은 지표로부터 서로 다른 높이에 있기 때문에 시계추에 작용하는 중력가속도가 약간씩 다를 수 있다. 이러한 중력가속도의 편차를 보상하기 위하여 벽시계의 추 길이를 조정해야 하고, 그 결과 벽시계의 유효길이를 자유로이 맞출 수 있다.

**APPLICATION**

진자를 사용한 지질탐사

종종 지질학자들은 석유나 광물을 답사하는 데 있어서 단진자와 식 13.12를 사용한다. 지표 아래의 매장 광물들 때문에 탐사하는 영역 내에서 불규칙한 중력가속도가 생긴다. 주기를 측정하기 위해서 길이를 알고 있는 특별히 설계한 진자를 사용하며, 이를 이용하여 $g$값을 계산한다. 이러한 측정만으로 최종 결정을 짓는 것은 아니지만 이 진자를 사용하는 장치는 지질학적 탐사에 중요한 장비이다.

**Quick Quiz 13.5**

정지한 엘리베이터 천장에 단진자를 매달아서 이 단진자의 주기를 측정한다. 엘리베이터가 일정한 속도로 움직인다면 이 단진자의 주기는 (a) 커질까, (b) 작아질까, (c) 아니면 그대로 있을까? 만약에 엘리베이터가 위로 가속된다면, 이 진자의 주기는 (a) 커질까, (b) 작아질까, (c) 아니면 그대로 있을까?

**Quick Quiz 13.6**

시계추가 있는 벽시계의 시간은 추의 주기에 의존한다. 현재 이 벽시계의 시간이 정확하다고 가정하자. 만약 말썽꾸러기 데니스가 진동막대를 따라 시계추를 아래로 내렸다면, 이 벽시계의 시각은 (a) 느려질까, (b) 빨라질까, (c) 아니면 원래의 주기 $T$와 같을까?

**Quick Quiz 13.7**

단진자의 주기가 지표에서 $T$이다. 동일한 진자를 달에 설치한다면, 이 진자의 주기는 (a) $T$보다 작아질까, (b) $T$보다 커질까, (c) 아니면 원래의 주기 $T$와 같을까?

### 예제 13.6 $g$값 측정하기

**목표** 진자의 운동을 통하여 $g$ 값을 정한다.

**문제** 진자 길이가 0.171 m인 작은 진자를 이용하여 지질학자가 60.0 s 동안에 72.0번 정확히 흔들리는 것을 측정하였다. 이 위치에서의 $g$값은 얼마인가?

**전략** 먼저 진자의 주기를 구하기 위하여 총 흔들린 수로 총 시간을 나눈다. 그리고 $g$에 대한 식 13.12를 정리한 후에 이 주기를 대입한다.

**풀이**

총 진동 횟수로 총 시간을 나누어 주기를 계산한다.

$$T = \frac{\text{총 시간}}{\text{총 진동 횟수}} = \frac{60.0\ \text{s}}{72.0} = 0.833\ \text{s}$$

식 13.12를 $g$에 대해서 정리한 후 이 값을 대입한다.

$$T = 2\pi\sqrt{\frac{L}{g}} \longrightarrow T^2 = 4\pi^2\frac{L}{g}$$

$$g = \frac{4\pi^2 L}{T^2} = \frac{(39.5)(0.171\ \text{m})}{(0.833\ \text{s})^2} = 9.73\ \text{m/s}^2$$

**연습문제 13.6**

중력가속도가 1.62 $\text{m/s}^2$인 달에서 이와 동일한 진자의 주기는 얼마인가?

**답** 2.04 s

## 물리진자

앞서 논의한 단진자는 줄에 매달아 놓은 물체로 만든다. 그러나 줄에 매단 것이 아니라 임의의 고체 형태를 갖는 물체로 만든 진자도 있다. 이러한 일반적인 진자를 **물리진자**라고 한다.

그림 13.11에서 강체는 점 $O$를 회전축으로 해서 돌아간다. 물체의 질량중심은 회전축으로부터 거리 $L$만큼 떨어져 있다. 이 물체의 질량중심은 회전원의 원주를 따라 단진자처럼 진동한다. 이러한 물리진자의 주기는

$$T = 2\pi\sqrt{\frac{I}{mgL}} \qquad [13.13]$$

이다. 여기서 $I$는 물체의 관성모멘트이고, $m$은 물체의 질량이다. 길이가 $L$이고 질량을 무시할 수 있는 회전막대에 붙어 있는 단진자의 경우를 살펴보면, 이 물체의 관성모멘트는 $I = mL^2$이다. 이 값을 식 13.13에 대입하면

$$T = 2\pi\sqrt{\frac{mL^2}{mgL}} = 2\pi\sqrt{\frac{L}{g}}$$

이며, 이 결과가 단진자에 대한 올바른 주기이다.

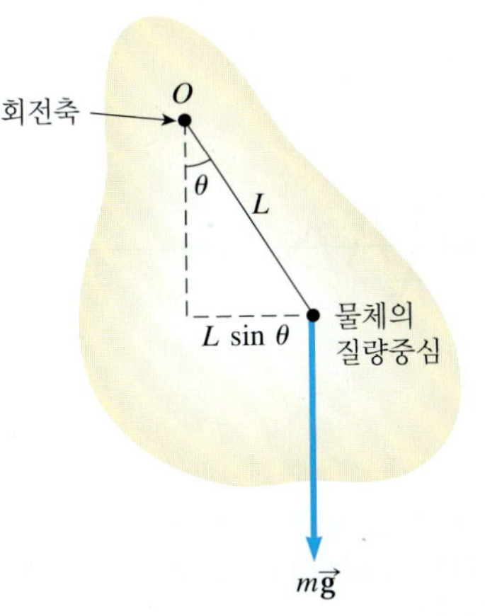


그림 13.11 $O$점을 회전축으로 하는 물리진자.

## 13.5 감쇠진동

앞서서 길게 논의한 진동운동은 선형 복원력이 작용하여 **무한히 진동**하는 이상적인 진동 역학계에서 일어난다. 모든 실제 역학계에서는 마찰력이 운동을 지연시켜서 이 진동 역학계가 무한히 진동하지 못하도록 한다. 마찰은 시간에 따라 역학계의 에너지를 감소시킨다. 이러한 운동을 **감쇠**(damped) **진동**이라고 말한다.

**APPLICATION**

자동차 충격흡수장치

자동차의 충격흡수장치(그림 13.12)는 감쇠운동의 실제 응용의 한 예이다. 충격흡수장치는 오일과 같은 액체와 이 액체를 통하여 움직이는 피스톤으로 만들어진다. 충격흡수장치의 위쪽 부분은 자동차 몸체에 단단히 붙어 있다. 자동차가 울퉁불퉁한 길을 달려갈 때 피스톤 내에 존재하는 작은 구멍을 통하여 감쇠운동 형태로 이 유체가 충격흡수장치 안에서 위아래로 움직인다.

이러한 감쇠운동은 사용하는 유체의 종류에 따라 바뀐다. 예를 들어 이 유체가 상대적으로 점도가 낮으면 진동이 그대로 유지되면서 시간이 지남에 따라 점차로 진폭

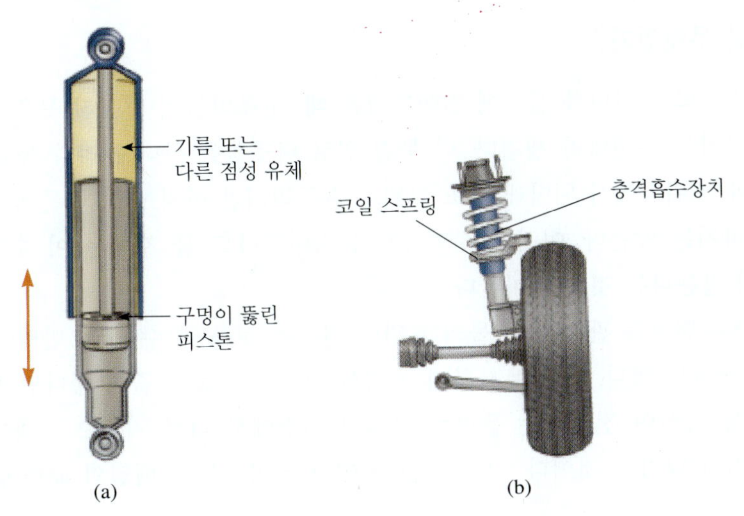


그림 13.12 (a) 충격흡수장치는 오일이 가득 찬 공간 내에서 위아래로 진동하는 피스톤이 주요 부품이다. 피스톤이 진동함에 따라 오일은 피스톤과 오일 공간을 연결하는 작은 구멍을 통하여 밀려 들어왔다 나갔다를 반복하면서 피스톤 운동을 하여 진동을 감쇠시킨다. (b) 자동차 충격흡수장치를 각 바퀴의 코일 스프링 내부에 설치한 자동차 현가장치.

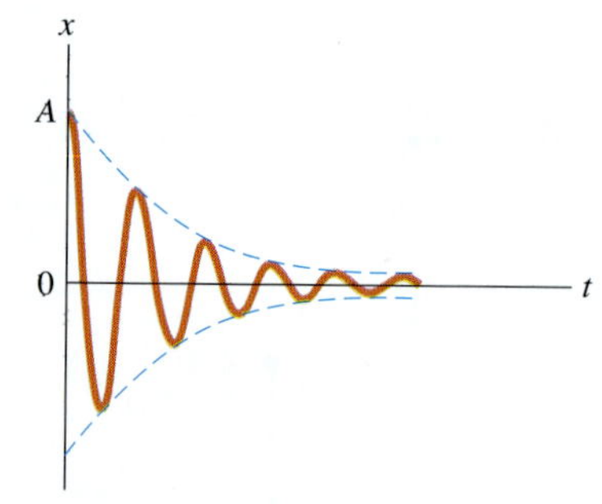


**활용그림 13.13**
작은 감쇠진동에 대한 변위 대 시간의 그래프. 시간이 지나감에 따라 진폭이 감소한다는 것을 주목하라.

**Physics Now™**
**http://physics.brookscole.com/ecp**에서 PhysicsNow를 로그인하고 활용그림 13.13으로 들어가서 스프링 상수, 물체의 질량, 감쇠 상수를 맞춘 후 물체의 감쇠진동을 관찰하라.

이 감소하다가 마침내 멈춘다. 이러한 운동을 **작은 감쇠**(underdamped) 진동이라고 한다. 이런 진동을 하는 물체의 위치 대 시간함수 그래프가 활용그림 13.13이다. 그림 13.14에서는 세 가지 감쇠진동을 비교해 놓았는데, (a) 곡선은 작은 감쇠진동을 나타낸다. 유체의 점도가 증가한다면 물체의 충격이 생긴 후 바로 평형상태로 돌아가므로 진동이 거의 생기지 않는다. 이러한 경우 이 역학계는 **임계 감쇠**(critically damped) 진동을 한다고 하고, 그림 13.14의 (b) 곡선을 따라간다. 이 피스톤은 평형점을 지나가지 않고 가능한 한 가장 짧은 시간 내에 평형 위치로 돌아간다. 점도가 더 커지면 이 역학계는 **큰 감쇠**(overdamped) 진동을 한다. 이러한 경우 그림 13.14의 (c) 곡선에서 보듯이 피스톤은 평형점을 결코 지나가지 못하면서 평형위치로 돌아가려고 하지만 평형위치로 돌아가는 시간은 임계 감쇠 운동 때보다 훨씬 더 걸린다.

자동차를 더욱 더 편안하게 타도록 만들기 위해서 충격흡수장치를 약간 작은 감쇠 진동 형태로 설계하여 제작한다. 자동차의 엔진룸 뚜껑을 아래로 급하게 눌러 보면 이러한 운동 상태를 알아 볼 수 있다. 자동차에 가한 힘을 없애면 자동차 몸체는 정지된 상태로 돌아가기 전에 평형점을 중심으로 얼마간 출렁거릴 것이다.

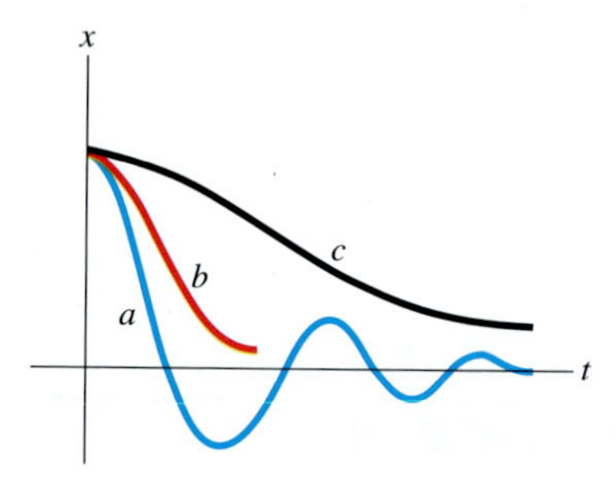


**그림 13.14** (a) 작은 감쇠 진동자, (b) 임계 감쇠 진동자, (c) 큰 감쇠 진동자에 대한 변위 대 시간에 대한 그래프.

## 13.6 파 동

세상은 음파, 줄의 파동, 지진파를 비롯하여 가시광, 라디오파, 텔레비전 신호, X-선 등의 전자기파와 같은 무수한 파동으로 꽉 차있다. 이들 모든 파동은 진동하는 물체가 파원이므로 이 파동을 나타내기 위해서 단조화 운동의 개념을 사용할 수 있다.

음파의 경우 진동은 사람의 성대나 기타줄과 같은 음원에서 생긴다. 안테나에서의 전자의 진동이 라디오파나 텔레비전 전파를 만들고, 단순하게 손이 위아래로 움직이는 운동이 줄에서 파동을 만들어낸다. 이 파동들의 근원적 차이에도 불구하고 파동을 만드는 개념은 공통적으로 같다. 이 장의 나머지 부분에서 이러한 일반적인 파동의 성질을 알아내는 데 주안점을 두고자 한다. 이 책의 다른 장에서는 음파와 전자기파와 같은 특별히 중요한 파동들에 대해서 추가로 더 공부할 것이다.

### 파동이란 무엇인가?

여러분이 조약돌 하나를 물속에 떨어뜨렸을 때 이 조약돌이 떨어진 곳을 중심으로 멀리 퍼져나가는 수면파가 생긴다. 이 물결 위로 나뭇잎을 하나 올려다 놓았을 경우 이 잎은 원래의 위치에서 위아래로 또 앞뒤로 흔들리기만 하지 물결 때문에 나뭇잎의 위치가 변하지는 않는다. 이것은 수면파가 움직이더라도 **물 자체는 이 수면파와 같이 움직이지 않는다는 것을 의미한다.**

이러한 수면파를 관찰할 때 물의 표면이 변하는 것을 볼 수 있다. 만약에 물이 없다면 이 수면파도 없다. 이와 유사하게 줄에서 생기는 파동도 줄이 없다면 생기지 않는다. 공기를 통하여 전파하는 음파는 하나의 지점에서 다른 지점으로 공기의 압력이 변하여 퍼져 나가는 것이다. 그런 까닭에 이러한 파동들을 **매질의 교란에 의한 운동**

이라고 생각할 수 있다. 그러나 이 장 이후의 다른 장들에서는 매질 없이도 전파되는 전자기파도 취급할 것이다.

이 장에서 논의하는 역학적 파동들은 (1) 매질을 교란하는 파원, (2) 교란되는 매질, (3) 매질의 한 부분이 이웃한 다른 부분에 영향을 끼칠 수 있는 물리적 연결고리 또는 물리적 메커니즘이 필요하다. 모든 파동들은 에너지와 운동량을 운반한다. 매질을 통하여 전달되는 에너지의 총량과 에너지의 전달을 설명하는 메커니즘은 파동의 종류마다 다르다. 예를 들어 폭풍우 때문에 생기는 파도는 한 사람의 음성 때문에 생긴 음파가 전달하는 에너지보다 훨씬 더 크다.

**응용물리 13.1** 눈 속에 파묻히는 제임스 본드

1960년에 나온 007 제임스 본드 영화 시리즈인 「007과 여황폐하」의 한 장면에서 제임스 본드는 스키를 타고 탈출한다. 그는 적들보다 앞서서 달려 나가고 있으며, 적들은 총을 쏴서 그를 잡기는 매우 어려운 상황이다. 그런데 마구잡이로 쏘는 총알 중 그를 제대로 맞추는 것이 없는데도 왜 악당들은 총을 계속 쏘는가?

**설명** 이들 악당들은 파동에 대한 물리를 잘 알고 있다. 총소리와 같은 충격파는 공기에 음향학적 교란을 일으켜서 전파되므로 막 무너지려고 하는 눈 언덕에 충격이 가해지면 눈사태가 일어날 수 있다. 이러한 재앙이 1차 세계대전 중에 발생하였는데, 대포 때문에 생긴 눈사태로 인하여 알프스 산에서 오스트리아 군인들이 매몰되었다. 이처럼 총으로 제임스 본드를 제대로 맞추지 못하던 악당들은 총소리로 눈사태를 불러일으키려고 한 것이다.

## 파동의 종류

파동을 보여 주는 가장 간단한 방법들 중의 하나는 그림 13.15처럼 한쪽 끝이 묶여 있고 다른 한쪽 끝이 팽팽하게 당겨진 긴 끈을 위아래로 흔드는 것이다. 그러면 위로 올라간 융기(펄스라고 함)가 유한한 속력으로 오른쪽으로 진행한다. 이러한 형태의 교란을 **진행파**(traveling wave)라고 한다. 이 그림은 근접한 세 가지 시각에서 줄의 형상을 보여 준다.

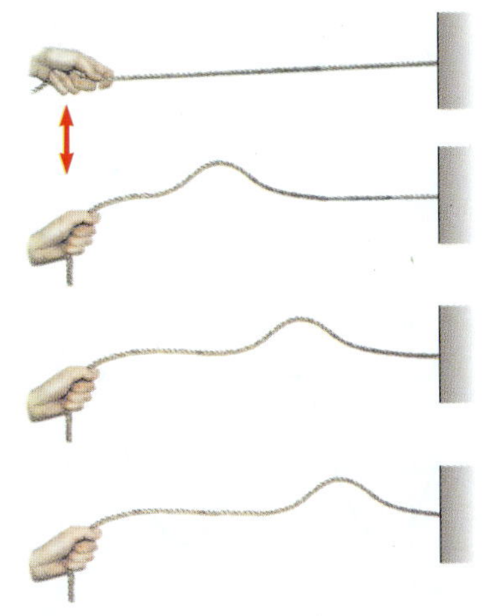

그림 13.15 줄을 따라 진행하는 파동 펄스. 이 펄스가 진행하여도 펄스의 형태는 거의 변하지 않는다.

이러한 펄스가 줄을 따라 진행함에 따라 **교란된 줄의 각 부분들은 파동의 진행방향과는 수직방향으로 움직인다.** 그림 13.16은 특별히 작은 부분인 $P$를 가지고 이 과정을 설명한다. 줄은 파동의 진행방향으로는 절대 움직이지 않는다. 매질의 입자들이 파동의 속도와는 수직인 방향으로 움직이는 진행파를 **횡파**(transverse wave)라고 한다. 그림 13.17a는 긴 스프링으로 만든 횡파의 모양을 보여 준다.

이와는 다른 **종파**(longitudinal wave)라는 파동에서는 **매질의 입자들이 파동이 진행하는 방향에 평행하게 움직인다.** 공기 중의 음파는 종파이다. 이러한 파동의 교란은 어떤 속력으로 공기 또는 매질을 통하여 전파되는 일련의 압력이 높은 영역과 압력이 낮은 영역을 말한다. 종파의 펄스는 그림 13.17b처럼 스프링을 늘렸다가 줄였다가 하면 쉽게 만들 수 있다. 즉 묶여 있지 않은 스프링의 한쪽 끝을 스프링의 길이방향을 따라 앞뒤로 눌렀다 당기면 된다. 이렇게 하면 스프링을 따라 움직이는 압축된 영역과 풀어진 영역이 생기는데, 이 운동은 파동이 전파하는 방향과 평행하게 간다.

파동들은 오직 횡파 또는 종파만으로 이루어지지 않는다. 바다에서 생기는 파도는 이들 두 가지 파동의 중첩으로 생긴다. 코르크 조각을 바다에 넣은 후, 파도가 치면 코르크

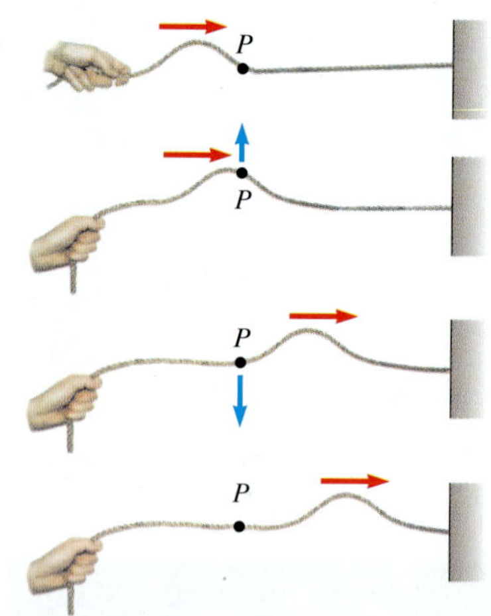


**그림 13.16** 줄을 타고 진행하는 펄스는 횡파이다. 줄의 어떤 부분 $P$가 파동의 전파방향(오른쪽으로 향한 적색 화살표)에 수직인 방향(위쪽으로 향한 청색 화살표)으로 움직인다.

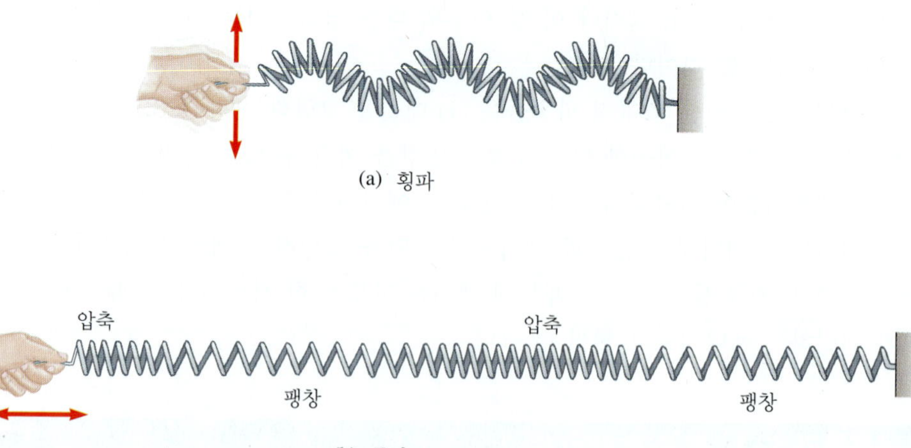


**그림 13.17** (a) 스프링의 길이방향에 수직방향으로 스프링의 한쪽 끝을 움직여서 횡파를 만든다. (b) 스프링의 길이방향을 따라가는 종파 형태의 펄스. 코일의 변위는 파동이 진행하는 방향과 같다. 그림에서 보이듯이 압축된 영역의 뒤를 늘어난 영역이 뒤따른다.

조각은 앞뒤로 움직이면서 동시에 위아래로도 움직이기 때문에 회전운동을 하게 된다.

또 다른 파동의 형태로는 **솔리톤**(soliton)이 있는데, 이는 퍼지거나 흩어지지 않고 고립되어 전파되는 단일 파면을 말한다. 일반적으로 정성적인 파동은 퍼지거나 줄어든다. 그렇지만 솔리톤은 그 자체의 형태를 그대로 유지하면서 진행한다. 솔리톤에 대한 연구는 1849년에 스코틀랜드 기술자인 존 스콧 러셀(John Scott Ressell)이 바지선 전면부에서 발생한 교란으로부터 시작한 단일 파면이 그 자체의 형태를 유지하면서 앞으로 전파하는 현상을 최초로 발견하면서 시작되었다. 이 파동은 그 자체의 모양을 유지하면서 약 10 mile/h 속력으로 운하를 따라 전파하였다. 러셀은 말을 타고 이 파동을 2마일을 쫓아간 후에 놓쳤다. 그렇지만 1960년대에 들어서야 과학자들이 솔리톤을 중요하다고 생각하였다. 현재 과학자들은 입자물리학에서부터 목성의 대적반까지의 수많은 물리적 현상들을 모델화하는 데 이 솔리톤 현상을 널리 사용한다.

**활용그림 13.18**
속력 $v$로 오른쪽으로 진행하는 1차원 정현파. 원점을 지나는 갈색 곡선은 $t = 0$에서 파동의 순간 사진이며, 원점을 지나간 청색 곡선은 시간이 $t$만큼 지난 후 이 파동의 또 다른 순간사진이다.

**Physics Now™**
**http://physics.brookscole.com/ecp**에서 PhysicsNow를 로그인하고 활용그림 13.18로 들어가서 파동의 움직임을 관찰하라. 여러 가지 시각들에서 이 파동들의 순간 사진을 찍어 보라.

## 파동 그림

활용그림 13.18은 진동하는 줄의 곡선 형태를 나타낸 것이다. 이 곡선의 형태는 정현파 형태이고, 이는 단조화 운동의 형태와 같다. 원점을 지나는 갈색 곡선은 $t = 0$의 어떤 순간에 찍은 진행파의 순간 사진으로 생각할 수 있으며, 원점을 지나친 청색 곡선은 어느 정도 시간이 지난 후에 찍은 진행파의 순간 사진이라고 할 수 있다. 이런 경우, 이 곡선들의 고점은 파동의 **마루**에 대응되며 저점은 파동의 **골**에 대응된다.

심지어는 위아래로 움직임이 없는 종파를 기술할 때조차도 이와 동일한 파동 형태를 사용할 수 있다. 스프링에서 움직이는 종파를 생각해 보자. 그림 13.19a는 어떤 순간에 이 종파를 찍은 순간 사진이고, 그림 13.19b는 이 파동을 나타내는 정현파적 곡선이다. 스프링의 코일이 압축된 지점들은 파형의 마루에 해당하며, 코일이 늘어난 지점들은 파형의 골에 해당한다.

그림 13.19b와 같은 곡선으로 표현한 파동의 형태는 스프링 코일이 압축된 마루 부분이 밀도가 높고 코일이 늘어진 골 부분이 밀도가 낮기 때문에 종종 **밀도파** 또는 **압력파**라고 한다. 음파는 일련의 고밀도 지역과 저밀도 지역이 반복하면서 전파하는 종파이다.

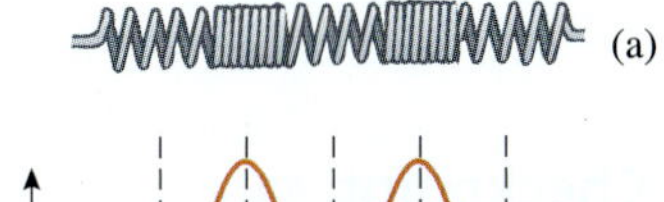


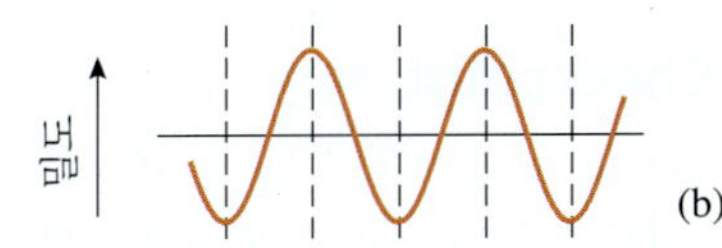


**그림 13.19** (a) 스프링에 생긴 종파. (b) 파형의 마루는 스프링이 압축된 영역에 대응하며, 파형의 골은 스프링이 늘어난 영역에 대응한다.

## 13.7 주파수, 진폭, 파장

활용그림 13.20은 매우 긴 줄에 연속파 또는 지속적인 펄스들의 흐름을 만드는 방법을 보여 준다. 줄의 한쪽 끝을 진동하도록 만든 칼날에 연결한다. 칼날을 단조화 운동이 생기도록 수직으로 진동하면 오른쪽으로 진행하는 진행파가 줄에 생긴다. 활용그림 13.20은 한 주기의 1/4 간격으로 파동을 나타낸 것이다. **줄 위에 $P$로 나타낸 작은 부분들이 단조화 운동 형태로 수직인 $y$ 방향으로 진동한다**는 것을 주목하라. 각 작은 부분들이 칼날의 단조화 운동을 따라가기 때문에 줄도 단조화 운동 형태로 진동하는 것이다. 그러므로 줄의 모든 부분들은 줄을 움직이는 진동날의 주파수와 동일한 주파수로 움직이는 단조화 진동자로 취급할 수 있다.

이 장에서 공부한 파동의 주파수는 줄이 만든 파동과 물에서 생긴 수면파와 같은 매우 낮은 주파수 및 음파가 갖는 20 Hz와 20 000 Hz (1 Hz = 1 $s^{-1}$) 사이의 주파수부터 전자기파와 같은 매우 높은 주파수까지 모두 포함한다. 이들 파동들은 모두 물리적 파원이 다르지만 같은 개념으로 설명할 수 있다.

활용그림 13.20에서 수평으로 그은 점선은 파동이 없을 때 줄의 위치를 나타낸다. 줄이 이 평형값에서 위아래로 움직인 최대 거리를 이 파동의 **진폭**(amplitude) $A$라고 한다. 여기에서 다루는 파동은 마루와 골에서의 진폭이 동일하다.

활용그림 13.20b는 파동의 다른 특성을 보여 준다. 수평 화살표는 동일한 형태로 반복하는 두 연속적인 지점들 사이의 거리이다. 이 거리를 **파장**(wavelength) $\lambda$(그리스 문자로 람다)라고 한다.

파동의 속력을 구하는 데 파장의 표현을 사용할 수 있다. 우선 **파동의 속력**(wave speed) $v$에 대한 정의식을 가지고 시작한다.

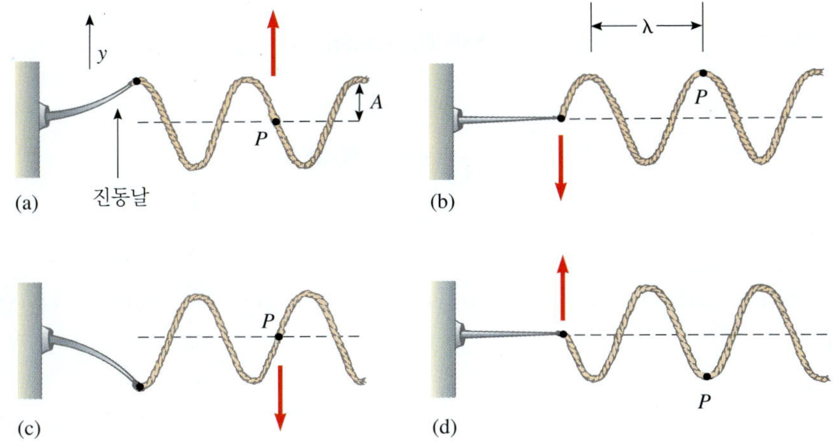


**활용그림 13.20**
줄 위에 진행파를 만드는 방법들 중 한 가지. 줄의 왼쪽 끝은 진동날에 연결되어 있다. 줄의 모든 부분들, 즉 예를 들어 $P$는 단조화 운동을 하면서 수직으로 진동한다.

**Physics Now™**
**http://physics.brookscole.com/ecp**에서 PhysicsNow를 로그인하고 활용그림 13.20으로 들어가서 진동날의 주파수를 맞춰 보라.

$$v = \frac{\Delta x}{\Delta t}$$

**☑ Checkpoint 13.3**

진공에서의 빛의 속력은 모든 주파수에 대해서 똑같다. 주파수가 증가하면 빛의 파장은 어떻게 되는가?

이러한 파동의 속력은 마루와 같은 파동의 특별한 부분이 매질을 통과하는 속력이다.

어떤 파동이 진동의 주기와 똑같은 시간 간격 내에서 한 파장의 길이를 간다. $\Delta x = \lambda$이고 $\Delta t = T$라고 하면

$$v = \frac{\lambda}{T}$$

이다. 주파수는 주기의 역수이므로

파동의 속력 ▶

$$v = f\lambda \qquad [13.14]$$

이다. 이와 같은 중요한 식은 음파나 전자기파와 같은 서로 다른 모든 파동들에 전부 적용할 수 있다.

## 예제 13.7 진행파

**목표** 파동의 그래프로부터 직접적으로 이 파동에 대한 모든 정보를 구한다.

**문제** 그림 13.21a는 양의 $x$ 방향으로 진행하는 파동을 그린 것이다. 이 파동의 주파수가 8.00 Hz라면 이 파동의 진폭, 파장, 속력, 주기를 구하라. 그림 13.21a에서 $\Delta x$ = 40.0 cm이고 $\Delta y$ = 15.0 cm이다.

**전략** 이 그림에서 진폭과 파장은 바로 알 수 있다. 수직방향의 최대 변위가 진폭이고, 하나의 마루에서 이웃한 다른 마루까지의 거리가 파장이다. 이 파장에다 주파수를 곱하면 속력이 나오고 주기는 이 주파수의 역수이다.

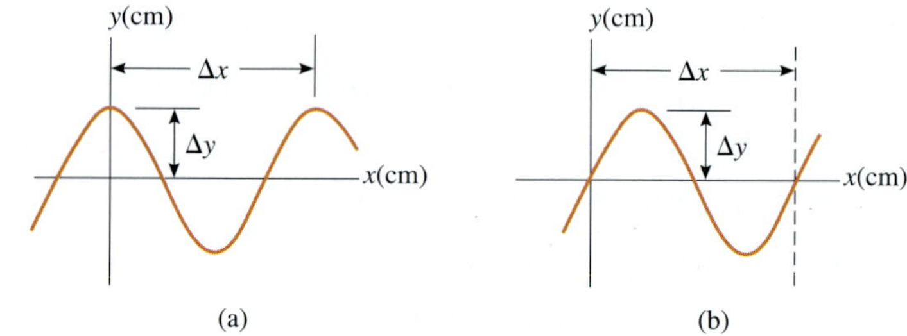


**그림 13.21** (a) (예제 13.7) (b) (연습문제 13.7)

**풀이**

파동의 최대 변위가 진폭 $A$이다.

$$A = \Delta y = 15.0 \text{ cm} = \boxed{0.150 \text{ m}}$$

마루에서 마루까지의 거리는 파장이다.

$$\lambda = \Delta x = 40.0 \text{ cm} = \boxed{0.400 \text{ m}}$$

이 파동의 속력을 구하기 위해서 파장에 주파수를 곱한다.

$$v = f\lambda = (8.00 \text{ Hz})(0.400 \text{ m}) = \boxed{3.20 \text{ m/s}}$$

주기를 구하기 위해서 주파수의 역수를 취한다.

$$T = \frac{1}{f} = \frac{1}{8.00} \text{ s} = \boxed{0.125 \text{ s}}$$

**연습문제 13.7**

양의 $x$ 방향으로 진행하는 파동을 그림 13.21b에 그렸다. 이 파동의 주파수가 15.0 Hz라면 이 파동의 진폭, 파장, 속력, 주기는 얼마인가? 그림에서 $\Delta x$ = 72.0 cm이고 $\Delta y$ = 25.0 cm이다.

**답** $A$ = 0.25 m, $\lambda$ = 0.720 m, $v$ = 10.8 m/s, $T$ = 0.0667 s

## 13.8 줄에 생긴 파동의 속력

이 절에서는 당겨진 줄에 생긴 횡파의 속력을 집중적으로 취급한다.

진동하는 줄의 경우 두 개의 속력이 존재한다. 하나는 줄의 수직방향인 $y$ 방향을 따라 위아래로 진동하는 물리적인 줄의 속력이다. 다른 하나는 교란이 단위 시간당 $x$ 방향인 줄의 길이를 따라 전파해 나가는 거리의 비율인 **파동의 속력**이다. 이 파동의 속력을 찾고자 한다.

장력으로 팽팽한 수평으로 놓인 줄을 수직으로 잡아당겼다가 놓으면 이 줄은 최대 변위인 $y = A$에서부터 움직이기 시작하여 일정한 시간이 흐른 후에는 $y = -A$까지 변한 후 다시 이 과정을 반복한다. 이렇게 한 번 $y = A$에서 $y = -A$까지 걸린 시간이 이 파동의 주기이며, 이것은 파동이 **수평방향으로** 한 파장을 진행하는 데 걸린 시간이다. 한 번 횡방향으로 진동할 때 파장을 주기로 나눈 값이 파동의 속력이다.

한 파장에서 더 큰 장력 $F$로 당긴 줄은 모두 큰 파동의 속력을 갖는다. 왜냐하면 이 경우 진동의 주기는 더 짧아지고 파동은 이 주기 동안 한 파장을 진행하기 때문이다. 또한 단위 길이당 질량, 즉 $\mu$가 더 커지면 줄은 더 느리게 진동하고 주기는 더 길어지며 파동의 속력도 느려진다. 파동의 속력은 다음과 같다.

$$v = \sqrt{\frac{F}{\mu}} \qquad [13.15]$$

여기서 $F$는 줄에 가한 장력이며, $\mu$는 단위 길이당 줄의 질량으로 **선밀도**라고 한다. 식 13.15에서 보면 장력 $F$가 커지면 파동의 속력도 커지는 반면에 선밀도 $\mu$가 커지는 경우 파동의 속력은 느려진다는 것을 알 수 있다.

**☑ Checkpoint 13.4**

진실인가 거짓인가: 잡아당겨진 줄의 장력을 2배로 한다면 파동의 속력도 또한 2배가 된다.

줄에 생긴 파동과 같은 역학적 파동의 전파속력은 식 13.15에서 보듯이 교란상태를 전파하는 줄의 성질에만 의존한다. 이 파동의 전파속력은 진동의 진폭과는 관계가 전혀 없다. 일반적으로 이러한 특징들은 여러 가지 다른 매질들에서 생기는 파동들에 대해서도 같다는 것이 밝혀져 있다.

식 13.15를 증명하는 과정은 미적분을 알아야 하지만 차원만을 고려하여 분석하면 이를 쉽게 증명할 수 있다. $F$의 차원은 $\mathrm{ML/T^2}$이고, $\mu$의 차원은 M/L이다. 그러므로 $F/\mu$의 차원은 $\mathrm{L^2/T^2}$이고, $\sqrt{F/\mu}$의 차원은 속력의 차원인 L/T가 된다. 그러므로 차원의 관점에서 보면 $F$와 $\mu$의 다른 조합들은 모두 틀리므로 장력과 선밀도만이 오직 중요한 물리적 요소가 되는 경우에 식 13.15는 총체적으로 증명이 된다.

**APPLICATION**

베이스 기타줄

식 13.15에 따라 줄의 장력을 증가시키면 당겨진 줄에 생긴 파동의 속력이 증가할 수 있다. 한편 단위 길이당 질량이 늘어난다면 파동의 속력은 줄어든다. 베이스 기타나 피아노 또는 일반 기타의 금속줄을 꼬아서 만들 때에는 이러한 물리적 사실을 이용한다. 여러 겹으로 줄을 꼬면 단위 길이당 질량, 즉 $\mu$가 증가하여 파동의 속력이 느려지고, 그 결과 주파수도 작아지면서 저음의 소리가 나는 것이다. 이렇게 설치된 줄에서 다시 정확하게 원하는 주파수로 줄을 튜닝하려면 간단하게 줄의 장력을 조정하면 된다.

**예제 13.8 줄 위로 진행하는 펄스**

**목표** 줄에 생긴 파동의 속력을 계산한다.

**문제** 균일한 줄의 질량이 0.030 0 kg이고 길이는 6.00 m이다. 줄의 한쪽 끝에 질량이 $m$ = 2.00 kg인 블록을 매달고 이것이 만든 장력으로 줄을 팽팽하게 유지한다(그림 13.22). (a) 이 줄에 생긴 횡파 펄스의 속력을 구하라. (b) 벽에서 도르래까지 이 펄스가 진행하는 데 걸린 시간을 구하라.

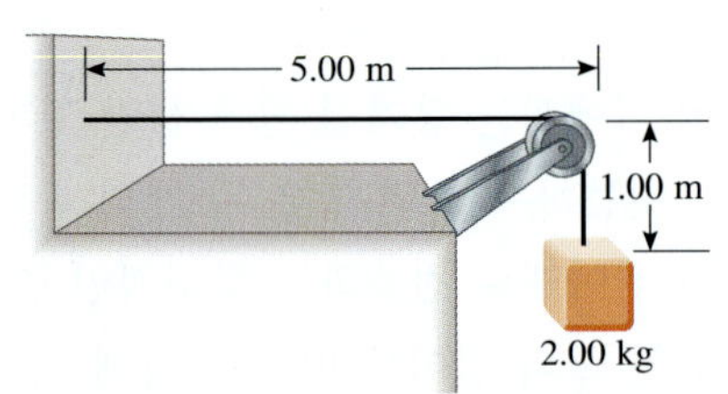


그림 13.22 (예제 13.8) 매달린 벽돌에 의해 줄의 장력 $F$가 유지된다. 파동의 속력은 식 $v = \sqrt{F/\mu}$로 주어진다.

**전략** 이 블록에 적용한 평형상태일 때의 뉴턴의 제2법칙을 이용하여 장력 $F$를 구할 수 있다. 줄의 단위 길이당 질량은 $\mu = M/L$이다. 이 값들을 식 13.15에 대입하여 횡파 펄스의 속력을 구할 수 있다. (b)를 풀기 위해서는 $d = vt$라는 식을 사용해야 한다.

**풀이**

(a) 파동 펄스의 속력을 구한다.

블록에 뉴턴의 제2법칙을 적용한다. 장력 $F$는 중력과 크기가 같고 방향만 반대이다.

$$\Sigma F = F - mg = 0 \longrightarrow F = mg$$

$F$와 $\mu$의 표현을 식 13.15에 대입한다.

$$v = \sqrt{\frac{F}{\mu}} = \sqrt{\frac{mg}{M/L}}$$

$$= \sqrt{\frac{(2.00\text{ kg})(9.80\text{ m/s}^2)}{(0.030\,0\text{ kg})/(6.00\text{ m})}} = \sqrt{\frac{19.6\text{ N}}{0.005\,00\text{ kg/m}}}$$

$$= \boxed{62.6\text{ m/s}}$$

(b) 펄스가 벽에서 도르래까지 진행하는 데 걸린 시간을 구한다.

시간에 대한 거리의 식을 푼다.

$$T = \frac{d}{v} = \frac{5.00\text{ m}}{62.6\text{ m/s}} = \boxed{0.079\,9\text{ s}}$$

**연습문제 13.7**

질량 0.010 0 kg이고 줄의 길이가 2.50 m인 줄에 얼마의 장력을 가해야 이 줄에 생긴 파동이 줄을 따라 125 m/s의 속력으로 진행하는가?

**답** 62.5 N

## 13.9 파동의 간섭

자연에 존재하는 흥미로운 파동 현상은 두 개 이상의 파동이 동시에 같은 공간을 통과하여 지나가는 것이다. **두 개의 진행파가 만날 경우 서로 소멸하거나 변형되지 않고 각각의 파동은 서로 그대로 통과해서 지나간다.** 예를 들면 두 개의 조약돌을 동시에 연못에 던졌다면 퍼져 나가는 두 개의 원형파동은 서로를 지우지 않는다. 즉 물결들은 서로를 지나쳐 지나간다. 마찬가지로 두 파원에서 시작한 음파가 공기 중을 지나갈 때 이 두 음파도 각각 교차하여 지나간다. 이 두 파동들이 겹친 공간에서는 개개의 파동들의 변위가 더해져서 결과적인 파동이 된다. 이런 분석에 대해서는 다음과 같은 **중첩의 원리**(superposition principle)가 적용된다.

중첩의 원리 ▶

두 개 이상의 진행파가 전파매질을 지나가다가 서로 만났다면 이 결과로 생긴 파동은 점점이 개개의 파동들의 변위를 모두 합쳐져서 생긴다.

(a)

(b)

(c)

**활용그림 13.23**
보강간섭. 똑같은 주파수와 진폭을 갖는 두 파동이 (a)와 (b)처럼 위상일치라면, (c) 두 파동이 합쳐졌을 때 개개의 파동들의 주파수는 같지만 진폭은 2배이다.

**Physics Now™**
**http://physics.brookscole.com/ecp**에서 PhysicsNow를 로그인하고 활용그림 13.23으로 들어가서 각 파동들의 진폭을 맞춰 보고 보강간섭과 소멸간섭을 모두 조사해 보라.

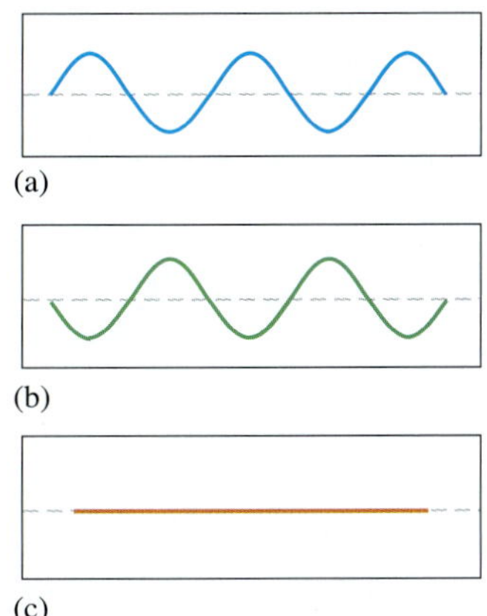


**활용그림 13.24**
소멸간섭. 똑같은 주파수와 진폭을 갖는 두 파동들이 (a)와 (b)처럼 위상불일치라면, (c) 두 파동이 합쳐져서 완전히 소멸된다.

**Physics Now™**
**http://physics.brookscole.com/ecp**에서 PhysicsNow를 로그인하고 활용그림 13.24로 들어가서 각각의 파동들에 대한 진폭을 맞춰 보고 보강간섭과 소멸간섭을 모두 조사해 보라.

실험들은 개개의 파동의 진폭이 작을 때(즉, 여기에서 보여 준 예제들 모두에서 가정한 것임)만 중첩의 원리가 유효하다는 것을 보여 준다.

활용그림 13.23a와 활용그림 13.23b는 동일한 진폭과 주파수를 갖는 두 개의 매우 비슷한 파동을 그린 것이다. 어떤 순간에 이들 두 파동이 같은 공간 영역을 지나간다면 그 순간에 합쳐진 파동은 활용그림 13.23c에서 보여 준 것과 같은 모양을 갖는다. 예를 들면 이 파동들이 진폭이 1 m인 수면파라고 가정해 보자. 이 두 파동이 마루와 마루 또는 골과 골이 만나는 순간에 합쳐진 파동은 진폭이 2 m가 된다. 이 파동들처럼 동시에 같이 들어오는 파동들을 **위상일치**(in phase)라고 하며 **보강간섭**(constructive interference)을 한다고 한다.

활용그림 13.24a와 활용그림 13.24b도 동일한 파동을 보여 준다. 그러나 이 경우에는 한 파동의 마루가 다른 파동의 골과 일치한다. 즉 한 파동은 다른 파동의 뒤집어진 형태이다. 활용그림 13.24c에서 두 파동은 서로 완벽하게 상쇄된 파동의 형태를 보여 준다. 이들이 함께 진행하는 수면파라고 하면, 이 두 개의 파동이 동시에 합쳐질 때 한 파동의 물결에서는 위로 향하는 힘을 받고 다른 파동의 물결에서는 아래로 향하는 힘을 받는다. 그 결과 물에는 전혀 어떤 움직임도 생기지 않는다. 이러한 상황의 두 파동을 180° **위상불일치**(out of phase)라고 하며 **소멸간섭**(destructive interference)을 한다고 한다. 그림 13.25는 물방울을 연못에 떨어뜨려서 만든 수면파의 간섭을 보여 준다.

**그림 13.25** 물에 떨어지는 몇 개의 빗방울 때문에 생긴 파동들이 바깥쪽으로 퍼져 나가면서 서로 겹쳐져서 만들어진 간섭 형태.

팽팽한 줄을 따라 두 개의 펄스가 서로 반대방향으로 진행하면서 만드는 보강간섭을 활용그림 13.26에서 볼 수 있다. 마찬가지로 두 개의 펄스에 의한 소멸간섭은 활용그림 13.27에서 볼 수 있다. 두 펄스가 간섭 후 마치 전혀 만난 적이 없다는 듯이 이 펄스들의 모양 그대로를 유지하면서 진행한다는 것을 그림에서 주목해야 한다.

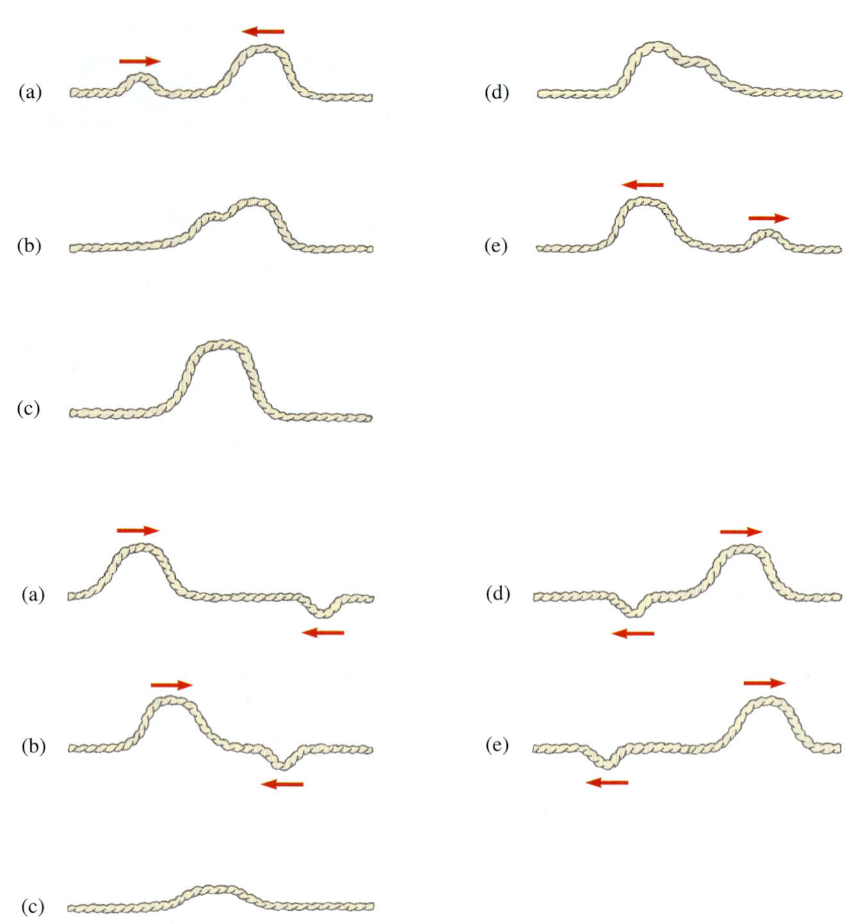


**활용그림 13.26**
팽팽한 줄을 통하여 전파하는 두 파동 펄스가 서로 반대방향으로 각각을 통과하여 진행한다. (b), (c), (d)처럼 두 펄스가 서로 겹쳐졌을 때 줄의 알짜 변위는 각 펄스들이 만든 변위들을 합친 것과 같다.

**Physics Now™**
**http://physics.brookscole.com/ecp**에서 PhysicsNow를 로그인하고 활용그림 13.26으로 들어가서 각 펄스의 진폭과 방향을 고른 후 이 두 펄스가 서로 지나감에 따라 이 펄스들 사이에 생기는 간섭을 연구하여 보라.

**활용그림 13.27**
서로 반대의 변위를 갖으면서 반대방향으로 진행하는 두 파동 펄스. (c)처럼 두 펄스가 겹쳐질 때 이 두 펄스의 변위는 서로 상쇄된다.

**Physics Now™**
**http://physics.brookscole.com/ecp**에서 PhysicsNow를 로그인하고 활용그림 13.27로 들어가서 각 펄스의 진폭과 방향을 고른 후 이 두 펄스가 서로 지나감에 따라 이 펄스들 사이에 생기는 간섭을 연구하여 보라.

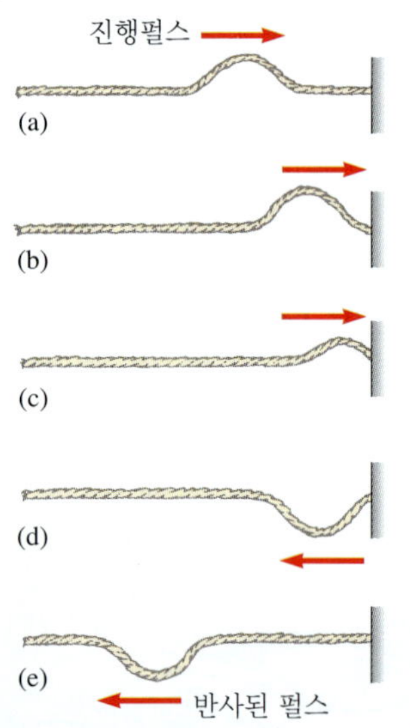


**활용그림 13.28**
팽팽한 줄의 고정된 한쪽 끝에서 생기는 진행파의 반사. 반사된 펄스는 뒤집어지지만 펄스의 모양은 그대로라는 것을 주목해야 한다.

**Physics Now™**
**http://physics.brookscole.com/ecp**에서 PhysicsNow를 로그인하고 활용그림 13.28로 들어가서 줄의 선밀도와 초기 펄스의 횡방향을 맞춰 보라.

## 13.10 파동의 반사

이 논의에서 파동들은 어떤 충돌도 없이 무한히 진행한다고 가정한다. 그러나 이런 조건은 실제로 생길 수 없다. 진행파가 경계에 도달했을 때마다 파동의 일부 또는 전부가 반사된다. 예를 들어 한쪽 끝이 고정된 줄을 타고 전파하는 펄스를 생각해 보자(활용그림 13.28). 이 펄스가 벽에 도달했을 때 펄스는 반사된다.

반사된 펄스는 뒤집어진다는 것을 주목해야 한다. 이것은 다음과 같이 설명할 수 있다. 펄스가 벽에 부딪쳤을 때 이 줄은 벽에서 위로 향하는 힘을 받는다. 뉴턴의 제3법칙에 따라 이 벽은 크기가 같고 방향이 반대인(즉, 아래로 향하는) 반작용력을 줄에 가해야만 한다. 이와 같은 아래로 향하는 힘은 반사 시 뒤집어지는 펄스를 만든다.

펄스가 줄의 끝에 도달했다고 가정하자. 이 줄의 끝에는 마찰 없이 기둥을 따라 자유로이 움직이는 질량을 무시할 수 있는 고리가 붙어 있다(활용그림 13.29). 다시 펄스가 이 기둥에서 반사되지만 이때에는 펄스가 뒤집어지지 않는다. 펄스가 이 기둥에 도착하자마자 이 펄스는 고리에 힘을 가하여 고리가 위아래로 흔들린다. 그리고 줄에 생긴 장력의 아래쪽을 향한 성분이 고리를 원래의 위치로 돌려 놓는다.

수직으로 걸려 있는 고리가 아래로 펄스를 만드는 것은 이 펄스가 고리의 자유로운 끝에 도달했을 때 뒤집어지지 않고 반사하는 것을 보여 준다. 펄스가 줄의 자유로운 한

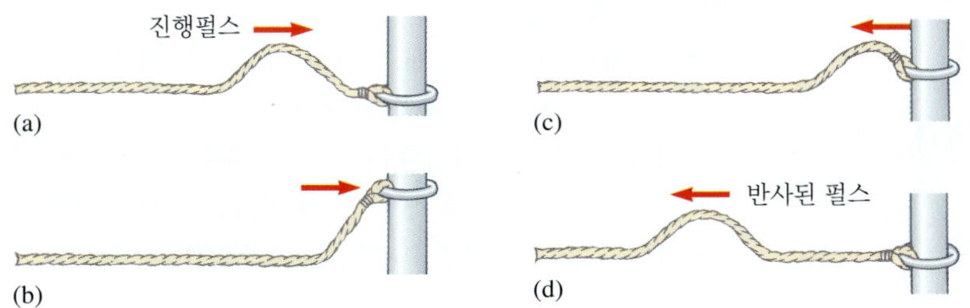


**활용그림 13.29**
팽팽한 줄의 자유로운 한쪽 끝에서 생기는 진행파의 반사. 이 경우 반사된 펄스는 뒤집어지지 않는다.

**Physics Now™** **http://physics.brookscole.com/ecp**에서 PhysicsNow를 로그인하고 활용그림 13.29로 들어가서 줄의 선밀도와 초기 펄스의 횡방향을 정하여 보라.

쪽 끝에 도달했을 때 활용그림 13.29에서처럼 뒤집어지지 않고 이 펄스는 반사된다.

마지막으로 펄스가 경계면에 도달했을 때 경계면에서 새로운 매질로 이 펄스가 지나가면서 일부는 반사되고 일부는 통과한다. 밀도가 다른 두 줄이 연결된 경계면에서 줄을 타고 진행하는 펄스의 이러한 효과를 쉽게 관찰할 수 있다.

## 요약

**Physics Now™** **http://physics.brookscole.com/ecp**에서 PhysicsNow를 로그인하고 이 장에 대한 Pre-Test link를 클릭하여 연습문제 시험을 보라.

### 13.1 훅의 법칙

**단조화 운동**은 운동의 방향을 따라 물체에 작용하는 알짜 힘이 물체의 변위에 비례할 때 일어나며 물체의 변위와는 반대방향으로 작용한다.

$$F_s = -kx \qquad [13.1]$$

이것을 훅의 법칙이라고 한다. 한 번 진동하는 데 필요한 시간을 운동의 **주기**라고 한다. 주기의 역수는 이 운동의 **주파수**인데, 이는 초당 진동 횟수이다.

물체가 단조화 운동할 때 위치의 함수로써 나타낸 이 물체의 **가속도**는 다음과 같다.

$$a = -\frac{k}{m}x \qquad [13.2]$$

물체가 단조화 운동을 할 때 위치의 함수로써 물체의 **속도**는

$$v = \pm\sqrt{\frac{k}{m}(A^2 - x^2)} \qquad [13.3]$$

이다.

### 13.3 시간의 함수로써 위치, 속도, 가속도

단조화 운동을 하는 스프링 상수가 $k$인 스프링에 붙어 있는 질량 $m$인 물체의 **주기**는

$$T = 2\pi\sqrt{\frac{m}{k}} \qquad [13.5]$$

이고, 여기에서 $T$는 진폭 $A$와 무관하다.

물체-스프링 역학계의 **주파수**는 $f = 1/T$이다. rad/s로 나타낸 이 역학계의 **각주파수**는

$$\omega = 2\pi f = \sqrt{\frac{k}{m}} \qquad [13.8]$$

이다. 물체가 단조화 운동을 한다면 시간의 함수로써 나타낸 **위치, 속도, 가속도**는 각각

$$x = A\cos(2\pi ft) \qquad [13.11a]$$

$$v = -A\omega\sin(2\pi ft) \qquad [13.11b]$$

$$a = -A\omega^2\cos(2\pi ft) \qquad [13.11c]$$

이다.

### 13.4 진자의 운동

길이가 $L$인 **단진자**는 다음과 같은 주기로 수직으로부터 작은 각변위 내에서 단조화 운동을 한다.

$$T = 2\pi\sqrt{\frac{L}{g}} \qquad [13.12]$$

### 13.6 파동

**횡파**에서 매질의 각 부분들은 파동 진행방향의 수직인 방향으로 움직인다. 이 예는 팽팽한 줄에 생긴 파동이다.

**종파**에서 매질의 각 부분들은 파동의 속도가 진행하는 방향에

평행한 방향으로 움직인다. 한 예가 음파이다.

### 13.7 주파수, 진폭, 파장

파동의 속력, 파장, 주파수 사이의 관계는 다음과 같다.

$$v = f\lambda \qquad [13.14]$$

이 식은 다른 모든 파동들에 대해서 전부 성립한다.

### 13.8 줄에 생긴 파동의 속력

단위 길이당 질량이 $\mu$인 줄을 장력 $F$로 팽팽하게 잡아당긴다. 이 줄에 생긴 파동의 속력은 다음과 같다.

$$v = \sqrt{\frac{F}{\mu}} \qquad [13.15]$$

### 13.9 파동의 간섭

**중첩의 원리**는 만약에 2개 이상의 파동이 매질을 서로 겹쳐서 지나간다고 할 때 매질 내의 각 지점들에서 이 개개의 파동들이 서로 합쳐진 파동이 생긴다는 것을 말해준다. 이 파동들의 마루와 마루 그리고 골과 골이 만나면 이 파동들은 **보강간섭**을 한다. 그러나 마루와 골이 만나면 이 파동들은 **소멸간섭**을 한다.

### 13.10 파동의 반사

단단한 경계면에서 파동 펄스가 반사한다면 이 펄스가 뒤집어진다. 경계면이 묶여 있지 않다면 반사된 펄스는 뒤집어지지 않는다.

## 개념 파악을 위한 질문

**1.** 무거운 줄의 한쪽 끝이 가벼운 줄의 한쪽 끝에 묶여 있다면 파동이 무거운 줄에서 가벼운 줄로 진행함에 따라 파동의 속력이 변할 것이다. 이 파동의 속력은 커질 것인가? 아니면 줄어들 것인가?

**3.** 물체-스프링 역학계가 진폭 $A$를 갖는 단조화 운동을 한다. 물체의 질량은 2배로 변하지만 진폭은 변하지 않는다면 총 에너지는 변하는가? 이러한 단조화 운동시 주어진 지점에서 운동 에너지와 위치 에너지는 질량의 변화에 따라 영향을 받을까?

**5.** 물체가 스프링에 매달려 있는 역학계의 주파수 $f$를 측정한다. 동일한 두 번째 물체와 스프링을 우주정거장 내로 가져 간다. 그리고 이 두 물체를 스프링의 끝에 매달아서 우주정거장 내의 공간으로 가져간다. 그리고 스프링을 잡아당긴 후 놓으면 우주정거장 내에 떠 있는 상태에서 진동한다. 스프링의 코일들은 다른 코일들을 진동시킬 수 없다. 이 진동 역학계의 주파수 $f$는 얼마인가?

**7.** 통통 튀는 공이 단조화 운동의 한 예인가? 매일 같이 집에서 학교까지 갔다가 돌아오는 행동은 단조화 운동인가?

**9.** 진자의 추를 물로 채워서 만든다. 이 추에 물이 천천히 빠지도록 조그마한 구멍을 만든다면 이 진자의 주파수는 얼마인가?

**11.** 회중시계의 시간은 진자의 주기에 의존한다. 이 시계를 올바르게 맞추었는데 이 시계가 놓여 있는 방의 온도가 올라갔다고 가정하자. 그러면 이 시계는 빠르게 갈까? 느리게 갈까? 아니면 그대로인가?

**13.** 보통 줄에 생긴 파동을 말하고자 할 때 줄의 질량은 없다고 가정한다. 그러나 줄에 생긴 파동을 언급할 때 줄의 질량이 없다고 가정하는 것이 왜 좋은 가정이 되지 못하는가?

**15.** 물체-스프링 역학계의 운동 에너지와 위치 에너지는 결코 음이 될 수 없는 이유를 설명하라.

## 문제

**1, 2, 3** = 기본문제, 발전문제, 심화문제

□ = 학생 문제풀이 매뉴얼/학습 가이드 속에 전체 문제풀이가 있다.

Physics Now™ **http://physics.brookscole.com/ecp**에서 힌트를 받을 수 있는 문제

= 생물의학 문제

### 13.1 훅의 법칙

**1.** 0.40 kg인 물체가 160 N/m의 스프링 상수를 갖는 스프링에 매달려서 마찰 없는 수평면에서 움직인다. 그리고 스프링을 0.15 m만큼 압축했다가 놓는다. (a) 그러면 이 순간에 스프링이 물체에 가한 힘은 얼마인가? (b) 물체의 가속도는 얼마인가?

**3.** 4.00 m의 높이에서 떨어뜨린 공이 지표와 완전 탄성충돌을 한다. 이때 역학적 에너지가 공기저항 때문에 줄어들지 않는다고 가정한다. (a) 이 공의 운동은 주기운동인가? (b) 이 공의 운동의 주기는 얼마인가? (c) 이 공의 운동은 단조화 운동인가? 이를 설명하라.

**5.** 스프링을 천장에 설치하고 이 스프링의 끝에 물체를 매달면 물체가 없을 때의 스프링 실에서 5.00 cm만큼 스프링이 늘어난다. 이 스프링의 스프링 상수가 47.5 N/m라면 물체의 질량은 얼마인가?

**7.** 고무줄 새총은 막대기에 평행하게 묶어 놓은 두 줄의 고무줄과 이 고무줄들 사이에 작은 돌을 집어넣을 수 있는 가죽주머

니로 만들어진다. 이 돌이 들어 있는 가죽주머니를 15 N의 힘으로 잡아당기면 두 줄의 고무줄은 각각 1.0 cm씩 평행하게 늘어난다. (a) 50 g의 돌을 가죽주머니에 넣고 0.20 m만큼 고무줄을 잡아당기면 두 고무줄에 저장된 위치 에너지는 얼마인가? (b) 이 돌이 새총에서 막 벗어날 때 돌의 속력은 얼마인가?

**9.** **Physics Now™** 그림 P13.9처럼 스프링에 플라스틱 조각을 붙여 놓은 어린이 장난감이 있다. 이 장난감을 2.00 cm만큼 누른 후 놓는다. 이 장난감 전체의 질량이 100 g이고 바닥에서 최대 60.0 cm가 튀어오른다면 이 스프링의 스프링 상수는 얼마인가?

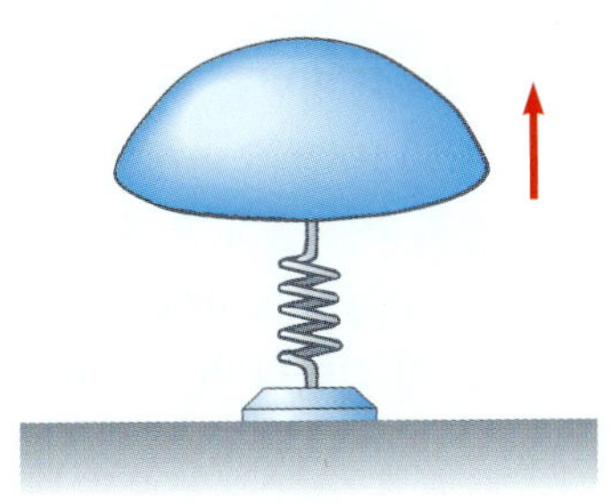

그림 P13.9

**11.** 단조화 진동자가 총 에너지 $E$를 가지고 있다. (a) 이 진동자의 변위가 진폭의 1/2이 될 때 갖는 운동 에너지와 위치 에너지를 구하라. (b) 운동 에너지와 위치 에너지가 같을 때 변위는 얼마인가?

## 13.2 단조화 운동과 일정한 회전운동의 비교

## 13.3 시간의 함수로써 표현한 위치, 속도, 가속도

**13.** 0.40 kg인 물체가 스프링 상수가 19.6 N/m인 스프링에 매달려서 마찰이 없는 수평면에서 진동한다. 스프링을 4.0 cm만큼 압축하였다가 놓았을 때 (a) 물체의 최대 속력은 얼마인가? (b) 스프링을 1.5 cm만큼 압축하였다가 놓으면 물체의 속력은 얼마가 되는가? (c) 스프링을 1.5 cm만큼 잡아당긴 후 놓았을 때 물체의 속력은 얼마인가? (d) 물체의 속력이 최대 속력의 절반일 때 $x$의 값은 얼마인가?

**15.** 노천시장에서 바나나 한 뭉치가 16.0 N/m의 스프링 상수를 갖는 스프링에 매달려서 20.0 cm의 진폭으로 흔들리는 진동운동을 한다. 바나나 뭉치의 최대 속력이 40.0 cm/s로 관찰되었다. 이 바나나 뭉치의 무게는 얼마인가? N 단위로 말하라.

**17.** 그림 P13.17과 같이 단순화시킨 단일 피스톤 엔진을 생각해 보자. 바퀴가 일정한 각속력 ω로 돌아갈 때 피스톤 막대가 단조화 운동을 하게 되는 이유를 설명하라.

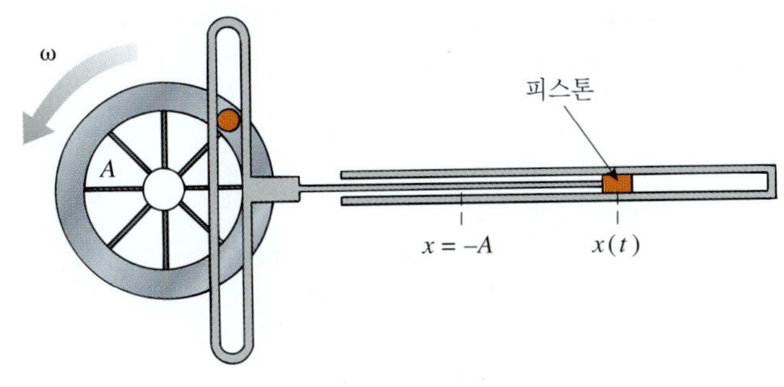


그림 P13.17

**19.** 10 g의 물체가 매달린 스프링이 3.9 cm 늘어난다. 만약 25 g의 질량을 갖는 물체로 이 물체를 대체한다면 단조화 운동을 한다. 이 운동의 주기를 계산하라.

**21.** 질량이 250 g인 실험용 밀차를 마찰이 없는 수평 에어트랙(air track)에 올려 놓는다. 스프링 상수가 9.5 N/m인 스프링을 밀차와 에어트랙의 왼쪽 끝 사이에 설치하여 붙인다. 평형상태에서 밀차는 에어트랙의 왼쪽 끝에서 12 cm에 놓여 있다. 이 밀차를 평형상태에서 4.5 cm만큼 변위시킨 후 (a) 진동하는 주기와 (b) 최대 속력을 구하라. (c) 이 밀차가 에어트랙의 왼쪽 끝에서 14 cm만큼 변위되었을 때 밀차의 속력은 얼마인가?

**23.** **Physics Now™** 시간적으로 정현파 형태인 $x = A\cos(\omega t)$가 주어져 있다면, $v$(속도)와 $a$(가속도)도 또한 시간적으로 정현파 형태임을 보여라. [힌트: 식 13.2와 식 13.3을 사용하라.]

## 13.4 진자의 운동

**25.** 2.00 m인 단진자가 $g = 9.80\ \text{m/s}^2$인 곳에서 진동한다. 이 단진자는 5.00분 동안에 얼마나 많은 진동을 하는가?

**27.** 지구에서 잘 작동하는 진자가 있는 벽시계를 달에 가져간다. (a) 달에서는 이 시계가 빨리 가겠는가? 아니면 느리게 가겠는가? (b) 시계가 밤 12시 정각에 작동하도록 했다면, 지구상에서의 하루(24.0시간)가 지나 후 이 시계는 몇 시를 가르키는가?

**29.** 화성에서의 중력가속도는 3.7 m/s²이다. (a) 지구에서 1 s의 주기를 가지려면 진자의 길이는 얼마이어야 하는가? 화성에서 1 s의 주기를 가지려면 진자의 길이는 얼마이어야 하는가? (b) 스프링 상수가 10 N/m인 스프링에 물체를 매단다. 지구에서 이 스프링의 주기가 1 s라면 이 스프링에 매단 물체의 질량을 구하라. 또 화성에서 주기가 1 s라면 이 스프링에 매단 물체의 질량을 구하라.

## 13.5 감쇠진동

## 13.6 파동

## 13.7 주파수, 진폭, 파장

**31.** 그림 P13.31에서 보는 것처럼 양의 $x$ 방향으로 진행하는 파

동이 25.0 Hz의 주파수를 갖는다. 이 파동의 (a) 진폭, (b) 파장, (c) 주기, (d) 속력을 구하라.

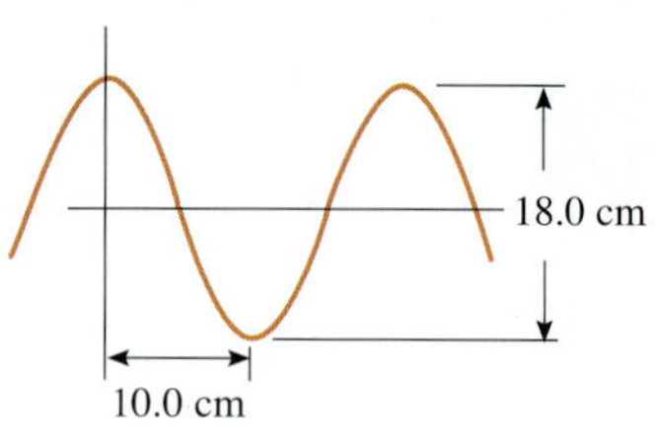


그림 P13.31

**33.** FM 라디오 방송국에서 방출하는 라디오파의 주파수가 88.0 MHz라면 (a) 이 파동의 진동 주기와 (b) 파장을 구하라. (이 라디오파는 빛의 속력인 $3.00 \times 10^8$ m/s로 움직인다.)

**35.** 고조파가 줄을 타고 움직인다. 이 파동을 만드는 진동자는 30.0 s에 40.0번을 진동한다. 또한 이 파동은 10.0 s 동안에 줄을 따라 최대 425 cm를 움직인다. 이 파동의 파장은 얼마인가?

## 13.8 줄에 생긴 파동의 속력

**37.** 전화줄의 길이가 4.00 m이고 질량은 0.200 kg이다. 팽팽한 이 전화줄의 한쪽 끝을 튕겨서 횡파 펄스를 만든다. 0.800 s 동안 이 전화줄을 따라 이 펄스가 4번을 지나간다. 이 전화줄을 당긴 장력은 얼마인가?

**39.** 팽팽하게 당겨진 질량이 0.060 0 kg이고 길이가 5.00 m인 줄에 50.0 m/s의 속력을 갖는 횡파가 생긴다. (a) 이 경우 줄에 필요한 장력은 얼마인가? (b) 장력이 8.00 N이라면 이 줄에 생긴 파동의 속력은 얼마인가?

**41.** PhysicsNow™ 길이가 $L$이고 질량이 0.060 0 kg인 균일한 줄에다 5.00 kg인 공을 매달아서 단진자를 만든다. 수직으로 매단 이 진자의 진동 주기가 2.00 s라면 줄에 생긴 횡파의 속력을 구하라.

**43.** 그림 P13.43에서처럼 줄에 장력을 인가한다. 줄에 매달린 물체의 질량이 3.0 kg이라면 파동의 속력은 24 m/s이다. (a) 줄의 단위 길이당 질량은 얼마인가? (b) 줄에 매달린 질량이 2.0 kg이라면 파동의 속력은 얼마인가?

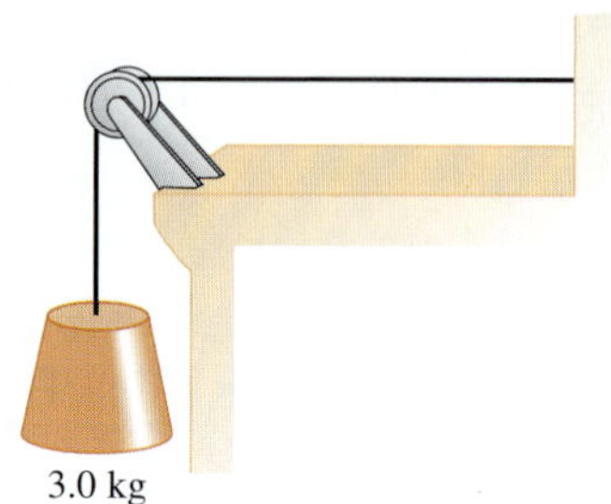


그림 P13.43

**45.** 종파가 6.00 N의 장력으로 당긴 줄에 20.0 m/s의 속력으로 움직인다. 줄에 생긴 파동의 속력이 30.0 m/s가 되게 하려면 장력은 얼마가 필요한가?

## 13.9 파동의 간섭

## 13.10 파동의 반사

**47.** 진폭이 0.30 m인 파동이 같은 방향으로 진행하는 진폭 0.20 m인 두 번째 파동과 간섭한다. 최대 최소의 진폭이 생기는 조건하에서 (a) 가장 큰 진폭은 얼마인가? (b) 가장 작은 진폭은 얼마인가?

### 추가문제

**49.** 큰 블록 $P$가 마찰 없는 수평면을 따라 미끄러지면서 수평방향으로 주파수 $f$ = 1.50 Hz인 조화운동을 한다. 그림 P13.49에서 보는 것처럼 블록 $B$는 블록 $P$ 위에 올라가 있고, 두 블록 사이의 정지마찰계수는 $\mu_s$ = 0.600이다. 만약에 블록 $B$가 미끄러지지 않는다면 이 진동의 최대 진폭은 얼마인가?

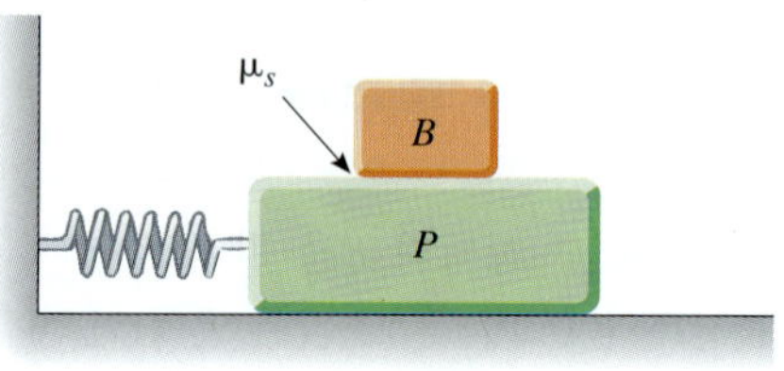


그림 P13.49

**51.** PhysicsNow™ 3.00 kg의 물체를 바닥에 고정된 가벼운 스프링에 매달아서 이 둘을 연결한 줄을 그림 P13.51처럼 도르래에 걸어 놓았다. 도르래는 마찰이 없으며 이 도르래의 관성모멘트는 무시한다. 스프링이 늘어나지 않은 정지된 상태에서 물체를 달아 놓는다. 만약에 이 경우 물체가 10.0 cm만큼 떨어진 후 정지한다면 (a) 스프링의 스프링 상수는 얼마가 되는가? (b) 물체가 출발점에서 5.00 cm 떨어지면 물체의 속력은 얼마가 되는가?

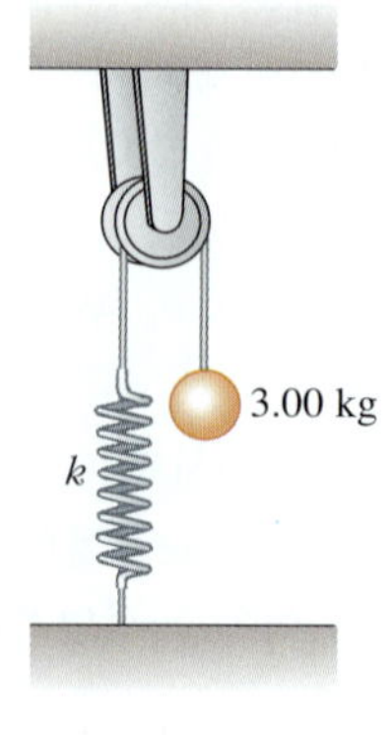


그림 P13.51

**53.** 2.00 kg의 블록을 엘리베이터 박스의 천장에 묶어 놓은 스프링($k$ = 500 N/m)의 한쪽 끝에 진동하지 않게 매단다. 이 엘리베이터 박스는 g/3의 가속도로 위로 올라가다가 $t$ = 0에서 갑자기 정지한다. (a) 가속이 멈춘 후 블록의 각주파수는 얼마인가? (b) 엘리베이터 박스가 가속되고 있는 동안에 스프링은 얼마나 늘어나는가? 이 늘어난 길이가 블록이 진동할 때 생기는 진폭일 것이다.

**55.** 0.180 kg/m$^3$의 밀도를 갖는 헬륨으로 가득 채운 가벼운 고무풍선이 길이가 $L$ = 3.00 m인 가벼운 줄에 묶여 있다. 그리고 이 줄을 땅에 묶어 놓으면 그림 P13.55a처럼 '뒤집어진' 단진자가 된다. 그림 P13.55b에서처럼 이 고무풍선을 평형위치에서 조금 변위시킬 경우 이 운동의 주기는 얼마가 되는가? 공기의 밀도는 1.29 kg/m$^3$이다. [힌트: 이 교과서에서 논의하였던 단진자와의 유사성을 사용하고 9장을 보라.]

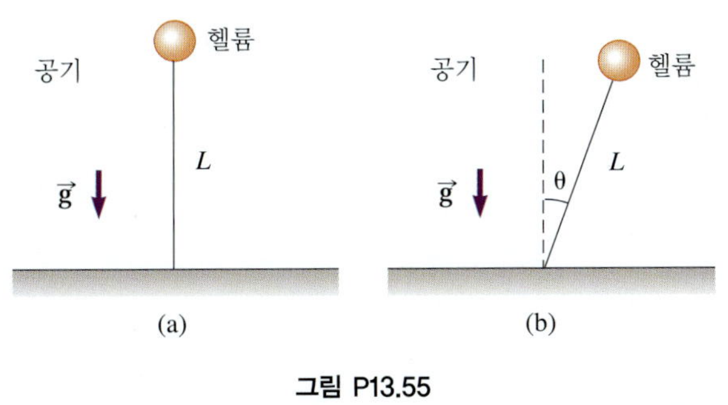


**그림 P13.55**

**57.** 그림 P13.57a처럼 벽에 붙어 있는 스프링 상수 $k$ = 100 N/m인 가벼운 스프링에 연결되어 질량이 $m_1$ = 9.0 kg인 물체가 평형상태로 놓여 있다. 그림 P13.57b와 같이 질량 $m_2$ = 7.0 kg인 두 번째 물체로 첫 번째 물체 $m_1$을 천천히 밀어서 $A$ = 0.20 m까지 스프링을 압축한다. 그리고 이 역학계를 자유로이 풀어놓으면 두 물체는 마찰이 없는 면을 따라 오른쪽으로 움직이기 시작한다. (a) $m_1$이 평형점에 도달했을 때 $m_2$는 $m_1$에서 떨어져 나와서 $v$의 속도로 오른쪽으로 움직인다(그림 P13.57c). $v$의 크기를 구하라. (b) 스프링이 맨 처음 최대로 늘어났을 때 두 물체 사이의 거리는 얼마가 되는가(그림 P13.57d)? [힌트: 먼저 진동 주기를 구한다. 그리고 $m_2$가 $m_1$에서 떨어진 후 $m_1$−스프링 역학계의 진폭을 구한다.]

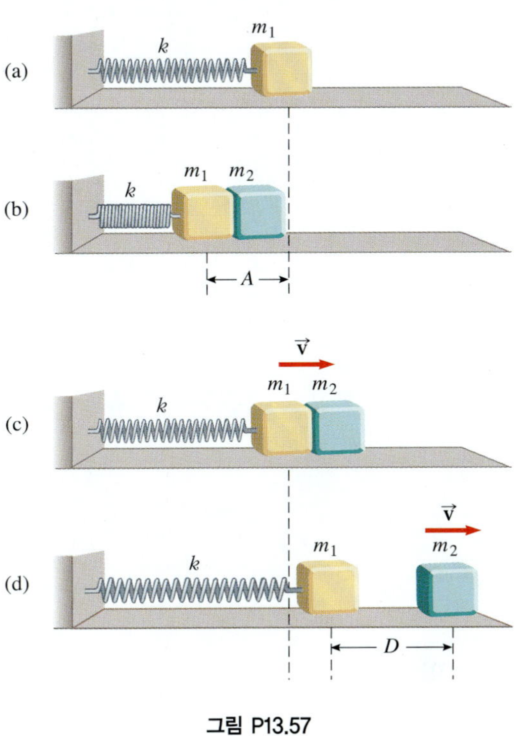


**그림 P13.57**

CHAPTER

14

# 음 파

OUTLINE



음파는 종파의 가장 중요한 예이다. 이 장에서는 음파의 발생방법, 음파의 본질, 음파가 매질을 통하여 전파하는 방법 등과 같은 음파의 특징들에 대해서 논의한다. 따라서 음파가 서로 간섭할 때 어떤 일이 생기는지를 조사한다. 이 장에서 공부한 음파에 대한 통찰력을 사용하면 사람이 귀를 통하여 듣는 과정을 이해하는 데 도움이 될 것이다.

## 14.1 음파의 발생

제트 엔진의 날카로운 소음이든지 저음의 가수가 부르는 아주 부드러운 노래든지 간에 모든 음파는 진동하는 물체와 같은 파원이 있다. 음악 악기들은 다양한 방법으로 소리를 낸다. 클라리넷은 클라리넷의 리드를 진동시켜서 소리를 내고, 드럼은 팽팽하게 묶어 놓은 가죽 북을 두드려서 소리를 내며, 피아노는 팽팽한 줄들을 진동시켜서 소리를 내고, 가수는 성대를 울려서 소리를 낸다.

음파는 공기와 같은 매질을 통하여 전파하는 종파이다. 음파의 발생 원인을 살펴보기 위해서 먼저 순수한 음조를 만드는 소리굽쇠를 살펴보고자 한다. 소리굽쇠는 두 갈래로 갈라진 말의 발굽에 붙이는 편자와 같은 모양으로, 때리면 진동한다. 그러면 그림 14.1처럼 이 진동이 소리굽쇠 근처의 공기를 흔든다(그림에 나타낸 소리굽쇠의 진동 진폭은 설명을 위하여 과장되게 그린 것이다). 그림 14.1a처럼 소리굽쇠의 한쪽 팔이 오른쪽으로 움직일 때 이 한쪽 팔의 앞부분에 있는 공기분자들은 소리굽쇠의 한쪽 팔이 수직으로 서 있을 때의 경우보다 훨씬 더 가깝게 붙는다. 이렇게 공기분자 밀도가 높아지는 현상으로 인하여 공기압력이 높아진 영역을 **압축영역**(compression)이라고 한다. 연못의 물결처럼 이 압축영역은 소리굽쇠로부터 멀어진다. 그리고 그림 14.1b처럼 소리굽쇠의 팔이 왼쪽으로 움직일 때는 소리굽쇠의 한쪽 팔의 앞부분에 있는 공기분자들은 서로 멀어진다. 그러면 이 영역의 공기분자 밀도와 공기압력은 소리굽쇠의 한쪽 팔이 수직으로 서 있을 때의 경우보다 더 낮아진다. 이렇게 공기분자 밀도가 줄어든 영역을 **희박영역**(rarefaction)이라고 한다. 그림에서 희박영역의 오른쪽에 있는 공기분자들은 왼쪽으로 움직인다. 그런 까닭에 희박영역은 앞서 만들어진 압축영역을 따라가면서 오른쪽으로 이동한다.

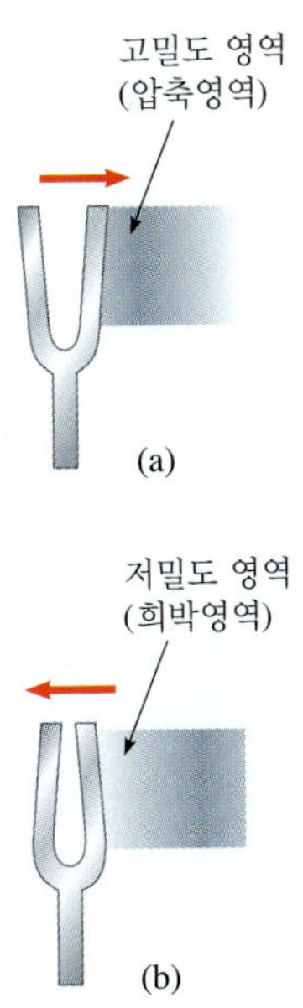


**그림 14.1** 진동하는 소리굽쇠. (a) 소리굽쇠의 한쪽 팔이 오른쪽으로 움직이면 공기의 고밀도 영역(압축영역)이 팔의 앞부분에 생긴다. (b) 소리굽쇠의 팔이 왼쪽으로 움직이면 공기의 저밀도 영역(희박영역)이 팔의 뒷부분에 생긴다.

소리굽쇠가 계속 진동하면 일련의 압축영역과 희박영역이 지속적으로 발생하고 이 영역들은 소리굽쇠로부터 퍼져나간다. 공기 중에 생기는 이들 영역의 형태는 활용그림 14.2a에서 그린 것과 비슷하다. 활용그림 14.2b에서처럼 음파를 정현파 곡선으로 표현할 수 있다. 이 그림에서 음파의 압축영역은 정현파에서 마루로 나타냈으며, 희박

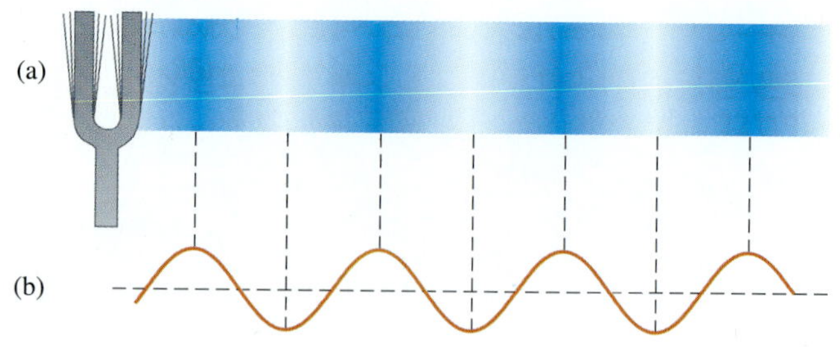


**활용그림 14.2**
(a) 소리굽쇠가 진동하면 일련의 압축영역과 희박영역이 소리굽쇠로부터 퍼져 나간다. (b) 음파의 마루는 압축영역에 대응하며 골은 희박영역에 대응한다.

**Physics Now™**
**http://physics.brookscole.com/ecp**에서 PhysicsNow를 로그인하고, 활용그림 14.2로 들어가서 종파의 주파수를 정하고 이 종파의 형태를 관찰하라.

영역은 정현파에서 골로 나타냈다는 것을 주목해야 한다. 음파의 압축영역과 희박영역은 10장에서 논의하였던 것처럼 공기원자와 공기분자들이 보이는 마구잡이 열적 운동들과 서로 겹쳐지므로 기체 내에서 음파는 분자들의 rms 속력으로 퍼져 나간다.

## 14.2 음파의 특징

앞서 알려 준 것처럼 일반적으로 진동하는 물체 근처의 공기는 압축영역과 희박영역 사이에서 앞뒤로 움직인다. 이런 교란의 방향과 같이 매질의 일부분이 앞뒤로 움직이는 운동은 종파의 특징이다. **종파 형태의 음파에서 매질은 음파가 전파해 나가는 방향을 따라 앞뒤로 움직인다.** 이와는 대조적으로 **횡파에서는 매질의 진동방향은 파동의 전파방향과는 직각 방향이다.**

### 음파의 종류

음파는 주파수의 영역에 따라 3가지 종류로 분류한다. **가청음파**(audible wave)는 인간의 가청영역인 20 Hz에서 20 000 Hz 사이에 놓여 있는 종파이다. **초저음파**(infrasonic wave)는 가청주파수 미만의 주파수를 갖는 종파이다. **초음파**(ultrasonic wave)는 인간의 가청주파수를 초과하는 주파수를 갖는 종파로 호각에서 종종 들을 수 있다. 개와 같은 동물들은 이러한 호각이 만드는 초음파를 들을 수 있다.

### 초음파의 응용

초음파는 20 kHz를 초과한 주파수를 갖는 음파이다. 이러한 초음파의 높은 주파수와 짧은 파장 때문에 초음파는 작은 물체의 상을 만드는 데 사용될 수 있으며, 현재에는 의료용 진단장비와 같은 의료분야에서 널리 사용된다. 사람의 내부기관을 초음파의 반사와 흡수로 만든 영상을 통하여 조사할 수 있다. 초음파가 X-선보다 훨씬 더 안전하지만 초음파로 만든 상은 세밀하지가 않다. 그러나 간이나 비장과 같은 기관은 X-선으로는 볼 수 없지만 초음파로는 영상을 찍을 수 있다.

의료종사자들은 14.6절에서 논의할 도플러 효과를 사용한 초음파 유속측정기라는 장비로 체내의 피가 흐르는 유속을 측정한다. 피 때문에 산란된 이 초음파의 주파수와 피의 유속을 측정하기 위하여 입사시킨 초음파의 초기 주파수를 비교하여 피의 유속을 찾을 수 있다.

그림 14.3은 의료용 초음파를 만드는 방법을 보여 준다. 수정이나 타이탄산화스트론튬(strontium titanate)과 같은 결정의 양면에다가 전극을 설치한다. 고주파의 교류전압을 이 전극에 인가하면 결정은 인가된 전압과 같은 주파수로 진동하면서 초음파를 복사한다. 이러한 기술로 거의 모든 헤드폰에서 음성을 재생한다. 이렇게 전기 에너지를 역학적 에너지로 변환하는 방법을 **압전효과**(piezoelectric effect)라고 하는데, 이 효과는 가역적이다. 만약에 외부의 동력원이 결정을 진동시킨다면 교류전압이 이 결정 양쪽 단면 사이에서 발생한다. 그런 까닭에 단결정으로 초음파를 발생시키기도 하고 초음파를 검출하기도 한다.

**APPLICATION**

초음파의 의학적 이용

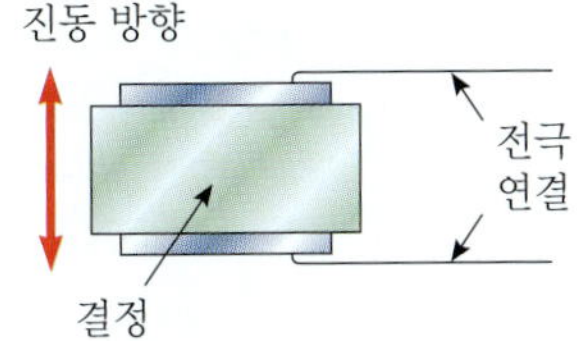


**그림 14.3** 압전결정의 양면에 교류전압을 인가하면 결정이 진동한다.

초음파 영상을 찍을 수 있는 제1의 물리적 원리는 음파가 서로 다른 밀도를 갖는 매질들 사이의 경계면에 입사할 때마다 부분적으로 반사한다는 것이다. 만약에 음파가 밀도 $\rho_i$인 매질 내를 진행하다가 밀도가 $\rho_t$인 매질을 만났다면 이 경계면에서 반사한 입사음파의 백분율 세기 $PR$은

$$PR = \left(\frac{\rho_i - \rho_t}{\rho_i + \rho_t}\right)^2 \times 100$$

이다. 이 식은 입사음파의 방향이 경계면에 수직이라고 가정하고 음속이 근사적으로 두 매질에서 똑같다고 가정하여 구한 것이다. 후자의 가정은 음속이 몸의 기관들 내에서는 크게 변하지 않기 때문에 매우 잘 맞는다.

공통적으로 산부인과 의사는 임신부의 태아를 관찰하는 데 초음파를 사용한다. 이 기술은 X-선을 사용하는 방법보다 덜 위험하다. 체내에 X-선을 사용하면 체내의 세포에 더 강한 에너지를 쪼이게 되어 태아가 기형이 될 수도 있다. 초음파를 사용할 경우 먼저 산모의 배에다가 광물성 오일과 같은 액체를 문지른다. 이렇게 하지 않으면 압전소자의 파원에서 생긴 입사 초음파의 대부분이 공기와 산모의 배 사이의 경계면에서 반사된다. 그러나 광물성 오일을 바르면 이 오일은 피부와 밀도가 거의 같기 때문에, 즉 $\rho_i \approx \rho_t$이므로 입사하는 초음파는 이 경계면에서 거의 반사되지 않는다. 초음파는 에너지를 연속파로 방출하지 않고 펄스 형태로 방출하기 때문에 동일한 압전소자용 결정을 파원으로도 사용하지만 검출기로도 사용할 수 있다. 산모의 배에 놓여 있는 검출기용 압전소자 어레이로부터 태아의 영상을 얻을 수 있다. 검출기용 압전소자들이 측정한 반사 초음파를 전기신호로 바꾸고 이 전기신호를 이용하여 형광면에 영상을 만든다. 이 기술을 사용하면 자연유산이나 역자세 출산과 같은 매우 위험한 상황을 쉽게 검출할 수 있다. 척추파열과 뇌수종과 같은 치명적인 병들도 또한 쉽게 관찰할 수 있다.

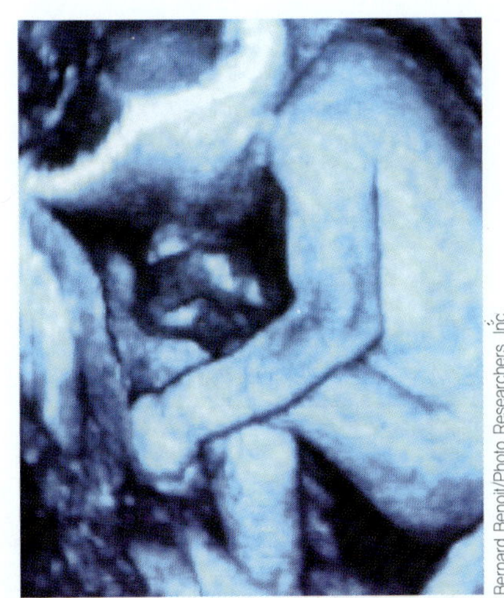

Bernard Benoit/Photo Researchers, Inc.

자궁 내의 태아에 대한 초음파 영상.

초음파의 의학적 최신 응용은 **수술용 초음파흡입기**(cavitron ultrasonic surgical aspirator, CUSA)이다. 이 장비는 과거에 수술로 제거가 불가능하였던 뇌종양을 수술로 제거할 수 있도록 해 준다. CUSA의 탐침부 끝에서는 약 2.3 kHz의 초음파가 나온다. 탐침부의 끝을 종양에 갖다 대면 이 탐침부 근처에 있던 종양이 산산이 부서지기 시작하고 이 부서진 종양 조각들은 탐침부의 빈 흡입기에 빨려 들어간다. 이 기술을 신경외과 의사들이 사용하여 환자의 뇌종양 주변의 건강한 조직들에 심각한 손상을 주지 않고 이 뇌종양을 제거할 수 있다.

또한 초음파는 크기가 너무 커서 자연적으로 배출되지 않는 콩팥의 신장결석을 부수는 데도 사용할 수 있다. 이 방법이 사용되기 전에는 위험한 외과수술로 신장결석

을 제거해왔다.

**APPLICATION**

카메라용 초음파 거리측정장치

또 다른 초음파 응용은 카메라와 촬영할 물체 사이의 거리를 거의 순간적으로 측정하는 카메라용 초음파 거리측정장치이다. 이 장치의 중요한 부품은 확성기나 마이크로폰에서 초음파를 발생하는 결정이다. 결정이 들어 있는 발진기에서 물체까지 초음파 펄스가 투과하여 지나가다가 물체에서 초음파의 일부가 반사하고 이 반사된 초음파 신호를 검출기가 검출한다. 음속은 잘 알려져 있기 때문에 발사된 초음파 펄스와 물체에서 반사되어 검출된 초음파 사이의 시간을 전자적 거리로 환산할 수 있다.

## 14.3 음 속

유체 내에서 음속은 유체의 압축률과 매질의 본질적 특징들에 의존한다. 만약에 유체의 부피 탄성률과 평형 밀도를 $B$와 $\rho$라고 한다면, 이 유체 내에서의 음속은 다음과 같다.

유체 내에서의 음속 ▶

$$v = \pm\sqrt{\frac{B}{\rho}} \tag{14.1}$$

식 14.1은 기체의 경우에도 잘 맞는다. 부피 탄성률 $B$는 9장에서 공부한 것과 같이 부피의 상대변화율 $\Delta V/V$에 대한 압력의 변화 $\Delta P$의 값으로 다음처럼 정의한다.

$$B \equiv -\frac{\Delta P}{\Delta V/V} \tag{14.2}$$

압력이 증가하면($\Delta P$는 양수) 부피는 감소하기 때문에 $B$는 항상 양수이다. 그러므로 $\Delta P/\Delta V$는 항상 음수이다.

13장에서 논의하였던 줄에 생긴 횡파의 속력($v = \sqrt{F/\mu}$)을 나타낸 식 13.15와 식 14.1을 비교하면 재미있는 결과를 알 수 있다. 이 두 식 모두에서 파동의 속력은 매질의 탄성과 관련된 특성($B$ 또는 $F$)과 매질의 본질적인 특성($\rho$ 또는 $\mu$)에 의존한다. 사실 모든 역학적 파동의 속력은 다음과 같이 일반적으로 표현할 수 있다.

$$v = \sqrt{\frac{\text{탄성적 성질}}{\text{본질적 특성}}}$$

다음과 같은 **고체 막대에 생기는 종파의 속도**도 이러한 역학적 파동의 속력에 대한 일반적인 표현의 또 다른 보기이다.

$$v = \sqrt{\frac{Y}{\rho}} \tag{14.3}$$

여기에서 $Y$는 고체의 영률이고(식 9.3 참고), $\rho$는 이 고체의 밀도이다. 단지 이 식은 얇고 딱딱한 고체 막대에서만 유효하다.

표 14.1은 여러 가지 매질에서의 음속을 나열한 것이다. 고체에서의 분자들이 기체에서의 분자들보다 더 강하게 상호작용을 하기 때문에 음속은 기체보다는 고체에서 훨씬 더 크다. 망치로 긴 강철의 기차레일을 두드린다면 두 가지 음파가 이 레일에 생기는데, 하나의 음파는 레일을 따라 이동하며 이보다 더 느린 음파는 공기를 통하여 전파한다. 이 레일에 귀를 밀착한 학생은 레일을 통하여 더 빨리 이동하는 음파를 듣게 되며, 뒤 이어서 공기를 통하여 전파된 음파를 듣게 된다. 일반적으로 예외적인 경

**표 14.1** 여러 가지 매질에서의 음속

| 매질 | $v$ (m/s) |
|---|---|
| 기체 | |
| 공기(0℃) | 331 |
| 공기(100℃) | 386 |
| 수소(0℃) | 1 290 |
| 산소(0℃) | 317 |
| 헬륨(0℃) | 972 |
| 25℃에서의 액체 | |
| 물 | 1 490 |
| 메틸알코올 | 1 140 |
| 바닷물 | 1 530 |
| 고체 | |
| 알루미늄 | 5 100 |
| 구리 | 3 560 |
| 철 | 5 130 |
| 납 | 1 320 |
| 경화 고무 | 54 |

우가 있기는 하지만 대부분의 경우 음파는 액체에서보다는 고체를 통하여 더 빨리 전파되며, 기체보다는 액체에서 더 빨리 이동한다.

또한 음속은 매질의 온도에도 의존한다. 공기를 통하여 전파하는 음파의 경우 음속과 온도 사이의 관계는 다음과 같다.

$$v = (331 \text{ m/s})\sqrt{\frac{T}{273 \text{ K}}} \qquad [14.4]$$

여기서 331 m/s라는 숫자는 0℃에서 공기 중의 음속이고, $T$는 K(켈빈)으로 나타내는 절대온도이다. 이 식을 사용한다며 전형적인 실온인 293 K에서 공기 중의 음속은 근사적으로 343 m/s이다.

**Quick Quiz 14.1**

다음 중 어떤 것이 공기 중의 음속을 증가시키는가? (a) 공기 온도를 낮추는 것, (b) 음파의 주파수를 높이는 것, (c) 공기 온도를 올리는 것, (d) 음파의 진폭을 크게 하는 것, (e) 대기압을 낮추는 것.

### 응용물리 14.1 폭풍우가 치는 동안 들리는 소리

번개가 친 후에 천둥이 어떻게 생기는가? 그리고 이 천둥소리가 더 커지면서 우르릉거리는 원인은 무엇인가?

**설명** 지표면에 여러분들이 있다고 가정하고 지표에서의 음파의 반사를 무시하자. 번개가 쳤을 때 이 번개에 의하여 이온화된 공기통로를 통하여 구름에서 지표까지의 엄청난 전류가 흐른다. 이 이온화된 통로를 통하여 전류가 흐르기 때문에 이 공기통로 내에서 공기의 온도가 급속히 올라가서 이와 유사하게 공기의 급속한 팽창이 생긴다. 이러한 공기의 팽창이 급격하고 아주 강하기 때문에 거대한 공기 교란 현상이 공기 중에 발생하는데, 이 것이 천둥이다. 이 공기통로의 전체 거리에서 동시적으로 천둥소리를 만든다. 지표 근처의 공기통로가 여러분으로부터 가깝기 때문에 이곳에서 생긴 천둥소리를 여러분들이 먼저 듣는다. 그 후 점진적으로 이 공기통로의 더 높은 부분에서 생긴 천둥소리를 시간적으로 약간 늦게 듣게 되며, 이 결과 점점 더 커지는 우르릉 거리는 천둥소리를 듣게 되는 것이다. 만약에 번개가 지나간 경로가 완벽한 직선이라면 천둥소리는 변함없이 꾸준히 들릴 것이지만, 이 번개의 경로가 지그재그라면 천둥소리가 커졌다가 작아졌다가 할 것이다. 이러한 현상은 어떤 순간에 서로 다른 공기 통로의 각 부분에서 따로따로 생긴 서로 다른 소리 에너지 때문에 생긴다.

### 연관된 예제 14.1 여러 가지 매질에서 생긴 음파

**목표** 여러 가지 매질에서 음속을 계산하고 비교한다.

**문제** (a) 길이가 1.00 m인 알루미늄 막대기의 한쪽 끝을 망치로 친다면 종파의 펄스가 막대기의 길이 방향을 따라서 전파한다. 영률이 $7.0 \times 10^{10}$ Pa이고 밀도가 $2.7 \times 10^3$ kg/m$^3$인 알루미늄 막대기에서의 음속을 구하라. (b) 밀도가 806 kg/m$^3$이고 부피 탄성률이 $1.0 \times 10^9$ Pa인 에틸알코올에서의 음속을 구하라. (c) 35.0℃에서 공기 중의 음속을 계산하라.

**전략** 각 매질마다 주어진 값들을 적당한 식들에 대입한다.

**풀이**

(a) 알루미늄 내에서의 음속을 계산한다.

알루미늄에 대한 값들을 식 14.3에 대입한다.

$$v_{\text{Al}} = \sqrt{\frac{Y}{\rho}} = \sqrt{\frac{7.0 \times 10^{10} \text{ Pa}}{2.7 \times 10^3 \text{ kg/m}^3}}$$

$$= 5\,100 \text{ m/s} \text{ 또는 약 } 11\,000 \text{ mi/h!}$$

(b) 에틸알코올에서의 음속을 계산한다.

에틸알코올에 대한 값들을 식 14.1에 대입한다. $v = \sqrt{\frac{B}{\rho}} = \sqrt{\frac{1.0 \times 10^9 \text{ Pa}}{806 \text{ kg/m}^3}} = 1.1 \times 10^3 \text{ m/s}$

(c) 35.0℃에서 공기 중의 음속을 계산한다.

35.0℃에서 공기에 대한 값들을 식 14.4에 대입한다. $v = (331 \text{ m/s})\sqrt{\frac{(273 \text{ K} + 35.0 \text{ K})}{273 \text{ K}}} = 352 \text{ m/s}$

**주의** 알루미늄에서의 음속은 액체인 알코올이나 기체인 공기에서의 음속보다 엄청나게 크다.

**연습문제 14.1**

273 K에서 다음과 같은 매질들 내에서의 음속을 계산하라.
(a) 납($Y = 1.6 \times 10^{10}$ Pa) (b) 수은($B = 2.8 \times 10^{10}$ Pa) (c) −15.0℃에서의 공기

**답** (a) $1.2 \times 10^3$ m/s (b) $1.4 \times 10^3$ m/s (c) 322 m/s

**PhysicsNow™** **http://physics.brookscole.com/ecp**에서 PhysicsNow를 로그인하고, 연관된 예제 14.1로 들어가서 여러 가지 매질을 통한 음속을 계산한다.

## 14.4 음파의 에너지와 세기

소리굽쇠의 팔들이 공기 중에서 앞뒤로 움직여서 공기층에 힘을 가하고 이로 인하여 공기가 움직이게 된다. 다시 말하자면 이 소리굽쇠의 팔들이 공기층에 일을 한다는 것이다. 소리굽쇠의 진동이 서서히 작아지는 이유들 중 하나가 소리굽쇠에서 공기로 음파 에너지가 퍼져 나가기 때문이다. (소리굽쇠의 팔들이 움직이면서 생기는 마찰 때문에 에너지를 잃어버리는 것과 같은 또 다른 이유로 인하여 소리굽쇠의 움직임이 점차로 줄어든다.)

어떤 면에 입사하는 파동의 평균 **세기**(intensity) $I$는 다음과 같이 파동의 에너지가 이 면을 통과하여 지나가는 비율인 $\Delta E/\Delta t$를 이 면의 면적 $A$로 나눈 값으로 정의한다.

$$I \equiv \frac{1}{A}\frac{\Delta E}{\Delta t} \qquad [14.5]$$

여기에서 에너지 흐름의 방향은 모든 지점에서 이 면에 수직이다.

**SI 단위: 제곱미터당 와트($W/m^2$)**

에너지 전송률은 **일률**(power)이다. 그러므로 식 14.5는 다음과 같이 다시 나타낼 수 있다.

파동의 세기 ▶

$$I \equiv \frac{\text{일률}}{\text{면적}} = \frac{\mathscr{P}}{A} \qquad [14.6]$$

이 식에서 $\mathscr{P}$는 면을 지나가는 소리의 일률로 W(와트)의 단위로 측정한다. 그리고 소리의 세기는 제곱미터당 와트라는 단위를 갖는다.

1 000 Hz의 주파수에서 사람의 귀가 감지할 수 있는 가장 작은 소리는 약 $1 \times 10^{-12}$ W/m$^2$의 세기를 갖는다. 이러한 최소의 음파세기를 **가청문턱**(threshold of hearing)이라고 한

다. 사람의 귀가 듣는 가장 큰 소리는 약 1 W/m$^2$의 세기[**청각 고통문턱**(threshold of pain)]이다. 가청문턱에서 귀에 가해지는 압력의 변화는 정상적인 대기압보다 $3\times10^{-5}$ Pa만큼 크다. 이는 대기압이 $1\times10^5$ Pa이기 때문에, 이것은 귀가 약 $3\times10^{-10}$ 정도의 압력 변화도 감지할 수 있다는 것을 의미한다. 이러한 가청문턱에서 공기분자의 최대 변위는 약 $1\times10^{-11}$ m로 어마어마하게 작다. 만약에 이 변위를 분자직경(약 $10^{-10}$ m)과 비교해 본다면 사람의 귀가 음파에 대해서는 극도로 예민한 검출기라는 것을 알 수 있다.

주파수 1 kHz에서 사람이 들을 수 있는 가장 큰 소리는 대기압보다 훨씬 큰 약 29 Pa의 대기압 변화에 해당하는데, 이것은 공기분자의 최대 변위가 $1\times10^{-5}$ m에 해당한다.

## 데시벨 단위의 소리세기 레벨

가장 큰 가청음파의 세기는 가장 작은 가청음파의 세기보다 약 $1.0\times10^{12}$ 배 크다. 그러나 사람의 귀는 소리의 세기를 근사적으로 로그함수적으로 듣기 때문에 가장 강한 소리는 가장 약한 소리보다 $1.0\times10^{12}$배 더 크게 들리지 않는다. 소리의 상대적 세기는 다음과 같이 **소리세기 레벨**(intensity level) 또는 **데시벨 레벨**(decibel level)이라고 한다.

$$\beta \equiv 10\log\left(\frac{I}{I_0}\right) \qquad [14.7]$$

◀ 소리세기 레벨

상수 $I_0 = 1.0\times10^{-12}$ W/m$^2$은 기준 소리세기로 가청문턱에서의 소리세기이며, $I$는 주어진 소리세기이고, $\beta$는 데시벨(dB) 단위로 측정한 소리세기에 대응하는 소리세기 레벨이다. [**데시벨**이라는 단어는 전화 발명가인 알렉산더 그레이엄 벨(Alexander Graham Bell, 1847~1922)의 이름에서 따온 **벨**(bel) 단위의 1/10을 의미한다.]

다양한 데시벨 레벨의 소리를 알아 보기 위해서 식 14.7에 몇 개의 대표적인 수치를 넣어서 살펴볼 수 있으며, $I = 1.0\times10^{-12}$ W/m$^2$를 먼저 대입해 본다.

$$\beta = 10\log\left(\frac{1.0\times10^{-12}\ \text{W/m}^2}{1.0\times10^{-12}\ \text{W/m}^2}\right) = 10\log(1) = 0\ \text{dB}$$

이 결과로부터 데시벨 레벨의 0이 되는 값을 선택하면 사람의 가청문턱의 하한선을 구할 수 있다. 이어서 소리세기를 10배 올리면 다음과 같이 계산된다.

### ☑ Checkpoint 14.1

진실인가 거짓인가: 만약에 음파의 세기가 두 배가 된다면 소리세기 레벨은 두 배이다.

**TIP 14.1 소리세기 대 소리세기 레벨**

소리세기와 소리세기 레벨을 혼동하지 마라. 소리세기는 제곱미터당 와트의 단위로 나타내는 물리량이다. 소리세기 레벨 또는 데시벨 레벨은 세기를 로그함수적으로 편리하게 변환시킨 양이다.

## Math Focus 14.1 상용로그

상용로그는 10의 몇 제곱으로 표현하는 식을 달리 나타내는 방법이다. $\log x = y$로 나타내는 상용로그는 수학적으로 $x = 10^y$과 똑같다. 다시 말하면 $y = \log x$는 다음과 같은 말로 물어보는 것과 같다. "$x$가 나오기 위해서는 10의 몇(즉, $y$) 제곱을 해야 하는가?" 예를 들어 만약에 $x = 100$이라면 $10^2 = 100$이므로 $y = 2$이다.

때때로 어떤 물리량은 일반적인 그래프로 나타내기에 매우 어려운 극도로 큰 값에서 극도로 작은 값을 한꺼번에 갖는 경우가 있다. 이러한 경우 로그 눈금을 사용한다면 실제의 값이 아닌 한 자리 수나 두 자리 수로 물리량을 표현할 수 있게 되는데, 이 로그로 표현한 수는 10의 수 제곱만큼 다르다. 이러한 예가 데시벨 레벨로 나타낸 소리의 세기에 대한 로그 눈금이다. 데시벨 레벨의 표현에서 log 앞에 곱한 10은 구미에 맞도록 간단히 정한 값이다. 따라서 소리에 대한 세기 레벨에서 매 10 dB마다의 값은 소리세기가 10배씩 커지는 것을 의미한다.

상용로그에 대한 전반적인 내용을 공부하고자 한다면 부록 A를 보아라.

$$\beta = 10 \log \left( \frac{1.0 \times 10^{-11}\ \text{W/m}^2}{1.0 \times 10^{-12}\ \text{W/m}^2} \right) = 10 \log(10) = 10\ \text{dB}$$

$$\beta = 10 \log \left( \frac{1.0 \times 10^{-10}\ \text{W/m}^2}{1.0 \times 10^{-12}\ \text{W/m}^2} \right) = 10 \log(100) = 20\ \text{dB}$$

계산하는 일관된 형태를 주목하라. 즉 소리세기에 10배씩 **곱하면** 세기레벨은 10 dB씩 **더해진다.** 이러한 계산 형태는 데시벨 눈금으로 계산하는 내내 일관되게 통한다. 한 예로 50 dB의 소리는 40 dB의 소리보다 10배 더 세다. 반면에 60 dB의 소리는 40 dB의 소리보다 100배 더 세다.

이러한 데시벨에서 고통스러운 소리세기문턱($I = 1.0\ \text{W/m}^2$)은 $\beta = 10 \log(1/1 \times 10^{-12}) = 10 \log(10^{12}) = 120$ dB이 된다. 제트 비행기 근처에서의 소리는 150 dB이고, 지하철이나 공사장의 못 박는 기계의 소리는 90 dB에서 100 dB이다. 록 콘서트에서 듣는 대형 스피커의 소리는 고통스러운 소리세기문턱인 120 dB까지 올라간다. 이런 매우 높은 소리를 듣게 되면 귀가 상당히 상할 수가 있다. 그러므로 90 dB 이상의 소리를 듣게 될 때마다 귀마개를 하는 것이 좋다. 대부분의 대도시나 공장지역에서 공통적으로 나타나는 소음공해는 그곳에 있는 사람들의 고혈압, 불안증, 신경과민 등을 유발하는 인자로 작용한다는 최신 의학보고가 있다. 표 14.2는 다양한 소리들의 근사적인 소음세기 레벨을 나타낸 것이다.

**표 14.2** 다양한 음원에 대한 데시벨 단위로 나타낸 소음세기 레벨

| 음원 | $\beta$ (dB) |
|---|---|
| 제트 비행기 | 150 |
| 휴대용 착암기, 기관총 | 130 |
| 사이렌, 록 콘서트 | 120 |
| 지하철, 자동 잔디깎기 기계 | 100 |
| 심한 교통체증 | 80 |
| 진공 청소기 | 70 |
| 보통 대화 | 50 |
| 모기소리 | 40 |
| 속삭이는 소리 | 30 |
| 옷깃이 스치는 소리 | 10 |
| 가청문턱 | 0 |

### 예제 14.2 시끄러운 연삭기

**목표** 소리의 세기를 와트와 데시벨로 표현한다.

**문제** 공장에서 사용하는 시끄러운 연삭기는 $1.00 \times 10^{-5}\ \text{W/m}^2$의 소음세기가 난다. (a) 이 기계의 소리를 데시벨 레벨로 계산하라. (b) 동일한 기계를 한 대 더 공장에 들여 놓고 가동했을 때 생기는 소음을 데시벨 레벨로 계산하라. (c) 몇 대의 동일한 기계를 이 두 기계의 옆에 놓고 동시에 작동시켰을 때 77.0 dB의 소리를 들을 수 있었다. 각 기계의 소리세기는 얼마인가?

**전략** (a)와 (b)는 데시벨 공식인 식 14.7에 대입해야 한다. 그런데 (b)의 소리세기는 (a)의 두 배이다. (c)에는 데시벨로 나타내는 소음세기 레벨이 주어져 있으므로 제곱미터당 와트의 단위로 기계 전체의 소리세기를 구하기 위해서 로그함수를 역으로 푼다.

**풀이**

(a) 하나의 연삭기에서 나는 소음세기 레벨을 계산한다.

이 주어진 소음세기를 데시벨 공식에 대입한다.

$$\beta = 10 \log \left( \frac{1.00 \times 10^{-5}\ \text{W/m}^2}{1.00 \times 10^{-12}\ \text{W/m}^2} \right) = 10 \log(10^7)$$

$$= \boxed{70.0\ \text{dB}}$$

(b) 추가로 한 대의 기계를 더 놓았을 때 새로 들리는 소음세기 레벨을 계산한다.

(a)에서 주어진 소음세기의 두 배를 데시벨 공식에 대입한다.

$$\beta = 10 \log \left( \frac{2.00 \times 10^{-5}\ \text{W/m}^2}{1.00 \times 10^{-12}\ \text{W/m}^2} \right) = \boxed{73.0\ \text{dB}}$$

(c) 77.0 dB의 소음세기 레벨에 대응하는 소음세기를 구한다.

77.0 dB를 데시벨을 공식에 대입하고 이 공식의 양쪽 항을 모두 10으로 나눈다.

$$\beta = 77.0\ \text{dB} = 10 \log \left( \frac{I}{I_0} \right)$$

$$7.70 = \log \left( \frac{I}{10^{-12}\ \text{W/m}^2} \right)$$

양변을 10의 지수함수로 만든다. 오른쪽 항은 로그의 밑이 10인 상용로그의 정의에 의해서 $10^{\log u} = u$이다.

$$10^{7.70} = 5.01 \times 10^{7} = \frac{I}{1.00 \times 10^{-12}\ \mathrm{W/m^2}}$$

$$I = \boxed{5.01 \times 10^{-5}\ \mathrm{W/m^2}}$$

**주의** (c)의 답은 단일 연삭기의 소음세기의 5배이므로 (c)에서 동시에 돌아가는 연삭기는 5대이다. 소음세기 레벨에 대한 로그 형태의 정의 때문에 세기의 큰 변화에도 불구하고 소리세기 레벨에서는 작은 변화만을 준다.

**연습문제 14.2**

대량생산 공정에서 25대의 동일한 기계로 인하여 97.0 dB의 평균적인 소음이 생긴다고 가정한다. (a) 이 모든 기계가 만든 총 소리세기를 구하라. (b) 하나의 기계가 만든 소리세기를 구하라. (c) 5대의 동일한 기계가 가동된다면 이때 생기는 소리세기 레벨은 얼마인가?

**답** (a) $5.01 \times 10^{-3}\ \mathrm{W/m^2}$ (b) $2.00 \times 10^{-4}\ \mathrm{W/m^2}$ (c) 90.0 dB

**APPLICATION**

미국연방 소음 규제법

미국연방 규제법은 사무실 종사원이나 공장 근무자가 하루 8시간에 걸쳐서 평균 90 dB 이상의 소음에 노출되지 않도록 규정하고 있다. 관리적 측면에서 보면 이것은 좋은 뉴스이다. 공장의 기계 한 대는 70 dB의 소음 레벨을 만들지만 소음의 세기를 2배로 늘린 두 번째 기계부터는 단지 3 dB만의 소음 레벨을 증가시킬 뿐이다. 소음세기 레벨의 로그함수적 성질 때문에 세기가 2배가 되어도 소음세기 레벨을 2배로 만들지는 않는다. 사실상 놀랍게도 소음세기 레벨은 아주 작은 정도만 변한다. 이것은 공장의 소음세기 레벨을 크게 올리지 않고 새로운 기계들을 공장에 추가로 설치할 수 있다는 것을 의미한다.

그리고 나쁜 뉴스도 있다. 공장에서 시끄러운 기계들을 제거하여도 소음세기 레벨이 크게 낮아지지 않는다는 것이다. 예제 14.2에서 보면 25대의 기계 중 20대의 기계를 제거하여도 단지 7 dB의 소음세기 레벨만이 줄어들 뿐이다! 또 다시 7 dB의 소음세기 레벨을 줄이기 위해서는 나머지 기계 중 80%를 없애야 하는데 이렇게 하면 단지 1대의 기계만이 남을 뿐이다.

## 14.5 구면파와 평면파

만약에 작은 구형 물체의 반경이 시간에 따라 주기적으로 변한다면 구형 음파(구면파)가 생긴다(그림 14.4). 이 구면파는 일정한 속력으로 파원으로부터 바깥쪽으로 퍼져 나간다.

진동하는 구형 물체 위의 모든 지점들이 동일하게 행동하기 때문에 구면파의 에너지는 모든 방향으로 균일하게 퍼져 나간다. 이는 구면파가 퍼져 나갈 때 어떤 방향이 특별히 더 선호되지 않는다는 것을 의미한다. 만약에 $\mathcal{P}_{av}$를 파원이 방출하는 평균 일률이라고 하고 전파매질에서의 흡수가 없다고 가정한다면 파원으로부터 거리 $r$만큼 떨어진 거리에서 이 일률은 구면의 표면적 $4\pi r^2$에 모두 균일하게 퍼진다($4\pi r^2$은 구의 표면적이다). 따라서 파원으로부터 거리 $r$인 지점에서 소리의 **세기**(intensity)는 다음과 같다.

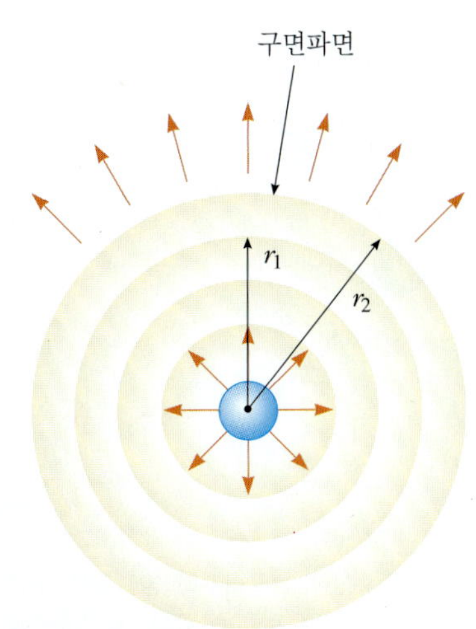


**그림 14.4** 진동하는 구형 물체로부터 방사 방향을 따라 바깥으로 전파하는 구면파. 이 구면파의 세기는 $1/r^2$에 따라 변한다.

$$I = \frac{\text{평균 일률}}{\text{면적}} = \frac{\mathscr{P}_{av}}{A} = \frac{\mathscr{P}_{av}}{4\pi r^2} \quad [14.8]$$

예상했던 것처럼 이 식으로부터 파동의 세기는 파원으로부터 떨어진 거리가 증가함에 따라 감소한다는 것을 알수 있다. $I$가 $1/r^2$에 따라 변한다는 사실은 작은 파원(때때로 **점 파원**(point source)이라고 부른다)이 구면파를 방출한다는 가정의 결과이다(사실상 광파도 이러한 역제곱 법칙을 따른다). 평균 일률은 파원을 중심으로 하는 구면에서 동일하기 때문에 파원의 중심으로부터 $r_1$과 $r_2$의 거리에서 파동의 세기(그림 14.4)는 각각 다음과 같음을 알 수 있다.

$$I_1 = \frac{\mathscr{P}_{av}}{4\pi r_1^2} \qquad I_2 = \frac{\mathscr{P}_{av}}{4\pi r_2^2}$$

이 두 구면에서의 파동세기의 비는

$$\frac{I_1}{I_2} = \frac{r_2^2}{r_1^2} \quad [14.9]$$

이다.

그림 14.5에서처럼 구면의 일부를 나타내는 파원이 포함된 일련의 동심적인 원호들로 구면파를 표현하는 것이 매우 편리하다. 이러한 원호를 **파면**(wave front)이라고 한다. 이웃한 파면들 사이의 거리는 파장 λ와 같다. 파원으로부터 바깥쪽으로 뻗어나가면서 이 원호들에 수직인 방사형의 직선들을 **광선**(ray)이라고 한다.

### ☑ Checkpoint 14.2

소리에 대한 점 파원으로부터 2배씩 멀리 떨어진다면 음파의 세기는 (a) 1/2, (b) 1/4, (c) 1/8만큼 줄어든다.

그림 14.6에서처럼 파원으로부터 (파장 λ와 비교해서) 아주 **먼** 거리에 있는 파면의 일부분을 생각해 보자. 이런 경우 광선들은 서로 거의 평행이며, 파면의 평면에 가깝다. 그러므로 파장과 비교해서 파원으로부터 매우 먼 곳에서 파면들은 평행면들, 즉 **평면파**(plane wave)로 근사할 수 있다. 파원으로부터 매우 먼 거리에서의 구면파의 작은 부분들은 평면파로 생각할 수 있다. 그림 14.7은 $x$축을 따라 전파하는 평면파를 그린 것이다. 만약에 이 그림에서 파동의 운동(또는 광선) 방향을 양의 $x$ 방향으로 선택한다면 파면은 $y$축과 $z$축을 포함한 면에 평행하다.

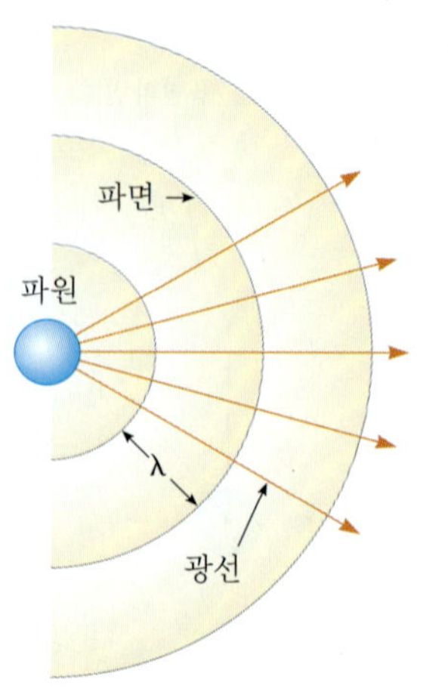


**그림 14.5** 점 파원으로부터 방출되는 구면파. 원형의 원호는 파원을 중심으로 하는 동심형 구면파면을 나타낸다. 광선들은 파원으로부터 바깥쪽으로 뻗어나가면서 파면에 수직인 방향의 직선들이다.

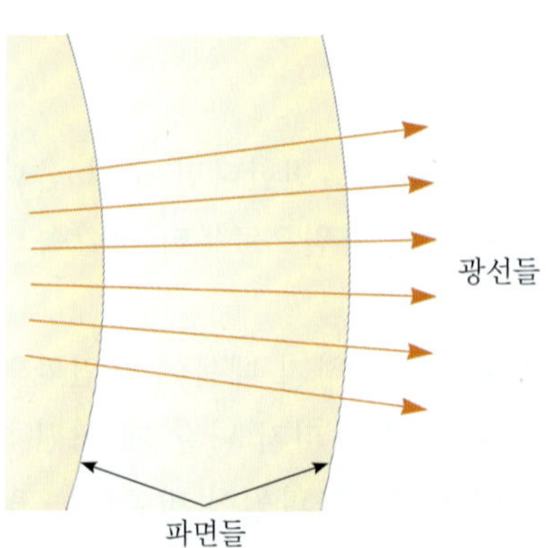


**그림 14.6** 점 파원으로부터 아주 먼 곳에서는 파면이 거의 평면이며 광선은 평면의 파면에 거의 수직인 평행선들이다. 따라서 구면파면의 작은 조각들은 근사적으로 평면파이다.

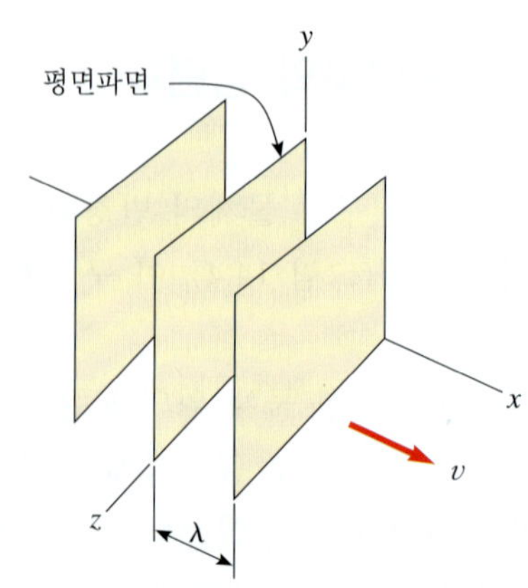


**그림 14.7** 속력 $v$로 양의 $x$ 방향으로 움직이는 평면파의 그림. 파면들은 $yz$면에 평행한 면들이다.

**예제 14.3** 점 파원의 세기 변화

**목표** 점 파원으로부터 떨어진 거리와 소리세기 사이의 관계 찾는다.

**문제** 작은 음원이 80.0 W의 출력으로 음파를 방출한다. (a) 이 음원으로부터 3.00 m 떨어진 곳의 소리세기를 구하라. (b) $r$ = 3.00 m에서 소리세기의 1/4만큼 되려면 음원으로부터 어느 정도 거리가 떨어져야 되는가? (c) 소리 레벨이 40.0 dB인 거리는 얼마인가?

**전략** 음원이 작기 때문에 이 음원에서 방출되는 파동은 구면파이다. 그러므로 (a)에서 주어진 값들을 식 14.8에 대입하면 소리세기를 구할 수 있다. (b)에서 주어진 값들을 식 14.8에 대입하여 $r$에 대해서 풀어야 한다(식 14.9를 대신 사용할 수도 있다). (c)에서는 식 14.7을 사용하여 소리세기 레벨을 W/m$^2$ 단위로 쓰는 소리세기로 바꾼다. 그리고 식 14.9에 대입하여 $r^2$에 대해서 푼다.

**풀이**

(a) 음원으로부터 3.00 m인 곳에서의 소리세기를 구한다.

식 14.8에 $\mathscr{P}_{av}$ = 80.0 W와 $r$ = 3.00 m를 대입한다.

$$I = \frac{\mathscr{P}_{av}}{4\pi r^2} = \frac{80.0\ \text{W}}{4\pi(3.00\ \text{m})^2} = \boxed{0.707\ \text{W/m}^2}$$

(b) $r$ = 3.00 m에서의 소리세기의 1/4만큼 되려면 음원으로부터 어느 정도 거리가 떨어져야 되는가?

$I$ = (0.707 W/m$^2$)/4를 대입하고 식 14.8을 $r$에 대해서 푼다.

$$r = \left(\frac{\mathscr{P}_{av}}{4\pi I}\right)^{1/2} = \left(\frac{80.0\ \text{W}}{4\pi(0.707\ \text{W/m}^2)/4.0}\right)^{1/2} = \boxed{6.00\ \text{m}}$$

(c) 소리레벨이 40.0 dB인 거리는 얼마인가?

$I$에 대해서 식 14.7을 풀어 40.0 dB의 소리세기 레벨을 W/m$^2$ 단위인 소리세기로 바꾼다.

$$40.0 = 10\log\left(\frac{I}{I_0}\right) \longrightarrow 4.00 = \log\left(\frac{I}{I_0}\right)$$

$$10^{4.00} = \frac{I}{I_0} \longrightarrow I = 10^{4.00}I_0 = 1.00 \times 10^{-8}\ \text{W/m}^2$$

$r_2{}^2$에 대하여 식 14.9를 풀고 주어진 소리세기와 (a)에서 구한 결과를 대입한 후, 나온 결과에 제곱근을 취한다.

$$\frac{I_1}{I_2} = \frac{r_2{}^2}{r_1{}^2} \longrightarrow r_2{}^2 = r_1{}^2\frac{I_1}{I_2}$$

$$r_2{}^2 = (3.00\ \text{m})^2\left(\frac{0.707\ \text{W/m}^2}{1.00 \times 10^{-8}\ \text{W/m}^2}\right)$$

$$r_2 = \boxed{2.52 \times 10^4\ \text{m}}$$

**주의** 음원으로부터 일정한 거리에 떨어진 어떤 위치에서의 소리세기를 알고 있을 때 다른 위치에서의 소리세기를 구하기 위해서는 식 14.8보다는 식 14.9를 사용하는 것이 더 쉽고 좋다. 특별히 (b)번 문제에 대해서는 이렇게 푸는 것이 더 좋은데, 식 14.9를 사용한다면 거리를 2배로 늘렸을 때 소리세기가 이전의 값의 1/4로 줄어든다는 것을 바로 알 수 있다.

**연습문제 14.3**

제트 비행기로 인하여 이 비행기에서 5.00 m 떨어진 곳에서 125 dB의 소음이 생긴다. 이 비행기가 고도 2.00 km의 높이를 날고 있을 때 이 비행기의 바로 수직 아래의 지표에서는 어느 정도의 소음세기 레벨이 생기는가?

**답** 73.0 dB

## 14.6 도플러 효과

승용차나 트럭이 경음기를 울리면서 달린다. 이 자동차가 다가오면 귀에 들리는 소리의 주파수는 더 높아지고 자동차가 멀어지면 주파수는 낮아진다. 이러한 현상을 **도플러 효과**라고 하는데, 이는 이 현상을 발견한 오스트리아 출신의 물리학자인 크리스찬 도플러

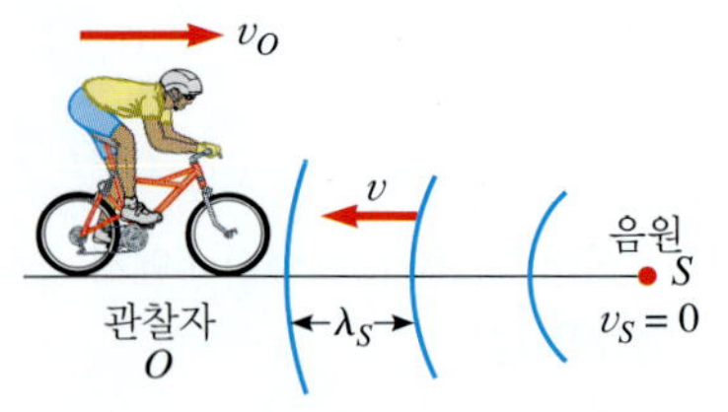


**활용그림 14.8**
정지된 점 음원($S$) 쪽으로 속력 $v_O$로 움직이는 관찰자는 음원의 주파수 $f_S$보다 더 높은 주파수인 $f_O$를 듣는다.

**Physics Now™**
**http://physics.brookscole.com/ecp**에서 PhysicsNow를 로그인하고 활용그림 14.8로 가서 관찰자의 속력을 설정한다.

(Christian Doppler, 1803~1853)의 이름을 따서 붙인 것이다. 우리가 오토바이를 타고 움직일 때 경음기가 한쪽에 정지되어 있는 경우 동일한 현상을 느낄 수 있다. 즉 오토바이를 탄 우리가 경음기에 다가가면 주파수가 높아지고 멀어지면 주파수가 낮아진다.

도플러 효과는 대부분 소리와 관련이 있지만 빛을 포함한 모든 파동에서 일반적으로 생기는 현상이다.

도플러 효과를 유도하는 데 있어서 소리를 전달하는 공기는 정지상태이고 모든 속력은 이러한 정지 매질에 대해서 측정한다고 가정한다. $v_O$는 관찰자의 속력이고, $v_S$는 음원의 속력이며, $v$는 음속이다.

## Case 1 : 관찰자가 정지된 음원에 대해서 움직이는 경우

활용그림 14.8에서처럼 관찰자가 정지된($v_S = 0$) 음원 쪽으로 $v_O$의 속력으로 움직인다.

음원의 주파수는 $f_S$, 음원의 파장은 $\lambda_S$, 공기 중에서의 음속은 $v$로 놓는다. 만약에 관찰자와 음원이 모두 정지 상태라면 관찰자는 초당 $f_S$의 파면을 검출한다(즉 $v_O = 0$과 $v_S = 0$일 때 관찰된 주파수 $f_O$는 음원의 주파수 $f_S$와 같다). 음원 쪽으로 관찰자가 움직일 때 관찰자는 $t$초 동안 $v_O t$의 거리를 움직인다. 이런 시간 동안 **관찰자는 파면의 개수를 추가적으로 더 검출한다.** 이런 여분의 파면 수는 이동한 거리 $v_O t$를 파장 $\lambda_S$로 나눈 값과 같다.

$$\text{추가적으로 검출된 파면 개수} = \frac{v_O t}{\lambda_S}$$

추가적으로 초당 검출된 파면 개수($v_O/\lambda_S$)를 구하기 위해서 이 식을 $t$로 나눈다. 그러므로 관찰자가 듣는 주파수는

$$f_O = f_S + \frac{v_O}{\lambda_S}$$

와 같이 **증가**한다. $\lambda_S = v/f_S$ 를 $f_O$에 대한 표현식에 대입하면

$$f_O = f_S\left(\frac{v + v_O}{v}\right) \qquad [14.10]$$

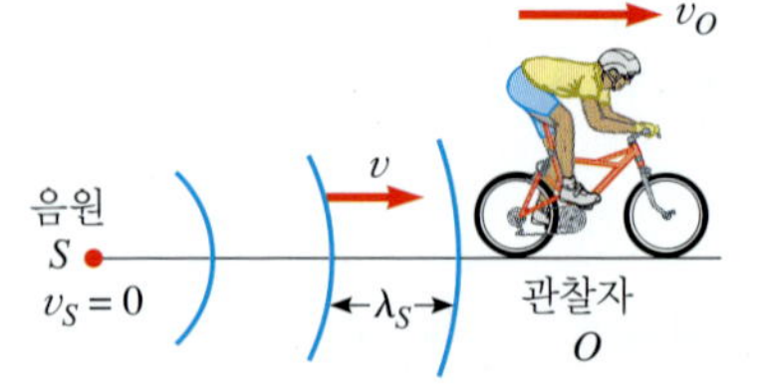


**그림 14.9** 정지된 음원으로부터 속력 $v_O$로 멀어지는 관찰자는 음원의 주파수 $f_S$보다 더 낮은 주파수 $f_O$를 듣는다.

가 된다. 관찰자가 정지한 음원으로부터 **멀어질 때**(그림 14.9) 관찰되는 주파수는 감소한다. 그러므로 이때 유도의 결과는 식 14.10과 같으나 분자는 $v + v_O$ 대신 $v - v_O$가 된다. 따라서 관찰자가 음원으로부터 멀어질 때 식 14.10에서 $v_O$를 $-v_O$로 바꾸면 된다.

## Case 2 : 음원이 정지된 관찰자에 대해서 움직이는 경우

활용그림 14.10a에서처럼 음원이 정지한 관찰자 쪽으로 움직인다고 생각하자. 여기서 음원이 바깥쪽으로 퍼져 나가는 파동의 방향으로 움직이기 때문에 관찰자 $A$를 지나가는 파면들이 모두 점점 더 붙는다. 이 결과 관찰자 $A$가 측정한 파장 $\lambda_O$는 정지된 음원의 파장 $\lambda_S$보다 더 짧아진다. 시간 $T$ 동안 유지되는 각 진동에서 음원은 $v_S T = v_S/f_S$의 거리를 움직이며 **파장은 이 거리만큼 줄어든다.** 그런 까닭에 관찰된 파장은

$$\lambda_O = \lambda_S - \frac{v_S}{f_S}$$

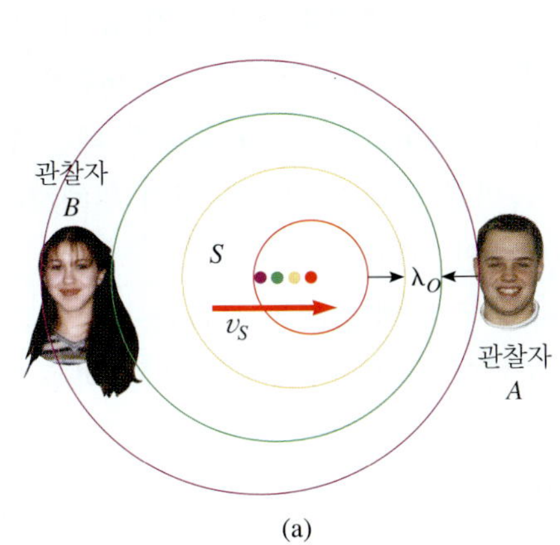

(a)

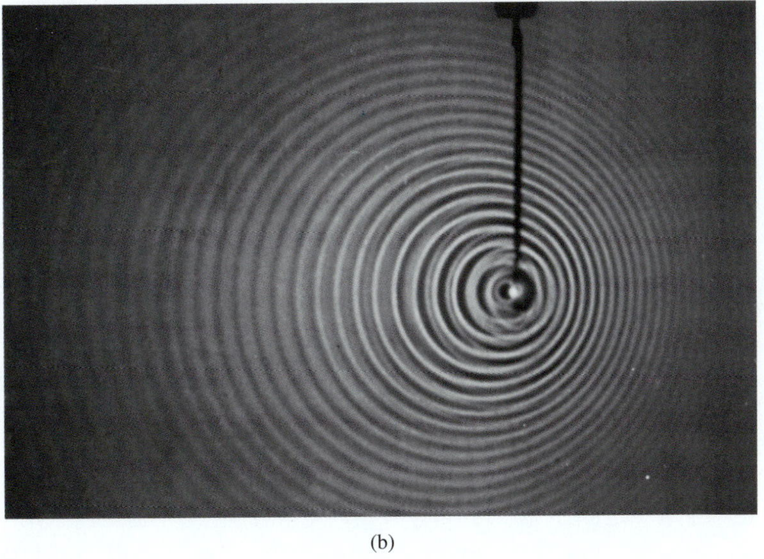
(b)

**활용그림 14.10**
(a) 정지된 관찰자 $A$쪽을 향하여 $v_S$의 속력으로 움직이는 음원 $S$와 동일한 속력으로 정지한 관찰자 $B$로부터 멀어지는 음원. 관찰자 $A$는 증가한 주파수의 소리를 듣게 되며, 관찰자 $B$는 감소한 주파수의 소리를 듣게 된다.
(b) 물결통 속에서 관찰한 수면파의 도플러 효과. 수면파를 만드는 파원이 오른쪽으로 움직인다.

**Physics Now™** **http://physics.brookscole.com/ecp**에서 PhysicsNow를 로그인하고 활용그림 14.10으로 들어가서 음원의 속력을 설정한다.

이다. $\lambda_S = v/f_S$이므로 $A$가 관찰한 주파수는

$$f_O = \frac{v}{\lambda_O} = \frac{v}{\lambda_S - \frac{v_S}{f_S}} = \frac{v}{\frac{v}{f_S} - \frac{v_S}{f_S}}$$

또는

$$f_O = f_S\left(\frac{v}{v - v_S}\right) \qquad [14.11]$$

이다. 예상했던 것처럼 **음원이 관찰자 쪽으로 움직일 때 관찰된 주파수는 증가한다.** 음원이 정지한 관찰자로부터 멀어질 때는 분모의 빼기 부호를 더하기 부호로 바꾸어 분모를 $(v + v_S)$로 대체하면 된다.

**TIP 14.2 도플러 효과는 거리에 의존하지 않는다.**
일정한 속력으로 접근하는 음원으로부터 나오는 소리는 세기가 증가하지만 주파수는 변하지 않을 것이다. 도플러 효과는 거리에 의존하지 않는다.

## 일반적인 경우

음원과 관찰자가 모두 땅에 대해서 움직일 때는 식 14.10과 식 14.11을 결합하여

$$f_O = f_S\left(\frac{v + v_O}{v - v_S}\right) \qquad [14.12]$$

◀ 도플러 이동식–관찰자와 음원이 모두 움직일 때

를 구할 수 있다. 이 식에서 $v_O$와 $v_S$의 부호는 각 속도의 방향에 의존한다. 관찰자가 **음원 쪽으로 움직일 때** $v_O$는 **양의 부호**를 취하며, 관찰자가 **음원으로부터 멀어질 때**는 **음의 부호**를 택한다. 이와 유사하게 음원이 **관찰자 쪽으로 움직일 때**는 $v_S$의 부호를 **양의 부호**로 취하고 음원이 **관찰자로부터 멀어질 때**는 **음의 부호**를 택한다.

도플러 효과에 대한 문제를 풀 때 생기는 가장 일반적인 실수는 부호를 잘못 선택하는 것이다. 다음과 같은 규칙을 따르면 도움이 될 것이다. '… **쪽으로 움직일 때**' 라

**☑ Checkpoint 14.3**
진실인가 거짓인가: 관찰자가 음원 쪽으로 다가갈 때 관찰된 주파수는 증가한다.

는 용어는 관찰된 주파수의 **'증가'** 와 관련이 되며, **'… 멀어질 때'** 라는 용어는 주파수의 **'감소'** 와 관련이 된다.

이들 두 규칙은 관찰자가 음원 쪽으로 움직일 때(또는 음원이 관찰자 쪽으로 움직일 때) 파동의 마루들 사이의 주기가 더 짧게 관찰되어서 주파수가 높아지며, 역으로 관찰자가 음원으로부터 멀어질 때(또는 음원이 관찰자로부터 멀어질 때) 주파수가 낮아진다는 물리적 실험직관으로부터 나온 것이다. 식 14.12의 부호가 혼동될 때는 언제든지 이 물리적 실험직관을 생각해야만 한다. 올바른 물리적 결과를 얻기 위해서는 필수적으로 이 실험적 직관을 결과와 맞추어 보아야만 한다.

식 14.12를 적용할 때 생기는 대부분의 일반적인 두 번째 실수는 분자와 분모를 실수로 뒤집는 것이다. 이 경우 다음과 같은 형태를 기억한다면 이 도플러 효과 식을 기억하기 쉬울 것이다.

$$\frac{f_O}{v + v_O} = \frac{f_S}{v - v_S}$$

이 식이 갖는 장점은 대칭성에 있다. 이 식의 양쪽은 왼쪽에는 $O$가 사용되고 오른쪽에는 $S$가 사용되는 것만 빼고는 매우 비슷하다. 어느 쪽이 + 부호이고 어느 쪽이 − 부호인지를 잊었어도 이는 별로 심각한 문제가 되지 않는다. 왜냐하면 필요에 따라 답을 확인하고 부호를 제대로 맞추기 위해서 물리적 실험직관을 사용하면 되기 때문이다.

음원의 속력 $v_S$가 음속을 넘어섰을 때는 충격파가 생긴다. 이 충격파는 소닉 붐(sonic boom)이라고 하고 커다란 폭발음을 낸다. 실제로 초음속으로 운항하는 제트 비행기는 두 가지 충격파를 만든다. 하나는 제트 비행기의 앞 코에서 생기며, 다른 하나는 제트 비행기의 꼬리에서 생긴다.

### Quick Quiz 14.2

주파수 $f$의 소리가 나는 버저를 가지고 공기 기구를 타고 있다고 가정한다. 공기 기구가 일정한 속력으로 올라가는 도중에 버저를 사고로 떨어뜨렸다면 버저가 땅으로 떨어지는 동안 기구에 타고 있는 사람이 듣는 소리는 다음 중 어느 것인가? (a) 버저 소리의 주파수와 소리세기가 증가함. (b) 버저 소리의 주파수는 감소하나 소리세기는 증가함. (c) 버저 소리의 주파수와 소리세기가 모두 감소함. (d) 버저 소리의 주파수는 변하지 않으나 소리세기는 감소함.

### 응용물리 14.2 제대로 된 소리를 들을 수 없는 스피커

스테레오 스피커들을 서로 멀리 떨어뜨려서 설치해 놓고, 어떤 사람이 오른쪽 스피커에서 왼쪽 스피커를 향하여 또는 왼쪽 스피커에서 오른쪽 스피커를 향하여 달린다고 가정하자. 이 사람은 충분히 빨리 달릴 수 있으며 소리의 강약을 아주 잘 구별할 수 있다고 가정할 때 어느 순간 이 사람이 스피커 사이에 있음에도 불구하고 스피커에서는 제대로 된 소리가 나지 않는 것처럼 들린다. 왜 그런가?

**설명** 사람이 스피커 사이에서 달릴 때 이 사람은 이 스피커들 중 하나에서는 멀어지지만 다른 한 스피커 쪽으로는 다가가기 때문에 뒤에 있는 스피커에서 나오는 소리의 주파수는 점차로 낮아지고(도플러 주파수 이동이 낮은 주파수 쪽으로 생김) 앞쪽에 있는 스피커에서 나오는 소리의 주파수는 점차로 높아진다(도플러 주파수 이동이 높은 주파수 쪽으로 생김). 이 결과 두 스피커에서는 제대로 된 소리가 나지 못한다. 계산에 의하면 세계적인 단거리 선수들은 두 스피커 사이에서 절반 정도 차이의 소리를 들으면서 달릴 수 있다는 것을 알 수 있다.

## 연관된 예제 14.4 시끄러운 사이렌 소리

**목표** 음원과 관찰자가 모두 움직일 때 생기는 도플러 주파수 이동을 구한다.

**문제** 병원구급차가 $4.00 \times 10^2$ Hz의 주파수를 갖는 사이렌 소리를 내면서 75.0 mi/h의 속도로 고속도로를 달린다. 다음과 같은 두 상황에서 서로 반대방향으로 55.0 mi/h의 속도로 달리는 자동차의 운전자가 듣는 소리의 주파수는 얼마인가? (a) 두 자동차가 서로 다가간다. (b) 두 자동차가 서로 멀어져 간다. 공기 중에서의 소리의 속도는 $v = 345$ m/s이다.

**전략** mi/h를 m/s로 바꾸는 것을 제외한다면 이 문제는 단지 도플러 주파수 이동에 대한 식에 숫자들을 대입하는 문제이다. 하지만 각 문제에서 두 가지 부호를 올바르게 선택해야만 한다. (a)에서는 관찰자가 음원으로 다가가고 음원도 관찰자 쪽으로 다가가는 것이므로 $v_O$와 $v_S$는 모두 양의 부호를 선택해야 한다. 그리고 구급차와 자동차가 서로 지나친 후에는 부호를 모두 바꾸어야 한다.

**풀이**

우선 속력의 단위를 mi/h에서 m/s로 바꾼다.

$$v_S = (75.0\ \text{mi/h})\left(\frac{0.447\ \text{m/s}}{1.00\ \text{mi/h}}\right) = 33.5\ \text{m/s}$$

$$v_O = (55.0\ \text{mi/h})\left(\frac{0.447\ \text{m/s}}{1.00\ \text{mi/h}}\right) = 24.6\ \text{m/s}$$

(a) 구급차와 자동차가 서로 다가감에 따라 생기는 주파수를 계산한다.

두 자동차는 서로 다가가기 때문에 도플러 주파수 이동에 대한 식에 $v_O = +24.6$ m/s와 $v_S = +33.5$ m/s를 대입한다.

$$f_O = f_S\left(\frac{v + v_O}{v - v_S}\right)$$

$$= (4.00 \times 10^2\ \text{Hz})\left(\frac{345\ \text{m/s} + 24.6\ \text{m/s}}{345\ \text{m/s} - 33.5\ \text{m/s}}\right) = \boxed{475\ \text{Hz}}$$

(b) 구급차와 자동차가 서로 멀어짐에 따라 생기는 주파수를 계산한다.

두 자동차는 서로 멀어지기 때문에 도플러 주파수 이동에 관한 식에 $v_O = -24.6$ m/s와 $v_S = -33.5$ m/s를 대입한다.

$$f_O = f_S\left(\frac{v + v_O}{v - v_S}\right)$$

$$= (4.00 \times 10^2\ \text{Hz})\left(\frac{345\ \text{m/s} + (-24.6\ \text{m/s})}{345\ \text{m/s} - (-33.5\ \text{m/s})}\right)$$

$$= \boxed{339\ \text{Hz}}$$

**주의** 부호결정에 주의해야 한다. (b)에서 관찰자와 음원이 모두 서로 상대방에 대해서 멀어지기 때문에 각각의 속력에 음의 부호를 붙였다. 때때로 이들 속력들 중 하나에는 음의 부호를 붙이지만 다른 하나에는 양의 부호를 붙이기도 한다.

### 연습문제 14.4

이 문제와 비슷한 문제를 반복해 보자. 그러나 초기에 구급차가 자동차 뒤에 있는 상태에서 모두 같은 방향으로 달린다고 가정하자. 사이렌의 속력과 주파수는 앞서의 예와 같다. (a) 구급차가 자동차를 지나가기 전과 (b) 구급차가 자동차를 지나간 후에 관찰자가 듣는 사이렌 소리의 주파수를 구하라. [주의: 이 결과 고속도로 순찰차는 자동차 운전자에 대해서는 과속단속을 하지만 구급차에 대해서는 과속단속을 하지 않는다.]

**답** (a) 411 Hz (b) 391 Hz

**PhysicsNow™** **http://physics.brookscole.com/ecp**에서 PhysicsNow를 로그인하고 연관된 예제 14.4로 들어가서 두 대의 잠수함이 갖는 상대적인 속력으로 문제를 바꾸고 이 경우 생기는 도플러 이동 주파수를 관찰한다.

## 14.7 음파의 간섭

음파들은 서로 간섭할 수 있는데, 그림 14.11에 나온 장치를 가지고 이러한 현상을 보여 줄 수 있다. S에 있는 스피커로부터 생기는 소리는 T자 도파관이 있는 $P$까지 도파관을 통하여 전송된다. 이 스피커의 소리는 적색 화살표의 방향에 따라 두 개의 경로로 갈라져서 진행하는데, 소리의 절반은 위로 진행하고 나머지 절반은 아래로 진행한다. 그리고 마침내 두 소리는 수신자의 귀가 놓여 있는 출구에서 합쳐진다. 만약에 두 경로의 길이인 $r_1$과 $r_2$가 같다면 T자에서 1/2씩 정확히 갈라져서 두 경로로 진행한 후에 귀에서 다시 합쳐진다. 이렇게 두 음파가 다시 합쳐지면 보강간섭이 생기며, 수신자는 큰 소리를 듣게 된다. 위쪽 경로가 아래쪽 경로보다 한 파장 더 길게 조정되었다면 두 음파의 **보강간섭**이 다시 생기고 관찰자는 큰 소리를 다시 듣게 된다. 이런 현상을 다음과 같이 정리할 수 있다. **만약에 경로차 $r_2 - r_1$이 0이거나 파장의 정수 배일 경우 보강간섭이 일어나고 다음과 같이 된다.**

보강간섭의 조건 ▶

$$r_2 - r_1 = n\lambda \qquad (n = 0, 1, 2, \cdots) \qquad [14.13]$$

그러나 경로들 중 하나인 $r_2$를 위쪽 경로가 아래쪽 경로 $r_1$보다 반파장 더 길게 조정한다고 가정하자. 이 경우 입사하는 음파는 이 전처럼 둘로 갈라져서 두 경로를 진행하지만, 지금은 위쪽 경로를 따라가는 음파는 아래쪽 경로를 따라가는 음파보다 반파장을 더 진행하여야 한다. 이 결과 수신자의 귀에서는 두 음파들 중 한 음파의 마루와 다른 음파의 골이 서로 만나서 두 음파가 서로 상쇄되어 없어지는 결과가 생긴다. 이러한 현상을 **완전한 소멸간섭**이라고 하며, 관찰자는 어떤 소리도 들을 수 없다. 일반적으로 **경로차 $r_2 - r_1$이 $\frac{1}{2}\lambda$, $1\frac{1}{2}\lambda$, $2\frac{1}{2}\lambda \cdots$ ($\lambda$는 파장)이라면 소멸간섭이 일어나서 다음과 같이 된다.**

소멸간섭의 조건 ▶

$$r_2 - r_1 = (n + \tfrac{1}{2})\lambda \qquad (n = 0, 1, 2, \cdots) \qquad [14.14]$$

자연에서 위에서 열거한 것 말고도 수많은 간섭현상들을 볼 수 있는데, 광파와 관계되는 가장 중요한 간섭현상은 24장에서 설명한다.

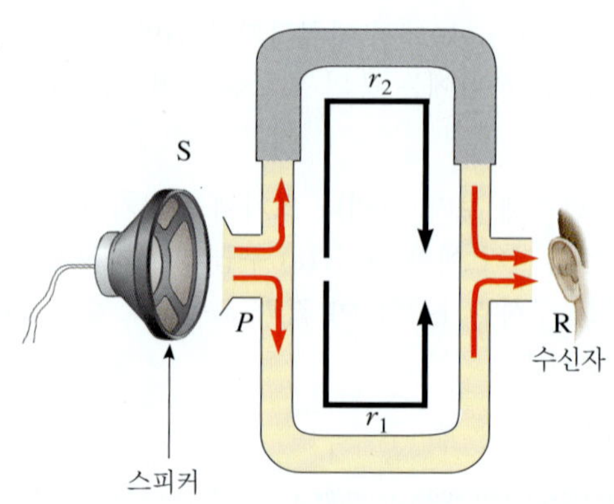


**그림 14.11** 음파의 간섭현상을 보여 주기 위한 음향 실험장치. 스피커에서 나온 소리는 도파관으로 들어가서 $P$ 지점에서 둘로 나누어진다. 두 음파는 반대쪽에서 합쳐져서 R에서 검출된다. 위쪽 경로의 길이를 조정하여 바꿀 수 있다.

스테레오 시스템과 스피커 사이를 전선줄로 연결할 때 보통 적색과 흑색으로 구분되는 전선줄을 스피커의 + 부호(적색 줄)와 − 부호(흑색 줄)에 잘 구별하여 연결해야 한다. 이렇게 해야만 하는 이유는 스피커들을 동일한 "극성(polarity)"끼리 연결해야 하기 때문이다. 만약에 이렇게 하지 않으면 양쪽 스피커로 연결되어 들어가는 동일한 전기신호가 하나의 스피커 콘을 바깥쪽으로 밀어낼 때 다른 스피커 콘을 안쪽으로 잡아당기는 결과를 초래한다. 이 경우 두 스피커에서 나오는 소리는 각각에 대해서 180° 위상불일치가 일어날 것이다. 만약에 여러분이 스피커 사이의 가운데에 앉아 있다면 두 스피커에서 나오는 소리는 동일한 거리를 진행할 것이며, 이 두 스피커에서 소리가 나올 때 가지고 있는 위상을 그대로 유지할 것이다. 180° 위상불일치를 가정한 이상적인 상황에서는 스피커로부터 나오는 소리가 완전 소멸간섭이 되는 것을 알 수 있으며, 전혀 소리를 들을 수 없다는 것을 알 수 있다. 실제로 이러한 두 스피커에서 나오는 소리는 완전하게 소멸되지 않으며, 짧은 파장의 최고 음부에 비해서 긴 파장을 가지는 저음에서 이러한 소리의 소멸현상은 매우 중대하다. 그러므로 저음의 소리세기가 상당히 줄어드는 것을 막기 위해서는 색깔로 구별한 전선줄을 스피커의 부호에 맞게 잘 연결해야만 한다.

**APPLICATION**

스테레오 스피커에 전선줄 연결하기

**TIP 14.3 실제로 파동들은 간섭하는가?**

일반적으로 **간섭한다**는 것은 "무엇인가가 들어와서 서로 충돌한다"는 것을 의미하거나 아니면 "무엇인가가 서로 개입하여 출력에 영향을 끼쳤다"는 것을 의미한다. 이러한 용어적 의미는 물리에서 사용하는 "간섭"의 의미와는 다른데, 물리에서는 파동이 서로 지나가면서 간섭하지만 어떤 방법으로도 상대 파동에 영향을 끼치지 않는다.

## 연관된 예제 14.5 동일한 음원에 연결된 두 스피커

**목표** 진동자의 주파수를 계산하기 위해서 간섭의 개념을 사용한다.

**문제** 동일한 진동자가 구동하는 두 스피커가 3.00 m 떨어져 있다(그림 14.12). 초기에는 청취자가 두 스피커를 연결한 직선의 중심에서 8.00 m 떨어져 있는 $O$ 지점에 있다. 그런 후에 청취자는 $O$ 지점으로부터 0.350 m만큼 수직으로 떨어져 있는 $P$ 지점까지 걸어갔는데 이곳에서 소리의 세기가 최초로 최소가 되었다. 진동자의 주파수는 얼마인가? 공기 중에서 음속은 $v_S$ = 343 m/s로 한다.

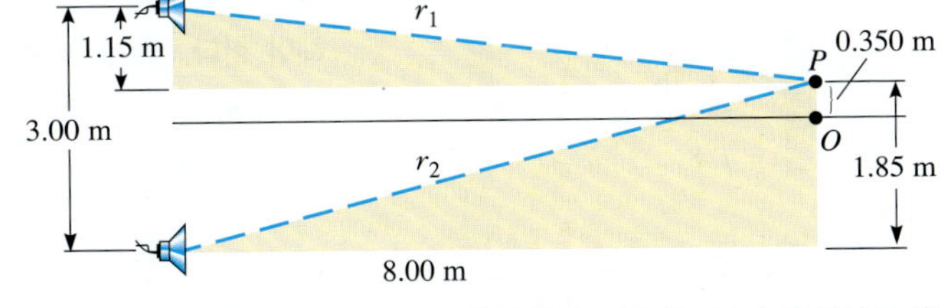


**그림 14.12** (연관된 예제 14.5) 동일한 음원이 구동되는 두 스피커에서 나오는 소리가 서로 간섭한다.

**전략** 소멸간섭의 위치인 소리세기가 최초로 최소가 되는 지점이 주어졌다. 피타고라스 정리를 사용하여 경로 길이인 $r_1$과 $r_2$를 구하고 이 진동자의 파장을 구하기 위해서 소멸간섭의 조건을 나타내는 식 14.14를 사용한다. 그러면 $v = f\lambda$에서 이 진동자의 주파수를 구할 수 있다.

**풀이**

경로 길이인 $r_1$과 $r_2$를 구하기 위해서 피타고라스 정리를 사용한다.

$$r_1 = \sqrt{(8.00\text{ m})^2 + (1.15\text{ m})^2} = 8.08\text{ m}$$

$$r_2 = \sqrt{(8.00\text{ m})^2 + (1.85\text{ m})^2} = 8.21\text{ m}$$

이 값들과 $n = 0$을 식 14.14에 대입하여 파장을 구한다.

$$r_2 - r_1 = (n + \tfrac{1}{2})\lambda$$

$$8.21\text{ m} - 8.08\text{ m} = 0.13\text{ m} = \lambda/2 \longrightarrow \lambda = 0.26\text{ m}$$

주파수 $f$를 구하기 위하여 $v = f\lambda$를 풀어서 음속과 음파의 파장을 대입한다.

$$f = \frac{v}{\lambda} = \frac{343\text{ m/s}}{0.26\text{ m}} = \boxed{1.3\text{ kHz}}$$

**주의** 보강간섭을 다루는 문제에서는 경로차가 식 14.13인 $r_2 - r_1 = n\lambda$를 식 14.14 대신 사용해야 한다.

**연습문제 14.5**

만약에 진동자의 주파수를 조절하여 간섭된 소리세기의 최초 최소 지점이 $O$ 지점으로부터 0.750 m만큼 떨어진 거리에 생기게 만든다면 새로운 진동자의 주파수는 얼마인가?

**답** 0.642 kHz

**Physics Now™** **http://physics.brookscole.com/ecp**에서 PhysicsNow를 로그인하고 연관된 예제 14.5를 살펴 본다. 그리고 연습문제 14.5도 살펴 본다.

## 14.8 정상파

진동날

**그림 14.13** 진동날에 줄의 한쪽 끝을 팽팽히 묶으면 이 줄에 정상파를 만들 수 있다. 칼날이 줄의 자연 진동수 중 하나에 맞추어져서 진동할 때 굉장히 큰 진폭의 정상파가 생긴다.

고정된 벽에 줄의 한쪽 끝을 팽팽히 묶고 다른 한쪽을 소리굽쇠와 같은 진동하는 물체에 묶거나 일정한 비율로 손으로 줄을 위아래로 흔들면 정상파가 줄에 생긴다(그림 14.13). 이렇게 줄을 타고 지나가는 진행파는 줄의 양 끝에서 반사하여 줄에서 양쪽 방향으로 모두 진행한다. 입사파와 반사파는 **중첩원리**(superposition principle)에 따라서 합쳐진다(13.9절 참고). 만약에 줄이 정확하게 특정한 주파수로 진동한다면 줄에 생긴 파동은 마치 서 있는 듯이 보인다. 그러므로 이름이 **정상파**(standing wave)이다. 정상파의 **마디**(node)는 두 진행파의 변위의 진폭이 완전히 똑같으면서 부호가 서로 반대이기 때문에 알짜 변위가 0이 되는 지점이다. 이러한 마디에서는 줄의 운동은 없지만 두 이웃한 마디 사이의 중간인 **배**(antinode)에서는 줄의 진폭이 가장 크게 진동한다.

그림 14.14는 파동의 한 1/2주기 동안 정상파가 진동하는 모습이다. 분홍색 화살표는 이 줄의 서로 다른 부분들에 대한 운동방향을 가리킨다. **이 줄 위의 모든 지점들이 동일한 주파수로 모두 함께 수직으로 진동하지만 각 지점들은 서로 다른 진폭을 갖는다는 것을 주의해야 한다.** 벽에 묶여 있는 지점과 이 줄 위의 정상상태인 모든 지점들을 그림 14.14a에서 N이라고 적고 이를 마디라고 한다. 이 그림에서 두 이웃한 마디 사이의 거리는 이 정상파 파장의 절반에 해당한다.

$$d_{NN} = \tfrac{1}{2}\lambda$$

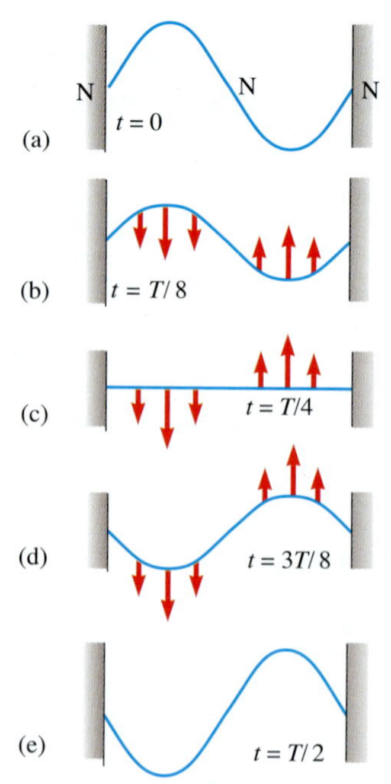


**그림 14.14** 정상파가 만들어진 줄에서 1/2주기 동안 움직인 줄의 모습을 일련의 과정으로 보여 준 그림. (a)에서 N은 마디를 나타낸다.

활용그림 14.15에서처럼 양쪽 끝이 고정된 길이가 $L$인 줄을 생각해 보자. 이 줄에서 수많은 주파수에 대한 정상파 형태를 만들 수 있는데, 이 줄에서 고리가 많이 생길수록 주파수가 점점 더 높은 정상파가 된다. 활용그림 14.15b, c, d는 각기 다른 3개의 정상파에 대한 예들이다.

먼저 **이 줄의 양쪽 끝이 묶여 있기 때문에 줄의 양쪽 끝은 마디이다.** 만약에 줄의 중간 지점을 위로 잡아당겼다가 놓았을 때 생기는 진동형태가 활용그림 14.15b로, A로 표시한 줄의 중앙 부분은 배가 된다. 이 진동의 경우 줄의 끝에서 끝까지를 N–A–N 형태라고 한다. 마디에서 이웃한 배까지의 거리인 N–A는 항상 $\lambda_1/4$이다. 이러한 부분이 2개, 즉 N–A와 A–N이 있기 때문에 $L = 2(\lambda_1/4) = \lambda_1/2$, 즉 $\lambda_1 = 2L$이 된다. 따라서 이 진동에 대한 주파수는

$$f_1 = \frac{v}{\lambda_1} = \frac{v}{2L} \qquad [14.15]$$

이다. 줄에 생기는 파동의 속력은 $v = \sqrt{F/\mu}$로 $F$는 줄의 장력이고 $\mu$는 단위 길이당 질량이다(13장). 이 파동의 속력을 식 14.15에 대입하면

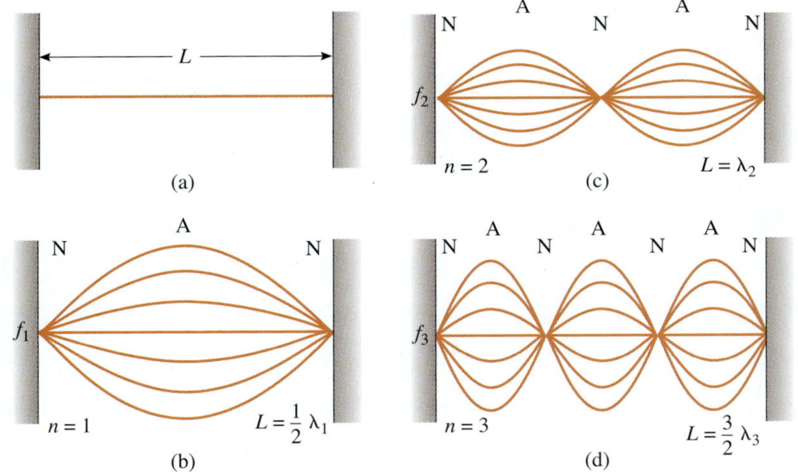


**활용그림 14.15**
(a) 양쪽 끝이 묶여 있는 길이 $L$인 줄에서 생긴 정상파들. 이 정상파들에서 생기는 특정한 진동 주파수들은 조화 주파수들이다. (b) 기본 주파수 또는 1차 조화 주파수의 정상파. (c) 2차 조화 주파수를 갖는 정상파. (d) 3차 조화 주파수를 갖는 정상파. N은 마디를 나타내며 A는 배를 의미한다.

**Physics Now™**
**http://physics.brookscole.com/ecp**에서 PhysicsNow를 로그인하고 활용그림 14.15로 들어가서 모드수를 선택하고 이에 대응하는 정상파를 살펴라.

$$f_1 = \frac{1}{2L}\sqrt{\frac{F}{\mu}} \qquad [14.16]$$

가 된다. 이 진동에서 가장 낮은 주파수를 진동하는 줄의 **기본 주파수**(fundamental frequency) 또는 **1차 조화 주파수**(first harmonic)라고 한다.

1차 조화 주파수는 단지 줄을 묶어 놓은 양 끝에만 마디가 있기 때문에 N–A–N의 마디–배 형태만을 갖는다. 2차 조화 주파수[또는 **1차 배음**(first overtone)]인 다음번 조화 주파수는 줄의 양쪽 끝 사이에 또 다른 마디–배의 조각들이 넣어져서 만들어진다. 이 2차 조화 주파수는 활용그림 14.15c처럼 N–A–N–A–N의 형태를 갖는다. 이 파동을 마디–배의 쌍들의 수로 셀 수 있는데, 1/4 파장으로 이루어진 N–A, A–N, N–A, A–N의 4개가 된다. 따라서 $L = 4(\lambda_2/4) = \lambda_2$가 되며, 2차 조화 주파수(1차 배음)는

$$f_2 = \frac{v}{\lambda_2} = \frac{v}{L} = 2\left(\frac{v}{2L}\right) = 2f_1$$

이 된다. 이 주파수는 기본 주파수의 **2배**이다. **3차 조화 주파수**(third harmonic)[**2차 배음**(second overtone)]도 유사하게 구성할 수 있다. N–A 조각을 더 넣어서 활용그림 14.15d 형태를 얻을 수 있는데, 이러한 마디 형태를 N–A–N–A–N–A–N이라고 한다. 여기에서는 6개의 마디–배의 조각들이 있으므로 $L = 6(\lambda_3/4) = 3(\lambda_3/2)$가 되고, $\lambda_3 = 2L/3$이 된다. 그러므로

$$f_3 = \frac{v}{\lambda_3} = \frac{3v}{L} = 3f_1$$

이다. 그리고 차례대로 더 높은 차수의 조화 주파수들은 기본 주파수의 양의 정수 배인 주파수를 갖는다.

$$f_n = nf_1 = \frac{n}{2L}\sqrt{\frac{F}{\mu}} \qquad n = 1, 2, 3 \cdots \qquad [14.17]$$

$f_1$, $2f_1$, $3f_1$⋯과 같은 주파수들을 갖는 조화 주파수들로 **조화 급수**(harmonic series)가 만들어진다.

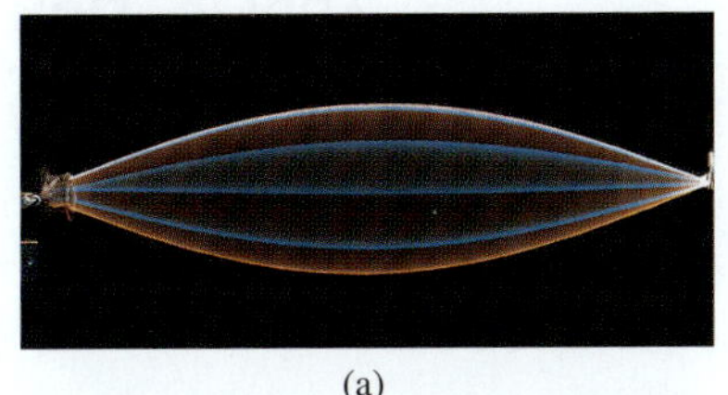
(a)

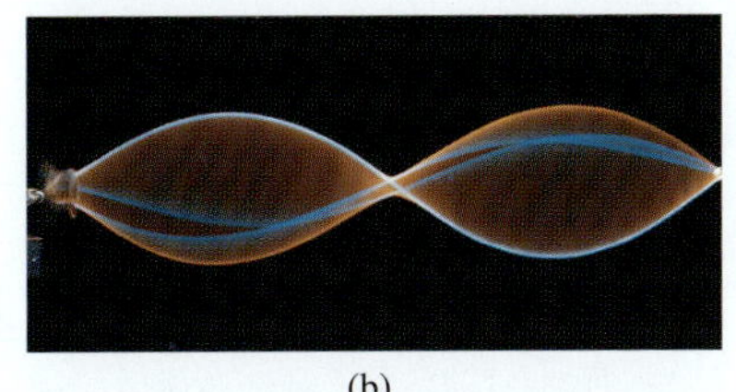
(b)

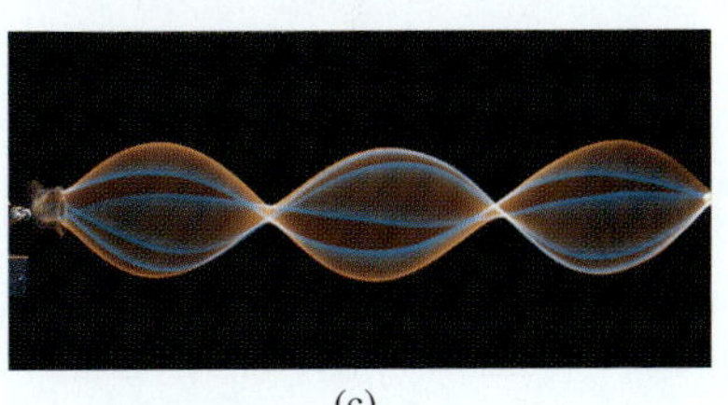
(c)

줄의 한쪽 끝을 묶고 나머지 한쪽을 진동자로 진동시킨 기타 줄에 생기는 정상파를 다중노출로 찍은 사진. (a)에서 보는 단일 고리 형태는 기본 주파수($n$ = 1)를 나타내며, (b)에서 보는 2개의 고리형태는 2차 조화 주파수($n$ = 2)를 나타내고, (c)에서 보는 3개의 고리 형태는 3차 조화 주파수($n$ = 3)를 나타낸다.

**Quick Quiz 14.3**

다음 주파수들 중 어느 것이 150 Hz인 기본 주파수의 고차 조화 주파수인가? (a) 200 Hz, (b) 300 Hz, (c) 400 Hz, (d) 500 Hz, (e) 600 Hz.

**☑ Checkpoint 14.4**

진동하는 줄의 장력을 2배로 늘리면 이 줄의 조화 주파수들에 몇 배를 곱해야 하는가? (a) $\sqrt{2}$, (b) 2, (c) 4.

줄의 조화 주파수들 중 하나에 대응하는 형태로 줄의 모양을 비튼 후 놓으면 줄은 조화 주파수의 주파수로만 진동한다. 그러나 줄을 치거나 잡아당기면 기본 주파수를 포함한 수많은 다양한 조화 주파수들이 만든 진동이 생긴다. 양쪽 끝이 고정된 줄에서 조화 주파수에 속하지 않은 파동들은 급속하게 감쇄한다. 사실상 줄이 진동하면서 줄 자체가 정상파 주파수들만 선택한다. 이후에 보겠지만 결국 현악기들의 특정한 소리는 줄에 생기는 몇 개의 조화 주파수들 때문에 생기는 것으로 기본 주파수가 동일할지라도 이들 악기들에서는 서로 다른 소리가 나온다.

**APPLICATION**

현악기의 조율

현악기의 줄의 장력이나 길이를 바꾸면 이 줄의 주파수가 바뀐다. 기타와 바이올린의 목 부근의 줄감개를 이용하여 현악기들의 장력을 바꿀 수 있다. 장력이 증가함에 따라 조화 주파수들의 주파수는 식 14.17에 따라 증가한다. 현악기를 조율할 때 연주자는 줄의 서로 다른 위치들을 눌러서 진동하는 줄의 유효길이를 바꿈으로써 현악기의 주파수를 바꾼다. 줄의 길이를 줄임에 따라 식 14.17에 따라 다시 주파수는 증가한다.

끝으로 식 14.17은 일정한 길이의 줄에서 단위 길이당 질량을 증가시킴에 따라 더 낮은 기본 주파수로 줄이 진동한다는 것을 보여 준다. 이 방법에 따라 기타와 피아노에서는 기본 금속 줄을 많이 꼬아서 저음부의 줄을 만든다.

**연관된 예제 14.6** 기타에서 나는 소리의 기본 주파수

**목표** 현악기에 정상파 개념을 적용한다.

**문제** 기타의 고음을 내는 E줄의 길이는 64.0 cm이고, 이 줄의 기본 주파수는 329 Hz이다. 기타 연주자가 줄을 눌러서 이 줄을 첫 번째 프렛(fret)에 닿도록 하였다면 줄의 길이는 짧아지고 349 Hz의 F음 소리가 난다(그림 14.16a). (a) 기타의 너트에서 이 첫 번째 프렛은 얼마나 떨어져 있는가? (b) 주파수가 더 높은 조화 주파수의 마디가 있는 줄의 위치에 집게손가락을 가볍게 올려 놓아서 기타 줄에 배음을 만들 수 있다. 이 경우 줄이 프렛에는 닿지 말아야 한다. (또한 손가락으로 너무 심하게 줄을 누르면 높은 주파수의 조화 주파수도 감쇠된다.) 이렇게 하면 기본 주파수가 죽고, 이 기본 주파수의 배음을 들을 수 있다. 기타의 너트로부터 기타 줄의 어디에다가 손가락을 가볍게 놓아야 2차 조화 주파수를 들을 수 있는가? 또 어디에 놓아야 4차 조화 주파수를 들을 수 있는가? (각각의 이들 문제는 마디의 위치를 찾는 문제이다.)

**전략** (a)번 문제에서 줄에 생기는 파동의 속력을 구하기 위하여 기본 주파수에 대한 식 14.15를 사용한다. 파동의 속력은 장력과 줄의 선밀도에만 오직 의존하기 때문에 이들을 바꾸지 않는 한 더 높은 음을 내기 위하여 줄을 더 짧게 잡아도 파동의 속력은 변화가 없다. 새로운 기본 주파수를 이용하여 새로운 길이 $L$에 대한 식 14.15를 푼다. 그리고 기타의 너트에서 첫 번째 프렛까지의 거리를 구하기 위하여 원래의 길이에서 이 길이를 뺀다. (b)번 문제에서 마디와 마디 사이의 거리가 반파장이라는 것을 기억해야 한다. 먼저 파장을 구하고 이 파장을 둘로 나눈 후, 너트에서 반파장의 정수 배가 되는 마디들의 위치를 구한다. [주의: 너트는 프렛을 놓는 판의 맨 앞에다 일반적인 나무나 흑단목으로 만든 작은 조각을 설치한 것이다. 너트에서 브릿지(bridge)까지의 거리가 줄의 길이이다(브릿지는 울림통에 뚫은 구멍의 아래에 설치한 줄을 고정하는 대이다)(그림 14.16b를 보라).]

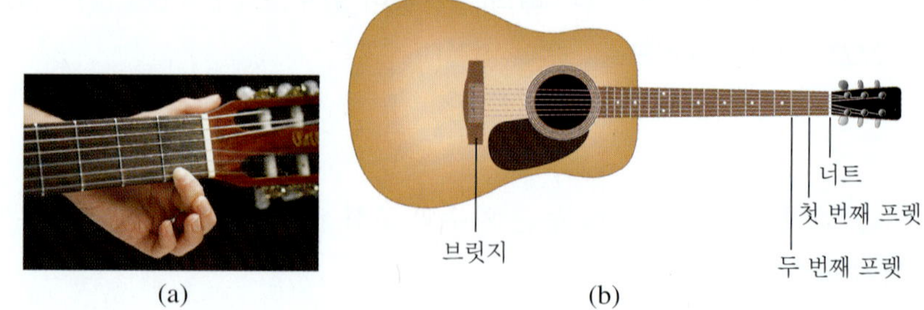

그림 14.16 (연관된 예제 14.6) (a) 기타에서 F음을 잡는다. (b) 기타의 각 부위에 대한 용어 설명.

**풀이**

(a) 너트에서 첫 번째 프렛까지의 거리를 구한다.

줄에서의 파동의 속력을 구하기 위해서 식 14.15에 $L_0 = 0.640$ m와 $f_1 = 329$ Hz를 식 14.15에 대입한다.

$$f_1 = \frac{v}{2L_0}$$

$$v = 2L_0 f_1 = 2(0.640 \text{ m})(329 \text{ Hz}) = 421 \text{ m/s}$$

길이 $L$에 대하여 식 14.15를 풀고, 파동의 속력과 F음의 주파수를 대입한다.

$$L = \frac{v}{2f} = \frac{421 \text{ m/s}}{2(349 \text{ Hz})} = 0.603 \text{ m} = 60.3 \text{ cm}$$

너트에서 첫 번째 프렛까지의 거리를 구하기 위해서 원래의 길이 $L_0$에서 이 길이를 뺀다.

$$\Delta x = L_0 - L = 64.0 \text{ cm} - 60.3 \text{ cm} = \boxed{3.7 \text{ cm}}$$

(b) 두 번째와 네 번째 조화 주파수에 대한 마디들의 위치를 구한다.

두 번째 조화 주파수는 $\lambda_2 = L_0 = 64.0$ cm의 파장을 갖는다. 너트에서 마디까지의 거리는 반파장이다.

$$\Delta x = \tfrac{1}{2}\lambda_2 = \tfrac{1}{2}L_0 = 32.0 \text{ cm}$$

$\lambda_4 = \frac{1}{2}L_0 = 32.0$ cm의 파장을 갖는 네 번째 조화 주파수에서는 양끝 지점들 사이에 3개의 마디가 있다.

$$\Delta x = \tfrac{1}{2}\lambda_4 = \boxed{16.0 \text{ cm}}, \quad \Delta x = 2(\lambda_4/2) = \boxed{32.0 \text{ cm}},$$

$$\Delta x = 3(\lambda_4/2) = \boxed{48.0 \text{ cm}}$$

**주의** $\Delta x = 32.0$ cm에 손가락을 놓으면 기본 주파수와 이 주파수의 홀수 배의 조화 주파수는 감쇠하지만 모든 고차 조화 주파수가 다 감쇠하는 것은 아니다. 그러나 손가락으로 진동을 죽이지 않은 줄의 나머지 부분들은 자유롭게 진동하기 때문에 2차 고조파가 가장 크게 나타난다. $\Delta x = 16.0$ cm 또는 48.0 cm에 손가락을 놓으면 1차 조화 주파수에서 3차 조화 주파수까지 감쇠하고 4차 조화 주파수를 들을 수 있다.

**연습문제 14.6**

기타에서 주파수가 $3.0 \times 10^2$ Hz인 F샵음을 내기 위해서는 E음 줄의 두 번째 프렛 위를 눌러주어 프렛에 단단히 고정시키면 된다. (a) 두 번째 프렛의 위치는 어디인가? (b) 3차 조화 주파수를 듣기 위해서 E음 줄의 어느 두 부분을 눌러야 하는가?

**답** (a) 너트로부터는 7.1 cm이고, 첫 번째 프렛에서는 3.4 cm이다. 첫 번째 프렛에서 두 번째 프렛까지의 거리는 너트부터 첫 번째 프렛까지의 거리와 똑같지 않다는 것을 주목해야 한다. (b) 너트에서 21.3 cm와 42.7 cm이다.

PhysicsNow™ **http://physics.brookscole.com/ecp**에서 PhysicsNow를 로그인하고 연관된 예제 14.6으로 들어가서 이 예제를 살펴본다.

## 예제 14.7 잡아당긴 줄에서 나는 조화 주파수 소리

**목표** 줄에 생긴 조화 주파수를 계산하고, 이 조화 주파수와 소리의 관계를 찾고, 마지막으로 이 조화 주파수와 장력과의 관계를 찾는다.

**문제** (a) 단위 길이당 질량이 $2.00 \times 10^{-3}$ kg/m이고 길이가 1.00 m인 강철 줄을 80.0 N의 장력으로 잡아당긴 강철 줄의 기본 주파수, 2차 조화 주파수, 3차 조화 주파수를 구하라. (b) 이 3개의 모드에 대한 음파의 파장을 구하라. 공기 중에서 음속을 345 m/s라고 가정한다. (c) $7.80 \times 10^3$ kg/m$^3$의 밀도를 갖고 $2.80 \times 10^8$ Pa의 탄성한계인 카본스틸(carbon steel)로 단면적 $A = 2.56 \times 10^{-7}$ m$^2$인 줄을 만들었다고 가정한다. 줄을 이 탄성한계까지 당겼다면 줄에 생긴 파동의 기본 주파수는 얼마인가? 줄의 단위 길이당 질량을 감소시킬 수 있는 어떤 잡아당기는 요소도 없다고 가정한다.

**전략** (a) 줄에 생긴 파동의 속력을 구하는 것은 굉장히 쉬운데, 첫 번째 고조파의 주파수를 구하기 위해서 식 14.15에 대입하면 된다. 식 14.17에서 보듯이 나머지 두 조화 주파수는 첫 번째 조화 주파수의 주파수를 정수 배하면 된다. (b) 음파의 파동은 진동하는 줄의 주파수와 동일하지만 파장은 서로 다르다. 공기에서 음파의 파장을 구하기 위해서 $v_s = f\lambda$를 사용하는데, $v_s$는 공기에서의 음속이다. (c) 탄성한계에 해당하는 힘을 구하고 이 값을 식 14.16에 대입한다.

**풀이**

(a) 주어진 장력에서 우선 3개의 조화 주파수를 구한다.

줄에 생긴 파동의 속력을 계산하기 위해서 식 13.15를 사용한다.

$$v = \sqrt{\frac{F}{\mu}} = \sqrt{\frac{80.0\text{ N}}{2.00 \times 10^{-3}\text{ kg/m}}} = 2.00 \times 10^2\text{ m/s}$$

식 14.15를 사용하여 줄에 생긴 기본 주파수를 구한다.

$$f_1 = \frac{v}{2L} = \frac{2.00 \times 10^2\text{ m/s}}{2(1.00\text{ m})} = \boxed{1.00 \times 10^2\text{ Hz}}$$

이 주파수의 정수 배를 곱하고 나머지 두 주파수도 구한다.

$$f_2 = 2f_1 = \boxed{2.00 \times 10^2\text{ Hz}}, \quad f_3 = 3f_1 = \boxed{3.00 \times 10^2\text{ Hz}}$$

(b) 음파의 파장들을 모두 구한다.

파장에 대하여 $v_s = f\lambda$를 풀고 앞서 구한 주파수들을 대입한다.

$$\lambda_1 = v_s/f_1 = (345\text{ m/s}) / (1.00 \times 10^2\text{ Hz}) = \boxed{3.45\text{ m}}$$

$$\lambda_2 = v_s/f_2 = (345\text{ m/s}) / (2.00 \times 10^2\text{ Hz}) = \boxed{1.73\text{ m}}$$

$$\lambda_3 = v_s/f_3 = (345\text{ m/s}) / (3.00 \times 10^2\text{ Hz}) = \boxed{1.15\text{ m}}$$

(c) 탄성한계에 해당하는 힘을 가한 경우 기본 주파수를 구한다.

탄성한계에서 줄에 가해진 장력을 계산한다.

$$\frac{F}{A} = \text{탄성한계} \longrightarrow F = (\text{탄성한계})A$$

$$F = (2.80 \times 10^8\text{ Pa})(2.56 \times 10^{-7}\text{ m}^2) = 71.7\text{ N}$$

$F, \mu, L$의 값들을 식 14.16에 대입한다.

$$f_1 = \frac{1}{2L}\sqrt{\frac{F}{\mu}}$$

$$f_1 = \frac{1}{2(1.00\text{ m})}\sqrt{\frac{71.7\text{ N}}{2.00 \times 10^{-3}\text{ kg/m}}} = \boxed{94.7\text{ Hz}}$$

**주의** 풀이 과정의 (c)에서 보면 결국 이 문제를 실용적으로 사용하기 위해서는 더 두꺼운 줄을 선택하거나 높은 탄성한계를 갖는 더 좋은 강철로 줄을 만들 필요가 있다는 것을 알려 준다. 이 문제에서 탄성한계에 대응하는 주파수가 기본 주파수보다 더 작다!

**연습문제 14.7**

(a) 줄에 작용하는 장력을 115 N까지 늘린 경우 줄에 생긴 기본 주파수와 2차 조화 주파수를 구하라(줄은 늘어나거나 끊어지지 않는다고 가정한다). (b) 음속으로 345 m/s를 사용한다면 줄에 생긴 음파의 파장을 구하라.

**답** (a) $1.20 \times 10^2$ Hz, $2.40 \times 10^2$ Hz (b) 2.88 m, 1.44 m

## 14.9 강제 진동과 공명

13장에서 감쇠 진동자의 에너지가 마찰 때문에 시간에 따라 감소한다는 것을 배웠다. 이 역학계에 양의 일을 하는 외력을 인가함으로써 에너지 손실을 보상할 수 있다.

예로써 고유 진동수 $f_0$를 가지는 물체–스프링 역학계가 진동수 $f$로 주기적인 힘에 의하여 앞뒤로 흔들린다고 가정한다. 이 역학계는 강제 구동력의 주파수 $f$로 진동한다. 이러한 종류의 운동을 **강제진동**(forced vibration)이라고 한다. 강제 구동력의 주파수가 이 역학계의 **공명 주파수**(resonant frequency)라고 하는 고유 진동수 $f_0$와 같아질 때 이 운동의 진폭은 최대가 된다. 이러한 조건에 놓여 있는 역학계는 **공명**(resonance) 상태에 있다고 말한다.

공명 진동 현상은 다양하고 광범위하게 주변에서 볼 수 있다. 예를 들어 오페라 가

수는 강력한 목소리로 공명 조건을 만들어서 포도주 잔을 산산이 부서뜨릴 수 있다. 그림 14.17은 공명을 보여 주는 실험이다. 서로 길이가 다른 진자 몇 개를 유연한 막대에 매단다. 이들 중 진자 *A*를 움직이게 한다면 유연한 막대기가 흔들려서 다른 진자들도 진동하기 시작한다. 진자 *A*의 길이와 동일한 길이의 진자 *C*는 두 진자의 고유 진동수가 일치하기 때문에(강제 구동력) 진폭이 가장 크게 진동한다.

공명에 대한 또 다른 간단한 예가 그네를 타는 아이의 경우인데, 이는 근본적으로 그네 길이에 의존하는 고유 진동수를 갖는 진자이다. 이 그네를 적절한 시간 간격으로 지속적으로 밀어준다. 그네의 흔들리는 진폭을 크게 하기 위해서는 그네가 돌아올 때마다 손으로 밀어주어야 한다. 이때 손으로 매 시간마다 그네를 밀어주는 것은 그네의 고유 진동수와 일치한다. 만약에 매 사이클당 이 그네에 주입하는 에너지가 마찰 때문에 사라지는 에너지와 같다면 진폭은 일정하게 유지된다.

구조물에서 일어난 오래된 공명 현상의 예로는 1940년에 미국 워싱턴 주의 타코마 내로우즈 다리(Tacoma Narrows bridge)가 바람 때문에 흔들렸던 것을 들 수 있다(그림 14.18). 이 진동에서 진폭이 급속도록 커져 마침내 다리가 붕괴될 정도로 진폭은 커졌다(아마도 다리를 만든 금속들이 부러졌기 때문일 것이다). 그러나 최근에 많은 연구자들은 이러한 설명에 의문을 품기 시작하였다. 일반적으로 돌풍은 공명 조건이 유지될 정도로 주기적인 힘을 발휘하지 않는다. 따라서 이 다리에서는 공명 현상으로 예상하였던 단순한 위아래 운동보다는 오히려 커다랗게 뒤틀리는 진동이 생겼을 것이다.

최근에 나타난 공명에 의한 구조물 파괴 현상은 1989년 미국 캘리포니아 주 오클랜드 시 근처에서 발생한 로마 프리에타(Loma Prieta) 지진에서 볼 수 있다. 이때 이층 구조로 된 니미츠(Nimitz) 고속도로의 1마일 길이 정도가 위층에서 아래층으로 붕괴하여 여러 명이 사망하였다. 이 고속도로의 붕괴는 이 부분만 진흙으로 채워서 다진 땅 위에 세워졌고 다른 부분들은 암반 위에 세워졌기 때문이었다. 지진파가 진흙층 또는 단단하지 않은 흙을 지나갈 때 이 지진파의 속력은 감소하고 지진파의 진폭은 커진다. 붕괴된 고속도로 부분은 다른 부분과 같은 진동수로 흔들렸으나 훨씬 더 큰 진폭으로 흔들렸던 것이다.

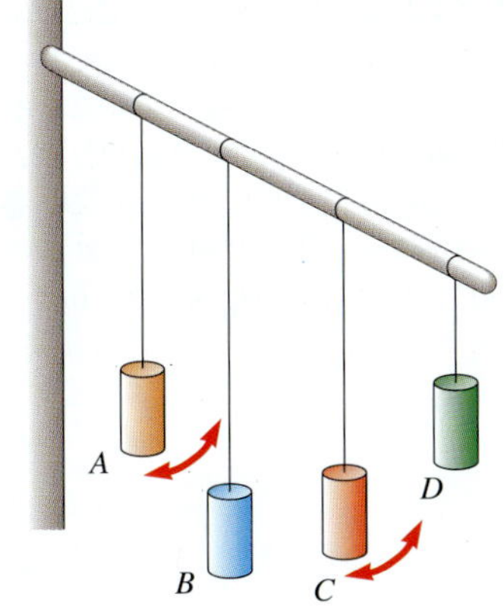


**그림 14.17** 공명. 진자 *A*를 흔들릴 수 있도록 설치한다면 *A*와 길이가 같은 진자 *C*는 결과적으로 큰 진폭으로 진동할 것이다, 즉 공명하는 것이다. 화살표는 이 진동이 지면에 수직이라는 것을 표시한 것이다.

Photos from United Press International Photo/Corbis

**그림 14.18** 1940년에 일어난 타코마 내로우즈 다리의 붕괴는 역학적 공명의 예로 잘 인용된다. 아주 빠른 바람이 다리에 정상파를 만드는데, 이 정상파의 주파수는 다리의 고유 진동수들 중 하나로 진동한다(최근에 많은 수학자들과 물리학자들이 이런 해석방법이 틀렸다고 하였지만). 이렇게 되면 공명이 발생하여 다리가 붕괴된다.

## 14.10 공기 기둥에서의 정상파

파이프 오르간과 같은 공기 튜브에서 서로 반대 방향으로 진행하는 음파들 사이의 간섭 결과로서 종파의 정상파가 생긴다. 입사파와 반사파 사이의 관계는 튜브의 반사쪽 끝의 개폐 여부에 의존한다. 튜브 끝이 열렸을 때조차도 음파의 일부는 반사한다. **만약에 한쪽 끝이 닫혀 있다면 공기의 움직임이 제지당하기 때문에 마디가 이 끝에 생긴다. 만약에 한쪽 끝이 열려 있다면 공기들은 완전히 자유로이 운동하고 이 부분에서 배가 생긴다.**

그림 14.19a는 튜브의 양쪽 끝이 모두 열린 파이프의 3개 진동 모드를 보여 준다. 이 파이프의 왼쪽 가장자리에서 공기가 움직인다면 종파의 정상파가 만들어지고 파이프는 고유 진동수로 진동한다. 파이프의 한 끝에서 다른 한 끝까지에서 정상파의 형태는 A–N–A로 마루와 배가 서로 바뀐 것을 제외하고는 진동하는 줄에서 보았던

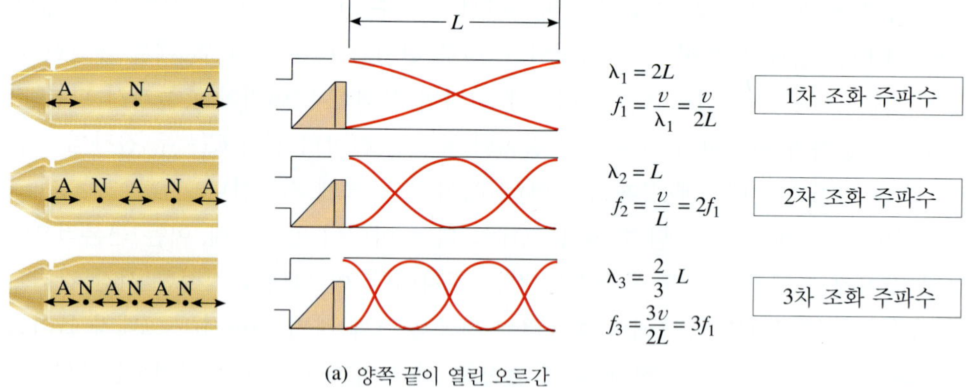


(a) 양쪽 끝이 열린 오르간

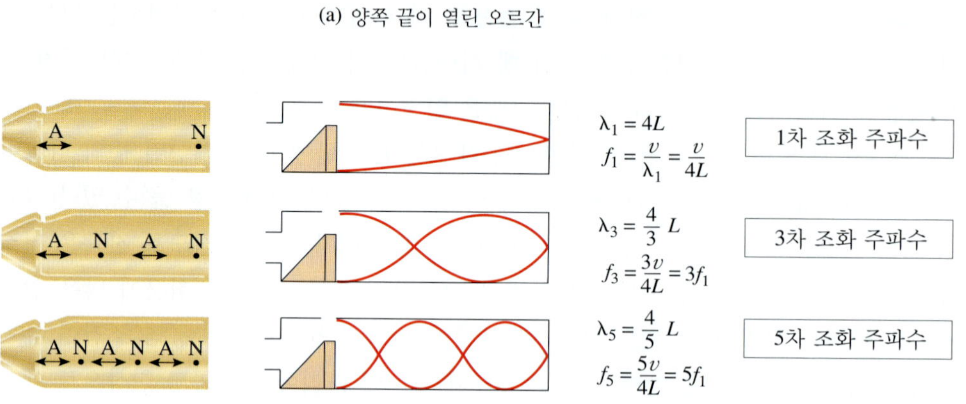


(b) 한쪽 끝이 닫힌 열린 오르간

**그림 14.23** (a) 양쪽 끝이 모두 열린 오르간 파이프에서 생기는 종파의 정상파들. $f_1$, $2f_1$, $3f_1$…과 같은 고유 진동수들이 파이프에 생긴 조화 주파수이다. (b) 한쪽 끝이 닫힌 오르간 파이프 내에서의 종파의 정상파들. 오직 **홀수**의 조화 주파수들만 발생하며, 이 조화 주파수들의 고유 진동수는 $1f_1$, $3f_1$, $5f_1$…이다.

**TIP 14.4 음파는 횡파가 아니다.**

그림 14.19에서 종파의 정상파를 횡파처럼 그린다. 왜냐하면 파동의 전파 방향과 같은 방향으로 생기는 종변위를 그려서 보여 주는 것이 어렵기 때문이다. 이 그림에서 수직축은 매질의 단위 요소들이 받는 압력이나 수평 변위를 의미한다.

정상파 형태와 같다. 이전처럼 배와 이웃한 마루인 A–N은 1/4 파장을 나타내며 이런 것이 두 개, 즉 A–N과 N–A가 있다. 이 결과 $L = 2(\lambda_1/4) = \lambda_1/2$이고 $\lambda_1 = 2L$이다. 따라서 양쪽 끝이 모두 열린 파이프의 기본 주파수는 $f_1 = v/\lambda_1 = v/2L$이다. 다음 번 조화파는 파이프의 양 끝 사이에서 더 많은 마루와 배가 생기며, 이 결과 A–N–A–N–A의 정상파 형태가 만들어진다. 이 정상파를 각각의 길이가 $\lambda_2/4$인 4개의 조각, 즉 A–N, N–A, A–N, N–A로 나눌 수 있다. 따라서 이 경우 $L = 4(\lambda_2/4) = \lambda_2$이고, 첫 번째 배음인 2차 조화 주파수는 $f_2 = v/\lambda_2 = v/L = 2(v/2L) = 2f_1$이다. 차례로 모든 고차 조화 주파수는 기본 주파수의 양의 정수 배이다.

양쪽 끝이 열린 파이프 오르관; ▶ 모든 조화 주파수가 존재한다.

$$f_n = n\frac{v}{2L} = nf_1 \qquad n = 1, 2, 3, \cdots \qquad [14.18]$$

여기에서 $v$는 공기 중에서의 음속이다. 이 식은 줄에서 생기는 정상파에 대한 기본 주파수의 정수 배를 나타내는 식 14.17과 유사하다는 것을 주목하라.

만약에 파이프의 한쪽이 열려 있고 다른 한쪽이 닫혀 있다면, 열린 쪽은 배이고 닫힌 쪽은 마루이다(그림 14.19b). 이런 파이프에서 기본 주파수는 단일 배–마루의 구조, 즉 A–N으로 되어 있으며, 이 경우 $L = \lambda_1/4$이고 $\lambda_1 = 4L$이다. 따라서 한쪽 끝이 닫힌 파이프에 대한 기본 주파수는 $f_1 = v/\lambda_1 = v/4L$이다. 첫 번째 배음은 열린 끝과 닫힌 끝 사이에 또 다른 마루와 배가 더 생겨서 A–N–A–N의 형태를 갖는다. 이 조화 주파수 형태에는 3개의 배–마루 구조(A–N, N–A, A–N)가 있다. 그러므로 이 경우 $L = 3(\lambda_3/4)$이고 $\lambda_3 = 4L/3$이다. 그러므로 첫 번째 배음은 $f_3 = v/\lambda_3 = 3v/4L = 3f_1$의 주파수를 갖는다. 이와 유사하게 $f_5 = 5f_1$이다. 양쪽이 모두 열린 파이프와는 대조적으로 **기본 주파수의 짝수 정수 배인 주파수는 없다.** 오직 한쪽 끝이 열린 파이프에 대한 홀수 조화 주파수는

$$f_n = n\frac{v}{4L} = nf_1 \qquad n = 1, 3, 5, \cdots \qquad [14.19]$$

◀ 한쪽 끝이 닫힌 파이프 오르관; 홀수의 조화 주파수만 존재한다.

이다.

## Quick Quiz 14.4

양쪽 끝이 열린 파이프는 기본 주파수 $f_{open}$으로 공진한다. 한쪽 끝을 가리고 다시 공진시켰을 때 기본 주파수는 $f_{closed}$이다. 다음 중 어느 것이 이 두 공진 주파수의 관계를 제대로 나타내는 것인가? (a) $f_{closed} = f_{open}$, (b) $f_{closed} = \frac{3}{2}f_{open}$, (c) $f_{closed} = 2f_{open}$, (d) $f_{closed} = \frac{1}{2}f_{open}$, (e) 여기에는 없다.

## Quick Quiz 14.5

샌디에고 시의 발보아 공원에는 야외 오르간이 있다. 공기 온도가 올라갈 때 이 오르간의 파이프들 중 하나의 기본 주파수는 (a) 높아진다. (b) 낮아진다. (c) 그대로이다. (d) 알 수 없다. (파이프의 열팽창은 무시한다.)

## 응용물리 14.3 항구에서 보는 바닷물의 진동

왜 가끔 항구의 바깥에서 파도가 치면 항구 내의 바닷물이 크게 울렁거리는가? 이러한 형상을 세이쉬(*seiche*)라고 한다.

**설명** 항구 내의 바닷물은 방파제로 갇혀 있고 이 바닷물은 항구의 크기에 의해서 결정되는 고유 주파수를 갖는다. 이것은 병 속에 밀폐된 공기가 갖는 고유 주파수와 유사하며, 열린 입구의 가장자리를 불면 이 주파수의 진동이 커진다. 어떤 주파수로 흔들리는 파도가 항구의 열린 부분을 지나갈 때, 만약에 이 주파수가 항구의 고유 주파수와 일치한다면 공명 현상에 의하여 항구 내의 바닷물에 커다란 정성파가 생길 수 있다. 이러한 상황은 물로 가득 채운 수족관을 운반할 때 생기기도 한다. 만약에 수족관을 옮길 때 생기는 보행 주파수가 수족관 내의 물에 대한 고유 주파수와 일치한다면 커다란 정상파 형태의 물결이 수족관 내에 생긴다. 서로 다른 공기통로의 각 부분에서 따로따로 생긴 서로 다른 소리 에너지 때문에 생긴다.

## 예제 14.8 다양한 길이의 튜브 내에서 생긴 공명

**목표** 튜브 내의 공명현상을 이해하고 몇 가지 기본적인 계산을 한다.

**문제** 그림 14.20a는 튜브 내의 공명 현상을 보여 주는 간단한 장치이다. 양쪽 끝이 열린 긴 튜브를 물이 담긴 비커에 일부 담그고, 미지의 주파수로 진동하는 소리굽쇠를 튜브의 위쪽 끝 근처에 놓는다. 이 튜브를 수직으로 움직여서 공기 기둥의 길이 $L$을 맞춘다. 소리굽쇠가 만든 음파는 공기 기둥의 길이가 튜브 내의 공명 주파수들 중 하나와 일치할 때 강해진다. 소리의 세기가 최대가 되는 가장 작은 길이 $L$이 9.00 cm라고 가정하자. (a) 이 경우 소리굽쇠의 주파수는 얼마인가? (b) 또 파장을 계산하고 공명이 일어나는 다음 번 두 개의 공기 기둥의 길이를 구하라. 여기서 음속은 345 m/s이다.

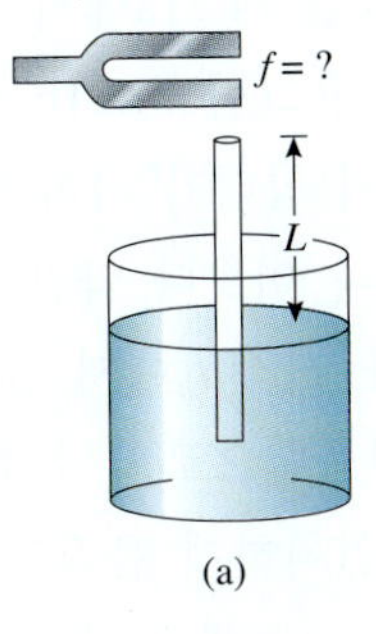


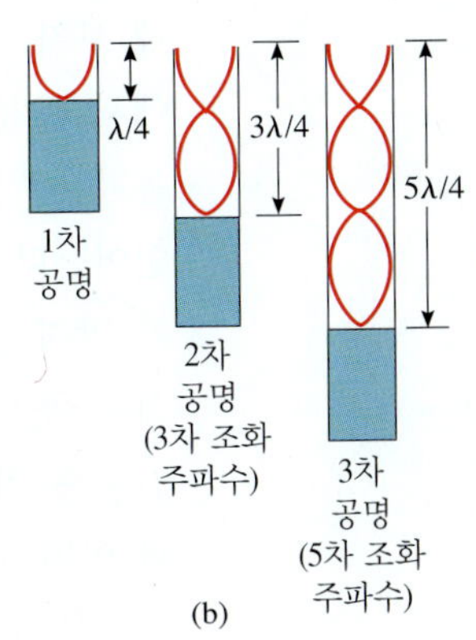


**그림 14.20** (예제 14.8) (a) 한쪽 끝이 닫힌 튜브 내에서 생기는 음파의 공명 현상을 보여 주기 위한 장치. 이 튜브의 일부를 물에 담근 상태에서 튜브를 수직으로 움직여서 공기 기둥의 길이 $L$을 바꾼다. (b) 이 장치에서 처음으로 나타나는 3개의 공명.

**전략** 물 속에 한쪽 끝을 담근 튜브는 한쪽 끝이 닫힌 파이프와 같다. $n = 1$에 해당하는 (a)에서 $v$와 $L$ 값을 식 14.19에 대입하고 소리굽쇠의 주파수를 구한다. (b) 튜브 내의 물높이가 충분히 낮아서 길이가 1/2 파장에 해당하는 두 번째 마루가 생길 때 다음 번 최대 공명이 일어난다. 그리고 길이가 또 다른 1/2 파장에 해당하는 세 번째 마루가 생길 때 튜브 내에 세 번째 공명이 발생한다. 이 3가지 경우 모두 튜브 내의 음파는 소리굽쇠가 만들기 때문에 음파의 주파수는 모두 동일하다.

**풀이**

(a) 소리굽쇠의 주파수를 구한다.

식 14.19에 $n = 1$, $v = 345$ m/s, $L_1 = 9.00 \times 10^{-2}$ m를 대입한다.

$$f_1 = \frac{v}{4L_1} = \frac{345 \text{ m/s}}{4(9.00 \times 10^{-2} \text{ m})} = \boxed{958 \text{ Hz}}$$

(b) 음파의 파장을 구하고 공명이 일어나는 다음 번 두 번째 물의 위치를 계산한다.

한쪽 끝이 열린 튜브의 기본 조화 주파수가 $\lambda = 4L$이라는 사실을 사용하여 파장을 계산한다.

$$\lambda = 4L_1 = 4(9.00 \times 10^{-2} \text{ m}) = \boxed{0.360 \text{ m}}$$

두 번째 공명 위치를 구하기 위해서 반 파장의 길이를 $L_1$에 더한다.

$$L_2 = L_1 + \lambda/2 = 0.090\,0 \text{ m} + 0.180 \text{ m} = \boxed{0.270 \text{ m}}$$

세 번째 공명 위치를 구하기 위해서는 또 다른 반파장의 길이를 $L_2$에 합친다.

$$L_3 = L_2 + \lambda/2 = 0.270 \text{ m} + 0.180 \text{ m} = \boxed{0.450 \text{ m}}$$

**주의** 이 실험 장치는 종종 음속을 측정하는 데 사용한다. 이 경우 소리굽쇠의 주파수는 미리 꼭 알아야만 한다.

**연습문제 14.8**

앞서 사용한 소리굽쇠와 동일한 소리굽쇠를 사용하는 똑같은 장치에서 공기 대신에 미지의 기체를 사용한 경우 공기 기둥이 5.84 cm에서 첫 번째 공명이 생긴다. 이 기체에서의 음속을 구하라.

**답** 224 m/s

## 14.11 맥놀이

지금까지 논의하였던 간섭 현상에서는 서로 반대 방향으로 진행하는 동일한 주파수 중 두 개 이상의 파동이 중첩되는 것을 말하였다. 약간 서로 다른 주파수를 갖는 두 파동의 중첩의 결과는 이와는 다른 간섭 현상을 나타낸다. 이 상황에서 어떤 고정된 지점에서의 파동은 보강간섭과 소멸간섭 사이에서 변하는 위상일치 또는 위상불일치 상태의 주기적인 파동이 된다. 이런 현상을 이해하기 위해서 활용그림 14.21을 생각해 보자. 활용그림 14.21a에서 보는 두 파동은 약간 주파수가 서로 다른 두 소리굽쇠에서 생겼다. 활용그림 14.21b는 이 두 음파의 중첩 결과이다. 어떤 순간 $t_a$에서 이 두 음파는 위상일치 상태가 되어 활용그림 14.21b에서 보여 준 결과와 같은 보강간섭이 일어난다. 그러나 이보다 약간 더 늦은 시간에서는 두 소리굽쇠의 진동이 서로 아귀가 맞지 않는다. 시각 $t_b$에서 한 소리굽쇠가 공기를 희박하게 하는 동안 다른 소리굽쇠는 공기를 압축함으로써 소멸간섭이 생긴다. 시간이 지나감에 따라 두 소리굽쇠의 진동은 위상불일치하게 움직이다가 위상일치하게 움직이는 과정을 반복한다. 이 결과 어떤 고정된 지점에서 관찰자는 커지다가 작아지는 소리를 반복해서 듣게 되는데, 이것을 **맥놀이**(beats)라고 한다. 초당 맥놀이의 수, 즉 **맥놀이 주파수**는 다음과 같이 두

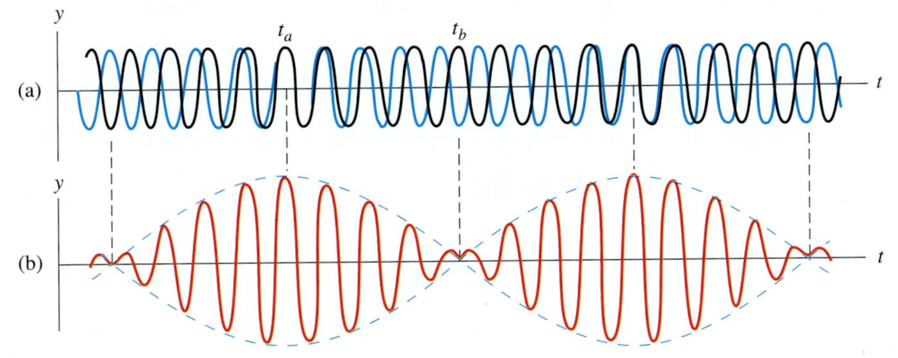


**활용그림 14.21**
같은 방향으로 진행하는 약간 다른 주파수를 갖는 두 음파의 조합 결과 맥놀이가 생긴다. (a) 공간 내의 어떤 일정한 지점에서 관찰자는 각각의 음파를 듣는다. (b) 두 음파가 결합된 음파는 시간에 따라 진동하는 진폭(점선)을 갖는다.

**Physics Now™**
**http://physics.brookscole.com/ecp**에서 PhysicsNow를 로그인하고 예제 14.21로 들어가서 두 개의 주파수를 선택하고 이에 대응하는 맥놀이를 본다.

음원의 주파수들 사이의 차와 같다.

$$f_b = |f_1 - f_2| \quad [14.20]$$

여기서 $f_b$는 맥놀이 주파수이고, $f_1$과 $f_2$는 두 음원의 주파수이다. 맥놀이 주파수는 양수이고, 두 주파수의 빼는 순서는 중요하지 않기 때문에 두 주파수의 차에 절대값 표기를 붙였다.

피아노와 같은 줄로 된 현악기에서는 조율하고자 하는 원음과 알고 있는 주파수의 원음 사이의 맥놀이를 이용하여 음을 조율한다. 이렇게 조율한 맥놀이가 들리지 않을 때까지 현악기의 줄에 대한 장력을 조정하여 현악기의 줄을 조율할 수 있다.

**APPLICATION**
맥놀이를 이용한 현악기의 조율

## Quick Quiz 14.6

표준 소리굽쇠의 소리와 기타의 줄에서 나는 소리를 비교함으로써 기타 줄을 조율할 수 있다. 양쪽 소리가 모두 있을 때 5 Hz의 맥놀이 주파수를 알 수 있다. 기타 줄을 보다 세게 감으면 서서히 맥놀이 주파수가 8 Hz까지 증가한다. 기타 줄과 소리굽쇠를 완벽하게 맞추기 위해서 (a) 줄을 세게 감아야 한다. (b) 줄을 느슨하게 감아야 한다. (c) 주어진 정보로는 어떻게 해야 할지 알 수 없다.

## 예제 14.9 음정이 틀린 원음

**목표** 맥놀이 주파수의 개념을 적용한다.

**문제** 어떤 피아노 줄이 $4.40 \times 10^2$ Hz의 주파수로 진동한다고 가정한다. 이 주파수를 확인하기 위해서 $4.40 \times 10^2$ Hz의 주파수로 진동하는 소리굽쇠와 이에 대응하는 피아노 둘을 동시에 쳐서 진동시킨다. 그러면 초당 4번의 맥놀이를 들을 수 있다. (a) 이 경우 줄에는 2가지 가능한 주파수가 생기는데 이 값들은 얼마인가? (b) 조율사의 조수가 피아노에서 436 Hz의 음을 내는 동안 피아노 조율사가 진동하는 소리굽쇠를 들고 피아노 쪽으로 달려 간다고 가정한다. 조율사가 최대 속도로 갈 때 피아노 조율사는 4 Hz에서 2 Hz로 맥놀이 주파수가 떨어지는 것을 알 수 있다(물론 맥놀이 주파수가 0이 되었다가 2 Hz로 가는 경우는 제외한다). 이 경우 조율사는 얼마나 빨리 움직이는가? 음속은 343 m/s로 계산한다. (c) 피아노 조율사가 달리는 동안 조수는 얼마의 맥놀이 주파수를 관찰하게 되는가? [주의: 마지막 계산까지 모든 숫자들은 두 자리의 정밀도로 계산한다.]

**전략** (a) 피아노 줄을 너무 높게 또는 너무 낮게 조율했을 때 맥놀이 주파수가 생기는데, 이 맥놀이 주파수는 두 음원 사이의 주파수 차의 절대값과 같다. 이 두 주파수에 대해서 식 14.20을 푼다. (b) 피아노 쪽으로 소리굽쇠가 움직이면 피아노 줄에서 생긴 주파수는 높아진다. 이 경우 관찰자의 속도를 고려한 도플러 주파수 이동에 대한 식 14.12를 푼다. (c) 조수는 소리굽쇠에 대한 도플러 주파수 이동 현상을 관찰하게 되므로 식 14.12를 적용한다.

**풀이**

(a) 두 개의 가능한 주파수를 구한다.

1번 경우: $f_2 - f_1$은 이미 양수인 경우 절대값 기호를 떼버려도 된다.

$$f_b = f_2 - f_1 \longrightarrow 4\text{ Hz} = f_2 - 4.40 \times 10^2\text{ Hz}$$
$$f_2 = \boxed{444\text{ Hz}}$$

2번 경우: $f_2 - f_1$이 음수인 경우 절대값 기호를 떼고 전체에 음수를 취한다.

$$f_b = -(f_2 - f_1) \longrightarrow 4\text{ Hz} = -(f_2 - 4.40 \times 10^2\text{ Hz})$$
$$f_2 = \boxed{436\text{ Hz}}$$

(b) 피아노 쪽으로 조율사가 달릴 때 맥놀이 주파수가 2 Hz일 경우 관찰자의 속도를 구한다.

달리는 관찰자가 $f_0$ = 438 Hz의 피아노 주파수를 듣는 경우 도플러 주파수 이동은 얼마인가?

$$f_O = f_S\left(\frac{v + v_O}{v - v_S}\right)$$
$$438\text{ Hz} = (436\text{ Hz})\left(\frac{343\text{ m/s} + v_O}{343\text{ m/s}}\right)$$
$$v_O = \left(\frac{438\text{ Hz} - 436\text{ Hz}}{436\text{ Hz}}\right)(343\text{ m/s}) = \boxed{1.57\text{ m/s}}$$

(c) 식 14.12에 적용한다. 음원은 소리굽쇠로 $f_S = 4.40 \times 10^2$ Hz이다.

$$f_O = f_S\left(\frac{v + v_O}{v - v_S}\right)$$
$$= (4.40 \times 10^2\text{ Hz})\left(\frac{343\text{ m/s}}{343\text{ m/s} - 1.57\text{ m/s}}\right) = 442\text{ Hz}$$

맥놀이 주파수를 계산한다.

$$f_b = f_2 - f_1 = 442\text{ Hz} - 436\text{ Hz} = \boxed{6\text{ Hz}}$$

**주의** 피아노 의자에 앉아 있는 조수와 소리굽쇠를 듣고 달리는 조율사는 서로 다른 맥놀이 주파수를 갖는 맥놀이를 듣는다. 대다수의 물리적 관찰 결과는 관찰자의 운동 상태에 의존하는데, 이에 대해서는 상대론을 논한 26장에서 보다 많이 논의할 것이다.

**연습문제 14.9**

조수가 문제에서 제시된 것과 동일한 피아노 줄의 장력을 조정한 후, 피아노 음과 소리굽쇠를 동시에 쳐서 2.00 Hz의 맥놀이 주파수를 듣는다. (a) 피아노 줄에 생긴 2개의 가능한 주파수를 구하라. (b) 실제의 피아노 줄의 주파수가 소리굽쇠의 주파수보다 높다고 가정한다. 피아노 조율사가 소리굽쇠를 들고 4.00 m/s의 속도로 피아노에서 멀어진다면 맥놀이 주파수는 얼마가 되는가? (c) 피아노 의자에 앉아 있는 조수는 얼마인 맥놀이 주파수를 듣게 되는가? 음속은 343 m/s이다.

**답** (a) 438 Hz, 442 Hz (b) 3 Hz (c) 7 Hz

## 14.12 귀

사람 귀는 겉귀, 가운뎃귀, 속귀와 같이 3개의 영역으로 나뉜다(그림 14.22). **겉귀**는 대기 쪽으로 뚫린 귓구멍과 이 귓구멍의 끝에 위치한 고막으로 이루어져 있다. 음파는 고막까지 귓구멍을 따라 진행하다가 음파의 압력에 따라 고막을 진동시킨다. 고막 속은 3가지 뼈로 이루어져 있는데, 이들은 **가운뎃귀**의 중요 부분이며 모양에 따라 망치뼈, 모루뼈, 등자뼈라고 각각 부른다. 이들 뼈들은 **속귀**까지 음파의 진동을 그대로 전달한다. 속귀에는 길이가 약 2 cm인 달팽이를 닮은 달팽이관이 들어 있다. 달팽이관과 등자뼈는 안뜰창을 통하여 이어져 있으며, 속귀는 달팽이관의 길이를 따라 작은

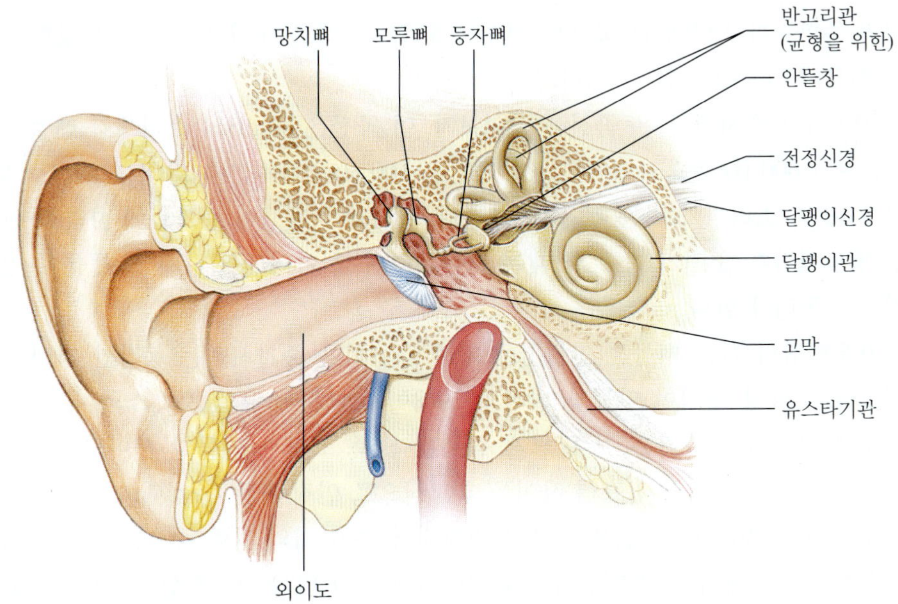


**그림 14.22** 인간 귀의 구조. 고막과 달팽이관의 입구를 연결해 주는 세 개의 작은 뼈 조각들이 진동의 진폭을 감소시키는 이중 지렛대 같이 작용하여 달팽이관 내의 유체의 압력을 증가시킨다.

섬모들과 신경섬유로 구성된 기저막에 의해서 둘로 나누어져 있다. 이 기저막은 단위 기저막 길이당 질량과 기저막의 길이당 장력에 따라 변하며, 이 기저막의 서로 다른 부분들이 서로 다른 주파수에 따라 공진한다. (줄의 고유 주파수는 줄의 단위 길이당 질량과 이 줄에 작용하는 장력에 의존하여 변한다는 것을 기억해야 한다.) 기저막을 따라서 수많은 신경들의 말단이 연결되어 있고, 이 신경들이 기저막의 진동을 감지하여 뇌 쪽으로 신경신호를 보낸다. 그러면 뇌는 이 신호가 전달된 기저막의 부위와 신호가 전달되는 비율에 따라 신호를 소리로 바꾸어 알아 듣는다.

그림 14.23은 0 dB에서 120 dB까지의 범위 내에서 평균적인 인간 귀가 갖는 소음의 크기에 대한 주파수 반응도를 나타낸 것이다. 일련의 이 그래프를 해석하기 위해서 아래에 청각한계를 그어 놓았다. 그리고 100 Hz와 1 000 Hz의 두 주파수에 대한 소리의 세기와 수직축을 서로 비교해 본다. 수직축에서 보면 100 Hz의 소리가 1 000 Hz의 소리보다 약 38 dB만큼 크다는 것을 알 수 있는데, 이로부터 청각한계가 주파수에 매우 강하게 의존한다는 것을 나타낸다. 듣기에 가장 좋은 주파수는 3300 Hz 근처이다. 소

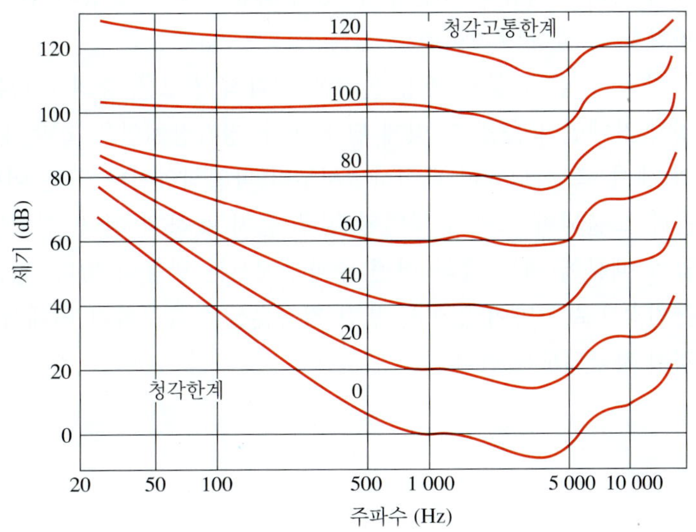


**그림 14.23** 소리의 주파수 대 소리세기 레벨의 곡선. 귀는 약 3 300 Hz 근처에서 가장 민감하게 작동한다. 가장 낮은 곡선은 인구의 약 1%만이 들을 수 있는 청각한계에 대응하는 곡선이다.

리의 주파수가 12 000 Hz를 넘어서거나 50 Hz 아래로 내려간다면 매우 강한 소리이기 때문에 간신히 들을 수 있다.

80이라고 숫자가 붙은 곡선을 살펴보자. 이 곡선은 80 dB의 소리세기 레벨에서 기준으로 1 000 Hz 음을 사용한다. 이 곡선은 100 Hz의 음이 80 dB의 1 000 Hz 음보다 약 4 dB 더 소리가 크다는 것을 보여 준다. 소리세기 레벨이 증가함에 따라 곡선이 점점 평평해지며, 소리가 아주 클 때는 모든 주파수를 거의 동일하게 잘 들을 수 있다는 것에 주목해야 한다.

가운뎃귀의 작은 뼈들은 안뜰창에 가해지는 힘을 증가시키는 복잡한 지렛대 시스템이다. 고막의 면적이 안뜰창 면적의 20배이기 때문에(유압 프레스와 유사하게) 안뜰창에 가해지는 압력은 아주 크게 증폭된다. 즉 고막과 안뜰창 사이의 가운뎃귀는 겉귀의 공기와 속귀의 림프액 사이를 효과적으로 연결해 준다. 겉귀와 속귀 사이에서는 모든 에너지가 아주 높은 효율로 변환되어 수천 배의 압력 증폭률이 생긴다. 다시 말하자면 속귀에서의 압력 변화는 겉귀에서의 압력 변화보다 훨씬 더 크다는 것이다.

귀는 아주 큰 소리에 대해서 귀를 보호하는 자체 보호시스템을 갖고 있다. 가운뎃귀의 3개 뼈들을 벽에 연결하는 근육들이 뼈에 가해지는 장력을 변화시켜서 소리의 크기를 조절한다. 따라서 이 뼈들이 진동을 전달하는 능력을 저하시킨다. 이와 더불어 소리가 커지면 고막도 점점 딱딱해진다. 이들 두 가지 기능이 입력되는 소리에 대해서 귀가 덜 민감하게 느끼도록 해준다. 그러나 큰 소리가 들어온 시간과 귀의 보호작용 사이에는 시간지연이 있어서 매우 큰 소리가 갑작스럽게 들리면 여전히 귀가 상할 수 있다.

사람 귀의 복잡한 구조는 포유동물이 바다 생물체로부터 진화했다는 사실과 관련있다. 이것과 비교해 보면 곤충은 초지일관 육지 생명체였기 때문에 곤충의 귀는 상당히 구조가 단순하다. 전형적인 곤충의 귀는 한쪽이 공기 중으로 직접 노출된 고막이고 다른 한쪽은 공기가 찬 공진기로 되어 있다. 신경세포들은 속귀와 가운뎃귀를 연결하는 복잡한 중간단계를 거치지 않고 뇌와 이 공진기를 직접 연결한다. 이러한 단순한 구조 때문에 사실상 귀는 몸체의 어느 곳에든 있을 수 있다. 예를 들어 메뚜기는 다리에 귀가 있다. 이러한 곤충의 귀가 갖는 하나의 장점은 귀들의 위치와 음원까지의 거리가 자유로이 변할 수 있기 때문에 다른 곤충과 같은 음원들의 위치를 쉽게 파악할 수 있다는 것이다.

최근 수십 년 동안 가장 놀라운 의학적 진보들 중의 하나는 인공고막의 이식으로 청각 장애인이 들을 수 있게 된 것이다. 청각장애인은 고막 내에 있는 머리털 같이 생긴 센서, 즉 섬모들이 태어나면서부터 파열되었거나 또는 어떤 순간에 엄청난 큰 소음에 노출되어 고막이 파열된 경우 듣지 못하게 된다. 섬모들이 뒤쪽에서는 자라지 않기 때문에 귀는 음의 어떤 주파수에서는 반응이 없다. 인공고막 이식은 손상이나 근원적으로 고막이 없어서 생긴 청각손실을 복구하기 위해서 전자적으로 귀 안의 신경이 자극되도록 한다.

## 요약

**Physics Now™** **http://physics.brookscole.com/ecp**에서 PhysicsNow를 로그인하고 이 장에 대한 Pre-Test link를 클릭하여 연습문제 시험을 보라.

### 14.2 음파의 특징

**음파**는 종파이다. **가청음파**는 주파수가 20 Hz에서 20 000 Hz 사이인 음파이다. **초저음파**는 가청음파의 영역 아래의 주파수를 갖는 음파이다. **초음파**는 가청음파의 영역 너머의 주파수를 갖는 음파이다.

### 14.3 음속

부피 탄성률 $B$와 밀도 $\rho$인 매질 내에서 음속은

$$v = \sqrt{\frac{B}{\rho}} \qquad [14.1]$$

이다. 또한 음속은 매질의 온도에 의존한다. 온도와 공기 중의 음속 사이의 관계는

$$v = (331 \text{ m/s})\sqrt{\frac{T}{273 \text{ K}}} \qquad [14.4]$$

이다. 여기에서 $T$는 K(캘빈)로 나타내는 절대온도이고, 331 m/s는 0℃에서 공기 중의 음속이다.

### 14.4 음파의 에너지와 세기

어떤 면에 입사하는 소리의 **평균 세기**는 다음과 같이 정한다.

$$I \equiv \frac{\text{일률}}{\text{면적}} = \frac{\mathscr{P}}{A} \qquad [14.6]$$

여기서 일률 $\mathscr{P}$는 면적 $A$인 면을 통과하여 지나가는 시간당 에너지이다. 음파의 **소리세기 레벨**은

$$\beta \equiv 10 \log\left(\frac{I}{I_0}\right) \qquad [14.7]$$

이다. 상수 = $1.0\times10^{-12}$ W/m$^2$는 보통 가청문턱에서의 기준 소리세기이고, $I$는 **데시벨**(dB)로 나타내는 소리세기 레벨 $\beta$이다.

### 14.5 구면파와 평면파

점 음원이 만든 구면파의 **세기**는 음원으로부터 방출된 평균 일률에 비례하고 음원에서부터의 거리의 제곱에 역비례한다.

$$I = \frac{\mathscr{P}_{\text{av}}}{4\pi r^2} \qquad [14.8]$$

### 14.6 도플러 효과

음원과 관찰자 사이에 상대적인 운동이 있을 때 관찰자가 듣는 주파수 변화를 **도플러 효과**라고 한다. 관찰자가 $v_O$의 속력으로 움직이고 음원이 $v_S$의 속도로 움직인다면 관찰된 주파수는 다음과 같다.

$$f_O = f_S\left(\frac{v + v_O}{v - v_S}\right) \qquad [14.12]$$

여기서 $v$는 음파의 속력이다. 관찰자가 음원 쪽으로 움직일 때는 $v_O$를 양수로 보며, 관찰자가 음원으로부터 멀어질 때는 $v_O$를 음수로 본다. 이와 유사하게 음원이 관찰자 쪽으로 움직일 때는 $v_S$를 양수로 보며, 음원이 관찰자로부터 멀어질 때는 $v_S$를 음수로 본다.

### 14.7 음파의 간섭

파동이 간섭할 때 점점이 개개의 파동들을 모두 더하면 된다. 마루와 마루가 만날 때 그리고 배와 배가 만날 때 **보강간섭**이 생기며, 경로차는

$$r_2 - r_1 = n\lambda \qquad (n = 0, 1, 2, \cdots) \qquad [14.13]$$

이다. 마루와 배가 만날 때는 **소멸간섭**이 생기며, 경로차는

$$r_2 - r_1 = (n + \tfrac{1}{2})\lambda \qquad (n = 0, 1, 2, \cdots) \qquad [14.14]$$

이다.

### 14.8 정상파

동일한 주파수, 동일한 진폭, 동일한 파장을 갖는 두 파동이 매질 내에서 서로 반대 방향으로 진행할 때 **정상파**가 생긴다. 양쪽 끝이 모두 고정된 길이 $L$인 잡아당긴 줄에서 생긴 진동의 고유 주파수는

$$f_n = nf_1 = \frac{n}{2L}\sqrt{\frac{F}{\mu}} \qquad n = 1, 2, 3 \cdots \qquad [14.17]$$

이다. 여기서 $F$는 줄의 장력이고, $\mu$는 단위 길이당 질량이다.

### 14.9 강제 진동과 공명

진동하는 시스템에서 구동력의 주파수가 시스템의 고유 주파수들 중 하나와 일치한다면 이 시스템은 구동력에 대한 **공명**이 일어난다고 말한다. 시스템이 공명할 때 시스템은 최대 진폭으로 진동한다.

### 14.10 공기 기둥에서의 정상파

공기 튜브 내에서 정상파를 만들 수 있다. 튜브의 한쪽 끝이 **열려** 있다면 튜브의 내부에 모든 조화 주파수가 존재하게 되고, 이 진동의 고유 주파수는

$$f_n = n\frac{v}{2L} = nf_1 \qquad n = 1, 2, 3, \cdots \qquad [14.18]$$

이다. 튜브가 한쪽 끝이 **닫혀** 있다면 오직 기본 주파수의 홀수 배에 해당하는 조화 주파수만 존재하며, 이 진동의 고유 주파수는

$$f_n = n\frac{v}{4L} = nf_1 \qquad n = 1, 3, 5, \cdots \qquad [14.19]$$

이다.

### 14.11 맥놀이

약간 주파수가 다른 두 파동이 공간 내의 어떤 지점에서 만났을 때 생기는 간섭 효과를 **맥놀이** 현상이라고 한다. 음파의 경우 맥놀이로 인한 소리의 세기는 시간에 따라 주기적으로 변한다. 맥놀이 주파수는

$$f_b = |f_2 - f_1| \qquad [14.20]$$

이다. 여기에서 $f_1$과 $f_2$는 두 파원의 주파수들이다.

## 개념 파악을 위한 질문

**1.** (a) 고속도로에서 차를 몰고 내려가는데 사이렌을 울리는 경찰차가 당신 차를 추월하여 지나간다. 만약에 경찰차가 정지해 있을 때 사이렌의 주파수가 $f_0$라면 경찰차가 당신 차를 따라오는 동안 듣는 사이렌 소리의 주파수는 $f_0$보다 더 높을까? 아니면 더 낮을까? (b) 경찰차가 당신 차를 지나간 후에 들리는 사이렌 주파수는 $f_0$에 대해서 어떻게 되는가?

**3.** 자동초점 카메라는 음파 펄스를 물체에 보내서 물체에서 반사할 때까지 걸리는 시간을 측정한다. 온도가 카메라 초점에 영향을 줄 수 있는가?

**5.** 영화에서 보면 비밀요원들은 항상 음성 주파수대 변환기가 내장된 안전한 전화기를 갖고자 한다. 이 장비의 작동 원리는 무엇인가?

**7.** 공기의 온도가 관악기의 조율에 어떻게 영향을 미치는가?

**9.** 여러분이 절벽 쪽으로 운전하면서 경적을 울린다고 가정하자. 이때 여러분이 메아리를 듣는다면 이 메아리에 도플러 효과가 들어 있을까? 이 효과는 움직이는 음원 때문인가? 아니면 움직이는 관찰자 때문인가? 메아리가 절벽에서 생긴 것이 아니라 여러분 쪽으로 움직이는 지구 밖에 있는 거대한 우주선의 앞쪽 모서리에 생긴 반사의 결과라면 운전 시 어떤 소리가 들리겠는가?

**11.** 때때로 기타 연주자는 기타 줄의 정 가운데 부분을 가볍게 튕겨서 "조화파"를 만들어 낸다. 이 경우 줄을 지판에 누르지 않을 때조차도 기본 주파수보다 한 옥타브 더 높은 명확한 음이 생긴다. 이런 현상이 생기는 이유는?

**13.** 양궁선수는 활을 당겨서 화살을 쏜다. 화살이 발사된 후에 활의 줄이 정상파로 진동하는 것을 본 적이 있는가? 만약에 그렇다면 그리고 활이 완전 대칭 구조이어서 줄의 가운데에서 화살을 장착한다면 줄에는 어떤 조화파가 생기겠는가?

**15.** 줄에서 서로 반대 방향으로 움직이는 동일한 모양의 펄스가 서로 다른 펄스들을 통과하여 지나감에 따라 줄이 어떤 평형 위치에서 변위가 사라지는 한 순간이 있다. 이 순간에 펄스가 가지고 가던 에너지들은 사라졌는가? 만약에 그렇지 않다면 이 에너지는 어디에 있는가?

## 문제

1, 2, 3 = 기본문제, 발전문제, 심화문제

□ = 학생 문제풀이 매뉴얼/학습 가이드 속에 전체 문제풀이가 있다.

PhysicsNow™ http://physics.brookscole.com/ecp에서 힌트를 받을 수 있는 문제

= 생물의학 문제

### 14.2 음파의 특징

### 14.3 음속

특별히 언급하지 않는다면 공기에서의 음속은 345 m/s이다.

**1.** 번개가 번쩍이는 것을 본 후 16.2 s만에 천둥소리를 들었다고 가정한다. 공기 중의 음속은 343 m/s이고, 공기 중의 빛의 속력은 $3.00 \times 10^8$ m/s이다. 번개는 얼마나 먼 곳에서 친 것인가?

**3.** 공기에서 음파의 주파수는 700 Hz이고 파장은 0.50 m이다. 공기의 온도는 얼마인가?

**5.** 도보 등산가들이 산에서 고함을 지른 후 3.00 s 후에 메아리를 들었다. 기온이 22.0℃라면 음향을 반사시킨 산은 얼마나 멀리 떨어져 있는가?

**7.** 바다에서 어떤 만의 긴 해안가에 설치한 잔교를 보고 있다가 크게 증폭된 소리를 들었다. 그리고 공기를 통하여 이러한 소리를 듣기 4.50 s 전에 물에서 나는 소리를 먼저 들었다. 이 만의 폭은 얼마인가?

### 14.4 음파의 에너지와 세기

**9.** 코끼리는 14 Hz 정도의 나지막한 소리인 초저음파로 서로 통신하는 것으로 알려져 있는데, 소리가 10 km까지 전달된다. 이 코끼리로부터 5 m 떨어진 거리에서 잰 소리의 소리세기 레벨은 103 dB이다. 음파 에너지가 모든 방향으로 균일하게 퍼져 나간다고 가정할 경우 코끼리로부터 10 km 떨어진 곳에서의 이 초저음파의 소리세기 레벨은 얼마인가?

**11.** PhysicsNow™ 공장 내의 시끄러운 기계 때문에 80 dB의 소음이 생긴다. 이 공장에서 90 dB까지의 소음한계를 넘으면서 최대 몇 대의 동일한 기계를 더 설치할 수 있는가?

**13.** 4.00 $\mu$W/m$^2$의 세기를 갖는 음파의 소리세기(dB)를 계산하라.

### 14.5 구면파와 평면파

15. 기차가 경적을 울리면서 건널목으로 접근한다. 이 경적소리를 10 km 떨어진 거리에 있는 관찰자가 50 dB로 듣는다. (a) 경적이 울린 평균 일률은 얼마인가? (b) 기차로부터 50 m 떨어진 건널목에 서 있는 사람이 듣는 경적소리의 세기 레벨은 얼마인가? 경적을 점 파원으로 생각하고 공기에 의한 음파의 흡수는 무시한다.

### 14.6 도플러 효과

17. 정기 통근용 기차가 40.0 m/s의 일정한 속력으로 승객이 기다리는 플랫폼을 지나간다. 기차 경적은 320 Hz이다. (a) 기차가 플랫폼으로 다가올 때와 지나갈 때 플랫폼에 있는 승객이 듣는 경적소리의 주파수는 전체적으로 얼마가 변하는가? (b) 기차가 플랫폼에 접근할 때 플랫폼에 있는 승객은 파장이 얼마인 소리를 듣는가?

19. 서로 다른 선로에 있는 두 기차가 서로 상대방의 기차 쪽으로 움직인다. 기차 1은 130 km/h의 속력을 갖고 있고, 기차 2는 90.0 km/h의 속력을 갖고 움직인다. 기차 2는 500 Hz의 주파수를 갖는 경적소리를 낸다. 기차 1의 기관사가 듣는 경적소리의 주파수는 얼마인가?

21. PhysicsNow™ 기차 바퀴가 철도를 천천히 굴러갈 때 민감한 물리학도가 이 기차 철도 옆에 서 있다. 기차가 이 학생에게 다가올 때는 442 Hz의 기차 경적 소리를 듣고, 기차가 이 학생으로부터 멀어질 때는 441 Hz의 경적소리를 듣는다. 이 두 주파수를 이용하여 기차의 속력을 계산한다면 얼마인가?

23. 512 Hz로 진동하는 소리굽쇠가 정지 상태에서 9.80 $m/s^2$의 가속도로 떨어진다. 소리굽쇠의 소리가 485 Hz일 때 소리굽쇠는 손을 놓은 지점으로부터 얼마나 떨어져 있는가? 공기 중의 음속은 340 m/s이다.

### 14.7 음파의 간섭

25. 두 개의 대형 스피커를 그림 P14.25처럼 위아래에 각각 설치한 후 500 Hz의 동일한 음원에 연결하여 작동시킨다. (a) 두 스피커에서 나는 소리가 소멸간섭이 되도록 하기 위해서는 위쪽 스피커를 뒤로 최소한 얼마를 움직여야 하는가? (b) 만약에 위쪽 스피커를 (a)에서 계산한 거리의 두 배 거리만큼 뒤로 움직인다면 보강간섭이 생길까? 아니면 소멸간섭이 생길까?

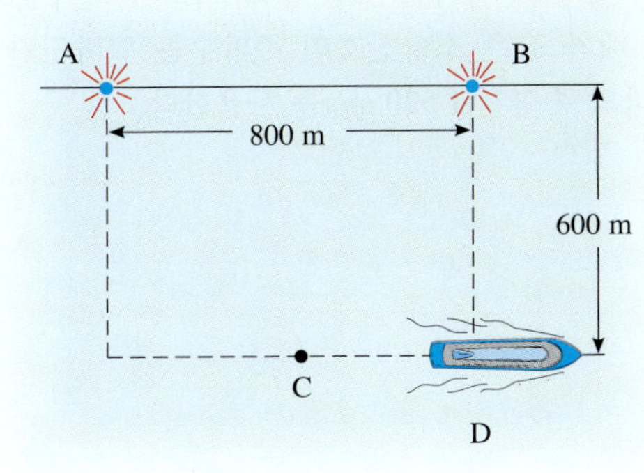


그림 P14.25

27. 0.700 m만큼 떨어져 있는 한 쌍의 스피커를 690 Hz의 주파수로 작동하는 동일한 진동자로 구동한다. 두 스피커들 중 하나와 같은 위치에 있던 관찰자가 두 스피커를 연결한 선의 수직선을 따라 걷기 시작한다. (a) 관찰자가 얼마나 걸어야 상대적 최대 소리세기를 들을 수 있는가? (b) 첫 번째 최소 소리세기를 들었을 때 관찰자는 스피커로부터 얼마를 떨어져 있는가?

### 14.8 정상파

29. 두 끝을 모두 고정한 팽팽한 줄의 질량이 40.0 g이고 길이가 8.00 m이다. 줄의 장력은 49.0 N이다. (a) 이 줄에 생긴 3번째 조화 주파수의 경우 마디와 배의 위치를 구하라. (b) 이 조화 주파수에 대한 진동 주파수는 얼마인가?

31. 800 Hz의 동일한 진동자로 구동한 두 스피커를 1.25 m 떨어져서 서로 바라보게 설치한다. 두 스피커를 연결한 직선을 따라 압력의 진폭이 최소가 예상되는 지점을 구하라. ($v$ = 343 m/s를 사용한다.)

33. 12 kg의 물체를 길이가 $L$ = 5.0 m이고 선밀도 $\mu$ = 0.001 0 kg/m인 줄에 걸었다. 이 줄을 $d$ = 2.0 m만큼 떨어져 있는 가볍고 마찰 없는 도르래에 감았다(그림 P14.33a). (a) 줄에 걸린 장력은 얼마인가? (b) 그림 P14.33b의 정상파 형태가 생기기 위해서는 도르래 사이의 줄은 얼마의 주파수로 진동해야 하는가?

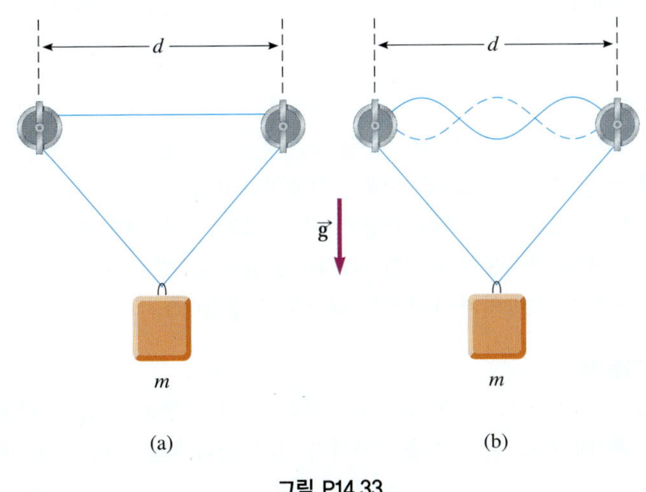


그림 P14.33

35. 50.000 N의 장력이 걸린 60.00 cm의 기타 줄이 0.100 00 g/cm의 단위 길이당 질량을 갖는다. 20 000 Hz까지 들을 수 있는 사람이 이 기타에서 최대로 들을 수 있는 가장 높은 공명 주파수는 얼마인가?

### 14.9 강제 진동과 공명

### 14.10 공기 기둥에서의 정상파

**37.** 전형적인 두루미의 긴 성대의 길이는 5.0 ft이다. 한쪽 끝이 닫힌 이 성대에서 나는 가장 낮은 공명 주파수는 얼마인가? 온도는 37℃로 가정한다.

**39.** 사람 귓구멍의 길이는 약 2.8 cm이다. 만약에 이를 한쪽 끝이 열려 있고 다른 한쪽은 고막으로 닫혀 있는 튜브라고 생각한다면, 가장 민감하게 들을 수 있는 기본 주파수는 얼마인가? 음속은 340 m/s로 잡는다.

**41.** Physics Now™ 온도가 0℃일 때 양쪽 끝이 모두 열려 있는 파이프의 기본 주파수는 300 Hz이다. (a) 이 파이프의 길이는 얼마인가? (b) 온도가 30℃라고 하면 기본 주파수는 얼마인가?

### 14.11 맥놀이

**43.** 200 N의 장력으로 당긴 두 개의 똑같은 만돌린 줄이 523 Hz의 주파수를 갖는 소리를 낸다. 두 줄 중 하나의 줄감개를 약간 풀어서 이 줄의 장력이 196 N이 되었다. 1초당 몇 번의 맥놀이가 들리는가?

**45.** 두 기차의 기적소리가 180 Hz로 똑같다. 한 기차가 기적소리를 내면서 기차역에 정지해 있을 때 다른 움직이는 기차에서 2 Hz의 맥놀이 주파수를 듣는다. 두 기차의 속력과 움직이는 방향은?

**47.** 학생이 256 Hz로 진동하는 소리굽쇠를 들고 있다. 이 학생이 1.33 m/s의 일정한 속력으로 벽을 향하여 걸어간다. (a) 이 학생이 듣는 소리굽쇠의 소리와 이 소리굽쇠의 메아리 사이에 생긴 맥놀이 주파수는 얼마인가? (b) 벽으로부터 멀어지면서 5.00 Hz의 맥놀이 주파수를 듣기 위해서는 얼마나 빨리 걸어야 하는가?

### 14.12 귀

**49.** 어떤 연구에서 청각이 들을 수 있는 가장 높은 주파수의 한계는 고막의 지름에 의해서 정해진다고 한다. 근사적으로 고막의 지름과 음파의 파장은 이 한계와 같다. 만약에 이러한 관계를 받아들인다면 20 000 Hz를 들을 수 있는 사람의 고막 지름은 얼마인가? (체온은 37℃로 가정한다.)

### 추가문제

**51.** Physics Now™ 평일에 시끄러운 거리의 평균 소음 데시벨은 매 분당 한 지점을 100대의 차가 지나가면서 내는 70 dB이다. 만약에 주말에 차량수가 매 분당 25대로 줄었다면 이 거리의 소음 데시벨은 얼마인가?

**53.** 그림 P14.53처럼 볼트로 고정시킨 블록을 스프링 상수가 $k$ = 20.0 N/m인 스프링에 연결시키고 스피커를 그 위에 놓았다. 블록과 스피커의 총 질량은 5.00 kg이고, 이 시스템의 진동 진폭이 0.500 m이다. 만약에 스피커가 440 Hz의 음파를 낸다면 이 스피커의 오른쪽에 서 있는 사람이 들을 수 있는 가장 낮은 주파수와 가장 높은 주파수는 얼마인가?

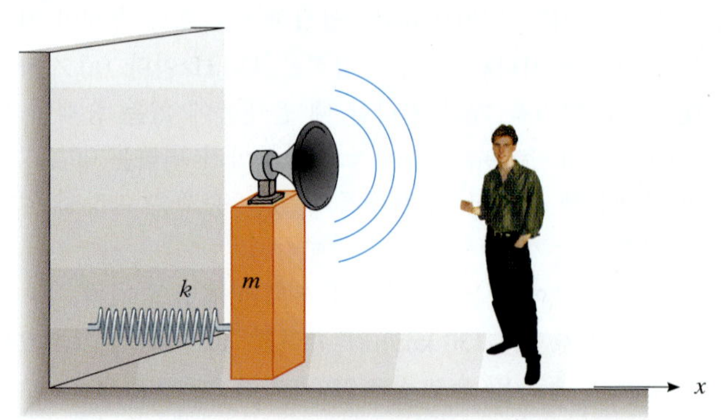


그림 P14.53

**55.** 정지해 있는 두 기차가 300 Hz의 소리를 내는 사이렌을 달고 있다. 이 기차들이 서로를 향하여 달리면서 이들 기차들 사이에 서 있는 관찰자를 향해서 움직인다. 기차들 중 하나가 30.0 m/s로 움직이고 관찰자는 초당 3.0의 맥놀이 주파수를 듣는다. 두 번째 기차의 속력은 얼마인가? 단, 이 두 번째 기차의 속력은 30.0 m/s보다 더 빠르다.

**57.** 방 앞에 설치한 스피커와 방 뒤에 설치한 동일한 스피커를 동일한 음원으로 456 Hz로 구동한다. 한 학생이 1.50 m/s의 일정한 속력으로 한 스피커에서 멀어지면서 다른 한 스피커로는 가까이 다가간다. 이 학생은 초당 얼마의 맥놀이를 듣는가?

**59.** 두 대의 배가 동쪽을 향하여 직선으로 움직인다. 선두 배는 육지의 관찰점을 기점으로 45.0 km/h의 속력으로 움직이고 뒤 따라가는 배는 동일한 지점을 기점으로 64.0 km/h의 속력으로 달린다. 뒤따라가는 배는 1 200 Hz의 소나신호를 보낸다. 선두 배가 잡은 소나신호의 주파수는 얼마인가? (바닷물에서 음파의 속력은 1 520 m/s를 사용한다.)

CHAPTER

15

# 전기력과 전기장

OUTLINE



전기는 기술문명과 현대사회의 원동력이다. 전기가 없다면, 19세기 중반처럼 전화와 텔레비전은 물론이고 우리가 당연히 여기는 가전제품의 사용도 불가능하다. 현대 의약은 하나의 환상일 뿐이며, 인위적인 실험장치와 고속컴퓨터가 동작할 수 없기 때문에 정보전달이 지연되고 과학과 기술의 발전속도는 빙하시대의 수준에 머물러 있을 것이다.

그러나 우리는 전기력과 전기장을 발견하고 이들을 이용함으로써 원자의 구조와 세포의 내부 반응을 알아낼 수 있었고, 태양계 밖으로 우주선도 보낼 수 있게 되었다. 이 모든 것들은 아프리카 사바나 지역에서 시작된 백만 년의 인류역사에 비하면, 눈 깜빡할 시간에 불과한 마지막 몇 세대에서 이룩된 것이다.

이 장에서 우리는 마찰에 의한 전하발생 효과를 이용하여 전기력의 특성을 살펴 본 후, 전하를 띤 정지한 두 입자 사이에 작용하는 힘의 기본 법칙인 쿨롱의 법칙에 대해서 토론한다. 또한 전하와 관련된 전기장의 개념을 소개하고, 다른 전하에 미치는 전기장의 효과에 대해서 설명한 후, 전기선속(electric flux)과 가우스 법칙에 대한 설명으로 마무리 할 것이다.

## 15.1 전하의 성질

빗을 머리카락에 문지르면 그 빗이 종이 조각을 끌어당기는 것을 볼 수 있다. 그 당기는 힘은 대개 지구가 당기는 중력보다 훨씬 커서 종이 조각이 빗에 매달려 있을 정도이다. 유리와 단단한 고무와 같이 서로 다른 물질을 문질러도 같은 현상이 일어난다.

또 다른 간단한 실험은 부풀린 풍선을 양모(또는 머리카락)에 대고 문지르는 것이다. 문지른 풍선은 **전하를 띠기**(electrically charged) 때문에 날씨가 건조하면 풍선은 방의 벽에 여러 시간 동안 붙어 있을 것이다. 양모 헝겊에 신발을 격렬하게 문지르거나 자동차 의자에 몸을 비비면 여러분의 몸도 전하를 띠게 된다. 이때 여러분의 친구나 동료의 팔을 살짝 잡으면 자신과 상대방 모두 가벼운 충격을 느끼면서 놀라거나 괴로울 것이다. 이와 같은 실험은 건조한 날에 가장 잘 일어나는데, 그 이유는 습기가 많으면 전하가 새어나가기 때문이다.

실험을 통해서 두 종류의 전하가 있음이 밝혀졌는데, 벤저민 프랭클린(Benjamin Franklin, 1706~1790)은 각각을 **양**(positive)과 **음**(negative)전하라고 명명하였다. 그림 15.1은 두 전하 사이의 상호작용을 보여 주고 있다. 털에 문지른 단단한 고무(또는 플라스틱) 막대가 가는 실에 매달려 있다. 비단에 문지른 유리막대를 고무막대에 가까이 가져가면 고무막대는 유리막대 쪽으로 끌려 간다(그림 15.1a). 만일 전하를

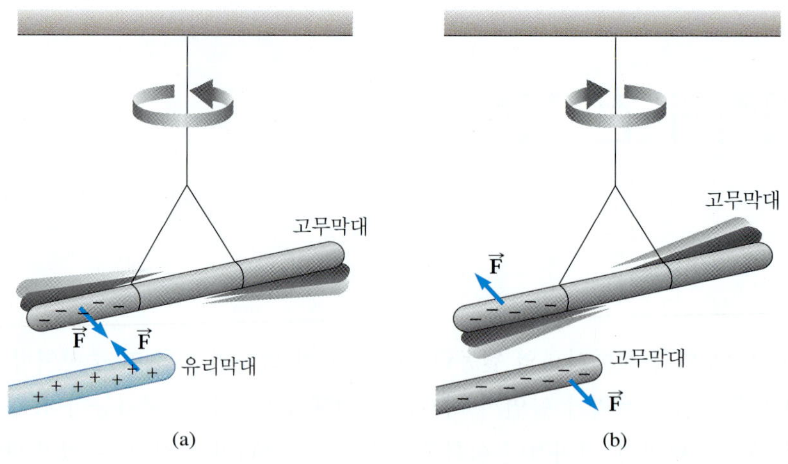


**그림 15.1** (a) 실에 매달린 음전하를 띤 고무막대는 양전하를 띤 유리막대 쪽으로 끌린다. (b) 음전하를 띤 고무막대는 음전하를 띤 다른 고무막대를 밀어낸다.

띤 두 개의 고무막대(또는 전하를 띤 두 개의 유리막대)를 그림 15.1b처럼 서로 가까이 가져가면 둘 사이에는 밀어내는 힘이 작용한다. 고무막대와 유리막대의 전하가 서로 다른 종류라고 가정하면 이 관찰 결과를 잘 설명할 수 있다. 프랭클린이 제안한 규칙에 따라서 유리막대의 전하를 양(+) 그리고 고무막대의 전하를 음(−)이라고 부른다. 이와 같은 관찰에 근거해서 **같은 종류의 전하는 서로 밀어내고, 다른 종류의 전하는 서로 당긴다**는 결론을 얻을 수 있다. 보통의 물체는 같은 크기의 양전하와 음전하를 갖는다. 따라서 물체 사이의 전기력은 알짜 전하가 양(+) 또는 음(−)일 때 발생한다.

같은 전하끼리 밀어내고, 다른 전하끼리 끌어당긴다. ▶

자연에서 양(+)전하의 운반자는 중성자와 더불어 원자핵의 구성 요소인 양성자이다. 반경이 $10^{-15}$ m인 원자핵은 음(−)전하를 띤 전자에 의해서 둘러싸여 있으며, 그 범위는 핵보다 만 배 이상 크다. 전자의 전하는 양성자와 크기는 같고 부호는 반대이다. 1 g의 물질 속에는 $10^{23}$개의 양전하를 띤 양성자와 같은 개수의 음전하를 띤 전자가 들어 있기 때문에 알짜 전하는 0이다. 원자핵은 고체 안에 단단히 고정되어 있기 때문에 양성자는 물질 사이를 마음대로 이동할 수 없다. 전자는 양성자보다 훨씬 가볍기 때문에 힘이 가해지면 쉽게 가속된다. 더욱이 전자는 원자의 외곽에 분포하기 때문에 물질은 전자를 얻거나 잃거나 하는 방식으로 전하를 띠게 된다.

한 물질에서 다른 물질로의 전하의 이동은 항상 일어난다. 두 개의 물질을 서로 문지르면 접촉 면적이 늘어나서 전하의 이동이 더욱 용이해진다.

전하는 보존되고 양자화된다. ▶

전하의 중요한 성질 가운데 하나는 **전하는 항상 보존된다**는 것이다. 따라서 두 개의 중성 물체를 서로 문지를 때 그 물체들이 전하를 띠는 이유는 전하가 **창조되어서가 아니라 음전하가 한 물체에서 다른 물체로 이동하기** 때문이다. 한 물체가 음전하 한 개를 얻는 대신에 다른 물체는 같은 크기의 음전하 한 개를 잃게 되므로 알짜 전하는 양(+)이 된다. 그림 15.2에서 볼 수 있듯이 유리막대를 비단 헝겊에 문지르면 막대에서 비단 쪽으로 전자들이 이동한다. 그 결과 유리막대의 알짜 전하는 양(+)이 되고, 비단의 알짜 전하는 음(−)이 된다. 마찬가지로 고무를 털에 문지르면 털에서 고무 쪽으로 전자들이 이동한다.

1909년 로버트 밀리컨(Robert Millikan, 1886~1953)은 물체가 전하를 띨 경우 그 크기는 기본 단위 전하 $e$의 정수배라는 사실을 발견하였다. 전하는 더 이상 쪼갤 수 없는 알갱이 단위로 존재한다는 의미에서 현대적 용어로 전하는 **양자화되어 있다**(quantized)고 말한다. 물체는 $\pm e$, $\pm 2e$, $\pm 3e$ 등의 전하를 가질 수 있으나 $\pm 0.5e$ 또는 $\pm 0.22e$와 같은 분수 전하[1]를 가질 수 없다. 밀리컨 시대에 수행된 다른 실험 결과들은 전자의 전하가 이며 양성자의 전하는 임을 보여 주었다. 중성자 등과 같은 몇몇 입자들은 알짜 전하가 0이다. 전기적으로 중성(즉, 알짜 전하가 0)인 원자는 전자와 같은 개수의 양성자를 가지고 있다. 오늘날 기본 단위 전하 $e$의 값은 $1.602\,19 \times 10^{-19}$ C으로 알려져 있다[여기서 [C]는 국제표준(SI) 단위 **쿨롱**(coulomb)을 의미한다.]

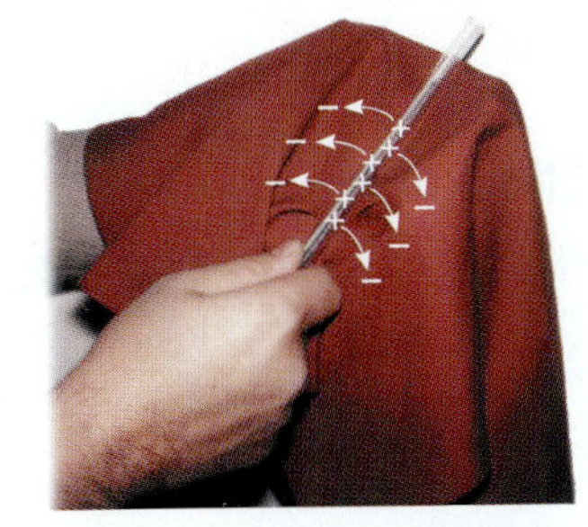

**그림 15.2** 유리막대를 비단 헝겊에 문지르면 유리에서 비단 쪽으로 전자들이 이동한다. 전하는 보존되기 때문에 비단은 음전하를 띠고, 유리는 같은 크기의 양전하를 띤다. 또한 전하는 알갱이 단위로 이동하기 때문에 두 물체의 전하는 $\pm e$, $\pm 2e$, $\pm 3e$ 등이 된다.

## 15.2 부도체와 도체

전하를 전도하는 능력에 따라서 물질을 분류할 수 있다.

> **도체**(conductor) 내에서 전하는 전기력 방향으로 자유롭게 움직인다. 그 이외 모든 물질을 **부도체**(insulator)라고 부른다.

유리와 고무는 부도체이다. 이러한 물질을 서로 문지르면 마찰된 부분만이 전하를 띠며, 전하가 물질의 다른 부분으로 이동하지 않는다. 반면에 구리, 알루미늄, 은과 같은 물질은 좋은 도체이다. 이러한 물질의 한 부분이 전하를 띠면, 전하는 물질의 전영역으로 쉽게 퍼져 나간다. 만일 구리막대를 손으로 잡고 양모 또는 털에 문지르면, 구리막대는 종이를 끌어당기지 못할 것이다. 이것으로부터 금속은 전하를 띨 수 없다고 결론지을지 모른다. 그러나 만일 부도체 손잡이를 통해서 구리막대를 잡은 다음 양모 또는 털에 문지르면, 구리막대는 전하를 띠면서 종이를 끌어당길 것이다. 첫 번째는 마찰에 의해서 구리막대에 생긴 전하가 여러분의 몸을 통해서 땅으로 이동한 경우이고, 두 번째는 부도체 손잡이가 땅으로 전하가 이동하는 것을 막은 경우이다.

**반도체**는 물질의 세 번째 종류이다. 그 성질은 도체와 부도체의 사이에 있다. 실리콘과 저마늄은 잘 알려진 반도체 물질로서 다양한 전자 소자의 제작에 널리 사용된다.

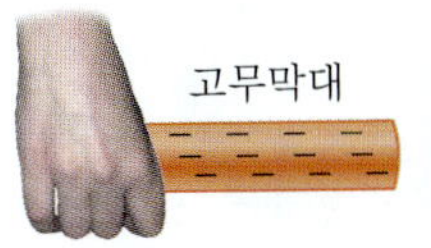


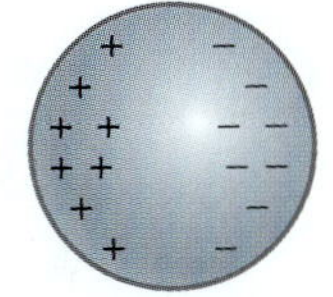

(a) 접촉하기 전

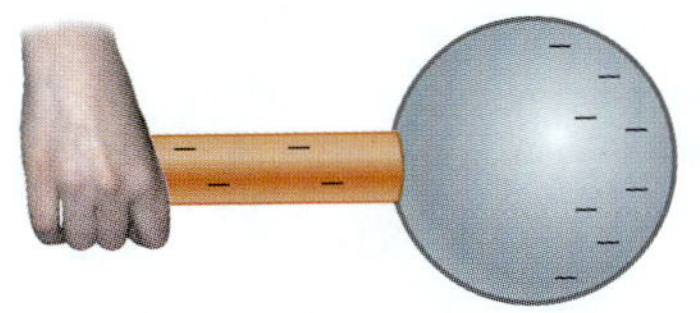

(b) 접촉하는 순간

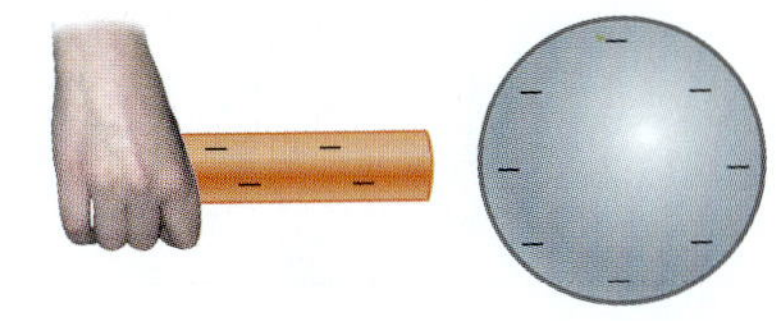

(c) 접촉 후

**그림 15.3** 전도에 의한 금속의 대전. (a) 접촉하기 직전, 음전하를 띤 막대는 구의 전자들을 밀어내고 국소적으로 양전하를 만든다. (b) 접촉하는 순간, 전자들이 막대에서 구로 이동하면서 국소적으로 분포한 양전하를 중화시킨다. (c) 막대를 제거하면, 구는 음전하를 띤다.

### 전도에 의한 대전

음(−)전하를 띤 고무막대를 고립된 중성 도체 구에 접촉시키자. 막대에 있던 여분의 전자들은 중성 도체 구에 있는 전자를 멀리 밀어내면서 국소적으로 양(+)전하를 띠게 한다. 접촉하는 순간, 그림 15.3과 같이 막대 속의 몇몇 전자들이 도체 구 쪽으로 이동하면서 양(+)전하가 중화된다. 막대를 제거하면, 구는 음(−)전하를 띠게 된다. 이 과정을 **전도**(conduction)에 의한 대전이라고 부른다. 이 과정을 통해서 대전된 물체는 항상 대전에 사용된 물체(즉, 고무막대)와 같은 부호의 전하를 갖는다.

---

[1] $\pm e/3$ 또는 $\pm 2e/3$의 전하를 띤 **쿼크**(quark)의 존재에 대한 실험적 증거가 있다. 쿼크는 $\pm e$ 대신에 $\pm e/3$의 단위로 역시 양자화되어 있다. 쿼크의 성질에 대한 보다 구체적인 논의는 30장에서 다룬다.

## 유도에 의한 대전

**✓ Checkpoint 15.1**

전하를 띤 물체는 전기력을 통해 전하를 띠지 않는 물체를 끌어 당길 수 있는가?

땅 속에 묻은 도체선이나 구리관에 연결된 물체는 **접지되었다**(grounded)고 말한다. 지구는 전자들을 무제한으로 받아들이거나 제공할 수 있기 때문에 전자들의 무한 저장고라고 볼 수 있다. 이 생각을 마음 속에 갖고 있으면, **유도**(induction)에 의한 대전 과정을 이해할 수 있다.

음(−)전하를 띤 고무막대를 고립된(즉, 그림 15.4와 같이 땅 속으로 전하의 전도 경로가 차단된) 중성(즉, 전하를 띠지 않은) 도체 구에 가까이 가져가 보라. 초기에 구는 전기적으로 중성이다(그림 15.4a). 음(−)전하를 띤 막대를 구에 접근시키면, 막대와 구에 있던 전자들 사이에 밀어내는 힘이 작용하므로 구에 있던 전자들은 막대로부터 가장 먼 곳으로 이동한다(그림 15.4b). 음(−)전하를 띤 막대에 가까운 구의 부분에는 전자들이 달아났기 때문에 국소적으로 양(+)전하를 띠게 된다. 그림 15.4c와 같이 접지선을 구에 연결하면, 몇몇 전자들은 구를 떠나서 땅 속으로 이동한다. 접지선을 제거하면(그림 15.4d), 도체 구에는 유도된 여분의 양(+)전하들이 남는다. 마지막으로 고무막대를 구 근처에서 제거하면(그림 15.4e), 유도된 양(+)전하가 고립된 구에 남는다. 비록 양(+)전하를 띤 원자핵은 고정되어 있어도 유도된 여분의 양(+)전하들은 고립된 구 전체에 균일하게 분포한다. 왜냐하면 금속 내에서 전자의 이동도(mobility)가 매우 높고, 같은 종류의 전하는 서로 밀어내기 때문이다.

구에 전하를 유도하는 과정에서 대전된 고무막대는 구와 접촉하지 않았기 때문에 음(−)전하를 잃지 않는다. 또한 구는 고무막대와 반대 부호의 전하를 띠게 된다. **유도에 의한 대전은 대전에 사용된 물체를 접촉시킬 필요가 없다.**

유도에 의한 도체의 대전과 유사한 과정이 부도체에서도 일어난다. 중성 원자와 분자 대부분은 양(+)전하와 음(−)전하의 중심이 서로 일치한다. 그러나 대전된 물체가 주변에 존재하면, 그 전하의 중심이 서로 분리되면서 어느 한쪽이 다른 쪽보다 더 많은 양(+)전하를 띤다. 이 현상을 **분극**(polarization)이라고 한다. 분자 내에서 생긴 전하의 재배열은 그림 15.5a와 같이 부도체 표면에 유도 전하를 만든다. 이것이 마찰에 의해서 대전된 풍선이 전기적으로 중성인 벽에 붙고, 머리카락에 문지른 빗이 종이를 끌어당기는 이유이다.

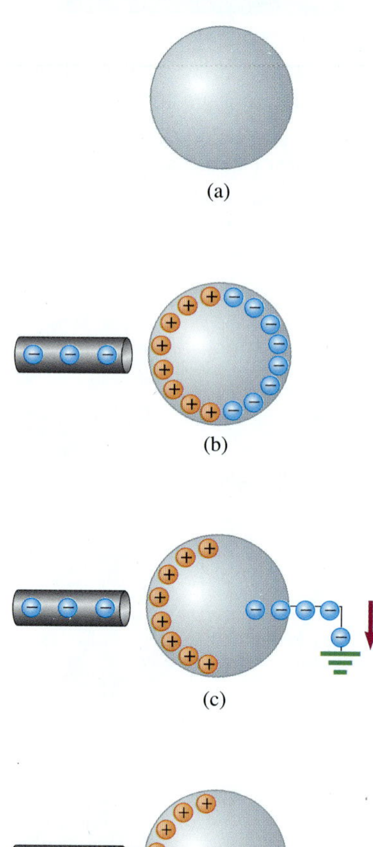


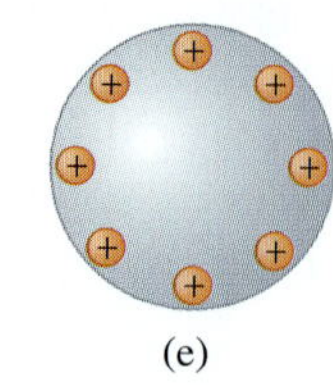


**그림 15.4** 유도에 의한 금속의 대전. (a) 양전하와 음전하의 개수가 같은 중성 금속구. (b) 대전된 고무막대가 구에 접근하면, 중성 금속구의 전하 분포가 바뀐다. (c) 구를 접지시키면, 몇몇 전자들이 접지선을 통해서 빠져나간다. (d) 접지선을 제거하면, 여분의 양전하가 불균일하게 구에 남는다. (e) 고무막대를 제거하면, 구의 전하들이 재분배되면서 균일하게 분포한다.

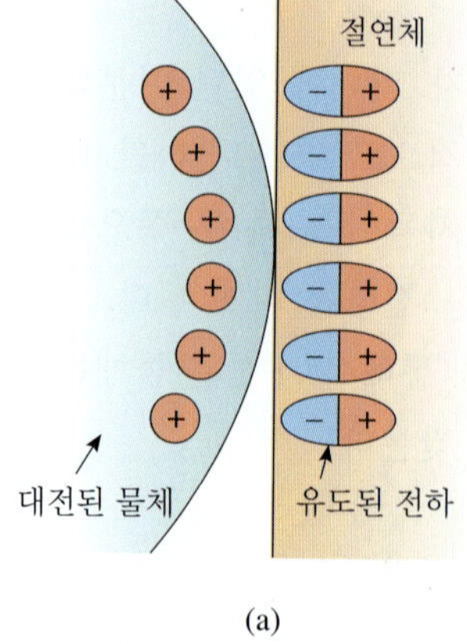


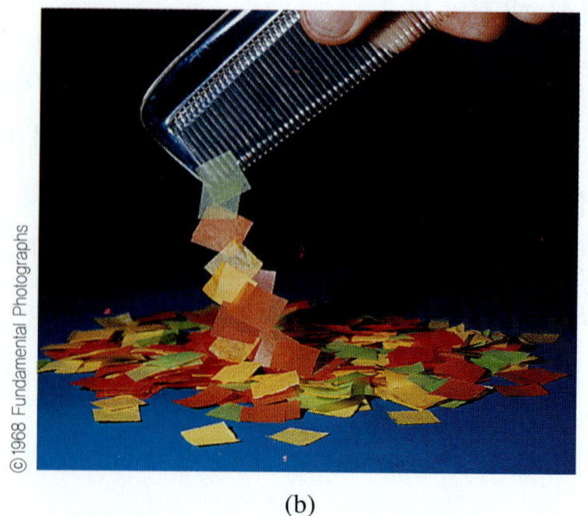


**그림 15.5** (a) 왼쪽의 전하를 띤 물체는 절연체의 표면에 전하를 유도한다. (b) 종이의 전하들이 재배열되므로, 전하를 띤 머리빗은 종이 조각을 끌어당긴다.

## 15.3 쿨롱의 법칙

1785년 샤를 쿨롱(Charles Coulomb, 1736~1806)은 전하를 띤 정지한 두 입자 사이에 작용하는 전기력에 관한 기본 법칙을 실험을 통해서 수립하였다.

**전기력**(electric force)은 다음 특성을 갖는다.

1. 전기력은 두 입자를 연결하는 선을 따라서 작용하며, 그 크기는 입자 사이의 거리의 제곱에 반비례한다.
2. 전기력의 크기는 두 입자의 전하량 $|q_1|$ 및 $|q_2|$의 곱에 비례한다.
3. 전기력은 두 입자의 전하가 반대 부호이면 당기고, 같은 부호이면 밀어낸다.

이러한 관찰에 근거해서 쿨롱은 전기력에 관한 수학적 관계를 세웠다.

거리 $r$만큼 떨어진 두 전하 $q_1$과 $q_2$ 사이에 작용하는 전기력의 크기 $F$는

$$F = k_e \frac{|q_1||q_2|}{r^2} \qquad [15.1]$$

◀ 쿨롱의 법칙

이며, $k_e$는 **쿨롱상수**라고 불리는 비례상수이다.

**쿨롱의 법칙**(Coulomb's law)으로 알려진 식 15.1은 두 물체 사이의 중심거리가 $r$인 점 전하와 구형 전하에만 정확히 적용된다. 움직이지 않는 전하 사이의 전기력을 **정전기력**(electrostatic force)이라고 부른다. 움직이는 전하들은 19장에서 공부할 자기력을 추가로 발생시킨다.

식 15.1의 쿨롱상수 값은 단위의 선택에 의존한다. 전하에 대한 국제단위는 **쿨롱**(Coulomb; C)이다. 국제단위계에서 **쿨롱상수**(Coulomb constant)는

$$k_e = 8.9875 \times 10^9 \text{ N} \cdot \text{m}^2/\text{C}^2 \qquad [15.2]$$

임이 실험을 통해서 밝혀졌다. 이 값은 주어진 문제에서 사용된 다른 물리량의 정확도에 따라서 적절히 근사될 수 있다. 평소와 마찬가지로 우리는 두 개 내지 세 개의 유효숫자를 사용할 것이다.

**☑ Checkpoint 15.2**

두 전하 사이의 간격이 두 배가 되면, 전기력의 크기는 얼마나 감소할까?

양성자의 전하는 $e = 1.6 \times 10^{-19}$ C의 크기를 가진다. 따라서 1 C의 전하를 얻으려면 $1/e = 6.3 \times 10^{18}$개의 양성자가 필요하며, $-1.0$ C의 전하를 얻으려면 $6.3 \times 10^{18}$개의 전자가 필요하다. 이것을 1 $\text{cm}^3$의 부피 안에 $10^{23}$개 정도의 자유전자를 가진 구리(Cu)와 비교해 보라. 어떻든간에 1.0 C의 전하는 매우 큰 양이다. 일반적인 정전기 실험에서 고무나 유리를 문질러서 얻을 수 있는 알짜 전하의 크기는 $10^{-6}$ C(= 1 $\mu$C) 정도이다. $10^{-9}$ C에 해당하는 1 nC도 보편적으로 사용되는 단위이다. 막대와 다른 물질이 마찰하는 동안 이동하는 전하의 크기는 전체 가용 전하의 극히 일부분일 뿐이다. 표 15.1은 전자, 양성자, 중성자의 전하와 질량 값을 보여 준다.

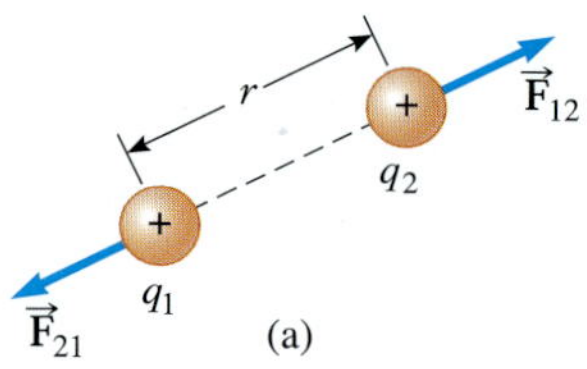


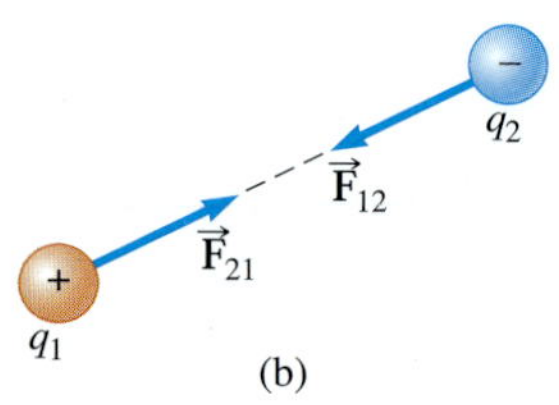


**활용그림 15.6**
두 점 전하가 거리 $r$만큼 떨어져서 쿨롱의 법칙에 의해 서로에게 작용하고 있다. $q_1$에 작용하는 힘은 $q_2$에 작용하는 힘과 같고 방향은 반대이다. (a) 전하들이 같은 부호이면 작용하는 힘은 척력이고, (b) 전하들의 부호가 반대이면 작용하는 힘은 인력이다.

**Physics Now™**
**http://physics.brookscole.com/ecp**에서 PhysicsNow를 로그인하고, 활용그림 15.6에 가서 2차원의 공간에서 전하들을 움직여 보고 그들 사이에 작용하는 전기력을 관찰하라.

**표 15.1** 전자, 양성자, 중성자의 전하와 질량

| 입자 | 전하(C) | 질량(kg) |
|---|---|---|
| 전자 | $-1.6 \times 10^{-19}$ | $9.11 \times 10^{-31}$ |
| 양성자 | $+1.6 \times 10^{-19}$ | $1.67 \times 10^{-27}$ |
| 중성자 | 0 | $1.67 \times 10^{-27}$ |

쿨롱의 법칙을 사용할 때 명심할 점은 힘은 벡터량이므로 그렇게 다루어져야 한다는 것이다. 활용그림 15.6a는 양(+)전하를 띤 두 입자 사이에 서로 밀어내는 힘이 작용하는 모습을 보여 준다. 다른 힘과 마찬가지로 전기력에도 뉴턴의 제3법칙이 적용된다. 즉, 힘 $\vec{F}_{12}$와 $\vec{F}_{21}$은 크기가 같고 방향은 반대이다($\vec{F}_{12}$는 입자 1이 입자 2에게 작용하는 힘을 의미하며, 마찬가지로 $\vec{F}_{21}$은 입자 2가 입자 1에게 작용하는 힘을 나타낸다). 뉴턴의 제3법칙에 따르면, $F_{12}$와 $F_{21}$은 $q_1$과 $q_2$의 값에 무관하게 항상 동일하다.

## Quick Quiz 15.1

물체 $A$는 $+2\ \mu$C의 전하를 띠고, 물체 $B$는 $+6\ \mu$C의 전하를 띠고 있다. 다음 중 옳은 것을 선택하라.
(a) $\vec{F}_{AB} = -3\vec{F}_{BA}$ (b) $\vec{F}_{AB} = -\vec{F}_{BA}$ (c) $3\vec{F}_{AB} = -\vec{F}_{BA}$

쿨롱의 힘은 중력과 유사하다. 두 힘은 모두 직접 접촉하지 않고 원거리에서 작용한다. 두 힘은 물체를 잇는 선을 따라서 작용하며, 거리의 제곱에 반비례한다. 두 힘은 뉴턴의 법칙에서 정의된 질량 $m_1$과 $m_2$를 쿨롱의 법칙에서 정의된 $q_1$과 $q_2$로 바꾸고, 뉴턴 상수 $G$를 쿨롱상수 $k_e$로 바꾸면 수학적 관계가 동일하다. 그러나 두 가지 중요한 차이점이 있다. (1) 전기력은 당기는 힘과 밀어내는 힘이 있지만, 중력은 당기는 힘만 존재한다. (2) 전하를 띤 입자 사이의 전기력은 같은 입자 사이의 중력보다 훨씬 크다. 예를 들면, 수소 원자 내에서 전자와 양성자 사이의 전기력은 둘 사이의 중력보다 $10^{39}$배 크다!

## 중첩의 원리

서로 떨어져 있는 많은 전하들이 상호 작용할 때, 각 전하들은 전기력을 만든다. 이 전기력을 계산할 때 한 번에 하나씩 분리하여 계산한 후 벡터 합을 구하면 된다. 이것이 **중첩의 원리**(superposition principle)의 한 예이다. 다음 예제는 1차원에서 이 과정을 설명한다.

### 연관된 예제 15.1 직선 위에 놓인 전하들

**목표** 1차원에서 쿨롱의 법칙을 적용해 본다.

**문제** 그림 15.7과 같이 세 개의 전하가 $x$축 위에 놓여 있다. $x = 2.0$ m 지점에 양(+)전하 $q_1 = 15\ \mu$C이 있고, 원점에 양(+)전하 $q_2 = 6.0\ \mu$C이 놓여 있다. 음(−)전하 $q_3$가 받는 합력이 0이 되려면, $q_3$를 $x$축의 어디에 놓아야 하는가?

**전략** 만일 $q_3$가 다른 두 전하의 왼쪽이나 오른쪽에 놓인다면, $q_3$가 받는 알짜 힘은 0이 될 수가 없다. 왜냐하면 $\vec{F}_{13}$과 $\vec{F}_{23}$이 같은 방향으로 작용하기 때문이다. 따라서 $q_3$는 다른 두 전하의 사이에 놓여야 한다. $\vec{F}_{13}$와 $\vec{F}_{23}$을 미지수 $x$ 좌표의 함수로 표현한 다음, 그 합을 0이라 두고 미지수를 계산한다. 그 해는 2차식에 대한 근의 공식으로부터 얻을 수 있다.

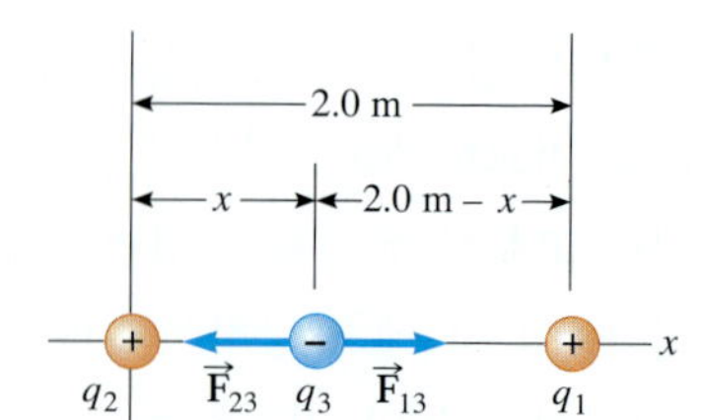


**그림 15.7** (예제 15.1) 세 점의 전하들은 $x$축 위에 놓여 있다. 전하 $q_3$는 음이고, $q_1$과 $q_2$는 양이다. $q_3$에 작용하는 합력이 0이라면 $q_1$에 의한 $q_3$에 작용하는 힘 $\vec{F}_{13}$은 $q_2$에 의해 $q_3$에 작용하는 힘 $\vec{F}_{23}$과 크기는 같고 방향은 반대이다.

**풀이**

$\vec{\mathbf{F}}_{13}$의 $x$ 성분을 쓴다.

$$F_{13x} = +k_e \frac{(15 \times 10^{-6}\,\text{C})|q_3|}{(2.0\,\text{m} - x)^2}$$

$\vec{\mathbf{F}}_{23}$의 $x$ 성분을 쓴다.

$$F_{23x} = -k_e \frac{(6.0 \times 10^{-6}\,\text{C})|q_3|}{x^2}$$

합력을 0으로 둔다.

$$k_e \frac{(15 \times 10^{-6}\,\text{C})|q_3|}{(2.0\,\text{m} - x)^2} - k_e \frac{(6.0 \times 10^{-6}\,\text{C})|q_3|}{x^2} = 0$$

위 방정식에서 $k_e$, $10^{-6}$, $q_3$를 소거한 후 항을 재정리한다(단순화를 위해서 유효숫자와 단위를 잠시 삭제한다).

$$6(2 - x)^2 = 15x^2$$

위 식을 표준 2차식 $ax^2 + bx + c = 0$으로 쓴다.

$$6(4 - 4x + x^2) = 15x^2 \longrightarrow 2(4 - 4x + x^2) = 5x^2$$

$$3x^2 + 8x - 8 = 0$$

근의 공식을 사용하여 푼다.

$$x = \frac{-8 \pm \sqrt{64 - (4)(3)(-8)}}{2 \cdot 3} = \frac{-4 \pm 2\sqrt{10}}{3}$$

양(+)의 해만이 유효하다.

$$x = 0.77\,\text{m}$$

**주의** $x$에 관한 두 가지 해 중에서 맞는 것을 선택하기 위해서 물리적인 상황을 고려하는 것이 필요함에 주목하라. 2차식이 포함된 경우, 이런 현상은 거의 항상 발생한다.

**연습문제 15.1**

축 위에 세 개의 전하가 놓여 있다. $x = 1.00$ m 지점에 양(+)전하 $q_1 = 10.0\,\mu$C이 있고, 원점에 음(−)전하 $q_2 = -2.00\,\mu$C이 놓여 있다. 양(+)전하 $q_3$가 받는 합력이 0이 되려면, $q_3$를 $x$축의 어디에 놓아야 하는가?

**답** $x = -0.809$ m

**Physics Now™** **http://physics.brookscole.com/ecp**에서 PhysicsNow를 로그인하고 연관된 예제 15.1에 들어가라. 임의의 전하 $q_1$과 $q_2$에 대해서 알짜 전기력이 0인 $q_3$의 $x$ 위치 값을 예측해 보자.

## 예제 15.2 삼각형으로 배치된 전하들

**목표** 2차원에서 쿨롱의 법칙을 적용한다.

**문제** 그림 15.8과 같이 삼각형의 모서리에 놓인 세 개의 전하를 생각해 보자. 각 전하는 $q_1 = 6.00 \times 10^{-9}$ C, $q_2 = -2.00 \times 10^{-9}$ C, $q_3 = 5.00 \times 10^{-9}$ C이다. (a) $q_2$가 $q_3$에 작용하는 힘 $\vec{\mathbf{F}}_{23}$의 성분을 구하라. (b) $q_1$이 $q_3$에 작용하는 힘 $\vec{\mathbf{F}}_{13}$의 성분을 구하라. (c) $q_3$가 받는 합력을 성분의 용어와 크기 및 방향의 용어로 나타내어라.

**전략** 쿨롱의 법칙을 사용하여 전하들이 $q_3$에 작용하는 힘의 크기를 구하라. 그 힘은 직각 삼각형의 변을 따라서 $x$ 및 $y$ 성분으로 분해될 수 있다. 각각의 벡터 성분을 모두 더한 후, 합벡터의 크기와 방향을 구한다.

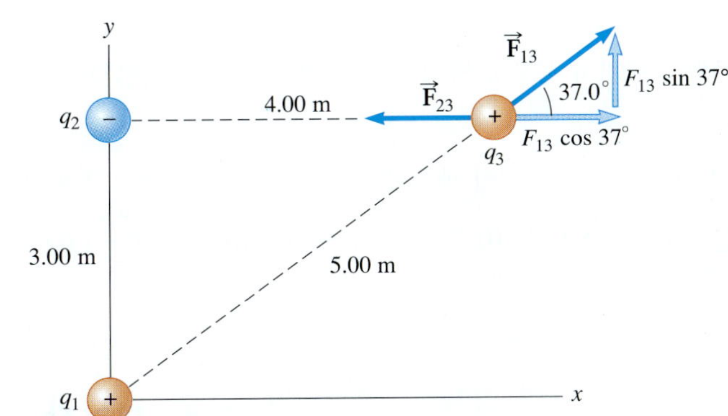


**그림 15.8** (예제 15.2) $q_2$가 $q_3$에 작용하는 힘은 $\vec{\mathbf{F}}_{23}$이고, $q_1$이 $q_3$에 작용하는 힘 $\vec{\mathbf{F}}_{13}$이다. $q_3$가 받는 합력 $\vec{\mathbf{F}}_3$는 벡터 합 $\vec{\mathbf{F}}_{13} + \vec{\mathbf{F}}_{23}$이다.

**풀이**

(a) $q_2$가 $q_3$에 작용하는 힘 $\vec{\mathbf{F}}_{23}$의 성분을 구하라.

쿨롱의 법칙으로부터 $\vec{\mathbf{F}}_{23}$의 크기를 계산한다.

$$F_{23} = k_e \frac{|q_2||q_3|}{r^2}$$

$$= (8.99 \times 10^9\ \mathrm{N \cdot m^2/C^2}) \frac{(2.00 \times 10^{-9}\ \mathrm{C})(5.00 \times 10^{-9}\ \mathrm{C})}{(4.00\ \mathrm{m})^2}$$

$$F_{23} = 5.62 \times 10^{-9}\ \mathrm{N}$$

$\vec{\mathbf{F}}_{23}$는 수평으로 음의 $x$축을 향하고 있다.
따라서 $x$ 성분은 음(−)이고 $y$ 성분은 0이다.

$$F_{23x} = \boxed{-5.62 \times 10^{-9}\ \mathrm{N}}$$

$$F_{23y} = \boxed{0}$$

(b) $q_1$이 $q_3$에 작용하는 힘 $\vec{\mathbf{F}}_{13}$의 성분을 구하라.

쿨롱의 법칙으로부터 $\vec{\mathbf{F}}_{13}$의 크기를 계산한다.

$$F_{13} = k_e \frac{|q_1||q_3|}{r^2}$$

$$= (8.99 \times 10^9\ \mathrm{N \cdot m^2/C^2}) \frac{(6.00 \times 10^{-9}\ \mathrm{C})(5.00 \times 10^{-9}\ \mathrm{C})}{(5.00\ \mathrm{m})^2}$$

$$F_{13} = 1.08 \times 10^{-8}\ \mathrm{N}$$

주어진 삼각형으로부터 성분을 구한다.

$$F_{13x} = F_{13} \cos\theta = (1.08 \times 10^{-8}\ \mathrm{N}) \cos(37^\circ) = \boxed{8.63 \times 10^{-9}\ \mathrm{N}}$$

$$F_{13y} = F_{13} \sin\theta = (1.08 \times 10^{-8}\ \mathrm{N}) \sin(37^\circ) = \boxed{6.50 \times 10^{-9}\ \mathrm{N}}$$

(c) 합벡터의 성분을 구하라.

$x$ 성분을 더해서 $F_x$를 구한다.

$$F_x = -5.62 \times 10^{-9}\ \mathrm{N} + 8.63 \times 10^{-9}\ \mathrm{N} = \boxed{3.01 \times 10^{-9}\ \mathrm{N}}$$

$y$ 성분을 더해서 $F_y$를 구한다.

$$F_y = 0 + 6.50 \times 10^{-9}\ \mathrm{N} = \boxed{6.50 \times 10^{-9}\ \mathrm{N}}$$

피타고라스 정리를 사용해서 $q_3$가 받는 합력의 크기를 구한다.

$$|\vec{\mathbf{F}}| = \sqrt{F_x^2 + F_y^2} = \sqrt{(3.01 \times 10^{-9}\ \mathrm{N})^2 + (6.50 \times 10^{-9}\ \mathrm{N})^2} = \boxed{7.16 \times 10^{-9}\ \mathrm{N}}$$

양의 $x$축과 이루는 힘 방향의 각도를 구한다.

$$\theta = \tan^{-1}\left(\frac{F_y}{F_x}\right) = \tan^{-1}\left(\frac{6.50 \times 10^{-9}\ \mathrm{N}}{3.01 \times 10^{-9}\ \mathrm{N}}\right) = \boxed{65.2^\circ}$$

**주의** 여기서 사용한 방법은 2차원의 뉴턴의 중력법칙에서 사용한 것과 유사하다.

**연습문제 15.2**

위 문제와 동일한 전하 배치에서 전하 $q_1$이 받는 전기력의 크기와 방향을 계산하라.

**답** $F_x = -8.63 \times 10^{-9}\ \mathrm{N}$, $F_y = 5.50 \times 10^{-9}\ \mathrm{N}$, $F = 1.02 \times 10^{-8}\ \mathrm{N}$, $\theta = 147^\circ$

## 15.4 전기장

중력과 정전기력은 물체 사이의 물리적인 접촉이 없어도 공간을 통해서 발생하고 전달된다. 공간을 통해서 힘이 전달되는 현상은 여러 가지 방법으로 다룰 수 있지만, 마이클 패러데이(Michael Faraday, 1791~1867)가 제안한 방법이 가장 실질적이다. 그의 이론에 따르면, 전하를 띤 입자의 주변 공간에는 **전기장**(electric field)이 존재하며, 이 전기장이 장 내에 있던 전하를 띤 다른 입자에게 전기력을 제공한다. 전하가 있는 곳에 존재하는 전기장이 힘을 만든다는 것은 멀리 떨어진 거리에서 힘이 작용한다는 쿨롱의 법칙 개념과 다르다.

그림 15.9는 작은 양(+)전하 $q_0$를 띤 입자가 훨씬 더 큰 양(+)전하 $Q$를 띤 입자 근처에 놓인 경우를 나타낸다.

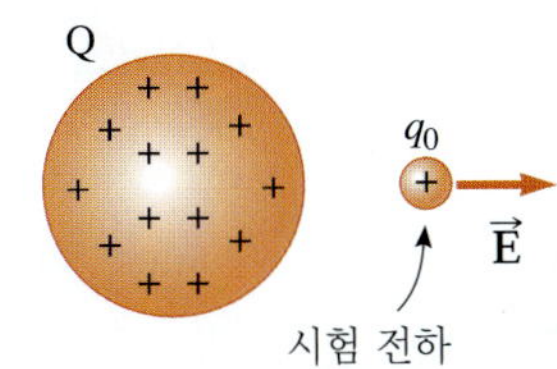


그림 15.9 더 큰 양전하 $Q$를 띤 물체 근처에 놓인 양전하 $q_0$를 가진 작은 입자는 그림 방향으로 향한 전기장 $\vec{E}$의 영향을 받는다. $q_0$의 위치에서 전기장의 크기는 $q_0$가 받은 전기력을 $q_0$로 나눈 값으로 정의된다.

작은 "시험" 전하 $q_0$가 있는 지점에 전하 $Q$가 만든 전기장 $\vec{E}$는 $q_0$가 $Q$로부터 받은 전기력 $\vec{F}$를 시험 전하 $q_0$로 나눈 값으로 정의된다.

$$\vec{E} \equiv \frac{\vec{F}}{q_0} \qquad [15.3]$$

**국제단위(SI unit): 쿨롱당 뉴턴(N/C)**

개념적으로나 실험 상황에서 보면, 시험 전하 $q_0$는 충분히 작아서 전기장 $\vec{E}$를 만드는 전하의 분포에 영향을 주지 않아야 한다. 그러나 수학적으로는 시험 전하의 크기에 상관 없이 동일한 결과를 준다. 이런 관점에서 엄밀하지는 않지만 식 15.3에서 $q_0 = 1$ C을 사용하는 것이 편리하다.

식 15.3에서 알 수 있듯이 양(+)의 시험 전하를 사용하면, 전기장의 방향은 시험 전하가 받는 전기력의 방향과 같다. 따라서 그림 15.9에서 전기장의 방향은 수평으로 오른쪽을 향한다. 그림 15.10a의 $A$점에서 전기장은 그 점에 놓인 양(+)의 시험 전하가 음(−)전하를 띤 구를 향해서 끌려 갈 것이므로 수직 아래쪽을 향한다.

주어진 한 전하 분포가 어떤 지점에 만드는 전기장을 알고 있다면, 그 점에 놓인 임의의 전하 $q$가 받는 힘은 식 15.3으로부터 다음의 식을 구할 수 있다.

$$\vec{F} = q\vec{E} \qquad [15.4]$$

위 식에서 시험 전하 $q_0$를 단순한 시험 전하가 아닌 전하 $q$로 대치하였다.

활용그림 15.11에서 볼 수 있듯이, 전기장 $\vec{E}$의 방향은 그 점에 놓인 양(+)의 시험 전하 $q_0$에 작용하는 힘의 방향과 같다. 따라서 **어떤 지점에 놓인 시험 전하가 전기력을 받고 있다면, 그 점에 전기장이 존재한다**고 말할 수 있다.

시험 전하 $q_0$로부터 거리 $r$만큼 떨어진 위치에 점전하 $q$가 놓여 있다고 하자. 쿨롱의 법칙에 의하면 전하 $q$가 시험 전하 $q_0$에 작용하는 **전기력의 크기**는 다음과 같다.

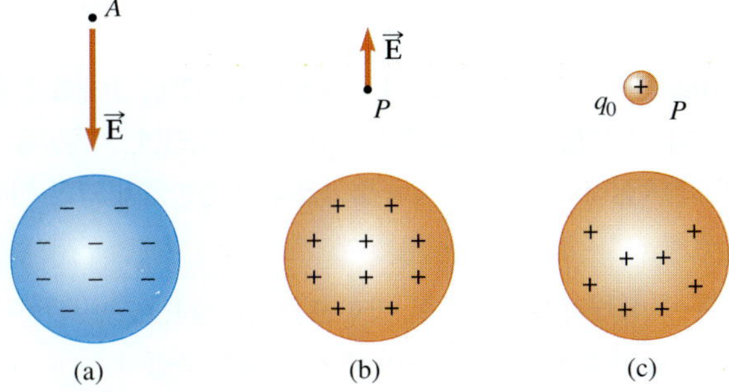


그림 15.10 (a) 음전하를 띤 구가 $A$점에 만든 전기장은 음전하가 있는 아래쪽을 향한다. (b) 양전하를 띤 도체구가 $P$점에 만든 전기장은 양전하로부터 멀어지는 위쪽을 향한다. (c) $P$점에 놓인 시험 전하 $q_0$가 구의 전하에 비해서 충분히 작지 않다면, 구의 전하 분포가 바뀔 것이다.

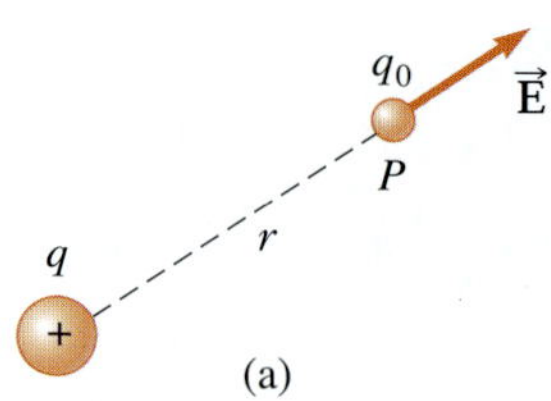


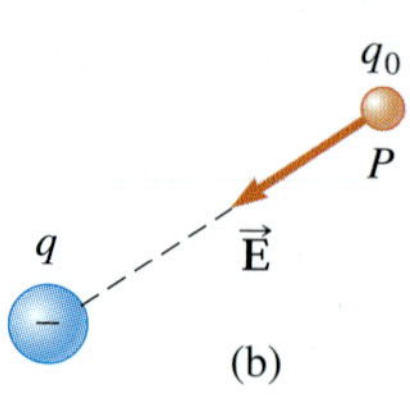


**활용그림 15.11**
점 전하 $q$로부터 거리 $r$만큼 떨어진 $P$점에 시험 전하 $q_0$가 있다. (a) $q$가 양(+)이면 $P$점의 전기장은 $q$로부터 멀어지는 방향을 향한다. (b) $q$가 음(−)이면 $P$점의 전기장 방향은 $q$를 향한다.

**Physics Now™**
**http://physics.brookscole.com/ecp**에서 PhysicsNow를 로그인하고 활용그림 15.11에 들어가서, 2차원 공간에서 $P$점을 옮기면서 $q$가 만든 전기장을 관찰하자.

$$F = k_e \frac{|q||q_0|}{r^2}$$

시험 전하가 있는 위치에서 전기장의 크기는 $E = F/q_0$와 같이 정의되기 때문에 시험 전하 $q_0$가 있는 공간에 전하 $q$가 만든 **전기장의 크기**는 다음과 같다.

$$E = k_e \frac{|q|}{r^2} \qquad [15.5]$$

식 15.5는 전기 현상을 기술하는 데 편리한 물리량인 전기장에 대한 중요한 성질을 말해주고 있다. 방정식에서 볼 수 있듯이, 주어진 한 지점에서 전기장은 물체가 가지고 있는 전하와 물체에서 관찰 지점까지 공간 거리에만 의존한다. 결과적으로 활용그림 15.11의 $P$점에는 그 곳에 시험 전하가 놓여 있든지 그렇지 않든지에 상관없이 전기장이 존재한다.

점전하 군이 만드는 전기장을 계산할 때, 중첩의 원리는 유효하다. 먼저 식 15.5를 사용하여 각각의 점전하가 한 지점에 만드는 전기장을 계산한 다음, 이들을 벡터적으로 합성하면 전체 전기장을 구할 수 있다.

또한 전하 분포의 대칭성을 이용하는 것이 중요하다. 예를 들어, 동일한 전하가 $x = a$와 $x = -a$에 놓여 있다면, 원점에서 전기장은 대칭성 때문에 0이다. 마찬가지로 $x$축을 따라서 균일하게 전하가 분포한다면, 전기장은 $x$축으로부터 멀어지는 방향을 향하며 $x$축에 평행한 성분은 0이다.

## Quick Quiz 15.2

다른 전하들이 $P$점에 만든 전기장의 방향이 오른쪽을 향하고, 크기가 $4 \times 10^6$ N/C이다. 그 점에 $+3\ \mu$C의 시험 전하가 놓여 있다. 시험 전하를 $-3\ \mu$C로 바꾼다면, $P$점의 전기장은 (a) 바꾸기 전과 같은 크기이다, (b) 크기는 증가하고 방향이 바뀐다, (c) 전과 동일하다, (d) 크기는 감소하고 방향이 바뀐다.

## Quick Quiz 15.3

반경이 $b$인 원형 링을 따라서 전하 $q$가 균일하게 분포한다. 링의 중심에서 전기장의 크기는 얼마인가?
(a) 0 (b) $k_e q/b^2$ (c) $k_e q^2/b^2$ (d) $k_e q^2/b$ (e) 기타

## 예제 15.3 전하를 띤 기름방울

**목표** 1차원에서 뉴턴의 제2법칙과 함께 전기력 및 전기장을 사용한다.

**문제** 작은 기름방울들은 진공(즉, 압력이 0인 공간)에서 떨어지는 동안 작은 음(−)전하를 띤다. 크기가 $5.92 \times 10^4$ N/C인 전기장이 아래쪽을 향하고 있다. (a) 한 기름방울이 중력과 평형을 이루면서 허공에 떠 있는 것이 관찰되었다. 이 기름방울의 질량이 $2.93 \times 10^{-15}$ kg이라면, 기름방울이 가진 전하는 얼마인가? (b) 동일한 질량을 가진 다른 기름방울이 진공에서 0.250 s 동안 정지상태로부터 10.3 cm 떨어졌다. 기름방울이 가진 전하는 얼마인가?

**전략** 중력 및 전기력과 더불어 뉴턴의 제2법칙을 사용한다. 전기장 $\vec{\mathbf{E}}$의 방향인 아래쪽을 음(−)의 방향으로 잡는다. (a)에서 가속도는 0이다. (b)에서 가속도는 일정하다. 운동 방정식으로부터 가속도를 계산하고, 뉴턴의 방정식을 풀어서 전하 $q$를 구한다.

**풀이**

(a) 허공에 떠 있는 기름방울의 전하를 구하라.

뉴턴의 제2법칙을 수직 방향의 기름방울에 적용한다.

$$ma = \Sigma F = -mg + Eq \quad (1)$$

$E$는 아래쪽을 가리킨다. 따라서 음(−)이다. $a = 0$으로 두고 $q$에 대해서 푼다.

$$q = \frac{mg}{E} = \frac{(2.93 \times 10^{-15}\ \text{kg})(9.80\ \text{m/s}^2)}{-5.92 \times 10^4\ \text{N/C}}$$

$$= \boxed{-4.85 \times 10^{-19}\ \text{C}}$$

(b) 떨어지는 기름방울의 전하를 구하라.

가속도를 구하기 위해서 운동학적 변위 방정식을 사용한다.

$$\Delta y = \tfrac{1}{2}at^2 + v_0 t$$

$\Delta y = -0.103$ m, $t = 0.250$ s, $v_0 = 0$을 대입한다.

$$-0.103\ \text{m} = \tfrac{1}{2}a(0.250\ \text{s})^2 \longrightarrow a = -3.30\ \text{m/s}^2$$

$q$에 관해서 식 (1)을 풀고 대입한다.

$$q = \frac{m(a+g)}{E}$$

$$= \frac{(2.93 \times 10^{-15}\ \text{kg})(-3.30\ \text{m/s}^2 + 9.80\ \text{m/s}^2)}{-5.92 \times 10^4\ \text{N/C}}$$

$$= \boxed{-3.22 \times 10^{-19}\ \text{C}}$$

**주의** 이 예제는 기본 전하 $e$를 결정했던 밀리컨의 기름방울 실험에 유사한 상황을 보여 준다. (a)와 (b) 모두 전하의 크기는 $e$의 정수배임을 주목하라.

**연습문제 15.3**

전기장 $E = -2.70 \times 10^5$ N/C인 허공에 중력과 평형을 이루면서 떠 있는 기름방울들을 생각해 보자. 이 기름방울의 최소 질량은 얼마인가?

**답** $4.41 \times 10^{-15}$ kg

## 문제풀이 전략 전기력과 전기장 구하기

전기력을 구하기 위해서 다음 과정이 사용된다. (전기장을 구할 때에도 동일한 과정이 사용된다. 전하 $q$를 적당한 시험 전하로 대치한 후, 마지막에 그 시험 전하로 나누어 준다.)

1. 문제에 주어진 전하의 배치를 **그려라.**
2. 미지의 전하 $q$를 찾아서, **동그라미로 표시를 하라.**
3. 국제표준 단위인 쿨롱상수 $k_e$와 일치하도록 전하는 쿨롱(C), 거리는 미터(m)로 쓴다. 즉 모든 물리량을 국제단위로 **변환하라.**
4. **쿨롱의 법칙을 적용하라.** 각각의 전하 $Q$가 미지의 전하 $q$에 작용하는 전기력을 구하라. 힘의 크기는 쿨롱의 법칙으로부터 구할 수 있다. 전기력의 방향은 두 전하를 잇는 선을 따라가며, 전하가 같은 부호이면 $Q$에서 멀어지는 쪽을 향하고 반대 부호이면 $Q$ 쪽을 향한다. $+x$축과 힘 벡터가 이루는 각도 $\theta$를 구하라. $Q$가 $q$에 작용하는 전기력의 $x$ 성분은 $F\cos\theta$이고, $y$ 성분은 $F\sin\theta$이다.
5. 알짜 전기력의 $x$ 성분을 구하기 위해서 **모든 $x$ 성분을 더하라.**
6. 알짜 전기력의 $y$ 성분을 구하기 위해서 **모든 $y$ 성분을 더하라.**
7. 원한다면 알짜 힘의 크기와 방향을 구하기 위해서 **피타고라스 정리와 삼각법을 사용하라.**

## 예제 15.4 두 개의 점전하가 만드는 전기장

**목표** 두 개의 점전하가 만드는 전기장을 구하기 위해서 중첩의 원리를 사용한다.

**문제** 원점에 전하 $q_1 = 7.00\ \mu$C이 있고, 원점에서 떨어진 $x$축에 전하 $q_2 = -5.00\ \mu$C이 있다(그림 15.12). (a) 좌표가 (0, 0.400 m)인 $P$점에서 전기장의 크기와 방향을 구하라. (b) $P$점에 놓인 $2.00 \times 10^{-8}$ C이 받는 전기력을 구하라.

**전략** 문제풀기 전략에 따라서, 각각의 전하가 $P$점에 만드는 전기장의 $x$ 성분과 $y$ 성분을 구한 후, 성분별로 모든 전기장을 더해서 알짜 전기장의 $x$ 성분과 $y$ 성분을 구한다. 이 전기장에 전하를 곱해주면 (b)에서 요구하는 힘의 크기를 얻을 수 있다.

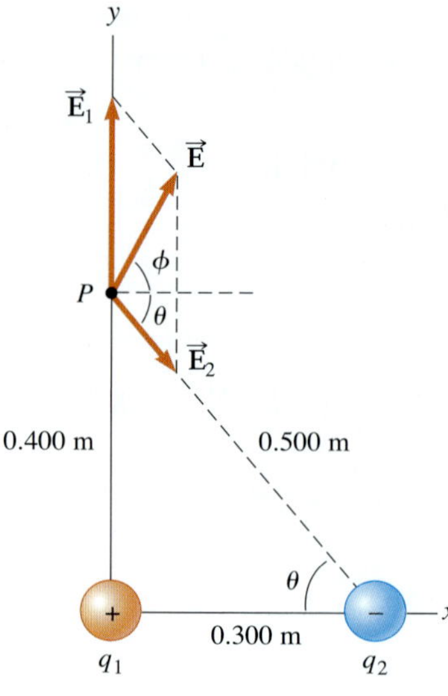


**그림 15.12** (예제 15.4) $P$점에서 알짜 전기장 $\vec{E}$는 벡터 합 $\vec{E}_1 + \vec{E}_2$와 같다. $\vec{E}_1$은 양전하 $q_1$이 만든 전기장이고, $\vec{E}_2$는 음전하 $q_2$가 만든 전기장이다.

**풀이**

(a) $P$점에서 전기장을 구하라.

식 15.5를 사용해서 $\vec{E}_1$의 크기를 구한다.

$$E_1 = k_e \frac{|q_1|}{r_1^2} = (8.99 \times 10^9\ \text{N} \cdot \text{m}^2/\text{C}^2)\frac{(7.00 \times 10^{-6}\ \text{C})}{(0.400\ \text{m})^2}$$
$$= 3.93 \times 10^5\ \text{N/C}$$

벡터 $\vec{E}_1$의 방향은 $+x$축과 90°를 이룬다. 성분 계산시에 이 성질을 이용한다.

$$E_{1x} = E_1 \cos(90°) = 0$$
$$E_{1y} = E_1 \sin(90°) = 3.93 \times 10^5\ \text{N/C}$$

식 15.5를 사용해서 $\vec{E}_2$의 크기를 구한다.

$$E_2 = k_e \frac{|q_2|}{r_2^2} = (8.99 \times 10^9\ \text{N} \cdot \text{m}^2/\text{C}^2)\frac{(5.00 \times 10^{-6}\ \text{C})}{(0.500\ \text{m})^2}$$
$$= 1.80 \times 10^5\ \text{N/C}$$

그림 15.12의 삼각형에서 $\cos\theta$를 계산하여 $\vec{E}_2$의 $x$ 성분을 구한다.

$$\cos\theta = \frac{\text{밑변}}{\text{빗변}} = \frac{0.300}{0.500} = 0.600$$
$$E_{2x} = E_2 \cos\theta = (1.80 \times 10^5\ \text{N/C})(0.600)$$
$$= 1.08 \times 10^5\ \text{N/C}$$

마찬가지로, $y$ 성분을 구한다. 그러나 성분이 아래쪽을 향하므로 $\sin\theta$ 값에 음(−)의 부호를 붙여야 한다.

$$\sin\theta = \frac{\text{높이}}{\text{빗변}} = \frac{0.400}{0.500} = 0.800$$
$$E_{2y} = E_2 \sin\theta = (1.80 \times 10^5\ \text{N/C})(-0.800)$$
$$= -1.44 \times 10^5\ \text{N/C}$$

알짜 전기장의 $x$ 성분을 구하기 위해서 모든 $x$ 성분 더한다.

$$E_x = E_{1x} + E_{2x} = 0 + 1.08 \times 10^5\ \text{N/C} = 1.08 \times 10^5\ \text{N/C}$$

알짜 전기장의 $y$ 성분을 구하기 위해서 모든 $y$ 성분 더한다.

$$E_y = E_{1y} + E_{2y} = 0 + 3.93 \times 10^5\ \text{N/C} - 1.44 \times 10^5\ \text{N/C}$$
$$E_y = 2.49 \times 10^5\ \text{N/C}$$

알짜 전기장의 크기를 구하기 위해서 피타고라스 정리를 사용한다.

$$E = \sqrt{E_x^2 + E_y^2} = 2.71 \times 10^5\ \text{N/C}$$

알짜 전기장의 방향을 구한다.

$$\phi = \tan^{-1}\left(\frac{E_y}{E_x}\right) = \tan^{-1}\left(\frac{2.49 \times 10^5\ \text{N/C}}{1.08 \times 10^5\ \text{N/C}}\right) = 66.6°$$

(b) $P$점에 놓인 $2.00 \times 10^{-8}$ C이 받는 힘을 구하라.

힘의 크기를 구한다(힘 방향은 전하가 양(+)이므로 전기장 $\vec{\mathbf{E}}$ 방향과 같다).

$$F = Eq = (2.71 \times 10^5 \text{ N/C})(2.00 \times 10^{-8} \text{ C})$$
$$= \boxed{5.42 \times 10^{-3} \text{ N}}$$

**주의** 이 예제를 풀기 위해서 많은 단계가 필요하지만 매우 단순하다. 이런 문제는 매 단계마다 집중하는 것이 중요하다. 해답은 천재적 능력보다는 비교적 쉬운 단계를 여러 번 거쳐야 얻을 수 있다.

**연습문제 15.4**

(a) $P$점에 $-7.00\ \mu$C의 전하가 놓여 있다. 이 점전하와 $q_1$에 의한 $q_2$ 지점에서 만드는 전기장의 크기와 방향을 계산하라. (b) $q_2$가 받는 힘의 크기와 방향을 구하라.

**답** (a) $5.84 \times 10^5$ N/C, $\phi = 20.2°$ (b) $F = 2.92$ N, $\phi = 200°$

## 15.5 전기력선

전기장의 패턴을 보여 주기 위해서 원하는 지점에 전기장 방향을 가리키는 선을 긋는 것이 편리하다. 마이클 패러데이에 의해서 소개된 **전기력선**(electric field line)은 공간에 분포된 전기장과 다음과 같은 관계를 갖는다.

1. 전기장 벡터 $\vec{\mathbf{E}}$는 각 지점의 전기력선에 접한다.
2. 단위 면적당 수직으로 지나가는 전기력선의 개수는 그 지점의 전기장 크기에 비례한다.

전기장 $\vec{\mathbf{E}}$는 전기력선이 조밀한 곳에서 크고, 성긴 곳에서 약하다는 사실에 주목하라.

그림 15.13a는 양(+)의 부호를 띤 단일 점전하에 대한 전기력선의 분포를 나타낸다. 2차원 그림이기 때문에 전기력선들이 전하를 포함하는 평면 위에 분포한다. 사실상 이 선들은 성난 바늘두더지의 털처럼 전하를 중심으로 모든 방향으로 뻗어나간다. 이 전기장 속에 놓인 양(+)의 시험 전하는 전하 $q$로부터 반발하는 방향으로 힘을 받기 때문에 전기력선은 $q$로부터 멀어지는 쪽을 향해서 사방으로 퍼진다. 음(−)의 부호

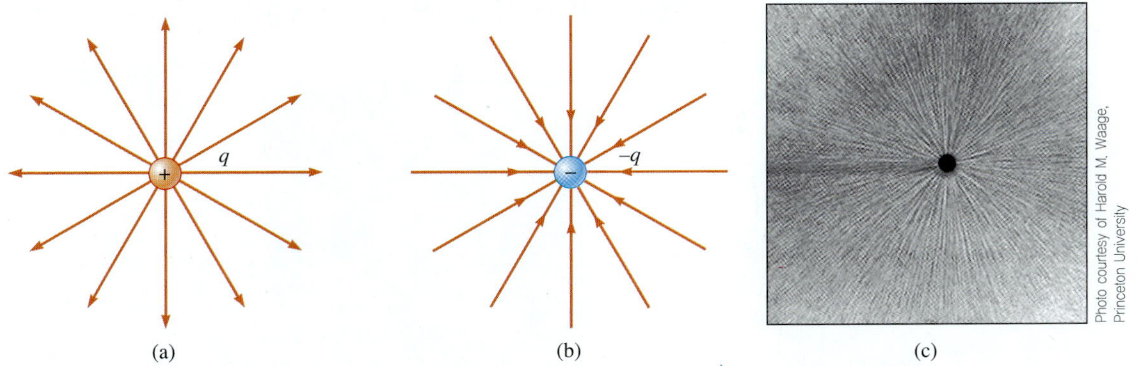


**그림 15.13** 점전하에 대한 전기력선. (a) 양(+)의 점전하에 대해서 전기력선은 방사형으로 발산한다. (b) 음(−)의 점전하에 대해서 전기력선은 안쪽으로 수렴한다. 그림은 전하를 포함하는 평면 위에 분포된 전기력선만을 보여 주고 있다는 사실에 주목하라. (c) 검은 선은 전하를 띤 작은 도체가 만든 전기장 방향으로 배열된 기름에 떠 있는 실 조각들이다.

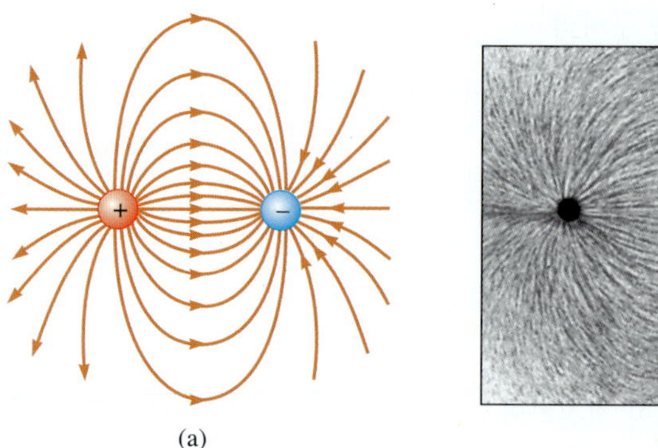


(a) (b)

Photo courtesy of Harold M. Waage, Princeton University

**그림 15.14** (a) 크기는 같고 부호가 반대인 두 점전하(즉, 전기쌍극자)에 대한 전기력선. 양전하에서 나온 전기력선의 개수는 음전하로 들어가는 전기력선의 개수와 같다는 점에 주목하라. (b) 검은 선은 전하를 띤 두 개의 도체가 만든 전기장 방향으로 배열된 기름에 떠 있는 실 조각들이다.

를 띤 단일 점전하에 대한 전기력선은 그 전하 쪽으로 향하는데(그림 15.13b), 그 이유는 양(+)의 시험 전하가 음(−)전하 쪽으로 끌리기 때문이다. 양쪽 모두 전기력선은 사방으로 무한 공간까지 뻗는다. 주목할 점은 전기력선들이 전하에 가까울수록 조밀해지고, 이것이 전기장의 크기가 증가함을 의미한다는 사실이다. 이것은 식 15.5로부터 입증될 수 있다.

전기력선과 전기장 벡터 사이의 관계로부터 임의의 전하 분포에 대해서 전기력선을 그리는 요령을 발견할 수 있다.

**TIP 15.1** **전기력선은 입자의 경로가 아니다.**
전기력선은 물질이 아니다. 전기력선은 전기장의 다양한 위치를 그림으로 표시한 것이다. 특별한 경우를 제외하고 전기력선은 전기장에 놓여진 대전입자의 경로를 나타내지 않는다.

1. 점전하 군에 대한 전기력선은 양(+)전하에서 시작해서 음(−)전하에서 끝난다. 알짜 전하가 있을 경우, 일부 선들은 무한대에서 시작하거나 끝날 것이다.
2. 양(+)전하에서 나오거나 음(−)전하로 들어가는 전기력선의 개수는 전하의 크기에 비례한다.
3. 모든 전기력선은 서로 교차하지 않는다.

그림 15.14는 부호가 서로 반대이고 크기는 같은 두 점전하에 대한 전기력선의 멋진 대칭성을 보여 준다. 이와 같은 전하 분포를 **전기쌍극자**(electric dipole)라고 부른다. 양전하에서 시작된 전기력선의 개수는 음전하로 들어가는 전기력선의 개수와 같아야 한다는 점을 주목하라. 두 점전하 근처에서 전기력선은 거의 방사형이다. 전기력선의 밀도가 높다는 것은 이 지역에서 전기장이 강하는 것을 의미한다.

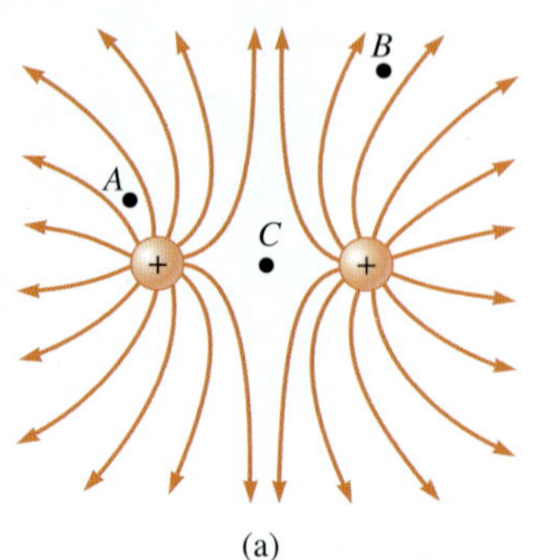


(a)

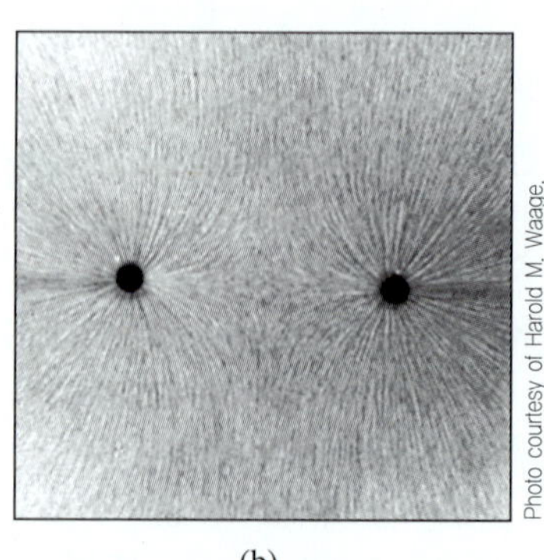

(b)

Photo courtesy of Harold M. Waage, Princeton University

**그림 15.15** (a) 양(+)의 부호를 가진 두 점전하에 대한 전기력선. $A$, $B$, $C$점들은 Quick Quiz 15.4에서 논의될 것이다. (b) 검은 선은 전하를 띤 두 도체가 만든 전기장 방향으로 배열된 기름에 떠 있는 실 조각들이다.

그림 15.15는 크기가 같은 두 개의 양전하 근처에 분포한 전기력선을 보여 준다. 앞에서 언급했듯이 두 전하 근처에서 전기력선은 거의 방사형이다. 전하의 크기가 같기 때문에 각 전하에서 같은 개수의 전기력선이 나온다. 전하로부터 충분히 먼 지점의 전기장은 $2q$의 크기를 가진 점전하가 만든 전기장과 근사적으로 같다. 전하 사이의 공간에서 전기력선이 솟아오른 것은 같은 전하들 간의 전기력이 밀어내는 방향임을 반영하고 있다. 또한 두 전하 사이에서 전기력선의 밀도가 낮은 것은 전기쌍극자와 달리 이 지점에서 전기장이 약함을 나타낸다.

마지막으로 활용그림 15.16은 양전하 $+2q$와 음전하 $-q$를 연결하는 전기력선의 개략도이다. 이 경우 전하 $+2q$에서 나오는 전기력선의 개수는 전하 $-q$로 들어가는 전기력선의 개수의 두 배이다. 따라서 양전하에서 나온 전기력선의 1/2만이 음전하로 들어간다. 나머지 1/2은 무한 지점에 있는 것으로 가정한 음전하를 향해서 뻗어간다. 전하들로부터 충분히 먼 지점(두 전하 사이의 거리에 비해서)의 전기력선은 단일 점전하 $+q$의 전기력선과 등가이다.

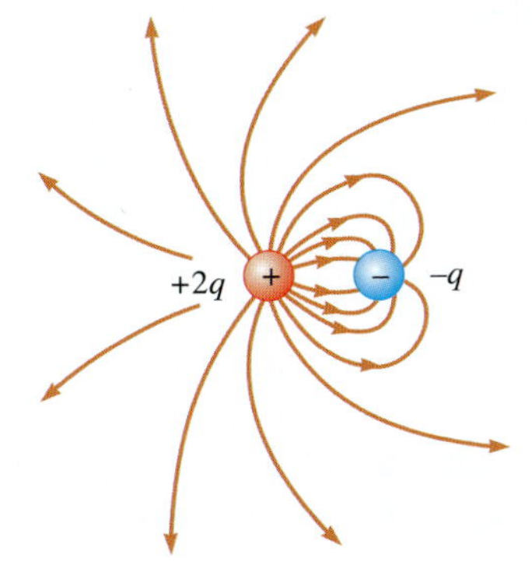


**활용그림 15.16**
양전하 $+2q$와 음전하 $-q$에 대한 전기력선. $-q$로 들어가는 모든 전기력선은 $+2q$에서 나온다는 점에 주목하라.

**Physics Now™**
**http://physics.brookscole.com/ecp**에서 PhysicsNow를 로그인하고 활용그림 15.16에 들어가서 두 전하의 크기와 부호를 선택하여 전기력선을 관찰하라.

**Quick Quiz 15.4**

그림 15.15에서 $A$, $B$, $C$ 지점의 전기장 크기를 비교한 후 큰 순서대로 나열하라.
(a) $A$, $B$, $C$ (b) $A$, $C$, $B$ (c) $C$, $A$, $B$ (d) 그림으로 판단할 수 없음

## 15.6 정전평형 상태에 있는 도체

구리와 같이 좋은 도체는 전기적으로 중성이라고 해도 원자에 구속되지 않고 물질 내에서 자유롭게 움직이는 전하를 포함하고 있다. 도체 내에서 전하의 알짜 운동이 없다면, 그 도체는 **정전평형**(electrostatic equilibrium) 상태에 있다고 말한다. 접지하지 않은 고립된 도체는 다음과 같은 특성을 가진다.

◀ 고립된 도체의 특성

1. 도체 물질 내부의 모든 곳에서 전기장은 0이다.
2. 고립된 도체가 가지고 있는 알짜 전하는 모두 표면에 분포한다.
3. 전하를 띤 도체의 외부 표면에서 전기장은 도체 표면에 수직이다.
4. 도체의 모양이 불규칙할 경우, 전하는 표면의 곡률 반경이 가장 작은 예리한 지점에 모인다.

첫 번째 특성을 이해하려면 그것이 사실이 **아닐** 경우에 발생하는 현상을 살펴보는 것이 좋다. 도체 내부에 전기장이 존재한다면 자유 전자들이 움직일 것이므로 전하의 흐름, 즉 전류가 발생한다. 전하의 알짜 운동이 있다면, 그 도체는 더 이상 정전평형 상태가 아니다.

특성 2는 같은 전하 사이에 $1/r^2$의 반발력이 존재한다는 쿨롱의 법칙의 직접적 결과이다. 어떤 과정을 통해서 알짜 전하가 도체 내부에 놓인다면, 같은 전하 사이의 반발력 때문에 서로 가장 멀리 있기 위해서 표면으로 밀려나갈 것이다. (여기서 이것을

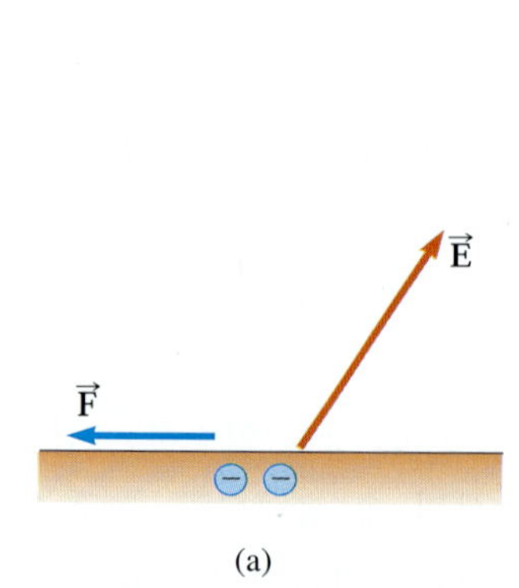


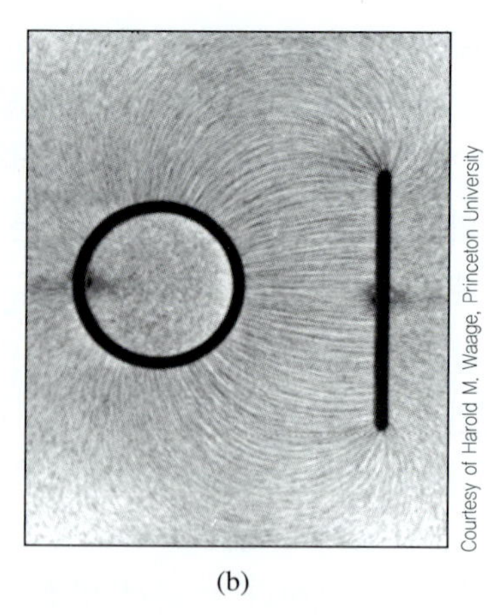


**그림 15.17** (a) 도체 면 위의 음전하들. 전기장이 면과 어떤 각도를 이루면, 표면을 따라서 전하에 작용하는 전기력 성분이 발생하므로 왼쪽으로 움직인다. 정전평형 상태에 있는 도체의 경우, $\vec{\mathbf{E}}$는 면에 평행한 성분이 존재할 수 없으므로 면에 수직이어야 한다. (b) 대전된 도체 판과 반대로 대전된 도체 원기둥 사이의 전기장 형태. 기름에 떠 있는 작은 실 조각들은 전기장 방향으로 배열된다. 전기력선은 도체 면에 수직이며, 원기둥의 내부에는 전기력선이 없음을 주목하라($\vec{\mathbf{E}} = 0$).

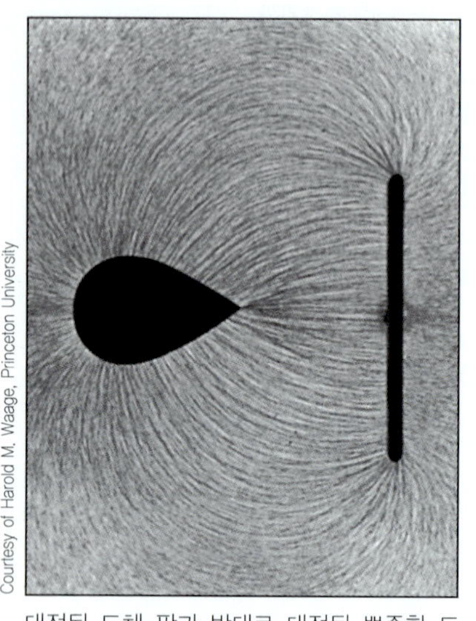


대전된 도체 판과 반대로 대전된 뾰족한 도체 주변의 전기장 형태. 기름에 떠 있는 작은 실 조각들은 전기장 방향으로 배열된다. 전기장은 곡률반경이 가장 작은 도체의 뾰족한 부분에서 강하며, 전기력선은 도체 면에 수직이다.

증명하지 않을 것이지만, 알짜 전하는 거리의 역제곱에 비례하는 쿨롱의 법칙 때문에 표면에 머물 수밖에 없다. 역제곱의 법칙이 아닐 경우, 알짜 전하는 표면에 존재할 수 있지만 도체 내부에 같은 부호 또는 반대 부호를 가진 전하 분포가 생길 수 있다.)

특성 3도 그것이 사실 아닐 경우에 발생하는 현상을 살펴봄으로써 이해할 수 있다. 그림 15.17a의 전기장이 표면에 수직이 아니라면, 표면에 평행한 전기장 성분이 존재할 것이므로 도체의 자유 전자들은 (그림에서 보면 왼쪽으로) 표면을 따라서 움직일 것이다. 그러나 전하가 움직이면, 전류가 발생하므로 도체는 더 이상 정전평형 상태를 유지할 수 없다. 그러므로 E는 표면에 평행해야 한다.

특성 4가 왜 사실인지 보기 위해서 그림 15.18a와 같이 한쪽은 거의 평면이고 다른 쪽은 상대적으로 뾰족한 도체를 생각해 보자. 이 도체에 놓인 알짜 전하들은 표면으로 이동한다. 그림 15.18b는 더 평평한 곳에 위치한 두 전하 사이의 힘을 보여 준다. 이 힘들은 대부분 표면에 평행하다. 따라서 두 전하 사이의 힘이 다른 인접한 전하들이 이 전하에 작용하는 반발력과 상쇄되어 평형에 도달할 때까지 두 전하는 서로 멀리 이동한다. 그러나 뾰족한 끝에 위치한 두 전하 사이의 반발력은 그림 15.18c와 같이 대부분 표면에서 나가는 쪽을 향한다. 그 결과 전하들이 표면을 따라서 멀리 이동하는 경향이 작기 때문에 단위 면적당 전하량은 평평한 곳보다 더 크다. 뾰족한 끝에 위치한 다른 인접한 전하들이 만드는 많은 힘이 누적되어 표면에서 나가는 쪽을 향하는 큰 힘이 형성되면, 일부 전하들은 표면에서 주변 공기 중으로 튀어나갈 수 있다.

끝이 뾰족한 금속막대를 집에 세우면, 비구름에 의해서 집에 유도된 전하의 대부분이 뾰족한 끝점을 통해서 나가기 때문에 유도 전하가 상쇄된다. 더욱이 집에 떨어진 벼락도 금속막대를 지나서 땅속으로 연결된 전선을 따라서 안전하게 흘러간다. 이 원

### ☑ Checkpoint 15.4

진실인가 거짓인가: 도체의 전하가 움직이지 않는다면 도체는 항상 정전평형 상태에 있다.

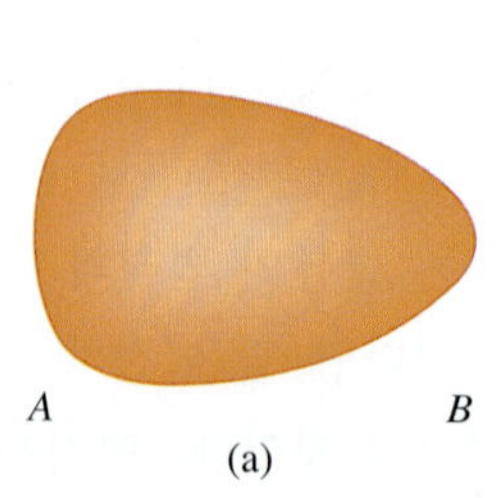


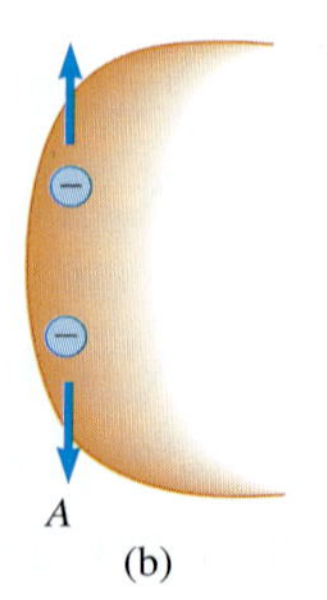


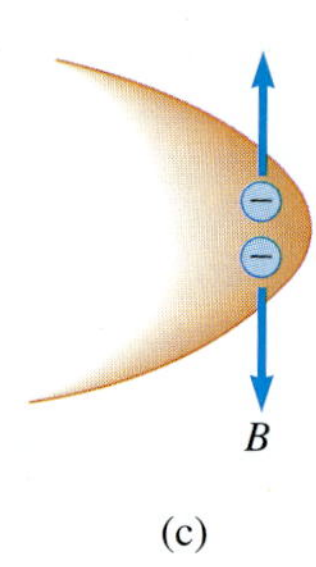


**그림 15.18** (a) 평평한 부분과 상대적으로 뾰족한 부분으로 이루어진 도체. 도체에 놓인 알짜 전하들은 모두 표면에 분포하고, (b) 평평한 부분의 단위 면적당 전하는 비교적 작고, (c) 뾰족한 부분의 단위 면적당 전하는 더 크다.

리를 사용해서 벤자민 프랭클린(Benjamin Franklin)은 피뢰침을 개발하였다. 그러나 최근 연구에 따르면, 끝이 뭉뚝한 피뢰침이 뾰족한 것보다 더 성능이 좋은 것으로 나타났다.

**APPLICATION**

피뢰침

**응용물리 15.1** 번개가 치는 날씨 속에서 운전자의 안전성

번개가 치는 날씨일 때 자동차 안에 머무는 것이 왜 더 안전할까?

**설명** 많은 사람들은 자동차 안에 있으면 고무 타이어의 절연 효과 때문에 안전하다고 믿는다. 그러나 그것은 틀린 생각이다. 번개는 공기 중에서 수 km를 진행할 수 있기 때문에 수 cm의 고무도 분명히 통과할 수 있다. 차 안에 있는 사람이 안전한 이유는 특성 2에서 언급했듯이 차의 금속 표면에 발생한 전하가 차의 외부 표면에 분포하기 때문이다. 차의 내부 면과 닿아 있는 자동차에 탄 사람은 위험하지 않다.

## 15.7 전기선속과 가우스 법칙

가우스 법칙은 기본적으로 닫힌 면 위에 분포된 평균 전기장을 계산하는 방법으로서 칼 프리드리히 가우스(Karl Friedrich Gauss, 1777~1855)가 개발하였다. 대칭성 때문에 전기장이 면의 모든 점에서 상수이고 방향이 면에 수직이면, 전기장을 정확히 계산할 수 있다. 이런 특수한 조건에서 가우스 법칙을 사용하는 것은 쿨롱의 법칙을 적용하는 것보다 훨씬 쉽다.

가우스 법칙은 닫힌 면을 지나가는 전기선속과 면 내부에 존재하는 전하 사이의 관계를 기술한다. **닫힌 면**이란 구면처럼 안과 밖이 구별되는 면을 의미한다. **전기선속**은 주어진 면을 통과하는 전기장 벡터의 크기를 재는 척도이다. 예를 들어, 만일 전기장 벡터가 모든 점에서 면과 접한다면, 전기장 벡터는 면을 통과할 수 없기 때문에 그 면을 지나는 전기선속은 0이 된다. 이 개념은 다음에 이어질 두 절에서 더 충분히 설명될 것이다. 곧 알게 되겠지만, 가우스 법칙은 닫힌 면을 지나는 전기 선속은 면 **내부**에 포함된 전하에 비례한다고 기술될 수 있다.

### 전기선속

그림 15.19와 같이 크기와 방향이 균일한 전기장을 생각해 보자. 전기력선은 면적이 $A$이고 전기장에 수직인 면을 지나간다. 그림 15.19처럼 그리기 위해서 단위 면적당 전기력선의 개수 $N/A$는 전기장의 크기에 비례한다, 즉 $E \propto N/A$라고 가정하였다. 이것은 $N \propto EA$와 같이 다시 쓸 수 있는데, 전기력선의 개수는 **전기선속**(electric flux)이라고 불리는 $E$와 $A$의 곱에 비례함을 의미한다. 기호 $\Phi_E$로 나타낸 전기선속은

$$\Phi_E = EA \qquad [15.6]$$

이다. $\Phi_E$의 국제단위는 $N \cdot m^2/C$이며, 전기장에 수직으로 놓인 어떤 면적 $A$를 지나는 전기력선의 개수에 비례한다. [유체의 흐름에서 1초 동안 면적을 수직으로 통과하는 액체의 부피를 나타내는 용어인 **유속**(flux)과 비슷하게 전기선속이라고 부른다.] 그림 15.20에서 볼 수 있듯이 전기장이 관찰 면에 수직이 아니면, 전기선속의 표현은 다음

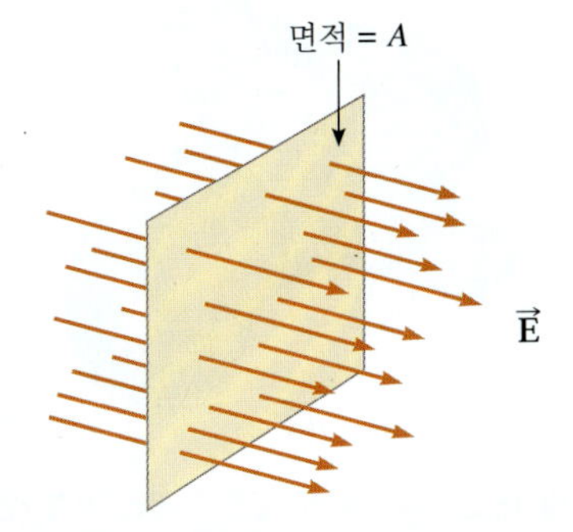


**그림 15.19** 균일한 전기장에 수직인 면적 $A$인 평면을 통과하는 전기력선. 이 면을 지나가는 전기선속 $\Phi_E$는 $EA$와 같다.

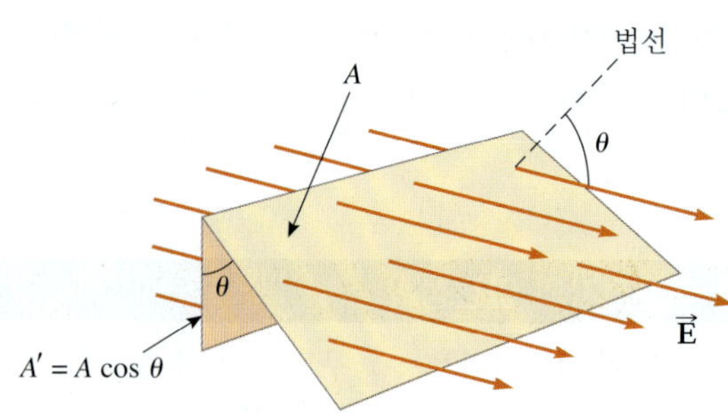


**그림 15.20** 균일한 전기장과 (90° − θ) 각을 이루고 있는 면적 $A$인 평면을 통과하는 전기력선. 이 면을 지나가는 전기선속 $\Phi_E$는 $EA$와 같다. 면적 $A'$인 어두운 부분을 지나가는 전기력선의 개수는 면적 $A$를 통과하는 전기력선의 개수와 같기 때문에 $A'$을 지나가는 전기선속은 $A$를 지나가는 전기선속과 같다고 둔다. 따라서 $\Phi_E = EA\cos\theta$이다.

과 같다.

전기선속 ▶

$$\Phi_E = EA\cos\theta \qquad [15.7]$$

여기서 $\theta$는 면적 $A$에 수직인 벡터와 전기장이 이루는 각도이다. 면적에 수직인 벡터를 "면에 대한 **법선벡터**"라고 부른다. 면적 $A$를 가로지르는 전기력선의 개수는 전기장에 수직인 투사면 $A'$을 지나는 전기력선의 개수와 같다. 두 면적 사이에는 $A' = A\cos\theta$의 관계가 성립한다. 식 15.7에서 알 수 있듯이 고정된 면적을 지나는 전기선속은 전기장이 면적에 수직(즉, $\theta = 0°$)일 때 최대값 $EA$를 가지며, 전기장이 면적과 평행(즉, $\theta = 90°$)일 때 0이 된다. **닫힌 면에 대한 전기선속은 전기력선이 면의 안쪽을 향할 때 음(−)의 부호를 갖고, 면의 바깥쪽을 향할 때 양(+)의 부호를 갖도록 하는 것이 관례**이다. 이 관례에 따르려면, 닫힌 면에 대한 전기선속을 계산할 때 면의 법선벡터 방향이 바깥쪽을 향하도록 설정하면 된다. 다음에 주어진 두 개의 Quick Quiz는 식 15.7을 적용한 예이다.

### Quick Quiz 15.5

$z$축 방향으로 5.00 N/C의 전기장이 형성된 공간에서 $xy$ 평면 위에 놓인 면적 4.00 m$^2$인 직사각형을 지나는 전기선속의 크기를 계산하라.

(a) 0 (b) 10.0 N · m$^2$/C (c) 20.0 N · m$^2$/C (d) 정보가 부족해서 알 수 없음

### Quick Quiz 15.6

$z$축에서 60° 기울어진 방향으로 5.00 N/C의 전기장이 존재할 때, Quick Quiz 15.5와 동일한 면적을 지나는 전기선속의 크기를 구하라.

(a) 0 (b) 10.0 N · m$^2$/C (c) 20.0 N · m$^2$/C (d) 정보가 부족해서 알 수 없음

## 가우스 법칙

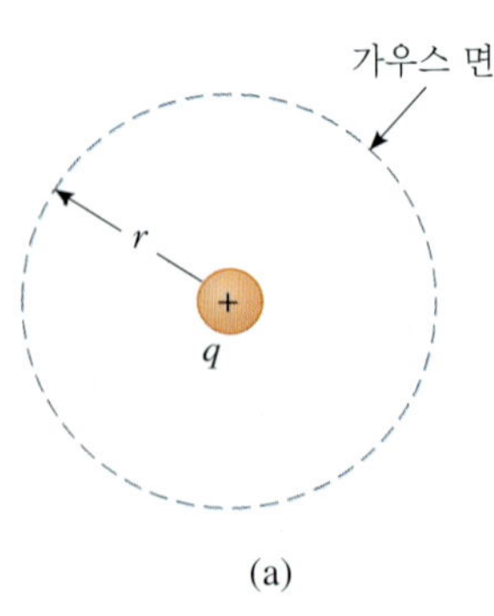


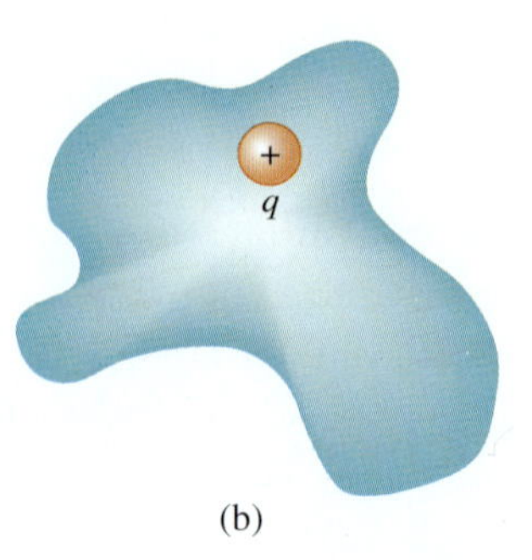


**그림 15.21** (a) 점전하 $q$를 둘러싼 반경 $r$인 구면을 지나는 전기선속은 $\Phi_E = q/\epsilon_0$이다. (b) 그 전하를 둘러싼 임의의 면을 지나는 전기선속도 역시 $\Phi_E = q/\epsilon_0$이다.

그림 15.21a와 같이 점전하 $q$를 중심에 두고, 반경이 $r$인 구면에 전하가 둘러싸인 경우를 생각해 보자. 구면 위의 모든 점에서 전기장의 크기는

$$E = k_e\frac{q}{r^2}$$

이다. 전기장의 방향은 구면 위의 모든 점에서 면에 수직임을 주목하라. 따라서 면을 지나는 전기선속은 $EA$이고, 구의 표면적은 $A = 4\pi r^2$이다. 따라서

$$\Phi_E = EA = k_e\frac{q}{r^2}(4\pi r^2) = 4\pi k_e q$$

쿨롱상수 $k_e$와 **자유 공간의 유전율**(permittivity of free space) $\epsilon_0$ 사이에 $k_e = 1/(4\pi\epsilon_0)$의 관계가 성립하므로

$$\epsilon_0 = \frac{1}{4\pi k_e} = 8.85 \times 10^{-12}\ \mathrm{C^2/N \cdot m^2} \qquad [15.8]$$

이다. $k_e$와 $\epsilon_0$ 가운데 어떤 상수를 사용하느냐는 독자의 취향에 달려 있다. 전하 $q$를 둘러싸고 있는 닫힌 구면을 지나는 전기선속은 이제

$$\Phi_E = 4\pi k_e q = \frac{q}{\epsilon_0}$$

와 같이 나타낼 수 있다. 이 결과는 전하 $q$를 둘러싼 구면을 지나는 전기선속은 전하를 유전율 $\epsilon_0$로 나눈 값과 같다고 말할 수 있다. 미적분학 이론을 사용하면, 전하 $q$를 둘러싼 면이 구면이 아니더라도 위 식이 성립함을 증명할 수 있다. 예를 들어 그림 15.21b와 같이 $q$를 둘러싼 면이 불규칙할 경우에도 그 면을 지나는 전기선속은 역시 $q/\epsilon_0$이다. 이 사실로부터 가우스 법칙으로 알려진 다음과 같은 일반적인 식이 나온다.

◀ 가우스 법칙

임의의 닫힌 면을 통과하는 전기선속 $\Phi_E$는 면 내부에 있는 전하 $Q_{내부}$를 $\epsilon_0$으로 나눈 값과 같다. 즉,

$$\Phi_E = \frac{Q_{내부}}{\epsilon_0} \qquad [15.9]$$

명확하지는 않지만, 가우스 법칙은 전하들이 전기장을 어떻게 만드는가를 기술하고 있다. 원리적으로 가우스 법칙은 연속적 또는 불연속적으로 분포된 전하들이 만든 전기장을 계산할 때 항상 사용될 수 있다. 그러나 실제로 이 방법은 구면, 원기둥, 평면 등과 같이 대칭성이 있는 전하 분포에 한해서만 유용하다. 전하 분포가 대칭성이 있는 경우, "가우스 면"이라고 불리는 가상적인 면으로 전하를 둘러싼다. 이 가상 면은 수학적인 계산을 위해서 오직 사용되며, 물리적으로 실재하는 면은 아니다. 면 위의 모든 점에서 전기장이 상수가 되도록 가상 면을 선택하면, 전기장은

$$EA = \Phi_E = \frac{Q_{내부}}{\epsilon_0} \qquad [15.10]$$

식으로부터 계산될 수 있다(예제 참조). 위와 같은 형태의 가우스 법칙은 대칭성이 있는 문제에 한해서 전기장을 계산할 때 사용될 수 있지만, **임의**의 면에서 **평균** 전기장을 구할 때 **항상** 사용될 수 있다.

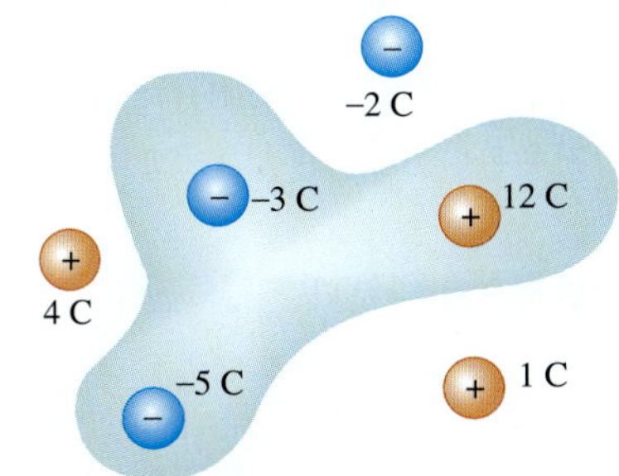


활용그림 15.22
(Quick Quiz 15.7)

**Physics Now™**
**http://physics.brookscole.com/ecp**에서 PhysicsNow를 로그인하고 활용그림 15.22에 들어가서 닫힌 면의 크기와 형태를 바꾸면서 그 면을 지나는 둘러싼 전하들의 전기선속 변화를 관찰하라.

## Quick Quiz 15.7

활용그림 15.22에 주어진 면을 지나는 전기선속을 구하라.

(a) $-(3\ \mathrm{C})/\epsilon_0$ (b) $(3\ \mathrm{C})/\epsilon_0$ (c) 0 (d) $-(6\ \mathrm{C})/\epsilon_0$

## 예제 15.5 구면에 분포한 전하의 전기장

**목표** 가우스 법칙을 구면 대칭의 전하에 적용하여 전기장을 계산한다.

**문제** 내부 반지름이 $a$이고 외부 반지름이 $b$인 속인 빈 도체구의 표면에 $+Q$의 전하가 분포해 있다(그림 15.23a). $Q$가 양수일 때, (a) 도체 구의 내부(즉, $r < a$)에서 전기장을 구하라. (b) 도체 구의 밖(즉, $r > b$)에서 전기장을 구하라. (c) 만일 $-Q$의 전하를 도체 구의 중심에 추가할 경우, $r > b$에서 전기장을 계산하라.

**전략** 각 문제마다 관찰 지점을 지나는 구형의 가우스 면을 그려라. 그 가우스 면 내부에 있는 전하를 모두 더하라. 그 값과 면적을 가우스 법칙에 대입한 후, 전기장에 대해서 풀어라.

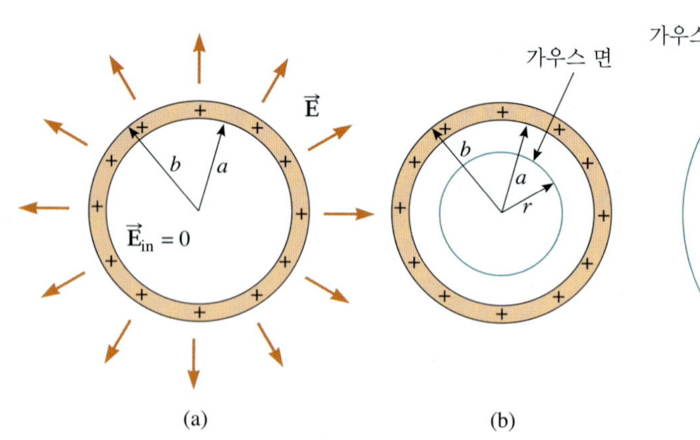


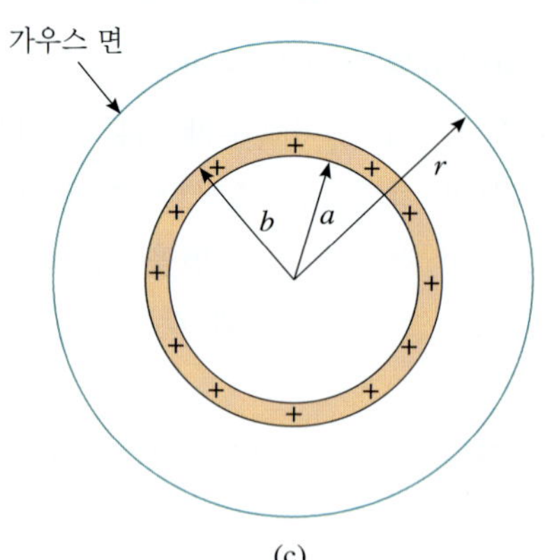


**그림 15.23** (예제 15.5) (a) 균일하게 분포된 표면 전하를 가진 구 내부의 전기장은 0이다. 또한 도체 물질 내부, 즉 $a < r < b$의 전기장도 역시 0이다. 구 외부의 전기장은 구의 중심에 $Q$인 점전하를 놓을 때와 동일하다. (b) 구 내부의 전기장을 계산하기 위해서 설정된 가우스 면. (c) 구 외부의 전기장을 계산하기 위해서 설정된 가우스 면.

**풀이**

(a) $r < a$에서 전기장을 구하라.

가우스 법칙 식 15.10을 그림 15.23b에 주어진 가우스 면에 적용하라(면의 내부에는 전하가 전혀 없다).

$$EA = E(4\pi r^2) = \frac{Q_{\text{내부}}}{\epsilon_0} = 0 \longrightarrow E = 0$$

(b) $r > b$에서 전기장을 구하라.

가우스 법칙 식 15.10을 그림 15.23c에 주어진 가우스 면에 적용한다.

$$EA = E(4\pi r^2) = \frac{Q_{\text{내부}}}{\epsilon_0} = \frac{Q}{\epsilon_0}$$

면적으로 나눈다.

$$E = \frac{Q}{4\pi\epsilon_0 r^2}$$

(c) $-Q$의 전하를 도체 구의 중심에 추가하라.
구의 외부, 즉 $r > b$에서 새로운 전기장을 계산하라.

$Q_{\text{내부}}$에 새로운 전하를 포함시킨 후, (b)와 같이 가우스 법칙을 적용한다.

$$EA = E(4\pi r^2) = \frac{Q_{\text{내부}}}{\epsilon_0} = \frac{+Q-Q}{\epsilon_0} = 0$$

$$E = 0$$

**주의** 이 예제에서 전하는 구면 위에 대칭적으로 분포하거나 중심에 있다고 가정했음을 주목해야 한다. 이것이 전기장을 계산할 수 있는 조건이다.

### 연습문제 15.5

구 표면의 전하를 $+Q$로 고정하고, 중심에 놓인 전하를 $-2Q$로 증가시켰다. (a) 구의 외부, 즉 $r > b$에서 전기장을 계산하라. (b) 도체 내부, 즉 $a < r < b$에서 전기장은 얼마인가?

**답** (a) $E = -Q/4\pi\epsilon_0 r^2$ (b) 도체가 정전평형 상태에 있으면 항상 $E = 0$이다.

예제 15.5에서 도체의 전하 분포에 관한 언급이 별로 없었다. 알짜 전하가 0이 아닐 경우, 개별 전하들은 가능한 한 서로 멀리 떨어지려고 할 것이다. 따라서 전하들은 내부 면이나 외부 면에 머물 것이다. 도체 내부의 전기장이 0이므로 중심에 있는 전하를 상쇄시킬 수 있을 만큼의 충분한 전하가 내부 면에 분포할 것이다. 예제 (b)에서 내부 면에 있는 전하는 0이며, $+Q$의 전하가 외부 면에 분포한다. 예제 (c)에서 $-Q$의 전하가 중심에 있고, $+Q$의 전하는 내부 면에 분포하며, 외부 면에는 전하가 없다. 끝으로 연습문제에서 $-2Q$의 전하가 중심에 있으므로 $+2Q$의 전하가 내부 면에 있고, $-Q$는 외부 면에 있어야 한다. 모든 경우에 대해서 도체가 가진 총 전하는 $+Q$로 동일하다.

예제 15.5와 같은 문제에서 도체 구를 균일하게 분포된 전하를 가진 "껍질이 얇은 부도체 구"로 바꿀 경우, 껍질의 내부와 외부 면 사이의 전하 분포 차이는 없다. 이러한 가정을 받아들이면서 다음 예제를 풀어보자.

## 예제 15.6 부도체 평면에 분포된 전하

**목표** 가우스 법칙을 평면 대칭의 전하에 적용한다.

**문제** 무한 크기의 부도체 평면에 전하가 균일하게 분포해 있다. 면적당 전하를 $\sigma$라고 할 때, 면의 위와 아래에서 전기장을 구하라(그림 15.24a).

**전략** 대칭성 때문에 전기장은 평면에 수직이며, 그림 15.24b와 같이 양쪽 평면에서 나오는 쪽을 향한다. 평면에 수직인 축 방향으로 서 있는 (위 면과 아래 면의 면적이 $A_0$인) 원기둥을 가우스 면으로 선택하라. 전기력선은 원기둥의 옆면을 통과하지 못하며, 오직 총 면적이 $2A_0$인 윗면과 아랫면을 지난다. 그림 15.24b를 사용해서 가우스 법칙을 적용하라.

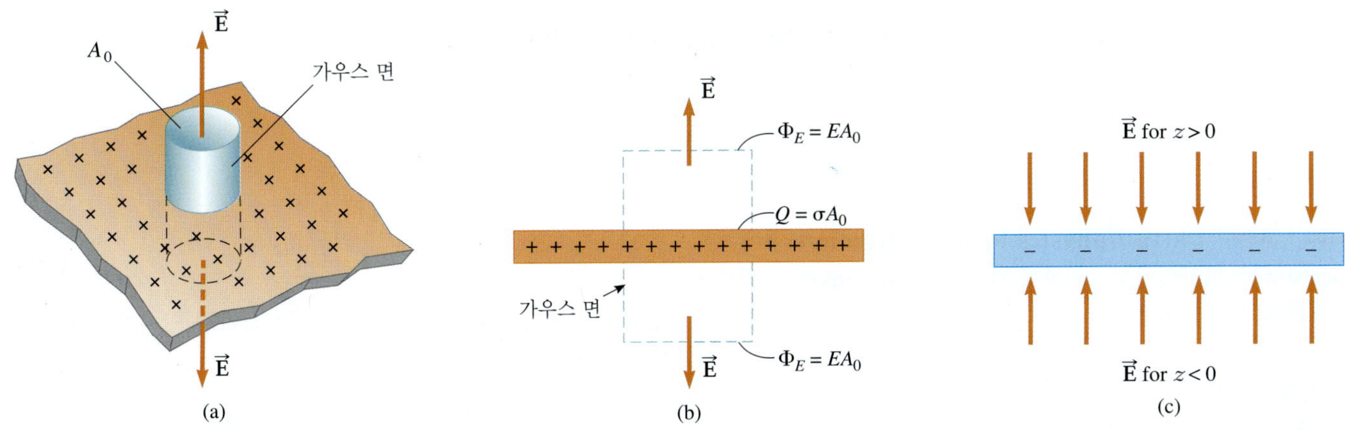


**그림 15.24** (예제 15.6) (a) 무한 크기의 판에 분포된 전하를 가로지르는 원기둥 가우스 면. (b) 원기둥 가우스 면의 단면도. 가우스 면의 위와 아래 양끝 면을 지나는 전기선속은 $EA_0$이다. 원기둥의 옆면을 지나는 전기선속은 없다. (c) (연습문제 15.6)

**풀이**

균일하게 분포된 평면 전하의 위와 아래에서 전기장을 구하라.

가우스 법칙 식 15.10을 사용한다. $EA = \dfrac{Q_{내부}}{\epsilon_0}$

가우스 면 내부의 총 전하는 전하밀도와 단면적의 곱과 같다. $Q_{내부} = \sigma A_0$

전기선속은 모두 양쪽 끝 면을 지나간다. 각각의 면적이 $A_0$이므로, $A = 2A_0$와 $Q_{내부}$를 대입한 후 $E$에 대해서 푼다. $E = \dfrac{\sigma A_0}{(2A_0)\epsilon_0} = \boxed{\dfrac{\sigma}{2\epsilon_0}}$

이것은 전기장의 크기이다. 면의 위와 아래에서 전기장의 $z$ 성분을 구하라. 전기장은 면에서 나가는 쪽을 향해야 하므로, 면의 위쪽에서 양(+)이고 아래쪽에서 음(−)이다.

$$E_z = \frac{\sigma}{2\epsilon_0} \qquad z > 0$$

$$E_z = -\frac{\sigma}{2\epsilon_0} \qquad z < 0$$

**주의** 이 예제에서 평면을 얇은 부도체 판이라고 가정하였다. 만일 도체 판이면 도체 내부에서 전기장은 물론 0이고, 전하는 윗면과 아랫면에 1/2씩 분포한다.

**연습문제 15.6**

예제 15.6과 같은 무한 크기의 부도체 판에 음전하가 $-\sigma$의 밀도로 분포한다고 하자. 판의 위와 아래에서 전기장을 구하고, 전기장을 그려라.

**답** $E_z = \frac{-\sigma}{2\epsilon_0}$ $z > 0$; $E_z = \frac{\sigma}{2\epsilon_0}$ $z < 0$; 그림 15.24c를 보라.

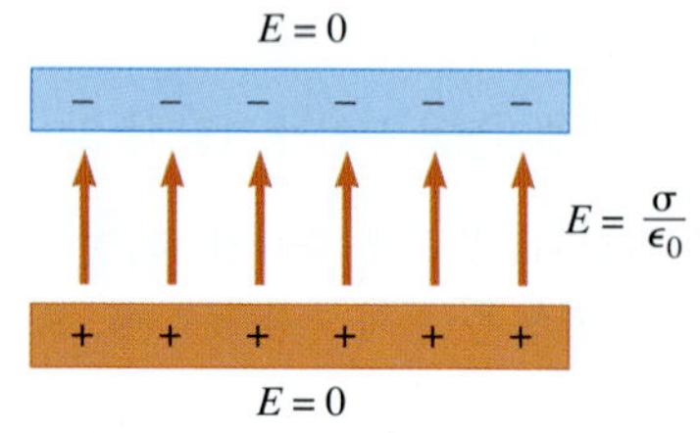


**그림 15.25** 이상적인 평행판 축전기의 단면도. 판 사이에서 전기장은 서로 더해지고, 판 밖에서 서로 상쇄된다.

다음 장에서 자세히 공부하겠지만, 평행판 축전기는 중요한 회로소자이다. 이 소자는 예제 15.6에서 살펴본 양전하를 가진 판과 연습문제 15.6에 주어진 음전하를 가진 판이 서로 마주 보는 형태이다. 그림 15.25에서 볼 수 있듯이, 두 판 사이에 형성된 전체 전기장은 한쪽 판이 만든 전기장의 두 배, 즉

$$E_z = \frac{\sigma}{\epsilon_0} \qquad [15.11]$$

이며, 판의 바깥쪽에서 전기장은 상쇄된다.

## 요약

Physics⊗Now™ **http://physics.brookscole.com/ecp**에서 PhysicsNow를 로그인하고 이 장에 대한 Pre-Test link를 클릭하여 연습문제 시험을 보라.

### 15.1 전하의 특성

전하의 특성은 다음과 같다.

1. 다른 부호의 전하는 서로 당기고, 같은 부호의 전하는 서로 민다.
2. 전하는 항상 보존된다.
3. 전하는 기본 전하 $e = 1.6 \times 10^{-19}$ C의 정수배 단위로 나타난다.
4. 두 전하 사이의 힘은 그들 사이 거리의 제곱에 반비례한다.

### 15.2 부도체와 도체

**도체**는 전기장 속에서 전하가 자유롭게 움직일 수 있는 물질이다. 그 이외의 물질을 **부도체**라고 한다.

### 15.3 쿨롱의 법칙

**쿨롱의 법칙**에 따르면, 거리 $r$만큼 떨어진 두 정지한 전하 사이에 작용하는 전기력의 크기는

$$F = k_e \frac{|q_1||q_2|}{r^2} \qquad [15.1]$$

이다. 여기서 $|q_1|$과 $|q_2|$는 쿨롱 단위로 나타낸 입자가 가진 전하의 크기이며, 쿨롱상수는 다음과 같다.

$$k_e \approx 8.99 \times 10^9 \text{ N} \cdot \text{m}^2/\text{C}^2 \qquad [15.2]$$

### 15.4 전기장

공간 속의 어떤 점에 놓인 시험 전하 $q_0$가 전기력 $\vec{\mathbf{F}}$를 받으면, 그 점에 전기장 $\vec{\mathbf{E}}$가 존재한다. 전기장의 정의는

$$\vec{\mathbf{E}} \equiv \frac{\vec{\mathbf{F}}}{q_0} \qquad [15.3]$$

이다. 전기장의 **방향**은 공간에 놓인 작은 양전하가 받는 힘의 방향으로 정의된다.

점전하 $q$로부터 거리 $r$만큼 떨어진 곳에 형성된 전기장의 크기는 다음과 같다.

$$F = k_e \frac{|q|}{r^2} \qquad [15.5]$$

### 15.5 전기력선

**전기력선**은 공간에 분포된 전기장을 그림으로 나타낼 때 편리하다. 전기장 벡터 $\vec{\mathbf{E}}$는 전기력선과 공간의 모든 점에서 접한다. 단위 면적을 수직으로 통과하는 전기력선의 개수는 그 면에서 전기장의 세기에 비례한다.

### 15.6 정전평형 상태의 도체

**정전평형 상태에 있는 도체**의 특성은 다음과 같다.

**1.** 도체 물질 내부의 모든 점에서 전기장은 0이다.

**2.** 고립된 도체가 가진 알짜 전하는 표면에 분포해야 한다.

**3.** 전하를 띤 도체의 외부면 근처에서 전기장은 도체 표면에 수직한다.

**4.** 불규칙한 형태의 도체에서 전하는 곡률 반경이 가장 작은 뾰족한 지점에 모인다.

### 15.7 전기선속과 가우스 법칙

**가우스 법칙**에 따르면, 임의의 닫힌 면을 지나는 전기선속은 면 내부에 있는 알짜 전하를 자유 공간의 유전율 $\epsilon_0$로 나눈 값과 같다. 즉

$$EA = \Phi_E = \frac{Q_{\text{내부}}}{\epsilon_0} \qquad [15.10]$$

가우스 법칙은 대칭성이 높은 전하 분포에 대한 전기장을 계산할 때 사용될 수 있다.

## 개념 파악을 위한 질문

**1.** 유리를 비단 헝겊에 문질렀더니 유리에 +3 nC의 전하가 발생하였다. 문지르는 과정에서, 양성자가 유리 속으로 들어 갔을까? 아니면 전자가 유리에서 빠져 나왔을까?

**3.** 부도체 막대의 양끝이 반대 부호의 전하를 띠도록 하였다. 막대의 중심을 고정시켜서 자유롭게 회전할 수 있도록 한 후, 그림 Q15.3처럼 두 개의 막대를 배열하였다. 막대는 종이면 위에서 회전할 수 있다. 이 막대를 자유롭게 두면 처음 위치에 그대로 있을 것인가? 아니면, 어느 위치로 움직일 것인가? 마지막 배치에서 그들은 안정할까?

**그림 Q15.3**

**5.** 양(+)전하를 띤 물체를 사용해서 금속이 음(−)전하를 띠게 하는 방법을 설명하라. 이 과정에서 전하의 움직임에 대해서 논의하라.

**7.** 금속 물체가 양(+)전하를 얻었다. 물체의 질량이 증가할까, 감소할까, 그대로일까? 이 물체가 음(−)전하를 띠면, 질량은 어떻게 될까?

**9.** 날씨가 청명할 때, 지표면의 전기장은 땅 속을 향한다. 지표면이 가지고 있는 전하는 양(+)일까, 음(−)일까?

**11.** 전기장과 중력장은 유사점이 많다. 방을 도체로 둘러싸면 전기적으로 차폐되기 때문에 방 안에 전기장이 존재할 수 없다. 방을 중력으로부터 차폐시킬 수 있을까? 이유를 설명하라. [힌트: 전하는 두 종류가 있지만, 질량은 한 종류 밖에 없다.]

**13.** (a) 서로 작은 거리만큼 떨어져 있는 양전하와 음전하를 가진 극성 분자, (b) 전하를 띤 원판, (c) 삼각형의 모서리에 놓인 세 개의 점전하 등에 의한 전기장을 계산할 때, 가우스 법칙을 사용할 수 없는 이유는 무엇인가?

**15.** 마찰로 인해서 음전하를 띤 풍선이 벽에 붙어 있다. 이것은 벽이 양전하를 갖고 있음을 의미하는가? 나중에 풍선이 떨어지는 이유는 무엇인가?

**17.** 건조한 작은 종이 조각을 끌어당기던 전하를 띤 빗에 손을 대면 종이 조각들이 떨어져 나간다. 그 이유를 설명하라.

## 문제

**1**, **2**, **3** = 기본문제, 발전문제, 심화문제

□ = 학생 문제풀이 매뉴얼/학습 가이드 속에 전체 문제풀이가 있다.

**Physics Now™** **http://physics.brookscole.com/ecp**에서 힌트를 받을 수 있는 문제

= 생물의학 문제

### 15.3 쿨롱의 법칙

**1.** $-2.8 \times 10^{-9}$ C의 전하로부터 3.2 m 떨어진 곳에 $4.5 \times 10^{-9}$ C의 전하가 위치해 있다. 서로에게 작용하는 정전기력을 구하라.

**3.** $+2.0e$의 전하를 가진 알파 입자가 $+79e$의 전하를 가진 금(Au) 원자핵을 향해서 날아가고 있다. 핵으로부터 $2.0 \times 10^{-14}$ m까지 접근했을 때, 알파 입자가 받는 전기력은 얼마인가?

**5.** 네 개의 양성자와 네 개의 중성자로 구성된 $^8$Be 원자핵은 매우 불안정하여 자발적으로 붕괴하여 두 개의 알파 입자(즉, 2개의 양성자와 두 개의 중성자로 구성된 헬륨 원자핵들)로 쪼개진다. (a) 서로 $5.00 \times 10^{-15}$ m만큼 떨어진 두 개의 알파 입자

사이에 작용하는 힘은 얼마인가? (b) 이 힘에 의해서 알파 입자가 받는 가속도의 크기는 얼마인가? 단, 알파 입자의 질량은 4.002 6 u이다.

**7.** 1.00 g의 수소원자를 전자와 양성자로 분리시킨 후, 양성자를 북극점에 두고 전자를 남극점에 두었다면, 지구가 받는 수축력은 얼마일까?

**9.** 중심 거리가 0.30 m 떨어진 두 개의 동일한 도체 구가 있다. 한쪽 도체가 가진 전하는 $12 \times 10^{-9}$ C이고, 다른 쪽 도체가 가진 전하는 $-18 \times 10^{-9}$ C이다. (a) 두 도체 사이에 작용하는 정전기력을 구하라. (b) 두 도체 구 사이를 전선으로 연결하였다. 평형 상태에서 둘 사이의 정전기력을 구하라.

**11.** Physics Now™ 그림 P15.11과 같이 배열된 세 전하들 가운데 원점에 놓인 전하가 받는 정전기력의 크기와 방향을 구하라.

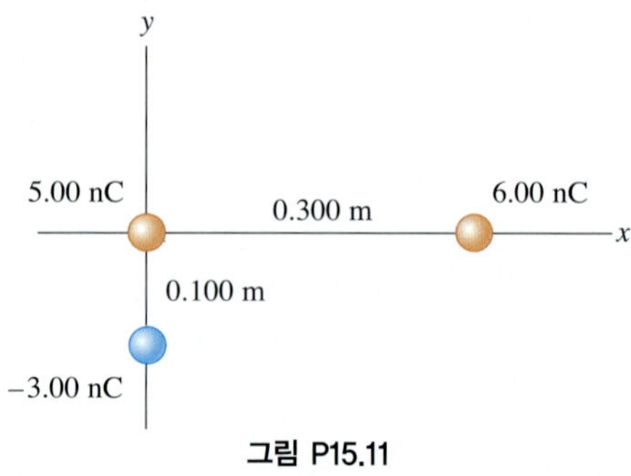


그림 P15.11

**13.** 질량이 0.20 g인 두 개의 작은 금속 구가 가벼운 실에 그림 P15.13과 같이 매달려 있다. 두 금속 구는 같은 양의 전하를 가지고 있으며, 실이 수직으로부터 5.0° 기울어진 위치에서 평형을 이룬다. 실의 길이가 각각 30.0 cm이면, 구가 가진 전하량은 각각 얼마인가?

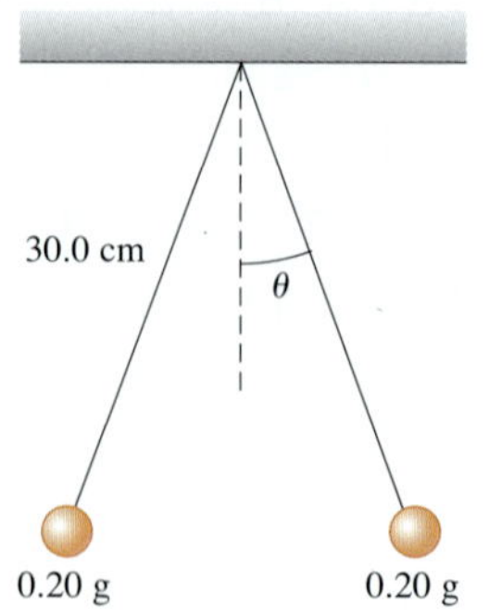


그림 P15.13

## 15.4 전기장

**15.** 610 N/C의 균일한 전기장이 수직 방향으로 작용하는 공간에 24 $\mu$C의 전하를 가진 물체를 놓았다. 그 물체가 공중에 떠 있다면, 물체의 질량은 얼마인가?

**17.** 비행기가 2 000 m 상공의 번개 구름 속을 날고 있다(상승기류와 요동, 그리고 전기방전의 가능성 때문에 이러한 비행은 매우 위험하다). 3 000 m의 높이의 구름 속에 +40.0 C의 전하가 있고, 1 000 m의 높이의 구름 속에 −40.0 C의 전하가 있다면, 비행기가 나는 지점에서 전기장 $\vec{\mathbf{E}}$는 얼마인가?

**19.** 전도성 페인트로 코팅된 스티로폼 구가 가진 질량은 $5.0 \times 10^{-3}$ kg이고, 전하는 4.0 $\mu$C이다. 이 구가 중력을 받는 상태에서 공중에 떠 있으려면, 어느 정도의 전기장이 위로 작용해야 하는가?

**21.** 640 N/C의 균일한 전기장 속에서 양성자가 정지 상태로부터 가속된다. 잠시 후, 양성자의 속도가 $1.20 \times 10^6$ m/s에 도달하였다. (a) 가속도의 크기를 구하라. (b) 이 속도에 도달하는 데 걸린 시간은 얼마인가? (c) 이 시간 동안 움직인 거리는 얼마인가? (d) 나중 운동 에너지는 얼마인가?

**23.** Physics Now™ 그림 P15.23에서 알짜 전기장이 0인 지점을 찾아라(단, 무한대 제외).

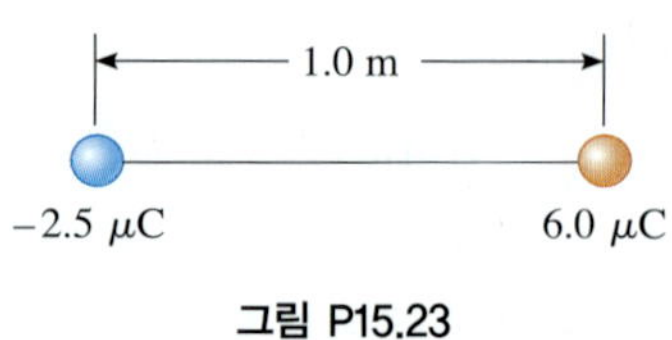


그림 P15.23

## 15.5 전기력선

## 15.6 정전평형 상태의 도체

**25.** (a) 고립된 점전하 $q(>0)$ 주변의 전기력선을 그려라. (b) $-2q$의 고립된 음전하 주변에 형성된 전기장의 형태를 그려라.

**27.** 두 점전하가 가까이 놓여 있다. (a) 한쪽 전하량이 다른 쪽의 4배이고 양쪽 모두 양(+)의 부호를 가질 때 전기력선을 그려라. (b) (a)에서 양쪽의 부호가 모두 음(−)일 때 전기력선을 그려라.

## 15.7 전기선속과 가우스 법칙

**29.** 3.50 kN/C의 전기장이 $x$축으로 작용하고 있다. 가로 0.350 m와 세로 0.700 m인 직사각형 면이 (a) $yz$ 평면에 놓여 있을 때, (b) $xy$ 평면에 놓여 있을 때, (c) $y$축을 포함하면서 법선이 $x$축과 40.0° 각을 이룰 때, 면을 지나는 전기선속을 구하라.

**31.** 균일한 전기장 속에서 지름이 40 cm인 원판이 회전하고 있다. 그 판을 지나는 전기선속의 최대값은 $5.2 \times 10^5$ N · m²/C이었다. 이 지점에서 전기장의 세기는 얼마인가?

**33.** 반지름이 $a$인 구의 중심에 점전하 $q$가 놓여 있고, 구의 표면에 $-q$의 전하가 균일하게 분포해 있다. (a) 구 밖의 모든 지점에서 전기장을 구하라. (b) 중심으로부터 반경 $r$인 구 내부 지점에서 전기장을 구하라.

**35.** Physics Now™ 그림 P15.35와 같이 무한 크기의 평면 도체의 표면에 전하가 분포해 있다. 표면에서 전하밀도를 $\sigma$라고 할 때 도체 밖의 모든 지점에서 전기장은 $E = \sigma/\epsilon_0$임을 가우스 법칙에 근거해서 증명하라. [힌트: 한쪽 면은 도체 내부에

다른 쪽 면은 도체 밖에 있는 원기둥 형태의 가우스 면을 선택하라.]

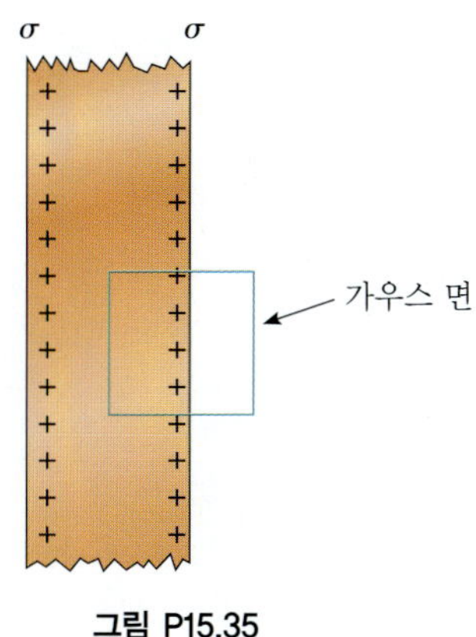


그림 P15.35

## 추가문제

**37.** 그림 P15.37과 같이 세 개의 전하가 축을 따라서 배열되어 있다. $x = +2.0$ m와 $y = 0$인 지점에서 전기장을 구하라.

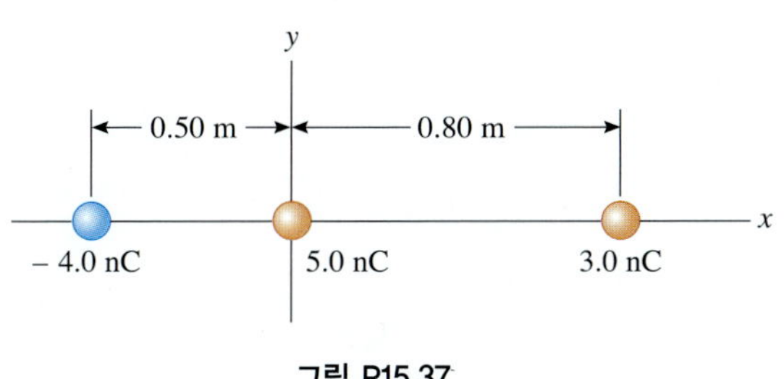


그림 P15.37

**39.** (a) $+q$를 가진 동일한 두 점전하가 $y$축에서 각각 $y = +a$와 $y = -a$에 놓여 있다. $x$축의 $x = b$에서 전기장은 얼마인가? (b) 반지름 $a$인 원형 고리에 전하 $Q$가 균일하게 분포해 있다. 그 고리는 $x = 0$인 면 위에 놓여 있으며, 중심은 원점과 일치한다. $x$축의 $x = b$에서 전기장은 얼마인가? [힌트: 전하 $Q$가 고리의 직경 끝에 놓인 많은 쌍의 동일한 점전하로 이루어졌다고 생각하라.]

**41.** 8.00 $\mu$C의 전하를 가진 반지름 2.00 cm인 도체 구가 있다. 이 도체 구는 내부 반지름이 4.00 cm이고, 외부 반지름이 5.00 cm이며, −4.00 $\mu$C의 전하를 가진 속이 빈 도체 구와 중심이 일치한다. 중심으로부터 (a) $r$ = 1.00 cm, (b) $r$ = 3.00 cm, (c) $r$ = 4.50 cm, (d) $r$ = 7.00 cm인 지점에서 전기장을 구하라.

**43.** 폭풍우가 부는 어떤 날, 지표면에는 지표에 수직으로 향하는 $2.00 \times 10^4$ N/C의 전기장이 생긴다. 6.00 m × 3.00 m의 면적을 가진 자동차가 지표에서 10.0° 기울어진 도로를 따라서 내려갈 때, 차의 밑면을 지나는 전기선속을 구하라.

**45.** Physics Now™ 그림 P15.45와 같이 각각의 질량이 2.0 g인 두 개의 구가 10.0 cm 길이의 실에 각각 매달려 있다. $x$축 방향으로 균일한 전기장을 가한다. 만일 구가 각각 $-5.0 \times 10^{-8}$ C과 $+5.0 \times 10^{-8}$ C의 전하를 띠고 있다면, $\theta$ = 10° 기울어진 곳에서 평형을 이루려면 전기장의 세기는 얼마이어야 하는가?

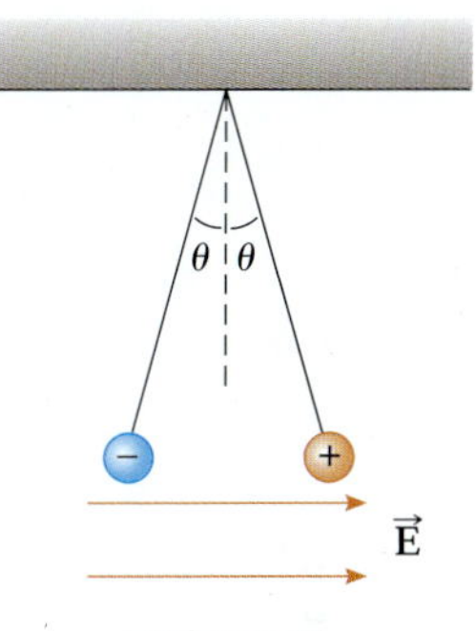


그림 P15.45

**47.** 운동 에너지가 $1.60 \times 10^{-17}$ J인 전자들로 이루어진 입자다발이 있다. (a) 이 전자들이 10.0 cm 진행한 후 정지하기 위해서 전자의 운동 방향으로 걸어야 할 전기장의 크기는 얼마인가? (b) 전자들이 정지하는 데 걸린 시간은 얼마인가? (c) 전자가 정지하면, 그 다음 어떻게 될 것인가? 설명하라.

CHAPTER 16

# 전기 에너지와 전기용량

OUTLINE



5장에서 중력이나 용수철 힘과 같은 보존력과 연관시켜서 위치 에너지의 개념을 처음으로 소개한 바 있다. 에너지 보존법칙의 원리를 사용하면 힘을 직접 다루지 않고서도 문제를 해결할 수 있었다. 이 장에서는 위치 에너지의 개념이 전기 분야에서도 유용하다는 것을 설명할 것이다. 쿨롱 힘은 보존력이므로 이 힘과 관련된 전기위치 에너지를 정의할 수 있다. 아울러, 전기장에 관련된 전위(즉, 단위 전하당 위치 에너지)를 정의한다.

전위의 개념을 익히면, 축전기라고 불리는 일반적인 회로소자는 물론 전기회로를 이해할 수 있게 된다. 전기 에너지를 저장하는 이 단순한 회로소자는 마이크로칩 회로에서부터 핵융합 실험용 전원에 이르기까지 거의 모든 분야에서 사용된다.

## 16.1 전위차와 전위

전기위치 에너지와 전위는 서로 밀접하게 연결된 개념이다. 전위는 바로 단위 전하당 전기위치 에너지라는 사실이 입증될 것이다. 이것은 마치 전기력과 (단위 전하당 전기력으로 정의된) 전기장 사이의 관계와 같다.

### 일과 전기위치 에너지

보존력 $\vec{\mathbf{F}}$가 물체에게 해 준 일은 오직 물체의 처음과 나중 위치에 의존하고, 두 위치를 연결하는 경로에 무관하다는 5장의 내용을 상기하자. 바꾸어 말하면, 이것은 위치 에너지 함수 $PE$가 존재함을 의미한다. 앞에서 보았듯이, 위치 에너지는 보존력이 한 일에 음(−)의 부호를 붙인 만큼 변하는 스칼라 양이다. 즉 $\Delta PE = PE_f - PE_i = -W_F$이다.

쿨롱의 힘법칙과 보편 중력법칙은 모두 $1/r^2$에 비례한다. 이 법칙은 수학적 형태가 동일하고 중력이 보존력이기 때문에, **쿨롱의 힘도 역시 보존력**이어야 한다. 중력의 경우와 마찬가지로, 이 힘과 관련된 전기위치 에너지 함수가 존재해야 한다.

앞의 생각을 정량화하기 위해서 그림 16.1과 같이 **균일한** 전기장 $\vec{\mathbf{E}}$ 속의 한 점 $A$에 작은 양전하를 놓았다고 상상해 보자. 간단한 예로서 전기장은 상수이고, 전하는 전기장($x$축으로 지정함)에 평행한 방향으로 1차원상에서 움직인다고 하자. 크기가 같고 부호가 반대인 전하를 띤 두 개의 평행판 사이의 전기장은 근사적으로 상수이다(15장 참조). 전하가 전기장 $\vec{\mathbf{E}}$ 속의 점 $A$에서 점 $B$까지 이동할 때, 전기장이 전하에 해 준 일은 변위에 평행하게 작용한 전기력 $q\vec{\mathbf{E}}$의 성분과 변위 $\Delta x = x_f - x_i$를 곱한 값과 같다.

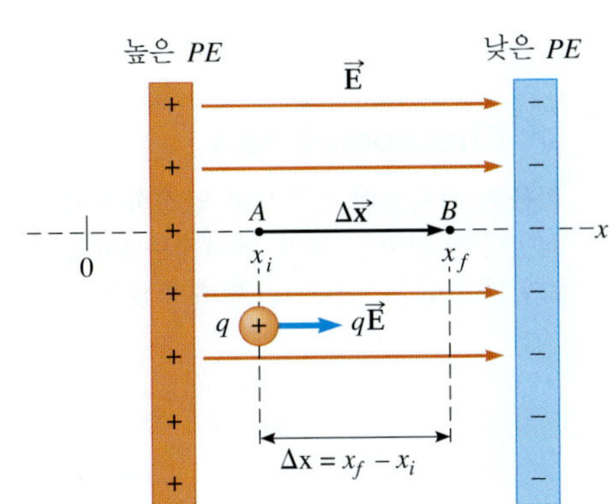


**그림 16.1** 균일한 전기장 $\vec{\mathbf{E}}$ 속에서 전하 $q$가 $A$점에서 $B$점까지 움직일 때, 전기장이 전하에게 해 준 일은 $qE_x\Delta x$이다.

따라서

$$W_{AB} = F_x \Delta x = qE_x(x_f - x_i)$$

위 식에서 $q$는 전하이고, $E_x$는 전기장 $\vec{\mathbf{E}}$의 $x$축 성분이다(전기장 $\vec{\mathbf{E}}$의 크기가 **아님**). 그림 16.1에서 $E_x$가 비록 양수이지만, $\vec{\mathbf{E}}$의 크기와 달리 $E_x$는 $\vec{\mathbf{E}}$의 방향에 따라서 양 또는 음일 수 있다. 마지막으로 $q$ 및 $E_x$와 같이 변위도 변위의 방향에 따라서 양(+) 혹은 음(−) 중 하나이다.

1차원에서 움직이는 전하에게 전기장이 행한 일에 대한 앞의 표현은 전하가 양과 음 중 어느 부호를 갖더라도 타당하며, 전기장이 상수이면 **그 방향에 관계 없이** 타당하다. 각 변수의 부호가 올바르면, 결과도 자동적으로 올바른 부호를 갖게 된다. 어떤 책을 보면, $E$를 전기장의 크기라 하고 $d$를 입자가 움직인 거리라고 할 때, 일을 $W = qEd$와 같이 나타내기도 한다. 이 표현의 약점은 양전하에게 해 준 음의 일이나 음전하에게 해 준 양의 일을 설명할 수 없다는 점이다! 그렇지만 이 표현은 기억하기 쉽고 크기를 구할 때 편리하다. 전기장이 상수일 때, 전기장과 평행한 방향을 따라서 전하가 받은 일의 크기는 $|W| = |q|Ed$이다.

전기력이 한 일을 일−에너지 정리에 대입하면 다음과 같다(다른 힘이 없다고 가정할 때).

$$W = qE_x \Delta x = \Delta KE$$

전기력은 보존력이므로 전기력이 한 일은 경로에 무관하고 오직 양 끝점 $A$와 $B$에 의존한다. 따라서 그림 16.1과 같이 전하가 오른쪽으로 가속되면 전하의 운동 에너지는 증가하고, 같은 양의 위치 에너지가 감소한다. **보존력이 한 일은 그 힘과 관련된 위치 에너지의 변화량에 음부호를 붙인 것과 같다**는 5장의 결과를 상기하라. 이제 전기위치 에너지의 변화를 다음과 같이 정의할 수 있다.

전기위치 에너지의 변화 ▶

상수 전기장 $\vec{\mathbf{E}}$ 속에서 전하 $q$를 가진 입자가 $\Delta x$만큼 움직일 경우, 계의 전기위치 에너지 변화 $\Delta PE$는 다음과 같다.

$$\Delta PE = -W_{AB} = -qE_x \Delta x \qquad [16.1]$$

위 식에서 $E_x$는 전기장의 $x$축 성분이며, $\Delta x = x_f - x_i$는 입자의 $x$축 방향 변위이다.

**국제단위(SI unit): 줄(J)**

**☑ Checkpoint 16.1**

적용된 전기장의 방향으로 양전하가 움직인다면 연관된 위치 에너지는 (a) 감소한다, (b) 증가한다, (c) 변하지 않는다.

위치 에너지는 임의의 전기장에 대해서 정의될 수 있지만, **식 16.1은 전기장이 균일하고 (즉, 상수이고), 입자가 특정한 축(즉, $x$축)을 따라서 변위하는 경우에만 타당하다.** 전기장은 보존력장이므로 위치 에너지의 변화는 경로에 무관하다. 따라서 입자가 변위하는 동안 계속해서 축상에 남아있느냐 혹은 그렇지 않느냐는 중요하지 않다. 왜냐하면 위치 에너지의 변화는 동일할 것이기 때문이다. 다음 절에서 우리는 전기장이 균일하지 않은 상황에 대해서 살펴볼 것이다.

그림 16.2는 전기력과 중력에 관련된 위치 에너지를 비교한 것이다. 이 그림에서 전기장과 중력장의 방향은 모두 아래쪽을 향하고 있다. 전기장 속의 양전하는 중력장 속의 질량처럼 행동한다. $A$점에 있는 양전하는 전기장 방향으로 떨어진다. 이것은 양

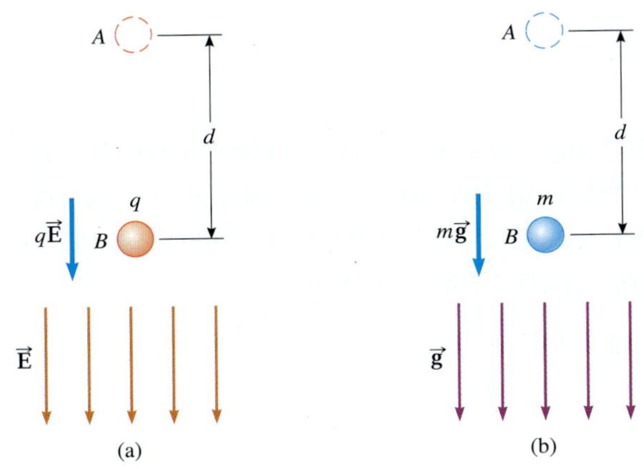


**그림 16.2** (a) 전기장 $\vec{\mathbf{E}}$의 방향이 아래쪽을 향하면, $B$점의 위치 에너지는 $A$점보다 더 낮다. 양의 시험 전하가 $A$점에서 $B$점까지 움직이면, 전기위치 에너지는 감소한다. (b) 질량이 $m$인 물체가 중력장 $\vec{\mathbf{g}}$의 방향으로 이동하면, 중력위치 에너지는 감소한다.

의 질량을 가진 입자가 중력장 방향으로 떨어지는 것과 같다. 그림 16.2a와 16.2b에서 $B$점에서의 위치 에너지를 0이라고 하자. 에너지 보존법칙에 따르면, 양전하는 $A$점에서 $B$점까지 떨어지는 동안 운동 에너지가 증가하는 대신에 같은 크기의 전기위치 에너지는 감소해야 한다.

$$\Delta KE + \Delta PE_{\text{el}} = \Delta KE + (0 - |q|Ed) = 0 \longrightarrow \Delta KE = |q|Ed$$

위 식에서 $q$에 절대값 기호를 붙인 이유는 전하의 크기를 나타내기 위해서이다. 마찬가지로, 그림 16.2b의 입자는 중력위치 에너지의 감소량에 해당하는 운동 에너지를 얻는다.

$$\Delta KE + \Delta PE_g = \Delta KE + (0 - mgd) = 0 \longrightarrow \Delta KE = mgd$$

따라서 양전하에 대한 전기위치 에너지는 중력위치 에너지처럼 행동한다. 양쪽 모두 입자를 장의 방향과 반대로 움직일 때, 위치 에너지가 증가한다. 입자를 자유롭게 놓아 두면, 위치 에너지는 입자의 운동 에너지로 전환된다.

그러나 전하는 양과 음의 두 종류가 존재하는 반면에 질량은 양의 값만이 존재한다는 점에서 전기위치 에너지와 중력위치 에너지는 상당히 다르다. 그림 16.2a의 $A$점에 정지해있던 음전하를 $B$점으로 이동시키려면, 힘을 가해서 **밀어내려야 할** 것이다. 그 이유를 살펴보기 위해서 $A$점에 정지해 있는 음전하에 대해서 일–에너지 정리를 적용해 보자. $B$점에 도달했을 때 입자의 속도를 $v$라고 가정하면 다음과 같다.

$$W = \Delta KE + \Delta PE_{\text{el}} = (\tfrac{1}{2}mv^2 - 0) + (0 - (-|q|Ed))$$

$$W = \tfrac{1}{2}mv^2 + |q|Ed$$

양전하와 달리 음전하 $-|q|$는 $A$점에서 $B$점까지 이동하는 동안 위치 에너지가 증가한다는 사실에 주목하라. 그 음전하가 $B$점에서 어떤 속도를 갖는다면 그 속도에 대응하는 운동 에너지는 또한 양수일 것이다. 일–에너지 정리의 오른쪽 두 항이 모두 양수이므로 양의 일을 해주지 않고서 음전하를 $A$점에서 $B$점까지 이동시킬 방법은 없다. 실제로 음전하를 $A$점에 단순히 놓으면, 그것은 전기장과 반대 방향으로 "올라갈" 것이다.

## Quick Quiz 16.1

균일한 전기장 속에 한 개의 전자를 정지상태에서 놓으면, 이 계의 전기위치 에너지는 (a) 증가한다, (b) 감소한다, (c) 변하지 않는다.

## 예제 16.1 전기장 속에서 위치 에너지의 차이

**목표** 전기위치 에너지의 개념을 설명한다.

**문제** 크기가 $1.50 \times 10^3$ N/C이고 $+x$축 방향을 향하는 균일한 전기장 속에서 $x = -2.00$ cm 지점에 양성자 한 개를 정지상태에서 놓았다. (a) 양성자가 $x = 5.00$ cm 지점에 도달했을 때, 전기위치 에너지의 변화를 계산하라. (b) 같은 위치에서 같은 방향으로 전자 한 개를 쏜다면, 전자가 $x = 12.0$ cm 지점에 왔을 때, 전기위치 에너지의 변화는 얼마인가? (c) 만일 전기장의 방향이 반대로 바뀌고, 정지상태에서 전자를 $x = 3.00$ cm 지점에 놓는다면, 그 전자가 $x = 7.00$ cm 지점에 도달했을 때 전기위치 에너지의 변화는 얼마인가?

**전략** 주어진 값을 전기위치 에너지의 정의 식 16.1에 직접 대입한다.

**풀이**

(a) 양성자의 전기위치 에너지 변화를 계산하라.

식 16.1에 적용한다.

$$\Delta PE = -qE_x\Delta x = -qE_x(x_f - x_i)$$
$$= -(1.60 \times 10^{-19}\text{ C})(1.50 \times 10^3\text{ N/C}) \times [0.050\,0\text{ m} - (-0.020\,0\text{ m})]$$
$$= \boxed{-1.68 \times 10^{-17}\text{ J}}$$

(b) $x = -0.020\,0$ m에서 출발한 전자가 $x = 0.120$ m에 도달했을 때, 전기위치 에너지의 변화를 계산하라.

전하 $q$가 음수임을 주목하면서 식 16.1을 적용한다.

$$\Delta PE = -qE_x\Delta x = -qE_x(x_f - x_i)$$
$$= -(-1.60 \times 10^{-19}\text{ C})(1.50 \times 10^3\text{ N/C}) \times [0.120\text{ m} - (-0.020\,0\text{ m})]$$
$$= \boxed{+3.36 \times 10^{-17}\text{ J}}$$

(c) 전기장의 방향이 반전되었을 때, $x = 3.00$ cm에서 $x = 7.00$ cm까지 이동한 전자의 전기위치 에너지 변화를 계산하라.

전기장이 $-x$ 방향을 향하므로 음수임을 주목하면서 대입한다.

$$\Delta PE = -qE_x\Delta x = -qE_x(x_f - x_i)$$
$$= -(-1.60 \times 10^{-19}\text{ C})(-1.50 \times 10^3\text{ N/C}) \times (0.070\text{ m} - 0.030\text{ m})$$
$$= \boxed{-9.60 \times 10^{-18}\text{ J}}$$

**주의** 주목할 점은 "양성자는 전기장 방향으로 이동할 때 위치 에너지가 감소하지만, 전자는 전기장 방향으로 이동할 때 위치 에너지가 증가한다"는 사실이다. 반전된 전기장 속에 있는 입자의 위치 에너지는 음(−)의 부호를 덧붙여주면 된다. 계산하는 동안, 각 항의 부호를 유지하는 것이 중요하다.

### 연습문제 16.1

예제 16.1b에서 전자가 $x = 0.120$ m에서 $x = -0.180$ m까지 이동할 경우, 전기위치 에너지의 변화를 계산하라. (전자가 뒤로 이동해야 함을 주목하라. 위치 에너지의 변화는 경로의 양 끝점에만 의존하므로 반환점의 위치는 중요하지 않다.)

**답** $-7.20 \times 10^{-17}$ J

## 예제 16.2 전하를 띤 입자의 역학

**목표** 에너지 보존법칙에 전기위치 에너지를 적용해 본다.

**문제** (a) 예제 16.1a에서 $x = 0.050\,0$ m에 도달한 양성자의 속도를 구하라. (b) 예제 16.1b에서 $x = 0.120$ m에 도달한 전자의 속도가 초기 값의 1/2로 줄었다면, 전자의 초기 속도($x = -2.00$ cm에서)를 구하라.

**전략** 에너지 보존법칙을 속도에 대해서 푼다. (b)는 두 개의 방정식(즉, 보존 방정식과 속도 조건 $v_f = \frac{1}{2}v_i$)을 사용한다. 전기위치 에너지의 변화는 예제 16.1에서 이미 구한 바 있다.

**풀이**

(a) $x = 0.050$ m에서 양성자의 속도를 구하라.

초기 속도를 0으로 두고 에너지 보존 방정식을 사용한다.

$$\Delta KE + \Delta PE = 0 \longrightarrow (\tfrac{1}{2}m_p v^2 - 0) + \Delta PE = 0$$

$v$에 관해서 푼 다음, 예제 16.1a에서 구한 위치 에너지 변화를 대입한다.

$$v^2 = -\frac{2}{m_p}\Delta PE$$

$$v = \sqrt{-\frac{2}{m_p}\Delta PE}$$

$$= \sqrt{-\frac{2}{(1.67 \times 10^{-27}\text{ kg})}(-1.68 \times 10^{-17}\text{ J})}$$

$$v = \boxed{1.42 \times 10^5\text{ m/s}}$$

(b) $x = 0.120$ m에서 1/2로 감소한 전자의 초기 속도를 구하라.

에너지 보존 방정식에 초기 및 나중 운동 에너지의 표현을 대입한다.

$$\Delta KE + \Delta PE = 0$$

$$(\tfrac{1}{2}m_e v_f^2 - \tfrac{1}{2}m_e v_i^2) + \Delta PE = 0$$

$v_f = \frac{1}{2}v_i$ 조건을 대입한 후, 양변에서 위치 에너지 변화를 뺀다.

$$\tfrac{1}{2}m_e(\tfrac{1}{2}v_i)^2 - \tfrac{1}{2}m_e v_i^2 = -\Delta PE$$

초기 속도 $v_i$에 대해서 푼 다음, 예제 16.1b에서 구한 위치 에너지 변화를 대입한다.

$$-\tfrac{3}{8}m_e v_i^2 = -\Delta PE$$

$$v_i = \sqrt{\frac{8\Delta PE}{3m_e}} = \sqrt{\frac{8(3.36 \times 10^{-17}\text{ J})}{3(9.11 \times 10^{-31}\text{ kg})}}$$

$$= \boxed{9.92 \times 10^6\text{ m/s}}$$

**주의** 양성자와 전자의 위치 에너지 변화는 비슷한 크기이다. 그러나 속도에 미치는 영향은 아주 다르다. 위치 에너지 변화는 양성자보다 상대적으로 가벼운 전자에게 훨씬 더 큰 영향을 준다.

**연습문제 16.2**

연습문제 16.1의 경우, $x = -0.180$ m에서 전자의 속도를 구하라. 그 대답은 광속의 4.5%이다.

**답** $1.35 \times 10^7$ m/s

**Physics Now™** **http://physics.brookscole.com/ecp**에서 PhysicsNow를 로그인하고 연관된 예제 16.2에 들어가서, 임의의 값을 가진 전기장 속에서 음극판에 도달한 양성자의 속도를 예측하고 관찰해 보자.

## 전위

15장에서 전기력 $\vec{\mathbf{F}}$에 관련된 전기장 $\vec{\mathbf{E}}$를 $\vec{\mathbf{F}} = q\vec{\mathbf{E}}$와 같이 정의한 바 있다. 이 정의를 사용하면 전하 분포의 특성을 쉽게 분석할 수 있고, 전기장 속에서 입자가 받는 힘도 입자 전하 $q$를 전기장과 단순히 곱함으로써 구할 수 있다. 같은 이유로 전기위치 에너지 $\Delta PE$에 관련된 **전위차** $\Delta V$를 $\Delta PE = q\Delta V$와 같이 정의하면 쓸모가 많다.

두 점 사이의 전위차 ▶

$A$점과 $B$점 사이의 전위차 $\Delta V$는 전하 $q$가 $A$에서 $B$까지 이동하는 동안 생긴 위치 에너지 변화를 전하 $q$로 나눈 값이다.

$$\Delta V = V_B - V_A = \frac{\Delta PE}{q} \qquad [16.2]$$

**국제단위(SI unit): 쿨롱당 줄(J/C) 또는 볼트(V)**

### ☑ Checkpoint 16.2

진실인가 거짓인가: 전기장 내부의 $A$에서 $B$로 움직이는 음전하는 $A$에서 $B$로 움직이는 양전하처럼 같은 전위차를 통과할 것이다.

많은 경우 계의 위치 에너지 변화를 구하기 위해서 계산이 필요하지만, 위의 정의는 아주 일반적으로 적용될 수 있다. 전기위치 에너지가 스칼라량이므로, 전위 역시 스칼라량이다. 식 16.2로부터 전위차는 단위 전하당 위치 에너지의 변화를 나타내는 척도임을 알 수 있다. 바꾸어 말하면, 전위차란 전기장 속에서 단위 전하를 $A$에서 $B$까지 이동시키는 동안 전하에 가해준 힘이 한 일과 같다. 전위에 대한 국제단위는 볼트(V)라고 불리는 쿨롱당 줄(J/C)이다. 정의에 따르면, 1 C의 전하를 전위차 1 V인 두 지점 사이에서 이동시키려면 1 J의 일을 해 주어야 한다. 1 V의 전위차 사이에서 이동하는 동안 1 C의 전하는 1 J만큼 에너지를 얻는다.

전하를 띤 평행판 사이처럼 전기장이 특별히 균일한 경우, 식 16.1을 $q$로 나누면 다음과 같다.

$$\frac{\Delta PE}{q} = -E_x \Delta x$$

**TIP 16.1 전위와 위치 에너지**

전위는 전기장에 놓여 있는 전하와 관계 없이 단지 전기장의 특성이다. 반면 위치 에너지는 전기장에 놓여 있는 전하와 전기장 사이의 상호작용에 의한 전하-전기장의 특성이다.

이 식을 식 16.2와 비교하면

$$\Delta V = -E_x \Delta x \qquad [16.3]$$

의 관계가 성립한다. 식 16.3은 전위차의 단위가 전기장과 변위를 곱한 단위임을 보여준다. 따라서 전기장의 국제단위 N/C은 V/m으로 나타낼 수 있다.

$$1 \text{ N/C} = 1 \text{ V/m}$$

식 16.3은 식 16.1과 직접 관련이 있으므로, 이 식은 전기장이 균일하고 전하가 1차원에서 움직이는 경우에만 타당하다.

양전하를 정지상태에서 가만히 놓으면, 전위가 높은 곳에서 낮은 곳으로 자발적으로 가속된다. 만일 양전하의 초기 속도가 높은 전위 쪽을 향했다면, 초기에 그 방향으로 운동하다가 속도가 줄어들면서 마지막에는 반대쪽으로 이동할 것이다. 이것은 마치 중력장에서 위로 던진 공의 운동과 같다. 음전하는 완전히 반대로 행동한다. 정지상태에서 가만히 놓은 음전하는 전위가 낮은 곳에서 높은 곳으로 가속된다. 음전하를 낮은 전위 방향으로 이동시키려면 전하에게 일을 해 주어야 한다.

### Quick Quiz 16.2

그림 16.3은 위치의 함수로 나타낸 전위의 곡선이다. 양전하를 A점에 놓으면 어떻게 움직일까? (a) 오른쪽으로 움직인다, (b) 왼쪽으로 움직인다, (c) A점에 그대로 있다, (d) B점 근처에서 진동한다.

만일 음전하를 B점에 놓고 살짝 오른쪽으로 밀면, 어떤 일이 생길까? (a) 오른쪽으로 가서 돌아오지 않는다, (b) 왼쪽으로 움직인다, (c) B점에 그대로 있다, (d) B점 근처에서 진동한다.

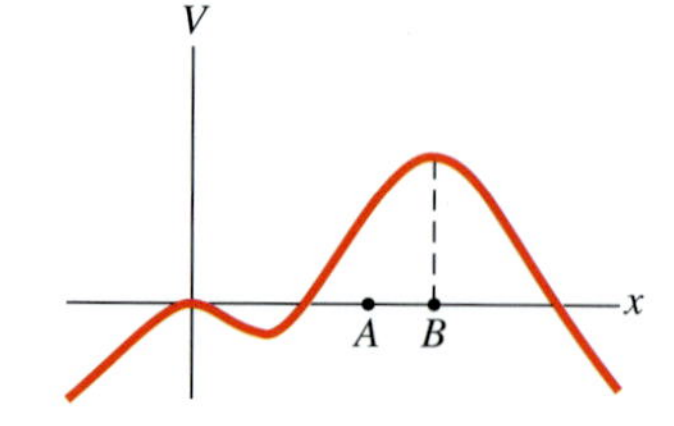

**그림 16.3** (Quick Quiz 16.2)

전위차를 응용한 예는 자동차에 장착된 12 V 배터리이다. 이 축전지는 두 극 사이에 전위차를 유지하고 있으며, 양극은 음극보다 12 V만큼 전위가 더 높다. 실제로 음극은 0 V의 전위가 될 수 있도록 자동차의 차체에 대개 연결되어 있다. 그 축전기는 전조등, 라디오, 창문, 전동기 등을 동작시키는 데 필요한 전류를 제공하는데, 회로를 따라서 흐르는 1 C의 전하에 1 J의 에너지를 공급한다. 이 에너지는 사용 중인 전기소자에게도 공급된다. 전기회로는 다음 장에서 더 상세히 다루어질 것이다.

**APPLICATION**

자동차 배터리

## 예제 16.3 브라운관과 원자 충격기

**목표** 전위가 전기장 및 에너지 보존에 어떻게 관련되어 있는지를 살펴보자.

**문제** 사이클로트론 및 선형 가속기와 같은 원자 충격기에서 전하를 띤 입자들은 TV 브라운관에서와 똑같은 방법으로 전위차에 의해서 가속된다. 그림 16.4처럼 양성자 한 개를 $1.00 \times 10^6$ m/s의 초기 속도로 5.00 cm 간격의 두 평판 사이에 주입했다고 하자. 그 양성자는 두 평판 사이에서 가속된 후 구멍을 통해서 빠져나간다. (a) 구멍을 통해서 빠져나가는 속도가 $3.00 \times 10^6$ m/s에 도달하려면 두 판 사이의 전위차는 얼마일까? (b) 두 평판 사이에서 전기장의 크기는 얼마일까?

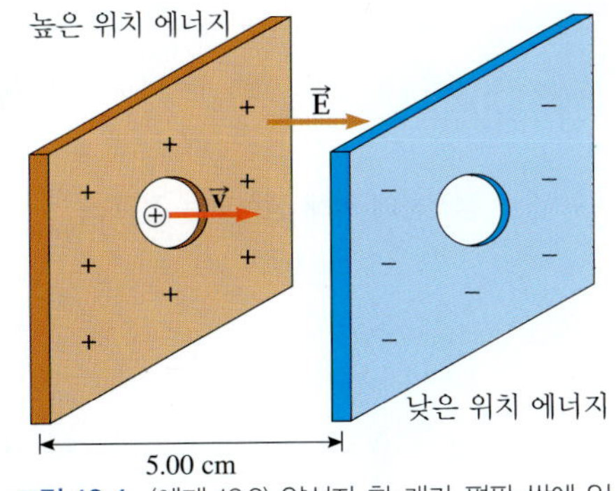


**그림 16.4** (예제 16.3) 양성자 한 개가 평판 쌍에 입사하면 전기장 $\vec{E}$에 의해서 판 사이에서 가속된다.

**전략** 위치 에너지의 변화를 전위차 $\Delta V$의 용어로 표현한 후 에너지 보존법칙을 쓰고, 다시 $\Delta V$에 대해서 정리한다. 문제 (b)를 풀기 위하여 식 16.3을 전기장에 관해서 정리한다.

**풀이**

(a) 원하는 탈출속도를 얻기 위한 전위차를 구하라.

전위를 위치 에너지의 변화를 표현한 다음, 에너지 보존법칙을 쓴다.

$$\Delta KE + \Delta PE = \Delta KE + q\Delta V = 0$$

에너지 방정식을 전위차에 관해서 푼다.

$$\Delta V = -\frac{\Delta KE}{q} = -\frac{\frac{1}{2}m_p v_f^2 - \frac{1}{2}m_p v_i^2}{q} = -\frac{m_p}{2q}(v_f^2 - v_i^2)$$

주어진 값을 대입해서 원하는 값을 구한다.

$$\Delta V = -\frac{(1.67 \times 10^{-27}\text{ kg})}{2(1.60 \times 10^{-19}\text{ C})}[(3.00 \times 10^6\text{ m/s})^2 - (1.00 \times 10^6\text{ m/s})^2]$$

$$\Delta V = \boxed{-4.18 \times 10^4\text{ V}}$$

(b) 두 평판 사이의 전기장은 얼마인가?

식 16.3을 전기장에 대해서 정리한 다음, 주어진 값을 대입한다.

$$E = -\frac{\Delta V}{\Delta x} = \frac{4.18 \times 10^4\text{ V}}{0.050\,0\text{m}} = \boxed{8.36 \times 10^5\text{ N/C}}$$

**주의** 양전하와 음전하를 띤 평판을 교대로 배열하면, 목표물과 충돌하기 전에 대전된 입자를 고속으로 가속시킬 수 있다. 이 경우 음전하를 띤 평판을 지나서 그 다음 양전하의 평판 쪽으로 움직일 때, 입자의 속도가 감소하지 않도록 하려면 판의 전하를 반전시켜야 한다. 그렇지 않으면 첫 번째 양전하-음전하 평판 쌍을 지나면서 얻은 입자의 운동 에너지가 두 번째 평판 쌍으로 들어가는 과정에서 사라질 것이다.

**연습문제 16.3**

TV 브라운관의 열 음극에서 나온 전자가 전위차에 의해서 가속된 후, 25.0 cm 떨어진 곳에 놓인 양극을 띤 스크린과 충돌한다. 열 음극과 양극 사이의 전위차는 $2.00 \times 10^4$ V이다. (a) 스크린 위의 인(P)과 충돌하는 순간, 전자의 속도는 얼마인가? (b) 두 극 사이의 전기장이 균일하다면, 그 크기는 얼마일까?

**답** (a) $8.38 \times 10^7$ m/s (b) $8.00 \times 10^4$ V/m

## 16.2 점전하들에 의한 전위와 위치 에너지

전기회로에서 전위가 0인 점이란 대개 그 점이 접지되었음을 의미한다. 예를 들어 12 V 전지의 음극을 접지하면, 그 음극의 전위는 0이 되고 양극의 전위는 +12 V가 된다. 그러나 전지의 전위차는 오직 국소적으로 정의된다. 이 절에서 우리는 전체 공간에 걸쳐서 정의되는 점전하의 전위에 대해서 살펴볼 것이다.

점전하의 전기장은 공간 전체에 분포하므로 전위 역시 공간 전체에 걸쳐 있다. 전위가 0인 점을 임의로 선택할 수 있지만, 자신 및 다른 전하들로부터 영향이 없는 무한 거리에 있는 점을 선택하는 것이 보통이다. 이 관례에 따라서 계산해 보면 점전하 $q$로부터 $r$만큼 떨어진 곳의 전위는 다음과 같다.

점전하에 의해 생성되는 전위 ▶

$$V = k_e \frac{q}{r} \tag{16.4}$$

식 16.4는 양의 시험 전하가 점전하 $q$에 접근할수록 전위(즉, 그 시험 전하를 무한대에서 $q$로부터 $r$만큼 떨어진 곳까지 가져오는 데 단위 전하당 해 준 일)가 증가함을 보여 준다. 그림 16.5는 점전하에 관련된 전위는 $r$이 증가할 때 $1/r$의 함수로 감소함을 보여 준다. 반면에 그 전하의 전기장은 $1/r^2$의 함수로 감소한다.

중첩의 원리 ▶

두 개 이상의 전하에 의한 전위는 **중첩의 원리**(superposition principle)에 따라서 구하면 된다. 즉, 여러 개의 **점전하가 어떤 점 *P*에 만든 총 전위는 각각의 전하가 그 점에 만든 전위를 대수적으로 더한 값과 같다.** 이것은 15장에서 공간의 한 점에 생긴 알짜 전기장을 구할 때 사용한 방법과 유사하다. 벡터의 합을 사용했던 전기장의 중첩과 달리, 전위의 중첩은 스칼라의 합이다. 결과적으로 여러 개의 점전하가 어떤 점에 만든 전위를 계산하는 일은 벡터 합을 구하는 전기장의 계산보다 훨씬 쉽다.

그림 16.6은 크기가 같고 부호가 반대인 두 개의 점전하로 이루어진 전기 쌍극자의 전위를 컴퓨터로 계산한 결과이다. 전하들은 높이가 최대인 전위 곡선의 중심과 수평면이 만나는 곳에 위치한다. 전위의 값은 수직축에 주어진다. 각각의 전하가 만든 전위를 모두 더하도록 한다.

균일한 전기장의 경우와 마찬가지로, 전위와 전기위치 에너지 사이에 어떤 관계가

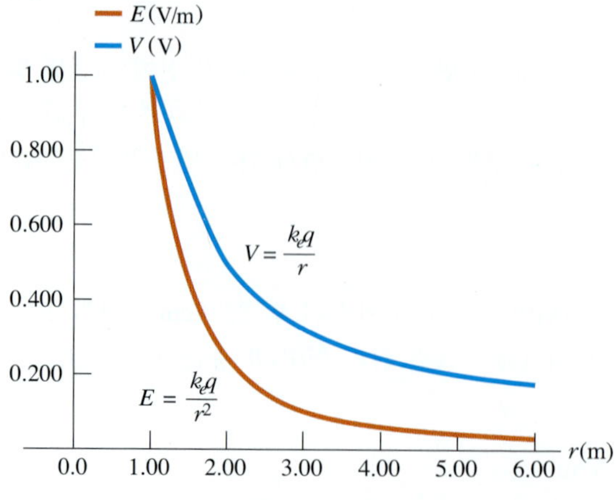


**그림 16.5** $1.11 \times 10^{-10}$ C의 전하로부터 떨어진 거리의 함수로 나타낸 전위 및 전기장 곡선. $V$는 $1/r$에 비례하고, $E$는 $1/r^2$에 비례함을 주목하라.

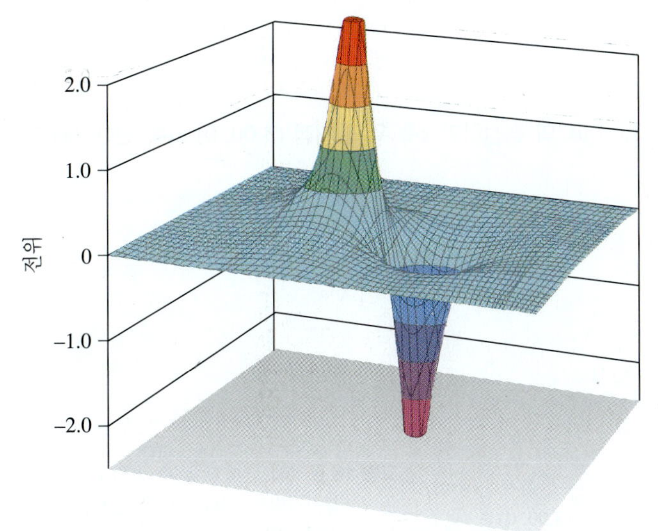


**그림 16.6** 전기 쌍극자를 포함하는 평면 위에서의 전위 분포(임의의 단위). 수직축은 전위 값을 나타낸다.

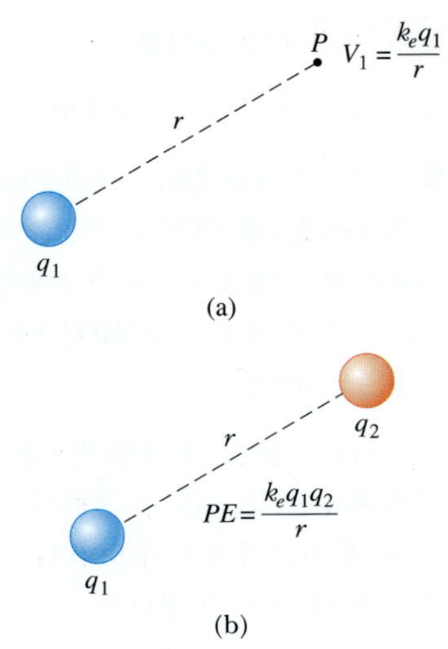


**활용그림 16.7**
(a) $q_1$이 $P$점에 만든 전위 $V_1$은 $V_1 = k_e q_1/r$이다. (b) 두 번째 전하 $q_2$를 무한대에서 $P$까지 가져온다면, 전하 쌍의 전기위치 에너지는 $PE = k_e q_1 q_2/r$이다.

**Physics Now™**
**http://physics.brookscole.com/ecp**에서 PhysicsNow를 로그인하고 활용그림 16.7에 들어가서 한 개의 전하를 움직여 전기위치 에너지의 변화를 살펴보자. 또 $P$점을 움직이면서 $P$점에서 전위의 변화를 관찰하자.

성립한다. 만일 전하 $q_1$이 $P$점에 만든 전위를 $V_1$이라고 하면(활용그림 16.7a), 전하 $q_2$를 무한대에서 $P$점까지 일정한 속도로 가져오기 위해서 해야 할 일은 $q_2V_1$이 된다. 정의에 따르면, 이 일은 두 전하가 $r$만큼 떨어져 있을 때 계의 위치 에너지 $PE$와 같다(활용그림 16.7b).

따라서 두 **전하 쌍**의 전기위치 에너지를 다음과 같이 표현할 수 있다.

전하 쌍의 위치 에너지 ▶

$$PE = q_2V_1 = k_e \frac{q_1q_2}{r} \qquad [16.5]$$

만일 두 전하의 부호가 같다면, $PE$는 양수이다. 이것은 **동일한 부호**의 전하는 서로 미는 힘이 작용하므로, 두 전하를 서로 가까이 가져 오려면 외부에서 계에 양의 일을 해 주어야 한다는 사실과 일치한다. 이것은 **다른 부호**의 전하들이 서로를 향해서 가속되지 않도록 하기 위해서는 외부에서 음의 일을 해 주어야 한다는 것을 의미한다.

## Quick Quiz 16.3

구형 풍선의 중심에 양전하가 놓여 있다. 풍선의 부피를 점점 크게 한다면, 다음 중 어느 것이 옳은가? (a) 풍선 표면의 전위는 증가한다, (b) 풍선 표면에서 전기장의 크기가 증가한다, (c) 풍선 표면을 지나는 전기선속은 동일하다, (d) 앞의 설명은 모두 옳지 않다.

## 문제풀이 전략 전위 구하기

1. 전하들의 배치를 **그린** 후, 원하는 전하에 원형 표시를 하라.
2. 각 전하로부터 관찰 지점까지의 거리를 **계산한** 후, 번호를 붙여라.
3. 각 전하 $q$에 해당하는 스칼라량 $V = \frac{k_e q}{r}$을 **계산하라. 각 전하의 부호를 반드시 포함시켜야 한다.**
4. 앞에서 구한 모든 숫자를 **더하라.** 이 숫자는 각 전하가 관찰 지점에 만든 전위 값이다.

## 예제 16.4 전위 구하기

**목표** 여러 개의 점전하들이 만든 전위를 구해보자.

**문제** 그림 16.8과 같이 $q_1 = 5.00\ \mu\text{C}$의 점전하가 원점에 놓여 있고, $q_2 = -2.00\ \mu\text{C}$의 점전하가 $x$축 위의 지점 (3.00, 0) m에 있다. (a) 무한대 지점의 전위를 0이라고 가정할 때, 이 전하들이 좌표 (0, 4.00) m인 $P$점에 만드는 총 전위를 구하라. (b) 세 번째 전하 $q_3 = 4.00\ \mu\text{C}$을 무한대에서 $P$점까지 가져오는 데 필요한 일은 얼마인가?

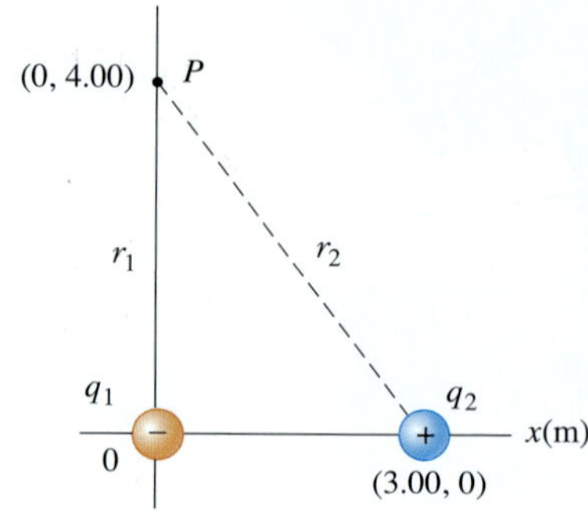


**그림 16.8** (예제 16.4) $q_1$과 $q_2$가 $P$점에 만든 전위는 각각의 전하가 만든 전위를 대수적으로 더한 값이다.

**전략** (a) 각 전하가 P점에 만드는 전위는 $V = k_e q/r$이다. $P$점에서 총 전위는 두 전하가 만든 전위의 합이다. (b) 무한대 지점의 전위가 0이라는 사실을 기억하면서, 식 16.5와 일–에너지 정리를 사용한다.

**풀이**

(a) $P$점의 전위를 구하라.

5.00 $\mu$C의 점전하가 $P$점에 만든 전위를 구한다.

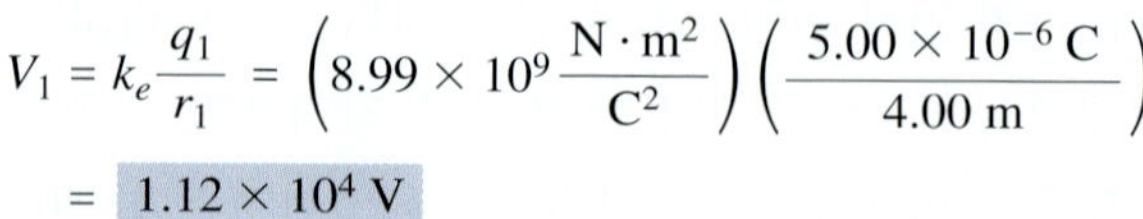

$$V_1 = k_e \frac{q_1}{r_1} = \left(8.99 \times 10^9 \frac{\text{N}\cdot\text{m}^2}{\text{C}^2}\right)\left(\frac{5.00 \times 10^{-6}\ \text{C}}{4.00\ \text{m}}\right)$$

$$= \boxed{1.12 \times 10^4\ \text{V}}$$

−2.00 $\mu$C의 점전하가 $P$점에 만든 전위를 구한다.

$$V_2 = k_e \frac{q_2}{r_2} = \left(8.99 \times 10^9 \frac{\text{N}\cdot\text{m}^2}{\text{C}^2}\right)\left(\frac{-2.00 \times 10^{-6}\ \text{C}}{5.00\ \text{m}}\right)$$

$$= -0.360 \times 10^4\ \text{V}$$

두 전하가 만든 전위를 더해서 총 전위를 구한다.

$$V_P = V_1 + V_2 = 1.12 \times 10^4\ \text{V} + (-0.360 \times 10^4\ \text{V})$$

$$= \boxed{7.60 \times 10^3\ \text{V}}$$

(b) 4.00 $\mu$C을 무한대에서 $P$점까지 가져오는 데 필요한 일을 구하라.

식 16.5와 일–에너지 정리를 사용하여 일을 구한다.

$$W = \Delta PE = q_3 \Delta V = q_3(V_P - V_\infty)$$

$$= (4.00 \times 10^{-6}\ \text{C})(7.60 \times 10^3\ \text{V} - 0)$$

$$W = \boxed{3.04 \times 10^{-2}\ \text{J}}$$

**연습문제 16.4**

−2.00 $\mu$C의 점전하가 원점에 놓여 있고, 3.00 $\mu$C의 점전하가 (0, 3.00) m 지점에 있다. (a) 무한대 지점의 전위를 0이라고 가정할 때, 이 전하들이 (4.00, 0) m 지점에서 만든 전위를 구하라. (b) 4.00 $\mu$C의 전하를 무한대에서 (4.00, 0) m 지점까지 가져오는 데 필요한 일은 얼마인가?

**답** (a) $8.99 \times 10^2$ V (b) $3.60 \times 10^{-3}$ J

## 16.3 전위와 대전된 도체

식 16.1과 식 16.2를 결합하면, 대전된 도체 위의 모든 점에 대한 전위를 계산할 수 있다. 식 16.1은 전기력이 전하에 해 준 일은 그 전하가 갖는 전기위치 에너지의 변화와 다음과 같이 관련 있음을 말해준다.

$$W = -\Delta PE$$

식 16.2는 두 점 $A$와 $B$ 사이의 전기위치 에너지 차이는 두 지점 사이의 전위차와 다음과 같이 관련되어 있음을 보여 준다.

$$\Delta PE = q(V_B - V_A)$$

이 두 식을 결합하면 다음과 같다.

$$W = -q(V_B - V_A) \qquad [16.6]$$

이 식을 살펴 보면, **전위가 같은 두 지점 사이에서 전하를 이동시키는 데 필요한 일은 0임**을 알 수 있다. 즉 수학적으로 $V_B = V_A$이면, $W = 0$이다.

15장에서 도체가 정전평형 상태에 있을 때, 도체 내의 알짜 전하들은 그 표면에 분포한다는 사실에 대해서 공부한 바 있다. 더욱이 정전평형 상태의 대전된 도체 밖의 전기장은 그 표면에 수직하며, 도체 내부 전기장은 0임을 보여 준 바 있다. 이제 **정전평형 상태에 있는 도체 표면의 모든 점에서 전위가 동일함**을 증명하고자 한다.

그림 16.9와 같이 대전된 도체 표면 위의 두 점 $A$와 $B$를 잇는 표면 경로를 생각해 보자. 도체의 전하들은 서로 평형 상태에서 움직이지 않는다고 가정한다. 이 경우 전기장 $\vec{\mathbf{E}}$는 경로를 따라가는 변위 방향과 항상 수직이어야 한다. 그렇지 않으면, 표면에 접하는 전기장 성분에 의해서 전하들이 움직일 수밖에 없다. $\vec{\mathbf{E}}$가 경로에 수직이므로 전하가 주어진 두 점 사이에서 움직일 때 전기장이 전하에 해 준 일은 0이 된다. 전기장이 한 일이 0이면, 전위차 $V_B - V_A$ 역시 0임을 식 16.6으로부터 알 수 있다. 따라서 **평형상태에 있는 대전된 도체 표면 위의 모든 점에서 전위는 상수**라고 말할 수 있다. 더욱이 도체 내부의 전기장이 0이므로 도체 내부의 두 점 사이에서 전하를 이동시킬 때 일이 필요하지 않다. 다시 말하면, 식 16.6으로부터 일이 0이면 도체 내부에 있는 임의의 두 점 사이의 전위차가 또한 0임을 알 수 있다. 결론적으로 말하면, 도체 내부의 모든 점에서 전위는 상수이다.

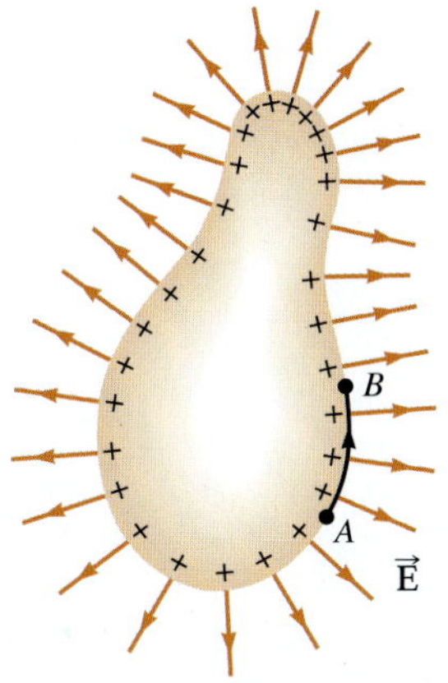

끝으로, 도체 내부의 점들 가운데 일부는 도체 표면에 가까이 존재하기 때문에, **도체 내부에 있는 모든 점의 전위는 상수일 뿐만 아니라 도체 표면과 같은 값을 갖는다**고 결론지을 수 있다. 따라서 도체 내부의 전하를 표면으로 가져오는 데 일이 필요하지 않다(도체 내부의 전기장이 비록 0이라고 해도 도체 내부의 전위가 반드시 0일 필요는 없다는 것을 깨닫는 것이 중요하다).

B
A
$\vec{\mathbf{E}}$

**그림 16.9** 알짜 양전하를 띤 임의의 모양의 도체. 도체가 정전평형 상태에 있으면 모든 전하는 표면에 분포하고, 도체 내부에서 $\vec{\mathbf{E}} = 0$이며, 도체 밖의 전기장은 표면에 수직이다. 도체 내부의 전위는 상수이며, 표면의 전위와 같다.

## 전자볼트

전자볼트(eV)란 원자 및 핵물리학에서 보편적으로 사용되는 적절한 크기의 에너지 단위이다. 예를 들면, 정상적인 원자 내에 존재하는 전자들은 보편적으로 수십 eV의 에너지를 가지며, x-선을 방출하는 원자 내의 들뜬 전자들은 수천 eV의 에너지를 갖고, 핵이 방출하는 (전자파인) 고에너지 감마선은 수백만 eV의 에너지를 갖고 있다.

◀ 전자볼트의 정의

**전자볼트**(electron volt)는 1 V의 전위차에 의해서 가속된 전자가 얻는 운동 에너지 값으로 정의된다.

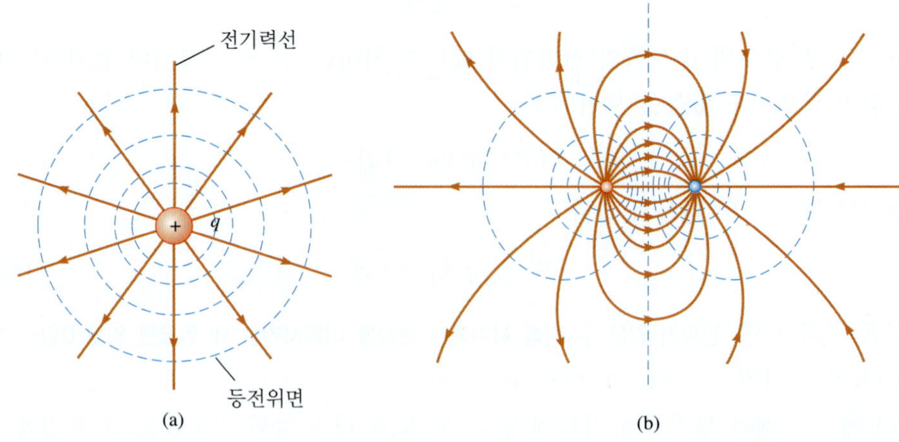


**그림 16.10** (a) 양의 점전하. (b) 크기가 같고 부호가 반대인 두 개의 점전하들이 만든 등전위선(파란 점선)과 전기력선(붉은 실선). 모든 경우에 대해서 등전위선은 모든 점에서 전기력선에 수직이다.

1 V = 1 J/C이고 전자의 전하는 $1.60 \times 10^{-19}$ C이므로, 전자볼트와 줄(J) 사이에는 다음의 관계가 성립한다.

$$1 \text{ eV} = 1.60 \times 10^{-19} \text{ C} \cdot \text{V} = 1.60 \times 10^{-19} \text{ J} \qquad [16.7]$$

**Quick Quiz 16.4**

초기에 정지상태에 있던 전자가 1 V의 전위차에 의해서 가속되어 운동 에너지 $KE_e$를 얻었으며, 반면에 양성자는 −1 V의 전위차에 의해서 가속되어 운동 에너지 $KE_p$를 얻었다고 하자. 다음 관계 가운데 옳은 것을 택하라. (a) $KE_e = KE_p$, (b) $KE_e < KE_p$, (c) $KE_e > KE_p$, (d) 현재의 정보로는 알 수 없음.

## 16.4 등전위면

전위가 같은 점들이 이루는 면을 **등전위면**(equipotential surface)이라고 부른다. 등전위면에서 두 점 사이의 전위차는 0이다. 따라서 **등전위면 위에서 전하를 일정한 속도를 이동시키는 데 필요한 일은 0이다.**

등전위면은 전기장과 단순한 관계를 갖는다. **등전위면의 모든 점에서 전기장은 면에 수직이다.** 만일 면에 평행한 전기장 성분이 존재한다면, 그 성분은 면 위에 놓인 전하에게 전기력을 제공할 것이다. 그 전기력은 한 점에서 다른 점으로 이동할 때, 전하에게 일을 할 것이므로 등전위면의 정의에 모순된다.

등전위면은 2차원 등전위 곡선(equipotential contour)으로 나타낼 수 있는데, 이 곡선은 그리는 면과 등전위면이 교차하는 선을 2차원으로 보여 준다. 등전위 곡선을 단순히 **등전위선**(equipotentials)이라고도 한다. 그림 16.10a는 양의 점전하 주변의 등전위선(파랑)을 보여 준다. 등전위선은 모든 점에서 전기력선(빨강)과 수직임을 주목하라. 점전하 $q$가 만든 전위는 $V = k_e q/r$임을 상기하라. 이 관계식은 단일 점전하의 경우, $r$이 일정한 면에서 전위는 상수임을 말해 준다. 따라서 점전하의 등전위선은 점전하를 중심으로 그린 여러 구면 위에 걸쳐 있다. 그림 16.10b는 크기가 같고 부호가 반대인 두 개의 점전하에 대한 등전위선을 보여 준다.

## 16.5 용 량

**축전기**(capacitor)는 많은 전기회로에서 사용되는 소자이다. 예를 들면, 라디오 수신기에서 주파수를 맞출 때나 자동차 점화기에서 스파크 현상을 없앨 때 또는 전자 플래시의 전원으로 사용하기 위해서 잠시 에너지를 저장할 때 축전기가 사용된다. 활용그림 16.11은 두 개의 평행한 금속판을 $d$ 간격으로 배치한 축전기의 전형적인 형태를 보여 준다. 전기회로에서 사용할 때, 두 판은 전지 또는 다른 전원장치의 양극과 음극에 각각 연결된다. 이와 같이 연결되면, 그림과 같이 한쪽 극판으로부터 전자가 빠져나오면서 양전하 $+Q$가 남고, 빠져나온 전자는 전지를 통해서 다른 쪽 극판으로 이동함으로써 $-Q$의 전하를 띠게 된다. 판 사이의 전위차가 전지의 전위차와 같아지면, 전하의 이동이 중지된다. 대전된 축전기는 특정 용도로 재사용하기 위해서 에너지를 저장하고 있는 소자이다.

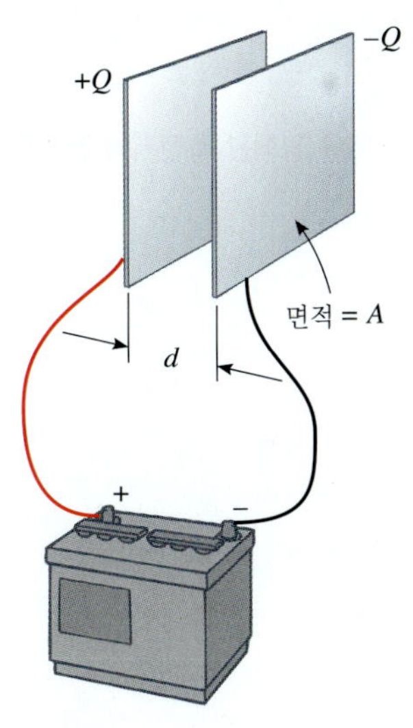


**활용그림 16.11**
면적이 $A$이고 간격이 $d$인 두 개의 평행한 도체(판)로 이루어진 평행판 축전기. 두 판에는 크기가 같고 부호가 반대인 전하들이 분포한다.

**Physics Now™**
**http://physics.brookscole.com/ecp**에서 PhysicsNow를 로그인하고 활용그림 16.11에 들어가서 전지 전압을 바꿔가면서 전하가 분리되는 모습을 관찰하자.

> 축전기의 용량 $C$는 한쪽 도체(판)에 있는 전하의 크기를 도체(판) 사이의 전위차로 나눈 값이다. 즉,
>
> $$C \equiv \frac{Q}{\Delta V} \qquad [16.8]$$
>
> **국제단위(SI unit): 패럿(F) = 볼트당 쿨롱(C/V)**

식 16.8을 사용할 때, 물리량 $Q$와 $\Delta V$는 항상 양의 값을 선택한다. 예를 들면, 3.0 $\mu$F의 축전기를 12 V 전지에 연결할 경우, 축전기의 한쪽 극판에 생긴 전하의 크기는

$$Q = C\Delta V = (3.0 \times 10^{-6}\ \text{F})(12\ \text{V}) = 36\ \mu\text{C}$$

이다. 식 16.8로부터 주어진 전압 조건에서 많은 전하를 저장하기 위해서는 용량이 매우 커야 함을 알 수 있다. 단위 패럿(farad, F)은 매우 큰 용량 단위이다. 실제로 전형적인 축전기의 대부분은 수$\mu$F(1 $\mu$F = 1 × $10^{-6}$ F)에서 수pF(1 pF = 1 × $10^{-12}$ F) 범위의 용량을 갖는다.

**TIP 16.2 전위차 기호는 $V$가 아니라 $\Delta V$이다.**
회로소자 또는 장치에 전위차를 $\Delta V$로 나타낸다(대부분 다른 책에서는 전위차를 간단하게 $V$로 쓰기도 한다). 한 책에서 전위와 전위차를 모두 $V$로 쓴다면 불필요한 혼동을 줄 수 있다.

## 16.6 평행판 축전기

축전기의 용량은 도체(판)의 기하학적 배치에 의존한다. 두 판 사이가 공기로 채워진 평행 판 축전기(그림 16.11)의 용량은 다음 세 가지 사실을 이용하면 쉽게 구할 수 있다. 첫째, 15장에서 살펴본 바와 같이 두 판 사이에서 전기장의 크기는 $E = \sigma/\epsilon_0$이다. 여기서 $\sigma$는 각각의 판이 갖는 단위 면적당 전하의 크기이다. 둘째, 앞 절에서 살펴본 바와 같이 두 판 사이의 전위차는 $\Delta V = Ed$이다. 여기서 $d$는 판 사이의 간격이다. 셋째, 한쪽 판의 전하는 $q = \sigma A$이다. 여기서 $A$는 판의 면적이다. 이 세 가지 식을 용량의 정의에 대입하면

$$C = \frac{q}{\Delta V} = \frac{\sigma A}{Ed} = \frac{\sigma A}{(\sigma/\epsilon_0)d}$$

**☑ Checkpoint 16.3**
다음 중 어느 것이 평행 판 축전기의 용량을 증가시킬 것인가? (a) 판을 가까이 이동시킬 때, (b) 판을 멀리 이동시킬 때, (c) 판의 면적을 더 크게 할 때, (d) 판의 면적을 줄일 때, (e) 전하량을 증가시킬 때.

이고, 면적당 전하 $\sigma$를 소거하면

평행판 축전기의 전기용량 ▶

$$C = \epsilon_0 \frac{A}{d} \tag{16.9}$$

의 결과를 얻는다. 여기서 $A$는 판의 면적이고, $d$는 판 사이의 간격이며, $\epsilon_0$는 자유공간의 유전율이다.

식 16.9는 판의 면적이 클수록 더 많은 전하가 축적될 수 있음을 말해 준다. 마찬가지로 판 사이의 간격이 작을수록 더 많은 전하가 저장될 수 있는데, 그 이유는 한쪽 판의 양전하와 다른 쪽 판의 음전하 사이에 작용하는 힘이 더욱 강해지므로 더 많은 전하가 존재할 수 있기 때문이다.

그림 16.12는 평행 판 축전기 주변의 전기력선 분포를 더욱 실감나게 보여 준다. 판 사이의 중심에서 전기장은 거의 상수이지만, 가장자리로 나갈수록 그렇지 못하다. 그러나 대부분의 경우 판 사이의 모든 영역에서 전기장을 상수로 보아도 좋다.

**APPLICATION**

카메라에 부착된 플래시

축전기 소자들 가운데 사진기 부착용 플래시 장치가 있다. 그 축전기는 전지에 의해서 충전된 다음, 사진을 찍기 위해서 셔터를 누를 때 방전된다. 저장되었던 전하들은 많은 빛이 필요한 순간에 물체를 비추는 플래시에 순간적으로 공급된다. 또한 축전기는 컴퓨터 글자판이나 정전가둠(electrostatic confinement) 방식의 핵융합 장치에서 사용된다.

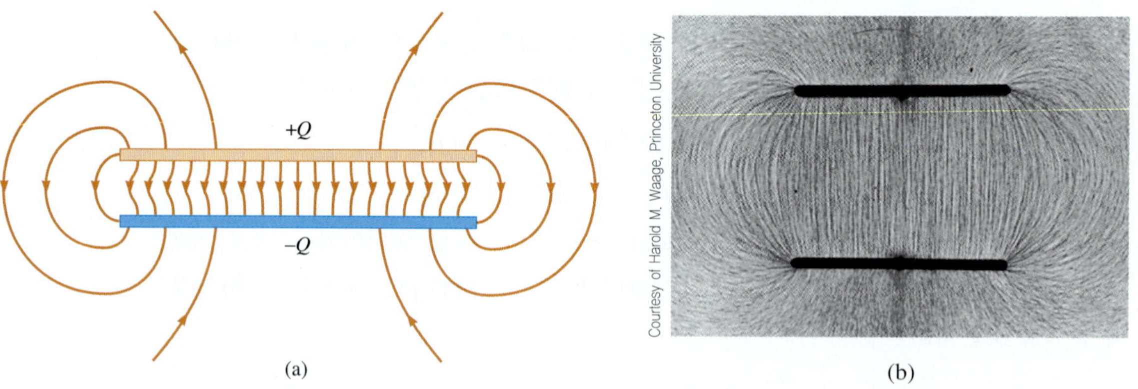


**그림 16.12** 평행판 축전기에서 판 사이의 전기장은 중심 근처에서 균일하며, 가장자리에서 불균일하다. (b) 반대 부호의 전하를 띤 평행한 두 도체 판 근처에서 전기장 분포. 기름막 위의 실 조각들이 전기장 방향으로 배열된다.

## 예제 16.5 평행 판 축전기

**목표** 평행 판 축전기의 기본적인 물리량을 구한다.

**문제** 판의 면적이 $A = 2.00 \times 10^{-4}\ \mathrm{m}^2$이고 간격이 $d = 1.00 \times 10^{-3}\ \mathrm{m}$인 평행 판 축전기를 생각해 보자. (a) 용량을 구하라. (b) 이 축전기를 3.00 V의 전지에 연결할 경우, 양(+)극 판에 축적된 전하는 얼마인가? (c) 전하 분포가 균일하다고 가정할 때, 양(+)극 판의 전하 밀도를 구하라. (d) 두 판 사이에서 전기장의 크기를 구하라.

**전략** (a)와 (b)는 축전기의 기본 방정식에 주어진 값을 대입하면 된다. (c)는 전기장에 거리를 곱한 값이 전위차라는 사실을 이용한다.

**풀이**

(a) 용량을 구하라.

식 16.9에 대입한다.

$$C = \epsilon_0 \frac{A}{d} = (8.85 \times 10^{-12}\ \mathrm{C^2/N \cdot m^2})\left(\frac{2.00 \times 10^{-4}\ \mathrm{m^2}}{1.00 \times 10^{-3}\ \mathrm{m}}\right)$$

$$C = \boxed{1.77 \times 10^{-12}\ \mathrm{F} = 1.77\ \mathrm{pF}}$$

(b) 축전기를 3.00 V의 전지에 연결할 경우, 양(+)극 판에 축적된 전하를 구하라.

식 16.8에 대입한다.

$$C = \frac{Q}{\Delta V} \longrightarrow Q = C\Delta V = (1.77 \times 10^{-12}\ \mathrm{F})(3.00\ \mathrm{V})$$
$$= 5.31 \times 10^{-12}\ \mathrm{C}$$

(c) 양(+)극 판의 전하밀도를 구하라.

전하밀도는 전하를 면적으로 나눈 값이다.

$$\sigma = \frac{Q}{A} = \frac{5.31 \times 10^{-12}\ \mathrm{C}}{2.00 \times 10^{-4}\ \mathrm{m^2}} = \boxed{2.66 \times 10^{-8}\ \mathrm{C/m^2}}$$

(d) 판 사이의 전기장 크기를 구하라.

식 15.11을 적용한다.

$$E = \frac{\sigma}{\epsilon_0} = \frac{2.66 \times 10^{-8}\ \mathrm{C/m^2}}{8.85 \times 10^{-12}\ \mathrm{C^2/N \cdot m^2}} = \boxed{3.01 \times 10^3\ \mathrm{N/C}}$$

**주의** (d)의 답은 평행 판 축전기에 대한 전위 관계식 $\Delta V = Ed$를 사용해서 구할 수도 있다.

**연습문제 16.5**

각각의 면적이 $3.00 \times 10^{-4}\ \mathrm{m^2}$인 두 개의 판을 사용해서 용량이 1.00 pF인 평행 판 축전기를 만들었다. (a) 판 사이의 간격은 얼마이어야 하는가? (b) 양(+)극 판에 $5.00 \times 10^{-12}$ C의 전하가 있을 때, 전하밀도를 구하라. (c) 두 판 사이의 전기장을 구하라. (d) 앞의 결과를 얻기 위해서 몇 V의 전지에 연결해야 하는가?

**답** (a) $2.66 \times 10^{-3}$ m (b) $1.67 \times 10^{-8}\ \mathrm{C/m^2}$ (c) $1.89 \times 10^3$ N/C (d) 5.00 V

## 회로소자 및 회로에 대한 기호

회로에서 축전기를 나타내는 일반적인 기호는 또는 이다. 이 기호와 전지(또는 다른 직류 전원)를 나타낼 때 사용되는 회로 기호 와 혼동하지 말라. 전지의 양(+)극은 전위가 더 높으며, 회로 기호에서 더 긴 수직선으로 나타낸다. 다음 장에서 저항이라고 부르는 회로소자에 대해서 공부할텐데 저항에 대한 회로 기호는 이다. 회로에서 다른 소자들에 비해서 저항이 매우 작은 도선은 직선으로 나타낸다.

회로란 전기 에너지를 빛, 열, 소리와 같은 다른 형태의 에너지로 변환시키거나, 나중에 사용할 수 있도록 전기장 또는 자기장 형태로 에너지를 저장하는 소자(예; 전지)들을 전기 에너지원에 연결한 실물들의 집합임을 깨닫는 것이 중요하다. 그림 16.13은 실제 회로와 이것을 기호로 나타낸 개략도이다. 그림 16.13b에서 볼 수 있듯이 전구에 대한 회로 기호는 이다.

만일 여러분이 회로도에 익숙하지 않다면, 실제 회로를 손가락으로 짚어가면서 기호로 나타낸 회로도와 비교해 보아라.

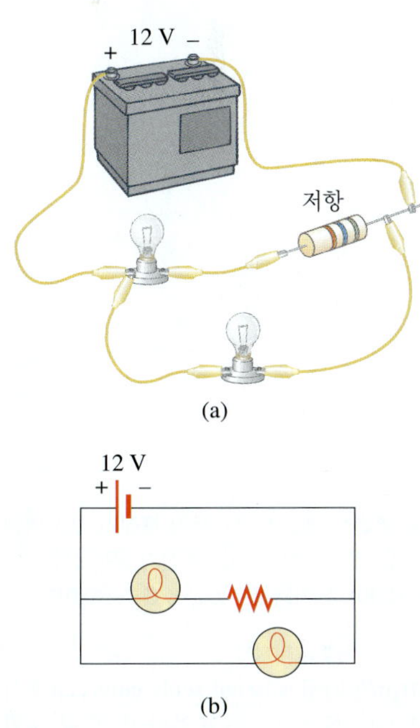


**그림 16.13** (a) 실제 회로. (b) 등가 회로도.

## 16.7 축전기의 연결

회로에서 두 개 이상의 축전기를 연결하는 방법은 다양하지만, 대부분은 **직렬**과 **병렬**이라고 부르는 두 가지 단순한 형태로 귀결된다. 그 다음은 직렬 또는 병렬로 연결된 여러 가지 다른 축전기의 조합에 대한 등가용량을 계산해야 한다. 다른 표준 용량을 가진 수많은 축전기가 생산되고 있는데, 이들을 적절히 조합하면 원하는 용량의 축전기를 구성할 수 있다.

### 병렬로 연결된 축전기

두 개의 축전기를 그림 16.14a와 같이 연결하는 방식을 **병렬**(parallel) 연결이라 한다. 각 축전기의 왼쪽 판이 도선을 통해서 건전기의 양(+)극에 연결되었기 때문에 왼쪽 판의 전위는 양(+)과 동일하다. 마찬가지로, 오른쪽 판들은 전지의 음(−)극에 연결되었기 때문에 전위는 역시 음(−)극과 같다. 따라서 **병렬로 연결된 축전기들은 그들 사이의 전위차 $\Delta V$가 동일하다.** 그림16.14b는 병렬로 연결된 축전기의 모습을 보여 준다.

축전기를 회로에 처음으로 연결하면, 전자들은 왼쪽 판으로부터 전지를 지나서 오른쪽 판으로 이동하기 때문에 왼쪽 판은 양(+)전하를 띠고, 오른쪽 판은 음(−)전하를 띠게 된다. 전하를 옮기는 데 필요한 에너지원은 전지에 저장된 내부 화학 에너지가 전기 에너지로 전환된 것이다. 축전기에 생긴 전하가 최대가 되면, 축전기의 전압이 전지의 전압과 같아지면서, 전하의 이동이 멈춘다. 두 축전기에 쌓인 최대 전하를 각각 $Q_1$과 $Q_2$라고 하면, 두 축전기에 쌓인 **총 전하** $Q$는 다음과 같다.

$$Q = Q_1 + Q_2 \qquad [16.10]$$

두 개의 축전기는 $C_{eq}$의 용량을 가진 하나의 등가축전기로 대체할 수 있다. 이 등가축

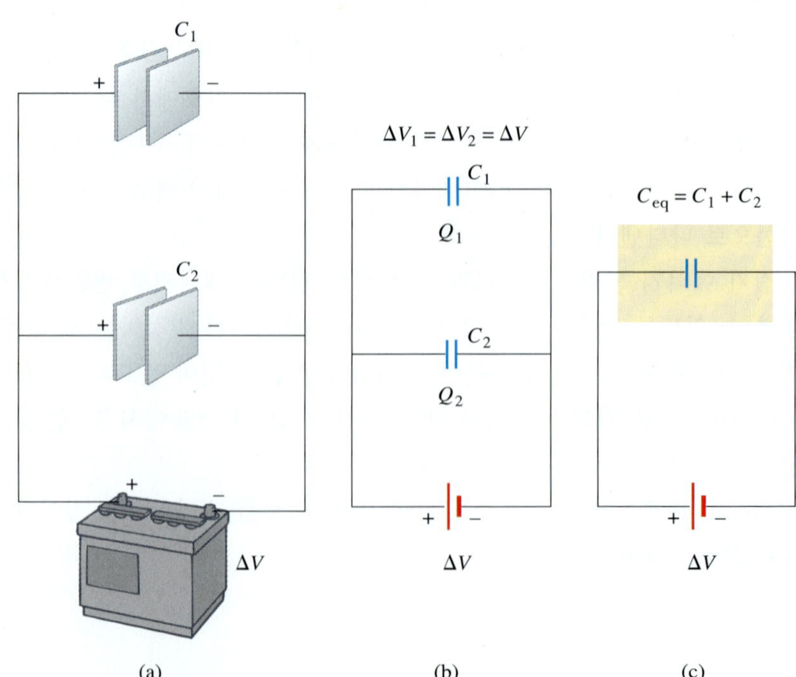


**활용그림 16.14**
(a) 병렬로 연결된 두 개의 축전기. (b) 병렬로 연결된 회로도. (c) 축전기들의 전위차는 동일하며, 등가용량은 $C_{eq} = C_1 + C_2$이다.

**PhysicsNow™**
**http://physics.brookscole.com/ecp**에서 PhysicsNow를 로그인하고 활용그림 16.14에 들어가서 전지 전압과 축전기 용량을 바꿔가면서 축전기에 쌓인 전하와 전압을 관찰하라. 축전기를 네 개까지 병렬로 연결할 수 있다.

전기가 회로에 미치는 외부 영향은 원래의 두 축전기와 동일해야 한다. 따라서 등가축전기에 쌓인 총 전하는 $Q$이고, 축전기의 전압은 같아야 한다. 두 축전기에 쌓인 전하는 각각

$$Q_1 = C_1\Delta V \qquad Q_2 = C_2\Delta V$$

이고, 등가축전기에 쌓인 전하는

$$Q = C_{eq}\Delta V$$

이므로, 이 식들을 식 16.10에 대입하면

$$C_{eq}\Delta V = C_1\Delta V + C_2\Delta V$$

또는

$$C_{eq} = C_1 + C_2 \quad \text{(병렬 연결)} \qquad [16.11]$$

의 관계가 성립함을 알 수 있다.

앞의 방법을 세 개 이상의 축전기가 병렬로 연결된 경우까지 확장하면, 등가용량은 다음과 같아진다.

$$C_{eq} = C_1 + C_2 + C_3 + \cdots \quad \text{(병렬 연결)} \qquad [16.12]$$

위 식으로부터 **병렬로 연결된 축전기의 등가용량은 개별적인 축전기의 용량보다 더 크다**는 것을 알 수 있다.

**TIP 16.3 전압은 전위차와 같은 것이다.**
축전기와 같은 소자 양자의 전압은 실제 양단의 전위차와 같은 의미를 갖는다. 예를 들어 축전기의 양단의 전압이 12 V라는 것은 양단의 전위차가 12 V라는 것이다.

**Checkpoint 16.4**
진실인가 거짓인가: 두 개의 축전기가 병렬로 연결되었을 때 연결된 등가용량은 두 축전기 원래의 용량보다 더 크다.

## 예제 16.6 병렬로 연결된 네 개의 축전기

**목표** 여러 개의 축전기가 병렬로 연결된 회로에 대해서 알아본다.

**문제** (a) 그림 16.15와 같이 병렬로 연결된 축전기들에 등가인 단일 축전기의 용량을 구하고, (b) 12.0 $\mu$F 축전기에 쌓인 전하를 구하라.

**전략** (a) 개별적인 용량을 모두 더하라. (b) 식 $C = Q/\Delta V$을 12.0 $\mu$F 축전기에 적용한다. 전위차는 전지의 전압과 같다.

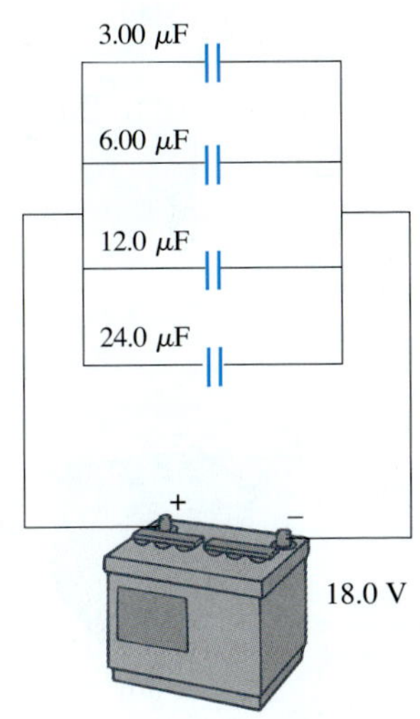


그림 16.15 (예제 16.6) 병렬로 연결된 네 개의 축전기.

**풀이**

(a) 등가용량을 구하라.

식 16.12를 적용한다.

$$C_{eq} = C_1 + C_2 + C_3 + C_4$$
$$= 3.00\ \mu\text{F} + 6.00\ \mu\text{F} + 12.0\ \mu\text{F} + 24.0\ \mu\text{F}$$
$$= \boxed{45.0\ \mu\text{F}}$$

(b) 12.0 $\mu$F 축전기에 쌓인 전하를 구하라.

용량 방정식을 $Q$에 대해서 푼 다음 값을 대입한다.

$$Q = C\Delta V = (12.0 \times 10^{-6}\ \text{F})(18.0\ \text{V}) = 216 \times 10^{-6}\ \text{C}$$
$$= \boxed{216\ \mu\text{F}}$$

**주의** 병렬로 연결된 축전기들 가운데 하나에 쌓인 전하는 (b)와 같이 구할 수 있다. 그 이유는 전위차가 모두 같기 때문이다.

**연습문제 16.6**

그림 16.15에서 24.0 $\mu$F 축전기에 쌓인 전하를 구하라.

**답** 432 $\mu$F

## 직렬로 연결된 축전기

직렬로 연결된 모든 축전기는 ▶ 같은 전하 $Q$를 갖는다.

이제 그림 16.16a와 같이 **직렬**(series)로 연결된 두 개의 축전기를 생각해 보자. **직렬로 연결된 축전기의 경우, 모든 판에 쌓인 전하는 같아야** 한다. 이 원리를 이해하기 위해서, 전하의 이동 과정을 조금 더 자세히 살펴보자. 전지가 회로에 연결되면, $-Q$의 총 전하에 해당하는 전자들이 $C_1$의 왼쪽 판으로부터 전지를 거쳐서 $C_2$의 오른쪽 판으로 이동하기 때문에 $C_1$의 왼쪽 판은 $+Q$의 전하를 띤다. 결과적으로 $C_1$의 왼쪽 판에 쌓인 전하의 크기는 $C_2$의 오른쪽 판과 같아야 한다. 이제 가운데에 위치한 $C_1$의 오른쪽 판과 $C_2$의 왼쪽 판을 생각해 보자. 이 판들은 (판의 양쪽에 간격이 있기 때문에) 전지에 연결되어 있지 않으며, 전체적으로 보면 전기적으로 중성이다. 그러나 $C_1$의 왼쪽 판에 있는 전하 $+Q$는 음(−)전하들을 $C_1$의 오른쪽 판으로 끌어당긴다. 이 과정은 $C_1$의 왼쪽과 오른쪽에 쌓인 전하의 합이 전기적으로 중성이 될 때까지 계속될 것이다. 이것은 $C_1$의 오른쪽 판에 쌓인 전하가 $-Q$이어야 함을 뜻한다. 이 음(−)전하들은 $C_2$의 왼쪽 판에서 나올 수밖에 없으므로, $C_2$의 왼쪽 판의 전하는 $+Q$이어야 한다.

따라서 축전기의 개수나 용량에 관계 없이 직렬로 연결된 경우, **축전기의 오른쪽 판은 모두 $-Q$의 전하를 띠고, 왼쪽 판은 모두 $+Q$의 전하를 띤다**(이것은 전하 보존법칙의 결과이다).

직렬로 연결된 축전기들에 등가인 축전기가 충분히 충전될 경우, **등가축전기의 오른쪽 판은 $-Q$의 전하를 띠고, 왼쪽 판은 $+Q$의 전하를 띠어야 한다.** 용량의 정의를 활용그림 16.16b에 주어진 회로에 적용하면 다음 식이 성립한다.

$$\Delta V = \frac{Q}{C_{eq}}$$

위 식에서 $\Delta V$는 전지 양단 간의 전압이며, $C_{eq}$는 등가용량이다. $Q = C\Delta V$ 관계는 모든 축전기에 적용될 수 있으므로, 각각의 축전기에 걸리는 전위차는 다음과 같이 주어진다.

$$\Delta V_1 = \frac{Q}{C_1} \qquad \Delta V_2 = \frac{Q}{C_2}$$

활용그림 16.16a로부터

$$\Delta V = \Delta V_1 + \Delta V_2 \qquad [16.13]$$

임을 알 수 있는데, $\Delta V_1$과 $\Delta V_2$는 각각 $C_1$과 $C_2$ 축전기에 걸리는 전위차이다(이것은 에너지 보존법칙의 결과이다).

직렬로 연결된 여러 개의 축전기들(또는 다른 회로소자들)에 걸리는 전위차는 각각의 축전기에 걸린 전위차의 합과 같다. 앞의 식들을 식 16.13에 대입시켜서 정리하면 다음과 같이 된다.

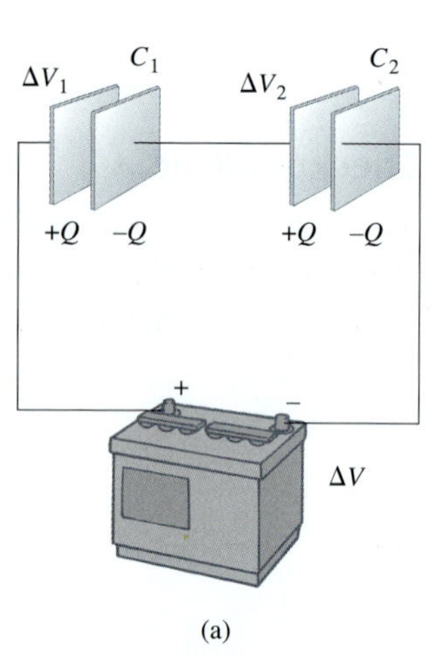

(a)

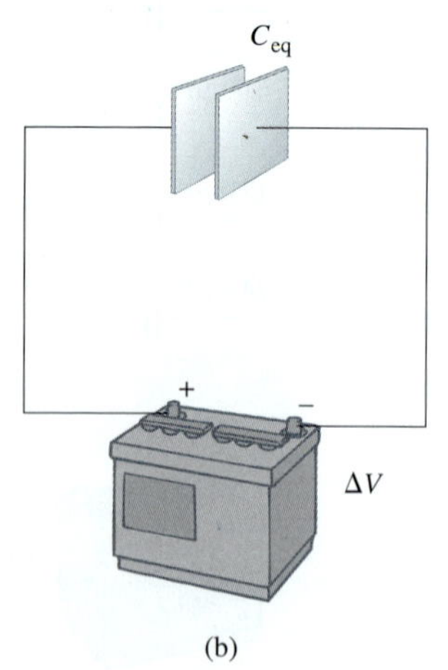

(b)

**활용그림 16.16**

직렬로 연결된 두 개의 축전기. 각각의 축전기에 쌓인 전하는 동일하며, 등가용량은 $1/C_{eq} = (1/C_1) + (1/C_2)$과 같다.

**Physics Now™**

**http://physics.brookscole.com/ecp**에서 PhysicsNow를 로그인하고 활용그림 16.16에 들어가서 전지 전압과 축전기 용량을 바꿔가면서 축전기에 쌓인 전하와 전압을 관찰한다. 축전기를 네 개까지 직렬로 연결할 수 있다.

$$\frac{Q}{C_{eq}} = \frac{Q}{C_1} + \frac{Q}{C_2}$$

양변에서 $Q$를 소거하면 다음 관계식을 얻는다.

$$\frac{1}{C_{eq}} = \frac{1}{C_1} + \frac{1}{C_2} \quad \text{(직렬 연결)} \qquad [16.14]$$

이 결과를 직렬로 연결된 세 개 이상의 축전기에 적용하면 등가용량은 다음 식으로 표현될 수 있다.

$$\frac{1}{C_{eq}} = \frac{1}{C_1} + \frac{1}{C_2} + \frac{1}{C_3} + \cdots \quad \text{(직렬 연결)} \qquad [16.15]$$

예제 16.7에서 볼 수 있겠지만, 식 16.15는 **직렬로 연결된 축전기들의 등가용량은 개별적인 축전기의 용량보다 항상 작다**는 사실을 함축하고 있다.

**☑ Checkpoint 16.5**

진실인가 거짓인가: 두 개의 축전기가 직렬로 연결되었을 때 연결된 등가용량은 두 축전기 원래의 용량보다 더 크다.

**Quick Quiz 16.5**

한쪽 판이 크고 다른 쪽 판이 작게 만들어진 축전기를 전지에 연결했을 경우, (a) 큰 판의 전하가 작은 판의 전하보다 더 크다. (b) 큰 판의 전하가 작은 판보다 더 작다. (c) 두 판의 전하는 크기는 같고 부호는 반대이다.

### 예제 16.7 직렬로 연결된 네 개의 축전기

**목표** 직렬로 연결된 축전기의 등가용량과 각각의 축전기에 쌓인 전하와 전압을 구한다.

**문제** 그림 16.17과 같이 네 개의 축전기가 전지와 직렬로 연결되어 있다. (a) 등가축전기의 용량을 구하라. (b) 12 μF 축전기에 쌓인 전하를 구하라. (c) 12 μF 축전기에 걸린 전압을 구하라.

**전략** 식 16.15를 사용해서 직렬로 연결된 축전기와 등가인 단일 축전기를 설정하고, $C = Q/\Delta V$ 관계를 사용해서 등가축전기에 쌓인 전하를 구한다. 이 전하는 개별적인 축전기의 전하와 같다. $C = Q/\Delta V$ 관계를 다시 사용하여 12 μF 축전기에 걸린 전압을 구한다.

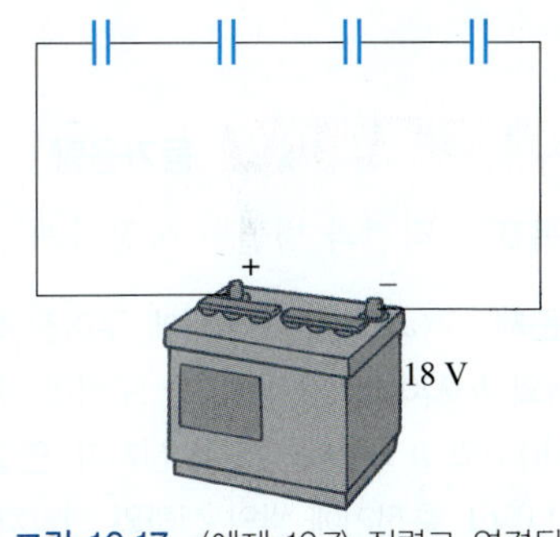


**그림 16.17** (예제 16.7) 직렬로 연결된 네 개의 축전기.

**풀이**

(a) 직렬 연결에 대한 등가용량을 구하라.

식 16.15를 적용한다.

$$\frac{1}{C_{eq}} = \frac{1}{3.0\ \mu\text{F}} + \frac{1}{6.0\ \mu\text{F}} + \frac{1}{12\ \mu\text{F}} + \frac{1}{24\ \mu\text{F}}$$

$$C_{eq} = \boxed{1.6\ \mu\text{F}}$$

(b) 12 μF 축전기에 쌓인 전하를 구하라.

등가축전기에 쌓인 전하는 원하는 전하와 같다.

$$C = C_{eq}\Delta V = (1.6 \times 10^{-6}\ \text{F})(18\ \text{V}) = \boxed{29\ \mu\text{C}}$$

(c) 12.0 μF 축전기에 걸린 전압을 구하라.

축전기의 기본 방정식을 적용한다.

$$C = \frac{Q}{\Delta V} \longrightarrow \Delta V = \frac{Q}{C} = \frac{29\ \mu\text{C}}{12\ \mu\text{F}} = \boxed{2.4\ \text{V}}$$

**주의** 등가용량이 개별적인 축전기의 용량보다 작다는 사실에 주목하라. $C = Q/\Delta V$ 관계는 다른 축전기에 걸린 전압을 계산할 때에도 (c)처럼 사용할 수 있다.

**연습문제 16.7**

그림 16.17에서 24 $\mu$F 축전기를 회로에서 제거하였다. (a) 등가용량을 구하라. (b) 6 $\mu$F 축전기에 걸린 전압을 구하라. (c) 6 $\mu$F 축전기에 걸린 전압을 구하라.

**답** (a) 1.7 $\mu$F (b) 31$\mu$C (c) 5.2 V

---

**문제풀이 전략** 복잡하게 연결된 축전기

1. 유도된 식에 따라서 직렬 또는 병렬로 연결된 축전기와 **등가인 축전기를 구하라.**
2. 등가축전기를 포함하는 회로도를 **다시 그려라.**
3. 오직 한 개의 등가축전기만 남을 때까지 앞의 두 과정을 **반복하라.**
4. $C = Q/\Delta V$ 관계를 사용해서 단일 등가축전기에 쌓인 **전하를 계산하라.**
5. 회로도를 원래의 형태로 **되돌린 다음**, 각각의 축전기에 쌓인 전하와 전압 강하를 계산하라. 이때 다음 식이 필요하다.
   A. 용량 방정식: $C = Q/\Delta V$
   B. 병렬 연결 등가용량: $C_{eq} = C_1 + C_2$
   C. 병렬로 연결된 축전기들의 전압차 $\Delta V$는 등가축전기와 같다.
   D. 직렬 연결 등가용량: $\frac{1}{C_{eq}} = \frac{1}{C_1} + \frac{1}{C_2}$
   E. 직렬로 연결된 축전기들의 전하 $Q$는 등가축전기와 같다.

## 연관된 예제 16.8 등가용량

**목표** 직렬과 병렬이 복잡하게 얽힌 축전기들의 결합에 대해서 살펴본다.

**문제** (a) 그림 16.18a에 주어진 축전기 결합에 대해서 $a$와 $b$ 사이의 등가용량을 구하라. 용량 단위는 $\mu$F이다. (b) $a$와 $b$ 사이에 12 V 전지가 연결될 때, 처음 그림의 4.0 $\mu$F 축전기에 쌓인 전하와 전압차를 구하라.

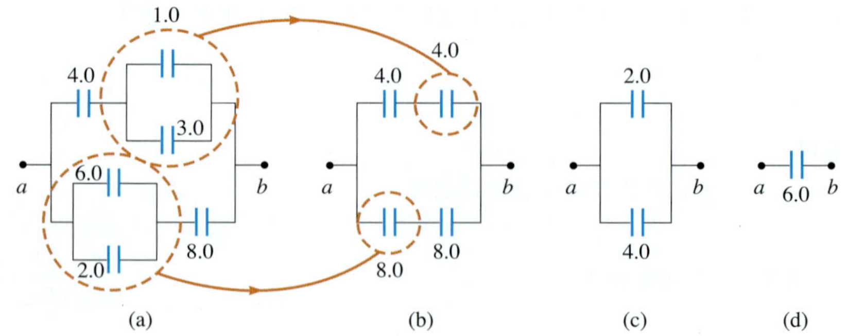


**그림 16.18** (연관된 예제 16.8) (a) 회로의 등가 전기용량을 구하기 위해 직렬과 병렬 규칙을 사용하여 (b), (c), (d)의 단계로 회로를 간략화시킨다.

**전략** (a) 식 16.12와 식 16.15를 사용해서, 그림에 표시한 대로 단계적으로 등가축전기를 찾는다. (b) 4.0 $\mu$F 축전기에 쌓인 전하를 구하기 전에, 그림 16.18c의 2.0 $\mu$F 축전기에 쌓인 전하를 먼저 구한다. 문제풀기 전략 5E에 따르면 같은 전하는 두 번째 그림의 4.0 $\mu$F 축전기들에 쌓인다. 두 번째 그림의 4.0 $\mu$F 축전기들 가운데 하나가 첫 번째 그림의 4.0 $\mu$F 축전기이다.

**풀이**

(a) 등가용량을 구하라.

그림 16.18a에서 병렬로 연결된 1.0 $\mu$F과 3.0 $\mu$F 축전기의 등가용량을 구한다.

$$C_{eq} = C_1 + C_2 = 1.0\ \mu\text{F} + 3.0\ \mu\text{F} = 4.0\ \mu\text{F}$$

그림 16.18a에서 병렬로 연결된 2.0 μF과 6.0 μF 축전기의 등가용량을 구한다.

$$C_{eq} = C_1 + C_2 = 2.0\ \mu F + 6.0\ \mu F = 8.0\ \mu F$$

그림 16.18b에서 직렬로 연결된 4.0 μF 축전기 두 개에 대한 등가용량을 구한다.

$$\frac{1}{C_{eq}} = \frac{1}{C_1} + \frac{1}{C_2} = \frac{1}{4.0\ \mu F} + \frac{1}{4.0\ \mu F}$$

$$= \frac{1}{2.0\ \mu F} \longrightarrow C_{eq} = 2.0\ \mu F$$

그림 16.18b에서 직렬로 연결된 8.0 μF 축전기 두 개에 대한 등가용량을 구한다.

$$\frac{1}{C_{eq}} = \frac{1}{C_1} + \frac{1}{C_2} = \frac{1}{8.0\ \mu F} + \frac{1}{8.0\ \mu F}$$

$$= \frac{1}{4.0\ \mu F} \longrightarrow C_{eq} = 4.0\ \mu F$$

끝으로, 그림 16.18c의 병렬로 연결된 축전기 두 개에 대해서 $a$와 $b$ 사이의 등가용량을 구한다.

$$C_{eq} = C_1 + C_2 = 2.0\ \mu F + 4.0\ \mu F = \boxed{6.0\ \mu F}$$

(b) 4.0 μF 축전기에 쌓인 전하와 전압차를 구하라.

그림 16.18c의 2.0 μF 축전기에 쌓인 전하를 구한다. 이것은 그림 16.18a의 4.0 μF 축전기에 쌓인 전하와 같다.

$$C = \frac{Q}{\Delta V} \longrightarrow Q = C\Delta V = (2.0\ \mu F)(12\ V) = \boxed{24\ \mu F}$$

용량 방정식을 사용해서, 그림 16.18a의 4.0 μF 축전기에 걸린 전압을 구한다.

$$C = \frac{Q}{\Delta V} \longrightarrow \Delta V = \frac{Q}{C} = \frac{24\ \mu C}{4.0\ \mu F} = \boxed{6.0\ V}$$

**주의** 다른 축전기에 쌓인 전하와 전압을 계산하려면, 문제풀이 전략 5C와 5E에 따라서 $C = Q/\Delta V$ 식을 사용하면 된다. 4.0 μF 축전기에 걸린 전압을 계산할 때, 그림 16.18b의 두 축전기에 쌓인 전하는 같으며, 12 V 전압은 대칭성 때문에 두 축전기에 똑같이 배분된다는 사실을 이용해도 된다.

**연습문제 16.8**

예제 16.8에서 (a) 그림 16.18a의 8.0 μF 축전기에 쌓인 전하와 전압을 구하라. (b) 그림 16.18a의 6.0 μF 축전기에 쌓인 전하와 전압을 구하라.

**답** (a) 48 μC, 6.0 V (b) 36 μC, 6.0 V

**Physics Now™** **http://physics.brookscole.com/ecp**에서 PhysicsNow를 로그인하고 연관된 예제 16.8로 들어가서 결합된 축전기들에 등가인 단일 등가축전기를 찾는 과정에 대해서 실습할 수 있다.

## 16.8 대전된 축전기에 저장된 에너지

전자 장비를 다루는 거의 모든 사람은 가끔 축전기가 에너지를 저장할 수 있음을 깨닫는다. 대전된 축전기 판을 도선으로 연결하면, 전하가 없어질 때까지 한쪽 판에서 다른 쪽 판으로 전하가 이동한다. 이와 같은 방전 과정은 가끔 스파크 현상으로 나타난다. 대전된 축전기 판을 무심코 손으로 잡으면, 손가락이 방전 통로가 되기 때문에 전기 충격을 느끼게 된다. 그 충격의 정도는 축전기의 용량과 전압에 따라서 다르다. **TV 전원처럼 전압이 높고, 많은 전하를 띠고 있다면, 그 충격은 치명적일 수 있다.**

축전기는 전기 에너지를 저장하고 있으며, 그 에너지는 전하를 판에 쌓는 데 필요한 일과 같다. 만일 축전기가 초기에 충전되어 있지 않다면(즉, 양쪽 판이 중성이면),

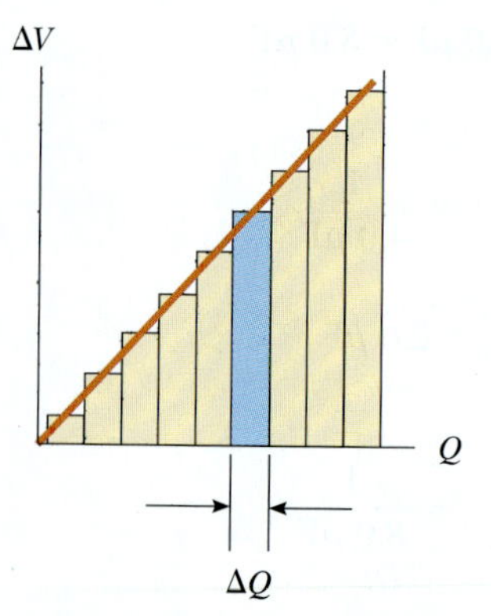


**그림 16.19** 축전기의 전하 대 전압 그래프는 기울기가 $1/C$인 직선이다. 축전기의 판 사이의 전위차 $\Delta V$를 거슬러 $\Delta Q$의 전하를 움직이는 데 필요한 일 $\Delta W = \Delta V \Delta Q$는 파란색의 사각형 면적과 같다. 축전기를 최종 전하 $Q$까지 충전하는 데 필요한 총 일은 직선 아래의 면적이 되고, 크기는 $Q\Delta V/2$이다.

한쪽 판에서 다른 쪽 판으로 미소한 전하 $\Delta Q$를 옮기는 데 필요한 일은 0이다. 그러나 일단 그 전하가 판에 쌓이면, 두 판 사이에 미소한 전위차 $\Delta V = \Delta Q/C$가 생긴다. 따라서 이 전위차 사이에서 추가로 전하를 옮기려면 일을 해 주어야 한다. 판 사이의 전위차가 $\Delta V$일 때, $\Delta Q$의 전하를 추가로 옮기기 위해서 필요한 일 $\Delta W$는 식 16.6으로부터 다음과 같이 구할 수 있다.

$$\Delta W = \Delta V \Delta Q$$

총 전하가 $Q$인 축전기의 전위차는 $\Delta V = Q/C$이므로, 그림 16.19와 같이 전압-전하 그래프는 기울기가 $1/C$인 직선이 된다. 특정한 값 $\Delta V$에 대응하는 일 $\Delta W$는 어둡게 표시한 직사각형의 면적과 같다. 그림에 표시한 직사각형의 면적을 모두 더하면, 근사적으로 축전기를 충전하는 데 필요한 일이 된다. $\Delta Q$가 충분히 작을 경우, 전하 $Q$와 전압 $\Delta V$까지 축전기를 충전하는 데 필요한 총 일은 직선 아래 부분의 면적과 같다. 이것은 바로 삼각형의 면적이므로 밑변과 높이를 곱한 값의 반이다. 즉,

$$W = \tfrac{1}{2} Q \Delta V \qquad [16.16]$$

앞에서 언급했듯이, $W$는 축전기에 저장된 에너지이다. 용량의 정의에 따르면, $Q = C\Delta V$이므로 저장된 에너지를 세 가지 방법으로 나타낼 수 있다.

$$\text{저장된 에너지} = \tfrac{1}{2} Q \Delta V = \tfrac{1}{2} C(\Delta V)^2 = \frac{Q^2}{2C} \qquad [16.17]$$

예를 들어, 120 V 전지에 연결된 5.0 $\mu$F 축전기에 저장된 에너지는

$$\text{저장된 에너지} = \tfrac{1}{2} C(\Delta V)^2 = \tfrac{1}{2}(5.0 \times 10^{-6}\ \text{F})(120\ \text{V})^2 = 3.6 \times 10^{-2}\ \text{J}$$

이다. 실제로 축전기에 저장할 수 있는 에너지(또는 전하)는 한계가 있다. 전하들 간의 쿨롱 힘이 너무 커질 경우, 판의 어떤 부분에서 전하가 빈 공간 사이로 튀어나가면서 방전되기도 한다. 이 때문에 축전기의 최대 동작 전압을 표시해 두는 것이 보통이다(이런 물리적 정보는 안정된 회로를 구성하고자 할 때 이용된다).

**APPLICATION**

심장마비 치료기

큰 축전기는 많은 전기 에너지를 저장할 수 있다. 이들이 방전될 때, 전하가 심장을 지나가면 심각한 화상이나 죽음을 초래할 수 있다. 그러나 적절한 조건에서 심장병 환자의 심장마비를 억제하는 데 이용될 수 있다. 심장마비가 일어나면, 심장이 불규칙적으로 빨리 뛴다. 이때 심장을 통해서 전기 에너지를 순간적으로 방출하면 기관이 정상 맥박으로 회복된다. 응급치료 팀은 축전기를 고전압까지 충전할 수 있는 전지를 갖춘 휴대용 심장마비 치료기를 사용한다(실제로 이 장비는 전지의 전압보다 훨씬 더 높게 축전기를 충전시킬 수 있다). 이 장비뿐만 아니라 다른 장비(사진기 플래시 또는 핵융합로에 사용되는 레이저와 같은)의 축전기는 천천히 충전해서 큰 에너지를 순간적으로 제공할 수 있는 에너지 저장소 역할을 한다. 저장되었던 전기 에너지가 환자의 가슴 양쪽에 부착된 "페들(paddle)"이라고 부르는 전극을 통해서 심장에 전달된다. 응급치료사는 축전기가 충분히 충전될 때까지 전기 에너지의 사용을 억제하고 기다려야 한다. 20장에서 공부할 **전자기 유도** 현상을 이용하면, 휴대용 장비에 들어 있는 낮은 전압의 전지를 사용해서 축전기를 고전압으로 충전시킬 수 있다.

**예제 16.9 심장마비 치료기의 전압, 에너지 그리고 방전시간**

**목표** 에너지와 일률의 개념을 축전기에 적용해 본다.

**문제** 심장마비 치료기에 포함된 축전기의 용량은 $1.10 \times 10^{-4}$ F이며, 충분히 충전될 경우 1.20 kJ의 에너지를 저장할 수 있다. 2.50 ms의 시간 동안 $6.00 \times 10^2$ J의 에너지를 환자에게 방전시켰다. (a) 1.20 kJ의 에너지를 저장하기 위해서 필요한 전압을 구하라. (b) 환자에게 해 준 평균 일률은 얼마인가?

**전략** (a) 저장된 에너지와 용량을 알고 있기 때문에 식 16.17을 사용해서 필요한 전압을 구한다. (b) 공급된 에너지를 시간으로 나누면 일률이 된다.

**풀이**

(a) 1.20 kJ의 에너지에 대응하는 전압을 구하라.

식 16.17을 $\Delta V$에 대해서 푼다.

$$\text{저장된 에너지} = \tfrac{1}{2}C(\Delta V)^2$$

$$\Delta V = \sqrt{\frac{2 \times (\text{저장된 에너지})}{C}}$$

$$= \sqrt{\frac{2(1.20 \times 10^3\ \text{J})}{1.10 \times 10^{-4}\ \text{F}}}$$

$$= \boxed{4.67 \times 10^3\ \text{V}}$$

(b) 환자에게 해 준 평균 일률은 얼마인가?

공급된 에너지를 시간으로 나눈다.

$$\mathscr{P}_{\text{av}} = \frac{\text{공급된 에너지}}{\Delta t} = \frac{6.00 \times 10^2\ \text{J}}{2.50 \times 10^{-3}\ \text{s}}$$

$$= \boxed{2.40 \times 10^5\ \text{W}}$$

**주의** 18장의 *RC* 회로에서 공부하겠지만, 방전하고 있는 상태에서 축전기의 일률은 상수가 아니다. 이 때문에 오직 평균 일률만을 구할 수 있다. 심장마비 치료기에서 전지보다 훨씬 더 빨리 에너지를 공급하기 위한 목적으로 축전기가 사용된다. 전지는 비교적 천천히 일어나는 화학반응을 통해서 전류를 공급한다. 반면에 축전기는 이미 생산된 전하를 저장했다가 공급한다.

**연습문제 16.9**

용량이 $2.50 \times 10^{-5}$ F인 평행판 축전기에 $1.75 \times 10^{-3}$ C의 전하가 충전되었다. (a) 저장된 에너지를 구하라. (b) 양쪽 판 사이의 전압을 구하라. (c) 에너지를 두 배로 올릴 경우 전압은 얼마일까?

**답** (a) $6.13 \times 10^{-2}$ J (b) 70.0 V (c) 99.0 V

**Quick Quiz 16.6**

평행판 축전기를 전지와 분리시킨 후 양쪽 판 사이의 거리를 약간 더 멀리 두었다. 다음 양들은 증가할 것인가, 감소할 것인가, 동일할 것인가?
(a) $C$ (b) $Q$ (c) 판 사이의 전기장 $E$ (d) $\Delta V$ (e) 축전기에 저장된 에너지

## 16.9 유전체가 삽입된 축전기

**유전체**(dielectric)는 고무나 플라스틱 또는 기름종이와 같은 부도체이다. 축전기의 판 사이에 유전체가 삽입되면 용량이 증가한다. 유전체로 축전기 판 사이의 공간을 채우면 용량은 **유전상수**(dielectric constant)라고 부르는 인자 $\kappa$ 배만큼 증가한다.

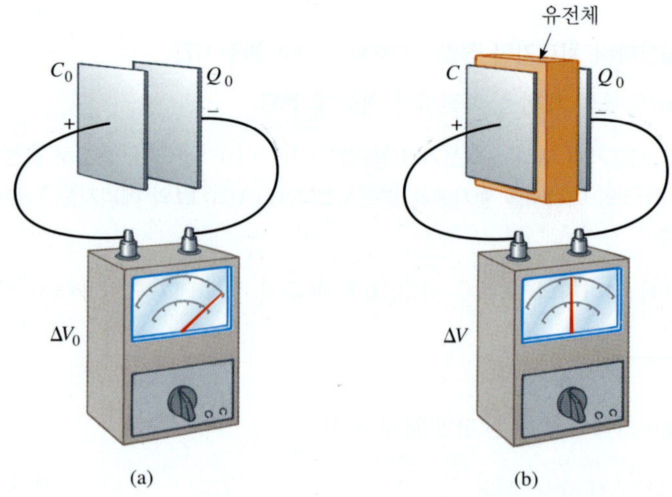


**그림 16.20** (a) 판 사이가 공기 층일 때 축전기 전압은 $\Delta V_0$이고, 용량은 $C_0$이며, 전하는 $Q_0$이다. (b) 판 사이에 유전체가 삽입되면 전하는 그대로 $Q_0$이고, 전압과 용량은 변한다.

위의 실험그림은 축전기 속에서 유전체의 효과를 보여 준다. 유전체가 없을 때 전하가 $Q_0$이고 용량이 $C_0$인 축전기를 생각해 보자. 축전기 판 사이의 전위차를 측정하면 $\Delta V_0 = Q_0/C_0$가 된다(그림 16.20a). 축전기가 외부 회로에 연결되어 있지 않기 때문에 전하가 판으로 이동할 경로는 없다. 만일 그림 16.20b와 같이 유전체를 판 사이에 삽입하면, 판 사이의 전압은 인자 $\kappa$만큼 **감소**하므로

$$\Delta V = \frac{\Delta V_0}{\kappa}$$

이다. $\kappa > 1$이므로 $\Delta V$는 $\Delta V_0$보다 더 작다. 축전기에 있던 전하 $Q_0$는 변하지 않으므로 유전체가 삽입된 축전기의 용량은

$$C = \frac{Q_0}{\Delta V} = \frac{Q_0}{\Delta V_0/\kappa} = \frac{\kappa Q_0}{\Delta V_0}$$

또는

$$C = \kappa C_0 \qquad [16.18]$$

가 된다. 이 결과에 따르면 판 사이에 유전체가 삽입되면, 용량이 인자 **$\kappa$배만큼 증가한**

### ☑ Checkpoint 16.6

진실인가 거짓인가: 유전체를 축전기 판 사이에 끼웠을 때, 축전기에 저장할 수 있는 전하의 최대 양은 항상 증가한다.

**표 16.1** 상온에서 여러 물질의 유전상수와 유전강도

| 물질 | 유전상수 $\kappa$ | 유전강도 (V/m) |
|---|---|---|
| 진공 | 1.000 00 | — |
| 공기 | 1.000 59 | $3 \times 10^6$ |
| 베이클라이트® | 4.9 | $24 \times 10^6$ |
| 용융된 석영 | 3.78 | $8 \times 10^6$ |
| 파이렉스® 유리 | 5.6 | $14 \times 10^6$ |
| 폴리스타이렌 | 2.56 | $24 \times 10^6$ |
| 테프론® | 2.1 | $60 \times 10^6$ |
| 네오프렌 고무 | 6.7 | $12 \times 10^6$ |
| 나일론 | 3.4 | $14 \times 10^6$ |
| 종이 | 3.7 | $16 \times 10^6$ |
| 타이탄산 스트론튬 | 233 | $8 \times 10^6$ |
| 물 | 80 | — |
| 실리콘 기름 | 2.5 | $15 \times 10^6$ |

다. 된다. 유전체가 없을 때 평행판 축전기의 용량이 $C_0 = \epsilon_0 A/d$이므로, 유전체가 삽입되면 용량은 다음과 같이 나타낼 수 있다.

$$C = \kappa\epsilon_0 \frac{A}{d} \qquad [16.19]$$

위 식은 판 사이의 간격 $d$를 줄임으로써 용량을 매우 크게 키울 수 있음을 말해 준다. 실제의 경우, $d$의 최소값은 판 사이에 삽입된 유전체 물질을 통한 전기 방전에 의해서 결정된다. 유전체의 절연이 파괴되면서 도체로 변하기 전까지 주어진 간격의 유전체가 견딜 수 있는 최대 전기장 값이 있다. 그 최대 전기장을 **유전강도**(dielectric strength)라고 부르는데, 공기의 경우 약 $3 \times 10^6$ V/m이다. 표 16.1에 주어진 바와 같이 대부분의 부도체는 공기보다 더 큰 유전강도를 갖는다. 그림 16.21은 공기에서 일어나는 절연 파괴의 모습을 보여 준다.

**그림 16.21** 공기의 절연 파괴. 고전압 교류 전원을 도선에 연결하면 공기 중에서 스파크가 생긴다.

시중에서 판매되는 축전기는 대개 파라핀을 묻힌 종이나 마일러(Mylar®) 판과 같은 유전체를 사이에 끼운 금속 박막들로 이루어져 있다. 금속 박막과 유전체 층을 교대로 배열한 후, 말아서 작은 기둥 형태로 만든다(그림 16.22a). 고전압 축전기 가운데 하나는 실리콘 기름 속에 금속 판들을 서로 엮어 놓은 형태를 이루고 있다(그림 16.22b). 작은 축전기들은 종종 세라믹 물질로 제작된다. 일반적으로 10 pF에서 500 pF까지 가변시킬 수 있는 축전기는 대개 공기 중에서 서로 엮인 한쪽 금속 판을 고정시키고 다른 쪽 금속 판을 움직일 수 있도록 만든 것이다.

전해질 축전기(그림 16.22c)는 비교적 낮은 전압으로 많은 양의 전하를 저장시키고자 할 때 가끔 사용된다. 이것은 전해질에 접촉된 금속 박막으로 이루어져 있는데, 전해질이란 이온들의 운동에 의해서 전류가 흐르는 용액이다. 금속 박막과 전해질 사이에 전압이 걸리면, 얇은 금속산화 층(일종의 부도체)이 금속 박막 위에 생기는데, 이 층이 부도체 역할을 한다. 유전체 층이 매우 얇기 때문에 어마어마한 용량을 얻을 수 있다.

그림 16.23은 시중에서 판매되는 다양한 축전기들의 사진이다. 용량가변 축전기는 라디오 방송국을 선택할 때 사용된다.

전해질 축전기를 회로에 연결할 때 표시된 극성(즉, 양극과 음극)을 잘 살펴보아야 한다. 전압을 축전기 극성과 반대로 연결하면 산화 층이 사라지기 때문에, 전하를 저장하는 대신에 전도시킨다. 더욱이, 극성을 반대로 연결하면 많은 전류가 흐르면서 타

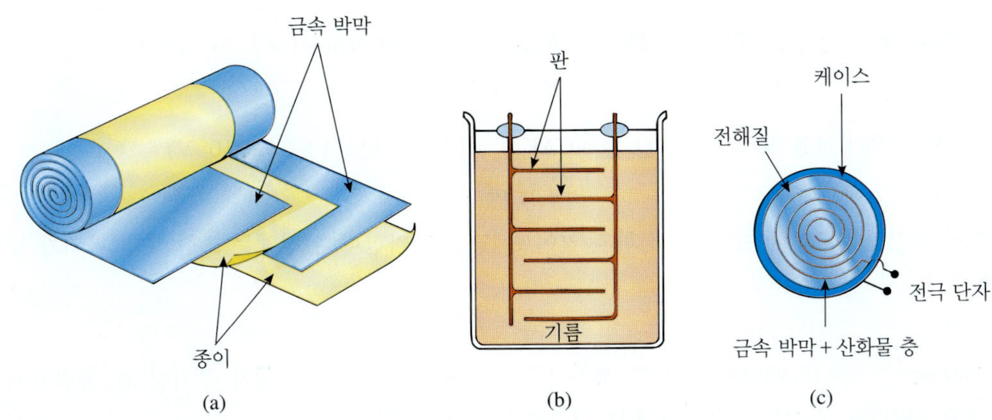


**그림 16.22** 시중에서 판매되는 세 종류의 축전기 구조. (a) 종이를 금속 판 사이에 끼우고 원통으로 말은 튜브형 축전기. (b) 기름을 채운 다중 평행 판 고전압 축전기. 용량가변 축전기. (c) 전해질 축전기.

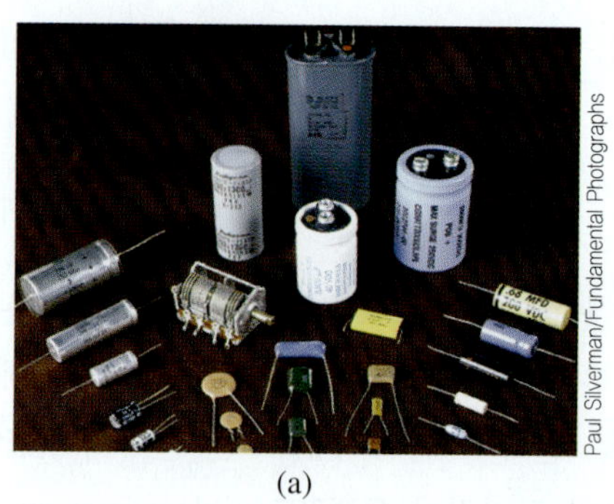

(a)

(b)

**그림 16.23** (a) 여러 가지 목적으로 사용되는 축전기들의 사진. (b) 용량가변 축전기. 고정된 판 사이에서 금속 판을 회전시키면 축전기의 용량이 변한다.

거나 연기가 나면서 폭발하기도 한다.

**Quick Quiz 16.7**

충분히 충전된 평행 판 축전기가 전지에 연결된 채 그대로 있다. 이 축전기 판 사이에 유전체를 밀어넣었다. 다음 양들은 증가할 것인가, 감소할 것인가, 동일할 것인가?
(a) $C$ (b) $Q$ (c) 판 사이의 전기장 $E$ (d) $\Delta V$ (e) 축전기에 저장된 에너지

## 예제 16.10 종이가 삽입된 축전기

**목표** 유전체가 삽입된 평행 판 축전기의 기본적인 물성에 대해서 살펴본다.

**문제** $2.0 \times 3.0$ cm 크기의 판 사이에 1.0 mm 두께의 종이가 삽입된 평행 판 축전기를 생각해 보자. (a) 이 축전기의 용량을 구하라. (b) 축전기에 저장할 수 있는 최대 전하를 구하라.

**전략** (a) 표 16.1에 주어진 종이의 유전상수와 다른 주어진 값을 식 16.19에 대입한다. (b) 종이의 절연이 파괴되기 전까지 걸 수 있는 최대 전기장인 유전강도 역시 표 16.1에 주어졌다. 식 16.3의 $\Delta V = Ed$를 사용하여 최대 전압을 구한 후 용량 방정식에 대입한다.

**풀이**

(a) 이 축전기의 용량을 구하라.

식 16.19에 대입한다.

$$C = k\epsilon_0 \frac{A}{d}$$
$$= 3.7\left(8.55 \times 10^{-12} \frac{\text{C}^2}{\text{N}\cdot\text{m}^2}\right)\left(\frac{6.0 \times 10^{-4}\ \text{m}^2}{1.0 \times 10^{-3}\ \text{C}}\right)$$
$$= \boxed{2.0 \times 10^{-11}\ \text{F}}$$

(b) 축전기에 저장할 수 있는 최대 전하를 구하라.

종이의 유전강도를 사용해서 가할 수 있는 최대 전압을 구한다.

$$\Delta V_{\text{max}} = E_{\text{max}} d = (16 \times 10^6\ \text{V/m})(1.0 \times 10^{-3}\ \text{m})$$
$$= 16 \times 10^4\ \text{V}$$

용량 방정식을 $Q_{\text{max}}$에 대해서 푼 다음, $\Delta V_{\text{max}}$와 $C$값을 대입한다.

$$Q_{\text{max}} = C\Delta V_{\text{max}} = (2.0 \times 10^{-11}\ \text{F})(1.6 \times 10^4\ \text{V})$$
$$= \boxed{0.32\ \mu\text{C}}$$

**주의** 유전체가 삽입되면, 주어진 전압에서 축전기에 저장할 수 있는 전하의 양이 $\kappa$배만큼 증가한다. 유전체는 또한 절연 파괴가 생기는 문턱까지 전압을 높일 수 있도록 해 준다.

**연습문제 16.10**

면적이 $2.50 \times 10^{-3}$ m$^2$인 두 개의 판이 2.00 mm 간격으로 배열된 평행 판 축전기를 생각해 보자. (b) 판 사이가 공기일 때, 축전기에 쌓인 최대 전하를 구하라. (c) 판 사이에 폴리스티렌을 넣으면, 축전기의 최대 전하는 얼마가 될까?

**답** (a) $7 \times 10^{-8}$ C (b) $1.4 \times 10^{-6}$ C

## 원자의 관점에서 본 유전체

유전체가 축전기의 용량을 증가시키는 이유는 **분극**(polarization)이라고 부르는 물질의 원자 모델(혹은 분자적 성질)로 설명될 수 있다. 분자 내에서 음전하와 양전하의 평균 위치가 분리되어 있을 때, 분자가 분극되었다고 한다. 물과 같은 분자들은 이런 상태가 항상 존재한다. 그 이유를 알기 위해서 물 분자의 구조를 살펴보자(그림 16. 24).

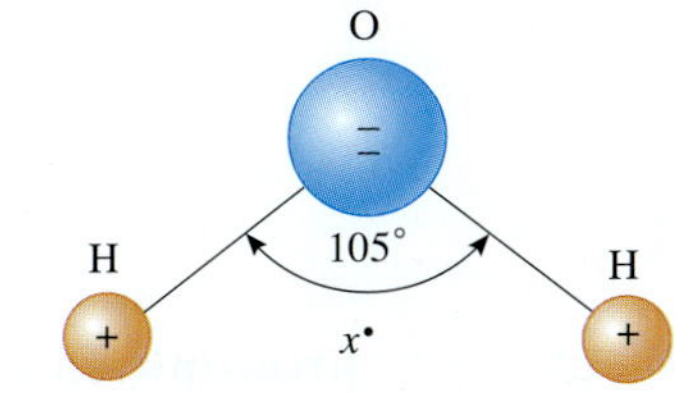


**그림 16.24** 물 분자 $H_2O$는 굽은 형태 때문에 영구 분극을 갖고 있다. 점 $x$는 양전하의 중심이다.

물 분자는 음전하를 띤 산소원자가 양전하를 띤 두 개의 수소원자들과 105° 각으로 결합되어 있다. 음전하의 중심은 산소원자에 있고, 양전하의 중심은 두 수소원자를 잇는 선의 가운데(즉, 그림에서 점 $x$)에 있다. 이처럼 영구 분극을 가진 분자들로 이루어진 물질들의 유전상수는 매우 크다. 실제로 표 16.1에서 물의 유전상수($\kappa$ = 80)는 다른 보통 물질에 비해서 크다.

대칭구조를 가진 분자(그림 16.25a)는 영구 분극을 갖고 있지는 않지만, 외부 전기장 속에 이들을 놓으면 분극이 유도될 수 있다. 그림 16.25b와 같이 왼쪽을 향하는 전기장 속에서 양전하의 중심은 원래 위치에서 왼쪽으로 이동하고, 음전하의 중심은 오른쪽으로 이동한다. 축전기에 삽입되는 대부분의 유전체들에서 이와 같은 **유도 분극**이 압도적으로 많이 생긴다.

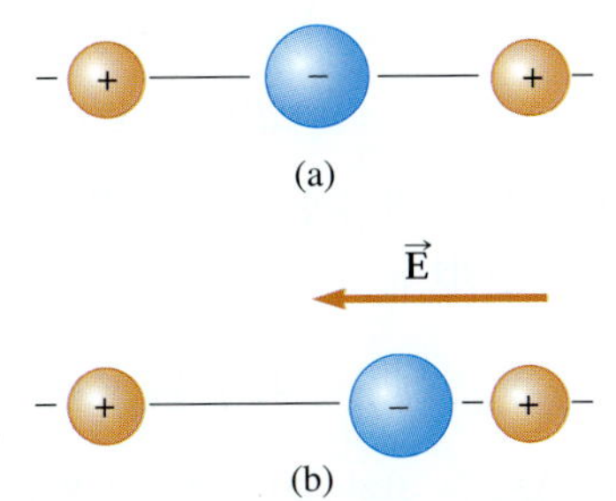


**그림 16.25** (a) 대칭 구조를 가진 분자는 영구 분극이 없다. 그 대신 (b) 외부 전기장 속에서 유도 분극이 생긴다.

유전체의 유도 분극이 용량에 영향을 주는 이유를 살펴보기 위해서, 그림 16.26과 같은 유전체를 생각해 보자. 축전기의 판 사이에 삽입되지 않은 유전체는 극성 분자들이 제멋대로 배열되어 있다(그림 16.26a). 극성 분자들은 쌍극자들이므로 각각은 쌍극자 전기장을 형성한다. 그러나 그들의 방향이 제멋대로이므로 평균 전기장은 0이다.

전기장이 $\vec{E}_0$인 축전기 판 사이에 삽입된 유전체의 경우, 양극판은 쌍극자들의 음전하 끝을 당기고 음극판은 쌍극자의 양전하 끝을 당긴다. 이 힘들은 분자에 토크를 제공하여 평균적으로 쌍극자의 음전하 끝이 양극판을 향하고, 양전하 끝이 음극판을 향하도록 유전체를 재배열시킨다. 유전체 내부에서 양전하와 음전하는 서로 상쇄되지만, 양극판 가까이에 있는 유전체 면은 알짜 음전하를 띠며 음극판 가까이에 있는 면은 알짜 양전하를 띤다. 이와 같은 결과는 그림 16.26c처럼 유도 전기장 $\vec{E}_{ind}$를 만드는 대전된 평행 판이 추가로 삽입되어, 원래의 전기장 $\vec{E}_0$를 부분적으로 상쇄시키는 것으로 보아도 된다. 만일 전지를 단락시킨 상태에서 유전체를 삽입하면, 판 사이의 전위차는 $\Delta V_0$에서 $\Delta V_0/\kappa$로 바뀐다.

그러나 만일 축전기가 계속 전지에 연결되어 있다면, 쌍극자의 음전하 끝은 양극판에서 더 많은 전자들을 밀어낼 것이므로 양극판은 더 큰 양전하를 띠게 된다. 마찬가지로, 쌍극자의 양전하 끝은 음극판 쪽으로 더 많은 전자를 끌어당긴다. 이 현상은 전지 사이의 전위차가 본래의 크기에 도달할 때까지 계속된다. 결과적으로 축전기에 저

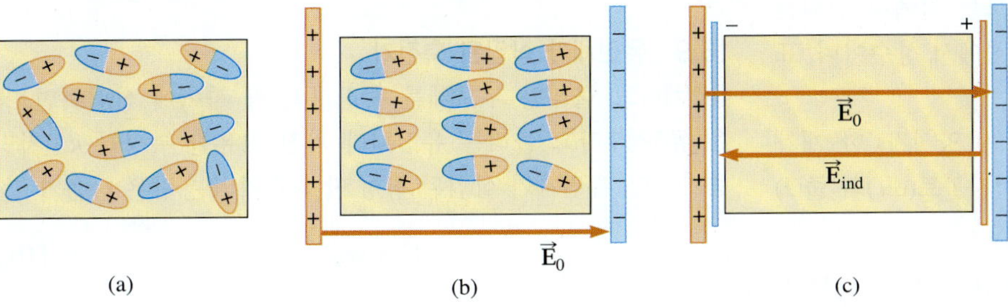


**그림 16.26** (a) 외부 전기장이 없을 때, 극성 분자들은 제멋대로 배열되어 있다. (b) 외부 전기장이 가해지면, 분자들은 부분적으로 장 방향 쪽으로 배열된다. (c) 전하를 띤 유전체의 가장자리를 $\vec{E}_0$와 반대로 향하는 전기장 $\vec{E}_{ind}$를 만드는 평행 판으로 간주해도 좋다.

장된 전하는 증가하게 된다. 주어진 전압에 대해서 축전기 판에 더 많은 전하가 쌓였기 때문에, $C = Q\Delta V$로부터 용량이 증가해야 함을 알 수 있다.

## 요약

Physics Now™ **http://physics.brookscole.com/ecp**에서 PhysicsNow를 로그인하고 이 장에 대한 Pre-Test link를 클릭하여 연습문제 시험을 보라.

### 16.1 전위차와 전위

균일한 전기장 $\vec{\mathbf{E}}$ 속에서 전하 $q$가 $\Delta x$만큼 변위할 때, 전기위치 에너지의 변화는 다음과 같다.

$$\Delta PE = -W_{AB} = -qE_x\Delta x \qquad [16.1]$$

여기서 $E_x$는 전기장의 $x$축 성분이며, $\Delta x = x_f - x_i$이다. $A$점과 $B$점 사이의 **전위차**는

$$\Delta V = V_B - V_A \equiv \frac{\Delta PE}{q} \qquad [16.2]$$

이며, $\Delta PE$는 전하 $q$가 $A$점에서 $B$점까지 이동할 때, 전기위치 에너지의 **변화**이다. 전위차의 단위는 J/C 또는 V로서, 1 J/C = 1 V이다.

**균일한** 전기장 $\vec{\mathbf{E}}$ 속에서 $A$점과 $B$점 사이의 **전위차**는

$$\Delta V = -E_x\Delta x \qquad [16.3]$$

이며, $\Delta x = x_f - x_i$는 $A$점과 $B$점 사이의 변위이고, $E_x$는 그 공간에서 전기장의 $x$축 성분이다.

### 16.2 점전하들에 의한 전위와 위치 에너지

점전하 $q$로부터 $r$만큼 떨어진 지점의 **전위**는 다음과 같다.

$$V = k_e\frac{q}{r} \qquad [16.4]$$

서로 $r$만큼 떨어진 두 개의 점전하가 갖는 **전기위치 에너지**는

$$PE = k_e\frac{q_1q_2}{r} \qquad [16.5]$$

이다. 이 방정식은 에너지 보존 문제와 일-에너지 정리의 풀이에 사용될 수 있다.

### 16.3 전위와 대전된 도체

### 16.4 등전위면

정전평형 상태에 있는 대전된 도체면 위의 모든 점에서 전위는 같다. 더 나아가서 전위는 도체 내부의 모든 점에서 상수이며, 표면의 전위와 같다.

**전자볼트**는 1 V의 전위차에 의해서 전자(또는 양성자) 한 개가 가속될 때 입자가 얻는 운동 에너지와 같다. 전자볼트(eV)와 줄(J) 사이에는 다음의 관계가 성립한다.

$$1\ \text{eV} = 1.60 \times 10^{-19}\ \text{C}\cdot\text{V} = 1.60 \times 10^{-19}\ \text{J} \qquad [16.7]$$

공간에서 전위가 같은 점들의 집합을 등전위면이라고 한다. 전기장은 항상 등전위면에 수직이다.

### 16.5 용량

축전기는 크기가 같고 부호가 반대인 전하를 띤 두 개의 금속 판으로 구성된다. 축전기의 용량 $C$는 판에 쌓인 전하 $Q$의 크기를 판 사이의 전위차 $\Delta V$로 나눈 값이다.

$$C \equiv \frac{Q}{\Delta V} \qquad [16.8]$$

용량의 단위는 $C/V$ 또는 F이며, 1 $C/V$ = 1 F이다.

### 16.6 평행 판 축전기

면적이 $A$이고 간격이 $d$ 평행 판 축전기의 용량은 다음과 같다.

$$C = \epsilon_0\frac{A}{d} \qquad [16.9]$$

여기서 $\epsilon_0 = 8.85 \times 10^{-12}\ \text{C}^2/\text{N}\cdot\text{m}^2$은 **자유공간의 유전율**이다.

### 16.7 축전기의 연결

**축전기들의 병렬로 연결된 등가용량**은

$$C_{\text{eq}} = C_1 + C_2 + C_3 + \cdots \quad (\text{병렬 연결}) \qquad [16.12]$$

이며, 두 개 이상의 축전기들이 **직렬로 연결된 등가용량**은

$$\frac{1}{C_{\text{eq}}} = \frac{1}{C_1} + \frac{1}{C_2} + \frac{1}{C_3} + \cdots \quad (\text{직렬 연결}) \qquad [16.15]$$

이 된다. 축전기의 연결에 관한 문제는 식 16.12와 식 16.15를 반복적으로 적용하여 가능한 한 단순화시켜서 푼다. 그 다음 식 $C = Q/\Delta V$와 병렬로 연결된 축전기들의 전압은 같고, 직렬로 연결된 축전기는 전하가 같다는 사실을 적용하여 원래의 회로로 돌아간다.

### 16.8 대전된 축전기에 저장된 에너지

대전된 축전기에 **저장된 에너지**를 구하는 세 가지 방정식은 다음과 같다.

$$\text{저장된 에너지} = \tfrac{1}{2}Q\Delta V = \tfrac{1}{2}C(\Delta V)^2 = \frac{Q^2}{2C} \qquad [16.17]$$

### 16.9 유전체가 삽입된 축전기

**유전체**라고 불리는 부도체를 축전기의 판 사이에 삽입하면, 용량은 **유전상수**라고 불리는 유전체가 가진 고유한 특성인 $\kappa$인자만큼 증가한다. 유전체가 삽입된 평행 판 축전기의 용량은 다음과 같다.

$$C = \kappa\epsilon_0\frac{A}{d} \qquad [16.19]$$

## 개념 파악을 위한 질문

**1.** (a) 균일한 전기장 속에 정지상태로 놓은 양성자의 운동에 대해서 논하라. (b) 양성자의 운동 에너지와 전기위치 에너지의 변화에 대해서 논하라.

**3.** 평행 판 축전기를 전지에 연결시켜 충전한 다음, 전지를 제거하였다. 축전기에 저장된 전하는 부호가 반대이므로 그들은 서로 당길 것이다. 따라서 판 사이의 간격을 넓히려면 양의 일이 필요하다. 이때 외부 힘이 해 준 일은 축전기에 저장된 에너지의 증가로 이어진다는 것을 증명하라.

**5.** 당신이 타고 있던 자동차 위에 20 kV의 전선이 떨어졌다. 당신은 차 안에 있어야 하는가 아니면 뛰쳐 나와야 하는가? 전선의 전위는 지표를 기준으로 20 kV이다.

**7.** 정전평형 상태에 있는 도체의 모든 점은 같은 전위를 갖는 이유에 대해서 설명하라.

**9.** 고전압 축전기를 전원에 연결하여 충전시킨 다음 전원에서 떼어내었다. 이 고전압 축전기의 전극에 손을 대면 위험한 이유를 설명하라.

**11.** 전기력선은 서로 교차할 수 있을까? 왜? 등전위선은 서로 교차할 수 있을까? 왜?

**13.** 만일 당신이 용량은 크고 크기가 작은 축전기의 설계를 의뢰받는다면, 어떤 요소를 중요하게 고려해야 하는가?

**15.** (a) 병렬로 연결된 축전기들은 (i) 판 위의 전하가 동일하다, (ii) 판 사이의 전위가 동일하다, (iii) 앞의 두 경우 모두 옳지 않다. (b) 직렬로 연결된 축전기들은 (i) 판 위의 전하가 동일하다, (ii) 판 사이의 전위가 동일하다, (iii) 앞의 두 경우 모두 옳지 않다.

## 문제

1, 2, 3 = 기본문제, 발전문제, 심화문제

□ = 학생 문제풀이 매뉴얼/학습 가이드 속에 전체 문제풀이가 있다.

Physics Now™ http://physics.brookscole.com/ecp에서 힌트를 받을 수 있는 문제

= 생물의학 문제

### 16.1 전위차와 전위

**1.** $E$ = 200 N/C의 균일한 전기장을 따라서 양성자가 2.00 cm만큼 움직였다. (a) 전기장이 양성자에게 해 준 일은 얼마인가? (b) 양성자의 위치 에너지 변화는 얼마인가? (c) 양성자가 이동한 두 지점 사이의 전위차는 얼마인가?

**3.** 세포막의 내부 면과 외부 면 사이에 90 mV의 전위차가 있다. 내부 면이 외부 면에 비해서 음(−)전위를 갖는다. 양전하를 띤 나트륨 이온($Na^+$)을 세포막을 통해서 배출하려면 얼마의 일이 필요한가?

**5.** TV 브라운관에서 판 사이의 전위차는 25 kV 정도이다. 판 사이의 간격이 1.5 cm일 때, 판 사이에 균일하게 분포한 전기장의 크기를 구하라.

**7.** Physics Now™ 반대 전하를 띤 두 개의 평행 판이 5.33 mm 간격으로 놓여 있다. 판 사이의 전위차는 600 V이다. (a) 판 사이의 전기장의 크기를 구하라. (b) 판 사이에서 전자가 받는 힘의 크기를 구하라. (c) 초기에 양극으로부터 2.90 mm 떨어진 지점에 있던 전자를 음극 판으로 옮기려면 전자에게 얼마의 일을 해 주어야 하는가?

### 16.2 점전하들에 의한 전위와 위치 에너지

### 16.3 전위와 대전된 도체

### 16.4 등전위면

**9.** (a) 양성자로부터 1.00 cm 떨어진 곳의 전위를 구하라. (b) 양성자로부터 각각 1.00 cm와 2.00 cm 떨어진 지점 사이의 전위차를 구하라.

**11.** (a) 그림 P16.11의 전하 분포에서 직사각형의 오른쪽 위모서리(전하가 없는 지점)의 전위를 구하라. 이때 무한대의 전위를 0으로 둔다. (a) 2.00 $\mu$C의 전하를 −2.00 $\mu$C으로 바꿀 경우, 오른쪽 위모서리의 전위를 구하라.

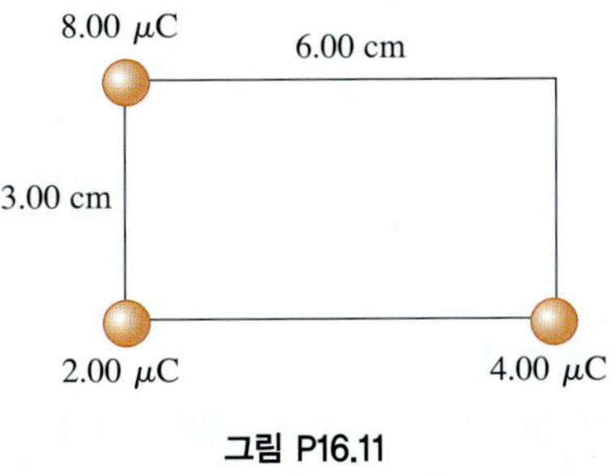


**그림 P16.11**

**13.** 두 점전하 $Q_1$ = +5.00 nC과 $Q_2$ = −3.00 nC이 35.0 cm 떨어져 있다. (a) 두 전하 사이 가운데 지점의 전위를 구하라. (b) 두 전하가 갖는 위치 에너지를 구하라. 답에서 부호가 갖는 의미는 무엇인가?

**15.** 그림 P16.15와 같이 세 개의 점전하가 이등변삼각형의 모서리에 있다. $q$ = 7.00 nC일 때 밑변 가운데의 전위를 구하라.

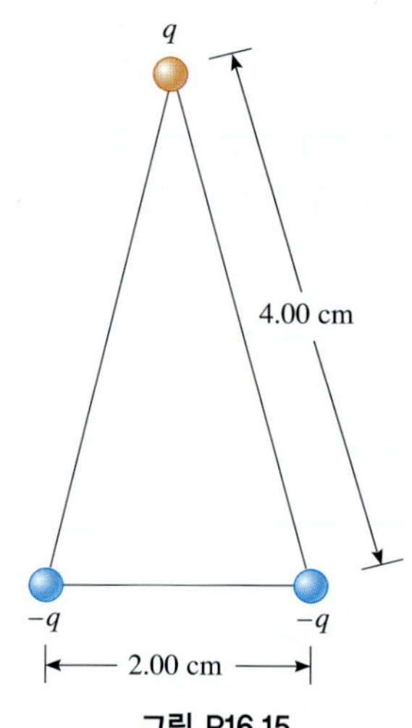

그림 P16.15

**17.** Physics Now™ 원자의 행성 모델을 발견하게 된 유명한 러더포드의 산란 실험에서, 전하가 $+2e$이고, 질량이 $6.64 \times 10^{-27}$ kg인 알파 입자는 $+79e$의 전하를 가진 금(Ag) 원자핵과 충돌한다. 알파 입자는 초기에 $2.00 \times 10^7$ m/s의 속도로 핵으로부터 충분히 멀리 떨어진 곳으로부터 핵을 향해서 그림 P16.17처럼 날아간다. 알파 입자가 튕겨나오기 전까지 핵에 접근할 수 있는 거리는 얼마인가? 금 원자핵은 정지상태에 그대로 있다고 가정하라.

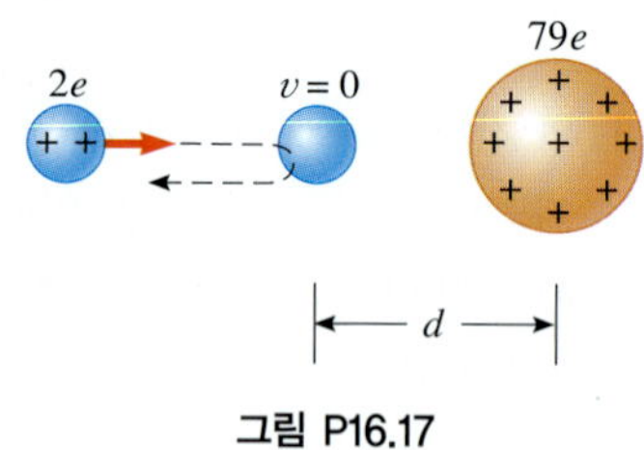

그림 P16.17

**19.** 8.00 nC의 전하를 가진 작은 구형 입자가 있다. 전위가 각각 100 V, 50.0 V, 25.0 V인 지점은 입자로부터 얼마의 거리에 있는가? 등전위면의 간격은 전위차에 비례하는가?

### 16.5 용량

### 16.6 평행 판 축전기

**21.** 지표에서 800 m 높이에 구름층이 있다. $1.0\ \text{km}^2 = 1.0 \times 10^6\ \text{m}^2$의 면적을 가진 구름층과 지표가 하나의 평행 판 축전기를 이룬다고 하자. (a) 용량을 구하라. (b) 전기장의 세기가 $3.0 \times 10^6$ N/C 이상이면, 공기의 절연이 파괴되어 도체로 바뀐다고 할 때 구름층이 가질 수 있는 최대 전하는 얼마인가?

**23.** 면적이 7.60 cm²인 두 장의 판을 1.80 mm 간격으로 배치한 평행 판 축전기가 있다. 판 사이 매질은 공기이다. 판 사이의 전위차가 20.0 V일 때 (a) 판 사이의 전기장, (b) 용량, (c) 판에 쌓인 전하를 구하라.

**25.** 공기 간격을 가진 평행 판 축전기에서 판의 면적은 5.00 cm²이고 판 간격은 1.00 mm이다. 판에 쌓인 전하가 400 pC일 때 (a) 판 사이의 전위차를 구하라. (b) 판 사이에 분포된 균일한 전기장의 크기를 구하라.

### 16.7 축전기의 연결

**27.** 용량이 각각 0.050 μF와 0.100 μF인 두 개의 축전기와 400 V 전지가 직렬로 연결되어 있다. (a) 축전기 판에 쌓인 전하를 구하라. (b) 이 회로에서 축전기를 병렬로 연결했다면, 판에 쌓인 전하는 얼마일까?

**29.** (a) 그림 P16.29와 같이 연결된 축전기의 등가용량을 구하라. (b) 각각의 축전기에 쌓인 전하와 전위차를 구하라.

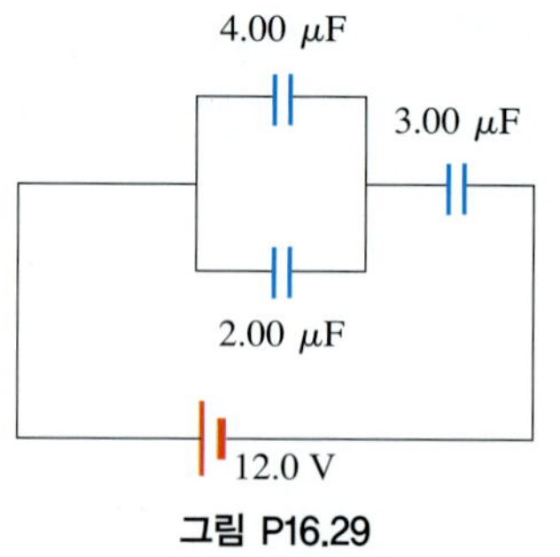

그림 P16.29

**31.** 그림 P16.31과 같이 연결된 네 개의 축전기에 대해서 (a) $a$점과 $b$점 사이의 등가용량을 구하라. (b) $a$점과 $b$점 사이에 15.0 V 전지를 연결할 경우 축전기 각각에 쌓인 전하를 구하라.

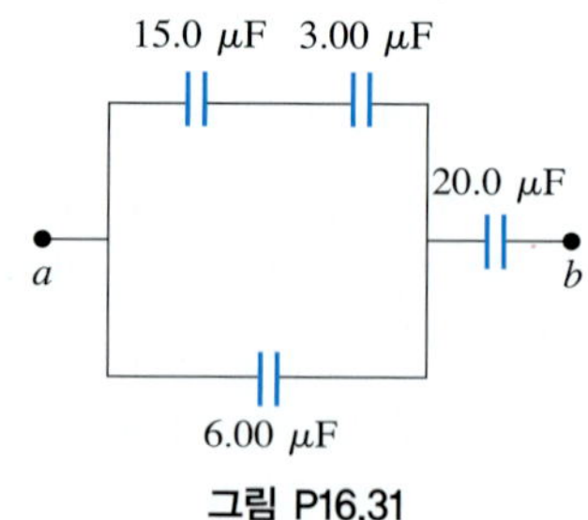

그림 P16.31

**33.** 그림 P16.33과 같이 연결된 축전기 각각에 쌓인 전하를 구하라.

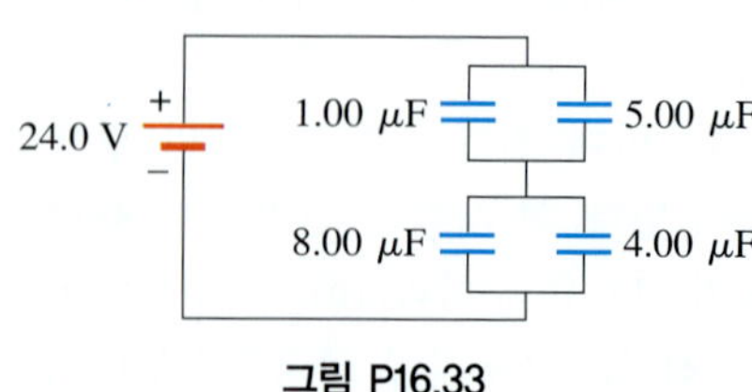

그림 P16.33

**35.** 1.00 μF의 축전기를 10.0 V 전지에 연결하여 충전시킨 후 전지를 떼어낸 다음, 그 자리에 충전되지 않은 2.00 μF의 축전기를 연결하였다. 각각의 축전기에 쌓인 전하를 구하라.

### 16.8 대전된 축전기에 저장된 에너지

**37.** 공기층을 가진 평행 판 축전기에서 판의 면적은 2.00 $cm^2$이고 판 간격은 5.00 mm이다. 이 축전기를 12.0 V의 전지에 연결할 경우 저장된 에너지는 얼마일까?

**39.** 문제 16.21과 같이 지표와 구름층이 만드는 평행 판 축전기를 생각하자. 이 축전기는 판 사이의 전기장이 $3.0 \times 10^6$ N/C에 도달하면 방전한다(즉, 번개가 발생한다)고 하자. 번개와 함께 완전히 방전하는 동안 이 축전기가 방출하는 에너지는 얼마인가?

### 16.9 유전체가 삽입된 축전기

**41.** 공기층을 가진 평행 판 축전기를 100 V 전지에 연결하여 충전시킨 후, 전지를 제거하였다. 판 사이를 유리로 채웠더니, 판 사이의 전압이 25 V로 감소하였다. 유리판의 유전상수는 얼마인가?

**43.** 테프론으로 채워진 평행판 축전기에서 판의 면적은 175 $cm^2$이고 판 간격은 0.0400 mm이다. (a) 용량을 구하라. (b) 축전기에 걸 수 있는 최대 전압을 구하라.

**45.** 적혈구 세포는 일종의 구형 축전기이다. 양전하를 띤 표면적이 $A$인 액체 구를 두께 $t$인 세포막이 감싸고 있고, 막의 바깥쪽은 음전하를 띤 유체로 되어 있다. 작은 전극을 세포막 내부에 꽂으면, 막 사이에는 100 mV의 전위차가 생긴다. 세포막의 두께는 100 nm이고 유전상수는 5.00으로 추정된다. (a) 적혈구의 평균 질량이 $1.00 \times 10^{-12}$ kg이라면, 세포의 부피와 표면적을 구하라. 단, 피의 밀도는 1 100 kg/$m^3$이다. (b) 적혈구 세포의 용량을 구하라. (c) 세포막에 쌓인 전하를 구하라. 그 전하는 몇 개의 전자들로 만들어지는가?

### 추가문제

**47.** Physics Now™ 용량이 각각 $C_1$, $C_2$, $C_3$인 세 개의 평행 판 축전기가 있다. $C_1$의 간격은 $d_1$이고, $C_2$의 간격은 $d_2$이며, $C_3$의 간격은 $d_3$이다. 판 면적은 세 개 모두 $A$이다. 직렬로 연결된 세 축전기의 총 용량은 간격이 $d = d_1 + d_2 + d_3$이고, 면적이 $A$인 단일 축전기의 용량과 같음을 보여라.

**49.** 용량이 알려지지 않은 축전기를 100 V 전지에 연결하여 충전시켰다. 전지를 떼어낸 후, 그 자리에 충전되지 않은 10.0 μF 축전기를 연결했더니 축전기의 전압이 30.0 V가 되었다. 알려지지 않은 축전기 용량을 구하라.

**51.** 그림 P16.51과 같이 연결된 축전기들에 대한 등가용량을 구하라.

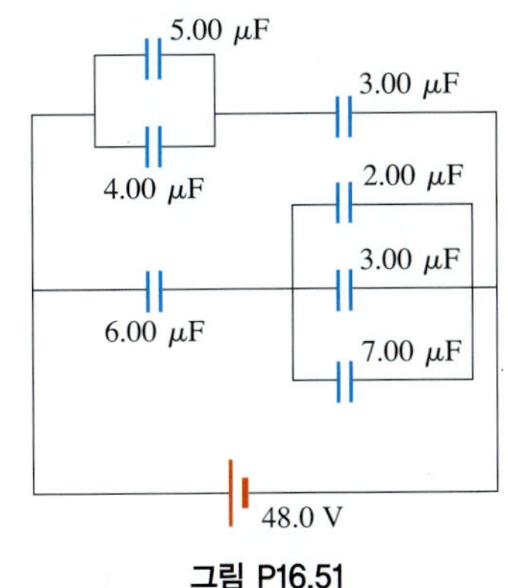


**그림 P16.51**

**53.** 많은 돌연사의 원인은 심장의 정상적인 박동을 방해하는 순환기 장애이다. 가슴에 전기 충격을 가하여 심장 근육을 순간적으로 마비시켜 주면, 심장이 다시 정상적인 박동을 시작한다. 수ms 동안 가슴에 전기 충격을 가해주는 장치가 바로 심장마비 치료기이다. 이 장치는 수천의 전위차에 의해서 충전된 수μF 용량의 축전기로 이루어져 있다. "페들(paddle)"이라고 불리는, 길이가 8 cm이고 도체 풀이 묻어 있는 전극을 심장의 위쪽 가슴에 댄다. 사용자를 보호하기 위해서 손잡이는 부도체로 되어 있다. 사용자가 "준비 완료!" 라고 외친 후, 한쪽 페들에 달린 스위치를 누르면 환자의 가슴을 통해서 축전기가 방전된다. 30.0 μF의 축전기가 300 W · s의 에너지를 공급할 수 있으려면, 몇 V의 전위차로 축전기를 충전해야 하는가?

**55.** 유전상수가 $\kappa$인 유전체로 채워진 평행판 축전기를 생각하자. 판의 면적은 $A$이고, 판에 $Q$의 전하가 쌓여 있다면, 판 사이에 작용하는 인력은 $F = Q^2/(2\kappa\epsilon_0 A)$이다. 공기로 채워진 20 μF의 평행판 축전기에 걸린 전압이 100 V이고, 판의 간격이 2.00 mm일 경우, 판 사이에 작용하는 힘은 얼마일까?

CHAPTER 17

# 전류와 전기저항

OUTLINE



여러 실용적 응용 장치와 전기 장치들이 정전기 원리를 기초로 하고 있지만, 전기는 과학자들이 건전지를 이용하여 상대적으로 긴 시간 동안 지속적인 전하의 흐름을 만드는 방법을 찾아낸 이후 우리 일상생활에서 떼어낼 수 없는 일부가 되었다. 건전지 또는 볼타전지는 1800년대 이탈리아 물리학자 볼타(Alessandro Volta)에 의해 발명되었다. 오늘날의 전지들은 높은 전압으로 짧은 시간 동안 적은 전하가 흐르는 초기의 정전기 장치와는 달리, 낮은 전압에서 연속적인 전하의 흐름을 공급하는 장치이다. 이러한 안정된 전류 원은 과학자들에게 전기회로에서 전하의 흐름을 조절하는 방법을 연구하기 위한 실험을 가능하게 해주었다. 오늘날 전류는 전등, 라디오, TV 수상기, 공조기, 컴퓨터, 그리고 냉장고에 동력을 공급하고, 자동차 엔진의 휘발유를 점화시키고, 마이크로컴퓨터 칩을 이루는 작은 구성요소들을 통해 흐르며, 셀 수 없는 많은 귀중한 일들을 하기 위한 동력을 공급한다.

이 장에서는 전류를 정의하고 도체 내에서 전하의 흐름을 방해하는 몇 가지 요인들에 대해서 논의할 것이다. 또한 전기회로에서 에너지 변환에 대하여 논의할 것이다. 이러한 주제들은 다음 장의 전기회로를 다루는 데 기초가 된다.

## 17.1 전 류

그림 17.1에서와 같이 전하들이 면적 $A$인 면에 수직인 방향으로 움직이고 있다(예를 들면, 면적 $A$는 도선의 단면적이다). **전류는 이 면을 통하여 흐르는 전하의 비율이다.**

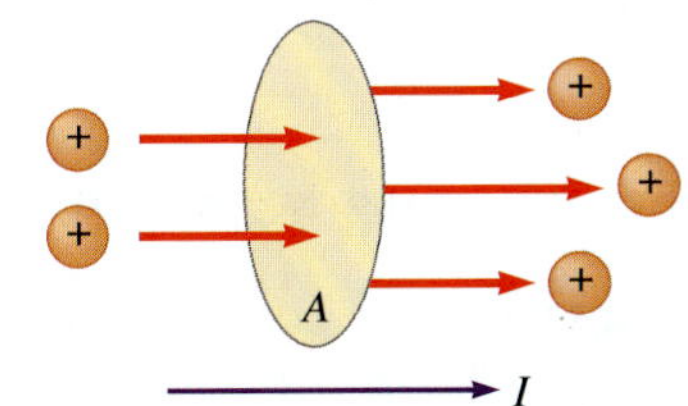


**그림 17.1** 단면 $A$를 지나가는 전하. 단면을 지나는 전하량의 시간 변화율을 전류 $I$라고 정의한다. 전류의 방향은 양전하가 이동하는 방향이다.

$\Delta Q$는 $\Delta t$ 시간 동안 이 면을 통하여 지나는 전하량이고, 흐르는 방향은 이 면에 수직이라고 가정하자. 전류 $I$는 전하량을 시간 간격으로 나눈 것과 같다.

$$I \equiv \frac{\Delta Q}{\Delta t} \qquad [17.1]$$

**국제단위(SI unit): 쿨롱/초(C/s) 또는 암페어(A)**

따라서 1 A의 전류는 1 C의 전하가 단면을 통하여 1 s 동안 흐른 것과 같다.

◀ 전류의 방향

그림 17.1에서와 같이 전하가 단면을 통하여 흐를 때 전하의 부호는 양, 음, 또는 둘 다 될 수 있다. 이 책에서 사용된 **전류의 방향은 관습적으로 정해진 양전하의 흐름 방향이다**(이러한 역사적 관습은 약 200년 전부터 시작되었으며, 이 때 양전하와 음전하에 대한 개념이 도입되었다). 일반적으로 구리와 같은 도체에서 전류는 음으로 대전된 전자의

**TIP 17.1 전류가 흐른다는 문구의 이중성**
보통 '전류가 흐른다.' 라는 문장을 사용한다. 전류는 전하의 흐름이기 때문에 이것은 잘못된 표현이며 '전하가 흐른다.' 라고 해야 한다.

운동에 의한 것이며, 그러므로 전류의 방향은 전자의 운동에 반대 방향이 된다. 한편, 양성자 가속기에서 양으로 대전된 양성자의 빔에 대해서는 전류가 양성자의 운동 방향과 같은 방향이 된다. 기체나 전해질 같은 몇몇 경우에 있어서 전류는 양전하와 음전하 둘 모두의 흐름의 결과로 나타난다. 양전하든 음전하든 이동하는 전하는 전하 운반자라 한다. 예를 들어 금속에서 전하 운반자는 전자이다.

전하가 정지해 있는 정전기학에서는 도체의 모든 부분에서 전위가 동일하지만 전하가 흐르는 도체에서는 그렇지 않다. 도선을 따라 전하가 움직이면 전위가 연속적으로 감소하게 된다(초전도체와 같은 특별한 경우는 예외).

## 예제 17.1 불을 켜라!

**목표** 전류의 개념을 응용한다.

**문제** 2.00 s 동안에 어떤 전구의 필라멘트를 통과하는 전하의 양은 1.67 C이다. (a) 전구의 전류를 구하고, (b) 5.00 s 동안 필라멘트를 통과하는 전자의 수를 구하라.

**전략** (a)에 대해서는 식 17.1을 대입하여 구하고, 그 시간 동안에 통과하는 총 전하를 얻기 위하여 (b) 문제에서 주어진 시간에 (a)의 답을 곱하라. 총 전하는 회로를 통과하는 전자의 수 $N$과 전자 한 개당 전하를 곱한 값과 같다.

**풀이**

(a) 전구의 전류를 계산하라.

식 17.1에 시간과 전하를 대입한다.

$$I = \frac{\Delta Q}{\Delta t} = \frac{1.67\ \text{C}}{2.00\ \text{s}} = \boxed{0.835\ \text{A}}$$

(b) 5.00 s 동안에 필라멘트를 통과하는 전자의 수를 구하라.

전자 한 개의 전하량과 총 전자 수 $N$을 곱한 것은 총 전하 $I\,\Delta t$와 같다.

$$Nq = I\,\Delta t \qquad (1)$$

값을 대입하고 $N$에 대하여 푼다.

$$N(1.60 \times 10^{-19}\ \text{C/electron}) = (0.835\ \text{A})(5.00\ \text{s})$$

$$N = \boxed{2.61 \times 10^{19}\ \text{electron}}$$

**주의** 문제의 해를 구하는 데 있어서 식 (1)과 같은 식이 올바른지 확인하기 위하여 단위를 사용하는 것이 중요하다. 일반적 전기회로에서 어떤 면을 통과하는 전자의 수가 매우 많다는 것에 주의하라.

**연습문제 17.1**

2.00분 동안 도선을 통과하는 전자가 $6.40 \times 10^{21}$개라고 한다. 전류를 구하라.

**답** 8.53 A

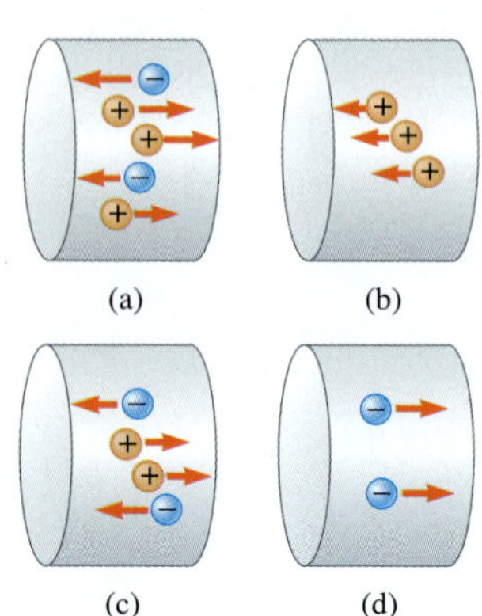


그림 17.2 (Quick Quiz 17.1)

### Quick Quiz 17.1

그림 17.2에서 양전하와 음전하가 네 영역을 통하여 수평으로 움직이고 있다. 이 네 영역의 전류를 가장 적은 값에서부터 큰 전류로 순서를 정하라($I_a$, $I_b$, $I_c$, $I_d$는 그림 17.2a, b, c, d의 전류). (a) $I_d$, $I_a$, $I_c$, $I_b$ (b) $I_a$, $I_c$, $I_b$, $I_d$ (c) $I_c$, $I_a$, $I_d$, $I_b$ (d) $I_d$, $I_b$, $I_c$, $I_a$ (e) 모두 아니다.

## 17.2 전류와 유동 속력: 미시적 관점

거시적인 전류는 전류를 형성하는 미시적인 대전 입자의 운동과 연관시킬 수 있다. 전류는 전류 방향으로 움직이는 전하 운반자의 평균 속력, 단위 부피당 전하 운반자의 수, 각 전하 운반자의 전하량에 의존한다는 것을 알 수 있다.

단면적이 $A$인 도체에서 움직이고 있는 동일하게 대전된 입자를 생각해 보자(그림 17.3). 길이 $\Delta x$인 도체의 부피는 $A\Delta x$이다. 만일 $n$이 단위 부피당 전하 운반자의 수라면 이 부피 내부의 전하 운반자 수는 $nA\Delta x$이다. 그러므로 이 부피 내부의 전하 $\Delta Q$는 다음과 같다.

$$\Delta Q = \text{전하 운반자의 수} \times \text{전하 운반자당 전하} = (nA\Delta x)q$$

여기서 $q$는 한 개의 전하 운반자가 가진 전하량이다. 만일 전하 운반자들이 **유동 속력** (drift speed) $v_d$라 불리는 일정한 평균 속력으로 움직인다면, $\Delta t$ 시간 동안 전하 운반자가 움직인 거리는 $\Delta x = v_d \Delta t$이다. 그러므로

$$\Delta Q = (nAv_d\Delta t)q$$

가 된다. 위 식의 양변을 $\Delta t$로 나누면 도체의 전류는 다음과 같다.

$$I = \frac{\Delta Q}{\Delta t} = nqv_dA \qquad [17.2]$$

유동 속력 $v_d$의 의미를 이해하기 위하여 전하 운반자가 자유전자인 도체를 생각해 보자. 도체가 고립되어 있다면, 이러한 전자들은 기체분자의 운동과 유사한 무질서한 운동을 하게 된다. (전지에 의하여) 전위차가 도체 양단에 생겼을 때 전기장이 도체에 형성되고 전하들은 전기력에 의해 전류를 만든다. 실제로 전자들은 도체를 따라 직선으로만 움직이지 않는다. 그 대신에 전자들은 금속의 원자들과 반복된 충돌을 하게 되고, 그 결과 전선을 따라 아주 작은 유동 속력으로 복잡한 지그재그 운동을 한다(활용그림 17.4). 충돌하는 동안 전자들로부터 금속원자로 전달된 에너지는 원자의 진동

**TIP 17.2 회로의 어떤 곳이든 전자는 존재한다.**
전자는 빛을 내기 위해서 전구 스위치에서 전구까지 이동하지 않는다. 필라멘트에 이미 존재하는 전자가 전지에 의해 만들어진 전기장에 의해 움직이는 것이다. 전지는 회로에 전자를 공급하는 것이 아니라 이미 존재하는 전자에 에너지를 공급하는 것이다.

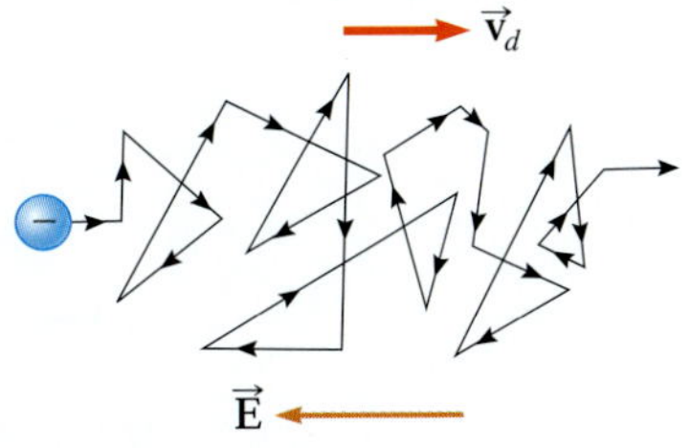


활용그림 17.4
도체 내의 전하 운반자의 지그재그 운동의 개략도. 갑작스런 방향 변화는 도체 내의 원자들과의 충돌 때문이다. 전자들의 알짜 운동 방향이 전기장의 반대 방향임을 주목하라.

**Physics Now™**
**http://physics.brookscole.com/ecp**에서 PhysicsNow를 로그인하고 활용그림 17.4로 들어가면 전하 운반자의 지그재그 운동과 전기장의 영향으로 그 운동이 어떻게 변하는지 살펴볼 수 있다.

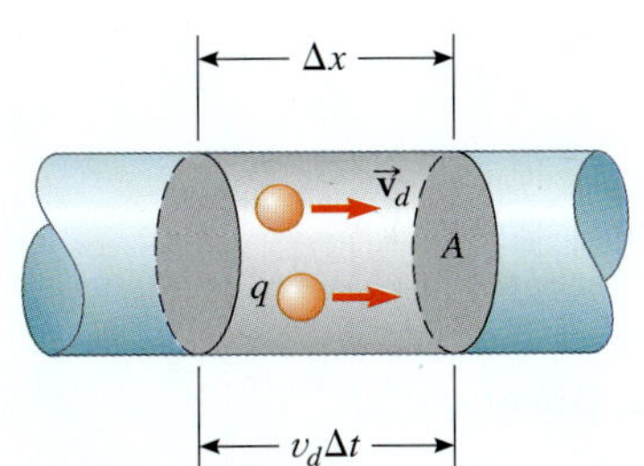


그림 17.3 단면적이 $A$인 균일한 도체의 단면. 전하 운반자가 속력 $v_d$로 움직이면, $\Delta t$ 시간에 움직인 거리는 $\Delta x = v_d\Delta t$이다. 길이 $\Delta x$인 단면적 속에 들어 있는 전하 운반자의 수는 $nAv_d\Delta t$이다. $n$은 단위 부피당 전하 운반자 수이다.

에너지를 증가시키고 도체의 온도를 증가시키는 원인이 된다. 그러한 충돌에도 불구하고 전자들은 유동 속력 $\vec{\mathbf{v}}_d$로 전기장 $\vec{\mathbf{E}}$의 반대 방향으로 도체를 따라 이동한다.

### 예제 17.2 전자의 유동 속력

**목표** 전자의 유동 속력과 제곱평균의 제곱근 속력을 계산하여 비교한다.

**문제** 단면적이 $3.00 \times 10^{-6}$ m²인 구리 도선에 전류가 10.0 A가 흐르고 있다. (a) 각각의 구리 원자는 하나의 자유전자를 금속에 내어놓을 수 있다고 가정하고, 이 구리 도선의 전자의 유동 속력을 구하라. (b) 이상기체의 모형을 이용하여 20.0℃에서 전자의 제곱평균의 제곱근 속력을 구하여 전자의 유동 속력과 비교하라. 구리의 밀도는 8.92 g/cm³이고 원자량은 63.5 u이다.

**전략** 식 17.2에 대하여 단위 부피당 전하 운반자의 수 $n$을 제외하고 모든 변수의 값은 주어졌다. 구리 1 mol에는 아보가드로 수($6.02 \times 10^{23}$)만큼의 원자가 있고, 각 원자들은 하나의 전하 운반자를 내놓는다는 것으로부터 $n$을 구할 수 있다. 1 mol의 부피는 주어진 구리 밀도와 원자량으로부터 알 수 있다. 원자량은 물질 1 mol의 질량과 같다.

**풀이**

(a) 전자의 유동 속력을 계산하라.

구리의 밀도와 원자량으로부터 1 mol의 부피를 계산한다.

$$V = \frac{m}{\rho} = \frac{63.5\text{ g}}{8.92\text{ g/cm}^3} = 7.12\text{ cm}^3$$

cm³을 m³으로 변환한다.

$$7.12\text{ cm}^3\left(\frac{1\text{ m}}{10^2\text{ cm}}\right)^3 = 7.12 \times 10^{-6}\text{ m}^3$$

전하운반자 수의 밀도를 알기 위하여 1 mol당 부피로 아보가드로 수(1 mol에서 전자의 수)를 나누어라.

$$n = \frac{6.02 \times 10^{23}\text{ electrons/mole}}{7.12 \times 10^{-6}\text{ m}^3\text{/mole}} = 8.46 \times 10^{28}\text{ electrons/m}^3$$

유동 속력을 구하기 위하여 식 17.2를 변환하고 대입한다.

$$v_d = \frac{I}{nqA}$$

$$= \frac{10.0\text{ C/s}}{(8.46 \times 10^{28}\text{ electrons/m}^3)(1.60 \times 10^{-19}\text{ C})(3.00 \times 10^{-6}\text{ m}^2)}$$

$$v_d = \boxed{2.46 \times 10^{-4}\text{ m/s}}$$

(b) 20.0℃에서 전자 기체의 제곱평균의 제곱근 속력을 구하라.

식 10.18을 적용한다.

$$v_{\text{rms}} = \sqrt{\frac{3k_BT}{m_e}}$$

캘빈온도(K)로 변환하고 값을 대입한다.

$$v_{\text{rms}} = \sqrt{\frac{3(1.38 \times 10^{-23}\text{ J/K})(293\text{ K})}{9.11 \times 10^{-31}\text{ kg}}}$$

$$= \boxed{1.15 \times 10^5\text{ m/s}}$$

**주의** 도선에서 전자들의 유동 속력은 매우 작다. 즉 무질서한 열운동 속력의 단지 수십억 분의 일에 불과하다.

**연습문제 17.2**

$7.50 \times 10^{-7}$ m²의 단면적을 가진 구리 도선에서 $5.00 \times 10^{-4}$ m/s의 유동 속력으로 나타나는 전류는 얼마인가?

**답** 5.08 A

예제 17.2에서 유동 속력이 매우 느리다는 것을 알았다. 사실 유동 속력은 충돌 사이의 평균속력보다도 훨씬 느리다. 예를 들어 $2.46 \times 10^{-4}$ m/s로 움직이는 전자들은 1 m

를 움직이는 데 68분 정도 걸린다. 이렇게 느린 속력에도 불구하고 스위치를 켰을 때 거의 순간적으로 전등불이 켜지는 것에 대하여 궁금할 것이다. 파이프를 통해 흐르는 물을 생각해 보자. 이미 물이 가득 차 있는 파이프의 한쪽 끝에 물 한 방울을 넣으면 파이프의 다른 쪽 끝으로 물 한 방울이 밀려나올 것이다. 하나의 물방울이 파이프를 통과 하는 데는 시간이 많이 걸리겠지만 파이프의 한쪽 끝에서 시작한 흐름은 매우 빠르게 다른 쪽 끝에 전달되어 유사한 흐름을 일으킨다. 흔히 볼 수 있는 또 다른 예는 자전거의 체인이다. 자전거의 톱니가 하나의 고리를 움직이게 하면 다른 고리들도 거의 동시에 같이 움직인다. 그렇지만 한 고리가 한 번 완전히 회전하는 데는 시간이 걸린다. 도체에서 자유전자를 움직이게 하는 전기장이 전달되는 속력은 빛의 속력과 비슷하다. 그러므로 전등 스위치를 켰을 때 전기장이 존재하는 도선을 통하여 전자들이 운동을 시작하게 하는 신호는 $10^8$ m/s 정도의 빠른 속력으로 전자들에게 전달된다.

**Quick Quiz 17.2**

도선의 단면적이 도선을 따라서 점점 더 작아져서 도선이 매우 긴 원뿔 모형이라고 하자. 도선을 따라서 유동 속력은 어떻게 변화하겠는가? (a) 단면적이 작아짐에 따라 느려질 것이다. (b) 단면적이 작아짐에 따라 빨라질 것이다. (c) 변화 없다. (d) 더 많은 정보가 필요하다.

## 17.3 전류와 전압 측정

전기회로를 공부하기 위하여 전류와 전압을 측정하는 방법을 이해할 필요가 있다.

그림 17.5a의 회로는 예제 17.1에서와 같은 전류를 측정하기 위하여 필요한 실제 전기회로이다. 그림 17.5b는 그림 17.5a의 실제 회로를 기호로 다시 표현한 것으로 회로도라고 한다. 이 회로는 단지 한 개의 전지와 전구로 구성되어 있다. “회로”라는 단어는 “전류가 순환하는 닫힌 고리”를 의미한다. 전지는 회로와 전구로 전하를 내보낸

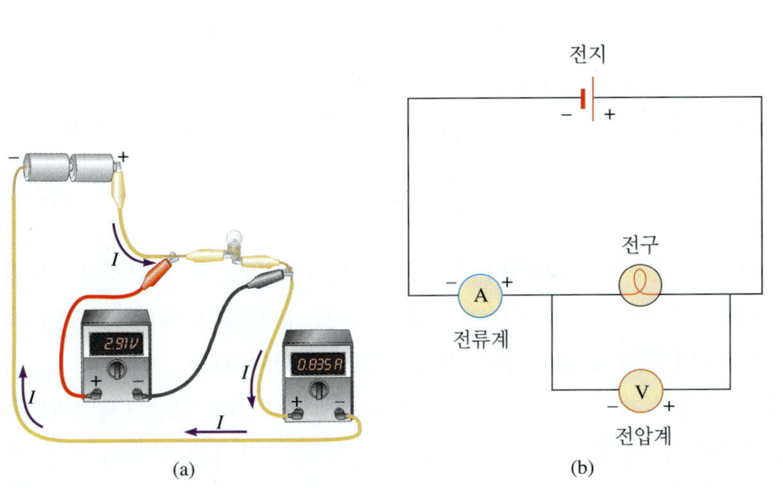


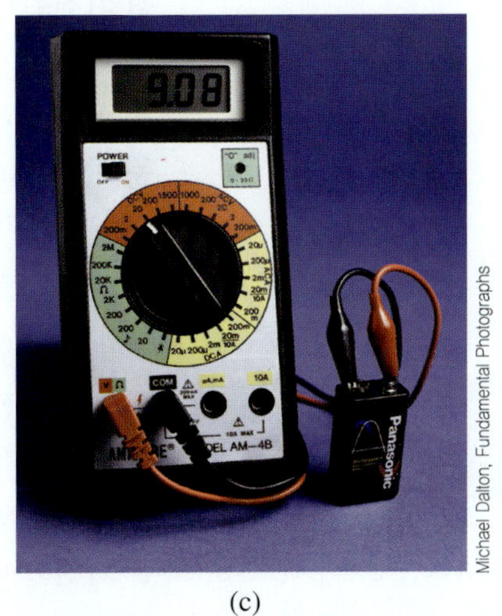


**그림 17.5** (a) 전구의 전류와 전압 측정을 위한 실제 회로. (b) (a)의 전기회로도. (c) 전류와 전위차를 측정하는 데 사용되는 디지털 멀티미터. 여기서 미터기는 9 V 전지의 전위차를 측정하고 있다.

다. 전지의 +극을 전구의 한쪽과 도선으로 연결하고 전구의 또 한쪽은 구리 도선을 통해 전지의 −극으로 되돌아가는 도선의 길이 없다면 전하는 흐르지 않을 것이다. 전구가 여러 가지 상황에 따라 어떻게 작동되는가를 알기 위해서는 전구 내의 전류 $I$와 전구에 걸리는 전위차 $\Delta V$를 알아야 한다. 전구 내의 전류를 측정하기 위하여 새는 전류가 없도록 하면서 전류측정 장치인 전류계를 설치해야 한다. 즉 전구를 통과하는 모든 전하는 반드시 전류계를 통과하도록 한다. 전압계는 전위차, 또는 전구의 필라멘트 양 끝의 전압을 측정한다. 만일 그림 17.5a에서와 같이 두 개의 측정 장치를 동시에 사용한다면, 전압계가 전류 측정값에 영향을 주는지를 알기 위하여 전압계를 제거할 수도 있다. 그림 17.5c는 디지털 멀티미터(multimeter)로서 전압, 전류, 또는 저항을 측정할 수 있도록 고안된 편리한 장치이다. 디지털 멀티미터를 전압계로 사용할 때의 장점은 전류에 영향을 주지 않는다는 것이다. 왜냐하면 전압계로 사용할 때는 매우 큰 크기의 저항을 가지기 때문이다.

이제 실험실에서 다양한 전기 장치에 대하여 전압의 함수로서($I-\Delta V$ 곡선) 전류를 측정할 수 있다. 필요한 것은 −5 V에서 +5 V까지 조정 가능한 전위차를 공급할 수 있는 전원공급 장치, 한 개의 전구, 한 개의 저항, 약간의 도선과 악어집게, 그리고 두 개의 멀티미터이다. 모든 측정은 항상 가장 높은 눈금에서 시작해야 한다(즉, 10 A와 1 000 V). 그리고 미터기가 과부하가 걸리지 않고 최고 정밀도로 값을 얻기 위하여 한 단계씩 민감도를 증가시켜라(민감도를 증가시키는 것은 눈금에서 읽을 수 있는 최대 전류나 최대 전압의 값을 내린다는 의미이다). 주의해야 할 것은 그림 17.5b에서 보는 것처럼 전류계와 전압계로 사용하는 멀티미터를 전원공급 장치의 극성에 올바르게 연결하는 것이다. 마지막으로 멀티미터의 파손과 급등하는 실험비를 줄이기 위해서는 실험조교의 지시를 잘 따라야 한다.

## 17.4 전기저항과 옴의 법칙

전압(전위차) $\Delta V$가 그림 17.6에서와 같이 금속 도체의 양단에 걸렸을 때 전류가 공급된 전압에 비례하는 것을 알 수 있다. 즉, $I \propto \Delta V$이다. 만일 정확하게 비례한다면, 전압은 $\Delta V = IR$로 쓸 수 있다. 여기서 비례상수 $R$을 도체의 저항이라 부른다. 실제로 우리는 이 **저항**(resistance)을 도체 양단에 걸린 전압에 대한 전류의 비율로서 정의한다.

저항 ▶

$$R \equiv \frac{\Delta V}{I} \qquad [17.3]$$

저항의 국제단위는 V/A로 **옴**(Ohm, Ω)이라 부른다. 만일 도체 양단의 전위차가 1 V일 때 1 A의 전류가 흐른다면, 이 도체의 저항은 1 Ω이 된다. 예를 들어, 120 V의 전원에 연결된 전기 기구에 6 A의 전류가 흐른다면, 전기저항은 20 Ω이 된다.

전류, 전압, 그리고 저항의 개념은 강물의 흐름에 비유할 수 있다. 일정한 깊이와 폭을 가진 강에서 물이 아래로 흐를 때, 강물의 흐름은 강의 경사각과 바위들의 영향, 강둑, 그리고 다른 장애물에 의존한다. 강의 경사각을 전위차로, 장애물을 저항으로 비유할 수 있다. 이러한 비유를 기초로 하면 회로에 공급된 전위차의 증가는 회로 내의 전

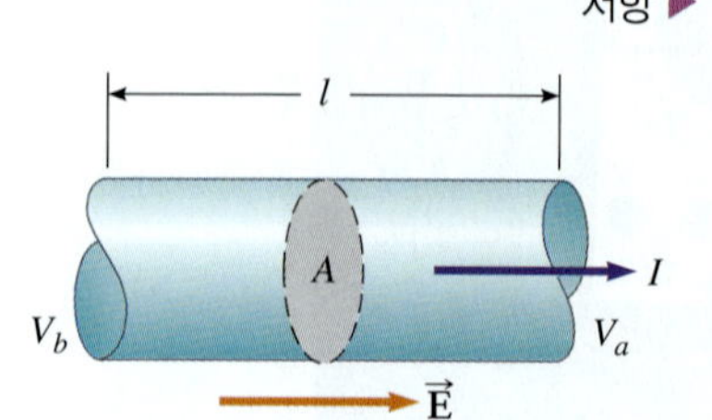


**그림 17.6** 길이가 $l$이고 단면적이 $A$인 균일한 도체에서 전류 $I$는 걸어준 전압 $\Delta V = V_b - V_a$에 비례한다. 도체에 걸린 전기장 $\vec{E}$는 전류에 비례한다.

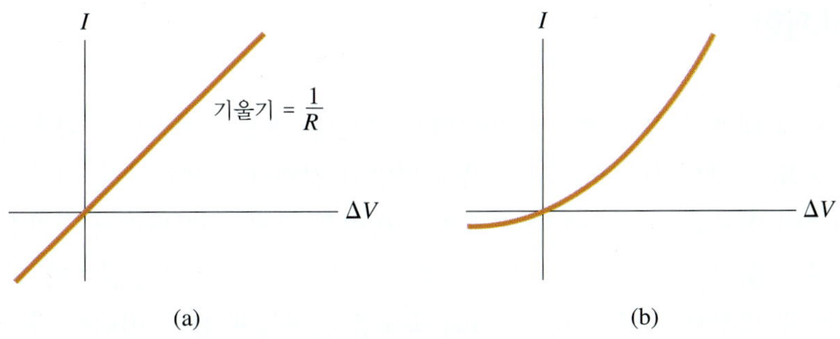


**그림 17.7** (a) 옴성 물질의 전류–전압 곡선. 모양은 직선이고, 그 기울기가 도체의 저항이 된다. (b) 반도체 다이오드의 비선형적인 전류–전압 곡선. 이 소자는 옴의 법칙을 따르지 않는다.

류를 증가시키게 된다는 것이 합리적일 수 있다. 또한, 강에 장애물이 증가하면 물의 흐름이 줄어드는 것과 같이 전기회로에 저항이 증가하면 전류가 줄어드는 것이다. 전기회로 내의 저항은 전류를 운반하는 전자들이 도체 내부에 고정되어 있는 원자들과 충돌에 의해서 일어나는 것이며, 이러한 충돌은 마찰력처럼 전하의 운동을 방해한다. 대부분의 금속을 포함한 많은 물질에서 저항이 **넓은 범위의 전압 또는 전류 변화에 일정하다는 것**이 실험을 통하여 알려져 있다. 이러한 사실은 최초로 저항에 대한 체계적인 연구를 한 게오르그 시몬 옴(Georg Simon Ohm, 1789~1854)에 의해 **옴의 법칙**(Ohm's law)으로 알려졌다.

옴의 법칙은 다음과 같이 쓸 수 있다.

$$\Delta V = IR \quad [17.4]$$

◀ 옴의 법칙

여기서 $R$은 저항 양단의 전위차 $\Delta V$와 저항의 전류 $I$의 크기와는 상관없는 값이다. 전기회로를 다룰 때 이런 형태의 옴의 법칙을 계속해서 사용할 것이다. **저항**(resistor)은 전기회로에서 특정한 저항 값을 나타내는 도체이다. 회로도에서 저항의 기호는 지그재그 선 —ΛΛΛ— 으로 나타낸다.

옴의 법칙은 특정한 물질에 대해서만 성립하는 실험적 법칙이다. 그러므로 옴의 법칙을 따르고 넓은 범위의 전압에서 일정한 저항 값을 갖는 물질들을 **옴성**(ohmic) 물질이라고 말한다. 전압과 전류에 따라 변화하는 저항을 갖는 물질들을 **비옴성**(nonohmic) 물질이라고 부른다. 옴성 물질은 넓은 범위의 전압 변화에 선형적인 전류–전압의 관계를 갖는다(그림 17.7a). 비옴성 물질들은 비선형적인 전압–전류의 관계를 갖는다(그림 17.7b). 흔히 볼 수 있는 비옴성 반도체 소자 중의 하나가 바로 다이오드이고, 전류에 대하여 한 방향으로만 작용하는 밸브와 같은 회로 요소이다. **다이오드**의 저항은 특정 방향의 전류($+\Delta V$)에 대해서는 작고, 반대 방향의 전류($-\Delta V$)에 대해서는 크다. 트랜지스터와 같은 대부분의 오늘날의 전자소자들은 비선형적인 전류–전압의 관계를 가지며, 옴의 법칙을 위배하는 방법이 이들의 작동원리이다.

**☑ Checkpoint 17.1**

10.0 V의 전원에 연결되어 5.0 A의 전류가 흐르는 장치의 저항은 얼마안가?

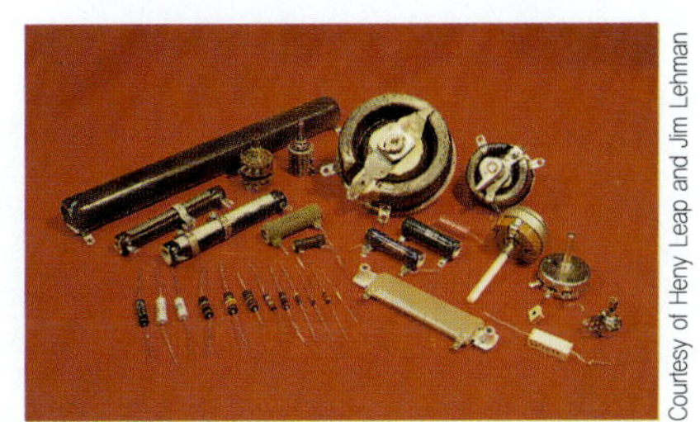

Courtesy of Henry Leap and Jim Lehman

전자회로에서 다양하게 쓰이는 여러 가지 저항.

## Quick Quiz 17.3

그림 17.7b에서 다이오드의 저항은 $+\Delta V$가 증가함에 따라 (a) 증가한다. (b) 감소한다.

## 17.5 비저항

전자들은 도체 내에서 직선 경로로 움직이지 않는다. 대신에 전자들은 금속 원자들과 반복적인 충돌을 일으킨다. 도체의 양단에 전압이 걸렸다고 생각하자. 내부 전기장에 의한 전기력이 전자를 가속함에 따라 전자는 속력을 얻게 되고 따라서 전기장과 반대 방향으로 속도를 얻게 된다. 원자와의 충돌은 전자의 속도를 마구잡이가 되게 하고 전기장과 반대 방향으로 이동하는 전자의 속도를 줄어들게 한다. 이러한 과정이 계속 반복되어 충돌은 전자에게 흡사 마찰력과 같은 효과를 주게 된다. 이것이 물체의 저항의 원인이다.

**✓ Checkpoint 17.2**

도선 1은 도선 2보다 길이가 두 배이고 단면적은 세 배이다. 두 도선이 같은 재료로 만들어졌다면 각각의 저항 $R_1$, $R_2$는? (a) $R_1 = R_2$, (b) $R_1 > R_2$, (c) $R_1 < R_2$

옴성 도체의 저항은 길이와 함께 증가하는데, 그것은 전자들이 보다 긴 도체에서 더 많은 충돌이 일어나기 때문이다. 또한 보다 작은 단면적은 도체의 저항을 증가시키는데, 그것은 작은 파이프를 통해 유체가 흐르는 것과 같다. 그런 결과로 저항은 그 물체의 길이 $l$에 비례하고 단면적 $A$에 반비례한다.

$$R = \rho\frac{l}{A} \qquad [17.5]$$

여기서 비례상수 $\rho$를 물질의 **비저항**(resistivity)이라 한다.[1] 모든 물질들은 전자 구조와 온도에 의존하는 고유한 비저항을 갖는다. 좋은 전기 전도체들은 매우 낮은 비저항을 가지고 있고, 좋은 절연체는 매우 높은 비저항을 가지고 있다. 표 17.1은 20℃에서 여러 가지 물질들의 비저항을 나타낸 것이다. 저항의 단위는 옴이므로 비저항의 단위는 Ω·m가 된다.

**표 17.1** 여러 물질에 대한 비저항과 비저항의 온도계수(20℃)

| 물질 | 비저항(Ω·m) | 비저항의 온도계수[(℃)$^{-1}$] |
|---|---|---|
| 은 | $1.59 \times 10^{-8}$ | $3.8 \times 10^{-3}$ |
| 구리 | $1.7 \times 10^{-8}$ | $3.9 \times 10^{-3}$ |
| 금 | $2.44 \times 10^{-8}$ | $3.4 \times 10^{-3}$ |
| 알루미늄 | $2.82 \times 10^{-8}$ | $3.9 \times 10^{-3}$ |
| 텅스텐 | $5.6 \times 10^{-8}$ | $4.5 \times 10^{-3}$ |
| 철 | $10.0 \times 10^{-8}$ | $5.0 \times 10^{-3}$ |
| 백금 | $11 \times 10^{-8}$ | $3.92 \times 10^{-3}$ |
| 납 | $22 \times 10^{-8}$ | $3.9 \times 10^{-3}$ |
| 니크롬[a] | $150 \times 10^{-8}$ | $0.4 \times 10^{-3}$ |
| 탄소 | $3.5 \times 10^{5}$ | $-0.5 \times 10^{-3}$ |
| 저마늄 | 0.46 | $-48 \times 10^{-3}$ |
| 실리콘 | 640 | $-75 \times 10^{-3}$ |
| 유리 | $10^{10}$~$10^{14}$ | |
| 단단한 고무 | $\approx 10^{13}$ | |
| 유황 | $10^{15}$ | |
| 석용(용융) | $75 \times 10^{16}$ | |

a 보통 열선으로 사용되는 니켈-크롬의 합금

[1] 비저항 기호 $\rho$를 이 책의 앞에서 사용한 밀도 기호와 혼동해선 안 된다. 가끔 동일한 기호를 다른 물리량을 나타낼 때 사용하기도 한다.

## 연관된 예제 17.3 니크롬선의 저항

**목표** 옴의 법칙과 비저항의 개념을 연계한다.

**문제** (a) 반지름이 0.321 mm인 22게이지 니크롬선의 단위 길이당 저항을 계산하라. (b) 10.0 V의 전위차가 1.0 m 길이의 니크롬선의 양단에 공급될 때, 니크롬선에 흐르는 전류는 얼마인가? (c) 니크롬선이 녹아서 원래의 길이의 두 배가 되었다면, 새로운 저항 $R_N$이 원래의 저항 $R_O$의 몇 배가 되는가?

**전략** (a)는 단면적을 계산한 후에 식 17.5에 대입하여 구할 수 있다. 한편 (b)는 옴의 법칙에 대입하는 문제이다. 그리고 (c)는 약간의 대수적 계산이 필요하다. 새로운 저항 값을 구하기 위하여 기존의 길이와 단면적으로 새로운 길이 $l_N$과 새로운 단면적 $A_N$을 표현한 후 새로운 저항을 구하는 식에 대입한다. 면적을 구할 때 기존의 도선과 새로운 도선의 부피가 같다는 사실을 이용한다.

**풀이**

(a) 단위 길이당 저항을 계산하라.

도선의 단면적을 구한다.

$$A = \pi r^2 = \pi(0.321 \times 10^{-3}\ \text{m})^2 = 3.24 \times 10^{-7}\ \text{m}^2$$

표 17.1로부터 니크롬선의 비저항을 구하고, 식 17.5에서 $R/l$을 구한 후 대입하여 푼다.

$$\frac{R}{l} = \frac{\rho}{A} = \frac{1.5 \times 10^{-6}\ \Omega \cdot \text{m}}{3.24 \times 10^{-7}\ \text{m}^2} = \boxed{4.6\ \Omega/\text{m}}$$

(b) 만일 10.0 V의 전위차가 길이 1.00 m인 니크롬선의 양단에 걸린다면, 이때 흐르는 전류는 얼마인가?

옴의 법칙에 주어진 값을 대입한다.

$$I = \frac{\Delta V}{R} = \frac{10.0\ \text{V}}{4.6\ \Omega} = \boxed{2.2\ \text{A}}$$

(c) 만약 도선이 녹아서 원래 길이의 두 배가 되었다면 새로운 저항은 원래 저항의 몇 배가 되는가?

새로운 면적 $A_N$, 원래의 저항 면적 $A_O$, 부피는 변화하지 않는다는 사실을 이용한다.

$$V_N = V_O \longrightarrow A_N l_N = A_O l_O \longrightarrow A_N = A_O(l_O/l_N)$$

$$A_N = A_O(l_O/2l_O) = A_O/2$$

식 17.5에 대입한다.

$$R_N = \frac{\rho l_N}{A_N} = \frac{\rho(2l_O)}{(A_O/2)} = 4\frac{\rho l_O}{A_O} = \boxed{4R_O}$$

**주의** 표 17.1에 의하면 니크롬선의 비저항은 대표적으로 좋은 도체인 구리의 약 100배이다. 그러므로 같은 반지름의 구리 도선의 단위 길이당 저항은 0.052 Ω/m이다. 따라서 같은 반지름의 구리 도선 1.00 m는 단지 0.115 V의 전압으로 도선에 같은 양의 전류 2.2 A가 있을 수 있다.

잘 산화되지 않기 때문에 니크롬선은 전기토스터, 다리미, 그리고 전기히터 등의 열선으로 자주 사용되고 있다.

**연습문제 17.3**

반경이 0.321 mm이고, 길이가 6.0 m인 니크롬선의 저항은 얼마인가? 120 V 전원에 연결되었을 때 전류는 얼마인가?

**답** 28 Ω, 4.3 A

PhysicsNow™ **http://physics.brookscole.com/ecp**에서 PhysicsNow를 로그인하고 연관된 예제 17.3으로 가서 다른 물질의 저항에 대해서도 심도 있게 연구해 보라.

## Quick Quiz 17.4

전기 도선이 길이와 반경이 모두 두 배가 되었다고 하자. 즉, 길이와 반경이 그들의 원래 값의 두 배가 되었다면, 도선의 저항은 지금보다 (a) 커진다, (b) 작아진다, (c) 같다.

## 17.6 온도 변화에 의한 전기저항 변화

도체의 비저항이 $\rho$이므로 저항은 여러 요인들에 의하여 결정된다. 가장 중요한 것 중의 하나가 금속의 온도이다. 대부분의 금속에 대한 비저항은 온도 증가와 함께 커진다. 이러한 관계는 다음과 같이 이해할 수 있다. 물질의 온도가 증가함에 따라 구성 원자들은 점점 더 큰 진폭으로 진동한다. 사람들이 가만히 서 있는 곳보다 움직이고 있는 혼잡한 곳을 지나가는 것이 어려운 것처럼, 결과적으로 전자들은 큰 진폭으로 진동하는 원자들을 지나가는 것이 훨씬 어렵다는 것을 알 수 있다. 온도 증가와 함께 증가된 전자들의 산란은 비저항의 증가로 나타난다. 열적 팽창이 또한 저항에 영향을 준다. 그러나 이것은 매우 작은 효과에 불과하다.

Courtesy of Central Scientific Company

탄소 필라멘트로 된 백열전등. 일반적으로 이러한 전등의 저항은 10 Ω이지만, 온도에 따라 변한다.

대부분 금속의 비저항은 한정된 온도 범위에서 다음 표현식에 따라서 온도 증가와 함께 선형적으로 증가한다.

$$\rho = \rho_0[1 + \alpha(T - T_0)] \qquad [17.6]$$

여기서 $\rho$는 어떤 온도 $T$(섭씨온도)에서 비저항이고, $\rho_0$는 기준 온도 $T_0$(보통 20℃)에서 비저항을 나타낸다. $\alpha$는 **비저항의 온도계수**(temperature coefficient of resistivity)라 일컬어지는 상수이다. 여러 금속들에 대한 온도계수는 표 17.1에 제시되어 있다. 반도체에서 나타나는 온도계수 $\alpha$가 음(negative)인 이유는 반도체에 약하게 속박된 전하 운반자가 있어 온도 상승에 따라서 자유롭게 움직여 전류에 기여하기 때문이다.

일정한 단면적을 가진 도체의 저항은 식 17.5($R = \rho l/A$)에 따라 비저항에 비례하기 때문에 저항의 온도 변화는 다음과 같이 쓸 수 있다.

$$R = R_0[1 + \alpha(T - T_0)] \qquad [17.7]$$

다음 예제에서 볼 수 있는 것처럼, 종종 정밀한 온도 측정이 이러한 성질을 이용하여 이루어진다.

### 예제 17.4 백금저항 온도계

**목표** 온도 변화에 따른 저항 변화를 응용한다.

**문제** 도체의 저항 변화를 측정하여 온도를 재는 저항 온도계는 백금으로 만들어졌으며, 20.0℃에서 50.0 Ω의 저항을 갖는다. (a) 이 장치를 인듐이 녹아 있는 용기에 담갔을 때 저항이 76.8 Ω으로 증가한다. 이 정보로부터 인듐의 녹는점을 구하라. (b) 인듐이 235℃의 온도에 도달할 때까지 더 가열하였다. 백금에서의 새로운 전류 $I$와 녹는점에서 전류 $I_{mp}$의 비율을 구하라.

**전략** (a)에서 $T - T_0$에 대해서는 식 17.7을 이용해서 풀고, 표 17.1에서 백금의 $\alpha$값을 이용하라. (b)에서는 식 17.7에 옴의 법칙을 이용한다.

**풀이**

(a) 인듐의 녹는점을 구하라.

$T - T_0$에 대해서 식 17.7을 이용한다.

$$T - T_0 = \frac{R - R_0}{\alpha R_0} = \frac{76.8\ \Omega - 50.0\ \Omega}{[3.92 \times 10^{-3}(℃)^{-1}][50.0\ \Omega]}$$
$$= 137℃$$

$T_0$에 20.0℃를 대입하고 인듐의 녹는점을 구한다.

$$T_{mp} = 157℃$$

(b) 온도가 157℃에서 235℃로 상승하였을 때 원래의 전류에 대한 새로운 전류의 비를 구하라.

$R_0$와 $T_0$를 각각 $R_{mp}$와 $T_{mp}$로 대입하고 식 17.7을 이용한다.

$$R = R_{mp}[1 + \alpha(T - T_{mp})]$$

옴의 법칙에 따라 $R = \Delta V/I$와 $R_{mp} = \Delta V/I_{mp}$를 식 17.7에 대입한다.

$$\frac{\Delta V}{I} = \frac{\Delta V}{I_{mp}}[1 + \alpha(T - T_{mp})]$$

양변에 $\Delta V$를 소거하고 역수를 취해 $I_{mp}$로 나눈다.

$$\frac{I}{I_{mp}} = \frac{1}{1 + \alpha(T - T_{mp})}$$

$T = 235℃$, $T_{mp} = 157℃$, 그리고 $\alpha$에 대한 값을 각각 대입하고 $I/I_{mp}$를 구한다.

$$\frac{I}{I_{mp}} = \boxed{0.766}$$

**연습문제 17.4**

20.0℃의 온도에서 알려지지 않는 합금으로 이루어진 도선에 0.450 A의 전류가 있다고 가정하자. 52.0℃에서 전류는 같은 전위차에 대하여 0.370 A이다. 합금의 비저항의 온도계수를 찾아라.

**답** $6.76 \times 10^{-3}$ (℃)$^{-1}$

## 17.7 초전도체

**초전도체**(superconductor)란 **임계온도**라 불리는 어떤 온도 $T_c$보다 낮은 온도에서 저항이 0으로 떨어지는 금속 또는 화합물을 말한다. 초전도체의 저항-온도 그래프를 보면 $T_c$보다 높은 온도에서는 보통 금속과 같다(그림 17.8). 그러나 온도가 $T_c$ 또는 그 이하일 때는 저항이 갑자기 0으로 떨어진다. 이 현상은 1911년 4.1 K 아래 온도에서 초전도체인 수은으로 실험하던 네덜란드 물리학자 카메린 오네스(H. Kamerlingh Onnes)와 대학원생에 의해 처음으로 발견되었다. 최근의 측정에 의하면 $T_c$ 아래에서 초전도체의 비저항이 $4 \times 10^{-25}$ Ω·m보다 작았다. 이는 구리의 비저항보다 $10^{17}$배 작으며, 실질적으로 0이라고 할 수 있다.

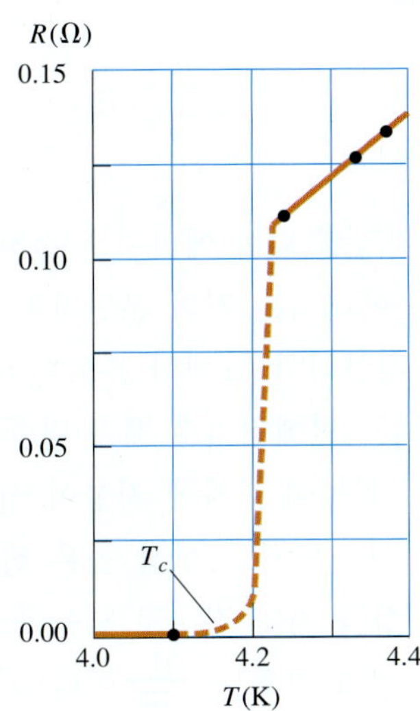


**그림 17.8** 수은에 대한 저항–온도 그래프는 임계온도 $T_c$ 위에서는 보통 금속과 같다. 임계온도가 4.1 K인 수은은 이 온도에서 저항이 0이 되고 그보다 낮은 온도에서도 저항이 0으로 유지된다.

**표 7.2** 여러 가지 초전도체의 임계온도

| 물질 | $T_c$ (K) |
|---|---|
| Zn | 0.88 |
| Al | 1.19 |
| Sn | 3.72 |
| Hg | 4.15 |
| Pb | 7.18 |
| Nb | 9.46 |
| $Nb_3Sn$ | 18.05 |
| $Nb_3Ge$ | 23.2 |
| $YBa_2Cu_3O_7$ | 92 |
| Bi–Sr–Ca–Cu–O | 105 |
| Tl–Ba–Ca–Cu–O | 125 |
| $HgBa_2Ca_2Cu_3O_8$ | 134 |

**그림 17.9** 작은 영구자석이 액체질소에 의해 77 K로 냉각된 $YBa_2Cu_3O_7$ 초전도체인 세라믹 원반 위에 자유롭게 떠 있다. 이 초전도체는 92 K보다 낮은 온도에서는 저항이 0이 되고 자기장을 배척한다.

오늘날 알루미늄, 주석, 납, 아연, 그리고 인듐과 같은 금속을 비롯하여 수천 종류의 초전도체들이 알려져 있다. 표 17.2에 여러 가지 초전도체들의 임계온도를 나타내었다. $T_c$의 값은 화학적 조성, 압력, 그리고 결정구조에 민감하다. 그리고 흥미로운 것은 좋은 도체인 구리, 은, 그리고 금은 초전도성을 나타내지 않는다는 것이다.

초전도체의 주목할 만한 특징 한 가지는 전류가 흐르면 전압을 가하지 않아도 전류가 지속적으로 유지된다는 것이다($R = 0$이기 때문). 실제로 초전도체로 된 고리 내의 정상 전류가 눈에 띄는 감쇄 없이 수년 동안 유지된다는 사실이 관측되었다.

산화구리를 기초로 한 고온 초전도체의 발견은 과학계에 큰 반향을 일으킨 물리학의 쾌거였다. 그 반향의 시작은 스위스 IBM 취리히 연구소에 근무하는 과학자 베드노르츠(J. Georg Bednorz)와 뮐러(K. Alex Müller)가 1986년 논문을 발표하면서 시작되었다. 그들은 그 논문을 통해 산화바륨, 산화란탄, 그리고 산화구리의 화합물이 30 K 근처의 온도에서 초전도성을 보이는 증거를 보였으며 이 중요한 발견으로 1987년 노벨 물리학상을 받았다. 이 발견은 이전에 알려진 초전도체보다 임계온도가 훨씬 높다는 점 때문에 주목할 만한 것이었다. 1987년 초에 미국의 헌트스빌(Huntsville)에 있는 앨라바마 대학과 휴스톤 대학은 이트륨, 바륨, 그리고 구리의 산화물($YBa_2Cu_3O_7$)이 그림 17.9에서처럼 약 92 K에서 초전도성을 보인다고 보고하였다. 1987년 후반에 일본과 미국의 과학자들은 비스무트, 스트론튬, 칼슘, 그리고 구리의 산화물이 105 K에서 초전도성을 보인다고 보고하였다. 좀더 최근에 과학자들은 수은을 함유한 산화물이 150 K 정도의 높은 온도에서 초전도성을 갖는다는 것을 보고하였다. 언젠가 상온 초전도체를 발견하리라는 희망으로 새로운 초전도체를 찾는 일이 계속되고 있다. 실용적인 면과 학문적인 면에서 새로운 초전도체를 찾기 위한 연구가 중요하다.

초전도 자석은 실용적으로도 중요한데 이것의 자기장은 가장 좋은 일반 전자석 보다 10배 정도 세다. 이러한 초전도 자석은 에너지의 저장 수단으로 고려되고 있다. 또한 전력을 효과적으로 전송하기 위해 초전도 전력선을 사용하려는 아이디어도 주목을 받고 있다. 얇은 절연체를 사이에 두고 두 개의 얇은 초전도 박막으로 구성된 첨단 초전도 전자소자가 만들어지고 있으며, 이 소자들이 자기장 측정 장치와 여러 가지 마이크로파 장비에 사용되고 있다.

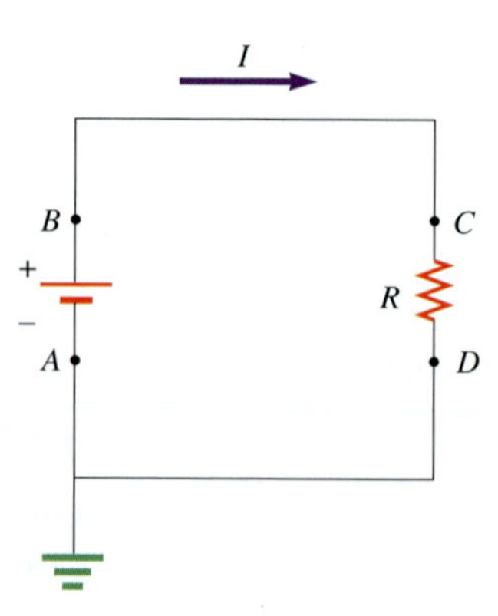


**활용그림 17.10**
전지와 저항 $R$로 구성된 회로. 양전하는 전지의 +단자에서 −단자로 시계 방향으로 이동한다. 점 $A$는 접지되어 있다.

**Physics Now™**
**http://physics.brookscole.com/ecp**에서 PhysicsNow를 로그인하고 활용그림 17.10으로 들어가면 전지의 전압과 저항값을 바꾸면서 회로의 전류와 저항에서 열로 손실되는 전력이 어떻게 변하는지 살펴볼 수 있다.

## 17.8 전기 에너지와 전력

만약 전지로 도체에 전류를 생성시키면, 전지에 저장된 화학 에너지는 전하 운반자들의 운동 에너지로 연속적으로 변환된다. 이 운동 에너지는 전하 운반자들과 도체 내에 고정된 원자들 사이의 충돌로 인하여 빠르게 손실되며, 도체의 온도를 증가시키는 원인이 된다. 그러므로 전지에 저장된 화학 에너지는 열에너지로 계속 변환된다.

간단한 회로에서 에너지 변환 과정을 이해하기 위하여 단자에 저항이 연결되어 있는 전지를 고려해 보자(활용그림 17.10에서 전지의 +단자는 항상 높은 전위임을 기억하자). 이제 회로를 따라 점 $A$로부터 전지와 저항을 지나 점 $A$로 되돌아오는 양(+) 전하량 $\Delta Q$를 생각하자. 점 $A$는 접지되어 있으며(접지 기호는 ⏚ 이다) 기준점이고,

그 전위는 0으로 잡는다. 전지를 통하여 전하가 $A$로부터 $B$로 움직일 때 전기적 위치 에너지는 $\Delta Q \Delta V$만큼 증가하고 전지의 화학 에너지는 같은 양만큼 감소한다(16장에서 $\Delta PE = q\Delta V$임을 상기하자). 그러나 전하들이 저항을 통하여 $C$에서 $D$로 이동할 때 저항 내의 원자들과 충돌하는 동안에 이 전기적 위치 에너지를 잃게 된다. 이러한 과정에서 에너지는 내부에너지로 전환되어 원자들의 진동 운동이 증가하게 된다. $BC$와 $DA$ 경로의 연결선의 저항은 무시할 수 있으므로 이 경로에서는 에너지 손실이 일어나지 않는다. 전하가 점 $A$로 되돌아 왔을 때의 결과는 전지의 화학 에너지가 저항으로 전달되고 온도 증가를 일으킬 것이다.

전하 $\Delta Q$가 저항을 통해 지나감으로써 $\Delta Q \Delta V$의 에너지가 손실된다. 만일 전하가 저항을 통과하는 데 걸리는 시간을 $\Delta t$라고 한다면, 전기적 위치 에너지의 손실률은 다음과 같다.

$$\frac{\Delta Q}{\Delta t}\Delta V = I\Delta V$$

여기서 $I$는 저항에서 전류이고, $\Delta V$는 저항 양단의 전위차이다. 물론 전하는 전지를 통과할 때 전지의 화학적 에너지를 사용하여 이 에너지를 다시 얻는다. 전하가 저항을 통과할 때 전기적 위치 에너지 손실률은 저항이 내부에너지를 얻는 비율과 같다. 그러므로 전하 $\Delta Q$가 저항에 전달한 에너지 비율인 전력 $\mathcal{P}$는 다음과 같이 나타낸다.

$$\mathcal{P} = I\Delta V \qquad [17.8]$$

◀ 전력

이 결과는 저항에 에너지를 전달하는 전지를 고려하여 얻은 것이지만, 식 17.8은 전류가 $I$이고 양단의 전위차가 $\Delta V$인 어떤 장치에 전원으로부터 공급되는 전력을 결정하는 데 사용할 수 있다.

**☑ Checkpoint 17.3**

전원 전압이 두 배로 되면 저항에 공급되는 전력을 몇 배로 늘어나는가?

식 17.8과 저항에 대하여 $\Delta V = IR$이라는 사실을 이용하여 저항에 공급된 전력을 다른 형태로 표현할 수 있다.

$$\mathcal{P} = I^2R = \frac{\Delta V^2}{R} \qquad [17.9]$$

◀ 저항에 공급된 전력

여기서 $I$는 암페어(A), $\Delta V$는 볼트(V), $R$은 옴(Ω) 단위를 사용할 경우 전력의 국제단위는 (5장에서 도입한) 와트(W)이다. 저항 $R$에 공급된 전력을 때로는 **$I^2R$ 손실**이라고 한다.

가정에서 전기 에너지는 어떤 방법으로 사용하든 전기 에너지의 값을 지불해야 한다. 그렇지 않으면 전력 공급이 단절될 위기에 놓인다. 전기회사가 전력 소비를 계산할 때 사용하는 에너지의 단위는 **킬로와트-시**(kWh)이며, 전력과 전력이 공급된 시간 단위로 정의된다. 1 kWh는 1 kW의 일정한 비율로 한 시간 동안 변환되거나 소비된 에너지이다. 이 값은 다음과 같다.

$$1\ \text{kWh} = (10^3\ \text{W})(3\ 600\ \text{s}) = 3.60 \times 10^6\ \text{J} \qquad [17.10]$$

전기요금 청구서에 적힌 주어진 기간 동안 사용한 전기의 양은 보통 kWh 단위로 표시되어 있다.

**TIP 17.3 전류에 대한 잘못된 개념**

전류가 저항에서 소모되는 것이 아니다. 전하가 전원으로부터 받은 에너지를 저항에 전달하여 저항이 뜨거워지면서 열을 내는 것이다. 또한 전류, 즉 전하의 흐름이 저항을 통과하면서 느려지는 것이 아니다. 전류는 저항을 통과해도 변하지 않는다.

## 응용물리 17.1 전구 필라멘트의 끊어짐

종종 전구를 켜기 위해 스위치를 켜는 순간 전구의 필라멘트가 끊어지는 이유는 무엇인가?

**설명** 스위치를 닫으면 전구에 전압이 공급된다. 전구를 처음 켰을 때 전압은 차가운 필라멘트를 통해 공급되는데, 차가운 필라멘트의 저항은 작고 전류는 높아서 상대적으로 커다란 전력이 전구에 전달된다. 이 큰 전류가 처음 전구의 스위치를 켤 때 필라멘트를 끊어지게 한다. 필라멘트가 따뜻해지면 저항은 증가하고 전류는 감소한다. 결과적으로 전구에 전달되는 전력은 감소하고 따라서 전구의 필라멘트가 끊어질 확률이 줄어든다.

### Quick Quiz 17.5

전압 $\Delta V$가 단면적이 $A$이고, 길이가 $L$인 니크롬 히터 선의 양단을 통해 공급되고 있다. 같은 전압 $\Delta V$가 단면적이 $A$이고, 길이가 $2L$인 두 번째 히터 선의 양단을 통해 공급되었다. 어느 도선이 더 뜨거울까? (a) 짧은 도선, (b) 긴 도선, (c) 더 많은 정보가 필요하다.

### Quick Quiz 17.6

두 개의 저항 A와 B, 그리고 전지가 모두 직렬로 연결되어 있다. A의 저항은 B의 두 배이다. 어느 저항이 더 많은 전력을 소모하는가? (a) 저항 A, (b) 저항 B, (c) 더 많은 정보가 필요하다.

## 예제 17.5 전기히터에 의하여 변환된 전력

**목표** 전력을 계산해 보고, 열역학 제1법칙을 통하여 환경에 대한 효과를 연관시켜 본다.

**문제** 저항이 8.00 Ω인 니크롬선 전열기에 50.0 V의 전위차를 공급하였다. (a) 전류를 구하고 전열기의 전력용량을 구하라. (b) 이 전열기를 사용하여 이원자 기체(즉, 산소와 질소의 혼합 기체–공기) $2.50 \times 10^3$ mole을 쌀쌀한 10℃에서 25℃까지 가열시키는 데 얼마나 오래 걸리겠는가? 공기의 정적 몰비열은 $\frac{5}{2}R$로 한다.

**전략** (a)는 옴의 법칙으로 전류를 계산하고, 전력에 대한 식에 대입한다. (b)는 등적 과정이므로 전열기에 의해 공급된 열에너지가 모두 내부에너지 변화 $\Delta U$로 변환된다. 열역학의 제1법칙을 사용하여 이 양을 계산하고 시간을 구하기 위해 전력으로 나눈다.

**풀이**

(a) 전류와 전력을 계산하라.

전류를 얻기 위해 옴의 법칙을 사용한다.

$$I = \frac{\Delta V}{R} = \frac{50.0\text{ V}}{8.00\ \Omega} = \boxed{6.25\text{ A}}$$

전력을 구하기 위해 식 17.9에 대입한다.

$$\mathcal{P} = I^2R = (6.25\text{ A})^2(8.00\ \Omega) = \boxed{313\text{ W}}$$

(b) 기체를 가열시키는 데 얼마나 오래 걸리겠는가?

열역학 제1법칙으로부터 공급된 열에너지를 계산한다. 부피가 변하지 않기 때문에 $W = 0$임을 주의하라.

$$\begin{aligned} Q &= \Delta U = nC_v\Delta T \\ &= (2.50\times10^3\text{ mol})\left(\tfrac{5}{2}\cdot 8.31\text{ J/mol}\cdot\text{K}\right)(298\text{ K} - 283\text{ K}) \\ &= 7.79\times10^5\text{ J} \end{aligned}$$

시간을 구하기 위하여 전력으로 열에너지를 나눈다.

$$t = \frac{Q}{\mathcal{P}} = \frac{7.79\times10^5\text{ J}}{313\text{ W}} = \boxed{2.49\times10^3\text{ s}}$$

**주의** 여기서 주어진 기체의 몰수는 근사적으로 실내 공기량 정도이다. 위의 전열기로 이 정도의 공기를 따뜻하게 하려면 약 40분이 필요하다. 그러나 계산은 열전도 손실을 고려하지 않았다. 11장에서 계산해 본 것처럼 20 cm 두께의 콘크리트 벽은 전도에 의하여 한 시간 동안 2 MJ(megajoules)의 열손실을 일으킨다는 것을 기억하라.

**연습문제 17.5**

$4.50 \times 10^3$ W 전력 용량의 온수용 전열기에 $2.40 \times 10^2$ V의 전압이 공급되고 있다. (a) 전열기의 저항과 전류를 구하라. (b) 125 L의 물을 20℃에서 50℃로 가열하는 데 걸리는 시간을 구하라. 전도와 다른 손실은 무시하라.

**답** (a) 12.8 Ω, 18.8 A (b) $3.49 \times 10^3$ s

## 17.9 심장의 전기적 활동

### 심전도

몸의 근육과 관계된 모든 움직임은 전기적 활동에 의해 일어난다. 의사들은 심장근육의 움직임에 의해 발생된 전압을 중요하게 생각한다. 전압 펄스는 심장박동을 일으키며 심장박동에 따라 심장을 휩쓸고 지나가는 전기적 자극의 파동이 체액을 통하여 몸 전체로 퍼져나간다. 전압펄스는 피부에 부착된 탐지 장비로 감지할 만큼 크다. 좋은 전기적 접촉을 위해 전도성 점착제로 전극을 피부에 설치하고 정밀한 전압계를 사용하면 몸의 표면에 발생하는 대략 1 mV의 심장박동을 측정할 수 있다. 전압펄스는 **심전도계**(electrocardiograph)라고 불리는 장치로 기록할 수 있으며 이 장치로 기록된 모양을 **심전도**(electrocardiogram, EKG)라 한다. 심전도에 포함된 정보를 이해하기 위해서 먼저 심장의 전기적 활동에 대한 기본 원리를 기술할 필요가 있다.

심장의 우심방은 심장박동을 시작하는(그림 17.11) 동방(SA)결절이라고 부르는 특별한 근육섬유로 구성되어 있다. 이 섬유에서 일어난 전기적 펄스는 세포에서 세포로 퍼져 나가면서 좌 · 우심방 근육을 수축하게 한다. 심장근육세포를 통과하는 펄스를 각 세포에 미치는 영향 때문에 **편극소거파**라 한다. 만일 각 근육세포가 휴식상태에 있다면 그림 17.12a에 나타낸 것처럼 세포 표면에 전하가 분포하게 된다. 반면 동방결절의 운동에 의해 발생된 펄스는 순간적으로 세포 밖의 +전하를 세포 안으로 흐르게 하여 −전하와 상쇄되도록 한다. 이런 효과로 그림 17.12b처럼 세포의 전하분포가 바뀌게 된다. 편극소거파가 심장근육세포를 통과하면 심장근육세포는 250 ms 이내에 그림 17.12a와 같이 다시 휴식상태의 전하 분포(외부 +, 내부 −)를 하게 된다. 펄스

**APPLICATION**

심전도

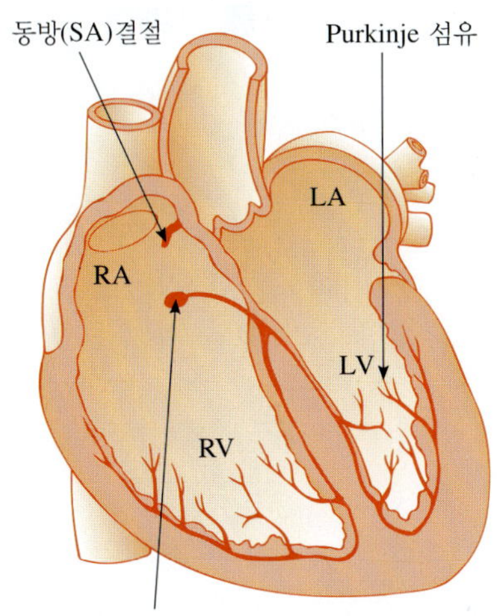


**그림 17.11** 인간 심장의 전기 전도 계통. (RA: 우심방, LA: 좌심방, RV: 우심실, LV: 좌심실)

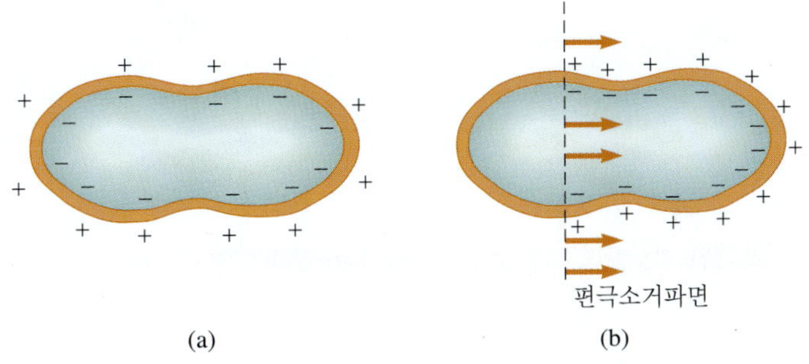


**그림 17.12** (a) 편극소거파가 세포를 통과하기 전 심방근세포의 전하분포. (b) 편극소거파가 통과할 때의 전하분포.

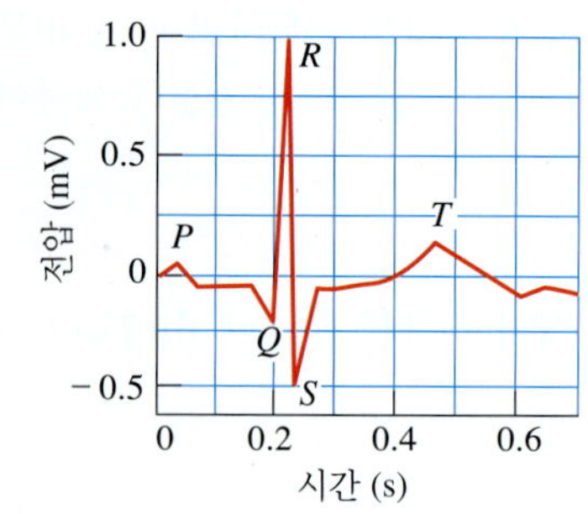

그림 17.13 정상 심장의 심전도.

가 방실(AV)결절(그림 17.11)에 도달하면 심방근육은 이환되기 시작하고 펄스는 방실결절에 의해 심실 쪽으로 향하게 된다. 편극소거파가 **Purkinje 섬유**라 불리는 섬유다발을 따라 심실을 통해 퍼져나가면 심실 근육이 수축하게 된다. 심실은 펄스가 지나가면 다시 이완된다. 이 시점에 동방결절에서 다시 펄스가 발생하고 순환이 반복된다.

그림 17.13은 심전도 기록으로 본 정상적인 심장의 전기적 활동 그림을 나타낸 것이다. *P*로 표시된 펄스는 심방이 수축하기 직전에 일어난 것이다. *QRS* 펄스는 심실이 수축하기 직전에 일어난 것이고 *T*로 표시된 펄스는 심실 내 세포가 회복되기 시작할 때 일어난 것이다. 비정상적인 심전도를 그림 17.14에 나타냈다. 그림 17.14a의 *QRS* 부분은 정상의 경우보다 넓고, 이것은 환자의 심장이 커졌다는 것을 의미한다. 그림 17.14b에서는 *P* 펄스와 *QRS* 펄스 사이에 일정한 상관관계가 없음을 알 수 있다. 이것은 SA와 AV 결절 사이의 전기적 전도 경로가 막혀 있다는 것을 의미하고, 이런 결과로 심방과 심실이 독립적으로 뛰게 되어 심장의 펌프질이 효과적이지 못하게 된다. 한편, 그림 17.14c는 *P* 펄스가 없고 *QRS* 펄스들 사이의 간격이 불규칙한 경우로, **심방세동**(fibrillation)이라고 하는 불규칙한 심방 수축 증상이며, 이런 조건에서 심방과 심실은 불규칙적으로 수축한다.

**APPLICATION**

심장박동 조절기

앞에서 기술한 것처럼 동방결절은 보통 1분에 약 72번의 적절한 비율로 심장을 뛰게 한다. 그러나 병 또는 노화로 심장이 손상을 입거나 박동이 느려질 수 있다. 그러면 심장에 심장박동 조절기의 부착과 같은 의학적 도움이 필요하게 된다. 피부 밑에 이식하는 이 성냥갑 크기의 전기장치는 우심방 벽과 전극으로 연결되어 있다. 이 장치에서 나온 펄스는 심장이 적절한 박동을 유지하도록 자극한다. 일반적으로 심장박동 조절기는 1분에 60번의 비율로 정상적인 박동보다는 조금 느리지만 생명을 유지하기에는 충분한 펄스를 내도록 설계되어 있다. 이 장치의 회로는 기본적으로 리튬 전지로부터 일정 전압으로 충전된 다음 방전되는 축전기로 구성되어 있으며, 심장이 정상적으로 박동하면 축전기가 작동하지 않거나 심장으로 펄스를 보내지 않도록 설계되어 있다.

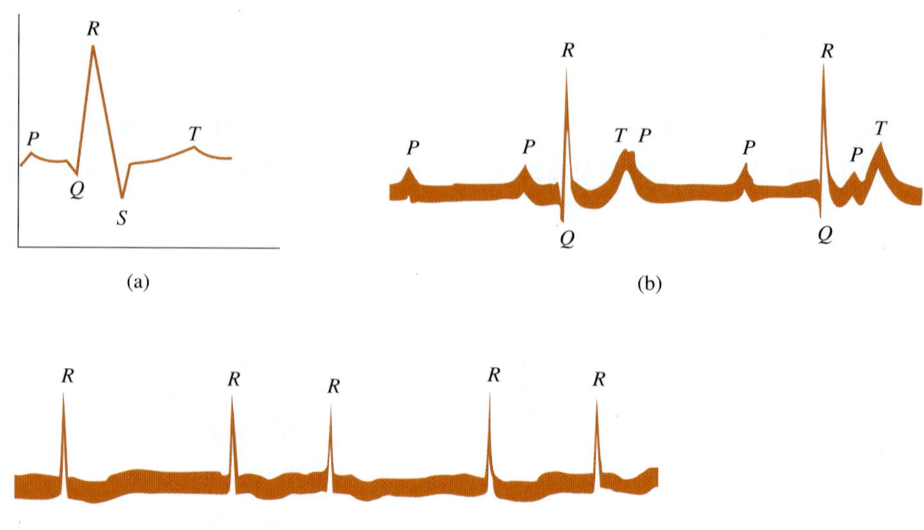

그림 17.14 비정상 EKG.

**APPLICATION**

이식형 심근 세동제거기

## 가슴 속의 응급실

2001년 6월에 시행된 미국 부통령 딕 체니(Dick Cheney)의 수술은 이식된 작은 전기장치로 심장의 문제점을 치료하는 과정에 초점을 맞추었다. 체니의 주치의가 '당신 가슴 속의 응급실'이라고 표현한 **ICD**(Implanted Cardioverter Defibrillators, 이식형 심근 세동제거기)라고 하는 장치는 심장의 전기적 활동 신호를 관찰하고, 기록하고, 논리적으로 처리하여 심장박동이 너무 느리거나 너무 빠르거나 혹은 불규칙하면 이를 교정하는 신호를 심장에 보낸다. ICD는 또한 심방과 심실에 각기 독립적으로 신호를 보내고 감시까지도 할 수 있다. 그림 17.15a는 ICD와 심장 안에 이식된 ICD의 도선을 나타낸 개략도이다. 그림 17.15b는 티타늄으로 밀봉한 이중방실(dual-chamber) ICD의 모습이다.

최신 ICD는 심방과 심실을 개별적으로 관찰하고, 주치의가 나중에 분석할 수 있도록 일정 기간 동안 심장의 활동 신호를 기록하고, 환자의 활동에 맞게 분당 펄스를 자동 조정하는 것과 같은 많은 기능이 있는 정교한 장치이다. 또한 이 장치는 잠재적으로 치명적 조건인 심실세동을 멈추기 위해 약 800 V의 펄스와 같이 필요에 따라 다른 크기의 전압을 공급할 수 있다(이런 높은 전압의 충격을 환자는 가슴 속을 발로 차이는 것으로 느낀다).

ICD는 리튬 전지로 작동하고 이식 수명이 4~6년 정도이다. 심근 세동제거 역할을 하는 작은 전기장치를 제작하는데 있어 중요한 요소는 상대적으로 큰 정전용량(125 $\mu$f)을 가지며 물리적인 크기가 작은 축전기의 개발이다.

이중방실 ICD

심근 세동 제거와
관찰을 위한 도선을
확대한 그림

(a)

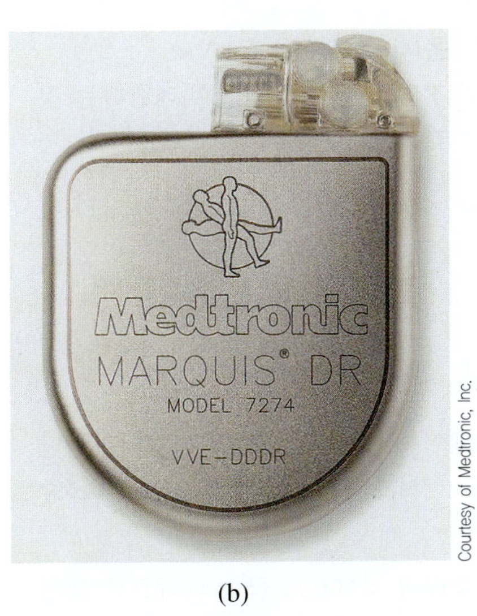


Courtesy of Medtronic, Inc.

(b)

**그림 17.15** (a) 심장과 도선으로 연결된 이중방실 ICD. 한 도선은 오른쪽 심방을 관찰, 자극하기 위한 것이고, 다른 하나는 우심실을 관찰, 자극하기 위한 것이다. (b) Medtronic 사의 이중방실 ICD.

## 요약

**Physics Now™** **http://physics.brookscole.com/ecp**에서 PhysicsNow를 로그인하고 이 장에 대한 Pre-Test link를 클릭하여 연습문제 시험을 보라.

### 17.1 전류

도체에서 **전류** $I$는 다음과 같이 정의한다.

$$I \equiv \frac{\Delta Q}{\Delta t} \qquad [17.1]$$

여기서 $\Delta Q$는 $\Delta t$ 시간 동안에 도체의 단면을 통하여 지나가는 전하량이다. 전류의 국제단위는 **암페어**(A)이다; 1 A = 1 C/s. 관습적으로 전류의 방향은 양전하의 흐름의 방향으로 정한다.

### 17.2 전류와 유동 속력: 미시적 관점

도체의 전류는 전하 운반자의 운동과 관련이 있다. 즉,

$$I = nqv_dA \qquad [17.2]$$

이고, 여기서 $n$은 단위 부피당 전하 운반자의 수, $q$는 각 운반자의 전하량이다. $v_d$는 전하의 유동 속력, 그리고 $A$는 도체의 단면적이다.

### 17.4 전기저항과 옴의 법칙

도체의 **저항** $R$은 도체의 양단에 걸린 전위차와 전류의 비로 정의한다.

$$R \equiv \frac{\Delta V}{I} \qquad [17.3]$$

저항의 국제단위는 V/A 또는 **옴**(Ω)이다; 1 Ω = 1 V/A.

**옴의 법칙**이란 도체에 걸린 전압이 전류에 직접 비례한다는 것을 말한다. 비례상수가 저항이다.

$$\Delta V = IR \qquad [17.4]$$

### 17.5 비저항

도체의 길이가 $l$이고, 단면적이 $A$라면 저항은 다음과 같다.

$$R = \rho\frac{l}{A} \qquad [17.5]$$

여기서 $\rho$는 **전기적 비저항**이고, 전도성 물질의 고유값이다. 비저항의 국제단위는 **옴-미터**(Ω·m)이다.

### 17.6 온도 변화에 의한 전기저항 변화

도체의 비저항은 일정한 온도 범위에서 다음과 같은 관계식을 따라 변화한다.

$$\rho = \rho_0[1 + \alpha(T - T_0)] \qquad [17.6]$$

여기서 $\alpha$는 **비저항의 온도계수**, $\rho_0$는 기준 온도 $T_0$(보통 20℃)에서의 비저항이다.

도체의 저항은 온도 변화에 따라 다음과 같은 관계식에 따라 변한다.

$$R = R_0[1 + \alpha(T - T_0)] \qquad [17.7]$$

### 17.8 전기 에너지와 전력

만일 전위차 $\Delta V$가 전기 장치의 양단에 걸려 있다면, 그 장치에 공급되는 전력 또는 에너지가 공급되는 비율은 다음과 같다.

$$\mathcal{P} = I\,\Delta V \qquad [17.8]$$

저항에 걸리는 전위차가 $\Delta V = IR$이므로 **저항에 공급되는 전력**은 다음과 같다.

$$\mathcal{P} = I^2R = \frac{\Delta V^2}{R} \qquad [17.9]$$

1 kWh는 어떤 전기 장치에 1 kW의 전력을 공급하여 전기 장치가 1시간 동안 소모하거나 변환시킨 에너지이고 다음과 같은 의미이다.

$$1\ \text{kWh} = (10^3\ \text{W})(3\,600\ \text{s}) = 3.60 \times 10^6\ \text{J} \qquad [17.10]$$

## 개념 파악을 위한 질문

**1.** 자동차 배터리는 종종 암페어-시간으로 용량을 타낸다. 이 단위가 배터리로부터 나오는 전류, 전력, 에너지, 또는 전하 중 어떤 양을 뜻하는 것인가?

**3.** 금속의 자유전자들이 왜 중력의 영향으로 금속 바닥으로 떨어지지 않는가? 그리고 도체 내의 전하는 도체 표면에 분포한다고 하는데 자유전자는 왜 도체 표면으로 이동하지 않는가?

**5.** 가끔 신문기사의 문장에 "10 000 V의 전기가 희생자의 몸을 통하여 갑자기 흘렀다."는 표현을 볼 수 있다. 이 문장의 잘못된 부분은 무엇인가?

**7.** 어떤 도체에 걸린 전압이 두 배가 되었을 때 전류는 세 배가 되었다. 이 도체에 대해 어떤 결론을 내릴 수 있는가?

**9.** 도체의 저항에 영향을 주는 것은 무엇인가?

**11.** 둥근 단면을 가진 동일한 금속의 두 도선 A와 B의 길이가 같다. A 도선의 저항이 B 도선의 저항보다 세 배가 크다면, 두 전선의 단면적의 비는 얼마인가? 반지름의 비는 얼마인가?

## 문제

1, 2, 3 = 기본문제, 발전문제, 심화문제

□ = 학생 문제풀이 매뉴얼/학습 가이드 속에 전체 문제풀이가 있다.

Physics Now™ **http://physics.brookscole.com/ecp**에서 힌트를 받을 수 있는 문제

= 생물의학 문제

### 17.1 전류

### 17.2 전류와 유동 속력 : 미시적 관점

**1.** 금속 도선에 80.0 mA의 전류가 있을 때 10.0분 동안 이 도선의 단면을 통해 지나가는 전자의 수는 얼마인가? 전류의 방향과 전하의 운동 방향을 그려 보아라.

**3.** 10.0 Ω의 저항에 1.00 V의 전위차가 20.0 s 동안 유지되었다. 이 시간 동안에 저항을 통과한 총 전하는 얼마인가?

**5.** 보어의 수소 원자 모형에서 가장 낮은 에너지 상태에 있는 전자는 $5.29 \times 10^{-11}$ m의 반경으로 원형 궤도를 따라 $2.19 \times 10^{6}$ m/s의 속력으로 움직인다. 이 궤도 전자에 의한 유효 전류는 얼마인가?

**7.** 지름이 2.0 cm이고 길이가 200 km인 고압 송전선이 1 000 A의 직류를 보내고 있다. 만약 이 도체가 입방 미터당 $8.5 \times 10^{28}$개의 자유전하 밀도를 갖는 구리라면, 전자 한 개가 송전선을 통과하는 데 몇 년이나 걸리겠는가?

**9.** 만일 도체의 전류가 두 배로 된다면 (a) 전하 운반자 밀도와 (b) 전자의 유동 속력은 얼마로 되는가?

### 17.4 전기저항과 옴의 법칙

### 17.5 비저항

**11.** 사람은 엄지에서 검지로 통하는 전류가 80 μA를 넘으면 약한 충격을 느낀다. 건조한 피부 저항이 $4.0 \times 10^{5}$ Ω이고 젖은 피부 저항이 2 000 Ω일 때 충격 없이 엄지와 검지 사이에 걸 수 있는 가능한 최대 전압을 비교해 보라.

**13.** 작은 전구 안의 텅스텐 필라멘트 저항이 0.050 Ω이고 길이가 2.0 cm일 때 이 텅스텐 필라멘트의 직경을 계산하라.

**15.** 0.40 cm의 일정한 반지름에 길이 3.2 m인 도선의 전류가 0.40 A일 때 도선에 걸린 전위차가 12 V이라고 한다. (a) 도선의 저항은 얼마인가? (b) 도선의 비저항은 얼마인가?

**17.** 길이가 50.0 m이고, 지름이 2.00 mm인 도선을 9.11 V의 전위차를 갖는 전원에 연결하였더니 전류가 36.0 A이다. 전선의 온도가 20℃라고 가정하고 표 17.1을 이용하여 전선을 어떤 금속으로 만들었는지 확인하라.

**19.** 길이와 반지름이 각각 $L_0$이고 $r_0$인 도선의 저항이 1.0 Ω이었다. 이도선이 장력을 받아 늘어나서 반지름이 $r = 0.25r_0$로 일정하게 되었을 때 이 도선의 저항은 얼마인가?

### 17.6 온도 변화에 의한 전기저항 변화

**21.** 기온이 58℃인 어느 날 죽음의 계곡에서 사진을 찍는 동안 빌 하이커(Bill Hiker)는 구리 도선에 어떤 전압이 가해지면 1.000 A의 전류가 만들어진다는 것을 발견하였다. 그리고 빌이 남극 대륙을 여행할 때 같은 구리 도선에 같은 전압을 가해주었다. 만일 그 곳의 온도가 −88.0℃라면 그 구리 도선의 전류는 얼마인가? 단, 도선의 크기와 모양이 변하지 않는다고 가정한다.

**23.** 20℃에서 200 Ω의 저항을 가진 탄소 저항이 한 전기회로에서 5.0 V의 전지에 연결되어 있다. 이 탄소 저항의 온도가 80℃로 증가할 때 회로의 전류는 얼마인가?

**25.** Physics Now™ (a) 길이가 34.5 m이고, 반경이 0.25 mm인 구리 도선이 20.0℃에 있다. 만일 9.0 V의 전위차를 도선에 가하면 도선의 전류는 얼마가 되는가? (b) 9.0 V의 전위차가 유지되는 동안 도선을 30.0℃로 가열한다면 도선의 전류는 얼마가 되는가?

**27.** 안쪽 지름이 1.00 mm인 고무 모세관 튜브에 20℃의 수은이 채워져 있는 용적측정기(Plethysmograph; 부피를 측정하는 장치)가 있다. 수은의 저항은 튜브 양쪽 끝에 봉입된 전극으로 측정한다. 100.00 cm의 튜브를 나선형으로 환자의 상박에 감으면 심장이 뛸 때 피가 흐르고 팔이 팽창하여 튜브의 길이가 늘어 100.04 cm가 된다. 이 결과와 팔을 원통으로 생각하면 팔의 부피 변화를 알 수 있고, 결국 혈류를 알 수 있다. (a) 수은의 저항을 계산하라. (b) 심장이 뛰는 동안 부분적인 저항 변화의 비를 구하라. (힌트: 수은의 체적은 일정하기 때문에 수은의 단면적 감소의 비는 길이의 증가의 비와 같다.) $\rho_{Hg} = 9.4 \times 10^{-7}\ \Omega \cdot \text{m}$로 한다.

### 17.8 전기 에너지와 전력

**29.** 100 W의 전구를 120 V 회로에서 사용할 때 15 A의 회로 차단기가 내려가지 않고 쓸 수 있는 전구는 몇 개나 될까? (전구는 병렬로 연결되어 있으며, 각각의 전구에 걸리는 전위차는 120 V이다.)

**31.** 커피 메이커의 가열 판은 120 V와 2.00 A에서 작동한다. 물이 저항에 의해 바뀐 모든 에너지를 흡수한다고 가정하고 상온(23.0℃)에 있는 0.500 kg의 물이 끓기까지 시간이 얼마나 걸리겠는가?

**33.** 120 V용 전열기를 사용하여 1.50 kg의 물을 10.0℃에서 50.0℃로 올리는 데 걸리는 시간 10.0분이다. 이 전열기에서 저항은 얼마인가?

**35.** 어떤 구리 케이블이 300 A의 전류에 단위 길이당 전력 손실이 2.00 W/m이도록 설계되어 있다. 이 케이블의 반지름은 얼마인가?

**37.** 미국에는 2억 7천만 개의 플러그 식(plug-in) 전기 시계가 있다고 추정된다. 근사적으로 1인당 1개씩이다. 시계는 평균 2.50 W의 에너지를 소비한다. 이 에너지를 공급하기 위하여 평균 효율이 25.0%인 화력발전소에서 시간당 얼마나 많은 양의 석탄을 태우겠는가? (석탄의 연소열은 33.0 MJ/kg이다.)

**39.** 소비 전력이 180 W인 TV로 21시간 동안의 월드 시리즈를 완전히 관람을 하는데 드는 비용은 얼마인가? 전기료는 $0.070 /kWh로 가정한다.

**41.** 11 W의 에너지 절약형 형광등은 40 W짜리 재래식 전구와 같은 밝기를 생산하도록 설계되었다. 이 에너지 절약형 형광등을 100시간 동안 사용할 때 얼마의 비용이 절감되겠는가? (전기 에너지 사용 요금은 $0.080 /kWh로 가정하자.)

### 추가문제

**43.** 단면적이 $4.0 \times 10^{-6}$ m$^2$인 어떤 도선의 비저항이 $3.0 \times 10^{-8}$ Ω·m이다. 일정 길이의 이 도선에 20 V의 전원을 연결하면 48 W의 전력이 소모된다. 이 도선의 길이는 얼마인가?

**45.** 소비전력이 1 200 W인 와플 굽는 기계와 500 W의 커피포트를 사용하여 아침식사를 요리하고 있다. 보통 이 기구들을 110 V에서 매일 0.500시간 동안 작동시킨다. (a) 1 kWh당 12센트라면 30일 동안 요리하기 위해 쓰는 비용은 얼마인가? (b) 와플에 매료되어 30분 동안 두 배로 많은 와플을 만들 수 있는 2 400 W 와플 굽는 기계로 바꾸고자 한다. 그러나 부엌에 있는 회로차단기의 용량은 20 A이다. 와플 굽는 기계를 교체할 수 있을까?

**47.** 한 전기 자동차가 2.00×107 J의 총 에너지 저장량을 가진 12.0 V 전지로 달리도록 설계되었다. (a) 전기 모터가 8.00 kW를 소비한다면, 모터에 전달되는 전류는 얼마인가? (b) 만일 자동차가 20.0 m/s의 일정 속력으로 달릴 때 전기 모터가 8.00 kW를 소비한다면, 전원이 바닥나기 전에 얼마나 멀리 갈 수 있을까?

**49.** 반경 $5.00 \times 10^{-3}$ m인 금속 도선의 저항이 0.100 Ω이라고 한다. 도선에 걸린 전위차가 15.0 V일 때 전자의 유동 속력이 $3.17 \times 10^{-4}$ m/s로 나타났다. 이 데이터를 기초로 도선의 자유전자 밀도를 계산하라.

**51.** (a) 100 W @ 120 V라고 표시된 전구의 저항을 구하라. (b) 필라멘트가 텅스텐이라고 가정하고 단면적이 0.010 mm$^2$라면 전구가 켜져 있을 때 필라멘트의 길이를 구하라. (c) 왜 필라멘트가 촘촘히 감겨 있다고 생각하는가? (d) 만일 전구가 작동할 때 텅스텐 도선의 온도가 2 600℃라면 전구의 불이 꺼지고 20℃로 차가워진 후에 도선의 길이는 얼마인가? (10장 참고, 텅스텐의 선팽창계수는 $4.5 \times 10^{-6}$ /℃로 한다.)

**53.** 내경과 외경이 각각 0.50 cm와 1.2 cm이고, 길이가 4.0 cm인 속이 빈 원통 모양으로 $3.5 \times 10^5$ Ω·m의 비저항을 갖는 물질을 이용하여 저항을 만들었다. 이 저항을 사용할 때 전위차를 원통의 양 끝에 가하고 이 때 전류의 방향은 원통의 길이와 평행하다고 한다. 원통의 저항을 구하라.

CHAPTER

# 18

# 직류 회로

OUTLINE



우리는 전지, 저항과 축전기를 여러 형태로 조합하여 전기 회로를 구성해서 전기의 흐름과 에너지를 다스리고 제어한다. 이러한 회로가 전등, 전기스토브, 오븐, 세탁기 및 셀 수도 없는 다양한 기타 가전기기와 기기들의 작품을 가능하게 하고 있다. 전기 회로는 자동차, 농업의 효율을 높이는 트랙터와 인명을 살리는 의료기기 등에도 사용되고 있다.

이 장에서는 전지, 저항, 그리고 축전기가 여러 가지 형태로 연결된 간단한 회로를 분석한다. 회로의 분석은 에너지 보존의 원리와 전하보존의 법칙으로부터 나온 키르히호프의 규칙으로 알려진 두 개의 규칙을 사용하여 간단히 실행할 수 있다. 대부분의 회로는 정상상태에 있다고 가정하는데, 이는 전류의 크기와 방향이 일정하다는 것을 의미한다. 이 단원의 끝 부분에서는 저항과 축전기가 들어 있는 회로를 다루는 데 이런 회로에서는 전류가 시간에 따라 변화한다.

## 18.1 기전력의 근원

닫힌 회로에서 일정한 전류를 유지하도록 해 주는 원천을 기전력[1](emf)원이라고 부른다. 회로를 따라 도는 전하들의 위치 에너지를 증가시키는 (전지나 발전기와 같은) 모든 장치들이 기전력원이다. 이러한 기전력원은 내부 정전기장과 반대 방향으로 전자를 움직이게 하는 '전하 펌프'로 생각할 수 있다. 기전력원의 기전력 $\boldsymbol{\mathcal{E}}$은 단위 전하에 한 일이고, 따라서 기전력의 국제단위는 볼트(V)이다.

저항에 전지가 연결되어 있는 활용그림 18.1a의 회로를 생각해 보자. 연결 도선은 저항이 없다고 가정한다. 전지의 내부 저항을 무시하면, 전지 양단의 전위차(단자 전압)는 전지의 기전력과 같다. 그러나 실제 전지에는 항상 내부 저항 $r$이 있기 때문에, 단자 전압은 기전력과 같지가 않다. 활용그림 18.1a의 회로는 그림 18.1b에 있는 그림처럼 도식적으로 나타낼 수 있다. 점선으로 표시된 전지에는 기전력 $\boldsymbol{\mathcal{E}}$의 전원과 내부 저항 $r$이 직렬로 연결되어 있다. 이제 양(+)전하가 활용그림 18.1b에서처럼 $a$에서부터 $b$까지 전지를 지나서 움직인다고 상상하자. 전하가 전지의 음극에서 양극으로 이동함에 따라 전하의 전위는 $\boldsymbol{\mathcal{E}}$만큼 증가한다. 그러나 저항 $r$을 통해서 전하가 움직일 때 전하의 전위는 $Ir$만큼 감소하는데, $I$는 회로의 전류이다. 그러므로 전지 양단 사이

[1] 이 이름은 원래 electromotive force란 말의 약자이지만, 실제 힘이 아니므로 이렇게 길게 쓰지 않는 것이 좋다.

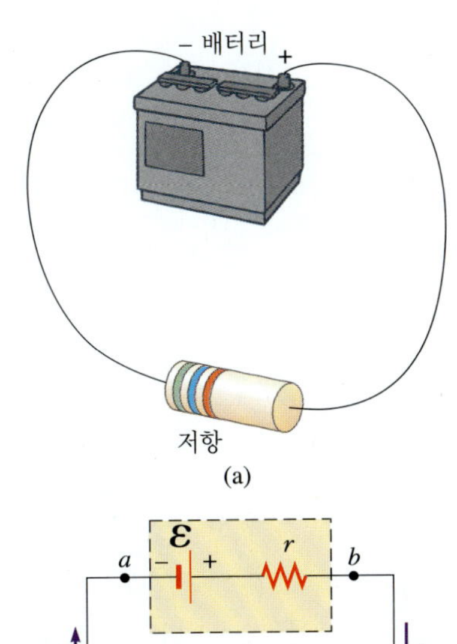

(a)

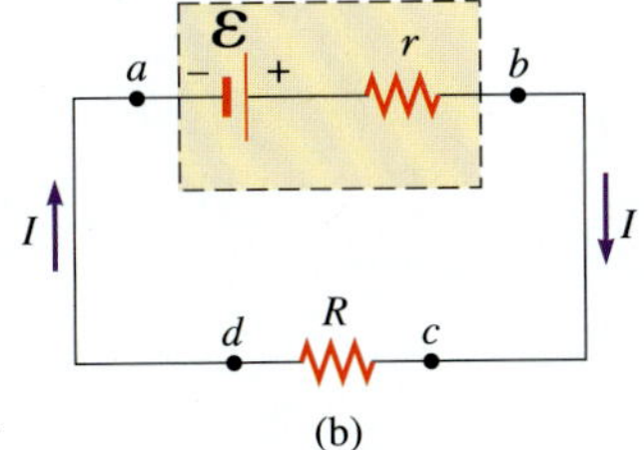

(b)

**활용그림 18.1**
(a) 전지의 단자에 연결된 저항으로 이루어진 회로. (b) 기전력 $\boldsymbol{\mathcal{E}}$, 내부 저항 $r$인 전지가 외부 저항 $R$에 연결된 회로도.

**Physics Now™**
**http://physics.brookscole.com/ecp**에서 PhysicsNow를 로그인하고 활용그림 18.1로 들어가서 기전력과 저항의 값을 바꾸면서 (b)의 전류가 달라지는 것을 관찰하라.

의 단자 전압 $\Delta V = V_b - V_a$는

$$\Delta V = \mathcal{E} - Ir \qquad [18.1]$$

이 된다. 이 식으로부터 **$\mathcal{E}$는 전류가 0일 때, 개방회로 전압**(open-circuit voltage)이라 부르는 **단자 전압과 같다**는 것을 알 수 있다. 활용그림 18.1b에서 단자 전압 $\Delta V$는 **부하 저항**(load resistance)인 외부 저항 $R$ 양단의 전위차와 같아야 한다. 즉, $\Delta V = IR$이다. 식 18.1과 결합하면,

$$\mathcal{E} = IR + Ir \qquad [18.2]$$

이 된다. 전류에 대해서 풀면 다음과 같다.

$$I = \frac{\mathcal{E}}{R + r}$$

**TIP 18.1 전지에서 변하지 않는 것은?**
식 18.2에 의하면 회로의 전류가 전지의 저항에 따라 달라진다고 나타내고 있기 때문에 전지는 일정 전류전원이 될 수 없다. 식 18.1에서 사용한 전지의 전압이란 용어도 내부 저항이 일정하지 않을 수 있기 때문에(예를 들어, 전지가 작동하는 동안 열이 나므로) 상수가 아니다. 그럼에도 불구하고 전지는 일정한 기전력원이다.

이 식은 전류가 전지의 내부 저항과 외부 저항 모두에 따라 달라진다는 것을 나타내고 있다. 만일 $R$이 $r$보다 훨씬 크면 $r$을 무시할 수 있고, 실제로 많은 회로들에 대해서 그렇게 한다. 식 18.2에 전류 $I$를 곱하면,

$$I\mathcal{E} = I^2R + I^2r$$

을 얻는다. 이 식은 전지의 총 생산 전력 $I\mathcal{E}$이 부하 저항에서 줄 열로 소모되는 일률 $I^2R$과 내부 저항에서 소모되는 일률 $I^2r$의 합으로 바뀜을 의미한다. 만일 $r \ll R$이라면, 전지에 의해 공급되는 대부분의 전력은 부하 저항으로 전달된다.

달리 언급이 없으면, 예제와 이 장의 마지막에 있는 문제들에서 회로 전지의 내부 저항은 무시할 수 있다고 가정한다.

## 18.2 저항의 직렬 연결

두 개 이상의 저항이 활용그림 18.2처럼 연결되어 있는 경우를 직렬로 연결되었다고 한다. 여기서 저항들은 간단한 전구나 열을 발생하는 소자들이다. 활용그림 18.2와 같이 두 개의 저항 $R_1$과 $R_2$가 전지에 연결되어 있는 경우, **$R_1$을 통과한 전하는 또한 $R_2$를 통과해야 하기 때문에 두 저항에 흐르는 전류는 동일하다.** 이것은 $R_1$과 $R_2$에 해당하는 잘록한

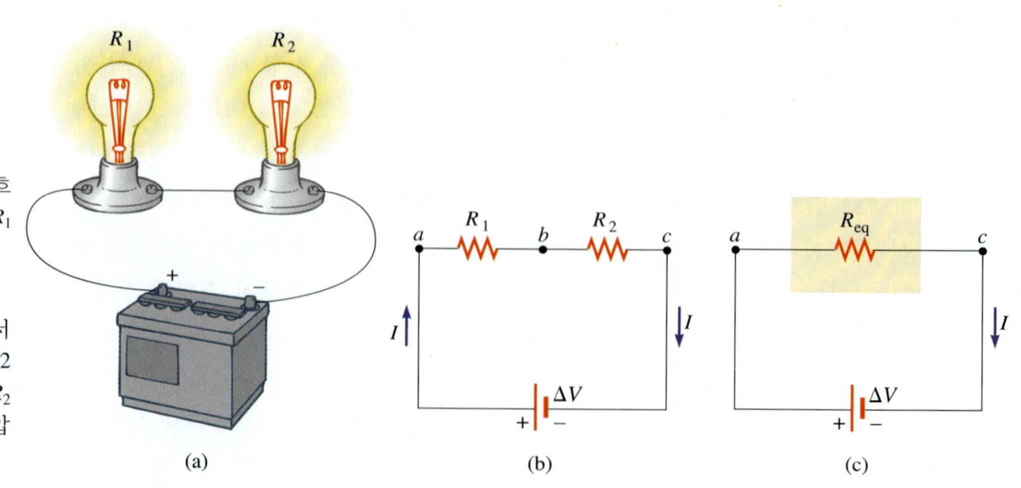


**활용그림 18.2**
두 저항 $R_1$과 $R_2$의 직렬 연결. 두 저항에 흐르는 전류는 동일하고 등가저항은 $R_{eq} = R_1 + R_2$이다.

**Physics Now™**
**http://physics.brookscole.com/ecp**에서 PhysicsNow를 로그인하고 활용그림 18.2로 들어가서 전지의 전압과 저항 $R_1$과 $R_2$를 변화시키면서 각 저항의 전류와 전압 변화를 관찰하라.

부분이 두 개 있는 관을 통해 흐르는 물의 흐름과 비슷하다. 한쪽 끝에 주어진 시간 동안 얼마만큼의 물을, 주입하든 관계없이 반대쪽 끝에서 같은 양의 물이 흘러나와야 한다.

활용그림 18.2b에서 $a$에서 $b$ 사이의 전압 강하는 $IR_1$이고, $b$에서 $c$로 갈 때 전압 강하는 $IR_2$이므로, $a$에서 $c$로 갈 때의 전압 강하는 다음과 같다.

$$\Delta V = IR_1 + IR_2 = I(R_1 + R_2)$$

직렬로 연결한 저항의 수가 몇 개이든 상관없이 저항을 모두 통과한 후의 전압 강하는 개개 저항의 전압 강하의 합이다. 나중에 보이겠지만 이것은 에너지 보존의 결과이다. 활용그림 18.2c는 원래 회로의 두 저항을 대체할 수 있는 등가저항 $R_{eq}$를 보인 것이다. 등가저항은 두 저항과 같은 전류가 흐르게 하므로 회로에게 미치는 효과는 동일하다. 이 등가저항에 옴의 법칙을 적용함으로써 다음과 같은 식을 얻는다.

$$\Delta V = IR_{eq}$$

위의 두 식을 같다고 놓으면,

$$IR_{eq} = I(R_1 + R_2)$$

즉,

$$R_{eq} = R_1 + R_2 \qquad \text{(직렬 연결)} \qquad [18.3]$$

가 된다.

이것을 확장하면 직렬 연결된 세 개나 그 이상의 많은 저항들의 등가저항이 다음과 같이 됨을 보일 수 있다.

$$R_{eq} = R_1 + R_2 + R_3 + \cdots \qquad [18.4]$$

◀ 직렬 연결된 저항들의 등가저항

그러므로 **직렬 연결된 저항의 등가저항은 개별 저항의 대수의 합이며, 항상 각각의 저항보다 크다.**

만일 활용그림 18.2에 있는 한 전구의 필라멘트가 끊어지거나 타버린다면, 이제는 회로가 연결되어 있지 않으므로(열린 회로 조건 만족), 두 번째 전구 또한 꺼질 것이다.

**✓ Checkpoint 18.1**

직렬 연결된 2 Ω과 3 Ω 저항의 등가저항을 구하라.

## Quick Quiz 18.1

그림 18.2b에서 철사 조각을 이용하여 점 $b$와 $c$를 연결하면 전구 $R_1$의 밝기는 (a) 증가한다. (b) 어둡지만 계속 켜져 있기는 한다. (c) 변화가 없다. (d) 꺼진다. 전구 $R_2$의 밝기는 (a) 증가한다. (b) 어둡지만 계속 켜져 있기는 한다. (c) 변화가 없다. (d) 꺼진다. (연결선에는 저항이 없다고 하자.)

## Quick Quiz 18.2

그림 18.3a에서 회로의 오른쪽에 있는 전류계로 전류를 측정하고 있다. 그림 18.3b에서와 같이 스위치가 열리면 전류계 눈금은 (a) 증가한다, (b) 감소한다, (c) 달라지지 않는다.

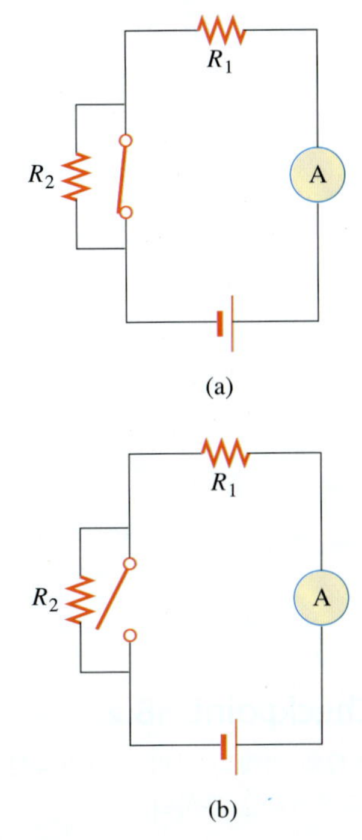


**그림 18.3** (Quick Quiz 18.2)

**예제 18.1** 4개의 직렬 저항

**목표** 직렬로 연결된 다수의 저항을 분석한다.

**문제** 저항 4개가 그림 18.4a에서와 같이 배열되어 있다. (a)회로의 등가저항과 (b) 전지의 기전력을 6.0 V라 할 때 회로에 흐르는 전류를 구하라.

**전략** 저항들이 직렬로 연결되어 있기 때문에 각 저항을 더하면 등가저항이 된다. 따라서 옴의 법칙을 이용하여 전류를 구할 수 있다.

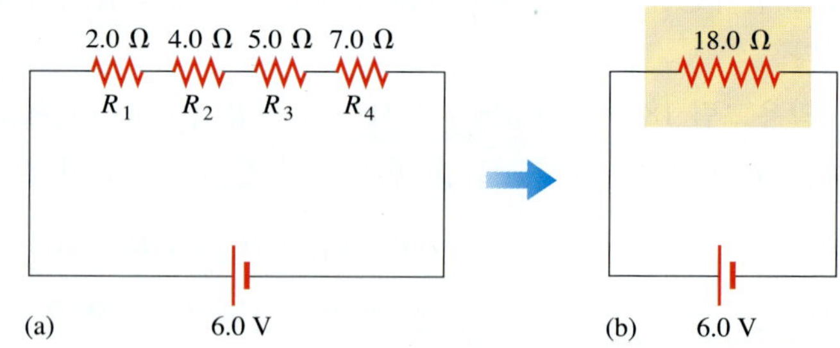


그림 18.4 (예제 18.1) (a) 직렬로 연결된 4개의 저항. (b) (a)에 보인 회로의 등가저항.

**풀이**

(a) 회로의 등가저항을 구하라.

식 18.4를 이용하여 저항을 더한다.

$$R_{eq} = R_1 + R_2 + R_3 + R_4 = 2.0\ \Omega + 4.0\ \Omega + 5.0\ \Omega + 7.0\ \Omega = \boxed{18.0\ \Omega}$$

(b) 회로의 전류를 구하라.

그림 18.4b의 등가저항에 옴의 법칙을 적용하고 전류에 대하여 푼다.

$$I = \frac{\Delta V}{R_{eq}} = \frac{6.0\ \Omega}{18.0\ \Omega} = \boxed{\tfrac{1}{3}\text{A}}$$

**연습문제 18.1**

등가저항의 전류가 $\frac{1}{3}$ A이므로 원래 회로의 각 저항에도 같은 전류가 흘러야 한다. 각 저항 양단의 전압 강하를 구하라.

**답** $\Delta V_{2\Omega} = \frac{2}{3}$ V, $\Delta V_{4\Omega} = \frac{4}{3}$ V, $\Delta V_{5\Omega} = \frac{5}{3}$ V, $\Delta V_{7\Omega} = \frac{7}{3}$ V

## 18.3 저항의 병렬 연결

활용그림 18.5와 같이 병렬로 연결된 두 저항을 생각해 보자. 이 경우 **각 저항이 건전지와 직접 연결되어 있으므로 저항 양단의 전위차는 같다. 그러나 일반적으로 전류는 같지 않다.** 전류 $I$가 점 $a$(갈림점이라 부름)에 도달하면(활용그림 18.5b), $R_1$에 흐르는 $I_1$과 $R_2$에 흐르는 $I_2$의 두 부분으로 나누어진다. 만일 $R_1$이 $R_2$보다 크면, $I_1$은 $I_2$보다 작다. 즉, 전하는 저항이 제일 작은 경로를 따르려고 한다. **전하는 보존되기 때문에, 한 점으로 들어가는 전류 $I$는 그 점을 떠나는 총 전류 $I_1 + I_2$와 같아야 한다.** 즉, 다음의 관계를 따른다.

$$I = I_1 + I_2$$

두 저항에서의 전압 강하가 같아야 하고, 또한 전지에서의 전압 강하와도 같아야 한다. 각 저항에 옴의 법칙을 적용하면,

$$I_1 = \frac{\Delta V}{R_1} \qquad I_2 = \frac{\Delta V}{R_2}$$

**✓ Checkpoint 18.2**

다른 4 Ω의 저항과 병렬 연결된 4 Ω 저항의 등가저항을 구하라.

가 된다. 활용그림 18.5c에서 등가저항에 옴의 법칙을 적용하면,

$$I = \frac{\Delta V}{R_{eq}}$$

가 된다. 전류에 대한 이 식을 식 $I = I_1 + I_2$에 대입하여 $\Delta V$를 소거하면 다음과 같이

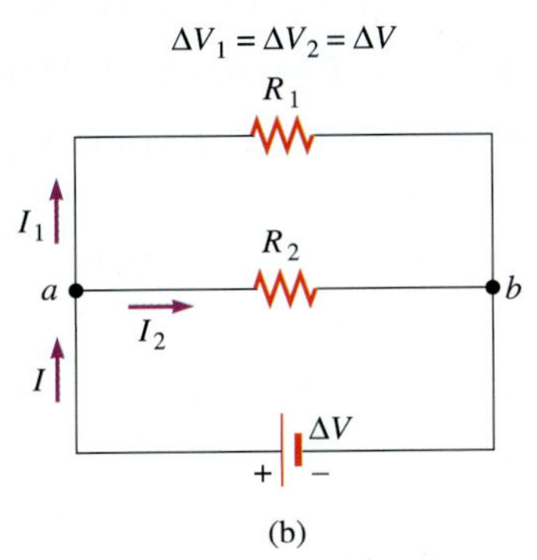


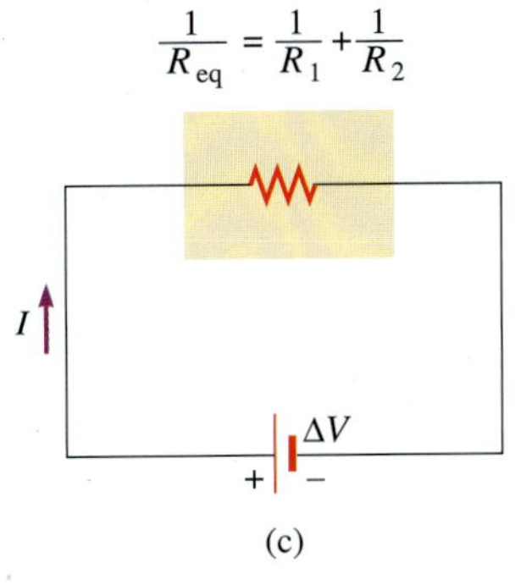


(a) (b) (c)

**활용그림 18.5**
(a) 저항 $R_1$과 $R_2$의 병렬 연결. (b) 저항 2개에 대한 회로도. 저항 $R_1$과 $R_2$ 양단의 전위차는 같다. (c) 등가저항은 다음과 같은 역수의 관계로 주어진다. $1/R_{eq} = 1/R_1 + 1/R_2$

**Physics Now™**
**http://physics.brookscole.com/ecp**에서 PhysicsNow를 로그인하고, 활용그림 18.5로 들어가서 전지의 전압과 저항 $R_1$, $R_2$의 값을 변화시키면서 각 저항의 전류와 전압을 관찰하라.

된다.

$$\frac{1}{R_{eq}} = \frac{1}{R_1} + \frac{1}{R_2} \quad \text{(병렬 연결)} \qquad [18.5]$$

이 분석을 병렬 연결된 세 개, 또는 더 많은 저항으로 확장하면, 다음과 같이 등가저항에 대한 일반적인 식을 얻는다.

$$\frac{1}{R_{eq}} = \frac{1}{R_1} + \frac{1}{R_2} + \frac{1}{R_3} + \cdots \qquad [18.6]$$

◀ 병렬 연결된 저항들의 등가저항

이로부터 **병렬로 연결된 두 개 이상의 저항에 대한 등가저항의 역수는 각 저항의 역수의 합이며, 등가저항은 언제나 그 중 가장 작은 저항보다 더 작다.**

## 연관된 예제 18.2 병렬 연결된 세 저항

**목표** 병렬로 연결된 저항이 있는 회로를 분석한다.

**문제** 그림 18.6에서와 같이 세 개의 저항이 병렬로 연결되어 있다. 점 $a$와 $b$ 사이에 18 V의 전위차가 걸려 있다. (a) 각 저항에 흐르는 전류를 구하라. (b) 각 저항에 공급되는 전력과 전체 전력을 구하라. (c) 이 회로의 등가저항을 구하라. (d) 등가저항에 공급되는 전력을 구하라.

**전략** 옴의 법칙과 병렬 저항 양단의 전압 강하는 모두 같다는 사실을 이용하여 각 저항에 흐르는 전류를 구한다. 나머지 문제는 단순히 저항에 공급되는 전력 식 $\mathcal{P} = I^2R$과 병렬 연결 저항에 대한 역수의 합에 대입만 하면 된다.

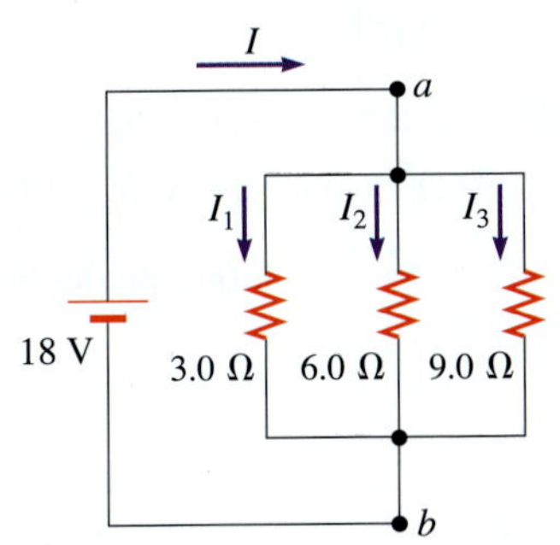


**그림 18.6** (연관된 예제 18.2) 병렬 연결된 3개의 저항. 각 저항 양단의 전압은 18 V이다.

**풀이**

(a) 각 저항에 흐르는 전류를 구하라.

옴의 법칙을 적용하되 전지가 공급하는 전류 $I$에 대해 풀어서 각 저항의 전류를 구한다.

$$I_1 = \frac{\Delta V}{R_1} = \frac{18\ \text{V}}{3.0\ \Omega} = \boxed{6.0\ \text{A}}$$

$$I_2 = \frac{\Delta V}{R_2} = \frac{18\ \text{V}}{6.0\ \Omega} = \boxed{3.0\ \text{A}}$$

$$I_3 = \frac{\Delta V}{R_3} = \frac{18\ \text{V}}{9.0\ \Omega} = \boxed{2.0\ \text{A}}$$

(b) 각 저항에 공급된 전력과 전체 전력을 구하라.

식 $\mathcal{P} = I^2R$을 각 저항에 적용하되, (a)의 결과를 대입한다.

$$3\ \Omega: \mathcal{P}_1 = I_1^2R_1 = (6.0\ \text{A})^2(3.0\ \Omega) = \boxed{110\ \text{W}}$$

$$6\ \Omega: \mathcal{P}_2 = I_2^2R_2 = (3.0\ \text{A})^2(6.0\ \Omega) = \boxed{54\ \text{W}}$$

$$6\ \Omega: \mathcal{P}_3 = I_3^2R_3 = (2.0\ \text{A})^2(9.0\ \Omega) = \boxed{36\ \text{W}}$$

이들을 모두 더하여 전체 전력을 구한다.

$$\mathcal{P}_{\text{tot}} = 110\ \text{W} + 54\ \text{W} + 36\ \text{W} = \boxed{2.0 \times 10^2\ \text{W}}$$

(c) 회로의 등가저항을 구하라.

역수 합의 공식(식 18.6)을 적용한다.

$$\frac{1}{R_{\text{eq}}} = \frac{1}{R_1} + \frac{1}{R_2} + \frac{1}{R_3}$$

$$\frac{1}{R_{\text{eq}}} = \frac{1}{3.0\ \Omega} + \frac{1}{6.0\ \Omega} + \frac{1}{9.0\ \Omega} = \frac{11}{18\ \Omega}$$

$$R_{\text{eq}} = \frac{18}{11}\Omega = \boxed{1.6\ \Omega}$$

(d) 등가저항에서 소모되는 전력을 구하라.

다른 형태의 전력 공식을 이용한다.

$$\mathcal{P} = \frac{(\Delta V)^2}{R_{\text{eq}}} = \frac{(18\ \text{V})^2}{(1.6\ \Omega)} = \boxed{2.0 \times 10^2\ \text{W}}$$

**주의** (a)에서 짚고 넘어가야 할 점이 있다. 가장 작은 3.0 Ω의 저항에 최대 전류가 흐르는 반면 이보다 큰 저항인 6.0 Ω과 9.0 Ω에는 이보다 적은 전류가 흐른다. 최대 전류는 언제나 저항이 최소인 경로에서 나타난다. (b)에서 전력은 식 $\mathcal{P} = (\Delta V)^2/R$을 써서도 구할 수 있다. $\mathcal{P}_1 = 108$ W이지만 110 W로 반올림했는데, 이는 유효숫자가 두 자리뿐이기 때문이다. 마지막으로, 등가저항에서 소모되는 전력은 당연히 각 저항에서 소모되는 전력의 합과 같다.

**TIP 18.2 역수 조심**

병렬 연결 저항의 등가저항 계산에서 가장 흔한 실수는 역수들을 더한 뒤 다시 역수를 취하지 않는 것이다. 역수 취하는 것을 잊지 말자!

### 연습문제 18.2

위 예제에서 저항값이 각각 1.0 Ω, 2.0 Ω, 3.0 Ω이고, 전원을 다른 것으로 교체하였다고 하자. 3.0 Ω 저항의 전류가 2.0 A라면 (a) 세 전원의 전위차와 나머지 저항 각각의 전류, (b) 각 저항에 공급된 전력과 전체 전력, (c) 등가저항, (d) 전체 전류와 등가저항에서 소모되는 전력을 구하라.

**답** (a) $\mathcal{E} = 6.0$ V, $I_1 = 6.0$ A, $I_2 = 3.0$ A (b) $\mathcal{P}_1 = 36$ W, $\mathcal{P}_2 = 18$ W, $\mathcal{P}_3 = 12$ W, $\mathcal{P}_{\text{tot}} = 66$ W (c) $\frac{6}{11}$ Ω (d) $I = 11$ A, $\mathcal{P}_{\text{eq}} = 66$ W

**TIP 18.3 경로의 저항이 작을수록 전류는 많이 흐른다.**

"전류는 저항이 최소인 경로로 흐른다."고 한다. 저항 병렬 연결의 경우 이 말은 정확하지 않다. 왜냐하면 모든 경로로 전류는 흐르기 때문이다. 그러나 전류가 가장 많이 흐르는 경로는 저항이 가장 작은 경로이다.

PhysicsNow™ **http://physics.brookscole.com/ecp**에서 PhysicsNow를 로그인하고 연관된 예제 18.2로 들어가서 다양한 전지와 저항의 조합을 접해 보자.

가정의 전기 회로는 활용그림 18.5a와 같이 전기기구가 병렬로 연결되도록 배선되어 있다. 이와 같이 하여 각 전기기구는 다른 전기기구와 독립적으로 작동하여 하나가 끊어져도 다른 것은 작동한다. 예를 들어 활용그림 18.5에서 전구 하나를 빼도 다른 하나는 계속 켜져 있다. 여기서 중요한 점은 각 전기기구가 동일한 전압으로 작동한다는 것이다. 만일 전기기구가 직렬로 연결된다면, 각 전기기구에 걸리는 전압이 같이 연결한 전기기구의 종류와 저항에 따라 다르게 된다.

**APPLICATION**
회로차단기

많은 가정에는 안전을 위하여 회로차단기가 다른 전기기구와 직렬로 연결되어 있다. 회로차단기는 회로의 특성에 따라 일정한 값의 최대 전류에서(보통 15 A 또는 20 A, 우리나라에서는 30 A) 차단되어 회로가 열리도록 설계되어 있다. 만일 회로차단기를 사용하지 않는다면 동시에 여러 가지 기구를 사용함에 따라 과전류가 생겨 전선의 온도를 높여 불이 날 수도 있다. 낡은 집의 건축물에서는 회로차단기 대신 퓨즈를 사용하고 있다. 전류가 어떤 일정한 값을 초과하면 퓨즈 속의 도체가 녹아 회로는 열리게 된다. 퓨즈의 단점은 회로가 열리는 과정에서 파괴된다는 것이다. 하지만 회로차단기는 재가동이 가능하다.

## 응용물리 18.1 삼단 전구

그림 18.7은 세 가지 밝기를 얻을 수 있는 삼단 전구의 구조를 나타낸 것이다. 이 전구의 소켓에는 빛의 밝기를 선택할 수 있는 스위치가 있다. 전구에는 두 개의 필라멘트가 들어 있다. 필라멘트가 병렬로 연결된 이유는 무엇일까? 두 개의 필라멘트를 이용하여 세 가지 밝기를 얻는 방법을 설명하라.

**설명** 필라멘트들이 직렬로 연결되어 있다면, 그 중 하나가 끊어지면 스위치를 어떻게 해도 전구에는 전류가 흐를 수 없고 불이 들어오지 않을 것이다. 그러나 필라멘트들을 병렬로 연결하면 그 중 하나가 끊어지더라도 다른 필라멘트에 전류가 흐르기 때문에 전구는 불을 밝힐 수 있다. 세 가지 밝기는 주어진 전압 220 V에 대해서 필라멘트 저항값 세 가지 중 하나를 선택하면 구현할 수 있다. 75 W 필라멘트가 하나, 100 W 필라멘트가 또 하나, 그리고 세 번째 저항은 앞의 두 저항을 병렬로 연결하여 구현한다. 스위치 $S_1$을 닫고 $S_2$를 열면 75 W 필라멘트에만 전류가 흐른다. 스위치 S1을 열고 $S_2$를 닫으면 100 W 필라멘트에만 전류가 흐른다. 스위치 둘을 다 닫으면 두 필라멘트 모두에 전류가 흐르고 전체 밝기는 175 W에 해당한다.

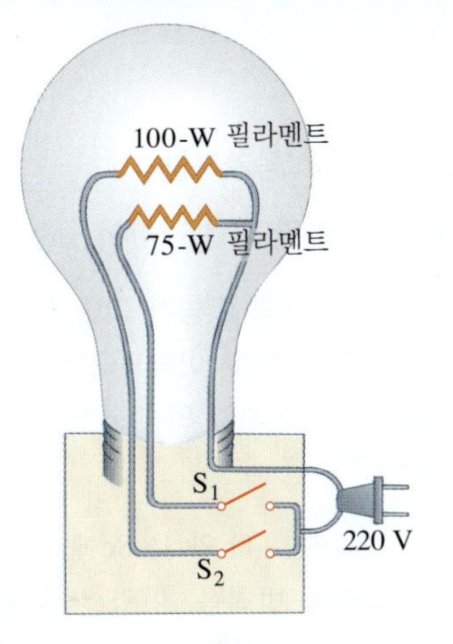

그림 18.7 (응용물리 18.1)

## Quick Quiz 18.3

동일한 전구 세 개와 약간의 전선 그리고 전지가 있다. 전구 하나를 전지에 연결하고 그 밝기를 기억해 두자. 다른 전구 하나를 먼저 전구와 병렬로 연결하고 역시 밝기를 기억하자. 세 번째 전구도 마찬가지로 앞의 두 전구에 병렬로 연결한다. 전구 수가 늘어나면서 다음 각 항목이 어떻게 달라지는가? (a) 전구들의 밝기, (b) 각 전구에 흐르는 각각의 전류, (c) 전지가 공급하는 전력, (d) 전지의 수명. (힌트: 전지의 내부 저항은 무시한다.)

## Quick Quiz 18.4

Quick Quiz 18.3의 전구들이 병렬이 아니라 차례로 직렬로 연결되었다면 다음 각 항목이 어떻게 달라지는가? (a) 전구들의 밝기, (b) 각 전구에 흐르는 각각의 전류, (c) 전지가 공급하는 전력, (d) 전지의 수명. (힌트: 여기서도 전지의 내부 저항은 무시한다.)

## 문제풀이 전략 저항 회로 단순화하기

1. **직렬 저항을 합치는데** 각각의 저항을 더하고 간단해진 회로를 그린다.
   **유용한 사실:** $R_{eq} = R_1 + R_2 + R_2 + R_3 + \cdots$
   각 저항에 흐르는 전류는 모두 같다.
2. **병렬 저항을 모두 합치는데** 각 저항의 역수를 더하고 그 결과의 역수를 취한다. 다시 간단해진 회로를 그린다.
   **유용한 사실:** $\frac{1}{R_{eq}} = \frac{1}{R_1} + \frac{1}{R_2} + \frac{1}{R_3} + \cdots$
   각 저항 양단의 전위차는 동일하다.
3. 더 이상의 간략화할 수 없을 때까지 앞의 두 단계를 **되풀이한다.** 회로에 전지가 하나뿐이라면 전지와 저항이 직렬로 연결된 회로가 얻어진다.
4. **옴의 법칙.** $\Delta V = IR$을 사용하여 등가저항의 전류를 구한다. 그리고 나서는 그림을 거슬러 가면서 단계 1, 2에서 제시한 유용한 사실을 이용하여 다른 저항들에 흐르는 전류를 구한다. (복잡한 회로에서는 다음 절에서 소개하는 키르히호프의 법칙이 필요하게 된다.)

### 예제 18.3 등가저항

**목표** 직렬 및 병렬 저항이 들어 있는 문제를 풀어 본다.

**문제** 네 개의 저항이 그림 18.8a에서와 같이 연결되어 있다. (a) 점 $a$와 $c$ 사이의 등가저항을 구하라. (b) $a$와 $c$ 사이에 42.0 V의 전지를 연결하면 각 저항에 흐르는 전류는 얼마인가?

**전략** 그림 18.8b와 18.8c에 보인 바와 같이 직렬 저항에는 더하기 법칙을, 병렬 저항에는 역수 합의 법칙을 이용하여 회로를 줄여 간다. 전류를 구하는 것은 그림을 거꾸로 가면서 옴의 법칙을 적용하는 문제일 뿐이다.

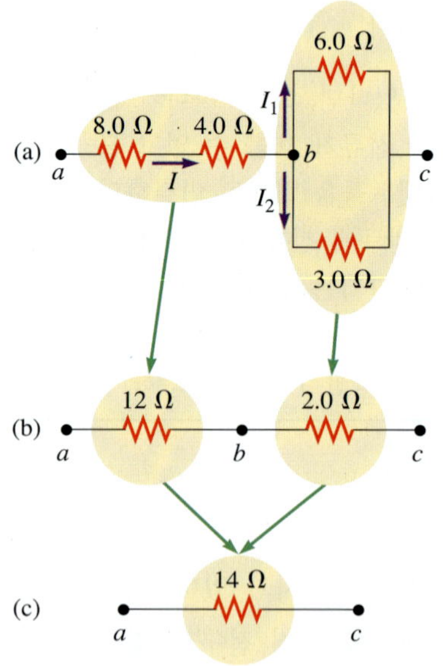


**그림 18.8** (예제 18.3) (a)의 저항 네 개는 순서를 밟아서 14 Ω의 등가저항으로 환산할 수 있다.

**풀이**

(a) 회로의 등가저항을 구하라.

8.0 Ω과 4.0 Ω의 저항은 직렬로 연결되어 있기 때문에 더하기 법칙을 이용하여 $a$와 $b$ 사이의 등가저항을 구한다.

$$R_{eq} = R_1 + R_2 = 8.0\ \Omega + 4.0\ \Omega = 12\ \Omega$$

6.0 Ω과 3.0 Ω의 저항은 병렬로 연결되어 있으므로 역수의 합 공식으로 $b$와 $c$점 사이의 등가저항을 구한다(나중에 다시 역수를 취하는 것을 잊지 말 것).

$$\frac{1}{R_{eq}} = \frac{1}{R_1} + \frac{1}{R_2} = \frac{1}{6.0\ \Omega} + \frac{1}{3.0\ \Omega} = \frac{1}{2.0\ \Omega}$$

$$R_{eq} = 2.0\ \Omega$$

새로 그려진 그림 18.8b에서 보면 두 개의 저항이 직렬로 연결된다. 이 둘을 합의 공식으로 합쳐서 회로의 등가저항을 구한다.

$$R_{eq} = R_1 + R_2 = 12\ \Omega + 2.0\ \Omega = \boxed{14\ \Omega}$$

(b) $a$와 $c$ 사이에 42.0 V의 전지를 연결했을 때 각 저항에 흐르는 전류를 구하라.

그림 18.8c에서 총 전류인 등가저항에 흐르는 전류를 구한다. 직렬 저항에 흐르는 전류는 모두 같기 때문에 이 전류가 그림 18.8b의 12.0 Ω 및 그림 18.8a의 8.0 Ω과 4.0 Ω의 저항에 흐르는 전류이다.

$$I = \frac{\Delta V_{ac}}{R_{eq}} = \frac{42\ \text{V}}{14\ \Omega} = \boxed{3.0\ \text{A}}$$

점 $b$에 갈림점 법칙을 적용한다.

$$I = I_1 + I_2 \qquad (1)$$

6.0 Ω과 3.0 Ω의 저항은 병렬이므로 양단의 전위차가 같다.

$$\Delta V_{6\Omega} = \Delta V_{3\Omega} \longrightarrow (6.0\ \Omega)I_1 = (3.0\ \Omega)I_1 \longrightarrow 2.0I_1 = I_2$$

$I$ = 3.0 A와 이 결과를 식 (1)에 대입한다.

$$3.0\ \text{A} = I_1 + 2I_2 = 3I_2 \longrightarrow I_1 = \boxed{1.0\ \text{A}}$$

$$I_2 = \boxed{2.0\ \text{A}}$$

**주의** 마지막 점검 사항으로, $\Delta V_{bc} = (6.0\ \Omega)I_1 = (3.0\ \Omega)I_2 = 6.0$ V와 $\Delta V_{ab} = (12\ \Omega)I_1 = 36$ V임을 유의하라. 따라서 $\Delta V_{ac} = \Delta V_{ab} + \Delta V_{bc}$ = 42 V이므로 예상했던 바와 같다.

**연습문제 18.3**

예제 18.3의 직렬 저항값이 6.00 Ω, 3.00 Ω이며 병렬 저항이 8.00 Ω(위)과 4.00 Ω(아래)이라 하고, 전지가 27.0 V의 기전력을 공급한다고 하자. (a) 등가저항을 구하고, (b) 전류 $I$, $I_1$ 및 $I_2$를 구하라.

**답** (a) 11.7 Ω (b) $I$ = 2.31 A, $I_1$ = 0.770 A, $I_2$ = 1.54 A

## 18.4 키르히호프의 규칙과 복잡한 직류 회로

앞 절에서 보았듯이 옴의 법칙과 저항의 직렬 연결, 또는 병렬 연결에 대한 규칙을 사용하면 간단한 회로를 분석할 수 있다. 그러나 저항들을 연결하는 방법이 한두 가지가 아니기 때문에 그렇게 구성된 회로들을 하나의 등가저항으로 단순화시키는 것은 불가능하다. 복잡한 회로들을 분석하는 과정은 **키르히호프의 규칙**(Kirchhoff's rule)이라는 두 규칙을 사용하여 수월하게 처리할 수 있다.

1. 어느 갈림점에 들어가는 전류의 합은 그 갈림점에서 나가는 전류의 합과 같아야 한다. [**갈림점 규칙**(junction rule)]
2. 어느 닫힌 고리에 대해서도 모든 소자들 양단의 전위차 전체 합은 0이어야 한다. [**고리 규칙**(loop rule)]

갈림점 규칙은 **전하 보존**을 기술한 것이다. 회로 내의 주어진 점으로 흘러들어가는 전류는 반드시 그 점에서 나와야 하는데, 이는 전하가 그 점에서 생성 또는 소멸될 수 없기 때문이다. 이 법칙을 그림 18.12a에 있는 갈림점에 적용시키면 다음과 같이 된다.

$$I_1 = I_2 + I_3$$

그림 18.9b는 새지 않고 갈라진 관을 통해 흐르는 물의 흐름과의 역학적인 유사성을 나타낸 것이다. 관으로 들어가는 흐름률은 두 개의 갈라진 관으로 흘러나가는 전체 유량의 흐름률과 같다.

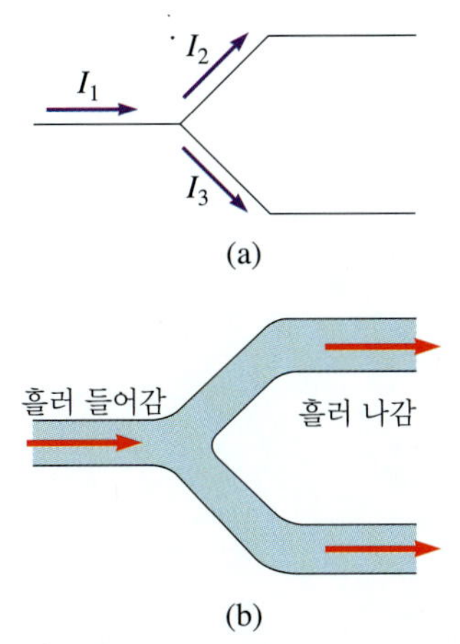


**그림 18.9** (a) 키르히호프의 갈림점 규칙을 그림으로 나타낸 모형도. 전하 보존 법칙에 의해 갈림점에 들어가는 전하는 반드시 그 점에서 나와야 한다. 따라서 이 경우에는 $I_1 = I_2 + I_3$이다. (b) 갈림길 규칙의 역학 모델. 유입되는 알짜 유량과 토출 유량은 같아야 한다.

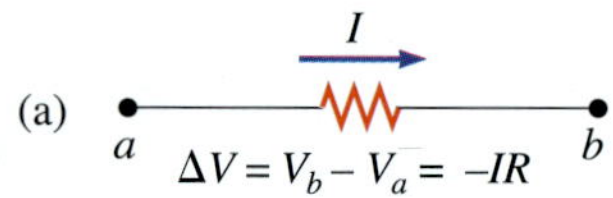


(b) $I$ $a$ $b$ $\Delta V = V_b - V_a = +IR$

(c) $\mathcal{E}$ − + $a$ $b$ $\Delta V = V_b - V_a = +\mathcal{E}$

(d) $\mathcal{E}$ + − $a$ $b$ $\Delta V = V_b - V_a = -\mathcal{E}$

**그림 18.10** 전지 내부 저항이 없다고 할 경우 저항과 전지 양단의 전위차를 구하는 규칙.

### ☑ Checkpoint 18.3

진실인가 거짓인가: 회로에서 임의 두 점 사이의 전위차의 합은 그 두 점을 연결하는 경로와 무관하다.

고리 규칙은 에너지 보존의 원리와 동일하다. 회로에서 (한 점에서 시작해서 같은 점에서 끝나는) 폐곡선을 따라 움직이는 전하는 잃은 에너지만큼 에너지를 얻어야 한다. 전하는 기전력원을 통과하면서 에너지를 얻는다. 전하의 에너지는 저항을 지나거나 또는 전지의 역방향, 즉 축전지의 양극에서 음극으로 이동할 때 전압 강하 $-IR$의 형태로 에너지가 감소한다. 후자의 경우, 전지가 충전될 때 전기 에너지가 화학 에너지로 변환된다.

키르히호프의 규칙을 적용할 때면, 먼저 다음 두 가지를 결정해야 한다.

**1.** 회로의 모든 가지에서 전류의 기호와 방향을 지정해야 한다. 만일 전류의 방향을 잘못 예상했다면 마지막 결과에서 그 전류는 음의 값이 나오지만 **크기는 맞다**. (이는 관계식들이 **1차식**, 즉 전류는 모두 1승으로 나타나기 때문이다.)

**2.** 고리 규칙을 적용할 때, 고리의 도는 방향(시계 방향 또는 반시계 방향)을 선택해야 한다. 고리를 따라가면서 다음의 규칙에 따라서 전압 강하와 전압 상승을 기록한다. (이 규칙들은 그림 18.10에 요약되어 있는데, 여기서는 $a$에서 $b$로 움직인다고 가정한다.)

(a) 전류의 방향으로 저항을 지나가면, 전압의 변화는 $-IR$이다(그림 18.10a).

(b) 전류와 반대 방향으로 저항을 지나가면, 전압의 변화는 $+IR$이다(그림 18.10b).

(c) 기전력의 방향으로(−극에서 +극으로) 기전력원을 지나가면, 전압의 변화는 $+\mathcal{E}$이다(그림 18.10c).

(d) 기전력의 반대 방향으로(+극에서 −극으로) 기전력원을 지나가면, 전압의 변화는 $-\mathcal{E}$이다(그림 18.10d).

갈림점 규칙과 고리 규칙을 사용할 수 있는 횟수에는 제한이 있다. 갈림점 규칙은 그 이전의 갈림점 방정식에서 사용되지 않은 전류를 포함하는 식이 나오는 한에서 얼마든지 필요한 만큼 사용할 수 있다(이 과정을 따르지 않으면, 새 방정식을 얻을 수 없다). 일반적으로 갈림점 규칙을 사용할 수 있는 횟수는 회로의 갈림점 수보다 한 개가 적다. 고리 규칙은 각 새로운 식에서 새로운 회로 성분들(저항이나 전지)이나 새 전류가 나타나는 한 계속 쓸 수 있다. **특정한 회로의 문제를 풀기 위해서는 미지수의 수와 같은 개수의 방정식이 필요하다.**

### 문제풀이 전략 회로에 키르히호프의 규칙 적용하기

1. 모든 알려진 양과 미지의 회로에 **식별 표시와 기호를 지정한다.**
2. 회로의 각 부분에 **전류의 방향을 정한다.** 비록 전류의 방향 지정은 임의대로 하지만, 키르히호프의 규칙을 적용할 때는 그 방향을 지켜야 한다.
3. 회로의 갈림점에서 **갈림점 규칙을 사용하라.** 갈림점 규칙은 (이전에 나타나지 않은) 새 전류가 나타나는 수만큼 적용하라.
4. 미지수를 풀기 위해 필요한 만큼 회로의 고리에 **키르히호프의 고리 규칙을 적용하라.** 이 규칙을 적용하기 위해서 닫힌 곡선을 따라 각 회로 성분을 지나갈 때 전위의 변화를 올바로 판단해야 한다. 부호에 주의하라!
5. 미지수들에 대한 **연립방정식을 푼다.**
6. 계산 과정을 조심하고 답의 **수치를 점검한다.**

### ☑ Checkpoint 18.4

진실인가 거짓인가: 어느 갈림점에서 나가는 전류는 그 점에 들어가는 전류보다 많을 수도 있다.

## 연관된 예제 18.4 키르히호프 규칙의 응용

**목표** 전류 3개와 전원 2개로 이루어진 회로에서 전류의 방향을 잘못 잡은 경우의 전류를 구한다.

**문제** 그림 18.11a에서 전류 $I_1$, $I_2$ 및 $I_3$를 구하라.

**전략** 키르히호프의 두 규칙, 즉 갈림점 규칙과 고리 규칙을 이용하여 미지의 전류 3개에 대한 3개의 방정식을 세우고 이들을 연립하여 푼다.

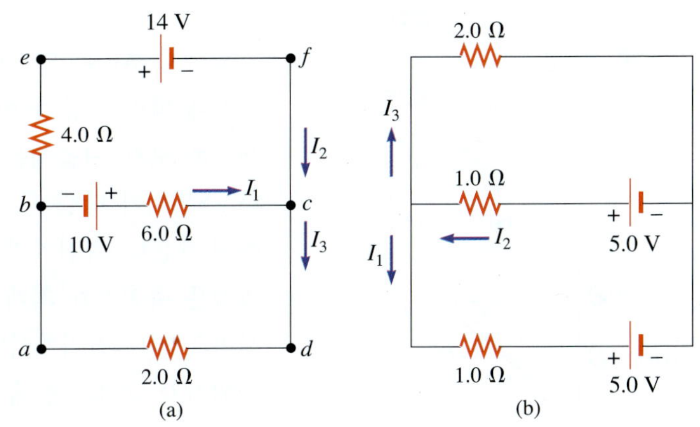


**그림 18.11** (a) (연관된 예제 18.4) (b) (연습문제 18.4)

**풀이**

키르히호프의 갈림점 규칙을 점 $c$에 적용한다. 전류의 방향을 그렇게 잡았기 때문에 $I_1$과 $I_2$는 갈림점을 향하고 $I_3$는 갈림점에서 멀어지는 방향이다.

$$I_3 = I_1 + I_2 \qquad (1)$$

키르히호프의 고리 규칙을 고리 $abcda$와 $befcb$에 적용한다(고리 $aefda$로부터는 새로 얻는 정보가 없다). 고리 $befcb$에서 6.0 Ω 저항을 지나면서 양의 값이 얻어지는데, 이는 이동 방향이 전류 $I_1$의 방향과 반대이기 때문이다.

고리 $abcda$: $\quad 10\ V - (6.0\ \Omega)I_1 - (2.0\ \Omega)I_3 = 0 \qquad (2)$

고리 $befcb$:

$$-14\ V + (6.0\ \Omega)I_1 - 10\ V - (4.0\ \Omega)I_2 = 0 \qquad (3)$$

식 (1)을 이용하여 식 (2)에서 $I_3$를 제거한다(잠시 단위는 무시하자).

$$10 - 6.0I_1 - 2.0(I_1 + I_2) = 0$$
$$10 = 8.0I_1 + 2.0I_2 \qquad (4)$$

식 (3)의 각 항을 2로 나누고 전류가 오른쪽으로 오도록 이항한다.

$$-12 = -3.0I_1 + 2.0I_2 \qquad (5)$$

식 (4)에서 식 (5)를 빼어 $I_2$를 제거하고 $I_1$을 얻는다.

$$22 = 11I_1 \longrightarrow I_2 = \boxed{2.0\ \text{A}}$$

$I_1$ 값을 식 (5)에 대입하여 $I_2$를 얻는다.

$$2.0I_2 = 3.0I_1 - 12 = 3.0(2.0) - 12 = -6.0\ \text{A}$$
$$I_2 = \boxed{-3.0\ \text{A}}$$

마지막으로, $I_1$과 $I_2$ 값을 식 (1)에 대입하여 $I_3$를 구한다.

$$I_3 = I_1 + I_2 = 2.0\ \text{A} - 3.0\ \text{A} = \boxed{-1.0\ \text{A}}$$

**주의** $I_2$와 $I_3$가 둘 다 음이라는 사실은 이들 전류의 방향을 잘못 선정하였음을 의미한다. 그럼에도 불구하고 그 크기는 맞다. 처음 시작할 때 전류 방향을 정확하게 선정하는 것은 별로 중요하지 않은데, 방정식들이 1차식이어서 방향을 잘못 잡으면 답이 음수가 되기 때문이다.

**연습문제 18.4**

그림 18.11b에서 세 전류를 구하라. (전류의 방향을 의도적으로 틀리게 선정했음에 유의할 것!)

**답** $I_1 = -1.0\ \text{A}$, $I_2 = 1.0\ \text{A}$, $I_3 = 2.0\ \text{A}$

**Physics Now™** **http://physics.brookscole.com/ecp**에서 PhysicsNow를 로그인하고 연관된 예제 18.4로 들어가서 저항과 전압을 변화시키면서 키르히호프 법칙을 활용해 보자.

## 18.5 *RC* 회로

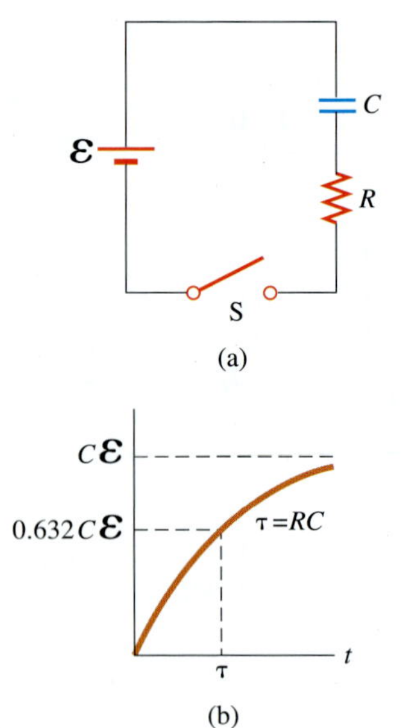


**활용그림 18.12**
(a) 저항, 전지 및 스위치와 직렬로 연결된 축전기. (b) 회로의 스위치를 닫은 후 축전기의 전압 변화를 시간에 대해 그린 그래프. 시상수 $\tau$가 1회 지나면 전하는 최대값 $C\mathcal{E}$의 63%가 된다. 시간이 아주 길어지면 전하량이 이 최대값으로 수렴한다.

**Physics Now™**
**http://physics.brookscole.com/ecp**에서 PhysicsNow를 로그인하고 활용그림 18.12로 들어가서 $R$과 $C$값의 변화가 축전기의 충전에 미치는 효과를 관찰하자.

지금까지 우리는 일정한 전류가 흐르는 회로를 다루었다. 이제는 축전기가 들어 있어 시간에 따라 전류가 변하는 직류 회로를 고려해 보자. 활용그림 18.12의 직렬 회로를 생각해 보자. 처음에는 스위치가 열려 있어서 축전기가 충전되어 있지 않다고 가정한다. 스위치가 닫힌 후 건전지가 축전기의 극판을 충전하기 시작하면서 전류가 저항을 통해 흐른다. 축전기가 충전되면서 회로에 흐르는 전류가 시간에 따라 달라진다. 충전 과정은 축전기가 최대 평형값 $Q = C\mathcal{E}$에 이를 때까지 계속되는데, $\mathcal{E}$는 축전기 양단 사이의 최대 전위차이다. 일단 축전기가 모두 충전되면 회로의 전류는 0이 된다. 만일 스위치가 닫히기 전에 축전기에 전하가 없고 $t = 0$일 때 스위치를 닫는다면, 축전기의 전하량을 다음 식으로 나타낼 수 있다.

$$q = Q\,(1 - e^{-t/RC}) \qquad [18.7]$$

여기서 $e = 2.718\cdots$은 자연로그의 밑인 Euler 상수이다. 활용그림 18.12b는 이 식의 그래프이다. $t = 0$에서는 전하가 0이고 시간이 무한대로 접근하면 최대값은 $Q$에 수렴한다. 임의 시간에서 축전기 양단 사이의 전압 $\Delta V$는 전하량을 전기용량으로 나누어 얻는다. 즉, $\Delta V = q/C$이다.

식 18.7에서 보는 바와 같이, 이 모델에서는 축전기가 완충되기 전까지는 무한한 시간이 소요된다. 그 이유는 수학적인 것으로서, 그 식을 유도하면서 전하량의 크기를 무한히 작게 보았기 때문인데, 실제적으로는 전자의 전하량은 $1.60 \times 10^{-19}$ C보다 작은 양이 존재하지 않는다. 현실적으로 일정 시간이 지나면 충전기의 충전이 완료된다. 식 18.7에 나타나는 $RC$항은 **시상수**(time constant) $\tau$(그리스 문자 tau)라고 한다.

*RC* 회로의 시상수▶

$$\tau = RC \qquad [18.8]$$

시상수는 전하가 0에서 최대 평형값의 63.2%까지 증가하는 데 필요한 시간을 나타낸다. 즉, 1 시상수 동안 축전기의 전하는 0에서 $0.632Q$로 증가한다. 이는 식 18.7에서 $t = \tau = RC$로 치환하고 $q$에 대해 풀면 확인할 수 있다($1-1/e = 0.632$임에 유의할 것). 시상수가 긴 회로는 충전 속도가 대단히 느리고, 시상수가 작은 회로는 매우 빨리 충전된다. 시상수가 10배 정도의 시간이 경과하면 축전기는 99.99% 이상 충전 완료된다.

이제 초기 전하 $Q$인 축전기, 저항 및 스위치로 이루어진 활용그림 18.13a의 회로를 생각해 보자. 스위치를 닫기 전, 충전된 축전기 양단의 전위차는 $Q/C$이다. 스위치를 닫으면 축전기가 완전히 방전될 때까지 축전지 극판 이쪽에서 저쪽으로 전하가 저항

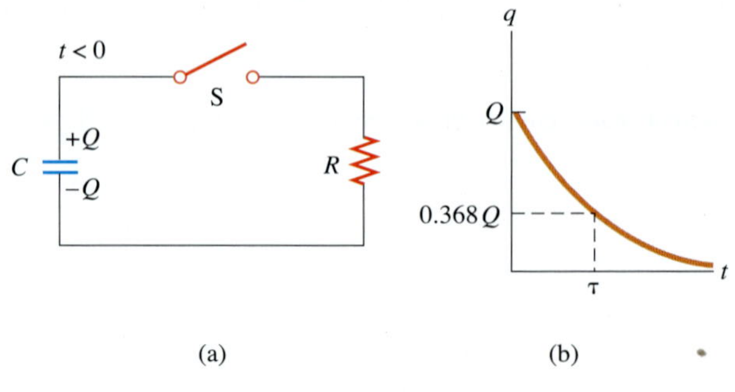


**활용그림 18.13**
(a) 충전한 축전기를 저항과 스위치에 연결한 회로. (b) 스위치을 닫은 후 축전기 전하량의 변화를 시간에 대해서 그린 그래프.

**Physics Now™**
**http://physics.brookscole.com/ecp**에서 PhysicsNow를 로그인하고 활용그림 18.13으로 들어가서 저항과 전압을 변화시키면서 키르히호프 법칙을 활용해 보자.

을 통해 흐르기 시작한다. 만약 스위치를 닫은 시간이 $t = 0$이면 축전기의 전하 $q$는 시간에 따라 다음과 같이 변하는 것을 볼 수 있다.

$$q = Qe^{-t/RC} \qquad [18.9]$$

즉 전하는 활용그림 18.13b에서 보는 바와 같이 시간에 따라 지수적으로 감소한다. $t = \tau = RC$ 시간 동안 전하는 처음 값 $Q$에서 $0.368Q$로 감소한다. 다른 말로 해서, 시상수 1회의 시간에 축전기는 초기 전하의 63.2%를 잃는다. $\Delta V = q/C$이기 때문에 축전기 양단 사이의 전위차도 역시 $\Delta V = \mathcal{E}e^{-t/RC}$ 형태로 감소하는데, 여기에서 $\mathcal{E}$($Q/C$와 같은)은 완전히 충전된 축전기 양단의 초기 전압이다.

## 응용물리 18.2 박테리아의 증식

인구 증가와 관련된 생물 실험에서도 *RC* 회로 분석에서 소개한 지수함수와 유사한 방정식이 사용된다. 이 방정식을 다수의 박테리아에게 적용하면

$$N_f = N_i 2^n$$

이 되는데, $N_f$는 $n$회 분열한 뒤의 개체 수이고, $N_i$는 최초의 개체 수이며, $n$은 성장주기 반복 횟수 또는 분열 횟수이다. 분열 소요 시간은 미생물에 따라 다른데, 나병 박테리아의 경우에는 약 30일, 식중독을 일으키는 살모넬라 박테리아의 경우에는 20분 정도이다. 10마리의 살모넬라 박테리아가 먹고 남은 닭다리에 감염되었다고 하자. 4시간 후에 이 닭다리에는 박테리아가 몇 마리로 증식해 있겠는가?

**설명** 분열 횟수는 240분/20분 = 12회이다.

$$N_f = N_i 2^n = (10 \text{ 마리 박테리아})(2^{12}) = 40\,960 \text{ 마리 박테리아}$$

그러므로 이 닭다리를 밤참으로 먹으면 인체가 약 41 000 마리의 박테리아를 처리해야 하는데, 이 숫자는 여건만 좋으면 계속해서 두 배씩 늘어나게 된다.

## 응용물리 18.3 점멸 경고등

도로 공사장에는 야간에 운전자들에게 경고 신호를 내는 노란색 점멸 경고등을 설치한다. 불빛을 반짝이게 하는 것은 무엇인가?

**설명** 이러한 점멸 회로의 대표적인 회로는 그림 18.14에 보인 바와 같다. 전구 L은 기체가 봉입된 전구로서, 보통은 전류가 흐르지 않지만 양단에 높은 전압차가 걸리면 기체를 통해서 방전이 되면서 밝은 빛을 낸다. 이 방전 과정에서는 램프의 전극 사이 기체를 통해서 전하가 흐른다. 스위치를 닫으면 전지에 의해서 축전지가 충전된다. 처음에는 전류가 크고 축전기의 전하량이 많지 않아서 전위차의 대부분은 저항 $R$의 양단에 걸린다. 축전기에 충전이 계속되면 그 양단의 전위차가 커지면서 전류가 줄어들고 저항 양단의 전위차도 감소한다. 결국에는 축전기 양단의 전압이 램프가 방전하는 수준에 이르러서 섬광을 낸다. 이렇게 되면 축전기의 전하가 램프를 통해 방전되고 다시 충전과정이 되풀이 된다. 섬광 사이의 시간은 회로의 *RC* 상수를 조절하여 바꿀 수 있다.

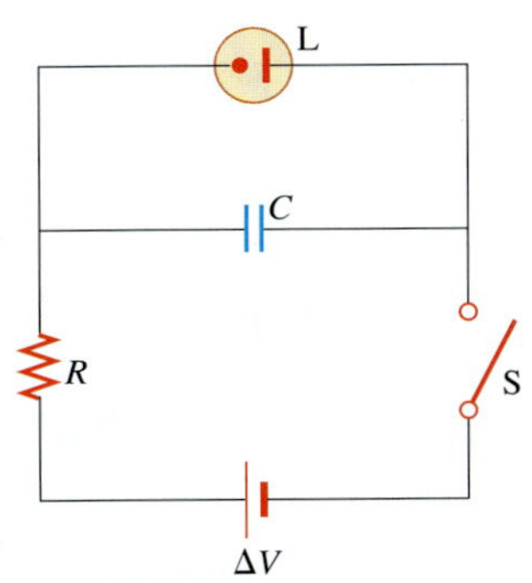


**그림 18.14** (응용물리 18.3)

**Quick Quiz 18.5**

그림 18.15에서 스위치를 닫았다. 축전기의 시상수에 비해 충분히 긴 시간이 지난 후 2 Ω의 저항에 흐르는 전류는 얼마인가? (a) 4 A, (b) 3 A, (c) 2 A, (d) 1 A, (e) 알 수 없음.

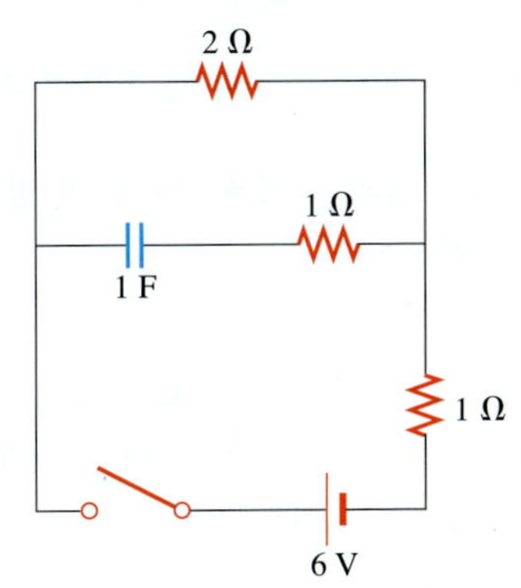


**그림 18.15** (Quick Quiz 18.5)

## 예제 18.5 *RC* 회로의 축전기 충전하기

**목표** 간단한 *RC* 회로의 특성을 계산한다.

**문제** 충전되지 않은 축전기와 저항이 직렬로 연결되어 있다(활용그림 18.12a). $\mathcal{E}$ = 12.0 V, $C$ = 5.00 $\mu$F이며 $R = 8.00 \times 10^5\ \Omega$일 경우 (a) 회로의 시상수, (b) 축전기의 최대 전하량, (c) 6.00 s가 경과 했을 때 축전기의 전하량, (d) 6.00 s가 경과 했을 때 저항 양단의 전위차, (e) 그때 저항에 흐르는 전류를 구하라.

**전략** (a)에서 시상수를 구하려면 식 18.8을 이용해야 한다. (b)에서 최대 전하에 도달하는 것은 오랜 시간이 경과하여 전류가 0이 되었을 때이다. 옴의 법칙 $\Delta V = IR$에 의해 그 때가 되면 저항 양단의 전위차도 0이 되며, 키르히호프의 고리 규칙으로부터 최대 전하를 구할 수 있다. (c)에서와 같이 특정 시점에서의 전하량을 구하는 것은 식 18.7에 대입하는 문제이다. 키르히호프의 고리 규칙과 전기용량 식을 이용하여 (d)에서 저항 양단의 전위차를 간접적으로 구한 뒤에는 옴의 법칙으로 전류를 구한다.

**풀이**

(a) 회로의 시상수를 구하라.

시상수의 정의인 식 18.8을 이용한다.

$$\tau = RC = (8.00 \times 10^5\ \Omega)(5.00 \times 10^{-6}\ \text{F}) = \boxed{4.00\ \text{s}}$$

(b) 축전기의 최대 전하량을 구하라.

키르히호프의 고리 법칙을 이 *RC* 회로에 시계 방향으로 적용하는데, 이렇게 되면 전지의 전위차는 양이며 축전기와 저항 양단의 전위차는 음이 된다.

$$\Delta V_{\text{bat}} + \Delta V_C + \Delta V_R = 0 \quad (1)$$

축전 용량의 정의식 16.8과 옴의 법칙으로부터 $\Delta V_C = -q/C$이며 $\Delta V_R = -IR$이다. 이 값들은 전압이 떨어진 값이므로 음수이다. 또한 $\Delta V_{\text{bat}} = +\mathcal{E} = 12.0\ \text{V}$이다.

$$\mathcal{E} - \frac{q}{c} - IR = 0 \quad (2)$$

충전이 완료되면($q = Q$) $I = 0$이다. 식 (2)를 최대 전하에 대해서 푼다.

$$\mathcal{E} - \frac{Q}{C} = 0 \longrightarrow Q = C\mathcal{E}$$

해당 값을 대입한다.

$$Q = (5.00 \times 10^{-6}\ \text{F})(12.0\ \text{V}) = \boxed{60.0\ \mu\text{C}}$$

(c) 6.00 s가 경과 했을 때 축전기의 전하량을 구하라.

식 18.7에 대입한다.

$$q = Q(1 - e^{-t/\tau}) = (60.0\ \mu\text{C})(1 - e^{-6.00\ \text{s}/4.00\ \text{s}}) = \boxed{46.6\ \mu\text{C}}$$

(d) 6.00 s가 경과 했을 때 저항 양단의 전위차를 구하라.

그 시점에서 축전기 양단의 전압 강하 $\Delta V_C$를 계산한다.

$$\Delta V_C = -\frac{q}{C} = \frac{-46.6\ \mu\text{C}}{5.00\ \mu\text{F}} = -9.32\ \text{V}$$

식 (1)을 $\Delta V_R$에 대해서 풀고 주어진 값들을 대입한다.

$$\Delta V_R = -\Delta V_{\text{bat}} - \Delta V_C = -12.0 - (-9.32\ \text{V}) = \boxed{-2.68\ \text{V}}$$

(e) 6.00 s가 경과 했을 때 저항에 흐르는 전류를 구하라.

(d)의 결과를 이용하여 옴의 법칙을 적용한다(여기서 $\Delta V_R = -IR$이다).

$$I = \frac{-\Delta V_R}{R} = -\frac{(-2.68\ \text{V})}{(8.0 \times 10^5\ \Omega)} = \boxed{3.4 \times 10^{-6}\ \text{A}}$$

**주의** 이 문제를 푸는 데 있어서 부호에 세심한 주의를 기울였다. 키르히호프의 고리 규칙을 이용할 때는 항상 부호를 정해야 하며 문제를 푸는 동안 바꾸지 말아야 한다. 그런가 하면 크기를 이용할 때는 부호를 물리적 감각에 의해 정할 수 있다. 예를 들어, 저항 양단 전위차의 크기는 전지 양단의 전위차에서 축전기 양단의 전위차를 뺀 값이어야 한다.

**연습문제 18.5**
2.00 s가 경과했을 때 (a) 축전기의 전하량, (b) 축전기 양단의 전위차, (c) 저항 양단의 전위차를 구하라.

**답** (a) 23.6 $\mu$C (b) 4.72 V (c) 7.28 V

## 18.6 가정용 배선

가정의 전기 회로는 이 장에서 배운 지식들의 일부를 실제로 적용한 사례이다. 전형적인 가정의 전기설비에서 전력회사는 두 줄의 전선(전력선)으로 각 가정에 전력을 공급한다. 가정에서의 전기기구는 그림 18.16과 같이 이 전선에 병렬로 연결된다. 두 전선 사이의 전위차는 약 220 V이다(이것은 실제로는 교류 전류와 전압이지만, 여기서는 일정한 전류와 전압의 직류라 가정하자). 이 중 하나의 전선은 접지되어 있고, 다른 전선은 'hot' 전선이라 하며 220 V의 전위를 띠고 있다. 전력계와 회로차단기(또는 퓨즈)는 그림에서와 같이 집에 들어오는 전선과 직렬로 연결되어 있다.

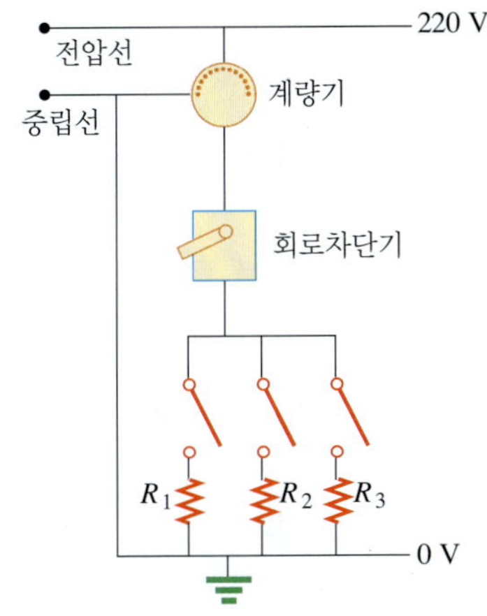

**그림 18.16** 가정용 회로의 배선도. 저항 $R_1$, $R_2$, $R_3$는 가전제품이나 220 V로 구동하는 전기기기들을 나타낸다.

현대식 가정에서는 퓨즈 대신 회로차단기를 사용한다. 회로의 전류가 한계값(통상 30 A)을 초과할 때, 회로차단기는 스위치와 같이 작용하여 회로를 개방시킨다. 그림 18.17은 회로차단기의 구조 한 가지를 나타낸 것이다. 전류가 바이메탈로 만든 막대를 통과하는데, 과도 전류에 의해 막대가 가열되면 윗부분이 왼쪽으로 굽는다. 만일 막대가 충분하게 왼쪽으로 굽으면, 막대는 스프링에 달려 있는 금속막대의 홈 속으로 들어간다. 이 경우 막대는 접촉점에서 회로를 열기에 충분하게 떨어지게 된다. 금속막대는 또한 회로차단기가 작동하지 않고 있음을 알리기 위해 스위치를 내린다(과부하가 제거된 후 스위치는 제자리로 돌아올 수 있다). 이와 같은 설계의 전류차단기들은 바이메탈 조각이 가열되어야 하기 때문에, 회로가 과부하에 걸렸을 때에도 작동에 시간이 걸린다는 단점이 있다. 그렇기에 최근 만들어지는 많은 회로차단기는 전자석을 이용한다(19장에서 설명).

**APPLICATION**

퓨즈와 회로차단기

전선과 회로차단기는 회로에서 전류 소요량 따라 맞추어 시공해야 한다. 회로에 30 A 같이 큰 전류를 사용할 예정이라면 굵은 전선과 이에 맞는 적절한 회로차단기를 사용해야 한다. 가정에도 많이 전등 등의 소형 가전기기들은 20 A 정도면 된다. 각 회로에는 최대 안전 전류에 맞는 회로차단기가 설치되어 있다.

예를 들어 토스터, 전자레인지, 전기히터에 전기를 공급하는 회로를 생각해 보자(그림 18.16에 $R_1$, $R_2$, $R_3$로 표시). $\mathcal{P} = I\Delta V$를 이용하면 각 기기에 필요한 전류량을 계산할 수 있다. 120 V 전원인 경우 1 000 W의 토스터기는 1 000/120 = 8.33 A, 800 W의 전자레인지는 6.67 A, 1 300 W의 전기히터에는 10.8 A의 전류가 흐른다. 만일 3개의 전기용품을 동시에 사용하려면 총 25.8 A의 전류가 필요하다. 그러므로 차단기는 최소한 이 많은 전류를 수용해야 하며, 그렇지 못할 경우 차단된다. 다른 방법으로는 토스터기와 전자레인지는 20 A의 한 회로에, 전기히터는 다른 20 A의 회로로 분리하여 사용할 수 있다.

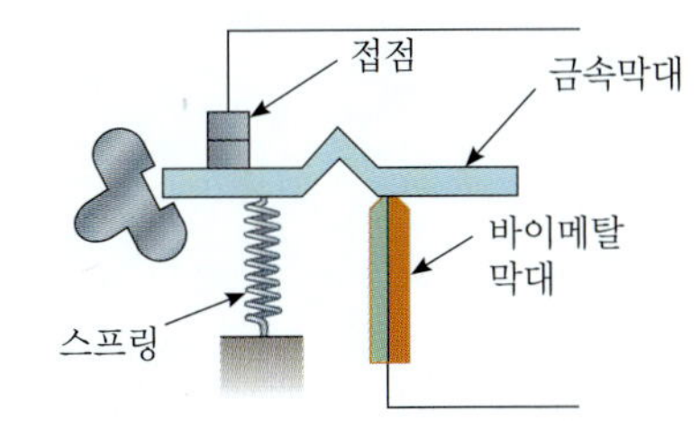

**그림 18.17** 바이메탈을 이용한 회로차단기.

120 V를 쓰는 나라의 경우, 전기오븐이나 건조기와 같이 많은 전류를 요구하는 전기용품들을 작동시키기 위해서는 240 V가 필요하다. 전력회사는 그림 18.18과 같이

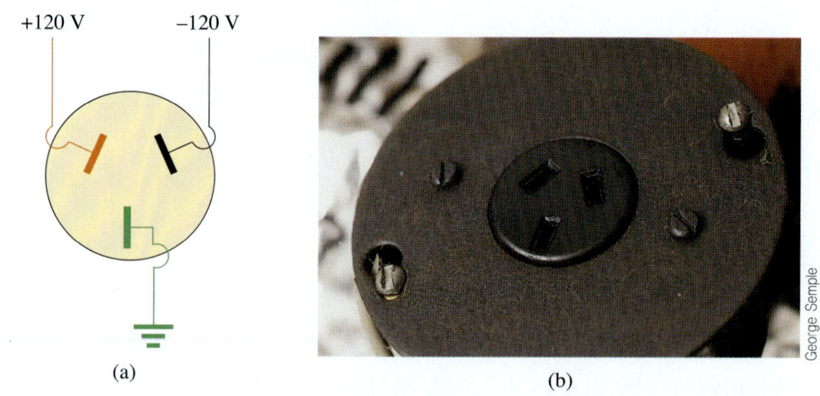


그림 18.18 240 V용 전원 콘센트.

접지 전위보다 높은 120 V의 hot 전선 외에 추가로 접지 전위보다 낮은 120 V의 또 다른 hot 전선을 이용하여 240 V를 급전한다. 그러므로 두 hot 전선 사이에는 240 V의 전위차가 생긴다. 240 V선으로 작동되는 기기는 120 V선으로 작동되는 전기용품에 비해 전류가 2분의 1이므로 전선이 과열되는 일 없이 가느다란 전선을 사용할 수 있다.

## 전기 안전

사람은 땅에 접촉하고 있는 동안 활선(live wire, 피복이 벗겨져 도선이 노출되어 전기가 통하는)을 만지면 감전될 수 있다. 수도관을 잡거나 젖은 발로 땅에 서 있는 상태는 접지상태가 된다. 왜냐하면 순수하지 않은 물은 좋은 도체이기 때문이다. 어떠한 경우라도 이러한 상태는 피해야 한다.

전기 쇼크는 치명적인 화상을 초래하거나 또는 심장과 같은 주요 조직의 근육에 손상을 입힐 수 있다. 신체에 대한 위험 정도는 전류의 세기, 감전 시간과 전류가 지나는 신체 부분에 따라 다르다. 5 mA나 그 이하의 전류는 감전 느낌은 주지만 위험은 거의 없다. 전류가 10 mA 이상이면 손의 근육이 수축되면서 전선에서 손을 뗄 수 없게 된다. 100 mA 이상의 전류가 수초 동안 몸을 통과한다면 매우 치명적일 수 있다. 이러한 큰 전류는 호흡기 근육을 마비시킨다. 어떤 경우 1 A 정도의 전류가 몸을 통과하면 심각한 (때로는 치명적인) 화상을 입게 된다.

**APPLICATION**

가전제품의 제3의 전선

소비자의 안전을 위해서 전기용 용품 제조업자들은 **외피 접지**라 하는 제3의 전선을 사용한다. 이것이 어떻게 작용하는가를 이해하기 위해 그림 18.19와 같이 사용중인 드릴을 생각해 보자. 두 줄의 전선으로 작동하는 기기에서 'hot' 전선인 한 선은 입력 선에서 전위가 높은 선(220 V)에, 그리고 다른 선은 접지선(0 V)에 연결된다. 만일 높은 전위의 전선이 드릴의 외피(케이스)에 접촉되면(그림 18.19a) 단락이 생기게 된다. 이런 비상 상황에서 전류가 흐르는 길은 전압이 걸린 선에서 드릴을 잡고 있는 사람을 통해 땅으로 가는 경로인데, 이 경로는 치명적일 수도 있다. 보호책은 그림 18.19b와 같이 드릴의 케이스에 연결한 3번째 선을 이용하는 것이다. 이 경우 단락이 생기면, 전류가 가장 저항을 적게 받는 경로는 전압선에서 케이스의 제3의 전선을 통해 다시 접지선으로 돌아가는 경로가 된다. 이렇게 해서 높은 전류가 흐르면 사람이 부상을 입기 전에 퓨즈가 끊어지거나 회로차단기가 작동하게 된다.

현재 새로 짓는 집에는 누전차단기(GFIs)라 불리는 특별한 전기 콘센트가 부엌, 침

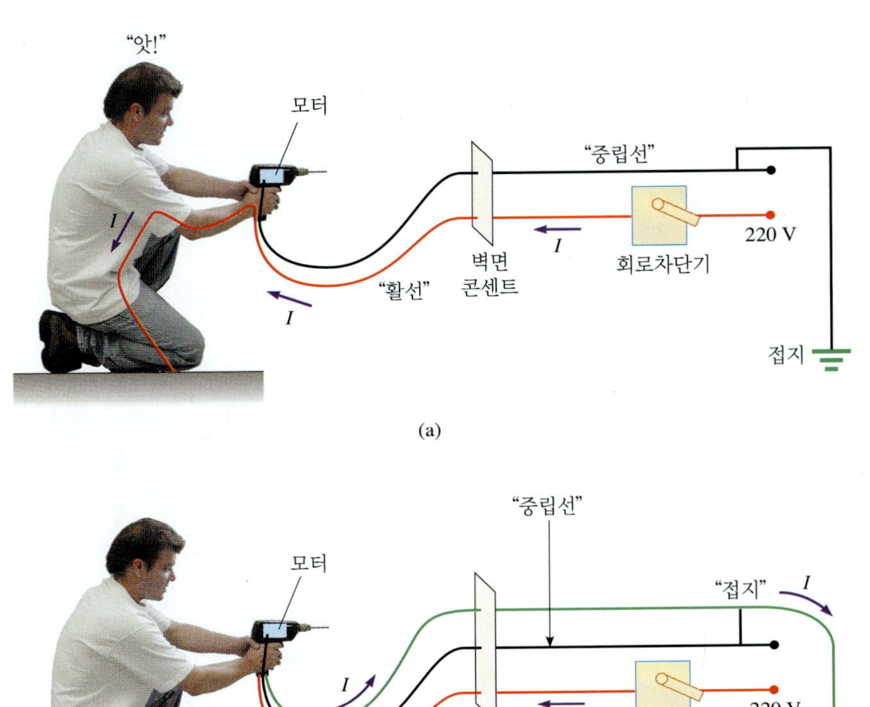


**그림 18.19** 220 V의 활선은 안전을 위해 언제나 회로차단기와 연결되어 있다. (a) 드릴을 두 가닥 전선으로 작동시킬 경우, 정상적인 전류 경로는 활선-전동기 단자를 지난 후 "중립선"을 타고 다시 접지로 가는 길이다. 그러나 여기에서는 전압이 걸린 쪽 선이 드릴의 외피와 접촉되어 드릴을 들고 있는 사람이 전기 충격을 받았다. (b) 드릴 외피에서 접지를 연결하는 제3의 전선을 이용하면 충격을 방지할 수 있다.

실, 지하실과 기타 위험한 곳에 설치되고 있다. 그것은 작은 전류(대략 5mA 내외)가 땅으로 새는 것을 감지하여 전기적 충격으로부터 사람을 보호하게 설계된 것이다. 전류가 이보다 높게 감지되면 그 장치는 수ms 이내에 전류를 차단시킨다. 누전차단기는 19장에서 다시 논의하게 될 것이다.

## 18.7 뉴런을 통한 전기적 신호의 전파[2]

살아 있는 유기체 속에서의 가장 놀랄 만한 전기적 현상은 동물의 신경조직 속에서 발견된다. **뉴런**(neurons)이라고 하는 특별한 세포는 몸의 한 부분에서의 정보를 다른 부분으로 받아들이고, 진행하고, 전달하는 복잡한 연결망을 형성한다. 이 연결망의 중심은 정보를 모으고 분석하는 능력을 가진 뇌 속에 있다. 이 정보를 기초로 신경조직이 몸을 조절한다.

신경계는 매우 복잡하며 서로 연결된 약 $10^{10}$개의 뉴런으로 구성되어 있다. 신경계의 일부 특성은 잘 알려져 있다. 지난 45년에 걸쳐 신경계를 통한 신호전달 방법이 밝혀졌다. 뉴런이 전달하는 메시지는 **활동 전위**라 하는 전압 펄스이다. 뉴런은 최저 수준 이상으로 센 자극을 받으면 동일한 펄스를 만들어내고, 이 펄스가 뉴런의 몸을 따라 이동해 간다. 자극의 세기는 생성된 펄스의 개수로 전달된다. 펄스가 뉴런의 끝에 도달

[2] 이 절은 보스턴 대학의 폴 다비드오빗(Paul Davidovit)이 쓴 수필에 기초한 것이다.

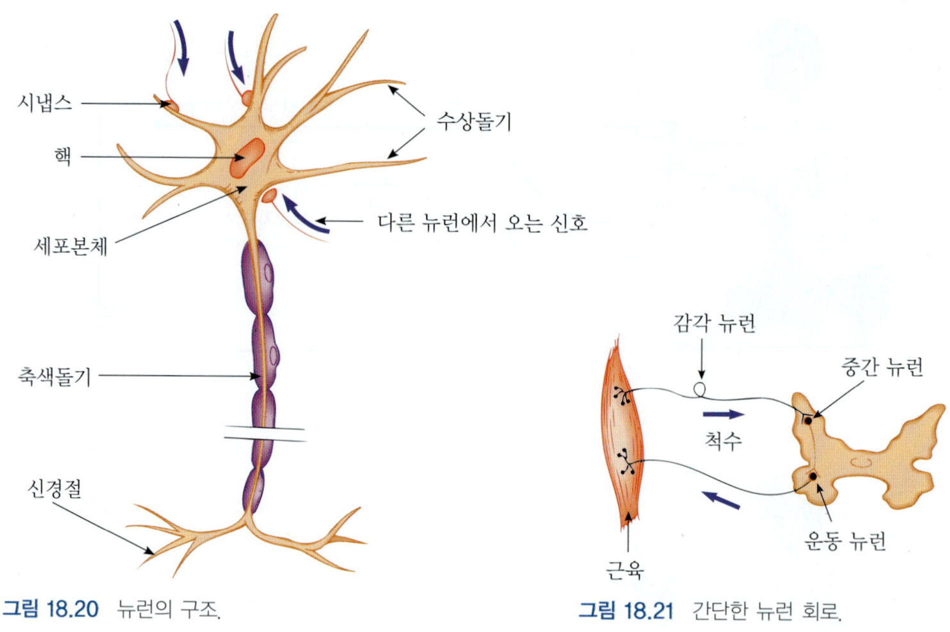


**그림 18.20** 뉴런의 구조.

**그림 18.21** 간단한 뉴런 회로.

하면 근육세포나 다른 뉴런을 활성화시킨다. 뉴런에는 "발화 문턱값"이 있다. 활동 전위는 자극이 어떤 최소값(문턱값) 이상으로 강한 경우에만 뉴런을 따라 전달된다.

뉴런은 감각 뉴런, 운동 뉴런, 연합 뉴런(중간 뉴런)의 세 종류로 나뉜다. 감각 뉴런은 신체의 외부와 내부 환경을 감시하는 감각기관으로부터 자극을 받는다. 감각 뉴런은 각각의 특수 기능별로 빛, 온도, 압력, 근육의 긴장, 냄새 등의 요소에 대한 정보를 신경조직 내의 높은 곳에 전달한다. 운동 뉴런은 근육세포를 조절하는 명령을 전달한다. 이러한 명령은 감각 뉴런과 두뇌가 제공하는 정보에 근거해서 만들어진다. 연합 뉴런(중간 뉴런)은 하나의 뉴런에서 다른 뉴런으로 정보를 전달한다.

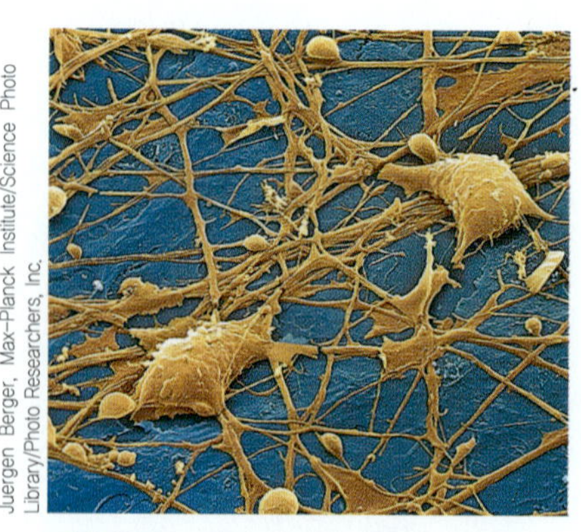

Juergen Berger, Max-Planck Institute/Science Photo Library/Photo Researchers, Inc.

**그림 18.22** 두뇌 피질의 별모양 뉴런.

각각의 뉴런은 **수상돌기**(dendrites)라 불리는 입력단과 **축색돌기**(axon)라 불리는 긴 꼬리가 붙어 있는 세포 본체로 이루어져 있는데, 축색돌기는 세포 본체로부터 바깥쪽으로 신호를 전달한다(그림 18.20). 신경의 축색돌기 끝은 여러 갈래의 신경 단말로 갈라지고, 신경 단말은 다른 뉴런 또는 근육세포 사이의 좁은 간격을 가로질러 신호를 전달한다. 그림 18.21은 간단한 감각–운동 뉴런의 회로이다. 근육으로부터 오는 자극에 의해 척추로 들어가는 신경 자극이 만들어진다. 여기에서 신호는 운동 뉴런으로 전달되고, 이어서 운동 뉴런은 근육을 조절하는 신호를 만들어낸다. 그림 18.22는 두뇌 속에 있는 뉴런의 전자현미경 사진이다.

뉴런 세포의 연장인 축색돌기는 전기 신호를 세포 본체에서 바깥쪽으로 전달한다. 대단히 긴 축색돌기도 있다. 예를 들면, 인체에서 손가락과 발가락을 척수에 연결하는 축색돌기의 길이는 1 m 이상이다. 뉴런은 축색돌기의 특수한 능동적 전기 특성 덕택에 정보를 전달할 수 있다(축색돌기는 수동적인 저항선이 아니라 전지와 같은 **능동적** 에너지원의 속성을 지니고 있다). 축색돌기의 전기 · 화학적 정보는 대부분 바늘 모양의 전극을 축색돌기 속으로 집어넣어 얻을 수 있다. 그림 18.23은 어느 실험 설비를 보인 것이다.

뉴런의 외부는 접지되어 있어서 측정한 전압은 모두 외부의 0을 기준으로 한다는

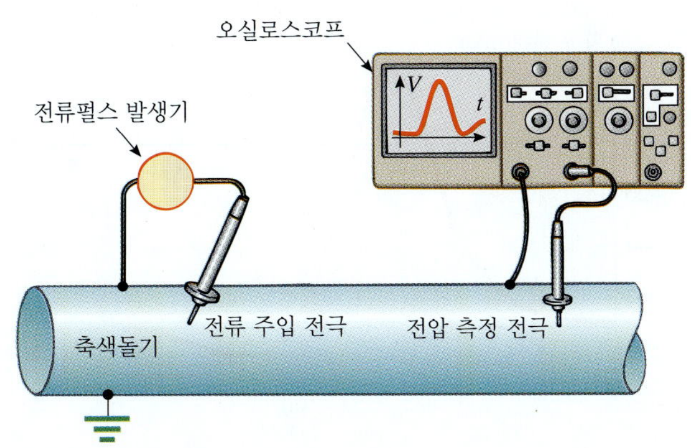


**그림 18.23** 전기적 자극을 받은 축색돌기. 왼쪽의 전극으로는 짧은 전류 펄스를 주입하고 오른쪽 전극은 그렇게 얻어지는 활동 전위를 시간의 함수로 측정한다.

점에 유의하라. 이런 전극들을 이용하여 축색돌기 내부로 전류를 흐르게 할 수 있고, 고정된 위치에서 시간의 함수로 활동 전위를 측정하고 또 세포 화학 성분의 검체를 채취할 수가 있다. 축색돌기의 직경이 대단히 작기 때문에 일반적으로 이런 실험은 쉽지가 않다. 인간 신경계 속에서 가장 큰 축색돌기조차 $20 \times 10^{-4}$ cm에 불과하다. 그런데 대왕오징어에게는 지름이 약 0.5 mm 정도 되는 축색돌기가 있는데, 이 정도면 전극을 어렵지 않게 삽입하기에 충분한 크기이다. 신경계 내의 신호전달에 대한 많은 정보는 대왕오징어의 축색돌기 실험으로부터 얻었다.

인체 내의 수용액에서 소금과 다른 분자들은 양과 음이온으로 해리된다. 그 결과, 체액은 비교적 전기를 잘 통한다. 축색돌기의 내부는 약 5~10 nm 두께에 불과한 얇은 막으로 주변의 체액으로부터 격리된 이온 액체로 채워져 있다. 내부와 외부 체액의 비저항은 거의 같지만 화학적 조성은 전혀 다르다. 외부 체액은 바닷물과 유사하여, 대부분이 양의 나트륨 이온과 음의 염소 이온으로 이루어져 있다. 축색돌기 내부에서 양이온은 대부분 칼륨 이온이며 음이온은 대부분이 대형 유기질 이온들이다.

보통은 축색돌기 안과 밖의 농축된 나트륨과 칼륨 이온은 확산 과정을 통해서 농도가 같아질 것이다. 그러나 축색돌기는 에너지가 공급되는 살아 있는 세포이므로 수 ms 내에 그 막의 투과율을 변화시킬 수 있다.

축색돌기가 전기신호를 전달하지 않을 때면 축색돌기의 막은 칼륨 이온을 쉽게 통과시키고 나트륨 이온은 그보다는 적게 통과시키지만 큰 유기질 이온들은 통과시키지 않는다. 그렇기 때문에, 나트륨 이온은 축색돌기로 쉽게 들어가지 못하지만 칼륨 이온은 축색돌기에서 빠져나올 수 있다. 칼륨 이온이 축색돌기에서 빠져 나가면서 뒤에는 따라나가지 못하는 큰 유기질 이온들이 남는다. 그 결과로 내부에는 외부에 대해 내부에 음의 전위가 점차 커진다. 마지막에는 이 전위가 −70 mV 정도에 이르고 이 전위차에 의해서 칼륨의 누출이 정지되어 평형상태에서의 이온 농도가 앞에서 언급한 바와 같이 된다.

뉴런에 의해서 전기적 신호가 만들어지는 기전은 개념적으로 간단하지만 실험적으로 이를 정리해 보기는 어려웠다. 뉴런이 적절한 자극에 의해 휴지 전위를 바꿀 때에는 세포막의 속성이 국부적으로 달라진다. 이 결과 약 2 ms 동안 나트륨 이온이 갑작스럽게 세포 속으로 흘러들어간다. 여기에서 그림 18.24a에 보인 바와 같이 활동 전위에 +30 mV의 신호가 만들어진다. 그리고는 바로 세포 밖으로 흘러나오는 칼륨 이온이 증가하여 약 3 ms 후에 −70 mV의 정지 활동 전위로 되돌아간다. $Na^+$과 $K^+$ 이온

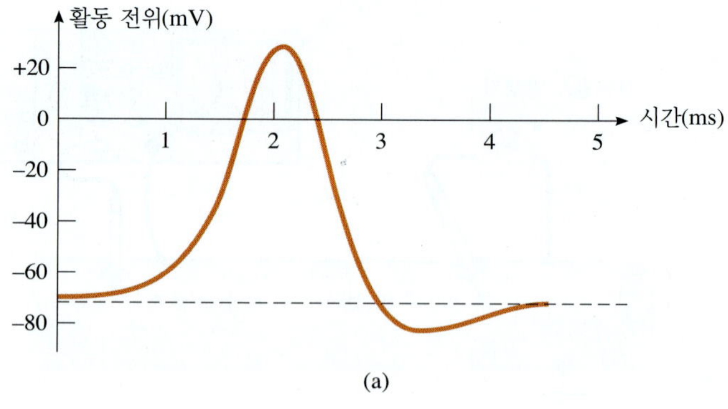


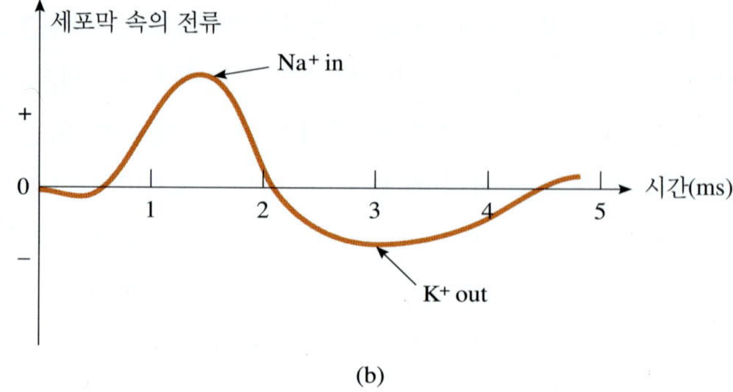


**그림 18.24** (a) 시간에 대해서 본 전형적인 활동 전위. (b) 시간에 대해서 본 축색돌기 막에서의 전류.

의 흐름 모두 Na과 K 방사능 추적자를 사용하여 측정한다. 축색돌기를 따라 이동하는 신경신호는 50 m/s에서 150 m/s로 측정되었다. 축색돌기의 신경 내에서의 이런 전하의 흐름(또는 신호전달)은 금속전선 내의 신호전달과는 다르다. 축색돌기 내에서 전하는 신경신호의 이동 방향에 수직으로 움직이고 신경신호는 금속 전선을 따라 이동하는 전압 펄스보다 아주 느리다.

비록 축색돌기는 복잡한 구조체이지만, 어떻게 $Na^+$과 $K^+$ 이온 채널이 열리고 닫히는지는 대부분 아직도 알려져 있지는 않다. 그러나 일반적인 전류와 축전지의 기본적 전기회로의 개념으로 축색돌기를 분석할 수 있다. 얇은 유전체 막 양 쪽에 크기는 같으나 부호가 반대인 전하를 가진 축색돌기가 축전기와 유사하다는 것을 보이는 것은 연습문제로 남긴다.

## 요약

**Physics Now™** **http://physics.brookscole.com/ecp**에서 PhysicsNow를 로그인하고 이 장에 대한 Pre-Test link를 클릭하여 연습문제 시험을 보라.

### 18.1 기전력원

전지나 발전기와 같이 전기회로 내 전하의 전위를 높여주는 소자를 **기전력원(emf)**라 한다. 전지는 화학 에너지를 전기 에너지로 바꾸며, 발전기는 역학적 에너지를 전기 위치 에너지로 변환한다. 전지의 단자 전압 $\Delta V$는

$$\Delta V = \mathcal{E} - Ir \qquad [18.1]$$

로 주어지는데, 여기서 $\mathcal{E}$는 전지의 기전력, $I$는 전류, 그리고 $r$은 전지의 내부 저항이다. 일반적으로 내부 저항은 무시해도 될 만큼 작다.

### 18.2 직렬 저항

**직렬** 연결된 저항들의 **등가저항**은 다음과 같다.

$$R_{eq} = R_1 + R_2 + R_3 + \cdots \qquad [18.4]$$

직렬 저항을 흐르는 전류는 일정 값을 유지한다. 두 개의 직렬 저항 값이 같지 않으면 각 저항 양단의 전위차도 다르다.

### 18.3 기전력원

병렬 연결된 저항들의 등가저항은 다음과 같다.

$$\frac{1}{R_{\text{eq}}} = \frac{1}{R_1} + \frac{1}{R_2} + \frac{1}{R_3} \cdots \qquad [18.6]$$

병렬로 연결된 두 저항 양단의 전위차는 같으나, 두 저항 값이 같지 않으면 각 저항에 흐르는 전류도 같지 않다.

### 18.4 키르히호프의 규칙과 복잡한 직류 회로

복잡한 회로는 **키르히호프의 규칙**을 이용하여 분석할 수 있다.

1. 어느 갈림점에 들어가는 전류의 합은 그 갈림점에서 나가는 전류의 합과 같아야 한다.
2. 어느 닫힌 고리에 대해서도 모든 소자들 양단의 전위차 전체 합은 0이어야 한다.

첫 번째 규칙은 갈림점 규칙이라 하는데, 이는 **전하 보존법칙**을 말한 것이다. 두 번째 규칙은 고리 규칙이라 하며 **에너지 보존법칙**을 나타낸다. 문제를 푼다는 것은 이들 규칙을 이용하여 알고자 하는 전류 수만큼의 방정식을 세우는 것이다. 그러고 나서 이 방정식들을 연립으로 풀게 된다.

### 18.5 *RC* 회로

전지, 저항 및 축전기가 직렬로 연결된 간단한 회로에서 축전기의 전하는 다음 식에 따라 증가한다.

$$q = Q\,(1 - e^{-t/RC}) \qquad [18.7]$$

식 18.7에서 $RC$ 항은 시상수 $\tau$라 한다.

$$\tau = RC \qquad [18.8]$$

시상수는 전하가 최대 평형 값의 63.2%까지 충전되는 데 필요한 시간이다.

저항 및 대전된 축전기가 직렬로 연결된 간단한 회로에서 축전기의 전하는 다음 식에 따라 감소한다.

$$q = Qe^{-t/RC} \qquad [18.9]$$

문제를 풀 때는 이들 식에 대입한다. 어느 시점에서건 축전기 양단의 전위차 $\Delta V$는 축전기의 전하를 정전용량으로 나누어 구한다($\Delta V = q/C$). 키르히호프의 고리 규칙을 사용하면 저항 양단의 전위차가 얻어진다. 저항에 옴의 법칙을 적용하면 전류를 구할 수 있다.

## 개념 파악을 위한 질문

**1.** 전지를 통과하는 저류의 방향은 항상 (−)에서 (+)인가? 설명하라.

**3.** 다 쓴 전지를 충전시키기 위하여 전달한 에너지가 $W$라면, 그 전지를 외부 회로에 연결하여 완전히 다 소모했을 때 외부 회로에 전달한 에너지도 $W$일까?

**5.** 자동차의 전조등을 켜놓고 차의 시동을 걸 때 시동중 전조등이 어두워지는 이유는 무엇인가?

**7.** 진기기구는 예컨대 120 V, 5 A처럼 흔히 전압과 전류로 구분한다. 그러나 전지는 오직 전압으로만(예컨대 1.5 V) 구분된다. 왜 그럴까?

**9.** 전지를 직렬로 연결하면, 회로에 가해지는 기전력이 증가한다. 전지를 병렬로 연결할 때의 장점은 무엇인가?

**11.** 그림 Q18.11에서 스위치를 닫으면 전구에 어떤 일이 생기는지 설명하라. 축전기의 전기용량은 매우 크고 초기에 충전되지 않았으며, 또 전원에 직접 연결한 것으로 가정하라.

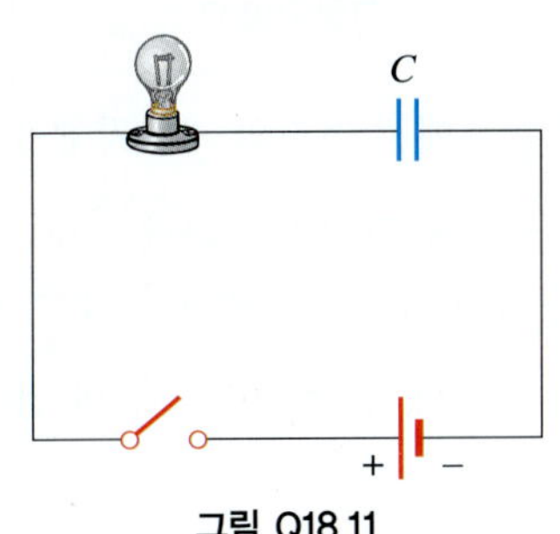

그림 Q18.11

**13.** 새가 고압선 위에 앉아 있어도 감전사하지 않는 이유는 무엇인가?

**15.** 키르히호프의 규칙과 밀접한 관계가 있는 것은 2개의 보존법칙이다. 무슨 법칙들인가?

**17.** 낙하산을 타고 내려가다가 고압선에 걸려 전선을 붙잡고 구조되기를 기다리고 있다. 이 사람은 감전사할 것인가? 전선이 끊어질 경우, 이 사람은 땅에 떨어지면서도 계속 전선을 붙잡고 있어야 하는가?

**19.** 그림 Q18.19와 같이 3개의 동일한 전구가 전지에 연결되어 있다. 스위치 S를 닫을 때, (a) 전구 A와 B의 밝기, (b) 전구 C의 밝기, (c) 회로의 전류, (d) 3개의 전구 양단의 전기위치 에너지 차이에 어떤 일이 생기겠는가? (e) 회로에서 소모되는 전력은 증가하는가, 감소하는가, 아니면 그대로 있는가?

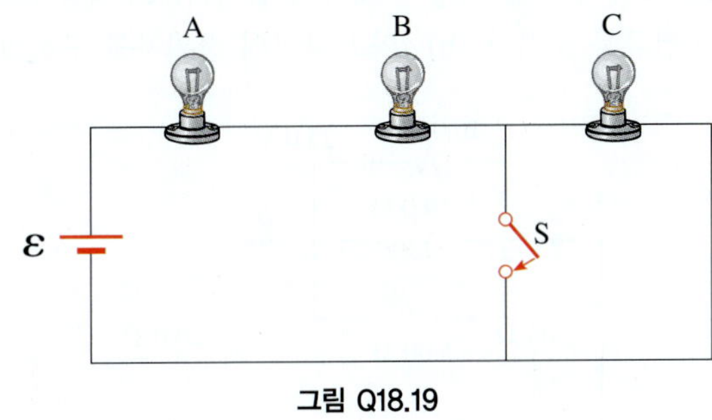

그림 Q18.19

## 문제

1, 2, 3 = 기본문제, 발전문제, 심화문제

□ = 학생 문제풀이 매뉴얼/학습 가이드 속에 전체 문제풀이가 있다.

PhysicsNow™ http://physics.brookscole.com/ecp에서 힌트를 받을 수 있는 문제

= 생물의학 문제

### 18.1 기전력원

### 18.2 저항의 직렬 연결

### 18.3 저항의 병렬 연결

**1.** 기전력이 9.00 V인 전지를 72.0 Ω짜리 저항에 연결했을 때 117 mA의 전류가 흐른다. 전지의 내부 저항을 구하라.

**3.** 120 V, 75 W로 표시된 전구를 각 전선의 저항이 0.800 V인 긴 연결 코드에 꽂았다. 다른 한쪽은 120 V의 전원에 연결하였다. 회로도를 그리고 기술한 회로에 들어 있는 전구의 실제 전력을 구하라.

**5.** (a) 그림 P18.5에서 점 $a$, $b$ 사이의 등가저항을 구하라. (b) $a$와 $b$ 사이에 34.0 V를 인가할 때 각 저항에 흐르는 전류를 구하라.

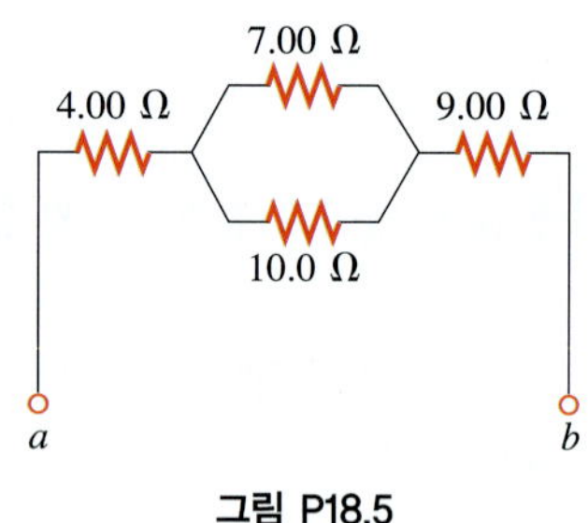


그림 P18.5

**7.** 그림 P18.7의 등가저항을 구하라.

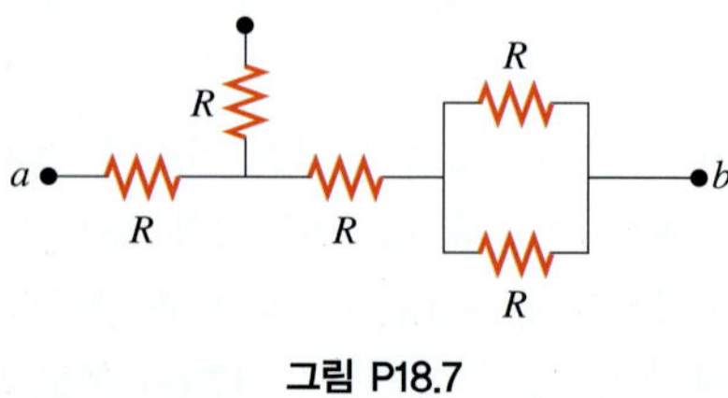


그림 P18.7

**9.** 그림 P18.9에서 다음 사항에 대하여 답하라. (a) 저항 20.0 Ω에 흐르는 전류를 구하라. (b) $a$와 $b$ 사이의 전위차를 구하라.

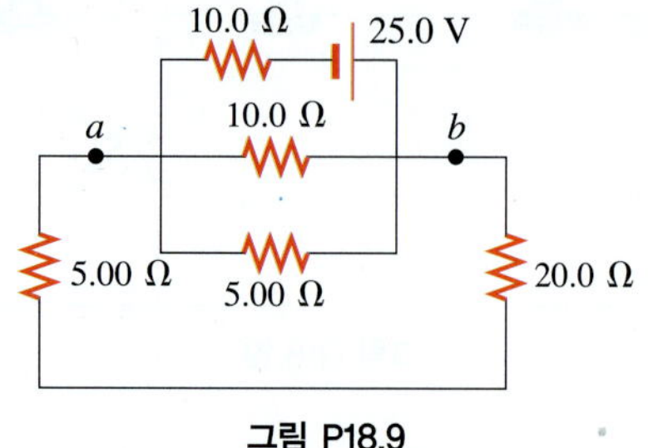


그림 P18.9

**11.** 그림 P18.11에서 양단 $a$, $b$ 사이의 저항이 75 Ω이다. $R$이라고 표시된 저항들의 값이 모두 같다면, $R$은 얼마인가?

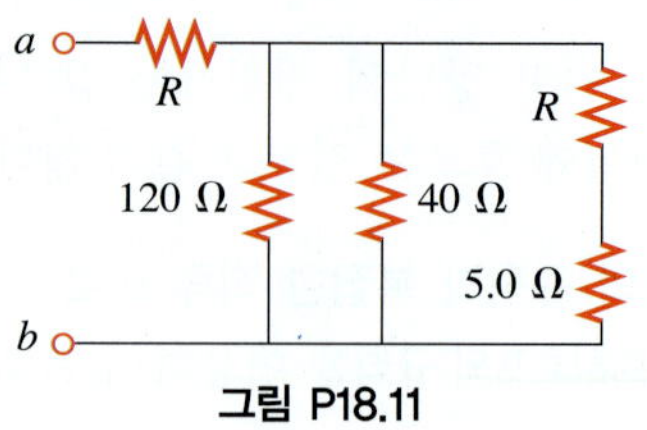


그림 P18.11

**13.** (a) 45 Ω의 저항이 필요한데 자재실에는 20 Ω과 50 Ω 저항들 밖에 없다. 이런 경우에 어떻게 원하는 저항을 만들 수 있는가? (b) 35 Ω이 필요하다면 어떻게 할 수 있는가?

### 18.4 키르히호프의 규칙과 복잡한 직류 회로

**15.** 그림 P18.15에 보인 회로에서 각 도선의 전류를 구하라.

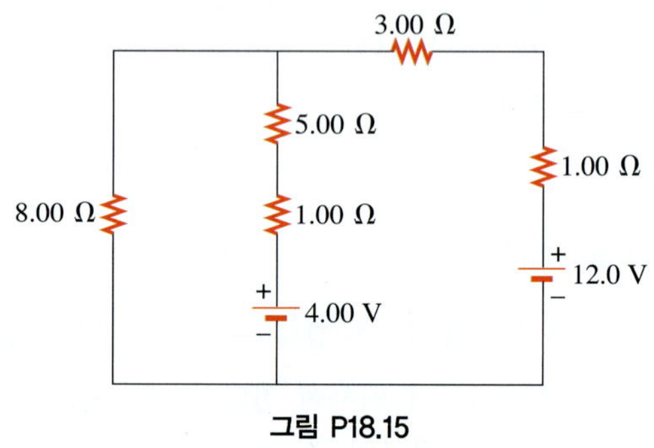


그림 P18.15

**17.** 그림 P18.17의 회로도에서 (a) 전류, (b) 접지에 대한 $A$선의 전위, (c) 1 500 Ω 저항 양단의 전압 강하를 각각 구하라.

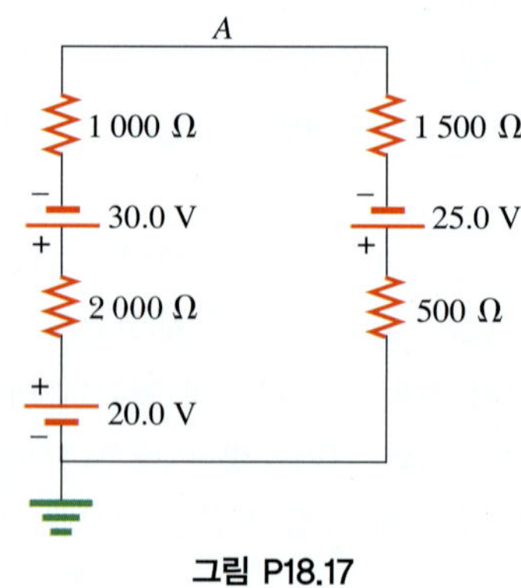


그림 P18.17

**19.** 그림 P18.19의 회로에서 전지의 기전력 $\mathcal{E}$을 얼마인가?

**21.** 키르히호프의 규칙을 그림 P18.21에서 (a) 각 저항에 흐르는 전류, (b) 점 $c$와 점 $f$ 사이의 전위차를 각각 구하라.

**23.** 그림 P18.23의 회로에서 각 저항 양단의 전위차를 구하라.

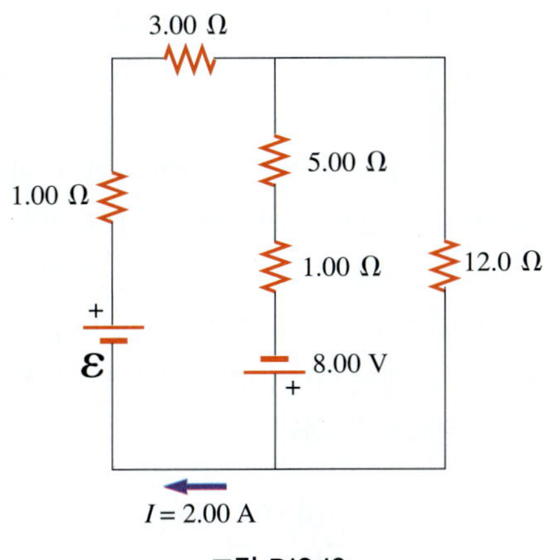


그림 P18.19

그림 P18.21

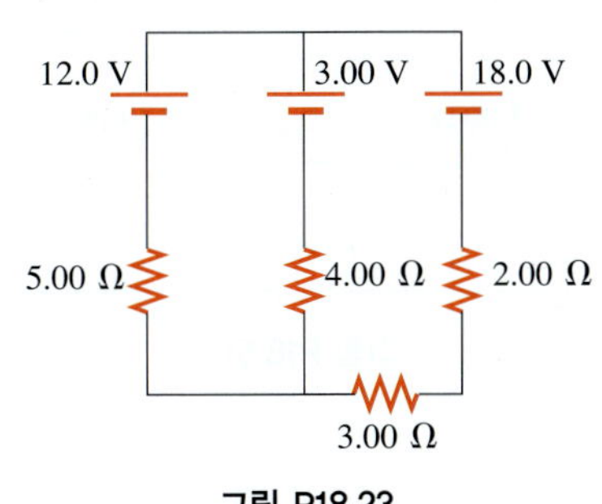


그림 P18.23

## 18.5 *RC* 회로

**25.** $C = 6.0\ \mu F$, $R = 2.0 \times 10^6\ \Omega$, 그리고 $\mathcal{E} = 20$ V인 *RC* 회로를 생각하자. (a) 회로의 시상수를 구하라. (b) 회로의 스위치를 닫은 후 축전기의 최대 전하를 구하라.

**27.** Physics Now™ $R = 1.0\ M\Omega$, $C = 5.0\ \mu F$, $\mathcal{E} = 30$ V의 직렬 *RC* 회로를 생각하자. 스위치를 닫은 10초 후의 축전기 충전량을 구하라.

**29.** *RC* 회로의 축전기가 0.900 s에서 최대 충전값의 60.0%가 충전되었다. 회로의 시상수는 얼마인가?

## 18.6 옥내 배선

**31.** 1 300 W의 전기히터, 1 000 W의 토스터, 그리고 1 500 W의 전기그릴 등 3개의 전기용품이 120 V 회로에 병렬로 연결되어 있다. (a) 각 전기용품의 전류는 얼마인가? (b) 30.0 A의 회로차단기이면 이 상황에서 충분한가?

**33.** 어느 스토브의 발열 소자는 240 V에서 3 000 W를 내도록 설계되었다. (a) 저항이 일정하다고 가정하고, 만일 120 V를 연결한다면 이 발열소자의 전류를 계산하라. (b) 이 전압에서 소비되는 전력을 계산하라.

## 18.8 뉴런을 통한 전기적 신호의 전파

**35.** 약 10 cm 길이의 축색돌기 신경세포가 활동 전위에 의해 자극되었다고 가정하자(자극된 길이 = 신경 속도 × 펄스 길이 = 50 m/s × 2.0 ms = 10 cm). 휴지 상태에서 축색돌기 벽의 외피는 $K^+$ 이온으로 충전되며, 내부 표면은 크기가 같고 부호가 반대인 음의 유기질 이온이 충전된다(그림 P18.35). 축색돌기를 평행판 축전기로 모형을 설정하되, $C = \kappa\epsilon_0 A/d$와 $Q = C\Delta V$로 하여 전하를 다음과 같이 조사해 보라. 원통형 축색돌기 세포에 대한 전형적인 값을 사용하는데 세포벽의 두께 $d = 1.0 \times 10^{-8}$ m, 축색돌기 반지름 $r = 10\ \mu m$, 그리고 세포벽의 유전 상수 $\kappa = 3.0$으로 한다. (a) 전기 펄스를 전달하지 않을 때 10 cm 길이의 축색돌기 바깥쪽의 양의 전하량을 계산하라. 축색돌기 바깥쪽의 $K^+$ 이온수는 얼마인가? 이것은 단위 면적당의 전하량으로는 많은 양인가? [힌트: 단위 면적당의 전하량을 전하당의 옹스트롱($Å^2$) 단위로 구하라. 원자의 단면적은 대략 1 $Å^2$(1 Å = $10^{-10}$ m)이다.] (b) 휴지 상태인 −70 mV로부터 얼마의 양전하가 세포막을 통과해야 여기 자극 상태인 +30 mV에 이르는가? 이 전하량은 나트륨($Na^+$) 이온 몇 개에 해당되는가? (c) $Na^+$ 이온이 축색돌기에 들어가는 데 2.0 ms 걸린다면 이 과정이 진행되는 동안 축색돌기 벽의 평균 전류는 얼마나 되는가? (d) 축색돌기 내부벽의 전위를 휴지 상태의 −70 mV로부터 시작해 +30 mV로 올리는 데는 얼마의 에너지가 필요한가?

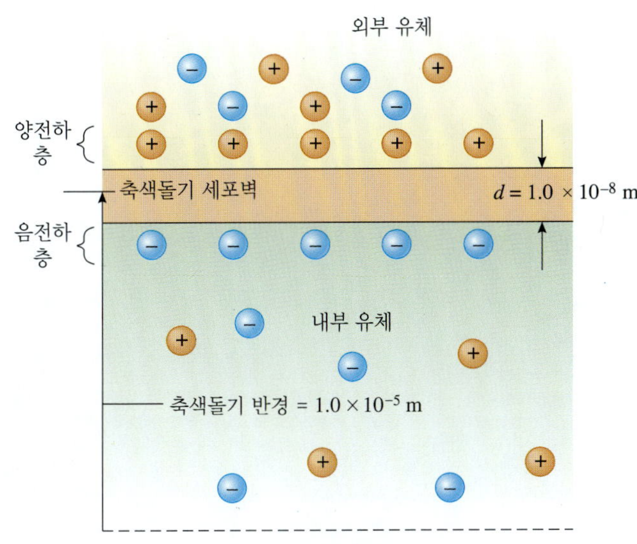


그림 P18.35

## 추가문제

**39.** 그림 P18.39에서 점 $a$와 $b$ 사이의 등가저항을 구하라.

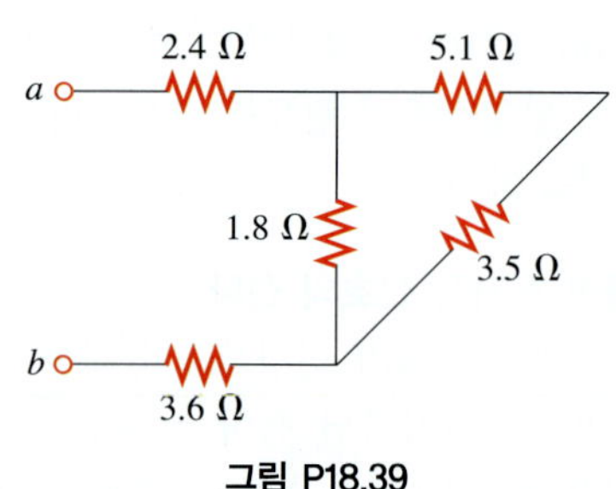


그림 P18.39

**41.** 그림 P18.41에서 (a) 등가저항, (b) 각각의 전류, (c) 각 저항 전후의 전위차, (d) 각 저항에서 소모되는 전력을 구하라.

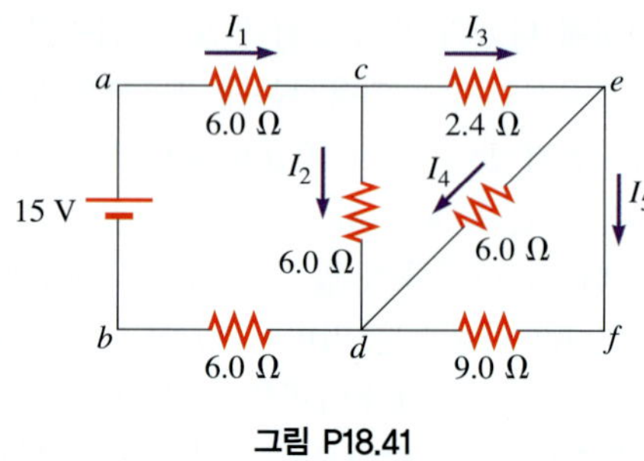


그림 P18.41

**43.** Physics Now™ 어느 자동차 배터리의 기전력이 12.6 V이고 내부 저항은 0.080 Ω이다. 전조등의 전체 저항은 5.00 Ω(일정하다고 가정)이다. 다음 각 경우 전조등 전구 양단의 전위차는 얼마인가? (a) 배터리로 전구만을 켜고 있을 때, (b) 시동모터를 돌리면서 배터리에서 35.0 A를 끌어가고 있을 때.

**45.** 어느 발전기가 10.0 A를 송전하고 있을 때 단자 전압이 110 V이고 30.0 A를 송전할 경우에는 106 V가 된다. 발전기의 기전력과 내부 저항을 구하라.

**47.** Physics Now™ 각각의 저항값이 $R$인 $n$개의 저항을 직렬로 연결한 회로에 전압 $\Delta V$를 연결했다. 다시 저항들을 병렬로 재구성하고 전압 $\Delta V$를 다시 걸었다. 직렬 회로에서 소모된 전력이 병렬 회로에서 소모된 전력의 $1/n^2$배임을 보여라.

**49.** 그림 P18.49의 회로에서 (a) 점 $a$와 $b$ 사이의 전위차, (b) 20.0 Ω 저항에 흐르는 전류를 구하라.

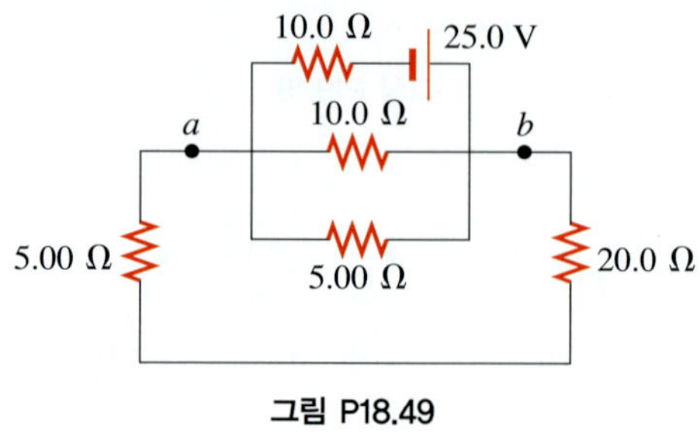


그림 P18.49

**51.** 그림 P18.51의 회로에서 전류계와 전압계의 눈금은 얼마이겠는가?

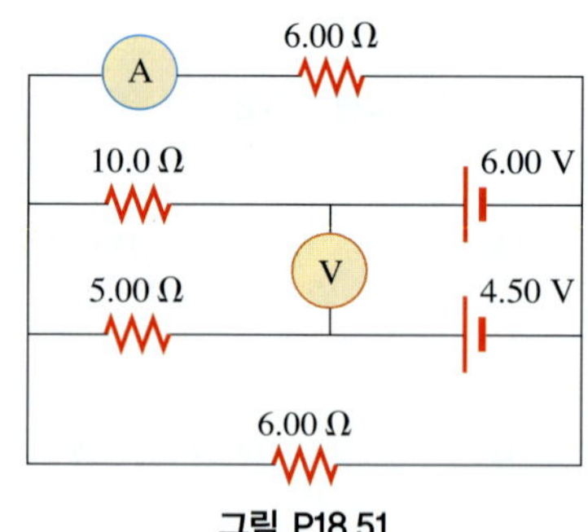


그림 P18.51

CHAPTER 19

# 자 기

OUTLINE



응용면에 있어서 자기는 물리학의 가장 중요한 분야 중 하나이다. 큰 전자석은 무거운 짐을 들어 올리는 데 이용되며, 또한 자석은 계측기, 전동기, 스피커와 같은 장치에도 쓰인다. 자기 테이프나 디스크는 음성이나 화상 기록 장치 및 컴퓨터 기억 장치에 일상적으로 이용된다. 강한 자기장은 인체를 조사하는 데 분해능과 안전성에 있어서 X선보다 우수한 자기공명 영상장치(magnetic resonance imaging devices, MRI)에 이용되고 있다. 거대한 초전도 자석은 사이클로크론(cyclotron)에 이용되어 입자를 거의 광속에 가까운 속도로 목표물을 향하게 하며, 자기병(magnetic bottle)은 반물질(antimatter)을 가둘 수 있고, 아마도 미래의 우주 추진 장치로 쓰일 수도 있을 것이다.

자기는 전기와 밀접하게 관련되어 있다. 자기장은 운동하는 전하에 영향을 미치며, 운동하는 전하는 자기장을 발생시킨다. 변하는 자기장은 전기장까지 만들어낼 수 있다. 이 현상들은 전기와 자기의 근본적인 통합을 의미하는데, 이에 관해서는 맥스웰(James Clerk Maxwell)이 19세기에 처음으로 기술하였다. 모든 자기장의 궁극적인 근원은 전류이다.

## 19.1 자 석

대부분의 사람들이 몇 가지 모양의 자석들을 경험해 보았을 것이다. 아마 종이용 클립이나 못과 같은 철이 포함된 물체를 끌어당길 수 있는 말굽자석이 가장 친숙할 것이다. 상업적으로 이용되고 있는 여러 가지 자석들이 그림 19.1에 있다. 다음 논의에서는 자석이 막대 형태를 가지고 있다고 가정할 것이다. 철로 된 물질들은 **극**(poles)이라고 불리는 막대자석의 끝으로 매우 강하게 끌린다. 한 끝은 **북극**(또는 N극)이라 부르며, 다른 끝은 **남극**(또는 S극)이라 부른다. 이러한 명칭들은 지구 자기장 내에서의 자석의 행동으로부터 유래된 것이다. 만일 막대자석의 한 가운데를 줄로 묶어 수평면에서 자유롭게 흔들릴 수 있게 하면, 막대자석은 북극이 지구의 북쪽을, 그리고 남극이 지구의 남쪽을 가리킬 때까지 회전할 것이다. 이러한 아이디어가 간단한 나침반을 만드는 데 이용되었다. 또한 자극끼리 대전된 물체 간의 전기력과 유사한 당기는 힘과 밀어내는 힘을 서로 작용한다. 실제로 두 개의 막대자석을 이용한 간단한 실험에 의하면, **같은 극끼리는 서로 밀어내고 다른 극끼리는 서로 잡아당긴다.**

두 자극 간의 힘이 양전하와 음전하 사이의 힘과 그 형태가 유사하기는 하지만, 한 가지 중요한 차이점이 있다. 양전하와 음전하는 서로 분리되어서 존재할 수 있지만, 북극과 남극은 그렇지 않다는 것이다. 아무리 여러 번 영구자석을 자르더라도 각 조

**그림 19.1** 시중에서 구할 수 있는 각종 자석. 왼편의 4개의 붉은 자석과 큰 검은 자석은 철, 알루미늄, 코발트의 합금으로 된 것이다. 오른 쪽의 6개의 말굽자석은 또 다른 니켈–철 합금으로 된 것이다. 오른편 아래의 직사각형 자석은 철, 니켈, 산화베릴륨으로 된 세라믹이다.

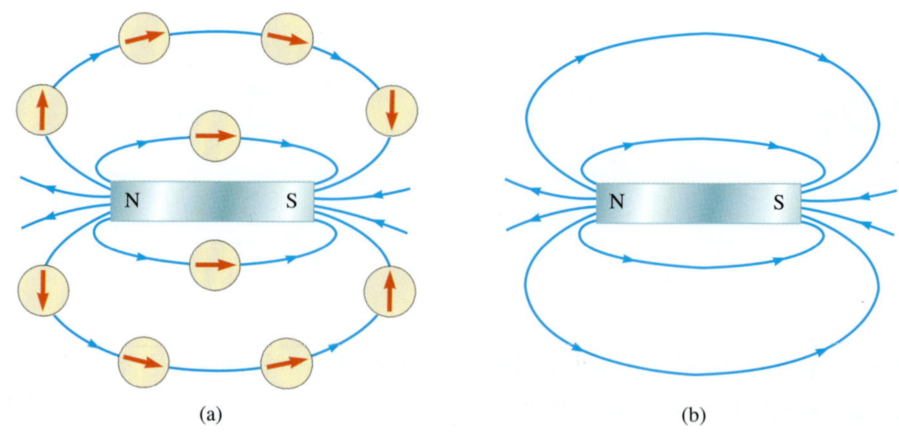


**활용그림 19.2**
(a) 막대자석의 자기장 찾기. (b) 막대자석의 자기력선들.

**Physics Now™**
**http://physics.brookscole.com/ecp**에서 PhysicsNow를 로그인하고 활용그림 19.2로 들어가서 나침반을 움직여 보면서 자기장을 찾아보자.

각은 항상 북극과 남극을 갖는다. 그러나 자기홀극(즉, 고립된 북극과 남극)이 자연계에 존재할지 모른다는 생각에 대한 몇 가지 이론적 근거가 있으며, 지금도 이를 찾으려는 실험적인 조사가 활발히 진행되고 있다.

자화되지 않은 철 조각을 자석으로 문질러 자화시킬 수 있다. 자기는 다른 방법으로도 철이나 다른 물질에 유도될 수 있다. 예를 들어, 자화되지 않은 철 조각을 강한 영구자석 근처에 놓으면 철 조각은 결국 자화된다. 이러한 과정은 철을 가열했다 냉각시킴으로써 가속시킬 수 있다.

자연적으로 생겨난 자철광 같은 자성 물질들도 이러한 방법으로 자화된 것이다. 왜냐하면 그것들이 지구의 자기장에 오랫동안 놓여 있었기 때문이다. 물질이 자성을 보유하는 정도는 자기적으로 '**강함**(hard)' 혹은 '**연함**(soft)' 중 어느 쪽으로 분류되느냐에 달렸다. 철과 같은 **연한 자성 물질**(soft magnetic material)들은 쉽게 자화되지만, 또한 쉽게 그 자성을 잃는 경향이 있다. 이와는 반대로 코발트나 니켈과 같은 **강한 자성 물질**(hard magnetic material)들은 자화되기가 어렵지만, 자성을 유지하려는 경향이 강하다.

앞 장에서 대전된 물질들 간의 상호작용을 전기장의 개념을 도입하여 설명하였다. 정지해 있는 전하 주변에 전기장이 있는 것을 돌이켜 보자. 운동하는 전하 주변에는 자기장이 존재하게 되며, 적절히 자화된 물체 주변에도 자기장이 존재하게 된다.

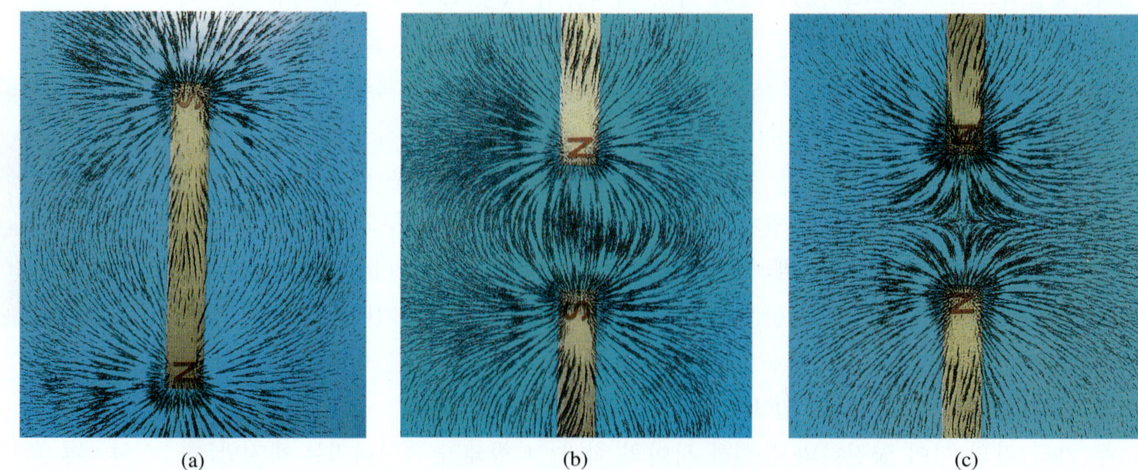


**그림 19.3** (a) 종이 위의 철가루에 의해 나타난 막대자석의 자기장 형태. (b) 철가루에 의해 나타난 두 막대자석의 서로 다른 극 사이에 생기는 자기장의 형태. (c) 두 개의 같은 극 사이에 생기는 자기장의 형태.

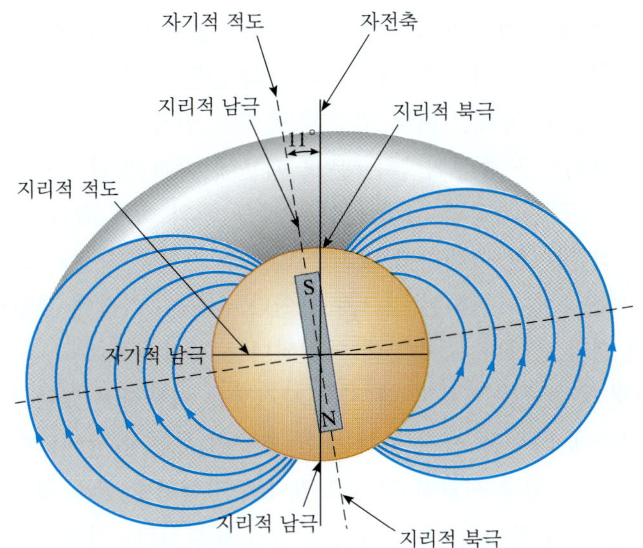


**그림 19.4** 지구의 자기력선. 자기적 남극은 지리적 북극에, 자기적 북극은 지리적 남극에 있음을 주목하라.

임의의 종류의 벡터장을 나타내기 위해서는 그것의 크기 혹은 세기와 방향을 정의해야 한다. 어떤 위치에서 자기장 $\vec{\mathbf{B}}$의 방향은 그 위치에서 나침반 바늘의 북극이 가리키는 방향이다. 활용그림 19.2a는 나침반의 도움으로 어떻게 막대자석의 자기장을 추적하여 **자기력선**(magnetic field line)을 정의하는지 보여 주고 있다. 이렇게 추적한 막대자석에 의한 몇 개의 자기력선을 활용그림 19.2b에 2차원으로 표현하였다. 자기장의 모양은 그림 19.3과 같이 자석 부근에 미세한 철가루를 뿌려 가시화할 수 있다.

그림 19.3에서와 같은 유사한 기술이 범죄 현장에서 지문을 찾아내기 위한 과학수사에 활용되고 있다. 숨어 있거나 눈에 보이지 않는 지문을 검색하는 한 가지 방법은 물체 표면에 철 분말을 뿌리는 것이다. 분말이나 표면에 직접 접촉함이 없이 자기솔(magnetic brush)로 분말을 고르게 퍼지게 하면, 철가루는 인체의 땀이나 기름이 있는 곳에 달라붙게 된다.

**APPLICATION**

지문 채취용 분말 살포

## 지구의 자기장

막대자석은 북극과 남극을 갖는다고 말한다. 그러나 '북쪽을 향하는 극'과 '남쪽을 향하는 극'이라고 말하는 것이 더 정확한 표현이다. 이는 자석이 나침반으로 사용되면, 한쪽 끝은 지구의 지리적 북극을 가리키고, 다른 쪽 끝은 지구의 지리적 남극을 가리킨다는 것을 의미한다. 따라서 **지구의 지리적 북극은 자기적 남극에 해당하며, 지리적 남극은 자기적 북극에 해당한다**고 결론지을 수 있다. 사실, 지구 자기장의 모양은 그림 19.4에 그려져 있듯이 지구 내부 깊은 곳에 막대자석이 묻혀 있을 때 얻어지는 자기장의 모양과 매우 닮았다.

**TIP 19.1 지리적 북극은 자기적 남극**

나침반 자석의 북극은 지구의 지리적 북극 부근에 있는 자기적 남극으로 끌리기 때문에 북쪽을 가리킨다.

지구의 자기적 남극은 대략 지구의 지리적인 북극으로부터 1 300마일 떨어져 있으며, 그 위치는 시간에 따라 변한다. 마찬가지로 지구의 자기적 북극은 지리적인 남극으로부터 1 200마일 떨어져 있다. 이것은 나침반의 바늘이 단지 근사적으로 북쪽을 가리키는 것을 뜻한다. 지리적인 북극으로 정의된 진북과 나침반이 가리키는 북극과의 차이는 지구상의 위치에 따라 달라지는데, 이러한 차이를 **자기 편각**(magnetic declination)이라 한다.

지구 자기장의 형태가 지구의 중심에 막대자석이 놓여 있다고 할 때 만들어지는 자기장의 형태와 비슷하기는 하지만, 지구 자기장의 근원이 엄청나게 큰 영구적으로 자화된 물질일 수는 없다. 지표면 아래 깊숙한 곳에는 엄청난 양의 철광석이 침전되어 있기는 하다. 그러나 지구 중심의 높은 온도 때문에 이러한 철광석은 영구적인 자기를 가질 수 없다. 지구 자기장의 실제 원인은 지구 핵의 액체 속을 흐르는 전류일 가능성이 크다. 이 전류는 잘 이해되고 있지는 않지만 지구의 자전과 뜨거운 액체 핵의 대류 사이의 상호작용에 기인하는 것으로 보인다. 지구 자기장에 관한 흥미로운 사실 중 한 가지는 몇 백만 년마다 그 방향이 역전된다는 것이다.

**APPLICATION**

자성 박테리아

새와 같은 몇몇 동물들은 이주할 때 지구 자기장을 이용하고 있다고 오랫동안 추측해 왔다. 연구 결과에 의하면, 습지에 사는 한 종류의 무기성 박테리아는 내부 조직의 한 부분으로 자화된 자철광 사슬을 가지고 있다(무기성이란 산소 없이 살고 성장하는 것을 뜻한다. 실제로 이 박테리아들에게는 산소가 유독하다). 자화된 사슬은 박테리아가 지구의 자기장과 정렬되도록 나침반 바늘과 같은 역할을 한다. 습지 밑바닥 진흙의 바깥쪽에 있을 때, 이 박테리아들은 지구의 자기력선을 따라서 산소가 없는 환경으로 되돌아간다.

## 19.2 자기장

실험에 의하면 정지해 있는 대전입자는 시간에 따라 변하지 않는 자기장과는 상호작용을 하지 않는다. 그러나 **대전입자가 자기장 내에서 움직일 때는 자기력을 받는다.** 이 힘은 전하가 자기력선에 수직 방향으로 움직일 때 최대가 되고, 다른 각도에서는 감소하다가 입자가 자기력선을 따라 움직일 때 0이 된다. 이것은 대전입자가 움직이든 정지해 있든 관계없이 작용하는 전기력과는 상당히 다르다. 더구나 전기력은 전기장과 평행한 방향인데 비해, 움직이는 전하에 작용하는 자기력의 방향은 자기장에 수직하다.

전기에 대하여 논의할 때, 공간의 임의의 점에서의 전기장은 그 점에 놓여 있는 시험 전하에 작용하는 단위 전하당 전기력으로 정의하였다. 비슷한 방법으로 어떤 점에서 시험 전하에 작용하는 자기력으로 그 점에서의 자기장 $\vec{\mathbf{B}}$를 정의할 수 있다. 전하량이 $q$인 시험 전하가 속도 $\vec{\mathbf{v}}$로 움직인다고 하자. 그 시험 전하에 작용하는 자기력의 세기는 전하량 $q$, 속도 $\vec{\mathbf{v}}$의 크기, 외부 자기장 $\vec{\mathbf{B}}$의 세기, 그리고 자기장 $\vec{\mathbf{B}}$와 속도 $\vec{\mathbf{v}}$ 사이의 각 $\theta$의 sin 값에 비례하는 것을 실험적으로 알 수 있다. 이런 실험적 결과로부터 자기력의 크기를

$$F = qvB \sin\theta \qquad [19.1]$$

로 요약할 수 있다. 위 식으로부터 자기장의 크기는

$$B \equiv \frac{F}{qv \sin\theta} \qquad [19.2]$$

가 된다. 여기서 $F$의 단위는 뉴턴(N), 전하량은 쿨롱(C), 속도를 m/s라고 하며, 국제단위계에서 자기장의 단위는 **테슬라**(tesla, T) 또는 **단위 면적당 웨버**(weber, Wb)라고도 한

**☑ Checkpoint 19.1**

진실인가 거짓인가: 자기장과 반대 방향으로 움직이는 대전입자는 자기력을 받는다.

다(1 T = 1 Wb/m²). 그러므로 만일 1 C의 전하가 크기 1 T인 자기장 내를 1 m/s의 속도로 자기장에 수직하게($\sin\theta = 1$) 운동한다면, 전하에 작용하는 자기력은 1 N이다. 자기장의 단위를 다음과 같이 쓸 수도 있다.

$$[B] = T = \frac{Wb}{m^2} = \frac{N}{C\cdot m/s} = \frac{N}{A\cdot m} \qquad [19.3]$$

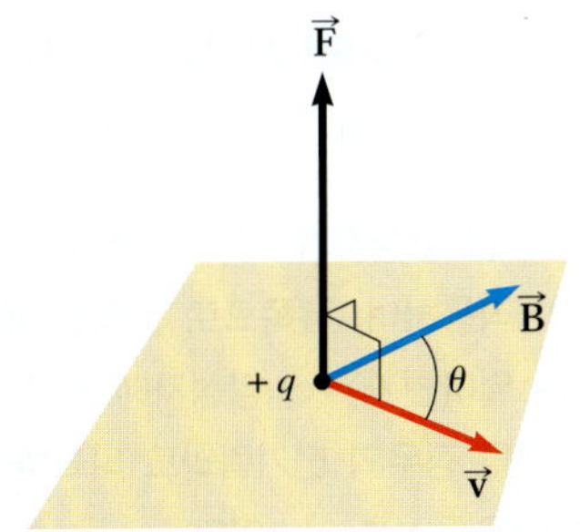


그림 19.5 자기장에서 속도 $\vec{v}$로 움직이는 양전하에 작용하는 자기력의 방향. $\vec{v}$가 $\vec{B}$에 대하여 각 를 이룰 때 자기력의 방향은 $\vec{v}$와 $\vec{B}$에 모두 수직한 방향이다.

실제로는, 자기장의 cgs 단위인 **가우스**(gauss, G)가 주로 사용된다. 가우스와 테슬라 사이의 관계식은 다음과 같다.

$$1\ T = 10^4\ G$$

보통 실험실의 자석은 대략 25 000 G, 즉 2.5 T 정도의 자기장을 만들 수 있다. 초전도체를 이용하면 $3\times10^5$ G 또는 30 T의 매우 강한 자기장을 발생시킬 수 있는 초전도 전자석을 만들 수 있다. 이 값은 지표면 가까이에서의 지구 자기장이 약 0.5 G, 즉 $0.5\times10^{-4}$ T인 것과 비교하면 매우 세다는 것을 알 수 있다.

식 19.1에서 자기장 내에서 운동하는 전하에 작용하는 힘은 입자가 자기장에 수직하게 움직일 때, 즉 $\theta = 90°$이고, 따라서 $\sin\theta = 1$일 때 최대값을 갖는다. 자기력의 최대값은

$$F_{max} = qvB \qquad [19.4]$$

이다. 또 식 19.1에서 $\vec{v}$가 $\vec{B}$의 방향에 평행할 때(이 경우 $\theta = 0°$이거나 $\theta = 180°$) 자기력 $F$는 0이 되므로, 전하가 자기장과 같은 방향 또는 반대 방향으로 움직일 때 자기력은 대전입자에 작용하지 않는다.

실험에 의하면 양전하를 띤 입자의 경우 그림 19.5에서처럼 자기력은 항상 $\vec{v}$와 $\vec{B}$ 둘 모두에 수직하다. 자기력의 방향을 결정하기 위하여 **오른손 법칙 1**을 이용한다.

1. 오른 손의 네 손가락들이 속도 $\vec{v}$ 방향을 가리키게 한다.
2. 네 손가락들을 자기장 $\vec{B}$ 방향으로 굽히되, 그림 19.6처럼 작은 각 쪽으로 손가락을 굽힌다.
3. 이때 엄지손가락은 양의 전하에 작용하는 자기력 $\vec{F}$의 방향을 가리키게 된다.

만일 전하가 양전하가 아니고 음전하라면, 이때 받는 자기력 $\vec{F}$는 그림 19.5 및 19.6에 보인 것과는 **반대 방향**이 된다. 즉, 전하량 $q$가 음일 때는 $q$가 양일 때 받는 힘의 방향을 오른손 법칙을 이용하여 구하고, 그 방향을 역으로 하면 된다.

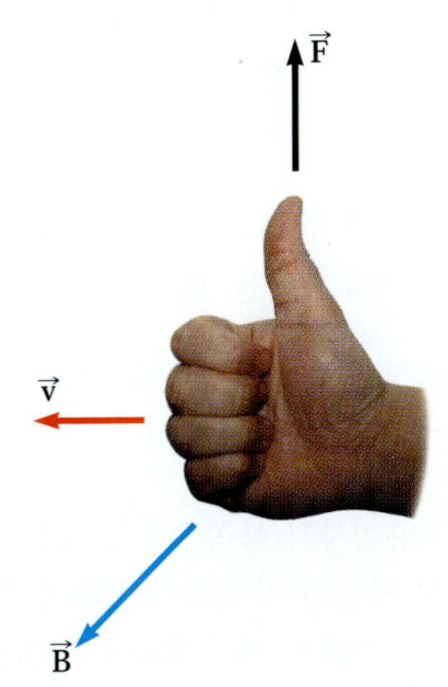


그림 19.6 속도 $\vec{v}$로 자기장 $\vec{B}$ 속에서 운동하는 양전하에 미치는 자기력의 방향을 결정하는 오른손 법칙 1. 오른손의 네 손가락들을 $\vec{v}$의 방향으로 향하게 한 후 $\vec{B}$의 방향으로 구부린다. 자기력 $\vec{F}$는 오른손 엄지가 가리키는 방향을 향한다.

### Quick Quiz 19.1

대전입자가 어떤 공간에서 직선을 따라 운동하고 있다. 다른 힘은 무시할 때, 자기장에 관해서 다음 중 어느 것이 옳은가? (a) 크기가 0이다. (b) 입자 속도에 수직한 성분이 0이다. (c) 입자 속도에 평행한 성분이 0이다.

### Quick Quiz 19.2

막대자석의 북극을 양으로 대전된 정지해 있는 플라스틱 조각 근처에 가져갔다. 플라스틱은 자석에 의해 어떻게 되나? (a) 끌려간다, (b) 밀려난다, (c) 힘을 받지 않는다.

### 예제 19.1 지구 자기장 내에서 진행하는 양성자

**목표** 자기력의 크기와 방향을 구한다.

**문제** 한 양성자가 세기가 55.0 $\mu$T인 지구 자기장 내를 $1.0 \times 10^5$ m/s의 속도로 움직인다. 양성자가 동쪽으로 움직일 때 양성자에 위쪽으로 자기력이 작용하며, 북쪽으로 움직일 때 자기력은 작용하지 않는다. (a) 자기장은 어느 방향을 향하는가? (b) 양성자가 동쪽으로 움직일 때 자기력의 세기는 얼마인가? (c) 양성자에 작용하는 중력을 계산하여 자기력과 비교하라. 또 지표면에서의 통상적인 값인 세기 $E = 1.50 \times 10^2$ N/C의 전기장이 있을 경우의 전기력과도 비교하라. (d) 양성자가 같은 속력으로 동북쪽 60° 방향으로 움직일 경우 자기력의 세기를 계산하라. 단 양성자의 질량은 $1.67 \times 10^{-27}$ kg이다.

**전략** 양성자가 북쪽을 향해 움직일 때 아무 힘도 작용하지 않는다는 사실과 오른손 법칙을 적용하여 자기장의 방향을 구할 수 있다. 식 19.1에 대입하면 자기장의 크기가 나온다.

**풀이**

(a) 자기장의 방향을 찾아라.

양성자가 북쪽으로 움직일 때는 자기력이 작용하지 않으므로, 양성자의 속도 방향과 자기장의 방향이 이루는 각도는 0°이거나 180°이다. 따라서 자기장 $\vec{\mathbf{B}}$는 북쪽이나 남쪽을 향한다. 이제 오른손 법칙을 적용한다. 입자가 동쪽으로 운동할 때는 자기력은 위쪽 방향을 향한다. 엄지손가락을 힘의 방향으로 향하게 하고, 다른 손가락들을 동쪽 속도 방향으로 향하게 한다. 이제 손가락들을 구부리면 북쪽을 향하게 되며, 이것이 자기장의 방향이 되어야 한다.

(b) 자기장의 크기를 구하라.

주어진 값들과 양성자의 전하를 식 19.1에 대입하라. (a)로부터 양성자의 속도 $\vec{\mathbf{v}}$와 자기장 $\vec{\mathbf{B}}$ 사이의 각도는 90.0°이다.

$$F = qvB\sin\theta = (1.60 \times 10^{-19}\ \text{C})(1.00 \times 10^5\ \text{m/s}) \times (55.0 \times 10^{-6}\ \text{T})\sin(90.0°) = \boxed{8.80 \times 10^{-19}\ \text{N}}$$

(c) 양성자에 작용하는 중력을 계산하고 자기력과 비교하라. 또 $E = 1.50 \times 10^2$ N/C일 때의 전기력과도 비교하라.

$$F_{\text{grav}} = mg = (1.67 \times 10^{-27}\ \text{kg})(9.80\ \text{m/s}^2) = \boxed{1.64 \times 10^{-26}\ \text{N}}$$

$$F_{\text{elec}} = qE = (1.60 \times 10^{-19}\ \text{C})(1.50 \times 10^2\ \text{N/C}) = \boxed{2.40 \times 10^{-17}\ \text{N}}$$

(d) 양성자가 같은 속력으로 동북쪽 60° 방향으로 움직일 경우 자기력의 세기를 계산하라.

자기장이 양성자의 운동 방향과 이루는 각도는 $\theta = 90° - 60° = 30°$이다.

$$F = qvB\sin\theta = (8.80 \times 10^{-19}\ \text{N})(\sin 30°) = \boxed{4.40 \times 10^{-19}\ \text{N}}$$

**주의** 양성자가 북쪽으로 움직인다는 정보는 자기장의 방향을 결정하는 데 필요했다. 왜냐하면 동쪽으로 움직이는 양성자에 작용하는 위쪽 방향의 자기력은 북동쪽이나 북서쪽 어디를 향하는 자기장에 의해서도 생겨날 수 있기 때문이다. (c)에서 힘들의 상대적인 강도는 전기력이 자기력보다 크고, 이 둘은 모두 중력보다 훨씬 큰데, 자연계에서는 일반적으로 그러하다는 것에 주목하라.

**연습문제 19.1**

전자가 예제 19.1과 같은 자기장 속에서 서쪽을 향해 속도 $2.50 \times 10^5$ m/s로 움직인다고 하자. 전자에 작용하는 자기력의 크기와 방향을 구하라.

**답** $2.20 \times 10^{-18}$ N, 위쪽 방향(전자는 음전기를 가졌다는 것을 잊지 말 것!)

## 19.3 전류가 흐르는 도체에 작용하는 자기력

자기장 내를 운동하는 한 대전입자에 힘이 작용한다면, 자기장 내에 놓여 있는 전류가 흐르는 도선에 힘이 작용한다는 사실 또한 놀랄 만한 일이 아니다(그림 19.7). 이러한 사실은 전류가 운동하는 전하들의 집합체라는 사실에서 유추될 수 있다. 즉, 도선에 작용하는 힘은 대전입자에 개별적으로 작용하는 힘들의 합이기 때문이다. 입자들에 작용하는 힘은 도선을 이루는 원자들과의 충돌을 통하여 도선에 전달된다.

앞으로 여러 그림에서 사용할 개념에 관련한 기호에 대해 설명이 필요하다. 즉, $\vec{\mathbf{B}}$의 방향을 나타내기 위하여 다음과 같은 규칙을 사용한다.

그림 19.8에서처럼 $\vec{\mathbf{B}}$가 지면 안으로 향하고 있으면 이는 화살의 꼬리를 의미하는 푸른 × 표시들로 나타내고, 지면 밖으로 향하면 화살의 앞 끝을 의미하는 푸른 점들로 표시한다. 만일 $\vec{\mathbf{B}}$가 지면과 같은 면에 놓여 있으면 $\vec{\mathbf{B}}$를 화살 표시가 있는 푸른 자기력선들로 나타낸다.

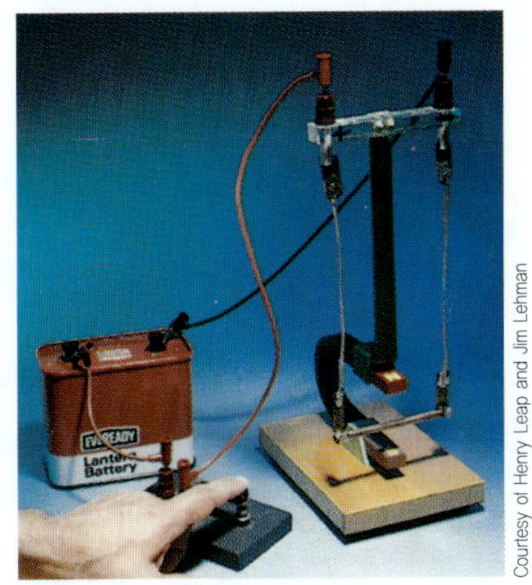

Courtesy of Henry Leap and Jim Lehman

그림 19.7 이 장치는 외부 자기장이 전류가 흐르는 도선에 미치는 힘을 보여 준다. 스위치를 닫으면 왜 막대는 자석으로부터 밀려나는가?

도선에 작용하는 힘은 그림 19.8에 보이는 바와 같이 자석의 두 극 사이에 전류가 흐르는 도선을 걸어두면 볼 수 있다. 이 그림에서 자기장은 지면 안으로 향하고 있으며, 색이 칠해진 영역에 걸쳐 있다. 전류가 도선을 따라 흐르면 그 도선은 오른쪽이나 왼쪽으로 휜다.

이러한 논의를 다음과 같은 상황을 고려함으로써 정량화할 수 있다. 그림 19.9는 균일한 외부 자기장 $\vec{\mathbf{B}}$ 안에서 전류 $I$가 흐르는 길이 $\ell$, 단면적 $A$인 도선의 한 부분을 나타낸 것이다. 자기장은 도선에 수직하고 지면 안쪽을 향한다고 가정하자. 도선 안에 있는 각각의 전하 운반자는 $F_{\max} = qv_dB$의 힘을 받는다. 여기서, $v_d$는 전하의 유동 속력이다. 도선에 작용하는 전체 힘은 한 전하 운반자에 작용하는 힘과 그 부분에 있는 전하의 수를 곱한 것이다. 그 부분의 부피는 $A\ell$이므로, 운반자의 수는 $nA\ell$이 되는데, 여기서 $n$은 단위 부피당 운반자의 수이다. 따라서 길이 $\ell$인 도선 자체에 작용하는 전체 자기력은

전체 힘 = 하나의 전하 운반자에 작용하는 힘 × 운반자의 전체 수

$$F_{\max} = (qv_dB)(nA\ell)$$

**TIP 19.2** 도선에 작용하는 자기력의 원인
자기장 속에 어떤 각도로 전류가 흐르는 도선을 놓으면 도선 내의 각 움직이는 전하에 자기력이 미친다. 도선에 미치는 전체 자기력은 전류를 일으키는 개별 전하들에 작용하는 자기력들의 합이다.

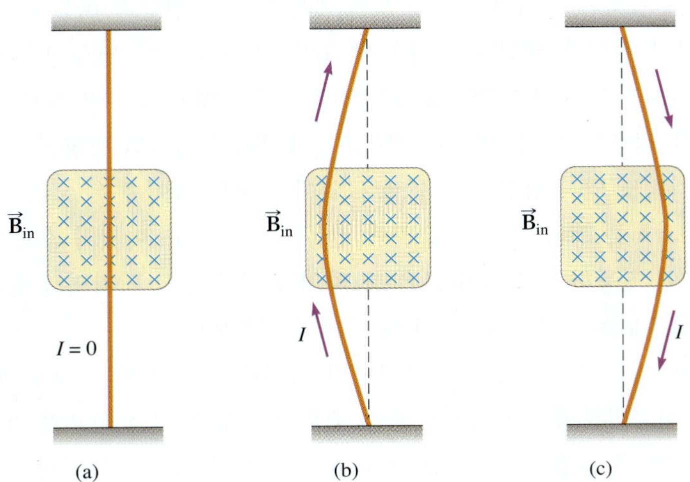


그림 19.8 자석의 극들 사이에서 뻗쳐진 유연한 수직 도선의 일부분. 자기장(푸른 x표)은 지면 안쪽으로 향한다. (a) 도선에 전류가 없을 때 수직을 유지한다. (b) 전류가 위로 흐를 때 도선은 왼쪽으로 굽어진다. (c) 전류가 아래로 흐를 때 도선은 오른쪽으로 굽어진다.

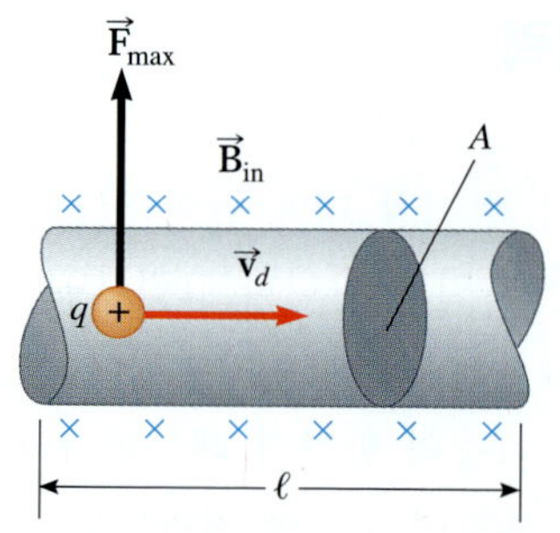


**그림 19.9** 외부 자기장 $\vec{B}$ 속에서 움직이는 전하를 담고 있는 도선 일부.

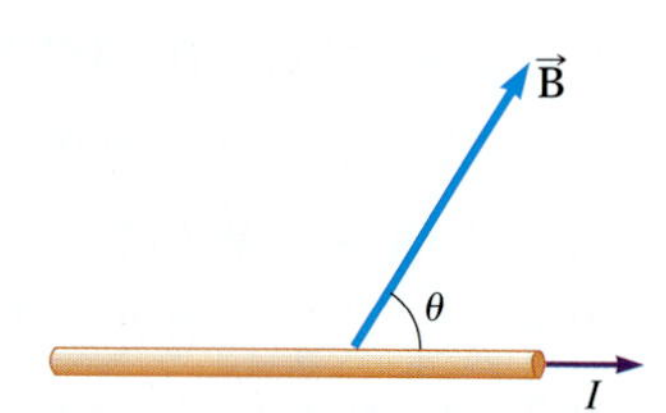


**그림 19.10** 도선과 각 $\theta$인 외부 자기장 $\vec{B}$ 속에 있는 전류 $I$가 흐르는 도선.

이 된다. 그런데 17장에서 도선에 흐르는 전류는 $I = nqv_dA$임을 알았다. 따라서 다음과 같이 표시된다.

$$F_{max} = BI\ell \quad [19.5]$$

**이 식은 전류와 자기장이 서로 직각을 이룰 때만 사용할 수 있다.**

전류가 자기장에 수직하지 않고 그림 19.10에서와 같이 임의의 각을 이룬다면, 도선에 작용하는 힘은

$$F = BI\ell \sin\theta \quad [19.6]$$

이다. 여기서 $\theta$는 $\vec{B}$와 전류가 흐르는 방향 사이의 각이다. 이 힘의 방향은 오른손 법칙 1에서 얻을 수 있다. 그러나 이 경우에는 네 손가락을 $\vec{v}$의 방향이 아닌 전류 $I$의 방향으로 놓아야 한다. 전류는 어떤 속도로 움직이는 전하들로 이루어져 있으므로 이것은 별도의 법칙이 필요한 것이 아니다. 그림 19.10에서 도선에 작용하는 자기력의 방향은 지면에서 나오는 방향이다.

마지막으로 전류와 자기장의 방향이 같거나 반대일 때, 도선에 작용하는 자기력은 0이다.

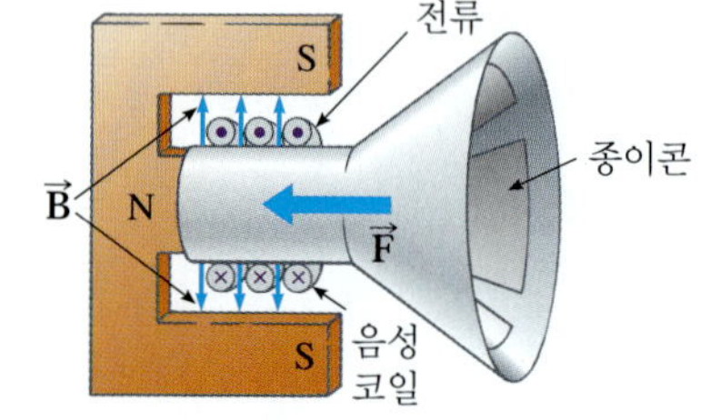


**그림 19.11** 확성기의 구조.

**APPLICATION**

확성기의 작동

자기력이 자기장 내에서 전류가 흐르는 도선에 힘을 작용한다는 사실이 음향장치에 사용하는 대부분의 스피커의 동작 원리가 된다. 그림 19.11에서 보면 스피커는 음성 코일(voice coil)이라고 부르는 도선을 감은 코일, 스피커 역할을 하는 유연하게 구부러지는 종이 콘(paper cone)과 영구자석으로 이루어져 있다. 자석의 북극 주위의 코일 위치는 영구자석의 자기력선이 코일 축에서 방사선 방향의 바깥쪽으로 향하도록 되어 있다. 전기 신호가 코일에 보내지면 그림 19.11과 같은 방향의 전류가 생기고, 왼쪽으로 편향시키려는 자기력이 코일에 작용한다(이것은 도선에 감긴 각 코일에 오른손 법칙 1을 적용해 알 수 있다). 교류 전류에서처럼 전류의 방향이 바뀌면 코일에 작용하는 자기력도 역시 방향을 바꾸고, 코일이 부착된 종이 콘은 오른쪽으로 가속된다. 코일을 통과하는 교류 전류는 코일에 진동력을 만들고, 이것이 스피커 콘에 진동을 일으킨다. 이 진동하는 스피커 콘은 그 앞의 공기를 밀고 당기면서 음파를 만든다. 이런 방법으로 1 kHz 전기 신호는 1 kHz 음파로 변환된다.

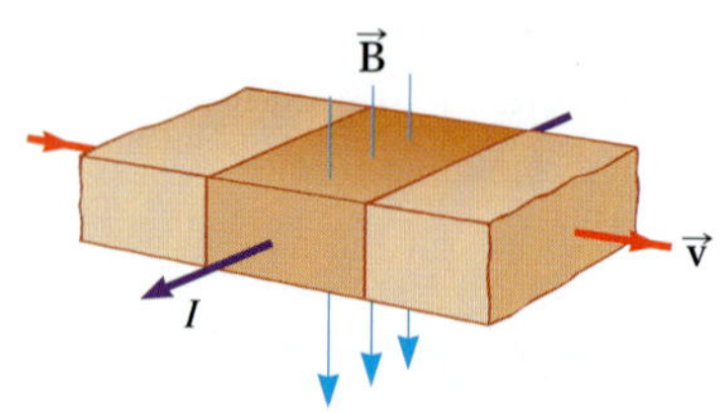


**그림 19.12** 간단한 전자기 펌프는 혈액과 같은 전도성 유체가 지나갈 때 유체에 손상을 입힐 수 있는 움직이는 부분이 없다. 오른손 법칙 1을 적용(오른손의 네 손가락들을 전류 $I$ 방향으로 한 후 자기장 $\vec{B}$ 방향으로 굽히면 엄지는 힘의 방향을 가리킴)하면 유체의 전류가 흐르는 부분에 미치는 힘은 속도 방향인 것을 알 수 있다.

**APPLICATION**

인공심장과 신장을 위한 전자기 펌프

전류가 흐르는 도체에 작용하는 자기력의 특이한 응용의 예가 그림 19.12의 전자기 펌프이다. 인공심장에는 지속적인 혈액 순환을 가능케 하는 펌프가 필요하고, 신장 투석기 또한 혈액을 원활히 순환시켜 정화할 수 있도록 심장을 보조하는 보조 펌프를

필요로 한다. 일반적인 기계식 펌프는 펌프를 통과하는 혈액 세포를 손상시킨다. 그림에서 보여 주는 작동원리는 이러한 문제를 해결할 수 있다. 속도 $\vec{\mathbf{v}}$의 방향으로 흐르는 혈액이 들어 있는 관에 자기장을 걸어 준다. 그림에 나타낸 것과 같은 방향으로 액체를 통과하는 전류를 흘려주면 속도 $\vec{\mathbf{v}}$와 같은 방향으로 자기력이 형성된다. 이 힘이 혈액을 계속 순환하도록 해 준다.

## 응용물리 19.1 벼락

벼락이 칠 때는 음전하가 구름으로부터 지면으로 빠르게 이동한다. 벼락의 방향은 지구의 자기장에 의해 어느 방향으로 굽어지겠는가?

**설명** 벼락이 칠 때 음전기가 아래쪽으로 흐르는 것은 전류가 위쪽으로 흐르는 것과 같다. 따라서 북쪽을 향하는 자기장 속에 위쪽으로 흐르는 전류가 있다. 오른손 법칙 1에 의하면 벼락의 방향은 서쪽으로 굽어진다.

## 예제 19.2 지구 자기장 속의 전류가 흐르는 도선

**목표** 전류가 흐르는 도선에 작용하는 자기력을 도선에 작용하는 중력과 비교한다.

**문제** 도선에 22.0 A의 전류가 서쪽에서 동쪽 방향으로 흐른다. 이 장소에서 지구의 자기장은 수평이고, 남쪽에서 북쪽으로 향하며, 크기가 $0.500 \times 10^{-4}$ T라고 한다. (a) 길이가 36.0 m인 도선에 작용하는 자기력의 크기와 방향을 구하라. (b) 도선이 구리로 되어 있고, 단면적이 $2.50 \times 10^{-6}\ \mathrm{m}^2$일 때 도선에 작용하는 중력을 계산하라.

**풀이**

(a) 도선에 작용하는 자기력을 계산한다.

식 19.6에 대입하되, 자기장과 전류는 서로 직각임을 이용한다.

$$F = BI\ell \sin\theta = (0.500 \times 10^{-4}\ \mathrm{T})(22.0\ \mathrm{A})(36.0\ \mathrm{m}) \sin 90.0^\circ = \boxed{3.96 \times 10^{-2}\ \mathrm{N}}$$

오른손 법칙 1을 적용하여 자기력의 방향을 찾는다.

오른손의 네 손가락들이 전류와 같은 방향인 서에서 동으로 향하게 한 후, 자기장 방향인 북쪽으로 구부린다. 이때 엄지는 위로 향한다.

(b) 도선에 작용하는 중력을 구한다.

먼저 구리의 밀도와 도선의 길이 및 단면적으로부터 도선의 질량을 구한다.

$$m = \rho V = \rho(A\ell) = (8.92 \times 10^3\ \mathrm{kg/m^3})(2.50 \times 10^{-6}\ \mathrm{m^2} \cdot 36.0\ \mathrm{m}) = 0.803\ \mathrm{kg}$$

중력을 구하기 위해서는 중력가속도를 곱한다.

$$F_{\mathrm{grav}} = mg = \boxed{7.87\ \mathrm{N}}$$

**주의** 이 계산은 통상적인 상황에서는 전류가 흐르는 도선에 작용하는 중력이 지구 자기장에 의한 자기력보다 훨씬 큰 것을 보여 준다.

**연습문제 19.2**

위 예제에서 자기력이 중력과 같기 위해서는 전류의 크기가 얼마여야 하는가?

**답** $4.37 \times 10^3$ A. 전류가 너무 커서 도선을 급속히 녹일 수 있다.

## 19.4 전류 고리에 작용하는 토크와 전동기

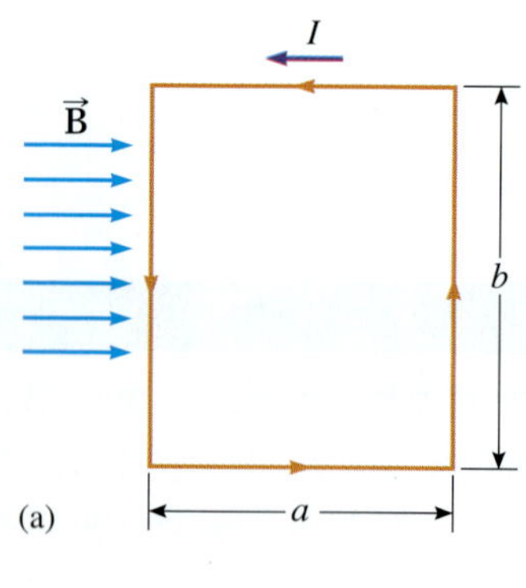


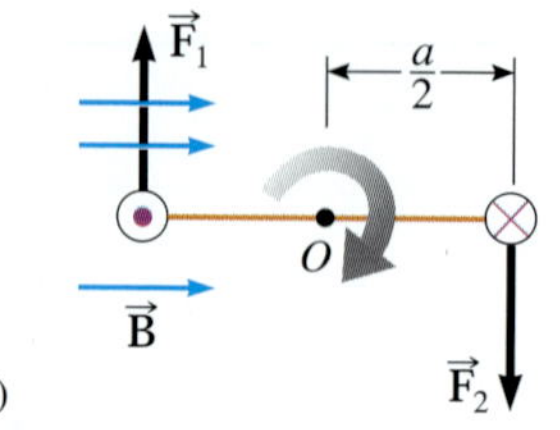


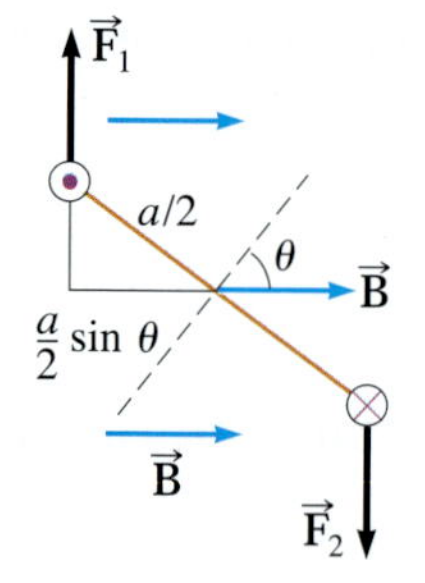


**활용그림 19.13**
(a) 균일한 자기장 $\vec{\mathbf{B}}$ 속의 직사각형 고리를 위에서 본 모습. 길이 $a$인 $\vec{\mathbf{B}}$와 평행한 변에는 자기력이 미치지 않으나, 길이 $b$인 변에는 힘이 미친다. (b) 직사각형 고리를 옆에서 보면 길이 $b$인 변들에 미치는 힘 $\vec{\mathbf{F}}_1$과 $\vec{\mathbf{F}}_2$는 고리를 시계 방향으로 돌리려는 토크를 발생시키는 것을 알 수 있다. (c) $\vec{\mathbf{B}}$가 고리의 면에 수직한 선과 $\theta$의 각도를 이룬다면 토크는 $BIA \sin \theta$가 된다.

**Physics Now™**
**http://physics.brookscole.com/ecp**에서 PhysicsNow를 로그인하고 활용그림 19.13으로 들어가서 고리에 흐르는 전류, 자기장, 고리의 방향을 바꿔가면서 토크를 살펴보자.

앞 절에서 전류가 흐르는 도체가 외부 자기장 내에 있을 때 그 도체에 힘이 어떻게 작용하는가를 보았다. 이제, 이를 출발점으로 하여 자기장 내에 놓인 전류 고리에 작용하는 토크에 대하여 살펴보기로 한다. 이런 분석의 결과들은 20장에서 나오는 발전기나 전동기를 이해하는 데 실제로 큰 도움이 될 것이다.

활용그림 19.13a는 균일한 자기장이 전류 고리 평면 내에 존재할 때, 전류 $I$가 흐르는 직사각형 도선의 전류 고리를 나타낸 것이다. 길이 $a$인 변에 작용하는 힘은 도선이 자기장과 평행하기 때문에 0이다. 그러나 길이 $b$인 변에 작용하는 힘은 다음과 같다.

$$F_1 = F_2 = BIb$$

전류 고리의 왼쪽 변에 작용하는 힘 $\vec{\mathbf{F}}_1$의 방향은 지면으로부터 나오는 방향이며, 전류 고리의 오른쪽 변에 작용하는 힘 $\vec{\mathbf{F}}_2$는 지면 안으로 향한다. 한쪽 옆에서 전류 고리를 보면, 작용하는 힘의 방향은 활용그림 19.13b에 보이는 바와 같이 향하게 된다. 점 $O$를 중심으로 고리를 회전시킬 수 있다면, 이 두 힘은 $O$점에 대하여 고리를 시계 방향으로 회전시키는 토크를 발생시킨다. 이 토크 $\tau_{max}$의 크기는 다음과 같다.

$$\tau_{max} = F_1 \frac{a}{2} + F_2 \frac{a}{2} = (BIb)\frac{a}{2} + (BIb)\frac{a}{2} = BIab$$

여기서 $O$점에 대한 회전 모멘트 팔의 길이는 두 힘 모두에 대해 $a/2$이다. 직사각형 전류 고리의 면적은 $A = ab$이므로, 토크는 다음과 같이 나타낼 수 있다.

$$\tau_{max} = BIA \qquad [19.7]$$

이 결과는 자기장이 활용그림 19.13b에서와 같이 고리의 면에 **평행**할 때만 성립된다. 활용그림 19.13c와 같이 자기장이 전류 고리의 면에 수직한 선과 각 $\theta$를 이룬다면, 각 힘의 모멘트 팔의 길이는 $(a/2)\sin\theta$가 된다. 따라서 앞의 방법으로 토크의 크기를 구하면 다음과 같다.

$$\tau = BIA \sin\theta \qquad [19.8]$$

이 결과는 자기장이 전류 고리의 면과 평행할 때($\theta = 90°$) 토크는 **최대값** $BIA$를 갖고, 자기장이 전류 고리의 면에 수직할 때는($\theta = 0$) 토크가 0임을 보여 준다. 활용그림 19.13c에서 보는 것과 같이 전류 고리는 $\theta$ 값이 작아지는 쪽으로 회전하려는 경향이 있다(결국, 고리 면에 대한 법선은 자기장의 방향을 향하도록 회전한다).

비록 앞의 분석은 직사각형 모양의 전류 고리에 대한 것이지만, 보다 일반적인 유도를 해 보면 식 19.8을 전류 고리의 모양에 관계없이 적용할 수 있음을 알 수 있다. 더 나아가 $N$번 감긴 전류 고리에 작용하는 토크는 다음과 같다.

$$\tau = BIAN \sin\theta \qquad [19.9a]$$

$\mu = IAN$을 코일의 **자기 모멘트**(magnetic moment)라 불리는 벡터 $\vec{\boldsymbol{\mu}}$의 크기로 정의한다. 벡터 $\vec{\boldsymbol{\mu}}$는 항상 고리의 면에 수직한 방향을 향한다. 식 19.8과 19.9의 각도 $\theta$는 자기 모멘트 $\vec{\boldsymbol{\mu}}$와 자기장 $\vec{\mathbf{B}}$ 사이의 각도이다. **자기 토크**(magnetic torque)는 다음과 같이 쓸 수 있다.

$$\tau = \mu B \sin\theta \qquad [19.9b]$$

**Quick Quiz 19.3**

면적이 같은 정사각형과 원 모양의 고리가 $xy$ 평면 위에 놓여 있고, 균일한 자기장 $\vec{\mathbf{B}}$가 양의 $z$축 방향과 $\theta$의 각도를 이루고 있다. 각 도선 고리에는 같은 크기의 전류가 같은 방향으로 흐른다. 어디에 작용하는 토크가 더 큰가? (a) 정사각형 고리 쪽이 더 크다. (b) 원형 고리 쪽이 더 크다. (c) 토크의 크기는 같다. (d) 더 많은 정보가 필요하다.

**예제 19.3 자기장 속의 원형 고리에 작용하는 토크**

**목표** 전류가 흐르는 고리에 작용하는 토크를 구한다.

**문제** 반지름이 1.00 m인 원형 고리가 크기 0.500 T인 자기장 속에 놓여 있다. 고리가 놓인 면에 수직한 선이 자기장과 이루는 각도가 30.0°이다(그림 19.14a). 고리에는 2.00 A의 전류가 그림과 같은 방향으로 흐른다. (a) 고리의 자기 모멘트를 구하고 이 순간에 작용하는 토크의 크기를 구하라. (b) 같은 전류가 그림 19.14b에서처럼 변이 2.00 m × 3.00 m인 직사각형 고리 세 개로 된 코일을 따라 흐른다. 코일의 자기 모멘트와 이 순간에 작용하는 토크의 크기를 구하라.

**전략** 각 부분에 대해 면적만 계산하면 되며, 이를 이용해 자기 모멘트를 구하고, 그 결과에 $B \sin \theta$를 곱한다. 이는 식 19.9b에 주어진 값들을 대입한 것에 해당한다.

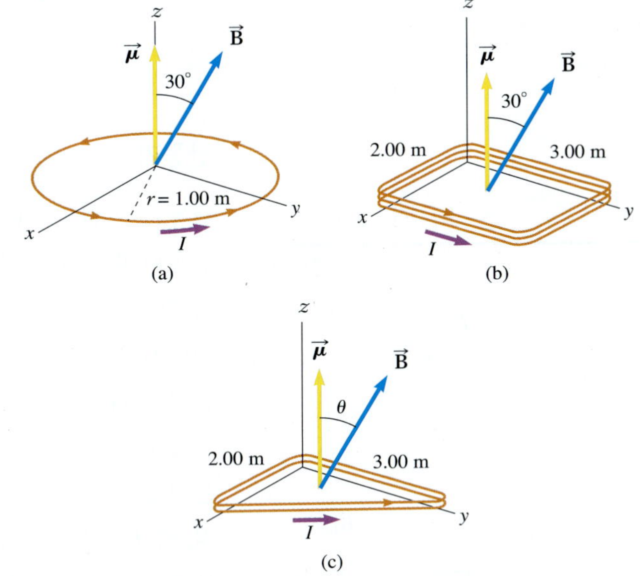


**그림 19.14** (예제 19.3) (a) 외부 자기장 $\vec{\mathbf{B}}$ 속에 있는 원형의 전류 고리. (b) 같은 자기장 속의 직사각형 전류 고리. (c) (연습문제 19.3)

**풀이**

(a) 원형 고리의 자기모멘트와 거기에 작용하는 토크를 구한다.

먼저 원형 고리로 둘러싸인 면적을 구한다.

$$A = \pi r^2 = \pi(1.00 \text{ m})^2 = 3.14 \text{ m}^2$$

고리의 자기 모멘트를 구한다.

$$\mu = IAN = (2.00 \text{ A})(3.14 \text{ m}^2)(1) = \boxed{6.28 \text{ A}\cdot\text{m}^2}$$

자기모멘트, 자기장 및 $\theta$의 값을 식 19.9b에 대입한다.

$$\tau = \mu B \sin\theta = (6.28 \text{ A}\cdot\text{m}^2)(0.500 \text{ T})(\sin 30.0°) = \boxed{1.57 \text{ N}\cdot\text{m}}$$

(b) 직사각형 코일의 자기 모멘트와 거기에 작용하는 자기 토크를 구한다.

코일의 면적을 구한다.

$$A = L \times H = (2.00 \text{ m})(3.00 \text{ m}) = 6.00 \text{ m}^2$$

코일의 자기 모멘트를 구한다.

$$\mu = IAN = (2.00 \text{ A})(6.00 \text{ m}^2)(3) = \boxed{36.0 \text{ A}\cdot\text{m}^2}$$

이 값들을 식 19.9b에 대입한다.

$$\tau = \mu B \sin\theta = (0.500 \text{ T})(36.0 \text{ A}\cdot\text{m}^2)(\sin 30.0°) = \boxed{9.00 \text{ N}\cdot\text{m}}$$

**주의** 자기 토크를 구할 때 자기 모멘트를 구하는 것이 반드시 필요한 것은 아니다. 대신 식 19.9a를 바로 이용해도 된다.

**연습문제 19.3**

그림 19.14c처럼 밑변 2.00 m, 높이 3.00 m인 직각삼각형 모양으로 두 번 감긴 코일에 2.00 A의 전류가 흐른다. 자기 모멘트와 코일에 작용하는 토크를 구하라. 자기장은 역시 0.500 T이고, 코일 면에 수직한 방향과 30.0°의 각도를 이룬다.

**답** $\mu = 12.0 \text{ A}\cdot\text{m}^2$, $\tau = 3.00 \text{ N}\cdot\text{m}$

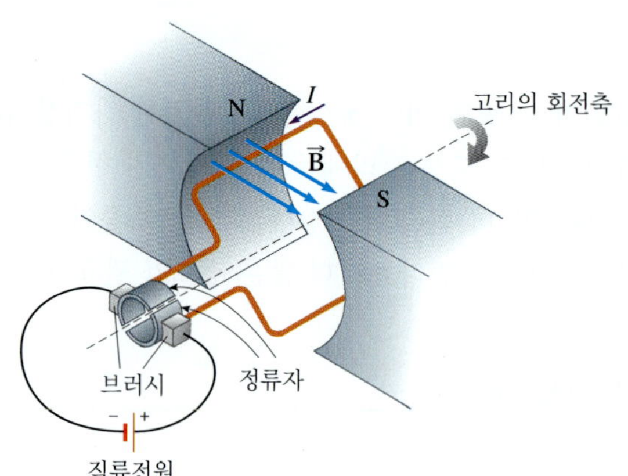


**활용그림 19.15**
단순화시킨 직류(DC) 전동기의 모습.

**Physics Now™**
**http://physics.brookscole.com/ecp**에서 PhysicsNow를 로그인하고 활용그림 19.15로 들어가서 자기장의 세기와 회전 속력을 변화시켜 보면서 생성된 emf에 대한 효과를 관찰하자.

## 전동기

**APPLICATION**
전동기

전동기가 없는 21세기의 생활은 상상하기 어렵다. 전동기를 내장한 가전제품들로는 컴퓨터 디스크 드라이버, CD 플레이어, VCR이나 DVD 플레이어, 전동 식품 조리기구와 믹서, 자동차 시동기, 전기로, 에어컨 등이 있다. 전동기는 전기 에너지를 회전 운동 에너지로 바꾸어 주는 장치로서, 기본적으로 자석의 자기장 내에 놓이면 회전하게 되는 전류가 흐르는 단단한 고리로 이루어져 있다.

앞서 보았던 것처럼(활용그림 19.13) 전류 고리에 작용하는 토크는 고리를 보다 작은 $\theta$ 값의 방향으로 회전시켜 토크가 0이 되도록 한다. 이때 자기장은 고리의 면과 수직, 즉 $\theta = 0$이 된다. 만일에 고리가 이 각도를 지난 이후에도 전류가 계속 같은 방향으로 흐르면 토크는 반대 방향으로 작용해서 고리를 반대 방향, 즉 반시계 방향으로 돌아가게 한다. 이러한 문제점을 해결하고, 한 방향으로 계속 돌아가도록 하기 위해서는 고리에 흐르는 전류의 방향을 주기적으로 바꾸어 주어야 한다. 교류(AC) 전동기에서는 전류가 매초 120번 바뀌므로 이러한 작동이 자연스럽게 일어난다. 직류(DC) 전동기에서는 활용그림 19.15에서 보는 바와 같이 분리되어 있는 반원형 고리 접촉자(정류자)와 브러시를 이용하여 역학적으로 전류의 방향을 바꾸어 준다.

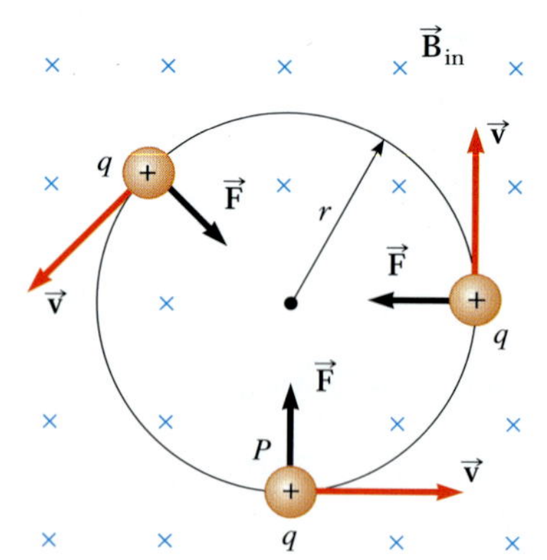


**활용그림 19.16**
대전입자의 속도가 균일한 자기장에 수직일 때 $\vec{B}$에 수직한 평면 위의 원궤도를 따라 운동한다(×표는 자기장 벡터의 꼬리를 나타낸다. 즉, 지면으로 들어간다). 전하에 작용하는 자기력 $\vec{F}$는 항상 원의 중심을 향한다.

**Physics Now™**
**http://physics.brookscole.com/ecp**에서 PhysicsNow를 로그인하고 활용그림 19.16으로 들어가서 입자의 질량, 속력, 전하와 자기장의 크기를 변화시키면서 원운동 결과를 관찰하라.

실제로 전동기에는 여러 개의 전류 고리와 정류자들이 있지만, 활용그림 19.15에서는 간단히 나타내기 위하여 한 개의 전류 고리에 부착되어 돌아가고 있는 단 하나의 정류자만을 나타내었다. **브러시**라고 하는 일련의 고정되어 있는 전기 접촉자는 회전하는 정류자와 전기적으로 접촉하도록 되어 있다. 이러한 브러시들은 대개 흑연으로 만들어진다. 이는 흑연이 훌륭한 윤활 역할을 할 뿐만 아니라 전기적으로도 좋은 도체이기 때문이다. 고리가 자기장과 수직이 되어 토크가 0이 되는 지점에서는 관성에 의해 고리가 시계 방향으로 계속 전진하면서 브러시는 정류자의 갈라진 틈을 지나게 된다. 이때 고리에는 반대 방향의 전류가 흐른다. 이로 인해 고리를 시계 방향으로 회전하도록 하는 새로운 토크가 공급되어 다시 180° 회전하게 되며, 전류의 방향은 또 뒤집히고, 이러한 과정이 되풀이 된다.

## 19.5 자기장 내에서 대전 입자의 운동

활용그림 19.16에서와 같이 균일한 자기장 내에서 입자의 속도 방향이 **자기장에 수직하게** 운동하는 양으로 대전된 입자를 생각하자. 기호 $\vec{\mathbf{B}}_{in}$과 '×' 표시는 자기장 $\vec{\mathbf{B}}$가 지면 속으로 들어가는 것을 나타낸다. 점 $P$에서 오른손 법칙을 적용하면, 이곳에서 자기력 $\vec{\mathbf{F}}$의 방향이 위로 향하는 것을 알 수 있다. 이 때문에 입자는 운동 방향을 바꾸어 원형 경로를 따라 운동하게 된다. 오른손 법칙을 적용하면 어느 점에서든지 **자기력은 항상 원형 경로의 중심을 향한다는 것**을 알 수 있다. 그러므로 자기력은 속도 $\vec{\mathbf{v}}$의 크기는 변화시키지 않고 방향만을 바꾸는 구심력을 일으킨다. $\vec{\mathbf{F}}$가 원운동에서 구심력 역할을 하기 때문에 그 크기 $qvB$가 입자의 질량과 구심 가속도 $v^2/r$의 곱과 같다. 뉴턴의 제2법칙으로부터 다음 식을 얻을 수 있다.

$$F = qvB = \frac{mv^2}{r}$$

또는

$$r = \frac{mv}{qB} \qquad [19.10]$$

이 식으로부터 입자의 원형 경로의 반지름은 입자의 운동량 $mv$에 비례하고, 전하와 자기장에 반비례함을 알 수 있다. 식 19.10은 사이클로트론을 설계하는 데 쓰이기 때문에 종종 **사이클로트론 방정식**(cyclotron equation)이라 부른다.

대전입자의 최초 속도 방향이 자기장과 수직하지 않고 활용그림 19.17에서와 같이 자기장과 어떤 각을 이룬다면, 입자의 경로는 자기력선을 따라 나선형이 된다.

### ☑ Checkpoint 19.2

원자가 자기장 속에 수직하게 입사되어 운동한다. 1차 또는 2차로 이온화된 것 중 어느 경우에 더 작은 반지름의 원을 도는가?

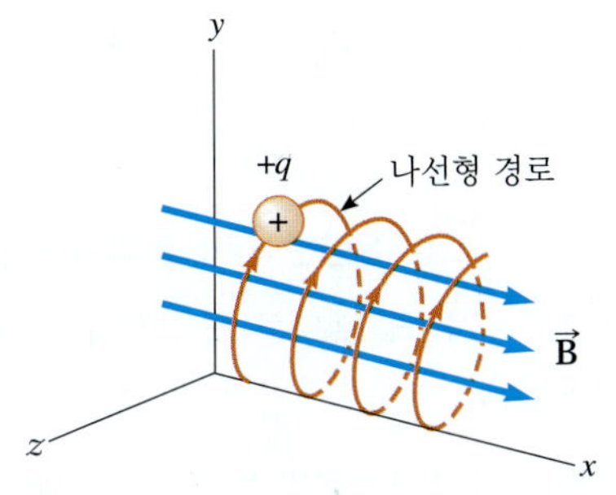


**활용그림 19.17**
균일한 자기장과 수직이 아닌 각도를 이루는 속도를 가진 대전 입자는 나선형 경로를 따라 운동한다.

**Physics Now™**
**http://physics.brookscole.com/ecp**에서 PhysicsNow를 로그인하고 활용그림 19.17로 들어가서 입자의 $x$ 성분의 속도를 변화시키면서 나선 운동의 결과를 관찰하자.

### Quick Quiz 19.4

전하를 띤 입자가 속도에 수직한 방향의 일정한 자기장 속에서 원 궤도를 따라 운동할 때, 입자의 운동 에너지는 (a) 일정하다. (b) 증가한다. (c) 감소한다.

### 예제 19.4 질량분석기: 입자의 식별

**목표** 사이클로트론 방정식을 이용하여 입자의 종류를 식별한다.

**문제** 전기를 띤 입자가 질량분석기의 속으로 속력 $1.79 \times 10^6$ m/s로 들어가 속도에 수직한 크기 0.350 T인 균일한 자기장 속에서 반지름 16.0 cm인 원 궤도를 따라 운동한다. 입자의 질량 대 전하의 비를 구하고, 아래에 주어진 표를 참고하여 어떤 입자인지 식별하라.

**전략** 식 19.10으로부터 질량 대 전하의 비를 구한 뒤 표에 주어진 값들과 비교하여 어떤 입자인지 알아낸다.

**풀이**

사이클로트론 방정식을 쓴다.

$$r = \frac{mv}{qB}$$

이 식을 질량을 전하로 나눈 $m/q$에 대해 풀고, 주어진 값들을 대입한다.

$$\frac{m}{q} = \frac{rB}{v} = \frac{(0.160\text{ m})(0.350\text{ T})}{1.79 \times 10^6\text{ m/s}} = 3.13 \times 10^{-8}\ \frac{\text{kg}}{\text{C}}$$

표로부터 입자를 식별한다. 모든 입자는 완전히 이온화되어 있다.

| 입자 | $m$ (kg) | $q$ (C) | $m/q$ (kg/C) |
|---|---|---|---|
| 수소 | $1.67 \times 10^{-27}$ | $1.60 \times 10^{-19}$ | $1.04 \times 10^{-8}$ |
| 중수소 | $3.35 \times 10^{-27}$ | $1.60 \times 10^{-19}$ | $2.09 \times 10^{-8}$ |
| 삼중수소 | $5.01 \times 10^{-27}$ | $1.60 \times 10^{-19}$ | $3.13 \times 10^{-8}$ |
| 헬륨-3 | $5.01 \times 10^{-27}$ | $3.20 \times 10^{-19}$ | $1.57 \times 10^{-8}$ |

이 입자는 삼중수소 이다.

**주의** 질량분석기는 화학과 물리 모두에서 중요한 도구이다. 미지의 화합물을 가열하여 이온화시킨 후 질량분석기를 통과하게 하면 구성 성분을 식별해 낼 수 있다.

**연습문제 19.4**

두 번째의 대전입자가 예제 19.4에서와 같은 속력으로 질량분석기 속으로 들어갔다. 반경 10.7 cm의 원 궤도를 운동한다고 할 때 질량 대 전하의 비를 구하고 위의 표로부터 어떤 입자인지 식별하라.

**답** $2.09 \times 10^{-8}$ kg/C, 중수소

## 예제 19.5 질량분석기: 동위원소의 분리

**목표** 사이클로트론 방정식을 동위원소를 분리하는 과정에 적용한다.

**문제** 1차 이온화된 두 개의 원자가 활용그림 19.18에서와 같이 $S$ 지점의 슬릿에서 나와 0.100 T의 지면 안쪽으로 향하는 자기장 속에 들어간다. 각각의 속력은 $1.00 \times 10^6$ m/s이다. 첫 번째 원자의 핵은 양성자 1개를 갖고 질량이 $1.67 \times 10^{-27}$ kg이며, 두 번째 원자의 핵은 양성자 1개와 중성자 1개를 갖고 질량이 $3.34 \times 10^{-27}$ kg이다. 핵 속의 양성자 수가 같고 질량이 서로 다른 원자를 동위원소라 한다. 여기의 두 동위원소는 수소와 중수소이다. 이 원자들이 $P$에 놓인 사진 건판과 충돌할 때, 그들 간의 떨어진 거리는 얼마인가?

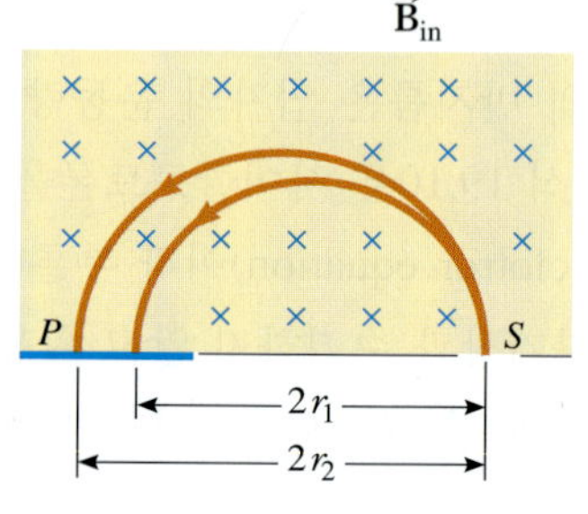


**활용그림 19.18**
(예제 19.5) 두 동위원소가 $S$ 지점에서 슬릿을 떠나 서로 다른 원 궤도를 돌아 $P$에 놓인 형광판을 친다.

**Physics Now™**
**http://physics.brookscole.com/ecp** 에서 PhysicsNow를 로그인하고 활용그림 19.18로 들어가서 전기장과 자기장을 변화시켜 보면서 이온의 경로 반경을 예상해 보자.

**전략** 각 원자에 사이클로트론 방정식을 적용하여 원 궤도의 반지름을 각각 구한다. 반지름들을 2배로 하여 지름을 구한 후 그 차이를 계산한다.

**풀이**

식 19.10을 이용하여 가벼운 동위원소인 수소의 원 궤도 반지름을 구한다.

$$r_1 = \frac{m_1 v}{qB} = \frac{(1.67 \times 10^{-27}\text{ kg})(1.00 \times 10^6\text{ m/s})}{(1.60 \times 10^{-19}\text{ C})(0.100\text{ T})} = 0.104\text{ m}$$

같은 식을 이용하여 무거운 동위원소인 중수소의 궤도 반지름을 구한다.

$$r_2 = \frac{m_2 v}{qB} = \frac{(3.34 \times 10^{-27}\text{ kg})(1.00 \times 10^6\text{ m/s})}{(1.60 \times 10^{-19}\text{ C})(0.100\text{ T})} = 0.209\text{ m}$$

각 반지름에 2를 곱하여 지름을 구한 후, 그 차를 계산하여 두 동위원소의 간격 $x$를 구한다.

$$x = 2r_2 - 2r_1 = 0.210\text{ m}$$

**주의** 제2차 세계대전 중에 질량분석기는 강한 방사성을 띤 우라늄 동위원소 U-235를 훨씬 더 다량으로 존재하는 동위원소 U-238로부터 분리하는 데 사용되었다.

**연습문제 19.5**

예제 19.5에서와 같은 질량분석기를 이용하여 헬륨의 두 동위원소 간의 거리를 구하라. 보통의 헬륨 He-4의 핵은 두 개의 양성자와 두 개의 중성자로 되어 있고, He-3의 핵은 두 개의 양성자와 한 개의 중성자로 되어 있다. 두 핵이 모두 2차 이온화되어 있고(전하 $2e = 3.20 \times 10^{-19}$ C을 가짐), 자기장 속을 $1.00 \times 10^{6}$ m/s의 속력으로 들어간다고 가정하라. He-4 원자핵의 질량은 $6.64 \times 10^{-27}$ kg, He-3 원자핵의 질량은 $5.01 \times 10^{-27}$ kg이다.

**답** 0.102 m

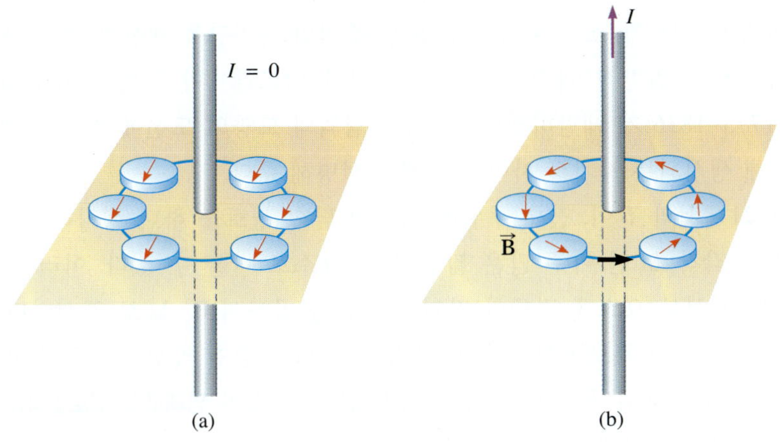


**활용그림 19.19**
(a) 연직 방향 도선에 전류가 흐르지 않을 때 모든 나침반 바늘은 같은 방향을 가리킨다. (b) 도선에 강한 전류가 흐를 때 나침반 바늘은 전류에 의해 생긴 $\vec{B}$의 방향을 가리키는 원의 접선 방향으로 움직인다.

**Physics Now™**
**http://physics.brookscole.com/ecp**에서 PhysicsNow를 로그인하고 활용그림 19.19로 들어가서 전류값을 변화시켜 보고 나침반에 미치는 영향을 살펴보자.

## 19.6 긴 직선 도선의 자기장과 앙페르의 법칙

1820년에 덴마크의 과학자 한스 크리스티안 외르스테드(Hans Christian Oersted, 1777~1851)가 처음 행한 간단한 실험은 전류가 흐르는 도선이 자기장을 발생시킨다는 것을 명백히 보여 주었다. 이 실험은 활용그림 19.19a처럼 여러 개의 나침반 바늘이 수직한 도선 근처의 수평면에 놓여 있다. 도선에 전류가 흐르지 않을 때, 모든 나침반 바늘의 끝은 예상대로 같은 방향(지구 자기장의 방향)을 가리킨다. 그러나 도선에 일정하고 강한 전류가 흐르면, 모든 바늘들은 활용그림 19.19b에서처럼 원의 접선 방향을 향한다. 이 실험은 $\vec{B}$의 방향이 다음과 같은 편리한 규칙, 즉 **오른손 법칙 2**를 따르는 것을 보여 준다.

> 오른손 엄지를 그림 19.20a에서처럼 도선의 전류가 흐르는 방향으로 가리키게 한다. 그러면 나머지 손가락들은 자연스럽게 자기장 $\vec{B}$의 방향으로 굽어진다.

전류가 반대 방향으로 흐르면 그림 19.20b에서 철가루들도 또한 반대 방향으로 향한다.

철가루들은 $\vec{B}$의 방향을 가리키기 때문에 $\vec{B}$의 자기력선도 도선 주위에 원들을 이룬다고 할 수 있다. 대칭성에 의해 $\vec{B}$의 크기는 도선을 중심으로 한 원 위의 어느 곳에서나 같고, 도선에 수직한 평면 내에 있다. 전류와 도선으로부터의 거리를 변화시켜 보면 $\vec{B}$는 흐르는 전류에 비례하고 도선으로부터의 거리에 반비례함을 알 수 있다. 이러한 사실로부터 긴 직선 도선에 흐르는 전류 $I$로부터 거리 $r$만큼 떨어진 곳에서의 자기장의 크기에 대한 식은 다음과 같이 표현됨을 알 수 있다.

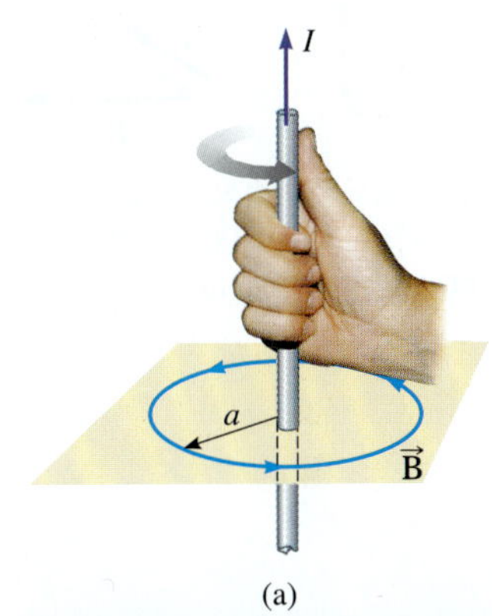

(a)

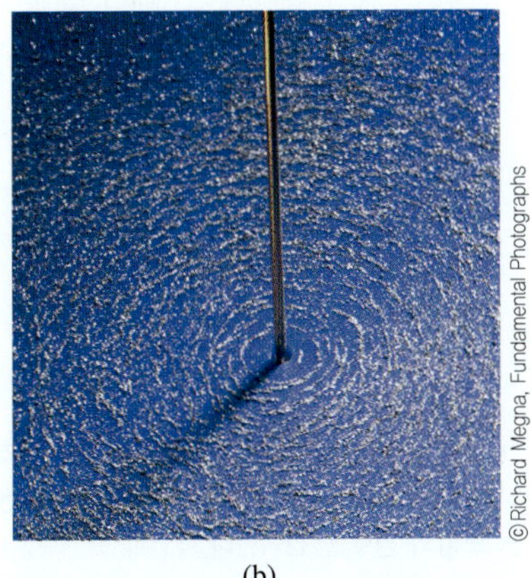

(b)

**그림 19.20** (a) 전류가 흐르는 긴 직선 도선에 의해 생기는 자기장의 방향을 결정하는 오른손 법칙 2. 자기력선은 도선 주위에 원형으로 생성되는 것에 주목하라. (b) 전류가 흐르는 도선을 둘러싸는 원형의 자기력선. 철가루들로 나타나 있다.

긴 직선 도선에서의 자기장 ▶

$$B = \frac{\mu_0 I}{2\pi r} \quad [19.11]$$

비례 상수 $\mu_0$를 **진공의 투자율**(permeability of free space)이라 하고 다음의 값을 가진다.

$$\mu_0 \equiv 4\pi \times 10^{-7}\ \mathrm{T \cdot m/A} \quad [19.12]$$

**TIP 19.3** 오른 손만 이용하라!
이 장에서 두 가지의 오른손 법칙을 소개하였다. 이 법칙을 적용할 때는 오른손만 이용하도록 하라.

## 앙페르의 법칙과 긴 직선 도선

식 19.11로부터 전류가 흐르는 긴 직선 도선 주위의 자기장을 계산할 수 있다. 이러한 식들을 유도하는 일반적 과정은 프랑스 과학자 앙드레-마리 앙페르(André-Marie Ampére, 1775~1836)가 제안하였다. 이 식은 임의의 모양의 도선에 흐르는 전류와 그 도선에 의해 생성되는 자기장 사이의 관계를 설명해 준다.

그림 19.21에서와 같이, 전류 주위에 임의의 닫힌 경로를 하나 생각해 보자. 이 경로를 길이가 각각 $\Delta\ell$인 아주 많은 짧은 선분 요소로 나눌 수 있다. 이러한 선분 요소 한 개에 이 선분 요소에 평행한 자기장 성분을 곱하여 $B_{\parallel}\ \Delta\ell$로 표시한다. 앙페르에 의하면 닫힌 곡선 경로에서 이러한 곱의 모든 합은 닫힌 곡선 경로로 둘러싸인 면을 통과하는 알짜 전류 $I$에 $\mu_0$를 곱한 것과 같다. 이것이 **앙페르의 회로법칙**(Ampère's circuital law)이며, 다음과 같이 쓸 수 있다.

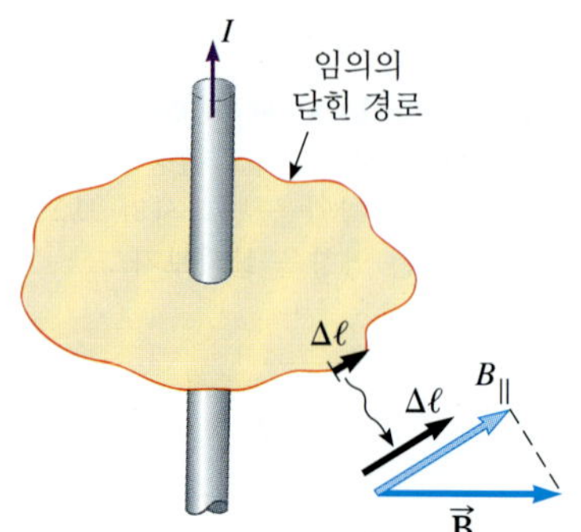


**그림 19.21** 앙페르의 법칙을 이용하여 전류에 의한 자기장을 계산할 때 전류를 감싸는 임의의 닫힌 경로를 선택한다.

$$\Sigma B_{\parallel}\ \Delta\ell = \mu_0 I \quad [19.13]$$

여기서 $B_{\parallel}$는 길이 $\Delta\ell$인 선분 요소에 평행한 $\vec{\mathbf{B}}$의 성분이며, $\Sigma B_{\parallel}\ \Delta\ell$은 전체 닫힌 경로에 대한 모든 $B_{\parallel}\ \Delta\ell$의 합이다. 앙페르의 법칙은 어떻게 전류가 주변의 빈 공간에 자기장을 만드는지를 설명해 주는 기본적인 법칙인 것이다.

앙페르의 회로법칙을 이용하면 전류 $I$가 흐르는 긴 직선 도선 주위의 자기장을 계산할 수 있다. 앞서 논의한 바와 같이 이런 형태의 전류에 의한 각 자기력선은 도선을 중심으로 하는 원을 이룬다. 자기장은 반지름이 $r$인 원 위의 모든 점에서 접선방향이며 같은 크기 $B$를 가지므로, 그림 19.22에서와 같이 $B_{\parallel} = B$가 된다. 원형 경로를 따라 합 $\Sigma B_{\parallel}\ \Delta\ell$을 계산할 때 $B_{\parallel}$는 원주상의 모든 점에서 같은 값 $B$를 가지는 것에 유의하자. 이때 식 19.13은 다음과 같이 된다.

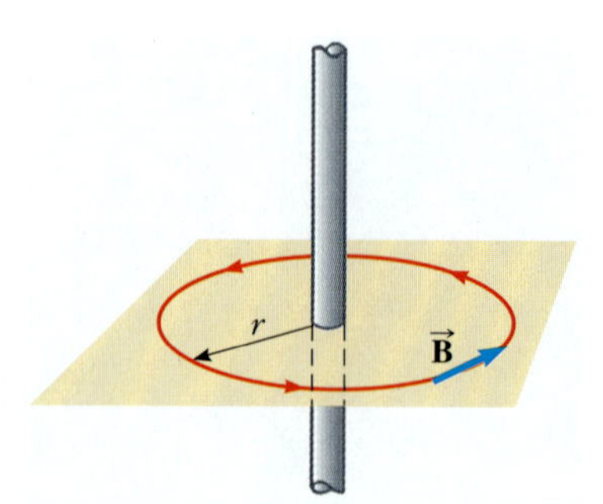


**그림 19.22** 전류가 흐르는 긴 직선 도선 주위의 자기장을 계산할 때는 반지름 $r$인 닫힌 원 모양의 경로를 선택한다.

$$\Sigma B_{\parallel}\ \Delta\ell = B_{\parallel} \sum \Delta\ell = B(2\pi r) = \mu_0 I$$

양변을 $2\pi r$로 나누면,

$$B = \frac{\mu_0 I}{2\pi r}$$

가 되고, 이 식은 긴 직선 도선을 흐르는 전류 $I$에 의한 자기장의 식 19.11과 같게 된다.

앙페르의 회로법칙은 전류 분포가 아주 대칭적일 때 자기장을 계산하는 간단하고 좋은 방법이 된다. 그러나 대칭성이 결여된 복잡한 전류 분포의 자기장을 계산하는 데는 이용할 수 없다. 게다가 앙페르의 회로법칙은 전류와 자기장이 시간에 따라 변하지 않을 때만 성립한다.

**예제 19.6 긴 도선 주위의 자기장**

**목표** 긴 직선 도선에 의한 자기장과 이 자기장이 입자에 미치는 힘을 구한다.

**문제** 5.00 A의 전류가 흐르는 긴 직선 도선이 있다. 이때 도선에서 4.00 mm 떨어져서 전류 방향과 평행하게 양성자가 $1.50 \times 10^3$ m/s 속도로 움직인다(그림 19.23). (a) 도선에 의해 생긴 자기장의 세기와 방향을 구하라. (b) 양성자에 작용하는 도선의 자기장에 의한 자기력의 세기와 방향을 구하라.

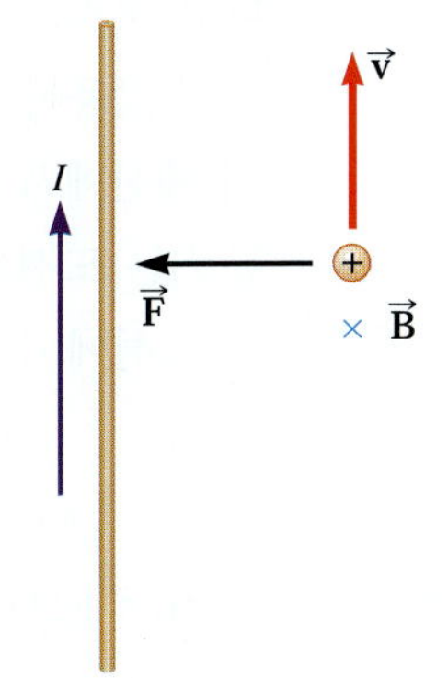


**그림 19.23** (예제 19.6) 전류에 의한 자기장은 양성자가 놓인 지점에서 지면 안쪽으로 향하며, 양성자에 작용하는 힘은 왼쪽을 향한다.

**전략** 먼저 식 19.11을 이용하여 주어진 점에서의 자기장의 세기를 구한다. 오른손 법칙 2를 이용하여 자기장의 방향을 구한다. 마지막으로 식 19.1에 대입하여 양성자에 미치는 자기력을 계산한다.

**풀이**

(a) 도선의 자기장의 세기와 방향을 구한다.

식 19.11을 이용하여 도선에서 4.00 mm 떨어진 곳에서 자기장의 세기를 계산한다.

$$B = \frac{\mu_0 I}{2\pi r} = \frac{(4\pi \times 10^{-7}\ \mathrm{T\cdot m/A})(5.00\ \mathrm{A})}{2\pi(4.00 \times 10^{-3}\ \mathrm{m})}$$
$$= \boxed{2.50 \times 10^{-4}\ \mathrm{T}}$$

오른손 법칙 2를 적용하여 자기장 $\vec{B}$의 방향을 구한다.

오른손 엄지를 그림 19.23의 전류 방향을 향하게 하면 나머지 손가락들은 양성자의 위치에서 지면으로 들어가는 방향으로 굽어진다. 그러므로 속도 $\vec{v}$와 $\vec{B}$ 사이의 각도 $\theta$는 90° 이다.

(b) 도선이 양성자에 작용하는 자기력을 계산한다.

식 19.1에 대입하면 대전 입자에 작용하는 자기력의 크기를 알 수 있다.

$$F = qvB\sin\theta = (1.60 \times 10^{-19}\ \mathrm{C})(1.50 \times 10^3\ \mathrm{m/s}) \times (25.0 \times 10^{-4}\ \mathrm{T})(\sin 90^\circ)$$
$$= \boxed{6.00 \times 10^{-20}\ \mathrm{N}}$$

오른손 법칙 1을 이용하여 자기력의 방향을 구한다.

오른손의 네 손가락을 $\vec{v}$ 방향으로 향하게 한 후, $\vec{B}$ 쪽으로 지면 안을 향해 구부린다. 이때 엄지는 왼쪽을 가리키게 되며, 이것이 자기력의 방향이다.

**주의** 양성자의 위치는 중요하다. 도선 왼쪽에서는 자기장이 지면 바깥을 향하며, 양성자에 작용하는 자기력은 오른쪽을 향한다.

**연습문제 19.6**

그림 19.23에서 He-3의 원자핵이 도선의 왼쪽 7.50 mm되는 곳에서 전류와 반대 방향으로 $2.50 \times 10^3$ m/s의 속력으로 움직인다. (a) 이 지점에서 자기장을 구하고, (b) He-3 원자핵에 미치는 자기력을 구하라. (예제 19.4의 표에 있는 데이터를 보라.)

**답** (a) $1.33 \times 10^{-4}$ T (b) $1.07 \times 10^{-19}$ N, 그림 19.23에서 왼쪽을 향함.

## 19.7 두 평행 도선 사이의 자기력

이미 살펴본대로 전류가 흐르는 도체가 외부 자기장 내에 놓일 때, 도체에 자기력이 작용한다. 전류가 흐르는 도체는 주위에 자기장을 만들기 때문에, 가까이 놓인 두 개의 전류가 흐르는 도선은 서로 자기력을 작용한다는 것은 쉽게 알 수 있다. 활용그림

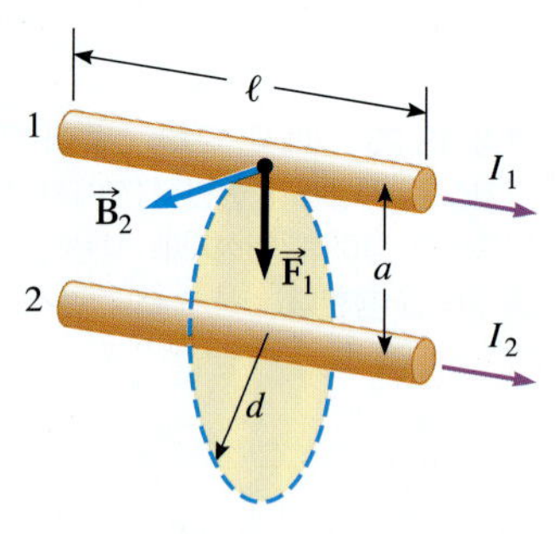


**활용그림 19.24**
연직 방향으로 놓인 두 평행 도선은 일정한 전류가 흐를 때 서로 힘을 미친다. 도선 2에 의해 도선 1에 생기는 자기장 $\vec{B}_2$는 도선 1에 $F_1 = B_2 I_1 \ell$의 힘을 미친다. 전류의 방향이 같으면 그림에서처럼 인력이, 전류의 방향이 반대이면 척력이 작용한다.

**Physics Now™**
**http://physics.brookscole.com/ecp**에서 PhysicsNow를 로그인하고 활용그림 19.24로 들어가서 도선에 흐르는 전류와 도선 사이의 거리를 변화시켜 가면서 힘에 미치는 영향을 살펴보자.

19.24와 같이 거리 $d$만큼 떨어진 긴 평행 직선 도선에 전류 $I_1$, $I_2$가 같은 방향으로 흐른다고 하자. 도선 1은 도선 2의 바로 위에 있다. 이때 한 도선의 자기장에 의한 다른 도선에 작용하는 힘을 알아보자.

이 계산에서 전류 $I_2$가 흐르는 도선 2의 자기장에 의해 도선 1이 받는 힘을 구한다. 전류 $I_2$는 도선 1이 있는 곳에 자기장 $\vec{B}_2$를 만든다. $\vec{B}_2$의 방향은 그림에 표시한 바와 같이 도선에 수직하다. 식 19.11에서 이 자기장의 크기는 다음과 같다.

$$B_2 = \frac{\mu_0 I_2}{2\pi d}$$

식 19.5로부터 전류 $I_2$에 의한 자기장 $\vec{B}_2$로 인해 도선 1이 받는 자기력의 크기는

$$F_1 = B_2 I_1 \ell = \left(\frac{\mu_0 I_2}{2\pi d}\right) I_1 \ell = \frac{\mu_0 I_1 I_2 \ell}{2\pi d}$$

이다. 이를 단위 길이당 힘의 크기로 다시 쓰면 다음과 같이 쓸 수 있다.

$$\frac{F_1}{\ell} = \frac{\mu_0 I_1 I_2}{2\pi d} \qquad [19.14]$$

힘 $\vec{F}_1$의 방향은 오른손 법칙 1에 의해 아래쪽, 즉 도선 2를 향하는 쪽이다. 이 계산은 완전히 대칭적인데, 이는 도선 2에 작용하는 힘 $\vec{F}_2$가 $\vec{F}_1$과 크기가 같고 방향은 반대인 것을 의미하며, 작용과 반작용에 대한 뉴턴의 제3법칙으로부터 예측되는 바와 같다.

같은 방향으로 전류가 흐르는 평행 도선들은 서로 **잡아당긴다**는 것을 알았다. 활용그림 19.24에 나타낸 접근 방법과 식 19.14에 이르는 단계들을 이용하면, 전류가 반대 방향으로 흐르는 두 평행 도선은 서로 **밀어낸다**는 것을 알 수 있다.

전류가 흐르는 두 평행 도선 사이에 작용하는 힘은 전류의 국제단위인 **암페어**(ampere, A)를 정의하는 데 이용된다.

암페어의 정의 ▶

같은 전류가 흐르는 두 긴 평행도선이 1 m 떨어져 있고, 각 도선에 작용하는 단위 길이당 자기력이 $2 \times 10^{-7}$ N/m일 때, 이 전류를 1 A로 정의한다.

국제단위계에서 전하의 단위 **쿨롱**(coulomb, C)은 암페어(A)를 사용하여 나타낼 수 있다.

쿨롱의 정의 ▶

도체에 일정한 전류 1 A가 흐를 때, 임의의 단면을 1 s 동안 흐르는 전하의 양을 1 C이라 한다.

## Quick Quiz 19.5

활용그림 19.24에서 $I_1 = 2$ A, $I_2 = 6$ A라면 다음 중 어느 것이 옳은가?
(a) $F_1 = 3F_2$ (b) $F_1 = F_2$ (c) $F_1 = F_2/3$

**예제 19.7** **도선의 공중부양**

**목표** 전류가 흐르는 도선이 평행한 다른 전류가 흐르는 도선에 미치는 자기력을 구한다.

**문제** 단위 길이당 무게가 $1.00 \times 10^{-4}$ N/m인 두 도선이 서로 평행하며, 한 도선이 다른 도선의 바로 위쪽에 놓여 있다. 각 도선에는 크기가 같고 방향이 반대인 전류가 흐른다고 가정한다. 각 도선은 서로 0.10 m 떨어져 있으며, 위쪽 도선에 작용하는 자기력과 중력의 합은 0이다. 도선에 흐르는 전류를 구하라(지구의 자기장은 무시하라).

**전략** 위쪽 도선은 자기력에 의한 척력과 중력이 평형을 이루어야 한다. 힘들의 합을 0으로 두고, 미지의 전류 $I$에 대해 푼다.

**풀이**

힘들의 합을 0으로 두고, 적당한 표현을 대입한다. 도선들 사이의 자기력이 서로 밀어낸다는 것에 주목하라.

$$\vec{\mathbf{F}}_{\text{grav}} + \vec{\mathbf{F}}_{\text{mag}} = 0$$

$$-mg + \frac{\mu_0 I_1 I_2}{2\pi d}\ell = 0$$

전류는 같으므로 $I_1 = I_2 = I$로 둔다.
이를 대입한 후 $I^2$에 대해 푼다.

$$\frac{\mu_0 I^2}{2\pi d}\ell = mg \longrightarrow I^2 = \frac{(2\pi d)(mg/\ell)}{\mu_0}$$

주어진 값을 대입하여 $I^2$를 구한 후 제곱근을 취한다. 단위 길이당 무게 $mg/\ell$은 주어져 있다.

$$I^2 = \frac{(2\pi \cdot 0.100\text{ m})(1.00 \times 10^{-4}\text{ N/m})}{(4\pi \times 10^{-7}\text{ T}\cdot\text{m})} = 50.0\text{ A}^2$$

$$I = 7.07\text{ T}$$

**주의** 예제 19.2에서 지구의 자기장을 이용해 도선을 부양시키는 데는 엄청나게 큰 전류를 필요로 한다는 것을 알았다. 전류가 흐르는 도선은 도선 근처에 지구 자기장보다 훨씬 강한 자기장을 만들어낸다.

**연습문제 19.7**
각 도선에 흐르는 전류가 두 배로 된다면 위쪽 도선에 작용하는 중력과 자기력의 크기가 같기 위해서는 두 도선은 얼마나 떨어져야 하나?

**답** 0.400 m

## 19.8 전류 고리와 솔레노이드의 자기장

도선이 고리 모양을 하고 있다면, 전류가 흐르는 도선이 만든 자기장의 세기는 어떤 특정 장소에서 강해질 수 있다. 그림 19.25에서 전류 고리선의 여러 작은 선분 요소들에 의한 효과를 고려하면 이 점을 이해할 수 있다. 고리선의 꼭대기에 $\Delta x_1$으로 표시된 작은 선분 요소는 고리의 중심에서 지면으로부터 나오는 방향의 자기장 $B_1$을 만들어낸다. $\vec{\mathbf{B}}$의 방향은 긴 직선 도선에 대한 오른손 법칙 2를 사용하면 알 수 있다. 엄지손가락이 전류 방향이 되도록 오른손으로 선을 감싸쥐면 나머지 네 손가락들은 $\vec{\mathbf{B}}$의 방향을 따라 도는 형태가 된다.

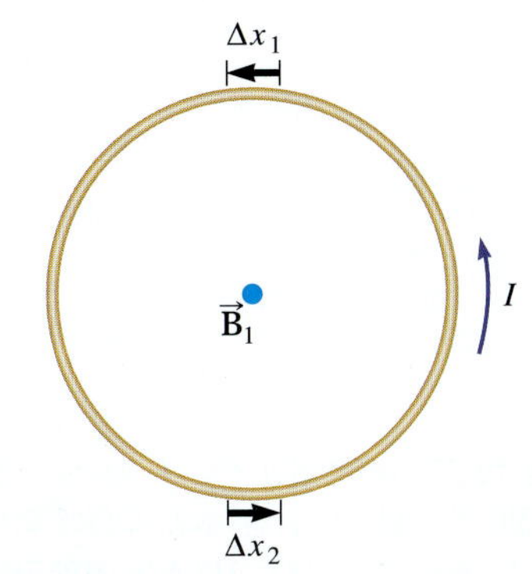

**그림 19.25** 전류 고리의 모든 부분이 고리의 중심에서 지면 밖을 향하는 자기장을 만든다.

고리의 바닥 쪽에 있는 선분 요소 $\Delta x_2$ 또한 중심의 자기장에 기여하며 자기장의 세기는 증가된다. 선분 요소 $\Delta x_2$에 의해 고리 중심에 생긴 자기장은 $B_1$과 크기가 같으며, 방향 또한 지면으로부터 나오는 방향이다. 마찬가지로 전류 고리의 모든 다른 선분 요소들도 자기장을 만드는 데 기여한다. 알짜 효과는 그림 19.26a에 나타낸 것과 같다.

그림 19.26a를 보면 자기력선은 전류 고리의 아래쪽으로 들어가서 위쪽으로 나온

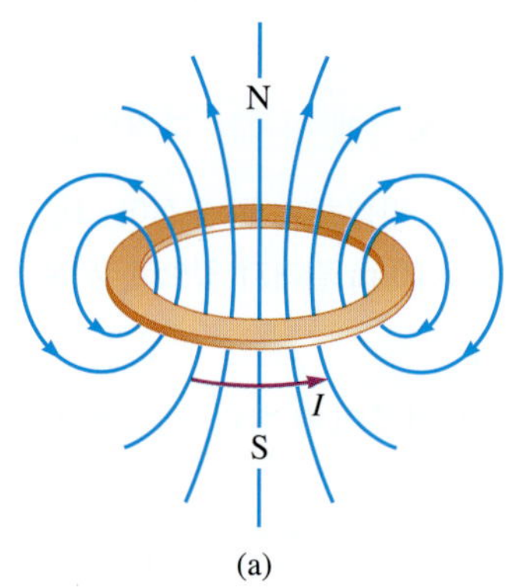


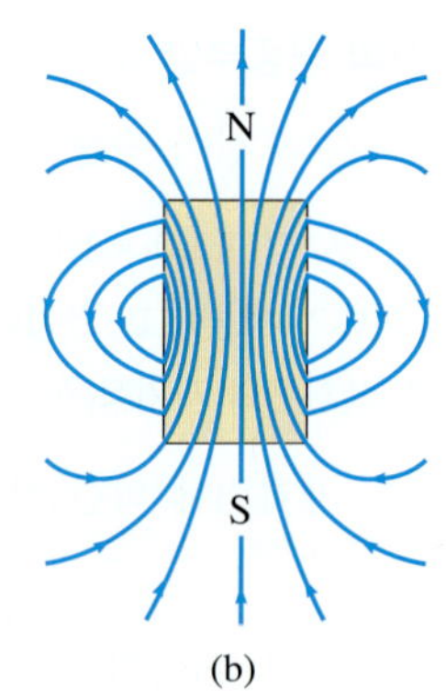


**그림 19.26** (a) 전류 고리의 자기력선. 막대자석의 자기력선과 닮은 것에 주목하라. (b) 막대자석의 자기력선은 전류 고리의 자기력선과 유사하다.

다. 이것을 막대자석의 자기장을 나타내는 그림 19.26b와 비교해 보라. 두 자기장은 유사한 모양을 하고 있다. 고리의 한쪽은 자석의 북극인 것처럼 행동하고, 다른 쪽은 남극인 것처럼 행동한다. 두 자기장의 유사성은 다음 절에서 물질의 자기를 논하는 데 이용될 것이다.

그림 19.26a와 같이 전류 $I$가 흐르는 원형 고리의 중심에서의 자기장의 세기는 다음과 같다.

$$B = \frac{\mu_0 I}{2R}$$

이것은 미적분을 써야만 유도할 수 있다. 코일이 각각 전류 $I$가 흐르는 $N$개의 고리로 되어 있을 때는 코일 중심의 자기장은 다음과 같다.

$$B = N\frac{\mu_0 I}{2R} \qquad [19.15]$$

## 응용물리 19.2 꼬인 도선

전기회로에서는 흔히 반대 방향으로 전류가 흐르는 절연된 도선들을 함께 새끼처럼 꼬아 놓는다. 이렇게 하면 어떤 이점이 있는가?

**설명** 도선들이 꼬여 있지 않다면 두 도선들의 조합이 하나의 전류 고리를 형성하여 비교적 강한 자기장을 만들어낸다. 전류 고리에 의해 만들어진 자기장은 인접한 회로나 소자들에 영향을 줄만큼 충분히 클 수도 있다. 도선들이 꼬여 있을 때는 그들의 자기장이 상쇄된다.

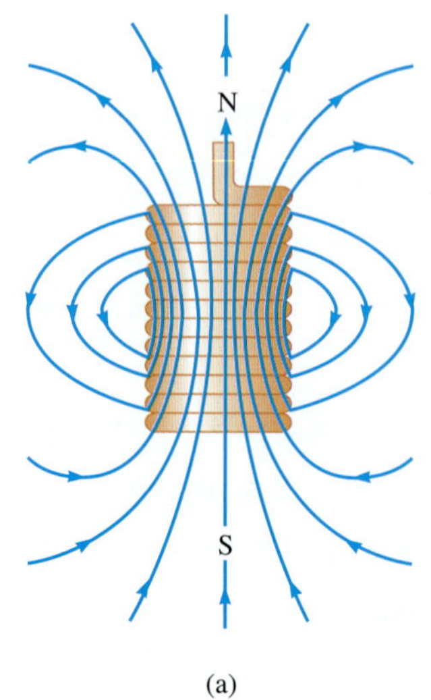

**그림 19.27** (a) 일정한 전류가 흐르는 유한한 길이의 조밀하게 감긴 솔레노이드에 의한 자기장. 솔레노이드 내의 자기장은 거의 균일하며 강하다. 자기력선이 막대자석의 경우와 닮아서 솔레노이드는 실질적으로 북극과 남극을 가지는 것에 주목하라. (b) 종이 위의 작은 철가루들로 보여 주는 막대자석의 자기장 형태.

## 솔레노이드의 자기장

긴 직선 도선을 나선형의 코일 모양으로 촘촘히 감은 장치를 **솔레노이드**(solenoid)라 하며, 흔히 **전자석**(electromagnet)이라 부른다. 이 장치는 도선에 전류가 흐를 때만 자석과 같이 행동하기 때문에 여러 가지 응용면에서 중요하다. 솔레노이드의 내부 자기장은 전류가 많이 흐를수록 증가하고 단위 길이당 감은 코일의 수에 비례한다.

도선이 촘촘히 감겨져 있다면 그림 19.27a에서 보듯이 자기력선은 솔레노이드의 한쪽으로 들어가서 다른 쪽으로 나온다. 이것은 솔레노이드의 한쪽 끝은 자석의 북극으로 작용하고, 다른 쪽은 남극처럼 작용함을 뜻한다. 솔레노이드의 길이가 반지름에 비해 훨씬 길면, 솔레노이드의 북극에서 나간 자기력선은 남극으로 들어가기 위해서 되돌아오기 전에 넓은 공간에 걸쳐 멀리 퍼져 나간다. 자기력선들이 서로 멀리 떨어져 있을수록 자기장은 약하다. 이것은 자기력선들이 촘촘히 있는 솔레노이드 내부의 훨씬 강한 자기장과는 대조적이다. 또 솔레노이드 양 끝에서 멀리 떨어진 내부의 모든 지점의 자기장은 일정한 크기를 갖는다. 이어서 보여 주겠지만, 이러한 고찰로부터 앙페르의 법칙을 적용하면 솔레노이드 내부의 자기장은 다음과 같이 된다.

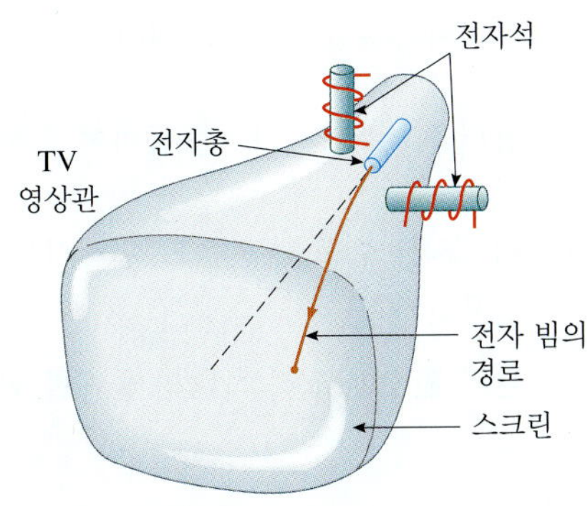


**그림 19.28** TV 영상관의 화면 위 원하는 지점으로 전자빔을 휘게 하기 위해 전자석을 이용한다.

$$B = \mu_0 nI \qquad [19.16]$$

◀ 솔레노이드 내부의 자기장

여기서 $n = N/\ell$은 솔레노이드의 단위 길이당 감긴 횟수이다.

그림 19.28에서처럼 텔레비전 수상기의 영상관 목 부분을 따라 놓인 소위 편향 자석은 전자빔을 화면에서 원하는 장소로 움직여 영상을 만들어 내는 데 이용된다. 전자빔이 스크린을 훑어가는 비율은 대단히 빠르기 때문에 사람 눈에는 점들의 연속이라기보다는 화상으로 보인다.

**☑ Checkpoint 19.3**

감긴 횟수와 전류가 모두 두 배로 되면 솔레노이드 내의 자기장은 몇 배로 증가하는가?

### 예제 19.8 솔레노이드 내부의 자기장

**목표** 주어진 데이터로 솔레노이드 내의 자기장을 구하고, 이 자기장 속에서 대전입자의 운동량을 계산한다.

**문제** 길이가 10.0 cm이고, 100번 감은 솔레노이드가 있다. (a) 솔레노이드에 0.500 A의 전류가 흐를 때 내부 자기장을 구하라. (b) 솔레노이드 내에서 반지름 0.020 m의 원 궤도를 도는 양성자의 운동량은 얼마인가? 솔레노이드의 축은 궤도 평면에 수직하다. (c) 이 솔레노이드를 만들기 위해서는 대강 얼마 길이의 도선이 필요한가? 솔레노이드의 반지름은 5.00 cm로 가정한다.

**전략** (a)에서는 1 m당 감긴 횟수를 계산하고 주어진 정보와 함께 식 19.16에 대입하여 자기장의 세기를 구한다. (b)는 뉴턴의 제2 법칙을 응용한다.

**풀이**

(a) 전류가 0.500 A일 때 솔레노이드 내의 자기장의 세기를 구한다.

단위 길이당 감긴 횟수를 구한다.

$$n = \frac{N}{\ell} = \frac{100 \text{ turns}}{0.100 \text{ m}} = 1.00 \times 10^3 \text{ turns/m}$$

$n$과 $I$를 식 19.16에 대입하여 자기장의 세기를 구한다.

$$\begin{aligned} B &= \mu_0 nI \\ &= (4\pi \times 10^{-7} \text{ T}\cdot\text{m/A})(1.00 \times 10^3 \text{ turns/m})(0.500 \text{ A}) \\ &= \boxed{6.28 \times 10^{-4} \text{ T}} \end{aligned}$$

(b) 솔레노이드의 중심 부근에서 반지름 0.020 m의 원 궤도를 도는 양성자의 운동량을 구한다.

양성자에 대해 뉴턴의 제2법칙을 쓴다. $ma = F = qvB$

구심가속도 $a = v^2/r$을 대입한다. $m\frac{v^2}{r} = qvB$

양변을 $v$로 나누고 $r$을 곱하여 운동량 $mv$를 얻는다. $mv = rqB = (0.020 \text{ m})(1.60 \times 10^{-19} \text{ C})(6.28 \times 10^{-4} \text{ T})$

$p = mv = \boxed{2.01 \times 10^{-24} \text{ kg} \cdot \text{m/s}}$

(c) 이 솔레노이드를 만들기 위해서는 대강 얼마 길이의 도선이 필요한가?

감긴 횟수에 고리 하나의 둘레를 곱한다.

$$\begin{aligned} \text{도선의 길이} &\approx (\text{감긴 횟수})(2\pi r) \\ &= (1.00 \times 10^2 \text{ turns})(2\pi \cdot 0.0500 \text{ m}) \\ &= \boxed{3.14 \text{ m}} \end{aligned}$$

**주의** 전자의 경우도 (b)에서 양성자와 같은 운동량을 가질 것이나 훨씬 빠른 속도를 가지며, 또 반대 방향으로 돈다. (c)에서 도선은 두께가 있기 때문에 각 고리의 크기를 약간 증가시키므로 길이는 대강의 추산이다. 더구나 도선 고리들은 솔레노이드를 따라 조금씩 감아 올라가므로 각 고리가 완전한 원은 아니다.

**연습문제 19.8**

32.0 m 길이의 구리 도선이 있다고 하자. 이 도선을 감아서 길이가 0.240 m이고, 반지름이 0.0400 m인 솔레노이드로 만들었다면, 전류가 12.0 A일 때 중심에서의 자기장의 세기는 얼마인가?

**답** $8.00 \times 10^{-3}$ T

## 솔레노이드에 적용한 앙페르의 법칙

앙페르의 법칙을 이용하면 전류 $I$가 흐르는 솔레노이드 내부 자기장에 대한 식을 얻을 수 있다. 그림 19.29는 솔레노이드의 길이 방향의 일부 단면을 나타낸 것이다. 솔레노이드 내부의 $\vec{\mathbf{B}}$는 균일하며 축에 평행하고, 외부의 $\vec{\mathbf{B}}$는 거의 0이다. 이 그림에서 보는 것처럼 길이 $L$, 폭이 $w$인 직사각형 경로를 생각하자. 이 경로에 앙페르의 법칙을 적용하여 직사각형의 각 변에 대한 $B_\parallel \Delta\ell$의 합을 계산한다. 변 3에 의한 기여분은 0이 되는데, 이 영역에서 $\vec{\mathbf{B}} = 0$이기 때문이다. 변 2와 4에 의한 기여분은 이 변을 따르는 $\Delta\ell$이 $\vec{\mathbf{B}}$와 수직하므로 또한 0이다. 변 1에 의한 기여분의 합은 이 변을 따르는 $\vec{\mathbf{B}}$가 균일하고 $\Delta\ell$에 평행하므로 $BL$이다. 그러므로 닫힌 직사각형 경로에 대한 총 합은 다음과 같다.

$$\Sigma B_\parallel \Delta\ell = BL$$

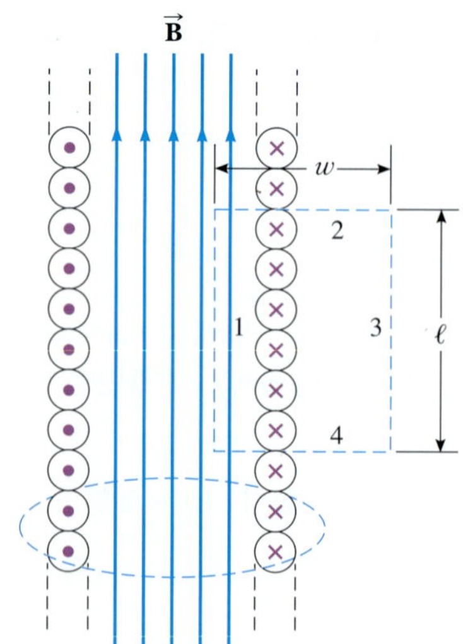


**그림 19.29** 조밀하게 감겨진 솔레노이드의 단면도. 솔레노이드가 반지름에 비해 상당히 길면 내부의 자기장은 균일하고 외부의 자기장은 0이라고 가정해도 된다. 푸른 점선으로 된 직사각형 경로를 따라 앙페르의 법칙을 적용하면 솔레노이드 내부의 자기장을 구할 수 있다.

앙페르의 법칙의 우변은 선택한 경로로 둘러싸인 면적을 통과하는 총 전류와 관련되어 있다. 위의 경우, 직사각형 경로를 통과하는 총 전류는 솔레노이드의 각 도선에 흐르는 전류와 감긴 횟수를 곱한 것과 같다. 길이 $L$에 감긴 총 횟수를 $N$이라 하면 직사각형 경로를 통과하는 총 전류는 $NI$가 된다. 그러므로 이 경로에 앙페르의 법칙을 적용하면,

$$\Sigma B_\parallel \Delta\ell = BL = \mu_0 NI$$

또는

$$B = \mu_0 \frac{N}{L} I = \mu_0 n I$$

가 된다. 여기서 $n = N/L$은 단위 길이당 감긴 횟수이다.

## 19.9 자기구역

코일에 흐르는 전류에 의해 만들어지는 자기장은, 무엇이 어떤 물질들을 강한 자기적 성질을 갖게 하는가에 대한 단서를 제공한다. 그림 19.26a에서와 같은 단일 코일은 북극과 남극을 갖는 자석과 같은 성질을 가지는데, 이것이 코일에 대해서도 맞는다면 이는 도선이 아닌 임의의 원형 경로를 따라 흐르는 어떤 전류에 대해서도 성립해야 한다. 특히, **핵에 대한 전자의 운동 때문에 개개의 원자는 자석처럼 행동해야 한다.** 각 전자는 전하가 $1.6 \times 10^{-19}$ C이고, $10^{-16}$ s에 한 번꼴로 회전한다. 전자의 전하를 이 시간 간격으로 나누면 궤도 운동을 하는 전자의 전류는 $1.6 \times 10^{-3}$ A이다. 이러한 전류는 원 궤도 중심에 20 T 정도의 자기장을 만들어 내게 된다. 이로부터, 만일 이러한 원자 자석들을 물질 내에 정렬시킬 수만 있다면 매우 강한 자기장을 만들어 낼 수 있다는 것을 알 수 있다. 그러나 이러한 일은 일어나지 않는다. 왜냐하면, 지금 설명한 간단한 모델로 설명이 완전히 끝난 것이 아니기 때문이다. 원자의 구조를 면밀히 분석해 보면, 원자 내에 있는 한 개의 전자에 의해 생성되는 자기장은 흔히 같은 원자 내에 있는 반대로 회전하는 전자에 의해 상쇄된다. **최종 결과로 핵을 선회하는 전자에 의해 생성되는 자기적 효과는 대부분의 물질에 대하여 0이거나 매우 작다.**

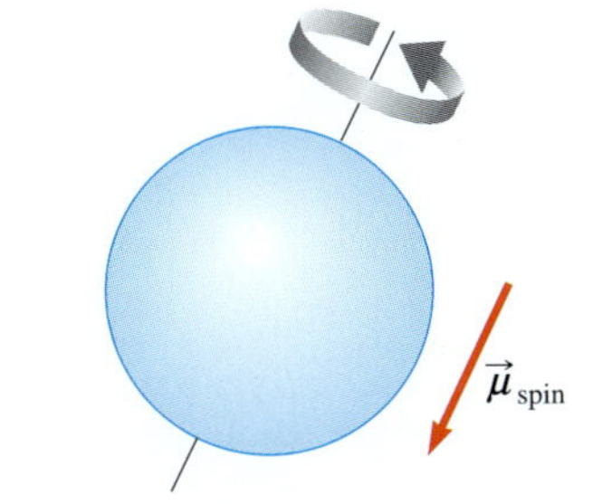


그림 19.30 자전하는 전자의 고전적 모형.

**TIP 19.4 전자는 자전(spin)한다 - 그러나 하지 않는다!**
우리가 스핀(spin)이란 말을 씀에도 불구하고, 전자는 아이들의 팽이와 달리 물리적으로 자전하지는 않는다. 전자는 자전하는 것처럼 행동하게 하는 고유 각운동량을 가지고 있지만 스핀 각운동량의 개념은 실제로는 상대론적 양자 효과이다.

여러 물질들의 자기적 성질은 전자가 궤도를 따라 돌면서 동시에 그림 19.30에서와 같이 스핀 자기 모멘트(spin magnetic moment)를 가지고 팽이처럼 자신의 축을 중심으로 자전(spin)하는 것에 의해 설명된다. (이러한 고전적인 설명을 너무 문자 그대로 받아들여서는 안 된다. 스핀에 대한 성질은 양자역학적인 방법으로만 이해될 수 있으므로 여기서는 설명하지 않기로 한다.) 자전하는 전자란 자기장을 만들어 내는 운동을 하는 전하를 말한다. 스핀에 의한 자기장은 일반적으로 궤도 운동에 의한 자기장보다 강하다. 전자를 많이 가진 원자의 경우 전자들은 대개 서로 반대인 스핀과 쌍을 이루고 있으며, 따라서 자기장이 서로 상쇄된다. 대부분의 물질들이 자석이 아닌 이유가 이 때문이다. 그러나 철, 코발트, 니켈과 같은 강한 자성 물질의 경우에 있어서 전자스핀에 의해 생성되는 자기장이 완전히 상쇄되지 않는다. 이러한 물질을 **강자성 물질**(ferromagnetic material)이라 한다. 강자성 물질에서는 이웃한 원자들 사이에 강한 결합력이 있어 이들의 스핀을 같은 방향으로 정렬되게 한다. 이렇게 많은 원자들의 스핀이 한 방향으로 정렬된 구역을 **자기구역**(magnetic domain)이라고 한다. 이러한

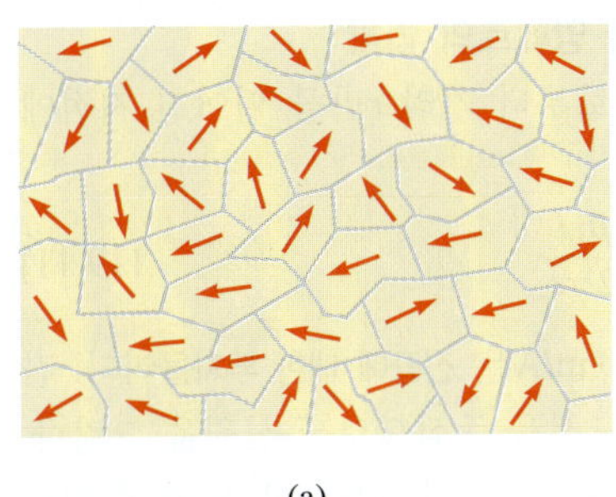


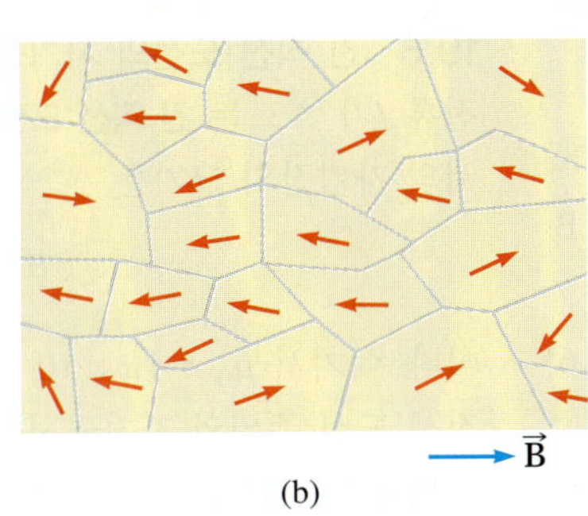


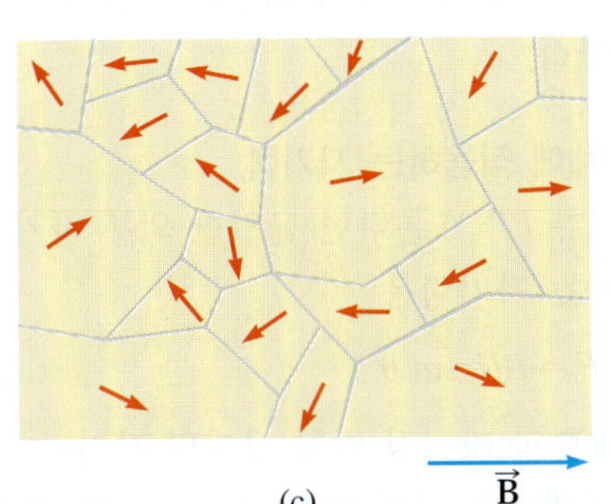


그림 9.31 (a) 자화되지 않은 물질 내의 자기구역은 임의의 방향으로 분포한다. (b) 외부 자기장 $\vec{B}$가 작용하면 자기구역은 자기장과 정렬하려 한다. (c) 외부 자기장의 세기를 증가시키면 외부 자기장과 정렬하지 않은 자기구역의 크기가 줄어들게 된다.

구역의 크기는 대략 $10^{-4}$ cm에서 0.1 cm에 이른다. 자화되지 않은 물질에서 자기구역들의 방향은 그림 19.31a에서와 같이 불규칙하게 분포한다. 그림 19.31b처럼 외부 자기장이 작용하면 각 구역의 자기장은 외부 자기장을 따라 정렬하는 경향이 생겨 자화된다.

**경자성 물질**(hard magnetic material)이라 불리는 경우는 외부 자기장을 제거하여도 자기구역의 정렬은 유지되며, 결과적으로 **영구자석**(permanent magnet)이 된다. 철과 같은 **연자성 물질**(soft magnetic material)에 있어서는 일단 외부 자기장이 제거되면 열적 요동이 자기구역을 운동시켜 신속하게 자화가 사라진다.

자기구역의 정렬은 전자석의 중심에 철심을 삽입시키면 왜 세기가 매우 강해지는지를 설명해 준다. 전류 코일들에 의해 만들어진 자기장이 자기구역을 정렬시켜 강한 알짜 외부 자기장을 만들어낸다. 심으로써 철을 이용하는 것은 코일의 전류가 끊어지면 즉각적으로 자성을 잃는 연자성체이므로 장점이 있다.

## 요약

PhysicsNow™ **http://physics.brookscole.com/ecp**에서 PhysicsNow를 로그인하고 이 장에 대한 Pre-Test link를 클릭하여 연습문제 시험을 보라.

### 19.2 자기장

자기장 $\vec{\mathbf{B}}$ 내에서 속도 $\vec{\mathbf{v}}$로 운동하는 전하 $q$에 작용하는 **자기력**의 크기는

$$F = qvB \sin\theta \qquad [19.1]$$

이다. 여기서 $\theta$는 $\vec{\mathbf{v}}$와 $\vec{\mathbf{B}}$의 사이의 각이다.

이 힘의 방향은 **오른손 법칙** 1을 이용한다. 즉 오른손의 네 손가락들이 $\vec{\mathbf{v}}$의 방향을 향하도록 펴고 다음에 $\vec{\mathbf{B}}$의 방향으로 굽힌다. 이때 엄지는 자기력 $\vec{\mathbf{F}}$의 방향을 가리킨다.

전하가 양전하가 아닌 **음전하**라면 그 방향은 오른손 법칙으로부터 주어지는 방향과 반대 방향이다.

자기장의 국제단위는 **테슬라**(tesla, T) 혹은 단위 면적당 웨버(weber, Wb/m$^2$)이다. 흔히 사용되는 자기장의 추가 단위는 **가우스**(gauss, G)이다; 1 T = $10^4$ G.

### 19.3 전류가 흐르는 도체에 작용하는 자기력

길이 $\ell$인 직선 도선에 전류 $I$가 흐른다면 균일한 외부 자기장 $\vec{\mathbf{B}}$ 내에서 이 도선에 작용하는 자기력은

$$F = BI\ell \sin\theta \qquad [19.6]$$

이며, 여기서 $\theta$는 전류 방향과 자기장 방향 사이의 각이다.

이 도선에 작용하는 자기력의 방향 또한 오른손 법칙 1로부터 구할 수 있다. 그러나 이 경우에는 엄지손가락을 $\vec{\mathbf{v}}$의 방향이 아닌 전류의 방향으로 향하게 한다.

### 19.4 전류 고리에 작용하는 토크와 전동기

자기장 $\vec{\mathbf{B}}$ 내에서 전류가 흐르는 도선 고리에 작용하는 토크 $\tau$의 크기는

$$\tau = BIA \sin\theta \qquad [19.8]$$

이며, 여기서 $I$는 전류, $A$는 고리의 면적이다. 전류가 흐르는 코일의 자기 모멘트의 크기는 $\mu = IAN$으로 정의되며, $N$은 고리의 수이다. 자기 모멘트는 고리의 면에 수직한 방향을 가지는 벡터 $\vec{\boldsymbol{\mu}}$로 볼 수 있다. $\vec{\mathbf{B}}$와 $\vec{\boldsymbol{\mu}}$ 사이의 각도가 $\theta$이다.

### 19.5 자기장 내에서의 대전 입자의 운동

대전 입자의 초기 속도가 자기장과 수직을 이루면서 균일한 자기장 내에서 운동하면 이 입자는 자기장에 수직한 평면에서 원궤도를 그리며 운동한다. 이 원궤도의 반지름 $r$은

$$r = \frac{mv}{qB} \qquad [19.10]$$

이다. 여기서 $m$은 입자의 질량이고, $q$는 전하량이다.

### 19.6 긴 직선 도선의 자기장과 앙페르의 법칙

전류 $I$가 흐르는 **긴 직선 도선**으로부터 거리 $r$만큼 떨어진 지점에서의 자기장의 크기는

$$B = \frac{\mu_0 I}{2\pi r} \qquad [19.11]$$

이다. 여기서 $\mu_0 = 4\pi \times 10^{-7}\ \mathrm{T \cdot m/A}$는 **진공에 대한 투자율**이다. 긴 직선 도선 주위의 자기력선은 도선을 중심으로 동심원을 그린다.

**앙페르의 법칙**을 이용하면 전류가 흐르는 간단한 도선 주위의 자기장을 구할 수 있다. 이 법칙은 다음과 같이 쓸 수 있다.

$$\Sigma B_{\parallel}\, \Delta\ell = \mu_0 I \qquad [19.13]$$

여기서 $B_{\|}$은 닫힌 경로의 일부인 길이 $\Delta\ell$인 작은 전류 요소에 접하는 방향 $\vec{\mathbf{B}}$의 성분이며, $I$는 닫힌 경로를 뚫고 지나가는 총 전류이다.

### 19.7 두 평행 도선 사이의 자기력

거리 $d$만큼 떨어진 전류 $I_1, I_2$가 흐르는 두 개의 평행 도선에 작용하는 단위 길이당 힘의 크기는 다음과 같다.

$$\frac{F_1}{\ell} = \frac{\mu_0 I_1 I_2}{2\pi d} \qquad [19.14]$$

전류가 같은 방향이라면 이 힘은 당기는 힘이고, 반대 방향이라면 미는 힘이다.

### 19.8 전류 고리와 솔레노이드의 자기장

반지름이 $R$이고, 각각 전류 $I$가 흐르는 $N$개의 원형 고리로 된 코일 중심에서의 자기장은 다음과 같이 주어진다.

$$B = N\frac{\mu_0 I}{2R} \qquad [19.15]$$

솔레노이드 내부에서 자기장의 크기는

$$B = \mu_0 n I \qquad [19.16]$$

이다. 여기서 $n$은 단위 길이당 감긴 횟수 $n = N/\ell$이다.

## 개념 파악을 위한 질문

**1.** 가정용 TV에서 전자빔이 영상관의 뒤쪽으로부터 화면을 향해 날아와 형광점을 치면 특정 색으로 빛이 난다. TV 수상기가 있는 곳에서의 지구 자기장은 수평으로 북쪽을 향한다. 전자빔이 가장 크게 휘어지려면 수상기는 어느 방향으로 놓아야 하는가?

**3.** 수평으로 운동하는 양성자가 그림 Q19.3에서와 같이 자기장에 수직으로 입사한다. 양성자의 계속된 운동을 설명하라. 같은 조건하에서 전자는 어떻게 움직이겠는가?

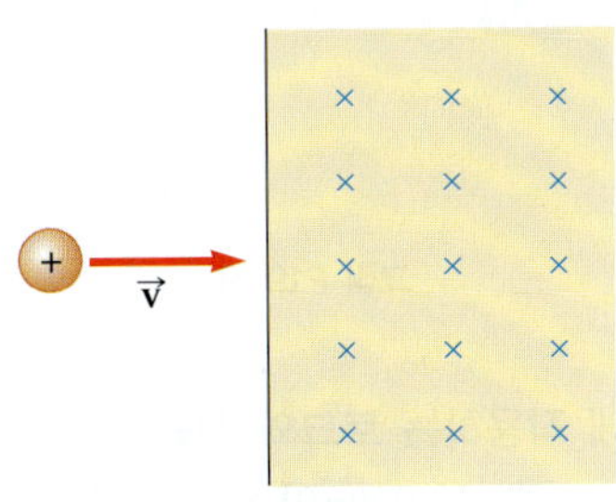


그림 Q19.3

**5.** 어떻게 하면 대전 입자의 운동으로 어떤 영역에서의 자기장과 전기장을 구별할 수 있을까?

**7.** 그림 Q19.7에서와 같이 자석을 스크린 근처에 대면 TV 화면이 왜 찌그러지는가? (주의: 집에 있는 TV를 가지고 이러한 실험을 하지 말라. TV 화면의 질이 영구적으로 영향을 받을 수 있다.)

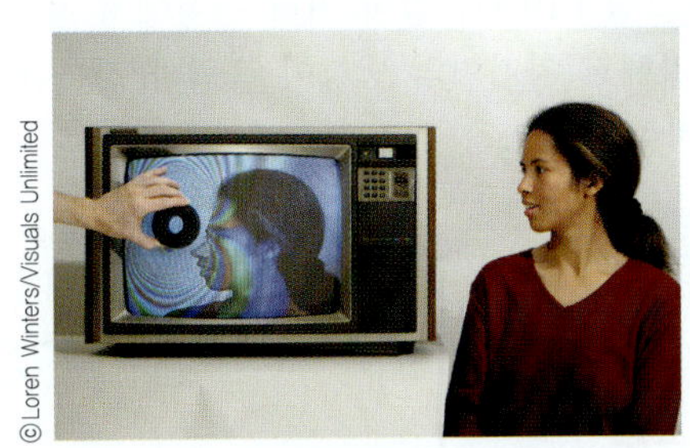


그림 Q19.7

**9.** 옛날 한 힌두교 지도자는 극을 잘 맞춘 자석으로 된 관에 자신을 넣어 영원히 하늘과 지구 사이에 떠 있을 수 있도록 해달라고 하였다. 이러한 자기부양이 가능할까? 설명하라.

**11.** 도선 내 전자의 유동 속력과 같은 속력으로 도선을 따라 움직인다면, 자기장의 값이 0으로 측정될까?

**13.** 나침반으로 집에 있는 전등 스위치 근처 벽 내부에 설치된 도선에 흐르는 전류를 감지할 수 있는가?

**15.** 서로 반대 방향으로 전류가 흐르는 두 평행 도선이 위아래로 있다. 두 도선은 서로 밀어낸다. 위에 있는 도선이 아래에 있는 도선 위에 안정되게 떠 있을 수 있겠는가? 한 도선의 전류 방향이 바뀌어서 서로 두 도선이 당겨진다면, 아래 도선이 위에 있는 도선에 안정되게 매달려 있을 수 있겠는가?

**17.** 매달려 있는 슬린키 인형이 강력한 건전지와 스위치에 부착되어 있다. 스위치를 닫아 슬린키 코일을 통해 갑자기 전류가 흐르면 슬린키는 수축되는가 아니면 늘어나는가?

## 문제

1, 2, 3 = 기본문제, 발전문제, 심화문제

□ = 학생 문제풀이 매뉴얼/학습 가이드 속에 문제풀이가 있다.

Physics Now™ http://physics.brookscole.com/ecp에서 힌트를 받을 수 있는 문제

= 생물의학 문제

### 19.2 자기장

**1.** 전자총으로부터 전자가 방출되어 아래쪽 방향을 향하는 자기장 안으로 입사되었다. 전자의 속도 방향이 다음과 같은 경우, 자기장이 전자에 가하는 힘의 방향은? (a) 수평이며 정북, (b) 수평이며 정북에서 30° 서쪽, (c) 수평에서 30° 아래이며 정북, (d) 위쪽. (전자는 음전하를 가진다는 것을 기억하라.)

**3.** 양전하가 그림 P19.3과 같이 여러 상황에서 움직이고 있다. 양전하에 가해진 자기력의 방향이 그림과 같을 때 자기장의 방향을 구하라.

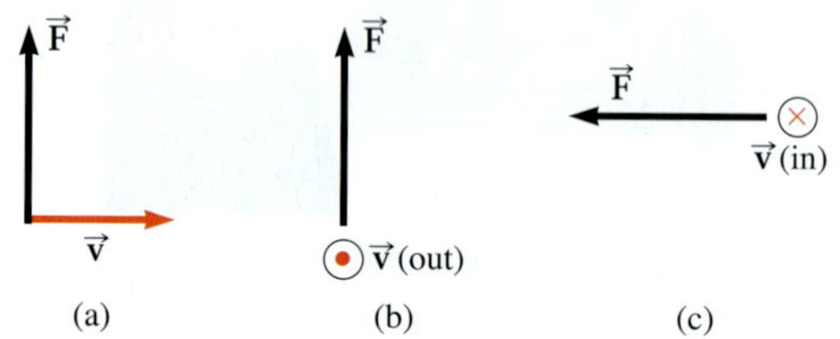


**그림 P19.3** (문제 3 및 13) 문제 13의 경우는 속도 벡터를 그쪽 방향의 전류로 바꾸어라.

**5.** 맑은 날 적도의 지표면 근처에서 자기장은 북쪽으로 약 50.0 $\mu$T이고, 전기장은 아랫방향으로 약 100 N/C이다. 순간 속도 $6.00 \times 10^6$ m/s인 동쪽으로 운동하는 전자에 작용하는 중력, 전기력, 자기력을 구하라.

**7.** Physics Now™ 지구의 자기적도 1 000 km 상공에서 양성자가 원운동을 하기 위해 요구되는 속도는 얼마인가? 이 지점에서 지구 자기장은 수평 북쪽 방향이며 크기는 $4.00 \times 10^{-8}$ T이다.

**9.** 양성자가 균일한 자기장 $\vec{\mathbf{B}}$에 수직으로 $1.0 \times 10^7$ m/s로 운동하면서 속도가 $+z$축 방향으로 향할 때 $+x$축 방향으로 $2.0 \times 10^{13}$ m/s$^2$의 가속도를 받는다. 자기장의 크기와 방향을 구하라.

### 19.3 전류가 흐르는 도체에 작용하는 자기력

**11.** $I$ = 15 A의 전류가 $+x$축을 따라 자기장에 수직하게 흐르고 있다. 이때, 이 도선은 $-y$ 방향으로 단위 길이당 0.12 N/m의 자기력을 받고 있다. 전류가 흐르는 영역에서의 자기장의 크기와 방향을 구하라.

**13.** 그림 P19.3의 속도 벡터들을 속도 방향으로 전류가 흐르는 도선으로 대체하자. 각 경우에 보이는 바와 같은 힘을 작용하게 하는 자기장의 방향을 구하라.

**15.** 세기가 0.300 T인 자기장과 30.0° 각도를 이루는 방향으로 10.0 A의 전류가 흐르는 도선이 있다. 도선의 길이가 5.00 m라면 작용하는 자기력은 얼마인가?

**17.** 단위 길이당 질량이 1.00 g/cm인 도선이 마찰계수가 0.200인 수평면 위에 놓여 있다. 이 도선에 동쪽으로 1.50 A의 전류를 흘려주었더니 북쪽으로 수평하게 움직였다. 이러한 운동을 일으키는 데 필요한 수직 자기장의 최소 크기와 방향을 구하라.

**19.** Physics Now™ 그림 P19.19와 같은 특수한 통신전달 시스템이 있다. 두 개의 가느다란 도체 사이에는 길이 15 cm의 자유롭게 움직일 수 있는 도선이 있다. 그림과 같이 5.0 A의 전류가 흐를 때, 이 도선은 일정한 속도로 위쪽 방향으로 움직인다. 도선의 질량이 15 g이라면, 이 도선을 움직이는 데 필요한 자기장의 최소 크기와 방향은 무엇인가? (도선은 두 수직도선을 마찰 없이 움직인다.)

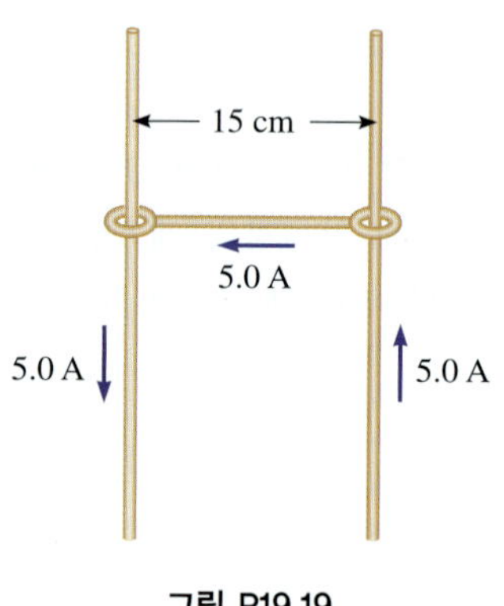


**그림 P19.19**

### 19.4 전류 고리에 작용하는 토크와 전동기

**21.** 장축 40.0 cm, 단축 30.0 cm인 8회 감긴 타원형 코일이 그림 P19.21과 같이 지면에 놓여 있다. 이 코일에는 시계 방향으로 6.00 A의 전류가 흐른다. 이 코일에 $2.00 \times 10^{-4}$ T의 균일한 자기장이 지면의 왼쪽으로 가해지면 이 코일에 작용하는 토크의 크기는 얼마인가? [타원의 면적은 A = $\pi ab$이며, 여기서 $a$와 $b$는 각각 타원의 장축과 단축 길이의 절반이다.]

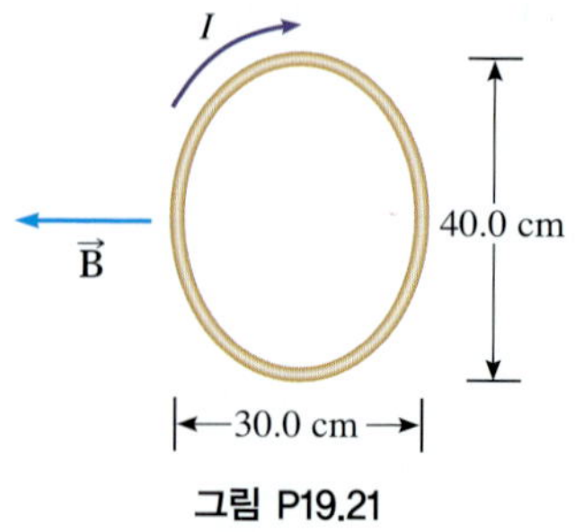


**그림 P19.21**

**23.** 질량 0.100 kg, 길이 4.00 m인 긴 도선을 이용하여 한 변의 길이가 0.100 m인 정사각형 코일을 만들었다. 이 코일은 한 변을 수평 회전축으로 할 수 있도록 되어 있으며, 3.40 A의 전류가 흐르고, 크기 0.010 0 T인 수직 자기장 내에 놓여 있다. (a) 코일이 평형상태에 있을 때 코일 면이 수직 방향과 이루는 각을 구하라. (b) 평형상태에서 자기력에 의해 코일에 가해지는 토크를 구하라.

### 19.5 자기장 내에서 대전 입자의 운동

**25.** 양성자가 균일한 자기장에 수직한 원궤도를 한 바퀴 도는 데 1.00 $\mu$s가 걸린다. 자기장의 세기를 구하라.

**27.** 질량 $2.50 \times 10^{-26}$ kg인 1가의 양이온이 있다. 이온이 250 V의 전위차로 가속된 후 0.500 T의 자기장에 수직 방향으로 입사되었다. 자기장 내에서 이온 경로의 반지름을 계산하라.

**29.** 양성자가 연직 방향 자기장 $B$가 있는 영역의 연직 면 가장자리에 정지해 있다. 수평 방향으로 움직이는 알파($\alpha$)입자가 이 양성자와 정면으로 탄성충돌을 하였다. 충돌 직후 두 입자 모두 자기장 속으로 들어가 자기장에 수직한 방향으로 움직인다. 양성자 궤적의 반지름을 $R$이라 할 때 알파입자 궤적의 반지름을 구하라. 알파입자의 질량은 양성자의 4배이며, 전하는 양성자의 두 배이다.

### 19.6 긴 직선 도선의 자기장과 앙페르의 법칙

**31.** 번개는 짧은 시간 동안 $1.00 \times 10^4$ A의 전류가 흐르는 것이다. 이 번개로부터 100 m 떨어진 지점에서의 자기장은 얼마인가? 번개는 관측점에서 위, 아래로 아주 멀리 뻗어있다고 가정한다.

**33.** 심장박동 조정기(cardiac pacemaker)는 1.7 mT 정도의 약한 자기장에도 영향을 받는다. 조정기를 부착한 사람은 20 A의 전류가 흐르는 긴 직선 도선에 얼마나 가까이 갈 수 있겠는가?

**35.** 그림 P19.35와 같이 $x$축을 따라 7.00 A의 전류가 흐르는 도선과 $y$축을 따라 6.00 A의 전류가 흐르는 도선이 있다. $x = 4.00$ m, $y = 3.00$ m인 지점 $P$에서의 자기장을 구하라.

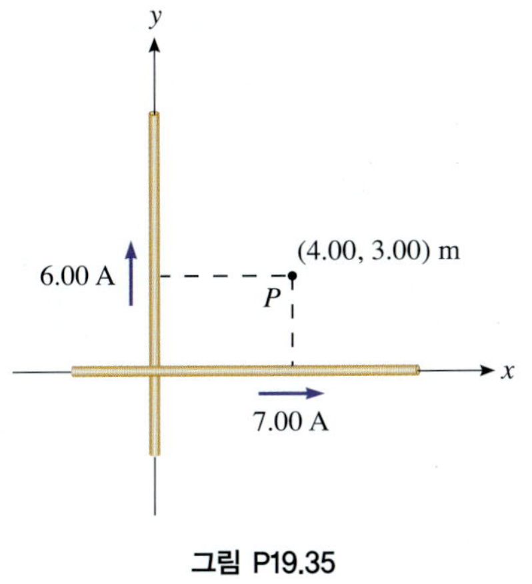


**그림 P19.35**

**37.** 전류 2.00 A가 흐르는 긴 직선 도선으로부터 40.0 cm 떨어진 곳에서의 자기장이 1.00 $\mu$T이다. (a) 얼마나 떨어진 곳에서 자기장이 0.100 $\mu$T가 되는가? (b) 어느 순간에 긴 가정용 전선 안에 있는 두 도선에 2.00 A의 같은 전류가 반대 방향으로 흐른다. 이들 두 도선은 3.00 mm 떨어져 있다. 두 도선이 놓인 평면에서 이 두 직선 전선의 중심으로부터 40.0 cm 떨어진 지점의 자기장을 구하라. (c) 자기장의 세기가 이 크기(1.00 $\mu$T)의 1/10이 되는 거리는 얼마인가? (d) 동축 케이블의 안쪽 중심 도선에 2.00 A의 전류가 한쪽으로 흐르고, 이를 감싸고 있는 바깥쪽 외피에는 2.00 A의 전류가 반대 방향으로 흐르고 있다. 이 케이블 외부에서 생성되는 자기장은 얼마인가?

### 19.7 두 평행 도선 사이의 자기력

**39.** Physics Now™ 단위 길이당 무게가 0.080 N/m인 도선이 다른 도선 바로 위에 놓여 있다. 위의 도선에 30.0 A, 아래의 도선에 60.0 A의 전류가 흐르고 있다. 위쪽 도선이 떨어지지 않고 자기적 척력에 의해 한 곳에 고정되기 위해서 두 도선 사이의 거리는 얼마여야 하는가?

### 19.8 전류 고리와 솔레노이드의 자기장

**41.** 길이 0.400 m에 걸쳐 균일하게 1 000번 감긴 솔레노이드의 중심에 $1.00 \times 10^{-4}$ T의 자기장이 생성되도록 하기 위해서는 얼마의 전류를 흘려야 하는가?

**43.** 한 변이 2.00 cm인 정사각형 전류 고리 도선(1회 감김)에는 0.200 A의 전류가 반시계 방향으로 흐르고 있다. 이 고리 도선의 면이 솔레노이드 내의 자기장과 수직을 이루면서 솔레노이드 안에 놓여 있다. 솔레노이드는 1 cm당 30회 감겨있으며, 15.0 A의 전류가 반시계 방향으로 흐르고 있다. 고리 도선의 각 변에 작용하는 힘과 고리에 작용하는 토크를 계산하라.

### 추가문제

**45.** 원형으로 한 번 감긴 도선의 반지름이 30.0 cm이고, 25 A의 전류가 흐른다. 이것이 0.30 T의 외부 자기장 속에 놓여 있다. 코일 면이 자기장의 방향과 이루는 각도가 35° 일 때 도선에 작용하는 토크를 구하라.

**47.** Physics Now™ 질량이 각각 $20.0 \times 10^{-27}$ kg과 $23.4 \times 10^{-27}$ kg인 두 종류의 1가 이온이 $1.00 \times 10^5$ m/s의 속력으로 같은 지점에서 자기장 속으로 들어간다. 자기장의 세기가 0.200 T이고, 이온들이 자기장에 수직하게 운동한다면 원형 경로의 절반을 돌았을 때 이온들이 떨어진 거리는 얼마인가?

**49.** 심장 외과 의사는 그림 P19.49와 같은 전자기 유량계(electromagnetic flowmeter)를 이용하여 동맥을 통해 피가 흘러가는 비율을 감시한다. 전극 $A$와 $B$는 내부 지름이 3.00 mm인 혈관의 외부 표면에 닿아있다. (a) 세기가 0.040 0 T인 자기장에 대해 전극 사이에는 160 $\mu$V의 전위차가 생겨난다. 피의 속력

을 계산하라. (b) 그림에 있는 대로 전극 $A$가 양임을 밝혀라. 기전력(emf)의 부호는 피 속의 유동 이온들 대부분이 양 또는 음으로 대전된 것과 관계가 있는지를 설명하라.

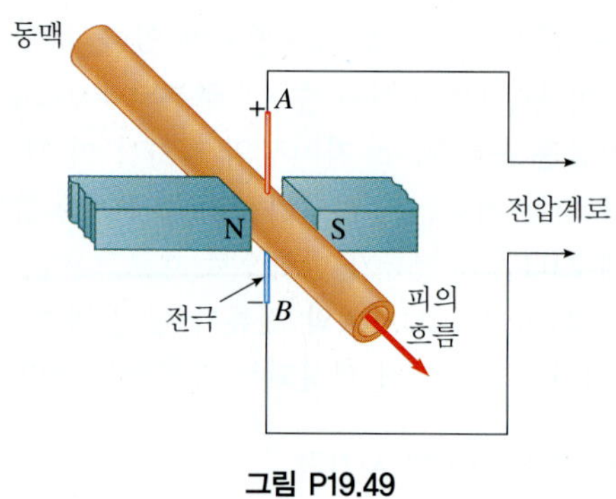


그림 P19.49

51. 전하량이 $Q = 5.00\ \mu$C인 1.00 kg의 공을 속도 $v = 20.0$ m/s로 창밖으로 수평하게 던졌다. 창문은 지면에서 높이 $h = 20.0$ m인 곳에 있다. 세기 $B = 0.010\ 0$ T인 균일한 수평 방향의 자기장이 공의 궤적 면에 수직하게 있다. 공이 지면에 닿기 직전에 받는 자기력의 크기를 구하라. [힌트: 공의 최종 속도를 구할 때 자기력은 무시하라.]

53. 두 평행한 긴 직선 도선에 그림 P19.53에서와 같이 $I_1 = I_2 = 3.00$ A의 전류가 흐르며 모두 지면 안쪽을 향한다. $P$ 지점에서 자기장의 세기와 방향을 구하라.

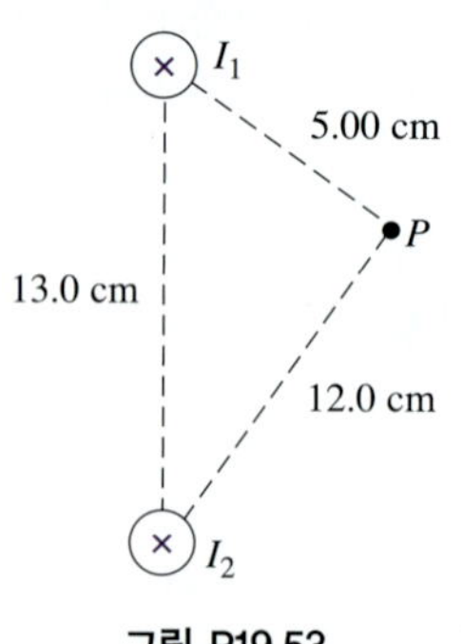


그림 P19.53

55. 운동 에너지가 5.00 MeV인 양성자가 그림 P19.55에서처럼 양의 $x$축 방향으로 움직이며, 세기가 0.050 0 T이고, $z$축 방향으로 지면에서 나오고, $x = 0$에서 $x = 1.00$ m까지 뻗어있는 자기장 속으로 들어간다. (a) 양성자들이 자기장을 벗어날 때의 운동량의 $y$ 성분을 계산하라. (b) 양성자 빔의 초기 속도 벡터와 빔이 자기장을 벗어날 때의 속도 벡터 사이의 각도 $\alpha$를 구하라. [힌트: 상대론적인 효과는 무시하라. 1 eV = $1.60 \times 10^{-19}$ J이다.]

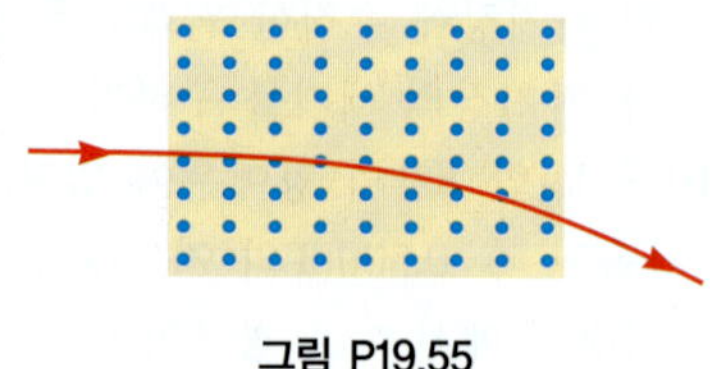

그림 P19.55

57. 지름이 10.0 cm이고, 길이가 75.0 cm인 솔레노이드가 지름이 0.100 cm이고, 대단히 얇게 절연된 구리 도선으로 만들어졌다. 도선은 판지로 된 관에 한 층으로 감겨져 있고, 인접하여 감긴 선은 서로 닿아있다. 솔레노이드의 중심에 20.0 mT 세기의 자기장을 만들려면 솔레노이드에 얼마의 전력을 공급해 주어야 하나?

CHAPTER

# 20

# 유도 전압과 인덕턴스

OUTLINE



1819년 한스 크리스티앙 외르스테드(Hans Christian Oersted)는 전류가 흐르는 도선 근처에서 나침반이 힘을 받는다는 것을 발견하였다. 이미 그 이전에도 전기와 자기 사이에 어떠한 관계가 있다는 추측을 해왔지만, 그 관계를 최초로 밝힌 사람은 외르스테드였다. 자연은 흔히 대칭성을 가지기 때문에, 전류가 자기장을 생성한다는 사실로부터 과학자들은 역으로 자기장이 전류를 생성할 수 있는지에 대한 의문을 갖게 되었다. 실제로 1831년에 영국의 마이클 패러데이(Michael Faraday)와 미국의 조셉 헨리(Joseph Henry)가 각각 독립적으로 수행한 실험에서 시간에 따라 변화하는 자기장이 회로에 전기를 유도할 수 있다는 사실이 입증되었다. 이 실험의 결과로부터 패러데이의 법칙이라는 아주 기본적이며 중요한 법칙이 발견되었다. 이 장에서는 패러데이의 법칙과 이를 이용한 몇 가지 실질적인 응용에 대해서 논하고자 하는데, 그 중 하나가 전 세계의 발전소에서 만들어지는 전기 에너지의 생산에 대한 것이다.

## 20.1 유도 기전력과 자기선속

패러데이가 처음으로 수행한 실험으로 자기장의 변화가 전기를 만들 수 있다는 것을 알게 되었다. 그림 20.1에 보인 실험장치는 스위치와 축전지에 연결된 코일로 이루어져 있다. 이 코일을 1차 코일이라 하며 그에 해당하는 회로를 1차 회로라고 한다. 코일을 통하여 흐르는 전류에 의해 생성된 자기장의 세기를 크게 하기 위하여 이 코일을 쇠고리에 감아 놓았다. 쇠고리에 감겨있으며 검류계에 연결된 오른쪽의 코일을 2차 코일이라 하며, 그에 해당하는 회로를 **2차 회로**라고 한다. 이 **2차 회로에는 전원이 없다**는 점을 주목하자.

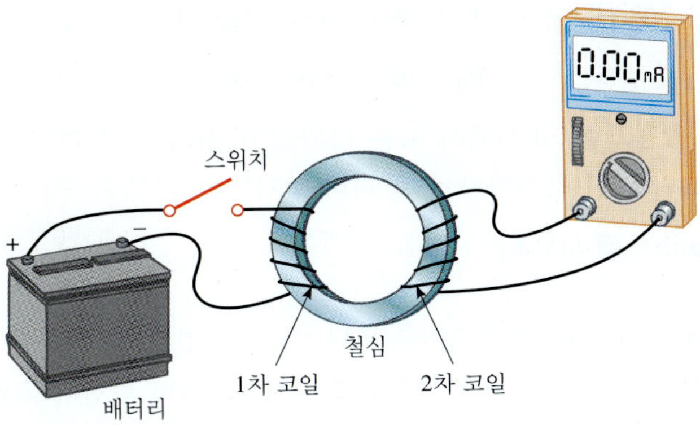

**그림 20.1** 패러데이의 실험장치. 좌측 1차 코일의 스위치를 닫으면 오른쪽 2차 코일의 전류계에 순간적으로 전류가 나타난다. 2차 코일의 기전력은 그 회로에 들어 있는 코일을 지나는 자기장의 변화에 의해서 만들어진다.

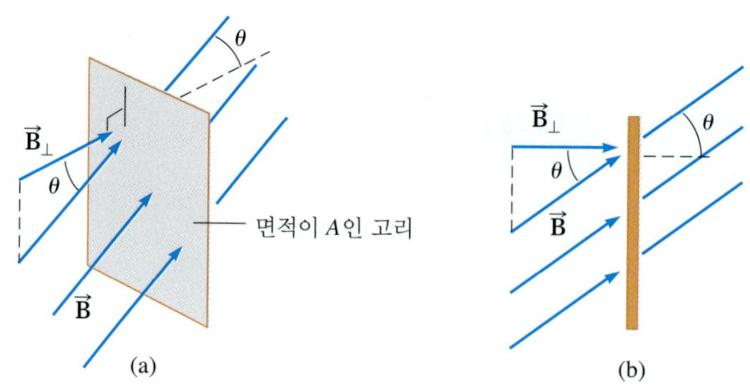


**활용그림 20.2**
(a) 면적 $A$인 도선 고리 면에 수직한 선과 각도 $\theta$를 이루고 있는 균일한 자기장 $\vec{B}$. (b) 고리의 측면도.

**Physics Now™**
**http://physics.brookscole.com/ecp**에서 PhysicsNow를 로그인하고 활용그림 20.2로 가면 고리 면의 수직 방향과 자기장 방향 사이의 각도, 도선 고리의 길이 조절, 자기장 세기 변화 등을 조작할 수 있으며, 그렇게 해서 코일을 지나는 자속의 변화를 관찰할 수 있다.

언뜻 보기에는 2차 회로에 어떤 전류도 검출되지 않을 것처럼 보인다. 하지만, 1차 회로의 스위치가 갑자기 닫히거나 열리면 놀랄 만한 현상이 나타난다. 스위치를 닫으면, 2차 코일의 전류계에 전류가 나타났다가 다시 0이 된다. 스위치를 열면, 이번에는 전류계에 반대 방향의 전류가 검출된 후 0으로 돌아간다. 마지막으로, 1차 회로에 정상 전류가 흐를 때면 언제나 전류계 눈금은 0이 된다.

이러한 관찰로부터, 패러데이는 자기장의 변화에 의하여 전류가 생성될 수 있다고 결론지었다. (세기가 일정한 자기장에서는 아래에 설명하는 바와 같이 코일이 움직이지 않는 한 전류가 생성되지 않는다.) 2차 회로에 생성된 전류는 2차 코일을 통과하는 자기장이 변화하는 동안에만 나타난다. 실제로 2차 회로는 짧은 시간 동안만 기전력원이 연결된 것 같은 특성을 보인다. 통상적으로는 **유도 기전력은 자기장의 변화에 의하여 2차 회로에서 생성된다**고 말한다.

## 자기선속

유도 기전력의 크기를 정량적으로 계산하기 위해서는 무엇보다도 어떠한 요소가 유도 기전력 현상에 영향을 주는지를 알아야 한다. 자기장의 세기가 변하면 언제나 전기장이 유도된다. 그러나 자기장의 세기가 일정하여도 전기장이 생성되는 경우가 있다. 발전기의 경우가 좋은 예이다. 발전기는 자기장의 세기가 일정한 곳에 회전하는 도선 고리가 있어 전류를 만들어낸다.

**자기선속의 변화**가 전기장을 생성하는 자성과 관련된 물리량이다. 자기선속은 전기장의 경우와 같은 방식(15.7절)으로 정의하며, 도선 고리의 면을 지나는 자기장의 세기와 고리의 면적에 비례한다.

자기선속 ▶

면적 $A$의 도선 고리를 지나는 **자기선속**(magnetic flux) $\Phi_B$는 다음과 같이 정의된다.

$$\Phi_B \equiv B_\perp A = BA\cos\theta \qquad [20.1]$$

여기서 $B_\perp$는 활용그림 20.2a에서 보는 바와 같이 $\vec{B}$의 고리 면에 수직한 성분이고, $\theta$는 $\vec{B}$와 고리의 면에 수직한 방향 사이의 각도이다.

**국제단위(SI unit): 웨버(Wb)**

식 20.1로부터 $B_\perp = B\cos\theta$임을 알 수 있다. 즉, 자기선속은 고리의 면에 수직한 $\vec{B}$ 성분과 고리의 면적과의 곱이다. 활용그림 20.2b는 고리의 측면과 고리 면을 뚫고 가는 자기력선을 보인 것이다. 자기장이 그림 20.3a에서와 같이 고리의 면에 수직하면 $\theta = 0$이고 $\Phi_B$는 최대값인 $\Phi_{B,\max} = BA$가 된다. 고리의 면이 그림 20.3b에서와 같이 $\vec{\mathbf{B}}$와 나란하면 $\theta = 90°$이고 $\Phi_B = 0$이다. 자기선속은 음의 값을 가질 수도 있다. 예를 들어, $\theta = 180°$이면 자기선속은 $-BA$이다. $B$의 국제단위가 테슬라(T) 또는 $\text{Wb/m}^2$이므로, 자기선속의 단위는 $\text{T}\cdot\text{m}^2$ 또는 웨버(Wb)이다.

그림 20.3에서와 같이 우선 자기력선을 그려 봄으로써 식 20.1의 정성적 의미를 명확하게 알 수 있다. 자기장의 세기가 커지면 단위 면적당 자기력선의 수가 증가한다. **자기선속의 값은 고리 면을 통과하는 자기력선의 총 수에 비례한다.** 따라서 그림 20.3a와 같이 고리의 면이 자기장과 수직일 때, 대부분의 자기력선은 고리를 통과하고 자기선속은 최대가 된다. 그림 20.3b와 같이 고리 면과 자기장이 평행일 때에는 자기력선이 고리 면을 통과하지 못하며 따라서 $\Phi_B = 0$이 된다.

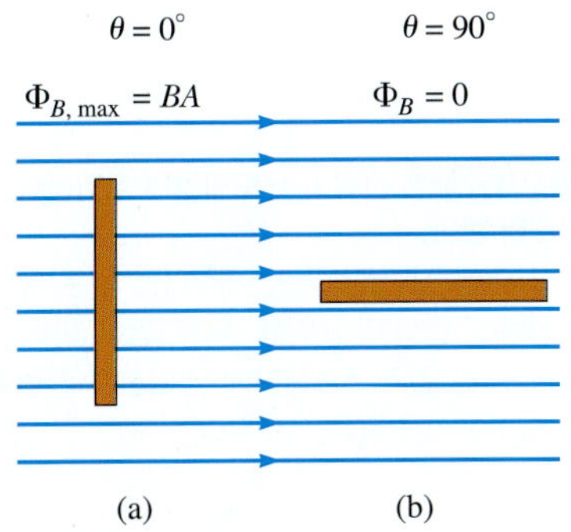


**그림 20.3** 균일한 자기장 내의 도선 고리를 옆에서 본 모습. (a) 자기력선이 고리의 면에 수직하면 고리를 지나는 자기선속이 $\Phi_B = BA$로 최대가 된다. (b) 자기력선이 고리의 면에 나란하면 고리를 지나는 자기선속은 0이다.

## 예제 20.1 자기선속

**목표** 자기선속과 자기선속의 변화를 계산한다.

**문제** 반경 0.250 m의 원형 도체 고리가 $xy$ 평면상에 놓여 있고, 0.360 T의 균일한 자기장이 $z$ 방향, 즉 고리 면에 수직한 방향으로 가해진다. (a) 고리 면을 지나는 자기선속을 구하라. (b) 고리를 $x$축을 축으로 하여 시계 방향으로 회전시켜 고리 면에 수직인 방향이 $z$축과 45° 가 되었다고 하자. 이 고리 면을 지나는 자기선속을 계산하라. (c) 고리의 회전에 의한 자기선속의 변화는 얼마인가?

**전략** 면적을 구한 후, 그 값들을 자기선속을 구하는 식에 대입한다.

**풀이**

(a) 회전하기 전 고리를 지나는 자기선속을 계산한다.

우선, 고리의 면적을 계산한다.

$$A = \pi r^2 = \pi(0.250\text{ m})^2 = 0.196\text{ m}^2$$

$A$, $B$ 및 $\theta = 0°$를 식 20.1에 대입하여 자기선속을 구한다.

$$\Phi_B = AB\cos\theta = (0.196\text{ m}^2)(0.360\text{ T})\cos(0°) = 0.070\,6\text{ T}\cdot\text{m}^2 = \boxed{0.070\,6\text{ Wb}}$$

(b) 고리가 $x$축 주위로 45° 회전한 후의 자기선속을 계산한다.

(a)에서와 동일한 대입을 하되, $\vec{\mathbf{B}}$와 고리 면에 수직인 방향 사이의 각도가 이제는 $\theta = 45°$이다.

$$\Phi_B = AB\cos\theta = (0.196\text{ m}^2)(0.360\text{ T})\cos(45.0°) = 0.049\,9\text{ T}\cdot\text{m}^2 = \boxed{0.049\,9\text{ Wb}}$$

(c) 고리의 회전에 의한 선속 변화를 계산한다.

(a)의 결과를 (b)의 결과에서 뺀다.

$$\Delta\Phi_B = 0.049\,9\text{ Wb} - 0.070\,6\text{ Wb} = \boxed{-0.020\,7\text{ Wb}}$$

**주의** 자기선속의 변화의 원인이 자기장 세기의 변화가 아니라 고리의 회전임을 주목하라. 이런 자기선속의 변화가 전동기와 발전기 동작의 근본원리이다.

**연습문제 20.1**

이미 45°를 회전한 고리가 다시 30°를 더 회전하여 고리 면에 수직한 방향이 자기장의 방향에 대하여 75°의 방향을 가리킨다고 할 때, (a) $\theta = 75°$일 때의 자기선속을 구하고, (b) 45°에서 75°로 회전했을 때 자기선속의 변화를 구하라.

**답** (a) 0.018 3 Wb (b) −0.031 6 Wb

## 20.2 패러데이의 유도 법칙

**TIP 20.1 전류가 유도되려면 자기선속이 변해야 한다.**
어느 면에 자기선속이 존재한다는 것은 유도 기전력이 발생되기 위한 충분조건이 아니다. 어느 시간 간격 $\Delta t$ 동안에 자기선속의 변화가 있어야 기전력이 유도된다.

자기선속의 개념이 유용하다는 것은 전자기 유도의 기본 개념을 보여 주는 또 다른 간단한 실험에서 잘 볼 수 있다. 활용그림 20.4에서와 같이 검류계에 연결된 도선 고리를 생각해 보자. 자석을 고리에 접근시키면, 검류계의 바늘은 활용그림 20.4a와 같이 어느 한쪽 방향으로 흐르는 전류를 감지한다. 자석을 활용그림 20.4b와 같이 고정해 두면 검류계에는 전류가 감지되지 않는다. 자석을 고리에서 멀어지게 하면, 활용그림 20.4c와 같이 반대 방향의 전류가 검출된다. 또는 자석을 고정시키고 고리를 자석에 가까이 하거나 멀어지게 하여도 역시 전류가 검출된다. 이러한 관찰 결과로부터 다음과 같은 결론을 내릴 수 있다. **자석과 고리 사이에 상대적인 운동이 있으면 회로에는 전류가 발생한다.** 고리가 움직이든 자석이 움직이든 간에 결과는 같다. 우리는 이 전류가 **유도 기전력**(induced emf)에 의해 발생되었다고 해서 이 전류를 **유도 전류**(induced current)라고 부른다.

이 실험은 20.1절에서 논의한 패러데이의 실험과 공통점을 가지고 있다. 각각의 경우, 회로를 통과하는 자기선속이 시간에 따라 변할 때 회로에 기전력이 유도되었다. 회로에 유도되는 순간 기전력은 회로를 지나는 자기선속이 시간에 따라 변하는 비율의 음수와 같다는 사실이 밝혀졌다. 이것이 **패러데이의 자기유도 법칙**이다.

패러데이 법칙 ▶

$N$번 밀착하여 감은 고리로 된 회로에, 시간 $\Delta t$ 동안 각각의 고리를 통과하는 자속이 $\Delta \Phi_B$만큼 변한다면, 이 회로에 시간 $\Delta t$ 동안 유도되는 평균 기전력은 다음과 같다.

$$\mathcal{E} = -N\frac{\Delta \Phi_B}{\Delta t} \qquad [20.2]$$

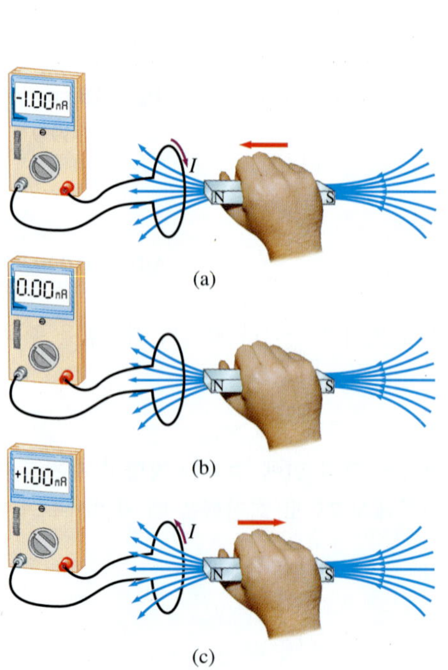


활용그림 20.4
(a) 자석을 도선 고리 쪽으로 가져가면 고리에 유도된 전류 $I$가 검류계에 감지된다. (b) 자석을 고정시키면 전류가 유도되지 않는다. (c) 자석을 고리에서 멀리하면 전류계에 (a)의 경우와 반대 방향으로 흐르는 전류가 감지된다.

**Physics Now™**
**http://physics.brookscole.com/ecp**에서 PhysicsNow를 로그인하고 활용그림 20.4로 들어가서 자석을 움직이면서 검류계의 전류를 관찰하자.

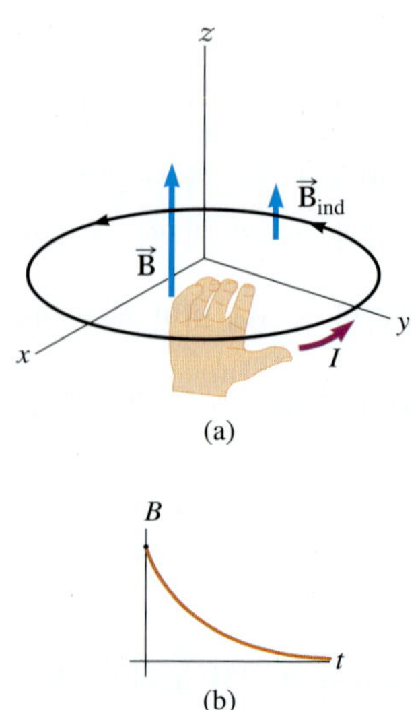


그림 20.5 (a) 자기장 $\vec{B}$가 시간이 가면서 약해지면 자속이 감소하고, 따라서 자속의 변화를 방해하는 방향의 유도 자기장 $\vec{B}_{ind}$를 생성하는 전류가 유도된다. (b) 시간에 대한 자기장 세기의 그래프.

$\Phi_B = BA\cos\theta$이므로 $B$, $A$, 혹은 $\theta$ 중 어느 것이라도 시간에 따라 달라지면 기전력이 발생한다. 이들 $B$, $A$, 혹은 $\theta$ 변화에 의한 효과는 다음의 여러 절에서 탐구할 예정이다. 식 20.2에서 음의 부호는 유도 기전력의 극성을 나타내기 위한 것이다. 여기서 극성이란 전류가 어느 방향으로 흐르는가를 결정하는 것으로 그 방향은 **렌츠의 법칙**(Lenz's law)으로 결정된다.

◀ 렌츠의 법칙

> 유도 기전력에 의한 전류는 회로를 통과하는 자기선속의 변화를 방해하는 자기선속이 만들어지는 방향으로 흐른다.

렌츠의 법칙에 의하면, 고리를 지나는 자속이 점점 증가할 경우 유도 기전력에 의한 전류에 의하여 자기장이 발생하는데, 이 자기장은 원래 자기장과는 반대 방향의 자기선속을 만든다. 유도 전류에 의해 발생한 이 "역자기장" $\vec{\mathbf{B}}_{\text{ind}}$은 항상 외부 자기장 $\vec{\mathbf{B}}$와 반대 방향이라고 생각하기 쉽다. 이는 절반만 맞는 이야기이다. 그림 20.5는 고리를 뚫고 지나가는 자기장을 나타낸 것이다. 그림 20.5b의 그래프는 자기장 $\vec{\mathbf{B}}$의 세기가 시간이 지나면서 감소하고 있음을 보여 주고 있다. 그림은 $\vec{\mathbf{B}}$의 선속이 시간이 지나면서 감소하고 있으며, 따라서 유도된 자기장 $\vec{\mathbf{B}}_{\text{ind}}$가 외부 $\vec{\mathbf{B}}$와 같은 방향임을 의미한다. 사실 이 경우, $\vec{\mathbf{B}}_{\text{ind}}$는 $\vec{\mathbf{B}}$를 더 강하게 해 주면서 고리를 지나는 선속의 감쇠 속도를 떨어뜨린다.

그림 20.5에서 전류의 방향은 오른손 법칙 2로 찾을 수 있다. 오른손 네 손가락을 유도 자기장 $\vec{\mathbf{B}}_{\text{ind}}$의 방향을 따라 가도록 엄지손가락의 방향을 잡는다. 이 경우, 엄지손가락이 반시계 방향을 향한다. 오른손 엄지손가락을 유도 전류의 방향과 일치시키면 나머지 네 손가락들은 고리 밖에서는 아래쪽으로 향하고 **고리 안쪽에서는 위로 향한다.** 고리 안쪽의 유도 자기장이 중요하다는 것을 잊지 말아야 한다. 이 경우에는 고리 안쪽의 유도 자기장이 위로 향한다.

### ☑ Checkpoint 20.1

진실인가 거짓인가: 유도 기전력은 자기장이 시간에 따라 변하는 경우에만 발생한다.

### Quick Quiz 20.1

그림 20.6은 정지한 고리 면에 수직한 방향으로 지나는 자기장의 변화를 시간에 따라 나타낸 것이다. 그림에 표시된 세 순간의 경우에 대하여 고리에 나타난 기전력의 크기가 큰 순간부터 나열하라.

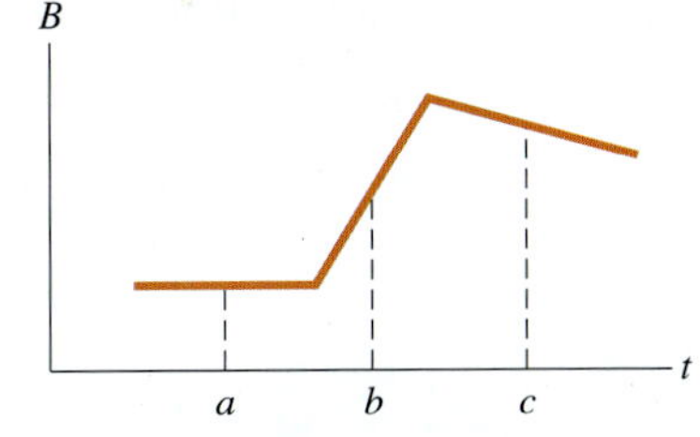


**그림 20.6** (Quick Quiz 20.1)

## 예제 20.2 패러데이와 렌츠 법칙의 응용

**목표** 자기장이 변하는 경우에 패러데이 법칙으로 유도 기전력과 전류를 계산하고, 렌츠의 법칙을 적용한다.

**문제** 한 변의 길이가 1.80 cm인 정방형의 틀에 코일이 25회 감겨 있다. 각 코일이 감긴 단면적은 모두 틀의 면적과 같고, 코일의 총 저항은 0.350 Ω이다. 외부에서 걸어준 균일한 자기장은 그림 20.7에 보인 바와 같이 코일의 면에 수직하다. (a) 자기장이 0.800 s만에 0.00 T에서 0.500 T로 일정하게 변한 경우 자기장이 변하는 동안 코일에 유도되는 기전력을 구하라. (b) 자기장이 변하는 동안 코일에 유도되는 전류의 크기와 (c) 방향을 구하라.

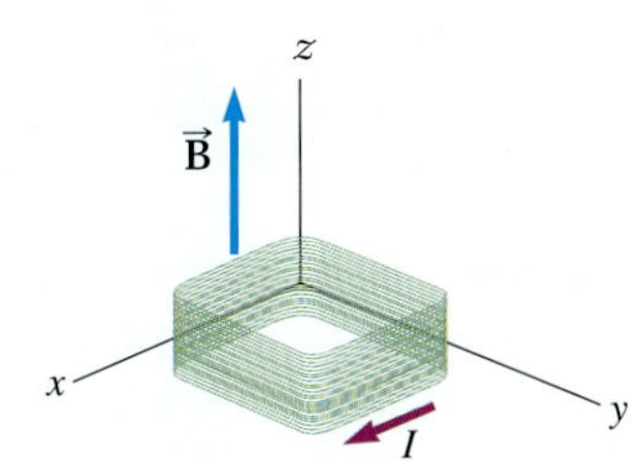


**그림 20.7** (예제 20.2)

**전략** (a)는 패러데이의 법칙인 식 20.2에 대입해야 한다. 시간 변화 동안 자기선속의 변화량 $\Delta\Phi_B$ 이외의 필요한 정보는 주어져 있다. 식 20.1로 처음과 나중의 자기선속을 계산한 뒤 그 차이를 구하여 패러데이의 법칙식에 대입한다. 그러면 전류는 옴의 법칙으로 구할 수 있고 그 방향은 렌츠의 법칙으로 찾는다.

**풀이**

(a) 코일에 유도된 기전력을 구한다.

자기선속을 구하기 위해서는 코일의 면적이 필요하다.

$$A = L^2 = (0.018\ 0\ \text{m})^2 = 3.24 \times 10^{-4}\ \text{m}^2$$

$t = 0$일 때 $B = 0$이므로 코일을 지나는 선속 $\Phi_{B,\,i}$는 0이다. $t = 0.800$ s에서의 자속을 구한다.

$$\Phi_{B,f} = BA\cos\theta = (0.500\ \text{T})(3.24 \times 10^{-4}\ \text{m}^2)\cos(0°) = 1.62 \times 10^{-4}\ \text{Wb}$$

0.800 s 동안 코일의 단면적을 지나는 선속의 변화를 계산한다.

$$\Delta\Phi_B = \Phi_{B,f} - \Phi_{B,i} = 1.62 \times 10^{-4}\ \text{Wb}$$

패러데이 유도 법칙에 대입하여 코일에 유도된 기전력을 구한다.

$$\mathcal{E} = -N\frac{\Delta\Phi_B}{\Delta t} = (25\ \text{turns})\left(\frac{1.62 \times 10^{-4}\ \text{Wb}}{0.800\ \text{s}}\right) = -5.06 \times 10^{-3}\ \text{V}$$

(b) 코일에 유도된 전류의 크기를 구한다.

옴의 법칙에 전압차와 저항을 대입한다.

$$I = \frac{\Delta V}{R} = \frac{5.06 \times 10^{-3}\ \text{V}}{0.350\ \Omega} = 1.45 \times 10^{-2}\ \text{A}$$

(c) 코일에 유도된 전류의 방향을 찾는다.

자기장은 그림처럼 고리 면 위쪽 방향으로 증가하고 있다. 따라서 자속도 양으로 증가하고 있다. 그러므로 아래 방향의 유도 자기장은 자기선속을 만들어 위 방향으로 증가하는 자기선속 변화를 방해할 것이다. 엄지를 고리를 따라 시계 방향으로 하면 나머지 네 손가락들이 고리 안쪽에서 아래로 굽는데, 이 방향이 바로 역자기장의 방향이다.

**주의** 렌츠의 법칙은 우선 그림을 그려 보면 쉽게 적용할 수 있다.

**연습문제 20.2**

자기장이 0.600 s 동안에 0.500 T에서 0.200 T로 일정하게 변했다고 하자. (a) 코일에 유도된 기전력과 (b) 유도 전류의 크기와 방향을 구하라.

**답** (a) $4.05 \times 10^{-3}$ V (b) $1.16 \times 10^{-2}$ A, 반시계 방향

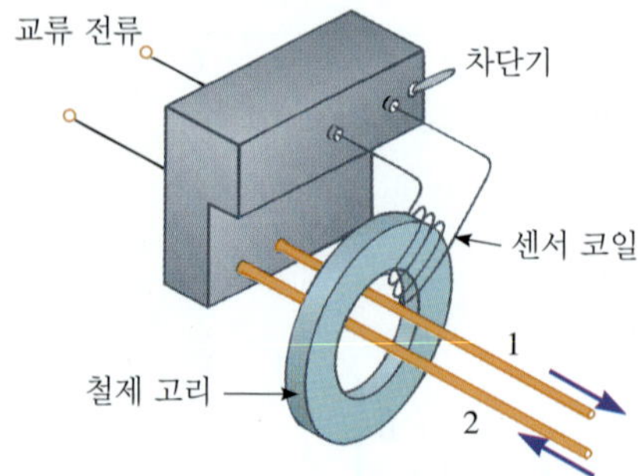


**그림 20.8** 누전차단기의 주요 부품(그림 20.9(a)의 회색 상자 부분). 신축 주택에는 이런 장치가 콘센트에 내장되어 있다. 센서 코일과 차단기의 목적은 손상을 입기 전에 전류를 차단하는 것이다.

**APPLICATION**

누전차단기

누전차단기(ground fault interrupter, GFI)는 사람이 가전기기나 전동 공구를 만질 때, 사람을 전기 충격으로부터 보호하는 안전장치이다. 이 장치의 작동 원리는 패러데이의 법칙이며, 이 차단기의 주요 부품을 그림 20.8에 나타내었다. 전선 1은 AC(교류) 전원에서부터 보호하고자 하는 기기에 연결되어 있고, 전선 2는 기기로부터 AC 전원으로 다시 연결된다. 철제 고리가 두 전선을 감싸고 있으면서 각 전선에 의해 발생되는 자기장이 유출되지 않게 한다. 그리고 자기선속의 변화가 있을 때 회로차단기가 작동하게끔 하는 센서 코일이 철제 고리의 일부에 감겨져 있다. 각 전선에 흐르는 전류가 서로 반대 방향이므로, 센서 코일을 지나는 순수한 자기장의 크기는 0이다. 그러나 기기의 회로에 누전이 생겨서 되돌아 나가는 전류가 없을 때에는 센서 코일을 지나는 자기장의 세기가 0이 될 수 없다. 절연상태가 불량인 전선이 인체에 닿으면 그림 18.19a에서처럼 사람을 통하여 누전되는 경우가 바로 그런 예이다. 전류가 교류이기 때문에 센서 코일을 통과하는 자기선속은 시간에 따라 변하면서 코일에 유도 전압을 발생시킨다. 이 유도 전압은 회로차단기를 작동하게 하여 그 기기를 사용하는 사람이

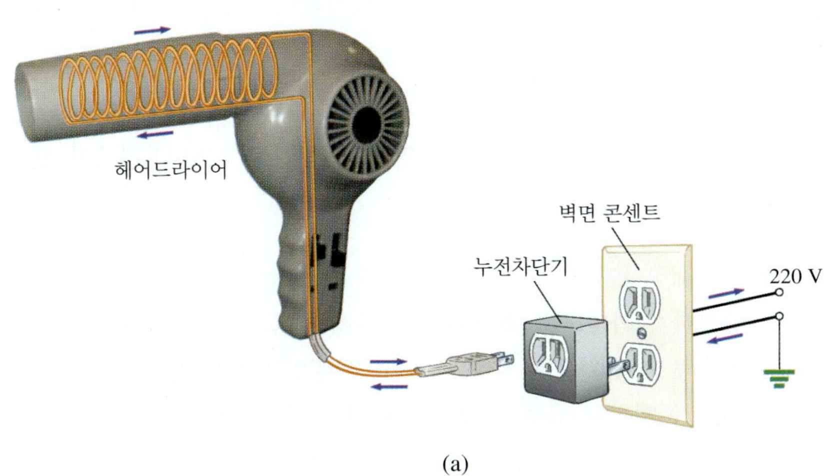

**그림 20.9** (a) 헤어드라이어가 누전차단기에 연결되어 있고, 이는 다시 보호회로가 없는 콘센트에 꽂혀 있다. (b) 이런 누전차단기는 호텔 목욕탕 등에서 볼 수 있는데, 샤워를 마친 사람들이 고장으로 누전 회로가 있을 수도 있는 헤어드라이어, 전기면도기를 사용하면서 우연히 급수관을 만져서 감전될 수 있으므로 이런 사고를 방지하기 위한 것이다.

해를 입기 전 약 1밀리초 이내에 전류를 차단시킨다. 그러므로 누전차단기는 그림 18.19b의 케이스처럼 접지된 회로차단기보다 더 빠르고 더 완벽한 보호기능을 한다. 이런 이유로 해서 누전차단기는 감전 위험이 높은 욕실 등에 많이 사용된다(그림 20.9).

**APPLICATION**
무호흡 모니터

유아의 급성 사망 증후군(Sudden Infant Death Syndrome, SIDS)은 어떠한 뚜렷한 이유 없이 유아들이 수면 중에 갑자기 호흡을 멈추는 위험한 병이다. 무호흡 모니터라는 장치는 보호자에게 무호흡 경보를 보내는 용도로 사용된다. 가슴 한쪽에 부착된 코일에는 교류 전류가 흐른다. 이 교류 전류에 의해 생성된 자기장은 반대쪽 가슴 부분의 픽업 코일을 지나게 된다. 호흡운동에 의한 가슴의 팽창과 수축은 픽업 코일의 유도 기전력을 변화시킨다. 만약 호흡이 정지되면, 유도 기전력이 변화하지 않게 되고, 장치는 문제가 실제로 발생했는가 하는 확인 기간을 거쳐 외부 회로를 통해 보호자에게 경보음을 보낸다.

## 20.3 운동 기전력

우리는 20.2절에서 자기장이 시간에 따라 변할 때 회로에 기전력이 유도되는 경우를 공부하였다. 이 절에서는 이른바 **운동 기전력**(motional emf)이 생성되는 패러데이 법칙의 응용 사례를 보고자 한다. 이 운동 기전력은 자기장 속에서 움직이는 도체에 유도되는 기전력을 말한다.

우선, 그림 20.10과 같이 길이 $\ell$인 도체가 지면 안쪽으로 향하는 균일한 자기장 속에서 일정한 속도 $v$로 움직이는 경우를 생각해 보자. 문제를 간단히 하기 위해 도체가 자기장과 수직인 방향으로 움직인다고 가정하자. 크기가 $F_m = qvB$인 아래 방향의 자기력이 도체 속의 전자에 작용한다. 이 자기력에 의해 자유전자는 아래쪽으로 이동하여 축적되고, 위쪽에는 알짜 양전하가 남는다. 이렇게 전하가 분리되면 도체 내부에는 전기장이 형성되며, 양단의 전하는 자기장에 의하여 아래로 향하는 힘 $qvB$가 위로 향

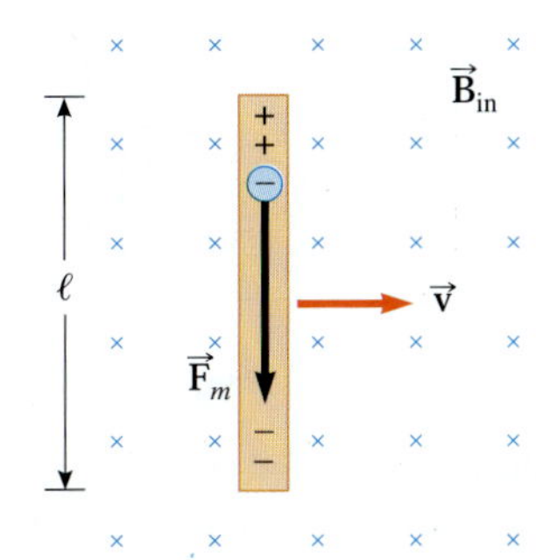


**그림 20.10** 길이 $\ell$, 속도 $\vec{v}$로 $\vec{v}$에 수직하며 세기가 균일한 자기장 $\vec{B}$ 속을 지나는 금속막대. 벡터량 $\vec{F}_m$은 금속 내 전자가 받는 자기력이다. 크기 $B\ell v$의 기전력이 막대 양단에 유도된다.

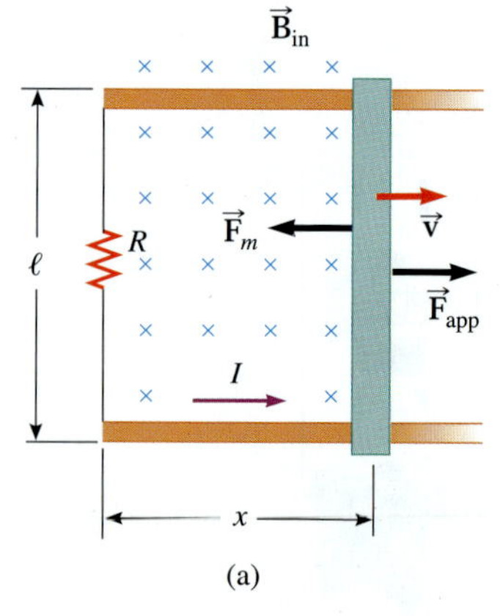


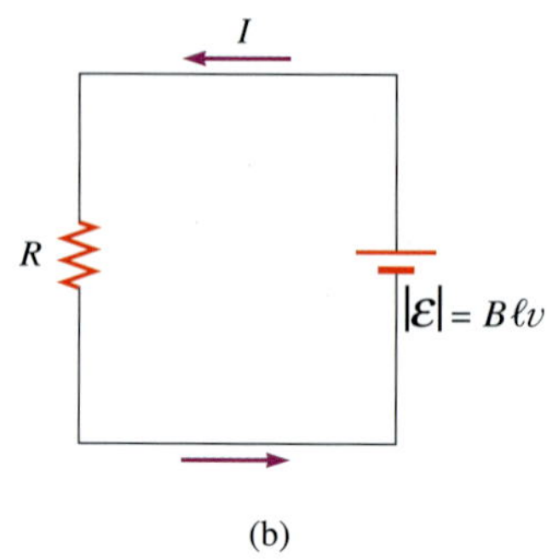


**활용그림 20.11**
(a) 가해진 힘 $\vec{F}_{app}$의 작용을 받아 두 개의 금속 레일을 따라 속도 $\vec{v}$로 미끄러지는 도체 막대. 자기력 $\vec{F}_m$은 이 운동을 방해하는 방향이며 고리에 반시계 방향의 전류가 유도된다. (b) (a)에 대한 등가회로.

**Physics Now™**
**http://physics.brookscole.com/ecp**에서 PhysicsNow를 로그인하고 활용그림 20.11로 들어가서 외력, 자기장 및 저항을 바꾸면서 막대가 받는 영향을 관찰하자.

하는 힘 $qE$와 평형을 이룰 때까지 계속 축적된다. 평형상태에서 전하는 더 이상 이동하지 않고 다음과 같은 관계가 성립한다.

$$qE = qvB \qquad \text{또는} \qquad E = vB$$

전기장은 균일하고 도체에 유도된 전기장과 양단의 전위차는 $\Delta V = E\ell$의 관계가 있으므로 다음의 결과를 얻을 수 있다.

$$\Delta V = E\ell = E\ell v \tag{20.3}$$

도체의 상단에는 양전하가 과잉으로 축적되고, 하단에는 음의 전하가 과잉으로 축적되어 상단이 하단보다 높은 전위를 유지하게 된다. 도체가 자기장 속에서 움직이는 한 도체 양단에 전위차가 존재한다. 운동 방향이 바뀌면 전위차의 방향도 바뀐다.

움직이는 도체가 도체 폐회로의 일부라면 더 재미있는 현상이 나타난다. 이 상황은 폐회로의 면적이 달라질 때 발생하는 유도 전류를 어떻게 패러데이 법칙으로 설명할 수 있는지 보여 주는 좋은 예가 된다. 이제 길이가 $\ell$인 도체 막대가 활용그림 20.11a와 같이 두 개의 고정된 평행한 도체 레일 위를 미끄러지는 경우를 생각해 보자. 편의상 움직이는 도체는 저항이 전혀 없고, 고정된 회로의 저항은 $R$이라 가정하자. 균일하고 일정한 자기장 $\vec{B}$가 회로의 면에 수직하게 작용한다. 외부에서 힘 $\vec{F}_{app}$를 가하여 막대를 $\vec{v}$의 속도로 오른쪽으로 당겨주면, 막대 내의 자유전자는 막대의 길이 방향으로 힘을 받게 된다. 다음에 닫힌 도체 경로에서는 전자가 자유롭게 움직이기 때문에, 이 힘은 회로에 유도 전류를 흐르게 한다. 이 경우 고리를 통과하는 자기선속의 변화와 그 변화에 의해 막대의 양단에 유도되는 기전력은 막대가 자기장을 끊으며 지나갈 때 만들어지는 **고리의 면적 변화**에 의하여 생성된다.

그림 20.12와 같이 막대가 시간 $\Delta t$ 동안에 거리 $\Delta x$를 움직인다면, 그 시간 동안 고리를 통과하여 지나가는 자기선속의 증가 $\Delta\Phi_B$는 면적이 $\ell\Delta x$인 회로 부분을 지나는 자기선속과 같다.

$$\Delta\Phi_B = BA = B\ell\Delta x$$

고리가 한 개일 때($N = 1$) 패러데이의 법칙을 적용하면, 유도 기전력의 크기는 다음과 같이 된다.

$$|\mathcal{E}| = \frac{\Delta\Phi_B}{\Delta t} = B\ell\frac{\Delta\Phi_B}{\Delta t} = B\ell v \tag{20.4}$$

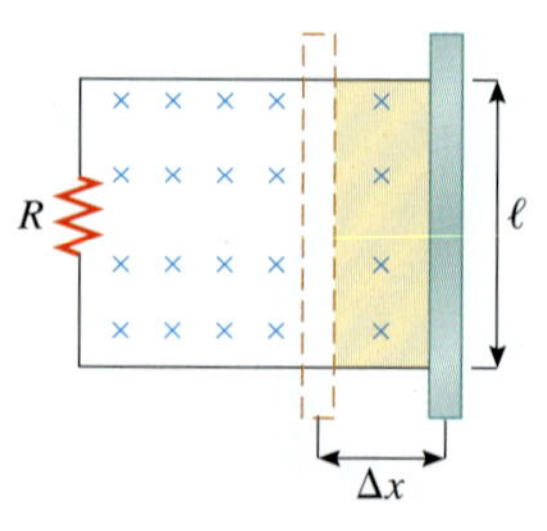


**그림 20.12** 막대가 우측으로 움직이면 고리의 면적이 $\ell\Delta x$만큼 증가하여 고리를 지나는 자기선속이 $B\ell\Delta x$만큼 커진다.

이 유도 기전력은 자기장을 통과하는 도체의 운동에 의하여 생성되기 때문에, 흔히 **운동 기전력**(motion emf)이라고 부른다.

또한 회로의 저항이 $R$이라면, 유도된 전류의 크기는 다음과 같다.

$$I = \frac{|\mathcal{E}|}{R} = \frac{B\ell v}{R} \tag{20.5}$$

활용그림 20.11b는 이에 대한 등가회로이다.

## Quick Quiz 20.2

동서 방향의 수평으로 놓인 금속 막대가 자기장의 방향이 정북향인 곳에서 수직으로 떨어진다. 이 결과 막대 양 끝에 전위차가 발생한다. 어느 쪽이 양으로 대전되는가?

(a) 동쪽 끝, (b) 서쪽 끝, (c) 양 끝 모두 전하가 대전되지 않는다.

**Quick Quiz 20.3**

균일한 자기장이 있는 곳에서 직사각형 고리를 움직여서 고리에 기전력을 유도하고자 한다. 고리의 면을 자기력선에 수직하게 유지한 채 최대 기전력을 유도하고자 하면 고리를 어떤 방향으로 자기장 속에서 움직여야 하는가? (a) 고리의 긴 부분이 속도 벡터와 나란하게, (b) 고리의 짧은 부분이 속도 벡터와 나란하게, (c) 상관없음–기전력의 크기는 방향과 무관함.

### 예제 20.3 에너지의 근원은 어디에 있는가?

**목표** 운동 기전력을 이용하여 유도 기전력과 전류를 구한다.

**문제** (a) 길이가 0.50 m인 막대가 활용그림 20.11a와 같이 자기장이 0.250 T인 곳에서 2.00 m/s로 미끄러지고 있다. 운동 기전력의 개념을 이용하여 이 막대에 유도되는 전압을 구하라. (b) 회로의 저항이 0.500 Ω이라 하고 회로에 흐르는 전류와 저항에 전달되는 전력을 구하라. (주의: 이 경우 전류는 반시계 방향으로 흐른다.) (c) 막대가 받는 자기력을 구하라. (d) 일과 일률의 개념을 이용하여 가해진 힘을 구하라.

**전략** (a)의 경우, 운동 기전력은 식 20.4에 대입하여 구한다. 얻어진 기전력을 옴의 법칙에 대입하면 전류가 얻어진다. (c)의 경우, 식 19.6을 이용하여 전류가 흐르는 도체가 받는 자기력을 구한다. (d)에서는 저항에서 소모되는 전력에 시간을 곱한 것이 외력이 한 일과 같다는 사실을 이용한다.

**풀이**

(a) 운동 기전력의 개념을 이용하여 유도 기전력을 구한다.

식 20.4에 대입하여 유도 기전력을 구한다.

$$\mathcal{E} = B\ell v = (0.250\text{ T})(0.500\text{ m})(2.00\text{ m/s}) = \boxed{0.250\text{ V}}$$

(b) 회로에 유도된 전류와 저항에 의해 소모되는 전력을 구한다.

기전력과 저항을 옴의 법칙에 대입하여 유도 전류를 구한다.

$$I = \frac{\mathcal{E}}{R} = \frac{0.250\text{ V}}{0.500\ \Omega} = \boxed{0.500\text{ A}}$$

$I$와 $\mathcal{E}$ = 0.250 V를 식 17.8에 대입하여 0.500 Ω의 저항에서 소모되는 전력을 구한다.

$$\mathcal{P} = I\Delta V = (0.500\text{ A})(0.250\text{ V}) = \boxed{0.125\text{ W}}$$

(c) 막대가 받는 힘의 크기와 방향을 구하라.

$I$, $B$ 및 $\ell$의 값을 식 19.6에 대입하여($\sin\theta = \sin(90°) = 1$) 힘의 크기를 구한다.

$$F_m = IB\ell = (0.500\text{ A})(0.250\text{ T})(0.500\text{ m}) = \boxed{6.25 \times 10^{-2}\text{ N}}$$

오른손 법칙 2를 이용하여 힘의 방향을 구한다.

오른손 네 손가락을 막대의 전류 방향으로 향하게 하면서 자기장의 방향으로 감는다. 그러면 엄지손가락이 **음의 $x$ 방향**을 향한다.

(d) 가해진 힘 $F_{app}$를 구하라.

가해진 힘이 한 일을 저항에 의해 소모된 전력에 시간을 곱한 값과 같게 둔다.

$$W_{app} = F_{app}d = \mathcal{P}\Delta t$$

$F_{app}$에 대해서 풀고 $d = v\Delta t$를 대입한다.

$$F_{app} = \frac{\mathcal{P}\Delta t}{d} = \frac{\mathcal{P}\Delta t}{v\Delta t} = \frac{\mathcal{P}}{v} = \frac{0.125\text{ W}}{2.00\text{ m/s}} = \boxed{6.25 \times 10^{-2}\text{ N}}$$

**주의** (d)의 문제는 힘이 평형을 이루고 있는 물체에 대한 뉴턴의 제2법칙을 이용하여 풀 수도 있다. 두 힘이 막대에 수평으로 작용하고 막대의 가속도가 0이므로 힘은 크기가 같고 방향이 반대이어야 한다. 아주 상이한 개념을 사용했음에도 불구하고 $F_m$과 $F_{app}$의 답이 일치함을 주목하라.

**연습문제 20.3**

막대의 속도가 증가하여 전류가 전과 같은 방향으로 갑자기 1.25 A로 증가했다고 하자. (a) 막대에 유도된 기전력과 (b) 막대의 속력을 구하라.

**답** (a) 0.625 V (b) 5.00 m/s

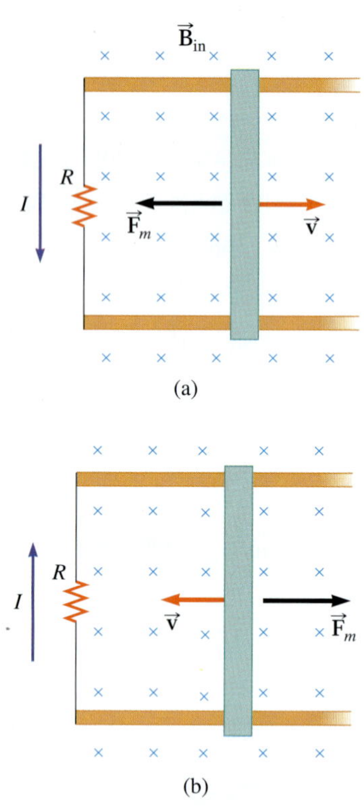


**그림 20.13** (a) 도체 막대가 고정된 두 도체 레일 위에서 움직일 때 고리를 지나는 자기선속이 시간에 따라 증가한다. 렌츠의 법칙에 의해서 지면 앞으로 나오는 반대 방향의 자기선속을 만들기 위해서 유도 전류는 반시계 방향이어야 한다. (b) 막대가 왼쪽으로 이동하면 유도 전류는 시계 방향이어야 한다. 왜 그런가?

## 20.4 렌츠의 법칙(패러데이 법칙에서 음의 부호)

렌츠의 법칙을 좀더 잘 이해하기 위하여, 지면 안쪽으로 향하는 균일한 자기장에서 오른쪽으로 평행 레일 위를 움직이는 막대를 다시 예로 들어 보자(그림 20.13a). 막대가 오른쪽으로 움직이면, 고리의 면적이 늘어나서 고리를 통과하는 자기선속은 증가하게 된다. 렌츠의 법칙은 유도 전류가 외부 자기선속의 변화를 방해하는 방향으로 흐른다는 것을 말한다. 외부 자기선속이 지면 안쪽으로 들어가는 방향으로 증가하기 때문에, 유도 전류는 그 변화에 반대하기 위하여 지면 바깥쪽으로 나오는 자기선속을 생성하도록 흘러야 한다. 따라서 막대가 오른쪽으로 움직이면, 유도 전류는 반시계 방향으로 흘러야 한다(방향을 확인하기 위해 19장에서 배운 오른손의 법칙을 사용하라). 한편, 막대가 그림 20.13b와 같이 왼쪽으로 움직이면, 시간이 지남에 따라 고리를 통과하는 자기선속은 감소한다. 외부 자기선속이 지면 안쪽으로 향하기 때문에, 유도 전류는 지면 안쪽으로 들어가는 자기선속을 생성하도록 시계 방향으로 흘러야 한다. 어떤 경우든, 유도 전류는 회로를 통과하는 원래의 자기선속을 유지하려고 한다.

이번에는 에너지 관점에서 이 경우를 살펴보자. 막대를 오른쪽으로 살짝 밀어준다고 가정해 보라. 앞서의 경우 우리는 이 운동이 고리에 반시계 방향으로 전류를 생성시킨다는 것을 알았다. 만약 이 경우, 유도 전류가 시계 방향으로 흐른다면 어떻게 될까? 시계 방향으로 흐르는 전류 $I$에 의해 미끄러지는 막대에 나타나는 자기력($BI\ell$)의 방향은 오른쪽이 된다. 이 힘은 막대를 가속시켜 속도를 증가시킨다. 이것은 또한 고리의 면적을 더욱 빨리 증가시켜서 유도 전류를 증가시키고, 따라서 힘을 증가시키고, 이것은 또 유도 전류를 증가시키게 된다. 이렇게 되면 이 시스템은 에너지의 공급이 없이 에너지를 얻게 된다. 이것은 명백히 지금까지의 경험과 에너지 보존법칙에 위배되기 때문에 유도된 전류는 반시계 방향이어야 한다고 결론을 내리지 않을 수 없다.

또 다른 경우를 생각하여 보자. 그림 20.14a와 같이 정지한 도체 고리를 향해 막대자석이 오른쪽으로 움직인다. 자석의 움직임에 따라 고리를 통과하는 자기선속은 시간이 지나면서 증가한다. 이것을 방해하기 위해 유도 전류는 그림 20.14b와 같이 왼쪽으로 향하는 자기선속을 생성한다. 따라서 유도 전류는 그림에 나타난 방향으로 흐른다. 유도 전류와 연관된 자기력선은 자석의 운동을 방해한다는 것에 유의하라. 그러므로 고리의 왼쪽 면은 북극(N극)이고 오른쪽 면은 남극(S극)이다. 한편, 그림 20.14c에서 보인 것처럼 자석이 왼쪽으로 움직이면, 고리를 통과하는 오른쪽으로 향하는 자

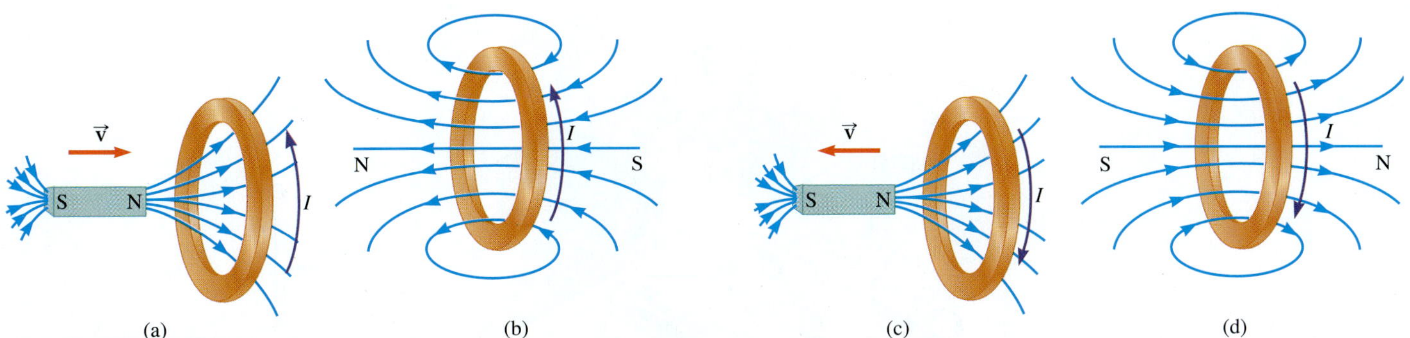


**그림 20.14** (a) 막대자석을 정지한 고리 쪽으로 가져 가면 그림에 나타낸 방향으로 전류가 유도된다. (b) 유도 전류가 왼쪽 방향으로 자기선속을 만들어 오른쪽으로 향하는 자기선속의 증가에 저항한다. (c) 자석이 정지한 고리에서 멀어지면 고리에는 그림에 나타낸 방향으로 전류가 유도된다. (d) 유도 전류가 오른쪽 방향으로 자기선속을 만들어 줄어드는 오른쪽 방향의 자기선속의 감소에 저항한다.

기선속이 시간이 지남에 따라 감소한다. 이러한 상황에서 고리에 유도되는 전류는 고리를 통과하는 자기선속을 일정하게 유지하기 위해 고리의 왼쪽에서 오른쪽으로 향하는 자기장을 생성시키는 방향으로 흐르게 된다. 이 고리에 유도된 전류의 방향은 그림 20.14d에 나타나 있다. 이 경우 고리의 왼쪽은 S극이고, 오른쪽은 N극이 된다.

**TIP 20.2 고려해야 하는 자기장 두 가지**
렌츠의 법칙을 적용할 때에는 고려해야 하는 자기장이 두 가지가 있다. 첫 번째는 도체 고리에 전류를 유도하는 외부에서 오는 시간에 따라 변하는 자기장이다. 두 번째는 고리에 유도된 전류가 만드는 자기장이다.

**Quick Quiz 20.4**

막대자석이 일정 속력으로 자석의 북극이 먼저 도선 고리 가운데로 떨어지고 있다. 자석의 북극이 고리에 가까이 갈 때 유도 전류의 방향은 어느 쪽인가? (a) 시계 방향, (b) 0, (c) 반시계 방향, (d) 자석의 길이 방향.

## 20.5 발전기

**APPLICATION**
교류 발전기

발전기와 전동기는 전자기 유도의 원리에 의하여 작동되는 매우 중요한 실용 제품이다. 우선, 역학적 에너지를 전기 에너지로 바꾸는 장치인 **교류 발전기**(alternating current (AC) generator)를 생각해 보자. 가장 단순한 교류 발전기는 외부 작용에 의해 자기장 내에서 회전하는 도선 고리로 구성되어 있다(활용그림 20.15a). 상용 발전소는 고리를 회전시키는 데 필요한 에너지를 여러 가지 방법으로 얻고 있다. 수력 발전소의 경우 터빈의 날개를 향해 떨어지는 물이 터빈을 회전시키고, 화력 발전소에서는 석탄을 태워 얻은 열이 물을 수증기로 만들고 이 수증기가 터빈을 회전시킨다. 고리가 회전함에 따라서 고리를 통과하는 자기선속이 변하고 따라서 기전력이 발생하며 외부 회로에 전류를 만든다. 도선 고리의 양쪽 끝은 고리와 함께 회전하는 회전자에 연결되어 있고, 외부 회로와의 연결은 회전자와 접촉하고 있는 고정 브러시를 통해서 이루어진다.

회전하는 고리에서 생성되는 기전력은 운동 기전력 공식 $\boldsymbol{\varepsilon} = B\ell v$를 이용하여 구할 수 있다. 그림 20.16a는 오른쪽으로 향하는 자기장 내에서 시계 방향으로 회전하는 도선 고리를 나타낸 것이다. 도선 $AB$와 $CD$에 있는 전하에 작용하는 자기력($qvB$)은 도선의 길이 방향이 아니다(이 도선 내부에 있는 전자에 작용하는 힘은 도선과 수직하

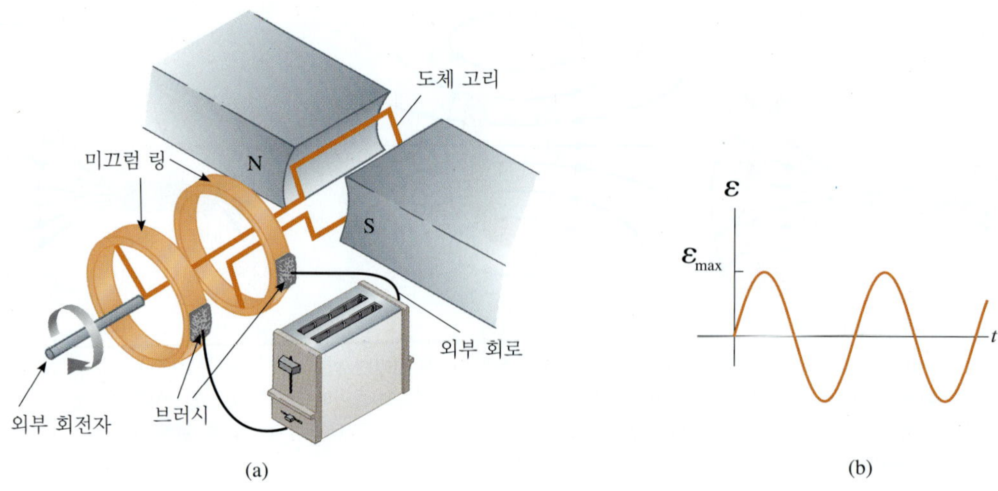


**활용그림 20.15**
(a) 교류 발전기의 구조도. 코일이 외부 작용에 의해서 자기장 내에서 회전하며 코일에 기전력이 유도된다. (b) 교류 기전력을 시간에 대해서 그린 그래프.

**Physics Now™** **http://physics.brookscole.com/ecp**에서 PhysicsNow를 로그인하고 활용그림 20.15로 들어가서 회전 속도와 자기장의 세기를 변화시키면서 발전되는 기전력의 변화를 관찰하자.

수력 발전소에서는 터빈이 발전기를 구동한다.

다). 그러므로 도선 $BC$와 $AD$에서만 기전력이 생성된다. 도선 $BC$는 그림 20.16b에 보인 바와 자기장과 어떤 각도 $\theta$를 이루며 항상 속도 $\vec{\mathbf{v}}$로 움직인다(자기장과 평행한 속도 성분은 도선 내의 전자에 영향을 미치지 못하는 반면, 자기장에 수직한 속도 성분은 전자를 $C$에서 $B$로 움직이도록 자기력을 가한다). 도선 $BC$에서 발생하는 기전력은 $B\ell v_\perp$와 같다. 여기서 $\ell$과 $v_\perp$는 각각 도선의 길이와 자기장에 수직한 속도 성분이다. 도선 $DA$에서 생성되는 기전력 $B\ell v_\perp$는 도선 $BC$에서 생성되는 기전력과 같다. $v_\perp = v \sin\theta$이므로 전체 기전력은 다음과 같다.

$$\mathcal{E} = 2B\ell v_\perp = 2B\ell v \sin\theta \qquad [20.6]$$

고리가 일정한 각속도 $\omega$로 회전하면 식 20.6에 $\theta = \omega t$를 대입할 수 있다. 더욱이, 도선 $BC$와 $DA$상의 모든 점이 회전축 주위로 일정한 각속도 $\omega$로 회전하므로, $v = r\omega = (a/2)\omega$가 된다. 여기서 $a$는 $AB$ 및 $CD$의 길이이다. 그러므로 식 20.6은 다음과 같이 요약할 수 있다.

$$\mathcal{E} = 2B\ell\left(\frac{a}{2}\right)\omega \sin\omega t = B\ell a\,\omega \sin\omega t$$

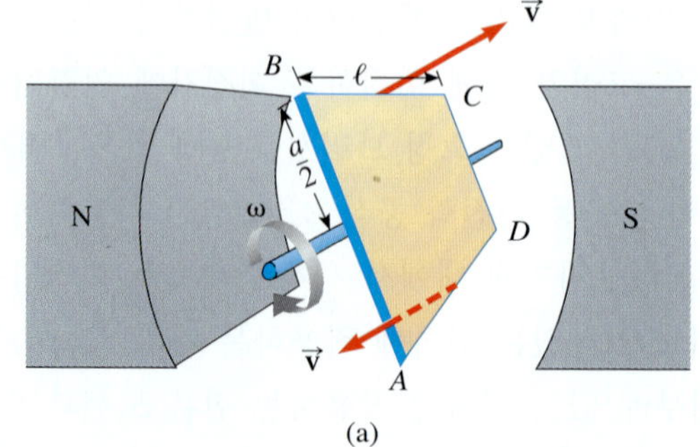


v sin θ
v
θ
B
자기력선
A
(b)

**그림 20.16** (a) 자기장 내에서 일정 각속도로 회전하는 고리. 고리에 유도되는 기전력은 시간에 따라 다르다. (b) 회전 고리의 측면도.

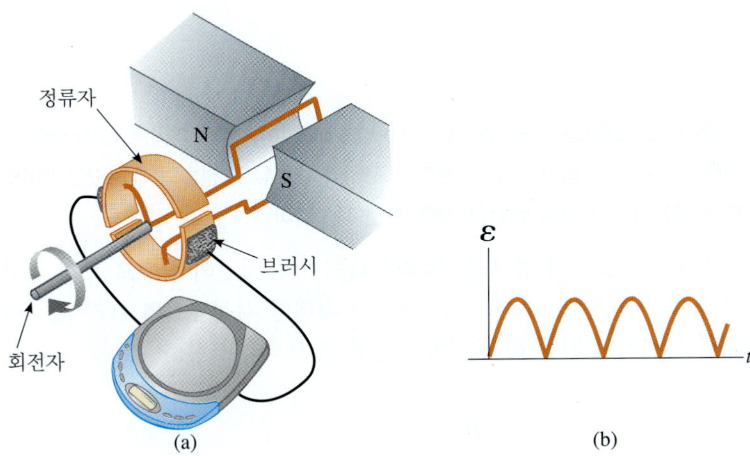


활용그림 20.17
(a) 직류 발전기의 구조도. (b) 기전력은 시간에 따라 변하기는 하지만 극성은 달라지지 않는다.

**Physics Now™** **http://physics.brookscole.com/ecp**에서 PhysicsNow를 로그인하고 활용그림 20.17로 들어가서 고리의 회전속도와 자기장의 세기를 변화시키면서 만들어지는 기전력에 변화를 관찰하라.

도선 고리의 감긴 수가 $N$이라면, 각각의 고리가 같은 크기의 유도 기전력을 가지기 때문에, 총 기전력은 $N$배가 된다. 고리의 면적이 $A = \ell a$이므로, 전체 기전력은

$$\mathcal{E} = NBA\omega \sin \omega t \qquad [20.7]$$

가 된다. 이 결과는 그림 20.15b와 같이 기전력이 시간에 대해서 사인함수 모양으로 변하는 것을 보여 준다. 기전력의 최대값

$$\mathcal{E}_{max} = NBA\omega \qquad [20.8]$$

는 $\omega t = 90°$ 혹은 $270°$에서 나타난다. 즉, 고리의 면이 자기장과 평행할 때 $\mathcal{E} = \mathcal{E}_{max}$가 된다. 따라서 $\omega t = 0$ 혹은 $180°$일 때, 즉 고리의 면이 자기장과 수직할 때 기전력은 0이 된다. 우리나라나 미국, 캐나다 등에서 상업용 발전기의 회전 주파수는 60 Hz이며, 유럽의 일부 국가들은 50 Hz를 사용한다. $\omega = 2\pi f$임을 기억하라. 여기서 $f$는 진동수이며, 단위는 헤르츠(Hz)이다.

**APPLICATION**
직류 발전기

**직류 발전기**(direct current(DC) generator)의 구조를 활용그림 20.17a에 나타내었다. 회전하는 고리가 분할 고리 혹은 정류자에 접촉하고 있다는 것 외에는 그 구성 요소가 본질적으로 교류 발전기와 동일하다. 이 구조의 출력 전압은 항상 같은 극을 가지며, 전류는 활용그림 20.17b와 같이 맥동하는 직류이다. 이것은 고리에 연결된 정류자의 역할이 반주기마다 바뀌기 때문이다. 그와 동시에 유도 기전력의 극성도 함께 바뀐다. 따라서 정류자의 극성은 계속 같은 상태가 된다.

대부분의 경우 맥동하는 직류는 그냥 사용하기에 적합하지 않다. 안정된 직류를 얻기 위해 상업용 직류 발전기에는 회전축을 중심으로 많은 수의 고리와 정류자를 사용하여, 각 고리에서 나오는 사인함수 모양의 펄스들의 위상이 서로 겹치도록 한다. 이 펄스들이 서로 겹쳐서 출력되는 직류에서는 맥동이 거의 사라진다.

**예제 20.4** **교류 발전기의 유도 기전력**

**목표** 교류 발전기의 물리적 특징을 이해한다.

**문제** 어떤 교류 발전기가 8번 감겨진 도선 고리로 구성되어 있고, 고리의 단면적은 $A = 0.090\ 0\ \text{m}^2$이며, 전체 저항은 $12.0\ \Omega$이다. 이 고리가 0.500 T의 자기장 안에서 60.0 Hz의 일정한 주파수로 회전하고 있다. (a) 최대 유도 기전력을 구하라. (b) 유도 전류의 최대값은 얼마인가? (c) 유도 기전력과 전류를 시간의 함수로 구하라. (d) 이 고리를 계속 회전시키기 위해 필요한 최대 회전력은 얼마인가?

**전략** 주어진 주파수로부터 각 주파수 $\omega$를 계산하고 이를 다른 값들과 함께 식 20.8에 대입한다. 시간의 함수로 보면 기전력과 전류는 $A \sin \omega t$의 형태를 갖는데, $A$가 기전력 또는 전류의 최대값이 된다. (d)의 경우, 전류가 최대인 시점에서의 자기 회전력을 구한다(19장 참조). 외부에서 가해주는 회전력이 이 자기 회전력을 이기고 일을 해 주어야 코일을 계속 회전시킬 수 있다.

**풀이**

(a) 최대 유도 기전력을 구하라.

우선, 회전 운동의 각 주파수를 구한다.

$$\omega = 2\pi f = 2\pi(60.0\ \text{Hz}) = 377\ \text{rad/s}$$

$N, A, B$ 및 $\omega$값을 식 20.8에 대입하여 최대 기전력을 구한다.

$$\mathcal{E}_{\text{max}} = NAB\omega = 8(0.090\ 0\ \text{m}^2)(0.500\ \text{T})(377\ \text{rad/s}) = 136\ \text{V}$$

(b) 최대 유도 전류는 얼마인가?

최대 유도 기전력 $\mathcal{E}_{\text{max}}$와 저항 $R$을 옴의 법칙에 대입하여 최대 유도 전류를 구한다.

$$I_{\text{max}} = \frac{\mathcal{E}_{\text{max}}}{R} = \frac{136\ \text{V}}{12.0\ \Omega} = 11.3\ \text{A}$$

(c) 유도 기전력과 전류를 시간의 함수로 구하라.

$\mathcal{E}_{\text{max}}$와 $\omega$를 식 20.7에 대입하여 $\mathcal{E}$의 변화를 시간 $t$(초)에 대하여 구한다.

$$\mathcal{E} = \mathcal{E}_{\text{max}} \sin \omega t = (136\ \text{V}) \sin 377t$$

전류의 관계도 앞의 최대 전류 값 외에는 이와 동일하다.

$$I = (11.3\ \text{A}) \sin 377t$$

(d) 이 고리를 계속 회전시키기 위해서 필요한 최대 회전력을 계산하라.

자기 회전력의 관계식을 적는다.

$$\tau = \mu B \sin \theta$$

코일의 최대 자기 모멘트 $\mu$를 계산한다.

$$\mu = I_{\text{max}}AN = (11.3\ \text{A})(0.090\ \text{m}^2)(8) = 8.14\ \text{A}\cdot\text{m}^2$$

$\theta = 90°$로 두고 자기 회전력 식에 대입하여 가해주어야 하는 최대 회전력을 구한다.

$$\tau_{\text{max}} = (8.14\ \text{A}\cdot\text{m}^2)(0.500\ \text{T}) \sin 90° = 4.07\ \text{N}\cdot\text{m}$$

**주의** 코일을 회전시키기 위한 외력의 크기가 충분해야 하므로 코일을 감은 수 $N$을 임의 값으로 정할 수 없다.

**연습문제 20.4**

어느 교류 발전기의 최대 출력이 301 V가 되게 하고자 한다. 코일의 면적이 $0.100\ \text{m}^2$이고 회로의 저항은 $16.0\ \Omega$이며, 0.600 T의 자기장 내에서 40.0 Hz로 회전하게 하고자 한다. (a) 원하는 기전력을 발생시키기 위해 코일의 감긴 횟수는? (b) 코일에 유도되는 최대 전류를 구하라. (c) 유도 기전력을 시간의 함수로 구하라.

**답** (a) 20회 (b) 18.8 A (c) $\mathcal{E} = (301\ \text{V}) \sin 251t$

## 전동기와 역기전력

**APPLICATION**

전동기

전동기란 전기 에너지를 역학적 에너지로 바꾸어 주는 장치이다. 근본적으로, **전동기는 발전기의 역이다.** 자기장 속에서 회전하는 고리에 의해서 전류가 생성되는 대신, 전원으로부터 전류를 고리에 공급하여 전류가 흐르는 고리에 작용하는 자기력에 의하여 고리를 회전하게 한다.

전동기는 회전하는 코일에 연결된 축을 외부 장치에 연결하여 역학적인 일을 하게 된다. 전동기의 코일이 회전함에 따라 그 코일을 통과하는 자기선속은 변하며 따라서 코일에 흐르는 전류를 감소시키려는 기전력을 유도하게 된다. 그렇지 않으면, 렌츠의 법칙에 위배된다. **역기전력**(back emf)이란, 현재 흐르는 전류를 감소시키려는 기전력을 말한다. 코일의 회전 속력이 빨라지면, 역기전력의 크기가 **증가**한다. 이러한 상황을 그림 20.18과 같은 등가회로로 나타낼 수 있다. 이것을 설명하기 위해서, 전동기의 코일에 전류가 흐르도록 하는 외부의 120 V 전원, 코일의 저항이 10 Ω, 그리고 코일에 유도되는 역기전력이 70 V라 가정하자. 그러면 전류가 흐르도록 할 수 있는 전압은 외부에서 가해 주는 전압과 역기전력과의 차이가 되는데, 이 경우 50 V이다. 전동기에 흐르는 전류는 역기전력에 의해서 항상 제한을 받게 된다.

전동기를 처음 켜는 순간에는 역기전력이 생기지 않고 따라서 전류는 코일의 저항에 의해서만 제한받기 때문에 그 값이 매우 크다. 코일이 회전함에 따라, 유도된 역기전력은 전원에 역으로 작용하여 코일의 전류가 감소하게 된다. 역학적인 부하가 증가하면 전동기의 속도는 줄어들고, 따라서 역기전력은 감소한다. 이 역기전력의 감소는 코일의 전류를 증가시키고, 그리하여 외부 전원으로부터 공급받아야 하는 전력을 증가시키게 된다. 따라서 큰 부하에서 전동기를 작동시키면 보통의 부하에서 전동기를 작동시키는 것보다 전력이 더 많이 필요하게 된다. 역학적인 부하가 전혀 없이 전동기를 작동시키면 역기전력이 전류를 감소시켜 열이나 마찰에 의한 에너지 손실을 보상할 정도의 전류만 전동기에 흐르게 된다.

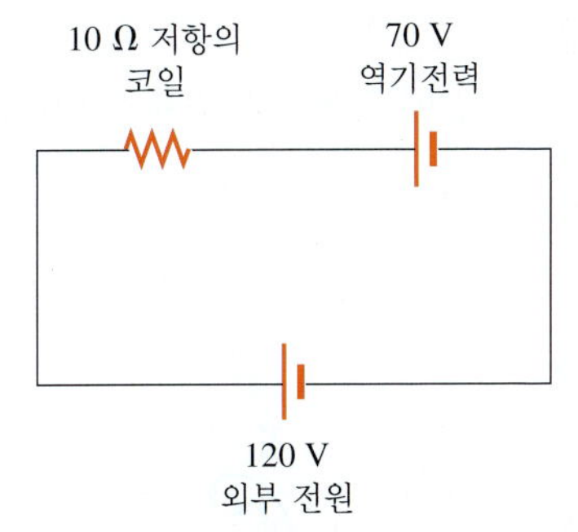


**그림 20.18** 전동기는 저항과 역기전력으로 나타낼 수 있다.

### 예제 20.5 전동기의 유도 전류

**목표** 역기전력의 개념을 적용하여 전동기에 유도되는 유도 전류를 계산한다.

**문제** 코일의 저항이 10.0 Ω인 어떤 전동기에 $\Delta V = 1.20 \times 10^2$ V의 전압이 공급되고 있다. 이 전동기가 최대 속도로 작동할 때, 역기전력이 70.0 V이다. (a) 전동기를 처음 켜졌을 때, (b) 전동기가 최대 속도로 회전하고 있을 때, 코일에 흐르는 전류를 각각 구하라.

**전략** 각 문항에 대하여 가해진 전압과 유도된 역기전력으로 알짜 전압을 구한다. 알짜 전압을 저항으로 나누어 전류를 구한다.

**풀이**

(a) 전동기를 켜는 순간의 전류를 구하라.

코일이 회전하고 있지 않으면 역기전력은 0이고, 전류는 최대가 된다. 기전력과 역기전력의 차를 계산하고, 이를 저항 $R$로 나누어 전류를 구한다.

$$I = \frac{\mathcal{E} - \mathcal{E}_{\text{back}}}{R} = \frac{1.20 \times 10^2\ \text{V} - 0}{10.0\ \Omega} = \boxed{12.0\ \text{A}}$$

(b) 전동기가 최대 속도로 회전하고 있을 때 코일에 흐르는 전류를 구하라.

최대 역기전력을 이용하여 위 계산을 되풀이한다.

$$I = \frac{\mathcal{E} - \mathcal{E}_{\text{back}}}{R} = \frac{1.20 \times 10^2\ \text{V} - 70.0\ \text{V}}{10.0\ \Omega} = \frac{50.0\ \text{V}}{10.0\ \Omega}$$
$$= \boxed{5.00\ \text{A}}$$

**주의** 역기전력 현상은 전동기의 회전 속도 상한을 결정하는 요인 중의 한 가지이다.

**연습문제 20.5**

어떤 순간에 전동기의 전류가 8.00 A라면 그 시점에서 역기전력은 얼마인가?

**답** 40.0 V

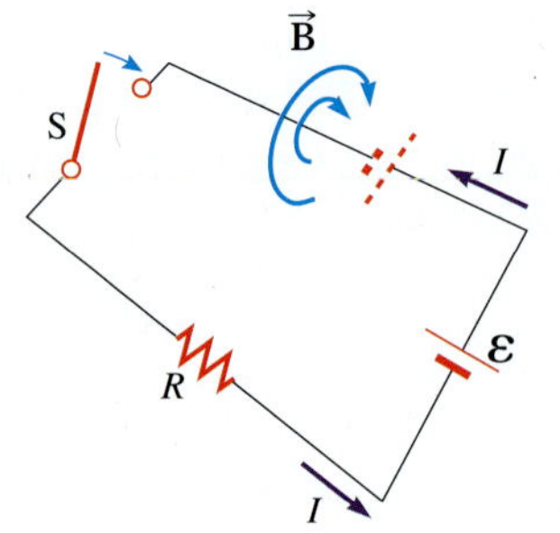


**그림 20.19** 회로의 스위치가 닫히면 전류는 고리를 관통하는 자체적인 자기선속을 만든다. 전류가 증가하는 동안 자기선속은 시간에 따라 달라지고, 고리에 기전력을 유도한다. 점선으로 그린 전지는 자체 유도 기전력을 나타낸다.

## 20.6 자체 인덕턴스

그림 20.19와 같이 스위치, 저항기, 그리고 전원으로 구성된 회로에서 스위치가 닫힐 때 전류가 0에서 순간적으로 최대값 $\mathcal{E}/R$로 변하지 않는다. 그 대신 전자기 유도 법칙인 패러데이의 법칙에 의하여 다음과 같은 일들이 생긴다. 시간이 지남에 따라 전류가 증가하고, 이 전류 때문에 고리를 통과하는 자기선속 역시 증가한다. 자기선속의 증가는 자기선속의 변화를 방해하려는 기전력을 회로에 유도한다. 렌츠의 법칙에 의해 고리에 유도된 기전력을 그림에서 점선으로 전지로 표시하였다. 저항 양단의 알짜 전위차는 전원의 기전력에서 유도 기전력을 뺀 값이다. 전류의 크기가 증가함에 따라 전류의 증가율은 감소하고, 따라서 유도 기전력도 감소하게 된다. 역으로 작용하는 이 역기전력이 전류를 서서히 증가시킨다. 같은 원리에 의해, 스위치가 열릴 때에도 전류는 서서히 감소하여 0이 된다. 회로 자체에서 회로를 통과하는 자기선속의 변화가 일어나기 때문에, 이 효과를 **자체 유도**(self-induction)라고 한다. 이때 나타나는 기전력을 **자체 유도 기전력**(self-induced emf)이라 한다.

자체 유도의 두 번째 예로서, 그림 20.20과 같이 원기둥 철심에 코일이 감긴 경우를 생각해 보자(실제 장치에는 코일이 수백 번 감겨 있다). 시간에 따라 전류가 변한다고 가정하자. 전류가 그림과 같은 방향으로 흐르면 코일 내부에 형성되는 자기장의 방향은 오른쪽에서 왼쪽으로 향한다. 그 결과, 자기선속의 일부는 코일의 단면을 통과하여 코일에 유도 기전력을 발생시킨다. 시간에 따라 전류가 변하므로 코일을 통과하는 자기선속이 변하여 코일에 기전력을 유도시킨다. 렌츠의 법칙을 적용하면 이 유도 기전력은 전류의 변화에 반대하도록 방향이 정해진다. 즉, 전류가 증가하면 유도 기전력은 그림 20.20b에 나타낸 것처럼 발생하고, 전류가 감소하면 그림 20.20c처럼 나타난다.

자체 인덕턴스를 계산하기 위해, 우선 패러데이의 법칙을 고려하자. 식 20.2에 따라 유도 기전력은 다음과 같이 나타낼 수 있다.

$$\mathcal{E} = -N\frac{\Delta\Phi_B}{\Delta t}$$

자기선속은 자기장에 비례하고, 자기장은 코일에 흐르는 전류에 비례한다. 따라서 **자**

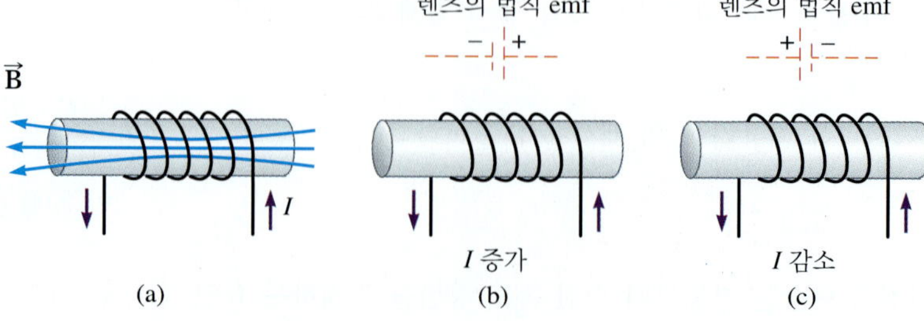


**그림 20.20** (a) 코일에 흐르는 전류가 왼쪽으로 향하는 자기장을 만든다. (b) 전류가 증가하면 코일은 유도 기전력을 만들어 그림에서 점선으로 나타낸 전지처럼 작용한다. (c) 전류가 감소하면 코일에 유도되는 기전력의 방향이 바뀐다.

**체 유도 기전력은 시간에 대한 전류의 변화율에 비례해야 한다.** 즉,

$$\varepsilon \equiv -L\frac{\Delta I}{\Delta t} \qquad [20.9]$$

### ✓ Checkpoint 20.2

진실인가 거짓인가: 저항을 무시할 경우, 코일에 일정 전류가 흐르면 코일 양단에 전위차가 생긴다.

여기서 $L$은 코일의 특성을 나타내는 비례 상수로서 **인덕턴스**(inductance)라고 부른다. 음의 부호는 전류의 변화에 반대되는 방향으로 기전력이 유도된다는 뜻이다. 즉, 전류가 증가하면($\Delta I$가 양) 유도되는 기전력은 음이고, 전류의 증가를 방해하는 방향으로 발생된다. 마찬가지로, 전류가 감소하면($\Delta I$가 음) 유도 기전력의 부호는 양이고, 전류의 감소를 방해하는 방향으로 발생된다.

코일의 인덕턴스는 코일의 단면적 등 여러 가지 기하학적인 요소에 의해서 결정된다. 인덕턴스의 국제단위는 **헨리**(henry, H)이며, 식 20.9로부터 1 V·s/A와 같다. 즉,

$$1\ \text{H} = 1\ \text{V}\cdot\text{s/A}$$

자체 인덕턴스를 계산하는 과정에서 식 20.2와 20.9를 등치시켜서 $L$의 식을 구하는 것이 편리한 경우가 많다.

$$N\frac{\Delta\Phi_B}{\Delta t} = L\frac{\Delta I}{\Delta t}$$

$$L = N\frac{\Delta\Phi_B}{\Delta I} = \frac{N\Phi_B}{I} \qquad [20.10]$$

◀ 인덕턴스

## 응용물리 20.1 불꽃의 정체

어떤 회로에서는 스위치를 여는 순간 스위치의 양 접점 사이에서 불꽃이 생긴다. 스위치를 닫을 때는 불꽃이 생기지 않는 이유가 무엇일까?

**설명** 렌츠의 법칙에 의하면, 유도 기전력의 방향은 원래 자기선속의 변화를 방해하는 방향으로 유도된 자기장의 방향으로 결정된다. 스위치를 열 때, 회로 내 자기장의 급격한 감소로 인해 전류 변화를 방해하는 방향으로 역기전력이 생긴다. 이 역기전력에 의해 스위치의 양단 사이 공기 중으로 전류가 흐르면서 불꽃을 일으킬 수 있다. 스위치를 닫을 때는 불꽃이 생기지 않는데, 이는 초기 전류가 0이었고 유도 기전력은 그 전류의 변화에 대하여 역 방향이기 때문이다.

---

일반적으로 인덕턴스를 구하는 것이 쉬운 일은 아니다. 그러나 보통의 솔레노이드에 대한 인덕턴스 식을 구하는 일은 간단하다. 솔레노이가 길이 $\ell$에 $N$번 감겨 있다고 하자. $\ell$이 반경에 비해 크며, 솔레노이드의 내부는 비어 있다고 하자. 내부의 자기장은 균일하며 식 19.16으로부터 다음과 같이 주어진다고 하자.

$$B = \mu_0 nI = \mu_0\frac{N}{\ell}I$$

여기서 $n = N/\ell$은 단위 길이당의 감은 수이다. 따라서 각 코일의 지나는 자기선속은 다음과 같다.

$$\Phi_B = BA = \mu_0\frac{N}{\ell}AI$$

여기서 $A$는 솔레노이드의 단면적이다. 이 식과 식 20.10으로부터

$$L = \frac{N\Phi_B}{I} = \frac{\mu_0 N^2 A}{\ell} \qquad [20.11a]$$

의 관계를 얻을 수 있다. 이 결과는 $L$이 기하학적 요소인 $\ell, A, \mu_0$ 등에 의해 결정되며, 감은 횟수의 제곱에 비례함을 보여 주고 있다. $N = n\ell$이므로, 이 결과는 다음과 같이 나타낼 수 있다.

$$L = \mu_0 \frac{(n\ell)^2}{l} A = \mu_0 n^2 A \ell = \mu_0 n^2 V \qquad [20.11b]$$

이 식에서 $V = A\ell$은 솔레노이드의 부피이다.

**예제 20.6 인덕턴스, 자체 유도 기전력, 솔레노이드**

**목표** 솔레노이드의 인덕턴스와 자체 유도 기전력을 계산한다.

**문제** (a) 길이가 25.0 cm, 단면적이 $4.00 \times 10^{-4}\ \text{m}^2$, 그리고 코일을 감은 횟수가 300인 솔레노이드의 인덕턴스를 구하라. (b) (a)의 솔레노이드에서 전류가 50.0 A/s의 비율로 감소할 때, 솔레노이드에 유도되는 자체 유도 기전력은 얼마인가?

**전략** 주어진 값들을 식 20.11a에 대입하여 인덕턴스 $L$을 구한다. (b)에 대해서는 (a)의 결과와 $\Delta I/\Delta t = -50.0$ A/s를 식 20.9에 대입하여 자체 유도 기전력을 구한다.

**풀이**

(a) 솔레노이드의 인덕턴스를 구한다.

감은 수 $N$, 면적 $A$와 길이 $\ell$을 식 20.11에 대입하여 인덕턴스를 구한다.

$$L = \frac{\mu_0 N^2 A}{\ell}$$

$$= (4\pi \times 10^{-7}\ \text{T}\cdot\text{m/A}) \frac{(300)^2(4.00 \times 10^{-4}\ \text{m}^2)}{25.0 \times 10^{-2}\ \text{m}}$$

$$= 1.81 \times 10^{-4}\ \text{T}\cdot\text{m}^2/\text{A} = \boxed{0.181\ \text{mH}}$$

(b) 솔레노이드의 자체 유도 기전력을 계산한다.

$L$과 $\Delta I/\Delta t = -50.0$ A/s를 식 20.9에 대입하여 자체 유도 기전력을 구한다.

$$\mathcal{E} = -L\frac{\Delta I}{\Delta t} = -(1.81 \times 10^{-4}\ \text{H})(-50.0\ \text{A/s})$$

$$= \boxed{9.05\ \text{mV}}$$

**전략** 전류가 시간에 따라 감소하기 때문에 $\Delta I/\Delta t$가 음이 됨을 주목하라.

**연습문제 20.6**

어떤 솔레노이드의 인덕턴스가 0.285 mH, 단면적이 $6.00 \times 10^{-4}\ \text{m}^2$, 그리고 길이 $\ell = 36.0$ cm이다. (a) 단위 길이당 코일을 감은 횟수를 구하라. (b) 어떤 시각에 자체 유도 기전력이 −12.5 mV라면 그 순간 전류의 변화율은 얼마인가?

**답** (a) 1 025 회/m (b) 43.9 A/s

## 20.7 *RL* 회로

촘촘하게 많이 감은 코일과 같이 인덕턴스가 큰 회로소자를 **인덕터**(inductor)라고 부른다. 인덕터의 회로 기호는 —ꝏꝏ— 이다. 인덕터 이외의 회로에서 나타나는 자체 인덕턴스는 인덕터의 인덕턴스에 비해 매우 작기 때문에 무시해도 된다.

회로에서 인덕터의 효과를 이해하기 위하여 그림 20.21의 두 회로를 비교해 보자. 그림 20.21a는 전지와 저항으로 이루어진 회로이다. 이 회로에 키르히호프 법칙을 적용하면 $\boldsymbol{\varepsilon} - IR = 0$이고, 저항으로 인한 전압 강하는 다음과 같다.

$$\Delta V_R = -IR \qquad [20.12]$$

이 식으로부터 **저항은 전류의 흐름을 방해하는 척도**로 이해할 수 있다. 이제 전지와 인덕터로 이루어진 20.21b의 회로를 보자. 스위치가 닫히는 순간 $IR = 0$이기 때문에 코일에 유도된 역기전력의 크기는 전지의 기전력과 같다. 따라서

$$\boldsymbol{\varepsilon}_L = -L\frac{\Delta I}{\Delta t} \qquad [20.13]$$

이 식으로부터 ***L*은 전류의 변화를 방해하는 척도**로써 이해할 수 있다.

활용그림 20.22는 전지와 저항, 그리고 인덕터로 이루어진 회로이다. $t = 0$인 순간 스위치가 닫혔다고 가정하자. 전류는 증가하기 시작하지만, 인덕터에서는 전류의 증가를 방해하는 유도 기전력을 생성한다. 그러므로 전류는 0에서 최대 전류인 $\boldsymbol{\varepsilon}/R$까지 순간적으로 증가하지 못한다. 식 20.13으로부터 전류가 가장 빨리 변할 때 유도 기전력이 최대가 됨을 알 수 있고, 이것은 스위치가 닫히는 순간에 해당된다. 전류가 정상치에 접근함에 따라, 전류가 천천히 변하기 때문에 코일에 유도되는 역기전력도 점점 감소한다. 전류가 정상치에 이르렀을 때 전류의 변화율은 0이고, 따라서 역기전력도 0이 된다. 활용그림 20.23은 회로에 흐르는 전류를 시간에 따라 표현한 것이다.[1] 이 그림은 18장에서 배웠던 시간에 따라 축전기에 저장되는 전하의 그림과 유사하다. 이런 경우, **회로의 시상수**라고 하는 양을 도입하는 것이 편리하다는 것을 알았다. 축전기 회로에서 시상수는 축전기에 전하가 정상치까지 저장되는 데 걸리는 시간에 대한 정보를 준다. 같은 방법으로, 저항과 인덕터를 포함하고 있는 회로에서도 시상수를 정의할 수 있다. *RL* 회로에서 **시상수**(time constant) $\tau$는 최종 전류값인 $\boldsymbol{\varepsilon}/R$의 63.2%에 이르는 데까지 걸리는 시간이다. 즉 *RL* 회로에서 시상수는 다음과 같다.

$$\tau = \frac{L}{R} \qquad [20.14]$$

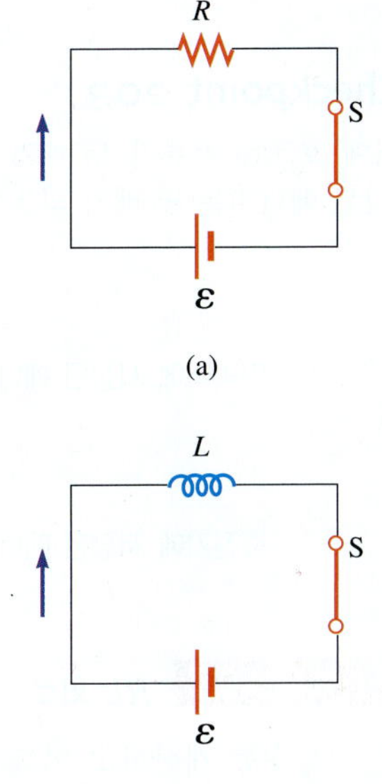


**그림 20.21** 간단한 회로에서 저항과 인덕터 효과의 비교.

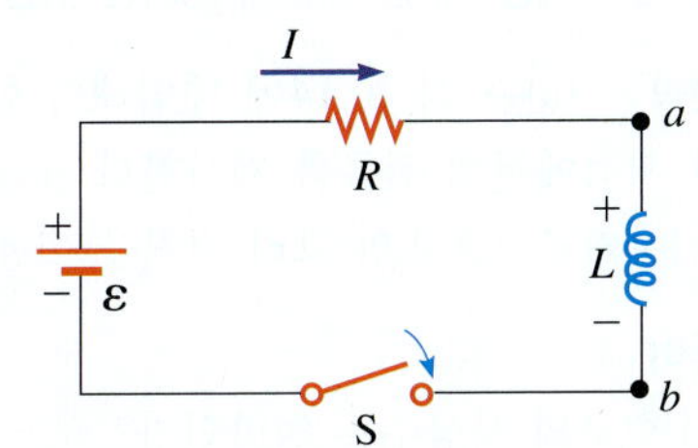


**활용그림 20.22**
직렬 *RL* 회로. 전류가 최대값으로 증가하면 인덕터는 전류의 증가를 방해하는 기전력을 발생시킨다.

**Physics Now™**
**http://physics.brookscole.com/ecp**에서 PhysicsNow를 로그인하고 활용그림 20.22로 들어가서 $R$과 $L$값을 변화시키면서 전류가 어떻게 변하는지 그 효과를 관찰하자. 활용그림 20.23에서와 같은 그래픽을 얻을 수 있다.

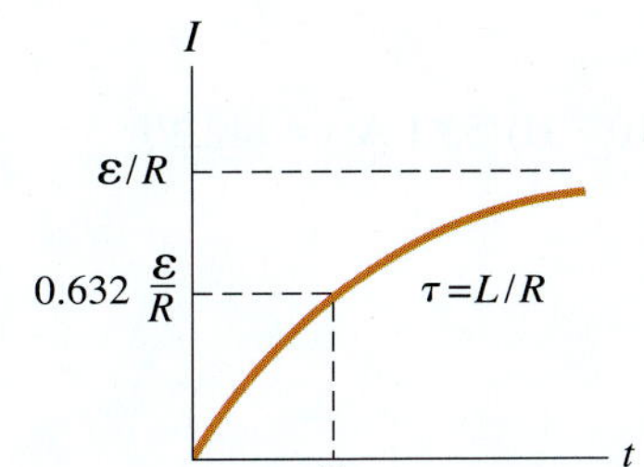


**활용그림 20.23**
활용그림 20.22의 *RL* 회로에 대한 전류 대 시간 그래프. $t = 0$에 스위치를 닫으면 전류는 $\boldsymbol{\varepsilon}/R$까지 증가한다. 시상수 $\tau$는 최대 전류값인 $\boldsymbol{\varepsilon}/R$의 63.2%에 이르는 데까지 걸리는 시간이다.

**Physics Now™**
**http://physics.brookscole.com/ecp**에서 PhysicsNow를 로그인하고 활용그림 20.22으로 들어가면 스위치를 닫은 후 이러한 그래프가 나타나는 것을 관찰할 수 있다.

[1]이 회로에서 미적분을 이용하여 전류를 시간의 함수로 다음과 같이 구할 수 있다.

$$I = \frac{\boldsymbol{\varepsilon}}{R}(1 - e^{-Rt/L})$$

## 자기장에 저장된 에너지

**☑ Checkpoint 20.3**

인덕터에 흐르는 전류가 두 배가 된다면 저장된 에너지는 몇 배가 되는가?

인덕터에 의해 유도된 기전력은 전지로부터 회로에 전류가 순간적으로 흐르는 것을 억제한다. 전지는 전류를 만들기 위해 일을 해야 하며 이 일이 인덕터의 자기장 에너지 형태로 저장된다고 생각할 수 있다. 16.9절에서 축전기에 저장된 에너지를 구할 때 사용한 방법과 유사한 방법을 사용하여 인덕터에 저장된 에너지를 다음과 같이 구할 수 있다.

인덕터에 저장된 에너지 ▶

$$PE_L = \frac{1}{2}LI^2 \qquad [20.15]$$

이 결과는 축전기에 저장된 에너지의 표현(식 16.18)과 유사함에 주목하자.

축전기에 저장된 에너지 ▶

$$PE_C = \frac{1}{2}C(\Delta V)^2$$

### 연관된 예제 20.7 *RL* 회로

**목표** 시상수를 계산하고 이를 *RL* 회로의 전류와 연계시킨다.

**문제** 활용그림 20.22의 회로에서 전원이 12.6 V, 저항이 0.150 Ω, 인덕턴스가 30 mH이다. $t = 0$인 순간에 스위치를 닫았을 때 다음을 구하시오. (a) 회로의 시상수, (b) 시상수만큼 시간이 경과한 시점에서 전류 값, (c) 시상수만큼 시간이 경과한 시점에서 인덕터에 저장된 에너지, (d) $t = 0$일 때와 시상수만큼 시간이 경과한 시점에서 저항 양단의 전압강하 값, (e) 시상수만큼 시간이 경과한 시점에서 전류의 변화율.

**전략** (a)는 식 20.14에 대입해야 한다. (b)에서는 옴의 법칙으로 최대 전류를 구한다. 최대 전류에 0.632를 곱해서 시상수만큼 경과한 시점에서의 전류를 계산한다. (c)를 푸는 일은 식 20.15에 대입하는 문제이다. (d)에서는 다시 또 옴의 법칙에 대입해야 하며 (e)에서는 키르히호프의 고리 법칙을 이용하여 인덕터 단자 양단의 전압강하를 구한 뒤 식 20.13에 대입해야 한다.

**풀이**

(a) 회로의 시상수는 얼마인가?

인덕턴스 $L$과 저항 $R$을 식 20.14에 대입하여 시상수를 구한다.

$$\tau = \frac{L}{R} = \frac{30.0 \times 10^{-3}\ \text{H}}{0.150\ \Omega} = \boxed{0.200\ \text{s}}$$

(b) 시상수만큼 시간이 경과한 시점에서 전류를 구하라.

우선, 옴의 법칙으로 최대 전류값을 구한다.

$$I_{\text{max}} = \frac{\mathcal{E}}{R} = \frac{12.6\ \text{V}}{0.150\ \Omega} = 84.0\ \text{A}$$

시상수만큼 시간이 경과한 시점에서 전류는 이 값의 63.2% 수준에 도달한다.

$$I_{1\tau} = (0.632)I_{\text{max}} = (0.632)(84.0\ \text{A}) = \boxed{53.1\ \text{A}}$$

(c) 시상수만큼 시간이 경과한 시점에서 인덕터에 저장된 에너지를 구하라.

문항 (b)의 결과를 식 20.15에 대입한다.

$$PE_L = \frac{1}{2}LI_{1\tau}^2 = \frac{1}{2}(30.0 \times 10^{-3}\ \text{H})(53.1\ \text{A}^2) = \boxed{42.3\ \text{J}}$$

(d) $t = 0$일 때와 시상수만큼 시간이 경과한 시점에서 저항 양단의 전압강하 값을 구하라.

처음에는 회로에 흐르는 전류가 0이기 때문에 옴의 법칙으로부터 저항 양단의 전위차는 0이 얻어진다.

$$\Delta V_R = IR$$

$$\Delta V_R(t = 0\ \text{s}) = (0\ \text{A})(0.150\ \Omega) = \boxed{0}$$

다음, 옴의 법칙을 이용하여 시상수만큼 시간이 경과한 시점에서 저항 양단의 전압강하의 크기를 구한다.

$$\Delta V_R(t = 0.200\ \text{s}) = (53.1\ \text{A})(0.150\ \Omega) = \boxed{7.97\ \text{V}}$$

(e) 시상수만큼 시간이 경과한 시점에서 전류의 변화율은 얼마인가?

키르히호프의 고리 법칙을 이용하여 이 시점에서의 인덕터 양단 전압강하를 계산한다.

$$\mathcal{E} + \Delta V_R + \Delta V_L = 0$$

$\Delta V_L$에 대해서 푼다.

$$\Delta V_L = -\mathcal{E} - \Delta V_R = -12.6\text{ V} - (-7.97\text{ V}) = -4.6\text{ V}$$

이제 식 20.13을 $\Delta I/\Delta t$에 대하여 풀고 대입한다.

$$\Delta V_L = -L\frac{\Delta I}{\Delta t}$$

$$\frac{\Delta I}{\Delta t} = -\frac{\Delta V_L}{L} = -\frac{-4.6\text{ V}}{30.0 \times 10^{-3}\text{ H}} = \boxed{150\text{ A/s}}$$

**주의** 이 문제에 사용된 값들은 자동차의 시동 장치에서 구한 실제 부품에서 얻은 것이다. *RL* 회로의 초기 전류는 0이기 때문에, 인덕터를 흔히 "초크"라고 부르는데, 이는 인덕터가 순간적으로 전류를 차단하기 때문이다(choke = 질식, 조임). (d)를 풀 때 전류 방향으로 회로를 한 바퀴 돌았기 때문에 전지 양단의 전위차는 양수 값으로 계산되고 저항과 인덕터 양단의 전위차는 음수 값으로 계산되었다.

**연습문제 20.7**

12.6 V의 전지가 0.350 Ω의 저항과 인덕터에 직렬로 연결되어 있다. (a) 시간이 충분히 지난 후 회로의 전류는 얼마인가? (b) 시상수만큼 시간이 경과한 시점에서의 전류는? (c) 이 시점에서 인덕터 양단의 전압강하는 얼마인가? (d) 시상수가 0.130 s일 때 인덕턴스를 구하라.

**답** (a) 36.0 V (b) 22.8 A (c) 4.62 V (d) $4.55 \times 10^{-2}$ H

**PhysicsNow™** **http://physics.brookscole.com/ecp**에서 PhysicsNow를 로그인하고 연관된 예제 20.7로 가서 이 상황을 좀더 심도 있게 연구해 보라.

## 요약

**PhysicsNow™** **http://physics.brookscole.com/ecp**에서 PhysicsNow를 로그인하여 연습문제 시험을 선택하고, 이 장에 대한 Pre-Test link를 클릭하라.

### 20.1 유도 기전력과 자기선속

닫힌 고리를 통과하는 자기선속 $\Phi_B$는

$$\Phi_B \equiv BA\cos\theta \qquad [20.1]$$

로 정의된다. 여기서 $B$는 자기장의 세기, $A$는 고리의 단면적, 그리고 $\theta$는 $\vec{\mathbf{B}}$와 고리의 면에 수직한 방향 사이의 각도이다.

### 20.2 패러데이의 유도법칙

**패러데이의 유도법칙**은 "회로에 유도된 순간적인 기전력은 회로를 통과하는 자기선속의 변화율의 음수와 같다."라고 표현할 수 있다. 즉,

$$\mathcal{E} = -N\frac{\Delta\Phi_B}{\Delta t} \qquad [20.2]$$

이고, 여기서 $N$은 회로의 감긴 고리 수이다. 자기장 $\vec{\mathbf{B}}$, 면적 $A$, 또는 각도 $\theta$가 달라지면 자기선속 $\Delta\Phi_B$는 언제라도 달라질 수 있다.

**렌츠의 법칙**은 "유도 기전력에 의한 전류는 회로를 통과하는 자기선속의 변화를 방해하는 자기장이 생성되는 방향으로 발생한다."로 표현할 수 있다.

### 20.3 운동 기전력

길이가 $\ell$인 도체 막대가 막대에 수직인 방향의 자기장 $\vec{\mathbf{B}}$를 $v$의 속도로 통과하면, 막대에는 유도 기전력이 발생한다. 이를 운동 기전력이라 하고 다음과 같이 표현된다.

$$|\mathcal{E}| = B\ell v \qquad [20.4]$$

### 20.5 발전기

코일을 감은 수가 $N$이고, 단면적이 $A$인 코일이 일정한 각속도 $\omega$로 균일한 자기장 $\vec{\mathbf{B}}$ 내에서 회전할 때, 코일에 유도되는 기전력은

$$\mathcal{E} = NBA\omega\sin\omega t \qquad [20.7]$$

이다. 자연히 이러한 발전기는 교류(AC)를 발생시켜서 매초 $\omega/2\pi$번 전류의 방향이 바뀐다. 교류 전류는 직류 전류로 변환시킬 수 있다.

## 20.7 *RL* 회로

코일에 흐르는 전류가 시간에 따라 변하면, 패러데이의 법칙에 따라 코일에 기전력이 유도된다. 이를 **자체 유도 기전력**이라고 하고 다음과 같이 정의된다.

$$\mathcal{E} \equiv -L\frac{\Delta I}{\Delta t} \quad [20.9]$$

여기서, $L$은 코일의 인덕턴스이고, 그 국제단위(SI)는 헨리(H)이며, 1 H = 1 V · s/A이다.

코일의 **인덕턴스**는 다음과 같이 표시할 수 있다.

$$L = \frac{N\Phi_B}{I} \quad [20.10]$$

여기서 $N$은 코일을 감은 수, $I$는 코일에 흐르는 전류, 그리고 $\Phi_B$는 그 전류에 의해 생성되어 코일을 통과하는 자기선속이다. 솔레노이드의 인덕턴스는

$$L = \frac{\mu_0 N^2 A}{\ell} \quad [20.11a]$$

이다. 저항과 인덕터가 직렬로 전지에 연결되고, $t = 0$에 스위치를 닫았다면 회로의 전류가 순간적으로 최대값까지 상승하지는 않는다. **시상수** $\tau = L/R$이 지나면 전류가 최종 값인 $\mathcal{E}/R$의 63.2% 수준으로 증가한다. 전류가 최종 최대값에 가까워지면서 인덕터 양단의 전압강하가 0으로 접근해 간다.

전류 $I$가 흐르는 인덕터에 **저장된 자기장 에너지**는

$$PE_L = \tfrac{1}{2} LI^2 \quad [20.15]$$

이다. *RL* 회로의 전류가 최대값에 가까워지면 저장된 에너지도 최대값에 가까워진다.

## 개념 파악을 위한 질문

**1.** 시간에 따라 변하지 않는 균일한 자기장 속에 원형 도선이 놓여 있다. 이런 경우 어떻게 하면 원형 도선에 기전력을 유도시킬 수 있는지 설명하라.

**3.** 지구를 돌고 있는 우주선 내부에 코일이 놓여 있다. 코일에는 전지도 연결되어 있지 않고 위성 내부에 자석이 없는 데도 불구하고, 승무원이 코일에 미세한 전류가 흐르는 것을 관찰하였다. 코일에 전류가 흐르는 이유는 무엇일까?

**5.** 그림 Q20.5에서와 같이 도체 막대를 오른쪽으로 이동시키면 전기장은 아랫방향으로 형성된다. 만약 도체 막대를 왼쪽으로 이동시키면 전기장은 위쪽 방향으로 형성된다. 그 이유를 설명하라.

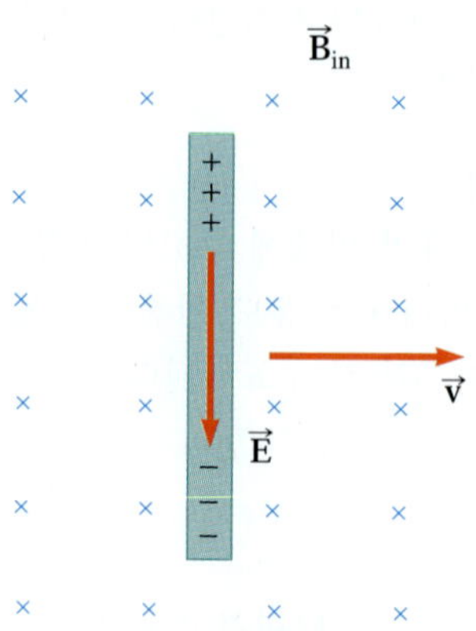


그림 Q20.5

**7.** 자기장에 센 곳에서 금속 팔찌를 하면 위험하다. 이 주장에 대해서 논하라.

**9.** 전자석의 양극 사이로 알루미늄 조각을 떨어뜨렸다. 자기장이 알루미늄의 떨어지는 속도에 영향을 미치겠는가?

**11.** 인덕터의 전류가 2배가 되면 저장된 에너지는 몇 배가 되는가?

**13.** 인덕터에 생성되는 유도 기전력을 역기전력이라고 부르는 이유는 무엇인가?

**15.** 어떤 트럭의 화물칸에 지면까지 연결된 경사면이 설치되어 있고, 이 경사면에는 나란한 도체 레일이 설치되어 있다. 금속 막대가 이 레일 위를 마찰 없이 움직이게 되어 있고, 자석이 지면 방향으로 자기장을 만들고 있는데, 이 막대가 일정 속력으로 사면을 미끄러져 내려가는 것이 관찰되었다. (a) 위에서 보았을 때, 이 막대에 흐르는 전류는 어느 방향인가? (b) 막대에 작용하는 힘들에 대하여 설명하라.

## 문제

1, 2, 3 = 기본문제, 발전문제, 심화문제
□ = 학생 문제풀이 매뉴얼/학습 가이드 속에 전체 문제풀이가 있다.
PhysicsNow™ http://physics.brookscole.com/ecp에서 힌트를 받을 수 있는 문제
= 생물의학 문제

### 20.1 유도 기전력과 자기선속

1. 반지름이 25 cm인 원형 고리 모양의 도선에 0.30 T의 자기장이 수직으로 통과한다. 이 원형 고리 도선을 통과하는 자기선속을 구하라.

3. 한 변의 길이가 2.00 m인 정사각형 고리가 세기가 0.300 T인 자기장 속에 놓여 있다. 자기장이 고리 면에 수직인 방향과 50.0° 각도를 이루고 있을 때 고리를 지나는 자기선속을 구하라.

5. 긴 직선 도선이 반경 0.010 m인 원형 코일 면에 놓여 있다. 직선 도선에 흐르는 전류가 2.0 A이고 직선 도선이 원형 코일의 지름에 놓여 있을 때 (a) 코일을 지나는 알짜 선속은 얼마인가? (b) 만일 직선 도선이 코일 면의 중심을 수직으로 관통한다면 그 때 코일을 지나는 알짜 선속을 구하라.

7. 한 변의 길이 $\ell$ = 2.5 cm인 정육면체가 그림 P20.7과 같이 위치하고 있다. 정육면체가 놓인 공간을 지나는 자기장의 성분이 $B_x = +0.5$ T, $B_y = +4.0$ T, $B_z = +3.0$ T일 때, (a) 입방체의 빗금 면을 지나는 자기선속을 구하라. (b) 입방체 면 전체에서 나오는 알짜 자기선속은 얼마인가? (6개 면 전체의 자기선속)

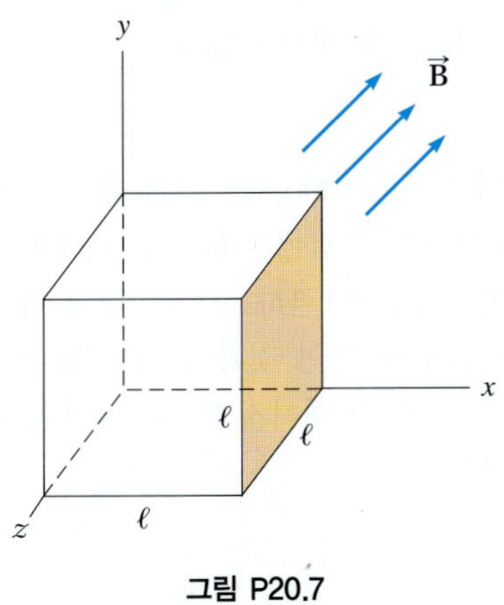


그림 P20.7

### 20.2 패러데이의 유도법칙

9. 한 변의 길이가 0.20 m인 한 번 감긴 정방형 코일이 그 면에 수직하며 세기가 일정한 자기장 내에 들어 있다. 이 코일의 면적이 0.10 m²/s의 비율로 감소할 때 코일에 18 mV의 기전력이 유도되었다. 자기장의 세기는 얼마인가?

11. PhysicsNow™ 5.0 cm × 8.0 cm의 직사각형 코일의 면을 자기장 $\vec{B}$가 수직하게 통과한다. 코일을 감은 횟수가 75회이고 전체 저항이 8.0 Ω이라면, 코일에 0.10 A의 전류를 흐르게 하기 위해서 자기장 $\vec{B}$의 세기가 얼마나 빠르게 변해야 하는가?

13. 반지름이 1.5 cm, 길이가 20 cm이고, 코일을 300번 감은 솔레노이드에 2.0 A의 전류가 흐른다. 이 솔레노이드에 첫 번째 코일의 반지름과 같게 두 번째 코일을 4번 감았다. 솔레노이드에서 0.90 s 동안에 전류가 5.0 A로 증가할 때 (a) 두 번째 코일을 통과하는 평균 자기선속의 변화와 (b) 두 번째 코일에 유도되는 평균 기전력의 크기를 구하라.

15. 병원 환자의 호흡 상태를 관찰하기 위해서 얇은 벨트를 그림 P20.15에서와 같이 환자의 가슴 주위에 두른다. 벨트는 코일이 200회 감겨 있다. 숨을 들이 쉬면 코일의 면적이 39.0 cm² 증가한다. 지구 자기장의 세기는 50.0 $\mu$T이고, 장의 방향은 코일 면의 수직 방향과 28.0° 기울어져 있다. 환자가 숨을 들이쉬는 시간이 1.80 s라면, 이 시간 동안 코일에 유도되는 평균 유도 기전력은 얼마인가?

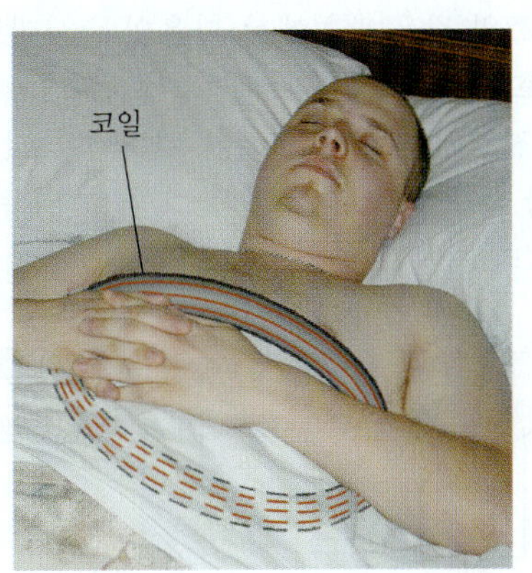


그림 P20.15

### 20.3 운동 기전력

17. 날개 길이가 60.0 m인 점보제트기가 수평하게 아리조나 주 피닉스 상공을 300 m/s의 속력으로 비행하고 있는데, 이곳의 자기장 세기는 50.0 $\mu$T이며 수평면으로부터 아래로 58.0° 기울어 있다. 날개 양 끝 사이에 유도되는 전압은 얼마인가?

19. 길이 1.20 m인 안테나를 수직으로 매단 자동차가 시속 65.0 km/h의 속도로 수평의 길을 움직이고 있다. 자동차가 지나는 지점의 지구 자기장의 세기는 50.0 $\mu$T이고, 북쪽 방향으로 지평선과 65.0° 각을 이루어 아래로 향하고 있다. (a) 안테나의 위쪽이 아래쪽에 대하여 +이고 안테나에 최대의 운동 기전력을 만들기 위하여 자동차는 어느 방향으로 진행하여야 하는가? (b) 이때 유도 기전력의 크기를 계산하라.

### 20.4 렌츠의 법칙(패러데이 법칙에서 음의 부호)

21. 그림 P20.21에 보인 것처럼 저항 $R$이고, 길이 $\ell$, 너비 $w$인 직사각형 코일이 $N$번 감겨 있다. 이 코일이 일정 속도 $v$로 균일한 자기장 $\vec{B}$가 있는 영역 속으로 들어가고 있다. 다음 각 경

우에 대하여 코일이 받는 전체 자기력과 방향을 구하라. (a) 코일이 자기장 속으로 진입할 때, (b) 코일이 자기장 내에서 움직일 때, (c) 코일이 자기장을 벗어날 때.

**23.** 구리막대가 그림 P20.23에 보인 바와 같이 자기장에 수직하게 하여 오른쪽으로 이동하고 있다. 막대의 윗부분이 아래 부분에 비하여 양의 전하를 띤다면 자기장은 어느 방향을 향하고 있는가?

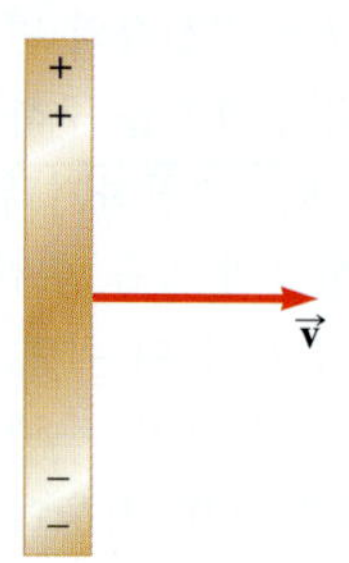

그림 P20.23

**25.** 그림 P20.25와 같은 배치에서, 다음의 순서대로 각 과정에서 저항 $R$에 흐르는 전류의 방향을 설명하라. (a) 스위치를 닫았을 때, (b) 전지에 직렬로 연결된 가변저항 값을 감소시켰을 때, (c) 저항 $R$이 있는 회로(왼쪽 그림)를 왼쪽으로 이동시켰을 때, (d) 스위치를 열었을 때.

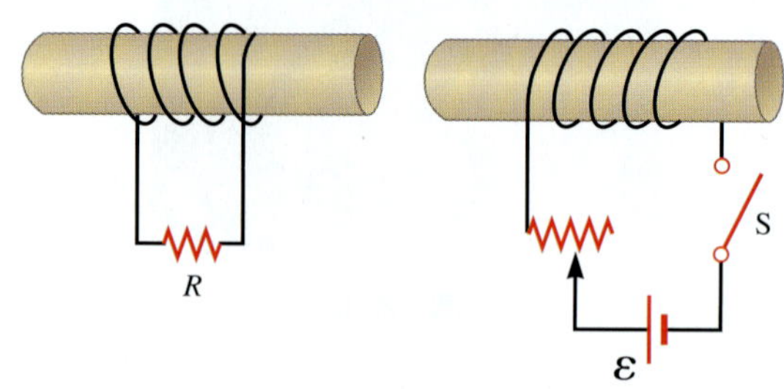

그림 P20.25

## 20.5 발전기

**27.** 옥외 전력선 근처에서 나타나는 약한 교류 자기장이 사람의 건강에 영향을 미치는가에 대한 많은 과학적 연구가 진행되고 있다. 어떤 연구에 따르면 60 Hz로 진동하는 $1.0 \times 10^{-3}$ T의 자기장이 적혈구에 암을 유발할 가능성이 있다고 한다. 적혈구의 직경을 8.0 μm라 하고 적혈구 가장자리에 나타날 수 있는 기전력의 최대값을 구하라.

**29.** 장축 10.0 cm, 단축 4.00 cm의 타원 모양으로 도선이 10.0회 감긴 코일이 있다. 이 코일이 지자기장의 세기가 55 μT인 곳에서 100 rpm으로 회전한다. 장축을 회전축으로 하여 축이 (a) 지자기장에 수직할 때, (b) 지자기장과 나란한 각 경우에 대하여 코일에 유도되는 최대 전압을 구하라. (장축길이를 $a$, 단축길이를 $b$라 할 때 타원의 면적은 $A = \pi ab$이다.)

**31.** Physics Now™ 어느 모형 교류 발전기에서 8.0 cm × 20 cm로 500번 감은 직사각형 코일이 0.60 T의 균일 자기장 속에서 120 rev/min으로 회전하고 있다. (a) 코일에 유도되는 최대 전압은 얼마인가? (b) $t = (\pi/32)$ s인 시점에서의 순간 기전력은 얼마인가? $t = 0$에서 기전력은 0이라고 가정한다. (c) 기전력이 최대가 되는 가장 빠른 시각은 언제인가?

## 20.6 자체 인덕턴스

**33.** 어느 코일의 인덕턴스가 3.0 mH인데, 코일에 흐르는 전류가 0.20 s만에 0.20 A에서 1.5 A로 증가했다. 이 시간 동안 코일에 유도된 평균 유도 기전력의 크기를 구하라.

**35.** 길이 20 cm이고 도선을 400번을 감아서 반경 2.5 cm의 솔레노이드를 만들었다. (a) 인덕턴스를 구하고, (b) 75 mV의 기전력을 만들기 위해서 필요한 전류의 변화율을 구하라.

## 20.7 *RL* 회로

**37.** 시상수 $\tau = L/R$의 SI 단위는 초[second]임을 보여라.

**39.** 6.0 V 전지와 저항, 그리고 인덕터가 직렬로 연결되어 있다. 이 직렬 회로의 시상수는 600 μs이고, 최대 전류는 300 mA이다. 인덕턴스는 얼마인가?

**41.** Physics Now™ *RL* 회로에서 $L = 2.50$ H이고 3.00 s만에 전류가 최대값의 90.0%에 이른다고 할 경우 $R$값을 구하라.

**43.** 70.0 mH의 인덕터에 2.00 A의 전류가 흐르는 순간 인덕터에 저장된 에너지는 얼마인가?

**45.** 24 V의 전지, $R = 8.0\ \Omega$, $L = 4.0$ H로 직렬 연결된 *RL* 회로가 있다. (a) 최대 전류가 흐를 때 인덕터에 저장된 에너지를 계산하라. (b) 스위치를 닫은 후 시상수만큼 경과한 순간 인덕터에 저장된 에너지를 계산하라.

## 추가문제

**47.** 한 변의 길이가 $a = 0.200$ m인 정방형 고리의 면이 지구 자기장에 수직하며, 이 지점에서 $B = 15.0$ μT이다(그림 P20.47). 이 고리와 전류계로 연결하는 전선을 포함한 전체 저항은 0.500 Ω이다. 그림에 보인 것과 같이 수평 방향의 힘을 가하여 순간적으로 고리가 접혀지면 전류계에는 총 얼마의 전하가 흐르겠는가?

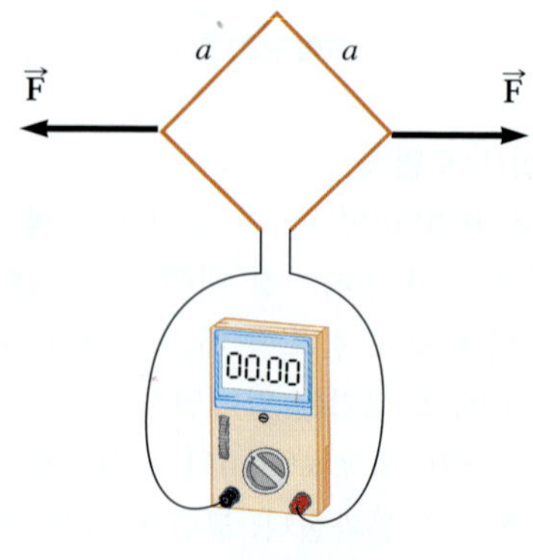

그림 P20.47

**49.** 그림 P20.49에서와 같이 길이 $\ell$인 도체 막대가 마찰이 없는 두 수평 레일 위를 이동하고 있다. 지면에 수직하게 들어가는 자기장 $\vec{\mathbf{B}}$ 속에서 1.0 N의 일정한 힘이 이 막대를 2.00 m/s의 일정 속력으로 움직이고 있다. (a) 8.00 Ω의 저항 $R$에 흐르는 전류는 얼마인가? (b) 저항에서 소모되는 에너지의 비율은 얼마인가? (c) 일정한 힘에 의해서 공급되는 역학적 일률은 얼마인가?

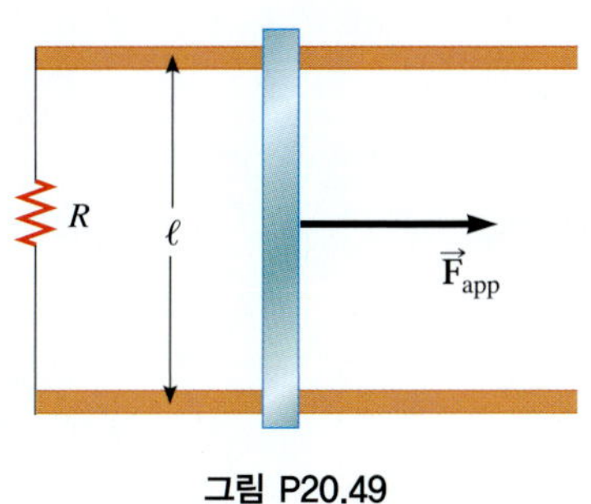


그림 P20.49

**51.** 그림 P20.51처럼 벼락이 200회 감긴 코일에서 200 m 떨어진 지점을 내리쳤다. 벼락의 전류가 10.5 μs만에 $6.02 \times 10^6$ A에서 0으로 되었다면 코일에 유도되는 평균 전압은 얼마인가? 코일 내의 평균 자기장은 코일 중심의 자기장으로 정해진다고 하자. 벼락은 긴 수직 전선으로 취급한다.

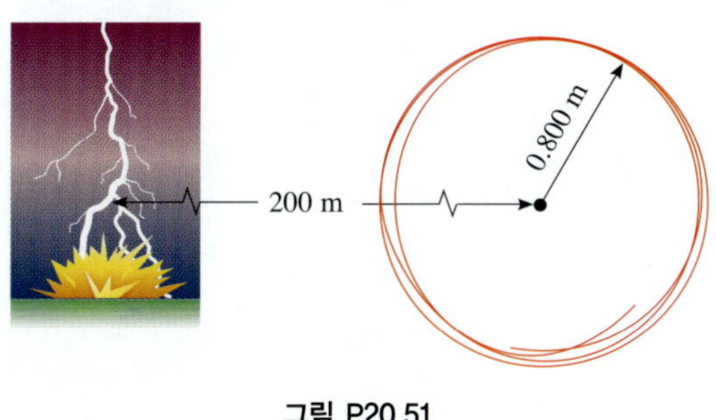


그림 P20.51

**53.** 그림 P20.53에서 길이 1.50 m인 차축이 수평 레일을 따라 $v$ = 3.00 m/s의 일정 속력으로 밀려가고 있다. 두 레일은 마주보는 $a$와 $b$점에서 $R$ = 0.400 Ω의 저항으로 연결되어 있다(바퀴와 레일 사이는 저항이 없다고 보기 때문에 축과 레일, 그리고 저항 $R$이 폐회로를 이루고 있다. 이 회로에서 저항은 $R$뿐이다). 균일한 자기장 $B$ = 0.800 T가 수직 아랫방향으로 향하고 있다. (a) 저항에 흐르는 전류 $I$를 구하라. (b) 차축을 일정 속력으로 움직이기 위해서 필요한 수평 힘 $\vec{\mathbf{F}}$는 얼마인가? (c) 저항의 양단 $a$와 $b$ 중에서 어느 점의 전위가 높은가? (d) 차축이 저항을 지나가면 저항 $R$의 전류 방향이 바뀌는가?

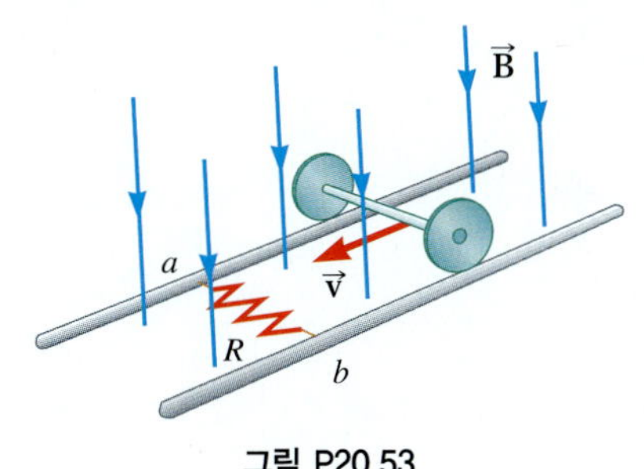


그림 P20.53

CHAPTER 21

# 교류회로와 전자기파

OUTLINE



거의 매시간 우리는 텔레비전이나 오디오 등 다수의 전기 장치를 사용하며, 그때마다 이것들을 작동시키기 위한 동력을 제공하는 교류전류(AC)가 필요하다. 우선, 전원과 저항, 축전기, 인덕터 등과 같은 회로소자를 한 개 포함하고 있는 회로의 특성을 살펴봄으로써 교류회로에 관한 고찰을 시작해 보기로 하자. 그리고 이들 회로소자들을 함께 연결했을 때 어떻게 되는지를 알아본다. 단, 여기에서는 이들 세 종류의 소자들이 단순하게 직렬연결되어 있는 경우만을 고려하기로 하자.

변화하는 전기장과 자기장으로 이루어진 **전자기파**(electromagnetic wave)에 관한 논의로서 이 장의 결론을 맺고자 한다. 가시광선 영역에 해당되는 전자기파는 우리가 주변의 사물들을 볼 수 있도록 해주며, 적외선 파동은 주위 환경을 따뜻하게 만들어 주고, 라디오 주파수 파동은 텔레비전과 라디오 프로그램뿐만 아니라 우리 은하의 중심에서 일어나는 과정에 대한 정보도 가져다 준다. X선은 우리 몸 안쪽에 숨겨진 구조를 이해하고 먼 거리에서 붕괴된 별의 성질을 연구할 수 있게 해 준다. 빛은 우리가 우주를 이해하기 위한 열쇠이다.

## 21.1 교류회로에서의 저항

교류회로는 회로소자들과 이들에게 교류전기를 공급하는 교류전원의 조합으로 구성된다. 교류 발전기의 출력은 사인형 파동이며, 시간에 따라 다음과 같이 변화한다.

$$\Delta v = \Delta V_{\max} \sin 2\pi f t \qquad [21.1]$$

여기서 $\Delta v$는 순간 전압, $\Delta V_{\max}$는 교류전원의 최대값, $f$는 전압이 변화하는 진동수로써 단위는 헤르츠(Hz)이다(식 20.7과 20.8을 식 21.1과 비교해 보라). 우선, 활용그림 21.1과 같이 하나의 저항과 교류전원(기호 —(~)— 로 표시된)으로 된 간단한 회로를 생각해 보자. 저항 양단에 걸리는 전류와 전압은 활용그림 21.2와 같이 변화한다.

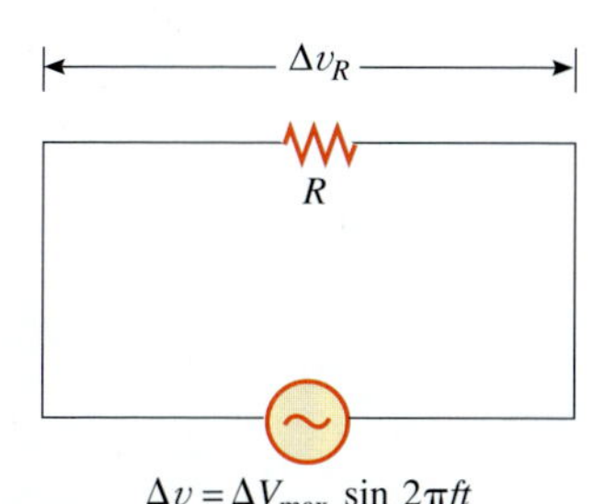


**활용그림 21.1**
교류전원(기호 —(~)— 로 표시된)에 연결된 저항 $R$로 이루어진 직렬회로.

**Physics Now™**
**http://physics.brookscole.com/ecp**에서 PhysicsNow를 로그인하고 활용그림 21.1로 들어가서 회로의 저항, 진동수 및 최대 전압을 변화시켜 보라. 그 결과는 활용그림 21.2에 있는 그래프와 위상자 도표로써 알 수 있다.

교류전류의 개념을 설명하기 위해 활용그림 21.2의 전류 대 시간의 곡선부터 검토해 보자. 곡선의 $a$점에서 전류는 최대값을 가지며 한 방향, 즉 임의의 양의 방향으로 흘러간다. $a$점과 $b$점 사이에서 전류는 그 크기가 감소하지만 여전히 양의 방향으로 흐르고 있다. $b$점에서는 전류가 순간적으로 0이 된 후, $b$점과 $c$점 사이에서는 반대 방향(음의 방향)으로 증가를 한다. $c$점에서 전류는 음의 방향으로 최대값에 도달한다.

전류와 전압은 시간에 따라 동일하게 변하기 때문에 서로 같은 보조 상태에 있게 된다. **전류와 전압은 동시에 모두 최대값에 도달하기 때문에, 그 둘은 위상이 맞는다고 한다.** 또한

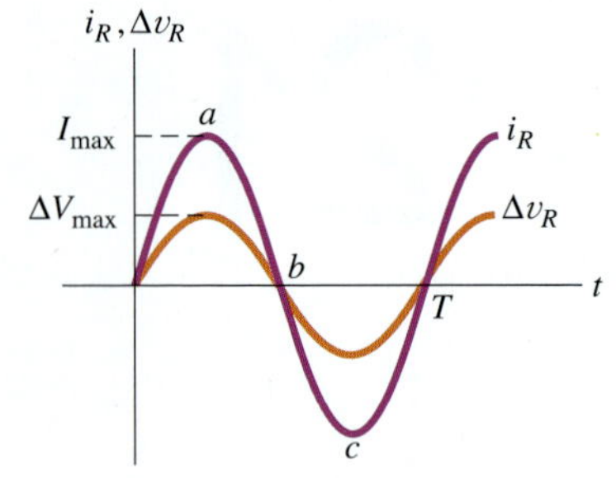


활용그림 21.2
시간에 따른 저항에 걸린 진류와 진압 곡신.

**Physics Now™**
**http://physics.brookscole.com/ecp**에서 PhysicsNow를 로그인하고 활용그림 21.1로 들어가서 회로의 저항, 진동수 및 최대 전압을 변화시켜 보라. 그 결과는 활용그림 21.2에 있는 그래프와 위상자 도표로써 알 수 있다.

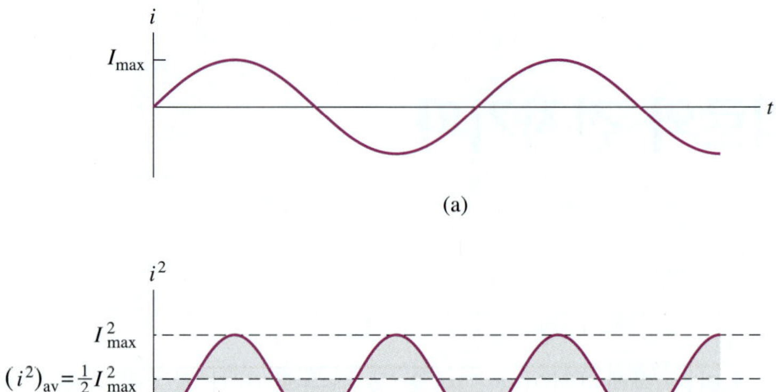


그림 21.3 (a) 저항에 흐르는 전류에 대한 시간 함수 곡선. (b) 저항에 흐르는 전류의 제곱에 대한 시간 함수 곡선. 곡선의 아래와 점선 $I^2_{max}/2$의 윗부분의 회색 음영 영역의 면적은 곡선의 윗부분과 점선 $I^2_{max}/2$의 아래의 회색 음영 영역의 면적과 같다는 것에 유의하라. 따라서 $I^2$의 평균값은 $I^2_{max}/2$이다.

**한 주기 동안의 전류의 평균값은 0이다.** 즉, 전류가 한 방향(양의 방향)으로 흐르는 시간과 크기는 반대 방향(음의 방향)으로 흐르는 경우와 같다. 그러나 전류의 방향은 회로에 있는 저항의 동작에는 영향을 주지 않는다. 즉 저항에 있는 전자들과 고정된 원자들 간의 충돌은 전류의 방향과는 상관없이 저항의 온도를 증가시킨다.

이러한 논의는 저항에서 전기 에너지가 열에너지로 소모되는 비율인 전력 $\mathcal{P}$가 다음과 같음을 상기하여 정량화할 수 있다.

$$\mathcal{P} = i^2R$$

여기서 $i$는 저항에 흐르는 **순간 전류**이다. 전류의 가열 효과는 전류의 제곱에 비례하기 때문에, 전류의 부호가 양이거나 음이거나 차이가 없다. 그러나 최대값 $I_{max}$를 갖는 교류전류에 의한 가열 효과는 동일한 값을 가진 직류전류에 의한 가열 효과와는 **다르다**. 이는 교류전류는 한 주기 동안에 매우 짧은 시간 동안만 최대값을 갖기 때문이다. 교류회로에서 중요한 것은 **실효 전류**(rms current)라고 하는 전류의 특별한 평균값이다. 실효 전류란 실제 교류전류에 의해 저항에서 소모되는 에너지와 동일한 에너지를 소모시키는 직류전류를 의미한다. 실효 전류를 구하기 위해 우선 전류값을 제곱하고 평균값을 구한 다음 이 평균값의 제곱근을 취하면 된다. 즉, 실효(rms)는 전류의 **제곱**을 **평균**한 값의 **제곱근**을 의미한다. $i^2$은 $\sin^2 2\pi ft$처럼 변하므로, $i^2$의 평균값은 $\frac{1}{2}I^2_{max}$이다(그림 21.3b). 그러므로 실효 전류 $I_{rms}$는 교류전류의 최대값 $I_{max}$와 다음과 같은 관계가 있다.

$$I_{rms} = \frac{I_{max}}{\sqrt{2}} = 0.707\, I_{max} \qquad [21.2]$$

이 식은 최대값이 3 A인 교류전류에 의한 저항의 가열 효과는 $(3/\sqrt{2})$ A인 직류전류에 의한 가열 효과와 동일하다는 것을 뜻한다. 즉, 교류전류 $I$에 의해 저항에서 소모되는 평균 전력은

$$\mathcal{P}_{av} = I^2_{rms}R$$

이다.

## Math Focus 21.1 실효(RMS) 전류

교류회로에서의 전류는 식 $i = I_{max} \sin 2\pi ft$에 의해 시간에 따라 변하므로 $i^2 = I_{max}^2 \sin^2 2\pi ft$이다. 그러므로 $\sin^2 2\pi ft$의 평균값을 계산하여 $i^2$의 평균값을 구할 수 있다. 시간에 따른 $\cos^2 2\pi ft$의 그래프는 그래프가 시간축을 따라 평행 이동한 것 빼고는 시간에 따른 $\sin^2 2\pi ft$의 그래프와 동일하다는 것에 유의하라. 그러므로 하나 또는 그 이상의 주기에 대한 $\sin^2 2\pi ft$의 시간 평균은 $\cos^2 2\pi ft$의 시간 평균과 같다. 즉

$$(\sin^2 2\pi ft)_{av} = (\cos^2 2\pi ft)_{av}$$

이 사실과 삼각함수 항등식 $\sin^2 \theta + \cos^2 \theta = 1$로부터 다음을 얻을 수 있다.

$$(\sin^2 2\pi ft)_{av} + (\cos^2 2\pi ft)_{av} = 2(\sin^2 2\pi ft)_{av} = 1$$

$$(\sin^2 2\pi ft)_{av} = \tfrac{1}{2}$$

이 결과를 식 $i^2 = I_{max}^2 \sin^2 2\pi ft$에 대입하면 $(i^2)_{av} = I_{rms}^2 = I_{max}^2/2$ 또는 $I_{rms} = _{\text{Imax}}/\sqrt{2}$를 얻을 수 있다. 여기서 $I_{rms}$는 실효 전류이다.

교류전압 역시 교류전류의 경우와 동일한 관계를 가지며, 실효 전압으로 잘 설명할 수 있다.

$$\Delta V_{rms} = \frac{\Delta V_{max}}{\sqrt{2}} = 0.707\,\Delta V_{max} \qquad [21.3]$$

◀ 실효 전압

여기서 $\Delta V_{rms}$는 실효 전압이고, $\Delta V_{max}$는 교류전압의 최대값이다.

우리가 전기 콘센트의 측정 교류전압이 120 V라고 할 때, 실제로는 전원이 120 V의 실효 전압을 갖고 있음을 의미한다. 식 21.3을 이용하여 한 번 계산해 보면, 이와 같은 교류전압은 약 170 V의 최대값을 갖는다는 것을 알 수 있다. 이 장에서는 교류전류와 교류전압을 논의할 때 실효값들을 사용하고자 한다. 그런 이유 중의 하나는 교류전류계와 교류전압계가 실효값들을 읽도록 설계되어 있기 때문이다. 더구나 실효값들을 사용하면 교류전류에 대한 많은 식들이 직류전류 회로를 공부할 때 사용하였던 식들과 동일한 형식을 갖게 된다. 표 21.1에 이 장에서 사용할 기호들을 요약하였다.

**표 21.1** 이 장에서 사용하는 기호

| | 전압 | 전류 |
|---|---|---|
| 순간값 | $\Delta v$ | $i$ |
| 최대값 | $\Delta V_{max}$ | $I_{max}$ |
| 실효값 | $\Delta V_{rms}$ | $I_{rms}$ |

활용그림 21.1에 있는 교류전원에 저항 하나가 연결되어 있는 직렬회로를 고려해 보자. 직류회로에서와 같이 저항은 교류회로에 흐르는 전류를 제한한다. 그러므로 옴의 법칙은 교류회로에 대해서도 다음과 같이 성립한다.

$$\Delta V_{R,rms} = I_{rms} R \qquad [21.4a]$$

즉, **저항에 걸리는 실효 전압값은 회로의 실효 전류값에 저항값을 곱한 것과 같다.** 이 식은 전류와 전압의 최대값들에 대해서도 역시 적용된다.

$$\Delta V_{R,max} = I_{max} R \qquad [21.4b]$$

### Quick Quiz 21.1

간단한 직렬회로에서 작동하는 교류 발전기에 연결된 저항에 대해 맞게 설명된 것은 어느 것인가? (a) $\mathcal{P}_{av} = 0$과 $i_{av} = 0$ (b) $\mathcal{P}_{av} = 0$과 $i_{av} > 0$ (c) $\mathcal{P}_{av} > 0$과 $i_{av} = 0$ (d) $\mathcal{P}_{av} > 0$과 $i_{av} > 0$

**예제 21.1 실효 전류란 무엇인가?**

**목표** 순수 저항회로에서 기본 교류회로 계산을 수행한다.

**문제** 어떤 교류전원이 $\Delta v = (2.00 \times 10^2\ \text{V})\sin 2\pi ft$인 출력 전압을 갖는다. 이 전원이 활용그림 21.1과 같이 $1.00 \times 10^2\ \Omega$ 저항과 연결되어 있다. 저항에 걸리는 실효 전압값과 실효 전류값을 구하라.

**전략** 최대 전압을 구하기 위해 주어진 전압 출력에 대한 표현을 일반적 형식 $\Delta v = \Delta V_{max} \sin 2\pi ft$와 비교한다. 이 결과를 실효 전압에 대한 식에 대입한다.

**풀이**

주어진 전압 출력에 대한 표현을 일반적 형식과 비교하여 최대 전압을 구한다.

$$\Delta v = (2.00 \times 10^2\ \text{V})\sin 2\pi ft \qquad \Delta v = \Delta V_{max}\sin 2\pi ft$$
$$\longrightarrow \Delta V_{max} = 2.00 \times 10^2\ \text{V}$$

그 다음에는 전원의 실효 전압을 구하기 위해 식 21.3에 대입한다.

$$\Delta V_{rms} = \frac{\Delta V_{max}}{\sqrt{2}} = \frac{2.00 \times 10^2\ \text{V}}{\sqrt{2}} = 141\ \text{V}$$

실효 전류를 구하기 위해 이 결과를 옴의 법칙에 대입한다.

$$I_{rms} = \frac{\Delta V_{rms}}{R} = \frac{141\ \text{V}}{1.00 \times 10^2\ \Omega} = 1.41\ \text{V}$$

**주의** 실효값에 대한 개념이 어떻게 교류회로를 직류회로와 같은 방법으로 양적으로 다룰 수 있게 하는지에 유의하라.

**연습문제 21.1**

회로에 흐르는 최대 전류와 회로에서 소모되는 평균 전력을 구하라.

**답** 2.00 A, $2.00 \times 10^2$ W

## 21.2 교류회로에서의 축전기

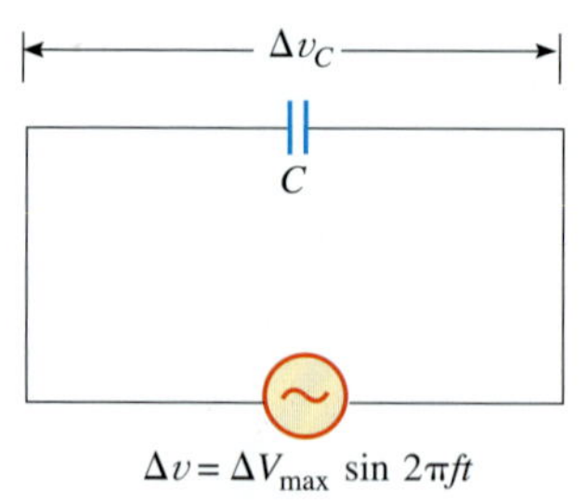


**활용그림 21.4**
교류전원과 축전기 $C$로 구성된 직렬회로.

**Physics Now™**
**http://physics.brookscole.com/ecp**에서 PhysicsNow를 로그인하고 활용그림 21.4로 들어가서 진동수, 전기용량 및 최대 전압을 변화시켜 보고 시간에 따른 순간 전류와 순간 전압에 대한 그래프와 위상자 도표를 살펴보자.

교류전원을 포함하는 회로에 축전기가 주는 영향을 이해하기 위해서, 우선 전지와 같은 직류전원을 포함하고 있는 회로에 축전기를 두었을 때 무슨 일이 일어나는지를 상기해 보자. 전지, 저항, 축전기로 구성된 직렬회로에서 스위치를 닫는 순간에 축전기의 판에는 전하가 없다. 그러므로 회로에서 전하의 운동은 상대적으로 자유로워 처음에는 회로에 많은 전류가 흐른다. 전하가 축전기에 점점 축적됨에 따라, 축전기의 전압이 증가하게 되고, 반대로 전류는 감소한다. 얼마의 시간(시상수 $RC$에 의존하는)이 지난 후에는 전류가 0에 접근한다. 이로부터 직류회로의 축전기는 짧은 시간이 지난 후에 전류를 0에 가깝도록 제한 또는 억제한다는 것을 알 수 있다.

활용그림 21.4와 같이 교류전원에 하나의 축전기가 연결된 간단한 직렬회로를 생각해 보자. 전류-시간과 전압-시간 곡선을 그린 다음, 이 곡선을 타당하게 만들어 보자. 이들의 곡선은 그림 21.5와 같다. 먼저, 전류 곡선 $a$와 $b$ 사이의 부분에서 전류가 다소 큰 값으로부터 시작함을 보여 준다. 이것은 $t = 0$일 때 축전기에 전하가 없기 때문이다. 결국, 이 순간에는 도선의 저항을 제외하면 전하의 흐름을 방해하는 어떤 것도 회로에 존재하지 않는다. 그러나 전압 곡선의 $c$와 $d$ 사이에서 축전기에 걸린 전압이 증가함에 따라 전류는 감소한다. 전압이 $d$점에 이를 때, 전류는 방향이 바뀌고 반대 방향으로 (전류 곡선의 $b$에서 $e$ 까지) 증가하기 시작한다. 이 시간 동안에 축전기의 극판들은 앞서 축적한 전하를 계속 잃어버리기 때문에 축전기에 걸린 전압은 $d$에서 $f$로 감소한다. 남은 반주기 동안 전류와 전압은 처음 반주기 동안에 일어난 방식으로 변화가 반복된다. 전류는 전류 곡선의 $e$점에서 반대 방향으로 최대값을 가진 후, 축전기에 걸린 전압이 증가됨에 따라 감소한다.

순수 저항회로에서 전류와 전압의 위상은 항상 서로 같다. 하지만 회로에 축전기가 있는 경우에는 위상이 맞지 않는다. 그림 21.5에서 교류전압은 축전기에 걸릴 때, 전류가 최대값에 도달한지 1/4주기 후에 전압이 최대값을 갖는다. 이런 경우, **전압이 전류보다 항상 90° 지체된다**고 한다.

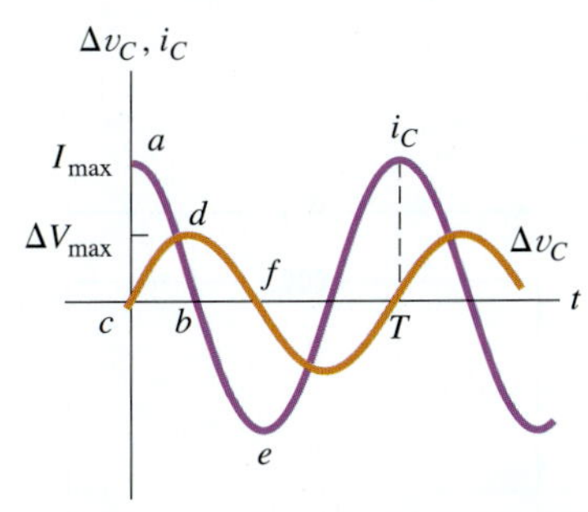


**그림 21.5** 교류회로에서 축전기에 걸리는 전류와 전압의 시간에 따른 곡선. 전압이 전류보다 90° 지체된다.

교류회로에서 축전기의 전류에 대한 방해 효과는 **용량 리액턴스**(capacitive reactance) $X_C$라고 부르는 요소로 표현되며, 다음과 같이 정의한다.

$$X_C \equiv \frac{1}{2\pi f C} \qquad [21.5]$$

◀ 용량 리액턴스

여기서 $C$가 패럿(F), $f$가 헤르츠(Hz)의 단위로 주어질 때, $X_C$의 단위는 옴(Ω)이 된다. $2\pi f = \omega$는 각진동수임을 유의하라.

식 21.5는 전원의 진동수 $f$가 증가함에 따라 용량 리액턴스 $X_C$(축전기의 방해 효과)가 감소하고 따라서 전류가 증가한다는 것을 나타낸다. 큰 진동수에서는 축전기가 충전될 시간이 적게 되고, 축전기에 축적되는 전하와 전압이 적게 되어 전하의 흐름을 반대하는 것이 적어지고 결국에는 전류가 더 많이 흐르게 된다. 용량 리액턴스와 저항의 유사성으로부터 옴의 법칙과 같은 형태의 식을 사용하여 축전기를 포함한 교류회로를 기술할 수 있다. 회로에서의 실효 전압과 실효 전류, 그리고 용량 리액턴스 사이에는 다음과 같은 관계가 성립한다.

$$\Delta V_{C,\text{rms}} = I_{\text{rms}} X_C \qquad [21.6]$$

**☑ Checkpoint 21.1**

진실인가 거짓인가: 교류회로에서의 용량 리액턴스는 전기용량이 증가함에 따라 증가한다.

### 예제 21.2 축전기만 있는 교류회로

**목표** 축전기 회로에서 기본 교류회로 계산을 수행한다.

**문제** 8.00 μF의 축전기가 실효 전압 $1.50 \times 10^2$ V, 진동수 60.0 Hz인 교류 발전기의 단자에 연결되어 있다. 용량 리액턴스와 회로의 실효 전류를 구하라.

**전략** 값들을 식 21.5와 21.6에 대입한다.

**풀이**

$f$값과 $C$값을 식 21.5에 대입하라.

$$X_C = \frac{1}{2\pi f C} = \frac{1}{2\pi(60.0\ \text{Hz})(8.00 \times 10^{-6}\ \text{F})} = \boxed{332\ \Omega}$$

실효 전류값을 구하기 위해 전류, $X_C$, 실효 전압에 대한 값을 식 21.6에 대입하라.

$$I_{\text{rms}} = \frac{\Delta V_{C,\text{rms}}}{X_C} = \frac{1.50 \times 10^2\ \text{V}}{332\ \Omega} = \boxed{0.452\ \text{A}}$$

**주의** 이 예제의 경우도 저항이 있는 직류회로를 분석하는 기술과 얼마나 비슷한지 유의하라.

**연습문제 21.2**

진동수가 두 배가 되면, 용량 리액턴스와 전류는 어떻게 바뀌는가?

**답** $X_C$는 반으로 줄고 $I_{\text{rms}}$는 두 배가 된다.

## 21.3 교류회로에서의 인덕터

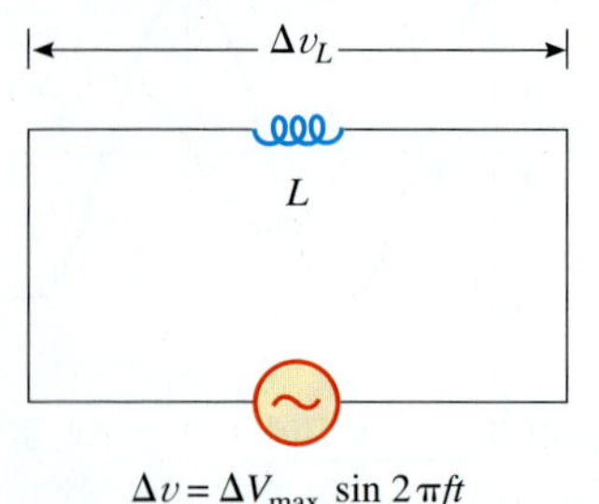


**활용그림 21.6**
교류전원과 인덕터 $L$로 이루어진 직렬회로.

**Physics Now™**
**http://physics.brookscole.com/ecp**에서 PhysicsNow를 로그인하고 활용그림 21.6으로 들어가서 인덕턴스, 진동수 및 최대 전압을 조정해 보라. 그 결과는 활용그림 21.7에 있는 그래프와 위상자 도표로써 알 수 있다.

활용그림 21.6과 같이 교류전원 단자에 인덕터 하나만 연결된 교류회로를 생각해 보자(실제 회로에서는 유도 코일을 구성하는 도선에 저항이 있지만, 당분간 이것을 무시하기로 하자). 발전기의 변화하는 출력 전류는 회로에서 전류를 방해하는 역기전력을 발생시킨다. 이 역기전력의 크기는 다음과 같다.

$$\Delta v_{\mathrm{L}} = \frac{\Delta I}{\Delta t} \qquad [21.7]$$

교류회로에서 코일의 유효 저항은 **유도 리액턴스**(inductive reactance)라고 부르는 $X_L$로 측정된다.

$$X_L \equiv 2\pi fL \qquad [21.8]$$

$f$가 헤르츠(Hz), $L$이 헨리(H)의 단위로 주어지면, $X_L$의 단위는 옴(Ω)이 된다. 유도 리액턴스는 진동수와 인덕턴스가 증가함에 따라 함께 증가한다. 진동수나 전기용량이 감소하면 용량 리액턴스가 감소하는 축전기의 경우와 대조해 보아라.

유도 리액턴스의 의미를 이해하기 위하여 식 21.8을 식 21.7과 비교하여 보자. 먼저, 식 21.8로부터 유도 리액턴스가 인덕턴스 $L$에 의존함을 알 수 있다. 이것은 당연히 $L$값이 클수록 역기전력(식 21.7)이 크기 때문이다. 다음으로, 유도 리액턴스는 진동수 $f$에 의존한다. 이것 역시 높은 진동수의 경우와 마찬가지로 역기전력이 전류가 빠르게 변할 때 큰 값을 갖는 $\Delta I/\Delta t$에 의존하기 때문에 타당하다.

이와 같이 정의된 유도 리액턴스를 사용하면, 코일이나 인덕터에 걸린 전압에 대하여 옴의 법칙과 같은 형태의 식을 얻을 수 있다.

$$\Delta V_{L,\mathrm{rms}} = I_{\mathrm{rms}} X_L \qquad [21.9]$$

여기서 $\Delta V_{L,\mathrm{rms}}$는 코일 양단 간의 실효 전압이고, $I_{\mathrm{rms}}$는 코일에 흐르는 실효 전류이다.

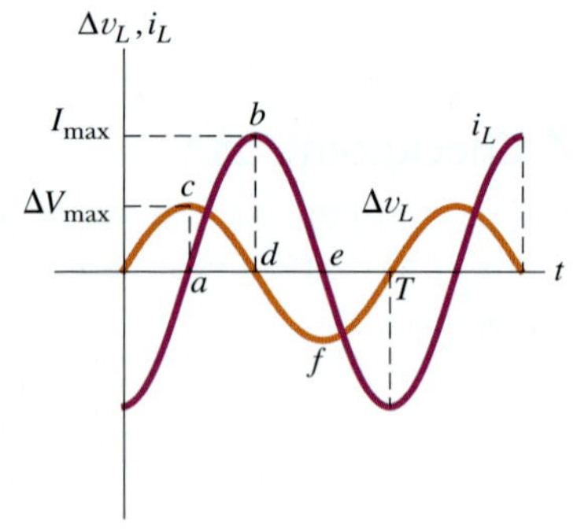


**활용그림 21.7**
교류회로에서 인덕터에 걸린 전류와 전압의 시간에 따른 곡선. 전압이 전류보다 90° 앞서 간다.

**Physics Now™**
**http://physics.brookscole.com/ecp**에서 PhysicsNow를 로그인하고 활용그림 21.6으로 들어가서 인덕턴스, 진동수 및 최대 전압을 조정해 보라. 그 결과는 활용그림 21.7에 있는 그래프와 위상자 도표로써 알 수 있다.

활용그림 21.7은 코일에 걸린 순간 전압과 순간 전류를 시간의 함수로 보여 주고 있다. 사인 모양의 전압이 코일에 걸리면, 전류가 최대에 도달하기 1/4주기 전에 전압이 최대값에 도달한다. 이런 경우를 **전압이 전류보다 항상 90° 앞서 간다**고 한다.

전압과 전류 사이의 이러한 위상 관계를 이해하기 위하여 활용그림 21.7의 곡선에 대하여 몇 가지 점을 살펴보자. 전류 곡선의 $a$점에서 전류는 양의 방향으로 증가하기 시작한다. 이 순간에 전류의 변화율 $\Delta I/\Delta t$(전류 곡선의 기울기)는 최대가 되고, 식 21.7로부터 인덕터에 걸리는 전압 역시 이 순간 최대가 된다. 곡선의 $a$점과 $b$점 사이에서 전류가 증가함에 따라 $\Delta I/\Delta t$는 점점 감소하여 $b$점에서 0이 된다. 결과적으로, 같은 시간 동안에 인덕터에 걸린 전압은 전압 곡선의 $c$와 $d$ 사이의 부분에서 보듯이 감소하게 된다. $b$점을 지난 직후에 전류의 방향은 앞의 1/4주기 동안과 같지만, 그 크기가 감소하기 시작한다. 전류가 0으로 감소할 때(곡선의 $b$와 $e$ 사이) 다시 전압이 코일에 유도되지만($d$와 $f$ 사이), 이 전압의 방향은 $c$와 $d$ 사이에서 유도된 것과는 반대이다. 이것은 역기전력이 항상 전류의 변화와 반대 방향으로 유도되기 때문이다.

곡선의 다른 부분에서도 마찬가지 방식으로 전류와 전압의 변화가 반복된다.

**☑ Checkpoint 21.2**
진실인가 거짓인가: 교류회로에서의 유도 리액턴스는 인덕턴스가 증가함에 따라 증가한다.

**예제 21.3** **인덕터만 있는 교류회로**

**목표** 인덕터가 있는 회로에 대해 교류회로 계산을 수행한다.

**문제** 인덕터만 있는 교류회로에서(활용그림 21.6), $L = 25.0$ mH이고 실효 전압이 $1.50 \times 10^2$ V이다. 주파수가 60.0 Hz일 때, 유도 리액턴스와 회로에 흐르는 실효 전류를 구하라.

**풀이**

유도 리액턴스를 구하기 위해 $L$과 $f$를 식 21.8에 대입하라.

$$X_L = 2\pi fL = 2\pi(60.0\ \text{s}^{-1})(25.0 \times 10^{-3}\ \text{H}) = \boxed{9.42\ \Omega}$$

실효 전류에 대해 식 21.9를 풀고 대입하라.

$$I_{\text{rms}} = \frac{\Delta V_{L,\text{rms}}}{X_L} = \frac{1.50 \times 10^2\ \text{V}}{9.42\ \Omega} = \boxed{15.9\ \text{A}}$$

**주의** 옴의 법칙에서 저항 양단 간의 전압이 저항 $R$에 비례하는 것과 같이 인덕터에 걸리는 전압이 인덕턴스 $L$에 **비례**하기 때문에 축전기의 경우보다 직류회로와 더 유사하다.

**연습문제 21.3**

비슷한 회로에서 주파수가 역시 60.0 Hz이지만 실효 전압이 85.0 V이고 인덕턴스가 47.0 mH일 때, 유도 리액턴스와 회로의 실효 전류를 계산하라.

**답** $X_L = 17.7\ \Omega$, $I = 4.80$ A

## 21.4 *RLC* 직렬회로

지금까지는 인덕터와 축전기, 그리고 저항이 각각 따로 교류전원에 연결되었을 때의 효과를 살펴보았다. 이제, 이런 소자들이 결합되었을 경우를 고려해 보자.

활용그림 21.8은 저항기와 인덕터, 그리고 축전기가 교류전원과 직렬 연결되어 있는 회로를 나타내고 있는데, 이 교류전원은 회로 전체에 순간 전압 $\Delta v$를 공급한다. 회로에 흐르는 전류는 임의의 순간에 회로의 모든 점에서 같은 값을 가지며 활용그림 21.9a에 나타낸 것과 같이 사인 형태로 변한다. 이 사실을 다음과 같이 수학적으로 표현할 수 있다.

$$i = I_{\max} \sin 2\pi ft$$

앞에서 각 소자에 걸린 전압이 전류와 동일한 위상이거나 혹은 그렇지 않은 경우들을 보았다. 세 소자들에 걸리는 순간 전압들은 활용그림 21.9에서 보는 바와 같이 순간 전류와 다음과 같은 위상 관계를 갖는다.

1. 저항기에 걸린 순간 전압 $\Delta v_R$은 순간 전류와 **같은 위상**을 갖는다(활용그림 21.9b).
2. 인덕터에 걸린 순간 전압 $\Delta v_L$은 순간 전류보다 90° **앞서** 간다(활용그림 21.9c).
3. 축전기에 걸린 순간 전압 $\Delta v_C$는 순간 전류보다 90° **지체**된다(활용그림 21.9d).

교류전원으로부터 공급된 알짜 순간 전압 $\Delta v$는 각 소자에 걸린 순간 전압들의 합과 같다. 즉, $\Delta v = \Delta v_R + \Delta v_C + \Delta v_L$이다. 하지만 $R$, $C$, $L$에 걸린 전압을 교류 전압계로 측정해서 더한 것이 교류전원의 전압을 의미하는 것은 아니다! 사실 $R$, $C$, $L$에 걸린 전압들이 모두 다른 위상을 갖고 있기 때문에 전원 전압의 측정을 위해 각 소자에서

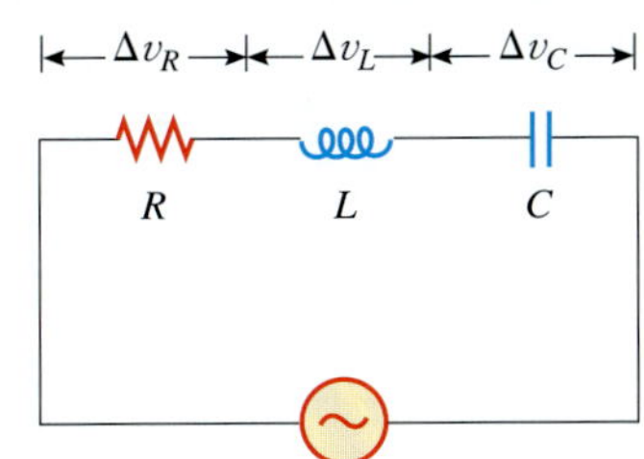


**활용그림 21.8**
교류전원에 연결된 저항기, 인덕터, 그리고 축전기로 구성되어 있는 직렬회로.

**Physics Now™**
**http://physics.brookscole.com/ecp**에서 PhysicsNow를 로그인하고 활용그림 21.8로 들어가서 저항, 인덕턴스 및 전기용량을 조정하여 보자. 그 결과는 활용그림 21.9에 있는 그래프와 그림 21.10에 있는 위상자 도표로써 알 수 있다.

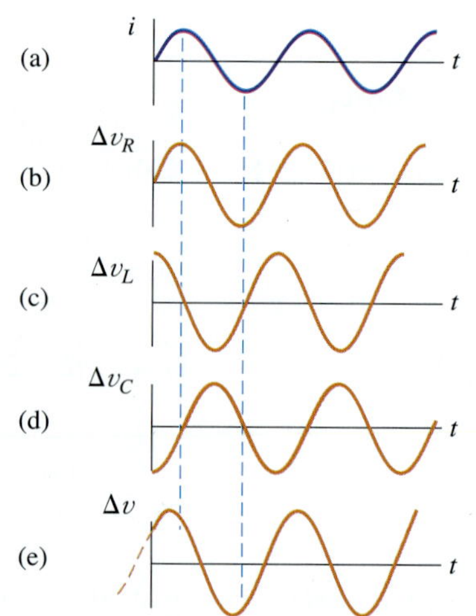


**활용그림 21.9**
활용그림 21.8에 있는 *RLC* 직렬회로에서의 위상 관계.

**Physics Now™**

**http://physics.brookscole.com/ecp**에서 PhysicsNow를 로그인하고 활용그림 21.8로 들어가서 저항, 인덕턴스 및 전기용량을 조정하여 보자. 그 결과는 활용그림 21.9에 있는 그래프와 그림 21.10에 있는 위상자 도표로써 알 수 있다.

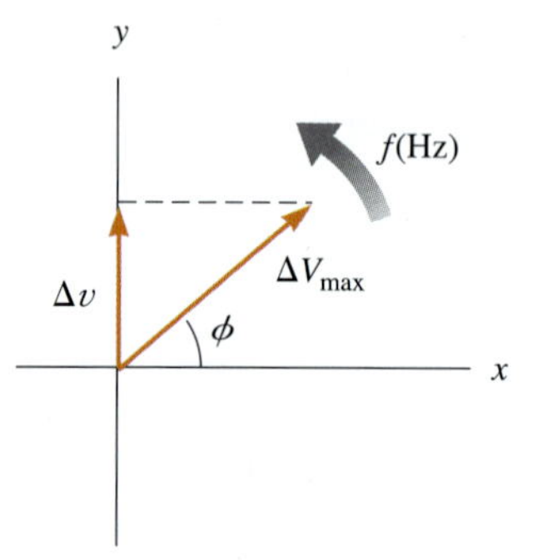


**그림 21.10** 교류회로에서 전압에 대한 위상자 도표. $\phi$는 전압과 전류 사이의 위상각이고, $\Delta v$는 순간 전압이다.

측정한 전압들을 합하면 **안 된다**.

전압 강하의 위상들이 다른 것을 고려하기 위해 벡터를 사용하는 방법을 이용하자. 각 소자에 걸린 전압을 그림 21.10에서처럼 회전 운동하는 벡터로 나타내자. 이 회전 벡터를 **위상자**(phasor)라고 부르며, 그 도표를 **위상자 도표**(phasor diagram)라고 한다. 이 특별한 도표는 $\Delta v = \Delta V_{max} \sin(2\pi ft + \phi)$로 회로의 전압을 나타내는데, 여기서 $\Delta V_{max}$는 최대 전압(회전 벡터 또는 위상자의 크기 또는 길이)이며 $\phi$는 $t = 0$일 때 위상자와 $+x$축 사이의 각이다. 이 위상자를 일정한 진동수 $f$로 회전하는 크기가 $\Delta V_{max}$인 벡터라고 하면, 이 벡터의 $y$축 성분이 회로의 순간 전압이 된다. $\phi$가 전압과 회로에 흐르는 전류 사이의 위상각이므로, 전류에 대한 위상자(그림 21.10에 나타나 있지 않음)는 $+x$축을 따라 놓여 있으며, $i = I_{max} \sin(2\pi ft)$의 관계로 표현된다.

그림 21.11의 위상자 도표는 *RLC* 직렬회로를 분석하는 데 유용하다. 전류와 동일한 위상의 전압들은 $+x$축과 나란한 벡터들로 표시되고, 전류와 위상이 어긋난 전압들은 다른 방향으로 놓인다. 따라서 $\Delta V_R$은 전류와 동일한 위상을 갖기 때문에 오른쪽으로 수평하게 표시된다. 마찬가지로, $\Delta V_L$은 전류보다 90° 앞서가기 때문에 $+y$축을 따라 표시된다. 마지막으로, $\Delta V_C$는 전류보다 90° 지체되기 때문에 $-y$축을 따라 놓인다.[1] *R*, *L*, *C*에 걸리는 전압들의 위상이 다른 것을 고려하기 위하여 위상자들을 벡터량으로 가정하고 더하면, 그림 21.11a에서 보듯이 전압의 유일한 $x$ 성분은 $\Delta V_R$이고, 알짜 $y$ 성분은 $\Delta V_L - \Delta V_C$가 된다. 최대 전압을 나타내는 위상자 $\Delta V_{max}$를 찾기 위해 위상자들을 벡터로서 더하면 된다(그림 21.11b). 그림 21.11b의 직각삼각형으로부터 최대 전압 및 최대 전압과 전류 사이의 위상각 $\phi$에 대한 식을 얻을 수 있다.

$$\Delta V_{max} = \sqrt{\Delta V_R^2 + (\Delta V_L - \Delta V_C)^2} \qquad [21.10]$$

$$\tan \phi = \frac{\Delta V_L - \Delta V_C}{\Delta V_R} \qquad [21.11]$$

[1] *RLC* 회로에서 위상 관계를 기억하는 데 도움이 되는 기억방법은 "*ELI*는 *ICE* 인간"이라고 외우는 것이다. *E*는 전압, *I*는 전류, *L*은 인덕터, *C*는 전기용량을 나타낸다. 그러므로 이름 *ELI*는 인덕터 회로에서 전압이 전류를 앞선다는 것을 뜻하고, 축전기 회로에서 *ICE*는 전류가 전압에 앞선다는 것을 뜻한다.

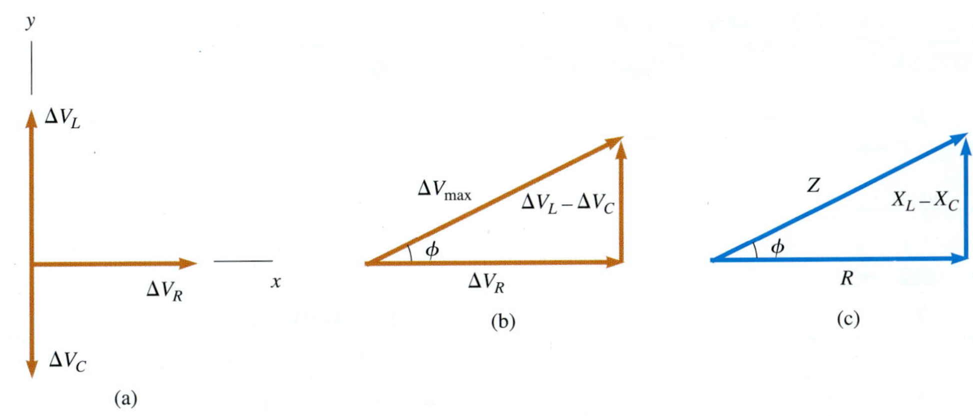


**그림 21.11** (a) *RLC* 회로의 위상자 도표. (b) $\Delta V_{max} = \sqrt{\Delta V_R^2 + (\Delta V_L - \Delta V_C)^2}$을 구하기 위한 벡터와 같은 위상자의 덧셈을 한다. (c) 임피던스 관계식 $Z = \sqrt{R^2 + (X_L - X_C)^2}$을 구하기 위한 리액턴스 직각삼각형.

여기서 모든 전압은 최대값이다. 위의 식들은 최대 전압을 사용한 것이지만 모든 회로소자에 대하여 실효 전압과 최대 전압은 서로 동일한 인수로 연관되므로 실효 전압에 대해서도 마찬가지로 적용된다. 최대 전압 $\Delta V_{max}$에 관한 결과인 식 21.10에서 보듯이, **저항기와 축전기, 그리고 인덕터에 걸리는 전압들은 위상이 다르므로 이것들을 단순하게 더해서는 소자 전체에 걸린 전압 또는 전원의 전압을 구할 수 없다.**

## Quick Quiz 21.2

활용그림 21.8의 회로에서 전원의 순간 전압은 다음 중 어느 것과 같은가? (a) 각 소자에 걸린 최대 전압의 합, (b) 각 소자에 걸린 순간 전압의 합, (c) 각 소자에 걸린 실효 전압의 합.

식 $\Delta V_R = I_{max}R$과 $\Delta V_L = I_{max}X_L$, $\Delta V_C = I_{max}X_C$ 등을 이용하여 회로의 최대 전류가 $I_{max}$일 때, 식 21.10을 옴의 법칙 형태로 쓸 수 있다.

$$\Delta V_{max} = I_{max}\sqrt{R^2 + (X_L - X_C)^2} \qquad [21.12]$$

회로의 **임피던스**(impedance) $Z$라고 부르는 매개변수는 다음과 같이 정의하는 것이 편리하다.

$$Z \equiv \sqrt{R^2 + (X_L - X_C)^2} \qquad [21.13]$$

◀ 임피던스

그러면, 식 21.12는 다음과 같이 표현할 수 있다.

$$\Delta V_{max} = I_{max}Z \qquad [21.14]$$

식 21.14는 옴의 법칙 $\Delta V = IR$에서 $R$이 옴의 단위를 가진 임피던스로 대체된 형태이다. 이 식은 직렬교류회로에도 적용되는 옴의 법칙의 일반적인 형태라고 볼 수 있다. 교류회로에서의 임피던스와 전류는 저항과 인덕턴스, 전기용량, 그리고 진동수(리액턴스가 진동수에 의존하기 때문)에 의존함을 알 수 있다.

그림 21.11c에서처럼, 임피던스 $Z$를 벡터 도표로서 표시하면 편리하다. 이 직각삼각형은 높이가 $X_L - X_C$, 밑변이 $R$, 빗변이 $Z$가 된다. 이 직각삼각형에 피타고라스의 정리를 적용하면 다음과 같다.

$$Z = \sqrt{R^2 + (X_L - X_C)^2}$$

**표 21.2** 회로 소자들의 다양한 조합에 대한 임피던스 값과 위상각[a]

| 회로소자 | 임피던스 $Z$ | 위상각 $\phi$ |
|---|---|---|
| $R$ | $R$ | 0° |
| $C$ | $X_C$ | −90° |
| $L$ | $X_L$ | +90° |
| $R$, $C$ | $\sqrt{R^2+X_C^2}$ | −90° 와 0° 사이의 음의 값 |
| $R$, $L$ | $\sqrt{R^2+X_L^2}$ | 90° 와 0° 사이의 양의 값 |
| $R$, $L$, $C$ | $\sqrt{R^2+(X_L-X_C)^2}$ | $X_C > X_L$일 때 음의 값<br>$X_C < X_L$일 때 양의 값 |

[a] 각각의 경우에 교류전압(나타나 있지 않음)은 소자들 조합의 양단(즉, 양단의 두 점)에 걸려 있다.

따라서 식 21.13과 일치하게 된다. 또한 그림 21.11c의 벡터 도표로부터 전류와 전압 사이의 위상각 $\phi$가 다음의 관계로 주어진다.

위상각 $\phi$ ▶

$$\tan \phi = \frac{X_L - X_C}{R} \qquad [21.15]$$

위상각의 물리적 중요성은 21.5절에서 명백해질 것이다.

표 21.2는 회로소자들을 몇 가지 다른 조합으로 직렬회로를 구성했을 때 임피던스 값과 위상각을 나타낸 것이다.

일상생활에서는 병렬교류회로들도 역시 유용하다. 하지만 이것들에 대한 논의는 이 책의 범위를 벗어나므로 다루지 않는다.

### 문제풀이 전략 교류

교류 문제를 푸는 데 있어 다음 과정을 따르기를 권한다.

1. 가능한 한 많은 미지의 값들, 가령 $X_L$이나 $X_C$ 등을 **계산하라.**
2. 회로의 문제 부분에 식 $\Delta V_{\max} = I_{\max}Z$를 **적용하라.** 예를 들어, 인덕터와 저항기를 결합한 회로에서 전압 강하를 구하는 식은 $\Delta V_{\max} = I_{\max}\sqrt{R^2 + X_L{}^2}$이 된다.

### 연관된 예제 21.4 *RLC* 회로

**목표** 직렬 *RLC* 교류회로를 분석하고 위상각을 구한다.

**문제** 저항 $R = 2.50 \times 10^2\ \Omega$, 인덕턴스 $L = 0.600$ H, 전기용량 $C = 3.50\ \mu$F, 진동수 $f = 60.0$ Hz 및 최대 전압 $\Delta V_{\max} = 1.50 \times 10^2$ V인 직렬 *RLC* 교류회로가 있다. 이 교류회로의 (a) 임피던스, (b) 회로에 흐르는 최대 전류, (c) 위상각, (d) 각 소자에 걸린 최대 전압을 구하라.

**전략** 유도 리액턴스와 용량 리액턴스를 계산하고 이들 값과 주어진 값들을 적당한 수식에 대입한다.

**풀이**

(a) 회로의 임피던스를 구하라.

우선 유도 리액턴스와 용량 리액턴스를 계산하라.

$$X_L = 2\pi fL = 226\ \Omega \qquad X_C = 1/2\pi fC = 758\ \Omega$$

회로의 임피던스를 구하기 위해 이 결과들과 저항값 $R$을 식 21.13에 대입하라.

$$Z = \sqrt{R^2 + (X_L - X_C)^2}$$
$$= \sqrt{(2.50 \times 10^2\ \Omega)^2 + (226\ \Omega - 758\ \Omega)^2} = \boxed{588\ \Omega}$$

(b) 최대 전류를 구하라.

최대 전류를 구하기 위해 옴의 법칙과 동등한 식 21.12를 이용하라.

$$I_{\max} = \frac{\Delta V_{\max}}{Z} = \frac{1.50 \times 10^2\ \text{V}}{588\ \Omega} = \boxed{0.255\ \text{A}}$$

(c) 위상각을 구하라.

식 21.15에서 전류와 전압 간의 위상각을 계산하라.

$$\phi = \tan^{-1}\left(\frac{X_L - X_C}{R}\right) = \tan^{-1}\left(\frac{226\ \Omega - 758\ \Omega}{2.50 \times 10^2\ \Omega}\right) = \boxed{-64.8^\circ}$$

(d) 각 소자들에 걸린 최대 전압을 구하라.

각각의 전류 소자들에 대한 "옴의 법칙" 표현에 대입하라.

$$\Delta V_{R,\max} = I_{\max}R = (0.255\ \text{A})(2.50 \times 10^2\ \Omega) = \boxed{63.8\ \text{V}}$$

$$\Delta V_{L,\max} = I_{\max}X_L = (0.255\ \text{A})(2.26 \times 10^2\ \Omega) = \boxed{57.6\ \text{V}}$$

$$\Delta V_{C,\max} = I_{\max}X_C = (0.255\ \text{A})(7.58 \times 10^2\ \Omega) = \boxed{193\ \text{V}}$$

**주의** 회로는 용량 리액턴스가 유도 리액턴스보다 더 크므로(즉, $X_C > X_L$) 위상각 $\phi$는 음이다. 음의 위상각이란 전류가 전압보다 앞선다는 것을 의미한다. 각 소자들에 걸린 최대 전압의 합은 $\Delta V_R + \Delta V_L + \Delta V_C = 314$ V와 같으며, 발전기의 최대 전압 150 V보다 훨씬 크다는 것에 유의하라. Quick Quiz 21.2에서 보았듯이 최대 전압의 합계는 의미가 없는 양이다. 왜냐하면, 교류전압을 더할 때는 반드시 **진폭과 위상을 모두** 고려해야 하기 때문이다. 다양한 소자들에 걸린 전압은 서로 다른 시간에 최대값이 발생하므로 최대 전압 모두를 더하는 것은 의미가 맞지 않는 것이다. 전압을 "더하는" 정확한 방법은 식 21.10에 의한 것이다.

**연습문제 21.4**

$R = 175\ \Omega$, $L = 0.500$ H, $C = 22.5\ \mu$F, $f = 60.0$ Hz 및 $\Delta V_{\max} = 325$ V인 직렬 $RLC$ 교류회로를 분석하라. (a) 임피던스, (b) 최대 전류, (c) 위상각 및 (d) 소자에 걸리는 최대 전압을 구하라.

**답** (a) 189 Ω (b) 1.72 A (c) 22.0° (d) $\Delta V_{R,\max} = 301$ V, $\Delta V_{L,\max} = 324$ V, $\Delta V_{C,\max} = 203$ V

**PhysicsNow™** **http://physics.brookscole.com/ecp**에서 PhysicsNow를 로그인하여 연관된 예제 21.4로 들어가서 이 상황을 좀 더 탐구하라.

## 21.5 교류회로에서의 전력

교류회로에서 순수 축전기와 순수 인덕터에 관련된 전력 손실은 없다. 순수 축전기란 정의에 의하면 저항이나 인덕턴스가 없고, 순수 인덕터는 저항이나 전기용량이 없다(이것은 이상적인 경우이다. 실제 축전기는 높은 진동수에서 유도 효과가 중요하게 된다). 먼저, 발전기와 축전기만을 포함한 교류회로에서 소모되는 전력에 대하여 분석해 보자.

교류회로에서 한 방향으로 전류가 증가하기 시작하면, 축전기에 전하가 충전되며 축전기 양단 사이에서 전압 강하가 나타난다. 이 전압이 최대일 때, 축전기에 저장된 에너지는 다음과 같다.

$$PE_C = \tfrac{1}{2}C(\Delta V_{\max})^2$$

그러나 이 에너지 저장은 순간적인 것이다. 전류의 방향이 바뀌면, 전하는 축전기 극판을 떠나 전원으로 되돌아온다. 따라서 반주기 동안에 전하가 축전기에 충전되면, 다른 반주기 동안에는 전하가 다시 전원으로 되돌아가게 된다. 그러므로 전원에 의해 공급되는 평균 전력은 0이다. 다시 말해서, **교류회로에서 축전기는 전력을 소모하지 않는다.**

마찬가지로, 전원은 전류가 흐르는 인덕터의 역기전력에 대해 일을 해 주어야 한다. 전류가 최대가 되었을 때 인덕터에 저장된 에너지는 최대가 되고 다음과 같이 주어진다.

$$PE_L = \frac{1}{2} L I_{max}^2$$

회로에서 전류가 감소하기 시작하면, 인덕터는 회로 전류를 유지하기 위하여 저장된 에너지를 전원으로 돌려보낸다. *RLC* 회로의 저항기에 전달되는 평균 전력은 다음과 같다.

$$\mathcal{P}_{av} = I_{max}^2 R \qquad [21.16]$$

**✓ Checkpoint 21.3**

진실인가 거짓인가: 직렬 *RLC* 회로에서 발전기에 의해 공급된 평균 전력은 유도 리액턴스가 용량 리액턴스와 같을 때 최대값을 갖는다.

**발전기에서 공급되는 평균 전력은 저항에서 내부에너지로 전환된다. 이상적인 축전기나 인덕터에서의 전력 손실은 없다.**

교류회로에서 평균 전력 손실에 대한 또 다른 수식은 옴의 법칙으로부터 $R = \Delta V_R / I_{rms}$를 식 21.16에 대입하면 구할 수 있다.

$$\mathcal{P}_{av} = I_{rms} \Delta V_R$$

그림 21.11b와 같은 $\Delta V_{rms}$, $\Delta V_R$ 및 $\Delta V_L - \Delta V_C$ 사이의 관계를 보여 주는 전압 삼각형을 참조하면 편리하다(그림 21.11은 최대 전압과 실효 전압 두 경우 **모두** 적용된다는 것을 기억하라). 이 그림으로부터 저항에서의 전압 강하를 전원의 전압 $\Delta V_{rms}$로 나타낼 수 있다.

$$\Delta V_R = \Delta V_{rms} \cos \phi$$

따라서 교류회로의 발전기에서 공급되는 평균 전력은

평균 전력 ▶

$$\mathcal{P}_{av} = I_{rms} \Delta V_{rms} \cos \phi \qquad [21.17]$$

인데, 여기서 $\cos \phi$를 **역률**(power factor)이라고 한다.

**APPLICATION**

더 큰 전력을 공급하기 위해 위상을 이동시킨다.

식 21.17은 교류전원에 의해 어떤 회로에 공급되는 전력이 전원의 전압과 전류 사이의 위상차에 의존한다는 것을 나타낸다. 이러한 사실은 재미있는 응용을 많이 할 수 있도록 한다. 예를 들면 공장에서 종종 기계에 있는 대형 전동기, 발전기 및 변압기 등과 같은 장치를 사용하는데 이것들은 모두 도선이 감겨있으므로 큰 인덕턴스 부하를 갖고 있다. 공장의 기술자들은 이와 같은 장비에 고전압을 사용하지 않으면서 더 큰 전력을 공급하기 위해 위상을 옮기려고 회로에 축전기를 설치한다.

### 예제 21.5 *RLC* 직렬회로에서의 평균 전력

**목표** *RLC* 직렬회로에서 전력을 이해한다.

**문제** 예제 21.4의 *RLC* 직렬회로에 공급되는 평균 전력을 계산하라.

**전략** 식 21.2와 식 21.3에서 실효 전류와 실효 전압을 구한 후에 예제 21.4에서 구한 위상각을 이용하여 식 21.17에 대입하라.

**풀이**

우선 식 21.2와 식 21.3을 이용하여 실효 전압과 실효 전류를 계산하자.

$$I_{rms} = \frac{I_{max}}{\sqrt{2}} = \frac{0.255\ \text{A}}{\sqrt{2}} = 0.180\ \text{A}$$

$$\Delta V_{rms} = \frac{\Delta V_{max}}{\sqrt{2}} = \frac{1.50 \times 10^2\ \text{V}}{\sqrt{2}} = 106\ \text{V}$$

평균 전력을 구하기 위해 이 결과와 위상각 $\phi = -64.8°$ 를 식 21.17에 대입하라.

$$\mathscr{P}_{av} = I_{rms}\Delta V_{rms} \cos\phi = (0.180\ \text{A})(106\ \text{V}) \cos(-64.8°) = \boxed{8.12\ \text{W}}$$

**주의** 식 21.16, $\mathscr{P}_{av} = I_{rms}^2 R$을 이용해도 같은 결과를 얻을 수 있다.

**연습문제 21.5**

연습문제 21.4의 회로에 대해 이 문제를 반복하라.

**답** 259 W

## 21.6 직렬 *RLC* 회로의 공명

일반적으로 직렬 *RLC* 회로의 실효 전류는 다음과 같이 주어진다.

$$I_{rms} = \frac{\Delta V_{rms}}{Z} = \frac{\Delta V_{rms}}{\sqrt{R^2 + (X_L - X_C)^2}} \qquad [21.18]$$

이 식에서 만일 진동수가 변한다면, 임피던스가 **최소**일 때 전류가 **최대**가 됨을 알 수 있다. 즉, 이것은 $X_L = X_C$일 때 발생한다. 이때, 회로의 임피던스는 $Z = R$이 된다. 이때의 진동수 $f_0$를 **공명 진동수**(resonance frequency)라고 부른다. $f_0$를 구하기 위해 $X_L = X_C$로 놓으면 식 21.5와 식 21.8로부터 다음과 같이 된다.

$$2\pi f_0 L = \frac{1}{2\pi f_0 C}$$

$$f_0 = \frac{1}{2\pi\sqrt{LC}} \qquad [21.19]$$

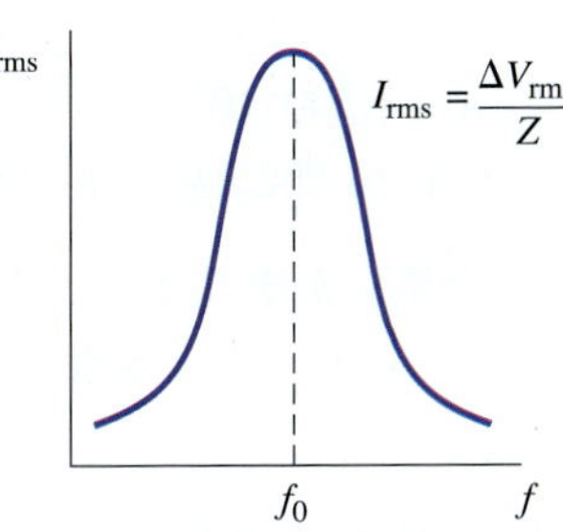


**활용그림 21.12**
발전기 전압의 진동수 변화에 대한 직렬 *RLC* 회로의 전류의 진폭 곡선. 전류는 공명 진동수 $f_0$에서 최대가 된다는 것에 유의하라.

**Physics Now™**
**http://physics.brookscole.com/ecp**에서 PhysicsNow를 로그인하고 활용그림 21.12로 들어가서 *RLC* 회로의 저항, 인덕턴스, 전기용량 및 진동수를 조정해 보면서 각진동수 함수로 실효 전류와 평균 전력의 그래프를 그려보자.

활용그림 21.12는 고정된 전기용량과 인덕턴스 값을 가진 회로에 대하여 전류를 진동수의 함수로서 그린 것이다. 식 21.18로부터 $R = 0$인 경우, 공명에서의 전류는 무한대가 되어야 한다. 식 21.18에서 이 결과를 예측할 수 있지만 실제 회로에서는 항상 어느 정도의 저항값이 있기 때문에 전류는 유한한 값을 갖는다.

**APPLICATION**
라디오의 동조

라디오의 동조 회로는 직렬 공명회로의 중요한 응용이다. 라디오는 축전기의 전기용량을 조절하여 수신 회로의 공명 진동수를 바꿈으로써, (특정한 라디오 진동수의 신호를 전송하는) 특정 방송국에 맞출 수 있다. 이 공명 진동수가 들어오는 라디오파의 진동수와 일치하게 되면, 수신 회로의 전류가 증가하게 된다.

## 응용물리 21.1 공항의 금속 탐지기

그림 21.13에서처럼 공항의 금속 탐지기 문을 지나갈 때, 실제로는 코일이 많이 감겨 있는 곳을 통과하여 걸어가는 것이다. 금속 탐지기는 어떻게 작동하는 것일까?

**설명** 금속 탐지기는 기본적으로 공명회로이다. 당신이 통과하는 입구는 회로의 일부분인 인덕터(커다란 도선 고리)이다. 회로의 주파수는 인덕터 안에 금속이 없을 때 회로의 공명 진동수가 되도록 맞추어져 있다. 당신이 주머니에 금속을 넣고 통과하면, 공명회로의 인덕턴스를 변화시키게 되어, 결국 회로에 흐르는 전류를 변화시키게 된다. 이러한 전류 변화가 검출되면, 전자회로가 경고음을 내게 된다.

Ryan Williams/International Stock Photography

**그림 21.13** (응용물리 21.1) 공항의 금속 탐지기.

## 연관된 예제 21.6 공명회로

**목표** 공명 진동수를 이해하고, 인덕턴스, 전기용량 및 실효 전류와의 관계를 이해한다.

**문제** $R = 1.50 \times 10^2\ \Omega$, $L = 20.0$ mH, $\Delta V_{\text{rms}} = 20.0$ V 및 $f = 796\ \text{s}^{-1}$인 직렬 $RLC$ 회로가 있다. (a) 실효 전류가 최대가 되는 전기용량의 값을 구하라. (b) 회로에서 최대 실효 전류를 구하라.

**전략** 전류는 공명 진동수 $f_0$에서 최대가 되는데 공명 진동수는 구동 진동수 $796\ \text{s}^{-1}$과 일치해야 한다. 결과 식은 $C$에 대해서 풀 수 있다. (b)는 최대 실효 전류값을 얻기 위해 식 21.18에 대입한다.

**풀이**

(a) 회로에서 최대 전류를 제공하는 전기 용량을 구하라(공명 조건).

전기용량에 대해 공명 진동수 식을 푼다.

$$f_0 = \frac{1}{2\pi\sqrt{LC}} \longrightarrow \sqrt{LC} = \frac{1}{2\pi f_0} \longrightarrow LC = \frac{1}{4\pi^2 f_0^2}$$

$$C = \frac{1}{4\pi^2 f_0^2 L}$$

공명 진동수 $f_0$에 전원의 진동수를 대입하고, 주어진 값들을 대입하라.

$$C = \frac{1}{4\pi^2(796\ \text{Hz})^2(20.0 \times 10^{-3}\ \text{H})} = 2.00 \times 10^{-6}\ \text{F}$$

(b) 회로에서 최대 실효 전류를 구하라.

용량 및 유도 리액턴스가 같으므로 $Z = R = 1.50 \times 10^2\ \Omega$이다. 실효 전류를 구하기 위해 식 21.18에 대입하라.

$$I_{\text{rms}} = \frac{\Delta V_{\text{rms}}}{Z} = \frac{20.0\ \text{V}}{1.50 \times 10^2\ \Omega} = 0.133\ \text{A}$$

**주의** 임피던스 $Z$가 식 21.18의 분모에 있기 때문에 최대 전류는 항상 $Z$의 최소값이 산출되는 $X_L = X_C$일 때 발생한다.

**연습문제 21.6**

$R = 1.20 \times 10^2\ \Omega$, $C = 3.10 \times 10^{-5}$ F, $\Delta V_{\text{rms}} = 35.0$ V, $f = 60.0\ \text{s}^{-1}$인 직렬 $RLC$ 회로가 있다. (a) 실효 전류가 최대가 되는 인덕턴스의 값을 구하라. (b) 회로에서 최대 실효 전류를 구하라.

**답** (a) 0.227 H (b) 0.292 A

**Physics Now™** **http://physics.brookscole.com/ecp**에서 PhysicsNow를 로그인하고 연관된 예제 21.6로 들어가서 이 상황을 좀 더 탐구하라.

## 21.7 변압기

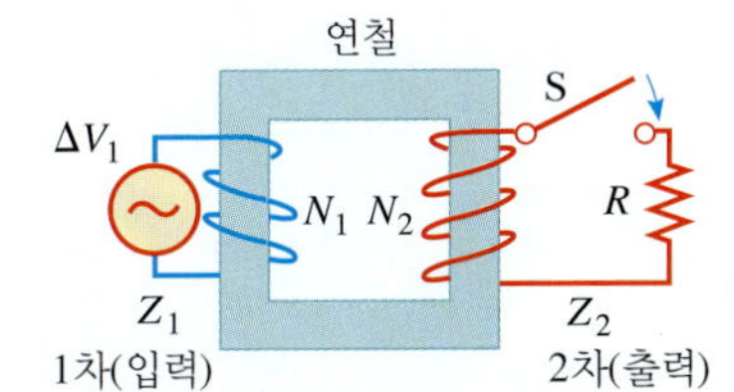


**그림 21.14** 같은 연철에 감겨 있는 두 개의 코일로 구성된 이상적인 변압기. 교류전압 $\Delta V_1$은 1차 코일에 가해지고, 출력 전압 $\Delta V_2$는 스위치가 닫힌 다음 부하저항 $R$ 양단 사이에 나타난다.

작은 교류전압을 크게 혹은 큰 교류전압을 작게 바꾸는 것이 종종 필요하다. 이와 같은 변화는 변압기라는 장치에 의해 가능하다.

간단한 형태의 **교류 변압기**(AC transformer)는 그림 21.14와 같이 연철심의 둘레에 도선이 감겨진 2개의 코일로 이루어져 있다. 왼쪽의 코일은 입력 교류전압 전원에 연결되고 $N_1$번 감겨 있는데 이것을 **1차 코일**이라고 한다. 오른쪽의 코일은 저항 $R$에 연결되고 $N_2$번 감겨 있는데 이것을 **2차 코일**이라고 한다. 철심의 사용 목적은 자기선속을 증가시키고 한 코일을 통과한 선속이 거의 모두 다른 코일로 전달되도록 하는 매개체를 제공하는 것이다.

입력 교류전압 $\Delta V_1$이 1차 코일에 가해지면 1차 코일에 유도된 전압은

$$\Delta V_1 = -N_1 \frac{\Delta \Phi_B}{\Delta t} \qquad [21.20]$$

으로 주어지며, 여기서 $\Phi_B$는 코일의 각각의 고리를 통과하는 자기선속이다. 철심에서 자기선속의 누출(손실)이 없다면 1차 코일의 각각의 고리를 통과한 선속은 2차 코일의 각 고리를 통과한 선속과 같다. 그러므로 2차 코일 양단 사이의 전압은

$$\Delta V_2 = -N_2 \frac{\Delta \Phi_B}{\Delta t} \qquad [21.21]$$

와 같다. 항 $\Delta\Phi_B/\Delta t$는 식 21.20과 식 21.21에서 공통이며, 다음과 같이 대수적으로 제거할 수 있다.

$$\Delta V_2 = \frac{N_2}{N_1} \Delta V_2 \qquad [21.22]$$

$N_2$가 $N_1$보다 클 때, 즉 $\Delta V_2$가 $\Delta V_1$을 초과하므로 변압기는 **승압 변압기**라고 한다. $N_2$가 $N_1$보다 작을 때, 즉 $\Delta V_2$가 $\Delta V_1$보다 작아지므로 변압기는 **강압 변압기**라고 한다.

패러데이 법칙에 의하면 2차 코일을 통과하는 선속의 수가 변할 때만 2차 코일의 양단에 전압이 생성된다. 그러므로 1차 코일의 입력 전류는 시간에 따라 변해야만 하며, 교류전류가 사용될 때만 가능하다. 하지만 1차 코일의 입력이 직류전류일 때, 오직 1차 회로의 스위치를 켜거나 끌 때만 2차 코일에 순간적으로 출력 전압이 나타난다. 일단 1차 코일의 전류가 정상값에 다다르면 2차 코일에서의 출력 전압은 0이다.

변압기는 무에서 유를 얻을 수 있는 장치인 것처럼 보인다. 예를 들면 승압 변압기는 입력 전압을 10 V에서 100 V로 바꿀 수 있다. 이것은 각 1 C의 전하가 1차 코일에서는 단지 10 J의 에너지를 갖고 들어왔는 데 비해 2차 코일에서는 100 J의 에너지를 갖고 떠난다는 것을 의미한다. 하지만 **1차 코일의 입력 전력은 2차 코일의 출력 전력과 같기** 때문에 이것이 에너지 보존법칙이 붕괴되는 예는 아니다. 즉,

$$I_1 \Delta V_1 = I_2 \Delta V_2 \qquad [21.23]$$

◀ 이상적인 변압기에서 입력 전력은 출력 전력과 같다.

이다. 말하자면 2차 코일에서의 **전압**이 1차 코일의 10배가 되면 2차 코일에서의 **전류는** 10분의 1로 줄어든다. 식 21.23은 1차 코일과 2차 코일 사이에서 전력 손실이 없는 **이상적인 변압기**(ideal transformer)를 가정한 것이다. 전형적인 실제 변압기는 90%에서 99%의 전력 효율 범위를 갖고 있다. 전력 손실은 변압기의 철심에서 발생되는 맴돌이 전류와 같은 요소 때문에 발생되는데 $I^2R$의 형태로 에너지가 손실된다.

**APPLICATION**

원거리 전력 송전

전력이 먼 거리로 보내질 때 송전선에서 저항 열에 의해 손실되는 전력이 $I^2R$에 따라 변하기 때문에 높은 전압과 낮은 전류를 사용하는 것이 경제적이다. 이것은 전기회사가 예를 들어 전류를 10분의 1로 줄일 수 있다면 전력 소모는 100분의 1로 줄일 수 있다는 것을 의미한다. 실제로 우리나라의 발전소에서는 전압이 약 345 000 V로 승압되고 배전소에서 22 800 V로 강압된 다음 최종적으로 사용자의 주상 변압기에서 220 V로 강압된다.

### 예제 21.7 도시로 분배되는 전력

**목표** 변압기와 변압기가 전력 손실을 감소시키는 역할을 이해한다.

**문제** 전기회사의 발전기가 $4.00 \times 10^3$ V에서 $1.00 \times 10^2$ A의 전류를 생산한다. 전압은 변두리에서 도심으로 고압 송전선을 통해 보내지기 전에 변압기에서 $2.40 \times 10^5$ V로 승압된다. 전력선의 유효저항을 30.0 Ω이라 하고 변압기는 이상적이라고 가정하자. (a) 송전선에서의 전력 손실률을 구하라. (b) 전압이 승압되지 않았다면 원래 전력의 몇 퍼센트가 송전선에서 손실되겠는가?

**전략** 이 문제는 변압기의 식과 전력 손실의 식에 단순히 대입하면 풀 수 있다. 전력 손실률을 구하기 위해 발전기의 출력 전력(전류와 발전기에서 생성된 전위차를 곱한 전력)을 계산하는 것도 필요하다.

**풀이**

(a) 송전선에서의 전력 손실률을 구하라.

송전선에서의 전류를 구하기 위해 식 21.23에 대입하라.

$$I_2 = \frac{I_1 \Delta V_1}{\Delta V_2} = \frac{(1.00 \times 10^2\ \text{A})(4.00 \times 10^3\ \text{V})}{2.40 \times 10^5\ \text{V}} = 1.67\ \text{A}$$

이제 송전선에서 손실된 전력을 구하기 위해 식 21.16을 이용하라.

$$\mathcal{P}_{\text{lost}} = I_2^2 R = (1.67\ \text{A})^2(30.0\ \Omega) = 83.7\ \text{W} \qquad (1)$$

발전기의 출력 전력을 계산하라.

$$\mathcal{P} = I_1 \Delta V_1 = (1.00 \times 10^2\ \text{A})(4.00 \times 10^3\ \text{V}) = 4.00 \times 10^5\ \text{W}$$

마지막으로 전력 손실률을 구하기 위해 손실 전력 $\mathcal{P}_{\text{lost}}$를 출력 전력으로 나누고 100을 곱한다.

$$\%\ \text{손실 전력} = \left(\frac{83.7\ \text{W}}{4.00 \times 10^5\ \text{W}}\right) \times 100 = \boxed{0.020\,9\ \%}$$

(b) 전압이 승압되지 않았다면 원래 전력의 몇 퍼센트가 송전선에서 손실되겠는가?

식 (1)에서의 승압 전류를 원래의 전류 $1.00 \times 10^2$ A로 대치하라.

$$\mathcal{P}_{\text{lost}} = I^2 R = (1.00 \times 10^2\ \text{A})^2(30.0\ \Omega) = 3.00 \times 10^5\ \text{W}$$

앞에서와 같이 전력 손실률을 계산하라.

$$\%\ \text{손실 전력} = \left(\frac{3.00 \times 10^5\ \text{W}}{4.00 \times 10^5\ \text{W}}\right) \times 100 = \boxed{75\ \%}$$

**전략** 이 예제는 고전압 송전의 장점을 설명하고 있다. 도시에서는 중간 변전소의 변압기가 전압을 약 4 000 V로 낮추고 이 전압이 전선을 통해 도시 전체에 걸쳐 유지된다. 가정이나 사업장에서 전력을 사용할 때 주택 근처의 주상 변압기가 전압을 220 V로 낮추어 준다.

**연습문제 21.7**

위와 같은 발전기의 전압을 $7.50 \times 10^4$ V로 승압시키고 송전선의 저항이 85.0 Ω이라고 가정하자. 이 경우 전력 손실률을 구하라.

**답** 0.604%

이 원통형 주상 변압기는 지역 주민들에게 공급하기 위하여 전압을 4 000 V에서 220 V로 낮춘다.

## 21.8 맥스웰의 예측

연구와 개발의 초기 단계에서는 전기와 자기 현상이 서로 무관하다고 여겨졌다. 그러나 1865년에 맥스웰(James Clerk Maxwell, 1831~1879)은 모든 전기와 자기 현상들 간의 밀접한 관련성을 보여 주는 수학적인 이론을 제시하였다. 또한, 그의 뛰어난 이론은 그 이전에는 분리되어 왔던 전기장과 자기장이 하나로 통합되어서 파동처럼 공간을 통하여 전달될 수 있음을 예측하였다. 그가 발전시킨 이론은 다음의 네 가지 정보에 바탕을 두고 있다.

**1.** 전기력선들은 양전하에서 시작되어 음전하에서 끝난다.
**2.** 자기력선들은 항상 닫힌 고리를 형성한다. 즉, 어디에서 시작하지도 끝나지도 않는다.
**3.** 변화하는 자기장은 기전력을 유도하고, 이는 곧 전기장을 유도한다. 이것이 패러데이의 법칙이다(20장).
**4.** 앙페르의 법칙에서 요약한 바와 같이 자기장은 움직이는 전하(또는 전류)에 의해 발생한다(19장).

첫째 항목은 쿨롱의 법칙에 의한 대전 입자들 간의 정전기적인 힘이 갖는 특성에 따른 결과이다. 그것은 **자연계에 자유전하(전기 홀극)가 존재**한다는 사실에 대한 인식을 공고하게 해준다.

두 번째 항목(자기장은 연속된 고리를 형성한다)은 긴 직선 도선 주위의 자기력선이 닫힌 원을 이루고, 막대자석의 자기력선이 닫힌 고리를 이루는 것을 예로 들 수 있다. 이는 첫 번째 항목과 대조되어 **자연계에 자유자하(자기 홀극)가 존재하지 않는다**는 것을 말한다.

세 번째 항목은 패러데이의 유도 법칙에 해당되고, 네 번째 항목은 앙페르의 법칙과 동일하다.

19세기의 가장 위대한 이론적 발전 중의 하나로서, 맥스웰은 이러한 네 가지 항목들에 상응하는 수학적인 틀을 만들고, 이를 이용하여 전기장과 자기장이 자연계에서 대칭적인 역할을 함을 보였다. 패러데이 법칙에 따라 변하는 자기장이 전기장을 만들어 낸다는 것은 이미 실험에 의하여 알려져 있었다. 맥스웰은 자연계가 대칭적이라고 믿었고, 따라서 그는 변화하는 전기장도 자기장을 만들어 낼 수 있다고 가정하였다. 이 가설이 제시될 당시에는 실험적으로 증명할 수가 없었는데, 변화하는 전기장에 의하여 발생되는 자기장은 일반적으로 매우 약하여 검출하기가 어렵기 때문이었다.

그의 가설을 정당화하기 위하여 맥스웰은 그 가설이 설명할 수 있는 다른 현상을 찾았다. 교류전압을 걸어준 도체 막대에 들어 있는 전하들과 같이, 그는 빠르게 진동하는 전하들의 운동에 주목하였다. 그런 전하들은 가속 운동을 하게 되고, 맥스웰의 예측에 따라 변화하는 전기장과 자기장을 발생시킨다. 이러한 변화하는 장들은 파동과 같이 공간으로 전파하는 전자기적인 교란을 일으키는데, 이는 마치 연못에 던진 돌이 만들어내는 수면파가 퍼지는 것과 유사하다. 진동하는 전하에 의해 방출된 파동은 요동하는 전기장과 자기장으로 **전자기파**라고 부른다. 맥스웰은 패러데이 법칙과 일반화된 앙페르 법칙으로부터 이 파동의 속력을 계산하여 빛의 속력인 $c = 3 \times 10^8$ m/s와 같음을 보였다. 그는 가시광선이나 다른 전자기파들은 요동하는 전기장과 자기장으로 구성되어 있으며, 변화하는 장이 서로를 유도하며 빈 공간을 진행한다고 주장하였다. 이것은 뉴턴의 운동법칙과 함께 과학의 위대한 발견의 한 자리를 차지하고 있다. 뉴턴의 법칙과 마찬가지로 그 이후의 과학 발전에 지대한 영향을 주었다.

## 21.9 맥스웰의 예측에 대한 헤르츠의 확증

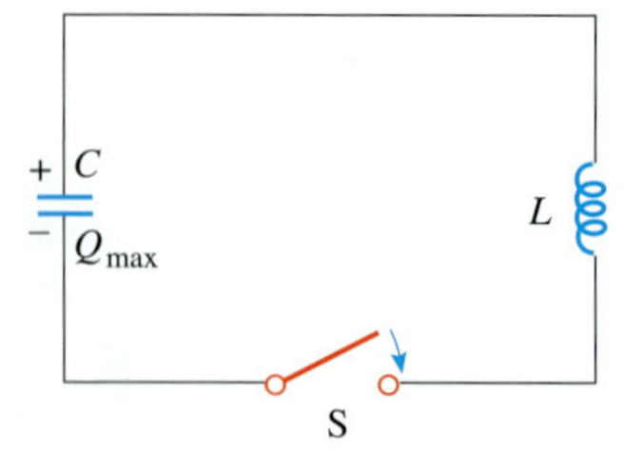


그림 21.15 간단한 $LC$ 회로. 축전기는 초기 전하량 $Q_{max}$를 가지고 있으며, 스위치는 $t$ = 0일 때 닫힌다.

맥스웰이 사망한 이후 1887년 헤르츠(Heinrich Hertz, 1857~1894)는 역사상 최초로 실험실에서 $LC$ 회로를 이용하여 전자기파를 발생시키고 이를 검출하였다. 그런 회로는 그림 21.15에 있는 것과 같이 대전된 축전기가 인덕터에 연결되어 있는 것이었다. 스위치가 닫히면 회로의 전류와 축전기의 전하에 진동이 생긴다.

앞으로의 분석에서는 회로의 저항을 무시하기로 한다. 축전기는 초기 전하량 $Q_{max}$를 가지고 있고, $t = 0$일 때 스위치가 닫힌다고 하자. 축전기가 완전히 충전되었을 때 회로 내의 모든 에너지는 축전기의 전기장으로 저장되고, 그 크기는 $Q^2_{max}/2C$와 같다. 이때 전류는 0이고, 인덕터에 저장된 에너지는 없다. 축전기가 방전하기 시작하면, 전기장에 저장되어 있던 에너지가 감소한다. 동시에 전류는 증가하고, $LI^2/2$인 에너지가 인덕터의 자기장에 저장된다. 따라서 에너지는 축전기의 전기장으로부터 인덕터의 자기장으로 이동한다. 축전기가 완전히 방전되었을 때, 축전기에 저장된 에너지는 없다. 이때 전류는 최대값이 되고, 모든 에너지는 인덕터에 저장된다. 다음에 반대 방향의 과정이 일어난다. 에너지는 전류와 전하의 진동에 맞추어 인덕터와 축전기 사이에서 계속적인 이동을 한다.

21.6절에서 보았듯이 **공명 진동수**라고 부르는 $LC$ 회로의 진동수는 다음과 같이 주어진다.

$$f_0 = \frac{1}{2\pi\sqrt{LC}}$$

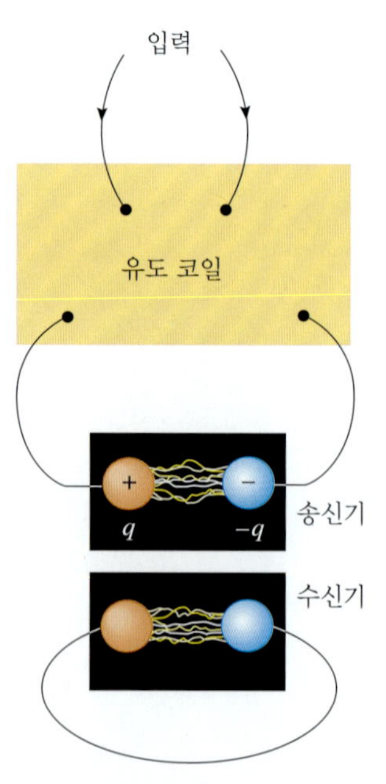


그림 21.16 전자기파를 발생시키고 검출하기 위한 헤르츠의 실험 기구 개략도. 송신기는 유도 코일과 연결된 두 개의 구형 전극으로 이루어져 있다. 유도 코일에 의하여 짧은 전압 펄스가 구에 보내지면, 회로가 방전하면서 진동이 시작된다. 수신기는 두 번째의 스파크 간격을 가진 인접한 도선 고리이다.

헤르츠가 전자기파 연구에 사용하였던 회로의 개략도는 그림 21.16과 같다. 유도 코일(도선이 많이 감긴 코일)이 축전기 역할을 하는 서로 가깝게 놓인 두 개의 금속구에 연결되어 있다. 코일을 통해 구로 보내지는 짧은 전압 펄스에 의해 한 구는 양으로, 다른 구는 음으로 대전되면서 회로에서 진동이 시작된다. 이 회로에서는 $L$과 $C$가 매우 작기 때문에 진동수는 $f \approx 100$ MHz 정도로 매우 높게 된다. 이러한 회로는 전자기파를 발생시키기 때문에 송신기라 한다.

송신기 회로에서 수미터 떨어진 곳에 헤르츠는 수신기인 두 번째 회로를 놓았는데, 두 구를 연결하는 하나의 도선 고리로 된 것이었다. 이것들은 그 자체의 유효 인덕턴스와 전기용량, 그리고 고유 진동수를 갖고 있었다. 헤르츠는 수신기의 공명 진동수가 송신기와 일치하도록 맞추어질 때, 송신기에서 수신기로 에너지가 전달되는 것을 발견하였다. 수신기의 구 사이에 걸린 전압이 공기 중에서 이온화가 일어날 만큼 높게 걸리게 되면 두 구 사이의 공기 틈에서 불꽃이 튀게 되는데, 이때 에너지의 전달 과정이 검출되었다. 헤르츠의 실험은 한 소리굽쇠가 동일한 다른 소리굽쇠로부터 진동을 전달받는 역학적 현상과 유사한 것이다.

헤르츠는 송신기로부터 수신기로 보내지는 에너지가 지금은 전자기파라고 알려져 있는 파동의 형태를 지닌다고 가정했다. 그는 일련의 실험을 통하여 송신기에서 발생되는 복사가 파동의 성질, 즉 간섭, 회절, 반사, 굴절 및 편광의 성질을 가진다는 것을 보였다. 나중에 뒤에 알게 되겠지만 이 모든 성질들은 빛을 사용해서 잘 관찰할 수 있다. 따라서 이 전자기파는 빛과 유사한 성질을 가지고 있으며, 단지 진동수와 파장에서만 차이가 난다는 것이 분명해졌다. 헤르츠는 맥스웰이 예견한 전자기파가 존재하고 빛이 가진 성질들을 갖는다는 것을 보임으로써 맥스웰의 이론을 효과적으로 증명하였다.

아마도 헤르츠가 행한 가장 설득력이 있는 실험은 송신기로부터 나오는 파동의 속도를 다음과 같이 측정한 것이다. 송신기에서 발생된 알고 있는 주파수의 파동이 금속판에서 반사되면 간섭무늬가 만들어지는데, 이것은 당겨진 줄에 형성되는 정상파와 매우 유사하다. 정상파의 설명에서 보았듯이 마디와 마디 간의 거리는 $\lambda/2$이므로, 헤르츠는 파장 $\lambda$를 결정할 수 있었다. $v = \lambda f$의 관계를 이용하여, 그는 $v$가 빛의 속력으로 잘 알려진 $3 \times 10^8$ m/s에 가까움을 보였다. 따라서 헤르츠의 실험은 맥스웰의 이론을 뒷받침하는 최초의 증거를 제공하였다.

## 21.10 안테나에 의한 전자기파 생성

앞 절에서 $LC$ 회로에 저장된 에너지가 축전기의 전기장과 인덕터의 자기장 사이에서 계속적으로 이동한다는 것을 밝혔다. 그러나 이 에너지 이동은 변화가 천천히 일어날 때만 오랜 시간 동안 지속된다. 전류가 급격히 변하면, 회로는 그 에너지의 일부를 전자기파의 형태로 잃어버린다. 사실 교류가 흐르는 **모든** 회로는 전자기파를 방출한다. 이러한 전자기파 복사와 관련된 기본 메커니즘은 전하의 가속 운동이다. **대전된 입자가 가속되면 언제나 에너지가 방출된다.**

안테나의 도선에 걸린 교류전압은 안테나의 전하를 진동시킨다. 이것은 대전 입자를 가속시키는 일반적인 기술 중의 하나이고, 라디오 방송국의 방송용 안테나에서 방출되는 라디오파의 원천이 된다.

**APPLICATION**

라디오파 전송

그림 21.17은 안테나의 전하가 진동함으로써 전자기파가 발생하는 것을 보여 준다. 두 개의 금속 막대가 교류전원에 연결되어 있고, 이로 인하여 전하가 두 막대 사이에서 진동한다. 발생기의 출력 전압은 사인 형태이다. 그림 21.17a에서와 같이 $t = 0$에서 위의 막대가 최대 양전하를 갖고 아래의 막대는 같은 크기의 음전하를 갖는다. 이 순간 막대 주변의 전기장을 그림 21.17a에 나타내었다. 전하가 진동함에 따라 막대의 전

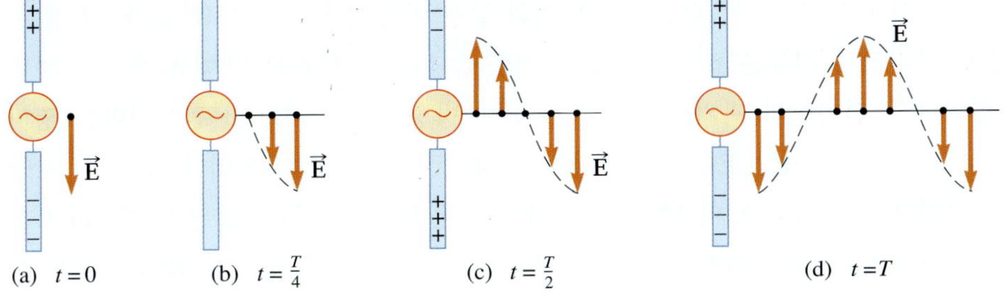

(a) $t = 0$ (b) $t = \frac{T}{4}$ (c) $t = \frac{T}{2}$ (d) $t = T$

**그림 21.17** 안테나에서 진동하는 전하로 인해 생긴 전기장. 이 전기장은 광속으로 안테나로부터 멀어진다.

**TIP 21.1 가속된 전하가 전자기파를 생성한다.**
정지한 전하는 단지 전기장만을 생성한다. 반면에 일정한 운동(즉, 등속운동)을 하는 전하는 전기장과 자기장을 생성하지만 이는 전자기파는 아니다. 이와 대조되어 가속되는 전하는 전기장과 자기장뿐만 아니라 전자기파도 생성한다. 가속되는 전하는 에너지도 방출한다.

하량이 적어지고 막대 근처의 전기장의 세기가 줄어들면서, $t = 0$에서 발생한 아래쪽 방향의 최대 전기장은 막대로부터 멀어지는 방향으로 전파된다. 진동 주기의 1/4에 해당하는 시간이 지난 후에 그림 21.17b에서와 같이 전하가 중성이 되면서 전기장은 0으로 떨어진다. 이와 같이 계속하여, 그림 21.17c에서와 같이 위의 막대가 최대 음전하를 갖게 되고, 아래의 막대는 양으로 대전되면서 전기장의 방향이 위로 향하게 된다. 이것은 진동 주기의 1/2이 지난 후에 일어난다. 진동은 그림 21.17d에 보이는 것처럼 계속 진행된다. 안테나 주변의 전기장은 전하 분포와 동일한 위상을 가지면서 진동한다. 즉, 위의 막대가 양이면 전기장은 아래로 향하고, 위의 막대가 음이면 위로 향한다. 더구나, 어떤 순간에서든지 전기장의 크기는 그 순간 막대에 대전된 전하의 양에 의존한다.

전하가 막대 사이에서 진동(그리고 가속)을 계속함에 따라 전하에 의하여 형성되는 전기장은 빛의 속력으로 안테나에서 모든 방향으로 멀어져 나간다. 그림 21.17은 진동의 한 주기 동안 안테나의 한쪽 방향에서의 전기장 모양을 보여 준다. 한 주기 동안 진동하는 전하가 전기장으로 하나의 완전한 파장을 만들어 낸다.

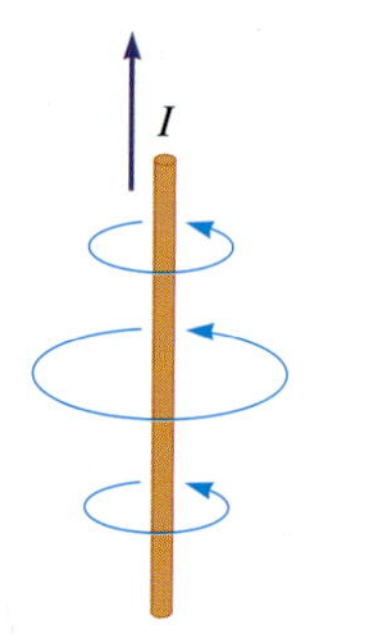

**그림 21.18** 변화하는 전류가 흐르는 안테나 주위의 자기력선.

진동하는 전하가 막대에 전류를 만들어 내기 때문에, 막대를 따라 전류가 위로 흐르면 자기장 역시 그림 21.18과 같이 발생한다. 자기력선은 안테나를 감싸는 원을 이루고(오른손 법칙) 모든 점에서 전기장과 수직을 이룬다. 전류가 시간에 따라 변하면서 자기력선들은 안테나로부터 퍼져나간다. 안테나로부터 멀리 떨어지면 전기장과 자기장의 세기는 매우 약해진다. 그러나 이렇게 먼 거리에서는 맥스웰이 예측하였듯이 (1) 변화하는 자기장이 전기장을 발생시키고, (2) 변화하는 전기장이 자기장을 발생시킨다는 사실을 고려해야 한다. 이러한 유도 전기장과 유도 자기장은 어떤 점에서든지 동일한 위상을 갖는다. 즉, 모든 점에서 두 장들은 동시에 최대값을 갖는다. 어느 한 순간에서의 이러한 동기 관계가 활용그림 21.19에 표시되어 있다. (1) 이들 $\vec{\mathbf{E}}$와 $\vec{\mathbf{B}}$의 두 장은 서로 수직하고, (2) 두 장 모두 파동의 진행 방향에 수직한 것에 유의하라. 이 두 번째 성질은 횡파의 특성이다. 따라서 전자기파는 횡파임을 알 수 있다.

## 21.11 전자기파의 성질

우리는 맥스웰이 자세한 분석을 통하여 전자기파의 존재와 성질을 예측하였음을 알게 되었다. 이 절에서는 지금까지 살펴본 전자기파의 성질을 요약하고, 몇 가지 성질들을 더 고찰해 보기로 하자. 이제부터는 **평면파**(plane wave)라고 부르는 파동의 한 유형을 자주 참고할 것이다. 평면 전자기파는 아주 먼 근원으로부터 진행하는 파동이다. 활용그림 21.19는 어느 한 순간에서의 이와 같은 파동의 모습을 보여 준다. 이 경우 전기장과 자기장의 진동은 $x$축에 수직인 평면, 즉 파가 진행하는 방향에 수직인 평면에서 일어난다. 전기장과 자기장이 파동의 진행 방향과 수직이므로, 전자기파는 횡파이다. 이 그림에서 전기장 $\vec{\mathbf{E}}$는 $y$축 방향이고, 자기장 $\vec{\mathbf{B}}$는 $z$축 방향이다. 빛은 이 장들에 수직 방향으로 진행한다. 이 방향은 또 다른 오른손 법칙으로 결정된다. 즉 (1) 오른손의 네 손가락이 $\vec{\mathbf{E}}$의 방향을 가르키게 하고, (2) 이 손가락을 자기장 $\vec{\mathbf{B}}$의 방향으로 감

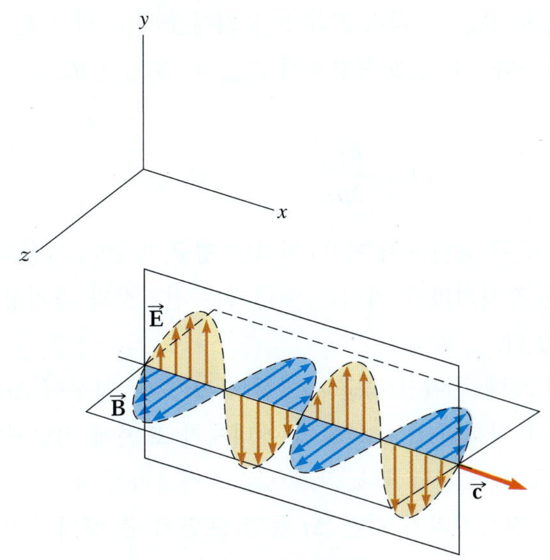


**활용그림 21.19**
임의의 순간에 안테나로부터 멀리 떨어진 곳에서 안테나에서 전하가 진동함으로써 발생되어 빛의 속도 $c$로 양의 $x$축 방향으로 움직이는 전자기파의 모습. 전기장은 자기장에 수직하고, 두 장들은 모두 파동의 진행 방향에 대해 수직함에 유의하라. 시간에 따른 $E$와 $B$의 변화는 사인 형태이다.

**Physics Now™** **http://physics.brookscole.com/ecp**에서 PhysicsNow를 로그인하고 활용그림 21.19로 들어가서 파동 그리고 전기장과 자기장의 변화를 관찰해 보자. 또한 어떤 순간의 파동의 정지한 모양을 보면서 그 순간의 전기장과 자기장의 크기를 조사해 보자.

아쥐면, (3) 오른손 엄지손가락이 파의 진행 방향을 가르킨다.

전자기파는 빛의 속력으로 진행한다. 사실, 전자기파의 속력은 그것이 진행하는 매질의 투자율과 유전율에 관계되어 있다. 맥스웰은 자유 공간에 대하여 이 관계가

$$c = \frac{1}{\sqrt{\mu_0 \epsilon_0}} \qquad [21.24]$$

◀ 빛의 속력

임을 보였는데, 여기서 $c$는 빛의 속력 $\mu_0 = 4\pi \times 10^{-7}\ \mathrm{N \cdot s^2/C^2}$는 자유 공간의 투자율, $\epsilon_0 = 8.854\ 19 \times 10^{-12}\ \mathrm{C^2/N \cdot m^2}$는 자유 공간의 유전율이다. 식 21.24에 이 값들을 대입하면

$$c = 2.997\ 92 \times 10^8\ \mathrm{m/s} \qquad [21.25]$$

를 구할 수 있다. 전자기파는 진공 중에서의 빛의 속력과 정확히 같은 속력으로 진행한다는 사실로부터 과학자들은 **빛이 전자기파**라고 결론지었다.

맥스웰은 또한 전자기파에서 다음의 관계를 증명하였는데

$$\frac{E}{B} = c \qquad [21.26]$$

이는 전기장과 자기장 크기 사이의 비가 빛의 속력과 같다는 것을 말한다.

**TIP 21.2** *E*가 *B*보다 세다?
$E = Bc$의 관계식은 빛과 연관된 전기장이 자기장보다 큰 것처럼 보이게 한다. 이것은 절대로 아니다. 즉 단위가 다르기 때문에 두 양을 직접 비교할 수 없다. 두 장은 광파의 에너지에 똑같이 기여한다.

전자기파는 공간을 진행하면서 에너지를 전달하고, 이 에너지는 그 경로에 위치한 물체들에게 전달된다. 파동의 진행 방향에 수직인 면적을 지나는 에너지의 평균 비율, 혹은 단위 면적당 평균 일률을 **파동의 세기**(intensity) $I$라고 하며

$$I = \frac{E_{max} B_{max}}{2\mu_0} \qquad [21.27]$$

로 주어지는데, $E_{max}$와 $B_{max}$는 각각 $E$와 $B$의 **최대값**이다. 세기 $I$는 14장에서 소개한 음파의 세기와 유사하다. 식 21.26으로부터 $E_{max} = cB_{max} = B_{max}/\sqrt{\mu_0\epsilon_0}$이다. 그러므로 식 21.27은

$$I = \frac{E_{max}^2}{2\mu_0 c} = \frac{c}{2\mu_0}B_{max}^2 \qquad [21.28]$$

로 나타낼 수도 있다. 이 표현에서 단위 면적당 **평균** 일률이 사용되었음을 주목하라. 자세히 분석해 보면 전자기파가 지니는 에너지는 전기장과 자기장에 의하여 균등하게 배분됨을 알 수 있다.

빛은 전자기파이며 ▶ 에너지와 운동량을 운반한다.

전자기파는 식 21.28에 주어진 평균 세기를 갖고 있다. 파동이 $\Delta t$의 시간 동안 면적 $A$인 물체의 표면에 부딪히면 $U = IA\Delta t$의 에너지가 표면에 전달된다. 전자기파는 에너지뿐만 아니라 운동량도 전달한다. 그러므로 전자기파가 표면에 부딪힐 때 그 표면에 압력을 작용한다. 전자기파가 시간 $\Delta t$ 동안 표면에 총 에너지 $U$를 전달한다고 하자. 이때 표면에서 모든 입사 에너지 $U$가 흡수된다고 하면, 이 표면에 전달된 총 운동량 $\vec{\mathbf{P}}$는 다음과 같은 크기를 갖는다는 것을 맥스웰이 보였다.

$$p = \frac{U}{c} \qquad (\text{완전 흡수}) \qquad [21.29]$$

만일 표면이 완전 반사체라면, 시간 $\Delta t$ 동안에 수직 입사에 의해서 전달된 운동량은 식 21.29에 주어진 것의 두 배가 된다. 이는 용기의 벽과 완전 탄성 충돌하는 기체 분자의 경우와 유사하다. 만일 분자가 초기에는 양의 $x$ 방향으로 $v$의 속도로 움직이고 충돌 후에는 음의 $x$ 방향으로 $-v$의 속도로 움직인다면 운동량의 변화는 $\Delta p = mv - (-mv) = 2mv$로 주어진다. 빛이 완전 반사체에서 반사되는 것도 같은 과정이므로 완전 반사에 대해

$$p = \frac{2U}{c} \qquad (\text{완전 반사}) \qquad [21.30]$$

가 된다.

비록 이 복사압의 크기는 매우 작지만(태양 직사광선의 경우 약 $5 \times 10^{-6}$ N/m$^2$), 그림 21.20과 같은 장치로 측정할 수 있다. 가는 실에 매달려 수평 막대로 서로 연결된 거울과 검은 원판에 빛이 부딪힌다. 검은 원판에서 빛은 완전히 흡수되므로, 빛의 **모든** 운동량이 원판에 전달된다. 거울에 정면으로 비친 빛은 완전히 반사되므로, 검은 원판에 전달된 운동량의 두 배의 운동량이 거울에 전달된다. 결과적으로, 원판을 지탱하고 있는 수평 막대는 위에서 내려다 볼 때 반시계 방향으로 뒤틀린다. 막대는 복사압으로 인한 토크와 실의 비틀림에 의한 토크의 작용으로 평형상태에 이른다. 복사압은 평형이 일어나는 각을 측정함으로써 결정할 수 있다. 이 장치는 공기 흐름에 의한 효과를 없애기 위하여 고진공 상태에 있어야 한다. 전자기파가 각운동량을 전달하는 것을 비슷한 실험으로 보일 수 있다는 것이 흥미롭다.

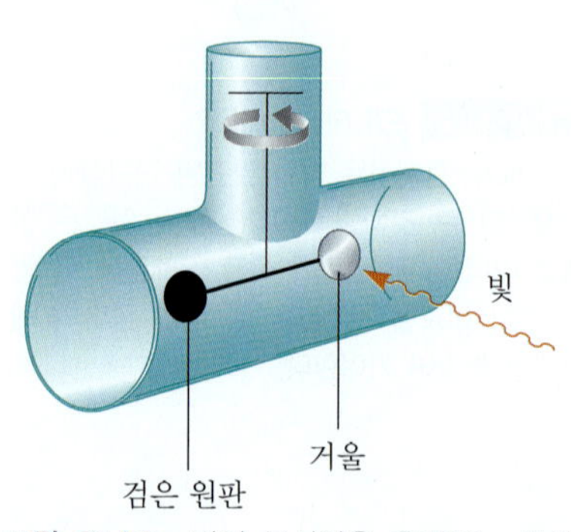

**그림 21.20** 빛의 복사압을 측정하는 장치. 실제에 있어서 장치는 고진공 상태 속에 들어 있다.

자유 공간을 진행하는 전자기파의 성질을 요약하면 다음과 같다.

1. 전자기파는 빛의 속력으로 진행한다.
2. 전자기파는 전기장과 자기장이 서로 수직하고, 파동의 전파 방향과 수직하므로 횡파이다.

**3.** 전자기파에서 전기장과 자기장의 비는 빛의 속력과 같다.
**4.** 전자기파는 에너지와 운동량 모두를 가지며, 표면에 이것들을 전달할 수 있다.

◀ 전자기파의 특성

### Quick Quiz 21.3

그림 21.20에 있는 장치에서 검은 원판을 반지름이 1/2인 것으로 바꾸었다고 가정하자. 원판을 바꾼다면 다음 중 어떤 것이 달라지는가? (a) 원판에 작용하는 복사압, (b) 원판에 작용하는 복사력, (c) 주어진 시간 간격 동안 원판에 전달되는 복사 운동량.

### 예제 21.8 우주 범선

**목표** 빛의 세기를 물질에 대한 역학적 효과와 관련짓는다.

**문제** 알루미늄 처리된 마일러 필름은 반사율이 높고 가벼운 물질인데 태양 빛을 이용하여 우주선을 조종하기 위한 돛으로 사용할 수 있다. 면적 $1.00\ \text{km}^2$의 돛이 태양에서 $1.50 \times 10^{11}$ m 떨어진 궤도를 돌고 있다고 가정하자. 돛은 $5.00 \times 10^3$ kg의 질량을 갖고 있고 $2.00 \times 10^4$ kg의 하중과 밧줄로 묶여 있다. 돛을 완전 반사체로 가정하고 다음을 구하라. (a) 태양 빛의 세기가 $1.34 \times 10^3$ W이고 돛이 입사 빛에 수직 방향으로 놓여 있다면 돛에 작용하는 지름 방향의 힘은 얼마인가? (b) 돛의 지름 방향 속력이 1.00 km/s만큼 변하려면 얼마나 걸리겠는가? (c) 입사 빛의 전기장과 자기장의 최대값을 구하라.

**전략** 식 21.30은 빛이 물체에서 완전 반사될 때 전달되는 운동량을 알려준다. 이 운동량의 시간에 따른 변화가 힘이다. (b)의 부분에서 가속도를 구하기 위해 뉴턴의 제2법칙을 이용하라. 그러면 속도 운동 방정식으로 원하는 속력 변화를 얻기 위한 필요 시간을 산출해낼 수 있다. (c)는 식 21.27과 $E = Bc$로부터 구할 수 있다.

**풀이**

(a) 돛에 작용하는 힘을 구하라.

식 21.30을 쓰고 돛에 공급되는 에너지에 대해 $U = \mathscr{P}\Delta t = IA\Delta t$를 대입한다.

$$\Delta p = \frac{2U}{c} = \frac{2\mathscr{P}\Delta t}{c} = \frac{2IA\Delta t}{c}$$

빛에 의해 돛에 작용하는 힘 $\Delta p/\Delta t$를 구하기 위해 양변을 $\Delta t$로 나눈다.

$$F = \frac{\Delta p}{\Delta t} = \frac{2IA}{c} = \frac{2(1\,340\ \text{W/m}^2)(1.00 \times 10^6\ \text{m}^2)}{3.00 \times 10^8\ \text{m/s}}$$

$$= \boxed{8.93\ \text{N}}$$

(b) 지름 방향의 속력이 1.00 km/s만큼 변하는 데 걸리는 시간을 구하라.

힘을 뉴턴의 제2법칙에 대입하고 돛의 가속도에 대해 푼다.

$$a = \frac{F}{m} = \frac{8.93\ \text{N}}{2.50 \times 10^4\ \text{kg}} = 3.57 \times 10^{-4}\ \text{m/s}^2$$

속도 운동 방정식을 적용한다.

$$v = at + v_0$$

$t$에 대해 푼다.

$$t = \frac{v - v_0}{a} = \frac{1.00 \times 10^3\ \text{m/s}}{3.57 \times 10^{-4}\ \text{m/s}^2} = \boxed{2.80 \times 10^6\ \text{s}}$$

(c) 빛의 전기장과 자기장의 최대값을 계산하라.

$E_{\text{max}}$에 대해 식 21.28을 푼다.

$$I = \frac{E^2_{\text{max}}}{2\mu_0 c} \longrightarrow E_{\text{max}} = \sqrt{2\mu_0 cI}$$

$$E_{\text{max}} = \sqrt{2(4\pi \times 10^{-7}\ \text{N}\cdot\text{s}^2/\text{C}^2)(3.00 \times 10^8\ \text{m/s})(1.34 \times 10^3\ \text{W/m}^2)}$$
$$= 1.01 \times 10^3\ \text{N/C}$$

$E = B_{\text{max}}c$를 이용하여 $B_{\text{max}}$를 구한다.

$$B_{\text{max}} = \frac{E_{\text{max}}}{c} = \frac{1.01 \times 10^3\ \text{N/C}}{3.00 \times 10^8\ \text{m/s}} = \boxed{3.37 \times 10^{-6}\ \text{T}}$$

**주의** 가속도가 아주 작은 반면에 연료 비용이 안 들며, 몇 달 내에 우주선이 태양계의 어떤 행성이든지 도달할 수 있는 충분한 속도로 변화할 수 있다. 이와 같은 우주선은 어떤 목적을 위해서는 유용할 수도 있으며 매우 경제적이지만 엄청난 참을성을 필요로 한다.

**연습문제 21.8**

출력이 22.0 W이고 빔의 직경이 0.500 mm인 레이저가 있다. (a) 레이저의 세기를 구하라. (b) 당신이 우주에 떠 있고, 레이저 빔이 당신으로부터 멀어지는 방향을 향한다고 가정하자. 당신의 가속도는 얼마인가? 당신의 총 질량은 장치를 포함해서 72.0 kg이며 힘은 당신의 질량 중심을 향한다. (힌트: 운동량의 변화량은 빛이 반사하지 않는 경우와 같다.) (c) 만일 질량 $1.00 \times 10^6$ kg인 우주 정거장의 질량 중심으로부터 100.0 m 떨어져 있다면 (b) 부분에서 구한 가속도를 우주 정거장의 중력 가속도와 비교하라.

**답** (a) $2.80 \times 10^7$ W/m$^2$ (b) $1.02 \times 10^{-9}$ m/s$^2$ (c) $6.67 \times 10^{-9}$ m/s$^2$

만일 이 레이저 불꽃을 정거장으로 돌아가기 위한 추진기로 사용할 계획이 있다면 중력이 더 강하니까 고민하지 마라. 차라리 누군가 당신에게 줄을 던지도록 하는 편이 낫다.

## 21.12 전자기파의 스펙트럼

모든 전자기파가 빛의 속력 $c$로 진공 속을 진행한다는 것을 알았다. 이 파동은 파원으로부터 에너지와 운동량을 수신기에 전달한다. 1887년 헤르츠는 맥스웰이 예언한 라디오 진동수 전자기파를 성공적으로 발생시키고 검출하였다. 맥스웰 자신은 가시광과 1800년에 윌리엄 허쉘(William Herschel)이 발견한 적외선을 전자기파로 인식했었다. 지금은 여러 가지 진동수와 파장을 가진 전자기파가 존재함이 알려져 있다.

모든 전자기파가 진공을 빛의 속력 $c$로 진행하기 때문에, 진동수 $f$와 파장 $\lambda$는 다음과 같은 중요한 관계식을 만족한다.

$$c = f\lambda \qquad [21.31]$$

전자기파들의 다양한 종류가 그림 21.21에 소개되어 있다. 진동수와 파장 범위가 넓고 일부 겹쳐지는 것에 유의하라. 예를 들면, 전형적인 값으로 진동수 5.00 MHz를 갖는 AM 라디오파는 다음과 같은 파장을 갖는다.

$$\lambda = \frac{c}{f} = \frac{3.00 \times 10^8 \text{ m/s}}{5.00 \times 10^6 \text{ s}^{-1}} = 60.0 \text{ m}$$

다음 약어들은 짧은 파장과 거리를 표시하기 위하여 자주 사용된다.

$$1 \text{ micrometer } (\mu\text{m}) = 10^{-6} \text{ m}$$
$$1 \text{ nanometer (nm)} = 10^{-9} \text{ m}$$
$$1 \text{ angstrom } (\text{Å}) = 10^{-10} \text{ m}$$

예를 들면, 가시광의 파장은 0.4 $\mu$m부터 0.7 $\mu$m, 혹은 400 nm부터 700 nm, 혹은 4 000 Å부터 7 000 Å까지의 영역에 걸쳐 있다.

**Quick Quiz 21.4**

다음 광파에 대한 설명 중 어느 것이 맞는가? (a) 진동수가 높아질수록 파장이 길어진다. (b) 진동수가 낮아질수록 파장이 길어진다. (c) 높은 진동수의 빛이 낮은 진동수의 빛에 비해 빨리 이동한다. (d) 파장이 짧을수록 진동수가 높다. (e) 진동수가 낮을수록 파장이 짧다.

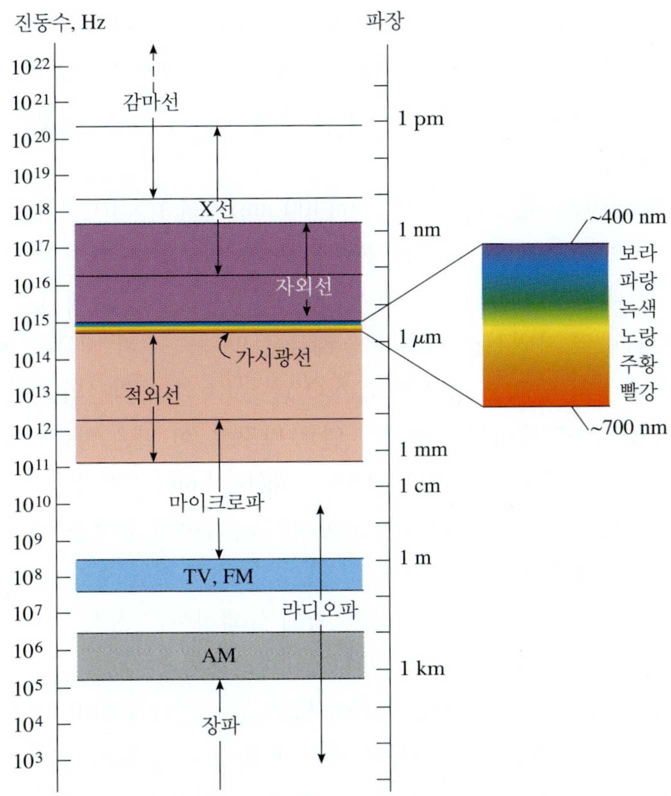


**그림 21.21** 전자기 스펙트럼. 인접한 종류의 파동들이 겹쳐진다는 것에 유의하라. 오른쪽의 확대된 그림은 가시 스펙트럼을 자세히 보여 준다.

이들 전자기파에 대한 간단한 설명을 파장이 큰 순서부터 하면 다음과 같다. 한 종류와 다음 종류의 파동 사이의 정확한 구분은 없다. 모든 종류의 전자기파는 가속되는 전하에 의하여 발생한다.

**라디오파**(radio wave)는 21.10절에서 논의된 바와 같이, 전도성 도선 속에서 가속되는 전하에 의한 결과이다. 이는 물론 라디오와 텔레비전 통신 체제에 사용된다.

**마이크로파**(micro wave)는 단파장 라디오파로서, 약 1 mm에서 30 cm 사이의 파장을 가지며 전자 장치에 의하여 발생된다. 이들의 짧은 파장은 항공기 비행에서 이용되는 레이더 체제나 물질의 원자 및 분자 성질의 연구에 적합하다. 마이크로파 오븐(전자레인지)은 이런 파의 흥미로운 가정용 응용제품이다. 우주공간에 띄운 태양광 수집기로부터 지구에게로 마이크로파를 비춤으로써 태양 에너지를 이용할 수 있지 않을까 하는 제안이 있기도 했다.

**적외선**(infrared wave)은 가끔 열파라고 잘못 불리기도 하는데, 뜨거운 물체와 분자들에 의하여 발생하며 약 1 mm에서 가시광의 가장 긴 파장인 $7 \times 10^{-7}$ m 사이의 파장을 갖는다. 이것들은 대부분의 물질에 쉽게 흡수된다. 어떤 물체에 흡수된 적외선 에너지는 물질을 가열시키는데 이것은 그 에너지가 물체의 원자들을 뒤흔들어 진동운동이나 병진 운동을 증가시키기 때문이다. 이 결과는 온도 상승으로 나타난다. 적외선은 물리 치료, 적외선 사진, 그리고 원자 진동의 연구를 포함한 많은 실제적이고 과학적인 분야에 응용되고 있다.

**가시광선**(visible light)은 우리에게 가장 익숙한 형태의 전자기파로서, 사람의 눈으로

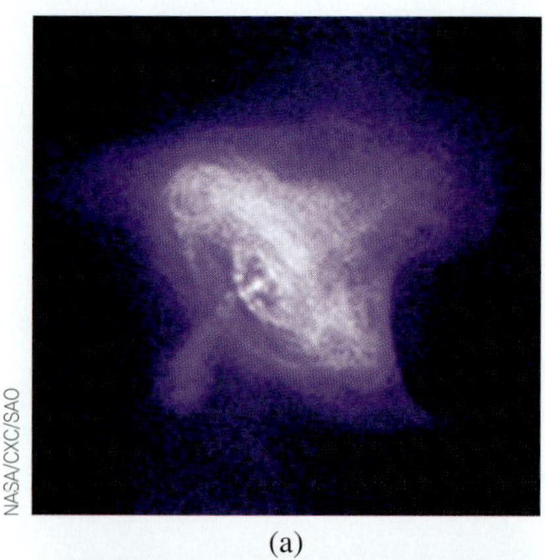

(a)

(b)

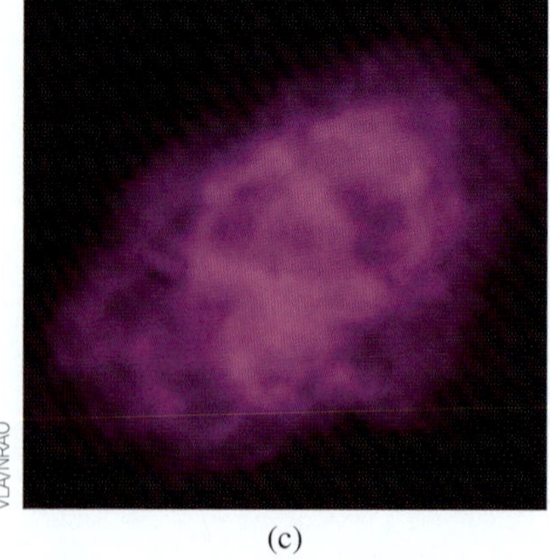

(c)

**그림 21.22** 전자기 스펙트럼의 다른 부분을 이용한 관측을 통해 본 게성운의 다른 모습. (a) X선 영상(NASA/CXC/SAO). (b) 광학 영상(Palomar Observatory/팔로마 천문대). (c) 라디오파 영상(VLA/NRAO).

검출되는 스펙트럼 범위로 정의될 수 있다. 빛은 원자와 분자에 있는 전자들의 재배치에 의하여 발생한다. 가시광의 파장은 보라($\lambda \approx 4 \times 10^{-7}$ m)에서 빨강($\lambda \approx 7 \times 10^{-7}$ m)까지의 색깔들로 구분된다. 눈의 감도는 파장에 따라 다르며, 약 $5.6 \times 10^{-7}$ m(황록색)의 파장에서 가장 크다.

**자외선**(ultraviolet light)은 약 $4 \times 10^{-7}$ m(400 nm)에서 $6 \times 10^{-10}$ m(0.6 nm)까지의 파장 영역을 차지한다. 태양은 피부를 태우는 주된 원인인 자외선의 중요 원천이다. 태양에서 나오는 대부분의 자외선은 대기권 상층부 혹은 성층권에 있는 원자들에 의하여 흡수된다. 다량의 자외선은 인간에게 해로운 영향을 주기 때문에 이것은 다행스러운 일이다. 성층권의 중요한 성분인 오존($O_3$)은 산소와 자외선의 반응으로 생긴다. 이 오존막이 치명적인 고에너지 자외선을 열로 바꾸고, 이 열은 성층권을 가열한다.

**X선**(X-ray)은 약 $10^{-8}$ m(10 nm)에서 $10^{-13}$ m($10^{-4}$ nm) 사이의 파장을 가진 전자기파이다. 가장 일반적인 X선의 원천은 고에너지로 가속된 전자를 금속 표적에 충돌시켜서 발생하는 것이다. X선은 의학에서 진단기기와 특정한 형태의 암에 대한 치료에 사용된다. X선은 생체 조직과 유기체를 쉽게 통과하여 손상시키거나 파괴하기 때문에, 불필요한 노출이나 과다 노출을 피하도록 주의해야 한다.

**감마선**(gamma ray)은 방사성 핵에 의하여 방출되는 전자기파이며, 약 $10^{-10}$ m부터 $10^{-14}$ m 이하의 파장을 갖는다. 그것들은 매우 투과성이 강하고, 생체 조직에 흡수되면 심각한 손상을 입힌다. 따라서 그런 방사성 원소 주변에서 일하는 사람들은 납판과 같은 매우 흡수성이 큰 물질을 넣어 만든 의류로 보호되어야 한다.

천문학자들이 동일한 천체를 전자기파의 다른 스펙트럼 영역에서 민감한 검출기들을 이용하여 관찰할 때 물체의 형태에 두드러진 변화가 있는 것을 볼 수 있다. 그림 21.22는 3개의 다른 파장 영역에서 만든 게성운의 영상이다. 게성운은 1054년 지구에서 관측되었던 초신성 폭발의 잔해이다.

소리에서처럼 빛에서도 도플러 효과가 있다. 관측자와 전자기파 원이 서로를 향해 움직이면 관측자는 진동수가 커지거나 청색 편이가 발견된다. 관측자와 전자기파원이 서로 멀어질수록 빛의 진동수가 낮아지거나 적색 편이가 발견된다. 대부분의 은하는 적색 편이를 갖고 있다. 이것은 은하들이 지구로부터 멀어지고 있다는 것을 의미한다. 이 현상이 팽창 우주에 대한 대폭발 모형을 이끌어냈다.

## 응용물리 21.2 태양과 눈의 진화

우리 눈이 가장 민감한 파장 부분이 태양에서 나오는 파장 분포의 중심과 일치한다. 이것은 놀라운 우연인가?

**설명** 이것은 우연의 일치가 아니다. 즉, 이것은 생물학적 진화의 결과이다. 사람은 태양으로부터 나오는 가장 강한 파장에 시각이 민감하도록 진화해왔다. 만일 다른 행성에서 외계인이 지구에 왔다면 그들의 눈은 우리와는 다른 파장에 민감할 것이다. 만일 그들의 태양이 적색 왜성이었다면 빨간색 빛에 가장 민감할 것이다.

## 요약

Physics Now™ **http://physics.brookscole.com/ecp**에서 PhysicsNow를 로그인하고 이 장에 대한 Pre-Test link를 클릭하여 연습문제 시험을 보라.

### 21.1 교류회로에서의 저항

발전기와 저항으로 구성된 교류회로에서, 전류는 전압과 동일한 위상을 갖는데, 이것은 전류와 전압이 동시에 최대값에 도달한다는 것을 의미한다.

교류회로의 전압과 전류를 논의할 때 보통 실효값을 사용한다. 교류 전압계와 교류 전류계가 **실효값**을 읽도록 설계된 것이 하나의 이유이다. 전류와 전압의 실효값($I_{rms}$와 $\Delta V_{rms}$)은 이 양들의 최대값($I_{max}$와 $\Delta V_{max}$)과 다음과 같은 관계를 갖는다.

$$I_{rms} = \frac{I_{max}}{\sqrt{2}} \text{와} \quad \Delta V_{rms} = \frac{\Delta V_{max}}{\sqrt{2}} \qquad [21.2, 21.3]$$

저항에 걸린 실효 전압과 저항을 지나는 실효 전류는 다음과 같은 **옴의 법칙**의 관계가 있다.

$$\Delta V_{R,rms} = I_{rms}R \qquad [21.4a]$$

### 21.2 교류회로에서의 축전기

만일 교류회로가 발전기와 축전기로 구성되어 있다면, 전압은 전류보다 90° 지체된다. 즉, 전압은 전류가 최대값에 도달한지 1/4 주기 후에 최대값에 도달한다.

교류회로에서 전류에 대한 축전기의 방해 효과는

$$X_C \equiv \frac{1}{2\pi fC} \qquad [21.5]$$

로 정의되는 **용량 리액턴스** $X_C$에 의하여 주어지며, 여기서 $f$는 교류 전원의 진동수이다.

축전기에 걸린 실효 전압과 축전기를 지나는 실효 전류는 다음과 같은 관계가 있다.

$$\Delta V_{C,rms} = I_{rms}X_C \qquad [21.6]$$

### 21.3 교류회로에서의 인덕터

발전기와 인덕터로 구성된 회로에서, 전압은 전류보다 90° 앞서간다. 즉, 전압은 전류가 최대값에 도달하기 1/4 주기 전에 최대값에 도달한다는 것을 의미한다.

교류회로에서 코일의 유효 임피던스는 **유도 리액턴스** $X_L$이라 부르는 양에 의해 다음과 같이 정의된다.

$$X_L \equiv 2\pi fL \qquad [21.8]$$

코일에 걸린 실효 전압은 코일에서의 실효 전류와 다음과 같은 관계가 있다.

$$\Delta V_{L,rms} = I_{rms}X_L \qquad [21.9]$$

### 21.4 *RLC* 직렬회로

교류 *RLC* 직렬회로에서, 공급된 최대 전압 $\Delta V$는 저항($\Delta V_R$)과 축전기($\Delta V_C$), 그리고 인덕터($\Delta V_L$)에 걸린 최대 전압들과 다음과 같은 관계가 있다.

$$\Delta V_{max} = \sqrt{\Delta V_R{}^2 + (\Delta V_L - \Delta V_C)^2} \qquad [21.10]$$

저항기와 축전기, 그리고 인덕터를 포함한 교류회로에서 회로의 전류는

$$Z \equiv \sqrt{R^2 + (X_L - X_C)^2} \qquad [21.13]$$

으로 정의되는 회로의 **임피던스** $Z$에 의하여 정해진다.

*RLC* 직렬교류회로에 공급된 최대 전압과 회로의 최대 전류는 다음과 같은 관계가 있는데 이는 모든 소자에 대해 똑같다.

$$\Delta V_{max} = I_{max}Z \qquad [21.14]$$

*RLC* 직렬교류회로에서, 공급된 실효 전압과 전류는 위상이 어긋나 있다. 전압과 전류 사이의 **위상각** $\phi$는 다음과 같이 주어진다.

$$\tan\phi = \frac{X_L - X_C}{R} \qquad [21.15]$$

### 21.5 교류회로에서의 전력

*RLC* 직렬교류회로의 전원에서 공급되는 **평균 전력**은

$$\mathscr{P}_{av} = I_{rms}\,\Delta V_{rms}\cos\phi \qquad [21.17]$$

이고, 여기서 상수 $\cos\phi$ 를 **역률**이라고 부른다.

### 21.6 직렬 *RLC* 회로의 공명

일반적으로 직렬 *RLC* 회로에서의 실효 전류는 다음과 같이 쓸 수 있다.

$$I_{rms} = \frac{\Delta V_{rms}}{Z} = \frac{\Delta V_{rms}}{\sqrt{R^2 + (X_L - X_C)^2}} \qquad [21.18]$$

임피던스가 $X_L = X_C$이고 $Z = R$과 일치하여 **최소값**일 때 전류는 **최대값**을 갖는다 . 이것이 발생되는 진동수 $f_0$를 회로의 **공명 진동수**라 하며

$$f_0 = \frac{1}{2\pi\sqrt{LC}} \qquad [21.19]$$

로 주어진다.

### 21.7 변압기

만일 변압기의 1차 코일이 $N_1$번 감겨 있고 2차 코일이 $N_2$번 감겨 있다면, 입력 교류 전압 $\Delta V_1$이 1차 코일에 가해지면 2차 코일에 유도된 전압은 다음과 같다.

$$\Delta V_2 = \frac{N_2}{N_1}\Delta V_2 \qquad [21.22]$$

$N_2$가 $N_1$보다 클 때, 즉 $\Delta V_2$가 $\Delta V_1$을 초과하므로 변압기는 **승압 변압기**라고 한다. $N_2$가 $N_1$보다 작을 때, 즉 $\Delta V_2$가 $\Delta V_1$보다 작아

지므로 변압기는 **강압 변압기**라고 한다. 이상적인 변압기에서는 출력 전력은 입력 전력과 같다.

### 21.8–21.12 전자기파와 그 성질

전자기파는 맥스웰에 의하여 예언되었고, 헤르츠에 의해 실험적으로 확증되었다. 이 파동은 가속되는 전하에 의해 생성되며 다음 성질들을 갖는다.

1. 전자기파는 전기장과 자기장이 파동의 진행 방향에 수직하므로 횡파이다.
2. 전자기파는 빛의 속력으로 진행한다.
3. 한 점에서 전자기파의 전기장과 자기장의 비는 빛의 속력과 같다. 즉,

$$\frac{E}{B} = c \qquad [21.26]$$

4. 전자기파는 공간을 진행하면서 에너지를 운반한다. 단위 면적당 평균 일률은 세기 $I$와 같으며

$$I = \frac{E_{max}B_{max}}{2\mu_0} = \frac{E^2_{max}}{2\mu_0 c} = \frac{c}{2\mu_0}B^2_{max} \qquad [21.27, 21.28]$$

으로 주어진다. 여기서 $E_{max}$와 $B_{max}$는 전기장과 자기장의 최대값이다.

5. 전자기파는 에너지뿐만 아니라 선운동량과 각운동량도 전달한다. $\Delta t$의 시간 동안 물체에 수직 방향으로 입사되어 전달된 운동량 $p$는 물체가 빛 에너지 $U$를 완전히 흡수한다면 다음과 같이 주어진다.

$$p = \frac{U}{c} \quad \text{(완전 흡수)} \qquad [21.29]$$

만일 표면이 완전 반사체라면, $\Delta t$의 시간 동안 수직 입사에 의해서 전달된 운동량은 식 21.29에 주어진 것의 두 배가 된다.

$$p = \frac{2U}{c} \quad \text{(완전 반사)} \qquad [21.30]$$

6. 전자기파의 속력 $c$와 진동수 $f$, 그리고 파장 $\lambda$는

$$c = f\lambda \qquad [21.31]$$

의 관계가 있다.

**전자기파 스펙트럼**은 넓은 영역의 진동수와 파장을 갖는 파동들로 이루어져 있다. 이들 파동은 진동수와 파장에 따라 다양한 응용성과 특성을 갖는다. 파동의 진동수는 관측자와 파원의 상대 속도에 따라 이동할 수 있으며 관측자와 파원이 서로를 향해 움직일 때는 증가하고, 관측자와 파원이 서로에게서 멀어지게 되면 감소한다.

## 개념 파악을 위한 질문

1. 변압기에 직류 전압이 가해지면 1차 코일이 과열되고 타기도 한다. 그 이유는?

3. 수신용 라디오의 안테나는 전도성 선이나 고리의 형태를 가질 수 있다. 이러한 개개의 수신용 안테나는 지면에 수직하게 놓인 방송용 안테나에 대해 어떤 방향이어야 하는가?

5. 라디오 전송에서, 라디오파는 전송파 역할을 하며, 음성 신호가 전송파에 겹쳐진다. 진폭 변조(AM) 방식 라디오에서는 전송파의 크기가 음성 신호에 따라 변조된다. 해군은 때때로 인접한 배들 사이에 모스 부호를 보내기 위해 번쩍이는 빛을 사용하는데, 이는 라디오 방송과 유사한 과정이다. 이것은 AM 방식인가 아니면 FM 방식인가? 전송파의 진동수는 얼마인가? 송신 안테나는 무엇인가? 수신 안테나는 무엇인가?

7. 다른 행성에 가기 위해 제안된 또 다른 방법인 우주 범선 항해에서, 우주선은 매우 큰 돛을 가지고 있다. 태양 빛은 돛에 부딪혀서 우주선을 가속시키는 힘을 가한다. 이 돛이 가장 효과적이기 위해서는 빛을 흡수하는 성질을 가져야 하는가 아니면 반사하는 성질을 가져야 하는가?

9. 다른 행성에서 온 어떤 외계인이 적외선에 민감한 눈을 가지고 있다고 하자. 만일 그가 당신이 있는 방을 둘러본다면 무엇을 보게 되는지 설명해 보라. 즉, 무엇을 밝게, 무엇을 어둡게 볼 것인가?

11. *RLC* 회로에서 저항값은 그대로 있고 전기용량과 인덕턴스가 각각 두 배가 되면 공명 진동수는 어떻게 변하는가?

13. 고전압으로 전력을 송전하는 장점은 무엇인가?

15. 만일 축전지를 1차 코일의 양단에 입력 전압으로 사용하면 변압기가 동작하겠는가? 설명하라.

# 문제

1, 2, 3 = 기본문제, 발전문제, 심화문제

□ = 학생 문제풀이 매뉴얼/학습 가이드 속에 문제풀이가 있다.

Physics Now™ http://physics.brookscole.com/ecp에서 힌트를 받을 수 있는 문제

= 생물의학 문제

## 21.1 교류회로에서의 저항

**1.** 실효 전압 100 V가 5.00 Ω의 저항에 가해진다. (a) 가해진 최대 전압, (b) 공급된 실효 전류, (c) 공급된 최대 전류, (d) 소모된 전력 등을 구하라.

**3.** 어떤 교류전원이 $\Delta V_{max}$ =100 V인 최대 전압을 만들어 낸다. 이 전원이 24.0 Ω의 저항에 연결되어 있고, 전류와 저항에 걸리는 전압이 그림 P21.3에 있는 것과 같이 이상적인 전류계와 전압계로 측정되었다. 각 계기들에는 얼마의 값이 측정되겠는가? 이상적인 전류계의 저항은 0이고, 이상적인 전압계의 저항은 무한대임을 유의하라.

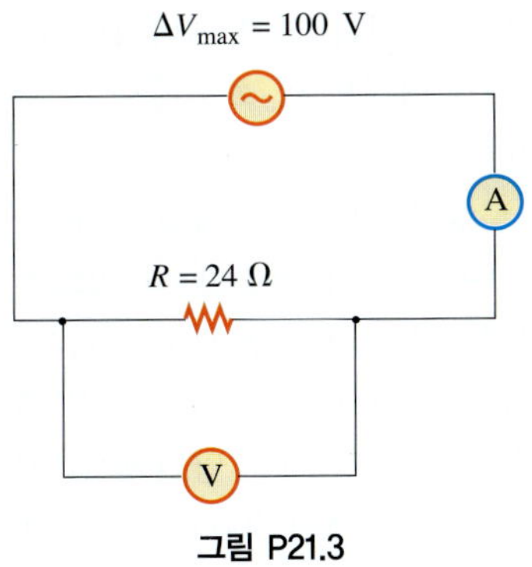


그림 P21.3

**5.** 그림 P21.5에 음향 증폭기가 교류전원과 저항 $R$로 표현되어 있다. 만일 전원이 교류전압 15.0 V(실효)에 맞추어져 있고, 저항 $R$이 8.20 Ω이고 스피커의 등가저항이 10.4 Ω이라면 스피커에 공급되는 시간-평균 전력은 얼마인가?

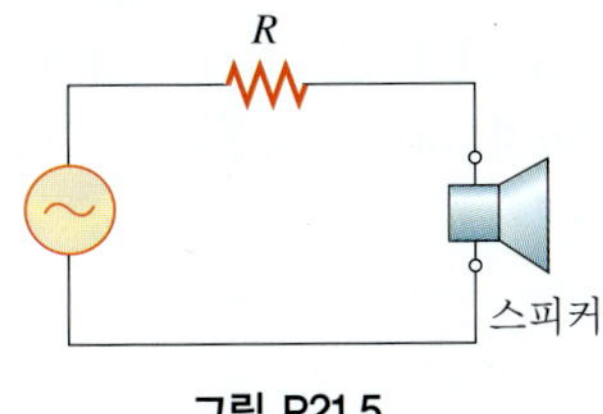


그림 P21.5

## 21.2 교류회로에서의 축전기

**7.** 실효 출력 전압이 30 V인 발전기에 4.0 μF 축전기가 연결되어 있을 때, 회로의 전류가 0.30 A로 측정되었다. 전원의 진동수는 얼마인가?

**9.** Physics Now™ 60 Hz에 최대 전압이 170 V인 발전기에 연결된 회로에서 0.75 A인 전류를 얻기 위해 어떤 전기용량을 가진 축전기가 연결되어야 하겠는가?

## 21.3 교류회로에서의 인덕터

**11.** 유도 리액턴스 $X_L$이 옴(Ω)의 국제단위를 가짐을 보여라.

**13.** 어떤 인덕터가 60.0 Hz에서 54.0 Ω 리액턴스를 갖는다. 만일 이 인덕터가 100 V의 실효 전압을 내는 50.0 Hz 전원에 연결되었다면, **최대** 전류는 얼마인가?

**15.** 표준 전원($\Delta V_{rms}$ = 120 V, $f$ = 60.0 Hz)에 연결된 인덕터를 통과하는 최대 자기선속을 구하라.

## 21.4 *RLC* 직렬회로

**17.** 40.0 μF 축전기가 50.0 Ω 저항과 출력 전압이 60.0 Hz에서 30.0 V인 전원에 연결되어 있다. (a) 회로의 실효 전류, (b) 저항에서의 실효 전압 강하, (c) 축전기에서의 실효 전압 강하, (d) 회로에 대한 위상각을 구하라.

**19.** 저항기($R$ = 900 Ω), 축전기($C$ = 0.25 μF), 인덕터($L$ = 2.5 H)가 최대 전압 $\Delta V_{max}$ = 140 V이고 240 Hz인 교류전원에 직렬로 연결되어 있다. (a) 회로의 임피던스, (b) 전원에 의해 공급되는 최대 전류, (c) 전류와 전압 사이의 위상각을 구하라. (d) 전류가 전압을 앞서 가는가 또는 뒤쳐져 가는가?

**21.** 60.0 Ω 저항, 3.00 μF 축전기 및 0.400 H 인덕터들이 90.0 V(실효값), 60.0 Hz 전원에 직렬로 연결되어 있다. (a) $LC$ 결합 양단의 전압 강하와 (b) $RC$ 결합 양단의 전압 강하를 구하라.

**23.** Physics Now™ 최대 전압이 150 V이고, $f$ = 50.0 Hz인 교류전원이 그림 P21.23에 있는 $a$와 $d$점 사이에 연결되어 있다. (a) $a$와 $b$, (b) $b$와 $c$, (c) $c$와 $d$, (d) $b$와 $d$ 사이의 실효 전압을 계산하라.

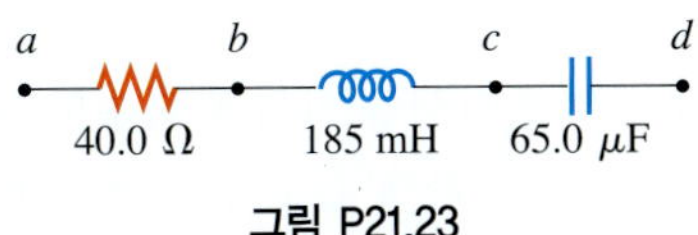


그림 P21.23

## 21.5 교류회로에서의 전력

**25.** $RL$ 회로에서 테스터가 0.500 A의 실효 전류와 60.0 Hz의 발전기의 실효 전압 104 V를 측정하였다. 전력계는 저항기에 공급되는 평균 전력이 10.0 W임을 나타낸다. (a) 회로의 임피던스, (b) 저항 $R$, (c) 인덕턴스 $L$을 구하라.

**27.** 어떤 인덕터와 저항기가 직렬로 연결되어 있다. 이것을 60 Hz, 90 V(실효) 전원에 연결하였을 때, 저항 양단에서의 전압 강하는 50 V(실효)이고, 회로에서의 전력 손실은 14 W이다. (a) 저항 값과 (b) 인덕턴스 값을 구하라.

### 21.6 *RLC* 직렬회로에서의 공명

**29.** 어떤 *RLC* 회로가 88.9 MHz로 방송중인 FM 라디오 방송국에 채널을 맞추는 데 사용되고 있다. 회로의 저항은 12.0 Ω이고 전기용량은 1.40 pF이다. 이 회로의 인덕턴스는 얼마인가?

**31.** AM 밴드는 약 500 kHz에서 1 600 kHz에 걸쳐 있다. 만일 2.0 $\mu$H의 인덕터가 라디오 동조 회로에 쓰인다면, 주파수 전체 영역을 이용하기 위해서는 축전기의 전기용량의 최대와 최소값이 얼마가 되어야 하는가?

**33.** 10.0 Ω 저항, 10.0 mH 인덕터 및 100 $\mu$F 축전기가 50.0 V(실효)의 가변 진동수 전원에 직렬로 연결되어 있다. 만일 전원의 진동수가 공명 진동수의 두 배라면 한 주기 동안 회로에 공급되는 에너지를 구하라.

### 21.7 변압기

**35.** 교류 전력 발전기가 3 600 V에서 50 A(실효)를 발생시킨다. 전압이 이상적인 변압기에 의해 100 000 V로 승압되고, 에너지는 저항이 100 Ω인 원거리 전력선을 통해 전달된다. 발전기에서 공급된 전력의 몇 퍼센트가 전력선에서 열로 손실되는가?

**37.** 공장 근처의 주상 변압기는 전압을 3 600 V(실효)에서 120 V(실효)로 강압시킨다. 변압기는 90%의 효율로 1 000 kW를 공장에 공급한다. (a) 1차 코일에 공급되는 전력, (b) 1차 코일에서의 전류, (c) 2차 코일에서의 전류를 구하라.

### 21.9 안테나에 의한 전자기파 생성

### 21.10 전자기파의 성질

**39.** 미국 해군은 오랫동안 극히 낮은 주파수(extremely low-frequency; ELF)를 이용한 통신 시스템을 제안해 왔는데, 그런 파동은 대양을 통과하며 멀리 있는 잠수함에 도달할 수 있다. 주파수가 75 Hz인 ELF파를 발생하는 송신기를 위한 1/4 파장 안테나의 길이를 계산하라. 이것이 얼마나 실용적이겠는가?

**41.** 산화 헤모글로빈은 빨간색을 약하게 흡수하고(그래서 빨간색을 띤다) 근적외선을 강하게 흡수하는 반면에, 환원된 헤모글로빈은 그 반대의 흡수를 나타낸다. 이 사실은 동맥혈에서의 산소 포화도를 측정하기 위한 "펄스 산소 농도계"에서 사용된다. 이 장치는 사람의 손가락 끝에 고정시키게 되어 있고 두 개의 발광 다이오드[빨강(660 nm)과 적외선(940 nm)]와 광전관으로 구성되어 있는데 광전관은 손가락을 통해 투과된 각 파장의 빛의 양을 측정한다. (a) 이들 광원의 각각의 진동수를 구하라. (b) 만일 혈액에서 빨간색 광원의 에너지가 67% 흡수되었다면 전자기파의 진폭이 얼마나 변하겠는가? [힌트: 파동의 세기는 식 21.28에 주어진 것과 같이 단위 면적당 평균 일률과 같다.]

**43.** Physics Now™ 태양은 지구 대기권 상층부에 1 340 W/m² 정도의 평균 일률을 공급하고 있다. 대기권 상층부에 있는 전자기파에 대해 $\vec{E}_{max}$와 $\vec{B}_{max}$의 크기를 구하라.

### 21.11 전자기파 스펙트럼

**45.** (a) AM 라디오 밴드(540~1 600 kHz)와 (b) FM 라디오 밴드(88~108 MHz)의 파장 범위는 얼마인가?

**47.** 화학자들은 미확인 물질을 파악하기 위하여 적외선 스펙트럼을 사용한다. 분자 안에 있는 원자는 특정 결합으로 서로 묶여 있는데 예측 가능한 진동수로 진동하고 그 진동수를 가진 빛은 원자에 강하게 흡수된다. 예를 들면 C=O의 이중결합의 경우 산소원자는 탄소에 의해 유효 용수철 상수 2 800 N/m를 갖는 결합으로 묶여 있다. 만일 탄소원자가 정지상태(분자 안의 다른 원자에 붙어 있다)로 남아 있다고 가정한다면, 이 결합의 공명 진동수와 이 진동수에 맞는 빛의 파장을 구하라. 이 파장이 스펙트럼의 적외선 영역에 놓여 있는 것을 보여라(산소원자의 질량은 $2.66 \times 10^{-26}$ kg이다).

### 추가문제

**49.** 200 Ω의 저항이 5.0 $\mu$F의 축전기와 60 Hz, 120 V 실효 전원에 직렬로 연결되어 있다. 전기 에너지의 비용이 $0.080/kWh라 하면 24 h 동안 연결된 이 회로에서 소모되는 전기 에너지 비용은 얼마인가?

**51.** Physics Now™ 상자 안에 두 회로소자가 직렬연결되어 있고, 두 연결 단자만이 이들과 연결할 수 있도록 되어 있는데 이 회로소자가 *R*, *L* 또는 *C*인지 모르고 있다. 상자 안에 있는 것이 무엇인지 찾기 위해 다음 결과와 같은 몇 가지 측정을 하였다. 3.0 V 직류전원이 단자의 양단에 연결되었을 때 충분한 시간이 흐른 뒤에 회로에서 300 mA의 최대 직류 전류가 측정되었다. 최대 전압이 3.0 V인 60 Hz의 전원이 대신 연결되었을 때 최대 전류는 200 mA로 측정되었다. (a) 상자 안의 두 소자는 무엇인가? (b) *R*, *L* 또는 *C*의 값은 얼마인가?

**53.** 지름 20.0 m인 접시 안테나가 그림 P21.53에서 나타난 것과 같이 멀리 떨어진 신호원으로부터 라디오 신호를 수신한다(수직 입사). 라디오 신호는 진폭 $E_{max}$ = 5.0 $\mu$V/m의 연속적인 사인 파동이다. 안테나는 접시에 떨어지는 모든 복사를 흡수한다고 가정하자. (a) 이 파동의 자기장의 진폭은 얼마인

그림 P21.53

가? (b) 안테나에서 수신된 복사의 세기는 얼마인가? (c) 안테나에서 수신된 전력은 얼마인가?

55. 우주 비행을 성취하기 위해 가능한 방법 중 하나는 완전히 반사하는 알루미늄 처리된 얇은 판을 지구의 궤도에 놓고 태양에서 온 빛이 이 태양 돛을 밀도록 이용하는 것이다. 면적이 $6.00 \times 10^4$ $m^2$이고 질량이 6 000 kg인 이와 같은 돛이 궤도에서 태양을 향하고 있다고 가정하자. (a) 돛에 작용하는 힘은 얼마인가? (b) 돛의 가속도는 얼마인가? (c) 이 돛으로 $3.84 \times 10^8$ m 떨어진 달에 도착하려면 얼마나 걸리겠는가? 모든 중력 효과는 무시하고, 태양광의 세기는 1 340 $W/m^2$이라 가정한다. [힌트: 반사된 파동의 복사압은 2(단위 면적당 평균 일률)/c로 주어진다.]

CHAPTER 22

# 빛의 반사와 굴절

OUTLINE



빛은 두 가지 본질을 가지고 있다. 빛은 어떤 실험에서는 입자처럼 보이고 또 다른 실험에서는 파동처럼 보인다. 이 장에서는 빛의 파동 모델을 이해하는 데 집중할 것이다. 먼저 빛이 두 매개체 사이에서 반사하는 현상과 한 매개체에서 다른 매개체로 통과할 때 나타나는 굴절현상에 대해 알아본다. 그리고 이 개념들을 거울 표면에서 빛이 반사되는 현상과 빛이 렌즈를 통과하는 현상에 적용해 볼 것이다. 마지막으로 렌즈와 거울이 어떻게 현미경이나 망원경에서 사용되는지 알아보고 렌즈가 어떻게 사진술에 이용되는지 알아볼 것이다. 이 장을 통해 우리가 빛을 능숙하게 다룸으로써 우주의 본질을 조사하고 이해하는 데 좀더 다가갈 수 있게 되었다는 것을 이해할 수 있을 것이다.

## 22.1 빛의 본질

19세기 초까지는 빛은 광원에서 방출된 연속적인 입자의 흐름이며, 그것이 눈에 들어와 시각을 자극한다고 생각하였다. 빛의 입자성의 대표적 창시자는 뉴턴이었다. 그는 이 이론으로 빛의 본질에 관한 몇 가지 알려져 있던 실험적 사실들, 즉 반사와 굴절법칙을 간단히 설명하였다.

대부분의 과학자들은 뉴턴의 빛의 입자설을 받아 들였다. 그러나 뉴턴의 생애 중에 또 다른 이론이 제안되었다. 1678년에 네덜란드의 물리학자이자 천문학자인 호이겐스(Christian Huygens, 1629~1695)는 반사와 굴절법칙을 빛의 파동설로도 설명할 수 있음을 보여 주었다.

빛의 파동설은 몇 가지 이유 때문에 곧바로 받아들여지지 않았다. 그 당시 알려졌던 파동들(음파, 수면파 등등)은 모두 일종의 매질을 통해서만 전달되었다. 그러나 태양으로부터 오는 빛은 빈 공간을 통하여 지구에 도달할 수 있었다. 게다가 만일 빛이 파동의 한 형태라면 장애물 주변에서 휘어야 했다. 따라서 모퉁이 뒤에서도 물체를 볼 수 있어야 한다는 논란이 있었다. 오늘날에는 실제로 빛이 물체의 가장자리 부근에서 휘어진다는 것이 알려져 있다. 빛의 회절이라고 알려진 이 현상은 빛의 파동이 매우 짧기 때문에 쉽게 관측되지는 않는다. 1660년경 그리말디(Francesco Grimaldi, 1618~1663)에 의하여 빛의 회절에 대한 실험적인 증거가 발견되었음에도 불구하고 많은 과학자들은 1세기 이상 파동설을 부정하고 뉴턴의 입자설을 고수하였다. 이것은 과학자로서 뉴턴이 가진 위대한 명성 때문이기도 하였다.

빛의 파동성에 대한 확실한 첫 번째 실험은 영(Thomas Young, 1773~1829)에 의해 1801년 수행되었는데, 그는 적절한 조건하에서 빛이 간섭현상을 나타낸다는 것을 보여 주었다. 즉, 하나의 광원에서 출발한 두 빛이 두 개의 다른 경로를 지나 다른 점에서 만나 소멸 간섭에 의하여 상쇄될 수 있었다. 그 당시 이와 같은 현상은 입자설로는 설명할 수 없었다. 왜냐하면 그 당시 과학자들은 두 개 이상의 분자가 어떻게 만나서 상쇄될 수 있는지 생각해 낼 수 없었기 때문이다.

빛의 이론에 관한 가장 중요한 발전은 맥스웰에 의하여 이루어졌는데, 그는 1865년 빛은 일종의 높은 진동수를 가진 전자기파(21장)의 한 형태라고 추측하였다. 그의 이론은 전자기파가 빛의 속력과 같은 $3 \times 10^8$ m/s의 속력을 가져야 한다는 것을 보여 주었다.

고전적인 전자기 이론은 빛의 알려진 성질들을 대부분 설명할 수 있었지만, 다음의 몇 가지 실험들은 빛이 파동이라는 가정으로는 설명되지 않았다. 이들 중 가장 주목할만한 것은 헤르츠에 의해서 발견된 **광전 효과**이다(이 효과에 대해서는 27장에서 더 자세히 다룰 것이다). 헤르츠는 깨끗한 금속 표면에 자외선을 쬐어주면 전하가 방출되는 것을 발견하였다.

1905년에 아이슈타인은 빛의 양자론을 공식화하여 광전 효과를 설명한 논문을 발표하였다. 그는 빛이 미립자 또는 불연속적인 에너지를 갖는 양자들로 구성되어 있다고 결론지었다. 현재 이러한 미립자 또는 양자를 입자성을 강조하기 위해 광자라고 부른다. 아이슈타인의 이론에 따르면 광자의 에너지는 광자와 관련된 전자기파의 진동수에 비례한다.

광자의 에너지 ▶

$$E = hf \qquad [22.1]$$

여기서 $h = 6.63 \times 10^{-34}$ J·s는 플랑크 상수이다. 이 이론은 빛의 입자성과 파동성의 일부 특성을 모두 가지고 있다. 앞에서 논의한 것처럼 광전 효과는 하나의 광자로부터 금속 내에 있는 전자에게 에너지가 전달되는 과정이다. 즉, 전자가 한 개의 입자와 충돌하듯이 전자는 광양자 한 개와 상호작용을 한다. 그러나 빛이 간섭 현상을 나타낸다는 사실이 내포하듯이 광자는 파동의 특성을 갖고 있다.

이와 같은 사실을 고려한다면 빛은 이중성을 갖는 것이 틀림없다. 즉, 빛은 경우에 따라서 **파동처럼 행동하기도 하고, 또는 입자처럼 행동하기도 한다.** 빛의 전파와 간섭 효과는 고전적인 전자기 이론으로 적절하게 설명될 수 있는 반면에, 광전 효과나 빛과 물질과의 상호작용에 대한 실험들은 빛이 입자라고 가정해야 가장 잘 설명할 수 있다.

그러므로 "빛이 파동인가, 입자인가?"라는 질문은 둘 다 맞기도 하고 둘 다 틀리다고도 할 수 있다. 빛은 파동 또는 입자와 관련된 많은 물리적인 특성을 가지고 있기 때문이다.

## 22.2 반사와 굴절

한 매질에서 진행하는 빛이 두 번째 매질의 경계선을 마주쳐서 들어가려 하는 순간에 반사나 굴절이라는 현상이 생길 수 있다. **반사**(reflection)가 일어나게 되면 빛은 두 번째 매질을 만나서 튀어 나오는 것이다. **굴절**(refraction)이 일어나게 되면 빛은 두 번째 매질에서 경계의 법선에 대하여 일정 각도로 휘어져 들어가게 된다. 가끔씩 빛의 일부는 굴절되고 또 일부는 반사되어 이 두 현상이 같이 일어나기도 한다. 여기서 반사와 굴절을 공부하기 위해서는 빛을 광선근사에 따라 빛의 줄기로 생각하는 방법이 필요하다.

## 기하광학에서의 광선 근사

다음과 같은 빛의 중요한 성질은 우리의 일상적인 경험을 바탕으로 알 수 있는 것이다. **빛은 두 서로 다른 매질의 경계면에 부딪힐 때까지 직선 경로로 진행한다.** 빛이 경계면에 부딪힐 때 그 빛은 경계면에서 반사되거나, 경계면의 다른 쪽 매질로 투과하거나, 또는 부분적으로 두 가지가 모두 일어나기도 한다.

이러한 관찰에 바탕을 두고, 광선을 묘사하기 위하여 우리는 **광선근사**(ray approximation)라고 부르는 방법을 사용할 것이다. 그림 22.1에서처럼 광선은 빛의 진행 방향을 따라 그린 가상적인 선이다. 예를 들면, 어두운 방을 통과하는 햇살의 경로를 광선으로 나타낸다. 또한 빛의 파면에 관한 개념도 사용할 것이다. **파면**(wave front)은 같은 위상과 진폭을 가진 파동의 점들로 이루어진 면이다. 그림 22.1에서 파면은 파동의 마루를 통과하는 면이 된다. 광선은 파동의 진행 방향과 일치하며 파면에 수직한 직선이다. 광선들이 평행한 경로로 진행할 때, 광선들에 수직한 평면이 파면이 된다.

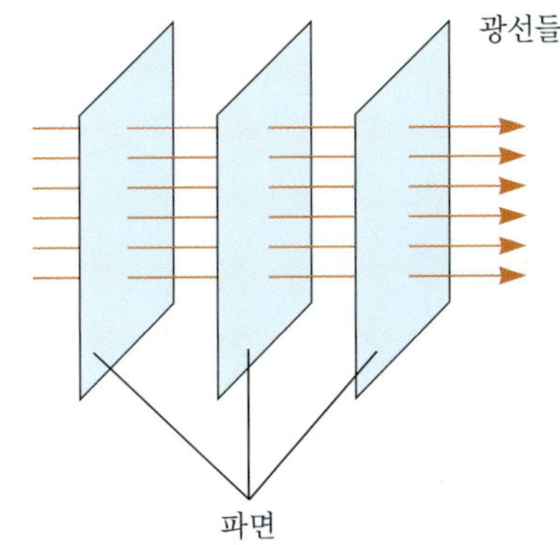


**그림 22.1** 오른쪽으로 진행하는 평면파. 광선의 방향은 파의 진행 방향과 같고 파면에 수직한 직선임을 유의하라.

## 빛의 반사

투명한 매질 내에서 진행하던 광선이 두 번째 매질과의 경계면을 만나면, 입사 광선의 일부는 반사되어 1차 매질로 되돌아간다. 그림 22.2a는 거울 같이 매끄러운 반사면에 입사된 여러 개의 광선들을 보여 준다. 반사된 광선들은 그림에 나타낸 바와 같이 각각 평행을 이룬다. 이와 같이 매끄러운 표면에서 빛이 반사되는 것을 **거울 반사**(specular reflection)라고 부른다. 만일 반사면이 그림 22.2b와 같이 거칠다면, 광선은 여러 방향으로 반사될 것이다. 거친 면에서 반사되는 것을 **난반사**(diffuse reflection)라고 부른다. 표면의 거칠기가 입사광의 파장에 비하여 작으면, 그 표면은 입사광에 대하여 매끄러

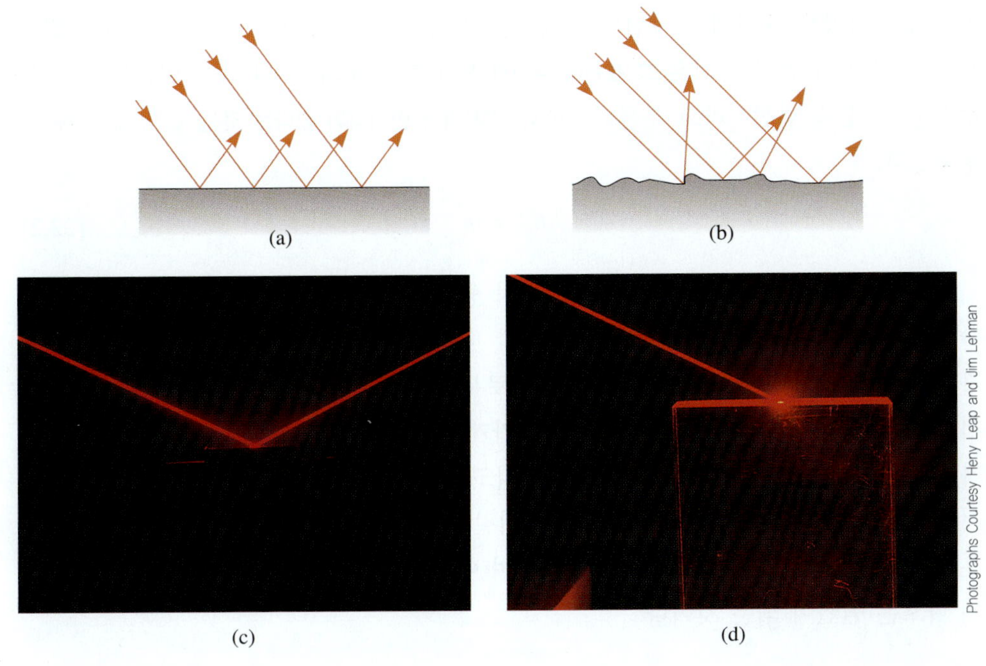


**그림 22.2** (a) 반사 광선의 방향이 서로 평행한 거울 반사. (b) 반사 광선이 임의의 방향으로 진행하는 난반사. (c), (d) 레이저 광선을 이용하여 찍은 거울 반사와 난반사의 사진.

운 표면처럼 작용한다. 그림 22.2c와 22.2d는 레이저 광선의 거울 반사 및 난반사를 보여 주는 사진이다.

**APPLICATION**

비오는 날 밤의 거리

예를 들면, 야간 운전 시에 도로 표면에서 볼 수 있는 두 가지 유형의 반사를 생각해 보자. 도로가 건조할 때, 다가오는 승용차로부터 나오는 빛은 여러 방향으로 산란(퍼진 반사)되어 도로가 잘 보인다. 비가 오는 밤에 도로가 물에 젖어 있을 때는 도로의 울퉁불퉁한 곳이 물로 채워진다. 물에 젖은 면은 아주 매끄럽게 되기 때문에 빛은 거울 반사를 한다. 이것은 빛이 똑바로 반사되는 것을 의미하며, 따라서 자동차 운전자는 오직 자신의 전방만을 볼 수 있게 된다는 의미가 된다. 옆에서 들어오는 빛은 운전자의 눈으로 전혀 들어올 수 없게 된다. 이 책에서는 거울 반사에 대해서만 알아 볼 것이기 때문에 앞으로 나오는 **반사**라는 용어는 거울 반사를 뜻한다.

**Quick Quiz 22.1**

그림 22.3의 (a), (b)의 길 사진 중에서 어떤 사진의 빛이 거울 반사를 더 잘 나타내는가?

(a)

(b)

Photos by Charles D. Winters

**그림 22.3** (Quick Quiz 22.1)

활용그림 22.4에서 보는 것처럼 공기 중에서 진행하던 광선이 임의의 각을 갖고, 매끄럽고 평평한 표면에 입사된다고 생각해 보자. 입사 광선이 표면에 부딪히는 점에서 입사 광선과 반사 광선은 **그 표면에 수직한 선**과 각각 $\theta_1$과 $\theta_1'$의 각을 이룬다. 표면에 수직한 이 선을 **법선**이라고 부른다. 이 때 **입사각과 반사각이 같다는 것**은 실험에 의해 증명되었다.

$$\theta_1' = \theta_1 \qquad [22.2]$$

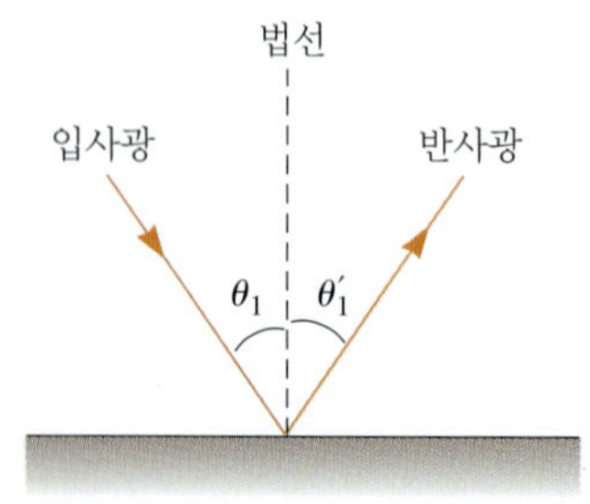


**활용그림 22.4**
반사 법칙에 따르면 $\theta_1' = \theta_1$이 성립된다.

**Physics Now™**
**http://physics.brookscole.com/ecp**에서 PhysicsNow를 로그인하고 활용그림 22.4로 들어가서 입사각을 다양하게 변화시키며 반사각에 어떻게 영향을 미치는지 살펴보자.

인물 사진을 찍을 때 흔히 일어나는 현상 중에 사람의 눈이 붉게 찍히는 경우가 있다. 이런 현상은 사진기의 플래시를 사용할 때, 플래시 장치가 사진기의 렌즈에 매우 가까이 있으면 나타나는 현상이다. 플래시로부터 나온 빛은 사람의 눈에 있는 망막에서 그 빛이 반사되어 왔던 경로로 되돌아가게 된다. 이렇게 원래 왔던 경로로 되돌아가는 반사 유형을 **역반사**(retroreflection)라고 한다. 사진기의 경우 플래시와 렌즈가 서로 가까이 있으면 반사광이 렌즈에 들어갈 수 있다. 망막에서 반사된 대부분의 빛은 눈 뒤쪽에 있는 혈관 때문에 붉은 색이며 이 붉은 반사광이 인물 사진에서 눈이 붉게 나오는 원인이 되는 것이다.

**APPLICATION**

플래시 사진에서 눈이 붉게 나오는 이유

## 응용물리 22.1 이중 이미지

밤에 유리창으로 야외를 바라볼 때 왜 나의 모습이 이중으로 보일까?

**설명** 반사는 두 매질 사이의 경계면이 있으면 언제든지 일어나는 현상이라고 할 수 있다. 창유리의 경우 두 표면을 가지고 있다. 첫 번째 표면은 안쪽이고 두 번째 표면은 바깥쪽이다. 이 두 각 경계면에서 반사를 일으켜 상을 만든다.

## 연관된 예제 22.1 이중으로 반사하는 광선

**목표** 두 번 반사된 각을 계산한다.

**문제** 두 개의 거울이 그림 22.5와 같이 서로 120°의 각을 이루고 있다. 한 광선이 법선에 대해서 65°의 각으로 거울 $M_1$에 입사한다. $M_1$ 거울을 지나서 $M_2$에서 반사된 이 광선의 법선에 대한 반사각을 구하라.

**전략** 반사법칙을 두 번 적용한다. 주어진 입사각 $\theta_{입사}$에서 마지막 반사각 $\beta_{반사}$를 구해낸다.

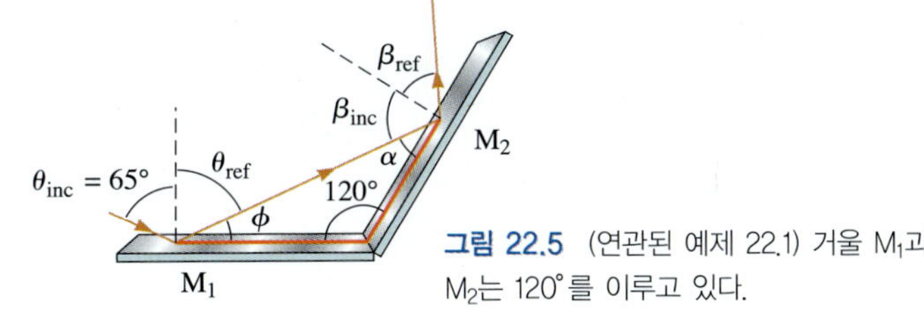


**그림 22.5** (연관된 예제 22.1) 거울 $M_1$과 $M_2$는 120°를 이루고 있다.

**풀이**

$\theta_{반사}$를 구하기 위해 $M_1$에 반사법칙을 응용한다.

$$\theta_{반사} = \theta_{입사} = 65°$$

$\theta_{반사}$의 여각인 $\phi$각을 찾는다.

$$\phi = 90° - \theta_{반사} = 90° - 65° = 25°$$

$M_1$에서 $M_2$로 가는 광선과, $M_1$, $M_2$가 이루는 삼각형으로부터 각 $\alpha$를 구하라. 삼각형에서 삼각형의 세 각의 합은 180°이라는 것을 이용한다.

$$180° = 25° + 120° + \alpha \longrightarrow \alpha = 35°$$

$M_2$에 입사각인 $\beta_{입사}$는 $\alpha$의 여각이다.

$$\alpha + \beta_{입사} = 90° \longrightarrow \beta_{입사} = 90° - 35° = 55°$$

$\beta_{반사}$를 얻기 위해 다시 반사법칙을 적용한다.

$$\beta_{반사} = \beta_{입사} = 55°$$

**주의** 이 반사 문제풀이는 기본적인 기하학과 삼각법에 의존하고 있음을 주목하자.

**연습문제 22.1**

입사각이 55°이고 두 번째 거울과 첫 번째 거울이 이루는 각이 100°라고 설정하고 다시 문제를 풀어보자.

**답** 45°

Physics Now™ **http://physics.brookscole.com/ecp**에서 PhysicsNow를 로그인하고 연관된 예제 22.1로 들어가서 거울의 다양한 각도에 따른 반사를 살펴보자.

## 빛의 굴절

투명한 매질을 진행하던 광선이 또 다른 투명한 매질의 경계면과 만나며, 활용그림 22.6a에 보인 바와 같이 광선의 일부는 반사되고, 일부는 두 번째 매질로 진행한다. 두 번째 매질로 진행하는 광선은 경계면에서 휘어지는데, 이것을 **굴절**되었다고 한다. 입사 광선, 반사 광선, 굴절 광선 및 입사점에 있는 법선들은 모두 동일한 평면에 놓여 있다. 활용그림 22.6a에서 **굴절각**(angle of refraction)는 두 매질의 성질과 입사각에 의존하며, 관계식은 다음과 같다.

$$\frac{\sin \theta_2}{\sin \theta_1} = \frac{v_2}{v_1} = 일정 \qquad [22.3]$$

$v_1$은 매질 1에서의 광속이고, $v_2$는 매질 2에서의 광속이다. 여기서 굴절각은 법선에 대해 굴절된 정도를 측정한 것이다. 우리는 22.7절에서 호이겐스의 원리를 이용하여 반사법칙과 굴절법칙을 유도할 것이다.

실험을 통하여 **굴절면을 통과하는 광선의 경로를 거꾸로 할 수 있다**는 것을 알 수 있다. 예를 들면, 활용그림 22.6a에서 광선은 점 $A$에서 점 $B$로 진행한다. 만일 광선이 점 $B$에서 출발하면, 이 광선은 같은 경로로 점 $A$에 도달한다. 그러나 반사 광선은 유리 속에 있을 것이다.

## Quick Quiz 22.2

만약 활용그림 22.6b에서 광선 1이 입사하고 있는 광선이라면 다른 4개의 광선 중 어떤 것이 반사된 것이며, 어떤 광선이 굴절된 것인가?

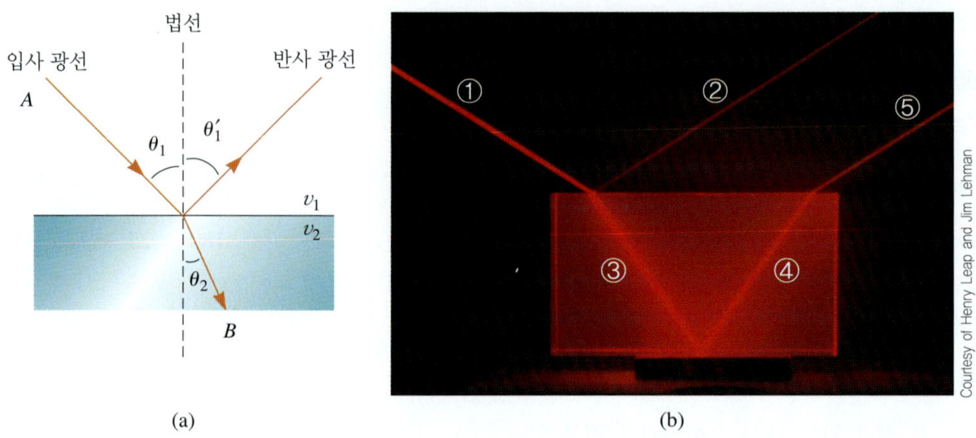


**활용그림 22.6**
(a) 공기-유리 경계면에 빛이 비스듬히 입사되고 있다. 굴절된 빛은 $v_2 < v_1$이기 때문에 법선에 대해 휘게 된다.
(b) 투명 합성수지에서 입사된 빛이 안으로 들어갈 때와 나올 때 모두 굴절되고 있다.

**PhysicsNow™** **http://physics.brookscole.com/ecp**에서 PhysicsNow를 로그인하고 활용그림 22.6으로 들어가서 입사각의 변화가 굴절과 반사에 어떻게 영향을 주는지 관찰해 보자.

**표 22.1** 진공 중에서의 파장이 $\lambda_0 = 589$ nm인 빛으로 측정한 여러 물질들의 굴절률

| 물질 | 굴절률 | 물질 | 굴절률 |
|---|---|---|---|
| **20° C의 고체** | | **20° C의 액체** | |
| 다이아몬드(C) | 2.419 | 벤젠 | 1.501 |
| 형석($CaF_2$) | 1.434 | 이황화탄소 | 1.628 |
| 용융석영($SiO_2$) | 1.458 | 사염화탄소 | 1.461 |
| 크라운 유리 | 1.52 | 에틸알코올 | 1.361 |
| 플린트 유리 | 1.66 | 글리세린 | 1.473 |
| 얼음(0° C에서 $H_2O$) | 1.309 | 물 | 1.333 |
| 폴리스티렌 | 1.49 | | |
| 소금(NaCl) | 1.544 | **0° C, 1 atm 기체** | |
| 지르콘 | 1.923 | 공기 | 1.000 293 |
| | | 이산화탄소 | 1.000 45 |

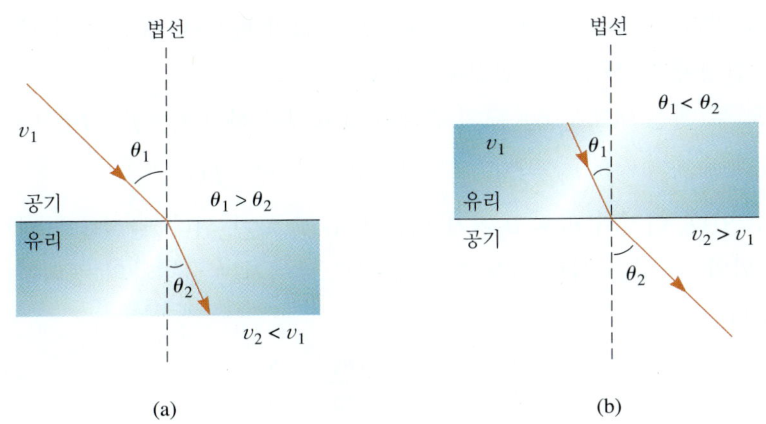


**활용그림 22.7**
(a) 광선이 공기에서 유리 속으로 진행할 때, 그 경로는 법선을 향해 휜다. (b) 광선이 유리에서 공기 속으로 진행할 때, 그 경로는 법선에서 멀어진다.

**Physics Now™** **http://physics.brookscole.com/ecp**에서 PhysicsNow를 로그인하고 활용그림 22.7로 들어가서 빛이 3개의 물질 층을 뚫고 지나가는 것을 관찰하라. 입사각을 다양하게 하면서 굴절하는 빛에 미치는 영향을 3개 층의 굴절률 값(표 22.1)을 변화시키면서 관찰해 보자.

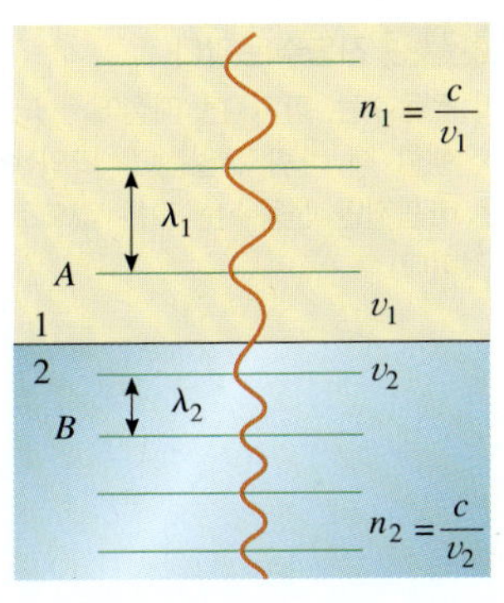


**그림 22.8** 파동이 매질 1에서 매질 2로 진행하면, 파동의 파장은 변하지만 진동수는 변하지 않는다.

광속이 큰 물질에서 광속이 작은 물질로 빛이 진행할 때, 굴절각 $\theta_2$는 입사각보다 작아진다. 활용그림 22.7a에서 보는 것처럼 굴절된 광선은 법선 쪽으로 구부러지게 된다. 만약 빛이 느리게 진행되었던 물질에서 빠르게 진행하는 물질로 진행하게 되면, $\theta_2$가 $\theta_1$보다 크게 된다. 따라서 광선은 활용그림 22.7b에서 보는 것처럼 법선에서 멀어지는 쪽으로 휜다.

## 22.3 굴절의 법칙

**Checkpoint 22.1**
진실인가 거짓인가: 빛은 비어 있는 공간보다 유리에서 더 천천히 움직인다.

빛이 한 투명한 매질에서 다른 투명한 매질로 들어갈 때, 두 매질 내에서의 광속이 다르기 때문에 빛이 굴절된다.[1] 매질의 **굴절률**(index of refraction) $n$은 $c/v$ 비로 정의한다.

◀ 굴절률

$$n \equiv \frac{\text{진공에서의 빛의 속력}}{\text{매질 속에서의 빛의 속력}} = \frac{c}{v} \qquad [22.4]$$

이러한 정의로부터 굴절률은 차원이 없는 수이며, $v$는 항상 $c$보다 작기 때문에 이 값은 항상 1보다 같거나 크다. 더구나 진공에 대한 $n$의 값은 정확히 1이 된다. 표 22.1에 대표적인 물질들의 굴절률을 나타내었다.

**TIP 22.1 반비례 관계**
굴절률은 파동의 속력에 반비례한다. 그러므로 파동의 속력 $v$가 감소하면 굴절률 $n$은 증가한다.

**빛이 한 매질에서 다른 매질로 진행할 때, 빛의 진동수는 변하지 않는다.** 그 이유를 알아보기 위해 그림 22.8을 생각해 보자. 어떤 진동수를 가지는 파면이 매질 1 내의 점 $A$에 있는 관측자를 통과하여, 매질 1과 매질 2 사이의 경계면에 입사된다. 매질 2 내의 점 $B$에 있는 관측자를 통과하는 파면의 진동수는 매질 1 내의 점 $A$에 도달할 때의 진동수와 같아야 한다. 만일 진동수가 같지 않다면, 파면들이 경계면에 쌓이거나, 소멸되거나

[1] 빛의 속도는 매질에 따라 다양하게 변한다. 그 이유는 각각의 물질을 이루고 있는 분자의 전자 구조에 따라 빛이 원자와 원자 사이를 지날 때 흡수와 재방출되어 나타나는 시간지연 때문이다.

**TIP 22.2 진동수는 같다.**

파동의 진동수는 파가 한 매질에서 다른 매질로 진행할 때 바뀌지 않는다. 파의 속력과 파장은 바뀌지만 진동수는 같은 값으로 남아 있는 것이다.

생성되어야 한다. 이러한 현상이 일어나는 일은 없기 때문에, 광선이 한 매질에서 다른 매질로 진행할 때 진동수는 일정해야 한다.

그러므로 두 매질 내에서 $v = f\lambda$의 관계가 유효해야 하고, $f_1 = f_2 = f$이므로

$$v_1 = f\lambda_1 \qquad \text{그리고} \qquad v_2 = f\lambda_2$$

임을 알 수 있다. 여기서 $v_1 \neq v_2$이기 때문에 $\lambda_1 \neq \lambda_2$가 된다. 굴절률과 파장 사이의 관계식은 위의 두 식을 서로 나누고, 식 22.4로 주어지는 굴절률의 정의를 사용하여 구할 수 있다.

$$\frac{\lambda_1}{\lambda_2} = \frac{v_1}{v_2} = \frac{c/n_1}{c/n_2} = \frac{n_2}{n_1} \qquad [22.5]$$

따라서 다음 식을 얻는다.

$$\lambda_1 n_1 = \lambda_2 n_2 \qquad [22.6]$$

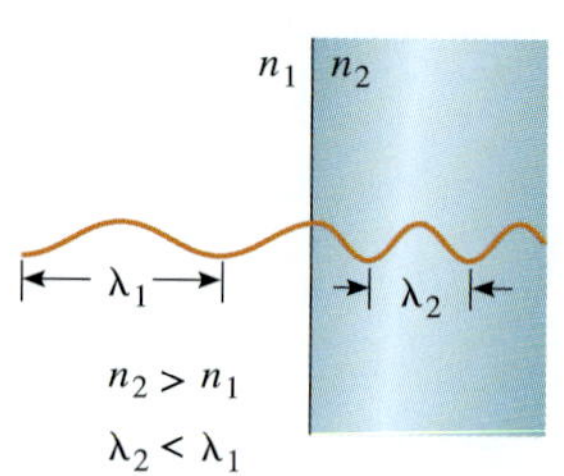


**그림 22.9** 빛이 굴절률이 작은 매질에서 큰 매질로 진행할 때, 빛의 파장이 감소하는 현상을 나타낸 개략도.

매질 1이 진공이라면 $n_1 = 1$이다. 굴절률은 식 22.6으로부터 다음과 같은 비로 나타낼 수 있다.

$$n = \frac{\lambda_0}{\lambda_n} \qquad [22.7]$$

여기서 $\lambda_0$는 진공에서의 빛의 파장이며, $\lambda_n$은 굴절률이 $n$인 매질 내에서의 파장이다. 그림 22.9는 빛이 진공에서 투명한 매질 속으로 진행할 때, 이러한 파장 축소 현상을 보여 준다.

이제 스넬의 법칙(식 22.3)을 다른 형태로 나타내 보자. 식 22.5를 식 22.3에 대입하면, 다음과 같은 식을 얻을 수 있다.

스넬의 굴절법칙 ▶

$$n_1 \sin\theta_1 = n_2 \sin\theta_2 \qquad [22.8]$$

이 관계의 실험적인 발견은 스넬(Snell, 1591~1627)이 했기 때문에 **스넬의 굴절법칙**(Snell' s law of refraction)이라고 알려져 있다.

### ☑ Checkpoint 22.2

진실인가 거짓인가: 빛이 유리에서 공기 중으로 진행할 때 광로가 법선 쪽으로 휜다.

### Quick Quiz 22.3

빛이 진공($n = 1$)에서 유리($n > 1$)와 같은 매질로 지나갈 때, 다음 중 어떤 값이 같은 값으로 남아 있는가? (a)파장, (b)파의 속력, (c) 진동수.

## 예제 22.2 유리에서 굴절각

**목표** 스넬의 법칙을 유리판에 적용한다.

**문제** 그림 22.10처럼 파장이 589 nm(나트륨 등에서 만들어진 것이다)인 광선이 공기 중에 진행되다가 매끄럽고 평평한 크라운 유리판에 법선에 대해 각도 30.0° 로 입사하고 있다. 굴절각 $\theta_2$를 찾아라.

**전략** 굴절각 $\theta_2$를 찾기 위해 스넬의 법칙에 대입한다.

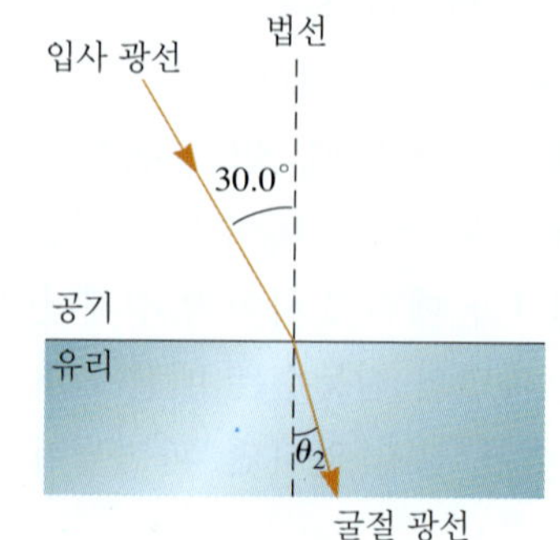


**그림 22.10** (예제 22.2) 유리에서 굴절된 빛.

**풀이**

$\sin\theta_2$를 풀기 위해 스넬의 법칙(식 22.8)을 쓴다.

$$\sin\theta_2 = \frac{n_1}{n_2}\sin\theta_1 \qquad (1)$$

표 22.1에서 공기의 경우 $n_1 = 1.00$과 크라운 유리의 경우 $n_2 = 1.52$인 것을 찾는다. 식 (1)에서 이 값들을 대입하고 양변에 사인의 역함수를 적용한다.

$$\sin\theta_2 = \left(\frac{1.00}{1.52}\right)(\sin 30.0°) = 0.329$$

$$\theta_2 = \sin^{-1}(0.329) = \boxed{19.2°}$$

**주의** 빛이 굴절률이 높은 물질로 들어가면 법선 쪽으로 휜다는 것을 주목하자. 만약 빛이 반대로 진행하면 법선으로부터 멀어지는 방향으로 휘게 된다.

**연습문제 22.2**

만일 광선이 유리 내부에서 유리-공기 경계면을 향하여 법선과 30.0°의 각도로 진행할 때, 굴절각을 구하라.

**답** 빛은 법선으로부터 49.5°로 멀어진다.

## 예제 22.3 수정 속의 광속

**목표** 빛의 속도와 파장에 대한 매질의 영향을 알기 위해 굴절률을 이용한다.

**문제** 진공 중에서 파장이 589 nm인 빛이 굴절률 $n = 1.458$인 수정 조각을 통과한다. (a) 수정에서의 광속을 구하고, (b) 수정에서 빛의 파장을 구하라. (c) 수정에서 빛의 진동수는 얼마인가?

**전략** 식 22.4와 식 22.7에 값을 대입한다.

**풀이**

(a) 수정에서 광속을 구하라.

식 22.4에서 광속을 얻을 수 있다.

$$v = \frac{c}{n} = \frac{3.00 \times 10^8\ \text{m/s}}{1.458} = \boxed{2.06 \times 10^8\ \text{m/s}}$$

(b) 수정에서 빛의 파장은 얼마인가?

식 22.7을 사용하면 파장을 계산할 수 있다.

$$\lambda_n = \frac{\lambda_0}{n} = \frac{589\ \text{nm}}{1.458} = \boxed{404\ \text{nm}}$$

(c) 수정에서 빛의 진동수는 얼마인가?

수정에서 빛의 진동수는 진공에서 빛의 진동수와 같다. 식 $c = f\lambda$를 써서 진동수를 구한다.

$$f = \frac{c}{\lambda} = \frac{3.00 \times 10^8\ \text{m/s}}{589 \times 10^{-9}\ \text{m}} = \boxed{5.09 \times 10^{14}\ \text{Hz}}$$

**주의** 흥미로운 것은 광속 $3.00 \times 10^8$ m/s는 물체가 가질 수 있는 속력의 상한선이라는 것이다. 이런 사실은 26장에서 다룰 상대성 이론에서 더 자세히 나오는데 이런 상한 값이 실험적인 관찰로 얻어진 것과 잘 일치한다는 것을 알게 될 것이다. 그러나 매질 내에서 움직이는 입자의 속력은 같은 매질을 통과하는 광속보다 클 수 있다. 예를 들어, 수정을 통과하는 입자의 속력은 이론적으로 $2.06 \times 10^8$ m/s보다 빠를 수 있다. 그러나 $3.00 \times 10^8$ m/s을 넘을 수는 없다.

**연습문제 22.3**

파장이 589 nm인 빛이 소금(NaCl) 결정을 지나가고 있다. (a) 매질 안에서의 빛의 속도를 구하고, (b) 파장과 (c) 빛의 진동수를 구하라.

**답** (a) $1.94 \times 10^8$ m/s (b) 381 nm (c) $5.09 \times 10^{14}$ Hz

**연관된 예제 22.4** **판을 통과하는 빛**

**목표** 매질을 통과하는 빛에 스넬의 법칙을 응용한다.

**문제** 굴절률이 $n_1$인 투명한 매질을 진행하는 빛이 굴절률이 $n_2$인 두꺼운 평행한 판을 통과한다(그림 22.11). 이 판을 빠져 나오는 광선이 입사 광선과 나란함을 증명하라.

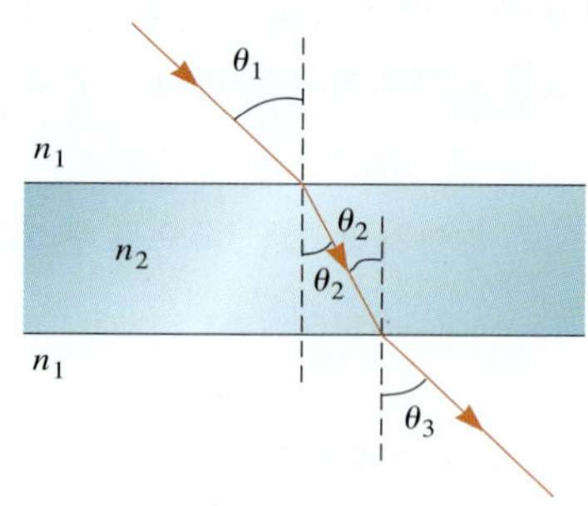


**그림 22.11** (연관된 예제 22.4) 빛이 평행판 형태의 매질을 통과할 때 판을 빠져나온 빛의 방향은 입사광선의 방향과 평행하다. 따라서 $\theta_1 = \theta_3$이다.

**전략** 이 문제를 해결하기 위해서는 스넬의 법칙을 매질의 윗면에서 한 번, 아래 면에서 한 번, 즉 두 번 적용해야 한다. 윗면에서의 굴절각과 아래 면에서의 입사각이 같기 때문에, 두 식은 서로 관련이 있다. 들어오는 점과 나가는 점에서 판을 통과하는 광선이 법선과 이루는 각이 같다. 이러한 과정으로 각 $\theta_1$과 $\theta_3$을 비교할 수 있다.

**풀이**

윗면에 대하여 스넬의 법칙을 적용한다.

$$\sin\theta_2 = \frac{n_1}{n_2}\sin\theta_1 \qquad (1)$$

아래 면에 스넬의 법칙을 적용한다.

$$\sin\theta_3 = \frac{n_2}{n_1}\sin\theta_2 \qquad (2)$$

식 (1)을 식 (2)에 대입한다.

$$\sin\theta_3 = \frac{n_2}{n_1}\left(\frac{n_1}{n_2}\sin\theta_1\right) = \sin\theta_1$$

양 변에 사인의 역함수를 취하면 두 각 모두 양의 값이고 예각인 값이 나온다.

$$\theta_3 = \theta_1$$

**주의** 앞의 결과는 판이 빛의 진행 방향을 결정짓지 못한다는 사실을 증명해 준다. 그렇지만 그림 22.11에서와 같이 광선(beam)의 평행 변위가 나타나게 된다.

**연습문제 22.4**

광선이 $n = 1.00$인 공기 중에서 $n = 2.50$인 판으로 법선으로부터 45.0° 의 각도로 입사하고 있다. 그런 다음에 판의 바닥과 접하고 있는 $n = 1.33$ 물로 광선이 빠져나가고 있다. 이 광선이 법선으로부터 얼마의 각으로 판을 빠져나가는지 구하라.

**답** 32.1°

**PhysicsNow™** **http://physics.brookscole.com/ecp**에서 PhysicsNow를 로그인하고 연관된 예제 22.4로 들어가서 다양한 두께의 판을 통과하는 광선의 굴절을 살펴보자.

## 22.4 분산과 프리즘

표 22.1에서 우리는 물질에 따른 굴절률 값을 표기한 바 있다. 그러나 여기서 자세히 살펴보면 그 값이 진공을 제외한 모든 물질에서 빛의 파장에 따라 다르다는 것을 알 수 있다. 파장에 따라 달라지는 굴절률을 우리는 **분산**(dispersion)이라고 부른다. 그림 22.12에서 파장에 따른 다양한 굴절률을 그래프로 그려 놓았다. 굴절률 $n$은 파장의 함수이므로, 스넬의 법칙에 따라 **어떤 매질에 빛이 입사할 때 굴절각은 파장에 따라 달라진다.** 그림에서 보인 바와 같이 굴절률이 파장의 증가에 따라 일반적으로 감소한다. 이것은 빛이 매질을 통과할 때, 파란 빛($\lambda \cong 400$ nm)이 붉은 빛($\lambda \cong 650$ nm)보다 더 많이 휘어진다는 것을 의미한다.

**☑ Checkpoint 22.3**

진실인가 거짓인가: 분산은 파장에 따라 굴절률이 변하기 때문에 일어나는 현상이다.

분산이 빛에 어떠한 영향을 주는지 이해하기 위해서, 그림 22.13a와 같이 빛이 프리즘에 입사할 때 어떤 일이 생기는지를 생각해 보자. 왼쪽에서 프리즘에 단색광이 입사하여 본래의 진행 방향에서 각 $\delta$만큼 휘어 나온다. 이 각을 **편각**(angle of deviation) 이라 부른다. 이제 백색광(모든 가시광선들의 배합)이 프리즘에 입사된다고 가정하자. 분산 때문에 프리즘의 두 번째 면으로부터 나오는 광선은 그림 22.14에 보인 바와 같이 가시광선 **스펙트럼**(spectrum)으로 알려진 일련의 색을 가진 부채꼴 모양으로 펼쳐진다. 이들 색은 파장이 감소하는 순서대로 빨강, 노랑, 초록, 파랑, 그리고 보랏빛으로 보인다. 보랏빛이 가장 많이 편향되고, 붉은 빛이 가장 적게 편향되며, 가시광선 스펙트럼에 있는 나머지 빛들은 이들 두 빛 사이에 있다.

프리즘은 종종 **프리즘 분광계**(prism spectrometer)로 알려진 기기에 사용되며, 그의 기본적인 구성은 그림 22.15와 같다. 이 기기는 보통 나트륨 증기 등과 같은 광원으로부터 나오는 빛의 파장을 조사하는 데 사용된다. 광원에서 나온 빛을 평행 또는 집속된 빛이 되도록 좁고 조정이 가능한 슬릿과 렌즈를 통과시킨다. 그 다음 빛은 프리즘을 통과하여 스펙트럼으로 분산되며, 굴절된 빛은 망원경을 이용하여 관측한다. 실험자는 망원경의 접안렌즈를 통해 슬릿의 상을 관측한다. 편각이 다른 다양한 파장을 관측할 수 있도록 망원경을 움직이거나 프리즘을 회전시킬 수 있다.

고온의 저압 기체들은 모두 그들 자체의 고유한 스펙트럼을 방출한다. 그러므로 프리즘 분광계를 이용하여 기체의 종류를 확인할 수 있다. 이를테면, 나트륨은 가시광선

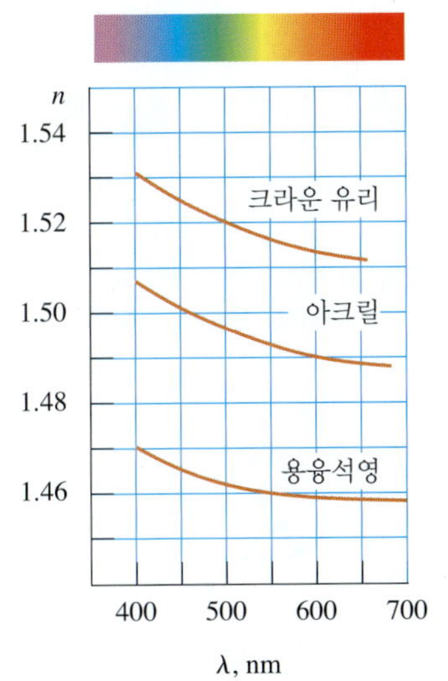


**그림 22.12** 가시광선 스펙트럼에서 세 가지 매질의 파장에 따른 굴절률 변화.

**APPLICATION**

분광계로 기체를 확인하기

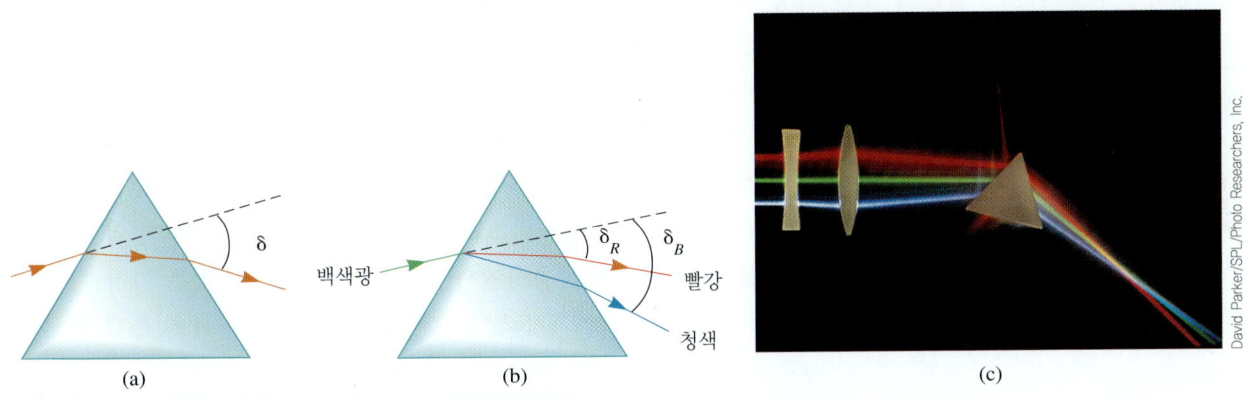


**그림 22.13** (a) 프리즘은 광선을 굴절시켜 각 $\delta$로 빛을 빗나가게 한다. (b) 빛이 프리즘에 입사될 때, 파란빛은 붉은빛보다 더 많이 휜다. (c) 서로 다른 색깔을 가진 빛이 프리즘과 두 개의 렌즈를 통과한다. 빛이 프리즘을 통과할 때, 파장이 다른 빛은 다른 각도로 굴절됨을 주목하라.

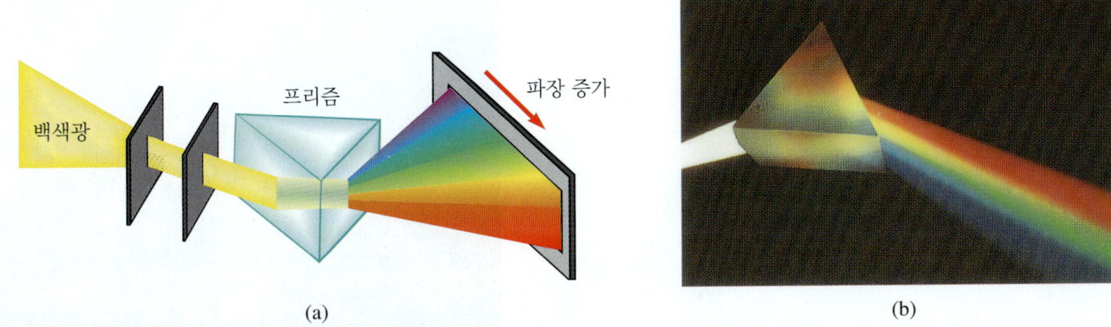


**그림 22.14** (a) 프리즘에 의한 백색광의 분산. 굴절률 $n$이 파장에 따라 변하기 때문에 프리즘은 백색광을 여러 가지 스펙트럼 성분으로 분산시킨다. (b) 유리의 굴절률이 파장에 의존하기 때문에 여러 가지 색을 갖는 빛은 프리즘을 통과하여 여러 각도로 굴절된다. 파란색 빛이 가장 많이 휘고, 붉은색 빛이 가장 적게 휜다.

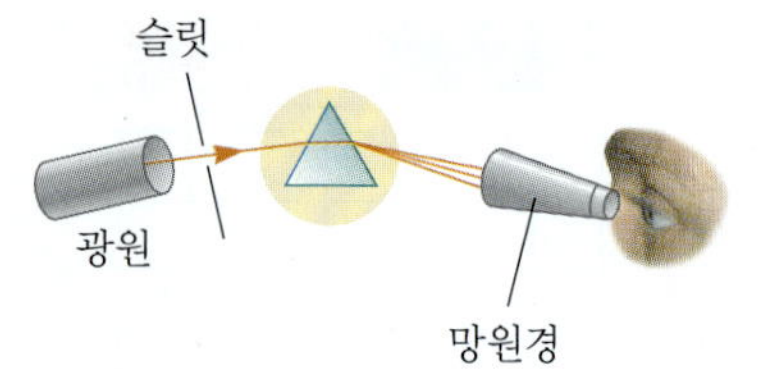


**그림 22.15** 프리즘 분광계의 모형. 스펙트럼의 색들은 망원경을 통하여 관측한다.

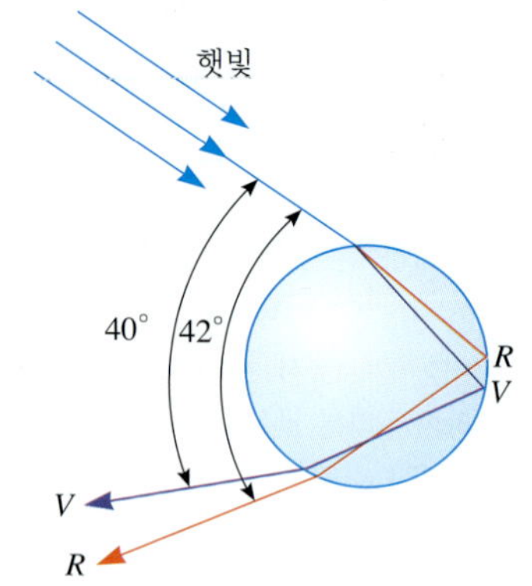


**활용그림 22.16**
둥근 빗방울에 의한 햇빛의 굴절.

**Physics Now™**
**http://physics.brookscole.com/ecp**에서 PhysicsNow를 로그인하고 활용그림 22.16에 들어가서 햇빛이 물방울로 들어가는 지점을 다양하게 변화시켜 가면서 최대 각도가 어떻게 나타나는지 관찰하자.

스펙트럼 중에서 두 종류의 파장만 방출한다. 이 두 파장은 매우 가까이 있는 황색선이다(분광기에서 보이는 이와 같이 밝고 선 같은 슬릿의 상을 스펙트럼선이라고 한다). 이런 색들을 방출하는 기체는 나트륨이라고 확인할 수 있다. 마찬가지로 수은 증기도 고유한 스펙트럼을 갖고 있으며, 이들 스펙트럼은 뚜렷하게 보이는 네 개의 파장(주황, 초록, 파랑, 보라빛 선)과 세기가 다소 약한 파장으로 이루어져 있다. 기체로부터 방출되는 독특한 파장의 빛은 그 기체의 '지문'과 같은 역할을 한다. 예를 들어, 화학자와 생물학자가 적외선 분광기로 분자를 확인하기 위해 사용하고, 천체학자는 가시광선 분광기를 먼 거리에 있는 별의 구성 성분을 알기 위해, 지질학자는 스펙트럼 분석기를 통해 광물질을 확인한다.

## 22.5 무지개

스펙트럼으로 나타나는 빛의 분산은 무지개의 형성을 통해 생생하게 볼 수 있는데, 무지개는 태양과 소나기 사이에 관측자가 위치할 때 볼 수 있게 된다. 무지개가 어떻게 형성되는지를 알아보기 위하여 활용그림 22.16을 생각해 보자. 머리 위를 지나는 광선이 대기 중에 있는 물방울에 부딪히고, 다음과 같은 과정을 통해 굴절되고 반사된다. 광선이 물방울 앞 표면에서 1차 굴절되는데, 보라색 빛은 가장 많이 편향되고, 붉은색 빛은 가장 적게 편향된다. 물방울의 뒷면에서 이 빛이 반사되어 다시 앞면으로 되돌아오고, 물방울에서 대기 속으로 진행하게 되면서 다시 한 번 굴절하게 된다. 입사한 백색 광선과 되돌아오는 보라색 광선 사이의 각은 40°이며, 입사한 백색 광선과 되돌아오는 붉은색 광선 사이의 각은 42°가 된다. 다음 절에서 설명하겠지만 돌아온 광선 사이의 이 작은 각 차이가 무지개를 볼 수 있게 하는 원인이 된다.

이제 그림 22.17a와 같이 무지개를 바라보는 관측자를 상상해 보자. 만일 하늘 높이 떠 있는 물방울을 바라본다면, 물방울에서 되돌아오는 붉은색 빛은 가장 큰 각으로 꺾이므로 붉은색 빛은 관측자에게 도달할 것이다. 그러나 보라색 빛은 가장 작은

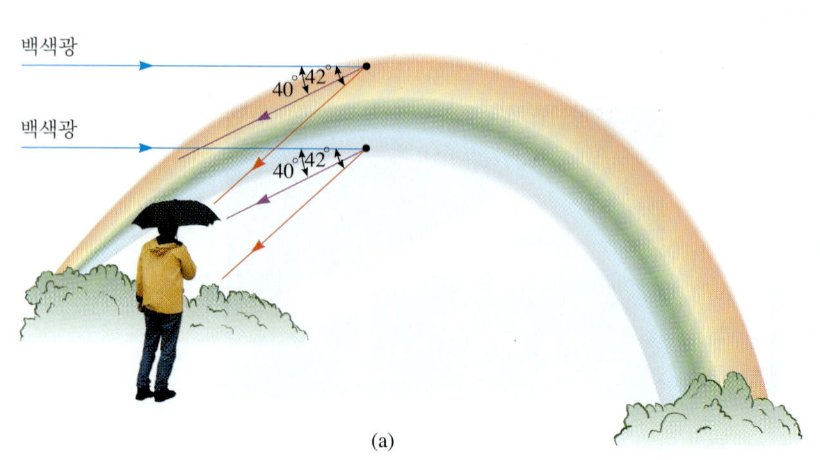

**그림 22.17** (a) 무지개의 형성. (b) 이 사진은 두 번째 무지개의 색깔의 순서가 바뀐 것이 분명히 나타난 사진이다.

각으로 꺾이므로 관측자 위로 지나갈 것이다. 따라서 관측자는 이 물방울을 붉은색으로 보게 된다. 이와 비슷하게 하늘에 낮게 떠 있는 물방울은 보라색 빛이 관측자를 향하게 되므로 이 물방울은 보라색으로 보인다(이 물방울에서 오는 붉은색 빛은 땅에 부딪쳐 보이지 않는다). 스펙트럼의 나머지 색들은 붉은색과 보라색을 내는 물방울의 위치 사이에 있는 물방울로부터 관측자에게 도달한다. 그림 22.17b는 아름다운 무지개와 색의 순서가 바뀐 2차 무지개의 모습을 보여 준다.

## 22.6 호이겐스의 원리

반사와 굴절 법칙은 1678년 호이겐스가 제안한 기하학적 방법을 써서도 설명할 수 있다. 호이겐스는 빛이란 입자의 흐름이 아니라 파동 운동의 한 형태라고 가정하였다. 그는 빛의 본질이나 빛의 전자기적 특성에 대해서는 알지 못했다. 그럼에도 불구하고 그가 설명한 간단한 파동 모형은 빛의 전파에 관하여 여러 실제적인 면을 이해하는 데 적합하다.

호이겐스의 원리는 진행하는 파면에 대해 임의의 순간에 새로운 파면의 위치를 결정하는 기하학적 작도법이다(파면이란 같은 위상과 진폭을 갖는 파동의 점들로 이루어진 면이다. 예를 들면, 파동들의 마루를 연결한 면이 파면이 될 수 있다). 호이겐스의 작도법에서 **주어진 파면 위의 모든 점들은 소파(wavelet)라고 부르는 2차 구면파를 생성하기 위한 점 파원이라고 생각할 수 있으며, 이 소파는 매질 속에서의 특정 속력으로 바깥쪽 방향으로 퍼져나간다. 일정 시간이 경과한 수, 새로운 파면의 위치는 소파에 접한 면이 된다.**

◀ 호이겐스의 원리

그림 22.18은 호이겐스 작도법의 두 가지 간단한 예를 나타낸 것이다. 첫째로, 그림 22.18a에서와 같이 자유 공간을 진행하는 평면파를 생각해 보자. 시간 $t = 0$에서 파면은 $AA'$으로 부호를 붙인 면으로 표시되어 있다. 호이겐스의 작도법에서 이 파면상의 각 점은 점 파원으로 생각한다. 뚜렷이 보기 위해 $AA'$면 위에 몇 개의 점들만 나타내었다. 이 점들을 소파의 파원으로 생각하고, 각각 반지름이 $c\Delta t$인 원을 그린다. 여기서 $c$는 진공에서의 광속이며, $\Delta t$는 한 파면에서 다음 파면까지 전파되는 데 걸리는 시간이다. 이들 소파들에 접하도록 그린 면은 $AA'$면과 나란한 $BB'$면이 된다. 그림 22.18b는 이와 같은 방법으로 바깥쪽으로 진행하는 구면파에 대한 호이겐스의 작도법을 나

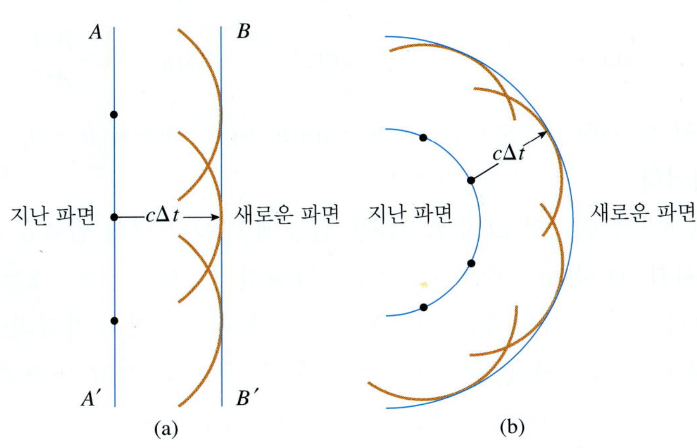


**그림 22.18** 호이겐스의 작도법. (a) 오른쪽으로 전파되는 평면파, (b) 구면파.

Courtesy of Sabina Zigman/Benjamin Cardozo High School

그림 22.19 이 사진은 이스라엘의 텔아비브 해변으로 호이겐스의 소파가 장애물의 열린 틈으로 퍼져나가는 것을 보여 준다. 파의 작용으로 해변의 모습이 어떻게 생성되었는지 보라.

타낸 것이다.

그림 22.19는 호이겐스의 원리에 대한 설득력 있는 예를 보여 준다. 해변 멀리에서 오는 평면파가 장애물 사이의 열린 틈을 통과하면서 바깥으로 진행하는 2차원 원형파로 다시 나타난다.

## 반사와 굴절법칙에 적용한 호이겐스의 원리

이 장의 처음에 증명 없이 반사와 굴절법칙을 설명하였다. 이제 호이겐스의 원리를 이용하여 이들 법칙을 유도하려고 한다. 반사법칙에 대해서 그림 22.20a를 참조하자. 직선 $AA'$은 입사 광선의 파면을 나타낸다. 광선 3이 $A'$으로부터 $C$까지 진행함에 따라 광선 1은 $A$로부터 반사되어 반지름 $AD$인 구형 소파를 생성한다(호이겐스 소파의 반지름은 $v\Delta t$임을 기억하자). 반지름 $A'C$와 $AD$를 가진 두 작은 파는 같은 매질 내에 있고 같은 속력 $v$를 가지므로, $AD = A'C$이다. 한편 $B$에 중심을 둔 구형 소파는 $A$에 중심을 두고 있는 다른 소파보다 늦게 절반만 퍼져나간다. 그 이유는 광선 2는 광선 1보다 뒤늦게 표면에 닿기 때문이다.

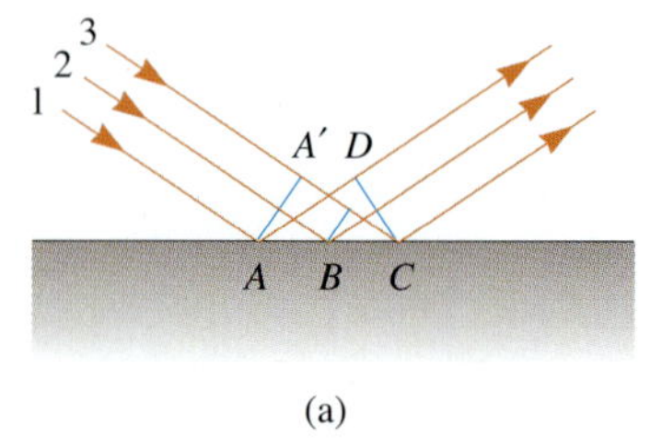


(a)

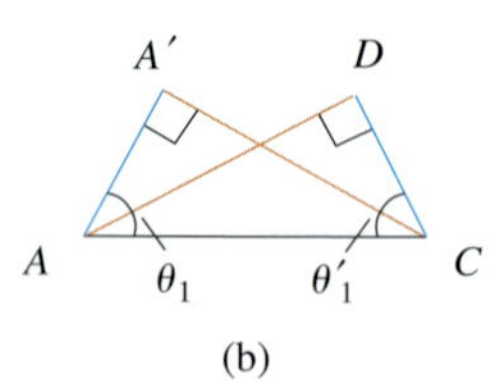


(b)

그림 22.20 (a) 반사법칙을 증명하기 위한 호이겐스의 작도법. (b) 삼각형 $ADC$는 삼각형 $AA'C$와 합동이다.

호이겐스의 원리로부터 반사된 파면은 바깥쪽으로 나아가는 모든 구형 소파에 접하는 선 $CD$가 됨을 알 수 있다. 나머지 분석은 그림 22.20b에 요약한 기하학을 따른다. 직각 삼각형 $ADC$와 $AA'C$는 같은 빗면 $AC$를 가지며 $AD = A'C$이기 때문에 합동이 된다. 그림 22.20b로부터

$$\sin\theta_2 = \frac{A'C}{AC} \qquad \text{그리고} \qquad \sin\theta_1' = \frac{AD}{AC}$$

가 된다. 식의 오른쪽이 같으므로 $\sin\theta = \sin\theta_1'$이고, 따라서 $\theta = \theta_1'$가 된다. 이것이 반사의 법칙이다.

이제 호이겐스의 원리와 그림 22.21a를 굴절에 대한 스넬의 법칙을 유도하는 데 이용해 보자. 시간 $\Delta t$ 사이에 광선 1은 $A$로부터 $B$까지, 그리고 광선 2는 $A'$으로부터 $C$까지 나아간다. $A$에 중심을 두고 바깥쪽으로 진행하는 구형 소파의 반지름은 $v_2\,\Delta t$와 같다. 거리 $A'C$는 $v_1\,\Delta t$와 같다. 기하학적 고려를 통해 각 $A'AC$는 $\theta_1$과 같고 각 $ACB$는 $\theta_2$와 같음을 알 수 있다. 삼각형 $AA'C$와 $ACB$로부터

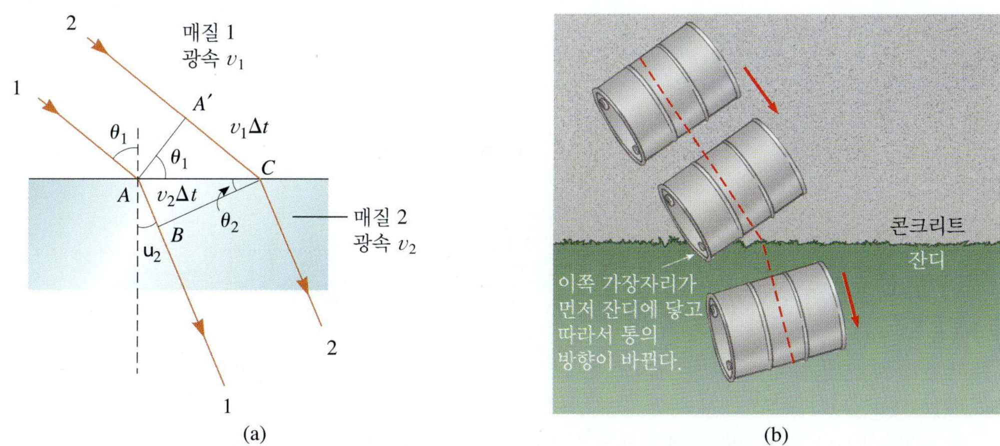


그림 22.21 (a) 굴절법칙을 증명하기 위한 호이겐스의 작도법. (b) 콘크리트에서 잔디로 굴러가는 통의 평면도.

$$\sin\theta_2 = \frac{v_1\,\Delta t}{AC} \qquad \text{그리고} \qquad \sin\theta_2 = \frac{v_2\,\Delta t}{AC}$$

임을 알 수 있다. 만일 이 두 식을 나누면 다음을 얻게 된다.

$$\frac{\sin\theta_1}{\sin\theta_2} = \frac{v_1}{v_2}$$

그러나 식 22.4로부터 $v_1 = c/n_1$ 및 $v_2 = c/n_2$임을 알고 있으므로

$$\frac{\sin\theta_1}{\sin\theta_2} = \frac{c/n_1}{c/n_2} = \frac{n_2}{n_1}$$

이고

$$n_1 \sin\theta_1 = n_2 \sin\theta_2$$

가 되고, 이것은 굴절법칙이다.

그림 22.21b는 굴절 현상의 역학적 유사성을 보여 준다. 구르는 통의 왼쪽이 잔디에 닿으면 통은 느려지고 오른쪽 끝은 콘크리트 바닥을 굴러갈 때 원래의 속도로 움직인다. 이 속도의 차이가 통의 회전축을 변하게 하여 움직임의 방향을 바뀌게 한다.

## 22.7 내부 전반사

이 사진은 유리 프리즘으로 비평행 광선이 들어가는 것을 나타낸다. 아래의 두 광선은 프리즘의 가장 긴 빗면에서 내부 전반사가 일어난다. 위의 세 광선은 가장 긴 빗면에서 굴절되어 프리즘 밖으로 나온다.

내부 전반사라고 부르는 흥미로운 효과는 높은 굴절률을 가진 매질로부터 낮은 굴절률을 가진 매질로 빛이 진행할 때 일어날 수 있다. 매질 1 속에서 진행하여 매질 1과 매질 2 사이의 경계면을 지나는 광선을 생각해 보자. 여기서 $n_1$은 $n_2$보다 크다(활용그림 22.22). 광선의 가능한 진행 방향이 광선 1에서 5까지 표시되어 있다. $n_1$은 $n_2$보다 크기 때문에 굴절 광선이 법선으로부터 멀리 휘는 것을 유의하자. **임계각**(critical angle)이라고 부르는 특정한 입사각 $\theta_c$에서 굴절 광선은 경계면에 평행하게 진행하므로 $\theta_2 = 90°$가 된다(활용그림 22.22b). **$\theta_c$보다 큰 입사각에 대하여** 광선들은 활용그림 22.22a의 광선 5와 같이 경계면에서 모두 반사된다. 이 광선 그리고 이와 같은 광선은 모두 반사법칙을 따른다. 즉 입사각은 반사각과 같다.

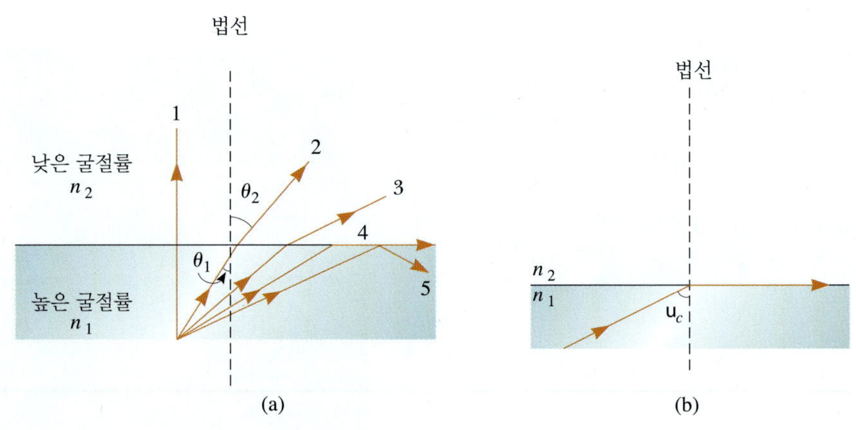


**활용그림 22.22**
(a) 굴절률이 $n_1$인 한 매질에서 굴절률 $n_2$인 다른 매질로 빛이 진행한다. 여기서 $n_1 > n_2$이다. 입사각이 증가함에 따라 굴절각 $\theta_2$는 90°가 될 때까지 증가한다(광선 4). 입사각이 더 증가하면 내부 전반사가 일어난다(광선 5). (b) 굴절각이 90°가 되는 입사각을 흔히 **임계각** $\theta_c$라고 부른다.

**Physics Now™** **http://physics.brookscole.com/ecp**에서 PhysicsNow를 로그인하고 활용그림 22.22로 들어가서 입사각을 다양하게 변화시켜 가면서 임계각을 넘길 때 굴절된 광선이 전반사가 일어나는 현상을 관찰하자.

임계각을 알기 위하여 스넬의 법칙을 사용할 수 있다. $\theta_1 = \theta_c$, $\theta_2 = 90°$일 때 스넬의 법칙(식 22.8)은 다음과 같다.

$$n_1 \sin \theta_c = n_2 \sin 90° = n_2$$

$$\sin \theta_c = \frac{n_2}{n_1} \qquad n_1 > n_2 \qquad [22.9]$$

식 22.9는 $n_1$이 $n_2$보다 클 때에만 사용될 수 있다. 그 이유는 **내부 전반사는 빛이 굴절률이 큰 매질로부터 작은 매질로 지나갈 때에만 일어난다.** 만일 $n_1$이 $n_2$보다 작으면 식 22.9는 $\sin \theta_c > 1$이 된다. 이것은 어떤 각의 사인 값도 결코 1보다 클 수 없기 때문에 불합리한 결과인 것이다.

### ☑ Checkpoint 22.4

진실인가 거짓인가: 전반사는 작은 굴절률을 가진 영역에서 높은 굴절률을 가진 영역으로 들어갈 때 일어날 수 없다.

매질 2가 공기이고 매질 1이 다이아몬드처럼 굴절률이 $n = 2.42$로 큰 물질일 때, 임계각은 $\theta_c = 24.0°$로 작다. $n = 1.52$인 크라운 유리에 대한 $\theta_c = 41.0°$와 비교해 보면 이를 알 수 있다. 이러한 성질 때문에 표면을 적절하게 가공해 많은 면을 가지도록 한 보석 다이아몬드는 현란하게 빛이 난다.

**APPLICATION**

잠수함의 잠망경

광선의 진행 방향을 바꾸기 위하여 프리즘과 내부 전반사 현상을 이용할 수 있다. 이러한 두 가지 가능성을 그림 22.23에 나타내었다. 첫 번째 경우는 광선이 90.0° 만큼

**그림 22.23** 프리즘 속에서의 내부 전반사. (a) 광선이 90° 만큼 꺾여나간다. (b) 광선의 방향이 거꾸로 된다. (c) 잠망경에 사용되는 두 개의 프리즘.

편향된 것이고(그림 22.23a), 두 번째 경우는 빛의 경로가 반전된 것이다(그림 22.23b). 내부 전반사의 일반적인 응용 중의 하나가 잠수함의 잠망경이다. 그림 22.23c와 같이 이 장치에는 두 개의 프리즘이 정렬되어 있다. 이렇게 해서 입사광은 그림에서 보인 경로를 따르게 되고, 사용자는 "모서리 뒤를 관찰" 할 수 있게 된다.

### 예제 22.5 물고기 눈으로 보는 경치

**목표** 전반사의 개념을 응용한다.

**문제** (a) 물의 굴절률이 1.33일 때 물–공기 면의 임계각을 찾아라. (b) (a)의 결과를 이용해서(그림 22.24) 물고기가 물 위쪽 표면을 40.0°, 48.8°, 60.0°로 쳐다볼 때 무엇을 볼지 예상해 보자.

**전략** 숫자를 대입해서 임계각을 찾고 광선의 경로를 역으로 할 수 있다는 사실을 이용하자. 주어진 각에 대해서 빛이 갈 수 있는 곳은 그곳에서 같은 경로로 빛이 다시 나갈 수 있다.

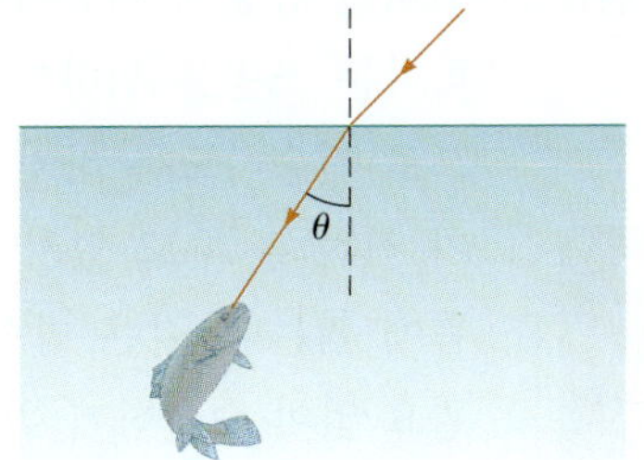


그림 22.24 (예제 22.5) 물고기가 물의 표면을 쳐다보고 있다.

**풀이**

(a) 물–공기 경계면의 임계각을 찾아라.

식 22.9에 숫자를 대입해서 임계각을 찾는다.

$$\sin\theta_c = \frac{n_2}{n_1} = \frac{1.00}{1.33} = 0.752$$

$$\theta_c = \boxed{48.8°}$$

(b) 물고기가 물 위쪽 표면을 40.0°, 48.8°, 60.0°로 쳐다볼 때 물고기 눈에 무엇이 보일지 예상해 보자.

광선이 40.0° 각도로 물속에서 진행하여 위의 공기층의 표면을 만나게 되면 굴절된다. 이때 광선의 경로는 가역적이기 때문에(스넬의 법칙은 빛이 오고 가는 경로에 똑같이 적용된다) 물 위에서 같은 경로를 따라서 들어온 빛을 물고기가 인지하게 된다. 48.8°는 물의 임계각으로 수면 아래에서 오는 빛은 모두 굽어 물의 표면을 따라 움직이게 된다. 이것은 빛의 경로를 거꾸로 하면 수면을 따라 스치듯 진행하는 빛만 물고기의 눈으로 빛이 굴절되어 들어간다는 것을 의미하는 것이다. 48.8°보다 큰 각도가 되면 표면을 향했던 빛은 연못의 바닥 쪽으로 완전히 반사될 것이다. 뒤집힌 경로에서 물고기는 바닥에 있는 물체를 보는 것이다.

**연습문제 22.5**

$n$ = 1.50인 기름 층이 물의 표면에 있다고 생각해 보자. 기름 층을 움직이던 빛이 기름–물 경계면에서 전반사를 일으키는 임계각도는 얼마인가?

**답** 62.7°

## 섬유 광학

내부 전반사의 또 다른 흥미로운 응용은 한 장소에서 다른 장소로 관을 통해서 빛을 나르기 위해서 고체 유리나 투명한 플라스틱 막대를 사용하는 것이다. 그림 22.25에서 보여 주는 바와 같이 빛은 부드러운 곡선 구간에서도 연속적인 내부 전반사의 결과로 막대 속에 갇혀 진행한다. 이러한 광 도파관은 두꺼운 막대보다 가느다란 섬유

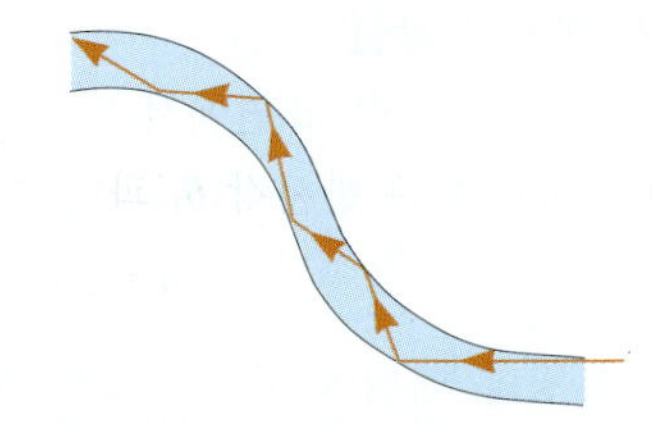

그림 22.25 빛이 내부 전반사를 여러 번 거쳐 구부러진 투명 막대 속을 진행한다.

를 사용하면 쉽게 구부러진다. 광 전송선을 구축하기 위해서 평행한 섬유다발을 사용하면 영상을 한 곳에서 다른 곳으로 전달할 수 있다.

**APPLICATION**

의학적인 진단이나 수술에서의 섬유 광학

빛은 광섬유의 옆면에서 전반사되기 때문에 빛의 세기가 줄어드는 일은 거의 없다. 빛의 세기가 줄어드는 것은 주로 광섬유의 양쪽 끝에서 일어나는 반사와 광섬유 구성 물질에 의한 흡수에 기인한다. 광섬유를 이용한 광학 장치는 접근이 불가능한 장소의 물체를 관찰할 때 특히 유용하다. 내과 의사들은 큰 수술을 시행하지 않고 의료 문제들을 진단하고 치료하는 데 도움을 얻기 위하여 이 광섬유 도선을 이용하곤 한다. 예를 들어 위궤양을 관찰하기 위하여 광섬유 케이블을 식도를 통해 위에 밀어 넣는다. 이러한 응용에 사용하는 케이블은 실제로 두 개의 광섬유 선으로 구성되는데, 그 중 하나는 조명을 위하여 위 속에 빛을 전달하는 것이고 다른 하나는 빛을 위로부터 밖으로 전송하도록 하기 위한 것이다. 이렇게 해서 얻은 상은 어떤 경우에는 내과 의사가 직접 볼 수도 있지만, 흔히 텔레비전 모니터에 영상을 나타나게 하거나 영상을 필름에 찍는다. 같은 방식으로 광섬유 케이블은 결장을 검사하거나 또는 큰 절개를 할 필요 없이 수술하기 위한 도구로 사용되기도 한다.

**APPLICATION**

원거리 통신에서의 광섬유 광학

Dennis O' Clair/Tony Stone Images/Getty Images

유리 광섬유 다발은 원거리 통신 네트워크에서 음성, 영상 그리고 데이터 신호를 전송한다.

섬유 광학 분야는 통신 산업 전체에 대변혁을 가져왔다. 수십억 킬로미터의 광섬유가 미국 전역에 걸쳐 고속 인터넷과 라디오와 텔레비전 신호, 그리고 전화 통신을 위해 설치되어 있다. 정보를 나르는 데 쓰이는 광섬유는 높은 진동수의 적외선 빛을 사용하므로 전기선보다 더 많은 양의 전화 통화나 다른 통신을 실어 나를 수 있다. 또한 구리선보다 광섬유를 선호하는데 그 이유는 광섬유는 절연체인데다가 누설 전자장이나 전기적인 "소음"에 영향을 받지 않기 때문이다.

## 요약

**Physics Now™** **http://physics.brookscole.com/ecp**에서 PhysicsNow를 로그인하고 이 장에 대한 Pre-Test link를 클릭하여 연습문제 시험을 보라.

### 22.1 빛의 본질

빛은 두 가지 본질을 가지고 있다. 빛은 어떤 실험에서는 파동처럼 보이고, 또 다른 실험에서는 아인슈타인이 광자라 부른 입자처럼 보인다. 광자의 에너지는 전자기파의 진동수에 비례한다.

$$E = hf \qquad [22.1]$$

여기서 $h = 6.63 \times 10^{-34}$ J·s는 **플랑크 상수**이다.

### 22.2 반사와 굴절

평평하고 매끄러운 표면에서 반사된 빛의 표면에 수직인 직선에 대한 입사각 $\theta_1$은 반사각 $\theta_1'$과 같다.

$$\theta_1' = \theta_1 \qquad [22.2]$$

빛이 투명한 매질에 들어가면서 경계면에서 휘게 되는 현상을 우리는 **굴절**이라고 한다. 여기서 굴절각은 표면에 수직인 직선에 대해 광선이 새로운 매질 안으로 들어간 후의 각이다.

### 22.3 굴절의 법칙

매질의 **굴절률**(index of refraction) $n$은

$$n \equiv \frac{c}{v} \qquad [22.4]$$

로 정의 되고, 여기서 $c$는 진공에서 빛의 속력이고 $v$는 매질 안에서의 빛의 속력이다. 굴절률은 다음과 같은 비로 나타낼 수도 있다.

$$n = \frac{\lambda_0}{\lambda_n} \qquad [22.7]$$

여기서 $\lambda_0$는 진공에서의 빛의 파장이며, $\lambda_n$은 굴절률이 $n$인 매질 내에서의 파장이다.

**굴절의 법칙** 또는 **스넬의 법칙**은 다음과 같다.

$$n_1 \sin \theta_1 = n_2 \sin \theta_2 \qquad [22.8]$$

여기서 $n_1$과 $n_2$는 두 매질의 굴절률이다. 법선, 입사 광선, 반사 광선, 굴절 광선은 모두 같은 평면에 놓여 있다.

### 22.4 분산과 프리즘

### 22.5 무지개

물질의 굴절률은 입사하는 빛의 파장에 따라 다른데 이 효과를

**분산**이라고 부른다. 유리로 입사하는 빛 중 스펙트럼의 한쪽 끝에 있는 보라색의 굴절각이 스펙트럼의 다른 쪽 끝에 있는 빨강색의 굴절각보다 크다. 무지개는 이런 분산의 결과이다.

### 22.6 호이겐스의 원리

**호이겐스의 원리**는 어떤 파면 위의 모든 점들은 소파(wavelet)라고 부르는 2차 구면파를 생성하기 위한 점파원이라고 생각할 수 있으며, 이 소파는 매질 속에서 특정 속력으로 바깥쪽 방향으로 퍼져나간다. 일정 시간이 경과한 후, 소파들이 접한 면이 새로운 파면의 위치가 된다. 반사와 굴절의 법칙도 이 원리를 이용해서 유도해 낼 수 있다.

### 22.7 내부 전반사

내부 전반사는 높은 굴절률을 가진 매질로부터 낮은 굴절률을 가진 매질로 빛이 진행할 때 일어날 수 있다. 굴절률이 $n_1$인 매질에서 굴절률이 $n_2$인 매질로 진행하는 **빛의 최대 입사각** $\theta_c$를 **임계각**이라고 부른다. 그리고 이는

$$\sin\theta_c = \frac{n_2}{n_1} \qquad n_1 > n_2 \qquad [22.9]$$

으로 주어진다. 내부 전반사 현상은 전 세계에 정보를 빠른 속도로 전해주는 광섬유 광학에 이용된다.

## 개념 파악을 위한 질문

**1.** 어떤 특별한 환경에서 소리는 극도로 멀리까지 나갈 수 있다. 이런 현상은 수면 근처의 공기가 높은 고도의 공기보다 차가울 때 수면에서 빈번히 일어난다. 여기서 음파의 굴절이 어떻게 일어나서 원래 소리가 들릴 수 있는 거리보다 멀리까지 들릴 수 있는가?

**3.** 물체의 색깔은 반사한 파장에 따라 다르게 나타난다. 따라서 물밑에서 빛의 파장이 바뀌므로 물체의 색깔을 보면 색깔이 변하겠는가?

**5.** 한 광선이 물질의 굴절률이 큰 곳에서 굴절률이 낮은 물질로 들어가고 있다. (a) 이 광선은 법선에서 멀어지는 방향으로 굽어지는가 아니면 법선 방향으로 굽어지는가? (b) 굴절률이 큰 물질에서 파장이 600 nm라면 낮은 굴절률의 물질을 통과할 때 이 파장은 커지는가, 작아지는가, 아니면 같은가? (c) 빛의 진동수는 두 물질을 지나면서 어떻게 변하는가? 커지는가, 작아지는가, 아니면 그대로 인가?

**7.** 과학 부품 공급 광고 전단에서 어떤 물질의 굴절률이 0.85라고 선전하고 있다. 이 물질은 구매할 가치가 있는가? 그렇다면 이유는? 그렇지 않다면 그 이유는 무엇인가?

**9.** 분산 매질에서 광선의 굴절각은 빛의 파장에 따라 달라진다. 물질의 표면에서 반사되는 각은 파장에 따라 달라지는가? 그 이유는?

**11.** 백색광 아래에서 다이아몬드를 볼 때 다양한 색이 보이는 이유는 무엇인가?

**13.** 멀리 있는 은하를 관찰하는 천문학자들은 왜 과거를 관찰하고 있음에 대해 말하는가?

## 문제

1, 2, 3 = 기본문제, 발전문제, 심화문제

□ = 학생 문제풀이 매뉴얼/학습 가이드 속에 문제풀이가 있다.

Physics Now™ **http://physics.brookscole.com/ecp**에서 힌트를 받을 수 있는 문제

= 생물의학 문제

### 22.1 빛의 본질

**1.** 아폴로 11호선이 달에 착륙하고 있는 동안 역반사판이 달 표면에 세워졌다. 달이 머리 바로 위에 있을 때 지구에서 떠난 레이저 빔이 반사판에서 반사되어 지구에 돌아오는 시간을 측정함으로써 광속을 알아 낼 수 있다. 이 시간 간격이 2.51 s였다면 측정된 광속은 얼마인가? 지구의 중심과 달의 중심 사이의 거리는 $3.84 \times 10^8$ m이다. 지구와 달의 크기를 무시하지 않도록 하라.

**3.** 그림 P22.3에서 광원과 거울 사이의 거리가 11.45 km이고, 톱니가 720개이다. 실험적으로 얻은 광속 $c$는 $2.998 \times 10^8$ m/s였다. 여기에서 바퀴의 최소 각속도를 계산하라.

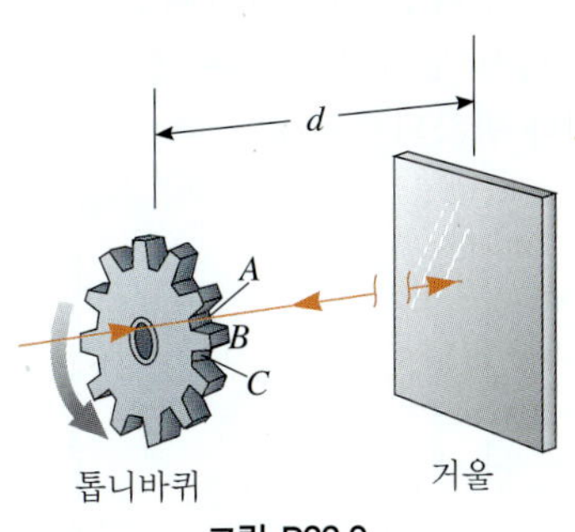


**그림 P22.3**

**5.** 그림 P22.5는 기체 분자의 속도 분포를 측정하는 장치를 나타낸 것이다. 이 기구는 돌아가는 원판 두 개가 거리 $d$만큼 떨어

져 있고 원판에 홈이 파여 있으며 두 홈은 각도 $\theta$로 위치해 있다. 이제 왼쪽 원형 판으로 빛을 쏘아서 빛의 속력을 측정한다고 가정해 보자. (a) $\omega$는 원판의 각속도이고 $\theta$는 라이안으로 측정될 때 빛의 속력이 $c = \omega d/\theta$이면 검출기에서 빛을 검출할 수 있음을 보여라(이 빛은 홈을 통해서 보인다). (b) 이 두 개의 회전 원판 사이의 거리가 2.500 m이고 두 번째 원판의 홈이 첫 번째 원판의 홈에서 1/60로 위치해 있으며 이 두 원판의 회전이 5 555 rev/s일 때 빛의 속력은 얼마이겠는가?

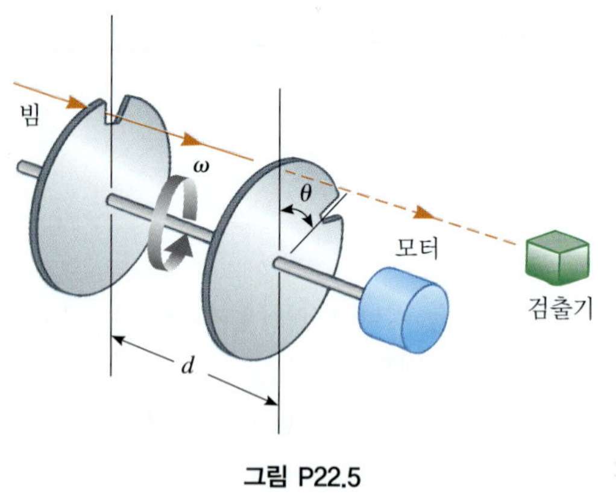


그림 P22.5

## 22.2 반사와 굴절

## 22.3 굴절의 법칙

**7.** 한 스쿠버 다이버가 물속에서 수직으로부터 45.0° 각으로 태양을 똑바로 쳐다볼 수 있었다. 실제 태양의 방향은 어떻게 되는가?

**9.** 레이저 빔이 콘 시럽이 용해된 물에 수직에 대해 30.0°로 입사하고 있다. 만약 이 레이저 빔이 수직에 대해 19.24°로 굴절되었다면, (a) 이 시럽 용액의 굴절률은 얼마인가? 이 빛은 빨간 광선이고 파장은 진공에서 632.8 nm일 때 용액에서 (b) 이 레이저 빔의 파장을 찾고, (c) 진동수, 그리고 (d) 속력을 구하라.

**11.** 진공에서의 파장이 $\lambda_0$인 빛은 물속에서 파장이 438 nm, 벤젠에서 파장이 390 nm이다. (a) 파장 $\lambda_0$의 값은 얼마인가? (b) 오직 주어진 파장만으로 물에 대한 벤젠의 굴절률 비를 결정하라.

**13.** 헬륨-네온에서 나오는 레이저 빛은 공기 중에서 파장이 632.8 nm이다. 이 빛이 공기 중에서 지르콘으로 들어갈 때 지르콘 안에서 이 빛의 (a) 속력, (b) 파장, (c) 진동수를 구하라.

**15.** 그림 P22.15에서 입사된 광선은 평행한 두 거울 사이에서 각기 몇 번이나 반사되겠는가?

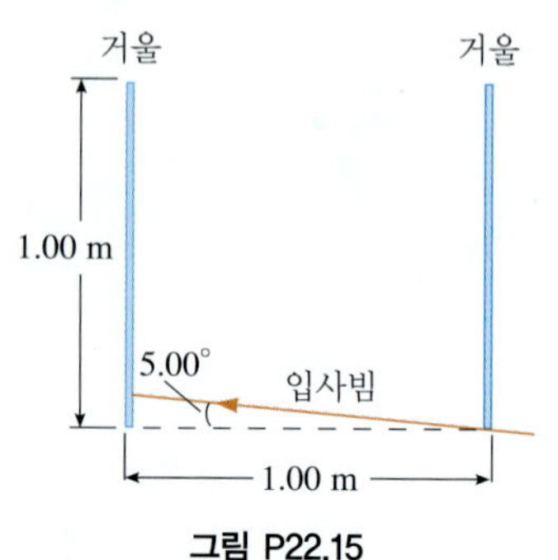


그림 P22.15

**17.** Physics Now™ 광선이 두께 2.00 cm인 유리판($n$ = 1.50) 조각에 법선과 30.0°의 각으로 입사되어 투과할 때(그림 P22.17) 거리 $d$만큼 옆으로 빗겨나간다. $d$의 값을 구하라.

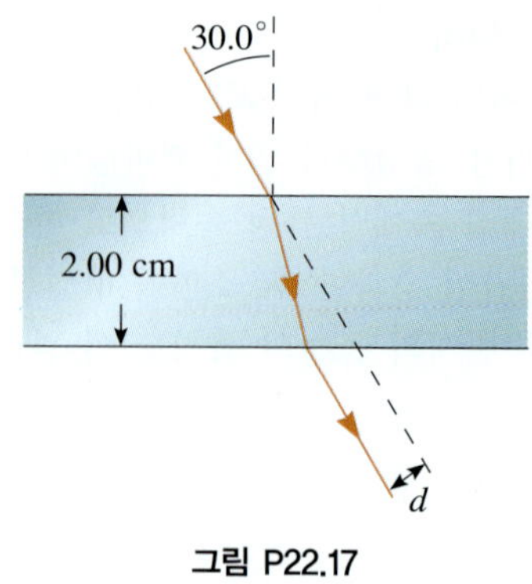


그림 P22.17

**19.** 광선이 그림 P22.19와 같이 아마씨 기름 안에서 법선 $NN'$ 대해서 20.0°을 이루고 있다. 각도 $\theta$와 $\theta'$를 결정하라(아마씨 기름에서 굴절률은 1.48이다).

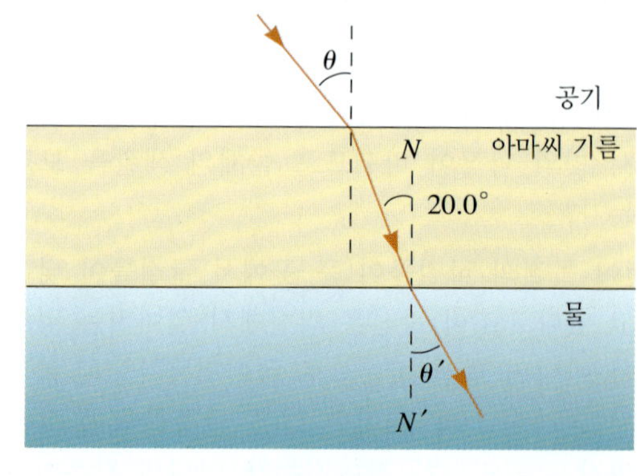


그림 P22.19

**21.** 두 광 펄스가 동시에 한 광원에서 발사되었다. 이 광 펄스들은 서로 평행하게 6.20 m 떨어진 검출기로 향하고 있다. 한 광 펄스는 공기를 통해, 다른 광 펄스는 얼음 덩어리를 통해 검출기에 도달하였다. 이 두 광 펄스가 검출기에 도달한 시간차를 구하라.

**23.** 빛은 공기와 물의 경계면에서 그림 P22.23과 같이 반사와

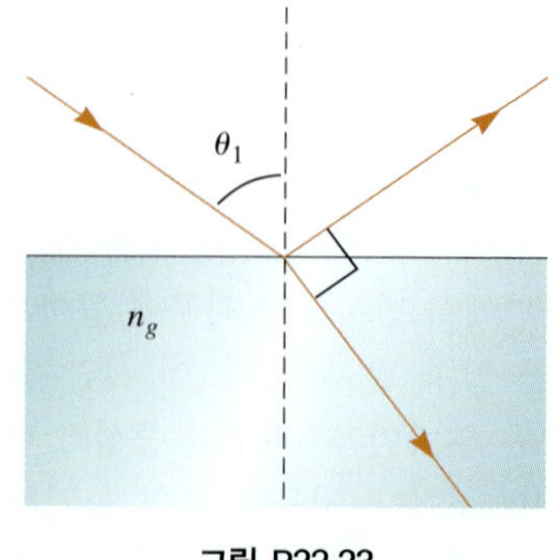


그림 P22.23

굴절이 모두 일어난다. 유리의 굴절률이 $n_g$이고 반사 광선과 굴절 광선이 서로 수직을 이룬다고 할 때, 공기 중에서의 입사각 $\theta_1$을 구하라. (힌트: $\sin(90° - \theta) = \cos\theta$임을 상기하라.)

## 22.4 분산과 프리즘

**25.** 물속에서 빨간색 빛의 굴절률은 1.331이고, 파란색 빛의 굴절률은 1.340이다. 백색광이 입사각 83.00°로 물속으로 들어갈 때, 이 빛의 파란색과 빨간색의 물속에서의 굴절각은 얼마인가?

**27.** 광선이 등각(60° − 60° − 60°)인 유리 프리즘($n$ = 1.5)의 중앙한 점에 입사각 30°로 입사한다. (a) 빛이 유리를 통과하는 경로를 찾고, 각 표면에 입사각과 굴절각을 구하라. (b) 만약 빛이 각 면에서 반사되었다면 각 표면에서의 반사각을 구하라.

## 22.7 내부 전반사

**29.** 다음의 물질이 공기로 둘러싸여 있을 때 임계각을 찾아라. (a) 지르콘, (b) 형석, (c) 얼음. 여기서 파장은 $\lambda$ = 589 nm라 가정한다.

**31.** 파장 589 nm에 대한 빛에 대하여 다음의 물질이 물에 둘러싸여 있을 때 임계각을 찾아라. (a) 다이아몬드, (b) 납유리.

**33.** 플라스틱 광 도파관의 굴절률이 1.53이다. 다음과 같은 경우 내부 전반사가 일어나기 위한 최소 입사각은 얼마인가? (a) 도파관이 공기 중에 있을 때, (b) 도파관이 물 속에 있을 때.

**35.** 소리의 속도가 343 m/s인 공기가 있는 공간이 있다. 이 공간의 벽은 소리의 속도가 1 850 m/s인 콘크리트로 이루어져 있다. (a) 콘크리트–공기 면에서 소리가 내부 전반사를 일으키는 임계각을 찾아라. (b) 소리가 내부 전반사를 일으키기 위해서는 어떤 매질에서 진행해야 하는가? (c) "노출된 콘크리트 벽은 소리에 대해 효과적인 거울과 같다." 이 문장에 찬성 혹은 반대하는 이유를 설명하라.

**37.** 그림 P22.37과 같이 광선이 임계각으로 표면 2에 부딪힌다. 입사각 $\theta_1$을 구하라.

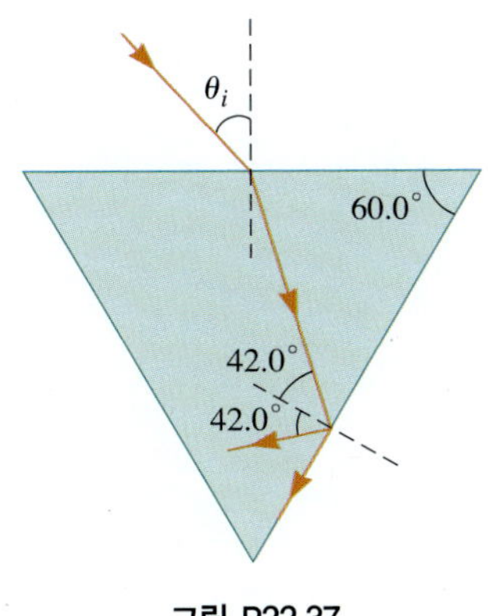


그림 P22.37

## 추가문제

**39.** Physics Now™ 수면과 평행한 면을 가진 얼음이 물에 떠 있다. 만약 빛이 얼음 위 쪽 면에 입사각 30.0°로 들어가면 물에서 굴절되는 각도는 얼마이겠는가?

**41.** 그림 P22.41은 빛이 굴절률이 다른 몇 개의 층을 통과하는 경로를 보여 주고 있다. (a) 만약 $\theta_1$ = 30.0°이면 나오는 광선의 $\theta_2$는 얼마이겠는가? (b) $n$ = 1.20인 매질과 $n$ = 1.00인 매질의 경계면에서 전반사를 일으키려면 각도 $\theta_1$은 얼마이어야 하는가?

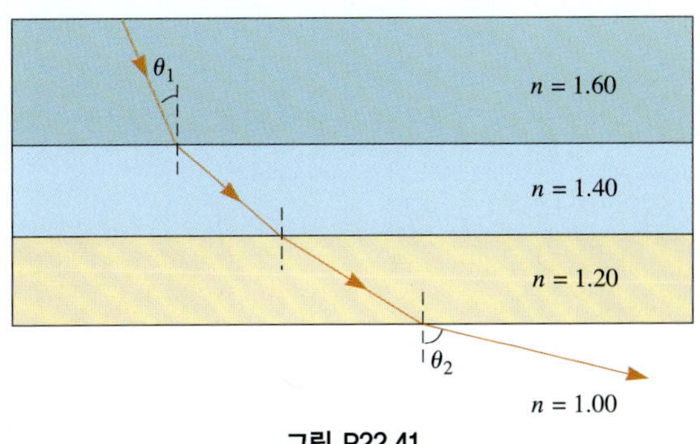


그림 P22.41

**43.** 프리즘의 각도를 측정하는 기술을 그림 P22.43에 나타내었다. 평행한 광선을 프리즘의 꼭지에 향하도록 하면 프리즘의 양 면에서 그 빛이 반사되도록 되어 있다. 반사된 두 줄기의 빛이 만드는 각이 $B = 2A$임을 보여라.

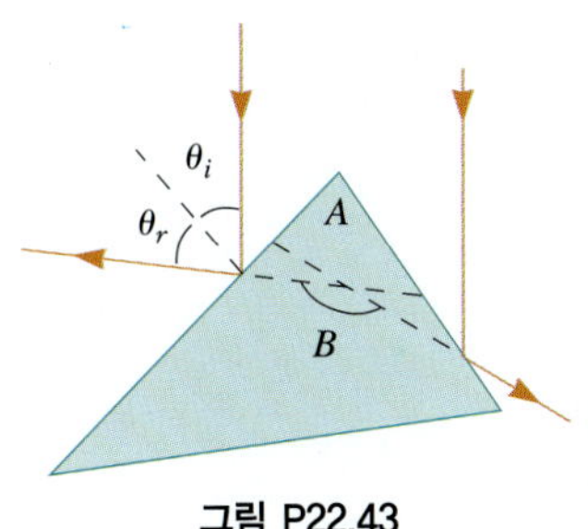


그림 P22.43

**45.** 철사 조각이 각 $\theta$을 이루며 구부러져 있다. 이 구부러진 철사의 일부가 벤젠($n$ = 1.50)에 담겨 있다. 그래서 벤젠에 담기지 않은 부분을 따라 이 철사를 보면 수평에 대해 각 30.0°를 이루면서 구부러지지 않은 것처럼 보인다. 여기서 $\theta$값을 결정하라.

**47.** Physics Now™ 그림 P22.47에 보는 것처럼 반지름 $R$ = 2.00 m인 투명한 원통의 오른쪽 반은 거울 표면으로 되어 있다. 공기 중에서 광선이 이 원통의 왼쪽으로부터 원통으로 입사되어 입사된 광선과 반사되어 원통 밖으로 나온 광선이 거리

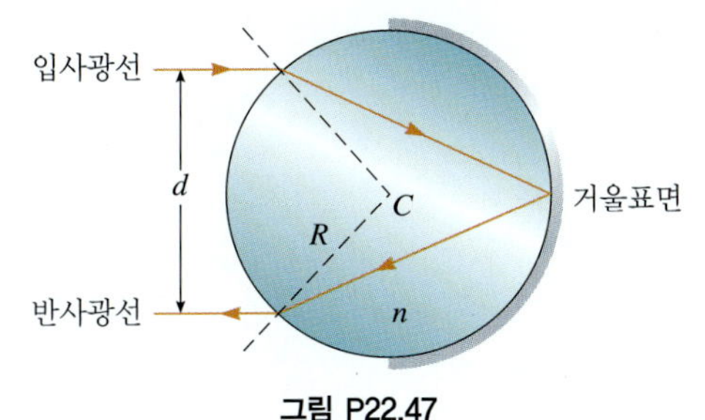


그림 P22.47

$d$ = 2.00 m로 평행하게 되었다. 이 물질의 굴절률을 구하라.

**49.** 그림 P22.49에 보이는 것처럼 프리즘에 입사하는 광선이 첫 번째 표면에서 굴절되었다. $\phi$값은 프리즘의 꼭지각을 나타내고 $n$은 굴절률을 나타낸다. 굴절된 광선이 두 번째 표면에서 굴절될 때 전반사를 일으키지 않게 하기 위한 최소 입사각을 $n$과 $\phi$로 나타내라.

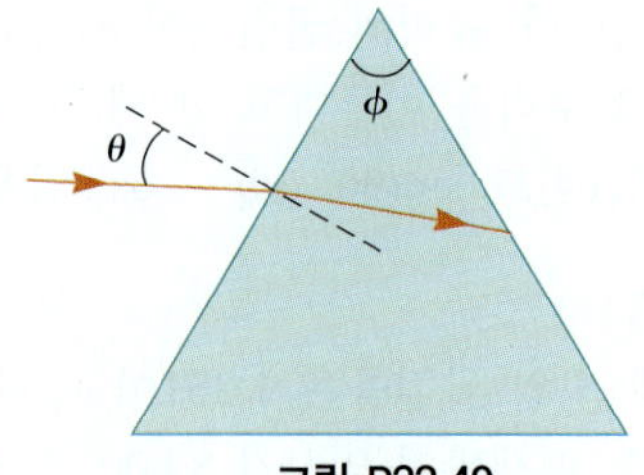

그림 P22.49

CHAPTER 23

# 거울과 렌즈

OUTLINE



거울과 렌즈를 만드는 기술의 발달은 과학의 진보가 일어나는 데 혁명적인 역할을 하였다. 저렴한 물질로 비교적 만들기 쉬운 이러한 장치들은 현미경과 망원경이 되어, 인간의 시야를 미생물에서부터 먼 행성까지 확장하고 학문에 대한 새로운 길을 열어 주었다.

이 장에서는 평면 광파와 구면 광파가 평면과 구면에 입사하였을 때에 형성되는 상에 대한 내용을 다루고 있다. 상은 거울에 의한 반사나 렌즈를 통한 굴절에 의해 형성될 수 있다. 이 장에서는 거울과 렌즈에 대한 연구에서, 빛은 일직선의 경로로 나아간다(광선 근사: ray approximation)고 가정하였으며, 회절은 무시하였다.

## 23.1 평면거울

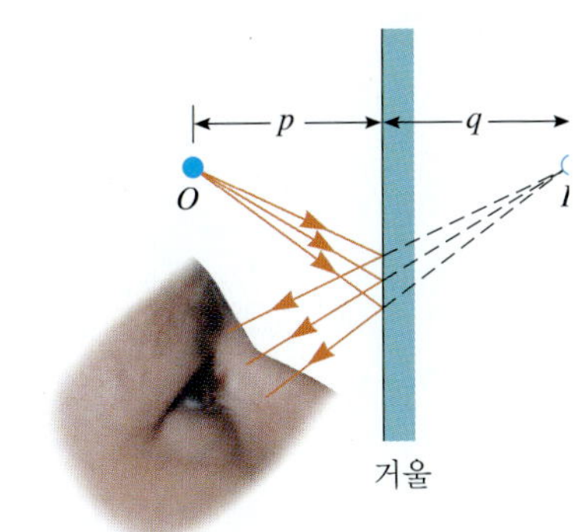


**그림 23.1** 평면거울에서의 반사에 의해 만들어지는 상. 상점 $I$는 거울 뒤 물체 거리 $p$와 동일한 거리 $q$에 있다.

가장 간단한 평면거울에 관하여 알아보자. 그림 23.1과 같이 평면거울에서 거리 $p$만큼 떨어진 $O$점에 있는 점광원을 생각해 보자. 거리 $p$는 **물체 거리**(object distance)라고 부른다. 광선은 광원에서 출발하고 거울에서 반사된다. 반사된 광선은 관찰자에게는 거울 뒤의 한 점 $I$에서 나오는 것처럼 보인다. 점 $I$를 위치 $O$에 있는 물체의 **상**(image)이라 한다. **상은 광선들이 실제로 교차하는 점이나 광선들이 출발하는 것처럼 보이는 점에 형성된다.** 그림 23.1의 광선이 거울 뒤 거리 $q$만큼 떨어진 위치 $I$에서 출발하는 것처럼 보이기 때문에, $I$가 상의 위치이다. 거리 $q$는 **상 거리**(image distance)라고 부른다.

상은 실상과 허상으로 분류된다. **실상**은 빛이 실제로 **상점**(image point)을 통과하기 때문에 형성된다. **허상**은 빛이 상점을 지나지는 않지만, 마치 그 점으로부터 빛이 나오는 것처럼 보이는 상이다. 그림 23.1의 평면거울에 의한 상은 허상이다. 사실, 평면거울에 보이는 상은 항상 실물의 허상이다. 실상은 영화 같이 스크린 위에서 보일 수 있지만, 허상은 그렇지 못하다.

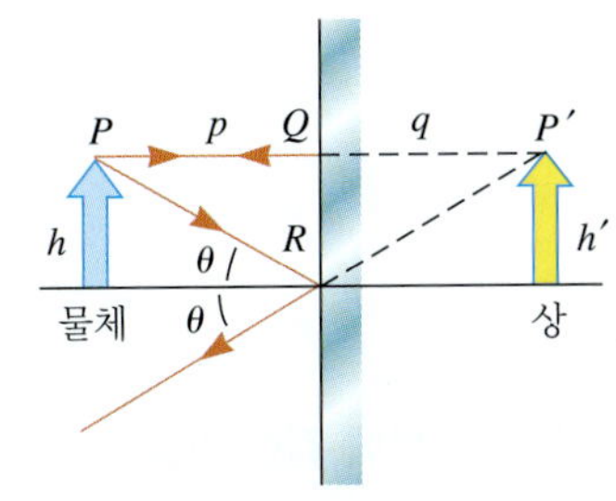


**활용그림 23.2**
평면거울 앞에 놓인 물체의 상의 위치를 구하는 기하학적인 작도법. 삼각형 $PQR$과 $P'QR$이 합동이므로 $p = |q|$이고 $h = h'$이다.

Physics Now™
**http://physics.brookscole.com/ecp**에서 PhysicsNow를 접속하고 활용그림 23.2에 들어가서 물체를 움직여 보고 그에 따른 상의 변화를 관찰하자.

활용그림 23.2와 같이, 간단한 기하학적인 방법을 사용하여 평면거울로 형성된 상의 성질을 알아보자. 상이 형성되는 위치를 알기 위하여, 빛이 거울에서 반사될 때 최소한 2개의 광선을 추적해야 한다. $P$에서 출발한 광선 중의 하나는 수평 경로 $PQ$를 따라 거울까지 왔다가 반사되어 왔던 경로로 돌아간다. 두 번째 광선은 경사진 경로 $PR$을 따라 입사한 후 그림처럼 반사된다. 거울 왼쪽에 있는 관찰자는 점 $P'$에서 나오는 것처럼 보이는 2개의 반사된 광선을 보게 된다. 물체에서, $P$점이 아닌 다른 점들에서도 이 과정을 계속하면, 거울의 오른쪽에 있는 허상(그림에서 노란색 화살표 모양)이 나타난다. 삼각형 $PQR$과 $P'QR$은 합동이므로, $PQ = P'Q$이다. 따라서 **평면거울 앞에 위치한 물체의 상은 그와 같은 거리만큼 떨어진 거울 뒷면에 존재한다**는 결론을 얻을 수 있다.

물체의 높이 $h$와 상의 높이 $h'$은 같다. **가로배율**(lateral magnification) $M$은 다음과 같이 정의된다.

$$M \equiv \frac{\text{상의 크기}}{\text{물체의 크기}} = \frac{h'}{h} \qquad [23.1]$$

이 식은 모든 형태의 거울의 가로배율에 대한 일반적인 정의이다. 평면거울의 경우 $h' = h$이므로, $M = 1$이 된다.

**TIP 23.1 배율 ≠ 확대**
광학에서 배율이란 항상 확대를 의미하는 것이 아니다. 상이 물체보다 작을 수도 있다.

요약하자면, 평면거울에 의해 생기는 상은 다음과 같은 특성을 가지게 된다.

1. 거울 앞에 물체가 있을 때, 상은 거울 뒤의 같은 거리에서 생긴다.
2. 상은 물체와 같은 크기이고, 허상이며, 정립이다. (**정립**이란 그림 23.2에서와 같이, 물체의 화살표가 위쪽을 가리키면 상의 화살표도 위쪽을 가리키는 것을 말한다. 물체와 상이 반대 방향을 가리킨다면 도립상이라고 한다.)

평면거울은 겉보기에 좌우가 바뀐 상을 형성한다. 거울 앞에 서서 오른손을 들어올린다면, 거울에서 나타나는 상은 왼쪽 손을 보게 된다. 마찬가지로, 가르마가 실제와는 반대쪽에 있는 것처럼 보이고, 오른쪽 뺨에 있는 점은 상의 왼쪽 뺨에 있는 것처럼 보일 것이다.

### Quick Quiz 23.1

그림 23.3과 같이 위에서 내려다보았을 때, 관찰자 1이 본 돌의 상은 $C$이다. 관찰자 2가 본 돌의 상은 $A, B, C, D, E$ 중 어디에 있을까? 아니면 이 그림에는 상이 없을까?

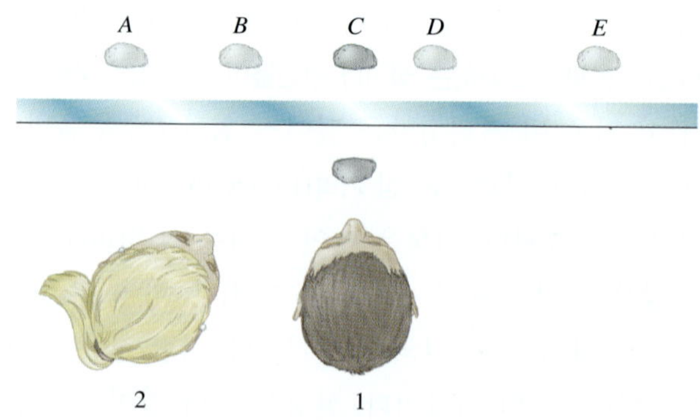


그림 23.3 (Quick Quiz 23.1)

### 예제 23.1 벽에 걸린 거울

**목표** 평면거울의 특징을 적용한다.

**문제** 키가 1.80 m인 사람이 그의 전신을 부족하지도 남지도 않도록 거울에 비추어 보기를 원하면서 거울 앞에 서 있다. 그의 눈이 머리끝에서부터 0.14 m 아래의 위치에 있다면, 거울의 최소 높이는 얼마여야 하는가?

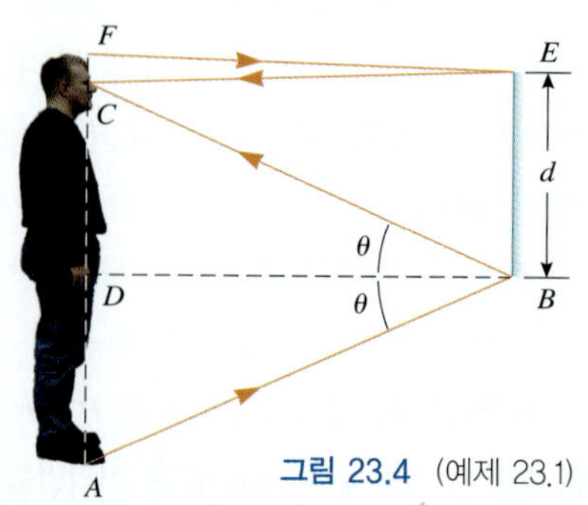


그림 23.4 (예제 23.1)

**전략** 그림 23.4를 보면, 발끝과 머리끝에서 나온 두 개의 광선이 거울에서 반사되어 관찰자의 눈으로 들어간다. 발끝에서 나온 빛은 거울의 가장 아래 부분에서 반사되어야 한다. 거울이 그것보다 좀더 길다면 문제의 조건(남지도 않도록)에 맞지 않게 되고, 짧다면 발끝이 반사되지 않아서 보이지 않을 것이다. 빛의 입사각과 반사각은 같고 $\theta$라고 하면, 삼각형 $ABD$와 삼각형 $DBC$는 공통 선분 $(DB)$과 각 $\theta$를 가진 직각삼각형이므로 합동이다. 이것을 이등변삼각형 $FEC$에 사용하여 문제를 풀어보라.

**풀이**

길이가 $d$인 $BE$를 찾아야 한다. 사람 몸길이와의 관계는 다음과 같다.

$$BE = DC + \tfrac{1}{2}CF \quad (1)$$

우리는 $DC$와 $CF$의 길이를 알아야 한다. 서로 반대 방향으로 각 $\theta$인 선의 합이 $AC$와 동일하다고 두자.

$$AD + DC = AC = (1.80 - 0.14) = 1.66 \text{ m} \quad (2)$$

$AD = DC$이므로, 식 (2)에 대입해서 $DC$에 대해 푼다.

$$AD + DC = 2DC = 1.66 \text{ m} \longrightarrow DC = 0.83 \text{ m}$$

$CF$는 0.14 m라고 주어졌으므로, 이것과 $DC$를 식 (1)에 대입한다.

$$BE = d = DC + \tfrac{1}{2}CF = 0.83 \text{ m} + \tfrac{1}{2}(0.14 \text{ m}) = \boxed{0.90 \text{ m}}$$

**주의** 부족하지도 남지도 않게 거울로 전신을 보기 위해서, 거울의 길이는 정확히 사람 키의 절반이 되어야 한다. 거울과 사람 사이의 거리는 상관없다는 것에 주목하라.

**연습문제 23.1**

예제의 사람이 거울로 몸의 위쪽 1/3만 보기를 원한다면, 거울의 크기는 얼마여야 하는가?

**답** 0.30 m

---

**APPLICATION**

낮과 밤에 따른 후면거울의 설정

자동차의 대부분의 후면거울은 낮과 밤을 위한 설정 기능을 가지고 있다. 밤 설정은 상의 강도를 상당히 감소시켜서 뒤따르는 차에서 나오는 빛이 운전자를 눈부시게 하지 않도록 해준다. 어떻게 거울이 이런 작용을 하는지 이해하기 위하여 그림 23.5를 생각해 보자. 거울은 뒷면에 빛을 반사시키는 금속을 입힌 쐐기 모양의 유리로 되어 있다. 그림 23.5a와 같이 거울이 낮 설정에 맞춰 있을 때, 차 뒤에서 오는 물체의 빛이 거울의 점 1에 들어온다. 대부분의 빛은 유리로 들어와서 굴절하고, 거울 뒷면에서 반사하여 앞면으로 돌아온다. 이곳에서 빛은 다시 한 번 굴절하여 공기 중으로 나오는데 $B$(밝음)로 표시되어 있다. 빛의 일부는 앞면에서 반사되며 $D$(약함)로 표시되어 있다. 그림 23.5b와 같이 거울이 밤 설정에 있을 때, 관측되는 상의 빛이 약하게 된다. 이 경우에 유리는 회전되었기 때문에 밝은 빛(광선 $B$)이 눈에 들어오지 않도록 한다. 대신에 앞면에서 반사된 약한 빛이 눈에 도달하고, 뒤따르는 강한 불빛이 운전자의 시야를 방해하는 위험이 생기지 않도록 한다.

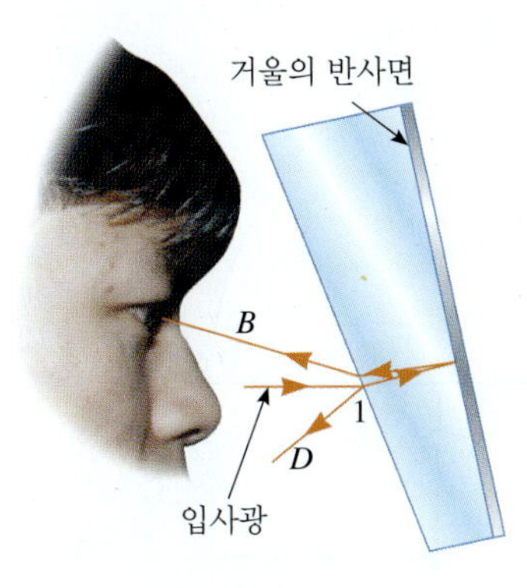


낮의 위치 조정
(a)

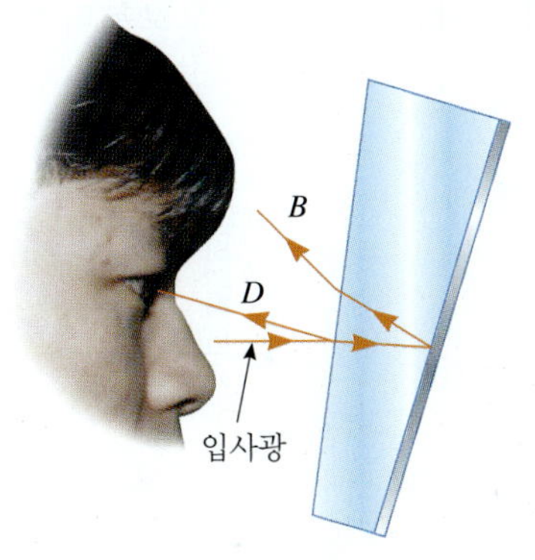


밤의 위치 조정
(b)

**그림 23.5** 후면거울의 단면도. (a) 낮 설정일 때, 거울의 은 코팅된 후면이 밝은 빛 $B$를 운전자의 눈으로 반사한다. (b) 밤 설정일 때, 거울의 은 코팅되지 않은 앞쪽 유리 부분에서 희미한 빛 $D$를 운전자의 눈으로 반사한다.

## 23.2 구면거울에 의한 상

### 오목거울

**구면거울**(spherical mirror)은 이름에서 알 수 있듯이, 구의 일부로 이루어져 있다. 그림 23.6은 은 코팅된 오목한 면에서 빛이 반사되는 구면거울을 보여 주고 있다. 이런 거울을 **오목거울**(concave mirror)이라고 부른다. 곡률 반지름은 $R$, 곡률 중심은 점 $C$에 있다. 점 $V$는 구면의 중심이고, $C$에서 $V$로 그린 선을 **주축**(principal axis)이라 한다.

이제 그림 23.6b에서 주축 위에 있고, 점 $C$보다 밖에 있는 점 $O$에 있는 점광원을 생각해 보자. $O$에서 나온 광선이 여러 개로 발산하는 것을 볼 수 있다. 거울에서 반사한 광선들은 **상점**(image point)으로 불리는 점 $I$로 수렴된다. 이 광선들은 계속해서 마치 그 곳에 물체가 있는 것처럼 점 $I$에서 발산한다. 그 결과 실상이 형성된다. **반사된 빛이 실제로 한 점을 지날 때 그 점에 형성된 상은 언제나 실상이 된다.**

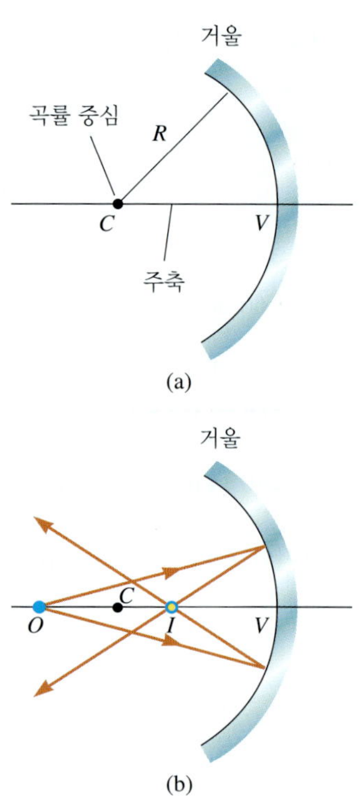


**그림 23.6** (a) 반지름 $R$의 오목거울. 곡률 중심 $C$는 주축 위에 위치한다. (b) 반지름 $R$인 오목한 구면거울의 앞쪽 주축 위에 있으면서, 거울 표면에서 거리가 $R$보다 더 떨어져 있는 $O$에 점광원이 위치한다면 $I$에 실상이 형성한다. 만일 광선이 $O$로부터 작은 각으로 발산한다면, 모든 광선은 반사하여 같은 상점을 통과한다.

물체에서 나오는 모든 빛이 주축과 작은 각을 만든다고 가정하자. 그러면 그러한 광선들은 그림 23.6b처럼 반사하여 상점을 지난다. 그림 23.7처럼 주축에서 먼 광선들은 주축상의 다른 여러 점으로 모이게 되어 흐릿한 상을 만든다. 이런 것을 **구면수차**(spherical aberration)라고 부르며 이러한 효과는 구면거울에서는 어느 정도 존재하는데, 23.7절에서 다시 다룰 것이다.

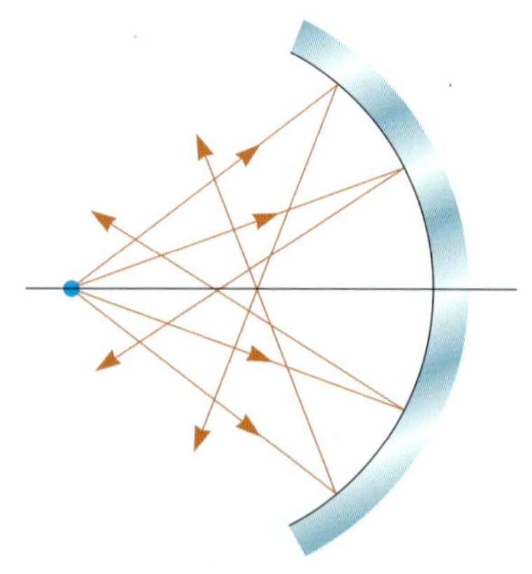

**그림 23.7** 수평축에 대해 큰 각을 가진 광선들은 구면의 오목거울에서 반사하여 서로 다른 점에서 교차하므로 흐린 상을 만든다. 이런 현상을 구면수차라고 한다.

그림 23.8과 같은 기하학을 사용하여 물체 거리 $p$와 곡률 반지름 $R$로부터 상 거리 $q$를 계산할 수 있다. 보통 이러한 거리들은 점 $V$로부터 떨어진 거리를 말한다. 그림 23.8은 물체의 꼭대기에서 나온 2개의 광선을 보여 주고 있다. 한 광선은 거울의 곡률 중심 $C$를 지나서 (거울면에 수직하게) 거울에 도달한 후 온 길로 반사된다. 두 번째 광선은 점 $V$에 도달한 후 그림처럼 반사법칙을 따라서 반사된다. 상의 꼭대기는 두 광선이 만나는 점에서 형성된다. 그림 23.7의 가장 큰 삼각형에서 $\tan\theta = h/p$이고, 청색의 삼각형에서 $\tan\theta = -h'/q$이다. 음의 부호는 물체가 거꾸로 되어 있으며, 따라서 $h'$가 음수이므로 도입된 것이다. 따라서 식 23.1과 이들 결과로부터 거울의 가로배율은 다음과 같이 주어진다.

$$M = \frac{h'}{h} = -\frac{q}{p} \qquad [23.2]$$

그림의 다른 두 삼각형으로부터 다음을 얻을 수 있다.

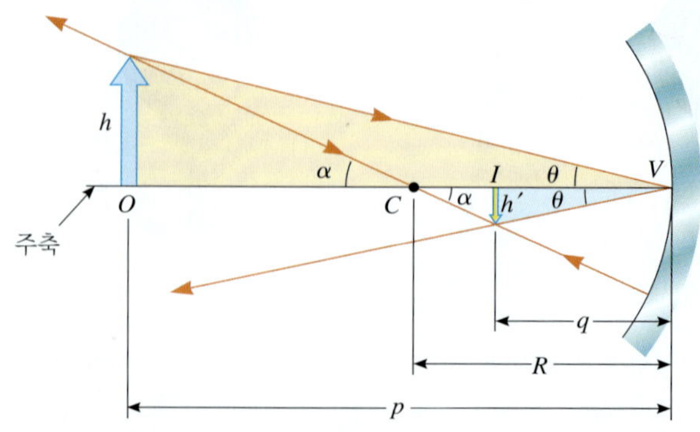


**그림 23.8** 물체가 곡률 중심 $C$의 밖인 $O$에 있을 때, 구면의 오목거울에 의해 만들어지는 상.

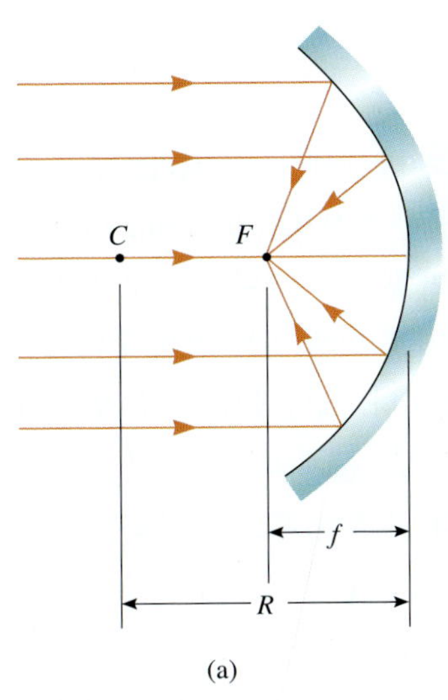


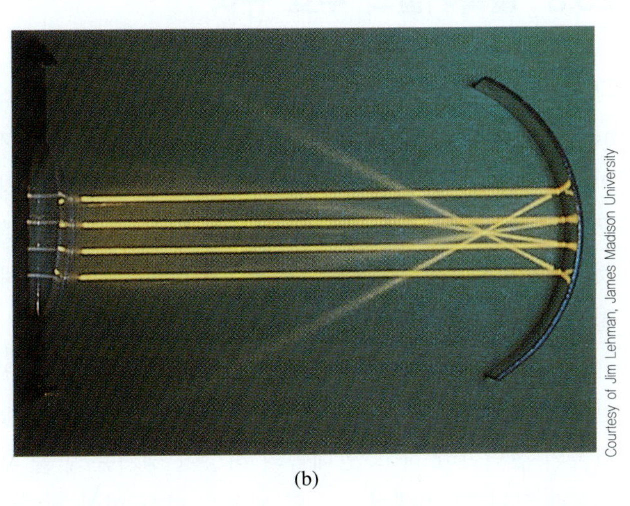


**그림 23.9** (a) 멀리 떨어진 물체($p = \infty$)로부터의 광선은 오목거울에서 반사되어 초점 $F$를 통과한다. 이 경우에, 상 거리 $q = R/2 = f$이고, 여기서 $f$는 거울의 초점 거리이다. (b) 평행하게 입사한 광선들이 오목거울에 의해 반사되는 사진.

$$\tan \alpha = \frac{h}{p - R} \qquad \tan \alpha = -\frac{h'}{R - q}$$

이 결과를 사용하여

$$\frac{h'}{h} = -\frac{R - q}{p - R} \qquad [23.3]$$

를 얻는다. 식 23.2와 식 23.3을 비교해 보면

$$\frac{R - q}{p - R} = \frac{q}{p}$$

임을 알 수 있다. 간단한 대수학을 사용하면

$$\frac{1}{p} + \frac{1}{q} = \frac{2}{R} \qquad [23.4]$$

◀ 거울 방정식

를 얻는다. 이 식을 **거울 방정식**(mirror equation)이라 한다.

만일 물체가 거울에서 멀리 떨어져 있다면, 즉 물체 거리 $p$가 $R$보다 충분히 커서 $p$가 무한하다면 $1/p \approx 0$이며, 식 23.4에서 $q \approx R/2$이 된다. 즉, 물체가 거울에서 매우 떨어져 있을 때, 그림 23.9a에서와 같이 **상점은 곡률 중심과 거울 중심 사이의 중간에 위치하게 된다.** 광원이 거울에서 매우 멀리 떨어져 있다고 가정하였으므로, 이 그림에서 입사광선은 평행한 광선이 된다. 이런 특수한 경우, 이 상점을 **초점**(focal point) $F$라고 부르고, 상 거리를 **초점 거리**(focal length) $f$라 하고 다음과 같이 쓸 수 있다.

$$f = \frac{R}{2} \qquad [23.5]$$

◀ 초점 거리

따라서 거울 방정식은 다음과 같이 표현된다.

$$\frac{1}{p} + \frac{1}{q} = \frac{1}{f} \qquad [23.6]$$

무한히 멀리 있는 물체에서 오는 광선은 항상 초점에 모인다는 것을 유의하라.

### ☑ Checkpoint 23.1

진실인가 거짓인가: 그림 23.8처럼 물체가 오목거울의 곡률 중심 뒤에 있을 때, 상은 항상 물체보다 작다.

### ☑ Checkpoint 23.2

진실인가 거짓인가: 오목거울 앞의 멀리 떨어진 위치의 물체가 초점 쪽을 향해 천천히 이동할수록 상의 위치는 무한대로 접근한다.

**TIP 23.2 초점 ≠ 빛이 모이는 점**

초점(focal point)은 광선이 모여서 상을 형성하는 점(focus point)이 아니다. 초점은 거울의 곡률에 의해서만 결정되고, 물체의 위치에는 전혀 영향을 받지 않는다.

## 23.3 볼록거울과 부호 규칙

그림 23.10은 은으로 코팅되어서 빛을 볼록한 면의 밖으로 반사시키는 **볼록거울**(convex mirror)에 의하여 상이 형성되는 것을 보여 준다. 볼록거울은 **발산거울**(diverging mirror)이라고도 하는데, 물체에서 나온 광선이 반사된 후 마치 거울 뒤의 어떤 점으로부터 나오는 것처럼 발산하기 때문이다. 그림 23.10에 있는 상은 거울 뒤에 있는 점에서 나오는 것처럼 반사된 광선이 나오기 때문에 실상이 아니라 허상이다. 그림에서 알 수 있듯이, 일반적으로 볼록거울에 의한 상은 정립 허상이며, 상의 크기는 물체의 크기보다 작다.

볼록 구면 거울에 대한 방정식은 유도하지 않을 것이다. 특별한 부호의 약속을 사용한다면, 오목거울에 적용한 식들을 볼록거울에도 적용할 수 있다. 광선들이 지나는 면을 거울의 **전면**이라 하고, 반대쪽의 허상이 생기는 면을 후면이라고 하자. 예를 들면, 그림 23.8과 그림 23.10에서 거울의 왼쪽을 향한 면이 전면이고, 오른쪽을 향한 면이 **후면**이다. 그림 23.11은 물체 거리와 상 거리에 관한 규칙을 이해하는 데 도움이 되고, 표 23.1은 구하고자 하는 양의 부호를 정하는 규칙을 요약한 것이다. 빛이 거울 앞에 있으면 $p, q, f$(그리고 $R$)는 양수이고, 빛이 거울 뒤에 위치하면 $p, q, f$(그리고 $R$)는 음수이다.

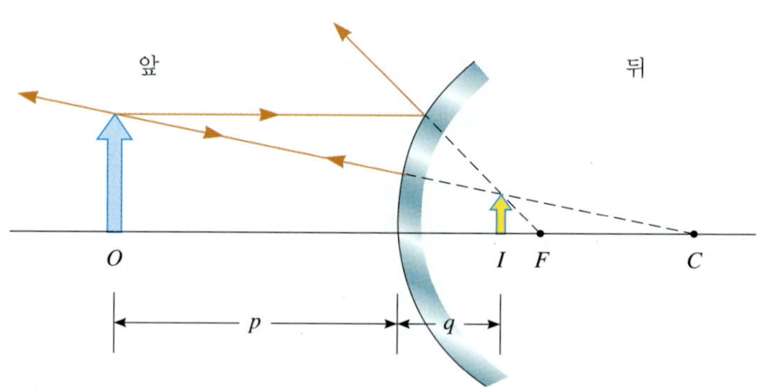


그림 23.10 구면 볼록거울에 의한 상의 형성. 정립 허상임에 주목하라.

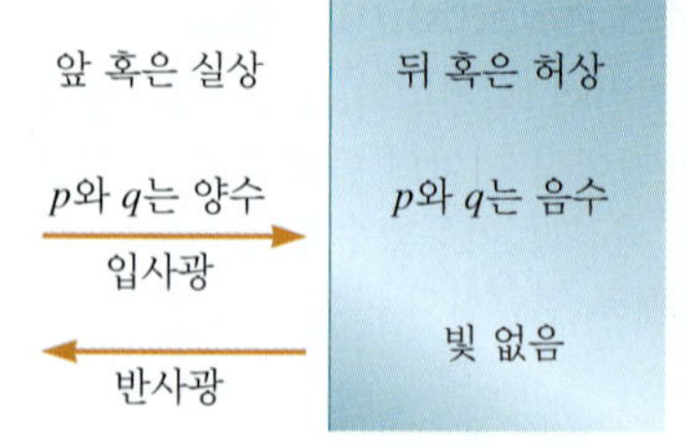


그림 23.11 볼록거울과 오목거울에 대한 $p$와 $q$의 부호를 나타내는 그림.

표 23.1 거울 부호 공식

| 물리량 | 기호 | 앞에 있을 때 | 뒤에 있을 때 | 정립상 | 도립상 |
|---|---|---|---|---|---|
| 물체의 위치 | $p$ | + | − | | |
| 상의 위치 | $q$ | + | − | | |
| 초점 거리 | $f$ | + | − | | |
| 상의 크기 | $h'$ | | | + | − |
| 배율 | $M$ | | | + | − |

### 거울의 광선 도표

지금까지 사용해 온 방법과 비슷하게 광선 도표를 그려봄으로써 거울에 의해 만들어지는 상의 위치와 크기를 쉽게 결정할 수 있다. 이런 종류의 그림들은 상의 전반적인 성질을 알게 해 주고, 거울 방정식과 배율 방정식으로 계산한 변수들을 점검할 수 있게 해 준다. 광선 도표를 그리기 위해서는 물체의 위치와 곡률 중심의 위치를 알아야 한

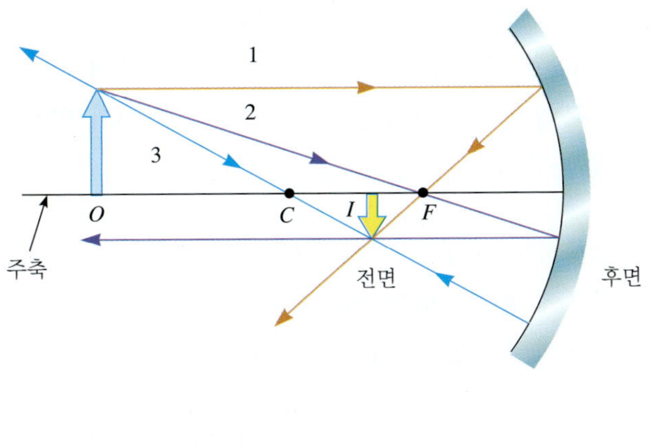

(a)

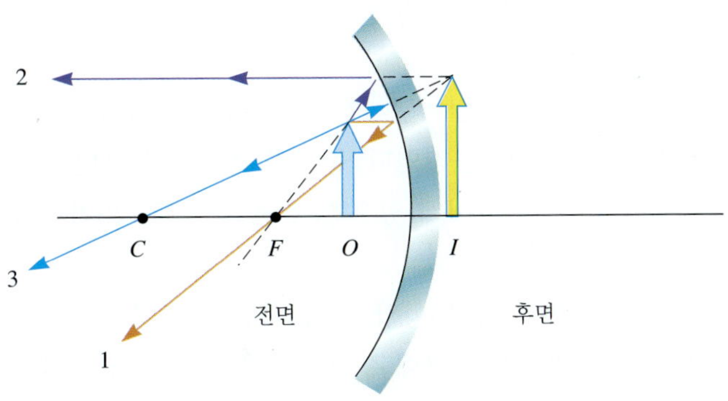

(b)

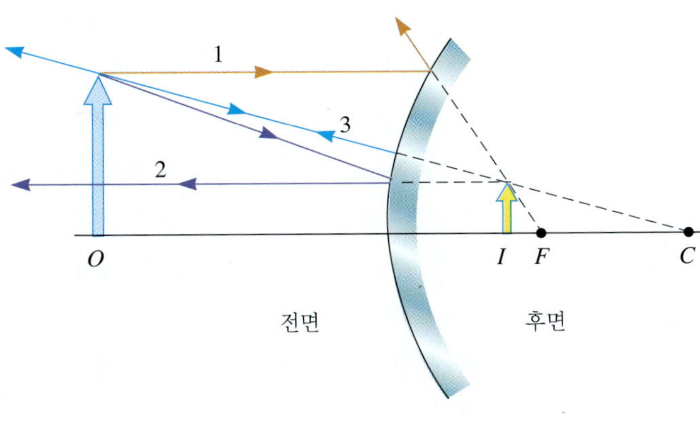

(c)

**활용그림 23.12**
구면거울에 대한 광선 도표와 양초의 상을 찍은 사진. (a) 물체가 오목거울의 곡률 중심 밖에 있을 때, 상은 도립 실상이고 크기는 작아진다. (b) 물체가 오목거울의 초점 안쪽에 있을 때, 상은 정립 허상이고 확대된다. (c) 물체가 볼록거울 앞에 있을 때, 상은 정립 허상이고 크기는 작아진다.

**Physics Now™** **http://physics.brookscole.com/ecp**에서 PhysicsNow를 로그인하고 활용그림 23.12로 들어가서 물체를 움직여 보고, 초점 거리를 변화시켜 보면서 그에 따른 상의 변화를 관찰하자.

다. 활용그림 23.12처럼 상의 위치를 알기 위해서는 앞에서 살펴본 예의 경우처럼 2개의 광선이 아니라 3개의 광선을 이용한다. 3개의 광선을 물체의 한 점에서 나오도록 그린다. 이 예제에서는 화살표의 꼭대기가 선택되었다. 활용그림 23.12a와 활용그림 23.12b의 오목거울의 경우, 광선을 다음과 같은 방법으로 그린다.

1. 광선 1은 주축에 평행하게 입사하여 반사된 후 초점 $F$를 지난다.
2. 광선 2는 초점을 통과하여 주축에 평행하게 반사된다.
3. 광선 3은 곡률 중심 $C$를 통과하여 반사된 후 왔던 길로 되돌아간다.

실제로 광선은 물체의 모든 방향에서 나와서 모든 방향으로 진행한다. 그러나 그림을 단순화하기 위하여 특정 방향으로 움직이는 광선들만을 선택한 것이다.

이들 광선 중 어느 2개의 광선이 한 점에서 만나는 곳에 상이 존재한다. 세 번째 광선으로 상의 위치를 다시 확인할 수 있다. 이와 같이 얻어진 상은 거울 방정식으로 계산한 $q$값과 항상 일치한다.

### ✓ Checkpoint 23.3

상을 결정하기 위해서 몇 개의 광선이 필요한가?

물체가 오목거울에 가까워질수록 무슨 일이 일어날까? 활용그림 23.12a에서 물체가 초점에 가까워질수록 도립 실상은 왼쪽으로 움직인다. 물체가 초점에 있으면, 상은 왼쪽 무한대에 위치한다. 물체가 초점과 거울 사이에 있으면, 활용그림 23.12b처럼 상은 정립 허상이 된다.

활용그림 23.12c와 같은 볼록거울의 경우, 상은 항상 정립 허상이다. 물체 거리가 멀어짐에 따라 허상은 작아지고, 물체 거리 $p$가 무한대로 가면 초점 거리에 상이 위치한다. 이것을 확인하기 위하여 광선 도표를 그려보도록 하자.

구면거울에 의해 만들어진 상의 특성을 알면, 구면거울의 용도를 정할 수 있다. 예를 들어, 면도나 화장을 하는 것을 돕기 위한 거울을 만들려 한다고 하자. 이 경우 활용그림 23.12b와 같이 사용자를 초점 안에 있게 하는 오목거울이 필요하다. 거울에 의해서 크게 확대된 정립상이 생긴다. 반대로 거울의 주목적이 넓은 범위를 관찰하는 것이라면, 활용그림 23.12c와 같이 볼록거울이 필요하다. 상의 크기가 줄어든 것은 거울이 꽤 넓은 시야를 갖고 있음을 의미한다. 이와 같은 거울은 주인이 좀도둑을 감시하는 데 도움이 되므로, 흔히 가게에서 사용되기도 하고, 또한 자동차의 측면 거울로도 사용되기도 한다(그림 23.13). 이와 같은 거울은 보통 승객 쪽에 설치되어 있고, "물체는 거울에서 보이는 것보다 더 가까이에 있습니다." 라는 경고문이 적혀 있다. 이러한 경고가 없다면, 운전자는 이 거울을 상의 크기가 변하지 않는 평면거울로 생각할 수도 있다. 따라서 트럭이 운전자 바로 뒤에 접근하여 볼록거울의 특성상 상의 크기가 작게 보이기 때문에 운전자는 트럭이 꽤 멀리 있는 것으로 착각할 수 있다.

**그림 23.13** 자동차의 볼록한 측면 거울은 물체보다 작은 정립상을 만든다. 작은 상은 물체의 거리가 거울로 보는 겉보기 거리보다 실제로 더 가까이에 있다는 것을 뜻한다.

### 응용물리 23.1 가역 파동

큰 트럭 뒤에 "당신이 내 차의 거울을 볼 수 없다면, 나도 당신을 볼 수 없습니다." 라고 적힌 것을 자주 보게 된다. 이 경고문을 설명해 보라.

**설명** 트럭 운수회사는 광선의 가역 원리를 이용하고 있다. 트럭 운전자의 거울에 당신의 상이 만들어지려면, 이 거울에 도달하는 광선의 경로가 있어야 운전자가 당신의 상을 볼 수 있다. 당신이 트럭의 거울을 볼 수 없다면, 이러한 경로가 없다는 것이다.

## 연관된 예제 23.2 오목거울에 의한 상

**목표** 오목거울의 특성을 계산한다.

**문제** 오목한 구면거울의 초점 거리를 10.0 cm라고 가정하자. (a) 물체 거리가 25.0 cm일 때의 상의 위치와 배율을 구하라. 상이 실상인지 허상인지, 도립인지 정립인지, 확대되었는지 축소되었는지도 판단하라. 물체 거리가 (b) 10.0 cm일 때, (c) 5.00 cm일 때에 대해서도 계산해 보라.

**전략** 각 부분을 거울 방정식과 배율 방정식에 대입한다. (b)는 답이 무한대이기 때문에 극한과 관련 있다.

**풀이**

(a) 물체 거리 25.0 cm에서의 상의 위치를 찾아라. 배율을 계산하고 상에 대해 설명하라.

상 거리를 알기 위해 거울 방정식을 사용한다.

$$\frac{1}{p} + \frac{1}{q} = \frac{1}{f}$$

대입하고 $q$에 대해 푼다. 표 23.1에 의해 $p$와 $f$는 양수이다.

$$\frac{1}{25.0\text{ cm}} + \frac{1}{q} = \frac{1}{10.0\text{ cm}}$$

$$q = \boxed{16.7\text{ cm}}$$

$q$가 양수이므로, 상은 거울 앞에 생기고 실상이다. 배율은 식 23.2를 통해 구할 수 있다.

$$M = -\frac{q}{p} = -\frac{16.7\text{ cm}}{25.0\text{ cm}} = \boxed{-0.668}$$

$|M|<1$이므로 상은 물체보다 작고, $M$이 음수이므로 상은 도립이다(그림 23.12a 참조).

(b) 물체 거리 10.0 cm에서의 상의 위치를 찾아라. 배율을 계산하고 상에 대해 설명하라.

물체는 초점에 있다. $p$ = 10.0 cm, $f$ = 10.0 cm를 거울 방정식에 대입한다.

$$\frac{1}{10.0\text{ cm}} + \frac{1}{q} = \frac{1}{10.0\text{ cm}}$$

$$\frac{1}{q} = 0 \longrightarrow \boxed{q = \infty}$$

$M = -q/p$이므로, 배율 또한 무한대이다.

(c) 물체 거리 5.00 cm에서의 상의 위치를 찾아라. 배율을 계산하고 상에 대해 설명하라.

거울 방정식에 다시 한 번 대입한다.

$$\frac{1}{5.00\text{ cm}} + \frac{1}{q} = \frac{1}{10.0\text{ cm}}$$

$$\frac{1}{q} = \frac{1}{10.0\text{ cm}} - \frac{1}{5.00\text{ cm}} = -\frac{1}{10.0\text{ cm}}$$

$$q = \boxed{-10.0\text{ cm}}$$

$q$가 음수이므로 상은 거울 뒤쪽에 생기는 허상이다. 배율을 계산하기 위해 식 23.2를 사용한다.

$$M = -\frac{q}{p} = -\left(\frac{-10.0\text{ cm}}{5.00\text{ cm}}\right) = \boxed{2.00}$$

상은 정립이고, 물체보다 두 배만큼 크다(그림 23.12b 참조).

**주의** 오목한 구면거울에 의해 생기는 상의 특징에 주의해야 한다. 물체가 초점의 바깥에 있으면 상은 도립 실상이고, 초점에 있으면 상은 무한히 먼 곳에 생기며, 초점 안쪽에 있으면 상은 정립 허상이다.

**연습문제 23.2**

물체 거리가 20.0 cm일 때, 상 거리와 거울의 배율을 구하라.

**답** $q = 20.0\text{ cm}$, $M = -1.00$

**Physics Now™** **http://physics.brookscole.com/ecp**에서 PhysicsNow를 로그인하고 연관된 예제 23.2로 들어가서 물체의 위치와 거울의 초점 거리 변화에 따라 상이 어떻게 형성되는지 알아보자.

### 예제 23.3 볼록거울에 의한 상

**목표** 볼록거울의 특성을 계산한다.

**문제** 높이가 3.00 cm인 물체가 초점 거리 8.00 cm인 볼록거울 앞 20.0 cm 위치에 놓여 있다. (a) 상의 위치, (b) 거울의 배율, (c) 상의 높이를 구하라.

**전략** 이 문제 역시 거울 방정식과 배율 방정식에 대입만 하면 풀 수 있다. 상의 높이는 물체의 높이에 배율을 곱하면 얻을 수 있다.

**풀이**

(a) 상의 위치를 구하라.

볼록거울이므로 초점 거리는 음수이다. 거울 방정식에 대입한다.

$$\frac{1}{p} + \frac{1}{q} = \frac{1}{f}$$

$$\frac{1}{20.0\text{ cm}} + \frac{1}{q} = \frac{1}{-8.00\text{ cm}}$$

$q$에 대해서 푼다.

$$q = \boxed{-5.71\text{ cm}}$$

(b) 거울의 배율을 구하라.

식 23.2에 대입한다.

$$M = -\frac{q}{p} = -\left(\frac{-5.71\text{ cm}}{20.0\text{ cm}}\right) = \boxed{0.286}$$

(c) 상의 높이를 구하라.

물체의 높이에 배율을 곱한다.

$$h' = hM = (3.00\text{ cm})(0.286) = \boxed{0.858\text{ cm}}$$

**주의** $q$가 음수이므로 상은 그림 23.12c와 같이 거울 뒤쪽에 형성되는 허상이다. $M$이 양수이므로 상은 정립이다.

**연습문제 23.3**

예제 23.3에서와 동일한 거울에서 물체 거리가 4.00 cm라고 가정하고 (a)~(c)를 반복하라.

**답** (a) −2.67 cm (b) 0.668 (c) 2.00 cm, 상은 정립 허상

## 23.4 굴절에 의한 상

이 절은 구면에서 굴절에 의하여 상이 어떻게 형성되는지에 관한 것이다. 굴절률이 각각 $n_1$과 $n_2$인 투명한 매질을 생각하자. 두 매질 사이의 경계면은 반지름 $R$인 구면이다(그림 23.14). 오른쪽 매질의 굴절률이 왼쪽 매질의 굴절률보다 크다고 가정하자. 즉, $n_2 > n_1$이다. 이것은 공기 중의 광선이 곡률이 있는 유리로 입사하거나 둥근 어항 안의 물로 입사하는 경우와 같다. 물체의 위치 $O$에서 나온 광선은 구면에서 굴절된 후, 상점 $I$로 모인다. 굴절에 대한 스넬의 법칙과 간단한 기하학을 사용하면, 물체 거리, 상 거리, 그리고 곡률 반지름 사이의 관계식이 다음과 같이 주어진다.

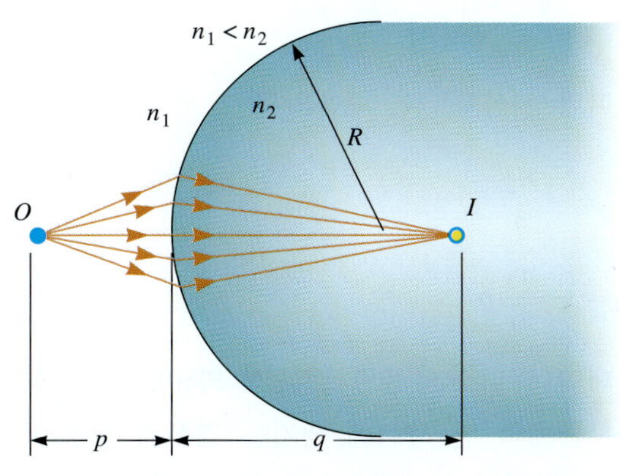


**그림 23.14** 구의 표면에서 굴절에 의하여 만들어지는 상. $O$에 놓인 점 물체로부터 나오고 상점 $I$를 지나는 광선들이 주축과 작은 각을 이루고 있다.

**표 23.2** 굴절면의 부호 규칙

| 물리량 | 기호 | 앞에 있을 때 | 뒤에 있을 때 | 정립상 | 도립상 |
|---|---|---|---|---|---|
| 물체의 위치 | $p$ | + | − | | |
| 상의 위치 | $q$ | − | + | | |
| 반지름 | $R$ | − | + | | |
| 상의 크기 | $h'$ | | | + | − |

$$\frac{n_1}{p} + \frac{n_2}{q} = \frac{n_2 - n_1}{R} \qquad [23.7]$$

또, 굴절면의 배율은 다음과 같이 주어진다.

$$M = \frac{h'}{h} = -\frac{n_1 q}{n_2 p} \qquad [23.8]$$

거울에서와 같이, 상황에 따라서 특정 부호 규칙을 사용해야 한다. 먼저 실상은 빛이 입사하는 면의 반대쪽 면에 형성됨에 주의하자. 거울에서는 이와 반대로, 실상이 반사면과 같은 쪽 면에 형성된다. 빛이 거울에서 반사되므로, 어떤 실상이든지 빛이 오는 방향과 같은 쪽에 형성된다. 투명한 매질에서는 광선이 통과하면서 반대쪽에 실상을 형성한다. 광선이 입사하는 쪽의 표면을 앞쪽이라고 하고, 그 반대쪽을 뒤쪽이라고 하자. 실상의 위치 차이 때문에 $p$, $q$, $R$에 대한 굴절 부호 규칙은 반사일 때와 다르다. 예를 들면, 그림 23.14에서 $p$, $q$, $R$은 모두 양수이다. 구면 굴절 표면에 대한 부호 규칙은 표 23.2에 요약되어 있다.

## 응용물리 23.2 물속 시력

정상 시력을 가진 사람이 물속에서 물안경 없이 눈을 뜨고 물체를 볼 때, 왜 흐릿한 상을 보게 되는가?

**설명** 눈이 구면 굴절면의 구실을 한다. 정상적인 경우, 공기 중으로부터 눈으로 들어오는 빛은 굴절되어 안구 안쪽의 망막에 상이 맺어진다. 물과 눈 사이의 굴절률의 차이는 공기와 눈 사이의 굴절률의 차이보다 작다. 따라서 물속에서 눈으로 들어오는 빛은 공기 중에서 들어오는 빛보다 덜 굴절되기 때문에 상이 망막 뒤에 맺어지게 된다. 평평한 플라스틱 또는 유리판을 고무 틀에 고정시켜 만든 물안경은 스스로 어떠한 광학적 작용을 하지 못한다. 그러나 물안경은 눈과 물안경 사이에 공기층을 만들어 상이 눈에 제대로 만들어지도록 올바른 굴절 관계를 형성시켜 줄 수 있다.

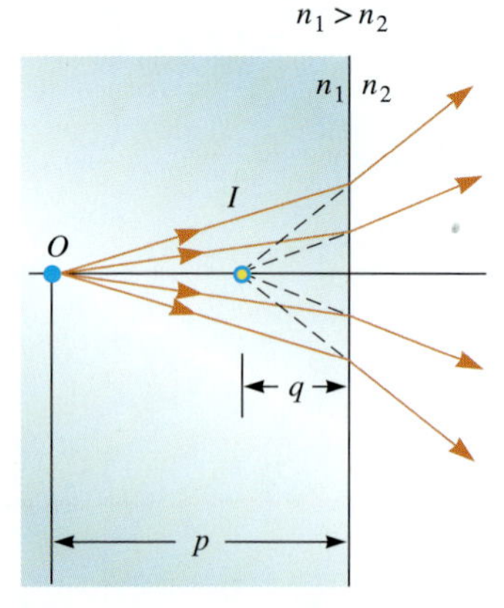


**활용그림 23.15**
평면 굴절면에 의해 만들어지는 상은 허상이고, 물체와 같은 쪽에 형성된다. 만약 광선의 방향이 반대라면, 예제 22.5에서와 같은 상태일 것이다.

**Physics Now™**
**http://physics.brookscole.com/ecp**에서 PhysicsNow를 로그인하고 활용그림 23.15에 들어가서 물체의 움직임이 상의 위치에 미치는 효과에 대해 관찰하자.

## 평면 굴절면

굴절면이 평면이면 $R$은 무한대가 되고, 따라서 식 23.7은 다음과 같이 된다.

$$\frac{n_1}{p} = -\frac{n_2}{q}$$

$$q = -\frac{n_2}{n_1}p \qquad [23.9]$$

식 23.9에서 $q$의 부호는 $p$의 부호와 반대이다. 따라서 **평면 굴절면에 의하여 생기는 상은 물체와 같은 쪽에 있다.** $n_1 > n_2$이고, 허상이 물체와 면 사이에 생기는 경우가 활용그림 23.15에 있다. 굴절된 광선이 $n_1 > n_2$이므로, 법선에서 바깥쪽으로 휘어진다.

### Quick Quiz 23.2

배 위에서 작살을 든 사람이 배에서 3 m 떨어진 곳에서 1 m 깊이로 보이는 곳에 물고기가 있는 것을 보고 있다. 물고기를 잡기 위해서, 이 사람은 물고기의 상이 보이는 (a) 그 자리, (b) 좀 더 위쪽, (c) 좀 더 아래쪽 중 어느 곳을 겨냥해야 하는가?

### Quick Quiz 23.3

진실인가 거짓인가? (a) 오목거울 앞에 위치한 물체의 상은 항상 정립이다. (b) 오목거울 앞에 위치한 물체의 상의 높이는 실제보다 작거나 같다. (c) 볼록거울 앞에 위치한 물체의 상은 항상 정립이고 물체보다 작다.

### 예제 23.4 유리구 속 응시하기

**목표** 구면 렌즈에 의해 형성되는 상의 특성을 계산한다.

**문제** 지름이 2.00 cm인 동전이 반지름 30.0 cm인 유리구 속에 들어 있다(그림 23.16). 유리구의 굴절률이 1.50이고, 동전은 유리 구면으로부터 20.0 cm 안쪽에 있다. (a) 상의 위치, (b) 상의 크기를 구하라.

**전략** 물체에서 나온 광선이 굴절률이 큰 매질(유리구)에서 낮은 매질(공기)로 향하므로, 구면의 법선(수직선) 밖으로 굴절되어 퍼진다. 상은 유리구 안에 형성되고 허상이다. 식 23.7과 식 23.8에 상의 위치와 배율을 대입한다.

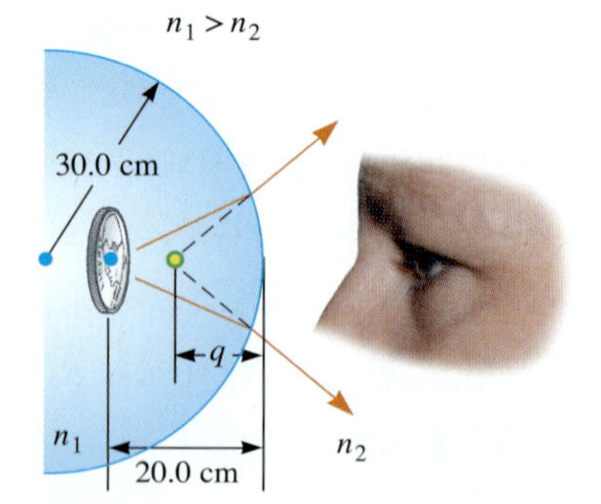


**그림 23.16** (예제 23.4) 유리구 속의 동전이 동전과 유리 표면 사이에 허상을 만든다.

**풀이**

식 23.7을 적용하고 $n_1 = 1.50$, $n_2 = 1.00$, $p = 20.0$ cm, 그리고 $R = -30.0$ cm를 대입한다.

$$\frac{n_1}{p} + \frac{n_2}{q} = \frac{n_2 - n_1}{R}$$

$$\frac{1.50}{20.0\text{ cm}} + \frac{1.00}{q} = \frac{1.00 - 1.50}{-30.0\text{ cm}}$$

$q$에 대해서 푼다.

$$q = \boxed{-17.1\text{ cm}}$$

상의 크기를 구하기 위하여 배율에 대한 식 23.8을 사용한다.

$$M = -\frac{n_1 q}{n_2 p} = -\frac{1.50(-17.1\text{ cm})}{1.00(20.0\text{ cm})} = \frac{h'}{h}$$

$$h' = 1.28h = (1.28)(2.00\text{ cm}) = \boxed{2.56\text{ cm}}$$

**주의** $q$가 음수라는 것은 상이 물체와 같은 매질(광선이 나오는 방향)에 있다는 것을 의미하므로, 이 상은 허상이다. $M$이 양의 값인 것은 정립이라는 것을 나타낸다.

**연습문제 23.4**

예제 23.4와 같이 동전이 재질을 알 수 없는 반지름이 30.0 cm인 투명한 구 안에서 표면으로부터 20.0 cm 떨어진 곳에 들어 있다. 동전의 상이 허상이고, 표면에서 15.0 cm 떨어진 곳에 생겼다면 (a) 구의 굴절률과 (b) 배율을 구하라.

**답** (a) 2.00 (b) 1.50

## 예제 23.5 달아나는 물체

**목표** 평면 굴절 표면에 의해 형성되는 상의 특성을 계산한다.

**문제** 작은 물고기가 연못 아래 깊이 $d$에서 헤엄치고 있다(그림 23.17). (a) 바로 위에서 보았을 때, 이 물고기의 겉보기 깊이는 얼마인가? (b) 물고기의 길이가 12 cm라면 물고기의 상의 길이는 얼마인가?

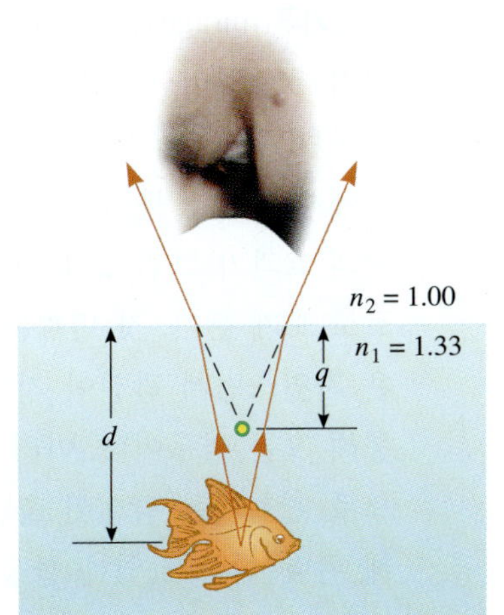


그림 23.17 (예제 23.5) 물고기의 겉보기 깊이 $q$는 실제 깊이 $d$보다 작다.

**전략** 이 예제에서 굴절면은 평면이므로 $R$은 무한대이다. 그러므로 물고기의 겉보기 위치인 상의 위치를 결정하기 위해서 식 23.9를 사용할 수 있다.

**풀이**

(a) 물고기의 겉보기 깊이를 구하라.

물의 굴절률 $n_1 = 1.33$, $p = d$를 식 23.9에 대입한다.

$$q = -\frac{n_2}{n_1}p = -\frac{1}{1.33}d = \boxed{-0.752d}$$

(b) 물고기의 상의 길이는 얼마인가?

식 23.8에서 $q$를 없애기 위해서 식 23.9를 이용한 배율 방정식을 이용한다.

$$M = \frac{h'}{h} = -\frac{n_1 q}{n_2 p} = -\frac{n_1\left(-\frac{n_2}{n_1}p\right)}{n_2 p} = 1$$

$$h' = h = \boxed{12\text{ cm}}$$

**주의** $q$가 음수이므로, 그림 23.17에 표시된 바와 같이 상은 허상이다. 겉보기 깊이는 실제 깊이의 3/4이 된다. 예를 들어 $d = 4.0$ m라면 $q = -3.0$ m이다

**연습문제 23.5**

수면에서 1.5 m 아래에 있는 것처럼 보이는 물고기가 실제로 존재하는 깊이는 얼마인가?

**답** 2.0 m

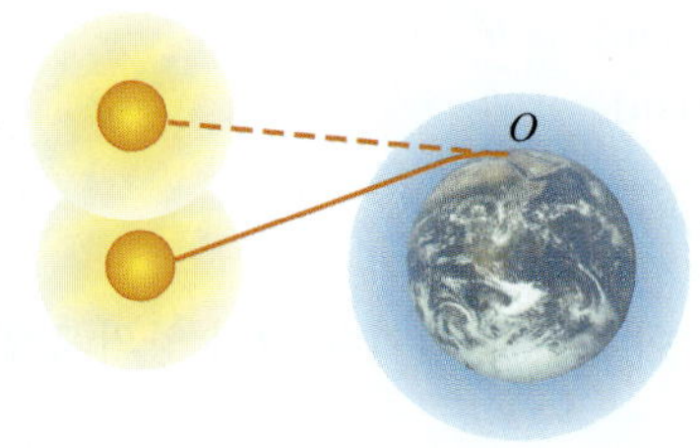


**그림 23.18** 빛이 지구의 대기에 의해 굴절되기 때문에, $O$에 있는 관찰자는 태양이 지평선 아래로 내려갔다 하더라도 태양을 볼 수 있다.

## 23.5 대기 중의 굴절

대기의 굴절에 의해 형성된 상은 재미있는 현상을 만들기도 한다. 일상에서 접하기 쉬운 한 예는, 태양이 지평선 아래로 내려간 황혼에도 태양이 보인다는 것이다. 그림 23.18은 왜 이런 현상이 생기는지를 보여 준다. 태양에서 출발한 광선은 지구의 대기(행성 둘레에 엷게 칠해진 부분)에 부딪혀서 굴절률이 다른 매질로 들어가는 것처럼 휘어진다. 이 굴절은 관찰자가 있는 점 $O$를 향해 빛이 대기를 통과하면서 점진적으로 그리고 연속적으로 휜다는 점에서 이전에 공부했던 굴절과 차이가 있다. 이것은 빛이 굴절률이 계속 바뀌는 대기층을 통과하기 때문에 발생하는 것이다. 광선이 관찰자에게 도달했을 때, 눈은 광선이 지나온 것으로 생각하는 방향(그림에서 점선으로 표시된 경로)을 보게 된다. 결론적으로, 태양은 지평선 아래로 사라졌다 해도 지평선 위에 있는 것처럼 보일 수 있다.

**신기루**(mirage)는 대기의 굴절에 의해 일어나는 또 다른 자연 현상 중의 하나이다. 신기루는 땅이 굉장히 뜨거워서 지표면의 공기가 상층의 공기보다 더 따뜻해졌을 때 관찰할 수 있다. 사막은 그런 현상이 나타나기 쉬운 장소이지만, 여름의 뜨거워진 도로에서도 쉽게 볼 수 있다. 높이가 다른 공기층은 그 밀도와 굴절률 또한 다르다. 신기루의 효과가 그림 23.19a에 잘 나타나 있다. 관찰자는 하늘과 나무를 두 개의 다른 경로로 보게 된다. 첫 번째는 직선 경로 $A$를 통해 관찰자의 눈에 도달하는 광선이고, 눈은 자연스럽게 광선이 지나온 방향을 보게 된다. 두 번째는 광선이 휘어진 경로 $B$를 통해 오는 경우이다. 이러한 광선은 땅을 향해 가다가 굴절에 의해 휘어진다. 결과적으로, 관찰자는 광선이 출발했다고 생각되는 곳에서 나무와 하늘이 뒤집어진 상을 보게 된다. 나무가 있는 물웅덩이에서 나무의 정립상과 도립상을 볼 수 있으므로, 관찰자는 무의식적으로 이러한 경험을 떠올리며, 나무 앞에 있는 물웅덩이에서 하늘이 반사된 것이라고 생각한다.

(a)

(b)

**그림 23.19** (a) 땅과 공기가 큰 온도차가 있을 때, 대기 중에서 광선이 휘어져 신기루가 생긴다. (b) 이 신기루 사진에서 자동차가 반사된 것에 주목하라. 도로에 물이 넘친 것처럼 보이지만, 실제로는 건조한 상태이다.

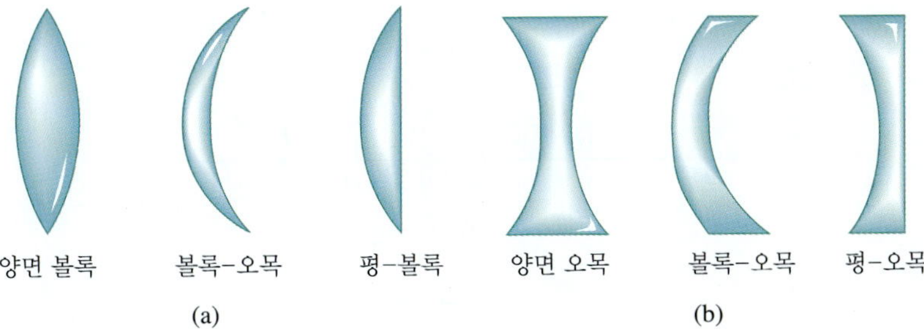


**그림 23.20** 다양한 렌즈의 모양. (a) 수렴렌즈는 양(+)의 초점 거리를 가지며, 중간에서 가장 두껍다. 왼쪽에서 오른쪽으로 양면 볼록, 볼록-오목, 그리고 평-볼록렌즈를 보여 준다. (b) 발산렌즈는 음(-)의 초점 거리를 가지고, 가장자리가 가장 두껍다.

## 23.6 얇은 렌즈

일반적으로 **얇은 렌즈**(thin lens)는 유리나 플라스틱으로 만들어지며, 두 굴절면이 각각 구면 또는 평면이 되도록 연마한 것이다. 렌즈는 보통 카메라, 망원경, 현미경과 같은 광학 기기에서 굴절에 의한 상을 만드는 데 사용된다. 렌즈에서 물체와 상 거리를 관련지어 주는 방정식은 앞에서 유도한 거울 방정식과 거의 같으며, 유도하는 방법 또한 비슷하다.

그림 23.20은 렌즈들의 대표적인 형태를 보여 준다. 렌즈는 두 가지 종류로 나눌 수 있다. 그림 23.20a의 렌즈들은 중심이 가장자리보다 두껍고, 그림 23.20b의 렌즈들은 중심이 가장자리보다 얇다. 전자의 렌즈가 **수렴렌즈**(converging lens)의 예이고, 후자의 렌즈가 **발산렌즈**(diverging lens)의 예이다. 이와 같이 이름을 붙인 이유는 뒤에 곧 나온다.

거울에서 그랬던 것처럼, 렌즈에서 **초점**(focal point)이라고 불리는 점을 정의하는 것이 편리하다. 예를 들면 그림 23.21a에서 축에 평행한 광선들은 렌즈에 의해 수렴된

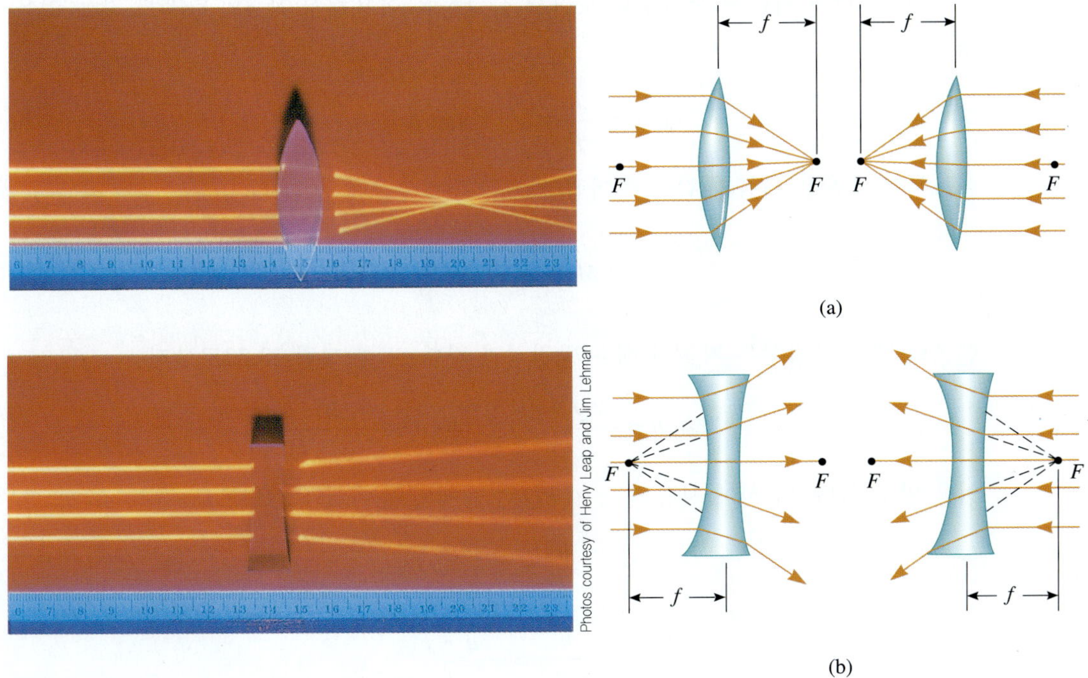


**그림 23.21** (왼쪽) 평행 광선에 대한 수렴렌즈와 발산렌즈의 사진. (오른쪽) (a) 양면 볼록렌즈와 (b) 양면 오목렌즈의 초점.

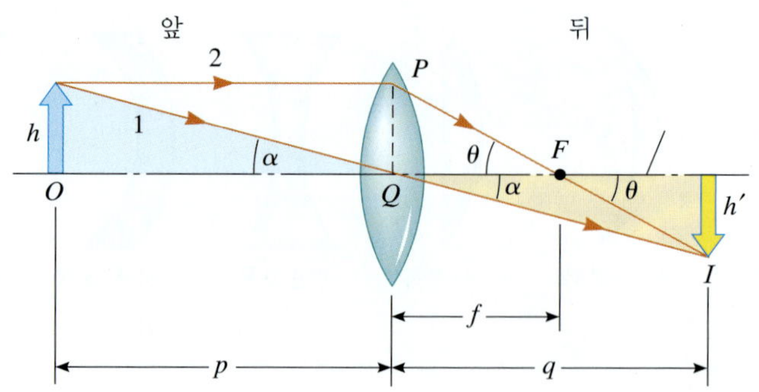


**그림 23.22** 얇은 렌즈의 방정식을 유도하기 위한 기하학적인 작도.

후 초점 $F$를 지난다. 초점에서 렌즈까지의 거리를 **초점 거리**(focal length) $f$라고 한다. **초점 거리는 물체가 무한히 먼 거리에 있을 때 생기는 상 거리이다.** 렌즈가 매우 얇다고 생각해 보자. 그러면 초점 거리를 초점에서 렌즈 면까지로 정하든, 초점에서 렌즈의 중심까지로 정하든 별 차이가 없다. 이유는 두 길이의 차이를 무시할 수 있기 때문이다. 얇은 렌즈는 그림 23.21과 같이 양쪽 면에 각각 하나씩, 총 두 개의 초점을 가진다. 하나는 왼쪽에서 온 평행 광선이 수렴하는 점이고, 다른 하나는 오른쪽에서 온 평행 광선이 수렴하는 점이다.

축에 평행한 광선은 그림 23.21b처럼 양면 오목렌즈를 통과하면 발산된다. 이 경우, 초점은 광선이 나오는 것처럼 보이는, 그림에서 $F$로 표시된 점이라고 정의한다. 그림 23.21a와 23.21b는 왜 렌즈에 수렴과 발산이라는 이름을 붙였는지를 보여 준다.

그림 23.22에서 렌즈의 중심을 통과하는 광선 1을 생각해 보자. 얇은 렌즈의 경우, 중심을 지나는 광선은 편향되지 않는다. 광선 2는 렌즈의 주축($O$를 지나는 수평축)에 평행하게 입사하여 굴절 후 초점 $F$를 지난다. 광선 1과 2는 화살표 모양의 상의 꼭짓점에서 교차한다.

그림 23.22의 파란색 삼각형과 노란색 삼각형을 이용해서 각 $\alpha$의 탄젠트 값을 얻을 수 있다.

$$\tan\alpha = \frac{h}{p} \qquad \tan\alpha = -\frac{h'}{q}$$

이로부터 배율은 다음과 같이 주어진다.

$$M = \frac{h'}{h} = -\frac{q}{p} \tag{23.10}$$

렌즈의 배율 방정식은 거울의 배율 방정식과 같다. 또한 그림 23.22로부터

$$\tan\theta = \frac{PQ}{f} \qquad \tan\theta = -\frac{h'}{q-f}$$

임을 알고 있다. 이 식에 사용된 높이 $PQ$는 물체의 높이 $h$와 같으므로

$$\frac{h}{f} = -\frac{h'}{q-f}$$

$$\frac{h'}{h} = -\frac{q-f}{f}$$

가 된다. 다음의 식과 식 23.10을 조합하면

**표 23.3** 얇은 렌즈 부호 규칙

| 물리량 | 기호 | 앞에 있을 때 | 뒤에 있을 때 | 정립 | 도립 |
|---|---|---|---|---|---|
| 물체의 위치 | $p$ | + | − | | |
| 상의 위치 | $q$ | − | + | | |
| 반지름 | $R_1, R_2$ | − | + | | |
| 초점 거리 | $f$ | | | + | − |

$$\frac{q}{p} = \frac{q-f}{f}$$

를 얻고, 다시 정리하면 다음과 같은 식을 얻는다.

$$\frac{1}{p} + \frac{1}{q} = \frac{1}{f} \qquad [23.11]$$

◀ 얇은 렌즈의 방정식

**얇은 렌즈의 방정식**(thin-lens equation)이라 부르는 이 식은, 부호 규칙을 사용하여 수렴렌즈와 발산렌즈 모두에 적용할 수 있다. 그림 23.23은 $p$와 $q$의 부호를 구하는 데 유용하며, 표 23.3은 렌즈에 대한 부호 규칙을 요약한 것이다. 이 공식에 의거하여, **수렴렌즈의 초점 거리는 양수**이고, **발산렌즈의 초점거리는 음수**가 된다. 따라서 수렴렌즈를 **양**의 렌즈, 발산렌즈를 **음**의 렌즈라 하기도 한다.

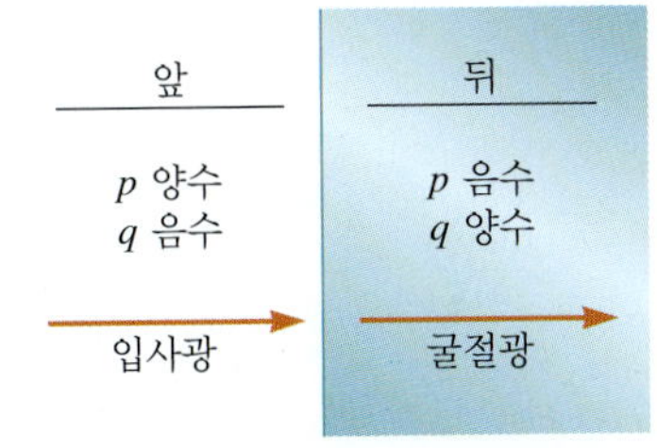


**그림 23.23** 얇은 렌즈나 굴절면에 대한 $p$와 $q$의 부호를 정하기 위한 도표.

공기 중의 렌즈의 초점 거리는 렌즈의 전면과 후면의 곡률, 렌즈 재질의 굴절률 n으로 다음과 같이 나타낼 수 있다.

$$\frac{1}{f} = (n-1)\left(\frac{1}{R_1} - \frac{1}{R_2}\right) \qquad [23.12]$$

여기서 $R_1$은 렌즈 전면의 곡률 반지름이고, $R_2$는 렌즈 후면의 곡률 반지름이다(거울에서와 마찬가지로, 빛이 들어오는 쪽을 **전면**이라고 하자). 표 23.3은 $R_1$과 $R_2$에 대한 부호 규칙을 나타내었다. 식 23.12는 알려진 렌즈의 특징으로부터 초점 거리를 계산할 수 있게 해 준다. 이 식을 **렌즈 제작자의 방정식**(Lens maker's equation)이라고 부른다.

**Checkpoint 23.4**

물체와 그 상이 얇은 렌즈의 같은 쪽에 있을 때, 물체 거리와 상 거리는 서로 다른 부호를 가진다.

## 얇은 렌즈에 대한 광선 도표

광선 도표는 얇은 렌즈나 렌즈계가 만드는 상을 결정하는 데 편리하다. 또한 광선 도표는 이미 논의하였던 부호의 약속을 더욱 분명하게 해 준다. 활용그림 23.24는 세 가지 단일 렌즈에 대한 광선 도표를 나타낸 것이다. 수렴렌즈에 의한 상의 위치를 알기 위하여(활용그림 23.24a와 23.24b) 물체의 꼭대기에서 나오는 다음과 같은 3개의 광선을 그린다.

1. 첫 번째 광선은 주축에 평행하게 그린다. 이 광선은 렌즈에 의해 굴절된 후, 한 초점을 지난다(또는 한 초점에서 나오는 것처럼 보인다).
2. 두 번째 광선은 렌즈의 중심을 지나도록 그린다. 이 광선은 계속 직진한다.
3. 세 번째 광선은 다른 초점을 지나도록 그리고, 초점을 통과한 후 주축에 평행하게 진행한다.

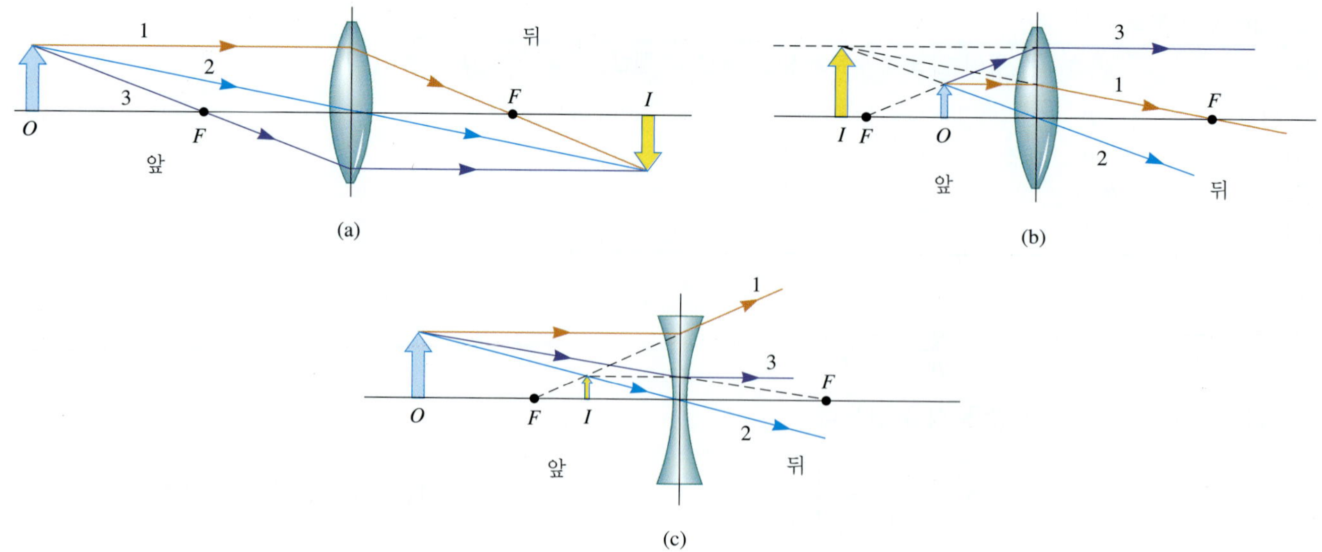


**활용그림 23.24**
물체의 상의 위치를 찾기 위한 광선 도표. (a) 물체가 수렴렌즈의 초점 밖에 있다. (b) 물체가 수렴렌즈의 초점 안에 있다. (c) 물체가 발산렌즈의 초점 밖에 있다.

**Physics Now™** **http://physics.brookscole.com/ecp**에서 PhysicsNow를 로그인하고 활용그림 23.24에 들어가서 물체를 움직여 보고, 초점 거리를 변화시키면서 상에 생기는 변화를 관찰하자.

발산렌즈에 의해 만들어지는 상의 위치를 찾기 위해서는 활용그림 23.24c와 같은 비슷한 작도법을 사용한다. 세 광선 중 **두 개**의 광선이 만나는 점이 상의 위치가 된다. 세 번째 광선은 그림이 바르게 되었는지 점검하는 데 사용된다.

수렴렌즈의 상은 활용그림 23.24a처럼 물체가 초점 거리 밖에 있을 때($p>f$), 도립 실상이 된다. 활용그림 23.24b처럼 물체가 초점거리 안에 있을 때($p<f$), 상은 정립 허상이 된다. 발산렌즈의 상은 활용그림 23.24c처럼 정립 허상이다.

**TIP 23.3 우리는 몇 개의 광선만 선택한다.**
비록 활용그림 23.24의 광선 도표가 물체에서 출발한 광선 세 개만을 보여 주고 있지만, 무수한 수의 광선이 물체와 그 상 사이에 존재한다.

## Quick Quiz 23.4

공기 중에 있는 물을 채운 투명한 비닐봉지는 수렴렌즈로 사용할 수 있다. 만약 비닐봉지가 공기로 채워져 있고 물속에 있다면, 이것은 (a) 수렴렌즈이겠는가? (b) 발산렌즈이겠는가?

## Quick Quiz 23.5

수렴렌즈 왼쪽에 물체가 놓여 있다. 다음 설명들이 참인지 거짓인지 판단하라. 그리고 답을 광선 도표를 통해 증명하라. (a) 상은 항상 렌즈의 오른쪽에 생긴다. (b) 상은 정립이나 도립이 될 수 있다. (c) 상은 물체보다 항상 작거나 같은 크기이다.

렌즈나 거울 문제에서, 렌즈 방정식이나 거울 방정식에 대입할 때 올바른 부호를 사용하였는지가 문제풀이의 성공에 크게 영향을 미친다. 부호 실수를 하지 않는 유일한 방법은 부호 공식을 사용하는 데 달인이 되는 것이다. 그러기 위한 가장 좋은 방법은 광선 도표를 그리면서 스스로 많은 문제를 풀어보는 것이다. 선생님을 쳐다보거나 문제풀이를 읽는 것은 직접 문제를 풀어보는 것을 대신할 수 없다.

### 응용물리 23.3 시력과 물안경

물안경 착용자의 시력에 맞추기 위하여 물안경의 유리면이 곡률을 갖도록 만들 수도 있다. 일반적인 안경은 렌즈 양쪽 면 모두 곡면으로 되어 있다. 왜 물안경의 렌즈는 안쪽 면만 곡면으로 되어 있는가?

**설명** 물안경의 앞면과 뒷면 모두가 곡면으로 되어 있다면, 두 번의 굴절이 일어난다. 그러나 다이버가 물속에 있을 때는, 물과 공기의 굴절률이 다르기 때문에 물과 유리 사이인 첫 경계면의 굴절이 달라진다. 따라서 렌즈는 공기 중이나 물속 둘 중 한 곳에서 다이버의 시력을 교정해 줄 수 있지만, 공기와 물 모두에서 같이 사용할 수는 없다. 따라서 평평한 바깥 면은 빛을 굴절시키지 않으므로 물에 들어가더라도 렌즈의 성능에는 전혀 영향을 끼치지 않고, 안쪽의 곡면은 물속이든 공기 중이든 다이버의 시력을 교정해 줄 수 있는 것이다.

### 연관된 예제 23.6 수렴렌즈의 상

**목표** 수렴렌즈와 관련한 기하학적 수치를 계산한다.

**문제** 초점 거리 10.0 cm인 수렴렌즈가 다양한 거리에 있는 물체의 상을 형성하였다. (a) 물체가 렌즈에서 30.0 cm 떨어져 있을 때, (b) 물체 거리가 10.0 cm일 때, (c) 물체 거리가 5.00 cm일 때 형성된 상의 위치를 정하고, 실상인지 허상인지, 배율이 얼마인지 구하라.

**전략** 세 문제 모두 얇은 렌즈의 방정식과 그와 관련한 배율 방정식(식 23.10과 23.11)에 대입만으로 풀 수 있다. 표 23.3의 규칙이 반드시 같이 이용되어야 한다.

**풀이**

(a) 30.0 cm 떨어진 곳에 물체가 있을 때 상의 거리를 구하고 상에 대해 설명하라.

광선 도표를 그림 23.25a에서 볼 수 있다. 상의 위치를 찾기 위해 얇은 렌즈 방정식에 대입한다.

$$\frac{1}{p} + \frac{1}{q} = \frac{1}{f}$$

$$\frac{1}{30.0\text{ cm}} + \frac{1}{q} = \frac{1}{10.0\text{ cm}}$$

상 거리 $q$에 대해서 풀면, $q$는 양수이므로 상은 실상이고 렌즈의 먼 쪽에 위치한다.

$$q = \boxed{+15.0\text{ cm}}$$

렌즈의 배율은 식 23.10을 통해 얻을 수 있다. $M$은 음수이고 절대값이 1보다 작으므로, 상은 도립이고 물체보다 작다.

$$M = -\frac{q}{p} = -\frac{15.0\text{ cm}}{30.0\text{ cm}} = \boxed{-0.500}$$

(b) 물체 거리가 10.0 cm일 때 위 문제를 반복하라.

얇은 렌즈 방정식에 대입해서 상의 위치를 구한다.

$$\frac{1}{10.0\text{ cm}} + \frac{1}{q} = \frac{1}{10.0\text{ cm}} \longrightarrow \frac{1}{q} = 0$$

이 식은 $q$가 무한대가 되므로 극한값에서만 만족한다.

$$q \longrightarrow \boxed{\infty}$$

(c) 물체 거리가 5.00 cm일 때 위 문제를 반복하라.

그림 23.25b의 광선 도표를 보라. 얇은 렌즈의 방정식에 대입해서 상의 위치를 구한다.

$$\frac{1}{5.00\text{ cm}} + \frac{1}{q} = \frac{1}{10.0\text{ cm}}$$

$q$에 대해서 풀면 $q$가 음수이므로 상은 물체와 같은 쪽에 생기고 허상이다.

$$q = \boxed{-10.0\text{ cm}}$$

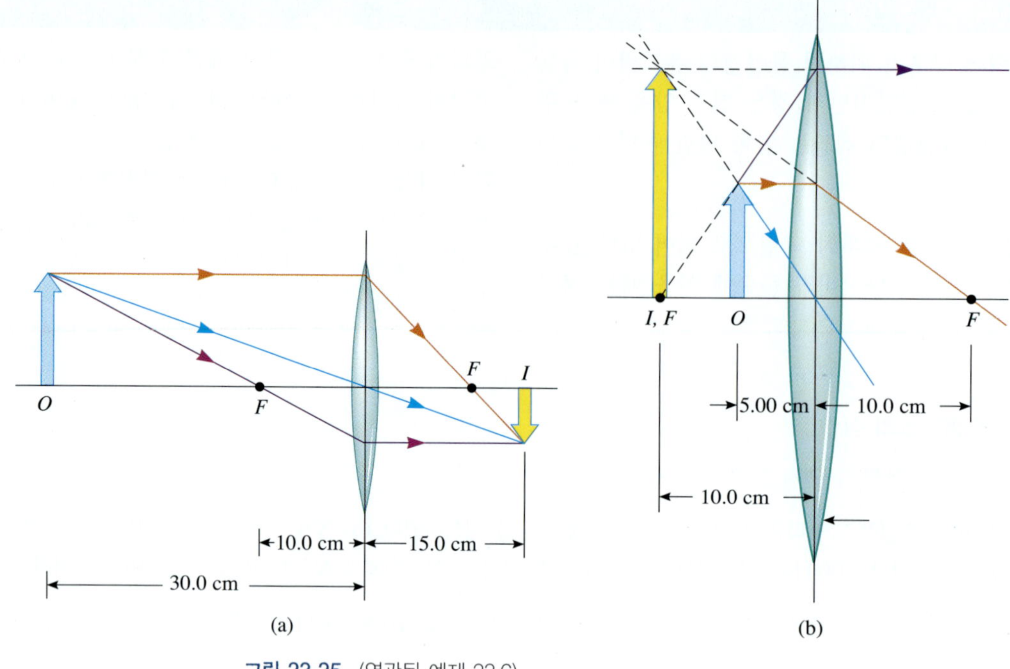


**그림 23.25** (연관된 예제 23.6)

$p$와 $q$ 값을 배율 방정식에 대입한다. $M$이 양수이고 1보다 크기 때문에 상은 정립이고 물체 크기의 두 배이다.

$$M = -\frac{q}{p} = -\left(\frac{-10.0\text{ cm}}{5.00\text{ cm}}\right) = +2.00$$

**주의** 물체를 확대하는 렌즈의 능력은 안경, 현미경, 망원경의 발명으로 이어졌다.

**연습문제 23.6**

물체가 렌즈에서 15.0 cm 떨어진 곳에 위치할 때 상은 정립이고, 그 크기는 1.75배였다고 가정하자. (a) 상의 위치와 (b) 렌즈의 초점 거리를 구하라.

**답** (a) −26.3 cm(허상, 물체와 같은 쪽) (b) 34.9 cm

**PhysicsNow™** **http://physics.brookscole.com/ecp**에서 PhysicsNow를 로그인하고 연관된 예제 23.6에 들어가서 물체 위치와 거울 초점 거리를 다양하게 변화시키면서 상에 생기는 변화에 대해 조사해 보자.

## 예제 23.7 발산렌즈

**목표** 발산렌즈와 관련한 기하학적 수치를 계산한다.

**문제** 예제 23.6의 문제를 초점 거리 10.0 cm인 발산렌즈로 바꿔서 풀어라.

**전략** 다시 표 23.3의 규칙과 함께 얇은 렌즈의 방정식과 그와 관련한 배율 방정식에 대입하여 푼다. 단 하나의 차이점은 초점 거리가 음수라는 것이다.

**풀이**

(a) 30.0 cm 떨어진 물체의 상의 위치와 배율을 구하라.

그림 23.26a에 광선 도표가 주어져 있다. 상을 위치시키기 위해 $p$ = 30.0 cm와 얇은 렌즈 방정식을 적용한다.

$$\frac{1}{p} + \frac{1}{q} = \frac{1}{f}$$

$$\frac{1}{30.0\text{ cm}} + \frac{1}{q} = -\frac{1}{10.0\text{ cm}}$$

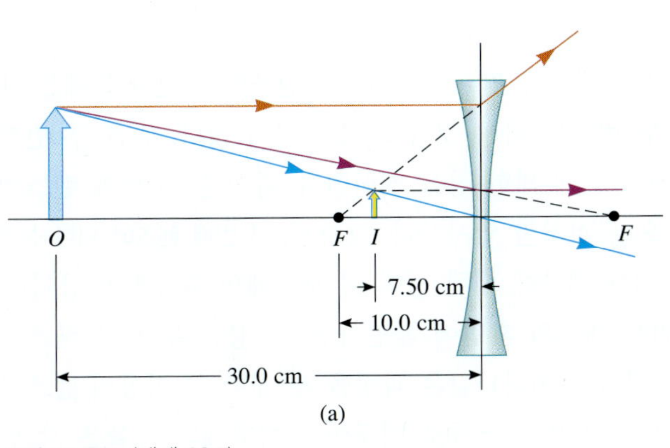


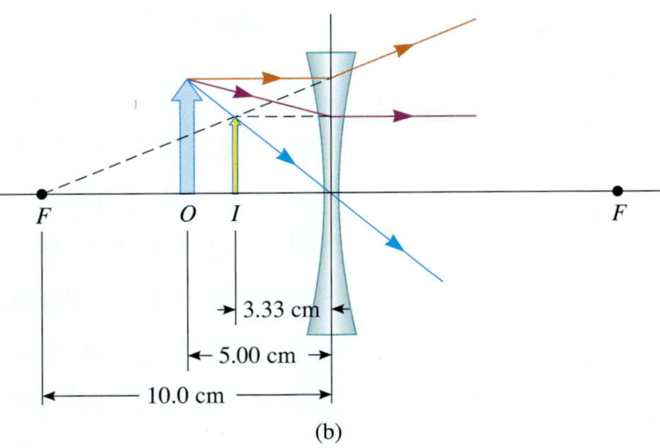


그림 23.26 (예제 23.7)

$q$에 대해 풀면, 음수이므로 허상이다.

$$q = -7.50 \text{ cm}$$

배율을 얻기 위해 식 23.10으로 대입한다. $M$이 양수이고 절대값이 1보다 작으므로 상은 정립이고 물체보다 크기가 작다.

$$M = -\frac{q}{p} = -\left(\frac{-75.0 \text{ cm}}{30.0 \text{ cm}}\right) = +0.250$$

(b) 렌즈에서 10.0 cm 떨어진 곳에 위치한 물체의 상의 위치와 배율을 구하라.

$p$ = 10.0 cm를 얇은 렌즈 방정식에 적용한다.

$$\frac{1}{10.0 \text{ cm}} + \frac{1}{q} = -\frac{1}{10.0 \text{ cm}}$$

$q$에 대해 푼다(또, 음수이므로 허상).

$$q = -5.00 \text{ cm}$$

배율을 계산한다. $M$이 양수이고 절대값이 1보다 작으므로 상은 정립이고 물체보다 크기가 작다.

$$M = -\frac{q}{p} = -\left(\frac{-5.00 \text{ cm}}{10.0 \text{ cm}}\right) = +0.500$$

(c) 물체가 5.00 cm 떨어져 있을 때 상의 위치와 배율을 구하라.

광선 도표는 그림 23.26b와 같다. 상의 위치를 구하기 위하여 $p$ = 5.00 cm를 얇은 렌즈 방정식에 대입한다.

$$\frac{1}{50.0 \text{ cm}} + \frac{1}{q} = -\frac{1}{10.0 \text{ cm}}$$

$q$에 대해 푼다. 답은 음수이므로 또 허상이다.

$$q = -3.33 \text{ cm}$$

배율을 계산한다. $M$이 양수이고 1보다 작으므로, 상은 정립이고 그 크기는 물체보다 작다.

$$M = -\left(\frac{-3.33 \text{ cm}}{5.00 \text{ cm}}\right) = +0.666$$

**주의** 모든 상황에서 상이 허상이기 때문에 물체와 같은 쪽에 상이 생긴다는 것에 주목하라. 더욱이 상은 항상 물체보다 작다. 이것은 발산렌즈와 실제 물체에서 수학적으로도 증명할 수 있는 결과이다.

**연습문제 23.7**

예제 23.7에서의 조건으로, 물체가 렌즈에서 20.0 cm 떨어져 있는 경우의 상의 위치와 배율을 계산하라.

**답** $q = -6.67$ cm, $M = 0.334$

## 얇은 렌즈의 조합

많은 유용한 광학 기기들이 두 개의 렌즈를 필요로 한다. 두 렌즈와 관련한 문제를 해결하는 것은 단일 렌즈 문제를 두 번 처리하는 것과 그리 다르지 않다. 우선, 두 번째 렌즈가 없다고 생각하고 첫 번째 렌즈에 의한 상을 계산한다. 광선은 두 번째 렌즈에 마치 첫 번째 렌즈의 상에서 나오는 것처럼 입사한다. 따라서, **첫 번째 렌즈에 의한 상은 두 번째 렌즈의 물체로 취급된다.** 두 번째 렌즈에 의한 상이 이 광학계의 최종적인 상이다. 만일 첫 번째 렌즈의 상이 두 번째 렌즈의 후면에 놓인다면, 그 상은 두 번째 렌즈의 가상 물체로 취급하면 된다(즉, $p$가 음수이다). 같은 과정을 세 개나 그 이상의 렌즈로 된 광학계에서까지 이용할 수 있다. 얇은 렌즈들로 이루어진 광학계의 배율은 각 렌즈 배율의 곱과 같다.

### 연관된 예제 23.8 일렬로 조합된 두 렌즈

**목표** 일렬로 조합된 두 렌즈의 기하학적 수치를 계산한다.

**문제** 그림 23.27a처럼 두 수렴렌즈가 20.0 cm 떨어진 상태로 위치해 있고, 물체가 렌즈 1의 왼쪽으로 30.0 cm 떨어진 곳에 있다. (a) 렌즈 1의 초점 거리가 10.0 cm일 때, 이 렌즈에 의해 생성된 상의 위치와 그 배율을 구하라. (b) 오른쪽에 있는 렌즈 2의 초점 거리가 20.0 cm일 때, 형성된 최종 상의 위치와 총 배율을 구하라.

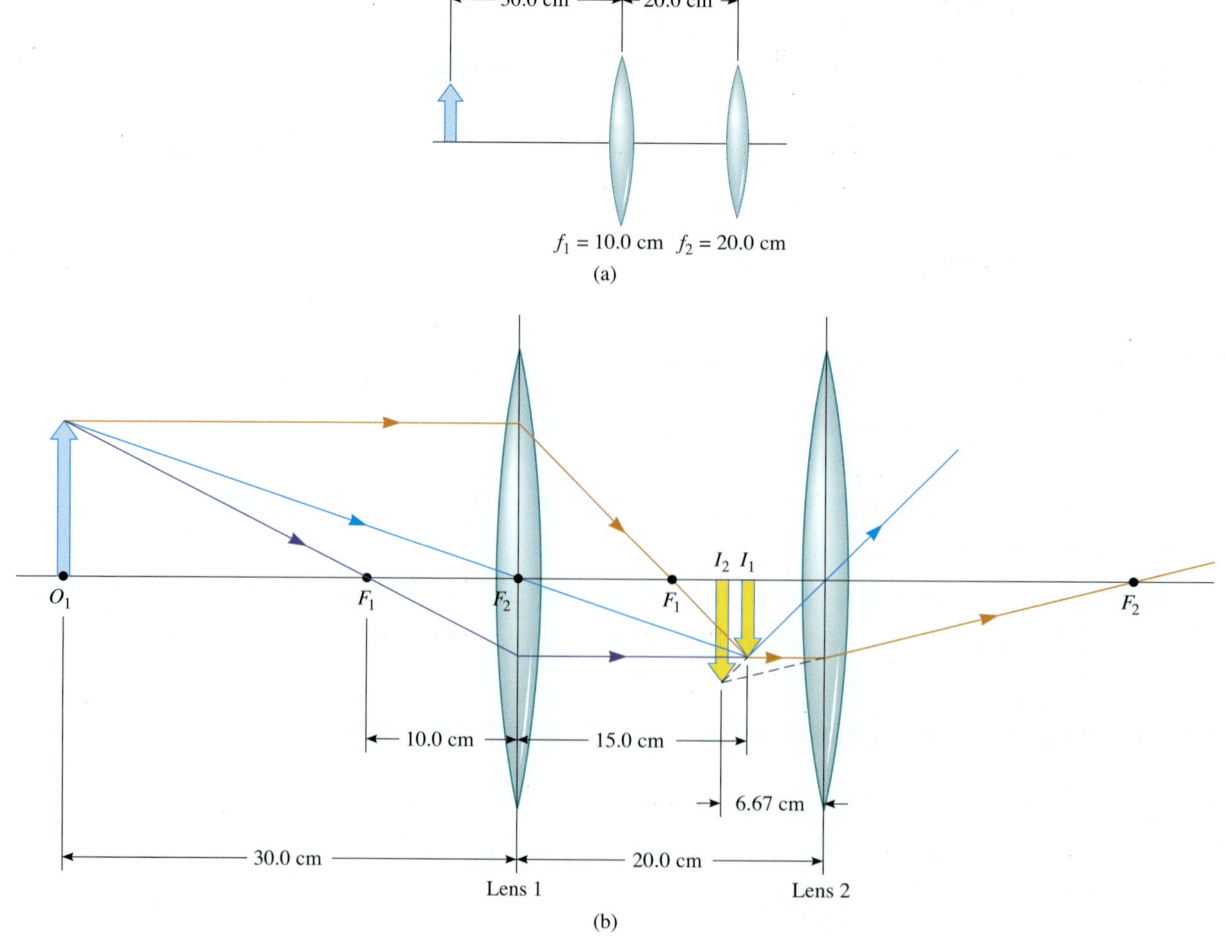


**그림 23.27** (연관된 예제 23.8)

**전략** 각 렌즈에 얇은 렌즈 방정식을 적용한다. 렌즈 1에 형성된 상을 렌즈 2의 물체처럼 간주한다. 또한, 각 렌즈에서 산출된 배율의 곱이 총 배율이라는 것을 이용하자.

**풀이**

(a) 렌즈 1에 의해 생성된 상의 위치와 배율을 구하라.

그림 23.27b의 광선 도표를 보라. 얇은 렌즈 방정식을 렌즈 1에 적용한다.

$$\frac{1}{30.0\text{ cm}} + \frac{1}{q} = -\frac{1}{10.0\text{ cm}}$$

$q$에 대해 풀면, 양수이므로 상은 첫 렌즈의 오른쪽에 생긴다.

$$q = +15.0\text{ cm}$$

렌즈 1의 배율을 계산한다.

$$M_1 = -\frac{q}{p} = -\frac{15.0\text{ cm}}{30.0\text{ cm}} = -0.500$$

(b) 최종 상의 위치와 배율을 구하라.

렌즈 1에 의해 형성된 상은 렌즈 2의 물체가 된다. 렌즈 2의 물체 거리를 계산한다.

$$p = 20.0\text{ cm} - 15.0\text{ cm} = 5.00\text{ cm}$$

최종 상의 위치를 구하기 위해 다시 한 번 얇은 렌즈의 방정식을 렌즈 2에 적용한다.

$$\frac{1}{5.00\text{ cm}} + \frac{1}{q} = \frac{1}{20.0\text{ cm}}$$

$$q = -6.67\text{ cm}$$

렌즈 2의 배율을 계산한다.

$$M_2 = -\frac{q}{p} = -\frac{(-6.67\text{ cm})}{5.00\text{ cm}} = +1.33$$

전체 배율을 구하기 위해 두 배율을 곱한다.

$$M = M_1M_2 = (-0.500)(1.33) = -0.665$$

**주의** $M$이 음수인 것은 최종 상이 도립이라는 것을, 절대값이 1보다 작다는 것은 상이 물체보다 작다는 것을 의미한다. $q$가 음수이므로 최종 상은 허상이다.

**연습문제 23.8**

그림 23.27의 두 렌즈가 10.0 cm만큼 떨어져 있다면, 최종 상의 위치와 배율은 어떻게 되겠는가? (힌트: 두 번째 렌즈의 물체는 허상이다.)

**답** 두 번째 렌즈 뒤쪽 4.00 cm, $M = -0.400$

**Physics Now™** **http://physics.brookscole.com/ecp**에서 PhysicsNow를 로그인하고 연관된 예제 23.8로 들어가서 두 렌즈의 조합에 의한 상을 조사하자.

## 23.7 렌즈와 거울의 수차

거울과 렌즈로 된 계의 기본적인 문제 중의 하나는 불완전한 상을 만든다는 것인데, 이는 주로 거울과 렌즈의 모양과 형태에 결함이 있기 때문이다. 거울과 렌즈에 대한 간단한 이론에서는 광선이 주축과 작은 각을 이룬다고 가정하고, 점광원에서 렌즈나 거울로 가는 모든 광선이 한 점에 모여 분명한 상을 만든다고 가정한다. 그러나 실제로는 이 가정이 항상 맞을 수는 없다. 이 이론에서 사용된 근사는 맞지 않고 불완전한 상이 만들어진다.

상이 형성되는 것을 정확히 분석하려면 각각의 광선에 대하여 각각의 굴절면에서

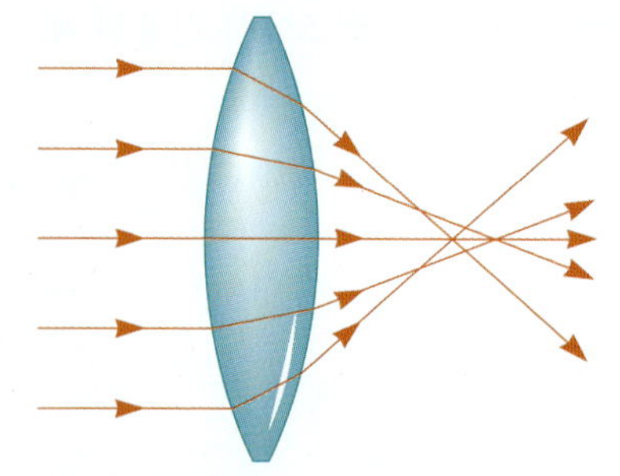

그림 23.28 수렴렌즈에 의하여 만들어지는 구면 수차. 발산렌즈는 구면 수차를 만들 수 있는가? (수차를 분명하게 보여 주기 위하여 각을 과장하여 그렸다.)

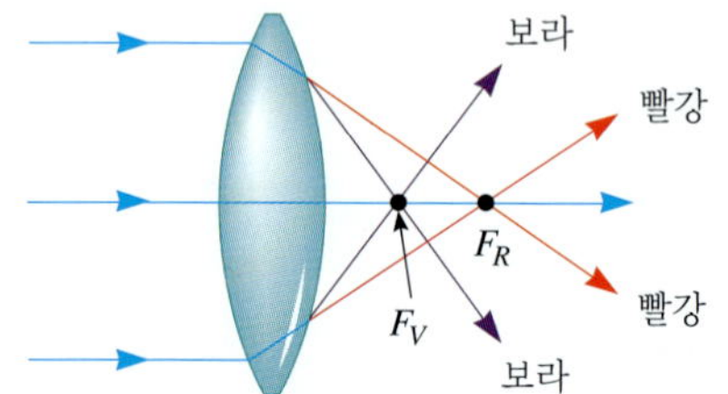


그림 23.29 수렴렌즈에 의하여 만들어지는 색 수차. 다른 파장의 광선들은 다른 점에 초점이 맺힌다. (명확하게 보이기 위해 각을 과장하여 그렸다.)

스넬의 법칙을 적용하여 각각의 광선을 추적할 필요가 있다. 이 과정에 의하면 한 개의 점으로 된 상을 얻을 수 없음을 보일 수 있다. 즉, 상이 흐릿하다. 간단한 이론으로 예상했던 이상적인 상과 실제의 (불완전한) 상과의 차이를 **수차**(aberration)라고 부른다. 구면 수차와 색 수차 이 두 가지가 보통 흔히 있는 수차이다.

구면 수차는 동일 파장의 빛에 대해 구면 렌즈 또는 구면 거울의 주축에서 먼 광선의 초점이 주축에 가까운 광선의 초점과 다르기 때문에 생긴다. 그림 23.28은 수렴렌즈를 지나는 평행 광선들의 구면 수차를 보여 준다. 렌즈의 중심 근처를 지나는 광선이 가장자리를 지나는 광선보다 렌즈에서 멀리 떨어진 곳에 상을 맺는다. 따라서 구면 렌즈에서 단일한 초점 거리는 존재하지 않는다.

대부분의 카메라에는 빛의 세기를 조절하고 구면 수차를 감소시킬 수 있는 조리개가 있다. 조리개가 작아질수록 렌즈 중심 부분의 빛만 통과하게 된다. 그러면 평균적으로 광선이 주축에 더 가까워지고, 초점 거리의 차이가 감소하므로 선명한 상이 생긴다. 그러나 빛의 양이 줄어들기 때문에 노출 시간은 반드시 더 길어져야 한다.

렌즈에서 빛의 파장에 따라 굴절률이 달라 파장에 따라 다른 점에 초점이 생긴다는 사실 때문에 색 수차가 생긴다. 22장에서 물질의 굴절률이 파장에 따라 어떻게 변하는지를 설명하였다. 예를 들어 가시광선이 렌즈를 통과할 때, 보라색 광선이 빨간색 광선보다 더 굴절률이 크므로, 빨간색 빛의 초점 거리가 보라색 빛의 초점 거리보다 더 길어진다(그림 23.29). 그림에 표시하지 않은 다른 파장의 빛은 중간 정도의 초점 거리를 가진다(그림 23.29에는 나타내지 않았다). 발산렌즈에 대한 색 수차는 수렴렌즈에 대한 색 수차와는 반대이다. 색 수차는 수렴렌즈와 발산렌즈를 조합하므로 크게 줄일 수 있다.

## 요약

Physics Now™ **http://physics.brookscole.com/ecp**에서 PhysicsNow를 로그인하고 이 장에 대한 Pre-Test link를 클릭하여 연습문제 시험을 보라.

### 23.1 평면거울

상은 광선이 교차하는 곳에 생기거나 광선이 나오는 것처럼 보이는 곳에 생긴다. **실상**은 빛이 교차하거나 상점을 통과하는 상이다. **허상**은 빛이 상점을 통과하지는 않지만 그 점에서 발산하는 것처럼 보이는 것이다.

평면거울에 의한 상은 다음의 특징을 가진다.

**1.** 물체가 전면에 있을 때, 상은 거울 후면 같은 위치에 있다.
**2.** 상은 물체와 같은 크기이고 정립 허상이다.

### 23.2 구면거울에 의한 상

### 23.3 볼록거울과 부호 규칙

거울의 **배율** $M$은 **상 높이** $h'$와 **물체 높이** $h$의 비로 정의되고, 상 거리 $q$와 물체 거리 $p$의 비의 음의 값과 같다.

$$M = \frac{h'}{h} = -\frac{q}{p} \qquad [23.2]$$

반지름 $R$인 구면 거울의 **물체 거리**와 **상 거리**의 관계는 **거울 방정식**으로 주어진다.

$$\frac{1}{p} + \frac{1}{q} = \frac{1}{f} \qquad [23.6]$$

여기서 $f = R/2$은 거울의 **초점 거리**이다.

식 23.2와 23.6은 표 23.1에서 주어진 부호 규칙을 이용하여 볼록거울과 오목거울 양쪽 모두에서 사용될 수 있다.

### 23.4 굴절에 의한 상

반지름 $R$인 구면에서 굴절에 의하여 상이 생길 수 있다. 그러한 표면에서 굴절에 의한 물체 거리와 상 거리는 다음과 같은 관계가 있다.

$$\frac{n_1}{p} + \frac{n_2}{q} = \frac{n_2 - n_1}{R} \qquad [23.7]$$

**굴절면의 배율**은 다음과 같이 주어진다.

$$M = \frac{h'}{h} = -\frac{n_1 q}{n_2 p} \quad [23.8]$$

여기서 물체는 굴절률 $n_1$인 매질 안에 있고, 상은 굴절률 $n_2$인 매질 안에 만들어진다. 식 23.7과 23.8은 표 23.2에 주어진 부호 규칙을 적용해야 한다.

### 23.6 얇은 렌즈

**얇은 렌즈에 의한 배율**은

$$M = \frac{h'}{h} = -\frac{q}{p} \quad [23.10]$$

이고, 물체 거리와 상 거리는 다음의 **얇은 렌즈의 방정식**과 같은 관계를 가진다.

$$\frac{1}{p} + \frac{1}{q} = \frac{1}{f} \quad [23.11]$$

식 23.10과 23.11은 표 23.3에 주어진 부호 공식을 적용해야 한다.

### 23.7 렌즈와 거울의 수차

**수차**는 렌즈와 거울에 불완전한 상을 만들게 한다. **구면 수차**는 구면 렌즈 또는 거울의 주축에서 멀리 떨어져 입사하는 광선들의 초점이 렌즈의 중심을 지나는 광선의 초점과 다르기 때문에 일어난다. **색 수차**는 파장이 다른 광선들이 렌즈에서 굴절된 후, 각기 다른 점에 초점을 맺기 때문에 일어난다.

## 개념 파악을 위한 질문

**1.** 당신의 사진을 목욕탕 거울에 붙여라. 거울로부터 수 cm 떨어져서 서라. 당신은 거울에 붙인 사진과 거울에 비친 당신의 상, 두 가지 모두에 동시에 눈의 초점을 맞출 수 있는가? 당신의 상은 어디에 있는가?

**3.** 평면거울은 당신 얼굴의 허상을 만든다. 평면거울을 다른 광학 부품과 조합한다고 가정하자. 그러한 조합으로 평면거울이 실상을 만들 수 있을까?

**5.** 물체와의 거리를 측정하는 데 초음파 거리계를 사용하는 카메라를 가지고 자화상을 찍으려 하고 있다. 이 카메라로 거울에 있는 상을 찍을 때, 찍힌 상은 초점이 잘 맞지 않는다. 그 이유는 무엇인가?

**7.** 실상은 광선이 지나는 데 반하여, 허상은 흔히 광선이 실제로 지나지 않는 상으로 묘사된다. 허상을 사진으로 찍을 수 있을까?

**9.** 수렴렌즈를 액체 속에 놓는다면 빛을 발산시킬 수 있을까? 수렴 거울의 경우는 어떠할까?

**11.** 쥘 베른(Jules Verne, 「해저 2만리」, 「80일간의 세계일주」 작가)의 소설에서, 태양광선을 집중시켜서 불을 피우기 위해 얼음 조각을 깎아 확대 렌즈로 이용하는 장면이 나온다. 이것이 가능할까?

**13.** 렌즈의 초점 거리는 렌즈의 재질에 의존하는데, 왜 거울의 초점 거리는 거울의 재질에 의존하지 않는가?

**15.** 수렴렌즈의 왼쪽에 위치한 물체는 렌즈의 오른쪽 부분의 스크린에 명확한 상을 형성한다. 만약 스크린이 렌즈 쪽으로 이동한다면, (a) 더 커지지만 여전히 명확하다, (b) 작아지지만 여전히 명확하다, (c) 희미해지다가 사라진다, (d) 변함없다.

## 문제

**1**, **2**, **3** = 기본문제, 발전문제, 심화문제

□ = 학생 문제풀이 매뉴얼/학습 가이드 속에 문제풀이가 있다.

Physics Now™ **http://physics.brookscole.com/ecp**에서 힌트를 받을 수 있는 문제

= 생물의학 문제

### 23.1 평면거울

**1.** 화장실에 있는 거울을 봤을 때 실제보다 더 나이가 어리거나 들어 보이는가? 당신이 분류한 자료에 근거하여, 나이 차이의 범위를 예상해 보라.

**3.** 마주보고 있는 벽에 거울이 있어 여러 개의 상을 만드는 방에 한 사람이 걸어 들어갔다. 그 사람이 왼쪽 벽에서 5.00 ft, 오른쪽 벽에서 10.0 ft 떨어져 있을 때 왼쪽에 있는 거울에 있는 처음 세 개의 상까지의 거리를 각각 구하라.

### 23.2 구면 거울에 의한 상

### 23.3 볼록거울과 부호 규칙

다음 문제들은 문제 분석과 표 23.1의 부호 규칙을 통해서 각각 맞는 부호를 판단할 수 있게 하기 위해 값이 양수인지 음수인지는 주지 않았다.

**5.** 병원 복도 교차부에, 사람들의 충돌을 방지하기 위해서 벽의 높은 곳에 볼록거울을 설치하였다. 거울의 곡률 반지름이 0.550 m일 때, 거울에서 10.0 m 떨어진 곳에 있는 환자의 상의 위치와 종류는 어떠한가? 상의 배율도 구하라.

**7.** 20.0 cm의 곡률 반지름을 가진 구형 오목거울이 있다. 물체 거리가 (a) 40.0 cm, (b) 20.0 cm, (c) 10.0 cm인 물체의 상의 위치는? 각각의 경우에 대해서 상이 실상인지 허상인지, 정립인지 도립인지, 배율은 얼마인지도 구하라.

**9.** 2.00 cm 높이의 물체가 거울 3.00 cm 앞에 있다. 그 상이, 높이가 5.00 cm인 허상이라면 거울의 초점 거리는 얼마인가?

**11.** PhysicsNow™ 25 cm 앞에서 두 배 더 큰 정립상을 볼 수 있는 화장용 오목거울을 설계하였다. 이 거울의 곡률 반지름은 얼마인가?

**13.** 거울의 1.52 m 앞에 있는 사람의 상이 거울 앞 18.0 cm에 도립으로 만들어 졌다. 실제보다 두 배 더 큰 정립상을 보고 싶다면 이 거울과의 거리를 얼마로 해야 하는가?

**15.** 볼록거울 10.0 cm 앞에서, 막대 사탕을 든 꼬마가 거울에 비친 사탕의 상의 크기가 절반 밖에 되지 않는다는 것을 발견했다. 이 거울의 곡률 반지름은 얼마인가?

**17.** 구형 거울 5.0 m 앞에 물체보다 다섯 배 더 큰 상을 만들기 위해서 스크린을 설치하였다. (a) 필요한 거울의 종류를 설명하라. (b) 물체에 대하여 거울의 위치는?

### 23.4 굴절에 의한 상

**19.** 모서리가 50.0 cm인 정육면체 모양의 얼음이 평평한 바닥의 먼지 얼룩 위에 놓여 있다. 얼음의 굴절률이 1.309라 하고 얼음의 바로 상방에서 얼룩을 내려다볼 때, 얼룩의 상은 어디에 생기겠는가?

**21.** PhysicsNow™ 굴절률이 1.50인 유리로 만든 반구 형태의 문진(文鎭)이 있다. 원형의 단면의 반지름이 4.0 cm이었다. 문진은 종이 위에 평평한 면이 맞닿은 채로 놓여 있는데, 문진의 중심 바로 아래에는 2.5 mm 길이의 선이 그려져 있다. 이 반구를 수직으로 내려다보았을 때, 종이 위에 그려진 선의 길이는 얼마로 보이는가?

**23.** 구성 재질을 알 수 없는 투명한 구가 있다. 이 구를 이용해 태양을 향한 반대쪽 구 표면에 태양의 상을 형성하려고 한다. 이 구를 구성하는 재질의 굴절률은 얼마이어야 하는가?

### 23.6 얇은 렌즈

**25.** 콘택트렌즈는 굴절률 1.50인 플라스틱으로 만들어진다. 렌즈의 바깥쪽 곡률 반지름은 +2.00 cm이고 안쪽의 곡률 반지름은 +2.50 cm이다. 렌즈의 초점 거리는 얼마일까?

**27.** 초점 거리가 20.0 cm인 수렴렌즈가 있다. 물체 거리가 (a) 40.0 cm, (b) 20.0 cm, (c) 10.0 cm일 때 상의 위치를 구하라. 각각의 상이 실상인지 허상인지, 정립인지 도립인지 판별하고 배율을 구하라.

**29.** 초점 거리가 20.0 cm인 발산렌즈가 있다. 물체 거리가 (a) 40.0 cm, (b) 20.0 cm, (c) 10.0 cm일 때 상의 위치를 구하라. 각각의 상이 실상인지 허상인지, 정립인지 도립인지 판별하고 배율을 구하라.

**31.** 투명한 사진 슬라이드가 초점거리 2.44 cm인 수렴렌즈 앞에 있다. 렌즈는 12.9 cm 떨어진 곳에 상을 형성한다. (a) 실상일 때, (b) 허상일 때, 렌즈와 슬라이드 사이의 거리는 얼마인가?

**33.** PhysicsNow™ 물체 높이의 1/3 크기의 허상을 만들기 위해 발산렌즈를 이용하였다. 물체는 어디에 놓여야 하는가?

**35.** 수렴렌즈가 초점 거리 10.0 cm인 발산렌즈에서 30.0 cm 오른쪽으로 떨어진 곳에 놓여 있다. 평행한 광선이 왼쪽에서 시작하여 발산렌즈를 통과하여, 수렴렌즈를 빠져나오면서 다시 평행하게 진행한다. 수렴렌즈의 초점 거리를 계산하라.

**37.** 초점 거리가 15.0 cm인 수렴렌즈 두 개가 서로 40.0cm 떨어져서 위치해 있고, 물체는 첫 번째 렌즈에서 30.0 cm 떨어진 곳에 있다. 최종상은 어디에서 형성되겠는가? 배율은 얼마가 되겠는가?

**39.** 1.00 cm 높이의 물체가 초점 거리 8.00 cm인 수렴렌즈에서 왼쪽으로 4.00 cm 떨어진 곳에 있다. 수렴렌즈에서 오른쪽으로 6.00 cm 떨어진 곳에 초점거리 −16.00 cm인 발산렌즈가 있다. 형성되는 상의 위치와 그 높이는? 상은 정립인가 도립인가? 실상인가 허상인가?

### 추가문제

**41.** 구면 오목거울에서 10.0 cm 떨어진 곳에 있는 물체가 거울에서 8.00 cm 떨어진 곳에 실상을 만든다. 만약 물체가 거울에서 20.0 cm 떨어진 곳으로 이동한다면, 상의 위치는? 상은 실상인가 허상인가?

**43.** 50.0 mm 초점 거리의 수렴렌즈를 이용해 아주 멀리 떨어진 풍경의 상을 35.0 mm 크기의 평평한 스크린에 보이게 만들었다. 스크린 안에 비친 풍경의 상의 각도폭 $\alpha$는 얼마인가?

**45.** PhysicsNow™ 렌즈와 거울이 그림 P23.45와 같이 1.00 m 서로 떨어져 있고, 각각의 초점 거리는 +80.0 cm, −50.0 cm이다. 물체가 렌즈의 왼쪽 1.00 m만큼 떨어져 있을 때, 상의 위치는? 상이 정립인지 도립인지, 그리고 배율은 얼마인지 구하라.

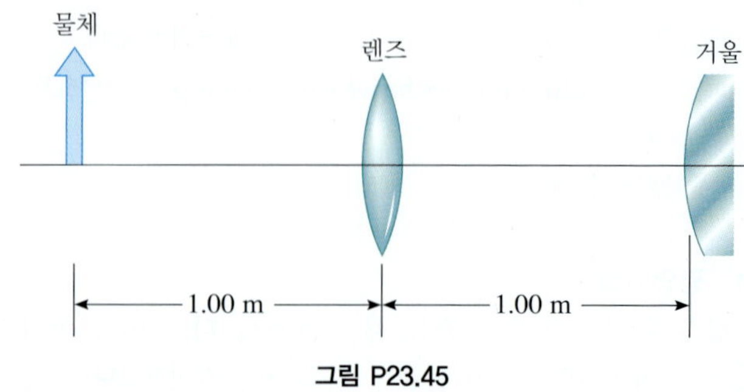


**그림 P23.45**

**47.** 그림 P23.47처럼 평행한 광선이 유리 반구의 평면 쪽으로 수직하게 입사하였다. 반구의 반지름 $R$ = 6.00 cm이고, 굴절률

$n$ = 1.560이다. 광선이 집중되는 점을 찾아라(근축광선으로 가정하라. 즉, 모든 광선이 주축 근처를 지난다고 가정한다).

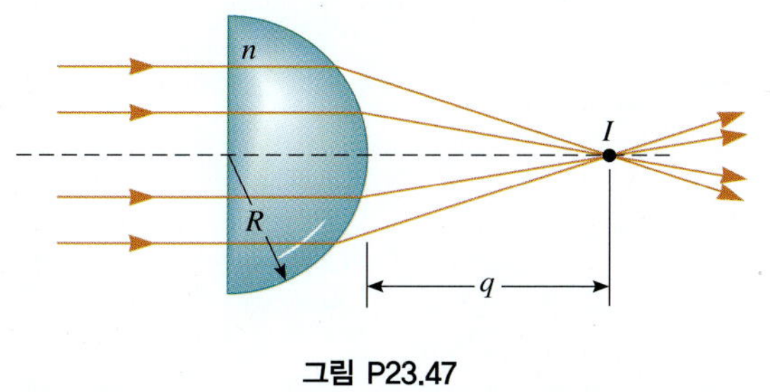


그림 P23.47

**49.** 이 문제를 해결하기 위해 처음의 표면에 의해 형성된 상은 두 번째 표면에 대해 물체가 된다는 사실을 이용하라. 그림 P23.49는 굴절률 1.50의 유리 조각을 보여 준다. 반구의 끝부분은 각각 2.00 cm, 4.00 cm의 반지름을 갖고, 반구 모양의 양쪽 끝부분의 중심은 8.00 cm 떨어져 있다. 유리에서 1.00 cm 왼쪽으로 떨어진 곳에 점 모양의 물체가 공기 중에 존재한다면, 두 곡면에서의 굴절에 의해 물체의 상은 어디에 형성되겠는가?

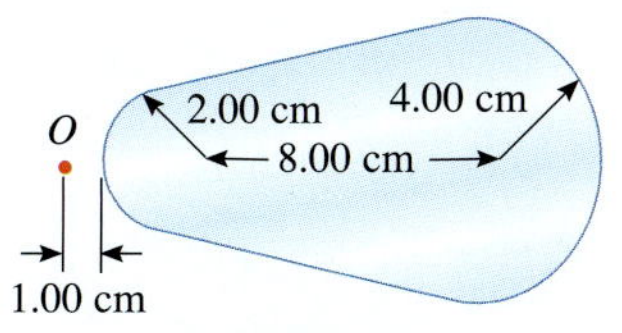


그림 P23.49

**51.** 굴절률 $n_2$인 매질 안에 들어있는 렌즈 $n_1$에 대한 렌즈 제작자의 방정식은 다음과 같다.

$$\frac{1}{f} = \left(\frac{n_1}{n_2} - 1\right)\left(\frac{1}{R_1} - \frac{1}{R_2}\right)$$

$R_1 = -3.00$ m, $R_2 = -6.00$ m인 얇은 발산렌즈(굴절률 = 1.50)가 공기 중에 있다. 화살표 모양의 물체가 렌즈의 왼쪽으로 10.0 m 떨어진 곳에 있다. (a) 상의 위치는? (b) (a)에서 화살표와 렌즈가 물(굴절률 = 1.33) 속에 있다면 상의 위치는? (c) 매질의 굴절률이 2일 때의 상의 위치는? (d) 공기 중에서 발산하는 렌즈를 어떻게 하면 수렴렌즈로 바꿀 수 있는가?

CHAPTER

24

# 파동광학

OUTLINE



여름날 비눗방울을 불었을 때, 공기 중에 떠 있는 비눗방울 표면에서는 여러 가지 색깔들이 빙빙 돌며 나타난다. 더러운 도시거리의 물웅덩이 위에 있는 기름막에서 생생한 무지개가 반사되어 보인다. 바닷가에서 썬텐 오일을 바른 사람들은 햇빛의 절반을 흡수하는 코팅된 선글라스를 쓴다. 실험실에서는 과학자들이 물질이 뜨거울 때 내뿜는 빛을 조사하여 그 물질의 구성 성분을 구하기도 하고 세계에 있는 여러 천문대에서 아주 멀리 떨어진 은하로부터 오는 빛을 망원경으로 모아서 각 파장대로 필터링하여 우주의 팽창속도를 구하기도 한다.

이들 무지개가 어떻게 생기는지, 그리고 파장을 구하는 장치의 원리가 어떻게 되는지를 이해하는 것은 모두 **파동광학**의 영역이다. 빛은 입자 또는 파동으로도 볼 수 있다. 앞 장에서 언급한 기하광학은 빛의 입자성에 따른 것이다. 파동광학은 빛의 파동성을 따른다. 이 장에서 보여 줄 3개의 주요 주제들은 간섭, 회절, 편광이다. 이들 현상들은 광선 개념으로는 적절히 설명할 수 없지만 빛을 파동으로 본다면 잘 이해할 수 있다.

## 24.1 간섭조건

13장에서 역학적 파동의 간섭을 논의하면서 두 파동이 합해져서 보강 또는 소멸될 수 있다는 것을 알았다. 보강간섭에서 파동의 진폭은 개개의 파동의 진폭보다 더 큰 반면에 소멸간섭에서는 진폭이 개개의 파동들의 진폭보다 더 작다. 빛도 또한 서로 간섭한다. 근본적으로 광파와 관련되는 모든 간섭은 개개의 파동들을 구성하는 전자기장들이 결합하여 생긴다.

광파에서 간섭 효과는 광파의 파장이 짧기 때문에(약 $4 \times 10^{-7}$ m에서 약 $7 \times 10^{-7}$ m) 관찰하기가 쉽지 않다. 두 광원 사이에서 간섭을 관찰하기 위해서는 다음과 같은 조건이 있어야 한다.

◀ 간섭조건들

1. 광원들이 **결맞은**(coherent) 광원이여야만 한다. 즉, 이들 광원들이 복사하는 빛들은 서로 일정한 위상을 유지해야 한다.
2. 광파들은 동일한 파장을 가져야 한다.

간섭을 만들기 위해서는 (두 진행파를 복사하는) 두 광원이 필요하다. 안정된 간섭무늬를 보기 위해서는 개개의 광파들이 서로에 대해서 일정한 위상을 유지해야만 한다. 이러한 상황이 진행될 때 이 두 광원은 결맞은 광원이라고 한다. 하나의 증폭기가 구동하는 두 대의 나란히 세워 놓은 대형 스피커에서 나오는 소리는 이 두 스피커가 동일한 거리에서 이 증폭기에 동시에 반응하기 때문에, 즉 위상일치하기 때문에 간섭이 생긴다.

그러나 만약에 두 광원이 나란히 놓여 있다면 하나의 광원에서 나온 광파들이 다른 광원에서 나온 광파들과 전혀 무관하기 때문에 간섭효과를 관찰할 수 없다. 따라서 두 광원에서 나온 광파는 관찰 시간 동안 서로 일정한 위상 관계가 유지되지 않는다. 보통 광원은 매 $10^{-8}$ s마다 위상이 제멋대로 변한다. 그런 까닭에 보강간섭, 소멸간섭, 이들의 중간상태에 대한 조건들은 $10^{-8}$ s 정도의 시간 동안만 유지된다. 눈이 이런 매우 짧은 시간 동안의 변화를 좇아갈 수 없기 때문에 어떤 간섭도 관찰할 수 없다. 일반적인 광원들은 **결안맞는**(incoherent) 광원이라고 한다.

두 결맞은 광원을 만드는 고전적인 방법은 단일 파장(단색) 광원에서 나온 빛을 가느다란 슬릿으로 통과시킨 후 두 개의 좁은 슬릿을 설치한 스크린을 지나가게 하는 것이다. 첫 번째 슬릿은 스크린상의 두 슬릿을 동시에 결맞게 비추는 단일 파면을 생성하는 데 필요하다. 두 슬릿에서 나오는 빛은 단일 광원에서 원래의 빛이 나왔으며 이 두 슬릿은 단지 원래의 빛을 두 가닥으로 나누는 역할만 하기 때문에 결맞은 빛이다. 광원에서 방출된 빛의 제멋대로 된 변화는 동시에 두 슬릿에서 나누어진 빛들에서도 생기며 그 결과 간섭 현상이 관찰될 수 있다.

최근 간섭을 보여 주는 결맞은 광원으로 레이저를 사용하는 것이 아주 일반화되어 있다. 레이저는 직경이 수 밀리미터가 넘지 않는 아주 강력하고 결맞은 단색 광원이다. 이는 레이저를 직접 다중 슬릿에 비추면 불을 켠 방에서 조차도 간섭현상을 쉽게 관찰할 수 있다는 것을 의미한다. 레이저의 작동원리는 28장에서 설명할 것이다.

## 24.2 영의 이중슬릿 실험

1801년 토마스 영(Thomas Young)이 최초로 두 광원에서 나온 광파들을 이용하여 간섭을 보여 주었다. 활용그림 24.1a는 영의 실험에서 사용한 장치의 장치도이다(영은

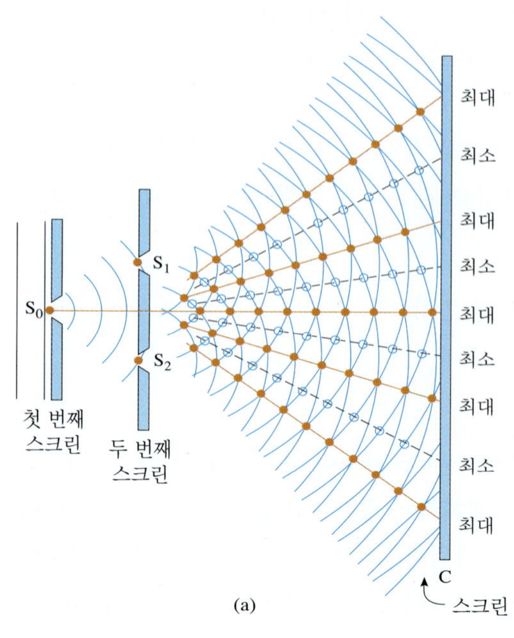

활용그림 24.1
(a) 영의 이중슬릿 실험 배치도. 좁은 슬릿은 파원이다. 슬릿 $S_1$과 $S_2$는 스크린 C에 간섭무늬 형태를 만드는 결맞은 광원이다. (그림은 축적대로 그린 것은 아니다.) (b) 스크린 위에 생긴 간섭무늬 형태가 이와 같이 보인다.

**http://physics.brookscole.com/ecp**에서 PhysicsNow를 로그인하고, 활용그림 24.1로 들어가서 슬릿 사이의 간격과 사용한 빛의 파장을 맞추고 간섭무늬를 관찰한다.

원래의 실험에서 슬릿이 아닌 바늘구멍을 사용하였다). 빛을 좁은 슬릿 $S_0$가 있는 스크린에 비춘다. 이 슬릿에서 나간 광파는 두 개의 좁고 가느다란 슬릿 $S_1$과 $S_2$에 도달한다. 이 두 슬릿들에서 나온 빛들은 동일한 파면이고, 이 때문에 항상 두 빛들은 위상일치하기 때문에 이 두 슬릿에서 나온 빛들은 한 쌍의 결맞은 광원들이 된다. 두 슬릿에서 나오는 빛들은 스크린 C 위에 **간섭무늬**(fringes)라고 부르는 일련의 밝고 어두운 띠를 만든다(활용그림 24.1b). 슬릿 $S_1$과 $S_2$에서 나오는 빛들이 스크린 위의 한 지점에 도달해서 보강간섭이 일어날 때 밝은 간섭무늬를 볼 수 있다. 두 슬릿에서 나온 빛들이 스크린 위의 어떤 지점에서 소멸간섭을 할 때는 어두운 간섭무늬가 생긴다. 그림 24.2는 수조에서 두 결맞음 광원이 만든 간섭무늬 형태를 찍은 사진이다.

**그림 24.2** 수면파에 의한 간섭무늬 형태를 수면에 설치한 두 개의 진동파원을 사용하여 만든다. 이 간섭무늬 형태는 영의 이중슬릿 실험에서 볼 수 있는 간섭무늬들과 매우 유사하다. 보강간섭과 소멸간섭이 일어나는 영역을 주목하여 보라.

그림 24.3은 활용그림 24.1의 스크린 C에서 두 광파가 만나는 여러 방법들에 대한 개략도이다. 그림 24.3a에서 두 슬릿에서 위상일치 상태로 나온 광파들이 스크린의 중앙지점 $P$에서 만난다. 이들 두 광파가 동일한 거리를 진행하기 때문에 이 두 광파는 $P$에서 위상일치 상태로 겹치고, 이 결과 이곳에서 보강간섭이 생기며 밝은 간섭무늬를 볼 수 있다. 그림 24.3b에서 다시 두 광파는 위상일치 상태이지만 위쪽 광파는 스크린 위의 $Q$ 지점에 도달하기 위해서는 한 파장을 더 이동해야만 한다. 위쪽 광파는 다른 아래쪽 광파보다 완전히 한 파장만큼 늦게 도달하기 때문에 여전히 두 광파는 $Q$에서 위상일치 상태로 만나며 이 위치에서 밝은 간섭무늬가 생긴다. 그 다음으로 그림 24.3c에서 보는 것처럼 $P$와 $Q$ 사이의 중간 지점인 $R$을 생각하자. $R$에서 위쪽 광파는 반파장 늦게 아래쪽 광파와 만난다. 이는 아래쪽 광파의 골이 위쪽 광파의 마루와 겹쳐져서 소멸간섭이 일어난다는 것을 의미한다. 이 결과 $R$에서 어두운 간섭무늬를 관찰할 수 있다.

그림 24.4를 사용하여 정량적으로 영의 간섭실험을 기술하고자 한다. 스크린 위의 $P$점을 생각해 보자. 스크린은 $d$만큼 떨어져 있는 슬릿 $S_1$과 $S_2$가 들어 있는 스크린으로부터 수직거리 $L$만큼 떨어져 있는 곳에 설치한다. $r_1$과 $r_2$는 두 슬릿에서 마지막 관찰용 스크린상의 한 지점까지의 개별적인 거리들이다. 슬릿 $S_1$과 $S_2$에서 나온 광파들이 동일한 주파수와 동일한 진폭을 갖고 위상일치 상태로 나온다고 가정한다. 스크린 위의 $P$점에서 빛의 세기가 두 슬릿에서 나온 빛들의 합성 결과이다. 그러나 아래쪽 슬릿에서 나온 광파가 위쪽 슬릿에서 나온 광파보다 $d\sin\theta$만큼 더 진행해야 한다. 이 거리를 **경로차**(path difference) $\delta$(그리스 소문자 델타)라고 하며, 이는 다음과 같다.

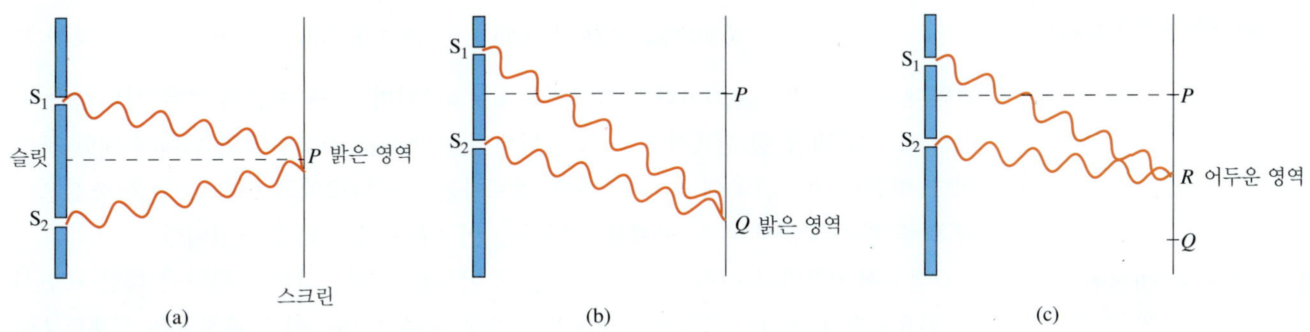


**그림 24.3** (a) 두 광파가 만났을 때 보강간섭이 $P$에서 일어난다. (b) 또한 소멸간섭이 $Q$에서 생긴다. (c) 위쪽 슬릿에서 나온 광파가 아래쪽 슬릿에서 나온 광파와 반파장의 차로 만난다면 소멸간섭이 $R$에서 생긴다. (이 그림들은 축적대로 그린 것은 아니다.)

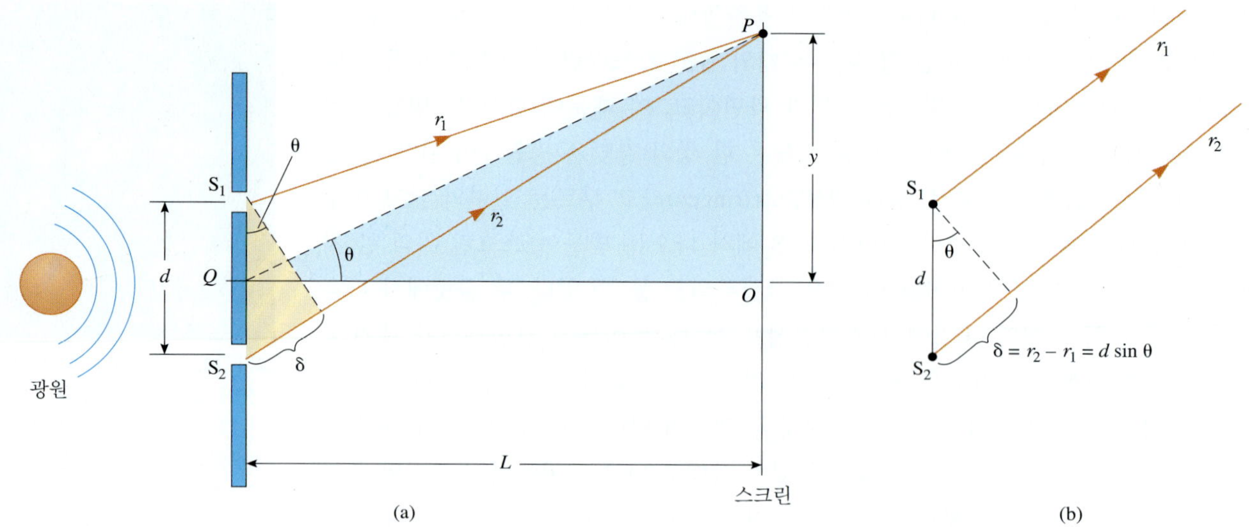


**그림 24.4** 그영의 이중슬릿 실험을 설명하기 위한 기하학적 실험장치 배치도. 두 광선들 사이의 경로차는 $\delta = r_2 - r_1 = d\sin\theta$이다. (이 그림은 축적대로 그린 것이 아니다.)

경로차 ▶

$$\delta = r_2 - r_1 = d\sin\theta \qquad [24.1]$$

식 24.1은 두 광파가 평행하게 진행한다는 가정에서 나온 것인데, 이는 $L$이 $d$보다 훨씬 더 크기 때문에 근사적으로 맞는 가정이다. 앞서서 언급했듯이 이 경로차는 두 광파가 $P$에서 만날 때 위상일치가 되는지 안 되는지를 정하는 데 사용한다. 만약에 경로차가 0이거나 또는 파장의 정수 배가 된다면 두 광파는 $P$에서 위상일치하며 보강간섭이 생긴다. 그런 까닭에 $P$점에서의 밝은 간섭무늬 또는 **보강간섭**(constructive interference) 조건은 다음과 같다.

이중슬릿의 보강간섭 조건 ▶

$$\delta = d\sin\theta_{\text{bright}} = m\lambda \qquad m = 0, \pm1, \pm2, \cdots \qquad [24.2]$$

여기서 $m$은 **차수**(order number)라고 한다. $\theta_{\text{bright}} = 0\,(m = 0)$인 중앙의 밝은 간섭무늬는 **0차 최대값**이라고 한다. $m = \pm1$인 양쪽의 첫 번째 최대값은 **1차 최대값**이라고 하며, 다른 최대값들은 이에 대응하는 다른 차수의 최대값들이다.

$\delta$가 $\lambda/2$의 홀수 배일 때 $P$점에서 두 광파는 위상불일치하며 소멸간섭이 생긴다. 그런 까닭에 $P$점에서의 어두운 간섭무늬 또는 **소멸간섭**(destructive interference)의 조건은 다음과 같다.

이중슬릿의 소멸간섭 조건 ▶

$$\delta = d\sin\theta_{\text{dark}} = (m + \tfrac{1}{2})\lambda \qquad m = 0, \pm1, \pm2, \cdots \qquad [24.3]$$

만약에 이 식에서 $m = 0$이라면 경로차는 $\delta = \lambda/2$이며, 이는 중앙의 밝은 최대값을 중심으로 양쪽 방향 중 한쪽에서 최초로 나타나는 어두운 간섭무늬의 위치에 대한 조건이다. 마찬가지로 만약에 $m = 1$이라면 경로차는 $\delta = 3\lambda/2$이고, 이는 중앙을 중심으로 양쪽 중 한쪽 방향에서 두 번째로 나타나는 어두운 간섭무늬의 조건이다.

**TIP 24.1 작은 각 근사: 크기 문제**
작은 각 근사인 $\sin\theta \cong \tan\theta$는 약 4° 이하의 각도에서 소수점 세 자리 정밀도로 맞는 근사이다.

$O$점에서 $P$점까지 수직으로 측정한 밝고 어두운 간섭무늬들의 위치에 대한 표현식이 필요하다. $L \gg d$인 가정에 $d \gg \lambda$라는 가정을 추가한다. 이들 가정들은 실제로 $L$이 대부분 1 m의 단위의 크기이고, $d$는 밀리미터 단위의 크기이며, $\lambda$는 가시광에서 마이크로미터이기 때문에 타당한 가정이다. 이들 조건들에서 $\theta$는 작기 때문에 $\sin\theta \cong$

$\tan\theta$라는 근사식을 사용할 수 있다. 따라서 그림 24.4의 삼각형 $OPQ$로부터 다음과 같은 결과를 얻는다.

$$y = L\tan\theta \approx L\sin\theta \qquad [24.4]$$

$\sin\theta$에 대한 식 24.2를 풀고 이 결과를 식 24.4에 대입한다면 $O$에서부터 측정한 **밝은 간섭무늬들**의 위치는

$$y_{\text{bright}} = \frac{\lambda L}{d}m \qquad m = 0, \pm1, \pm2, \cdots \qquad [24.5]$$

이다. 식 24.3과 식 24.4를 사용하면 **어두운 간섭무늬들**의 위치는

$$y_{\text{dark}} = \frac{\lambda L}{d}\left(m + \tfrac{1}{2}\right) \qquad m = 0, \pm1, \pm2, \cdots \qquad [24.6]$$

이다. 예제 24.1에서 보는 것처럼 영의 이중슬릿 실험을 통하여 광의 파장을 측정할 수 있다. 실제로 영은 이 방법을 이용하여 최초로 빛의 파장을 측정하였다. 또한 영의 실험은 빛의 파동 모델에 신뢰성을 더했다. 슬릿을 통하여 나온 빛의 입자들이 어두운 간섭무늬를 설명하는 방법에서처럼 각각 모두 소거될 수 있다는 것은 말이 되지 않는다.

**✓ Checkpoint 24.1**

진실인가 거짓인가: 이중슬릿 간섭무늬에서 밝은 간섭무늬들은 작은 각도에서 동일한 간격을 유지한다.

### 응용물리 24.1 텔레비전 신호의 간섭

케이블이 아닌 안테나를 이용하여 텔레비전을 시청한다고 가정한다. 이 텔레비전 근처를 비행기가 날아간다면 텔레비전 화면이 물결치는 흐릿한 화면으로 되는 것을 볼 수 있다. 이러한 현상의 원인은 무엇인가?

**설명** 텔레비전 안테나는 두 개의 신호를 잡는다. 하나는 안테나가 직접 받는 신호이고 다른 하나는 비행기에서 반사하는 신호이다. 비행기의 위치가 변함에 따라 때때로 이들 두 신호가 서로 위상일치일 때가 있고 어떤 때는 이 두 신호가 위상불일치일 때가 있다. 결과적으로 안테나가 받은 합쳐진 신호들의 세기는 변할 것이다. 텔레비전의 물결치는 흐릿한 화면은 이러한 두 신호가 합쳐져서 변하는 과정에 대한 증거이다.

### Quick Quiz 24.1

스크린에 투사된 이중슬릿의 간섭무늬에서 무늬들은 스크린의 (a) 모든 곳에서, (b) 오직 큰 신호들이 있는 곳에서, (c) 오직 작은 신호들만 있는 곳에서 동일한 간격을 갖는다.

### 연관된 예제 24.1 광원에서 나오는 빛의 파장 측정

**목표** 결맞은 빛의 파장을 측정하는 데 영의 간섭실험을 어떻게 사용할 수 있는지를 보여 준다.

**문제** 스크린이 이중슬릿인 광원으로부터 1.20 m 떨어져 있다. 두 슬릿 사이의 거리는 0.030 0 mm이다. 측정결과 2차 밝은 간섭무늬($m = 2$)가 중심선에서 4.50 cm에 있다. (a) 이 빛의 파장은 얼마인가? (b) 이웃한 밝은 간섭무늬들 사이의 거리는 얼마인가?

**전략** 식 24.5는 밝은 간섭무늬들의 위치와 빛의 파장을 포함한 여러 가지 변수들 사이의 관계를 나타낸다. 이 식에 값들을 대입하고 $\lambda$에 대해서 푼다. $y_{m+1}$과 $y_m$ 사이의 차는 밝은 간섭무늬들 사이의 거리에 대한 일반적인 표현식에서 나온다.

**풀이**

(a) 빛의 파장을 구한다.

파장에 대해서 식 24.5를 풀고 $m = 2$, $y_2 = 4.50 \times 10^{-2}$ m, $L = 1.20$ m, $d = 3.00 \times 10^{-5}$ m를 대입한다.

$$\lambda = \frac{y_2 d}{mL} = \frac{(4.50 \times 10^{-2}\text{ m})(3.00 \times 10^{-5}\text{ m})}{2(1.20\text{ m})}$$

$$= 5.63 \times 10^{-7}\text{ m} = \boxed{563\text{ nm}}$$

(b) 이웃한 밝은 간섭무늬들 사이의 거리를 구한다.

임의의 두 이웃한 밝은 간섭무늬들 사이의 거리를 구하기 위해서 식 24.5를 사용한다(여기서 이 값들은 $m$과 $m+1$로 나타낸다).

$$\Delta y = y_{m+1} - y_m = \frac{\lambda L}{d}(m+1) - \frac{\lambda L}{d}m = \frac{\lambda L}{d}$$

$$= \frac{(5.63\times10^{-7}\text{ m})(1.20\text{ m})}{3.00\times10^{-5}\text{ m}} = 0.022\,5\text{ m} = 2.25\text{ cm}$$

**주의** 이러한 계산은 작은 각 근사를 내재적으로 사용하였기 때문에 작은 각도 $\theta$에 의존한다. 밝은 간섭무늬들의 위치를 측정하면 파장을 구할 수 있는데, 이는 현대물리학을 취급한 여러 장들에서 논의하는 것처럼 원자론적으로 취급한 과정을 나타내는 신호이다. 이런 까닭에 이 측정은 원자의 세계를 열어주는 데 도움을 준다.

**연습문제 24.1**

동일한 실험을 다른 광원을 가지고 한다고 가정한다. 만약에 첫 번째 최대값이 중심선에서 1.85 cm에 있다면 이 광원에서 나온 빛의 파장은 얼마인가?

**답** 463 nm

**PhysicsNow™** **http://physics.brookscole.com/ecp**에서 PhysicsNow를 로그인하고, 연관된 예제 24.1로 들어가서 이중슬릿 간섭무늬 형태를 살펴 본다.

## 24.3 반사에 의한 위상변화

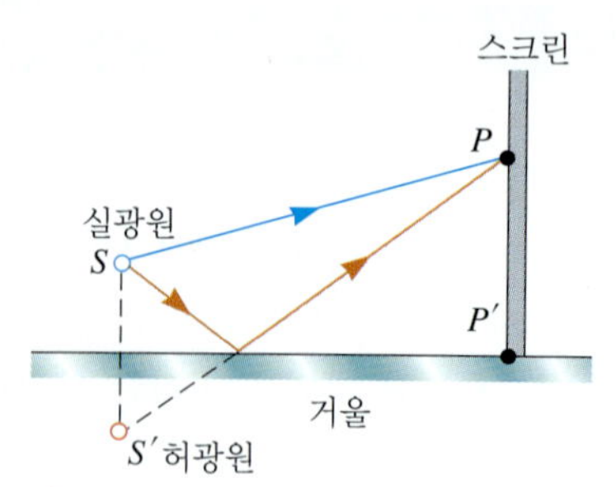


**그림 24.5** 로이드 거울. 광원에서 스크린으로 직접 간 광선(청색)과 거울에 반사된 후 간 광선(갈색)의 합쳐진 결과로 $P$에 서 있는 스크린에서 간섭무늬가 생긴다. 거울에서 반사한 광선은 180°의 위상변화가 생긴다.

두 개의 결맞은 광원을 만든 영의 실험은 단일 광원으로 한 쌍의 슬릿을 조명한다. 단일 광원으로 간섭무늬를 만드는 또 다른 간단하면서도 독창적인 광학 배치는 **로이드 거울**(Lloyd's mirror)이다. 점 광원을 그림 24.5에서처럼 거울에 근접한 $S$ 지점에 놓는다. 광파는 직접 가는 경로인 $SP$ 또는 거울의 반사를 통해서 가는 경로들 중 하나를 통하여 관찰점 $P$에 도달한다. 반사된 빛은 거울 뒤쪽의 $S'$에서 나오는 광선으로 취급할 수 있다. $S$의 상인 광원 $S'$은 허광원으로 생각할 수 있다.

마치 실제의 두 결맞은 광원들에서처럼 광원에서 멀리 떨어져 있는 지점들에서 $S$와 $S'$에서 나온 광파들 때문에 생긴 간섭무늬를 볼 수 있다. 그러나 어두운 간섭무늬들과 밝은 간섭무늬들의 위치는 실제의 두 결맞은 광원을 가지고 보는 간섭무늬(영의 간섭 실험)의 위치들과는 뒤집어져 있다. 이것은 결맞은 광원 $S$와 $S'$이 반사 때문에 생긴 만큼 위상이 다르기 때문이다.

더 많은 지점들을 보여 주기 위해서 거울과 스크린이 교차하는 $P'$ 지점을 생각해 보자. 이 지점은 $S$와 $S'$에서 같은 거리에 있다. 만약에 경로차가 단지 위상차에 따라서만 변한다면 밝은 간섭무늬는 $P'$에서 관찰되는데(위상차가 이 지점에서 0이기 때문에), 이 지점은 이중슬릿 간섭무늬의 중앙에 생기는 간섭무늬에 대응한다. 그러나 거울의 반사 때문에 180°의 위상변화가 생긴다는 결론에 의해 $P$에서 **어두운** 간섭무늬가 관찰된다. 일반적으로 **전자기파는 이 전자기파를 전파하는 매질보다 굴절률이 더 높은 매질에서 반사될 때 180°의 위상변화가 생긴다.**

반사된 광파와 잡아당긴 줄에서 진행하던 횡파가 경계에서 반사하여 생긴 광파 사이의 유사성을 그림 24.6에 그려 놓았다. 줄에서 반사된 펄스가 보다 밀한 줄과 연결된 경계면에서 반사하거나 강체 경계면에서 반사할 때는 180°의 위상변화가 생기며, 이 펄스가 보다 소한 줄과 연결된 경계면에서 반사될 때는 위상변화가 없다. 이와 유

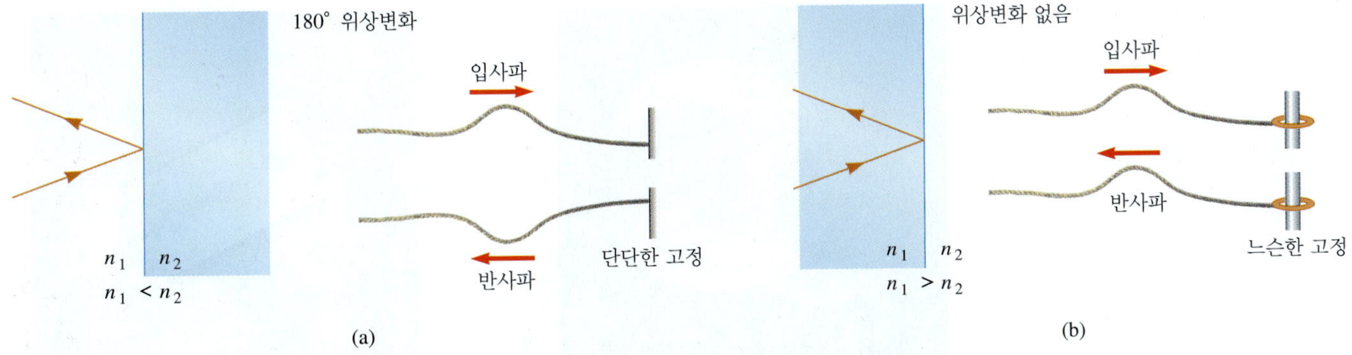


**그림 24.6** (a) 고굴절 매질에서 반사한 광선은 180°의 위상변화가 생긴다. 오른쪽은 줄에서 반사한 펄스와의 유사성을 보여 준다. (b) 저굴절의 매질에서 반사한 광선은 위상변화가 없다.

사하게 전자기파도 전자기파를 전파하는 매질보다 더 높은 굴절률의 매질과 만나는 경계면에서 반사할 때 180°의 위상변화가 생기고, 전자기파가 낮은 굴절률의 매질로 구성된 경계면에서 반사할 때는 위상변화가 없다. 또한 경계면을 지나가는 투과파도 위상변화가 없다.

## 24.4 박막에서의 간섭

간섭 효과는 보통 비눗방울의 얇은 막이나 물에 떠 있는 기름막과 같은 박막에서 관찰된다. 결안맞는 백색광을 이런 박막에 입사시켰을 때 나타나는 다양한 색채들은 박막의 두 면에서 반사한 광파들의 간섭 결과이다.

그림 24.7에서처럼 균일한 두께가 $t$이고 굴절률이 $n$인 박막을 생각해 보자. 공기 중에 전파되는 광선이 박막의 두 면에 거의 수직으로 입사한다고 가정한다. 반사된 광선이 보강간섭을 일으킬지 아니면 소멸간섭을 일으킬지를 알기 위해서 먼저 다음과 같은 사실들을 알아야 한다.

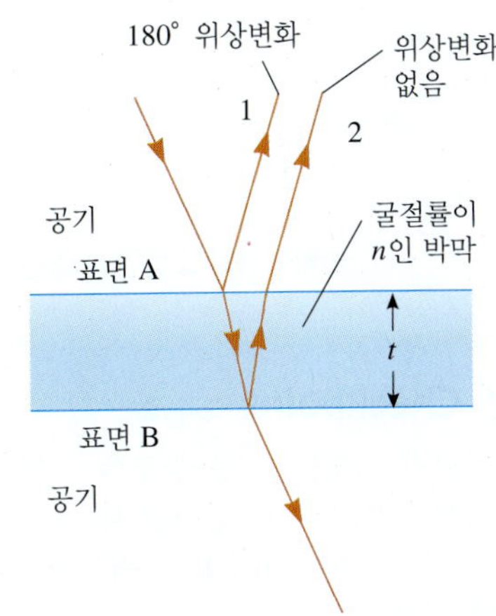


**그림 24.7** 박막에서 반사한 빛으로 인한 간섭은 위쪽 면과 아래쪽 면에서 반사한 광선들의 결합의 결과이다.

1. 굴절률이 $n_1$인 매질에서 굴절률이 $n_2$인 매질로 전파하는 전자기파는 $n_2 > n_1$일 때 180°의 위상변화가 생긴다. $n_2 < n_1$라면 반사된 광파는 위상변화가 없다.
2. 굴절률이 $n$인 매질에서 빛의 파장 $\lambda_n$은

$$\lambda_n = \frac{\lambda}{n} \qquad [24.7]$$

이며, 여기에서 $\lambda$는 진공에서의 빛의 파장이다.

이 두 규칙을 그림 24.7의 박막에 적용한다. 첫 번째 규칙에 따라서 위쪽 면에서 반사한 광선 1은 입사파에 대해서 180°의 위상변화가 생긴다. 아래쪽 면에서 반사한 광선 2는 입사파에 대해서 위상변화가 없다. 그런 까닭에 광선 1은 광선 2에 대해서 180° 위상불일치가 생기는데, 이는 $\lambda_n/2$의 경로차와 같다. 그러나 또한 광파들이 박막의 면들에서 반사하여 공기층에서 다시 만나기 전에 광선 2가 $2t$의 추가적인 거리를 진행한다는 사실을 고려해야만 한다. 한 예로써 만약에 $2t = \lambda_n/2$이라면 광선 1과 광선 2는 위상일치 상태로 만나며 보강간섭이 생긴다. 일반적으로 박막에서의 **보강간섭** 조건은 다

물에 떠있는 비눗방울. 여기서 보는 색채는 이 비누막의 앞면에서 반사한 빛과 뒷면에서 반사한 빛들 사이의 간섭 때문에 생긴다. 이 색채는 박막의 두께에 의존하는데, 박막이 가장 얇은 곳에서 검게 보이며 가장 두꺼운 곳에서 자홍색으로 보인다.

물에 떠 있는 기름막에서 백색광이 입사할 때 다양한 색을 띤 간섭무늬들을 볼 수 있다. 박막두께에 따라 색채들이 생긴다. 면도날을 사용하여 색채 띠의 크기를 알 수 있다.

음과 같이 주어진다.

$$2t = (m + \tfrac{1}{2})\lambda_n \qquad m = 0, 1, 2, \cdots \qquad [24.8]$$

이 조건에 다음 두 가지 사실들을 추가로 고려해야 한다: (1) 두 광선($m\lambda_n$ 항)의 경로차, (2) 반사에 기인한 180°의 위상변화($\lambda_n/2$ 항). $\lambda_n = \lambda/n$이기 때문에 다음과 같은 형태로 식 24.8을 쓸 수 있다.

박막에서의 보강간섭 조건 ▶

$$2nt = (m + \tfrac{1}{2})\lambda \qquad m = 0, 1, 2, \cdots \qquad [24.9]$$

광선 2가 추가적으로 진행한 거리인 $2t$가 $\lambda_n$의 정수 배라면 두 광파는 위상불일치 상태로 만나므로, 이 결과 소멸간섭이 생긴다. 박막에서 **소멸간섭**에 대한 일반적인 방정식은 다음과 같이 주어진다.

박막에서의 소멸간섭 조건 ▶

$$2nt = m\lambda \qquad m = 0, 1, 2, \cdots \qquad [24.10]$$

**박막에서의 보강간섭과 소멸간섭 조건을 나타낸 식 24.9와 식 24.10은 단 한 번의 위상반전이 있을 때만 유효하다.** 이것은 박막 위와 아래의 모든 매질들이 박막보다 굴절률이 더 크거나 두 매질 모두가 박막보다 굴절률이 더 낮을 때 생긴다. 그림 24.7은 다음과 같은 경우이다. 즉 박막의 위와 아래 매질이 공기($n = 1$)로 박막의 굴절률보다 더 낮은 굴절률이다. 이 결과 박막 위쪽의 반사에서 위상반전이 있지만 아래쪽은 위상반전이 없으므로 식 24.9와 식 24.10을 적용할 수 있다. **만약에 박막을 굴절률이 이 박막보다 더 높고 낮은 두 개의 서로 다른 매질 사이에 놓는다면 식 24.9와 식 24.10을 바꾸어야 한다. 식 24.9는 소멸간섭에 적용해야 하며, 식 24.10은 보강간섭에 적용해야 한다.** 이 경우에 예제 24.2의 그림 24.9에서처럼 A면에서 반사하는 광선 1과 B면에서 반사하는 광선 2 모두에 대해서 180°의 위상변화가 모두 있든지, 아니면 입사광선이 박막 바로 아래에서 오는 경우 두 광선이 모두 위상변화가 없든지 한다. 따라서 반사 때문에 생긴 알짜 위상변화는 0이다.

### ☑ Checkpoint 24.2

진실인가 거짓인가: 공기 중을 진행하는 빛이 유리면에서 반사될 때 반사된 빛은 입사파에 대해서 180° 위상불일치가 일어난다.

**TIP 24.2 박막에서 조심할 두 문제**

박막에서 생긴 간섭무늬들을 분석할 때 두 효과, 즉 경로 길이와 위상변화를 포함해서 분석해야 한다.

**Quick Quiz 24.2**

스크린에 투사된 이중슬릿의 간섭무늬에서 무늬들은 스크린의 (a) 모든 곳에서, (b) 오직 큰 신호들이 있는 곳에서, (c) 오직 작은 신호들만 있는 곳에서 동일한 간격을 갖는다.

## 뉴턴의 원 무늬

광파에 의한 간섭무늬를 관찰할 수 있는 또 다른 방법은 그림 24.8a에서처럼 평평한 유리면 위에 평-볼록렌즈를 놓는 것이다. 이렇게 정렬하면 유리면들 사이의 공기의 두께가 접영(접촉 지점)부터 두께 $t$($P$ 지점)까지 변한다. 만약에 렌즈의 곡률 반경 $R$이 접촉 지점에서 $P$까지의 거리인 $r$보다 훨씬 더 크다면, 그리고 파장 $\lambda$의 빛으로 이 광학계를 위에서 비추면서 위에서 본다면 빛의 간섭무늬 형태인 검은 원 무늬들을 볼 수 있다(그림 24.8b). 뉴턴이 발견한 이들 원 무늬들을 **뉴턴의 원 무늬**(Newton's ring)라고 부른다. 이 간섭무늬는 평면 유리에서 반사한 광선 1과 렌즈의 아래 면에서 반사한 광선 2의 결합으로 생긴다. 광선 1은 저굴절률의 매질에서 고굴절률의 매질로 들어가는 경계면에서 반사하기 때문에 180°의 위상 변화가 있으며, 반면에 광선 2는 고굴절률 매질에서 저굴절률 매질로 들어가는 경계면에서 반사하기 때문에 반사 변화가 생기지 않는다. 따라서 앞서 말한 박막이 공기이기 때문에 $n = 1$로 놓으면 각각 식 24.9와 식 24.10에서 보강간섭 조건과 소멸간섭 조건을 구할 수 있다. 그림 24.8b에서 보는 것처럼 접촉점 $O$는 어두운데, 이는 이 지점에서는 경로차가 없고 단지 반사에 의한 180°의 위상변화만이 있기 때문이다. 그림 24.8a에서 보는 기하학적 배치를 사용한다면 곡률 반경 $R$과 진공 파장 $\lambda$로 밝고 어두운 띠들의 반지름을 표현할 수 있다. 예를 들면 어두운 원 무늬의 반지름은 $r \approx \sqrt{m\lambda R/n}$이다.

**APPLICATION**
광학렌즈의 검사

뉴턴 원 무늬가 가장 잘 이용되는 분야 중 하나는 광학렌즈를 검사할 때이다. 그림 24.8b에서 보이는 것과 같은 원 무늬 형태는 렌즈가 완벽하게 구면 곡률로 연마되었을 때만이 볼 수 있다. 렌즈의 구면 곡률의 대칭성이 깨지면 그림 24.8c에서 보는 것과 같은 간섭무늬 형태가 나타난다. 이러한 간섭무늬의 변화를 통하여 렌즈를 완벽하게 만들기 위해서 어떻게 재연삭 및 재연마를 할 것인가를 알 수 있다.

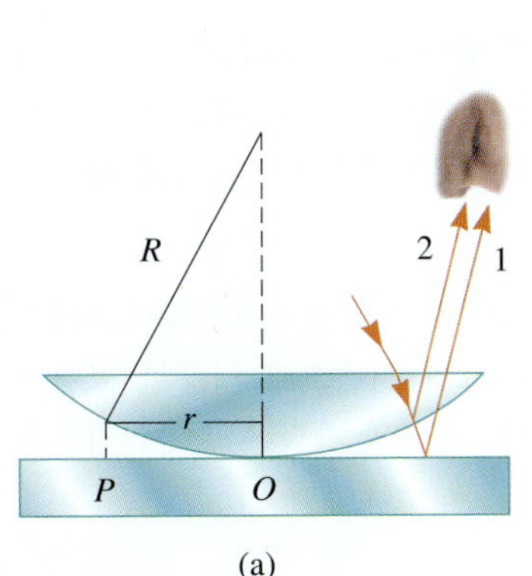

(a)

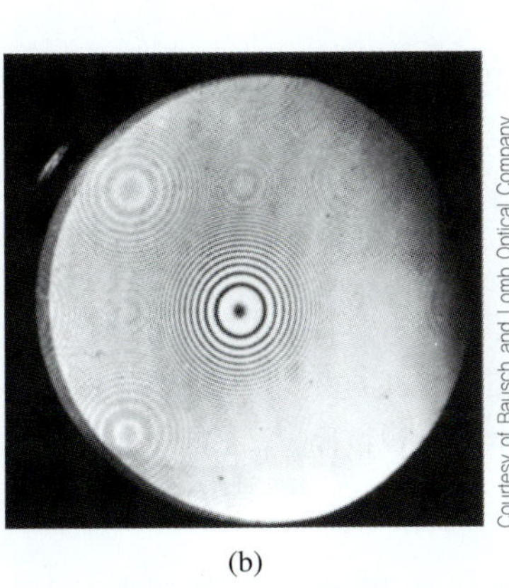

(b)

(c)

**그림 24.8** (a) 유리 평면과 렌즈 곡면에서 반사한 광선들의 결합으로 뉴턴의 원 무늬라고 하는 간섭무늬들이 생긴다. (b) 뉴턴의 원 무늬의 사진. (c) 비대칭의 간섭무늬는 렌즈가 완벽하게 만들어지지 않았다는 것을 알려 준다.

두께가 변하도록 수직으로 세운 박막에서 나타나는 간섭무늬. 박막의 두께가 가장 얇은 박막의 꼭대기는 어둡게 보인다.

## 문제풀이 전략 박막 간섭

박막 간섭 문제들을 다루는 데 있어서 다음과 같은 순서로 문제에 접근하는 것이 좋다.

1. 간섭을 일으키는 박막을 **확인하고** 박막의 굴절률과 박막 양쪽 매질의 굴절률을 **확인한다.**
2. 위상반전이 일어나는 횟수가 0인지, 하나인지, 아니면 둘인지를 **센다.**
3. 식 24.9와 식 24.10을 포함하는 다음 표를 **참조하여** 문제에 맞는 칸의 결과를 고른다.

| 식($m = 0, 1, \cdots$) | | 한 번 위상반전 | 0 또는 두 번 위상반전 |
|---|---|---|---|
| $2nt = (m + \frac{1}{2})\lambda$ | [24.9] | 보강간섭 | 소멸간섭 |
| $2nt = m\lambda$ | [24.10] | 소멸간섭 | 보강간섭 |

4. 3번 과정에서 선택한 적당한 식에 값들을 **대입한다.**

## 연관된 예제 24.2 태양전지와 광학렌즈용 무반사 코팅

**목표** 두 번의 위상반전이 있을 때 박막에서의 간섭효과를 계산한다.

**문제** 실리콘과 같은 반도체를 사용하여 태양 아래에서 전기를 생산하는 태양전지를 제작한다. 종종 태양전지는 반사 손실을 줄이기 위해서 일산화규소(SiO; $n = 1.45$)와 같은 투명한 박막으로 코팅한다(그림 24.9). 이러한 목적으로 일산화규소 박막으로 실리콘 태양전지를 코팅한다. 이 태양전지에 552 nm의 파장의 빛을 수직으로 입사시켰을 때 박막을 최소화하기 위한 박막의 최소 두께는 얼마인가?

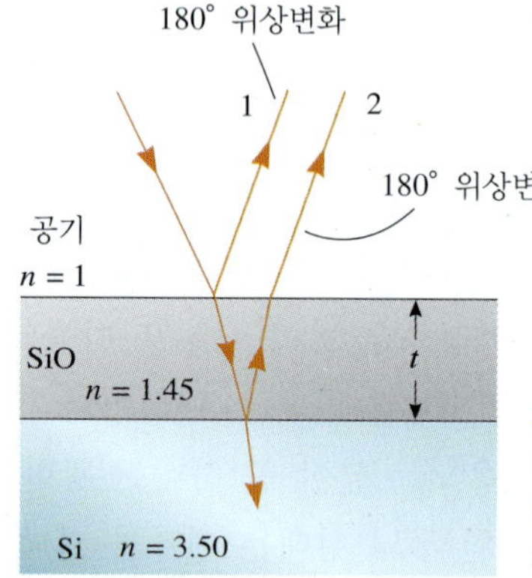


**그림 24.9** (연관된 예제 24.2) 일산화규소(SiO)의 박막으로 실리콘 태양전지를 코팅하여 이 태양전지에서 생기는 반사 손실을 최소화한다.

**전략** 그림 24.9의 광선 1과 광선 2가 소멸간섭 조건으로 만날 때 반사가 최소가 된다. 이 두 광선 모두는 반사로 인하여 생긴 180°의 위상변화를 갖는다. 그렇기 때문에 **최소** 반사에 대한 조건은 $2nt = \lambda/2$이다.

**풀이**

$t$에 대해서 $2nt = \lambda/2$를 푼다.

문제에서 요구한 두께를 구한다.

$$t = \frac{\lambda}{4n} = \frac{552\ \text{nm}}{4(1.45)} = \boxed{95.2\ \text{nm}}$$

**주목** 전형적으로 이런 코팅은 반사 손실을 30%(코팅을 하지 않은 경우)에서 10%(코팅을 한 경우)로 줄여 준다. 이러면 태양전지의 효율이 증가하는데, 이는 태양전지로 투과한 빛이 많아지고 이로 인하여 태양전지에 전하 운반자들이 더 많이 생기기 때문이다. 실제로 필요한 두께가 파장에 의존하고 입사광이 전파장 영역에 걸쳐서 들어오기 때문에 이 코팅으로 완벽한 무반사가 되지는 않는다.

### 연습문제 24.2

사진기나 다른 광학기기에 사용한 유리렌즈는 불필요한 반사를 없애거나 줄이기 위하여 항상 한 층 이상의 플루오린화마그네슘($MgF_2$)과 같은 물질로 투명하게 박막 코팅을 한다. 칼 자이스(Carl Zeiss)가 이런 방법을 개발하였다. 그가 처음으로 사용한 코팅의 두께는 $1.00 \times 10^2$ nm였다. $MgF_2$의 굴절률인 $n = 1.38$을 사용한다면 반사광에서 소멸간섭으로 제거되는 가시광 파장은 얼마인가?

**답** 552 nm

**Physics Now™** **http://physics.brookscole.com/ecp**에서 PhysicsNow를 로그인하고 연관된 예제 24.2로 들어가서 여러 가지 박막 성질들에 대한 간섭을 관찰한다.

**예제 24.3** **쐐기 형태의 박막에서 발생한 간섭무늬**

**목표** 두께가 연속적으로 변하는 박막에서 간섭효과를 계산한다.

**문제** 길이가 10.0 cm이고 $n = 1.52$인 한 쌍의 슬라이드 유리판을 붙인 후 유리판의 한쪽 끝에서 슬라이드 유리판 사이에 머리카락 넣어서 두 유리판을 벌리면 그림 24.10과 같이 공기층이 삼각형 쐐기 형태가 된다. 파장이 633 nm인 헬륨-네온 레이저 광을 위쪽 유리판에 입사시킨다면 센티미터당 15.0개의 어두운 무늬가 관측된다. 머리카락의 지름은 얼마인가?

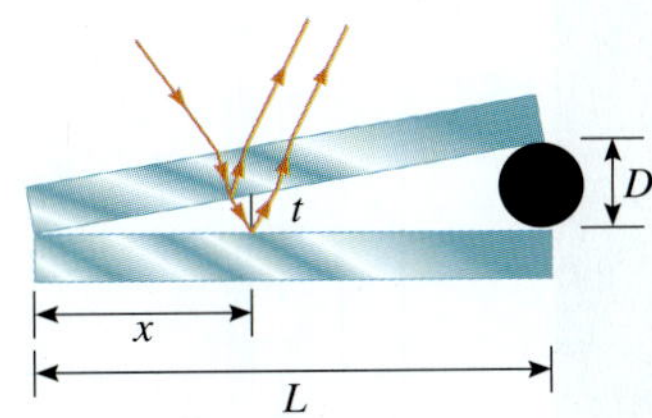


**그림 24.10** (예제 24.3) 단색광으로 쐐기 모양의 박막에 비추면 이 박막에서 반사한 빛에서 나타나는 간섭무늬 띠를 볼 수 있다. 간섭무늬의 어두운 부분들은 소멸간섭이 나타나는 위치에 해당된다.

**전략** 두께가 연속적으로 변하는 공기박막에서 간섭무늬 형태가 나타난다. 이 간섭무늬 형태는 밝고 어두운 평행한 연속적인 띠이다. 어두운 띠는 소멸간섭에 해당하고, 이 경우 위상 반전이 한 번 일어나며 $2nt = m\lambda$를 사용해야만 한다. 또한 $t/x = D/L$를 구하기 위해서 그림 24.10에서 삼각형의 닮은꼴을 사용한다. 그러면 어떤 $m$에 대한 두께를 구할 수 있으며, 만약에 $x$ 위치 마지막 관계식에 따라 머리카락의 지름 $D$를 구할 수 있다.

**풀이**

공기에서 $n = 1$이므로 박막의 두께 $t$에 대한 소멸간섭을 나타내는 식을 푼다.

$$t = \frac{m\lambda}{2}$$

만약에 $d$가 한 어두운 띠에서 다음 번 어두운 띠까지의 거리라면 $m$번째 띠의 $x$좌표는 $d$의 정수 배이다.

$$x = md$$

크기 분석을 통하여 $d$가 센티미터당 띠 수의 역수이다.

$$d = \left(15.0 \frac{\text{띠 수}}{\text{cm}}\right)^{-1} = 6.67 \times 10^{-2} \frac{\text{cm}}{\text{띠 수}}$$

닮은꼴 삼각형을 사용하고 모든 값들을 대입한다.

$$\frac{t}{x} = \frac{m\lambda/2}{md} = \frac{\lambda}{2d} = \frac{D}{L}$$

이 식을 $D$에 대해서 풀고 주어진 값들을 대입한다.

$$D = \frac{\lambda L}{2d} = \frac{(633 \times 10^{-9}\,\text{m})(0.100\,\text{m})}{2(6.67 \times 10^{-4}\,\text{m})} = \boxed{4.75 \times 10^{-5}\,\text{m}}$$

**주목** 어떤 내용은 위쪽 유리면의 위와 아래에서 반사하는 빛이 만든 간섭무늬와 관련이 될 수도 있다. 그러나 슬라이드 유리의 두께가 헬륨-네온 레이저 파장의 정수 배의 절반이라는 것(매우 큰 $m$에 대해서)은 있을 수 없는 것처럼 보인다. 부가해서 쐐기 형태의 공기박막에 반하여 유리의 두께는 변하지 않는다.

**연습문제 24.3**

쐐기 형태의 공기박막을 $n = 1.33$의 물로 바꾼다. 헬륨-네온 레이저 광으로 슬라이드 유리를 비추었을 때 생기는 어두운 띠들 사이의 간격을 구하라.

**답** $5.01 \times 10^{-4}$ m

## 24.5 회 절

영의 이중슬릿 실험에서처럼 두 슬릿에 광속을 비춘다고 가정한다. 만약에 실제로 빛이 슬릿을 통과한 후 그림 24.11b에서처럼 직선 경로를 따라 직진을 한다면 광파들은 서로 겹치지 않고 간섭무늬도 관찰되지 않는다. 다시 말하자면 빛은 직선 경로에서 구부러져서 슬릿의 그림자 영역으로 들어온다. 빛이 초기의 진행경로에서 퍼지는 현상을 **회절**(diffrection, 에돌이)이라고 한다.

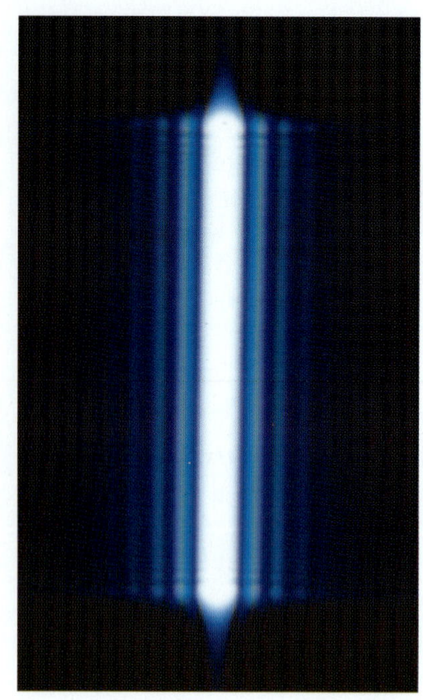

그림 24.12 빛을 수직으로 서 있는 좁은 슬릿에 비출 때 회절무늬를 스크린에서 볼 수 있다. 이 무늬는 넓은 중앙 띠와 이보다는 덜 밝고 더 좁은 일련의 띠들로 되어 있다.

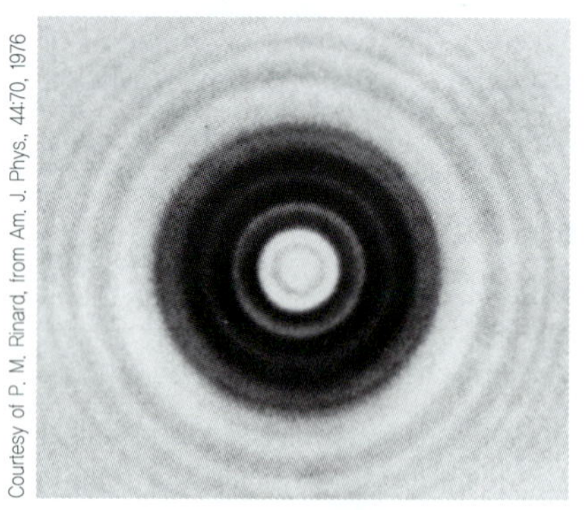

Courtesy of P. M. Rinard, from Am. J. Phys., 44:70, 1976

그림 24.13 스크린과 광원 사이의 가운데에 놓은 작은 동전에 의한 회절무늬.

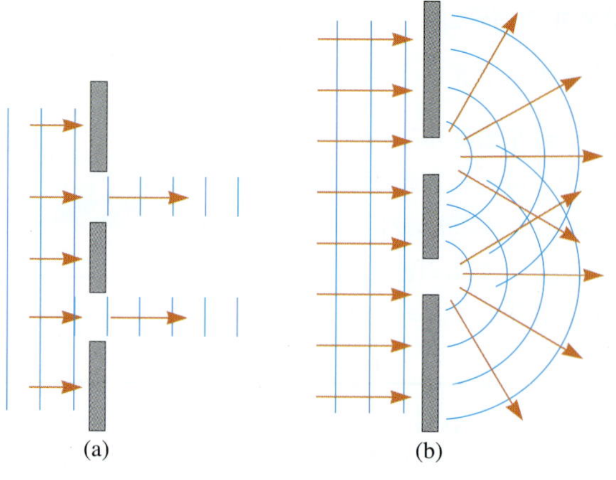


그림 24.11 (a) 만약 빛이 슬릿을 지난 후에 퍼지지 않는다면 간섭이 일어나지 않는다. (b) 두 슬릿에서 나온 빛들이 퍼져서 서로 겹쳐지고 이 겹쳐진 부분들은 빛을 비추었을 때 나타나는 그림자 영역에 생기며 간섭무늬가 발생한다.

일반적으로 광파가 불투명한 판에 뚫린 작은 구멍이나 날카로운 모서리를 통과할 때 회절이 생긴다. 예를 들면 슬릿에서 서로 멀리 떨어진 광원(또는 레이저 광속)과 스크린 사이에 좁은 단일슬릿을 놓았을 때 그림 24.12와 같은 회절무늬가 생긴다. 이 회절무늬는 넓고 밝은 중앙 띠하고 이 주변에 차례로 놓여 있는 더 좁고 덜 밝은 2차 띠들[**2차 최대값**(secondary maximum)이라고 함]과 일련의 어두운 띠들[**최소값**(minima)]로 되어 있다. 이러한 현상은 직선으로 진행하는 광선이 스크린에 있는 슬릿의 또렷한 상을 만든다고 하는 기하광학의 틀 내에서는 설명을 할 수가 없다.

그림 24.13은 작은 동전의 그림자와 회절무늬를 보여 준다. 이 회절무늬에서는 동전의 그림자, 중심부에 생긴 밝은 점, 그림자의 가장자리 근처에서 보이는 밝고 어두운 원 무늬 무리로 되어 있다. 오거스틴 프레넬(Augustin Fresnel)의 빛에 대한 파동론을 가지고 중심부의 밝은 점(**밝은 프레넬 점**이라고 함)을 설명하는데, 이 파동론에서는 작은 동전에 의한 회절광이 이 중심부에서 보강간섭이 된다는 것을 예측한다. 이 회절무늬의 중심은 작은 동전을 완벽하게 가리기 때문에 기하광학적 관점에서 이러한 밝은 점은 없어야만 한다.

회절의 한 종류인 **프라운호퍼 회절**(Fraunhofer diffraction)은 회절된 광선들이 회절물체에서 평행하게 나갈 때 생긴다. 프라운호퍼 회절은 실험적으로 활용그림 24.14a처

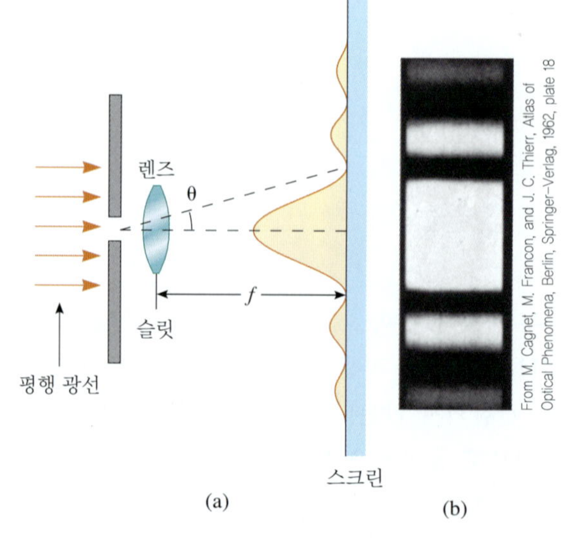


활용그림 24.14
(a) 단일슬릿의 프라운호퍼 회절무늬. 볼록렌즈를 사용하여 스크린에 평행 광선들을 초점에 모은다. 이 회절무늬는 밝은 중심부와 이보다는 덜 밝은 최대값들이 계속 퍼져 있는 형태이다. (이 그림은 축적대로 그린 것이 아니다.) (b) 단일 슬릿의 프라운호퍼 회절무늬의 사진.

**Physics Now™**
**http://physics.brookscole.com/ecp**에서 PhysicsNow를 로그인하고 활용그림 24.14로 들어가서 빛의 파장과 슬릿의 폭을 조절하여 회절무늬가 변하는 것을 관찰한다.

럼 슬릿으로부터 아주 먼 곳에 스크린을 갖다 놓거나 볼록렌즈를 이용하여 스크린에 다가 이 평행 광선을 모으면 볼 수 있다. 밝은 무늬들은 $\theta = 0$의 축에서 나타나며, 이 밝은 중심부의 무늬 양쪽으로 어둡고 밝은 무늬들이 교대로 펼쳐진다.

## 24.6 단일슬릿 회절

지금까지는 광원으로 취급하던 슬릿의 폭을 무시하였다. 이 절에서는 단일슬릿에서 생기는 프라운호퍼 회절무늬의 성질을 이해하기 위해서 이 슬릿의 폭을 0이 아니라고 한다.

그림 24.15에서 보는 것처럼 슬릿의 여러 지점들에서 나오는 광파들을 조사하면 이 문제의 중요한 개념을 유도할 수 있다. 호이겐스 원리(Huygens' principle)에 따르면 **슬릿의 각 부분들은 또 다른 파원들이 된다. 따라서 슬릿의 한 부분에서 나온 빛은 다른 부분에서 나온 빛을 간섭할 수 있다.** 그리고 스크린에 나타나는 최종 세기는 슬릿에서 나가는 방향 $\theta$에 의존한다.

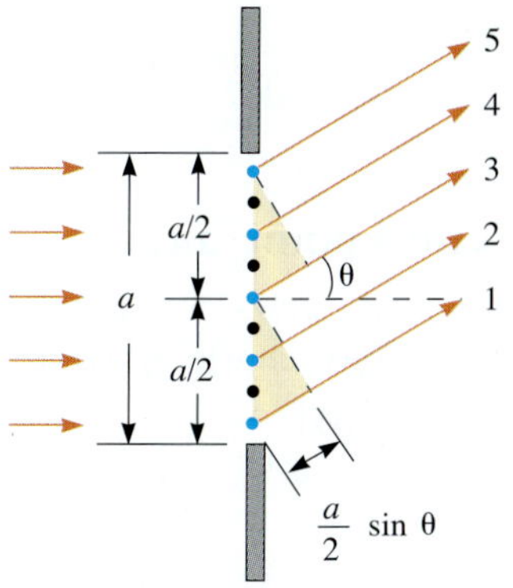

이러한 회절무늬를 분석하기 위해서 그림 24.15와 같이 슬릿을 절반씩 나누어 생각하는 것이 편리하다. 슬릿에서 시작하는 모든 광파들은 위상일치 상태이다. 각각 슬릿의 맨 아래와 중심에서 나가는 광선 1과 광선 3을 생각해 보자. 광선 1은 $(a/2)\sin\theta$ 만큼의 경로차로 광선 3보다 더 많이 진행한다. 여기서 $a$는 슬릿의 폭이다. 이와 유사하게 광선 3과 광선 5 사이의 경로차도 $(a/2)\sin\theta$이다. 만약에 이러한 경로차가 반파장(180° 의 위상차에 대응하는)과 완전히 같다면 두 광파는 서로 각각 소멸시키며, 이 결과 소멸간섭이 일어난다. 이것은 두 지점들 사이의 위상차가 180° 이기 때문에 슬릿 폭의 절반 거리에서 출발한 구 광파에 대해서는 사실이다. 그렇기 때문에

$$\frac{a}{2}\sin\theta = \frac{\lambda}{2}$$

또는

$$\sin\theta = \frac{\lambda}{a}$$

일 때 슬릿의 위쪽 절반에서 출발한 광파들은 슬릿의 아래쪽 출발한 광파들과 소멸간섭을 한다. 만약에 이 슬릿을 2개가 아닌 4개로 나누고 유사한 과정을 사용한다면

$$\sin\theta = \frac{2\lambda}{a}$$

일 때 스크린에서 또한 어두운 무늬를 볼 수 있다. 이러한 방법을 계속 확장한다면 슬릿을 6개로 나눌 수 있으며

$$\sin\theta = \frac{3\lambda}{a}$$

일 때 스크린에서 어두운 무늬가 생긴다.

그러므로 폭이 $a$인 단일슬릿에 대한 **소멸간섭**(destrutive interference) 조건은

$$\sin\theta_{\text{dark}} = m\frac{\lambda}{a} \qquad m = \pm1, \pm2, \pm3, \cdots \qquad [24.11]$$

◀ 단일슬릿의 소멸간섭 조건



**그림 24.15** 폭이 $a$인 좁은 슬릿에서 생긴 빛의 회절. 슬릿의 각 부분들은 또 다른 점 광원이 된다. 광선 1과 광선 3 사이 또는 광선 2와 광선 4 사이의 경로차는 $(a/2)\sin\theta$와 같다. (이 그림은 축적대로 그린 것이 아니며, 광선들은 아주 먼 지점으로 수렴하는 것으로 가정하였다.)

**TIP 24.3 회절과 간섭에서 같지만 서로 다른 것들**

식 24.2와 식 24.11은 같은 형태이지만 이들은 다른 의미를 갖는다. 식 24.2는 이중슬릿의 간섭무늬에서 밝은 무늬를 나타낸 반면에 식 24.11은 단일슬릿에서 생기는 간섭무늬의 어두운 영역을 나타낸다.

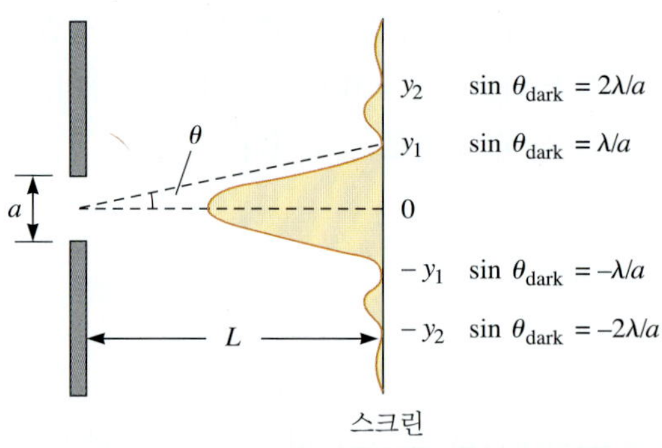


**그림 24.16** 폭이 $a$인 단일슬릿의 프라운호퍼 회절에서 최소값들의 위치. (그림은 축적대로 그린 것이 아니다.)

이다.

식 24.11은 회절무늬의 세기가 0이 되는, 즉 어두운 무늬가 생기는 각도 $\theta$를 알려준다. 그러나 이 식은 스크린을 따라 세기가 어떻게 변하는지에 대한 정보는 없다. 그림 24.16에서는 스크린을 따라 변하는 회절무늬의 일반적인 세기 분포를 보여 준다. 넓고 밝은 중심부의 무늬 주변으로 더 약한 밝은 무늬들과 어두운 무늬들이 펼쳐져 있다. 여러 어두운 무늬들(세기가 0인 무늬들)은 식 24.11을 만족하는 $\theta$에서 일어난다. 보강간섭의 지점들은 근사적으로 어두운 무늬들 가운데에 놓여 있다. 중앙의 밝은 무늬의 폭은 밝기가 더 약한 $m>1$인 최대값 지점에 생기는 무늬의 폭의 2배이다.

**☑ Checkpoint 24.3**

진실인가 거짓인가: 단일슬릿의 회절무늬에서 무늬들의 위치는 청색광과 적색광에서 모두 같다.

**Quick Quiz 24.3**

단일슬릿의 회절실험에서 슬릿의 폭이 더 작아짐에 따라 회절무늬의 중심 최대값의 폭은 (a) 더 작아진다. (b) 더 커진다. (c) 그대로이다.

### 연관된 예제 24.4 단일슬릿 실험

**목표** 단일슬릿 회절 실험에서 어두운 무늬의 위치를 구한다.

**문제** 파장이 $5.80 \times 10^2$ nm인 빛을 폭이 0.300 mm 안 슬릿에 비추었다. 그리고 슬릿으로부터 2.00 m 떨어진 곳에 스크린을 놓는다. 스크린에 보인 회절무늬에서 첫 번째 어두운 무늬의 위치와 중앙의 밝은 무늬의 폭을 구하라.

**전략** 이 문제에서 원하는 첫 번째 어두운 회절무늬의 각도에 대한 사인함수 값을 구하기 위해서는 식 24.11에 주어진 값들을 대입해야 한다. 그리고 아주 작은 각도의 경우 $\sin\theta \approx \tan\theta$이므로 탄젠트함수를 사용해서도 이를 구할 수 있다. 중앙의 최대값의 폭은 이들 두 어두운 무늬들 사이로 정의한다.

**풀이**

중앙의 밝은 무늬들 양쪽에 걸쳐 있는 첫 번째 어두운 무늬는 식 24.11에서 $m = \pm 1$에 대응한다.

$$\sin\theta = \pm\frac{\lambda}{a} = \pm\frac{5.80 \times 10^{-7}\ \text{m}}{0.300 \times 10^{-3}\ \text{m}} = \pm 1.93 \times 10^{-3}$$

원하는 무늬의 위치와 탄젠트함수와의 관계를 알기 위하여 그림 24.16에서 삼각형을 사용한다.

$$\tan\theta = \pm\frac{y_1}{L}$$

$\theta$가 매우 작기 때문에 $\sin\theta \approx \tan\theta$의 근사를 사용할 수 있으며 이를 $y_1$에 대해서 푼다.

$$\sin\theta \approx \tan\theta \approx \frac{y_1}{L}$$

$$y_1 \approx L\sin\theta = \pm L\frac{\lambda}{a} = \boxed{\pm 3.86 \times 10^{-3}\ \text{m}}$$

중앙 최대값의 폭 $w$와 동일한 양과 음의 1차 최대값들 사이의 거리를 계산한다.

$$w = +3.86 \times 10^{-3}\ \text{m} - (-3.86 \times 10^{-3}\ \text{m}) = \boxed{7.72 \times 10^{-3}\ \text{m}}$$

**주의** $w$는 슬릿의 폭보다 훨씬 더 크다. 그러나 슬릿의 폭이 점점 더 커지면 회절무늬의 폭들은 점점 더 좁아지고 이에 대응하는 $\theta$도 더욱 더 작아진다. 사실상 아주 큰 $a$값에 대해서 최대값들과 최소값들 사이가 점점 밀착되어 오직 아주 큰 중앙 부분의 밝은 무늬만 보이므로 결국 기하광학적 상에 가까워진다. 슬릿의 폭이 증가함에 따라 기하광학적 상의 폭도 증가하기 때문에 기하광학적 상의 폭과 회절무늬의 폭과 같을 때 가장 좁은 상이 생긴다.

**연습문제 24.4**

첫 번째 밝은 무늬의 폭을 구하라.

**답** 3.86 mm

**Physics Now™** **http://physics.brookscole.com/ecp**에서 PhysicsNow를 로그인하고 연관된 예제 24.4로 들어가서 단일슬릿 회절무늬를 조사한다.

## 24.7 회절격자

빛의 스펙트럼을 분석하는 데 사용하는 회절격자는 동일 간격의 평행한 슬릿이 아주 많이 있는 다중슬릿이다. 회절격자는 매우 정밀한 기계 가공으로 유리판에 평행선을 그어서 만든다. 유리판에 그은 선들 사이의 깨끗한 유리 부분이 슬릿처럼 작용한다. 전형적인 회절격자는 센티미터당 수천 라인을 그려서 만든다. 예를 들면 5 000 라인/cm로 그은 회절격자의 슬릿 간의 간격 $d$는 이 라인 수의 역수와 같다. 따라서 이 경우 $d = (1/5\,000)\ \text{cm} = 2\times10^{-4}\ \text{cm}$이다.

그림 24.17은 평면형 회절격자의 단면을 그린 개략도이다. 평면파가 이 회절격자 면의 수직으로 왼쪽에서 입사한다. 스크린 위에서의 회절무늬의 세기는 회절격자의

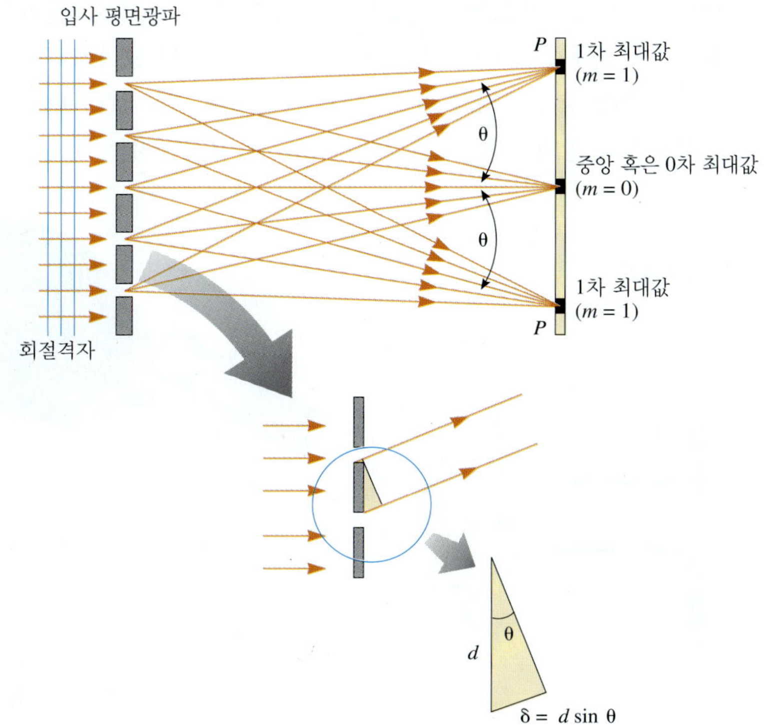


**그림 24.17** 회절격자의 단면 그림. 회절격자의 슬릿들 간격은 $d$이고 이웃한 슬릿들에서 나온 빛들의 경로차는 $d \sin \theta$이다.

수많은 슬릿들에서 나온 빛들의 간섭과 회절이 결합된 결과이다. 각 슬릿은 회절을 일으키고 차례로 이 회절된 광속들은 다른 회절된 광속들과 서로 간섭하여 최종의 회절무늬를 만든다. 게다가 각 슬릿들은 광원으로 작동하고 이 모든 광들은 슬릿에서 출발할 때 위상일치 상태에 있다. 그러나 수평선에서 측정한 임의의 각도 $\theta$에서 이 슬릿에서 출발한 빛들은 스크린 상의 특정한 지점 $P$에 도달하기 전에 서로 **다른** 경로를 진행한다. 그림 24.17에서 두 이웃한 슬릿에서 나온 광파들 사이의 경로차는 $d \sin \theta$이다. 만약에 이 경로차가 파장의 1배 또는 정수 배라면 모든 슬릿에서 나온 빛들은 $P$ 지점에서 위상일치 상태로 만날 것이며, 이 지점에서 밝은 선이 나타날 것이다. 이런 까닭으로 각도 $\theta$에서 간섭무늬의 **최대값**(maxima) 조건은 다음과 같다.

회절격자의 간섭무늬에서 최대값 조건 ▶

$$d \sin \theta_{\mathrm{bright}} = m\lambda \qquad m = 0, 1, 2, \cdots \tag{24.12}$$

최대값 회절이 일어나는 각도가 아닌 다른 각도에서 슬릿을 나온 빛은 회절격자의 다른 슬릿에서 나온 빛과 거의 완벽하게 소멸간섭한다. 모든 이러한 쌍들의 간섭결과는 활용그림 24.18에서 그려 놓은 것처럼 이 방향으로 나가는 빛은 거의 없거나 아주 사라진다.

식 24.12는 격자 간격 $d$와 편향각 $\theta$로부터 파장 $\lambda$를 구할 때 사용한다. 이 식에서 정수 $m$은 회절무늬의 **차수**(order number)이다. 만약에 입사광이 여러 개의 파장을 갖고 있다면 각 파장의 빛들은 식 24.12의 조건을 만족하는 특정한 각도로 편향할 것이다. 이 모든 파장의 빛들은 $m = 0$에 대응하는 $\theta = 0$의 위치에 초점이 맺힌다. 이를 **0차 최대값**이라고 한다. $m = 1$에 해당하는 **1차 최대값**은 $\sin \theta = \lambda/d$의 조건을 만족하는 각도에서 나타난다. $m = 2$에 해당하는 **2차 최대값**은 1차 최대값의 각도보다 더 큰 각도에서 볼 수 있다. 활용그림 24.18은 회절격자의 어떤 차수들에 대한 회절광 세기 분포를 그린 것이다. 이것들은 이중슬릿 간섭무늬의 넓고 밝은 간섭무늬들과 직접 대조되는 회절무늬로 주요 최대값들의 뾰족한 정도와 어두운 영역의 넓이를 주목해야 한다.

m −2 −1 0 1 2

$-\frac{2\lambda}{d}$ $-\frac{\lambda}{d}$ 0 $\frac{\lambda}{d}$ $\frac{2\lambda}{d}$

$\sin\theta$ ⟶

**활용그림 24.18**
회절격자에서 나온 빛들이 만든 회절광의 $\sin \theta$ 대 세기 그래프. 이 그래프에서 0차, 1차, 2차 주요 최대값들을 볼 수 있다.

**Physics Now™**
**http://physics.brookscole.com/ecp**에서 PhysicsNow를 로그인하고 활용그림 24.18로 들어가서 회절격자의 조명된 슬릿 수를 선택하고 이 결과 생긴 회절무늬를 관찰한다.

활용그림 24.19는 회절무늬의 회절각도를 측정할 수 있는 간단한 장치이다. 이것이 회절격자 분광기의 형태이다. 이 그림에서 보듯이 분광하려는 빛을 슬릿으로 통과시

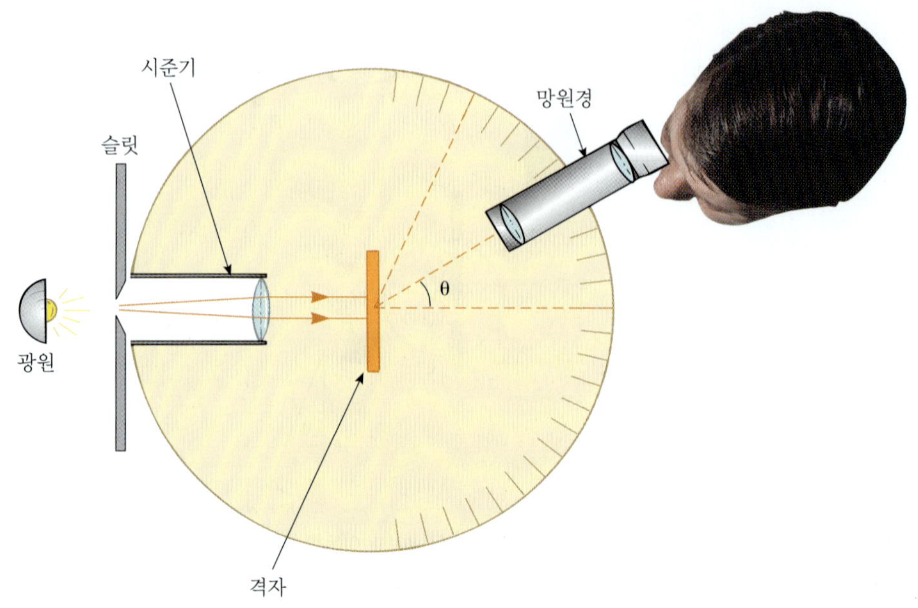


**활용그림 24.19**
회절격자 분광기의 구조도. 회절격자에 입사하는 평행광은 $d \sin \theta = m\lambda (m = 0, 1, 2, \cdots)$을 만족하는 각도 $\theta$의 여러 가지 차수로 회절한다.

**Physics Now™**
**http://physics.brookscole.com/ecp**에서 PhysicsNow를 로그인하고 활용그림 24.19로 들어가서 회절격자를 사용하여 스펙트럼을 측정하는 방법을 이해한다.

킨 후 시준기의 렌즈로 평행광을 만든다. 이 빛은 90° 로 회절격자에 입사된다. 회절광은 식 24.12를 만족시키는 각도로 격자에서 회절된다. 그리고 슬릿의 상을 보기 위해서 망원경을 사용한다. 여러 차수에서 나타나는 슬릿 상의 각도를 측정하여 이 빛의 파장을 결정할 수 있다.

## 응용물리 24.2 컴팩트 디스크에서 나타나는 무지개

컴팩트 디스크의 표면에서 반사된 백색광은 그림 24.20에서 보는 것처럼 여러 가지 색깔로 나타난다. 이 색깔의 분포는 눈과 광원의 위치에 대한 디스크의 배치에 의존한다. 이런 형상이 어떻게 생기는 설명하라.

**그림 24.20** (응용물리 24.2) 컴팩트 디스크는 백색광 아래에서 관찰할 때 회절격자처럼 작용한다.

**설명** 컴팩트 디스크의 표면은 반사형 회절격자처럼 작용하는 나선 형태의 트랙이 새겨져 있다(대략 1 $\mu$m의 간격). 아주 밀접하게 붙어 있는 평행 트랙들 때문에 생긴 산란광은 파장과 입사광의 방향에 의존하는 어떤 방향에서 서로 보강간섭한다. 디스크의 어떤 부분은 서로 다른 방향으로 다른 색깔을 나타나게 보강간섭을 일으키며 백색광에 대한 회절격자처럼 행동한다. 광원, 디스크, 관찰자들이 회절격자를 움직여서 입사각과 회절각을 바꾸면 디스크의 한 부분에서 보이는 여러 가지 색깔들이 바뀐다.

## 연관된 예제 24.5 회절격자

**목표** 회절격자의 여러 차수들의 주요 최대값의 위치를 구한다.

**문제** 헬륨-네온 레이저($\lambda$ = 632.8 nm)의 단색광을 $6.00 \times 10^3$ 라인/cm의 회절격자에 수직으로 입사시킨다. 1차 최대값, 2차 최대값 등을 볼 수 있는 각도를 구하라.

**전략** 센티미터당 라인 수를 역으로 뒤집으면 슬릿 간격을 구할 수 있고, 이 값을 식 24.12에 대입한다.

**풀이**

슬릿 간격을 구하기 위해서 센티미터당 라인 수의 역수를 잡는다.

$$d = \frac{1}{6.00 \times 10^3\ \text{cm}^{-1}} = 1.67 \times 10^{-4}\ \text{cm} = 1.67 \times 10^3\ \text{nm}$$

회절의 1차 최대값에 대응하는 각도의 사인값을 구하기 위해서 식 24.12에 $m = 1$을 대입한다.

$$\sin\theta_1 = \frac{\lambda}{d} = \frac{632.8\ \text{nm}}{1.67 \times 10^3\ \text{nm}} = 0.379$$

$\theta_1$을 구하기 위해서 앞의 사인값에서 역사인값을 구한다.

$$\theta_1 = \sin^{-1} 0.379 = 22.3^\circ$$

$m = 2$에 대한 계산을 반복한다.

$$\sin\theta_2 = \frac{2\lambda}{d} = \frac{2(632.8\ \text{nm})}{1.67 \times 10^3\ \text{nm}} = 0.758$$

$$\theta_2 = 49.3^\circ$$

$m = 3$에 대한 계산을 반복한다.

$$\sin\theta_3 = \frac{3\lambda}{d} = \frac{3(632.8\ \text{nm})}{1.67 \times 10^3\ \text{nm}} = 1.14$$

$\sin\theta$는 1을 초과할 수 없기 때문에 $\theta_3$에 대한 해는 없다.

**주의** 계속 진행하는 계산 과정에서 주요 최대값의 수가 유한하다는 것을 보여 준다. 이 경우 단지 0차, 1차, 2차 최대값만을 구할 수 있다.

**연습문제 24.5**

앞서 푼 문제에서 나온 빛의 파장 대신에 $7.80 \times 10^2$ nm의 파장을 사용한다고 가정하고 회절격자의 격자 수는 센티미터당 $3.30 \times 10^3$ 라인/cm라고 가정한다. 이 경우 주요 최대값들의 각도를 모두 구하라.

**답** 0°, 14.9°, 31.0°, 50.6°

**Physics Now™** **http://physics.brookscole.com/ecp**에서 PhysicsNow를 로그인하고 연관된 예제 24.5로 들어가서 회절격자에서 생기는 회절무늬를 조사한다.

## 24.8 빛의 편광

21장에서는 전자기파의 횡파 성질을 기술하였다. 그림 24.21에서 전자기파와 연계된 전기장 벡터와 자기장 벡터는 각각 서로 직각이고 또한 전자기파의 진행 방향에 수직이다. 이 절에서 기술하고자 하는 편광이라는 현상은 전자기파의 횡파 성질에 대한 확실한 증거이다.

일상적인 광속은 광원의 원자들과 분자들이 방출한 수많은 전자기파들로 구성된다. 이 원자들에서 진동하는 전하들은 가느다란 안테나로 작동한다. 각 원자는 그림 24.21에서처럼 원자진동 방향에 대응하는 $\vec{E}$의 방향을 갖는 전기파를 만든다. 그러나 진동 방향은 모든 방향이 가능하기 때문에 전자기파는 개개의 원자 광원들이 만든 전자기파의 중첩이 된다. 이 결과 그림 24.22a에서 개략적으로 보여 준 **무편광**(unpolarized)된 빛이 나온다. 전기장 벡터의 **모든** 방향은 확률적으로 동등하며 (이 페이지의 종이면과 같은) 진행 방향의 수직인 평면에 놓인다는 것을 주목해야 한다.

전기장 $\vec{E}$가 그림 24.22b에서처럼 특정한 지점에서 **시간 내내** 같은 방향으로 진동한다면 이 전자기파를 **선형편광**(linearly polarized)파라고 한다. [때때로 이런 전자기파를 **평면편광**(plane porarized)파 또는 간단히 **편광**(polalized)파라고 한다.] 그림 24.21에서 보여 준 전자기파는 $y$ 방향으로 선형편광된 전자기파의 예이다. 전자기파가 $x$ 방향으로 진행함에 따라 $\vec{E}$는 항상 $y$ 방향이다. $\vec{E}$와 전파 방향이 만든 평면을 이 전자기파의 **편광면**이라고 한다. 그림 24.21에서 편광면은 $xy$면이다.

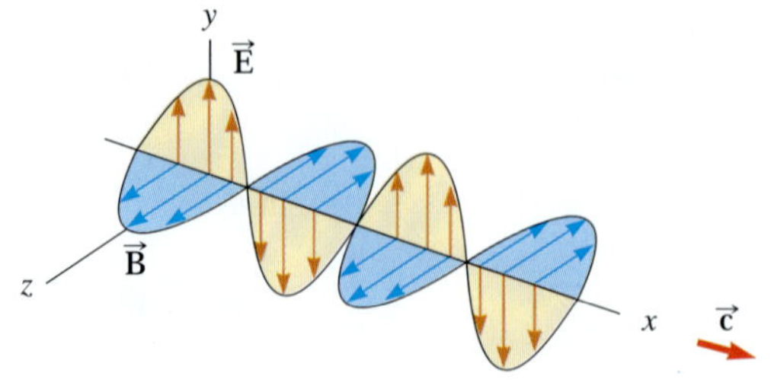


**그림 24.21** $x$ 방향으로 전파하는 편광된 전자기파의 개략도. 전기장 벡터 $\vec{E}$는 $xy$평면 내에서 진동하는 반면에 자기장 벡터 $\vec{B}$는 $xz$ 평면 내에서 진동한다.

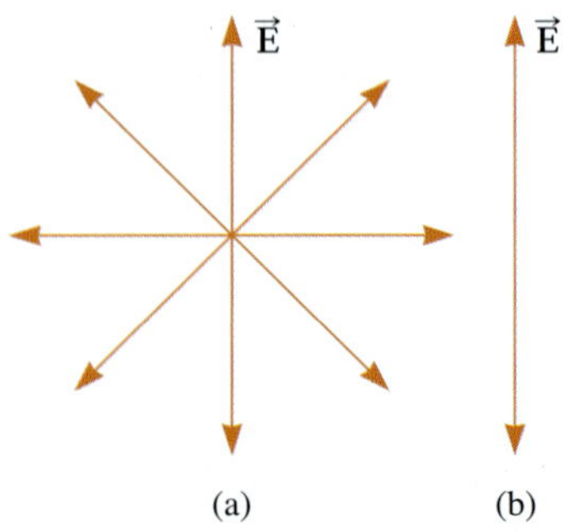


**그림 24.22** (a) (본 페이지의 수직인) 진행 방향에서 본 무편광 빛. 전기장 벡터는 모든 횡방향으로 동일한 확률을 갖고 진동한다. (b) 진행 방향에 수직 방향으로 진동하는 전기장을 갖는 선형편광된 빛.

단일 면에서 진동하는 전기장 벡터의 광속을 제외하고 나머지 전기장 벡터의 광속을 제거함으로써 무편광파에서 선형편광파를 만들 수 있다. 이런 선형편광파를 만드는 (1) 선택흡수, (2) 반사, (3) 산란의 세 가지 방법을 논의한다.

## 선택흡수를 이용한 편광

빛을 편광시키는 가장 일반적인 방법은 어떤 특정 방향에 평행한 면으로 진동하는 전기장 벡터만을 투과시키면서 이 전기장 벡터 방향의 수직으로 진동하는 전기장 벡터는 흡수하는 물질을 사용하는 것이다.

1932년 랜드(E. H. Land)는 **폴라로이드**(polaroid)라는 물질을 발견하였다. 이 폴라로이드는 한 방향으로 나란히 선 분자들의 선택흡수로 빛을 편광한다. 이 물질은 긴 사슬 형태의 탄화수소로 제조한 얇은 막을 한쪽 방향으로 잡아당기어 분자가 한쪽으로 정렬되게 하여 만든다. 이 얇은 막을 아이오딘이 들어 있는 용액에 담그면 분자들은 아주 좋은 전도체가 된다. 그러나 분자의 가전자들이 고분자 사슬을 따라 쉽게 이동할 수 있기 때문에 우선적으로 전자에 의한 전도가 이 탄화수소 체인을 따라 생긴다(가전자는 전도체를 통하여 쉽게 이동할 수 있는 자유전자라는 것을 기억해야만 한다). 이 결과 분자들은 쉽게 이 분자길이 방향에 평행한 전기장 벡터를 갖는 빛을 **흡수하고** 이 방향에 수직인 전기장 벡터를 갖는 빛은 **투과시킨다**. 일반적으로 **투과축**(transmission axis)은 분자 사슬이 늘어선 방향의 수직 방향을 말한다. 이상적인 편광기는 투과축에 평행한 $\vec{\mathbf{E}}$의 모든 빛을 투과시키고 이 투과축에 수직인 $\vec{\mathbf{E}}$의 모든 빛은 흡수한다.

편광물질은 이 물질을 통과한 빛의 세기를 줄인다. 활용그림 24.23에서 무편광된 빛을 투과축을 알고 있는 첫 번째 편광판[**편광기**(polarizer)하고 함]에 입사시킨다. 이 편광판을 지나가는 빛은 수직으로 편광되며, 투과된 전기장 벡터는 $\vec{\mathbf{E}}_0$이다. 두 번째 편광판(분석기라고 함)에 이 투과된 빛을 지나가게 하되, 이 **분석기**(analyzer)의 투과축은 편광기의 투과축과 $\theta$만큼 기울어져 있다. 분석기의 투과축에 수직인 $\vec{\mathbf{E}}_0$의 성분은 분석기에서 완전히 흡수된다. 분석기의 투과축에 평행한 $\vec{\mathbf{E}}_0$의 성분은 $E_0 \cos\theta$이고 이 성분은 분석기를 통과한다. 투과된 빛의 세기는 진폭 $E$의 제곱에 따라 변하므로 분석기를 투과한 편광된 광속의 세기는 다음과 같다.

**☑ Checkpoint 24.4**

투과축이 서로 수직인 두 편광판을 통과한 빛의 세기는 얼마인가?

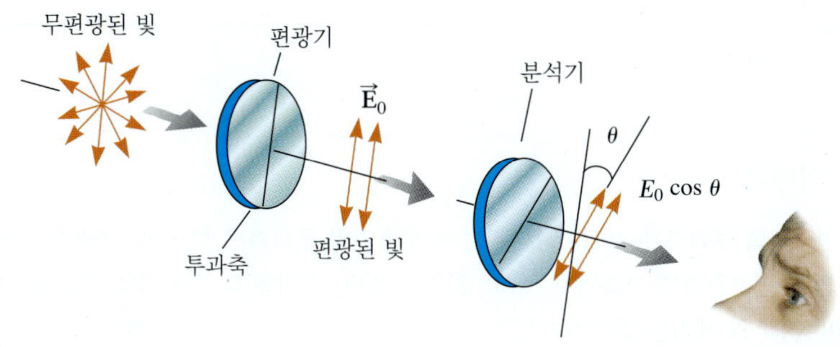


**활용그림 24.23**
투과축들 사이의 각도가 $\theta$인 두 장의 편광판. 분석기에 입사한 편광된 빛의 일부만이 투과된다.

**Physics Now™** **http://physics.brookscole.com/ecp**에서 PhysicsNow를 로그인하고 활용그림 24.23으로 들어가서 두 번째 편광판을 돌리면서 투과광의 변화를 본다.

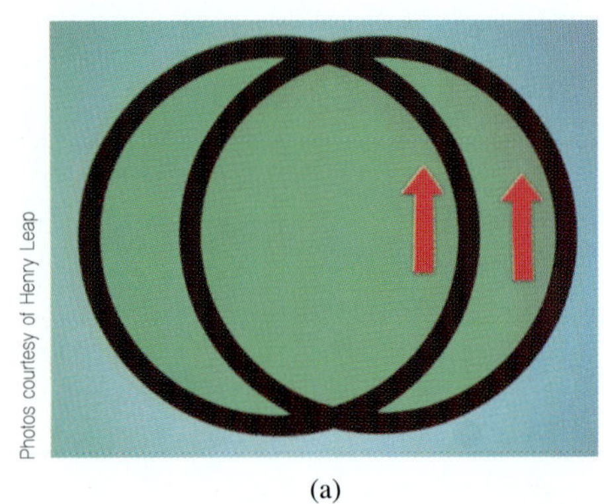

(a)

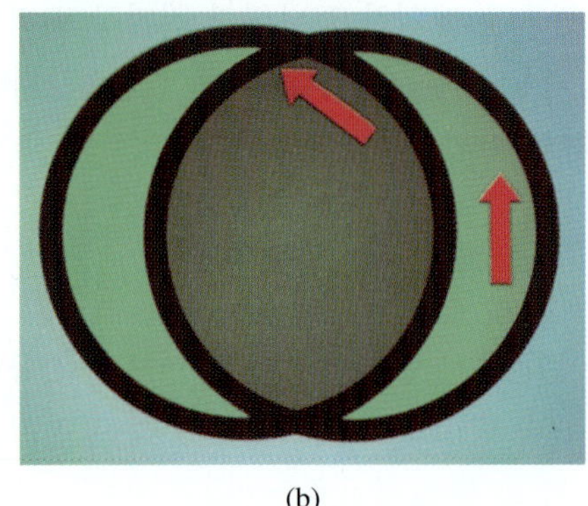
(b)

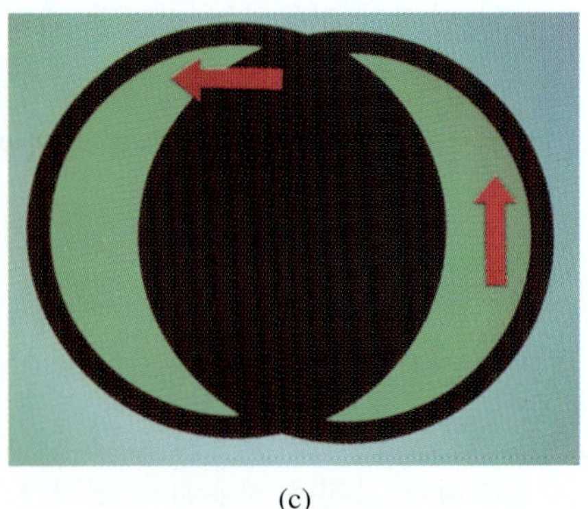
(c)

**그림 24.24** 두 편광판을 통과한 빛의 세기는 투과축들 사이의 상대적 각도 차에 의존한다. (a) 투과축들이 서로 **평행하게 정렬**되었을 때 투과광의 세기는 **최대**가 된다. (b) 두 투과축들이 서로 45°로 교차하도록 설치되었을 때 투과광의 세기는 최대에서 줄어든다. (c) 두 투과축들이 서로 **직각으로 설치**되었을 때 투과광의 세기는 **최소**가 된다.

말루스 법칙 ▶

$$I = I_0 \cos^2 \theta \qquad [24.13]$$

여기에서 $I_0$는 분석기에 입사하는 편광파의 세기이다. 이 식은 **말루스의 법칙**(Malus's law)으로 알려져 있으며, 서로 각도 $\theta$만큼 투과축이 삐뚤어져 있는 두 장의 편광물질에서 투과광의 세기를 나타내는 식이다. 식 24.13에서 두 투과축들이 평행($\theta = 0°$ 또는 $\theta = 180°$)일 때 투과광의 세기는 최대이며, 두 투과축들이 각각 서로 수직일 때 투과광의 세기는 0(분석기에 의해서 완전히 흡수됨)이 된다. 한 쌍의 편광판을 통과한 투과광 세기의 변화를 그림 24.24에서 볼 수 있다.

세기가 $I_0$인 무편광파를 이상적인 단일 편광기를 통과시킬 때 투과광의 선형편광파의 세기는 $I_0/2$이다. $\cos^2 \theta$의 평균값은 1/2이기 때문에 이러한 사실은 말루스 법칙의 결과이다.

## 응용물리 24.3 마이크로파 편광

마이크로파용 편광기는 약 1 cm씩 떨어져 있는 평행한 금속줄들로 만들 수 있다. 이 편광기를 투과한 마이크로파의 전기장 벡터는 금속줄에 평행한가? 아니면 수직한가?

**설명** 금속줄에 평행한 전기장 벡터는 이 금속줄 내의 자유전자들이 금속줄에 평행하게 진동하도록 한다. 따라서 이러한 전기장 벡터를 갖는 마이크로파의 에너지는 금속줄 내의 전자를 가속하는 데 사용되며 결국에는 금속의 저항을 통하여 내부 에너지로 변환된다. 금속줄에 수직인 전기장 벡터를 갖는 마이크로파는 금속줄의 자유전자를 가속시키지 못하며 그대로 줄을 통과한다. 결과적으로 전기장 편광 방향은 금속줄에 수직이다.

## 예제 24.6 편광기

**목표** 편광물질이 투과하는 빛의 세기에 주는 영향을 이해한다.

**문제** 무편광 빛을 3개의 편광기에 입사시킨다. 첫 번째 편광기의 투과축은 수직이며, 두 번째 편광기의 투과축은 첫 번째 편광기의 투과축에서 30° 돌아가 있으며, 마지막 세 번째 편광이의 투과축은 첫 번째 편광기의 투과축에서 75.0° 돌아가 있다. 만약에 이 입사광의 초기 세기가 $I_b$라면 이 광속이 (a) 두 번째 편광기와 (b) 세 번째 편광기를 통과한 후의 광 세기는 얼마인가?

**전략** 빛이 첫 번째 편광기를 통과한 후, 이 빛은 선형편광되며 그 세기는 입사광 세기의 1/2이 된다. 그리고 두 번째 편광기와 세 번째 편광기에 말루스 법칙을 적용한다. 말루스 법칙에서는 바로 앞 편광기의 투과축에 대한 해당 편광기의 투과축이 돌아간 각도를 적용해야만 한다.

**풀이**

(a) 두 번째 편광기를 지나간 후의 광속의 세기를 계산한다.

입사광의 세기는 $I_b/2$이다. 두 번째 편광기에 말루스 법칙을 적용한다.

$$I_2 = I_0 \cos^2 \theta = \frac{I_b}{2} \cos^2 (30.0°) = \frac{I_b}{2}\left(\frac{\sqrt{3}}{2}\right)^2 = \boxed{\frac{3}{8} I_b}$$

(b) 세 번째 편광기를 지나간 후의 광속의 세기를 계산한다.

이 때 입사광의 세기는 $3I_b/8$이다. 세 번째 편광기에 말루스 법칙을 적용한다.

$$I_3 = I_2 \cos^2 \theta = \frac{3}{8} I_b \cos^2 (45.0°) = \frac{3}{8} I_b \left(\frac{\sqrt{2}}{2}\right)^2 = \boxed{\frac{3}{16} I_b}$$

**주의** (b)에서 사용한 각도는 75.0°가 아니라 75.0° − 30.0° = 45.0°이다. 물리적으로 편광 물질의 투과축은 투과 전기장의 방향에 따라 결정되기 때문에 항상 이 각도는 바로 앞의 편광기가 가진 투과축에 대하여 기울어진 각도로 측정해야만 한다.

**연습문제 24.6**

편광기가 회전하여 두 번째 편광기의 투과축이 첫 번째 편광기의 투과축에 대해서 40.0° 기울어져 있으며, 세 번째 편광기의 투과축은 첫 번째 편광기의 투과축에 대해서 90.0° 기울어져 있다. 만약에 초기 무편광된 빛의 세기가 $I_b$라면 (a) 두 번째 편광기를 지나간 후와 (b) 세 번째 편광기를 지나간 후의 광속의 세기는 얼마인가? (c) 두 번째 편광기를 제거한다면 마지막 편광기를 투과한 빛의 세기는 얼마인가?

**답** (a) $0.293\,I_b$ (b) $0.121\,I_b$ (c) 0

## 반사를 이용한 편광

무편광 광속이 어떤 표면에서 반사될 때 반사된 빛은 입사각에 따라 완벽하게 선형편광 또는 부분편광 또는 무편광된다. 만약에 입사각이 0° 또는 90°(수직이거나 거의 수평으로 입사함)라면 반사된 광속은 무편광 광속이 된다. 그러나 0°와 90° 사이의 입사각에 대해서 반사광은 어느 정도 편광이 된다. 어떤 특정한 입사각에서는 반사광이 완전히 선형편광된다.

그림 24.25a에서처럼 무편광 빛을 경계면에 입사시킨다고 가정한다. 이 광속은 경계면에 평행한 전기장 성분(점으로 표시함)과 이 성분에 수직이면서 전파 방향에 수직인 전기장 성분(갈색의 화살표로 표시함)으로 나타낼 수 있다. 여기서 평행 성분은 수직 성분보다 강하게 반사되기 때문에 부분편광된 광속이 반사된다. 더불어 굴절된 광속도 또한 부분편광된 빛이 된다.

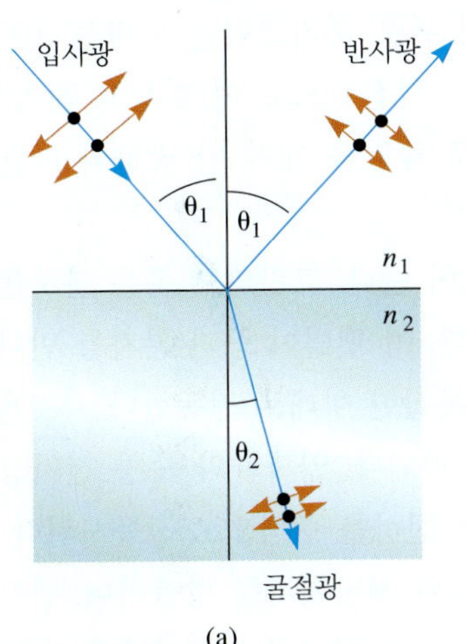


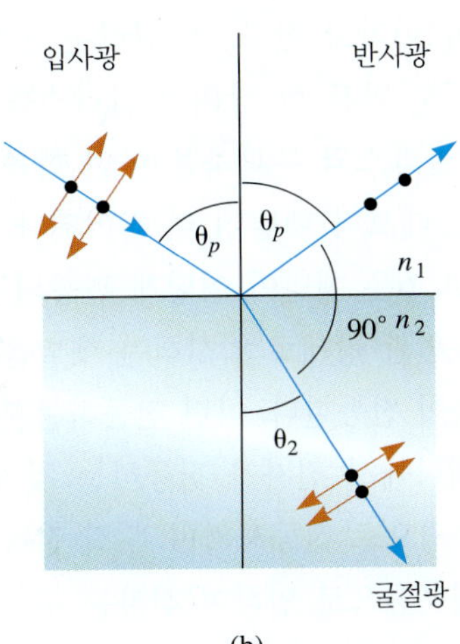


**그림 24.25** (a) 무편광된 빛이 반사면에 입사될 때 반사광과 굴절광은 부분편광된다. (b) 입사각이 편광각 $\theta_p$와 같을 때, 즉 $n = \tan \theta_p$을 만족할 때 반사광은 완전한 선형편광이 된다.

반사광과 굴절광 사이의 각도가 90°가 될 때까지 입사각 $\theta_1$을 바꾼다고 가정하자(그림 24.25b). **편광각**(polarizing angle) $\theta_p$라고 하는 이러한 특별한 입사각에서는 반사광의 전기장 벡터가 경계면과 평행하고 반사광은 완전한 선형편광이 된다. 반면에 굴절광은 부분편광이 된다.

편광각과 반사면의 굴절률과의 관계식은 그림 24.25b를 사용하여 구할 수 있다. 이 그림에서 입사각이 편광각이라면 $\theta_p + 90° + \theta_2 = 180°$이기 때문에 $\theta_2 = 90° - \theta_p$이다. 스넬의 법칙과 $n_1 = n_{\text{air}} = 1.00$ 및 $n_2 = n$을 사용한다면

$$n = \frac{\sin\theta_1}{\sin\theta_2} = \frac{\sin\theta_p}{\sin\theta_2}$$

이다. $\sin\theta_2 = \sin(90° - \theta_p) = \cos\theta_p$이기 때문에 $n$에 대한 위의 표현식은

브루스터 법칙 ▶

$$n = \frac{\sin\theta_p}{\cos\theta_p} = \tan\theta_p \qquad [24.14]$$

이 된다. 식 24.14를 **브루스터 법칙**(Brewster's law)이라고 하며, 편광각 $\theta_p$는 발견자인 데이비드 브루스터 경(Sir David Brewster, 1781~1868)의 이론을 따서 때때로 **브루스터 각**(Brewster's angle)이라고도 한다. 예를 들면 $n = 1.52$인 크라운 유리의 브루스터 각은 $\theta_p = \tan^{-1}(1.52) = 56.7°$이다. $n$은 주어진 물질에 대해서 파장에 따라 변하기 때문에, 브루스터 각 역시 파장의 함수이다.

**APPLICATION**

폴라로이드 선글라스

반사에 의한 편광은 일반적인 현상이다. 물, 유리, 눈에서 반사된 빛은 부분편광된다. 만약에 이 반사면이 수평하다면 반사광의 전기장 벡터는 강한 수평 성분을 갖는다. 편광물질로 만든 선글라스는 이러한 반사광에 의한 눈부심을 감소시킨다. 렌즈의 투과축들은 반사광의 강한 수평 성분을 흡수하기 위해서 수직으로 배치된다. 반사광은 대부분 선형편광되어 있기 때문에 이 반사광의 수직 성분을 제거하지 않고도 거의 모든 눈부심 현상을 감소시킬 수 있다.

## 산란을 이용한 편광

빛을 기체와 같은 입자들로 이루어진 물질계에 입사시킨다면, 이 물질계의 전자들은 빛을 흡수하여 재방출한다. 매질에 의해서 빛이 흡수되고, 재방출하는 현상을 **산란**(scattering)이라고 한다. 이 산란은 관찰자 머리 위로 내려쪼이는 햇빛을 편광시킨다. 편광 유리로 만든 한 쌍의 선글라스를 이용하여 직접적으로 이 현상을 관찰할 수 있다. 이 선글라스의 투과축을 어떤 한쪽 방향으로 놓았을 때가 이 방향과 다른 방향으로 놓았을 때보다 햇볕이 더 적어진다.

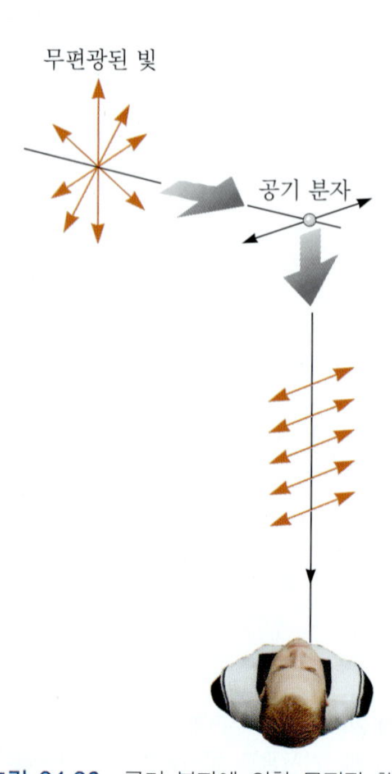


**그림 24.26** 공기 분자에 의한 무편광 햇빛의 산란. 진동하는 공기 분자들이 전자기파의 수평 성분을 만들기 때문에 직각으로 관찰한 빛은 선형편광된 빛이다.

그림 24.26은 햇볕이 어떻게 편광되는지를 보여 준다. 그림의 왼쪽은 분자를 만나기 직전의 무편광 상태로 입사하는 햇볕을 보여 준다. 이 햇볕이 공기 분자를 만나면 분자의 전자들이 진동한다. 이런 진동하는 전하들은 복잡한 형태로 진동한다는 것을 제외하고는 안테나에서 전자가 진동하는 것과 같이 움직인다. 입사파의 수평 전기장 성분은 전하를 수평으로 진동시키며, 수직 전기장 성분은 전하를 수직으로 진동시킨다. 이들 전하의 수평운동으로 인하여 전자는 수평으로 편광된 전자기파를 방출하며, 전하의 수직 운동으로 전자는 지표에 평행한 방향인 수평 방향으로 편광된 전자기파를 방출한다.

과학자들은 벌과 집비둘기가 항해용 도구로 햇빛의 편광을 이용한다는 것을 발견하였다.

## 요약

**PhysicsNow™** **http://physics.brookscole.com/ecp**에서 PhysicsNow를 로그인하고 이 장에 대한 Pre-Test link를 클릭하여 연습문제 시험을 보라.

### 24.1 간섭 조건

**간섭**은 어떤 지점에서 두 개 이상의 광파가 중첩될 때 생긴다. (1) 광원이 결맞은 광원일 때(즉, 이 광원들이 서로 일정한 위상차를 유지할 때), (2) 광원이 동일한 파장을 가질 때, (c) 중첩원리가 적용될 수 있을 때 이러한 간섭무늬를 볼 수 있다.

### 24.2 영의 이중슬릿 실험

**영의 이중슬릿 실험**에서 거리 $d$만큼 떨어져 있는 두 슬릿을 단일 파장의 광원으로 비춘다. 그러면 이 슬릿으로부터 거리 $L$만큼 떨어져 있는 스크린에서 밝고 어두운 일련의 무늬들로 이루어진 간섭무늬를 볼 수 있다. **밝은 무늬**(보강간섭)의 조건은

$$d \sin \theta_{\text{bright}} = m\lambda \qquad m = 0, \pm1, \pm2, \cdots \qquad [24.2]$$

이다. 여기에서 $m$은 간섭무늬의 차수라고 한다. **어두운 무늬**(소멸간섭)의 조건은

$$d \sin \theta_{\text{dark}} = (m + \tfrac{1}{2})\lambda \qquad m = 0, \pm1, \pm2, \cdots \qquad [24.3]$$

이다. 스크린에서 밝은 무늬의 위치 $y_m$은 매우 작은 각도에서 유용한 $\sin\theta \approx \tan\theta = y_m/L$의 관계식을 사용하여 구할 수 있다. 이 관계식을 밝은 무늬의 위치를 정하는 식 24.2와 식 24.3에 대입하면

$$y_{\text{bright}} = \frac{\lambda L}{d} m \qquad m = 0, \pm1, \pm2, \cdots \qquad [24.5]$$

이 된다. 이와 유사한 표현식을 어두운 무늬에 대해서도 유도할 수 있다. 이 식은 간섭무늬의 최대값의 위치를 정하거나 또는 $y_m$을 측정하여 사용한 빛의 파장을 구하는 데 이용할 수 있다.

### 24.3 반사에 의한 위상변화

### 24.4 박막에서의 간섭

전자기파는 이 전자기파가 지나가는 매질의 굴절률보다 더 높은 굴절률의 매질의 경계면에서 반사할 때 180°의 위상변화가 생긴다. 고굴절률의 매질을 진행하는 전자기파가 저굴절률의 매질에서 반사될 때 위상변화는 생기지 않는다.

굴절률이 $n$인 매질에서 빛의 파장 $\lambda_n$은

$$\lambda_n = \frac{\lambda}{n} \qquad [24.7]$$

이다. 여기에서 $\lambda$는 진공 중의 빛의 파장이다. 두께가 $t$인 박막에서 빛은 박막의 위아래에서 반사되는데 각각의 반사광들은 앞서 설명한 위상변화를 갖는다. 이 두 광선이 다시 만나서 다음 표에서 주어진 간섭조건들에 따라 밝고 어두운 간섭무늬가 생긴다.

| 식($m = 0, 1, \cdots$) | | 한 번 위상반전 | 0 또는 두 번 위상반전 |
|---|---|---|---|
| $2nt = (m + \frac{1}{2})\lambda$ | [24.9] | 보강간섭 | 소멸간섭 |
| $2nt = m\lambda$ | [24.10] | 소멸간섭 | 보강간섭 |

### 24.5 회절

### 24.6 단일슬릿 회절

회절은 광파가 작은 구멍이나 둥근 물체 또는 날카로운 모서리를 지나갈 때 생긴다. 멀리 떨어진 스크린에 단일슬릿 때문에 생긴 **회절무늬**에는 중앙 부분에 밝은 최대값을 중심으로 어두운 무늬와 덜 밝은 무늬가 차례로 펼쳐져 있다. 회절무늬의 세기가 0(소멸간섭의 영역)인 각도 $\theta$는

$$\sin\theta_{\text{dark}} = m\frac{\lambda}{a} \qquad m = \pm1, \pm2, \pm3, \cdots \qquad [24.11]$$

이며, 여기애서 $a$는 슬릿의 폭이고 $\lambda$는 슬릿에 입사하는 빛의 파장이다.

### 24.7 회절격자

**회절격자**는 간격이 일정하고 모양이 똑같은 수많은 슬릿으로 만든다. 회절격자가 만든 간섭무늬의 **최대값 세기**에 대한 조건은

$$d \sin\theta_{\text{dark}} = m\lambda \qquad m = 0, 1, 2, \cdots \qquad [24.12]$$

이다. 여기서 $d$는 이웃한 슬릿들 사이의 간격이고, $m$은 회절무늬의 회절 차수이다. 회절격자는 유리판 위에 짝수로 간격을 맞춘 줄을 아주 많이 그어서 만든다. 센티미터당 이 라인 수는 슬릿 간격 $d$의 역수와 같다.

### 24.8 빛의 편광

선택흡수, 반사, 산란을 사용하여 무편광 빛을 편광시킬 수 있다. 어떤 물질이 어떤 특정한 방향에 평행한 면에서 진동하는 전기장 벡터를 갖는 광파를 투과시키고 이 방향에 수직인 방향으로 진동하는 전기장 벡터를 갖는 광파를 흡수한다면 이 물질로 빛을 편광시킬 수 있다. 무편광된 빛이 편광판을 지나갈 때 이 빛의 세기는 절반으로 줄어들고 편광이 된다. 이 선형편광된 빛이 다시 첫 번째 편광판의 투과축에 대해서 각도 $\theta$만큼 기울어진 투과축을 갖는 두 번째 편광판을 지나가게 한다면 투과광의 세기는

$$I = I_0 \cos^2 \theta \qquad [24.13]$$

이며, 여기서 $I_0$는 첫 번째 편광판을 지나간 후의 빛의 세기이다.

일반적으로 유리와 같은 비정질 물질에서 반사한 빛은 부분편광된다. 특히 입사각이 반사광과 굴절광 사이의 각도가 90°가 되도록 입사각을 조절하면 이 반사광은 완전 선형편광된다. **편광각** $\theta_p$라고 하는 입사각은 다음과 같은 **브루스터 법칙**을 만족한다.

$$n = \tan \theta_p \qquad [24.14]$$

이 식에서 $n$은 반사 물질의 굴절률이다.

## 개념 파악을 위한 질문

**1.** 자동차에 두 개의 전조등이 있다. 이 두 전조등으로 어떤 종류의 간섭무늬를 볼 수 있는가? 볼 수 있다면 왜 그런가?

**3.** 거의 빛 에너지가 도달하지 않는 어두운 간섭무늬를 생각해 보자. 두 슬릿에서 나온 빛이 이 지점에 도달한다면 광파가 서로 지워진다. 그러면 에너지는 어디로 사라진 것인가?

**5.** 실험실에서 사고로 두 액체를 물에 엎질렀다. 이 두 액체는 모두 물과 섞이지 않고 물 표면에 박막을 만든다. 이 박막들이 펴져서 매우 얇아짐에 따라 반사된 빛은 한 막은 밝아지고 다른 막은 어두워진다. 이런 현상은 왜 일어나는가?

**7.** 박막 간섭의 논의에서 박막에서 반사되는 빛을 보았다. 반사되지 않고 직접 박막을 통과하는 하나의 직접 통과 광선을 생각하자. 첫 번째 면을 통과하여 두 번째 면에서 반사된 두 번째 반사광은 첫 번째 면에서 다시 반사하여 일부는 직접 입사하는 공기 쪽으로 투과하여 직접 입사한 광선과 평행이 된다. 수직입사 시 이 박막에서 나가는 빛들이 소멸간섭을 하려면 박막의 두께는 얼마이어야 하는가? 빛의 파장 단위로 답하라.

**9.** 오목한 면의 반경이 $R$인 평-오목렌즈(굴절률이 $n$)를 유리로 만든 평면에 놓고 수직으로 위에서 백색광을 비추었다. 렌즈의 중심에 밝은 무늬가 보이는가? 아니면 어두운 무늬가 보이는가? 만약에 관찰된 무늬들이 원형이 아니라면 이것은 무엇을 말하는가?

**11.** 매일 겪는 경험으로 미루어 보아서 왜 라디오파는 편광이 되어 있는데 빛은 그렇지 않은가?

**13.** 파장이 3 cm인 레이더파를 무력화시킬만한 무반사 코팅을 비행기에 바를 수 있는가?

**15.** 일반 광원보다는 레이저로 간섭실험을 하는 것이 훨씬 더 쉬운 이유는 무엇인가?

**17.** 병원에서 가슴을 찍은 X선 사진을 찍을 때 X선은 평행하게 놓인 가슴의 갈비뼈를 지나간다. 이 갈비뼈들은 X선에 대해서 회절격자처럼 작동하는가?

## 문제

**1**, **2**, **3** = 기본문제, 발전문제, 심화문제

□ = 학생 문제풀이 매뉴얼/학습 가이드 속에 문제풀이가 있다.

**Physics Now™** **http://physics.brookscole.com/ecp**에서 힌트를 받을 수 있는 문제

= 생물의학 문제

### 24.2 영의 이중슬릿 실험

**1.** 레이저 광속($\lambda$ = 632.8 nm)이 0.200 mm 떨어져 있는 두 슬릿에 입사한다. 이 이중슬릿에서 5.00 m 떨어져 있는 스크린에서 밝은 무늬들 사이의 거리는 얼마인가?

**3.** 수은등에서 나온 녹색광($\lambda$ = 546.1 nm)으로 0.250 mm만큼 떨어져 있는 한 쌍의 가느다랗고 평행한 슬릿을 비춘다. 이 평행한 슬릿들이 놓여 있는 면에서 1.20 m 떨어진 거리의 스크린에서 간섭무늬를 관찰한다. (a) 이 간섭무늬의 중심 쪽 밝은 무늬에서부터 이 무늬의 양쪽으로 떨어져 있는 첫 번째 밝은 무늬까지의 거리와 (b) 첫 번째 어두운 무늬로부터 두 번째 어두운 무늬까지의 거리를 계산하라.

**5.** 음속이 354 m/s인 곳에서 2 000 Hz의 주파수를 갖는 음파가 음원으로부터 30.0 cm 떨어져 있는 두 슬릿에 입사한다. (a) 어느 각도에서 첫 번째 최대값이 나타나는가? (b) 만약에 이 음파를 파장이 3.00 cm인 마이크로파로 대체한다면 같은 각도에서 첫 번째 최대값이 나타나는 두 슬릿 사이의 거리는 얼마인가? (c) 만약에 슬릿들 사이의 거리가 1.00 $\mu$m라면 동일한 각도에서 첫 번째 최대값을 나타내기 위해서는 이 음파의 파장은 얼마인가?

**7.** 그림 P24.7에서 보는 것처럼 300 m 떨어져 있는 두 개의 라디오 안테나들은 동일한 파장의 동일한 신호를 동시에 송신한다. 북쪽으로 달려가는 자동차의 라디오에서 이 신호를 수신한다. (a) 만약에 자동차가 두 번째 최대값의 신호를 받는 위치에 있다면 이 신호의 파장은 얼마인가? (b) 얼마를 이 자동차가 달려 가야 다음 번 최소값의 신호를 받을 수 있는가?

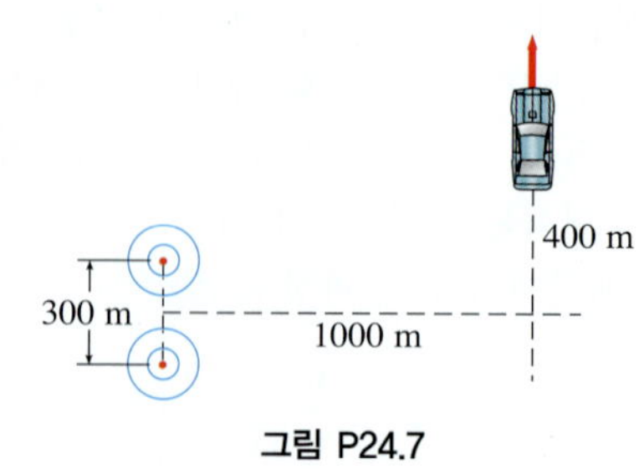


그림 P24.7

**9.** 라디오 방송국에서 나오는 라디오파는 300 m의 파장을 갖는다. 이 라디오파들은 송신기로부터 20.0 km 떨어져 있는 가정집의 수신기에 두 경로를 통하여 수신된다. 한 경로는 직접 송신기에서 수신기로 오는 것이며, 두 번째 경로는 수신기 뒤쪽에 있는 산에서 반사되어 오는 경로이다. 수신기에서 소멸간섭이 일어나는 산에서 집까지의 최소 거리는 얼마인가?

**11.** 파장이 250 m인 별에서 나오는 라디오파가 그림 P24.11에서 보는 것처럼 두 개의 분리된 경로를 따라 라디오 망원경에 들어온다. 하나의 경로는 바닷가 절벽 끝에 위치한 망원경으로 직접 들어오는 것이다. 다른 하나는 바다에서 반사하여 들어오는 경로이다. 별이 수평선 위로 25.0° 인 곳에 있을 때 소멸간섭에 대한 첫 번째 최소값이 나타난다. 절벽의 높이는 얼마인가? (반사에 의한 위상변화는 없다고 가정한다.)

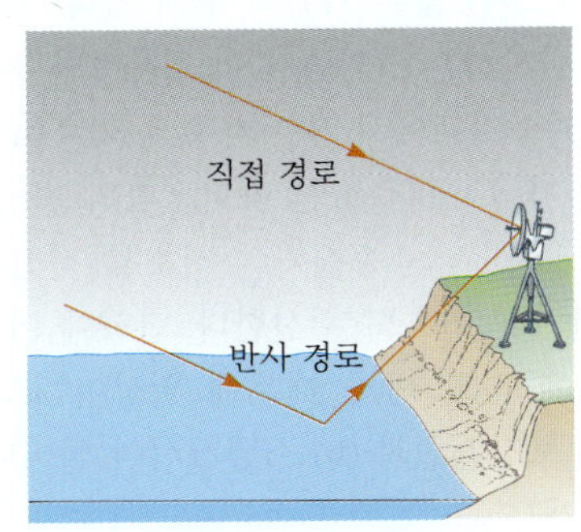


그림 P24.11

## 24.3 반사에 의한 위상변화

## 24.4 박막에서의 간섭

**13.** 그림 24.7의 박막이 1.36의 굴절률을 가지고 있다고 가정하고, 이 박막의 양쪽 면이 공기로 둘러싸여 있다고 가정하자. 이 박막을 500 nm의 파장을 갖는 빛으로 비춘다고 할 때 이 박막에 의한 반사광에서 보강간섭이 일어나는 최소 두께는 얼마인가?

**15.** 렌즈에 코팅을 하면 반사를 최소로 줄일 수 있다. 코팅 물질의 굴절은 1.55이고 렌즈의 굴절률은 1.48이다. 만약에 코팅의 두께가 177.4 nm라면 수직 입사 시 최소 차수에서 가장 작은 입사파의 파장은 얼마인가?

**17.** 비행기를 레이더에 나타나지 않게 하는 그럴듯한 방법은 무반사 고분자막을 비행기에 코팅하는 것이다. 만약에 레이더파의 파장이 3.00 cm이고 고분자의 굴절률이 $n$ = 1.50이라면 코팅의 두께는 얼마여야 하는가?

**19.** 그림 P24.19에서처럼 매우 가느다란 줄을 한쪽 틈에 끼워서 사이를 벌려 놓은 두 장의 유리판으로 공기층 쐐기를 만든다. 이 쐐기에 600 nm의 빛을 비추었을 때 30개의 어두운 간섭무늬를 볼 수 있다. 이 가느다란 줄의 반지름을 계산하라.

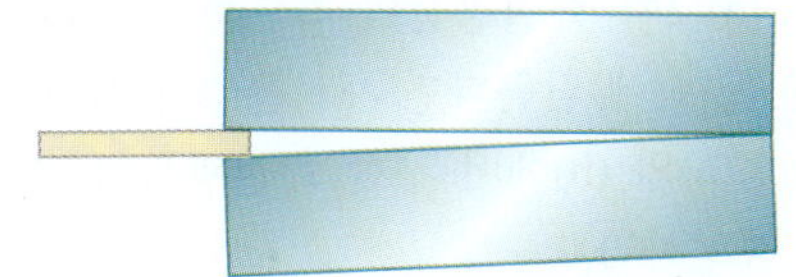

그림 P24.19

**21.** 평-볼록 렌즈가 평평한 유리판에 놓여 있는데 유리판과 렌즈의 볼록면이 중앙에서 붙어 있다. 여기에 파장이 500 nm인 빛을 위에서 비춘다(그림 24.8을 보라). 그러면 중심부에 어두운 무늬가 있고, 이 주위를 19개의 어두운 동심원 무늬(이들 무늬들 사이는 밝은 동심원 무늬가 있음)가 둘러싸고 있다. 19번째 어두운 동심원 무늬의 위치에서 공기층 쐐기의 두께는 얼마인가?

**23.** Physics Now™ 사진기 렌즈를 코팅하는 데 두께가 $1.00 \times 10^{-5}$ cm인 $MgF_2$($n$ = 1.38) 박막을 사용한다. 가시광의 스펙트럼 중 어느 파장이 이 박막에서 반사 시 강해지는가?

## 24.6 단일 슬릿 회절

**25.** 헬륨-네온 레이저광($\lambda$ = 632.8 nm)을 폭이 0.300 mm인 단일슬릿에 비춘다. 슬릿으로부터 1.00 m 떨어진 스크린에서 중앙에 있는 최대로 밝은 무늬의 폭은 얼마인가?

**27.** 파장이 587.5 nm인 빛을 폭이 0.75 mm인 슬릿에 비춘다. (a) 만약에 회절무늬의 첫 번째 최소값이 중앙의 최대값에서 0.85 mm인 곳에 생긴다면 스크린은 슬릿으로부터 얼마만큼 떨어진 곳에 놓여 있는가? (b) 중앙의 최대값의 폭을 계산하라.

**29.** 폭이 0.50 mm인 슬릿을 파장이 500 nm인 빛으로 비추고 이 슬릿 앞의 120 cm인 곳에 스크린을 설치한다. 스크린에 생긴 회절무늬의 중심부 최대값의 양쪽에 있는 첫 번째 최대값과 두 번째 최대값의 폭은 얼마인가?

## 24.7 회절격자

**31.** 회절격자 분광기의 1차 스펙트럼에서 3개의 분광선들이 각각 10.1°, 13.7°, 14.8° 의 회절각도에서 나타난다. (a) 만약에 회절격자가 3 660 슬릿/cm의 격자 수를 갖고 있다면 이 빛의 파장은 얼마인가? (b) 이들 분광선들을 2차 스펙트럼에서 본다면 몇 도에서 나타나는가?

**33.** 수소 스펙트럼은 656 nm의 적색과 434 nm의 보라색의 분광선을 갖는다. 4 500 라인/cm의 회절격자를 통하여 얻은 이 두 분광선들 사이의 각도 차는 얼마인가?

**35.** 어떤 광원이 두 주요 분광선인 610 nm의 오렌지선과 480 nm의 청녹색선을 복사한다. 만약에 이 스펙트럼을 5000 라인/cm의 회절격자로 분해해서 이 회절격자로부터 2.00 m 떨어져 있는 스크린에서 본다면 2차 회절 차수의 스펙트럼에서 이 두 분광선들이 떨어진 거리는 센티미터 단위로 얼마인가?

**37.** Physics Now™ 541 nm의 광속을 400 라인/mm의 회절격자

에 입사시킨다. (a) 2차 회절광선의 각도를 구하라. (b) 만약에 전체 장치를 물 속에 담근다면 새로운 2차 회절광의 각도는 얼마인가? (c) (a)와 (b)에서 구한 회절광들이 굴절법칙을 따른다는 것을 증명하라.

## 24.8 빛의 편광

**39.** 공기에서 반사면으로 입사하는 광속의 입사각을 연속적으로 변화시킨다. 입사각이 48.0° 일 때 반사광은 완전히 선형편광이 된다. (a) 반사 매질의 굴절률은 얼마인가? (b) 48.0° 의 입사각에서 일부의 입사광이 반사면 아래로 지나간다면 굴절각은 얼마인가?

**41.** 유리판의 굴절률은 1.52이다. 이 유리판이 (a) 공기 중에 있을 때 브루스터 각은 얼마인가? (b) 물 속에 있을 때 브루스터 각은 얼마인가?

**43.** 편광각에서 밀한 프린트 유리($n$ = 1.65)에 빛을 입사시킨다. 투과광에 대한 브루스터 각을 계산하라.

**45.** 서로 평행한 3장의 편광판을 동일한 광축으로 정렬한다(그림 P24.45). 3장의 편광판에 공통적으로 작용되는 광속이 $I_i$ = 10.0 단위(임의의 단위임)의 세기로 왼쪽에서 첫 번째 편광판으로 입사한다. $\theta_1$ = 20.0°, $\theta_2$ = 40.0°, $\theta_3$ = 60.0° 일 때 투과광의 세기를 구하라. (힌트: 말루스 법칙을 반복적으로 사용하라.)

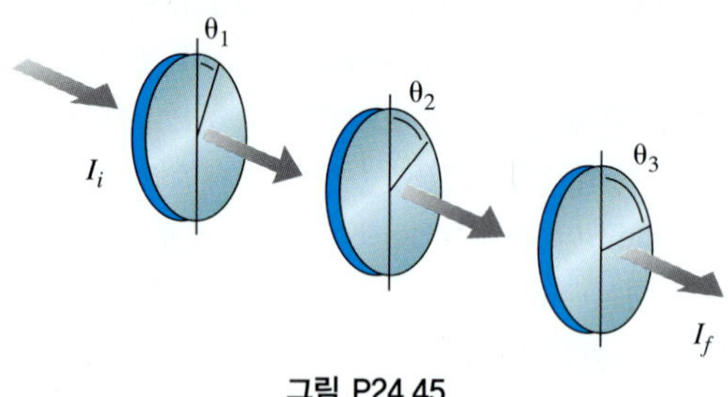


그림 P24.45

**47.** 진공 중의 파장이 546.1 nm인 빛이 두께가 1.000 μm인 미생물 시료에 수직으로 입사한다. 그러면 이 빛이 직각으로 편광된 두 빛으로 분리되는데 각 분리된 빛이 지나가는 시료의 굴절률은 각각 1.320과 1.333이다. (a) 이 빛의 각 성분들이 미생물 시료를 지나가는 동안 이 빛의 각 성분들의 파장을 구하라. (b) 이 시료에서 빛이 빠져나올 때 두 광속 사이의 위상차를 계산하라.

## 추가문제

**49.** 파장이 546 nm인 빛(수은등의 강한 청색선)이 영의 간섭무늬를 만든다. 그런데 이 간섭무늬에서 중앙 최대값으로부터 두 번째 최소값은 중앙 최대값을 지나가는 광축에 대해서 18.0분의 각도로 회절된다. 이 경우 평행한 두 슬릿들 사이의 거리는 얼마인가?

**51.** 그림 P24.51에서처럼 500 nm의 광원에서 나와서 직접 직진하는 광파와 거울에서 반사한 광파 때문에 스크린 상의 $P$점에 간섭효과가 생긴다. 만약에 광원이 스크린 왼쪽 100 m에 있고 거울 위의 1.00 cm에 있다면 거울 위로 스크린 상에 어두운 첫 번째 무늬까지의 거리 $y$는 얼마인가?

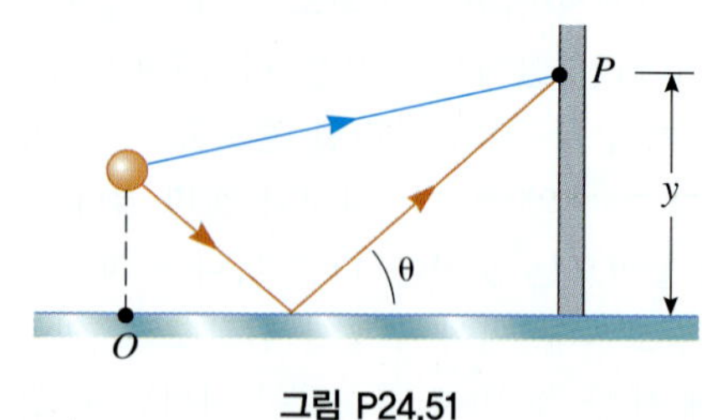


그림 P24.51

**53.** 물 위에 $n$ = 1.25인 얇은 기름막이 떠 있다. 녹색($\lambda$ = 525 nm) 광을 강하게 반사하는 영역에서 이 기름막의 두께는 얼마인가?

**55.** 그림 P24.55는 지표에서 높이가 $h$ = 50.0 m이고 서로 떨어져 있는 거리가 $d$ = 600 m인 라디오파의 송신기와 수신기를 그린 것이다. 수신기는 송신기의 신호를 직접 받으면서 동시에 땅에서 반사된 신호도 수신한다. 만약에 이 땅이 송신기와 수신기 사이에 있고 반사 때문에 위상이 $\lambda/2$의 위상변화가 생긴다면 (a) 보강간섭과 (b) 소멸간섭이 일어나는 가장 긴 파장은 얼마인가?

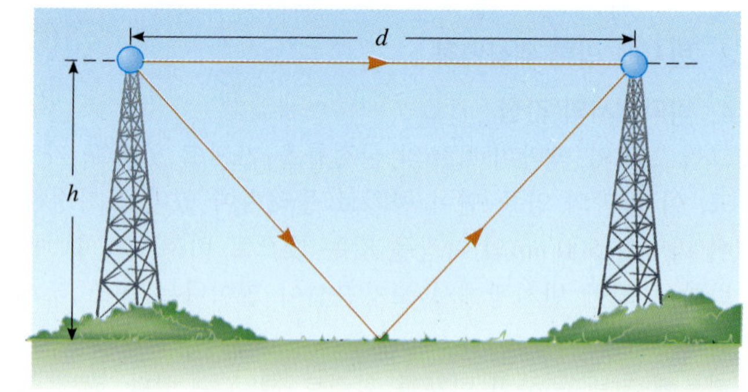


그림 P24.55

**57.** 파장이 500 nm인 단색광을 단일슬릿에 비추어 이 슬릿으로부터 140 cm 떨어진 스크린에 회절무늬를 만든다. 이 경우 중앙의 최대값에서 첫 번째 최대값까지의 거리는 3.00 mm이다. 슬릿의 폭을 구하라. (힌트: 첫 번째 최대값은 첫 번째 최소값과 두 번째 최소 값 사이의 절반이라고 가정한다.)

CHAPTER

# 25

# 광학기기

OUTLINE



안경이나 콘택트 렌즈를 착용할 때, 사진을 찍을 때, 망원경으로 하늘을 관찰할 때 등 순간마다 우리들은 렌즈, 거울, 기타 광학 부품들로 구성된 광학기기들을 사용한다. 이 장에서는 이들 광학기기나 기타 다른 광학기기들이 어떻게 작동하는지를 논의할 것이다. 대부분의 경우에 있어서 반사법칙과 굴절법칙 및 기하광학적 원리들을 사용하여 분석할 것이다. 그러나 어떤 현상을 설명하기 위해서는 빛의 파동성을 사용해야 한다.

## 25.1 사진기

단일렌즈 **사진기**(camera)는 그림 25.1의 구조처럼 간단한 광학기기이다. 이 사진기는 암흑상자, 실상을 만드는 수렴렌즈, 상을 받기 위해서 렌즈 뒤에 설치한 필름으로 구성된다. 초점은 렌즈와 필름 사이의 거리를 조절하여 맺는데, 아주 오래된 구형 사진기에서는 주름상자가 이 역할을 하였으며 현대 사진기에서는 다른 역학적 정렬장치가 이 역할을 한다. 초점을 조절하여 선명한 상을 만들기 위해서 렌즈와 필름 간의 거리는 렌즈의 초점거리와 물체거리에 따라 조절해야 한다. 렌즈 뒤에 설치한 셔터(shutter)는 필름의 노출시간에 따라 열리는 기계장치이다. 이 셔터를 사용하여 움직이는 물체를 찍기 위해서는 노출시간을 짧게 하고, 아주 빛이 약한 어두운 풍경을 찍고자 할 때에는 노출시간을 길게 한다. 만약에 이렇게 노출을 맞추는 것이 어렵다면 연속동작을 멈춤 상태로 찍는 것은 불가능하다. 예를 들어 빠르게 움직이는 자동차는 너무나 빨리 움직이기 때문에 이를 찍고자 사진기 셔터를 열기만 하면 바로 퍼진 상이 찍힌다. 퍼진 상으로 찍히는 또 다른 이유는 사진 촬영을 위하여 셔터를 열어 놓은 동안에 사진기가 움직이기 때문이다. 이러한 움직임을 막기 위해서 삼각대로 사진기를 받치거나 노출시간을 짧게 한다. 전형적인 셔터 속도(즉, 노출시간)는 1/30초, 1/60초, 1/125초, 1/250초이다. 정지한 물체들은 종종 1/60초의 셔터 속도로 찍는다.

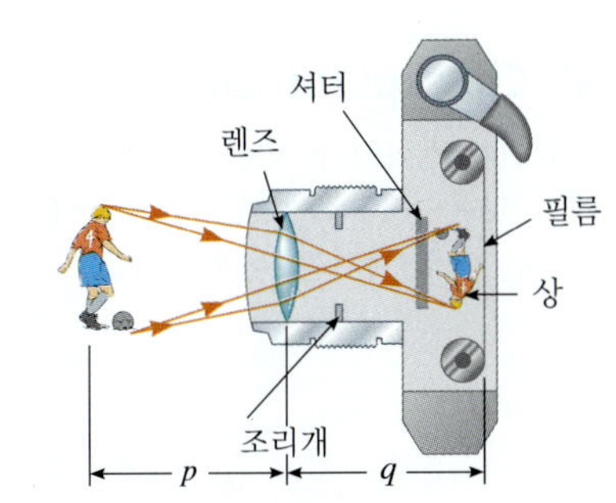


**그림 25.1** 단순 사진기의 단면도.

또한 대부분의 사진기는 필름에 도달하는 빛의 세기를 더 쉽게 조절하기 위하여 조리개의 직경을 조절한다. 작은 직경의 조리개를 사용하였을 때 렌즈의 중앙 부분으로 들어온 빛만이 필름에 도달하고 구면 수차도 줄어든다.

필름에 도달하는 빛의 세기 $I$는 렌즈의 면적에 비례한다. 이 면적은 렌즈의 지름 $D$의 제곱에 비례하기 때문에 이 빛의 세기도 $D^2$에 비례한다. 빛의 세기는 상의 단위 면적당 필름이 받은 에너지의 비율을 측정한 것이다. 상의 면적은 그림 25.1에서 $q^2$에 비례하고 $q \approx f\,(p \gg f$일 때 $p$는 근사적으로 무한대이다)이기 때문에 상에 도달하는 빛의 세기는 $1/f^2$에 비례하고, 이로 인하여 $I \propto D^2/f^2$이 된다. 필름에 결상된 상의 밝기는 빛의 세기에 의존하며, 이로 인하여 궁극적으로 렌즈의 초점길이 $f$와 렌즈의 직경 $D$에 의존한다. $f/D$는 렌즈의 **$f$-수**(또는 초점비율)라고 한다.

$$f\text{-수} \equiv \frac{f}{D} \qquad [25.1]$$

종종 $f$-수는 렌즈의 "속력"을 알아 봄으로써 알 수 있다. 낮은 $f$-수는 "빠른" 렌즈이다. 근사적으로 1.2와 같은 매우 낮은 $f$-수를 갖는 극도로 빠른 렌즈는 렌즈의 면적이 크면서도 수차가 작기 때문에 가격이 매우 비싸다. 사진기는 1.4, 2, 2.8, 4, 5.6, 8, 11, …과 같은 표기로 $f$-수의 범위를 렌즈 표면에 표기한다. 이들 값 중 하나를 선택하여 조리개의 크기를 정하면 렌즈의 $D$가 이 값에 맞춰서 변한다. 한 $f$-수에서 이보다 하나 더 높은 $f$-수로 조정한다면(예를 들어, 2.8에서 4로 높임) 조리개의 면적은 절반으로 줄어든다. 사진기에 표기된 가장 낮은 $f$-수는 가장 넓게 열린 조리개에 대응하며 최대로 사용 가능한 렌즈 면적을 알려 준다.

단순한 사진기는 보통 $f$-수 11의 고정된 초점길이와 고정된 조리개의 크기를 갖는다. 더 높은 $f$-수는 더 큰 **시야 깊이**(depth of field)를 갖는다. 이는 렌즈에서 넓은 거리 범위에 놓인 물체가 필름에서 매우 깨끗한 상이 맺어지는 것을 의미한다. 다시 말하자면 사진기는 이 물체에 대해서 초점을 맞추지 않아도 된다. $f$-수를 바꿀 수 있는 대부분의 사진기들은 이러한 자동초점 기능을 갖고 있다.

## 25.2 눈

사진기처럼 눈은 빛을 모아서 선명한 상을 만든다. 그러나 눈이 빛의 양을 조절하고 상을 결상하는 메커니즘은 가장 복잡한 사진기의 메커니즘보다 훨씬 더 복잡하고 난해하며 효율적이다. 모든 경우에 대해서 살펴보아도 눈은 생리학적으로 경이롭다.

**☑ Checkpoint 25.1**

진실인가 거짓인가: 사진기를 높은 $f$-수에서 낮은 $f$-수로 바꿀 때 필름에 입사하는 빛의 세기는 더 커진다.

그림 25.2a는 눈의 중요 부분들을 보여 주는 사진이다. 빛은 **각막**, 이 각막 뒤에 있는 맑은 액체(**수양액**), 가변 조리개(조리개를 여닫는 **홍채**), **수정체**와 같은 투명한 구조를 차례대로 지나서 눈에 들어온다. 눈에서 대부분의 굴절은 눈의 바깥쪽 곡면에서 일어나는데, 이 면을 매우 얇은 눈물 층이 살짝 덮고 있다. 이 수정체와 접한 수양액은 수정체의 굴절률과 거의 같은 평균 굴절률을 가지고 있기 때문에 수정체에서는 상대적으로 약간의 굴절만을 추가로 일으킨다. 눈의 색깔을 띤 홍채는 동공 크기를 조절하는 근육으로 된 가변 조리개이다. 홍채는 주변이 어두워지면 동공을 열고 주변이 밝아지면 동공을 닫아서 눈에 들어오는 빛의 양을 일정하게 한다. 눈의 $f$-수는 2.8에서 16까지 변한다.

렌즈계인 각막이 눈의 맨 뒷면인 망막에 상을 결상하는데, 이 **망막**은 수백만 개의 **간상세포**(rods)와 **원추세포**(cones)들로 구성되어 있다. 이 세포들에 빛이 들어오면 이 세포에서 시신경을 통하여 뇌로 자극을 보낸다. 그러면 이 자극들은 세상을 자각하는 인식으로 바뀐다. 이러한 인식을 수행하는 뇌의 인식 과정은 아직 잘 알려지지 않았으며 앞으로 많은 연구와 추측이 필요한 분야이다. 이 간상세포와 원추세포는 사진기의 필름과 다르게 입사되는 빛의 조건에 따라서 화학적으로 빛의 민감도를 조절한다.

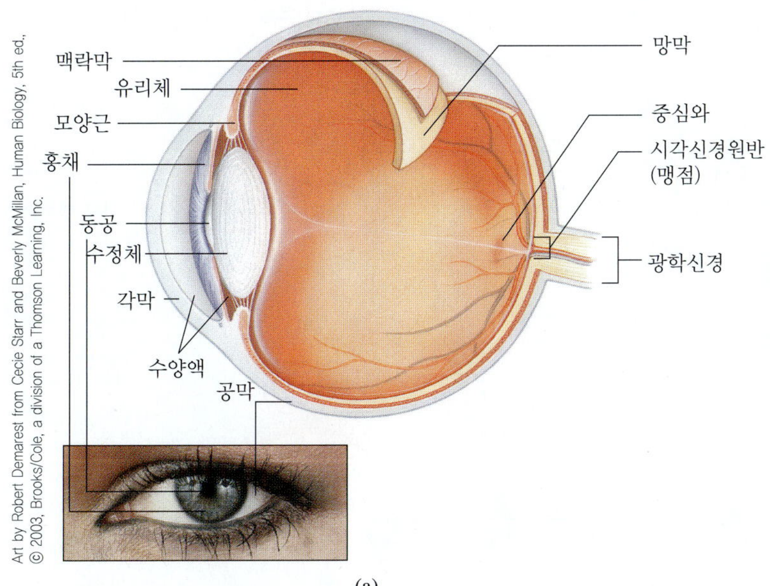



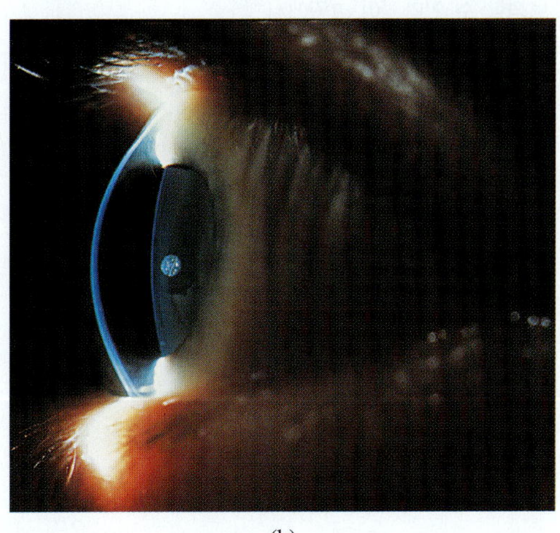



**그림 25.2** (a) 눈의 주요 부분들. 눈의 주요 부분들과 그림 25.1의 단순 사진기의 주요 부분들을 서로 대응시킬 수 있는가? (b) 사람 눈을 가까이서 찍은 사진.

약 15분 정도 걸리는 이러한 조절 기능으로 영화관과 같은 장소에서 어둠에 적응할 수 있는 것이다. 1초 이하의 시간으로 작동하는 홍채의 조리개는 망막의 조절 기능으로 미처 다 처리할 수 없는 과다하거나 또는 아주 적은 양의 빛이 망막에 도달하는 것을 기능적으로 막는다.

눈은 **조절 작용**(accommodation)이라고 하는 놀라운 과정을 통하여 유연한 수정체의 모양을 바꾸어 물체의 상을 망막에 결상한다. 조절 작용에서 중요한 역할을 하는 부분은 수정체 가장자리에 원형으로 배치된 **모양근**이다. **모양소대**라고 하는 아주 가느다란 구조가 모양근과 수정체 가장자리를 연결한다. 눈이 먼 물체를 볼 때에는 모양근이 이완되고, 이 결과 이 모양근과 수정체의 가장자리를 연결한 모양소대를 수축시킨다. 그러면 모양소대가 잡아당기는 힘으로 인하여 렌즈는 얇아지면서 초점거리가 늘어난다. 무한대 거리에 있는 물체를 볼 때 눈의 초점거리는 수정체와 망막 사이의 고정된 거리인 약 1.7 cm가 된다. 가까운 물체를 볼 때는 모양근이 수축되고 모양소대는 늘어난다. 이 결과 수정체는 약간 볼록해지고 수정체의 초점거리가 짧아지면서 상이 망막에 맺힌다. 이러한 수정체 조절은 매우 빠르게 작동하므로 미처 우리가 알아차리지 못한다. 이 점에서 본다면 가장 정교한 전자 사진기조차도 눈과 비교해 보면 장난감에 불과하다.

눈의 조절 작용에도 한계가 있기 때문에 눈에 물체를 너무 가까이 붙이면 상이 퍼진다. 수정체가 조절 작용을 통하여 망막에 상을 맺을 수 있는 가장 가까운 물체의 위치를 **근점**(near point)이라고 한다. 보통 이 근점까지의 거리는 평균적으로 25 cm이지만, 이는 나이가 들어감에 따라 증가한다. 전형적으로 10살일 때 근점까지의 거리는 약 18 cm이다. 그러나 이 거리는 20살에서는 25 cm이며, 40살에서 50 cm이고, 60살에서 500 cm 이상으로 늘어난다. 이완된 수정체가 망막에 빛을 모을 수 있는 가장 긴 물체 위치를 눈의 **원점**(far point)이라고 한다. 정상시력을 가진 사람은 달과 같은 매우 먼 거리에 있는 물체를 볼 수 있으므로 무한대에 원점을 갖는다.

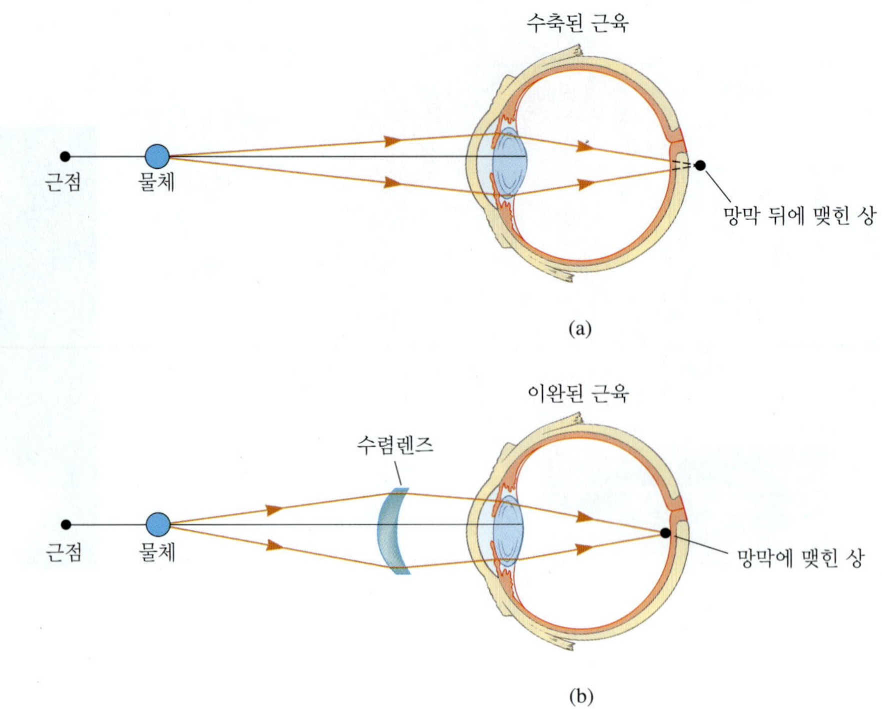


**그림 25.3** (a) 원시안 길이는 정시안의 길이보다 약간 더 짧다. 따라서 가까운 물체의 상은 망막 뒤에 결상된다. (b) 이러한 눈의 상태는 수렴렌즈로 보정할 수 있다. (이 그림에서 물체는 매우 작다고 가정한다.)

## 눈의 상태

그림 25.3a에서처럼 눈에서 렌즈계의 굴절능, 즉 각막의 굴절능과 안구의 길이가 일치하지 않아서 광선들이 상을 맺는 지점 앞에 놓인 망막에 먼저 도착하는 경우를 **원시**(farsightedness 또는 hyperopia)라고 한다. 원시인 사람은 보통 먼 물체는 선명하게 볼 수 있지만 가까운 물체는 선명하게 볼 수 없다. 정시안의 근점거리는 대략 25 cm이지만 원시인 사람의 근점거리는 이것보다 훨씬 길다. 원시인 사람의 눈은 조절작용, 즉 수정체의 초점거리를 짧게 해서 초점을 맞추려고 한다. 이러한 작용은 먼 물체에 대해서는 정상적으로 작동하지만 원시안의 초점거리가 정시안의 초점거리보다 더 길기 때문에 가까운 물체에서 나온 광선들은 망막 뒤에서 결상되고 이로 인하여 상은 망막에서 퍼진다. 이러한 눈의 상태는 그림 25.3b에서처럼 눈앞에 수렴렌즈를 놓아서 보정할 수 있다. 이 보정렌즈는 눈으로 들어가는 입사광선들이 눈으로 들어가기 전에 광축 쪽으로 광선을 좀 더 굴절시켜서 광선들이 수렴이 잘 되고, 마침내 망막에 정상적으로 맺히게 한다.

**근시**(nearsightedness 또는 myopia)는 가까운 물체는 잘 보지만 먼 물체는 잘 보지 못하는 눈의 결함상태이다. 축상 근시의 경우 수정체가 망막으로부터 너무 멀리 놓여 있기 때문에 생긴다. 그리고 수정체-각막 렌즈계의 굴절능이 정시안의 굴절능보다 훨씬 더 커서 생기는 굴절 근시도 있다. 근시안의 원점은 무한대에 있지 않고 1 m 이하의 거리에 있다. 근시안의 최대 초점거리는 너무 짧아서 망막에 선명한 상을 만들 수 없고 먼 물체의 상은 망막 앞에서 결상된다. 이 광선들은 이 결상점을 지나서 퍼진 상태로 망막에 도달하기 때문에 망막에는 퍼진 상이 맺힌다(그림 25.4a).

### ✓ Checkpoint 25.2

진실인가 거짓인가: 근시인 사람의 근점은 평균적인 사람들이 갖는 눈의 근점보다 더 멀리 있다.

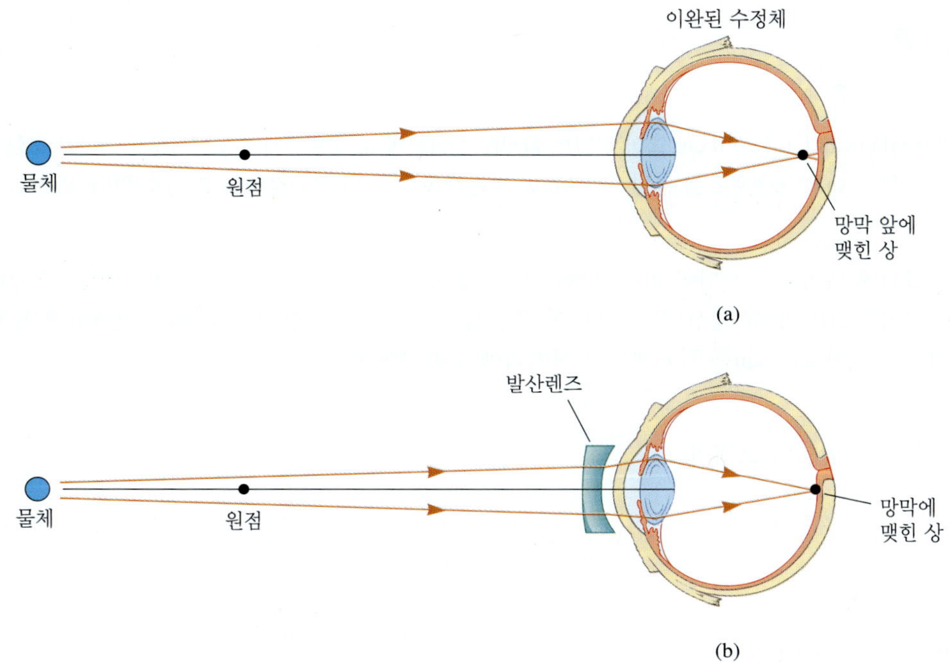


**그림 25.4** (a) 근시안은 정시안보다 길이가 약간 길다. 따라서 먼 물체의 상은 망막 앞에 결상된다. (b) 이러한 근시는 발산렌즈로 보정할 수 있다. (이 그림에서 물체는 매우 작다고 가정한다.)

근시는 그림 25.4b에서 보는 것과 같은 발산렌즈로 보정할 수 있다. 이 발산렌즈는 광선들이 눈에 들어가기 전에 광축에서 좀 더 멀어지게 굴절시켜서 결국 망막에 제대로 결상되게 한다.

대부분의 사람들은 중년이 되면 모양근은 약해지고 렌즈의 탄력은 줄어들어서 눈의 조절 능력이 어느 정도 약해진다. 눈의 굴절능과 눈의 길이가 달라서 생기는 원시와는 달리 **노안**(presbyopia, "노인의 눈"이라는 뜻임)은 조절 능력의 약화 때문에 생긴다. 노안의 각막과 수정체는 가까운 물체를 망막에 결상시킬 수 없다. 이 징후들은 원시인 경우와 같기 때문에 수렴렌즈로 보정할 수 있다.

**난시**(astigmatism)에서는 한 점에서 나온 빛이 망막에서 선으로 결상된다. 난시는 각막 또는 수정체 중 하나(또는 이 모두가)의 형태상의 대칭성이 깨져서 생긴다. 근시는 렌즈의 두 수직 방향의 곡률을 서로 다르게 만든 렌즈로 보정할 수 있다.

검안사와 안과 의사들은 항상 이 렌즈의 **굴절능**(power)을 다음과 같은 **디옵터**(diopter)로 측정한다.

**APPLICATION**

광학 렌즈에 의한 시각 이상의 교정

**☑ Checkpoint 25.3**

진실인가 거짓인가: 근시인 사람의 원점은 무한대에 있다.

> 디옵터로 나타낸 렌즈의 굴절능 $\mathcal{P}$는 미터로 표기한 초점거리의 역수와 같아서 $\mathcal{P} = 1/f$이다.

예를 들면 초점거리가 +20 cm인 수렴렌즈가 +5.0 디옵터의 굴절능을 갖고 있으며, 초점거리가 −40 cm인 발산렌즈는 −2.5 디옵터의 굴절능을 갖는다(영어 'power' 는 역학적 일률을 뜻하는 power와 영어 스펠링이 같으나 이 두 단어의 뜻은 서로 무관하다).

눈에 대한 렌즈의 위치가 달라지면 눈에 나타나는 굴절능이 약간 달라지지만 보통 1/4 디옵터 이하의 변화만 생기기 때문에 환자들이 이를 느끼지 못한다. 결과적으로 검안사들은 1/4 디옵터의 변화를 조절해 준다. 눈과 렌즈 사이의 거리를 무시하는 것은 눈에 직접 붙이는 콘택트 렌즈를 가지고 계산하는 것과 같다.

## 예제 25.1 원시에 대한 보정렌즈 처방

**목표** 원시를 보정하기 위해서 기하광학을 적용한다.

**문제** 어떤 환자의 눈의 근점까지의 거리가 50.0 cm이다. (a) 25.0 cm 떨어져 있는 물체를 선명하게 보기 위해서는 초점거리가 얼마인 보정렌즈가 필요한가? (b) 이 보정렌즈의 굴절능은 얼마인가? (c) 이 보정렌즈를 눈앞 2.00 cm에 놓는 전형적인 안경의 경우를 고려한다면 (a)와 (b)는 각각 얼마가 되는가?

**전략** 이 문제는 얇은 렌즈 방정식(식 23.11)에 대입해서 풀어야 하는데, 렌즈의 굴절능은 디옵터로 나타내야 한다. 물체는 25.0 cm에 있지만 렌즈는 이 물체의 상을 환자의 근점인 50.0 cm에 결상해야 한다. 이 근점에서 물체가 있으면 환자의 눈은 선명하게 물체를 볼 수 있다. (c)에서 렌즈의 위치를 설명하기 위해서 2.00 cm를 물체거리와 상거리에서 빼야만 한다.

**풀이**

(a) 눈에서 보정렌즈까지의 거리를 무시하고 이 렌즈의 초점거리를 구한다.

얇은 렌즈 방정식을 적용한다.

$$\frac{1}{p} + \frac{1}{q} = \frac{1}{f}$$

물체로써 렌즈의 동일공간에 $p = 25.0$ cm와 $q = -50.0$ cm(상이 허상이므로 후자는 음수이다)를 대입한다.

$$\frac{1}{25.0\text{ cm}} + \frac{1}{-50.0\text{ cm}} = \frac{1}{f}$$

$f$에 대해서 위 식을 푼다. 초점거리는 양수로 이는 수렴렌즈에 대응하는 것이다.

$$f = \boxed{50.0\text{ cm}}$$

(b) 이 렌즈의 굴절능은 얼마인가?

굴절능은 미터로 표기한 초점거리의 역수이다.

$$\mathscr{P} = \frac{1}{f} = \frac{1}{0.500\text{ m}} = \boxed{+2.00\text{ 디옵터}}$$

(c) 실제로 보정렌즈가 눈앞의 2.00 cm에 놓여 있다는 것을 고려하여 이 문제를 다시 반복한다.

얇은 렌즈 방정식에 $p$와 $q$의 보정값들을 대입한다.

$$\frac{1}{p} + \frac{1}{q} = \frac{1}{23.0\text{ cm}} + \frac{1}{(-48.0\text{ cm})} = \frac{1}{f}$$

$$f = 44.2\text{ cm}$$

굴절능을 계산한다.

$$\mathscr{P} = \frac{1}{f} = \frac{1}{0.442\text{ m}} = \boxed{+2.26\text{ 디옵터}}$$

**주의** 눈과 렌즈 사이의 거리를 무시하지 않는 (c) 문제에서 계산 결과가 단지 0.26 디옵터 차이가 나왔다는 것에 주목하라.

**연습문제 25.1**

어떤 장치에 넣어서 렌즈의 굴절능이 2.75 디옵터라는 것을 알았다고 가정하자. (a) 이 렌즈의 초점거리는 얼마인가? (b) 만약에 환자의 근점거리가 60.0 cm라면 환자가 물체를 제대로 결상할 수 있도록 해주는 가장 작은 물체거리는 얼마인가?

**답** (a) 36.4 cm (b) 22.7 cm

근시에 대한 보정렌즈는 이와 유사하게 취급한다. 근시의 경우 환자들은 가까운 물체는 잘 볼 수 있지만 먼 물체는 선명하게 볼 수 없다. 적당한 보정렌즈를 사용하면 물체가 무한대($p = \infty$)에 있는 것처럼 만들 수 있으며 환자의 원점(환자가 정상적으로 물체를 볼 수 있는 가장 먼 물체 지점)에 허상을 만들 수 있다. $p$가 무한대로 감에 따라 $1/p$은 0으로 가고 얇은 렌즈 방정식은 $1/q = 1/f$ 또는 $f = q$가 된다는 것을 주목해야 한다. 그러면 상은 허상이 되고 $q$와 $f$는 발산렌즈에 대응하는 음의 렌즈가 된다. 이 결과 렌즈의 굴절능도 또한 음수이다.

**Quick Quiz 25.1**

두 명의 야영객이 낮에 불을 만들고자 한다. 야영객 한 사람은 근시이고 다른 한 사람은 원시로 각각 안경을 착용하고 있다. 불을 만들기 위해서 태양광선을 종이의 한 점으로 모으기 위해서는 두 사람의 안경 중 어느 것을 사용해야 하는가? (a) 두 사람 안경 모두, (b) 근시인 사람의 안경, (c) 원시인 사란의 안경.

## 25.3 돋보기

**돋보기**(simple magnifier)는 단일 수렴렌즈 한 개만으로 구성되기 때문에 모든 광학기기 중에서 가장 기본이 되는 장비이다. 이 이름이 말해주듯이 이 장비는 물체의 크기를 확대하는데 사용한다. 그림 25.5에서 보는 것처럼 눈에서 $p$만큼 떨어진 거리에 있는 물체를 본다고 가정하자. 명백히 망막에 맺힌 상의 크기는 눈에서 물체를 보는 각도 $\theta$에 의존한다. 물체가 눈에 가까이 다가오면 $\theta$는 증가하고 물체는 더 크게 보인다. 그러나 정상안은 근점거리인 25 cm보다 더 가까이 있는 물체는 제대로 결상하지 못한다(그림 25.6a). (시도해보라!) 그렇기 때문에 $\theta$는 근점에서 최대가 된다.

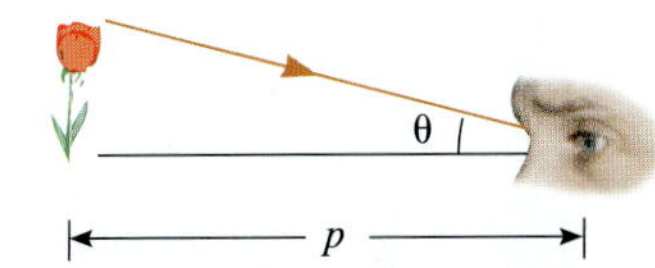


**그림 25.5** 망막에 결상된 상의 크기는 눈에서 물체를 보는 각도 $\theta$에 의존한다.

물체의 각도 크기를 더 크게 하기 위해서 그림 25.6b처럼 렌즈의 초점거리 바로 안쪽에 위치한 $O$점에 물체를 놓고 눈 앞에 수렴렌즈를 설치한다. 그림에서 보듯이 이러한 위치에서 이 렌즈는 확대된 정립허상을 결상한다. 이 렌즈는 렌즈가 없을 때 물체가 눈에 다가가는 거리보다 더 가까운 거리에 물체가 보이도록 해 준다. 렌즈를 통하여 물체를 바라보는 각도(그림 25.6a에서 각도 $\theta_0$)를 렌즈 없이 근점에서 물체를 바라

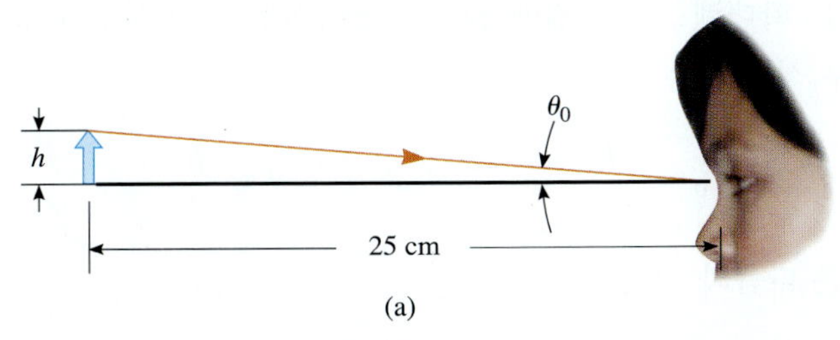


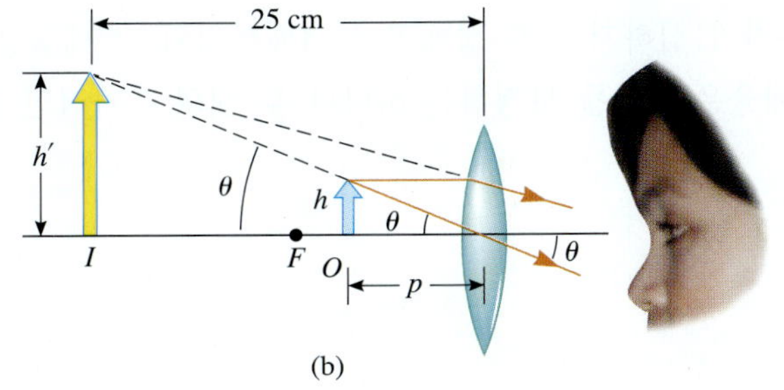


**그림 25.6** (a) 근점($p$ = 25 cm)에 놓은 물체는 눈에서 $\theta_0 \approx h/25$의 각도로 보인다. (b) 수렴렌즈의 초점 근처에 놓은 물체는 확대된 상으로 나타나며, 이때 눈에서 $\theta_0 \approx h'/25$의 각도로 이 확대된 상을 본다. 이러한 상황에서 $q = -25$ cm라는 것을 주목하라.

보는 각도(그림 25.6b에서 각도 $\theta$)로 나눈 비율로 **각 배율**(angular magnification) $m$을 정의한다.

근접에서 물체를 바라보는 각 배율 ▶

$$m \equiv \frac{\theta}{\theta_0} \qquad [25.2]$$

렌즈를 눈에 가깝게 놓은 경우 렌즈로 확대한 상이 눈의 근점, 즉 $q = -25$ cm에 있기 때문에 각 배율은 최대가 된다(그림 25.6b). 상거리에 대응하는 물체거리는 얇은 렌즈 방정식에서 계산할 수 있다.

$$\frac{1}{p} + \frac{1}{-25\text{ cm}} = \frac{1}{f} \qquad [25.3]$$

$$p = \frac{25f}{25+f}$$

여기서 $f$는 센티미터 단위로, 확대기의 초점거리이다. 그림 25.6a와 그림 25.6b에서 작은 각 근사를 사용하면

$$\tan\theta_0 \approx \theta_0 \approx \frac{h}{25} \qquad \text{그리고} \qquad \tan\theta \approx \theta \approx \frac{h}{p} \qquad [25.4]$$

이다. 그러므로 식 25.2는

$$m_{\text{max}} = \frac{\theta}{\theta_0} = \frac{h/p}{h/25} = \frac{25}{p} = \frac{25}{25f/(25+f)}$$

가 되며, 이로부터 다음 식을 얻을 수 있다.

$$m_{\text{max}} = 1 + \frac{25\text{ cm}}{f} \qquad [25.5]$$

식 25.5에 따른 최대 각 배율은 물체를 눈의 근점에 놓고 렌즈로 본 각도 크기를 렌즈 없이 본 각도 크기로 나눈 비율이다. 정시안은 근점과 무한대 사이의 형성된 상에 모두 초점을 맞출 수 있지만 상이 무한대에 있을 때 가장 힘들이지 않고 초점을 맞출 수 있다(25.2절). 확대렌즈의 초점에 물체를 놓아야만 상이 무한대에서 나타나므로 $p = f$이다. 이 경우 식 25.4는

$$\theta_0 \approx \frac{h}{25} \qquad \text{그리고} \qquad \theta \approx \frac{h}{f}$$

가 되며, 각 배율은 다음과 같다.

$$m = \frac{\theta}{\theta_0} = \frac{25\text{ cm}}{f} \qquad [25.6]$$

단일렌즈로 수차가 심하지 않은 상태로 약 4배까지의 각 배율을 얻을 수 있다. 약 20배까지의 각 배율은 수차를 보정하는 하나나 두 개의 추가적인 렌즈를 사용해야만 얻을 수 있다.

**예제 25.2** **렌즈의 배율**

**목표** 상이 근점에 있을 때와 상이 무한대에 있을 때 렌즈의 배율을 각각 계산한다.

**문제** (a) 초점거리가 10.0 cm인 렌즈의 최대 각 배율은 얼마인가? (b) 눈이 이완되었을 때 이 렌즈의 각 배율은 얼마인가? 눈과 렌즈 간의 거리는 0이라고 가정한다.

**전략** 렌즈가 만든 상이 눈의 근점에 있을 때 최대 각 배율을 얻을 수 있다. 이러한 조건에서 식 25.5를 사용하면 최대 각 배율을 구할 수 있다. (b)에서 상이 무한대에 있을 때만이 눈이 이완되므로 식 25.6을 적용한다.

**풀이**

(a) 렌즈의 최대 각 배율을 구한다.

식 25.5에 대입한다.

$$m_{\max} = 1 + \frac{25 \text{ cm}}{f} = 1 + \frac{25 \text{ cm}}{10.0 \text{ cm}} = \boxed{3.5}$$

(b) 눈이 이완되었을 때 렌즈의 배율은 구한다.

눈이 이완되었을 때 상은 무한대에 있으므로 식 25.6에 대입하여 구한다.

$$m = \frac{25 \text{ cm}}{f} = \frac{25 \text{ cm}}{10.0 \text{ cm}} = \boxed{2.5}$$

**연습문제 25.2**

만약에 어떤 렌즈의 최대 각 배율이 4.00이라면 이 렌즈의 초점거리는 얼마인가?

**답** 8.3 cm

## 25.4 복합 현미경

물체의 미세한 구조를 조사할 때 돋보기는 제한된 확대 밖에 하지 못한다. 활용그림 25.7a의 구조도에서 보는 것과 같은 복합 현미경이라는 부르는 두 개 이상의 렌즈를 결합하여 만든 현미경을 사용해야 더 큰 배율의 상을 얻을 수 있다. 이 광학기기는 두 개의 렌즈로 만들어지는데, 이들 렌즈는 각각 매우 짧은 초점거리 $f_o$($f_o < 1$ cm)를 갖는 대물렌즈와 수센티미터의 초점거리 $f_e$를 갖는 눈렌즈 또는 접안렌즈이다. 이 두 렌즈는 $L$만큼 멀리 떨어져 있는데, 이 거리는 $f_o$ 또는 $f_e$보다 더 길다.

현미경의 결상 과정을 분석하기 위해서 사용한 기본 접근법은 두 렌즈를 한 줄로 늘어 세울 때 첫 번째 렌즈가 만든 상이 두 번째 렌즈의 물체가 된다는 것이다. 그리

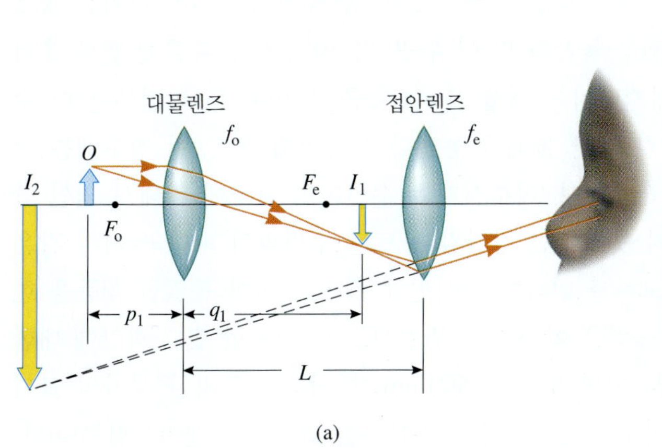

(a)

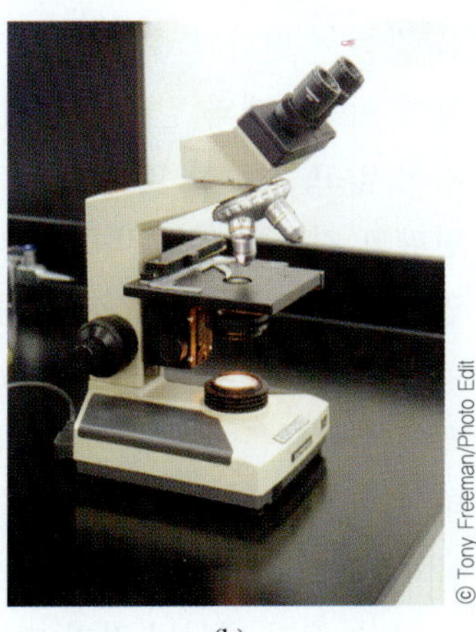

(b)

**활용그림 25.7**
(a) 대물렌즈와 접안렌즈(또는 눈렌즈)로 구성된 복합 현미경의 구조도. (b) 복합 현미경 사진. 3개의 대물렌즈 교환대를 돌려 가면 여러 가지 배율을 얻을 수 있다. 서로 다른 초점거리를 갖는 접안렌즈와 여러 가지 대물렌즈들의 조합으로 상당히 넓은 영역의 배율을 만들 수 있다.

**PhysicsNow™**
**http://physics.brookscole.com/ecp**에서 PhysicsNow를 로그인하고 활용그림 25.7로 가서 대물렌즈와 접안렌즈의 초점거리를 선택하고 최종상이 어떻게 보이는지를 관찰한다.

고 대물렌즈의 초점 바로 바깥에 물체 $O$를 놓으면 접안렌즈 초점이나 초점 바로 안쪽인 $I_1$에 도립실상이 생긴다. 이 상을 다시 더욱 더 크게 확대한다. (광선들을 명확하게 보여 주기 위해서 $I_1$의 확대 과정은 그림 25.7a에서 그리지 않았다.) 돋보기에 사용되는 접안렌즈는 물체로 $I_1$에 있는 상을 사용하며, 이 결과 $I_2$에 최종상을 만든다. $I_2$에 있는 상을 눈이 보면 아주 크게 확대된 도립허상이 보인다.

첫 번째 상의 횡배율은 $-q_1/p_1$이다. $q_1$은 물체를 대물렌즈의 초점 가까이 놓기 때문에 근사적으로 $L$과 같으며, 대물렌즈에 의한 상은 대물렌즈로부터 먼 곳에 만들어진다. 더군다나 물체가 대물렌즈의 초점에 매우 가까이 있기 때문에 $p_1 \approx f_o$이다. 그러므로 대물렌즈의 횡배율은

$$M_1 = -\ q_1 \ \approx -\ L$$

이다. 식 25.6에서 렌즈의 초점에 놓여 있는 물체($I_1$에 있는 상에 대응)에 대한 접안렌즈의 각 배율은

$$m_e = \ 25\text{ cm}$$

이다. 복합 현미경의 전체 배율은 위의 횡배율과 각 배율의 곱으로 정의한다.

현미경의 배율 ▶

$$m = M_1 m_e = -\ L\ \left(\ 25\text{ cm}\ \right) \qquad [25.7]$$

음의 부호는 상이 물체에 대해서 뒤집어져 있다는 것을 의미한다.

현미경은 이전에 미지의 영역으로 남아 있었던 엄청나게 작은 물체를 눈으로 볼 수 있게 해준다. 그리고 렌즈에 대한 정밀가공 능력이 놀랍게 향상되고 있기 때문에 현미경의 성능도 꾸준히 좋아지고 있다. 그러므로 이런 성능이 좋은 현미경의 한계에 대한 자연스러운 의문이 생긴다. 예를 들면 원자를 볼 수 있는 성능이 매우 좋은 현미경을 만들 수 있는지에 대한 의문이다. 가시광을 현미경의 광원으로 사용하는 한은 이것은 불가능하다. 현미경으로 물체를 보기 위해서는 현미경에 갖다 놓는 물체의 크기는 사용한 광원의 파장보다는 커야만 한다. 원자는 현미경에서 사용한 파장보다 수천 배 이상 작기 때문에 원자를 보기 위해서는 다른 기술을 사용해야만 한다.

**☑ Checkpoint 25.4**

초점거리가 $f$인 접안렌즈를 초점거리가 $f/2$인 접안렌즈로 바꾼다면 현미경의 배율은 몇 배까지 변하는가?

"본다"는 행위에 대한 파동의 파장 의존성은 다음과 같은 방법으로 욕조 내의 수면파를 가지고 설명할 수 있다. 물 속에 손을 넣고 위아래로 흔들어서 약 6인치의 파장을 갖는 수면파가 수면을 따라 움직인다고 상상해 보자. 만약에 수면파가 나가는 경로상에 이쑤시개와 같은 작은 물체를 놓는다면, 이 수면파는 이쑤시개 때문에 별로 흩어지지 않고 경로를 따라 그냥 퍼져나가는 것을 볼 수 있을 것이다. 자, 이번에는 이 수면파의 경로에 장난감 보트와 같은 큰 물체를 놓는다고 가정해 보자. 이 경우에는 수면파가 물체 때문에 상당하게 흩어진다. 이쑤시개는 수면파의 파장에 비해서 훨씬 작아서 수면파가 이쑤시개를 보지 못하지만 장난감 보트는 수면파의 파장과 거의 같은 크기이기 때문에 수면파가 이 보트로 인하여 흩어진다. 광파도 이와 동일한 행동을 한다. 물체를 보는 광학 현미경의 능력은 이 물체를 관찰하는 데 사용한 빛의 파장에 대한 물체의 크기에 의존한다. 따라서 빛의 파장($\approx$ 500 nm)에 비하여 원자나 분자의 크기($\approx$ 0.1 nm)가 너무나 작기 때문에 현미경으로 원자나 분자를 보는 것은 불가능할 것이다.

**예제 25.3** **현미경 배율**

**목표** 현미경 배율을 정하는 중요한 인자들을 공부한다.

**문제** 어떤 현미경은 두 개의 교환용 대물렌즈를 장착하고 있다. 하나는 초점거리가 2.0 cm이고 다른 하나는 초점거리가 0.20 cm이다. 또한 접안렌즈도 초점거리가 2.5 cm와 5.0 cm인 두 개를 사용한다. 만약에 현미경의 경통길이가 18 cm라면 다음과 같은 렌즈 조합에 대한 현미경 배율을 구하라. 2.0 cm의 대물렌즈와 5.0 cm의 접안렌즈, 2.0 cm의 대물렌즈와 2.5 cm의 접안렌즈, 0.25 cm의 대물렌즈와 5.0 cm의 접안렌즈.

**전략** 문제에서 제시한 3가지 렌즈 조합을 식 25.7에 대입한다.

**풀이**

식 25.7에 2.0 cm의 대물렌즈와 5.0 cm의 접안렌즈를 조합할 경우를 적용한다.

$$m = -\frac{L}{f_o}\left(\frac{25\text{ cm}}{f_e}\right) = -\frac{18\text{ cm}}{2.0\text{ cm}}\left(\frac{25\text{ cm}}{5.0\text{ cm}}\right) = \boxed{-45}$$

식 25.7에 2.0 cm의 대물렌즈와 2.5 cm의 접안렌즈를 조합할 경우를 적용한다.

$$m = -\frac{18\text{ cm}}{2.0\text{ cm}}\left(\frac{25\text{ cm}}{2.5\text{ cm}}\right) = \boxed{-9.0 \times 10^1}$$

식 25.7에 0.20 cm의 대물렌즈와 5.0 cm의 접안렌즈를 조합할 경우를 적용한다.

$$m = -\frac{18\text{ cm}}{0.20\text{ cm}}\left(\frac{25\text{ cm}}{5.0\text{ cm}}\right) = \boxed{-450}$$

**주의** 더 큰 배율을 만들 수 있지만 분해능이 떨어져서 보기가 어려운 희미한 상이 나온다. (이러한 논의는 25.6절에서 한다.)

**연습문제 25.3**

동일한 현미경의 경통에서 초점거리가 0.20 cm인 대물렌즈와 초점거리가 2.5 cm인 접안렌즈 조합으로 만든 현미경 배율을 구하라.

**답** $9.0 \times 10^2$

## 25.5 망원경

망원경은 근본적으로 두 가지 종류로 나뉘지만, 모두 태양계의 행성들과 같은 아주 먼 물체를 보도록 설계된 광학기기이다. 이 두 가지 망원경은 (1) 결상을 위해서 렌즈 조합만을 사용한 **굴절 망원경**(refracting telescope)과 (2) 결상을 위해서 곡면 거울과 렌즈를 사용한 **반사 망원경**(reflecting telescope)이다. 현미경에서 했듯이 망원경의 두 광학 부품을 일렬로 늘여서 생각함으로써 망원경의 결상 과정을 쉽게 분석할 수 있다. 앞 절에서 했던 것처럼 이를 위하여 사용한 기본 접근법은 첫 번째 렌즈가 만든 상이 두 번째 렌즈의 물체가 된다는 것이다.

굴절 망원경에서 두 렌즈를 정렬하면 대물렌즈는 접안렌즈의 초점 근처에 아주 멀리 있는 물체의 도립실상을 맺는다(활용그림 25.8a). 그리고 물체가 원칙적으로 무한대에 있기 때문에 $I_1$에 있는 도립실상은 대물렌즈의 초점에 생긴다. 또한 두 렌즈는 망원경의 경통 길이에 해당하는 $f_o + f_e$만큼 떨어져 있다. 최종적으로 접안렌즈는 $I_2$의 위치에 $I_1$에 있던 상을 확대하여 도립상으로 결상한다.

망원경의 각 배율은 $\theta/\theta_o$이며, 여기에서 $\theta_o$는 대물렌즈에서 물체를 바라 보는 각도이고 $\theta$는 사람이 최종 상을 보는 각도이다. 작은 각도인 경우 활용그림 25.8a의 삼각형에서

$$\theta \approx \frac{h'}{f_e} \qquad \text{그리고} \qquad \theta_o \approx \frac{h'}{f_o}$$

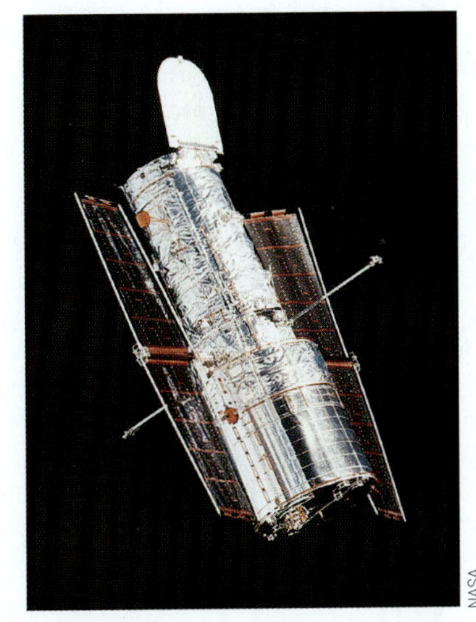
NASA

허블 우주 망원경은 이전의 다른 망원경들이 보여 준 것보다 시간적으로 훨씬 더 많은 과거와 공간적으로 훨씬 더 넓은 우주를 볼 수 있게 한다.

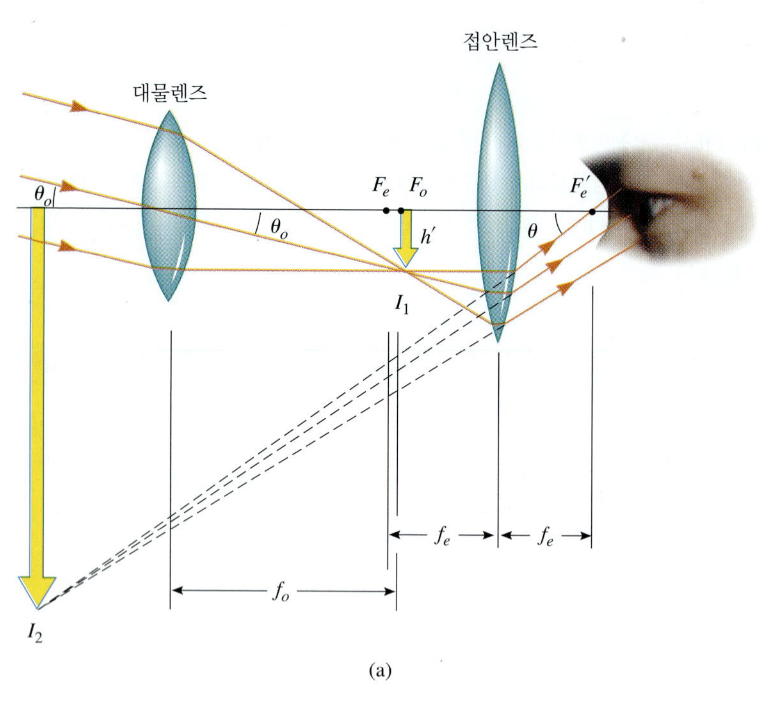

**활용그림 25.8**
(a) 무한대 거리에 있는 물체를 보는 굴절 망원경의 구조도. (b) 굴절 망원경의 사진.

**PhysicsNow™** **http://physics.brookscole.com/ecp**에서 PhysicsNow를 로그인하고 활용그림 25.8로 가서 대물렌즈와 접안렌즈의 초점거리를 선택하고 최종상이 어떻게 보이는지를 관찰한다.

이 된다. 그러므로 망원경의 각 배율은 다음처럼 나타낼 수 있다.

망원경의 각 배율 ▶

$$m = \frac{\theta}{\theta_0} = \frac{h'/f_e}{h'/f_o} = \frac{f_o}{f_e} \qquad [25.8]$$

이 식은 망원경의 각 배율이 대물렌즈의 초점거리를 접안렌즈의 초점거리로 나눈 비와 같다는 것을 보여 준다. 여기에서 각 배율은 망원경으로 본 물체의 각도 크기를 맨눈으로 본 물체의 각도 크기로 나눈 비이다.

태양, 달, 여러 행성들과 같은 상대적으로 가까운 천체들을 관측하는 경우 각 배율이 중요하다. 그러나 이 외의 대부분의 별들은 너무나 멀리 있기 때문에 별들은 매우 작은 광점으로 나타나므로 각 배율이 얼마인가는 중요하지 않게 된다. 매우 먼 천체를 대상으로 사용하는 거대한 연구용 망원경들의 직경은 가능한 한 빛을 많이 모으기 위해서 상당히 크다. 이에 덧붙여서 이러한 거대한 망원경에 사용하는 큰 렌즈들의 무거운 무게로 인하여 렌즈의 미세 변형이 생기고, 이 결과 수차가 추가적으로 생긴다.

이들 문제들은 대물렌즈를 구면 수차 제거용 반사식 포물경으로 대체함으로써 부분적으로 해결할 수 있다. 그림 25.9는 전형적인 반사 망원경의 구조이다. 입사광선들은 망원경의 경통 속으로 들어와서 경통 바닥에 설치한 포물경에서 반사한다. 이 반사된 광선들은 그림의 $A$ 지점으로 모이며, 이곳에 놓은 필름이나 검출기에 상이 맺힌다. 그러나 이렇게 상이 맺히기 전에 $M$ 지점에 작은 평면거울을 놓아서 접안렌즈를 설치한 경통 옆면의 뚫린 곳으로 광선을 반사시킨다. 이 망원경은 개발자의 이름을 따서 **뉴턴 초점**을 갖는다고 말한다. 반사 망원경에서 빛은 (작은 접안렌즈를 제외하

### ☑ Checkpoint 25.5

초점거리가 $f$인 접안렌즈를 초점거리가 $f/2$인 접안렌즈로 바꾼다면 망원경의 배율은 몇 배까지 변하는가?

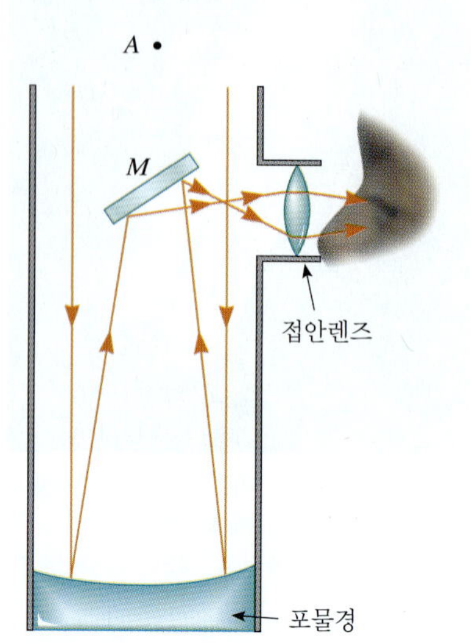


**그림 25.9** 뉴턴 초점을 갖고 있는 반사 망원경.

고는) 다른 유리렌즈를 통과하지 않는다. 결과적으로 색수차 문제는 완전히 사라진다.

세상에서 가장 큰 광학 망원경은 하와이 주의 마우나 케이(Mauua kea) 산 정상에 있는 지름 10 m인 두 대의 케크(keck) 반사 망원경이다. 미국 본토에서 가장 큰 단일거울의 반사 망원경은 캘리포니아 주의 팔로마(Palomar) 산에 있는 지름 5 m의 망원경이다. 이에 비해서 세계에서 가장 큰 굴절 망원경은 위스콘신 주의 윌리암만에 있는 에커스(Yerkes) 천문대에 있는 지름 1 m의 망원경이다.

**예제 25.4** **허블 우주 망원경의 배율**

**목표** 망원경의 배율을 이해한다.

**문제** 허블 우주 망원경의 길이는 13.2 m이지만, 2차 거울을 이용하여 유효 초점거리는 57.8 m이다(그림 25.10을 보라). 망원경은 눈을 사용하지 않고 여러 가지 장비로 집광된 빛을 측정해야 하기 때문에 접안렌즈가 없다. 그러나 맨눈으로 보는 것보다 수천 배 더 밝은 상을 만들 수 있다. $8.00 \times 10^3$의 배율을 갖기 위해서는 허블 우주 망원경의 거울광학계에 어느 정도의 초점거리를 갖는 접안렌즈를 사용해야 하는가?

**전략** 망원경 배율에 대한 식 25.8을 접안렌즈 초점거리로 정리할 수 있다. 반사 망원경의 각 배율을 구하기 위한 식도 굴절 망원경의 식과 동일하다.

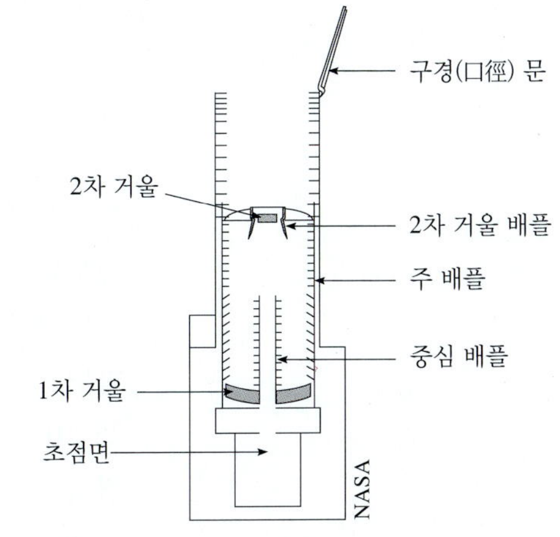

**그림 25.10** 허블 우주 망원경의 개략도.

**풀이**

식 25.8을 $f_e$에 대해서 푼 후 주어진 값을 대입한다.

$$m = \frac{f_o}{f_e} \longrightarrow f_e = \frac{f_o}{m} = \frac{57.8\ \text{m}}{8.00 \times 10^3} = 7.23 \times 10^{-3}\ \text{m}$$

**주의** 이 배율의 결과는 분해능이 "좋은" 상이라는 것이다. 그러나 망원경의 집광력이 상의 분해능을 주로 결정하는데, 배율보다는 훨씬 더 중요하다. 고분해 상은 항상 확대가 가능하기 때문에 세밀하게 상을 관찰할 수 있다. 저분해 상을 확대한다면 이 상의 미세한 부분들은 흐려진다.

**연습문제 25.4**

팔로마 산에 있는 헤일 망원경의 초점거리는 16.8 m이다. 초점거리가 5.00 mm인 접안렌즈와 결합시킨 이 망원경의 배율을 구하라.

**답** $3.36 \times 10^3$

## 25.6 단일슬릿의 분해능과 원형 구멍

눈, 현미경, 망원경과 같은 광학계는 근본적으로 빛의 파동성 때문에 아주 가까이 붙어 있는 물체를 구분하는 데 한계가 있다. 이러한 문제를 이해하기 위해서 폭이 $a$인 좁은 슬릿에서 멀리 떨어져 있는 두 광원을 보여 주는 그림 25.11을 생각해 보자. 서로 결안맞는 이 두 광원 $S_1$과 $S_2$를 점 광원으로 취급할 수 있다. 예를 들면 떨어져 있는 두 별을 이 두 광원으로 생각할 수 있다. 만약에 회절이 생긴다면 떨어져 있는 두 개의 밝은 점(또는 상)들은 스크린에서 그림의 오른쪽처럼 보일 것이다. 그러나 회절 때문에 각각의 광원은 중앙의 밝은 원무늬를 중심으로 약간 더 약한 밝은 원무늬와

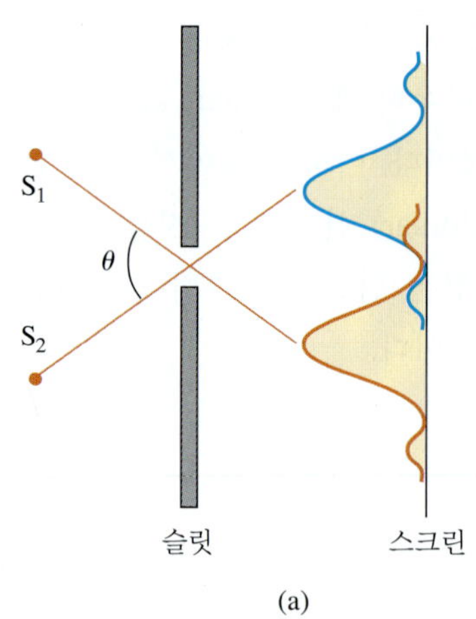


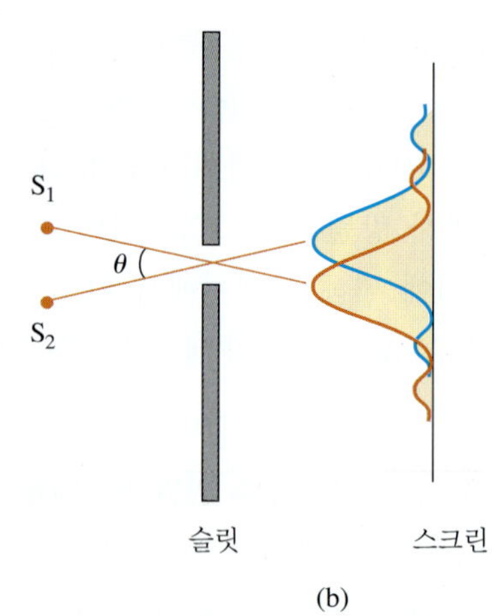


**그림 25.11** 두 광원에서 멀리 떨어져 있는 하나의 좁은 슬릿으로 인하여 생긴 회절무늬. (a) 슬릿에서 두 광원에서 동시에 바라 보는 각도는 충분히 커서 두 회절무늬가 서로 구별된다. (b) 슬릿에서 두 광원에서 동시에 바라 보는 각도가 상당히 작으면 두 회절무늬는 서로 구별되지 않는다. (이 각도들은 과장되게 그렸다는 것을 알아야 한다. 그림은 축적대로 그리지 않았다.)

어두운 원무늬가 물결치는 듯한 상으로 나타난다. 스크린에서 보이는 것은 이 두 회절무늬가 합쳐진 것으로 하나는 $S_1$이 만든 것이고 다른 하나는 $S_2$가 만든 것이다.

만약에 두 광원이 분리되어 그림 25.11a처럼 각각의 중심 회절무늬가 겹치지 않았다면 이들의 상은 구별할 수 있으며, 분해되었다고 말한다. 그러나 만약에 그림 25.11b처럼 광원들이 너무 가까이 놓여 있다면 두 회절무늬의 중심 원무늬들이 서로 겹칠 수 있으며, 이 경우 분해되지 않는다고 말한다. 두 상을 분해할 수 있는지를 알기 위해서 종종 이 회절무늬들에 다음과 같은 조건을 적용한다.

레일리 기준 ▶

하나의 상의 최대값의 위치가 다른 상의 첫 번째 최소값의 위치와 일치할 때 상을 막 분해할 수 있다고 말한다. 이러한 상 분해에 대한 조건을 **레일리 기준** (Rayleigh's criterion)이라고 한다.

그림 25.12는 3가지 상황에 대한 회절무늬를 나타낸다. 상들의 각 분리(angular seperation)가 레일리 기준 이상으로 나누어질 때 상들은 분해가 된다(그림 25.12a). 물체를 서로 더 가까이 접근시켜서 레일리 기준이 되면 이 상들은 겨우 분해가 된다(그림 25.12b). 끝으로 두 광원을 아주 가까이 접근시키면 상들은 분해되지 않는다(그림 25.12c).

레일리 기준에 따라 광원을 바라보는 최소 각 분리 $\theta_{\min}$를 정할 수 있는데, 이 각도부터는 가까스로 상이 분해된다. 24장에서 단일슬릿에 대한 회절무늬 중 첫 번째 최소값이 다음과 같은 각도일 때 생긴다는 것을 이미 공부하였다.

$$\sin\theta = \frac{\lambda}{a}$$

여기서 $a$는 슬릿의 폭이다. 레일리 기준에 따르면 위 식이 두 상을 분해할 수 있는 가장 작은 각 분리를 나타낸다. 대부분의 경우 $\lambda \ll a$이기 때문에 $\sin\theta$는 작으며 이 결과 $\sin\theta \approx \theta$라는 근사식을 사용할 수 있다. 그러므로 폭이 $a$인 슬릿에 대한 최소 분해각은

슬릿에 대한 최소 분해각 ▶

$$\theta_{\min} \approx \frac{\lambda}{a} \qquad [25.9]$$

이며, 여기에서 $\theta_{\min}$은 라디안 단위이다. 따라서 상이 분해된다면 슬릿에서 두 광원을

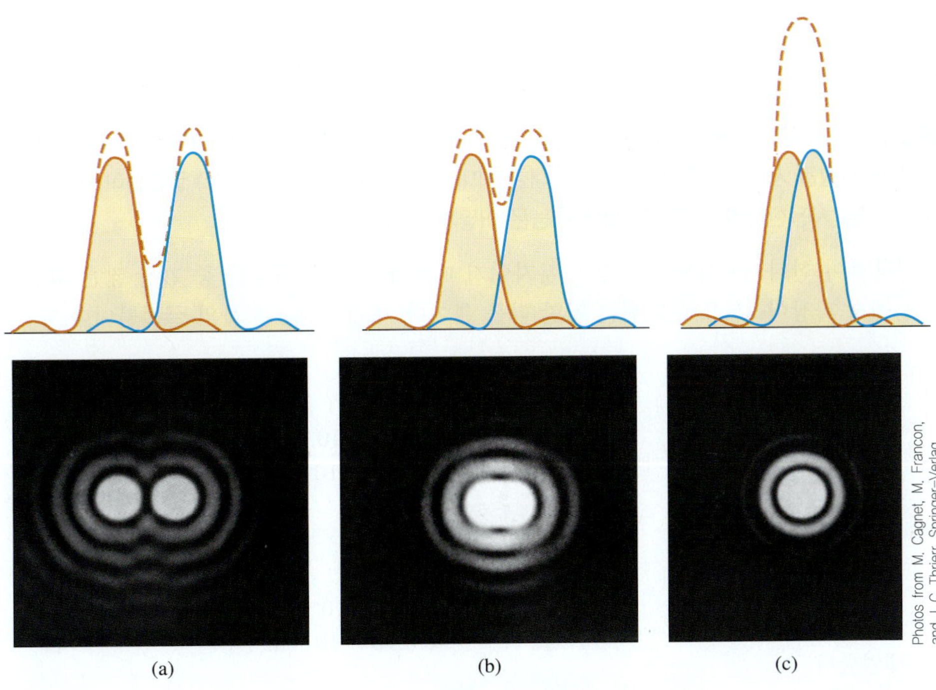


**그림 25.12** 두 점 광원에 대한 회절무늬(굵은 선)와 두 광원의 3가지 떨어진 거리에 대한 최종 회절무늬(점선). (a) 상들의 각 분리가 레일리 기준 이상으로 나누어질 때 상들은 분해가 된다. (b) 물체를 서로 더 가까이 접근시켜서 레일리 기준이 되면 이 상들은 겨우 분해가 된다. (c) 두 광원을 아주 가까이 접근시키면 상들은 분해되지 않는다.

바라보는 각도는 $\lambda/a$보다 **더 커야**만 한다.

대부분의 광학기기들은 슬릿 대신에 원형 구멍을 사용한다. 원형 구멍에 대한 회절무늬(그림 25.13)를 보면 중앙부에 매우 밝은 원형 무늬가 있으며 점진적으로 어두워지는 원형 고리가 중앙 밝은 부분을 둘러싸고 있다. 이론적으로 분석해 보면 원형 구멍의 최소 분해각은

$$\theta_{\min} \approx 1.22\frac{\lambda}{D} \qquad [25.10]$$

로 $D$는 원형 구멍의 지름이다. 식 25.10에서 1.22라는 상수만을 제외하고는 식 25.9와 유사하다는 것을 주목하라. 이 상수 1.22는 원형 구멍의 회절에 대한 복잡한 수학 계산에서 나온 것이다.

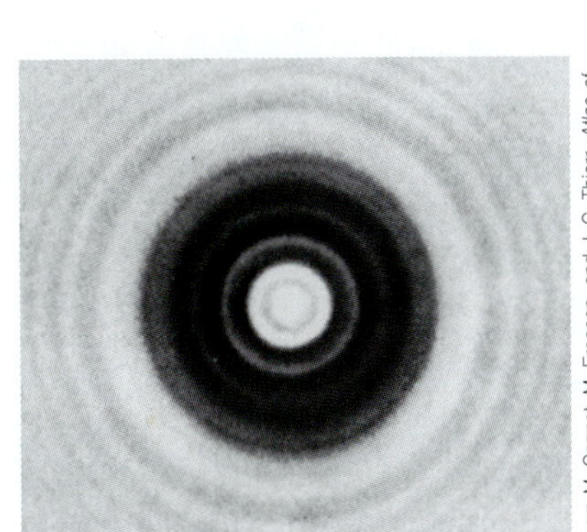


**그림 25.13** 원형 구멍의 회절무늬는 중심부가 밝은 판으로 되어 있으며, 구 주위를 밝은 동심고리와 어두운 동심고리가 순차적으로 둘러싸고 있다.

**Quick Quiz 25.2**

망원경으로 이중성을 관찰하는 데 있어서 두 별을 제대로 분해하기가 매우 어렵다고 가정하자. 다음 중 어떤 색깔의 필터를 사용하는 것이 이 두 별을 분해하여 보는 데 더 좋은가? (a) 청색 필터, (b) 적색 필터, (c) 둘 다 아님, 즉 컬러 필터는 분해하는 데 어떤 도움도 주지 못한다.

**Checkpoint 25.6**

진실인가 거짓인가: 망원경의 구멍을 더 작게 만들면 최소 분해각은 감소한다.

**응용물리 25.1** 고양이 눈

고양이 눈은 어두운 곳에서 위아래로 길쭉한 동공이 열린다. 밤에 멀리 떨어진 자동차 전조등과 이 자동차 전조등 사이의 거리와 같은 멀리 떨어진 보트 돛대의 위아래에 매달린 두 전조등 중 고양이 눈에는 어느 것이 더 잘 분해되어 보일까?

**설명** 고양이 눈에 대한 수직 방향의 유효 슬릿 폭은 수평 방향의 유효 슬릿 폭보다 더 크다. 따라서 수직 방향으로 분리된 빛을 더 잘 분해하고 이로 인하여 보트의 돛대에 걸린 두 전조등을 보다 더 효율적으로 분해하여 볼 수 있다.

### 예제 25.5 현미경의 상분해

**목표** 현미경의 상분해에 대한 한계를 공부한다.

**문제** 파장이 589 nm인 나트륨 등으로 현미경을 조명하면서 물체를 본다. 대물렌즈가 들어간 현미경의 원형 구멍 직경이 0.90 cm이다. (a) 이 현미경의 한계 분해각을 구하라. (b) 필요한 임의의 가시광 파장을 사용한다면 이 현미경에 대한 최대 분해 한계는 얼마인가? (c) 굴절률이 1.33인 물로 물체와 대물렌즈 사이의 공간을 채운다. 589 nm의 빛을 사용한다면 이 현미경의 분해능은 어떻게 변하는가?

**전략** (a)와 (b)를 풀기 위해서는 식 25.10을 사용해야 한다. 이 식에서 파장이 분자이기 때문에 가시광 파장들 중 가장 짧은 파장인 보랏빛이 이 현미경의 분해를 최대로 만든다. (c)에서 파장이 $\lambda/n$으로 바뀌는 것만 다를 뿐이다. 여기에서 $n$은 물의 굴절률이다.

**풀이**

(a) 이 현미경에 대한 한계 분해각을 구한다.

한계 분해각을 구하기 위해서 식 25.10에 대입한다.

$$\theta_{\min} = 1.22\frac{\lambda}{D} = 1.22\left(\frac{589 \times 10^{-9}\text{ m}}{0.90 \times 10^{-2}\text{ m}}\right)$$

$$= \boxed{8.0 \times 10^{-5}\text{ rad}}$$

(b) 현미경의 최대 분해 한계를 계산한다.

최대 분해각을 구하기 위해서 사용 가능한 가시광 중 가장 짧은 파장인 보랏빛의 파장 $4.0 \times 10^2$ nm을 대입한다.

$$\theta_{\min} = 1.22\frac{\lambda}{D} = 1.22\left(\frac{4.0 \times 10^{-7}\text{ m}}{0.90 \times 10^{-2}\text{ m}}\right)$$

$$= \boxed{5.4 \times 10^{-5}\text{ rad}}$$

(c) 589 nm의 빛으로 물체를 비추었을 때 물체와 대물렌즈 사이에 채워 넣은 물은 상분해에 어떤 영향을 주는가?

물에서의 나트륨 등의 파장을 계산한다.

$$\lambda_w = \frac{\lambda_a}{n} = \frac{589\text{ nm}}{1.33} = 443\text{ nm}$$

최소 각 분해를 구하기 위해서 이 값을 식 25.10에 대입한다.

$$\theta_{\min} = 1.22\left(\frac{433 \times 10^{-9}\text{ m}}{0.90 \times 10^{-2}\text{ m}}\right) = \boxed{6.0 \times 10^{-5}\text{ rad}}$$

**주의** 각 경우에 있어서 대물렌즈에서 보는 $\theta_{\min}$보다 작은 각으로 분리된 물체의 임의의 두 지점은 상에서 구별되지 않는다. 결과적으로 위에서 주어진 현미경으로는 하나의 세포를 보는 것은 가능하지만 세포 내의 아주 작은 구조들을 명확하게 볼 수는 없다. 분해능을 키우기 위해서는 슬라이드 유리의 대물렌즈 쪽에 오일을 한 방울 떨어뜨려 놓는다.

**연습문제 25.5**

위의 문제에서 주어진 현미경에서 물체와 대물렌즈 사이의 공간을 $n = 1.50$의 오일로 채운다고 가정하자. 공기 중에서 파장이 589 nm인 나트륨 등으로 이 현미경을 조명한다면 한계 분해 각 $\theta_{\min}$은 얼마인가?

**답** $5.3 \times 10^{-5}$ rad

이와 같은 방법으로 망원경의 분해능도 계산할 수 있는데, 식 25.10을 사용한다면 망원경의 한계 분해각을 구할 수 있다. 주어진 거리에서 망원경이 분해할 수 있는 물체의 최소 크기를 구하려면 이 한계각을 $s = r\,\theta_{\min}$에 대입해야 한다(일반적으로 이 거리는 대단히 길고 한계각은 작기 때문에 물체의 최소 크기는 원주 길이로 해도 된다). 대기교란 때문에 망원경의 분해능이 나빠지므로 작은 구경의 우주 망원경이 직경이 훨씬 더 큰 지상 망원경보다 분해능이 더 좋다.

팔로마 산의 헤일 광학 망원경의 분해능과 직경 1 000 ft(305 m)의 푸에트리코의 아레시보 전파 망원경의 분해능을 비교해 보는 것은 재미있다. 이 전파 망원경은 파장이 0.75 m인 라디오파를 검출한다. 이에 대응하는 최소 분해각은 $3.0 \times 10^{-3}$ rad(10분

19초)인데 헤일 광학 망원경의 계산된 최소 분해각보다 10 000배 더 크다.

아레시보 전파 망원경은 헤일 광학 망원경에 비해서 상대적으로 나쁜 분해능을 갖고 있는데도 왜 천체 망원경으로 사용하는가? 광학 망원경들과는 달리 아레시보 전파 망원경은 먼지구름을 뚫고 물체를 볼 수 있다. 우리의 은하계 중심은 이러한 우주먼지로 가려져 있는데 가시광을 흡수하고 산란시킨다. 라디오파는 쉽게 먼지구름을 뚫고 지나가기 때문에 라디오 전파 망원경은 은하 중심부를 직접 관찰할 수 있게 해준다.

## 요약

**Physics Now™** **http://physics.brookscole.com/ecp**에서 PhysicsNow를 로그인하고 이 장에 대한 Pre-Test link를 클릭하여 연습문제 시험을 보라.

### 25.1 사진기

초점거리가 $f$이고 지름이 $D$인 렌즈의 집광 능력은 다음과 같이 정의한 ***f*-수**로 구할 수 있다.

$$f\text{-수} \equiv \frac{f}{D} \qquad [25.1]$$

렌즈의 $f$-수가 작아지면 상은 더 밝아진다.

### 25.2 눈

**원시**는 안구의 길이가 너무 짧거나 수정체가 상을 망막에 맺지 못할 정도로 모양근이 렌즈의 모양을 제대로 바꾸지 못할 경우에 생긴다. **근시**는 안구의 길이가 정상보다 길거나 수정체의 최대 초점거리가 망막에 깨끗한 상을 맺지 못할 정도로 짧을 때 생긴다.

**디옵터** 단위로 나타낸 렌즈의 **굴절능**은 미터 단위로 나타낸 초점거리의 역수이다.

### 25.3 단순 확대기

**렌즈의 각배율**은 다음과 같이 정의한다.

$$m \equiv \frac{\theta}{\theta_0} \qquad [25.2]$$

여기서 $\theta$는 눈에서 렌즈를 통하여 바라 본 물체의 각도이고 $\theta_0$는 렌즈 없이 맨눈의 근점에 물체를 놓았을 때 이 물체를 바라 보는 각도이다. **렌즈의 최대 각 배율**은

$$m_{\text{max}} = 1 + \frac{25\text{ cm}}{f} \qquad [25.5]$$

이다. 눈을 이완시켰을 때 각 배율은

$$m = \frac{25\text{ cm}}{f} \qquad [25.6]$$

이다.

### 25.4 복합 현미경

경통길이가 $L$인 **복합 현미경의 총 배율**은 초점거리가 $f_o$인 대물렌즈의 배율과 초점거리가 $f_e$인 접안렌즈의 배율을 곱한 값이다.

$$m = -\frac{L}{f_o}\left(\frac{25\text{ cm}}{f_e}\right) \qquad [25.7]$$

### 25.5 망원경

**망원경의 각 배율**은

$$m = \frac{f_o}{f_e} \qquad [25.8]$$

이며, 여기서 $f_o$는 대물렌즈의 초점거리이고 $f_e$는 접안렌즈의 초점거리이다.

### 25.6 단일슬릿의 분해능과 원형 구멍

근접한 물체의 회절무늬에서 한 물체가 만든 회절무늬의 중심 최대값 위치가 다른 물체가 만든 회절무늬의 첫 번째 최소값 위치와 일치할 때 이 두 상은 **가까스로 분해되었다**라고 말한다. 이러한 분해에 대한 제한조건을 **레일리 기준**이라고 한다. 폭이 $a$인 **슬릿**에 대한 최소 분해각은

$$\theta_{\text{min}} \approx \frac{\lambda}{a} \qquad [25.9]$$

이다. **원형 구멍**의 최소 분해각은

$$\theta_{\text{min}} \approx 1.22\frac{\lambda}{D} \qquad [25.10]$$

이고, 여기서 $D$는 원형구멍의 지름이다.

## 개념 파악을 위한 질문

**1.** 방의 한쪽 끝에 있는 물체를 조사하기 위하여 렌즈가 사용된다. 이 렌즈를 돋보기로 사용될 수 있는가?

**3.** 시신경과 뇌는 망막에 결상된 상을 뒤집는다. 왜 사람들은 모든 상들이 뒤집어진다는 것을 알지 못하는가?

**5.** 보통 대형 망원경은 대부분 굴절 망원경보다는 반사 망원경을 채택한다. 그 이유를 아는 대로 설명하라.

**7.** 사용하고 있는 광학 현미경의 분해능에 대한 문제를 논하지 말고, 원자만큼 작은 물체를 보는 것이 이론적으로 불가능하다는 것을 설명하라.

**9.** 1.25 m의 근점을 갖는 사람이 있다. 이 사람의 눈은 근시인가 아니면 원시인가? 이 눈을 보정하기 위해서는 수렴렌즈를 보정렌즈로 사용해야 하는가 아니면 발산렌즈를 보정렌즈로 사용해야 하는가?

## 문제

1, 2, 3 = 기본문제, 발전문제, 심화문제

□ = 학생 문제풀이 매뉴얼/학습 가이드 속에 문제풀이가 있다.

PhysicsNow™ http://physics.brookscole.com/ecp에서 힌트를 받을 수 있는 문제

= 생물의학 문제

### 25.1 사진기

**1.** 초상을 찍는 전문사진사가 사용하는 사진기의 초점거리는 25.0 cm이다. 이 사진사가 사진기 앞 1.50 m에 있는 사람의 초상을 찍는다. 상은 어디에 생기는가? 이 사진기의 횡배율은 얼마인가?

**3.** 빌딩을 찍은 사진에서 빌딩의 높이는 0.092 0 m이다. 초점거리가 52.0 mm인 렌즈로 상을 결상하였다. 만약에 빌딩에서 100 m 위치에 렌즈를 놓고 이 빌딩을 찍었다면 빌딩의 실제 높이는 얼마인가?

**5.** $f/4$의 노출과 1/32 s의 셔터 속도로 사진을 찍는 사진기가 있다. 아주 빨리 움직이는 물체를 "정지" 화면으로 찍고자 한다면 셔터 속도는 1/256 s로 바꾸어야 한다. 주변의 조명 조건이 변하지 않았다고 가정한다면 동일한 노출을 유지하기 위한 새로운 $f$-수는 얼마이어야 하는가?

**7.** 어떤 필름은 $f/11$의 렌즈로 사진을 찍을 때 0.010 s의 노출시간이 필요하다. 다른 종류의 필름은 같은 노출 조건에서 2배의 빛 에너지가 필요하다. 두 번째 필름으로 0.010 s의 노출시간을 사용한다면 렌즈의 $f$-수는 얼마이어야 하는가?

### 25.2 눈

**9.** 어떤 한 은퇴한 은행장은 눈에서 팔 길이에 해당하는 60.0 cm 이상 떨어지게 신문을 놓았을 때만 경제신문의 활자를 쉽게 읽을 수 있다. 이 사람이 24.0 cm에서 가장 편안하게 신문을 읽을 수 있도록 안경을 사용한다면 이 안경의 초점거리는 얼마인가?

**11.** 근시인 닉(Nick)의 눈은 18.0 cm에서 80.0 cm까지의 조절 한계를 갖는다. 닉이 안경을 썼을 때만 멀리 있는 물체를 명확하게 볼 수 있다. 명확히 물체를 볼 수 있는 최소 거리는 얼마인가?

**13.** 어떤 사람이 근시이다. 이 사람의 근점은 13.0 cm이고 원점은 50.0 cm이다. (a) 이 근시를 보정하는 데 필요한 렌즈의 굴절능은 얼마인가? (b) 이 렌즈를 사용할 때 이 사람의 근점은 얼마인가?

**15.** 망가진 수정체를 교체하기 위해서 인공 수정체를 사람 눈에 이식한다. 인공 수정체와 망막 간의 거리는 2.80 cm이다. 이 수정체가 없다고 가정할 경우 (각막에 의해서 결상된) 멀리 있는 물체의 상은 망막 뒤 2.53 cm에 생긴다. 이 물체의 상을 망막에 제대로 결상하는 인공 수정체를 설계한다. 이 이식된 인공 수정체의 굴절능은 얼마인가? (힌트 : 각막이 만든 상은 허상이라는 것을 생각하라.)

### 25.3 단순 확대기

**17.** 우표수집가가 우표를 자세히 관찰하기 위하여 초점거리가 7.5 cm인 돋보기를 사용한다. 이 돋보기는 물체의 상을 정시안의 근점인 25 cm에다 허상을 결상한다. (a) 이 렌즈로부터 얼마나 먼 곳에 우표를 놓고 보아야 하는가? (b) 예상되는 각배율은 얼마인가?

**19.** 생물학을 전공하는 학생이 곤충의 날개에 대한 구조를 관찰하기 위해서 돋보기를 사용한다. 이 곤충의 날개를 렌즈 앞 2.50 cm에 놓았으며 상은 눈으로부터 25.0 cm되는 거리에 생긴다. (a) 이 렌즈의 초점거리는 얼마인가? (b) 각 배율은 얼마인가?

**21.** 길이가 $h$인 나뭇잎을 초점거리가 39.0 cm인 수렴렌즈 앞 71.0 cm에 놓는다. 관찰자는 그림 P25.21에서 보는 것처럼 렌즈 뒤 1.26 m에서 나뭇잎의 상을 본다. (a) 렌즈가 만든 횡배율(상의 크기를 물체의 크기로 나눈 비)의 크기는 얼마인가? (b) 잎을 직접 보는 각도와 나뭇잎의 상을 보는 각도로 구하는 각배율은 얼마인가?

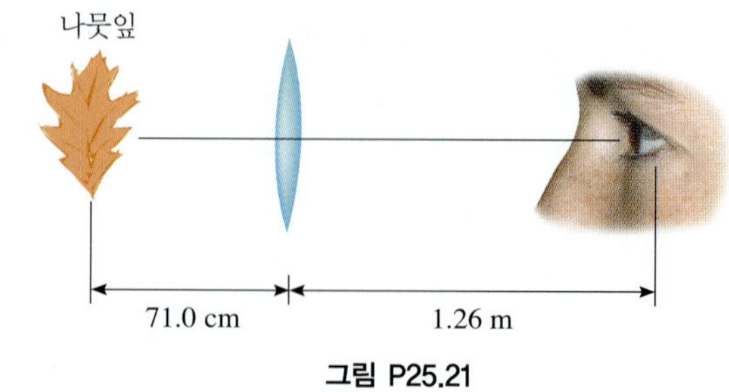


그림 P25.21

## 25.4 복합 현미경

## 25.5 망원경

**23.** 복합 현미경의 총 배율이 140×이다. 대물렌즈 단독으로는 12×이다. 접안렌즈의 초점거리는 얼마인가?

**25.** Physics Now™ 현미경의 길이가 15.0 cm이다. 대물렌즈의 초점거리는 1.00 cm이고 접안렌즈의 초점거리는 2.50 cm이다. 물체에 초점을 맞추어서 눈이 이완되었다고 가정한다면 현미경의 배율은 얼마인가? [힌트: 이 문제를 풀기 위해서는 기본으로 돌아가서 얇은 렌즈 방정식을 사용해야 한다.]

**27.** 천체 망원경의 두 렌즈를 눈의 피로가 최소화하면서 먼 물체를 보도록 맞추었을 때 두 렌즈의 거리는 92 cm이다. 망원경의 각 배율은 45이다. 각 렌즈의 초점거리를 계산하라.

**29.** 어떤 사람이 오래된 안경렌즈 한 쌍을 사용하여 광학기기를 만들려고 한다. 이 사람은 그의 왼쪽 눈의 근점이 50.0 cm이고 오른쪽 눈의 근점이 100 cm라는 것을 알고 있다. (a) 이 안경렌즈로 만들 수 있는 망원경의 최대 각 배율은 얼마인가? (b) 만약에 두 렌즈를 10.0 cm 떨뜨려서 현미경을 만들 때 얻을 수 있는 최대 총 배율은 얼마인가? [기본으로 되돌아가서 (b) 문제를 풀기 위해서 얇은 렌즈 방정식을 사용해야 한다.]

## 25.6 단일슬릿의 분해능과 원형 구멍

**31.** 지름이 30.0 cm인 수렴렌즈로 머리 위를 지나가는 인공위성의 상을 맺고자 한다. 인공위성은 그 몸체에 1.00 m 떨어져 있는 두 개의 녹색광(파장은 500 nm임)을 켜서 달고 있다. 만약에 두 광이 레일리 기준이 따라 겨우 분해된다면 이 인공위성의 고도는 얼마인가?

**33.** 현미경의 분해능을 늘리기 위해서 물체와 대물렌즈 사이를 굴절률이 $n = 1.5$인 오일로 채운다. 만약에 오일을 사용하지 않은 경우 한계 분해각이 0.60 $\mu$rad이라면 오일을 사용한 경우 한계 분해각은 얼마인가? [힌트: 오일은 빛의 파장을 바꾼다.]

**35.** 이중성을 구성하는 두 별이 관찰자로부터 8.0 광년 떨어져 있고 파장 500 nm의 빛만을 통과시키는 필터를 장착한 20 인치 망원경에서 가까스로 이 이중성의 별들이 분해되어 보인다. 두 별 사이의 거리는 얼마인가?

**37.** 지름이 5.00 m인 망원경을 달에 세웠다고 가정하자. 이 달에서는 대기교란이 없기 때문에 이 망원경으로 매우 우수한 상을 얻을 수 있다. 만약에 500 nm의 빛으로 관측한다면 이 망원경으로 분해하여 볼 수 있는 화성에 있는 제일 작은 두 물체 사이의 거리는 얼마인가? [화성과 달 사이의 거리는 $8.0 \times 10^7$ km 이다.]

## 추가문제

**39.** 눈의 근점은 75.0 cm에 있다. (a) 25.0 cm에 있는 물체를 명확하게 보려면 보정렌즈의 굴절능을 어떻게 처방해야 하는가? (b) 이 처방된 보정렌즈를 사용할 경우 25.0 cm가 아닌 26.0 cm에 있는 물체가 명확히 보인다면 렌즈 연마기로 몇 디옵터를 더 갈아내야 하는가?

**41.** Physics Now™ 백내장이 낀 수정체는 수술로 제거한 후 인공 수정체를 삽입해야 한다. 새로운 인공 수정체의의 초점거리는 수정체에서 망막까지의 거리에 따라 정해지는데 이 거리는 소나와 같은 장비로 측정한다. 이 인공 수정체를 삽입했을 때 제대로 된 명시거리가 나오도록 잘 재야 한다. (a) 수정체에서 망막까지의 거리를 22.4 mm라고 했을 경우 디옵터 단위로 이 인공 수정체의 굴절능을 구하라. (b) 이 인공수정체는 조절 기능이 없고 명시거리에 맞추어져 있기 때문에 근접거리에서 일을 하거나 책을 읽기 위해서는 보정렌즈가 필요하다. 책을 놓는 거리가 33.0 cm라면 이 독서를 위한 독서용 안경의 렌즈 굴절능은 얼마이어야 하는가?

**43.** 한 보이스카우트 대원이 착용하던 안경렌즈로 5.0 cm 떨어진 곳에 태양광을 모아서 불울 붙이기 시작한다. 이 대원의 근점은 15 cm이다. 렌즈를 돋보기로 사용할 때 (a) 배율은 최대 얼마까지 가능한가? (b) 눈을 이완시킨 상태에서 돋보기로 사용할 때 배율은 얼마인가? [주의: 돋보기에 대한 교과서의 배율 식은 "정시안"에 대한 것이다.]

**45.** 실험실용 천체 망원경으로 초점거리가 20.0 cm인 대물렌즈에서 300 cm 떨어진 눈금을 본다. 이 천체 망원경의 접안렌즈는 2.00 cm의 초점거리를 갖고 있다. 눈의 피로가 가장 적도록 망원경을 조정하였을 때 이 망원경의 각 배율은 얼마인가? [주의: 물체가 무한대에 있지 않기 때문에 간단한 배율 식인 $m = f_o/f_e$는 이 문제에서 정확한 표현이 아니다. 또한 작은 각도를 가정하였기 때문에 $\tan\theta \approx \theta$이다.]

# 상대론

CHAPTER 26

OUTLINE



대부분의 일상적 경험과 관찰은 빛의 속력보다 아주 낮은 속력으로 움직이는 물체와 관련이 있는 것이다. 뉴턴 역학은 이러한 물체의 운동을 기술하기 위하여 만들어졌으며 낮은 속력에서 일어나는 다양한 현상을 매우 성공적으로 잘 기술하였다. 그러나 뉴턴 역학을 빛의 속력에 근접하는 속력을 가진 입자에 적용하는 것은 실패하였다.

예를 들어 전자는 실험실에서 수백만 볼트의 전위차를 이용해서 0.99c(c는 빛의 속력)까지 가속시킬 수 있다. 뉴턴 역학에 의하면 전위차가 4배가 되면 전자의 운동 에너지가 4배가 되고 속력은 2배인 1.98c가 되어야 한다. 그러나 실험적으로 전자의 속력은 가속 전압의 크기에 상관없이 언제나 빛의 속력보다 작다. 이는 질량을 갖는 모든 입자도 마찬가지이다.

범우주적인 제한 속력이 존재한다는 것이 중대한 결과를 낳았다. 즉, 빠르게 움직이는 물체에는 힘, 운동량, 에너지에 관한 이전의 개념이 더 이상 성립하지 않는 것을 의미한다. 이상한 결과 중의 하나는 서로 다른 속력으로 움직이는 관측자들이 같은 두 사건에 대하여 사건이 일어난 시간 간격과 변위를 달리 측정한다는 사실이다. 다른 관찰자들이 측정한 결과들을 연관시키는 것이 상대성 이론의 주제이다.

## 26.1 갈릴레이의 상대성

물리적 사건을 기술하기 위해 **기준계**를 선택해야 한다. 예를 들어 실험실에서 실험을 할 때 실험실에 대해 정지한 좌표계를 선택하게 된다. 한편 실험실에 대해 일정한 속도로 움직이는 차에 탄 사람이 실험을 관찰한다고 해보자. 뉴턴의 제1법칙이 정지계에서 성립한다면 움직이는 관찰자는 이것에 동의할 것인가?

갈릴레이의 상대성 원리에 따르면 **모든 관성계에서 역학 법칙은 동일해야 한다.** 관성계는 뉴턴의 운동법칙이 성립하는 기준계이다. 이 계에서 물체에 0이 아닌 알짜 힘이 작용하지 않으면 물체는 일정한 속력으로 직선으로 움직인다. 따라서 이 계에서 관찰한 물체가 뉴턴의 제1법칙, 즉 관성의 법칙을 따르기 때문에 관성계라고 한다. 앞 절에서 기술한 정지계와 움직이는 차에 고정된 계는 모두 관성계이다. 따라서 실험실에서 역학법칙이 성립하면 차에 탄 관찰자도 성립해야 한다.

그림 26.1a처럼 일정한 속도로 날아가는 비행기가 있다 하자. 비행기에 탄 승객이 바로 위를 향해 공을 던지면 승객은 공이 수직 경로로 움직이는 것을 관찰하게 된다. 공의 운동은 지상에 정지해서 던진 공의 경우와 똑같다. 중력법칙과 일정한 가속도 하의 운동 방정식은 비행기가 정지하거나 등속운동을 하는 경우에 다 성립한다.

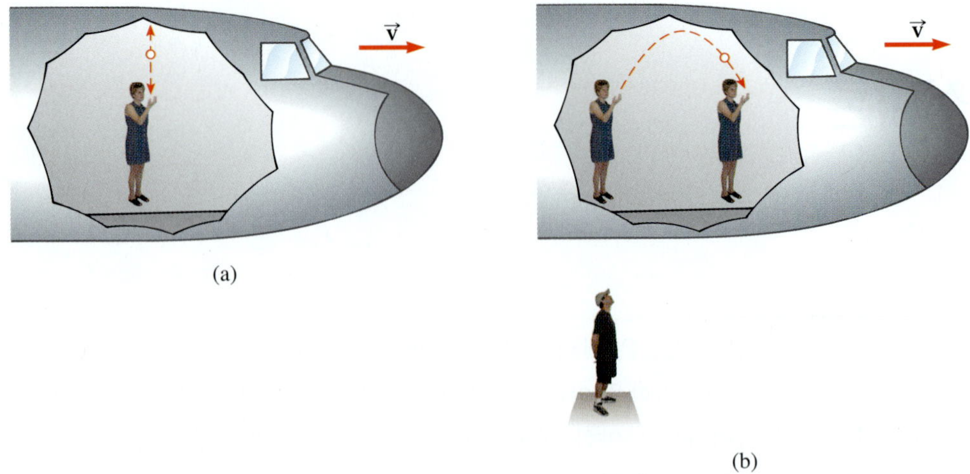


그림 26.1 (a) 비행기에 탄 관찰자가 공을 위로 던졌을 때 공이 수직 경로로 운동하는 것을 보게 된다. (b) 지상의 관찰자는 공의 경로를 포물선으로 본다.

이제 같은 실험을 지상에 정지한 관찰자가 본다고 하자. 이 사람은 비행기 안의 공의 경로를 그림 26.1b처럼 포물선으로 본다. 또한 공이 비행기의 속도와 같은 오른쪽 방향의 속도를 갖는다고 할 것이다. 공의 경로의 모양에 대해서는 비록 두 관찰자가 의견이 다르지만 공의 운동이 중력법칙과 뉴턴의 운동법칙을 따른 다는 것에는 둘 다 동의한다. 그리고 공이 공중에 있는 시간에도 동의할 것이다. 따라서 다음의 중요한 결론을 얻게 된다. 즉, **역학 법칙을 기술하는 데 있어서 더 나은 기준계란 없다.**

## 26.2 빛의 속력

### ☑ Checkpoint 26.1

진실인가 거짓인가: 지구에 대해 $c/2$의 속력으로 움직이는 우주선이 있다. 우주선에서 우주선의 진행 방향으로 레이저 빔을 쏘면, 지구에 대해 레이저 빛은 $3c/2$의 속력을 갖는다.

역학의 갈릴레이의 상대성 개념이 전기, 자기, 광학 및 다른 분야의 실험에도 적용되는가 하는 것은 자연스런 질문이다. 실험에 의하면 그렇지 않다. 그리고 전기와 자기 법칙이 모든 관성계에서 같다고 가정하면 빛의 속력에 관한 모순이 생긴다. 전자기학 이론에 의하면 빛의 속력은 진공에서 $2.997\,924\,58 \times 10^8$ m/s로 정해진 값을 갖는다. 갈릴레이의 상대성에 의하면 그림 26.2의 차량 밖에 서 있는 관찰자 S는 펄스의 속력을 $c + v$라고 본다. 따라서 갈릴레이의 상대성은 잘 확립된 맥스웰(Maxwell)의 전자기 이론과 일치하지 않는다.

전자기학 이론은 빛의 파동이 자유 공간에서 빛의 속력으로 진행한다고 예측한다. 그런데 이 이론은 파동의 전파에 매질을 필요로 하지 않는다. 이것은 수면파나 음파

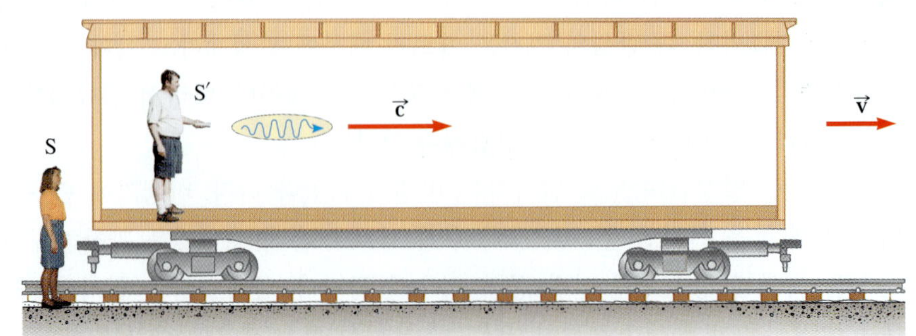


그림 26.2 움직이는 차량 안에 있는 사람이 빛의 펄스를 발사한다. 갈릴레이의 상대성에 의하면 지상에 정지한 관찰자가 보는 펄스의 속력은 $\vec{c} + \vec{v}$이어야 한다.

와 같이 파동을 유지하기 위해 매질이 필요한 파동과 대비된다. 19세기에 물리학자는 전자기파도 진행하는 데 매질이 필요하다고 생각하였다. 그래서 그 매질이 존재한다고 보고 **발광성 에테르**(luminiferous ether)라고 이름을 지었다. 에테르는 모든 곳(빈 공간 포함)에 존재한다고 가정했으며 빛의 파동은 에테르의 진동이라고 보았다. 그리고 에테르는 질량이 없고 딱딱한 매질로서 행성이나 다른 물체의 운동을 방해하지 않는다고 생각하였다. 이는 참으로 낯선 개념들이다. 그리고 전기와 자기의 법칙이 에테르에 대해 정지한 특정 기준계에서 가장 간단한 형태를 갖는다는 것이 발견되었다. 이 계를 **절대계**라고 하였다. 전기와 자기의 법칙은 이 계에서는 성립하나 절대계에 대해 움직이는 기준계에서는 수정되어야 했다.

에테르와 절대계의 중요성에 비추어 볼 때 이들의 존재를 실험으로 증명하는 것이 물리학에서 큰 관심을 끌게 되었다. 지구가 에테르 속에서 움직인다고 여겨졌으므로 지구에 있는 실험자의 관점에서는 '에테르 바람'이 실험실에 불고 있다고 보았다. 에테르 바람을 검출하는 직접적 방법은 지구에 고정된 장치를 써서 빛의 속력에 대한 바람의 영향을 측정하는 것이다. $v$가 지구에서 보는 에테르의 속력이라고 하자. 그림 26.3a처럼 빛이 바람의 방향이면 빛의 속력은 최대값 $c + v$일 것이다. 마찬가지로 그림 26.3b처럼 빛이 바람을 거스르는 방향이면 빛의 속력은 최소값 $c - v$이다. 그림 26.3c처럼 빛이 에테르 바람의 방향에 수직 방향이면 빛의 속력은 그 사이의 값 $(c^2 - v^2)^{1/2}$을 갖는다. 태양이 에테르 속에서 정지해 있다고 가정하면 에테르 바람의 속도는 지구의 공전 속도와 같고, 그 크기는 약 $3 \times 10^4$ m/s이다. $c = 3 \times 10^8$ m/s이므로 바람과 같거나 거스르는 방향에서 빛의 속력을 측정했을 때 대략 1대 $10^4$의 비로 속력 변화를 검출할 수 있어야 한다.

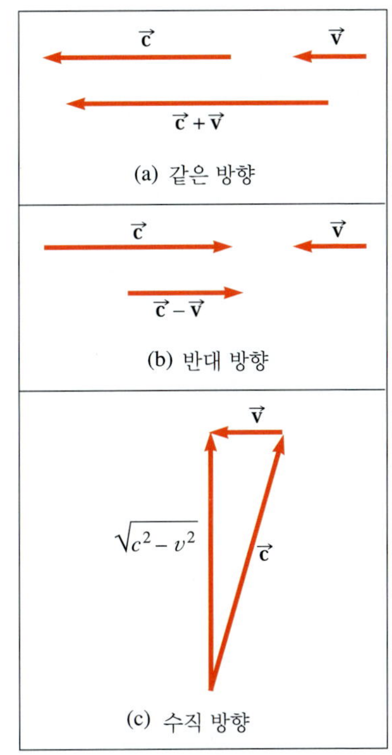


**그림 26.3** 지구에 대한 에테르 바람의 속력이 $v$이고 에테르에 대한 빛의 속력이 $c$이면 지구에 대한 빛의 속력은 두 속력이 (a) 같은 방향이면 $c + v$이고, (b) 반대 방향이면 $c - v$이며, (c) 서로 수직이면 $\sqrt{c^2 - v^2}$이다.

## 마이켈슨-몰리 실험

빛의 속력의 이런 작은 변화를 검출하려는 유명한 실험이 1881년 마이켈슨(Albert A. Michelson, 1852~1931)에 의해 행해졌다. 그 후 마이켈슨과 몰리(Edward W. Morley, 1838~1923)는 실험을 다른 조건에서 반복하였다. 실험은 가상적인 에테르에 대한 지구의 속도를 구하도록 고안되었다. 사용된 장치는 활용그림 26.4와 같은 마이켈슨 간섭계이다. 경로 2는 공간에서 지구가 운동하는 방향과 같게 설정되었다. 지구가 에테르 속을 속력 $v$로 움직이면 지구에서는 반대 방향으로 에테르 바람이 속력 $v$로 지나가는 것과 같다. 지구의 운동 방향과 반대 방향으로 부는 에테르 바람은 지구 계에서 측정한 빛의 속력을 변화시킨다. 빛이 거울 $M_2$에 접근할 때 빛의 속력은 $c - v$이고 거울에서 반사되면 $c + v$이다. 여기서 $c$는 에테르 계에서 본 빛의 속력이다.

$M_1$과 $M_2$에서 반사된 두 개의 빔은 중첩되어 어둡고 밝은 띠가 교대로 있는 간섭무늬를 만든다. 간섭계를 90° 돌려가면서 간섭무늬를 관찰하였다. 이 회전은 경로 1을

**활용그림 26.4**
에테르 바람 이론에 의하면 빛이 거울 $M_2$에 접근할 때 빛의 속력은 $c - v$이고 거울에서 반사되면 $c + v$이다.

**Physics Now™** **http://physics.brookscole.com/ecp**에서 PhysicsNow를 로그인하고 활용그림 26.4에 들어가서 가상적인 에테르 바람의 속력을 조절하면서 빛에 대한 영향을 관찰해 보자.

따라 왕복하는 빛의 속력에 변화를 준다. 이런 회전에 의해 생기는 간섭무늬는 측정이 가능한 만큼 이동해야 한다. 그런데 실제 측정에서는 간섭무늬의 어떤 변화도 볼 수 없었다. 마이켈슨–몰리 실험을 에테르 바람의 방향이 바뀔 것으로 예상되는 날마다 년 중 여러 번 반복하였다. 그러나 결과는 언제나 같았다. **예상했던 크기의 무늬 이동은 결코 관찰되지 않았다.**

마이켈슨–몰리 실험의 결과는 에테르의 존재 가설과 모순되었으며, 에테르 계에 대한 지구의 절대 속도를 측정할 수 없다는 것을 나타내는 것이었다. 다음 절에는 아인슈타인(Einstein)이 제안했던 마이켈슨–몰리 실험결과를 아주 다르게 해석하는 특수 상대성 이론의 가설을 알아 볼 것이다. 빛의 성질에 관해 더 알게 된 후 에테르가 온 공간에 존재한다는 생각은 폐기되었다. 현재 빛을 다음과 같이 이해하고 있다. **빛은 전자기파이고 진행하는 데 매질은 필요가 없다.**

## 26.3 아인슈타인의 상대성 원리

1905년에 아인슈타인(Albert Einstein)은 마이켈슨–몰리 실험의 결과를 설명하는 이론을 발표하였다. 이 이론은 공간과 시간에 대한 개념을 완전히 바꾸었다. 특수 상대성 이론은 다음의 두 가지 공리에 기반을 둔다.

상대성 이론의 공리 ▶

1. **상대성 원리**: 물리법칙은 모든 관성계에서 같다.
2. **빛의 속력의 불변성**: 진공에서 빛의 속력은 $c$ = 2.997 924 58 × $10^8$ m/s이고 모든 관성계에서 같은 값을 갖는다. 이것은 관찰자의 속도나 빛을 내는 광원의 속도에 무관하다.

첫 번째 공리는 물리학의 **모든** 법칙이 서로 일정한 속도로 움직이는 모든 기준계에서 같다는 것이다. 이 가정은 역학법칙만 다루는 갈릴레이의 상대성 원리를 일반화한 것이다. 실험의 관점에서 아인슈타인의 상대성 원리는 정지한 실험실에서 행한 모든 실험–역학, 열, 광학 또는 전기적인 실험은 정지 실험실에 대해 일정한 속력으로 움직이는 실험실에서 행한 실험과 결과가 서로 같아야 한다는 것이다. 따라서 선호되는 관성계는 존재하지 않고 절대 운동을 검출하는 것은 불가능하다.

두 번째 공리는 1905년에 있었던 아인슈타인의 뛰어난 이론적 통찰이었고, 그 후 여러 실험에 의해 확인되었다. 가장 직접적인 실험은 빛의 속력의 99.99%로 움직이는 입자에서 방출한 광자의 속력을 측정한 것이다. 이 경우 측정된 광자의 속력은 진공에서의 빛의 속력과 유효숫자 다섯 자리까지 일치하였다.

마이켈슨–몰리 실험의 결과는 아인슈타인 이론에서 바로 이해할 수 있다. 상대성 원리에 의하면 마이켈슨–몰리 실험의 전제가 틀린 것이다. 예상되는 결과를 설명하는 과정에서 빛이 에테르 바람에 거스르는 운동을 하면 그 속력이 $c - v$라고 하였다. 그러나 관찰자나 광원의 운동이 빛의 속력에 영향을 주지 않으므로 측정된 값은 언제나 $c$이어야 한다. 마찬가지로 거울에서 반사된 빛의 속력도 $c + v$가 아니라 $c$이다. 즉 지구의 운동은 마이켈슨–몰리 실험에서 관찰되는 간섭무늬에 영향을 주지 않으므로 무늬 이동이 없는 결과를 얻어야만 한다.

아인슈타인의 상대성 이론을 받아들인다면 빛의 속력을 측정하는 데 일정한 상대 운동은 중요하지 않다고 결론을 내려야 한다. 동시에 공간과 시간에 관한 기존의 상식적 개념을 바꾸어야 하며 좀 이상한 결과를 받아들일 준비를 해야 한다.

## 26.4 특수 상대론의 결과

과학에 피상적이나마 관심을 가진 많은 사람들은 상대 운동에 관한 아인슈타인의 이론에서 나오는 놀라운 결과들을 알고 있다. 이 절에서 상대론의 결과를 다루면서 이것이 공간과 시간에 관한 기존의 개념과 다르다는 것을 알게 될 것이다. 여기서는 뉴턴 역학에 비해서 상대론적 역학에서 아주 달라지는 개념인 길이, 시간, 그리고 동시성에 대한 것으로 논의를 제한할 것이다. 예를 들어 상대론적 역학에서 두 점 사이의 거리와 두 사건 사이의 시간 간격은 이들을 측정하는 기준계에 의존한다. **상대론적 역학에서 절대적인 길이나 절대적 시간은 없다.** 그리고 **어느 한 계에서 관찰했을 때 서로 다른 장소에서 동시에 일어난 사건을 그 계에 대해 상대적으로 움직이는 계에서 관찰하면 두 사건이 동시에 일어나지 않는 것으로 보인다.**

◀ 상대론에서 절대적 길이와 절대적 시간 간격은 의미가 없다.

### 동시성과 시간의 상대성

뉴턴 역학의 기본 전제는 모든 관찰자에게 동일하면서 보편적인 시간의 척도가 존재한다는 것이다. 뉴턴과 그 후의 학자들은 동시성을 당연하다고 받아들였다. 특수 상대론에서 아인슈타인은 그 가정을 버렸다.

아인슈타인은 이것을 설명하기 위해 다음과 같은 사고(thought) 실험을 고안하였다. 그림 26.5a처럼 차량이 일정한 속도로 움직이는 데 양 끝에 벼락이 떨어져서 차량과 땅에 흔적을 남겼다. 차량에 남은 흔적을 $A'$와 $B'$라 하고 땅에 난 흔적을 $A$와 $B$라 한다. 차량에 탄 관찰자가 $A'$와 $B'$의 중간인 $O'$에 있고, 땅에 있는 관찰자는 $A$와 $B$의

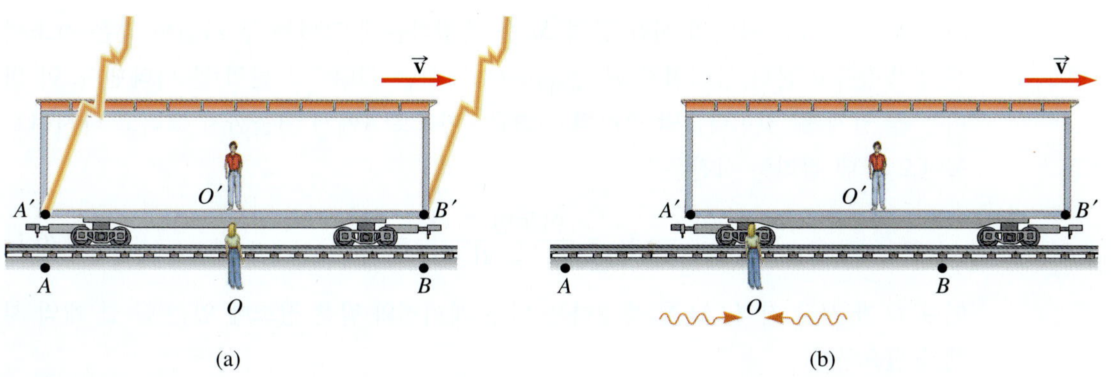


**그림 26.5** 움직이는 차량의 양 끝에 벼락이 떨어진다. (a) $A$와 $B$의 중간 $O$에 있는 정지한 관찰자에게 두 사건은 동시에 일어난 것으로 보인다. (b) $O'$에 있는 관찰자에게 두 사건은 동시에 일어나지 않는 것으로 보인다. 그는 차량의 뒤에 벼락이 떨어지기 전에 차량의 앞에 벼락이 떨어졌다고 주장한다.

**TIP 26.1 누가 맞나?**
두 사건의 동시성에 관해 누가 맞나? 둘 다 맞다. 왜냐하면 상대성 원리에 의하면 더 선호되는 관성계는 없기 때문이다. 비록 두 관찰자가 다른 결론에 도달했지만 각자의 계에서는 둘 다 맞다. 사건을 기술하고 물리학을 하는 데에는 일정한 운동을 하는 어느 기준계라도 사용할 수 있다.

중간인 $O$에 있다. 관찰자들이 기록한 사건은 차량에 벼락이 떨어지는 것이다.

그림 26.5b에서 벼락이 떨어진 순간을 나타내는 빛의 신호는 관찰자 $O$에 동시에 도달한다. 이 관찰자는 두 신호가 같은 거리를 같은 속력으로 이동했으므로 $A$와 $B$ 사건은 동시에 일어났다고 결론을 내린다. 이제 같은 사건을 관찰자 $O'$가 본다. 신호가 관찰자 $O$에 도달할 때 관찰자 $O'$는 그림 26.5b처럼 이동했다. 즉 $B'$에서 오는 신호는 이미 $O'$를 지났지만 $A'$에서 오는 신호는 아직 $O'$에 도달하지 않았다. 다시 말해 $O'$는 $B'$에서 오는 신호를 $A'$에서 오는 신호보다 먼저 본다. 아인슈타인에 의하면 **두 관찰자에게 빛은 같은 속력으로 움직인다.** 따라서 관찰자 $O'$는 벼락이 차량의 뒤에 떨어지기 전에 앞에 떨어졌다고 결론을 내린다.

이 사고 실험은 관찰자 $O$에게 동시에 일어난 두 사건이 관찰자 $O'$에게는 동시에 일어나지 않는다는 것을 분명히 보여 준다. 즉

> 한 기준계에서 동시에 일어난 두 사건이 이 계에 대해 상대적으로 움직이는 다른 계에서는 일반적으로 동시에 일어나지 않는다. 동시성은 관찰자의 운동 상태에 의존하며 따라서 절대적인 개념이 아니다.

두 사건에 대해서 어느 관찰자가 맞는 것인가 궁금할 수 있다. 그 답은 둘 다 맞다이다. 왜냐하면 상대성 원리에 의하면 **더 선호되는 관성계는 없기** 때문이다. 비록 두 관찰자가 다른 결론에 도달했지만 각자의 계에서는 둘 다 맞다. 동시성 개념은 절대적이지 않기 때문이다. 사실 이것이 상대론의 중심이다. 사건을 기술하고 물리학을 하는 데에는 어느 관성계라도 사용할 수 있다.

## 시간 지연

서로 다른 관성계에 있는 관찰자가 두 사건 사이의 시간 간격을 다르게 측정한다는 것을 보일 수 있다. 그림 26.6a에서 차량이 오른쪽으로 속력 $v$로 움직인다. 차량의 천장에 거울이 붙어 있고 이 계에서 정지한 관찰자 $O'$가 거울에서 밑으로 $d$만큼 떨어진 곳에서 레이저를 들고 있다. 어느 순간 레이저가 거울을 향해 빛의 펄스를 발사한다(사건 1). 펄스는 거울에서 반사되어 레이저로 돌아온다(사건 2). 관찰자 $O'$는 시계를 사용해서 두 사건 사이의 시간 간격 $\Delta t_p$를 측정하는데 그녀는 두 사건이 같은 장소에서 발생했다고 본다[아래첨자 $p$는 *proper*(여기서는 '고유'로 번역)를 나타낸다. 이 의미는 곧 알게 될 것이다]. 빛 펄스의 속력은 $c$이므로 $A$에서 거울까지 그리고 다시 $A$로 돌아오는 데 걸리는 시간은

$$\Delta t_p = \frac{\text{이동한 거리}}{\text{속력}} = \frac{2d}{c} \qquad [26.1]$$

이다. $O'$가 시간 간격 $\Delta t_p$를 측정하는 데는 레이저와 같은 장소에 있는 단 한 개의 시계가 필요하다.

이제 같은 사건을 그림 26.6b처럼 $O$가 본다고 하자. 이 관찰자에게는 거울과 레이저가 속력 $v$로 오른쪽으로 움직이고 그 결과 사건이 달리 보인다. 레이저에서 나온 빛

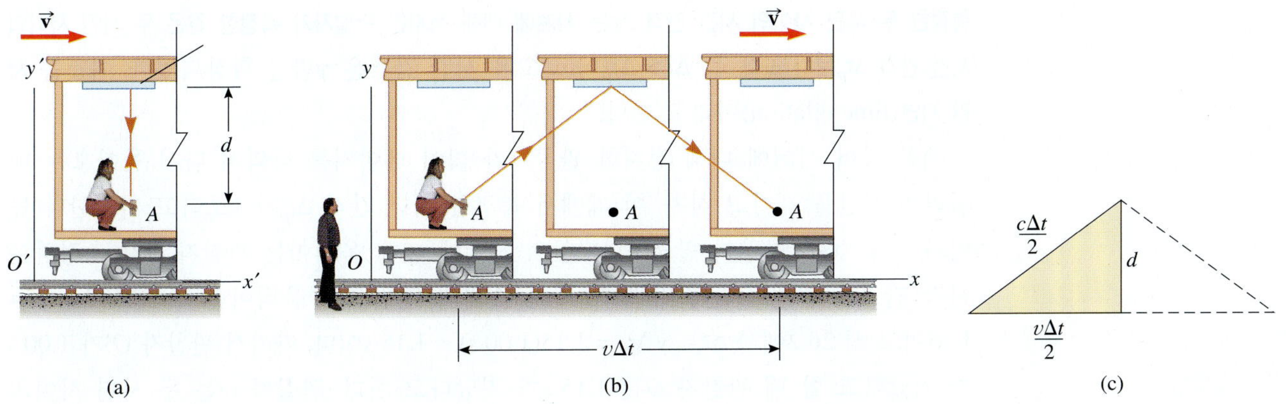


**활용그림 26.6**
(a) 거울이 움직이는 차량에 붙어 있고 차량 안에 정지한 $O'$에서 빛의 펄스가 나간다. (b) 지구에 정지한 관찰자에게 거울과 $O'$는 속력 $v$로 움직인다. 이 관찰자가 측정할 때 펄스가 진행한 거리는 $2d$보다 길다. (c) $\Delta t$와 $\Delta t_p$ 사이의 관계를 구하기 위한 직각삼각형.

**Physics Now™** **http://physics.brookscole.com/ecp**에서 PhysicsNow를 로그인하고 활용그림 26.6에 들어가서 차량의 속력 변화에 따른 펄스의 반사를 살펴보자.

이 거울에 닿을 때 거울은 오른쪽으로 $v\,\Delta t/2$만큼 이동한다. 여기서 $\Delta t$는 빛의 펄스가 $A$에서 거울까지 그리고 다시 $A$로 돌아오는 데 걸리는 시간으로 $O$가 측정한 시간이다. $O$는 차량이 움직이므로 레이저에서 빛이 나올 때 수직 방향에 대해 기울어져야 빛이 거울에 닿는다고 생각한다. 그림 26.6a와 26.6b를 비교하면 (a)보다 (b)의 경우에 빛이 더 진행해야 하는 것을 볼 수 있다(두 관찰자는 상대방이 움직이는지 또는 자기가 움직이는지 알 수 없다. 각자는 자신의 관성계에서 정지해 있다).

특수 상대론의 두 번째 공리에 의하면 두 관찰자가 측정하는 빛의 속력은 $c$이다. $O$의 계에서 빛이 더 긴 거리를 진행하므로 $O$가 측정한 시간 간격 $\Delta t$는 $O'$가 측정한 시간 간격 $\Delta t_p$보다 더 크다. 두 시간 간격의 관계를 구하기 위해 그림 26.6c의 직각삼각형을 보자. 피타고라스 정리에서

$$\left(\frac{c\Delta t}{2}\right)^2 = \left(\frac{v\Delta t}{2}\right)^2 + d^2$$

이고, $\Delta t$에 대해 풀면

$$\Delta t = \frac{2d}{\sqrt{c^2 - v^2}} = \frac{2d}{c\sqrt{1 - v^2/c^2}}$$

이다. $\Delta t_p = 2d/c$이므로 이 결과를 다음과 같이 쓸 수 있다.

$$\Delta t = \frac{\Delta t_p}{\sqrt{1 - v^2/c^2}} = \gamma\,\Delta t_p \qquad [26.2]$$

◀ 시간 지연

여기서

$$\gamma = \frac{1}{\sqrt{1 - v^2/c^2}} \qquad [26.3]$$

이다. $\gamma$는 항상 1보다 크므로 식 26.2는 다음을 의미한다. **시계[1]에 대해 움직이는 관찰자가**

[1] 그림 26.6에서 실제는 관찰자가 아니라 시계가 움직인다. 그런데 이것은 관찰자 $O$가 시계에 대해 왼쪽으로 속력 $\vec{v}$로 움직이는 것과 동일하다.

**측정한 두 사건 사이의 시간 간격 $\Delta t$는 시계에 대해 정지한 관찰자가 측정한 같은 두 사건 사이의 시간 간격 $\Delta t_p$보다 크다.** 즉 $\Delta t > \Delta t_p$이고 고유 시간 간격은 $\gamma$만큼 확장되었다. 이것을 **시간 지연**(time dilation)이라고 한다.

예를 들어 시계에 대해 정지한 관찰자가 빛이 레이저를 나와서 다시 돌아오는 데 걸리는 시간을 잰다고 하자. 이 계에서 측정한 시간 간격 $\Delta t_p$가 1초라고 가정한다(높이가 아주 높은 차량이 필요하다). 앞의 시계에 대해 움직이는 관찰자 $O$가 측정하는 시간 간격을 구한다. 관찰자 $O$가 빛의 속력의 절반으로 움직이면($v = 0.500c$) $\gamma = 1.15$이고 식 26.2에서 $\Delta t = \gamma \Delta t_p = 1.15(1.00 \text{ s}) = 1.15 \text{ s}$이다. 따라서 관찰자 $O'$가 1.00 s가 지났다고 할 때 관찰자 $O$는 1.15 s가 지났다고 한다. 관찰자 $O$는 두 사건 사이의 시간 간격으로 $O'$의 시계가 작은 값을 측정했다고 보고 $O'$의 시계가 느리게 간다고 말한다. 이것에서 다음과 같은 결론을 내릴 수 있다.

움직이는 시계는 정지한 같은 시계에 비해 느리게 간다. ▶

관찰자를 지나 속력 $v$로 움직이는 시계는 관찰자에 대해 정지한 같은 시계에 비해 $\gamma^{-1}$만큼 느리게 간다.

**TIP 26.2 고유 시간 간격**
고유 시간을 측정하는 관찰자가 누구인지 알아야 한다. 두 사건 사이의 고유 시간 간격은 두 사건이 같은 장소에서 일어난다고 보는 관찰자가 측정하는 시간 간격이다.

식 26.1과 식 26.2의 시간 간격 $\Delta t_p$를 **고유 시간**(proper time)이라 한다. 일반적으로 **고유 시간은 두 사건이 같은 장소에서 일어났다고 보는 관찰자가 측정한 두 사건 사이의 시간 간격이다.**

상대론은 과학적 민주주의를 표방한다. 실제는 $O$가 $v$의 속력으로 왼쪽으로 움직이고 $O$의 시계가 느리게 간다는 $O'$의 생각은 $O$의 관점과 마찬가지로 성립한다. 상대성 원리에 따르면 서로 일정한 상대적 운동을 하는 두 관찰자의 관점은 모두 옳고 실험으로 검증이 가능하다.

움직이는 시계는 $\gamma^{-1}$만큼 느리게 간다. 이것은 앞서 나온 빛 시계와 마찬가지로 보통의 기계적 시계에서도 성립한다. 이러한 결과는 화학적 및 생물학적 과정을 비롯한 모든 물리적 과정들이 관측자에 대하여 움직이는 기준계에서 일어날 때 느리게 일어난다고 말함으로써 일반화할 수 있다. 예를 들어 우주 공간을 여행하는 우주인의 심장박동은 우주선 안의 시계의 관점에서 정상적이다. 그러나 우주인의 시계와 심장박동은 지구에 있는 시계에 비해 느려진다(그러나 우주인은 우주선 내에서는 느끼지 못할 것이다).

뮤온 생성
$6.6 \times 10^2$ m
뮤온 붕괴
(a)

뮤온 생성
$4.8 \times 10^3$ m
뮤온 붕괴
(b)

**그림 26.7** (a) 시간 지연이 아니면 지구 위의 관찰자에 대해 $0.99c$로 움직이는 뮤온은 단지 $6.6 \times 10^2$ m를 이동할 것이다. (b) 시간 지연 때문에 관찰되는 수명은 늘어난다. 지구 위의 관찰자가 측정하면 뮤온은 평균 $4.80 \times 10^3$ m를 이동한다.

시간 지연은 실제로 일어나는 현상으로서 자연적 시계를 포함하는 다양한 실험으로 증명되었다. 시간 지연의 흥미로운 예로 **뮤온**(muon)에 관한 관찰이 있다. 뮤온은 불안정한 소립자로서 전자와 비슷한데 전하는 같고 질량은 207배이다. 뮤온은 우주 복사선(cosmic radiation)이 대기 상층부의 원자와 충돌해서 생긴다. 이 입자의 수명은 입자가 정지한 기준계에서 2.2 $\mu$s이다. 이것은 뮤온의 평균 수명이고 속력이 빛의 속력에 가깝다고 가정을 하면 이 입자가 붕괴하기 전에 대략 600 m를 이동할 수 있다(그림 26.7a). 뮤온은 대기 상층부에서 생기므로 따라서 지표에는 결코 도달하지 못한다. 그러나 실험에 의하면 많은 수의 뮤온이 지표에 도달한다. 이것을 설명할 수 있는 것이 시간 지연 현상이다. 지구 위의 관찰자에게 뮤온의 수명은 $\gamma\tau_p$이다. 여기서 $\tau_p = 2.2\ \mu\text{s}$는 뮤온과 같이 이동하는 기준계에서 본 수명이다. 예를 들어 $v = 0.99c$, $\gamma \approx 7.1$이면 $\gamma\tau_p \approx 16\ \mu\text{s}$이고, 지구 위의 관찰자가 측정하는 뮤온이 이동한 평균 거리는 그림 26.7b처럼 $\gamma v \tau_p \approx 4\,800$ m이다. 따라서 뮤온은 지표에 도달할 수 있다.

1976년 제네바에 있는 CERN(Council for Nuclear Research) 실험실에서 뮤온으로 실험을 했다. 뮤온이 저장 링에 주입되어 속력이 $0.9994c$에 도달하였다. 붕괴하는 뮤온에서 나오는 전자는 링 주변의 계수기에 검출되어 붕괴율과 뮤온의 수명을 측정할 수 있었다. 움직이는 뮤온의 수명은 정지한 뮤온의 대략 30배로서 1000분의 2의 정확도로 상대론의 예상과 일치하였다.

**Quick Quiz 26.1**

우주 공간에서 보낸 시간에 따라 돈을 받는 우주인이 있다고 하자. 이 사람이 빛의 속력에 가까운 속력으로 긴 여행을 한다. 지구에 돌아와서 지구 시계 또는 우주선 시계 중 어느 시계에 따라 돈을 받기 원하는가 라는 질문을 받는다. 돈을 많이 받으려면 어떤 선택을 해야 하는가? (a) 지구 시계, (b) 우주선 시계, (c) 어느 시계든 상관없다.

### 예제 26.1 진자의 주기

**목표** 시간 지연의 개념을 적용한다.

**문제** 어떤 관성계에서 진자의 주기가 3.00 s였다. 진자에 대해 $0.950c$로 움직이는 관찰자가 측정한 주기는 얼마인가?

**전략** 시계(진자)가 정지한 계 내에서 관찰자가 측정한 주기가 주어졌으므로, 이것은 고유 시간 간격 $\Delta t_p$이다. 시계에 대해 움직이는 관찰자가 측정한 시간 $\Delta t$를 구하려 하므로, 식 26.2에 대입해서 문제를 푼다.

**풀이**

고유 시간과 상대 속력을 식 26.2에 대입한다.

$$\Delta t = \frac{\Delta t_p}{\sqrt{1 - v^2/c^2}} = \frac{3.00\text{ s}}{\sqrt{1 - \dfrac{(0.950c)^2}{c^2}}} = \boxed{9.61\text{ s}}$$

**주의** 움직이는 관찰자는 진자가 움직이고, 움직이는 시계가 느리게 간다고 생각한다. 시계가 정지한 계의 관찰자에게 진자는 3 s에 한 번 진동하지만 움직이는 관찰자에게는 한 번 진동하는 데 거의 10 s가 걸린다.

**연습문제 26.1**

$0.900c$로 움직이는 관찰자가 측정한 진자의 주기는 얼마인가?

**답** 6.88 s

예제 26.1과 같은 문제에서 움직임이 상대적이므로 혼동할 수 있다. 진자가 정지한 계의 관찰자가 볼 때 진자는 가만히 있다(물론 흔들리는 운동은 제외하고). 진자에 대해 움직이는 계의 사람에게는 움직이는 것은 바로 진자이다. 확실하게 하려면 언제나 측정을 하는 관찰자에게 집중한다. 그리고 측정하는 시계가 그 관찰자에 대해 움직이는가를 스스로 물어본다. 자문한 답이 부정이면 관찰자는 시계가 정지한 계에 있고 그 시계의 고유 시간을 측정하는 것이다. 자문한 답이 긍정적이면 관찰자가 측정한 시간은 지연된 것이며 그 시계의 고유 시간보다 더 큰 값을 갖는다.

이러한 관점의 혼동이 유명한 쌍둥이 역설을 낳았다.

## 쌍둥이 역설

시간 지연의 흥미로운 결과 중 하나로 소위 쌍둥이 역설이 있다(그림 26.8). 이름이 스

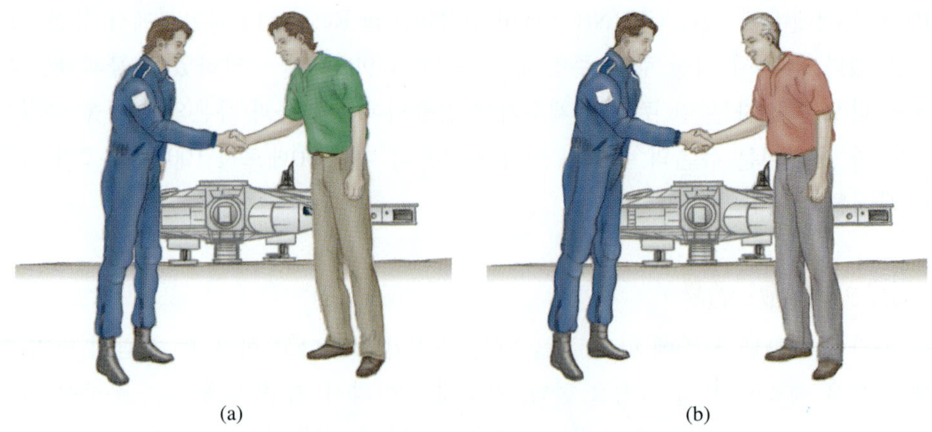

그림 26.8 (a) 쌍둥이가 헤어질 때 그들의 나이는 같다. (b) 스피도가 행성 X에 가는 여행에서 돌아왔을 때 그는 지구에 남아 있던 쌍둥이 고슬로보다 더 젊다.

피도와 고슬로인 쌍둥이가 등장하는 실험을 생각해 보자. 그들이 20살일 때 둘 중 모험을 더 즐기는 스피도가 지구에서 20광년 떨어진 행성 X로 가는 여행을 시작한다. 그의 우주선은 지구에 있는 쌍둥이 형제의 관성계에 대해 $0.95c$의 속력까지 낼 수 있다. 스피도는 행성 X에 도착한 후 고향이 그리워서 $0.95c$의 속력으로 바로 지구에 귀환한다. 돌아와 보니 고슬로가 나이를 $2D/v$ = 2(20광년)/(0.95광년/년) = 42년 먹어서 이제 62세가 된 것을 보고 매우 놀란다. 반면에 스피도는 나이를 13살 더 먹었을 뿐이다.

쌍둥이가 나이를 다른 비율로 먹고 결국 어느 정도 시간이 지나자 나이가 아주 차이나는 것을 역설이라고 잘못 생각하는 수가 있다. 상식과 다르지만 이것은 전혀 역설이 아니다. 스피도의 관점에서는 그가 정지해 있고 고슬로(지구 위의)가 그로부터 $0.95c$의 속력으로 멀어졌다가 나중에 돌아온 것이다. 따라서 고슬로의 시계가 스피도에 대해 움직이므로 스피도의 시계에 비해 느리게 간다. 결국 고슬로가 아니라 스피도가 더 나이를 먹어야 한다. 이것이 역설이다.

### ☑ Checkpoint 26.2

진실인가 거짓인가: 지구에 대해 빛의 속력에 가깝게 여행하는 사람의 수명은 그 사람이 측정했을 때 지구에 있는 사람의 수명보다 평균적으로 더 길다.

이 역설을 해결하기 위해 고슬로에 대해 $0.5c$의 일정한 속력으로 움직이는 세 번째 관찰자를 생각하자. 이 관찰자에 대해 고슬로의 속력은 항상 같으며 고슬로의 관성계는 바뀌지 않는다. 세 번째 관찰자가 볼 때 스피도는 여행중 가속을 하며, 이 과정에서 기준계가 바뀐다. 이 관찰자의 관점에서는 스피도에 비해 고슬로의 운동이 아주 다르다는 것이 분명하다. 고슬로와 스피도의 상황은 대칭적이지 않다. 따라서 각자의 시간이 다르게 가는 것은 놀랍지 않다. 더욱이 스피도는 가속하므로 그는 비관성계에 있으며 특수 상대론의 범주를 벗어난다(그러나 상대론에서 가속 운동을 다루는 방법이 있다). 관성계에 있는 고슬로만이 스피도의 여행에 시간 지연 공식을 적용할 수 있다. 고슬로는 스피도가 나이를 42살 먹는 것이 아니라 $(1 - v^2/c^2)^{1/2}$(42살) = 13살 먹는다고 한다. 이 13년 중 스피도가 행성 X까지 가는 데 6.5년, 돌아오는 데 6.5년을 쓰며 총 여행 시간은 13년으로서 앞서 나온 설명과 같다.

**TIP 26.3 고유 길이**

누가 고유 길이를 측정하는지 알맞은 관찰자를 알아야 한다. 공간에서 두 점 사이의 고유 길이는 그 길이에 대해 정지한 관찰자가 측정하는 길이이다. 고유 시간 간격과 고유 길이를 각기 다른 관찰자가 측정해야 하는 경우가 자주 있다.

## 길이 수축

두 점 사이의 측정된 거리는 관찰자의 기준계에 따라 다르다. 어떤 물체의 **고유 길이** (proper length) $L_p$는 **물체에 대해 정지한 관찰자가 측정하는 물체의 길이**이다. 물체에 대해 움직이는 계에서 측정한 물체의 길이는 언제나 고유 길이보다 작다. 이것이 **길이 수축**

(length contraction)이다.

길이 수축을 정량적으로 이해하기 위해 어느 항성에서 다른 항성까지 속력 $v$로 여행하는 우주선을 생각해 보자. 두 관찰자 중 한 사람은 지구에 있고 다른 사람은 우주선에 있다. 지구에 정지한 관찰자(두 항성에 대해서도 정지해 있다고 가정한다)가 측정한 두 항성 사이의 거리는 $L_p$이다. 이 관찰자에 따르면 우주선이 여행을 마치는 데 걸리는 시간은 $\Delta t = L_p/v$이다. 시간 지연에 의해 우주선의 우주인은 우주선의 시계를 써서 더 작은 여행 시간 $\Delta t_p = \Delta t/\gamma$를 얻는다. 우주인은 자기가 정지해 있고 목표 항성이 우주선 쪽으로 속력 $v$로 다가온다고 생각한다. 우주인이 항성에 도착하는 데 걸리는 시간은 $\Delta t_p$이므로 항성 사이의 거리 $L$은 $L_p$보다 작다고 결론을 내린다. 우주인이 측정하는 거리는

$$L = v\,\Delta t_p = v\frac{\Delta t}{\gamma}$$

이다. $L_p = v\,\Delta t$이므로 다음 식이 성립한다.

$$L = \frac{L_p}{\gamma} = L_p\sqrt{1 - v^2/c^2} \qquad [26.4]$$

◀ 길이 수축

이 결과에 따르면 활용그림 26.9처럼 물체에 대해 정지한 관찰자가 측정한 물체의 길이는 $L_p$이고, 물체에 대해 속력 $v$로 움직이는 관찰자가 측정한 길이는 고유 길이보다 $\sqrt{1 - v^2/c^2}$ 만큼 짧아진다. **길이 수축은 운동 방향을 따라서만 일어난다.**

시간 지연과 길이 수축 현상은 먼 항성으로 가는 미래의 우주여행에 적용할 수 있다. 인간 수명보다 짧은 기간 내에 항성에 도달하기 위해서는 큰 속력이 필요하다. 지구의 관찰자에게는 우주선이 목표 항성까지 가는 데 걸리는 시간은 우주인이 측정하는 시간에 비해 길어질 것이다. 쌍둥이 역설에서 논의한 것처럼 우주인이 지구에 돌아오면 그는 지구의 쌍둥이 형제보다 젊을 것이다. 우주인이 항성에 도달할 때 어느 정도 나이가 든다면 지구에 있는 형제는 나이를 더 많이 먹는다. 그 정확한 비는 우주선의 속력에 의존한다. 우주선의 속력이 $0.94c$일 때 그 비는 약 3:1이다.

**☑ Checkpoint 26.3**

진실인가 거짓인가: 미터자가 큰 속력으로 멀어져 갈 때 그 길이는 1미터보다 작게 측정된다.

**Quick Quiz 26.2**

항성 여행을 위해 짐을 싸고 있다. 이 여행에서는 $0.99c$의 속력으로 이동할 것이다. 누웠을 때 키가 줄어들므로 키보다 더 작은 방에서 잘 수 있겠는가? 설명하라.

**Quick Quiz 26.3**

관찰자에게서 멀어져 가는 로켓이 있다. 지상에 정지해 있을 때 길이에 비해 로켓의 길이는 어떻게 측정되는가? (a) 더 짧게, (b) 더 길게, (c) 같다. 관찰자의 시계에 비해 로켓의 시계는 (d) 더 빠르다, (e) 더 느리다, (f) 같다. 로켓이 되돌아서 관찰자에게 가까이 올 때 같은 질문에 답하라.

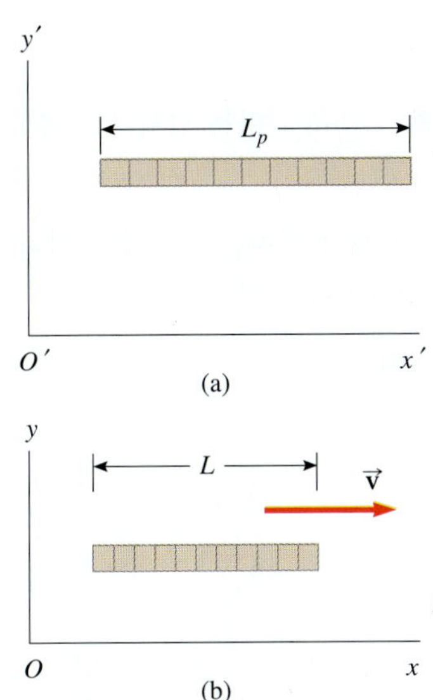


**활용그림 26.9**
미터자가 오른쪽으로 속력 $v$로 움직인다. (a) 미터자에 대해 정지한 관찰자가 본 미터자. (b) 미터자에 대해 속력 $v$로 움직이는 관찰자가 본 미터자. 움직이는 미터자는 미터자가 정지한 계에서 본 길이보다 언제나 $\sqrt{1 - v^2/c^2}$ 만큼 짧게 측정된다.

**Physics Now™**
**http://physics.brookscole.com/ecp**에서 PhysicsNow를 로그인하고 활용그림 26.9에 들어가서 두 관찰자의 관점에서 미터자를 보면서 측정된 길이를 비교해 보자.

**예제 26.2 우주선의 돌진**

**목표** 길이 수축의 개념을 거리에 적용한다.

**문제** (a) 지구 위의 관찰자가 고도 4 350 km에서 지구를 향해 $0.970c$의 속력으로 다가오는 우주선을 보고 있다. 우주선의 선장이 측정할 때 우주선에서 지구까지의 거리는 얼마인가? (b) 엔진을 점화 후 선장이 잰 우주선의 고도는 267 km이고 지구 위의 관찰자는 625 km의 고도로 측정하였다. 이 순간 우주선의 속력은 얼마인가?

**전략** 선장에게는 지구가 우주선을 향해 $0.970c$의 속력으로 다가온다. 따라서 우주선과 지구 사이의 거리는 수축이 된다. 식 26.4에 대입해서 답을 구한다. (b)에서는 같은 식에 거리를 대입해서 속력을 구한다.

**풀이**

(a) 선장이 잰 우주선에서 지구까지의 거리를 구하라.

식 26.4에 대입해서 선장이 잰 고도를 구한다.

$$L = L_p\sqrt{1 - v^2/c^2} = (4\ 350\ \text{km})\sqrt{1 - (0.970c)^2/c^2}$$

$$= \boxed{1.06 \times 10^3\ \text{km}}$$

(b) 지구 위의 관찰자는 우주선에서 지구까지의 거리로 625 km를 측정하였고 선장은 267 km를 측정하였다. 우주선의 속력은 얼마인가?

길이 수축 식을 적용한다.

$$L = L_p\sqrt{1 - v^2/c^2}$$

이 식의 양변을 제곱하고 $v$에 대해 푼다.

$$L^2 = L_p^2(1 - v^2/c^2) \longrightarrow 1 - v^2/c^2 = \left(\frac{L}{L_p}\right)^2$$

$$v = c\sqrt{1 - (L/L_p)^2} = c\sqrt{1 - (267\ \text{km}/625\ \text{km})^2}$$

$$v = \boxed{0.904\ c}$$

**주의** 고유 길이는 언제나 그 길이에 대해 정지한 관찰자가 측정하는 길이이다.

**연습문제 26.2**

우주선의 관찰자는 지구까지 거리를 50.0 km로 측정하고 지구 위의 관찰자는 125 km로 측정하였다. 지구에 접근하는 우주선의 속력은 얼마인가?

**답** $0.917c$

길이 수축은 관찰자가 움직이는 방향을 따라서만 일어난다. 움직이는 방향에 수직일 때는 수축이 일어나지 않는다. 예를 들어 관찰자에 대해 정지한 우주선이 정삼각형 모양이라고 하자. 우주선이 밑변에 평행한 방향으로 상대론적 속력으로 관찰자를 지나갈 때 밑변은 줄어들고 높이는 그대로이다. 따라서 우주선은 이등변삼각형으로 보일 것이다. 우주선과 같이 움직이는 관찰자에게는 여전히 정삼각형으로 보인다.

## 26.5 상대론적 운동량

특수 상대론에서 입자의 운동을 적절히 기술하기 위해서는 뉴턴의 운동법칙과 더불어 운동량과 에너지의 정의를 일반화해야 한다. 이 일반화한 정의는 $v$가 $c$보다 아주 작을 때 고전적(비상대론적) 정의와 같아진다.

운동량 보존은 물체들이 고립되어 있고 외부 작용이 없이 오직 상호작용만 한다면 두 물체가 충돌할 때 계의 총 운동량이 일정하다는 것이다. 운동량을 고전적 정의 $p = mv$로 하고, 이런 충돌을 빨리 움직이는 관성계에서 관찰하면 운동량이 보존되지 않는다는 것을 알 수 있다. $c$에 가까운 속력으로 움직이는 관성계를 포함한 모든 관성계에서 운동량 보존이 성립하려면 운동량의 정의를 다음과 같이 수정해야 한다.

$$p \equiv \frac{mv}{\sqrt{1 - v^2/c^2}} = \gamma mv \qquad [26.5]$$

◀ 상대론적 운동량

여기서 $v$는 입자의 속력이고, $m$은 입자에 대해 정지한 관찰자가 측정한 질량이다. $v$가 $c$보다 아주 작을 때 식 26.5의 분모는 1에 근접하고, $p$는 $mv$에 근접하게 된다. 따라서 $v$가 $c$보다 아주 작을 때 운동량의 상대론적 표현은 고전적 표현과 같아진다.

### 예제 26.3 전자의 상대론적 운동량

**목표** 운동량의 고전적 정의와 상대론적 정의를 비교한다.

**문제** 전자의 질량은 $9.11 \times 10^{-31}$ kg이다. 어느 전자가 $0.750c$의 속력으로 움직인다. 고전적(비상대론적) 운동량을 구하고 상대론적 운동량 $p_{rel}$과 비교하라.

**전략** 고전적 정의에 대입하여 고전적 운동량을 구하고 여기에 $\gamma$를 곱해 상대론적 운동량을 구한다.

**풀이**

$v = 0.750c$일 때 고전적(비상대론적) 운동량을 계산한다.

$$p = mv = (9.11 \times 10^{-31}\text{ kg})(0.750 \times 3.00 \times 10^8\text{ m/s})$$
$$= 2.05 \times 10^{-22}\text{ kg}\cdot\text{m/s}$$

이 결과에 $\gamma$를 곱해 상대론적 운동량을 구한다.

$$p_{rel} = \frac{mv}{\sqrt{1 - v^2/c^2}} = \frac{2.05 \times 10^{-22}\text{ kg}\cdot\text{m/s}}{\sqrt{1 - (0.750c/c)^2}}$$
$$= 3.10 \times 10^{-22}\text{ kg}\cdot\text{m/s}$$

**주의** 상대론적(올바른) 결과가 고전적인 결과보다 50% 더 크다. 다음부터는 고전적 운동량과 상대론적 운동량의 표기에 구별을 두지 않을 것이다. 상대 속력이 $0.2c$일 때 고전적 표현에 의한 값은 올바른 답보다 대략 2%가 작다.

**연습문제 26.3**

$0.600c$로 움직이는 양성자에 대해 계산을 반복하라.

**답** $p = 3.01 \times 10^{-19}\text{ kg}\cdot\text{m/s}$, $p_{rel} = 3.76 \times 10^{-19}\text{ kg}\cdot\text{m/s}$

## 26.6 상대론적 에너지, 질량과 에너지의 등가성

상대성 원리에 맞도록 운동량의 정의가 일반화되어야 했다. 마찬가지로 운동 에너지의 정의는 상대론적 역학에서 수정되어야 한다. 아인슈타인은 물체의 운동 에너지에 관한 올바른 표현을 다음과 같이 발견하였다.

$$KE = \gamma mc^2 - mc^2 \qquad [26.6]$$

◀ 운동 에너지

식 26.6에서 상수항 $mc^2$은 물체의 속력에 무관하며, 이것을 물체의 **정지 에너지**(rest energy) $E_R$이라고 한다.

정지 에너지 ▶

$$E_R = mc^2 \tag{26.7}$$

식 26.6에서 $\gamma mc^2$ 항은 물체의 속력에 의존하며, 운동 에너지와 정지 에너지의 합이다. $\gamma mc^2$을 **총 에너지**(total energy) $E$로 정의한다.

총 에너지 = 운동 에너지 + 정지 에너지

식 26.6에서

$$E = KE + mc^2 = \gamma mc^2 \tag{26.8}$$

이 된다. $\gamma = (1 - v^2/c^2)^{-1/2}$이므로 $E$를 다음과 같이 쓸 수 있다.

총 에너지 ▶

$$E = \frac{mc^2}{\sqrt{1 - v^2/c^2}} \tag{26.9}$$

이것이 아인슈타인의 유명한 질량-에너지 등가식이다.[2]

식 $E = \gamma mc^2 = KE + mc^2$에서 **운동에너지가 0인 정지한 입자의 에너지는 그 질량에 비례한다**는 놀라운 결과를 얻는다. 그리고 작은 질량에 거대한 에너지가 대응되는데 이것은 질량과 에너지 사이의 비례 상수가 크기 때문이다: $c^2 = 9 \times 10^{16}\ \mathrm{m^2/s^2}$. 식 $E_R = mc^2$은 아인슈타인이 최초에 제안했던 것처럼 입자의 질량이 모두 에너지로 전환될 수 있고 전자기적 에너지와 같이 순수한 에너지가 질량을 가진 입자로 바뀔 수 있다는 것을 간접적으로 의미한다. 이것은 실제로 성립하며 물질과 반물질이 상호작용하는 실험에서 여러 차례 확인 되었다.

큰 규모로는 핵발전소가 우라늄의 분열에 의해 에너지를 생산하는데 우라늄의 작은 질량이 에너지로 전환된다. 태양도 질량을 에너지로 바꾸면서 계속 질량을 소모하는데 모든 방향으로 거대한 양의 전자기적 에너지를 방출한다.

입자에 관해 질량과 에너지의 상호 전환을 이야기했지만 식 $E = mc^2$은 보편적으로 성립하며 모든 물체, 과정 그리고 계에 적용이 된다. 뜨거운 물체는 동일한 차가운 물체에 비해 조금 더 질량이 크고 가속하기가 조금 더 어렵다. 늘어난 스프링은 안 늘어난 같은 스프링에 비해 탄성위치에너지가 더 크고 따라서 질량이 더 크다. 그런데 중요한 점은 이러한 질량의 변화가 측정하기에는 너무 작다는 것이다. 질량 변화를 측정할 수 있는 대상은 핵변환으로서 질량이 에너지로 전환되며 변화된 질량이 측정 가능하다.

**✓ Checkpoint 26.4**

진실인가 거짓인가: 입자의 속력이 빛의 속력을 넘을 수 없으므로 입자의 운동량과 운동 에너지에는 상한이 있다.

## 에너지와 상대론적 운동량

흔히 입자의 속력보다는 입자의 운동량이나 에너지를 측정하게 된다. 따라서 총 에너지 $E$와 상대론적 운동량 $p$를 연관시키는 표현이 있으면 유용하다. $E = \gamma mc^2$과 $p = \gamma mv$의 두 식을 제곱하고 뺄셈으로 $v$를 소거할 수 있다. 그 결과는 다음과 같다.

[2] 이 식이 유명한 $E = mc^2$처럼 보이지 않는다. 전에는 흔히 $m = \gamma m_0$로 써왔다(아인슈타인도 그랬다). 여기서 $m$은 속력 $v$로 움직이는 물체의 유효 질량이고, $m_0$는 물체에 대해 정지한 관찰자가 측정한 물체의 질량이다. 그러면 우리 책의 $E = \gamma mc^2$은 익숙한 $E = mc^2$이 된다. $m = \gamma m_0$는 최근에는 널리 쓰이지 않는다.

$$E^2 = p^2c^2 + (mc^2)^2 \qquad [26.10]$$

입자가 정지해 있으면 $p = 0$이고, 따라서 $E = E_R = mc^2$이다. 이 특수한 경우에 총 에너지는 정지 에너지와 같다. 예를 들어 광자(photon, 질량과 전하가 없는 빛의 입자)처럼 질량이 0인 입자의 경우에 식 26.10에서 $m = 0$으로 하면

$$E = pc \qquad [26.11]$$

가 된다. 이 식은 항상 빛의 속력으로 움직이는 광자의 에너지와 운동량을 연관시키는 표현인 것이다.

입자가 전위차를 통하여 가속되면서 에너지를 얻기 때문에 아원자(subatomic) 입자를 다룰 때 그 에너지를 전자볼트(eV)로 나타내면 편하다. 환산 인자는 다음과 같다.

$$1 \text{ eV} = 1.60 \times 10^{-19} \text{ J}$$

예를 들어 전자의 질량은 $9.11 \times 10^{-31}$ kg이므로 전자의 정지 에너지는

$$m_ec^2 = (9.11 \times 10^{-31} \text{ kg})(3.00 \times 10^8 \text{ m/s})^2 = 8.20 \times 10^{-14} \text{ J}$$

이다. 이것을 eV로 바꾸면 다음을 얻는다.

$$m_ec^2 = (8.20 \times 10^{-14} \text{ J})(1 \text{ eV}/1.60 \times 10^{-19} \text{ J}) = 0.511 \text{ MeV}$$

여기서 1 Mev = $10^6$ eV이다. 핵물리학에서 식 $E = \gamma mc^2$이 자주 나오고, $m$은 대개 원자 질량 단위 u로 주어지므로 환산 인자 1 u = 931.494 MeV/$c^2$이 유용하게 쓰인다. 이 인자를 써서, 예를 들어 질량이 235.043 924 u인 우라늄 원자핵의 정지 에너지를 쉽게 구할 수 있다.

$$E_R = mc^2 = (235.043\,924 \text{ u})(931.494 \text{ MeV/u}\cdot c^2)(c^2) = 2.189\,42 \times 10^5 \text{ MeV}$$

**Quick Quiz 26.4**

광자가 거울에서 반사된다. 진실인가 거짓인가: (a) 광자의 질량이 0이므로 광자는 거울에 힘을 작용하지 않는다. (b) 광자가 에너지를 가졌지만 그 질량이 0이므로 거울면에 에너지를 전달할 수 없다. (c) 광자는 운동량을 갖고 있고 거울에서 반사될 때 운동량의 변화가 생긴다. 따라서 광자는 거울에 힘을 작용한다. (d) 광자가 운동량을 갖고 있지만 거울에서 반사될 때 운동량의 변화가 0이다. 따라서 광자는 거울에 힘을 작용하지 않는다.

### 예제 26.4 매우 빠른 전자

**목표** 총 에너지와 상대론적 운동 에너지를 계산한다.

**문제** 전자가 $v = 0.850c$의 속력으로 움직인다. 총 에너지와 운동 에너지를 MeV 단위로 구하고 고전적 운동 에너지와 비교하라($10^6$ eV = 1 MeV).

**전략** 식 26.9에 대입해서 총 에너지를 구하고 정지 질량 에너지를 빼서 운동 에너지를 구한다.

**풀이**

식 26.9에 값을 대입해서 총 에너지를 얻는다.

$$E = \frac{m_e c^2}{\sqrt{1 - v^2/c^2}} = \frac{(9.11 \times 10^{-31}\text{ kg})(3.00 \times 10^8\text{ m/s})^2}{\sqrt{1 - (0.850c/c)^2}}$$

$$= 1.56 \times 10^{-13}\text{ J} = (1.56 \times 10^{-13}\text{ J})\left(\frac{1.00\text{ eV}}{1.60 \times 10^{-19}\text{ J}}\right)$$

$$= \boxed{0.975\text{ MeV}}$$

총 에너지에서 정지 에너지를 빼서 운동 에너지를 구한다.

$$KE = E - m_e c^2 = 0.975\text{ MeV} - 0.511\text{ MeV} = \boxed{0.464\text{ MeV}}$$

고전적 운동 에너지를 계산한다.

$$KE_{\text{classical}} = \tfrac{1}{2} m_e v^2$$

$$= \tfrac{1}{2}(9.11 \times 10^{-31}\text{ kg})(0.850 \times 3.00 \times 10^8\text{ m/s})^2$$

$$= 2.96 \times 10^{-14}\text{ J} = 0.815\text{ MeV}$$

**주의** 상대론적 운동 에너지와 고전적 운동 에너지의 차이가 큰 것에 주목하라.

**연습문제 26.4**

$0.600c$로 움직이는 양성자의 총 에너지와 운동 에너지를 MeV 단위로 계산하라(양성자의 정지 에너지는 대략 938 MeV이다).

**답** $E = 1.17 \times 10^3$ MeV, $KE = 232$ MeV

---

## 예제 26.5 우라늄 핵분열에서 질량의 운동 에너지 전환

**목표** 핵 물질에서 에너지가 생산되는 것을 이해한다.

**문제** 우라늄이 쪼개지는 핵분열은 1938년 리제 마이트너(Lise Meitner)가 발견하였다. 그녀는 오토 한(Otto Hahn)이 발견한 신기한 실험 결과를 핵분열에 기인한다고 성공적으로 해석하였다(한은 노벨상을 받았다). ${}^{235}_{92}\text{U}$의 핵분열은 느리게 움직이는 중성자를 흡수하여 불안정한 핵 ${}^{236}_{92}\text{U}$이 되면서 시작된다. ${}^{236}_{92}\text{U}$ 핵은 빠른 속력으로 움직이는 두 개의 무거운 조각들과 몇 개의 중성자들로 바로 붕괴한다. 이 과정에서 발생하는 운동 에너지의 대부분은 두 개의 무거운 조각들이 갖게 된다. (a) 전형적인 핵분열 과정에서

$${}^{1}_{0}\text{n} + {}^{235}_{92}\text{U} \longrightarrow {}^{141}_{56}\text{Ba} + {}^{92}_{36}\text{Kr} + 3{}^{1}_{0}\text{n}$$

핵분열의 생성물들이 갖고 나가는 운동 에너지를 MeV로 계산하라. (b) 초기 에너지의 몇 퍼센트가 운동 에너지로 전환되었는가? 원자의 질량은 다음과 같이 원자 질량 단위로 주어진다.

$${}^{1}_{0}\text{n} = 1.008\,665\text{ u} \qquad {}^{235}_{92}\text{U} = 235.043\,924\text{ u} \qquad {}^{141}_{56}\text{Ba} = 140.903\,496\text{ u} \qquad {}^{92}_{36}\text{Kr} = 91.907\,936\text{ u}$$

**전략** 이것은 상대론적 에너지의 보존의 응용문제이다. 보존법칙을 운동 에너지와 정지 에너지의 합으로 쓰고 최종 에너지에 관해 푼다. 식 26.9에서 속력을 구한다.

**풀이**

(a) 주어진 과정에 대하여 최종 운동 에너지를 계산한다.

초기 운동 에너지가 0이라 가정하고 상대론적 에너지 보존식을 적용한다.

$$(KE + mc^2)_{\text{initial}} = (KE + mc^2)_{\text{final}}$$

$$0 + m_{\text{n}}c^2 + m_{\text{U}}c^2 = m_{\text{Ba}}c^2 + m_{\text{Kr}}c^2 + 3m_{\text{n}}c^2 + KE_{\text{final}}$$

최종 운동 에너지를 구하고 MeV로 바꾼다.

$$KE_{\text{final}} = [(m_{\text{n}} + m_{\text{U}}) - (m_{\text{Ba}} + m_{\text{Kr}} + 3m_{\text{n}})]c^2$$

$$KE_{\text{final}} = (1.008\,665\text{ u} + 235.043\,924\text{ u})c^2$$

$$- [140.903\,496\text{ u} + 91.907\,936\text{ u} + 3(1.008\,665\text{ u})]c^2$$

$$= (0.215\,162\text{ u})(931.494\text{ MeV/u}\cdot c^2)(c^2)$$

$$= \boxed{200.422\text{ MeV}}$$

(b) 초기 에너지의 몇 퍼센트가 운동 에너지로 전환되었는가?

총 에너지를 계산한다. 이것이 초기 에너지이다.

$$E_{\text{initial}} = 0 + m_{\text{n}}c^2 + m_{\text{U}}c^2$$
$$= (1.008\ 665\ \text{u} + 235.043\ 924\ \text{u})c^2$$
$$= (236.052\ 59\ \text{u})(931.494\ \text{MeV/u}\cdot c^2)(c^2)$$
$$= 2.198\ 82 \times 10^5\ \text{MeV}$$

운동 에너지를 총 에너지로 나누고 100%를 곱한다.

$$\frac{200.422\ \text{MeV}}{2.198\ 82 \times 10^5\ \text{MeV}} \times 100\% = \boxed{9.115 \times 10^{-2}\ \%}$$

**주의** 위 계산은 핵반응에 의해 반응 입자의 정지 에너지의 대략 0.1%만 밖으로 나오는 것을 알 수 있다. 어떤 핵융합 반응은 이보다 몇 배 더 큰 값의 에너지를 내기도 한다.

**연습문제 26.5**

핵융합 반응은 가벼운 원소들이 결합해서 무거운 원소가 되는 것이다. 듀테리움(deuterium)은 중수소라고도 하는데 그 핵에는 하나의 중성자가 더 있다. 두 개의 이런 입자가 융합해서 수소의 더 무거운 형태인 삼중수소(tritium)와 보통 수소 원자가 된다. 이 반응은 다음과 같다.

$$^{2}_{1}\text{D} + ^{2}_{1}\text{D} \longrightarrow ^{3}_{1}\text{T} + ^{1}_{1}\text{H}$$

(a) 문제를 간단히 하기 위해 초기 운동 에너지를 0이라 가정하고 운동 에너지의 형태로 나오는 에너지를 계산하라. (b) 정지 질량의 몇 퍼센트가 에너지로 전환되었는가? 원자 질량은 다음과 같다.

$$^{2}_{1}\text{D} = 2.014\ 102\ \text{u} \qquad ^{3}_{1}\text{T} = 3.016\ 049\ \text{u} \qquad ^{1}_{1}\text{H} = 1.007\ 825\ \text{u}$$

**답** (a) 4.033 37 MeV (b) 0.1075%

## 26.7 일반 상대론

특수 상대론은 관성계의 관찰자들이 측정한 결과들을 연관시킨다. 아인슈타인은 가속계와 관련한 더 일반적인 이론을 추구하였다. 그의 탐구 동기는 부분적으로 질량이 물체의 관성과 중력장의 세기를 정한다는 신기한 사실에 기반을 두고 있다. 관성과 관련된 질량을 관성 질량 $m_i$라 하고 중력장을 만드는 질량을 중력 질량 $m_g$라고 한다. 이들은 뉴턴의 중력법칙과 운동에 관한 뉴턴 제2법칙에 나온다.

중력적인 성질 $$F_g = G\frac{m_g m_g'}{r^2}$$

관성적인 성질 $$F_i = m_i a$$

중력 상수 $G$의 값은 $m_g$와 $m_i$의 크기가 숫자적으로 같도록 선택되었다. $G$가 어떻게 선택되었는가에 상관없이 $m_g$와 $m_i$가 비례하는 것은 $10^{12}$분의 몇이라는 높은 정확도의 실험으로 확립되었다. 중력 질량과 관성 질량은 아마도 정확히 같은 듯하다: $m_i = m_g$.

아인슈타인은 $m_g$와 $m_i$가 정확히 같다는 놀라운 일치를 두 개념이 밀접하게 연관된 증거라고 보았다. 그는 어떤 역학적 실험도 그림 26.10a와 26.10b의 두 상황을 구별할 수 없다고 하였다. 각 경우에 관찰자가 손에서 놓은 질량은 바닥을 향해 아랫방향으로 $g$의 가속도로 떨어진다.

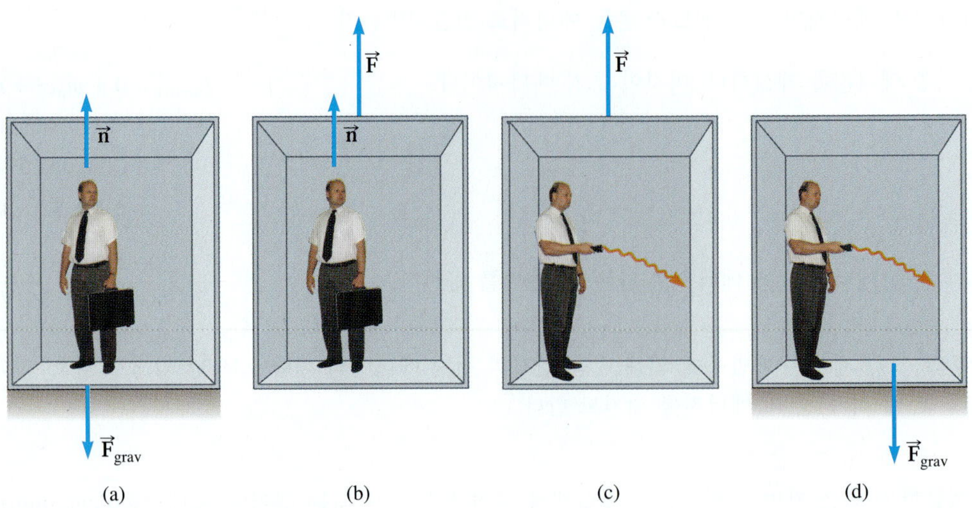


**그림 26.10** (a) 관찰자가 방에 정지해 있고 균일한 중력장 $\vec{g}$가 작용한다. 그는 수직력 $\vec{n}$을 경험한다. (b) 이제 관찰자는 중력이 무시되는 지역에 있다. 그런데 외부 힘 $\vec{F}$가 기준계에 작용해서 크기가 $g$인 가속도를 준다. 그는 다시 수직력 $\vec{n}$을 경험하는데 이 힘은 방과 함께 그를 가속시킨다. 아인슈타인에 의하면 (a)와 (b)의 기준계는 모든 점에서 같다. 방에서 하는 실험으로는 둘을 구별할 수 없다. (c) 관찰자가 손전등을 켠다. 방이 가속되므로 빔은 던진 공처럼 바닥을 향해 휘는 것같이 보인다. (d) 계들이 동등하므로 중력장이 있을 때에도 같은 현상이 관찰된다.

아인슈타인은 이 아이디어를 발전시켜서 역학적이든 다른 방식이든 어떤 실험도 두 경우를 구별할 수 없다고 제안하였다. 모든 현상(단지 역학적인 것만이 아닌)을 포함하도록 한 이러한 확장은 흥미로운 결과를 낳는다. 예를 들어 그림 26.10c처럼 빛의 펄스를 수평으로 보낸다고 하자. 빛 펄스의 궤도는 방이 위로 가속되면서 아래로 휜다. 아인슈타인은 빛의 빔이 중력장에 의해서도 아래로 휘어야 한다고 제안하였다(그림 26.10d).

아인슈타인의 **일반 상대론**(general relativity)의 두 공리는 다음과 같다.

**1.** 모든 자연법칙은 관찰자가 어느 기준계에 있어도(가속되든 아니든) 같은 형태를 갖는다.

**2.** 임의의 점 근처의 중력장은, 중력장이 없는 곳에서 기준계가 가속되었을 때와 동등하다(이것이 **등가 원리**이다).

두 번째 공리는 중력 질량과 관성 질량이 단지 비례하는 것이 아니라 똑같다는 것을 의미한다. 두 개의 다른 종류의 질량이라고 여겨졌던 것이 실제는 동일하다.

일반 상대론이 예측하는 흥미 있는 현상의 하나는 시간이 중력에 의해 변하는 것이다. 중력이 무시되는 경우보다 중력이 존재할 때 시계가 더 느리게 간다. 그 결과 태양처럼 센 중력장의 원자에서 나오는 빛은 실험실의 원자에서 나오는 같은 빛보다 더 낮은 진동수를 갖는다. 이러한 중력 이동은 무거운 항성의 원자가 방출하는 스펙트럼 선에서 검출되었다. 이것은 지구에서도 수직으로 서로 약 20 m 떨어진 핵들에서 나오는 감마선의 진동수를 비교해서 증명되었다.

두 번째 공리는 임의의 점에서 적당한 가속계(자유 낙하하는)를 고르면 중력장이 '사라지는' 것을 의미한다. 아인슈타인은 중력장이 "사라지게" 하는 데 필요한 가속도를 기술하는 독창적인 방법을 개발하였다. 그는 시공간의 곡률이 모든 점에서 중력을 기술한다고 하였다. 사실 시공간의 곡률이 뉴턴의 중력 이론을 완전히 대치하였다. 아인슈타인에 의하면 중력이라는 것은 없다. 질량의 존재가 그 질량 근처에서 시공간의 곡률을 발생시킨다. 구슬이 그릇 안에서 구르는 것처럼 행성은 태양 주위에서 시공간의 자연스런 길을 따라 돈다. 1979년에 휠러(John Wheeler)는 아인슈타인의 일반 상대성 이론을 한 문장으로 요약하였다. “질량은 시공간에게 어떻게 휠 것이지를 말하고, 휜 시공간은 질량에게 어떻게 움직일지를 말한다.” 일반 상대론의 기본 식은 다음과 같은 비례식으로 대강 말할 수 있다.

$$\text{시공간의 평균 곡률} \propto \text{에너지 밀도}$$

아인슈타인이 새로운 중력 이론을 추구한 것은 뉴턴의 제2법칙으로 계산한 수성의 궤도에 오차가 있었기 때문이다. 수성이 태양에 가장 접근하는 근일점은 시간에 따라 천천히 그 위치가 바뀐다. 한 세기당 43초(각도의 단위)를 제외하고 뉴턴의 이론으로 모두 해석이 되었다. 아인슈타인의 상대성 이론이 그 차이를 설명하였다.

일반 상대론의 가장 극적인 테스트는 1차 세계대전이 끝난 직후에 이루어졌다. 상대론에 의하면 항성이 빛을 어떤 정해진 양만큼 휘도록 해야 한다. 에딩턴 경(Sir Arthur Eddington)은 아프리카로 가서 개기 일식 동안에 별빛이 태양을 지나면서 일반 상대론에서 예측하는 양만큼 휘어지는 것을 확인하였다(그림 26.11). 이 발견이 발표된 후 아인슈타인은 국제적으로 유명 인사가 되었다.

일반 상대론은 또한 큰 항성이 핵연료를 다 쓰고 아주 작은 부피로 붕괴하여 **블랙홀**(black hole)이 된다고 예측한다. 블랙홀에서는 시공간의 곡률이 너무 커서 일정 반경 안에 있는 물질과 빛이 모두 사로잡힌다. 이 반경을 **슈바르츠쉴트 반경**(Schwarzschild radius) 또는 **사건의 지평선**(event horizon)이라고 하는데, 태양의 질량을 갖는 블랙홀의 경우 대략 3 km이다. 블랙홀의 중심에 특이점이 있는데 이 점은 무한한 밀도와 곡률을 갖고 시공간이 끝나는 점이다.

우리 은하계의 중심에 태양 질량의 수백만 배 질량을 갖는 블랙홀이 존재한다는 증거가 있다.

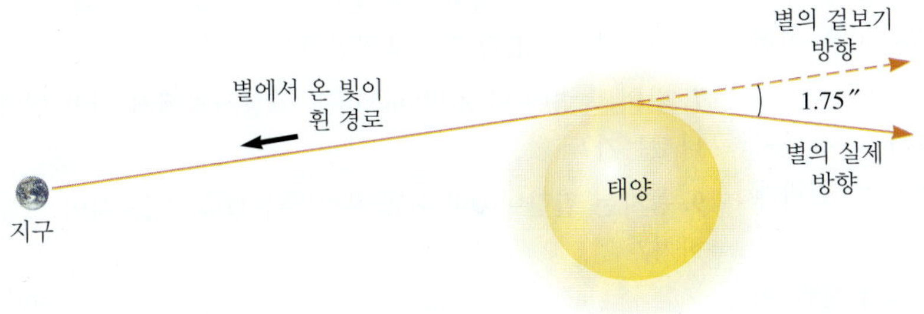


**그림 26.11** 별빛이 태양 근처를 지나면서 휘어진다. 이 현상 때문에 태양과 다른 멀리 있는 물체가 중력 렌즈로서 작용할 수 있다. 일반 상대성 이론에서 아인슈타인은 태양의 표면을 바로 스치는 별빛이 1.75″만큼 휘어져야 한다고 계산하였다.

## 요약

**Physics Now™** **http://physics.brookscole.com/ecp**에서 PhysicsNow를 로그인하고 이 장에 대한 Pre-Test link를 클릭하여 연습문제 시험을 보라.

### 26.3 아인슈타인의 상대성 원리

**특수 상대성 이론**의 두 가지 공리는 다음과 같다.

**1.** 물리학의 법칙은 모든 관성계에서 같다.

**2.** 빛의 속력은 모든 관성계의 관찰자에게 같으며, 관찰자의 운동이나 광원의 운동에 무관하다.

### 26.4 특수 상대성 이론의 결과

특수 상대성 이론의 결과는 다음과 같다.

**1.** 관찰자에 대해 움직이는 시계는 천천히 간다. 이것이 **시간 지연**이다. 움직이는 계와 정지한 계에서 시간 간격의 관계는

$$\Delta t = \gamma \Delta t_p \qquad [26.2]$$

이다. 여기서 $\Delta t$는 시계에 대해 움직이는 계에서 측정한 시간 간격이다.

$$\gamma = \frac{1}{\sqrt{1 - v^2/c^2}} \qquad [26.3]$$

$\Delta t_p$는 시계와 같이 움직이는 계에서 측정한 고유 시간 간격이다.

**2.** 움직이는 물체의 길이는 움직이는 방향으로 **수축**된다. **길이 수축**의 식은

$$L = L_p\sqrt{1 - v^2/c^2} \qquad [26.4]$$

이다. 여기서 $L$은 물체에 대해 움직이는 관찰자가 측정한 길이이고, $L_p$는 정지한 계의 관찰자가 측정한 물체의 고유 길이이다.

**3.** 어떤 관찰자에게 동시에 일어난 두 사건이 그 관찰자에 대해 움직이는 다른 관찰자에게는 동시에 일어나지 않는다.

### 26.5 상대론적 운동량

속력 $v$로 움직이는 입자의 운동량의 상대론적 표현은

$$p \equiv \frac{mv}{\sqrt{1 - v^2/c^2}} = \gamma mv \qquad [26.5]$$

이다.

### 26.6 상대론적 에너지, 질량과 에너지의 등가성

물체의 운동 에너지의 상대론적 표현은

$$KE = \gamma mc^2 - mc^2 \qquad [26.6]$$

이다. 여기서 $mc^2$은 물체의 **정지 에너지** $E_R$이다.

입자의 **총 에너지**는

$$E = \frac{mc^2}{\sqrt{1 - v^2/c^2}} \qquad [26.9]$$

이다. 이것이 아인슈타인의 유명한 질량-에너지 등가 식이다.

상대론적 운동량과 총 에너지의 관계는 다음 식과 같다.

$$E^2 = p^2c^2 + (mc^2)^2 \qquad [26.10]$$

## 개념 파악을 위한 질문

**1.** 직경 $D$의 공 모양의 우주선이 지구에 있는 관측자에 대해 $0.5c$의 속력으로 지나간다. 관측자는 지나가는 우주선을 어떤 모양으로 보는가?

**3.** 물에서 빛의 속력은 $2.30 \times 10^8$ m/s이다. 전자가 물속에서 $2.50 \times 10^8$ m/s로 움직인다. 이 입자의 속력은 상대성 원리에 위배되는가?

**5.** 멀리 떨어진, 항성 같은 물체인 퀘이사가 빛의 속력의 절반 또는 그 이상의 속력으로 우리에게서 멀어져 간다. 이 퀘이사에서 오는 빛의 속력은 무엇인가?

**7.** 빛의 속력이 단지 50 m/s라면 일상생활에서 어떤 변화가 일어나겠는가?

**9.** 광자는 질량이 0이다. 광자가 운동량을 갖는 것이 어떻게 가능한가?

## 문제

1, 2, 3 = 기본문제, 발전문제, 심화문제

□ = 학생 문제풀이 매뉴얼/학습 가이드 속에 문제풀이가 있다.

Physics Now™ **http://physics.brookscole.com/ecp**에서 힌트를 받을 수 있는 문제

= 생물의학 문제

### 26.4 특수 상대성 이론의 결과

**1.** 우주 탐사선이 $0.80c$의 속력으로 지구에서 멀어져 간다. 탐사선의 안테나가 한 번 회전하는 데 탐사선의 시간으로 3.0 s가 걸린다. 지구의 관찰자에게 탐사선의 안테나가 한 번 회전하는 데 걸리는 시간은 얼마인가?

**3.** 친구가 탄 우주선이 당신의 우주선을 큰 속력으로 지나쳐 간다. 그는 자신의 우주선 길이가 20 m이고, 그의 것과 동일한 당신의 우주선은 길이가 19 m라고 한다. 당신의 관찰에 의하면 (a) 당신의 우주선의 길이는? (b) 그의 우주선의 길이는? (c) 그의 우주선의 속력은 얼마인가?

**5.** 자신의 기준계에서 파이 메존의 평균 수명(고유 수명)은 $2.6 \times 10^{-8}$ s이다. 메존이 $0.98c$의 속력으로 움직일 때. (a) 지구의 관찰자가 측정한 평균 수명은? (b) 지구의 관찰자가 측정할 때 메존이 붕괴하기 전까지 이동한 평균 거리는? (c) 시간 지연이 일어나지 않을 때 메존이 이동하는 거리는 얼마가 되는가?

**7.** Physics Now™ 지구 대기의 상층부에서 생성된 뮤온이 $v = 0.99c$의 속력으로 4.6 km 이동해서 전자, 중성미자와 반중성미자로 붕괴한다($\mu^- \longrightarrow e^- + \nu + \bar{\nu}$). (a) 그 자신의 계에서 본 뮤온의 수명은 얼마인가? (b) 그 자신의 계에서 측정했을 때 뮤온이 이동한 거리는 얼마인가?

**9.** 어떤 우주선의 고유 길이는 다른 우주선의 세 배이다. 두 우주선이 같은 방향으로 여행한다. 지구의 관찰자에게 두 우주선의 길이는 같다. 느린 우주선의 속력이 지구에 대해 $0.350c$일 때 빠른 우주선의 속력을 구하라.

**11.** 고유 길이가 100 m인 초고속 열차의 속력이 $0.95c$인데 고유 길이가 50 m인 터널을 지난다. 지상의 관찰자에게 기차는 터널 안에 다 들어가는가? 그렇다면 얼마나 들어가는가?

### 26.5 상대론적 운동량

**13.** 전자의 속력이 $v = 0.90c$이다. 이 전자와 같은 운동량을 양성자가 가지려면 그 속력은 얼마인가?

**15.** 정지해 있던 불안정한 입자가 서로 다른 질량을 갖는 두 조각으로 깨진다. 가벼운 조각의 질량은 $2.50 \times 10^{-28}$ kg이고 무거운 조각의 질량은 $1.67 \times 10^{-27}$ kg이다. 가벼운 조각의 속력이 $0.893c$일 때 무거운 조각의 속력은 얼마인가?

### 26.6 상대론적 에너지, 질량과 에너지의 등가성

**17.** 운동 에너지가 자신의 정지 에너지와 같은 입자의 속력은 얼마인가?

**19.** 운동 에너지가 비상대론적 표현 $KE = \frac{1}{2}mv^2$의 두 배가 되려면 입자의 속력은 얼마가 되어야 하는가?

**21.** 지구에 정지한 강철 정육면체의 부피가 1.00 cm$^3$이고 질량은 8.00 g이다. 이 정육면체의 속력이 $v = 0.900c$로 주어질 때 정지한 관찰자가 측정한 밀도는 얼마인가? 상대론적 밀도는 $E_R/c^2V$이다.

### 추가문제

**23.** 정지 상태에서 전위차 (a) 500 V와 (b) $5.00 \times 10^8$ V를 지나면서 가속된 양성자의 속력은 얼마인가?

**25.** 운동 에너지가 1.00 MeV인 전자의 운동량은 MeV/$c$의 단위로 얼마인가?

**27.** 테드와 메리가 $0.60c$로 움직이는 계 S′에서 공 던지기 놀이를 하고 있고, 이것을 계 S에 있는 짐이 보고 있다. 테드가 메리를 향해 $0.80c$의 속력(자신에 대해)으로 공을 던진다. S′에서 측정한 둘 사이의 거리는 $1.8 \times 10^{12}$ m이다. (a) 메리가 보았을 때 공이 움직이는 속력은? (b) 메리의 관점에서 공이 그녀에게 도달할 때까지 걸리는 시간은? (c) 짐이 봤을 때 테드와 메리 사이의 거리는 얼마인가?

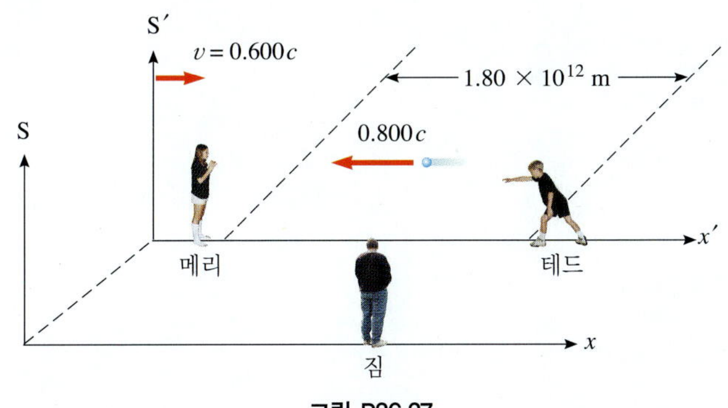


**그림 P26.27**

**29.** 안드로메다 은하계를 가고자 하는 우주인이 있다. 가는데 우주선의 기준계 시간으로 30.0년이 걸릴 예정이다. 은하계가 2.00백만 광년 떨어져 있고 우주선의 속력은 일정하다고 가정한다. (a) 지구에 대해 얼마의 속력으로 여행해야 하는가? (b) 질량이 $1.00 \times 10^6$ kg인 이 우주선의 운동 에너지는? (c) 이 에너지를 kWh당 13.0센트인 전기 에너지의 소비자 가격으로 산다면 그 비용은 얼마인가? 다음 근사식이 유용할 것이다.

$$\frac{1}{\sqrt{1+x}} \approx 1 + \frac{x}{2} \qquad (x \ll 1 \text{ 일 때})$$

**31.** 고유 길이가 300 m인 우주선이 지구의 관측자를 지나가는 데 0.75 $\mu$s가 걸렸다. 지구의 관측자가 측정한 이 우주선의 속력을 구하라.

33. 입자의 운동량의 비상대론적 표현 $p = mv$는 $v \ll c$일 때 사용할 수 있다. 이 식을 쓸 때 운동량의 오차가 (a) 1.00%와 (b) 10.0%가 되는 속력은 얼마인가?

35. 뮤온은 불안정한 입자로서 스스로 전자와 두 중성미자로 붕괴한다. 뮤온이 정지한 계에서 $t = 0$일 때 뮤온의 수가 $N_0$라면 시간 $t$에서 그 수는 $N = N_0 e^{-t/\tau}$이다. 여기서 $\tau$는 평균 수명으로서 2.2 $\mu$s이다. 0.95$c$의 속력으로 움직이며 $t = 0$일 때 $5.0 \times 10^4$개의 뮤온이 있다고 하자. (a) 관찰된 뮤온의 수명은 얼마인가? (b) 3.0 km의 거리를 이동했을 때 남은 뮤온의 수는 얼마인가?

37. 길이가 $L_0$인 막대가 수평 방향으로 속력 $v$로 움직이고 있다. 막대는 막대와 같이 움직이는 좌표계의 축에 대해 $\theta_0$만큼 기울어져 있다. (a) 정지한 관찰자가 측정한 막대기의 길이가 다음과 같음을 보여라.

$$L = L_0 \left[ 1 - \left( \frac{v^2}{c^2} \right) \cos^2 \theta_0 \right]^{1/2}$$

(b) 정지한 관찰자가 보았을 때 막대와 축이 이루는 각도는 $\tan \theta = \gamma \tan \theta_0$로 주어지는 것을 증명하라. 이 결과는 막대가 수축과 회전을 한다는 것을 보여 준다. (막대의 아래쪽 끝이 움직이는 좌표계의 원점에 있다고 본다.)

39. 쌍둥이인 스피도와 고슬로가 지구에서 행성 X까지 가려고 한다. 두 행성이 정지한 기준계에서 두 행성 사이의 거리는 20.0광년이다. 쌍둥이는 나이가 같으며 각자 다른 우주선을 타고 동시에 출발한다. 스피도의 우주선은 0.950$c$의 속력으로, 고슬로의 우주선은 0.750$c$의 속력으로 여행한다. 고슬로의 우주선이 행성 X에 도착한 후 쌍둥이의 나이 차이를 계산하라. 누가 나이를 더 먹었는가?

CHAPTER 27

# 양자물리학

OUTLINE



20세기 초 상대성 이론은 여러 가지 물리학적 문제들을 해결할 수 있었지만, 해결되지 않은 또 다른 문제들이 남아 있었다. 고전물리학은 원자 수준에서 일어나는 많은 물리적 현상들을 더 이상 성공적으로 설명할 수 없었다. 가열된 물체에서 방출되는 복사(흑체복사), 빛을 금속표면에 조사하였을 때 금속표면에서 튀어나오는 전자(광전효과), 전기방전관에 가스원자를 채우고 방전시켰을 때 가스원자들에 의해 방출되는 빛의 날카로운 스펙트럼선 등과 같은 현상들은 고전물리학의 체계 내에서는 설명이 불가능하였다. 그러나 1900년과 1930년 사이에 **양자역학** 또는 **파동역학**이라고 하는 현대적 개념의 역학은 분자와 원자, 핵의 차원에서 일어나는 현상을 성공적으로 설명할 수 있었다.

양자 이론의 개념은 플랑크에 의해서 최초로 소개되었으며, 이 후 아인슈타인, 보어, 슈뢰딩거, 드브로이, 하이젠베르크, 본, 디랙 등을 포함하여 많은 물리학자들에 의해 수학적 발전과 해석 그리고 개선이 이루어졌다. 이 장에서는 양자 이론의 기초개념과 물질의 입자-파동의 이중성에 대해서 설명하고, 양자 이론의 간단한 응용으로서 광전효과, 콤프턴 효과, X선 등에 대해서 소개한다.

## 27.1 흑체복사와 플랑크의 가설

어떤 온도에서 물체는 전자기복사를 한다. 이러한 전자기복사를 **열복사**(thermal radiation)라고 한다. 11.5절에서 다룬 스테판의 법칙은 복사된 총 일률을 나타낸다. 복사 스펙트럼은 온도와 그 물질의 특성에 따라 다르다. 낮은 온도에서 열복사의 파장은 주로 우리의 눈으로 볼 수 없는 적외선 영역이다. 물체의 온도가 증가함에 따라 물체는 붉은색의 빛을 내기 시작하며 충분히 높은 온도에 이르면 텅스텐 필라멘트 전구에서 내는 빛과 같이 백색광을 띠게 된다. 열복사의 복사 스펙트럼은 적외선, 가시광선 및 자외선 영역까지 연속 스펙트럼을 나타낸다.

고전적인 관점에서 보면 열복사는 물체의 표면 근처에서 가속된 하전입자들에 의해 발생한다. 가속된 전하들은 작은 안테나에서 복사가 일어나는 것과 같이 복사를 일으킨다. 열적으로 요동하는 전하들은 여러 영역의 주파수 분포를 가질 수 있으며, 이것으로 물체에서 방출되는 복사의 연속 스펙트럼을 설명한다. 19세기 말 고전 이론만으로는 열복사에 관해 설명할 수 없다는 것이 명확하게 되었다. 흑체에 의해 방출되는 복사에서 근본적인 문제는 파장의 함수로 관찰한 에너지의 분포를 이해하는 것이었다. **흑체**(blackbody)는 입사한 모든 빛을 흡수하는 이상적인 물체로 정의한다. 흑체로 가장 잘 근사할 수 있는 것은 그림 27.1에서 보는 바와 같이 공동 내부로 들어갈 수 있는

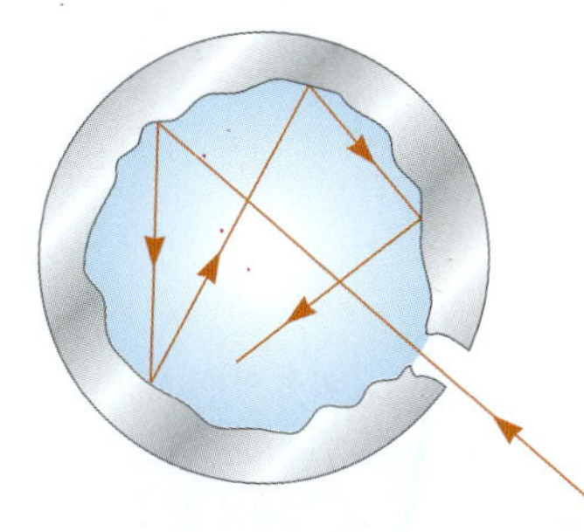

**그림 27.1** 물체의 공동에 있는 열린 틈을 근사적인 흑체로 간주할 수 있다. 작은 입구를 통하여 공동으로 들어간 빛은 내부 벽에서 반사되어 일부는 반사하고 일부는 흡수된다. 결국 여러 번 반사된 후에는 입사 에너지는 모두 공동 내에 흡수된다.

**TIP 27.1 혼란스러움을 즐기자.**

인생의 경험은 양자효과가 분명하지 않은 거시세계에서 일어난다. 양자효과는 상대론적 효과보다 더 어렵게 보일 수 있지만 포기해선 안 된다. 혼란스러운 것은 매우 정상적인 일이며 기대했던 사실이다. 노벨상 수상자인 파인만(Richard Feynman)이 말했던 바와 같이 "양자역학은 어느 누구도 이해하지 못한다."

작은 구멍이다. 공동으로 들어갈 수 있는 작은 구멍을 통하여 방출되는 복사 현상은 **오직 온도에만** 의존하고 물체의 성분이나 모양 또는 다른 요인에는 의존하지 않는다.

활용그림 27.2는 다른 세 가지 온도에서 흑체복사의 에너지 분포를 나타낸 실험 자료이다. 복사 에너지는 파장과 온도에 따라 다르게 나타난다. 흑체의 온도가 올라감에 따라 방출되는 에너지 총량(곡선 아래의 면적)은 증가한다. 역시 온도가 증가함에 따라 분포의 최고점은 짧은 파장 쪽으로 이동한다. 최고점의 이동은 **빈의 변위 법칙**(Wien's displacement law)으로 알려져 있으며 다음과 같다.

$$\lambda_{\max} T = 0.289\,8 \times 10^{-2}\ \mathrm{m \cdot K} \qquad [27.1]$$

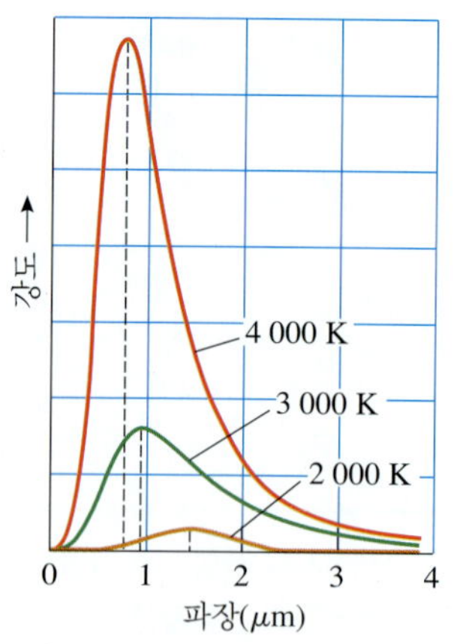

**활용그림 27.2**
여러 온도에서 흑체복사의 강도-파장 곡선. 방출된 총 복사(곡선 아래의 면적)는 온도가 증가함에 따라 증가한다.

**Physics Now™**
**http://physics.brookscole.com/ecp**에서 PhysicsNow를 로그인하고 활용그림 27.2로 들어가서 흑체의 온도를 변화시키면서 그로부터 방출되는 복사의 변화에 대해서 관찰하자.

여기서 $\lambda_{\max}$는 각각의 온도 $T$에서 최고점의 파장이며, 온도 $T$는 복사하는 물체의 절대온도이다.

뜨거운 별에서 방출되는 복사는 활용그림 27.2의 높은 온도에서 방출되는 복사와 유사한 에너지 분포를 갖는다. 이 경우에 별은 가시광선 영역에서 복사선을 내며 모든 색이 합쳐져 백색광이 된다. 태양은 표면온도가 5 800 K로 백색광을 낸다. 더 뜨거운 별에서 내는 복사는 최고점이 짧은 파장 쪽으로 이동하여 가시광선 영역의 파란색을 띠게 된다. 별의 표면온도는 먼저 강도-파장 곡선에서 최대 강도의 파장을 찾은 후 빈의 법칙을 적용함으로써 얻을 수 있다. 예를 들어 어떤 별의 복사곡선의 최대 강도 파장이 $2.30 \times 10^{-7}$ m라면 이 별의 표면온도는 다음과 같이 구할 수 있다.

$$T = \frac{0.289\,8 \times 10^{-2}\ \mathrm{m \cdot K}}{\lambda_{\max}} = \frac{0.289\,8 \times 10^{-2}\ \mathrm{m \cdot K}}{2.30 \times 10^{-7}\ \mathrm{m}} = 1.26 \times 10^{4}\ \mathrm{K}$$

활용그림 27.2에 나타난 복사의 에너지 분포 곡선을 고전적인 개념으로 설명하려는 시도가 있었지만 실패하였다. 활용그림 27.3은 흑체복사 스펙트럼의 실험곡선(빨간색)과 고전 이론을 기초로 계산된 곡선(파란색)을 나타낸 것이다. 파장이 긴 쪽에서 고전 이론과 실험곡선이 잘 일치하지만 파장이 짧은 쪽에서는 실험과 이론이 잘 일치하지 않는 것을 볼 수 있다. 파장이 0으로 접근함에 따라 고전 이론에서는 빛의 세기가 무한대로 발산하지만, 실험곡선은 빛의 세기가 0으로 접근하는 것을 볼 수 있다.

1900년 플랑크(Max Planck, 1858~1947)는 활용그림 27.3에서 빨간색으로 표시한 실험곡선과 전 파장 영역에서 잘 일치하는 흑체복사에 대한 새로운 공식을 제안하였다. 플랑크는 흑체복사는 **공진기**라고 하는 극미소 하전진동자의 진동에 의해 일어난다고 가정하였으며, 밝은 빛을 내는 공동은 그 본질을 알 수는 없지만 공진기들이 내는 빛이라고 가정하였다. 공진기들의 에너지는 불연속적인 에너지 $E_n$값만을 갖도록 허용되었으며, $E_n$값은 다음과 같다.

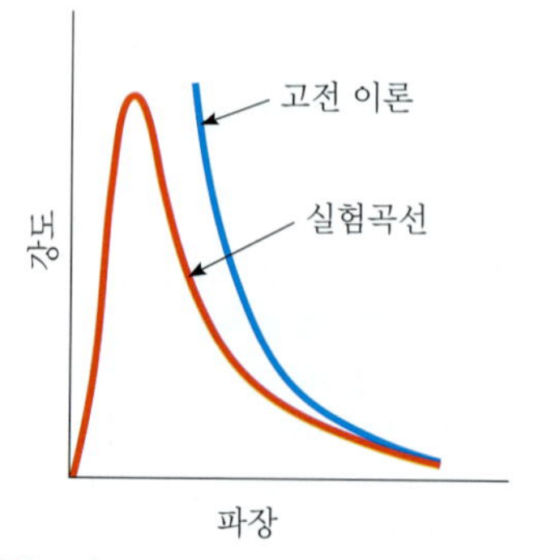

**활용그림 27.3**
흑체복사의 고전 이론과 실험 자료의 비교. 플랑크 이론은 실험 결과와 완벽하게 일치한다.

**Physics Now™**
**http://physics.brookscole.com/ecp**에서 PhysicsNow를 로그인하고 활용그림 27.3으로 들어가서 플랑크 모형에서 방출되는 불연속적인 에너지에 대해서 조사해 보자.

$$E_n = nhf \qquad [27.2]$$

여기서 $n$은 양의 정수로 **양자수**(quantum number)라고 하며, $f$는 공진기 진동의 진동수, $h$는 **플랑크 상수**(Planck's constant)로

$$h = 6.626 \times 10^{-34}\ \mathrm{J \cdot s} \qquad [27.3]$$

이다. 각 공진기의 에너지는 식 27.2에 따라 불연속적으로 주어지므로 에너지는 **양자화되었다**고 말한다. $n$는 **양자상태**를 나타내며, $n$에 의해 주어지는 각각의 불연속적인

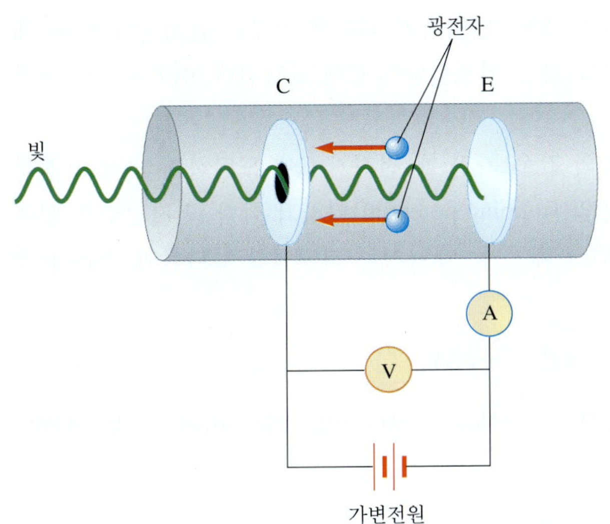


**활용그림 27.4**
광전효과 실험회로도. 빛이 판 E(이미터)에 입사하면 광전자가 판으로부터 방출된다. 판 E로부터 판 C로 이동하는 전자는 회로에 전류를 발생시키고 전류계에 전류 값이 나타난다.

**Physics Now™**
**http://physics.brookscole.com/ecp**에서 PhysicsNow를 로그인하고 활용그림 27.4로 들어가서 다양한 주파수와 전압 변화에 따른 전자의 운동을 관찰하여 보라.

에너지 값은 특정한 양자상태의 에너지를 나타낸다(공진기의 양자상태가 $n = 1$이면 그 에너지는 $hf$이고, $n = 2$이면 그 에너지는 $2\,hf$ 등이다).

플랑크 이론의 핵심은 에너지의 양자화 개념이다. 이와 같은 가정의 출발점은 고전물리학과는 근본적으로 다른 개념이며, 본질적으로 "양자도약"이라는 새로운 개념에 대한 이해가 필요하게 되었다. 당시에 이러한 개념은 매우 충격적이었다. 그것은 마치 투수가 던진 야구공의 속력은 고정된 특정 값들만을 가질 수 있으며, 고정된 수 사이의 값을 갖는 야구공의 속력은 존재할 수 없다는 것과 같은 것이다. 에너지 값이 연속적인 값을 가질 수 없고 불연속적인 값을 가질 수 있다는 사실은 뉴턴과 맥스웰에 의해 완성된 고전 이론과 양자 이론이 갖는 가장 중요한 차이점이다.

## 27.2 광전효과와 광양자설

19세기 후반 금속표면에 진동수가 충분히 큰 빛을 입사시키면 금속표면으로부터 전자가 방출된다는 사실이 실험적으로 발견되었다. 이와 같은 현상을 **광전효과**(photoelectric effect)라고 하며, 이때 방출된 전자를 **광전자**(photoelectron)라고 한다. 이 현상은 맥스웰이 예상한 전자기파를 최초로 발생시켰던 헤르츠에 의해 처음 발견되었다.

활용그림 27.4는 광전효과의 장치도이다. 광전관으로 알려진 진공유리관 내에 있는 금속판 E(이미터)는 전원공급기의 음의 단자와 연결되어 있고, 또 다른 금속판 C(콜렉터)가 전원공급기의 양의 단자와 연결되어 양의 전위를 유지하고 있다. 금속판에 빛이 입사하지 않으면, 전류는 흐르지 않는다. 따라서 전류계의 전류 값은 0이다. 금속판의 종류에 따라 다르지만 어떤 특정 파장보다 짧은 파장의 빛을 금속판 E에 조사하면 E와 C 사이를 가로질러 전류가 흐른다. 이 전류는 음극판 E로부터 방출된 광전자에 의한 전류이며 광전자는 양극판 C에 모인다.

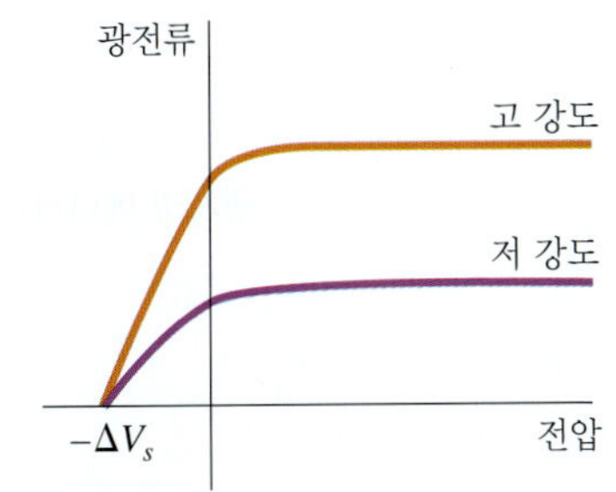


**그림 27.5** 두 종류의 빛의 강도에 대한 전압과 광전류와의 관계. 광전류는 빛의 강도가 증가하면 할수록 증가하지만 $\Delta V$의 값이 크면 포화된다. $-\Delta V_s$와 같거나 더 작은 값이면 광전류는 0이 된다. 여기서 $\Delta V_s$는 저지전압이다.

그림 27.5는 빛의 두 가지 강도에 대하여 E와 C 사이의 전위차 $\Delta V$와 광전자 전류 사이의 관계 그래프이다. $\Delta V$가 큰 값에서 전류는 최대치에 도달한다. 또 전류는 입사광의 강도가 증가함에 따라 증가한다. $\Delta V$가 음일 때, 즉 E가 양극이고 C가 음극일 때

방출된 광전자의 대부분이 음극 C에 의해 반발하기 때문에 전류는 감소한다. 이때 에너지 $e\Delta V$보다 더 큰 운동 에너지를 갖는 전자들만이 C에 도달한다. 여기서 $e$는 전자의 전하량이다.

$\Delta V$가 $-\Delta V_s$와 같거나 더 큰 음의 값을 가질 때 전자가 C에 도달하지 못하고 전류가 0이 된다. 이러한 전압을 **저지전압**(stopping potential)이라고 한다. 저지전압은 입사광의 강도와는 무관하다. 광전자의 최대 운동 에너지는 저지전압과 다음과 같은 관계식을 갖는다.

$$KE_{\max} = e\Delta V_s \qquad [27.4]$$

광전효과의 몇 가지 물리적 특성은 고전물리학이나 빛의 파동 이론으로는 설명될 수 없다.

- 입사광의 주파수가 **차단 진동수**(cutoff frequency, $f_c$) 이하일 때는 전자를 방출하지 않는다. 차단 진동수는 물질에 따라 다른 값을 갖는다. 이와 같은 현상은 입사광의 강도가 충분히 크다면 광전효과는 어떤 진동수에서도 일어날 수 있다는 파동 이론으로는 설명되지 않는다.
- 광전자의 최대 운동 에너지는 입사광의 강도와는 무관하다. 파동 이론에 따르면 입사광의 강도가 크면 클수록 단위 시간당 더 많은 에너지가 금속표면에 도달하므로 더 큰 운동 에너지를 갖는 광전자가 방출된다.
- 광전자의 최대 운동 에너지는 입사광의 주파수가 클수록 커진다. 파동 이론에서는 광전자의 에너지와 입사광의 주파수 사이의 관계식이 없다.
- 전자는 입사광의 강도가 매우 약해도 거의 순간적으로(입사광이 표면에 입사한 후 $10^{-9}$ s 이하의 시간에) 금속표면에서 방출된다. 고전적으로는 광전자가 금속으로부터 탈출하기 위해서는 충분한 운동 에너지를 얻기 전에 입사광을 흡수하는 데 얼마간의 시간이 요구된다.

1905년 아인슈타인은 특수 상대성 이론과 함께 광전효과에 관한 성공적인 이론을 발표하였으며, 광전효과에 관한 논문은 전자기 복사와 관련된 일반논문의 한 부분으로서 1921년 노벨상을 수상하였다. 아인슈타인은 플랑크의 양자개념을 전자기파로 확장하였다. 양자화된 진동자가 어떤 에너지 상태 $E_n = nhf$에서 바로 낮은 에너지 상태 $E_{n-1} = (n-1)hf$로 전이할 때, 빛 에너지의 뭉치 또는 **광자**(photon)가 방출된다고 제안하였다. 감소된 진동자의 에너지 $hf$는 광자의 에너지 $E$가 되어 에너지는 보존된다.

광자의 에너지 ▶

$$E = hf \qquad [27.5]$$

여기서 $h$는 플랑크 상수, $f$는 진동수이며, 플랑크 진동자의 진동수와 같다.

여기서 중요한 점은 방출로 잃은 빛 에너지 $hf$는 광자라고 하는 입자 또는 작은 뭉치로 뚜렷하게 국제화된 상태로 있게 된다는 것이다. 아인슈타인 모델에서 하나의 광자는 국제화되어 금속 내에 있는 하나의 전자에게 모든 에너지 $hf$를 줄 수 있다. 따라서 아인슈타인에 따르면 방출된 광전자가 갖는 최대 운동 에너지는 다음 식으로 주어진다.

광전효과 방정식 ▶

$$KE_{\max} = hf - \phi \qquad [27.6]$$

여기서 $\phi$는 금속의 **일함수**(work function)이다. 일함수는 전자가 금속에 결합되어 있는 최소 에너지이며 수 eV 정도의 크기이다. 표 27.1은 여러 가지 금속의 일함수를 나타낸 것이다.

빛의 광자 이론은 앞서 고전물리학의 개념으로는 설명할 수 없었던 광전효과의 특징들을 잘 설명할 수 있다.

- 광전자는 광자의 흡수에 의해서 발생하는데, 입사 광자의 에너지는 일함수보다 크거나 같아야 한다. 이외에는 광전자가 발생하지 않는다. 이것이 차단 진동수를 설명하여 준다.
- 식 27.6에서 $KE_{\max}$는 입사광의 주파수와 금속에 따른 일함수에 의존하며 입사광의 강도와는 무관하다. 이것은 흡수한 광자 한 개가 전자의 운동 에너지 변화에 관여하기 때문이다.
- 식 27.6은 주파수에 비례하므로 $KE_{\max}$는 주파수가 증가함에 따라 증가한다.
- 전자는 입사광의 세기에 관계없이 거의 순간적으로 방출되며 이것은 빛 에너지가 파동으로 퍼지는 것보다 뭉치로서 집중되기 때문이다. 만일 주파수가 충분히 높으면 전자가 금속으로부터 이탈하기 위하여 충분히 높은 에너지를 얻기 위한 시간이 필요하지 않게 된다.

**표 27.1** 여러 가지 금속의 일함수

| 금속 | $\phi$ (eV) |
|---|---|
| Na | 2.46 |
| Al | 4.08 |
| Cu | 4.70 |
| Zn | 4.31 |
| Ag | 4.73 |
| Pt | 6.35 |
| Pb | 4.14 |
| Fe | 4.50 |

**Checkpoint 27.1**

진실인가 거짓인가: 금속 표면에서 전자를 방출시키기 위해 입사하는 광자의 에너지는 금속의 일함수보다 크거나 같아야 한다.

실험적으로 그림 27.6에 나타난 바와 같이 $f$와 $KE_{\max}$의 관계식은 선형적이다. $KE_{\max} = 0$인 수평축의 절편은 빛의 세기와 관계없는 차단 진동수이다. 차단 진동수보다 낮은 진동수의 입사광에 의해서는 광전자가 발생하지 않는다. 차단 **파장** $\lambda_c$는 식 27.6으로부터 얻을 수 있다.

$$KE_{\max} = hfc - \phi = 0 \longrightarrow h\frac{c}{\lambda_c} - \phi = 0$$

$$\lambda_c = \frac{hc}{\phi} \qquad [27.7]$$

여기서 $c$는 빛의 속도이다. 일함수가 $\phi$인 물질에 $\lambda_c$보다 **더 큰** 파장의 빛이 입사되면 광전자는 발생하지 않는다.

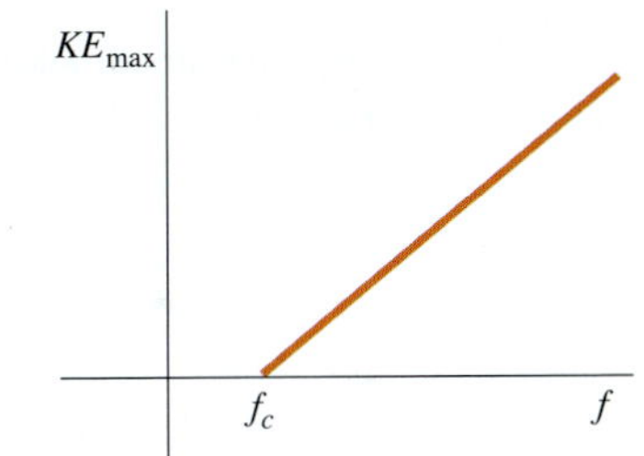


**그림 27.6** 광전효과 실험에서 광전자에 대한 입사광의 진동수 대 $KE_{\max}$ 그림. 보다 낮은 진동수의 광자는 금속에서 광자를 방출시키기에 에너지가 충분하지 않다.

## 연관된 예제 27.1 나트륨금속의 광전자

**목표** 광전효과에서 광양자의 역할과 빛의 양자화를 이해한다.

**문제** 나트륨 표면에 파장 0.300 $\mu$m의 빛이 입사한다. 나트륨금속의 일함수는 2.46 eV이다. (a) 광자의 에너지, (b) 방출된 광전자의 최대 운동 에너지, (c) 나트륨의 차단 파장을 구하라.

**전략** (a), (b) 및 (c)는 각각 식 27.5, 식 27.6 및 식 27.7에 대입한다.

**풀이**

(a) 광자의 에너지를 계산하라.

파장으로부터 주파수를 구한다.

$$c = f\lambda \longrightarrow f = \frac{c}{\lambda} = \frac{3.00 \times 10^8 \text{ m/s}}{0.300 \times 10^{-6} \text{ m}}$$

$$f = 1.00 \times 10^{15} \text{ Hz}$$

광자의 에너지를 구하기 위하여 식 27.5를 사용한다.

$$E = hf = (6.63 \times 10^{-34}\ \mathrm{J \cdot s})(1.00 \times 10^{15}\ \mathrm{Hz})$$
$$= 6.63 \times 10^{-19}\ \mathrm{J}$$
$$= (6.63 \times 10^{-19}\ \mathrm{J})\left(\frac{1.00\ \mathrm{eV}}{1.60 \times 10^{-19}\ \mathrm{J}}\right) = \boxed{4.14\ \mathrm{eV}}$$

(b) 광전자의 운동 에너지를 구하라.

식 27.6에 대입한다.

$$KE_{\max} = hf - \phi = 4.14\ \mathrm{eV} - 2.46\ \mathrm{eV} = \boxed{1.68\ \mathrm{eV}}$$

(c) 차단 파장을 구하라.

$\phi$를 eV 단위에서 J의 단위로 바꾼다.

$$\phi = 2.46\ \mathrm{eV} = (2.46\ \mathrm{eV})(1.60 \times 10^{-19}\ \mathrm{J/eV})$$
$$= 3.94 \times 10^{-19}\ \mathrm{J}$$

식 27.7을 사용하여 차단 파장을 구한다.

$$\lambda_c = \frac{hc}{\phi} = \frac{(6.63 \times 10^{-34}\ \mathrm{J \cdot s})(3.00 \times 10^{8}\ \mathrm{m/s})}{3.94 \times 10^{-19}\ \mathrm{J}}$$
$$= 5.05 \times 10^{-7}\ \mathrm{m} = \boxed{505\ \mathrm{nm}}$$

**주의** 차단 파장은 가시광선의 황록색 영역이다.

**연습문제 27.1**

(a) 구리 표면으로부터 광전자를 방출시키려면 입사광의 최소 진동수는 얼마인가? (b) 입사광이 이 진동수의 세 배였을 때 광전자의 최대 운동 에너지(eV로)를 구하라.

**답** (a) $1.13 \times 10^{15}$ Hz (b) 9.40 eV

**Physics Now™** **http://physics.brookscole.com/ecp**에서 PhysicsNow를 로그인하고 연관된 예제 27.1로 들어가서 다른 금속에 대해 빛의 파장 변화에 따른 광전효과를 조사해 보자.

## 광전관

**APPLICATION**
광전관

광전효과는 **광전관**이라는 장치를 사용하여 여러 흥미로운 응용에 이용된다. 활용그림 27.4에서 본 광전관은 충분히 높은 주파수의 빛이 조사되면 회로에 전류가 발생하지만 빛이 조사되지 않고 암흑상태일 때는 전류가 발생하지 않는다. 이 장치는 가로등에 사용된다. 가로등의 광전조정 장치는 주변이 밝아지면 가로등을 꺼주는 스위치로서 작동한다. 안전장치로서 차고 출입문과 엘리베이터는 광선과 광전관을 사용한다. 광선이 광전관에 입사하면 발생된 전류는 충분히 커서 폐회로를 형성하지만 물체나 사람이 광선을 가리면 전류가 차단되어 문을 열게 하는 신호를 발생시킨다.

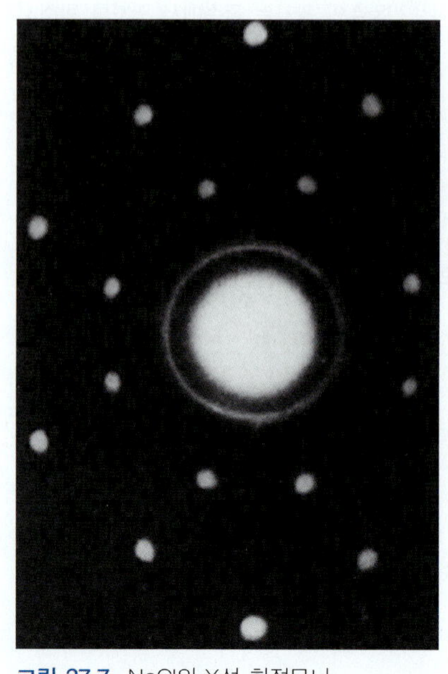

그림 27.7 NaCl의 X선 회절무늬.

# 27.3 X선

X선은 1895년 빌헬름 뢴트겐(Wilhelm Roentgen)에 의하여 발견되었으며, 그 후 1912년 라우에(Max Von Laue)에 의하여 전자기파임이 확인되었다. X선은 자외선보다 훨씬 높은 진동수를 가지며 물질을 상대적으로 쉽게 투과할 수 있다. 전형적인 X선의 파장은 약 0.1 nm 정도이며, 이 크기는 고체 내의 원자간 간격 정도이다. 이러한 크기의 파장들은 결정격자의 원자 간 간격에 의하여 회절이 될 수 있으며, 이때 격자들은 회절격자의 역할을 한다. 그림 27.7은 NaCl 결정의 X선 회절무늬이다.

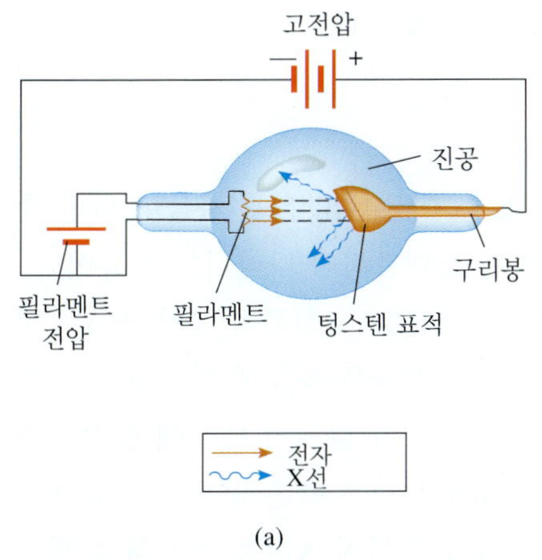


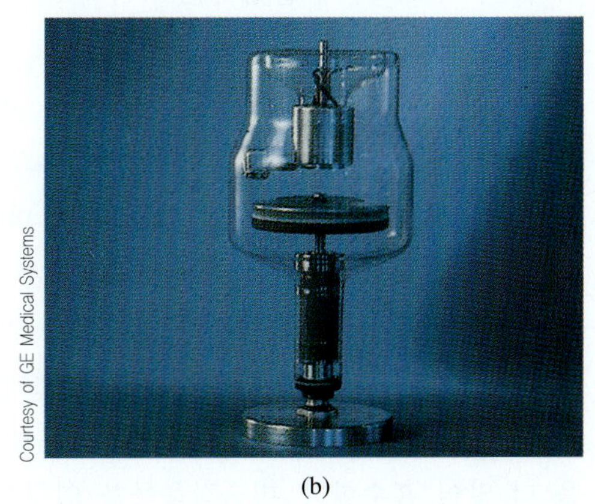


**그림 27.8** (a) X선관의 구조도. (b) X선관의 사진.

X선은 고속의 전자가 감속할 때, 예를 들면 수천 볼트의 전위차로 가속된 전자가 표적금속과 충돌하였을 때 발생한다. 그림 27.8a는 X선관의 구조도이다. 필라멘트에 흐르는 전류는 전자를 방출시키고 이 전자들은 고전압을 갖는 텅스텐과 같은 금속표적을 향한다.

그림 27.9는 X선관에서 발생한 스펙트럼의 세기를 파장의 함수로 나타낸 것이다. 스펙트럼은 두 개의 뚜렷한 성분을 가지고 있다. 하나는 관 양단에 걸린 전압에 의해 나타나는 폭이 넓은 연속 스펙트럼이고, 다른 하나는 표적물질의 성질에 의존하는 날카롭고 강한 스펙트럼선들이다. 날카롭고 강한 스펙트럼선은 관 양단에 거린 가속전압이 일정한 전압을 초과할 때에만 관찰할 수 있다. 이 전압을 **한계전압**(threshold voltage)이라고 한다. 이 스펙트럼선들은 표적원자에 전자가 충돌 후 표적원자의 전자가 재배열하는 동안 방출되는 복사선이다. 28장에서는 이에 대한 설명을 더 할 것이다. 연속 스펙트럼은 전자들이 표적과 충돌 후 표적 내에서 가속(감속)되어 복사를 하기 때문에 나타난다. 이런 이유로 연속 스펙트럼을 내는 복사를 **제동복사**(bremsstrahlung 혹은 braking radiation)라고도 한다.

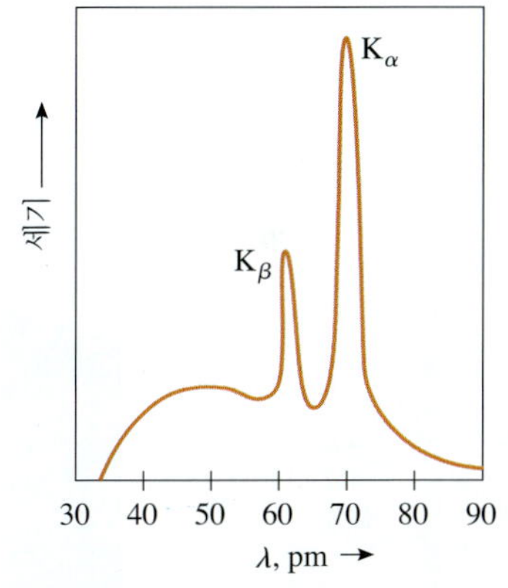


**그림 27.9** 넓은 연속 스펙트럼과 고유 X선에 의한 날카로운 선들로 된 금속표적의 X선 스펙트럼. 자료는 몰리브덴 표적에 35 keV의 전자가 충돌하였을 때 얻은 스펙트럼이다. 1 pm = $10^{-12}$ m = $10^{-3}$ nm이다.

그림 27.10은 전자가 대전된 표적 핵을 지날 때 X선을 발생시키는 원리를 설명하는 그림이다. 전자가 표적물질 내의 양으로 대전된 핵 근처를 지날 때 핵의 전기적 인력 때문에 전자의 경로가 편향된다. 전자가 편향될 때 가속이 일어난다. 고전물리학적인 분석에 의하면 대전된 입자는 가속될 때 전자기복사를 하는 것으로 알려져 있다(이러한 현상의 한 예가 21장에서 설명한 바와 같이 라디오 안테나에서 가속된 전하에 의하여 전자기파가 발생하는 것이다). 양자론에 따르면 이러한 복사는 광자의 형태로 나타나야 한다. 그림 27.10에서 보는 바와 같이 복사된 광자는 에너지를 갖게 되므로 전자는 표적핵과 충돌하여 운동 에너지를 잃게 된다. 극단적인 예는 한 번의 충돌로 전자는 모든 에너지를 잃는다. 이런 경우 전자의 초기에너지($e\Delta V$)는 모두 광자의 에너지($hf_{max}$)로 전환되며 그 식은 다음과 같다.

$$e\Delta V = hf_{max} = \frac{hc}{\lambda_{min}} \qquad [27.8]$$

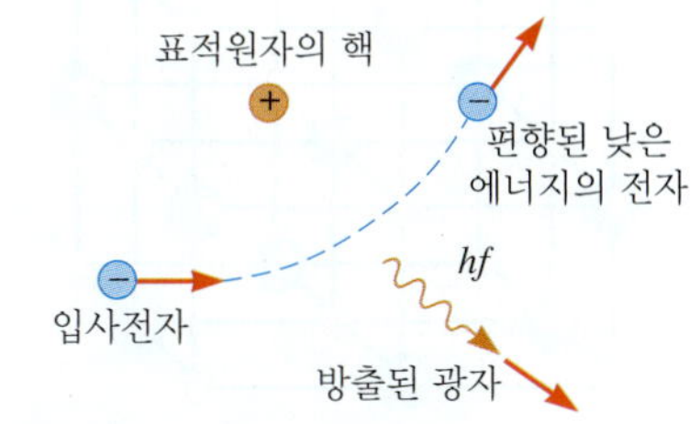


**그림 27.10** 대전된 표적원자 근처를 지나는 전자는 가속되고 그 과정에서 광자가 방출된다.

여기서 $e\Delta V$는 전자가 전위차 $\Delta V$로 가속된 후 전자의 에너지이고, $e$는 전자의 전하량이다. 이 식으로부터 발생하는 복사의 최소 파장은 다음과 같다.

$$\lambda_{\min} = \frac{hc}{e\Delta V} \qquad [27.9]$$

발생하는 모든 복사가 이 특별한 파장을 가질 수 없는 이유는 많은 전자들이 단일 충돌로 정지하지는 않기 때문이다. 이것이 파장의 연속 스펙트럼이 나타나는 이유이다.

**APPLICATION**

화가의 작품을 연구하는 데 사용되는 X선

미술작품을 만들고 수선하는 과정에서 있었던 흥미로운 사실들이 X선 촬영으로 밝혀지고 있다. 납, 카드뮴, 크로뮴, 또는 코발트로 된 물감들은 종류에 따라 X선을 흡수하는 정도가 다르다. 물감의 구성 원소에 따라 전자밀도가 다르기 때문에 물감과 X선의 상호작용으로 명암이 다르게 나타난다. 또 물감이 두꺼운 층은 얇은 층보다 X선을 더 많이 흡수한다. 미술작품들을 연구할 때, 그림의 전면에 X선을 조사하고 필름은 그림의 바로 후면에 놓고 촬영한다. 먼저 그려진 그림의 윤곽이나 완성된 작품의 초기 모습은 필름을 현상한 후에 밝혀진다.

## 27.4 결정에 의한 X선 회절

24장에서 회절격자를 이용하여 빛의 파장을 측정하는 법을 설명하였다. 원리적으로 전자기파의 파장은 일정한 간격으로 선이 그려진 회절격자가 있다면 측정할 수 있다. 선 사이의 간격은 측정하고자 하는 복사선의 파장과 근사적으로 같아야 한다. X선은 0.1 nm 정도의 파장을 갖는 전자기파이다. 이렇게 작은 간격을 갖는 격자를 만든다는 것은 불가능하다. 그러나 앞 절에서 언급한 바와 같이 결정 내에 원자들의 규칙적인 배열은 3차원 회절격자의 역할을 하므로 X선 회절을 관찰할 수 있다.

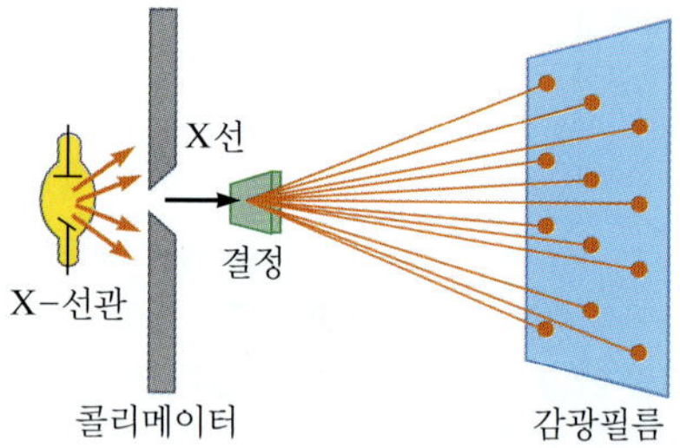

**그림 27.11** 단결정에 의한 X선의 회절을 관찰하는 데 사용되는 기술의 개략도. 회절선속에 의해 필름에 형성된 점의 배열을 라우에 무늬라고 한다(그림 27.7 참조).

그림 27.11은 X선 회절을 연구하는 실험 장치의 모형도이다. 연속 파장 영역의 X선을 염화나트륨 같은 결정에 입사시킨다. 결정의 각 원자 층에서 반사된 파들이 보강간섭을 일으키는 어떤 방향에서 회절선속은 세기가 매우 강하게 나타난다. 회절선속은 사진필름에 기록되고 필름에 나타난 형상은 **라우에 무늬**로 알려진 점의 배열로 나타난다. 결정의 구조는 무늬를 이루는 여러 가지 점의 위치와 회절선속의 세기를 분석함으로써 밝혀진다.

그림 27.12는 NaCl 결정의 원자배열을 나타낸 그림이다. 작고 빨간 구가 $Na^+$ 이온이고, 크고 파란 구가 $Cl^-$ 이온이다. 이 입방구조 내의 $a$로 표시된 $Na^+$(또는 $Cl^-$) 이온 사이의 간격은 약 0.563 nm이다.

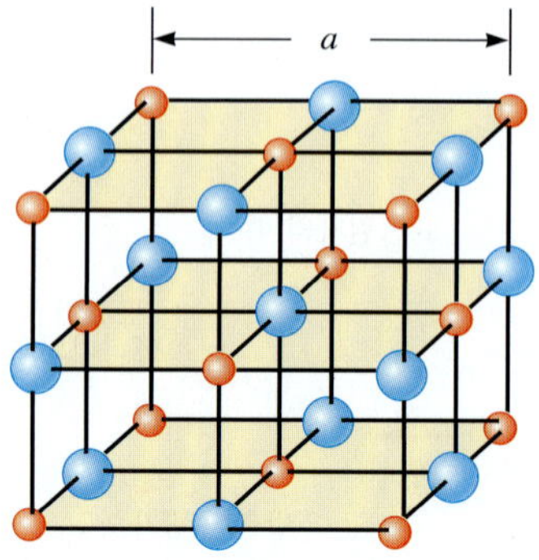

**그림 27.12** 입방소금 결정의 모형. 붉은색 구는 $Na^+$ 이온이고 푸른색 구는 $Cl^-$ 이온이다. 입방체 한 축의 길이는 $a$ = 0.563 nm이다.

NaCl의 구조를 살펴보면 이온들이 여러 면에 배열되어 있다. 한 예로 그림 27.12에서 어둡게 표시한 면들은 한 방향으로 일정한 간격을 이루며 적층되어 있고 원자들은 그 면 위에 규칙적으로 배열되어 있는 것을 볼 수 있다. 그림 27.13과 같이 X선 선속이 결정면에 각 $\theta$로 입사했다고 가정하자. 선속은 윗면과 아랫면에서 반사된다. 아랫면에서 반사된 선속은 윗면에서 반사된 선속보다 그 경로가 $2d \sin \theta$만큼 더 길다. 이 경로차가 X선 파장의 정수배가 된다면 위쪽에서 반사된 선속과 아래쪽에서 반사된 선속은 보강간섭을 일으키고 회절선속은 세기가 커진다. 따라서 보강간섭의 조건은 다음과 같다.

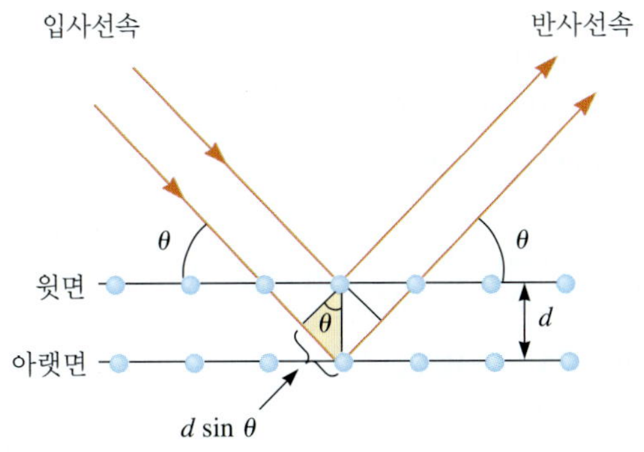


**그림 27.13** 면 사이의 간격이 $d$인 결정면에 입사한 X선 선속의 반사에 대한 2차원적 설명. 아래층에서 반사한 선속의 경로가 위층에서 반사한 선속의 경로보다 $2d\sin\theta$만큼 더 길다.

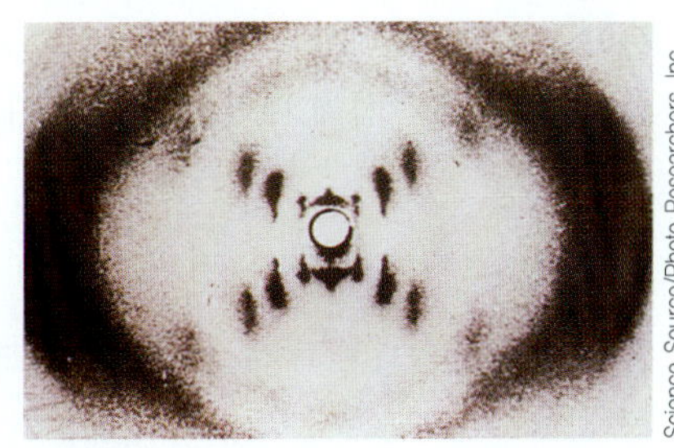


**그림 27.14** 프랭클린에 의해서 촬영된 DNA의 X선 사진. 교차하는 점의 무늬는 DNA가 나선형 구조를 가지고 있다는 단서가 되었다.

◀ 브래그 법칙

$$2d\sin\theta = m\lambda \qquad (m = 1, 2, 3, \cdots) \tag{27.10}$$

이 관계식을 처음으로 유도한 브래그의 이름을 기념하여 **브래그 법칙**(Bragg's law)이라고 한다. 파장과 회절 각을 측정할 수 있다면 식 27.10을 이용하여 원자면 사이의 간격을 구할 수 있다.

X선 회절 기술은 단백질과 같은 복잡한 유기분자의 원자구조를 밝히는 데도 사용된다. 단백질은 세포 속에서 화학적 생명 과정을 조율하고 촉진하여 주는 데 도움을 주는 수천 개의 원자로 구성된 거대분자이다. 어떤 단백질들은 놀라운 촉매들로 작용하는데, 세포 속에서의 느린 상온 반응을 촉진하여 반응 속도를 10에 17승 정도로 빠르게 한다. 이러한 엄청난 생화학적 반응을 이해하기 위해서는 단백질의 복잡한 분자구조를 밝히는 것이 중요한 과제이다.

DNA와 RNA 단백질의 분자구조를 밝히는 데 사용되는 주된 기술은 X선 회절기술이다. 이때 사용되는 X선의 파장은 1.0 Å 정도이다. 이 기술은 분자 내 1 Å 정도 떨어져 있는 개개의 원자를 "볼" 수 있는 기술이다. 생화학적 X선 회절시료는 결정 형태로 준비되기 때문에 **회절무늬의 모양**(공간에서 밝은 점의 위치)은 시료 내 분자들의 결정격자 배열에 의해 결정된다. 밝은 회절 점의 **빛의 세기**는 결정의 단위구역(unit cell) 속에 있는 원자들과 원자들의 전자분포에 의해 결정된다. 복잡한 계산 기술을 사용해서 관찰된 회절선속의 빛의 세기를 원자구조와 분자의 전자밀도를 결정하는 원자 위치를 가정하여 비교하여 분자구조를 밝혀낼 수 있다. 그림 27.14는 1952년 프랭클린(Rosalind Franklin)이 촬영한 DNA의 X선 회절영상을 보여 준다.

이 영상과 유사한 X선 회절사진은 1953년 크릭(F. H. C. Crick)과 왓슨(J. D. Watson)이 DNA의 이중나선 구조를 규명하는 데 중요한 역할을 하였다. 그림 27.15는 유명한 DNA의 이중나선 구조의 모형이다.

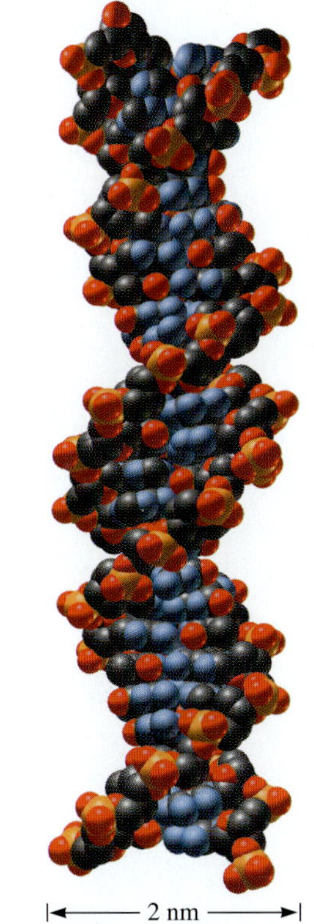


**그림 27.15** DNA의 이중나선 구조.

**예제 27.2** 방해석의 X선 회절

**목표** 브래그 법칙을 이해하고 결정에 적용한다.

**문제** 방해석($CaCO_3$) 결정의 어떤 평면 사이의 간격은 0.314 nm이다. X선 파장이 0.070 0 nm일 때 1차 간섭과 3차 간섭이 일어나는 평면과 입사 X선이 이루는 각을 구하라.

**전략** 브래그 법칙을 $\sin\theta$에 대해서 풀고 각을 얻기 위하여 역사인함수를 사용한다.

**풀이**

$m = 1$인 1차 간섭에 대한 각을 구한다.

$$\sin\theta = \frac{m\lambda}{2d} = \frac{(0.070\,0 \text{ nm})}{2(0.314 \text{ nm})} = 0.111$$

$$\theta = \sin^{-1}(0.111) = \boxed{6.37^\circ}$$

3차 간섭($m = 3$)에 대해서 계산을 반복한다.

$$\sin\theta = \frac{m\lambda}{2d} = \frac{3(0.070\,0 \text{ nm})}{2(0.314 \text{ nm})} = 0.334$$

$$\theta = \sin^{-1}(0.334) = \boxed{19.5^\circ}$$

**주의** 이 문제와 영의 간섭실험과는 약간의 차이가 있음에 주의하라.

**연습문제 27.2**

0.060 0 nm의 X선 파장이 결정면과 11.7°의 각으로 산란된다. $m = 1$이라고 가정하고 결정면 사이의 간격을 계산하라.

**답** 0.148 nm

## 27.5 콤프턴 효과

빛이 입자의 성질을 가지고 있다는 것을 1923년 콤프턴(H. Compton)의 실험에서 다시 한 번 입증되었다. 흑연에 $\lambda_0$의 X선 선속을 입사시키면 흑연에 의해 산란된 X선은 입사파장보다 더 긴 파장 $\lambda$를 갖는다. 따라서 산란된 X선의 에너지는 적어진다. 감소된 에너지는 X선이 산란된 각에 의존한다. 입사선과 산란된 X선의 파장차 $\Delta\lambda$는 **콤프턴 편이**(Compton shift)라고 한다.

이 효과를 설명하기 위해서 콤프턴은 광자가 입자와 같이 행동한다면, 입자와의 충돌도 당구공의 충돌과 유사할 것이라고 가정하였다. 따라서 X선 광자는 측정할 수 있는 **에너지**와 **운동량**을 가지고 있고, 이 두 물리량은 충돌 후에 보존되어야 한다. 그림 27.16에서와 같이 입사광자가 처음에 정지해 있는 전자와 충돌한다면 광자는 전자에게 에너지와 운동량의 일부를 전달한다. 결과적으로 산란된 광자의 에너지와 주파수는 적어지게 되고 광자의 파장은 길어지게 된다. 그림 27.16의 충돌에서 상대론적으로 에너지와 운동량 보존 법칙을 적용하면 산란된 광자의 파장 편이는 다음의 식으로 주어진다.

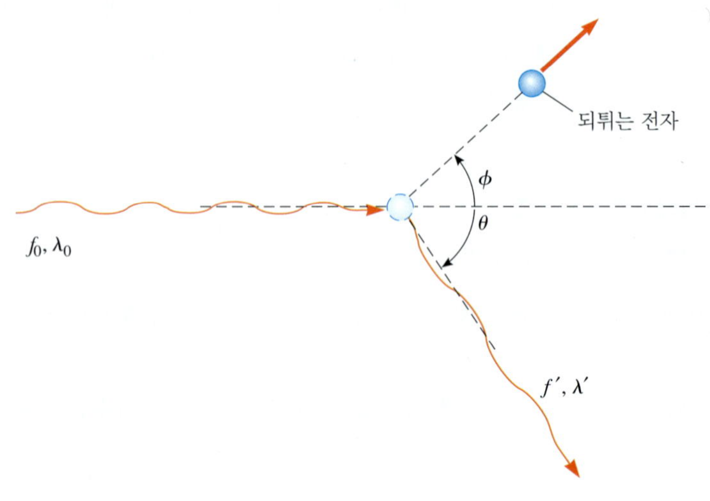


**그림 27.16** 광자가 전자에 의해서 산란되는 콤프턴 산란을 나타낸 그림. 산란된 광자는 입사광자보다 적은 에너지(또는 더 긴 파장)를 갖는다.

$$\Delta\lambda = \lambda - \lambda_0 = \frac{h}{m_e c}(1 - \cos\theta) \quad [27.11]$$

◀ 콤프턴 편이식

여기서 $m_e$는 전자의 질량이고, $\theta$는 입사광자와 산란광자 사이의 각이다. $h/m_e c$는 **콤프턴 파장**이라고 하며, 그 값은 0.002 43 nm이다. 콤프턴 파장은 가시광선 파장에 비하여 매우 짧아서 가시광선을 사용하였다면 파장편이를 발견하기는 어려웠을 것이다. 더욱이 콤프턴 편이는 산란각 $\theta$에 의존하고 파장에 의존하지 않는다는 점에 유의하라. 여러 가지 표적에 대한 X선 산란에 대한 실험적 결과는 광자의 개념을 강력하게 뒷받침해 준다.

**☑ Checkpoint 27.2**

진실인가 거짓인가: 광자가 전자와 산란될 때 에너지를 잃는다.

**Quick Quiz 27.1**

X선 광자는 전자에 의해 산란된다. 산란된 광자의 진동수는 입사광자의 진동수와 비교하여 (a) 보다 증가한다. (b) 보다 감소한다. (c) 둘 다 똑같은 파장을 갖는다.

**Quick Quiz 27.2**

에너지가 $E_0$인 광자가 자유전자와 충돌한다. 산란된 광자는 에너지 $E$를 가지고 입사광자와 반대 방향으로 움직인다. 이 콤프턴 효과 과정에서 전자의 운동 에너지는 (a) $E_0$, (b) $E$, (c) $E_0 - E$, (d) $E_0 + E$, (e) 답이 없다.

### 연관된 예제 27.3 산란 X선

**목표** 콤프턴 산란을 이해하고 광자의 에너지와 관련된 콤프턴 효과를 이해한다.

**문제** 파장이 $\lambda_0$ = 0.200 000 nm인 X선이 물질에 입사하여 산란된다. 산란된 X선은 입사선속과 45.0°를 이룬다. (a) 이 각으로 산란된 X선의 파장을 구하라. (b) 충돌 후 광자의 에너지의 변화율을 구하라.

**풀이**

(a) X선의 파장을 계산한다.

파장의 편이 값을 얻기 위하여 식 27.11에 대입한다.

$$\Delta\lambda = \frac{h}{m_e c}(1 - \cos\theta)$$

$$= \frac{6.63 \times 10^{-34}\ \mathrm{J \cdot s}}{(9.11 \times 10^{-31}\ \mathrm{kg})(3.00 \times 10^{8}\ \mathrm{m/s})}(1 - \cos 45.0°)$$

$$= 7.1 \times 10^{-13}\ \mathrm{m} = 0.000\ 711\ \mathrm{nm}$$

산란된 광자의 파장을 구하기 위해 편이 값에 입사파장을 더한다.

$$\lambda = \Delta\lambda + \lambda_0 = \boxed{0.200\ 711\ \mathrm{nm}}$$

(b) 충돌 후 광자가 잃은 에너지를 계산한다.

$c = f\lambda$를 이용하여 에너지를 파장의 식으로 고친다.

$$E = hf = h\frac{c}{\lambda}$$

이 표현을 사용하여 $\Delta E/E$를 계산한다.

$$\frac{\Delta E}{E} = \frac{E_f - E_i}{E_i} = \frac{hc/\lambda_f - hc/\lambda_i}{hc/\lambda_i}$$

$hc$를 약분하고 식을 정리한다.

$$\frac{\Delta E}{E} = \frac{1/\lambda_f - 1/\lambda_i}{1/\lambda_i} = \frac{\lambda_i}{\lambda_f} - 1 = \frac{\lambda_i - \lambda_f}{\lambda_f} = -\frac{\Delta\lambda}{\lambda_f}$$

(a)에서 구한 값을 대입한다. $\frac{\Delta E}{E} = -\frac{0.000\,711\text{ nm}}{0.200\,711\text{ nm}} = -3.54 \times 10^{-3}$

**주의** 처음부터 에너지에 관한 식을 써서 이 답을 구할 수 있다. 하지만 대수적인 유도가 정연하고 유익하다.

**연습문제 27.3**

파장이 $3.00 \times 10^{-2}$ nm이고 산란각이 60.0° 인 광자에 대하여 연습을 반복하라.

**답** (a) $3.12 \times 10^{-2}$ nm (b) $\Delta E/E = -3.88 \times 10^{-2}$

**Physics Now™** **http://physics.brookscole.com/ecp**에서 PhysicsNow를 로그인하고 연관된 예제 27.3으로 들어가서 산란각의 변화에 따른 콤프턴 산란을 공부하자.

## 27.6 빛의 이중성과 물질

광전효과나 콤프턴 효과와 같은 현상은 물질과 빛(또는 다른 형태의 전자기파)이 상호작용할 때 빛이 입자처럼 행동한다는 사실을 입증해준다. 이때 빛은 에너지가 $hf$이고 운동량이 $h/\lambda$인 입자로 볼 수 있다. 한편, 빛의 간섭과 회절 현상에서 빛은 마치 파동처럼 행동한다. 이와 같은 빛의 이중성은 다른 맥락에서 광자의 에너지를 고려함으로써 부분적으로 설명할 수 있다. 예를 들면 라디오파의 주파수를 갖는 광자들은 매우 적은 에너지를 가지고 있고 안테나에서 감지할 만한 신호가 발생하기 위해서는 $10^{10}$개의 광자가 필요하다. 따라서 이러한 광자들은 그 효과를 발휘하기 위해서는 파동처럼 행동한다. 반대로 감마선은 단일 감마선 광자가 감지될 수 있을 만큼 강력한 에너지를 가지고 있다.

드브로이의 가정 ▶

1924년 드브로이(Louis de Broglie)는 박사학위 논문에서 **광자는 파동적 성질과 입자적 성질을 가지고 있기 때문에 모든 물질은 이 두 가지 특성을 가지고 있다고 가정하였다.** 이 개념은 아주 혁신적이었지만 당시에는 실험적으로 확인되지는 못 하였다. 드브로이에 따르면 빛과 마찬가지로 전자도 파동–입자의 이중적 성질을 가지고 있다.

26장에서 정지 에너지가 0인 광자에 대한 에너지와 운동량 사이의 관계식은 $p = E/c$임을 알았다. 식 27.5로부터 광자의 에너지는 다음과 같다.

$$E = hf = \frac{hc}{\lambda} \qquad [27.12]$$

결론적으로 광자의 운동량도 다음과 같이 표현할 수 있다.

광자의 운동량 ▶

$$p = \frac{E}{c} = \frac{hc}{c\lambda} = \frac{hc}{\lambda} \qquad [27.13]$$

이 식으로부터 광자의 파장은 광자의 운동량으로 또는 $\lambda = h/p$로 나타낼 수 있음을 알 수 있다. 드브로이는 운동량 $p$를 갖는 **모든** 물질 입자는 특정 파장 $\lambda = h/p$를 갖아야만 한다고 제안하였다. 질량이 $m$이고 속도가 $v$인 입자의 운동량은 $mv = p$이며, 이 입자의 **드브로이 파장**(de Broglie wavelength)은 다음 식으로 주어진다.

드브로이 파장 ▶

$$\lambda = \frac{h}{p} = \frac{h}{mv} \qquad [27.14]$$

또한 물질파(정지 에너지가 0이 아닌 입자와 관련된 파동)의 주파수는 광자에 대한 아인슈타인의 관계식 $E = hf$로부터 주어진다.

$$f = \frac{E}{h} \qquad [27.15]$$

◀ 물질파의 주파수

물질의 이중적 성질은 식 27.4와 식 27.5에서 아주 명백하다. 이 식들에는 입자의 개념($mv$와 $E$)과 파동적 개념($\lambda$와 $f$)이 동시에 들어 있다. 이러한 관계식들이 광자에 대하여 실험적으로 성립된다는 사실은 드브로이의 가정을 아주 쉽게 받아들이도록 만들었다. 1927년 데이비슨-저머의 실험에서 결정에서 산란된 전자가 회절무늬를 형성한다는 사실을 밝힘으로써 드브로이의 가정을 확인하였다. 니켈 결정의 원자들이 놓인 규칙적 간격을 갖는 면들이 전자물질파의 회절격자로서 역할을 한 것이다.

**☑ Checkpoint 27.3**

진실인가 거짓인가: 질량이 $m$인 입자의 운동량은 파장이 증가하면 커진다.

**Quick Quiz 27.3**

비상대론적 전자와 양성자가 같은 드브로이 파장을 가지고 운동하고 있다. 다음 물리량 중 두 입자가 같은 값을 갖는 것은? (a) 속력, (b) 운동 에너지, (c) 운동량, (d) 주파수.

### 예제 27.4 전자와 야구공

**목표** 드브로이의 가정을 고전적 물체와 양자적 물체에 적용하여 본다.

**문제** (a) $1.00 \times 10^7$ m/s의 속도를 갖는 전자($m_e = 9.11 \times 10^{-31}$ kg)와 45.0 m/s로 던져진 질량이 0.145 kg인 야구공의 드브로이 파장을 비교하라. (b) $0.999c$로 운동하는 전자의 드브로이 파장과 이 파장들을 비교하라.

**전략** 드브로이 파장을 구하기 위하여 식 27.14에 대입하는 문제이다. (b)에서는 상대론적 운동량이 사용되어야 한다.

**풀이**

(a) 전자와 야구공의 드브로이 파장을 비교한다.

식 27.14에 전자에 대한 자료들을 대입한다.

$$\lambda_e = \frac{h}{m_e v} = \frac{6.63 \times 10^{-34}\ \text{J}\cdot\text{s}}{(9.11 \times 10^{-31}\ \text{kg})(1.00 \times 10^7\ \text{m/s})}$$
$$= 7.28 \times 10^{-11}\ \text{m}$$

야구공에 대한 자료로 반복 계산한다.

$$\lambda_b = \frac{h}{m_b v} = \frac{6.63 \times 10^{-34}\ \text{J}\cdot\text{s}}{(0.145\ \text{kg})(45.0\ \text{m/s})} = 1.02 \times 10^{-34}\ \text{m}$$

(b) $0.999c$로 운동하는 전자의 드브로이 파장을 구한다.

식 27.14의 운동량을 상대론적 운동량으로 대치한다.

$$\lambda_e = \frac{h}{m_e v/\sqrt{1 - v^2/c^2}} = \frac{h\sqrt{1 - v^2/c^2}}{m_e v}$$

$$\lambda_e = \frac{(6.63 \times 10^{-34}\ \text{J}\cdot\text{s})\sqrt{1 - (0.999c)^2/c^2}}{(9.11 \times 10^{-31}\ \text{kg})(0.999 \cdot 3.00 \times 10^8\ \text{m/s})}$$
$$= 1.09 \times 10^{-13}\ \text{m}$$

**주의** 전자기 스펙트럼에서 전자의 드브로이 파장은 X선의 파장에 해당된다. 야구공은 야구공이 통과할 수 있는 구경보다 훨씬 더 작은 파장을 가지고 있어서 회절효과를 관찰하는 것은 기대할 수 없다. 일반적으로 큰 물질들의 파동적 특성은 관찰할 수 없다. 극단적인 상대론적 속력에서도 전자의 드브로이 파장이 양구공의 드브로이 파장보다 훨씬 크다는 사실에 주의하라.

**연습문제 27.4**

$1.00 \times 10^7$ m/s의 속도로 운동하는 양성자($m_p = 1.67 \times 10^{-27}$ kg)의 드브로이 파장을 구하라.

**답** $3.97 \times 10^{-14}$ m

## 응용: 전자현미경

**APPLICATION**
전자현미경

전자의 파동적 성질을 응용한 장치가 **전자현미경**(electron microscopes)이다. 그림 27.17은 얇고 편평한 시료를 보는 데 사용하는 **투과** 전자현미경이다. 많은 관점에서 광학적 현미경과 유사하지만 전자현미경은 전자를 매우 높은 운동 에너지로 가속시킬 수 있고, 전자의 파장을 매우 작게 할 수 있으므로 매우 큰 해상도를 얻을 수 있다. 현미경은 물체를 조사하는 데 사용되는 빛의 파장보다 더 작은 물체는 볼 수 없다. 전형적으로 전자의 파장은 광학현미경에 사용되는 가시광선의 파장보다 100배 정도 더 작다(전자현미경에서 전자와 같은 파장의 복사는 스펙트럼의 X선 영역에 해당된다).

전자현미경에서 전자선속은 정전기적 또는 자성적 편향에 의해 조절되고, 이것을 통하여 전자선속이 상으로 맺히도록 한다. 전자현미경은 광학현미경에서와 같이 대안렌즈를 통하여 상을 보는 것이 아니고 형광스크린을 통하여 상을 본다(전자현미경에서 발생하는 상은 눈으로 볼 수 없으므로 형광스크린으로 보아야 한다).

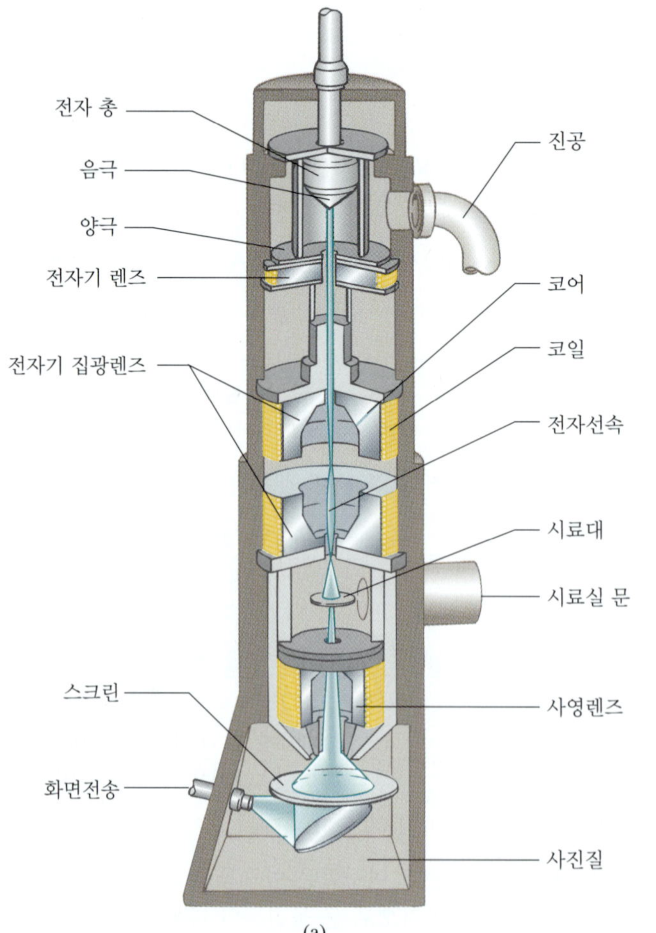

(a)

(b)

**그림 27.17** (a) 얇은 조각 시료를 보기 위한 투과 전자현미경의 단면도. 전자선속을 조절하는 "렌즈"는 자기편향 코일이다. (b) 전자현미경.

**응용물리 27.1** X선 현미경이란?

전자현미경(그림 27.17)은 입자의 파동적 성질을 이용한다. 전자가 고속으로 가속되면 드브로이 파장은 짧게 된다. 전자가 0.2 nm의 드브로이 파장을 갖는 전자현미경을 생각하자. 같은 생각으로 왜 0.2 nm의 광자 현미경을 고안하지 않는가?

**설명** 전자는 하전입자이다. 전자들은 시료와 전기적으로 상호작용하고 시료의 여러 부분의 모양과 밀도에 따라 산란되며 이를 통해 시료를 볼 수 있다. 파장 0.2 nm인 광자는 중성이며 스펙트럼의 X선 영역에 있다. 이 광자들은 물질과의 상호작용이 없이 얇은 시료를 그냥 투과해 버린다.

## 27.7 파동함수

입자는 곧 파동적 성질을 가져야 한다는 드브로이의 혁명적 개념은 회의적이었으나 아원자 세계를 이해하는 데 필요한 개념으로서 받아들여지게 되었다. 1926년 오스트리아계 독일 물리학자인 슈뢰딩거(Erwin Schroedinger)는 물질파가 공간과 시간에 따라 어떻게 변화하는지를 설명해 주는 파동방정식을 제안하였다. 슈뢰딩거의 파동방정식은 양자역학 이론의 중요한 요소이며, 양자역학에서 고전역학의 뉴턴의 법칙처럼 중요하다. 이 방정식은 수소원자와 많은 미시적 계에 성공적으로 적용되었다. 슈뢰딩거 방정식을 푼다는 것(이 책의 수준을 넘지만)은 **파동함수**(wave function) $\Psi$를 결정하는 것이다. 각 입자는 위치와 시간에 의존하는 파동함수 $\Psi$로 표현된다. $\Psi$를 알게 되면 $\Psi^2$은 주어진 영역에서의 입자를 발견할 **확률**(probability)에 대한 정보를 준다. 이것을 이해하기 위하여 이중슬릿을 통과하는 결맞는 빛에 대한 영의 실험으로 돌아가 보자.

먼저 21장을 상기하면 광선속의 세기는 전기장의 강도 $E$의 제곱에 비례한다. 즉 $I \propto E^2$이다. 빛의 파동모델에 따르면 스크린에 두 슬릿을 통과한 빛이 소멸간섭을 일으키어 알짜 전기장이 0이 되는 지점이 있다. 이 지점에서 $E$는 0이기 때문에 빛의 세기는 0이고 그 지점은 어둡다. 마찬가지로 보강간섭이 일어나는 스크린상의 점들에서는 $E$가 크므로 빛의 세기도 크고 이 위치들은 밝다.

빛의 입자적인 성질로서 같은 실험을 생각하자. 단위 시간당 스크린상의 한 점에 도달하는 광자의 수는 빛의 세기(밝기)가 클수록 증가한다. 결과적으로 매초 스크린의 단위 면적에 도달하는 광자의 수는 전기장의 제곱에 비례한다. 즉, $N \propto E^2$이다. 확률적인 관점에서 광자는 빛의 세기(그리고 $E^2$)가 큰 곳에서는 스크린에 도달하는 확률이 크고 빛의 세기가 작은 곳에서는 스크린에 도달하는 확률이 작다.

광자가 아닌 입자를 설명할 때는 $E$가 아닌 $\Psi$가 진폭의 역할을 한다. 빛의 경우와 유사하게 입자에 대한 $\Psi$를 다음과 같이 해석한다. $\Psi$가 단일 입자를 설명하는 파동함수라면 주어진 시간에 어떤 위치에서 $\Psi^2$의 값은 그 시간에 그 위치에서 단위 부피당 입자를 발견할 확률이다. 어떤 주어진 영역에서 $\Psi^2$의 모든 값을 더하면 그 영역에서 입자를 발견할 확률이 된다.

## 27.8 불확정성의 원리

어떤 순간에 위치와 속력을 측정한다면 측정상의 실험적 불확정성에 항상 부딪치게 된다. 고전물리학에서는 장치 또는 실험과정의 궁극적인 정밀성에 근본적인 장벽이 존재하지 않는다. 즉 원리적으로 불확정성을 아주 작게 하여 정밀하게 측정하는 것이 가능하다. 하지만 양자역학 이론에 의하면 그러한 정밀성의 장벽이 존재하며, 이런 불확정성을 예측할 수 있다. 1927년 하이젠베르크(Werner Heisenberg, 1901~1976)는 이러한 개념을 소개하였고 이 개념이 **불확정성의 원리**(uncertainty principle)이다.

입자의 위치를 $\Delta x$만큼 정밀하게 측정하고 동시에 선운동량을 $\Delta p_x$만큼 정밀하게 측정하였을 때, 불확실한 두 양의 곱은 $h/4\pi$보다 클 수 없다.

$$\Delta x \, \Delta p_x \geq \frac{h}{4\pi} \qquad [27.16]$$

즉, **입자의 위치와 선운동량을 동시에 정확하게 측정하는 것은 물리적으로 불가능하다.** $\Delta x$가 매우 작으면 $\Delta p_x$가 커지고, $\Delta x$가 크면 $\Delta p_x$는 작아지게 된다.

불확정성 원리의 물리적 근원을 이해하기 위해서 하이젠베르크가 소개한 다음의 사고실험을 생각하자. 전자의 위치와 운동량을 가능한 한 최대로 정확하게 측정하려 한다고 가정하자. 이것은 고분해능의 광학현미경으로 측정할 수 있다면 가능할 것이다. 그러나 전자를 보고 그 위치를 측정하려면 그림 27.18a에서와 같이 최소한 한 개 이상의 광자가 전자와 충돌하여 되튄 후 그림 27.18b와 같이 현미경을 통해 눈에 전달되어야 한다. 광자가 전자와 충돌할 때 광자는 광자의 운동량을 전자에게 전달한다. 따라서 전자의 위치를 매우 정확하게($\Delta x$를 매우 작게) 측정하려고 하는 과정에서 빛이 전자와 충돌함으로써 전자의 운동량을 결정할 수 없는 범위로($\Delta p_x$가 매우 크게) 변화시킨다.

입사광자의 운동량은 $h/\lambda$를 갖는다. 충돌 후 광자는 $x$축 성분 운동량의 일부 또는 전체를 전자에 전달한다. 따라서 충돌 후 전자의 운동량의 **불확정성**은 입사광자의 운동량 $\Delta p_x = h/\lambda$ 정도가 된다. 또 광자는 파동적 성질을 가지고 있기 때문에 전자를 관측하기 위해 사용하는 빛의 한 파장 정도 내에서, 즉 $\Delta x = \lambda$ 내에서 전자의 위치를 결정할 수 있다고 기대할 수 있다. 불확정한 두 값을 곱하면 다음과 같다.

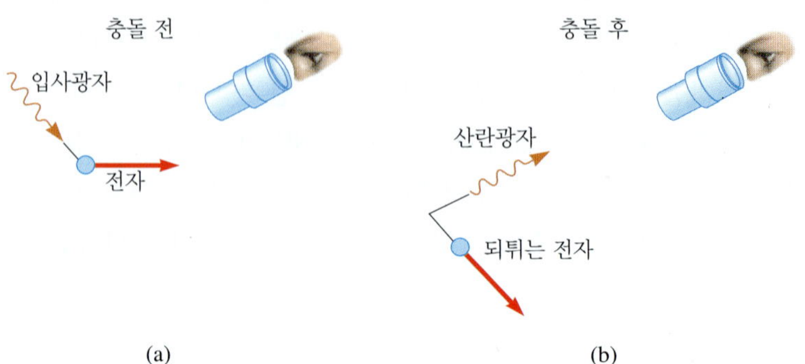


**그림 27.8** 분해능이 좋은 현미경으로 전자를 보기 위한 사고실험. (a) 광자와 충돌하기 전의 광자. (b) 광자와 충돌한 후 전자는 되튀게(교란) 된다.

$$\Delta x \Delta p_x = \lambda \left( \frac{h}{\lambda} \right) = h$$

$h$는 불확정한 두 물리량의 곱의 최소값을 나타낸다. 왜냐하면 불확정성은 항상 이 값보다 크기 때문이며, 다음과 같이 표시한다.

$$\Delta x \Delta p_x \geq h$$

하이젠베르크의 좀더 정밀한 분석에 의한 수치적 인자 $1/4\pi$과는 별도로 이 식은 식 27.16과 일치한다.

불확정성 관계의 또 다른 형태는 계의 에너지 $E$를 유한한 시간 $\Delta t$ 안에 정밀하게 측정할 수 있는가 하는 문제로, 측정된 에너지의 정확도에도 제약이 있다는 것이다.

$$\Delta E \, \Delta t \geq \frac{h}{4\pi} \qquad [27.17]$$

입자의 에너지를 매우 짧은 시간 내에 완전히 정확하게 측정할 수 없다는 것을 이 관계식으로부터 추측할 수 있다. 따라서 한 전자를 입자로 본다면 불확정성 원리는 (a) 위치와 속도를 동시에 측정할 수 없고, (b) 전자의 에너지는 시간 $\Delta t = h/(4\pi \, \Delta E)$ 동안에 불확실할 수 있다는 것을 말해 준다.

### 예제 27.5 전자의 위치

**목표** 하이젠베르크의 위치-운동량 불확정성 원리를 적용한다.

**문제** 전자의 속력이 $5.00 \times 10^3$ m/s로 측정되었다. 이 속도의 정확도는 0.003 00%이다. 이 전자의 위치를 결정하기 위한 최소 불확정성을 구하라.

**전략** 운동량과 운동량의 불확정성을 계산한 후 하이젠베르크의 불확정성 원리 식 27.16에 대입한다.

**풀이**

전자의 운동량을 계산한다.

$$p_x = m_e v = (9.11 \times 10^{-31}\ \text{kg})(5.00 \times 10^3\ \text{m/s}) = 4.56 \times 10^{-27}\ \text{kg} \cdot \text{m/s}$$

$p_x$의 불확정성은 이 값의 0.003 00%이다.

$$\Delta p_x = 0.000\,030\,0 p_x = (0.000\,030\,0)(4.56 \times 10^{-27}\ \text{kg} \cdot \text{m/s}) = 1.37 \times 10^{-31}\ \text{kg} \cdot \text{m/s}$$

$\Delta p_x$와 식 27.16을 사용하여 위치의 불확정성을 계산한다.

$$\Delta x \Delta p_x \geq \frac{h}{4\pi} \longrightarrow \Delta x \geq \frac{h}{4\pi \Delta p_x}$$

$$\Delta x \geq \frac{6.626 \times 10^{-34}\ \text{J} \cdot \text{s}}{4\pi(1.37 \times 10^{-31}\ \text{kg} \cdot \text{m/s})} = 0.384 \times 10^{-3}\ \text{m}$$

$$= 0.384\ \text{mm}$$

**주의** 이 계산의 값이 정확한 것이 아니라는 사실에 주의하라. 불확정성 원리에 의해 계산된 값과 같거나 더 큰 값이면 위치의 불확정성은 어떤 값도 취할 수 있다.

**연습문제 27.5**

전자가 직경 $1.25 \times 10^{-10}$ m의 원자 안의 어딘가에서 발견된다고 가정하자. 전자의 운동량(1차원에서)의 불확정성을 구하라.

**답** $\Delta p \geq 4.22 \times 10^{-25}\ \text{kg} \cdot \text{m/s}$

## 요약

Physics Now™ http://physics.brookscole.com/ecp에서 PhysicsNow를 로그인하고 이 장에 대한 Pre-Test link를 클릭하여 연습문제 시험을 보라.

### 27.1 흑체복사와 플랑크의 가설

**흑체복사**의 특징은 고전적 개념으로는 설명할 수 없다. 흑체복사 곡선의 최고점은 **빈의 변위 법칙**으로 주어진다.

$$\lambda_{max}T = 0.289\,8 \times 10^{-2}\ \mathrm{m \cdot K} \qquad [27.1]$$

여기서 $\lambda_{max}$는 곡선에서 최고점의 파장이고, $T$는 복사를 방출하는 물체의 온도이다.

플랑크는 흑체복사의 원인인 아원자(subatomic) 진동자가 불연속적인 에너지 값만을 가질 수 있으며, 그 에너지는 다음과 같이 주어진다고 가정함으로써 최초로 양자개념을 소개하였다.

$$E_n = nhf \qquad [27.2]$$

여기서 $n$은 양의 정수로 **양자수**라고 하고, $f$는 공진기의 진동수이다.

### 27.2 광전효과와 광양자설

광전효과는 금속표면에 빛이 입사하였을 때 금속표면으로부터 전자가 방출되는 과정이다. 아인슈타인은 전자기파에 대한 플랑크의 양자가설을 확장함으로써 광전효과를 성공적으로 설명하였다. 이 모델에서 빛은 광자라고 하는 입자의 흐름이며, 그 에너지는 $E = hf$로 주어진다. 여기서 $f$는 빛의 진동수이며, $h$는 **플랑크 상수**이다. 방출된 광전자의 최대 에너지는 다음과 같다.

$$KE_{max} = hf - \phi \qquad [27.6]$$

여기서 $\phi$는 금속의 **일함수**이다.

### 27.3 X선

### 27.4 결정에 의한 X선 회절

**X선**은 고속의 전자가 갑자기 감속할 때 발생한다. 전자가 전압 $V$로 가속될 때 발생하는 최소 파장은 다음 식으로 주어진다.

$$\lambda_{min} = \frac{hc}{eV} \qquad [27.9]$$

결정 내 원자의 규칙적인 배열은 X선과 전자의 회절격자로서의 역할을 할 수 있다. 회절된 X선의 보강간섭은 브래그 법칙으로 주어진다.

$$2d \sin\theta = m\lambda \qquad (m = 1, 2, 3, \cdots) \qquad [27.10]$$

브래그 법칙은 이중슬릿의 회절무늬에 대한 방정식과 유사하다.

### 27.5 콤프턴 효과

탄소와 같은 표적에 X선 선속이 입사하면 X선은 사방으로 산란된다. 산란된 X선의 파장은 입사파장보다 큰 파장으로 편이가 일어난다. 이 현상을 **콤프턴 편이**라고 한다. 운동량과 에너지 보존 법칙으로부터 산란된 X선의 파장 편이에 대한 식은 다음과 같이 구할 수 있다.

$$\Delta\lambda = \lambda - \lambda_0 = \frac{h}{m_e c}(1 - \cos\theta) \qquad [27.11]$$

여기서 $m_e$는 전자의 질량이고, $c$는 빛의 속도, $\theta$는 산란각이다.

### 27.6 빛의 이중성과 물질

빛은 입자적 성질과 파동적 성질을 다 가지고 있다. 마찬가지로 드브로이는 모든 물질도 입자적 성질과 파동적 성질을 가지고 있다고 제안하였다. 질량 $m$, 속도 $v$인 입자의 **드브로이 파장**은 다음과 같이 주어진다.

$$\lambda = \frac{h}{p} = \frac{h}{mv} \qquad [27.14]$$

또 드브로이는 입자와 관련된 파동의 에너지와 주파수 사이에는 아인슈타인 관계식 $E = hf$를 따른다고 제안하였다.

### 27.7 파동함수

**양자역학**의 이론에서 개개의 모든 입자는 **파동함수**라고 하는 $\Psi$로 표현된 양을 가지고 있고, 이 파동함수 $\Psi$는 입자의 상태를 설명하여 준다. 어떤 순간에 특정한 위치에서 단위 체적당 입자를 발견할 확률은 $\Psi^2$이다. 양자역학은 원자와 분자 등 미시적 계의 운동을 매우 성공적으로 설명한다.

### 27.8 불확정성의 원리

하이젠베르크의 **불확정성의 원리**는 입자의 위치와 운동량을 동시에 정확하게 측정한다는 것은 물리적으로 불가능하다는 것을 의미한다. 위치의 불확정성이 $\Delta x$이고, 운동량의 불확정성이 $\Delta p_x$라면 두 불확정한 양의 곱 $\Delta x\,\Delta p_x$은 다음과 같이 주어진다.

$$\Delta x\,\Delta p_x \geq \frac{h}{4\pi} \qquad [27.16]$$

또 에너지의 불확정성 $\Delta E$와 시간의 불확정성 $\Delta t$에 대해서도 다음과 같은 식이 성립한다.

$$\Delta E\,\Delta t \geq \frac{h}{4\pi} \qquad [27.17]$$

여기서 $\Delta E$는 입자의 에너지의 불확정성이고, $\Delta t$는 에너지를 측정하는 데 걸리는 시간의 불확정성이다.

## 개념 파악을 위한 질문

**1.** 아주 뜨거운 가마 속을 관찰 할 때, 가마 내부에 있는 물체들의 모양을 구별하기가 어려운 이유가 무엇인가?

**3.** 흑체는 검은 색인가?

**5.** 모든 물체는 에너지를 방출한다. 그렇다면 캄캄한 방에서 물체를 볼 수 없는 이유는 무엇인가?

**7.** 광전효과에서 저지전압이 입사광의 주파수에 의존하고 강도에 의존하지 않는 이유는 무엇인가?

**9.** 광전효과에서 차단 진동수의 존재가 빛의 파동 이론보다 입자 이론에 더 유리한 이유는 무엇인가?

**11.** 어떤 물질의 차단 진동수가 $f_0$이다. 다음 중 전자가 방출될 수 있는 경우는 어떤 것인가? (a) $f_0$보다 큰 진동수의 빛이 입사할 때. (b) $f_0$보다 작은 진동수의 빛이 입사할 때.

**13.** 광전효과를 어떤 금속에서 관찰하였다면, 같은 조건하에서 또 다른 금속에서 광전효과를 관찰할 것이라는 결론을 내릴 수 있겠는가? 설명하여 보아라.

## 문제

1, 2, 3 = 기본문제, 발전문제, 심화문제

□ = 학생 문제풀이 매뉴얼/학습 가이드 속에 전체 문제풀이가 있다.

Physics Now™ **http://physics.brookscole.com/ecp**에서 힌트를 받을 수 있는 문제

= 생물의학 문제

### 27.1 흑체복사와 플랑크의 가설

**1.** (a) 오리온성좌의 적색 거성 베텔게우스(Betelgeuse)는 약 970 nm의 최고 파장을 복사한다. 표면의 온도는 얼마인가? (b) 오리온성좌의 청백색 거성 리갈(Rigel)은 145 nm의 최고 파장을 복사한다. 표면의 온도를 계산하라.

**3.** 태양의 표면온도는 약 5 800 K이다. 태양으로부터 방출되는 최대 에너지 방출률에 해당하는 파장을 구하라.

**5.** 다음의 에너지를 전자볼트의 단위로 계산하라. (a) 마이크로파 영역의 5.00 cm 파장을 갖는 광자, (b) 가시광선 영역의 500 nm 파장을 갖는 광자, (c) X선 영역의 5.00 nm 파장을 갖는 광자.

**7.** FM 라디오 송신기는 150 kW 출력을 갖고 99.7 MHz의 주파수에서 작동한다. 송신기에서 단위 초당 발생하는 광자의 수는 몇 개인가?

### 27.2 광전효과와 광양자설

**9.** Physics Now™ 칼륨 표면에 파장이 350 nm인 빛이 입사하면 최대 운동 에너지가 1.31 eV인 전자가 방출된다. (a) 칼륨의 일함수, (b) 차단 파장, (c) 이 차단 파장에 해당하는 차단 진동수를 구하라.

**11.** (일함수 2.46 eV를 갖는) 나트륨에 입사한 빛에 의해 방출되는 전자의 최대 속력이 $1.0 \times 10^6$ m/s라면 입사광의 파장은 얼마인가?

**13.** 세슘에 254 nm의 빛이 입사할 때 저지전압은 3.00 V이다. 파장 436 nm의 빛이 입사하면 저지전압은 0.900 V가 된다. 이 정보를 이용하여 그림 27.6과 같은 그래프를 그리고 이 그래프로부터 세슘의 차단 진동수와 일함수를 구하라.

### 27.3 X선

**15.** 전자기 스펙트럼에서 X선 파장 영역의 두 경계는 $1.0 \times 10^{-8}$ m와 $1.0 \times 10^{-13}$ m이다. 이 두 경계의 파장들을 발생시키기 위해 필요한 최소 가속전압을 구하라.

**17.** 파장이 0.030 0 nm의 파장을 갖는 X선을 발생시키기 위해 필요한 가속전압은 얼마인가?

### 27.4 결정의 X선 회절

**19.** 아이오딘화칼륨(KI) 결정의 면 사이 간격 $d$ = 0.296 nm이다. 어떤 단색 X선의 입사각이 7.6° 일 때 회절무늬의 1차 극대가 발생한다. 이 X선 파장을 구하라.

**21.** Physics Now™ 파장이 0.140 nm인 X선이 어떤 결정으로부터 반사하고 1차 극대는 14.4° 에서 일어난다. 이 결정의 결정면 사이의 간격을 구하라.

### 27.5 콤프턴 효과

**23.** 파장이 700 nm인 광자의 에너지와 운동량을 구하라.

**25.** 자유전자로부터 파장이 0.001 6 nm인 광자가 산란된다. 산란된 광자와 되튀는 전자가 같은 운동 에너지를 갖는다면 산란각은 얼마인가?

**27.** 0.110 nm의 광자가 정지해 있는 전자와 충돌한다. 충돌 후 전자는 전방을 향하고 광자는 반대 방향을 향한다. 전자의 운동량과 운동 에너지를 구하라.

### 27.6 빛의 이중성과 물질

**29.** (a) 파장이 $5.00 \times 10^{-7}$ m인 전자의 속력은 얼마인가? 또 (b) 전자의 속도가 $1.00 \times 10^{-7}$ m/s라면 파장은 얼마인가?

**31.** Physics Now™ 드브로이는 관계식 $\lambda = h/p$는 상대론적 입자에 대해서도 가능하다고 가정하였다. 운동 에너지가 3.00 MeV인 (상대론적) 전자의 파장은 얼마인가?

**33.** 현미경의 분해능은 사용하는 파장에 비례한다. 원자를 "관찰하기" 위해서는 $1.0 \times 10^{-11}$ m (0.010 nm)의 분해능이 필요하다. (a) 원자를 보기 위하여 전자를 사용한다면(전자현미경),

전자의 최소 운동 에너지는 얼마이어야 하는가? (b) 광자를 이용한다면 $1.0 \times 10^{-11}$ m의 분해능을 얻기 위해 필요한 광자의 최소 에너지는 얼마인가?

## 27.7 파동함수

## 27.8 불확정성 원리

**35.** 수소원자의 바닥상태에서 전자의 위치에 대한 불확정성이 약 0.10 nm이다. 전자의 속력이 불확정성과 같다면 그 속력은 얼마인가?

**37.** 빛으로 전자의 위치를 결정하기 위해서 광학적 복사($\lambda$ = $5.00 \times 10^{-7}$ m)를 사용하였다면, 전자의 속도의 불확정성은 얼마인가?

## 추가문제

**39.** 그림 P27.39는 개똥벌레에 의하여 방출되는 빛의 스펙트럼

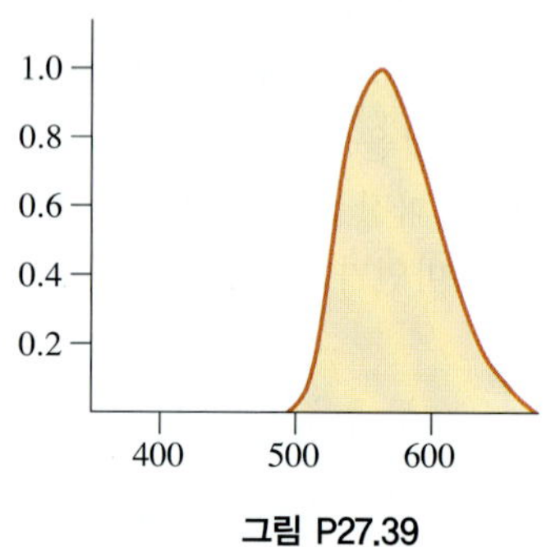


그림 P27.39

이다. 최고 복사의 진동수가 이 스펙트럼의 최고 진동수와 같은 흑체의 온도를 계산하라. 이 결과를 근거로 개똥벌레의 복사가 흑체복사라고 말할 수 있겠는가?

**41.** 니켈 결정의 결정면 사이의 간격은 0.352 nm이다. 11.3 keV X선을 사용하여 2차 브래그 반사가 일어날 때 X선의 입사각은 얼마인가?

**43.** 파장 450 nm의 광자가 금속에 입사한다. 금속으로부터 방출된 대부분의 전자는 $2.00 \times 10^{-5}$ T의 자기장하에서 그 경로가 반경 20.0 cm인 원형으로 휜다. 이 금속의 일함수는 얼마인가?

**45.** Physics Now™ 파장 $\lambda$인 광원을 금속에 조사하였더니 1.00 eV의 최대 운동 에너지를 갖는 광전자를 방출한다. 파장 $\lambda/2$인 두 번째 광원을 조사하였을 때는 광전자가 4.00 eV의 최대 운동 에너지를 가졌다. 금속의 일함수는 얼마인가?

**47.** 전자가 단일 X선 광자를 내면서 운동 에너지를 모두 잃는다고 하면, X선 전자기 스펙트럼 영역에서 (a) 가장 큰 파장 $1.00 \times 10^{-8}$ m과 (b) 가장 작은 파장 $1.00 \times 10^{-13}$ m인 X선을 발생하기 위해서 필요한 전자의 속도는 얼마인가?

CHAPTER

# 28

# 원자 물리학

OUTLINE



뜨거운 가스는 특정 길이의 파장을 갖는 빛을 방출하는데, 이 빛은 마치 지문이 사람을 판별하는 데 사용되는 것처럼 뜨거운 그 가스를 판별하는 데 사용될 수 있다. 주어진 원자에 대하여, 방출되는 특정 파장은 양자수라고 불리는 물리량으로 설명될 수 있다. 가장 간단한 원자는 수소이다. 그리고 수소를 이해함으로써 다른 원자들의 구조나 원자들로 이루어진 화합물의 구조를 쉽게 이해할 수 있다. 한 원자 내에 있는 두 개의 전자가 같은 양자수를 가질 수 없다는(파울리의 배타원리) 사실은 복잡한 원자의 성질과 원소주기율표에서 원소의 배열을 이해하는 데에 아주 중요하다. 원자 구조에 관한 지식은 다른 많은 응용과 더불어 X선 발생기구나 레이저의 작동을 설명하는 데에 사용될 수 있다.

## 28.1 초기의 원자 모델

뉴턴 시대의 원자 모델은 작고 단단하며 파괴할 수 없는 구였다. 이 모델은 기체 운동론의 확고한 기초이었지만, 원자의 전자적 성질을 나타내는 일련의 실험이 발표되었을 때 새로운 모델이 고안되어야 했다. 톰슨(J. J. Thomson, 1871~1940)은 마치 수박씨처럼 전자가 양전하로 된 공간 내에 파묻혀 있는 원자 모델을 제안하였다(그림 28.1).

1911년에 러더퍼드(Ernest Rutherford, 1871~1937)와 그의 학생인 가이거(Hans Geiger)와 마즈덴(Ernest Marsden)은 톰슨 모델이 옳지 않다는 것을 보이는 결정적인 실험을 수행하였다. 이 실험에서 양으로 대전된 **알파입자**(alpha particles)의 선속이 그림 28.2a에서처럼 얇은 금속박막으로 입사되었다. 대부분의 알파입자들은 마치 빈 공

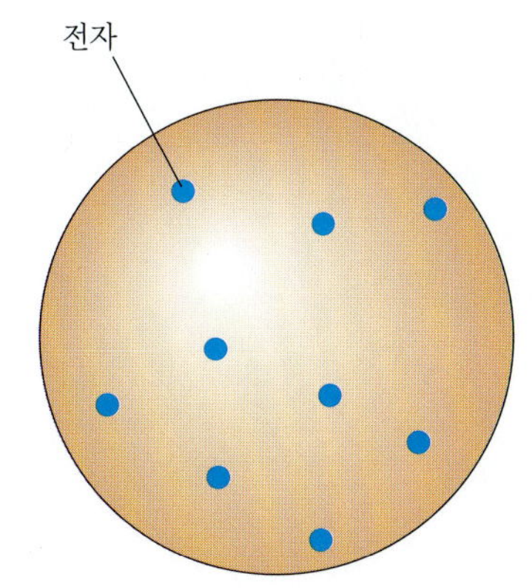


**그림 28.1** 톰슨의 원자 모델, 전자들이 수박씨처럼 양전하 속에 파묻혀 있다.

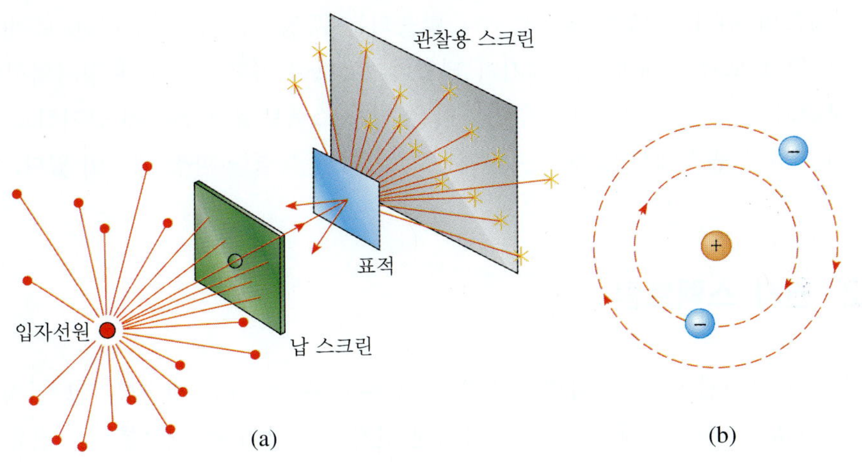


**그림 28.2** (a) 얇은 박막에 의해 산란되는 알파입자를 관찰하기 위한 가이거와 마즈덴 기법. 알파 입자선원은 라듐과 같은 자연 방사성 물질에서 나오는 것이다. (b) 원자의 러더퍼드 행성 모델.

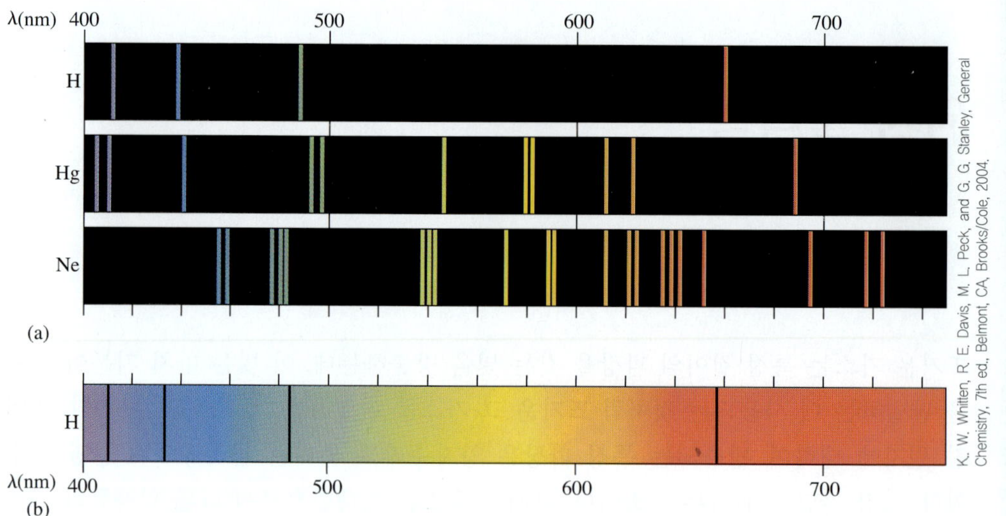


**그림 28.3** 가시 스펙트럼들. (a) 수소, 수은, 네온원소들에 의해서 만들어진 가시 영역의 방출 스펙트럼선들. (b) 수소의 흡수 스펙트럼. 어두운 흡수 스펙트럼선들은 (a)에 있는 방출 스펙트럼선들과 같은 파장에서 일어난다.

간을 통과하는 것처럼 박막을 통과하였다. 그러나 몇 개의 입자들은 큰 각도로 산란되었으며, 어떤 것은 갔던 길을 되돌아오기까지 하였다.

그와 같이 큰 각도로 꺾이는 것은 예측하지 않았었다. 톰슨 모델에서는 양으로 대전된 알파입자가 큰 양전하에 결코 가까이 올 수 없기 때문에 큰 각도로 편향되는 일은 있을 수 없다. 러더퍼드는 이 결과를 원자 내에 있는 양전하가 원자의 크기에 비하여 상대적으로 작은 **핵**(nucleus)이라고 불리는 영역에 집중되어 있다고 가정함으로써 설명하였다. 원자에 속한 전자들은 그림 28.2b에서 보는 바와 같이 태양 주위를 도는 행성처럼 핵 주위를 궤도 운동하는 것으로 묘사되었다. 러더퍼드 실험에서 사용된 알파입자들은 나중에 헬륨원자의 핵인 것으로 밝혀졌다.

러더퍼드 행성 모델에는 두 개의 기본적 결함이 있다. 첫째, 원자는 꼭 어떤 불연속적인 특정 진동수의 전자기파만을 방출한다는 것이다. 러더퍼드 행성 모델은 이 현상을 설명할 수 없었다. 둘째, 러더퍼드 모델에서의 전자들은 구심가속도를 갖는다. 맥스웰의 전기자기학 이론에 의하면 구심력으로 가속되며 진동수 $f$로 회전하는 전하는 같은 진동수 $f$의 전자기파를 방출하여야 한다. 전자가 에너지를 방출함에 따라서 전자의 궤도 반경이 점차 감소하고 회전 진동수는 꾸준히 증가한다. 이 결과 방출되는 복사선의 진동수는 꾸준히 증가하게 되고, 전자가 핵으로 나선형 운동을 하며 떨어지는 급격한 원자의 붕괴가 일어나게 된다.

러더퍼드의 원자 모델은 원자로부터 방출되는 특정 복사선을 설명한 보어(Niels Bohr)의 원자 모델이 개발되는 계기가 되었다. 또 보어 이론은 나중에 양자역학에 의해서 보강되었다. 보어 이론이나 양자역학은 원자 스펙트럼의 연구에 근거하고 있다. 모든 서로 다른 원소에서 방출되는 빛에는 서로 다른 특별한 파장 패턴이 있다.

## 28.2 원자 스펙트럼

진공이었던 유리관이 낮은 압력하의 수소(혹은 다른 가스)로 채워졌다고 가정하자. 만일 이 진공 유리관 속에 있는 전극 사이에 인가된 전압이 가스를 통해서 전류가 흐를 만큼 충분히 크다면, 이 진공 유리관에서는 내부 가스의 종류에 따라 여러 빛을 방출 할 것이다(바로 이것이 네온사인이 작동하는 원리이다). 이렇게 방출된 빛을 분광기로 분석하면 불연속적인 밝은 선이 관찰되는데, 이 선들은 각기 서로 다른 파장 혹은 색을 가지고 있다. 이와 같은 일련의 스펙트럼선들을 **방출 스펙트럼**(emission spectrum)이라고 부른다. 이 스펙트럼에 있는 파장들은 빛을 방출하는 원소의 특성이다(그림 28.3). 어떤 두 개의 원소도 같은 선 스펙트럼을 방출할 수 없기 때문에, 이 현상은 기체 상태에 있는 물질의 원소를 구별하는 신뢰할 만한 대표적 기술을 제공한다.

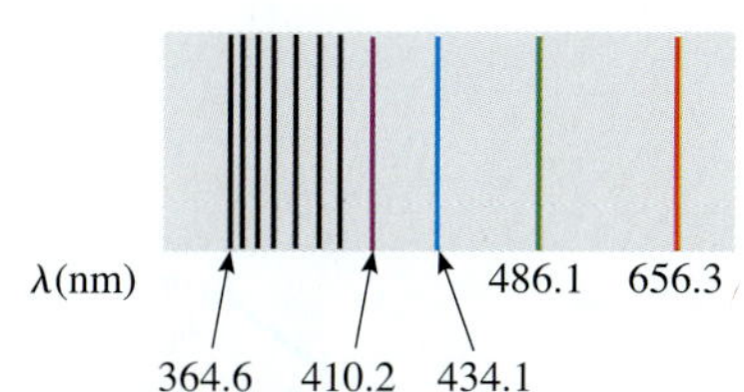


**그림 28.4** 수소원자의 발머 계열 스펙트럼 선들로 몇 개의 파장들을 나노미터로 표시하였다. 364.6이라고 표시된 선이 가장 짧은 파장이며, 자외선 영역에 있는 전자파 스펙트럼이다. 그 외의 선들은 모두 가시 영역에 있다.

그림 28.4에 보인 수소의 방출 스펙트럼은 각기 파장 656.3 nm, 486.1 nm, 434.1 nm, 그리고 410.2 nm의 밝은 선들을 포함하고 있다. 1885년에 발머(Johann Balmer, 1825~1898)는 이 선들과 어두운 선들의 파장이 간단한 실험식에 의해서 표현될 수 있음을 발견하였다.

$$\frac{1}{\lambda} = R_{\mathrm{H}}\left(\frac{1}{2^2} - \frac{1}{n^2}\right) \qquad [28.1]$$

◀ 발머 계열

여기서 $n$은 3, 4, 5, …의 정수이고, $R_{\mathrm{H}}$는 **리드버그 상수**(Rydberg constant)라고 불리는 상수이다. 만일 파장이 미터로 표시된다면, $R_{\mathrm{H}}$의 값은 다음과 같다.

$$R_{\mathrm{H}} = 1.097\,373\,2 \times 10^7\ \mathrm{m}^{-1} \qquad [28.2]$$

◀ 리드버그 상수

656.3 nm에 있는 발머 계열의 첫 번째 선은 식 28.1에서 $n$ = 3에 해당하며, 486.1 nm에 있는 선은 $n$ = 4에 해당한다. 스펙트럼선을 기술하는 발머 계열 외에도 연이어서 원자외선 영역에서 라이먼 계열이 발견되었는데, 이는 식 28.1에서 $2^2$이 $1^2$으로 교체되고 $n$이 1보다 큰 경우에 얻어지는 파장들로 이루어지는 선들이다. 파센 계열은 발머 계열보다 긴 파장들에 대응하는데, 식 28.1에서 $2^2$을 $3^2$으로 교체하고 $n$이 3보다 큰 경우에 얻어지는 파장들로 이루어지는 선들이다. 다른 많은 관찰들과 더불어서 이 모델들이 결합하여 다음과 같은 **리드버그 방정식**이 만들어 졌다.

$$\frac{1}{\lambda} = R_{\mathrm{H}}\left(\frac{1}{m^2} - \frac{1}{n^2}\right) \qquad [28.3]$$

◀ 리드버그 방정식

여기서 $m$과 $n$은 양의 정수이고 $n > m$이다.

특정 파장들의 빛을 방출할 뿐만 아니라 원소는 특정 파장들의 빛을 흡수할 수도 있다. 이 과정에 대응하는 스펙트럼선들은 **흡수 스펙트럼**(absorption spectrum)이라고 알려진 것이다. 흡수 스펙트럼은 분석해야 할 가스로 된 원소에 연속 복사 스펙트럼(모든 파장을 포함하는 것)을 통과시킴으로써 얻어질 수 있다. 흡수 스펙트럼은 밝은 연속 스펙트럼과 그 위에 놓여 있는 일련의 어두운 선들로 이루어져 있다. 주어진 원소의 각 흡수 스펙트럼선은 그 원소의 방출 스펙트럼선과 각기 일치한다. 이것은 만일 수소가 흡수 기체라면, 어두운 선들이 그림 28.3b와 28.4에서 보인 것처럼, 656.3 nm, 486.1 nm, 434.1 nm, 그리고 410.2 nm 의 가시 영역 파장들에서 나타남을 의미한다.

원소의 흡수 스펙트럼은 실제적으로 많이 응용된다. 예를 들면, 태양에서 방출되는 복사선의 연속 스펙트럼은 지구에 도달하기 전에 태양 대기권의 비교적 찬 가스층을 통과하여야 한다. 태양의 스펙트럼에서 관측되는 여러 가지 흡수선들은 이전에는 몰랐었던 헬륨 같은 태양 대기권에 있는 원소를 인식하는 데 유용하게 사용되었다.

**APPLICATION**

헬륨의 발견

## 28.3 보어 모델

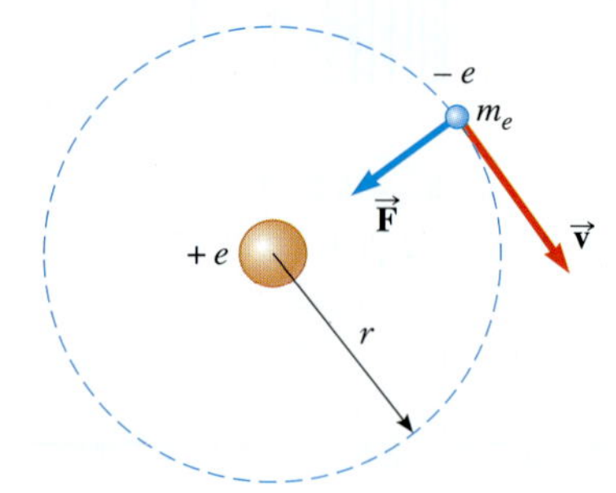


**그림 28.5** 수소원자의 보어 모델을 나타내는 도형. 전자는 불연속적인 특정 궤도 반경에서만 궤도 운동을 할 수 있도록 되어 있다.

20세기 초에 왜 어떤 원소의 원자들이 특정 파장들만을 방출하거나 흡수하는지를 이해하지 못하였다. 1913년에 보어는 요즘 이론의 몇 가지 특징을 포함하는 수소 스펙트럼에 관한 설명을 제시하였다. 그의 수소원자 모델은 다음과 같은 기본 가정을 포함하고 있다.

**1.** 그림 28.5에서처럼 전자는 쿨롱 인력의 영향 때문에 양성자 주위를 원운동한다. 쿨롱 인력은 전자에 구심가속도를 생기게 한다.

**2.** 어떤 특정 전자궤도들만이 안정되고 가능하다. 이 궤도들에서는 에너지가 전자기 복사의 형태로 방출되지 않고, 따라서 원자의 총 에너지가 일정하게 유지된다.

**3.** 수소원자 내에 있는 전자가 처음의 높은 에너지 상태에서 낮은 에너지 상태로 "뛰기"를 할 때 복사선이 방출된다. 이 "뛰기"는 상상하거나 고전적으로 다룰 수 없다. 이 뛰기의 결과로 방출되는 복사선의 진동수는 다음과 같이 원자의 에너지와 관련되어 있다.

$$E_i - E_f = hf \qquad [28.4]$$

여기서 $E_i$는 처음 상태의 에너지이고, $E_f$는 마지막 상태의 에너지이며, $h$는 플랑크 상수이고, $E_i > E_f$이다. 복사선의 진동수는 **전자의 궤도운동 진동수와 무관하다.**

**4.** 전자궤도의 원둘레 길이는 드브로이 파장의 정수배여야 한다(그림 28.6 참조).

$$2\pi r = n\lambda \qquad n = 1, 2, 3, \cdots$$

전자의 드브로이 파장은 $\lambda = h/m_e v$이므로 위의 식은 다음과 같이 쓸 수 있다

$$m_e v r = n\hbar \qquad n = 1, 2, 3, \cdots \qquad [28.5]$$

여기서 $\hbar = h/2\pi$이다.

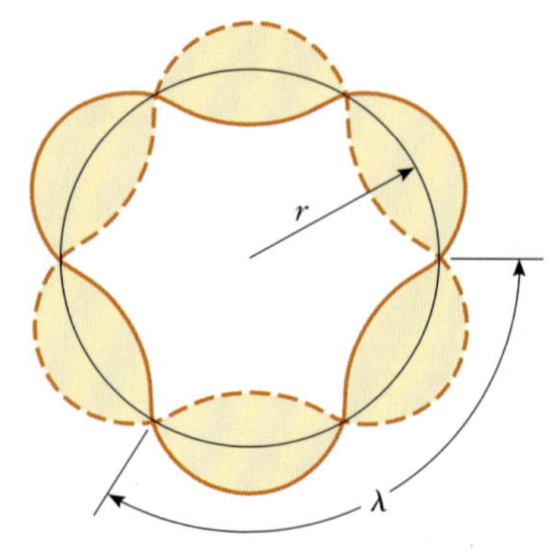


**그림 28.6** 수소원자에서 안정된 궤도에 있는 전자 파동의 정상파 패턴. 이 궤도에는 3개의 파장이 들어간다.

이와 같은 네 개의 가정 아래에서, 전자가 궤도속력 $v$로 반경 $r$인 원형궤도를 움직일 때를 도시한 그림 28.5의 모델을 사용하여 수소원자의 허용된 에너지들과 방출 파장들을 계산해낼 수 있다. 원자의 전기적 위치 에너지는

$$PE = k_e \frac{q_1 q_2}{r} = k_e \frac{(-e)(e)}{r} = -k_e \frac{e^2}{r}$$

여기서 $k_e$는 쿨롱 상수이다. 핵이 정지하여 있다고 가정하면 원자의 총 에너지는 운동 에너지와 위치 에너지의 합이다.

$$E = KE + PE = \tfrac{1}{2} m_e v^2 - k_e \frac{e^2}{r} \qquad [28.6]$$

전자의 구심가속도를 $a_r = v^2/r$이라고 하면 뉴턴의 제2법칙에 의하여 전자에 작용하는 전기적 인력 $k_e e^2/r^2$은 $m_e a_r$과 같아야 하므로,

$$m_e \frac{v^2}{r} = k_e \frac{e^2}{r^2} \qquad [28.7]$$

운동 에너지에 대한 표현을 얻기 위하여 이 식의 양변에 $r/2$을 곱한다.

$$\tfrac{1}{2} m_e v^2 = \frac{k_e e^2}{2r} \qquad [28.8]$$

이 식을 식 28.6과 결합하면 원자의 에너지에 대한 다음의 식을 얻는다,

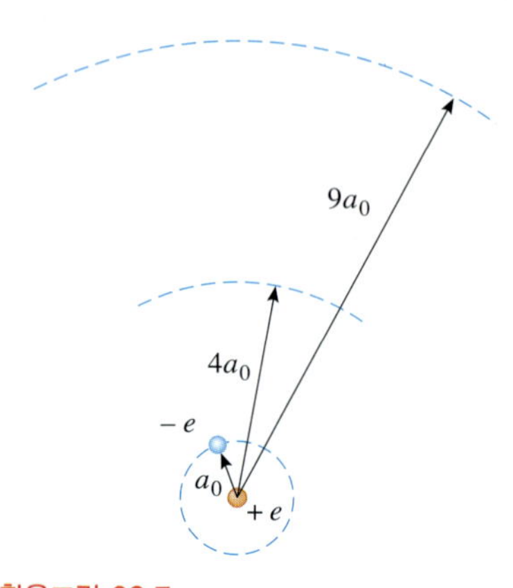


**활용그림 28.7**
수소원자의 보어 모델로부터 추정되는 처음 세 개의 원형궤도들.

**Physics Now™**
**http://physics.brookscole.com/ecp**에서 PhysicsNow를 로그인하고 활용그림 28.7로 들어가서 수소원자의 처음과 마지막 상태를 선택하면 천이를 관찰할 수 있다.

$$E = -\frac{k_e e^2}{2r} \qquad [28.9]$$

여기서 음수의 에너지는 전자가 양성자에 속박되어 있음을 나타낸다.

식 28.5와 식 28.7에서 $v^2$을 구하고 그 결과를 서로 같다고 놓으면 $r$에 관한 식을 구할 수 있다.

$$v^2 = \frac{n^2\hbar}{m_e{}^2r^2} = \frac{k_e e^2}{m_e r}$$

$$r_n = \frac{n^2\hbar^2}{m_e k_e e^2} \qquad n = 1, 2, 3, \cdots \qquad [28.10]$$

◀ 보어 궤도들의 반경은 양자화되어 있다.

이 식은 **전자가 정수 *n*에 의해서 결정되는 어떤 허용된 궤도에만 있을 수 있다**는 가정에 기초를 두고 있다.

**보어 반경**(Bohr radius) $a_0$라고 부르는 가장 작은 반경을 갖는 궤도는 $n = 1$인 경우에 해당하며 다음의 값을 같다.

$$a_0 = \frac{\hbar^2}{mk_e e^2} = 0.052\,9 \text{ nm} \qquad [28.11]$$

식 28.11을 식 28.10에 대입하면 수소원자의 궤도 반경을 기술하는 일반식이 얻어진다.

$$r_n = n^2 a_0 = n^2(0.052\,9 \text{ nm}) \qquad [28.12]$$

활용그림 28.7에 수소원자의 처음 세 개의 보어 궤도가 그려져 있다.

식 28.10을 식 28.9에 대입하면 수소원자의 양자상태에 대한 에너지를 나타내는 일반식을 구할 수 있다.

$$E_n = -\frac{m_e k_e{}^2 e^4}{2\hbar^2}\left(\frac{1}{n^2}\right) \qquad n = 1, 2, 3, \cdots \qquad [28.13]$$

◀ 수소원자의 에너지 준위

만일 식 28.13에 수치를 대입하면 다음 식을 얻는다.

$$E_n = -\frac{13.6}{n^2}\text{ eV} \qquad [28.14]$$

가장 작은 에너지 상태 혹은 **기저상태**(ground state)는 $n = 1$인 경우에 해당하고, 에너지는 $E_1 = -m_e k_e{}^2 e^4/2\hbar^2 = -13.6$ eV이다. $n = 2$에 해당하는, 다음 상태의 에너지는 $E_2 = E_1/4 = -3.40$ eV이다. 다음 상태들도 계속 이런 식으로 전개된다. 활용그림 28.8에 정상상태들의 에너지와 그것들에 대응하는 양자수들이 표기되어 있다. $E = 0$ 그리고 $n \to \infty$에 해당하는 가장 위쪽에 있는 준위는 전자가 원자로부터 완전히 떨어져 나온 상태를 의미한다. 이 상태에서 전자의 운동 에너지와 위치 에너지가 모두 0인데, 이것은 전자가 양성자로부터 무한대의 거리에 멀리 떨어져 정지하여 있음을 나타낸다. 원자를 이온화하기 위하여 요구되는 최소한도의 에너지, 즉 전자를 원자로부터 완전히 제거하기 위하여 필요한 최소한도의 에너지를 **이온화 에너지**(ionization energy)라고 한다. 수소의 이온화 에너지는 13.6 eV이다.

**☑ Checkpoint 28.1**

진실인가 거짓인가: $n$이 커지면 커질수록 수소원자의 에너지는 작아진다.

식 28.4와 식 28.13 그리고 보어의 세 번째 가정으로부터, 만일 전자가 양자수 $n_i$에 의해서 기술되는 궤도에서 양자수 $n_f$에 의해서 기술되는 두 번째 궤도로 천이한다면, 그 전자는 다음 식에 의해서 주어지는 진동수 $f$를 갖는 광자를 방출함을 알 수

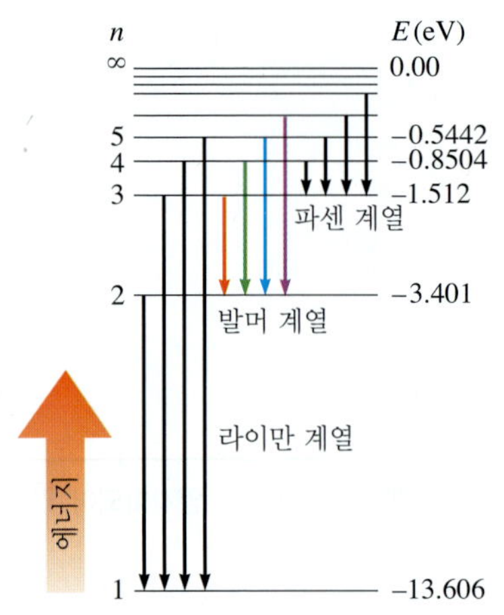


**활용그림 28.8**
수소원자의 에너지 준위 도표. 양자수가 왼쪽에 표기되어 있고 에너지가 eV의 단위로 오른쪽에 표기되어 있다. 수직 화살표들은 각각의 스펙트럼 계열에서 네 개의 가장 낮은 에너지 천이를 나타낸다. 발머 계열에서 색깔 있는 화살표는 이 천이에서 나오는 빛이 가시 영역에 있음을 나타낸다.

**PhysicsNow™**
**http://physics.brookscole.com/ecp**에서 PhysicsNow를 로그인하고 활용그림 28.8로 들어가서 수소원자의 처음과 마지막 상태를 선택하면 천이를 관찰할 수 있다.

**TIP 28.1 수소원자에서 에너지는 단지 $n$에만 의존한다.**
식 28.13에 있는 다른 모든 양들은 상수이므로, 수소원자의 에너지 준위는 양자수 $n$에만 의존한다. 보다 더 복잡한 원자의 경우에는 에너지 준위는 $n$ 이외의 다른 양자수들에도 의존한다.

있다.

$$f = \frac{E_i - E_f}{\hbar} = \frac{m_e k_e^2 e^4}{4\pi\hbar^3}\left(\frac{1}{n_f^2} - \frac{1}{n_i^2}\right) \qquad [28.15]$$

여기서 $n_f < n_i$이다.

이 식을 리드버그 방정식과 유사하게 바꾸기 위해서, 위 식에 $f = c/\lambda$를 대입하고 양 변을 $c$로 나누면 다음 식을 얻는다.

$$\frac{1}{\lambda} = R_H\left(\frac{1}{n_f^2} - \frac{1}{n_i^2}\right) \qquad [28.16]$$

여기서

$$R_H = \frac{m_e k_e^2 e^4}{4\pi c\hbar^3} \qquad [28.17]$$

위 식에 $m_e$, $k_e$, $e$, $c$, $\hbar$를 대입하여 얻는 리드버그 상수의 이론적 값은 식 28.1이나 식 28.3으로부터 계산된 실험적 값과 대단히 잘 맞는다. 보어가 이와 같은 일치를 증명하였을 때 이것은 보어 이론의 중요한 성과로서 인정되었다.

우리는 식 28.16을 사용하여 수소 스펙트럼에 있는 다양한 계열에 대한 파장을 계산할 수 있다. 예를 들면 발머 계열에서는 $n_f = 2$이고 $n_i = 3, 4, 5, \cdots$(식 28.1)이다. 활용그림 28.8의 수소에 대한 에너지 준위 도표는 스펙트럼선의 근원이 무엇인가를 설명한다. 준위들 간의 천이는 수직 화살표로 표시되어 있다. $n_i$로 표기되는 상태에서 $n_f$로 표기되는 상태로 천이가 일어날 때는(여기서 $n_i > n_f$) 언제나 진동수 $(E_f - E_i)/h$를 가지는 광자가 방출됨을 주의하여 보라. 이 과정은 다음과 같이 설명될 수 있다. 수소 스펙트럼의 가시 영역에 있는 선들은 전자가 세 번째, 네 번째, 혹은 그 이상의 궤도로부터 두 번째 궤도로 천이할 때 생긴다. 보어의 이론은 성공적으로 수소에서 관찰된 모든 스펙트럼선들의 파장을 설명한다.

## 연관된 예제 28.1 수소의 발머 계열

**목표** 원자에서 전자가 천이할 때 방출되는 광자의 파장, 진동수, 그리고 에너지를 계산한다.

**문제** 수소원자의 발머 계열은 그림 28.9에서 보는 바와 같이 양자수 $n = 2$인 상태에서 끝나는 전자들의 천이에 해당한다. (a) 발머 계열에서 방출되는 파장이 가장 긴 광자의 진동수와 에너지는 얼마인가 알아보라. (b) 이 계열에서 방출되는 파장이 가장 짧은 광자는 어떤 것인지 알아보라.

**전략** 이 문제를 풀기 위해서는 식 28.16에 값들을 대입하기만 하면 된다. $\lambda$만 알면 진동수는 $c = f\lambda$로부터 얻을 수 있고, 에너지는 $E = hf$로부터 얻을 수 있다. 가장 긴 파장을 갖는 광자는 양자상태 $n_i = 3$으로부터 $n_f = 2$로 전자가 천이할 때 방출되는 것이다. 가장 짧은 파장의 광자는 $n_i = \infty$로부터 $n_f = 2$로 전자가 천이할 때 방출되는 빛에 해당한다.

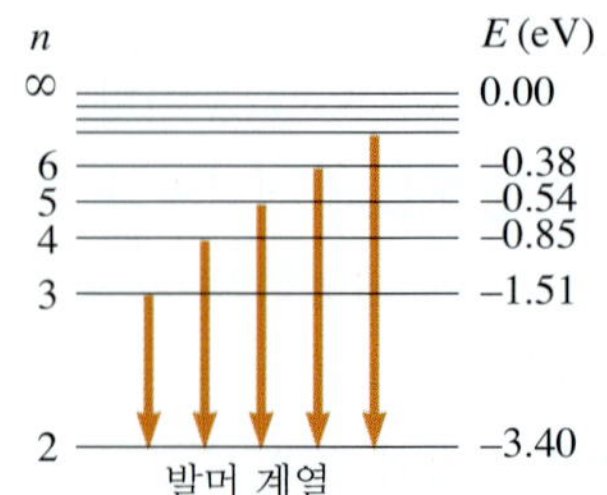


**그림 28.9** (연관된 예제 28.1) 수소원자의 발머 계열에 천이. 모든 천이는 $n = 2$ 준위에서 끝난다.

**풀이**

(a) 발머 계열에서 방출되는 파장이 가장 긴 광자를 찾고 그것의 진동수와 에너지를 계산하라.

식 28.16에 $n_i = 3$과 $n_f = 2$를 대입한다.

$$\frac{1}{\lambda} = R_H\left(\frac{1}{n_f^2} - \frac{1}{n_i^2}\right) = R_H\left(\frac{1}{2^2} - \frac{1}{3^2}\right) = \frac{5R_H}{36}$$

역수를 취하고 리드버그 상수를 대입한다.

$$\lambda = \frac{36}{5R_H} = \frac{36}{5(1.097 \times 10^7\ \text{m}^{-1})} = 6.563 \times 10^{-7}\ \text{m}$$
$$= \boxed{656.3\ \text{nm}}$$

이제 진동수를 $c = f\lambda$로부터 계산한다.

$$f = \frac{c}{\lambda} = \frac{2.998 \times 10^8\ \text{m/s}}{6.563 \times 10^{-7}\ \text{m}} = \boxed{4.568 \times 10^{14}\ \text{Hz}}$$

식 27.5에 이 진동수를 대입하여 광자의 에너지를 계산한다.

$$E = hf = (6.626 \times 10^{-34}\ \text{J}\cdot\text{s})(4.568 \times 10^{14}\ \text{Hz})$$
$$= 3.027 \times 10^{-19}\ \text{J} = \boxed{1.892\ \text{eV}}$$

(b) 발머 계열에서 방출된 가장 짧은 파장을 갖는 광자의 파장은 얼마인가 알아보라.

식 28.16에 $n_i \rightarrow \infty$와 $n_f = 2$를 대입한다.

$$\frac{1}{\lambda} = R_H\left(\frac{1}{n_f^2} - \frac{1}{n_i^2}\right) = R_H\left(\frac{1}{2^2} - \frac{1}{\infty}\right) = \frac{R_H}{4}$$

역수를 취하고 리드버그 상수를 대입하면 파장을 얻는다.

$$\lambda = \frac{4}{R_H} = \frac{4}{(1.097 \times 10^7\ \text{m}^{-1})} = 3.646 \times 10^{-7}\ \text{m}$$
$$= \boxed{364.6\ \text{nm}}$$

**주의** 처음 파장은 가시 스펙트럼의 빨간색 영역에 있다. 우리는 또한 $hf = E_3 - E_2$의 형태인 식 28.4로부터 이 광자의 에너지를 얻을 수 있다. 여기서 $E_2$와 $E_3$는 수소원자의 에너지 준위로 식 28.14로부터 계산된다. 이것은 발머 계열에서 가장 작은 에너지 변환에 의한 것이므로 가장 낮은 에너지의 광자임을 주목하라. 가장 큰 에너지를 갖는 두 번째 광자는 자외선 영역에 있다.

**연습문제 28.1**

(a) 수소의 발머 계열에서 방출된 광자들 중에서 가장 짧은 파장을 갖는 광자의 에너지를 구하라. (b) $n = 4$에서 $n = 2$로 천이에 해당되는 광자의 파장을 계산하라.

**답** (a) 3.40 eV (b) 486 nm

**PhysicsNow™** **http://physics.brookscole.com/ecp**에서 PhysicsNow를 로그인하고 연관된 예제 28.1로 가서 여러 가지 상태들 사이에 일어나는 천이들을 알아보라.

## 보어의 대응원리

26장에서 상대론을 공부하면서 우리는 뉴턴역학은 빛의 속도에 접근하는 속도에서 일어나는 현상을 설명할 수 없음을 알았다. 뉴턴역학은 상대론적 역학의 특별한 경우일뿐이며 $v$가 $c$에 비하여 아주 작을 경우에만 성립한다. 마찬가지로 **양자역학은 양자화 에너지 준위들 사이의 차이가 아주 작을 때 고전역학과 일치한다.** 보어에 의하여 처음 제안된 이 원리를 **대응원리**(correspondence principle)라고 한다.

## 유사-수소원자들

보어 이론에서 사용된 분석방법을 **유사-수소원자**(hydrgen-like)들의 경우에도 성공적으로 적용할 수 있다. 원자가 전자를 하나만 가지고 있을 때 유사-수소 원자라고 말한다. 예를 들면 1차 이온화된 헬륨, 2차 이온화된 리튬, 그리고 3차 이온화된 베릴륨이 유사-수소 원자들이다. 수소에 대한 보어 이론의 결과들을 수소에 대한 방정식에 있는 $e^2$을 $Ze^2$으로 대치함으로써 유사-수소 원자들의 경우로 확장할 수 있다. 여기서 $Z$는 원자번호이다. 예를 들면 식 28.13과 식 28.17을 대입한 식 28.16은 다음 식들과 같이 된다.

$$E_n = -\frac{m_e k_e{}^2 Z^2 e^4}{2\hbar^2}\left(\frac{1}{n^2}\right) \qquad n = 1, 2, 3, \cdots \qquad [28.18]$$

그리고

$$\frac{1}{\lambda} = \frac{m_e k_e{}^2 Z^2 e^4}{4\pi c\hbar^3}\left(\frac{1}{n_f{}^2} - \frac{1}{n_i{}^2}\right) \qquad [28.19]$$

보다 복잡한 많은 전자들을 갖는 원자들의 경우로 보어 이론을 확장하려는 시도가 많이 있었으나 모두 실패하였다. 오늘 날에도 다전자 원자들에 대하여는 단지 근사적 방법만이 가능하다.

**Quick Quiz 28.1**

수소원자와 1차 이온화된 헬륨원자를 생각하여 보라. 어느 원자가 더 낮은 기저 상태의 에너지를 가지고 있는가? (a) 수소, (b) 헬륨, (c) 두 원자가 똑같은 기저상태 에너지를 가지고 있다.

### 예제 28.2 1차 이온화된 헬륨

**목표** 유사-수소원자에 수정된 보어 이론을 적용한다.

**문제** 유사-수소원자인 1차 이온화된 헬륨 $He^+$는 원자가 기저상태에 있을 경우 1$s$ 궤도에 단 하나의 전자를 가지고 있다. (a) 이 계의 기저상태 에너지를 eV로 나타내어라. (b) 기저상태의 궤도 반경을 구하라.

**전략** (a)에 답하기 위해서는 수정된 보어 모델을 표현하는 식인 식 28.18에 수치를 대입해야 한다. (b)에 답하기 위해서는 $e^2$을 $Ze^2$으로 대치함으로써 보어의 궤도 반경에 관한 식인 식 28.10을 수정하여야 한다, 여기서 $Z$는 핵 내에 있는 양성자의 수이다.

**풀이**

(a) 계의 기저상태 에너지를 구하라.

유사-수소원자의 에너지를 나타내는 식 28.18을 쓴다.

$$E_n = -\frac{m_e k_e{}^2 Z^2 e^4}{2\hbar^2}\left(\frac{1}{n^2}\right)$$

위 식에 상수들을 대입하고 eV 단위로 표시한다.

$$E_n = -\frac{Z^2(13.6)}{n^2}\text{ eV}$$

헬륨의 원자번호인 $Z = 2$와 $n = 1$을 대입하여 기저상태의 에너지를 계산한다.

$$E_1 = -4(13.6)\text{ eV} = \boxed{-54.4\text{ eV}}$$

(b) 기저상태의 궤도 반경을 구하라.

식 28.10에서 $e^2$을 $Ze^2$으로 수정함으로써 유사-수소원자에 대한 일반식을 얻는다.

$$r_n = \frac{n^2\hbar^2}{m_e k_e Z e^2} = \frac{n^2}{Z}(a_0) = \frac{n^2}{Z}(0.052\,9\text{ nm})$$

이 경우에 맞게 $n = 1$과 $Z = 2$를 대입한다.

$$r_1 = \boxed{0.026\,5\text{ nm}}$$

**주의** $Z$가 커질수록 유사-수소원자의 에너지는 작아지며, 전자는 양성자에 보다 강하게 속박된다. 이 결과로 (b)에서 보는 바와 같이 원자는 작아지게 된다.

**연습문제 28.2**

2차 이온화된 리튬의 처음 여기상태, 즉 $Z = 3$이고 $n = 2$인 경우에 에너지 $E_2$와 궤도 반경 $r_2$를 구하라.

**답** (a) $E_2 = -30.6$ eV (b) $r_2 = 0.070\,5$ nm

원자 스펙트럼을 상세한 부분까지 설명하기 위하여 임시변통하는 식으로 보어 이론이 확장되었다. 이 모든 보정들이 하이젠베르크와 슈뢰딩거에 의해서 독립적으로 개발된 양자역학으로 대치되었다.

## 28.4 양자역학과 수소원자

양자역학의 제일가는 훌륭한 업적들 중의 하나는 수소원자에 대한 파동 방정식의 해이다. 이 해를 상세하게 취급하는 것은 이 과목의 수준을 넘어서는 것이지만, 이 해에 관한 것과 이 해가 원자 구조에 대해서 함축하고 있는 것은 설명할 수 있다.

양자역학에 의하면 허용된 상태의 에너지들은 이들이 주양자수 $n$에만 의존할 경우에는 보어 이론에 의하여 얻어졌던 값들과 정확히 일치 한다(식 28.13).

주양자수에 더하여 또 다른 두 개의 양자수들이 슈뢰딩거 파동 방정식의 해에서 나타난다. 즉 **궤도 양자수**(orbital quantum) $\ell$과 **궤도 자기 양자수**(orbital magnetic quantum number) $m_\ell$이다.

자기 양자수 $m_\ell$의 효과는 자기장이 존재할 때의 스펙트럼에서 관찰될 수 있는데, 스펙트럼선들 하나하나가 각자 수개의 스펙트럼선들로 갈라지는 것이다. 이 갈라짐을 **제만 효과**라고 부른다. 그림 28.10은 한 개의 스펙트럼선이 갈라져서 세 개의 서로 가까이 있는 선들이 됨을 나타낸다. 이것은 원자가 자기장 속에 놓여 있게 되면 전자의 에너지가 약간 변경됨을 의미한다.

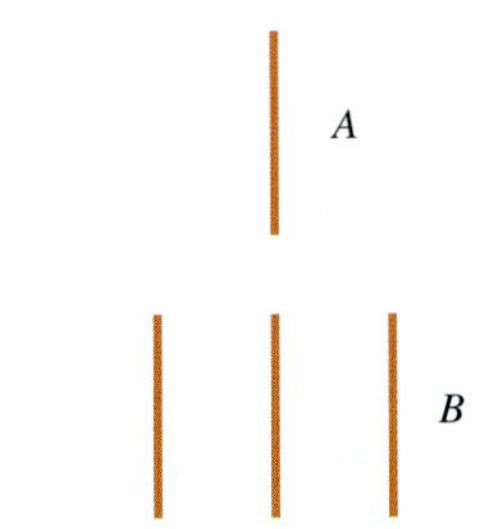

**그림 28.10** 하나의 선($A$)는 자기장 속에서 세 개의 분리된 선들($B$)로 갈라질 수 있다.

허용된 양자수의 범위는 다음과 같다.

- $n$의 값은 정수 단계로 1에서 ∞의 범위에 걸쳐 있다.
- $\ell$의 값은 정수 단계로 0에서 $n-1$의 범위에 걸쳐 있다.
- $m_\ell$의 값은 정수 단계로 $-\ell$에서 $+\ell$의 범위에 있다.

이 규칙으로부터 주어진 $n$의 값에 대하여 $\ell$은 $n$개의 값들을 가지며, 주어진 $\ell$에 대하여 $m_\ell$은 $2\ell+1$개의 값을 가진다는 것을 알 수 있다. 예를 들면 만일 $n=1$인 경우 가능한 $\ell$값은 $\ell=0$만이 존재한다. $\ell=0$인 경우에 $2\ell+1=2\cdot 0+1=1$이므로 단 하나의 $m_\ell$ 값만이 존재하며, $m_\ell=0$이다. $n=2$인 경우는 $\ell=0$ 혹은 $\ell=1$일 수 있다. $\ell=0$인 경우 $m_\ell=0$이다. 그러나 $\ell=1$인 경우 $m_\ell=-1, 0,$ 혹은 $+1$이다. 표 28.1에 $\ell$과 $m_\ell$의 허용된 값을 결정하는 규칙을 요약하여 놓았다.

역사적인 이유로 **같은 주양자수를 갖는 모든 상태들은 하나의 같은 주각(껍질)을 이룬다**고 말한다. $n=1, 2, 3, \cdots$ 상태를 지칭하는 주각들은 각각 문자로 K, L, M, …이라고 표기한다. **$n$과 $\ell$ 값이 주어진 상태는 버금 껍질을 이룬다**고 말한다. 문자 $s, p, d, f, g, \cdots$는 각기

**표 28.1** 수소원자에 대한 세 개의 양자수

| 양자수 | 명칭 | 허용 값 | 허용된 상태 수 |
|---|---|---|---|
| $n$ | 주양자수 | $1, 2, 3, \cdots$ | 제한 없음 |
| $\ell$ | 궤도 양자수 | $0, 1, 2, \cdots, n-1$ | $n$ |
| $m_\ell$ | 궤도 자기 양자수 | $-\ell, -\ell+1, \cdots,$ $0, \cdots, \ell-1, \ell$ | $2\ell+1$ |

**표 28.2** 주각(껍질)과 버금 껍질 표기법

| $n$ | 주각(껍질) 기호 | $\ell$ | 버금 껍질 기호 |
|---|---|---|---|
| 1 | K | 0 | $s$ |
| 2 | L | 1 | $p$ |
| 3 | M | 2 | $d$ |
| 4 | N | 3 | $f$ |
| 5 | O | 4 | $g$ |
| 6 | P | 5 | $h$ |
| … | | … | |

$\ell = 0, 1, 2, 3, 4, \cdots$ 상태를 지칭하는 버금 껍질을 나타내는 기호로 사용된다. 이들 표기법이 표 28.2에 요약되어 있다.

표 28.1에 명시된 규칙을 위반하는 상태는 존재할 수 없다. 예를 들어, $n = 2$이고 $\ell = 2$인 $2d$ 상태는 존재할 수 없다. 왜냐하면, $n = 2$인 경우 가장 큰 $\ell$값은 $\ell = n - 1 = 2 - 1 = 1$이므로 $\ell = 0$ 혹은 $\ell = 1$의 값만을 갖도록 허용되어 있기 때문이다. 따라서 $n = 2$인 경우, $2s$와 $2p$는 허용된 상태이고 $2d$, $2f$, …는 허용되지 않은 상태이다. $n = 3$인 경우, 허용된 상태는 $3s$, $3p$, 그리고 $3d$뿐이다.

일반적으로, 주어진 $n$에 대하여 서로 다른 값들로 표시되는 $\ell$과 $m_\ell$ 쌍의 상태가 $n^2$개 있다.

**Quick Quiz 28.2**

주양자수가 $n = 5$일 때 (a) $\ell$과 (b) $m_\ell$의 값은 각 몇 개가 가능한가? (c) 몇 개의 상태가 $\ell$과 $m_\ell$ 쌍이 서로 다른 값을 가지는가?

## 스핀

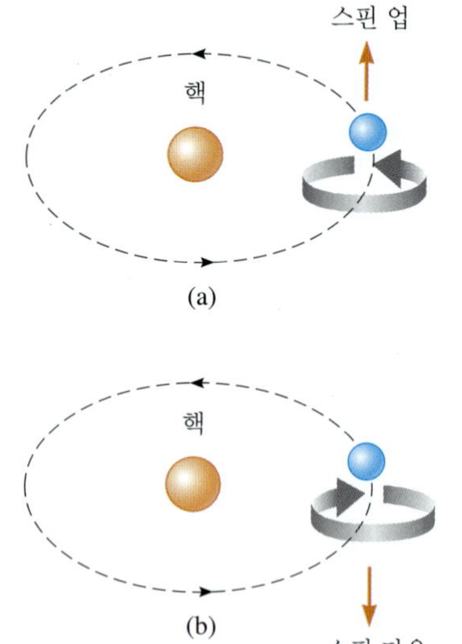


**그림 28.11** 전자가 핵 주위를 궤도 운동할 때, 스핀은 (a) 업 혹은 (b) 다운이다.

고분해능 분광계를 사용하여, 나트륨 증기에서 나오는 밝은 스펙트럼선들 중의 하나를 자세히 조사해 보면, 이 선이 사실은 두 개의 아주 가까이 위치한 선들이라는 것을 알 수 있다. 이 두 선의 파장들은 스펙트럼의 노란색 영역에 있으며 각기 길이가 589.0 nm와 589.6 nm이다. 이런 종류의 쪼개짐을 **미세구조**(fine structure)라고 한다. 1925년에 이 이중선이 처음 관찰되었을 때 원자 이론은 이것을 설명할 수가 없었다. 그래서, 오스트리아 물리학자 파울리(Wolfgang Pauli)의 제안을 따라서 고우트스미트(Samuel Goudsimt)와 울렌베크(George Uhlenbeck)는 원자의 에너지 준위를 묘사하는 네 번째 양자수인 **스핀 자기 양자수**(spin magnetic quantum number)라고 불리는 $m_s$의 도입을 제안하였다. 스핀은 슈뢰딩거 방정식의 해에서 발견되지 않는다. 그러나 1927년에 디랙(Paul Dirac)에 의해서 유도된 디랙 방정식에서 자연스럽게 나타난다. 이 방정식은 상대론적 양자역학에서 중요하다.

스핀 양자수를 묘사함에 있어서 기술적으로는 틀린 것이지만, 마치 지구가 태양 주위를 돌면서 자전하듯이 전자가 핵 주위를 돌면서 자전하는 것으로 생각하는 것이 편리하다. 그러나 지구의 자전과는 다르게 그림 28.11에서 보는 바와 같이 전자는 핵 주위를 돌면서 자전(스핀)할 수 있는 방법이 두 가지 밖에 없다. 만일 스핀의 방향이 그림 28.11a에서 보는 바와 같다면 전자가 "스핀 업"을 가지고 있다고 말한다. 만일 스핀의 방향이 그림 28.11b에서처럼 거꾸로 되면 전자가 "스핀 다운" 한다고 말한다. 전자가 갖는 에너지는 두 스핀 방향 사이에 약간의 차이가 있다. 그리고 이 약간의 에너지 차이가 나트륨 이중선을 설명한다. 전자의 스핀에 연루된 양자수는 스핀 업 상태의 경우에는 $m_s = \frac{1}{2}$이고 스핀 다운 상태의 경우에는 $m_s = -\frac{1}{2}$이다. 예제 28.3에서 볼 수 있는 바와 같이 이 새로운 양자수가 양자수 $n$, $\ell$, 그리고 $m_\ell$에 의해서 기술되는 상태의 수를 두 배로 만든다.

각각의 전자에 대하여 두 가지의 스핀 상태가 있다. 주어진 $\ell$에 대한 버금 껍질은

**TIP 28.2** **전자는 정말로 자전(스핀)운동을 하는 것이 아니다.**

전자는 물리적으로 자전하지 않는다. 전자의 스핀은 마치 전자가 물리적으로 자전하는 것처럼 전자에게 각운동량을 부여하는 순수한 양자역학적 효과이다.

$2(2\ell + 1)$개 이상의 전자를 가질 수 없다. 이 수는 버금 껍질에 있는 전자가 고유 양자수의 쌍 $(m_\ell, m_s)$을 가져야만 한다는 사실로부터 비롯된다. 주어진 $\ell$에 대하여 서로 다른 $m_\ell$의 가짓수는 $(2\ell + 1)$이며, 각각의 $m_\ell$에 대하여 서로 다른 두 개의 $m_s$값이 있기 때문에 주어진 $\ell$에 대하여 가능한 쌍 $(m_\ell, m_s)$은 $2(2\ell + 1)$개 이다. 예를 들면 $\ell = 1$인 $p$ 버금 껍질은 전자가 $2(2 \cdot 1+1) = 6$개 있을 때 채워진다. 이와 같은 사실은 네 개의 모든 양자수들의 경우로 확장될 수 있으며, 나중에 파울리의 배타 원리를 배울 때 중요하게 될 것이다.

**☑ Checkpoint 28.2**

네 개의 양자수 중 결코 음이 되지 않는 것은 무엇인가?

### 예제 28.3 수소의 $n = 2$ 준위

**목표** 서로 같지 않은 양자 상태들을 세어보고 표를 만들어 본다. 그리고 원자 에너지 준위로부터 그들의 에너지를 구한다.

**문제** (a) 수소에서 $n = 2$인 경우에 $\ell$, $m_\ell$, 그리고 $m_s$의 유일한 조합에 의한 상태의 수를 구하라. (b) 스핀을 포함하여 구별 가능한 양자상태를 표로 만들어보라. (c) 스핀에 의한 작은 차이를 무시하고, 자기장이 없는 경우에 이 상태들의 에너지를 계산하라.

**전략** 이 문제는 $n$, $\ell$, $m_\ell$, 그리고 $m_s$에 대한 양자 규칙에 따라서 수를 세는 것이다. "유일"하다는 것은 다른 어떤 양자상태도 같은 양자수를 가지지 않는다는 것을 의미한다. 스핀이나 자기장에서의 제만 갈라짐을 무시하면, 모든 상태가 주양자수 $n = 2$를 가지므로 에너지는 똑같게 된다.

**풀이**

(a) 수소원자에서 $n = 2$인 경우에 $\ell$과 $m_\ell$ 값의 유일한 조합을 갖는 양자상태의 수를 구하라.

$n = 2$에 대하여 $\ell$의 가능한 값들을 구한다.

$0 \le \ell \le n - 1$, so for $n = 2$, $0 \le \ell \le 1$ and $\ell = 0$ or $1$

$\ell = 0$에 대하여 가능한 $m_\ell$의 값을 구한다.

$-\ell \le m_\ell \le \ell$, so $-0 \le m_\ell \le 0$ implies $m_\ell = 0$

$\ell = 0$에 대하여 $(\ell, m_\ell)$의 값이 다른 쌍을 목록으로 작성한다.

$(\ell, m_\ell) = (0, 0)$.

다시 $\ell = 1$에 대하여 가능한 $m_\ell$의 값을 구한다.

$-\ell \le m_\ell \le \ell$, so $-1 \le m_\ell \le 1$ implies $m_\ell = -1, 0,$ or $1$

$\ell = 1$에 대하여 $(\ell, m_\ell)$의 값이 다른 쌍을 목록으로 작성한다.

$(\ell, m_\ell) = (1, -1), (1, 0), (1, 1)$.

$\ell = 0$과 $\ell = 1$에 대한 결과를 합하고 각 상태마다 두 개의 가능한 스핀이 있으므로 2를 곱한다.

상태수 $= 2(1 + 3) =$ **8**

(b) 양자수의 가능한 조합을 표로 작성하라.

(a)의 결과를 사용하고 스핀 양자수는 언제나 $+\frac{1}{2}$ 혹은 $-\frac{1}{2}$을 가진다는 것을 기억하라.

| $n$ | $\ell$ | $m_\ell$ | $m_s$ |
|---|---|---|---|
| 2 | 1 | −1 | $-\frac{1}{2}$ |
| 2 | 1 | −1 | $\frac{1}{2}$ |
| 2 | 1 | 0 | $-\frac{1}{2}$ |
| 2 | 1 | 0 | $\frac{1}{2}$ |
| 2 | 1 | 1 | $-\frac{1}{2}$ |
| 2 | 1 | 1 | $\frac{1}{2}$ |
| 2 | 0 | 0 | $-\frac{1}{2}$ |
| 2 | 0 | 0 | $\frac{1}{2}$ |

(c) 이 상태들의 에너지를 계산하라.

제만 갈라짐이나 스핀을 무시하면, 모든 상태의 에너지는 식 28.14에 의하여 구할 수 있다.

$$E_n = -\frac{13.6\text{ eV}}{n^2} \longrightarrow E_2 = -\frac{13.6\text{ eV}}{2^2} = \boxed{-3.40\text{ eV}}$$

**주의** 이 상태들이 보통은 같은 에너지를 가지지만 자기장을 인가하면 $n$ = 2인 에너지를 중심으로 약간씩 차이가 나게 된다. 이 경우도 역시 스핀상태에 대한 약간의 에너지 차이는 무시된다.

**연습문제 28.3**

(a) 수소에서 $n$ = 3의 경우 $\ell$, $m_\ell$, 그리고 $m_s$ 값의 유일한 쌍으로 기술되는 상태들의 수를 구하라.

(b) 에너지의 모든 갈라짐 효과를 무시하고, 위 상태들의 에너지를 구하라.

**답** (a) 18 (b) $E_3 = -1.51$ eV

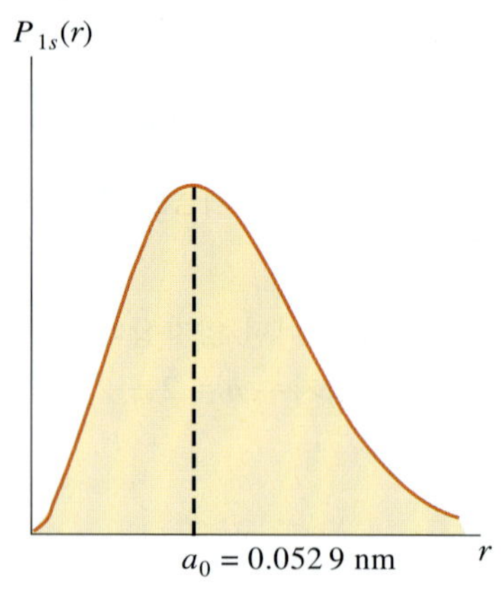


**그림 28.12** $1s$ 기저상태에 있는 수소원자의 경우 핵으로부터 떨어진 거리에 대하여 단위 길이당 전자를 발견할 확률. $r$이 보어 반경 $a_0$와 같을 때 그래프가 최대값을 가짐을 주의하여 보아라.

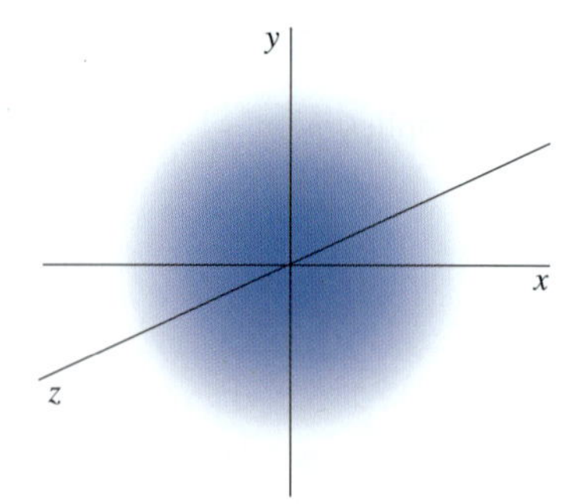


**그림 28.13** $1s$ 상태에 있는 수소원자에 대한 구 대칭 전자구름.

## 전자구름

27.7절에서 논의한 파동 방정식의 해는 양자수 $n$, $\ell$, 그리고 $m_\ell$에 의존하는 파동함수 $\Psi$이다. 만일 $p$가 한 점을 나타내고 $V_p$가 그 점을 포함하는 아주 작은 체적이라면, $\Psi^2 V_p$는 체적 $V_p$ 내에서 전자를 발견 할 근사적인 확률이다. 그림 28.12는 $1s$ 상태($n$ = 1, $\ell$ = 0, 그리고 $m_\ell$ = 0)에 있는 수소에서 핵으로부터 떨어진 어떤 거리에서 전자를 발견할 단위 길이당 확률을 나타낸다. 곡선의 최고점이 있는 곳은 $r$ = 0.052 9 nm인데, 이것은 수소의 처음 전자궤도($n$ = 1)의 보어 반경과 같음을 주목하라. 이 최고점이 의미하는 것은 핵으로부터 떨어진 그 지점을 중심으로 한 작은 거리 영역에서 전자를 발견할 확률이 최고가 된다는 것이다. 그러나 곡선이 나타내는 바와 같이, 핵으로부터 떨어진 어떤 지점에서도 그 지점을 중심으로 한 좁은 영역에서 전자를 발견할 확률이 존재한다. 양자역학에서는 보어 모델에서 가정한 것처럼, 전자의 위치가 핵으로부터 떨어진 특정 거리의 궤도에 국한되지 않는다. 전자는 핵으로부터 떨어진 다양한 거리에서 발견될 수 있다. 그러나 보어 반경을 중심으로 한 작은 간격에서 그것을 발견할 확률이 가장 크다. 양자역학은 또 기저상태에 있는 수소원자에 대한 파동함수가 구 대칭이라는 것을 예측한다. 따라서 전자가 핵 주위에서 구 대칭적으로 발견될 수 있다. 이것은 전자의 위치를 평면의 점들로 국한시키는 보어 이론과는 대조적이다. 양자역적인 결과를 자주 전자를 핵 주위에 있는 구름으로 취급하여 해석한다. 그림 28.13은 이 구름 같은 성질을 묘사하는 것이다. 구름의 밀도가 가장 높은 영역이 전자를 발견할 확률이 가장 높은 곳임을 나타낸다.

비슷한 분석을 $n$ = 2, $\ell$ = 0인 수소상태에 대하여서 행하면, 확률 곡선의 최고점은 $4a_0$에서 발견된다. 또 $n$ = 3, $\ell$ = 0의 상태인 경우 곡선의 최고점은 $9a_0$에 있다. 일반적으로, 양자역학은 보어 이론에 의하여 예상한 위치와 일치하는 전자의 위치를 예측한다.

## 28.5 배타 원리와 원소 주기율표

수소원자에서 전자의 상태는 네 개의 양자수에 의하여 기술된다. 즉, $n$, $\ell$, $m_\ell$, 그리고 $m_s$이다. 마찬가지로, 다른 원자에 있는 전자상태도 역시 같은 양자수의 조합으로 기술될 수 있다.

원자 내에 있는 얼마나 많은 전자들이 어떤 특정한 하나의 양자수 조합을 가질 수 있을까? 이 중요한 질문이 **파울리 배타 원리**(Pauli exclusion principle)라고 알려진 설득

**표 28.3** 주각과 버금 껍질에 채워진 전자의 수

| 주각 | 버금 껍질 | 버금 껍질에 채워진 전자수 | 주각에 채워진 전자수 |
|---|---|---|---|
| K ($n$ = 1) | $s(\ell = 0)$ | 2 | 2 |
| L ($n$ = 2) | $s(\ell = 0)$<br>$p(\ell = 1)$ | 2<br>6 | 8 |
| M ($n$ = 3) | $s(\ell = 0)$<br>$p(\ell = 1)$<br>$d(\ell = 2)$ | 2<br>6<br>10 | 18 |
| N ($n$ = 4) | $s(\ell = 0)$<br>$p(\ell = 1)$<br>$d(\ell = 2)$<br>$f(\ell = 3)$ | 2<br>6<br>10<br>14 | 32 |

력 있는 설명으로 1925년에 파울리에 의해서 답하여졌다.

> 원자 내에 있는 어떤 두 전자도 결코 같은 양자수의 조합 $n$, $\ell$, $m\ell$, 그리고 $m_s$를 가질 수 없다.

◀ 파울리 배타 원리

파울리 배타 원리는 복잡한 원자의 전자 구조를 서로 다른 양자수를 갖는 에너지 준위에 에너지가 높은 순서로 전자가 순차적으로 채워져 있는 것이라고 설명한다. 그리고 최외각 전자들이 그 원소의 화학적 성질을 결정하는 데에 주된 역할을 한다고 한다. 만일 이 원리가 타당하지 않다면, 모든 전자들이 원자가 가질 수 있는 가장 낮은 에너지 상태에 있게 될 것이며, 원소들의 화학적 성질이 아주 많이 다를 것이다. 자연은 우리가 아는 것처럼 존재하지 않는다. 그리고 우리는 자연의 경이로움에 감탄하기 위하여 존재하는 것이 아니다.

일반적인 규칙으로써 전자들이 원자의 버금 껍질을 채우는 순서는 다음과 같다. 하나의 버금 껍질이 채워졌을 때, 다음 전자는 에너지가 가장 낮은 빈 버금 껍질로 간다. 만일 원자가 가능한 가장 낮은 에너지 상태에 있지 않으면, 가장 작은 에너지 상태가 될 때까지 에너지를 방출한다. 버금 껍질은 $2(2\ell + 1)$개의 전자를 포함할 때까지 채워진다. 이 규칙은 다음에 기술할 양자수에 관한 분석에 따른 것이다. 규칙에 따라서 주각과 버금 껍질은 표 28.3에 주어진 패턴대로 전자를 가질 수 있다.

**TIP 28.3 배타 원리는 더 일반적이다.**
여기서 기술된 배타 원리는 일반적인 배타 원리의 제한된 형태이다. 일반적 배타 원리는 어떤 두 개의 페르미온(1/2, 3/2, …의 스핀을 갖는 입자)도 같은 양자상태에 있을 수 없다는 것이다.

배타 원리는 몇 개의 가벼운 원자들에서 나타나는 전자배열을 조사해 봄으로써 설명될 수 있다. 기저상태에 있는 **수소**는 단지 하나의 전자를 가지고 있고, 두 조합의 양자수 중 하나에 의해서 묘사될 수 있다. 즉 $1, 0, 0, \frac{1}{2}$ 혹은 $1, 0, 0, -\frac{1}{2}$이다. 이 원자의 전자 배열은 보통 $1s^1$으로 표기한다. $1s$라는 표기는 $n = 1$이고 $\ell = 0$을 의미하고, 위첨자 1은 전자가 이 준위에 하나 있음을 나타낸다.

중성 **헬륨**은 두 개의 전자를 가지고 있다. 기저상태에서 이 두 전자에 대한 양자수는 $1, 0, 0, \frac{1}{2}$과 $1, 0, 0, -\frac{1}{2}$이다. 이 준위에서 다른 어떤 양자수의 조합도 가능하지 않으며, 우리는 K 주각이 채워졌다고 말한다. 헬륨의 전자배열을 $1s^2$라고 표기한다.

중성 **리튬**은 세 개의 전자를 가지고 있다. 기저상태에서 그들 중 두 개는 $1s$ 버금 껍질에 있고 나머지 하나는 $2s$ 버금 껍질에 있다, 왜냐하면 $2s$ 버금 껍질이 $2p$ 버금 껍질보다 낮은 에너지를 가지고 있기 때문이다. 따라서 리튬의 전자배열은 $1s^22s^1$이다.

여러 원자들에 대한 기저상태 전자배열의 일람표가 표 28.4에 주어져 있다. 1871년

에 러시아의 화학자인 멘델레예프(Dmitri Mendeleev, 1834~1907)가 그 당시까지 알려진 원소들을 원자질량과 화학적 유사성에 따라서 하나의 표를 작성하였다. 멘델레예프가 처음 제시한 표는 많은 빈칸을 가지고 있었는데, 그는 대담하게도 그 빈칸에 들어갈 원소가 아직 발견되지 않았다고 주장하였다. 아직 발견되지 않은 원소들이 있어야 할 세로줄을 주의하여 봄으로써, 그는 아직 발견되지 않은 원소들의 화학적 성질들을 대충 예측할 수 있었다. 이 발표가 있은 후 20년 지나서 빈칸으로 남아 있었던 원소들은 정말로 발견되었다.

요즘 주기율표에 있는 원소들도 역시 세로줄에 있는 원소들이 비슷한 화학적 성질을 가지고 있도록 배열되어 있다. 예를 들면, 마지막 세로줄에 있는 원소들을 생각하여 보자: He(헬륨), Ne(네온), Ar(아르곤), Kr(크립톤), Xe(크세논), Rn(라돈). 이 원소들의 뚜렷한 특징은 그들이 보통 분자를 이루기 위하여 다른 원소들과 결합하는 화학 반응에는 관여하지 않으므로 불활성이라고 분류된다는 것이다. 그들은 또 **노블가스**(고귀한 기체)라고 불려진다. 우리는 표 28.4에 나와 있는 전자배열을 살펴봄으로써 그들의 성질을 부분적으로 이해할 수 있다. 헬륨원소는 $1s^2$의 전자배열을 갖는다. 다른 말로 하면, 이 주각은 채워져 있다. 이 채워진 주각에 있는 전자들은 가능한 다음 준위인 $2s$와 상당히 다른 에너지를 가지고 있다.

네온의 전자배열은 $1s^22s^22p^6$이다. 여기서도 최외각이 채워져 있으며 $2p$와 $3s$ 준위 사이에는 큰 에너지 차이가 있다. 아르곤은 $1s^22s^22p^63s^23p^6$의 전자배열을 갖는다. 여기서, $3p$ 버금 껍질이 채워져 있고 $3p$ 버금 껍질과 $3d$ 버금 껍질 사이에는 넓은 에너지 틈이 있다. 모든 비활성 기체에 걸쳐서 그 패턴은 동일하다. 즉 비활성 기체는 주각

표 28.4 몇몇 원소들의 전자배열

| Z | 기호 | 기저상태 배열 | 이온화 에너지 (eV) | Z | 기호 | 기저상태 배열 | 이온화 에너지 (eV) |
|---|---|---|---|---|---|---|---|
| 1 | H | $1s^1$ | 13.595 | 19 | K | [Ar] $4s^1$ | 4.339 |
| 2 | He | $1s^2$ | 24.581 | 20 | Ca | $4s^2$ | 6.111 |
| | | | | 21 | Sc | $3d4s^2$ | 6.54 |
| 3 | Li | [He] $2s^1$ | 5.390 | 22 | Ti | $3d^24s^2$ | 6.83 |
| 4 | Be | $2s^2$ | 9.320 | 23 | V | $3d^34s^2$ | 6.74 |
| 5 | B | $2s^22p^1$ | 8.296 | 24 | Cr | $3d^54s^1$ | 6.76 |
| 6 | C | $2s^22p^2$ | 11.256 | 25 | Mn | $3d^54s^2$ | 7.432 |
| 7 | N | $2s^22p^3$ | 14.545 | 26 | Fe | $3d^64s^2$ | 7.87 |
| 8 | O | $2s^22p^4$ | 13.614 | 27 | Co | $3d^74s^2$ | 7.86 |
| 9 | F | $2s^22p^5$ | 17.418 | 28 | Ni | $3d^84s^2$ | 7.633 |
| 10 | Ne | $2s^22p^6$ | 21.559 | 29 | Cu | $3d^{10}4s^1$ | 7.724 |
| | | | | 30 | Zn | $3d^{10}4s^2$ | 9.391 |
| 11 | Na | [Ne] $3s^1$ | 5.138 | 31 | Ga | $3d^{10}4s^24p^1$ | 6.00 |
| 12 | Mg | $3s^2$ | 7.644 | 32 | Ge | $3d^{10}4s^24p^2$ | 7.88 |
| 13 | Al | $3s^23p^1$ | 5.984 | 33 | As | $3d^{10}4s^24p^3$ | 9.81 |
| 14 | Si | $3s^23p^2$ | 8.149 | 34 | Se | $3d^{10}4s^24p^4$ | 9.75 |
| 15 | P | $3s^23p^3$ | 10.484 | 35 | Br | $3d^{10}4s^24p^5$ | 11.84 |
| 16 | S | $3s^23p^4$ | 10.357 | 36 | Kr | $3d^{10}4s^24p^6$ | 13.996 |
| 17 | Cl | $3s^23p^5$ | 13.01 | | | | |
| 18 | Ar | $3s^23p^6$ | 15.755 | | | | |

이나 버금 껍질이 채워졌을 때 형성되고, 다음 가능한 준위와는 큰 에너지 틈이 존재한다는 것이다.

주기율표의 처음 세로줄에 있는 원소들을 **알칼리 금속**이라고 부르며 화학적으로 아주 반응성이 강하다. 표 28.4를 참고하여 보면 우리는 이 원소들이 왜 다른 원소들과 그렇게 강하게 반응하는지를 이해할 수 있다. 이 알칼리 원소들은 모두 *s* 버금 껍질에 단 하나의 외각전자를 가지고 있다. 이 전자는 안쪽 주각에 있는 모든 전자들에 의해서 핵으로부터 차단되어 있다. 결과적으로, 이 전자는 원자에 느슨하게 속박되어 있어서, 이 전자를 강하게 속박하여 분자를 구성할 수 있는 다른 원자에 의해서 쉽게 받아들여진다.

주기율표의 일곱 번째 세로줄에 있는 원소들은 **할로젠**이라고 불리는데, 이것들 역시 화학적으로 반응성이 강하다. 이들 원소들은 모두 버금 껍질에서 한 개의 전자가 부족하여 분자를 구성하기 위하여 다른 원자들로부터 쉽게 전자를 받아들인다.

**Quick Quiz 28.3**

원자번호가 36인 크립톤은 $n$ = 3인 외각 다음에 몇 개의 전자들을 가지고 있는가? (a) 2, (b) 4, (c) 8, (d) 18.

## 28.6 고유 X선

X선은 금속 표적이 고에너지를 가지고 있는 전자에 의하여 충돌될 때 방출된다. X선 스펙트럼은 그림 28.14에 보이는 것처럼 전형적으로 넓은 연속적인 띠와 표적으로 사용된 금속의 종류에 따라서 다른 아주 날카로운 일련의 선들로 이루어져 있다. **고유 X선**이라고 불리는 이 불연속적인 선들은 1908년에 발견되었으나, 그들의 원인은 원자 구조의 상세한 사항이 알려질 때까지는 설명될 수 없었다.

고유 X선 발생의 처음 단계는 포격하는 전자가 원자로부터 전자를 떼어 낼 만큼의 충분한 에너지를 가지고 표적 원자의 내부 주각에 있는 전자와 충돌하는 것이다. 그렇게 생긴 내부 주각의 빈자리는 더 높은 에너지 준위에 있는 전자가 낮은 에너지 준위를 갖는 그 빈자리로 떨어짐으로써 채워진다. 이런 천이가 일어나는 데 걸리는 시간은 아주 작아서 $10^{-9}$ s보다도 적다. 이 천이에서 두 에너지 준위의 차이와 같은 에너지를 갖는 광자가 방출된다. 전형적으로, 이런 천이의 에너지는 1 000 eV보다 크고, 이때 방출되는 X선 광자는 0.01 nm 내지 1 nm 범위의 파장을 갖는다.

입사하는 전자가 가장 안쪽에 있는 주각인 K 주각으로부터 전자를 제거한다고 가정하자. 만일 빈자리가 바로 위의 L 주각에 있는 전자로부터 채워질 때, 이 과정에서 방출된 광자를 그림 28.14의 곡선에 보이는 $K_\alpha$선이라고 한다. 만일 빈자리가 M 주각으로부터 떨어지는 전자에 의해서 채워진다면, 이렇게 생긴 선을 $K_\beta$선이라고 부른다.

다른 고유 X선들도 전자가 상위 에너지 준위로부터 K 주각 이외의 하위 에너지 준위에 있는 빈자리로 떨어질 때 형성된다. 예를 들면, L선은 L 주각에 있는 빈자리가

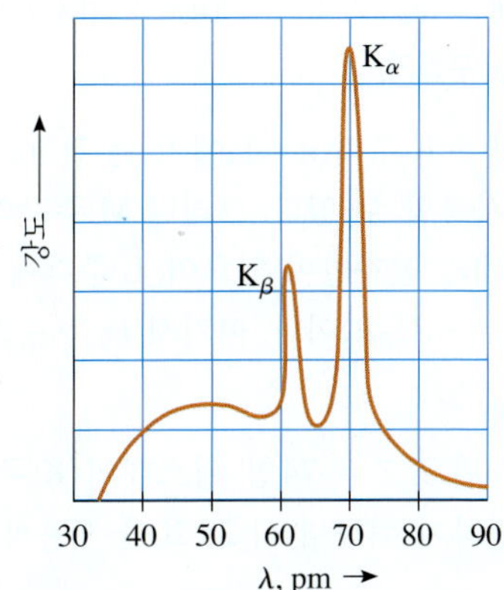


**그림 28.14** 금속 표적의 X선 스펙트럼은 넓은 연속적인 스펙트럼(제동 복사)과 고유 X선에 의한 많은 날카로운 선들로 이루어져 있다. 여기에 보이는 데이터는 35 keV의 전자가 몰리브덴 표적을 포격하였을 때 얻은 것이다. 1 pm = $10^{-12}$ m = 0.001 nm이다.

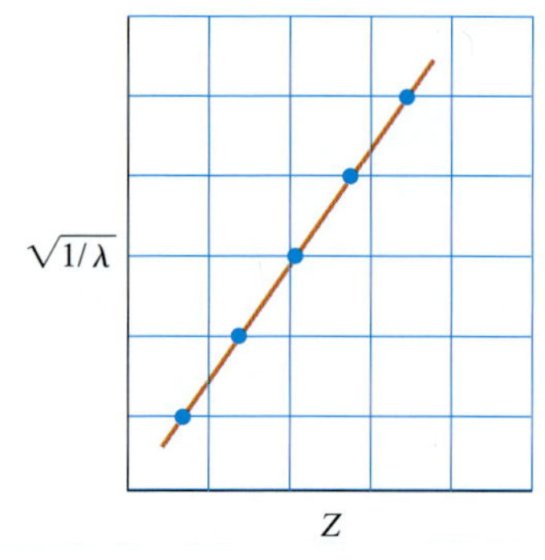


**그림 28.15** $Z$ 대 $\sqrt{1/\lambda}$의 모즐리 그래프. 여기서 $\lambda$는 원자번호가 $Z$인 원소의 $K_\alpha$ X선의 파장이다.

더 높은 주각에 있는 전자가 떨어져서 채워질 때 생성된다. $L_\alpha$선은 M 주각에서 L 주각으로 전자가 떨어질 때 생성되며, 그리고 $L_\beta$선은 N 주각에서 L 주각으로 전자가 천이할 때 만들어진다.

우리는 방출된 X선의 에너지를 다음과 같이 추정할 수 있다. 원자번호가 $Z$인 한 원자의 K 주각에 두 개의 전자가 있다고 하자. 각 전자는 핵의 전하량이 $Ze$를 부분적으로 차단한다. 그래서 각각의 전자는 유효 핵 전하량 $Z_{\text{eff}} = (Z-1)e$를 느끼게 된다. 우리는 이제 $n = 1$인 K 주각에 있는 한 전자의 에너지를 산출하기 위하여 수정된 식 28.18을 사용할 수 있다. 그 수정된 식은 다음과 같다.

$$E_K = -m_e Z_{\text{eff}}^2 \frac{k_e^{\,2} e^4}{2\hbar^2} = -Z_{\text{eff}}^2 E_0$$

여기서 $E_0$는 기저상태의 에너지이다. $Z_{\text{eff}} = Z-1$을 대입함으로써 다음 식을 얻는다.

$$E_K = -(Z - 1)^2(13.6 \text{ eV}) \qquad [28.20]$$

예제 28.4에서 보게 될 것처럼, 우리는 L 혹은 M 주각에 있는 전자의 에너지를 비슷한 방식으로 예측할 수 있다. 이 두 준위 사이의 에너지 차이를 얻음으로써, 우리는 이때 방출되는 광자의 에너지와 파장을 구할 수가 있다.

1914년에 모즐리(Henry G. J. Moseley)는 $Z$ 대 $\sqrt{1/\lambda}$의 그래프를 작성하였다. 여기서 $\lambda$는 각 원소에 대한 $K_\alpha$선의 파장이고, $Z$는 각 원소의 원자번호이다. 그는 그림 28.15에서 보는 바와 같이, 그래프가 직선이 됨을 발견하였다. 그런데 이것은 우리가 식 28.20을 사용하여 대강 계산한 결과와 일치한다. 작성한 그래프로부터 모즐리는 다른 원소들의 원자번호도 결정할 수 있었고, 알려진 원소들의 화학적 성질과 아주 잘 일치하는 주기율표를 제공할 수 있었다.

## 예제 28.4 고유 X선

**목표** 고유 X선의 에너지와 파장을 계산한다.

**문제** 전자가 M 주각($n = 3$ 상태)에서 K 주각($n = 1$ 상태)에 있는 빈자리로 떨어질 때 텅스텐 표적으로부터 방출되는 특성 X선의 에너지와 파장을 구하라.

**전략** K 주각($n = 1$)에 있는 전자의 에너지와 M 주각($n = 3$)에 있는 전자의 에너지를 계산하라. K 주각의 계산에서, 우리는 식 28.20을 사용할 수 있다. 그러나 M 주각의 계산에서는, 우리는 새로운 방정식을 필요로 한다. K 주각에 한 개의 전자가 제거되어 없으므로 한 개의 전자만이 있으며, L 주각에 8개의 전자가 있으므로 총 9개의 전자가 핵의 전하량을 차단하고 있다. 따라서 $Z_{\text{eff}} = 74 - 9$이고 $E_M = -Z_{\text{eff}}^2 E_3$이다. 여기서 $E_3$는 수소의 $n = 3$ 준위의 에너지이다. $E_M - E_K$가 광자의 에너지이다.

**풀이**

원자번호 $Z = 74$인 텅스텐의 K 주각에 있는 전자의 에너지를 산정하기 위하여 식 28.20을 사용하라.

$$E_K = -(74 - 1)^2(13.6 \text{ eV}) = -72\,500 \text{ eV}$$

같은 방식으로 M 주각에 있는 전자의 에너지를 산정하라.

$$E_M = -Z_{\text{eff}}^2 E_3 = -(Z - 9)^2 \frac{E_0}{3^2} = -(74 - 9)^2 \frac{(13.6 \text{ eV})}{9}$$
$$= -6\,380 \text{ eV}$$

M 주각과 K 주각 사이의 에너지 차이를 계산하라.

$$E_M - E_K = -6\,380 \text{ eV} - (-72\,500 \text{ eV}) = 66\,100 \text{ eV}$$

방출된 X-선의 파장을 구하라.

$$\Delta E = hf = h\frac{c}{\lambda} \longrightarrow \lambda = \frac{hc}{\Delta E}$$

$$\lambda = \frac{(6.63 \times 10^{-34}\ \text{J}\cdot\text{s})(3.00 \times 10^{8}\ \text{m/s})}{(6.61 \times 10^{4}\ \text{eV})(1.60 \times 10^{-19}\ \text{J/eV})}$$

$$= 1.88 \times 10^{-11}\ \text{m} = \boxed{0.018\ 8\ \text{nm}}$$

**연습문제 28.4**

L 주각으로부터 K 주각으로 천이하는 $2p$ 전자에 대하여 위 문제를 반복하여 보아라. (기술적인 이유로, L 주각의 전자는 $\ell = 1$을 가져야만 한다. 따라서 하나의 $1s$ 전자와 두 개의 $2s$ 전자들이 핵을 차단하고 있다.)

**답** (a) $5.54 \times 10^4$ eV (b) 0.022 4 nm

## 28.7 원자의 천이와 레이저

우리는 원자가 여러 허용된 상태들 사이의 에너지 차에 대응하는 특정 진동수만을 갖는 복사선을 방출한다는 것을 알았다. 그림 28.16에서처럼 많은 허용된 에너지 상태 $E_1, E_2, E_3, \cdots$를 가지고 있는 한 원자를 생각하자. 빛이 원자에 입사할 때, 두 준위 사이의 에너지 간격 $\Delta E$와 같은 에너지 $hf$를 갖는 광자만이 그 원자에 흡수된다. 이 **유도 흡수 과정**을 나타내는 개념도가 활용그림 28.17에 그려져 있다. 보통 온도에서, 시료 내에 있는 대부분의 원자들은 기저상태에 있다. 만일 많은 원자들로 이루어진 어떤 기체를 담고 있는 용기에 가능한 모든 진동수들을 포함하는 빛(즉, 연속적인 스펙트럼)을 조사하면, 단지 $E_2 - E_1, E_3 - E_1, E_4 - E_1$ 등의 에너지를 갖는 광자들만이 흡수될 수 있다. 이 흡수의 결과로, 어떤 원자들은 **여기상태**(excited state)라고 하는 허용된 높은 에너지 준위에 이르게 된다.

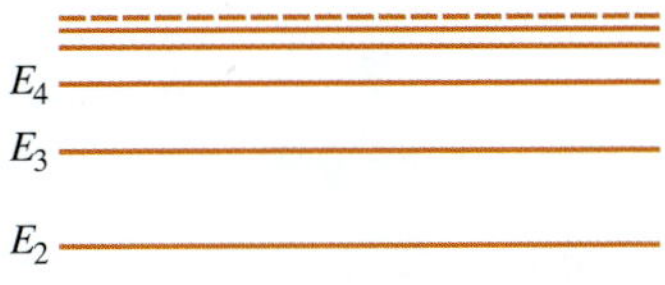


**그림 28.16** 다양한 허용된 상태를 갖는 한 원자의 에너지 준위 도형. 가장 낮은 에너지 상태인 $E_1$은 기저상태이다. 다른 모든 것들은 여기상태이다.

원자가 여기상태에 있게 되면 그림 28.18에서 보는 바와 같이, 그 원자는 광자를 방출하고 다시 낮은 에너지 준위로 떨어질 일정한 확률이 있다. 이 과정을 **자발적 방출**(spontaneous emission)이라고 한다. 보통 원자는 $10^{-8}$ s 동안 여기상태에 머무른다.

레이저에 있어서 중요한 세 번째 과정인 **유도 방출**(stimulated emission)이 1917년 아인슈타인에 의해서 예견되었다. 그림 28.19에서와 같이, 한 원자가 $E_2$의 여기상태에 있고, 에너지가 $hf = E_2 - E_1$인 광자가 거기에 입사한다고 가정하자. 입사하는 광자는 여기상태에 있는 원자가 기저상태로 돌아가면서 같은 에너지 $hf$를 갖는 2차 광

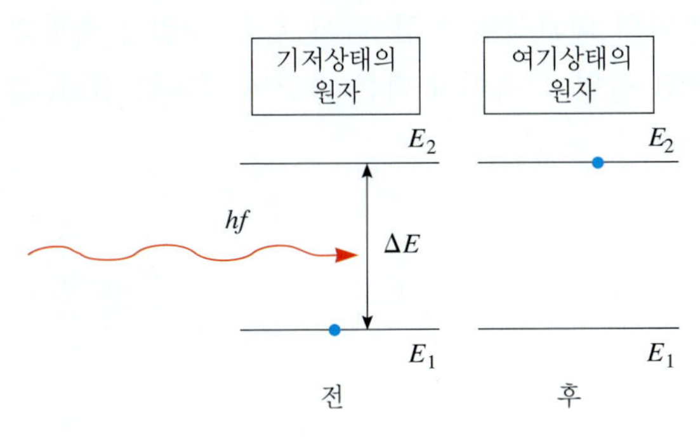


**활용그림 28.17**
원자에 의한 광자의 유도 흡수 과정을 나타내는 도형. 파란색 점은 전자를 나타낸다. 전자는 원자가 $hf = E_2 - E_1$의 에너지를 갖는 광자를 흡수할 때 기저상태로부터 여기상태로 옮아간다.

**PhysicsNow™**
**http://physics.brookscole.com/ecp**에서 PhysicsNow를 로그인하고 활용그림 28.17로 가서 유도 흡수를 관찰해 보자.

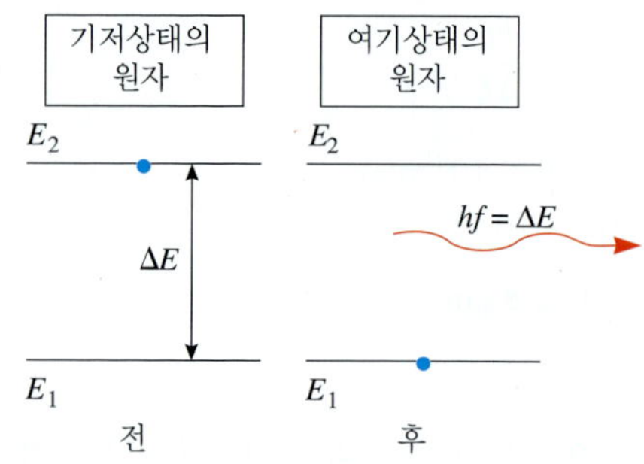


**그림 28.18** 처음에 여기상태 $E_2$에 있었던 원자에 의한 광자의 자발적 방출 과정을 나타내는 도형. 전자가 기저상태로 떨어질 때, 원자는 에너지가 $hf = E_2 - E_1$인 광자를 방출한다.

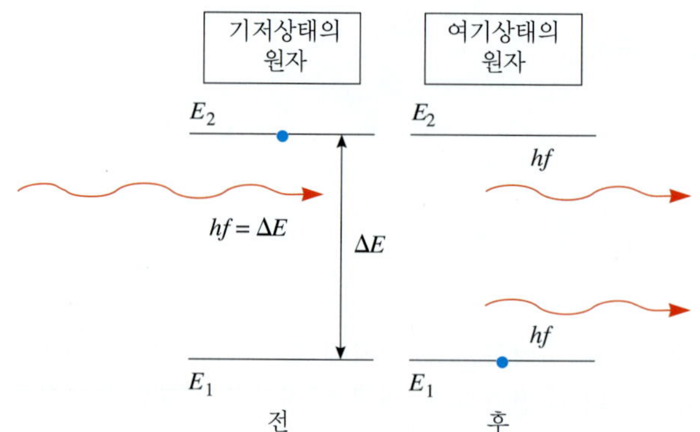


**그림 28.19** 에너지 $hf$를 갖는 입사 광자에 의한 광자의 유도 방출 과정을 나타내는 도형. 처음에 원자는 여기상태에 있다. 입사 광자가 원자를 유도하여 에너지가 $hf = E_2 - E_1$인 두 번째 광자를 방출하도록 한다.

자를 방출할 확률을 증가시킨다. 유도 방출의 결과로써 동일한 두 개의 광자, 즉 입사광자와 방출광자가 방출됨을 주목하자. **방출광자는 입사광자와 똑같은 위상을 가지고 있다.** 이들 광자들은 다시 다른 원자들을 자극하여 같은 과정을 반복함으로써 또 다른 광자들을 방출할 수 있다.

레이저(*l*ight *a*mplification by *s*timulated *e*mission of *r*adiation)에서 나오는 강한 간섭성(위상이 같은) 빛은 유도 방출의 결과이다. 레이저에서 전자가 기저상태보다 여기상태에 더 많게 하는 데 전압이 사용될 수 있다. 이 과정을 상태 **밀도 반전**(population inversion)이라고 한다. 레이저가 나오는 계의 여기상태는 준안정 상태이어야 한다. 즉 그 여기상태의 수명이 상대적으로 길어야 한다. 그럴 때 유도 방출이 자발적 방출이 일어나기 전에 일어나게 된다. 결국, 이렇게 만들어진 광자들은 더 많은 광자들의 생성을 유도하기 위하여 그 계에 얼마동안 그대로 남아 있어야 한다. 이 단계는 거울들을 가지고 행해지는데, 그들 중 하나는 반투명하다.

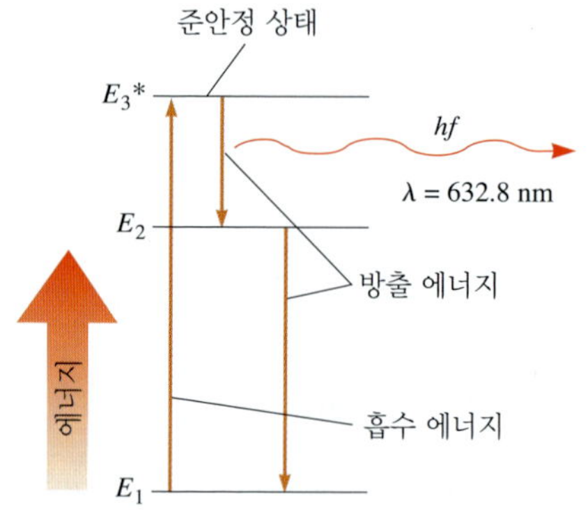


**그림 28.20** 헬륨–네온 레이저의 네온원자에 대한 에너지 준위 도형. 원자는 $E_3{}^* \rightarrow E_2$ 천이에서 유도 방출로 파장 632.8 nm의 광자를 방출한다. 이 천이가 바로 레이저에서 나오는 빛이 간섭성인 이유이다.

그림 28.20은 헬륨–네온 기체 레이저의 네온원자에 대한 에너지 준위 도형이다. 헬륨과 네온의 혼합 기체가 양 끝에 거울을 가지고 있는 유리관 속에 갇혀 있다. 그 유리관에 걸린 고전압이 전자들을 유리관 속을 통하여 움직이도록 한다. 그 결과 전자들은 기체의 원자들과 충돌하고 그들을 여기상태로 올려놓는다. 이 과정을 통하여 그리고 또 여기된 헬륨원자들과의 충돌의 결과로 네온원자들은 $E_3{}^*$ 에너지 준위로 여기된다. 네온원자가 $E_2$ 상태로 천이할 때 방출된 광자가 인접한 여기된 원자들을 유도하여 광자를 방출하도록 한다. 이 결과 파장 632.8 nm의 간섭성 빛이 만들어지게 된다. 그림 28.21은 레이저 빔이 만들어지는 단계들을 요약한 것이다.

## APPLICATION

레이저 기술

요즘에는 스펙트럼의 적외선, 가시광선, 그리고 자외선 영역에 걸친 파장을 갖는 레이저가 있다. 응용 분야로는 분리된 망막의 외과적인 용접, 라식 수술, 정밀한 측량과 길이 측정, 핵융합 반응을 야기할 잠재적 광원, 금속이나 다른 물질의 정교한 절단, 그리고 광섬유를 통한 전화 통신 등이 있다.

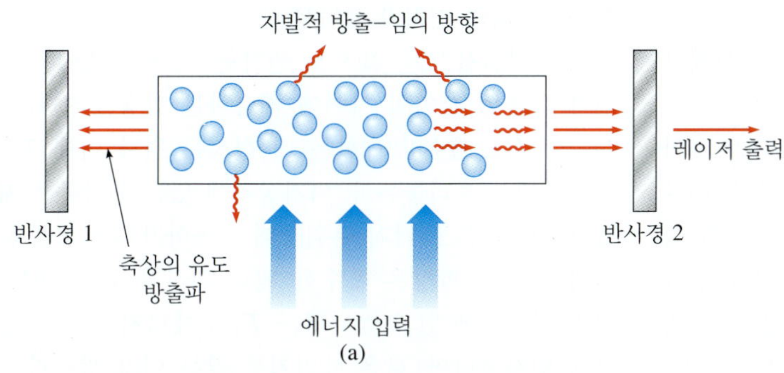


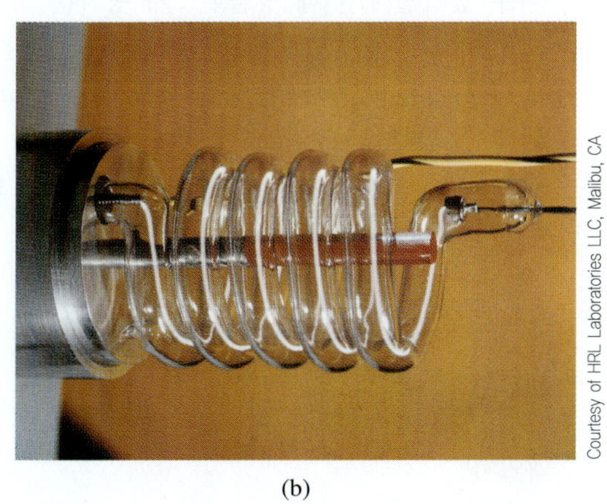


**그림 28.21** (a) 레이저 빔의 발생 단계. 유리관은 원자들을 담고 있는데, 이들이 작동 매질이다. 외부 에너지원(광학적, 전기적 등)이 이들 원자들을 여기상태로 "펌프질"한다. 평행한 양끝의 거울들이 유도 방출에 의한 빛의 피드백을 제공한다. (b) 처음 루비 레이저의 사진. 루비 봉을 둘러싸고 있는 섬광 램프가 보인다.

로봇 팔에 장착된 실험용 레이저 절단 장치의 성능을 점검하고 있는 과학자. 레이저가 금속 판을 뚫는 데 사용되고 있다.

## 요약

**Physics Now™** **http://physics.brookscole.com/ecp**에서 PhysicsNow를 로그인하고 이 장에 대한 Pre-Test link를 클릭하여 연습문제 시험을 보라.

### 28.3 보어 모델

**보어의 원자 모델**은 수소원자나 수소원자 같은 이온들의 스펙트럼을 성공적으로 기술한다. 그 모델의 기본 가정 중의 하나는 전자의 각운동량 $mvr$이 $\hbar$의 정수배가 되는 궤도에만 전자가 존재할 수 있다는 것이다, 여기서 $\hbar$는 플랑크 상수를 $2\pi$로 나눈 것이다. 원형궤도와 전자와 양성자 사이의 쿨롱 인력을 가정함으로써 수소에 대한 양자상태의 에너지를 기술하는 다음 식을 얻는다.

$$E_n = -\frac{m_e k_e^2 e^4}{2\hbar^2}\left(\frac{1}{n^2}\right) \qquad n = 1, 2, 3, \cdots \qquad [28.13]$$

여기서 $k_e$는 쿨롱 상수이고, $e$는 전자의 전하이며, 그리고 $n$은 **양자수**라고 부르는 정수이다.

만일 수소원자에 있는 전자가 양자수 $n_i$를 가지는 궤도에서 양자수 $n_f$를 갖는 궤도로 천이하면, 그 전자는 다음 식으로 주어지는 진동수 $f$를 갖는 광자를 방출한다.

$$f = \frac{E_i - E_f}{\hbar} = \frac{m_e k_e^2 e^4}{4\pi\hbar^3}\left(\frac{1}{n_f^2} - \frac{1}{n_i^2}\right) \qquad [28.15]$$

보어의 **대응원리**는 어떤 계의 양자수가 아주 클 때 양자역학과 고전역학이 같아진다는 것이다.

보어 이론은 단독으로 이온화된 헬륨 혹은 이중으로 이온화된 리튬과 같이 수소 같은 원자들의 경우로도 일반화될 수 있다. 즉, $e^2$을 $Ze^2$으로 바꾸면 된다.

### 28.4 양자역학과 수소원자

양자역학의 많은 성공 중의 하나는 원자 구조와 관련된 양자수 $n$, $\ell$, 그리고 $m_\ell$이 양자역학의 수학적 표현에서 직접 유도되어 나온다는 것이다. 양자수 $n$은 **주양자수**라고 하며, $\ell$은 **궤도 양자수**, 그리고 $m_\ell$은 **궤도 자기 양자수**라고 한다. 이들 양자수들은 어떤 일정한 값만을 가질 수 있다: $1 \leq n < \infty$ , $0 \leq \ell \leq n-1$, 그리고 $-\ell \leq m_\ell \leq \ell$의 정수 값만을 가질 수 있다. 덧붙여서 **스핀 자기 양자수**라고 부르는 네 번째의 양자수 $m_s$는 $m_s = \pm\frac{1}{2}$을 가지며, 원자 스펙트럼의 미세한 이중선들을 설명하기 위해서 필요하다.

### 28.5 배타 원리와 원소 주기율표

원소 주기율표는 파울리가 배타 원리를 고안해냈을 때 이해가 가능하게 되었다. **배타 원리**는 같은 원자 내에 있는 두 전자들이 같은 조합의 양자수($n$, $\ell$, $m_\ell$, 그리고 $m_s$)를 가질 수 없다는 것이다. 이들 양자수의 조합을 각기 하나의 양자상태라고 한다. 배타 원리는 원자에 있는 서로 다른 에너지 준위가 어떻게 채워질 것인지를 설명한다. 한 버금 껍질(subshell)이 채워지면, 다음 전자는 빈 버금 껍질 중에서 가장 에너지가 낮은 그 다음 빈 버금 껍질로 간다. 최외각에 비슷한 전자배열을 갖는 원자들은 비슷한 화학적 성질을 갖으며 원소 주기율표상의 같은 족에 위치한다.

### 28.6 고유 X선

**고유 X선**은 입사하는 전자가 충분한 에너지를 가지고 안쪽에 있는 껍질의 전자와 충돌하여 안쪽 껍질에 빈자리를 만들 때 만들어진다. 그때 만들어진 빈자리는 보다 높은 준위에 있는 전자가 떨어지면서 채워지고 이 과정에서 X선 영역의 광자가 방출된다.

### 28.7 원자의 천이와 레이저

모든 파장들을 갖는 빛으로 원자를 조사하였을 때, 그 원자는 두 에너지 준위 사이의 차이에 해당하는 파장을 가지는 빛만을 흡수한다. **유도 흡수**라고 하는 이 현상은 원자 내에 있는 전자들을 여기상태로 올려놓는다. 여기상태에 있는 원자들은 **자발적 방출**을 함으로써 낮은 에너지 준위상태로 돌아가려는 확률을 갖는다. 방출되는 빛의 파장은 흡수한 빛의 파장과 같다. 만일 한 원자가 여기상태 $E_2$에 있고 $hf = E_2 - E_1$의 에너지를 갖는 광자가 그 원자에 입사한다면, 같은 에너지를 갖는 이차 광자가 방출될 확률이 아주 높아진다. 이때 방출된 2차 광자는 입사 광자와 위상이 똑같다. 이 과정을 **유도 방출**이라고 한다. 방출된 2차 광자와 원래의 입사 광자는 더 많은 방출을 유도할 수 있고, 따라서 증폭 효과를 낼 수 있다.

**레이저**는 원자계에서 일어나는 복사의 **유도 방출** 원리에 의한 단색광의 간섭성 빛이다.

## 개념 파악을 위한 질문

**1.** 수소원자에서 양자수 $n$은 제한 없이 증가할 수 있다. 그러면 이 사실 때문에, 수소 스펙트럼선의 진동수 역시 제한 없이 증가할 수 있겠는가?

**3.** X선 관에서 금속 표적에 충돌하는 전자의 에너지가 증가한다고 해도 고유 X선의 파장이 변하지 않는다. 왜일까?

**5.** X선 관으로부터 나오는 스펙트럼에서 고유 X선이 없이 연속 스펙트럼만 있을 수 있을까?

**7.** 홀로그램이 만들어질 때 광원, 물체, 빔 분리기 등으로 이루어지는 계가 파장의 1/4 거리 이내에서 움직임이 없어야 한다. 왜일까?

**9.** 배타 원리에 의한 결과들에 대하여 논하여 보라.

**11.** 왜 리튬, 칼륨, 그리고 나트륨이 비슷한 화학적 성질을 보이는가?

**13.** 스핀 업 그리고 스핀 다운인 두 개의 전자들이 헬륨원자의 $1s$ 각을 채운다는 것을 쉽게 이해할 수 있다. 그러면, 8개의 전자를 더 가지고 있는 네온이 $2s$, $2p$ 각을 채워서 $1s^22s^22p^6$ 각을 완성하는 것이 어떻게 해서 가능할까?

**15.** 왜 레이저의 작동에 유도 방출이 그렇게 중요한가?

## 문제

**1**, **2**, **3** = 기본문제, 발전문제, 심화문제

☐ = 학생 문제풀이 매뉴얼/학습 가이드 속에 전체 문제풀이가 있다.

**Physics Now™** **http://physics.brookscole.com/ecp**에서 힌트를 받을 수 있는 문제

= 생물의학 문제

### 28.1 초기의 원자 모델

### 28.2 원자 스펙트럼

**1.** 식 28.1을 사용하여 수소의 발머 계열에서 처음 세 선의 파장을 계산하라.

**3.** 러더퍼드 모형에서 원자의 '크기'는 약 $1.0 \times 10^{-10}$ m이다. (a) 이 거리만큼 떨어져 있는 전자와 양성자 사이에 작용하는 정전 인력은 얼마인가? (b) 이 원자의 정전 위치 에너지는 eV로 얼마인가?

**5.** Physics Now™ 러더퍼드 모형에서 원자의 '크기'는 약 $1.0 \times 10^{-10}$ m이다. (a) 이 거리만큼 떨어져 있는 전자와 양성자 사이에 작용하는 정전 인력을 사용하여 양성자에 관하여 움직이는 전자의 속력을 결정하라. (b) 이 속력이 원자를 고찰하는 데에 아인슈타인의 상대성 원리를 고려하여야 함을 시사하는가? (c) 전자가 양성자 주위를 움직일 때에 갖는 드브로이 파장을 계산하라. (d) 이 파장이 원자를 고찰하는 데에 회절이나 간섭과 같은 파동의 효과가 고려되어야 함을 제시하는가?

### 28.3 보어 모델

**7.** 수소원자가 첫 번째 여기상태에 있다($n$ = 2). 보어의 원자에 대한 이론을 사용하여 다음을 계산하라. (a) 궤도 반경, (b) 전

자의 선운동량, (c) 전자의 각운동량, (d) 운동 에너지, (e) 위치 에너지, (f) 총 에너지.

**9.** 수소의 $n$번째 보어 궤도에 있는 전자의 속력이 아래와 같이 주어짐을 보여라.

$$v_n = \frac{k_e e^2}{n\hbar}$$

**11.** 수소원자가 파장 656 nm의 광자를 방출한다. 어떤 에너지 궤도에서 더 낮은 어떤 에너지 궤도로 전자가 뛰겠는가?

**13.** 수소원자에 의해 흡수된 광자가 (a) $n = 3$ 상태에서 $n = 5$ 상태로 전자 천이를 야기시킬 수 있는 광자의 에너지는 얼마인가? (b) $n = 5$ 상태에서 $n = 7$ 상태로 전자 천이를 야기시킬 수 있는 광자의 에너지는 얼마인가?

**15.** 수소에 대한 다음의 경우에서 가장 긴 파장과 가장 짧은 파장을 결정하라. (a) 라이만 계열($n_f = 1$) (b) 파센 계열($n_f = 3$)

**17.** (a) 수소원자에서 만일 전자가 $n = 4$ 보어 궤도에서 $n = 2$ 궤도로 천이를 한다면, 이 과정에서 방출되는 광자의 파장은 얼마인가? (b) 원자가 처음에 정지하여 있다고 가정하고, 이 광자가 방출될 때 수소원자의 반동(recoil) 속력을 결정하라.

**19.** 처음에 기저상태에 있는 두 수소원자가 정면으로 충돌한다. 만일 이들 두 원자가 정면으로 충돌한 후에 $n = 2$ 상태로 여기되었다면, 충돌 전에 각 원자가 가질 수 있는 최소 속력은 얼마인가?

**21.** (a) 리튬 2차 이온의 기저상태에 있는 전자의 에너지를 구하라. 리튬의 원자 번호 $Z = 3$이다. (b) 이 기저상태의 궤도 반경을 구하라.

**23.** 유사-수소원자(hydrogen-like)의 반경은 다음 식으로 주어진다.

$$r = \frac{n^2\hbar^2}{Zm_e k_e e^2}$$

다음 각 경우의 첫 번째 보어 궤도 반경은 얼마인가? (a) $He^+$, (b) $Li^{2+}$, (c) $Be^{3+}$.

**25.** 수소원자의 $n = 4$인 세 번째 여기상태 궤도에 있는 전자의 파장을 결정하라.

### 28.4 양자역학과 수소원자

**27.** $3p$ 버금 껍질에 있는 전자들에 대한 가능한 양자수 조합을 열거하라.

**29.** $\rho$-메손은 $-e$의 전하량, 1의 스핀 양자수, 그리고 전자 질량의 1 507배인 질량을 갖는다. 만일 원자에 있는 전자들이 $\rho$-메손으로 교체된다고 가정하고, $3d$ 버금 껍질에 들어가는 $\rho$-메손들의 가능한 양자수의 조합들을 열거하여 보라.

### 28.5 배타 원리와 원소주기율표

**31.** 같은 원자에 있는 두 전자가 $n = 3$ 그리고 $\ell = 1$을 가지고 있다. (a) 이 원자의 가능한 상태에 대한 양자수를 열거하라. (b) 만일 배타 원리가 이 원자에 적용되지 않는다면 얼마나 많은 상태가 가능하겠는가?

**33.** Physics Now™ 지르코늄(Z = 40)은 완전히 채워지지 않은 $d$ 버금 껍질에 두 개의 전자를 가지고 있다. (a) 각 전자에 대한 $n$값과 $\ell$값은 얼마인가? (b) $m_\ell$ 그리고 $m_s$의 모든 가능한 값들은 무엇인가? (c) 지르코늄의 기저상태에 있는 전자배열은 무엇인가?

### 28.6 고유 X선

**35.** 전자가 L 주각($n = 2$)에서 K 주각($n = 1$)으로 천이할 때 $K_\alpha$ X선이 방출된다. 예제 28.4에 설명된 방법을 사용하여 Z = 28인 니켈 표적으로부터 나오는 $K_\alpha$ X선의 파장을 계산하라.

**37.** 불연속적인 텅스텐 스펙트럼의 K 계열은 파장이 0.018 5 nm, 0.020 9 nm, 그리고 0.021 5 nm인 선들을 포함한다. K 주각의 이온화 에너지는 69.5 keV이다. L, M, 그리고 N 주각의 이온화 에너지를 구하라. 이와 같은 파장들을 내는 천이를 개략적으로 설명하여 보라.

### 추가문제

**39.** (a) 수소에 있는 전자가 $n = 1$ 상태에서 $n = 2$ 상태로 이동하도록 하기 위해서는 얼마나 많은 에너지가 필요한가? (b) 전자들이 고온의 기체 상태로 있는 수소원자들 사이의 충돌에 의해서 이 에너지를 얻는다면, 이 고온 수소 기체의 최소 온도는 얼마이겠는가? 가열된 원자의 열에너지는 $3k_BT/2$로 주어지는데, 여기서 $k_B$는 볼츠만 상수이다.

**41.** 전자가 하나인 새로운(?) 원자의 라이만 계열이 먼 은하에서 관측된다. 라이만 계열의 처음 네 개 선의 파장과 가장 짧은 파장이 그림 P28.41의 에너지 준위 그림에 표시되어 있다. 이 정보를 바탕으로 하여, (a) 전자가 하나인 이 원자의 기저상태

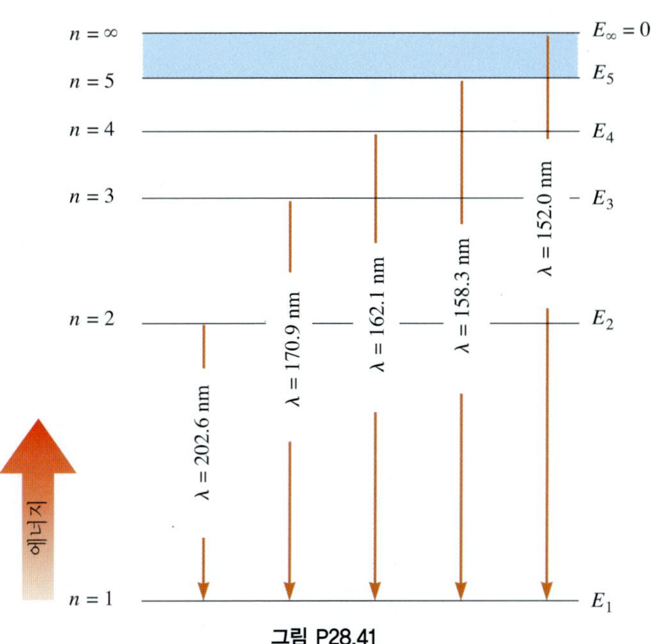

그림 P28.41

와 처음 네 개의 여기상태의 에너지를 계산하라. (b) 이 원자의 발머 계열에서 가장 긴 파장과 가장 짧은 파장을 구하라.

43. 눈 수술에 사용되는 레이저는 망막 위 직경이 30.0 μm인 곳에 초점을 맞추어서 1.00 ns에 3.00 mJ의 펄스를 방출한다. (a) 망막에 조사되는 단위 면적당 일률(이 양을 'irradiance'라고 한다)을 SI 단위로 구하라. (b) 분자 크기의 면적(즉, 직경이 0.600 nm인 원)에 펄스당 얼마만큼의 에너지가 전달되는가?

45. 보어의 수소원자 모델을 사용하여 원자가 상태 $n$으로부터 상태 $n-1$로 천이할 때, 방출하는 빛의 진동수가 다음과 같이 주어짐을 보여라.

$$f = \frac{2\pi^2 m k_e{}^2 e^4}{h^3}\left(\frac{2n-1}{(n-1)^2 n^2}\right)$$

# 부록 A
# 수학 요약

## A.1 수학 기호

본 교재에서 사용한 여러 수학 기호의 의미와 용례

### 등호 : =

부호 =은 두 양이 수학적으로 같음을 나타낸다. 또한 물리학에서는 물리적 개념이 다른 것들의 관계를 정하는 것이다. 예를 들어 식 $E = mc^2$는 kg 단위로 측정한 질량 $m$과 J 단위로 측정한 에너지 $E$가 등가임을 나타내는 것이다. 빛의 속력을 제곱한 $c^2$는 비례상수로 생각할 수 있으며, 역사적인 배경 때문에 주어진 물리량의 단위가 인위적이므로 필요한 것이다.

### 비례 : ∝

기호 ∝는 비례를 나타낸다. 이 기호는 수학적 등가보다는 관계에 초점을 둘 때 사용한다. 예를 들면 $E \propto m$으로 쓸 수 있을 때, 이 의미는 "물체의 에너지 $E$는 그 물체의 질량 $m$에 비례한다"는 말인 것이다. $KE = \frac{1}{2}mv^2$으로 정의되는 움직이는 물체의 운동 에너지에서도 예를 볼 수 있다. 여기서 $m$은 물체의 질량이고 $v$는 물체의 속력이다. 이 식에서 $m$과 $v$는 모두 변수이다. 따라서 운동 에너지 $KE$는 질량 $m$에 비례하며, 즉 $KE \propto m$이며, 동시에 $KE$는 속력의 제곱에 비례한다. 즉, $KE \propto v^2$이다. 여기서 사용하는 또 다른 용어는 "직접 비례"이다. 물체의 밀도 $\rho$는 질량과 부피 사이에 $\rho = m/V$과 같은 관계가 있다. 따라서 밀도는 질량에 직접 비례하고 부피에 역비례한다고 말한다.

### 부등식

기호 <는 "보다 작다"의 의미이며, >은 "보다 크다"의 의미이다. 예를 들어 $\rho_{Fe} > \rho_{Al}$은 철의 밀도 $\rho_{Fe}$가 알루미늄의 밀도 $\rho_{Al}$보다 크다는 뜻이다. 기호 아래에 선이 있으면 같을 가능성이 있다는 의미이다. ≤는 "작거나 같다"는 의미이고, ≥는 "크거나 같다"는 의미이다. 예를 들어 모든 물체의 속력 $v$는 빛의 속력 $c$보다 작거나 같다. 즉 $v \le c$이다.

가끔 어떤 양이 다른 양보다 차이가 많이 나는 경우가 있다. 단순한 부등호로 큰 차이를 나타내기 쉽지 않으므로, 기호 ≪로 "훨씬 작다" 그리고 ≫로 "훨씬 크다"의 의미를 나타낸다. 태양의 질량 $M_{Sun}$은 지구의 질량 $M_E$보다 훨씬 크다. 즉, $M_{Sun} \gg M_E$이다. 전자의 질량 $m_e$는 양성자의 질량 $m_p$보다 훨씬 작다. 즉, $m_e \ll m_p$이다.

## 근사적으로 같음 : ≈

기호 ≈은 두 양이 근사적으로 같음을 나타낸다. 양성자의 질량 $m_p$는 근사적으로 중성자의 질량 $m_n$과 같다. 이 관계를 다음과 같이 쓴다. $m_p \approx m_n$.

## 등치(등가, 정의함) : ≡

기호 ≡는 "다음과 같이 정의한다"는 의미로 등호 =와는 다른 말이다. 등치 기호 ≡는 보통 왼쪽의 단일 양이 오른쪽의 다른 양으로 표현될 수 있음을 나타낸다. 물체의 고전적 운동량 $p$는 질량 $m$과 속도 $v$의 곱으로 정의되었다. 따라서 $p \equiv mv$이다. 이 등치는 정의에 의한 것이므로 $p$가 어떤 다른 것과 같을 가능성은 전혀 없다. 이와는 대조적으로 등가속도운동을 하는 물체의 속도를 나타내는 식은 $v = at + v_0$이다. 이 식은 결코 등치로 나타낼 수 없는데, 이 식에 의해 $v$가 정의된 것이 아니라 등가속도일 때 성립하는 등식일 뿐이기 때문이다. 그러나 고전적 운동량 식은 정의에 의하여 항상 참이다. 따라서 운동량 개념을 도입하면서 $p \equiv mv$로 쓰는 것이 적당하다. 용어를 정의한 후 일반적으로 등식을 사용한다.

## 차이 : Δ

그리스 문자 Δ는 보통 두 다른 시각에 측정한 물리량의 차이를 나타낼 때 사용하는 기호이다. 가장 좋은 예는 $x$축상의 변위를 $\Delta x$(델타 $x$로 읽음)로 나타낸 것이다. $\Delta x$는 "Δ와 $x$의 곱"이 아님에 유의하라. 어떤 사람이 아침에 산책을 나와 집의 문 밖 10 m에서부터 거리를 측정하기 시작하였다고 하자. 그 사람이 직선으로 걸어 문 앞 50 m 지점에서 산책을 멈추었다면 그 사람이 걷는 동안 일어난 변위는 $\Delta x = 50\,\text{m} - 10\,\text{m} = 40\,\text{m}$가 된다. 문자로 이러한 변위를 다음과 같이 나타낸다.

$$\Delta x = x_f - x_i$$

이 식에서 $x_f$는 나중 위치이고, $x_i$는 처음 위치이다. 운동량의 차이 $\Delta p = p_f - p_i$, 운동에너지의 차이 $\Delta K = K_f - K_i$, 온도 변화 $\Delta T = T_f - T_i$ 등과 같이 물리에서 이와 같은 차이(변화)에 대한 예는 무수히 많다.

## 합 : Σ

물리에서 가끔 여러 양을 합할 필요가 있다. 그러한 합을 나타내는 유용한 약호로 그리스 문자 Σ를 쓴다. $x_1, x_2, x_3, x_4, x_5$로 나타낸 5개의 숫자를 더한다고 하자. 이 합을 간단히 표현하면 다음과 같다.

$$x_1 + x_2 + x_3 + x_4 + x_5 = \sum_{i=1}^{5} x_i$$

여기서 $x$의 아래 첨자 $i$는 5개의 숫자 중 하나를 나타내는 것이다. 예를 들어 어떤 계에 $m_1, m_2, m_3, m_4, m_5$의 다섯 개의 질량이 있는데 그 계의 총 질량을 구하고자 하면 $M = m_1 + m_2 + m_3 + m_4 + m_5$를 다음과 같이 나타낼 수 있다.

$$M = \sum_{i=1}^{5} m_i$$

다섯 물체의 $x$좌표의 질량 중심은 다음과 같이 쓸 수 있다.

$$x_{CM} = \frac{\sum_{i=1}^{5} m_i x_i}{M}$$

$y$와 $z$ 좌표의 질량 중심도 마찬가지로 나타낼 수 있다.

### 절대값 : | |

$|x|$로 쓰는 어떤 양 $x$의 크기는 단순히 그 양의 절대값이다. $|x|$의 부호는 $x$값의 부호에 상관없이 항상 양이다. 예를 들어 $x=-5$이면 $|x|=5$, $x=8$이면 $|x|=8$이다. 물리학에서는 어떤 물리량의 부호가 의미할 수 있는 방향보다도 그 양의 크기가 더 중요할 때 절대값을 유용하게 사용한다.

## A.2 과학적 표기법

과학에서 다루는 많은 양들이 자주 매우 큰 양이거나 매우 작은 양인 경우가 있다. 예를 들어 빛의 속력은 약 300 000 000 m/s이며, 이 교과서의 첫 자 위의 점을 찍기 위한 잉크의 양은 0.000 000 001 kg 정도이다. 분명 이 숫자는 읽고 쓰기에 너무 불편하며, 소수점의 위치를 세야 하고 유효 자리수가 한 개인 수에 많은 0이 있으므로 사용하기에 불편하다. 과학적 표기법은 이러한 수를 많은 0을 표기하지 않고 나타내는 방법으로, 일반적으로 수의 정확도보다는 크기를 나타내는 데 쓰인다. 핵심은 10의 거듭제곱을 사용하는 것이며 몇 가지 10의 음수가 아닌 거듭제곱을 나타내면 다음과 같다.

$$10^0 = 1$$
$$10^1 = 10$$
$$10^2 = 10 \times 10 = 100$$
$$10^3 = 10 \times 10 \times 10 = 1\,000$$
$$10^4 = 10 \times 10 \times 10 \times 10 = 10\,000$$
$$10^5 = 10 \times 10 \times 10 \times 10 \times 10 = 100\,000$$

0의 숫자는 10의 거듭제곱 수를 나타내는 것으로 10의 **지수**라고 부른다. 예를 들어 빛의 속력 300 000 000 m/s은 $3 \times 10^8$ m/s로 표현할 수 있다. 3의 오른쪽으로, 그리고 소수점 위치의 왼쪽으로 8개의 자리수가 있음을 주목하라.

이 방법에 의하여 1보다 작은 수의 몇 가지 대표값을 나타내면 다음과 같다.

$$10^{-1} = \frac{1}{10} = 0.1$$

$$10^{-2} = \frac{1}{10 \times 10} = 0.01$$

$$10^{-3} = \frac{1}{10 \times 10 \times 10} = 0.001$$

$$10^{-4} = \frac{1}{10 \times 10 \times 10 \times 10} = 0.000\,1$$

$$10^{-5} = \frac{1}{10 \times 10 \times 10 \times 10 \times 10} = 0.000\,01$$

이 경우 소수점 아래 1까지의 자리수가 지수(음수) 값과 같다.

숫자를 10의 거듭제곱과 1과 10 사이의 숫자의 곱으로 나타낸 것을 **과학적 표기법**이라 한다. 예를 들어 전기력에서 쿨롱 상수는 8 987 551 789 $N \cdot m^2/C^2$으로 과학적 표기법으로 쓰면 $8.987\,551\,789 \times 10^9$ $N \cdot m^2/C^2$이고, 뉴턴의 중력 상수 0.000 000 000 066 731 $N \cdot m^2/kg^2$은 과학적 표기법으로 $6.673\,1 \times 10^{-11}$ $N \cdot m^2/kg^2$으로 쓴다.

과학적 표기법으로 표현된 수를 곱할 때는 다음의 일반 규칙이 매우 유용하게 쓰인다.

$$10^n \times 10^m = 10^{n+m} \qquad \text{[A.1]}$$

여기서 $n$과 $m$은 어떤 수라도 상관없다(분수도 가능). 예를 들면, $10^2 \times 10^5 = 10^7$이다. 지수가 음수라도 규칙은 성립한다: $10^3 \times 10^{-8} = 10^{-5}$

과학적 표기법으로 표현된 수를 나눌 때 다음을 유의하라.

$$\frac{10^n}{10^m} = 10^n \times 10^{-m} = 10^{n-m} \qquad \text{[A.2]}$$

연습문제

앞의 규칙을 이용하여 다음식이 옳은지를 검증하라.

1. $86\,400 = 8.64 \times 10^4$
2. $9\,816\,762.5 = 9.816\,7652\,5 \times 10^6$
3. $0.000\,000\,039\,8 = 3.98 \times 10^{-8}$
4. $(4 \times 10^8)(9 \times 10^9) = 3.6 \times 10^{18}$
5. $(3 \times 10^7)(6 \times 10^{-12}) = 1.8 \times 10^{-4}$
6. $\dfrac{75 \times 10^{-11}}{5 \times 10^{-3}} = 1.5 \times 10^{-7}$
7. $\dfrac{(3 \times 10^6)(8 \times 10^{-2})}{(2 \times 10^7)(6 \times 10^5)} = 2 \times 10^{-8}$

## A.3 대 수

### A. 기본 규칙

대수적 연산을 할 때, 산술적 규칙을 적용 한다. $x$, $y$, $z$와 같은 기호는 보통 값이 정해지지 않은 소위 **미지수**를 나타내는 데 사용한다.

다음과 같은 식을 생각해 보자.

$$8x = 32$$

$x$에 관하여 풀고자 하면 식의 의미가 변하지 않게 하면서 양변을 나눌 수 있다(곱할 수 있다). 이 경우 양변을 8로 나누면 다음을 구할 수 있다.

$$\frac{8x}{8} = \frac{32}{8}$$
$$x = 4$$

이제 다음 식을 고려해 보자.

$$x + 2 = 8$$

이런 형식의 식은 양변에 같은 양을 더하거나 뺄 수 있다. 양변에 2를 빼면 다음을 얻게 된다.

$$x + 2 - 2 = 8 - 2$$
$$x = 6$$

일반적으로, $x + a = b$이면 $x = b - a$가 된다.

다음과 같은 식0의 경우를 보자.

$$\frac{x}{5} = 9$$

양변을 각기 5로 곱하면 왼쪽은 $x$가 남고 오른 쪽은 45가 남는다.

$$\left(\frac{x}{5}\right)(5) = 9 \times 5$$
$$x = 45$$

모든 경우에 있어서, **등식의 왼쪽 항에 어떤 연산을 하고자 하면 반드시 오른쪽 항에도 같은 연산을 해야 한다.**

분수에 대한 곱하기, 나누기, 더하기, 그리고 빼기에 대한 다음의 규칙을 기억하도록 해야 한다. 여기서 $a, b, c, d$는 수를 나타낸다.

| | 규칙 | 예 |
|---|---|---|
| 곱하기 | $\left(\frac{a}{b}\right)\left(\frac{c}{d}\right) = \frac{ac}{bd}$ | $\left(\frac{2}{3}\right)\left(\frac{4}{5}\right) = \frac{8}{15}$ |
| 나누기 | $\frac{(a/b)}{(c/d)} = \frac{ad}{bc}$ | $\frac{2/3}{4/5} = \frac{(2)(5)}{(4)(3)} = \frac{10}{12} = \frac{5}{6}$ |
| 더하기 | $\frac{a}{b} \pm \frac{c}{d} = \frac{ad \pm bc}{bd}$ | $\frac{2}{3} - \frac{4}{5} = \frac{(2)(5) - (4)(3)}{(3)(5)} = -\frac{2}{15}$ |

물리학에는 종종, 대부분의 학생들은 익숙하지 않겠지만 문자로 표현한 식을 대수적으로 다룰 때가 있다. 그러나 식에 너무 일찍 수를 대입하면 종종 의미가 모호해지는 경우가 있으므로 이것은 매우 중요한 것이다. 다음의 두 예는 이러한 대수적 연산을 어떻게 하는지 보여 주는 것이다.

**예제**

50.0 m 높이의 건물 꼭대기에서 공을 떨어뜨렸다. 공이 높이 25.0 m에 떨어질 때까지 걸리는 시간은?

**풀이** 먼저 이 경우에 해당하는 일반적 식을 쓴다.

$$x = \frac{1}{2}at^2 + v_0 t + x_0$$

여기서 $a = -9.8\ \text{m/s}^2$은 공을 떨어지게 하는 중력 가속도이고, $v_0 = 0$은 초속이며, $x_0 = 50.0$ m는 초기 위치이다. 초기 속도 $v_0 = 0$만 대입하면 다음 식을 얻는다.

$$x = \frac{1}{2}at^2 + x_0$$

이 식을 $t$에 대하여 풀어야 한다. 양변을 $x_0$로 빼면 다음 식이 된다.

$$x - x_0 = \frac{1}{2}at^2 + x_0 - x_0 = \frac{1}{2}at^2$$

여기에 양변을 $2/a$로 곱하면 다음과 같이 된다.

$$\left(\frac{2}{a}\right)(x - x_0) = \left(\frac{2}{a}\right)\frac{1}{2}at^2 = t^2$$

구하고자 하는 값을 왼쪽에 놓는 것이 관례이므로 양변을 바꾸고 제곱근을 취하면 다음을 얻게 된다.

$$t = \pm\sqrt{\left(\frac{2}{a}\right)(x - x_0)}$$

양의 값만이 의미가 있고, 최종 값을 구하기 위하여 주어진 값들을 이 식에 대입하면 된다.

**예제**

질량 $m$인 물체가 마찰이 없는 면에서 $+x$ 방향으로 움직이다가 운동 마찰계수 $\mu_k$인 거친 면에 도달하였다. 거친 면의 길이가 $\Delta x$일 때 물체가 이곳을 지난 후의 속력을 구하라.

**풀이** 일-에너지 정리를 이용하면 다음의 식을 얻는다.

$$\frac{1}{2}mv^2 - \frac{1}{2}mv_0^2 = -\mu_k mg\Delta x$$

이 식의 양변에 $\frac{1}{2}mv_0^2$을 더하면 다음과 같게 된다.

$$\frac{1}{2}mv^2 = \frac{1}{2}mv_0^2 - \mu_k mg\Delta x$$

여기에 양변에 $2/m$을 곱하면 다음 식을 얻는다.

$$v^2 = v_0^2 - 2\mu_k g\Delta x$$

마지막으로 양변의 제곱근을 취한 후 물체가 $+x$ 방향으로 움직이므로 양의 값을 선택한다.

$$v = \sqrt{v_0^2 - 2\mu_k g\Delta x}$$

연습문제

연습문제 1~4에 대하여 $x$에 대하여 풀어라.

| | 답 |
|---|---|
| **1.** $a = \dfrac{1}{1+x}$ | $x = \dfrac{1-a}{x}$ |
| **2.** $3x - 5 = 13$ | $x = 6$ |
| **3.** $ax - 5 = bx + 2$ | $x = \dfrac{7}{a-b}$ |
| **4.** $\dfrac{5}{2x+6} = \dfrac{3}{4x+8}$ | $x = \dfrac{1-a}{x}$ |

**5.** 다음식을 $v_1$에 대하여 풀어라

$$P_1 + \frac{1}{2}\rho v_1^2 = P_2 + \frac{1}{2}\rho v_2^2$$

**답** : $v_1 = \pm\sqrt{\dfrac{2}{\rho}(P_2 - P_1) + v_2^2}$

## B. 지수

$x$에 대한 거듭제곱의 곱셈은 다음을 만족한다.

$$x^n x^m = x^{n+m} \qquad \text{[A.3]}$$

예를 들어, $x^2x^4 = x^{2+4} = x^6$과 같이 한다.

$x$에 대한 거듭제곱의 나눗셈은 다음과 같이 한다.

$$\frac{x^n}{x^m} = 10^{n-m} \qquad \text{[A.4]}$$

예를 들면, $x^8 / x^2 = x^{8-2} = x^6$과 같이 한다.

$\frac{1}{3}$과 같은 분수로 거듭제곱하는 것은 다음과 같이 거듭제곱근을 구하는 것과 같다.

$$x^{1/n} = \sqrt[n]{x} \qquad \text{[A.5]}$$

예를 들면, $4^{1/3} = \sqrt[3]{4} = 1.586\ 4$와 같은 것이다(이런 종류의 계산에는 공학용 계산기가 유용하다).

마지막으로 $x^n$의 $m$ 거듭제곱은 다음과 같다.

$$(x^n)^m = x^{nm} \qquad \text{[A.6]}$$

표 A.1에 지수 법칙을 요약해 놓았다.

표 A.1

| 지수 법칙 |
|---|
| $x^0 = 1$ |
| $x^1 = x$ |
| $x^n x^m = x^{n+m}$ |
| $x^n / x^m = x^{n-m}$ |
| $x^{1/n} = \sqrt[n]{x}$ |
| $(x^n)^m = x^{nm}$ |

연습문제

다음 식을 확인하라.

**1.** $3^2 \times 3^3 = 243$

**2.** $x^5 x^{-8} = x^{-3}$

**3.** $x^{10} / x^{-5} = x^{15}$

**4.** $5^{1/3} = 1.709\,975$ (계산기를 사용할 것)

**5.** $60^{1/4} = 2.783\,158$ (계산기를 사용할 것)

**6.** $(x^4)^3 = x^{12}$

## C. 인수분해

다음은 식을 인수분해 하는 데 유용한 공식이다.

$$ax + ay + az = a(x + y + z) \qquad \text{공동 인수}$$

$$a^2 + 2ab + b^2 = (a + b)^2 \qquad \text{완전제곱 꼴}$$

$$a^2 - b^2 = (a + b)(a - b) \qquad \text{제곱의 차}$$

## D. 2차 방정식

2차 방정식의 일반 형태는 다음과 같다.

$$ax^2 + bx + c = 0 \tag{A.7}$$

여기서 $x$는 변수이고 $a$, $b$, $c$는 방정식의 계수이다. 이 방정식은 다음과 같은 두 근을 갖는다.

$$x = \frac{-b \pm \sqrt{b^2 - 4ac}}{2a} \tag{A.8}$$

$b^2 - 4ac > 0$이면 방정식은 실근을 갖는다.

**예제**

방정식 $x^2 + 5x + 4 = 0$은 제곱근 항의 두 부호에 따라 다음과 같은 근을 갖는다.

$$x = \frac{-5 \pm \sqrt{5^2 - (4)(1)(4)}}{2(1)} = \frac{-5 \pm \sqrt{9}}{2} = \frac{-5 \pm 3}{2}$$

$$x_1 = \frac{-5 + 3}{2} = \boxed{-1} \qquad x_2 = \frac{-5 - 3}{2} = \boxed{-4}$$

여기서 $x_1$는 제곱근 부호가 양수인 것에 해당하는 것이고, $x_2$는 음수인 것에 해당한다.

**예제**

공을 위로 16.0 m/s로 던졌다. 공을 던진 곳에서 높이 8.00 m에 공이 도달하는 데 걸리는 시간을 근의 공식을 사용하여 구하라.

**풀이** 2장의 운동 방정식을 다음과 같이 쓸 수 있다.

$$x = \frac{1}{2}at^2 + v_0 t + x_0 \tag{1}$$

중력에 의해 가속도가 나타나므로 $a = -9.80\ \text{m/s}^2$이다. 초기속도는 $v_0 = 16.0$ m/s, 물체의 초기 위치는 $x_0 = 0$으로 한다. 이 값들을 식 (1)에 대입하고 $x = 8.00$ m라 하면 다음의 식을 얻게 된다.

$$x = -4.90t^2 + 16.00t = 8.00$$

여기서 수학적 명료성을 위하여 단위는 표시하지 않았다. 이 식을 식 A.7과 같은 표준형으로 바꾸면 다음과 같이 된다.

$$-4.90t^2 + 16.00t - 8.00 = 0$$

이 식은 $t$에 2차식이다. 이제 $a = -4.9$, $b = 16$, $c = -8.00$이다. 이 값을 식 A.8에 대입하여 다음을 얻게 된다.

$$t = \frac{-16.0 \pm \sqrt{16^2 - 4(-4.90)(-8.00)}}{2(-4.90)} = \frac{-16.0 \pm \sqrt{99.2}}{-9.80}$$

$$= 1.63 \mp \frac{\sqrt{99.2}}{9.80} = 0.614 \text{ s}, \quad 2.65 \text{ s}$$

두 값 모두 답이다. 즉, 공이 위로 올라갈 때와 내려올 때에 해당하는 시간이 된다.

연습문제

다음의 2차 방정식을 풀어라.

| | 답 | |
|---|---|---|
| **1.** $x^2 + 2x - 3 = 0$ | $x_1 = 1$ | $x_2 = -3$ |
| **2.** $2x^2 - 5x + 2 = 0$ | $x_1 = 2$ | $x_2 = \frac{1}{2}$ |
| **3.** $2x^2 - 4x - 9 = 0$ | $x_1 = 1 + \sqrt{22}/2$ | $x_2 = 1 - \sqrt{22}/2$ |

**4.** 앞의 위로 던져진 공의 예에서 공이 높이가 10.0 m되는 경우 시간을 구하라.

**답** : $t_1 = 0.842$ s, $t_2 = 2.42$ s

## E. 선형방정식

선형방정식은 다음과 같은 일반적 형태를 가지고 있다.

$$y = mx + b \qquad \text{[A.9]}$$

여기서 $m$과 $b$는 상수이다. 이 방정식을 선형이라고 하는 이유는 그림 A.1과 같이 $x$-$y$의 그래프가 직선이기 때문이다. 직선이 $y$축과 만나는 점인 상수 $b$를 $y$ 절편이라 한다. 상수 $m$을 직선의 기울기라 한다. 직선상의 임의의 두 점을 그림 A.1과 같이 $(x_1, y_1)$ 그리고 $(x_2, y_2)$로 나타내면 이 직선의 기울기는 다음과 같이 나타낼 수 있다.

$$\text{기울기} = \frac{y_2 - y_1}{x_2 - x_1} = \frac{\Delta y}{\Delta x} \qquad \text{[A.10]}$$

$m$과 $b$ 값은 양 또는 음의 값을 가질 수 있음에 유의하라. $m > 0$이면 직선은 그림 A.1처럼 양의 기울기를 가지며 $m < 0$이면 직선은 음의 기울기를 가지게 된다. 그림 A.1은 $m$과 $b$가 모두 양인 것을 나타낸다. 그림 A.2는 세 가지 다른 상황을 나타낸 것이다.

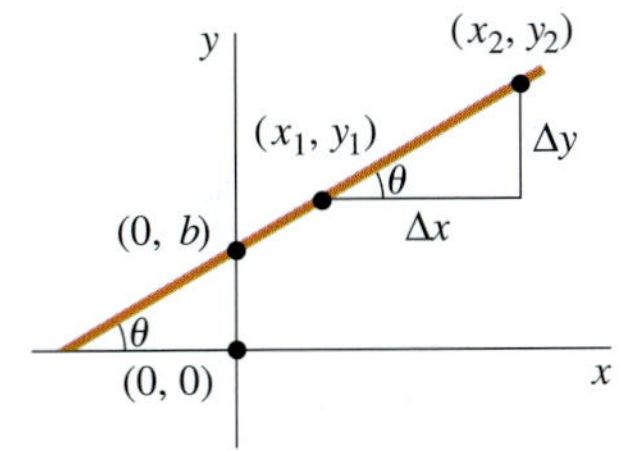

그림 A.1

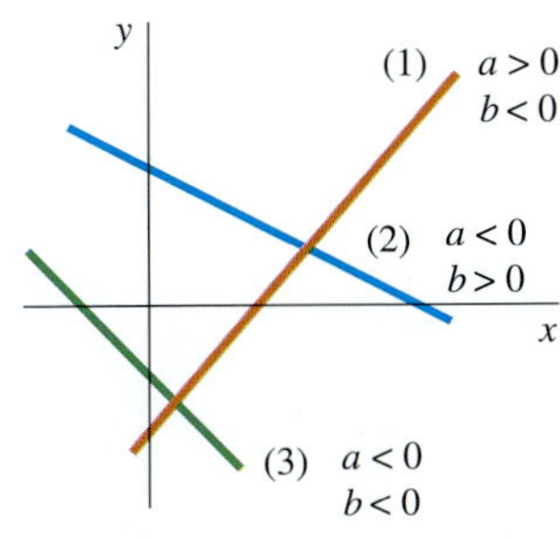

그림 A.2

**예제**

어떤 금속 도선의 전기저항이 20.0℃에서 5.00 Ω이고 80.0℃에서 6.14 Ω이라 한다. 온도 변화에 따라 전기저항의 변화가 선형이라면 60.0℃에서 이 도선의 전기저항을 구하라.

**풀이** 저항 $R$을 나타내는 직선방정식을 구하고, 이 식에 온도를 대입한다. 온도-저항 곡선의 두점 (20.0℃, 5.00 Ω)과 (80.0℃, 6.14 Ω)으로 기울기를 구한다.

$$m = \frac{\Delta R}{\Delta T} = \frac{6.14\ \Omega - 5.00\ \Omega}{80.0℃ - 20.0℃} = 1.90 \times 10^{-2}\ \Omega/℃ \quad (1)$$

이제 이 기울기와 (20.0℃, 5.00 Ω)으로 한 점과 기울기 공식을 사용하여 다음 식을 구한다.

$$R - R_0 = m\,(T - T_0) \quad (2)$$

$$R - 5.00\ \Omega = (1.90 \times 10^{-2}\ \Omega/℃)(T - 20.0℃) \quad (3)$$

마지막으로 $T = 60.0℃$을 식 (3)에 대입하여 $R = 5.76\ \Omega$을 구한다.

연습문제

**1.** 다음 직선의 그래프를 그려라.

(a) $y = 5x + 3$ (b) $y = -2x + 4$ (c) $y = -3x - 6$

**2.** 연습문제 1에 있는 직선의 기울기를 구하라.

**답** : (a) 5 (b) −2 (c) −3

**3.** 다음 점을 지나가는 직선의 기울기를 구하라:

(a) (0, −4) 그리고 (4, 2) (b) (0, 0) 그리고 (2, −5) (c) (−5, 2) 그리고 (4, −2)

**답** : (a) 3/2 (b) −5/2 (c) −4/9

**4.** 수직으로 늘어뜨린 평형상태의 용수철에 무게(뉴턴 단위로)를 가하여 변위(미터 단위로)를 측정하는 어떤 실험에서 다음과 같은 측정을 하였을 때 무게-변위 곡선의 기울기인 이 용수철의 용수철 상수를 구하라. (0.025 0 m, 22.0 N), (0.075 0 m, 66.0 N)

**답** : 880 N/m

## F. 1차 연립방정식 풀기

두 미지수 $x, y$를 가진 방정식 $3x + 5y = 15$를 생각해 보자. 이 방정식은 해가 무수히 많다. 예를 들면 $(x = 0, y = 3)$, $(x = 5, y = 0)$ 그리고 $(x = 2, y = 9/5)$는 모두 이 방정식의 해이다.

문제에 두 개의 미지수가 있는 경우 두 방정식이 있으면 유일한 해를 구할 수 있다. 일반적으로 문제가 $n$개의 미지수로 되어 있으면 해를 구하기 위하여 $n$개의 방정식이 필요하다. 두 미지수 $x, y$에 대한 두 방정식을 풀기 위해서는 한 방정식을 $x$를 $y$에 대하여 풀고 이것을 다른 방정식에 대입하면 된다.

**예제**

다음의 연립 방정식을 풀어라.

$$(1)\ \ 5x + y = -8 \qquad (2)\ \ 2x - 2y = 4$$

**풀이** 식 (2)에서 $x = y + 2$를 얻고, 이것을 식 (1)에 대입하면 다음을 얻게 된다.

$$5(y + 2) + y = -8$$

$$6y = -18$$

$$y = \boxed{-3}$$
$$x = y + 2 = \boxed{-1}$$

**다른 풀이** 식 (1)에 2를 곱하여 식 (2)와 더하면 다음을 구할 수 있다.

$$\begin{aligned} 10x + 2y &= -16 \\ 2x - 2y &= 4 \\ \hline 12x &= -12 \\ x &= \boxed{-1} \\ y &= x - 2 = \boxed{-3} \end{aligned}$$

두 미지수를 포함하고 있는 두 선형방정식의 해를 그래프로 구할 수도 있다. 좌표평면에 두 직선의 그래프를 그려 교차하는 점이 바로 해가 된다. 다음의 예를 살펴보자.

$$x - y = 2$$
$$x - 2y = -1$$

그림 A.3은 이 식을 그린 것이다. 두 직선의 교점의 좌표는 $x = 5, y = 3$이며 이것이 연립방정식의 해인 것이다. 앞에서 고려한 해석학적으로 해를 구하는 방법으로 점검을 해 보아라.

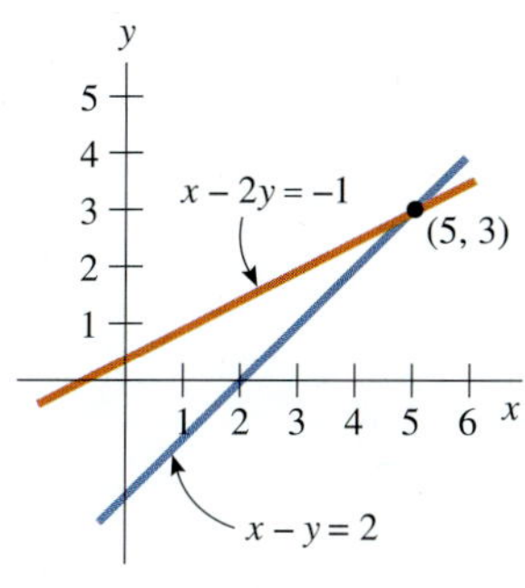

그림 A.3

**예제**

질량 $m = 2.00$ kg인 물체가 $+x$ 방향으로 $v_i = 5.00$ m/s로 움직이고 이 물체 앞에 질량 $M = 4.00$ kg인 물체가 $+x$ 방향으로 2.00 m/s로 마찰 없는 면에서 움직이고 있다. 두 물체가 완전 탄성 충돌한 후 각 물체의 속도를 구하라.

**풀이** 6장에서 살펴본 것처럼 완전 탄성 충돌은 운동량과 에너지 관계식을 이용할 수 있다. 속도에 2차식인 에너지식을 대수적으로 선형식으로 바꿀 수 있다. 두 식은 다음과 같다.

$$mv_i + MV_i = mv_f + MV_f \tag{1}$$
$$v_i - V_i = -(v_f - V_f) \tag{2}$$

아는 값 $v_i = 5.00$ m/s와 $V_i = 2.00$ m/s를 식 (1)과 (2)에 대입하면 다음을 얻게 된다.

$$18 = 2v_f + 4V_f \tag{3}$$
$$3 = -v_f + V_f \tag{4}$$

식 (4)에 2를 곱하고 식 (3)에 더하면 다음을 구하게 된다.

$$\begin{aligned} 18 &= 2v_f + 4V_f \\ 6 &= -2v_f + 2V_f \\ \hline 24 &= 6V_f \rightarrow V_f = 4.00 \text{ m/s} \end{aligned}$$

$V_f$를 식 (4)에 대입하면 $v_f = 1.00$ m/s가 된다.

연습문제

다음의 2원1차 연립방정식을 풀어라.

| | 답 |
|---|---|
| **1.** $x + y = 8$<br>$x - y = 2$ | $x = 5, y = 3$ |
| **2.** $98 - T = 10a$<br>$T - 49 = 5a$ | $T = 65.3, a = 3.27$ |
| **3.** $6x + 2y = 6$<br>$8x - 4y = 28$ | $x = 2, y = -3$ |

## G. 로그와 지수

어떤 양 $x$를 다른 양 $a$의 거듭제곱으로 다음과 같이 나타낼 수 있다고 하자.

$$x = a^y \tag{A.11}$$

$a$를 **밑**이라 하고, 밑 $a$에 대한 $x$의 **로그 값**을 지수로 하여 밑 $a$를 지수만큼 거듭제곱하면 $x$가 된다. 즉, $x = a^y$를 만족한다.

$$y = \log_a x \tag{A.12}$$

역으로 $y$의 **역로그**는 $x$가 된다.

$$x = \text{antilog}_a y \tag{A.13}$$

역로그식은 사실 실질적 목적에서 더 선호하는 식 A.11의 지수식과 동일한 것이다.

실제로 두 가지 밑을 가장 많이 사용한다. 상용로그에서 사용하는 밑 10과 오일러 상수 혹은 자연로그의 밑 $e = 2.718\,282$가 그것이다. 사용로그는 다음과 같이 사용한다.

$$y = \log_{10} x \quad (\text{또는 } x = 10^y) \tag{A.14}$$

자연로그는 다음과 같이 사용한다.

$$y = \ln x \quad (\text{또는 } x = e^y) \tag{A.15}$$

예를 들면 $\log_{10}52 = 1.716$이고, 따라서 $\text{antilog}_{10}1.716 = 10^{1.716} = 52$이다. 마찬가지로 $\ln_e 52 = 3.951$이고, 따라서 $\text{antiln}_e 3.951 = e^{3.951} = 52$이다.

일반적으로 밑 10과 밑 $e$를 다음의 관계식으로 서로 바꾸어 쓸 수 있다.

$$\ln x = (2.302\,585)\log_{10} x \tag{A.16}$$

마지막으로 다음의 여러 가지 로그의 성질을 모은 것이다.

$$\log(ab) = \log a + \log b \qquad \ln e = 1$$
$$\log(a/b) = \log a - \log b \qquad \ln e^a = a$$
$$\log(a^n) = n \log a \qquad \ln\left(\frac{1}{a}\right) = -\ln a$$

대학물리학에서 로그는 데시벨 단위를 정의할 때 가장 확실하게 사용한다. 소리의 세기는 그 크기의 변화가 커서 서로 다른 세기를 비교하기가 불편하다. 데시벨 단위는 소리의 세기를 좀더 다루기 쉬운 로그값으로 바꾸어 준다.

**예제** **로그**

비행기 격납고에서 제트 엔진 시험 중에 소리의 세기가 $I = 0.750$ W이었다. 이 소리 세기에 해당하는 데시벨 단위를 구하라.

**풀이** 데시벨 $\beta$는 다음과 같이 정의한다.

$$\beta = 10 \log\left(\frac{I}{I_0}\right) \qquad (1)$$

여기서 $I_0 = 1 \times 10^{-12}\ \text{W/m}^2$으로 표준 기준 세기이다. 주어진 값을 대입하면 다음을 얻게 된다.

$$\beta = 10 \log\left(\frac{0.750\ \text{W/m}^2}{10^{-12}\ \text{W/m}^2}\right) = 119\ \text{dB}$$

**예제** **역로그**

동일한 4개의 기계가 함께 내는 소리의 세기의 데시벨 단위가 $\beta = 87.0$ dB이라 할 때, 한 개의 기계가 내는 소리의 세기를 구하라.

**풀이** 4개의 기계가 내는 소리를 구하기 위하여 데시벨 단위 식을 이용하고 이를 4로 나눈다. 식 (1)로 다음을 구한다.

$$87.0\ \text{dB} = 10 \log\left(\frac{I}{10^{-12}\ \text{W/m}^2}\right)$$

양변을 10으로 나누고 역로그를 취하여 다음을 구한다.

$$10^{8.7} = 10^{\log(I/10-12)} = \frac{I}{10^{-12}}$$

$$I = 10^{-12} \cdot 10^{8.7} = 10^{-3.3} = 5.01 \times 10^{-4}\ \text{W/m}^2$$

4개의 기계에 의한 값이므로 이 값을 4로 나누어 한 기계에 의한 것을 구한다.

$$I = 1.25 \times 10^{-4}\ \text{W/m}^2$$

**예제**

삼중수소의 반감기는 12.33년이다(삼중수소는 수소의 동위원소로 두 개의 중성자와 한 개의 양성자로 핵이 구성되어 있다). 시료에 처음 3.0 g의 삼중수소가 있었다면 20.0년 후에 남아 있는 삼중수소의 양을 구하라.

**풀이** 시간의 함수로 남아 있는 방사성 물질 내의 핵의 수를 나타내는 식은 다음과 같다.

$$N = N_0\left(\frac{1}{2}\right)^n$$

여기서 $N$은 남아 있는 핵의 수이고, $N_0$는 처음 핵의 수이며, $n$은 반감기 횟수이다. 이 식은 밑을 1/2로 하는 지수식이라는 것을 주목하라. 반감기 횟수는 $n = t/T_{1/2} = 20\text{년}/12.33\text{년} = 1.62$로 구하고, 따라서 20.0년 후 남는 삼중수소의 비율은 다음과 같게 된다.

$$\frac{N}{N_0} = \left(\frac{1}{2}\right)^{1.62} = 0.325$$

그러므로 처음 3.00 g의 삼중수소 중 $0.325 \times 3.00\ \text{g} = 0.975$ g이 남게 된다.

## A.4 기하학

표 A.2는 교과서에서 사용한 여러 기하학적 물체의 면적과 부피를 나타낸 것이다. 이 면적과 부피는 물리를 응용하는 데 있어 다양한 곳에서 중요하게 쓰인다. 단위 면적당 힘인 압력 $P$에 관한 것이 좋은 예이다. 식으로는 $P = F/A$로 쓴다. 관을 흐르는 유체의 흐름률에 관한 문제를 풀 때 연속방정식을 이용하여 단면적을 계산하여야 하며, 무게에 의하여 케이블에 작용하는 인장변형력 계산, 단면을 통해 전달되는 열에너지의 전달률, 도선에서 전류밀도 등을 계산할 때 단면적을 계산하여야 한다. 이외에 수많은 예가 있다. 부피계산 또한 중요하다. 물에 잠긴 물체에 작용하는 부력, 밀도, 부피 변화를 초래하는 물체에 작용하는 부피 변형력 등을 계산할 때 부피계산이 필요하다. 이 외에도 많은 응용의 예가 있다.

표 A.2

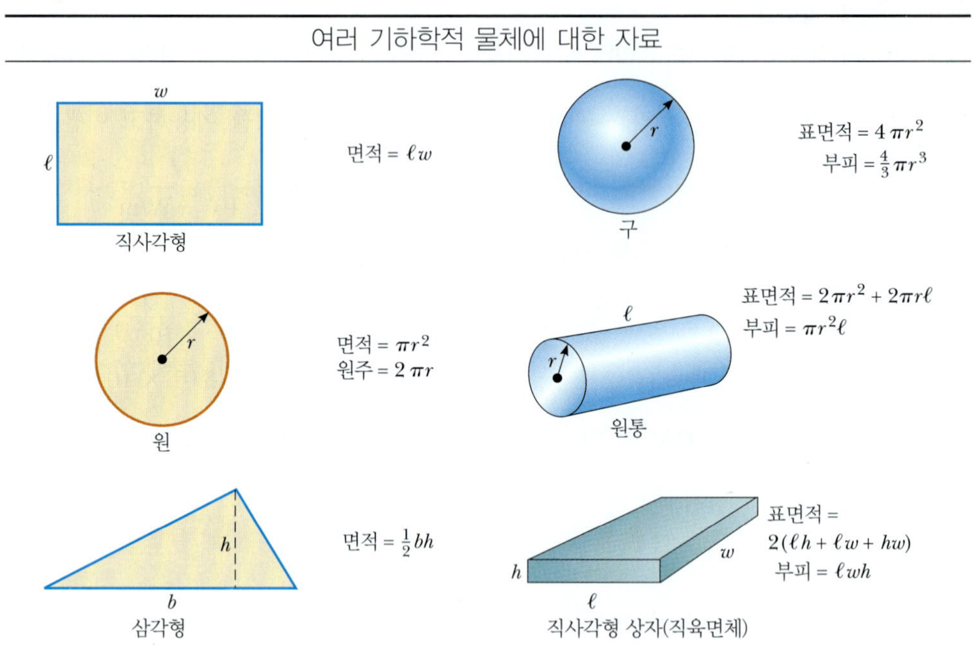


## A.5 삼각법

1장에서 삼각법에 관한 가장 기본적인 몇 가지 것들을 다루었다. 따라서 삼각법수를 다루는 데 어려움이 있으면 1장의 내용을 살펴보기 바란다. 가장 중요한 삼각법의 개념은 피타고라스의 정리이다.

$$\Delta s^2 = \Delta x^2 + \Delta y^2 \qquad \text{[A.17]}$$

이 식은 직각삼각형에서 빗변의 길이의 제곱은 높이와 밑변을 각기 제곱하여 더한 것과 같다는 것이다. 피타고라스의 정리로 $\Delta x$를 벡터의 $x$ 성분으로 바꾸고, $\Delta y$를 벡터의 $y$ 성분으로 바꾸어 벡터의 길이를 구하거나 직교 좌표계에서 두 점 사이의 거리를 구할 수 있다. 벡터 $\vec{\mathbf{A}}$의 성분을 $A_x$, $A_y$라 하면 벡터의 크기 $A$는 다음 식을 만족하며 이 식은 피타고라스 정리와 완전히 유사한 형태를 하게 된다.

$$A^2 = A_x^2 + A_y^2 \tag{A.18}$$

벡터의 크기와 벡터의 $x$, $y$ 성분과의 관계를 다음과 같이 나타내 주는 코사인, 사인 함수도 매우 유용한 것이다.

$$A_x = A\cos\theta \tag{A.19}$$

$$A_y = A\sin\theta \tag{A.20}$$

평면에서 벡터의 방향 $\theta$는 다음과 같이 탄젠트 함수로 결정할 수 있다.

$$\tan\theta = \frac{A_y}{A_x} \tag{A.21}$$

궁극적으로 피타고라스 정리와 같은 다음의 삼각함수 항등식도 자주 쓰이는 공식이다.

$$\sin^2\theta + \cos^2\theta = 1 \tag{A.22}$$

위의 개념에 관한 자세한 사항은 1장과 3장의 여러 논의에서 찾아볼 수 있다. 다음은 삼각함수에서 여러 가지 항등식으로 유용하게 쓰이는 것들이다.

$$\begin{aligned}
\sin\theta &= \cos(90^\circ - \theta) \\
\cos\theta &= \sin(90^\circ - \theta) \\
\sin 2\theta &= 2\sin\theta\cos\theta \\
\cos 2\theta &= \cos^2\theta - \sin^2\theta \\
\sin(\theta \pm \phi) &= \sin\theta\cos\phi \pm \cos\theta\sin\phi \\
\cos(\theta \pm \phi) &= \cos\theta\cos\phi \pm \sin\theta\sin\phi
\end{aligned}$$

다음의 등식은 그림 A.4와 같은 모든 삼각형에 적용되는 식이다.

$$\alpha + \beta + \gamma = 180^\circ$$

$$\left.\begin{aligned}
a^2 &= b^2 + c^2 - 2bc\cos\alpha \\
b^2 &= a^2 + c^2 - 2ac\cos\beta \\
c^2 &= a^2 + b^2 - 2ab\cos\gamma
\end{aligned}\right\} \quad \text{코사인 법칙}$$

$$\frac{a}{\sin\alpha} = \frac{b}{\sin\beta} = \frac{c}{\sin\gamma} \quad \text{사인 법칙}$$

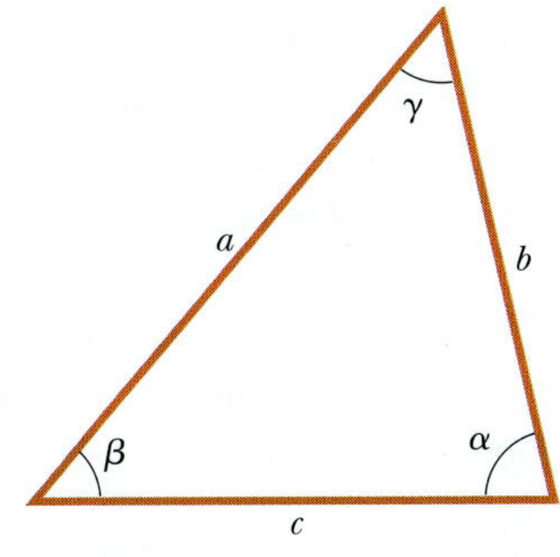


그림 A.4

부록 B

# 동위원소 요약 표

| 원자번호 $Z$ | 원소명 | 기호 | 화학적 원자질량 (u) | 질량수 (*는 방사성을 나타냄) | 원자질량 (u) | 분포 백분율 | 반감기(방상성의 경우) $T_{1/2}$ |
|---|---|---|---|---|---|---|---|
| 0 | (Neutron) | n | | 1* | 1.008 665 | | 10.4 min |
| 1 | Hydrogen | H | 1.007 94 | 1 | 1.007 825 | 99.988 5 | |
| | Deuterium | D | | 2 | 2.014 102 | 0.011 5 | |
| | Tritium | T | | 3* | 3.016 049 | | 12.33 yr |
| 2 | Helium | He | 4.002 602 | 3 | 3.016 029 | 0.000 137 | |
| | | | | 4 | 4.002 603 | 99.999 863 | |
| 3 | Lithium | Li | 6.941 | 6 | 6.015 122 | 7.5 | |
| | | | | 7 | 7.016 004 | 92.5 | |
| 4 | Beryllium | Be | 9.012 182 | 7* | 7.016 929 | | 53.3 days |
| | | | | 9 | 9.012 182 | 100 | |
| 5 | Boron | B | 10.811 | 10 | 10.012 937 | 19.9 | |
| | | | | 11 | 11.009 306 | 80.1 | |
| 6 | Carbon | C | 12.010 7 | 10* | 10.016 853 | | 19.3 s |
| | | | | 11* | 11.011 434 | | 20.4 min |
| | | | | 12 | 12.000 000 | 98.93 | |
| | | | | 13 | 13.003 355 | 1.07 | |
| | | | | 14* | 14.003 242 | | 5 730 yr |
| 7 | Nitrogen | N | 14.006 7 | 13* | 13.005 739 | | 9.96 min |
| | | | | 14 | 14.003 074 | 99.632 | |
| | | | | 15 | 15.000 109 | 0.368 | |
| 8 | Oxygen | O | 15.999 4 | 15* | 15.003 065 | | 122 s |
| | | | | 16 | 15.994 915 | 99.757 | |
| | | | | 18 | 17.999 160 | 0.205 | |
| 9 | Fluorine | F | 18.998 403 2 | 19 | 18.998 403 | 100 | |
| 10 | Neon | Ne | 20.179 7 | 20 | 19.992 440 | 90.48 | |
| | | | | 22 | 21.991 385 | 9.25 | |
| 11 | Sodium | Na | 22.989 77 | 22* | 21.994 437 | | 2.61 yr |
| | | | | 23 | 22.989 770 | 100 | |
| | | | | 24* | 23.990 963 | | 14.96 h |
| 12 | Magnesium | Mg | 24.305 0 | 24 | 23.985 042 | 78.99 | |
| | | | | 25 | 24.985 837 | 10.00 | |
| | | | | 26 | 25.982 593 | 11.01 | |
| 13 | Aluminum | Al | 26.981 538 | 27 | 26.981 539 | 100 | |
| 14 | Silicon | Si | 28.085 5 | 28 | 27.976 926 | 92.229 7 | |
| 15 | Phosphorus | P | 30.973 761 | 31 | 30.973 762 | 100 | |
| | | | | 32* | 31.973 907 | | 14.26 days |
| 16 | Sulfur | S | 32.066 | 32 | 31.972 071 | 94.93 | |
| | | | | 35* | 34.969 032 | | 87.5 days |
| 17 | Chlorine | Cl | 35.452 7 | 35 | 34.968 853 | 75.78 | |
| | | | | 37 | 36.965 903 | 24.22 | |
| 18 | Argon | Ar | 39.948 | 40 | 39.962 383 | 99.600 3 | |
| 19 | Potassium | K | 39.098 3 | 39 | 38.963 707 | 93.258 1 | |
| | | | | 40* | 39.963 999 | 0.011 7 | $1.28 \times 10^9$ yr |

| 원자번호 Z | 원소명 | 기호 | 화학적 원자질량 (u) | 질량수 (*는 방사성을 나타냄) | 원자질량 (u) | 분포 백분율 | 반감기(방상성의 경우) $T_{1/2}$ |
|---|---|---|---|---|---|---|---|
| 20 | Calcium | Ca | 40.078 | 40 | 39.962 591 | 96.941 | |
| 21 | Scandium | Sc | 44.955 910 | 45 | 44.955 910 | 100 | |
| 22 | Titanium | Ti | 47.867 | 48 | 47.947 947 | 73.72 | |
| 23 | Vanadium | V | 50.941 5 | 51 | 50.943 964 | 99.750 | |
| 24 | Chromium | Cr | 51.996 1 | 52 | 51.940 512 | 83.789 | |
| 25 | Manganese | Mn | 54.938 049 | 55 | 54.938 050 | 100 | |
| 26 | Iron | Fe | 55.845 | 56 | 55.934 942 | 91.754 | |
| 27 | Cobalt | Co | 58.933 200 | 59 | 58.933 200 | 100 | |
| | | | | 60* | 59.933 822 | | 5.27 yr |
| 28 | Nickel | Ni | 58.693 4 | 58 | 57.935 348 | 68.076 9 | |
| | | | | 60 | 59.930 790 | 26.223 1 | |
| 29 | Copper | Cu | 63.546 | 63 | 62.929 601 | 69.17 | |
| | | | | 65 | 64.927 794 | 30.83 | |
| 30 | Zinc | Zn | 65.39 | 64 | 63.929 147 | 48.63 | |
| | | | | 66 | 65.926 037 | 27.90 | |
| | | | | 68 | 67.924 848 | 18.75 | |
| 31 | Gallium | Ga | 69.723 | 69 | 68.925 581 | 60.108 | |
| | | | | 71 | 70.924 705 | 39.892 | |
| 32 | Germanium | Ge | 72.61 | 70 | 69.924 250 | 20.84 | |
| | | | | 72 | 71.922 076 | 27.54 | |
| | | | | 74 | 73.921 178 | 36.28 | |
| 33 | Arsenic | As | 74.921 60 | 75 | 74.921 596 | 100 | |
| 34 | Selenium | Se | 78.96 | 78 | 77.917 310 | 23.77 | |
| | | | | 80 | 79.916 522 | 49.61 | |
| 35 | Bromine | Br | 79.904 | 79 | 78.918 338 | 50.69 | |
| | | | | 81 | 80.916 291 | 49.31 | |
| 36 | Krypton | Kr | 83.80 | 82 | 81.913 485 | 11.58 | |
| | | | | 83 | 82.914 136 | 11.49 | |
| | | | | 84 | 83.911 507 | 57.00 | |
| | | | | 86 | 85.910 610 | 17.30 | |
| 37 | Rubidium | Rb | 85.467 8 | 85 | 84.911 789 | 72.17 | |
| | | | | 87* | 86.909 184 | 27.83 | $4.75 \times 10^{10}$ yr |
| 38 | Strontium | Sr | 87.62 | 86 | 85.909 262 | 9.86 | |
| | | | | 88 | 87.905 614 | 82.58 | |
| | | | | 90* | 89.907 738 | | 29.1 yr |
| 39 | Yttrium | Y | 88.905 85 | 89 | 88.905 848 | 100 | |
| 40 | Zirconium | Zr | 91.224 | 90 | 89.904 704 | 51.45 | |
| | | | | 91 | 90.905 645 | 11.22 | |
| | | | | 92 | 91.905 040 | 17.15 | |
| | | | | 94 | 93.906 316 | 17.38 | |
| 41 | Niobium | Nb | 92.906 38 | 93 | 92.906 378 | 100 | |
| 42 | Molybdenum | Mo | 95.94 | 92 | 91.906 810 | 14.84 | |
| | | | | 95 | 94.905 842 | 15.92 | |
| | | | | 96 | 95.904 679 | 16.68 | |
| | | | | 98 | 97.905 408 | 24.13 | |
| 43 | Technetium | Tc | | 98* | 97.907 216 | | $4.2 \times 10^{6}$ yr |
| | | | | 99* | 98.906 255 | | $2.1 \times 10^{5}$ yr |

(계속)

| 원자번호 $Z$ | 원소명 | 기호 | 화학적 원자질량 (u) | 질량수 (*는 방사성을 나타냄) | 원자질량 (u) | 분포 백분율 | 반감기(방상성의 경우) $T_{1/2}$ |
|---|---|---|---|---|---|---|---|
| 44 | Ruthenium | Ru | 101.07 | 99 | 98.905 939 | 12.76 | |
| | | | | 100 | 99.904 220 | 12.60 | |
| | | | | 101 | 100.905 582 | 17.06 | |
| | | | | 102 | 101.904 350 | 31.55 | |
| | | | | 104 | 103.905 430 | 18.62 | |
| 45 | Rhodium | Rh | 102.905 50 | 103 | 102.905 504 | 100 | |
| 46 | Palladium | Pd | 106.42 | 104 | 103.904 035 | 11.14 | |
| | | | | 105 | 104.905 084 | 22.33 | |
| | | | | 106 | 105.903 483 | 27.33 | |
| | | | | 108 | 107.903 894 | 26.46 | |
| | | | | 110 | 109.905 152 | 11.72 | |
| 47 | Silver | Ag | 107.868 2 | 107 | 106.905 093 | 51.839 | |
| | | | | 109 | 108.904 756 | 48.161 | |
| 48 | Cadmium | Cd | 112.411 | 110 | 109.903 006 | 12.49 | |
| | | | | 111 | 110.904 182 | 12.80 | |
| | | | | 112 | 111.902 757 | 24.13 | |
| | | | | 113* | 112.904 401 | 12.22 | $9.3 \times 10^{15}$ yr |
| | | | | 114 | 113.903 358 | 28.73 | |
| 49 | Indium | In | 114.818 | 115* | 114.903 878 | 95.71 | $4.4 \times 10^{14}$ yr |
| 50 | Tin | Sn | 118.710 | 116 | 115.901 744 | 14.54 | |
| | | | | 118 | 117.901 606 | 24.22 | |
| | | | | 120 | 119.902 197 | 32.58 | |
| 51 | Antimony | Sb | 121.760 | 121 | 120.903 818 | 57.21 | |
| | | | | 123 | 122.904 216 | 42.79 | |
| 52 | Tellurium | Te | 127.60 | 126 | 125.903 306 | 18.84 | |
| | | | | 128* | 127.904 461 | 31.74 | $>8 \times 10^{24}$ yr |
| | | | | 130* | 129.906 223 | 34.08 | $\leq 1.25 \times 10^{21}$ yr |
| 53 | Iodine | I | 126.904 47 | 127 | 126.904 468 | 100 | |
| | | | | 129* | 128.904 988 | | $1.6 \times 10^{7}$ yr |
| 54 | Xenon | Xe | 131.29 | 129 | 128.904 780 | 26.44 | |
| | | | | 131 | 130.905 082 | 21.18 | |
| | | | | 132 | 131.904 145 | 26.89 | |
| | | | | 134 | 133.905 394 | 10.44 | |
| | | | | 136* | 135.907 220 | 8.87 | $\geq 2.36 \times 10^{21}$ yr |
| 55 | Cesium | Cs | 132.905 45 | 133 | 132.905 447 | 100 | |
| 56 | Barium | Ba | 137.327 | 137 | 136.905 821 | 11.232 | |
| | | | | 138 | 137.905 241 | 71.698 | |
| 57 | Lanthanum | La | 138.905 5 | 139 | 138.906 349 | 99.910 | |
| 58 | Cerium | Ce | 140.116 | 140 | 139.905 434 | 88.450 | |
| | | | | 142* | 141.909 240 | 11.114 | $>5 \times 10^{16}$ yr |
| 59 | Praseodymium | Pr | 140.907 65 | 141 | 140.907 648 | 100 | |
| 60 | Neodymium | Nd | 144.24 | 142 | 141.907 719 | 27.2 | |
| | | | | 144* | 143.910 083 | 23.8 | $2.3 \times 10^{15}$ yr |
| | | | | 146 | 145.913 112 | 17.2 | |
| 61 | Promethium | Pm | | 145* | 144.912 744 | | 17.7 yr |
| 62 | Samarium | Sm | 150.36 | 147* | 146.914 893 | 14.99 | $1.06 \times 10^{11}$ yr |
| | | | | 149* | 148.917 180 | 13.82 | $>2 \times 10^{15}$ yr |
| | | | | 152 | 151.919 728 | 26.75 | |
| | | | | 154 | 153.922 205 | 22.75 | |

| 원자번호 $Z$ | 원소명 | 기호 | 화학적 원자질량 (u) | 질량수 (*는 방사성을 나타냄) | 원자질량 (u) | 분포 백분율 | 반감기(방상성의 경우) $T_{1/2}$ |
|---|---|---|---|---|---|---|---|
| 63 | Europium | Eu | 151.964 | 151 | 150.919 846 | 47.81 | |
| | | | | 153 | 152.921 226 | 52.19 | |
| 64 | Gadolinium | Gd | 157.25 | 156 | 155.922 120 | 20.47 | |
| | | | | 158 | 157.924 100 | 24.84 | |
| | | | | 160 | 159.927 051 | 21.86 | |
| 65 | Terbium | Tb | 158.925 34 | 159 | 158.925 343 | 100 | |
| 66 | Dysprosium | Dy | 162.50 | 162 | 161.926 796 | 25.51 | |
| | | | | 163 | 162.928 728 | 24.90 | |
| | | | | 164 | 163.929 171 | 28.18 | |
| 67 | Holmium | Ho | 164.930 32 | 165 | 164.930 320 | 100 | |
| 68 | Erbium | Er | 167.6 | 166 | 165.930 290 | 33.61 | |
| | | | | 167 | 166.932 045 | 22.93 | |
| | | | | 168 | 167.932 368 | 26.78 | |
| 69 | Thulium | Tm | 168.934 21 | 169 | 168.934 211 | 100 | |
| 70 | Ytterbium | Yb | 173.04 | 172 | 171.936 378 | 21.83 | |
| | | | | 173 | 172.938 207 | 16.13 | |
| | | | | 174 | 173.938 858 | 31.83 | |
| 71 | Lutecium | Lu | 174.967 | 175 | 174.940 768 | 97.41 | |
| 72 | Hafnium | Hf | 178.49 | 177 | 176.943 220 | 18.60 | |
| | | | | 178 | 177.943 698 | 27.28 | |
| | | | | 179 | 178.945 815 | 13.62 | |
| | | | | 180 | 179.946 549 | 35.08 | |
| 73 | Tantalum | Ta | 180.947 9 | 181 | 180.947 996 | 99.988 | |
| 74 | Tungsten | W | 183.84 | 182 | 181.948 206 | 26.50 | |
| | (Wolfram) | | | 183 | 182.950 224 | 14.31 | |
| | | | | 184* | 183.950 933 | 30.64 | $>3 \times 10^{17}$ yr |
| | | | | 186 | 185.954 362 | 28.43 | |
| 75 | Rhenium | Re | 186.207 | 185 | 184.952 956 | 37.40 | |
| | | | | 187* | 186.955 751 | 62.60 | $4.4 \times 10^{10}$ yr |
| 76 | Osmium | Os | 190.23 | 188 | 187.955 836 | 13.24 | |
| | | | | 189 | 188.958 145 | 16.15 | |
| | | | | 190 | 189.958 445 | 26.26 | |
| | | | | 192 | 191.961 479 | 40.78 | |
| 77 | Iridium | Ir | 192.217 | 191 | 190.960 591 | 37.3 | |
| | | | | 193 | 192.962 924 | 62.7 | |
| 78 | Platinum | Pt | 195.078 | 194 | 193.962 664 | 32.967 | |
| | | | | 195 | 194.964 774 | 33.832 | |
| | | | | 196 | 195.964 935 | 25.242 | |
| 79 | Gold | Au | 196.966 55 | 197 | 196.966 552 | 100 | |
| 80 | Mercury | Hg | 200.59 | 199 | 198.968 262 | 16.87 | |
| | | | | 200 | 199.968 309 | 23.10 | |
| | | | | 201 | 200.970 285 | 13.18 | |
| | | | | 202 | 201.970 626 | 29.86 | |
| 81 | Thallium | Tl | 204.383 3 | 203 | 202.972 329 | 29.524 | |
| | | | | 205 | 204.974 412 | 70.476 | |
| | | (Th C″) | | 208* | 207.982 005 | | 3.053 min |
| | | (Ra C″) | | 210* | 209.990 066 | | 1.30 min |

(계속)

| 원자번호 $Z$ | 원소명 | 기호 | 화학적 원자질량 (u) | 질량수 (*는 방사성을 나타냄) | 원자질량 (u) | 분포 백분율 | 반감기(방상성의 경우) $T_{1/2}$ |
|---|---|---|---|---|---|---|---|
| 82 | Lead | Pb | 207.2 | 204* | 203.973 029 | 1.4 | $\geq 1.4 \times 10^{17}$ yr |
| | | | | 206 | 205.974 449 | 24.1 | |
| | | | | 207 | 206.975 881 | 22.1 | |
| | | | | 208 | 207.976 636 | 52.4 | |
| | | (Ra D) | | 210* | 209.984 173 | | 22.3 yr |
| | | (Ac B) | | 211* | 210.988 732 | | 36.1 min |
| | | (Th B) | | 212* | 211.991 888 | | 10.64 h |
| | | (Ra B) | | 214* | 213.999 798 | | 26.8 min |
| 83 | Bismuth | Bi | 208.980 38 | 209 | 208.980 383 | 100 | |
| | | (Th C) | | 211* | 210.987 258 | | 2.14 min |
| 84 | Polonium | Po | | | | | |
| | | (Ra F) | | 210* | 209.982 857 | | 138.38 days |
| | | (Ra C′) | | 214* | 213.995 186 | | 164 $\mu$s |
| 85 | Astatine | At | | 218* | 218.008 682 | | 1.6 s |
| 86 | Radon | Rn | | 222* | 222.017 570 | | 3.823 days |
| 87 | Francium | Fr | | | | | |
| | | (Ac K) | | 223* | 223.019 731 | | 22 min |
| 88 | Radium | Ra | | 226* | 226.025 403 | | 1 600 yr |
| | | (Ms $Th_1$) | | 228* | 228.031 064 | | 5.75 yr |
| 89 | Actinium | Ac | | 227* | 227.027 747 | | 21.77 yr |
| 90 | Thorium | Th | 232.038 1 | | | | |
| | | (Rd Th) | | 228* | 228.028 731 | | 1.913 yr |
| | | (Th) | | 232* | 232.038 050 | 100 | $1.40 \times 10^{10}$ yr |
| 91 | Protactinium | Pa | 231.035 88 | 231* | 231.035 879 | | 32.760 yr |
| 92 | Uranium | U | 238.028 9 | 232* | 232.037 146 | | 69 yr |
| | | | | 233* | 233.039 628 | | $1.59 \times 10^{5}$ yr |
| | | (Ac U) | | 235* | 235.043 923 | 0.720 0 | $7.04 \times 10^{8}$ yr |
| | | | | 236* | 236.045 562 | | $2.34 \times 10^{7}$ yr |
| | | (UI) | | 238* | 238.050 783 | 99.274 5 | $4.47 \times 10^{9}$ yr |
| 93 | Neptunium | Np | | 237* | 237.048 167 | | $2.14 \times 10^{6}$ yr |
| 94 | Plutonium | Pu | | 239* | 239.052 156 | | $2.412 \times 10^{4}$ yr |
| | | | | 242* | 242.058 737 | | $3.73 \times 10^{6}$ yr |
| | | | | 244* | 244.064 198 | | $8.1 \times 10^{7}$ yr |

부록 C

# 기호, 약어 및 상수

**표 C.1**

본문에 사용된 수학 기호와 의미

| 기호 | 의미 |
|---|---|
| $=$ | 같다 |
| $\neq$ | 같지 않다 |
| $\equiv$ | 정의한다 |
| $\propto$ | 비례한다 |
| $>$ | 보다 크다 |
| $<$ | 보다 작다 |
| $\gg$ | 보다 아주 크다 |
| $\ll$ | 보다 아주 작다 |
| $\approx$ | 근사적으로 같다 |
| $\sim$ | 이 정도의 크기이다 |
| $\Delta x$ | $x$의 변화량 혹은 불확실성 정도 |
| $\Sigma x_i$ | $x_i$양을 모두 합한다 |
| $\lvert x \rvert$ | $x$의 절대값(항상 양의 값임) |

**표 C.2**

단위의 표준 기호

| 기호 | 단위 | 기호 | 단위 |
|---|---|---|---|
| A | 암페어 | kcal | 킬로칼로리 |
| Å | 옹스트롬 | kg | 킬로그램 |
| atm | 대기 | km | 킬로미터 |
| Bq | 베크렐 | kmol | 킬로몰 |
| Btu | 영국 열량 단위 | L | 리터 |
| C | 쿨롱 | lb | 파운드 |
| ℃ | 섭씨 | ly | 광년 |
| cal | 칼로리 | m | 미터 |
| cm | 센티미터 | min | 분 |
| Ci | 큐리 | mol | 몰 |
| d | 일(day) | N | 뉴턴 |
| deg | 도(각) | nm | 나노미터 |
| eV | 전자볼트 | Pa | 파스칼 |
| ℉ | 화씨 | rad | 라디안 |
| F | 패럿 | rev | 회전 |
| ft | 피트 | s | 초 |
| G | 가우스 | T | 테슬라 |
| g | 그램 | u | 원자량 단위 |
| H | 헨리 | V | 볼트 |
| h | 시간 | W | 와트 |
| hp | 마력 | Wb | 웨버 |
| Hz | 헤르츠 | yr | 년(해) |
| in. | 인치 | $\mu$m | 마이크로미터 |
| J | 줄 | Ω | 옴 |
| K | 켈빈 | | |

## 표 C.3

그리스 문자

| | | | | | |
|---|---|---|---|---|---|
| 알파(Alpha) | A | $\alpha$ | 뉴(Nu) | N | $\nu$ |
| 베타(Beta) | B | $\beta$ | 크시, 자이(Xi) | $\Xi$ | $\xi$ |
| 감마(Gamma) | $\Gamma$ | $\gamma$ | 오미크론(Omicron) | O | $o$ |
| 델타(Delta) | $\Delta$ | $\delta$ | 파이(Pi) | $\Pi$ | $\pi$ |
| 엡실론(Epsilon) | E | $\epsilon$ | 로(Rho) | P | $\rho$ |
| 제타(Zeta) | Z | $\zeta$ | 시그마(Sigma) | $\Sigma$ | $\sigma$ |
| 에타(Eta) | H | $\eta$ | 타우(Tau) | T | $\tau$ |
| 세타(Theta) | $\Theta$ | $\theta$ | 웁실론(Upsilon) | $\Upsilon$ | $\upsilon$ |
| 아이오타(Iota) | I | $\iota$ | 화이(Phi) | $\Phi$ | $\phi$ |
| 카파(Kappa) | K | $\kappa$ | 카이(Chi) | X | $\chi$ |
| 람다(Lambda) | $\Lambda$ | $\lambda$ | 프시(Psi) | $\Psi$ | $\psi$ |
| 뮤(Mu) | M | $\mu$ | 오메가(Omega) | $\Omega$ | $\omega$ |

## 표 C.4

자주 사용하는 물리량[a]

| | |
|---|---|
| 평균 지구–달 거리 | $3.84 \times 10^8$ m |
| 평균 지구–태양 거리 | $1.496 \times 10^{11}$ m |
| 지구 적도 반지름 | $6.38 \times 10^6$ m |
| 공기의 밀도(20℃, 1기압) | 1.20 kg/m$^3$ |
| 물의 밀도(20℃, 1기압) | $1.00 \times 10^3$ kg/m$^3$ |
| 자유낙하 가속도 | 9.80 m/s$^2$ |
| 지구의 질량 | $5.98 \times 10^{24}$ kg |
| 달의 질량 | $7.36 \times 10^{22}$ kg |
| 태양의 질량 | $1.99 \times 10^{30}$ kg |
| 표준 대기압 | $1.013 \times 10^5$ Pa |

[a] 본 책에서 상수로 사용한 값임

## 표 C.3

기본 상수[a]

| 물리량 | 기호 | 값[b] |
|---|---|---|
| 원자질량 단위 | u | $1.660\,540\,2(10) \times 10^{-27}$ kg<br>931.494 32(28) MeV/$c^2$ |
| 아보가드로 수 | $N_A$ | $6.022\,136\,7(36) \times 10^{23}$ (mol)$^{-1}$ |
| 보어 반경 | $a_0 = \dfrac{\hbar^2}{m_e e^2 k_e}$ | $0.529\,177\,249(24) \times 10^{-10}$ m |
| 볼츠만 상수 | $k_B = R/N_A$ | $1.380\,658(12) \times 10^{23}$ J/K |
| 콤프턴 파장 | $\lambda_C = \dfrac{h^2}{m_e c}$ | $2.426\,310\,58(22) \times 10^{-12}$ m |
| 쿨롱 상수 | $k_e = \dfrac{1}{4\pi\epsilon_0}$ | $8.987\,551\,787 \times 10^9$ N·m$^2$/C$^2$ (정확한 값) |
| 전자의 질량 | $m_e$ | $9.109\,389\,7(54) \times 10^{-31}$ kg<br>$5.485\,799\,03(13) \times 10^{-4}$ u<br>0.510 999 06(15) MeV/$c^2$ |
| 전자볼트 | eV | $1.602\,177\,33(49) \times 10^{-19}$ J |
| 기본 전하량 | $e$ | $1.602\,177\,33(49) \times 10^{-19}$ C |
| 기체 상수 | $R$ | 8.314 510(70) J/K·mol |
| 중력 상수 | $G$ | $6.672\,59(85) \times 10^{-11}$ N·m$^2$/kg$^2$ |
| 수소의 이온화 에너지 | $-E_1 = \dfrac{m_e e^4 k_e{}^2}{2\hbar^2} = \dfrac{e^2 k_e}{2a_0}$ | 13.605 698(40) eV |
| 중성자의 질량 | $m_n$ | $1.674\,928\,6(10) \times 10^{-27}$ kg<br>1.008 664 904(14) u<br>939.565 63(28) MeV/$c^2$ |
| 자유공간의 투자율 | $\mu_0$ | $4\pi \times 10^{-7}$ T·m/A (정확한 값) |
| 자유공간의 유전율 | $\epsilon_0 = 1/\mu_0 c^2$ | $8.854\,187\,817 \times 10^{-12}$ C$^2$/N·m$^2$ (정확한 값) |
| 플랑크 상수 | $h$<br>$\hbar = h/2\pi$ | $6.626\,075(40) \times 10^{-34}$ J·s<br>$1.054\,572\,66(63) \times 10^{-34}$ J·s |
| 양성자의 질량 | $m_p$ | $1.672\,623(10) \times 10^{-27}$ kg<br>1.007 276 470(12) u<br>938.272 3(28) MeV/$c^2$ |
| 리드버그 상수 | $R_H$ | $1.097\,373\,153\,4(13) \times 10^7$ m$^{-1}$ |
| 진공에서의 광속 | $c$ | $2.997\,924\,58 \times 10^8$ m/s (정확한 값) |

[a] 이 상수 값은 1986년 CODATA가 추천한 값으로 다른 측정으로부터 얻은 값들을 최소자승법으로 조정한 것을 기초로 한 것이다. 더 자세한 것은 Cohen, E. Richard와 Barry N. Taylor의 Rev. Mod. Phys. 59:1121, 1987을 참조하라.

[b] 괄호안의 숫자는 마지막 두 자리에서의 오차를 나타기 위한 것이다.

부록 D
# SI 단위

**표 D.1**

SI 기본 단위

| 기본 물리량 | SI 기본 단위 명칭 | SI 기본 단위 기호 |
|---|---|---|
| 길이 | 미터 | m |
| 질량 | 킬로그램 | kg |
| 시간 | 초 | s |
| 전류 | 암페어 | A |
| 온도 | 켈빈 | K |
| 물질의 양 | 몰 | mol |
| 광도 | 칸델라 | cd |

**표 D.2**

유도 SI 단위

| 물리량 | 명칭 | 기호 | 기본 단위 표현 | 유도 단위 표현 |
|---|---|---|---|---|
| 평면각 | 라디안 | rad | m/m | |
| 진동수 | 헤르츠 | Hz | $s^{-1}$ | |
| 힘 | 뉴턴 | N | $kg \cdot m/s^2$ | J/m |
| 압력 | 파스칼 | Pa | $kg/m \cdot s^2$ | $N/m^2$ |
| 에너지: 일 | 줄 | J | $kg \cdot m^2/s^2$ | $N \cdot m^2$ |
| 일률 | 와트 | W | $kg \cdot m^2/s^3$ | J/s |
| 전하 | 쿨롱 | C | $A \cdot s$ | |
| 전위(emf) | 볼트 | V | $kg \cdot m^2/A \cdot s^3$ | W/A, J/C |
| 전기용량 | 패럿 | F | $A^2 \cdot s^4/kg \cdot m^2$ | C/V |
| 전기저항 | 옴 | Ω | $kg \cdot m^2/A^2 \cdot s^3$ | V/A |
| 자속 | 웨버 | Wb | $kg \cdot m^2/A \cdot s^2$ | $V \cdot s$, $T \cdot m^2$ |
| 자기장의 세기 | 테슬라 | T | $kg/A \cdot s^2$ | $Wb/m^2$ |
| 인덕턴스 | 헨리 | H | $kg \cdot m^2/A^2 \cdot s^2$ | Wb/A |

# 해답

## Chapter 1

### CHECKPOINTS

1. Two
2. Three
3. 1 000

### CONCEPTUAL QUESTIONS

1. (a) $\sim 0.1$ m (b) $\sim 1$ m (c) Between 10 m and 100 m (d) $\sim 10$ m (e) $\sim 100$ m
3. (a) $\sim 10^6$ beats (b) $\sim 10^9$ beats
5. $\sim 10^9$ s
7. The length of a hand varies from person to person, so it isn't a useful standard of length.

### PROBLEMS

1. (b) $A_{\text{cylinder}} = \pi R^2$, $A_{\text{rectangular plate}} =$ length $\times$ width
5. $\text{m}^3/(\text{kg} \cdot \text{s}^2)$
7. (a) 797 (b) 1.1 (c) 17.66
9. 115.9 m
11. 228.8 cm
13. $2 \times 10^8$ fathoms
15. $1.39 \times 10^3$ m$^2$
17. $1 \times 10^{17}$ ft
19. $6.71 \times 10^8$ mi/h
21. 9.82 cm
23. (a) $1.0 \times 10^3$ kg (b) $m_{\text{cell}} = 5.2 \times 10^{-16}$ kg, $m_{\text{kidney}} = 0.27$ kg, $m_{\text{fly}} = 1.3 \times 10^{-5}$ kg
25. $\sim 10^7$ rev
27. $\sim 10^6$ balls
29. (2.0 m, 1.4 m)
31. $r = 2.2$ m, $\theta = 27°$
33. (a) 6.71 m (b) 0.894 (c) 0.746
35. (a) 3.00 (b) 3.00 (c) 0.800 (d) 0.800 (e) 1.33
37. 5.00/7.00; the angle itself is 35.5°
39. The customer is incorrect. The cost of the pizza should be proportional to the area of the pizza, so the large one should cost more than the small one by a factor of $9^2/6^2 = 81/36 = 2.25$. Therefore, if the small one costs $6, the large one should cost $13.50.
41. $\sim 10^{-9}$ m
43. $\sim 10^3$ tuners (assumes one tuner per 10 000 residents and a population of 7.5 million)
45. (a) $3.16 \times 10^7$ s (b) Between $10^{10}$ yr and $10^{11}$ yr

## Chapter 2

### CHECKPOINTS

1. 7 m/s
2. (c)
3. 4 m/s$^2$
4. (b)

### QUICK QUIZZES

1. (a) 200 yd (b) 0 (c) 0
2. (a) False (b) True (c) True
3. The velocity vs. time graph (a) has a constant slope, indicating a constant acceleration, which is represented by the acceleration vs. time graph (e).

   Graph (b) represents an object with increasing speed, but as time progresses, the lines drawn tangent to the curve have increasing slopes. Since the acceleration is equal to the slope of the tangent line, the acceleration must be increasing, and the acceleration vs. time graph that best indicates this behavior is (d).

   Graph (c) depicts an object which first has a velocity that increases at a constant rate, which means that the object's acceleration is constant. The velocity then stops changing, which means that the acceleration of the object is zero. This behavior is best matched by graph (f).
4. (b)
5. (e)
6. (c)

### CONCEPTUAL QUESTIONS

1. Yes. If the velocity of the particle is nonzero, the particle is in motion. If the acceleration is zero, the velocity of the particle is unchanging or is constant.
3. Yes. If this occurs, the acceleration of the car is opposite to the direction of motion, and the car will be slowing down.
5. No. They can be used only when the acceleration is constant. Yes. Zero is a constant.
7. Once the objects leave the hand, both are in free fall, and both exhibit the same downward acceleration equal in magnitude to the free-fall acceleration $g$.
9. Yes. Yes.
11. (a) At the maximum height, the ball is momentarily at rest. (That is, it has zero velocity.) The acceleration remains constant, with magnitude equal to the free-fall acceleration $g$ and directed downward. Thus, even though the velocity is momentarily zero, it continues to change, and the ball will begin to gain speed in the downward direction. (b) The acceleration of the ball remains constant in magnitude and direction throughout the ball's free flight, from the instant it leaves the hand until the instant just before it strikes the ground. The acceleration is directed downward and has a magnitude equal to the free-fall acceleration $g$.
13. No. If the velocity of A is greater than that of B, car A is moving faster than B at this instant. However, car B may be picking up speed (that is, accelerating) at a greater rate than A. The driver of B may have stepped very hard on the gas pedal in the recent past, but car B has not yet reached the speed of A.
15. They are the same! You can see this for yourself by solving the kinematic equations for the two cases. The ball that was thrown upward will take longer to reach the ground, but when it arrives, it has the same velocity as the ball that was thrown downward.

### PROBLEMS

1. (a) 52.9 km/h (b) 90.0 km
3. (a) Boat A wins by 60 km. (b) 0

5. (a) 180 km (b) 63.4 km/h
7. (a) 2.50 m/s (b) −2.27 m/s (c) 0
9. 2.80 h, 218 km
11. (a) 5.00 m/s (b) −2.50 m/s (c) 0 (d) 5.00 m/s
13. (a) 4.0 m/s (b) −4.0 m/s (c) 0 (d) 2.0 m/s
15. (a) 70.0 mi/h·s = 31.3 m/s$^2$ = 3.19$g$
(b) 321 ft = 97.8 m
17. 3.7 s
19. (a) 8.0 m/s$^2$ (b) about 12 m/s$^2$
21. $2.74 \times 10^5$ m/s$^2$, or $2.79 \times 10^4$ times $g$
23. (a) 1.3 m/s$^2$ (b) 8.0 s
25. (a) 2.32 m/s$^2$ (b) 14.4 s
27. (a) 8.94 s (b) 89.4 m/s
29. 200 m
31. (a) 1.5 m/s (b) 32 m
33. (a) 8.2 s (b) $1.3 \times 10^2$ m
35. 38.2 m
37. (a) 21.1 m/s (b) 19.6 m (c) 18.1 m/s; 19.6 m
39. (a) 10.0 m/s upward (b) 4.68 m/s downward
41. 15.0 s
43. (a) $-3.50 \times 10^5$ m/s$^2$ (b) $2.86 \times 10^{-4}$ s
45. 0.60 s
47. (a) 3.00 s (b) −24.5 m/s, −24.5 m/s (c) 23.5 m
49. (a) 5.46 s (b) 73.0 m (c) $v_{\text{Kathy}}$ = 26.7 m/s, $v_{\text{Stan}}$ = 22.6 m/s
51. (a) $t_1$ = 5.0 s, $t_2$ = 85 s (b) 200 ft/s (c) 18 500 ft from starting point (d) 10 s after starting to slow down (total trip time = 100 s)
53. (a) 7.82 m (b) 0.782 s

## Chapter 3

### CHECKPOINTS

1. True
2. True
3. (b)
4. 40 km/h

### QUICK QUIZZES

1. (c)
2. (b)
3.

| Vector | x-component | y-component |
|---|---|---|
| $\vec{A}$ | − | + |
| $\vec{B}$ | + | − |
| $\vec{A} + \vec{B}$ | − | − |

4. (a)
5. (b)

### CONCEPTUAL QUESTIONS

1. The components of $\vec{A}$ will both be negative when $\vec{A}$ lies in the third quadrant. The components of $\vec{A}$ will have opposite signs when $\vec{A}$ lies in either the second quadrant or the fourth quadrant.
3. Assuming that the ship sails in a straight line, the wrench will strike the deck at the base of the mast. The wrench has the same horizontal velocity as the ship when it is released, and it will maintain that component of velocity as it falls. Thus, the wrench is always above the same spot on the deck and will strike that spot when it hits the deck. To an observer on the ship, the wrench appears to fall straight downward. To a stationary observer on shore, the wrench is seen to follow a parabolic trajectory.
5. Let $v_{0x}$ and $v_{0y}$ be the initial velocity components for the projectile fired on Earth. Because the projectile fired on the Moon is given the same initial velocity, its initial velocity components have the same values $v_{0x}$ and $v_{0y}$ as those for the projectile on Earth. From $v_y^2 = v_{0y}^2 - 2g\Delta y$, the maximum altitude reached by a projectile is found to be $H = v_{0y}^2/2g$. Because the free-fall acceleration $g$ is smaller on the Moon than on Earth, the maximum altitude will be greater for the projectile fired on the Moon. If they start from the same elevation, the projectile on the Moon will have a longer time of flight and therefore a greater range. The Apollo astronauts made several long golf drives on the Moon.
7. A vector has both magnitude and direction and can be added only to other vectors representing the same physical quantity. A scalar has only a magnitude and can be added only to other scalars representing the same physical quantity.
9. (a) At the top of the projectile's flight, its velocity is horizontal and its acceleration is downward. This is the only point at which the velocity and acceleration vectors are perpendicular. (b) If the projectile is thrown straight up or down, then the velocity and acceleration will be parallel throughout the motion. For any other kind of projectile motion, the velocity and acceleration vectors are never parallel.
11. (a) The acceleration is zero, since both the magnitude and direction of the velocity remain constant. (b) The particle has an acceleration, since the direction of $\vec{v}$ changes.
13. The spacecraft will follow a parabolic path equivalent to that of a projectile thrown off a cliff with a horizontal velocity. As regards the projectile, gravity provides an acceleration that is always perpendicular to the initial velocity, resulting in a parabolic path. As regards the spacecraft, the initial velocity plays the role of the horizontal velocity of the projectile, and the leaking gas plays the role that gravity plays in the case of the projectile. If the orientation of the spacecraft were to change in response to the gas leak (which is by far the more likely result), then the acceleration would change direction and the motion could become very complicated.
15. For angles $\theta < 45°$, the projectile thrown at angle $\theta$ will be in the air for a shorter interval. For the smaller angle, the vertical component of the initial velocity is smaller than that for the larger angle. Thus, the projectile thrown at the smaller angle will not go as high into the air and will spend less time in the air before landing.

### PROBLEMS

1. Approximately 421 ft at 3° below the horizontal
3. Approximately 15 m at 58° S of E
5. Approximately 310 km at 57° S of W
7. (a) Approximately 5.0 units at −53° (b) Approximately 5.0 units at +53°
9. (a) 5.00 blocks at 53.1° N of E (b) 13.0 blocks
11. 157 km
13. 245 km at 21.4° W of N
15. 196 cm at 14.7° below the $x$-axis
17. 12 m/s
19. 48.6 m/s

21. 25 m
23. (a) 32.5 m from the base of the cliff (b) 1.78 s
25. (a) 52.0 m/s horizontally (b) 212 m
27. 1.88 m
29. 249 ft upstream
31. 18.0 s
33. 196 cm at 14.7° below the positive $x$-axis
35. (a) 57.7 km/h at 60.0° west of vertical (b) 28.9 km/h downward
37. 68.6 km/h
39. $R_{\text{moon}} = 18$ m, $R_{\text{Mars}} = 7.9$ m
41. (a) 42 m/s (b) 3.8 s (c) $v_x = 34$ m/s, $v_y = -13$ m/s; $v = 37$ m/s
43. 7.5 m/s in the direction the ball was thrown
47. $R/2$
49. 7.5 min
51. 10.8 m
53. (b) $y = Ax^2$ with $A = \dfrac{g}{2v_i^2}$ where $v_i$ is the muzzle velocity (c) 14.5 m/s
55. (a) 20.0° above the horizontal (b) 3.05 s

## Chapter 4

### CHECKPOINTS

1. False (It could be changing direction.)
2. True
3. False
4. 1/4
5. No
6. True

### QUICK QUIZZES

1. (a) True (b) False
2. (a) True (b) True (c) False
3. (a) (The value of $g$ is smaller on the Moon than on Earth, so, for equal *weights*, the Moon *mass* must be greater.)
4. (c); (d)
5. (c)
6. (c)
7. (b)
8. (b)

### CONCEPTUAL QUESTIONS

1. (a) Two external forces act on the ball. (i) One is a downward gravitational force exerted by Earth. (ii) The second force on the ball is an upward normal force exerted by the hand. The reactions to these forces are (i) an upward gravitational force exerted by the ball on Earth and (ii) a downward force exerted by the ball on the hand. (b) After the ball leaves the hand, the only external force acting on the ball is the gravitational force exerted by Earth. The reaction is an upward gravitational force exerted by the ball on Earth.
3. No. If the car moves with constant acceleration, then a net force in the direction of the acceleration must be acting on it.
5. The coefficient of static friction is larger than that of kinetic friction. To start the box moving, you must counterbalance the maximum static friction force. This force exceeds the kinetic friction force that you must counterbalance to maintain the constant velocity of the box once it starts moving.
7. The inertia of the suitcase would keep it moving forward as the bus stops. There would be no tendency for the suitcase to be thrown backward toward the passenger. The case should be dismissed.
9. The force causing an automobile to move is the friction between the tires and the roadway as the automobile attempts to push the roadway backward. The force driving a propeller airplane forward is the reaction force exerted by the air on the propeller as the rotating propeller pushes the air backward (the action). In a rowboat, the rower pushes the water backward with the oars (the action). The water pushes forward on the oars and hence the boat (the reaction).
11. When the bus starts moving, Claudette's mass is accelerated by the force exerted by the back of the seat on her body. Clark is standing, however, and the only force acting on him is the friction between his shoes and the floor of the bus. Thus, when the bus starts moving, his feet accelerate forward, but the rest of his body experiences almost no accelerating force (only that due to his being attached to his accelerating feet!). As a consequence, his body tends to stay almost at rest, according to Newton's first law, relative to the ground. Relative to Claudette, however, he is moving toward her and falls into her lap. Both performers won Academy Awards.
13. The tension in the rope is the maximum force that occurs in *both* directions. In this case, then, since both are pulling with a force of magnitude 200 N, the tension is 200 N. If the rope does not move, then the force on each athlete must equal zero. Therefore, each athlete exerts 200 N against the ground.
15. (a) As the man takes the step, the action is the force his foot exerts on Earth; the reaction is the force exerted by Earth on his foot. (b) Here, the action is the force exerted by the snowball on the girl's back; the reaction is the force exerted by the girl's back on the snowball. (c) This action is the force exerted by the glove on the ball; the reaction is the force exerted by the ball on the glove. (d) This action is the force exerted by the air molecules on the window; the reaction is the force exerted by the window on the air molecules. In each case, we could equally well interchange the terms "action" and "reaction."

### PROBLEMS

1. (a) 12 N (b) 3.0 m/s$^2$
3. 3.71 N, 58.7 N, 2.27 kg
5. 9.6 N
7. $1.4 \times 10^3$ N
9. (a) 0.200 m/s$^2$ (b) 10.0 m (c) 2.00 m/s
11. $1.1 \times 10^4$ N
13. 150 N in vertical cable, 75 N in right-side cable, 130 N in left-side cable
15. 236 N (upper rope), 118 N (lower rope)
17. 64 N
19. (a) $7.50 \times 10^3$ N backward (b) 50.0 m
21. (a) 7.0 m/s$^2$ horizontal and to the right (b) 21 N (c) 14 N horizontal and to the right
23. 7.90 m/s
25. (a) 14.2 m/s (b) 588 m
27. (a) $2.15 \times 10^3$ N forward (b) 645 N forward (c) 645 N rearward (d) $1.02 \times 10^4$ N at 74.1° below horizontal and rearward
29. $\mu_s = 0.38$, $\mu_k = 0.31$

31. (a) 0.256 (b) 0.509 m/s$^2$
33. (a) 14.7 m (b) Neither mass is necessary.
35. 32.1 N
37. (a) 33 m/s (b) No. The object will speed up to 33 m/s from any lower speed and will slow down to 33 m/s from any higher speed.
39. $\mu_k = 0.287$
41. 3.30 m/s$^2$
43. (a) 0.404 (b) 45.8 lb
45. (a) 84.9 N upward (b) 84.9 N downward
47. 50 m
49. (a) friction between box and truck (b) 2.94 m/s$^2$
51. (a) 2.22 m (b) 8.74 m/s down the incline
53. (a) 0.232 m/s$^2$ (b) 9.68 N
55. (a) 1.7 m/s$^2$, 17 N (b) 0.69 m/s$^2$, 17 N
57. 100 N, 204 N
59. $5.5 \times 10^2$ N
61. (a) $7.1 \times 10^2$ N (b) $8.1 \times 10^2$ N (c) $7.1 \times 10^2$ N (d) $6.5 \times 10^2$ N
63. 72.0 N

## Chapter 5

### CHECKPOINTS

1. $6W$
2. True
3. Yes; a conveyor belt
4. (c)
5. (a)
6. Four

### QUICK QUIZZES

1. (c)
2. (d)

### CONCEPTUAL QUESTIONS

1. Since no motion is taking place, the rope undergoes no displacement and no work is done on it. For the same reason, no work is being done on the pullers or the ground. Work is being done only within the bodies of the pullers. For example, the heart of each puller is applying forces on the blood to move blood through the body.
3. When the slide is frictionless, changing the length or shape of the slide will not make any difference in the final speed of the child, as long as the difference in the heights of the upper and lower ends of the slide is kept constant. If friction must be considered, the path length along which the friction force does negative work will be greater when the slide is made longer or given bumps. Thus, the child will arrive at the lower end with less kinetic energy (and hence less speed).
5. If we ignore any effects due to rolling friction on the tires of the car, we find that the same amount of work would be done in driving up the switchback and in driving straight up the mountain, since the weight of the car is moved upwards against gravity by the same vertical distance in each case. If we include friction, there is more work done in driving the switchback, since the distance over which the friction force acts is much longer. So why do we use switchbacks? The answer lies in the force required, not the work. The force required from the engine to follow a gentle rise is much smaller than that required to drive straight up the hill. To negotiate roadways running straight uphill, engines would have to be redesigned to enable them to apply much larger forces. (For much the same reason, ramps are designed to move heavy objects into trucks, as opposed to lifting the objects vertically.)
7. (a) The tension in the supporting cord does no work, because the motion of the pendulum is always perpendicular to the cord and therefore to the tension force. (b) The air resistance does negative work at all times, because the air resistance is always acting in a direction opposite that of the motion. (c) The force of gravity always acts downwards; therefore, the work done by gravity is positive on the downswing and negative on the upswing.
9. Because the periods are the same for both cars, we need only to compare the work done. Since the sports car is moving twice as fast as the older car at the end of the time interval, it has four times the kinetic energy. Thus, according to the work–energy theorem, four times as much work was done, and the engine must have expended four times the power.
11. During the time that the toe is in contact with the ball, the work done by the toe on the ball is given by

$$W_{toe} = \tfrac{1}{2}m_{ball}v^2 - 0 = \tfrac{1}{2}m_{ball}v^2$$

where $v$ is the speed of the ball as it leaves the toe. After the ball loses contact with the toe, only the gravitational force and the retarding force due to air resistance continue to do work on the ball throughout its flight.
13. Yes, the total mechanical energy of the system is conserved because the only forces acting are conservative: the force of gravity and the spring force. There are two forms of potential energy in this case: gravitational potential energy and elastic potential energy stored in the spring.
15. Let's assume you lift the book slowly. In this case, there are two forces on the book that are almost equal in magnitude: the lifting force and the force of gravity. Thus, the positive work done by you and the negative work done by gravity cancel. There is no net work performed and no net change in the kinetic energy, so the work–energy theorem is satisfied.

### PROBLEMS

1. 700 J
3. (a) 61.3 J (b) −46.3 J (c) 0
5. (a) 79.4 N (b) 1.49 kJ (c) −1.49 kJ
7. (a) 2.00 m/s (b) 200 N
9. 0.265 m/s
11. (a) $-5.6 \times 10^2$ J (b) 1.2 m
13. (a) 90 J (b) $1.8 \times 10^2$ N
15. 1.0 m/s
17. 4.1 m
19. (a) 4.1 m (b) 6.4 m/s
21. $h = 6.94$ m
23. $W_{biceps} = 120$ J, $W_{chin\text{-}up} = 290$ J, additional muscles must be involved
25. 0.459 m
27. $1.53 \times 10^5$ N upwards
29. (a) 544 N/m (b) 19.7 m/s
31. 10.2 m
33. 2.1 kN
35. 3.8 m/s
37. 289 m

39. (a) 24.5 m/s (b) Yes (c) 206 m (d) Unrealistic; the actual retarding force will vary with speed.
41. (a) 1.24 kW (b) 20.9%
43. 8.01 W
45. (a) $2.38 \times 10^4$ W = 32.0 hp (b) $4.77 \times 10^4$ W = 63.9 hp
47. (a) 24.0 J (b) −3.00 J (c) 21.0 J
49. (a) The graph is a straight line passing through the points (0 m, −16 N), (2 m, 0 N), and (3 m, 8 N). (b) −12.0 J
51. (a) 575 N/m (b) 46.0 J
53. (a) 4.4 m/s (b) $1.5 \times 10^5$ N
55. (a) 3.13 m/s (b) 4.43 m/s (c) 1.00 m
57. (a) 0.588 J (b) 0.588 J (c) 2.42 m/s (d) $PE_C = 0.392$ J (e) $KE_C = 0.196$ J
59. (a) 423 mi/gal (b) 776 mi/gal
61. (a) 6.15 m/s (b) 9.87 m/s
63. (a) 101 J (b) 0.410 m (c) 2.84 m/s (d) −9.80 mm (e) 2.85 m/s
65. (a) 10.2 kW (b) 10.6 kW (c) $5.82 \times 10^6$ J
67. $v = (8gh/15)^{1/2}$
69. between 25.2 km/h and 27.0 km/h
71. (a) 6.75 W/m² (b) 6.64 kW/m² (c) A powerful automobile running on sunlight would have to carry on its roof a solar panel that was huge compared with the size of the car.

## Chapter 6

### CHECKPOINTS

1. True
2. False (Gravity applies an impulse.)
3. True
4. Yes

### QUICK QUIZZES

1. (c)
2. (c)
3. (a)
4. (a)

### CONCEPTUAL QUESTIONS

1. (a) No. It cannot carry more kinetic energy than it possesses. That would violate the law of energy conservation. (b) Yes. By bouncing from the object it strikes, it can deliver more momentum in a collision than it possesses in its flight.
3. If all the kinetic energy disappears, there must be no motion of either of the objects after the collision. If neither is moving, the final momentum of the system is zero, and the initial momentum of the system must also have been zero. A situation in which this could be true would be the head-on collision of two objects having momenta of equal magnitude but opposite direction.
5. Initially, the clay has momentum directed toward the wall. When it collides and sticks to the wall, neither the clay nor the wall appears to have any momentum. Thus, it is tempting to (wrongfully) conclude that momentum is not conserved. However, the "lost" momentum is actually imparted to the wall and Earth, causing both to move. Because of Earth's enormous mass, its recoil speed is too small to detect.
7. Before the step the momentum was zero, so afterward the net momentum must also be zero. Obviously, you have some momentum, so something must have momentum in the opposite direction. That something is Earth, the enormous mass of which ensures that its recoil speed will be too small to detect, but if you want to make Earth move, it is as simple as taking a step.
9. As the water is forced out of the holes in the arm, the arm imparts a horizontal impulse to the water. The water then exerts an equal and opposite impulse on the spray arm, causing the spray arm to rotate in the direction opposite that of the spray.
11. Its speed decreases as its mass increases. There are no external horizontal forces acting on the box, so its momentum cannot change as it moves along the horizontal surface. As the box slowly fills with water, its mass increases with time. Because the product $mv$ must be a constant, and because $m$ is increasing, the speed of the box must decrease.
13. It will be easiest to catch the medicine ball when its speed (and kinetic energy) is lowest. The first option—throwing the medicine ball at the same velocity—will be the most difficult, because the speed will not be reduced at all. The second option, throwing the medicine ball with the same momentum, will reduce the velocity by the ratio of the masses. Since $m_t v_t = m_m v_m$, it follows that

$$v_m = v_t\left(\frac{m_t}{m_m}\right)$$

The third option, throwing the medicine ball with the same kinetic energy, will also reduce the velocity, but only by the square root of the ratio of the masses. Since

$$\frac{1}{2}m_t v_t^2 = \frac{1}{2}m_m v_m^2$$

it follows that

$$v_m = v_t\sqrt{\frac{m_t}{m_m}}$$

Thus, the slowest—and easiest—throw will be made when the momentum is held constant. If you wish to check this answer, try substituting in values of $v_t = 1$ m/s, $m_t = 1$ kg, and $m_m = 100$ kg. Then the same-momentum throw will be caught at 1 cm/s, while the same-energy throw will be caught at 10 cm/s.
15. The follow-through keeps the club in contact with the ball as long as possible, maximizing the impulse. Thus, the ball accrues a larger change in momentum than without the follow-through, and it leaves the club with a higher velocity and travels farther. With a short shot to the green, the primary factor is control, not distance. Hence, there is little or no follow-through, allowing the golfer to have a better feel for how hard he or she is striking the ball.

### PROBLEMS

1. 1.39 N · s up
3. (a) $8.35 \times 10^{-21}$ kg · m/s (b) 4.50 kg · m/s (c) 750 kg · m/s (d) $1.78 \times 10^{29}$ kg · m/s
5. (a) 31.0 m/s (b) the bullet, $3.38 \times 10^3$ J versus 69.7 J
7. $\sim 10^3$ N upward
9. 364 kg · m/s forward, 438 N forward
11. (a) 8.0 N · s (b) 5.3 m/s (c) 3.3 m/s
13. (a) 12 N · s (b) 8.0 N · s (c) 8.0 m/s, 5.3 m/s
15. (a) $9.60 \times 10^{-2}$ s (b) $3.65 \times 10^5$ N (c) 26.6$g$
17. $6.7 \times 10^3$ N toward the west
19. 65 m/s

21. (a) 1.15 m/s (b) 0.346 m/s directed opposite to girl's motion
23. 1.67 m/s
25. (a) 1.80 m/s (b) $2.16 \times 10^4$ J
27. 57 m
29. 15.6 m/s
31. 273 m/s
33. (a) −6.67 cm/s, 13.3 cm/s (b) 0.889
35. 17.1 cm/s (25.0-g object), 22.1 cm/s (10.0-g object)
37. 7.94 cm
39. (a) 2.9 m/s at 32° N of E (b) $7.9 \times 10^2$ J converted into internal energy
41. 5.59 m/s north
43. (a) 2.50 m/s at −60° (b) elastic collision
45. (a) 9.0 m/s (b) −15 m/s
47. (a) 8/3 m/s (incident particle), 32/3 m/s (target particle) (b) −16/3 m/s (incident particle), 8/3 m/s (target particle) (c) $7.1 \times 10^{-2}$ J in case (a), and $2.8 \times 10^{-3}$ J in case (b). The incident particle loses more kinetic energy in case (a), in which the target mass is 1.0 g.
49. $1.1 \times 10^3$ N (upward)
51. (a) −0.667 m/s (b) 0.952 m
53. (a) 0.28 or 28% (b) $1.1 \times 10^{-13}$ J for the neutron, $4.5 \times 10^{-14}$ J for carbon
55. $\dfrac{2v_0^2}{9\mu_k g} - \dfrac{4d}{9}$
57. (a) No. After colliding, the cars, moving as a unit, would travel northeast, so they couldn't damage property on the southeast corner. (b) $x$-component: 16.3 km/h, $y$-component: 9.17 km/h, angle: the final velocity of the car is 18.7 km/h at 29.4° north of east, consistent with part (a).
59. (a) 4.85 m/s (b) 8.41 m

## Chapter 7

### CHECKPOINTS

1. (c)
2. $\pi$ rad/s$^2$
3. False
4. (b)
5. False (It becomes less negative, approaching zero.)

### QUICK QUIZZES

1. (c)
2. (b)
3. (b)
4. (b)
5. (a)
6. 1. (e) 2. (a) 3. (b)
7. (d)

### CONCEPTUAL QUESTIONS

1. An object can move in a circle even if the total force on it is not perpendicular to its velocity, but then its speed will change. Resolve the total force into an inward radial component and a perpendicular tangential component. If the tangential force acts in the forward direction, the object will speed up, and if the tangential force acts backward, the object will slow down.
3. The speedometer will be inaccurate. The speedometer measures the number of tire revolutions per second, so its readings will be too low.
5. The car cannot round a turn at constant velocity, because "constant velocity" means the direction of the velocity is not changing. The statement is correct if the word "velocity" is replaced by the word "speed."
7. The gravitational force exerted on the moon by the planet produces a centripetal acceleration. Mathematically,

$$m_{\text{moon}}\left(\frac{v_t^2}{r}\right) = \frac{GMm_{\text{moon}}}{r^2}$$

or the mass of the planet is $M = rv_t^2/G$. Both $r$ and $v_t$ can be determined by observing the motion of the moon, and the mass of the planet is then easily computed.
9. Consider an individual standing against the inside wall of the cylinder with her head pointed toward the axis of the cylinder. As the cylinder rotates, the person tends to move in a straight-line path tangent to the circular path followed by the cylinder wall. As a result, the person presses against the wall, and the normal force exerted on her provides the radial force required to keep her moving in a circular path. If the rotational speed is adjusted such that this normal force is equal in magnitude to her weight on Earth, she will not be able to distinguish between the artificial gravity of the colony and ordinary gravity.
11. The tendency of the water is to move in a straight-line path tangent to the circular path followed by the container. As a result, at the top of the circular path, the water presses against the bottom of the pail, and the normal force exerted by the pail on the water provides the radial force required to keep the water moving in its circular path.
13. (b) decrease. The free-fall acceleration near the surface of the Earth is given by $g = GM_E/R_E^2$, therefore, doubling both the Earth's mass and its radius would reduce the value of $g$ by a factor of 2.

### PROBLEMS

1. (a) $3.2 \times 10^8$ rad (b) $5.0 \times 10^7$ rev
3. $1.99 \times 10^{-7}$ rad/s, 0.986°/day
5. (a) 821 rad/s$^2$ (b) $4.21 \times 10^3$ rad
7. 3.2 rad
9. Main rotor: 179 m/s = 0.522 $v_{\text{sound}}$
Tail rotor: 221 m/s = 0.644 $v_{\text{sound}}$
11. $\sim 10^{-2}$ cm
13. 13.7 rad/s$^2$
15. (a) $3.37 \times 10^{-2}$ m/s$^2$ downward (b) 0
17. (a) 0.35 m/s$^2$ (b) 1.0 m/s (c) 0.35 m/s$^2$, 0.94 m/s$^2$, 1.0 m/s$^2$ at 20° forward with respect to the direction of $a_c$
19. (a) 1.10 kN (b) 2.04 times her weight
21. 22.6 m/s
23. (a) 18.0 m/s$^2$ (b) 900 N (c) 1.84; this large coefficient is unrealistic, and she will not be able to stay on the merry-go-round.
25. (a) 1.58 m/s$^2$ (b) 455 N upward (c) 329 N upward (d) 397 N directed inward and 80.8° above horizontal
27. 321 N toward Earth
29. $1.1 \times 10^{-10}$ N at 72° above the + $x$-axis
31. (a) $2.50 \times 10^{-5}$ N toward the 500-kg object (b) Between the two objects and 0.245 m from the 500-kg object
33. (a) $9.58 \times 10^6$ m (b) 5.57 h
35. $1.90 \times 10^{27}$ kg
37. (a) 1.48 h (b) $7.79 \times 10^3$ m/s (c) $6.43 \times 10^9$ J
39. (a) 9.40 rev/s (b) 44.1 rev/s$^2$; $a_r$ = 2 590 m/s$^2$; $a_t$ = 206 m/s$^2$ (c) $F_r$ = 514 N; $F_t$ = 40.7 N

**41.** (a) $7.76 \times 10^3$ m/s (b) 89.3 min

**43.** (a) $n = m\left(g - \frac{v^2}{r}\right)$ (b) 17.1 m/s

**45.** (a) $F_{g,\,true} = F_{g,\,apparent} + mR_E\omega^2$
(b) 732 N (equator), 735 N (either pole)

**47.** 0.131

**51.** (a) 15.3 km (b) $1.66 \times 10^{16}$ kg (c) $1.13 \times 10^4$ s

**53.** 0.835 rev/s = 50.1 rev/min

**55.** (a) 10.6 kN (b) 14.1 m/s

**57.** (a) 0.605 m/s (b) 17.3 rad/s (c) 5.82 m/s (d) The crank length is unnecessary.

## Chapter 8

### CHECKPOINTS

**1.** 40 cm

**2.** False

### QUICK QUIZZES

**1.** (d)

**2.** (b)

**3.** (b)

**4.** (a)

**5.** (c)

**6.** (a)

### CONCEPTUAL QUESTIONS

**1.** In order for you to remain in equilibrium, your center of gravity must always be over your point of support, the feet. If your heels are against a wall, your center of gravity cannot remain above your feet when you bend forward, so you lose your balance.

**3.** There are two major differences between torque and work. The primary difference is that the displacement in the expression for work is directed along the force, while the important distance in the torque expression is perpendicular to the force. The second difference involves whether there is motion. In the case of work, work is done only if the force succeeds in causing a displacement of the point of application of the force. By contrast, a force applied at a perpendicular distance from a rotation axis results in a torque regardless of whether there is motion.

As far as units are concerned, the mathematical expressions for both work and torque are in units that are the product of newtons and meters, but this product is called a joule in the case of work and remains a newton-meter in the case of torque.

**5.** No. For an object to be in equilibrium, the net external force acting on it must be zero. This is not possible when only one force acts on the object, unless that force should have zero magnitude. In that case, there is really no force acting on the object.

**7.** The angular momentum of the gas cloud is conserved. Thus, the product $I\omega$ remains constant. As the cloud shrinks in size, its moment of inertia decreases, so its angular speed $\omega$ must increase.

**9.** We can assume fairly accurately that the driving motor will run at a constant angular speed and at a constant torque. Therefore, as the radius of the take-up reel increases, the tension in the tape will decrease, in accordance with the equation.

$$T = \tau_{const}/R_{take\text{-}up} \qquad (1)$$

As the radius of the source reel decreases, given a decreasing tension, the torque in the source reel will decrease even faster, as the following equation shows:

$$\tau_{source} = TR_{source} = \tau_{const}R_{source}/R_{take\text{-}up} \qquad (2)$$

This torque will be partly absorbed by friction in the feed heads (which we assume to be small); some will be absorbed by friction in the source reel. Another small amount of the torque will be absorbed by the increasing angular speed of the source reel. However, in the case of a sudden jerk on the tape, the changing angular speed of the source reel becomes important. If the source reel is full, then the moment of inertia will be large and the tension in the tape will be large. If the source reel is nearly empty, then the angular acceleration will be large instead. Thus, the tape will be more likely to break when the source reel is nearly full. One sees the same effect in the case of paper towels: It is easier to snap a towel free when the roll is new than when it is nearly empty.

**11.** The initial angular momentum of the system (mouse plus turntable) is zero. As the mouse begins to walk clockwise, its angular momentum increases, so the turntable must rotate in the counterclockwise direction with an angular momentum whose magnitude equals that of the mouse. This conclusion follows from the fact that the final angular momentum of the system must equal the initial angular momentum (zero).

**13.** When a ladder leans against a wall, both the wall and the floor exert forces of friction on the ladder. If the floor is perfectly smooth, it can exert no frictional force in the horizontal direction to counterbalance the wall's normal force. Therefore, a ladder on a smooth floor cannot stand in equilibrium. However, a smooth wall can still exert a normal force to hold the ladder in equilibrium against horizontal motion. The counterclockwise torque of this force prevents rotation about the foot of the ladder. So you should choose a rough floor.

### PROBLEMS

**1.** 133 N

**3.** (a) 30 N · m (counterclockwise)
(b) 36 N · m (counterclockwise)

**5.** 5.1 N · m

**7.** $F_t$ = 724 N, $F_s$ = 716 N

**9.** 312 N

**11.** $x_{cg}$ = 3.33 ft, $y_{cg}$ = 1.67 ft

**13.** 1.01 m in Figure P8.11b; 0.015 m towards the head in Figure P8.11c.

**15.** $T$ = 2.71 kN, $R_x$ = 2.65 kN

**17.** (a) 443 N, (b) 222 N (to the right), 216 N (upwards)

**19.** $R$ = 107 N, $T$ = 157 N

**21.** $T_1$ = 501 N, $T_2$ = 672 N, $T_3$ = 384 N

**23.** 6.15 m

**25.** 209 N

**27.** (a) 99.0 kg · m$^2$ (b) 44.0 kg · m$^2$ (c) 143 kg · m$^2$

**29.** (a) 24.0 N · m (b) 0.035 6 rad/s$^2$ (c) 1.07 m/s$^2$

**31.** (a) 34 N (b) 33 cm

**33.** 177 N

**35.** (a) 500 J (b) 250 J (c) 750 J

**37.** 276 J
**39.** 149 rad/s
**41.** 17.5 J · s counterclockwise
**43.** 8.0 rev/s
**45.** 6.73 rad/s
**47.** (a) 0.360 rad/s counterclockwise (b) 99.9 J
**49.** (a) $\omega = \left(\frac{I_1}{I_1 + I_2}\right)\omega_0$ (b) $\frac{KE_f}{KE_i} = \frac{I_1}{I_1 + I_2} < 1$
**51.** (a) 1.1 m/s$^2$ (b) $T_1 = 22$ N, $T_2 = 44$ N
**53.** 36.9°
**55.** $a_{\text{sphere}} = \frac{g\sin\theta}{1.4}$, $a_{\text{disk}} = \frac{g\sin\theta}{1.5}$, $a_{\text{ring}} = \frac{g\sin\theta}{2.0}$
Thus, the sphere wins and the ring comes in last.
**57.** 1.09 m
**59.** (a) $Mvd$ (b) $Mv^2$ (c) $Mvd$ (d) $2v$ (e) $4Mv^2$ (f) $3Mv^2$
**61.** (a) $T = \frac{Mmg}{M + 4m}$ (b) $a_t = \frac{4mg}{M + 4m}$
**63.** 24.5 m/s
**65.** (a) 3.12 m/s$^2$ (b) $T_1 = 26.7$ N, $T_2 = 9.37$ N
**67.** $6w = 4.5$ kN

## Chapter 9

### CHECKPOINTS

1. Half a millimeter
2. False
3. False
4. False

### QUICK QUIZZES

1. (c)
2. (a)
3. (c)
4. (b)
5. (c)
6. (a)

### CONCEPTUAL QUESTIONS

**1.** She exerts enough pressure on the floor to dent or puncture the floor covering. The large pressure is caused by the fact that her weight is distributed over the very small cross-sectional area of her high heels. If you are the homeowner, you might want to suggest that she remove her high heels and put on some slippers.

**3.** If you think of the grain stored in the silo as a fluid, the pressure the grain exerts on the walls of the silo increases with increasing depth, just as water pressure in a lake increases with increasing depth. Thus, the spacing between bands is made smaller at the lower portions to counterbalance the larger outward forces on the walls in these regions.

**5.** The syringe doesn't really draw the blood from the vein. By moving the plunger in the syringe back, the nurse lowers the pressure inside the syringe below the pressure inside the vein. Then the blood pressure within the body forces blood out into the syringe, which "accepts" the blood.

**7.** In the ocean, the ship floats due to the buoyant force from salt water, which is denser than fresh water. As the ship is pulled up the river, the buoyant force from the fresh water in the river is not sufficient to support the weight of the ship, and it sinks.

**9.** The balance will not be in equilibrium: The side with the lead will be lower. Despite the fact that the weights on both sides of the balance are the same, the Styrofoam, due to its larger volume, will experience a larger buoyant force from the surrounding air. Thus, the net force of the weight and the buoyant force is larger in the downward direction for the lead than for the Styrofoam.

**11.** The two cans displace the same volume of water and hence are acted upon by buoyant forces of equal magnitude. The total weight of the can of diet cola must be less than this buoyant force, whereas the total weight of the can of regular cola is greater than the buoyant force. This is possible even though the two containers are identical and contain the same volume of liquid. Because of the difference in the quantities and densities of the sweeteners used, the volume $V$ of the diet mixture will have less mass than an equal volume of the regular mixture.

**13.** As the truck passes, the air between your car and the truck is squeezed into the channel between the two vehicles and moves at a higher speed than when your car is in the open. According to Bernoulli's principle, this high-speed air has a lower pressure than the air on the outer side of your car. The difference in pressure exerts a net force on your car toward the truck.

**15.** Opening the windows results in a smaller pressure difference between the exterior and interior of the house and, therefore, less tendency for severe damage to the structure due to the Bernoulli effect.

### PROBLEMS

**1.** 1.3 mm
**3.** $1.8 \times 10^6$ Pa
**5.** $3.5 \times 10^8$ Pa
**7.** 4.4 mm
**9.** 1.9 cm
**11.** (a) $1.88 \times 10^5$ Pa (b) $2.65 \times 10^5$ Pa
**13.** 1.4 atm
**15.** $3.4 \times 10^2$ m
**17.** 0.133 m
**19.** 271 kN horizontally toward the cellar
**21.** $1.05 \times 10^5$ Pa
**23.** 26.6 N · m
**25.** 9.41 kN
**27.** (b) 5.9 km
**29.** $2.67 \times 10^3$ kg
**31.** (a) $1.46 \times 10^{-2}$ m$^3$ (b) $2.10 \times 10^3$ kg/m$^3$
**33.** 1.07 m/s$^2$
**35.** 17.3 N (upper scale), 31.7 N (lower scale)
**37.** (a) 80 g/s (b) 0.27 mm/s
**39.** 12.6 m/s
**41.** 9.00 cm
**43.** 1.47 cm
**45.** (a) 28.0 m/s (b) 28.0 m/s (c) 2.11 MPa
**47.** 8.6 N
**49.** 2.1 MPa
**51.** 2.8 $\mu$m
**53.** 0.41 mm
**55.** $RN = 4.3 \times 10^3$; turbulent flow
**57.** $1.4 \times 10^{-5}$ N · s/m$^2$
**59.** (a) The buoyant forces are the same because the two blocks displace equal amounts of water. (b) The spring scale reads largest value for the iron block. (c) $B = 2.0 \times 10^3$ N for both blocks, $T_{\text{iron}} = 13 \times 10^3$ N, $T_{\text{aluminum}} = 3.3 \times 10^3$ N.

**61.** $2.5 \times 10^7$ capillaries
**63.** (a) 1.57 kPa, $1.55 \times 10^{-2}$ atm, 11.8 mm of Hg
(b) The fluid level in the tap should rise.
(c) Blockage of flow of the cerebrospinal fluid
**65.** $4.14 \times 10^3$ m$^3$
**67.** 833 kg/m$^3$
**69.** 1.3 cm

## Chapter 10

### CHECKPOINTS

1. True
2. True
3. (c)
4. Four

### QUICK QUIZZES

1. (c)
2. (b)
3. (c)
4. (a)

### CONCEPTUAL QUESTIONS

**1.** The accurate answer is that it doesn't matter! Temperatures on the Kelvin and Celsius scales differ by only 273 degrees. This difference is insignificant for temperatures on the order of $10^7$ degrees. If we imagine that the temperature is given in kelvins and ignore any problems with significant figures, then the Celsius temperature is $1.499\,972\,7 \times 10^7$°C.
**3.** Mercury must have the larger coefficient of expansion. As the temperature of a thermometer rises, both the mercury and the glass expand. If they both had the same coefficient of linear expansion, the mercury and the cavity in the glass would expand by the same amount, and there would be no apparent movement of the end of the mercury column relative to the calibration scale on the glass. If the glass expanded more than the mercury, the reading would go down as the temperature went up! Now that we have argued this conceptually, we can look in a table and find that the coefficient for mercury is about 20 times as large as that for glass, so that the expansion of the glass can sometimes be ignored.
**5.** We can think of each bacterium as being a small bag of liquid containing bubbles of gas at a very high pressure. The ideal gas law indicates that if the bacterium is raised rapidly to the surface, then its volume must increase dramatically. In fact, the increase in volume is sufficient to rupture the bacterium.
**7.** The bags of chips contain a sealed sample of air. When the bags are taken up the mountain, the external atmospheric pressure on them is reduced. As a result, the difference between the pressure of the air inside the bags and the reduced pressure outside results in a net force pushing the plastic of the bag outward.
**9.** Additional water vaporizes into the bubble, so that the number of moles $n$ increases.

### PROBLEMS

**1.** (a) −460°C (b) 37.0°C (c) − 280°C
**3.** (a) −423°C, 20.28 K (b) 68°F, 293 K
**9.** (a) 1 337 K, 2 933 K (b) 1 596°C, 1 596 K
**11.** 31 cm
**13.** 55.0°C
**15.** (a) −179°C (attainable) (b) −376°C (below 0 K, unattainable)
**17.** 2.171 cm
**19.** $2.7 \times 10^2$ N
**21.** 1.1 L (0.29 gal)
**23.** (a) 627°C (b) 927°C
**25.** (a) $2.5 \times 10^{19}$ molecules (b) $4.1 \times 10^{-21}$ mol
**27.** 287°C
**29.** 7.1 m
**31.** 16.0 cm$^3$
**33.** $6.21 \times 10^{-21}$ J
**35.** $6.64 \times 10^{-27}$ kg
**37.** (a) $8.76 \times 10^{-21}$ J
(b) $v_{\text{rms, He}} = 1.62$ km/s, $v_{\text{rms, Ar}} = 514$ m/s
**39.** 16 N
**41.** 3.55 L
**43.** 6.57 MPa
**45.** The expansion of the mercury is almost 20 times that of the flask (assuming Pyrex glass).
**47.** shorter, by 0.061 mm
**49.** 1.61 MPa
**51.** (a) $\theta = \dfrac{(\alpha_2 - \alpha_1)L_0(\Delta T)}{\Delta r}$
(c) The bar bends in the opposite direction.

## Chapter 11

### CHECKPOINTS

1. Because "heat" by definition is a transfer of thermal energy.
2. True
3. False
4. False

### QUICK QUIZZES

1. (a) Water, glass, iron (b) Iron, glass, water
2. (b) The slopes are proportional to the reciprocal of the specific heat, so a larger specific heat results in a smaller slope, meaning more energy is required to achieve a given temperature change.
3. (c)
4. (b)
5. (a) 4 (b) 16 (c) 64

### CONCEPTUAL QUESTIONS

**1.** When you rub the surface, you increase the temperature of the rubbed region. With the metal surface, some of this energy is transferred away from the rubbed site by conduction. Consequently, the temperature in the rubbed area is not as high for the metal as it is for the wood, and it feels relatively cooler than the wood.
**3.** The fruit loses energy into the air by radiation and convection from its surface. Before ice crystals can form inside the fruit to rupture cell walls, all of the liquid water on the skin will have to freeze. The resulting time delay may prevent damage within the fruit throughout a frosty night. Further, a surface film of ice provides some insulation to slow subsequent energy loss by conduction from within the fruit.
**5.** The operation of an immersion coil depends on the convection of water to maintain a safe temperature. As the

water near a coil warms up, the warmed water floats to the top due to Archimedes' principle. The temperature of the coil cannot go higher than the boiling temperature of water, 100°C. If the coil is operated in air, convection is reduced, and the upper limit of 100°C is removed. As a result, the coil can become hot enough to be damaged. If the coil is used in an attempt to warm a thick liquid like stew, convection cannot occur fast enough to carry energy away from the coil, so that it again may become hot enough to be damaged.

**7.** One of the ways that objects transfer energy is by radiation. The top of the mailbox is oriented toward the clear sky. Radiation emitted by the top of the mailbox goes upward and into space. There is little radiation coming down from space to the top of the mailbox. Radiation leaving the sides of the mailbox is absorbed by the environment. Radiation from the environment (trees, houses, cars, etc.), however, can enter the sides of the mailbox, keeping them warmer than the top. As a result, the top is the coldest portion and frost forms there first.

**9.** Tile is a better conductor of energy than carpet, so the tile conducts energy away from your feet more rapidly than does the carpeted floor.

**11.** The large amount of energy stored in the concrete during the day as the sun falls on it is released at night, resulting in an overall higher average temperature in the city than in the countryside. The heated air in a city rises as it's displaced by cooler air moving in from the countryside, so evening breezes tend to blow from country to city.

**13.** The fingers are wetted to create a layer of steam between the fingers and the molten lead. The steam acts as an insulator and prevents serious burns. This demonstration is dangerous: we don't recommend it.

### PROBLEMS

**1.** 10.1°C
**3.** (a) $1.67 \times 10^{18}$ J (b) 53.1 yr
**5.** $1.03 \times 10^3$ J
**7.** 2.85 km
**9.** 88 W
**11.** 185 g
**13.** 80 g
**15.** $1.8 \times 10^3$ J/kg·°C
**17.** 0.26 kg
**19.** 65°C
**21.** 2.3 km
**23.** 16°C
**25.** $t_{boil}$ = 2.8 min, $t_{evaporate}$ = 18 min
**27.** (a) all ice melts, $T_f$ = 40°C (b) 8.0 g melts, $T_f$ = 0°C
**29.** 402 MW
**31.** 14 ft$^2$·°F·h/Btu
**33.** 9.0 cm
**35.** 0.11 kW
**37.** $\sim 10^3$ W
**39.** 12 kW
**41.** 2.3 kg
**43.** 29°C
**45.** 30.3 kcal/h
**47.** 109°C
**49.** 51.2°C
**51.** (a) 7 stops (b) Assumes that no energy is lost to the surroundings and that all internal energy generated stays with the brakes.
**53.** (b) $2.7 \times 10^3$ J/kg·°C
**55.** 10.9 g

## Chapter 12

### CHECKPOINTS

**1.** True
**2.** True
**3.** True
**4.** False

### QUICK QUIZZES

**1.** (b)
**2.** A is isovolumetric, B is adiabatic, C is isothermal, D is isobaric.
**3.** (c)
**4.** (b)
**5.** The number 7 is the most probable outcome. The numbers 2 and 12 are the least probable outcomes.

### CONCEPTUAL QUESTIONS

**1.** If there is no change in internal energy, then, according to the first law of thermodynamics, the heat is equal to the negative of the work done on the gas (and thus equal to the work done *by* the gas). Thus, $Q = -W = W_{\text{by gas}}$.

**3.** The energy that is leaving the body by work and heat is replaced by means of biological processes that transform chemical energy in the food that the individual ate into internal energy. Thus, the temperature of the body can be maintained.

**5.** The statement shows a misunderstanding of the concept of heat. Heat is energy in the process of being transferred, not a form of energy that is held or contained. If you wish to speak of energy that is contained, you speak of **internal energy**, not heat. Correct statements would be (1) "Given any two objects in thermal contact, the one with the higher temperature will transfer energy by heat to the other" and (2) "Given any two objects of equal mass, the one with the higher product of absolute temperature and specific heat contains more internal energy."

**7.** Although no energy is transferred into or out of the system by heat, work is done on the system as the result of the agitation. Consequently, both the temperature and the internal energy of the coffee increase.

**9.** Practically speaking, it isn't possible to create a heat engine that creates no thermal pollution, because there must be both a hot heat source (energy reservoir) and a cold heat sink (low-temperature energy reservoir). The heat engine will warm the cold heat sink and will cool down the heat source. If either of those two events is undesirable, then there will be thermal pollution.

Under some circumstances, the thermal pollution would be negligible. For example, suppose a satellite in space were to run a heat pump between its sunny side and its dark side. The satellite would intercept some of the energy that gathered on one side and would "dump" it to the dark side. Since neither of those effects would be particularly undesirable, it could be said that such a heat pump produced no thermal pollution.

**11.** The rest of the Universe must have an entropy change of +8.0 J/K or more.

13. The first law is a statement of conservation of energy that says that we cannot devise a cyclic process that produces more energy than we put into it. If the cyclic process takes in energy by heat and puts out work, we call the device a heat engine. In addition to the first law's limitation, the second law says that, during the operation of a heat engine, some energy must be ejected to the environment by heat. As a result, it is theoretically impossible to construct a heat engine that will work with 100% efficiency.

### PROBLEMS

3. $1.1 \times 10^4$ J
5. (a) −810 J (b) −507 J (c) −203 J
7. (a) $-6.1 \times 10^5$ J (b) $4.6 \times 10^5$ J
9. (a) $1.09 \times 10^3$ K (b) −6.81 kJ
11. (a) 567 J (b) 167 J
13. (a) −88.5 J (b) 722 J
15. (a) $-9.12 \times 10^{-3}$ J (b) −333 J
17. (a) 0.95 J (b) $3.2 \times 10^5$ J (c) $3.2 \times 10^5$ J
19. 0.489 (or 48.9%)
21. (a) 0.333 (or 33.3%) (b) 2/3
23. (a) 0.672 (or 67.2%) (b) 58.8 kW
25. (a) 0.294 (or 29.4%) (b) 500 J (c) 1.67 kW
27. 1/3
29. (a) −1.2 kJ/K (b) 1.2 kJ/K
31. 57 J/K
33. 3.27 J/K
35.

| End Result | Possible Tosses | Total Number of Same Result |
|---|---|---|
| All H | HHHH | 1 |
| 1T, 3H | HHHT, HHTH, HTHH, THHH | 4 |
| 2T, 2H | HHTT, HTHT, THHT, HTTH, THTH, TTHH | 6 |
| 3T, 1H | TTTH, TTHT, THTT, HTTT | 4 |
| All T | TTTT | 1 |

(a) Most probable result = 2H and 2T (b) all H or all T (c) 2H and 2T

37. (a) $-|Q_h|/T_h$ (b) $|Q_c|/T_c$ (c) $|Q_h|/T_h - |Q_c|/T_c$ (d) 0
39. 2.8°C
41. 18°C
43. (a) 12.2 kJ (b) 4.05 kJ (c) 8.15 kJ
45. (a) 26 J (b) $9.0 \times 10^5$ J (c) $9.0 \times 10^5$ J
47. (a) 2.49 kJ (b) 1.50 kJ (c) −990 J
49. (a) 0.554 (or 55.4%) (b) The Carnot efficiency is 0.749 (or 74.9%)
51. 0.146; 486 kcal

## Chapter 13

### CHECKPOINTS

1. The period is doubled.
2. The period remains the same.
3. The wavelength decreases.
4. False

### QUICK QUIZZES

1. (d)
2. (a)
3. (c)
4. (d)
5. (c), (b)
6. (a)
7. (b)

### CONCEPTUAL QUESTIONS

1. It will increase. The speed of the wave varies inversely with the mass per unit length of the rope, so it is higher in the lighter rope. The frequency is unchanged as the wave passes from one rope to the other one. The wavelength is $\lambda = v/f$, so with the frequency constant and the speed increasing, the wavelength must increase.
3. No. Because the total energy is $E = \frac{1}{2}kA^2$, changing the mass of the object while keeping $A$ constant has no effect on the total energy. When the object is at a displacement $x$ from equilibrium, the potential energy is $\frac{1}{2}kx^2$, independent of the mass, and the kinetic energy is $KE = E - \frac{1}{2}kx^2$, also independent of the mass.
5. When the spring with two objects on opposite ends is set into oscillation in space, the coil at the exact center of the spring does not move. Thus, we can imagine clamping the center coil in place without affecting the motion. If we do this, we have two separate oscillating systems, one on each side of the clamp. The half-spring on each side of the clamp has twice the spring constant of the full spring, as shown by the following argument: The force exerted by a spring is proportional to the separation of the coils as the spring is extended. Imagine that we extend a spring by a given distance and measure the distance between coils. We then cut the spring in half. If one of the half-springs is now extended by the same distance, the coils will be twice as far apart as they were in the complete spring. Thus, it takes twice as much force to stretch the half-spring, from which we conclude that the half-spring has a spring constant which is twice that of the complete spring. Hence, our clamped system of objects on two half-springs will vibrate with a frequency that is higher than $f$ by a factor of the square root of two.
7. The bouncing ball is not an example of simple harmonic motion. The ball does not follow a sinusoidal function for its position as a function of time. The daily movement of a student is also not simple harmonic motion, since the student stays at a fixed location—school—for a long time. If this motion were sinusoidal, the student would move more and more slowly as she approached her desk, and as soon as she sat down at the desk, she would start to move back toward home again.
9. We assume that the buoyant force acting on the sphere is negligible in comparison to its weight, even when the sphere is empty. We also assume that the bob is small compared with the pendulum length. Then, the frequency of the pendulum is $f = 1/T = (1/2\pi)\sqrt{g/L}$, which is independent of mass. Thus, the frequency will not change as the water leaks out.
11. As the temperature increases, the length of the pendulum will increase due to thermal expansion, and with a greater length, the period of the pendulum increases. Thus, it takes longer to execute each swing, so that each second according to the clock will take longer than an actual second. Consequently, the clock will run slow.
13. A wave on a massless string would have an infinite speed of propagation, because the linear mass density of the string is zero.

15. The kinetic energy is proportional to the square of the speed, and the potential energy is proportional to the square of the displacement. Therefore, both must be positive quantities.

### PROBLEMS

1. (a) 24 N toward the equilibrium position (b) 60 m/s$^2$ toward the equilibrium position.
3. (b) 1.81 s (c) No, the force is not of the form of Hooke's law.
5. 0.242 kg
7. (a) 60 J (b) 49 m/s
9. $2.94 \times 10^3$ N/m
11. (a) $PE = E/4$, $KE = 3E/4$ (b) $x = A/\sqrt{2}$
13. (a) 0.28 m/s (b) 0.26 m/s (c) 0.26 m/s (d) 3.5 cm
15. 39.2 N
17. The horizontal displacement is described by $x(t) = A \cos \omega t$, where $A$ is the distance from the center of the wheel to the crankpin.
19. 0.63 s
21. (a) 1.0 s (b) 0.28 m/s (c) 0.25 m/s
23. $v = \pm\omega A \sin \omega t$, $a = -\omega^2 A \cos \omega t$
25. 105 complete oscillations
27. (a) slow (b) 9:47 A.M.
29. (a) $L_{\text{Earth}} = 25$ cm, $L_{\text{Mars}} = 9.4$ cm (b) $m_{\text{Earth}} = m_{\text{Mars}} = 0.25$ kg
31. (a) 9.00 cm (b) 20.0 cm (c) 40.0 ms (d) 5.00 m/s
33. (a) 11.4 ns (b) 3.41 m
35. 31.9 cm
37. 80.0 N
39. (a) 30.0 N (b) 25.8 m/s
41. 28.5 m/s
43. (a) 0.051 kg/m (b) 20 m/s
45. 13.5 N
47. (a) Constructive interference gives $A = 0.50$ m (b) Destructive interference gives $A = 0.10$ m
49. 6.62 cm
51. (a) 588 N/m (b) 0.700 m/s
53. (a) 15.8 rad/s (b) 5.23 cm
55. $F_{\text{tangential}} = -[(\rho_{\text{air}} - \rho_{\text{He}}) Vg/L]s$, $T = 1.40$ s
57. (a) 0.50 m/s (b) 8.6 cm

## Chapter 14

### CHECKPOINTS

1. False
2. (b)
3. True
4. (a)

### QUICK QUIZZES

1. (c)
2. (c)
3. (b), (e)
4. (d)
5. (a)
6. (b)

### CONCEPTUAL QUESTIONS

1. (a) higher (b) lower
3. The camera is designed to operate at an assumed speed of sound of 345 m/s, the speed of sound at a room temperature of 23°C. If the temperature should decrease to, say, 0°C, the speed of sound will also decrease, and the camera will respond to the fact that it takes longer for the sound to make its round trip. Thus, it will operate as if the object is farther away than it really is.

   It is of interest to note that bats use echo sounding like this to locate insects or to avoid obstacles in front of them, something that they must do because of poor eyesight and the high speeds at which they fly. Likewise, blue whales use this technique to help them avoid objects in their path. The need here is obvious, because a typical whale has a mass of $10^5$ kg and travels at a relatively fast speed of 20 mi/h, so it takes a long time for it to stop its motion or to change direction.
5. Sophisticated electronic devices break the frequency range of about 60 to 4 000 Hz used in telephone conversations into several frequency bands and then mix them in a predetermined pattern so that they become unintelligible. The descrambler, of course, moves the bands back into their proper order.
7. A rise in temperature will increase the dimensions of the wind instrument much less than it increases the speed of sound in the enclosed air. This effect will raise the resonant frequencies that are produced by the instrument, which will go sharp as the temperature increases and go flat as the temperature decreases.
9. The echo is Doppler shifted, and the shift is like both a moving source and a moving observer. The sound that leaves your horn in the forward direction is Doppler shifted to a higher frequency, because it is coming from a moving source. As the sound reflects back and comes towards you, you are a moving observer, so there is a second Doppler shift to an even higher frequency. If the sound reflects from the spacecraft coming towards you, there is a different moving-source shift to an even higher frequency. The reflecting surface of the spacecraft acts as a moving source.
11. The center of the string is a node for the second harmonic, as well as for every even-numbered harmonic. By placing the finger at the center and plucking, the guitarist is eliminating any harmonic which does not have a node at that point—that is, all the odd harmonics. The even harmonics can vibrate relatively freely with the finger at the center because they exhibit no displacement at that point. The result is a sound with a mixture of frequencies that are integer multiples of the second harmonic, which is one octave higher than the fundamental.
13. The bowstring is pulled away from equilibrium and released, in a manner similar to the way a guitar string is pulled and released when it is plucked. Thus, standing waves will be excited in the bowstring. If the arrow leaves from the exact center of the string, then a series of odd harmonics will be excited. Even harmonics will not be excited, because they have a node at the point where the string exhibits its maximum displacement.
15. At the instant at which there is no displacement of the string, the string is still moving. Thus, the energy is present at that instant entirely as kinetic energy of the string.

### PROBLEMS

1. 5.56 km
3. 32°C
5. 516 m

7. 1.99 km
9. 37 dB
11. 9 additional machines
13. 66.0 dB
15. (a) $1.3 \times 10^2$ W (b) 96 dB
17. (a) 75.2-Hz drop (b) 0.953 m
19. 595 Hz
21. 0.391 m/s
23. 19.3 m
25. 800 m
27. (a) 0.240 m (b) 0.855 m
29. (a) Nodes at 0, 2.67 m, 5.33 m, and 8.00 m; antinodes at 1.33 m, 4.00 m, and 6.67 m (b) 18.6 Hz
31. At 0.089 1 m, 0.303 m, 0.518 m, 0.732 m, 0.947 m, and 1.16 m from one speaker
33. (a) 79 N (b) $2.1 \times 10^2$ Hz
35. 19.976 kHz
37. 58 Hz
39. 3.0 kHz
41. (a) 0.552 m (b) 317 Hz
43. 5.26 beats/s
45. 3.79 m/s toward the station, 3.88 m/s away from the station
47. (a) 1.98 beats/s (b) 3.40 m/s
49. 1.76 cm
51. 64 dB
53. 439 Hz and 441 Hz
55. 32.9 m/s
57. 3.97 beats/s
59. 1 204 Hz

## Chapter 15

### CHECKPOINTS

1. Yes
2. 1/4
3. True
4. True

### QUICK QUIZZES

1. (b)
2. (c)
3. (a)
4. (a)
5. (c)
6. (b)
7. (d)

### CONCEPTUAL QUESTIONS

1. Electrons have been removed from the object.
3. The configuration shown is inherently unstable. The negative charges repel each other. If there is any slight rotation of one of the rods, the repulsion can result in further rotation away from this configuration. There are three conceivable final configurations, shown below. Configuration (a) is stable: If the positive upper ends are pushed towards each other, their mutual repulsion will move the system back to the original configuration. Configuration (b) is an equilibrium configuration, but it is unstable: If the lower ends are moved towards each other, their mutual attraction will be larger than that of the upper ends, and the configuration will shift to (c), another possible stable configuration.

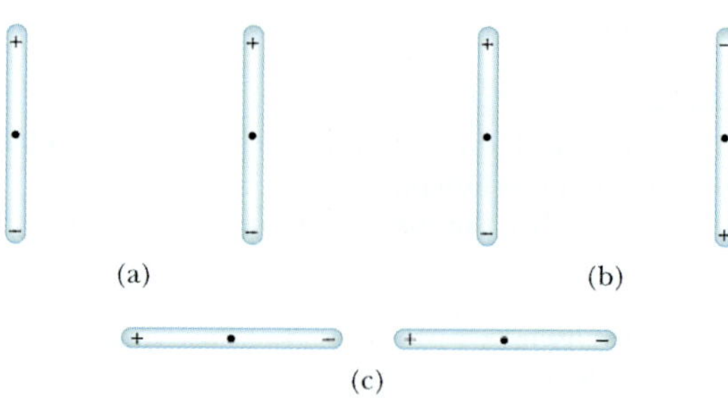


**Figure Q15.3**

5. Move an object *A* with a net positive charge so it is near, but not touching, a neutral metallic object *B* that is insulated from the ground. The presence of *A* will polarize *B*, causing an excess negative charge to exist on the side nearest *A* and an excess positive charge of equal magnitude to exist on the side farthest from *A*. While *A* is still near *B*, touch *B* with your hand. Additional electrons will then flow from ground, through your body and onto *B*. With *A* continuing to be near but not in contact with *B*, remove your hand from *B*, thus trapping the excess electrons on *B*. When *A* is now removed, *B* is left with excess electrons, or a net negative charge. By means of mutual repulsion, this negative charge will now spread uniformly over the entire surface of *B*.
7. An object's mass decreases very slightly (immeasurably) when it is given a positive charge, because it loses electrons. When the object is given a negative charge, its mass increases slightly because it gains electrons.
9. Electric field lines start on positive charges and end on negative charges. Thus, if the fair-weather field is directed into the ground, the ground must have a negative charge.
11. The electric shielding effect of conductors depends on the fact that there are two kinds of charge: positive and negative. As a result, charges can move within the conductor so that the combination of positive and negative charges establishes an electric field that exactly cancels the external field within the conductor and any cavities inside the conductor. There is only one type of gravitation charge, however, because there is no negative mass. As a result, gravitational shielding is not possible.
13. The electric field patterns of each of these three configurations do not have sufficient symmetry to make the calculations practical. Gauss's law is useful only for calculating the electric fields of highly symmetric charge distributions, such as uniformly charged spheres, cylinders, and sheets.
15. No, the wall is not positively charged. The balloon induces a charge of opposite sign in the wall, causing the balloon and the wall to be attracted to each other. The balloon eventually falls because its charge slowly diminishes as it leaks to ground. Some of the balloon's charge could also be lost due to positive ions in the surrounding atmosphere, which would tend to neutralize the negative charges on the balloon.
17. When the comb is nearby, charges separate on the paper, and the paper is attracted to the comb. After contact, charges from the comb are transferred to the paper, so that it has the same type of charge as the comb. The paper is thus repelled.

**PROBLEMS**

1. $1.1 \times 10^{-8}$ N (attractive)
3. 91 N (repulsion)
5. (a) 36.8 N (b) $5.54 \times 10^{27}$ m/s$^2$
7. $5.12 \times 10^5$ N
9. (a) $2.2 \times 10^{-5}$ N (attraction)
   (b) $9.0 \times 10^{-7}$ N (repulsion)
11. $1.38 \times 10^{-5}$ N at 77.5° below the negative $x$-axis
13. 7.2 nC
15. $1.5 \times 10^{-3}$ kg
17. $7.20 \times 10^5$ N/C (downward)
19. $1.2 \times 10^4$ N/C
21. (a) $6.12 \times 10^{10}$ m/s$^2$ (b) 19.6 $\mu$s (c) 11.8 m
    (d) $1.20 \times 10^{-15}$ J
23. 1.8 m to the left of the $-2.5$-$\mu$C charge
29. (a) 858 N · m$^2$/C (b) 0 (c) 657 N · m$^2$/C
31. $4.1 \times 10^6$ N/C
33. (a) 0 (b) $k_e q/r^2$ outward
37. 24 N/C in the positive $x$-direction
39. (a) $E = 2k_e qb(a^2 + b^2)^{-3/2}$ in the positive $x$-direction
    (b) $E = k_e Qb(a^2 + b^2)^{-3/2}$ in the positive $x$-direction
41. (a) 0 (b) $7.99 \times 10^7$ N/C (outward)
    (c) 0 (d) $7.34 \times 10^6$ N/C (outward)
43. $3.55 \times 10^5$ N · m$^2$/C
45. $4.4 \times 10^5$ N/C
47. (a) $1.00 \times 10^3$ N/C (b) $3.37 \times 10^{-8}$ s (c) accelerate at $1.76 \times 10^{14}$ m/s$^2$ in the direction opposite that of the electric field

## Chapter 16

**CHECKPOINTS**

1. (a)
2. True
3. (a), (c)
4. True
5. False
6. True

**QUICK QUIZZES**

1. (b)
2. (b), (d)
3. (c)
4. (a)
5. (c)
6. (a) $C$ decreases. (b) $Q$ stays the same. (c) $E$ stays the same.
   (d) $\Delta V$ increases. (e) The energy stored increases.
7. (a) $C$ increases. (b) $Q$ increases. (c) $E$ stays the same.
   (d) $\Delta V$ remains the same. (e) The energy stored increases.

**CONCEPTUAL QUESTIONS**

1. (a) The proton moves in a straight line with constant acceleration in the direction of the electric field. (b) As its velocity increases, its kinetic energy increases and the electric potential energy associated with the proton decreases.
3. The work done in pulling the capacitor plates farther apart is transferred into additional electric energy stored in the capacitor. The charge is constant and the capacitance decreases, but the potential difference between the plates increases, which results in an increase in the stored electric energy.
5. If the power line makes electrical contact with the metal of the car, it will raise the potential of the car to 20 kV. It will also raise the potential of your body to 20 kV, because you are in contact with the car. In itself, this is not a problem. If you step out of the car, however, your body at 20 kV will make contact with the ground, which is at zero volts. As a result, a current will pass through your body and you will likely be injured. Thus, it is best to stay in the car until help arrives.
7. If two points on a conducting object were at different potentials, then free charges in the object would move and we would not have static conditions, in contradiction to the initial assumption. (Free positive charges would migrate from locations of higher to locations of lower potential. Free electrons would rapidly move from locations of lower to locations of higher potential.) All of the charges would continue to move until the potential became equal everywhere in the conductor.
9. The capacitor often remains charged long after the voltage source is disconnected. This residual charge can be lethal. The capacitor can be safely handled after discharging the plates by short-circuiting the device with a conductor, such as a screwdriver with an insulating handle.
11. Field lines represent the direction of the electric force on a positive test charge. If electric field lines were to cross, then, at the point of crossing, there would be an ambiguity regarding the direction of the force on the test charge, because there would be two possible forces there. Thus, electric field lines cannot cross. It is possible for equipotential surfaces to cross. (However, equipotential surfaces at different potentials cannot intersect.) For example, suppose two identical positive charges are at diagonally opposite corners of a square and two negative charges of equal magnitude are at the other two corners. Then the planes perpendicular to the sides of the square at their midpoints are equipotential surfaces. These two planes cross each other at the line perpendicular to the square at its center.
13. You should use a dielectric-filled capacitor whose dielectric constant is very large. Further, you should make the dielectric as thin as possible, keeping in mind that dielectric breakdown must also be considered.
15. (a) ii (b) i

**PROBLEMS**

1. (a) $6.40 \times 10^{-19}$ J (b) $-6.40 \times 10^{-19}$ J (c) $-4.00$ V
3. $1.4 \times 10^{-20}$ J
5. $1.7 \times 10^6$ N/C
7. (a) $1.13 \times 10^5$ N/C (b) $1.80 \times 10^{-14}$ N
   (c) $4.38 \times 10^{-17}$ J
9. (a) $1.44 \times 10^{-7}$ V (b) $-7.19 \times 10^{-8}$ V
11. (a) $2.67 \times 10^6$ V (b) $2.13 \times 10^6$ V
13. (a) 103 V (b) $-3.85 \times 10^{-7}$ J; positive work must be done to separate the charges.
15. $-11.0$ kV
17. $2.74 \times 10^{-14}$ m
19. 0.719 m, 1.44 m, 2.88 m. No. The equipotentials are not uniformly spaced. Instead, the radius of an equipotential is inversely proportional to the potential.
21. (a) $1.1 \times 10^{-8}$ F (b) 27 C
23. (a) 11.1 kV/m toward the negative plate (b) 3.74 pF
    (c) 74.7 pC and $-74.7$ pC
25. (a) 90.4 V (b) $9.04 \times 10^4$ V/m
27. (a) 13.3 $\mu$C on each (b) 20.0 $\mu$C, 40.0 $\mu$C
29. (a) 2.00 $\mu$F (b) $Q_3 = 24.0$ $\mu$C, $Q_4 = 16.0$ $\mu$C,
    $Q_2 = 8.00$ $\mu$C, $(\Delta V)_2 = (\Delta V)_4 = 4.00$ V, $(\Delta V)_3 = 8.00$ V
31. (a) 5.96 $\mu$F (b) $Q_{20} = 89.5$ $\mu$C, $Q_6 = 63.2$ $\mu$C,
    $Q_3 = Q_{15} = 26.3$ $\mu$C

**33.** $Q_1 = 16.0\ \mu\text{C}$, $Q_5 = 80.0\ \mu\text{C}$, $Q_8 = 64.0\ \mu\text{C}$, $Q_4 = 32.0\ \mu\text{C}$
**35.** $Q'_1 = 3.33\ \mu\text{C}$, $Q'_2 = 6.67\ \mu\text{C}$
**37.** $2.55 \times 10^{-11}$ J
**39.** $3.2 \times 10^{10}$ J
**41.** $\kappa = 4.0$
**43.** (a) 8.13 nF (b) 2.40 kV
**45.** (a) volume $9.09 \times 10^{-16}$ m$^3$, area $4.54 \times 10^{-10}$ m$^2$ (b) $2.01 \times 10^{-13}$ F (c) $2.01 \times 10^{-14}$ C, $1.26 \times 10^5$ electronic charges
**49.** 4.29 $\mu$F
**51.** 6.25 $\mu$F
**53.** 4.47 kV
**55.** 50 N

## Chapter 17

### CHECKPOINTS

**1.** 2.0 Ω
**2.** (c)
**3.** Four

### QUICK QUIZZES

**1.** (d)
**2.** (b)
**3.** (b)
**4.** (b)
**5.** (a)
**6.** (a)

### CONCEPTUAL QUESTIONS

**1.** Charge. Because an ampere is a unit of current (1 A = 1 C/s) and an hour is a unit of time (1 h = 3 600 s), then 1 A·h = 3 600 C.

**3.** The gravitational force pulling the electron to the bottom of a piece of metal is much smaller than the electrical repulsion pushing the electrons apart. Thus, free electrons stay distributed throughout the metal. The concept of charges residing on the surface of a metal is true for a metal with an excess charge. The number of free electrons in an electrically neutral piece of metal is the same as the number of positive ions—the metal has zero net charge.

**5.** A voltage is not something that "surges through" a completed circuit. A voltage is a potential difference that is applied across a device or a circuit. It would be more correct to say "1 ampere of electricity surged through the victim's body." Although this amount of current would have disastrous results on the human body, a value of 1 (ampere) doesn't sound as exciting for a newspaper article as 10 000 (volts). Another possibility is to write "10 000 volts of electricity were applied across the victim's body," which still doesn't sound quite as exciting.

**7.** We would conclude that the conductor is nonohmic.

**9.** The shape, dimensions, and the resistivity affect the resistance of a conductor. Because temperature and impurities affect the conductor's resistivity, these factors also affect resistance.

**11.** The radius of wire B is the square root of three times the radius of wire A. Therefore the cross-sectional area of B is three times larger than that of A.

### PROBLEMS

**1.** $3.00 \times 10^{20}$ electrons move past in the direction opposite to the current.
**3.** 2.00 C
**5.** 1.05 mA
**7.** 27 yr
**9.** (a) $n$ is unaffected (b) $v_d$ is doubled
**11.** 32 V is 200 times larger than 0.16 V
**13.** 0.17 mm
**15.** (a) 30 Ω (b) $4.7 \times 10^{-4}$ Ω·m
**17.** silver ($\rho = 1.59 \times 10^{-8}$ Ω·m)
**19.** 256 Ω
**21.** 1.98 A
**23.** 26 mA
**25.** (a) 3.0 A (b) 2.9 A
**27.** (a) 1.2 Ω (b) $8.0 \times 10^{-4}$ (a 0.080% increase)
**29.** 18 bulbs
**31.** 11.2 min
**33.** 34.4 Ω
**35.** 1.6 cm
**37.** 295 metric tons/h
**39.** 26 cents
**41.** 23 cents
**43.** 1.1 km
**45.** (a) \$3.06 (b) No. The circuit must be able to handle at least 26 A.
**47.** (a) 667 A (b) 50.0 km
**49.** $3.77 \times 10^{28}$/m$^3$
**51.** (a) 144 Ω (b) 26 m (c) To fit the required length into a small space (d) 25 m
**53.** 37 MΩ

## Chapter 18

### CHECKPOINTS

**1.** 5 Ω
**2.** 2 Ω
**3.** True
**4.** False

### QUICK QUIZZES

**1.** (a), (d)
**2.** (b)
**3.** *Parallel*: (a) unchanged (b) unchanged (c) increase (d) decrease
**4.** *Series*: (a) decrease (b) decrease (c) decrease (d) increase
**5.** (c)

### CONCEPTUAL QUESTIONS

**1.** No. When a battery serves as a source and supplies current to a circuit, the conventional current passes through the battery from the negative terminal to the positive one. However, when a source having a larger emf than the battery is used to charge the battery, the conventional current passes through the battery from the positive terminal to the negative one.

**3.** The total amount of energy delivered by the battery will be less than $W$. Recall that a battery can be considered an ideal, resistanceless battery in series with the internal resistance. When the battery is being charged, the energy delivered to it includes the energy necessary to charge the ideal battery, plus the energy that goes into raising the temperature of the battery due to $I^2r$ heating in the internal resistance. This latter energy is not available during discharge of the battery, when part of the reduced available energy again transforms into internal energy in the internal resistance, further reducing the available energy below $W$.

5. The starter in the automobile draws a relatively large current from the battery. This large current causes a significant voltage drop across the internal resistance of the battery. As a result, the terminal voltage of the battery is reduced, and the headlights dim accordingly.
7. An electrical appliance has a given resistance. Thus, when it is attached to a power source with a known potential difference, a definite current will be drawn, and the device can therefore be labeled with both the voltage and the current. Batteries, however, can be applied to a number of devices. Each device will have a different resistance, so the current will vary with the device. As a result, only the voltage of the battery can be specified.
9. Connecting batteries in parallel does not increase the emf. A high-current device connected to two batteries in parallel can draw currents from both batteries. Thus, connecting the batteries in parallel increases the possible current output and, therefore, the possible power output.
11. The lightbulb will glow for a very short while as the capacitor is being charged. Once the capacitor is almost totally charged, the current in the circuit will be nearly zero and the bulb will not glow.
13. The bird is resting on a wire of fixed potential. In order to be electrocuted, a large potential difference is required between the bird's feet. The potential difference between the bird's feet is too small to harm the bird.
15. The junction rule is a statement of conservation of charge. It says that the amount of charge that enters a junction in some time interval must equal the charge that leaves the junction in that time interval. The loop rule is a statement of conservation of energy. It says that the increases and decreases in potential around a closed loop in a circuit must add to zero.
17. She will not be electrocuted if she holds onto only one high-voltage wire, because she is not completing a circuit. There is no potential difference across her body as long as she clings to only one wire. However, she should release the wire immediately once it breaks, because she will become part of a closed circuit when she reaches the ground or comes into contact with another object.
19. (a) The intensity of each lamp increases because lamp C is short circuited and there is current (which increases) only in lamps A and B. (b) The intensity of lamp C goes to zero because the current in this branch goes to zero. (c) The current in the circuit increases because the total resistance decreases from $3R$ (with the switch open) to $2R$ (after the switch is closed). (d) The voltage drop across lamps A and B increases, while the voltage drop across lamp C becomes zero. (e) The power dissipated increases from $\mathcal{E}^2/3R$ (with the switch open) to $\mathcal{E}^2/2R$ (after the switch is closed).

### PROBLEMS

1. 4.92 Ω
3. 73.8 W. Your circuit diagram will consist of two 0.800-Ω resistors in series with the 192-Ω resistance of the bulb.
5. (a) 17.1 Ω (b) 1.99 A for 4.00 Ω and 9.00 Ω, 1.17 A for 7.00 Ω, 0.818 A for 10.0 Ω
7. $2.5R$
9. (a) 0.227 A (b) 5.68 V
11. 55 Ω
13. (a) Connect two 50-Ω resistors in parallel, and then connect this combination in series with a 20-Ω resistor.
    (b) Connect two 50-Ω resistors in parallel, connect two 20-Ω resistors in parallel, and then connect these two combinations in series with each other.
15. 0.846 A downwards in the 8.00-Ω resistor; 0.462 A downwards in the middle branch; 1.31 A upwards in the right-hand branch
17. (a) 3.00 mA (b) − 19.0 V (c) 4.50 V
19. 10.7 V
21. (a) 0.385 mA, 3.08 mA, 2.69 mA
    (b) 69.2 V, with $c$ at the higher potential
23. $\Delta V_2 = 3.05$ V, $\Delta V_3 = 4.57$ V, $\Delta V_4 = 7.38$ V, $\Delta V_5 = 1.62$ V
25. (a) 12 s (b) $1.2 \times 10^{-4}$ C
27. $1.3 \times 10^{-4}$ C
29. 0.982 s
31. (a) heater, 10.8 A; toaster, 8.33 A; grill, 12.5 A
    (b) $I_{\text{total}} = 31.6$ A, so a 30-A breaker is insufficient.
33. (a) 6.25 A (b) 750 W
35. (a) $1.2 \times 10^{-9}$ C, $7.3 \times 10^{9}$ $K^+$ ions. Not large, only $1e/290$ Å$^2$
    (b) $1.7 \times 10^{-9}$ C, $1.0 \times 10^{10}$ $Na^+$ ions (c) 0.83 μA
    (d) $7.5 \times 10^{-12}$ J
37. 11 nW
39. 7.5 Ω
41. (a) 15 Ω
    (b) $I_1 = 1.0$ A, $I_2 = I_3 = 0.50$ A, $I_4 = 0.30$ A, and $I_5 = 0.20$ A
    (c) $(\Delta V)_{ac} = 6.0$ V, $(\Delta V)_{ce} = 1.2$ V, $(\Delta V)_{ed} = (\Delta V)_{fd} = 1.8$ V, $(\Delta V)_{cd} = 3.0$ V, $(\Delta V)_{db} = 6.0$ V
    (d) $\mathcal{P}_{ac} = 6.0$ W, $\mathcal{P}_{ce} = 0.60$ W, $\mathcal{P}_{ed} = 0.54$ W, $\mathcal{P}_{fd} = 0.36$ W, $\mathcal{P}_{cd} = 1.5$ W, $\mathcal{P}_{db} = 6.0$ W
43. (a) 12.4 V (b) 9.65 V
45. 112 V, 0.200 Ω
49. (a) 5.68 V (b) 0.227 A
51. 0.395 A; 1.50 V

## Chapter 19

### CHECKPOINTS

1. False
2. Doubly ionized
3. Four

### QUICK QUIZZES

1. (b)
2. (c)
3. (c)
4. (a)
5. (b)

### CONCEPTUAL QUESTIONS

1. The set should be oriented such that the beam is moving either toward the east or toward the west.
3. The proton moves in a circular path upwards on the page. After completing half a circle, it exits the field and moves in a straight-line path back in the direction from whence it came. An electron will behave similarly, but the direction of traversal of the circle is downward, and the radius of the circular path is smaller.

5. The magnetic force on a moving charged particle is always perpendicular to the particle's direction of motion. There is no magnetic force on the charge when it moves parallel to the direction of the magnetic field. However, the force on a charged particle moving in an electric field is never zero and is always parallel to the direction of the field. Therefore, by projecting the charged particle in different directions, it is possible to determine the nature of the field.
7. The magnetic field produces a magnetic force on the electrons moving toward the screen that produce the image. This magnetic force deflects the electrons to regions on the screen other than the ones to which they are supposed to go. The result is a distorted image.
9. Such levitation could never occur. At the North Pole, where Earth's magnetic field is directed downward, toward the equivalent of a buried south pole, a coffin would be repelled if its south magnetic pole were directed downward. However, equilibrium would be only transitory, as any slight disturbance would upset the balance between the magnetic force and the gravitational force.
11. If you were moving along with the electrons, you would measure a zero current for the electrons, so they would not produce a magnetic field according to your observations. However, the fixed positive charges in the metal would now be moving backwards relative to you, creating a current equivalent to the forward motion of the electrons when you were stationary. Thus, you would measure the same magnetic field as when you were stationary, but it would be due to the positive charges presumed to be moving from your point of view.
13. A compass does not detect currents in wires near light switches, for two reasons. The first is that, because the cable to the light switch contains two wires, one carrying current to the switch and the other carrying it away from the switch, the net magnetic field would be very small and would fall off rapidly with increasing distance. The second reason is that the current is alternating at 60 Hz. As a result, the magnetic field is oscillating at 60 Hz also. This frequency would be too fast for the compass to follow, so the effect on the compass reading would average to zero.
15. The levitating wire is stable with respect to vertical motion: If it is displaced upward, the repulsive force weakens, and the wire drops back down. By contrast, if it drops lower, the repulsive force increases, and it moves back up. The wire is not stable, however, with respect to lateral movement: If it moves away from the vertical position directly over the lower wire, the repulsive force will have a sideways component that will push the wire away.

    In the case of the attracting wires, the hanging wire is not stable with respect to vertical movement. If it rises, the attractive force increases, and the wire moves even closer to the upper wire. If the hanging wire falls, the attractive force weakens, and the wire falls farther. If the wire moves to the right, it moves farther from the upper wire and the attractive force decreases. Although there is a restoring force component pulling it back to the left, the vertical force component is not strong enough to hold the wire up, and it falls.
17. Each coil of the Slinky® will become a magnet, because a coil acts as a current loop. The sense of rotation of the current is the same in all coils, so each coil becomes a magnet with the same orientation of poles. Thus, all of the coils attract, and the Slinky® will compress.

### PROBLEMS

1. (a) horizontal and due east (b) horizontal and 30° N of E (c) horizontal and due east (d) zero force
3. (a) into the page (b) toward the right (c) toward the bottom of the page
5. $F_g = 8.93 \times 10^{-30}$ N (downward), $F_e = 1.60 \times 10^{-17}$ N (upward), $F_m = 4.80 \times 10^{-17}$ N (downward)
7. $2.83 \times 10^7$ m/s west
9. 0.021 T in the $-y$-direction
11. $8.0 \times 10^{-3}$ T in the $+z$-direction
13. (a) into the page (b) toward the right (c) toward the bottom of the page
15. 7.50 N
17. 0.131 T (downward)
19. 0.20 T directed out of the page
21. $9.05 \times 10^{-4}$ N·m, tending to make the left-hand side of the loop move toward you and the right-hand side move away.
23. (a) 3.97° (b) $3.39 \times 10^{-3}$ N·m
25. $6.56 \times 10^{-2}$ T
27. 1.77 cm
29. $r = 3R/4$
31. 20.0 $\mu$T
33. 2.4 mm
35. 0.167 $\mu$T out of the page
37. (a) 4.00 m (b) 7.50 nT (c) 1.26 m (d) zero
39. 4.5 mm
41. 31.8 mA
43. $2.26 \times 10^{-4}$ N away from the center, zero torque
45. 1.7 N·m
47. 2.13 cm
49. (a) 1.33 m/s (b) The sign of the emf is independent of the charge.
51. $1.41 \times 10^{-6}$ N
53. 13.0 $\mu$T toward the bottom of the page
55. (a) $-8.00 \times 10^{-21}$ kg·m/s (b) 8.90°
57. 1.29 kW

## Chapter 20

### CHECKPOINTS

1. False
2. False
3. Four

### QUICK QUIZZES

1. *b, c, a*
2. (a)
3. (b)
4. (c)

### CONCEPTUAL QUESTIONS

1. According to Faraday's law, an emf is induced in a wire loop if the magnetic flux through the loop changes with time. In this situation, an emf can be induced either by rotating the loop around an arbitrary axis or by changing the shape of the loop.
3. As the spacecraft moves through space, it is apparently moving from a region of one magnetic field strength to a region of a different magnetic field strength. The changing magnetic field through the coil induces an emf and a corresponding current in the coil.

5. If the bar were moving to the left, the magnetic force on the negative charges in the bar would be upward, causing an accumulation of negative charge on the top and positive charges at the bottom. Hence, the electric field in the bar would be upward, as well.
7. If, for any reason, the magnetic field should change rapidly, a large emf could be induced in the bracelet. If the bracelet were not a continuous band, this emf would cause high-voltage arcs to occur at any gap in the band. If the bracelet were a continuous band, the induced emf would produce a large induced current and result in resistance heating of the bracelet.
9. As the aluminum plate moves into the field, eddy currents are induced in the metal by the changing magnetic field at the plate. The magnetic field of the electromagnet interacts with this current, producing a retarding force on the plate that slows it down. In a similar fashion, as the plate leaves the magnetic field, a current is induced, and once again there is an upward force to slow the plate.
11. The energy stored in an inductor carrying a current $I$ is equal to $PE_L = (1/2)LI^2$. Therefore, doubling the current will quadruple the energy stored in the inductor.
13. If an external battery is acting to increase the current in the inductor, an emf is induced in a direction to oppose the increase of current. Likewise, if we attempt to reduce the current in the inductor, the emf that is set up tends to support the current. Thus, the induced emf always acts to oppose the change occurring in the circuit, or it acts in the "back" direction to the change.
15. (a) clockwise (b) The net force exerted on the bar must be zero because it moves at constant speed. The component of the gravitational force down the incline is balanced by a component of the magnetic force up the incline.

### PROBLEMS

1. $5.9 \times 10^{-2}\ \text{T}\cdot\text{m}^2$
3. $7.71 \times 10^{-1}\ \text{T}\cdot\text{m}^2$
5. (a) $\Phi_{B,\text{net}} = 0$ (b) 0
7. (a) $3.1 \times 10^{-3}\ \text{T}\cdot\text{m}^2$ (b) $\Phi_{B,\text{net}} = 0$
9. 0.18 T
11. 2.7 T/s
13. (a) $4.0 \times 10^{-6}\ \text{T}\cdot\text{m}^2$ (b) 18 $\mu$V
15. 10.2 $\mu$V
17. 0.763 V
19. (a) toward the east (b) $4.58 \times 10^{-4}$ V
21. (a) $F = N^2B^2w^2v/R$ to the left (b) 0 (c) $F = N^2B^2w^2v/R$ to the left
23. into the page
25. (a) from right to left (b) from right to left (c) from left to right (d) from left to right
27. $1.9 \times 10^{-11}$ V
29. (a) 18.1 $\mu$V (b) 0
31. (a) 60 V (b) 57 V (c) 0.13 s
33. 20 mV
35. (a) 2.0 mH (b) 38 A/s
39. 12 mH
41. 1.92 Ω
43. 0.140 J
45. (a) 18 J (b) 7.2 J
47. 1.20 $\mu$C
49. (a) 0.500 A (b) 2.00 W (c) 2.00 W
51. 115 kV
53. (a) 9.00 A (b) 10.8 N (c) $b$ is at the higher potential (d) No

## Chapter 21

### CHECKPOINTS

1. False
2. True
3. True

### QUICK QUIZZES

1. (c)
2. (b)
3. (b), (c)
4. (b), (d)

### CONCEPTUAL QUESTIONS

1. The primary coil of the transformer is an inductor. When an AC voltage is applied, the back emf due to the inductance will limit the current in the coil. If DC voltage is applied, there is no back emf, and the current can rise to a higher value. It is possible that this increased current will deliver so much energy to the resistance in the coil that its temperature rises to the point at which insulation on the wire can burn.
3. An antenna that is a conducting line responds to the electric field of the electromagnetic wave—the oscillating electric field causes an electric force on electrons in the wire along its length. The movement of electrons along the wire is detected as a current by the radio and is amplified. Thus, a line antenna must have the same orientation as the broadcast antenna. A loop antenna responds to the magnetic field in the radio wave. The varying magnetic field induces a varying current in the loop (by Faraday's law), and this signal is amplified. The loop should be in the vertical plane containing the line of sight to the broadcast antenna, so the magnetic field lines go through the area of the loop.
5. The flashing of the light according to Morse code is a drastic amplitude modulation—the amplitude is changing from a maximum to zero. In this sense, it is similar to the on-and-off binary code used in computers and compact disks. The carrier frequency is that of the light, on the order of $10^{14}$ Hz. The frequency of the signal depends on the skill of the signal operator, but it is on the order of a single hertz, as the light is flashed on and off. The broadcasting antenna for this modulated signal is the filament of the lightbulb in the signal source. The receiving antenna is the eye.
7. The sail should be as reflective as possible, so that the maximum momentum is transferred to the sail from the reflection of sunlight.
9. Suppose the extraterrestrial looks around your kitchen. Lightbulbs and the toaster glow brightly in the infrared. Somewhat fainter are the back of the refrigerator and the back of the television set, while the television screen is dark. The pipes under the sink show the same weak glow as the walls, until you turn on the faucets. Then the pipe on the right gets darker and that on the left develops a gleam that quickly runs up along its length. The food on the plates shines, as does human skin, the same color for all races. Clothing is dark as a rule, but your seat and the chair seat glow alike after you stand up. Your face appears lit from within, like a jack-o'-lantern; your nostrils and the openings of your ear canals are bright; brighter still are the pupils of your eyes.

11. The resonance frequency is determined by the inductance and the capacitance in the circuit. If both $L$ and $C$ are doubled, the resonance frequency is reduced by a factor of two.
13. It is far more economical to transmit power at a high voltage than at a low voltage because the $I^2R$ loss on the transmission line is significantly lower at high voltage. Transmitting power at high voltage permits the use of step-down transformers to make "low" voltages and high currents available to the end user.
15. No. A voltage is induced in the secondary coil only if the flux through the core changes with time.

### PROBLEMS

1. (a) 141 V (b) 20.0 A (c) 28.3 A (d) 2.00 kW
3. 70.7 V, 2.95 A
5. 6.76 W
7. $4.0 \times 10^2$ Hz
9. 17 $\mu$F
13. 3.14 A
15. 0.450 $\text{T} \cdot \text{m}^2$
17. (a) 0.361 A (b) 18.1 V (c) 23.9 V (d) $-53.0°$
19. (a) 1.4 k$\Omega$ (b) 0.10 A (c) 51° (d) voltage leads current
21. (a) 89.6 V (b) 108 V
23. (a) 103 V (b) 150 V (c) 127 V (d) 23.6 V
25. (a) 208 $\Omega$ (b) 40.0 $\Omega$ (c) 0.541 H
27. (a) $1.8 \times 10^2\ \Omega$ (b) 0.71 H
29. 2.29 $\mu$H
31. $C_{\text{min}} = 4.9$ nF, $C_{\text{max}} = 51$ nF
33. 0.242 J
35. 0.18% is lost
37. (a) $1.1 \times 10^3$ kW (b) $3.1 \times 10^2$ A (c) $8.3 \times 10^3$ A
39. 1 000 km; there will always be better use for tax money.
41. $f_{\text{red}} = 4.55 \times 10^{14}$ Hz, $f_{\text{IR}} = 3.19 \times 10^{14}$ Hz, $E_{\max,f}/E_{\max,i} = 0.57$
43. $E_{\text{max}} = 1.01 \times 10^3$ V/m, $B_{\text{max}} = 3.35 \times 10^{-6}$ T
45. (a) 188 m to 556 m (b) 2.78 m to 3.4 m
47. $5.2 \times 10^{13}$ Hz, 5.8 $\mu$m
49. 1.7 cents
51. (a) resistor and inductor (b) $R = 10\ \Omega$, $L = 30$ mH
53. (a) $6.7 \times 10^{-16}$ T (b) $5.3 \times 10^{-17}$ W/m$^2$ (c) $1.7 \times 10^{-14}$ W
55. (a) 0.536 N (b) $8.93 \times 10^{-5}$ m/s$^2$ (c) 33.9 days

## Chapter 22

### CHECKPOINTS

1. True
2. False
3. True
4. True

### QUICK QUIZZES

1. (a)
2. Beams 2 and 4 are reflected; beams 3 and 5 are refracted.
3. (c)

### CONCEPTUAL QUESTIONS

1. Sound radiated upward at an acute angle with the horizontal is bent back toward Earth by refraction. This means that the sound can reach the listener by this path as well as by a direct path. Thus, the sound is louder.
3. The color will not change, for two reasons. First, despite the popular statement that color depends on wavelength, it actually depends on the *frequency* of the light, which does not change under water. Second, when the light enters the eye, it travels through the fluid within. Thus, even if color did depend on wavelength, the important wavelength is that of the light in the ocular fluid, which does not depend on the medium through which the light traveled to reach the eye.
5. (a) Away from the normal (b) increases (c) remains the same
7. No, the information in the catalog is incorrect. The index of refraction is given by $n = c/v$, where $c$ is the speed of light in a vacuum and $v$ is the speed of light in the material. Because light travels faster in a vacuum than in any other material, it is impossible for the index of refraction of any material to have a value less than 1.
9. There is no dependence of the angle of reflection on wavelength, because the light does not enter deeply into the material during reflection—it reflects from the surface.
11. The diamond acts like a prism, dispersing the light into its spectral components. Different colors are observed as a consequence of the manner in which the index of refraction varies with the wavelength.
13. Light travels through a vacuum at a speed of $3 \times 10^8$ m/s. Thus, an image we see from a distant star or galaxy must have been generated some time ago. For example, the star Altair is 16 lightyears away; if we look at an image of Altair today, we know only what Altair looked like 16 years ago. This may not initially seem significant; however, astronomers who look at other galaxies can get an idea of what galaxies looked like when they were much younger. Thus, it does make sense to speak of "looking backward in time."

### PROBLEMS

1. $3.00 \times 10^8$ m/s
3. 114 rad/s for a maximum intensity of returning light
5. (b) $3.000 \times 10^8$ m/s
7. 19.5° above the horizontal
9. (a) 1.52 (b) 417 nm (c) $4.74 \times 10^{14}$ Hz (d) $1.98 \times 10^8$ m/s
11. (a) 584 nm (b) 1.12
13. (a) $1.559 \times 10^8$ m/s (b) 329.1 nm (c) $4.738 \times 10^{14}$ Hz
15. five times from the right-hand mirror and six times from the left
17. 0.388 cm
19. $\theta = 30.4°$, $\theta' = 22.3°$
21. 6.39 ns
23. $\theta = \tan^{-1}(n_g)$
25. $\theta_{\text{red}} = 48.22°$, $\theta_{\text{blue}} = 47.79°$
27. (a) $\theta_{1i} = 30°$, $\theta_{1r} = 19°$, $\theta_{2i} = 41°$, $\theta_{2r} = 77°$ (b) First surface: $\theta_{\text{refllecte}} = 30°$; second surface: $\theta_{\text{refllecte}} = 41°$
29. (a) 31.3° (b) 44.2° (c) 49.8°
31. (a) 33.4° (b) 53.4°
33. (a) 40.8° (b) 60.6°
35. (a) 10.7° (b) air (c) Sound falling on the wall from most directions is 100% reflected.
37. 27.5°
39. 22.0°
41. (a) 53.1° (b) $\geq 38.7°$
45. 24.7°
47. 1.93
49. $\theta = \sin^{-1}\left(\sqrt{n^2 - 1}\sin\phi - \cos\phi\right)$

## Chapter 23

### CHECKPOINTS

1. True
2. True
3. Two
4. True

### QUICK QUIZZES

1. At $C$
2. (c)
3. (a) False (b) False (c) True
4. (b)
5. (a) False (b) True (c) False

### CONCEPTUAL QUESTIONS

1. You will not be able to focus your eyes on both the picture and your image at the same time. To focus on the picture, you must adjust your eyes so that an object several centimeters away (the picture) is in focus. Thus, you are focusing on the mirror surface. But, your image in the mirror is as far behind the mirror as you are in front of it. Thus, you must focus your eyes beyond the mirror, twice as far away as the picture to bring the image into focus.
3. A single flat mirror forms a virtual image of an object due to two factors. First, the light rays from the object are necessarily diverging from the object, and second, the lack of curvature of the flat mirror cannot convert diverging rays to converging rays. If another optical element is first used to cause light rays to converge, then the flat mirror can be placed in the region in which the converging rays are present, and it will change the direction of the rays so that the real image is formed at a different location. For example, if a real image is formed by a convex lens, and the flat mirror is placed between the lens and the image position, the image formed by the mirror will be real.
5. The ultrasonic range finder sends out a sound wave and measures the time for the echo to return. Using this information, the camera calculates the distance to the subject and sets the camera lens. When the camera is facing a mirror, the ultrasonic signal reflects from the mirror surface and the camera adjusts its focus so that the mirror surface is at the correct focusing distance from the camera. But your image in the mirror is twice this distance from the camera, so it is blurry.
7. Light rays diverge from the position of a virtual image just as they do from an actual object. Thus, a virtual image can be as easily photographed as any object can. Of course, the camera would have to be placed near the axis of the lens or mirror in order to intercept the light rays.
9. If a converging lens is placed in a liquid having an index of refraction larger than that of the lens material, the direction of refractions at the lens surfaces will be reversed, and the lens will diverge light. A mirror depends only on reflection which is independent of the surrounding material, so a converging mirror will be converging in any liquid.
11. This is a possible scenario. When light crosses a boundary between air and ice, it will refract in the same manner as it does when crossing a boundary of the same shape between air and glass. Thus, a converging lens may be made from ice as well as glass. However, ice is such a strong absorber of infrared radiation that it is unlikely you will be able to start a fire with a small ice lens.
13. The focal length for a mirror is determined by the law of reflection from the mirror surface. The law of reflection is independent of the material of which the mirror is made and of the surrounding medium. Thus, the focal length depends only on the radius of curvature and not on the material. The focal length of a lens depends on the indices of refraction of the lens material and surrounding medium. Thus, the focal length of a lens depends on the lens material.
15. (c) The image becomes fuzzy and disappears.

### PROBLEMS

1. on the order of $10^{-9}$ s younger
3. 10.0 ft, 30.0 ft, 40.0 ft
5. 0.268 m behind the mirror; virtual, upright, and diminished; $M = 0.026\,8$
7. (a) 13.3 cm in front of mirror, real, inverted, $M = -0.333$
   (b) 20.0 cm in front of mirror, real, inverted, $M = -1.00$
   (c) No image is formed. Parallel rays leave the mirror.
9. 5.00 cm
11. 1.0 m
13. 8.05 cm
15. −20.0 cm
17. (a) concave with focal length $f = 0.83$ m
    (b) Object must be 1.0 m in front of the mirror.
19. 38.2 cm below the upper surface of the ice
21. 3.8 mm
23. $n = 2.00$
25. 20.0 cm
27. (a) 40.0 cm beyond the lens, real, inverted, $M = -1.00$
    (b) No image is formed. Parallel rays leave the lens.
    (c) 20.0 cm in front of the lens, virtual, upright, $M = +2.00$
29. (a) 13.3 cm in front of the lens, virtual, upright, $M = +1/3$
    (b) 10.0 cm in front of the lens, virtual, upright, $M = +1/2$
    (c) 6.67 cm in front of the lens, virtual, upright, $M = +2/3$
31. (a) either 9.63 cm or 3.27 cm (b) 2.10 cm
33. at distance $2|f|$ in front of lens
35. 40.0 cm
37. 30.0 cm to the left of the second lens, $M = -3.00$
39. 7.47 cm in front of the second lens; 1.07 cm; virtual, upright
41. real image, 5.71 cm in front of the mirror
43. 38.6°
45. 160 cm to the left of the lens, inverted, $M = -0.800$
47. $q = 10.7$ cm
49. 32.0 cm to the right of the second surface (real image)
51. (a) 5.45 m to the left of the lens
    (b) 8.24 m to the left of the lens
    (c) 17.1 m to the left of the lens
    (d) by surrounding the lens with a medium having a refractive index greater than that of the lens material

## Chapter 24

### CHECKPOINTS

1. True
2. True
3. False
4. 0

### QUICK QUIZZES

1. (c)
2. (b)
3. (b)

## CONCEPTUAL QUESTIONS

1. You will *not* see an interference pattern from the automobile headlights, for two reasons. The first is that the headlights are not coherent sources and are therefore incapable of producing sustained interference. Also, the headlights are so far apart in comparison to the wavelengths emitted that, even if they were made into coherent sources, the interference maxima and minima would be too closely spaced to be observable.
3. The result of the double slit is to redistribute the energy arriving at the screen. Although there is no energy at the location of a dark fringe, there is four times as much energy at the location of a bright fringe as there would be with only a single narrow slit. The total amount of energy arriving at the screen is twice as much as with a single slit, as it must be according to the law of conservation of energy.
5. One of the materials has a higher index of refraction than water, and the other has a lower index. The material with the higher index will appear black as it approaches zero thickness. There will be a 180° phase change for the light reflected from the upper surface, but no such phase change for the light reflected from the lower surface, because the index of refraction for water on the other side is lower than that of the film. Thus, the two reflections will be out of phase and will interfere destructively. The material with index of refraction lower than water will have a phase change for the light reflected from both the upper and the lower surface, so that the reflections from the zero-thickness film will be back in phase and the film will appear bright.
7. For incidence normal to the film, the extra path length followed by the reflected ray is twice the thickness of the film. For destructive interference, this must be a distance of half a wavelength of the light in the material of the film. For a film in air, no 180° phase change will occur in these reflections, so the thickness of the film must be one-quarter wavelength, which is the same as the condition for constructive interference of reflected light. This means that the transmitted light is a minimum when the reflected light is a maximum, and vice versa.
9. Since the light reflecting at the lower surface of the film undergoes a 180° phase change, while light reflecting from the upper surface of the film does not undergo such a change, the central spot (where the film has near zero thickness) will be dark. If the observed rings are not circular, the curved surface of the lens does not have a true spherical shape.
11. For regional communication at the Earth's surface, radio waves are typically broadcast from currents oscillating in tall vertical towers. These waves have vertical planes of polarization. Light originates from the vibrations of atoms or electronic transitions within atoms, which represent oscillations in all possible directions. Thus, light generally is not polarized.
13. Yes. In order to do this, first measure the radar reflectivity of the metal of your airplane. Then choose a light, durable material that has approximately half the radar reflectivity of the metal in your plane. Measure its index of refraction, and place onto the metal a coating equal in thickness to one-quarter of 3 cm, divided by that index. Sell the plane quick, and then you can sell the supposed enemy new radars operating at 1.5 cm, which the coated metal will reflect with extra-high efficiency.
15. If you wish to perform an interference experiment, you need monochromatic coherent light. To obtain it, you must first pass light from an ordinary source through a prism or diffraction grating to disperse different colors into different directions. Using a single narrow slit, select a single color and make that light diffract to cover both slits for a Young's experiment. The procedure is much simpler with a laser because its output is already monochromatic and coherent.
17. Strictly speaking, the ribs do act as a diffraction grating, but the separation distance of the ribs is so much larger than the wavelength of the x-rays that there are no observable effects.

## PROBLEMS

1. 1.58 cm
3. (a) 2.6 mm (b) 2.62 mm
5. (a) 36.2° (b) 5.08 cm (c) $5.08 \times 10^{14}$ Hz
7. (a) 55.7 m (b) 124 m
9. 75.0 m
11. 148 m
13. 91.9 nm
15. 550 nm
17. 0.500 cm
19. 4.35 $\mu$m
21. 4.75 $\mu$m
23. No, the wavelengths intensified are 276 nm, 138 nm, 92.0 nm, . . . .
25. 4.22 mm
27. (a) 1.1 m (b) 1.7 mm
29. 1.20 mm, 1.20 mm
31. (a) 479 nm, 647 nm, 698 nm (b) 20.5°, 28.3°, 30.7°
33. 5.91° in first order; 13.2° in second order; and 26.5° in third order
35. 44.5 cm
37. (a) 25.6° (b) 19.0°
39. (a) 1.11 (b) 42.0°
41. (a) 56.7° (b) 48.8°
43. 31.2°
45. 6.89 units
47. (a) 413.7 nm, 409.7 nm (b) 8.6°
49. 0.156 mm
51. 2.50 mm
53. Any positive integral multiple of 210 nm
55. (a) 16.6 m (b) 8.28 m
57. 0.350 mm

# Chapter 25

## CHECKPOINTS

1. True
2. True
3. False
4. Two
5. Two
6. False

## QUICK QUIZZES

1. (c)
2. (a)

## CONCEPTUAL QUESTIONS

1. The observer is *not* using the lens as a simple magnifier. For a lens to be used as a simple magnifier, the object

distance must be less than the focal length of the lens. Also, a simple magnifier produces a virtual image at the normal near point of the eye, or at an image distance of about $q = -25$ cm. With a large object distance and a relatively short image distance, the magnitude of the magnification by the lens would be considerably less than one. Most likely, the lens in this example is part of a lens combination being used as a telescope.

3. The image formed on the retina by the lens and cornea is already inverted.
5. Large lenses are difficult to manufacture and machine with accuracy. Also, their large weight leads to sagging, which produces a distorted image. In reflecting telescopes, light does not pass through glass; hence, problems associated with chromatic aberrations are eliminated. Large-diameter reflecting telescopes are also technically easier to construct. Some designs use a rotating pool of mercury as the reflecting surface.
7. In order for someone to see an object through a microscope, the wavelength of the light in the microscope must be smaller than the size of the object. An atom is much smaller than the wavelength of light in the visible spectrum, so an atom can never be seen with the use of visible light.
9. farsighted; converging

### PROBLEMS

1. 30.0 cm beyond the lens, $M = -1/5$
3. 177 m
5. $f/1.4$
7. $f/8.0$
9. 40.0 cm
11. 23.2 cm
13. (a) −2.00 diopters (b) 17.6 cm
15. +17.0 diopters
17. (a) 5.8 cm (b) $m = 4.3$
19. (a) 4.07 cm (b) $m = +7.14$
21. (a) $|M| = 1.22$ (b) $\theta/\theta_0 = 6.08$
23. 2.1 cm
25. $m = -115$
27. $f_o = 90$ cm, $f_e = 2.0$ cm
29. (a) $m = 1.50$ (b) $m = 1.90$
31. 492 km
33. 0.40 $\mu$rad
35. $9.1 \times 10^7$ km
37. 9.8 km
39. (a) + 2.67 diopters (b) 0.16 diopter too low
41. (a) + 44.6 diopters (b) 3.03 diopters
43. (a) $m = 4.0$ $m = 3.0$
45. $m = 10.7$

## Chapter 26

### CHECKPOINTS

1. False
2. False
3. True
4. False

### QUICK QUIZZES

1. (a)
2. No. From your perspective you're at rest with respect to the cabin, so you will measure yourself as having your normal length, and will require a normal-sized cabin.
3. (a), (e); (a), (e)
4. (a) False (b) False (c) True (d) False

### CONCEPTUAL QUESTIONS

1. An ellipsoid. The dimension in the direction of motion would be measured to be less than $D$.
3. No. The principle of relativity implies that nothing can travel faster than the speed of light in a *vacuum*, which is $3.00 \times 10^8$ m/s.
5. The light from the quasar moves at $3.00 \times 10^8$ m/s. The speed of light is independent of the motion of the source or the observer.
7. For a wonderful fictional exploration of this question, get a "Mr. Tompkins" book by George Gamow. All of the relativity effects would be obvious in our lives. Time dilation and length contraction would both occur. Driving home in a hurry, you would push on the gas pedal not to increase your speed very much, but to make the blocks shorter. Big Doppler shifts in wave frequencies would make red lights look green as you approached and make car horns and radios useless. High-speed transportation would be both very expensive, requiring huge fuel purchases, as well as dangerous, since a speeding car could knock down a building. When you got home, hungry for lunch, you would find that you had missed dinner; there would be a five-day delay in transit when you watch a live TV program originating in Australia. Finally, we would not be able to see the Milky Way, since the fireball of the Big Bang would surround us at the distance of Rigel or Deneb.
9. A photon transports energy. The relativistic equivalence of mass and energy means that is enough to give it momentum.

### PROBLEMS

1. 5.0 s
3. (a) 20 m (b) 19 m (c) $0.31c$
5. (a) $1.3 \times 10^{-7}$ s (b) 38 m (c) 7.6 m
7. (a) 2.2 $\mu$s (b) 0.65 km
9. $0.950c$
11. Yes, with 19 m to spare
13. $3.3 \times 10^5$ m/s
15. $0.285c$
17. $c(\sqrt{3}/2)$
19. $0.786c$
21. 18.4 g/cm$^3$
23. (a) $3.10 \times 10^5$ m/s (b) $0.758c$
25. 1.42 MeV/$c$
27. (a) $0.80c$ (b) $7.5 \times 10^3$ s (c) $1.4 \times 10^{12}$ m
29. (a) $v/c = 1 - 1.12 \times 10^{-10}$ (b) $6.00 \times 10^{27}$ J (c) \$$2.17 \times 10^{20}$
31. $0.80c$
33. (a) $v = 0.141c$ (b) $v = 0.436c$
35. (a) 7.0 $\mu$s (c) $1.1 \times 10^4$ muons
39. 5.45 yr; Goslo is older

## Chapter 27

### CHECKPOINTS

1. True
2. True
3. False

**QUICK QUIZZES**

1. (b)
2. (c)
3. (c)

**CONCEPTUAL QUESTIONS**

1. The shape of an object is normally determined by observing the light reflecting from its surface. In a kiln, the object will be very hot and will be glowing red. The emitted radiation is far stronger than the reflected radiation, and the thermal radiation emitted is only slightly dependent on the material from which the object is made. Unlike reflected light, the emitted light comes from all surfaces with equal intensity, so contrast is lost and the shape of the object is harder to discern.
3. The "blackness" of a blackbody refers to its ideal property of absorbing all radiation incident on it. If an observed room temperature object in everyday life absorbs all radiation, we describe it as (visibly) black. The black appearance, however, is due to the fact that our eyes are sensitive only to visible light. If we could detect infrared light with our eyes, we would see the object emitting radiation. If the temperature of the blackbody is raised, Wien's law tells us that the emitted radiation will move into the visible range of the spectrum. Thus, the blackbody could appear as red, white, or blue, depending on its temperature.
5. All objects do radiate energy, but at room temperature this energy is primarily in the infrared region of the electromagnetic spectrum, which our eyes cannot detect. (Pit vipers have sensory organs that *are* sensitive to infrared radiation; thus, they can seek out their warm-blooded prey in what we would consider absolute darkness.
7. We can picture higher frequency light as a stream of photons of higher energy. In a collision, one photon can give all of its energy to a single electron. The kinetic energy of such an electron is measured by the stopping potential. The reverse voltage (stopping voltage) required to stop the current is proportional to the frequency of the incoming light. More intense light consists of more photons striking a unit area each second, but atoms are so small that one emitted electron never gets a "kick" from more than one photon. Increasing the intensity of the light will generally increase the size of the current, but will not change the energy of the individual electrons that are ejected. Thus, the stopping potential remains constant.
9. Wave theory predicts that the photoelectric effect should occur at any frequency, provided that the light intensity is high enough. However, as seen in photoelectric experiments, the light must have sufficiently high frequency for the effect to occur.
11. (a) Electrons are emitted only if the photon frequency is greater than the cutoff frequency.
13. No. Suppose that the incident light frequency at which you first observed the photoelectric effect is above the cutoff frequency of the first metal, but less than the cutoff frequency of the second metal. In that case, the photoelectric effect would not be observed at all in the second metal.

**PROBLEMS**

1. (a) $\approx$3 000 K (b) $\approx$20 000 K
3. 500 nm
5. (a) $2.49 \times 10^{-5}$ eV (b) 2.49 eV (c) 249 eV
7. $2.27 \times 10^{30}$ photons/s
9. (a) 2.24 eV (b) 555 nm (c) $5.41 \times 10^{14}$ Hz
11. 234 nm
13. $4.8 \times 10^{14}$ Hz, 2.0 eV
15. $1.2 \times 10^{2}$ V and $1.2 \times 10^{7}$ V, respectively
17. 41.4 kV
19. 0.078 nm
21. 0.281 nm
23. 1.78 eV, $9.47 \times 10^{-28}$ kg · m/s
25. 70°
27. $1.18 \times 10^{-23}$ kg · m/s, 478 eV
29. (a) 1.46 km/s (b) $7.28 \times 10^{-11}$ m
31. $3.58 \times 10^{-13}$ m
33. (a) 15 keV (b) $1.2 \times 10^{2}$ keV
35. $\sim 10^{6}$ m/s
37. 116 m/s
39. $\approx$5 200 K; clearly, a firefly is not at that temperature, so this cannot be blackbody radiation.
41. 18.2°
43. 1.36 eV
45. 2.00 eV
47. (a) $0.022\,0c$ (b) $0.999\,2c$

## Chapter 28

**CHECKPOINTS**

1. False
2. $n$ and $\ell$

**QUICK QUIZZES**

1. (b)
2. (a) 5 (b) 9 (c) 25
3. (d)

**CONCEPTUAL QUESTIONS**

1. If the energy of the hydrogen atom were proportional to $n$ (or any power of $n$), then the energy would become infinite as $n$ grew to infinity. But the energy of the atom is inversely proportional to $n^2$. Thus, as $n$ grows to infinity, the energy of the atom approaches a value that is above the ground state by a finite amount, namely, the ionization energy 13.6 eV. As the electron falls from one bound state to another, its energy loss is always less than the ionization energy. The energy and frequency of any emitted photon are finite.
3. The characteristic x-rays originate from transitions within the atoms of the target, such as an electron from the L shell making a transition to a vacancy in the K shell. The vacancy is caused when an accelerated electron in the x-ray tube supplies energy to the K shell electron to eject it from the atom. If the energy of the bombarding electrons were to be increased, the K shell electron will be ejected from the atom with more remaining kinetic energy. But the energy difference between the K and L shell has not changed, so the emitted x-ray has exactly the same wavelength.
5. A continuous spectrum without characteristic x-rays is possible. At a low accelerating potential difference for the electron, the electron may not have enough energy to eject an electron from a target atom. As a result, there will be no characteristic x-rays. The change in speed of the electron as it enters the target will result in the continuous spectrum.
7. The hologram is an interference pattern between light scattered from the object and the reference beam. If anything moves by a distance comparable to the wavelength of the light (or more), the pattern will wash out. The effect is

just like making the slits vibrate in Young's experiment, to make the interference fringes vibrate wildly so that a photograph of the screen displays only the average intensity everywhere.

9. If the Pauli exclusion principle were not valid, the elements and their chemical behavior would be grossly different, because every electron would end up in the lowest energy level of the atom. All matter would therefore be nearly alike in its chemistry and composition, since the shell structures of each element would be identical. Most materials would have a much higher density, and the spectra of atoms and molecules would be very simple, resulting in the existence of less color in the world.
11. The three elements have similar electronic configurations, with filled inner shells plus a single electron in an s orbital. Since atoms typically interact through their unfilled outer shells, and since the outer shells of these atoms are similar, the chemical interactions of the three atoms are also similar.
13. Each of the eight electrons must have at least one quantum number different from each of the others. They can differ (in $m_s$) by being spin-up or spin-down. They can differ (in $\ell$) in angular momentum and in the general shape of the wave function. Those electrons with $\ell = 1$ can differ (in $m_\ell$) in orientation of angular momentum.
15. Stimulated emission is the reason laser light is coherent and tends to travel in a well-defined parallel beam. When a photon passing by an excited atom stimulates that atom to emit a photon, the emitted photon is in phase with the original photon and travels in the same direction. As this process is repeated many times, an intense, parallel beam of coherent light is produced. Without stimulated emission, the excited atoms would return to the ground state by emitting photons at random times and in random directions. The resulting light would not have the useful properties of laser light.

31. (a) 30 possible states (b) 36
33. (a) $n = 4$ and $\ell = 2$ (b) $m_\ell = (0, \pm 1, \pm 2)$, $m_s = \pm 1/2$
(c) $1s^2 2s^2 2p^6 3s^2 3p^6 3d^{10} 4s^2 4p^6 4d^2 5s^2 = [\text{Kr}]\ 4d^2 5s^2$
35. 0.160 nm
37. L shell: 11.7 keV; M shell: 10.0 keV; N shell: 2.30 keV
39. (a) 10.2 eV (b) $7.88 \times 10^4$ K
41. (a) −8.18 eV, −2.04 eV, −0.904 eV, −0.510 eV, −0.325 eV
(b) $1.09 \times 10^3$ nm and 609 nm
(c) $1.31 \times 10^6$ m/s
43. (a) $4.24 \times 10^{15}\ \text{W/m}^2$ (b) $1.20 \times 10^{-12}$ J

## PROBLEMS

1. 656 nm, 486 nm, and 434 nm
3. (a) $2.3 \times 10^{-8}$ N (b) −14 eV
5. (a) $1.6 \times 10^6$ m/s (b) No, $v/c = 5.3 \times 10^{-3} << 1$
(c) 0.46 nm (d) Yes. The wavelength is roughly the same size as the atom.
7. (a) 0.212 nm (b) $9.95 \times 10^{-25}\ \text{kg} \cdot \text{m/s}$
(c) $2.11 \times 10^{-34}\ \text{J} \cdot \text{s}$
(d) 3.40 eV (e) −6.80 eV (f) −3.40 eV
11. $E = -1.51$ eV ($n = 3$) to $E = -3.40$ eV ($n = 2$)
13. (a) 0.967 eV (b) 0.266 eV
15. (a) 122 nm, 91.1 nm (b) $1.87 \times 10^3$ nm, 820 nm
17. (a) 488 nm (b) 0.814 m/s
19. $4.42 \times 10^4$ m/s
21. (a) −122 eV (b) $1.76 \times 10^{-11}$ m
23. (a) 0.026 5 nm (b) 0.017 6 nm (c) 0.013 2 nm
25. 1.33 nm
27. $n = 3, \ell = 1, m_\ell = +1, m_s = \pm 1/2$; $n = 3, \ell = 1, m_\ell = 0, m_s = \pm 1/2$; $n = 3, \ell = 1, m_\ell = -1, m_s = \pm 1/2$
29. Fifteen possible states, as summarized in the following table:

| $n$ | 3 | 3 | 3 | 3 | 3 | 3 | 3 | 3 | 3 | 3 | 3 | 3 | 3 | 3 | 3 |
|---|---|---|---|---|---|---|---|---|---|---|---|---|---|---|---|
| $\ell$ | 2 | 2 | 2 | 2 | 2 | 2 | 2 | 2 | 2 | 2 | 2 | 2 | 2 | 2 | 2 |
| $m_\ell$ | +2 | +2 | +2 | +1 | +1 | +1 | 0 | 0 | 0 | −1 | −1 | −1 | −2 | −2 | −2 |
| $m_s$ | +1 | 0 | −1 | +1 | 0 | −1 | +1 | 0 | −1 | +1 | 0 | −1 | +1 | 0 | −1 |

# 찾아보기

**일반물리학** 정가 30,000원

2010년 2월 1일 인쇄
2010년 2월 15일 발행

저 자 : Serway · Vuille
역 자 : 물리학교재편찬위원회
발행인 : 金 洪 錫
발행처 : 清 文 閣

인지 생략

경기도 파주시 교하읍 문발리 파주출판도시 513-7
(출판등록 1975년 5월 21일 (제406-2005-000049호)
전 화 : 031) 955-1451~7
팩 스 : 031) 955-1458
Homepage : www.cmgpg.com
Email : cmgbook@cmgbook.co.kr


ISBN : 978-89-92592-38-3

## 교육학적 색 사용

변위와 위치 벡터
속도 벡터($\vec{\mathbf{v}}$)
속도의 성분 벡터
힘 벡터($\vec{\mathbf{F}}$)
힘의 성분 벡터
가속도 벡터($\vec{\mathbf{a}}$)
가속도의 성분 벡터
토크(τ)와
각운동량(L) 벡터
직선운동 또는
회전운동 방향
용수철
전기장
자기장
양전하
+
음전하
−
저항(기)
전지 그리고 직류전원 장치
−
+
스위치
축전기
인덕터(코일)
전압계
V
전류계
A
전구
교류전원
접지 기호
광선
렌즈와 프리즘
거울
물체
상

## 단위 환산 표

### 길이

1 m = 39.37 in. = 3.281 ft
1 in. = 2.54 cm
1 km = 0.621 mi
1 mi = 5 280 ft = 1.609 km
1 light year (ly) = $9.461 \times 10^{15}$ m
1 angstrom (Å) = $10^{-10}$ m

### 질량

1 kg = $10^3$ g = $6.85 \times 10^{-2}$ slug
1 slug = 14.59 kg
1 u = $1.66 \times 10^{-27}$ kg = 931.5 MeV/$c^2$

### 시간

1 min = 60 s
1 h = 3 600 s
1 day = $8.64 \times 10^4$ s
1 yr = 365.242 days = $3.156 \times 10^7$ s

### 부피

1 L = 1 000 $cm^3$ = $3.531 \times 10^{-2}$ $ft^3$
1 $ft^3$ = $2.832 \times 10^{-2}$ $m^3$
1 gal = 3.786 L = 231 $in.^3$

### 각

$180° = \pi$ rad
1 rad = 5.730°
1° = 60 min = $1.745 \times 10^{-2}$ rad

### 속력

1 km/h = 0.278 m/s = 0.621 mi/h
1 m/s = 2.237 mi/h = 3.281 ft/s
1 mi/h = 1.61 km/h = 0.447 m/s = 1.47 ft/s

### 힘

1 N = 0.224 8 lb = $10^5$ dynes
1 lb = 4.448 N
1 dyne = $10^{-5}$ N = $2.248 \times 10^{-6}$ lb

### 일과 에너지

1 J = $10^7$ erg = 0.738 ft · lb = 0.239 cal
1 cal = 4.186 J
1 ft · lb = 1.356 J
1 Btu = $1.054 \times 10^3$ J = 252 cal
1 J = $6.24 \times 10^{18}$ eV
1 eV = $1.602 \times 10^{-19}$ J
1 kWh = $3.60 \times 10^6$ J

### 압력

1 atm = $1.013 \times 10^5$ N/$m^2$ (or Pa) = 14.70 lb/$in.^2$
1 Pa = 1 N/$m^2$ = $1.45 \times 10^{-4}$ lb/$in.^2$
1 lb/$in.^2$ = $6.895 \times 10^3$ N/$m^2$

### 일률

1 hp = 550 ft · lb/s = 0.746 kW
1 W = 1 J/s = 0.738 ft · lb/s
1 Btu/h = 0.293 W